温州珊溪 4.2 级地震及余震未校正加速度记录

浙 江 省 地 震 局
浙江省地震监测预报研究中心 编

目　录

一 概 述

浙江省温州市珊溪水库是一个依托飞云江建设的，集发电、灌溉、饮用等功能于一体的水库。飞云江发源于浙江省泰顺县西北、仙霞山脉中的上山头东麓，总体流向呈近东西向，干流长 185 km，流域面积 3555 km^2，总落差 660 m。珊溪水库最大库容为 18.24×10^8 m^3，对应水位为 154.75 m；库区总面积 1529 km^2。大坝类型是钢筋混凝土面板堆面坝，绝对坝高 156.8 m，相对坝高 131.8 m，坝长 308 m。水库地区自 2000 年蓄水以来，在 2002 年及 2006 年分别发生过最大震级为 M_L3.9 级和 M_L4.6 级（M4.1 级）的地震震群，并于 2014 年再次发震。

据浙江省地震台网测定，自 2014 年 8 月 1 日至 2015 年 1 月 31 日，浙江省数字地震台网共记录到发生在温州文成县与泰顺县交界的珊溪水库地区地震 4258 次，其中 M1.0 以上地震 273 次，M3.0 ~ 3.9 级地震 18 次，M4.0 级以上地震 2 次（分别为 2014 年 9 月 23 日 M4.0 级地震和 10 月 25 日 18 时 42 分 M4.2 级地震，其中 M4.2 级地震震中位于北纬 27.70°，东经 119.95°，震源深度 3.1 km）。该地震震群是中国近年来发生的有较大影响的水库地震震群。温州文成—泰顺交界处地震主余震分布如图 1–1 所示。在本次地震中，浙江省强震动台网共布设 6 个固定台站，获得了珊溪地震主余震加速度记录 1278 组，其中 2014 年 10 月 3 日 11 时 42 分岩上台得到的北南向加速度峰值为 355.57 Gal，为该次地震序列最大峰值加速度。浙江省首次获得这种大范围完整主余震加速度记录，使得浙江省强震动记录数量呈几何级数增加，极大地丰富了浙江省乃至全国的强震动记录数据库。

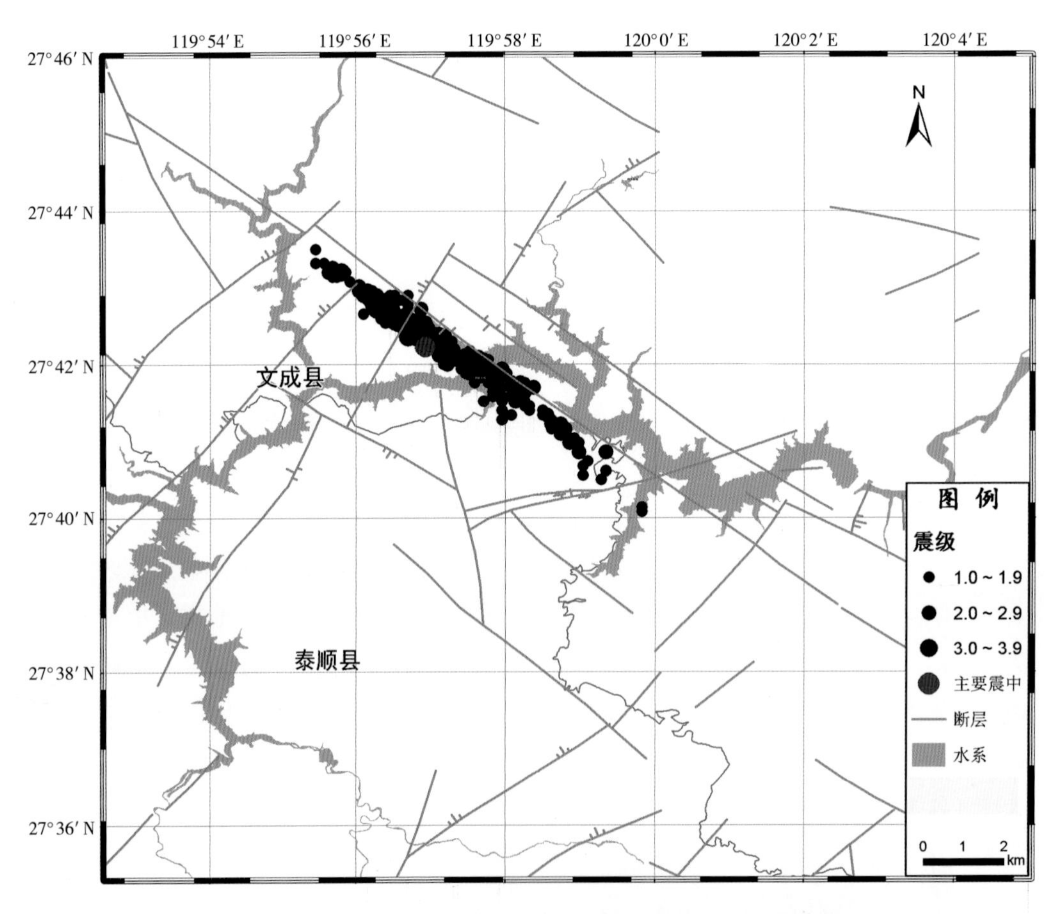

图 1-1 获得加速度记录的温州文成—泰顺交界处地震主余震分布图

二　强震动观测

强震动观测的目的是在破坏性地震发生时，获取近场区域的强地震动，为地震工程的研究提供基础数据。强震动观测一般采取密集布设台网的方式，采用可记录大震动冲击的仪器。一次破坏性地震可获取多个中近场强地震动记录，用于描述震区地震动场的分布，回答极震区的分布和震区震害情况等问题。加速度记录可以回答在强烈地震发生后，人们最为迫切关注的地震地点、大小、极震区的分布和震区破坏情况。

2002 年，温州珊溪水库地区地震发生后，依托浙江省发改委批准立项的“浙江省珊溪水库地震监测台网建设工程”项目，珊溪水库地震监测台网布设了 5 个强震台站，其中在水库大坝的上、下位置各布设一台，在水库附近的自由场地大坝指挥部布设一台，在包垟乡布设一台，在 2006 年水库地震的震中区典型土层自由场地岩上村布设一台。2014 年 10 月增设了基岩自由场地云湖台。浙江省地震局陆续在水库库区及周边架设了包垟、珊溪坝顶、珊溪坝底、珊溪指挥部、岩上、云湖这 6 个强震台，对水库地区进行强震动监测。强震动台站仪器布设明细见表 2–1；温州文成—泰顺交界处获得地震加速度记录的固定台站分布如图 2–1 所示，台间距为数公里。浙江强震动台网完整记录了该地区地震序列。

表 2–1　强震动台站仪器布设明细表

序号	台站名称	台站代码	启用时间	通信方式
1	包　垟	33BYA	2007 年 7 月	SDH
2	珊溪坝顶	33SX1	2007 年 6 月	电信 3G
3	珊溪坝底	33SX2	2007 年 6 月	电信 3G
4	珊溪指挥部	33SX3	2007 年 6 月	电信 3G
5	岩　上	33YSH	2008 年 6 月	CDMA
6	云　湖	33YHU	2014 年 10 月	ADSL

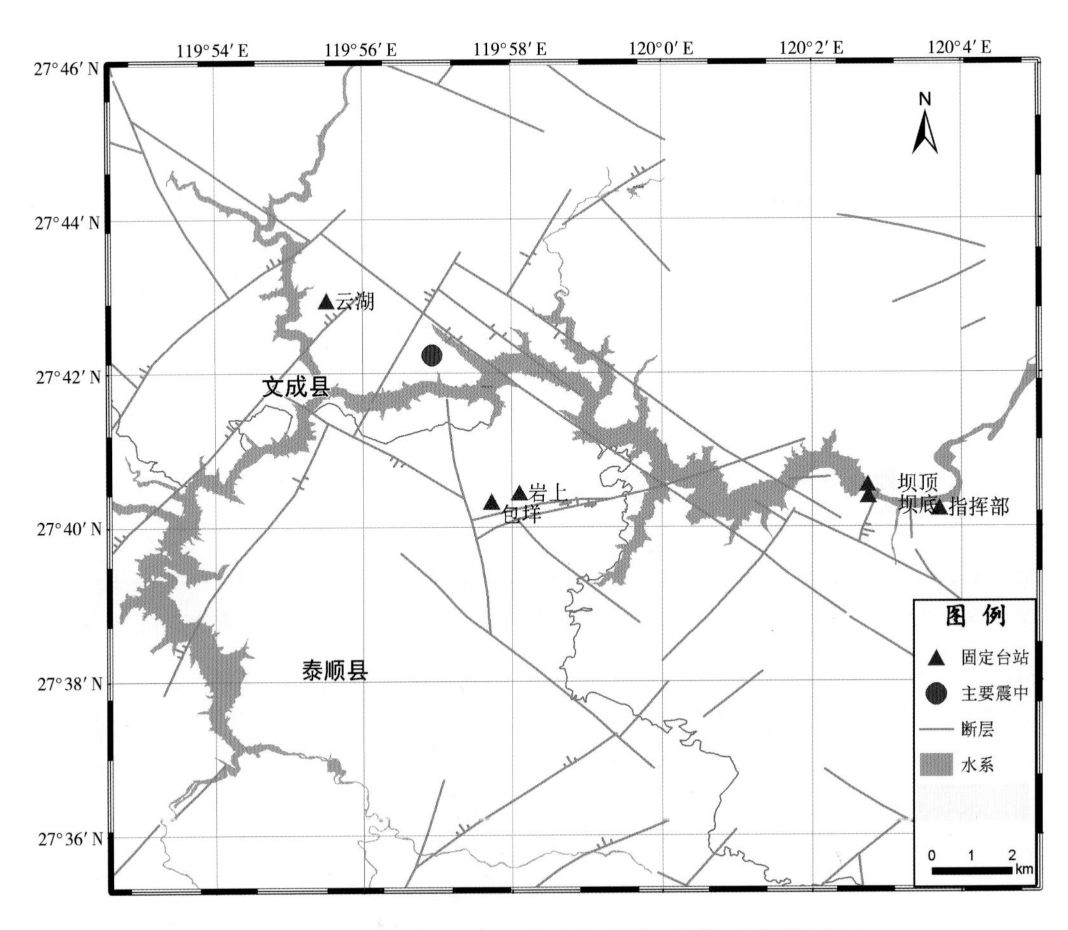

图 2-1 温州文成—泰顺交界处获得地震加速度记录的固定台站分布图

三　强震动观测仪器

浙江省强震动台网所使用的仪器均为数字强震动仪，每个台站配置北京港震机电公司生产的 24 位数字强震动记录器和 BBAS–2 型加速度传感器。数字强震动记录器和加速度计主要技术指标详见表 3–1 和表 3–2。

表 3–1　数字强震动记录器的主要技术指标

技术指标		内　容
数据采集通道数		3 个或 6 个高速数据采集通道
		3 个或 6 个慢速数据采集通道
		3 个频率测试通道
高速数据采集通道	输入信号满度值	± 2.5 V，± 5 V，± 10 V 或 ± 20 V，双端平衡差分输入
	输入阻抗	500 kΩ（单边）
	A/D 转换	24 位
	动态范围	>135 dB（采样率为 50 Hz）
	系统噪声	<1 LSB（有效值）
	非线性失真度	<–110 dB（采样率为 50 Hz）
	路际串扰	<–110 dB
	通带波动	<0.1 dB
	通带外衰减	>135 dB
	数字滤波器	FIR 数字滤波器，可设置线性相位和最小相位
	输出采样率	1 Hz，10 Hz，20 Hz，50 Hz，100 Hz，200 Hz，500 Hz
	多种采样率输出	每个通道支持多种采样率数据同时输出
	实时数据最小输出间隔	20 个采样点（提供低延迟实时数据为地震预警服务）
	标定信号发生器	16 位 DAC，程控波形输出， ± 10 V（电压输出），± 20 mA（电流输出）
	环路自检	模拟通道输入可程控连接至标定输出地或信号地
	标定信号类型	方波、正弦波，伪随机二进制码信号频率、幅度、周期数可设置
	记录功能	支持连续数据和触发事件数据同时记录
慢速数据采集通道	输入信号满度值	± 10 V，双端平衡差分输入
	输入阻抗	1 MΩ（单边）
	A/D 转换	24 位
	动态范围	>135 dB（采样率为 1 Hz）
	实时数据输出间隔	1 s

续表

技术指标		内　容
频率测量通道	测量范围	10 Hz ~ 250 kHz
	测量精度	输出数据 $\times 10^{-6}$
	分辨率	5×10^{-7}
	输入阻抗	1 MΩ
	本地记录格式	压缩格式
	实时数据输出间隔	1 s
	输出量纲	Hz
	测量时基稳定度	10^{-8}，GPS 模块同步时
时间服务	授时精度	GPS 模块同步时，时钟精度 <100 μs
	守时精度	GPS 模块未同步时，时钟漂移 <1 ms/d
	授时输入	IRIG-B 码时间信号
	附件模块	输出 IRIG-B 码时间信号
通信	通信接口	两个 RS232 串行口，一个标准 10M/100M 以太网卡
	通信协议	支持 TCP/IP、FTP、Telnet、Http 等
	参数设置	客户端软件
可靠性	自启动功能	具有自检、自动复位、重启、远程控制和升级功能
记录	记忆容量及介质	大容量工业级 CF 卡（标配 8G，可扩展）
工作参数	工作温度	-20 ~ +60 ℃
	供电电源	直流 9 ~ 18 V，标准 12 V
	平均功耗	<2 W
	外形尺寸	200 mm × 300 mm × 88 mm

表 3-2　BBAS-2 型加速度计的仪器性能及技术指标

结构	三分向一体，力平衡电子反馈
测量范围	± 2 g 或 ± 4 g
满量程输出	± 5 V
灵敏度	2.5 V/g
横向灵敏度比	130 dB
频带宽度	DC ~ 80 Hz
线性度	0.1%
零点漂移	0.0005 g/℃
标定输入	± 5 V(最大值)
阻尼控制功能	有
供电电压	8 ~ 30 V，单电源供电
静态电流	35 mA，供电电压 12 V 时
外形尺寸	120 mm × 120 mm × 65 mm
重量	约 2 kg
运行环境温度	-20 ~ +60 ℃
相对湿度 (RH)	小于 90%

注：g 为重力加速度。

四　加速度记录的数据处理

数据处理分析包括：原始加速度记录的整理、截取和统一数据格式，录入元数据，零线调整以及绘制未校正加速度图。

从理论上讲，在地震波未到达之前，加速度的初始值应是零，但由于电磁噪声和背景噪声，因而存在传感器初始零位的偏移，即不为零的初始值将导致在位移过程中产生零线漂移。为了减少初始值不为零而产生的误差，需对加速度时程进行专门的零线调整。

在一般的零线校正前，对原始记录首先采用减去震前部分平均值的方法进行零线调整，这样就使震前部分的加速度在理论上非常接近零。由于这种方法在本质上是加速度时程的零线上下平移，并没有改变零线的形状，因此，这种方法也被称作加速度时程零线调整，也是常规未校正加速度记录处理中的主要内容。

零线调整的具体步骤如下：

（1）计算原始加速度记录时间前 8 s 记录的平均值；

（2）将原始加速度记录数据减去前 8 s 记录的平均值；

（3）对个别有零线漂移的加速度记录作旋转调整。

五　地震目录

本章汇集了据浙江省强震动台网测定的 2014 年 8 月 1 日至 2015 年 1 月 31 日，震级 $M \geqslant 1.0$ 级的 273 个地震序列（地震位置分布见图 1–1）的目录，如表 5–1 所示（地理信息参照浙江省数字地震台网地震编目目录）。

表 5–1　地震目录

地震编号	发震时间		震中位置		震源深度(km)	震级 M	备注
	发震日期	发震时刻	北纬（°）	东经（°）			
0140912131409	2014.9.12	13:14:09	27.67	120.00	4.4	1.6	
0140912153936	2014.9.12	15:39:36	27.67	120.00	4.4	1.2	
0140915030321	2014.9.15	3:03:21	27.71	119.95	3.6	1.3	
0140915132331	2014.9.15	13:23:31	27.71	119.95	3.7	2.8	
0140915145615	2014.9.15	14:56:15	27.71	119.95	3.8	1.8	
0140915145600	2014.9.15	14:56:00	27.71	119.94	4.1	1.0	
0140915145740	2014.9.15	14:57:40	27.71	119.95	4.1	1.8	
0140915150109	2014.9.15	15:01:09	27.71	119.95	4.2	2.4	
0140915150506	2014.9.15	15:05:06	27.71	119.95	4.4	1.1	
0140915152458	2014.9.15	15:24:58	27.71	119.94	4.2	1.0	
0140915182334	2014.9.15	18:23:34	27.71	119.95	4.0	1.7	
0140915192554	2014.9.15	19:25:54	27.71	119.95	3.8	1.3	
0140915221438	2014.9.15	22:14:38	27.71	119.95	3.9	1.4	
0140916015001	2014.9.16	1:50:01	27.70	119.95	4.1	1.2	
0140916114221	2014.9.16	11:42:21	27.71	119.95	4.4	2.7	
0140916234429	2014.9.16	23:44:29	27.71	119.95	4.0	1.3	
0140917204731	2014.9.17	20:47:31	27.71	119.95	3.7	2.9	
0140918003018	2014.9.18	0:30:18	27.71	119.95	4.7	1.4	
0140918152648	2014.9.18	15:26:48	27.71	119.94	3.8	1.0	
0140919053716	2014.9.19	5:37:16	27.71	119.94	3.7	1.3	
0140919083725	2014.9.19	8:37:25	27.71	119.94	3.7	1.5	
0140919085051	2014.9.19	8:50:51	27.72	119.95	3.3	1.7	
0140921002940	2014.9.21	0:29:40	27.71	119.95	4.3	1.2	
0140921120724	2014.9.21	12:07:24	27.71	119.94	4.2	2.4	
0140921140909	2014.9.21	14:09:09	27.71	119.95	3.4	1.4	
0140922063755	2014.9.22	6:37:55	27.71	119.95	3.2	3.2	
0140922063734	2014.9.22	6:37:34	27.71	119.95	3.1	1.8	
0140922081230	2014.9.22	8:12:30	27.71	119.95	2.0	1.7	

续表

地震编号	发震时间		震中位置		震源深度(km)	震级 M	备注
	发震日期	发震时刻	北纬（°）	东经（°）			
0140922112317	2014.9.22	11:23:17	27.70	119.96	2.9	1.1	
0140922113840	2014.9.22	11:38:40	27.70	119.96	3.0	1.0	
0140922121521	2014.9.22	12:15:21	27.71	119.95	2.3	1.5	
0140922141213	2014.9.22	14:12:13	27.71	119.94	4.8	1.2	
0140923074631	2014.9.23	7:46:31	27.70	119.95	2.6	1.3	
0140923132045	2014.9.23	13:20:45	27.71	119.95	3.5	3.6	
0140923132136	2014.9.23	13:21:36	27.71	119.95	1.3	2.2	
0140923134743	2014.9.23	13:47:43	27.71	119.95	3.6	2.0	
0140923134855	2014.9.23	13:48:55	27.71	119.95	3.3	2.2	
0140923140007	2014.9.23	14:00:07	27.70	119.95	3.7	1.1	
0140923141229	2014.9.23	14:12:29	27.70	119.96	3.7	3.0	
0140923141553	2014.9.23	14:15:53	27.70	119.95	3.8	1.4	
0140923141713	2014.9.23	14:17:13	27.70	119.95	3.7	1.1	
0140923150247	2014.9.23	15:02:47	27.71	119.95	4.1	2.3	
0140923150512	2014.9.23	15:05:12	27.71	119.95	3.3	1.4	
0140923151322	2014.9.23	15:13:22	27.71	119.95	3.6	1.0	
0140923152156	2014.9.23	15:21:56	27.71	119.95	2.1	1.3	
0140923152421	2014.9.23	15:24:21	27.71	119.94	3.0	1.5	
0140923165625	2014.9.23	16:56:25	27.70	119.95	3.3	2.4	
0140923174025	2014.9.23	17:40:25	27.71	119.94	4.5	3.1	
0140923175759	2014.9.23	17:57:59	27.71	119.95	4.4	2.7	
0140923175807	2014.9.23	17:58:07	27.71	119.95	4.1	2.1	
0140923195006	2014.9.23	19:50:06	27.70	119.95	2.7	1.2	
0140923221607	2014.9.23	22:16:07	27.70	119.96	2.1	1.1	
0140923234422	2014.9.23	23:44:22	27.71	119.96	3.2	1.0	
0140924002004	2014.9.24	0:20:04	27.70	119.95	4.5	2.8	
0140924015518	2014.9.24	1:55:18	27.70	119.95	4.3	1.4	
0140924035205	2014.9.24	3:52:05	27.71	119.95	3.1	1.7	
0140924045019	2014.9.24	4:50:19	27.71	119.94	3.7	1.5	
0140924072147	2014.9.24	7:21:47	27.71	119.94	3.4	1.1	
0140924143129	2014.9.24	14:31:29	27.71	119.94	3.2	1.4	
0140924150306	2014.9.24	15:03:06	27.71	119.94	2.7	2.1	
0140924171513	2014.9.24	17:15:13	27.70	119.97	1.6	1.1	
0140925010551	2014.9.25	1:05:51	27.70	119.96	1.8	1.9	
0140925123820	2014.9.25	12:38:20	27.71	119.95	3.5	2.3	
0140926234459	2014.9.26	23:44:59	27.71	119.94	3.6	1.6	
0140927082525	2014.9.27	8:25:25	27.71	119.94	3.0	2.0	
0140927082528	2014.9.27	8:25:28	27.71	119.94	3.0	2.6	
0140927082617	2014.9.27	8:26:17	27.71	119.94	3.2	1.1	
0140927083044	2014.9.27	8:30:44	27.71	119.94	3.8	3.5	
0140927084121	2014.9.27	8:41:21	27.72	119.94	3.7	2.9	
0140927084249	2014.9.27	8:42:49	27.71	119.95	3.0	1.3	
0140927090022	2014.9.27	9:00:22	27.71	119.95	2.7	1.1	
0140927090209	2014.9.27	9:02:09	27.70	119.95	3.0	1.8	
0140927091136	2014.9.27	9:11:36	27.71	119.95	4.2	1.7	
0140927095141	2014.9.27	9:51:41	27.70	119.95	5.0	2.1	
0140927124146	2014.9.27	12:41:46	27.71	119.94	4.6	2.1	
0140927150425	2014.9.27	15:04:25	27.70	119.95	5.0	1.4	

续表

地震编号	发震时间		震中位置		震源深度(km)	震级 *M*	备注
	发震日期	发震时刻	北纬(°)	东经(°)			
0140927182359	2014.9.27	18:23:59	27.70	119.96	4.6	1.6	
0140927203814	2014.9.27	20:38:14	27.71	119.95	4.3	1.1	
0140928064324	2014.9.28	6:43:24	27.72	119.94	4.3	2.0	
0140929025859	2014.9.29	2:58:59	27.72	119.94	3.6	2.3	
0140930131426	2014.9.30	13:14:26	27.72	119.94	1.9	1.1	
0141001020902	2014.10.1	2:09:02	27.72	119.93	3.6	2.1	
0141002055008	2014.10.2	5:50:08	27.70	119.96	3.9	1.9	
0141002082539	2014.10.2	8:25:39	27.72	119.93	3.4	1.1	
0141002170744	2014.10.2	17:07:44	27.70	119.97	3.6	1.6	
0141002224032	2014.10.2	22:40:32	27.71	119.95	2.7	2.1	
0141002233223	2014.10.2	23:32:23	27.70	119.95	2.8	2.0	
0141003004621	2014.10.3	0:46:21	27.70	119.96	3.0	2.1	
0141003011259	2014.10.3	1:12:59	27.70	119.96	3.4	1.7	
0141003114206	2014.10.3	11:42:06	27.70	119.96	3.5	3.5	
0141003114205	2014.10.3	11:42:05	27.70	119.96	4.9	2.4	
0141003114455	2014.10.3	11:44:55	27.70	119.97	2.9	2.3	
0141003114502	2014.10.3	11:45:02	27.70	119.97	2.7	1.9	
0141003115938	2014.10.3	11:59:38	27.71	119.95	3.2	2.4	
0141003120354	2014.10.3	12:03:54	27.70	119.96	3.3	1.4	
0141003120925	2014.10.3	12:09:25	27.70	119.97	2.0	1.3	
0141003121919	2014.10.3	12:19:19	27.71	119.95	3.1	1.4	
0141003143458	2014.10.3	14:34:58	27.70	119.96	2.5	1.1	
0141003143505	2014.10.3	14:35:05	27.70	119.96	3.4	2.0	
0141003144109	2014.10.3	14:41:09	27.70	119.96	3.5	1.3	
0141003151350	2014.10.3	15:13:50	27.70	119.96	3.3	1.7	
0141003174848	2014.10.3	17:48:48	27.70	119.96	3.9	1.1	
0141003183530	2014.10.3	18:35:30	27.70	119.96	3.2	1.2	
0141004031712	2014.10.4	3:17:12	27.70	119.96	4.5	2.3	
0141004132515	2014.10.4	13:25:15	27.70	119.96	2.4	1.3	
0141005062708	2014.10.5	6:27:08	27.72	119.93	4.6	2.8	
0141005101334	2014.10.5	10:13:34	27.71	119.94	2.9	1.5	
0141005121850	2014.10.5	12:18:50	27.71	119.95	2.7	2.0	
0141005131032	2014.10.5	13:10:32	27.70	119.96	3.3	1.0	
0141006061754	2014.10.6	6:17:54	27.72	119.93	3.9	2.0	
0141006061902	2014.10.6	6:19:02	27.72	119.94	3.7	1.0	
0141006071146	2014.10.6	7:11:46	27.70	119.96	3.2	1.7	
0141007095125	2014.10.7	9:51:25	27.70	119.97	3.7	1.6	
0141007104010	2014.10.7	10:40:10	27.69	119.97	3.3	1.5	
0141008195001	2014.10.8	19:50:01	27.71	119.95	2.3	2.0	
0141008201602	2014.10.8	20:16:02	27.71	119.95	2.1	1.2	
0141008202952	2014.10.8	20:29:52	27.70	119.96	3.8	1.4	
0141008202951	2014.10.8	20:29:51	27.70	119.96	4.2	1.5	
0141008215842	2014.10.8	21:58:42	27.70	119.96	4.0	2.5	
0141009011430	2014.10.9	1:14:30	27.70	119.96	3.8	2.7	
0141009011731	2014.10.9	1:17:31	27.70	119.97	4.0	2.6	
0141009022700	2014.10.9	2:27:00	27.69	119.97	3.3	1.2	
0141009023001	2014.10.9	2:30:01	27.70	119.97	4.0	2.7	
0141009071522	2014.10.9	7:15:22	27.70	119.97	4.3	1.5	

续表

地震编号	发震时间		震中位置		震源深度(km)	震级 M	备注
	发震日期	发震时刻	北纬（°）	东经（°）			
0141009121920	2014.10.9	12:19:20	27.70	119.96	1.5	1.2	
0141009222114	2014.10.9	22:21:14	27.70	119.97	4.0	1.5	
0141009223325	2014.10.9	22:33:25	27.70	119.97	4.6	2.1	
0141010101111	2014.10.10	10:11:11	27.70	119.95	4.5	1.0	
0141011001829	2014.10.11	0:18:29	30.16	119.63	13.3	1.9	
0141011011535	2014.10.11	1:15:35	27.71	119.94	2.8	1.6	
0141011110024	2014.10.11	11:00:24	27.71	119.94	1.8	3.1	
0141011110016	2014.10.11	11:00:16	27.71	119.94	2.6	3.6	
0141011112505	2014.10.11	11:25:05	27.70	119.95	2.2	1.1	
0141011113355	2014.10.11	11:33:55	27.70	119.96	2.5	1.4	
0141012000055	2014.10.12	0:00:55	27.70	119.96	1.9	3.3	
0141012001046	2014.10.12	0:10:46	27.70	119.97	2.9	1.4	
0141012083426	2014.10.12	8:34:26	27.70	119.96	2.4	1.2	
0141014041357	2014.10.14	4:13:57	27.71	119.94	4.5	2.2	
0141014041456	2014.10.14	4:14:56	27.71	119.94	4.2	3.7	
0141014041606	2014.10.14	4:16:06	27.71	119.95	4.6	1.3	
0141014041622	2014.10.14	4:16:22	27.71	119.95	4.3	1.9	
0141014041644	2014.10.14	4:16:44	27.71	119.95	4.4	1.5	
0141014042304	2014.10.14	4:23:04	27.71	119.95	4.3	1.3	
0141014042305	2014.10.14	4:23:05	27.71	119.95	4.3	1.4	
0141014042306	2014.10.14	4:23:06	27.71	119.95	4.1	1.1	
0141014042753	2014.10.14	4:27:53	27.71	119.94	5.1	1.0	
0141014043032	2014.10.14	4:30:32	27.71	119.94	5.1	1.9	
0141014063047	2014.10.14	6:30:47	27.71	119.95	4.9	1.7	
0141014081211	2014.10.14	8:12:11	27.71	119.94	5.1	1.5	
0141014174658	2014.10.14	17:46:58	27.70	119.96	2.7	2.1	
0141014200736	2014.10.14	20:07:36	27.70	119.96	3.2	1.5	
0141015154544	2014.10.15	15:45:44	27.71	119.95	4.1	3.3	
0141015154603	2014.10.15	15:46:03	27.71	119.95	3.1	2.5	
0141015154633	2014.10.15	15:46:33	27.71	119.95	3.9	3.0	
0141015154927	2014.10.15	15:49:27	27.71	119.95	5.0	3.4	
0141015155442	2014.10.15	15:54:42	27.71	119.96	3.4	1.3	
0141015160015	2014.10.15	16:00:15	27.69	119.97	3.3	1.6	
0141015160501	2014.10.15	16:05:01	27.69	119.97	3.2	1.3	
0141015163724	2014.10.15	16:37:24	27.70	119.96	4.6	3.5	
0141015165913	2014.10.15	16:59:13	27.71	119.95	4.7	2.0	
0141015181941	2014.10.15	18:19:41	27.71	119.94	4.7	1.3	
0141015191752	2014.10.15	19:17:52	27.71	119.95	4.5	1.8	
0141015201343	2014.10.15	20:13:43	27.70	119.96	4.2	1.0	
0141015204649	2014.10.15	20:46:49	27.71	119.95	5.2	1.6	
0141015230235	2014.10.15	23:02:35	27.70	119.96	4.9	1.3	
0141016000554	2014.10.16	0:05:54	27.71	119.95	5.0	1.6	
0141016004458	2014.10.16	0:44:58	27.71	119.95	4.7	2.1	
0141016004619	2014.10.16	0:46:19	27.71	119.95	4.6	1.2	
0141016011750	2014.10.16	1:17:50	27.71	119.94	4.8	1.3	
0141016044746	2014.10.16	4:47:46	27.70	119.96	4.3	1.5	
0141016051431	2014.10.16	5:14:31	27.71	119.95	5.3	1.1	
0141016120125	2014.10.16	12:01:25	27.71	119.95	1.1	2.2	

续表

地震编号	发震时间		震中位置		震源深度(km)	震级 *M*	备注
	发震日期	发震时刻	北纬（°）	东经（°）			
0141017054254	2014.10.17	5:42:54	27.70	119.96	3.4	1.9	
0141017055033	2014.10.17	5:50:33	27.70	119.97	4.1	1.6	
0141017091336	2014.10.17	9:13:36	27.70	119.96	2.7	1.6	
0141017091343	2014.10.17	9:13:43	27.70	119.97	2.4	1.5	
0141018085032	2014.10.18	8:50:32	27.71	119.95	4.4	2.3	
0141018085017	2014.10.18	8:50:17	27.71	119.94	4.9	1.9	
0141018102738	2014.10.18	10:27:38	27.72	119.94	2.6	1.1	
0141018211211	2014.10.18	21:12:11	27.72	119.94	5.0	2.1	
0141019165947	2014.10.19	16:59:47	27.71	119.95	5.4	2.3	
0141020120612	2014.10.20	12:06:12	27.71	119.94	5.3	1.1	
0141021012043	2014.10.21	1:20:43	27.70	119.96	2.8	1.6	
0141021092840	2014.10.21	9:28:40	27.69	119.97	3.9	1.1	
0141021144026	2014.10.21	14:40:26	27.70	119.95	1.9	2.0	
0141021213120	2014.10.21	21:31:20	27.71	119.94	1.8	1.3	
0141022042016	2014.10.22	4:20:16	27.70	119.96	3.9	1.2	
0141023083502	2014.10.23	8:35:02	27.72	119.93	4.2	3.1	
0141023201403	2014.10.23	20:14:03	27.72	119.93	4.6	1.4	
0141024100939	2014.10.24	10:09:39	27.72	119.93	4.5	2.4	
0141024151417	2014.10.24	15:14:17	27.71	119.94	5.2	1.8	
0141025030659	2014.10.25	3:06:59	27.70	119.95	2.4	1.4	
0141025032600	2014.10.25	3:26:00	27.70	119.96	2.3	2.1	
0141025091520	2014.10.25	9:15:20	27.70	119.97	1.4	1.0	
0141025174639	2014.10.25	17:46:39	27.69	119.97	2.9	1.2	
0141025182144	2014.10.25	18:21:44	27.69	119.97	3.0	1.2	
0141025184219	2014.10.25	18:42:19	27.70	119.95	3.1	3.8	
0141025184943	2014.10.25	18:49:43	27.70	119.96	2.1	1.1	
0141025185716	2014.10.25	18:57:16	27.71	119.94	3.3	1.1	
0141025185956	2014.10.25	18:59:56	27.71	119.95	2.1	1.0	
0141025191127	2014.10.25	19:11:27	27.72	119.94	2.5	1.1	
0141025191443	2014.10.25	19:14:43	27.69	119.97	2.6	1.2	
0141025191639	2014.10.25	19:16:39	27.71	119.95	2.5	1.0	
0141025192940	2014.10.25	19:29:40	27.69	119.97	3.2	3.2	
0141025193123	2014.10.25	19:31:23	27.71	119.95	1.0	1.7	
0141025193135	2014.10.25	19:31:35	27.69	119.97	2.4	1.8	
0141025210348	2014.10.25	21:03:48	27.69	119.98	2.2	1.2	
0141026070341	2014.10.26	7:03:41	27.69	119.97	3.7	2.7	
0141027111313	2014.10.27	11:13:13	27.70	119.96	3.6	1.7	
0141027161713	2014.10.27	16:17:13	27.69	119.97	3.1	1.9	
0141027163942	2014.10.27	16:39:42	27.71	119.94	5.4	2.1	
0141027164159	2014.10.27	16:41:59	27.71	119.94	5.0	1.3	
0141027164211	2014.10.27	16:42:11	27.71	119.94	5.0	1.7	
0141027204033	2014.10.27	20:40:33	27.71	119.94	5.2	1.9	
0141027215441	2014.10.27	21:54:41	27.71	119.94	5.2	2.3	
0141027215956	2014.10.27	21:59:56	27.71	119.95	4.7	1.7	
0141027220333	2014.10.27	22:03:33	27.71	119.95	4.9	2.1	
0141027220513	2014.10.27	22:05:13	27.71	119.95	5.0	1.4	
0141027233103	2014.10.27	23:31:03	27.71	119.94	5.3	1.1	
0141028015038	2014.10.28	1:50:38	27.69	119.98	3.0	2.7	

续表

地震编号	发震时间		震中位置		震源深度(km)	震级 M	备注
	发震日期	发震时刻	北纬(°)	东经(°)			
0141028015053	2014.10.28	1:50:53	27.69	119.98	2.7	1.8	
0141028025910	2014.10.28	2:59:10	27.69	119.98	2.9	1.2	
0141028032830	2014.10.28	3:28:30	27.69	119.98	2.8	2.9	
0141028083930	2014.10.28	8:39:30	27.69	119.97	3.2	1.3	
0141028085710	2014.10.28	8:57:10	27.70	119.97	3.2	2.1	
0141028091021	2014.10.28	9:10:21	27.69	119.97	2.7	1.1	
0141029075933	2014.10.29	7:59:33	27.69	119.98	3.5	1.2	
0141029175407	2014.10.29	17:54:07	27.72	119.93	2.0	1.1	
0141030181548	2014.10.30	18:15:48	27.69	119.98	3.8	1.2	
0141030192541	2014.10.30	19:25:41	27.69	119.98	3.9	2.6	
0141030201532	2014.10.30	20:15:32	27.69	119.98	3.7	2.0	
0141030202032	2014.10.30	20:20:32	27.70	119.96	2.2	2.2	
0141030215341	2014.10.30	21:53:41	27.68	119.98	3.6	1.4	
0141030224641	2014.10.30	22:46:41	27.69	119.98	3.7	2.1	
0141030231217	2014.10.30	23:12:17	27.68	119.98	3.8	1.4	
0141031003031	2014.10.31	0:30:31	27.69	119.98	2.8	1.6	
0141104070311	2014.11.4	7:03:11	27.68	119.98	2.8	2.5	
0141104082223	2014.11.4	8:22:23	27.68	119.98	3.1	1.9	
0141104132914	2014.11.4	13:29:14	27.68	119.99	1.4	1.3	
0141104155257	2014.11.4	15:52:57	27.69	119.97	1.4	1.5	
0141104162008	2014.11.4	16:20:08	27.68	119.98	1.9	1.4	
0141104163536	2014.11.4	16:35:36	27.69	119.97	2.0	1.2	
0141104165258	2014.11.4	16:52:58	27.70	119.97	2.2	2.3	
0141104180132	2014.11.4	18:01:32	27.69	119.97	4.4	2.0	
0141104185526	2014.11.4	18:55:26	27.68	119.98	2.7	1.8	
0141104190651	2014.11.4	19:06:51	27.72	119.93	1.7	1.0	
0141104194743	2014.11.4	19:47:43	27.68	119.99	1.3	1.9	
0141105011003	2014.11.5	1:10:03	27.69	119.96	4.6	1.2	
0141105060508	2014.11.5	6:05:08	27.69	119.97	4.8	1.9	
0141108031216	2014.11.8	3:12:16	27.70	119.97	4.0	2.0	
0141109163254	2014.11.9	16:32:54	27.70	119.97	3.5	1.0	
0141115072316	2014.11.15	7:23:16	27.69	119.96	4.5	1.2	
0141119165200	2014.11.19	16:52:00	27.70	119.97	4.8	1.8	
0141119175851	2014.11.19	17:58:51	27.68	119.98	2.8	2.2	
0141119175921	2014.11.19	17:59:21	27.68	119.98	2.4	1.6	
0141124023523	2014.11.24	2:35:23	27.70	119.95	5.8	2.3	
0141124043152	2014.11.24	4:31:52	27.70	119.95	5.5	1.1	
0141125063649	2014.11.25	6:36:49	27.70	119.96	2.0	1.0	
0141127153016	2014.11.27	15:30:16	27.70	119.95	4.6	1.0	
0141128043945	2014.11.28	4:39:45	27.63	119.21	7.2	1.0	
0141129202135	2014.11.29	20:21:35	27.69	119.97	1.9	1.0	
0141130041905	2014.11.30	4:19:05	27.70	119.96	5.7	1.2	
0141203154015	2014.12.3	15:40:15	27.69	119.97	1.0	1.0	
0141203163319	2014.12.3	16:33:19	27.69	119.98	2.6	1.0	
0141209002359	2014.12.9	0:23:59	27.68	119.99	2.8	1.1	
0141210184859	2014.12.10	18:48:59	27.70	119.96	4.5	1.1	
0141213114822	2014.12.13	11:48:22	27.69	119.96	2.5	1.0	
0141214145831	2014.12.14	14:58:31	27.68	119.99	6.9	1.1	

续表

地震编号	发震时间		震中位置		震源深度(km)	震级 M	备注
	发震日期	发震时刻	北纬（°）	东经（°）			
0141218025110	2014.12.18	2:51:10	27.72	119.92	3.7	1.5	
0150101125638	2015.1.1	12:56:38	27.69	119.98	2.4	1.2	
0150103025124	2015.1.3	2:51:24	27.69	119.97	2.4	1.8	
0150107230505	2015.1.7	23:05:05	27.73	119.92	4.8	1.2	
0150112133343	2015.1.12	13:33:43	27.72	119.93	5.1	1.3	

六　台站目录

获取的主余震加速度记录的 6 个固定台站（台站地理位置见图 2–1）的目录如表 6–1 所示。

表 6–1　台站目录

台站代码	台站名称	场地条件	观测对象	记录器型号	加速度计型号
33BYA	包　垟	基　岩	自由地表	EDAS–24GN	BBVS–2
33SX1	珊溪坝顶	基　岩	结　构	GSMA–2400IP	BBVS–2
33SX2	珊溪坝底	基　岩	结　构	EDAS–24GN	BBVS–2
33SX3	珊溪指挥部	土　层	自由地表	EDAS–24GN	BBVS–2
33YSH	岩　上	土　层	自由地表	EDAS–24GN	BBVS–2
33YHU	云　湖	基　岩	自由地表	EDAS–24GN	BBVS–2

七 加速度记录目录

本章汇集了从前述6个固定台站（台站地理位置见图2–1）获取的主余震加速度记录目录，如表7–1所示。

表7–1 加速度记录目录

地震编号	台站代码	台站名称	测点位置	记录编号	测量方向	加速度峰值（cm/s²）	峰值时刻（s）	记录长度（s）	图序
0140912131409	33BYA	包垟台	地面	01BYA14091213140901	UD	–2.237	10.27	20	8–1
			地面	01BYA14091213140902	EW	6.698	10.25	20	
			地面	01BYA14091213140903	NS	5.263	10.25	20	
	33SX1	珊溪坝顶台	地面	01SX114091213140901	UD	–11.767	9.65	20	8–2
			地面	01SX114091213140902	EW	5.830	9.67	20	
			地面	01SX114091213140903	NS	7.458	9.64	20	
	33YSH	岩上台	地面	01YSH14091213140901	UD	11.547	10.38	20	8–3
			地面	01YSH14091213140902	EW	23.921	10.21	20	
			地面	01YSH14091213140903	NS	–9.417	10.27	20	
0140912153936	33BYA	包垟台	地面	02BYA14091215393601	UD	–1.825	10.03	20	8–4
			地面	02BYA14091215393602	EW	4.310	10.01	20	
			地面	02BYA14091215393603	NS	–3.369	10.16	20	
	33SX1	珊溪坝顶台	地面	02SX114091215393601	UD	–15.321	9.41	20	8–5
			地面	02SX114091215393602	EW	–7.895	9.48	20	
			地面	02SX114091215393603	NS	5.272	9.61	20	
	33SX2	珊溪坝底台	地面	02SX214091215393601	UD	24.511	10.27	20	8–6
			地面	02SX214091215393602	EW	17.543	10.29	20	
			地面	02SX214091215393603	NS	–17.899	10.29	20	
	33YSH	岩上台	地面	02SX314091215393601	UD	13.131	10.01	20	8–7
			地面	02SX314091215393602	EW	–20.623	9.84	20	
			地面	02SX314091215393603	NS	–10.110	9.86	20	
0140915030321	33BYA	包垟台	地面	03BYA14091503032101	UD	–2.460	9.77	20	8–8
			地面	03BYA14091503032102	EW	–3.412	9.79	20	
			地面	03BYA14091503032103	NS	4.617	9.79	20	
	33SX1	珊溪坝顶台	地面	03SX114091503032101	UD	–1.518	10.43	20	8–9
			地面	03SX114091503032102	EW	–1.788	10.92	20	
			地面	03SX114091503032103	NS	–1.909	11.02	20	
	33SX2	珊溪坝底台	地面	03SX214091503032101	UD	2.443	9.14	20	8–10
			地面	03SX214091503032102	EW	–2.941	10.55	20	
			地面	03SX214091503032103	NS	2.999	10.45	20	
	33SX3	珊溪指挥部台	地面	03SX314091503032101	UD	2.727	8.26	20	8–11
			地面	03SX314091503032102	EW	3.149	9.77	20	
			地面	03SX314091503032103	NS	–2.934	9.72	20	
	33YSH	岩上台	地面	03YHU14091503032101	UD	–8.314	9.82	20	8–12
			地面	03YHU14091503032102	EW	14.798	9.99	20	
			地面	03YHU14091503032103	NS	–5.696	10.19	20	

续表

地震编号	台站代码	台站名称	测点位置	记录编号	测量方向	加速度峰值（cm/s^2）	峰值时刻（s）	记录长度（s）	图序
0140915132331	33BYA	包垟台	地面	04BYA14091513233101	UD	5.024	10.78	20	8–13
			地面	04BYA14091513233102	EW	−7.758	10.53	20	
			地面	04BYA14091513233103	NS	−9.240	10.60	20	
	33SX1	珊溪坝顶台	地面	04SX114091513233101	UD	5.342	10.61	20	8–14
			地面	04SX114091513233102	EW	−7.096	10.68	20	
			地面	04SX114091513233103	NS	−6.564	11.23	20	
	33SX2	珊溪坝底台	地面	04SX214091513233101	UD	−11.801	10.64	20	8–15
			地面	04SX214091513233102	EW	9.190	10.60	20	
			地面	04SX214091513233103	NS	−11.712	10.86	20	
	33SX3	珊溪指挥部台	地面	04SX314091513233101	UD	−6.665	9.19	20	8–16
			地面	04SX314091513233102	EW	−9.613	10.68	20	
			地面	04SX314091513233103	NS	10.780	11.08	20	
	33YSH	岩上台	地面	04YSH14091513233101	UD	24.599	9.65	20	8–17
			地面	04YSH14091513233102	EW	50.757	9.83	20	
			地面	04YSH14091513233103	NS	−23.936	8.63	20	
0140915145615	33BYA	包垟台	地面	05BYA14091514561501	UD	−2.278	10.30	20	8–18
			地面	05BYA14091514561502	EW	−2.436	10.32	20	
			地面	05BYA14091514561503	NS	−5.133	10.30	20	
	33SX1	珊溪坝顶台	地面	05SX114091514561501	UD	−2.133	11.25	20	8–19
			地面	05SX114091514561502	EW	−2.498	11.42	20	
			地面	05SX114091514561503	NS	2.445	11.42	20	
	33SX2	珊溪坝底台	地面	05SX214091514561501	UD	−3.454	11.24	20	8–20
			地面	05SX214091514561502	EW	4.406	11.60	20	
			地面	05SX214091514561503	NS	5.194	11.30	20	
	33SX3	珊溪指挥部台	地面	05SX314091514561501	UD	3.222	8.85	20	8–21
			地面	05SX314091514561502	EW	5.347	10.68	20	
			地面	05SX314091514561503	NS	−6.263	10.59	20	
	33YSH	岩上台	地面	05YSH14091514561501	UD	−8.314	10.08	20	8–22
			地面	05YSH14091514561502	EW	−15.902	10.27	20	
			地面	05YSH14091514561503	NS	−8.544	10.32	20	
0140915145600	33BYA	包垟台	地面	06BYA14091514560001	UD	1.172	10.12	20	8–23
			地面	06BYA14091514560002	EW	−1.476	10.12	20	
			地面	06BYA14091514560003	NS	−2.553	10.10	20	
	33SX1	珊溪坝顶台	地面	06SX114091514560001	UD	0.925	10.10	20	8–24
			地面	06SX114091514560002	EW	−0.621	10.24	20	
			地面	06SX114091514560003	NS	0.801	10.36	20	
	33SX3	珊溪指挥部台	地面	06SX314091514560001	UD	−1.280	7.49	18	8–25
			地面	06SX314091514560002	EW	1.726	9.30	18	
			地面	06SX314091514560003	NS	−2.168	9.37	18	
	33YSH	岩上台	地面	06YSH14091514560001	UD	4.502	9.92	20	8–26
			地面	06YSH14091514560002	EW	6.346	10.03	20	
			地面	06YSH14091514560003	NS	−2.607	10.12	20	
0140915145740	33BYA	包垟台	地面	07BYA14091514574001	UD	−3.890	9.47	20	8–27
			地面	07BYA14091514574002	EW	−4.420	9.49	20	
			地面	07BYA14091514574003	NS	−7.127	9.47	20	
	33SX1	珊溪坝顶台	地面	07SX114091514574001	UD	2.822	10.35	20	8–28
			地面	07SX114091514574002	EW	−2.265	10.38	20	
			地面	07SX114091514574003	NS	2.741	11.00	20	
	33SX2	珊溪坝底台	地面	07SX214091514574001	UD	−3.454	10.24	20	8–29
			地面	07SX214091514574002	EW	4.406	10.60	20	
			地面	07SX214091514574003	NS	5.194	10.30	20	
	33SX3	珊溪指挥部台	地面	07SX314091514574001	UD	−3.222	7.85	20	8–30
			地面	07SX314091514574002	EW	5.345	9.68	20	
			地面	07SX314091514574003	NS	−6.263	9.59	20	
	33YSH	岩上台	地面	07YSH14091514574001	UD	−15.482	10.27	20	8–31
			地面	07YSH14091514574002	EW	16.837	10.50	20	
			地面	07YSH14091514574003	NS	11.322	10.46	20	

续表

地震编号	台站代码	台站名称	测点位置	记录编号	测量方向	加速度峰值（cm/s²）	峰值时刻（s）	记录长度（s）	图序
0140915150109	33BYA	包垟台	地面	08BYA14091515010901	UD	−13.951	9.67	20	8−32
			地面	08BYA14091515010902	EW	18.634	9.71	20	
			地面	08BYA14091515010903	NS	−25.417	9.67	20	
	33SX1	珊溪坝顶台	地面	08SX114091515010901	UD	−11.257	9.68	20	8−33
			地面	08SX114091515010902	EW	−7.337	9.56	20	
			地面	08SX114091515010903	NS	8.145	9.27	20	
	33SX2	珊溪坝底台	地面	08SX214091515010901	UD	−19.373	10.30	20	8−34
			地面	08SX214091515010902	EW	−20.367	10.42	20	
			地面	08SX214091515010903	NS	21.625	10.21	20	
	33SX3	珊溪指挥部台	地面	08SX314091515010901	UD	−13.061	8.07	20	8−35
			地面	08SX314091515010902	EW	18.016	9.86	20	
			地面	08SX314091515010903	NS	−22.253	9.77	20	
	33YSH	岩上台	地面	08YSH14091515010901	UD	36.254	10.44	20	8−36
			地面	08YSH14091515010902	EW	52.289	10.53	20	
			地面	08YSH14091515010903	NS	25.787	10.79	20	
0140915150506	33BYA	包垟台	地面	09BYA14091515050601	UD	−1.623	9.87	20	8−37
			地面	09BYA14091515050602	EW	2.432	9.87	20	
			地面	09BYA14091515050603	NS	2.285	9.92	20	
	33SX1	珊溪坝顶台	地面	09SX114091515050601	UD	1.217	9.81	20	8−38
			地面	09SX114091515050602	EW	0.685	10.05	20	
			地面	09SX114091515050603	NS	0.740	9.42	20	
	33SX2	珊溪坝底台	地面	09SX214091515050601	UD	−1.432	9.45	20	8−39
			地面	09SX214091515050602	EW	1.943	9.87	20	
			地面	09SX214091515050603	NS	−2.327	9.69	20	
	33SX3	珊溪指挥部台	地面	09SX314091515050601	UD	−0.969	8.22	20	8−40
			地面	09SX314091515050602	EW	1.734	10.01	20	
			地面	09SX314091515050603	NS	1.363	10.06	20	
	33YSH	岩上台	地面	09YSH14091515050601	UD	−6.813	9.67	20	8−41
			地面	09YSH14091515050602	EW	7.634	9.81	20	
			地面	09YSH14091515050603	NS	−2.982	9.80	20	
0140915152458	33BYA	包垟台	地面	10BYA14091515245801	UD	1.253	10.24	20	8−42
			地面	10BYA14091515245802	EW	1.397	10.37	20	
			地面	10BYA14091515245803	NS	1.897	10.24	20	
	33SX1	珊溪坝顶台	地面	10SX114091515245801	UD	1.230	10.42	20	8−43
			地面	10SX114091515245802	EW	−0.989	10.35	20	
			地面	10SX114091515245803	NS	−1.481	10.46	20	
	33SX2	珊溪坝底台	地面	10SX214091515245801	UD	−1.278	9.93	20	8−44
			地面	10SX214091515245802	EW	−2.387	9.98	20	
			地面	10SX214091515245803	NS	1.769	9.77	20	
	33SX3	珊溪指挥部台	地面	10SX314091515245801	UD	−1.073	10.39	20	8−45
			地面	10SX314091515245802	EW	2.878	10.42	20	
			地面	10SX314091515245803	NS	−2.700	10.33	20	
	33YSH	岩上台	地面	10YSH14091515245801	UD	−4.630	9.18	20	8−46
			地面	10YSH14091515245802	EW	−5.505	9.28	20	
			地面	10YSH14091515245803	NS	3.157	9.37	20	
0140915182334	33BYA	包垟台	地面	11BYA14091518233401	UD	0.994	10.35	20	8−47
			地面	11BYA14091518233402	EW	−1.779	10.37	20	
			地面	11BYA14091518233403	NS	−2.268	10.35	20	
	33SX1	珊溪坝顶台	地面	11SX114091518233401	UD	1.291	10.76	20	8−48
			地面	11SX114091518233402	EW	−1.263	10.51	20	
			地面	11SX114091518233403	NS	1.671	10.63	20	
	33SX2	珊溪坝底台	地面	11SX214091518233401	UD	1.565	10.75	20	8−49
			地面	11SX214091518233402	EW	−2.309	10.28	20	
			地面	11SX214091518233403	NS	2.072	10.72	20	
	33SX3	珊溪指挥部台	地面	11SX314091518233401	UD	1.180	7.72	20	8−50
			地面	11SX314091518233402	EW	−2.786	9.58	20	
			地面	11SX314091518233403	NS	2.136	10.10	20	
	33YSH	岩上台	地面	11YSH14091518233401	UD	4.656	9.69	20	8−51
			地面	11YSH14091518233402	EW	8.183	9.50	20	
			地面	11YSH14091518233403	NS	4.448	9.53	20	

续表

地震编号	台站代码	台站名称	测点位置	记录编号	测量方向	加速度峰值（cm/s²）	峰值时刻（s）	记录长度（s）	图序
0140915192554	33BYA	包垟台	地面	12BYA14091519255401	UD	2.842	9.35	20	8–52
			地面	12BYA14091519255402	EW	4.038	10.09	20	
			地面	12BYA14091519255403	NS	–5.021	10.06	20	
	33SX1	珊溪坝顶台	地面	12SX114091519255401	UD	2.705	9.65	20	8–53
			地面	12SX114091519255402	EW	1.660	10.29	20	
			地面	12SX114091519255403	NS	–1.882	10.06	20	
	33SX2	珊溪坝底台	地面	12SX214091519255401	UD	4.295	9.53	20	8–54
			地面	12SX214091519255402	EW	3.108	9.61	20	
			地面	12SX214091519255403	NS	4.313	9.81	20	
	33SX3	珊溪指挥部台	地面	12SX314091519255401	UD	–2.537	8.51	20	8–55
			地面	12SX314091519255402	EW	–4.720	10.18	20	
			地面	12SX314091519255403	NS	4.883	10.25	20	
	33YSH	岩上台	地面	12YSH14091519255401	UD	–9.372	9.63	20	8–56
			地面	12YSH14091519255402	EW	–9.443	9.73	20	
			地面	12YSH14091519255403	NS	5.721	9.82	20	
0140915221438	33BYA	包垟台	地面	13BYA14091522143801	UD	3.621	9.69	20	8–57
			地面	13BYA14091522143802	EW	5.909	9.70	20	
			地面	13BYA14091522143803	NS	6.611	9.67	20	
	33SX1	珊溪坝顶台	地面	13SX114091522143801	UD	–2.588	9.34	20	8–58
			地面	13SX114091522143802	EW	2.202	9.81	20	
			地面	13SX114091522143803	NS	–3.298	9.39	20	
	33SX2	珊溪坝底台	地面	13SX214091522143801	UD	–4.063	10.46	20	8–59
			地面	13SX214091522143802	EW	4.395	10.47	20	
			地面	13SX214091522143803	NS	4.717	10.39	20	
	33SX3	珊溪指挥部台	地面	13SX314091522143801	UD	–2.029	8.07	20	8–60
			地面	13SX314091522143802	EW	4.848	9.90	20	
			地面	13SX314091522143803	NS	–5.066	9.81	20	
	33YSH	岩上台	地面	13YSH14091522143801	UD	–10.152	9.52	20	8–61
			地面	13YSH14091522143802	EW	11.576	9.47	20	
			地面	13YSH14091522143803	NS	–6.086	9.63	20	
0140916015001	33BYA	包垟台	地面	14BYA14091601500101	UD	2.546	9.68	20	8–62
			地面	14BYA14091601500102	EW	–2.210	9.71	20	
			地面	14BYA14091601500103	NS	–2.750	9.72	20	
	33SX1	珊溪坝顶台	地面	14SX114091601500101	UD	2.639	10.23	20	8–63
			地面	14SX114091601500102	EW	1.727	10.87	20	
			地面	14SX114091601500103	NS	2.842	10.24	20	
	33SX2	珊溪坝底台	地面	14SX214091601500101	UD	4.386	9.14	20	8–64
			地面	14SX214091601500102	EW	3.804	9.39	20	
			地面	14SX214091601500103	NS	–3.792	9.57	20	
	33SX3	珊溪指挥部台	地面	14SX314091601500101	UD	–1.474	10.95	20	8–65
			地面	14SX314091601500102	EW	4.515	10.67	20	
			地面	14SX314091601500103	NS	–3.504	10.74	20	
	33YSH	岩上台	地面	14YSH14091601500101	UD	6.669	10.12	20	8–66
			地面	14YSH14091601500102	EW	–6.810	9.92	20	
			地面	14YSH14091601500103	NS	3.653	9.96	20	
0140916114221	33BYA	包垟台	地面	15BYA14091611422101	UD	6.360	9.96	20	8–67
			地面	15BYA14091611422102	EW	–8.010	9.96	20	
			地面	15BYA14091611422103	NS	–11.985	9.94	20	
	33SX1	珊溪坝顶台	地面	15SX114091611422101	UD	–5.277	9.99	20	8–68
			地面	15SX114091611422102	EW	3.662	9.78	20	
			地面	15SX114091611422103	NS	5.662	9.61	20	
	33SX2	珊溪坝底台	地面	15SX214091611422101	UD	–7.769	9.64	20	8–69
			地面	15SX214091611422102	EW	8.623	9.88	20	
			地面	15SX214091611422103	NS	–8.588	9.9	20	
	33SX3	珊溪指挥部台	地面	15SX314091611422101	UD	–5.522	10.09	20	8–70
			地面	15SX314091611422102	EW	–12.115	10.10	20	
			地面	15SX314091611422103	NS	11.216	10.17	20	
	33YSH	岩上台	地面	15YSH14091611422101	UD	13.782	9.15	20	8–71
			地面	15YSH14091611422102	EW	22.881	9.33	20	
			地面	15YSH14091611422103	NS	11.772	9.44	20	

续表

地震编号	台站代码	台站名称	测点位置	记录编号	测量方向	加速度峰值（cm/s²）	峰值时刻（s）	记录长度（s）	图序
0140916234429	33BYA	包垟台	地面	16BYA14091623442901	UD	2.000	7.83	20	8-72
			地面	16BYA14091623442902	EW	-2.742	8.59	20	
			地面	16BYA14091623442903	NS	-5.134	8.58	20	
	33SX1	珊溪坝顶台	地面	16SX114091623442901	UD	1.676	10.00	20	8-73
			地面	16SX114091623442902	EW	-1.690	9.87	20	
			地面	16SX114091623442903	NS	2.407	10.00	20	
	33SX2	珊溪坝底台	地面	16SX214091623442901	UD	2.459	9.09	20	8-74
			地面	16SX214091623442902	EW	-2.920	9.66	20	
			地面	16SX214091623442903	NS	-3.448	9.58	20	
	33SX3	珊溪指挥部台	地面	16SX314091623442901	UD	2.007	8.00	20	8-75
			地面	16SX314091623442902	EW	2.954	9.63	20	
			地面	16SX314091623442903	NS	3.645	9.87	20	
	33YSH	岩上台	地面	16YSH14091623442901	UD	-10.639	10.83	20	8-76
			地面	16YSH14091623442902	EW	13.172	10.70	20	
			地面	16YSH14091623442903	NS	3.699	10.82	20	
0140917204731	33BYA	包垟台	地面	17BYA14091720473101	UD	13.586	10.02	20	8-77
			地面	17BYA14091720473102	EW	-15.250	9.99	20	
			地面	17BYA14091720473103	NS	-20.297	9.92	20	
	33SX1	珊溪坝顶台	地面	17SX114091720473101	UD	12.234	9.95	20	8-78
			地面	17SX114091720473102	EW	-8.615	10.37	20	
			地面	17SX114091720473103	NS	9.561	10.07	20	
	33SX2	珊溪坝底台	地面	17SX214091720473101	UD	-10.543	9.69	20	8-79
			地面	17SX214091720473102	EW	-12.398	9.74	20	
			地面	17SX214091720473103	NS	-20.267	9.55	20	
	33SX3	珊溪指挥部台	地面	17SX314091720473101	UD	-5.962	10.61	20	8-80
			地面	17SX314091720473102	EW	12.883	10.03	20	
			地面	17SX314091720473103	NS	9.836	11.13	20	
	33YSH	岩上台	地面	17YSH14091720473101	UD	-65.093	9.94	20	8-81
			地面	17YSH14091720473102	EW	-60.759	9.95	20	
			地面	17YSH14091720473103	NS	-29.248	9.96	20	
0140918003018	33BYA	包垟台	地面	18BYA14091800301801	UD	4.466	9.80	20	8-82
			地面	18BYA14091800301802	EW	4.602	9.79	20	
			地面	18BYA14091800301803	NS	7.371	9.78	20	
	33SX1	珊溪坝顶台	地面	18SX114091800301801	UD	3.306	9.69	20	8-83
			地面	18SX114091800301802	EW	1.811	9.75	20	
			地面	18SX114091800301803	NS	2.478	9.83	20	
	33SX2	珊溪坝底台	地面	18SX214091800301801	UD	3.668	9.47	20	8-84
			地面	18SX214091800301802	EW	5.143	9.49	20	
			地面	18SX214091800301803	NS	-6.582	9.75	20	
	33SX3	珊溪指挥部台	地面	18SX314091800301801	UD	2.356	8.08	20	8-85
			地面	18SX314091800301802	EW	-3.626	9.88	20	
			地面	18SX314091800301803	NS	-4.195	10.04	20	
	33YSH	岩上台	地面	18YSH14091800301801	UD	-10.605	10.48	20	8-86
			地面	18YSH14091800301802	EW	14.523	10.48	20	
			地面	18YSH14091800301803	NS	7.170	10.51	20	
0140918152648	33BYA	包垟台	地面	19BYA14091815264801	UD	0.745	9.45	20	8-87
			地面	19BYA14091815264802	EW	-0.639	10.24	20	
			地面	19BYA14091815264803	NS	-0.853	10.24	20	
	33SX1	珊溪坝顶台	地面	19SX114091815264801	UD	-0.641	9.56	20	8-88
			地面	19SX114091815264802	EW	0.752	9.58	20	
			地面	19SX114091815264803	NS	-0.869	9.39	20	
	33SX2	珊溪坝底台	地面	19SX214091815264801	UD	0.758	10.65	20	8-89
			地面	19SX214091815264802	EW	-0.974	9.86	20	
			地面	19SX214091815264803	NS	1.127	10.36	20	
	33SX3	珊溪指挥部台	地面	19SX314091815264801	UD	0.781	8.98	20	8-90
			地面	19SX314091815264802	EW	-0.923	10.87	20	
			地面	19SX314091815264803	NS	-1.074	10.23	20	
	33YSH	岩上台	地面	19YSH14091815264801	UD	-3.030	10.17	20	8-91
			地面	19YSH14091815264802	EW	4.209	9.8	20	
			地面	19YSH14091815264803	NS	2.026	9.93	20	

续表

地震编号	台站代码	台站名称	测点位置	记录编号	测量方向	加速度峰值（cm/s²）	峰值时刻（s）	记录长度（s）	图序
0140919053716	33BYA	包垟台	地面	20BYA14091905371601	UD	1.285	9.41	20	8-92
			地面	20BYA14091905371602	EW	-1.253	10.21	20	
			地面	20BYA14091905371603	NS	-1.221	10.29	20	
	33SX1	珊溪坝顶台	地面	20SX114091905371601	UD	-0.939	9.52	20	8-93
			地面	20SX114091905371602	EW	1.289	9.54	20	
			地面	20SX114091905371603	NS	1.182	9.81	20	
	33SX2	珊溪坝底台	地面	20SX214091905371601	UD	-2.275	9.80	20	8-94
			地面	20SX214091905371602	EW	-2.426	10.07	20	
			地面	20SX214091905371603	NS	2.568	9.95	20	
	33SX3	珊溪指挥部台	地面	20SX314091905371601	UD	-1.142	10.47	20	8-95
			地面	20SX314091905371602	EW	-2.847	10.31	20	
			地面	20SX314091905371603	NS	-2.264	10.56	20	
	33YSH	岩上台	地面	20YSH14091905371601	UD	6.644	10.22	20	8-96
			地面	20YSH14091905371602	EW	6.256	10.29	20	
			地面	20YSH14091905371603	NS	4.224	10.19	20	
0140919083725	33BYA	包垟台	地面	21BYA14091905371601	UD	1.841	9.18	20	8-97
			地面	21BYA14091908372502	EW	-1.575	9.98	20	
			地面	21BYA14091908372503	NS	-2.674	9.97	20	
	33SX1	珊溪坝顶台	地面	21SX114091908372501	UD	-2.099	10.32	20	8-98
			地面	21SX114091908372502	EW	2.174	10.34	20	
			地面	21SX114091908372503	NS	-2.189	10.71	20	
	33SX2	珊溪坝底台	地面	21SX214091908372501	UD	2.463	9.59	20	8-99
			地面	21SX214091908372502	EW	-2.442	9.86	20	
			地面	21SX214091908372503	NS	3.563	9.84	20	
	33SX3	珊溪指挥部台	地面	21SX314091908372501	UD	-1.700	8.47	20	8-100
			地面	21SX314091908372502	EW	-4.350	10.42	20	
			地面	21SX314091908372503	NS	-3.513	10.19	20	
	33YSH	岩上台	地面	21YSH14091908372501	UD	7.970	9.36	20	8-101
			地面	21YSH14091908372502	EW	-12.491	10.40	20	
			地面	21YSH14091908372503	NS	-5.812	10.45	20	
0140919085051	33BYA	包垟台	地面	22BYA14091905505101	UD	-3.482	9.61	20	8-102
			地面	22BYA14091908505102	EW	-4.105	10.35	20	
			地面	22BYA14091908505103	NS	-4.852	10.34	20	
	33SX1	珊溪坝顶台	地面	22SX114091908505101	UD	-3.232	9.68	20	8-103
			地面	22SX114091908505102	EW	3.750	9.70	20	
			地面	22SX114091908505103	NS	-2.945	9.74	20	
	33SX2	珊溪坝底台	地面	22SX214091908505101	UD	-4.368	10.22	20	8-104
			地面	22SX214091908505102	EW	3.799	10.35	20	
			地面	22SX214091908505103	NS	6.507	10.07	20	
	33SX3	珊溪指挥部台	地面	22SX314091908505101	UD	2.757	10.00	20	8-105
			地面	22SX314091908505102	EW	6.575	9.51	20	
			地面	22SX314091908505103	NS	5.553	9.44	20	
	33YSH	岩上台	地面	22YSH14091908505101	UD	-32.190	10.65	20	8-106
			地面	22YSH14091908505102	EW	24.520	10.70	20	
			地面	22YSH14091908505103	NS	10.159	10.60	20	
0140921002940	33BYA	包垟台	地面	23BYA14092100294001	UD	-1.431	9.83	20	8-107
			地面	23BYA14092100294002	EW	1.619	10.52	20	
			地面	23BYA14092100294003	NS	3.871	10.48	20	
	33SX1	珊溪坝顶台	地面	23SX114092100294001	UD	-1.825	9.49	20	8-108
			地面	23SX114092100294002	EW	1.849	9.84	20	
			地面	23SX114092100294003	NS	-1.667	10.05	20	
	33SX2	珊溪坝底台	地面	23SX214092100294001	UD	2.682	10.07	20	8-109
			地面	23SX214092100294002	EW	2.167	9.94	20	
			地面	23SX214092100294003	NS	2.293	10.30	20	
	33SX3	珊溪指挥部台	地面	23SX314092100294001	UD	-1.076	9.56	20	8-110
			地面	23SX314092100294002	EW	-2.862	9.73	20	
			地面	23SX314092100294003	NS	-3.111	9.66	20	
	33YSH	岩上台	地面	23YSH14092100294001	UD	-5.697	10.29	20	8-111
			地面	23YSH14092100294002	EW	-4.919	10.30	20	
			地面	23YSH14092100294003	NS	2.981	10.25	20	

续表

地震编号	台站代码	台站名称	测点位置	记录编号	测量方向	加速度峰值(cm/s²)	峰值时刻(s)	记录长度(s)	图序
0140921120274	33BYA	包垟台	地面	24BYA14092112027401	UD	-9.623	10.66	20	8-112
			地面	24BYA14092112027402	EW	15.887	10.66	20	
			地面	24BYA14092112027403	NS	8.423	10.65	20	
	33SX1	珊溪坝顶台	地面	24SX114092112027401	UD	3.886	10.36	20	8-113
			地面	24SX114092112027402	EW	3.934	10.45	20	
			地面	24SX114092112027403	NS	-6.053	10.24	20	
	33SX2	珊溪坝底台	地面	24SX214092112027401	UD	-8.779	9.51	20	8-114
			地面	24SX214092112027402	EW	11.967	9.37	20	
			地面	24SX214092112027403	NS	7.944	9.44	20	
	33SX3	珊溪指挥部台	地面	24SX314092112027401	UD	5.177	9.89	20	8-115
			地面	24SX314092112027402	EW	9.345	9.74	20	
			地面	24SX314092112027403	NS	9.748	9.72	20	
	33YSH	岩上台	地面	24YSH14092112027401	UD	30.928	10.47	20	8-116
			地面	24YSH14092112027402	EW	28.421	10.39	20	
			地面	24YSH14092112027403	NS	8.959	10.44	20	
0140921140909	33BYA	包垟台	地面	25BYA14092114090901	UD	1.115	9.20	20	8-117
			地面	25BYA14092114090902	EW	-1.119	9.90	20	
			地面	25BYA14092114090903	NS	-1.309	9.89	20	
	33SX1	珊溪坝顶台	地面	25SX114092114090901	UD	-0.664	9.29	20	8-118
			地面	25SX114092114090902	EW	-0.695	9.62	20	
			地面	25SX114092114090903	NS	-0.759	10.01	20	
	33SX2	珊溪坝底台	地面	25SX214092114090901	UD	0.822	10.07	20	8-119
			地面	25SX214092114090902	EW	-1.256	10.33	20	
			地面	25SX214092114090903	NS	1.398	9.75	20	
	33SX3	珊溪指挥部台	地面	25SX314092114090901	UD	0.598	8.64	20	8-120
			地面	25SX314092114090902	EW	1.288	10.35	20	
			地面	25SX314092114090903	NS	-1.225	10.09	20	
	33YSH	岩上台	地面	25YSH14092114090901	UD	3.635	10.04	20	8-121
			地面	25YSH14092114090902	EW	5.631	10.74	20	
			地面	25YSH14092114090903	NS	-2.826	10.77	20	
0140922063755	33BYA	包垟台	地面	26BYA14092206375501	UD	-58.792	9.88	20	8-122
			地面	26BYA14092206375502	EW	-60.644	9.89	20	
			地面	26BYA14092206375503	NS	-87.568	9.88	20	
	33SX1	珊溪坝顶台	地面	26SX114092206375501	UD	-20.941	9.34	20	8-123
			地面	26SX114092206375502	EW	23.906	9.73	20	
			地面	26SX114092206375503	NS	-30.665	9.36	20	
	33SX2	珊溪坝底台	地面	26SX214092206375501	UD	28.525	9.58	20	8-124
			地面	26SX214092206375502	EW	-25.544	9.52	20	
			地面	26SX214092206375503	NS	-40.656	9.44	20	
	33SX3	珊溪指挥部台	地面	26SX314092206375501	UD	3.869	9.15	20	8-125
			地面	26SX314092206375502	EW	3.591	10.76	20	
			地面	26SX314092206375503	NS	-3.889	10.64	20	
	33YSH	岩上台	地面	26YSH14092206375501	UD	-11.638	10.78	20	8-126
			地面	26YSH14092206375502	EW	-24.419	10.70	20	
			地面	26YSH14092206375503	NS	-8.355	10.91	20	
0140922063734	33BYA	包垟台	地面	27BYA14092206373401	UD	-2.357	10.58	20	8-127
			地面	27BYA14092206373402	EW	3.966	10.80	20	
			地面	27BYA14092206373403	NS	-4.210	10.58	20	
	33SX1	珊溪坝顶台	地面	27SX114092206373401	UD	1.610	10.49	20	8-128
			地面	27SX114092206373402	EW	1.776	10.91	20	
			地面	27SX114092206373403	NS	-2.208	10.91	20	
	33SX2	珊溪坝底台	地面	27SX214092206373401	UD	-3.407	10.45	20	8-129
			地面	27SX214092206373402	EW	3.868	9.18	20	
			地面	27SX214092206373403	NS	5.111	10.37	20	
	33SX3	珊溪指挥部台	地面	27SX314092206373401	UD	28.416	8.44	20	8-130
			地面	27SX314092206373402	EW	-29.788	10.19	20	
			地面	27SX314092206373403	NS	47.137	9.99	20	
	33YSH	岩上台	地面	27YSH14092206373401	UD	138.057	10.21	20	8-131
			地面	27YSH14092206373402	EW	-256.241	10.03	20	
			地面	27YSH14092206373403	NS	111.936	10.20	20	

续表

地震编号	台站代码	台站名称	测点位置	记录编号	测量方向	加速度峰值（cm/s²）	峰值时刻（s）	记录长度（s）	图序
0140922081230	33BYA	包垟台	地面	28BYA14092208123001	UD	-3.767	10.15	20	8-132
			地面	28BYA14092208123002	EW	-4.207	10.17	20	
			地面	28BYA14092208123003	NS	-5.915	10.15	20	
	33SX1	珊溪坝顶台	地面	28SX114092208123001	UD	2.020	10.11	20	8-133
			地面	28SX114092208123002	EW	1.810	10.05	20	
			地面	28SX114092208123003	NS	2.693	11.07	20	
	33SX2	珊溪坝底台	地面	28SX214092208123001	UD	2.285	10.69	20	8-134
			地面	28SX214092208123002	EW	2.826	10.45	20	
			地面	28SX214092208123003	NS	3.398	10.50	20	
	33SX3	珊溪指挥部台	地面	28SX314092208123001	UD	3.304	7.76	20	8-135
			地面	28SX314092208123002	EW	-4.697	9.86	20	
			地面	28SX314092208123003	NS	-4.704	9.24	20	
	33YSH	岩上台	地面	28YSH14092208123001	UD	13.762	8.28	20	8-136
			地面	28YSH14092208123002	EW	29.112	9.02	20	
			地面	28YSH14092208123003	NS	11.876	9.03	20	
0140922112317	33BYA	包垟台	地面	29BYA14092211231701	UD	1.166	9.28	20	8-137
			地面	29BYA14092211231702	EW	0.826	10.12	20	
			地面	29BYA14092211231703	NS	2.099	9.85	20	
	33SX1	珊溪坝顶台	地面	29SX114092211231701	UD	0.677	9.81	20	8-138
			地面	29SX114092211231702	EW	-0.789	9.75	20	
			地面	29SX114092211231703	NS	0.770	9.32	20	
	33SX2	珊溪坝底台	地面	29SX214092211231701	UD	1.015	9.44	20	8-139
			地面	29SX214092211231702	EW	-1.404	8.40	20	
			地面	29SX214092211231703	NS	-1.554	9.53	20	
	33SX3	珊溪指挥部台	地面	29SX314092211231701	UD	-1.349	8.48	20	8-140
			地面	29SX314092211231702	EW	-1.367	10.29	20	
			地面	29SX314092211231703	NS	-1.489	9.77	20	
	33YSH	岩上台	地面	29YSH14092211231701	UD	-5.498	8.21	20	8-141
			地面	29YSH14092211231702	EW	6.445	8.19	20	
			地面	29YSH14092211231703	NS	3.629	8.23	20	
0140922113840	33BYA	包垟台	地面	30BYA14092211384001	UD	2.011	10.18	20	8-142
			地面	30BYA14092211384002	EW	-1.988	10.20	20	
			地面	30BYA14092211384003	NS	-3.908	10.18	20	
	33SX1	珊溪坝顶台	地面	30SX114092211384001	UD	1.015	9.52	20	8-143
			地面	30SX114092211384002	EW	-0.906	9.99	20	
			地面	30SX114092211384003	NS	0.883	9.76	20	
	33SX2	珊溪坝底台	地面	30SX214092211384001	UD	-1.043	10.36	20	8-144
			地面	30SX214092211384002	EW	-1.161	9.92	20	
			地面	30SX214092211384003	NS	-1.620	9.63	20	
	33SX3	珊溪指挥部台	地面	30SX314092211384001	UD	1.765	7.73	20	8-145
			地面	30SX314092211384002	EW	-1.706	9.08	20	
			地面	30SX314092211384003	NS	-1.857	9.17	20	
	33YSH	岩上台	地面	30YSH14092211384001	UD	-10.385	9.65	20	8-146
			地面	30YSH14092211384002	EW	-7.157	9.51	20	
			地面	30YSH14092211384003	NS	-3.595	9.64	20	
0140922121521	33BYA	包垟台	地面	31BYA14092212152101	UD	1.768	9.08	20	8-147
			地面	31BYA14092212152102	EW	-2.376	9.77	20	
			地面	31BYA14092212152103	NS	2.028	9.79	20	
	33SX1	珊溪坝顶台	地面	31SX114092212152101	UD	-2.947	9.56	20	8-148
			地面	31SX114092212152102	EW	1.617	9.99	20	
			地面	31SX114092212152103	NS	-2.111	9.34	20	
	33SX2	珊溪坝底台	地面	31SX214092212152101	UD	-2.949	9.90	20	8-149
			地面	31SX214092212152102	EW	3.167	9.79	20	
			地面	31SX214092212152103	NS	3.757	9.80	20	
	33SX3	珊溪指挥部台	地面	31SX314092212152101	UD	-3.807	10.18	20	8-150
			地面	31SX314092212152102	EW	-4.469	10.20	20	
			地面	31SX314092212152103	NS	-3.872	9.82	20	
	33YSH	岩上台	地面	31YSH14092212152101	UD	8.716	10.68	20	8-151
			地面	31YSH14092212152102	EW	19.989	10.40	20	
			地面	31YSH14092212152103	NS	-7.953	10.60	20	

续表

地震编号	台站代码	台站名称	测点位置	记录编号	测量方向	加速度峰值（cm/s²）	峰值时刻（s）	记录长度（s）	图序
0140922141213	33BYA	包垟台	地面	32BYA14092214121301	UD	1.160	10.11	20	8–152
			地面	32BYA14092214121302	EW	–1.949	10.08	20	
			地面	32BYA14092214121303	NS	–1.531	10.07	20	
	33SX1	珊溪坝顶台	地面	32SX114092214121301	UD	–1.122	9.75	20	8–153
			地面	32SX114092214121302	EW	–1.108	10.10	20	
			地面	32SX114092214121303	NS	1.147	9.63	20	
	33SX2	珊溪坝底台	地面	32SX214092214121301	UD	–2.076	10.01	20	8–154
			地面	32SX214092214121302	EW	1.287	10.10	20	
			地面	32SX214092214121303	NS	2.323	9.74	20	
	33SX3	珊溪指挥部台	地面	32SX314092214121301	UD	–0.709	10.37	20	8–155
			地面	32SX314092214121302	EW	–1.958	10.62	20	
			地面	32SX314092214121303	NS	2.209	10.20	20	
0140923074631	33BYA	包垟台	地面	33BYA14092307463101	UD	–4.067	9.85	20	8–156
			地面	33BYA14092307463102	EW	–4.830	9.99	20	
			地面	33BYA14092307463103	NS	–5.989	9.85	20	
	33SX1	珊溪坝顶台	地面	33SX114092307463101	UD	–2.531	9.65	20	8–157
			地面	33SX114092307463102	EW	1.899	10.31	20	
			地面	33SX114092307463103	NS	–2.902	9.66	20	
	33SX2	珊溪坝底台	地面	33SX214092307463101	UD	–2310	9.73	20	8–158
			地面	33SX214092307463102	EW	3.836	9.89	20	
			地面	33SX21409230746313	NS	–6.052	9.64	20	
	33SX3	珊溪指挥部台	地面	33SX314092307463101	UD	3.819	8.45	20	8–159
			地面	33SX314092307463102	EW	3.613	10.23	20	
			地面	33SX314092307463103	NS	–5.356	9.93	20	
	33YSH	岩上台	地面	33YSH14092307463101	UD	–18.769	10.27	20	8–160
			地面	33YSH14092307463102	EW	31.536	10.22	20	
			地面	33YSH14092307463103	NS	9.531	10.36	20	
	33YHU	云湖台	地面	33YHU14092307463101	UD	10.381	10.52	20	8–161
			地面	33YHU14092307463102	EW	–3.682	10.58	20	
			地面	33YHU14092307463103	NS	7.949	10.50	20	
0140923132045	33BYA	包垟台	地面	34BYA14092313204501	UD	41.913	8.98	20	8–162
			地面	34BYA14092313204502	EW	39.912	9.84	20	
			地面	34BYA14092313204503	NS	–38.435	9.71	20	
	33SX1	珊溪坝顶台	地面	34SX114092313204501	UD	22.103	9.85	20	8–163
			地面	34SX114092313204502	EW	–25.065	9.95	20	
			地面	34SX114092313204503	NS	–31.059	10.29	20	
	33SX2	珊溪坝底台	地面	34SX214092313204501	UD	35.592	9.91	20	8–164
			地面	34SX214092313204502	EW	–32.473	9.59	20	
			地面	34SX214092313204503	NS	–37.898	9.98	20	
	33SX3	珊溪指挥部台	地面	34SX314092313204501	UD	–47.420	8.17	20	8–165
			地面	34SX314092313204502	EW	40.769	10.63	20	
			地面	34SX314092313204503	NS	56.412	9.78	20	
	33YSH	岩上台	地面	34YSH14092313204501	UD	191.650	10.76	20	8–166
			地面	34YSH14092313204502	EW	307.180	10.44	20	
			地面	34YSH14092313204503	NS	186.899	10.71	20	
	33YHU	云湖台	地面	34YHU14092313204501	UD	46.380	10.41	20	8–167
			地面	34YHU14092313204502	EW	44.380	10.40	20	
			地面	34YHU14092313204503	NS	131.047	10.41	20	
0140923132136	33BYA	包垟台	地面	35BYA14092313213601	UD	2.423	9.69	20	8–168
			地面	35BYA14092313213602	EW	–4.142	10.36	20	
			地面	35BYA14092313213603	NS	–4.345	10.37	20	
	33SX1	珊溪坝顶台	地面	35SX114092313213601	UD	1.726	9.98	20	8–169
			地面	35SX114092313213602	EW	1.797	9.63	20	
			地面	35SX114092313213603	NS	2.102	10.74	20	
	33SX2	珊溪坝底台	地面	35SX214092313213601	UD	–3.465	10.25	20	8–170
			地面	35SX214092313213602	EW	2.723	10.20	20	
			地面	35SX214092313213603	NS	–5.510	9.86	20	
	33SX3	珊溪指挥部台	地面	35SX314092313213601	UD	–2.162	10.12	20	8–171
			地面	35SX314092313213602	EW	4.185	10.15	20	
			地面	35SX314092313213603	NS	–3.204	9.73	20	

续表

地震编号	台站代码	台站名称	测点位置	记录编号	测量方向	加速度峰值（cm/s²）	峰值时刻（s）	记录长度（s）	图序
0140923132136	33YSH	岩上台	地面	35YSH14092313213601	UD	16.238	10.17	20	8–172
			地面	35YSH14092313213602	EW	–24.835	10.28	20	
			地面	35YSH14092313213603	NS	12.016	10.30	20	
	33YHU	云湖台	地面	35YHU14092313213601	UD	56.207	9.69	20	8–173
			地面	35YHU14092313213602	EW	–31.054	9.74	20	
			地面	35YHU14092313213603	NS	64.777	9.70	20	
0140923134743	33BYA	包垟台	地面	36BYA14092313474301	UD	–9.829	10.28	20	8–174
			地面	36BYA14092313474302	EW	–13.715	10.26	20	
			地面	36BYA14092313474303	NS	–16.077	10.25	20	
	33SX1	珊溪坝顶台	地面	36SX114092313474301	UD	7.365	10.00	20	8–175
			地面	36SX114092313474302	EW	–4.474	10.42	20	
			地面	36SX114092313474303	NS	4.691	10.14	20	
	33SX2	珊溪坝底台	地面	36SX214092313474301	UD	–15.909	9.77	20	8–176
			地面	36SX214092313474302	EW	–9.739	10.16	20	
			地面	36SX214092313474303	NS	–25.493	9.83	20	
	33SX3	珊溪指挥部台	地面	36SX314092313474301	UD	5.208	7.7	20	8–177
			地面	36SX314092313474302	EW	11.030	9.44	20	
			地面	36SX314092313474303	NS	–9.241	9.38	20	
	33YSH	岩上台	地面	36YSH14092313474301	UD	22.824	9.36	20	8–178
			地面	36YSH14092313474302	EW	–40.431	9.16	20	
			地面	36YSH14092313474303	NS	16.873	9.50	20	
	33YHU	云湖台	地面	36YHU14092313474301	UD	8.263	10.01	20	8–179
			地面	36YHU14092313474302	EW	8.616	10.08	20	
			地面	36YHU14092313474303	NS	11.228	10.02	20	
0140923134855	33BYA	包垟台	地面	37BYA14092313485501	UD	7.311	9.68	20	8–180
			地面	37BYA14092313485502	EW	–8.009	9.64	20	
			地面	37BYA14092313485503	NS	–10.332	9.63	20	
	33SX1	珊溪坝顶台	地面	37SX114092313485501	UD	3.171	9.28	20	8–181
			地面	37SX114092313485502	EW	3.026	9.93	20	
			地面	37SX114092313485503	NS	–4.603	9.93	20	
	33SX2	珊溪坝底台	地面	37SX214092313485501	UD	4.694	10.25	20	8–182
			地面	37SX214092313485502	EW	–7.470	10.44	20	
			地面	37SX214092313485503	NS	7.478	10.31	20	
	33SX3	珊溪指挥部台	地面	37SX314092313485501	UD	4.337	8.12	20	8–183
			地面	37SX314092313485502	EW	6.292	9.62	20	
			地面	37SX314092313485503	NS	–5.635	9.57	20	
	33YSH	岩上台	地面	37YSH14092313485501	UD	–27.782	9.04	20	8–184
			地面	37YSH14092313485502	EW	47.176	9.60	20	
			地面	37YSH14092313485503	NS	28.105	9.83	20	
	33YHU	云湖台	地面	37YHU14092313485501	UD	38.014	10.38	20	8–185
			地面	37YHU14092313485502	EW	–26.618	10.41	20	
			地面	37YHU14092313485503	NS	45.846	10.39	20	
0140923140007	33BYA	包垟台	地面	38BYA14092314000701	UD	–3.655	9.68	20	8–186
			地面	38BYA14092314000702	EW	–5.381	9.64	20	
			地面	38BYA14092314000703	NS	–5.444	9.63	20	
	33SX1	珊溪坝顶台	地面	38SX114092314000701	UD	–3.387	9.28	20	8–187
			地面	38SX114092314000702	EW	–2.070	9.93	20	
			地面	38SX114092314000703	NS	2.618	9.93	20	
	33SX2	珊溪坝底台	地面	38SX214092314000701	UD	3.669	10.25	20	8–188
			地面	38SX214092314000702	EW	–3.089	10.44	20	
			地面	38SX214092314000703	NS	–5.070	10.31	20	
	33YSH	岩上台	地面	38YSH14092314000701	UD	10.161	9.04	20	8–189
			地面	38YSH14092314000702	EW	–14.580	9.60	20	
			地面	38YSH14092314000703	NS	7.820	9.83	20	
	33YHU	云湖台	地面	38YHU14092314000701	UD	4.947	10.38	20	8–190
			地面	38YHU14092314000702	EW	4.393	10.41	20	
			地面	38YHU14092314000703	NS	8.910	10.39	20	
0140923141229	33BYA	包垟台	地面	39BYA14092314122901	UD	12.626	9.87	20	8–191
			地面	39BYA14092314122902	EW	–10.758	9.96	20	
			地面	39BYA14092314122903	NS	16.197	9.98	20	

续表

地震编号	台站代码	台站名称	测点位置	记录编号	测量方向	加速度峰值（cm/s^2）	峰值时刻（s）	记录长度（s）	图序
0140923141229	33SX1	珊溪坝顶台	地面	39SX114092314122901	UD	−12.126	9.66	20	8−192
			地面	39SX114092314122902	EW	9.836	10.06	20	
			地面	39SX114092314122903	NS	14.271	9.76	20	
	33SX2	珊溪坝底台	地面	39SX214092314122901	UD	19.166	9.49	20	8−193
			地面	39SX214092314122902	EW	11.751	9.66	20	
			地面	39SX214092314122903	NS	26.492	9.52	20	
	33SX3	珊溪指挥部台	地面	39SX314092314122901	UD	−12.589	8.39	20	8−194
			地面	39SX314092314122902	EW	20.935	9.94	20	
			地面	39SX314092314122903	NS	22.460	9.91	20	
	33YSH	岩上台	地面	39YSH14092314122901	UD	39.717	10.09	20	8−195
			地面	39YSH14092314122902	EW	−67.050	10.06	20	
			地面	39YSH14092314122903	NS	49.260	10.35	20	
	33YHU	云湖台	地面	39YHU14092314122901	UD	49.140	9.83	20	8−196
			地面	39YHU14092314122902	EW	−56.132	9.82	20	
			地面	39YHU14092314122903	NS	217.008	9.80	20	
0140923141553	33BYA	包垟台	地面	40BYA14092314155301	UD	−3.295	10.14	20	8−197
			地面	40BYA14092314155302	EW	3.766	10.14	20	
			地面	40BYA14092314155303	NS	−5.756	10.14	20	
	33SX1	珊溪坝顶台	地面	40SX114092314155301	UD	−4.057	9.73	20	8−198
			地面	40SX114092314155302	EW	3.564	9.99	20	
			地面	40SX114092314155303	NS	3.829	9.97	20	
	33SX2	珊溪坝底台	地面	40SX214092314155301	UD	−6.655	9.80	20	8−199
			地面	40SX214092314155302	EW	−5.780	9.86	20	
			地面	40SX214092314155303	NS	9.658	10.02	20	
	33SX3	珊溪指挥部台	地面	40SX314092314155301	UD	3.270	8.56	20	8−200
			地面	40SX314092314155302	EW	8.502	10.15	20	
			地面	40SX314092314155303	NS	7.194	10.33	20	
	33YSH	岩上台	地面	40YSH14092314155301	UD	−13.308	9.33	20	8−201
			地面	40YSH14092314155302	EW	14.598	9.37	20	
			地面	40YSH14092314155303	NS	−7.023	9.52	20	
	33YHU	云湖台	地面	40YHU14092314155301	UD	1.611	10.24	20	8−202
			地面	40YHU14092314155302	EW	3.234	10.04	20	
			地面	40YHU14092314155303	NS	9.385	9.99	20	
0140923141713	33BYA	包垟台	地面	41BYA14092314171301	UD	−1.330	9.97	20	8−203
			地面	41BYA14092314171302	EW	1.149	9.88	20	
			地面	41BYA14092314171303	NS	−2.117	9.99	20	
	33SX1	珊溪坝顶台	地面	41SX114092314171301	UD	−1.048	9.68	20	8−204
			地面	41SX114092314171302	EW	−1.331	10.01	20	
			地面	41SX114092314171303	NS	1.352	10.01	20	
	33SX2	珊溪坝底台	地面	41SX214092314171301	UD	−2.013	9.84	20	8−205
			地面	41SX214092314171302	EW	2.695	9.61	20	
			地面	41SX214092314171303	NS	4.272	9.40	20	
	33SX3	珊溪指挥部台	地面	41SX314092314171301	UD	1.094	10.06	20	8−206
			地面	41SX314092314171302	EW	−2.156	9.85	20	
			地面	41SX314092314171303	NS	3.107	9.87	20	
	33YSH	岩上台	地面	41YSH14092314171301	UD	−6.321	9.11	20	8−207
			地面	41YSH14092314171302	EW	−5.806	9.16	20	
			地面	41YSH14092314171303	NS	3.798	9.33	20	
	33YHU	云湖台	地面	41YHU14092314171301	UD	2.819	9.73	20	8−208
			地面	41YHU14092314171302	EW	2.364	9.84	20	
			地面	41YHU14092314171303	NS	11.158	9.71	20	
0140923150247	33BYA	包垟台	地面	42BYA14092315024701	UD	9.476	10.20	20	8−209
			地面	42BYA14092315024702	EW	10.313	10.17	20	
			地面	42BYA14092315024703	NS	−12.676	10.14	20	
	33SX1	珊溪坝顶台	地面	42SX114092315024701	UD	−4.453	9.79	20	8−210
			地面	42SX114092315024702	EW	−4.032	10.08	20	
			地面	42SX114092315024703	NS	−3.370	10.67	20	
	33SX3	珊溪指挥部台	地面	42SX314092315024701	UD	5.052	8.58	20	8−211
			地面	42SX314092315024702	EW	−7.215	10.03	20	
			地面	42SX314092315024703	NS	−10.967	10.23	20	

续表

地震编号	台站代码	台站名称	测点位置	记录编号	测量方向	加速度峰值(cm/s²)	峰值时刻(s)	记录长度(s)	图序
0140923150247	33YSH	岩上台	地面	42YSH14092315024701	UD	−13.507	8.68	20	8–212
			地面	42YSH14092315024702	EW	−17.585	8.61	20	
			地面	42YSH14092315024703	NS	8.649	8.92	20	
	33YHU	云湖台	地面	42YHU14092315024701	UD	8.077	9.72	20	8–213
			地面	42YHU14092315024702	EW	16.984	9.72	20	
			地面	42YHU14092315024703	NS	23.527	9.74	20	
0140923150512	33BYA	包垟台	地面	43BYA14092315051201	UD	−2.867	10.39	20	8–214
			地面	43BYA14092315051202	EW	−3.791	10.32	20	
			地面	43BYA14092315051203	NS	−8.308	10.32	20	
	33SX1	珊溪坝顶台	地面	43SX114092315051201	UD	−3.096	9.94	20	8–215
			地面	43SX114092315051202	EW	−1.985	10.39	20	
			地面	43SX114092315051203	NS	−1.898	10.41	20	
	33SX2	珊溪坝底台	地面	43SX214092315051201	UD	3.140	9.70	20	8–216
			地面	43SX214092315051202	EW	3.117	10.31	20	
			地面	43SX214092315051203	NS	3.392	10.23	20	
	33SX3	珊溪指挥部台	地面	43SX314092315051201	UD	−2.143	10.50	20	8–217
			地面	43SX314092315051202	EW	−4.128	10.18	20	
			地面	43SX314092315051203	NS	2.963	10.35	20	
	33YSH	岩上台	地面	43YSH14092315051201	UD	−14.073	10.50	20	8–218
			地面	43YSH14092315051202	EW	−15.281	10.18	20	
			地面	43YSH14092315051203	NS	−7.295	10.35	20	
	33YHU	云湖台	地面	43YHU14092315051201	UD	5.256	10.08	20	8–219
			地面	43YHU14092315051202	EW	6.201	10.02	20	
			地面	43YHU14092315051203	NS	10.419	10.01	20	
0140923151322	33BYA	包垟台	地面	44BYA14092315132201	UD	1.803	9.89	20	8–220
			地面	44BYA14092315132202	EW	−3.356	9.86	20	
			地面	44BYA14092315132203	NS	−4.139	9.79	20	
	33SX1	珊溪坝顶台	地面	44SX114092315132201	UD	−2.079	9.40	20	8–221
			地面	44SX114092315132202	EW	−1.253	9.68	20	
			地面	44SX114092315132203	NS	−1.398	9.53	20	
	33SX2	珊溪坝底台	地面	44SX214092315132201	UD	3.538	9.27	20	8–222
			地面	44SX214092315132202	EW	2.958	8.12	20	
			地面	44SX214092315132203	NS	−3.525	9.35	20	
	33SX3	珊溪指挥部台	地面	44SX314092315132201	UD	−1.497	8.24	20	8–223
			地面	44SX314092315132202	EW	2.633	9.99	20	
			地面	44SX314092315132203	NS	−2.923	9.95	20	
	33YSH	岩上台	地面	44YSH14092315132201	UD	9.943	10.53	20	8–224
			地面	44YSH14092315132202	EW	−8.182	10.55	20	
			地面	44YSH14092315132203	NS	−4.074	10.45	20	
	33YHU	云湖台	地面	44YHU14092315132201	UD	−1.670	9.47	20	8–225
			地面	44YHU14092315132202	EW	2.664	9.50	20	
			地面	44YHU14092315132203	NS	5.457	9.49	20	
0140923152156	33BYA	包垟台	地面	45BYA14092315215601	UD	−2.040	9.30	20	8–226
			地面	45BYA14092315215602	EW	−2.006	9.84	20	
			地面	45BYA14092315215603	NS	2.121	9.90	20	
	33SX1	珊溪坝顶台	地面	45SX114092315215601	UD	0.541	10.17	20	8–227
			地面	45SX114092315215602	EW	0.436	10.11	20	
			地面	45SX114092315215603	NS	0.534	10.52	20	
	33SX2	珊溪坝底台	地面	45SX214092315215601	UD	0.775	9.88	20	8–228
			地面	45SX214092315215602	EW	0.687	10.02	20	
			地面	45SX214092315215603	NS	0.887	9.68	20	
	33SX3	珊溪指挥部台	地面	45SX314092315215601	UD	−0.631	7.57	20	8–229
			地面	45SX314092315215602	EW	1.054	9.57	20	
			地面	45SX314092315215603	NS	−1.143	9.00	20	
	33YSH	岩上台	地面	45YSH14092315215601	UD	7.966	9.04	20	8–230
			地面	45YSH14092315215602	EW	15.488	9.72	20	
			地面	45YSH14092315215603	NS	6.468	9.74	20	
	33YHU	云湖台	地面	45YHU14092315215601	UD	7.991	9.41	20	8–231
			地面	45YHU14092315215602	EW	3.507	9.41	20	
			地面	45YHU14092315215603	NS	20.240	9.41	20	

续表

地震编号	台站代码	台站名称	测点位置	记录编号	测量方向	加速度峰值（cm/s^2）	峰值时刻（s）	记录长度（s）	图序
0140923152421	33BYA	包垟台	地面	46BYA14092315242101	UD	1.957	9.52	20	8-232
			地面	46BYA14092315242102	EW	-2.420	10.35	20	
			地面	46BYA14092315242103	NS	-2.975	10.34	20	
	33SX1	珊溪坝顶台	地面	46SX114092315242101	UD	3.241	10.10	20	8-233
			地面	46SX114092315242102	EW	-2.622	10.16	20	
			地面	46SX114092315242103	NS	2.783	10.67	20	
	33SX2	珊溪坝底台	地面	46SX214092315242101	UD	-5.972	9.95	20	8-234
			地面	46SX214092315242102	EW	-3.930	10.22	20	
			地面	46SX214092315242103	NS	5.657	10.20	20	
	33SX3	珊溪指挥部台	地面	46SX314092315242101	UD	-1.944	9.83	20	8-235
			地面	46SX314092315242102	EW	4.853	9.51	20	
			地面	46SX314092315242103	NS	5.017	9.40	20	
	33YSH	岩上台	地面	46YSH14092315242101	UD	-9.905	10.10	20	8-236
			地面	46YSH14092315242102	EW	-12.295	10.19	20	
			地面	46YSH14092315242103	NS	7.542	10.18	20	
	33YHU	云湖台	地面	46YHU14092315242101	UD	7.480	9.64	20	8-237
			地面	46YHU14092315242102	EW	10.789	9.61	20	
			地面	46YHU14092315242103	NS	22.745	9.63	20	
0140923155625	33BYA	包垟台	地面	47BYA14092315562501	UD	-7.691	10.22	20	8-238
			地面	47BYA14092315562502	EW	8.504	10.22	20	
			地面	47BYA14092315562503	NS	-8.960	10.32	20	
	33SX1	珊溪坝顶台	地面	47SX114092315562501	UD	3.776	9.95	20	8-239
			地面	47SX114092315562502	EW	3.243	10.32	20	
			地面	47SX114092315562503	NS	-3.732	10.80	20	
	33SX2	珊溪坝底台	地面	47SX214092315562501	UD	5.738	9.92	20	8-240
			地面	47SX214092315562502	EW	6.323	10.04	20	
			地面	47SX214092315562503	NS	5.855	9.78	20	
	33SX3	珊溪指挥部台	地面	47SX314092315562501	UD	5.096	7.69	20	8-241
			地面	47SX314092315562502	EW	6.473	9.21	20	
			地面	47SX314092315562503	NS	-8.045	9.16	20	
	33YSH	岩上台	地面	47YSH14092315562501	UD	26.184	9.78	20	8-242
			地面	47YSH14092315562502	EW	36.451	9.56	20	
			地面	47YSH14092315562503	NS	-26.086	9.75	20	
	33YHU	云湖台	地面	47YHU14092315562501	UD	62.781	10.00	20	8-243
			地面	47YHU14092315562502	EW	-70.472	10.00	20	
			地面	47YHU14092315562503	NS	160.206	9.98	20	
0140923174025	33BYA	包垟台	地面	48BYA14092317402501	UD	-12.646	9.03	20	8-244
			地面	48BYA14092317402502	EW	-20.430	9.83	20	
			地面	48BYA14092317402503	NS	-19.768	9.82	20	
	33SX1	珊溪坝顶台	地面	48SX114092317402501	UD	15.139	9.59	20	8-245
			地面	48SX114092317402502	EW	13.487	9.99	20	
			地面	48SX114092317402503	NS	-13.448	10.47	20	
	33SX2	珊溪坝底台	地面	48SX214092317402501	UD	-24.684	9.39	20	8-246
			地面	48SX214092317402502	EW	-20.781	9.67	20	
			地面	48SX214092317402503	NS	24.897	9.66	20	
	33SX3	珊溪指挥部台	地面	48SX314092317402501	UD	12.940	9.79	20	8-247
			地面	48SX314092317402502	EW	29.880	9.96	20	
			地面	48SX314092317402503	NS	-29.418	10.21	20	
	33YSH	岩上台	地面	48YSH14092317402501	UD	-49.675	9.86	20	8-248
			地面	48YSH14092317402502	EW	-61.347	9.48	20	
			地面	48YSH14092317402503	NS	56.702	9.90	20	
	33YHU	云湖台	地面	48YHU14092317402501	UD	17.465	10.15	20	8-249
			地面	48YHU14092317402502	EW	36.050	10.14	20	
			地面	48YHU14092317402503	NS	57.739	10.16	20	
0140923175759	33BYA	包垟台	地面	49BYA14092317575901	UD	14.314	6.86	12	8-250
			地面	49BYA14092317575902	EW	26.313	6.87	12	
			地面	49BYA14092317575903	NS	-21.727	6.84	12	
	33SX1	珊溪坝顶台	地面	49SX114092317575901	UD	12.600	7.47	12	8-251
			地面	49SX114092317575902	EW	-7.262	8.26	12	
			地面	49SX114092317575903	NS	-8.549	8.39	12	

续表

地震编号	台站代码	台站名称	测点位置	记录编号	测量方向	加速度峰值（cm/s^2）	峰值时刻（s）	记录长度（s）	图序
0140923175759	33SX2	珊溪坝底台	地面	49SX214092317575901	UD	14.522	7.50	12	8–252
			地面	49SX214092317575902	EW	–13.881	7.27	12	
			地面	49SX214092317575903	NS	–12.261	8.05	12	
	33SX3	珊溪指挥部台	地面	49SX314092317575901	UD	6.147	6.27	12	8–253
			地面	49SX314092317575902	EW	–18.581	7.71	12	
			地面	49SX314092317575903	NS	–17.437	7.8	12	
	33YSH	岩上台	地面	49YSH14092317575901	UD	26.866	6.64	12	8–254
			地面	49YSH14092317575902	EW	43.843	7.03	12	
			地面	49YSH14092317575903	NS	–44.085	6.82	12	
	33YHU	云湖台	地面	49YHU14092317575901	UD	–20.362	6.43	12	8–255
			地面	49YHU14092317575902	EW	20.972	6.46	12	
			地面	49YHU14092317575903	NS	37.213	6.46	12	
0140923175807	33BYA	包垟台	地面	50BYA14092317402501	UD	–8.905	5.08	12	8–256
			地面	50BYA14092317402502	EW	–7.250	5.83	12	
			地面	50BYA14092317402503	NS	–11.647	5.82	12	
	33SX1	珊溪坝顶台	地面	50SX114092317402501	UD	5.335	5.59	12	8–257
			地面	50SX114092317402502	EW	–3.911	6.01	12	
			地面	50SX114092317402503	NS	4.077	5.79	12	
	33SX2	珊溪坝底台	地面	50SX214092317402501	UD	–13.340	5.46	12	8–258
			地面	50SX214092317402502	EW	–10.771	5.81	12	
			地面	50SX214092317402503	NS	–11.268	5.86	12	
	33SX3	珊溪指挥部台	地面	50SX314092317402501	UD	7.165	3.17	12	8–259
			地面	50SX314092317402502	EW	9.659	5.03	12	
			地面	50SX314092317402503	NS	–10.302	4.92	12	
	33YSH	岩上台	地面	50YSH14092317402501	UD	–25.350	5.63	12	8–260
			地面	50YSH14092317402502	EW	–19.994	5.56	12	
			地面	50YSH14092317402503	NS	–18.444	5.90	12	
	33YHU	云湖台	地面	50YHU14092317402501	UD	14.782	5.31	12	8–261
			地面	50YHU14092317402502	EW	–19.523	5.40	12	
			地面	50YHU14092317402503	NS	37.213	5.33	12	
0140923195006	33BYA	包垟台	地面	51BYA14092319500601	UD	–1.090	9.54	20	8–262
			地面	51BYA14092319500602	EW	1.138	9.53	20	
			地面	51BYA14092319500603	NS	–1.743	9.54	20	
	33SX1	珊溪坝顶台	地面	51SX114092319500601	UD	–1.756	10.88	20	8–263
			地面	51SX114092319500602	EW	1.444	10.41	20	
			地面	51SX114092319500603	NS	2.258	10.41	20	
	33SX2	珊溪坝底台	地面	51SX214092319500601	UD	2.351	10.70	20	8–264
			地面	51SX214092319500602	EW	–3.919	10.23	20	
			地面	51SX214092319500603	NS	3.699	10.04	20	
	33SX3	珊溪指挥部台	地面	51SX314092319500601	UD	1.802	10.71	20	8–265
			地面	51SX314092319500602	EW	–4.736	10.66	20	
			地面	51SX314092319500603	NS	3.717	10.73	20	
	33YSH	岩上台	地面	51YSH14092319500601	UD	–5.192	10.33	20	8–266
			地面	51YSH14092319500602	EW	–5.985	10.78	20	
			地面	51YSH14092319500603	NS	–3.596	10.41	20	
	33YHU	云湖台	地面	51YHU14092319500601	UD	–1.461	9.42	20	8–267
			地面	51YHU14092319500602	EW	1.912	9.36	20	
			地面	51YHU14092319500603	NS	5.065	9.37	20	
0140923221607	33BYA	包垟台	地面	52BYA14092322160701	UD	–2.406	9.17	20	8–268
			地面	52BYA14092322160702	EW	2.647	9.17	20	
			地面	52BYA14092322160703	NS	–4.401	9.17	20	
	33SX1	珊溪坝顶台	地面	52SX114092322160701	UD	2.600	9.82	20	8–269
			地面	52SX114092322160702	EW	–1.725	9.88	20	
			地面	52SX114092322160703	NS	2.013	9.92	20	
	33SX2	珊溪坝底台	地面	52SX214092322160701	UD	3.491	10.64	20	8–270
			地面	52SX214092322160702	EW	–4.064	10.19	20	
			地面	52SX214092322160703	NS	5.567	10.59	20	
	33SX3	珊溪指挥部台	地面	52SX314092322160701	UD	4.933	9.71	20	8–271
			地面	52SX314092322160702	EW	–4.267	10.13	20	
			地面	52SX314092322160703	NS	–5.354	10.39	20	

续表

地震编号	台站代码	台站名称	测点位置	记录编号	测量方向	加速度峰值（cm/s^2）	峰值时刻（s）	记录长度（s）	图序
0140923221607	33YSH	岩上台	地面	52YSH14092322160701	UD	9.454	9.71	20	8–272
			地面	52YSH14092322160702	EW	14.682	10.22	20	
			地面	52YSH14092322160703	NS	7.485	10.00	20	
0140923195006	33BYA	包垟台	地面	53BYA14092319500601	UD	2.487	10.47	20	8–273
			地面	53BYA14092319500602	EW	−2.125	10.44	20	
			地面	53BYA14092319500603	NS	−2.760	10.42	20	
	33SX1	珊溪坝顶台	地面	53SX114092319500601	UD	−2.228	10.11	20	8–274
			地面	53SX114092319500602	EW	1.943	10.50	20	
			地面	53SX114092319500603	NS	1.964	10.35	20	
	33SX3	珊溪坝底台	地面	53SX214092319500601	UD	1.768	11.46	20	8–275
			地面	53SX214092319500602	EW	−5.229	11.41	20	
			地面	53SX214092319500603	NS	6.686	11.40	20	
	33YSH	珊溪指挥部台	地面	53SX314092319500601	UD	−7.949	10.74	20	8–276
			地面	53SX314092319500602	EW	−11.953	11.66	20	
			地面	53SX314092319500603	NS	6.392	10.69	20	
0140924002004	33BYA	包垟台	地面	54BYA14092400200401	UD	−6.580	9.64	20	8–277
			地面	54BYA14092400200402	EW	7.501	9.65	20	
			地面	54BYA14092400200403	NS	−14.514	9.63	20	
	33SX1	珊溪坝顶台	地面	54SX114092400200401	UD	12.068	10.22	20	8–278
			地面	54SX114092400200402	EW	6.853	10.41	20	
			地面	54SX114092400200403	NS	−7.517	11.15	20	
	33SX2	珊溪坝底台	地面	54SX214092400200401	UD	−16.266	10.02	20	8–279
			地面	54SX214092400200402	EW	13.636	10.28	20	
			地面	54SX214092400200403	NS	−21.100	10.38	20	
	33SX3	珊溪指挥部台	地面	54SX314092400200401	UD	7.550	10.74	20	8–280
			地面	54SX314092400200402	EW	−13.958	10.41	20	
			地面	54SX314092400200403	NS	−12.137	10.73	20	
	33YSH	岩上台	地面	54YSH14092400200401	UD	−25.150	10.22	20	8–281
			地面	54YSH14092400200402	EW	29.296	11.22	20	
			地面	54YSH14092400200403	NS	−15.082	10.15	20	
0140924015518	33BYA	包垟台	地面	55BYA14092401551801	UD	−1.395	8.46	20	8–282
			地面	55BYA14092401551802	EW	−1.147	9.32	20	
			地面	55BYA14092401551803	NS	2.293	9.23	20	
	33SX1	珊溪坝顶台	地面	55SX114092401551801	UD	−1.935	10.14	20	8–283
			地面	55SX114092401551802	EW	1.308	10.49	20	
			地面	55SX114092401551803	NS	1.553	10.15	20	
	33SX2	珊溪坝底台	地面	55SX214092401551801	UD	2.303	10.53	20	8–284
			地面	55SX214092401551802	EW	2.477	10.83	20	
			地面	55SX214092401551803	NS	2.959	10.01	20	
	33SX3	珊溪指挥部台	地面	55SX314092401551801	UD	1.035	10.61	20	8–285
			地面	55SX314092401551802	EW	−2.748	10.54	20	
			地面	55SX314092401551803	NS	2.407	10.09	20	
	33YSH	岩上台	地面	55YSH14092401551801	UD	−9.244	9.45	20	8–286
			地面	55YSH14092401551802	EW	9.745	10.45	20	
			地面	55YSH14092401551803	NS	−4.979	10.17	20	
0140924035205	33BYA	包垟台	地面	56BYA14092403520501	UD	−2.401	9.77	20	8–287
			地面	56BYA14092403520502	EW	3.418	9.77	20	
			地面	56BYA14092403520503	NS	−4.901	9.71	20	
	33SX1	珊溪坝顶台	地面	56SX114092403520501	UD	5.078	10.33	20	8–288
			地面	56SX114092403520502	EW	−3.099	10.43	20	
			地面	56SX114092403520503	NS	−4.051	10.51	20	
	33SX2	珊溪坝底台	地面	56SX214092403520501	UD	−7.800	10.57	20	8–289
			地面	56SX214092403520502	EW	5.997	10.44	20	
			地面	56SX214092403520503	NS	9.713	10.37	20	
	33SX3	珊溪指挥部台	地面	56SX314092403520501	UD	3.858	10.53	20	8–290
			地面	56SX314092403520502	EW	8.402	10.54	20	
			地面	56SX314092403520503	NS	−7.731	10.88	20	
	33YSH	岩上台	地面	56YSH14092403520501	UD	12.168	9.93	20	8–291
			地面	56YSH14092403520502	EW	10.635	11.41	20	
			地面	56YSH14092403520503	NS	−7.567	10.52	20	

续表

地震编号	台站代码	台站名称	测点位置	记录编号	测量方向	加速度峰值（cm/s^2）	峰值时刻（s）	记录长度（s）	图序
0140924045019	33BYA	包垟台	地面	57BYA14092403520501	UD	3.354	10.21	20	8-292
			地面	57BYA14092403520502	EW	7.782	10.19	20	
			地面	57BYA14092403520503	NS	6.001	10.16	20	
	33SX1	珊溪坝顶台	地面	57SX114092403520501	UD	−2.408	11.03	20	8-293
			地面	57SX114092403520502	EW	2.034	11.31	20	
			地面	57SX114092403520503	NS	1.875	11.49	20	
	33SX2	珊溪坝底台	地面	57SX214092403520501	UD	3.437	10.74	20	8-294
			地面	57SX214092403520502	EW	−4.698	10.85	20	
			地面	57SX214092403520503	NS	−5.726	10.88	20	
	33SX3	珊溪指挥部台	地面	57SX314092403520501	UD	2.471	8.44	20	8-295
			地面	57SX314092403520502	EW	−3.655	10.52	20	
			地面	57SX314092403520503	NS	−4.065	10.32	20	
	33YSH	岩上台	地面	57YSH14092403520501	UD	17.426	9.70	20	8-296
			地面	57YSH14092403520502	EW	19.033	10.59	20	
			地面	57YSH14092403520503	NS	10.654	9.66	20	
0140924072147	33BYA	包垟台	地面	58BYA14092407214701	UD	1.280	9.08	20	8-297
			地面	58BYA14092407214702	EW	−2.593	9.97	20	
			地面	58BYA14092407214703	NS	−1.940	9.97	20	
	33SX1	珊溪坝顶台	地面	58SX114092407214701	UD	−2.114	9.86	20	8-298
			地面	58SX114092407214702	EW	1.554	10.17	20	
			地面	58SX114092407214703	NS	1.620	10.51	20	
	33SX2	珊溪坝底台	地面	58SX214092407214701	UD	1.889	11.08	20	8-299
			地面	58SX214092407214702	EW	2.251	10.83	20	
			地面	58SX214092407214703	NS	3.391	11.21	20	
	33SX3	珊溪指挥部台	地面	58SX314092407214701	UD	1.157	11.53	20	8-300
			地面	58SX314092407214702	EW	−3.647	11.34	20	
			地面	58SX314092407214703	NS	−2.010	11.14	20	
	33YSH	岩上台	地面	58YSH14092407214701	UD	7.166	9.66	20	8-301
			地面	58YSH14092407214702	EW	−7.482	10.54	20	
			地面	58YSH14092407214703	NS	4.547	9.74	20	
	33YHU	云湖台	地面	58YHU14092407214701	UD	2.680	9.34	20	8-302
			地面	58YHU14092407214702	EW	−4.905	9.32	20	
			地面	58YHU14092407214703	NS	5.349	9.35	20	
0140924143129	33BYA	包垟台	地面	59BYA14092414312901	UD	1.575	9.39	20	8-303
			地面	59BYA14092414312902	EW	−2.288	10.19	20	
			地面	59BYA1409241431293	NS	2.500	10.18	20	
	33SX1	珊溪坝顶台	地面	59SX114092414312901	UD	−1.964	10.17	20	8-304
			地面	59SX114092414312902	EW	1.804	10.48	20	
			地面	59SX114092414312903	NS	−1.522	10.30	20	
	33SX2	珊溪坝底台	地面	59SX214092414312901	UD	3.005	9.78	20	8-305
			地面	59SX214092414312902	EW	2.469	9.80	20	
			地面	59SX214092414312903	NS	2.555	10.03	20	
	33SX3	珊溪指挥部台	地面	59SX314092414312901	UD	1.963	8.54	20	8-306
			地面	59SX314092414312902	EW	−3.259	8.29	20	
			地面	59SX314092414312903	NS	−3.229	8.55	20	
	33YSH	岩上台	地面	59YSH14092414312901	UD	7.412	10.11	20	8-307
			地面	59YSH14092414312902	EW	−8.924	10.29	20	
			地面	59YSH14092414312903	NS	5.535	10.16	20	
	33YHU	云湖台	地面	59YHU14092414312901	UD	−9.207	9.52	20	8-308
			地面	59YHU14092414312902	EW	10.056	9.51	20	
			地面	59YHU14092414312903	NS	−18.805	9.51	20	
0140924150306	33BYA	包垟台	地面	60BYA14092415030601	UD	2.384	8.78	20	8-309
			地面	60BYA14092415030602	EW	2.727	9.96	20	
			地面	60BYA14092415030603	NS	−4.410	9.54	20	
	33SX1	珊溪坝顶台	地面	60SX114092415030601	UD	−5.356	10.83	20	8-310
			地面	60SX114092415030602	EW	−4.528	10.75	20	
			地面	60SX114092415030603	NS	−6.582	10.67	20	
	33SX2	珊溪坝底台	地面	60SX214092415030601	UD	6.300	10.74	20	8-311
			地面	60SX214092415030602	EW	−7.496	10.16	20	
			地面	60SX214092415030603	NS	−10.386	10.24	20	

续表

地震编号	台站代码	台站名称	测点位置	记录编号	测量方向	加速度峰值（cm/s²）	峰值时刻（s）	记录长度（s）	图序
0140924150306	33SX3	珊溪指挥部台	地面	60SX314092415030601	UD	−6.122	10.88	20	8−312
			地面	60SX314092415030602	EW	13.097	10.83	20	
			地面	60SX314092415030603	NS	10.649	10.89	20	
	33YSH	岩上台	地面	60YSH14092415030601	UD	15.610	9.66	20	8−313
			地面	60YSH14092415030602	EW	−19.805	9.77	20	
			地面	60YSH14092415030603	NS	−17.277	10.30	20	
	33YHU	云湖台	地面	60YHU14092415030601	UD	6.700	9.97	20	8−314
			地面	60YHU14092415030602	EW	8.253	9.94	20	
			地面	60YHU14092415030603	NS	16.196	9.94	20	
0140925123820	33BYA	包垟台	地面	63BYA14092512382001	UD	−5.632	10.06	20	8−315
			地面	63BYA14092512382002	EW	−12.376	10.07	20	
			地面	63BYA14092512382003	NS	−10.053	10.06	20	
	33SX1	珊溪坝顶台	地面	63SX114092512382001	UD	−2.724	10.23	20	8−316
			地面	63SX114092512382002	EW	−2.426	10.92	20	
			地面	63SX114092512382003	NS	−4.138	10.99	20	
	33SX2	珊溪坝底台	地面	63SX214092512382001	UD	−5.939	9.93	20	8−317
			地面	63SX214092512382002	EW	8.058	9.83	20	
			地面	63SX214092512382003	NS	−8.230	9.85	20	
	33SX3	珊溪指挥部台	地面	63SX314092512382001	UD	−5.226	8.52	20	8−318
			地面	63SX314092512382002	EW	8.276	10.59	20	
			地面	63SX314092512382003	NS	−6.585	10.24	20	
	33YHU	云湖台	地面	63YHU14092512382001	UD	−12.430	9.74	20	8−319
			地面	63YHU14092512382002	EW	10.298	9.66	20	
			地面	63YHU14092512382003	NS	23.672	9.67	20	
0140926234459	33BYA	包垟台	地面	64BYA14092623445901	UD	2.954	8.41	20	8−320
			地面	64BYA14092623445902	EW	−2.173	9.25	20	
			地面	64BYA14092623445903	NS	2.958	9.22	20	
	33SX1	珊溪坝顶台	地面	64SX114092623445901	UD	2.667	10.59	20	8−321
			地面	64SX114092623445902	EW	1.699	10.96	20	
			地面	64SX114092623445903	NS	2.398	11.23	20	
	33SX2	珊溪坝底台	地面	64SX214092623445901	UD	3.047	10.34	20	8−322
			地面	64SX214092623445902	EW	−2.566	10.17	20	
			地面	64SX214092623445903	NS	3.664	9.93	20	
	33SX3	珊溪指挥部台	地面	64SX314092623445901	UD	1.804	10.43	20	8−323
			地面	64SX314092623445902	EW	4.381	10.78	20	
			地面	64SX314092623445903	NS	−3.845	10.52	20	
	33YSH	岩上台	地面	64YSH14092623445901	UD	10.335	9.50	20	8−324
			地面	64YSH14092623445902	EW	12.997	9.39	20	
			地面	64YSH14092623445903	NS	−12.111	9.67	20	
	33YHU	云湖台	地面	64YHU14092623445901	UD	−1.277	9.71	20	8−325
			地面	64YHU14092623445902	EW	5.152	9.42	20	
			地面	64YHU14092623445903	NS	6.062	9.44	20	
0140927082528	33BYA	包垟台	地面	66BYA14092708252801	UD	−16.017	9.84	20	8−326
			地面	66BYA14092708252802	EW	−26.734	9.85	20	
			地面	66BYA14092708252803	NS	−25.438	9.84	20	
	33SX1	珊溪坝顶台	地面	66SX114092708252801	UD	−16.358	12.29	20	8−327
			地面	66SX114092708252802	EW	12.236	12.64	20	
			地面	66SX114092708252803	NS	17.738	12.50	20	
	33SX2	珊溪坝底台	地面	66SX214092708252801	UD	15.800	12.97	20	8−328
			地面	66SX214092708252802	EW	15.611	12.57	20	
			地面	66SX214092708252803	NS	18.256	13.06	20	
	33SX3	珊溪指挥部台	地面	66SX314092708252801	UD	6.030	10.89	20	8−329
			地面	66SX314092708252802	EW	23.875	11.00	20	
			地面	66SX314092708252803	NS	17.521	11.01	20	
	33YSH	岩上台	地面	66YSH14092708252801	UD	60.798	10.37	20	8−330
			地面	66YSH14092708252802	EW	104.274	10.21	20	
			地面	66YSH14092708252803	NS	−111.048	10.30	20	
	33YHU	云湖台	地面	66YHU14092708252801	UD	−14.891	10.19	20	8−331
			地面	66YHU14092708252802	EW	32.717	10.10	20	
			地面	66YHU14092708252803	NS	43.400	10.07	20	

续表

地震编号	台站代码	台站名称	测点位置	记录编号	测量方向	加速度峰值（cm/s²）	峰值时刻（s）	记录长度（s）	图序
0140927082617	33BYA	包垟台	地面	67BYA14092708261701	UD	2.106	9.32	20	8-332
			地面	67BYA14092708261702	EW	2.039	10.12	20	
			地面	67BYA14092708261703	NS	-1.806	10.08	20	
	33SX1	珊溪坝顶台	地面	67SX114092708261701	UD	0.989	9.87	20	8-333
			地面	67SX114092708261702	EW	0.923	9.86	20	
			地面	67SX114092708261703	NS	-0.952	9.91	20	
	33SX2	珊溪坝底台	地面	67SX214092708261701	UD	1.197	11.23	20	8-334
			地面	67SX214092708261702	EW	1.266	11.42	20	
			地面	67SX214092708261703	NS	1.818	11.05	20	
	33SX3	珊溪指挥部台	地面	67SX314092708261701	UD	-0.786	10.51	20	8-335
			地面	67SX314092708261702	EW	1.743	10.45	20	
			地面	67SX314092708261703	NS	-1.232	10.36	20	
	33YSH	岩上台	地面	67YSH14092708261701	UD	7.670	9.34	20	8-336
			地面	67YSH14092708261702	EW	-10.415	9.15	20	
			地面	67YSH14092708261703	NS	5.271	9.45	20	
	33YHU	云湖台	地面	67YHU14092708261701	UD	-5.007	9.42	20	8-337
			地面	67YHU14092708261702	EW	4.616	9.40	20	
			地面	67YHU14092708261703	NS	12.338	9.42	20	
0140927083044	33BYA	包垟台	地面	68BYA14092708304401	UD	24.990	9.09	20	8-338
			地面	68BYA14092708304402	EW	-19.680	9.91	20	
			地面	68BYA14092708304403	NS	-22.350	9.90	20	
	33SX1	珊溪坝顶台	地面	68SX114092708304401	UD	15.710	10.27	20	8-339
			地面	68SX114092708304402	EW	14.297	10.64	20	
			地面	68SX114092708304403	NS	19.600	10.49	20	
	33SX2	珊溪坝底台	地面	68SX214092708304401	UD	18.025	10.57	20	8-340
			地面	68SX214092708304402	EW	21.160	10.63	20	
			地面	68SX214092708304403	NS	-21.068	10.70	20	
	33SX3	珊溪指挥部台	地面	68SX314092708304401	UD	-11.618	10.99	20	8-341
			地面	68SX314092708304402	EW	26.732	11.10	20	
			地面	68SX314092708304403	NS	39.054	11.03	20	
	33YSH	岩上台	地面	68YSH14092708304401	UD	-78.041	9.24	20	8-342
			地面	68YSH14092708304402	EW	-97.020	10.19	20	
			地面	68YSH14092708304403	NS	111.433	10.29	20	
	33YHU	云湖台	地面	68YHU14092708304401	UD	51.929	9.20	20	8-343
			地面	68YHU14092708304402	EW	-69.637	9.16	20	
			地面	68YHU14092708304403	NS	189.918	9.15	20	
140927084121	33BYA	包垟台	地面	69BYA14092708412101	UD	10.915	8.80	20	8-344
			地面	69BYA14092708412102	EW	-7.466	9.69	20	
			地面	69BYA14092708412103	NS	-10.538	9.64	20	
	33SX1	珊溪坝顶台	地面	69SX114092708412101	UD	7.803	11.06	20	8-345
			地面	69SX114092708412102	EW	8.103	10.43	20	
			地面	69SX114092708412103	NS	9.364	10.96	20	
	33SX2	珊溪坝底台	地面	69SX214092708412101	UD	10.716	10.98	20	8-346
			地面	69SX214092708412102	EW	-7.058	11.84	20	
			地面	69SX214092708412103	NS	13.198	11.00	20	
	33SX3	珊溪指挥部台	地面	69SX314092708412101	UD	6.972	9.05	20	8-347
			地面	69SX314092708412102	EW	10.671	10.90	20	
			地面	69SX314092708412103	NS	-12.357	10.94	20	
	33YSH	岩上台	地面	69YSH14092708412101	UD	-33.905	9.04	20	8-348
			地面	69YSH14092708412102	EW	63.261	9.90	20	
			地面	69YSH14092708412103	NS	75.668	10.09	20	
	33YHU	云湖台	地面	69YHU14092708412101	UD	-19.199	12.06	20	8-349
			地面	69YHU14092708412102	EW	53.250	12.05	20	
			地面	69YHU14092708412103	NS	-44.299	12.05	20	
0140927084249	33BYA	包垟台	地面	70BYA14092708424901	UD	-3.005	9.88	20	8-350
			地面	70BYA14092708424902	EW	-4.378	9.89	20	
			地面	70BYA14092708424903	NS	-5.231	9.93	20	
	33SX1	珊溪坝顶台	地面	70SX114092708424901	UD	3.032	10.24	20	8-351
			地面	70SX114092708424902	EW	2.424	10.62	20	
			地面	70SX114092708424903	NS	2.899	10.52	20	

续表

地震编号	台站代码	台站名称	测点位置	记录编号	测量方向	加速度峰值（cm/s²）	峰值时刻（s）	记录长度（s）	图序
0140927084249	33SX2	珊溪坝底台	地面	70SX214092708424901	UD	3.347	10.79	20	8–352
			地面	70SX214092708424902	EW	3.844	10.95	20	
			地面	70SX214092708424903	NS	6.018	10.48	20	
	33SX3	珊溪指挥部台	地面	70SX314092708424901	UD	1.565	9.85	20	8–353
			地面	70SX314092708424902	EW	5.926	10.20	20	
			地面	70SX314092708424903	NS	3.763	9.95	20	
	33YSH	岩上台	地面	70YSH14092708424901	UD	–24.420	9.04	20	8–354
			地面	70YSH14092708424902	EW	–18.822	8.94	20	
			地面	70YSH14092708424903	NS	–18.526	9.98	20	
	33YHU	云湖台	地面	70YHU14092708424901	UD	5.712	9.34	20	8–355
			地面	70YHU14092708424902	EW	–4.259	9.37	20	
			地面	70YHU14092708424903	NS	–6.070	9.32	20	
0140927090022	33BYA	包垟台	地面	71BYA14092709002201	UD	–4.102	8.83	20	8–356
			地面	71BYA14092709002202	EW	4.326	8.83	20	
			地面	71BYA14092709002203	NS	–5.164	8.83	20	
	33SX1	珊溪坝顶台	地面	71SX114092709002201	UD	–3.770	10.12	20	8–357
			地面	71SX114092709002202	EW	–2.210	10.53	20	
			地面	71SX114092709002203	NS	–2.907	10.51	20	
	33SX2	珊溪坝底台	地面	71SX214092709002201	UD	3.302	10.50	20	8–358
			地面	71SX214092709002202	EW	–5.353	10.47	20	
			地面	71SX214092709002203	NS	–10.616	10.29	20	
	33SX3	珊溪指挥部台	地面	71SX314092709002201	UD	1.990	9.94	20	8–359
			地面	71SX314092709002202	EW	–6.240	9.99	20	
			地面	71SX314092709002203	NS	–5.432	9.76	20	
	33YSH	岩上台	地面	71YSH14092709002201	UD	9.603	9.17	20	8–360
			地面	71YSH14092709002202	EW	–16.977	9.09	20	
			地面	71YSH14092709002203	NS	–15.117	9.24	20	
	33YHU	云湖台	地面	71YHU14092709002201	UD	2.152	8.62	20	8–361
			地面	71YHU14092709002202	EW	–1.363	8.59	20	
			地面	71YHU14092709002203	NS	–3.691	8.65	20	
0140927090209	33BYA	包垟台	地面	72BYA14092709020901	UD	–4.599	9.20	20	8–362
			地面	72BYA14092709020902	EW	4.069	9.20	20	
			地面	72BYA14092709020903	NS	–4.719	9.20	20	
	33SX1	珊溪坝顶台	地面	72SX114092709020901	UD	–2.436	9.47	20	8–363
			地面	72SX114092709020902	EW	–1.818	9.70	20	
			地面	72SX114092709020903	NS	–2.327	9.61	20	
	33SX2	珊溪坝底台	地面	72SX214092709020901	UD	3.290	9.70	20	8–364
			地面	72SX214092709020902	EW	4.964	9.87	20	
			地面	72SX214092709020903	NS	–10.318	9.63	20	
	33SX3	珊溪指挥部台	地面	72SX314092709020901	UD	1.560	10.26	20	8–365
			地面	72SX314092709020902	EW	3.516	10.40	20	
			地面	72SX314092709020903	NS	–3.960	10.10	20	
	33YSH	岩上台	地面	72YSH14092709020901	UD	12.702	9.67	20	8–366
			地面	72YSH14092709020902	EW	17.949	9.22	20	
			地面	72YSH14092709020903	NS	–17.437	9.59	20	
	33YHU	云湖台	地面	72YHU14092709020901	UD	6.678	9.00	20	8–367
			地面	72YHU14092709020902	EW	–7.313	9.09	20	
			地面	72YHU14092709020903	NS	14.799	8.97	20	
0140927091136	33BYA	包垟台	地面	73BYA14092709113601	UD	–3.682	9.58	20	8–368
			地面	73BYA14092709113602	EW	2.873	9.58	20	
			地面	73BYA14092709113603	NS	–5.566	9.58	20	
	33SX1	珊溪坝顶台	地面	73SX114092709113601	UD	–3.297	10.21	20	8–369
			地面	73SX114092709113602	EW	–2.825	10.37	20	
			地面	73SX114092709113603	NS	2.919	10.48	20	
	33SX3	珊溪指挥部台	地面	73SX314092709113601	UD	2.413	10.76	20	8–370
			地面	73SX314092709113602	EW	7.284	10.69	20	
			地面	73SX314092709113603	NS	6.693	10.70	20	
	33YSH	岩上台	地面	73YSH14092709113601	UD	–12.174	9.68	20	8–371
			地面	73YSH14092709113602	EW	18.011	9.91	20	
			地面	73YSH14092709113603	NS	22.712	9.94	20	

续表

地震编号	台站代码	台站名称	测点位置	记录编号	测量方向	加速度峰值（cm/s²）	峰值时刻（s）	记录长度（s）	图序
0140927091136	33YHU	云湖台	地面	73YHU14092709113601	UD	−3.223	9.08	20	8–372
			地面	73YHU14092709113602	EW	3.476	9.10	20	
			地面	73YHU14092709113603	NS	11.257	9.11	20	
0140927095141	33BYA	包垟台	地面	74BYA14092709514101	UD	10.874	8.88	20	8–373
			地面	74BYA14092709514102	EW	8.613	9.67	20	
			地面	74BYA14092709514103	NS	−13.466	9.67	20	
	33SX1	珊溪坝顶台	地面	74SX114092709514101	UD	4.790	9.78	20	8–374
			地面	74SX114092709514102	EW	−3.412	10.35	20	
			地面	74SX114092709514103	NS	−4.404	9.86	20	
	33SX2	珊溪坝底台	地面	74SX214092709514101	UD	6.316	9.97	20	8–375
			地面	74SX214092709514102	EW	−6.892	10.15	20	
			地面	74SX214092709514103	NS	−7.694	10.23	20	
	33SX3	珊溪指挥部台	地面	74SX314092709514101	UD	−4.076	10.73	20	8–376
			地面	74SX314092709514102	EW	8.201	10.60	20	
			地面	74SX314092709514103	NS	−7.722	10.47	20	
	33YSH	岩上台	地面	74YSH14092709514101	UD	−19.480	9.92	20	8–377
			地面	74YSH14092709514102	EW	−17.528	9.88	20	
			地面	74YSH14092709514103	NS	19.864	9.08	20	
	33YHU	云湖台	地面	74YHU14092709514101	UD	10.144	9.65	20	8–378
			地面	74YHU14092709514102	EW	−12.707	9.55	20	
			地面	74YHU14092709514103	NS	−13.630	9.52	20	
0140927124146	33BYA	包垟台	地面	75BYA14092712414601	UD	−3.642	10.15	20	8–379
			地面	75BYA14092712414602	EW	−5.967	10.08	20	
			地面	75BYA14092712414603	NS	−6.841	10.07	20	
	33SX1	珊溪坝顶台	地面	75SX114092712414601	UD	−2.836	10.49	20	8–380
			地面	75SX114092712414602	EW	2.734	10.59	20	
			地面	75SX114092712414603	NS	2.749	10.63	20	
	33SX2	珊溪坝底台	地面	75SX214092712414601	UD	−4.487	10.79	20	8–381
			地面	75SX214092712414602	EW	−4.554	11.07	20	
			地面	75SX214092712414603	NS	−5.958	11.02	20	
	33SX3	珊溪指挥部台	地面	75SX314092712414601	UD	2.078	10.20	20	8–382
			地面	75SX314092712414602	EW	−4.571	10.11	20	
			地面	75SX314092712414603	NS	4.316	10.26	20	
	33YSH	岩上台	地面	75YSH14092712414601	UD	20.168	10.39	20	8–383
			地面	75YSH14092712414602	EW	−29.650	10.45	20	
			地面	75YSH14092712414603	NS	28.709	10.33	20	
	33YHU	云湖台	地面	75YHU14092712414601	UD	10.747	9.30	20	8–384
			地面	75YHU14092712414602	EW	−30.138	9.27	20	
			地面	75YHU14092712414603	NS	27.109	9.29	20	
0140927150425	33BYA	包垟台	地面	76BYA14092715042501	UD	−3.379	8.31	20	8–385
			地面	76BYA14092715042502	EW	2.957	9.12	20	
			地面	76BYA14092715042503	NS	7.797	9.11	20	
	33SX1	珊溪坝顶台	地面	76SX114092715042501	UD	1.582	10.33	20	8–386
			地面	76SX114092715042502	EW	−1.239	10.55	20	
			地面	76SX114092715042503	NS	1.367	10.80	20	
	33SX2	珊溪坝底台	地面	76SX214092715042501	UD	4.387	10.66	20	8–387
			地面	76SX214092715042502	EW	3.271	10.65	20	
			地面	76SX214092715042503	NS	5.621	10.58	20	
	33SX3	珊溪指挥部台	地面	76SX314092715042501	UD	−2.242	8.33	20	8–388
			地面	76SX314092715042502	EW	−3.593	10.11	20	
			地面	76SX314092715042503	NS	−3.485	9.88	20	
	33YSH	岩上台	地面	76YSH14092715042501	UD	−8.248	9.28	20	8–389
			地面	76YSH14092715042502	EW	−8.311	9.26	20	
			地面	76YSH14092715042503	NS	−7.782	9.15	20	
	33YHU	云湖台	地面	76YHU14092715042501	UD	2.792	8.96	20	8–390
			地面	76YHU14092715042502	EW	5.019	9.02	20	
			地面	76YHU14092715042503	NS	−6.166	9.15	20	
0140927182359	33BYA	包垟台	地面	77BYA14092718235901	UD	4.229	8.50	20	8–391
			地面	77BYA14092718235902	EW	4.141	9.26	20	
			地面	77BYA14092718235903	NS	−7.025	9.27	20	

续表

地震编号	台站代码	台站名称	测点位置	记录编号	测量方向	加速度峰值（cm/s²）	峰值时刻（s）	记录长度（s）	图序
0140927182359	33SX1	珊溪坝顶台	地面	77SX114092718235901	UD	4.423	10.38	20	8–392
			地面	77SX114092718235902	EW	−2.408	10.48	20	
			地面	77SX114092718235903	NS	2.947	10.41	20	
	33SX2	珊溪坝底台	地面	77SX214092718235901	UD	−5.968	8.27	20	8–393
			地面	77SX214092718235902	EW	−6.356	8.31	20	
			地面	77SX214092718235903	NS	−6.241	9.70	20	
	33SX3	珊溪指挥部台	地面	77SX314092718235901	UD	−4.423	8.53	20	8–394
			地面	77SX314092718235902	EW	8.040	10.31	20	
			地面	77SX314092718235903	NS	7.694	10.08	20	
	33YSH	岩上台	地面	77YSH14092718235901	UD	−16.037	9.57	20	8–395
			地面	77YSH14092718235902	EW	−9.804	9.46	20	
			地面	77YSH14092718235903	NS	−11.726	9.57	20	
	33YHU	云湖台	地面	77YHU14092718235901	UD	2.772	9.19	20	8–396
			地面	77YHU14092718235902	EW	4.429	9.18	20	
			地面	77YHU14092718235903	NS	−3.123	9.30	20	
0140927203814	33BYA	包垟台	地面	78BYA14092720381401	UD	1.002	8.98	20	8–397
			地面	78BYA14092720381402	EW	−0.994	9.97	20	
			地面	78BYA14092720381403	NS	−1.974	9.79	20	
	33SX1	珊溪坝顶台	地面	78SX114092720381401	UD	1.109	10.09	20	8–398
			地面	78SX114092720381402	EW	0.812	10.29	20	
			地面	78SX114092720381403	NS	1.127	10.10	20	
	33SX2	珊溪坝底台	地面	78SX214092720381401	UD	−2.074	10.15	20	8–399
			地面	78SX214092720381402	EW	1.558	10.22	20	
			地面	78SX214092720381403	NS	2.317	10.21	20	
	33SX3	珊溪指挥部台	地面	78SX314092720381401	UD	1.542	9.06	20	8–400
			地面	78SX314092720381402	EW	−2.196	10.70	20	
			地面	78SX314092720381403	NS	−2.095	10.80	20	
	33YSH	岩上台	地面	78YSH14092720381401	UD	−5.075	9.86	20	8–401
			地面	78YSH14092720381402	EW	−5.282	10.47	20	
			地面	78YSH14092720381403	NS	−5.388	9.94	20	
	33YHU	云湖台	地面	78YHU14092720381401	UD	1.839	8.53	20	8–402
			地面	78YHU14092720381402	EW	2.306	8.72	20	
			地面	78YHU14092720381403	NS	3.586	8.63	20	
0140928064324	33BYA	包垟台	地面	79BYA14092806432401	UD	−3.060	9.20	20	8–403
			地面	79BYA14092806432402	EW	5.887	9.17	20	
			地面	79BYA14092806432403	NS	6.163	9.16	20	
	33SX1	珊溪坝顶台	地面	79SX114092806432401	UD	3.056	9.86	20	8–404
			地面	79SX114092806432402	EW	−3.529	9.94	20	
			地面	79SX114092806432403	NS	2.937	9.75	20	
	33SX2	珊溪坝底台	地面	79SX214092806432401	UD	−4.995	9.82	20	8–405
			地面	79SX214092806432402	EW	−4.911	9.79	20	
			地面	79SX214092806432403	NS	−5.476	9.79	20	
	33SX3	珊溪指挥部台	地面	79SX314092806432401	UD	−1.975	10.71	20	8–406
			地面	79SX314092806432402	EW	5.239	10.71	20	
			地面	79SX314092806432403	NS	3.579	10.39	20	
	33YSH	岩上台	地面	79YSH14092806432401	UD	16.550	9.62	20	8–407
			地面	79YSH14092806432402	EW	26.182	9.43	20	
			地面	79YSH14092806432403	NS	23.791	9.45	20	
	33YHU	云湖台	地面	79YHU14092806432401	UD	8.745	9.41	20	8–408
			地面	79YHU14092806432402	EW	10.582	9.39	20	
			地面	79YHU14092806432403	NS	11.192	9.48	20	
0140928025859	33BYA	包垟台	地面	80BYA14092802585901	UD	−2.997	9.28	20	8–409
			地面	80BYA14092802585902	EW	−3.567	9.29	20	
			地面	80BYA14092802585903	NS	5.255	9.26	20	
	33SX1	珊溪坝顶台	地面	80SX114092802585901	UD	4.314	10.05	20	8–410
			地面	80SX114092802585902	EW	3.369	10.11	20	
			地面	80SX114092802585903	NS	3.026	9.97	20	
	33SX2	珊溪坝底台	地面	80SX214092802585901	UD	−4.504	10.59	20	8–411
			地面	80SX214092802585902	EW	4.601	11.27	20	
			地面	80SX214092802585903	NS	−5.911	10.60	20	

续表

地震编号	台站代码	台站名称	测点位置	记录编号	测量方向	加速度峰值（cm/s²）	峰值时刻（s）	记录长度（s）	图序
0140928025859	33SX3	珊溪指挥部台	地面	80SX314092802585901	UD	3.265	8.68	20	8-412
			地面	80SX314092802585902	EW	-7.028	10.70	20	
			地面	80SX314092802585903	NS	5.852	10.40	20	
	33YSH	岩上台	地面	80YSH14092802585901	UD	17.917	9.54	20	8-413
			地面	80YSH14092802585902	EW	-17.982	9.30	20	
			地面	80YSH14092802585903	NS	17.727	9.56	20	
	33YHU	云湖台	地面	80YHU14092802585901	UD	-4.835	9.54	20	8-414
			地面	80YHU14092802585902	EW	-10.324	9.49	20	
			地面	80YHU14092802585903	NS	12.295	9.48	20	
0140930131426	33BYA	包垟台	地面	81BYA14093013142601	UD	-1.028	8.68	20	8-415
			地面	81BYA14093013142602	EW	1.809	9.56	20	
			地面	81BYA14093013142603	NS	-1.377	9.47	20	
	33SX1	珊溪坝顶台	地面	81SX114093013142601	UD	0.662	10.47	20	8-416
			地面	81SX114093013142602	EW	-0.726	10.47	20	
			地面	81SX114093013142603	NS	0.864	10.52	20	
	33SX2	珊溪坝底台	地面	81SX214093013142601	UD	-1.296	10.40	20	8-417
			地面	81SX214093013142602	EW	-1.309	10.64	20	
			地面	81SX214093013142603	NS	1.492	10.53	20	
	33SX3	珊溪指挥部台	地面	81SX314093013142601	UD	-0.988	8.91	20	8-418
			地面	81SX314093013142602	EW	1.533	10.88	20	
			地面	81SX314093013142603	NS	-1.457	10.53	20	
	33YSH	岩上台	地面	81YSH14093013142601	UD	7.607	9.57	20	8-419
			地面	81YSH14093013142602	EW	-12.347	9.75	20	
			地面	81YSH14093013142603	NS	12.775	9.87	20	
	33YHU	云湖台	地面	81YHU14093013142601	UD	4.968	8.55	20	8-420
			地面	81YHU14093013142602	EW	7.229	8.56	20	
			地面	81YHU14093013142603	NS	5.693	8.56	20	
0141001020902	33BYA	包垟台	地面	82BYA14100102090201	UD	1.222	8.73	20	8-421
			地面	82BYA14100102090202	EW	-1.786	9.65	20	
			地面	82BYA14100102090203	NS	1.658	9.62	20	
	33SX2	珊溪坝底台	地面	82SX214100102090201	UD	1.647	12.19	20	8-422
			地面	82SX214100102090202	EW	-1.144	11.94	20	
			地面	82SX214100102090203	NS	1.874	11.5	20	
	33YHU	云湖台	地面	82YHU14100102090201	UD	-5.731	9.64	20	8-423
			地面	82YHU14100102090202	EW	19.909	9.53	20	
			地面	82YHU14100102090203	NS	-10.495	9.6	20	
0141002055008	33BYA	包垟台	地面	83BYA14100205500801	UD	12.860	9.41	20	8-424
			地面	83BYA14100205500802	EW	-13.898	9.41	20	
			地面	83BYA14100205500803	NS	21.474	9.38	20	
	33SX2	珊溪坝底台	地面	83SX214100205500801	UD	-5.476	8.53	20	8-425
			地面	83SX214100205500802	EW	-5.637	8.57	20	
			地面	83SX214100205500803	NS	4.253	10.41	20	
	33YHU	云湖台	地面	83YHU14100205500801	UD	-14.511	8.62	20	8-426
			地面	83YHU14100205500802	EW	-9.250	8.68	20	
			地面	83YHU14100205500803	NS	-36.692	8.63	20	
0141002082539	33BYA	包垟台	地面	84BYA14100208253901	UD	2.290	8.82	20	8-427
			地面	84BYA14100208253902	EW	1.610	8.82	20	
			地面	84BYA14100208253903	NS	-2.182	8.82	20	
	33SX2	珊溪坝底台	地面	84SX214100208253901	UD	-1.265	12.27	20	8-428
			地面	84SX214100208253902	EW	-1.001	12.97	20	
			地面	84SX214100208253903	NS	1.377	12.17	20	
	33YHU	云湖台	地面	84YHU14100208253901	UD	-2.202	8.7	20	8-429
			地面	84YHU14100208253902	EW	12.195	8.68	20	
			地面	84YHU14100208253903	NS	-7.930	8.68	20	
0141002170744	33BYA	包垟台	地面	85BYA14100217074401	UD	-1.515	9.25	20	8-430
			地面	85BYA14100217074402	EW	-2.876	9.46	20	
			地面	85BYA14100217074403	NS	-2.713	9.41	20	
	33SX2	珊溪坝底台	地面	85SX214100217074401	UD	4.599	10.44	20	8-431
			地面	85SX214100217074402	EW	3.815	10.76	20	
			地面	85SX214100217074403	NS	6.148	10.96	20	

续表

地震编号	台站代码	台站名称	测点位置	记录编号	测量方向	加速度峰值（cm/s²）	峰值时刻（s）	记录长度（s）	图序
0141002170744	33YHU	云湖台	地面	85YHU14100217074401	UD	1.507	9.53	20	8–432
			地面	85YHU14100217074402	EW	1.986	9.52	20	
			地面	85YHU14100217074403	NS	6.125	9.52	20	
0141002224032	33BYA	包垟台	地面	86BYA14100222403201	UD	–3.371	8.73	20	8–433
			地面	86BYA14100222403202	EW	3.082	9.65	20	
			地面	86BYA14100222403203	NS	3.695	9.62	20	
	33SX2	珊溪坝底台	地面	86SX214100222403201	UD	–2.501	12.19	20	8–434
			地面	86SX214100222403202	EW	2.783	11.94	20	
			地面	86SX214100222403203	NS	2.357	11.50	20	
	33YHU	云湖台	地面	86YHU14100222403201	UD	21.096	9.64	20	8–435
			地面	86YHU14100222403202	EW	8.643	9.53	20	
			地面	86YHU14100222403203	NS	32.616	9.60	20	
0141002233223	33BYA	包垟台	地面	87BYA14100223322301	UD	–11.10	10.26	20	8–436
			地面	87BYA14100223322302	EW	10.434	10.45	20	
			地面	87BYA14100223322303	NS	17.561	10.24	20	
	33SX2	珊溪坝底台	地面	87SX214100223322301	UD	5.588	11.54	20	8–437
			地面	87SX214100223322302	EW	–7.777	10.92	20	
			地面	87SX214100223322303	NS	–12.808	10.84	20	
	33YHU	云湖台	地面	87YHU14100223322301	UD	5.468	10.17	20	8–438
			地面	87YHU14100223322302	EW	5.884	9.63	20	
			地面	87YHU14100223322303	NS	9.787	10.18	20	
0141003004621	33BYA	包垟台	地面	88BYA14100300462101	UD	–7.900	9.67	20	8–439
			地面	88BYA14100300462102	EW	–9.337	9.63	20	
			地面	88BYA14100300462103	NS	–12.138	9.60	20	
	33SX2	珊溪坝底台	地面	88SX214100300462101	UD	–3.865	11.46	20	8–440
			地面	88SX214100300462102	EW	3.856	9.85	20	
			地面	88SX214100300462103	NS	–4.242	11.04	20	
	33YHU	云湖台	地面	88YHU14100300462101	UD	23.370	9.58	20	8–441
			地面	88YHU14100300462102	EW	9.528	9.59	20	
			地面	88YHU14100300462103	NS	16.872	9.56	20	
0141003011259	33BYA	包垟台	地面	89BYA14100301125901	UD	–4.630	9.67	20	8–442
			地面	89BYA14100301125902	EW	3.803	9.63	20	
			地面	89BYA14100301125903	NS	–9.256	9.60	20	
	33SX2	珊溪坝底台	地面	89SX214100301125901	UD	–2.246	11.46	20	8–443
			地面	89SX214100301125902	EW	–2.587	9.85	20	
			地面	89SX214100301125903	NS	–4.030	11.04	20	
	33YSH	岩上台	地面	89YSH14100301125901	UD	10.11	9.58	20	8–444
			地面	89YSH14100301125902	EW	19.082	9.59	20	
			地面	89YSH14100301125903	NS	10.17	9.56	20	
	33YHU	云湖台	地面	89YHU14100301125901	UD	–3.883	9.58	20	8–445
			地面	89YHU14100301125902	EW	6.048	9.59	20	
			地面	89YHU14100301125903	NS	9.095	9.56	20	
0141003114206	33BYA	包垟台	地面	90BYA14100311420601	UD	–47.986	9.74	20	8–446
			地面	90BYA14100311420602	EW	76.005	9.75	20	
			地面	90BYA14100311420603	NS	–116.100	9.74	20	
	33SX2	珊溪坝底台	地面	90SX214100311420601	UD	–23.587	9.92	20	8–447
			地面	90SX214100311420602	EW	–26.499	11.13	20	
			地面	90SX214100311420603	NS	–30.309	11.34	20	
	33YSH	岩上台	地面	90YSH14100311420601	UD	180.844	10.12	20	8–448
			地面	90YSH14100311420602	EW	248.655	9.85	20	
			地面	90YSH14100311420603	NS	355.568	10.12	20	
	33YHU	云湖台	地面	90YHU14100311420601	UD	62.383	9.83	20	8–449
			地面	90YHU14100311420602	EW	–58.338	9.88	20	
			地面	90YHU14100311420603	NS	162.982	9.83	20	
0141003114455	33BYA	包垟台	地面	92BYA14100311445501	UD	13.081	4.93	10	8–450
			地面	92BYA14100311445502	EW	12.159	4.91	10	
			地面	92BYA14100311445503	NS	16.291	4.96	10	
	33SX2	珊溪坝底台	地面	92SX214100311445501	UD	–5.174	6.26	10	8–451
			地面	92SX214100311445502	EW	–4.921	6.34	10	
			地面	92SX214100311445503	NS	–8.614	6.26	10	

续表

地震编号	台站代码	台站名称	测点位置	记录编号	测量方向	加速度峰值（cm/s²）	峰值时刻（s）	记录长度（s）	图序
0141003114455	33YSH	岩上台	地面	92YSH14100311445501	UD	49.479	4.98	10	8-452
			地面	92YSH14100311445502	EW	-42.494	4.92	10	
			地面	92YSH14100311445503	NS	45.477	5.22	10	
	33YHU	云湖台	地面	92YHU14100311445501	UD	-3.235	5.70	10	8-453
			地面	92YHU14100311445502	EW	3.020	5.38	10	
			地面	92YHU14100311445503	NS	10.293	5.28	10	
0141003114502	33BYA	包垟台	地面	93BYA14100311450201	UD	-34.159	5.03	10	8-454
			地面	93BYA14100311450202	EW	38.894	5.03	10	
			地面	93BYA14100311450203	NS	-55.799	5.03	10	
	33SX2	珊溪坝底台	地面	93SX214100311450201	UD	7.939	4.48	10	8-455
			地面	93SX214100311450202	EW	6.602	4.54	10	
			地面	93SX214100311450203	NS	14.770	4.42	10	
	33YSH	岩上台	地面	93YSH14100311450201	UD	42.201	5.04	10	8-456
			地面	93YSH14100311450202	EW	46.808	5.02	10	
			地面	93YSH14100311450203	NS	64.807	5.35	10	
	33YHU	云湖台	地面	93YHU14100311450201	UD	2.502	5.45	10	8-457
			地面	93YHU14100311450202	EW	-2.597	5.50	10	
			地面	93YHU14100311450203	NS	-4.655	5.47	10	
0141003115938	33BYA	包垟台	地面	94BYA14100311593801	UD	5.624	10.55	20	8-458
			地面	94BYA14100311593802	EW	13.913	10.62	20	
			地面	94BYA14100311593803	NS	-8.159	10.58	20	
	33SX2	珊溪坝底台	地面	94SX214100311593801	UD	-6.747	12.15	20	8-459
			地面	94SX214100311593802	EW	5.890	12.44	20	
			地面	94SX214100311593803	NS	-5.290	12.20	20	
	33YSH	岩上台	地面	94YSH14100311593801	UD	35.155	10.88	20	8-460
			地面	94YSH14100311593802	EW	-59.362	10.75	20	
			地面	94YSH14100311593803	NS	60.821	10.93	20	
	33YHU	云湖台	地面	94YHU14100311593801	UD	27.268	10.05	20	8-461
			地面	94YHU14100311593802	EW	-34.275	10.03	20	
			地面	94YHU14100311593803	NS	31.290	10.01	20	
0141003120354	33BYA	包垟台	地面	95BYA14100312035401	UD	-1.522	9.84	20	8-462
			地面	95BYA14100312035402	EW	-3.428	9.95	20	
			地面	95BYA14100312035403	NS	-3.763	9.84	20	
	33SX2	珊溪坝底台	地面	95SX214100312035401	UD	8.166	11.01	20	8-463
			地面	95SX214100312035402	EW	5.709	11.46	20	
			地面	95SX214100312035403	NS	8.444	11.12	20	
	33YSH	岩上台	地面	95YSH14100312035401	UD	-11.270	10.18	20	8-464
			地面	95YSH14100312035402	EW	11.183	10.54	20	
			地面	95YSH14100312035403	NS	15.663	10.16	20	
	33YHU	云湖台	地面	95YHU14100312035401	UD	2.542	10.02	20	8-465
			地面	95YHU14100312035402	EW	3.102	10.06	20	
			地面	95YHU14100312035403	NS	5.358	10.06	20	
0141003120925	33BYA	包垟台	地面	96BYA14100312092501	UD	=E1532	10.11	20	8-466
			地面	96BYA14100312092502	EW	9.632	10.11	20	
			地面	96BYA14100312092503	NS	-15.412	10.11	20	
	33SX2	珊溪坝底台	地面	96SX214100312092501	UD	2.600	11.65	20	8-467
			地面	96SX214100312092502	EW	2.233	11.82	20	
			地面	96SX214100312092503	NS	-5.795	11.43	20	
	33YSH	岩上台	地面	96YSH14100312092501	UD	22.847	10.12	20	8-468
			地面	96YSH14100312092502	EW	27.233	10.10	20	
			地面	96YSH14100312092503	NS	-28.575	10.10	20	
	33YHU	云湖台	地面	96YHU14100312092501	UD	1.658	10.43	20	8-469
			地面	96YHU14100312092502	EW	1.322	10.44	20	
			地面	96YHU14100312092503	NS	3.820	10.44	20	
0141003121919	33BYA	包垟台	地面	97BYA14100312191901	UD	-9.273	10.11	20	8-470
			地面	97BYA14100312191902	EW	9.632	10.11	20	
			地面	97BYA14100312191903	NS	-15.412	10.11	20	
	33SX2	珊溪坝底台	地面	97SX214100312191901	UD	2.600	11.65	20	8-471
			地面	97SX214100312191902	EW	2.233	11.82	20	
			地面	97SX214100312191903	NS	-5.795	11.43	20	

续表

地震编号	台站代码	台站名称	测点位置	记录编号	测量方向	加速度峰值（cm/s^2）	峰值时刻（s）	记录长度（s）	图序
0141003121919	33YSH	岩上台	地面	97YSH14100312191901	UD	22.847	10.12	20	8–472
			地面	97YSH14100312191902	EW	27.233	10.10	20	
			地面	97YSH14100312191903	NS	–28.575	10.10	20	
	33YHU	云湖台	地面	97YHU14100312191901	UD	1.658	10.43	20	8–473
			地面	97YHU14100312191902	EW	1.322	10.44	20	
			地面	97YHU14100312191903	NS	3.820	10.44	20	
0141003143458	33BYA	包垟台	地面	98BYA14100314345801	UD	–5.170	5.82	12	8–474
			地面	98BYA14100314345802	EW	4.706	5.82	12	
			地面	98BYA14100314345803	NS	–9.586	5.82	12	
	33SX2	珊溪坝底台	地面	98SX214100314345801	UD	1.830	6.23	12	8–475
			地面	98SX214100314345802	EW	–1.634	5.05	12	
			地面	98SX214100314345803	NS	–5.018	6.16	12	
	33YSH	岩上台	地面	98YSH14100314345801	UD	–11.516	6.1	12	8–476
			地面	98YSH14100314345802	EW	14.145	5.02	12	
			地面	98YSH14100314345803	NS	15.226	6.14	12	
	33YHU	云湖台	地面	98YHU14100314345801	UD	3.311	6.01	12	8–477
			地面	98YHU14100314345802	EW	2.050	6.00	12	
			地面	98YHU14100314345803	NS	10.199	6.00	12	
0141003143505	33BYA	包垟台	地面	99BYA14100314350501	UD	6.245	6.44	14	8–478
			地面	99BYA14100314350502	EW	6.722	6.44	14	
			地面	99BYA14100314350503	NS	11.412	6.44	14	
	33SX2	珊溪坝底台	地面	99SX214100314350501	UD	–8.767	5.84	14	8–479
			地面	99SX214100314350502	EW	8.905	6.06	14	
			地面	99SX214100314350503	NS	–18.298	5.79	14	
	33YSH	岩上台	地面	99YSH14100314350501	UD	33.842	6.72	14	8–480
			地面	99YSH14100314350502	EW	51.662	7.00	14	
			地面	99YSH14100314350503	NS	51.344	6.79	14	
	33YHU	云湖台	地面	99YHU14100314350501	UD	9.261	6.64	14	8–481
			地面	99YHU14100314350502	EW	–6.855	5.94	14	
			地面	99YHU14100314350503	NS	39.795	6.63	14	
0141003144109	33BYA	包垟台	地面	100BYA14100314410901	UD	1.678	6.44	14	8–482
			地面	100BYA14100314410902	EW	2.493	6.44	14	
			地面	100BYA14100314410903	NS	–2.676	6.44	14	
	33SX2	珊溪坝底台	地面	100SX214100314410901	UD	1.832	5.84	14	8–483
			地面	100SX214100314410902	EW	–2.291	6.06	14	
			地面	100SX214100314410903	NS	–2.609	5.79	14	
	33YSH	岩上台	地面	100YSH14100314410901	UD	10.399	6.72	14	8–484
			地面	100YSH14100314410902	EW	–11.567	7.00	14	
			地面	100YSH14100314410903	NS	8.041	6.79	14	
	33YHU	云湖台	地面	100YHU14100314410901	UD	2.298	6.64	14	8–485
			地面	100YHU14100314410902	EW	3.820	5.94	14	
			地面	100YHU14100314410903	NS	11.001	6.63	14	
0141003151350	33SX2	珊溪坝底台	地面	101SX214100315135001	UD	–4.505	9.90	20	8–486
			地面	101SX214100315135002	EW	2.350	8.69	20	
			地面	101SX214100315135003	NS	–6.902	9.79	20	
	33YHU	云湖台	地面	101YHU14100315135001	UD	8.093	9.68	20	8–487
			地面	101YHU14100315135002	EW	4.851	8.98	20	
			地面	101YHU14100315135003	NS	33.484	9.68	20	
	33YSH	岩上台	地面	101YSH14100315135001	UD	15.958	9.76	20	8–488
			地面	101YSH14100315135002	EW	25.181	9.96	20	
			地面	101YSH14100315135003	NS	28.376	9.84	20	
0141003174848	33BYA	包佯台	地面	102BYA14100317484801	UD	2.748	9.55	20	8–489
			地面	102BYA14100317484802	EW	–2.569	9.51	20	
			地面	102BYA14100317484803	NS	–4.693	9.55	20	
	33SX2	珊溪坝底台	地面	102SX214100317484801	UD	2.278	9.94	20	8–490
			地面	102SX214100317484802	EW	2.627	10.06	20	
			地面	102SX214100317484803	NS	2.579	10.22	20	
	33YHU	云湖台	地面	102YUH14100317484801	UD	1.406	10.64	20	8–491
			地面	102YHU14100317484802	EW	2.747	10.67	20	
			地面	102YHU14100317484803	NS	5.817	10.65	20	

续表

地震编号	台站代码	台站名称	测点位置	记录编号	测量方向	加速度峰值（cm/s^2）	峰值时刻（s）	记录长度（s）	图序
0141003174848	33YSH	岩上台	地面	102YSH14100317484801	UD	8.466	9.52	20	8-492
			地面	102YSH14100317484802	EW	7.560	10.17	20	
			地面	102YSH14100317484803	NS	-9.522	9.91	20	
0141003183530	33BYA	包佯台	地面	103BYA14100318353001	UD	-5.456	10.00	20	8-493
			地面	103BYA14100318353002	EW	5.899	10.00	20	
			地面	103BYA14100318353003	NS	-9.187	10.00	20	
	33SX2	珊溪坝底台	地面	103SX214100318353001	UD	2.084	9.24	20	8-494
			地面	103SX214100318353002	EW	-2.795	9.28	20	
			地面	103SX214100318353003	NS	-3.308	9.47	20	
	33YHU	云湖台	地面	103YHU14100318353001	UD	1.434	9.99	20	8-495
			地面	103YHU14100318353002	EW	-1.785	10.03	20	
			地面	103YHU14100318353003	NS	8.216	10.00	20	
	33YSH	岩上台	地面	103YSH14100318353001	UD	-11.895	10.25	20	8-496
			地面	103YSH14100318353002	EW	15.108	10.20	20	
			地面	103YSH14100318353003	NS	-13.825	10.38	20	
0141004031712	33BYA	包佯台	地面	103BYA14100403171201	UD	-7.235	9.57	20	8-497
			地面	103BYA14100403171202	EW	11.417	9.57	20	
			地面	103BYA14100403171203	NS	-20.367	9.57	20	
	33SX1	珊溪坝顶台	地面	103SX114100403171201	UD	26.342	9.98	20	8-498
			地面	103SX114100403171202	EW	-11.802	10.55	20	
			地面	103SX114100403171203	NS	-19.156	9.97	20	
	33SX2	珊溪坝底台	地面	103SX214100403171201	UD	25.573	9.74	20	8-499
			地面	103SX214100403171202	EW	-19.573	8.65	20	
			地面	103SX214100403171203	NS	33.513	9.91	20	
	33SX3	珊溪指挥部台	地面	103SX314100403171201	UD	-28.799	7.85	20	8-500
			地面	103SX314100403171202	EW	41.641	9.37	20	
			地面	103SX314100403171203	NS	26.216	9.26	20	
	33YHU	云湖台	地面	103YHU14100403171201	UD	-8.443	8.90	20	8-501
			地面	103YHU14100403171202	EW	-7.813	8.89	20	
			地面	103YHU14100403171203	NS	-18.518	8.72	20	
	33YSH	岩上台	地面	103YSH14100403171201	UD	42.156	8.84	20	8-502
			地面	103YSH14100403171202	EW	-48.694	8.73	20	
			地面	103YSH14100403171203	NS	69.148	8.90	20	
0141005101334	33BYA	包佯台	地面	107BYA14100510133401	UD	-0.639	9.57	20	8-503
			地面	107BYA14100510133402	EW	-1.789	9.60	20	
			地面	107BYA14100510133403	NS	-1.282	9.60	20	
	33SX1	珊溪坝顶台	地面	107SX114100510133401	UD	0.479	10.05	20	8-504
			地面	107SX114100510133402	EW	0.517	9.98	20	
			地面	107SX114100510133403	NS	-0.555	10.50	20	
	33SX2	珊溪坝底台	地面	107SX214100510133401	UD	-0.845	9.47	20	8-505
			地面	107SX214100510133402	EW	0.729	9.72	20	
			地面	107SX214100510133403	NS	-1.128	9.55	20	
	33YHU	云湖台	地面	107YHU14100510133401	UD	7.651	9.88	20	8-506
			地面	107YHU14100510133402	EW	2.644	9.89	20	
			地面	107YHU14100510133403	NS	4.728	9.91	20	
	33YSH	岩上台	地面	107YSH14100510133401	UD	6.185	9.71	20	8-507
			地面	103YSH14100510133402	EW	19.431	9.69	20	
			地面	103YSH14100510133403	NS	16.818	9.71	20	
0141005121850	33BYA	包佯台	地面	108BYA14100512185001	UD	2.497	8.65	20	8-508
			地面	108BYA14100512185002	EW	-6.106	9.34	20	
			地面	108BYA14100512185003	NS	4.092	9.34	20	
	33SX1	珊溪坝顶台	地面	108SX114100512185001	UD	-2.054	8.67	20	8-509
			地面	108SX114100512185002	EW	-1.690	8.55	20	
			地面	108SX114100512185003	NS	-2.168	9.26	20	
	33SX2	珊溪坝底台	地面	108SX214100512185001	UD	3.969	8.15	20	8-510
			地面	108SX214100512185002	EW	2.928	8.66	20	
			地面	108SX214100512185003	NS	-4.362	7.93	20	
	33YHU	云湖台	地面	108YHU14100512185001	UD	10.552	7.82	20	8-511
			地面	108YHU14100512185002	EW	-7.558	8.12	20	
			地面	108YHU14100512185003	NS	20.419	7.83	20	

续表

地震编号	台站代码	台站名称	测点位置	记录编号	测量方向	加速度峰值（cm/s²）	峰值时刻（s）	记录长度（s）	图序
0141005121850	33YSH	岩上台	地面	108YSH14100512185001	UD	13.433	8.57	20	8–512
			地面	108YSH14100512185002	EW	−22.563	8.71	20	
			地面	108YSH14100512185003	NS	−27.281	8.74	20	
0141005131032	33BYA	包徉台	地面	109BYA14100513103201	UD	−2.411	9.76	20	8–513
			地面	109BYA14100513103202	EW	2.736	9.68	20	
			地面	109BYA14100513103203	NS	−3.911	9.68	20	
	33SX1	珊溪坝顶台	地面	109SX114100513103201	UD	2.463	9.64	20	8–514
			地面	109SX114100513103202	EW	−1.548	9.61	20	
			地面	109SX114100513103203	NS	−1.664	9.63	20	
	33SX2	珊溪坝底台	地面	109SX214100513103201	UD	2.816	7.89	20	8–515
			地面	109SX214100513103202	EW	3.951	9.35	20	
			地面	109SX214100513103203	NS	−5.708	9.08	20	
	33YHU	云湖台	地面	109YHU14100513103201	UD	1.375	8.74	20	8–516
			地面	109YHU14100513103202	EW	0.879	8.75	20	
			地面	109YHU14100513103203	NS	3.279	8.74	20	
	33YSH	岩上台	地面	109YSH14100513103201	UD	10.087	8.71	20	8–517
			地面	109YSH14100513103202	EW	11.585	8.69	20	
			地面	109YSH14100513103203	NS	−10.249	8.69	20	
0141006061754	33BYA	包徉台	地面	110BYA14100606175401	UD	2.067	8.36	20	8–518
			地面	110BYA14100606175402	EW	−4.560	9.26	20	
			地面	110BYA14100606175403	NS	−4.089	9.25	20	
	33SX1	珊溪坝顶台	地面	110SX114100606175401	UD	−2.726	8.52	20	8–519
			地面	110SX114100606175402	EW	3.226	8.85	20	
			地面	110SX114100606175403	NS	−3.443	9.35	20	
	33SX2	珊溪坝底台	地面	110SX214100606175401	UD	−3.779	8.39	20	8–520
			地面	110SX214100606175402	EW	−4.536	8.16	20	
			地面	110SX214100606175403	NS	6.121	8.60	20	
	33SX3	珊溪指挥部台	地面	110SX314100606175401	UD	2.527	8.43	20	8–521
			地面	110SX314100606175402	EW	−4.125	8.83	20	
			地面	110SX314100606175403	NS	−5.252	8.71	20	
	33YHU	云湖台	地面	110YHU14100606175401	UD	4.341	7.45	20	8–522
			地面	110YHU14100606175402	EW	12.081	7.37	20	
			地面	110YHU14100606175403	NS	7.461	7.36	20	
0141006061902	33BYA	包徉台	地面	111BYA14100606190201	UD	0.803	9.82	20	8–523
			地面	111BYA14100606190202	EW	−1.561	9.83	20	
			地面	111BYA14100606190203	NS	1.207	9.81	20	
	33SX1	珊溪坝顶台	地面	111SX114100606190201	UD	−1.097	9.45	20	8–524
			地面	111SX114100606190202	EW	−0.767	9.36	20	
			地面	111SX114100606190203	NS	−1.069	9.51	20	
	33SX2	珊溪坝底台	地面	111SX214100606190201	UD	−1.290	8.47	20	8–525
			地面	111SX214100606190202	EW	1.218	8.59	20	
			地面	111SX214100606190203	NS	1.528	8.62	20	
	33YHU	云湖台	地面	111YHU14100606190201	UD	3.585	8.95	20	8–526
			地面	111YHU14100606190202	EW	10.985	8.92	20	
			地面	111YHU14100606190203	NS	12.587	8.94	20	
0141006071146	33BYA	包徉台	地面	112BYA14100607114601	UD	3.637	8.43	20	8–527
			地面	112BYA14100607114602	EW	3.024	8.37	20	
			地面	112BYA14100607114603	NS	−7.776	8.39	20	
	33SX1	珊溪坝顶台	地面	112SX114100606190201	UD	−1.723	9.26	20	8–528
			地面	112SX114100606190202	EW	1.710	8.89	20	
			地面	112SX114100606190203	NS	−2.296	8.78	20	
	33SX2	珊溪坝底台	地面	112SX214100606190201	UD	−2.352	7.87	20	8–529
			地面	112SX214100606190202	EW	1.940	8.19	20	
			地面	112SX214100606190203	NS	−4.466	7.75	20	
	33SX3	珊溪指挥部台	地面	112SX314100606190201	UD	−2.198	6.91	20	8–530
			地面	112SX314100606190202	EW	−3.451	8.68	20	
			地面	112SX314100606190203	NS	−3.368	8.20	20	
	33YHU	云湖台	地面	112YHU14100606190201	UD	4.649	8.63	20	8–531
			地面	112YHU14100606190202	EW	4.370	8.64	20	
			地面	112YHU14100606190203	NS	10.532	8.60	20	

续表

地震编号	台站代码	台站名称	测点位置	记录编号	测量方向	加速度峰值（cm/s²）	峰值时刻（s）	记录长度（s）	图序
0141007095125	33BYA	包佯台	地面	113BYA14100709512501	UD	6.555	8.37	20	8-532
			地面	113BYA14100709512502	EW	8.403	8.24	20	
			地面	113BYA14100709512503	NS	-9.562	8.24	20	
	33SX1	珊溪坝顶台	地面	113SX114100709512501	UD	5.536	9.36	20	8-533
			地面	113SX114100709512502	EW	-3.534	9.67	20	
			地面	113SX114100709512503	NS	-5.625	9.46	20	
	33SX2	珊溪坝底台	地面	113SX214100709512501	UD	-5.580	7.41	20	8-534
			地面	113SX214100709512502	EW	-5.044	7.45	20	
			地面	113SX214100709512503	NS	-7.000	8.51	20	
	33SX3	珊溪指挥部台	地面	113SX314100709512501	UD	-6.835	7.66	20	8-535
			地面	113SX314100709512502	EW	-7.504	9.06	20	
			地面	113SX314100709512503	NS	6.264	9.02	20	
	33YHU	云湖台	地面	113YHU14100709512501	UD	-4.950	8.64	20	8-536
			地面	113YHU14100709512502	EW	-3.818	8.65	20	
			地面	113YHU14100709512503	NS	8.002	8.62	20	
	33YSH	岩上台	地面	113YSH14100709512501	UD	29.714	8.26	20	8-537
			地面	113YSH14100709512502	EW	37.041	8.24	20	
			地面	113YSH14100709512503	NS	35.635	8.57	20	
0141007104010	33BYA	包佯台	地面	114BYA14100710401001	UD	-5.332	8.86	20	8-538
			地面	114BYA14100710401002	EW	12.198	8.86	20	
			地面	114BYA14100710401003	NS	-12.226	8.86	20	
	33SX1	珊溪坝顶台	地面	114SX114100710401001	UD	1.881	7.99	20	8-539
			地面	114SX114100710401002	EW	1.976	8.25	20	
			地面	114SX114100710401003	NS	-2.856	8.01	20	
	33SX2	珊溪坝底台	地面	114SX214100710401001	UD	-3.534	8.09	20	8-540
			地面	114SX214100710401002	EW	2.555	8.21	20	
			地面	114SX214100710401003	NS	3.410	8.51	20	
	33SX3	珊溪指挥部台	地面	114SX314100710401001	UD	-3.746	6.25	20	8-541
			地面	114SX314100710401002	EW	4.139	7.51	20	
			地面	114SX314100710401003	NS	3.116	7.75	20	
	33YHU	云湖台	地面	114YHU14100710401001	UD	2.982	7.33	20	8-542
			地面	114YHU14100710401002	EW	3.521	7.35	20	
			地面	114YHU14100710401003	NS	-7.841	7.41	20	
	33YSH	岩上台	地面	114YSH14100710401001	UD	-37.482	7.91	20	8-543
			地面	114YSH14100710401002	EW	32.207	8.31	20	
			地面	114YSH14100710401003	NS	-42.688	8.22	20	
0141008195001	33BYA	包佯台	地面	115BYA14100819500101	UD	3.632	8.22	20	8-544
			地面	115BYA14100819500102	EW	-3.346	8.89	20	
			地面	115BYA14100819500103	NS	-5.228	8.87	20	
	33SX3	珊溪指挥部台	地面	115SX314100819500101	UD	-2.943	6.43	20	8-545
			地面	115SX314100819500102	EW	4.078	8.79	20	
			地面	115SX314100819500103	NS	-5.678	8.01	20	
	33YHU	云湖台	地面	115YHU14100819500101	UD	14.302	7.35	20	8-546
			地面	115YHU14100819500102	EW	7.419	6.92	20	
			地面	115YHU14100819500103	NS	25.984	7.35	20	
	33YSH	岩上台	地面	115YSH14100819500101	UD	-16.051	8.43	20	8-547
			地面	115YSH14100819500102	EW	35.496	9.22	20	
			地面	115YSH14100819500103	NS	45.272	9.24	20	
0141008201602	33BYA	包佯台	地面	116BYA14100820160201	UD	-1.628	8.56	20	8-548
			地面	116BYA14100820160202	EW	2.387	9.20	20	
			地面	116BYA14100820160203	NS	2.922	9.19	20	
	33SX3	珊溪指挥部台	地面	116SX314100820160201	UD	-1.395	7.81	20	8-549
			地面	116SX314100820160202	EW	-1.593	9.93	20	
			地面	116SX314100820160203	NS	-1.689	9.49	20	
	33YHU	云湖台	地面	116YHU14100820160201	UD	9.052	8.75	20	8-550
			地面	116YHU14100820160202	EW	6.967	8.30	20	
			地面	116YHU14100820160203	NS	11.682	8.75	20	
	33YSH	岩上台	地面	116YSH14100820160201	UD	6.301	8.69	20	8-551
			地面	116YSH14100820160202	EW	10.677	9.55	20	
			地面	116YSH14100820160203	NS	10.670	9.57	20	

续表

地震编号	台站代码	台站名称	测点位置	记录编号	测量方向	加速度峰值（cm/s²）	峰值时刻（s）	记录长度（s）	图序
0141008202952	33BYA	包佯台	地面	117BYA14100820295201	UD	-10.833	9.18	20	8-552
			地面	117BYA14100820295202	EW	14.885	9.18	20	
			地面	117BYA14100820295203	NS	-19.888	9.18	20	
	33YHU	云湖台	地面	117YHU14100820295201	UD	3.094	8.99	20	8-553
			地面	117YHU14100820295202	EW	4.598	8.98	20	
			地面	117YHU14100820295203	NS	-9.675	10.22	20	
	33YSH	岩上台	地面	117YSH14100820295201	UD	-19.862	10.45	20	8-554
			地面	117YSH14100820295202	EW	-28.951	10.39	20	
			地面	117YSH14100820295203	NS	-29.886	10.58	20	
0141008215842	33BYA	包佯台	地面	119BYA14100821584201	UD	10.380	9.46	20	8-555
			地面	119BYA14100821584202	EW	-16.089	9.46	20	
			地面	119BYA14100821584203	NS	20.536	9.46	20	
	33SX3	珊溪指挥部台	地面	119SX314100821584201	UD	-25.467	8.71	20	8-556
			地面	119SX314100821584202	EW	-23.865	10.09	20	
			地面	119SX314100821584203	NS	-23.419	10.08	20	
	33YHU	云湖台	地面	119YHU14100821584201	UD	17.731	9.48	20	8-557
			地面	119YHU14100821584202	EW	-22.673	9.51	20	
			地面	119YHU14100821584203	NS	73.468	9.49	20	
	33YSH	岩上台	地面	119YSH14100821584201	UD	59.560	9.70	20	8-558
			地面	119YSH14100821584202	EW	83.660	9.52	20	
			地面	119YSH14100821584203	NS	88.971	9.76	20	
0141009011430	33BYA	包佯台	地面	120BYA14100901143001	UD	-10.138	8.88	20	8-559
			地面	120BYA14100901143002	EW	12.376	8.88	20	
			地面	120BYA14100901143003	NS	-20.594	8.88	20	
	33SX3	珊溪指挥部台	地面	120SX314100901143001	UD	22.861	8.24	20	8-560
			地面	120SX314100901143002	EW	-22.039	9.58	20	
			地面	120SX314100901143003	NS	26.921	9.75	20	
	33YHU	云湖台	地面	120YHU14100901143001	UD	7.570	9.00	20	8-561
			地面	120YHU14100901143002	EW	-10.135	9.09	20	
			地面	120YHU14100901143003	NS	27.066	9.00	20	
	33YSH	岩上台	地面	120YSH14100901143001	UD	57.788	9.21	20	8-562
			地面	120YSH14100901143002	EW	85.709	9.08	20	
			地面	120YSH14100901143003	NS	73.634	9.21	20	
0141009011731	33BYA	包佯台	地面	121BYA14100901173101	UD	-10.138	8.88	20	8-563
			地面	121BYA14100901173102	EW	12.376	8.88	20	
			地面	121BYA14100901173103	NS	-20.594	8.88	20	
	33SX3	珊溪指挥部台	地面	121SX314100901173101	UD	-15.185	8.55	20	8-564
			地面	121SX314100901173102	EW	-15.615	9.89	20	
			地面	121SX314100901173103	NS	12.949	10.37	20	
	33YHU	云湖台	地面	121YHU14100901173101	UD	14.661	9.56	20	8-565
			地面	121YHU14100901173102	EW	22.962	9.60	20	
			地面	121YHU14100901173103	NS	40.588	9.60	20	
	33YSH	岩上台	地面	121YSH14100901173101	UD	-42.847	9.66	20	8-566
			地面	121YSH14100901173102	EW	-44.801	9.53	20	
			地面	121YSH14100901173103	NS	29.465	9.70	20	
0141009022700	33BYA	包佯台	地面	122BYA14100902270001	UD	-4.470	8.35	20	8-567
			地面	122BYA14100902270002	EW	-5.782	8.34	20	
			地面	122BYA14100902270003	NS	-10.880	8.35	20	
	33SX3	珊溪指挥部台	地面	122SX314100902270001	UD	5.799	8.59	20	8-568
			地面	122SX314100902270002	EW	-5.768	9.91	20	
			地面	122SX314100902270003	NS	7.952	9.90	20	
	33YHU	云湖台	地面	122YHU14100902270001	UD	2.519	8.77	20	8-569
			地面	122YHU14100902270002	EW	4.121	8.78	20	
			地面	122YHU14100902270003	NS	17.321	8.78	20	
	33YSH	岩上台	地面	122YSH14100902270001	UD	26.506	9.43	20	8-570
			地面	122YSH14100902270002	EW	14.307	9.50	20	
			地面	122YSH14100902270003	NS	-20.051	9.35	20	
0141009023001	33BYA	包佯台	地面	123BYA14100902300101	UD	18.152	9.97	20	8-571
			地面	123BYA14100902300102	EW	43.408	9.96	20	
			地面	123BYA14100902300103	NS	44.647	9.96	20	

续表

地震编号	台站代码	台站名称	测点位置	记录编号	测量方向	加速度峰值（cm/s²）	峰值时刻（s）	记录长度（s）	图序
0141009023001	33SX3	珊溪指挥部台	地面	123SX314100902300101	UD	−39.282	8.15	20	8−572
			地面	123SX314100902300102	EW	−38.097	9.48	20	
			地面	123SX314100902300103	NS	41.664	9.48	20	
	33YHU	云湖台	地面	123YHU14100902300101	UD	20.732	9.34	20	8−573
			地面	123YHU14100902300102	EW	31.578	9.35	20	
			地面	123YHU14100902300103	NS	94.171	9.35	20	
	33YSH	岩上台	地面	123YSH14100902300101	UD	161.600	9.00	20	8−574
			地面	123YSH14100902300102	EW	−133.003	9.01	20	
			地面	123YSH14100902300103	NS	152.085	8.96	20	
0141009071522	33BYA	包佯台	地面	124BYA14100907152201	UD	4.194	8.95	20	8−575
			地面	124BYA14100907152202	EW	9.586	8.95	20	
			地面	124BYA14100907152203	NS	8.389	8.93	20	
	33SX3	珊溪指挥部台	地面	124SX314100907152201	UD	2.506	8.14	20	8−576
			地面	124SX314100907152202	EW	−4.688	9.88	20	
			地面	124SX314100907152203	NS	4.071	9.50	20	
	33YHU	云湖台	地面	124YHU14100907152201	UD	3.732	9.31	20	8−577
			地面	124YHU14100907152202	EW	−3.859	9.36	20	
			地面	124YHU14100907152203	NS	−5.583	9.36	20	
	33YSH	岩上台	地面	124YSH14100907152201	UD	18.373	9.03	20	8−578
			地面	124YSH14100907152202	EW	−20.710	9.11	20	
			地面	124YSH14100907152203	NS	−15.803	9.30	20	
0141009121920	33BYA	包佯台	地面	125BYA14100912192001	UD	2.053	8.69	20	8−579
			地面	125BYA14100912192002	EW	−1.216	9.21	20	
			地面	125BYA14100912192003	NS	−2.289	8.69	20	
	33YHU	云湖台	地面	125YHU14100912192001	UD	6.501	9.24	20	8−580
			地面	125YHU14100912192002	EW	3.920	8.70	20	
			地面	125YHU14100912192003	NS	4.463	9.35	20	
	33YSH	岩上台	地面	125YSH14100912192001	UD	−5.625	8.82	20	8−581
			地面	125YSH14100912192002	EW	−10.389	9.36	20	
			地面	125YSH14100912192003	NS	−7.486	9.58	20	
0141009222114	33BYA	包佯台	地面	126BYA14100922211401	UD	4.937	9.31	20	8−582
			地面	126BYA14100922211402	EW	5.649	9.27	20	
			地面	126BYA14100922211403	NS	10.367	9.31	20	
	33SX3	珊溪指挥部台	地面	126SX314100922211401	UD	−9.697	8.53	20	8−583
			地面	126SX314100922211402	EW	−9.580	9.99	20	
			地面	126SX314100922211403	NS	12.296	8.66	20	
	33YHU	云湖台	地面	126YHU14100922211401	UD	4.117	9.55	20	8−584
			地面	126YHU14100922211402	EW	4.709	9.17	20	
			地面	126YHU14100922211403	NS	8.367	9.53	20	
	33YSH	岩上台	地面	126YSH14100922211401	UD	16.509	9.59	20	8−585
			地面	126YSH14100922211402	EW	−16.644	9.43	20	
			地面	126YSH14100922211403	NS	−14.622	9.28	20	
0141009223325	33BYA	包佯台	地面	127BYA14100922332501	UD	−3.452	9.67	20	8−586
			地面	127BYA14100922332502	EW	−11.037	9.73	20	
			地面	127BYA14100922332503	NS	12.104	9.65	20	
	33YHU	云湖台	地面	127YHU14100922332501	UD	3.668	9.01	20	8−587
			地面	127YHU14100922332502	EW	−5.882	9.06	20	
			地面	127YHU14100922332503	NS	9.150	8.99	20	
	33YSH	岩上台	地面	127YSH14100922332501	UD	35.537	24.75	20	8−588
			地面	127YSH14100922332502	EW	−45.439	24.84	20	
			地面	127YSH14100922332503	NS	39.278	24.75	20	
0141010101111	33BYA	包佯台	地面	128BYA14101010111101	UD	−0.792	8.88	20	8−589
			地面	128BYA14101010111102	EW	−0.926	8.96	20	
			地面	128BYA14101010111103	NS	1.649	8.86	20	
	33YHU	云湖台	地面	128YHU14101010111101	UD	1.454	8.80	20	8−590
			地面	128YHU14101010111102	EW	−2.499	8.85	20	
			地面	128YHU14101010111103	NS	−2.711	8.87	20	
	33YSH	岩上台	地面	128YSH14101010111101	UD	3.583	9.12	20	8−591
			地面	128YSH14101010111102	EW	−2.590	9.16	20	
			地面	128YSH14101010111103	NS	5.660	9.24	20	

续表

地震编号	台站代码	台站名称	测点位置	记录编号	测量方向	加速度峰值（cm/s²）	峰值时刻（s）	记录长度（s）	图序
0141011011535	33BYA	包佯台	地面	130BYA14101101153501	UD	2.455	8.64	20	8–592
			地面	130BYA14101101153502	EW	−2.807	9.42	20	
			地面	130BYA14101101153503	NS	−3.392	9.41	20	
	33SX3	珊溪指挥部台	地面	130SX314101101153501	UD	1.784	10.37	20	8–593
			地面	130SX314101101153502	EW	−3.478	10.62	20	
			地面	130SX314101101153503	NS	−2.914	10.51	20	
	33YHU	云湖台	地面	130YHU14101101153501	UD	5.302	8.61	20	8–594
			地面	130YHU14101101153502	EW	8.550	8.60	20	
			地面	130YHU14101101153503	NS	10.943	8.62	20	
	33YSH	岩上台	地面	130YSH14101101153501	UD	12.181	7.76	20	8–595
			地面	130YSH14101101153502	EW	21.766	8.77	20	
			地面	130YSH14101101153503	NS	20.548	8.79	20	
0141011110024	33BYA	包佯台	地面	131BYA14101111002401	UD	29.070	14.93	20	8–596
			地面	131BYA14101111002402	EW	−58.680	14.93	20	
			地面	131BYA14101111002403	NS	−34.564	14.93	20	
	33SX3	珊溪指挥部台	地面	131SX314101111002401	UD	−24.636	13.39	20	8–597
			地面	131SX314101111002402	EW	−24.805	14.97	20	
			地面	131SX314101111002403	NS	−26.277	14.98	20	
	33YHU	云湖台	地面	131YHU14101111002401	UD	135.838	14.03	20	8–598
			地面	131YHU14101111002402	EW	−61.938	14.08	20	
			地面	131YHU14101111002403	NS	77.941	14.03	20	
	33YSH	岩上台	地面	131YSH14101111002401	UD	271.121	14.10	20	8–599
			地面	131YSH14101111002402	EW	300.182	14.09	20	
			地面	131YSH14101111002403	NS	252.567	14.10	20	
0141011110016	33BYA	包佯台	地面	132BYA14101111001601	UD	19.900	5.24	20	8–600
			地面	132BYA14101111001602	EW	28.948	5.76	20	
			地面	132BYA14101111001603	NS	−29.155	5.24	20	
	33YHU	云湖台	地面	132YHU14101111001601	UD	49.007	6.08	20	8–601
			地面	132YHU14101111001602	EW	68.963	6.42	20	
			地面	132YHU14101111001603	NS	−127.523	6.47	20	
	33YSH	岩上台	地面	132YSH14101111001601	UD	106.191	5.36	20	8–602
			地面	132YSH14101111001602	EW	−133.713	5.87	20	
			地面	132YSH14101111001603	NS	−127.515	5.89	20	
0141011112505	33BYA	包佯台	地面	133BYA14101111250501	UD	2.540	6.99	20	8–603
			地面	133BYA14101111250502	EW	1.390	7.78	20	
			地面	133BYA14101111250503	NS	2.725	7.55	20	
	33SX3	珊溪指挥部台	地面	133SX214101111250501	UD	−2.193	8.18	20	8–604
			地面	133SX214101111250502	EW	3.371	9.80	20	
			地面	133SX214101111250503	NS	3.016	9.78	20	
	33YHU	云湖台	地面	133YHU14101111250501	UD	7.579	9.40	20	8–605
			地面	133YHU14101111250502	EW	−4.379	8.90	20	
			地面	133YHU14101111250503	NS	7.923	9.42	20	
	33YSH	岩上台	地面	133YSH14101111250501	UD	8.420	8.65	20	8–606
			地面	133YSH14101111250502	EW	−12.413	8.65	20	
			地面	133YSH14101111250503	NS	9.560	8.92	20	
0141011113555	33BYA	包佯台	地面	134BYA14101111355501	UD	1.578	8.79	20	8–607
			地面	134BYA14101111355502	EW	2.308	8.76	20	
			地面	134BYA14101111355503	NS	1.816	8.75	20	
	33SX3	珊溪指挥部台	地面	134SX314101111355501	UD	−0.951	8.33	20	8–608
			地面	134SX314101111355502	EW	−1.423	9.93	20	
			地面	134SX314101111355503	NS	2.113	9.92	20	
	33YHU	云湖台	地面	134YHU14101111355501	UD	5.080	9.67	20	8–609
			地面	134YHU14101111355502	EW	3.607	9.08	20	
			地面	134YHU14101111355503	NS	9.568	9.63	20	
	33YSH	岩上台	地面	134YSH14101111355501	UD	6.859	9.82	20	8–610
			地面	134YSH14101111355502	EW	−10.934	10.07	20	
			地面	134YSH14101111355503	NS	14.036	10.13	20	
0141012000055	33BYA	包佯台	地面	135BYA14101200005501	UD	32.332	8.69	20	8–611
			地面	135BYA14101200005502	EW	32.259	8.71	20	
			地面	135BYA14101200005503	NS	−49.313	8.71	20	

续表

地震编号	台站代码	台站名称	测点位置	记录编号	测量方向	加速度峰值（cm/s^2）	峰值时刻（s）	记录长度（s）	图序
0141012000055	33SX3	珊溪指挥部台	地面	135SX314101200005501	UD	-14.550	8.33	20	8-612
			地面	135SX314101200005502	EW	-26.235	10.27	20	
			地面	135SX314101200005503	NS	-33.291	9.62	20	
	33YHU	云湖台	地面	135YHU14101200005501	UD	14.226	8.91	20	8-613
			地面	135YHU14101200005502	EW	21.673	8.91	20	
			地面	135YHU14101200005503	NS	31.318	8.90	20	
	33YSH	岩上台	地面	135YSH14101200005501	UD	113.977	8.82	20	8-614
			地面	135YSH14101200005502	EW	-90.245	9.65	20	
			地面	135YSH14101200005503	NS	195.885	9.06	20	
0141012001046	33BYA	包佯台	地面	136BYA14101200104601	UD	11.010	9.15	20	8-615
			地面	136BYA14101200104602	EW	-11.814	9.15	20	
			地面	136BYA14101200104603	NS	15.741	9.12	20	
	33SX3	珊溪指挥部台	地面	136SX314101200104601	UD	-4.224	6.64	20	8-616
			地面	136SX314101200104602	EW	5.904	8.08	20	
			地面	136SX314101200104603	NS	-4.647	7.92	20	
	33YHU	云湖台	地面	136YHU14101200104601	UD	1.512	8.54	20	8-617
			地面	136YHU14101200104602	EW	1.815	8.55	20	
			地面	136YHU14101200104603	NS	1.863	8.51	20	
	33YSH	岩上台	地面	136YSH14101200104601	UD	-22.123	9.41	20	8-618
			地面	136YSH14101200104602	EW	22.231	9.22	20	
			地面	136YSH14101200104603	NS	26.430	9.45	20	
	33YHU	云湖台	地面	137YHU14101208342601	UD	2.381	7.55	20	8-619
			地面	137YHU14101208342602	EW	3.493	6.78	20	
			地面	137YHU14101208342603	NS	7.202	7.53	20	
	33YSH	岩上台	地面	137YSH14101208342601	UD	22.546	9.11	20	8-620
			地面	137YSH14101208342602	EW	16.072	9.09	20	
			地面	137YSH14101208342603	NS	-26.974	9.09	20	
0141014041357	33BYA	包佯台	地面	138BYA14101404135701	UD	-7.810	9.33	20	8-621
			地面	138BYA14101404135702	EW	-11.169	9.34	20	
			地面	138BYA14101404135703	NS	10.915	9.33	20	
	33SX2	珊溪坝底台	地面	138SX214101404135701	UD	7.909	10.27	20	8-622
			地面	138SX214101404135702	EW	7.076	9.98	20	
			地面	138SX214101404135703	NS	7.874	10.13	20	
	33SX3	珊溪指挥部台	地面	138SX314101404135701	UD	4.990	8.31	20	8-623
			地面	138SX314101404135702	EW	11.779	8.55	20	
			地面	138SX314101404135703	NS	13.803	8.46	20	
	33YHU	云湖台	地面	138YHU14101404135701	UD	-4.543	8.85	20	8-624
			地面	138YHU14101404135702	EW	15.724	8.64	20	
			地面	138YHU14101404135703	NS	15.179	8.66	20	
	33YSH	岩上台	地面	138YSH14101404135701	UD	33.018	9.50	20	8-625
			地面	138YSH14101404135702	EW	46.643	9.48	20	
			地面	138YSH14101404135703	NS	40.187	9.60	20	
0141014041456	33BYA	包佯台	地面	139BYA14101404145601	UD	23.254	8.23	20	8-626
			地面	139BYA14101404145602	EW	24.234	9.12	20	
			地面	139BYA14101404145603	NS	34.887	9.21	20	
	33SX2	珊溪坝底台	地面	139SX214101404145601	UD	-42.460	10.11	20	8-627
			地面	139SX214101404145602	EW	30.848	10.10	20	
			地面	139SX214101404145603	NS	38.031	9.97	20	
	33SX3	珊溪指挥部台	地面	139SX314101404145601	UD	-19.580	10.12	20	8-628
			地面	139SX314101404145602	EW	-51.883	10.32	20	
			地面	139SX314101404145603	NS	57.436	10.36	20	
	33YHU	云湖台	地面	139YHU14101404145601	UD	96.769	8.50	20	8-629
			地面	139YHU14101404145602	EW	165.959	8.47	20	
			地面	139YHU14101404145603	NS	221.480	8.49	20	
	33YSH	岩上台	地面	139YSH14101404145601	UD	124.930	10.48	20	8-630
			地面	139YSH14101404145602	EW	-124.398	10.31	20	
			地面	139YSH14101404145603	NS	206.503	10.48	20	
0141010041622	33BYA	包佯台	地面	141BYA14101004162201	UD	-18.446	8.72	20	8-631
			地面	141BYA14101004162202	EW	-13.938	8.73	20	
			地面	141BYA14101004162203	NS	-36.426	8.72	20	

续表

地震编号	台站代码	台站名称	测点位置	记录编号	测量方向	加速度峰值（cm/s²）	峰值时刻（s）	记录长度（s）	图序
0141010041622	33SX2	珊溪坝底台	地面	141SX214101004162201	UD	10.923	9.27	20	8–632
			地面	141SX214101004162202	EW	8.756	9.31	20	
			地面	141SX214101004162203	NS	10.239	9.41	20	
	33SX3	珊溪指挥部台	地面	141SX314101004162201	UD	4.647	6.06	20	8–633
			地面	141SX314101004162202	EW	7.782	7.79	20	
			地面	141SX314101004162203	NS	9.521	7.88	20	
	33YHU	云湖台	地面	141YHU14101004162201	UD	–14.669	8.35	20	8–634
			地面	141YHU14101004162202	EW	15.762	8.33	20	
			地面	141YHU14101004162203	NS	31.583	8.97	20	
	33YSH	岩上台	地面	141YSH14101004162201	UD	19.131	8.83	20	8–635
			地面	141YSH14101004162202	EW	38.944	8.89	20	
			地面	141YSH14101004162203	NS	32.785	8.97	20	
0141014041644	33BYA	包佯台	地面	142BYA14101404164401	UD	6.119	6.67	20	8–636
			地面	142BYA14101404164402	EW	7.908	7.53	20	
			地面	142BYA14101404164403	NS	–14.149	7.51	20	
	33SX2	珊溪坝底台	地面	142SX214101404164401	UD	–5.308	9.19	20	8–637
			地面	142SX214101404164402	EW	–4.585	9.27	20	
			地面	142SX214101404164403	NS	4.254	9.07	20	
	33SX3	珊溪指挥部台	地面	142SX314101404164401	UD	2.157	6.78	20	8–638
			地面	142SX314101404164402	EW	–4.764	8.50	20	
			地面	142SX314101404164403	NS	5.037	8.47	20	
	33YHU	云湖台	地面	142YHU14101404164401	UD	6.313	8.07	20	8–639
			地面	142YHU14101404164402	EW	–6.858	8.03	20	
			地面	142YHU14101404164403	NS	–15.832	8.05	20	
	33YSH	岩上台	地面	142YSH14101404164401	UD	–10.843	5.84	20	8–640
			地面	142YSH14101404164402	EW	–12.964	5.75	20	
			地面	142YSH14101404164403	NS	–14.093	5.61	20	
0141014042305	33BYA	包佯台	地面	144BYA14101404230501	UD	–4.335	9.54	20	8–641
			地面	144BYA14101404230502	EW	6.882	9.54	20	
			地面	144BYA14101404230503	NS	–9.644	9.53	20	
	33SX2	珊溪坝底台	地面	144SX214101404230501	UD	4.872	11.06	20	8–642
			地面	144SX214101404230502	EW	4.725	77.14	20	
			地面	144SX214101404230503	NS	5.681	11.14	20	
	33SX3	珊溪指挥部台	地面	144SX314101404230501	UD	–2.892	9.43	20	8–643
			地面	144SX314101404230502	EW	5.230	9.41	20	
			地面	144SX314101404230503	NS	4.307	9.47	20	
	33YHU	云湖台	地面	144YHU14101404230501	UD	–3.632	8.24	20	8–644
			地面	144YHU14101404230502	EW	4.175	8.12	20	
			地面	144YHU14101404230503	NS	–6.396	9.17	20	
	33YSH	岩上台	地面	144YSH14101404230501	UD	–17.178	8.93	20	8–645
			地面	144YSH14101404230502	EW	–13.249	8.75	20	
			地面	144YSH14101404230503	NS	17.184	9.12	20	
0141014042753	33BYA	包佯台	地面	146BYA14101404275301	UD	1.689	7.67	20	8–646
			地面	146BYA14101404275302	EW	–2.071	8.66	20	
			地面	146BYA14101404275303	NS	–2.128	8.70	20	
	33SX2	珊溪坝底台	地面	146SX214101404275301	UD	–2.700	10.12	20	8–647
			地面	146SX214101404275302	EW	3.074	10.44	20	
			地面	146SX214101404275303	NS	–2.526	11.02	20	
	33SX3	珊溪指挥部台	地面	146SX314101404275301	UD	–1.822	7.77	20	8–648
			地面	146SX314101404275302	EW	–3.513	9.56	20	
			地面	146SX314101404275303	NS	3.454	9.66	20	
	33YHU	云湖台	地面	146YHU14101404275301	UD	–1.511	9.10	20	8–649
			地面	146YHU14101404275302	EW	–3.933	9.01	20	
			地面	146YHU14101404275303	NS	–3.696	9.11	20	
	33YSH	岩上台	地面	146YSH14101404275301	UD	–6.574	8.79	20	8–650
			地面	146YSH14101404275302	EW	–9.209	8.68	20	
			地面	146YSH14101404275303	NS	8.740	8.86	20	
0141014043032	33BYA	包佯台	地面	147BYA14101404303201	UD	–9.511	8.17	20	8–651
			地面	147BYA14101404303202	EW	–12.465	8.18	20	
			地面	147BYA14101404303203	NS	–19.886	8.17	20	

续表

地震编号	台站代码	台站名称	测点位置	记录编号	测量方向	加速度峰值（cm/s²）	峰值时刻（s）	记录长度（s）	图序
0141014043032	33SX2	珊溪坝底台	地面	147SX214101404303201	UD	-6.126	7.94	20	8-652
			地面	147SX214101404303202	EW	-8.606	7.93	20	
			地面	147SX214101404303203	NS	-7.213	7.98	20	
	33SX3	珊溪指挥部台	地面	147SX314101404303201	UD	-4.406	9.15	20	8-653
			地面	147SX314101404303202	EW	8.959	9.29	20	
			地面	147SX314101404303203	NS	-9.145	9.24	20	
	33YHU	云湖台	地面	147YHU14101404303201	UD	6.220	9.80	20	8-654
			地面	147YHU14101404303202	EW	9.521	9.69	20	
			地面	147YHU14101404303203	NS	9.577	9.80	20	
	33YSH	岩上台	地面	147YSH14101404303201	UD	-20.013	9.51	20	8-655
			地面	147YSH14101404303202	EW	-19.296	9.23	20	
			地面	147YSH14101404303203	NS	27.287	9.42	20	
	33SX2	珊溪坝底台	地面	148SX214101406304701	UD	-6.727	9.35	20	8-656
			地面	148SX214101406304702	EW	4.009	9.59	20	
			地面	148SX214101406304703	NS	6.183	9.71	20	
	33SX3	珊溪指挥部台	地面	148SX314101406304701	UD	-3.266	7.33	20	8-657
			地面	148SX314101406304702	EW	7.244	8.82	20	
			地面	148SX314101406304703	NS	5.762	8.93	20	
	33YHU	云湖台	地面	148YHU14101406304701	UD	6.700	7.88	20	8-658
			地面	148YHU14101406304702	EW	3.864	7.83	20	
			地面	148YHU14101406304703	NS	18.058	7.81	20	
	33YSH	岩上台	地面	148YSH14101406304701	UD	10.536	8.36	20	8-659
			地面	148YSH14101406304702	EW	18.667	8.21	20	
			地面	148YSH14101406304703	NS	-14.770	8.49	20	
0141014081211	33BYA	包佯台	地面	149BYA14101408121101	UD	-2.693	8.03	20	8-660
			地面	149BYA14101408121102	EW	3.597	8.98	20	
			地面	149BYA14101408121103	NS	5.009	8.97	20	
	33SX2	珊溪坝底台	地面	149SX214101408121101	UD	-3.728	9.46	20	8-661
			地面	149SX214101408121102	EW	4.436	9.66	20	
			地面	149SX214101408121103	NS	3.723	10.29	20	
	33SX3	珊溪指挥部台	地面	149SX314101408121101	UD	1.795	6.12	20	8-662
			地面	149SX314101408121102	EW	4.735	7.89	20	
			地面	149SX314101408121103	NS	3.718	8.08	20	
	33YHU	云湖台	地面	149YHU14101408121101	UD	-3.116	9.40	20	8-663
			地面	149YHU14101408121102	EW	-10.303	9.35	20	
			地面	149YHU14101408121103	NS	3.718	8.08	20	
	33YSH	岩上台	地面	149YSH14101408121101	UD	12.141	9.02	20	8-664
			地面	149YSH14101408121102	EW	12.483	9.00	20	
			地面	149YSH14101408121103	NS	12.966	9.08	20	
141014174658	33BYA	包佯台	地面	150BYA14101417465801	UD	-26.533	9.61	20	8-665
			地面	150BYA14101417465802	EW	28.196	9.61	20	
			地面	150BYA14101417465803	NS	-36.682	9.61	20	
	33SX2	珊溪坝底台	地面	150SX214101417465801	UD	8.637	8.25	20	8-666
			地面	150SX214101417465802	EW	-7.483	9.57	20	
			地面	150SX214101417465803	NS	-11.069	9.57	20	
	33YHU	云湖台	地面	150YHU14101417465801	UD	-8.698	7.80	20	8-667
			地面	150YHU14101417465802	EW	9.102	7.20	20	
			地面	150YHU14101417465803	NS	20.752	7.82	20	
	33YSH	岩上台	地面	150YSH14101417465801	UD	52.860	8.73	20	8-668
			地面	150YSH14101417465802	EW	51.539	8.82	20	
			地面	150YSH14101417465803	NS	82.625	8.95	20	
0141014200736	33BYA	包垟台	地面	151BYA14101420073601	UD	2.609	9.50	20	8-669
			地面	151BYA14101420073602	EW	1.899	9.70	20	
			地面	151BYA14101420073603	NS	4.591	9.49	20	
	33SX2	珊溪坝底台	地面	151SX214101420073601	UD	2.050	10.14	20	8-670
			地面	151SX214101420073602	EW	1.806	10.17	20	
			地面	151SX214101420073603	NS	2.301	9.96	20	
	33SX3	珊溪指挥部台	地面	151SX314101420073601	UD	2.328	9.02	20	8-671
			地面	151SX314101420073602	EW	3.413	10.39	20	
			地面	151SX314101420073603	NS	3.374	10.40	20	

续表

地震编号	台站代码	台站名称	测点位置	记录编号	测量方向	加速度峰值（cm/s²）	峰值时刻（s）	记录长度（s）	图序
0141014200736	33YSH	岩上台	地面	151YSH14101420073601	UD	9.901	9.53	20	8–672
			地面	151YSH14101420073602	EW	11.346	9.76	20	
			地面	151YSH14101420073603	NS	18.868	9.82	20	
	33YHU	云湖台	地面	151YHU14101420073601	UD	4.135	8.95	20	8–673
			地面	151YHU14101420073602	EW	6.414	8.96	20	
			地面	151YHU14101420073603	NS	7.002	9.61	20	
0141015154544	33BYA	包垟台	地面	152BYA14101515454401	UD	37.423	9.30	20	8–674
			地面	152BYA14101515454402	EW	36.231	9.37	20	
			地面	152BYA14101515454403	NS	–58.561	9.26	20	
	33SX2	珊溪坝底台	地面	152SX214101515454401	UD	–43.359	9.82	20	8–675
			地面	152SX214101515454402	EW	–39.811	10.11	20	
			地面	152SX214101515454403	NS	36.450	10.71	20	
	33SX3	珊溪指挥部台	地面	152SX314101515454401	UD	18.922	9.32	20	8–676
			地面	152SX314101515454402	EW	39.415	9.40	20	
			地面	152SX314101515454403	NS	–38.636	9.51	20	
	33YSH	岩上台	地面	152YSH14101515454401	UD	–151.651	8.59	20	8–677
			地面	152YSH14101515454402	EW	–128.388	8.85	20	
			地面	152YSH14101515454403	NS	180.100	8.74	20	
	33YHU	云湖台	地面	152YHU14101515454401	UD	–53.382	8.88	20	8–678
			地面	152YHU14101515454402	EW	62.584	8.82	20	
			地面	152YHU14101515454403	NS	95.108	8.99	20	
0141015154603	33BYA	包垟台	地面	153BYA14101515460301	UD	8.027	8.94	20	8–679
			地面	153BYA14101515460302	EW	–10.455	9.67	20	
			地面	153BYA14101515460303	NS	–9.269	9.59	20	
	33YSH	岩上台	地面	153YSH14101515460301	UD	–39.810	8.09	20	8–680
			地面	153YSH14101515460302	EW	–55.234	8.82	20	
			地面	153YSH14101515460303	NS	–44.174	9.21	20	
	33YHU	云湖台	地面	153YHU14101515460301	UD	–49.269	9.05	20	8–681
			地面	153YHU14101515460302	EW	43.678	9.11	20	
			地面	153YHU14101515460303	NS	97.315	9.09	20	
0141015154633	33BYA	包垟台	地面	154BYA14101515463301	UD	–44.103	8.73	20	8–682
			地面	154BYA14101515463302	EW	–28.284	8.74	20	
			地面	154BYA14101515463303	NS	–101.373	8.73	20	
	33SX2	珊溪坝底台	地面	154SX214101515463301	UD	34.855	9.39	20	8–683
			地面	154SX214101515463302	EW	–27.001	9.45	20	
			地面	154SX214101515463303	NS	37.327	9.35	20	
	33SX3	珊溪指挥部台	地面	154SX314101515463301	UD	23.327	9.65	20	8–684
			地面	154SX314101515463302	EW	–43.592	9.59	20	
			地面	154SX314101515463303	NS	33.983	9.76	20	
	33YSH	岩上台	地面	154YSH14101515463301	UD	121.021	9.12	20	8–685
			地面	154YSH14101515463302	EW	–118.013	9.34	20	
			地面	154YSH14101515463303	NS	194.308	8.99	20	
	33YHU	云湖台	地面	154YHU14101515463301	UD	45.702	9.58	20	8–686
			地面	154YHU14101515463302	EW	44.557	9.55	20	
			地面	154YHU14101515463303	NS	103.747	9.48	20	
0141015154927	33BYA	包垟台	地面	155BYA14101515492701	UD	20.073	9.19	20	8–687
			地面	155BYA14101515492702	EW	31.472	9.24	20	
			地面	155BYA14101515492703	NS	59.485	9.14	20	
	33SX2	珊溪坝底台	地面	155SX214101515492701	UD	44.916	9.95	20	8–688
			地面	155SX214101515492702	EW	–30.995	9.61	20	
			地面	155SX214101515492703	NS	57.100	9.78	20	
	33SX3	珊溪指挥部台	地面	155SX314101515492701	UD	–19.551	10.08	20	8–689
			地面	155SX314101515492702	EW	–70.538	10.01	20	
			地面	155SX314101515492703	NS	–44.209	10.11	20	
	33YSH	岩上台	地面	155YSH14101515492701	UD	107.662	9.36	20	8–690
			地面	155YSH14101515492702	EW	–124.414	9.88	20	
			地面	155YSH14101515492703	NS	–142.161	9.50	20	
	33YHU	云湖台	地面	155YHU14101515492701	UD	–45.633	8.86	20	8–691
			地面	155YHU14101515492702	EW	68.629	8.84	20	
			地面	155YHU14101515492703	NS	–121.961	8.77	20	

续表

地震编号	台站代码	台站名称	测点位置	记录编号	测量方向	加速度峰值（cm/s²）	峰值时刻（s）	记录长度（s）	图序
0141015155442	33BYA	包垟台	地面	156BYA14101515544201	UD	−0.816	8.40	20	8−692
			地面	156BYA14101515544202	EW	0.851	8.40	20	
			地面	156BYA14101515544203	NS	1.373	8.40	20	
	33SX2	珊溪坝底台	地面	156SX214101515544201	UD	−2.130	9.33	20	8−693
			地面	156SX214101515544202	EW	−2.083	9.08	20	
			地面	156SX214101515544203	NS	−2.810	9.36	20	
	33SX3	珊溪指挥部台	地面	156SX314101515544201	UD	−1.521	9.56	20	8−694
			地面	156SX314101515544202	EW	3.524	9.38	20	
			地面	156SX314101515544203	NS	−2.791	9.21	20	
	33YSH	岩上台	地面	156YSH14101515544201	UD	3.782	9.56	20	8−695
			地面	156YSH14101515544202	EW	6.407	10.22	20	
			地面	156YSH14101515544203	NS	6.264	9.74	20	
	33YHU	云湖台	地面	156YHU14101515544201	UD	1.497	9.26	20	8−696
			地面	156YHU14101515544202	EW	1.480	9.37	20	
			地面	156YHU14101515544203	NS	3.809	9.24	20	
0141015160015	33BYA	包垟台	地面	157BYA14101516001501	UD	−5.950	9.29	20	8−697
			地面	157BYA14101516001502	EW	10.776	9.29	20	
			地面	157BYA14101516001503	NS	12.075	9.28	20	
	33SX2	珊溪坝底台	地面	157SX214101516001501	UD	4.771	9.50	20	8−698
			地面	157SX214101516001502	EW	4.605	9.73	20	
			地面	157SX214101516001503	NS	3.730	9.81	20	
	33SX3	珊溪指挥部台	地面	157SX314101516001501	UD	−6.188	8.74	20	8−699
			地面	157SX314101516001502	EW	3.300	10.01	20	
			地面	157SX314101516001503	NS	5.123	10.11	20	
	33YSH	岩上台	地面	157YSH14101516001501	UD	54.749	9.37	20	8−700
			地面	157YSH14101516001502	EW	49.903	9.29	20	
			地面	157YSH14101516001503	NS	46.050	9.37	20	
	33YHU	云湖台	地面	157YHU14101516001501	UD	3.245	9.73	20	8−701
			地面	157YHU14101516001502	EW	2.510	9.74	20	
			地面	157YHU14101516001503	NS	6.025	9.76	20	
0141015160501	33BYA	包垟台	地面	158BYA14101516050101	UD	5.648	8.85	20	8−702
			地面	158BYA14101516050102	EW	11.097	9.40	20	
			地面	158BYA14101516050103	NS	−13.202	9.40	20	
	33SX2	珊溪坝底台	地面	158SX214101516050101	UD	5.090	8.80	20	8−703
			地面	158SX214101516050102	EW	−5.153	10.12	20	
			地面	158SX214101516050103	NS	4.558	9.91	20	
	33SX3	珊溪指挥部台	地面	158SX314101516050101	UD	5.056	7.81	20	8−704
			地面	158SX314101516050102	EW	−4.315	9.18	20	
			地面	158SX314101516050103	NS	−4.500	9.19	20	
	33YSH	岩上台	地面	158YSH14101516050101	UD	32.326	9.42	20	8−705
			地面	158YSH14101516050102	EW	36.604	9.49	20	
			地面	158YSH14101516050103	NS	−27.607	9.40	20	
	33YHU	云湖台	地面	158YHU14101516050101	UD	−1.795	9.85	20	8−706
			地面	158YHU14101516050102	EW	−1.482	9.87	20	
			地面	158YHU14101516050103	NS	−3.610	9.91	20	
0141015163724	33BYA	包垟台	地面	159BYA14101516372401	UD	−37.560	9.52	20	8−707
			地面	159BYA14101516372402	EW	−49.327	9.17	20	
			地面	159BYA14101516372403	NS	−85.467	9.52	20	
	33SX2	珊溪坝底台	地面	159SX214101516372401	UD	37.263	10.22	20	8−708
			地面	159SX214101516372402	EW	40.924	8.61	20	
			地面	159SX214101516372403	NS	49.665	8.77	20	
	33SX3	珊溪指挥部台	地面	159SX314101516372401	UD	−46.708	8.76	20	8−709
			地面	159SX314101516372402	EW	29.369	10.30	20	
			地面	159SX314101516372403	NS	40.742	8.90	20	
	33YSH	岩上台	地面	159YSH14101516372401	UD	−146.881	9.22	20	8−710
			地面	159YSH14101516372402	EW	127.822	9.21	20	
			地面	159YSH14101516372403	NS	132.741	9.66	20	
	33YHU	云湖台	地面	159YHU14101516372401	UD	23.280	9.59	20	8−711
			地面	159YHU14101516372402	EW	37.265	9.51	20	
			地面	159YHU14101516372403	NS	30.503	9.10	20	

续表

地震编号	台站代码	台站名称	测点位置	记录编号	测量方向	加速度峰值（cm/s^2）	峰值时刻（s）	记录长度（s）	图序
0141015165913	33BYA	包垟台	地面	160BYA14101516591301	UD	−6.817	8.36	20	8–712
			地面	160BYA14101516591302	EW	7.772	9.15	20	
			地面	160BYA14101516591303	NS	−9.747	9.18	20	
	33SX2	珊溪坝底台	地面	160SX214101516591301	UD	−7.784	9.46	20	8–713
			地面	160SX214101516591302	EW	5.682	9.79	20	
			地面	160SX214101516591303	NS	−5.981	9.69	20	
	33SX3	珊溪指挥部台	地面	160SX314101516591301	UD	−3.998	10.38	20	8–714
			地面	160SX314101516591302	EW	7.798	9.93	20	
			地面	160SX314101516591303	NS	4.893	10.03	20	
	33YSH	岩上台	地面	160YSH14101516591301	UD	−49.498	9.23	20	8–715
			地面	160YSH14101516591302	EW	42.345	9.19	20	
			地面	160YSH14101516591303	NS	−33.478	9.19	20	
	33YHU	云湖台	地面	160YHU14101516591301	UD	−8.321	8.99	20	8–716
			地面	160YHU14101516591302	EW	−4.526	8.98	20	
			地面	160YHU14101516591303	NS	22.566	8.92	20	
0141015181941	33BYA	包垟台	地面	161BYA14101518194101	UD	2.256	8.97	20	8–717
			地面	161BYA14101518194102	EW	3.623	9.87	20	
			地面	161BYA14101518194103	NS	−5.019	9.84	20	
	33SX2	珊溪坝底台	地面	161SX214101518194101	UD	−2.803	10.29	20	8–718
			地面	161SX214101518194102	EW	2.884	10.52	20	
			地面	161SX214101518194103	NS	3.331	10.62	20	
	33SX3	珊溪指挥部台	地面	161SX314101518194101	UD	1.829	9.94	20	8–719
			地面	161SX314101518194102	EW	4.473	9.73	20	
			地面	161SX314101518194103	NS	3.511	10.00	20	
	33YSH	岩上台	地面	161YSH14101518194101	UD	7.764	9.14	20	8–720
			地面	161YSH14101518194102	EW	−7.688	8.90	20	
			地面	161YSH14101518194103	NS	9.114	9.20	20	
	33YHU	云湖台	地面	161YHU14101518194101	UD	−3.581	9.50	20	8–721
			地面	161YHU14101518194102	EW	6.949	9.42	20	
			地面	161YHU14101518194103	NS	9.651	9.44	20	
0141015191752	33BYA	包垟台	地面	162BYA14101519175201	UD	−2.939	9.19	20	8–722
			地面	162BYA14101519175202	EW	−6.373	9.10	20	
			地面	162BYA14101519175203	NS	4.021	9.19	20	
	33SX2	珊溪坝底台	地面	162SX214101519175201	UD	7.872	9.37	20	8–723
			地面	162SX214101519175202	EW	−6.709	9.40	20	
			地面	162SX214101519175203	NS	−9.745	9.92	20	
	33SX3	珊溪指挥部台	地面	162SX314101519175201	UD	3.325	9.86	20	8–724
			地面	162SX314101519175202	EW	−7.681	9.80	20	
			地面	162SX314101519175203	NS	9.553	9.96	20	
	33YSH	岩上台	地面	162YSH14101519175201	UD	27.740	9.17	20	8–725
			地面	162YSH14101519175202	EW	25.220	9.12	20	
			地面	162YSH14101519175203	NS	23.055	9.11	20	
	33YHU	云湖台	地面	162YHU14101519175201	UD	−3.449	8.91	20	8–726
			地面	162YHU14101519175202	EW	2.978	8.94	20	
			地面	162YHU14101519175203	NS	−6.107	8.77	20	
0141015201343	33BYA	包垟台	地面	163BYA14101520134301	UD	−1.757	9.76	20	8–727
			地面	163BYA14101520134302	EW	1.776	9.76	20	
			地面	163BYA14101520134303	NS	−2.899	9.76	20	
	33SX2	珊溪坝底台	地面	163SX214101520134301	UD	2.545	9.02	20	8–728
			地面	163SX214101520134302	EW	−1.792	9.56	20	
			地面	163SX214101520134303	NS	2.633	9.50	20	
	33SX3	珊溪指挥部台	地面	163SX314101520134301	UD	−1.921	8.06	20	8–729
			地面	163SX314101520134302	EW	−3.287	9.46	20	
			地面	163SX314101520134303	NS	−2.019	8.21	20	
	33YSH	岩上台	地面	163YSH14101520134301	UD	3.735	9.42	20	8–730
			地面	163YSH14101520134302	EW	−4.076	8.84	20	
			地面	163YSH14101520134303	NS	−7.418	9.16	20	
	33YHU	云湖台	地面	163YHU14101520134301	UD	2.059	8.91	20	8–731
			地面	163YHU14101520134302	EW	1.392	8.95	20	
			地面	163YHU14101520134303	NS	5.026	8.92	20	

续表

地震编号	台站代码	台站名称	测点位置	记录编号	测量方向	加速度峰值（cm/s²）	峰值时刻（s）	记录长度（s）	图序
0141015204649	33BYA	包垟台	地面	164BYA14101520464901	UD	7.964	9.48	20	8-732
			地面	164BYA14101520464902	EW	-8.188	9.19	20	
			地面	164BYA14101520464903	NS	10.074	9.33	20	
	33SX2	珊溪坝底台	地面	164SX214101520464901	UD	7.964	9.48	20	8-733
			地面	164SX214101520464902	EW	-8.188	9.19	20	
			地面	164SX214101520464903	NS	10.074	9.33	20	
	33SX3	珊溪指挥部台	地面	164SX314101520464901	UD	-3.742	9.67	20	8-734
			地面	164SX314101520464902	EW	-6.843	9.68	20	
			地面	164SX314101520464903	NS	7.781	9.60	20	
	33YSH	岩上台	地面	164YSH14101520464901	UD	14.768	9.10	20	8-735
			地面	164YSH14101520464902	EW	-15.958	8.94	20	
			地面	164YSH14101520464903	NS	-18.113	9.08	20	
	33YHU	云湖台	地面	164YHU14101520464901	UD	3.846	9.42	20	8-736
			地面	164YHU14101520464902	EW	8.275	9.36	20	
			地面	164YHU14101520464903	NS	11.345	9.38	20	
0141015230235	33BYA	包垟台	地面	165BYA14101523023501	UD	1.466	9.41	20	8-737
			地面	165BYA14101523023502	EW	-1.407	9.13	20	
			地面	165BYA14101523023503	NS	-3.050	9.12	20	
	33SX2	珊溪坝底台	地面	165SX214101523023501	UD	-1.976	8.22	20	8-738
			地面	165SX214101523023502	EW	-2.086	8.26	20	
			地面	165SX214101523023503	NS	2.716	9.55	20	
	33SX3	珊溪指挥部台	地面	165SX314101523023501	UD	-3.299	8.40	20	8-739
			地面	165SX314101523023502	EW	-2.120	9.82	20	
			地面	165SX314101523023503	NS	-2.682	8.55	20	
	33YSH	岩上台	地面	165YSH14101523023501	UD	-5.508	9.74	20	8-740
			地面	165YSH14101523023502	EW	-4.406	9.39	20	
			地面	165YSH14101523023503	NS	-6.976	9.52	20	
	33YHU	云湖台	地面	165YHU14101523023501	UD	-2.804	9.28	20	8-741
			地面	165YHU14101523023502	EW	1.094	9.20	20	
			地面	165YHU14101523023503	NS	5.557	9.21	20	
0141016000554	33BYA	包垟台	地面	166BYA14101600055401	UD	2.417	8.12	20	8-742
			地面	166BYA14101600055402	EW	2.547	9.00	20	
			地面	166BYA14101600055403	NS	-4.585	8.98	20	
	33SX2	珊溪坝底台	地面	166SX214101600055401	UD	3.239	10.12	20	8-743
			地面	166SX214101600055402	EW	3.075	9.76	20	
			地面	166SX214101600055403	NS	3.881	9.48	20	
	33SX3	珊溪指挥部台	地面	166SX314101600055401	UD	-2.127	9.91	20	8-744
			地面	166SX314101600055402	EW	-5.035	9.92	20	
			地面	166SX314101600055403	NS	-3.855	9.84	20	
	33YSH	岩上台	地面	166YSH14101600055401	UD	-9.138	9.27	20	8-745
			地面	166YSH14101600055402	EW	-10.531	9.16	20	
			地面	166YSH14101600055403	NS	-14.654	9.33	20	
	33YHU	云湖台	地面	166YHU14101600055401	UD	3.462	8.56	20	8-746
			地面	166YHU14101600055402	EW	9.617	8.56	20	
			地面	166YHU14101600055403	NS	13.243	8.58	20	
0141016004458	33BYA	包垟台	地面	167BYA14101600445801	UD	3.011	8.38	20	8-747
			地面	167BYA14101600445802	EW	2.955	9.34	20	
			地面	167BYA14101600445803	NS	-6.839	9.24	20	
	33SX2	珊溪坝底台	地面	167SX214101600445801	UD	4.966	9.75	20	8-748
			地面	167SX214101600445802	EW	3.301	10.75	20	
			地面	167SX214101600445803	NS	4.944	10.65	20	
	33SX3	珊溪指挥部台	地面	167SX314101600445801	UD	-2.789	7.49	20	8-749
			地面	167SX314101600445802	EW	-4.930	9.31	20	
			地面	167SX314101600445803	NS	-5.792	9.29	20	
	33YSH	岩上台	地面	167YSH14101600445801	UD	-13.269	9.63	20	8-750
			地面	167YSH14101600445802	EW	13.525	9.38	20	
			地面	167YSH14101600445803	NS	18.587	9.60	20	
	33YHU	云湖台	地面	167YHU14101600445801	UD	-8.004	8.95	20	8-751
			地面	167YHU14101600445802	EW	14.795	8.88	20	
			地面	167YHU14101600445803	NS	-21.235	8.88	20	

续表

地震编号	台站代码	台站名称	测点位置	记录编号	测量方向	加速度峰值（cm/s²）	峰值时刻（s）	记录长度（s）	图序
0141016011750	33BYA	包垟台	地面	169BYA14101601175001	UD	-1.610	9.29	20	8-752
			地面	169BYA14101601175002	EW	2.709	9.30	20	
			地面	169BYA14101601175003	NS	-2.981	9.29	20	
	33SX2	珊溪坝底台	地面	169SX214101601175001	UD	-2.310	9.90	20	8-753
			地面	169SX214101601175002	EW	1.742	10.47	20	
			地面	169SX214101601175003	NS	2.644	9.96	20	
	33SX3	珊溪指挥部台	地面	169SX314101601175001	UD	1.121	10.63	20	8-754
			地面	169SX314101601175002	EW	2.188	10.28	20	
			地面	169SX314101601175003	NS	2.245	10.25	20	
	33YSH	岩上台	地面	169YSH14101601175001	UD	6.128	9.50	20	8-755
			地面	169YSH14101601175002	EW	-7.607	9.67	20	
			地面	169YSH14101601175003	NS	10.050	9.66	20	
	33YHU	云湖台	地面	169YHU14101601175001	UD	-2.092	8.78	20	8-756
			地面	169YHU14101601175002	EW	4.120	8.74	20	
			地面	169YHU14101601175003	NS	-2.824	8.73	20	
0141016044746	33BYA	包垟台	地面	170BYA14101604474601	UD	-1.603	8.06	20	8-757
			地面	170BYA14101604474602	EW	1.981	8.72	20	
			地面	170BYA14101604474603	NS	2.937	8.74	20	
	33SX2	珊溪坝底台	地面	170SX214101604474601	UD	-3.883	9.06	20	8-758
			地面	170SX214101604474602	EW	2.517	8.99	20	
			地面	170SX214101604474603	NS	4.098	9.01	20	
	33SX3	珊溪指挥部台	地面	170SX314101604474601	UD	3.551	8.02	20	8-759
			地面	170SX314101604474602	EW	5.310	9.55	20	
			地面	170SX314101604474603	NS	-3.948	9.47	20	
	33YSH	岩上台	地面	170YSH14101604474601	UD	8.165	8.91	20	8-760
			地面	170YSH14101604474602	EW	10.520	8.88	20	
			地面	170YSH14101604474603	NS	-13.049	9.09	20	
	33YHU	云湖台	地面	170YHU14101604474601	UD	4.510	8.91	20	8-761
			地面	170YHU14101604474602	EW	-5.977	8.95	20	
			地面	170YHU14101604474603	NS	-16.908	8.95	20	
0141016051431	33BYA	包垟台	地面	171BYA14101605143101	UD	-1.865	8.79	20	8-762
			地面	171BYA14101605143102	EW	-2.575	9.63	20	
			地面	171BYA14101605143103	NS	-5.025	9.62	20	
	33SX2	珊溪坝底台	地面	171SX214101605143101	UD	-2.718	10.37	20	8-763
			地面	171SX214101605143102	EW	2.372	10.04	20	
			地面	171SX214101605143103	NS	-3.571	10.53	20	
	33SX3	珊溪指挥部台	地面	171SX314101605143101	UD	-1.787	8.84	20	8-764
			地面	171SX314101605143102	EW	-3.590	10.63	20	
			地面	171SX314101605143103	NS	4.707	10.43	20	
	33YSH	岩上台	地面	171YSH14101605143101	UD	-6.549	10.09	20	8-765
			地面	171YSH14101605143102	EW	9.431	9.84	20	
			地面	171YSH14101605143103	NS	-7.922	9.72	20	
	33YHU	云湖台	地面	171YHU14101605143101	UD	1.634	9.45	20	8-766
			地面	171YHU14101605143102	EW	2.879	9.35	20	
			地面	171YHU14101605143103	NS	-3.308	9.47	20	
0141016120125	33BYA	包垟台	地面	172BYA14101612012501	UD	4.546	8.34	20	8-767
			地面	172BYA14101612012502	EW	-9.476	8.92	20	
			地面	172BYA14101612012503	NS	7.635	8.35	20	
	33SX2	珊溪坝底台	地面	172SX214101612012501	UD	1.673	7.41	20	8-768
			地面	172SX214101612012502	EW	2.037	7.45	20	
			地面	172SX214101612012503	NS	-2.108	9.25	20	
	33SX3	珊溪指挥部台	地面	172SX314101612012501	UD	3.944	7.66	20	8-769
			地面	172SX314101612012502	EW	3.044	9.64	20	
			地面	172SX314101612012503	NS	-2.802	7.79	20	
	33YSH	岩上台	地面	172YSH14101612012501	UD	31.464	9.14	20	8-770
			地面	172YSH14101612012502	EW	-69.421	9.18	20	
			地面	172YSH14101612012503	NS	-39.800	9.34	20	
	33YHU	云湖台	地面	172YHU14101612012501	UD	-6.941	8.44	20	8-771
			地面	172YHU14101612012502	EW	5.793	8.49	20	
			地面	172YHU14101612012503	NS	9.458	8.48	20	

续表

地震编号	台站代码	台站名称	测点位置	记录编号	测量方向	加速度峰值（cm/s²）	峰值时刻（s）	记录长度（s）	图序
0141017054254	33BYA	包垟台	地面	173BYA14101705425401	UD	−8.677	9.03	20	8−772
			地面	173BYA14101705425402	EW	8.978	9.03	20	
			地面	173BYA14101705425403	NS	−20.067	9.03	20	
	33SX2	珊溪坝底台	地面	173SX214101705425401	UD	7.031	8.20	20	8−773
			地面	173SX214101705425402	EW	8.946	9.55	20	
			地面	173SX214101705425403	NS	−6.670	9.62	20	
	33SX3	珊溪指挥部台	地面	173SX314101705425401	UD	−13.107	8.46	20	8−774
			地面	173SX314101705425402	EW	−6.837	9.75	20	
			地面	173SX314101705425403	NS	10.860	8.54	20	
	33YSH	岩上台	地面	173YSH14101705425401	UD	−33.619	9.33	20	8−775
			地面	173YSH14101705425402	EW	−41.505	9.20	20	
			地面	173YSH14101705425403	NS	33.298	9.38	20	
	33YHU	云湖台	地面	173YHU14101705425401	UD	7.343	9.23	20	8−776
			地面	173YHU14101705425402	EW	4.569	9.34	20	
			地面	173YHU14101705425403	NS	12.325	9.27	20	
0141017055033	33BYA	包垟台	地面	174BYA14101705503301	UD	−3.199	9.06	20	8−777
			地面	174BYA14101705503302	EW	−5.331	9.05	20	
			地面	174BYA14101705503303	NS	−7.103	9.06	20	
	33SX2	珊溪坝底台	地面	174SX214101705503301	UD	5.123	9.11	20	8−778
			地面	174SX214101705503302	EW	5.460	9.81	20	
			地面	174SX214101705503303	NS	−7.438	9.23	20	
	33SX3	珊溪指挥部台	地面	174SX314101705503301	UD	−4.424	8.29	20	8−779
			地面	174SX314101705503302	EW	−5.676	9.55	20	
			地面	174SX314101705503303	NS	5.295	9.54	20	
	33YSH	岩上台	地面	174YSH14101705503301	UD	18.919	9.15	20	8−780
			地面	174YSH14101705503302	EW	−20.712	9.23	20	
			地面	174YSH14101705503303	NS	20.245	9.14	20	
	33YHU	云湖台	地面	174YHU14101705503301	UD	2.937	9.46	20	8−781
			地面	174YHU14101705503302	EW	−2.766	9.54	20	
			地面	174YHU14101705503303	NS	−7.727	9.50	20	
0141017091336	33BYA	包垟台	地面	175BYA14101709133601	UD	−12.958	13.53	20	8−782
			地面	175BYA14101709133602	EW	11.577	13.53	20	
			地面	175BYA14101709133603	NS	−22.172	13.53	20	
	33SX2	珊溪坝底台	地面	175SX214101709133601	UD	3.615	14.10	20	8−783
			地面	175SX214101709133602	EW	3.818	14.29	20	
			地面	175SX214101709133603	NS	−5.934	13.96	20	
	33SX3	珊溪指挥部台	地面	175SX314101709133601	UD	−5.192	13.11	20	8−784
			地面	175SX314101709133602	EW	4.206	14.87	20	
			地面	175SX314101709133603	NS	−7.127	14.40	20	
	33YSH	岩上台	地面	175YSH14101709133601	UD	−17.242	13.25	20	8−785
			地面	175YSH14101709133602	EW	−31.048	14.13	20	
			地面	175YSH14101709133603	NS	34.747	13.85	20	
	33YHU	云湖台	地面	175YHU14101709133601	UD	3.544	13.90	20	8−786
			地面	175YHU14101709133602	EW	4.211	13.91	20	
			地面	175YHU14101709133603	NS	5.455	13.90	20	
0141017091343	33BYA	包垟台	地面	176BYA14101709134301	UD	−18.320	7.00	20	8−787
			地面	176BYA14101709134302	EW	14.270	7.00	20	
			地面	176BYA14101709134303	NS	−30.321	7.00	20	
	33SX2	珊溪坝底台	地面	176SX214101709134301	UD	2.757	5.65	20	8−788
			地面	176SX214101709134302	EW	4.333	5.92	20	
			地面	176SX214101709134303	NS	4.263	5.46	20	
	33SX3	珊溪指挥部台	地面	176SX314101709134301	UD	−6.675	4.59	20	8−789
			地面	176SX314101709134302	EW	3.887	6.35	20	
			地面	176SX314101709134303	NS	−6.056	5.88	20	
	33YSH	岩上台	地面	176YSH14101709134301	UD	22.170	5.01	20	8−790
			地面	176YSH14101709134302	EW	29.831	5.20	20	
			地面	176YSH14101709134303	NS	40.507	5.32	20	
	33YHU	云湖台	地面	176YHU14101709134301	UD	5.042	6.42	20	8−791
			地面	176YHU14101709134302	EW	4.432	5.72	20	
			地面	176YHU14101709134303	NS	5.632	6.38	20	

续表

地震编号	台站代码	台站名称	测点位置	记录编号	测量方向	加速度峰值（cm/s^2）	峰值时刻（s）	记录长度（s）	图序
0141018085032	33BYA	包垟台	地面	177BYA14101808503201	UD	−5.861	9.79	20	8−792
			地面	177BYA14101808503202	EW	5.752	9.85	20	
			地面	177BYA14101808503203	NS	−10.596	9.76	20	
	33SX2	珊溪坝底台	地面	177SX214101808503201	UD	−5.203	9.30	20	8−793
			地面	177SX214101808503202	EW	6.573	9.88	20	
			地面	177SX214101808503203	NS	−9.760	9.47	20	
	33SX3	珊溪指挥部台	地面	177SX314101808503201	UD	−2.794	10.18	20	8−794
			地面	177SX314101808503202	EW	5.237	10.13	20	
			地面	177SX314101808503203	NS	−3.960	9.89	20	
	33YSH	岩上台	地面	177YSH14101808503201	UD	−13.248	8.10	20	8−795
			地面	177YSH14101808503202	EW	20.497	8.93	20	
			地面	177YSH14101808503203	NS	22.192	9.14	20	
	33YHU	云湖台	地面	177YHU14101808503201	UD	12.737	9.38	20	8−796
			地面	177YHU14101808503202	EW	16.337	9.38	20	
			地面	177YHU14101808503203	NS	39.175	9.35	20	
0141018085017	33BYA	包垟台	地面	178BYA14101808501701	UD	−5.771	9.40	20	8−797
			地面	178BYA14101808501702	EW	−10.350	9.44	20	
			地面	178BYA14101808501703	NS	12.471	9.46	20	
	33SX2	珊溪坝底台	地面	178SX214101808501701	UD	−6.968	9.89	20	8−798
			地面	178SX214101808501702	EW	−5.319	10.49	20	
			地面	178SX214101808501703	NS	6.659	10.03	20	
	33SX3	珊溪指挥部台	地面	178SX314101808501701	UD	−2.920	7.66	20	8−799
			地面	178SX314101808501702	EW	−6.251	9.70	20	
			地面	178SX314101808501703	NS	5.888	9.44	20	
	33YSH	岩上台	地面	178YSH14101808501701	UD	19.188	9.55	20	8−800
			地面	178YSH14101808501702	EW	32.497	10.16	20	
			地面	178YSH14101808501703	NS	49.205	9.77	20	
	33YHU	云湖台	地面	178YHU14101808501701	UD	−49.400	10.05	20	8−801
			地面	178YHU14101808501702	EW	−41.287	10.05	20	
			地面	178YHU14101808501703	NS	98.276	10.01	20	
0141018102738	33BYA	包垟台	地面	179BYA14101810273801	UD	1.081	9.30	20	8−802
			地面	179BYA14101810273802	EW	−1.742	10.12	20	
			地面	179BYA14101810273803	NS	−1.118	9.30	20	
	33SX2	珊溪坝底台	地面	179SX214101810273801	UD	1.032	10.00	20	8−803
			地面	179SX214101810273802	EW	0.773	10.30	20	
			地面	179SX214101810273803	NS	−1.635	10.62	20	
	33YSH	岩上台	地面	179YSH14101810273801	UD	5.873	9.38	20	8−804
			地面	179YSH14101810273802	EW	11.008	9.48	20	
			地面	179YSH14101810273803	NS	−9.808	9.55	20	
	33YHU	云湖台	地面	179YHU14101810273801	UD	7.677	10.11	20	8−805
			地面	179YHU14101810273802	EW	9.472	10.11	20	
			地面	179YHU14101810273803	NS	−13.135	10.11	20	
0141018211211	33BYA	包垟台	地面	180BYA14101821121101	UD	−6.487	10.04	20	8−806
			地面	180BYA14101821121102	EW	7.341	10.08	20	
			地面	180BYA14101821121103	NS	−16.731	10.04	20	
	33SX2	珊溪坝底台	地面	180SX214101821121101	UD	−10.506	9.59	20	8−807
			地面	180SX214101821121102	EW	−7.806	9.59	20	
			地面	180SX214101821121103	NS	−9.388	9.68	20	
	33SX3	珊溪指挥部台	地面	180SX314101821121101	UD	6.234	9.94	20	8−808
			地面	180SX314101821121102	EW	−12.873	9.99	20	
			地面	180SX314101821121103	NS	−10.579	10.22	20	
	33YSH	岩上台	地面	180YSH14101821121101	UD	29.722	9.19	20	8−809
			地面	180YSH14101821121102	EW	−43.905	9.16	20	
			地面	180YSH14101821121103	NS	50.321	9.31	20	
	33YHU	云湖台	地面	180YHU14101821121101	UD	−11.209	9.34	20	8−810
			地面	180YHU14101821121102	EW	63.406	9.36	20	
			地面	180YHU14101821121103	NS	−38.470	9.36	20	
0141019165947	33BYA	包垟台	地面	181BYA14101916594701	UD	7.796	9.14	20	8−811
			地面	181BYA14101916594702	EW	−11.120	10.04	20	
			地面	181BYA14101916594703	NS	−17.311	10.03	20	

续表

地震编号	台站代码	台站名称	测点位置	记录编号	测量方向	加速度峰值（cm/s^2）	峰值时刻（s）	记录长度（s）	图序
0141019165947	33SX2	珊溪坝底台	地面	181SX214101916594701	UD	−10.414	11.42	20	8−812
			地面	181SX214101916594702	EW	−7.318	11.44	20	
			地面	181SX214101916594703	NS	−10.473	11.43	20	
	33SX3	珊溪指挥部台	地面	181SX314101916594701	UD	6.926	10.2	20	8−813
			地面	181SX314101916594702	EW	10.105	11.85	20	
			地面	181SX314101916594703	NS	11.594	11.84	20	
	33YSH	岩上台	地面	181YSH14101916594701	UD	20.873	10.18	20	8−814
			地面	181YSH14101916594702	EW	24.884	10.11	20	
			地面	181YSH14101916594703	NS	36.572	10.27	20	
	33YHU	云湖台	地面	181YHU14101916594701	UD	−12.542	9.75	20	8−815
			地面	181YHU14101916594702	EW	22.214	9.68	20	
			地面	181YHU14101916594703	NS	25.622	9.7	20	
0141020120612	33BYA	包垟台	地面	182BYA14102012061201	UD	1.482	8.99	20	8−816
			地面	182BYA14102012061202	EW	−1.467	10.1	20	
			地面	182BYA14102012061203	NS	−2.476	9.92	20	
	33SX2	珊溪坝底台	地面	182SX214102012061201	UD	2.688	9.56	20	8−817
			地面	182SX214102012061202	EW	2.422	9.58	20	
			地面	182SX214102012061203	NS	3.670	9.6	20	
	33SX3	珊溪指挥部台	地面	182SX314102012061201	UD	1.748	10.01	20	8−818
			地面	182SX314102012061202	EW	2.192	9.75	20	
			地面	182SX314102012061203	NS	−2.299	9.98	20	
	33YSH	岩上台	地面	182YSH14102012061201	UD	4.630	11.27	20	8−819
			地面	182YSH14102012061202	EW	7.194	11.25	20	
			地面	182YSH14102012061203	NS	7.584	11.28	20	
	33YHU	云湖台	地面	182YHU14102012061201	UD	1.479	9.53	20	8−820
			地面	182YHU14102012061202	EW	1.777	9.5	20	
			地面	182YHU14102012064303	NS	−3.911	9.56	20	
0141021012043	33BYA	包垟台	地面	183BYA14102101204301	UD	2.118	11.09	20	8−821
			地面	183BYA14102101204302	EW	1.910	11.02	20	
			地面	183BYA14102101204303	NS	3.369	11.02	20	
	33SX2	珊溪坝底台	地面	183SX214102101204301	UD	3.041	11.46	20	8−822
			地面	183SX214102101204302	EW	3.227	11.8	20	
			地面	183SX214102101204303	NS	−3.511	11.39	20	
	33SX3	珊溪指挥部台	地面	183SX314102101204301	UD	2.677	11.45	20	8−823
			地面	183SX314102101204302	EW	3.747	11.9	20	
			地面	183SX314102101204303	NS	−3.021	11.83	20	
	33YSH	岩上台	地面	183YSH14102101204301	UD	13.921	11.31	20	8−824
			地面	183YSH14102101204302	EW	−13.545	11.64	20	
			地面	183YSH14102101204303	NS	11.456	11.47	20	
	33YHU	云湖台	地面	183YHU14102101204301	UD	−4.237	11.25	20	8−825
			地面	183YHU14102101204302	EW	2.946	11.24	20	
			地面	183YHU14102101204303	NS	−12.239	11.22	20	
0141021092840	33BYA	包垟台	地面	184BYA14102109284001	UD	−4.683	10.95	20	8−826
			地面	184BYA14102109284002	EW	7.207	10.95	20	
			地面	184BYA14102109284003	NS	−10.208	10.95	20	
	33SX2	珊溪坝底台	地面	184SX214102109284001	UD	2.906	11.42	20	8−827
			地面	184SX214102109284002	EW	3.746	11.41	20	
			地面	184SX214102109284003	NS	5.018	11.45	20	
	33SX3	珊溪指挥部台	地面	184SX314102109284001	UD	2.170	10.75	20	8−828
			地面	184SX314102109284002	EW	3.009	10.92	20	
			地面	184SX314102109284003	NS	−3.279	10.71	20	
	33YSH	岩上台	地面	184YSH14102109284001	UD	21.263	11.02	20	8−829
			地面	184YSH14102109284002	EW	19.467	11	20	
			地面	184YSH14102109284003	NS	16.163	11.38	20	
	33YHU	云湖台	地面	184YHU14102109284001	UD	3.136	11.51	20	8−830
			地面	184YHU14102109284002	EW	−2.786	11.51	20	
			地面	184YHU14102109284003	NS	15.291	11.5	20	
0141021144026	33BYA	包垟台	地面	185BYA14102114402601	UD	3.097	10.28	20	8−831
			地面	185BYA14102114402602	EW	−2.876	10.86	20	
			地面	185BYA14102114402603	NS	−3.398	10.3	20	

续表

地震编号	台站代码	台站名称	测点位置	记录编号	测量方向	加速度峰值（cm/s^2）	峰值时刻（s）	记录长度（s）	图序
0141021144026	33SX1	珊溪坝顶台	地面	185SX114102114402601	UD	−2.199	11.8	20	8–832
			地面	185SX114102114402602	EW	1.468	11.92	20	
			地面	185SX114102114402603	NS	1.678	12.89	20	
	33SX2	珊溪坝底台	地面	185SX214102114402601	UD	2.588	11.82	20	8–833
			地面	185SX214102114402602	EW	−1.832	12.5	20	
			地面	185SX214102114402603	NS	−2.270	12.59	20	
	33SX3	珊溪指挥部台	地面	185SX314102114402601	UD	−1.891	10.49	20	8–834
			地面	185SX314102114402602	EW	2.709	12.13	20	
			地面	185SX314102114402603	NS	−4.349	11.97	20	
	33YSH	岩上台	地面	185YSH14102114402601	UD	−21.362	10.5	20	8–835
			地面	185YSH14102114402602	EW	−29.312	11.03	20	
			地面	185YSH14102114402603	NS	32.384	11.34	20	
	33YHU	云湖台	地面	185YHU14102114402601	UD	6.854	10.61	20	8–836
			地面	185YHU14102114402602	EW	6.235	10.65	20	
			地面	185YHU14102114402603	NS	9.512	10.61	20	
0141021213120	33BYA	包垟台	地面	186BYA14102121312001	UD	−1.265	10.29	20	8–837
			地面	186BYA14102121312002	EW	−3.778	11.18	20	
			地面	186BYA14102121312003	NS	−2.111	11.18	20	
	33SX1	珊溪坝顶台	地面	186SX114102121312001	UD	1.328	11.98	20	8–838
			地面	186SX114102121312002	EW	1.059	11.9	20	
			地面	186SX114102121312003	NS	1.766	11.88	20	
	33SX2	珊溪坝底台	地面	186SX214102121312001	UD	−2.004	12.4	20	8–839
			地面	186SX214102121312002	EW	−1.671	12.06	20	
			地面	186SX214102121312003	NS	−2.429	11.88	20	
	33SX3	珊溪指挥部台	地面	186SX314102121312001	UD	−1.748	9.57	20	8–840
			地面	186SX314102121312002	EW	−1.904	11.32	20	
			地面	186SX314102121312003	NS	−1.977	11.41	20	
	33YSH	岩上台	地面	186YSH14102121312001	UD	7.569	11.33	20	8–841
			地面	186YSH14102121312002	EW	−16.141	11.35	20	
			地面	186YSH14102121312003	NS	16.139	11.53	20	
	33YHU	云湖台	地面	186YHU14102121312001	UD	6.953	11.19	20	8–842
			地面	186YHU14102121312002	EW	4.687	11.18	20	
			地面	186YHU14102121312003	NS	3.934	11.2	20	
0141022042016	33BYA	包垟台	地面	187BYA14102204201601	UD	−1.040	11.39	20	8–843
			地面	187BYA14102204201602	EW	1.218	11.45	20	
			地面	187BYA14102204201603	NS	−2.004	11.44	20	
	33SX1	珊溪坝顶台	地面	187SX114102204201601	UD	−0.850	11.82	20	8–844
			地面	187SX114102204201602	EW	−0.677	12.35	20	
			地面	187SX114102204201603	NS	1.436	11.81	20	
	33SX2	珊溪坝底台	地面	187SX214102204201601	UD	1.096	11.83	20	8–845
			地面	187SX214102204201602	EW	1.180	12.64	20	
			地面	187SX214102204201603	NS	1.347	12.66	20	
	33SX3	珊溪指挥部台	地面	187SX314102204201601	UD	−1.145	9.84	20	8–846
			地面	187SX314102204201602	EW	−1.569	11.33	20	
			地面	187SX314102204201603	NS	2.508	11.28	20	
	33YSH	岩上台	地面	187YSH14102204201601	UD	−4.823	11.45	20	8–847
			地面	187YSH14102204201602	EW	4.061	11.44	20	
			地面	187YSH14102204201603	NS	4.868	11.89	20	
	33YHU	云湖台	地面	187YHU14102204201601	UD	1.765	11.42	20	8–848
			地面	187YHU14102204201602	EW	1.428	11.43	20	
			地面	187YHU14102204201603	NS	−3.683	11.46	20	
0141023083502	33BYA	包垟台	地面	188BYA14102308350201	UD	−16.172	11.28	20	8–849
			地面	188BYA14102308350202	EW	−41.374	11.3	20	
			地面	188BYA14102308350203	NS	42.123	11.27	20	
	33SX1	珊溪坝顶台	地面	188SX114102308350201	UD	9.575	11.89	20	8–850
			地面	188SX114102308350202	EW	9.332	12.56	20	
			地面	188SX114102308350203	NS	−10.785	12.56	20	
	33SX2	珊溪坝底台	地面	188SX214102308350201	UD	−14.100	12.11	20	8–851
			地面	188SX214102308350202	EW	−10.492	12.24	20	
			地面	188SX214102308350203	NS	12.518	12.28	20	

续表

地震编号	台站代码	台站名称	测点位置	记录编号	测量方向	加速度峰值（cm/s²）	峰值时刻（s）	记录长度（s）	图序
0141023083502	33SX3	珊溪指挥部台	地面	188SX314102308350201	UD	−10.178	9.61	20	8−852
			地面	188SX314102308350202	EW	13.391	11.51	20	
			地面	188SX314102308350203	NS	14.117	11.49	20	
	33YSH	岩上台	地面	188YSH14102308350201	UD	−69.556	11.49	20	8−853
			地面	188YSH14102308350202	EW	141.460	11.45	20	
			地面	188YSH14102308350203	NS	−133.064	11.67	20	
	33YHU	云湖台	地面	188YHU14102308350201	UD	−53.781	10.3	20	8−854
			地面	188YHU14102308350202	EW	280.266	10.27	20	
			地面	188YHU14102308350203	NS	−125.110	10.28	20	
0141023201403	33BYA	包垟台	地面	189BYA14102320140301	UD	−1.956	11.15	20	8−855
			地面	189BYA14102320140302	EW	−6.219	11.08	20	
			地面	189BYA14102320140303	NS	−6.018	11.08	20	
	33SX1	珊溪坝顶台	地面	189SX114102320140301	UD	1.696	11.74	20	8−856
			地面	189SX114102320140302	EW	2.802	12.17	20	
			地面	189SX114102320140303	NS	−2.238	12.5	20	
	33SX2	珊溪坝底台	地面	189SX214102320140301	UD	2.801	12.03	20	8−857
			地面	189SX214102320140302	EW	−2.728	12.21	20	
			地面	189SX214102320140303	NS	−5.168	11.78	20	
	33SX3	珊溪指挥部台	地面	189SX314102320140301	UD	−2.476	10.2	20	8−858
			地面	189SX314102320140302	EW	−2.927	12.36	20	
			地面	189SX314102320140303	NS	3.444	12.2	20	
	33YSH	岩上台	地面	189YSH14102320140301	UD	14.726	11.25	20	8−859
			地面	189YSH14102320140302	EW	−23.685	11.16	20	
			地面	189YSH14102320140303	NS	19.599	11.35	20	
	33YHU	云湖台	地面	189YHU14102320140301	UD	−2.304	11.36	20	8−860
			地面	189YHU14102320140302	EW	−5.688	11.05	20	
			地面	189YHU14102320140303	NS	−2.382	11.06	20	
0141024100939	33BYA	包垟台	地面	190BYA14102410093901	UD	−5.754	11.07	20	8−861
			地面	190BYA14102410093902	EW	−18.057	10.93	20	
			地面	190BYA14102410093903	NS	−13.224	10.93	20	
	33SX3	珊溪指挥部台	地面	190SX314102410093901	UD	−10.849	10.09	20	8−862
			地面	190SX314102410093902	EW	8.351	12.13	20	
			地面	190SX314102410093903	NS	−7.458	12.03	20	
	33YHU	云湖台	地面	190YHU14102410093901	UD	−7.719	9.92	20	8−863
			地面	190YHU14102410093902	EW	20.962	9.9	20	
			地面	190YHU14102410093903	NS	−14.760	9.91	20	
0141024151417	33BYA	包垟台	地面	191BYA14102415141701	UD	−4.178	10.1	20	8−864
			地面	191BYA14102415141702	EW	4.034	11.08	20	
			地面	191BYA14102415141703	NS	−5.832	11.04	20	
	33SX3	珊溪指挥部台	地面	191SX314102415141701	UD	2.934	10.93	20	8−865
			地面	191SX314102415141702	EW	6.926	11.01	20	
			地面	191SX314102415141703	NS	−7.176	11.35	20	
	33YHU	云湖台	地面	191YHU14102415141701	UD	4.693	10.4	20	8−866
			地面	191YHU14102415141702	EW	−15.795	10.32	20	
			地面	191YHU14102415141703	NS	7.166	10.44	20	
0141025030659	33BYA	包垟台	地面	192BYA14102503065901	UD	1.783	9.92	20	8−867
			地面	192BYA14102503065902	EW	−1.766	10.48	20	
			地面	192BYA14102503065903	NS	1.418	9.92	20	
	33SX1	珊溪坝顶台	地面	192SX114102503065901	UD	0.911	11.36	20	8−868
			地面	192SX114102503065902	EW	0.861	11.5	20	
			地面	192SX114102503065903	NS	−1.350	11.37	20	
	33SX2	珊溪坝底台	地面	192SX214102503065901	UD	−1.140	11.11	20	8−869
			地面	192SX214102503065902	EW	−1.388	11.46	20	
			地面	192SX214102503065903	NS	1.516	11.78	20	
	33SX3	珊溪指挥部台	地面	192SX314102503065901	UD	−0.907	10.15	20	8−870
			地面	192SX314102503065902	EW	1.391	11.68	20	
			地面	192SX314102503065903	NS	−1.608	11.53	20	
	33YSH	岩上台	地面	192YSH14102503065901	UD	−8.839	10.11	20	8−871
			地面	192YSH14102503065902	EW	−9.219	10.63	20	
			地面	192YSH14102503065903	NS	−8.905	10.86	20	

续表

地震编号	台站代码	台站名称	测点位置	记录编号	测量方向	加速度峰值（cm/s²）	峰值时刻（s）	记录长度（s）	图序
0141025030659	33YHU	云湖台	地面	192YHU14102503065901	UD	−2.342	10.37	20	8−872
0141025030659	33YHU	云湖台	地面	192YHU14102503065902	EW	2.778	10.42	20	8−872
0141025030659	33YHU	云湖台	地面	192YHU14102503065903	NS	4.910	10.39	20	8−872
0141025032600	33BYA	包垟台	地面	193BYA14102503260001	UD	−4.729	10.16	20	8−873
0141025032600	33BYA	包垟台	地面	193BYA14102503260002	EW	4.824	10.14	20	8−873
0141025032600	33BYA	包垟台	地面	193BYA14102503260003	NS	6.933	10.12	20	8−873
0141025032600	33SX1	珊溪坝顶台	地面	193SX114102503260001	UD	4.154	10.93	20	8−874
0141025032600	33SX1	珊溪坝顶台	地面	193SX114102503260002	EW	4.407	11.17	20	8−874
0141025032600	33SX1	珊溪坝顶台	地面	193SX114102503260003	NS	4.388	11.2	20	8−874
0141025032600	33SX2	珊溪坝底台	地面	193SX214102503260001	UD	−4.741	10.91	20	8−875
0141025032600	33SX2	珊溪坝底台	地面	193SX214102503260002	EW	−4.921	11.13	20	8−875
0141025032600	33SX2	珊溪坝底台	地面	193SX214102503260003	NS	−7.842	10.74	20	8−875
0141025032600	33SX3	珊溪指挥部台	地面	193SX314102503260001	UD	−5.542	9.78	20	8−876
0141025032600	33SX3	珊溪指挥部台	地面	193SX314102503260002	EW	7.112	11.35	20	8−876
0141025032600	33SX3	珊溪指挥部台	地面	193SX314102503260003	NS	−11.387	11.19	20	8−876
0141025032600	33YSH	岩上台	地面	193YSH14102503260001	UD	20.774	9.77	20	8−877
0141025032600	33YSH	岩上台	地面	193YSH14102503260002	EW	34.664	10.37	20	8−877
0141025032600	33YSH	岩上台	地面	193YSH14102503260003	NS	34.771	10.5	20	8−877
0141025032600	33YHU	云湖台	地面	193YHU14102503260001	UD	3.281	11.19	20	8−878
0141025032600	33YHU	云湖台	地面	193YHU14102503260002	EW	3.438	11.16	20	8−878
0141025032600	33YHU	云湖台	地面	193YHU14102503260003	NS	14.471	11.13	20	8−878
0141025091520	33BYA	包垟台	地面	194BYA14102509152001	UD	5.332	11.48	20	8−879
0141025091520	33BYA	包垟台	地面	194BYA14102509152002	EW	11.623	11.49	20	8−879
0141025091520	33BYA	包垟台	地面	194BYA14102509152003	NS	−5.493	11.48	20	8−879
0141025091520	33SX1	珊溪坝顶台	地面	194SX114102509152001	UD	−0.954	11.19	20	8−880
0141025091520	33SX1	珊溪坝顶台	地面	194SX114102509152002	EW	0.989	11.33	20	8−880
0141025091520	33SX1	珊溪坝顶台	地面	194SX114102509152003	NS	−1.045	11.65	20	8−880
0141025091520	33SX2	珊溪坝底台	地面	194SX214102509152001	UD	1.242	11.07	20	8−881
0141025091520	33SX2	珊溪坝底台	地面	194SX214102509152002	EW	1.546	11.31	20	8−881
0141025091520	33SX2	珊溪坝底台	地面	194SX214102509152003	NS	−1.459	11.24	20	8−881
0141025091520	33SX3	珊溪指挥部台	地面	194SX314102509152001	UD	2.223	10.21	20	8−882
0141025091520	33SX3	珊溪指挥部台	地面	194SX314102509152002	EW	−1.071	12.02	20	8−882
0141025091520	33SX3	珊溪指挥部台	地面	194SX314102509152003	NS	−1.345	10.34	20	8−882
0141025091520	33YSH	岩上台	地面	194YSH14102509152001	UD	−15.746	11.66	20	8−883
0141025091520	33YSH	岩上台	地面	194YSH14102509152002	EW	19.761	11.6	20	8−883
0141025091520	33YSH	岩上台	地面	194YSH14102509152003	NS	13.750	11.45	20	8−883
0141025091520	33YHU	云湖台	地面	194YHU14102509152001	UD	−1.392	11.28	20	8−884
0141025091520	33YHU	云湖台	地面	194YHU14102509152002	EW	2.963	11.28	20	8−884
0141025091520	33YHU	云湖台	地面	194YHU14102509152003	NS	−1.917	11.96	20	8−884
0141025174639	33BYA	包垟台	地面	195BYA14102517463901	UD	−7.856	10.97	20	8−885
0141025174639	33BYA	包垟台	地面	195BYA14102517463902	EW	10.578	10.97	20	8−885
0141025174639	33BYA	包垟台	地面	195BYA14102517463903	NS	−22.213	10.97	20	8−885
0141025174639	33SX1	珊溪坝顶台	地面	195SX114102517463901	UD	2.610	11.16	20	8−886
0141025174639	33SX1	珊溪坝顶台	地面	195SX114102517463902	EW	−1.387	11.32	20	8−886
0141025174639	33SX1	珊溪坝顶台	地面	195SX114102517463903	NS	1.661	11.37	20	8−886
0141025174639	33SX2	珊溪坝底台	地面	195SX214102517463901	UD	−2.509	11.3	20	8−887
0141025174639	33SX2	珊溪坝底台	地面	195SX214102517463902	EW	4.106	11.6	20	8−887
0141025174639	33SX2	珊溪坝底台	地面	195SX214102517463903	NS	−4.093	11.27	20	8−887
0141025174639	33SX3	珊溪指挥部台	地面	195SX314102517463901	UD	−3.941	10.41	20	8−888
0141025174639	33SX3	珊溪指挥部台	地面	195SX314102517463902	EW	3.233	11.78	20	8−888
0141025174639	33SX3	珊溪指挥部台	地面	195SX314102517463903	NS	4.302	11.68	20	8−888
0141025174639	33YSH	岩上台	地面	195YSH14102517463901	UD	22.433	11.01	20	8−889
0141025174639	33YSH	岩上台	地面	195YSH14102517463902	EW	−23.908	11.01	20	8−889
0141025174639	33YSH	岩上台	地面	195YSH14102517463903	NS	−26.180	11.31	20	8−889
0141025174639	33YHU	云湖台	地面	195YHU14102517463901	UD	0.716	10.7	20	8−890
0141025174639	33YHU	云湖台	地面	195YHU14102517463902	EW	1.104	10.58	20	8−890
0141025174639	33YHU	云湖台	地面	195YHU14102517463903	NS	2.442	10.58	20	8−890
0141025182144	33BYA	包垟台	地面	196BYA14102518214401	UD	−3.669	9.91	20	8−891
0141025182144	33BYA	包垟台	地面	196BYA14102518214402	EW	6.105	9.91	20	8−891
0141025182144	33BYA	包垟台	地面	196BYA14102518214403	NS	−12.644	9.91	20	8−891

续表

地震编号	台站代码	台站名称	测点位置	记录编号	测量方向	加速度峰值（cm/s^2）	峰值时刻（s）	记录长度（s）	图序
0141025182144	33SX1	珊溪坝顶台	地面	196SX114102518214401	UD	2.111	10.1	20	8-892
			地面	196SX114102518214402	EW	-1.201	10.68	20	
			地面	196SX114102518214403	NS	-1.526	10.2	20	
	33SX2	珊溪坝底台	地面	196SX214102518214401	UD	2.298	9.13	20	8-893
			地面	196SX214102518214402	EW	2.335	9.17	20	
			地面	196SX214102518214403	NS	-2.359	10.46	20	
	33SX3	珊溪指挥部台	地面	196SX314102518214401	UD	-4.048	9.34	20	8-894
			地面	196SX314102518214402	EW	-2.870	10.55	20	
			地面	196SX314102518214403	NS	2.681	9.47	20	
	33YSH	岩上台	地面	196YSH14102518214401	UD	-12.920	10.24	20	8-895
			地面	196YSH14102518214402	EW	16.756	10.79	20	
			地面	196YSH14102518214403	NS	-19.910	10.25	20	
	33YHU	云湖台	地面	196YHU14102518214401	UD	-1.134	10.8	20	8-896
			地面	196YHU14102518214402	EW	1.526	10.48	20	
			地面	196YHU14102518214403	NS	3.621	10.47	20	
0141025184219	33BYA	包垟台	地面	197BYA14102518421901	UD	-44.387	10.32	20	8-897
			地面	197BYA14102518421902	EW	42.973	10.32	20	
			地面	197BYA14102518421903	NS	-44.601	10.34	20	
	33SX1	珊溪坝顶台	地面	197SX114102518421901	UD	34.853	9.6	20	8-898
			地面	197SX114102518421902	EW	33.079	9.66	20	
			地面	197SX114102518421903	NS	32.124	9.74	20	
	33SX2	珊溪坝底台	地面	197SX214102518421901	UD	-36.342	8.72	20	8-899
			地面	197SX214102518421902	EW	-39.885	8.77	20	
			地面	197SX214102518421903	NS	-49.963	10.25	20	
	33SX3	珊溪指挥部台	地面	197SX314102518421901	UD	-60.042	8.96	20	8-900
			地面	197SX314102518421902	EW	40.487	11	20	
			地面	197SX314102518421903	NS	-34.824	10.68	20	
	33YSH	岩上台	地面	197YSH14102518421901	UD	205.088	10.44	20	8-901
			地面	197YSH14102518421902	EW	251.735	10.44	20	
			地面	197YSH14102518421903	NS	279.742	10.59	20	
	33YHU	云湖台	地面	197YHU14102518421901	UD	-54.857	10.41	20	8-902
			地面	197YHU14102518421902	EW	46.995	9.98	20	
			地面	197YHU14102518421903	NS	59.555	9.97	20	
0141025184943	33BYA	包垟台	地面	198BYA14102518494301	UD	2.887	10.11	20	8-903
			地面	198BYA14102518494302	EW	3.267	10.6	20	
			地面	198BYA14102518494303	NS	-3.411	10.6	20	
	33SX1	珊溪坝顶台	地面	198SX114102518494301	UD	0.930	10.43	20	8-904
			地面	198SX114102518494302	EW	-0.658	10.46	20	
			地面	198SX114102518494303	NS	-0.686	10.82	20	
	33SX2	珊溪坝底台	地面	198SX214102518494301	UD	0.731	10.98	20	8-905
			地面	198SX214102518494302	EW	-0.916	10.75	20	
			地面	198SX214102518494303	NS	1.153	10.71	20	
	33SX3	珊溪指挥部台	地面	198SX314102518494301	UD	-1.159	9.31	20	8-906
			地面	198SX314102518494302	EW	0.975	10.8	20	
			地面	198SX314102518494303	NS	-1.106	10.83	20	
	33YSH	岩上台	地面	198YSH14102518494301	UD	-9.155	10.23	20	8-907
			地面	198YSH14102518494302	EW	10.917	10.81	20	
			地面	198YSH14102518494303	NS	6.558	10.65	20	
	33YHU	云湖台	地面	198YHU14102518494301	UD	-2.623	10.75	20	8-908
			地面	198YHU14102518494302	EW	3.813	10.2	20	
			地面	198YHU14102518494303	NS	3.359	10.91	20	
0141025185716	33BYA	包垟台	地面	199BYA14102518571601	UD	-0.668	9.65	20	8-909
			地面	199BYA14102518571602	EW	-1.441	9.67	20	
			地面	199BYA14102518571603	NS	0.914	9.63	20	
	33SX1	珊溪坝顶台	地面	199SX114102518571601	UD	0.869	10.29	20	8-910
			地面	199SX114102518571602	EW	-0.659	10.65	20	
			地面	199SX114102518571603	NS	-0.907	10.5	20	
	33SX2	珊溪坝底台	地面	199SX214102518571601	UD	1.545	10.33	20	8-911
			地面	199SX214102518571602	EW	1.377	10.82	20	
			地面	199SX214102518571603	NS	1.677	10.32	20	

续表

地震编号	台站代码	台站名称	测点位置	记录编号	测量方向	加速度峰值（cm/s^2）	峰值时刻（s）	记录长度（s）	图序
0141025185716	33SX3	珊溪指挥部台	地面	199SX314102518571601	UD	0.927	9.06	20	8–912
			地面	199SX314102518571602	EW	1.600	10.79	20	
			地面	199SX314102518571603	NS	1.308	10.76	20	
	33YSH	岩上台	地面	199YSH14102518571601	UD	–5.108	10.85	20	8–913
			地面	199YSH14102518571602	EW	8.524	10.9	20	
			地面	199YSH14102518571603	NS	11.652	11.04	20	
	33YHU	云湖台	地面	199YHU14102518571601	UD	2.881	10.99	20	8–914
			地面	199YHU14102518571602	EW	3.764	10.99	20	
			地面	199YHU14102518571603	NS	4.087	11.03	20	
0141025191127	33BYA	包垟台	地面	201BYA14102519112701	UD	1.289	9.17	20	8–915
			地面	201BYA14102519112702	EW	–4.289	9.94	20	
			地面	201BYA14102519112703	NS	–2.038	9.94	20	
	33SX1	珊溪坝顶台	地面	201SX114102519112701	UD	1.029	10.67	20	8–916
			地面	201SX114102519112702	EW	–0.573	10.87	20	
			地面	201SX114102519112703	NS	0.767	10.81	20	
	33SX2	珊溪坝底台	地面	201SX214102519112701	UD	–0.904	10.74	20	8–917
			地面	201SX214102519112702	EW	1.063	11.01	20	
			地面	201SX214102519112703	NS	–1.120	10.99	20	
	33SX3	珊溪指挥部台	地面	201SX314102519112701	UD	–1.155	9.38	20	8–918
			地面	201SX314102519112702	EW	–0.925	11.13	20	
			地面	201SX314102519112703	NS	–0.924	11.4	20	
	33YSH	岩上台	地面	201YSH14102519112701	UD	11.481	10.09	20	8–919
			地面	201YSH14102519112702	EW	15.020	10.07	20	
			地面	201YSH14102519112703	NS	–14.803	10.01	20	
	33YHU	云湖台	地面	201YHU14102519112701	UD	1.962	10.23	20	8–920
			地面	201YHU14102519112702	EW	–2.933	10.17	20	
			地面	201YHU14102519112703	NS	3.574	10.15	20	
0141025191443	33BYA	包垟台	地面	202BYA14102519144301	UD	–11.650	10.29	20	8–921
			地面	202BYA14102519144302	EW	12.884	10.29	20	
			地面	202BYA14102519144303	NS	–21.804	10.29	20	
	33SX1	珊溪坝顶台	地面	202SX114102519144301	UD	2.265	9.56	20	8–922
			地面	202SX114102519144302	EW	1.001	9.77	20	
			地面	202SX114102519144303	NS	–1.736	9.77	20	
	33SX2	珊溪坝底台	地面	202SX214102519144301	UD	2.469	9.69	20	8–923
			地面	202SX214102519144302	EW	–3.145	9.87	20	
			地面	202SX214102519144303	NS	2.873	9.76	20	
	33SX3	珊溪指挥部台	地面	202SX314102519144301	UD	–3.972	8.77	20	8–924
			地面	202SX314102519144302	EW	2.586	10.18	20	
			地面	202SX314102519144303	NS	3.066	10.08	20	
	33YSH	岩上台	地面	202YSH14102519144301	UD	15.346	9.30	20	8–925
			地面	202YSH14102519144302	EW	28.619	9.37	20	
			地面	202YSH14102519144303	NS	20.893	9.36	20	
	33YHU	云湖台	地面	202YHU14102519144301	UD	–1.256	9.75	20	8–926
			地面	202YHU14102519144302	EW	1.914	9.77	20	
			地面	202YHU14102519144303	NS	3.727	9.77	20	
0141025191639	33BYA	包垟台	地面	203BYA14102519163901	UD	1.073	9.73	20	8–927
			地面	203BYA14102519163902	EW	–0.976	10.48	20	
			地面	203BYA14102519163903	NS	–1.004	9.75	20	
	33SX1	珊溪坝顶台	地面	203SX114102519163901	UD	0.727	10.37	20	8–928
			地面	203SX114102519163902	EW	–0.413	10.9	20	
			地面	203SX114102519163903	NS	–0.596	10.18	20	
	33SX2	珊溪坝底台	地面	203SX214102519163901	UD	–0.896	11.85	20	8–929
			地面	203SX214102519163902	EW	–1.306	11.57	20	
			地面	203SX214102519163903	NS	0.964	11.48	20	
	33SX3	珊溪指挥部台	地面	203SX314102519163901	UD	–0.704	7.94	20	8–930
			地面	203SX314102519163902	EW	–0.982	9.98	20	
			地面	203SX314102519163903	NS	–0.744	9.82	20	
	33YSH	岩上台	地面	203YSH14102519163901	UD	6.630	9.95	20	8–931
			地面	203YSH14102519163902	EW	11.294	10.82	20	
			地面	203YSH14102519163903	NS	12.013	10.96	20	

续表

地震编号	台站代码	台站名称	测点位置	记录编号	测量方向	加速度峰值（cm/s²）	峰值时刻（s）	记录长度（s）	图序
0141025191639	33YHU	云湖台	地面	203YHU14102519163901	UD	3.237	9.79	20	8–932
			地面	203YHU14102519163902	EW	–3.788	9.77	20	
			地面	203YHU14102519163903	NS	5.048	9.82	20	
0141025192940	33BYA	包垟台	地面	204BYA14102519294001	UD	–37.696	9.73	20	8–933
			地面	204BYA14102519294002	EW	40.301	10.48	20	
			地面	204BYA14102519294003	NS	–76.655	9.75	20	
	33SX1	珊溪坝顶台	地面	204SX114102519294001	UD	15.369	10.42	20	8–934
			地面	204SX114102519294002	EW	–10.402	10.34	20	
			地面	204SX114102519294003	NS	–18.617	10.40	20	
	33SX2	珊溪坝底台	地面	204SX214102519294001	UD	–14.815	9.6	20	8–935
			地面	204SX214102519294002	EW	18.723	8.78	20	
			地面	204SX214102519294003	NS	36.169	9.83	20	
	33SX3	珊溪指挥部台	地面	204SX314102519294001	UD	–43.682	8.95	20	8–936
			地面	204SX314102519294002	EW	–21.344	10.12	20	
			地面	204SX314102519294003	NS	–23.985	10.13	20	
	33YSH	岩上台	地面	204YSH14102519294001	UD	139.052	11.44	20	8–937
			地面	204YSH14102519294002	EW	–156.167	11.5	20	
			地面	204YSH14102519294003	NS	–169.386	11.74	20	
	33YHU	云湖台	地面	204YHU14102519294001	UD	54.521	10.83	20	8–938
			地面	204YHU14102519294002	EW	50.424	10.84	20	
			地面	204YHU14102519294003	NS	26.420	10.84	20	
0141025193123	33BYA	包垟台	地面	205BYA14102519312301	UD	–5.159	10.72	20	8–939
			地面	205BYA14102519312302	EW	–7.290	11.37	20	
			地面	205BYA14102519312303	NS	8.317	10.72	20	
	33SX1	珊溪坝顶台	地面	205SX114102519312301	UD	–2.053	11.22	20	8–940
			地面	205SX114102519312302	EW	1.463	11.44	20	
			地面	205SX114102519312303	NS	–2.425	11.36	20	
	33SX2	珊溪坝底台	地面	205SX214102519312301	UD	2.938	9.79	20	8–941
			地面	205SX214102519312302	EW	3.454	9.83	20	
			地面	205SX214102519312303	NS	1.760	11.34	20	
	33SX3	珊溪指挥部台	地面	205SX314102519312301	UD	–5.039	8.95	20	8–942
			地面	205SX314102519312302	EW	–1.716	10.12	20	
			地面	205SX314102519312303	NS	3.049	10.13	20	
	33YSH	岩上台	地面	205YSH14102519312301	UD	–20.616	10.59	20	8–943
			地面	205YSH14102519312302	EW	–48.344	10.7	20	
			地面	205YSH14102519312303	NS	33.275	10.56	20	
	33YHU	云湖台	地面	205YHU14102519312301	UD	8.232	9.96	20	8–944
			地面	205YHU14102519312302	EW	6.209	9.97	20	
			地面	205YHU14102519312303	NS	6.458	9.95	20	
0141025193135	33BYA	包垟台	地面	206BYA14102519313501	UD	–13.194	11.41	20	8–945
			地面	206BYA14102519313502	EW	16.912	11.42	20	
			地面	206BYA14102519313503	NS	–25.205	11.41	20	
	33SX1	珊溪坝顶台	地面	206SX114102519313501	UD	–1.812	6.95	20	8–946
			地面	206SX114102519313502	EW	–1.366	7.14	20	
			地面	206SX114102519313503	NS	–2.074	11.36	20	
	33SX2	珊溪坝底台	地面	206SX214102519313501	UD	–3.033	8.72	20	8–947
			地面	206SX214102519313502	EW	–2.819	8.76	20	
			地面	206SX214102519313503	NS	3.062	10.2	20	
	33SX3	珊溪指挥部台	地面	206SX314102519313501	UD	4.349	9.98	20	8–948
			地面	206SX314102519313502	EW	–2.692	11.56	20	
			地面	206SX314102519313503	NS	4.337	11.26	20	
	33YSH	岩上台	地面	206YSH14102519313501	UD	–35.530	10.45	20	8–949
			地面	206YSH14102519313502	EW	–40.021	10.47	20	
			地面	206YSH14102519313503	NS	49.109	10.73	20	
	33YHU	云湖台	地面	206YHU14102519313501	UD	2.491	11.92	20	8–950
			地面	206YHU14102519313502	EW	2.584	11.93	20	
			地面	206YHU14102519313503	NS	4.113	11.93	20	
0141025210348	33BYA	包垟台	地面	207BYA14102521034801	UD	–4.734	9.98	20	8–951
			地面	207BYA14102521034802	EW	9.273	9.98	20	
			地面	207BYA14102521034803	NS	–15.578	9.98	20	

续表

地震编号	台站代码	台站名称	测点位置	记录编号	测量方向	加速度峰值（cm/s²）	峰值时刻（s）	记录长度（s）	图序
0141025210348	33SX1	珊溪坝顶台	地面	207SX114102521034801	UD	1.487	9.65	20	8–952
			地面	207SX114102521034802	EW	–0.959	9.19	20	
			地面	207SX114102521034803	NS	1.609	9.19	20	
	33SX2	珊溪坝底台	地面	207SX214102521034801	UD	–2.142	8.83	20	8–953
			地面	207SX214102521034802	EW	–1.641	7.26	20	
			地面	207SX214102521034803	NS	–1.804	8.42	20	
	33SX3	珊溪指挥部台	地面	207SX314102521034801	UD	1.940	7.48	20	8–954
			地面	207SX314102521034802	EW	2.088	8.8	20	
			地面	207SX314102521034803	NS	1.748	8.69	20	
	33YSH	岩上台	地面	207YSH14102521034801	UD	24.576	10.02	20	8–955
			地面	207YSH14102521034802	EW	–31.915	10.01	20	
			地面	207YSH14102521034803	NS	22.144	10.14	20	
	33YHU	云湖台	地面	207YHU14102521034801	UD	1.710	10.83	20	8–956
			地面	207YHU14102521034802	EW	1.479	9.91	20	
			地面	207YHU14102521034803	NS	5.304	10.71	20	
0141026070341	33BYA	包垟台	地面	208BYA14102607034101	UD	–19.863	10.36	20	8–957
			地面	208BYA14102607034102	EW	26.404	10.39	20	
			地面	208BYA14102607034103	NS	–38.678	10.36	20	
	33SX1	珊溪坝顶台	地面	208SX114102607034101	UD	39.992	11.44	20	8–958
			地面	208SX114102607034102	EW	–16.083	11.46	20	
			地面	208SX114102607034103	NS	26.761	11.46	20	
	33SX2	珊溪坝底台	地面	208SX214102607034101	UD	–32.733	9.51	20	8–959
			地面	208SX214102607034102	EW	33.061	9.72	20	
			地面	208SX214102607034103	NS	–43.198	9.51	20	
	33SX3	珊溪指挥部台	地面	208SX314102607034101	UD	19.213	8.63	20	8–960
			地面	208SX314102607034102	EW	–49.786	9.87	20	
			地面	208SX314102607034103	NS	–27.629	10.06	20	
	33YSH	岩上台	地面	208YSH14102607034101	UD	110.848	9.38	20	8–961
			地面	208YSH14102607034102	EW	94.158	9.39	20	
			地面	208YSH14102607034103	NS	114.763	9.44	20	
	33YHU	云湖台	地面	208YHU14102607034101	UD	29.048	9.84	20	8–962
			地面	208YHU14102607034102	EW	29.024	9.83	20	
			地面	208YHU14102607034103	NS	116.071	9.83	20	
0141027111313	33BYA	包垟台	地面	209BYA14102711131301	UD	–7.976	10.02	20	8–963
			地面	209BYA14102711131302	EW	8.759	10.02	20	
			地面	209BYA14102711131303	NS	–17.179	10.02	20	
	33SX1	珊溪坝顶台	地面	209SX114102711131301	UD	3.681	8.35	20	8–964
			地面	209SX114102711131302	EW	2.483	9.25	20	
			地面	209SX114102711131303	NS	–3.719	8.44	20	
	33SX2	珊溪坝底台	地面	209SX214102711131301	UD	6.627	8.19	20	8–965
			地面	209SX214102711131302	EW	6.284	8.23	20	
			地面	209SX214102711131303	NS	–7.999	9.46	20	
	33SX3	珊溪指挥部台	地面	209SX314102711131301	UD	–10.132	8.4	20	8–966
			地面	209SX314102711131302	EW	–6.271	9.79	20	
			地面	209SX314102711131303	NS	–6.943	9.81	20	
	33YSH	岩上台	地面	209YSH14102711131301	UD	–20.090	9.34	20	8–967
			地面	209YSH14102711131302	EW	32.234	9.23	20	
			地面	209YSH14102711131303	NS	–33.560	9.42	20	
	33YHU	云湖台	地面	209YHU14102711131301	UD	8.175	9.18	20	8–968
			地面	209YHU14102711131302	EW	8.886	9.18	20	
			地面	209YHU14102711131303	NS	23.793	9.18	20	
0141027161713	33BYA	包垟台	地面	210BYA14102716171301	UD	2.750	9.75	20	8–969
			地面	210BYA14102716171302	EW	–4.442	10.19	20	
			地面	210BYA14102716171303	NS	–5.427	10.13	20	
	33SX1	珊溪坝顶台	地面	210SX114102716171301	UD	5.018	10.28	20	8–970
			地面	210SX114102716171302	EW	–3.093	11.13	20	
			地面	210SX114102716171303	NS	4.393	10.41	20	
	33SX2	珊溪坝底台	地面	210SX214102716171301	UD	–23.749	9.93	20	8–971
			地面	210SX214102716171302	EW	28.679	9.83	20	
			地面	210SX214102716171303	NS	31.948	9.89	20	

续表

地震编号	台站代码	台站名称	测点位置	记录编号	测量方向	加速度峰值（cm/s^2）	峰值时刻（s）	记录长度（s）	图序
0141027161713	33SX3	珊溪指挥部台	地面	210SX314102716171301	UD	6.566	9.53	20	8-972
			地面	210SX314102716171302	EW	7.395	10.78	20	
			地面	210SX314102716171303	NS	-5.428	11.08	20	
	33YSH	岩上台	地面	210YSH14102716171301	UD	28.094	10.21	20	8-973
			地面	210YSH14102716171302	EW	-26.503	10.17	20	
			地面	210YSH14102716171303	NS	-25.313	10.5	20	
	33YHU	云湖台	地面	210YHU14102716171301	UD	1.152	9.84	20	8-974
			地面	210YHU14102716171302	EW	1.816	9.72	20	
			地面	210YHU14102716171303	NS	3.047	9.72	20	
0141027163942	33BYA	包垟台	地面	211BYA14102716394201	UD	8.242	9.53	20	8-975
			地面	211BYA14102716394202	EW	-6.422	10.5	20	
			地面	211BYA14102716394203	NS	-6.331	10.58	20	
	33SX1	珊溪坝顶台	地面	211SX114102716394201	UD	-13.173	10.02	20	8-976
			地面	211SX114102716394202	EW	7.339	10.6	20	
			地面	211SX114102716394203	NS	13.396	10.12	20	
	33SX2	珊溪坝底台	地面	211SX214102716394201	UD	-54.433	10.01	20	8-977
			地面	211SX214102716394202	EW	55.792	10.33	20	
			地面	211SX214102716394203	NS	52.427	10.05	20	
	33SX3	珊溪指挥部台	地面	211SX314102716394201	UD	6.293	10.54	20	8-978
			地面	211SX314102716394202	EW	15.646	10.44	20	
			地面	211SX314102716394203	NS	9.079	10.54	20	
	33YSH	岩上台	地面	211YSH14102716394201	UD	-21.649	8.69	20	8-979
			地面	211YSH14102716394202	EW	-29.529	9.7	20	
			地面	211YSH14102716394203	NS	47.823	9.88	20	
	33YHU	云湖台	地面	211YHU14102716394201	UD	-3.240	10.21	20	8-980
			地面	211YHU14102716394202	EW	12.879	9.83	20	
			地面	211YHU14102716394203	NS	7.894	9.85	20	
0141027164159	33BYA	包垟台	地面	212BYA14102716415901	UD	-3.335	10.1	20	8-981
			地面	212BYA14102716415902	EW	-2.408	11.04	20	
			地面	212BYA14102716415903	NS	-3.426	11.12	20	
	33SX1	珊溪坝顶台	地面	212SX114102716415901	UD	-3.231	10.56	20	8-982
			地面	212SX114102716415902	EW	-1.916	10.85	20	
			地面	212SX114102716415903	NS	2.988	10.66	20	
	33SX2	珊溪坝底台	地面	212SX214102716415901	UD	-18.643	10.55	20	8-983
			地面	212SX214102716415902	EW	14.479	10.59	20	
			地面	212SX214102716415903	NS	-10.398	11.32	20	
	33SX3	珊溪指挥部台	地面	212SX314102716415901	UD	-1.995	9.19	20	8-984
			地面	212SX314102716415902	EW	-4.896	10.96	20	
			地面	212SX314102716415903	NS	-4.174	11.08	20	
	33YSH	岩上台	地面	212YSH14102716415901	UD	10.235	9.26	20	8-985
			地面	212YSH14102716415902	EW	-12.211	10.23	20	
			地面	212YSH14102716415903	NS	10.418	10.29	20	
	33YHU	云湖台	地面	212YHU14102716415901	UD	2.687	10.55	20	8-986
			地面	212YHU14102716415902	EW	-5.664	10.36	20	
			地面	212YHU14102716415903	NS	5.898	10.49	20	
0141027164211	33BYA	包垟台	地面	213BYA14102716421101	UD	4.339	10.35	20	8-987
			地面	213BYA14102716421102	EW	9.144	10.33	20	
			地面	213BYA14102716421103	NS	8.793	10.32	20	
	33SX1	珊溪坝顶台	地面	213SX114102716421101	UD	-8.055	9.82	20	8-988
			地面	213SX114102716421102	EW	-3.847	10.11	20	
			地面	213SX114102716421103	NS	6.662	9.92	20	
	33SX2	珊溪坝底台	地面	213SX214102716421101	UD	-36.146	9.81	20	8-989
			地面	213SX214102716421102	EW	38.586	10.04	20	
			地面	213SX214102716421103	NS	31.045	10.07	20	
	33SX3	珊溪指挥部台	地面	213SX314102716421101	UD	-3.153	7.46	20	8-990
			地面	213SX314102716421102	EW	-11.528	9.22	20	
			地面	213SX314102716421103	NS	-10.231	9.41	20	
	33YSH	岩上台	地面	213YSH14102716421101	UD	-18.627	9.64	20	8-991
			地面	213YSH14102716421102	EW	-26.595	9.37	20	
			地面	213YSH14102716421103	NS	33.997	9.56	20	

续表

地震编号	台站代码	台站名称	测点位置	记录编号	测量方向	加速度峰值（cm/s²）	峰值时刻（s）	记录长度（s）	图序
0141027164211	33YHU	云湖台	地面	213YHU14102716421101	UD	4.621	9.77	20	8–992
			地面	213YHU14102716421102	EW	10.332	9.68	20	
			地面	213YHU14102716421103	NS	9.781	9.76	20	
0141027204033	33BYA	包垟台	地面	214BYA14102720403301	UD	3.735	9.05	20	8–993
			地面	214BYA14102720403302	EW	–4.726	9.96	20	
			地面	214BYA14102720403303	NS	–5.522	9.95	20	
	33SX1	珊溪坝顶台	地面	214SX114102720403301	UD	5.268	9.53	20	8–994
			地面	214SX114102720403302	EW	–4.103	9.98	20	
			地面	214SX114102720403303	NS	7.477	9.54	20	
	33SX2	珊溪坝底台	地面	214SX214102720403301	UD	–26.712	9.6	20	8–995
			地面	214SX214102720403302	EW	37.727	9.64	20	
			地面	214SX214102720403303	NS	–26.040	9.46	20	
	33SX3	珊溪指挥部台	地面	214SX314102720403301	UD	2.237	9.96	20	8–996
			地面	214SX314102720403302	EW	6.904	9.87	20	
			地面	214SX314102720403303	NS	–6.089	10.02	20	
	33YSH	岩上台	地面	214YSH14102720403301	UD	13.092	9.1	20	8–997
			地面	214YSH14102720403302	EW	–12.021	9.15	20	
			地面	214YSH14102720403303	NS	22.628	9.33	20	
	33YHU	云湖台	地面	214YHU14102720403301	UD	–3.267	10.37	20	8–998
			地面	214YHU14102720403302	EW	7.256	10.43	20	
			地面	214YHU14102720403303	NS	12.058	10.44	20	
0141027215441	33BYA	包垟台	地面	215BYA14102721544101	UD	19.949	11.36	20	8–999
			地面	215BYA14102721544102	EW	–20.053	11.35	20	
			地面	215BYA14102721544103	NS	48.733	11.34	20	
	33SX1	珊溪坝顶台	地面	215SX114102721544101	UD	18.857	9.79	20	8–1000
			地面	215SX114102721544102	EW	–11.565	10.36	20	
			地面	215SX114102721544103	NS	16.638	10.04	20	
	33SX2	珊溪坝底台	地面	215SX214102721544101	UD	96.832	10.89	20	8–1001
			地面	215SX214102721544102	EW	–82.611	10.82	20	
			地面	215SX214102721544103	NS	84.848	10.85	20	
	33SX3	珊溪指挥部台	地面	215SX314102721544101	UD	9.696	10.34	20	8–1002
			地面	215SX314102721544102	EW	19.003	10.24	20	
			地面	215SX314102721544103	NS	23.241	10.34	20	
	33YSH	岩上台	地面	215YSH14102721544101	UD	–72.555	9.68	20	8–1003
			地面	215YSH14102721544102	EW	44.516	9.77	20	
			地面	215YSH14102721544103	NS	58.976	9.6	20	
	33YHU	云湖台	地面	215YHU14102721544101	UD	–16.857	9.99	20	8–1004
			地面	215YHU14102721544102	EW	17.231	9.88	20	
			地面	215YHU14102721544103	NS	20.711	9.89	20	
0141027220333	33BYA	包垟台	地面	217BYA14102722033301	UD	3.646	10	20	8–1005
			地面	217BYA14102722033302	EW	3.962	10.04	20	
			地面	217BYA14102722033303	NS	–9.904	9.95	20	
	33SX1	珊溪坝顶台	地面	217SX114102722033301	UD	5.679	10.86	20	8–1006
			地面	217SX114102722033302	EW	–5.875	10.88	20	
			地面	217SX114102722033303	NS	6.946	10.53	20	
	33SX2	珊溪坝底台	地面	217SX214102722033301	UD	–29.137	10.44	20	8–1007
			地面	217SX214102722033302	EW	31.916	10.76	20	
			地面	217SX214102722033303	NS	–36.104	10.63	20	
	33SX3	珊溪指挥部台	地面	217SX314102722033301	UD	4.012	8.2	20	8–1008
			地面	217SX314102722033302	EW	–11.200	9.82	20	
			地面	217SX314102722033303	NS	–7.670	9.91	20	
	33YSH	岩上台	地面	217YSH14102722033301	UD	–15.791	10.36	20	8–1009
			地面	217YSH14102722033302	EW	–20.621	10.65	20	
			地面	217YSH14102722033303	NS	40.330	10.33	20	
	33YHU	云湖台	地面	217YHU14102722033301	UD	16.078	9.54	20	8–1010
			地面	217YHU14102722033302	EW	25.736	9.54	20	
			地面	217YHU14102722033303	NS	–45.029	9.61	20	
0141027220513	33BYA	包垟台	地面	218BYA14102722051301	UD	–2.203	8.59	20	8–1011
			地面	218BYA14102722051302	EW	4.799	8.61	20	
			地面	218BYA14102722051303	NS	–7.315	8.59	20	

续表

地震编号	台站代码	台站名称	测点位置	记录编号	测量方向	加速度峰值（cm/s²）	峰值时刻（s）	记录长度（s）	图序
0141027220513	33SX1	珊溪坝顶台	地面	218SX114102722051301	UD	3.080	9.98	20	8–1012
			地面	218SX114102722051302	EW	–2.437	10.58	20	
			地面	218SX114102722051303	NS	2.776	10.14	20	
	33SX2	珊溪坝底台	地面	218SX214102722051301	UD	16.148	10.01	20	8–1013
			地面	218SX214102722051302	EW	14.009	10.36	20	
			地面	218SX214102722051303	NS	–22.010	10.13	20	
	33SX3	珊溪指挥部台	地面	218SX314102722051301	UD	–1.266	8.43	20	8–1014
			地面	218SX314102722051302	EW	–5.063	8.44	20	
			地面	218SX314102722051303	NS	–3.363	8.43	20	
	33YSH	岩上台	地面	218YSH14102722051301	UD	9.410	9.72	20	8–1015
			地面	218YSH14102722051302	EW	–10.169	9.77	20	
			地面	218YSH14102722051303	NS	12.915	9.83	20	
	33YHU	云湖台	地面	218YHU14102722051301	UD	6.726	10.22	20	8–1016
			地面	218YHU14102722051302	EW	11.569	10.21	20	
			地面	218YHU14102722051303	NS	–18.005	10.21	20	
0141027233103	33BYA	包垟台	地面	219BYA14102723310301	UD	0.764	7.34	20	8–1017
			地面	219BYA14102723310302	EW	–1.187	8.24	20	
			地面	219BYA14102723310303	NS	–1.895	8.23	20	
	33SX1	珊溪坝顶台	地面	219SX114102723310301	UD	–1.437	9.68	20	8–1018
			地面	219SX114102723310302	EW	–1.349	9.96	20	
			地面	219SX114102723310303	NS	1.535	9.78	20	
	33SX2	珊溪坝底台	地面	219SX214102723310301	UD	–10.618	9.67	20	8–1019
			地面	219SX214102723310302	EW	–6.677	9.69	20	
			地面	219SX214102723310303	NS	6.919	9.85	20	
	33SX3	珊溪指挥部台	地面	219SX314102723310301	UD	0.779	9.25	20	8–1020
			地面	219SX314102723310302	EW	1.431	9.1	20	
			地面	219SX314102723310303	NS	–1.892	9.07	20	
	33YSH	岩上台	地面	219YSH14102723310301	UD	3.411	9.37	20	8–1021
			地面	219YSH14102723310302	EW	3.522	9.66	20	
			地面	219YSH14102723310303	NS	5.694	9.59	20	
	33YHU	云湖台	地面	219YHU14102723310301	UD	1.125	8.83	20	8–1022
			地面	219YHU14102723310302	EW	–2.229	8.85	20	
			地面	219YHU14102723310303	NS	–3.154	8.8	20	
0141028015038	33BYA	包垟台	地面	220BYA14102801503801	UD	12.652	10.12	20	8–1023
			地面	220BYA14102801503802	EW	–40.318	10.07	20	
			地面	220BYA14102801503803	NS	–70.636	10.11	20	
	33SX1	珊溪坝顶台	地面	220SX114102801503801	UD	17.878	10.22	20	8–1024
			地面	220SX114102801503802	EW	8.742	10.4	20	
			地面	220SX114102801503803	NS	–18.093	10.21	20	
	33SX2	珊溪坝底台	地面	220SX214102801503801	UD	–60.330	10.18	20	8–1025
			地面	220SX214102801503802	EW	42.581	10.35	20	
			地面	220SX214102801503803	NS	–43.217	10.81	20	
	33SX3	珊溪指挥部台	地面	220SX314102801503801	UD	–13.283	9.43	20	8–1026
			地面	220SX314102801503802	EW	13.276	10.73	20	
			地面	220SX314102801503803	NS	–11.595	10.64	20	
	33YSH	岩上台	地面	220YSH14102801503801	UD	117.997	9.1	20	8–1027
			地面	220YSH14102801503802	EW	–64.563	9.04	20	
			地面	220YSH14102801503803	NS	88.895	9.42	20	
	33YHU	云湖台	地面	220YHU14102801503801	UD	15.208	9.73	20	8–1028
			地面	220YHU14102801503802	EW	19.730	9.74	20	
			地面	220YHU14102801503803	NS	22.324	9.74	20	
0141028025910	33BYA	包垟台	地面	222BYA14102802591001	UD	–0.779	9.55	20	8–1029
			地面	222BYA14102802591002	EW	3.584	9.46	20	
			地面	222BYA14102802591003	NS	–6.198	9.45	20	
	33SX1	珊溪坝顶台	地面	222SX114102802591001	UD	2.101	9.46	20	8–1030
			地面	222SX114102802591002	EW	–1.502	9.48	20	
			地面	222SX114102802591003	NS	2.718	9.84	20	
	33SX2	珊溪坝底台	地面	222SX214102802591001	UD	–9.266	9.54	20	8–1031
			地面	222SX214102802591002	EW	–12.326	10.67	20	
			地面	222SX214102802591003	NS	–10.838	10.6	20	

续表

地震编号	台站代码	台站名称	测点位置	记录编号	测量方向	加速度峰值（cm/s²）	峰值时刻（s）	记录长度（s）	图序
0141028025910	33SX3	珊溪指挥部台	地面	222SX314102802591001	UD	-2.532	8.76	20	8-1032
			地面	222SX314102802591002	EW	2.853	10.06	20	
			地面	222SX314102802591003	NS	2.845	10.19	20	
	33YSH	岩上台	地面	222YSH14102802591001	UD	-7.899	10.93	20	8-1033
			地面	222YSH14102802591002	EW	14.181	10.54	20	
			地面	222YSH14102802591003	NS	20.040	10.83	20	
	33YHU	云湖台	地面	222YHU14102802591001	UD	0.347	8.45	20	8-1034
			地面	222YHU14102802591002	EW	-0.354	8.51	20	
			地面	222YHU14102802591003	NS	0.948	8.23	20	
0141028032830	33BYA	包垟台	地面	223BYA14102803283001	UD	-22.741	9.53	20	8-1035
			地面	223BYA14102803283002	EW	123.709	9.43	20	
			地面	223BYA14102803283003	NS	-137.284	9.43	20	
	33SX1	珊溪坝顶台	地面	223SX114102803283001	UD	26.538	9.44	20	8-1036
			地面	223SX114102803283002	EW	-13.486	9.79	20	
			地面	223SX114102803283003	NS	26.507	9.46	20	
	33SX2	珊溪坝底台	地面	223SX214102803283001	UD	-71.906	8.53	20	8-1037
			地面	223SX214102803283002	EW	65.464	8.65	20	
			地面	223SX214102803283003	NS	63.885	9.67	20	
	33SX3	珊溪指挥部台	地面	223SX314102803283001	UD	-22.807	8.81	20	8-1038
			地面	223SX314102803283002	EW	17.770	9.97	20	
			地面	223SX314102803283003	NS	-14.369	9.88	20	
	33YSH	岩上台	地面	223YSH14102803283001	UD	263.488	9.47	20	8-1039
			地面	223YSH14102803283002	EW	-223.89	9.46	20	
			地面	223YSH14102803283003	NS	220.153	9.47	20	
	33YHU	云湖台	地面	223YHU14102803283001	UD	-6.902	9.4	20	8-1040
			地面	223YHU14102803283002	EW	-6.841	9.28	20	
			地面	223YHU14102803283003	NS	13.473	9.26	20	
0141028083930	33BYA	包垟台	地面	224BYA14102808393001	UD	-2.691	9.69	20	8-1041
			地面	224BYA14102808393002	EW	5.972	9.69	20	
			地面	224BYA14102808393003	NS	-5.398	9.69	20	
	33SX1	珊溪坝顶台	地面	224SX114102808393001	UD	1.320	9.09	20	8-1042
			地面	224SX114102808393002	EW	-1.307	9.27	20	
			地面	224SX114102808393003	NS	2.577	9.27	20	
	33SX2	珊溪坝底台	地面	224SX214102808393001	UD	-9.740	7.94	20	8-1043
			地面	224SX214102808393002	EW	10.519	8.1	20	
			地面	224SX214102808393003	NS	-7.525	7.94	20	
	33SX3	珊溪指挥部台	地面	224SX314102808393001	UD	-2.971	7.1	20	8-1044
			地面	224SX314102808393002	EW	2.120	8.48	20	
			地面	224SX314102808393003	NS	2.199	7.21	20	
	33YSH	岩上台	地面	224YSH14102808393001	UD	19.142	9.01	20	8-1045
			地面	224YSH14102808393002	EW	21.879	9.25	20	
			地面	224YSH14102808393003	NS	-29.198	9.06	20	
	33YHU	云湖台	地面	224YHU14102808393001	UD	-1.548	9.23	20	8-1046
			地面	224YHU14102808393002	EW	2.278	9.18	20	
			地面	224YHU14102808393003	NS	4.318	9.21	20	
0141028085710	33BYA	包垟台	地面	225BYA14102808571001	UD	-8.514	9.18	20	8-1047
			地面	225BYA14102808571002	EW	17.648	9.18	20	
			地面	225BYA14102808571003	NS	-29.540	9.2	20	
	33SX1	珊溪坝顶台	地面	225SX114102808571001	UD	-5.902	8.58	20	8-1048
			地面	225SX114102808571002	EW	-4.597	8.88	20	
			地面	225SX114102808571003	NS	-7.373	8.73	20	
	33SX2	珊溪坝底台	地面	225SX214102808571001	UD	34.818	8.42	20	8-1049
			地面	225SX214102808571002	EW	32.210	8.62	20	
			地面	225SX214102808571003	NS	42.681	8.61	20	
	33SX3	珊溪指挥部台	地面	225SX314102808571001	UD	-11.998	7.57	20	8-1050
			地面	225SX314102808571002	EW	-5.740	8.98	20	
			地面	225SX314102808571003	NS	7.134	7.7	20	
	33YSH	岩上台	地面	225YSH14102808571001	UD	-77.296	9.24	20	8-1051
			地面	225YSH14102808571002	EW	-63.196	9.35	20	
			地面	225YSH14102808571003	NS	70.895	9.53	20	

续表

地震编号	台站代码	台站名称	测点位置	记录编号	测量方向	加速度峰值（cm/s^2）	峰值时刻（s）	记录长度（s）	图序
0141028085710	33YHU	云湖台	地面	225YHU14102808571001	UD	6.261	9.63	20	8–1052
			地面	225YHU14102808571002	EW	8.007	9.64	20	
			地面	225YHU14102808571003	NS	−10.773	9.7	20	
0141028091021	33BYA	包垟台	地面	226BYA14102809102101	UD	−1.781	10.18	20	8–1053
			地面	226BYA14102809102102	EW	3.207	10.18	20	
			地面	226BYA14102809102103	NS	−4.943	10.18	20	
	33SX1	珊溪坝顶台	地面	226SX114102809102101	UD	1.747	8.41	20	8–1054
			地面	226SX114102809102102	EW	1.510	8.81	20	
			地面	226SX114102809102103	NS	−1.855	8.81	20	
	33SX2	珊溪坝底台	地面	226SX214102809102101	UD	8.783	8.55	20	8–1055
			地面	226SX214102809102102	EW	9.206	8.57	20	
			地面	226SX214102809102103	NS	9.642	8.74	20	
	33SX3	珊溪指挥部台	地面	226SX314102809102101	UD	1.726	6.51	20	8–1056
			地面	226SX314102809102102	EW	−1.774	7.73	20	
			地面	226SX314102809102103	NS	1.897	7.89	20	
	33YSH	岩上台	地面	226YSH14102809102101	UD	11.426	9.25	20	8–1057
			地面	226YSH14102809102102	EW	11.582	9.73	20	
			地面	226YSH14102809102103	NS	−16.125	9.54	20	
	33YHU	云湖台	地面	226YHU14102809102101	UD	−1.224	9.78	20	8–1058
			地面	226YHU14102809102102	EW	1.193	9.74	20	
			地面	226YHU14102809102103	NS	3.692	9.74	20	
0141029075933	33BYA	包垟台	地面	227BYA14102907593301	UD	7.597	8.62	20	8–1059
			地面	227BYA14102907593302	EW	14.512	9.21	20	
			地面	227BYA14102907593303	NS	−12.091	9.2	20	
	33SX1	珊溪坝顶台	地面	227SX114102907593301	UD	−5.601	10.17	20	8–1060
			地面	227SX114102907593302	EW	4.767	10.37	20	
			地面	227SX114102907593303	NS	6.270	10.22	20	
	33SX2	珊溪坝底台	地面	227SX214102907593301	UD	22.770	10.21	20	8–1061
			地面	227SX214102907593302	EW	−29.261	10.5	20	
			地面	227SX214102907593303	NS	−23.025	10.45	20	
	33SX3	珊溪指挥部台	地面	227SX314102907593301	UD	−4.698	8.43	20	8–1062
			地面	227SX314102907593302	EW	−5.477	9.61	20	
			地面	227SX314102907593303	NS	4.656	9.67	20	
	33YSH	岩上台	地面	227YSH14102907593301	UD	31.440	9.2	20	8–1063
			地面	227YSH14102907593302	EW	−36.688	9.25	20	
			地面	227YSH14102907593303	NS	−30.391	9.54	20	
	33YHU	云湖台	地面	227YHU14102907593301	UD	2.232	9.88	20	8–1064
			地面	227YHU14102907593302	EW	1.830	9.89	20	
			地面	227YHU14102907593303	NS	2.858	10.02	20	
0141029175407	33BYA	包垟台	地面	228BYA14102917540701	UD	1.676	8.88	20	8–1065
			地面	228BYA14102917540702	EW	2.901	9.83	20	
			地面	228BYA14102917540703	NS	−1.937	9.8	20	
	33SX1	珊溪坝顶台	地面	228SX114102917540701	UD	1.058	9.59	20	8–1066
			地面	228SX114102917540702	EW	−0.906	10	20	
			地面	228SX114102917540703	NS	−1.630	9.98	20	
	33SX2	珊溪坝底台	地面	228SX214102917540701	UD	−5.896	9.95	20	8–1067
			地面	228SX214102917540702	EW	4.917	9.9	20	
			地面	228SX214102917540703	NS	−7.242	10.34	20	
	33SX3	珊溪指挥部台	地面	228SX314102917540701	UD	−0.793	6.14	20	8–1068
			地面	228SX314102917540702	EW	−1.585	7.97	20	
			地面	228SX314102917540703	NS	−2.134	7.98	20	
	33YSH	岩上台	地面	228YSH14102917540701	UD	7.175	8.97	20	8–1069
			地面	228YSH14102917540702	EW	13.206	9.07	20	
			地面	228YSH14102917540703	NS	14.375	9.07	20	
	33YHU	云湖台	地面	228YHU14102917540701	UD	−7.749	9.6	20	8–1070
			地面	228YHU14102917540702	EW	32.629	9.57	20	
			地面	228YHU14102917540703	NS	11.087	9.6	20	
0141030181548	33BYA	包垟台	地面	229BYA14103018154801	UD	−1.938	8.08	20	8–1071
			地面	229BYA14103018154802	EW	13.236	8.08	20	
			地面	229BYA14103018154803	NS	−22.390	8.08	20	

续表

地震编号	台站代码	台站名称	测点位置	记录编号	测量方向	加速度峰值（cm/s²）	峰值时刻（s）	记录长度（s）	图序
0141030181548	33SX1	珊溪坝顶台	地面	229SX114103018154801	UD	3.276	9.01	20	8-1072
			地面	229SX114103018154802	EW	1.887	9.55	20	
			地面	229SX114103018154803	NS	-3.197	9.23	20	
	33SX2	珊溪坝底台	地面	229SX214103018154801	UD	14.792	8	20	8-1073
			地面	229SX214103018154802	EW	9.686	8.27	20	
			地面	229SX214103018154803	NS	18.947	8.09	20	
	33SX3	珊溪指挥部台	地面	229SX314103018154801	UD	2.741	8.27	20	8-1074
			地面	229SX314103018154802	EW	-3.493	9.43	20	
			地面	229SX314103018154803	NS	3.625	9.58	20	
	33YSH	云湖台	地面	229YHU14103018154801	UD	1.171	8.87	20	8-1075
			地面	229YHU14103018154802	EW	1.366	8.79	20	
			地面	229YHU14103018154803	NS	3.462	8.79	20	
0141030192541	33YHU	包垟台	地面	230BYA14103019254101	UD	14.316	8.33	20	8-1076
			地面	230BYA14103019254102	EW	81.356	8.2	20	
			地面	230BYA14103019254103	NS	-131.723	8.19	20	
	33BYA	珊溪坝顶台	地面	230SX114103019254101	UD	-15.155	9.66	20	8-1077
			地面	230SX114103019254102	EW	-13.350	9.59	20	
			地面	230SX114103019254103	NS	-14.522	9.36	20	
	33SX1	珊溪坝底台	地面	230SX214103019254101	UD	88.219	9.12	20	8-1078
			地面	230SX214103019254102	EW	56.124	9.28	20	
			地面	230SX214103019254103	NS	-50.884	9.83	20	
	33SX2	珊溪指挥部台	地面	230SX314103019254101	UD	10.745	7.4	20	8-1079
			地面	230SX314103019254102	EW	-19.312	8.55	20	
			地面	230SX314103019254103	NS	17.412	8.6	20	
	33SX3	岩上台	地面	230YSH14103019254101	UD	93.119	9.24	20	8-1080
			地面	230YSH14103019254102	EW	149.748	9.31	20	
			地面	230YSH14103019254103	NS	-159.4	9.31	20	
	33YSH	云湖台	地面	230YHU14103019254101	UD	8.075	8.93	20	8-1081
			地面	230YHU14103019254102	EW	8.437	8.94	20	
			地面	230YHU14103019254103	NS	14.333	8.91	20	
0141030201532	33YHU	包垟台	地面	231BYA14103020153201	UD	5.043	9.94	20	8-1082
			地面	231BYA14103020153202	EW	-17.598	10.53	20	
			地面	231BYA14103020153203	NS	-22.620	10.54	20	
	33BYA	珊溪坝顶台	地面	231SX114103020153201	UD	-6.137	9.58	20	8-1083
			地面	231SX114103020153202	EW	-3.478	10.02	20	
			地面	231SX214103020153203	NS	-4.981	9.75	20	
	33SX1	珊溪坝底台	地面	231SX214103020153201	UD	-32.892	9.76	20	8-1084
			地面	231SX214103020153202	EW	31.886	9.68	20	
			地面	231SX214103020153203	NS	39.705	9.77	20	
	33SX2	珊溪指挥部台	地面	231SX314103020153201	UD	-4.723	8.91	20	8-1085
			地面	231SX314103020153202	EW	-6.068	9.98	20	
			地面	231SX314103020153203	NS	-6.797	10.17	20	
	33SX3	岩上台	地面	231YSH14103020153201	UD	-41.393	9.53	20	8-1086
			地面	231YSH14103020153202	EW	-49.545	10.05	20	
			地面	231YSH14103020153203	NS	51.700	9.96	20	
	33YSH	云湖台	地面	231YHU14103020153201	UD	3.912	10.29	20	8-1087
			地面	231YHU14103020153202	EW	-2.237	10.31	20	
			地面	231YHU14103020153203	NS	5.094	10.26	20	
0141030202032	33BYA	包垟台	地面	232BYA14103020203201	UD	-17.643	10.69	20	8-1088
			地面	232BYA14103020203202	EW	36.236	10.69	20	
			地面	232BYA14103020203203	NS	-16.759	10.68	20	
	33SX1	珊溪坝顶台	地面	232SX114103020203201	UD	6.270	10.45	20	8-1089
			地面	232SX114103020203202	EW	4.167	10.69	20	
			地面	232SX214103020203203	NS	-4.639	10.43	20	
	33SX3	珊溪指挥部台	地面	232SX314103020203201	UD	4.479	9.41	20	8-1090
			地面	232SX314103020203202	EW	-6.372	10.82	20	
			地面	232SX314103020203203	NS	-8.022	10.71	20	
	33YSH	岩上台	地面	232YSH14103020203201	UD	54.327	10.71	20	8-1091
			地面	232YSH14103020203202	EW	-77.177	10.85	20	
			地面	232YSH14103020203203	NS	68.777	10.67	20	

续表

地震编号	台站代码	台站名称	测点位置	记录编号	测量方向	加速度峰值（cm/s²）	峰值时刻（s）	记录长度（s）	图序
0141030202032	33YHU	云湖台	地面	232YHU14103020203201	UD	9.365	10.9	20	8–1092
			地面	232YHU14103020203202	EW	7.266	10.94	20	
			地面	232YHU14103020203203	NS	14.397	10.9	20	
0141030215341	33BYA	包垟台	地面	233BYA14103021534101	UD	2.896	10.66	20	8–1093
			地面	233BYA14103021534102	EW	–8.970	10.69	20	
			地面	233BYA14103021534103	NS	12.134	10.69	20	
	33SX1	珊溪坝顶台	地面	233SX114103021534101	UD	–5.246	10.55	20	8–1094
			地面	233SX114103021534102	EW	3.803	11.05	20	
			地面	233SX214103021534103	NS	4.405	10.61	20	
	33SX2	珊溪坝底台	地面	233SX214103021534101	UD	–37.093	10.54	20	8–1095
			地面	233SX214103021534102	EW	20.760	10.76	20	
			地面	233SX214103021534103	NS	–45.060	10.66	20	
	33SX3	珊溪指挥部台	地面	233SX314103021534101	UD	–3.661	9.8	20	8–1096
			地面	233SX314103021534102	EW	–9.108	10.95	20	
			地面	233SX314103021534103	NS	–5.232	10.93	20	
	33YSH	岩上台	地面	233YSH14103021534101	UD	–33.524	10.67	20	8–1097
			地面	233YSH14103021534102	EW	28.157	10.76	20	
			地面	233YSH14103021534103	NS	32.590	11.04	20	
	33YHU	云湖台	地面	233YHU14103021534101	UD	1.662	11.47	20	8–1098
			地面	233YHU14103021534102	EW	–2.879	11.54	20	
			地面	233YHU14103021534103	NS	–6.120	11.5	20	
0141030224641	33BYA	包垟台	地面	234BYA14103022464101	UD	–9.982	10.61	20	8–1099
			地面	234BYA14103022464102	EW	39.074	10.51	20	
			地面	234BYA14103022464103	NS	–65.279	10.5	20	
	33SX1	珊溪坝顶台	地面	234SX114103022464101	UD	21.898	11.39	20	8–1100
			地面	234SX114103022464102	EW	12.494	11.41	20	
			地面	234SX214103022464103	NS	21.249	11.38	20	
	33SX2	珊溪坝底台	地面	234SX214103022464101	UD	–118.571	11.43	20	8–1101
			地面	234SX214103022464102	EW	82.576	11.55	20	
			地面	234SX214103022464103	NS	–83.695	11.66	20	
	33YSH	岩上台	地面	234YSH14103022464101	UD	85.912	10.55	20	8–1102
			地面	234YSH14103022464102	EW	104.252	10.61	20	
			地面	234YSH14103022464103	NS	98.380	10.55	20	
	33YHU	云湖台	地面	234YHU14103022464101	UD	4.397	11.29	20	8–1103
			地面	234YHU14103022464102	EW	4.304	11.26	20	
			地面	234YHU14103022464103	NS	15.312	11.26	20	
0141030231217	33BYA	包垟台	地面	235BYA14103023121701	UD	–3.142	10.68	20	8–1104
			地面	235BYA14103023121702	EW	–10.748	10.65	20	
			地面	235BYA14103023121703	NS	–12.328	10.66	20	
	33SX1	珊溪坝顶台	地面	235SX114103023121701	UD	9.198	10.53	20	8–1105
			地面	235SX114103023121702	EW	4.350	10.93	20	
			地面	235SX214103023121703	NS	–6.977	10.93	20	
	33SX2	珊溪坝底台	地面	235SX214103023121701	UD	37.318	10.52	20	8–1106
			地面	235SX214103023121702	EW	–23.380	10.56	20	
			地面	235SX214103023121703	NS	–45.618	10.66	20	
	33SX3	珊溪指挥部台	地面	235SX314103023121701	UD	–4.685	11.14	20	8–1107
			地面	235SX314103023121702	EW	–13.989	10.95	20	
			地面	235SX314103023121703	NS	–9.538	10.93	20	
	33YSH	岩上台	地面	235YSH14103023121701	UD	–35.214	9.68	20	8–1108
			地面	235YSH14103023121702	EW	41.449	9.77	20	
			地面	235YSH14103023121703	NS	–30.563	10	20	
	33YHU	云湖台	地面	235YHU14103023121701	UD	0.785	10.47	20	8–1109
			地面	235YHU14103023121702	EW	–1.484	9.53	20	
			地面	235YHU14103023121703	NS	–4.242	10.51	20	
0141031003031	33BYA	包垟台	地面	236BYA14103100303101	UD	–17.143	10.81	20	8–1110
			地面	236BYA14103100303102	EW	–33.657	10.8	20	
			地面	236BYA14103100303103	NS	–63.202	10.81	20	
	33SX1	珊溪坝顶台	地面	236SX114103100303101	UD	6.493	9.98	20	8–1111
			地面	236SX114103100303102	EW	–5.759	10.47	20	
			地面	236SX214103100303103	NS	–7.183	10.07	20	

续表

地震编号	台站代码	台站名称	测点位置	记录编号	测量方向	加速度峰值（cm/s^2）	峰值时刻（s）	记录长度（s）	图序
0141031003031	33SX2	珊溪坝底台	地面	236SX214103100303101	UD	23.452	11.71	20	8-1112
			地面	236SX214103100303102	EW	24.381	11.22	20	
			地面	236SX214103100303103	NS	29.935	11.04	20	
	33SX3	珊溪指挥部台	地面	236SX314103100303101	UD	8.381	9.25	20	8-1113
			地面	236SX314103100303102	EW	-6.870	10.42	20	
			地面	236SX314103100303103	NS	-9.344	10.43	20	
	33YSH	岩上台	地面	236YSH14103100303101	UD	-33.598	10.83	20	8-1114
			地面	236YSH14103100303102	EW	36.599	10.92	20	
			地面	236YSH14103100303103	NS	-43.690	11.16	20	
	33YHU	云湖台	地面	236YHU14103100303101	UD	1.441	10.72	20	8-1115
			地面	236YHU14103100303102	EW	-2.231	10.47	20	
			地面	236YHU14103100303103	NS	-5.061	10.47	20	
0141104070311	33BYA	包垟台	地面	237BYA14110407031101	UD	8.568	10.55	20	8-1116
			地面	237BYA14110407031102	EW	13.587	10.56	20	
			地面	237BYA14110407031103	NS	23.936	10.53	20	
	33SX1	珊溪坝顶台	地面	237SX114110407031101	UD	31.289	10.49	20	8-1117
			地面	237SX114110407031102	EW	-16.907	10.53	20	
			地面	237SX214110407031103	NS	-23.417	10.58	20	
	33SX3	珊溪指挥部台	地面	237SX314110407031101	UD	-18.063	9.85	20	8-1118
			地面	237SX314110407031102	EW	-24.016	10.94	20	
			地面	237SX314110407031103	NS	-16.328	10.92	20	
	33YSH	岩上台	地面	237YSH14110407031101	UD	-105.983	10.55	20	8-1119
			地面	237YSH14110407031102	EW	70.963	10.49	20	
			地面	237YSH14110407031103	NS	-63.177	10.61	20	
	33YHU	云湖台	地面	237YHU14110407031101	UD	3.232	10.67	20	8-1120
			地面	237YHU14110407031102	EW	3.108	9.61	20	
			地面	237YHU14110407031103	NS	6.857	10.53	20	
0141104082223	33BYA	包垟台	地面	238BYA14110408222301	UD	4.573	10.68	20	8-1121
			地面	238BYA14110408222302	EW	-10.071	10.66	20	
			地面	238BYA14110408222303	NS	-16.871	10.67	20	
	33SX1	珊溪坝顶台	地面	238SX114110408222301	UD	7.290	9.56	20	8-1122
			地面	238SX114110408222302	EW	4.774	9.58	20	
			地面	238SX214110408222303	NS	-8.570	9.58	20	
	33SX3	珊溪指挥部台	地面	238SX314110408222301	UD	-6.744	8.89	20	8-1123
			地面	238SX314110408222302	EW	-7.230	10	20	
			地面	238SX314110408222303	NS	-6.424	9.99	20	
	33YSH	岩上台	地面	238YSH14110408222301	UD	47.464	10.72	20	8-1124
			地面	238YSH14110408222302	EW	39.125	10.75	20	
			地面	238YSH14110408222303	NS	-60.393	11	20	
	33YHU	云湖台	地面	238YHU14110408222301	UD	-4.550	10.74	20	8-1125
			地面	238YHU14110408222302	EW	2.102	10.57	20	
			地面	238YHU14110408222303	NS	-7.595	10.62	20	
0141104132914	33BYA	包垟台	地面	239BYA14110413291401	UD	1.930	11.17	20	8-1126
			地面	239BYA14110413291402	EW	-3.598	11.15	20	
			地面	239BYA14110413291403	NS	-4.232	11.16	20	
	33SX1	珊溪坝顶台	地面	239SX114110413291401	UD	-6.813	10.95	20	8-1127
			地面	239SX114110413291402	EW	-3.427	11.45	20	
			地面	239SX214110413291403	NS	4.027	11.33	20	
	33SX3	珊溪指挥部台	地面	239SX314110413291401	UD	-5.734	9.34	20	8-1128
			地面	239SX314110413291402	EW	-8.055	10.4	20	
			地面	239SX314110413291403	NS	-7.958	10.39	20	
	33YSH	岩上台	地面	239YSH14110413291401	UD	-29.930	11.22	20	8-1129
			地面	239YSH14110413291402	EW	-25.948	11.17	20	
			地面	239YSH14110413291403	NS	-22.441	11.59	20	
	33YHU	云湖台	地面	239YHU14110413291401	UD	-0.686	10.34	20	8-1130
			地面	239YHU14110413291402	EW	0.527	9.24	20	
			地面	239YHU14110413291403	NS	0.526	10.32	20	
0141104155257	33BYA	包垟台	地面	240BYA14110415525701	UD	-18.545	10.57	20	8-1131
			地面	240BYA14110415525702	EW	25.128	10.57	20	
			地面	240BYA14110415525703	NS	-38.306	10.57	20	

续表

地震编号	台站代码	台站名称	测点位置	记录编号	测量方向	加速度峰值（cm/s²）	峰值时刻（s）	记录长度（s）	图序
0141104155257	33SX1	珊溪坝顶台	地面	240SX114110415525701	UD	-2.226	8.86	20	8-1132
			地面	240SX114110415525702	EW	1.201	10.22	20	
			地面	240SX214110415525703	NS	-1.729	9.18	20	
	33SX3	珊溪指挥部台	地面	240SX314110415525701	UD	-4.165	9.06	20	8-1133
			地面	240SX314110415525702	EW	2.336	9.21	20	
			地面	240SX314110415525703	NS	-2.735	9.21	20	
	33YSH	岩上台	地面	240YSH14110415525701	UD	30.824	10.57	20	8-1134
			地面	240YSH14110415525702	EW	-29.424	10.61	20	
			地面	240YSH14110415525703	NS	50.636	10.62	20	
	33YHU	云湖台	地面	240YHU14110415525701	UD	1.419	11.14	20	8-1135
			地面	240YHU14110415525702	EW	1.677	11.14	20	
			地面	240YHU14110415525703	NS	5.503	11.14	20	
0141104162008	33BYA	包垟台	地面	241BYA14110416200801	UD	3.502	11.23	20	8-1136
			地面	241BYA14110416200802	EW	8.347	11.23	20	
			地面	241BYA14110416200803	NS	-7.448	11.22	20	
	33SX1	珊溪坝顶台	地面	241SX114110416200801	UD	3.774	9.97	20	8-1137
			地面	241SX114110416200802	EW	-2.226	10	20	
			地面	241SX214110416200803	NS	3.286	10.33	20	
	33SX3	珊溪指挥部台	地面	241SX314110416200801	UD	-2.214	9.35	20	8-1138
			地面	241SX314110416200802	EW	-3.165	10.4	20	
			地面	241SX314110416200803	NS	2.319	10.82	20	
	33YSH	岩上台	地面	241YSH14110416200801	UD	45.152	11.24	20	8-1139
			地面	241YSH14110416200802	EW	-44.127	11.24	20	
			地面	241YSH14110416200803	NS	35.977	11.36	20	
	33YHU	云湖台	地面	241YHU14110416200801	UD	-1.100	11.61	20	8-1140
			地面	241YHU14110416200802	EW	-0.976	11.48	20	
			地面	241YHU14110416200803	NS	2.306	11.41	20	
0141104163536	33BYA	包垟台	地面	242BYA14110416353601	UD	-3.958	11.06	20	8-1141
			地面	242BYA14110416353602	EW	4.450	11.06	20	
			地面	242BYA14110416353603	NS	-9.059	11.06	20	
	33SX1	珊溪坝顶台	地面	242SX114110416353601	UD	1.961	10.35	20	8-1142
			地面	242SX114110416353602	EW	-0.942	10.7	20	
			地面	242SX214110416353603	NS	-1.208	10.44	20	
	33SX3	珊溪指挥部台	地面	242SX314110416353601	UD	-2.867	9.55	20	8-1143
			地面	242SX314110416353602	EW	2.023	10.81	20	
			地面	242SX314110416353603	NS	-1.776	10.81	20	
	33YSH	岩上台	地面	242YSH14110416353601	UD	7.844	11.22	20	8-1144
			地面	242YSH14110416353602	EW	13.074	11.54	20	
			地面	242YSH14110416353603	NS	16.966	11.37	20	
	33YHU	云湖台	地面	242YHU14110416353601	UD	-2.092	10.54	20	8-1145
			地面	242YHU14110416353602	EW	1.965	10.58	20	
			地面	242YHU14110416353603	NS	4.002	10.52	20	
0141104165258	33BYA	包垟台	地面	243BYA14110416525801	UD	14.115	10.2	20	8-1146
			地面	243BYA14110416525802	EW	-12.779	10.25	20	
			地面	243BYA14110416525803	NS	23.809	10.32	20	
	33SX1	珊溪坝顶台	地面	243SX114110416525801	UD	-8.169	9.89	20	8-1147
			地面	243SX114110416525802	EW	-4.464	9.88	20	
			地面	243SX214110416525803	NS	-10.153	10.03	20	
	33SX3	珊溪指挥部台	地面	243SX314110416525801	UD	-9.906	8.79	20	8-1148
			地面	243SX314110416525802	EW	8.422	10.21	20	
			地面	243SX314110416525803	NS	8.792	8.87	20	
	33YSH	岩上台	地面	243YSH14110416525801	UD	46.005	10.35	20	8-1149
			地面	243YSH14110416525802	EW	29.672	10.8	20	
			地面	243YSH14110416525803	NS	25.212	10.24	20	
	33YHU	云湖台	地面	243YHU14110416525801	UD	4.029	11	20	8-1150
			地面	243YHU14110416525802	EW	-3.038	10.89	20	
			地面	243YHU14110416525803	NS	4.881	10.81	20	
0141104180132	33BYA	包垟台	地面	244BYA14110418013201	UD	-4.057	10.22	20	8-1151
			地面	244BYA14110418013202	EW	6.867	10.96	20	
			地面	244BYA14110418013203	NS	-6.620	10.93	20	

续表

地震编号	台站代码	台站名称	测点位置	记录编号	测量方向	加速度峰值（cm/s²）	峰值时刻（s）	记录长度（s）	图序
0141104180132	33SX1	珊溪坝顶台	地面	244SX114110418013201	UD	7.636	10.91	20	8-1152
			地面	244SX114110418013202	EW	−5.512	11.4	20	
			地面	244SX214110418013203	NS	−7.422	11.05	20	
	33SX3	珊溪指挥部台	地面	244SX314110418013201	UD	5.869	9.02	20	8-1153
			地面	244SX314110418013202	EW	7.447	10.39	20	
			地面	244SX314110418013203	NS	−7.624	10.34	20	
	33YSH	岩上台	地面	244YSH14110418013201	UD	15.281	9.97	20	8-1154
			地面	244YSH14110418013202	EW	16.252	10.18	20	
			地面	244YSH14110418013203	NS	28.761	10.13	20	
	33YHU	云湖台	地面	244YHU14110418013201	UD	−4.796	11.3	20	8-1155
			地面	244YHU14110418013202	EW	16.113	11.37	20	
			地面	244YHU14110418013203	NS	−19.101	11.38	20	
0141104185526	33BYA	包垟台	地面	245BYA14110418552601	UD	−5.222	10.75	20	8-1156
			地面	245BYA14110418552602	EW	−13.518	10.67	20	
			地面	245BYA14110418552603	NS	−14.435	10.63	20	
	33SX1	珊溪坝顶台	地面	245SX114110418552601	UD	12.325	10.34	20	8-1157
			地面	245SX114110418552602	EW	5.518	10.52	20	
			地面	245SX214110418552603	NS	−9.902	10.42	20	
	33SX3	珊溪指挥部台	地面	245SX314110418552601	UD	4.404	9.69	20	8-1158
			地面	245SX314110418552602	EW	−8.804	10.75	20	
			地面	245SX314110418552603	NS	−5.874	10.95	20	
	33YSH	岩上台	地面	245YSH14110418552601	UD	−42.914	10.69	20	8-1159
			地面	245YSH14110418552602	EW	−43.844	10.65	20	
			地面	245YSH14110418552603	NS	22.478	10.78	20	
	33YHU	云湖台	地面	245YHU14110418552601	UD	−1.186	10.81	20	8-1160
			地面	245YHU14110418552602	EW	0.800	11.45	20	
			地面	245YHU14110418552603	NS	2.256	10.91	20	
0141104190651	33BYA	包垟台	地面	246BYA14110419065101	UD	0.607	9.6	20	8-1161
			地面	246BYA14110419065102	EW	−0.923	10.5	20	
			地面	246BYA14110419065103	NS	−0.721	10.54	20	
	33SX1	珊溪坝顶台	地面	246SX114110419065101	UD	−0.538	11.26	20	8-1162
			地面	246SX114110419065102	EW	0.413	11.62	20	
			地面	246SX214110419065103	NS	0.536	12.03	20	
	33SX3	珊溪指挥部台	地面	246SX314110419065101	UD	−0.358	9.85	20	8-1163
			地面	246SX314110419065102	EW	−0.741	12.09	20	
			地面	246SX314110419065103	NS	−0.496	12.05	20	
	33YSH	岩上台	地面	246YSH14110419065101	UD	3.015	10.71	20	8-1164
			地面	246YSH14110419065102	EW	8.004	10.69	20	
			地面	246YSH14110419065103	NS	−7.187	10.75	20	
	33YHU	云湖台	地面	246YHU14110419065101	UD	−1.924	10.57	20	8-1165
			地面	246YHU14110419065102	EW	−5.074	10.53	20	
			地面	246YHU14110419065103	NS	3.759	10.41	20	
0141104194743	33BYA	包垟台	地面	247BYA14110419474301	UD	9.626	10.69	20	8-1166
			地面	247BYA14110419474302	EW	19.502	10.69	20	
			地面	247BYA14110419474303	NS	26.462	10.67	20	
	33SX1	珊溪坝顶台	地面	247SX114110419474301	UD	16.220	10.42	20	8-1167
			地面	247SX114110419474302	EW	−7.255	10.45	20	
			地面	247SX214110419474303	NS	−12.392	10.44	20	
	33SX3	珊溪指挥部台	地面	247SX314110419474301	UD	−4.055	9.82	20	8-1168
			地面	247SX314110419474302	EW	6.675	10.92	20	
			地面	247SX314110419474303	NS	6.477	10.88	20	
	33YSH	岩上台	地面	247YSH14110419474301	UD	−126.774	10.74	20	8-1169
			地面	247YSH14110419474302	EW	−107.496	10.7	20	
			地面	247YSH14110419474303	NS	−62.800	10.62	20	
	33YHU	云湖台	地面	247YHU14110419474301	UD	1.621	9.82	20	8-1170
			地面	247YHU14110419474302	EW	−2.923	9.82	20	
			地面	247YHU14110419474303	NS	4.148	10.81	20	
0141105011003	33BYA	包垟台	地面	248BYA14110501100301	UD	3.661	11.38	20	8-1171
			地面	248BYA14110501100302	EW	3.948	11.42	20	
			地面	248BYA14110501100303	NS	−8.772	11.37	20	

续表

地震编号	台站代码	台站名称	测点位置	记录编号	测量方向	加速度峰值（cm/s^2）	峰值时刻（s）	记录长度（s）	图序
0141105011003	33SX1	珊溪坝顶台	地面	248SX114110501100301	UD	2.580	10.58	20	8-1172
			地面	248SX114110501100302	EW	1.678	10.82	20	
			地面	248SX214110501100303	NS	2.823	10.59	20	
	33SX3	珊溪指挥部台	地面	248SX314110501100301	UD	−1.898	8.46	20	8-1173
			地面	248SX314110501100302	EW	3.019	9.92	20	
			地面	248SX314110501100303	NS	−2.860	9.85	20	
	33YSH	岩上台	地面	248YSH14110501100301	UD	−14.971	10.5	20	8-1174
			地面	248YSH14110501100302	EW	17.075	10.5	20	
			地面	248YSH14110501100303	NS	9.100	10.79	20	
	33YHU	云湖台	地面	248YHU14110501100301	UD	2.187	10.86	20	8-1175
			地面	248YHU14110501100302	EW	−2.180	10.72	20	
			地面	248YHU14110501100303	NS	4.056	10.65	20	
0141105060508	33BYA	包垟台	地面	249BYA14110506050801	UD	−5.110	9.56	20	8-1176
			地面	249BYA14110506050802	EW	11.886	10.28	20	
			地面	249BYA14110506050803	NS	−17.355	10.28	20	
	33SX1	珊溪坝顶台	地面	249SX114110506050801	UD	8.557	10.31	20	8-1177
			地面	249SX114110506050802	EW	6.023	10.85	20	
			地面	249SX214110506050803	NS	−9.625	10.54	20	
	33SX3	珊溪指挥部台	地面	249SX314110506050801	UD	5.077	9.54	20	8-1178
			地面	249SX314110506050802	EW	−9.341	10.72	20	
			地面	249SX314110506050803	NS	−12.520	10.91	20	
	33YSH	岩上台	地面	249YSH14110506050801	UD	23.689	10.39	20	8-1179
			地面	249YSH14110506050802	EW	−31.551	10.33	20	
			地面	249YSH14110506050803	NS	−32.543	10.66	20	
	33YHU	云湖台	地面	249YHU14110506050801	UD	2.362	10.7	20	8-1180
			地面	249YHU14110506050802	EW	−4.059	10.77	20	
			地面	249YHU14110506050803	NS	8.134	10.69	20	
0141119165200	33BYA	包垟台	地面	253BYA14111916520001	UD	−8.540	9.31	20	8-1181
			地面	253BYA14111916520002	EW	14.362	9.31	20	
			地面	253BYA14111916520003	NS	−20.542	9.31	20	
	33SX1	珊溪坝顶台	地面	253SX114111916520001	UD	11.473	10.49	20	8-1182
			地面	253SX114111916520002	EW	7.549	10.43	20	
			地面	253SX114111916520003	NS	−7.760	10.44	20	
	33SX2	珊溪坝底台	地面	253SX214111916520001	UD	−19.123	10.38	20	8-1183
			地面	253SX214111916520002	EW	−16.384	9.47	20	
			地面	253SX214111916520003	NS	−27.713	10.53	20	
	33SX3	珊溪指挥部台	地面	253SX314111916520001	UD	−11.704	8.51	20	8-1184
			地面	253SX314111916520002	EW	−9.285	9.78	20	
			地面	253SX314111916520003	NS	−11.901	9.79	20	
	33YSH	岩上台	地面	253YSH14111916520001	UD	32.506	9.40	20	8-1185
			地面	253YSH14111916520002	EW	−41.244	9.39	20	
			地面	253YSH14111916520003	NS	28.446	9.39	20	
	33YHU	云湖台	地面	253YSH14111916520001	UD	3.143	9.85	20	8-1186
			地面	253YSH14111916520002	EW	−6.940	9.76	20	
			地面	253YSH14111916520003	NS	8.119	9.68	20	
0141119175851	33BYA	包垟台	地面	254BYA14111917585101	UD	5.404	10.30	20	8-1187
			地面	254BYA14111917585102	EW	13.981	10.31	20	
			地面	254BYA14111917585103	NS	−21.420	10.30	20	
	33SX1	珊溪坝顶台	地面	254SX114111917585101	UD	15.287	10.19	20	8-1188
			地面	254SX114111917585102	EW	5.095	10.20	20	
			地面	254SX114111917585103	NS	−8.804	10.33	20	
	33SX2	珊溪坝底台	地面	254SX214111917585101	UD	−12.576	9.19	20	8-1189
			地面	254SX214111917585102	EW	20.124	9.34	20	
			地面	254SX214111917585103	NS	−24.306	9.42	20	
	33SX3	珊溪指挥部台	地面	254SX314111917585101	UD	−10.265	9.59	20	8-1190
			地面	254SX314111917585102	EW	9.922	10.81	20	
			地面	254SX314111917585103	NS	14.408	10.70	20	
	33YSH	岩上台	地面	254YSH14111917585101	UD	−123.716	9.35	20	8-1191
			地面	254YSH14111917585102	EW	−91.855	9.22	20	
			地面	254YSH14111917585103	NS	91.408	9.44	20	

续表

地震编号	台站代码	台站名称	测点位置	记录编号	测量方向	加速度峰值（cm/s²）	峰值时刻（s）	记录长度（s）	图序
0141119175851	33YHU	云湖台	地面	254YSH14111917585101	UD	0.808	9.63	20	8–1192
			地面	254YSH14111917585102	EW	1.402	9.64	20	
			地面	254YSH14111917585103	NS	2.372	9.64	20	
0141119175921	33BYA	包垟台	地面	255BYA14111917592101	UD	1.242	9.89	20	8–1193
			地面	255BYA14111917592102	EW	–2.787	9.67	20	
			地面	255BYA14111917592103	NS	3.421	9.57	20	
	33SX1	珊溪坝顶台	地面	255SX114111917592101	UD	5.543	10.68	20	8–1194
			地面	255SX114111917592102	EW	3.002	11.38	20	
			地面	255SX114111917592103	NS	–4.125	11.46	20	
	33SX2	珊溪坝底台	地面	255SX214111917592101	UD	6.679	10.54	20	8–1195
			地面	255SX214111917592102	EW	11.490	10.70	20	
			地面	255SX214111917592103	NS	–13.876	10.74	20	
	33SX3	珊溪指挥部台	地面	255SX314111917592101	UD	–3.373	8.91	20	8–1196
			地面	255SX314111917592102	EW	4.872	10.15	20	
			地面	255SX314111917592103	NS	–4.916	10.02	20	
	33YSH	岩上台	地面	255YSH14111917592101	UD	–18.727	9.59	20	8–1197
			地面	255YSH14111917592102	EW	31.059	9.68	20	
			地面	255YSH14111917592103	NS	30.846	9.85	20	
	33YHU	云湖台	地面	255YSH14111917592101	UD	1.253	11.12	20	8–1198
			地面	255YSH14111917592102	EW	1.042	10.90	20	
			地面	255YSH14111917592103	NS	2.805	10.67	20	
0141124023523	33BYA	包垟台	地面	256BYA14112402352301	UD	9.084	6.72	14	8–1199
			地面	256BYA14112402352302	EW	–13.401	6.72	14	
			地面	256BYA14112402352303	NS	–21.090	6.71	14	
	33SX1	珊溪坝顶台	地面	256SX114112402352301	UD	–14.310	7.02	14	8–1200
			地面	256SX114112402352302	EW	–6.817	7.04	14	
			地面	256SX114112402352303	NS	–11.514	7.03	14	
	33SX2	珊溪坝底台	地面	256SX214112402352301	UD	20.197	6.74	14	8–1201
			地面	256SX214112402352302	EW	–27.774	6.74	14	
			地面	256SX214112402352303	NS	26.394	6.79	14	
	33SX3	珊溪指挥部台	地面	256SX314112402352301	UD	–24.365	5.85	14	8–1202
			地面	256SX314112402352302	EW	12.771	7.89	14	
			地面	256SX314112402352303	NS	–17.385	7.54	14	
	33YSH	岩上台	地面	256YSH14112402352301	UD	31.707	6.91	14	8–1203
			地面	256YSH14112402352302	EW	–37.889	6.91	14	
			地面	256YSH14112402352303	NS	37.887	6.84	14	
	33YHU	云湖台	地面	256YSH14112402352301	UD	8.736	6.90	14	8–1204
			地面	256YSH14112402352302	EW	–18.565	6.79	14	
			地面	256YSH14112402352303	NS	–23.548	6.86	14	
0141124043152	33BYA	包垟台	地面	257BYA14112404315201	UD	–1.249	9.95	20	8–1205
			地面	257BYA14112404315202	EW	2.199	9.95	20	
			地面	257BYA14112404315203	NS	–2.222	9.95	20	
	33SX1	珊溪坝顶台	地面	257SX114112404315201	UD	–1.390	10.57	20	8–1206
			地面	257SX114112404315202	EW	–1.368	10.48	20	
			地面	257SX114112404315203	NS	1.063	10.67	20	
	33SX2	珊溪坝底台	地面	257SX214112404315201	UD	2.495	10.31	20	8–1207
			地面	257SX214112404315202	EW	2.499	10.52	20	
			地面	257SX214112404315203	NS	–4.675	10.34	20	
	33SX3	珊溪指挥部台	地面	257SX314112404315201	UD	–1.363	9.05	20	8–1208
			地面	257SX314112404315202	EW	–1.324	10.69	20	
			地面	257SX314112404315203	NS	–3.127	10.78	20	
	33YSH	岩上台	地面	257YSH14112404315201	UD	–4.507	10.34	20	8–1209
			地面	257YSH14112404315202	EW	4.906	10.18	20	
			地面	257YSH14112404315203	NS	1.901	10.31	20	
	33YHU	云湖台	地面	257YSH14112404315201	UD	1.294	10.06	20	8–1210
			地面	257YSH14112404315202	EW	–1.174	10.00	20	
			地面	257YSH14112404315203	NS	3.624	10.06	20	
0141125063649	33BYA	包垟台	地面	258BYA14112506364901	UD	–7.644	9.80	20	8–1211
			地面	258BYA14112506364902	EW	5.682	9.80	20	
			地面	258BYA14112506364903	NS	5.810	9.78	20	

续表

地震编号	台站代码	台站名称	测点位置	记录编号	测量方向	加速度峰值（cm/s²）	峰值时刻（s）	记录长度（s）	图序
0141125063649	33SX1	珊溪坝顶台	地面	258SX114112506364901	UD	1.503	10.63	20	8-1212
			地面	258SX114112506364902	EW	0.817	9.60	20	
			地面	258SX114112506364903	NS	-1.413	10.61	20	
	33SX2	珊溪坝底台	地面	258SX214112506364901	UD	2.071	9.31	20	8-1213
			地面	258SX214112506364902	EW	2.073	9.52	20	
			地面	258SX214112506364903	NS	1.964	9.41	20	
	33SX3	珊溪指挥部台	地面	258SX314112506364901	UD	-2.959	9.53	20	8-1214
			地面	258SX314112506364902	EW	-1.222	9.66	20	
			地面	258SX314112506364903	NS	2.225	9.66	20	
	33YSH	岩上台	地面	258YSH14112506364901	UD	16.914	9.49	20	8-1215
			地面	258YSH14112506364902	EW	18.152	10.01	20	
			地面	258YSH14112506364903	NS	-10.737	10.09	20	
	33YHU	云湖台	地面	258YSH14112506364901	UD	1.616	10.00	20	8-1216
			地面	258YSH14112506364902	EW	-1.917	9.47	20	
			地面	258YSH14112506364903	NS	4.104	10.00	20	
0141127153016	33BYA	包垟台	地面	259BYA14112715301601	UD	1.778	9.64	20	8-1217
			地面	259BYA14112715301602	EW	-2.582	10.51	20	
			地面	259BYA14112715301603	NS	-3.068	10.50	20	
	33SX1	珊溪坝顶台	地面	259SX114112715301601	UD	3.024	10.82	20	8-1218
			地面	259SX114112715301602	EW	-2.112	11.20	20	
			地面	259SX114112715301603	NS	-1.665	11.28	20	
	33SX2	珊溪坝底台	地面	259SX214112715301601	UD	4.452	10.83	20	8-1219
			地面	259SX214112715301602	EW	-7.301	11.01	20	
			地面	259SX214112715301603	NS	-6.374	10.93	20	
	33SX3	珊溪指挥部台	地面	259SX314112715301601	UD	2.225	9.58	20	8-1220
			地面	259SX314112715301602	EW	3.280	11.27	20	
			地面	259SX314112715301603	NS	3.197	11.39	20	
	33YSH	岩上台	地面	259YSH14112715301601	UD	6.072	10.85	20	8-1221
			地面	259YSH14112715301602	EW	-7.416	10.79	20	
			地面	259YSH14112715301603	NS	5.325	10.85	20	
	33YHU	云湖台	地面	259YSH14112715301601	UD	-0.666	9.96	20	8-1222
			地面	259YSH14112715301602	EW	-0.729	9.75	20	
			地面	259YSH14112715301603	NS	1.609	9.66	20	
0141129202135	33BYA	包垟台	地面	261BYA14112920213501	UD	-5.864	9.25	20	8-1223
			地面	261BYA14112920213502	EW	13.483	9.26	20	
			地面	261BYA14112920213503	NS	-6.944	9.25	20	
	33SX1	珊溪坝顶台	地面	261SX114112920213501	UD	0.843	9.91	20	8-1224
			地面	261SX114112920213502	EW	-0.615	11.23	20	
			地面	261SX114112920213503	NS	-0.824	10.36	20	
	33SX2	珊溪坝底台	地面	261SX214112920213501	UD	-1.270	9.72	20	8-1225
			地面	261SX214112920213502	EW	-1.395	9.76	20	
			地面	261SX214112920213503	NS	1.114	11.06	20	
	33SX3	珊溪指挥部台	地面	261SX314112920213501	UD	1.785	8.98	20	8-1226
			地面	261SX314112920213502	EW	0.728	10.20	20	
			地面	261SX314112920213503	NS	1.017	9.08	20	
	33YSH	岩上台	地面	261YSH14112920213501	UD	-13.660	9.34	20	8-1227
			地面	261YSH14112920213502	EW	21.324	9.37	20	
			地面	261YSH14112920213503	NS	9.746	9.34	20	
	33YHU	云湖台	地面	261YSH14112920213501	UD	-0.572	10.03	20	8-1228
			地面	261YSH14112920213502	EW	0.528	9.19	20	
			地面	261YSH14112920213503	NS	0.703	9.92	20	
0141130041905	33BYA	包垟台	地面	262BYA14113004190501	UD	2.385	8.96	20	8-1229
			地面	262BYA14113004190502	EW	3.497	9.90	20	
			地面	262BYA14113004190503	NS	2.762	10.01	20	
	33SX1	珊溪坝顶台	地面	262SX114113004190501	UD	-4.478	8.70	20	8-1230
			地面	262SX114113004190502	EW	2.523	10.57	20	
			地面	262SX114113004190503	NS	-3.754	10.15	20	
	33SX2	珊溪坝底台	地面	262SX214113004190501	UD	10.937	8.69	20	8-1231
			地面	262SX214113004190502	EW	9.692	8.23	20	
			地面	262SX214113004190503	NS	-7.483	10.12	20	

续表

地震编号	台站代码	台站名称	测点位置	记录编号	测量方向	加速度峰值（cm/s^2）	峰值时刻（s）	记录长度（s）	图序
0141130041905	33SX3	珊溪指挥部台	地面	262SX314113004190501	UD	−8.581	8.87	20	8−1232
			地面	262SX314113004190502	EW	−4.407	10.35	20	
			地面	262SX314113004190503	NS	5.318	9.01	20	
	33YSH	岩上台	地面	262YSH14113004190501	UD	7.978	10.11	20	8−1233
			地面	262YSH14113004190502	EW	6.869	10.09	20	
			地面	262YSH14113004190503	NS	9.460	10.04	20	
	33YHU	云湖台	地面	262YSH14113004190501	UD	−1.321	9.88	20	8−1234
			地面	262YSH14113004190502	EW	3.063	10.00	20	
			地面	262YSH14113004190503	NS	4.480	9.95	20	
0141203154015	33BYA	包垟台	地面	263BYA14120315401501	UD	2.350	9.90	20	8−1235
			地面	263BYA14120315401502	EW	−2.463	9.95	20	
			地面	263BYA14120315401503	NS	3.682	9.90	20	
	33SX1	珊溪坝顶台	地面	263SX114120315401501	UD	10.58	10.58	20	8−1236
			地面	263SX114120315401502	EW	−0.683	10.96	20	
			地面	263SX114120315401503	NS	0.866	11.15	20	
	33SX2	珊溪坝底台	地面	263SX214120315401501	UD	1.021	9.41	20	8−1237
			地面	263SX214120315401502	EW	1.619	9.63	20	
			地面	263SX214120315401503	NS	1.825	10.52	20	
	33SX3	珊溪指挥部台	地面	263SX314120315401501	UD	1.445	9.64	20	8−1238
			地面	263SX314120315401502	EW	−1.352	11.10	20	
			地面	263SX314120315401503	NS	−1.928	10.43	20	
	33YSH	岩上台	地面	263YSH14120315401501	UD	9.432	10.26	20	8−1239
			地面	263YSH14120315401502	EW	−10.092	10.10	20	
			地面	263YSH14120315401503	NS	10.542	10.30	20	
	33YHU	云湖台	地面	263YSH14120315401501	UD	0.961	10.43	20	8−1240
			地面	263YSH14120315401502	EW	1.594	10.42	20	
			地面	263YSH14120315401503	NS	5.291	10.42	20	
0141203163319	33BYA	包垟台	地面	264BYA14120316331901	UD	−2.092	9.25	20	8−1241
			地面	264BYA14120316331902	EW	3.672	9.85	20	
			地面	264BYA14120316331903	NS	−4.037	10.01	20	
	33SX1	珊溪坝顶台	地面	264SX114120316331901	UD	4.438	9.87	20	8−1242
			地面	264SX114120316331902	EW	1.656	10.40	20	
			地面	264SX114120316331903	NS	−2.959	9.95	20	
	33SX2	珊溪坝底台	地面	264SX214120316331901	UD	3.799	9.86	20	8−1243
			地面	264SX214120316331902	EW	2.751	9.92	20	
			地面	264SX214120316331903	NS	2.338	10.34	20	
	33SX3	珊溪指挥部台	地面	264SX314120316331901	UD	1.825	10.25	20	8−1244
			地面	264SX314120316331902	EW	−4.055	10.30	20	
			地面	264SX314120316331903	NS	−2.026	10.58	20	
	33YSH	岩上台	地面	264YSH14120316331901	UD	18.082	10.07	20	8−1245
			地面	264YSH14120316331902	EW	12.017	10.10	20	
			地面	264YSH14120316331903	NS	21.112	10.21	20	
	33YHU	云湖台	地面	264YSH14120316331901	UD	−3.087	10.61	20	8−1246
			地面	264YSH14120316331902	EW	2.816	10.53	20	
			地面	264YSH14120316331903	NS	5.238	10.48	20	
0141210184859	33BYA	包垟台	地面	266BYA14121018485901	UD	1.254	8.96	20	8−1247
			地面	266BYA14121018485902	EW	2.281	9.90	20	
			地面	266BYA14121018485903	NS	−1.874	10.01	20	
	33SX1	珊溪坝顶台	地面	266SX114121018485901	UD	1.515	8.70	20	8−1248
			地面	266SX114121018485902	EW	0.811	10.57	20	
			地面	266SX114121018485903	NS	−1.529	10.15	20	
	33SX2	珊溪坝底台	地面	266SX214121018485901	UD	2.880	8.69	20	8−1249
			地面	266SX214121018485902	EW	2.613	8.73	20	
			地面	266SX214121018485903	NS	−2.942	10.12	20	
	33SX3	珊溪指挥部台	地面	266SX314121018485901	UD	−2.777	8.87	20	8−1250
			地面	266SX314121018485902	EW	−2.184	10.35	20	
			地面	266SX314121018485903	NS	2.384	9.01	20	
	33YSH	岩上台	地面	266YSH14121018485901	UD	3.524	10.11	20	8−1251
			地面	266YSH14121018485902	EW	4.831	10.09	20	
			地面	266YSH14121018485903	NS	−3.734	10.04	20	

续表

地震编号	台站代码	台站名称	测点位置	记录编号	测量方向	加速度峰值（cm/s²）	峰值时刻（s）	记录长度（s）	图序
0141210184859	33YHU	云湖台	地面	266YSH14121018485901	UD	1.407	9.89	20	8–1252
			地面	266YSH14121018485902	EW	–2.316	10.02	20	
			地面	266YSH14121018485903	NS	3.958	10.02	20	
0141213114822	33BYA	包垟台	地面	267BYA14121311482201	UD	–6.763	9.21	20	8–1253
			地面	267BYA14121311482202	EW	7.335	9.21	20	
			地面	267BYA14121311482203	NS	–11.124	9.21	20	
	33SX1	珊溪坝顶台	地面	267SX114121311482201	UD	–0.895	10.15	20	8–1254
			地面	267SX114121311482202	EW	0.758	9.98	20	
			地面	267SX114121311482203	NS	–1.058	10.66	20	
	33SX2	珊溪坝底台	地面	267SX214121311482201	UD	–1.245	10.96	20	8–1255
			地面	267SX214121311482202	EW	–2.198	9.88	20	
			地面	267SX214121311482203	NS	–1.945	10.98	20	
	33SX3	珊溪指挥部台	地面	267SX314121311482201	UD	–1.651	8.89	20	8–1256
			地面	267SX314121311482202	EW	0.921	10.86	20	
			地面	267SX314121311482203	NS	1.411	10.19	20	
	33YSH	岩上台	地面	267YSH14121311482201	UD	16.078	9.25	20	8–1257
			地面	267YSH14121311482202	EW	17.259	9.23	20	
			地面	267YSH14121311482203	NS	16.008	9.56	20	
	33YHU	云湖台	地面	267YSH14121311482201	UD	1.980	9.73	20	8–1258
			地面	267YSH14121311482202	EW	3.364	9.70	20	
			地面	267YSH14121311482203	NS	–12.718	9.70	20	
0141218025110	33BYA	包垟台	地面	269BYA14121802511001	UD	3.121	9.53	20	8–1259
			地面	269BYA14121802511002	EW	–7.187	10.56	20	
			地面	269BYA14121802511003	NS	–9.272	10.56	20	
	33SX1	珊溪坝顶台	地面	269SX114121802511001	UD	2.411	10.56	20	8–1260
			地面	269SX114121802511002	EW	1.759	10.90	20	
			地面	269SX114121802511003	NS	2.277	10.24	20	
	33SX2	珊溪坝底台	地面	269SX214121802511001	UD	2.946	11.35	20	8–1261
			地面	269SX214121802511002	EW	2.621	11.46	20	
			地面	269SX214121802511003	NS	3.991	11.35	20	
	33SX3	珊溪指挥部台	地面	269SX314121802511001	UD	–2.341	8.77	20	8–1262
			地面	269SX314121802511002	EW	3.266	10.87	20	
			地面	269SX314121802511003	NS	2.311	10.93	20	
	33YSH	岩上台	地面	269YSH14121802511001	UD	12.443	9.74	20	8–1263
			地面	269YSH14121802511002	EW	21.622	9.72	20	
			地面	269YSH14121802511003	NS	18.340	9.66	20	
	33YHU	云湖台	地面	269YSH14121802511001	UD	–10.499	9.41	20	8–1264
			地面	269YSH14121802511002	EW	–29.304	9.36	20	
			地面	269YSH14121802511003	NS	–17.309	9.41	20	
0150101125638	33BYA	包垟台	地面	270BYA15010112563801	UD	3.021	9.32	20	8–1265
			地面	270BYA15010112563802	EW	–7.905	9.76	20	
			地面	270BYA15010112563803	NS	7.599	9.76	20	
	33SX1	珊溪坝顶台	地面	270SX115010112563801	UD	2.367	9.90	20	8–1266
			地面	270SX115010112563802	EW	1.346	9.91	20	
			地面	270SX115010112563803	NS	1.790	10.17	20	
	33SX2	珊溪坝底台	地面	270SX215010112563801	UD	2.955	10.50	20	8–1267
			地面	270SX215010112563802	EW	3.563	10.13	20	
			地面	270SX215010112563803	NS	3.498	10.10	20	
	33YSH	岩上台	地面	270YSH15010112563801	UD	–29.902	9.77	20	8–1268
			地面	270YSH15010112563802	EW	–34.493	9.89	20	
			地面	270YSH15010112563803	NS	26.337	9.91	20	
0150107230505	33BYA	包垟台	地面	272BYA15010723050501	UD	0.654	10.23	20	8–1269
			地面	272BYA15010723050502	EW	–0.972	10.07	20	
			地面	272BYA15010723050503	NS	1.188	10.05	20	
	33SX1	珊溪坝顶台	地面	272SX115010723050501	UD	1.131	10.86	20	8–1270
			地面	272SX115010723050502	EW	–0.953	11.15	20	
			地面	272SX115010723050503	NS	–1.115	10.81	20	
	33SX2	珊溪坝底台	地面	272SX215010723050501	UD	1.090	11.14	20	8–1271
			地面	272SX215010723050502	EW	1.434	10.96	20	
			地面	272SX215010723050503	NS	1.863	10.78	20	

续表

地震编号	台站代码	台站名称	测点位置	记录编号	测量方向	加速度峰值（cm/s²）	峰值时刻（s）	记录长度（s）	图序
0150107230505	33YSH	岩上台	地面	272YSH15010723050501	UD	3.940	10.24	20	8–1272
			地面	272YSH15010723050502	EW	6.921	10.44	20	
			地面	272YSH15010723050503	NS	7.539	10.46	20	
	33YHU	云湖台	地面	272YSH15010723050501	UD	–0.706	10.47	20	8–1273
			地面	272YSH15010723050502	EW	–1.546	10.48	20	
			地面	272YSH15010723050503	NS	–1.336	10.29	20	
0150112133343	33BYA	包垟台	地面	273BYA15011213334301	UD	–0.929	10.20	20	8–1274
			地面	273BYA15011213334302	EW	1.349	10.16	20	
			地面	273BYA15011213334303	NS	1.279	10.22	20	
	33SX1	珊溪坝顶台	地面	273SX115011213334301	UD	1.796	10.67	20	8–1275
			地面	273SX115011213334302	EW	–1.387	11.11	20	
			地面	273SX115011213334303	NS	–1.329	11.49	20	
	33SX2	珊溪坝底台	地面	273SX215011213334301	UD	1.684	11.60	20	8–1276
			地面	273SX215011213334302	EW	1.969	11.17	20	
			地面	273SX215011213334303	NS	–2.171	10.65	20	
	33YSH	岩上台	地面	273YSH15011213334301	UD	6.583	10.30	20	8–1277
			地面	273YSH15011213334302	EW	8.960	10.49	20	
			地面	273YSH15011213334303	NS	7.886	10.31	20	
	33YHU	云湖台	地面	273YSH15011213334301	UD	0.583	9.90	20	8–1278
			地面	273YSH15011213334302	EW	2.842	9.84	20	
			地面	273YSH15011213334303	NS	2.073	9.91	20	

八　未校正加速度记录

本章汇集了由前述6个固定台站获取的地震（$M \geqslant 1.0$）级震相完整的1278条未校正加速度记录的波形，分别见图8–1至图8–1278。

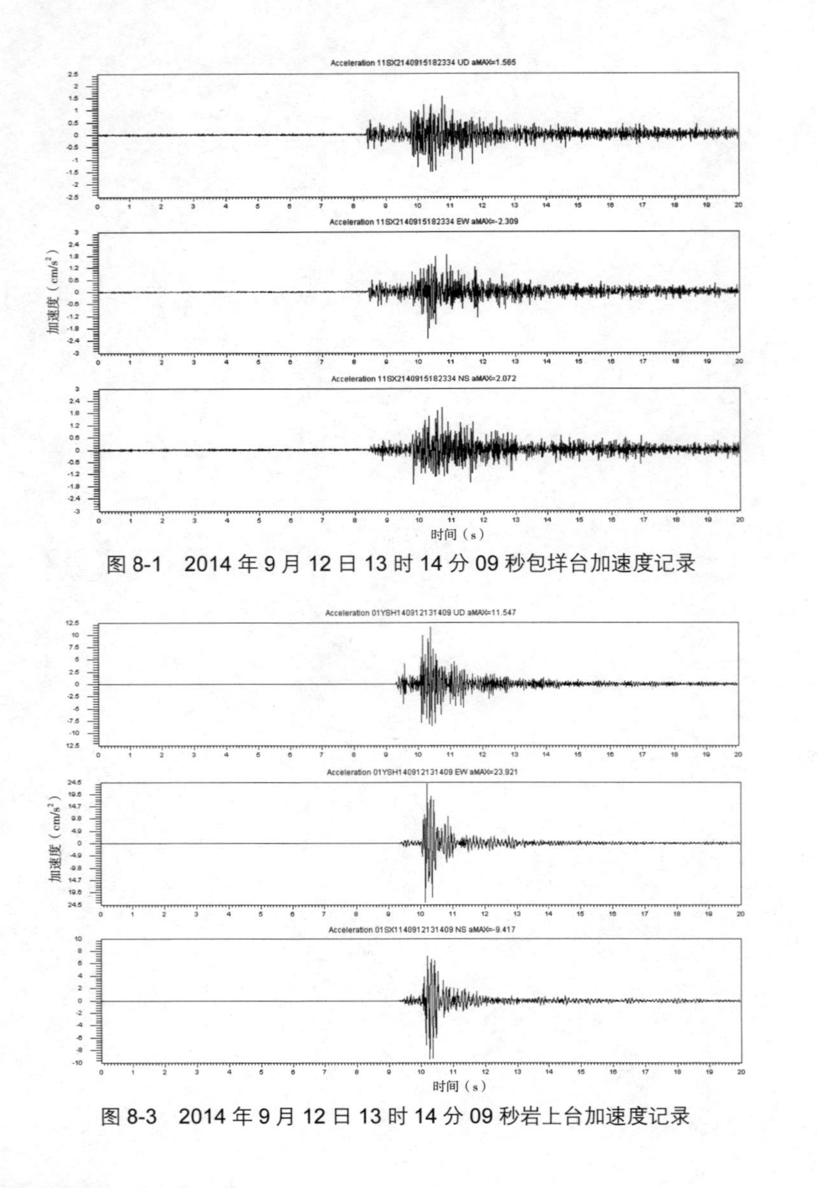

图 8-1　2014 年 9 月 12 日 13 时 14 分 09 秒包垟台加速度记录

图 8-3　2014 年 9 月 12 日 13 时 14 分 09 秒岩上台加速度记录

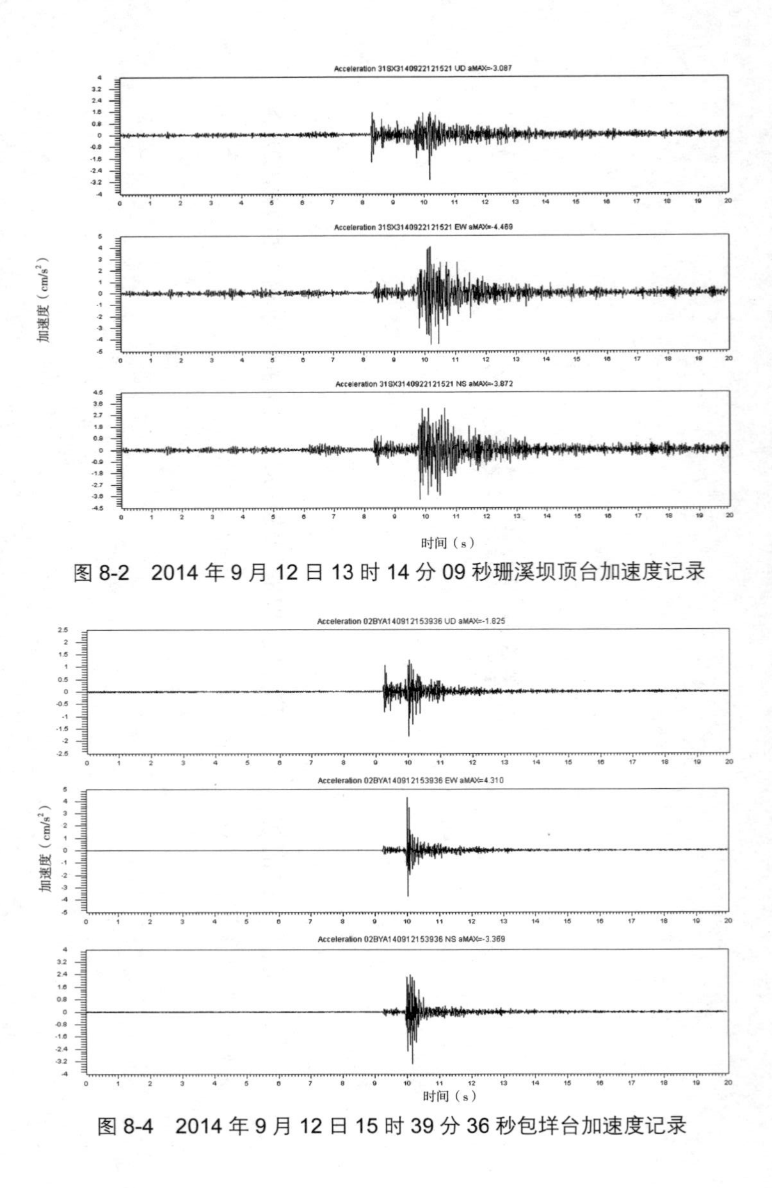

图 8-2　2014 年 9 月 12 日 13 时 14 分 09 秒珊溪坝顶台加速度记录

图 8-4　2014 年 9 月 12 日 15 时 39 分 36 秒包垟台加速度记录

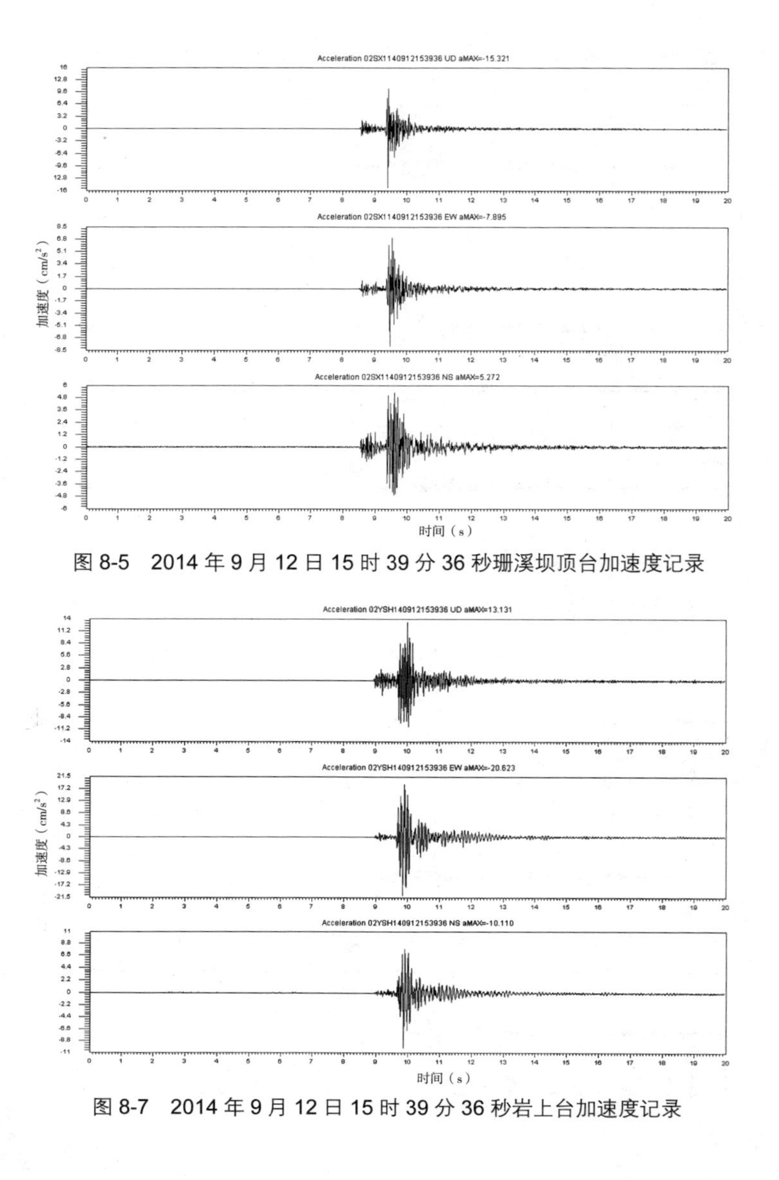

图 8-5　2014 年 9 月 12 日 15 时 39 分 36 秒珊溪坝顶台加速度记录

图 8-7　2014 年 9 月 12 日 15 时 39 分 36 秒岩上台加速度记录

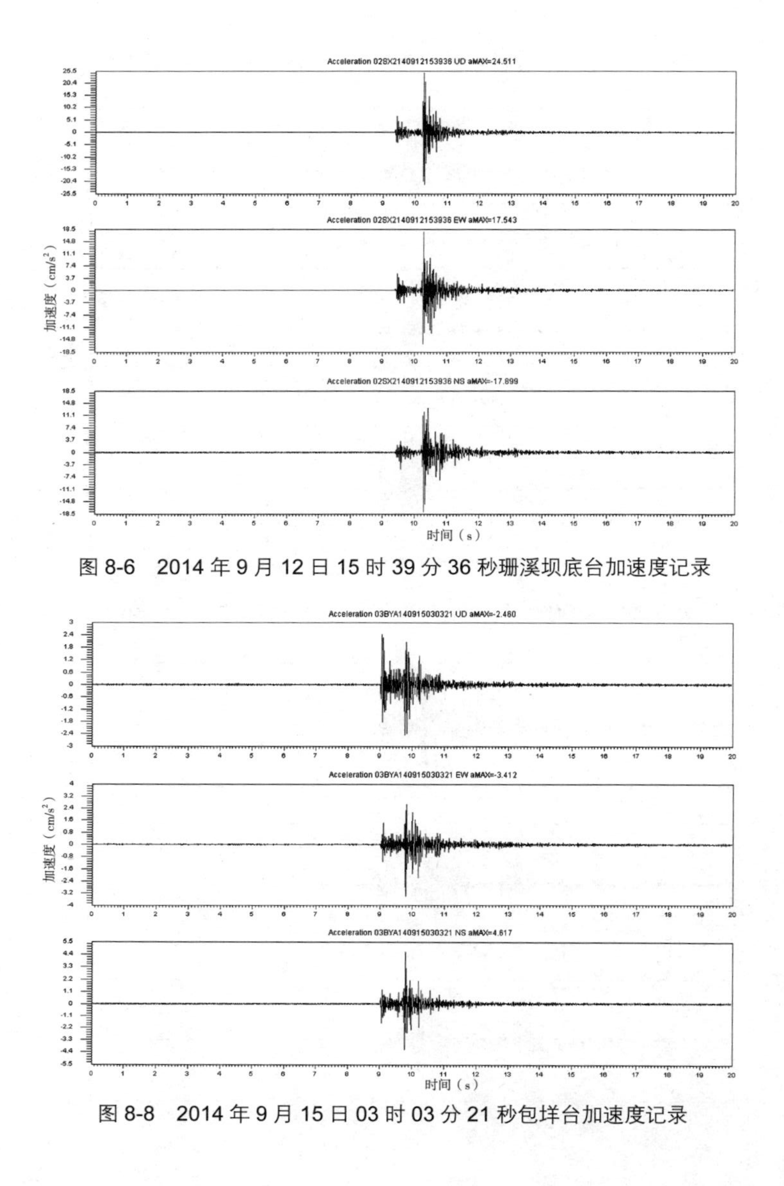

图 8-6　2014 年 9 月 12 日 15 时 39 分 36 秒珊溪坝底台加速度记录

图 8-8　2014 年 9 月 15 日 03 时 03 分 21 秒包垟台加速度记录

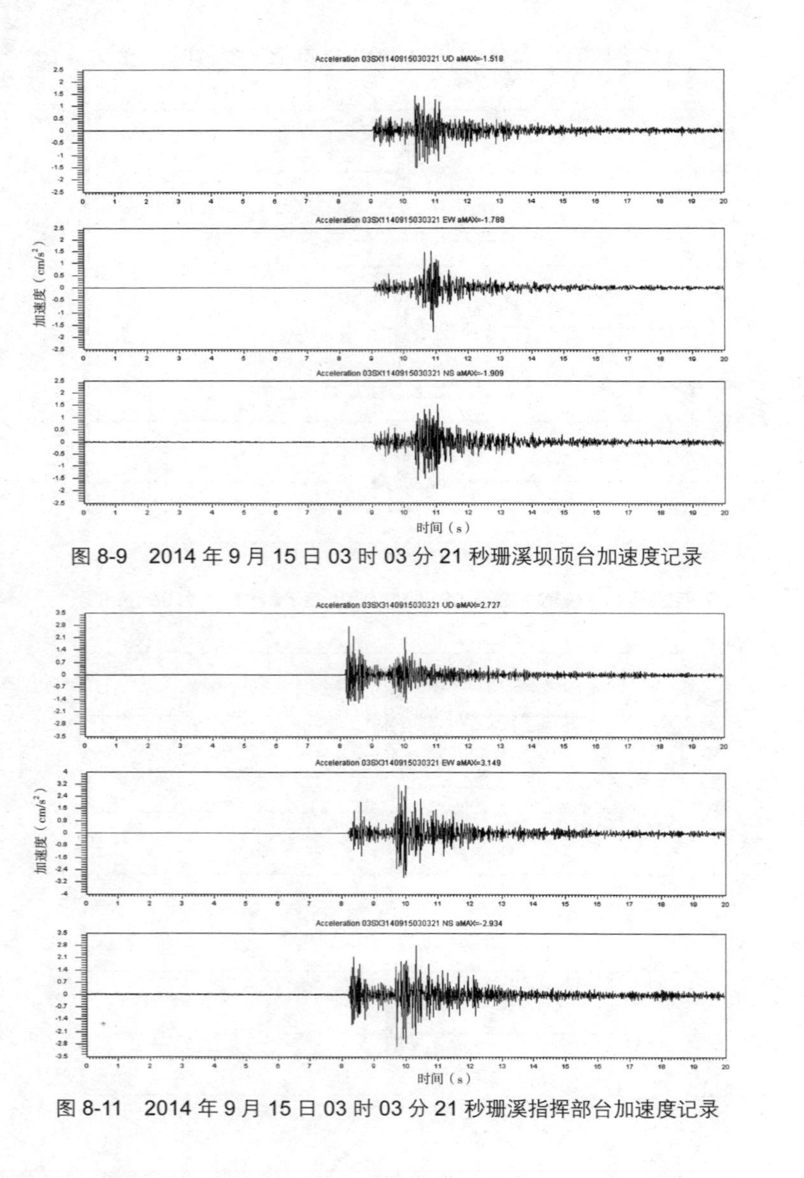

图 8-9　2014 年 9 月 15 日 03 时 03 分 21 秒珊溪坝顶台加速度记录

图 8-11　2014 年 9 月 15 日 03 时 03 分 21 秒珊溪指挥部台加速度记录

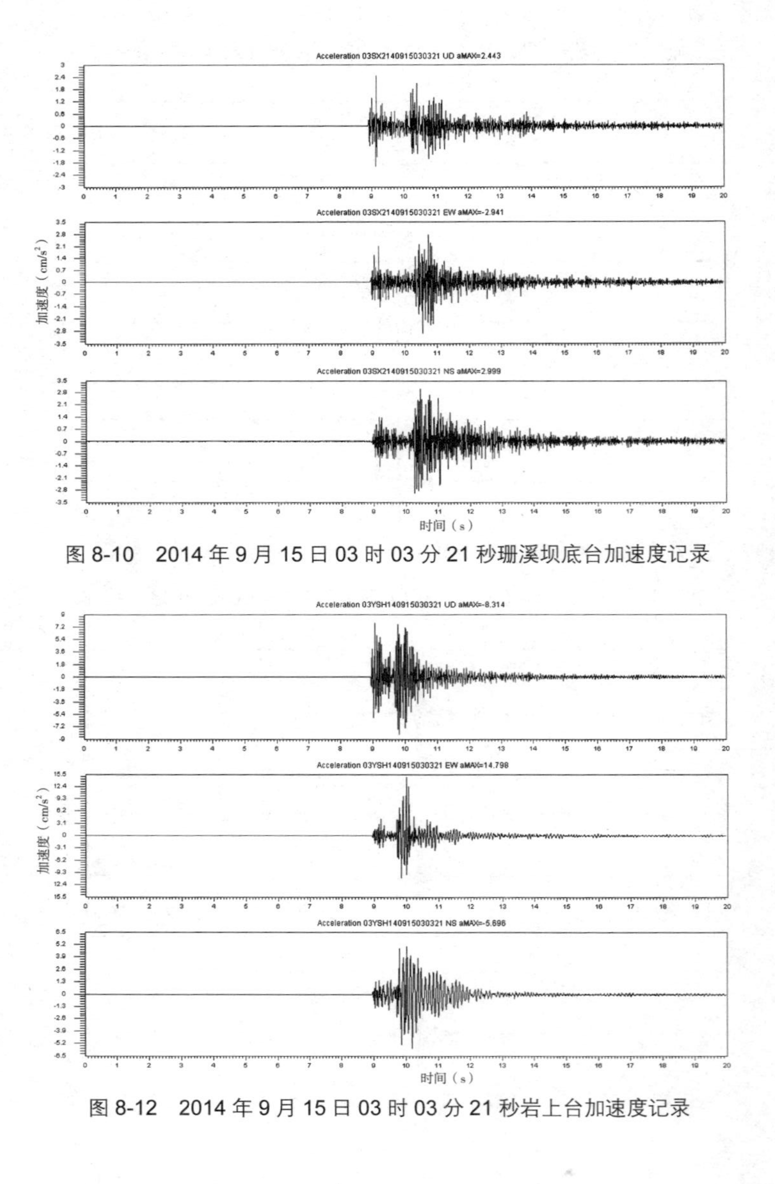

图 8-10　2014 年 9 月 15 日 03 时 03 分 21 秒珊溪坝底台加速度记录

图 8-12　2014 年 9 月 15 日 03 时 03 分 21 秒岩上台加速度记录

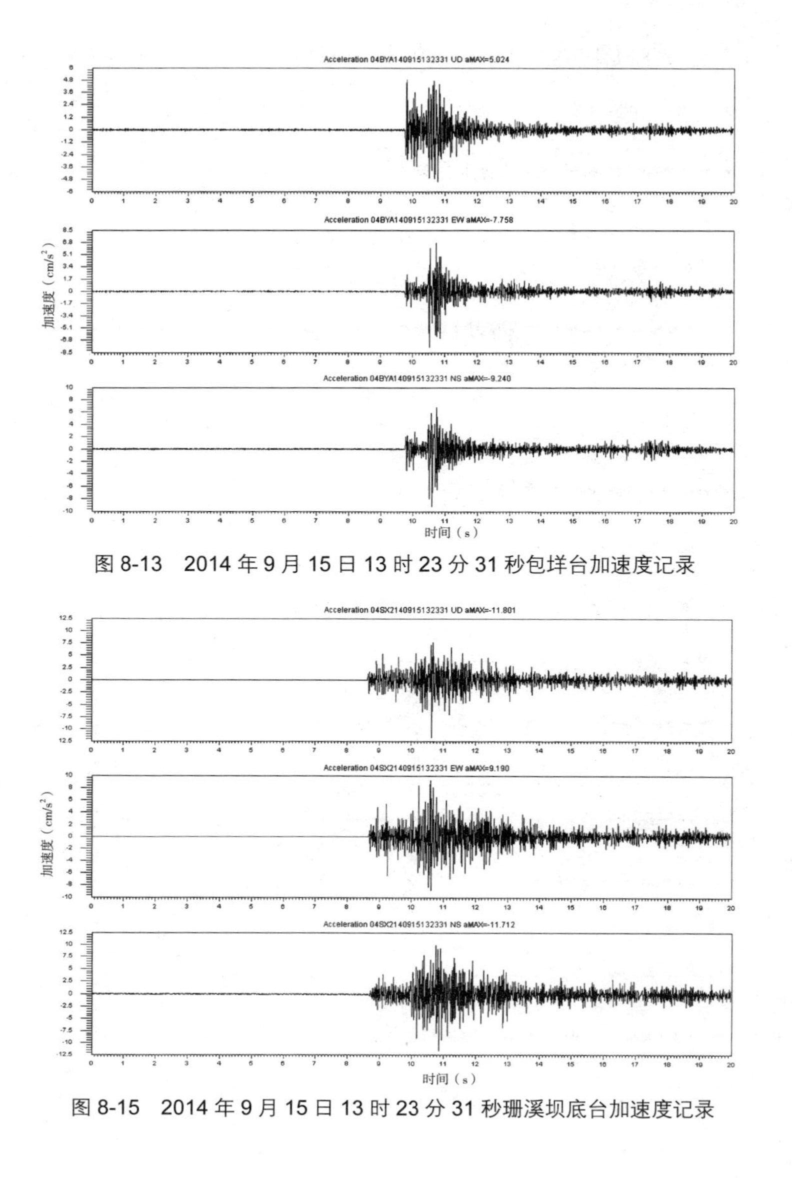

图 8-13　2014 年 9 月 15 日 13 时 23 分 31 秒包垟台加速度记录

图 8-15　2014 年 9 月 15 日 13 时 23 分 31 秒珊溪坝底台加速度记录

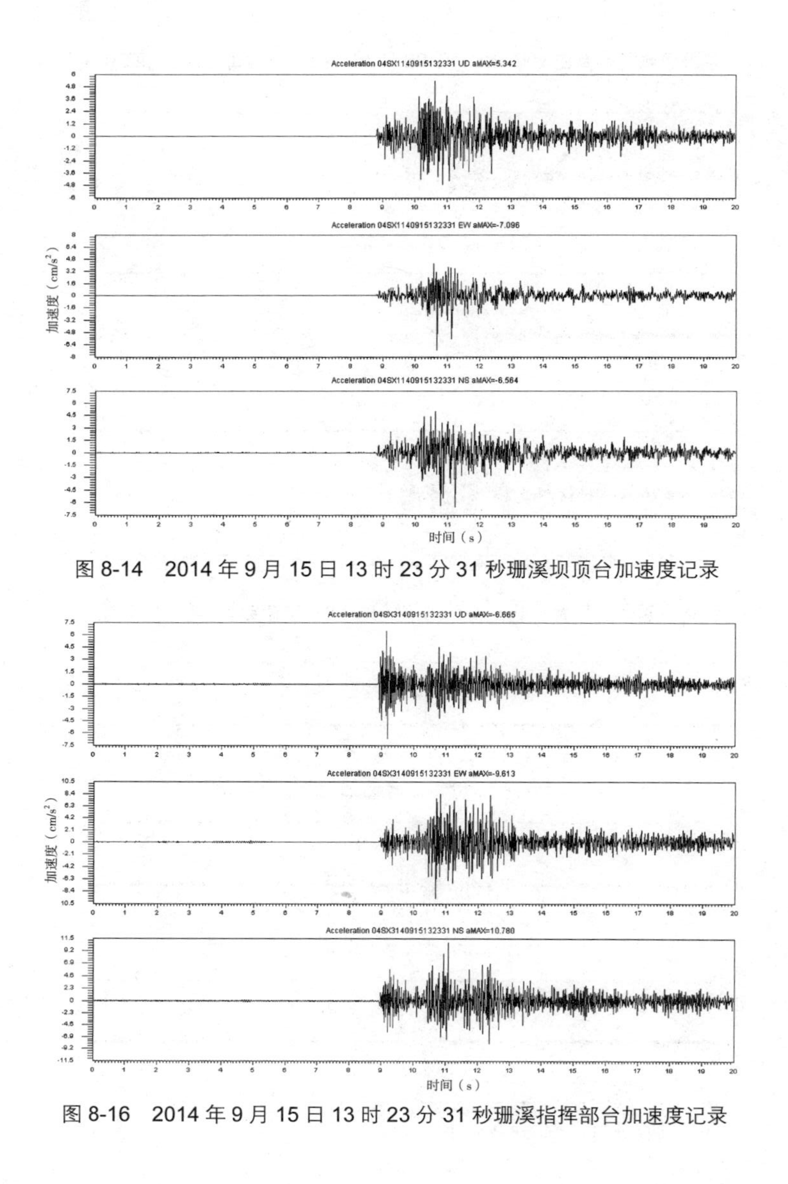

图 8-14　2014 年 9 月 15 日 13 时 23 分 31 秒珊溪坝顶台加速度记录

图 8-16　2014 年 9 月 15 日 13 时 23 分 31 秒珊溪指挥部台加速度记录

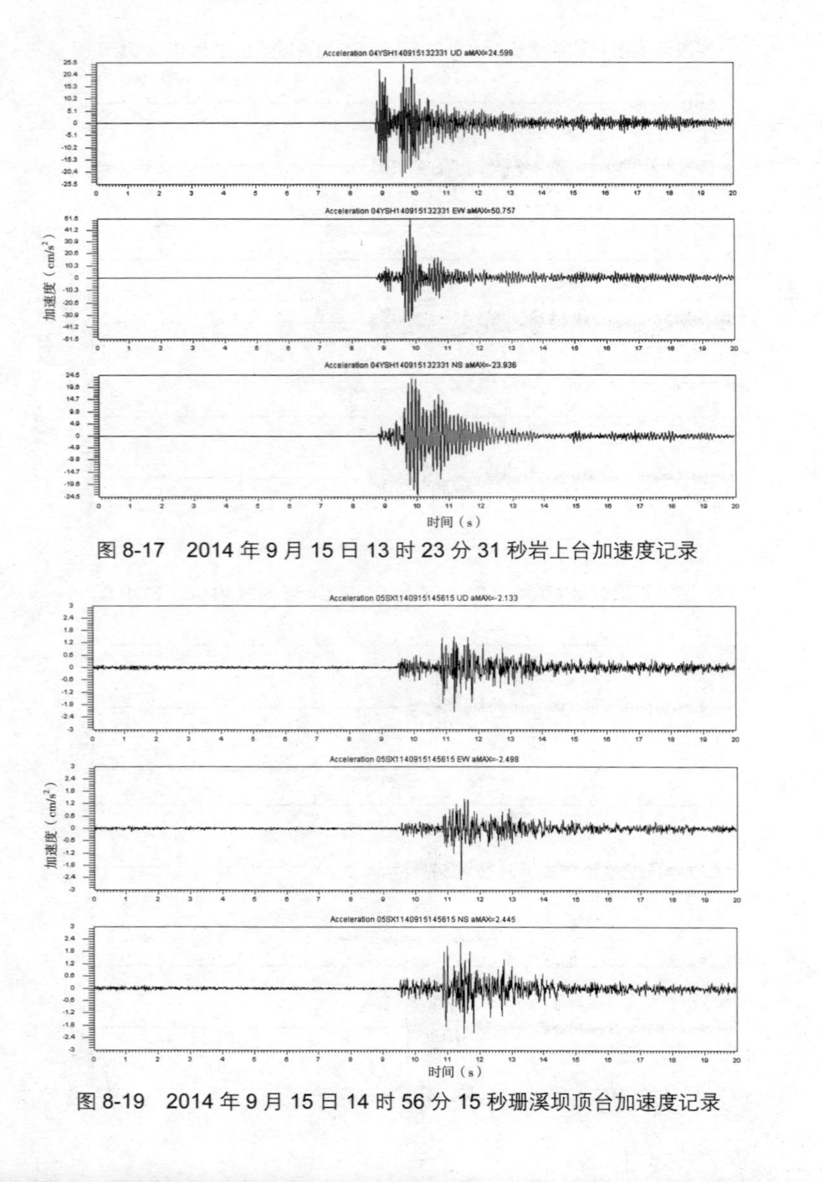

图 8-17　2014 年 9 月 15 日 13 时 23 分 31 秒岩上台加速度记录

图 8-19　2014 年 9 月 15 日 14 时 56 分 15 秒珊溪坝顶台加速度记录

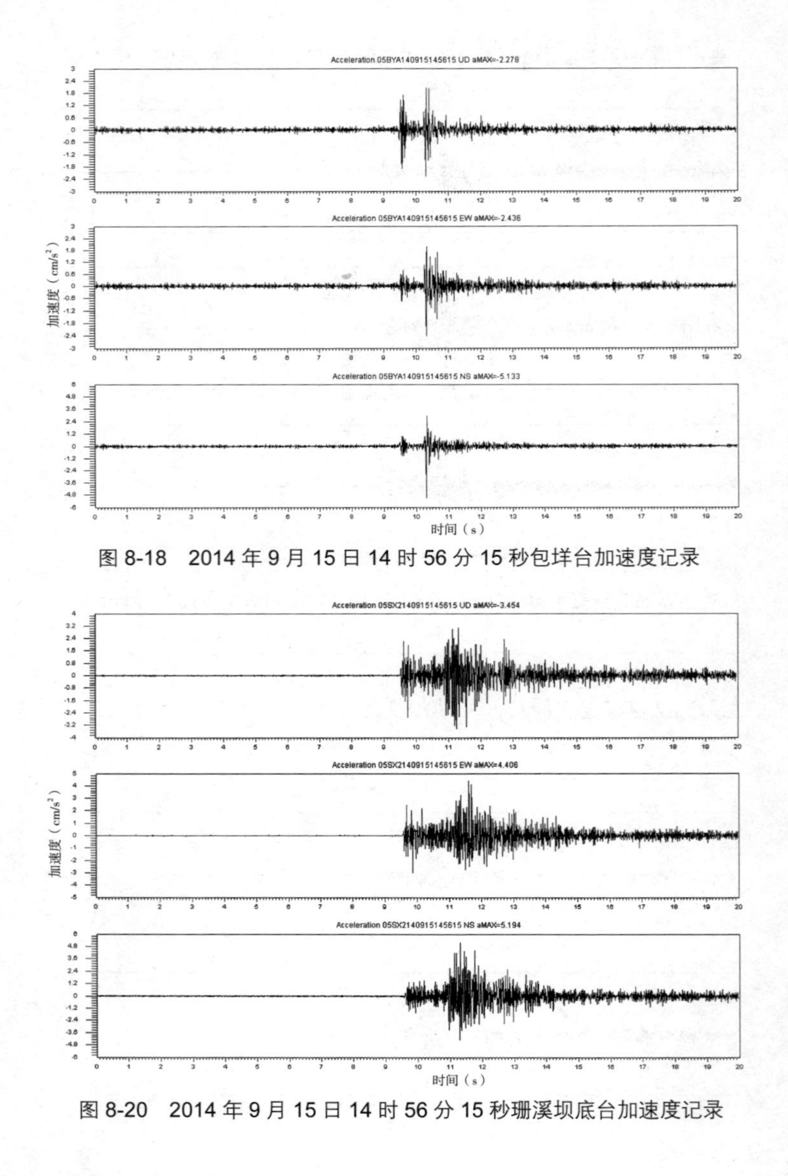

图 8-18　2014 年 9 月 15 日 14 时 56 分 15 秒包垟台加速度记录

图 8-20　2014 年 9 月 15 日 14 时 56 分 15 秒珊溪坝底台加速度记录

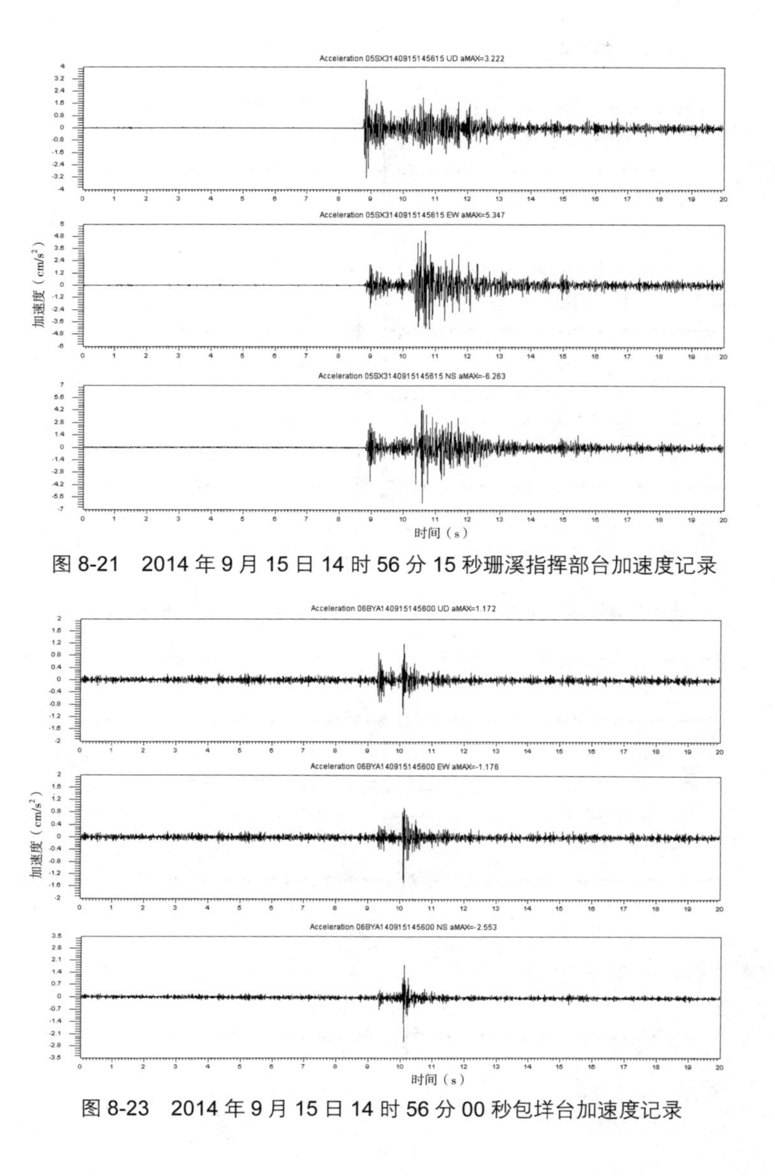

图 8-21　2014 年 9 月 15 日 14 时 56 分 15 秒珊溪指挥部台加速度记录

图 8-23　2014 年 9 月 15 日 14 时 56 分 00 秒包垟台加速度记录

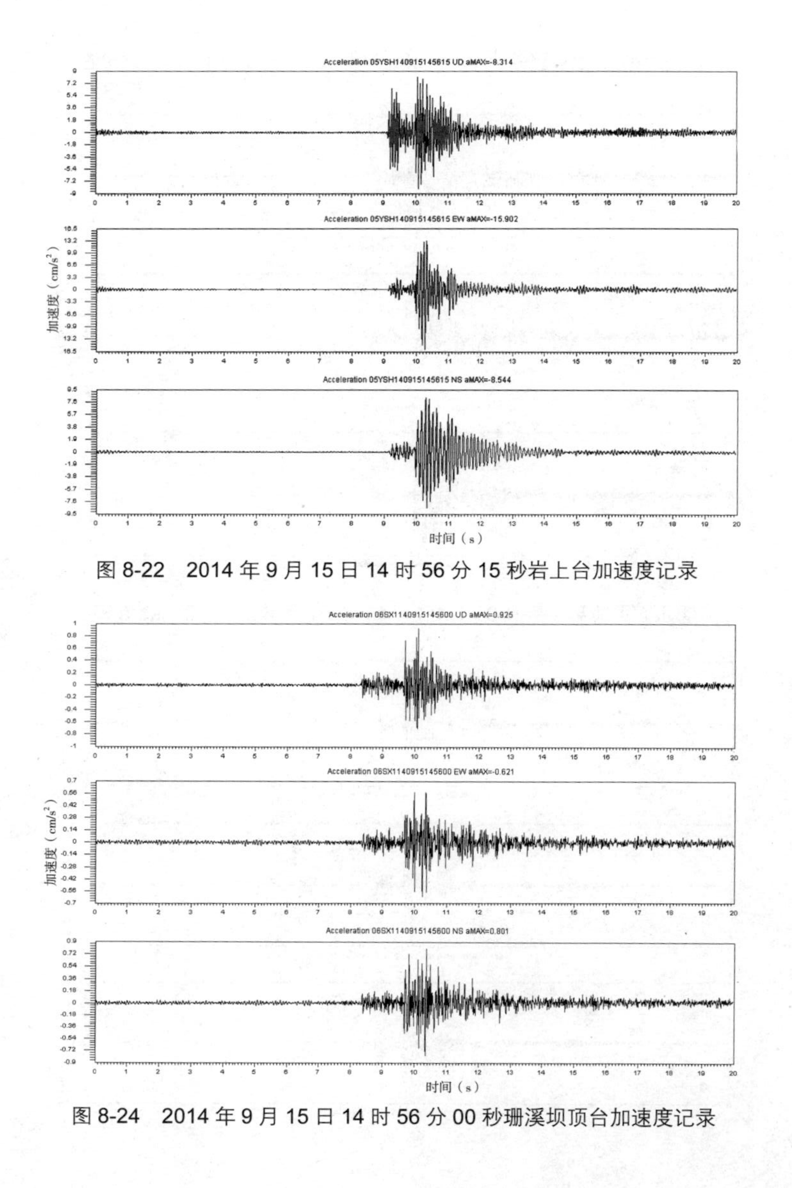

图 8-22　2014 年 9 月 15 日 14 时 56 分 15 秒岩上台加速度记录

图 8-24　2014 年 9 月 15 日 14 时 56 分 00 秒珊溪坝顶台加速度记录

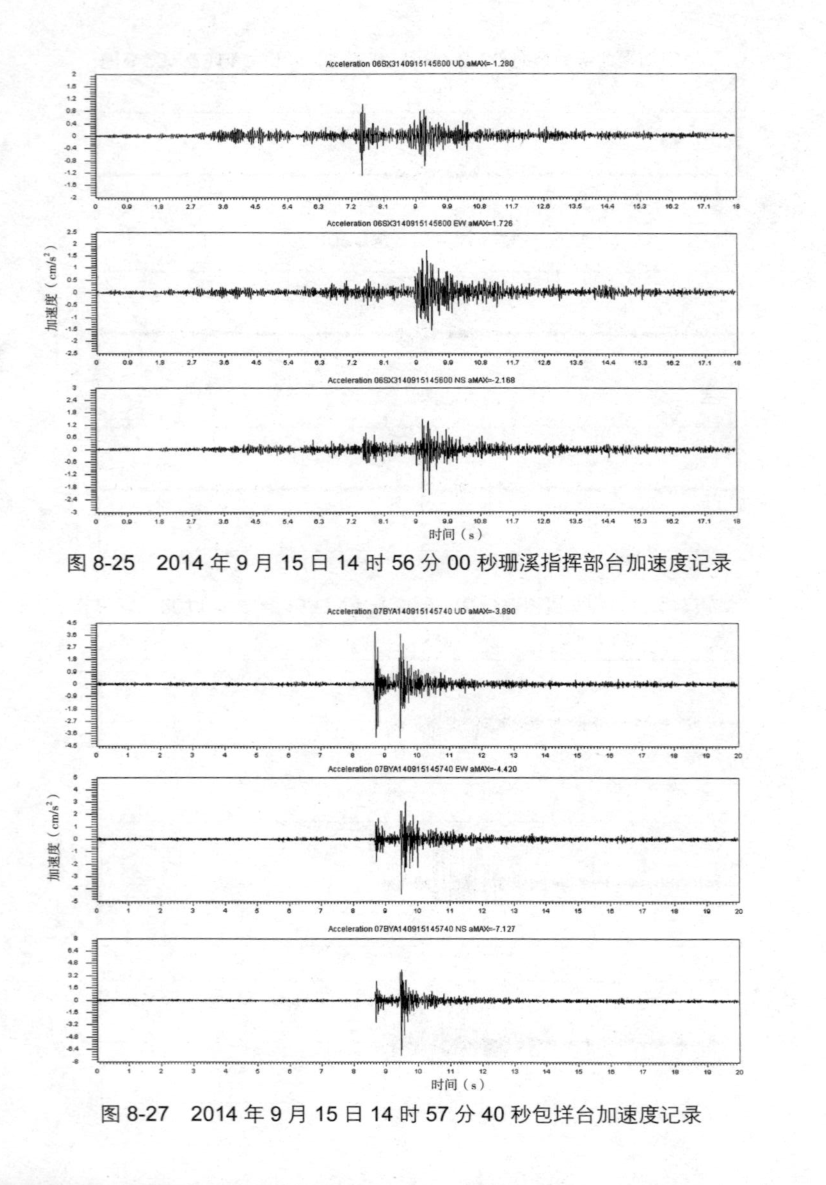

图 8-25　2014 年 9 月 15 日 14 时 56 分 00 秒珊溪指挥部台加速度记录

图 8-27　2014 年 9 月 15 日 14 时 57 分 40 秒包垟台加速度记录

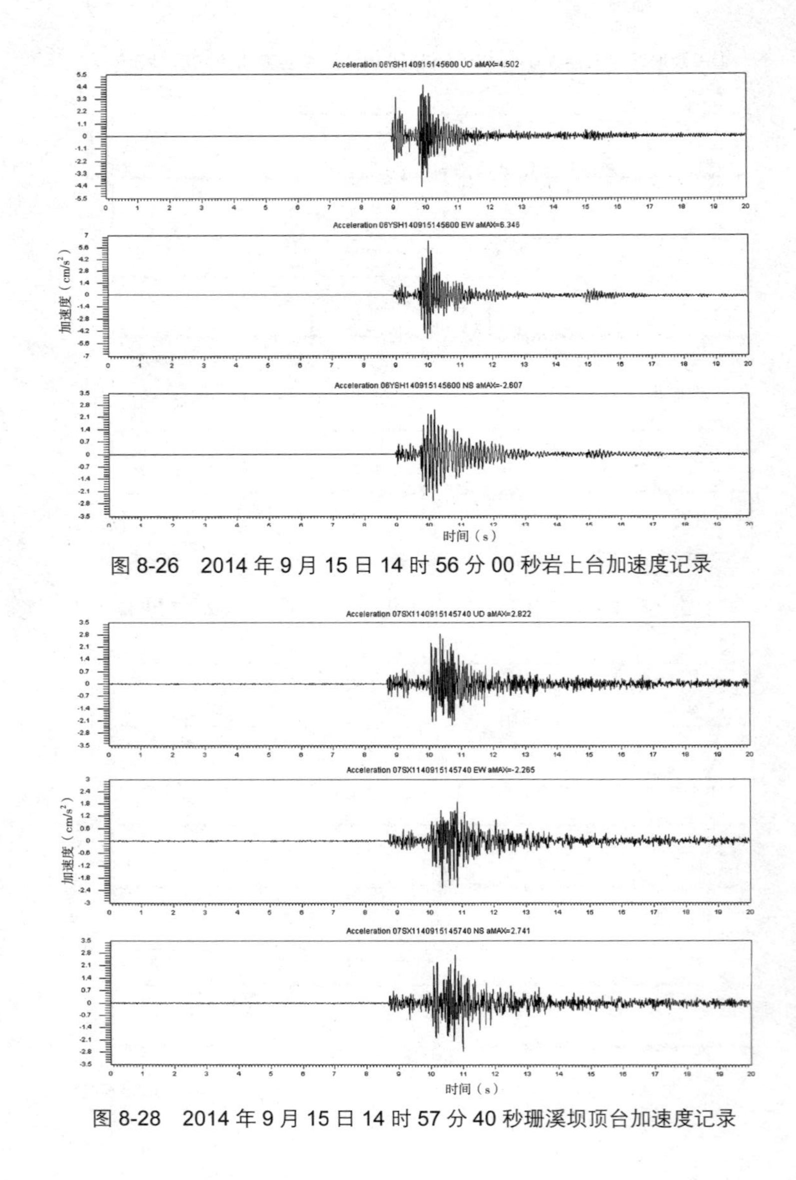

图 8-26　2014 年 9 月 15 日 14 时 56 分 00 秒岩上台加速度记录

图 8-28　2014 年 9 月 15 日 14 时 57 分 40 秒珊溪坝顶台加速度记录

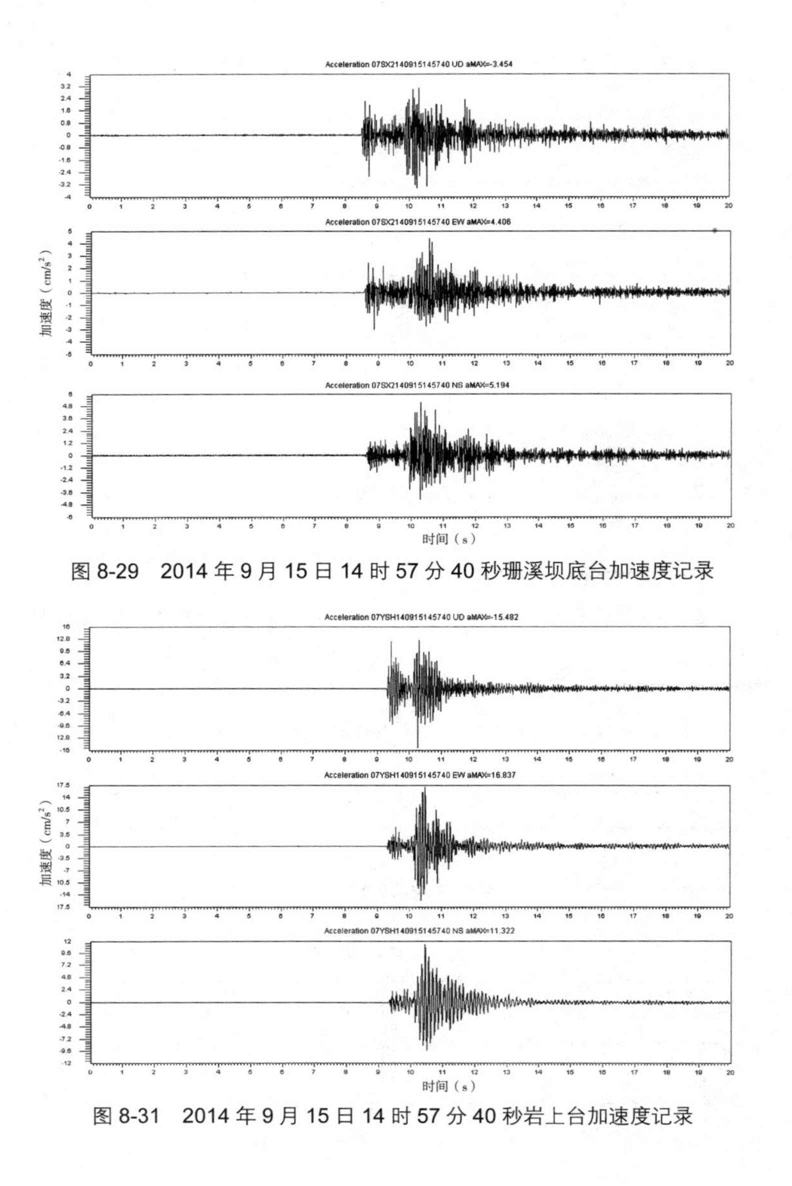

图 8-29 2014 年 9 月 15 日 14 时 57 分 40 秒珊溪坝底台加速度记录

图 8-31 2014 年 9 月 15 日 14 时 57 分 40 秒岩上台加速度记录

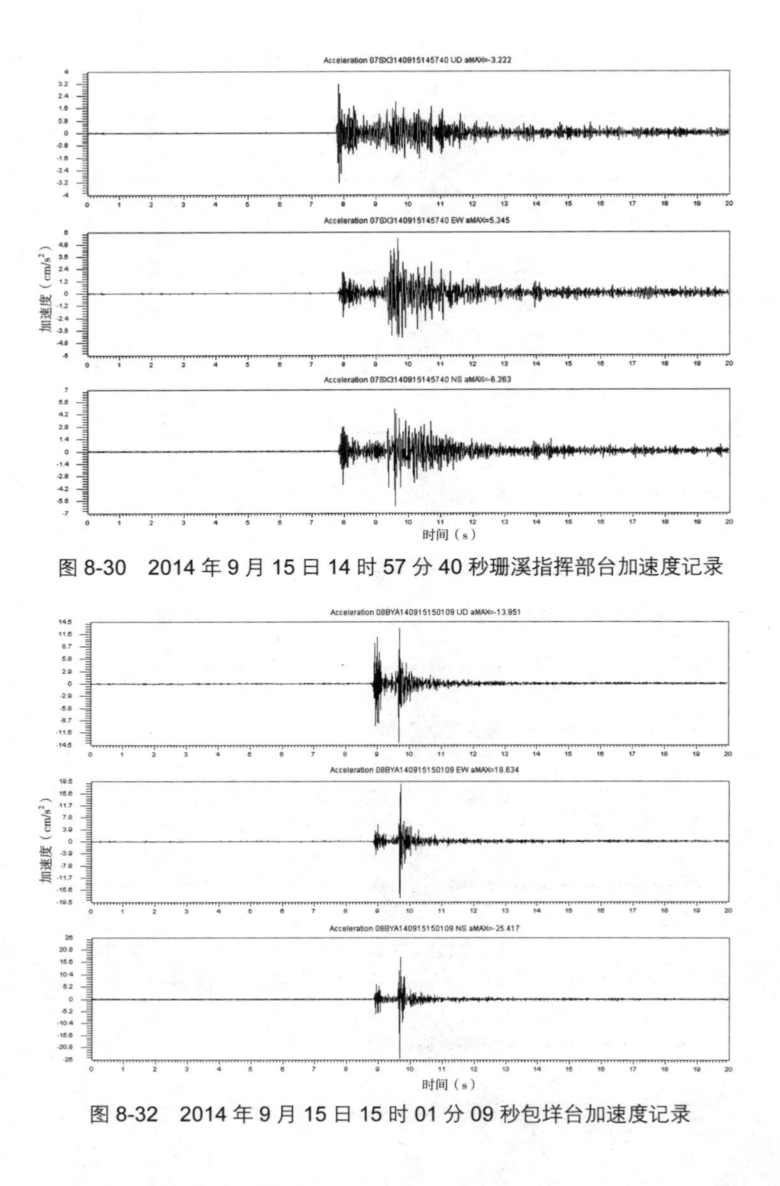

图 8-30 2014 年 9 月 15 日 14 时 57 分 40 秒珊溪指挥部台加速度记录

图 8-32 2014 年 9 月 15 日 15 时 01 分 09 秒包垟台加速度记录

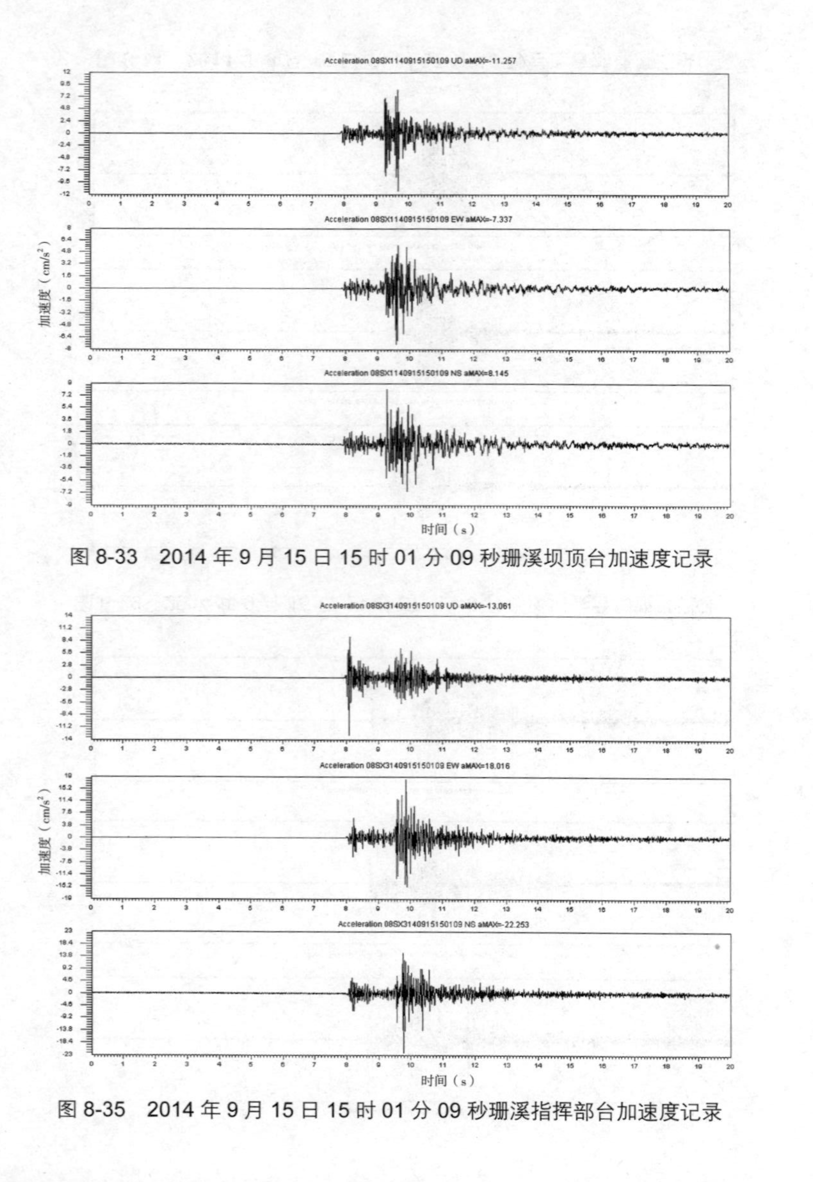

图 8-33　2014 年 9 月 15 日 15 时 01 分 09 秒珊溪坝顶台加速度记录

图 8-35　2014 年 9 月 15 日 15 时 01 分 09 秒珊溪指挥部台加速度记录

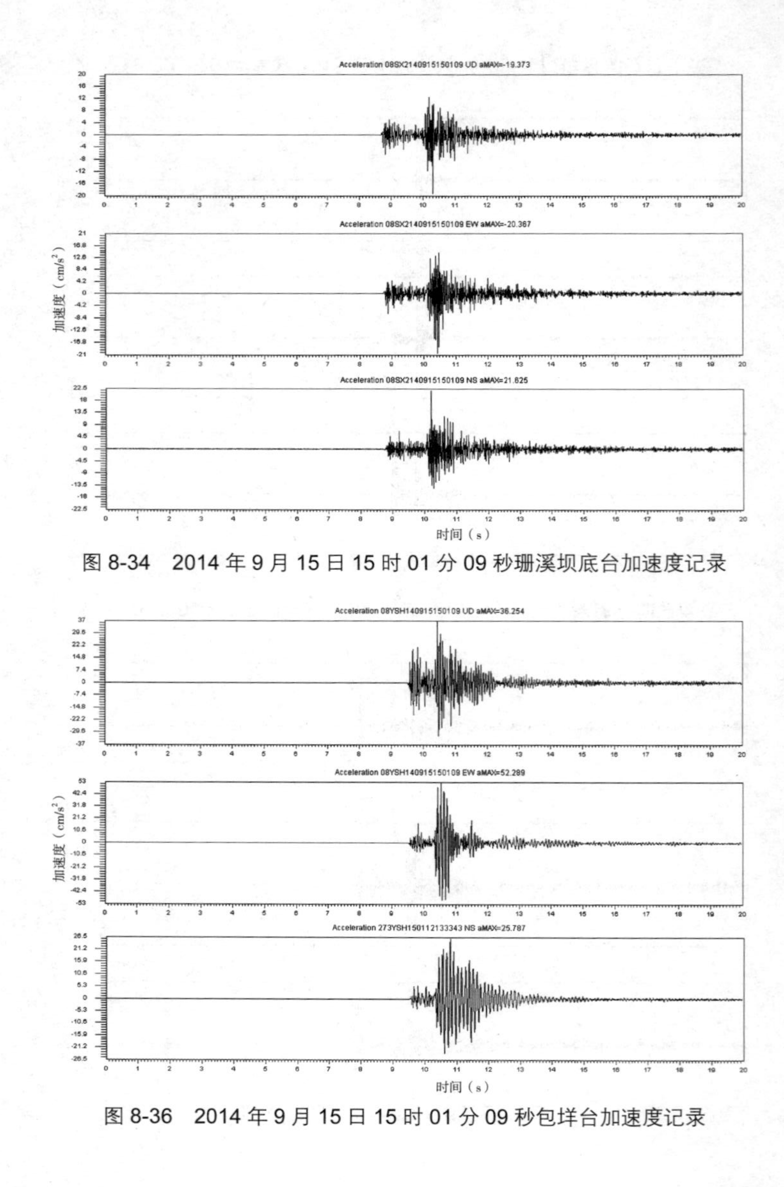

图 8-34　2014 年 9 月 15 日 15 时 01 分 09 秒珊溪坝底台加速度记录

图 8-36　2014 年 9 月 15 日 15 时 01 分 09 秒包垟台加速度记录

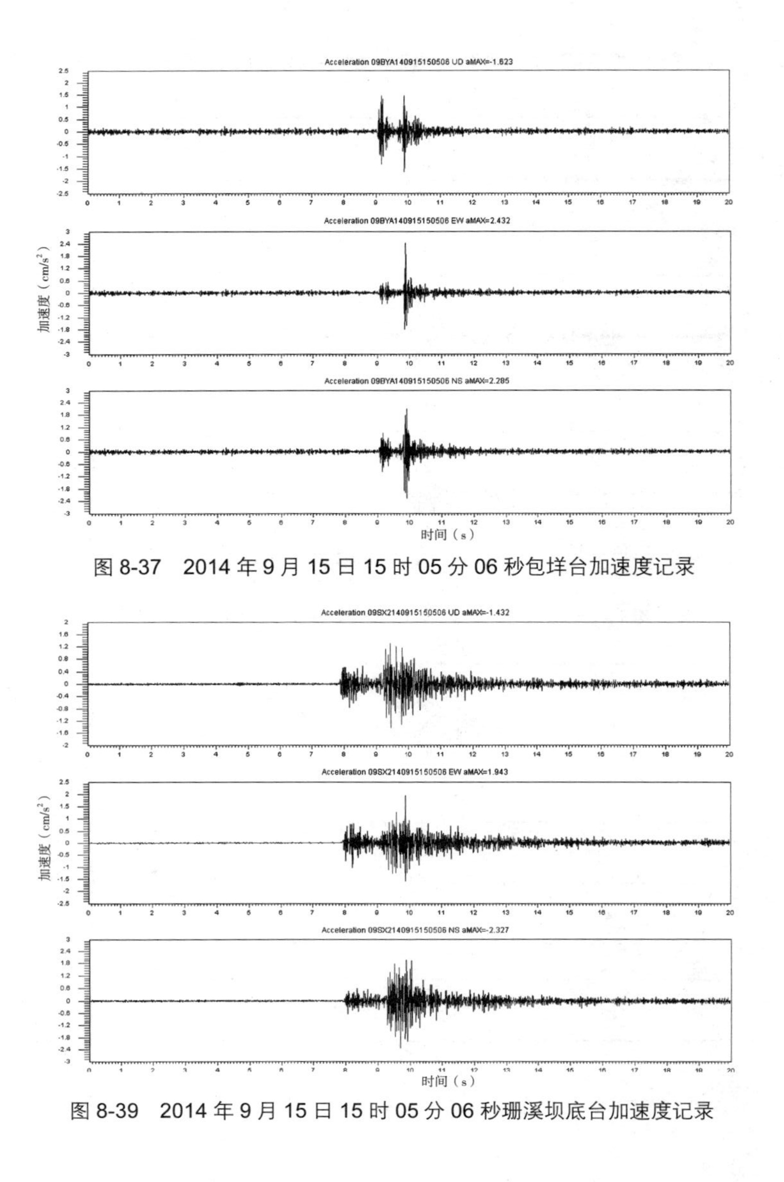

图 8-37　2014 年 9 月 15 日 15 时 05 分 06 秒包垟台加速度记录

图 8-39　2014 年 9 月 15 日 15 时 05 分 06 秒珊溪坝底台加速度记录

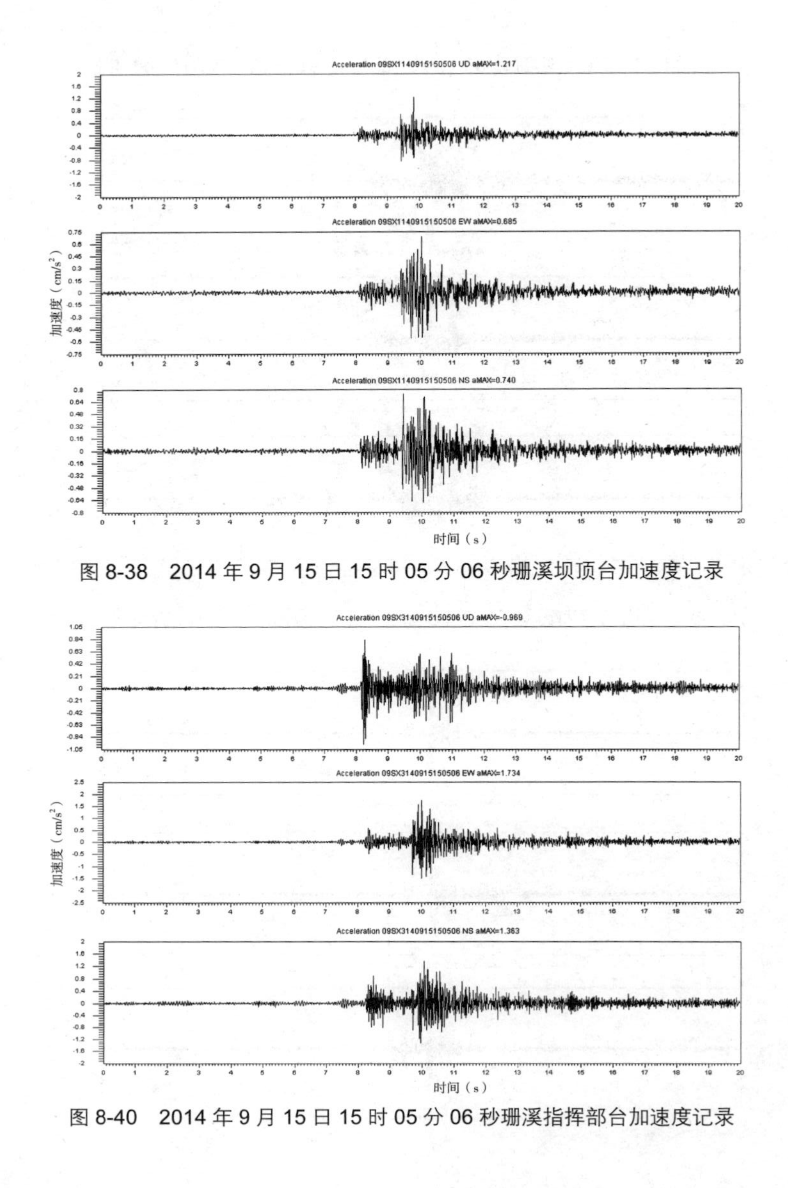

图 8-38　2014 年 9 月 15 日 15 时 05 分 06 秒珊溪坝顶台加速度记录

图 8-40　2014 年 9 月 15 日 15 时 05 分 06 秒珊溪指挥部台加速度记录

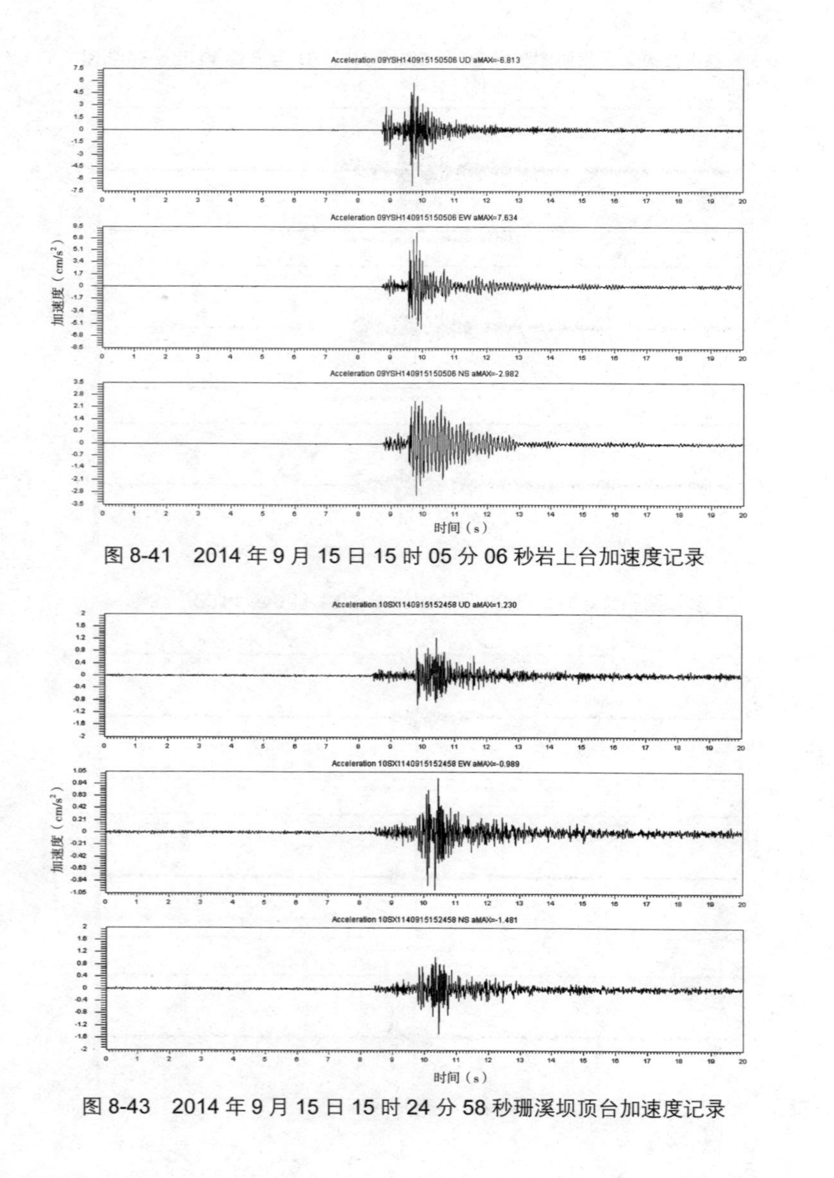

图 8-41　2014 年 9 月 15 日 15 时 05 分 06 秒岩上台加速度记录

图 8-43　2014 年 9 月 15 日 15 时 24 分 58 秒珊溪坝顶台加速度记录

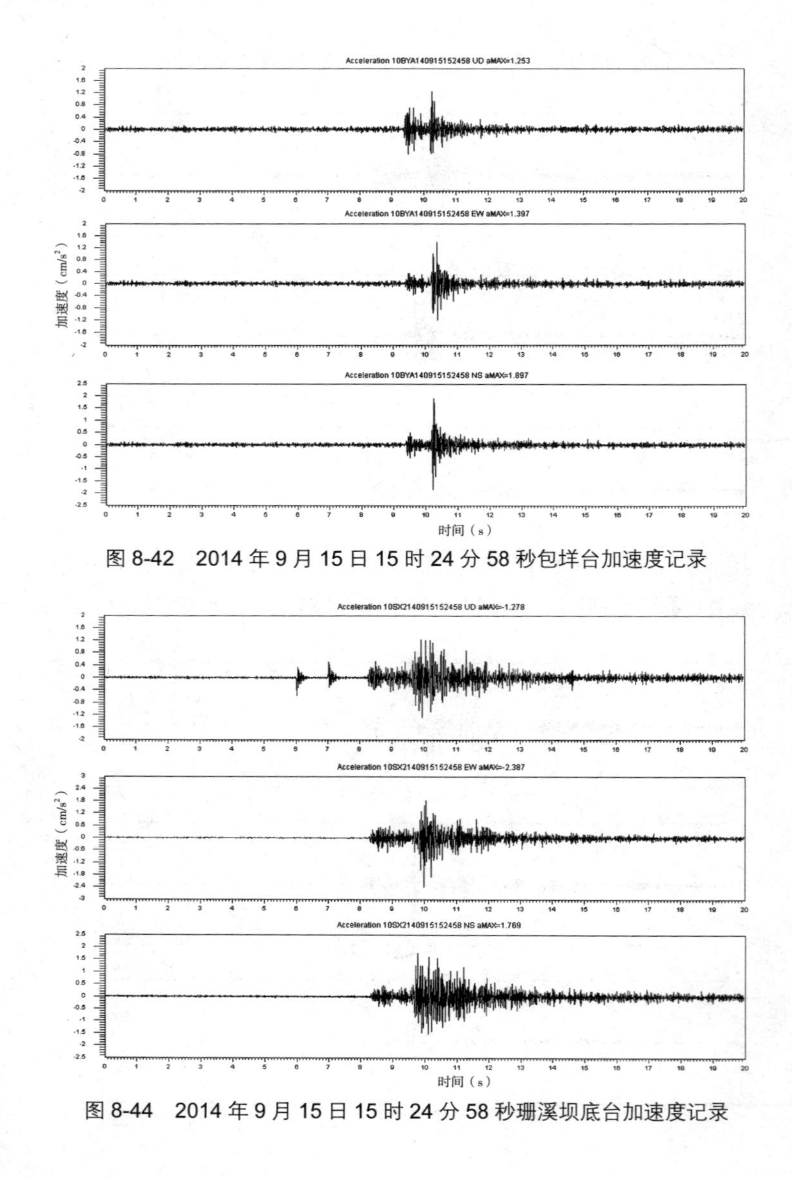

图 8-42　2014 年 9 月 15 日 15 时 24 分 58 秒包垟台加速度记录

图 8-44　2014 年 9 月 15 日 15 时 24 分 58 秒珊溪坝底台加速度记录

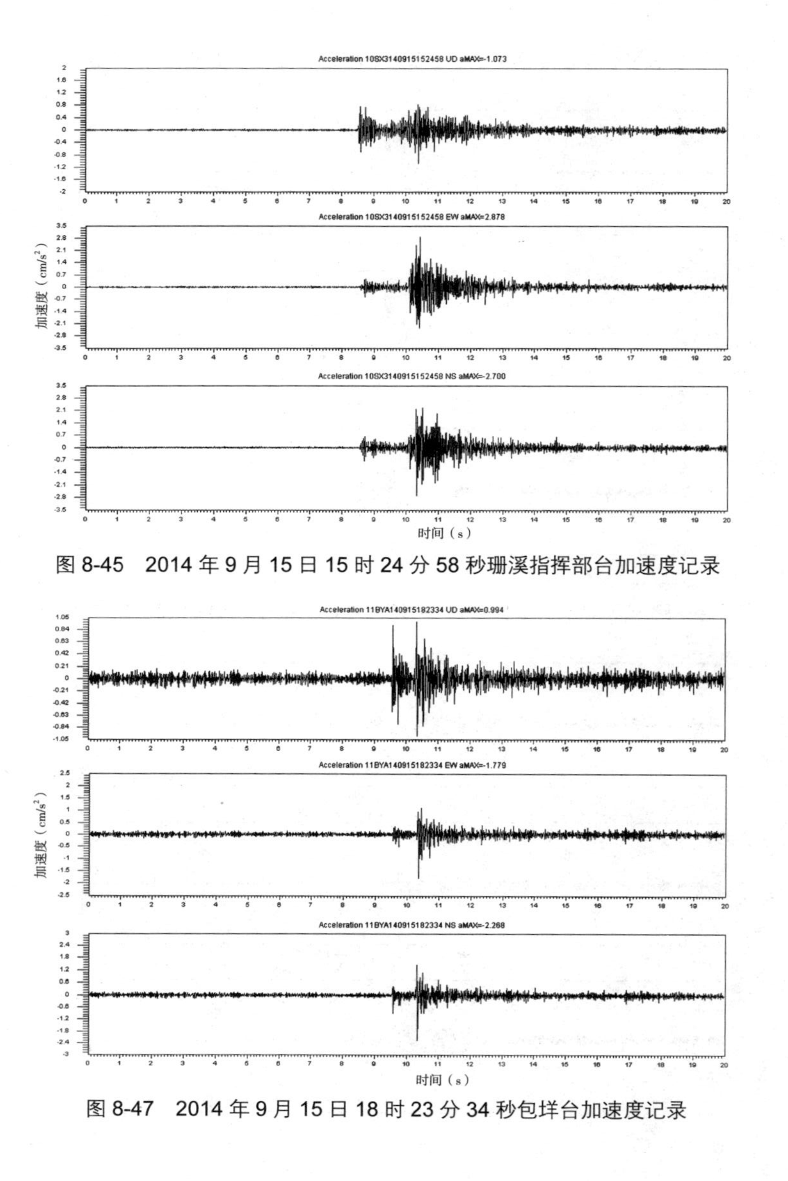

图 8-45　2014 年 9 月 15 日 15 时 24 分 58 秒珊溪指挥部台加速度记录

图 8-47　2014 年 9 月 15 日 18 时 23 分 34 秒包垟台加速度记录

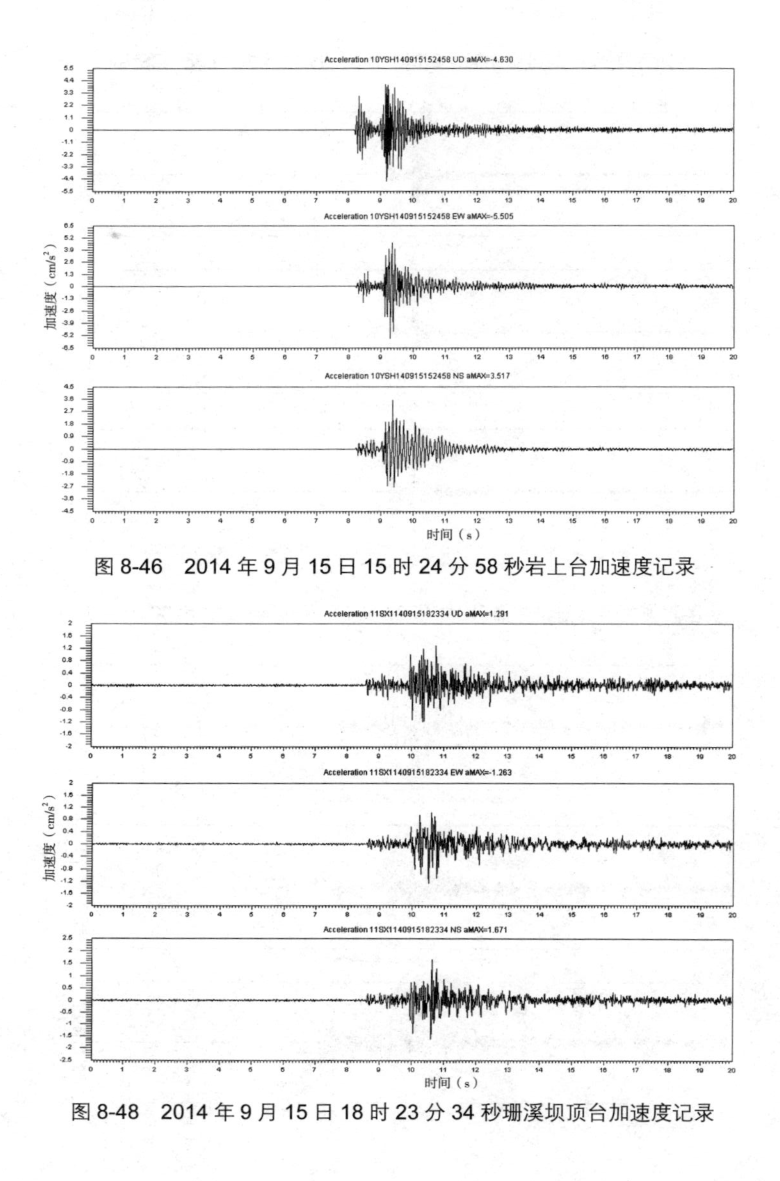

图 8-46　2014 年 9 月 15 日 15 时 24 分 58 秒岩上台加速度记录

图 8-48　2014 年 9 月 15 日 18 时 23 分 34 秒珊溪坝顶台加速度记录

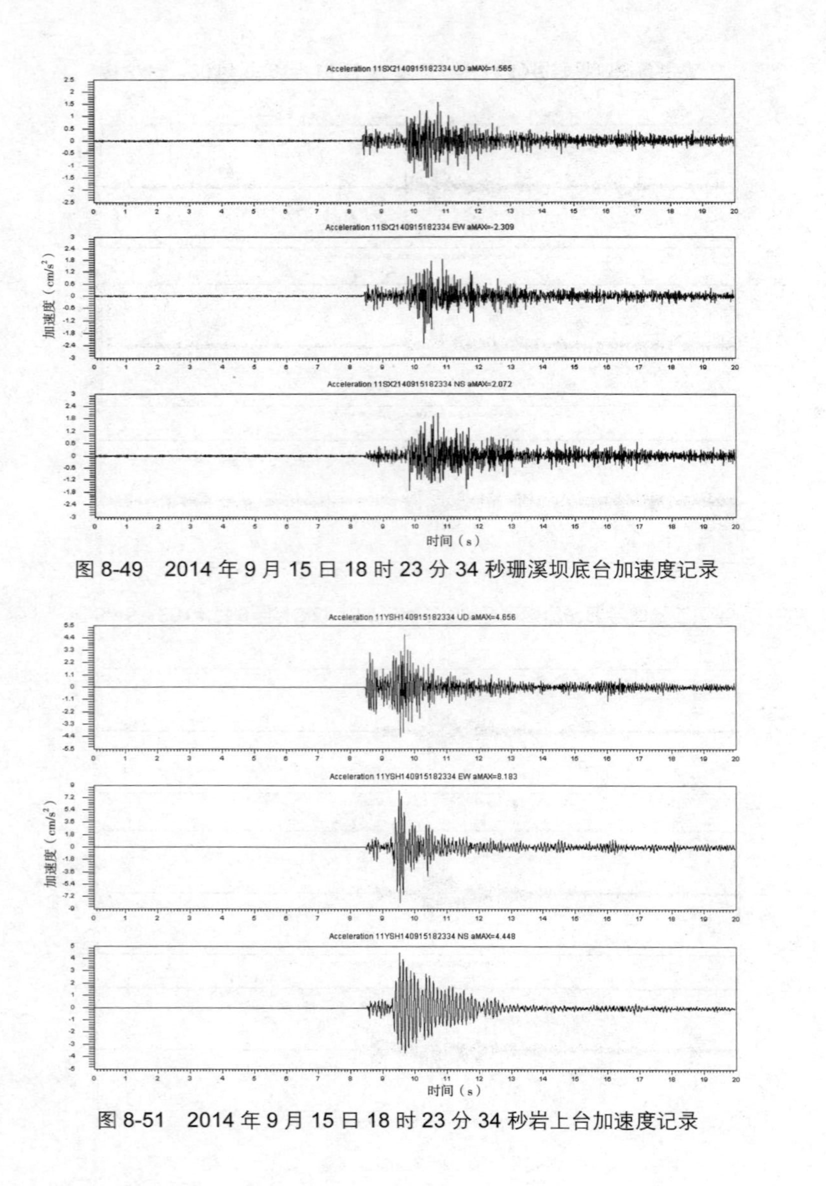

图 8-49　2014 年 9 月 15 日 18 时 23 分 34 秒珊溪坝底台加速度记录

图 8-51　2014 年 9 月 15 日 18 时 23 分 34 秒岩上台加速度记录

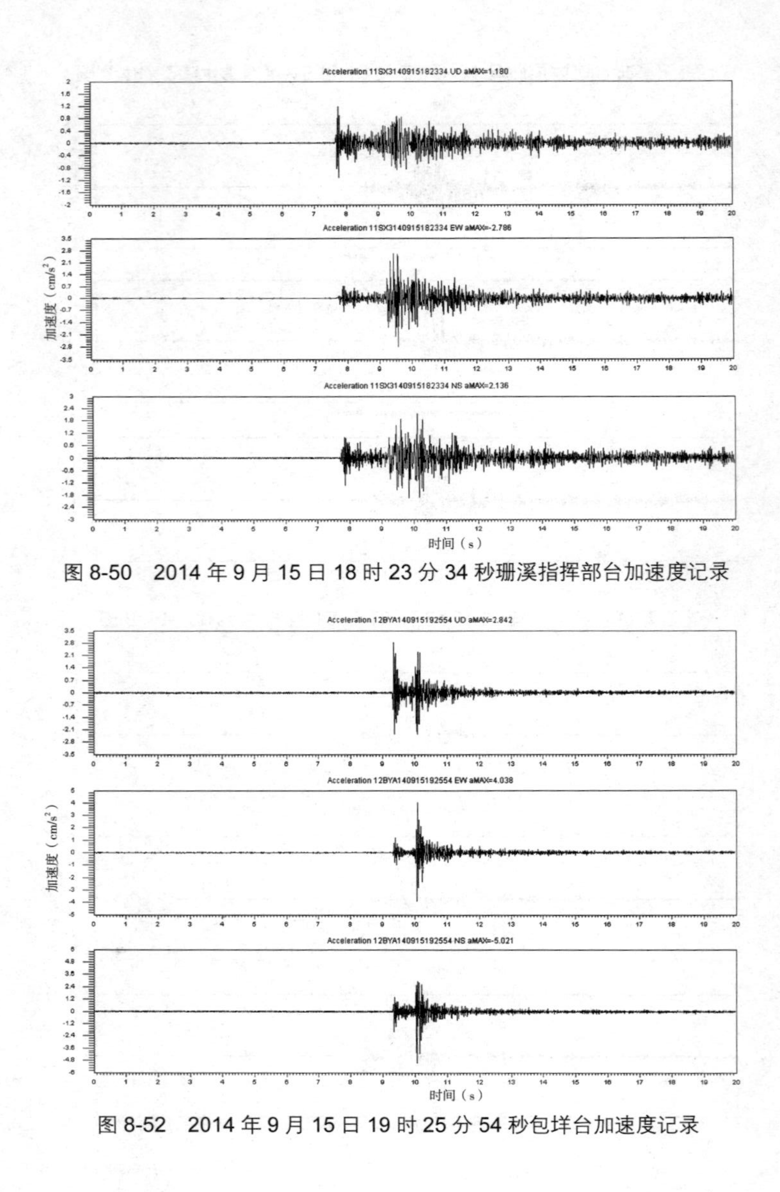

图 8-50　2014 年 9 月 15 日 18 时 23 分 34 秒珊溪指挥部台加速度记录

图 8-52　2014 年 9 月 15 日 19 时 25 分 54 秒包垟台加速度记录

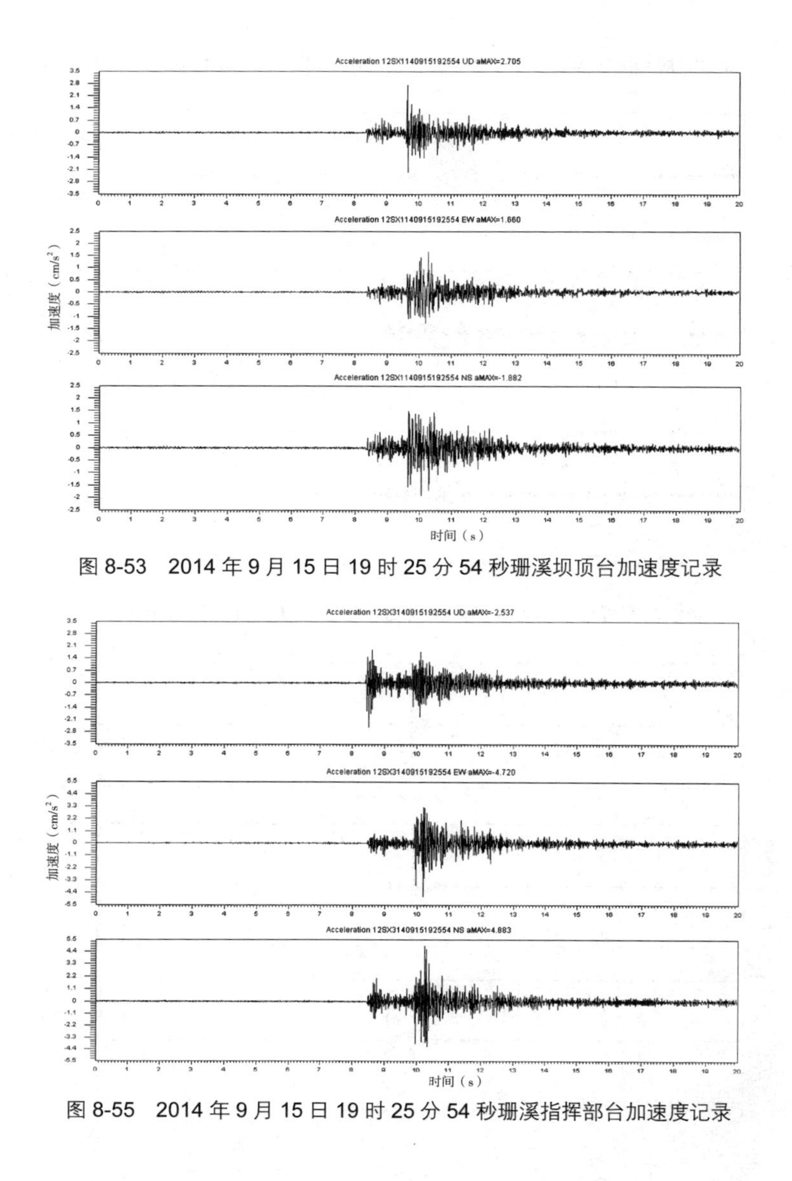

图 8-53　2014 年 9 月 15 日 19 时 25 分 54 秒珊溪坝顶台加速度记录

图 8-55　2014 年 9 月 15 日 19 时 25 分 54 秒珊溪指挥部台加速度记录

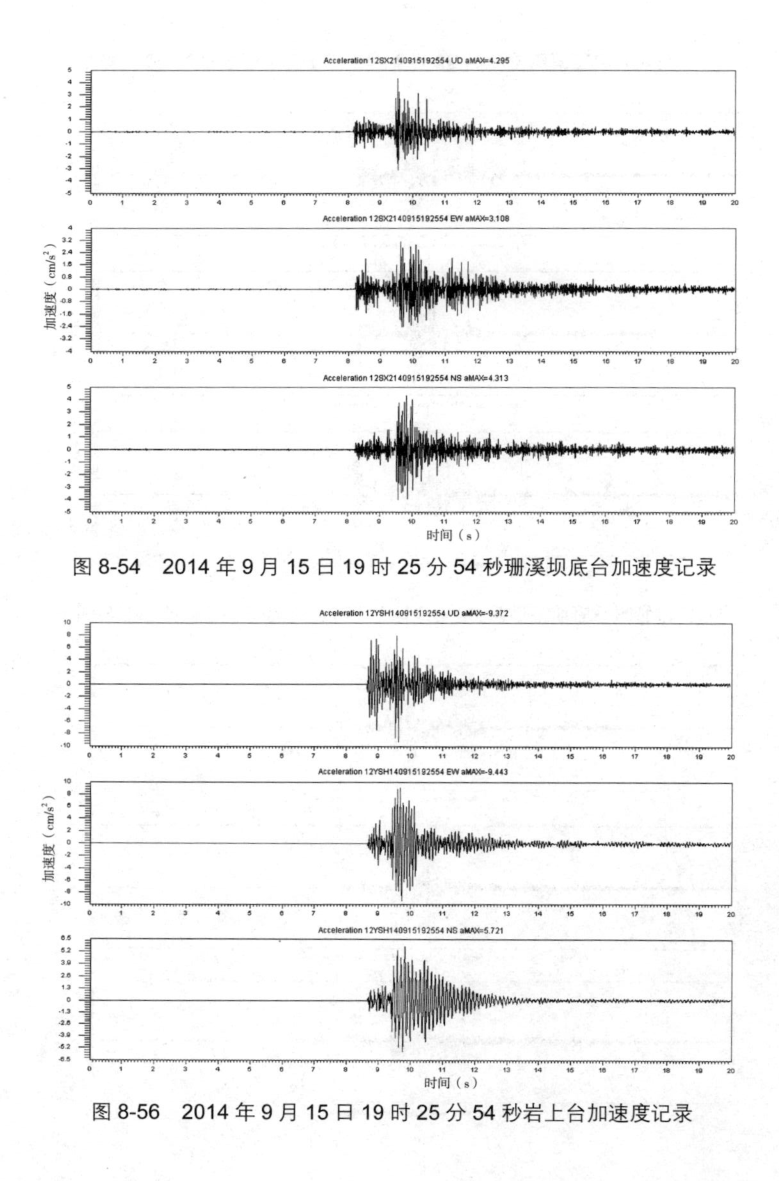

图 8-54　2014 年 9 月 15 日 19 时 25 分 54 秒珊溪坝底台加速度记录

图 8-56　2014 年 9 月 15 日 19 时 25 分 54 秒岩上台加速度记录

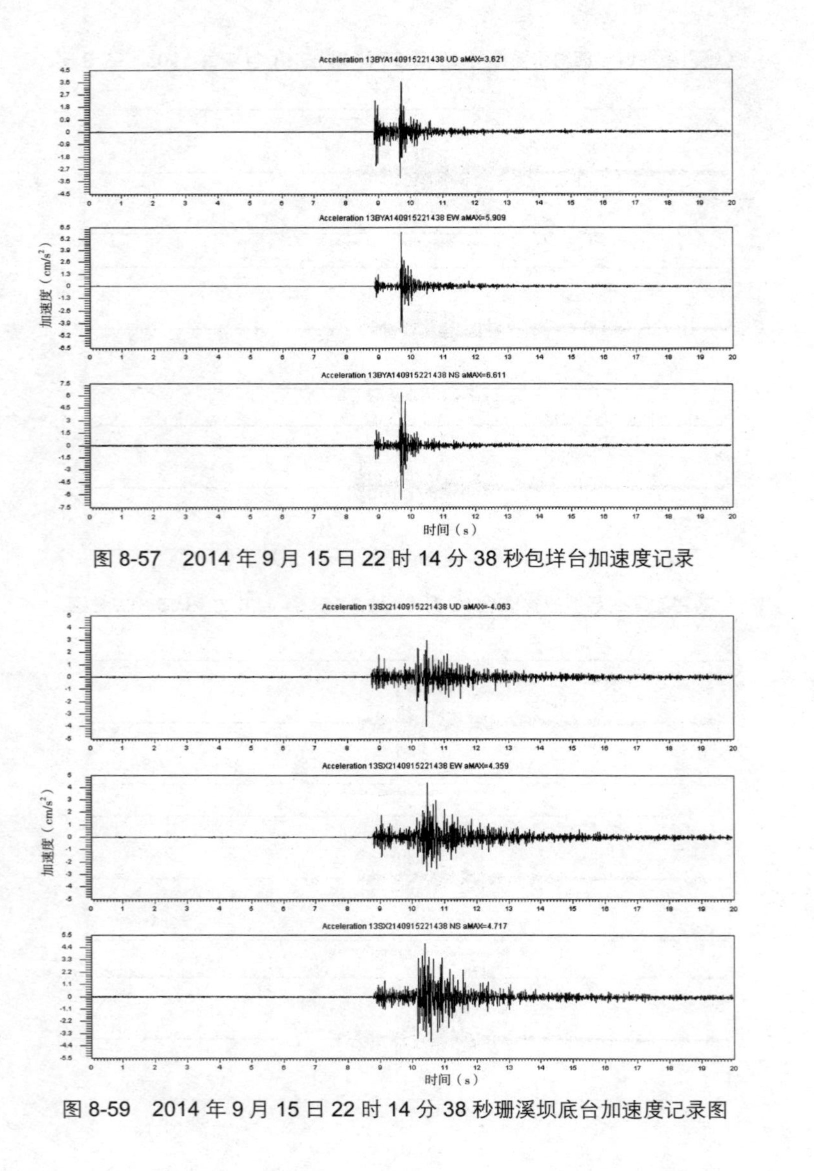

图 8-57　2014 年 9 月 15 日 22 时 14 分 38 秒包垟台加速度记录

图 8-59　2014 年 9 月 15 日 22 时 14 分 38 秒珊溪坝底台加速度记录图

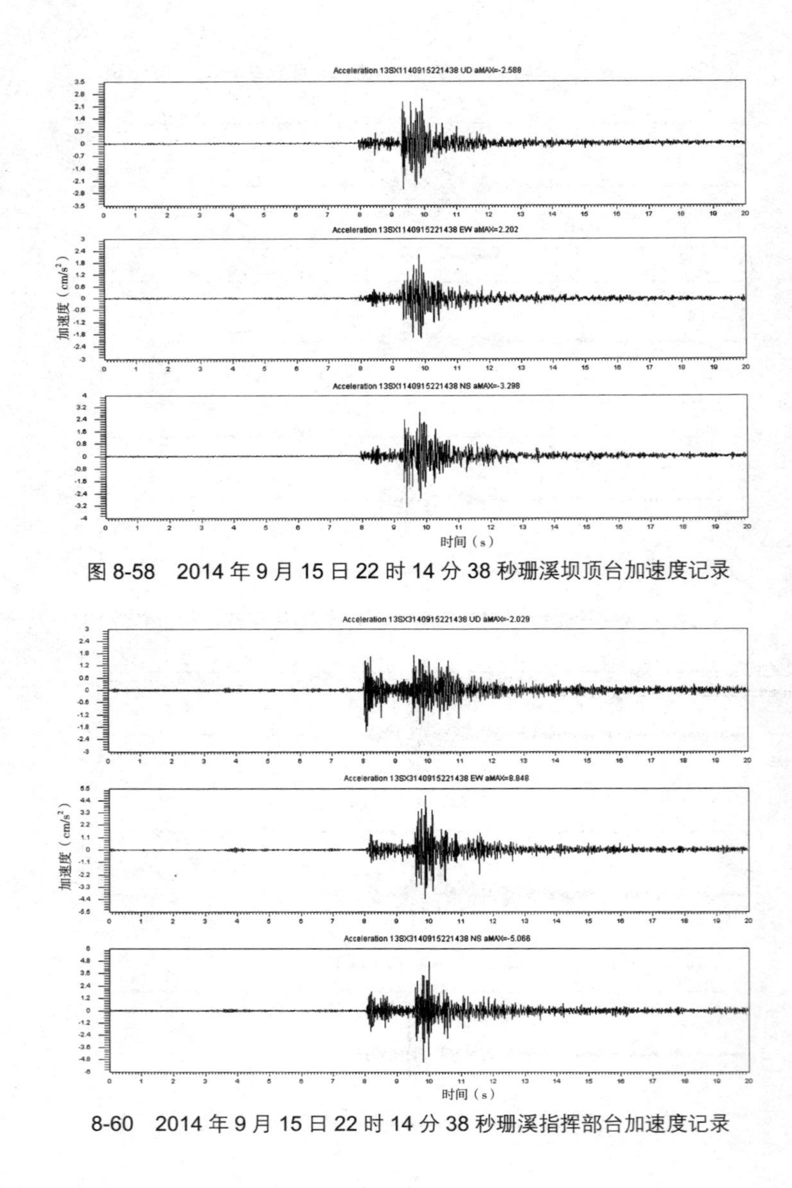

图 8-58　2014 年 9 月 15 日 22 时 14 分 38 秒珊溪坝顶台加速度记录

8-60　2014 年 9 月 15 日 22 时 14 分 38 秒珊溪指挥部台加速度记录

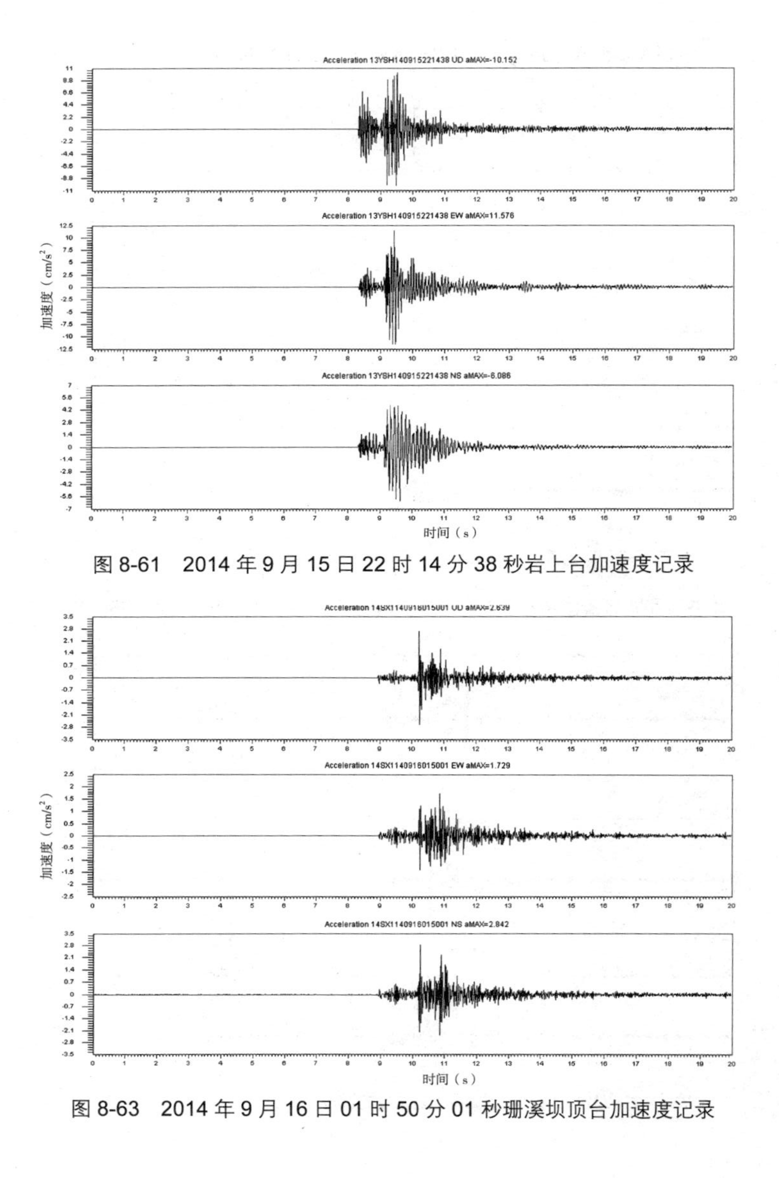

图 8-61　2014 年 9 月 15 日 22 时 14 分 38 秒岩上台加速度记录

图 8-63　2014 年 9 月 16 日 01 时 50 分 01 秒珊溪坝顶台加速度记录

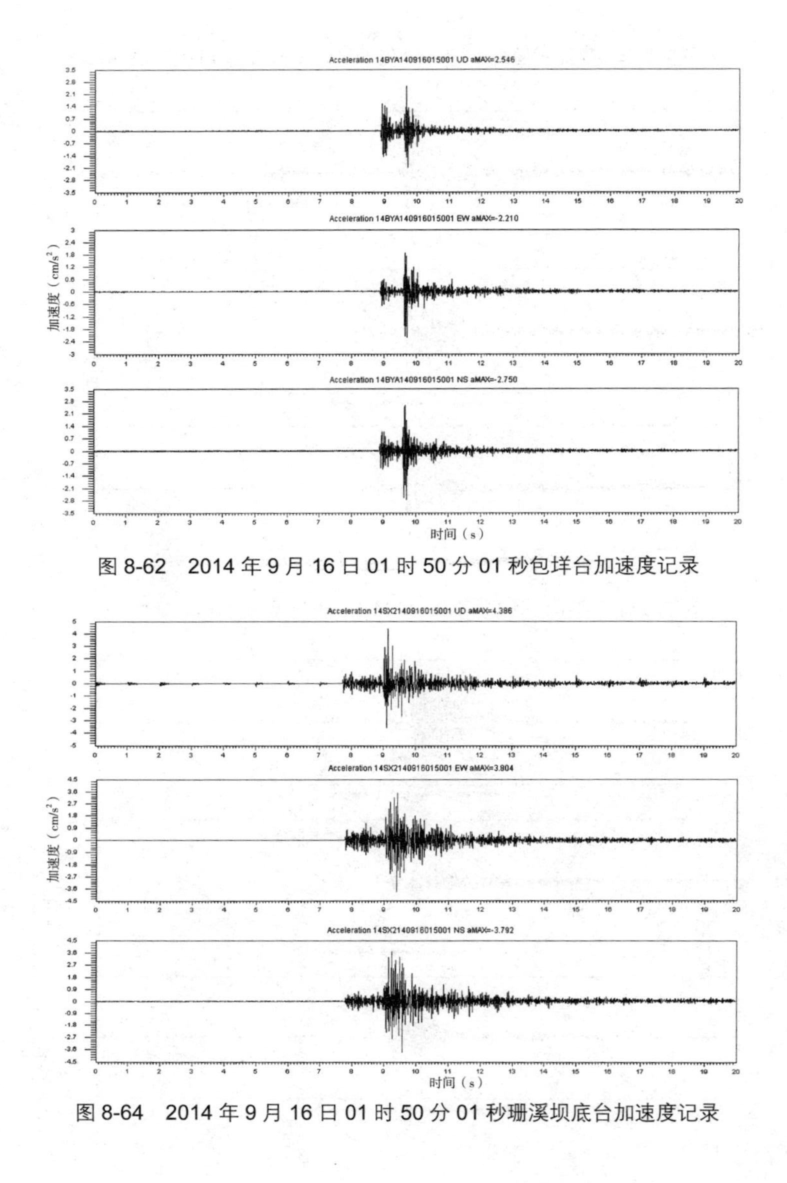

图 8-62　2014 年 9 月 16 日 01 时 50 分 01 秒包垟台加速度记录

图 8-64　2014 年 9 月 16 日 01 时 50 分 01 秒珊溪坝底台加速度记录

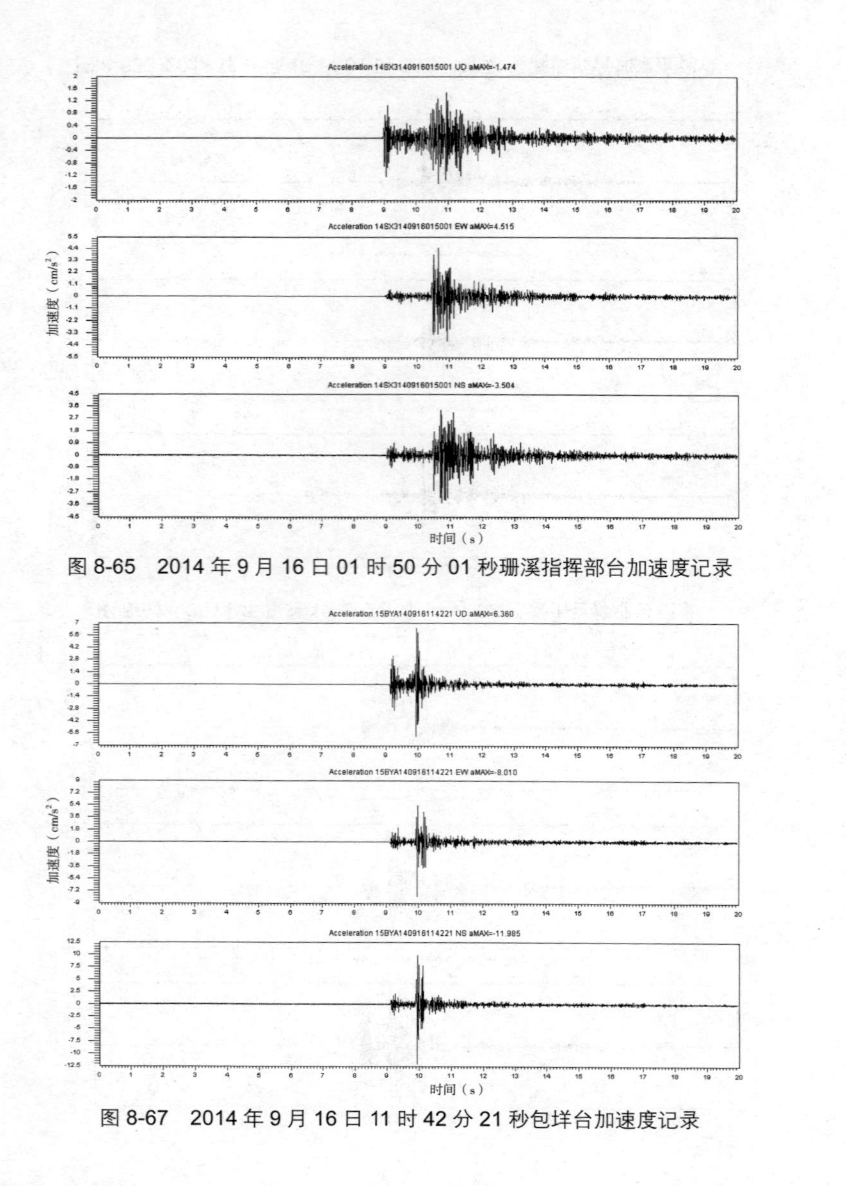

图 8-65　2014 年 9 月 16 日 01 时 50 分 01 秒珊溪指挥部台加速度记录

图 8-67　2014 年 9 月 16 日 11 时 42 分 21 秒包垟台加速度记录

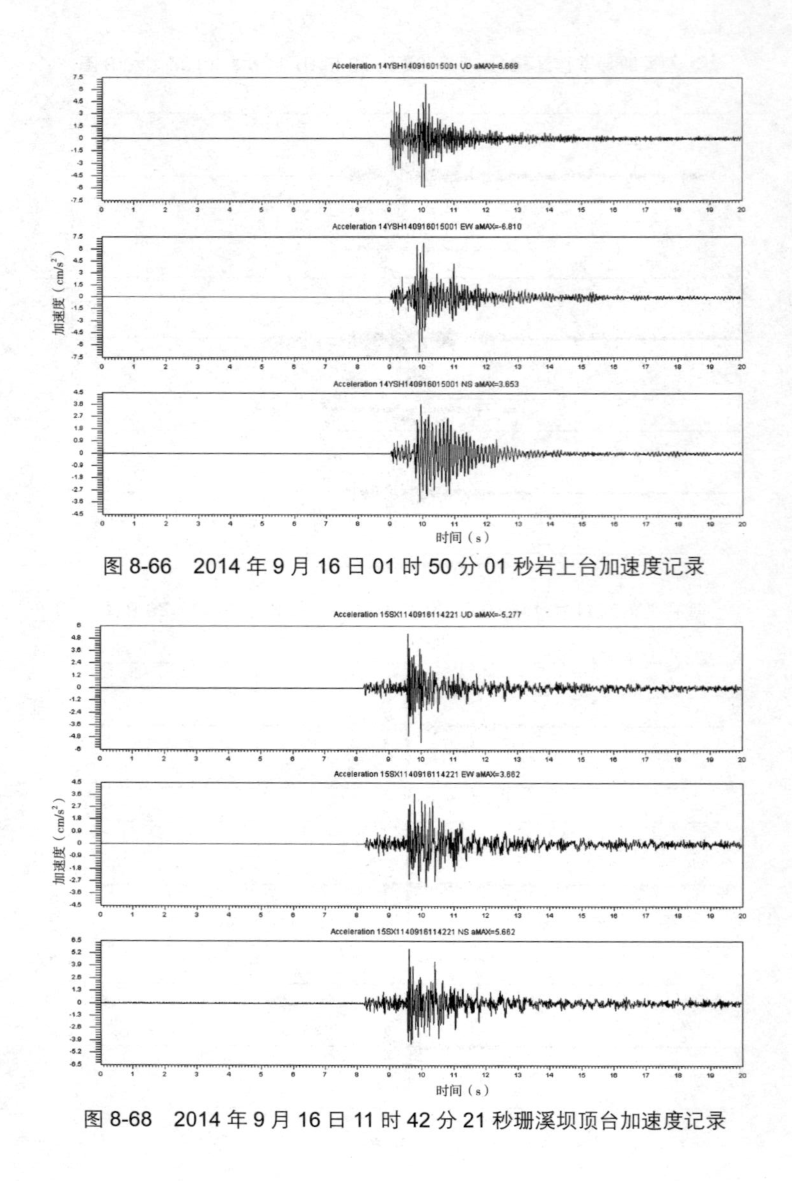

图 8-66　2014 年 9 月 16 日 01 时 50 分 01 秒岩上台加速度记录

图 8-68　2014 年 9 月 16 日 11 时 42 分 21 秒珊溪坝顶台加速度记录

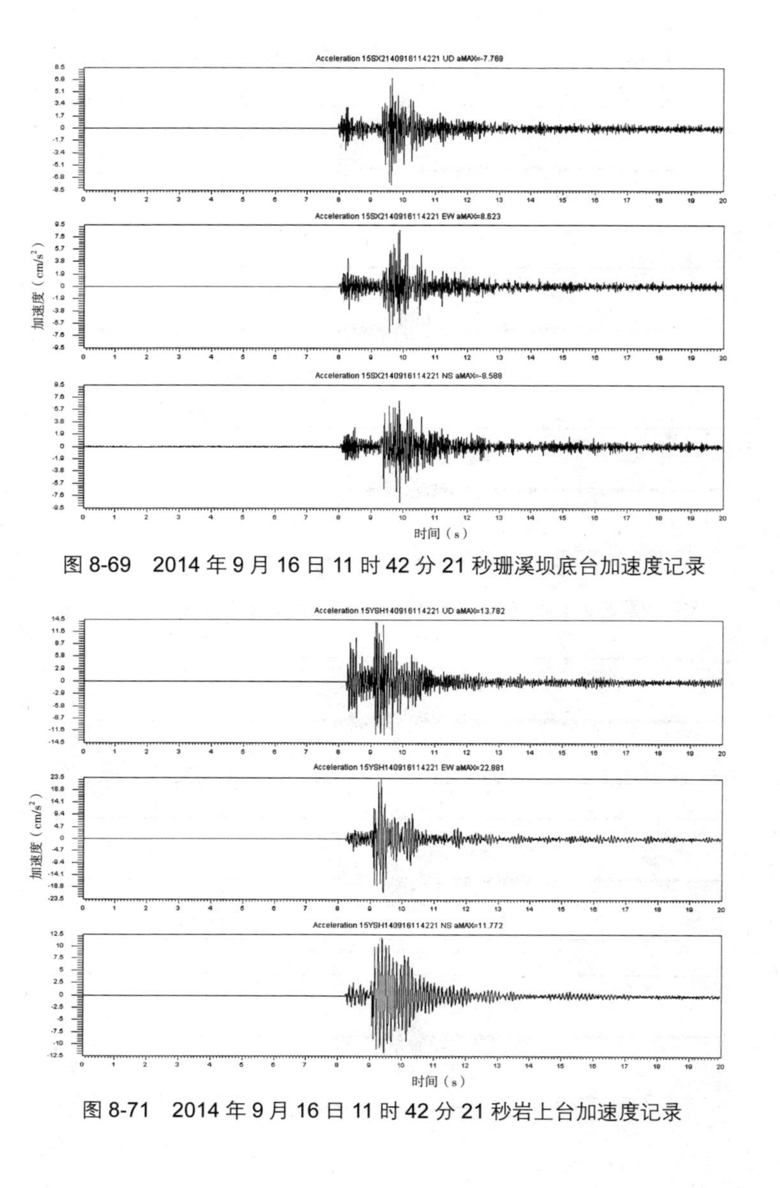

图 8-69　2014 年 9 月 16 日 11 时 42 分 21 秒珊溪坝底台加速度记录

图 8-71　2014 年 9 月 16 日 11 时 42 分 21 秒岩上台加速度记录

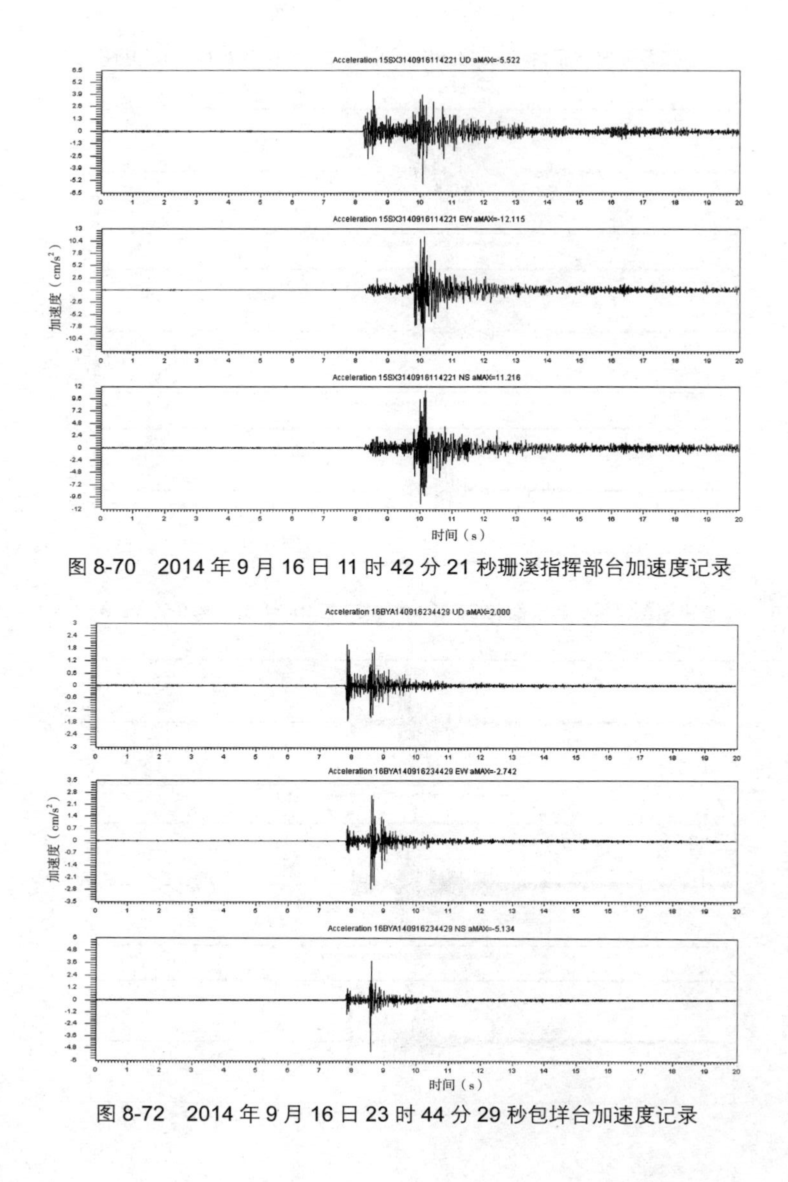

图 8-70　2014 年 9 月 16 日 11 时 42 分 21 秒珊溪指挥部台加速度记录

图 8-72　2014 年 9 月 16 日 23 时 44 分 29 秒包垟台加速度记录

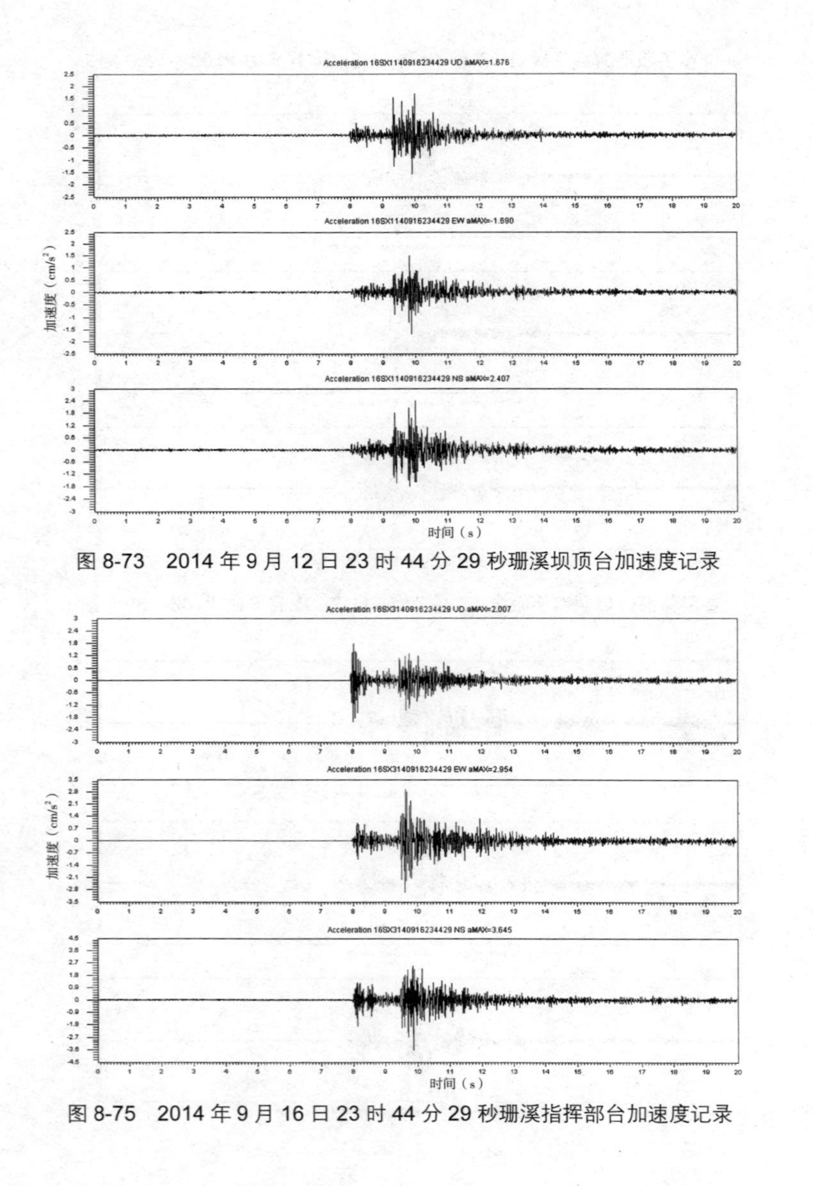

图 8-73　2014 年 9 月 12 日 23 时 44 分 29 秒珊溪坝顶台加速度记录

图 8-75　2014 年 9 月 16 日 23 时 44 分 29 秒珊溪指挥部台加速度记录

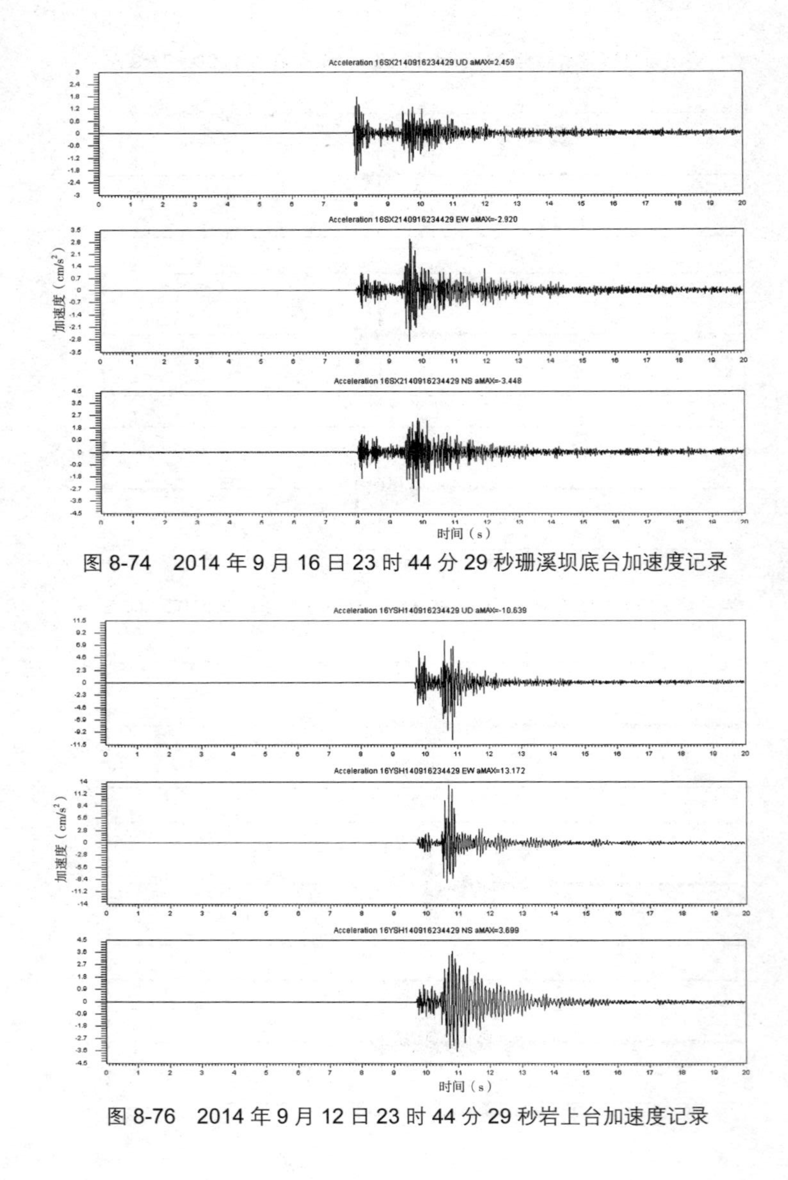

图 8-74　2014 年 9 月 16 日 23 时 44 分 29 秒珊溪坝底台加速度记录

图 8-76　2014 年 9 月 12 日 23 时 44 分 29 秒岩上台加速度记录

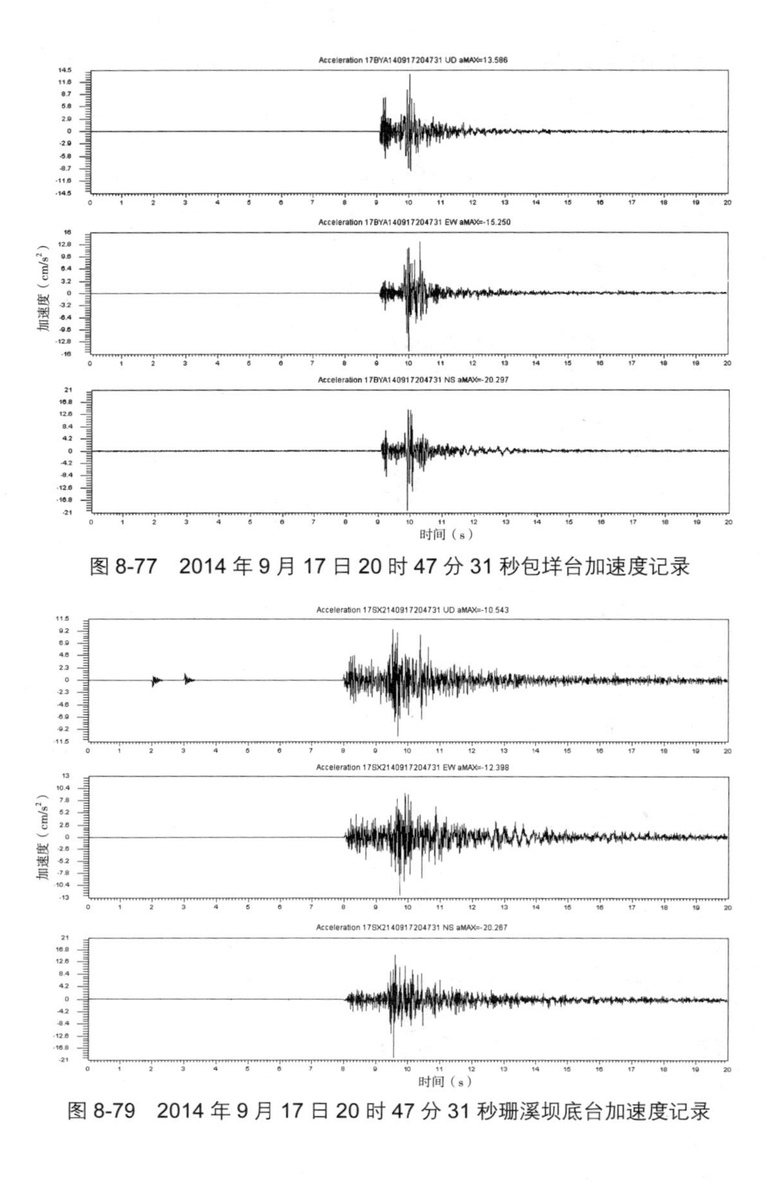

图 8-77 2014 年 9 月 17 日 20 时 47 分 31 秒包垟台加速度记录

图 8-79 2014 年 9 月 17 日 20 时 47 分 31 秒珊溪坝底台加速度记录

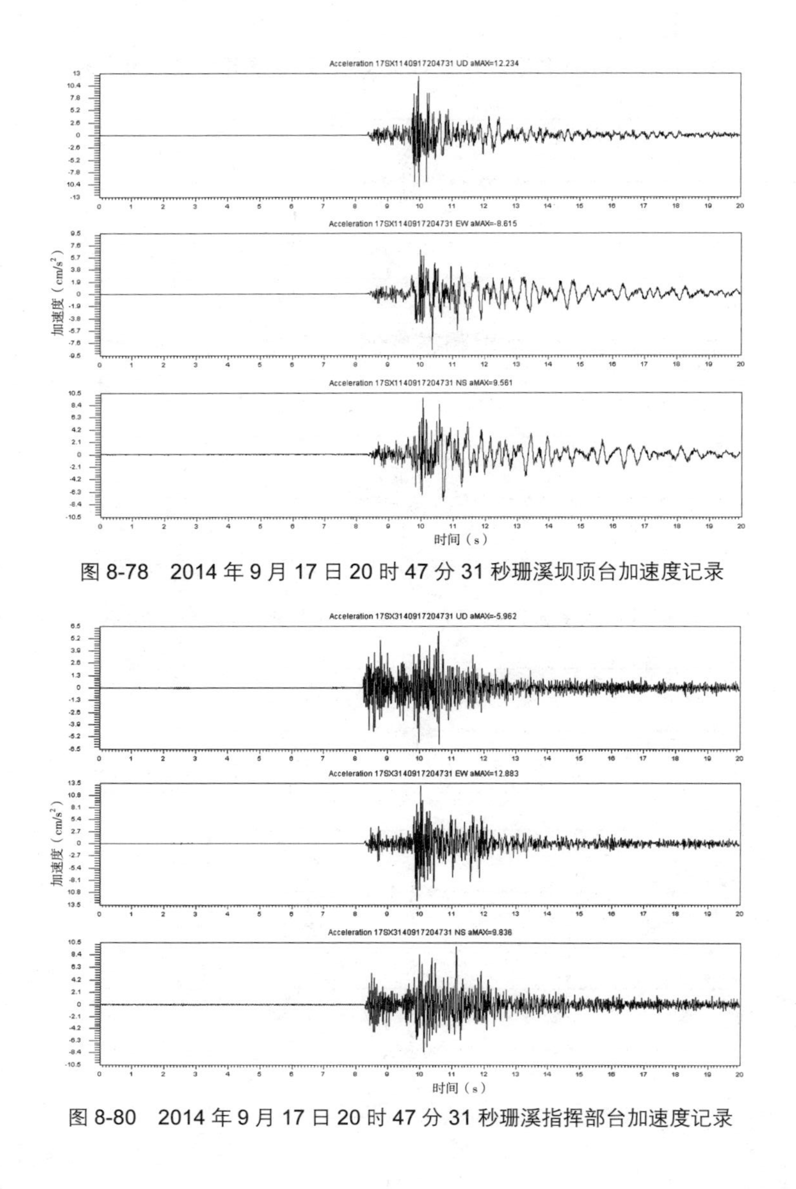

图 8-78 2014 年 9 月 17 日 20 时 47 分 31 秒珊溪坝顶台加速度记录

图 8-80 2014 年 9 月 17 日 20 时 47 分 31 秒珊溪指挥部台加速度记录

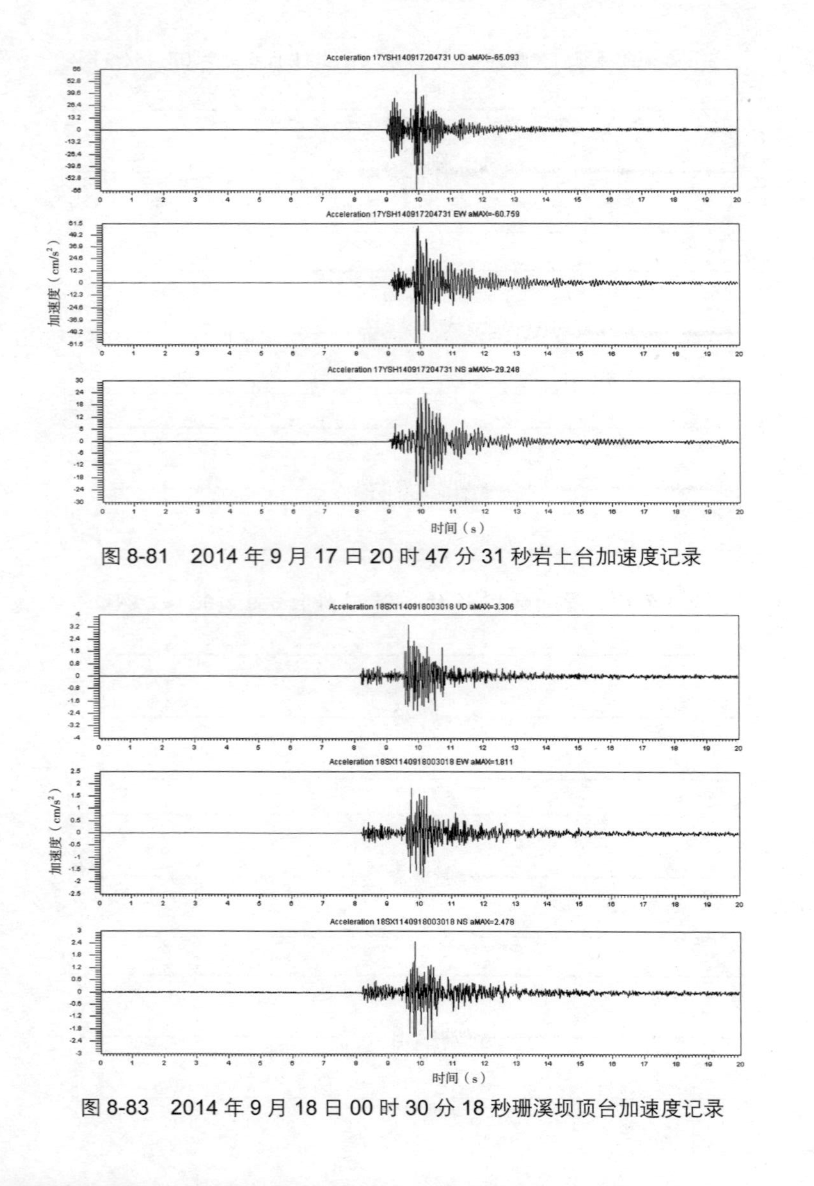

图 8-81　2014 年 9 月 17 日 20 时 47 分 31 秒岩上台加速度记录

图 8-83　2014 年 9 月 18 日 00 时 30 分 18 秒珊溪坝顶台加速度记录

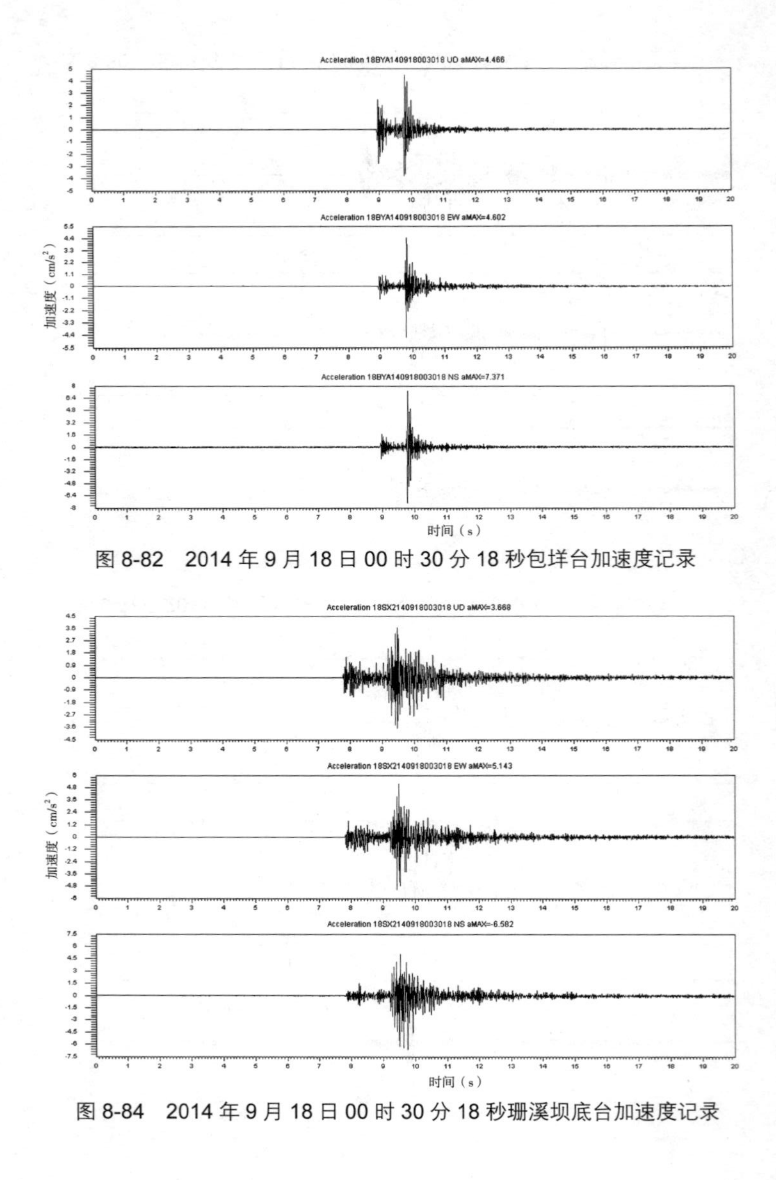

图 8-82　2014 年 9 月 18 日 00 时 30 分 18 秒包垟台加速度记录

图 8-84　2014 年 9 月 18 日 00 时 30 分 18 秒珊溪坝底台加速度记录

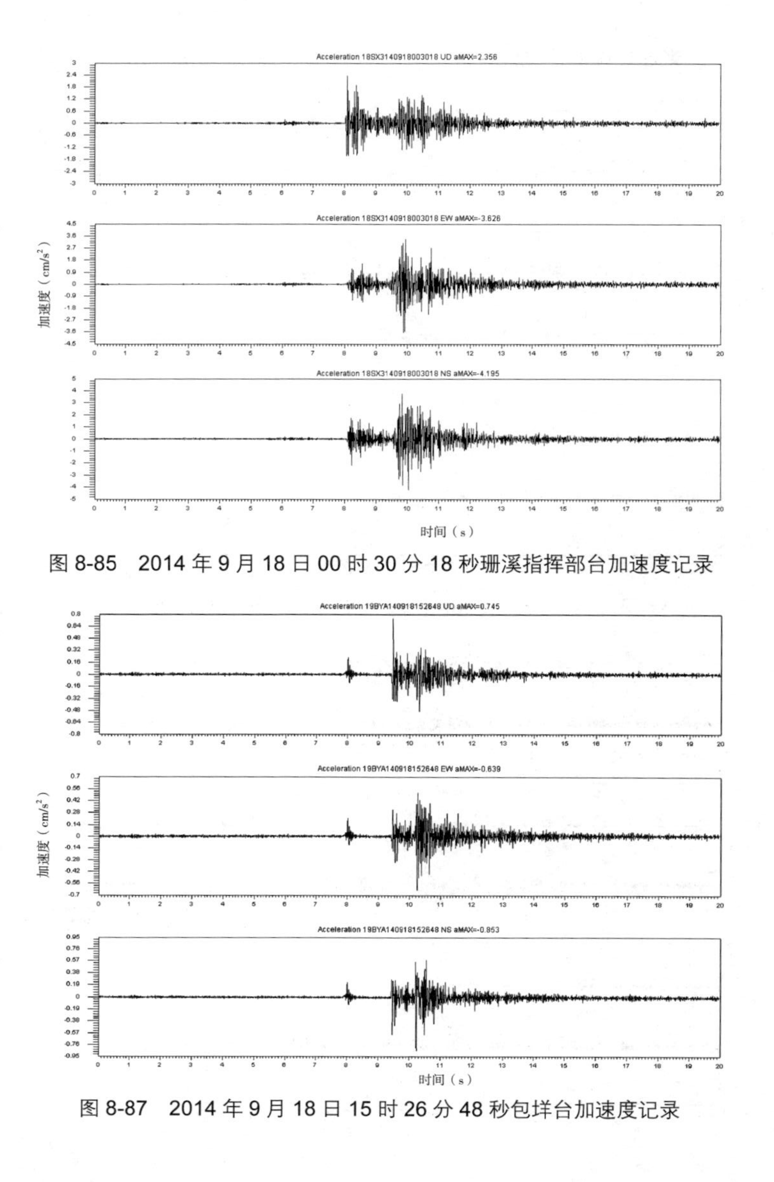

图 8-85 2014 年 9 月 18 日 00 时 30 分 18 秒珊溪指挥部台加速度记录

图 8-87 2014 年 9 月 18 日 15 时 26 分 48 秒包垟台加速度记录

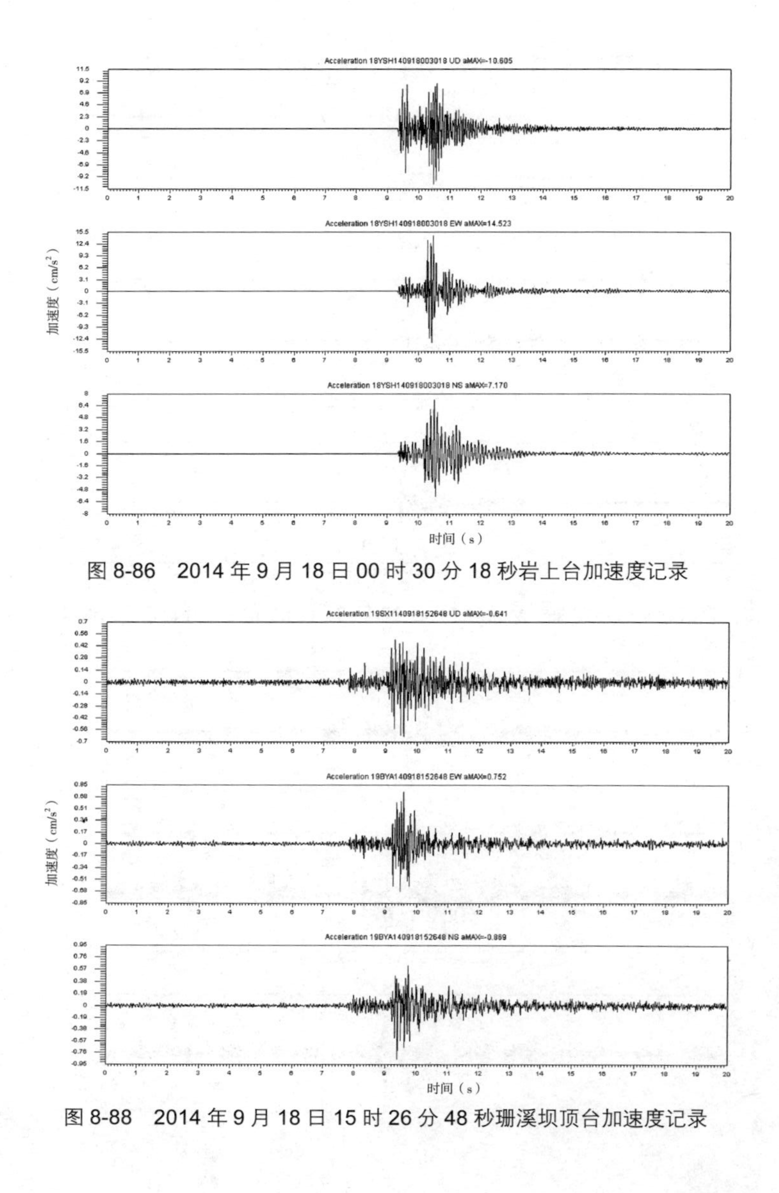

图 8-86 2014 年 9 月 18 日 00 时 30 分 18 秒岩上台加速度记录

图 8-88 2014 年 9 月 18 日 15 时 26 分 48 秒珊溪坝顶台加速度记录

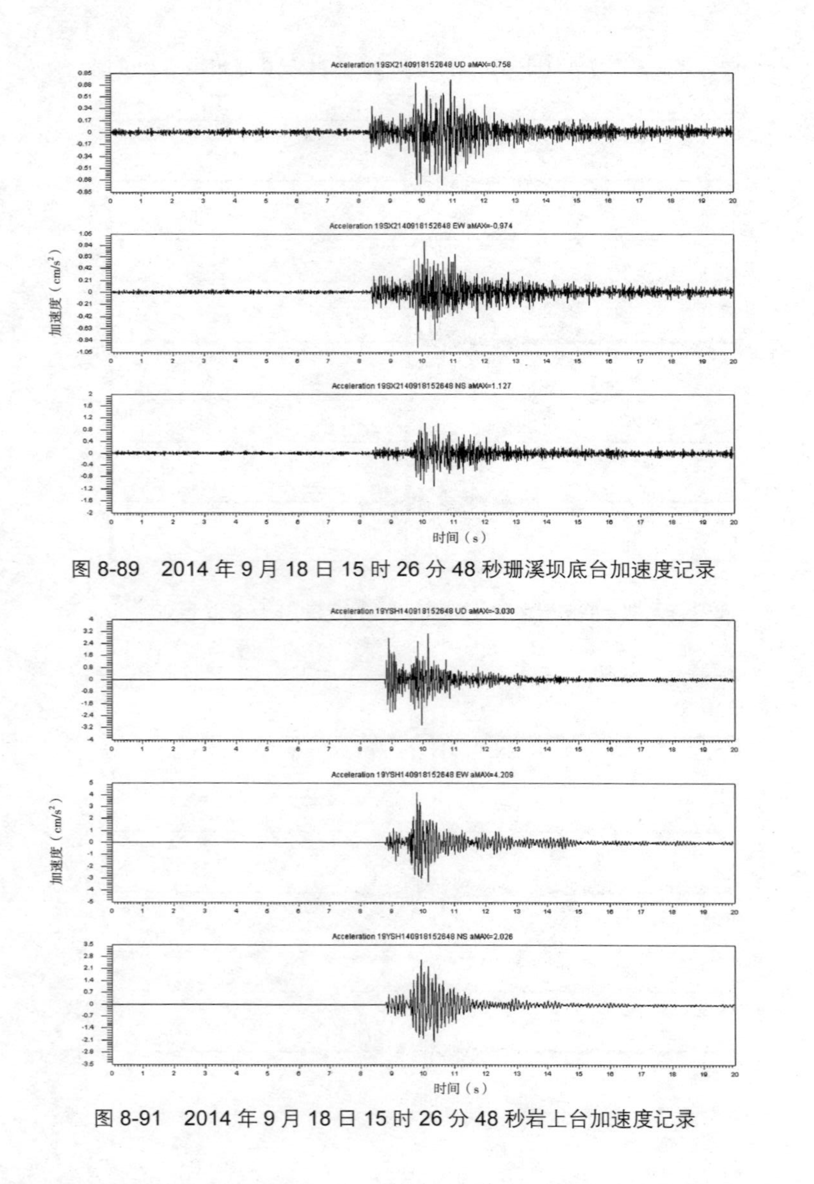

图 8-89　2014 年 9 月 18 日 15 时 26 分 48 秒珊溪坝底台加速度记录

图 8-91　2014 年 9 月 18 日 15 时 26 分 48 秒岩上台加速度记录

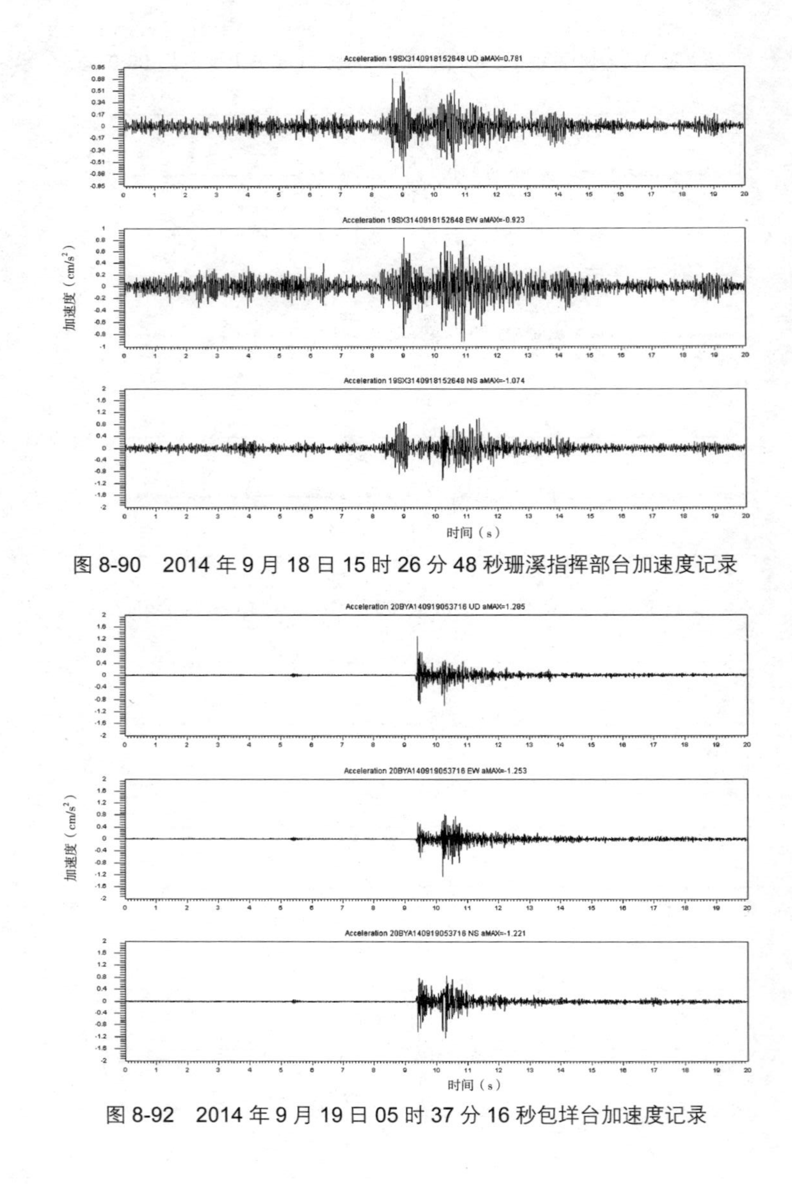

图 8-90　2014 年 9 月 18 日 15 时 26 分 48 秒珊溪指挥部台加速度记录

图 8-92　2014 年 9 月 19 日 05 时 37 分 16 秒包垟台加速度记录

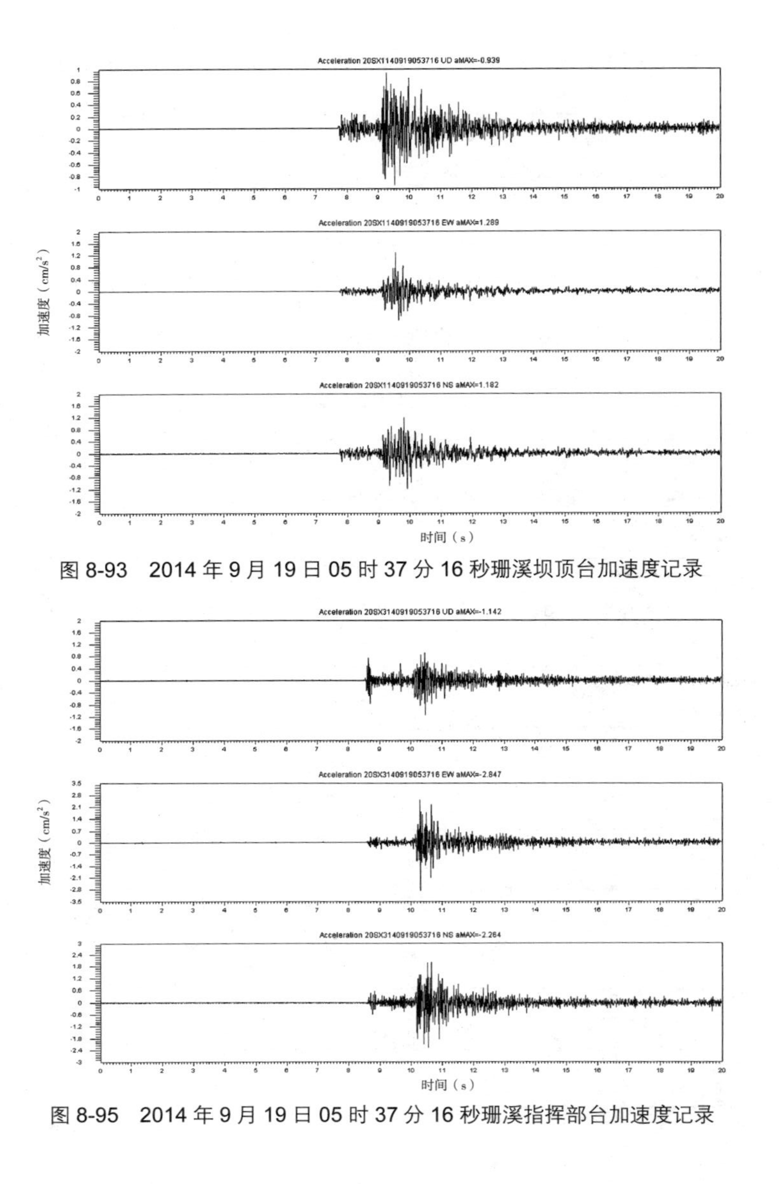

图 8-93　2014 年 9 月 19 日 05 时 37 分 16 秒珊溪坝顶台加速度记录

图 8-95　2014 年 9 月 19 日 05 时 37 分 16 秒珊溪指挥部台加速度记录

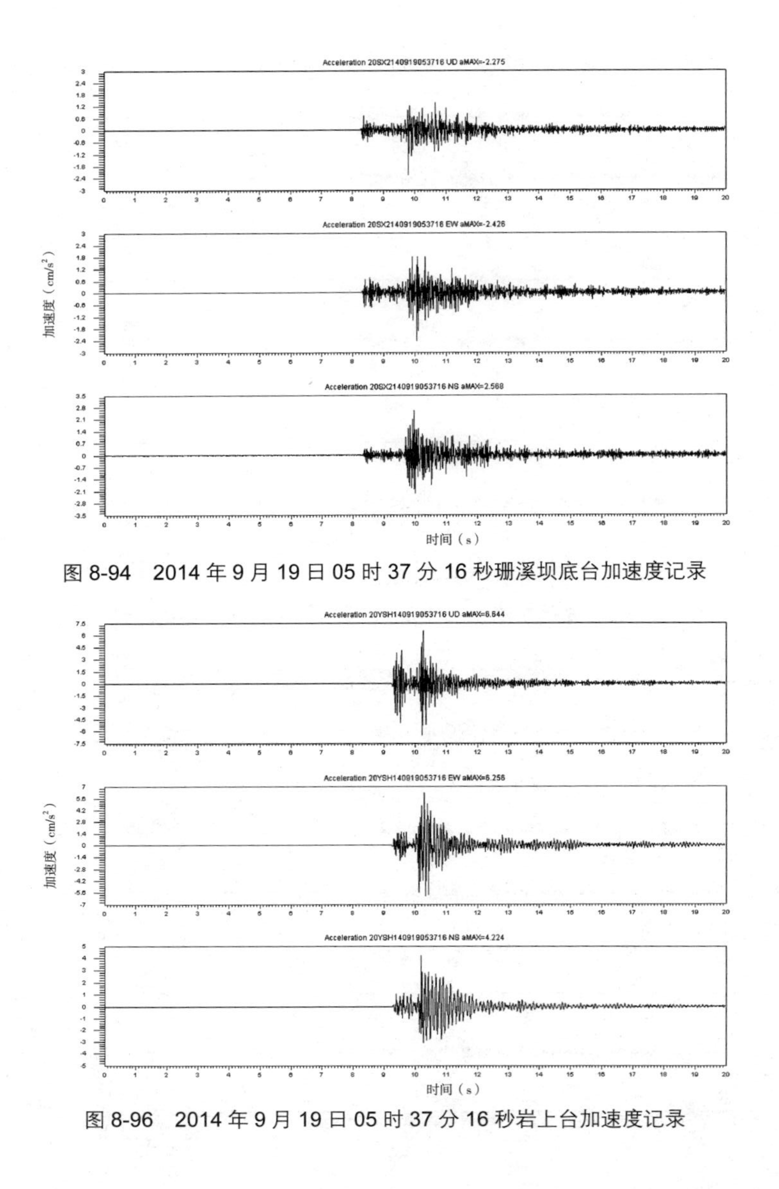

图 8-94　2014 年 9 月 19 日 05 时 37 分 16 秒珊溪坝底台加速度记录

图 8-96　2014 年 9 月 19 日 05 时 37 分 16 秒岩上台加速度记录

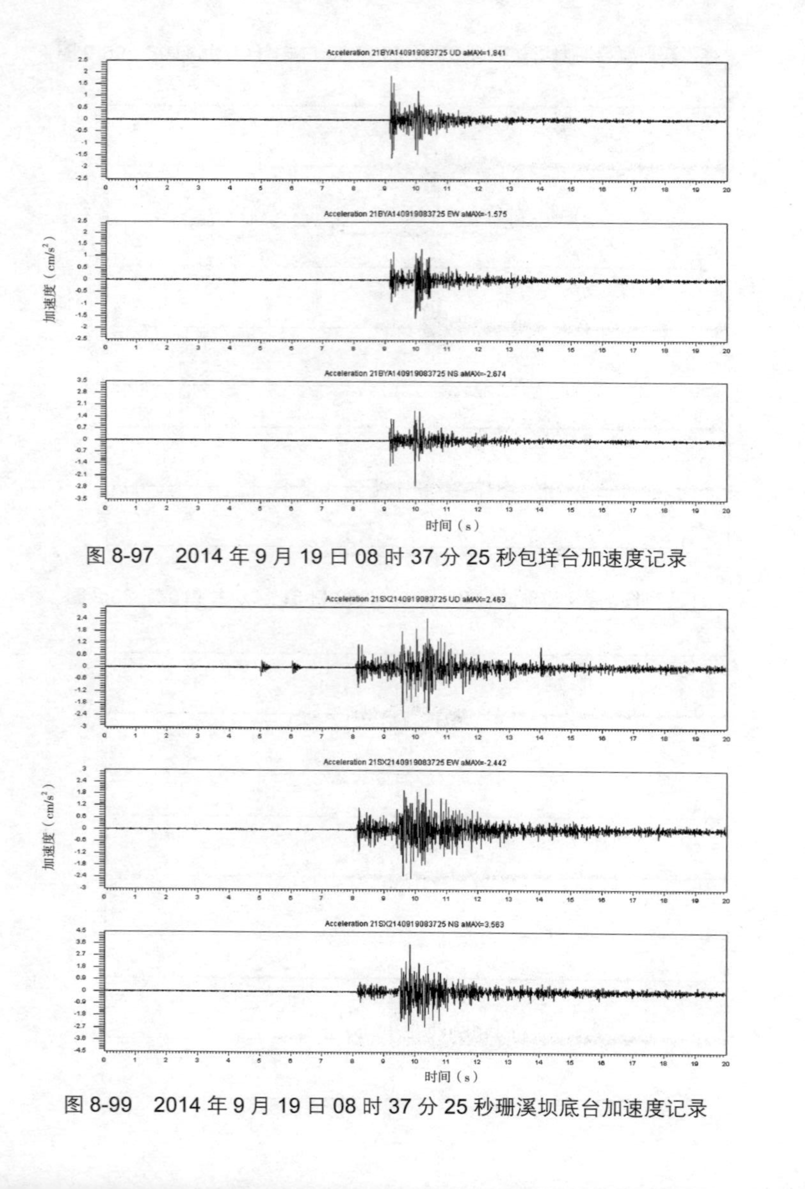

图 8-97　2014 年 9 月 19 日 08 时 37 分 25 秒包垟台加速度记录

图 8-99　2014 年 9 月 19 日 08 时 37 分 25 秒珊溪坝底台加速度记录

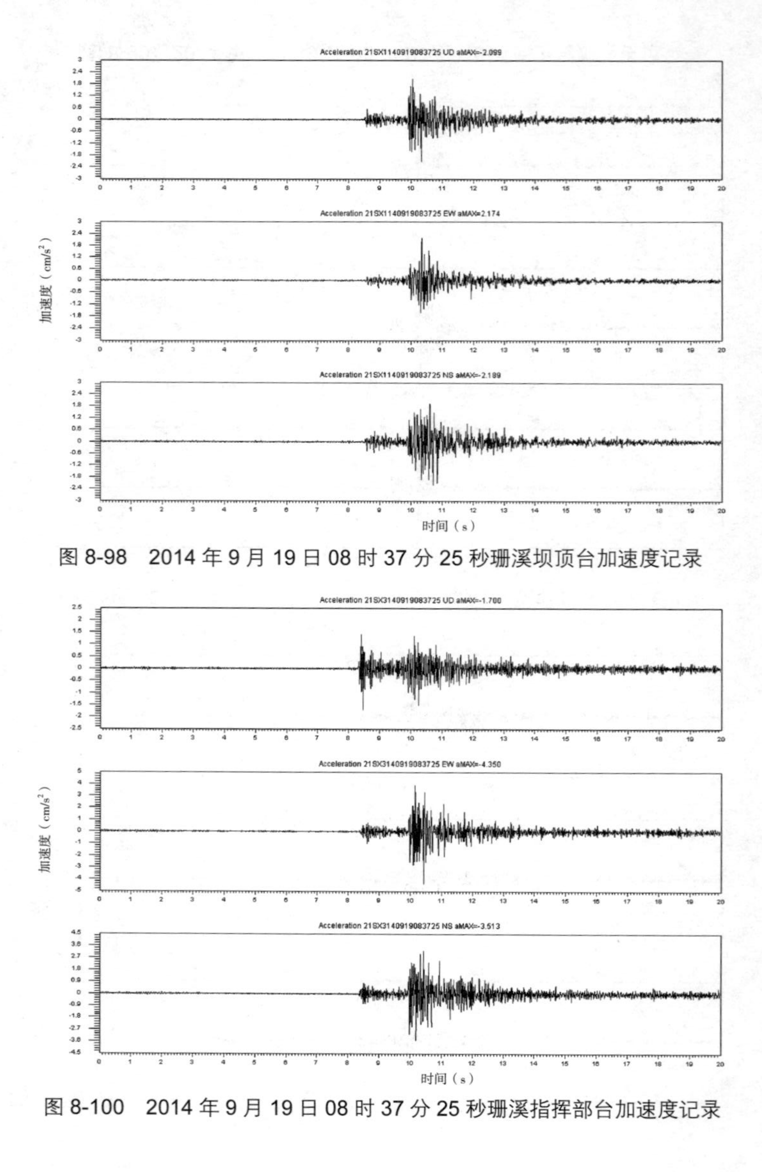

图 8-98　2014 年 9 月 19 日 08 时 37 分 25 秒珊溪坝顶台加速度记录

图 8-100　2014 年 9 月 19 日 08 时 37 分 25 秒珊溪指挥部台加速度记录

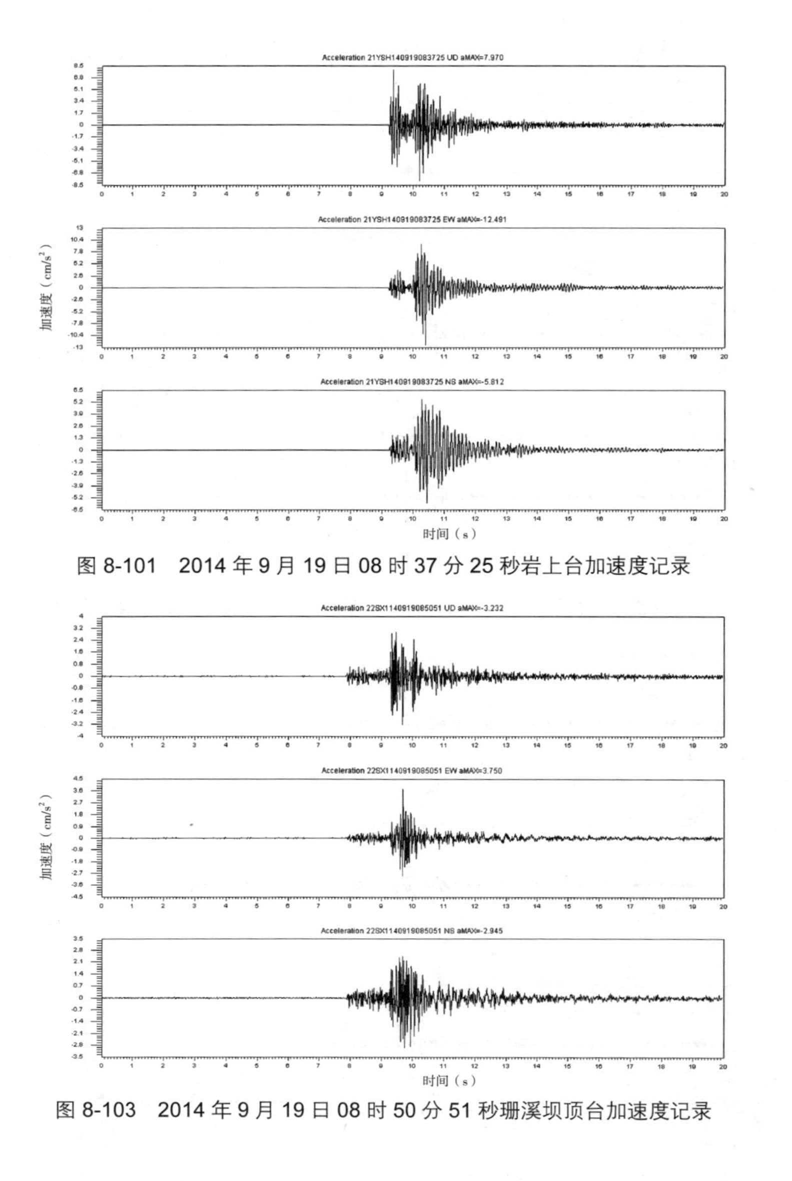

图 8-101　2014 年 9 月 19 日 08 时 37 分 25 秒岩上台加速度记录

图 8-103　2014 年 9 月 19 日 08 时 50 分 51 秒珊溪坝顶台加速度记录

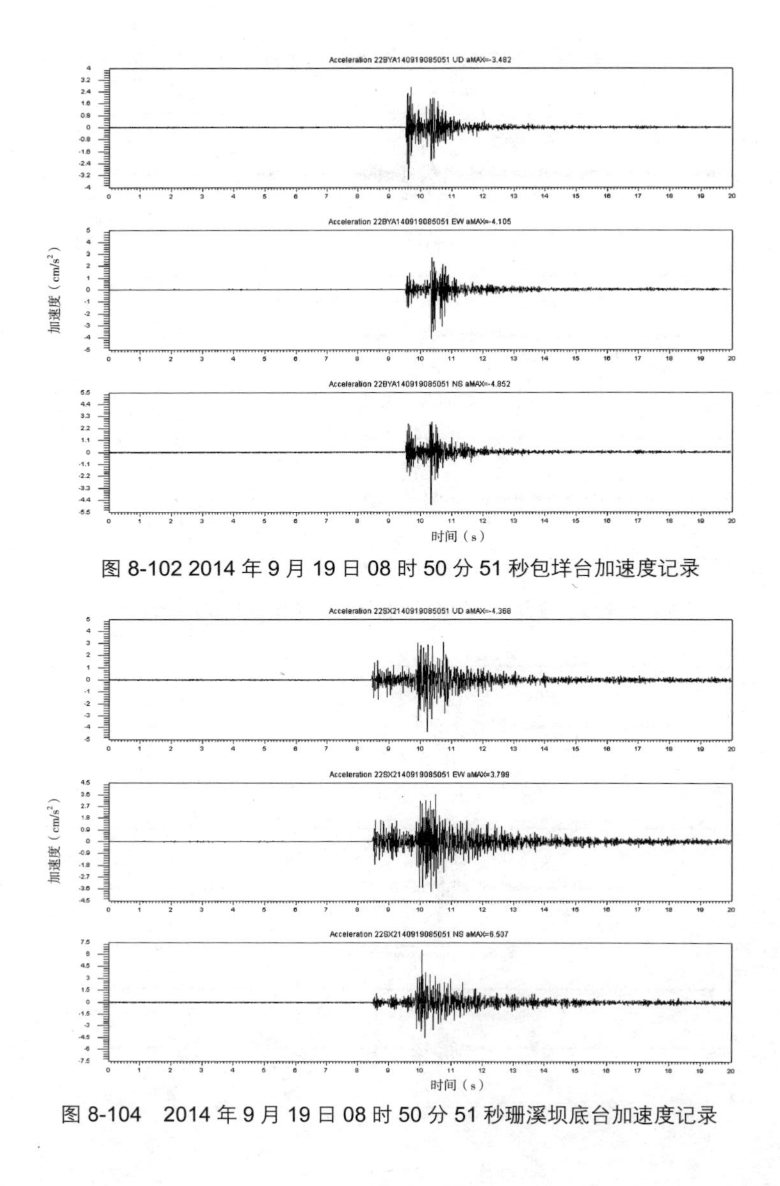

图 8-102 2014 年 9 月 19 日 08 时 50 分 51 秒包垟台加速度记录

图 8-104　2014 年 9 月 19 日 08 时 50 分 51 秒珊溪坝底台加速度记录

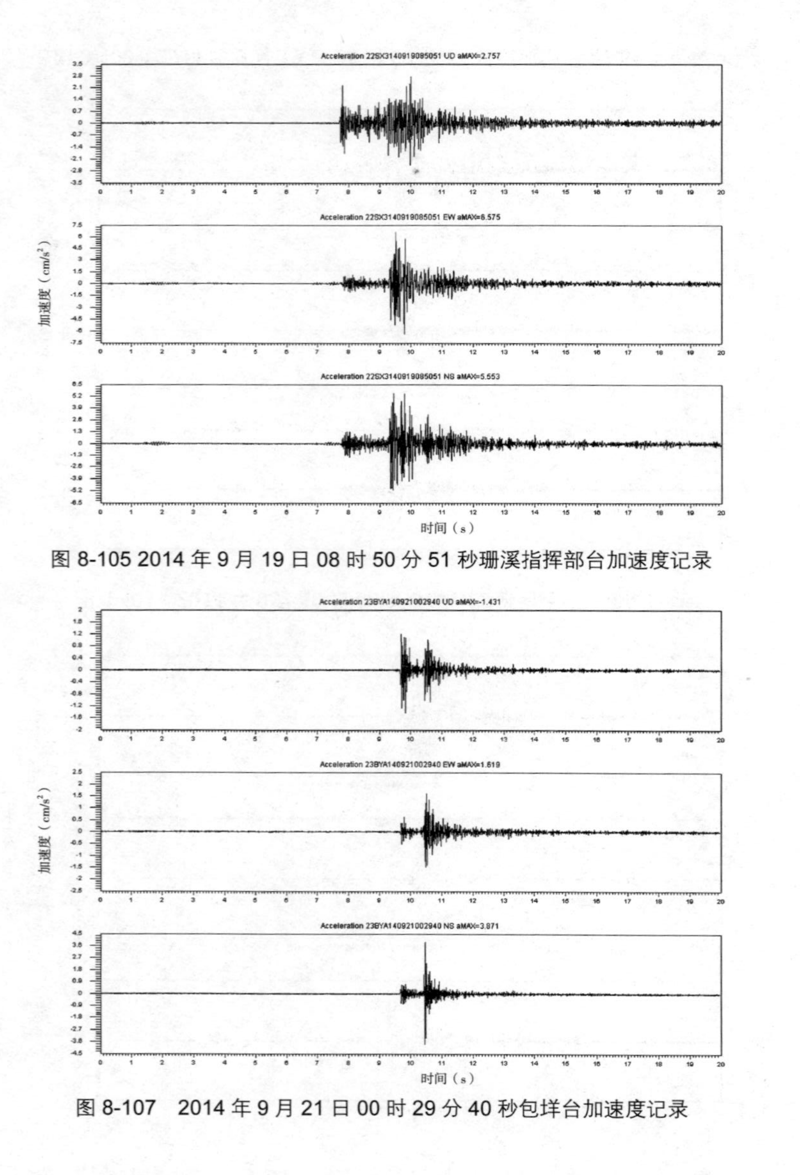

图 8-105 2014 年 9 月 19 日 08 时 50 分 51 秒珊溪指挥部台加速度记录

图 8-107　2014 年 9 月 21 日 00 时 29 分 40 秒包垟台加速度记录

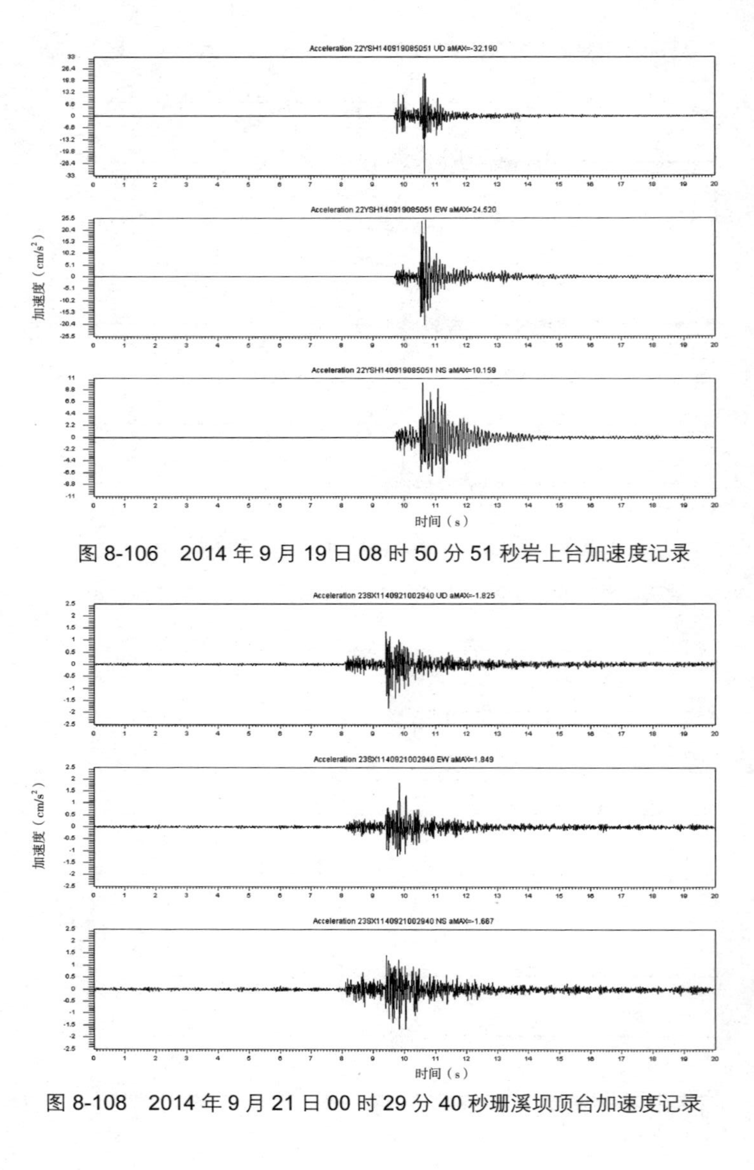

图 8-106　2014 年 9 月 19 日 08 时 50 分 51 秒岩上台加速度记录

图 8-108　2014 年 9 月 21 日 00 时 29 分 40 秒珊溪坝顶台加速度记录

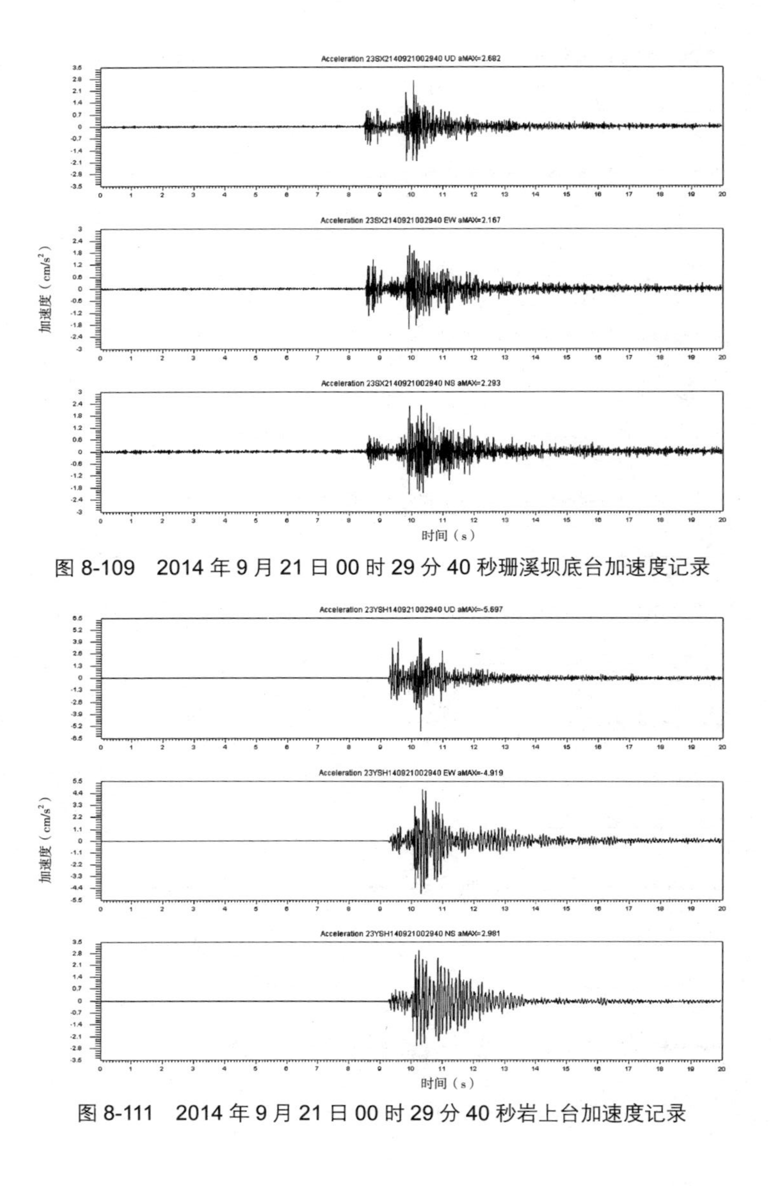

图 8-109 2014 年 9 月 21 日 00 时 29 分 40 秒珊溪坝底台加速度记录

图 8-111 2014 年 9 月 21 日 00 时 29 分 40 秒岩上台加速度记录

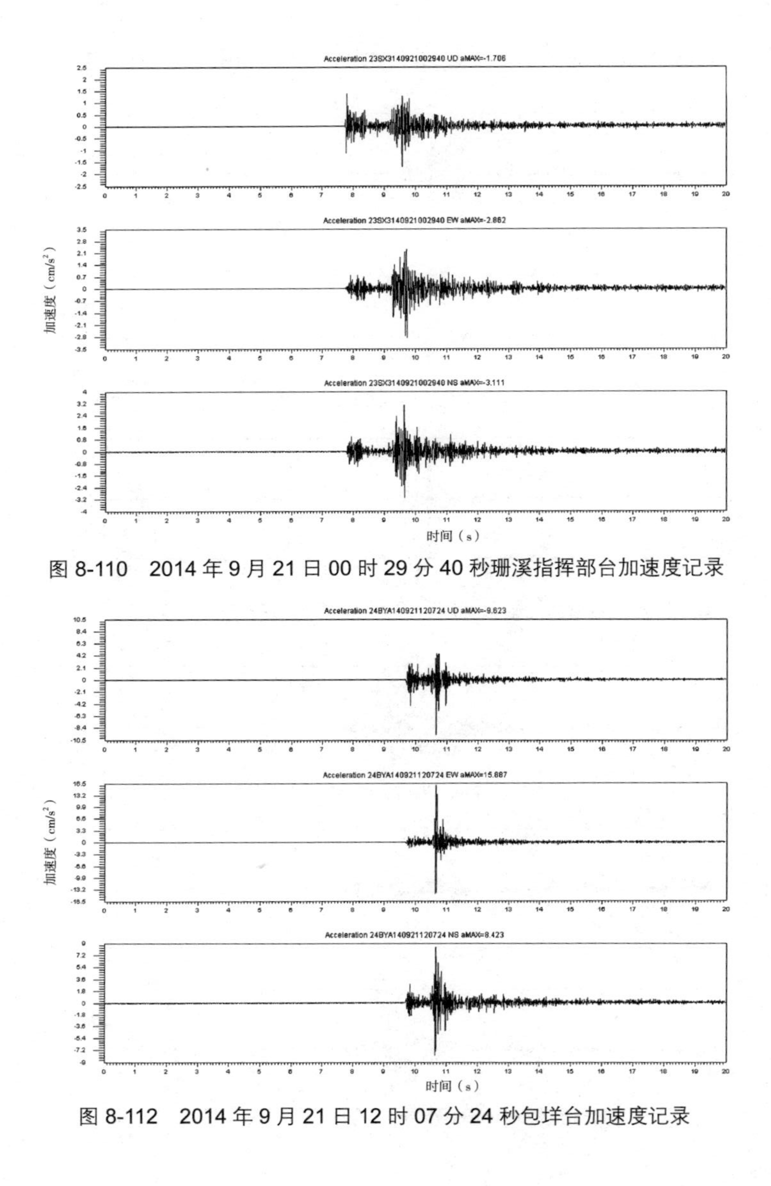

图 8-110 2014 年 9 月 21 日 00 时 29 分 40 秒珊溪指挥部台加速度记录

图 8-112 2014 年 9 月 21 日 12 时 07 分 24 秒包垟台加速度记录

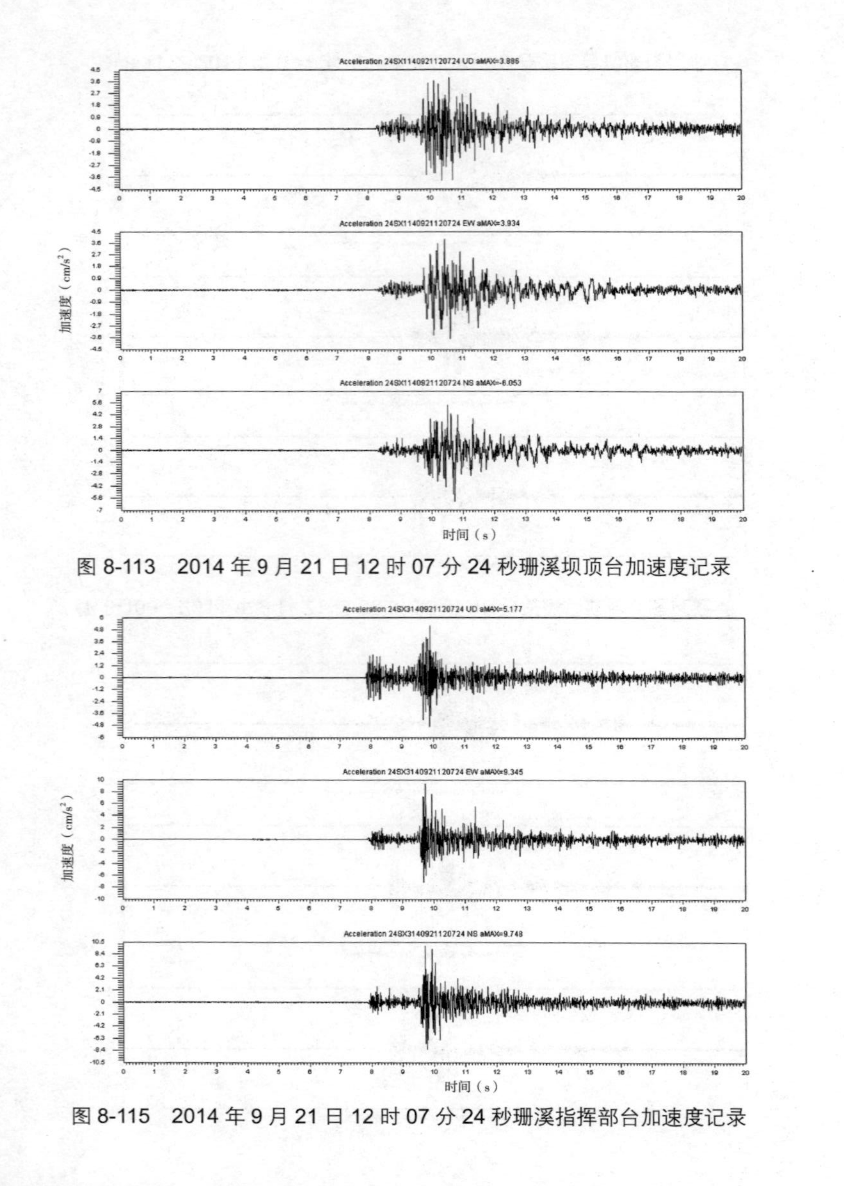

图 8-113　2014 年 9 月 21 日 12 时 07 分 24 秒珊溪坝顶台加速度记录

图 8-115　2014 年 9 月 21 日 12 时 07 分 24 秒珊溪指挥部台加速度记录

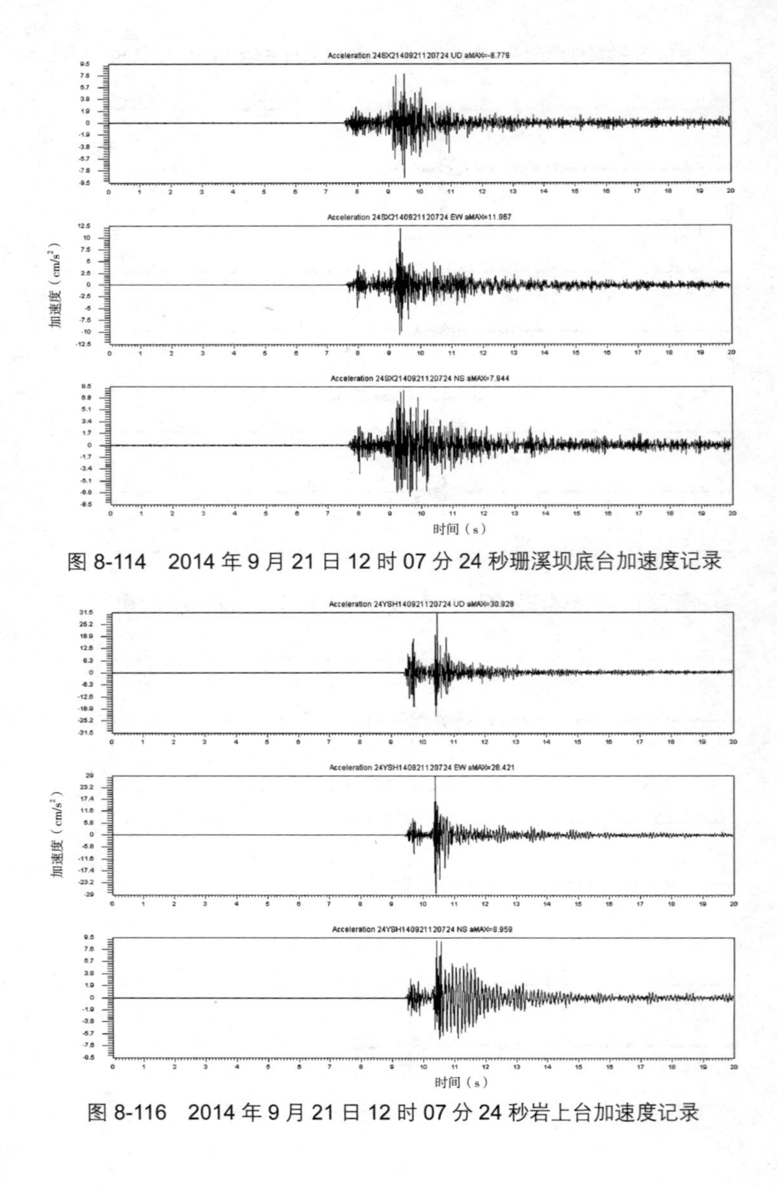

图 8-114　2014 年 9 月 21 日 12 时 07 分 24 秒珊溪坝底台加速度记录

图 8-116　2014 年 9 月 21 日 12 时 07 分 24 秒岩上台加速度记录

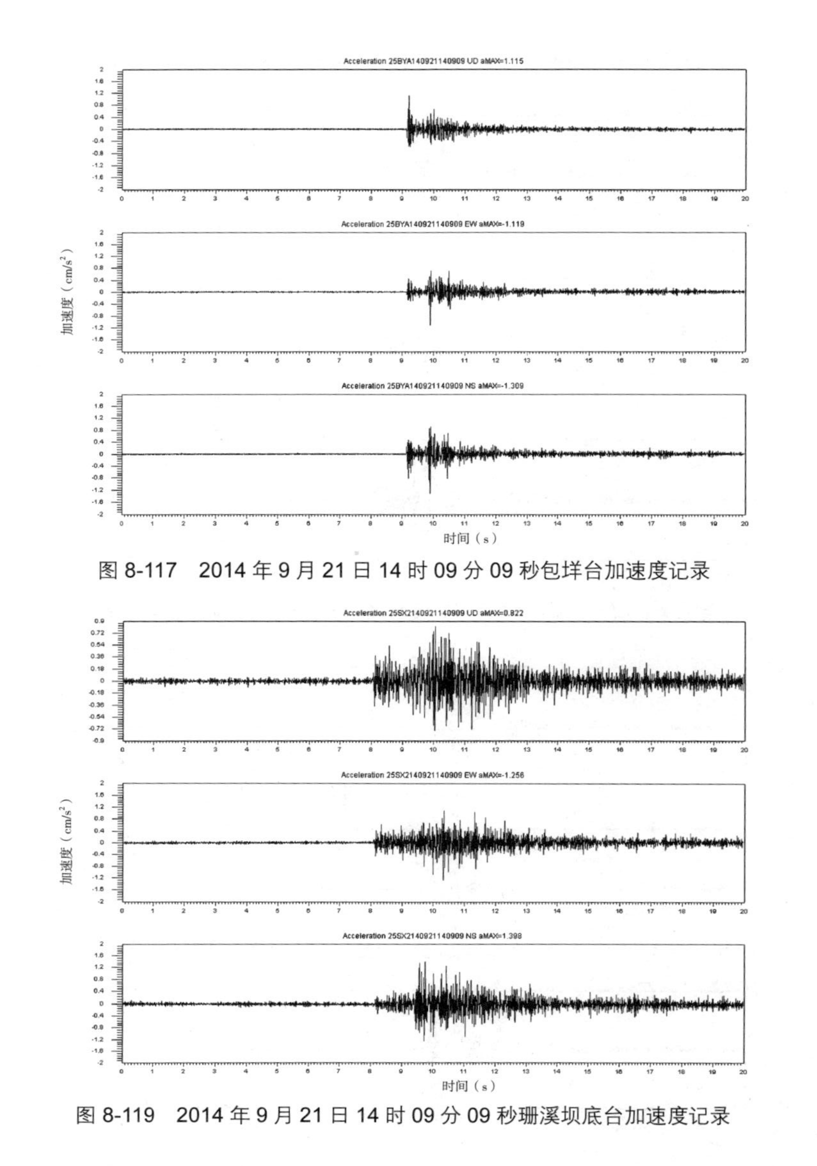

图 8-117　2014 年 9 月 21 日 14 时 09 分 09 秒包垟台加速度记录

图 8-119　2014 年 9 月 21 日 14 时 09 分 09 秒珊溪坝底台加速度记录

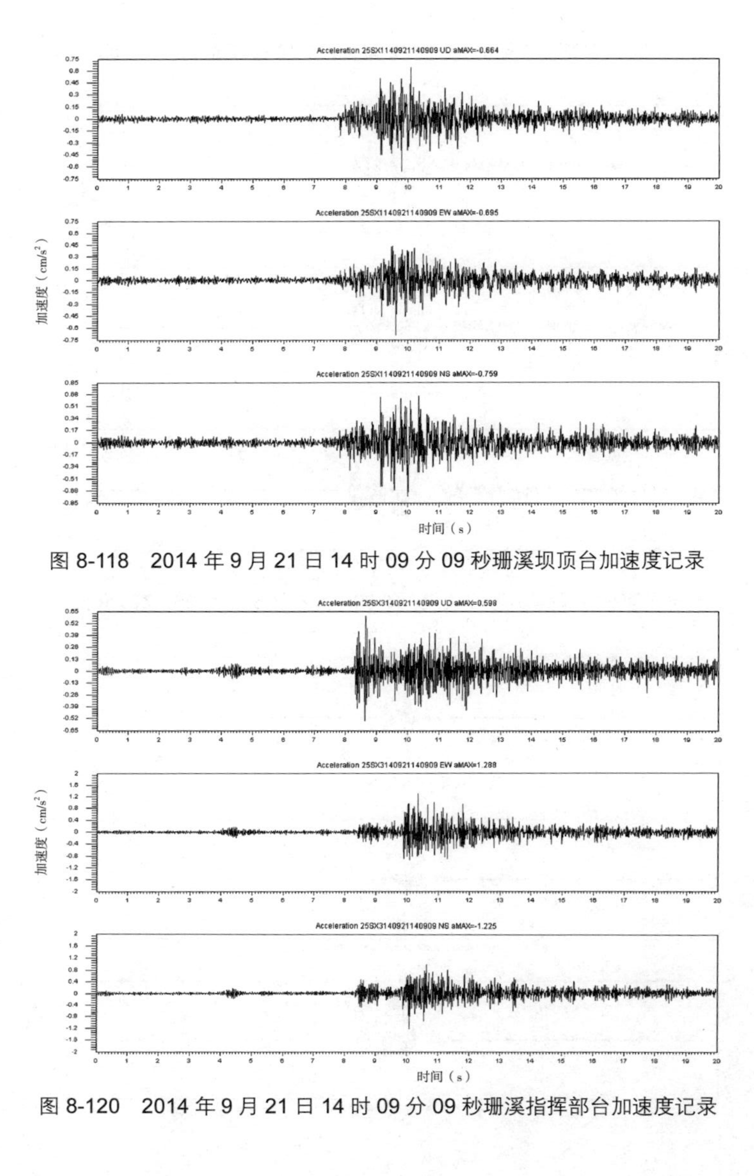

图 8-118　2014 年 9 月 21 日 14 时 09 分 09 秒珊溪坝顶台加速度记录

图 8-120　2014 年 9 月 21 日 14 时 09 分 09 秒珊溪指挥部台加速度记录

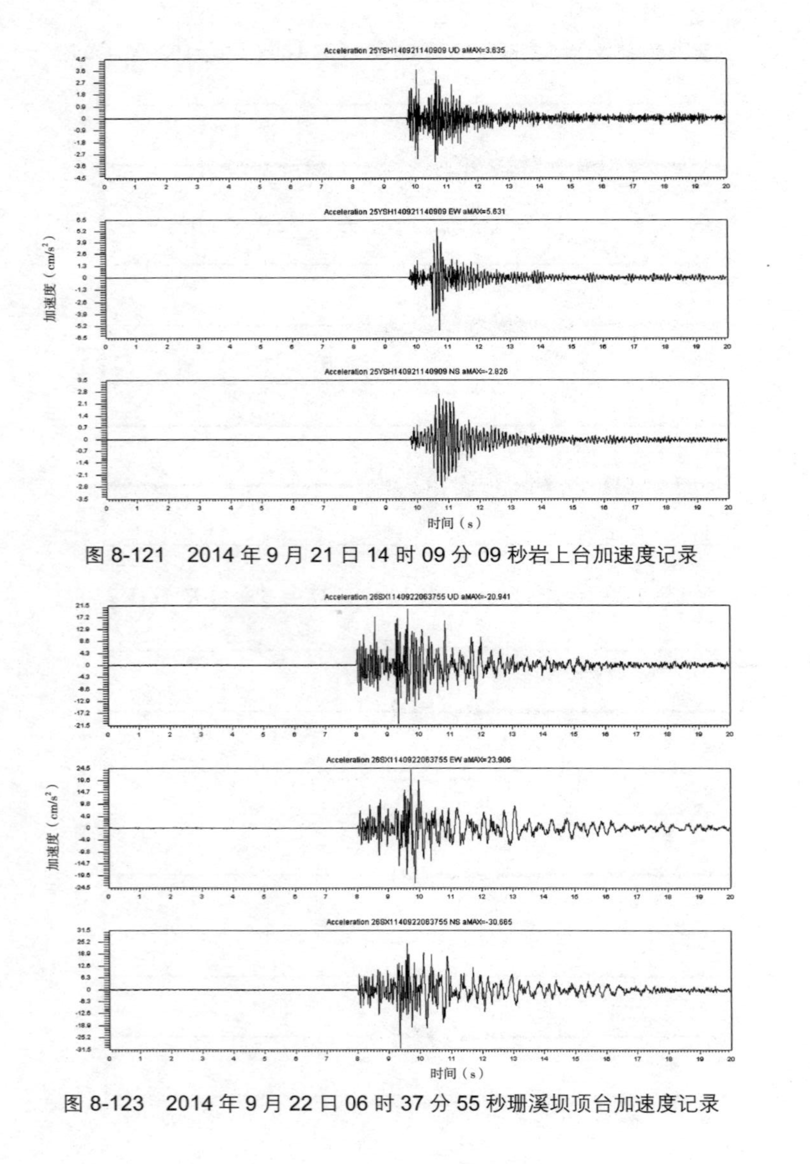

图 8-121　2014 年 9 月 21 日 14 时 09 分 09 秒岩上台加速度记录

图 8-123　2014 年 9 月 22 日 06 时 37 分 55 秒珊溪坝顶台加速度记录

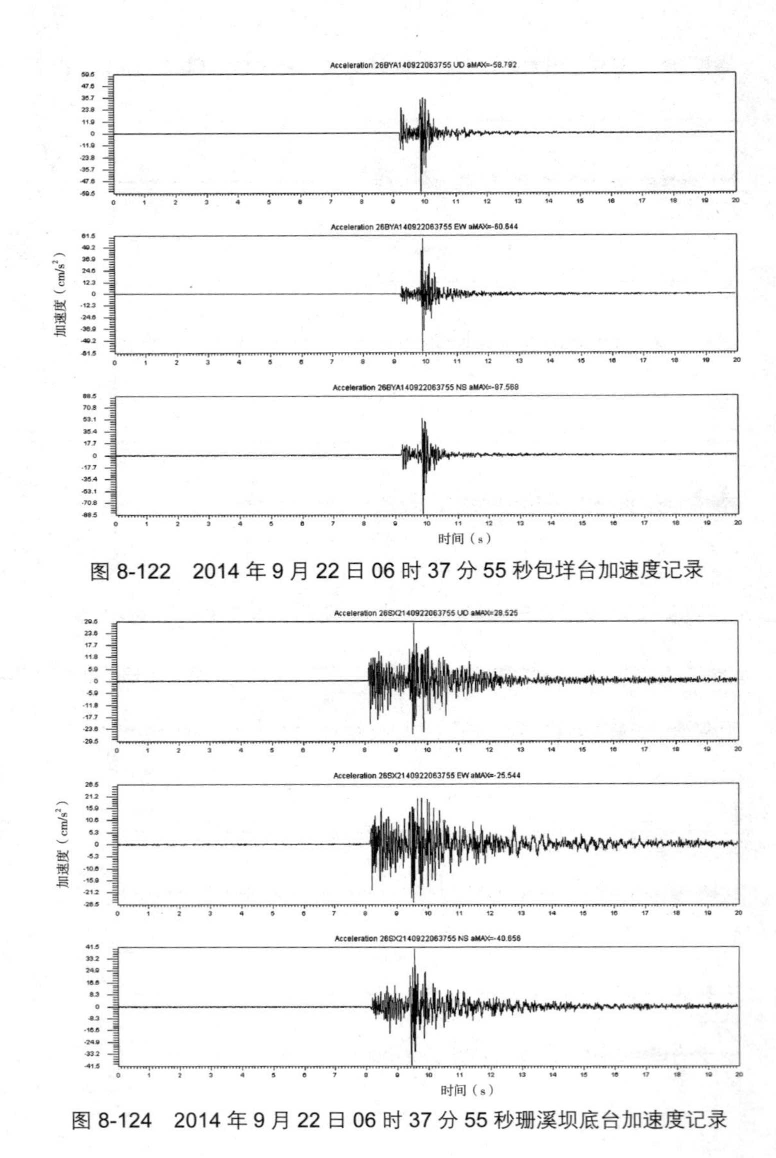

图 8-122　2014 年 9 月 22 日 06 时 37 分 55 秒包垟台加速度记录

图 8-124　2014 年 9 月 22 日 06 时 37 分 55 秒珊溪坝底台加速度记录

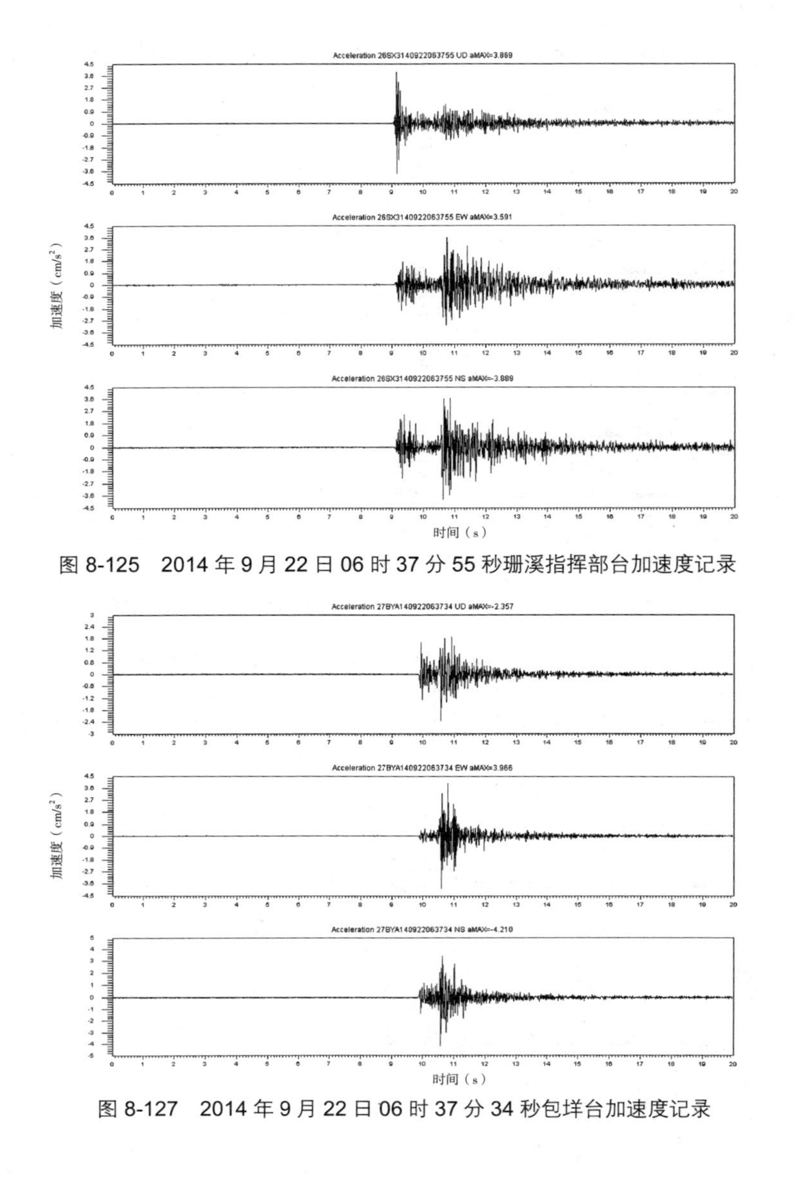

图 8-125 2014 年 9 月 22 日 06 时 37 分 55 秒珊溪指挥部台加速度记录

图 8-127 2014 年 9 月 22 日 06 时 37 分 34 秒包垟台加速度记录

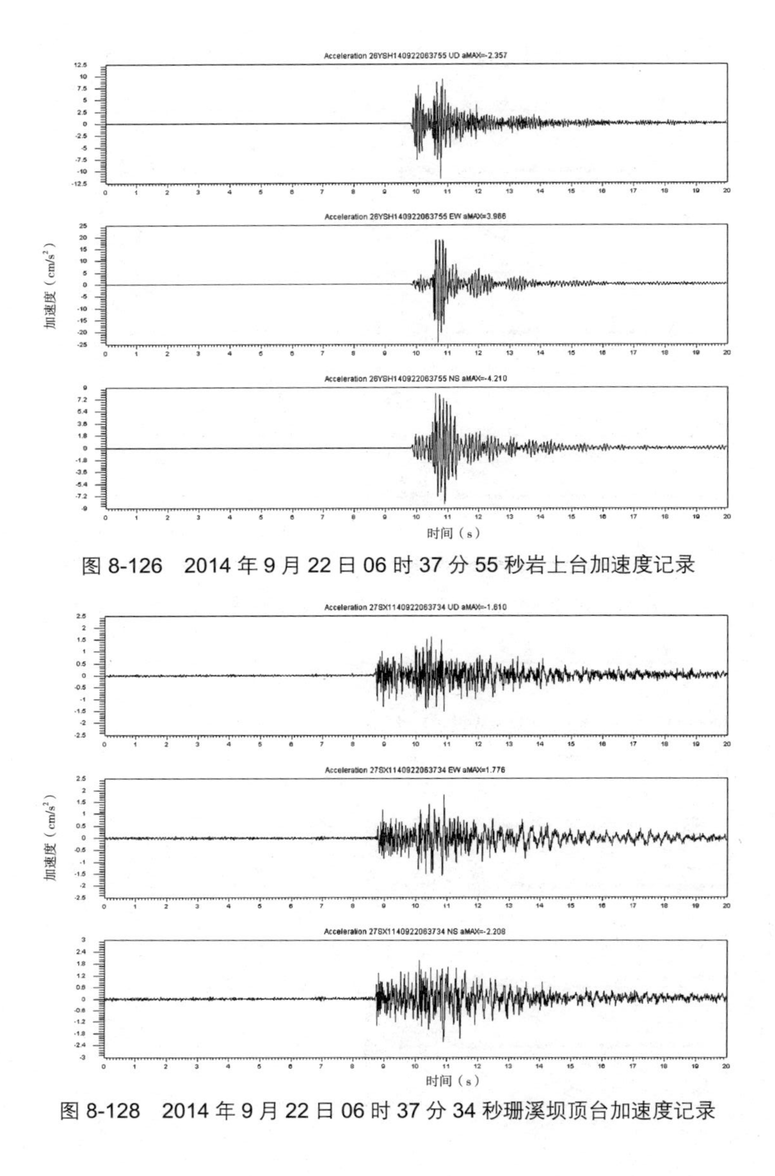

图 8-126 2014 年 9 月 22 日 06 时 37 分 55 秒岩上台加速度记录

图 8-128 2014 年 9 月 22 日 06 时 37 分 34 秒珊溪坝顶台加速度记录

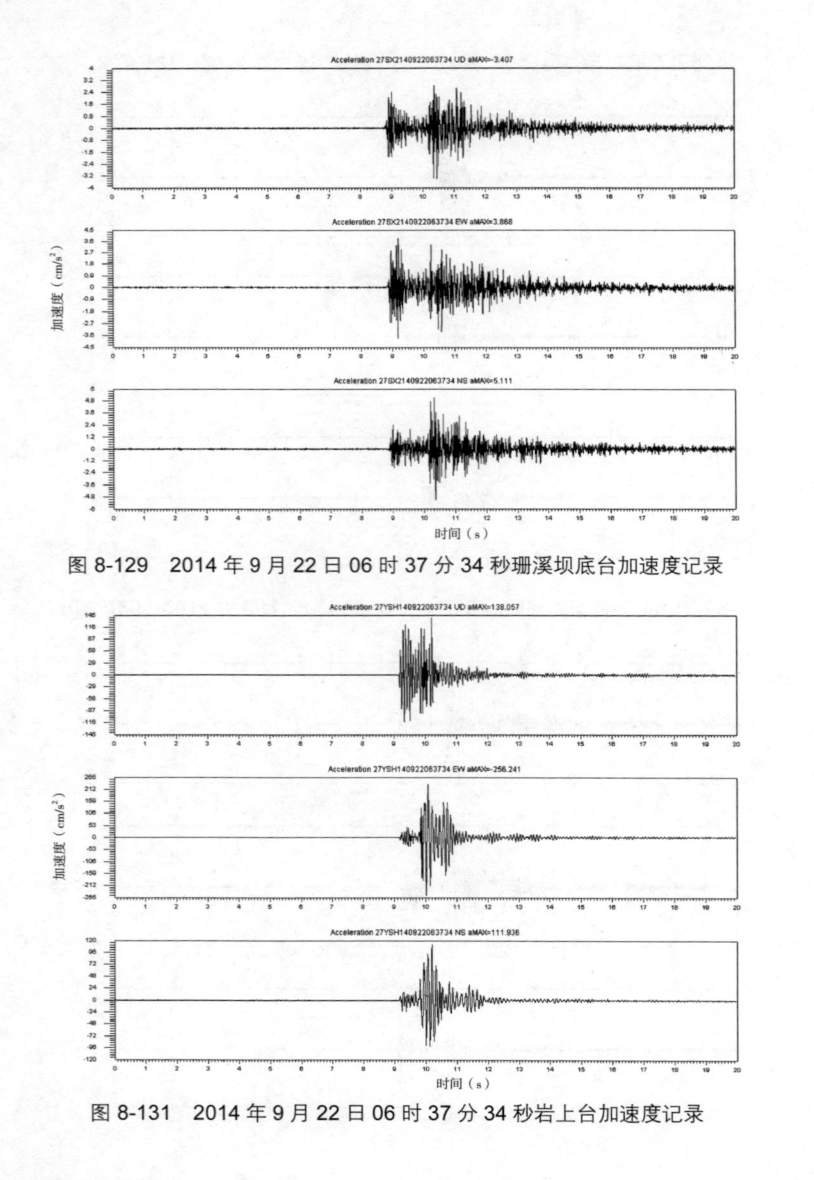

图 8-129　2014 年 9 月 22 日 06 时 37 分 34 秒珊溪坝底台加速度记录

图 8-131　2014 年 9 月 22 日 06 时 37 分 34 秒岩上台加速度记录

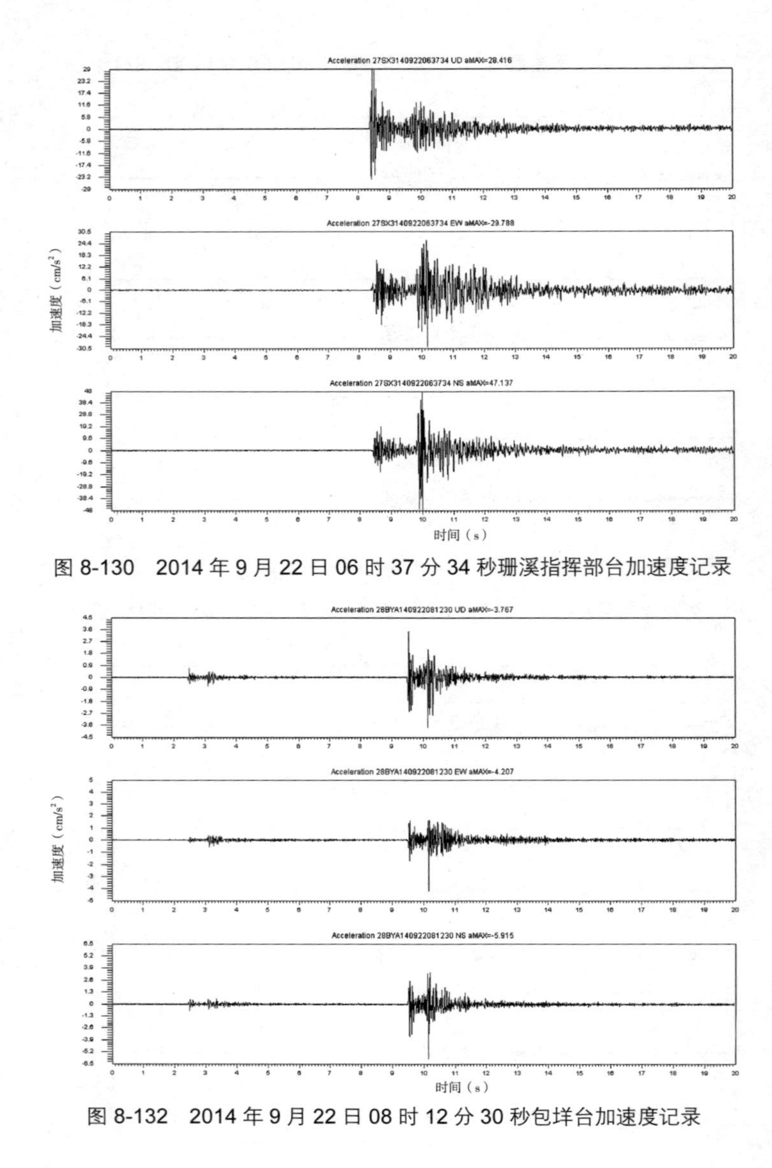

图 8-130　2014 年 9 月 22 日 06 时 37 分 34 秒珊溪指挥部台加速度记录

图 8-132　2014 年 9 月 22 日 08 时 12 分 30 秒包垟台加速度记录

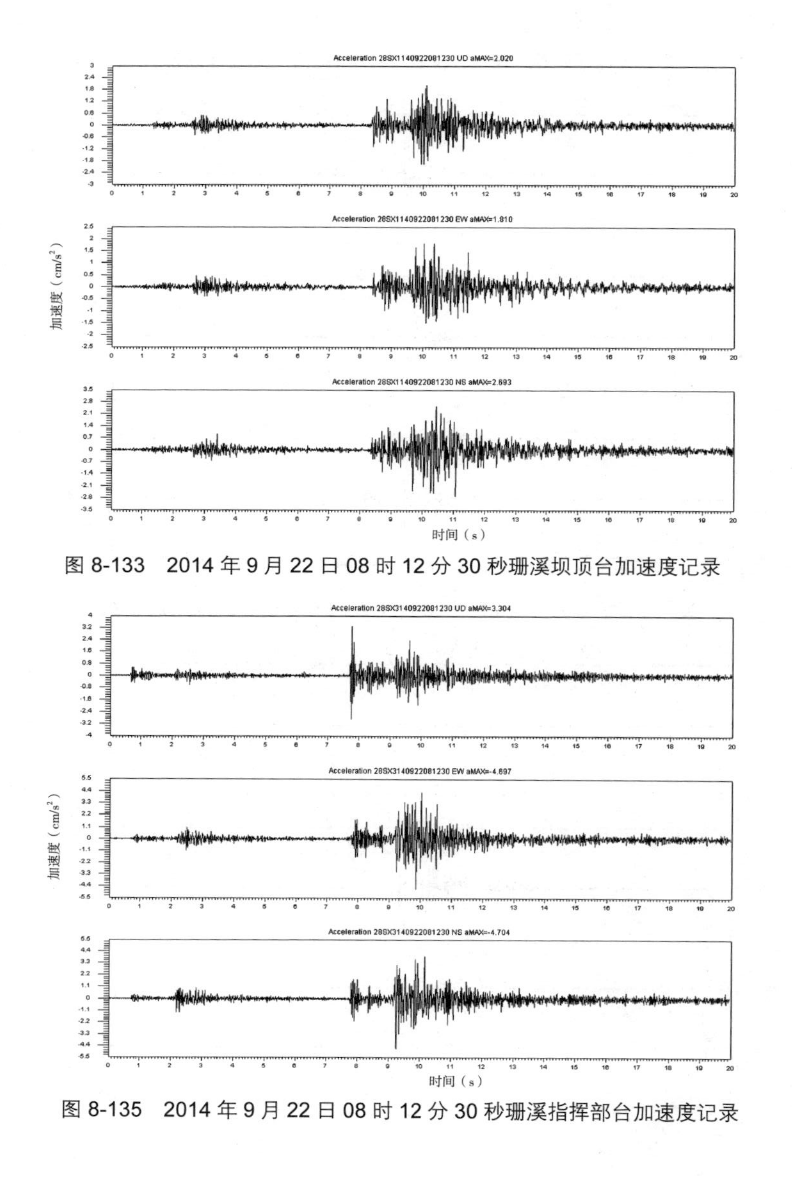

图 8-133　2014 年 9 月 22 日 08 时 12 分 30 秒珊溪坝顶台加速度记录

图 8-135　2014 年 9 月 22 日 08 时 12 分 30 秒珊溪指挥部台加速度记录

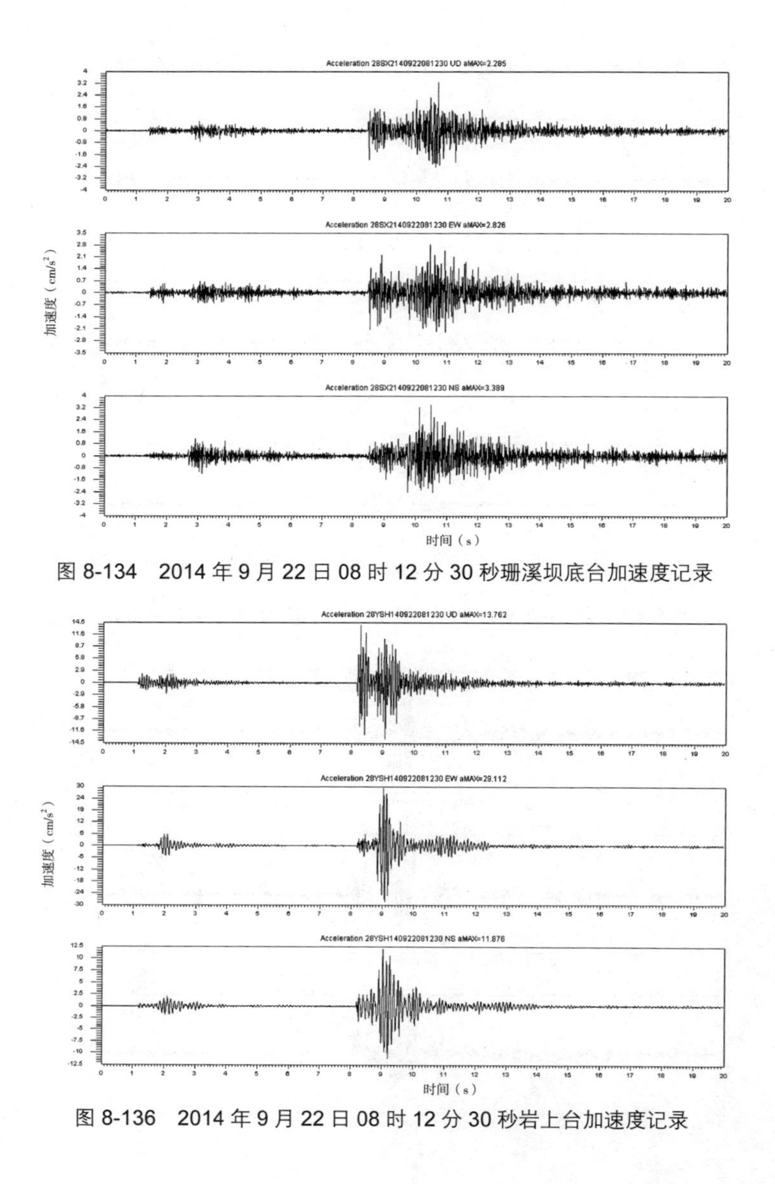

图 8-134　2014 年 9 月 22 日 08 时 12 分 30 秒珊溪坝底台加速度记录

图 8-136　2014 年 9 月 22 日 08 时 12 分 30 秒岩上台加速度记录

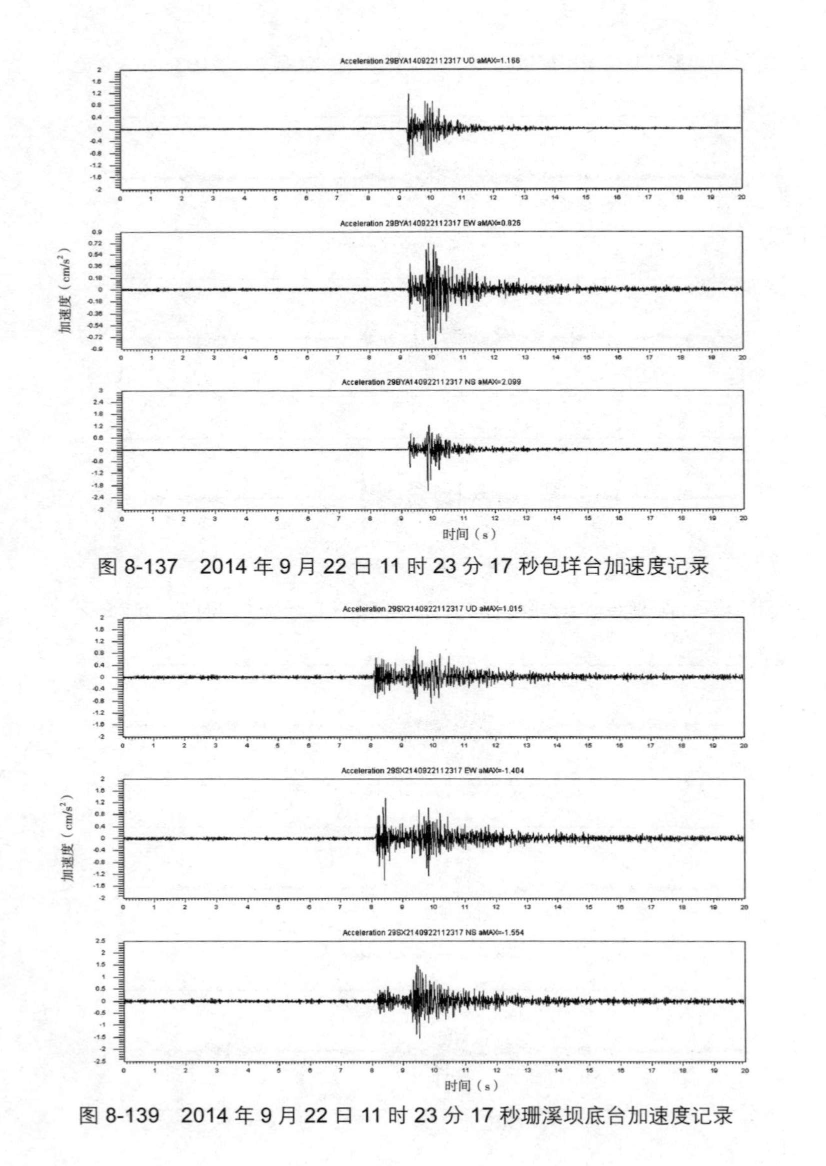

图 8-137　2014 年 9 月 22 日 11 时 23 分 17 秒包垟台加速度记录

图 8-139　2014 年 9 月 22 日 11 时 23 分 17 秒珊溪坝底台加速度记录

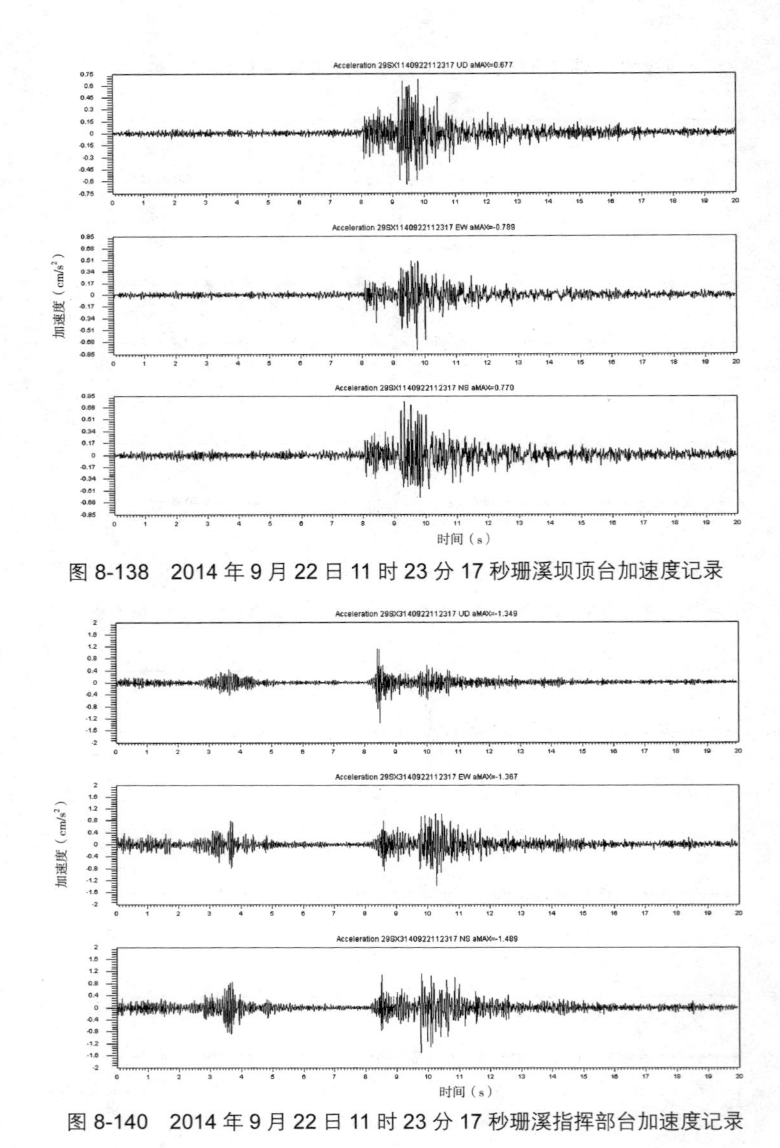

图 8-138　2014 年 9 月 22 日 11 时 23 分 17 秒珊溪坝顶台加速度记录

图 8-140　2014 年 9 月 22 日 11 时 23 分 17 秒珊溪指挥部台加速度记录

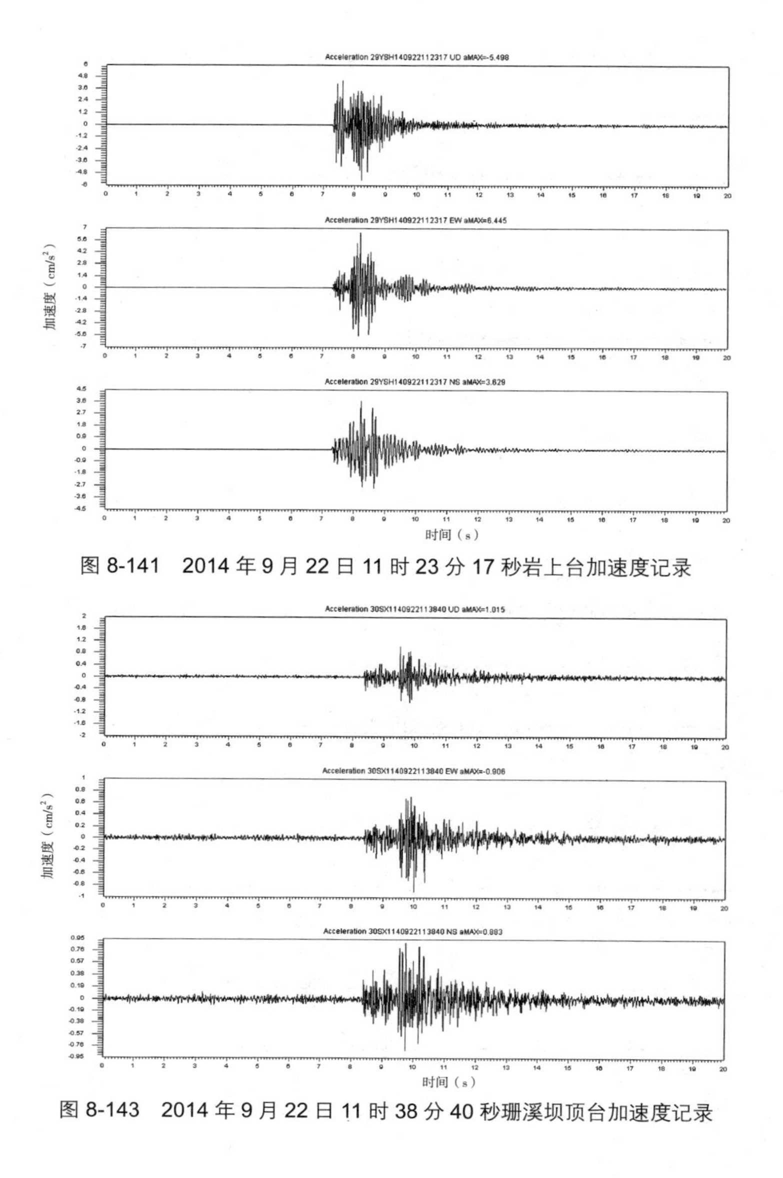

图 8-141　2014 年 9 月 22 日 11 时 23 分 17 秒岩上台加速度记录

图 8-143　2014 年 9 月 22 日 11 时 38 分 40 秒珊溪坝顶台加速度记录

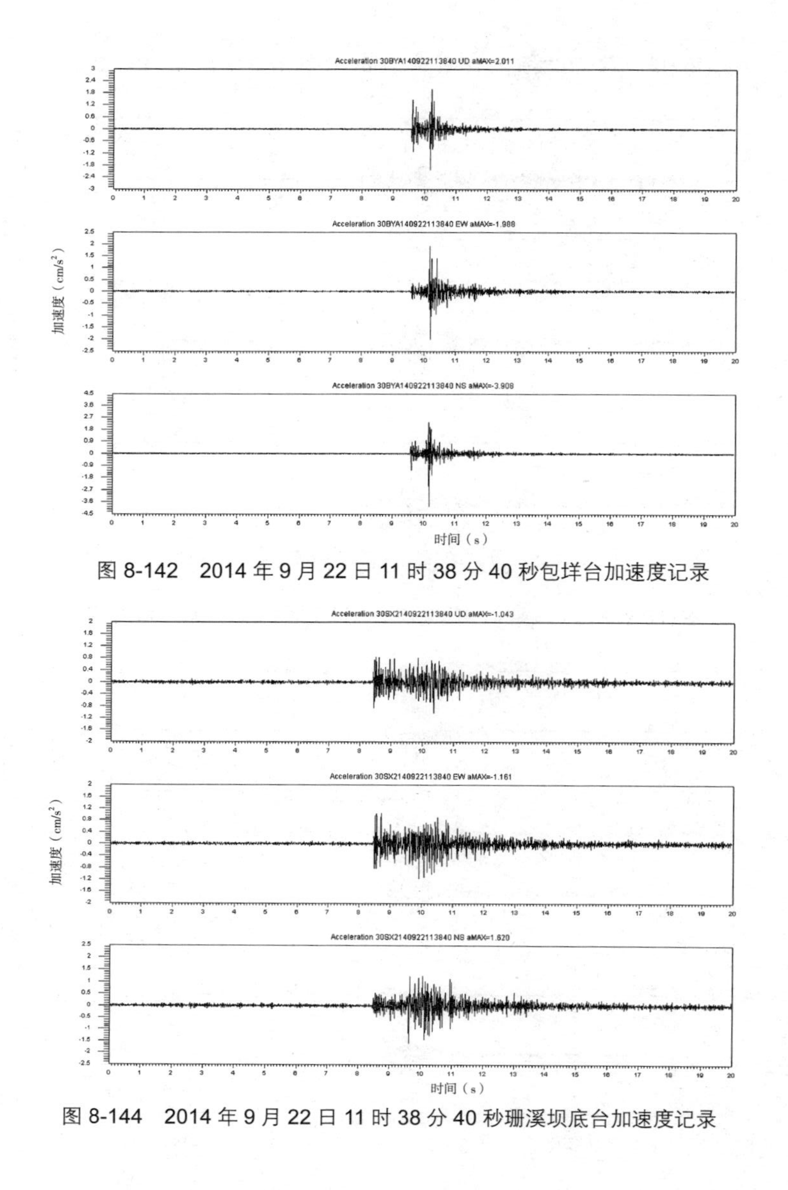

图 8-142　2014 年 9 月 22 日 11 时 38 分 40 秒包垟台加速度记录

图 8-144　2014 年 9 月 22 日 11 时 38 分 40 秒珊溪坝底台加速度记录

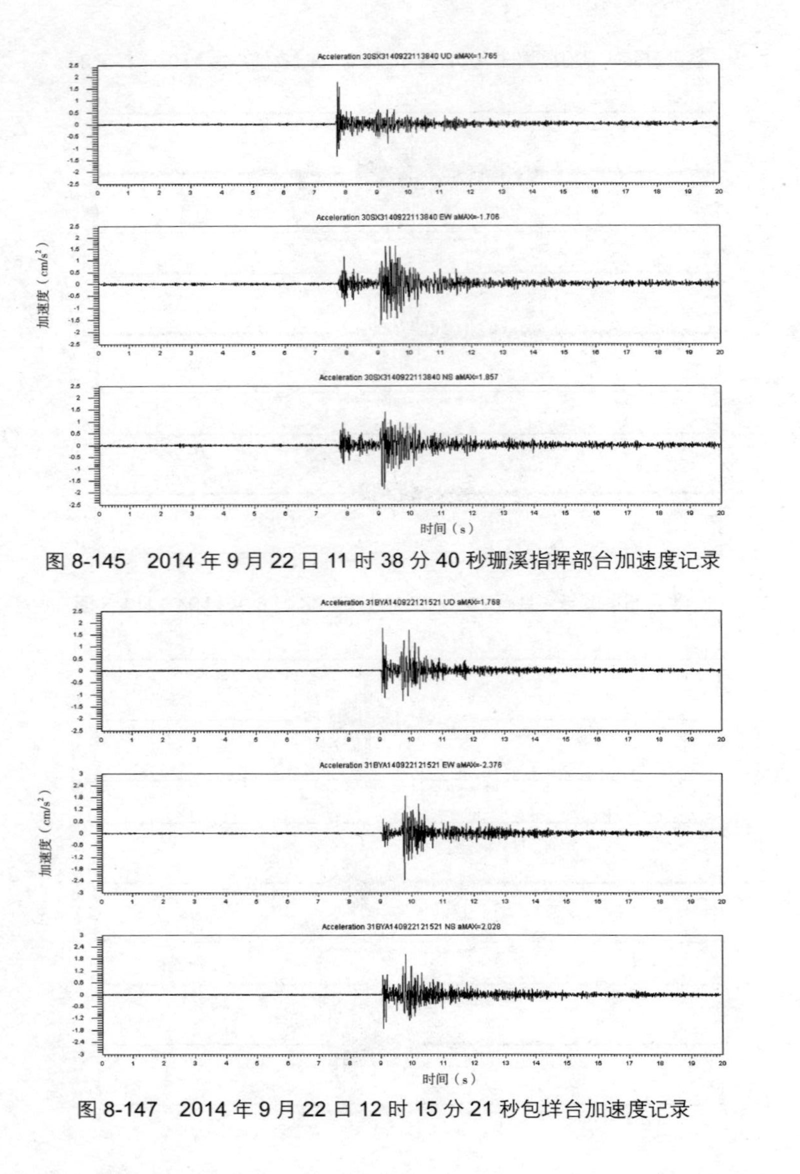

图 8-145 2014 年 9 月 22 日 11 时 38 分 40 秒珊溪指挥部台加速度记录

图 8-147 2014 年 9 月 22 日 12 时 15 分 21 秒包垟台加速度记录

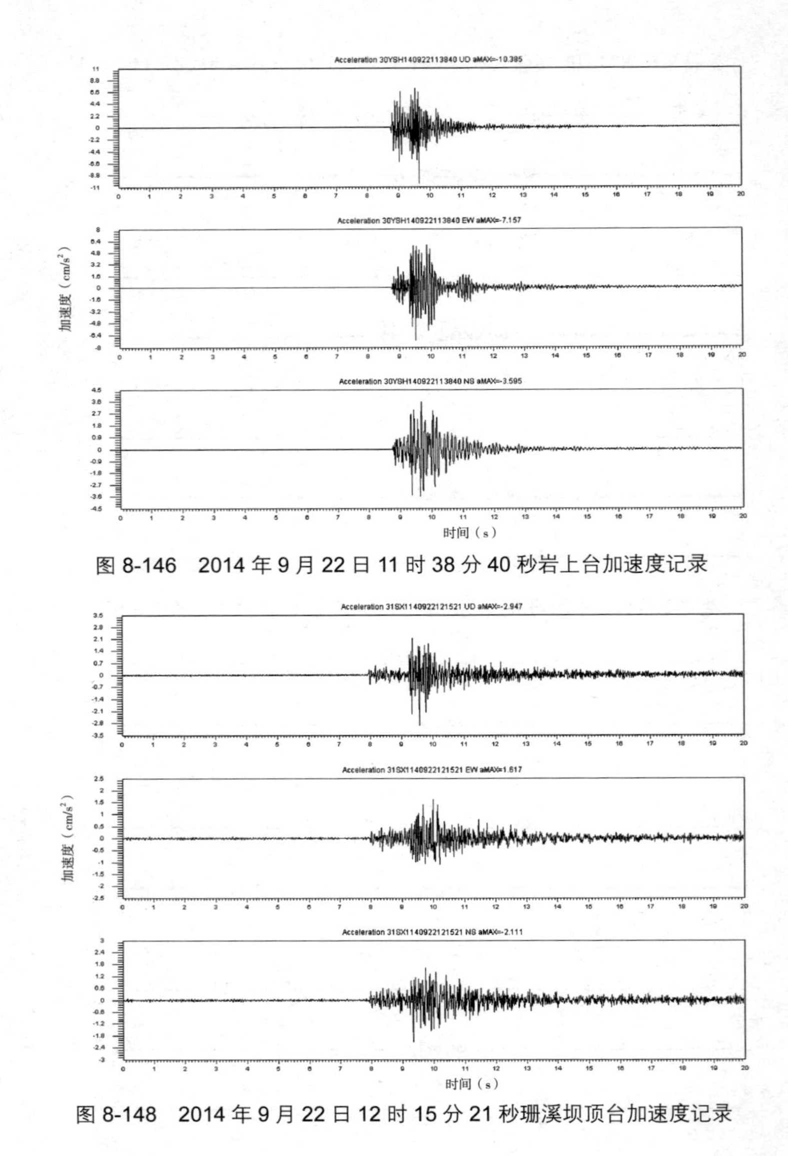

图 8-146 2014 年 9 月 22 日 11 时 38 分 40 秒岩上台加速度记录

图 8-148 2014 年 9 月 22 日 12 时 15 分 21 秒珊溪坝顶台加速度记录

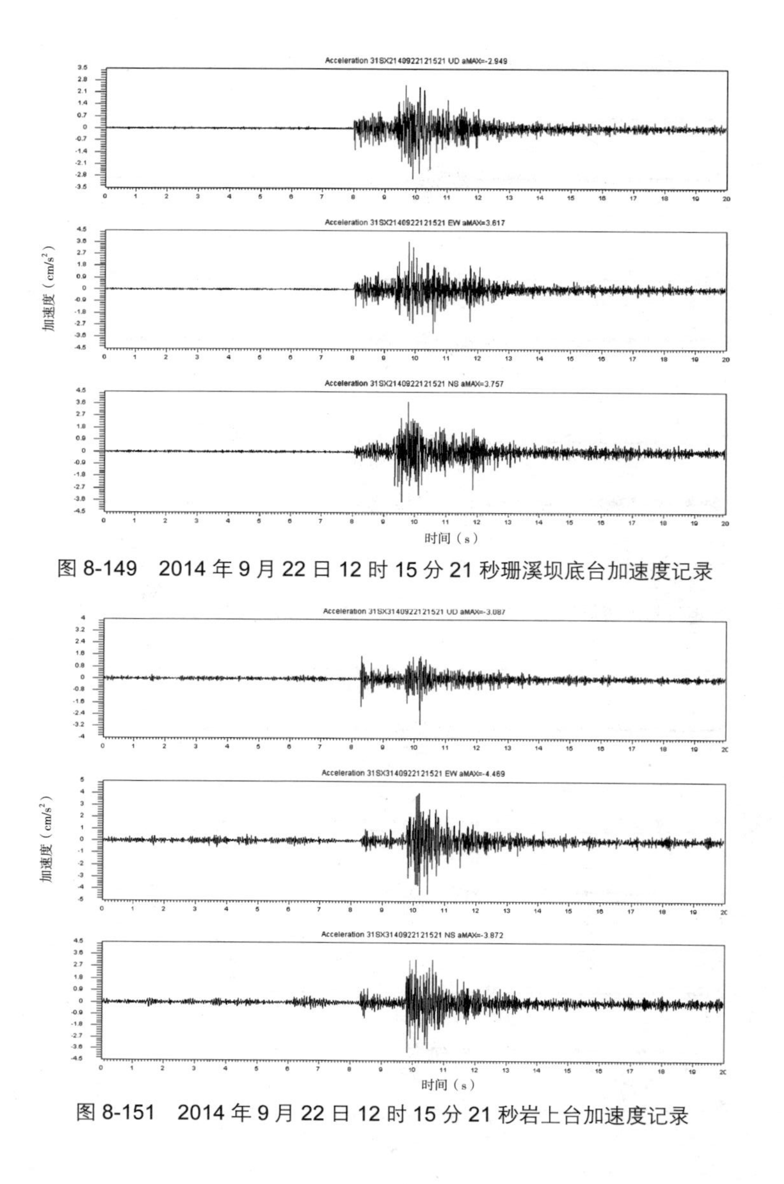

图 8-149　2014 年 9 月 22 日 12 时 15 分 21 秒珊溪坝底台加速度记录

图 8-151　2014 年 9 月 22 日 12 时 15 分 21 秒岩上台加速度记录

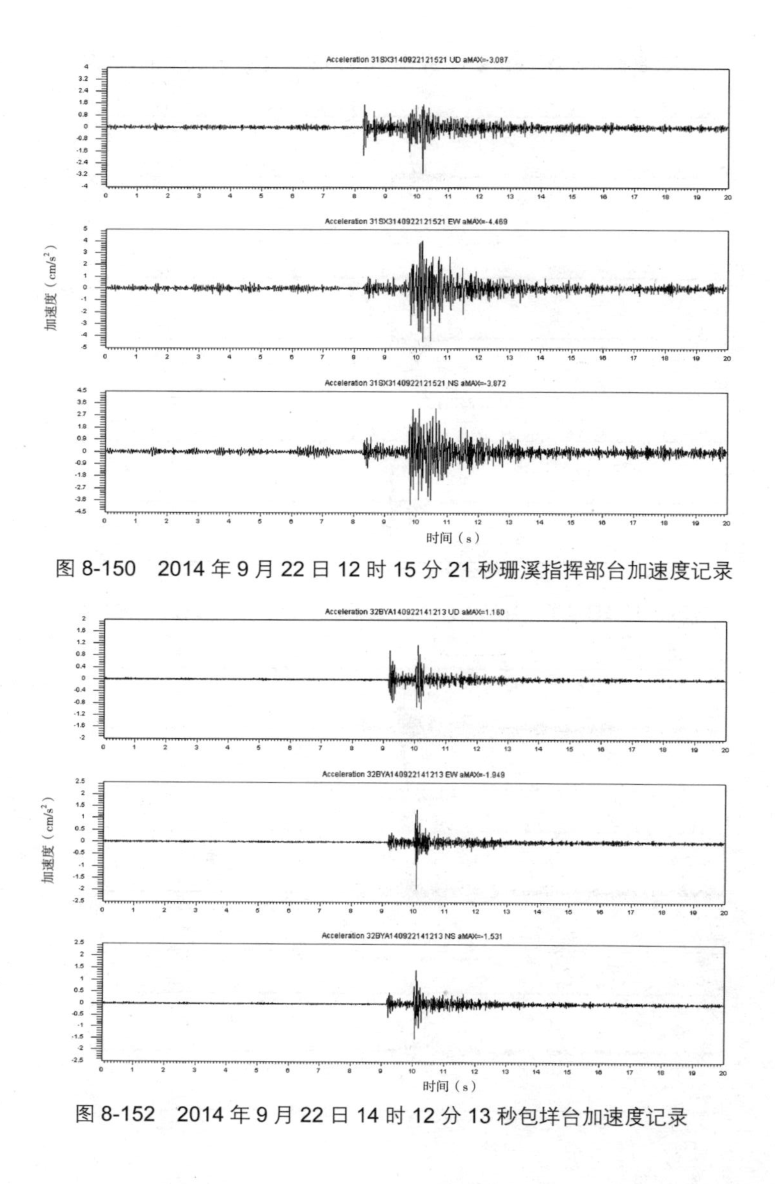

图 8-150　2014 年 9 月 22 日 12 时 15 分 21 秒珊溪指挥部台加速度记录

图 8-152　2014 年 9 月 22 日 14 时 12 分 13 秒包垟台加速度记录

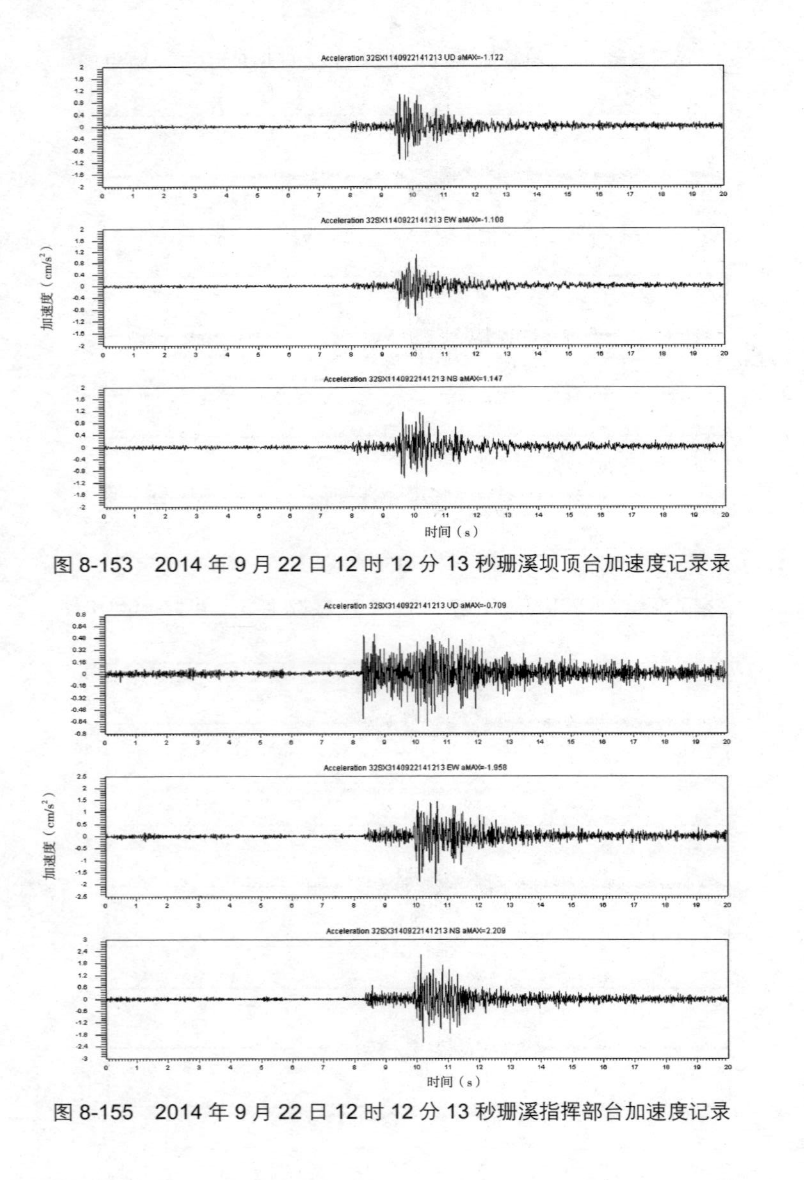

图 8-153　2014 年 9 月 22 日 12 时 12 分 13 秒珊溪坝顶台加速度记录录

图 8-155　2014 年 9 月 22 日 12 时 12 分 13 秒珊溪指挥部台加速度记录

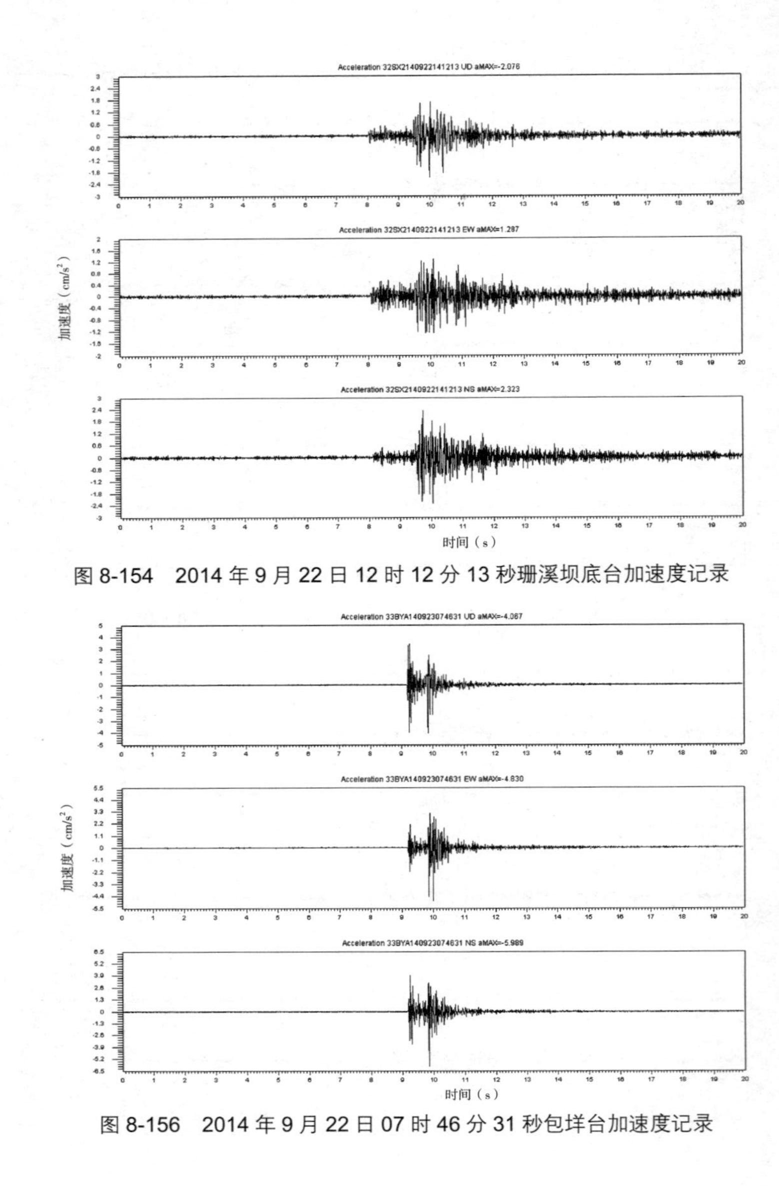

图 8-154　2014 年 9 月 22 日 12 时 12 分 13 秒珊溪坝底台加速度记录

图 8-156　2014 年 9 月 22 日 07 时 46 分 31 秒包垟台加速度记录

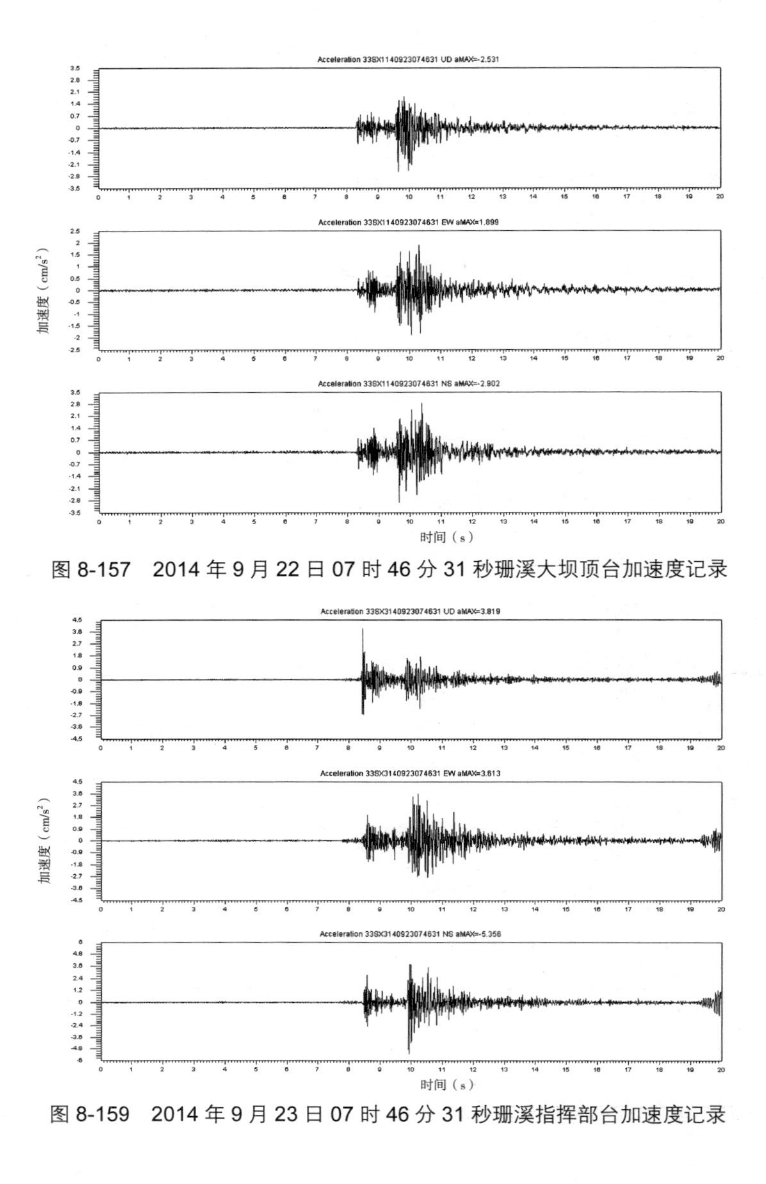

图 8-157　2014 年 9 月 22 日 07 时 46 分 31 秒珊溪大坝顶台加速度记录

图 8-159　2014 年 9 月 23 日 07 时 46 分 31 秒珊溪指挥部台加速度记录

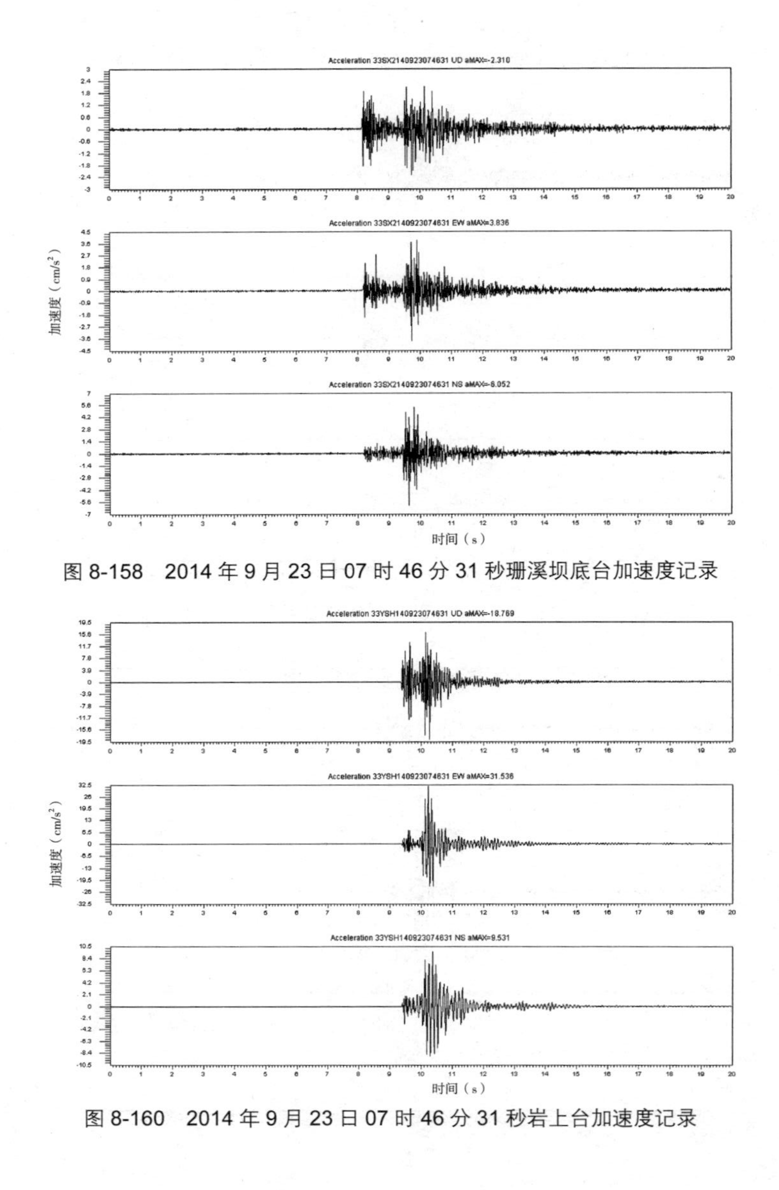

图 8-158　2014 年 9 月 23 日 07 时 46 分 31 秒珊溪坝底台加速度记录

图 8-160　2014 年 9 月 23 日 07 时 46 分 31 秒岩上台加速度记录

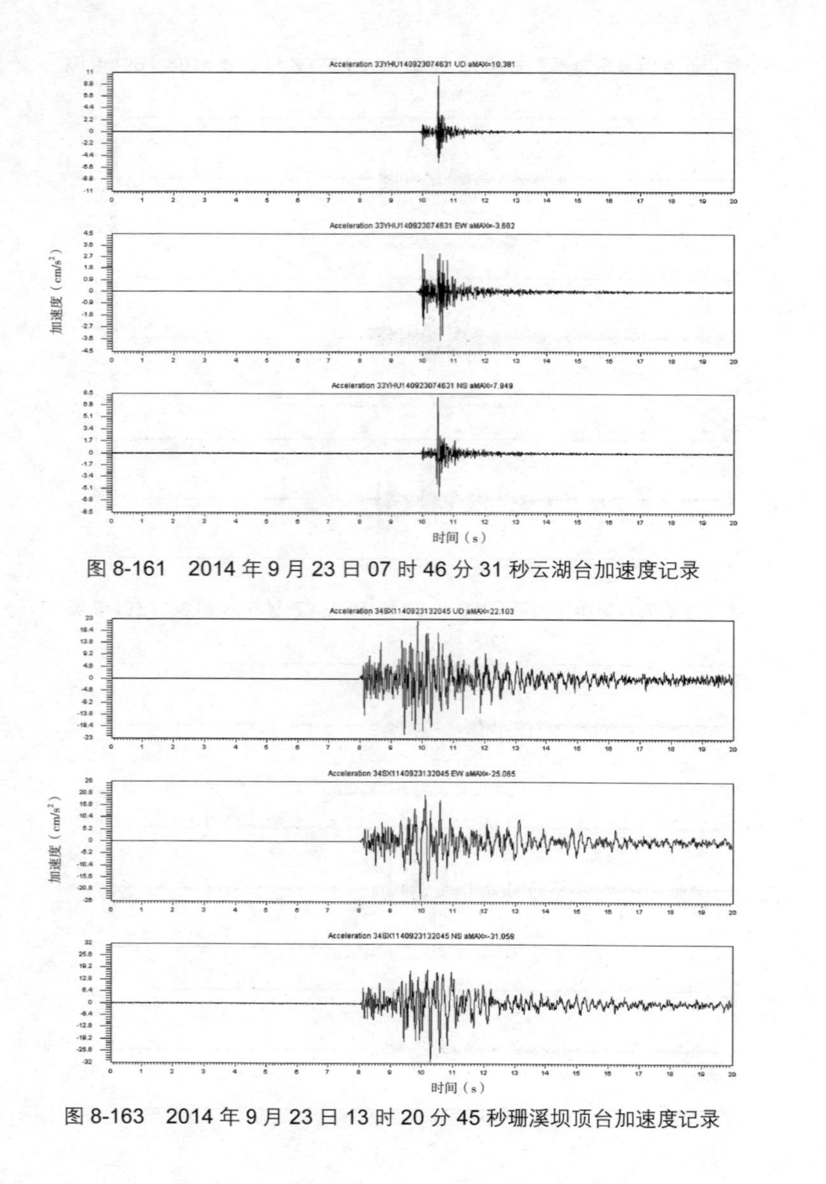

图 8-161　2014 年 9 月 23 日 07 时 46 分 31 秒云湖台加速度记录

图 8-163　2014 年 9 月 23 日 13 时 20 分 45 秒珊溪坝顶台加速度记录

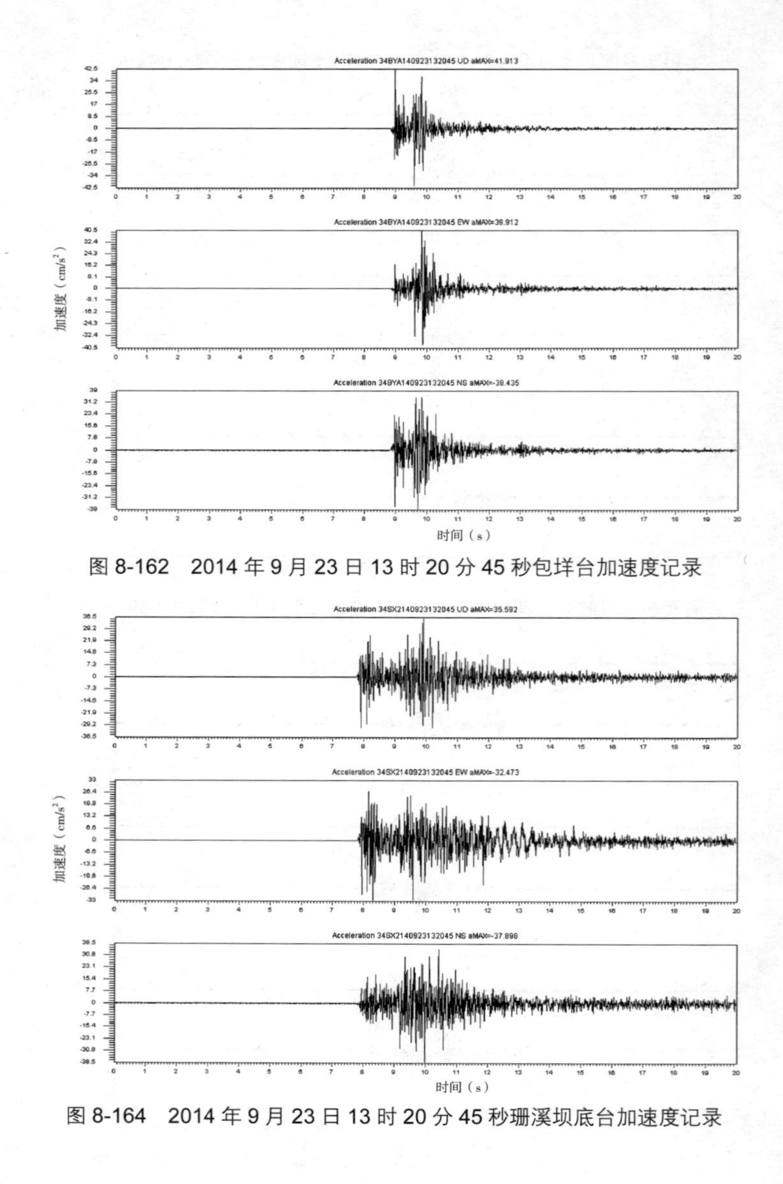

图 8-162　2014 年 9 月 23 日 13 时 20 分 45 秒包垟台加速度记录

图 8-164　2014 年 9 月 23 日 13 时 20 分 45 秒珊溪坝底台加速度记录

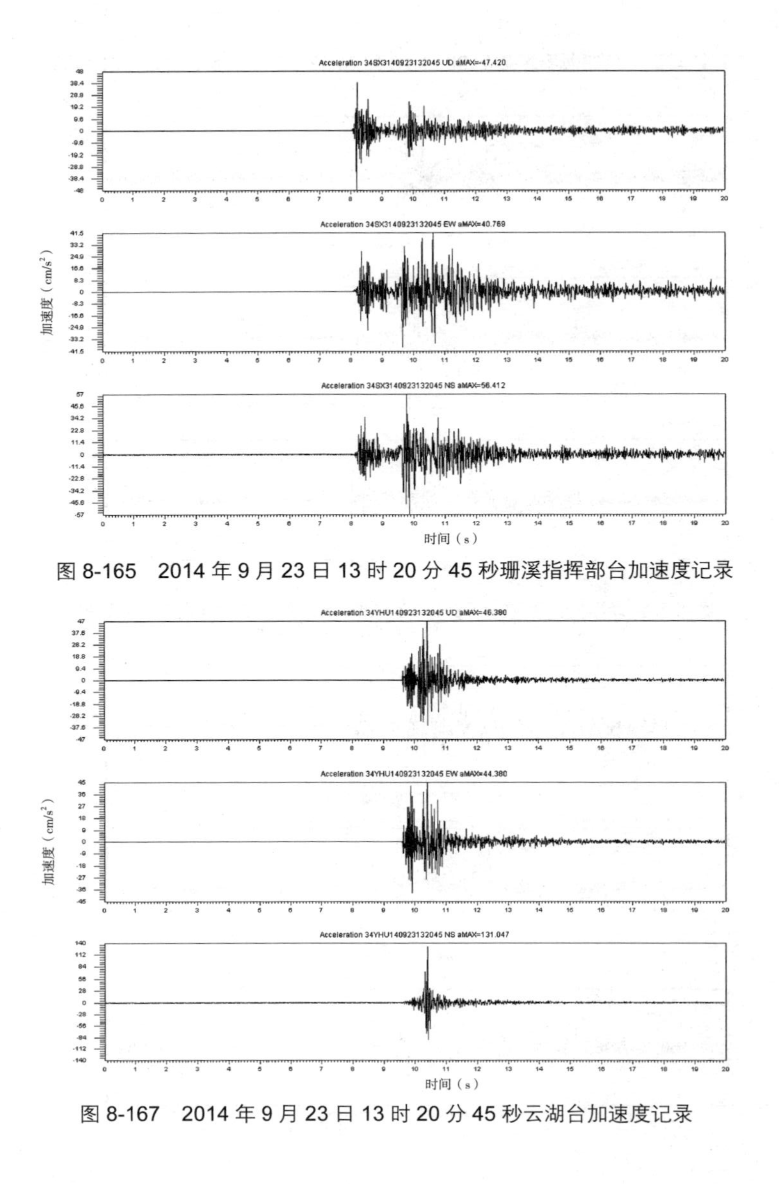

图 8-165　2014 年 9 月 23 日 13 时 20 分 45 秒珊溪指挥部台加速度记录

图 8-167　2014 年 9 月 23 日 13 时 20 分 45 秒云湖台加速度记录

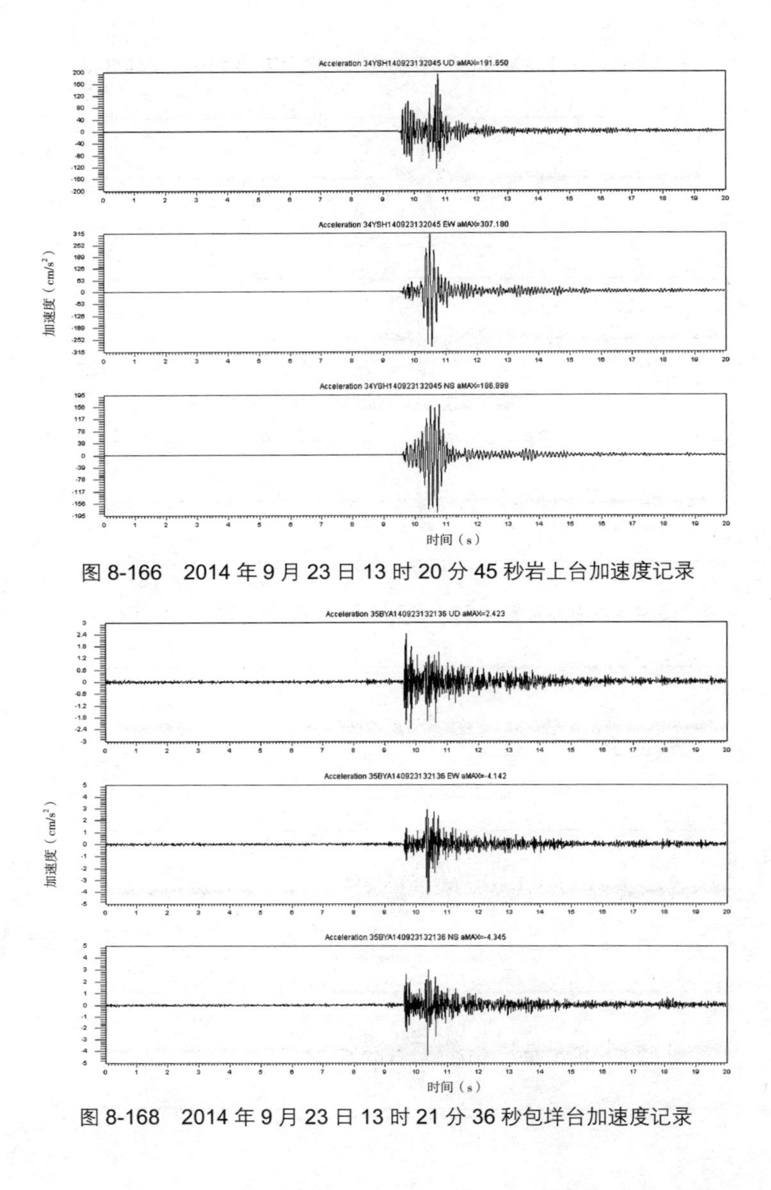

图 8-166　2014 年 9 月 23 日 13 时 20 分 45 秒岩上台加速度记录

图 8-168　2014 年 9 月 23 日 13 时 21 分 36 秒包垟台加速度记录

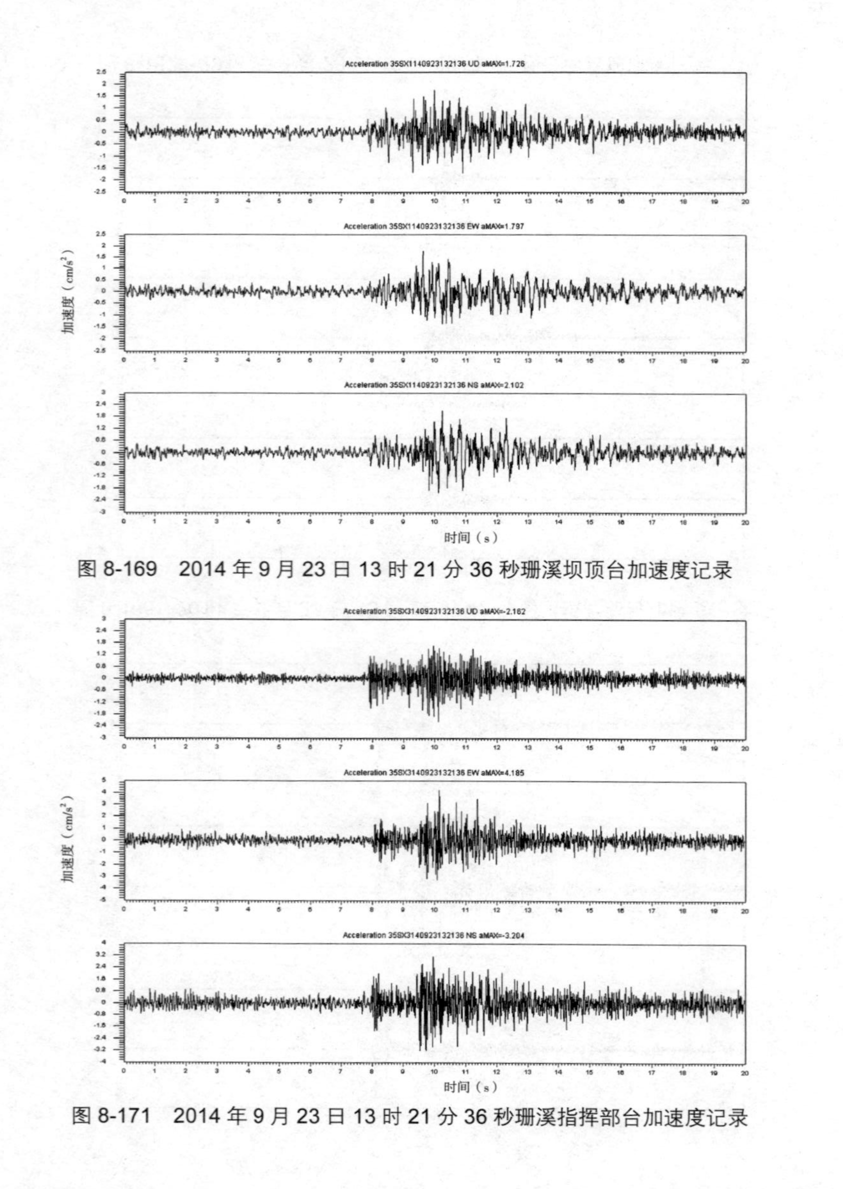

图 8-169　2014 年 9 月 23 日 13 时 21 分 36 秒珊溪坝顶台加速度记录

图 8-171　2014 年 9 月 23 日 13 时 21 分 36 秒珊溪指挥部台加速度记录

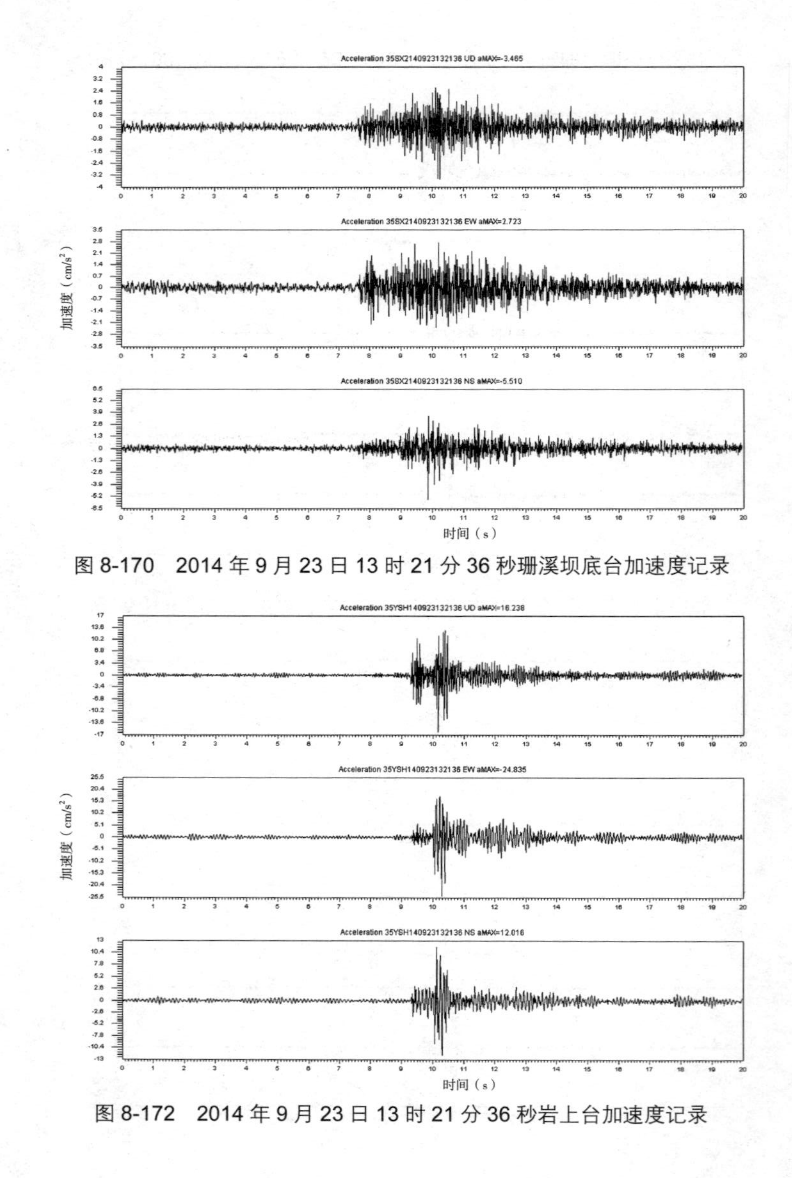

图 8-170　2014 年 9 月 23 日 13 时 21 分 36 秒珊溪坝底台加速度记录

图 8-172　2014 年 9 月 23 日 13 时 21 分 36 秒岩上台加速度记录

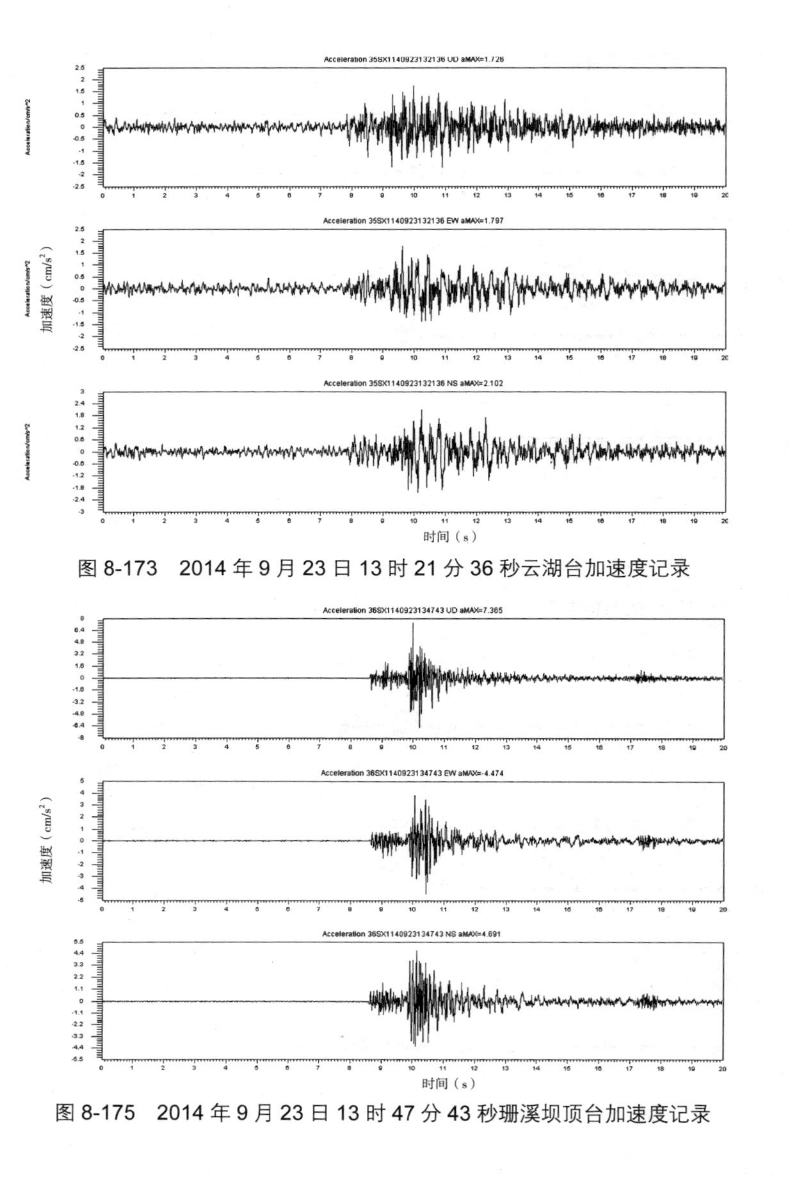

图 8-173　2014 年 9 月 23 日 13 时 21 分 36 秒云湖台加速度记录

图 8-175　2014 年 9 月 23 日 13 时 47 分 43 秒珊溪坝顶台加速度记录

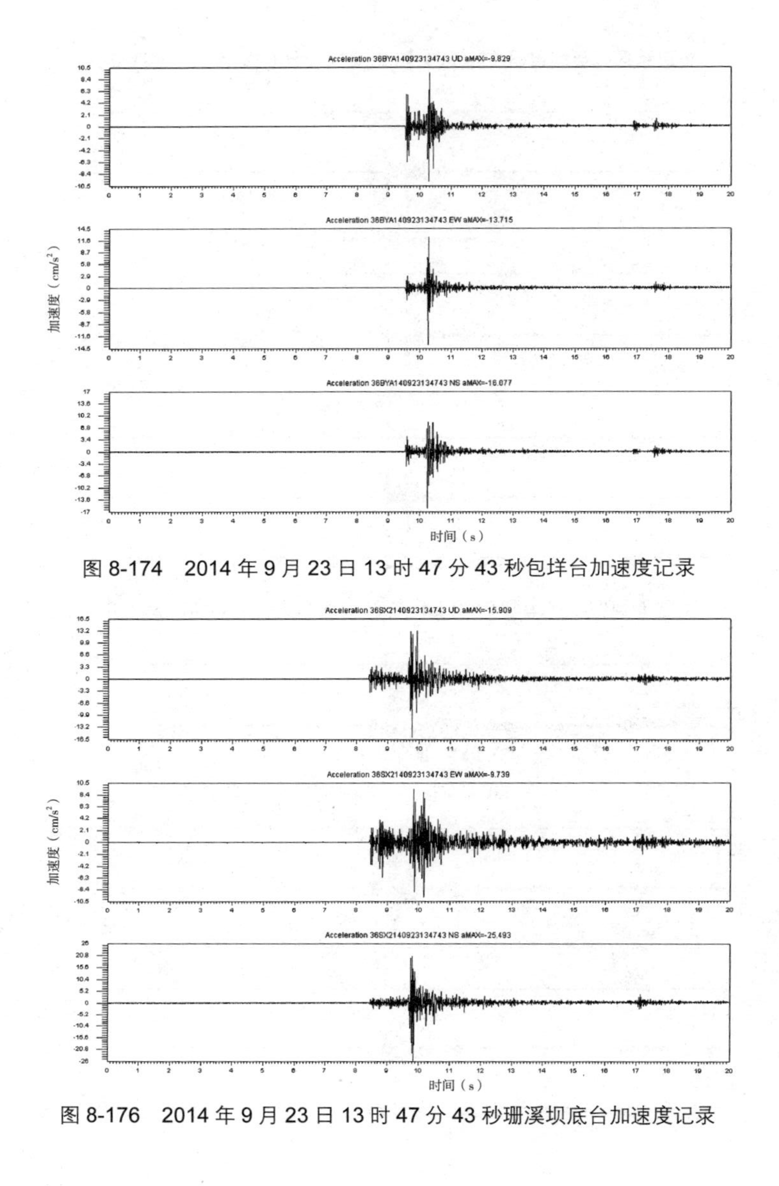

图 8-174　2014 年 9 月 23 日 13 时 47 分 43 秒包垟台加速度记录

图 8-176　2014 年 9 月 23 日 13 时 47 分 43 秒珊溪坝底台加速度记录

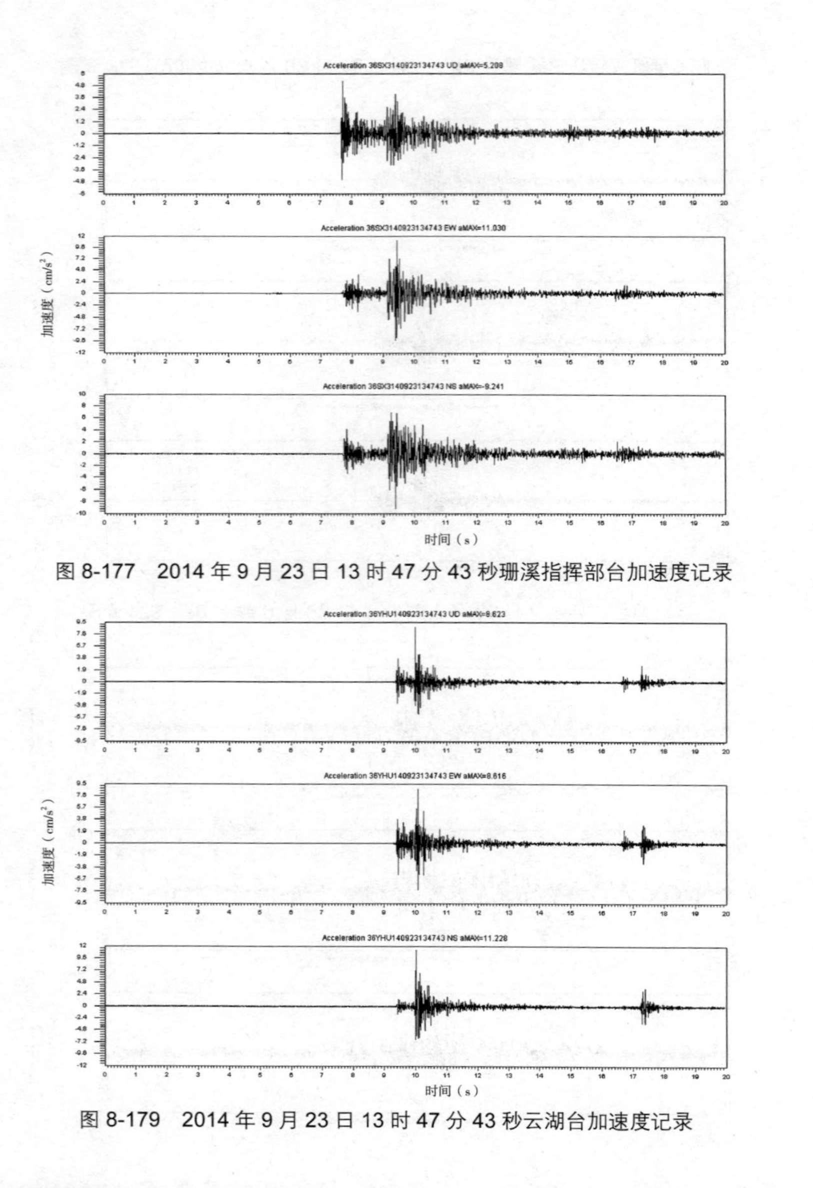

图 8-177　2014 年 9 月 23 日 13 时 47 分 43 秒珊溪指挥部台加速度记录

图 8-179　2014 年 9 月 23 日 13 时 47 分 43 秒云湖台加速度记录

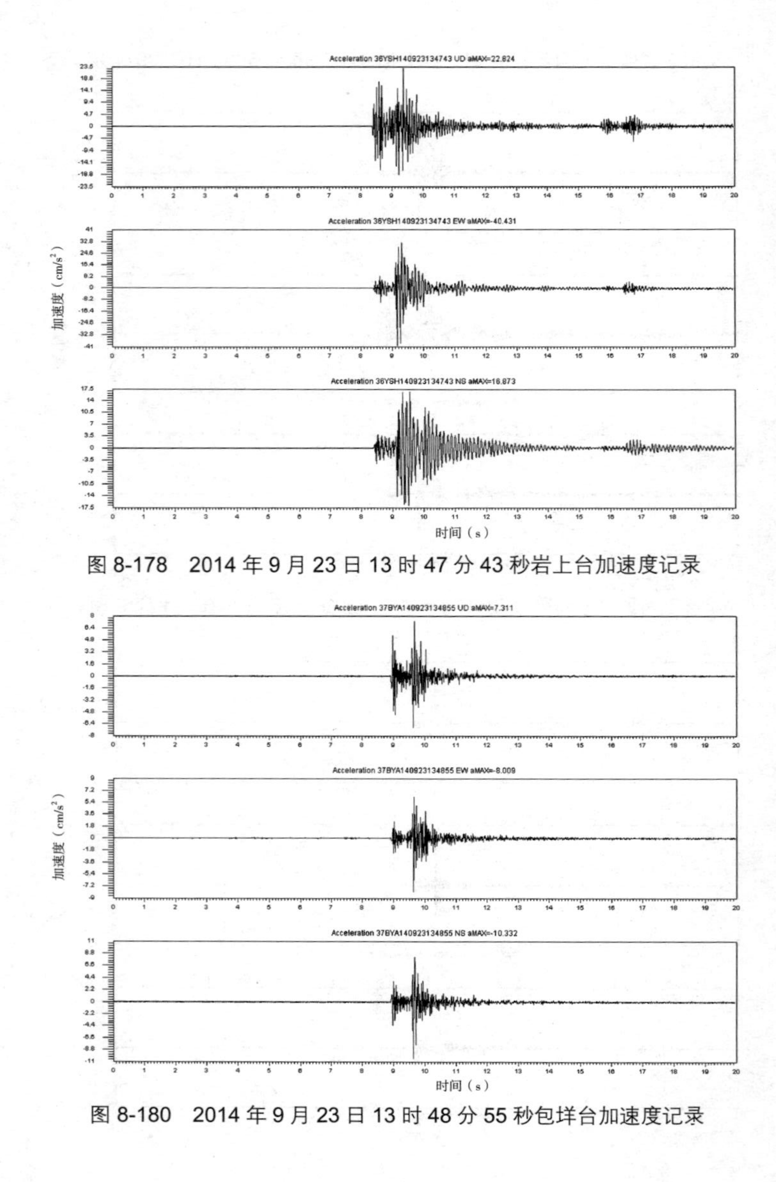

图 8-178　2014 年 9 月 23 日 13 时 47 分 43 秒岩上台加速度记录

图 8-180　2014 年 9 月 23 日 13 时 48 分 55 秒包垟台加速度记录

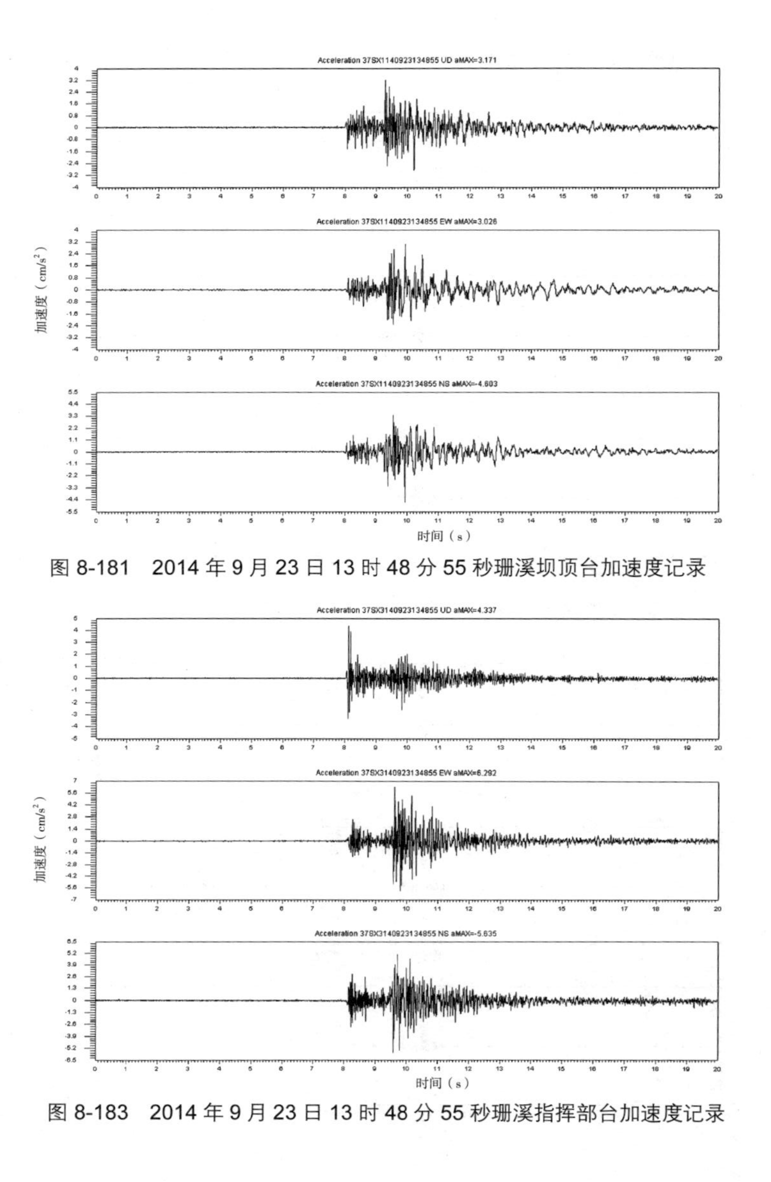

图 8-181　2014 年 9 月 23 日 13 时 48 分 55 秒珊溪坝顶台加速度记录

图 8-183　2014 年 9 月 23 日 13 时 48 分 55 秒珊溪指挥部台加速度记录

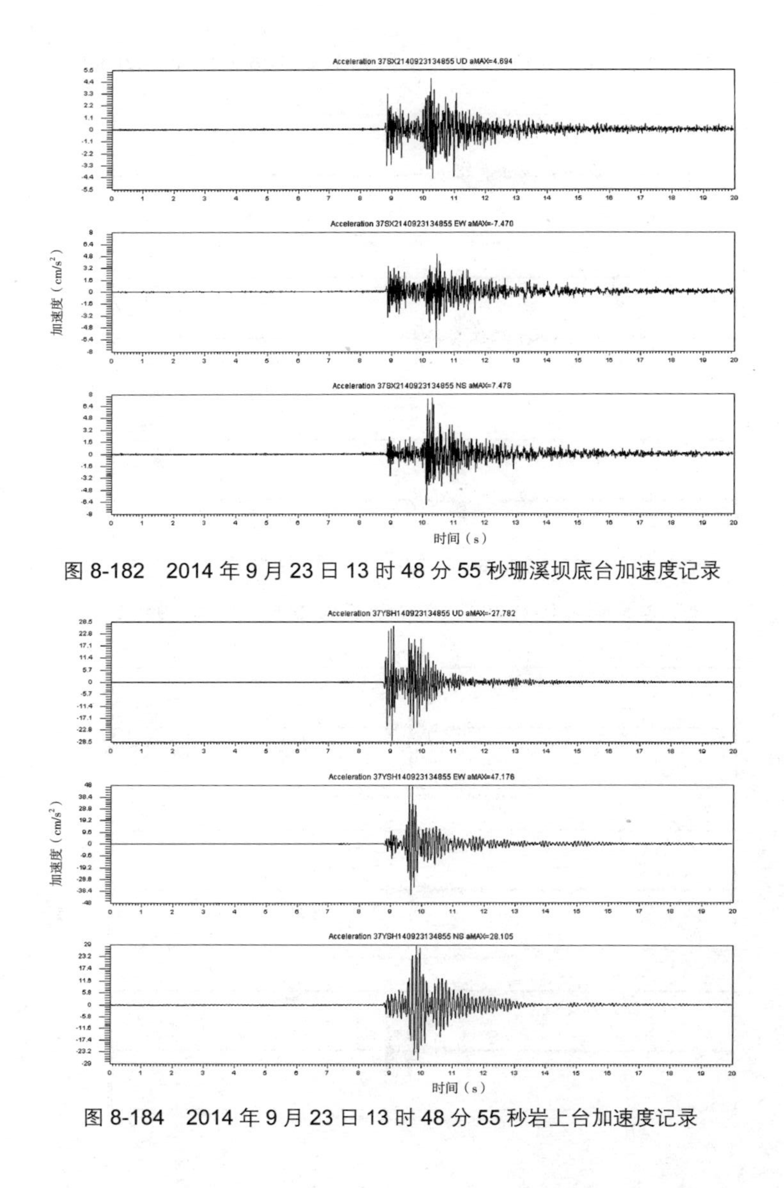

图 8-182　2014 年 9 月 23 日 13 时 48 分 55 秒珊溪坝底台加速度记录

图 8-184　2014 年 9 月 23 日 13 时 48 分 55 秒岩上台加速度记录

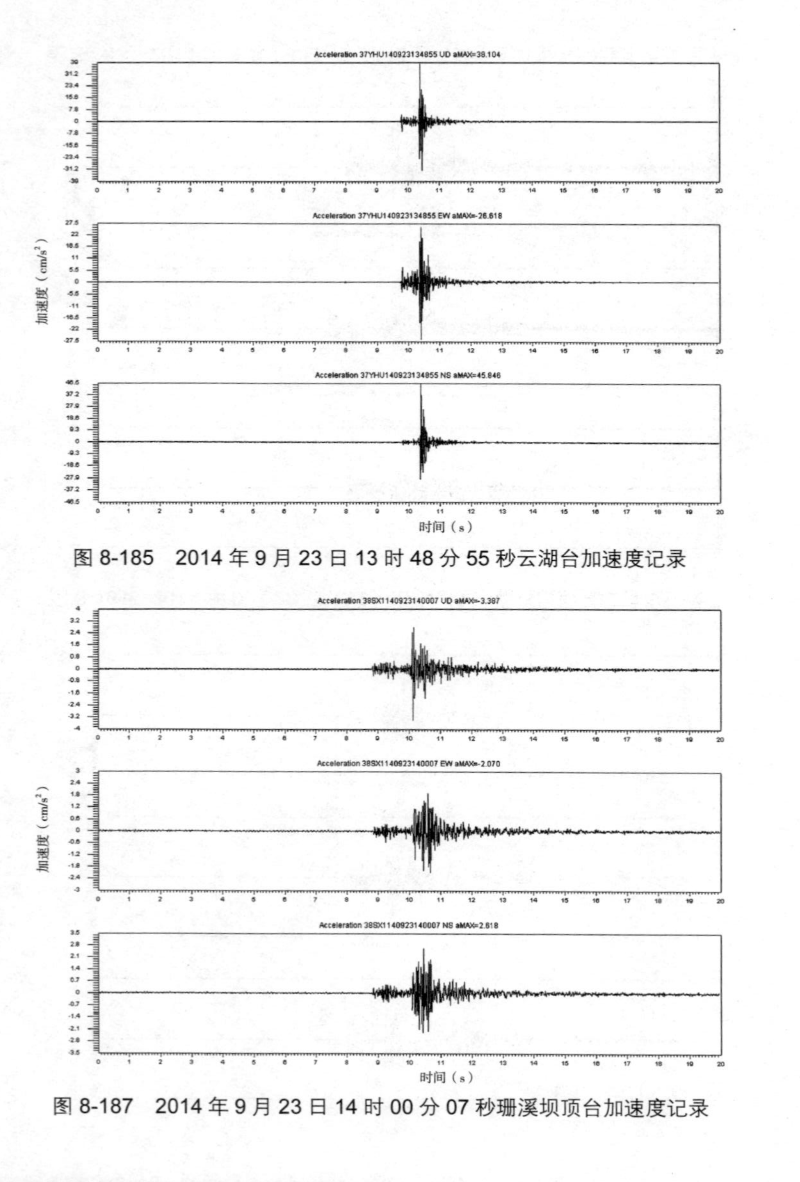

图 8-185　2014 年 9 月 23 日 13 时 48 分 55 秒云湖台加速度记录

图 8-187　2014 年 9 月 23 日 14 时 00 分 07 秒珊溪坝顶台加速度记录

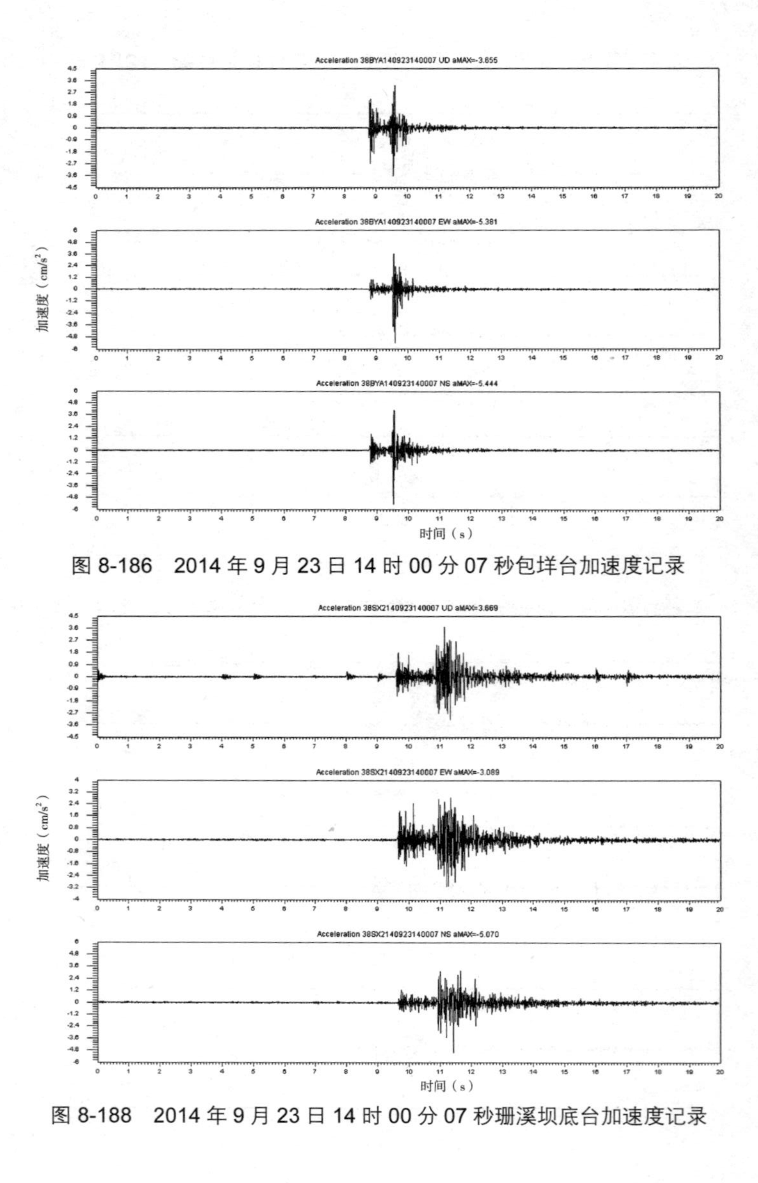

图 8-186　2014 年 9 月 23 日 14 时 00 分 07 秒包垟台加速度记录

图 8-188　2014 年 9 月 23 日 14 时 00 分 07 秒珊溪坝底台加速度记录

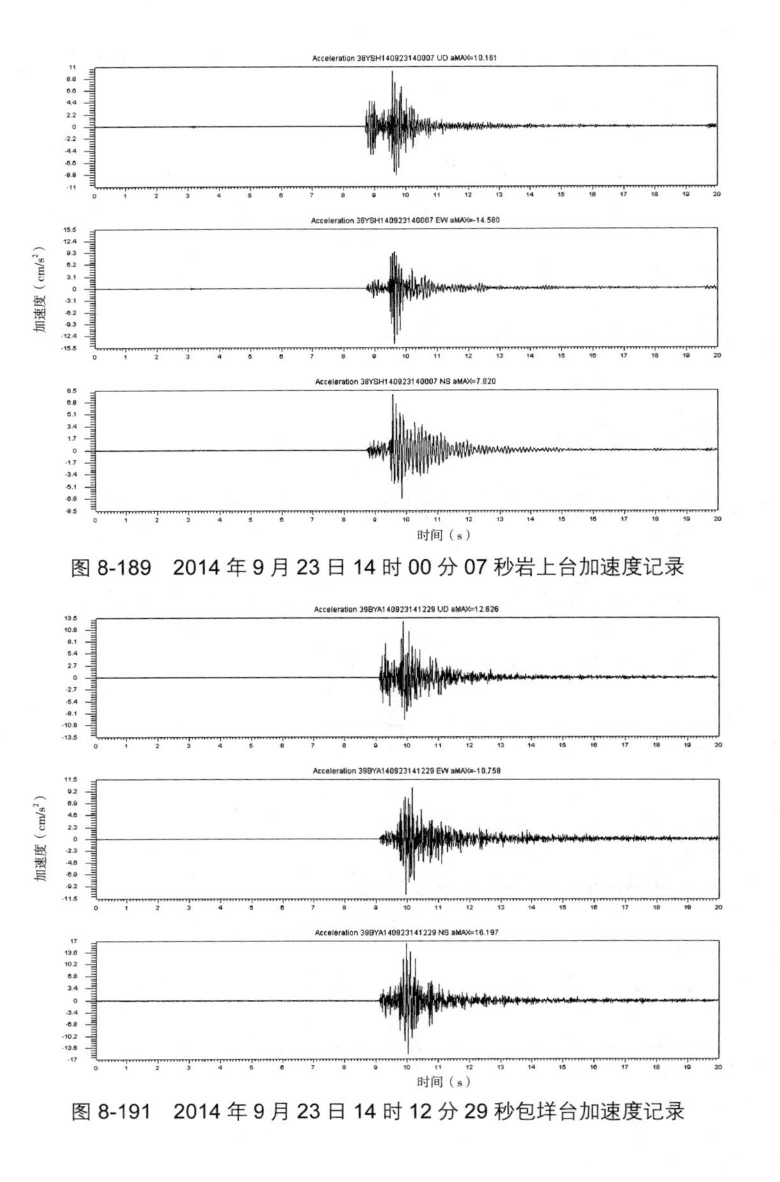

图 8-189 2014 年 9 月 23 日 14 时 00 分 07 秒岩上台加速度记录

图 8-191 2014 年 9 月 23 日 14 时 12 分 29 秒包垟台加速度记录

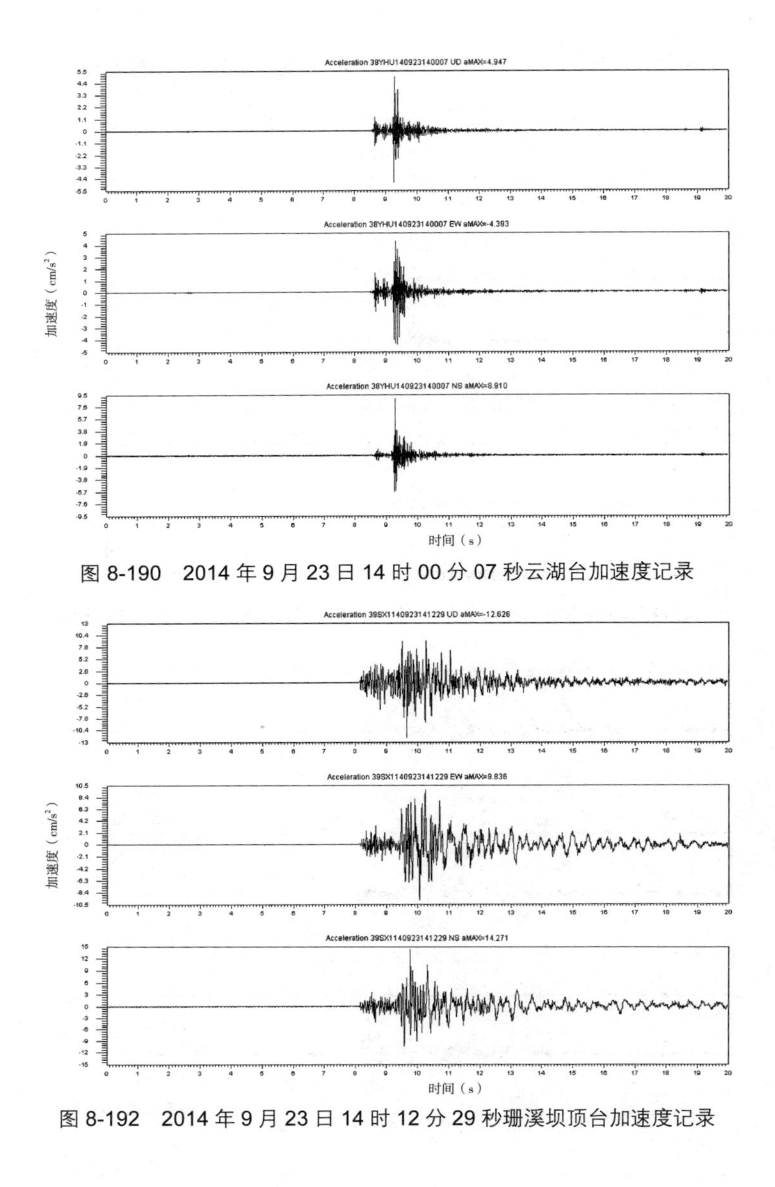

图 8-190 2014 年 9 月 23 日 14 时 00 分 07 秒云湖台加速度记录

图 8-192 2014 年 9 月 23 日 14 时 12 分 29 秒珊溪坝顶台加速度记录

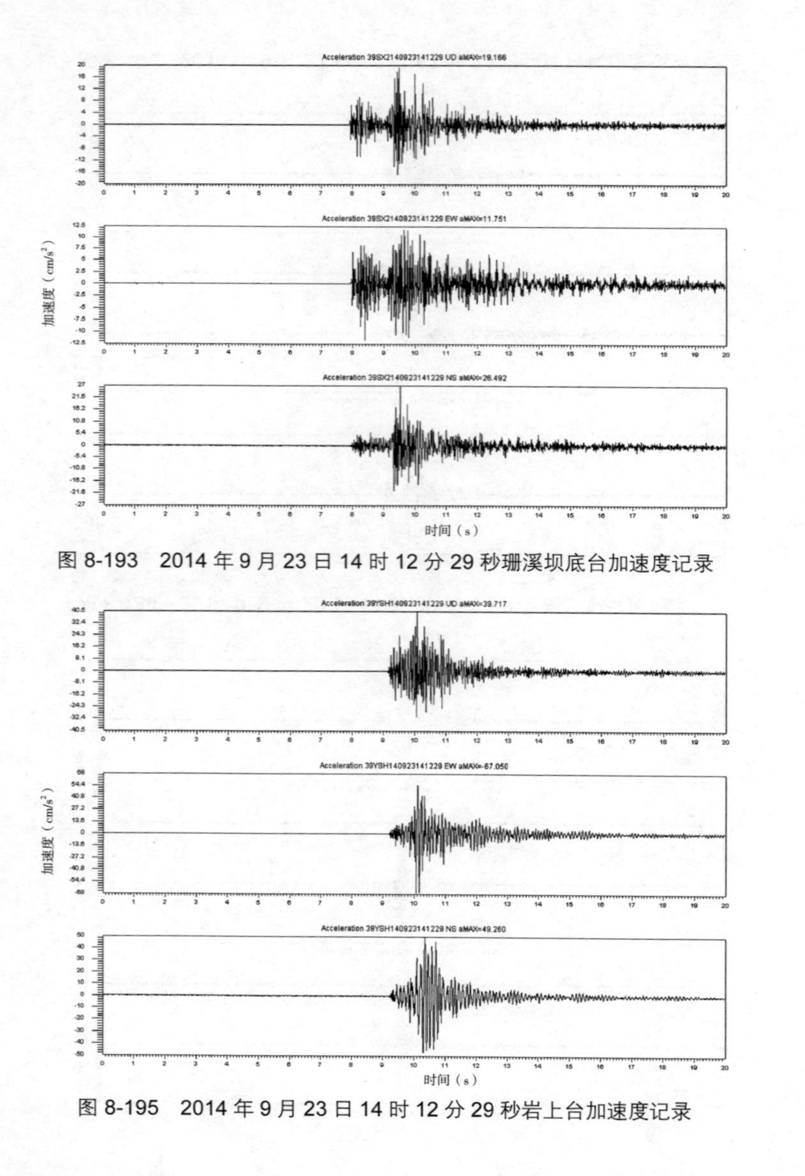

图 8-193　2014 年 9 月 23 日 14 时 12 分 29 秒珊溪坝底台加速度记录

图 8-195　2014 年 9 月 23 日 14 时 12 分 29 秒岩上台加速度记录

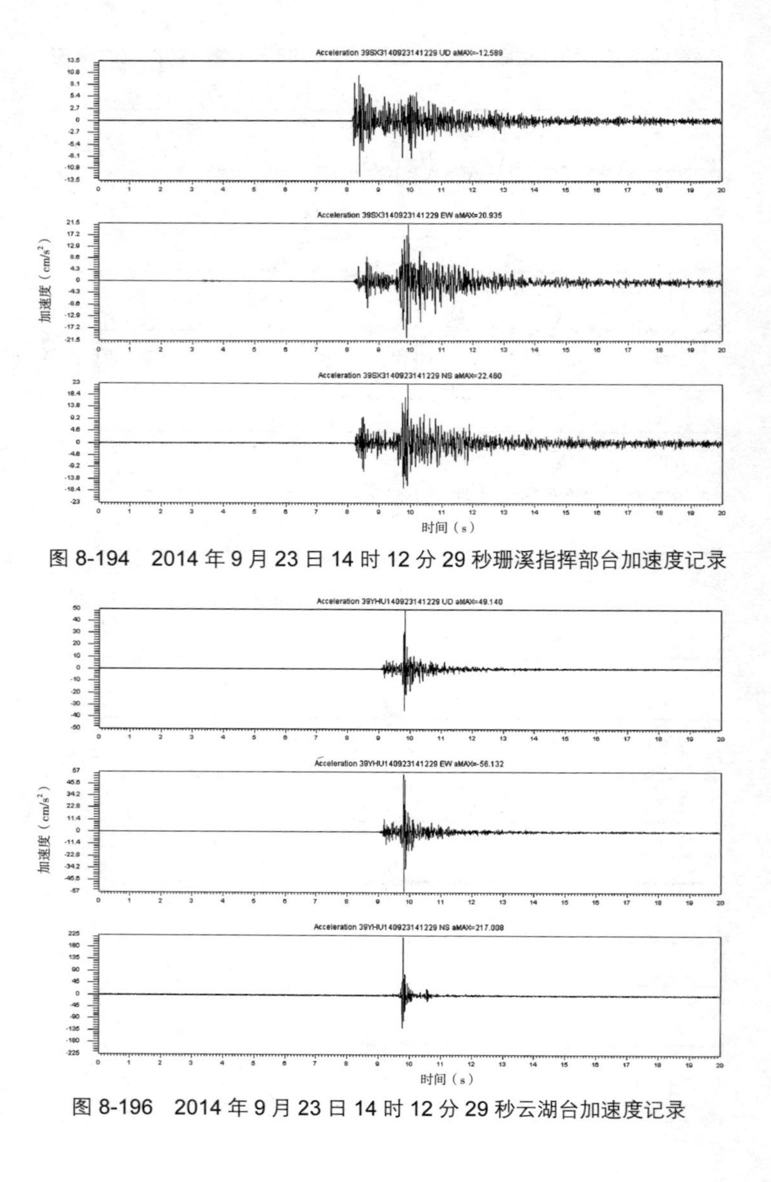

图 8-194　2014 年 9 月 23 日 14 时 12 分 29 秒珊溪指挥部台加速度记录

图 8-196　2014 年 9 月 23 日 14 时 12 分 29 秒云湖台加速度记录

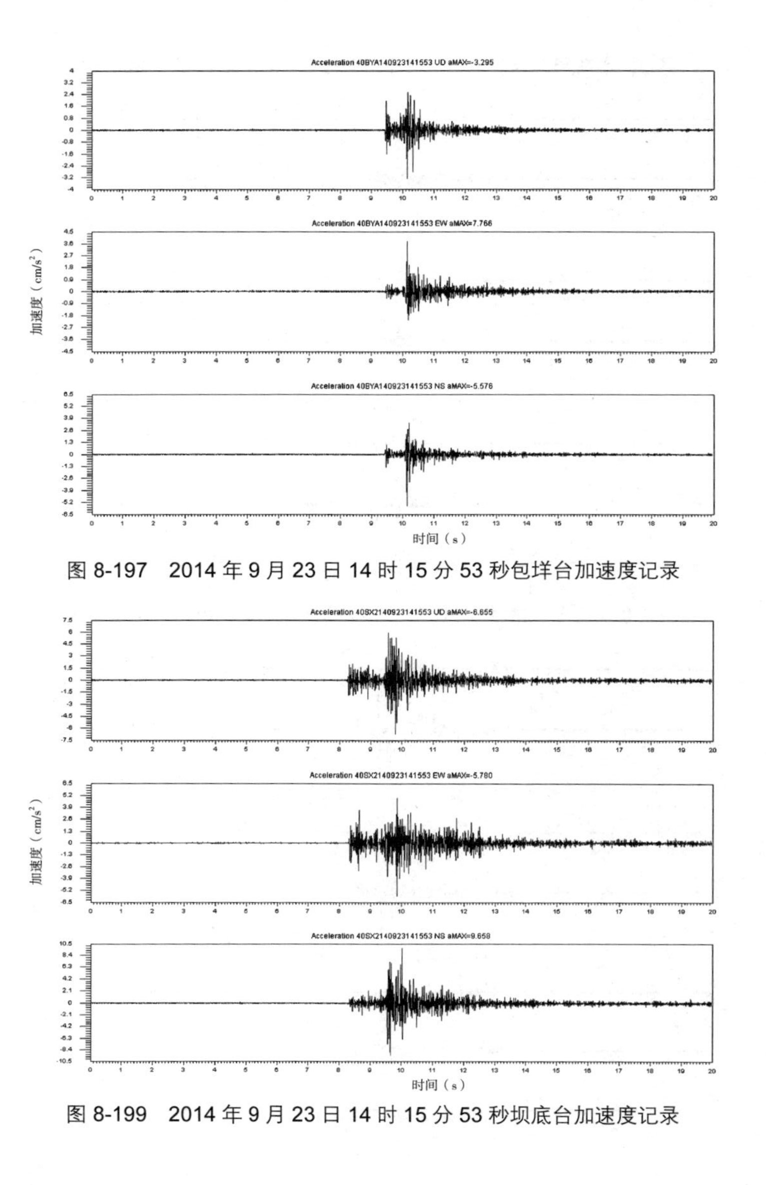

图 8-197　2014 年 9 月 23 日 14 时 15 分 53 秒包垟台加速度记录

图 8-199　2014 年 9 月 23 日 14 时 15 分 53 秒坝底台加速度记录

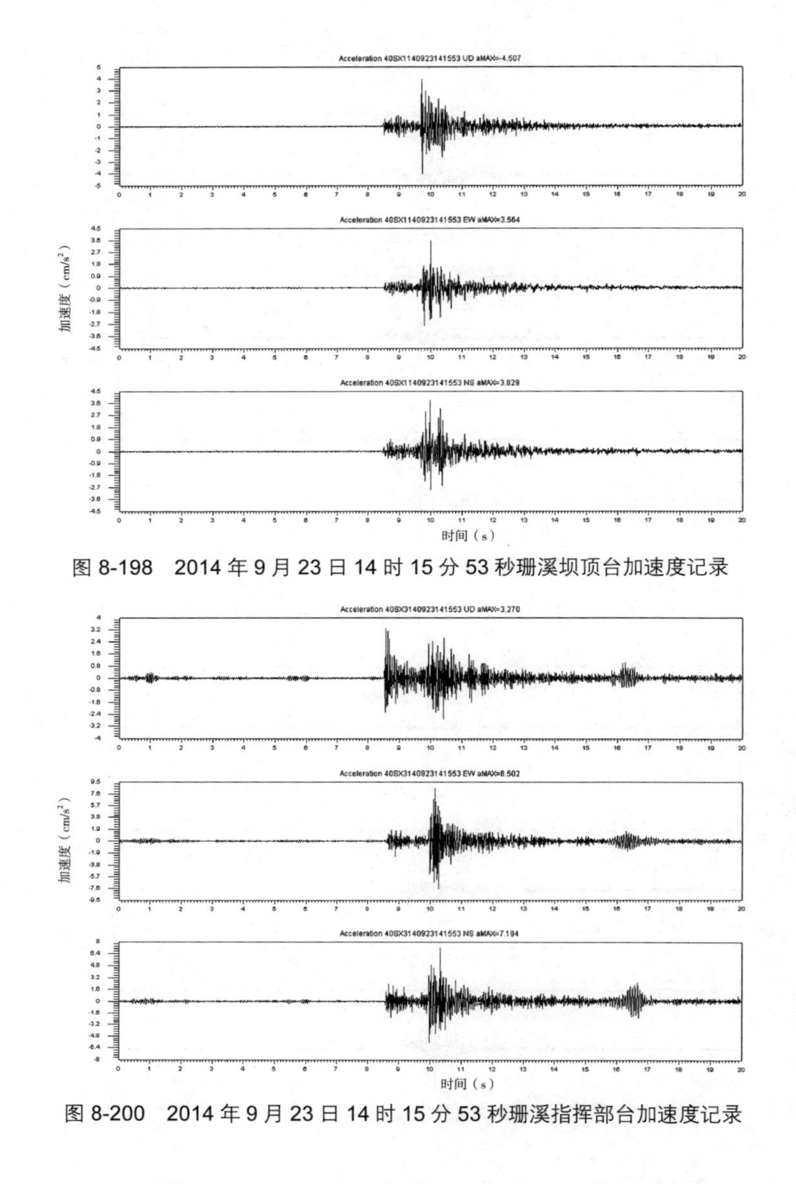

图 8-198　2014 年 9 月 23 日 14 时 15 分 53 秒珊溪坝顶台加速度记录

图 8-200　2014 年 9 月 23 日 14 时 15 分 53 秒珊溪指挥部台加速度记录

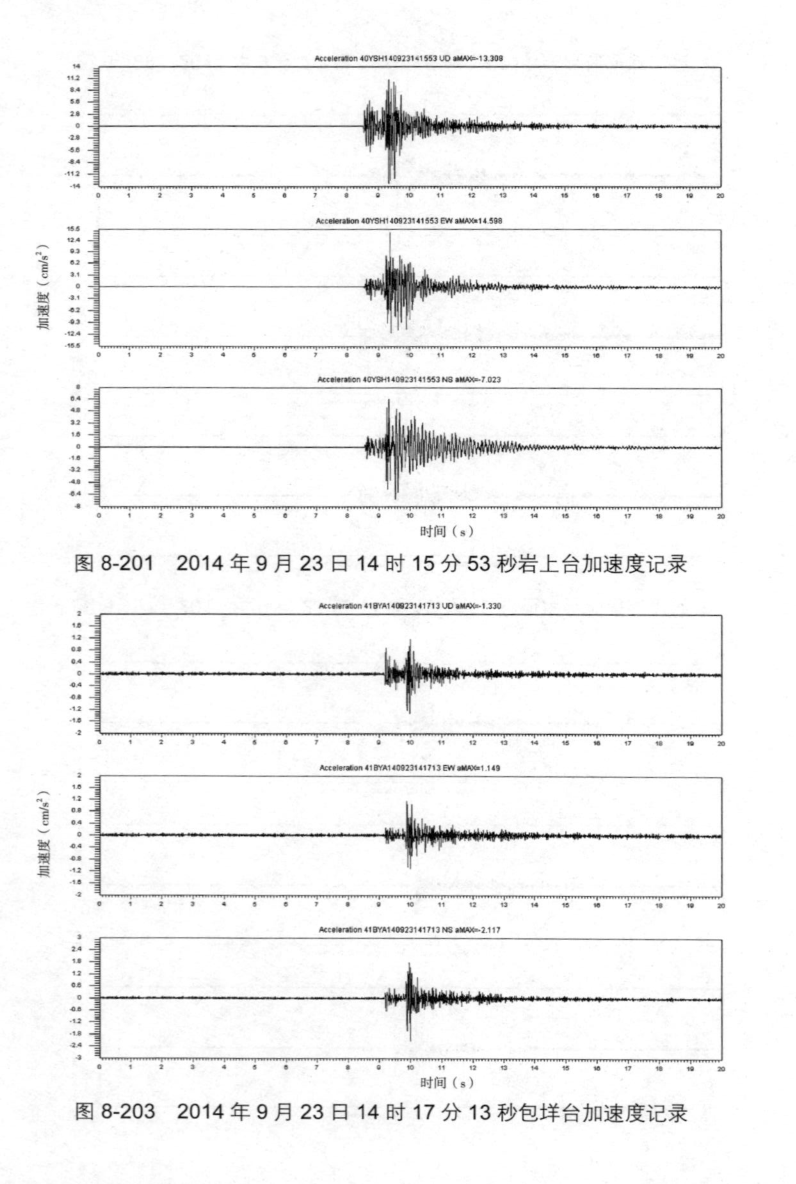

图 8-201　2014 年 9 月 23 日 14 时 15 分 53 秒岩上台加速度记录

图 8-203　2014 年 9 月 23 日 14 时 17 分 13 秒包垟台加速度记录

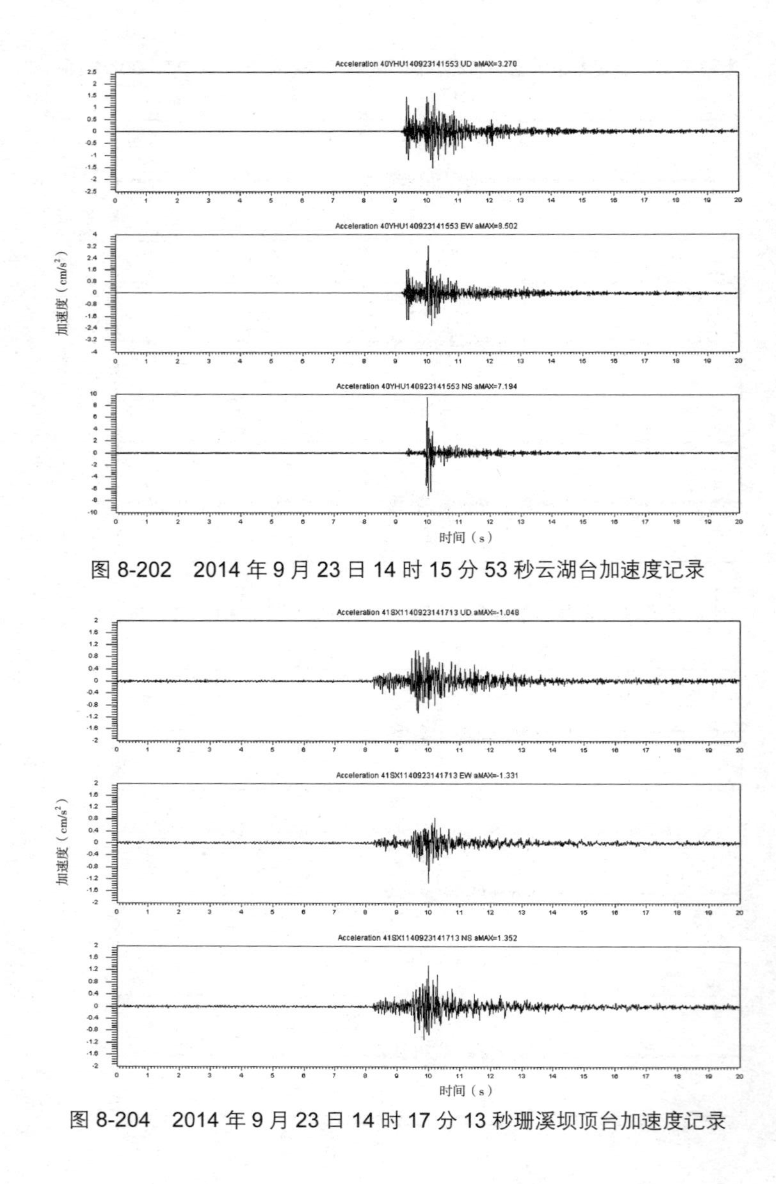

图 8-202　2014 年 9 月 23 日 14 时 15 分 53 秒云湖台加速度记录

图 8-204　2014 年 9 月 23 日 14 时 17 分 13 秒珊溪坝顶台加速度记录

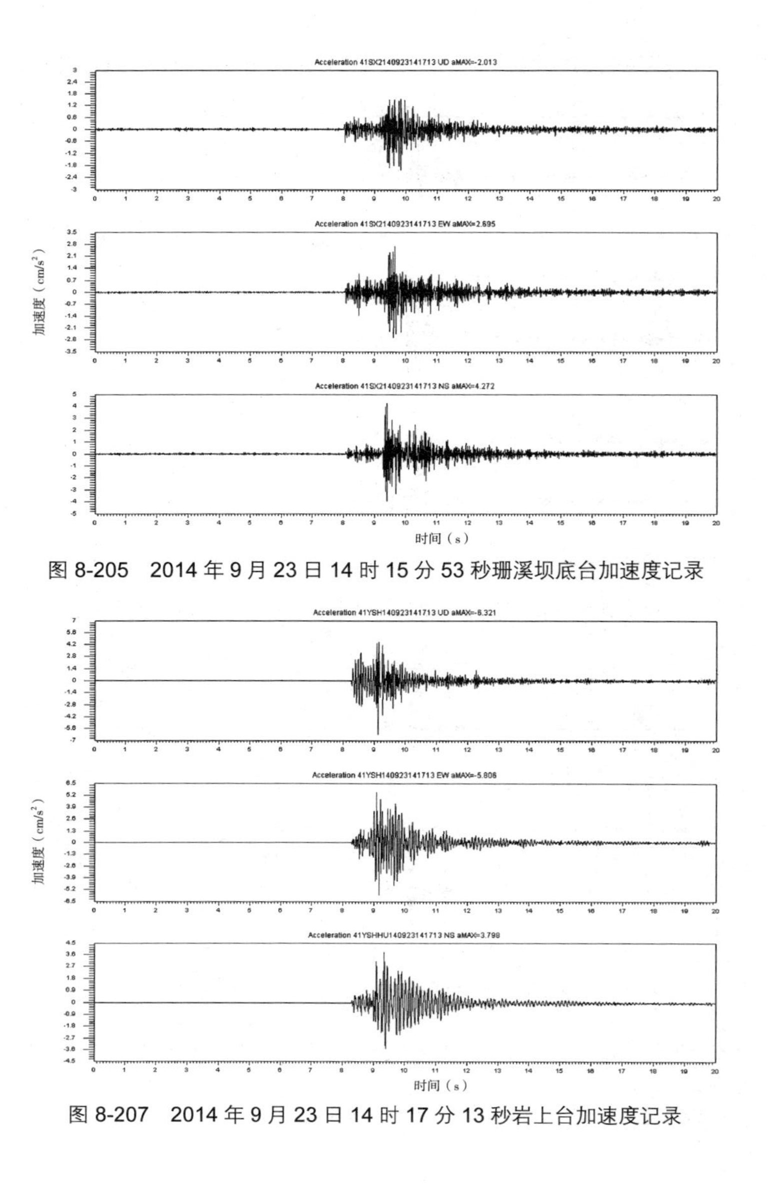

图 8-205 2014 年 9 月 23 日 14 时 15 分 53 秒珊溪坝底台加速度记录

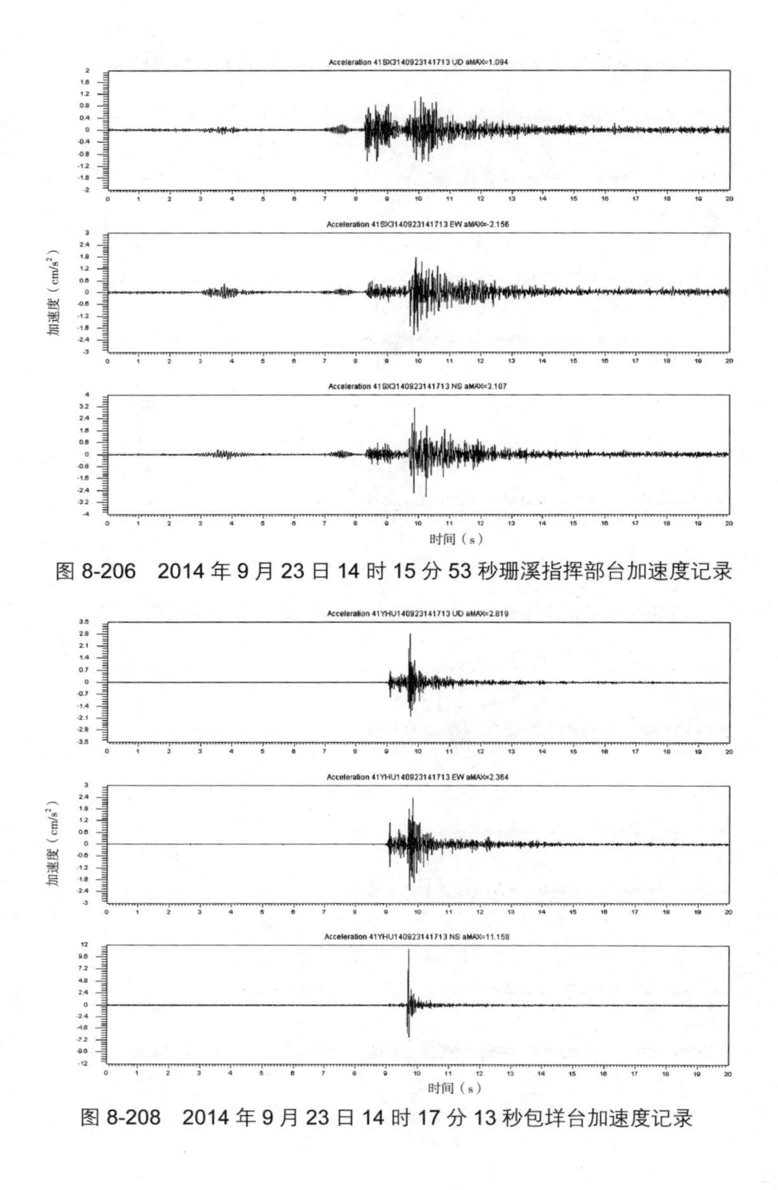

图 8-206 2014 年 9 月 23 日 14 时 15 分 53 秒珊溪指挥部台加速度记录

图 8-207 2014 年 9 月 23 日 14 时 17 分 13 秒岩上台加速度记录

图 8-208 2014 年 9 月 23 日 14 时 17 分 13 秒包垟台加速度记录

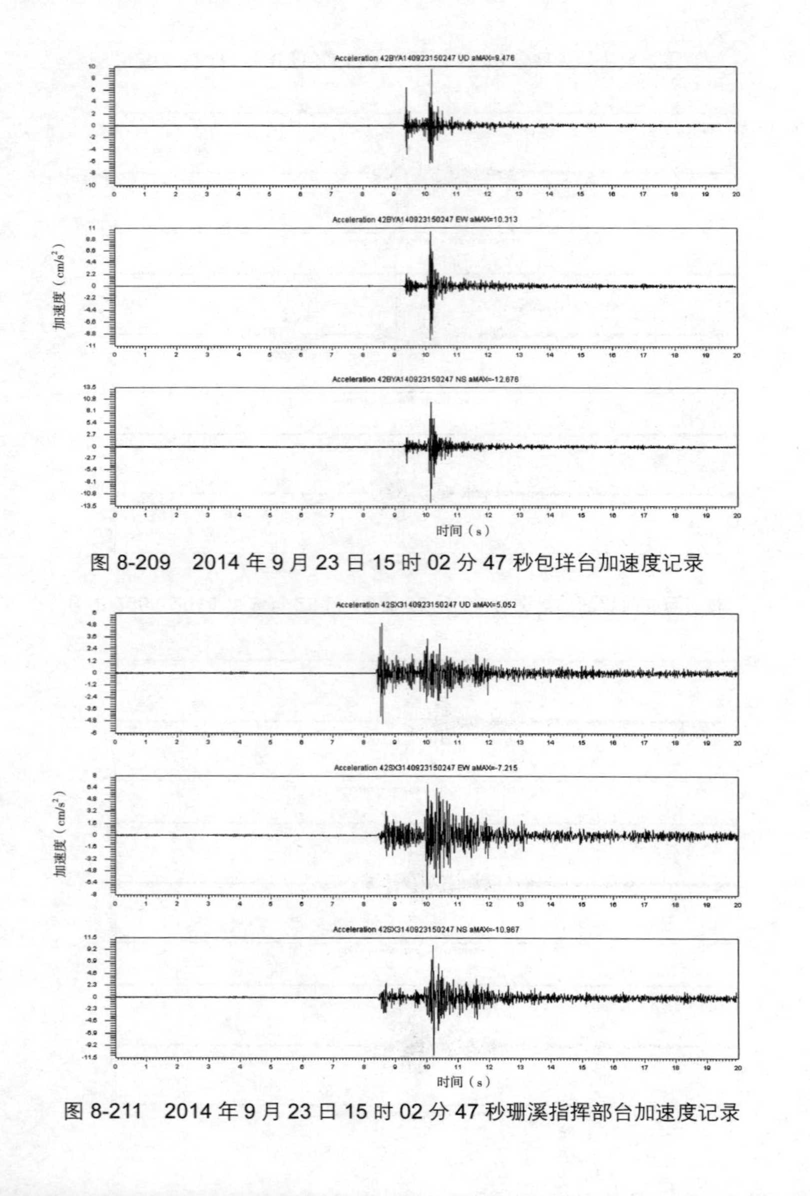

图 8-209 2014 年 9 月 23 日 15 时 02 分 47 秒包垟台加速度记录

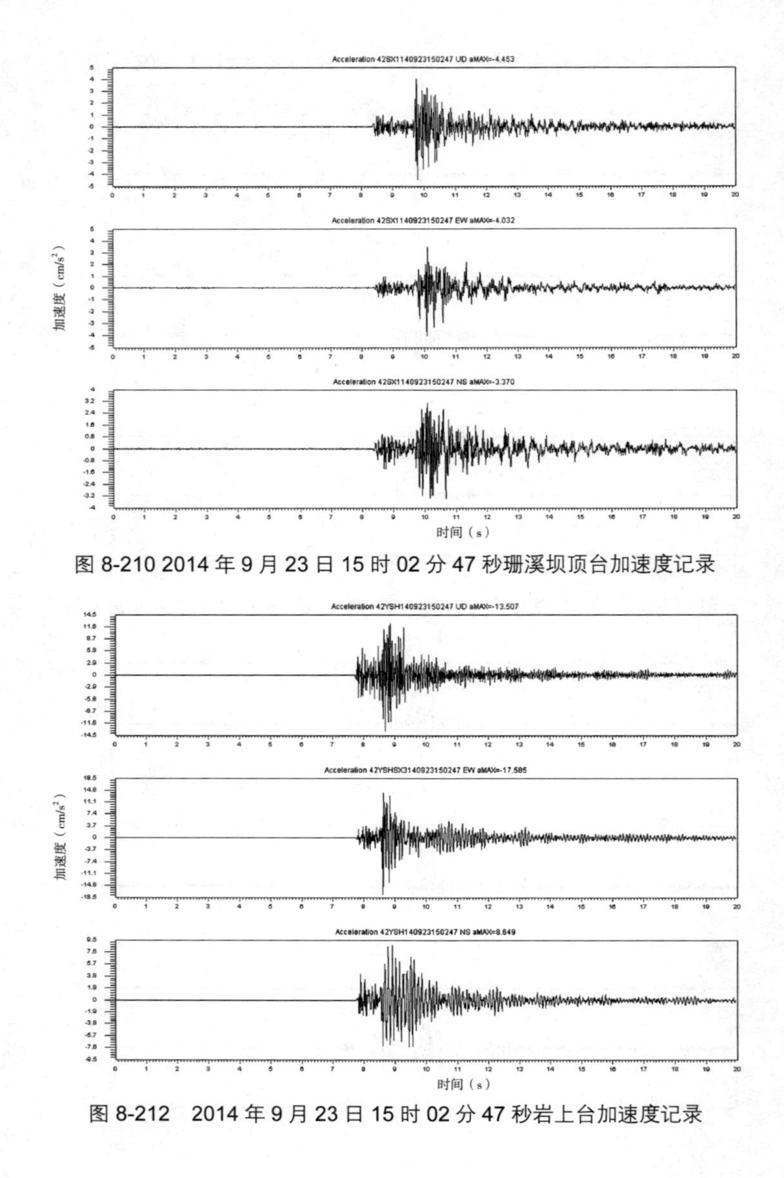

图 8-210 2014 年 9 月 23 日 15 时 02 分 47 秒珊溪坝顶台加速度记录

图 8-211 2014 年 9 月 23 日 15 时 02 分 47 秒珊溪指挥部台加速度记录

图 8-212 2014 年 9 月 23 日 15 时 02 分 47 秒岩上台加速度记录

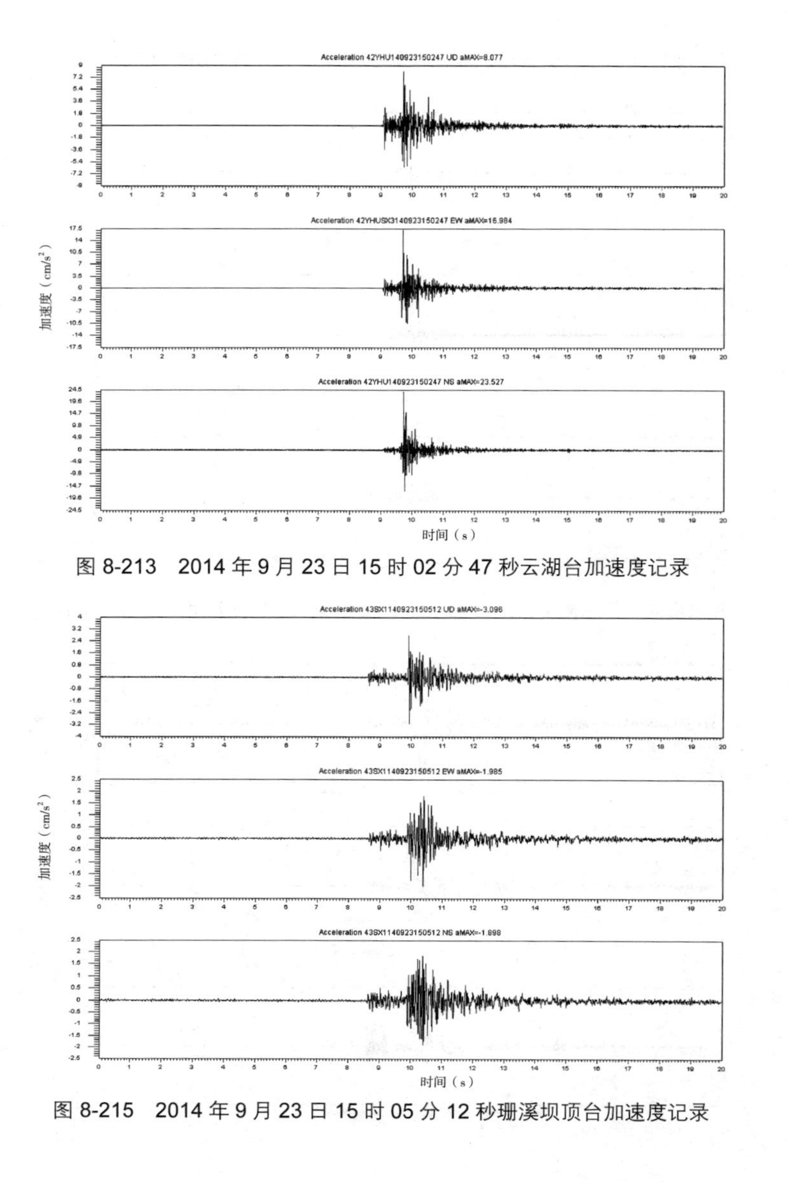

图 8-213　2014 年 9 月 23 日 15 时 02 分 47 秒云湖台加速度记录

图 8-215　2014 年 9 月 23 日 15 时 05 分 12 秒珊溪坝顶台加速度记录

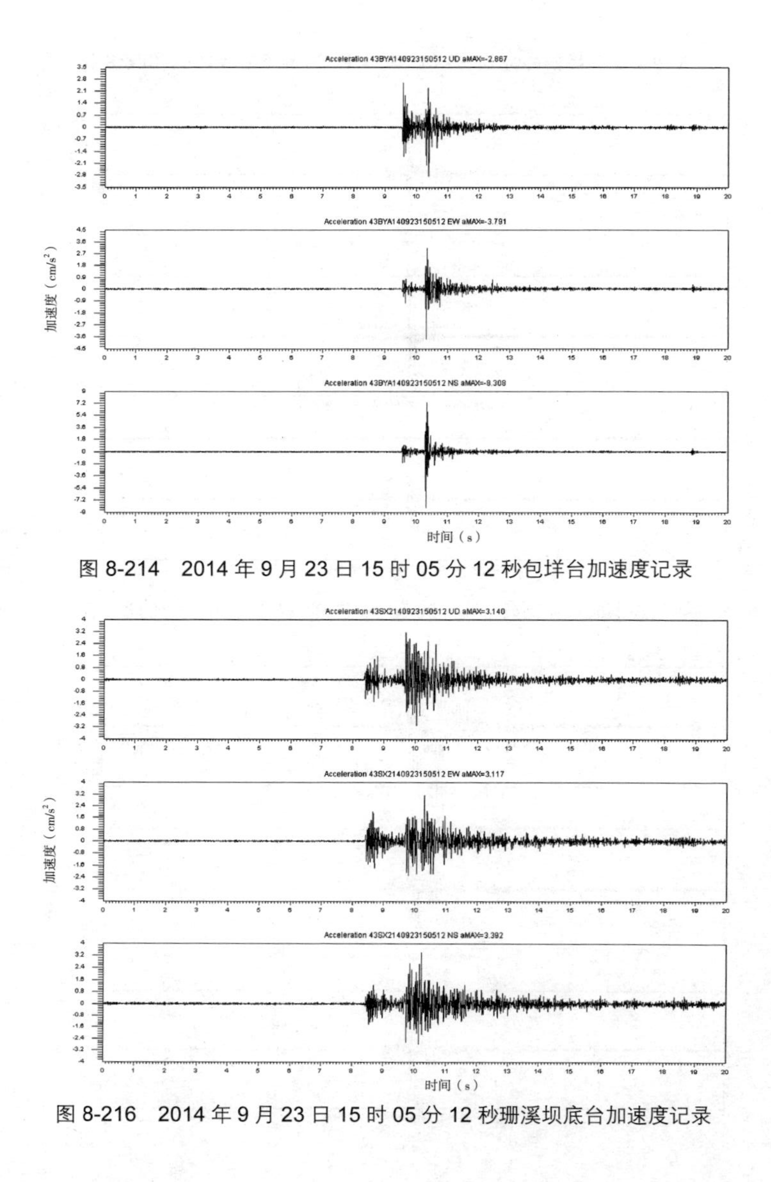

图 8-214　2014 年 9 月 23 日 15 时 05 分 12 秒包垟台加速度记录

图 8-216　2014 年 9 月 23 日 15 时 05 分 12 秒珊溪坝底台加速度记录

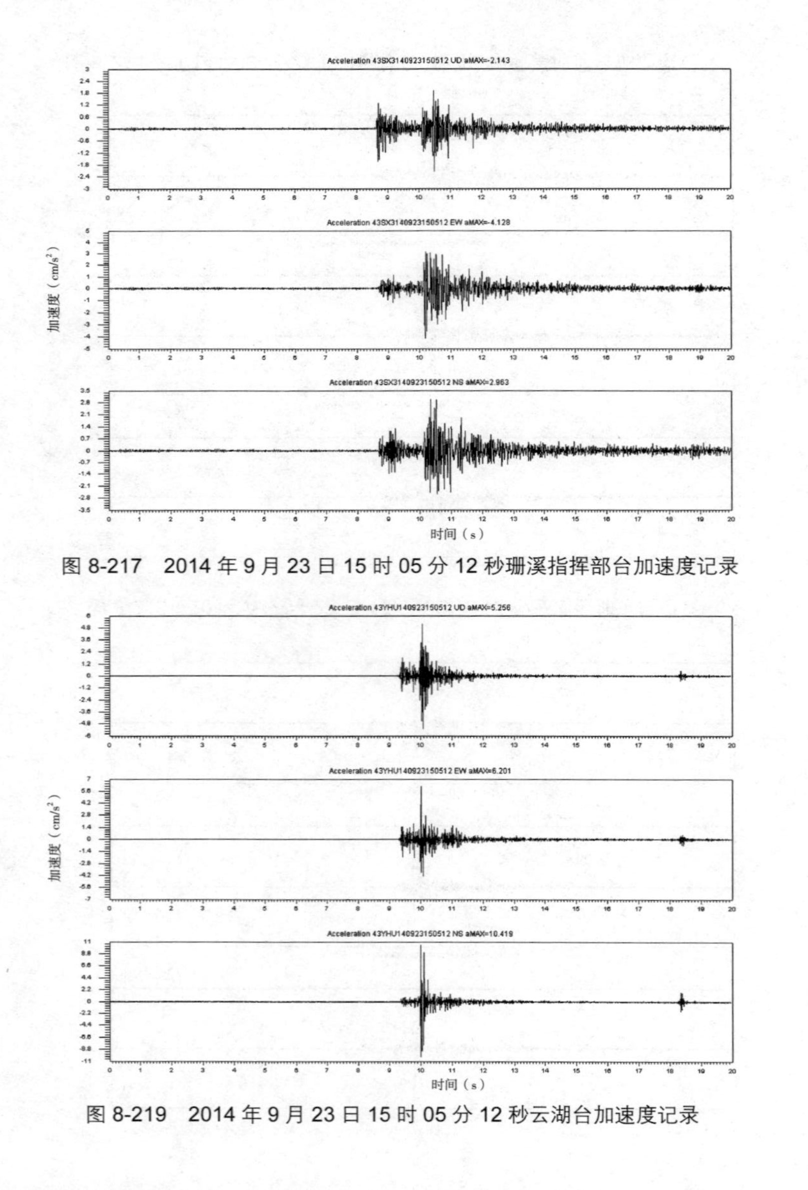

图 8-217　2014 年 9 月 23 日 15 时 05 分 12 秒珊溪指挥部台加速度记录

图 8-219　2014 年 9 月 23 日 15 时 05 分 12 秒云湖台加速度记录

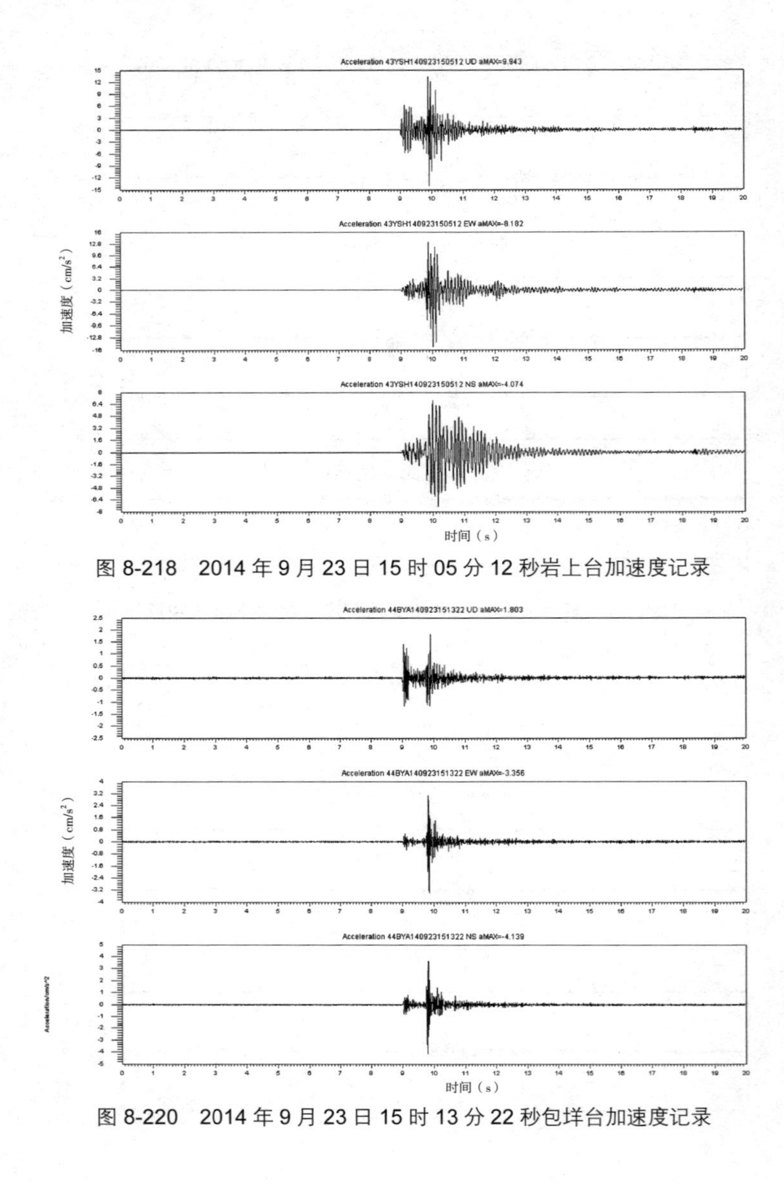

图 8-218　2014 年 9 月 23 日 15 时 05 分 12 秒岩上台加速度记录

图 8-220　2014 年 9 月 23 日 15 时 13 分 22 秒包垟台加速度记录

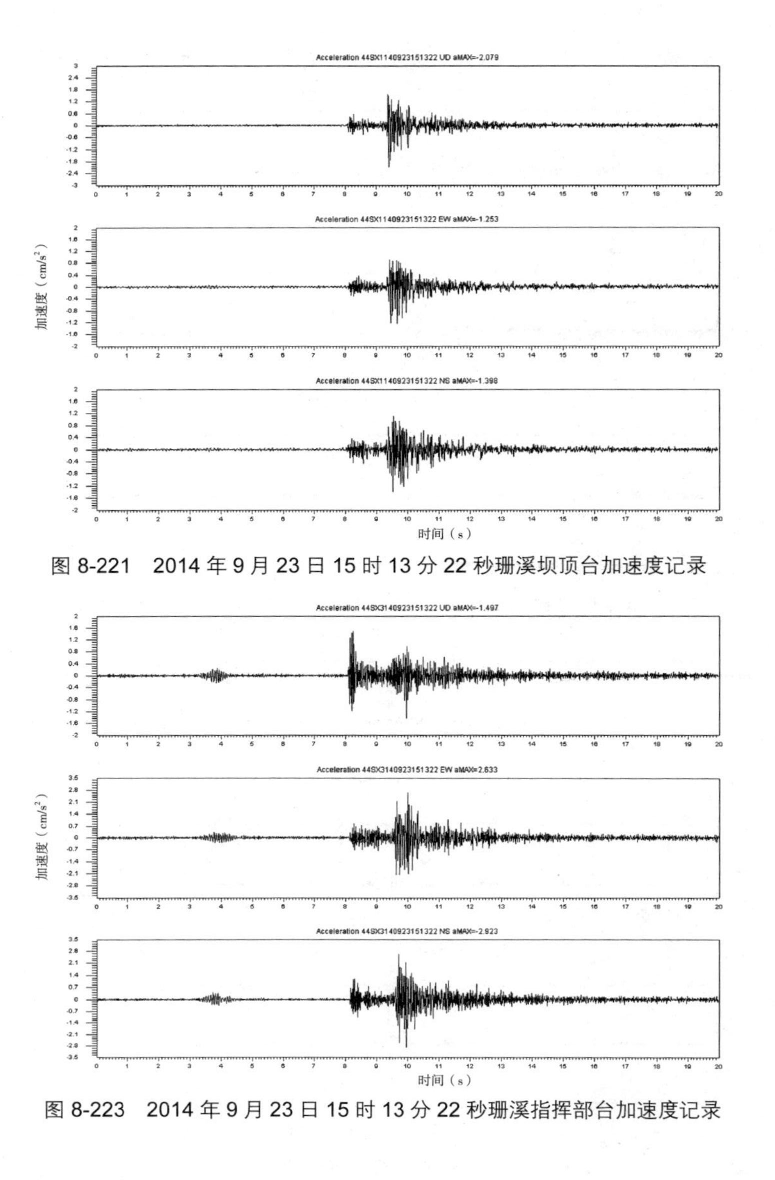

图 8-221　2014 年 9 月 23 日 15 时 13 分 22 秒珊溪坝顶台加速度记录

图 8-223　2014 年 9 月 23 日 15 时 13 分 22 秒珊溪指挥部台加速度记录

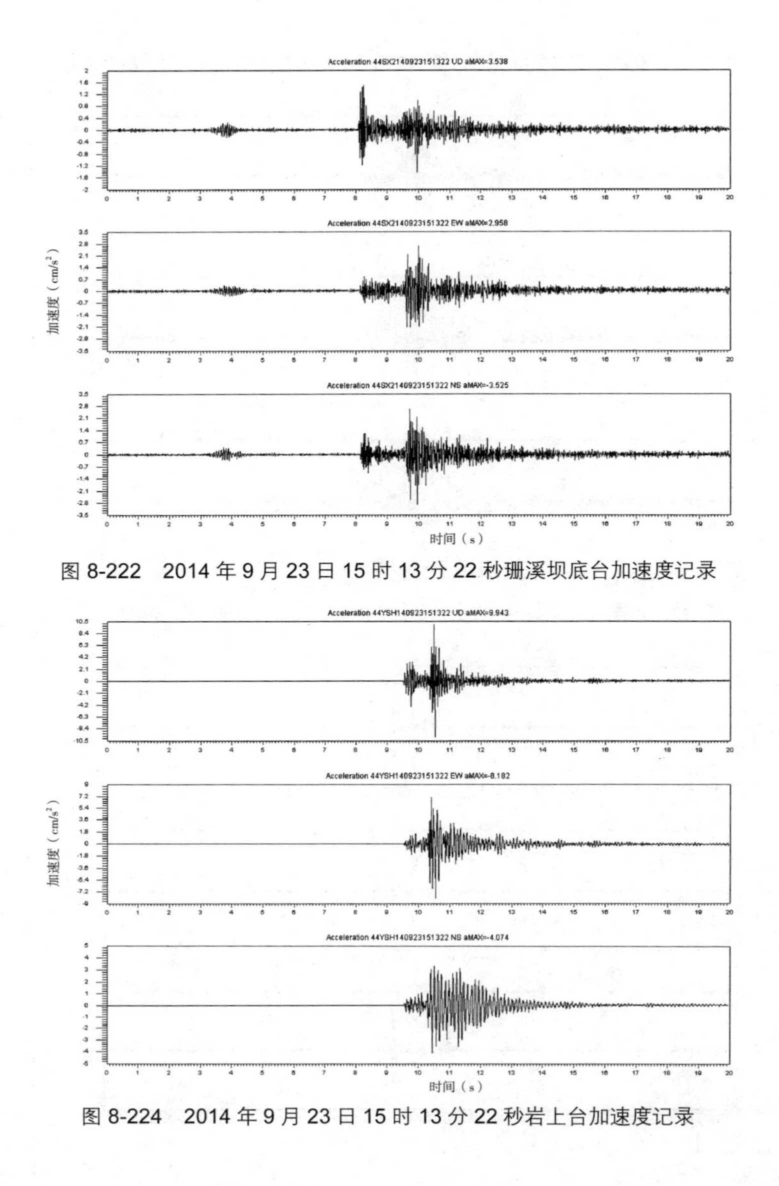

图 8-222　2014 年 9 月 23 日 15 时 13 分 22 秒珊溪坝底台加速度记录

图 8-224　2014 年 9 月 23 日 15 时 13 分 22 秒岩上台加速度记录

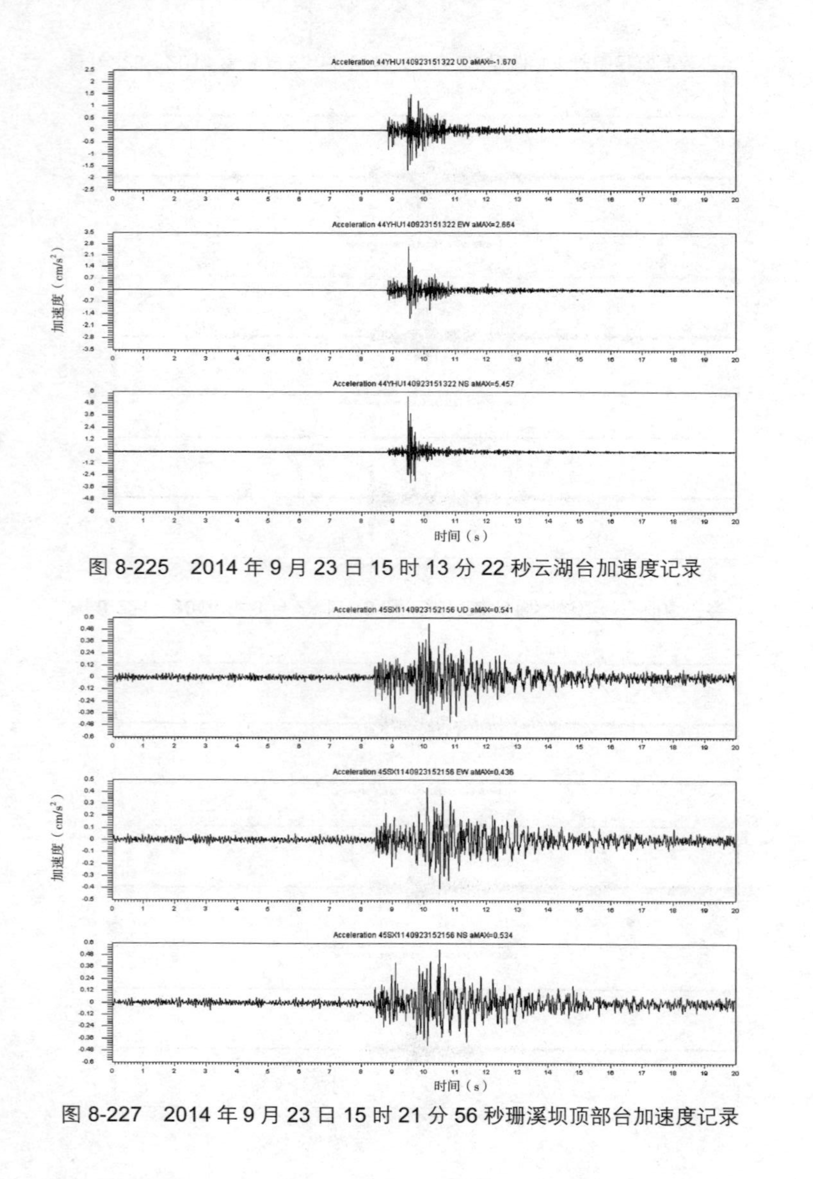

图 8-225　2014 年 9 月 23 日 15 时 13 分 22 秒云湖台加速度记录

图 8-227　2014 年 9 月 23 日 15 时 21 分 56 秒珊溪坝顶部台加速度记录

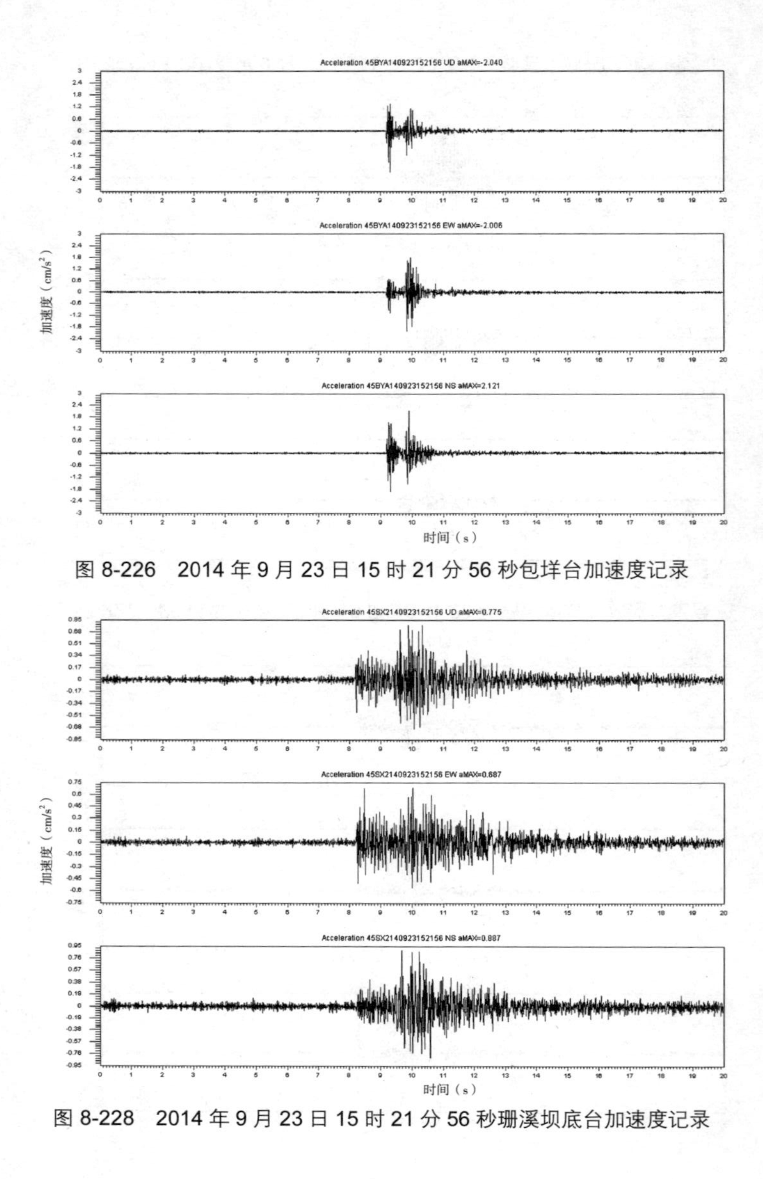

图 8-226　2014 年 9 月 23 日 15 时 21 分 56 秒包垟台加速度记录

图 8-228　2014 年 9 月 23 日 15 时 21 分 56 秒珊溪坝底台加速度记录

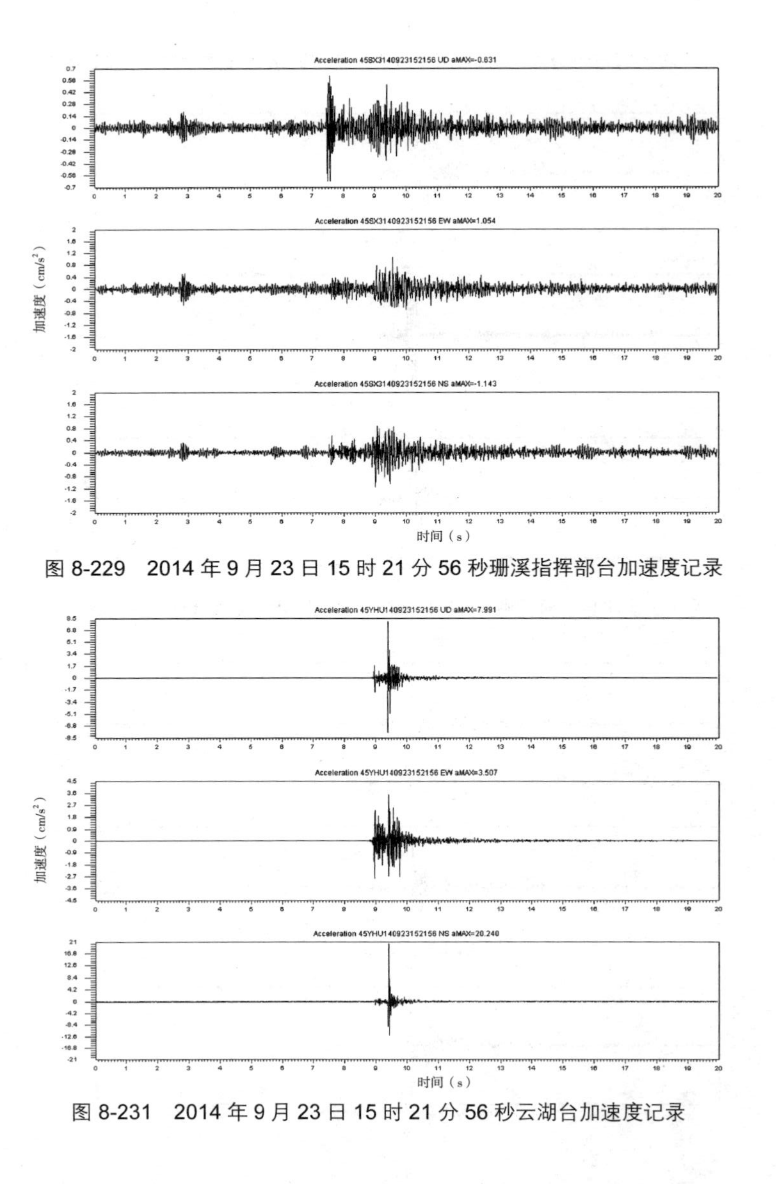

图 8-229　2014 年 9 月 23 日 15 时 21 分 56 秒珊溪指挥部台加速度记录

图 8-231　2014 年 9 月 23 日 15 时 21 分 56 秒云湖台加速度记录

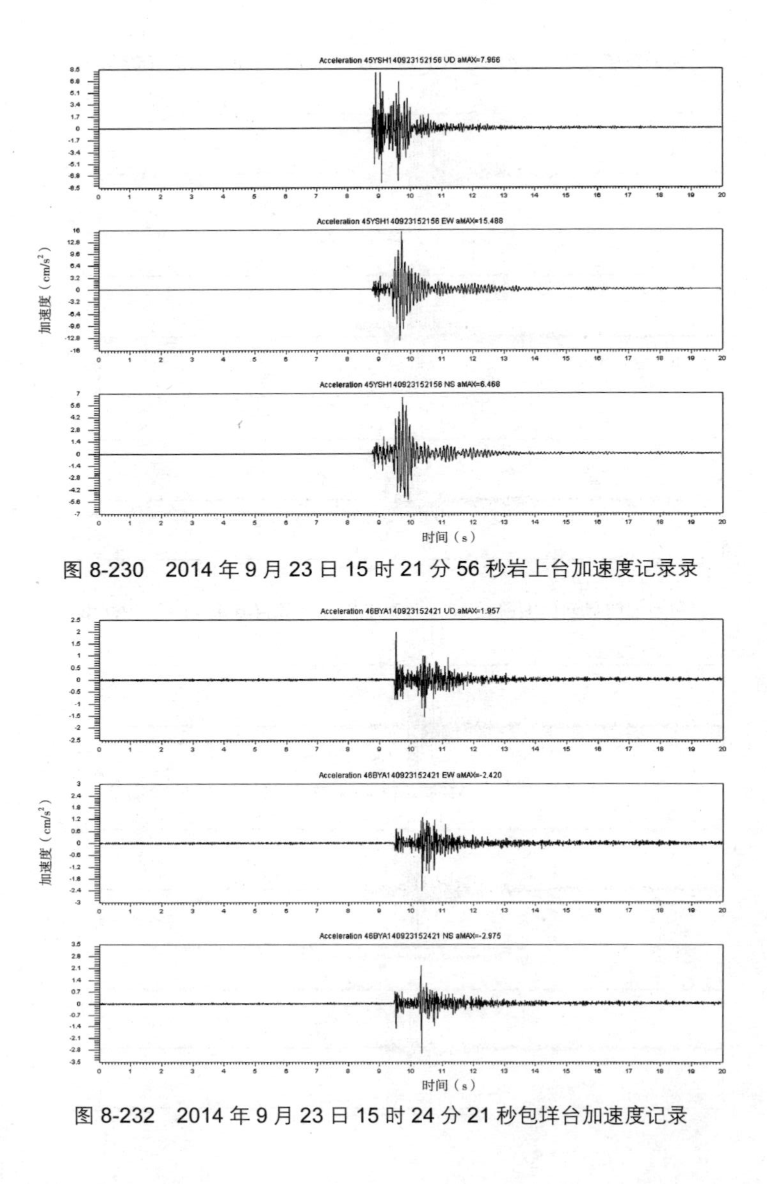

图 8-230　2014 年 9 月 23 日 15 时 21 分 56 秒岩上台加速度记录

图 8-232　2014 年 9 月 23 日 15 时 24 分 21 秒包垟台加速度记录

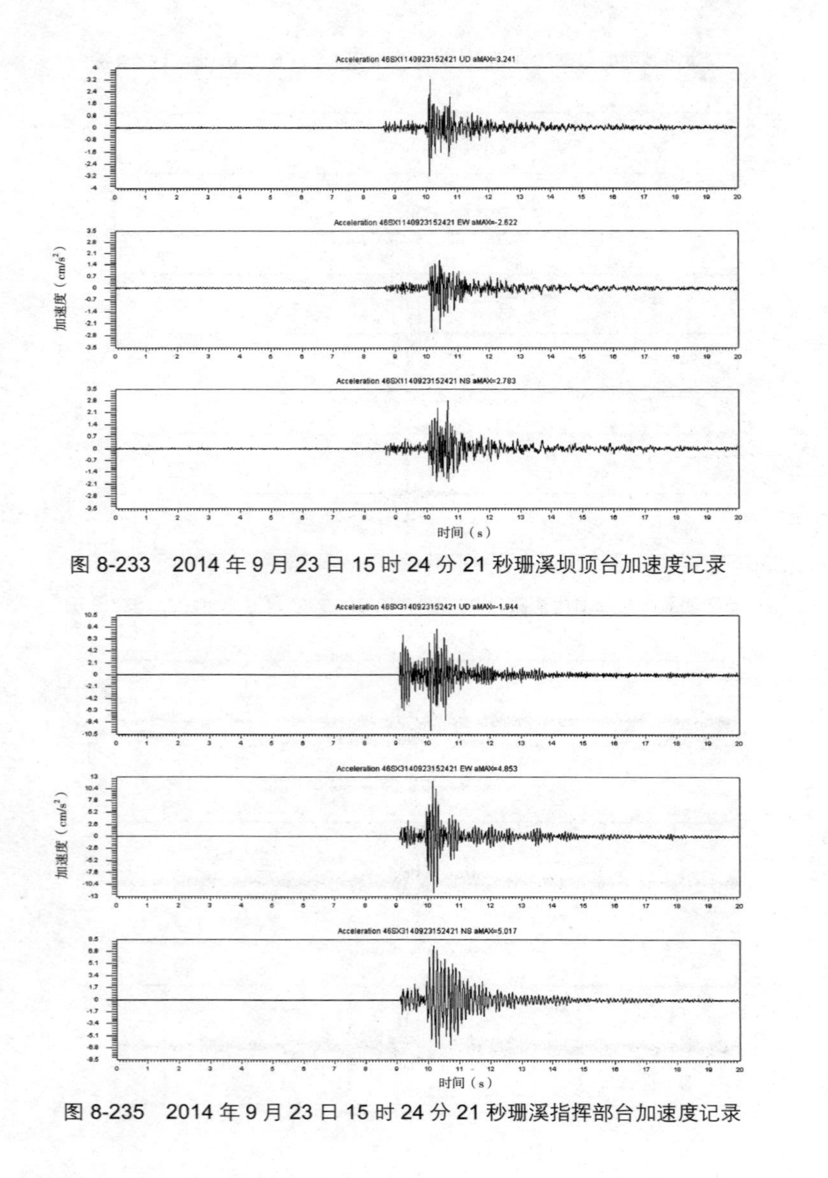

图 8-233　2014 年 9 月 23 日 15 时 24 分 21 秒珊溪坝顶台加速度记录

图 8-235　2014 年 9 月 23 日 15 时 24 分 21 秒珊溪指挥部台加速度记录

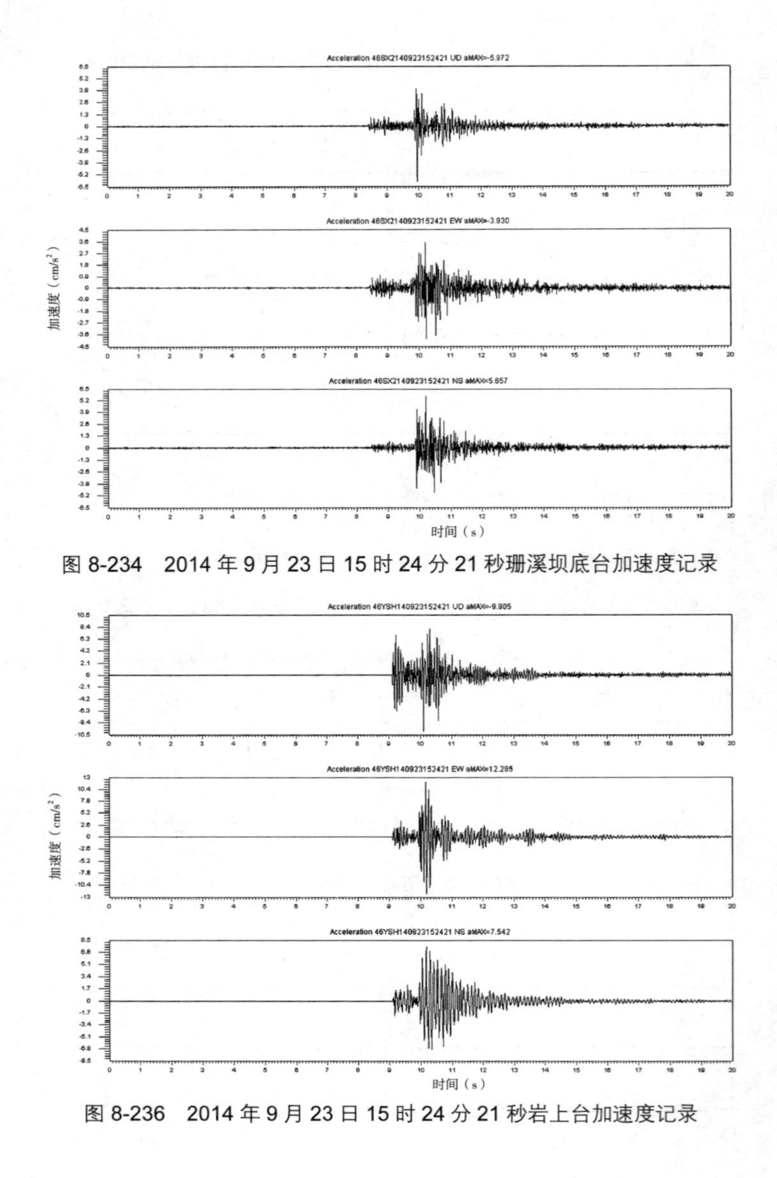

图 8-234　2014 年 9 月 23 日 15 时 24 分 21 秒珊溪坝底台加速度记录

图 8-236　2014 年 9 月 23 日 15 时 24 分 21 秒岩上台加速度记录

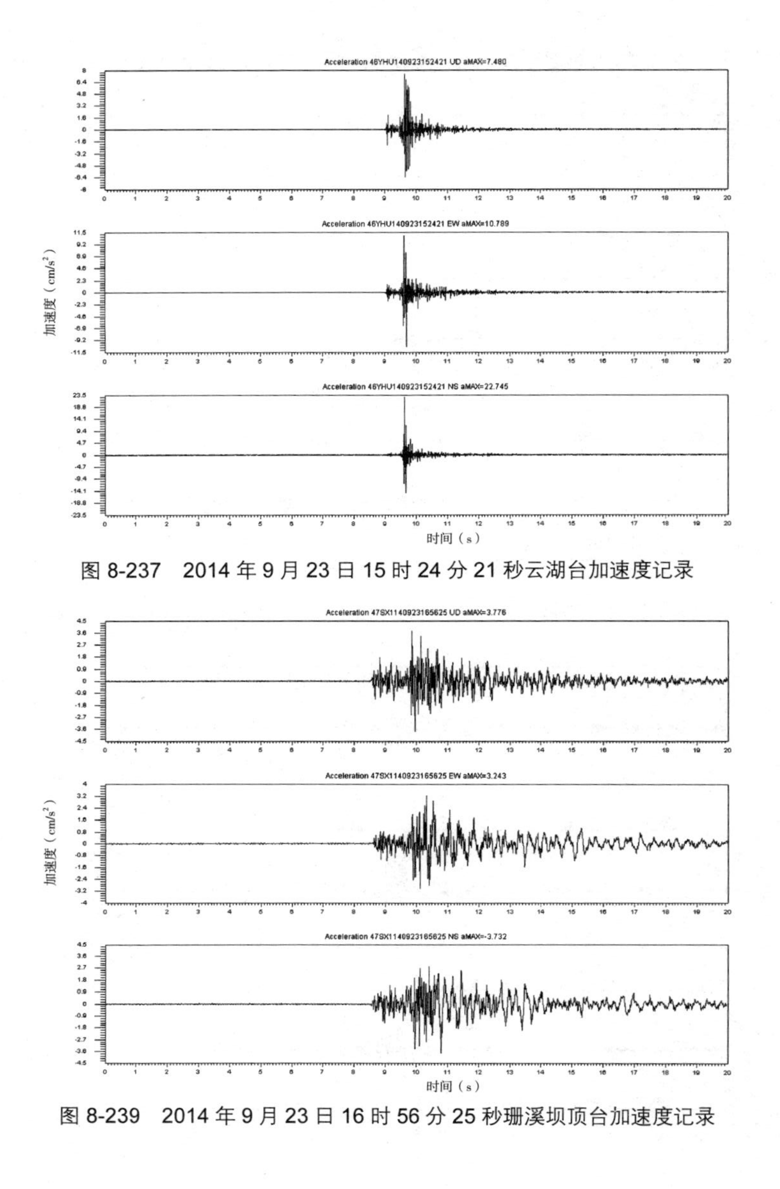

图 8-237　2014 年 9 月 23 日 15 时 24 分 21 秒云湖台加速度记录

图 8-239　2014 年 9 月 23 日 16 时 56 分 25 秒珊溪坝顶台加速度记录

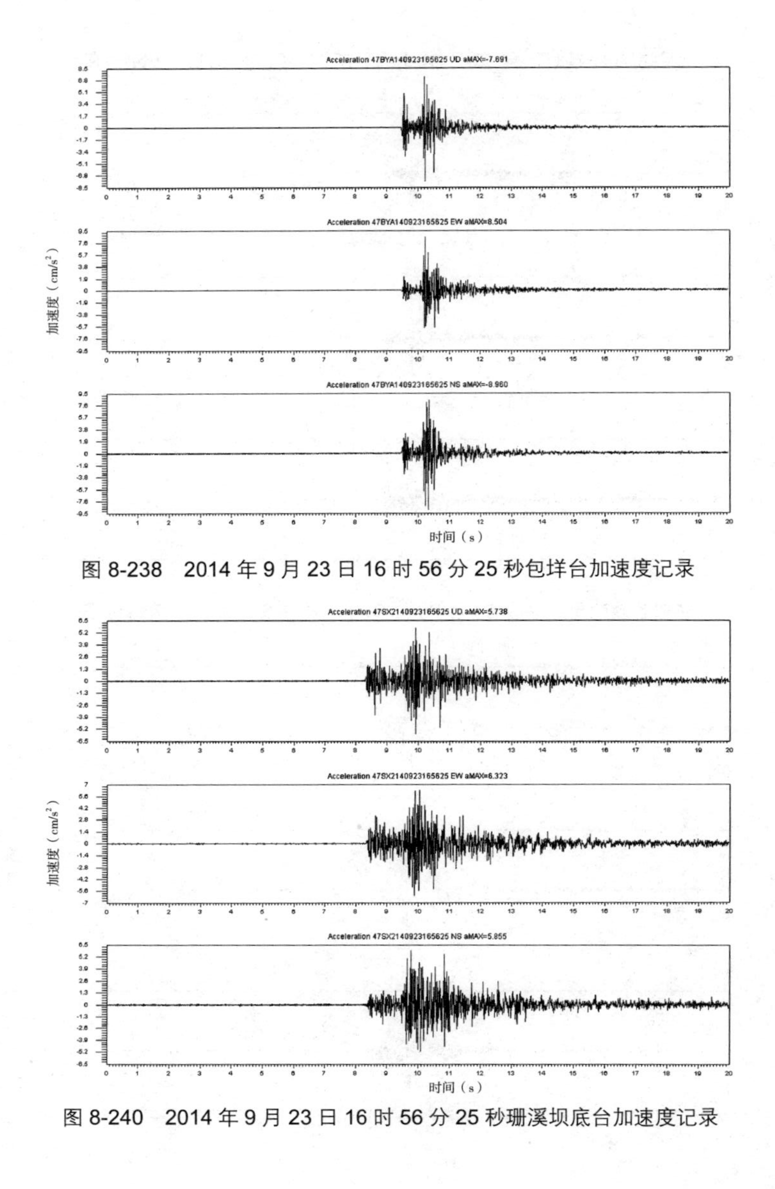

图 8-238　2014 年 9 月 23 日 16 时 56 分 25 秒包垟台加速度记录

图 8-240　2014 年 9 月 23 日 16 时 56 分 25 秒珊溪坝底台加速度记录

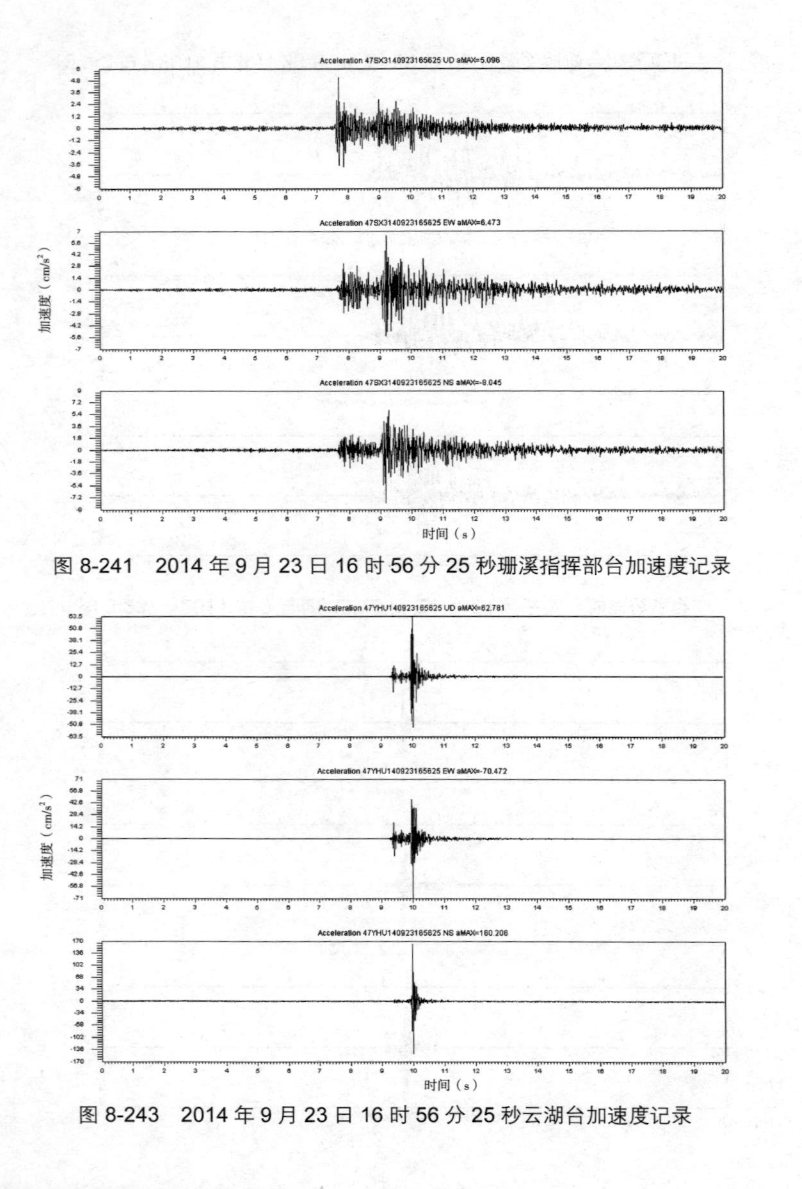

图 8-241 2014 年 9 月 23 日 16 时 56 分 25 秒珊溪指挥部台加速度记录

图 8-243 2014 年 9 月 23 日 16 时 56 分 25 秒云湖台加速度记录

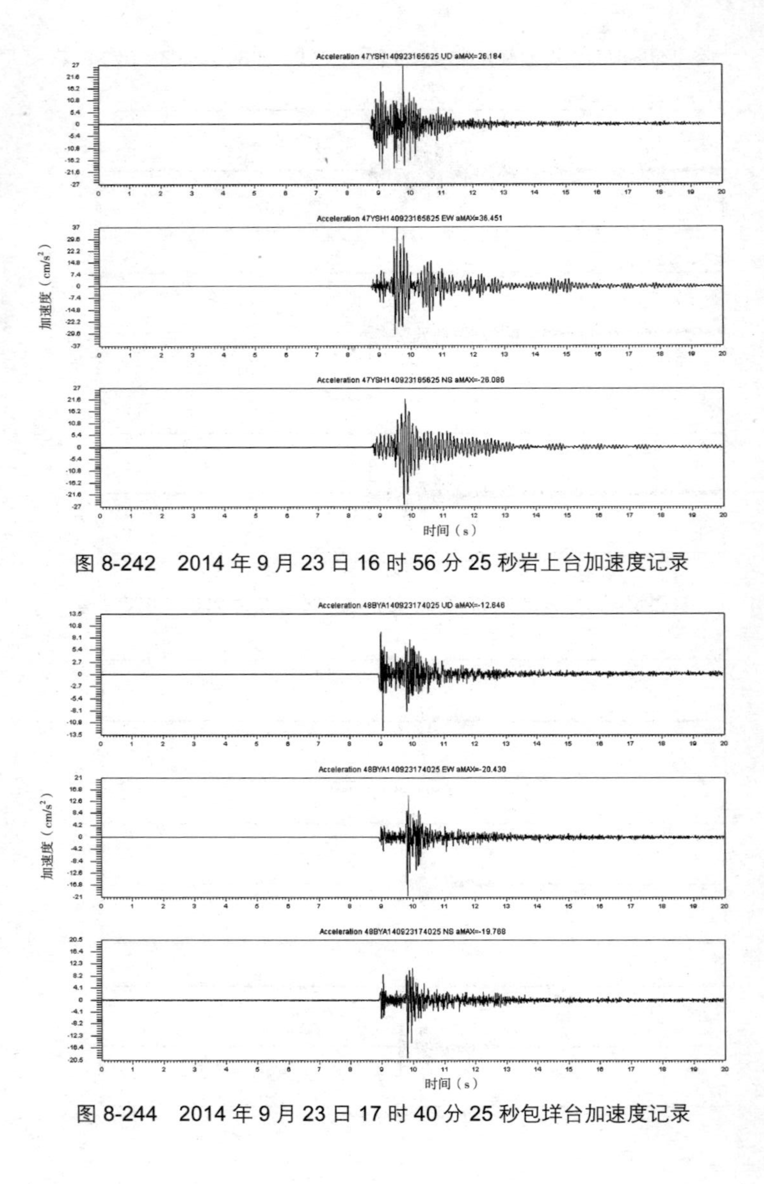

图 8-242 2014 年 9 月 23 日 16 时 56 分 25 秒岩上台加速度记录

图 8-244 2014 年 9 月 23 日 17 时 40 分 25 秒包垟台加速度记录

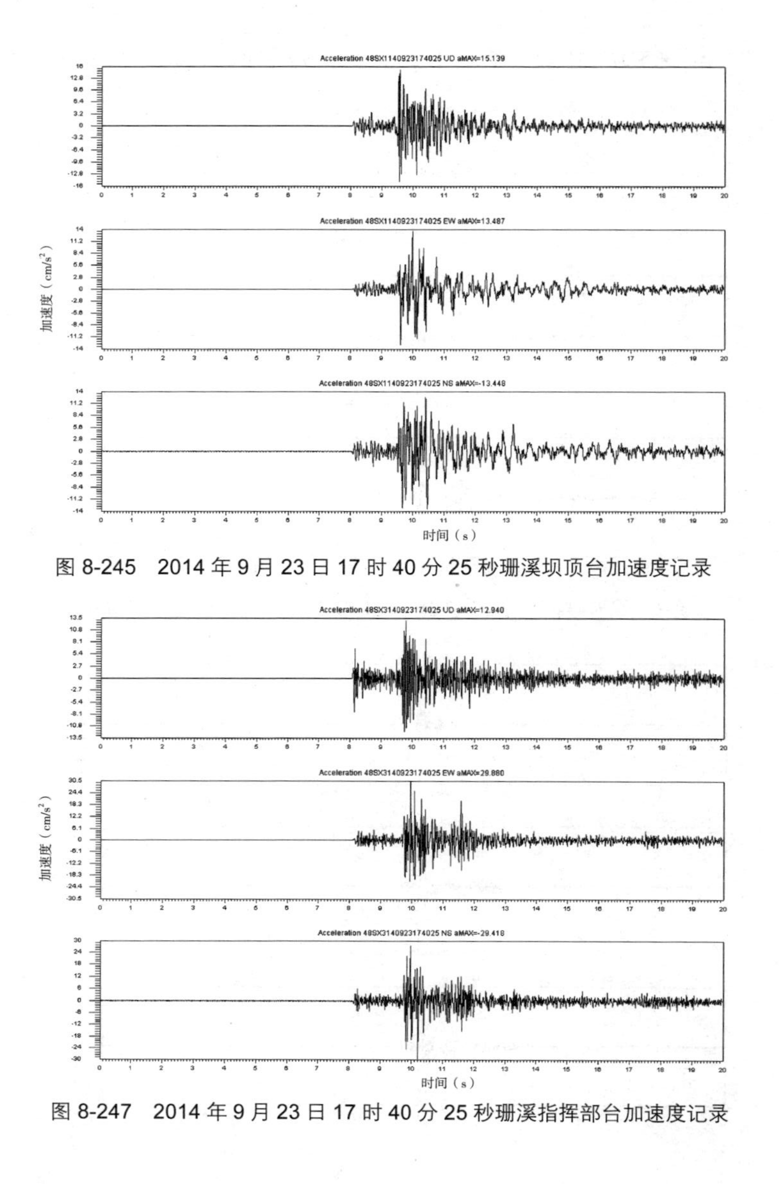

图 8-245　2014 年 9 月 23 日 17 时 40 分 25 秒珊溪坝顶台加速度记录

图 8-247　2014 年 9 月 23 日 17 时 40 分 25 秒珊溪指挥部台加速度记录

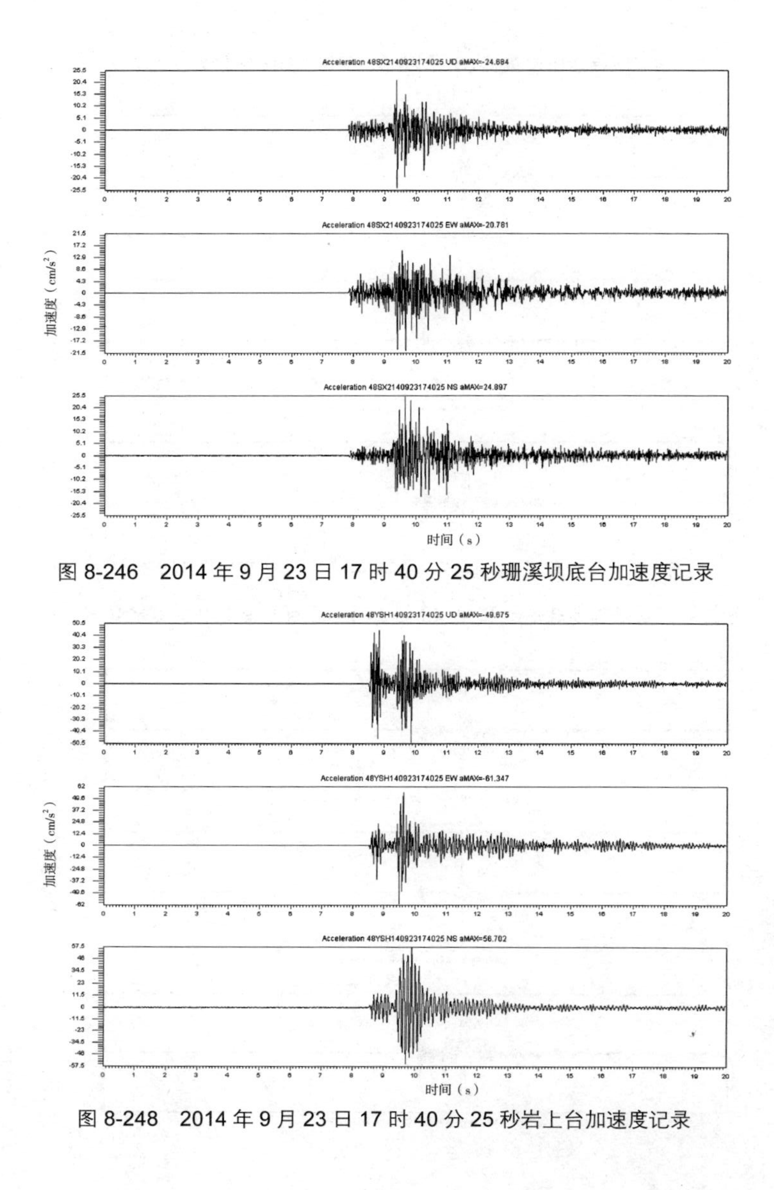

图 8-246　2014 年 9 月 23 日 17 时 40 分 25 秒珊溪坝底台加速度记录

图 8-248　2014 年 9 月 23 日 17 时 40 分 25 秒岩上台加速度记录

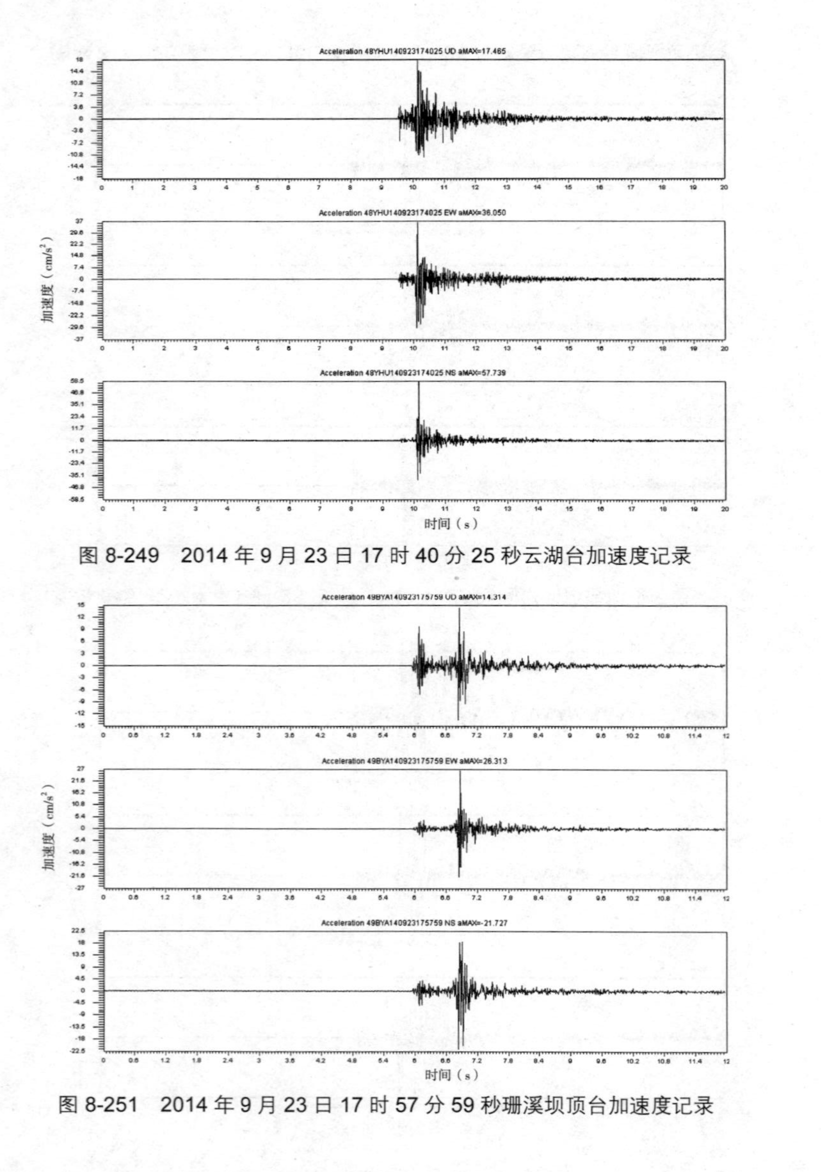

图 8-249　2014 年 9 月 23 日 17 时 40 分 25 秒云湖台加速度记录

图 8-251　2014 年 9 月 23 日 17 时 57 分 59 秒珊溪坝顶台加速度记录

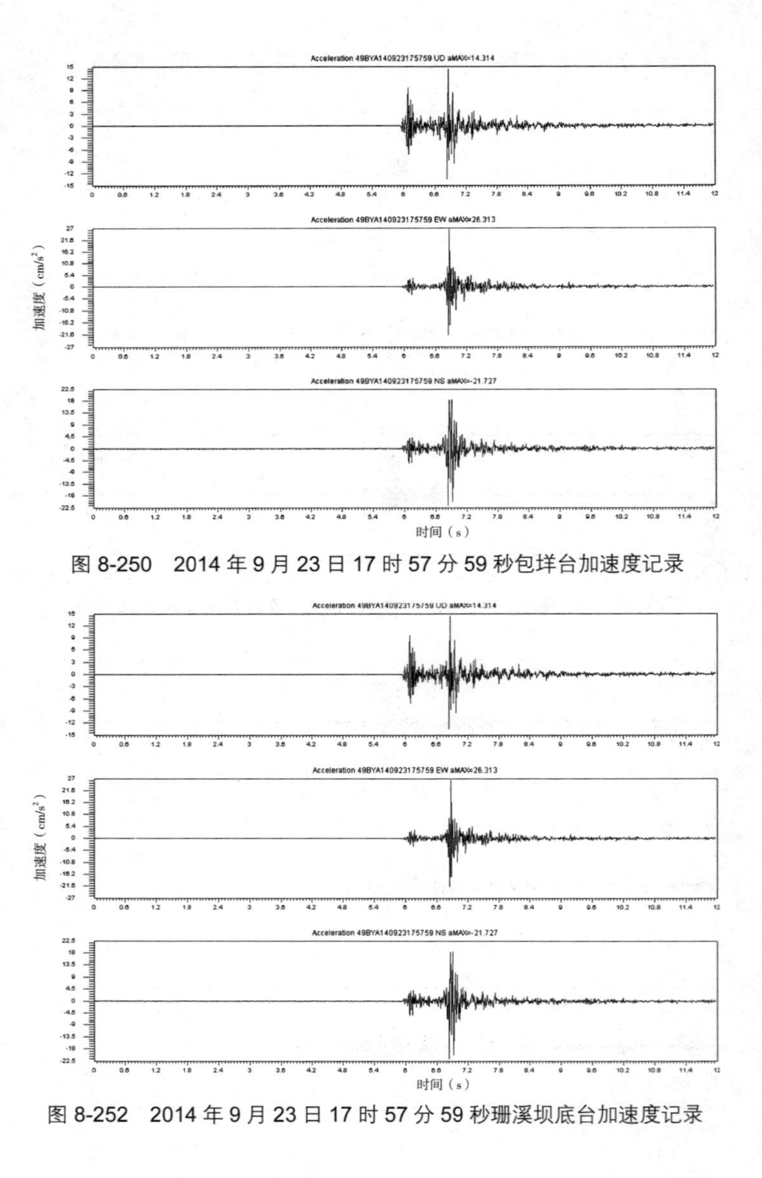

图 8-250　2014 年 9 月 23 日 17 时 57 分 59 秒包垟台加速度记录

图 8-252　2014 年 9 月 23 日 17 时 57 分 59 秒珊溪坝底台加速度记录

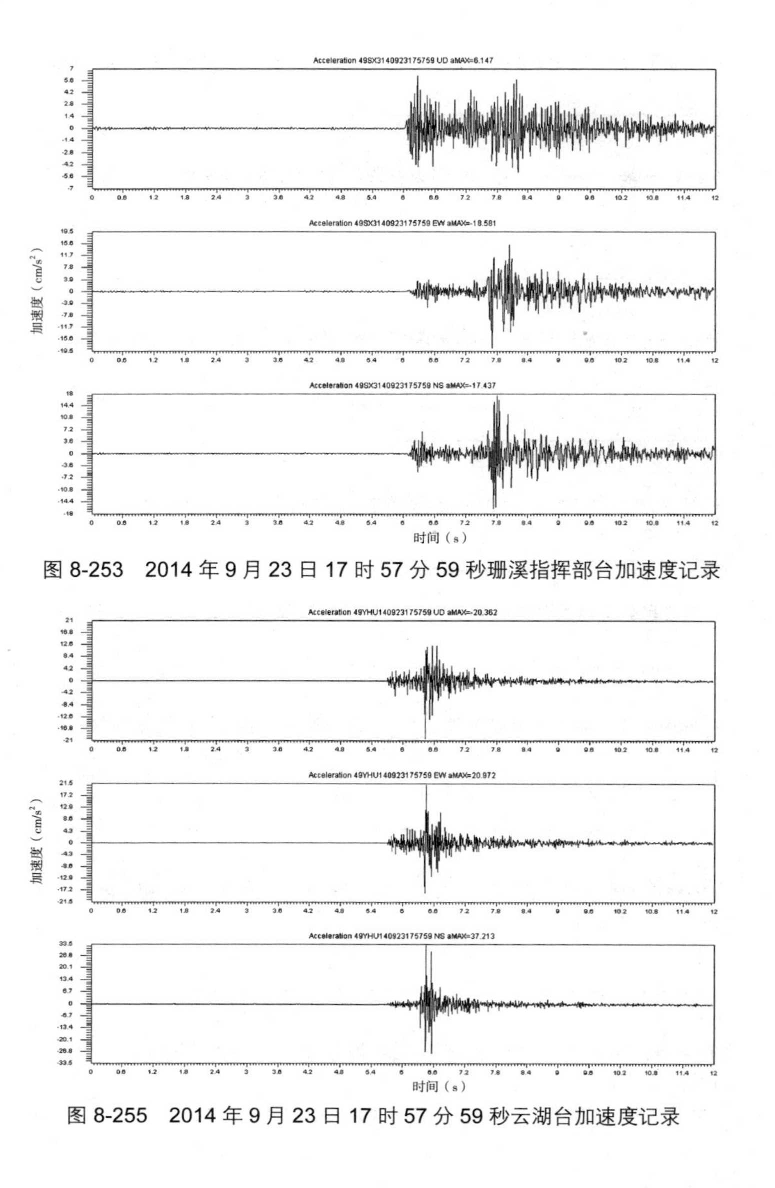

图 8-253　2014 年 9 月 23 日 17 时 57 分 59 秒珊溪指挥部台加速度记录

图 8-255　2014 年 9 月 23 日 17 时 57 分 59 秒云湖台加速度记录

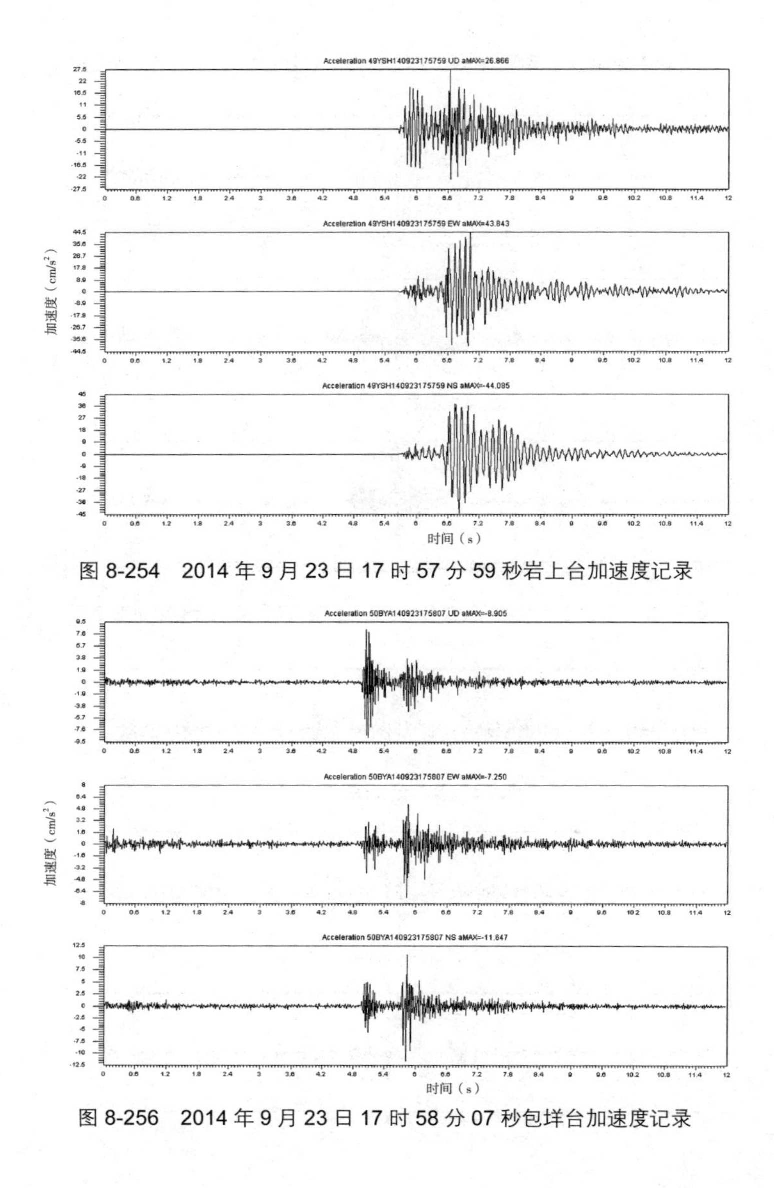

图 8-254　2014 年 9 月 23 日 17 时 57 分 59 秒岩上台加速度记录

图 8-256　2014 年 9 月 23 日 17 时 58 分 07 秒包垟台加速度记录

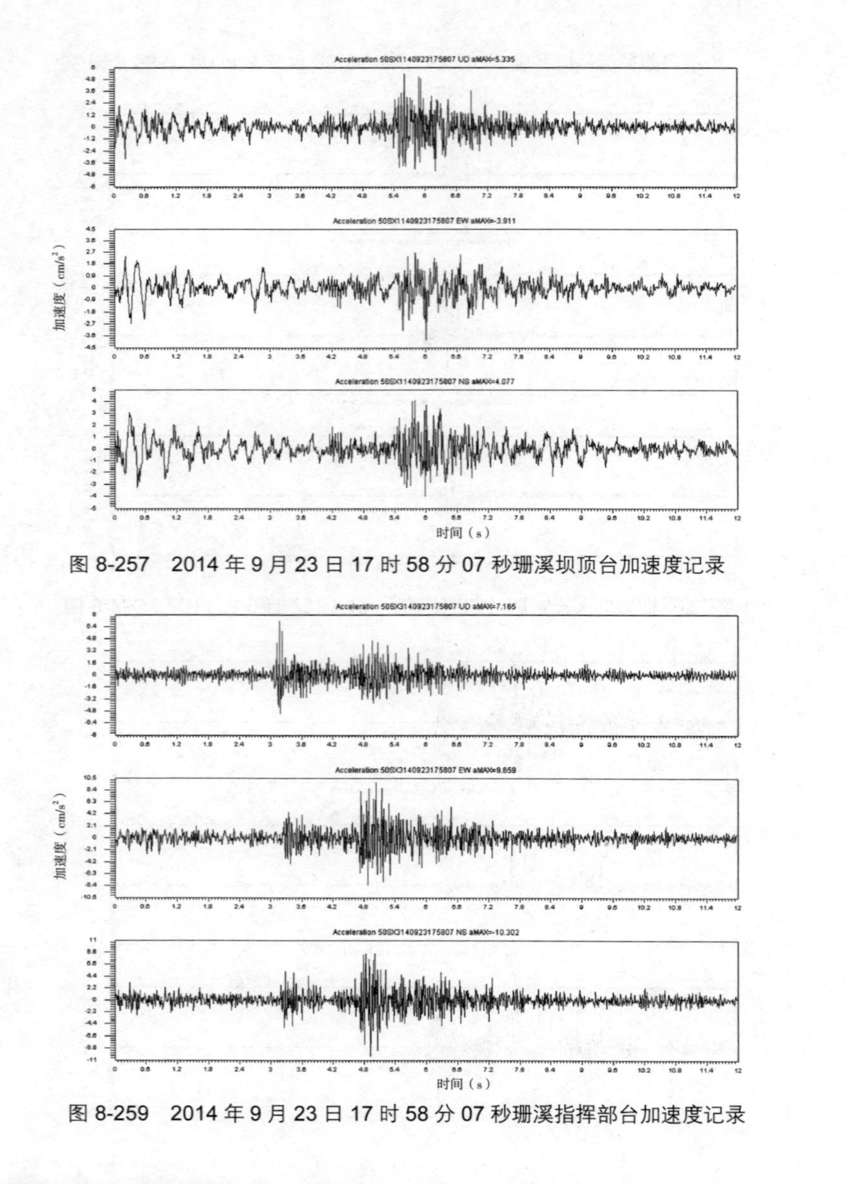

图 8-257　2014 年 9 月 23 日 17 时 58 分 07 秒珊溪坝顶台加速度记录

图 8-259　2014 年 9 月 23 日 17 时 58 分 07 秒珊溪指挥部台加速度记录

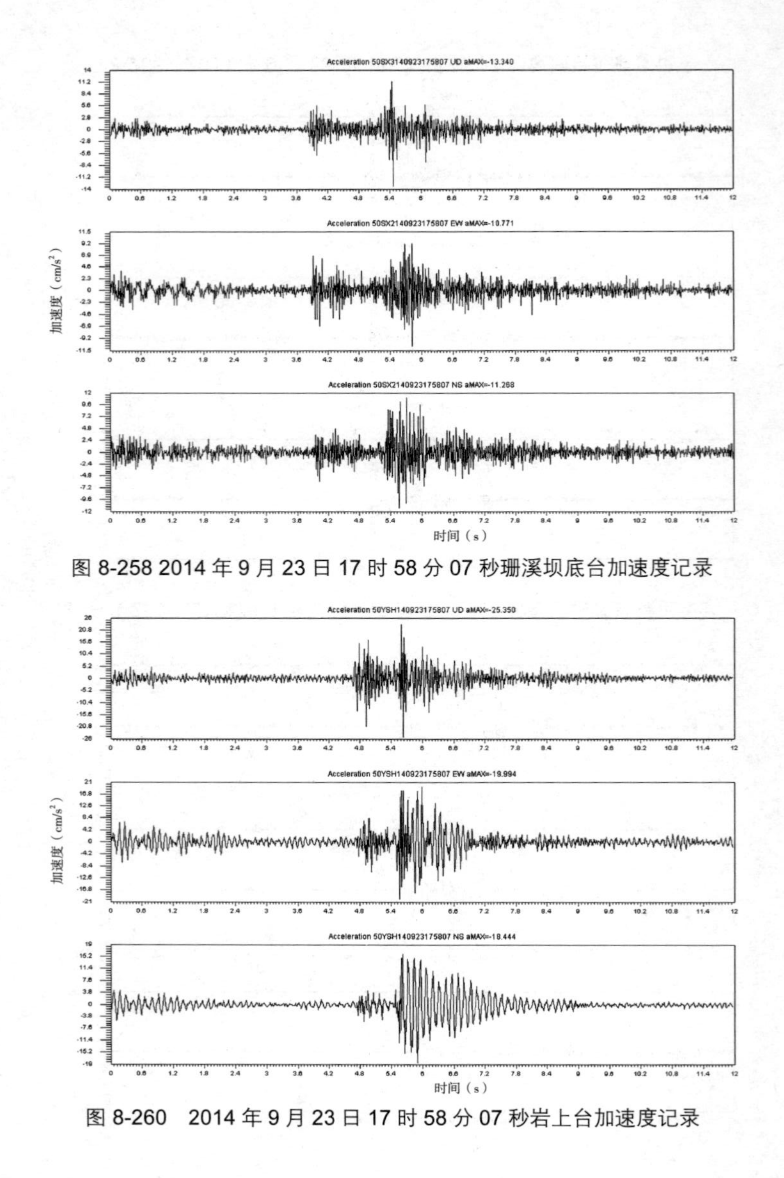

图 8-258 2014 年 9 月 23 日 17 时 58 分 07 秒珊溪坝底台加速度记录

图 8-260　2014 年 9 月 23 日 17 时 58 分 07 秒岩上台加速度记录

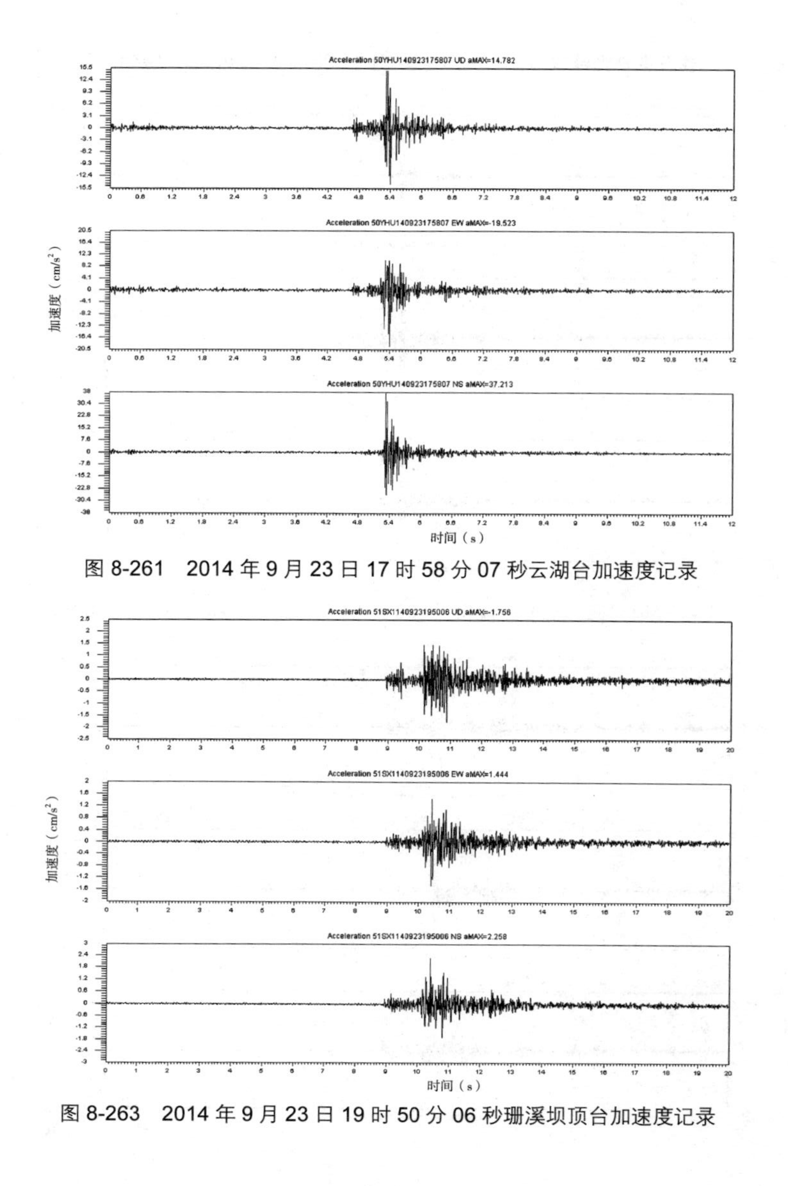

图 8-261　2014 年 9 月 23 日 17 时 58 分 07 秒云湖台加速度记录

图 8-263　2014 年 9 月 23 日 19 时 50 分 06 秒珊溪坝顶台加速度记录

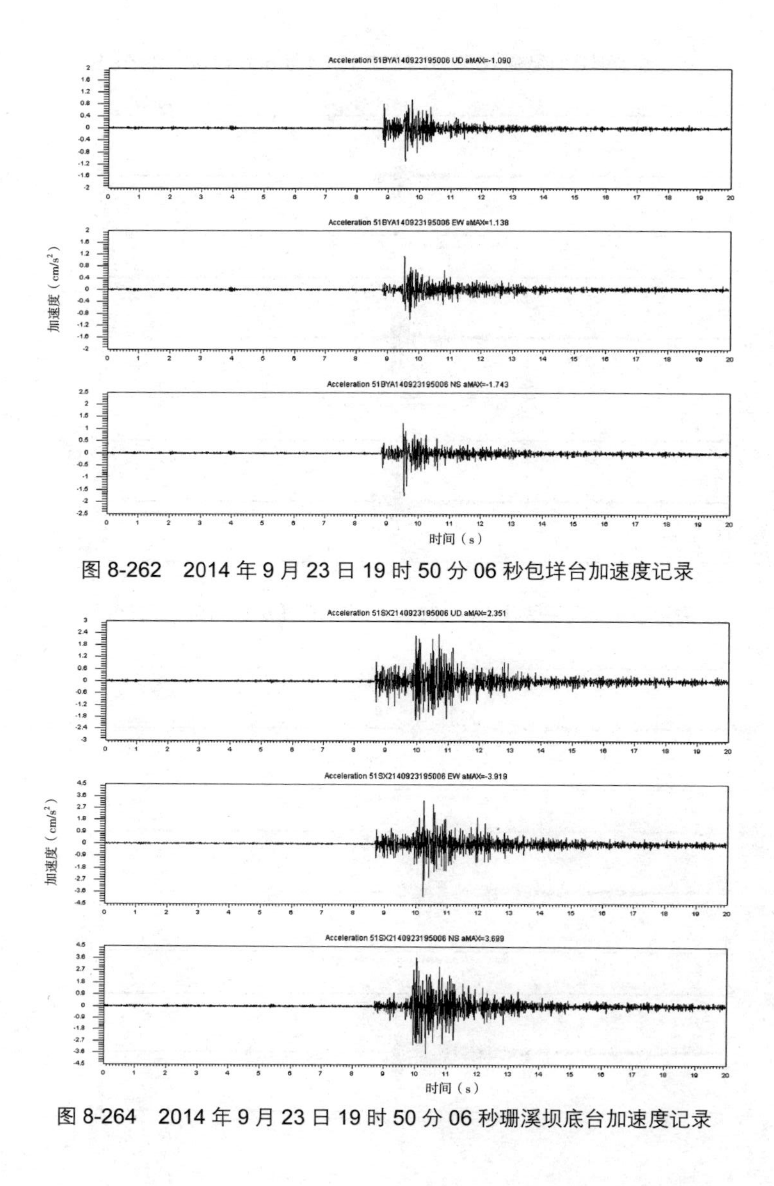

图 8-262　2014 年 9 月 23 日 19 时 50 分 06 秒包垟台加速度记录

图 8-264　2014 年 9 月 23 日 19 时 50 分 06 秒珊溪坝底台加速度记录

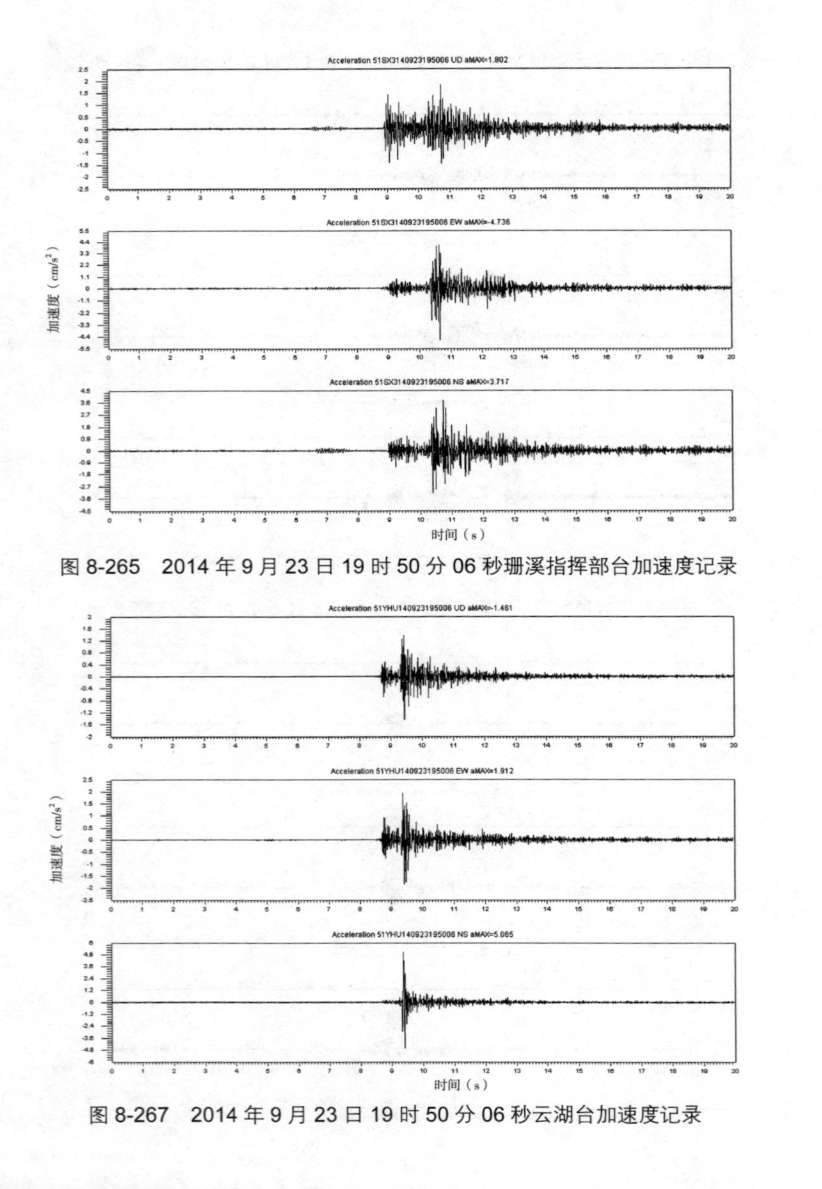

图 8-265　2014 年 9 月 23 日 19 时 50 分 06 秒珊溪指挥部台加速度记录

图 8-267　2014 年 9 月 23 日 19 时 50 分 06 秒云湖台加速度记录

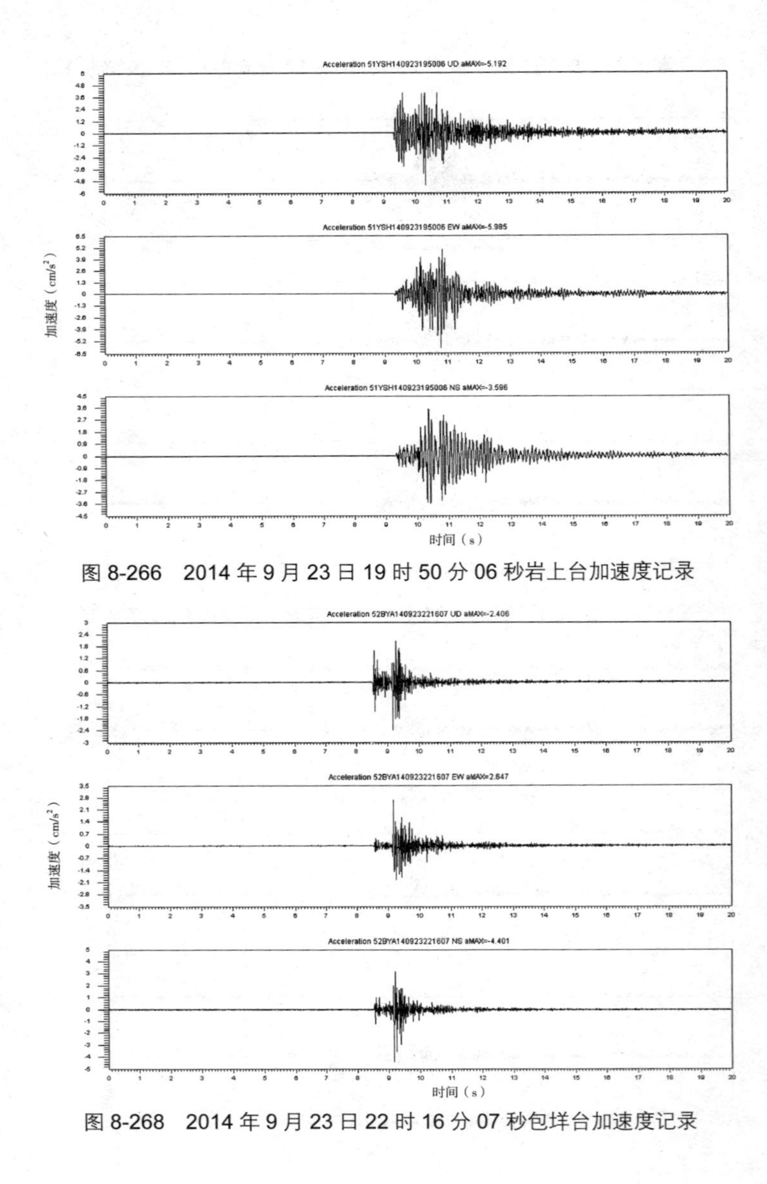

图 8-266　2014 年 9 月 23 日 19 时 50 分 06 秒岩上台加速度记录

图 8-268　2014 年 9 月 23 日 22 时 16 分 07 秒包垟台加速度记录

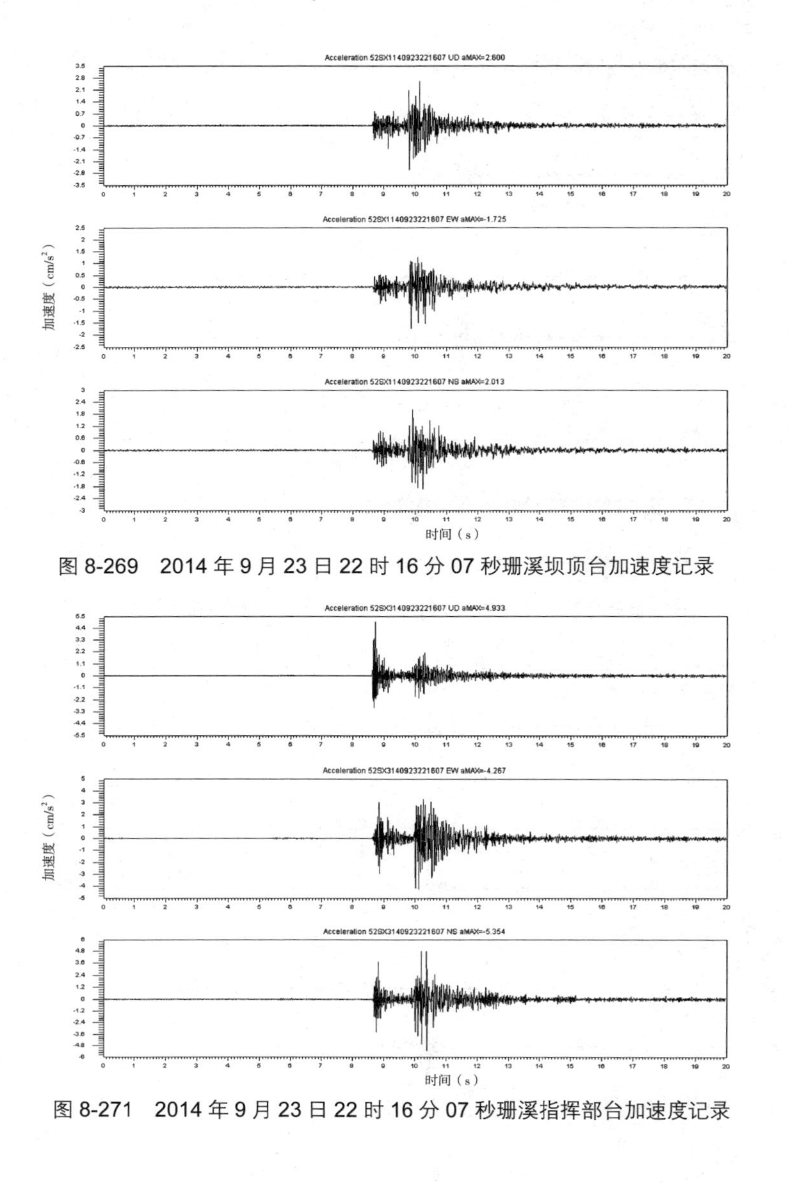

图 8-269　2014 年 9 月 23 日 22 时 16 分 07 秒珊溪坝顶台加速度记录

图 8-271　2014 年 9 月 23 日 22 时 16 分 07 秒珊溪指挥部台加速度记录

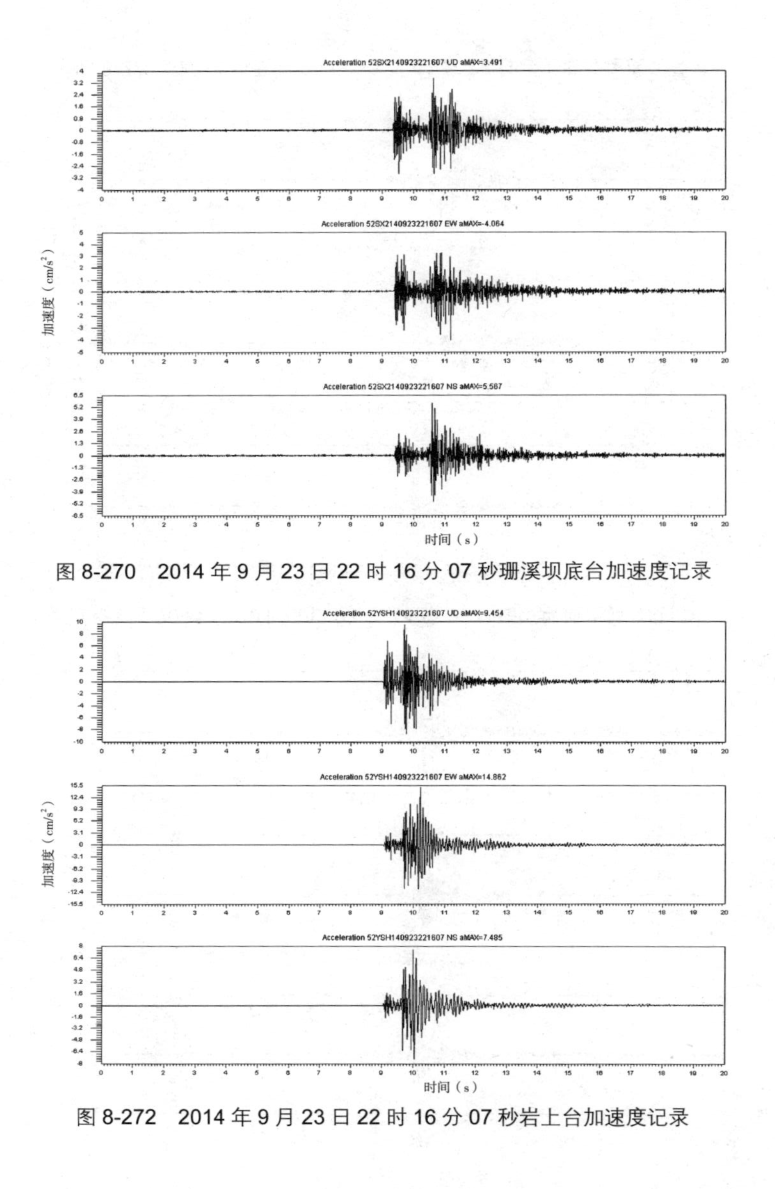

图 8-270　2014 年 9 月 23 日 22 时 16 分 07 秒珊溪坝底台加速度记录

图 8-272　2014 年 9 月 23 日 22 时 16 分 07 秒岩上台加速度记录

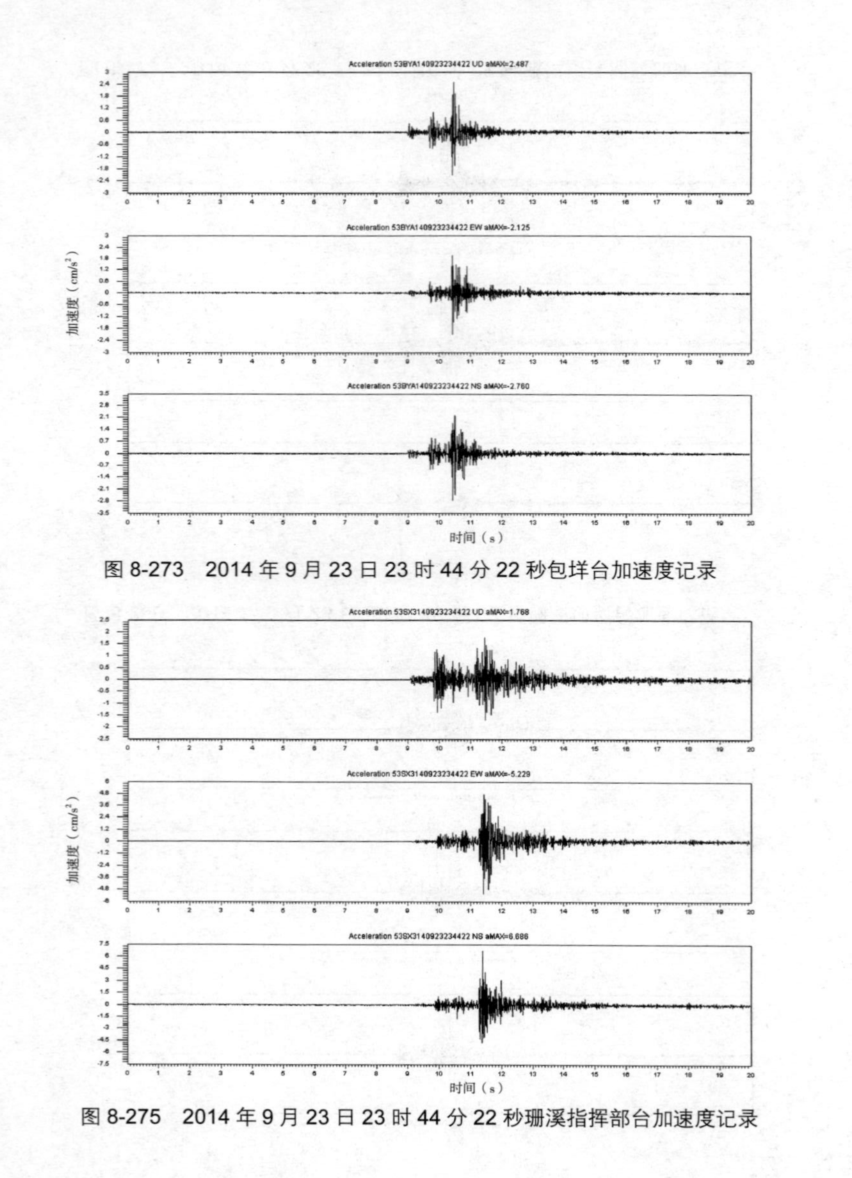

图 8-273 2014 年 9 月 23 日 23 时 44 分 22 秒包垟台加速度记录

图 8-275 2014 年 9 月 23 日 23 时 44 分 22 秒珊溪指挥部台加速度记录

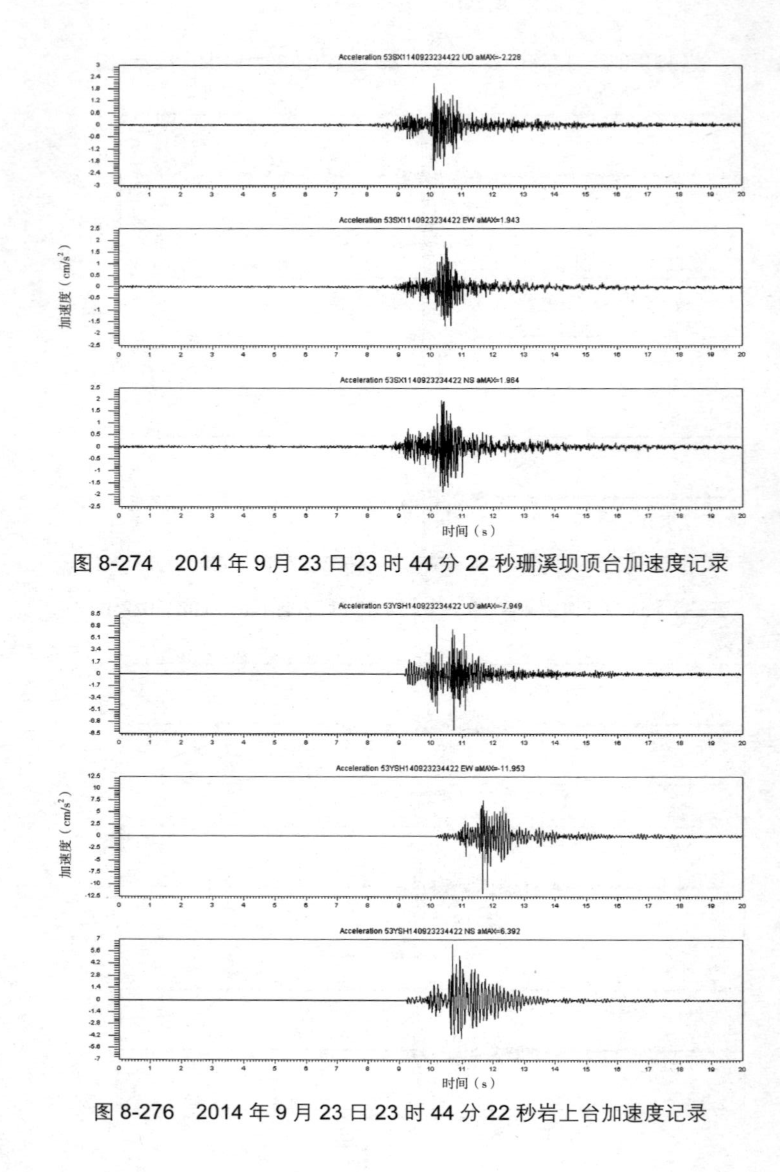

图 8-274 2014 年 9 月 23 日 23 时 44 分 22 秒珊溪坝顶台加速度记录

图 8-276 2014 年 9 月 23 日 23 时 44 分 22 秒岩上台加速度记录

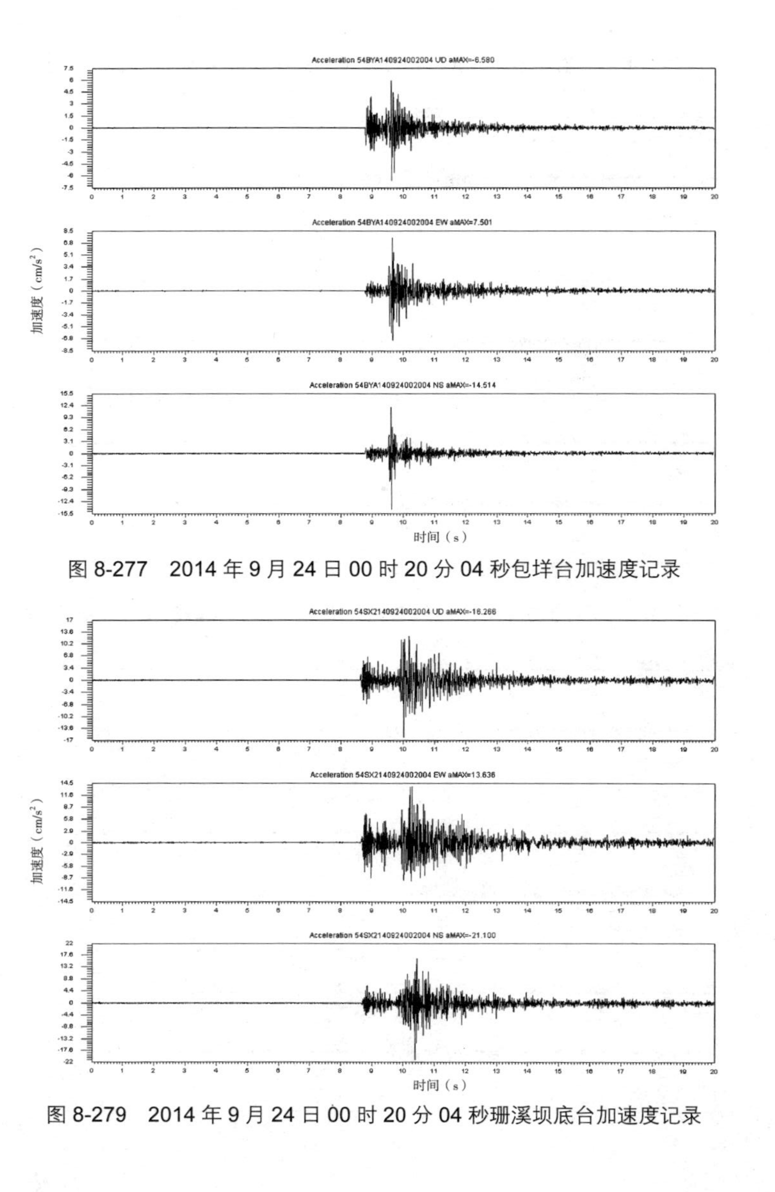

图 8-277　2014 年 9 月 24 日 00 时 20 分 04 秒包垟台加速度记录

图 8-279　2014 年 9 月 24 日 00 时 20 分 04 秒珊溪坝底台加速度记录

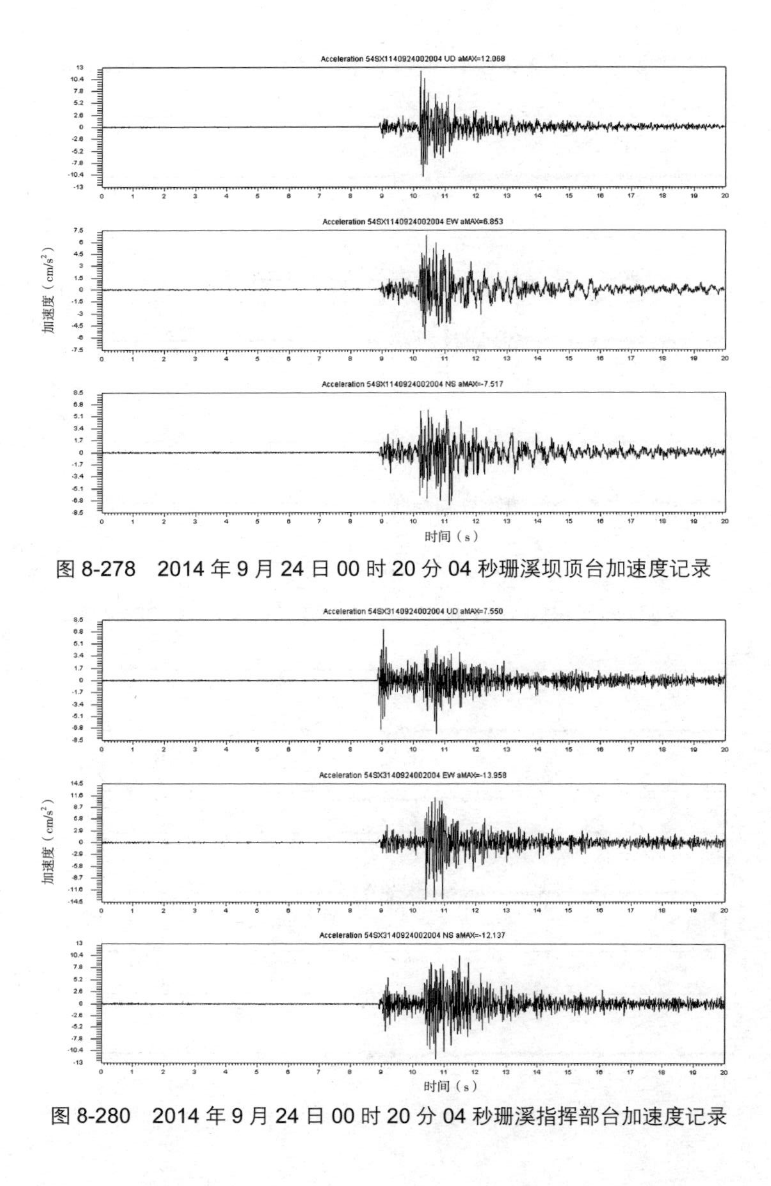

图 8-278　2014 年 9 月 24 日 00 时 20 分 04 秒珊溪坝顶台加速度记录

图 8-280　2014 年 9 月 24 日 00 时 20 分 04 秒珊溪指挥部台加速度记录

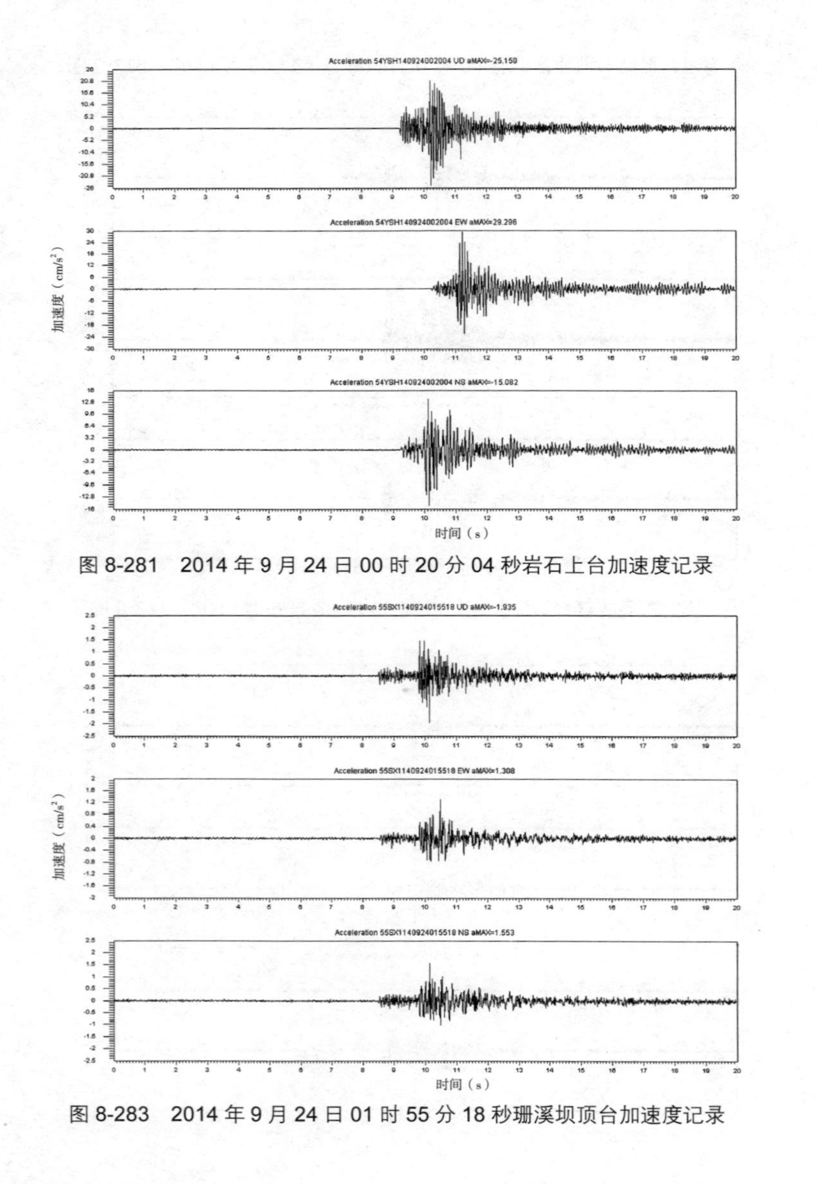

图 8-281　2014 年 9 月 24 日 00 时 20 分 04 秒岩石上台加速度记录

图 8-283　2014 年 9 月 24 日 01 时 55 分 18 秒珊溪坝顶台加速度记录

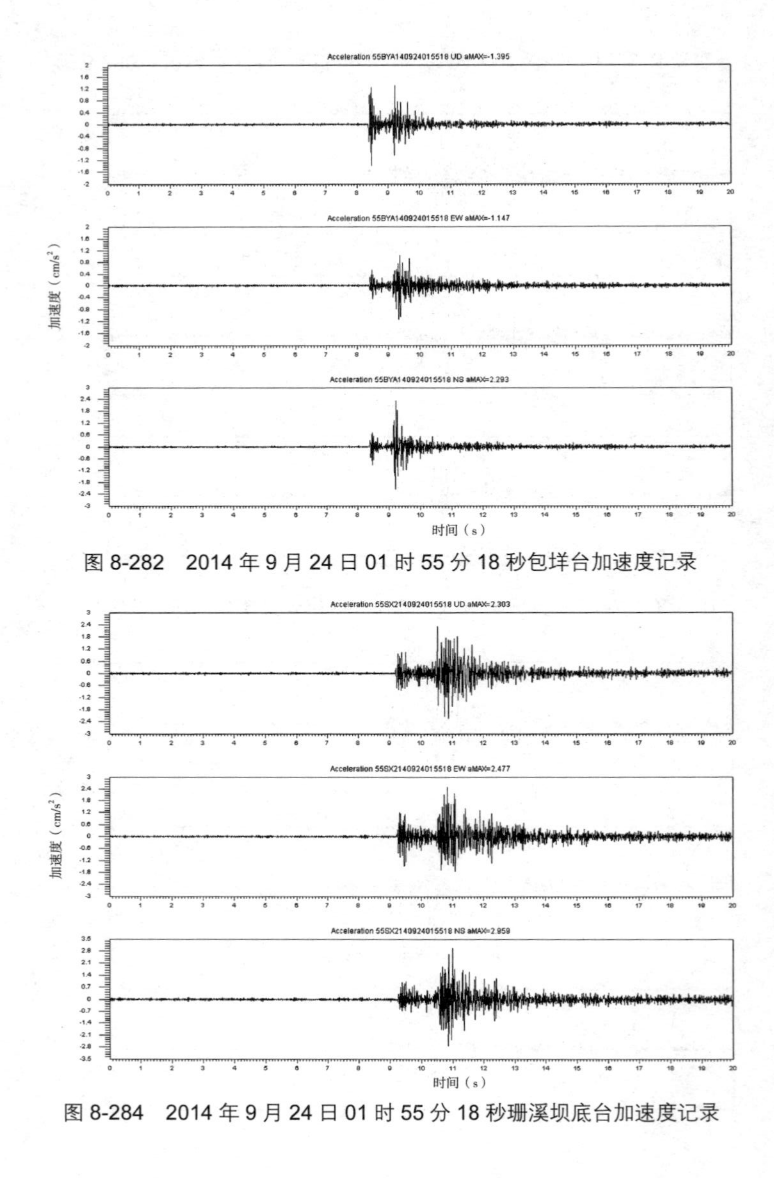

图 8-282　2014 年 9 月 24 日 01 时 55 分 18 秒包垟台加速度记录

图 8-284　2014 年 9 月 24 日 01 时 55 分 18 秒珊溪坝底台加速度记录

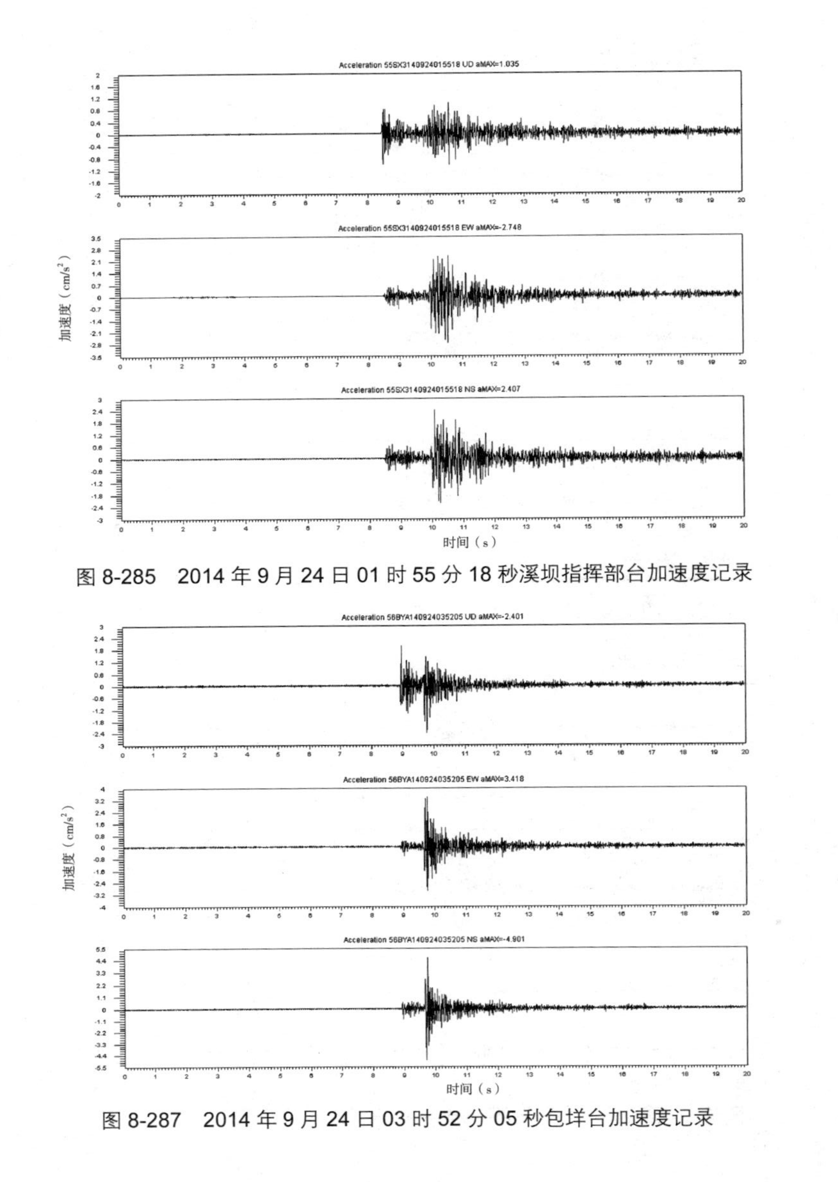

图 8-285　2014 年 9 月 24 日 01 时 55 分 18 秒溪坝指挥部台加速度记录

图 8-287　2014 年 9 月 24 日 03 时 52 分 05 秒包垟台加速度记录

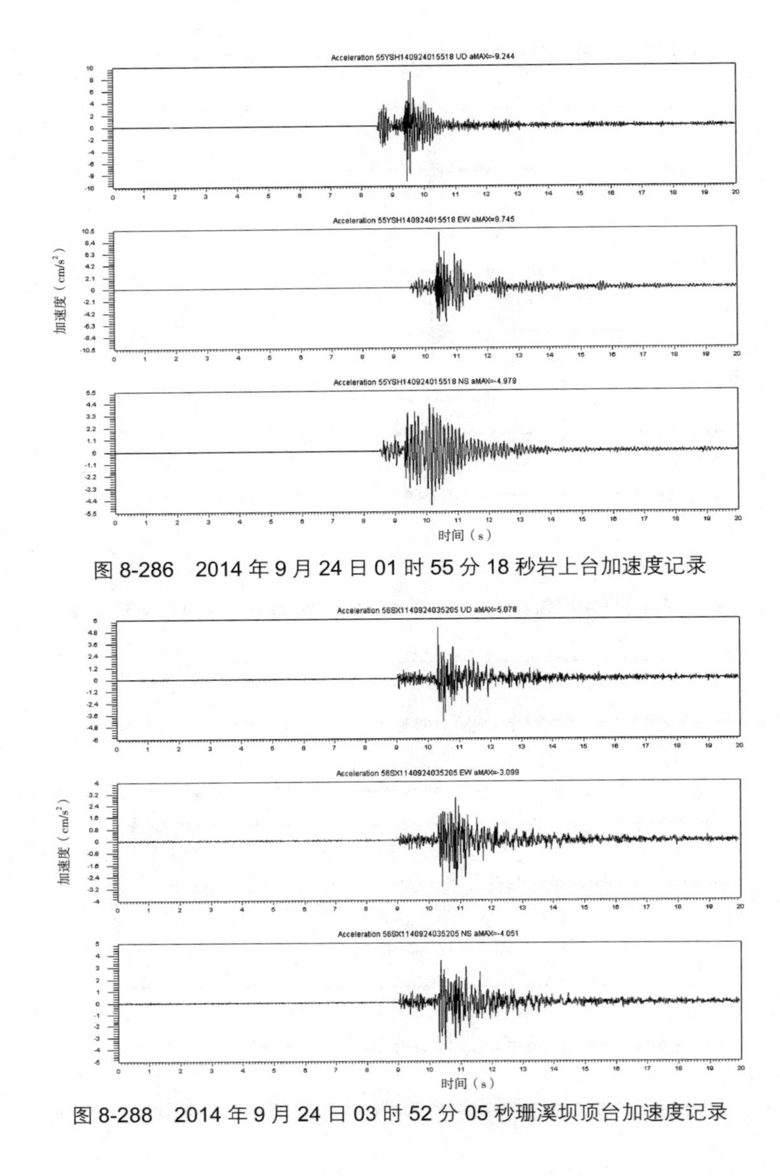

图 8-286　2014 年 9 月 24 日 01 时 55 分 18 秒岩上台加速度记录

图 8-288　2014 年 9 月 24 日 03 时 52 分 05 秒珊溪坝顶台加速度记录

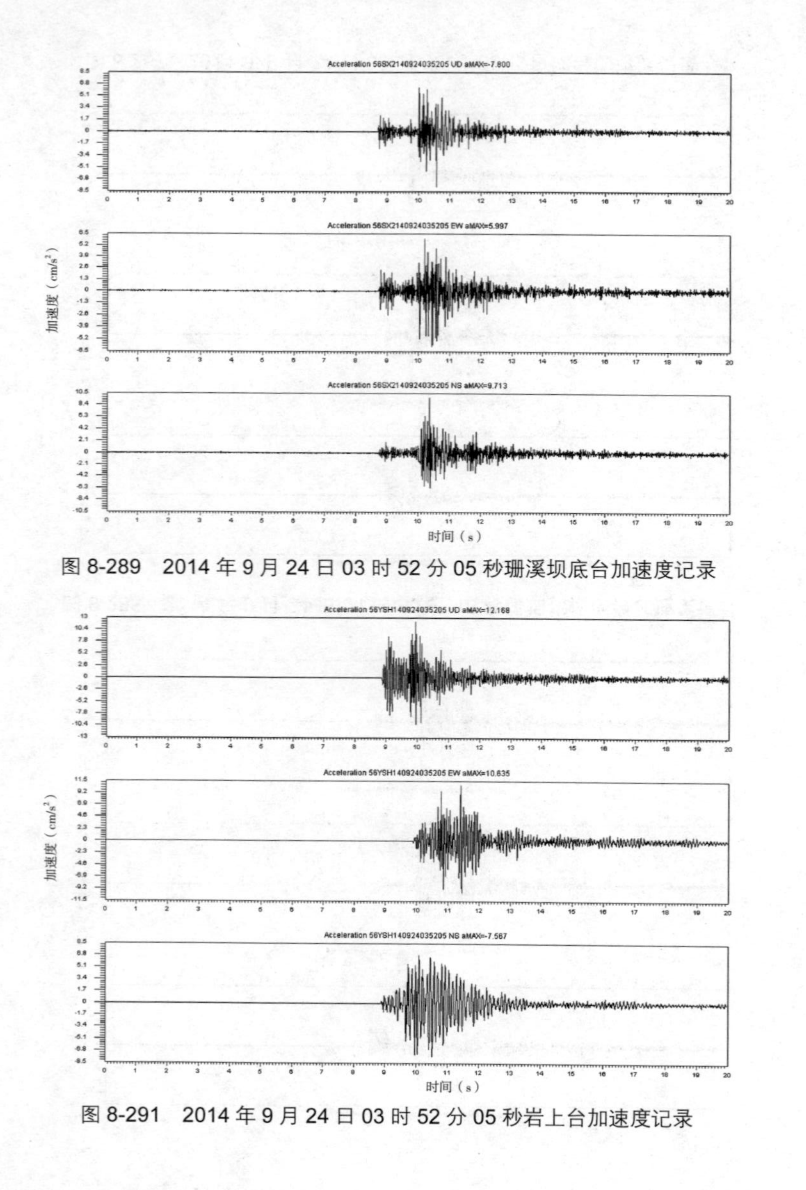

图 8-289　2014 年 9 月 24 日 03 时 52 分 05 秒珊溪坝底台加速度记录

图 8-291　2014 年 9 月 24 日 03 时 52 分 05 秒岩上台加速度记录

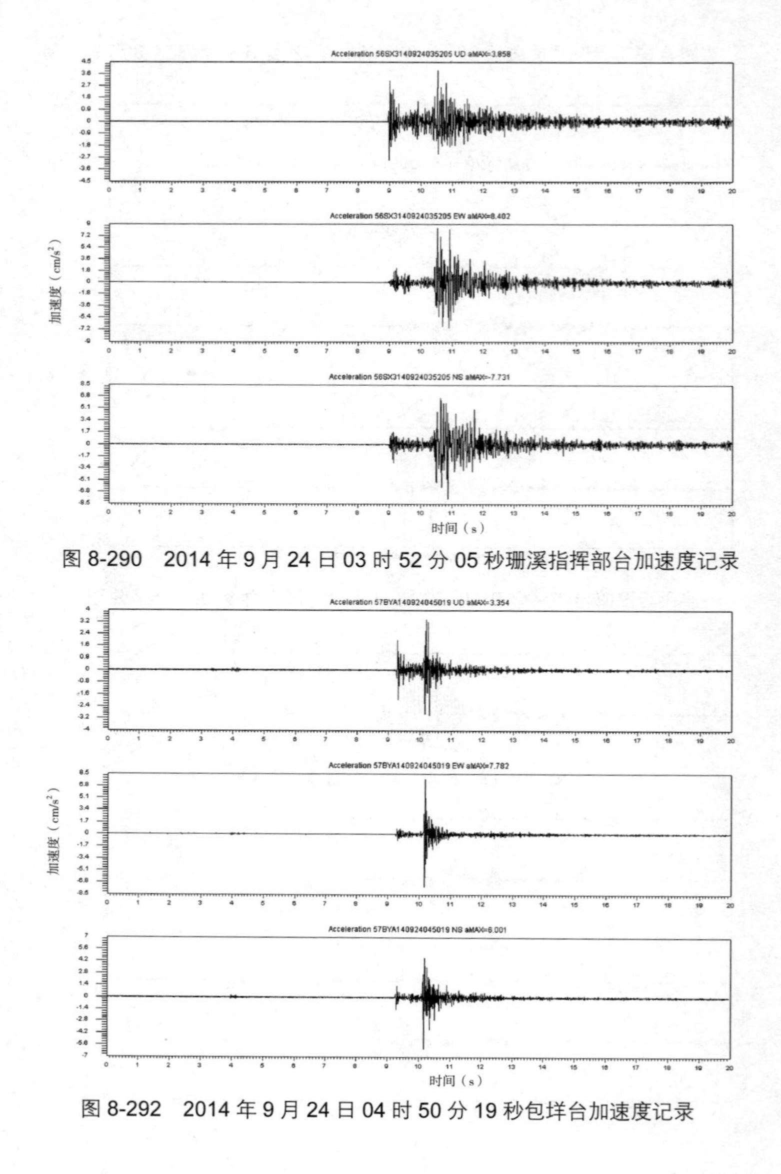

图 8-290　2014 年 9 月 24 日 03 时 52 分 05 秒珊溪指挥部台加速度记录

图 8-292　2014 年 9 月 24 日 04 时 50 分 19 秒包垟台加速度记录

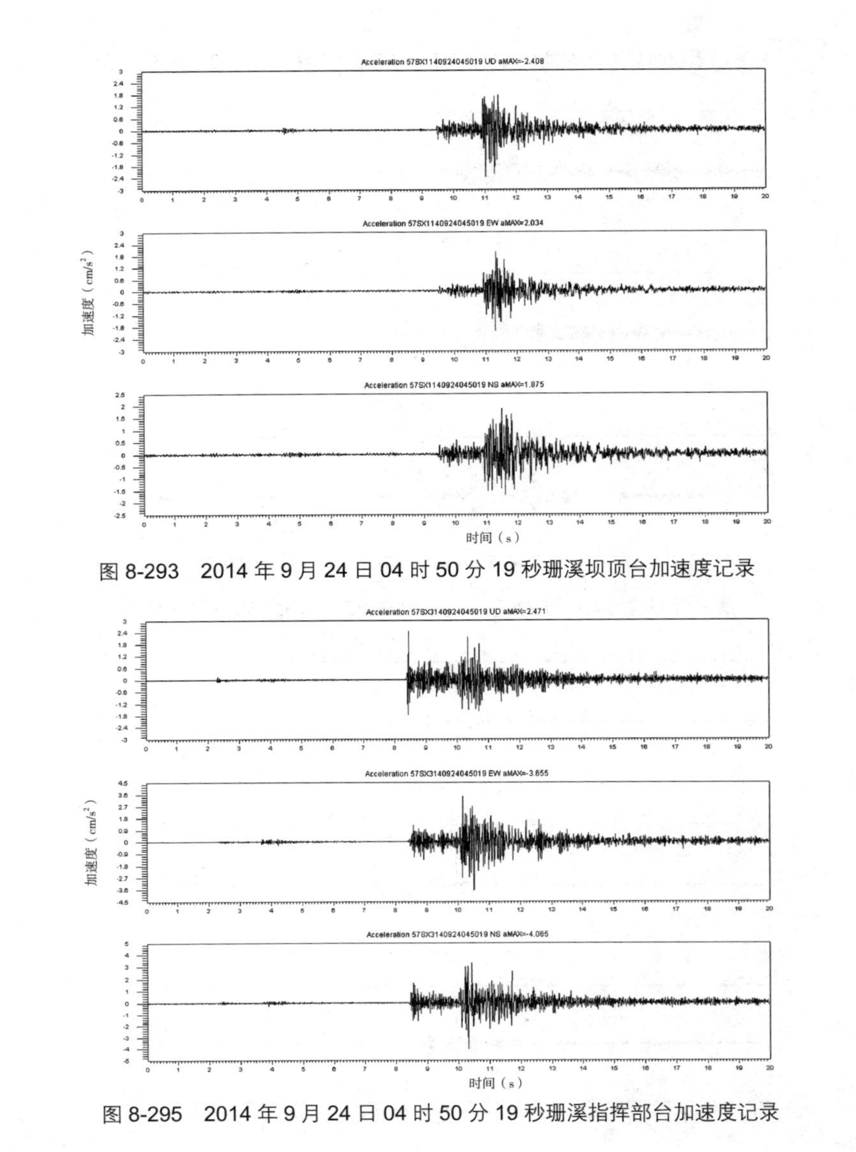

图 8-293　2014 年 9 月 24 日 04 时 50 分 19 秒珊溪坝顶台加速度记录

图 8-295　2014 年 9 月 24 日 04 时 50 分 19 秒珊溪指挥部台加速度记录

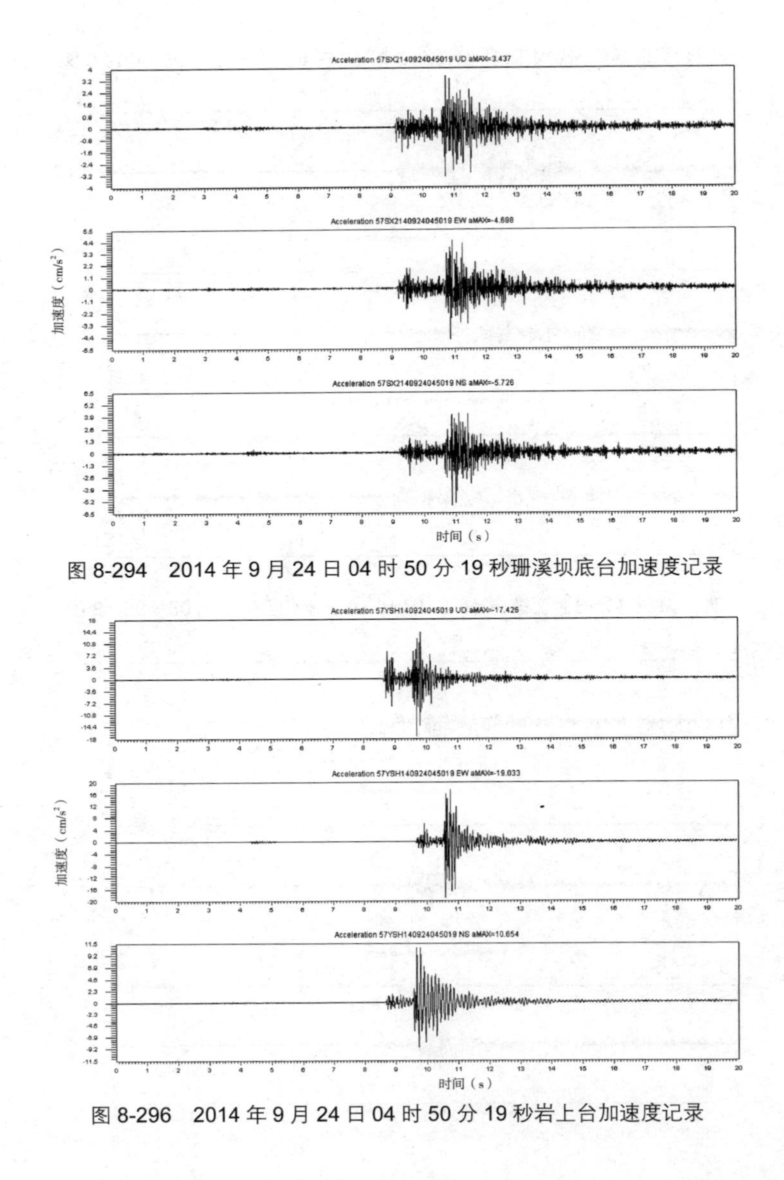

图 8-294　2014 年 9 月 24 日 04 时 50 分 19 秒珊溪坝底台加速度记录

图 8-296　2014 年 9 月 24 日 04 时 50 分 19 秒岩上台加速度记录

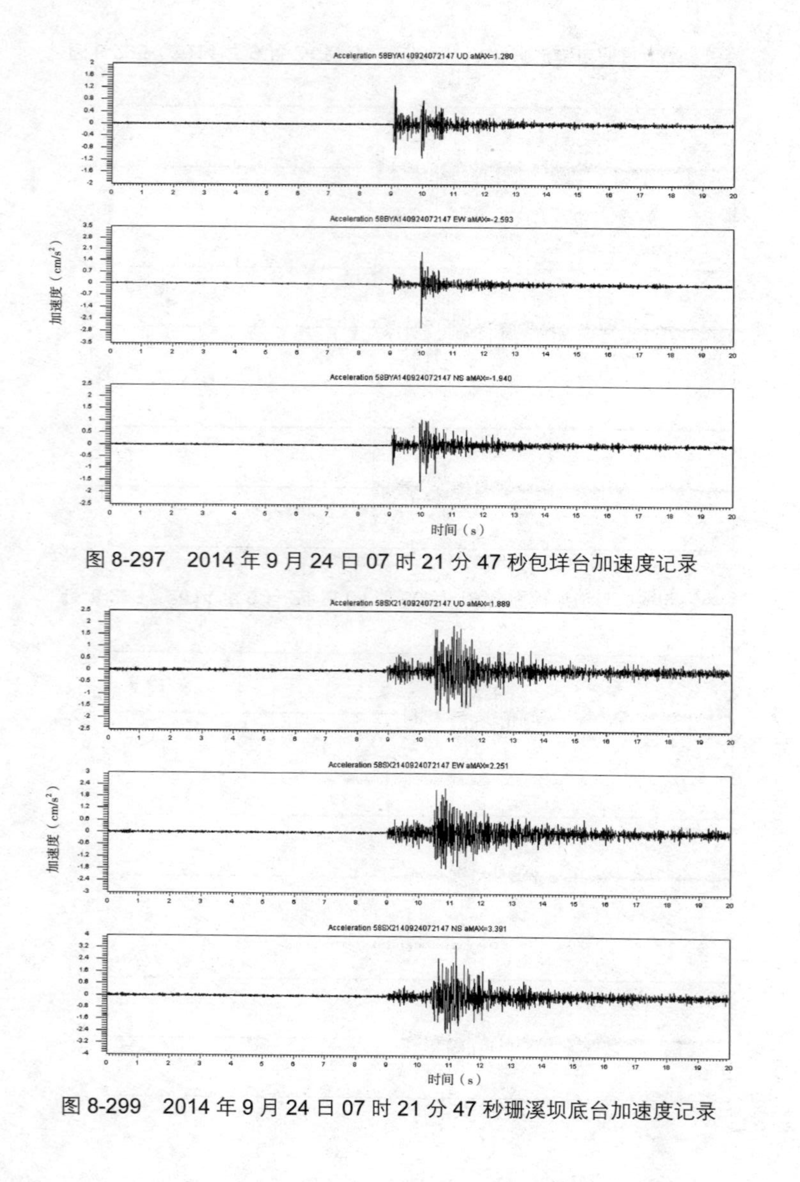

图 8-297 2014 年 9 月 24 日 07 时 21 分 47 秒包垟台加速度记录

图 8-299 2014 年 9 月 24 日 07 时 21 分 47 秒珊溪坝底台加速度记录

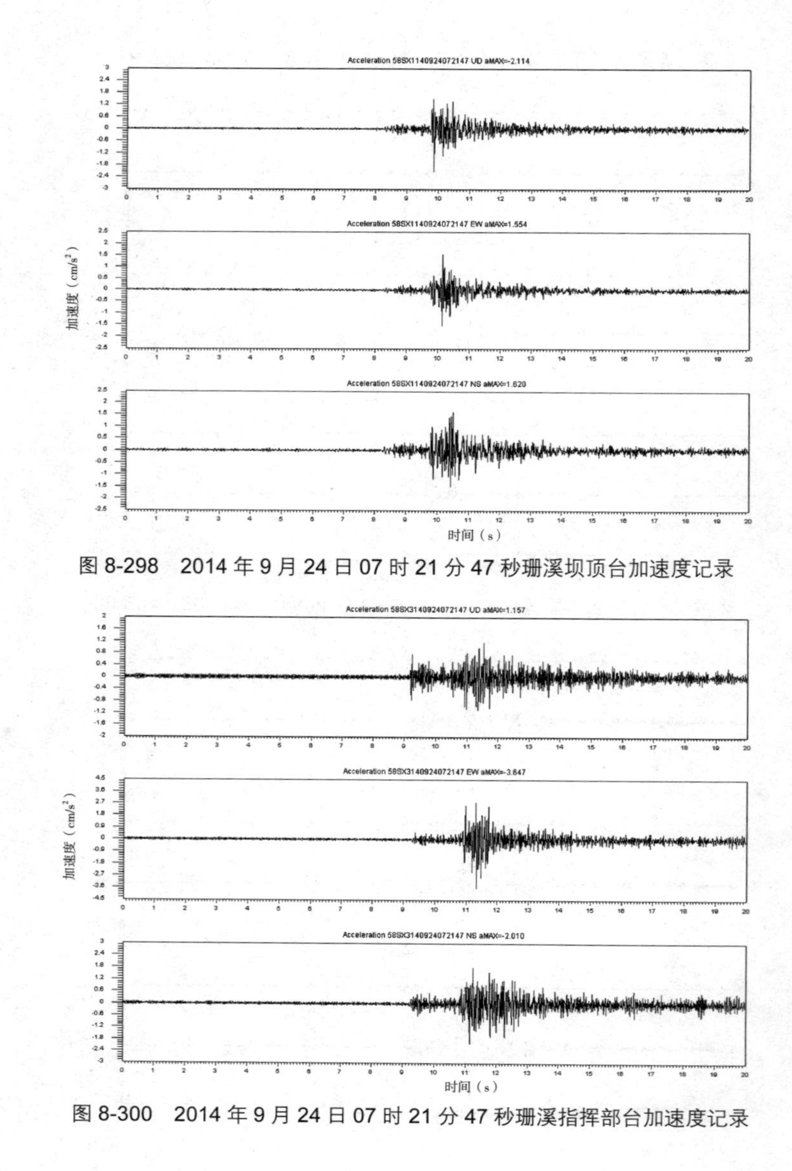

图 8-298 2014 年 9 月 24 日 07 时 21 分 47 秒珊溪坝顶台加速度记录

图 8-300 2014 年 9 月 24 日 07 时 21 分 47 秒珊溪指挥部台加速度记录

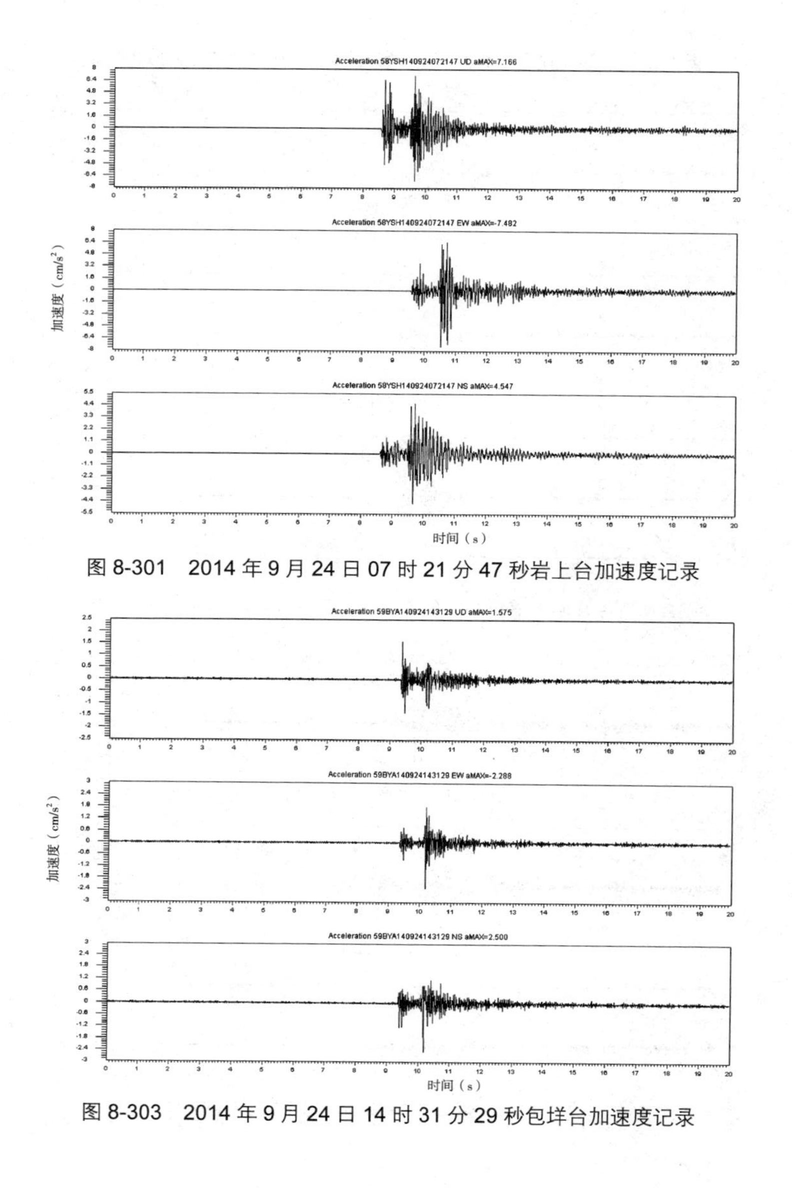

图 8-301　2014 年 9 月 24 日 07 时 21 分 47 秒岩上台加速度记录

图 8-303　2014 年 9 月 24 日 14 时 31 分 29 秒包垟台加速度记录

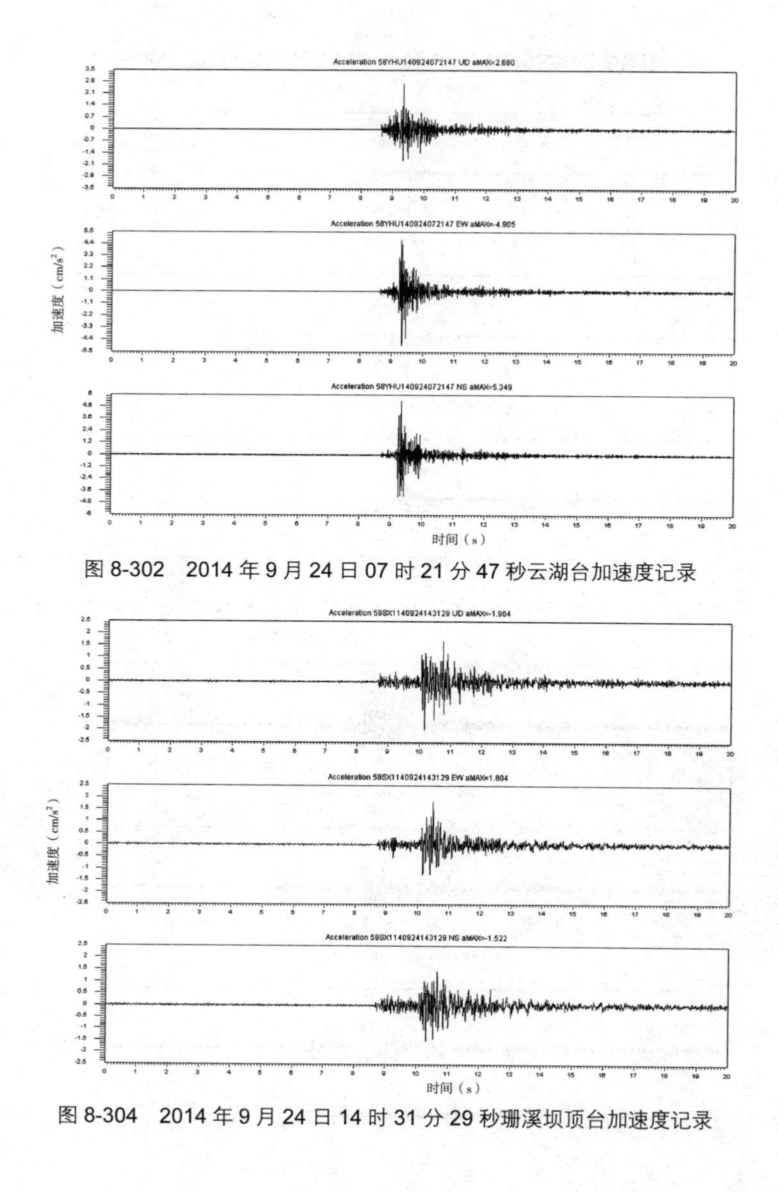

图 8-302　2014 年 9 月 24 日 07 时 21 分 47 秒云湖台加速度记录

图 8-304　2014 年 9 月 24 日 14 时 31 分 29 秒珊溪坝顶台加速度记录

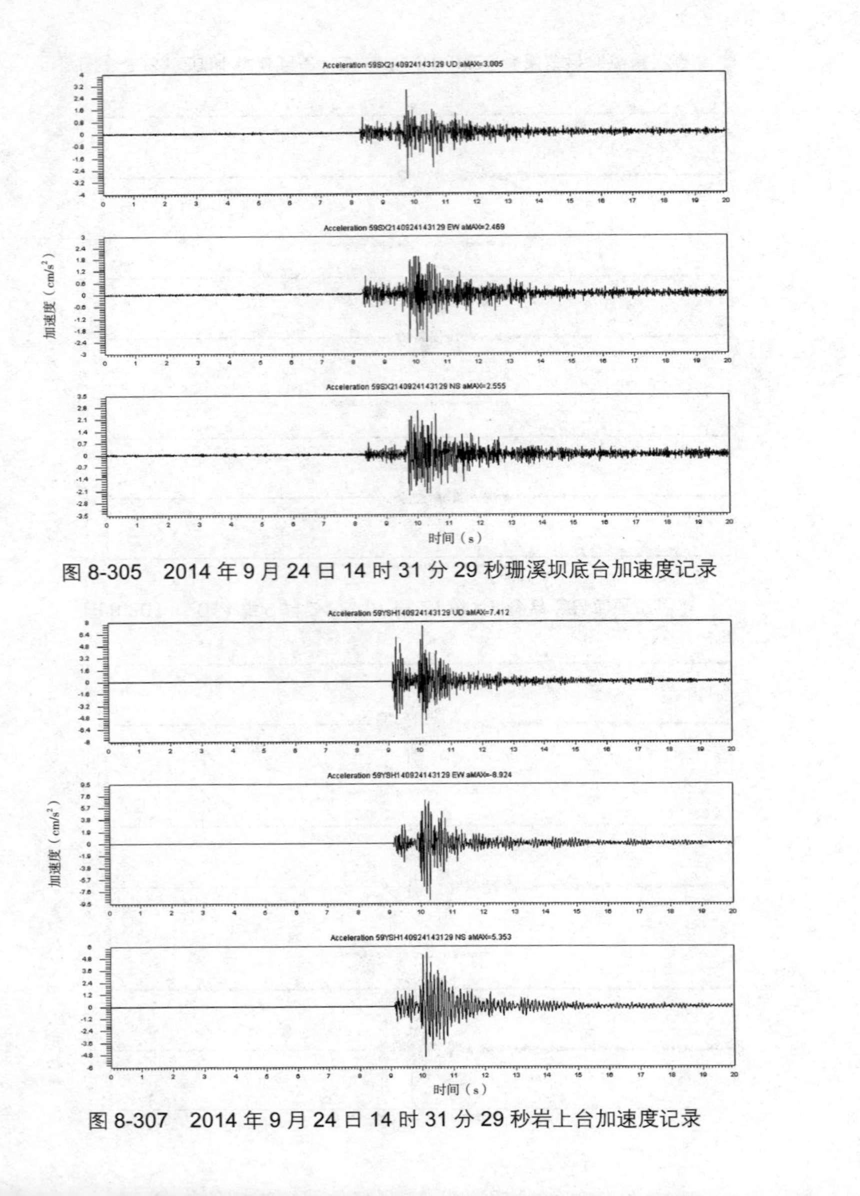

图 8-305 2014 年 9 月 24 日 14 时 31 分 29 秒珊溪坝底台加速度记录

图 8-307 2014 年 9 月 24 日 14 时 31 分 29 秒岩上台加速度记录

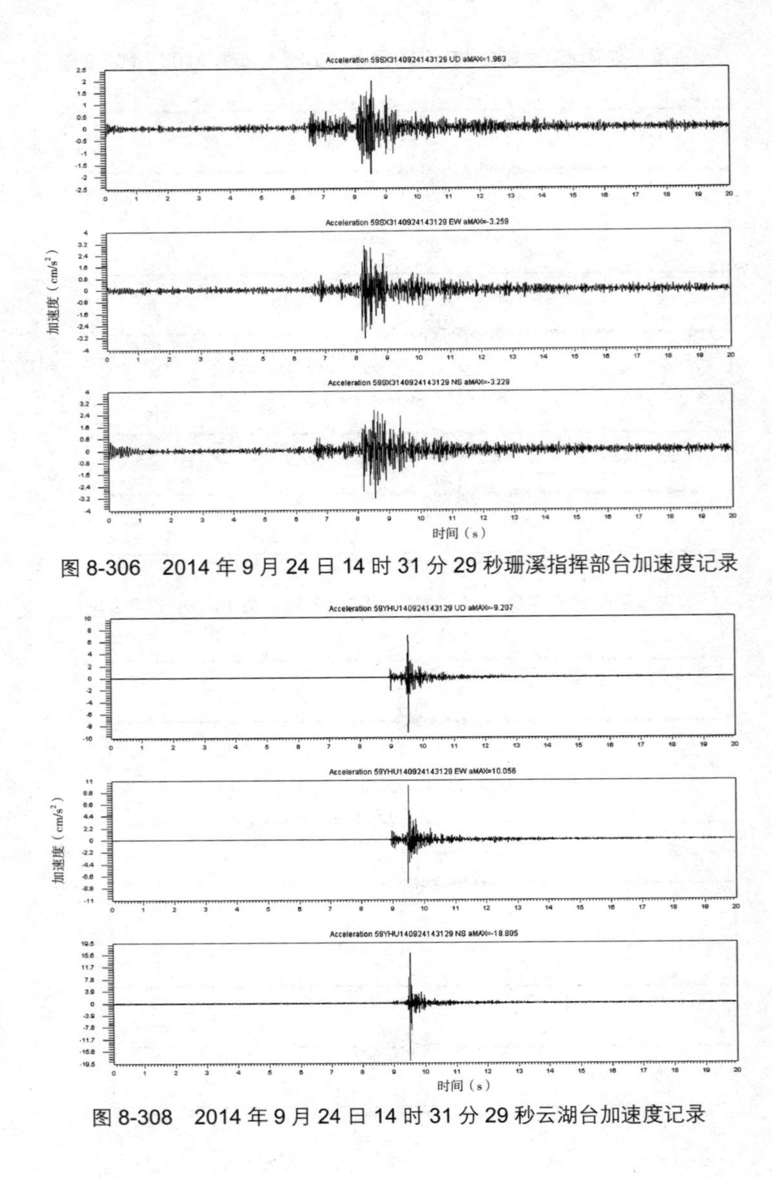

图 8-306 2014 年 9 月 24 日 14 时 31 分 29 秒珊溪指挥部台加速度记录

图 8-308 2014 年 9 月 24 日 14 时 31 分 29 秒云湖台加速度记录

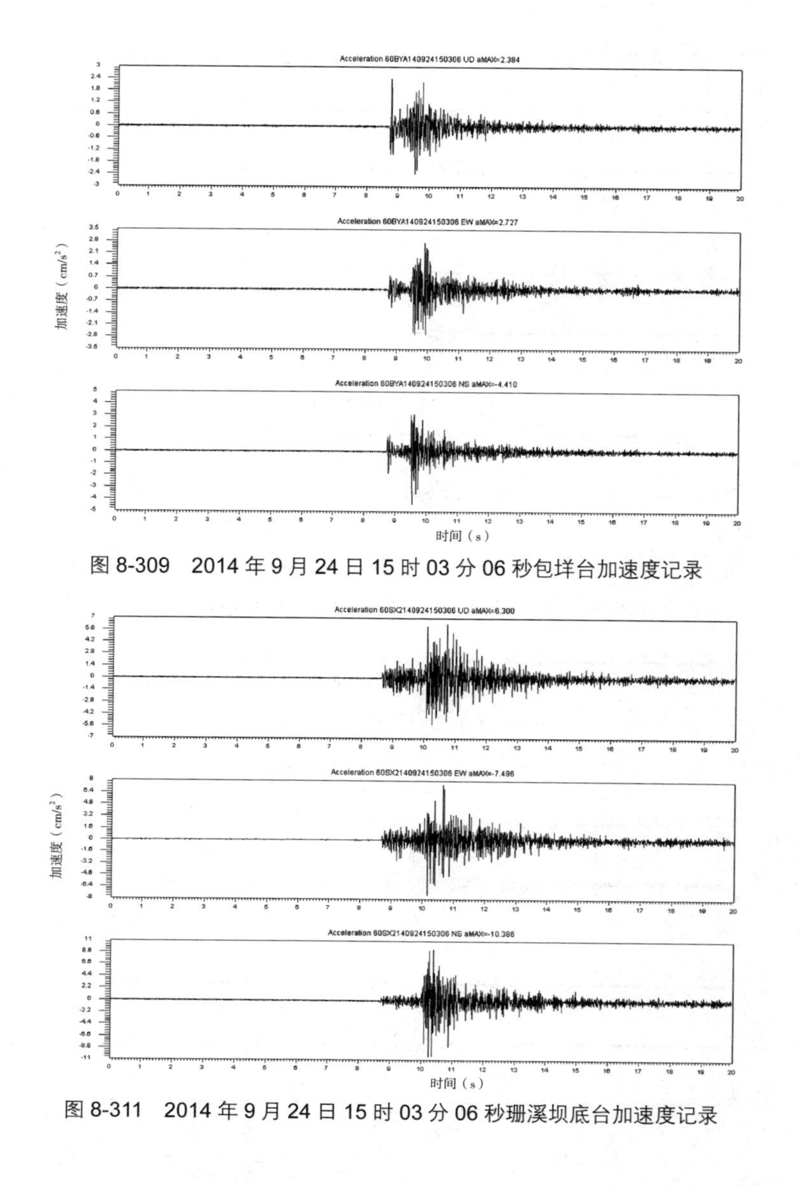

图 8-309　2014 年 9 月 24 日 15 时 03 分 06 秒包垟台加速度记录

图 8-311　2014 年 9 月 24 日 15 时 03 分 06 秒珊溪坝底台加速度记录

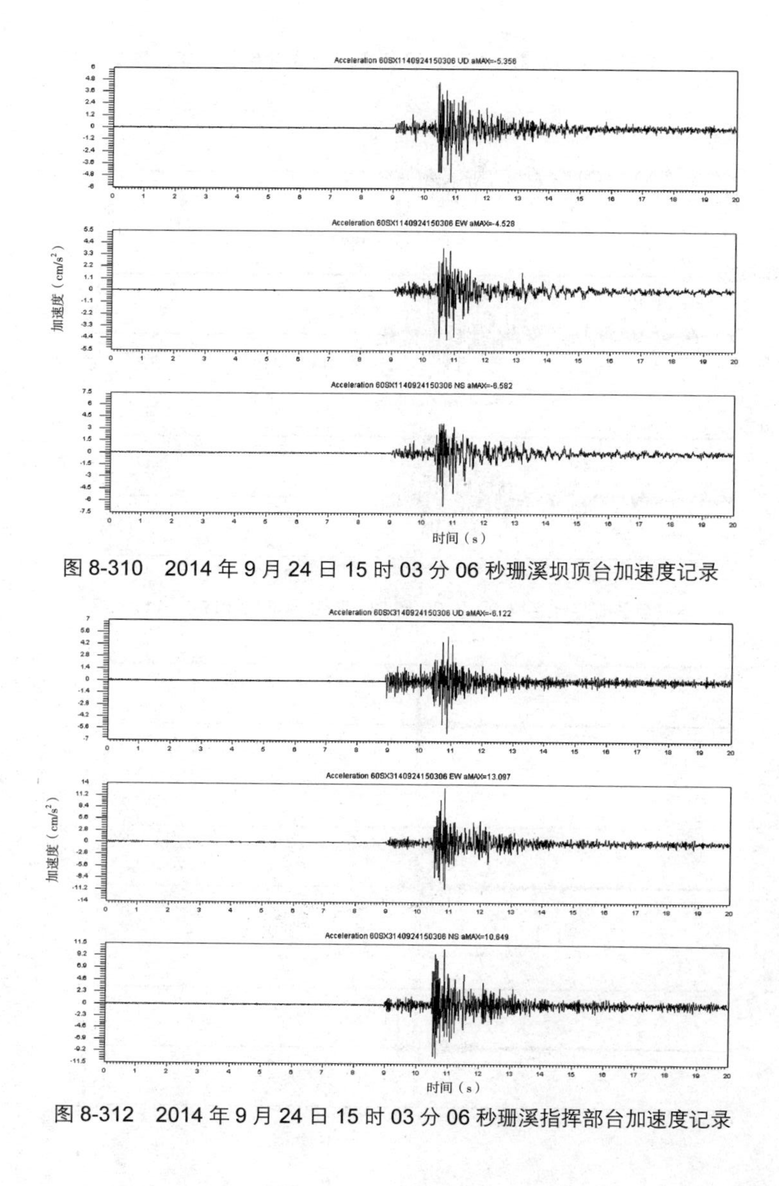

图 8-310　2014 年 9 月 24 日 15 时 03 分 06 秒珊溪坝顶台加速度记录

图 8-312　2014 年 9 月 24 日 15 时 03 分 06 秒珊溪指挥部台加速度记录

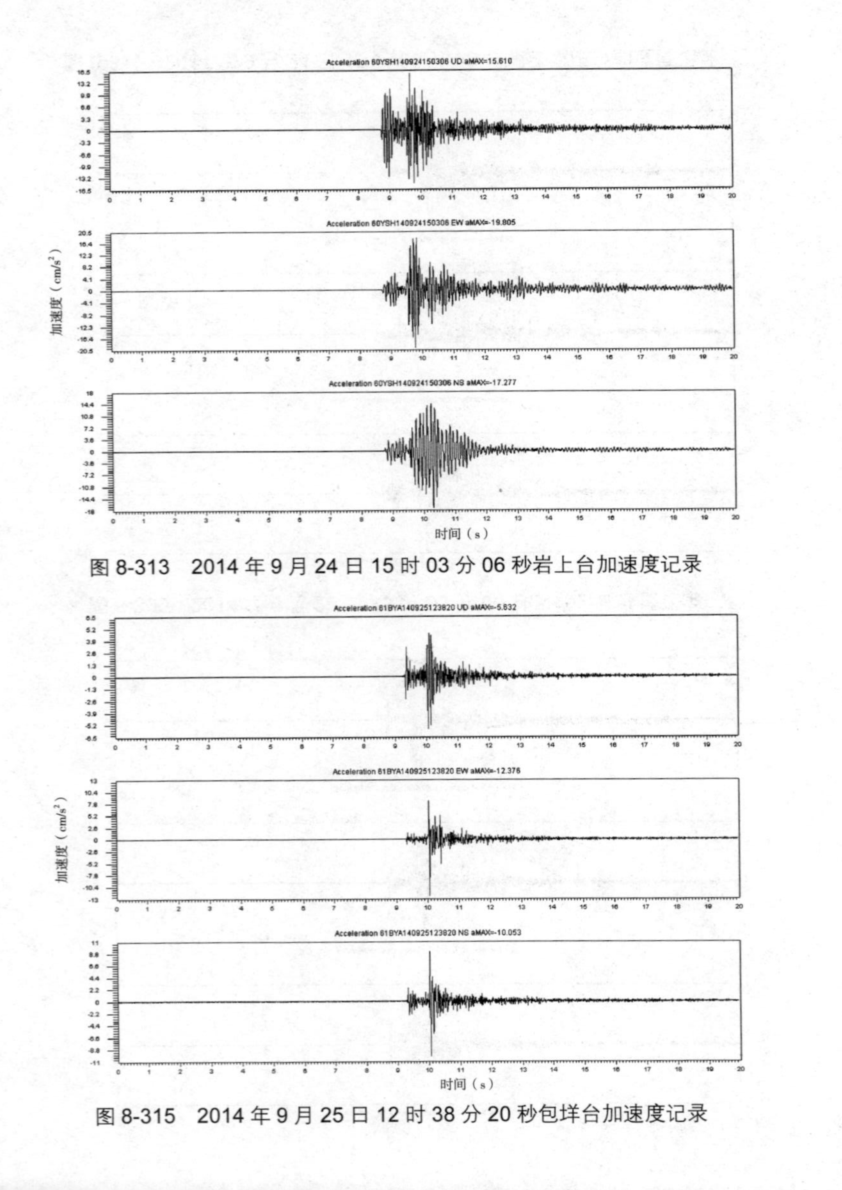

图 8-313 2014 年 9 月 24 日 15 时 03 分 06 秒岩上台加速度记录

图 8-315 2014 年 9 月 25 日 12 时 38 分 20 秒包垟台加速度记录

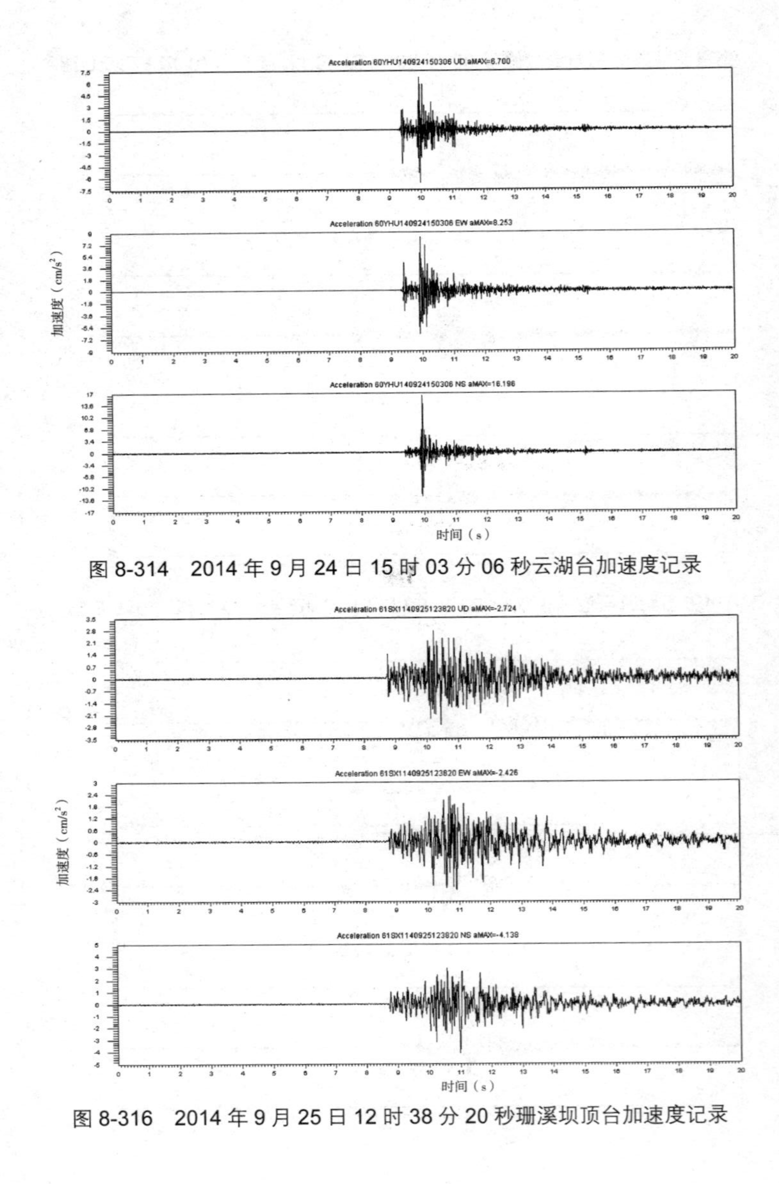

图 8-314 2014 年 9 月 24 日 15 时 03 分 06 秒云湖台加速度记录

图 8-316 2014 年 9 月 25 日 12 时 38 分 20 秒珊溪坝顶台加速度记录

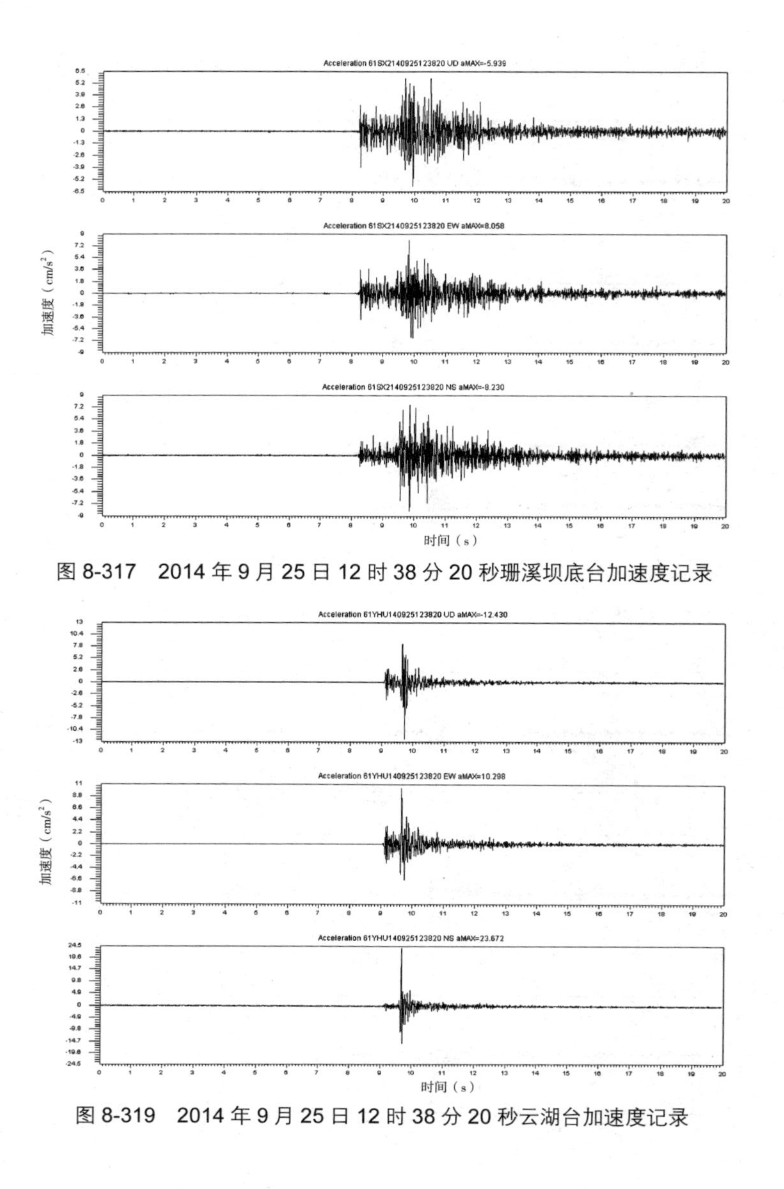

图 8-317　2014 年 9 月 25 日 12 时 38 分 20 秒珊溪坝底台加速度记录

图 8-319　2014 年 9 月 25 日 12 时 38 分 20 秒云湖台加速度记录

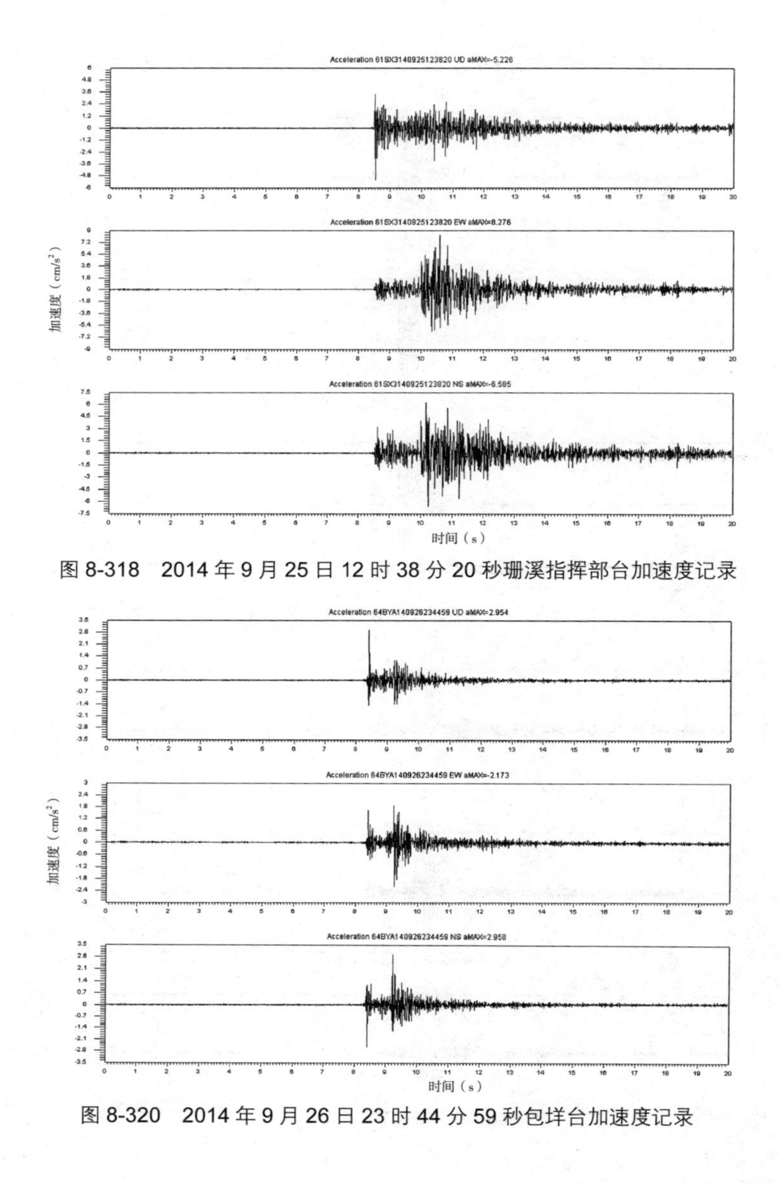

图 8-318　2014 年 9 月 25 日 12 时 38 分 20 秒珊溪指挥部台加速度记录

图 8-320　2014 年 9 月 26 日 23 时 44 分 59 秒包垟台加速度记录

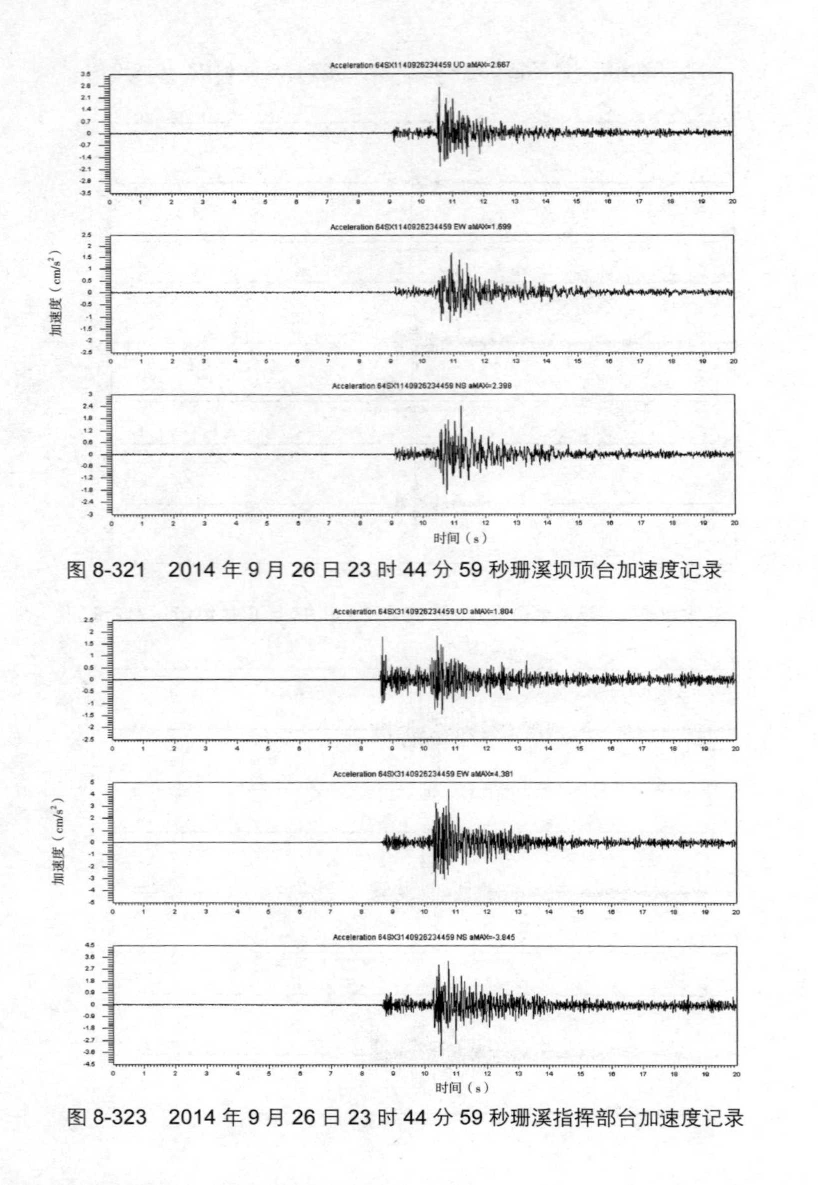

图 8-321　2014 年 9 月 26 日 23 时 44 分 59 秒珊溪坝顶台加速度记录

图 8-323　2014 年 9 月 26 日 23 时 44 分 59 秒珊溪指挥部台加速度记录

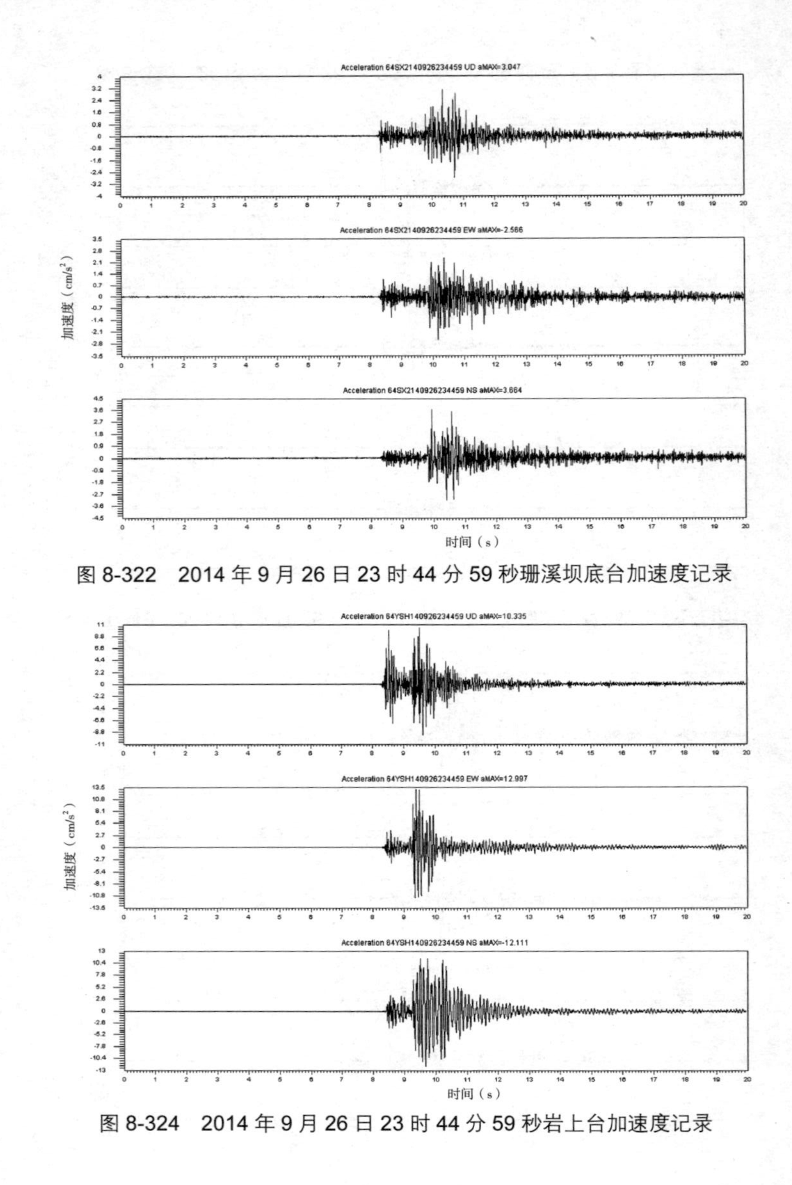

图 8-322　2014 年 9 月 26 日 23 时 44 分 59 秒珊溪坝底台加速度记录

图 8-324　2014 年 9 月 26 日 23 时 44 分 59 秒岩上台加速度记录

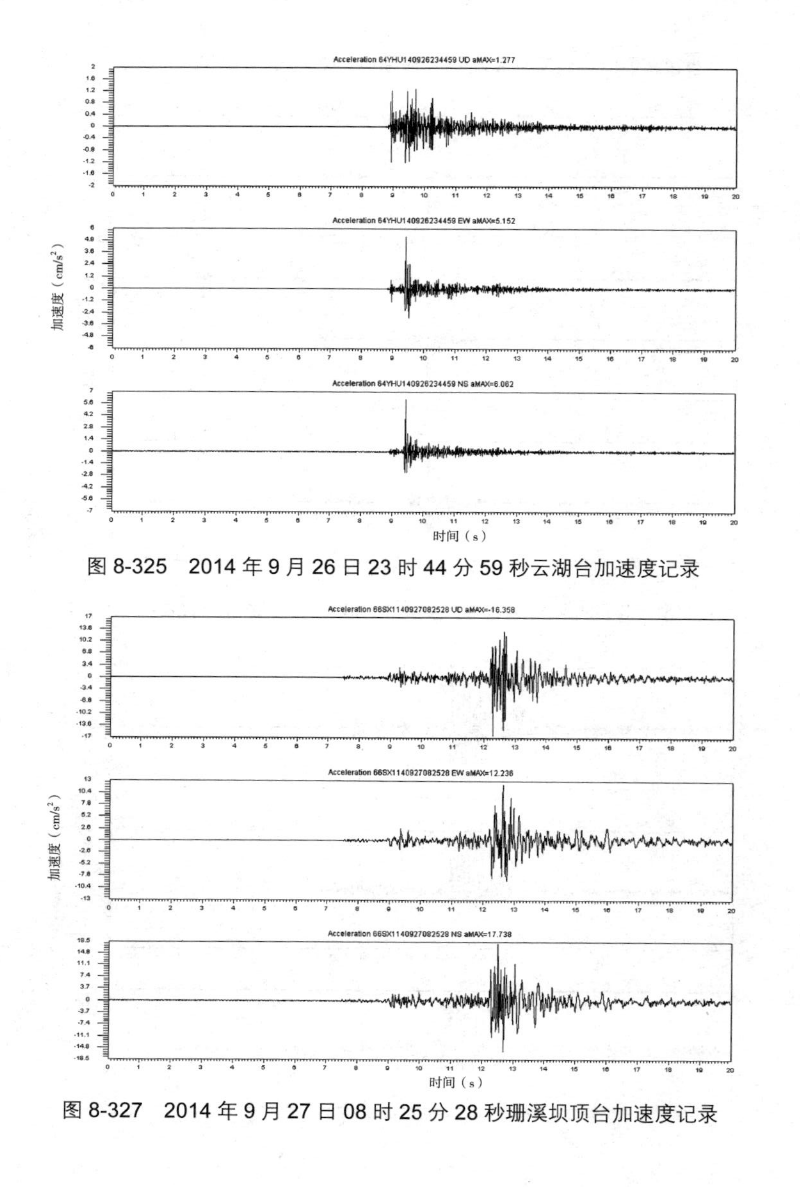

图 8-325　2014 年 9 月 26 日 23 时 44 分 59 秒云湖台加速度记录

图 8-327　2014 年 9 月 27 日 08 时 25 分 28 秒珊溪坝顶台加速度记录

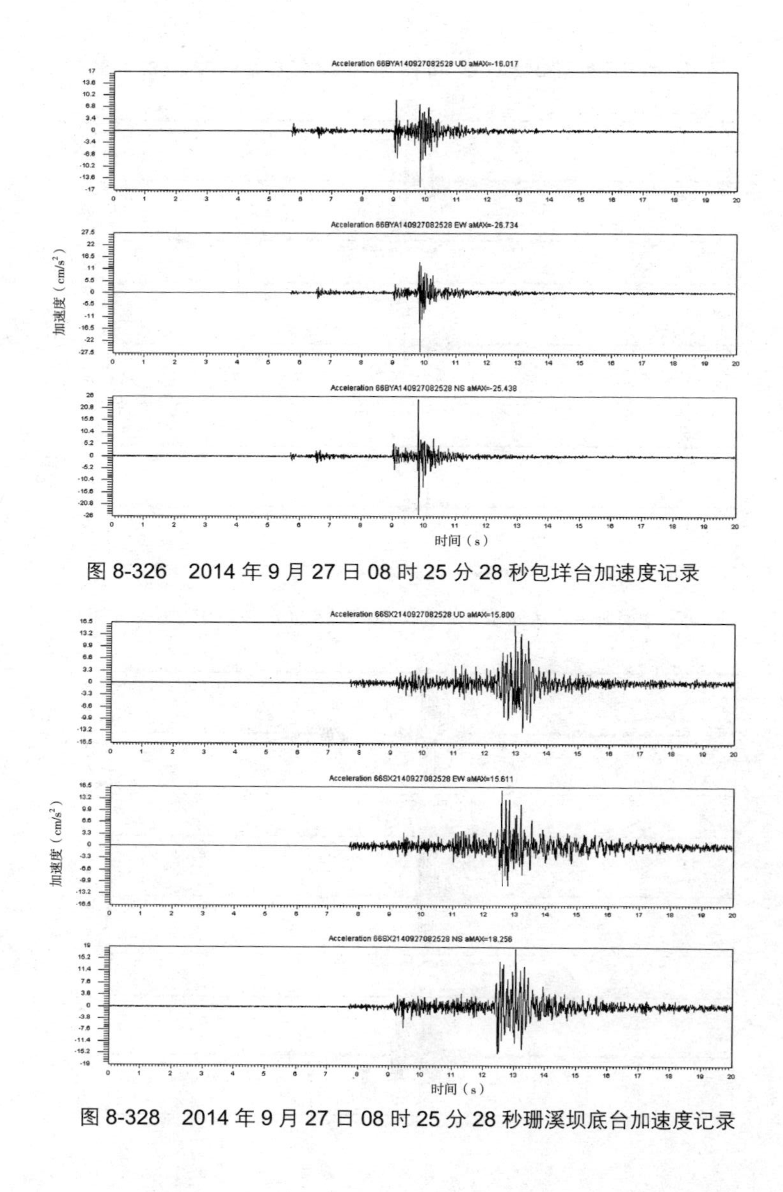

图 8-326　2014 年 9 月 27 日 08 时 25 分 28 秒包垟台加速度记录

图 8-328　2014 年 9 月 27 日 08 时 25 分 28 秒珊溪坝底台加速度记录

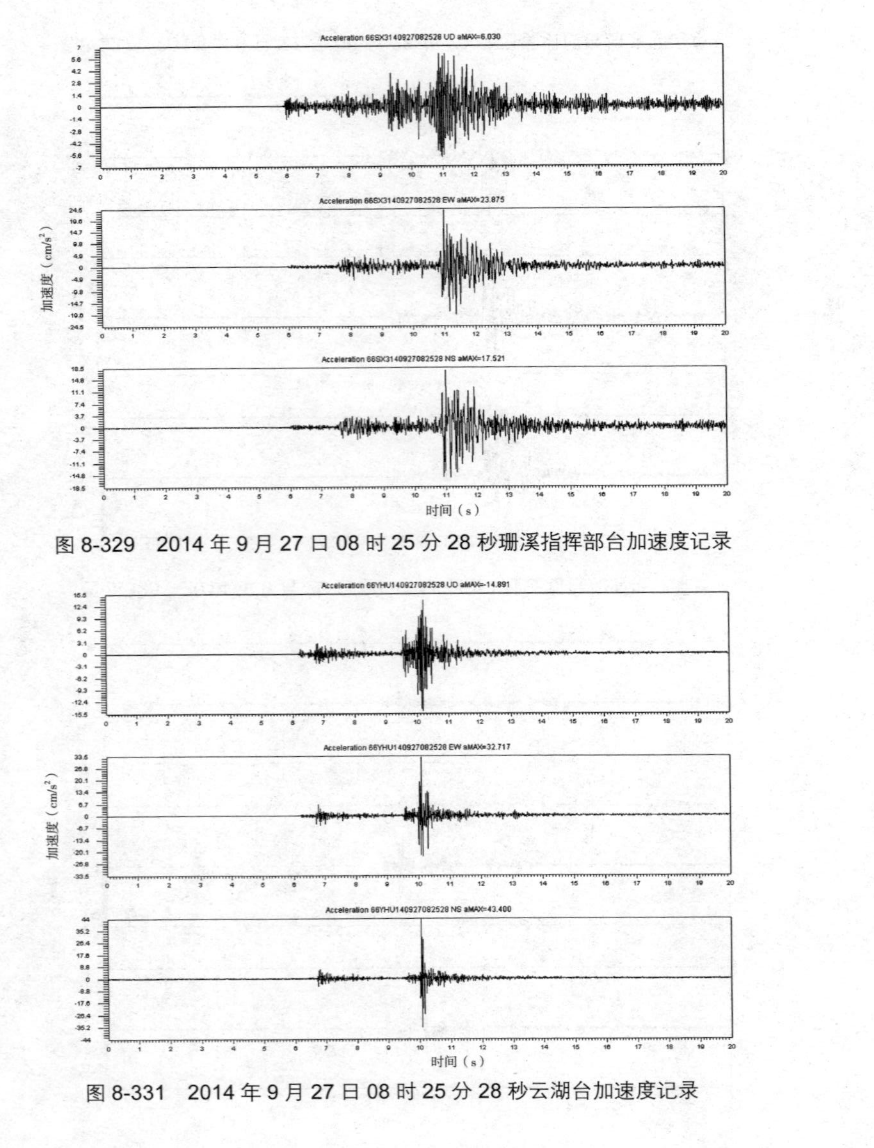

图 8-329　2014 年 9 月 27 日 08 时 25 分 28 秒珊溪指挥部台加速度记录

图 8-331　2014 年 9 月 27 日 08 时 25 分 28 秒云湖台加速度记录

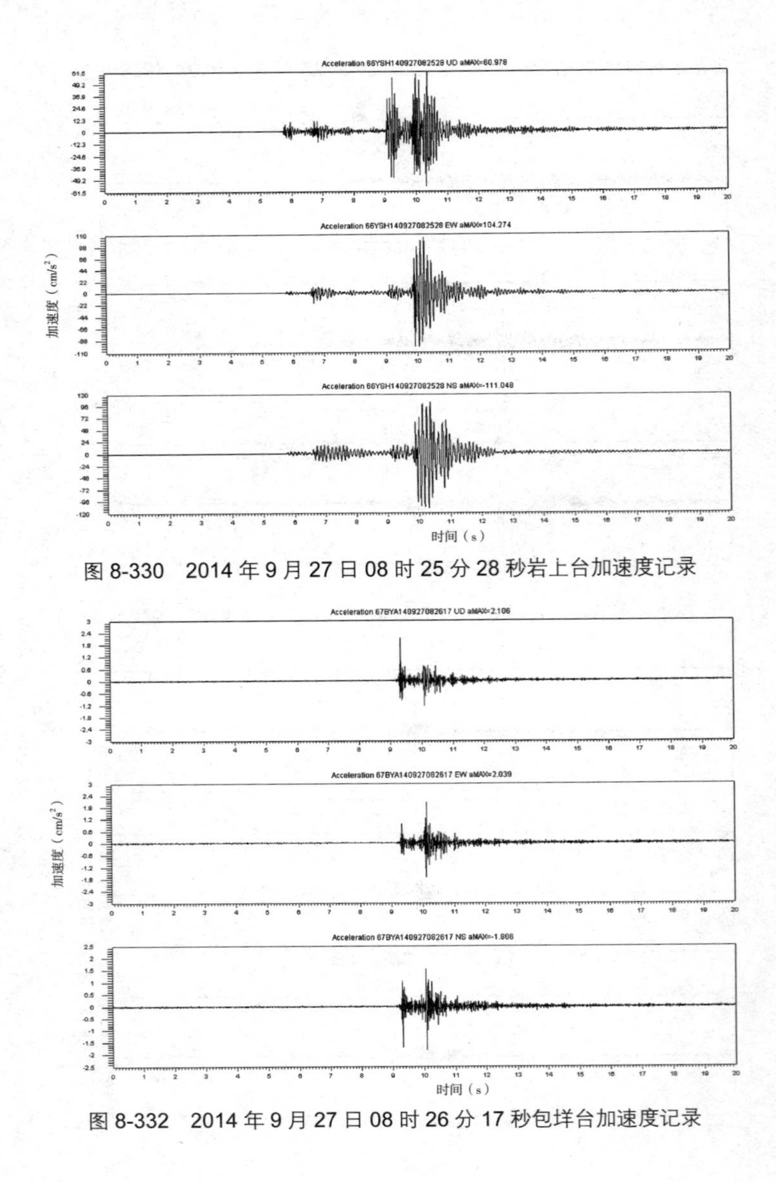

图 8-330　2014 年 9 月 27 日 08 时 25 分 28 秒岩上台加速度记录

图 8-332　2014 年 9 月 27 日 08 时 26 分 17 秒包垟台加速度记录

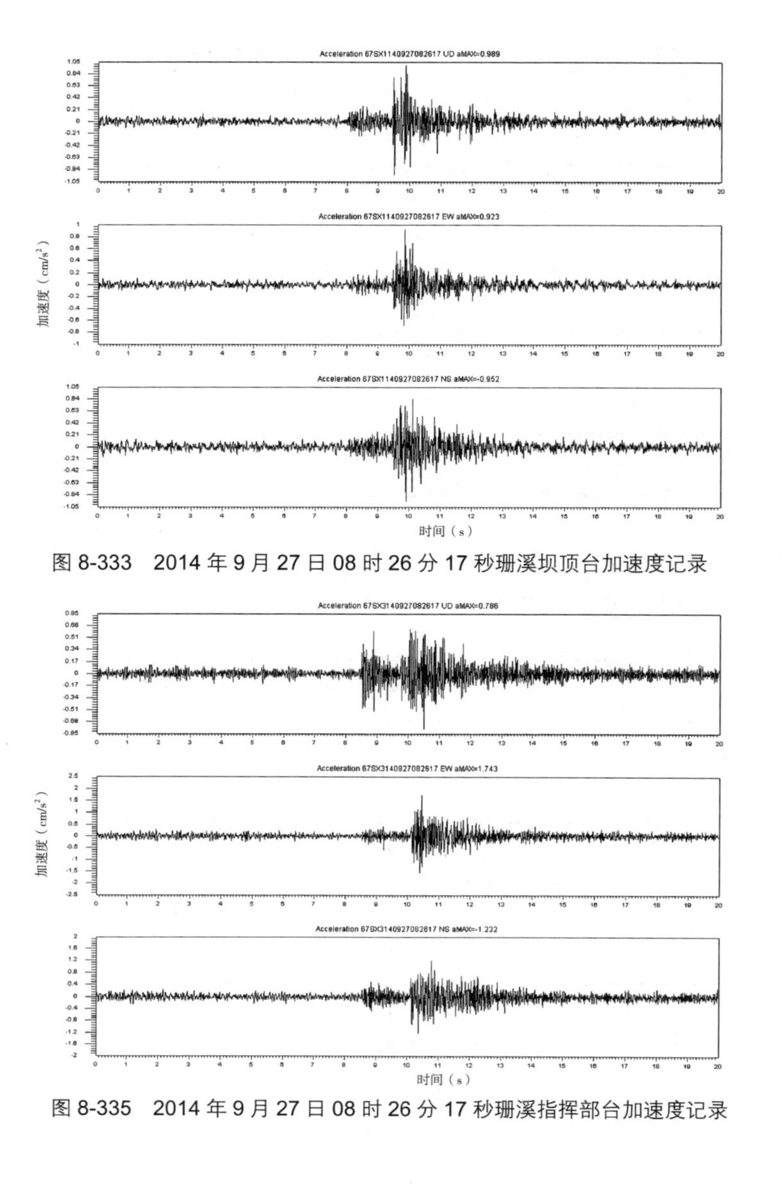

图 8-333　2014 年 9 月 27 日 08 时 26 分 17 秒珊溪坝顶台加速度记录

图 8-335　2014 年 9 月 27 日 08 时 26 分 17 秒珊溪指挥部台加速度记录

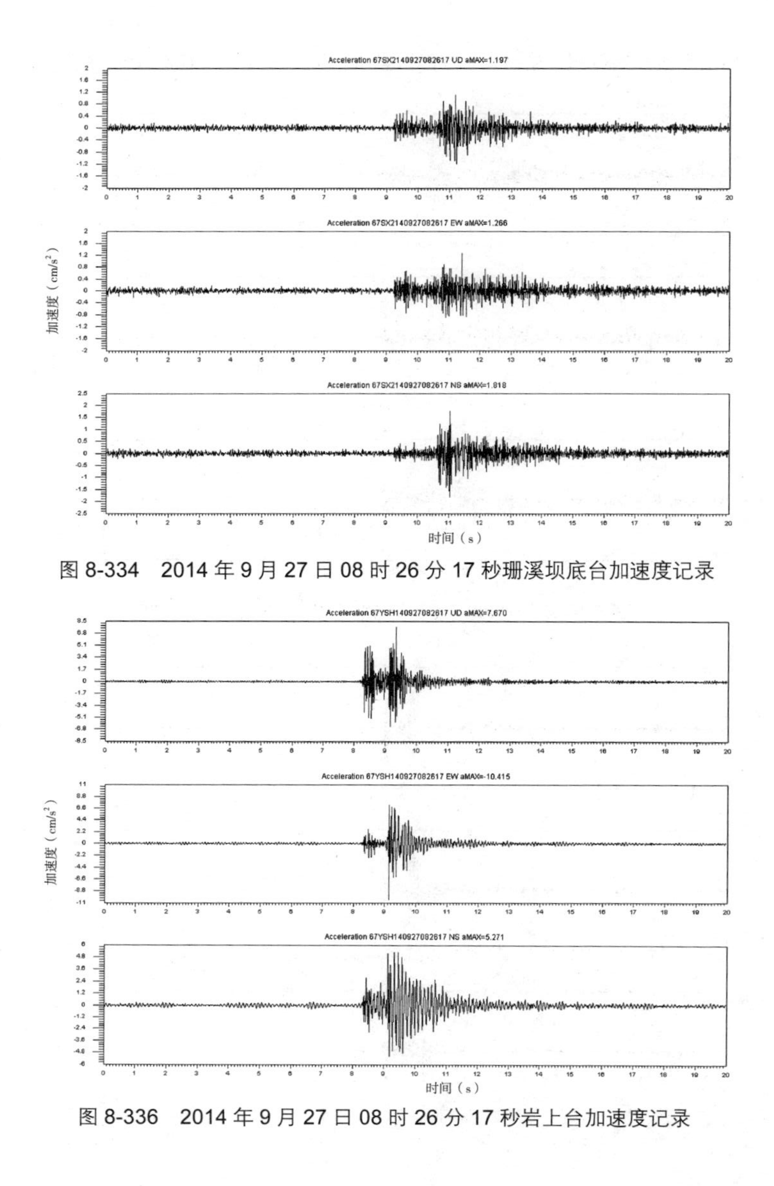

图 8-334　2014 年 9 月 27 日 08 时 26 分 17 秒珊溪坝底台加速度记录

图 8-336　2014 年 9 月 27 日 08 时 26 分 17 秒岩上台加速度记录

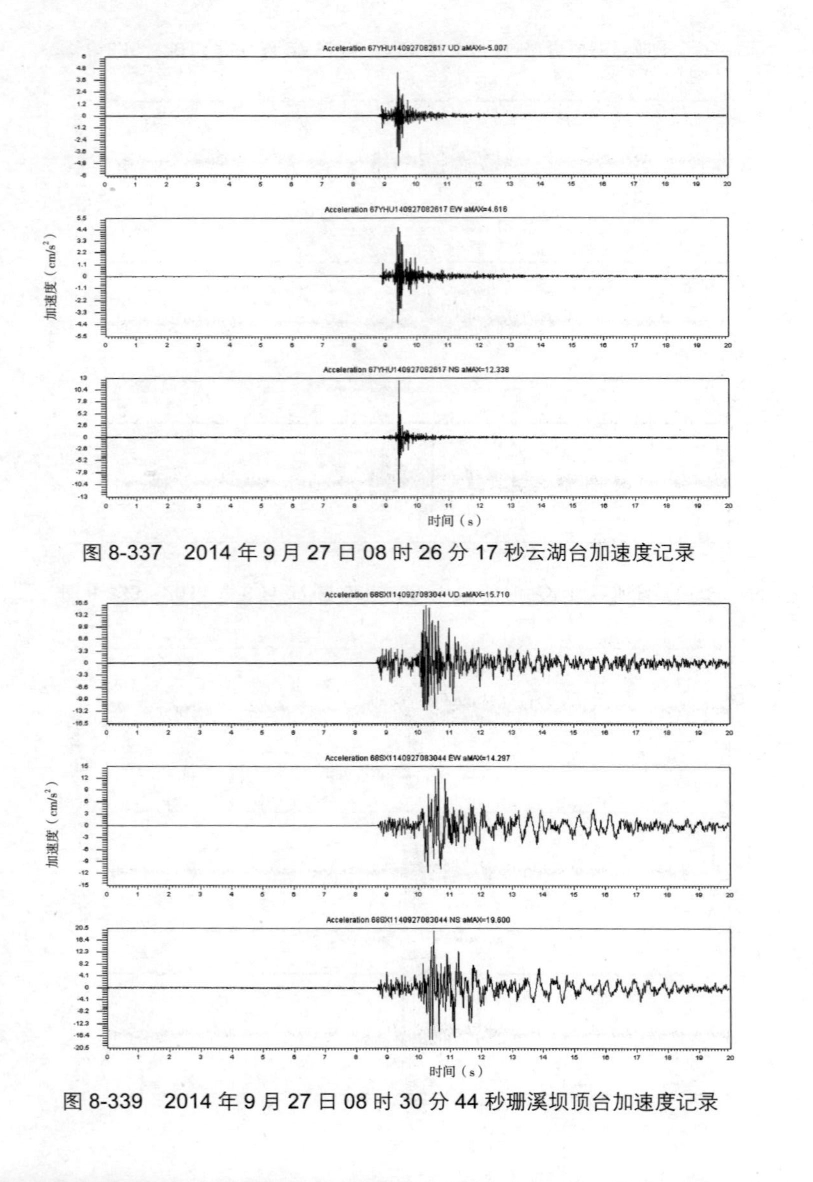

图 8-337 2014 年 9 月 27 日 08 时 26 分 17 秒云湖台加速度记录

图 8-339 2014 年 9 月 27 日 08 时 30 分 44 秒珊溪坝顶台加速度记录

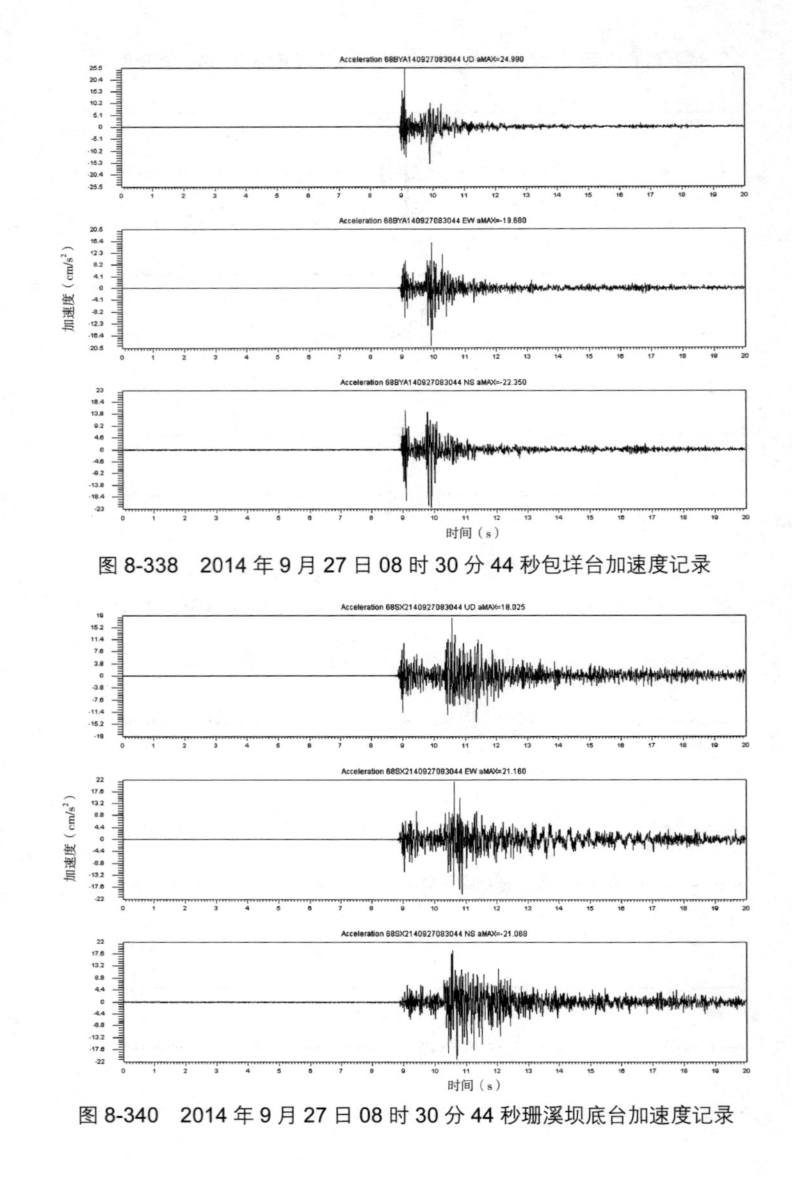

图 8-338 2014 年 9 月 27 日 08 时 30 分 44 秒包垟台加速度记录

图 8-340 2014 年 9 月 27 日 08 时 30 分 44 秒珊溪坝底台加速度记录

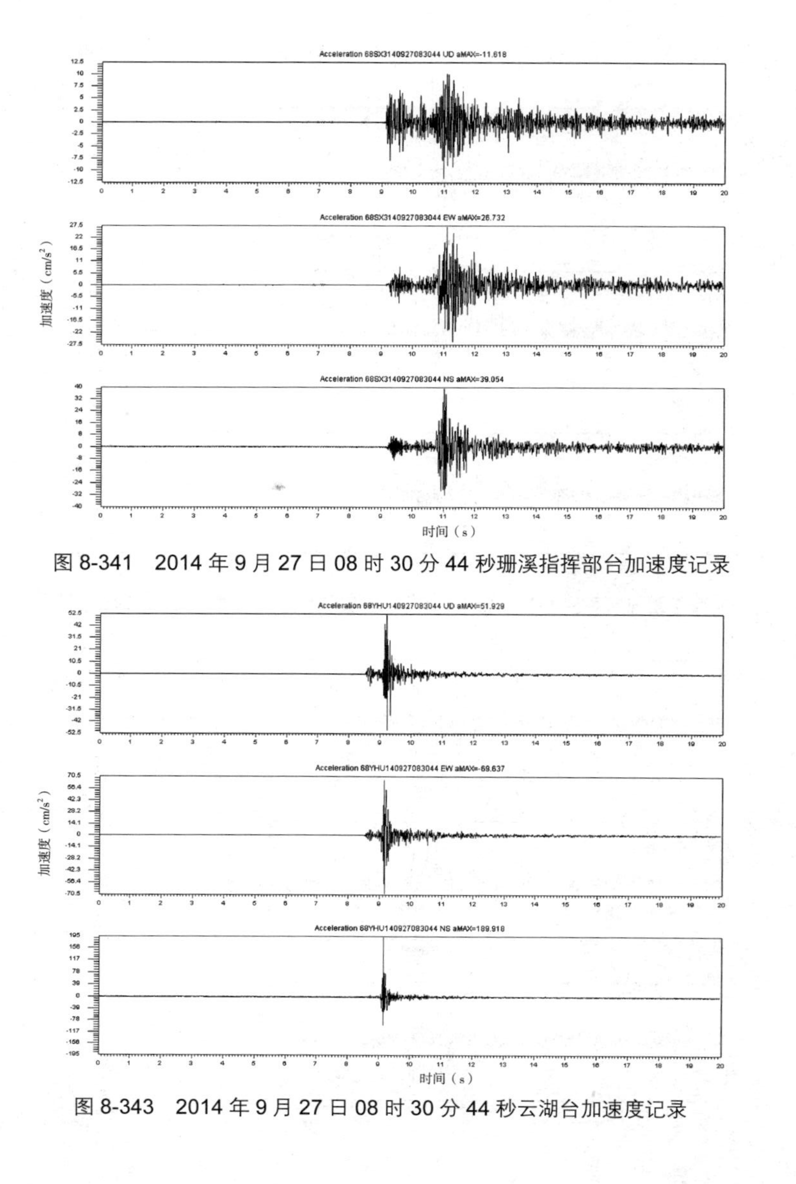

图 8-341　2014 年 9 月 27 日 08 时 30 分 44 秒珊溪指挥部台加速度记录

图 8-343　2014 年 9 月 27 日 08 时 30 分 44 秒云湖台加速度记录

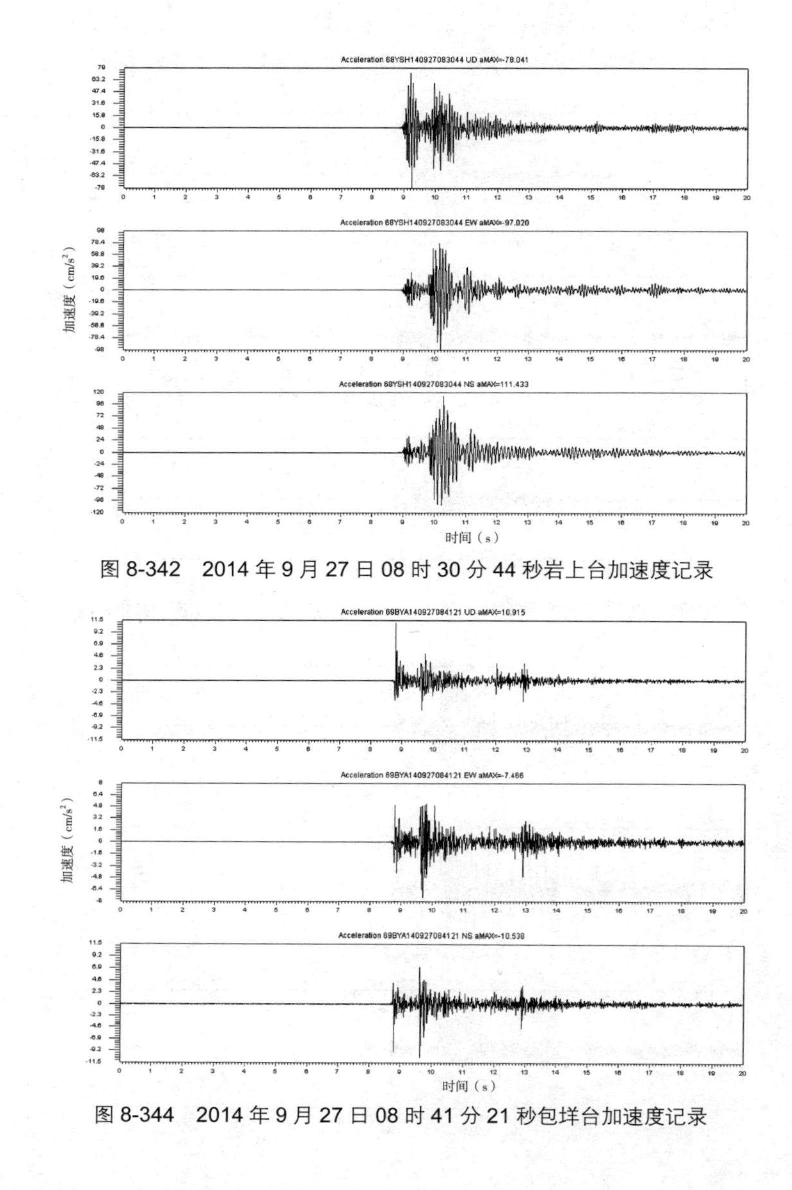

图 8-342　2014 年 9 月 27 日 08 时 30 分 44 秒岩上台加速度记录

图 8-344　2014 年 9 月 27 日 08 时 41 分 21 秒包垟台加速度记录

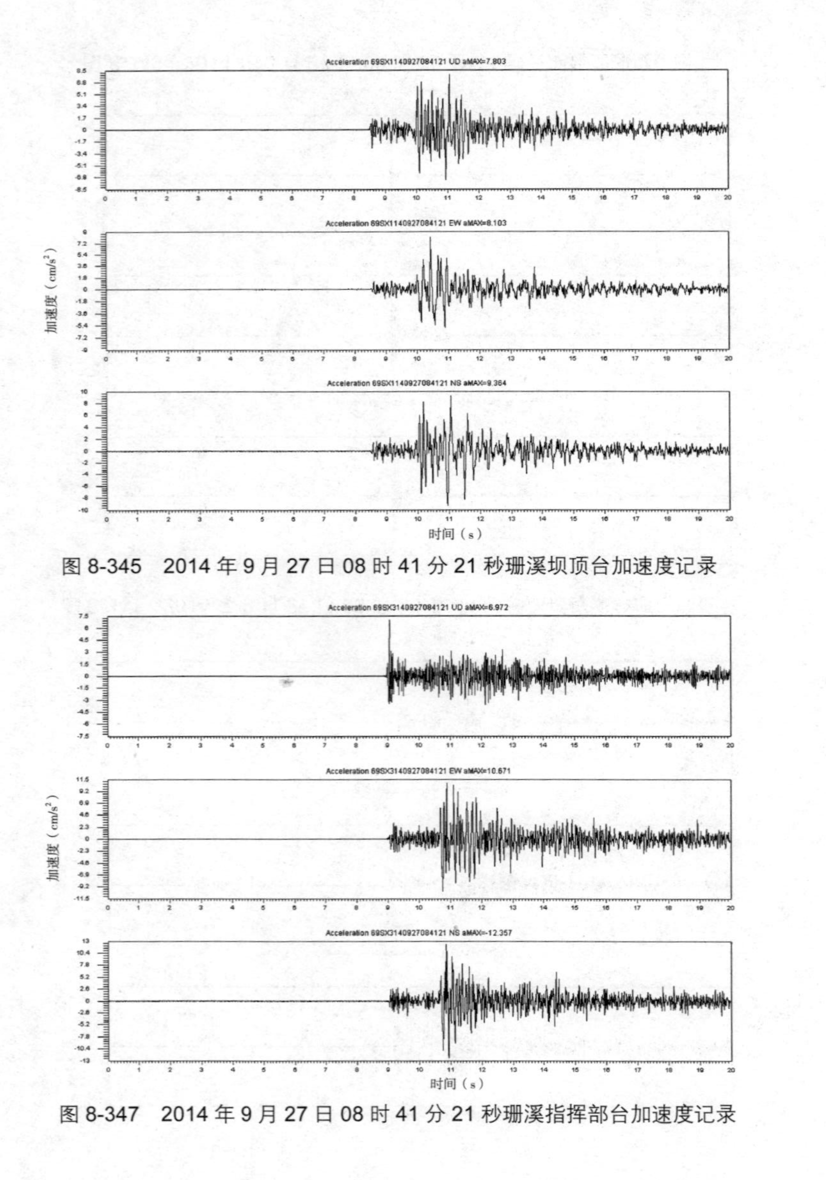

图 8-345 2014 年 9 月 27 日 08 时 41 分 21 秒珊溪坝顶台加速度记录

图 8-347 2014 年 9 月 27 日 08 时 41 分 21 秒珊溪指挥部台加速度记录

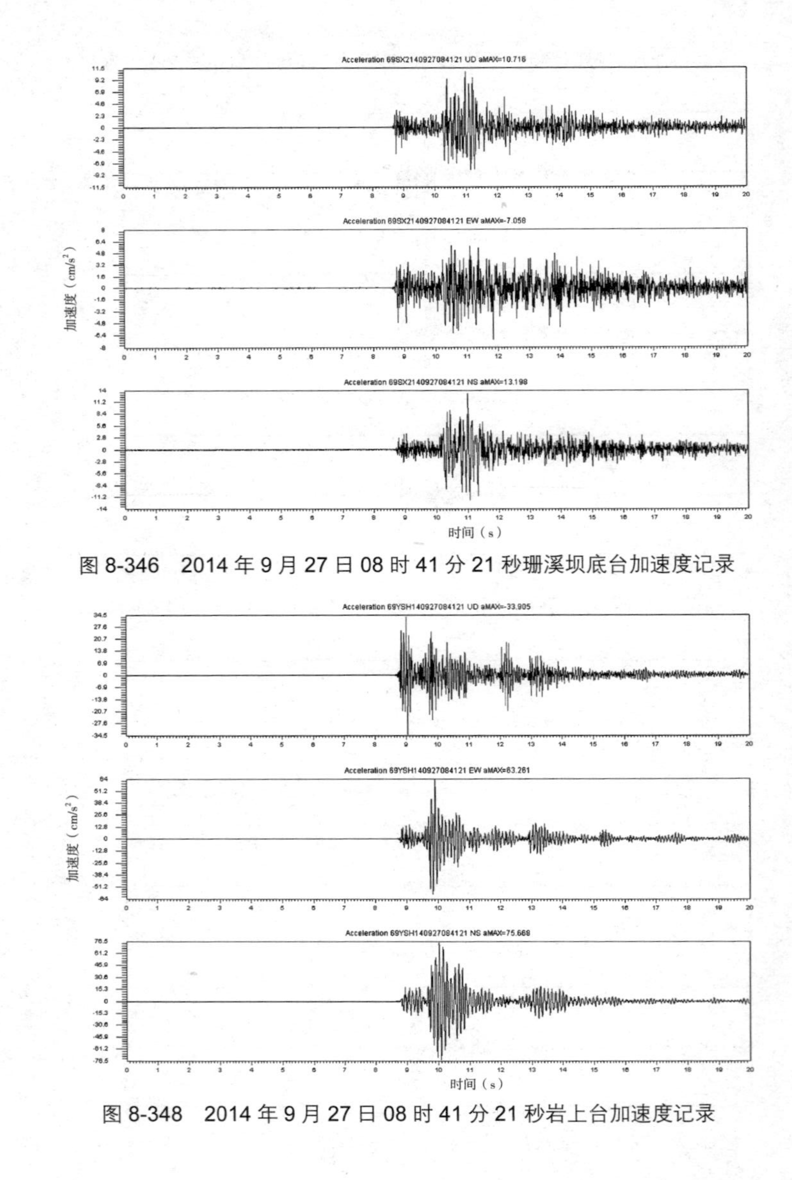

图 8-346 2014 年 9 月 27 日 08 时 41 分 21 秒珊溪坝底台加速度记录

图 8-348 2014 年 9 月 27 日 08 时 41 分 21 秒岩上台加速度记录

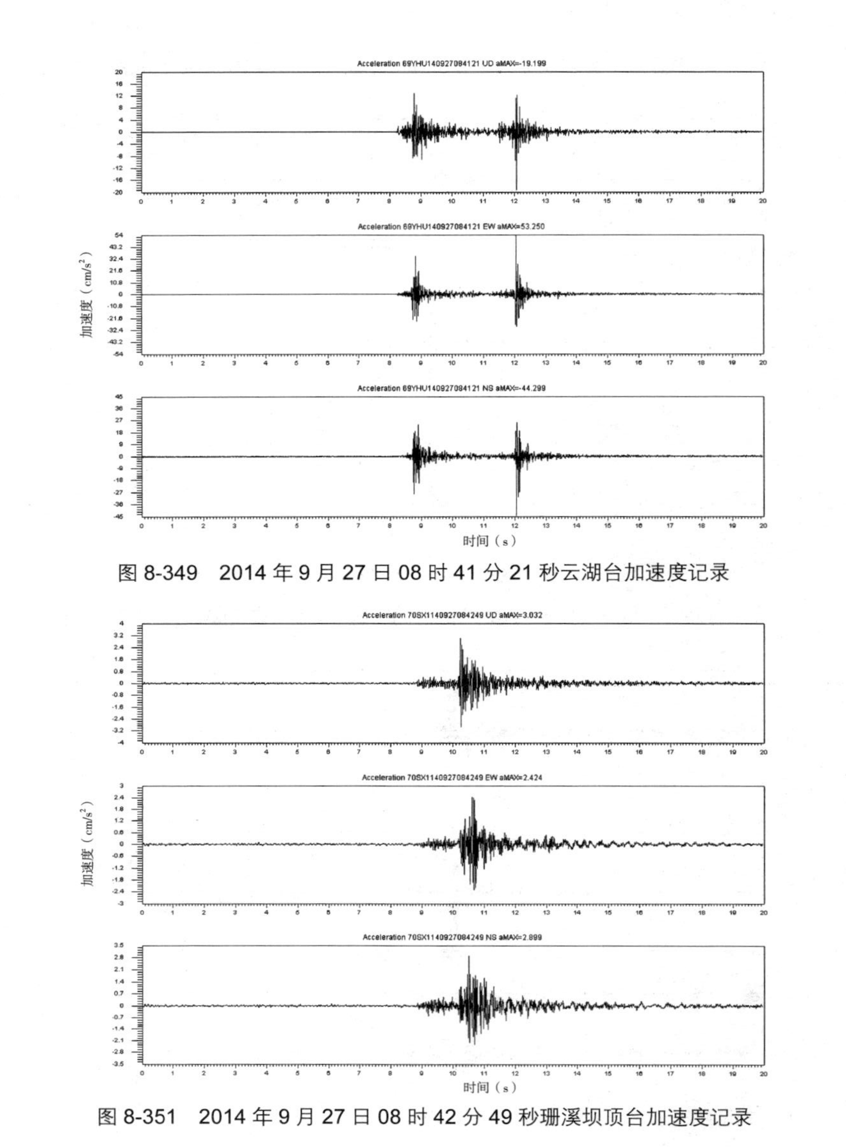

图 8-349　2014 年 9 月 27 日 08 时 41 分 21 秒云湖台加速度记录

图 8-351　2014 年 9 月 27 日 08 时 42 分 49 秒珊溪坝顶台加速度记录

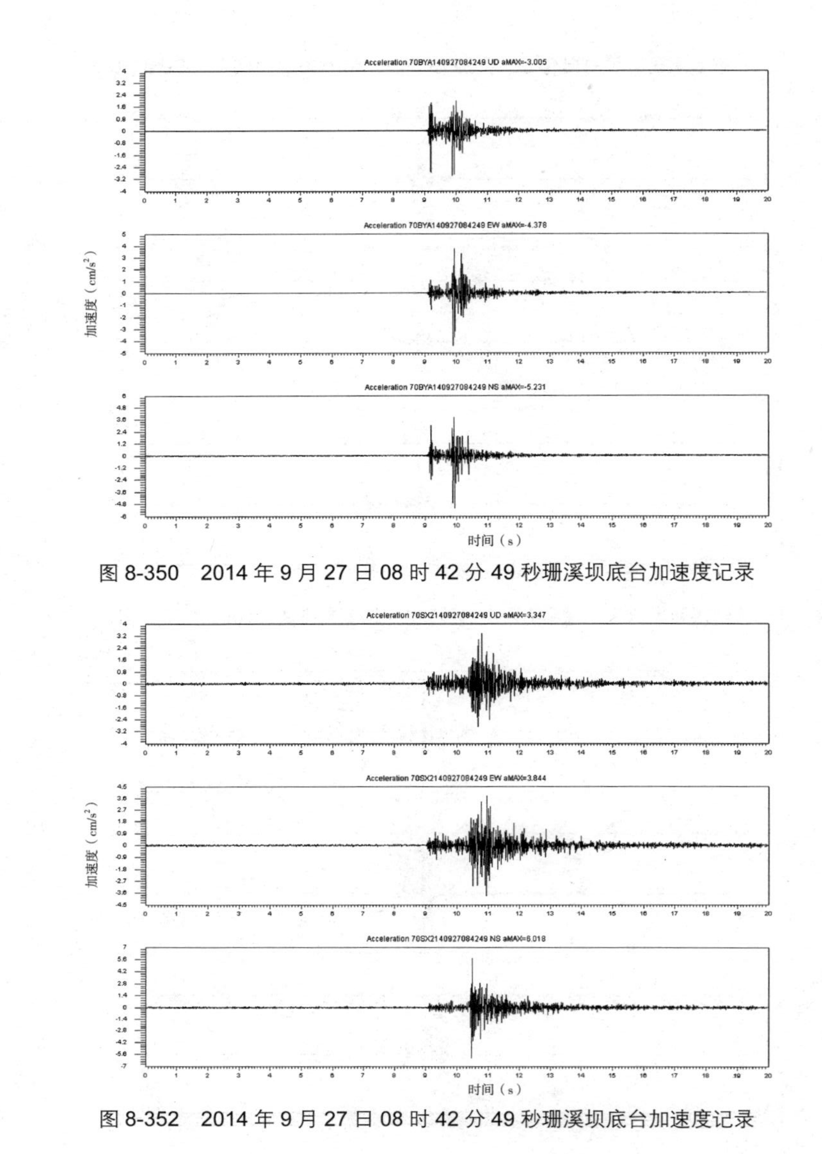

图 8-350　2014 年 9 月 27 日 08 时 42 分 49 秒珊溪坝底台加速度记录

图 8-352　2014 年 9 月 27 日 08 时 42 分 49 秒珊溪坝底台加速度记录

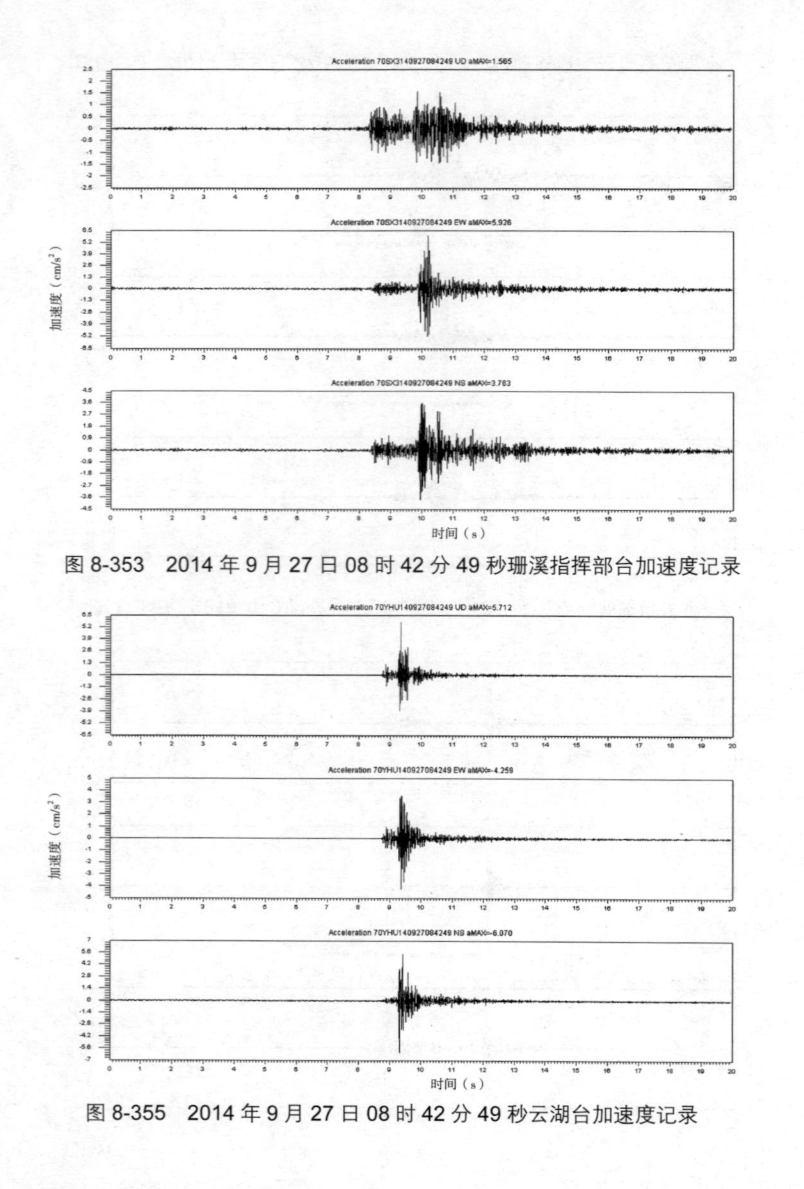

图 8-353 2014 年 9 月 27 日 08 时 42 分 49 秒珊溪指挥部台加速度记录

图 8-355 2014 年 9 月 27 日 08 时 42 分 49 秒云湖台加速度记录

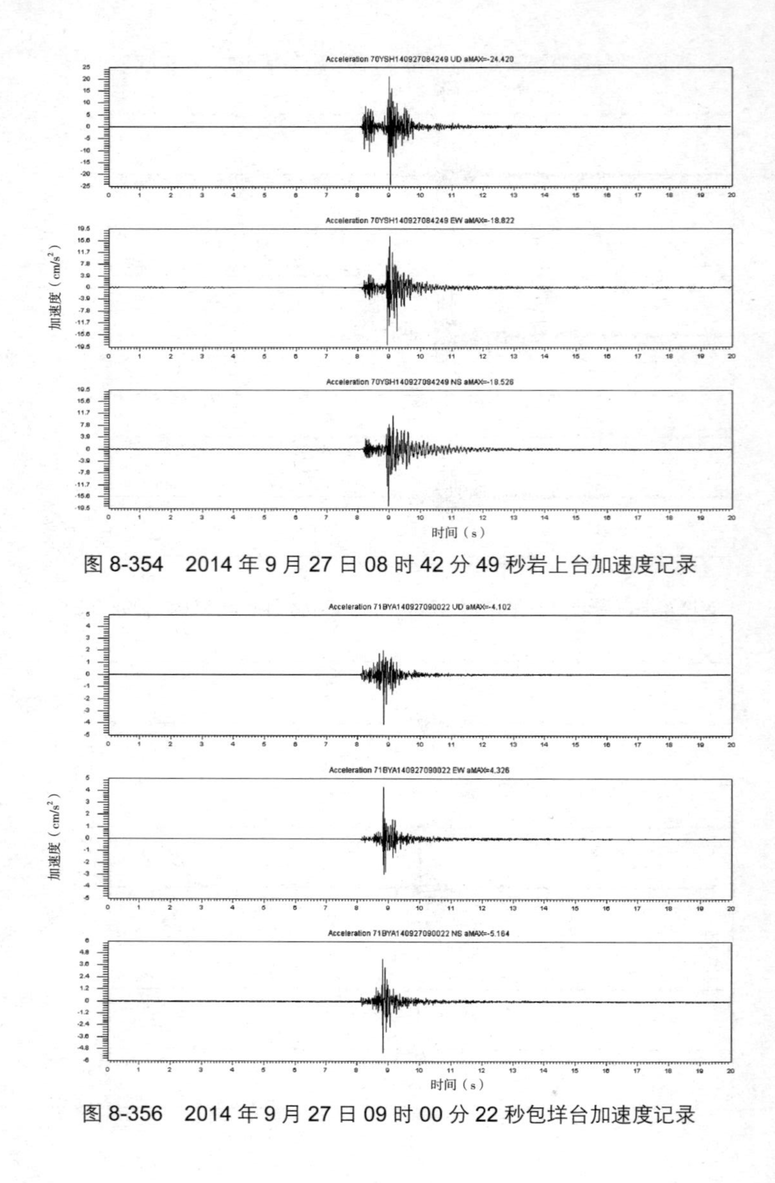

图 8-354 2014 年 9 月 27 日 08 时 42 分 49 秒岩上台加速度记录

图 8-356 2014 年 9 月 27 日 09 时 00 分 22 秒包垟台加速度记录

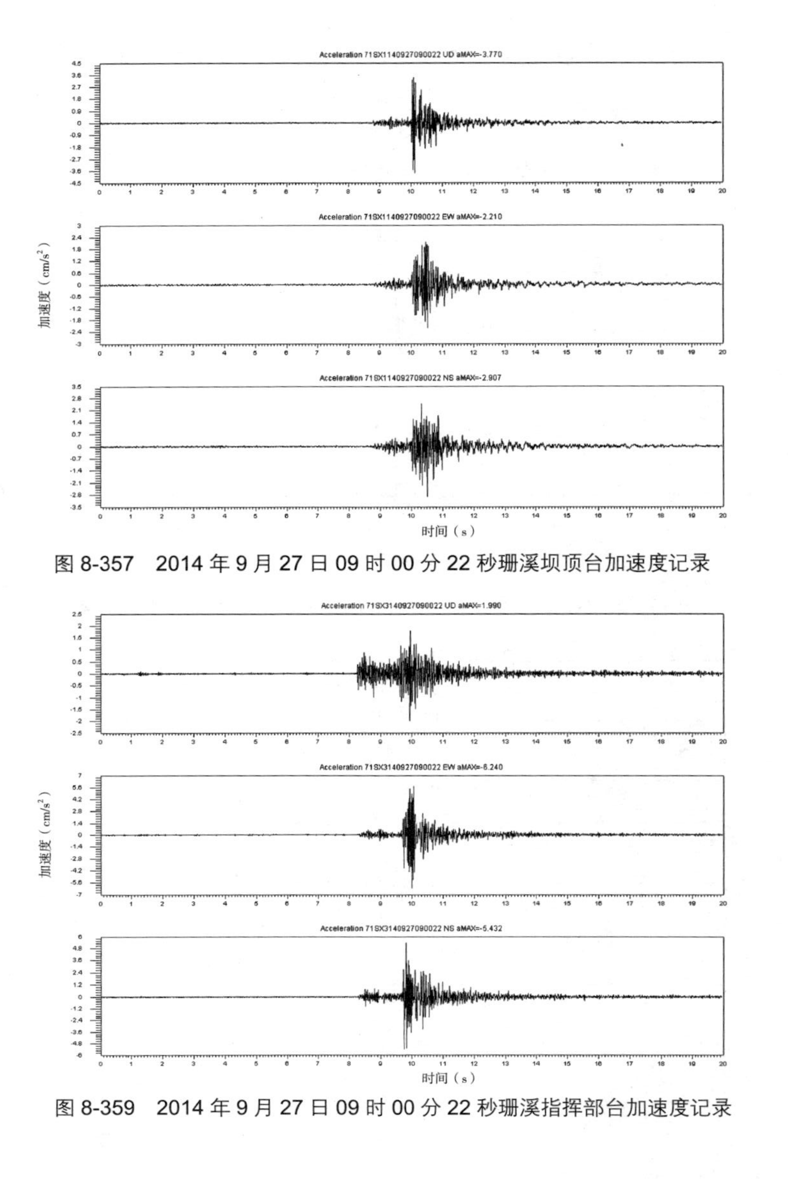

图 8-357　2014 年 9 月 27 日 09 时 00 分 22 秒珊溪坝顶台加速度记录

图 8-359　2014 年 9 月 27 日 09 时 00 分 22 秒珊溪指挥部台加速度记录

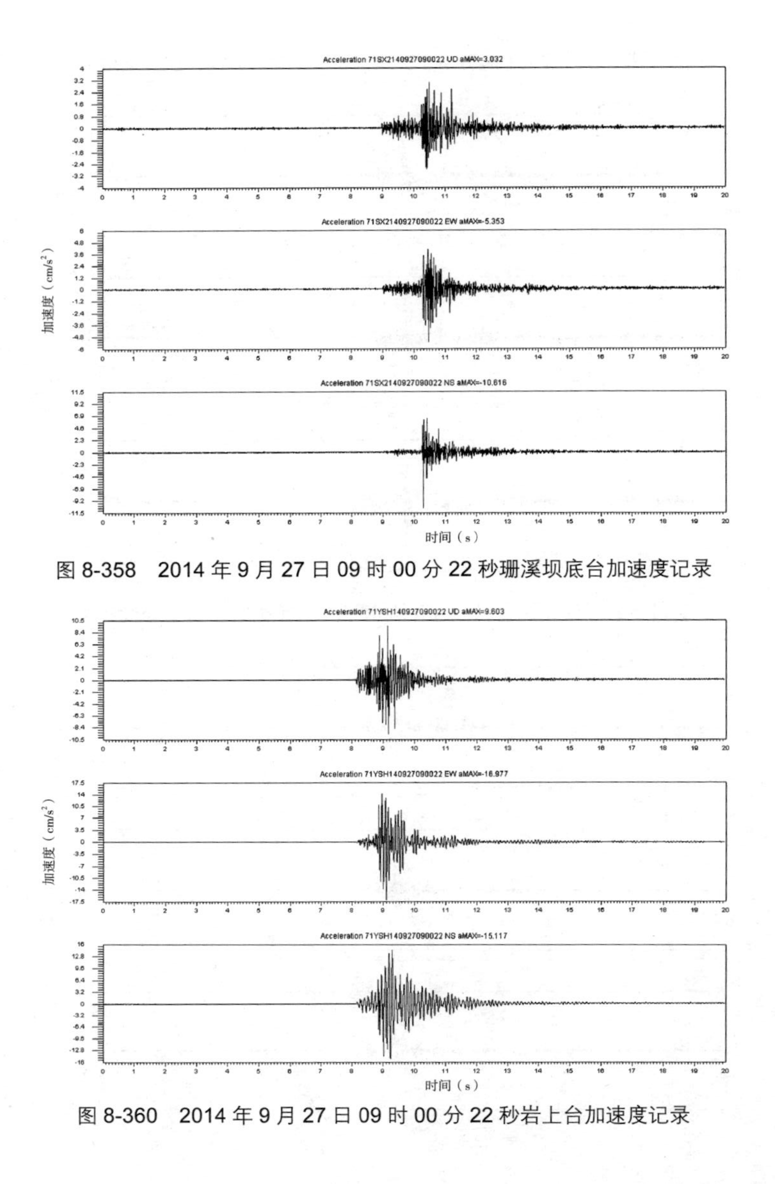

图 8-358　2014 年 9 月 27 日 09 时 00 分 22 秒珊溪坝底台加速度记录

图 8-360　2014 年 9 月 27 日 09 时 00 分 22 秒岩上台加速度记录

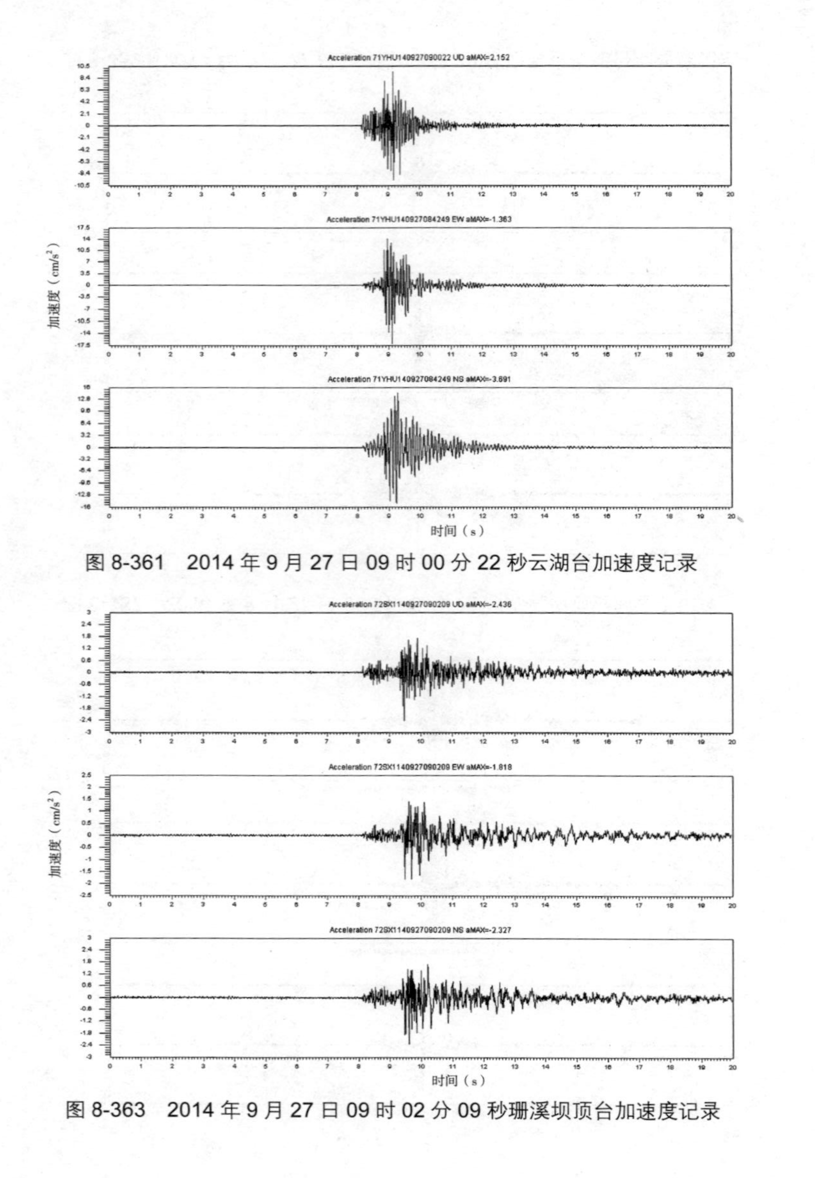

图 8-361 2014 年 9 月 27 日 09 时 00 分 22 秒云湖台加速度记录

图 8-363 2014 年 9 月 27 日 09 时 02 分 09 秒珊溪坝顶台加速度记录

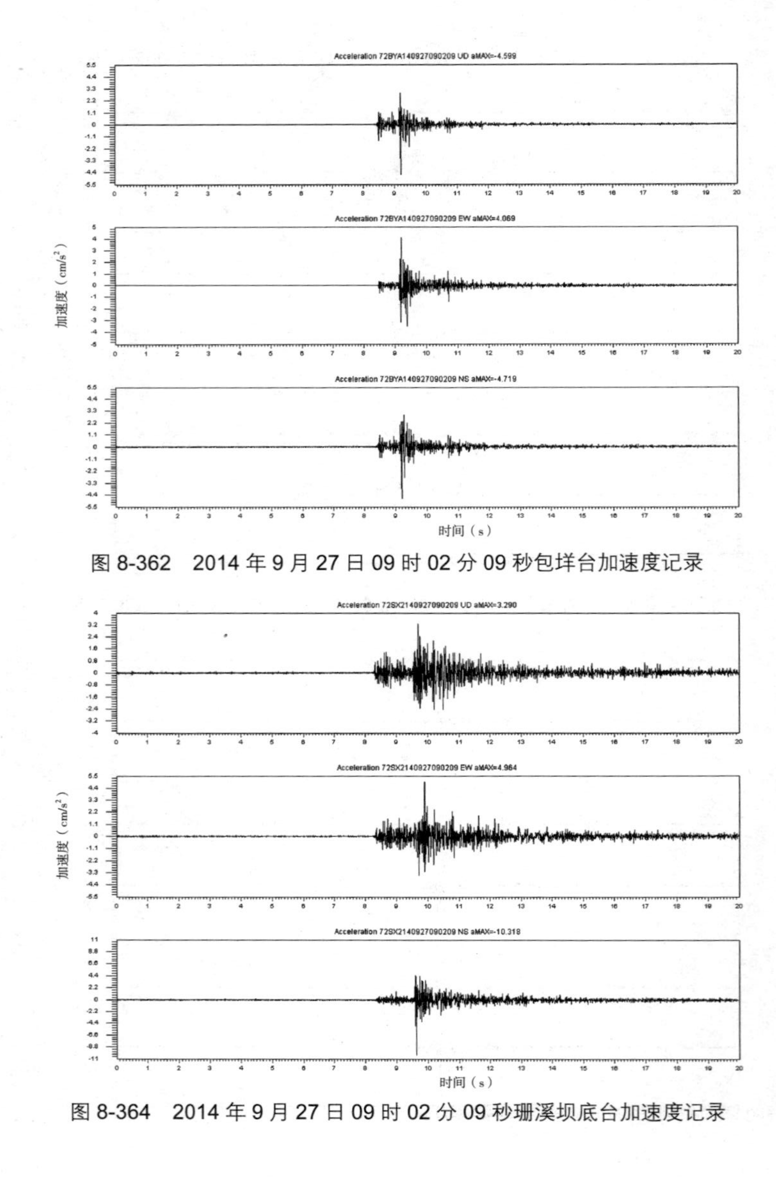

图 8-362 2014 年 9 月 27 日 09 时 02 分 09 秒包垟台加速度记录

图 8-364 2014 年 9 月 27 日 09 时 02 分 09 秒珊溪坝底台加速度记录

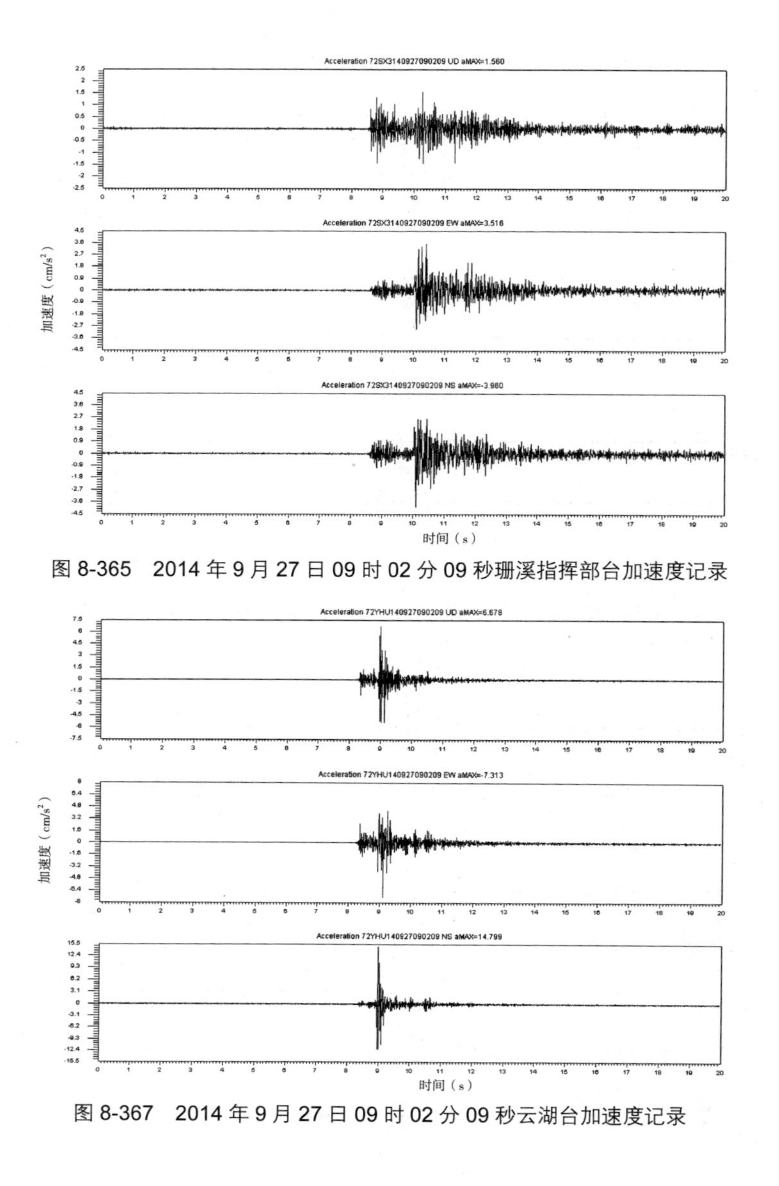

图 8-365　2014 年 9 月 27 日 09 时 02 分 09 秒珊溪指挥部台加速度记录

图 8-367　2014 年 9 月 27 日 09 时 02 分 09 秒云湖台加速度记录

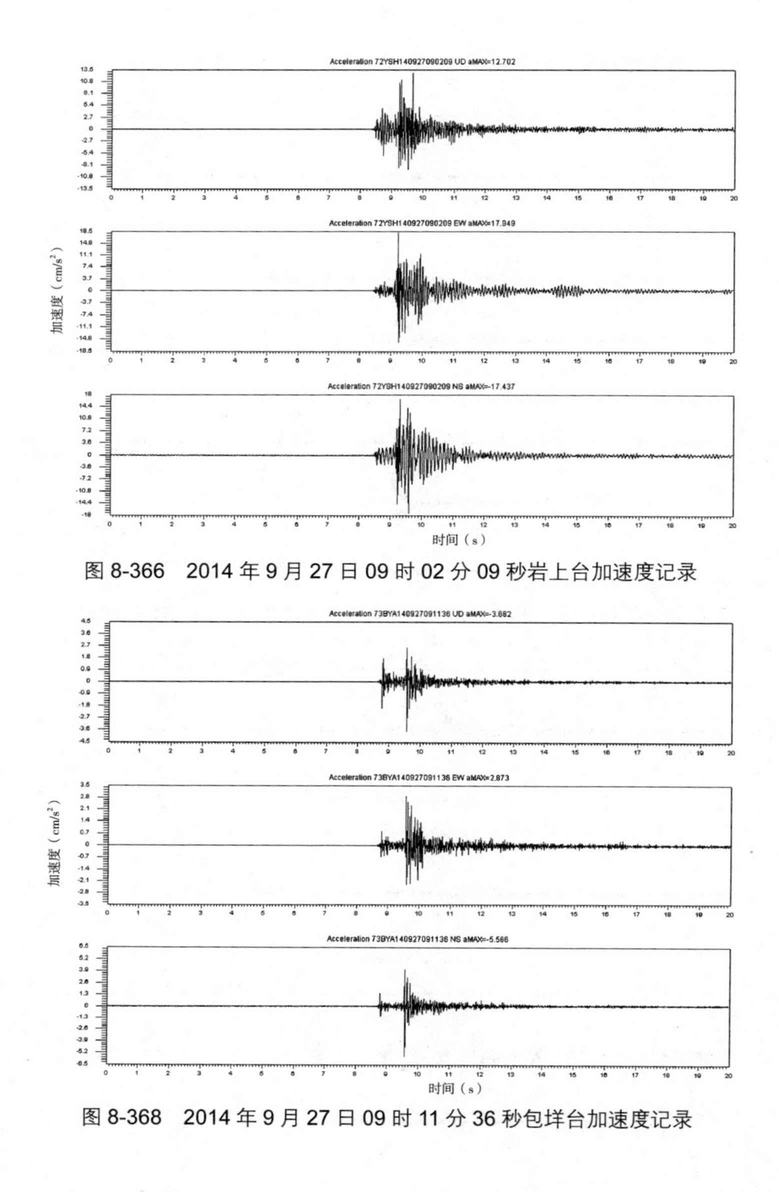

图 8-366　2014 年 9 月 27 日 09 时 02 分 09 秒岩上台加速度记录

图 8-368　2014 年 9 月 27 日 09 时 11 分 36 秒包垟台加速度记录

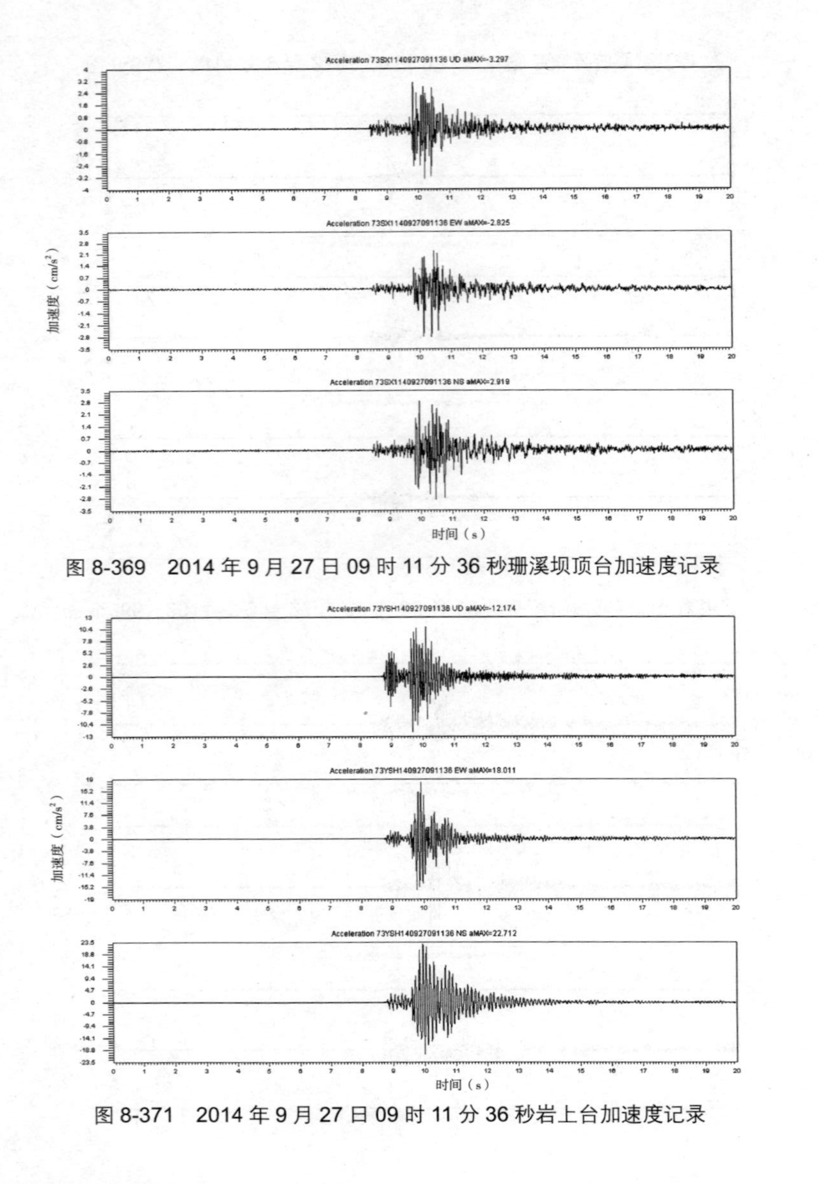

图 8-369　2014 年 9 月 27 日 09 时 11 分 36 秒珊溪坝顶台加速度记录

图 8-371　2014 年 9 月 27 日 09 时 11 分 36 秒岩上台加速度记录

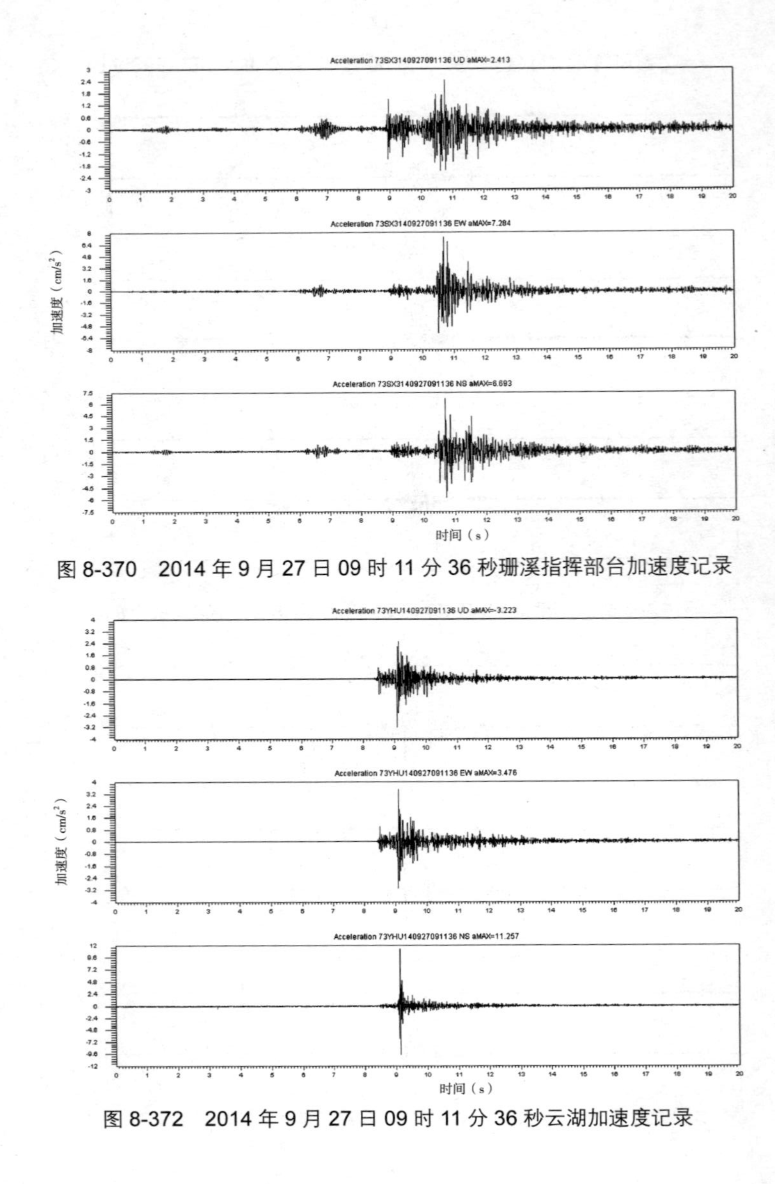

图 8-370　2014 年 9 月 27 日 09 时 11 分 36 秒珊溪指挥部台加速度记录

图 8-372　2014 年 9 月 27 日 09 时 11 分 36 秒云湖加速度记录

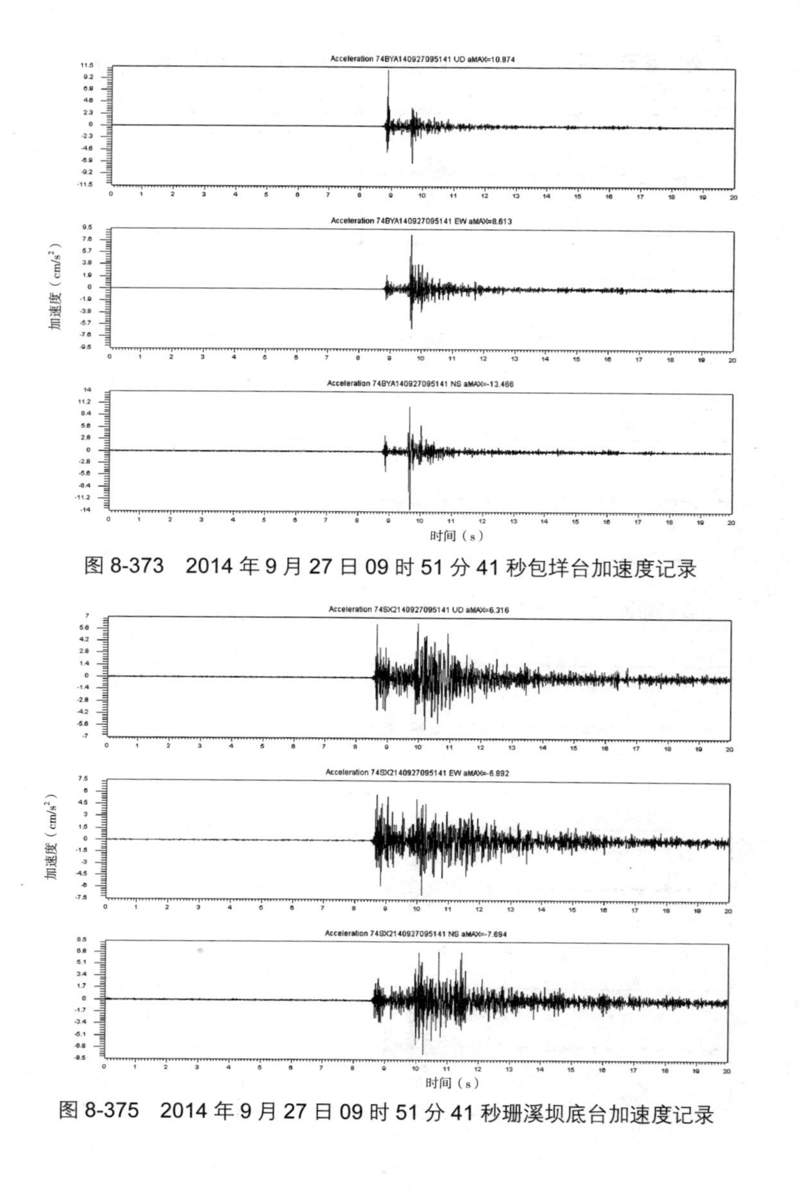

图 8-373　2014 年 9 月 27 日 09 时 51 分 41 秒包垟台加速度记录

图 8-375　2014 年 9 月 27 日 09 时 51 分 41 秒珊溪坝底台加速度记录

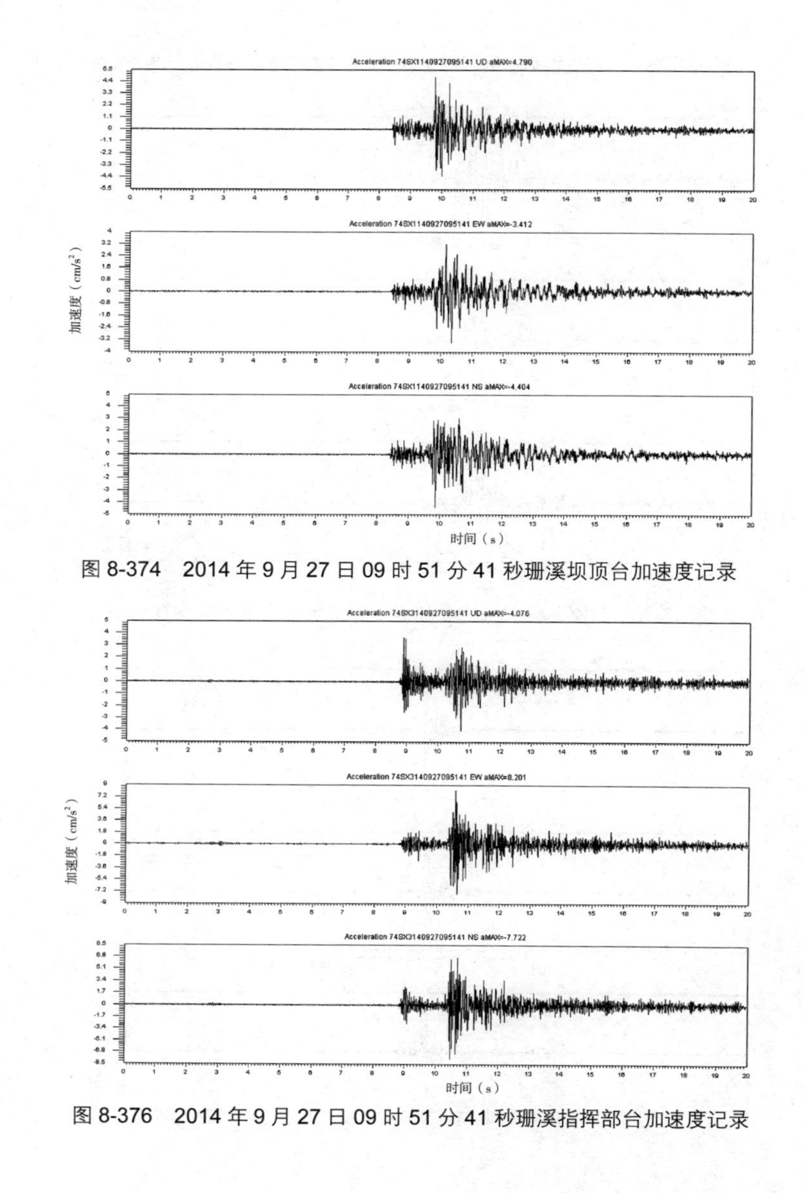

图 8-374　2014 年 9 月 27 日 09 时 51 分 41 秒珊溪坝顶台加速度记录

图 8-376　2014 年 9 月 27 日 09 时 51 分 41 秒珊溪指挥部台加速度记录

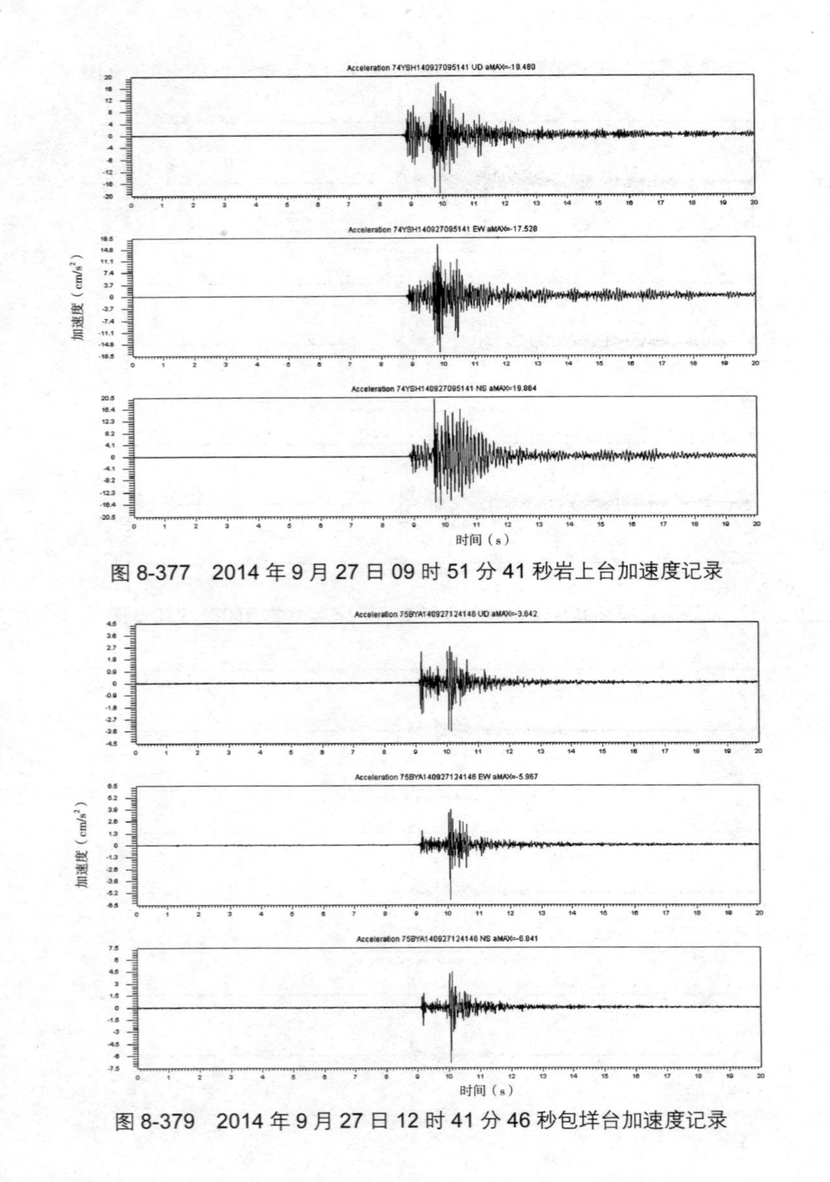

图 8-377　2014 年 9 月 27 日 09 时 51 分 41 秒岩上台加速度记录

图 8-379　2014 年 9 月 27 日 12 时 41 分 46 秒包垟台加速度记录

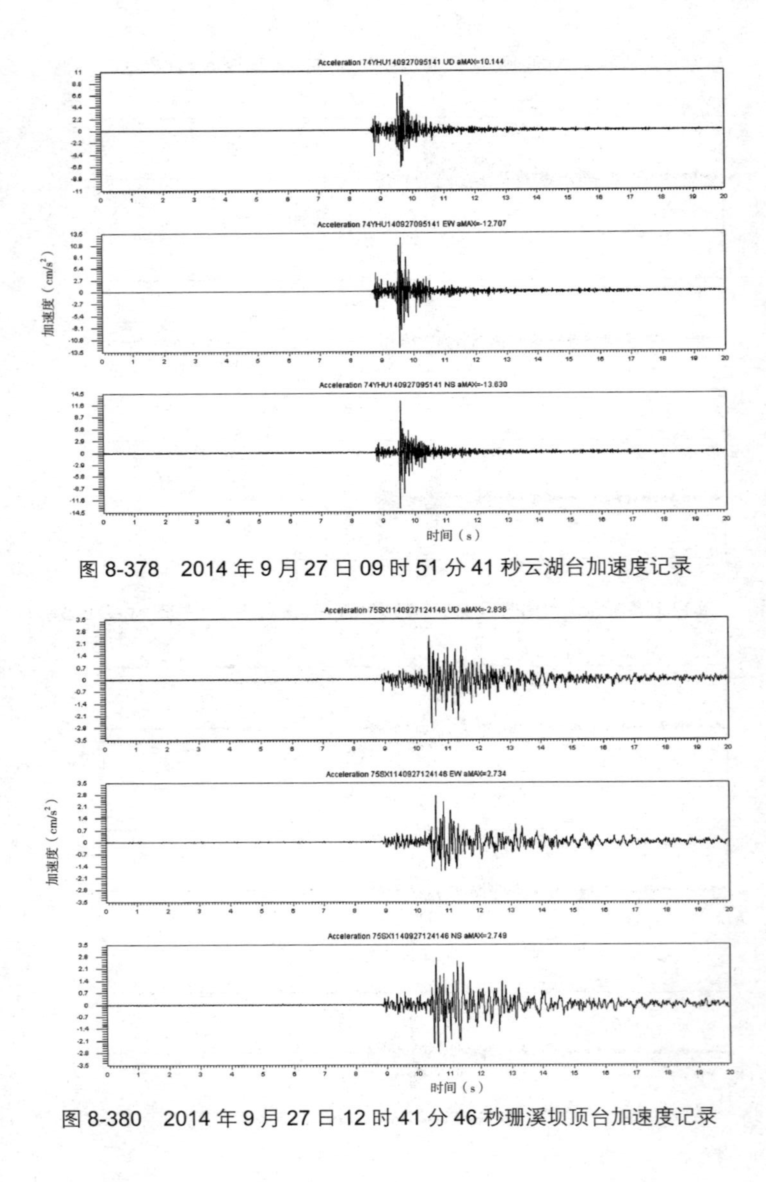

图 8-378　2014 年 9 月 27 日 09 时 51 分 41 秒云湖台加速度记录

图 8-380　2014 年 9 月 27 日 12 时 41 分 46 秒珊溪坝顶台加速度记录

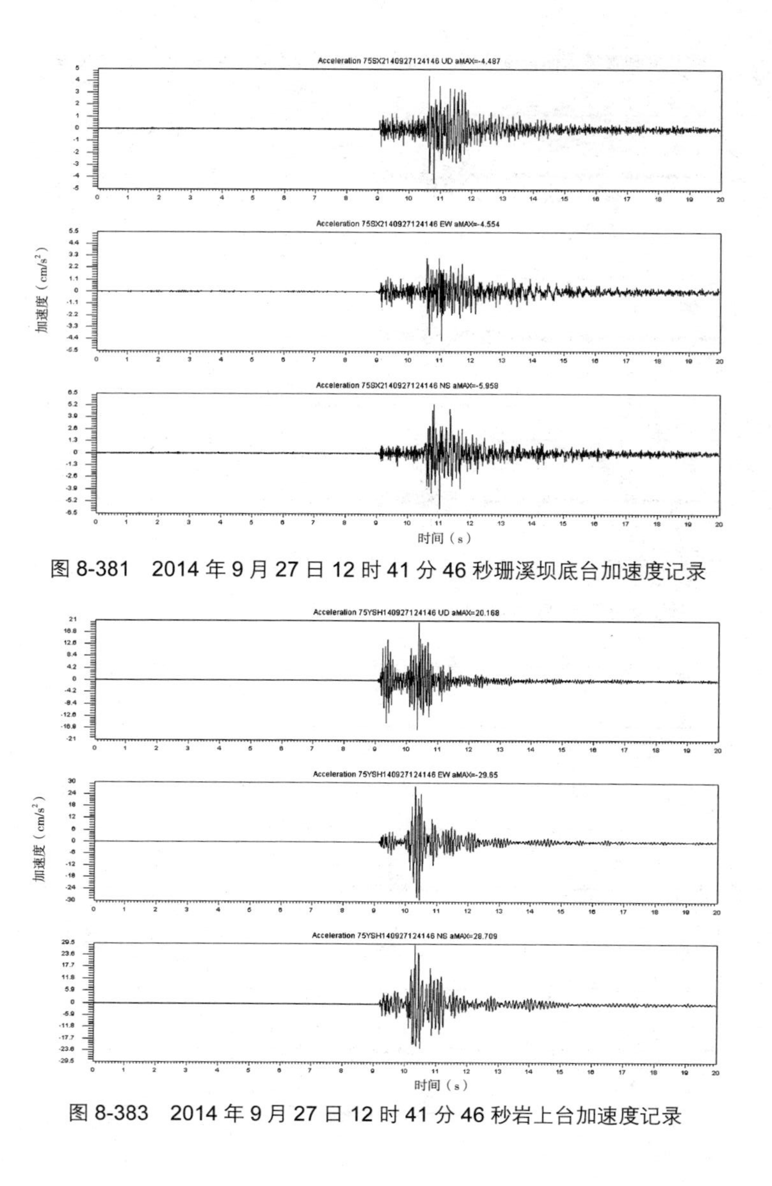

图 8-381　2014 年 9 月 27 日 12 时 41 分 46 秒珊溪坝底台加速度记录

图 8-383　2014 年 9 月 27 日 12 时 41 分 46 秒岩上台加速度记录

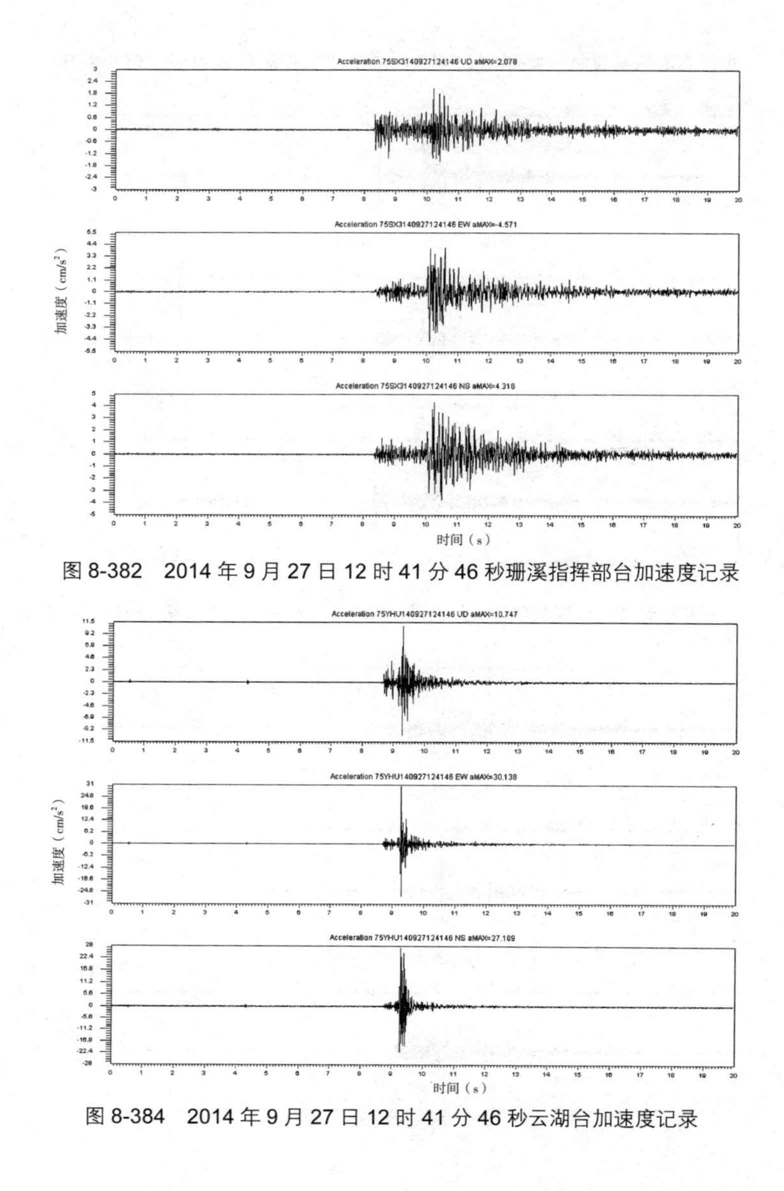

图 8-382　2014 年 9 月 27 日 12 时 41 分 46 秒珊溪指挥部台加速度记录

图 8-384　2014 年 9 月 27 日 12 时 41 分 46 秒云湖台加速度记录

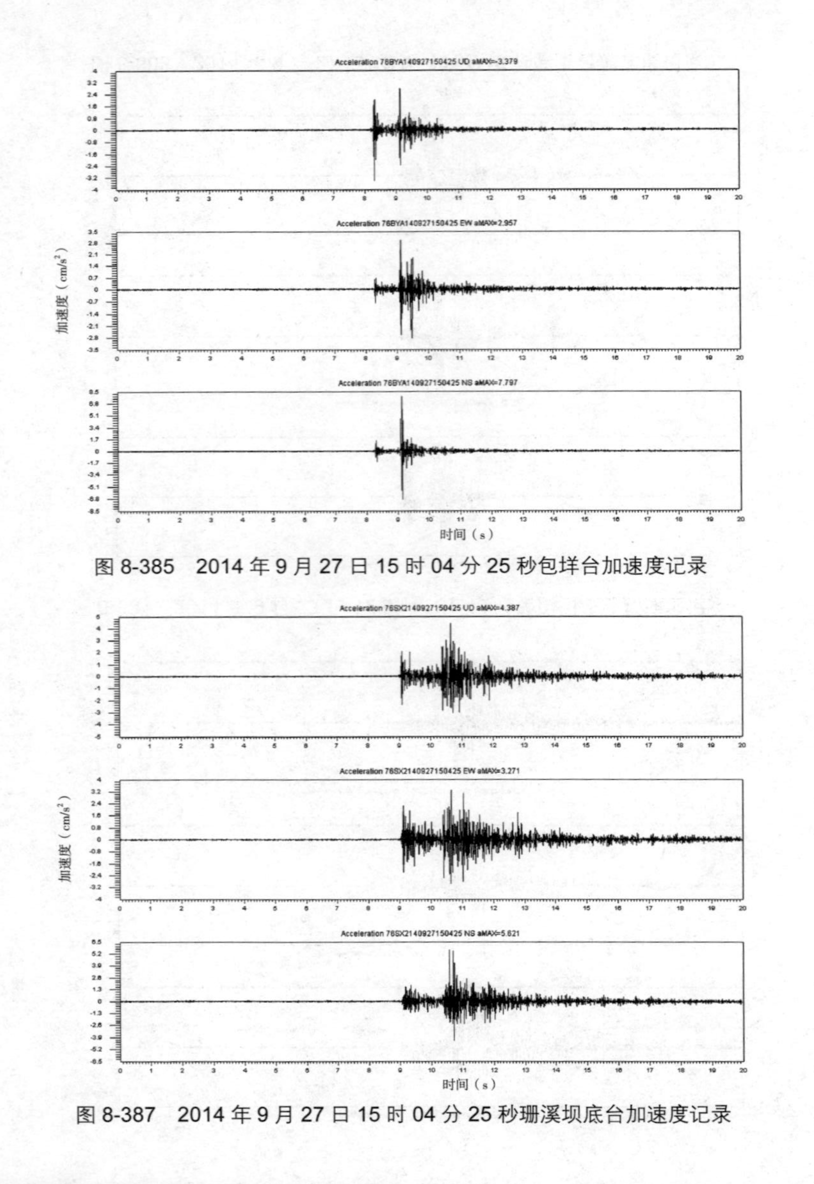

图 8-385 2014 年 9 月 27 日 15 时 04 分 25 秒包垟台加速度记录

图 8-387 2014 年 9 月 27 日 15 时 04 分 25 秒珊溪坝底台加速度记录

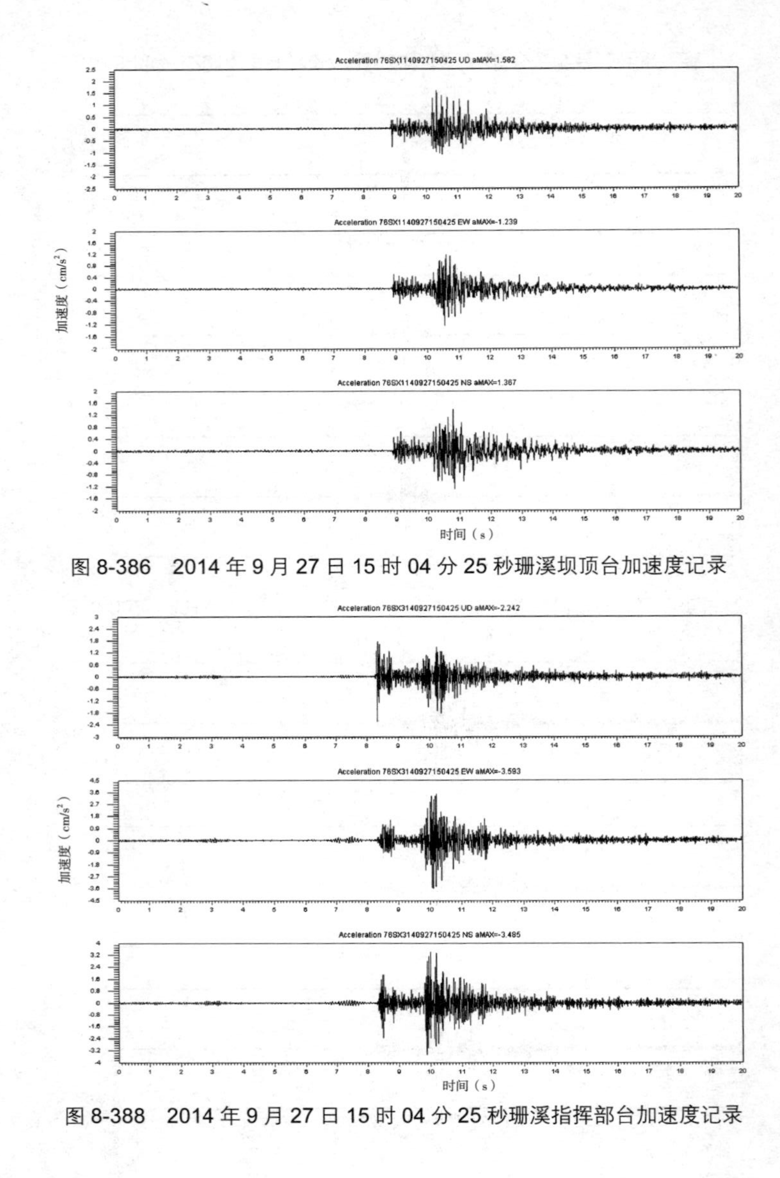

图 8-386 2014 年 9 月 27 日 15 时 04 分 25 秒珊溪坝顶台加速度记录

图 8-388 2014 年 9 月 27 日 15 时 04 分 25 秒珊溪指挥部台加速度记录

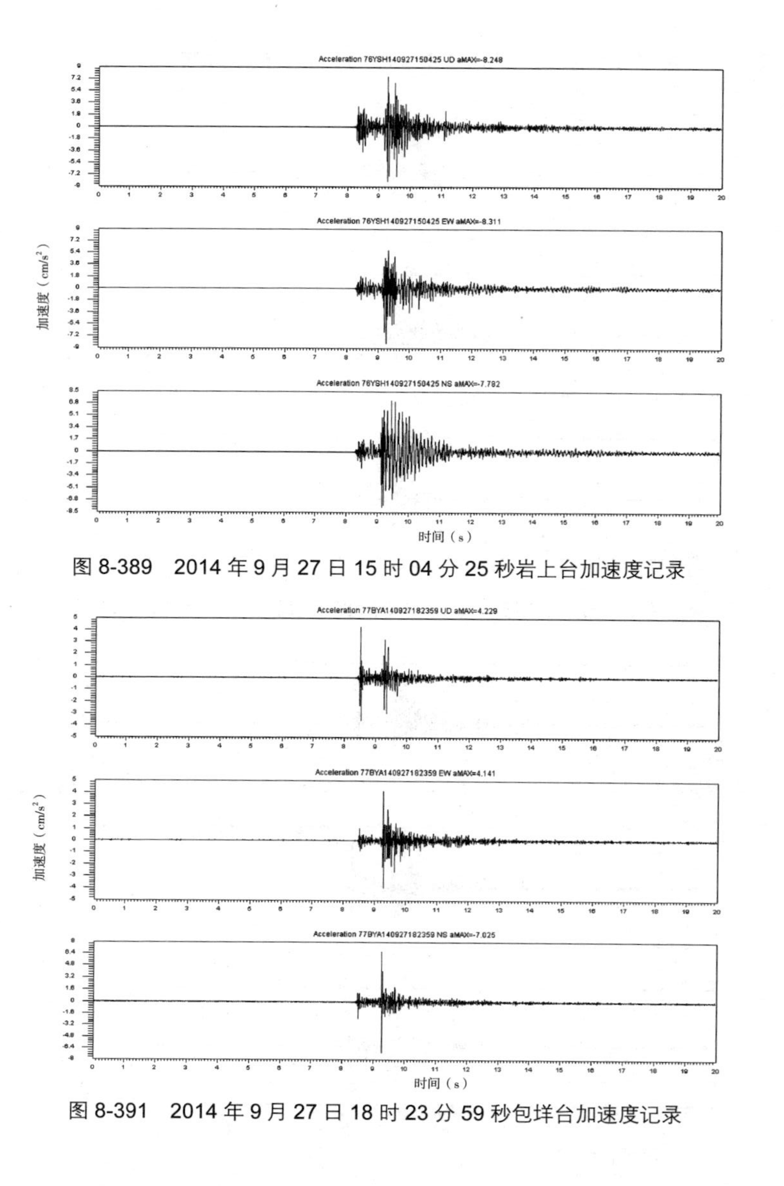

图 8-389　2014 年 9 月 27 日 15 时 04 分 25 秒岩上台加速度记录

图 8-391　2014 年 9 月 27 日 18 时 23 分 59 秒包垟台加速度记录

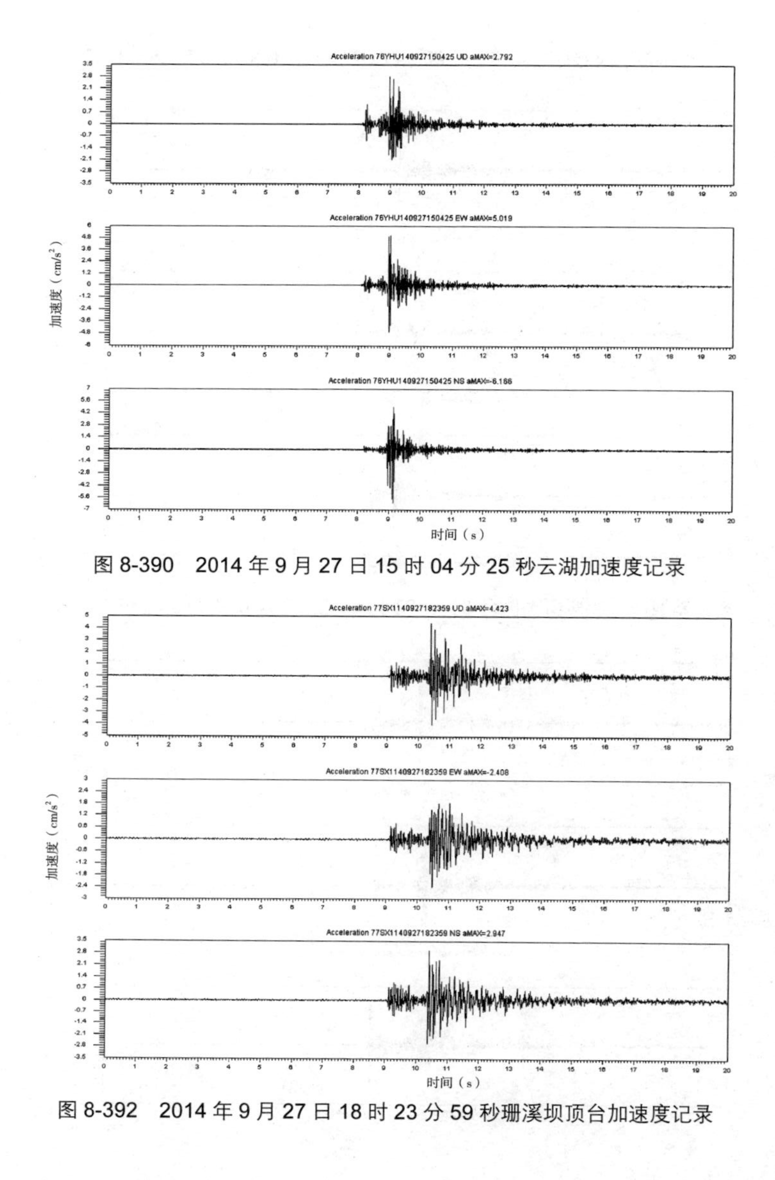

图 8-390　2014 年 9 月 27 日 15 时 04 分 25 秒云湖加速度记录

图 8-392　2014 年 9 月 27 日 18 时 23 分 59 秒珊溪坝顶台加速度记录

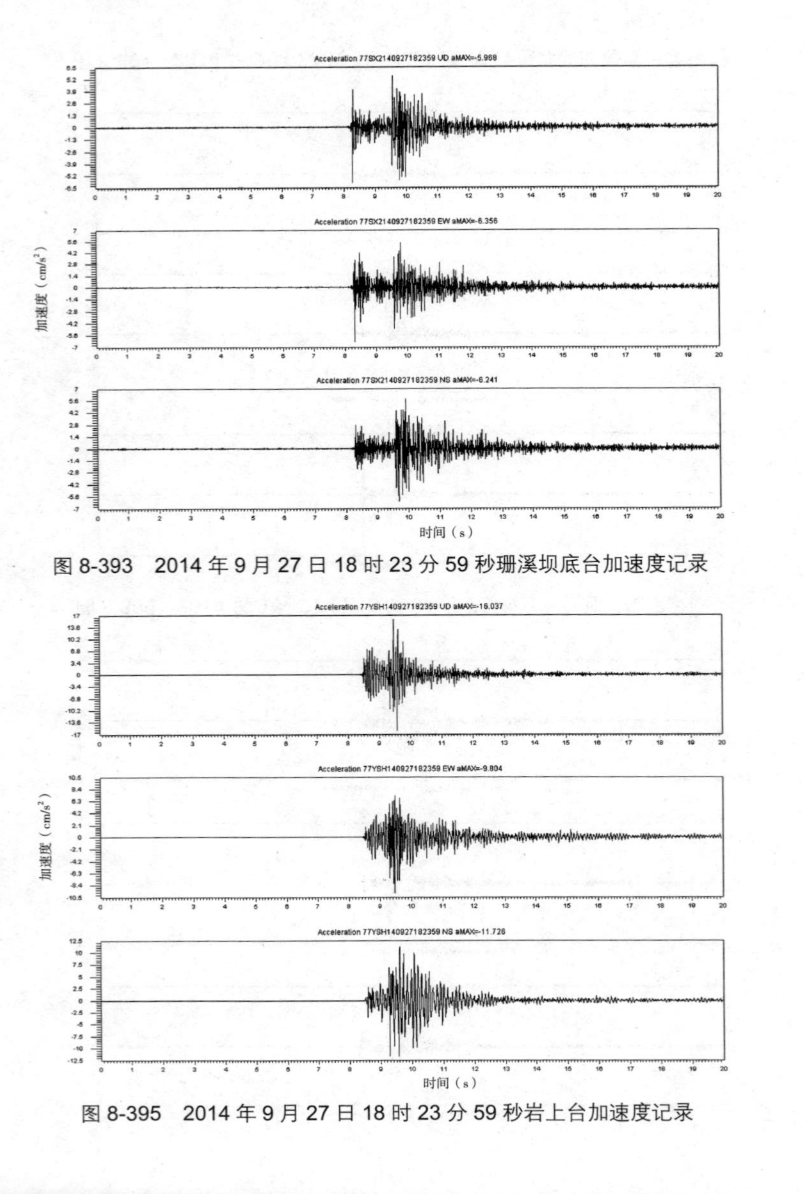

图 8-393　2014 年 9 月 27 日 18 时 23 分 59 秒珊溪坝底台加速度记录

图 8-395　2014 年 9 月 27 日 18 时 23 分 59 秒岩上台加速度记录

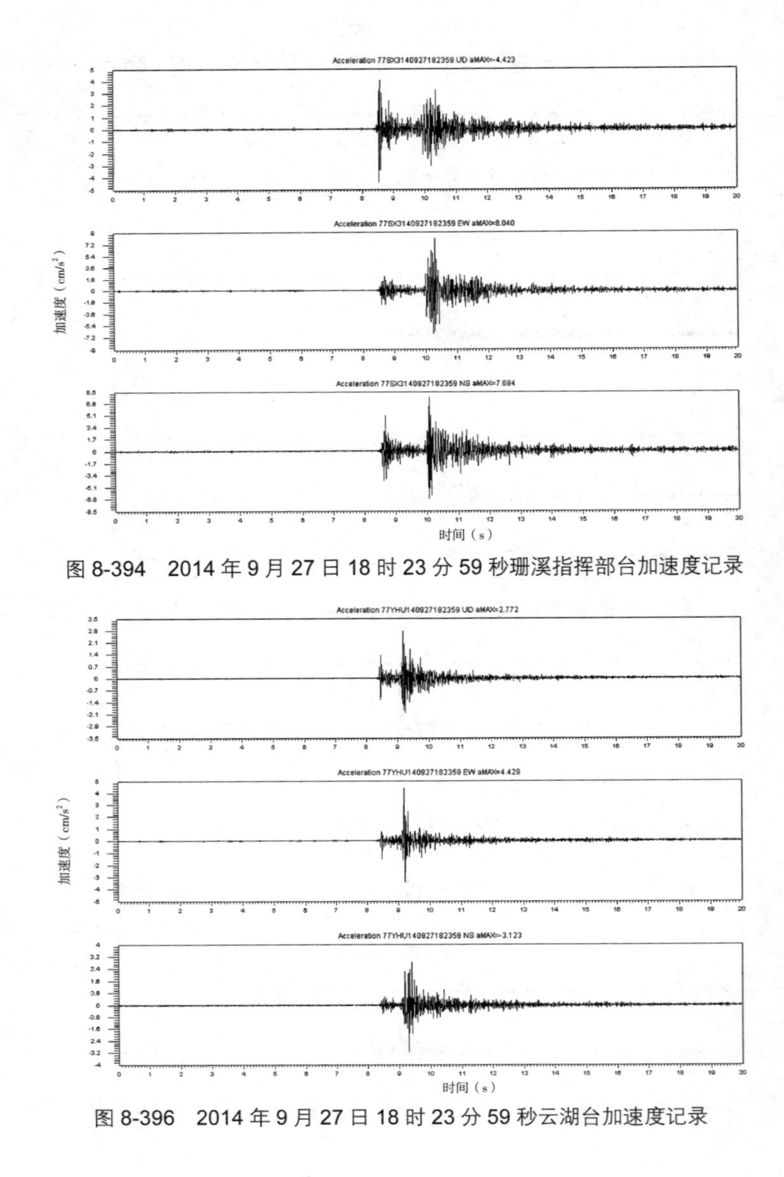

图 8-394　2014 年 9 月 27 日 18 时 23 分 59 秒珊溪指挥部台加速度记录

图 8-396　2014 年 9 月 27 日 18 时 23 分 59 秒云湖台加速度记录

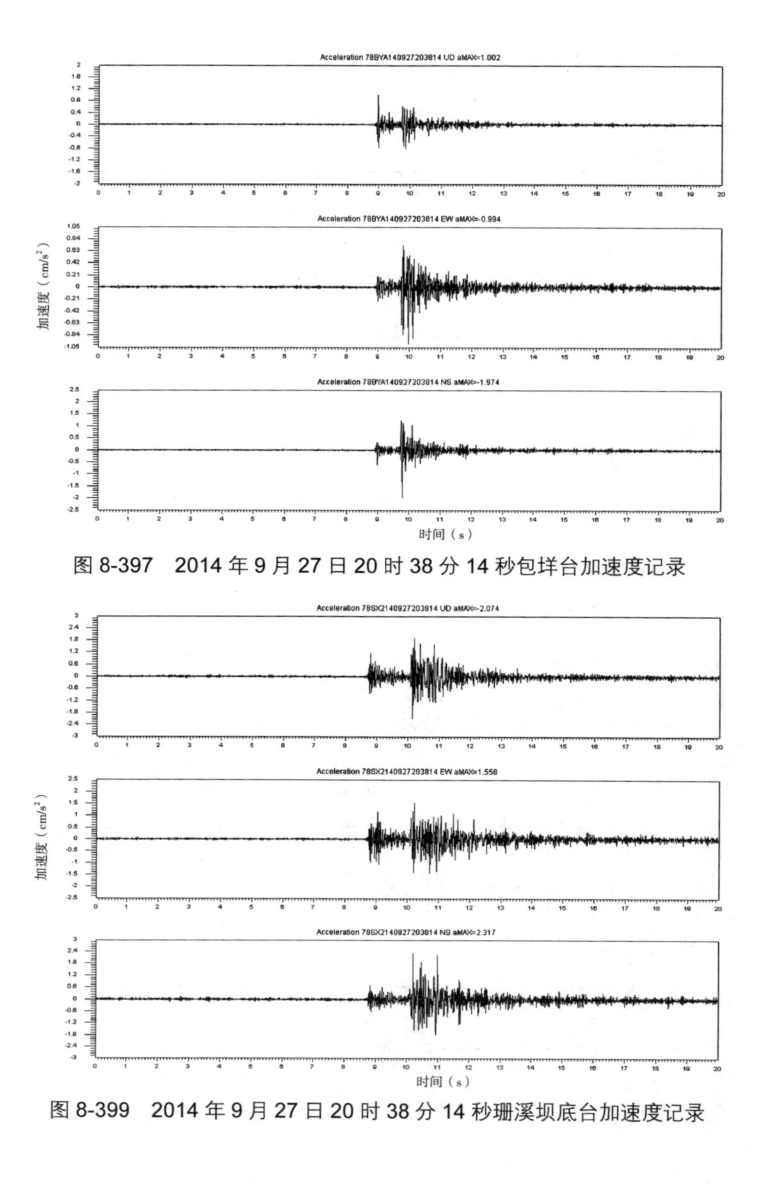

图 8-397 2014 年 9 月 27 日 20 时 38 分 14 秒包垟台加速度记录

图 8-399 2014 年 9 月 27 日 20 时 38 分 14 秒珊溪坝底台加速度记录

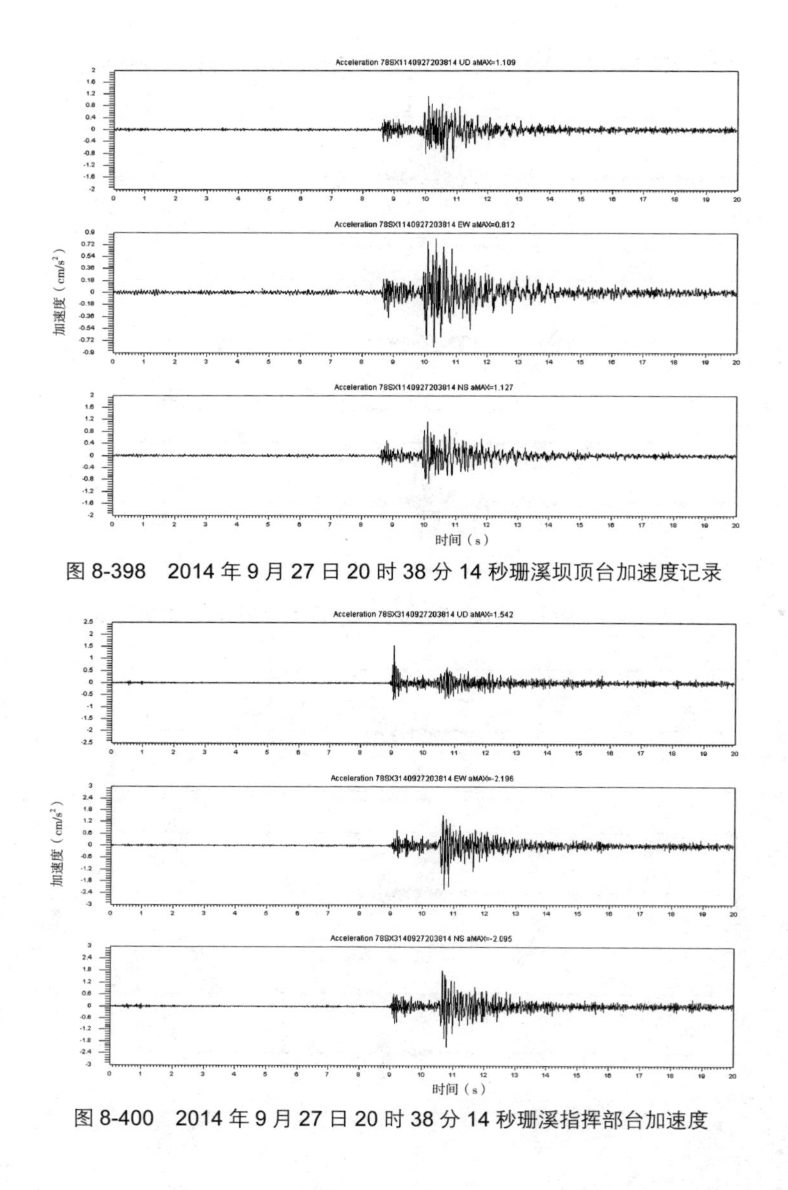

图 8-398 2014 年 9 月 27 日 20 时 38 分 14 秒珊溪坝顶台加速度记录

图 8-400 2014 年 9 月 27 日 20 时 38 分 14 秒珊溪指挥部台加速度

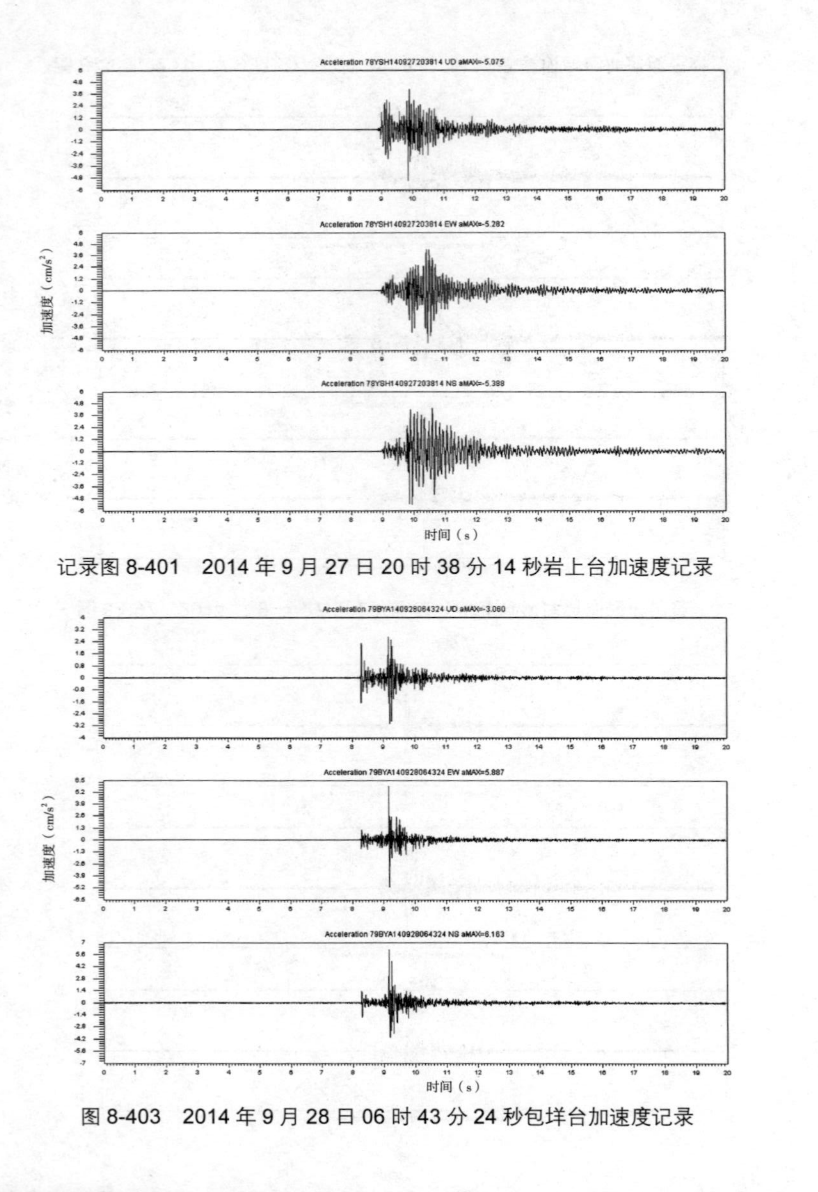

记录图 8-401　2014 年 9 月 27 日 20 时 38 分 14 秒岩上台加速度记录

图 8-403　2014 年 9 月 28 日 06 时 43 分 24 秒包垟台加速度记录

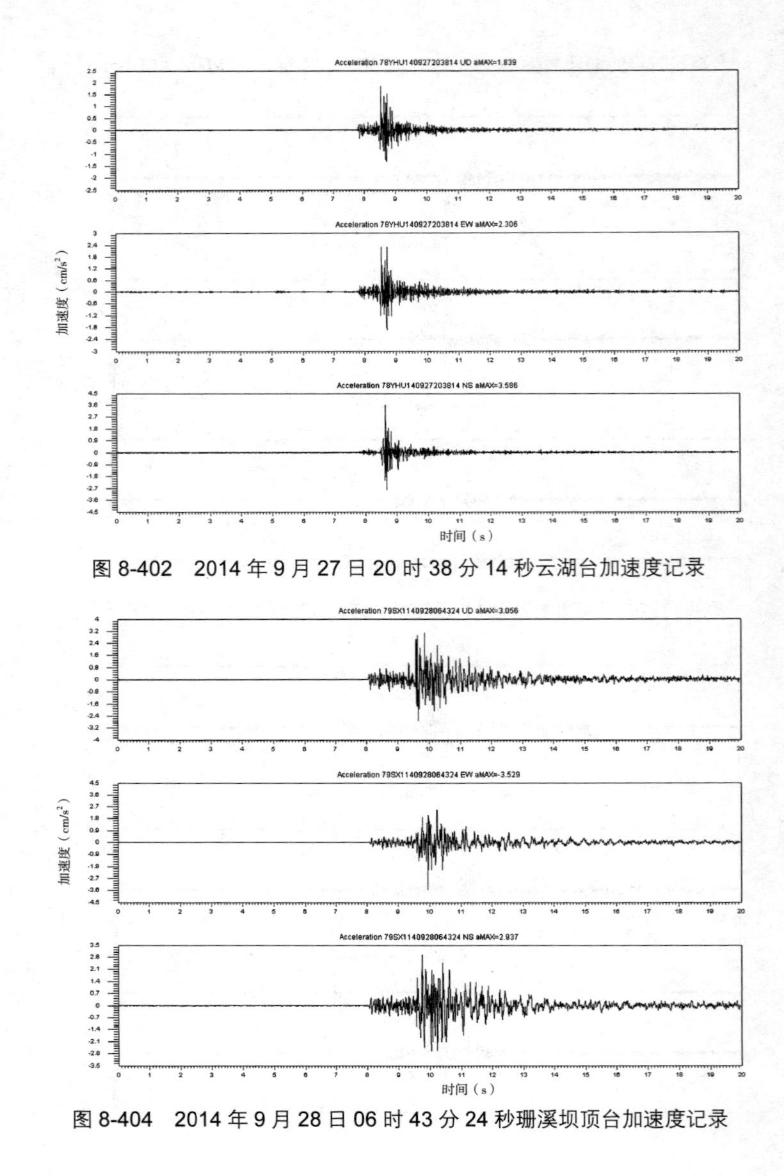

图 8-402　2014 年 9 月 27 日 20 时 38 分 14 秒云湖台加速度记录

图 8-404　2014 年 9 月 28 日 06 时 43 分 24 秒珊溪坝顶台加速度记录

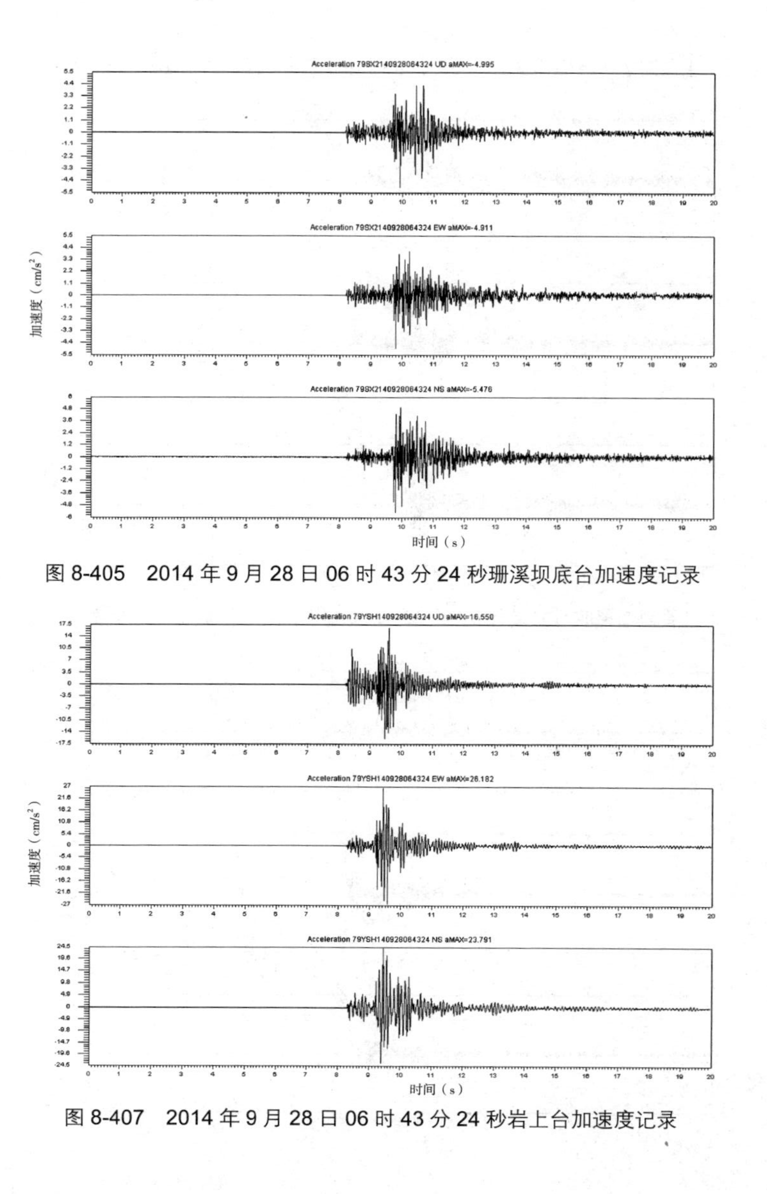

图 8-405　2014 年 9 月 28 日 06 时 43 分 24 秒珊溪坝底台加速度记录

图 8-407　2014 年 9 月 28 日 06 时 43 分 24 秒岩上台加速度记录

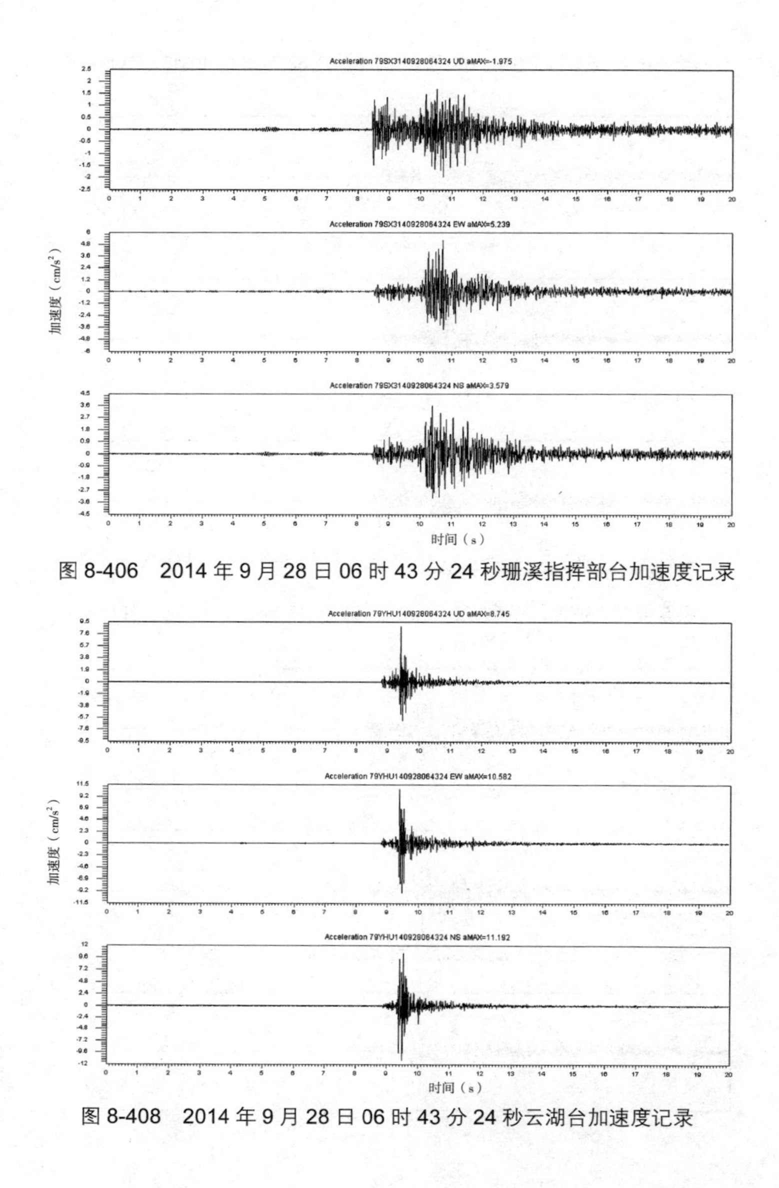

图 8-406　2014 年 9 月 28 日 06 时 43 分 24 秒珊溪指挥部台加速度记录

图 8-408　2014 年 9 月 28 日 06 时 43 分 24 秒云湖台加速度记录

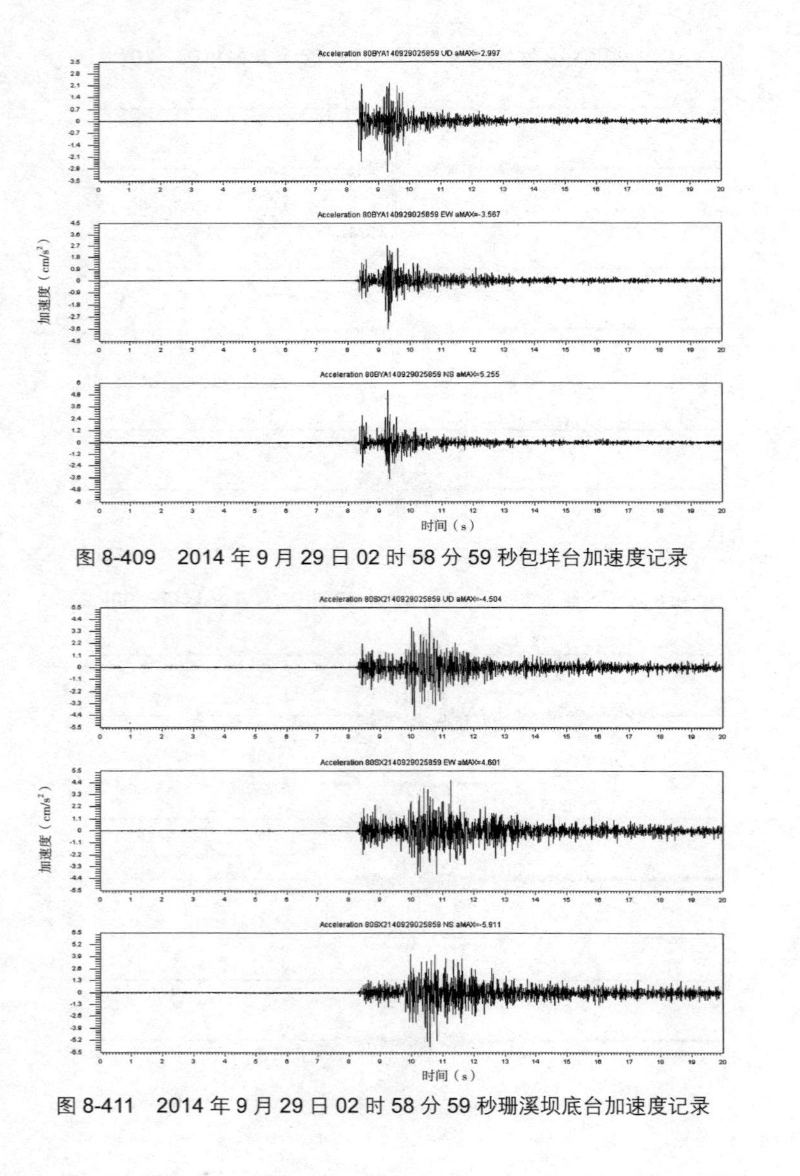

图 8-409　2014 年 9 月 29 日 02 时 58 分 59 秒包垟台加速度记录

图 8-411　2014 年 9 月 29 日 02 时 58 分 59 秒珊溪坝底台加速度记录

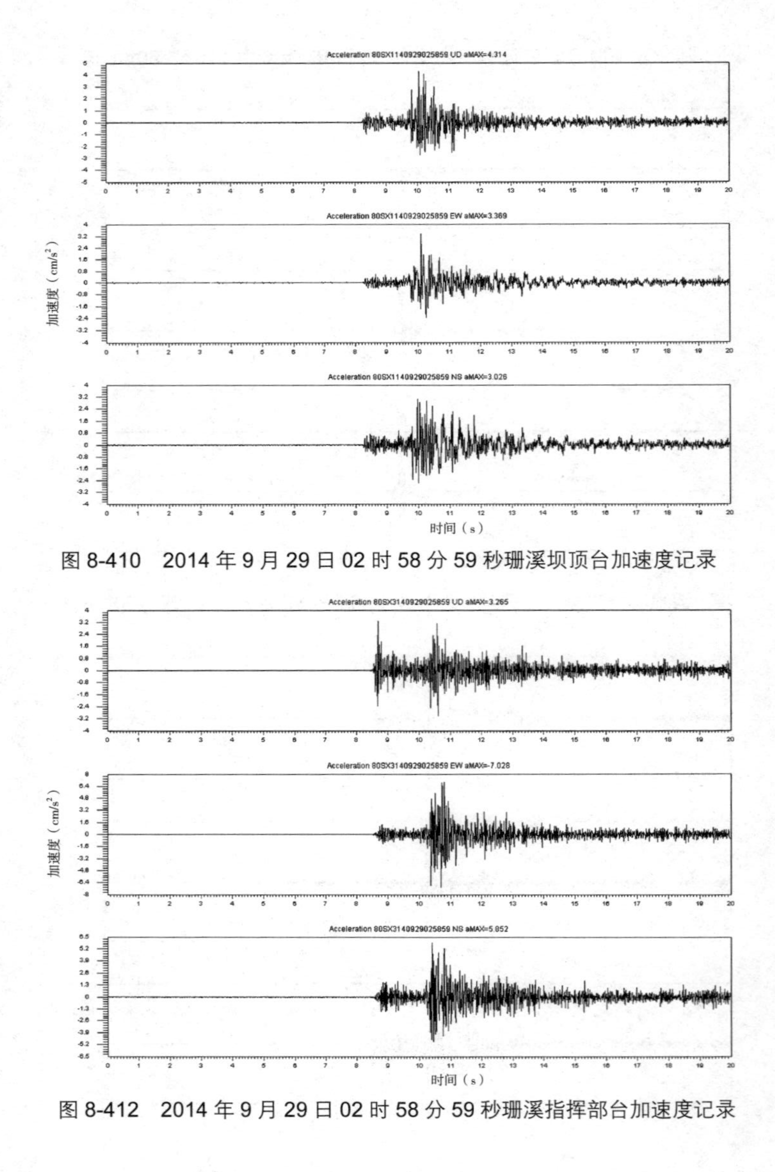

图 8-410　2014 年 9 月 29 日 02 时 58 分 59 秒珊溪坝顶台加速度记录

图 8-412　2014 年 9 月 29 日 02 时 58 分 59 秒珊溪指挥部台加速度记录

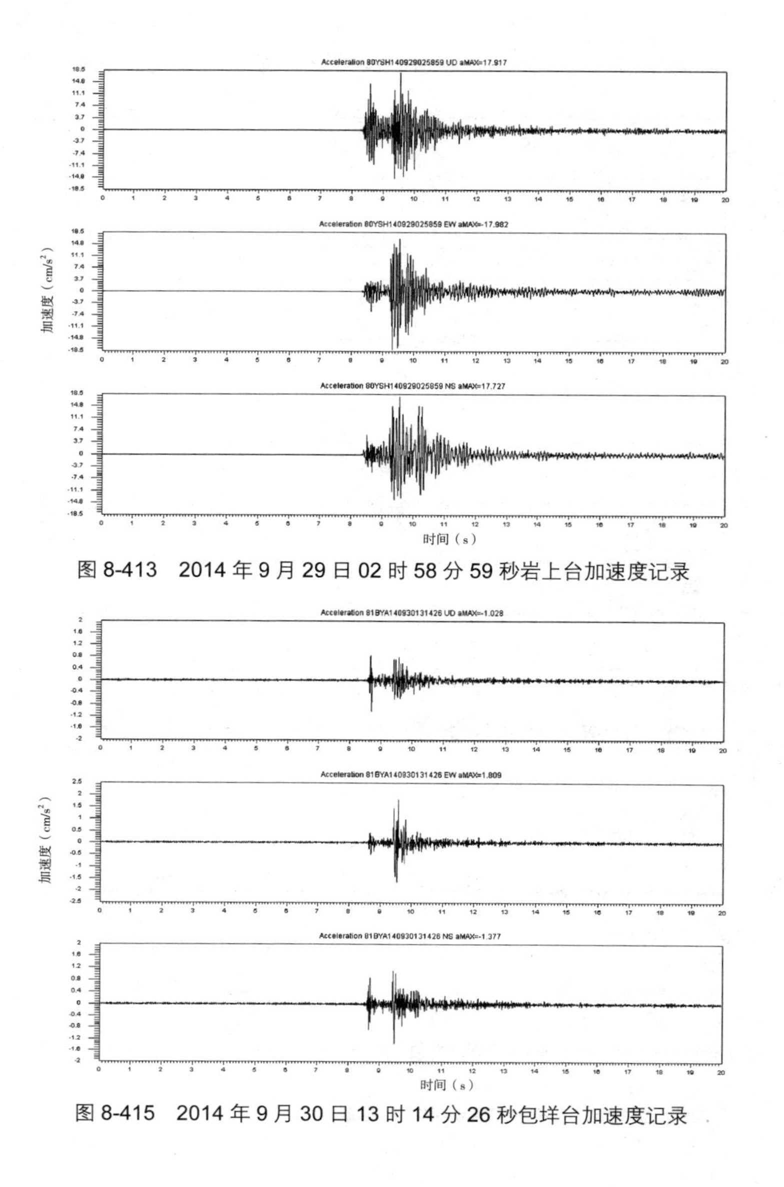

图 8-413　2014 年 9 月 29 日 02 时 58 分 59 秒岩上台加速度记录

图 8-415　2014 年 9 月 30 日 13 时 14 分 26 秒包垟台加速度记录

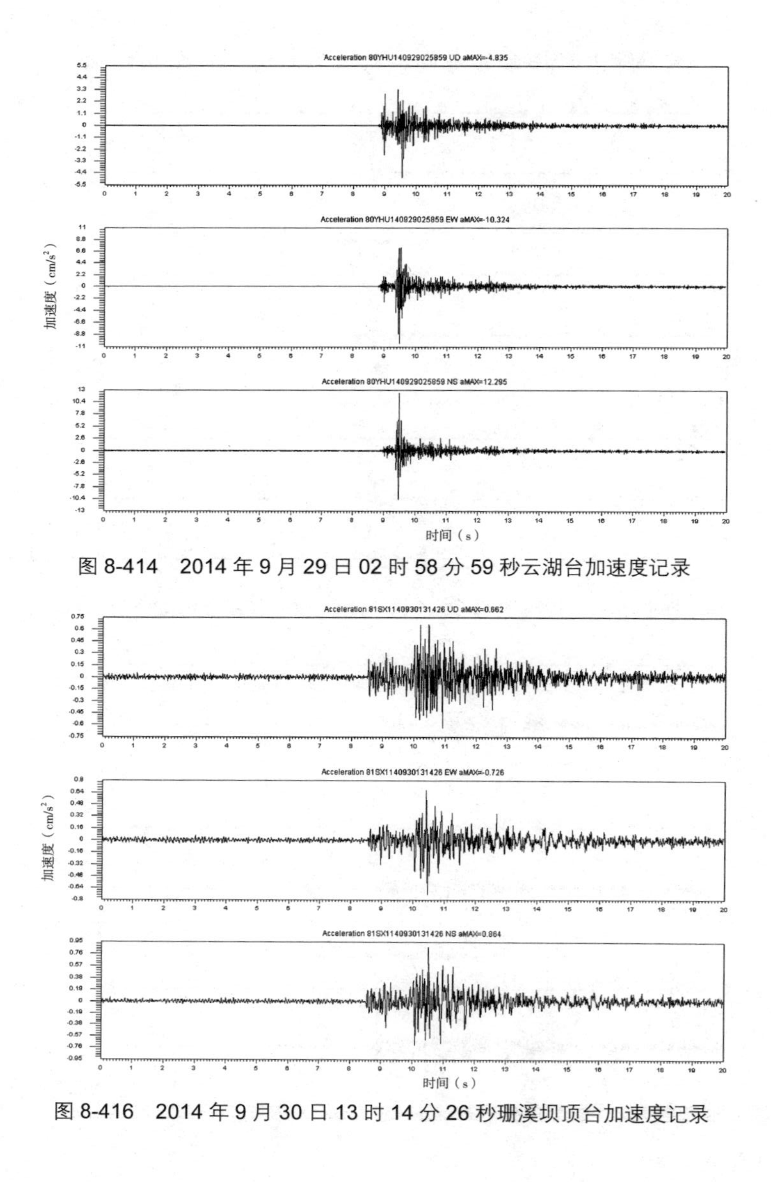

图 8-414　2014 年 9 月 29 日 02 时 58 分 59 秒云湖台加速度记录

图 8-416　2014 年 9 月 30 日 13 时 14 分 26 秒珊溪坝顶台加速度记录

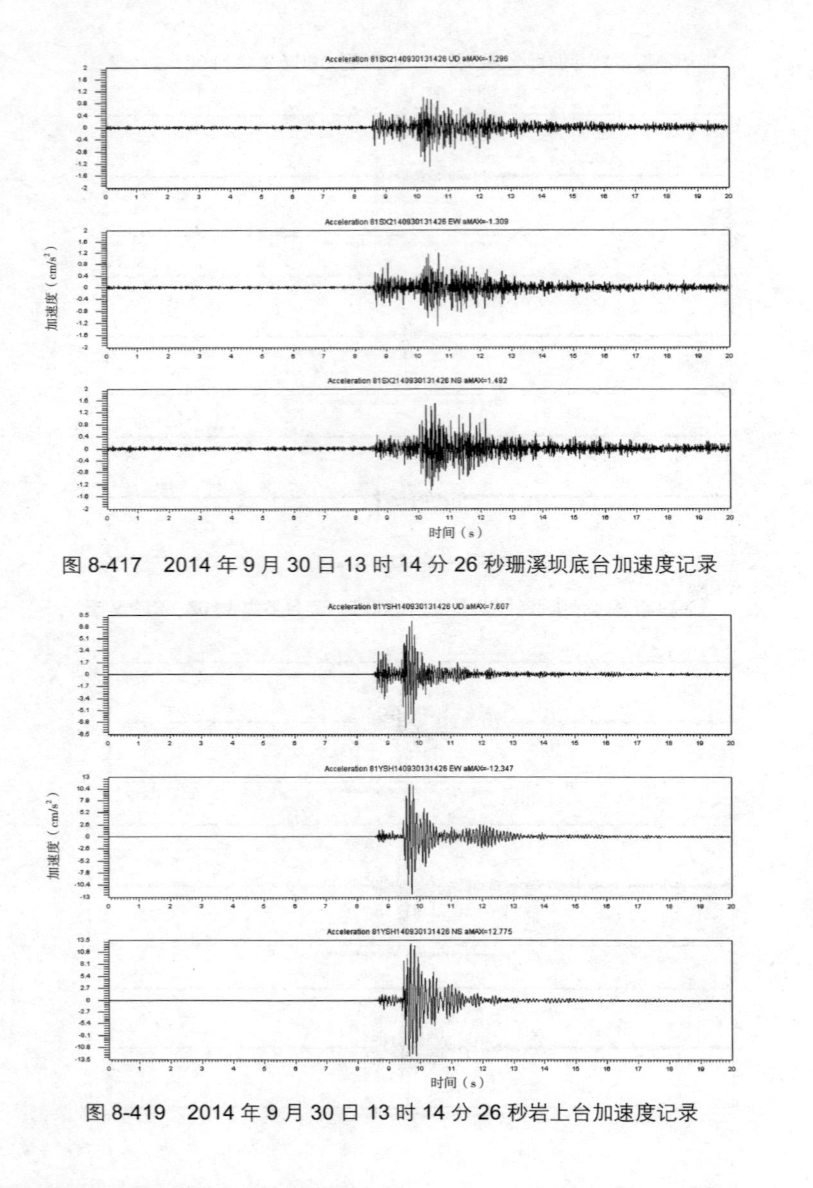

图 8-417 2014 年 9 月 30 日 13 时 14 分 26 秒珊溪坝底台加速度记录

图 8-419 2014 年 9 月 30 日 13 时 14 分 26 秒岩上台加速度记录

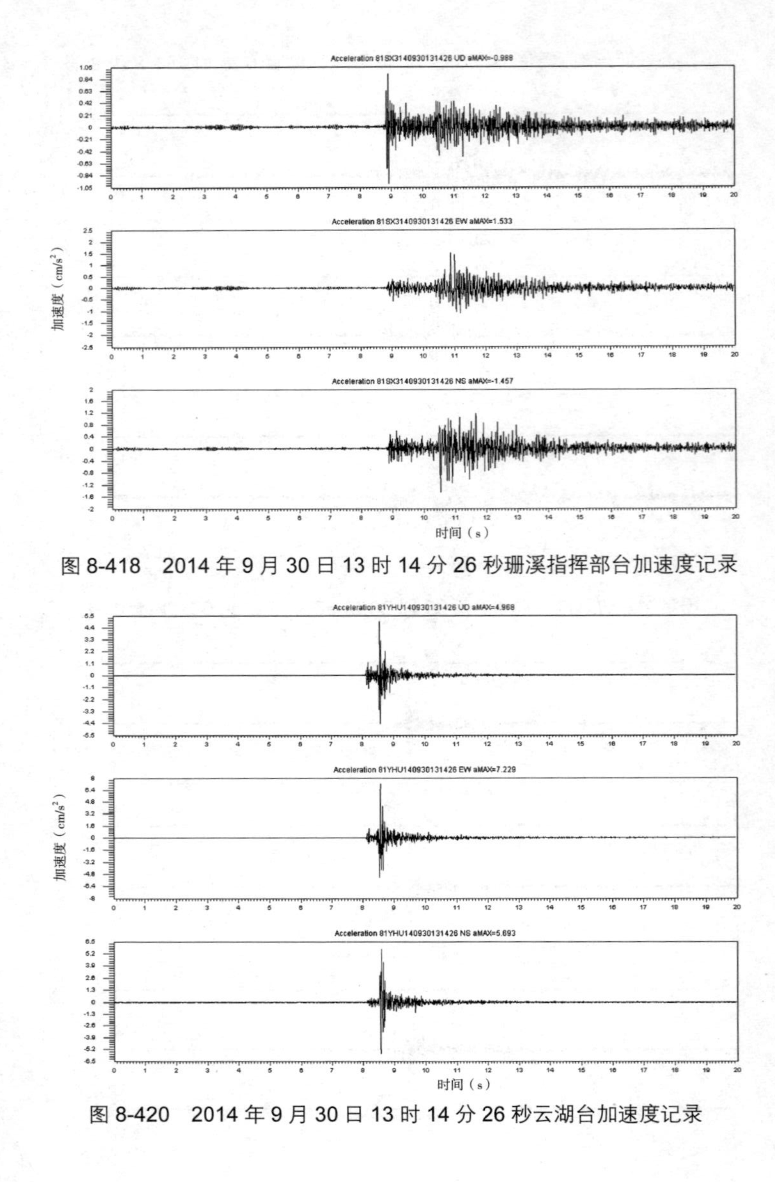

图 8-418 2014 年 9 月 30 日 13 时 14 分 26 秒珊溪指挥部台加速度记录

图 8-420 2014 年 9 月 30 日 13 时 14 分 26 秒云湖台加速度记录

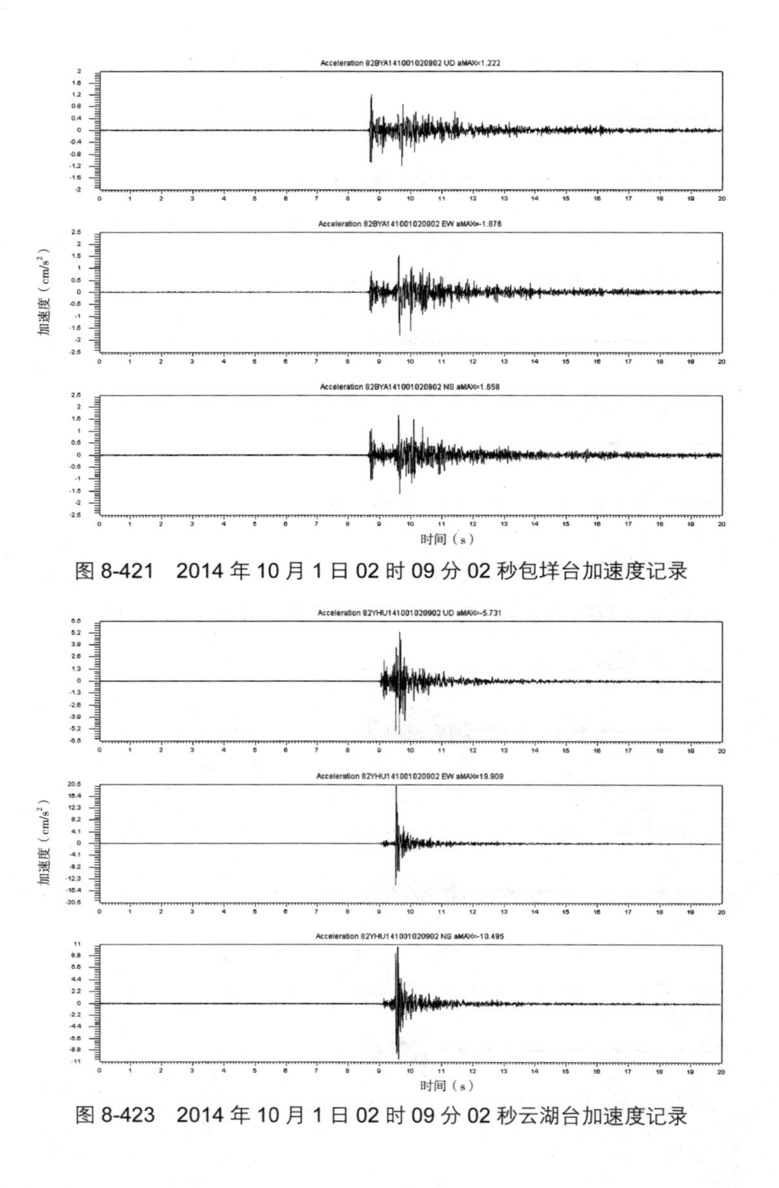

图 8-421 2014 年 10 月 1 日 02 时 09 分 02 秒包垟台加速度记录

图 8-423 2014 年 10 月 1 日 02 时 09 分 02 秒云湖台加速度记录

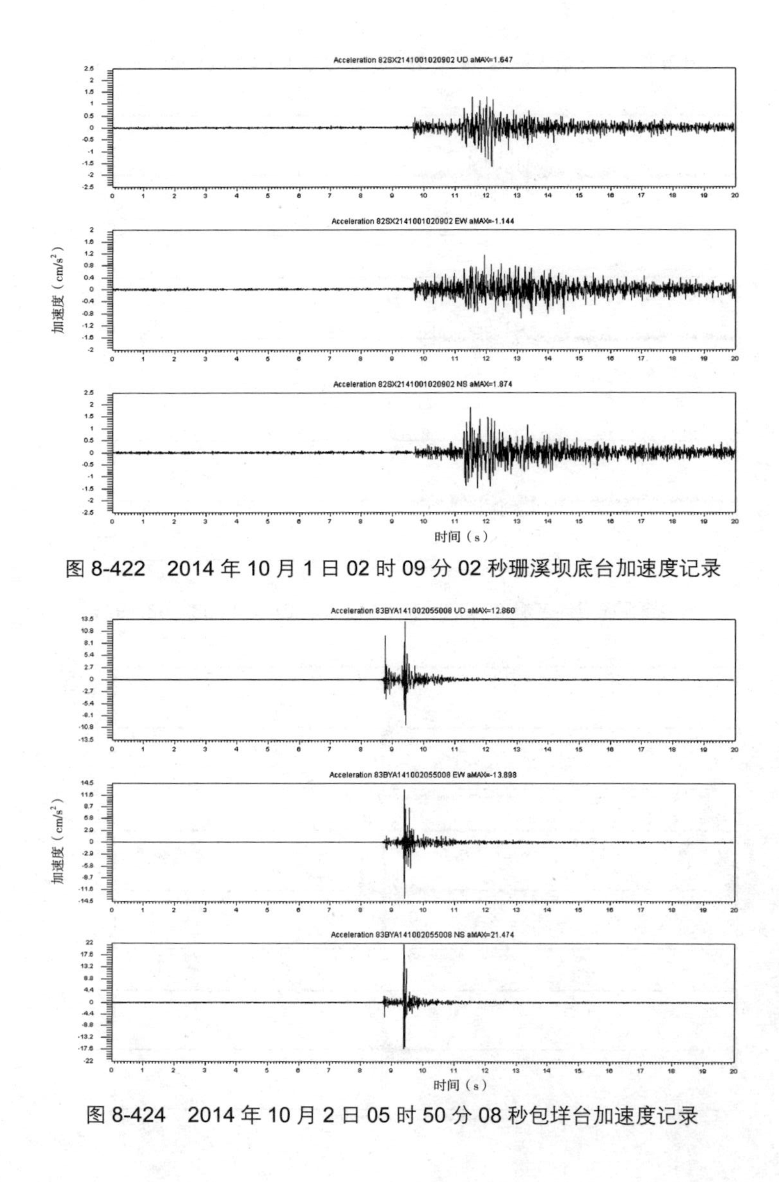

图 8-422 2014 年 10 月 1 日 02 时 09 分 02 秒珊溪坝底台加速度记录

图 8-424 2014 年 10 月 2 日 05 时 50 分 08 秒包垟台加速度记录

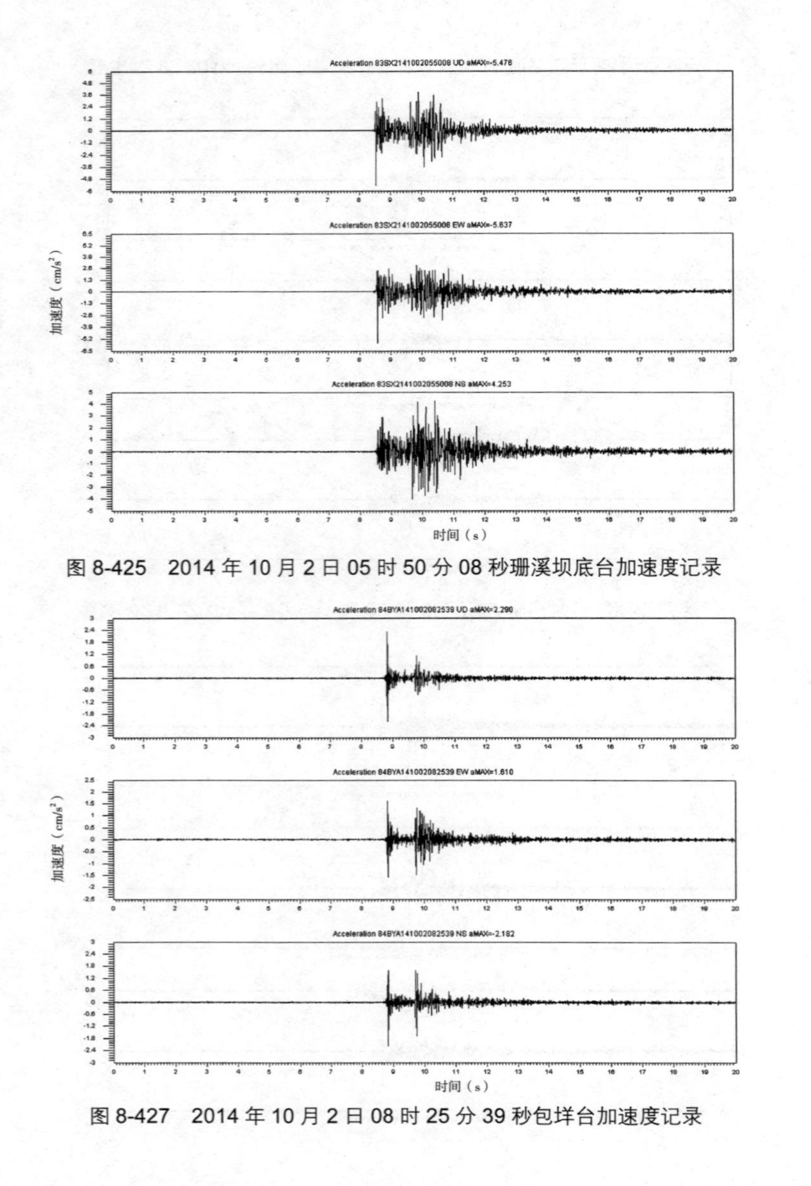

图 8-425 2014 年 10 月 2 日 05 时 50 分 08 秒珊溪坝底台加速度记录

图 8-427 2014 年 10 月 2 日 08 时 25 分 39 秒包垟台加速度记录

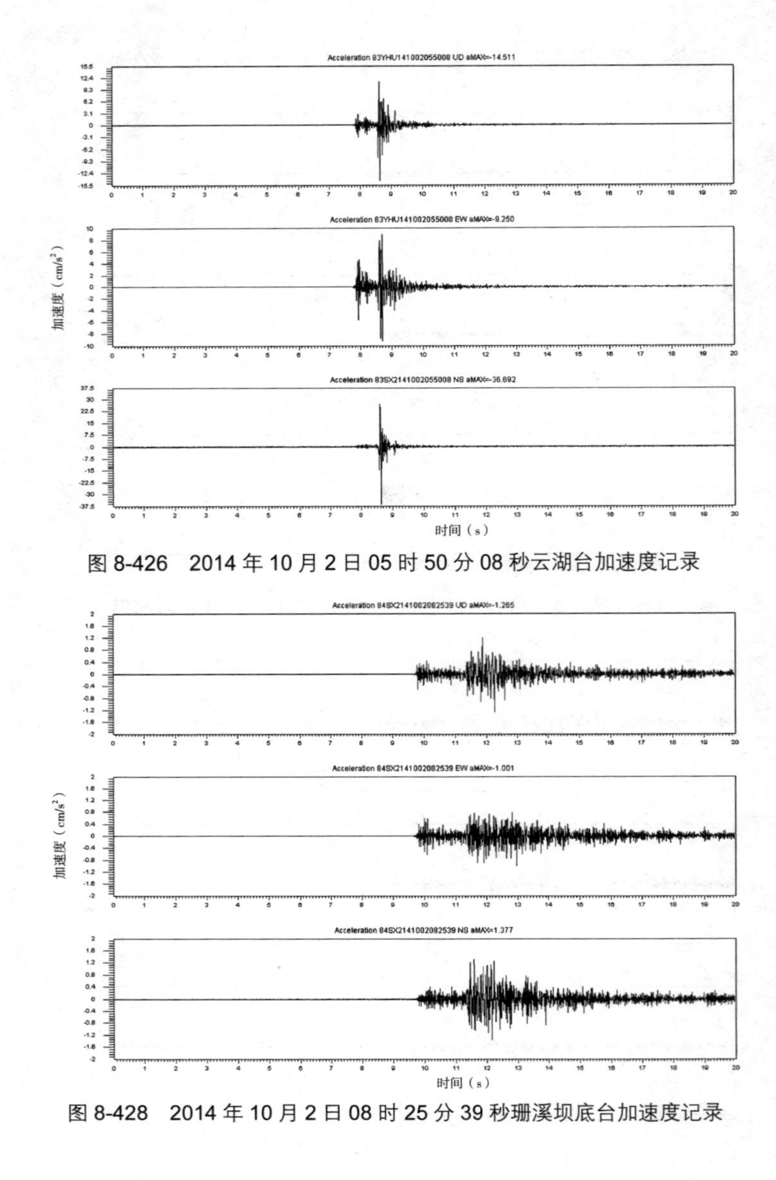

图 8-426 2014 年 10 月 2 日 05 时 50 分 08 秒云湖台加速度记录

图 8-428 2014 年 10 月 2 日 08 时 25 分 39 秒珊溪坝底台加速度记录

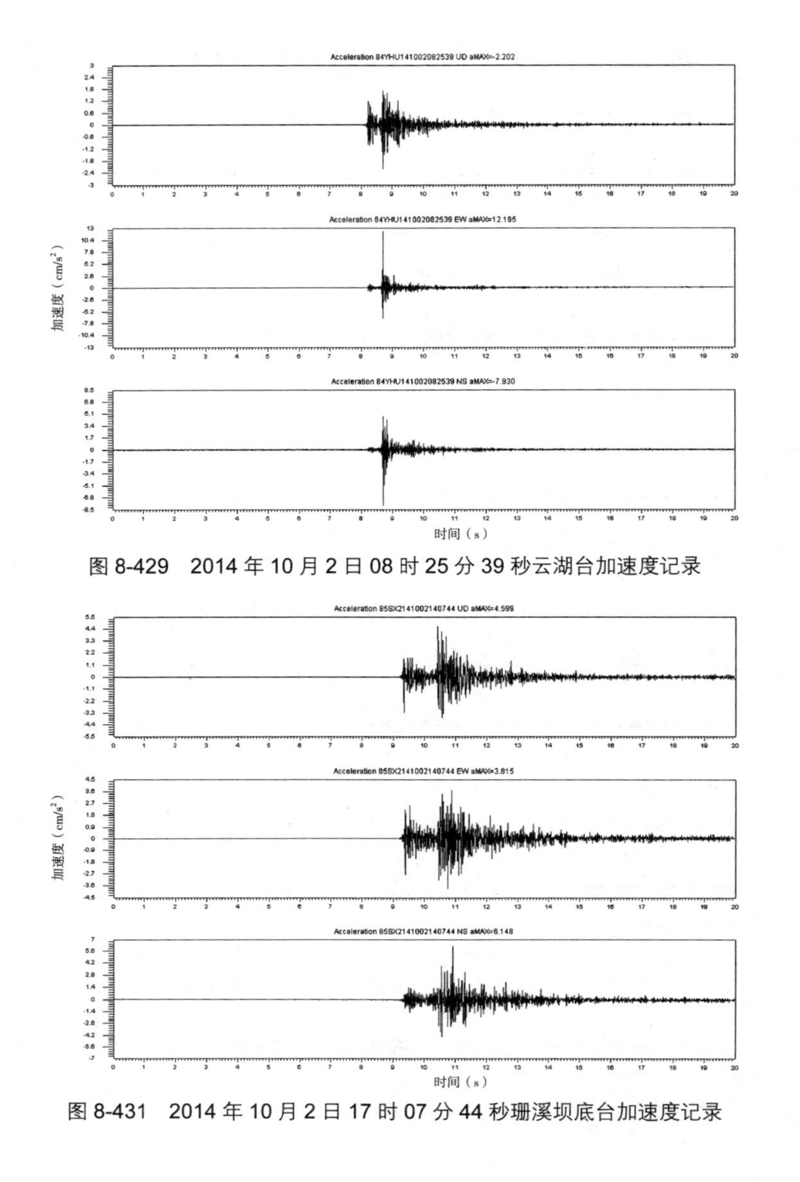

图 8-429　2014 年 10 月 2 日 08 时 25 分 39 秒云湖台加速度记录

图 8-431　2014 年 10 月 2 日 17 时 07 分 44 秒珊溪坝底台加速度记录

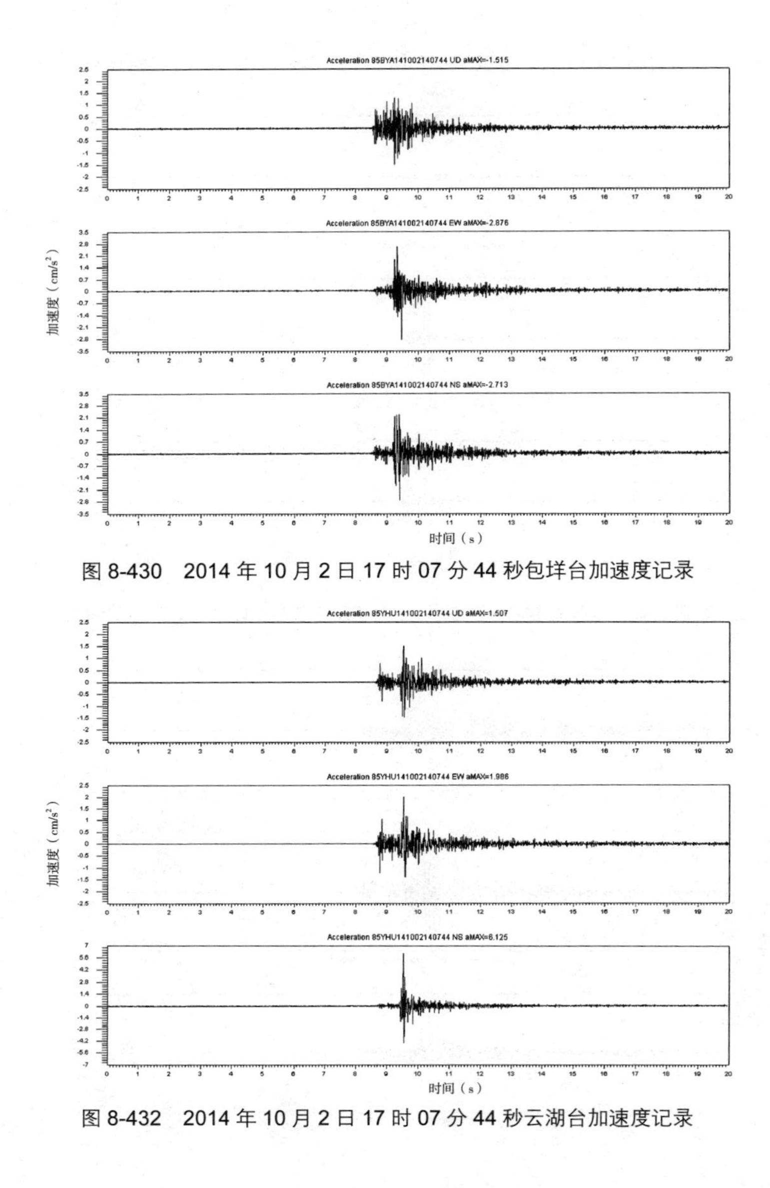

图 8-430　2014 年 10 月 2 日 17 时 07 分 44 秒包垟台加速度记录

图 8-432　2014 年 10 月 2 日 17 时 07 分 44 秒云湖台加速度记录

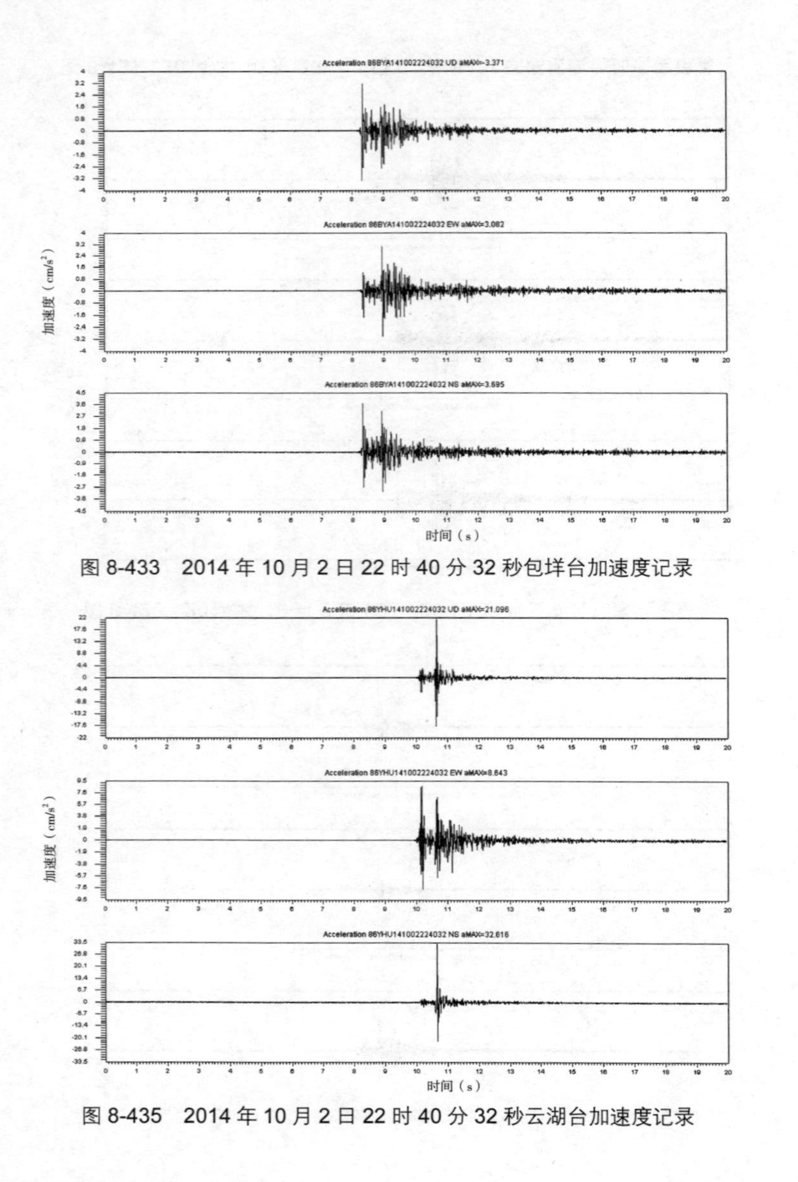

图 8-433 2014 年 10 月 2 日 22 时 40 分 32 秒包垟台加速度记录

图 8-435 2014 年 10 月 2 日 22 时 40 分 32 秒云湖台加速度记录

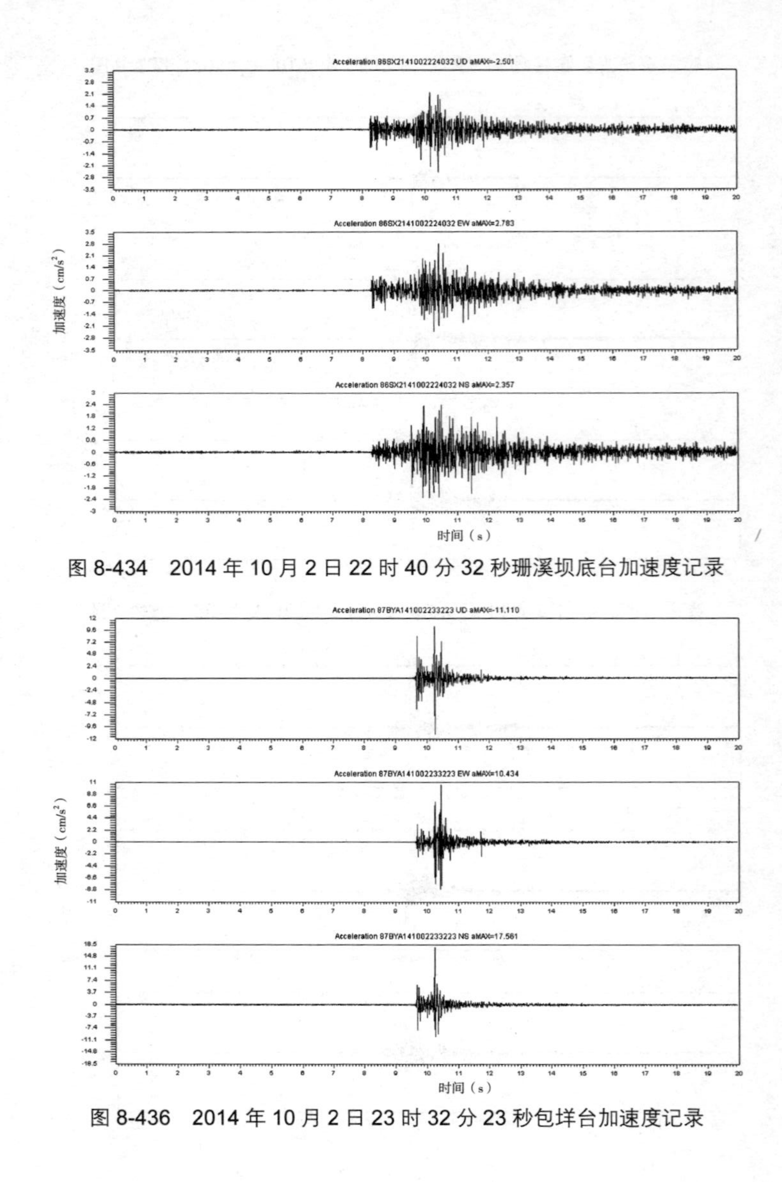

图 8-434 2014 年 10 月 2 日 22 时 40 分 32 秒珊溪坝底台加速度记录

图 8-436 2014 年 10 月 2 日 23 时 32 分 23 秒包垟台加速度记录

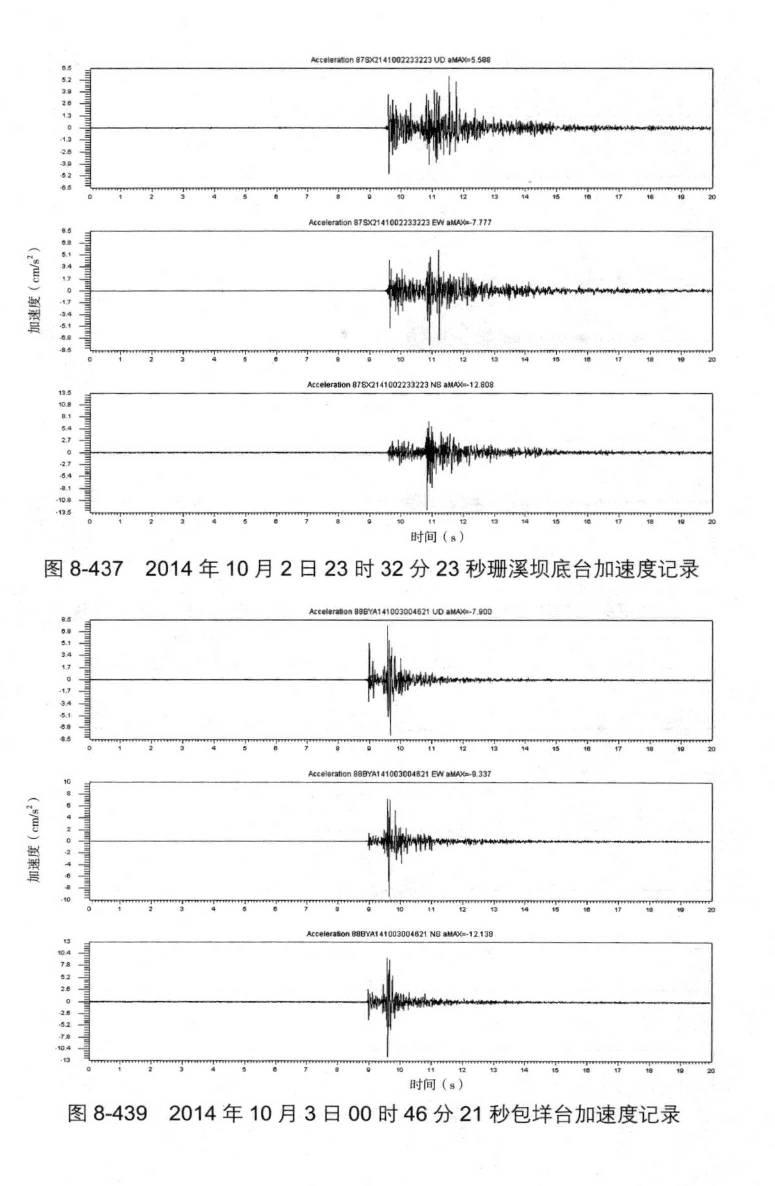

图 8-437　2014 年 10 月 2 日 23 时 32 分 23 秒珊溪坝底台加速度记录

图 8-439　2014 年 10 月 3 日 00 时 46 分 21 秒包垟台加速度记录

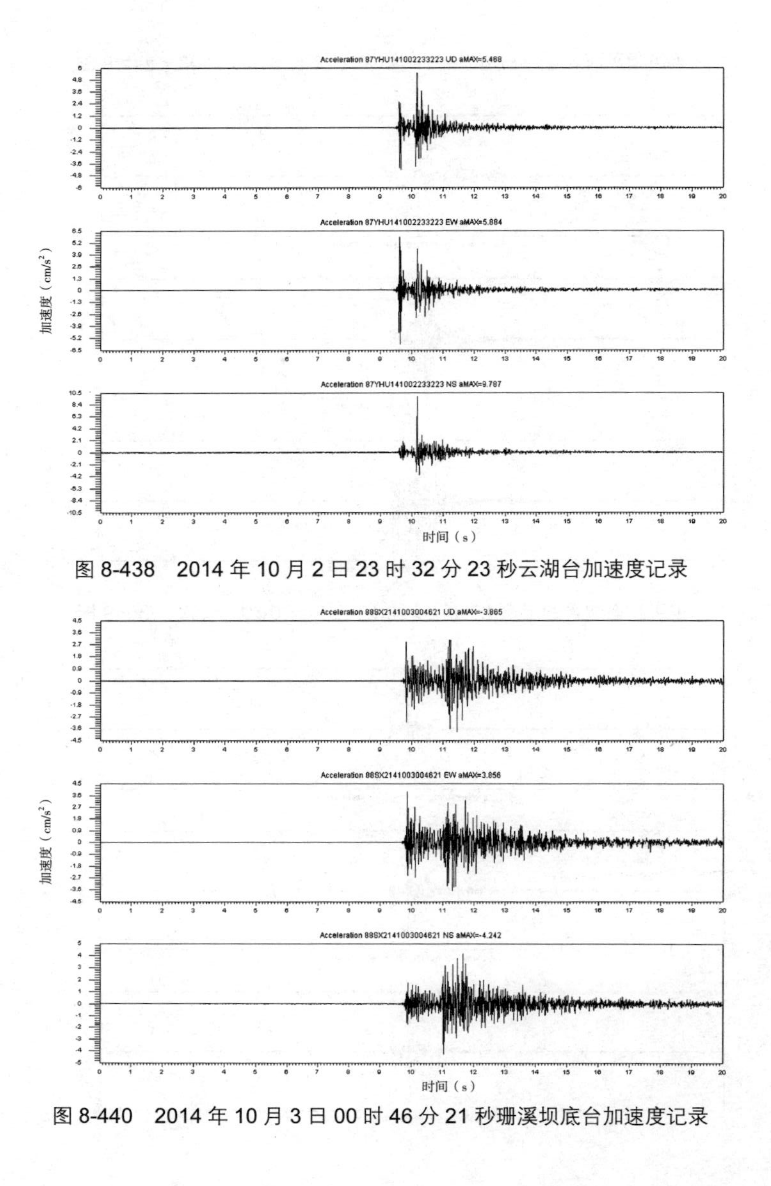

图 8-438　2014 年 10 月 2 日 23 时 32 分 23 秒云湖台加速度记录

图 8-440　2014 年 10 月 3 日 00 时 46 分 21 秒珊溪坝底台加速度记录

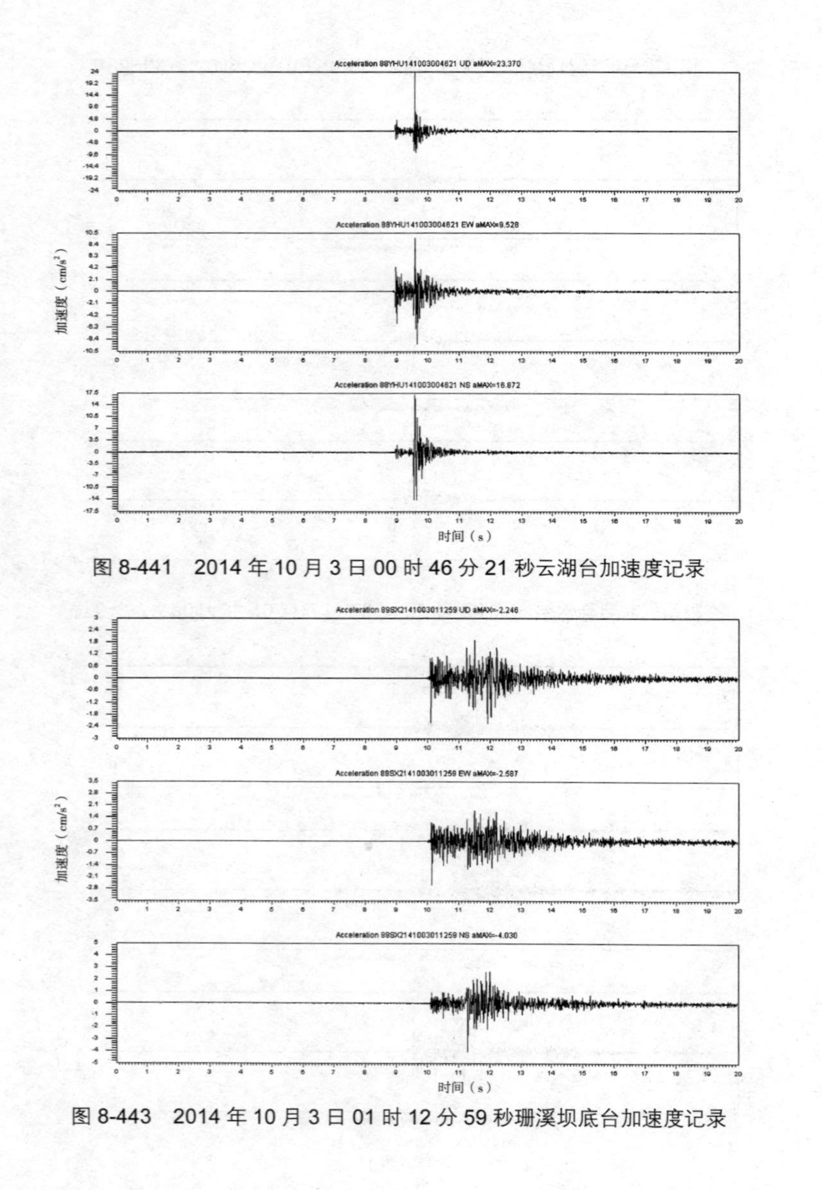

图 8-441 2014 年 10 月 3 日 00 时 46 分 21 秒云湖台加速度记录

图 8-443 2014 年 10 月 3 日 01 时 12 分 59 秒珊溪坝底台加速度记录

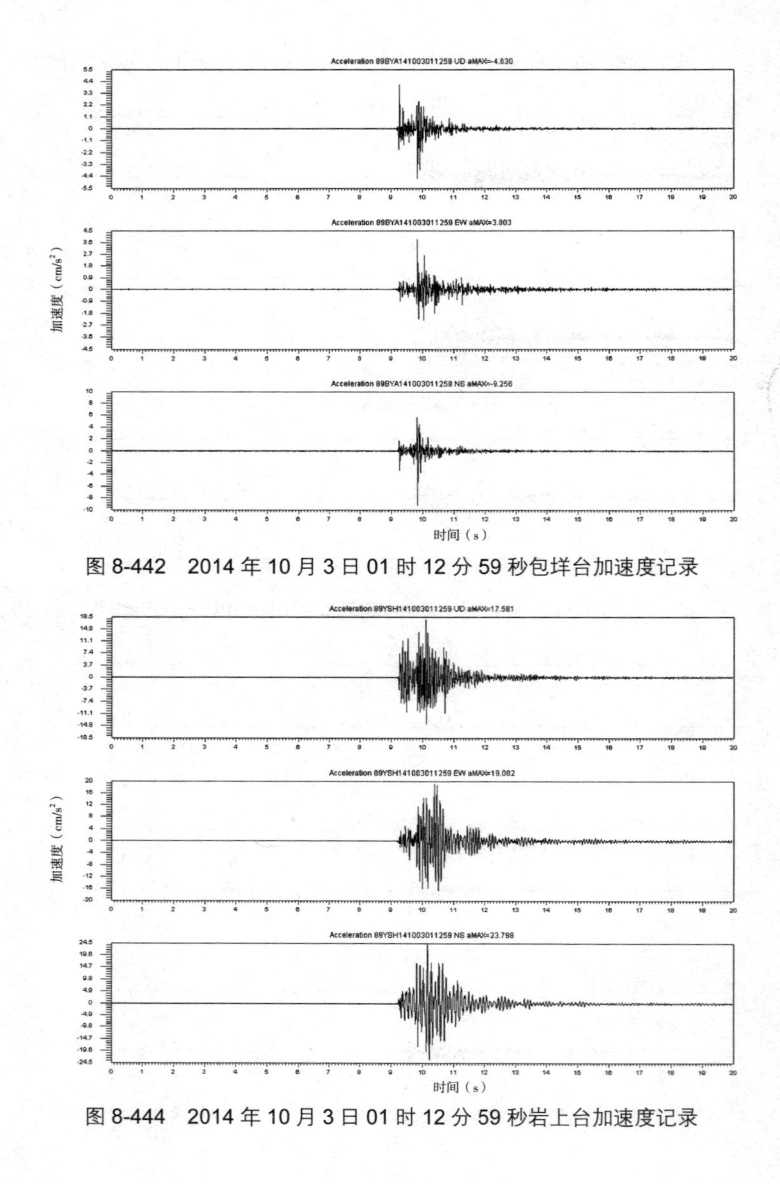

图 8-442 2014 年 10 月 3 日 01 时 12 分 59 秒包垟台加速度记录

图 8-444 2014 年 10 月 3 日 01 时 12 分 59 秒岩上台加速度记录

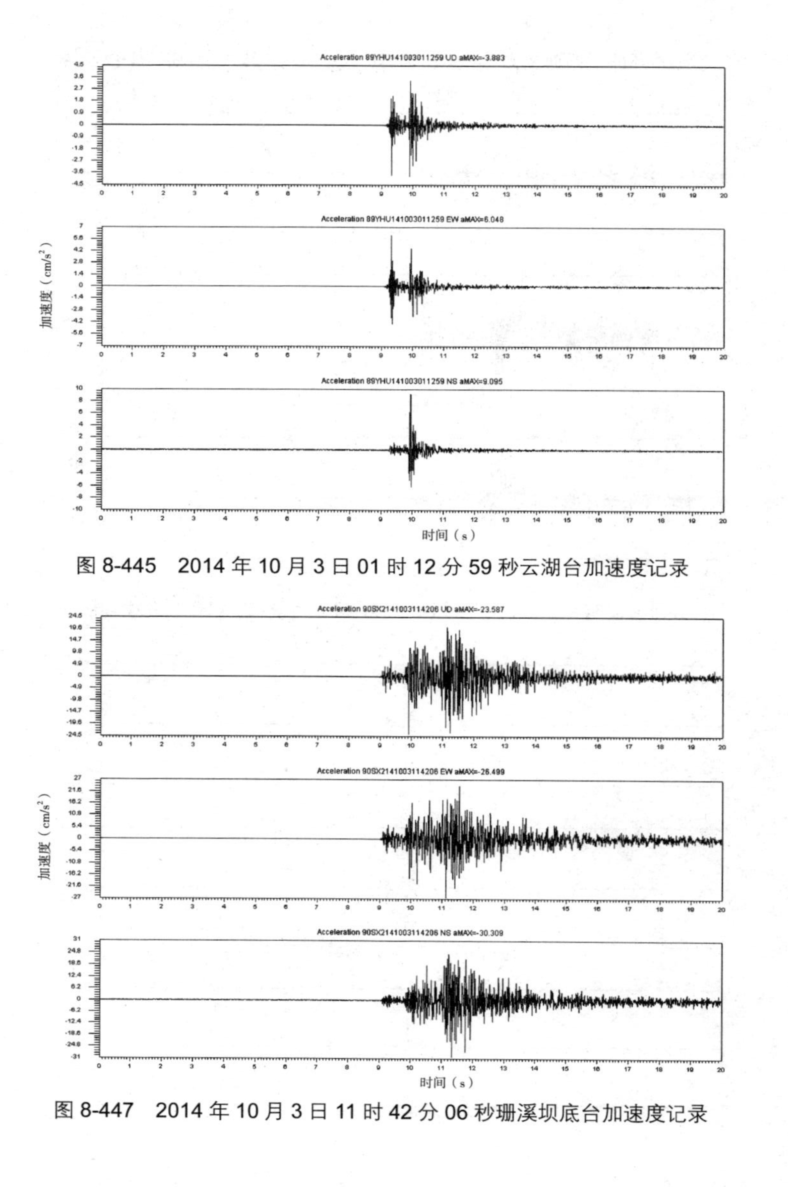

图 8-445　2014 年 10 月 3 日 01 时 12 分 59 秒云湖台加速度记录

图 8-447　2014 年 10 月 3 日 11 时 42 分 06 秒珊溪坝底台加速度记录

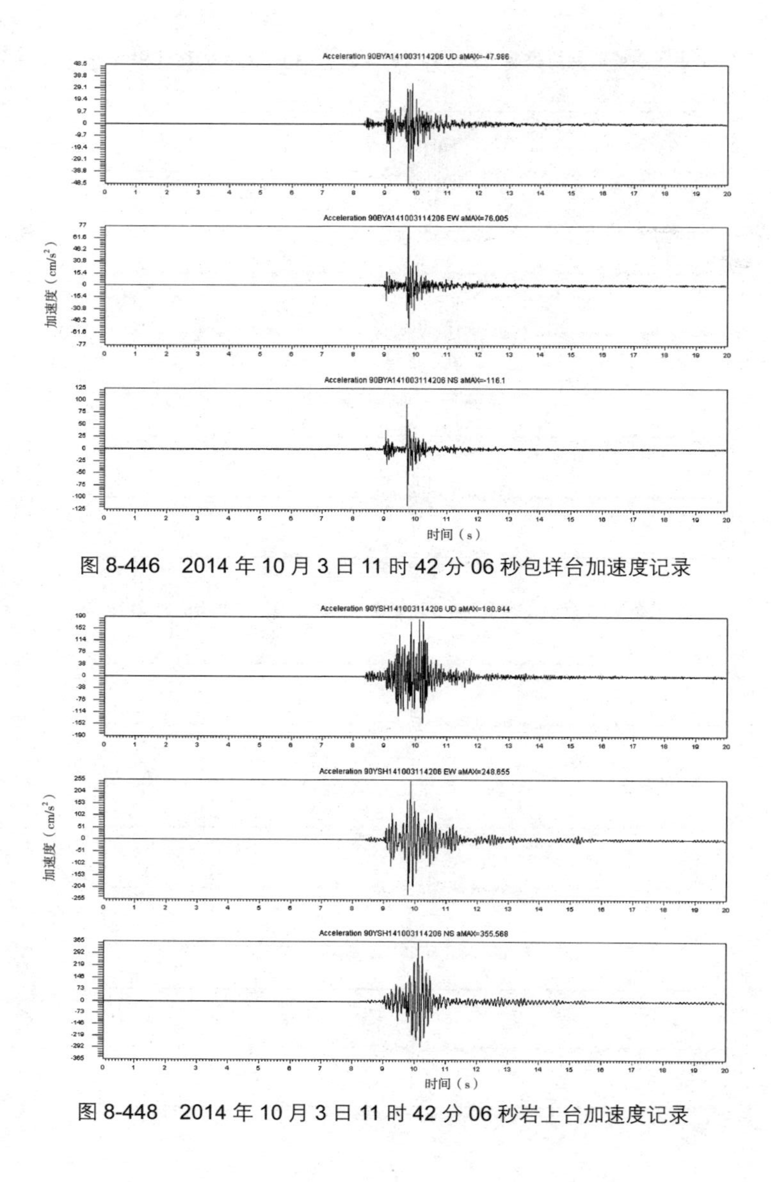

图 8-446　2014 年 10 月 3 日 11 时 42 分 06 秒包垟台加速度记录

图 8-448　2014 年 10 月 3 日 11 时 42 分 06 秒岩上台加速度记录

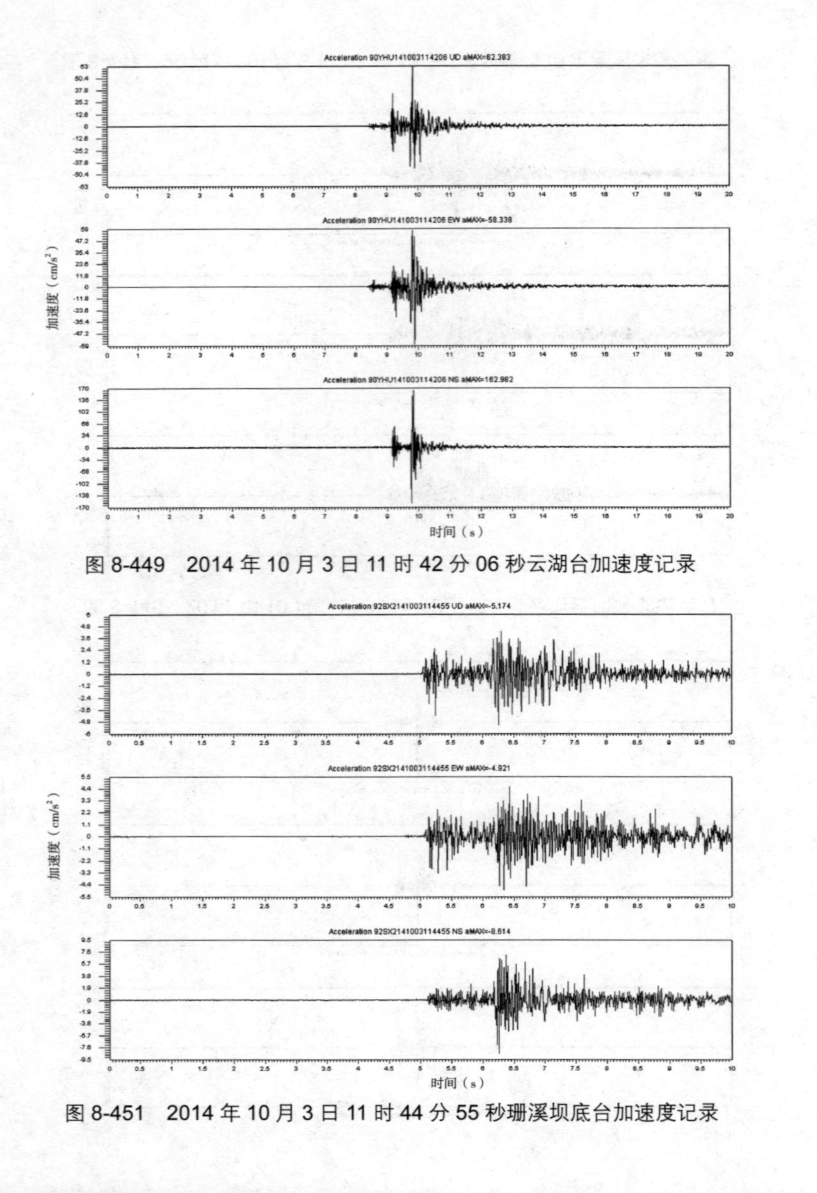

图 8-449 2014 年 10 月 3 日 11 时 42 分 06 秒云湖台加速度记录

图 8-451 2014 年 10 月 3 日 11 时 44 分 55 秒珊溪坝底台加速度记录

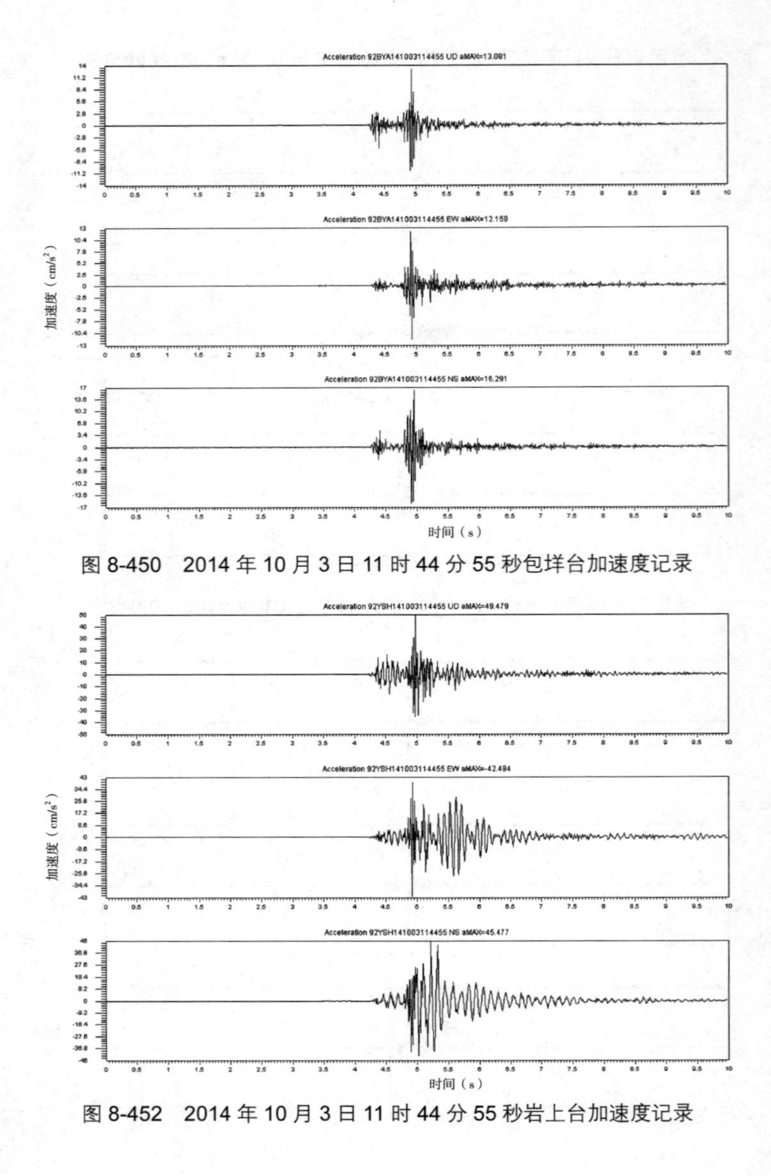

图 8-450 2014 年 10 月 3 日 11 时 44 分 55 秒包垟台加速度记录

图 8-452 2014 年 10 月 3 日 11 时 44 分 55 秒岩上台加速度记录

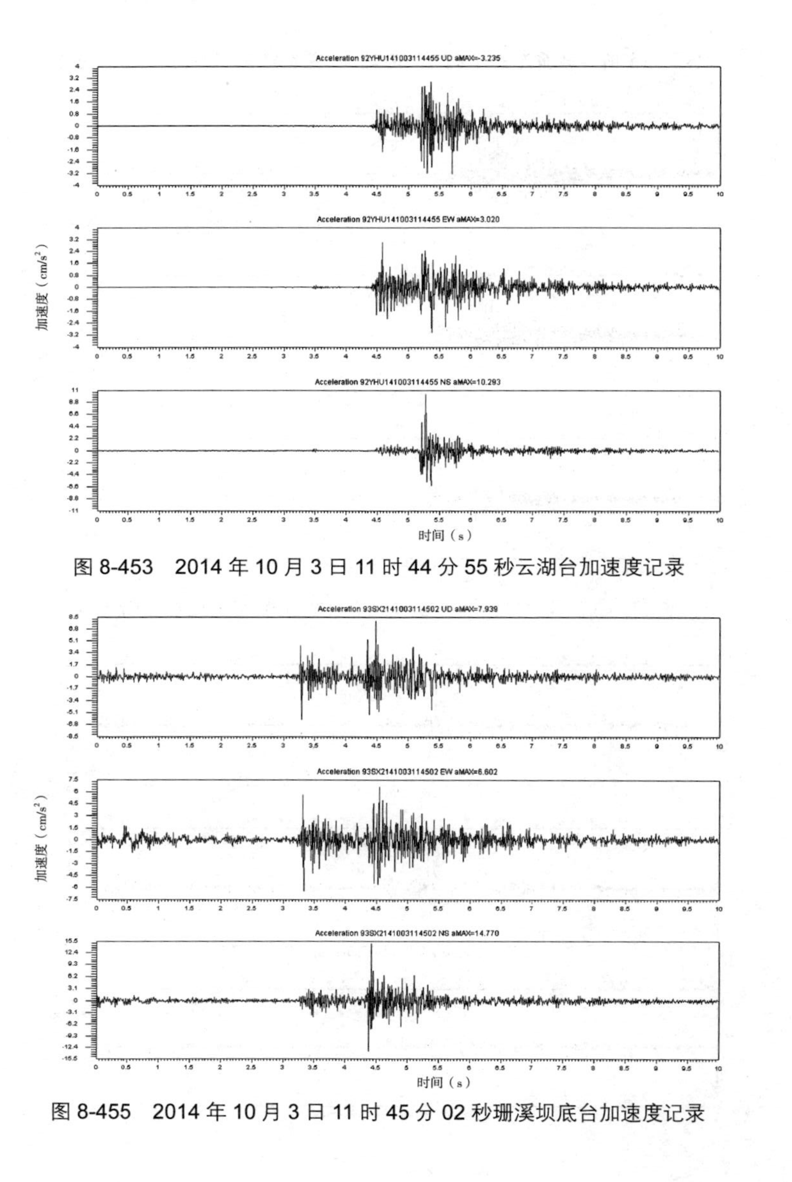

图 8-453　2014 年 10 月 3 日 11 时 44 分 55 秒云湖台加速度记录

图 8-455　2014 年 10 月 3 日 11 时 45 分 02 秒珊溪坝底台加速度记录

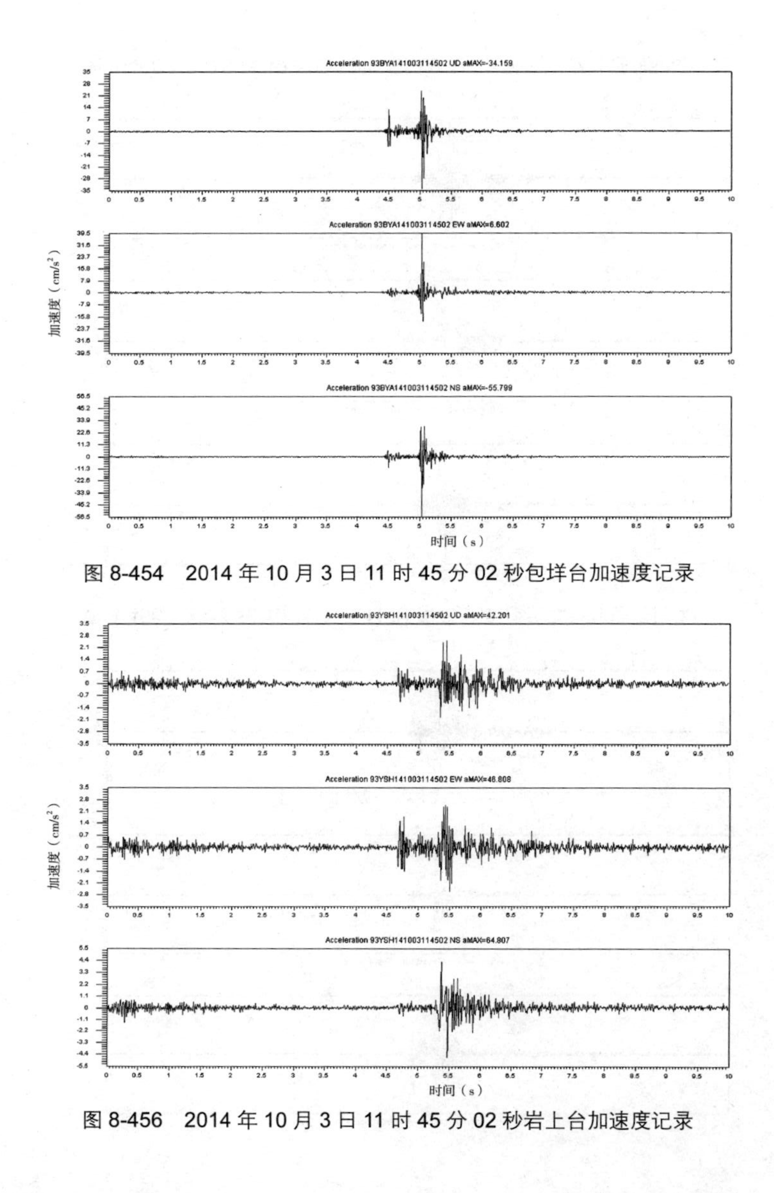

图 8-454　2014 年 10 月 3 日 11 时 45 分 02 秒包垟台加速度记录

图 8-456　2014 年 10 月 3 日 11 时 45 分 02 秒岩上台加速度记录

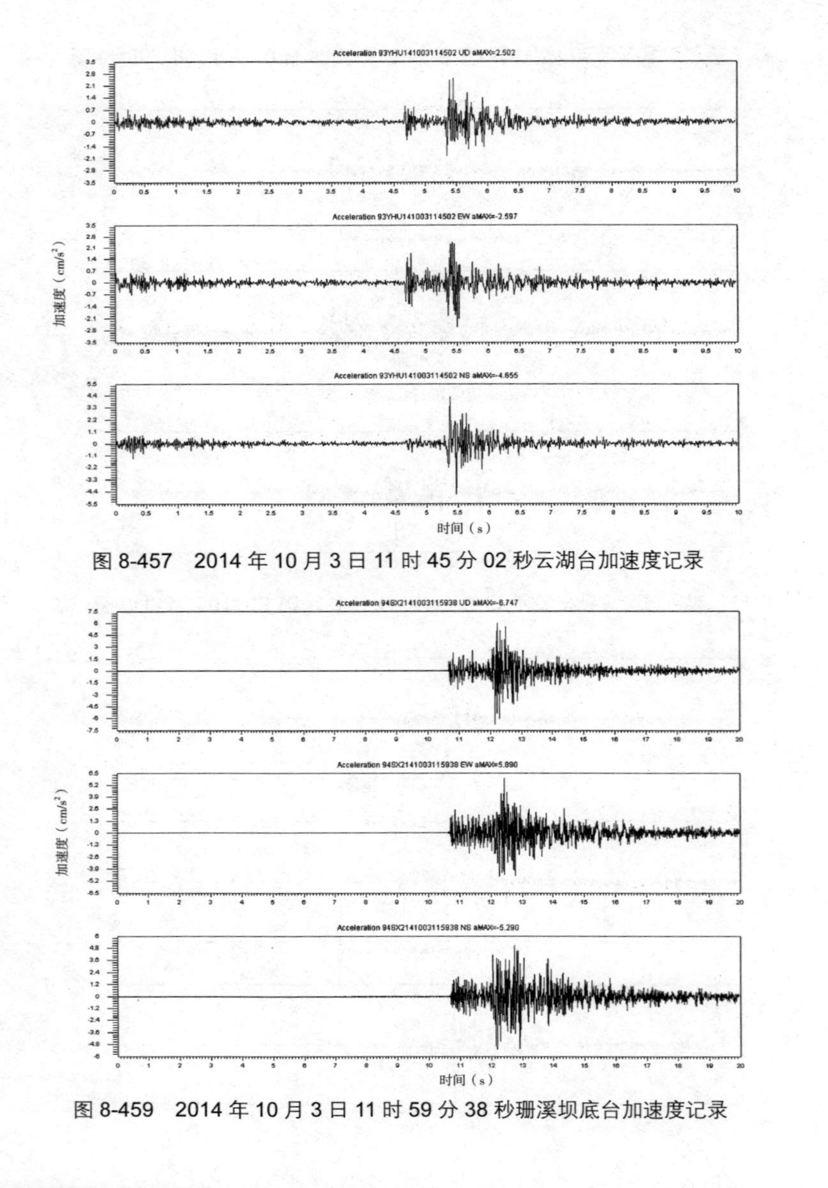

图 8-457　2014 年 10 月 3 日 11 时 45 分 02 秒云湖台加速度记录

图 8-459　2014 年 10 月 3 日 11 时 59 分 38 秒珊溪坝底台加速度记录

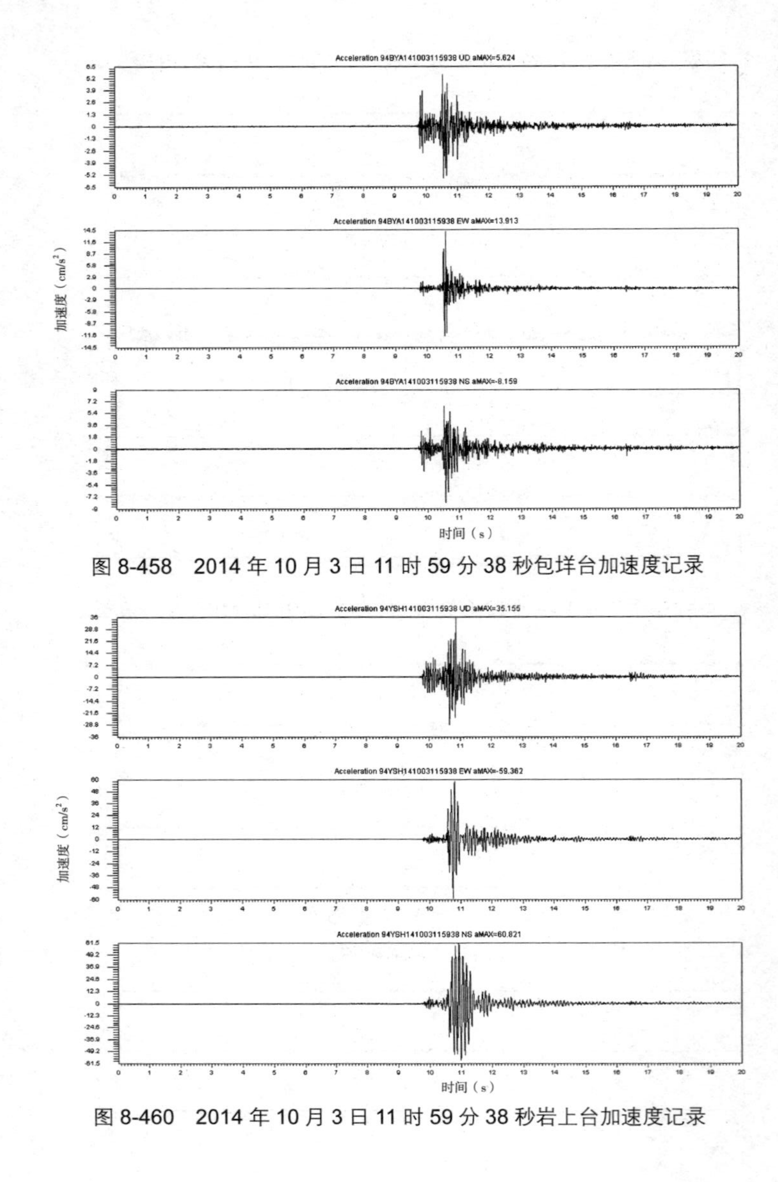

图 8-458　2014 年 10 月 3 日 11 时 59 分 38 秒包垟台加速度记录

图 8-460　2014 年 10 月 3 日 11 时 59 分 38 秒岩上台加速度记录

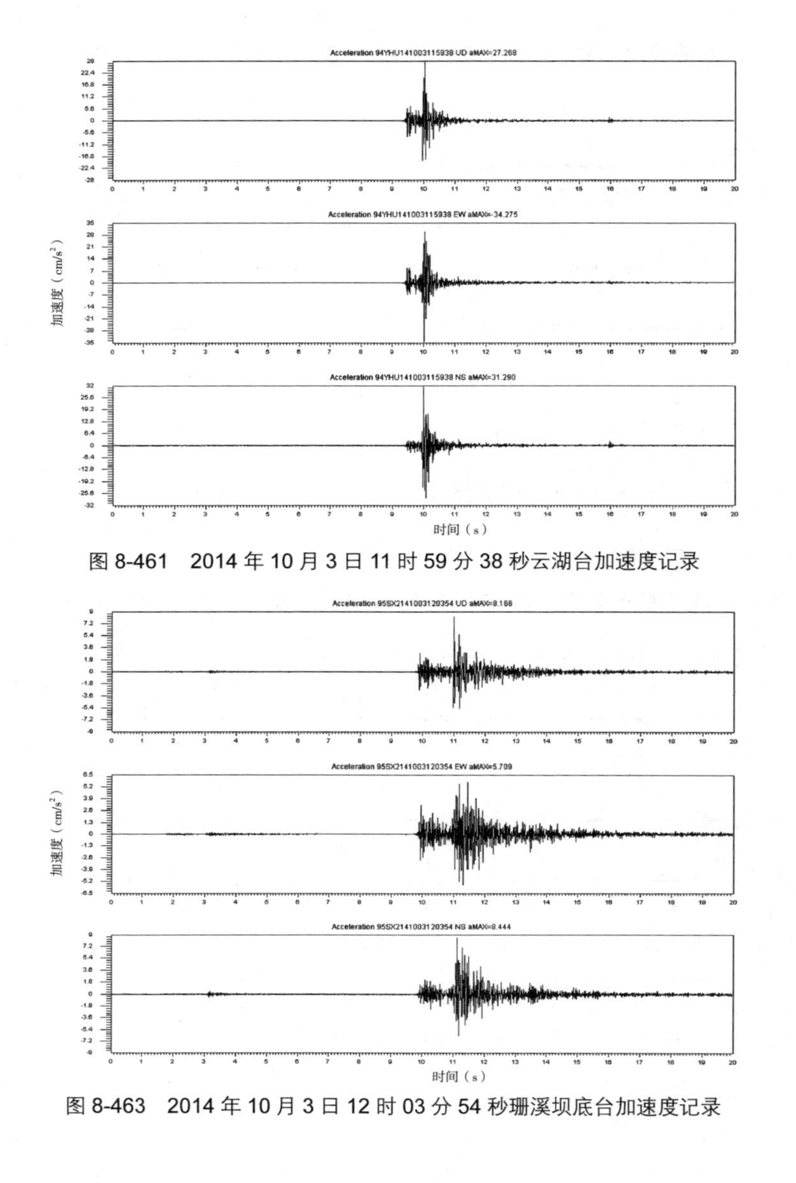

图 8-461　2014 年 10 月 3 日 11 时 59 分 38 秒云湖台加速度记录

图 8-463　2014 年 10 月 3 日 12 时 03 分 54 秒珊溪坝底台加速度记录

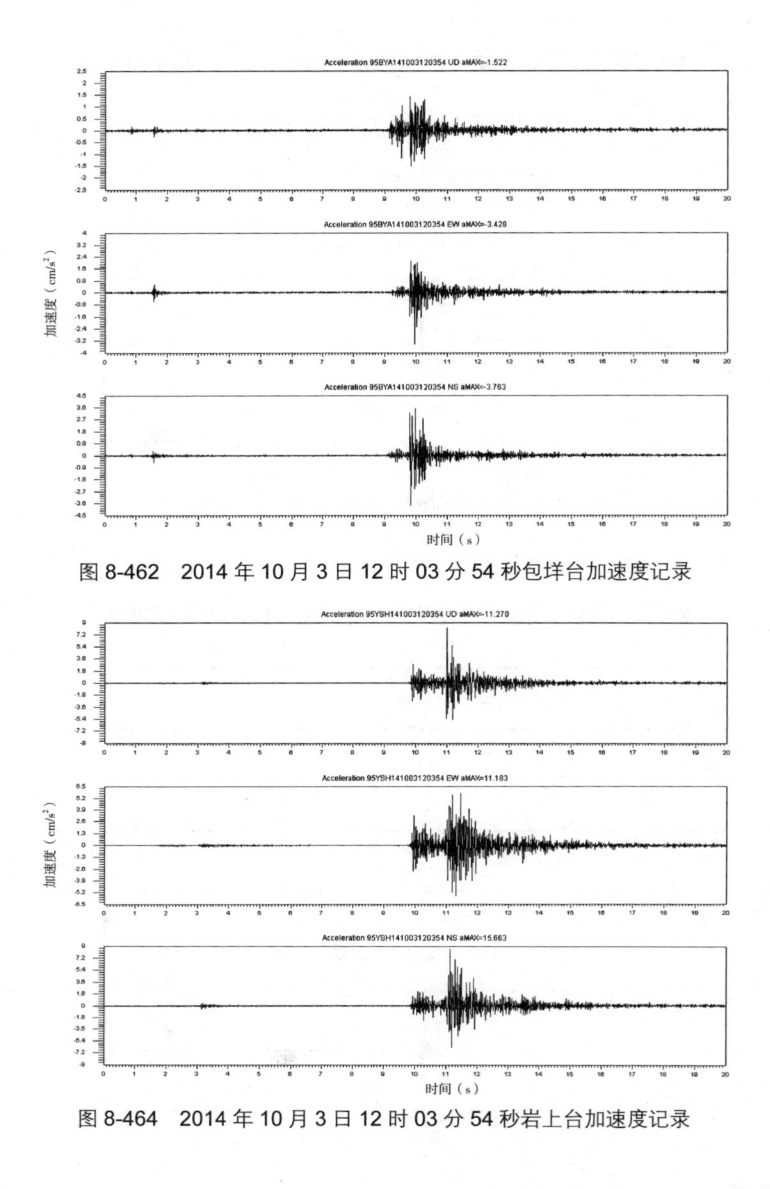

图 8-462　2014 年 10 月 3 日 12 时 03 分 54 秒包垟台加速度记录

图 8-464　2014 年 10 月 3 日 12 时 03 分 54 秒岩上台加速度记录

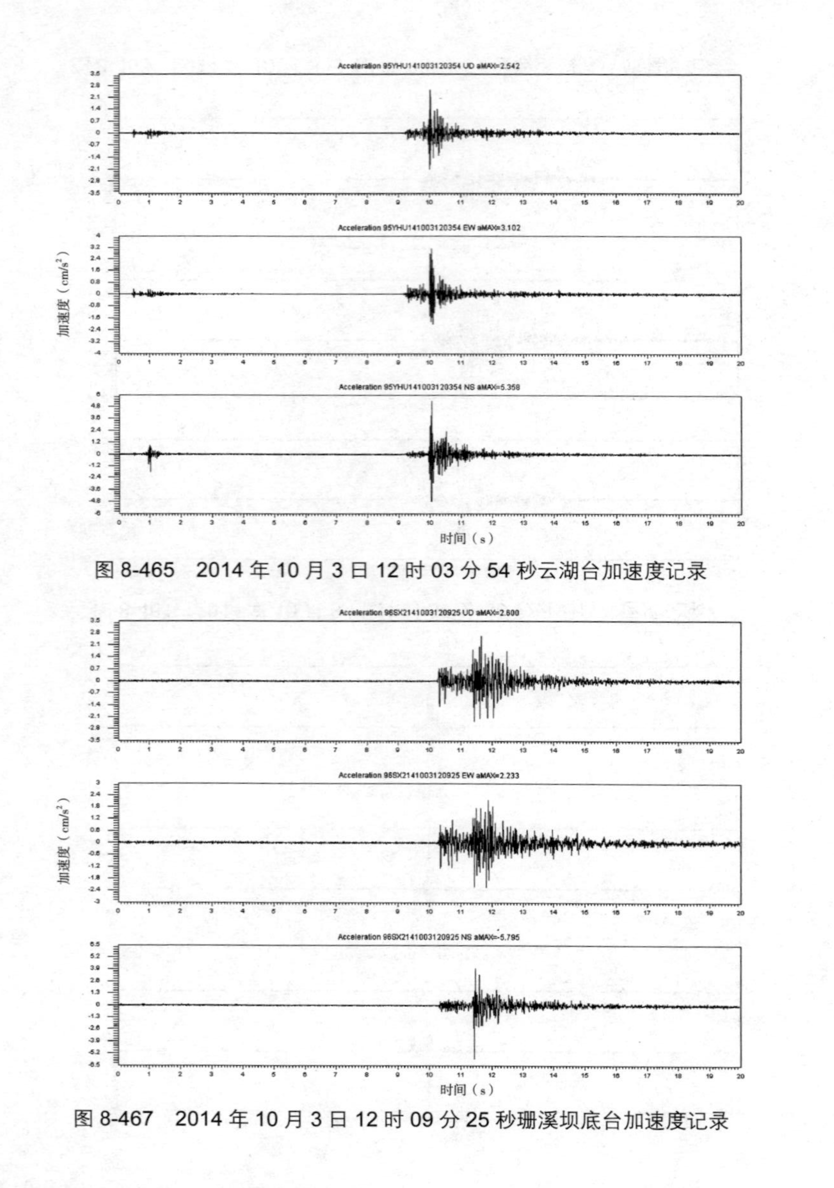

图 8-465　2014 年 10 月 3 日 12 时 03 分 54 秒云湖台加速度记录

图 8-467　2014 年 10 月 3 日 12 时 09 分 25 秒珊溪坝底台加速度记录

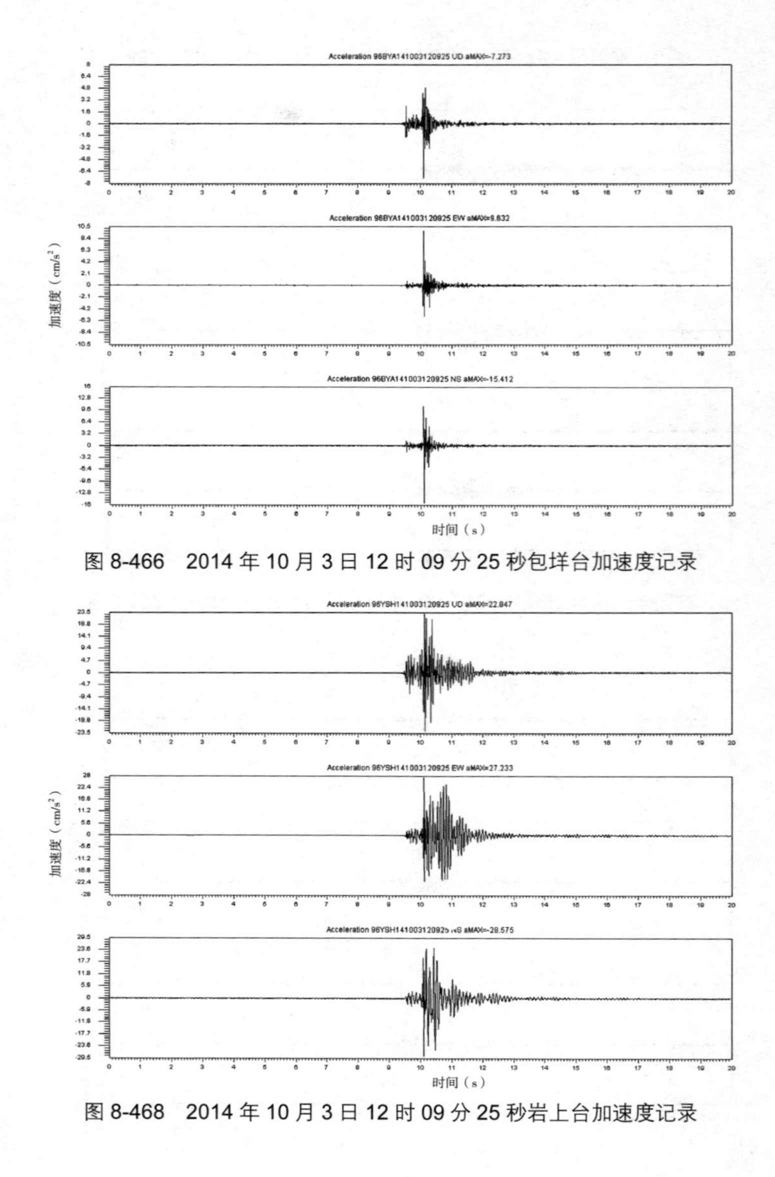

图 8-466　2014 年 10 月 3 日 12 时 09 分 25 秒包垟台加速度记录

图 8-468　2014 年 10 月 3 日 12 时 09 分 25 秒岩上台加速度记录

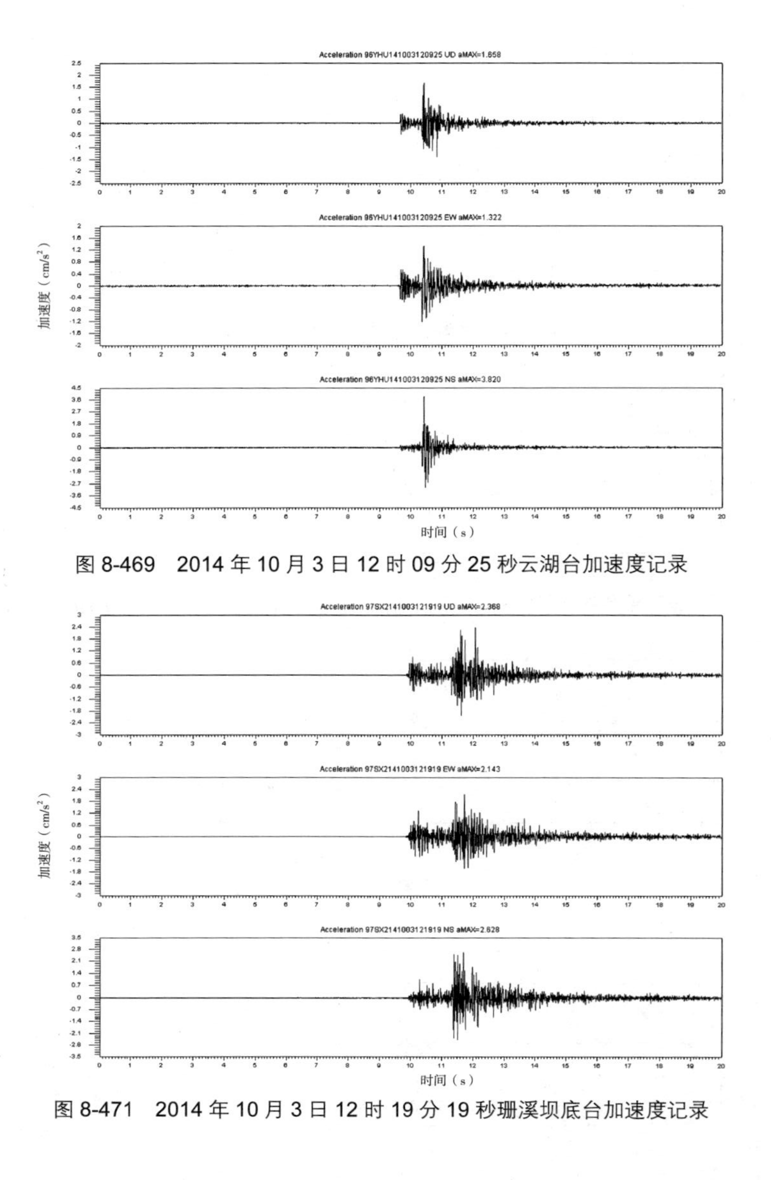

图 8-469　2014 年 10 月 3 日 12 时 09 分 25 秒云湖台加速度记录

图 8-471　2014 年 10 月 3 日 12 时 19 分 19 秒珊溪坝底台加速度记录

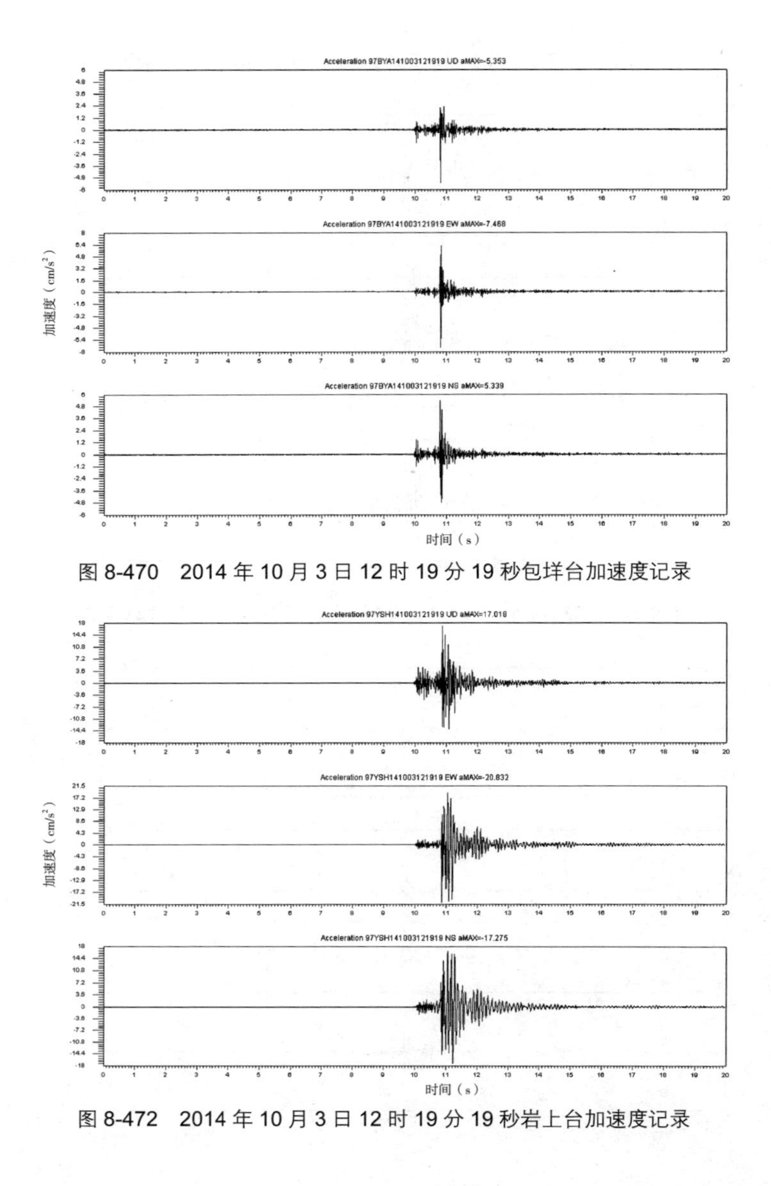

图 8-470　2014 年 10 月 3 日 12 时 19 分 19 秒包垟台加速度记录

图 8-472　2014 年 10 月 3 日 12 时 19 分 19 秒岩上台加速度记录

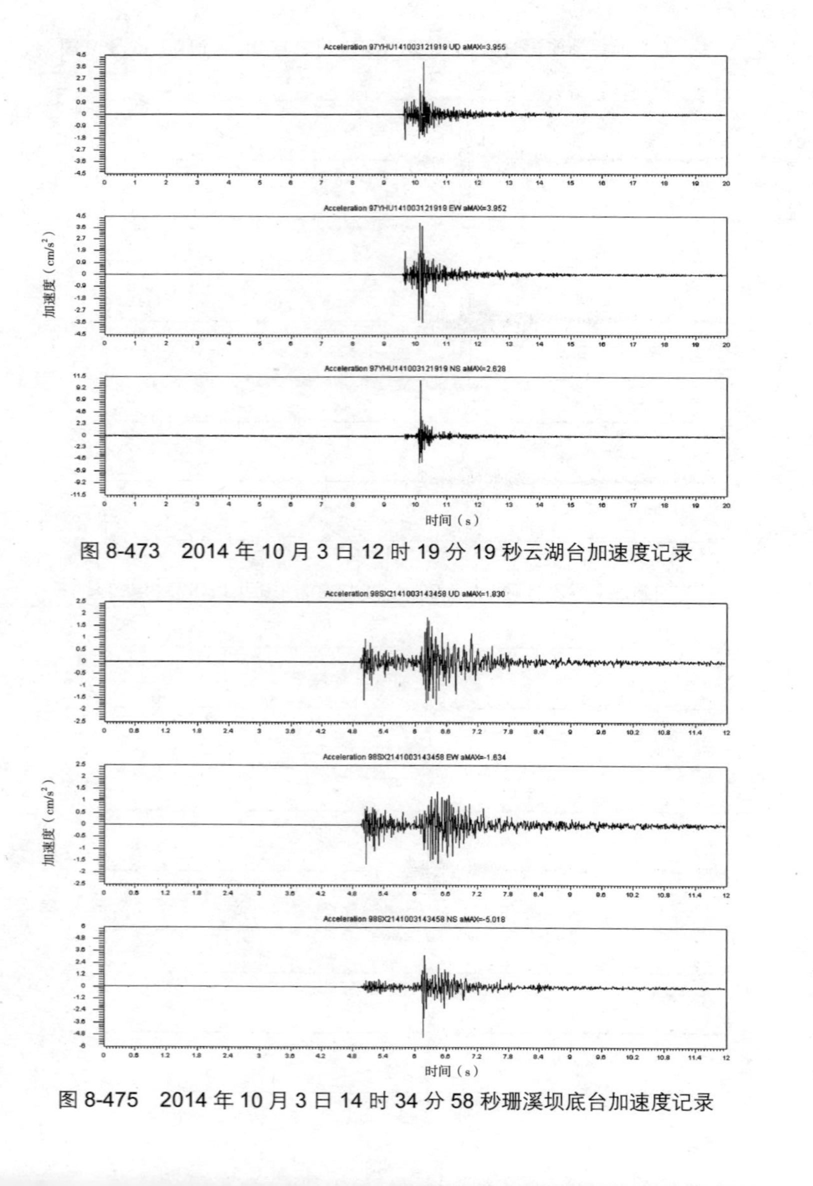

图 8-473　2014 年 10 月 3 日 12 时 19 分 19 秒云湖台加速度记录

图 8-475　2014 年 10 月 3 日 14 时 34 分 58 秒珊溪坝底台加速度记录

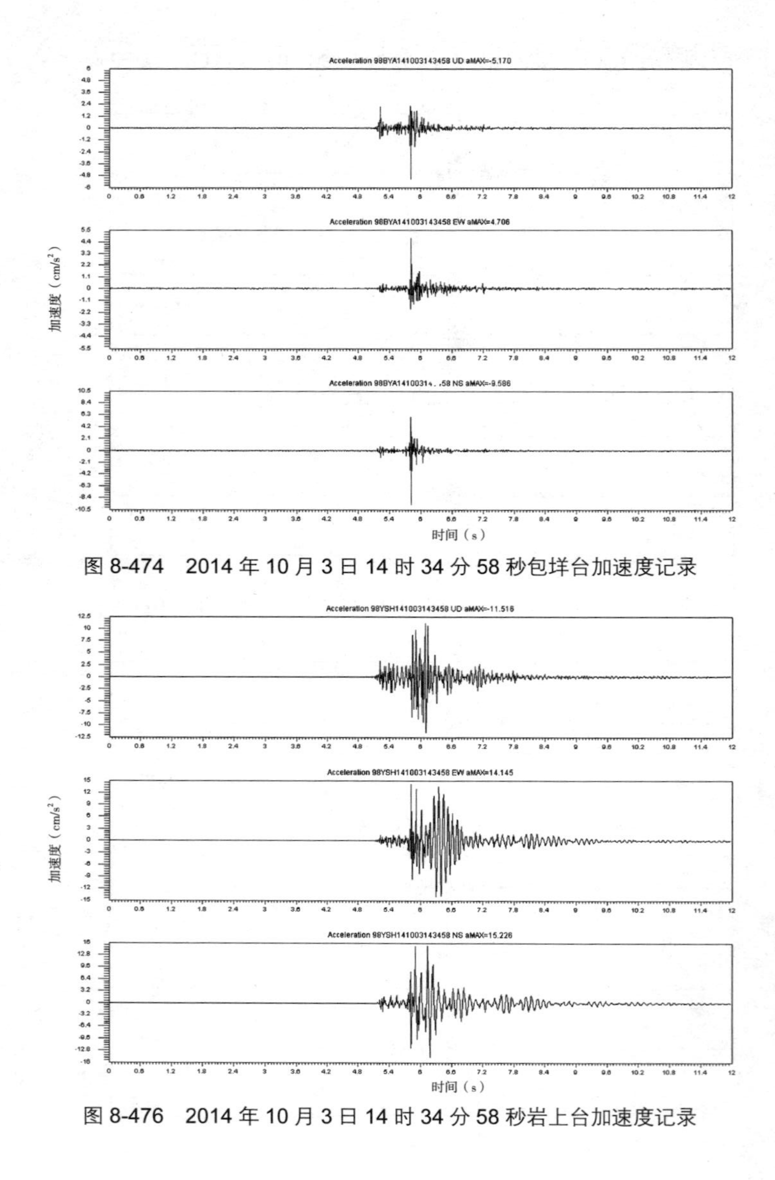

图 8-474　2014 年 10 月 3 日 14 时 34 分 58 秒包垟台加速度记录

图 8-476　2014 年 10 月 3 日 14 时 34 分 58 秒岩上台加速度记录

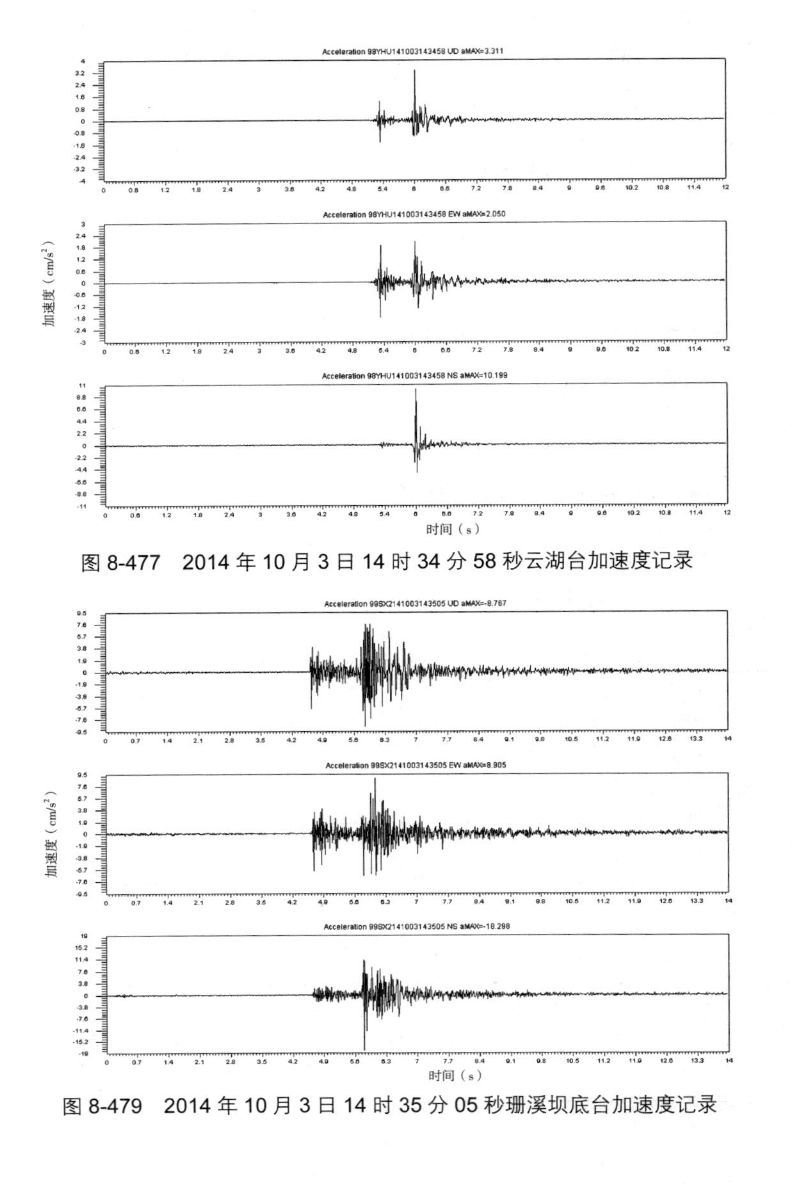

图 8-477 2014 年 10 月 3 日 14 时 34 分 58 秒云湖台加速度记录

图 8-479 2014 年 10 月 3 日 14 时 35 分 05 秒珊溪坝底台加速度记录

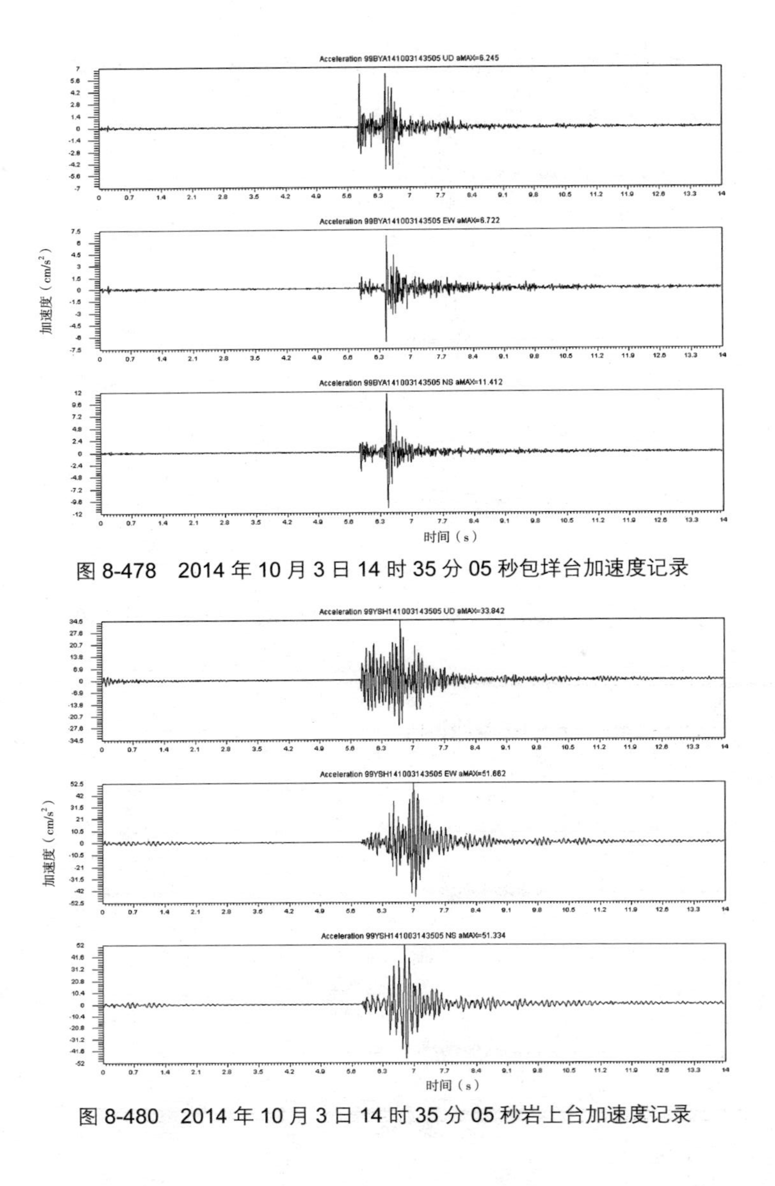

图 8-478 2014 年 10 月 3 日 14 时 35 分 05 秒包垟台加速度记录

图 8-480 2014 年 10 月 3 日 14 时 35 分 05 秒岩上台加速度记录

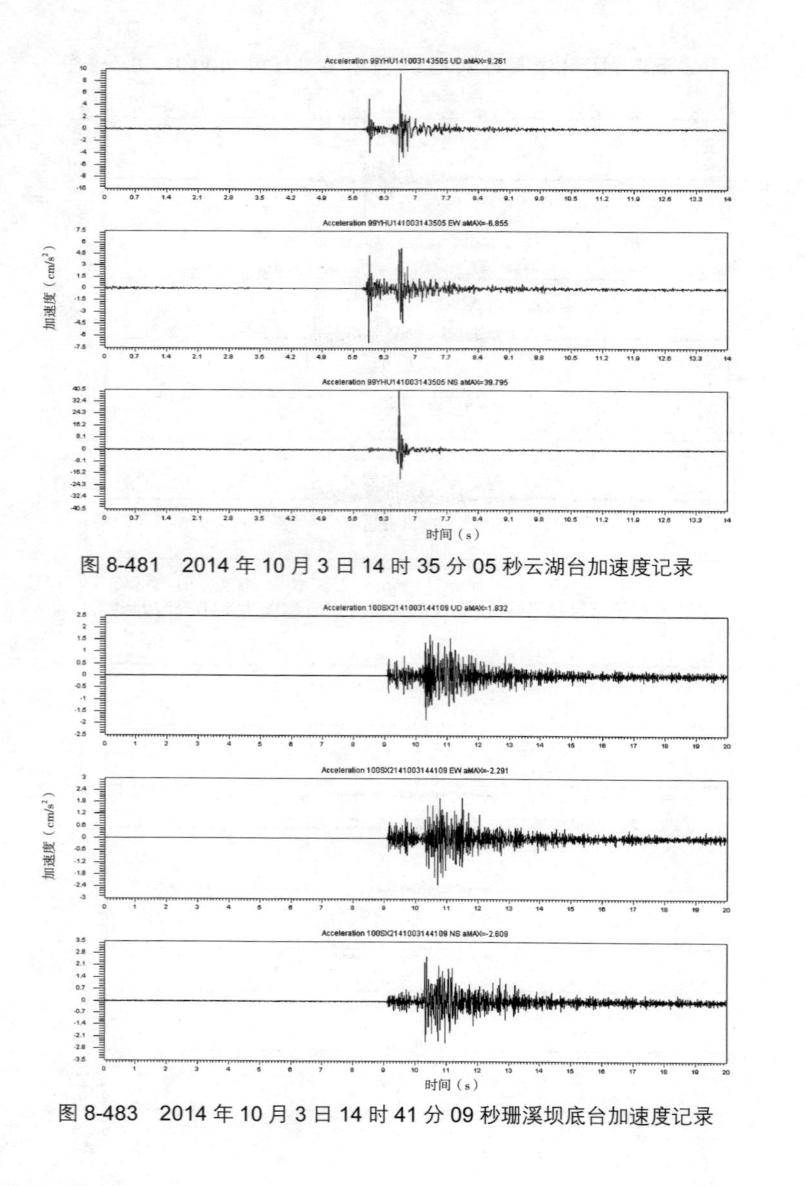

图 8-481　2014 年 10 月 3 日 14 时 35 分 05 秒云湖台加速度记录

图 8-483　2014 年 10 月 3 日 14 时 41 分 09 秒珊溪坝底台加速度记录

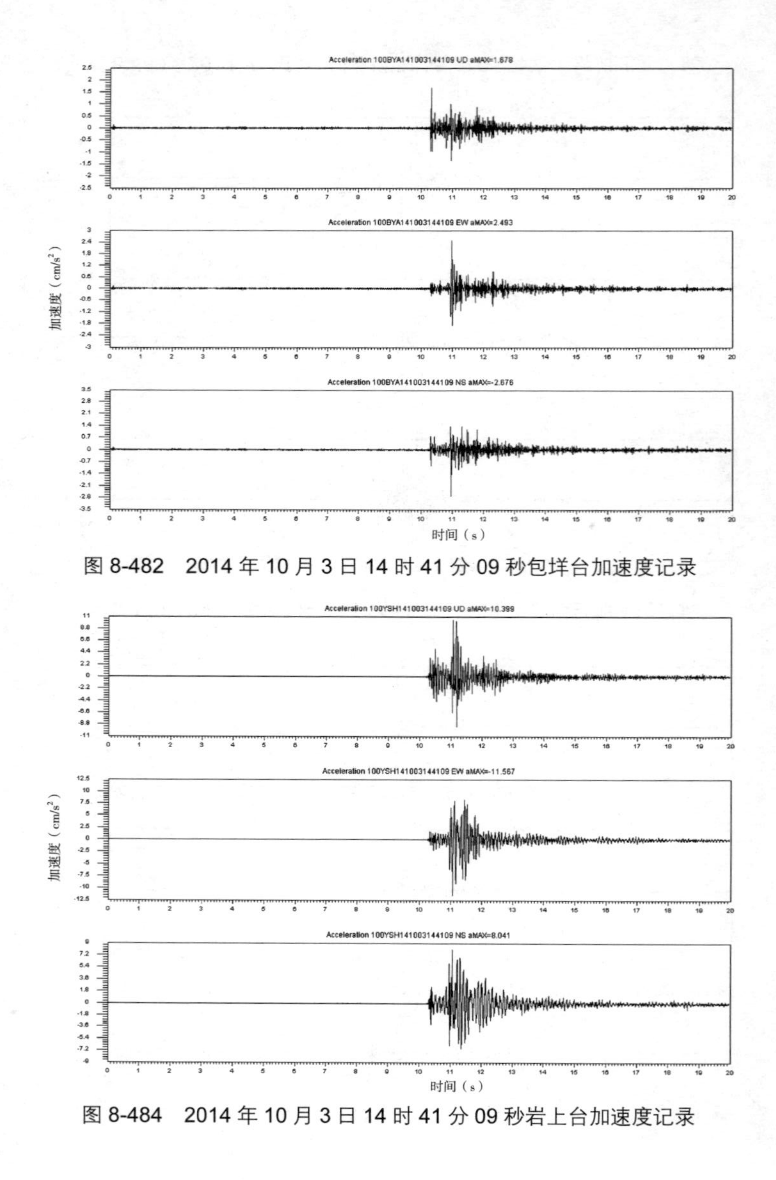

图 8-482　2014 年 10 月 3 日 14 时 41 分 09 秒包垟台加速度记录

图 8-484　2014 年 10 月 3 日 14 时 41 分 09 秒岩上台加速度记录

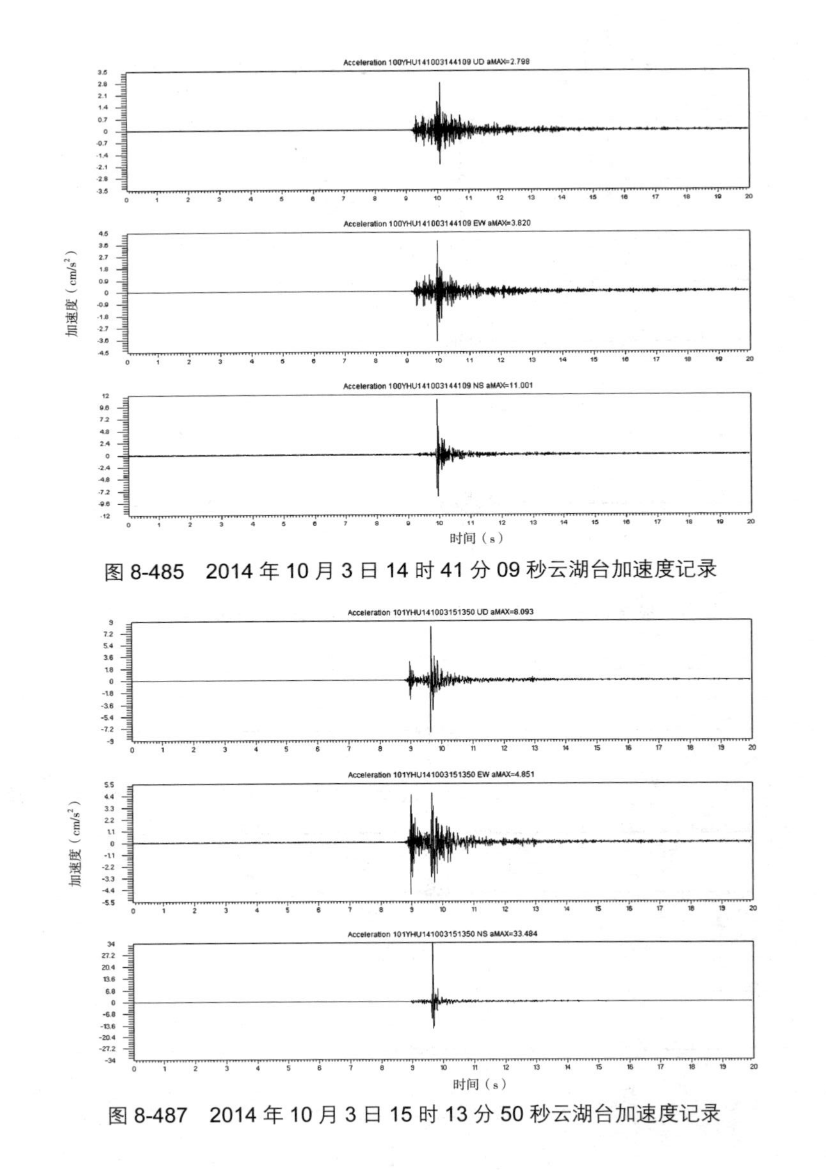

图 8-485　2014 年 10 月 3 日 14 时 41 分 09 秒云湖台加速度记录

图 8-487　2014 年 10 月 3 日 15 时 13 分 50 秒云湖台加速度记录

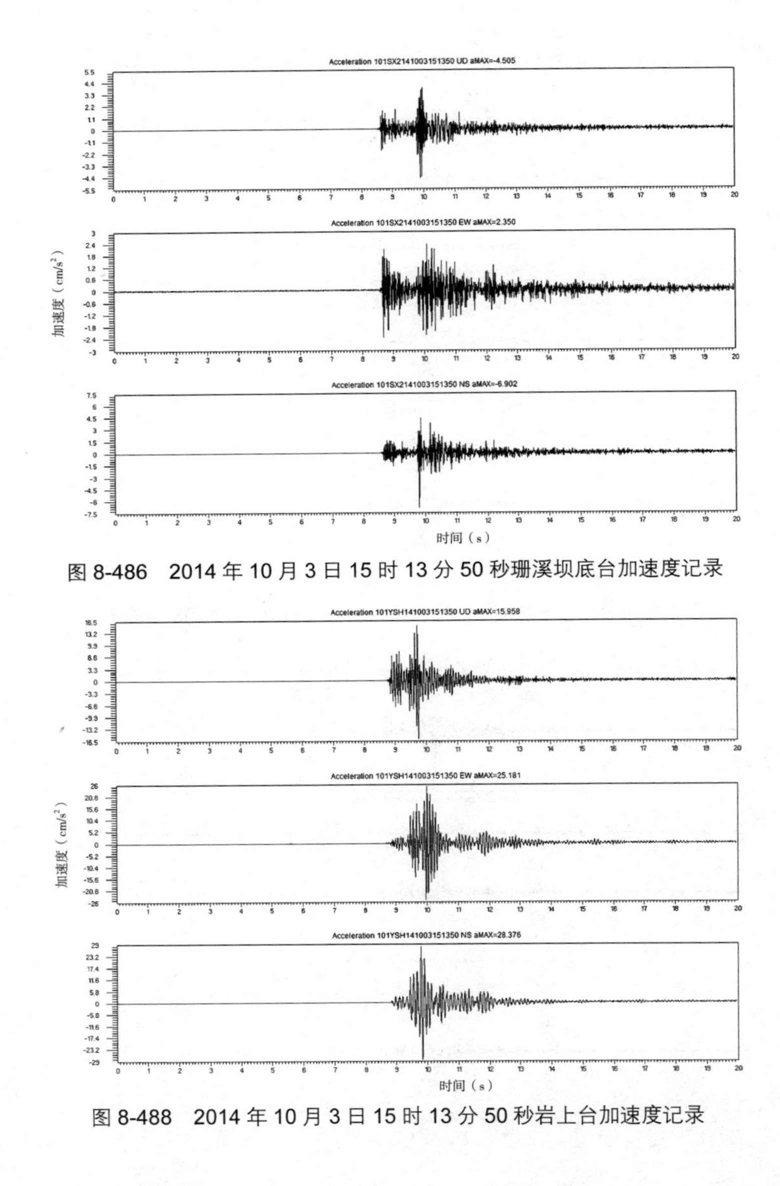

图 8-486　2014 年 10 月 3 日 15 时 13 分 50 秒珊溪坝底台加速度记录

图 8-488　2014 年 10 月 3 日 15 时 13 分 50 秒岩上台加速度记录

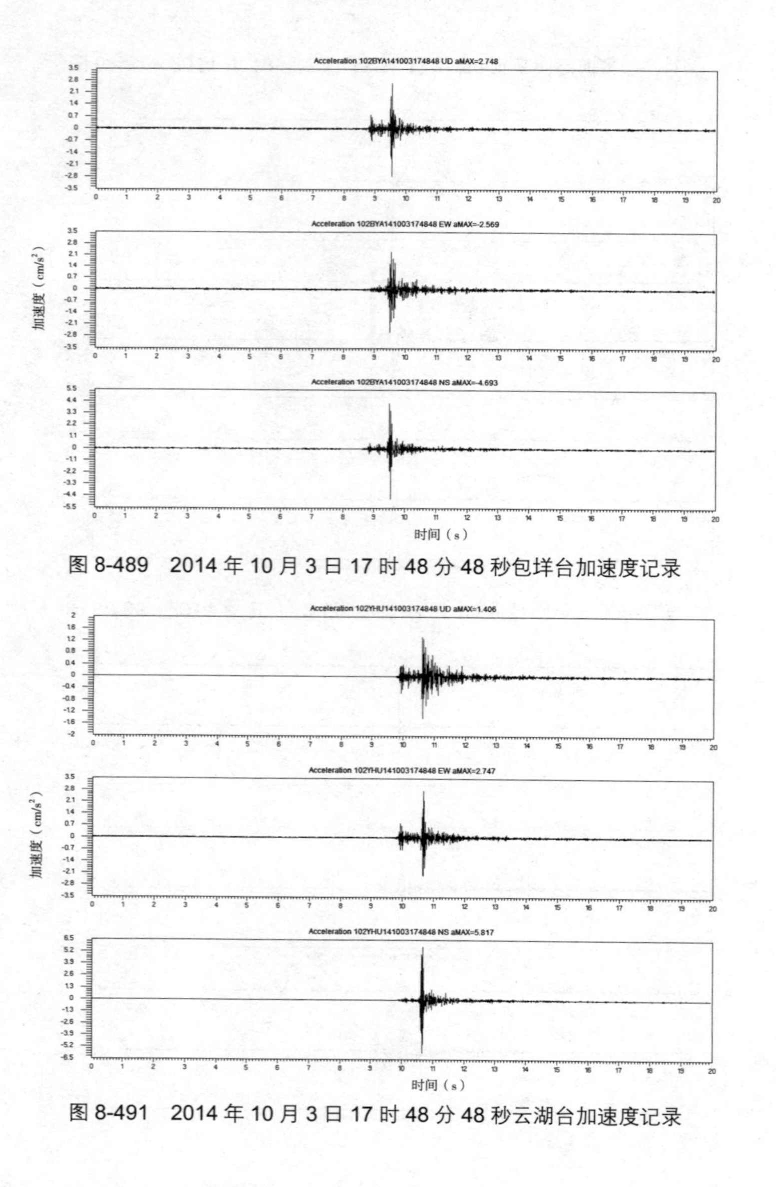

图 8-489　2014 年 10 月 3 日 17 时 48 分 48 秒包垟台加速度记录

图 8-491　2014 年 10 月 3 日 17 时 48 分 48 秒云湖台加速度记录

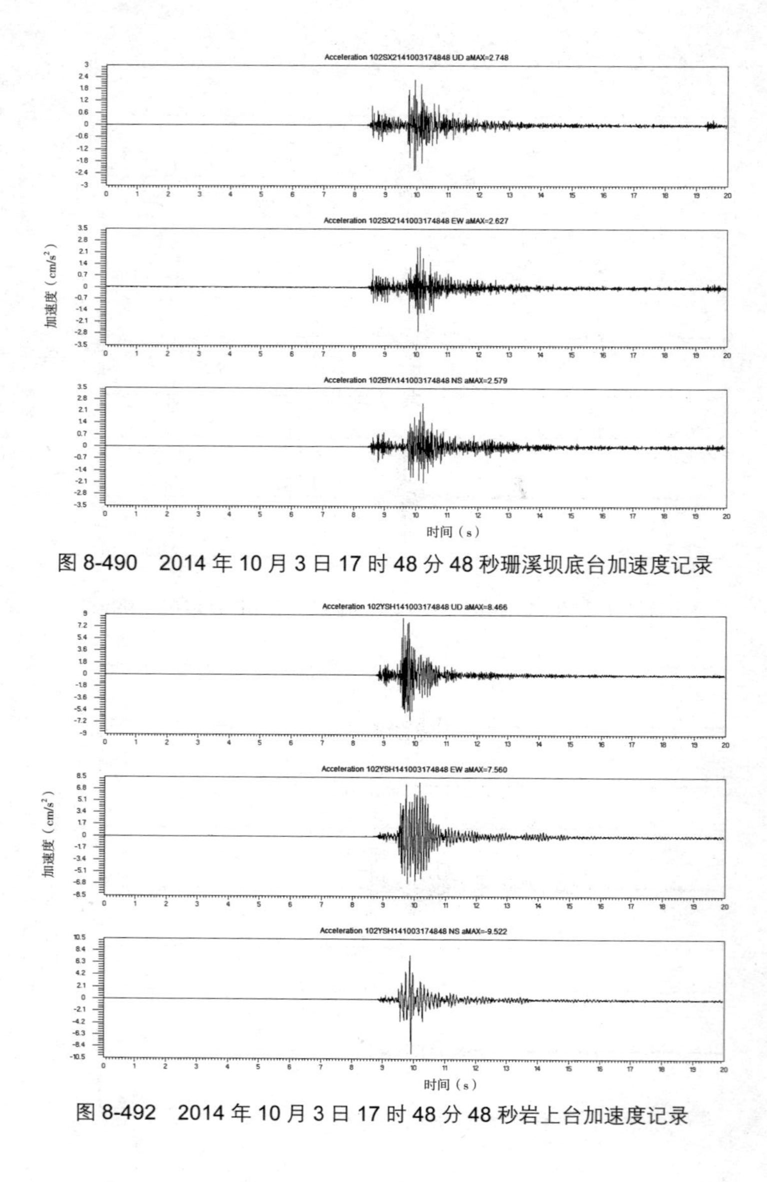

图 8-490　2014 年 10 月 3 日 17 时 48 分 48 秒珊溪坝底台加速度记录

图 8-492　2014 年 10 月 3 日 17 时 48 分 48 秒岩上台加速度记录

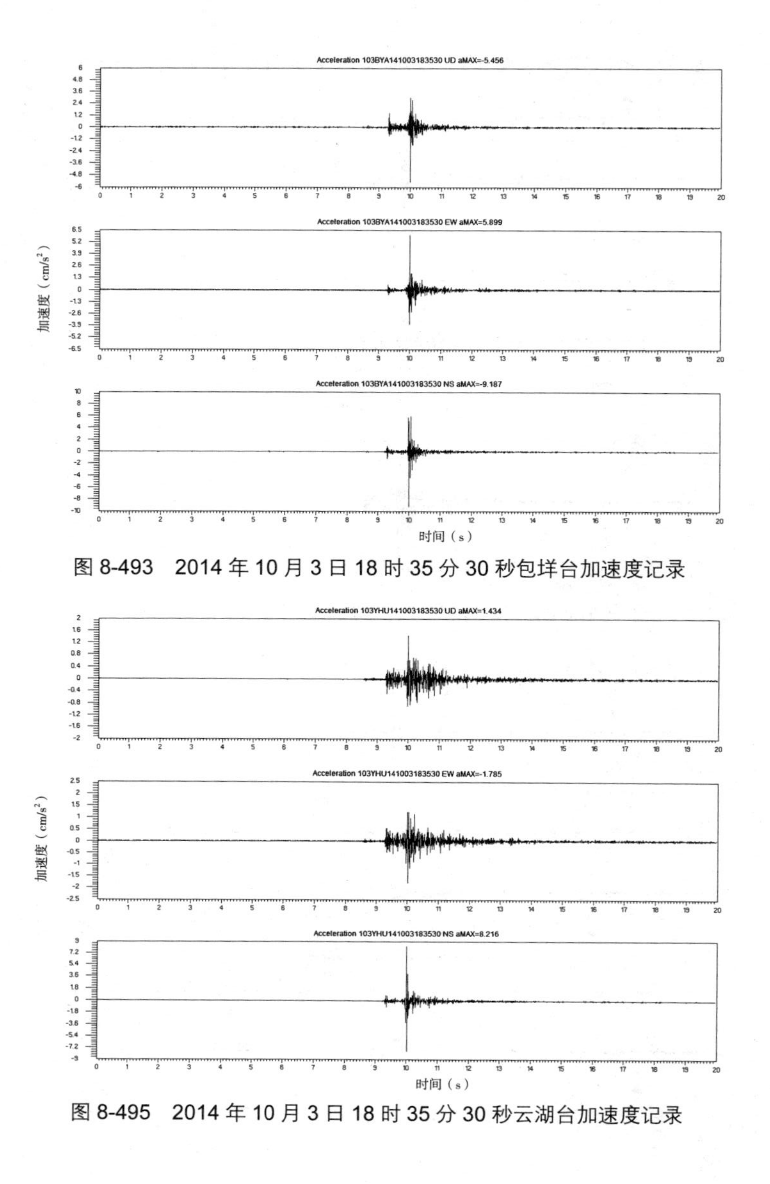

图 8-493　2014 年 10 月 3 日 18 时 35 分 30 秒包垟台加速度记录

图 8-495　2014 年 10 月 3 日 18 时 35 分 30 秒云湖台加速度记录

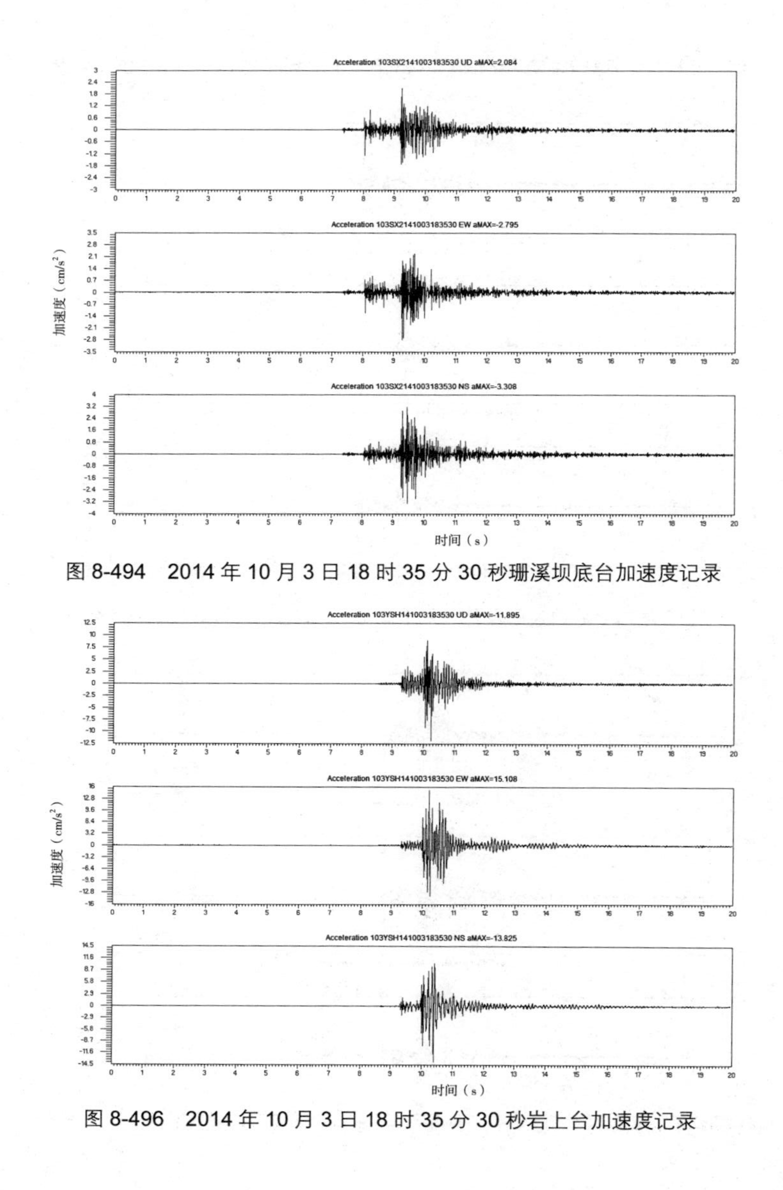

图 8-494　2014 年 10 月 3 日 18 时 35 分 30 秒珊溪坝底台加速度记录

图 8-496　2014 年 10 月 3 日 18 时 35 分 30 秒岩上台加速度记录

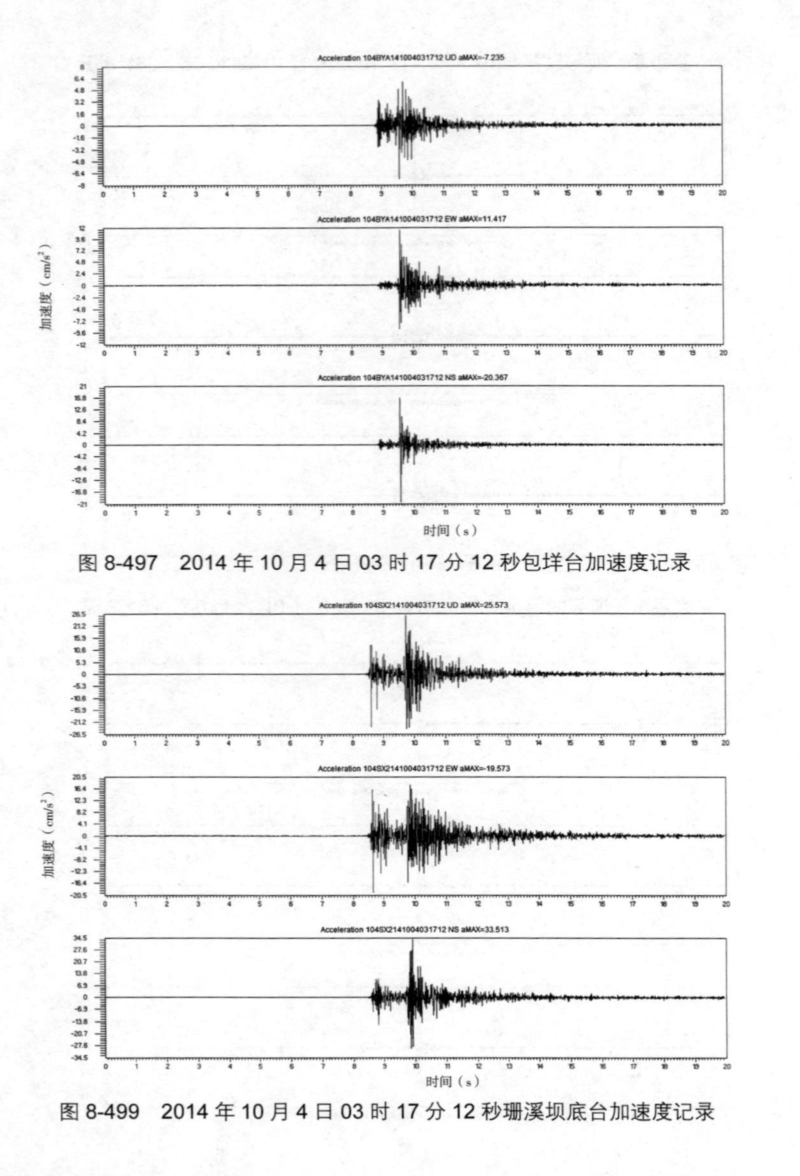

图 8-497　2014 年 10 月 4 日 03 时 17 分 12 秒包垟台加速度记录

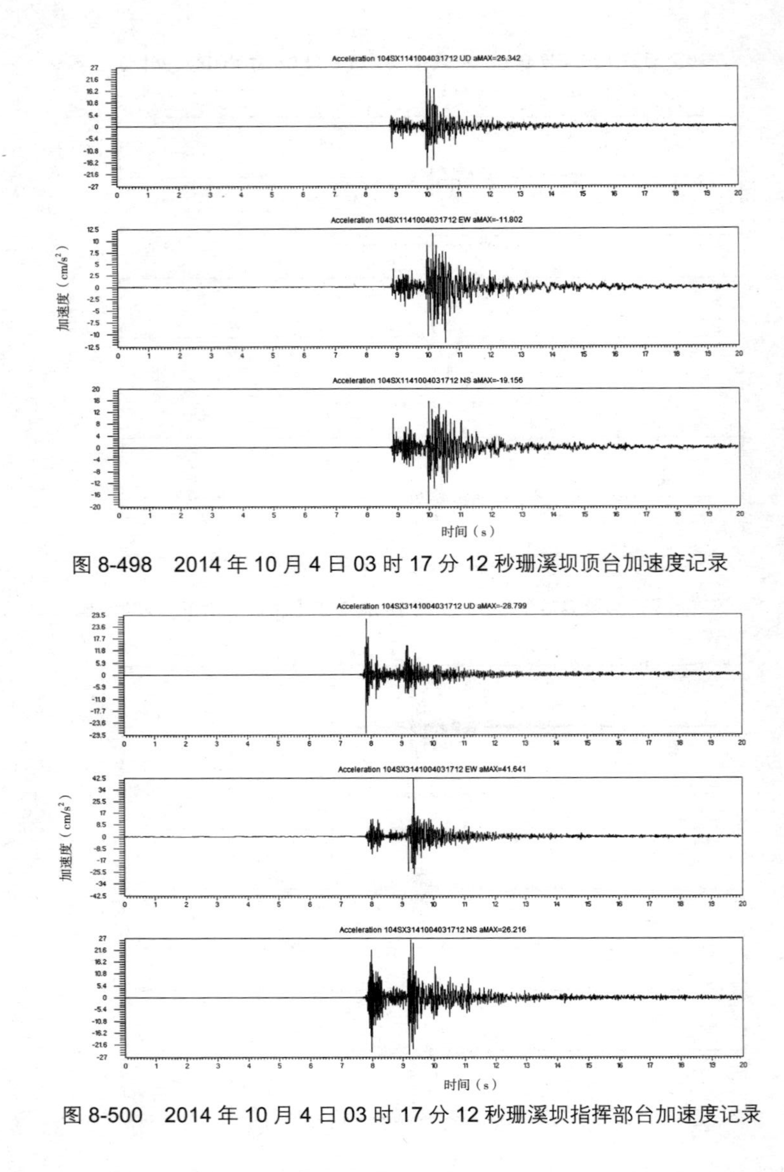

图 8-498　2014 年 10 月 4 日 03 时 17 分 12 秒珊溪坝顶台加速度记录

图 8-499　2014 年 10 月 4 日 03 时 17 分 12 秒珊溪坝底台加速度记录

图 8-500　2014 年 10 月 4 日 03 时 17 分 12 秒珊溪坝指挥部台加速度记录

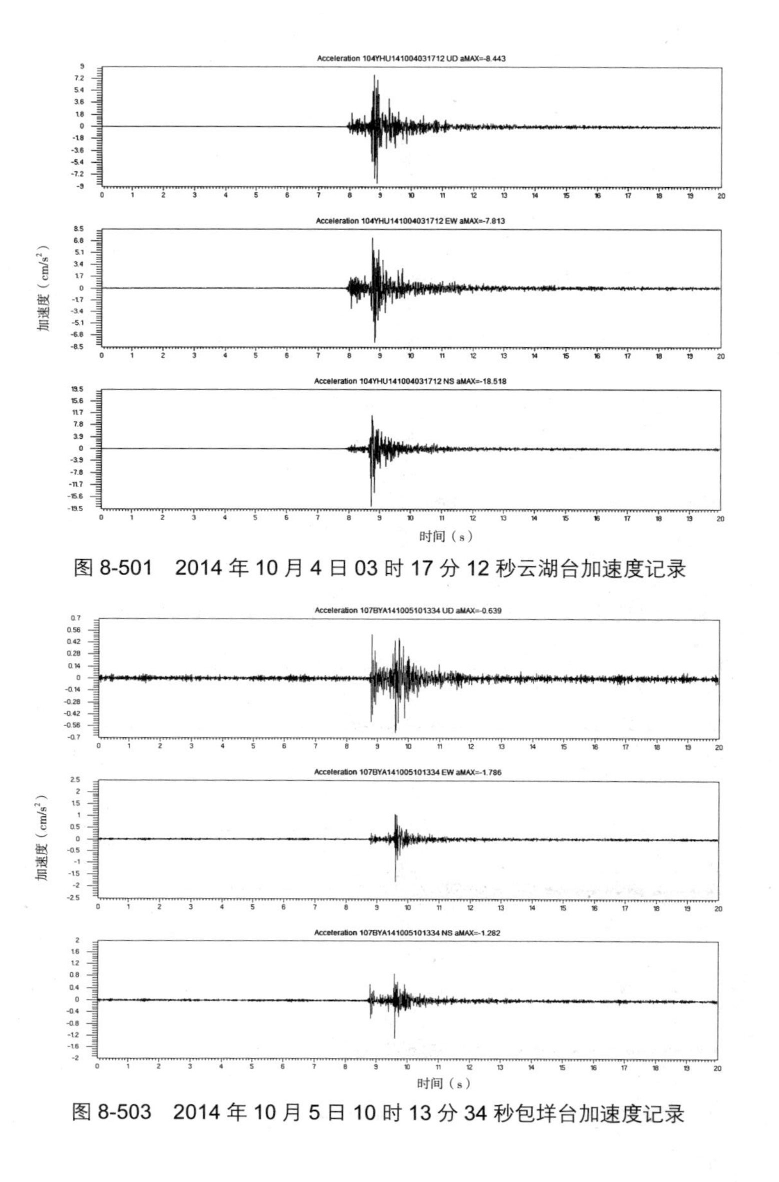

图 8-501　2014 年 10 月 4 日 03 时 17 分 12 秒云湖台加速度记录

图 8-503　2014 年 10 月 5 日 10 时 13 分 34 秒包垟台加速度记录

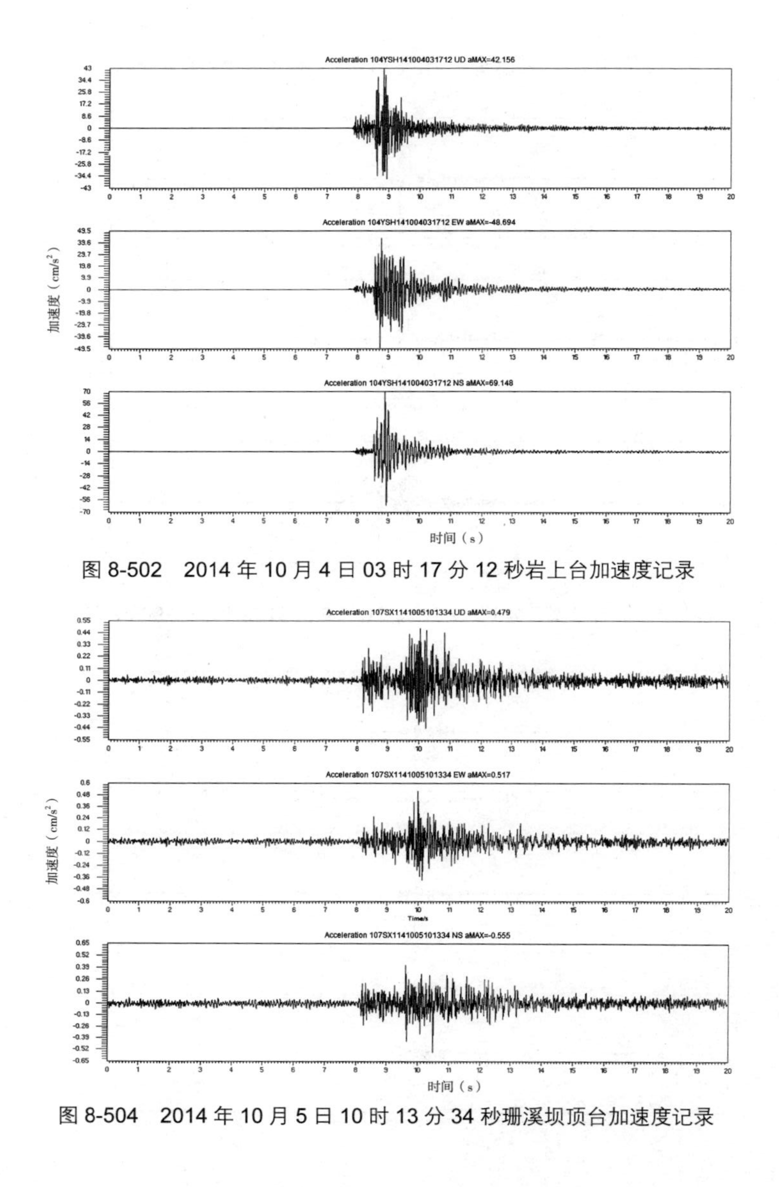

图 8-502　2014 年 10 月 4 日 03 时 17 分 12 秒岩上台加速度记录

图 8-504　2014 年 10 月 5 日 10 时 13 分 34 秒珊溪坝顶台加速度记录

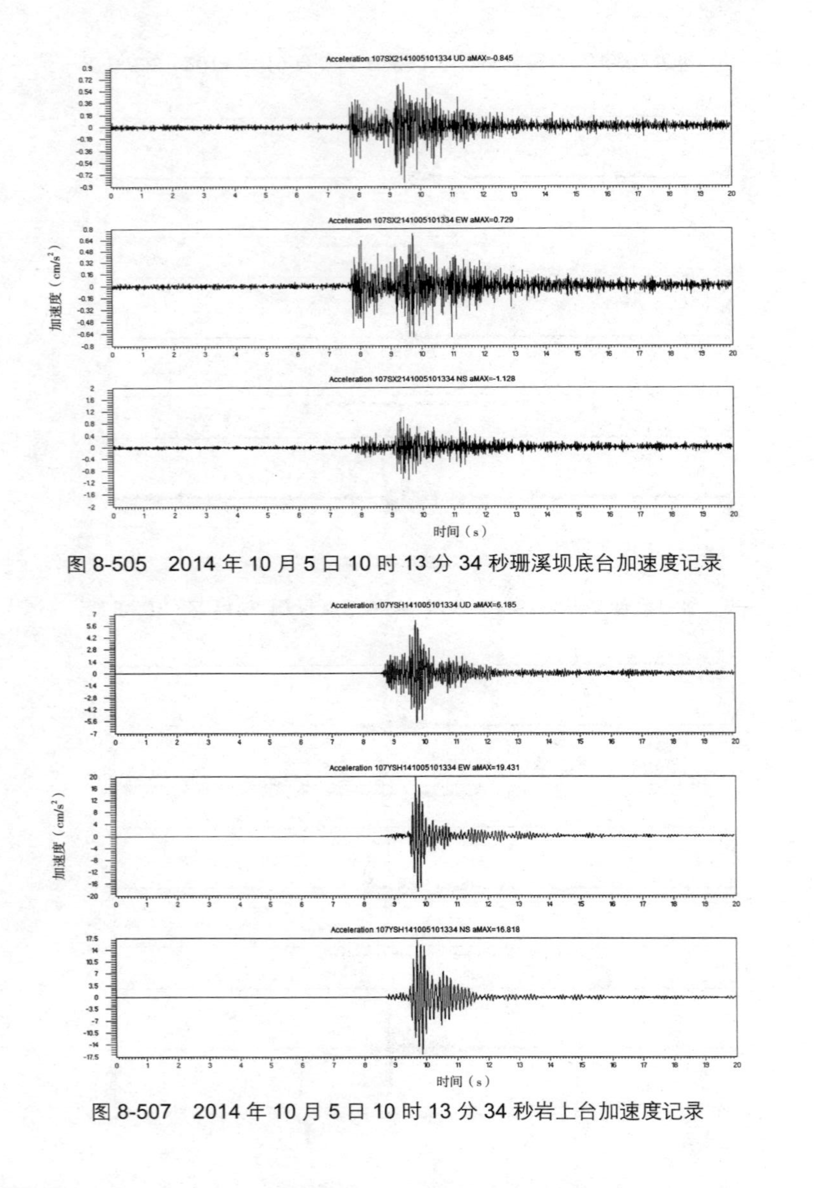

图 8-505 2014 年 10 月 5 日 10 时 13 分 34 秒珊溪坝底台加速度记录

图 8-507 2014 年 10 月 5 日 10 时 13 分 34 秒岩上台加速度记录

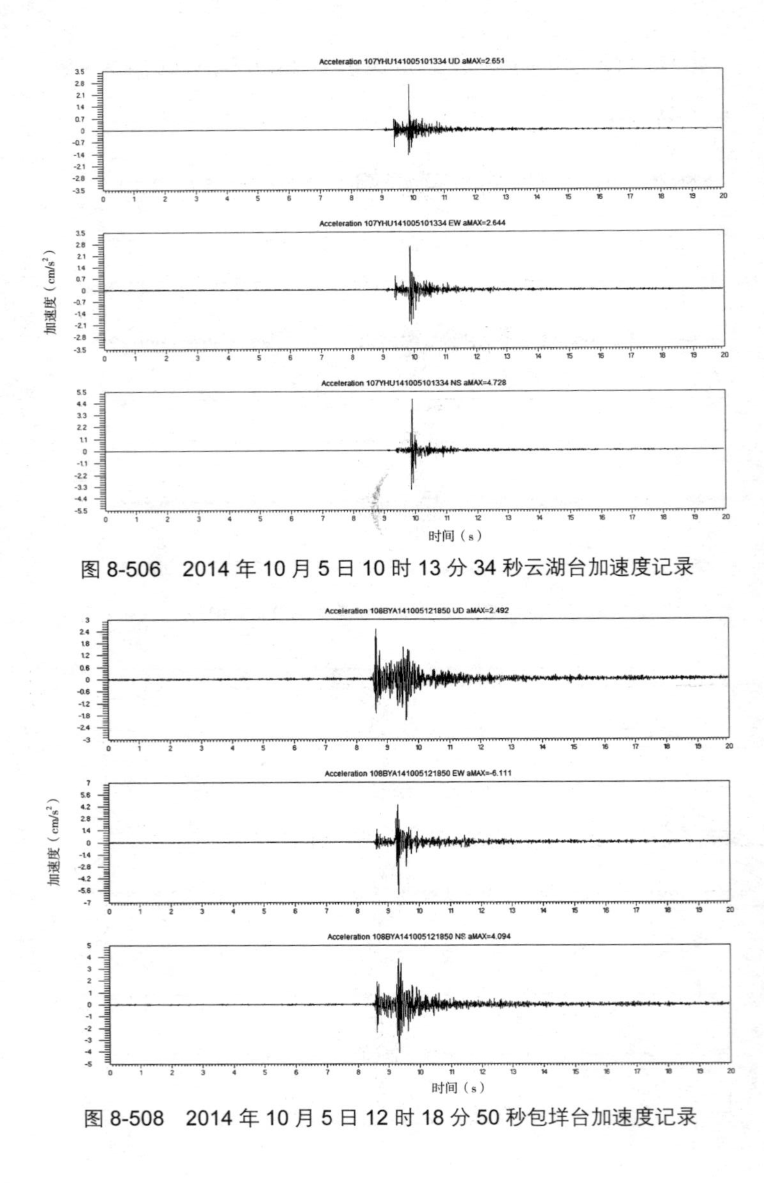

图 8-506 2014 年 10 月 5 日 10 时 13 分 34 秒云湖台加速度记录

图 8-508 2014 年 10 月 5 日 12 时 18 分 50 秒包垟台加速度记录

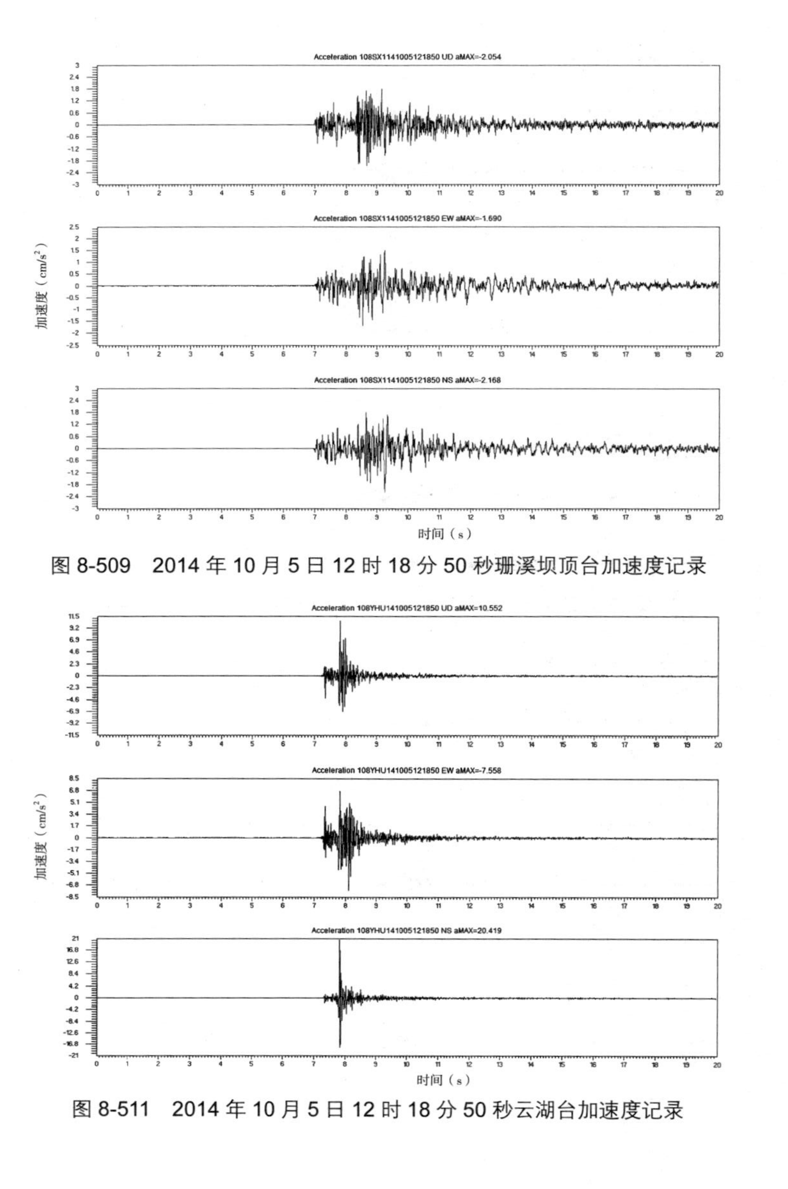

图 8-509　2014 年 10 月 5 日 12 时 18 分 50 秒珊溪坝顶台加速度记录

图 8-511　2014 年 10 月 5 日 12 时 18 分 50 秒云湖台加速度记录

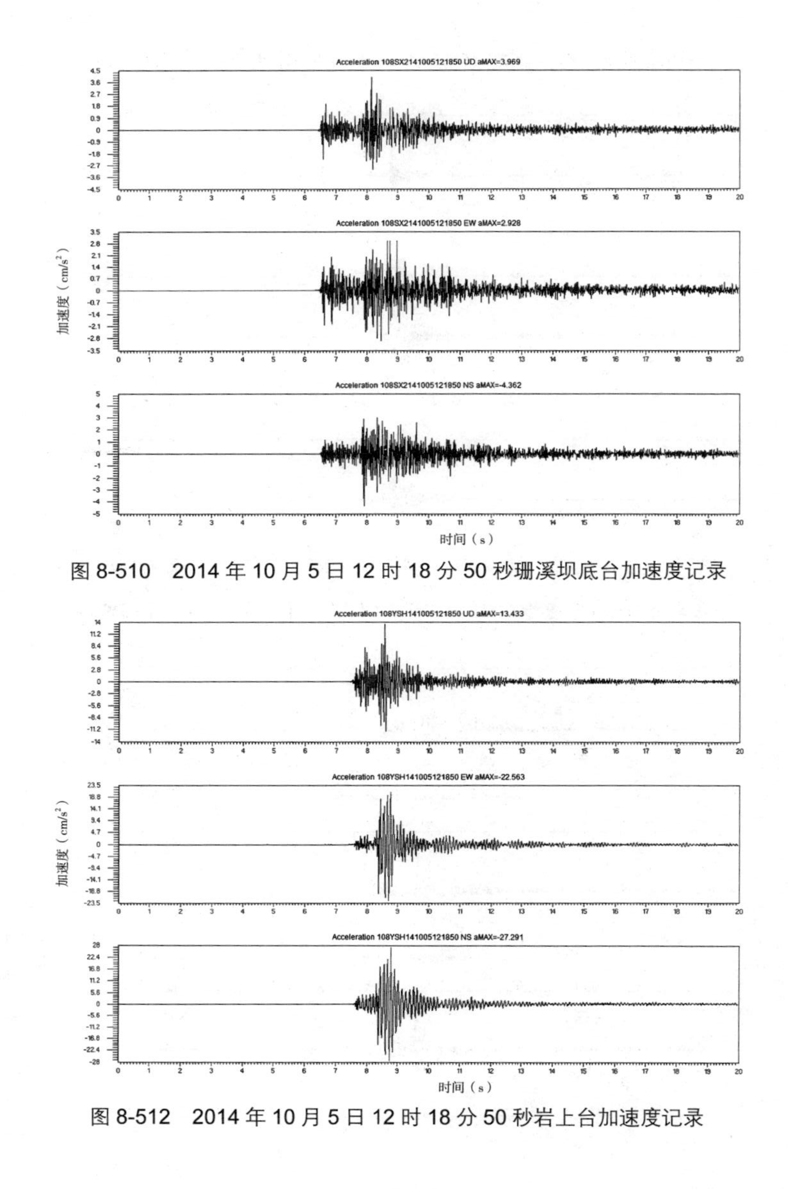

图 8-510　2014 年 10 月 5 日 12 时 18 分 50 秒珊溪坝底台加速度记录

图 8-512　2014 年 10 月 5 日 12 时 18 分 50 秒岩上台加速度记录

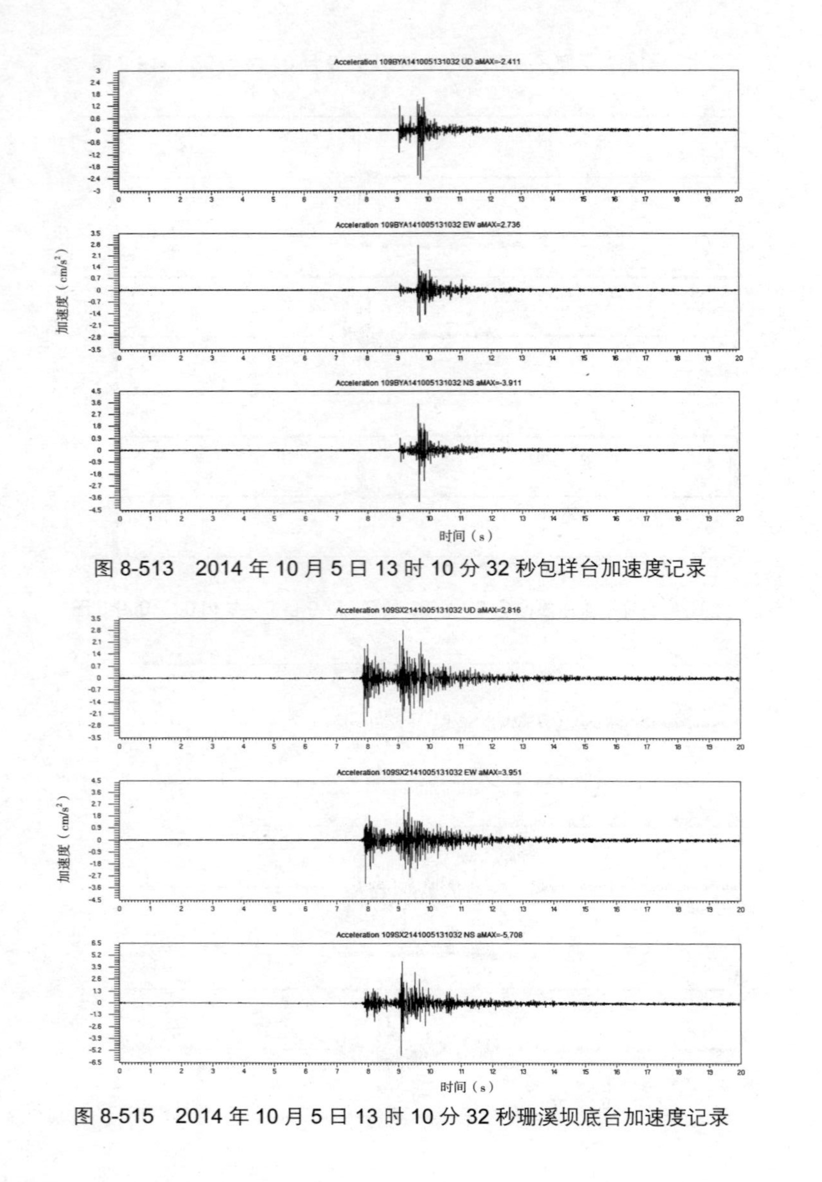

图 8-513　2014 年 10 月 5 日 13 时 10 分 32 秒包垟台加速度记录

图 8-515　2014 年 10 月 5 日 13 时 10 分 32 秒珊溪坝底台加速度记录

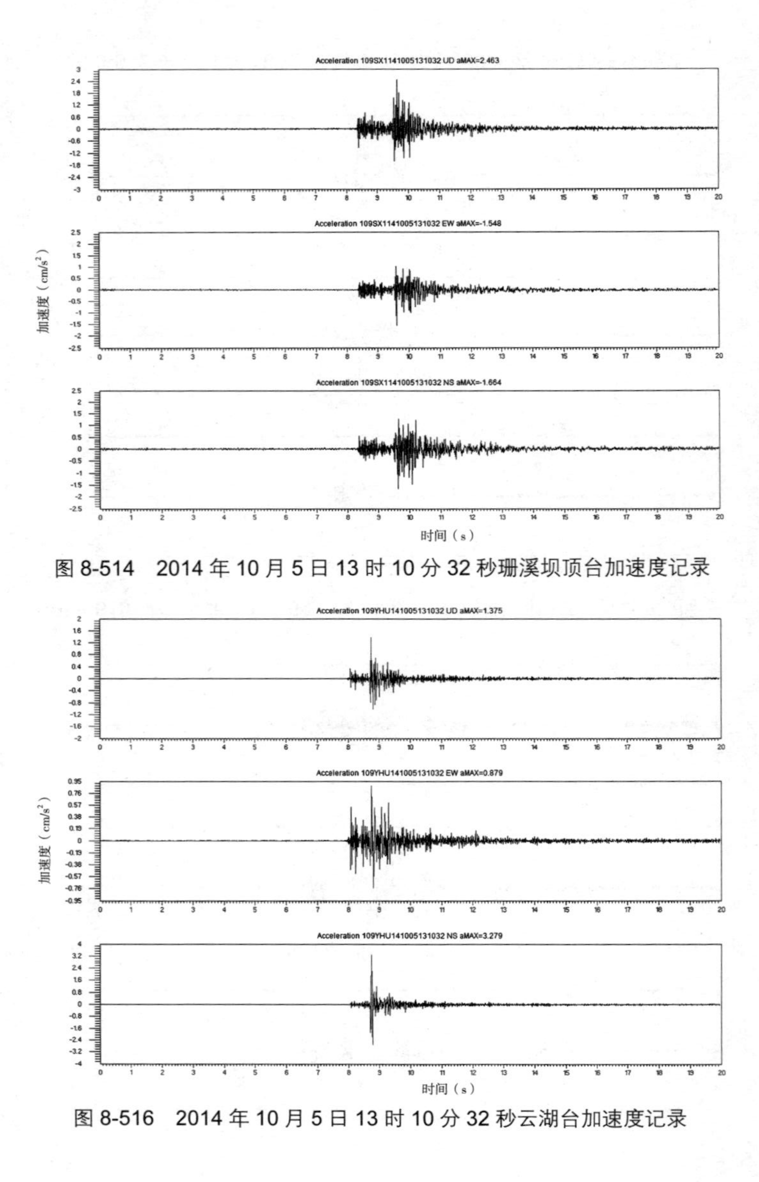

图 8-514　2014 年 10 月 5 日 13 时 10 分 32 秒珊溪坝顶台加速度记录

图 8-516　2014 年 10 月 5 日 13 时 10 分 32 秒云湖台加速度记录

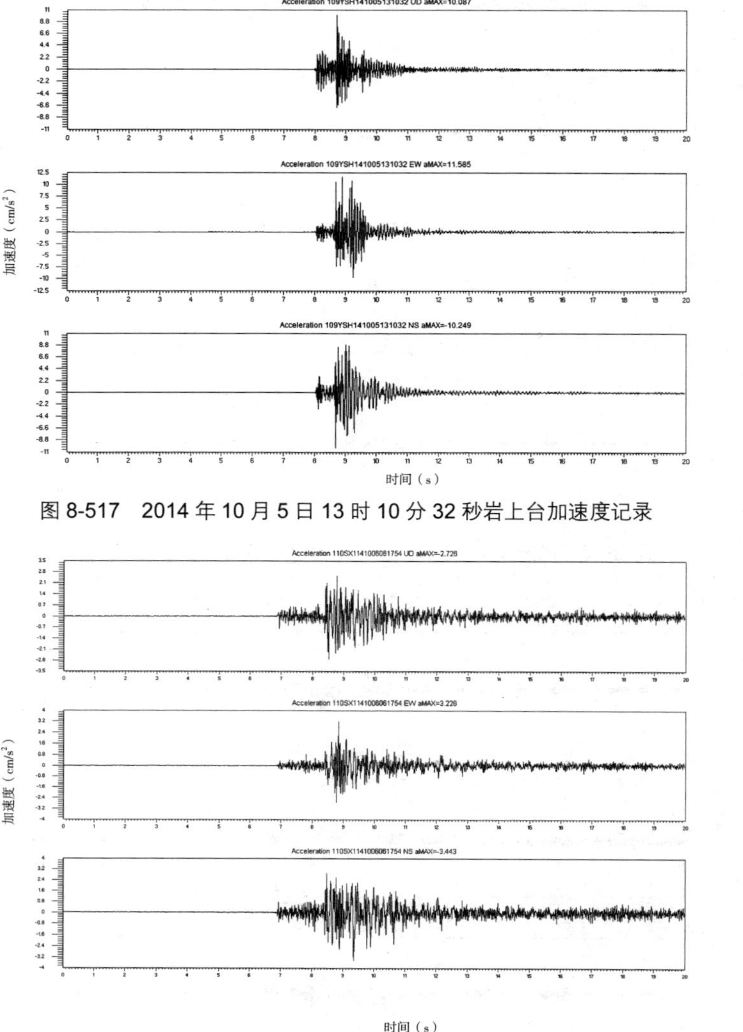

图 8-517　2014 年 10 月 5 日 13 时 10 分 32 秒岩上台加速度记录

图 8-519　2014 年 10 月 6 日 06 时 17 分 54 秒珊溪坝顶台加速度记录

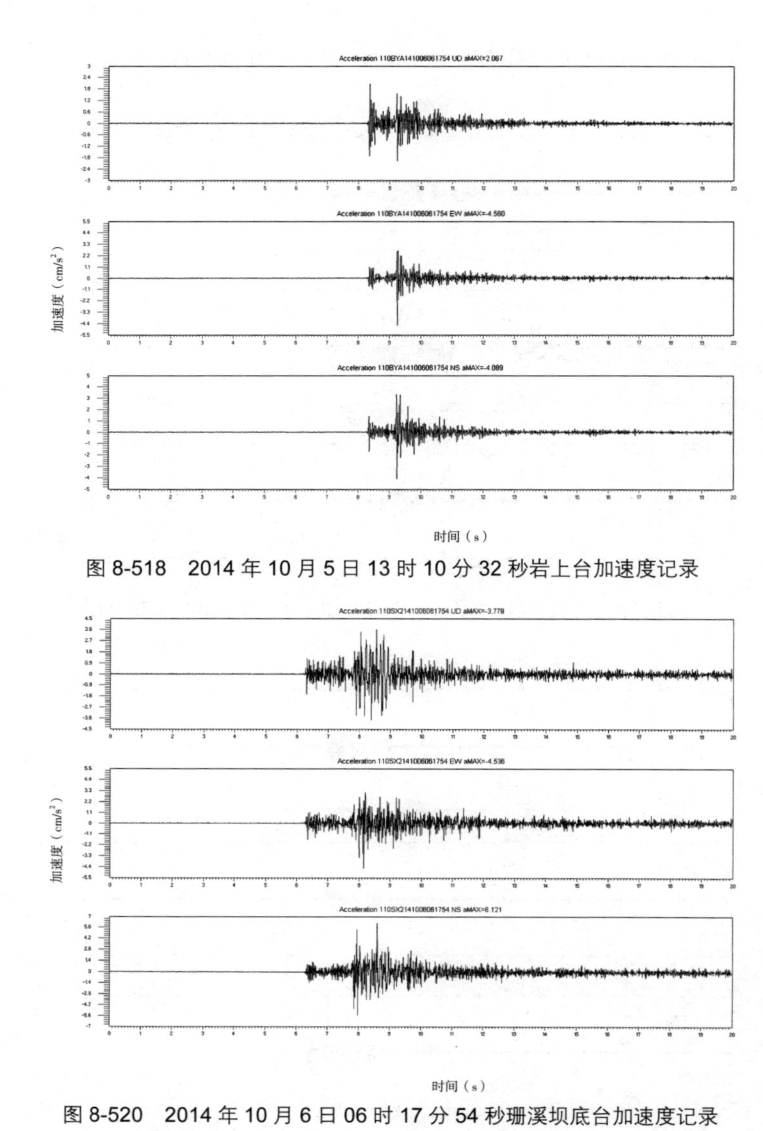

图 8-518　2014 年 10 月 5 日 13 时 10 分 32 秒岩上台加速度记录

图 8-520　2014 年 10 月 6 日 06 时 17 分 54 秒珊溪坝底台加速度记录

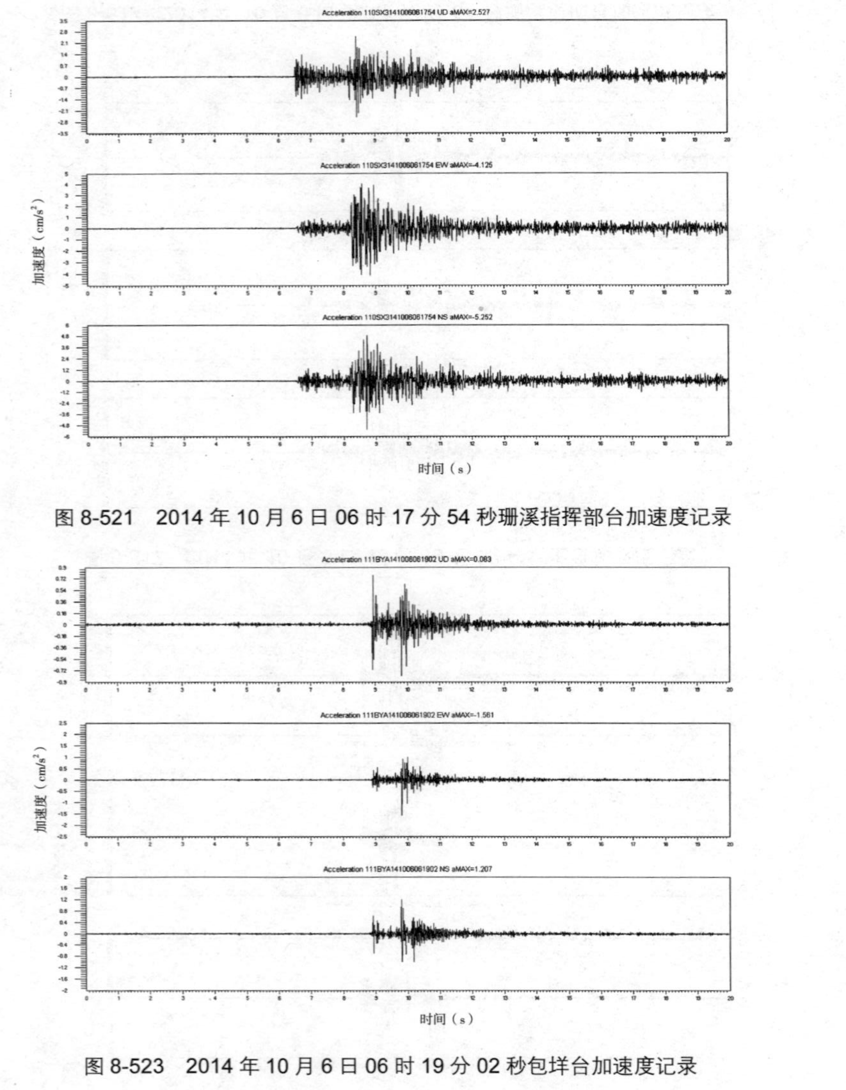

图 8-521　2014 年 10 月 6 日 06 时 17 分 54 秒珊溪指挥部台加速度记录

图 8-523　2014 年 10 月 6 日 06 时 19 分 02 秒包垟台加速度记录

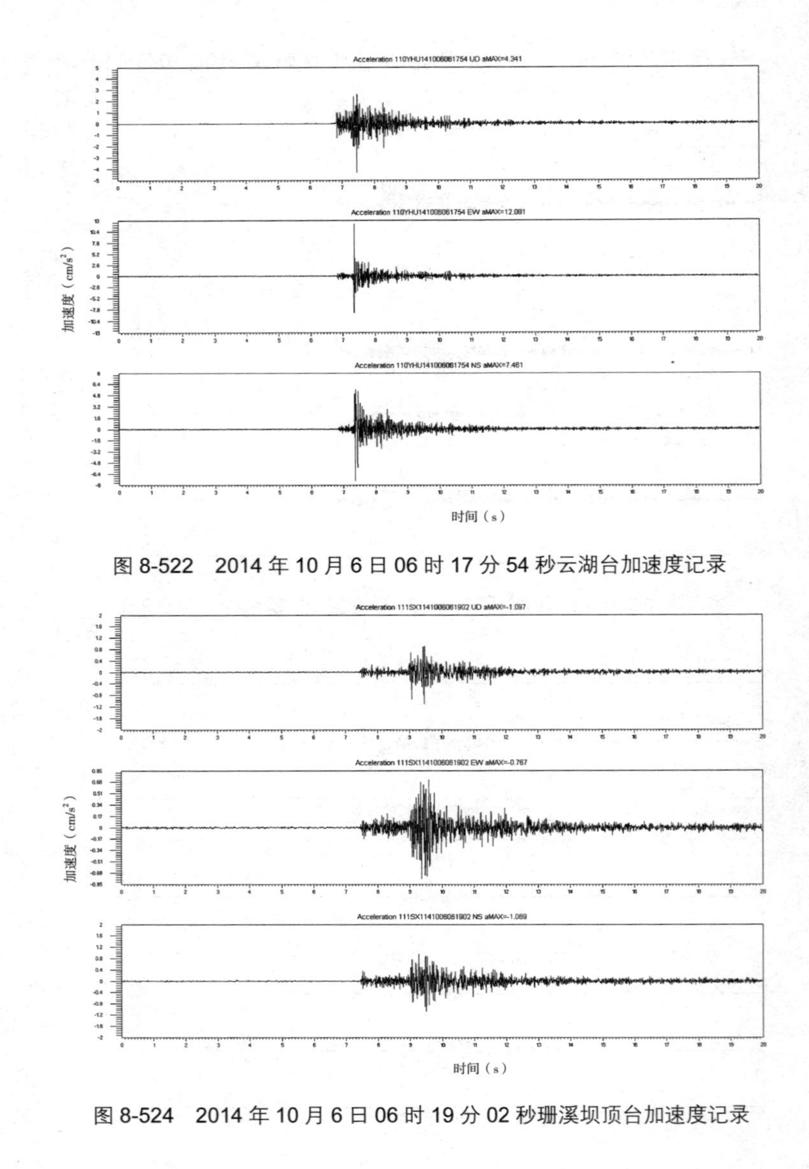

图 8-522　2014 年 10 月 6 日 06 时 17 分 54 秒云湖台加速度记录

图 8-524　2014 年 10 月 6 日 06 时 19 分 02 秒珊溪坝顶台加速度记录

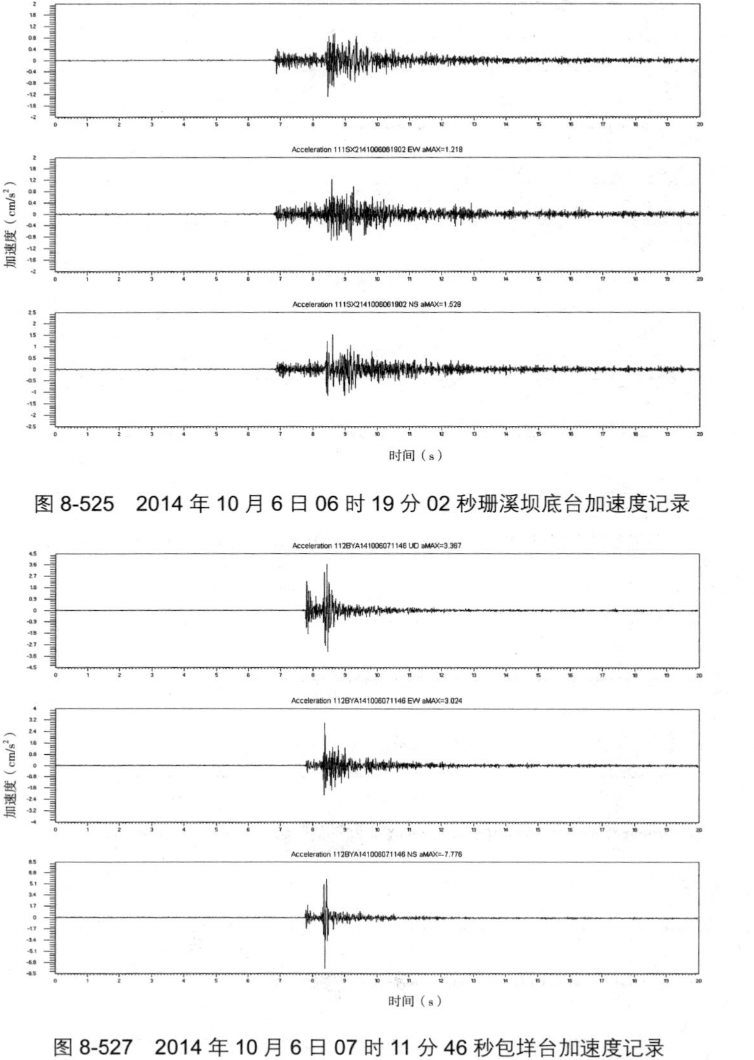

图 8-525　2014 年 10 月 6 日 06 时 19 分 02 秒珊溪坝底台加速度记录

图 8-527　2014 年 10 月 6 日 07 时 11 分 46 秒包垟台加速度记录

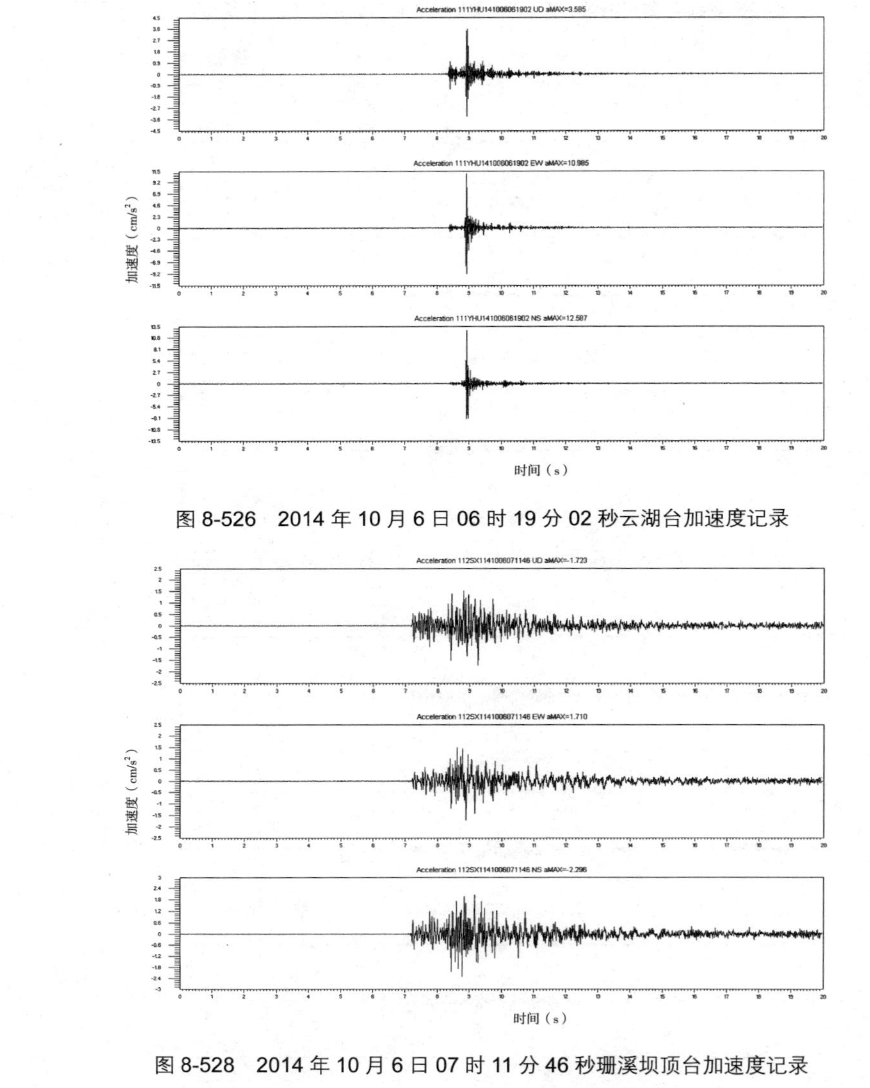

图 8-526　2014 年 10 月 6 日 06 时 19 分 02 秒云湖台加速度记录

图 8-528　2014 年 10 月 6 日 07 时 11 分 46 秒珊溪坝顶台加速度记录

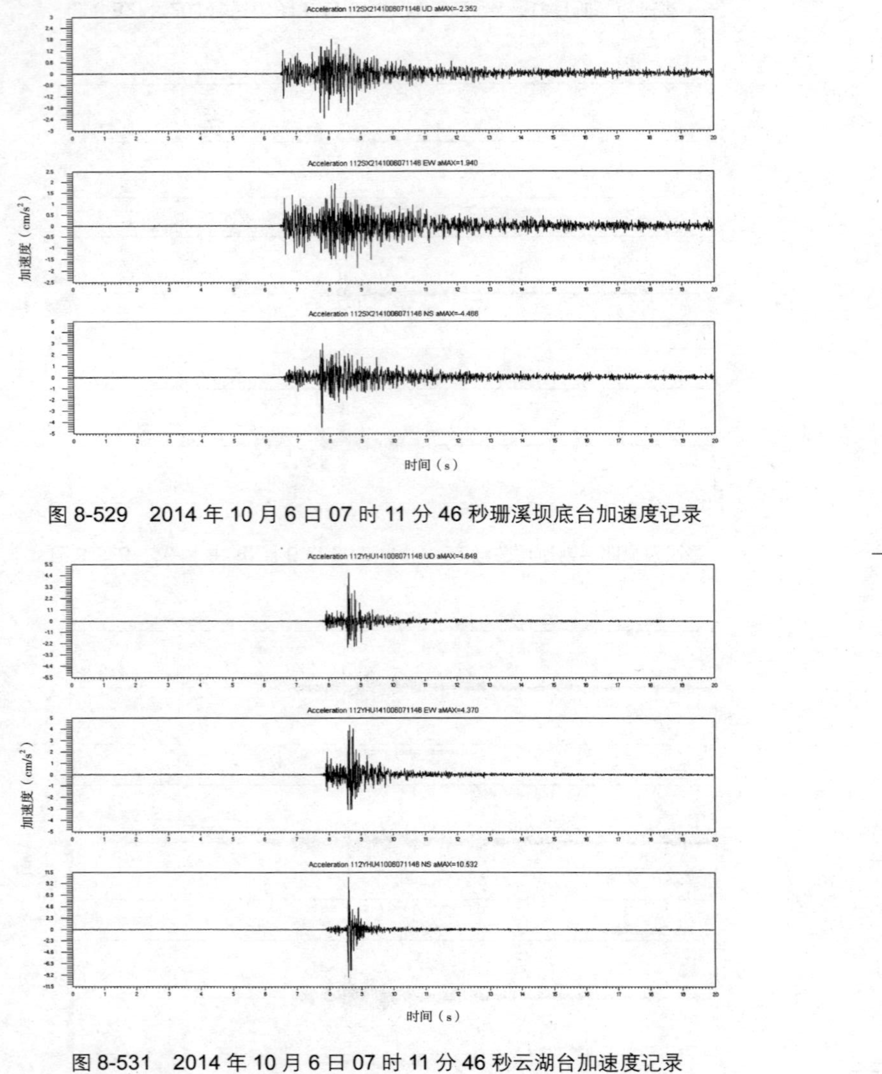

图 8-529　2014 年 10 月 6 日 07 时 11 分 46 秒珊溪坝底台加速度记录

图 8-531　2014 年 10 月 6 日 07 时 11 分 46 秒云湖台加速度记录

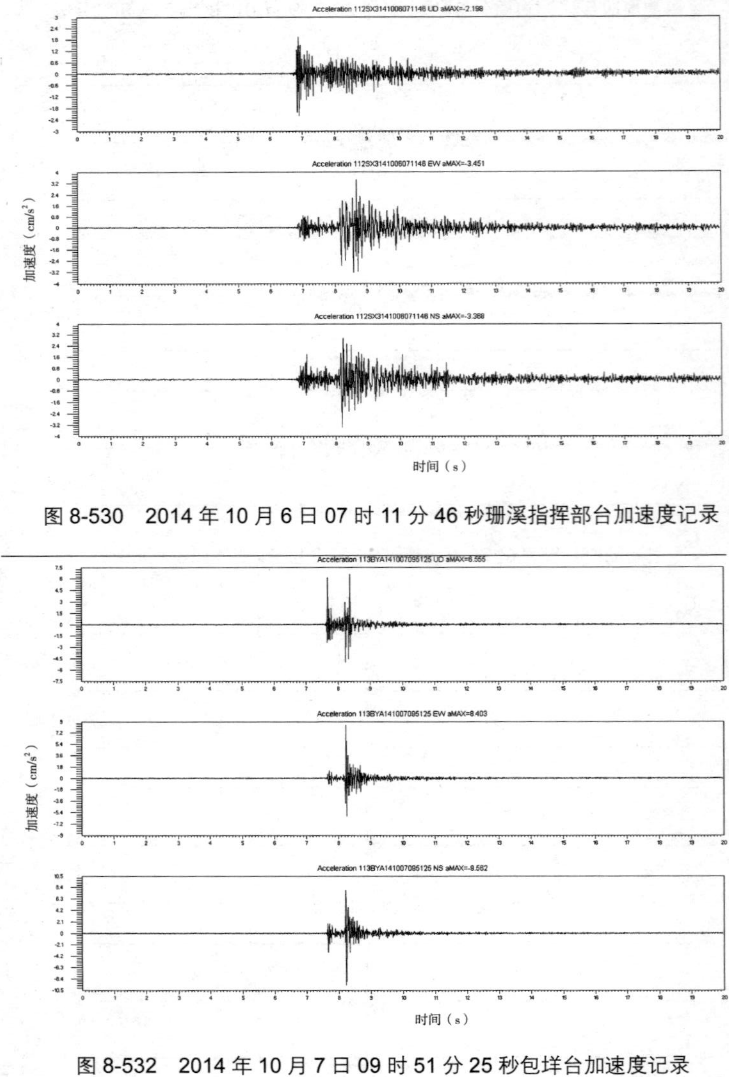

图 8-530　2014 年 10 月 6 日 07 时 11 分 46 秒珊溪指挥部台加速度记录

图 8-532　2014 年 10 月 7 日 09 时 51 分 25 秒包垟台加速度记录

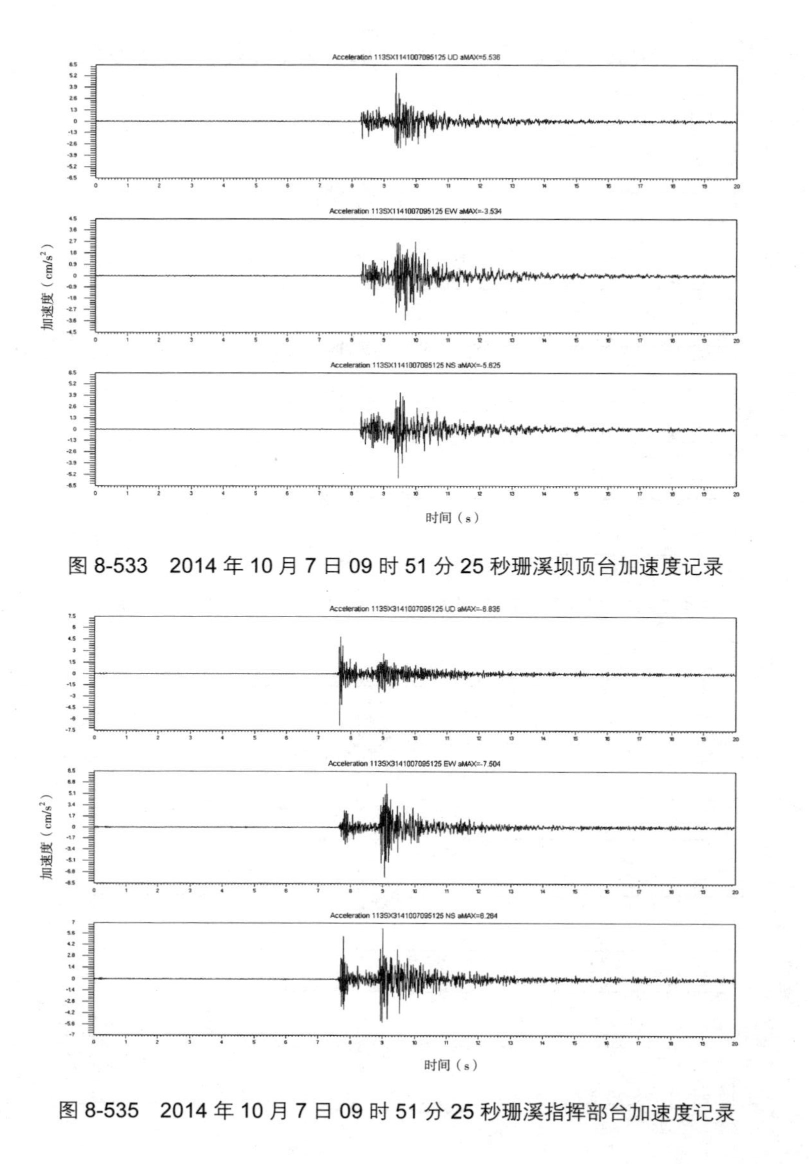

图 8-533　2014 年 10 月 7 日 09 时 51 分 25 秒珊溪坝顶台加速度记录

图 8-535　2014 年 10 月 7 日 09 时 51 分 25 秒珊溪指挥部台加速度记录

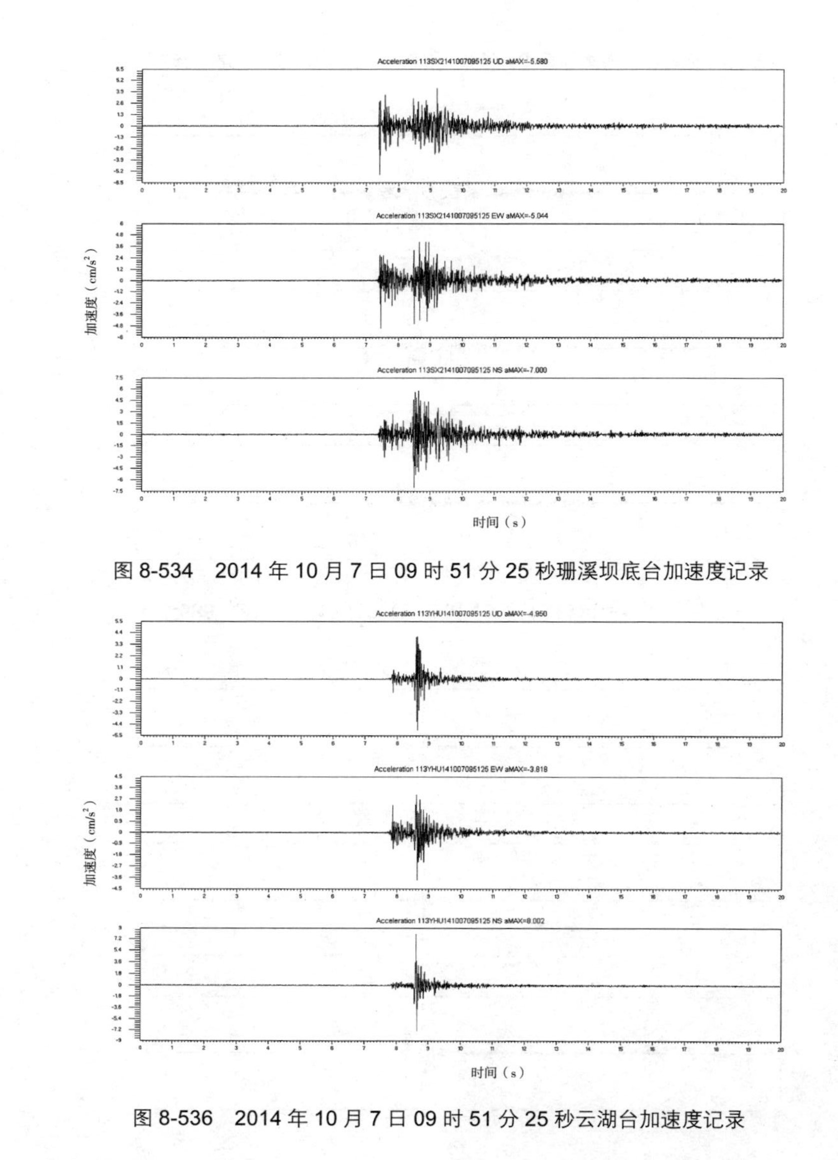

图 8-534　2014 年 10 月 7 日 09 时 51 分 25 秒珊溪坝底台加速度记录

图 8-536　2014 年 10 月 7 日 09 时 51 分 25 秒云湖台加速度记录

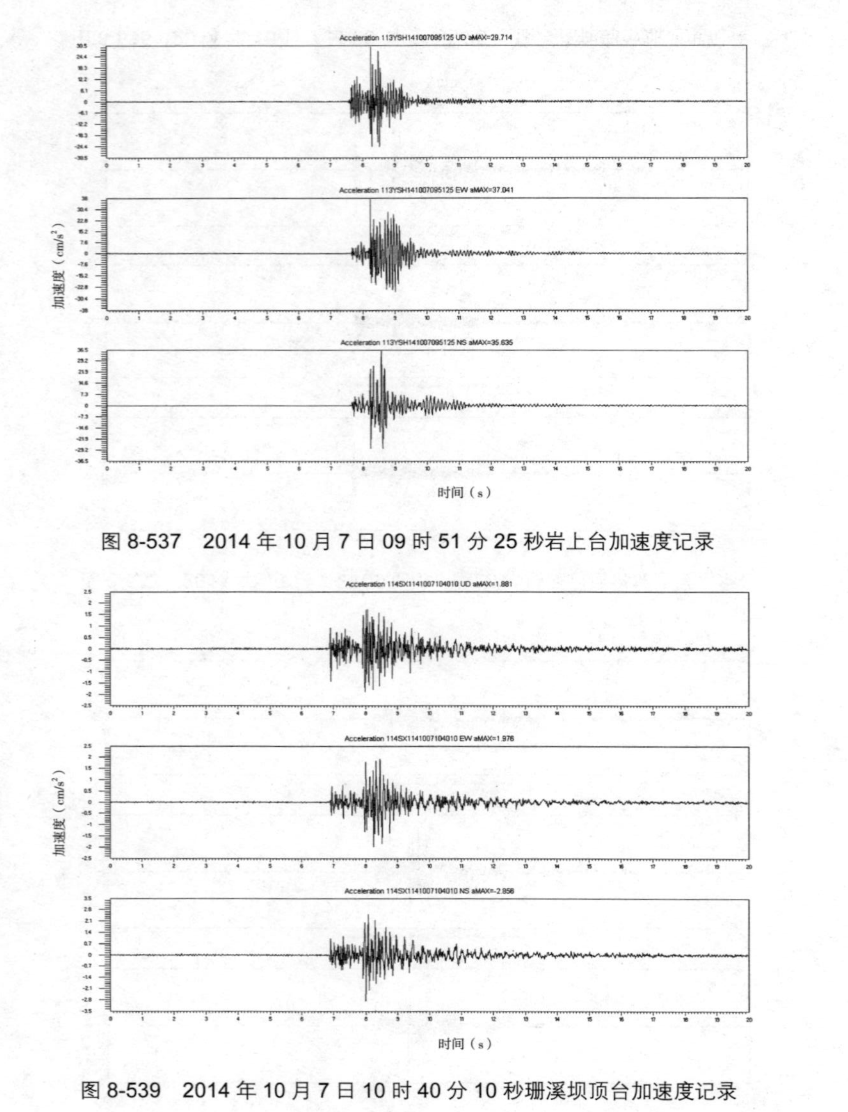

图 8-537　2014 年 10 月 7 日 09 时 51 分 25 秒岩上台加速度记录

图 8-539　2014 年 10 月 7 日 10 时 40 分 10 秒珊溪坝顶台加速度记录

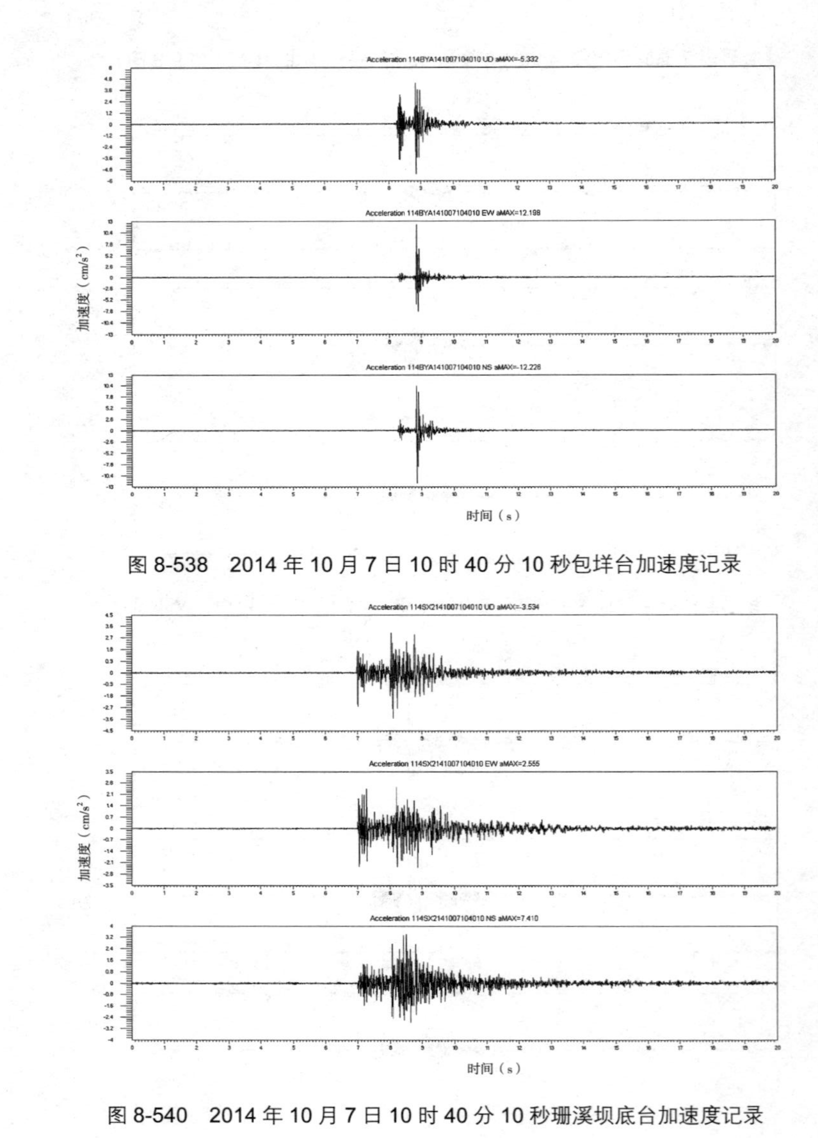

图 8-538　2014 年 10 月 7 日 10 时 40 分 10 秒包垟台加速度记录

图 8-540　2014 年 10 月 7 日 10 时 40 分 10 秒珊溪坝底台加速度记录

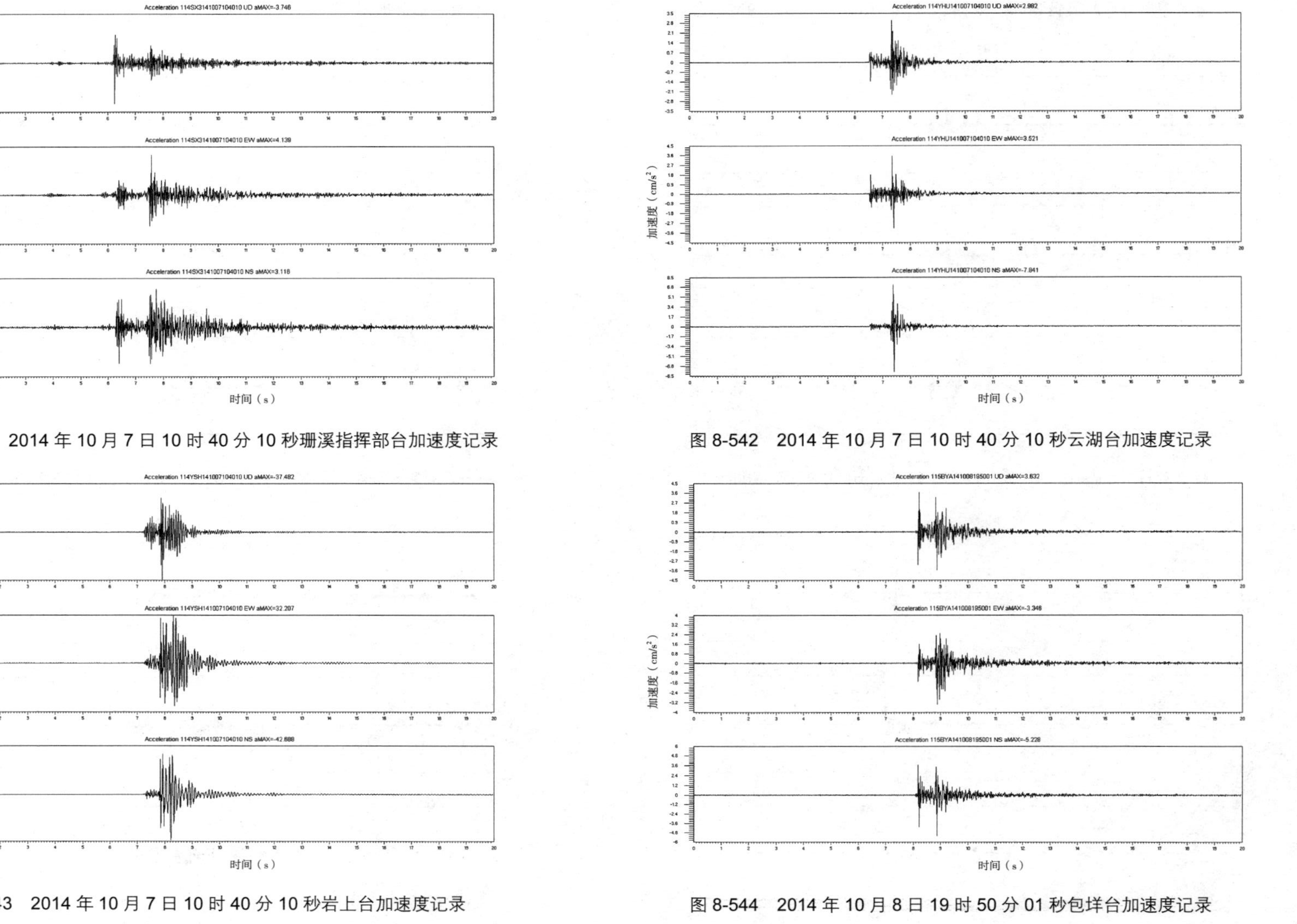

图 8-541　2014 年 10 月 7 日 10 时 40 分 10 秒珊溪指挥部台加速度记录

图 8-542　2014 年 10 月 7 日 10 时 40 分 10 秒云湖台加速度记录

图 8-543　2014 年 10 月 7 日 10 时 40 分 10 秒岩上台加速度记录

图 8-544　2014 年 10 月 8 日 19 时 50 分 01 秒包垟台加速度记录

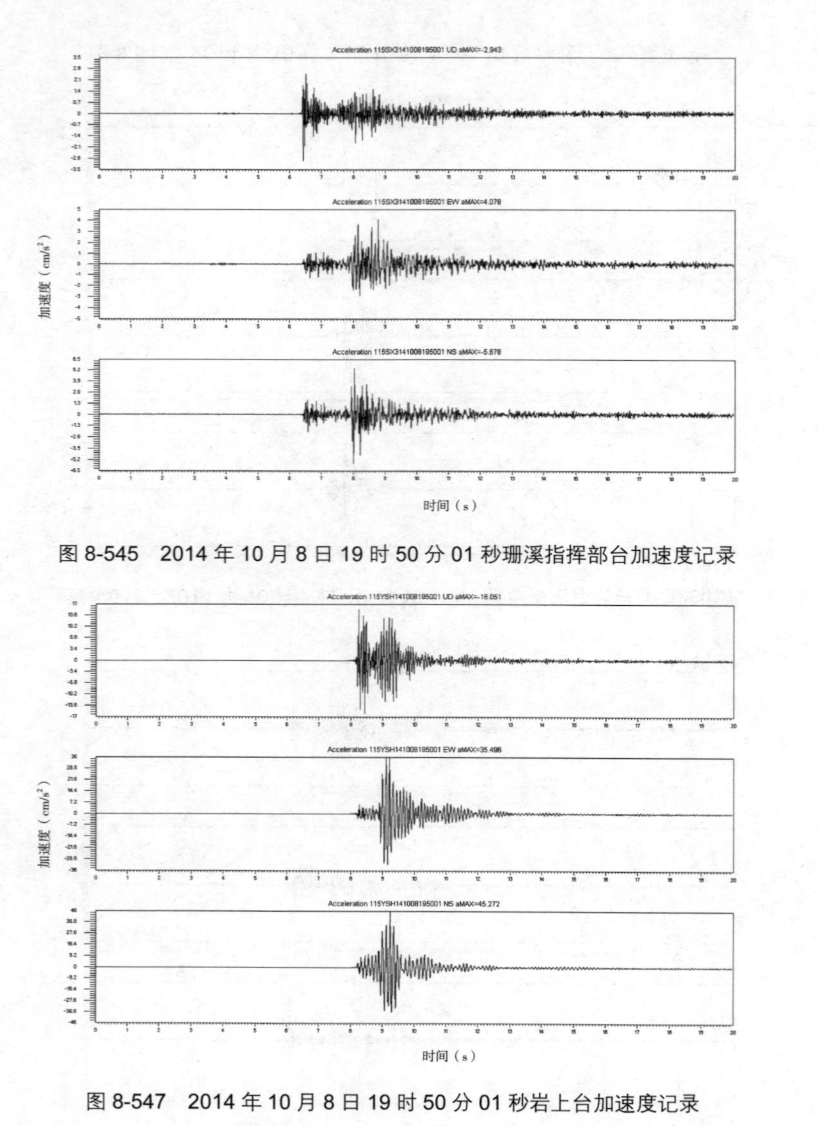

图 8-545　2014 年 10 月 8 日 19 时 50 分 01 秒珊溪指挥部台加速度记录

图 8-547　2014 年 10 月 8 日 19 时 50 分 01 秒岩上台加速度记录

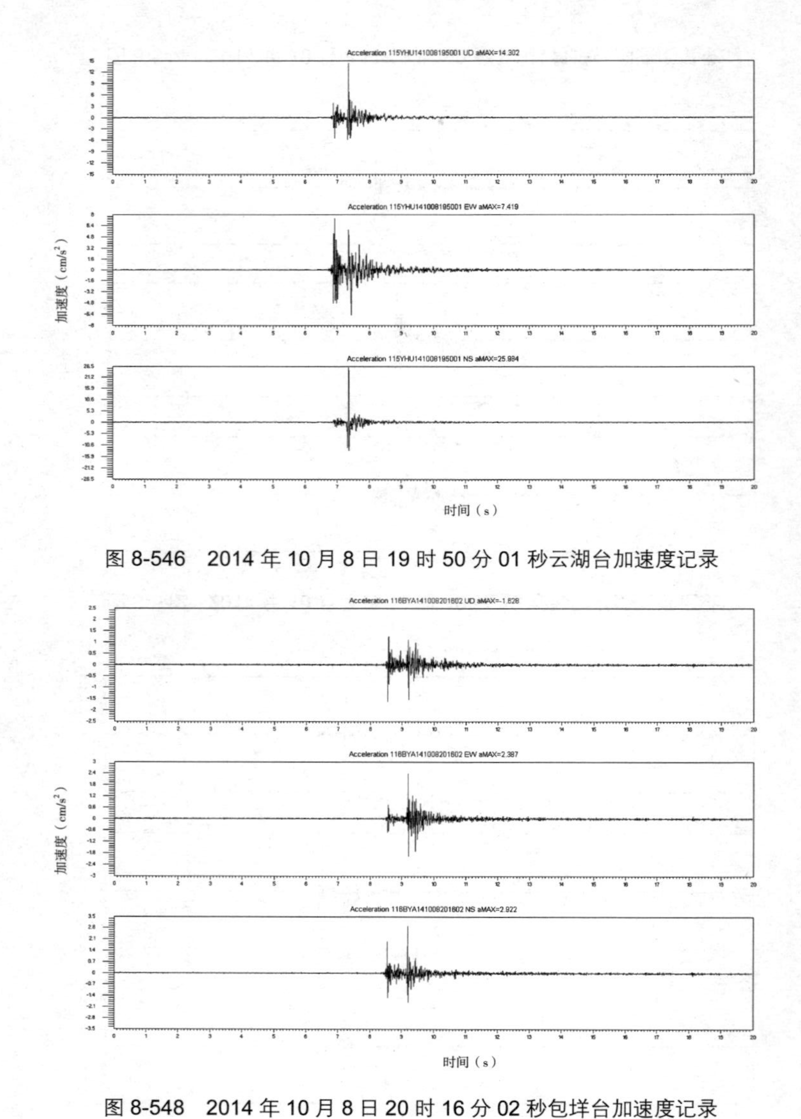

图 8-546　2014 年 10 月 8 日 19 时 50 分 01 秒云湖台加速度记录

图 8-548　2014 年 10 月 8 日 20 时 16 分 02 秒包垟台加速度记录

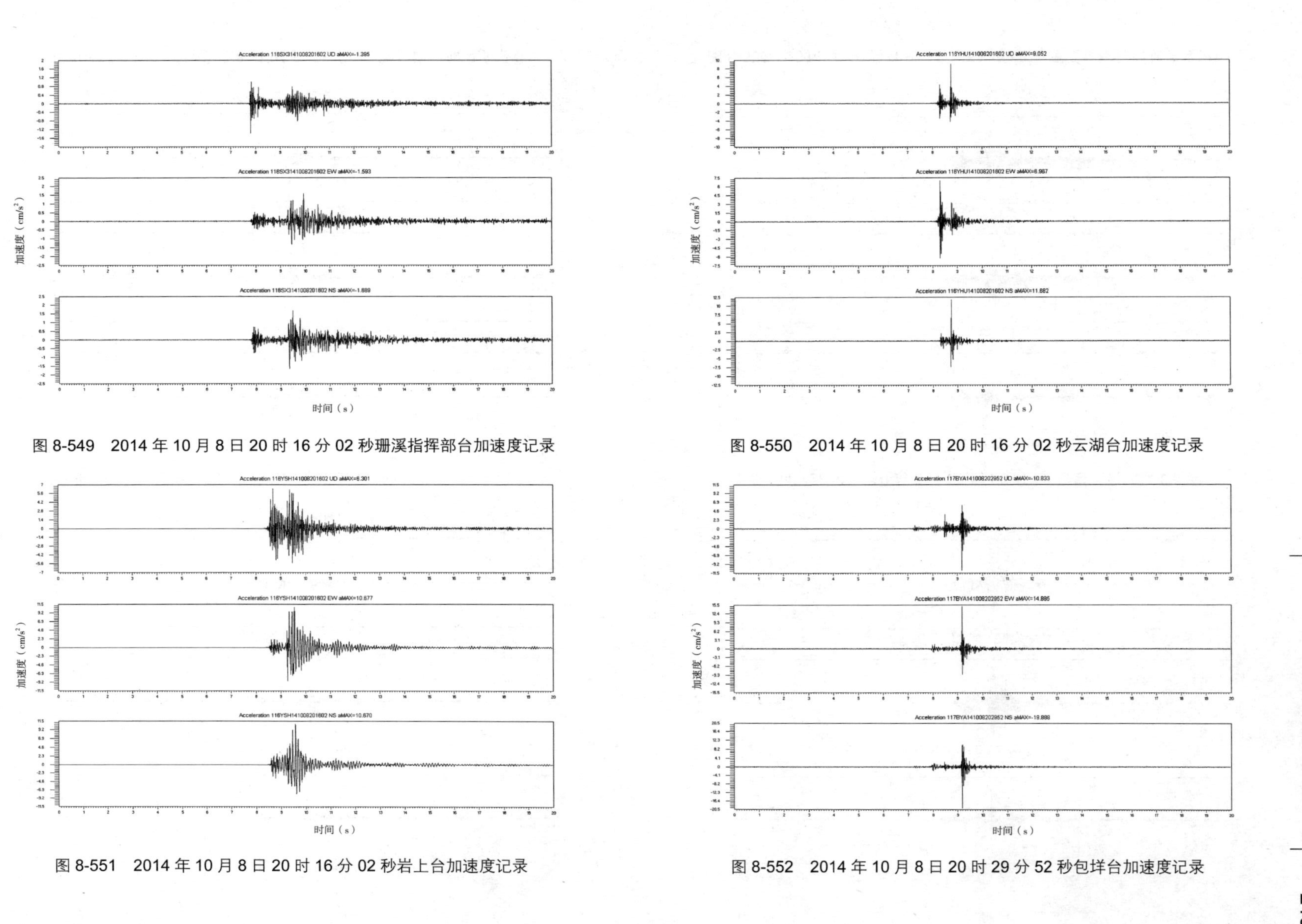

图 8-549　2014 年 10 月 8 日 20 时 16 分 02 秒珊溪指挥部台加速度记录

图 8-550　2014 年 10 月 8 日 20 时 16 分 02 秒云湖台加速度记录

图 8-551　2014 年 10 月 8 日 20 时 16 分 02 秒岩上台加速度记录

图 8-552　2014 年 10 月 8 日 20 时 29 分 52 秒包垟台加速度记录

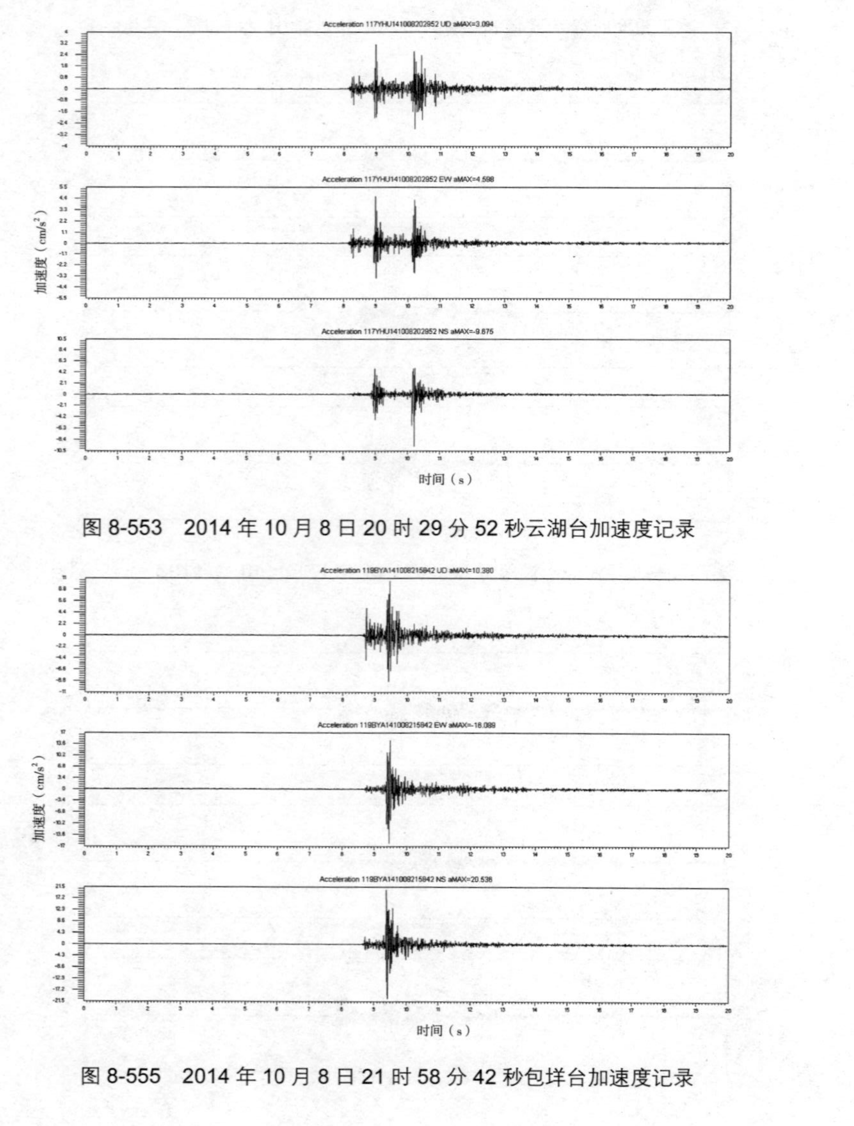

图 8-553　2014 年 10 月 8 日 20 时 29 分 52 秒云湖台加速度记录

图 8-555　2014 年 10 月 8 日 21 时 58 分 42 秒包垟台加速度记录

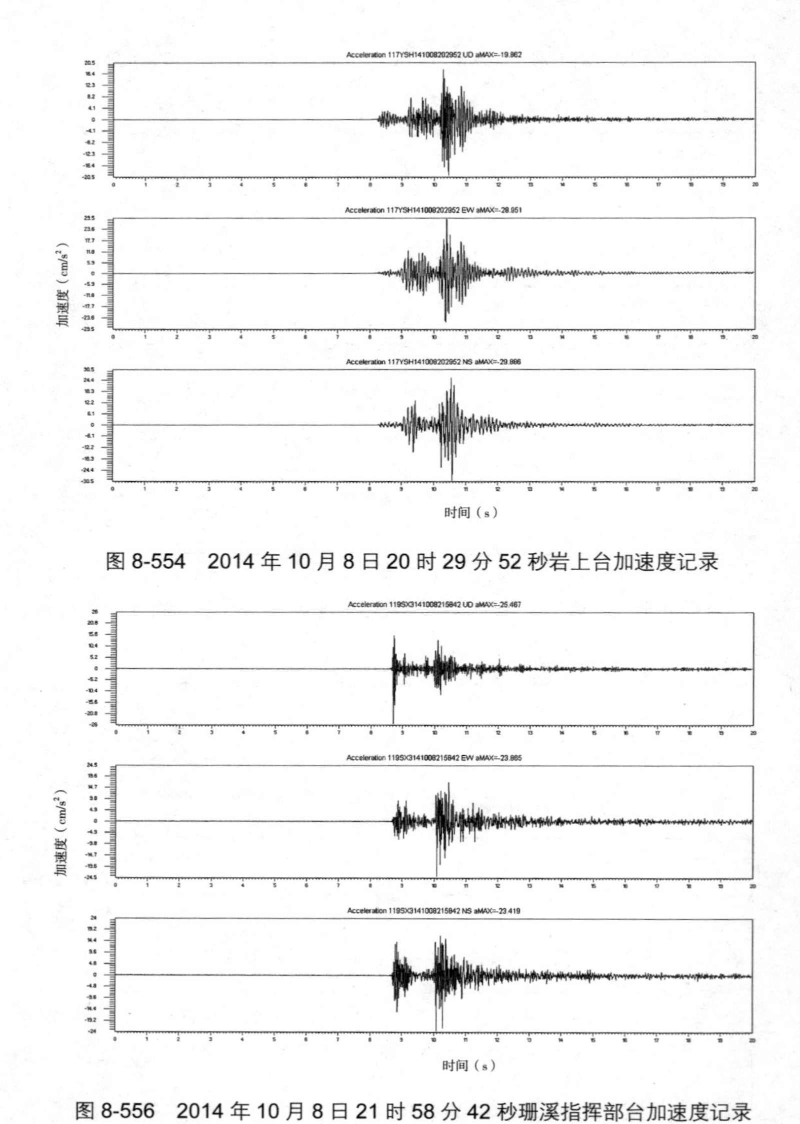

图 8-554　2014 年 10 月 8 日 20 时 29 分 52 秒岩上台加速度记录

图 8-556　2014 年 10 月 8 日 21 时 58 分 42 秒珊溪指挥部台加速度记录

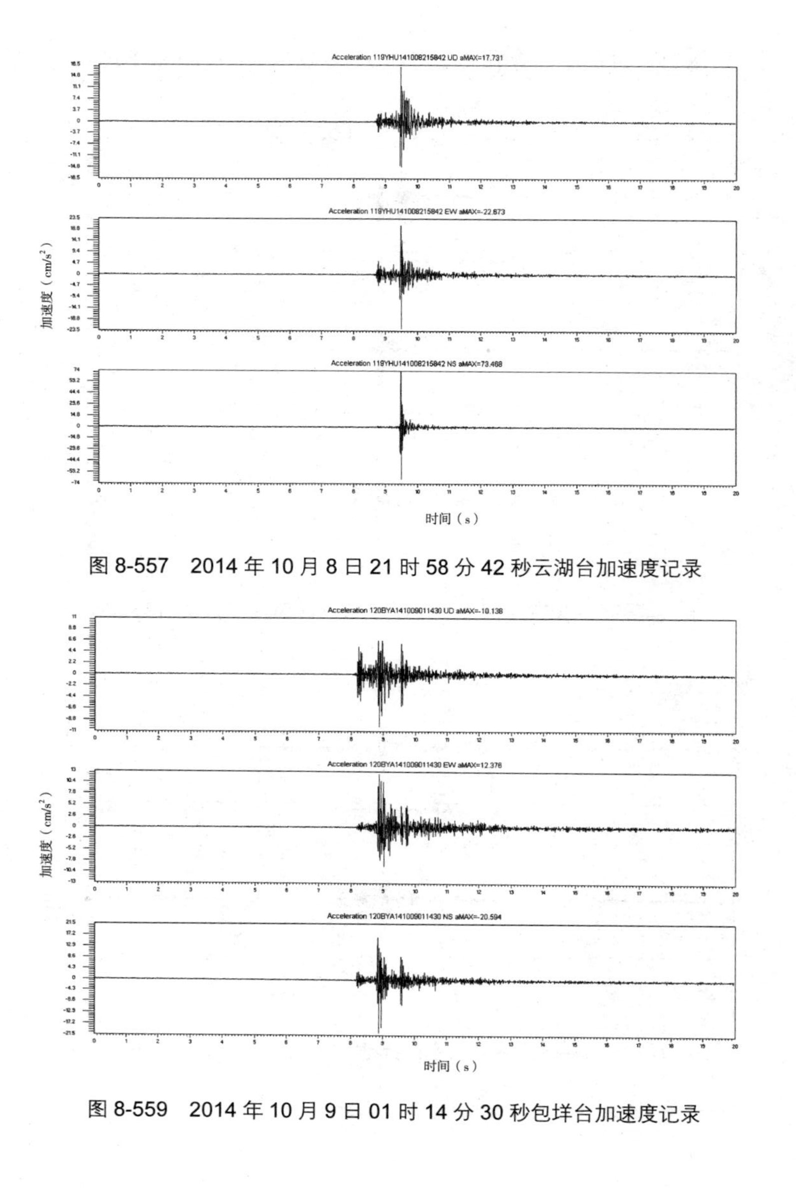

图 8-557 2014 年 10 月 8 日 21 时 58 分 42 秒云湖台加速度记录

图 8-559 2014 年 10 月 9 日 01 时 14 分 30 秒包垟台加速度记录

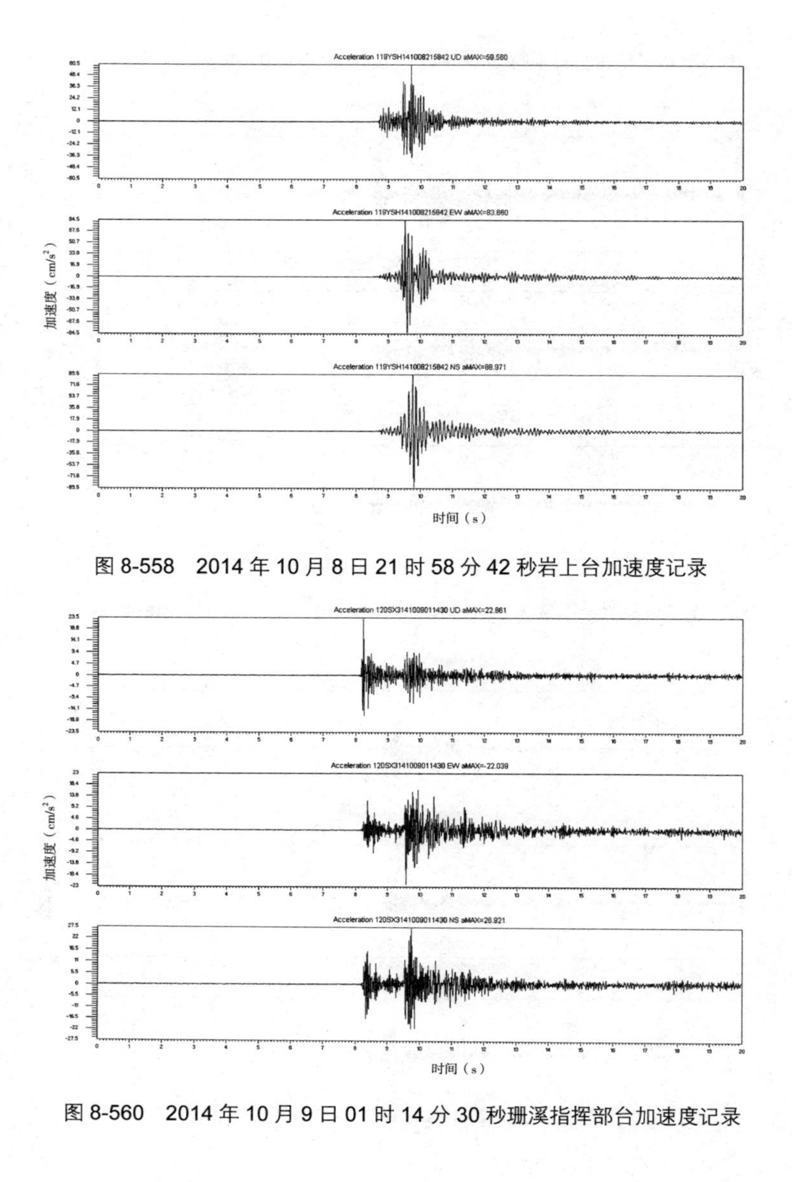

图 8-558 2014 年 10 月 8 日 21 时 58 分 42 秒岩上台加速度记录

图 8-560 2014 年 10 月 9 日 01 时 14 分 30 秒珊溪指挥部台加速度记录

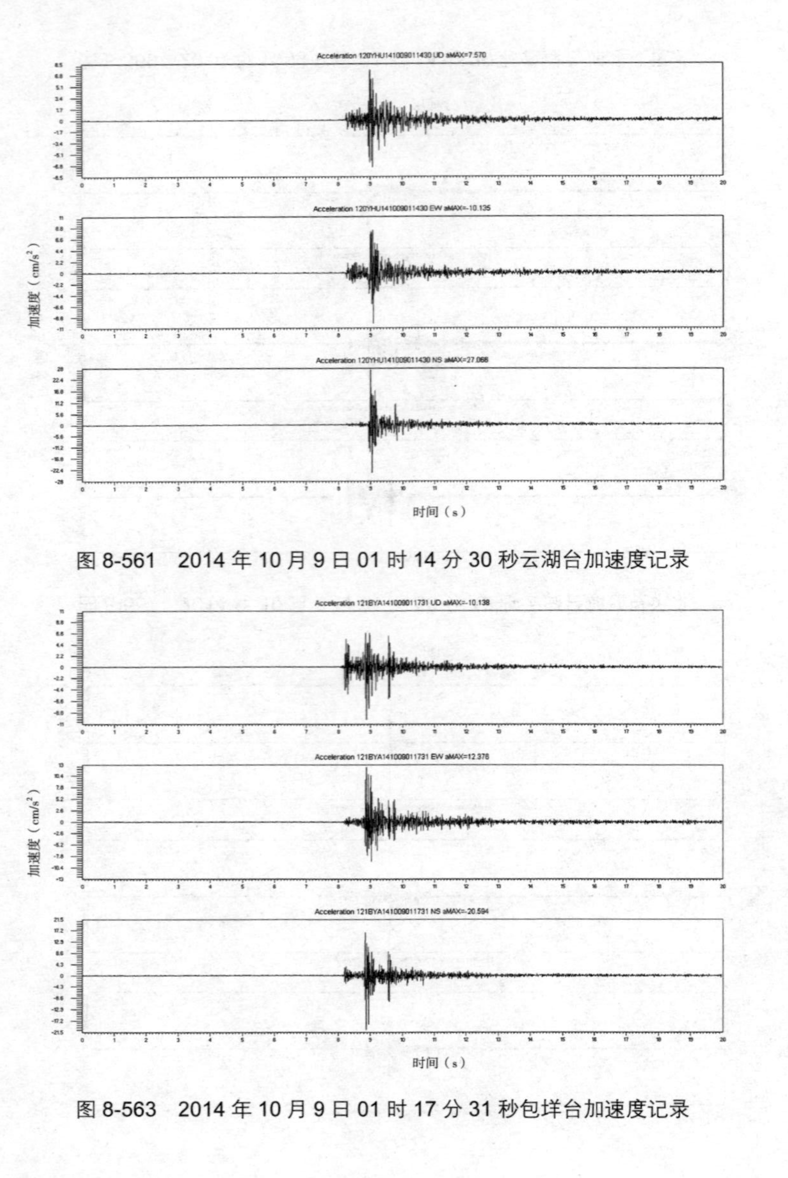

图 8-561　2014 年 10 月 9 日 01 时 14 分 30 秒云湖台加速度记录

图 8-563　2014 年 10 月 9 日 01 时 17 分 31 秒包垟台加速度记录

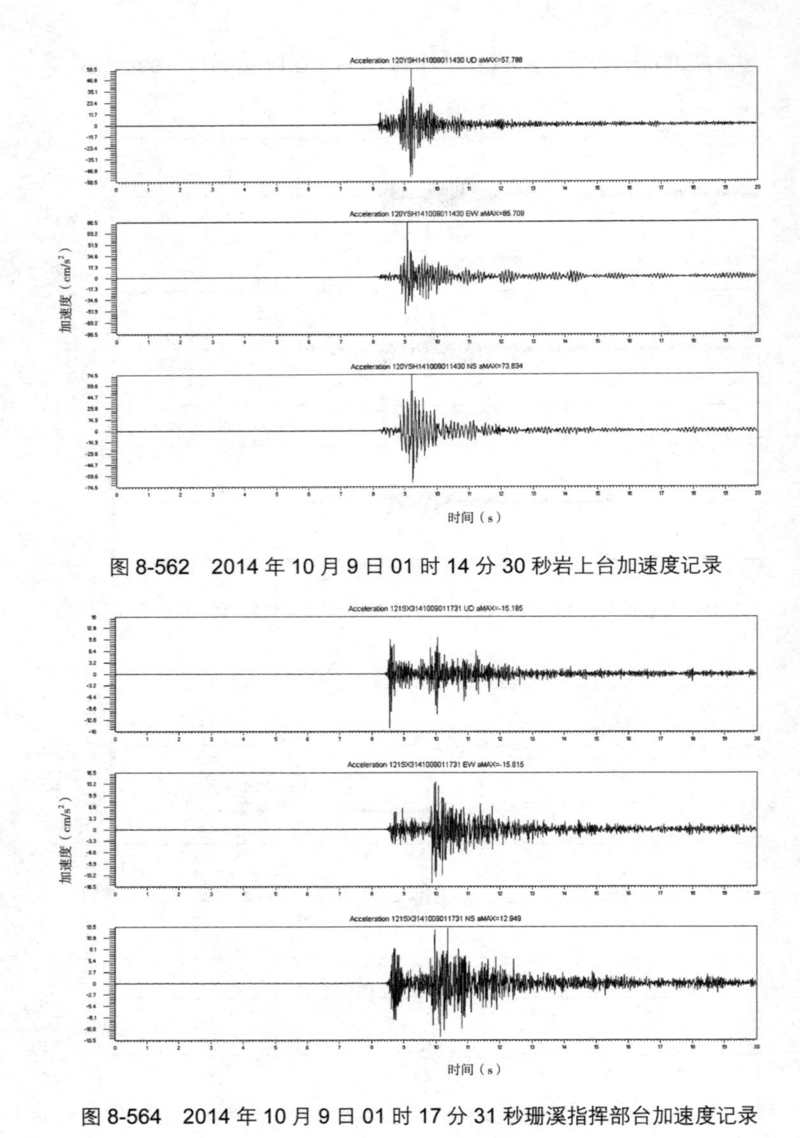

图 8-562　2014 年 10 月 9 日 01 时 14 分 30 秒岩上台加速度记录

图 8-564　2014 年 10 月 9 日 01 时 17 分 31 秒珊溪指挥部台加速度记录

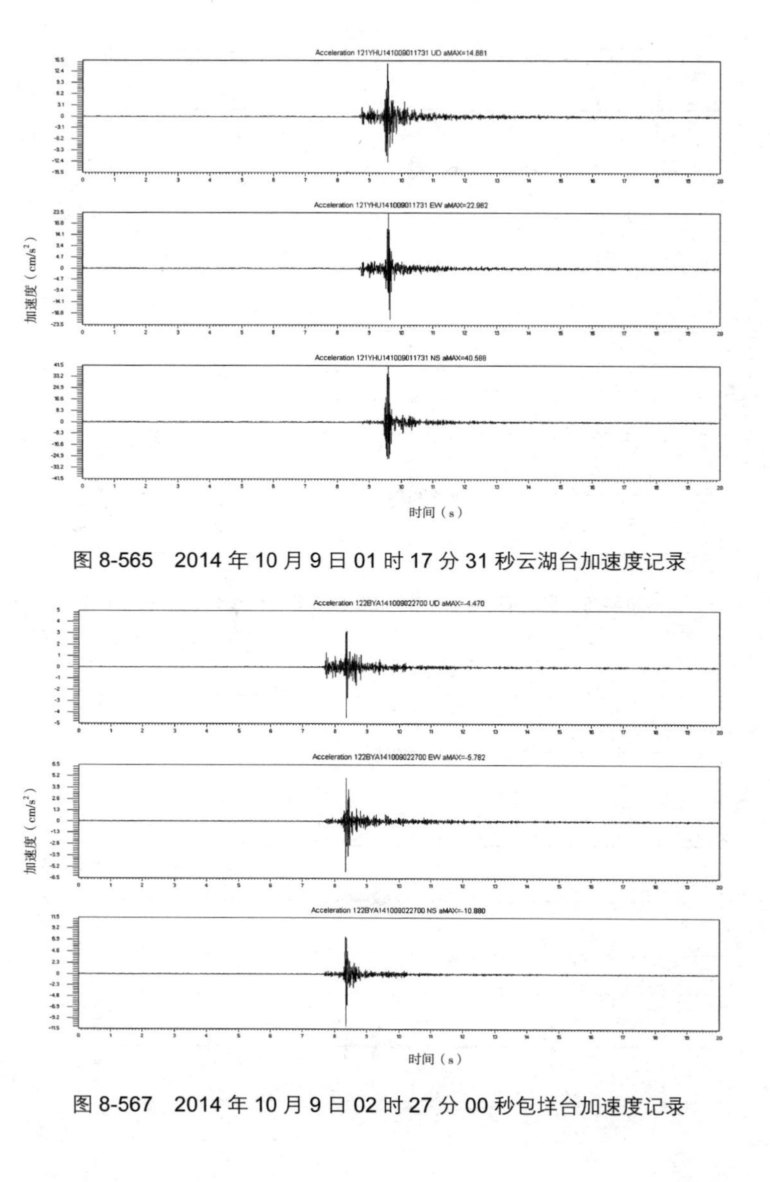

图 8-565　2014 年 10 月 9 日 01 时 17 分 31 秒云湖台加速度记录

图 8-567　2014 年 10 月 9 日 02 时 27 分 00 秒包垟台加速度记录

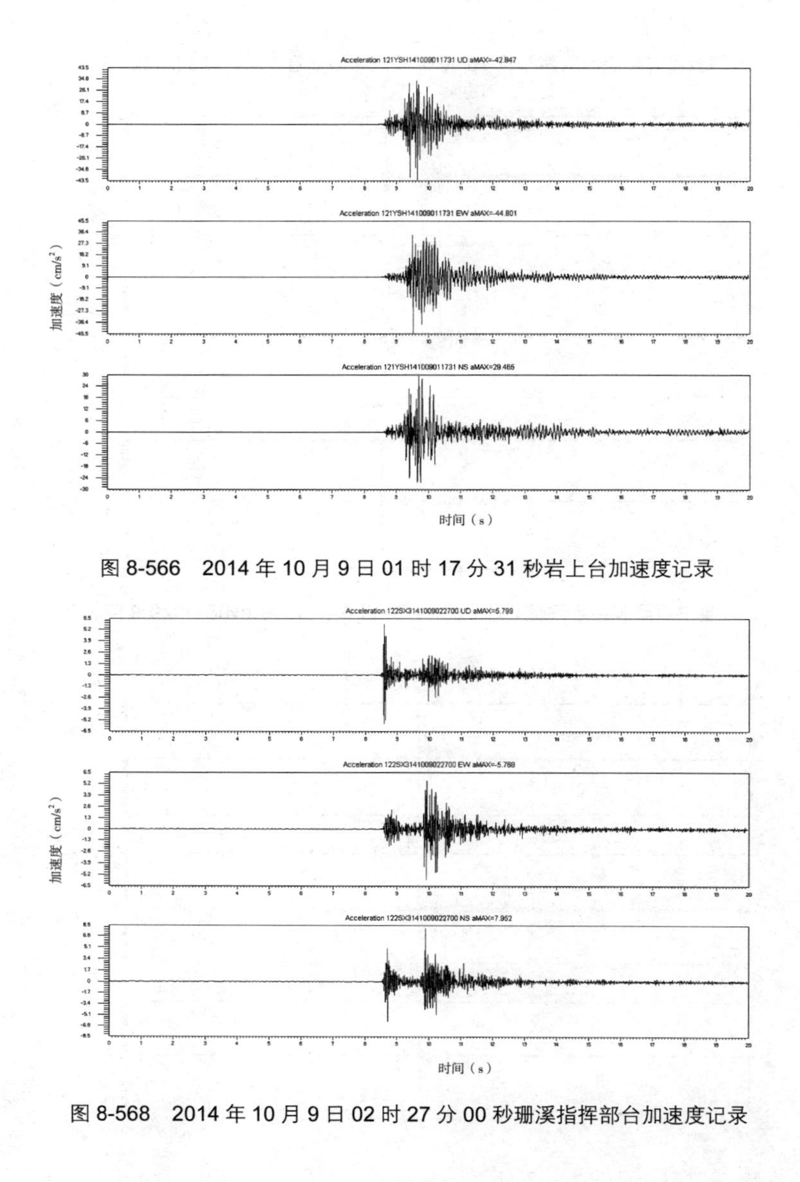

图 8-566　2014 年 10 月 9 日 01 时 17 分 31 秒岩上台加速度记录

图 8-568　2014 年 10 月 9 日 02 时 27 分 00 秒珊溪指挥部台加速度记录

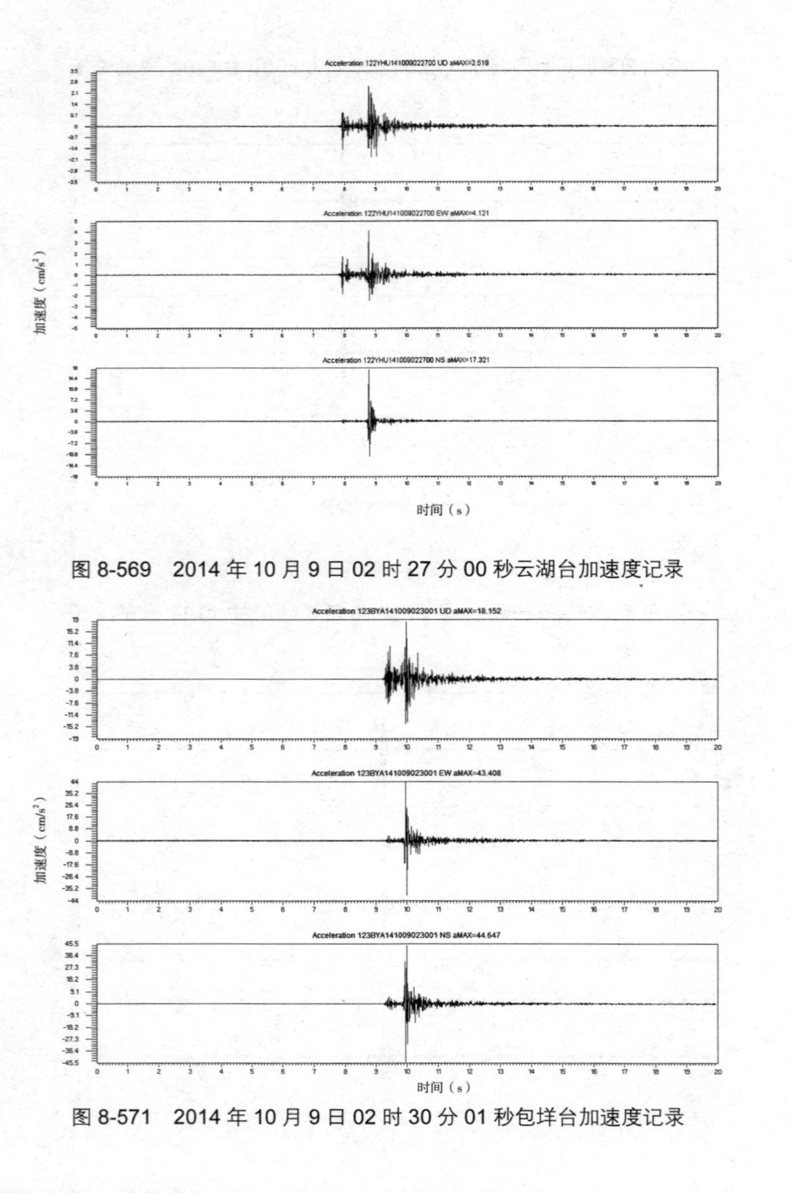

图 8-569 2014 年 10 月 9 日 02 时 27 分 00 秒云湖台加速度记录

图 8-571 2014 年 10 月 9 日 02 时 30 分 01 秒包垟台加速度记录

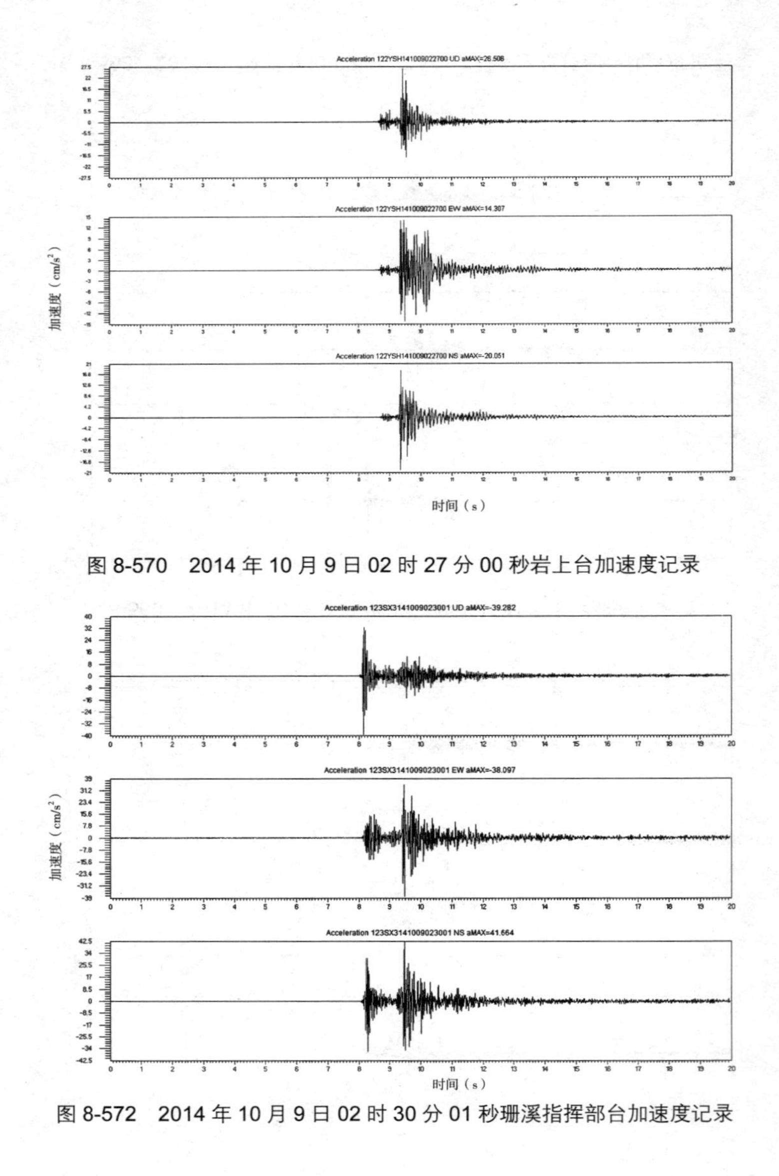

图 8-570 2014 年 10 月 9 日 02 时 27 分 00 秒岩上台加速度记录

图 8-572 2014 年 10 月 9 日 02 时 30 分 01 秒珊溪指挥部台加速度记录

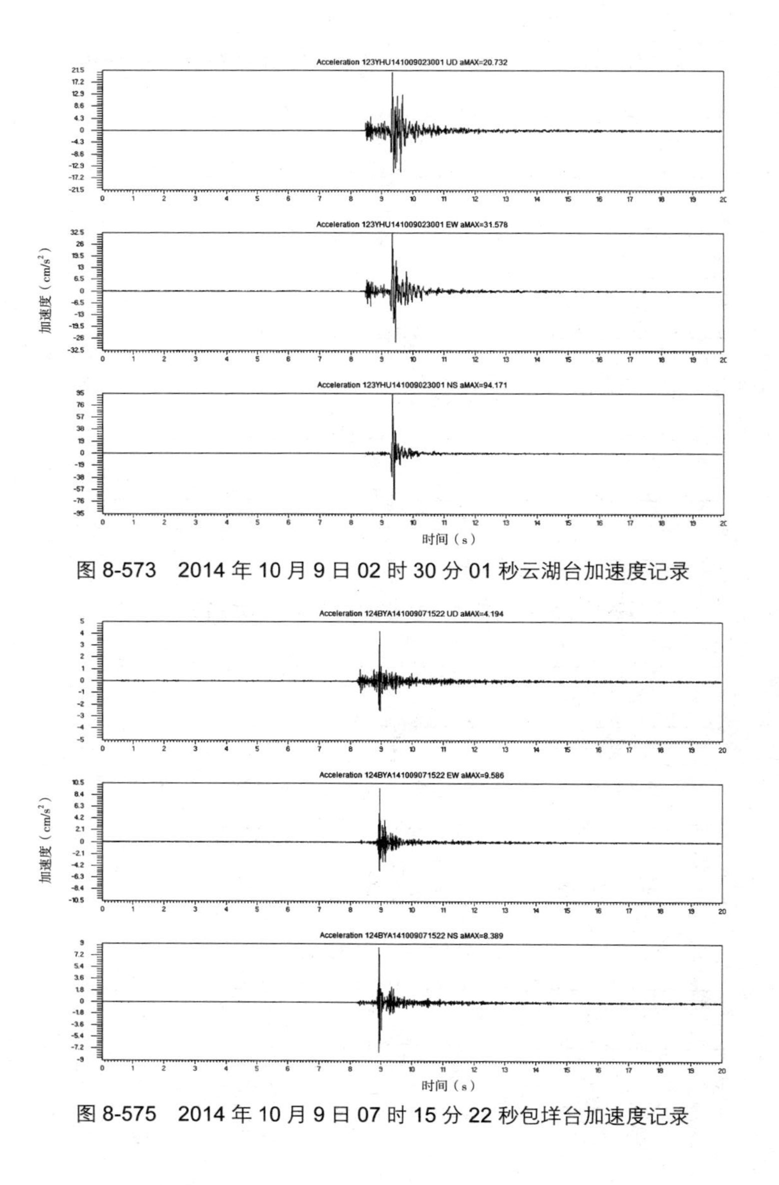

图 8-573　2014 年 10 月 9 日 02 时 30 分 01 秒云湖台加速度记录

图 8-575　2014 年 10 月 9 日 07 时 15 分 22 秒包垟台加速度记录

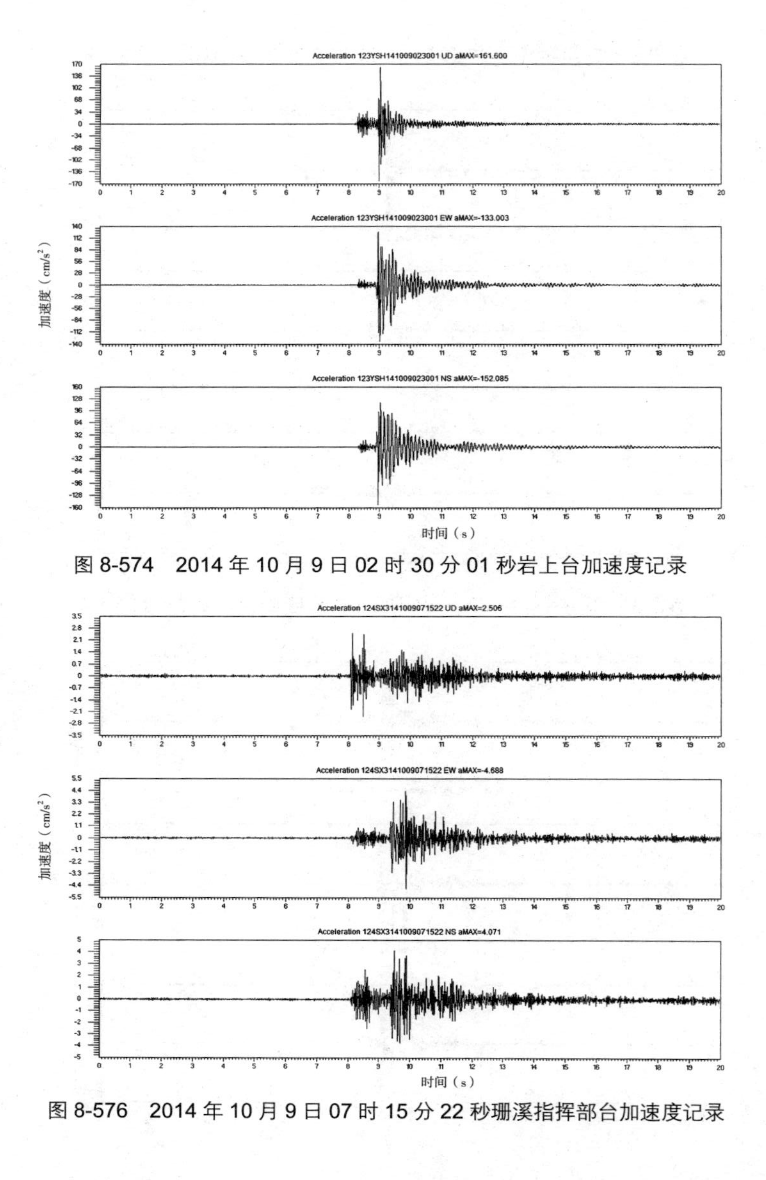

图 8-574　2014 年 10 月 9 日 02 时 30 分 01 秒岩上台加速度记录

图 8-576　2014 年 10 月 9 日 07 时 15 分 22 秒珊溪指挥部台加速度记录

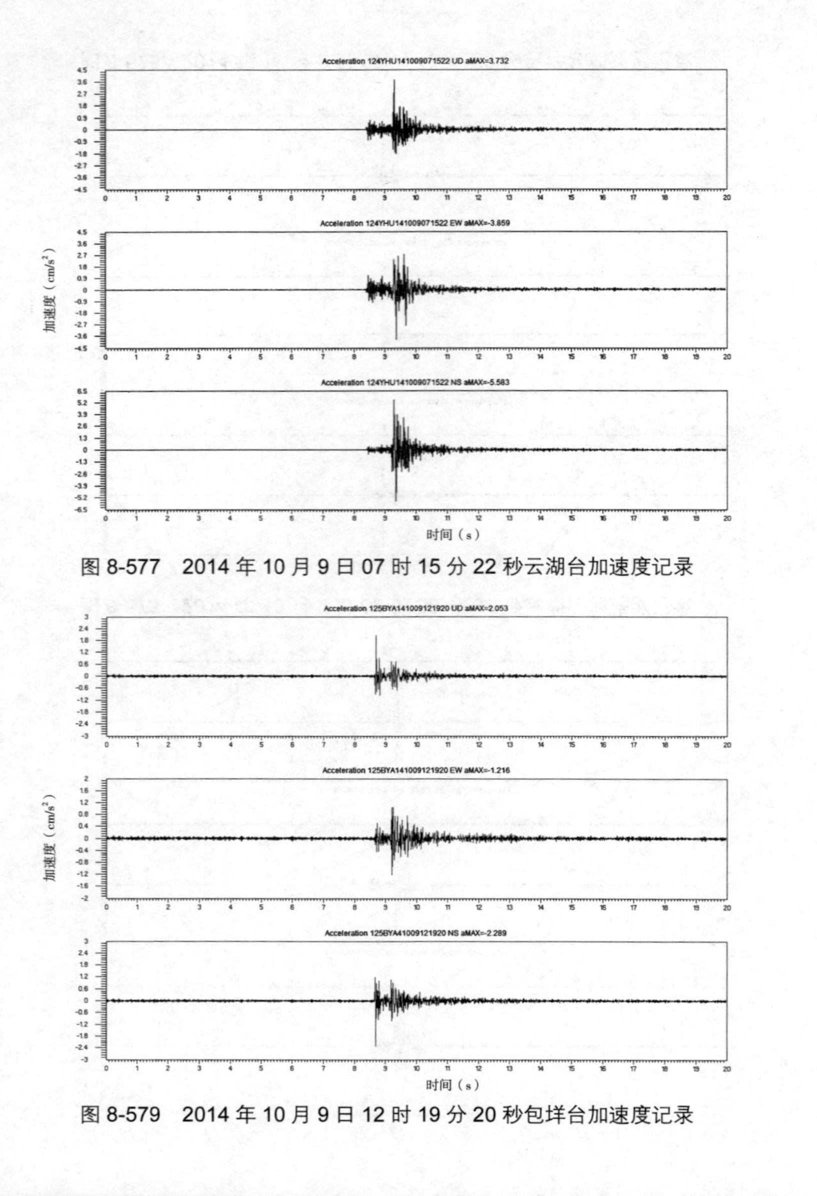

图 8-577　2014 年 10 月 9 日 07 时 15 分 22 秒云湖台加速度记录

图 8-579　2014 年 10 月 9 日 12 时 19 分 20 秒包垟台加速度记录

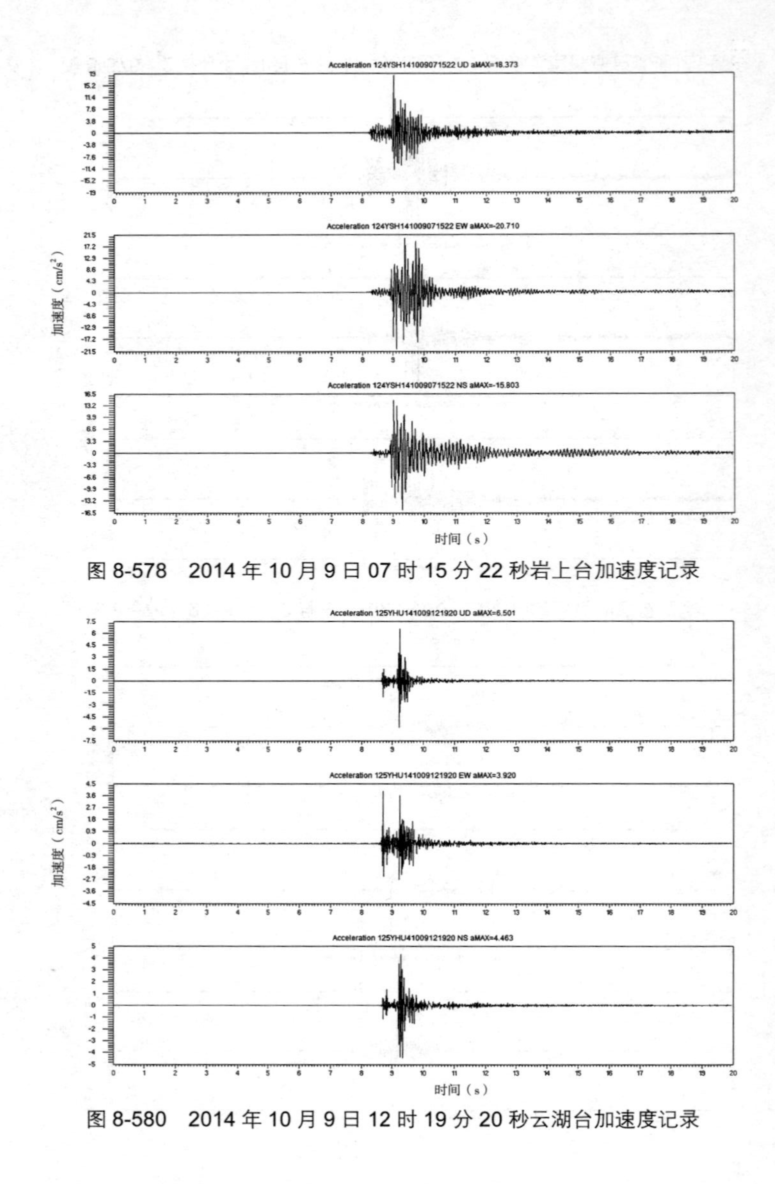

图 8-578　2014 年 10 月 9 日 07 时 15 分 22 秒岩上台加速度记录

图 8-580　2014 年 10 月 9 日 12 时 19 分 20 秒云湖台加速度记录

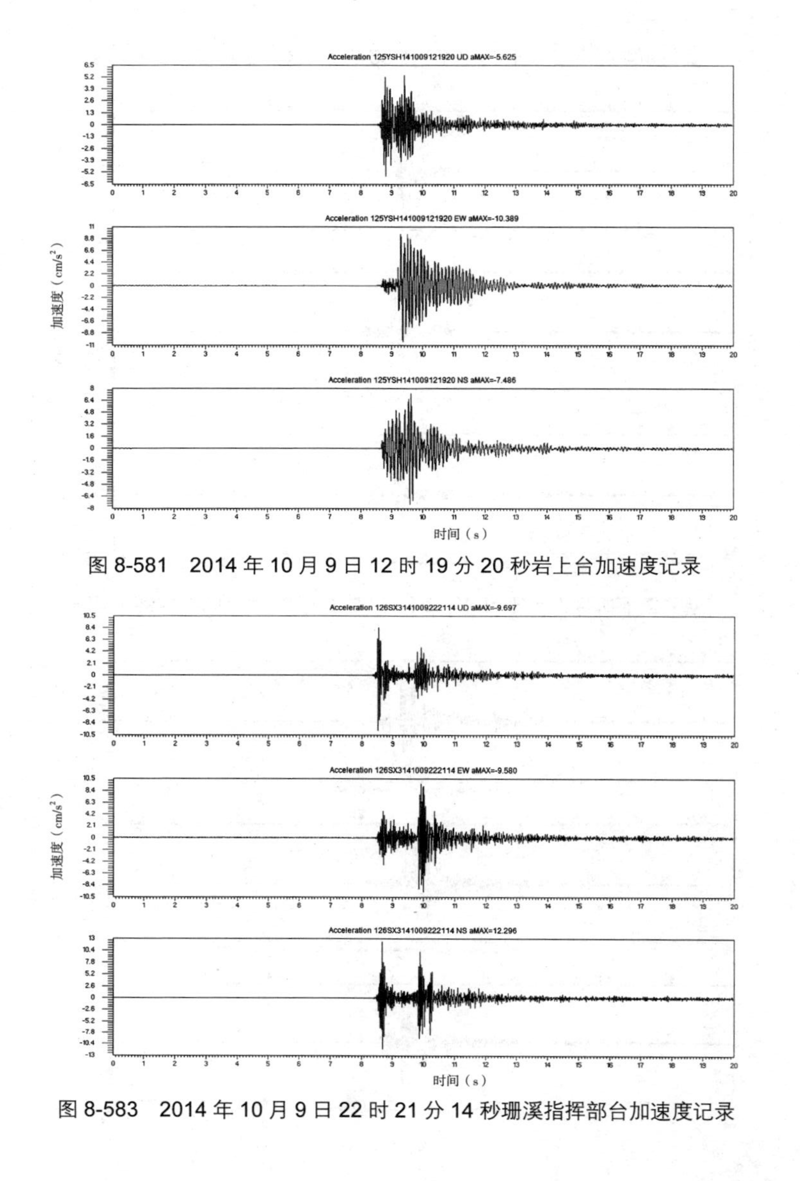

图 8-581　2014 年 10 月 9 日 12 时 19 分 20 秒岩上台加速度记录

图 8-583　2014 年 10 月 9 日 22 时 21 分 14 秒珊溪指挥部台加速度记录

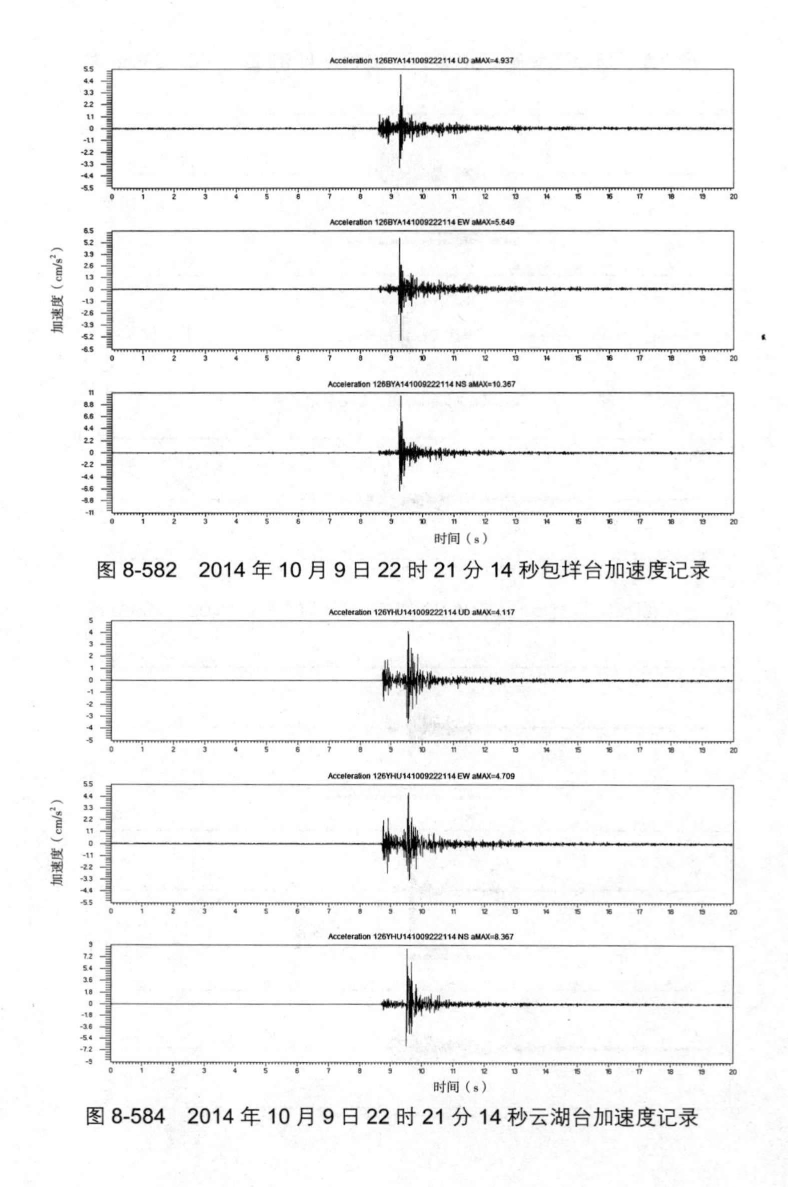

图 8-582　2014 年 10 月 9 日 22 时 21 分 14 秒包垟台加速度记录

图 8-584　2014 年 10 月 9 日 22 时 21 分 14 秒云湖台加速度记录

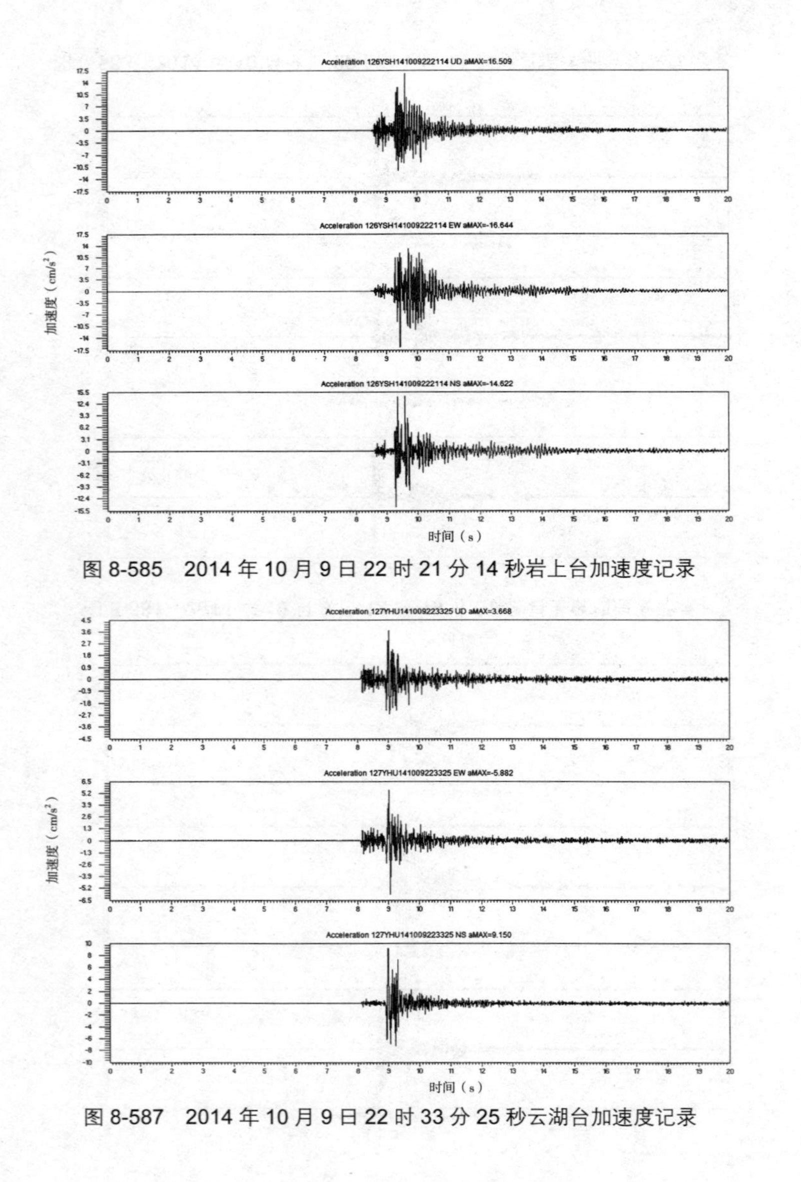

图 8-585　2014 年 10 月 9 日 22 时 21 分 14 秒岩上台加速度记录

图 8-587　2014 年 10 月 9 日 22 时 33 分 25 秒云湖台加速度记录

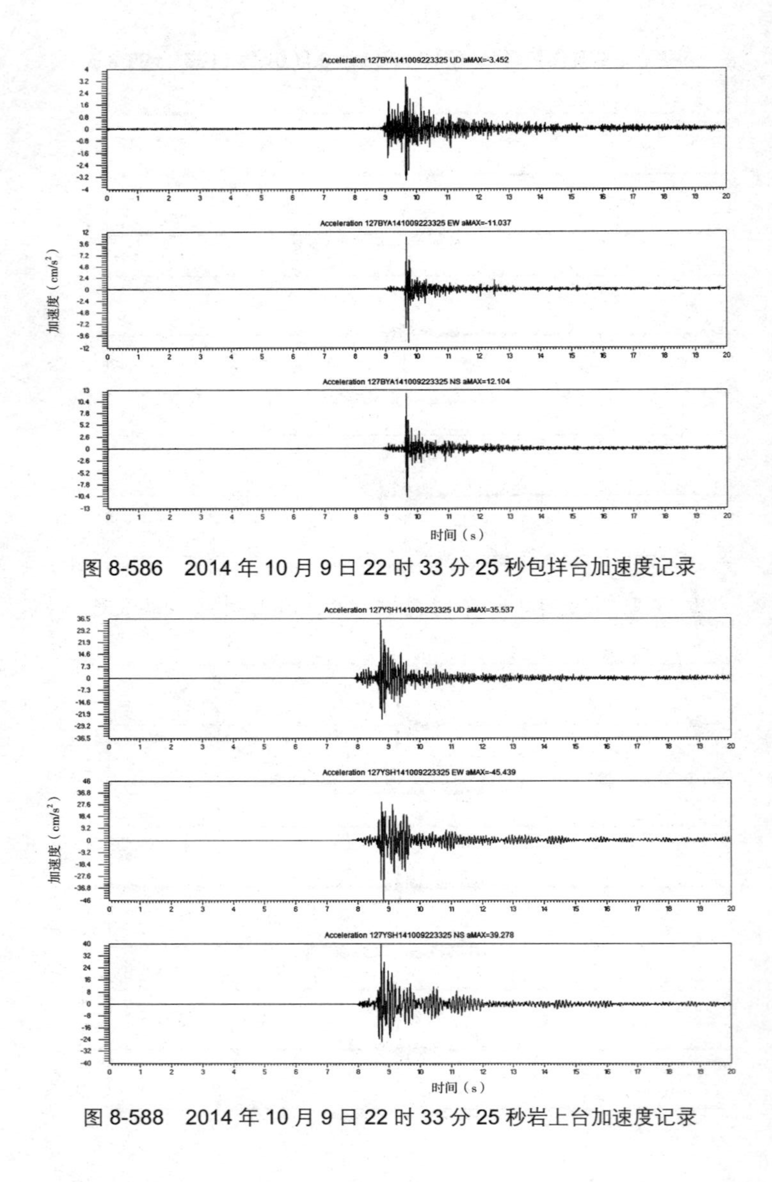

图 8-586　2014 年 10 月 9 日 22 时 33 分 25 秒包垟台加速度记录

图 8-588　2014 年 10 月 9 日 22 时 33 分 25 秒岩上台加速度记录

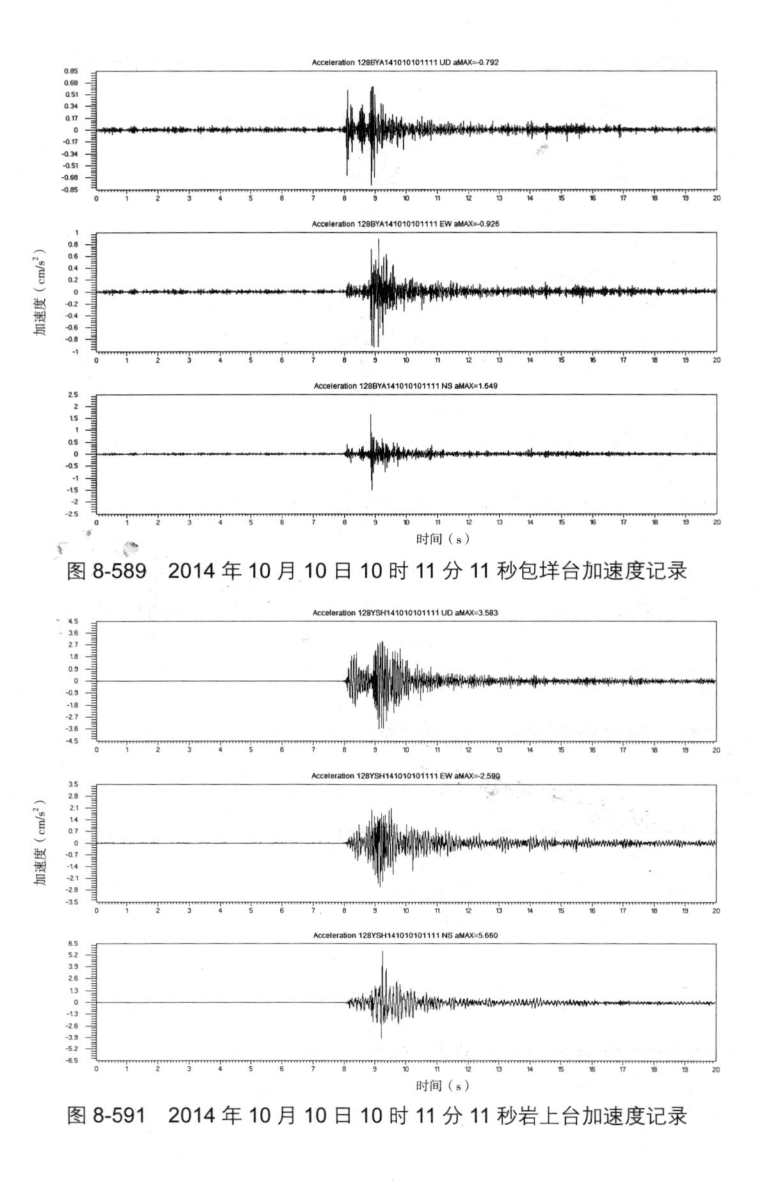

图 8-589　2014 年 10 月 10 日 10 时 11 分 11 秒包垟台加速度记录

图 8-591　2014 年 10 月 10 日 10 时 11 分 11 秒岩上台加速度记录

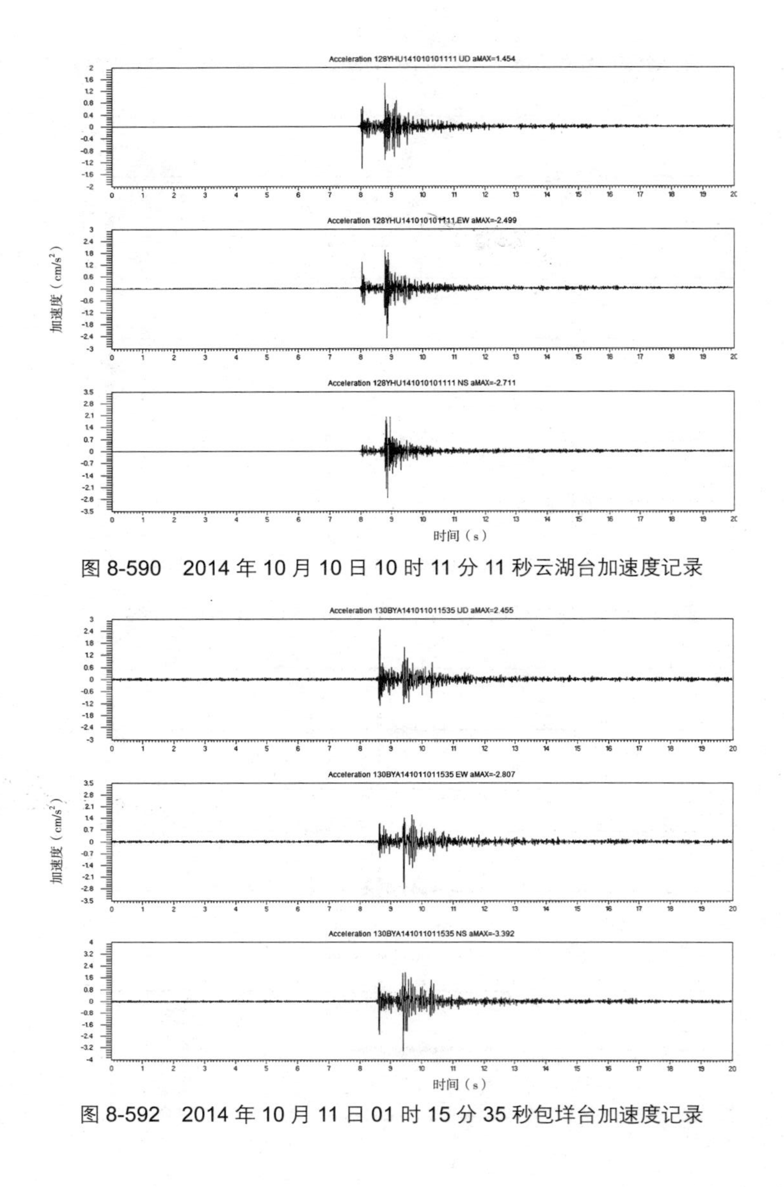

图 8-590　2014 年 10 月 10 日 10 时 11 分 11 秒云湖台加速度记录

图 8-592　2014 年 10 月 11 日 01 时 15 分 35 秒包垟台加速度记录

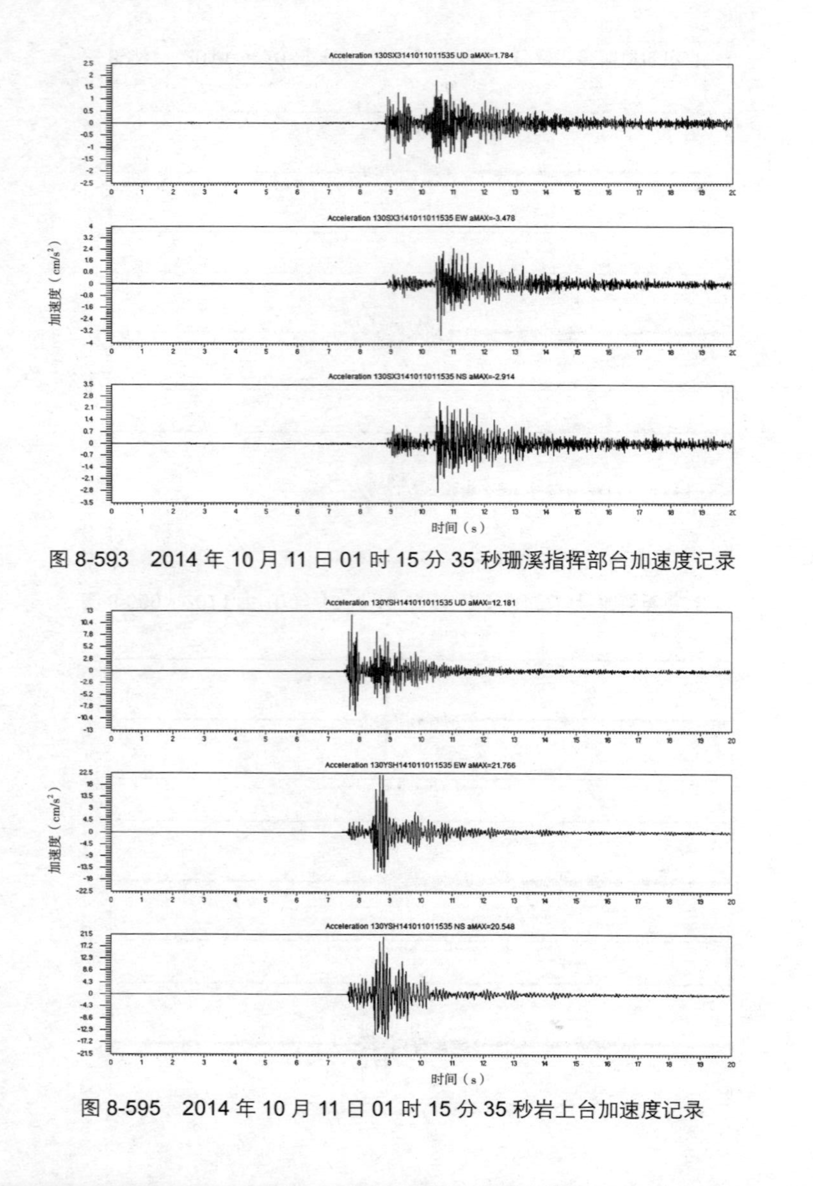

图 8-593　2014 年 10 月 11 日 01 时 15 分 35 秒珊溪指挥部台加速度记录

图 8-595　2014 年 10 月 11 日 01 时 15 分 35 秒岩上台加速度记录

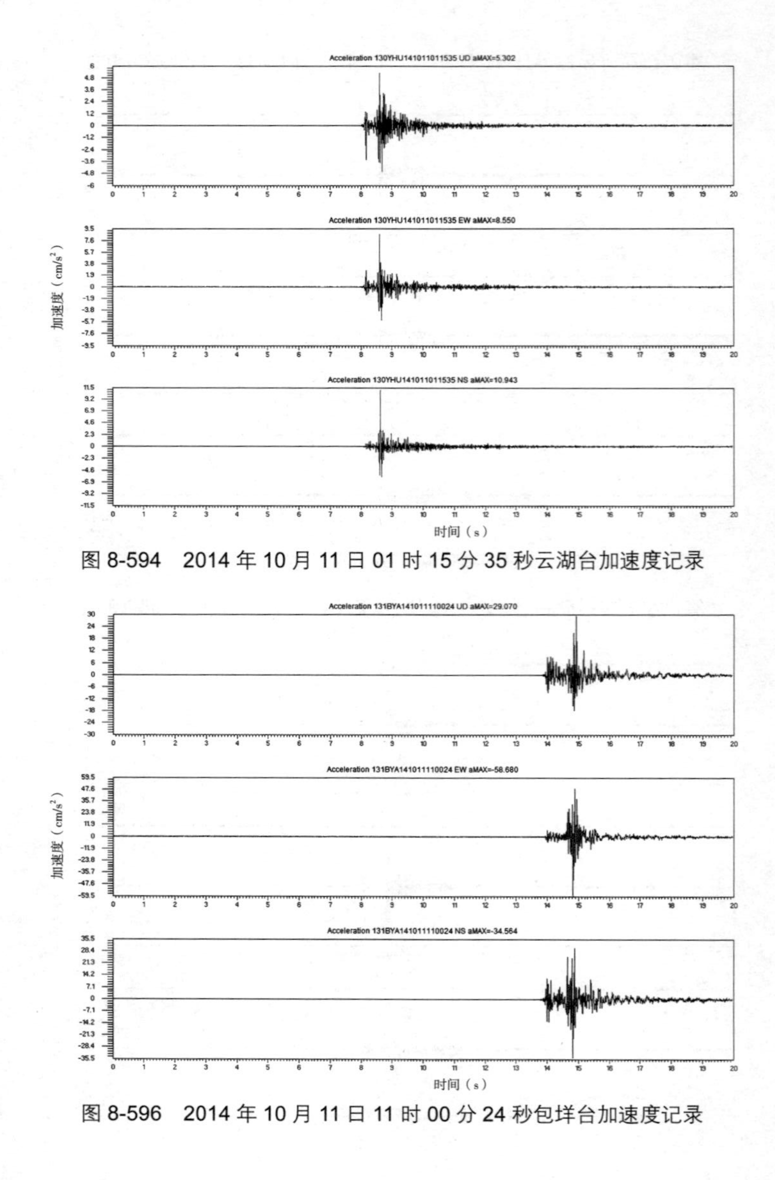

图 8-594　2014 年 10 月 11 日 01 时 15 分 35 秒云湖台加速度记录

图 8-596　2014 年 10 月 11 日 11 时 00 分 24 秒包垟台加速度记录

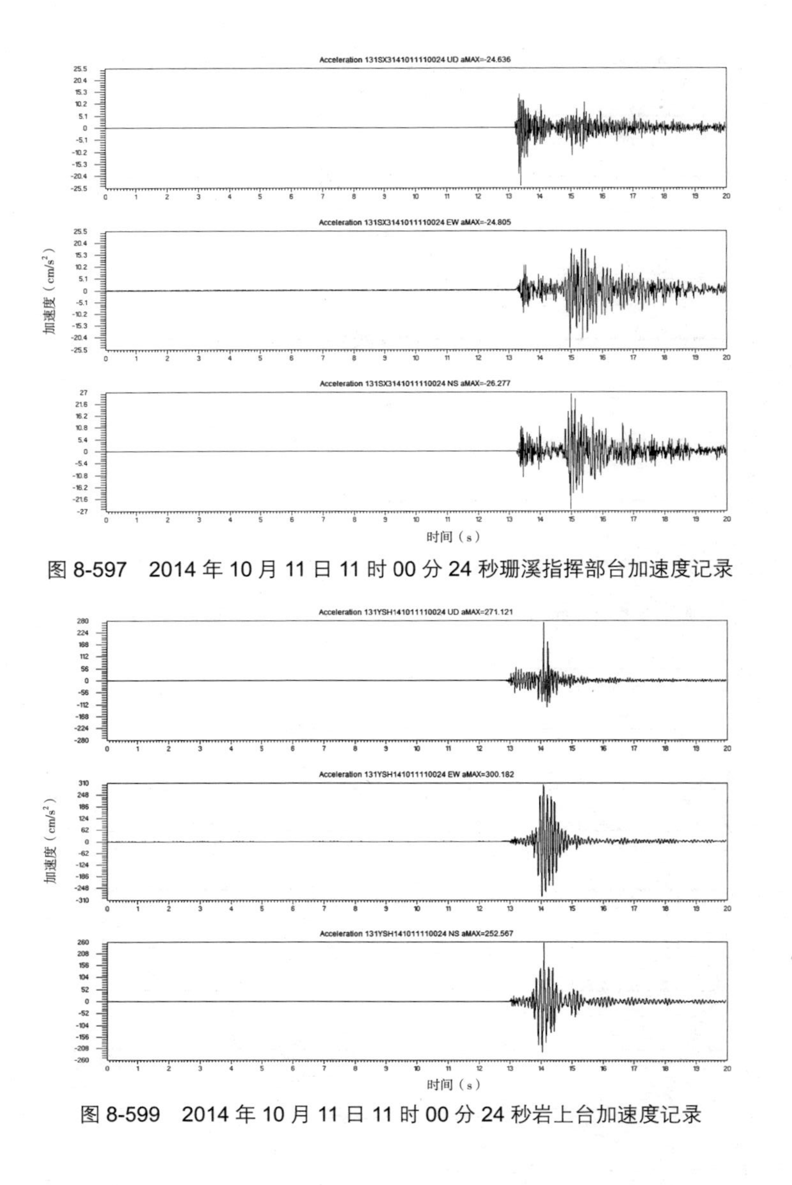

图 8-597　2014 年 10 月 11 日 11 时 00 分 24 秒珊溪指挥部台加速度记录

图 8-599　2014 年 10 月 11 日 11 时 00 分 24 秒岩上台加速度记录

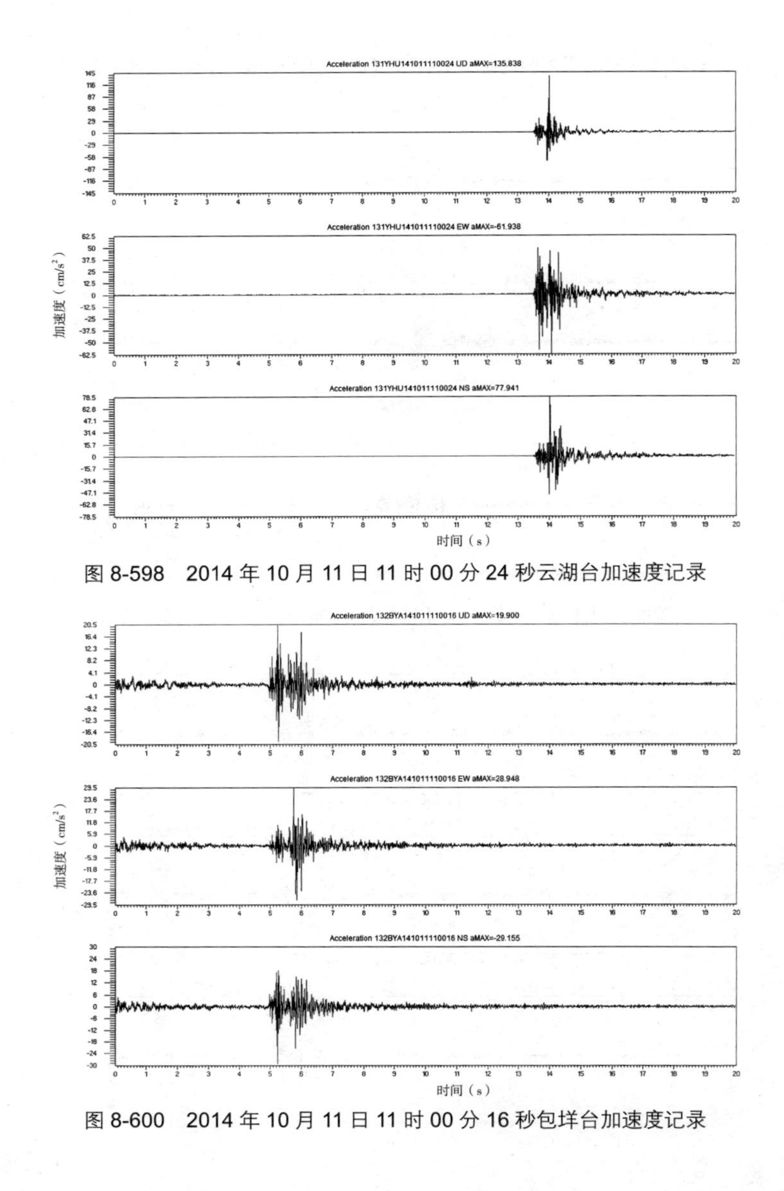

图 8-598　2014 年 10 月 11 日 11 时 00 分 24 秒云湖台加速度记录

图 8-600　2014 年 10 月 11 日 11 时 00 分 16 秒包垟台加速度记录

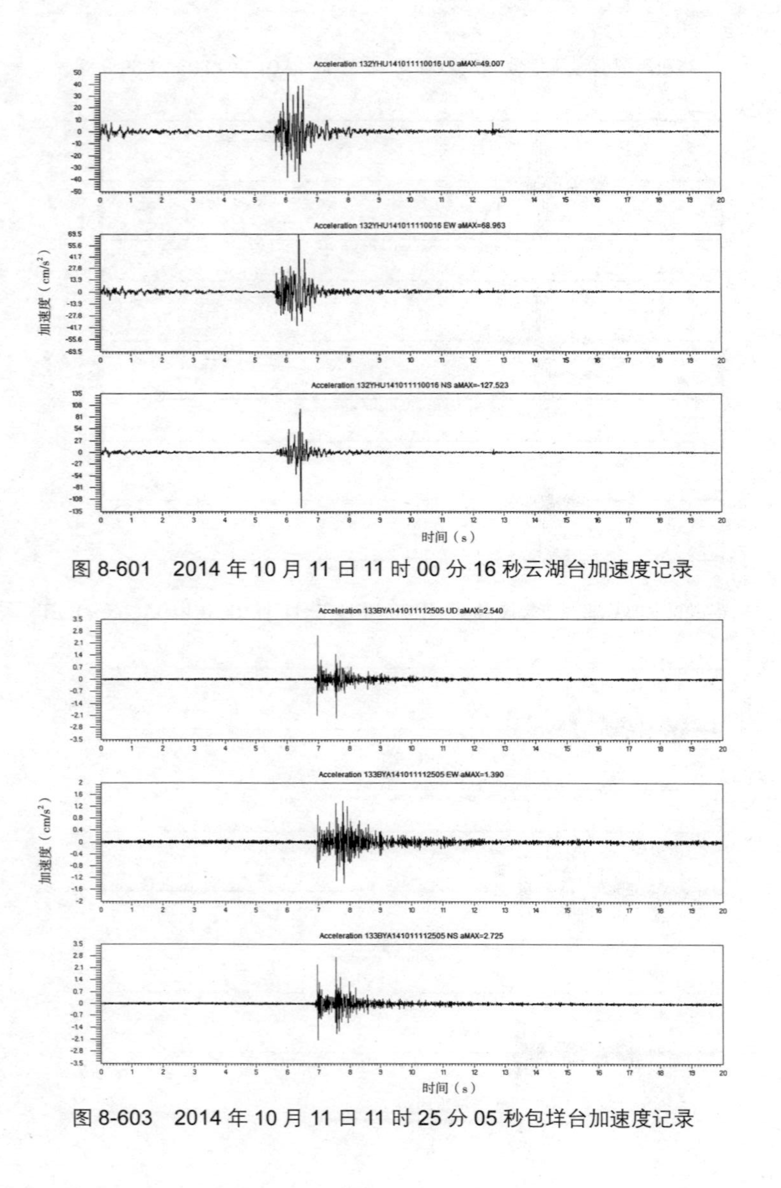

图 8-601　2014 年 10 月 11 日 11 时 00 分 16 秒云湖台加速度记录

图 8-603　2014 年 10 月 11 日 11 时 25 分 05 秒包垟台加速度记录

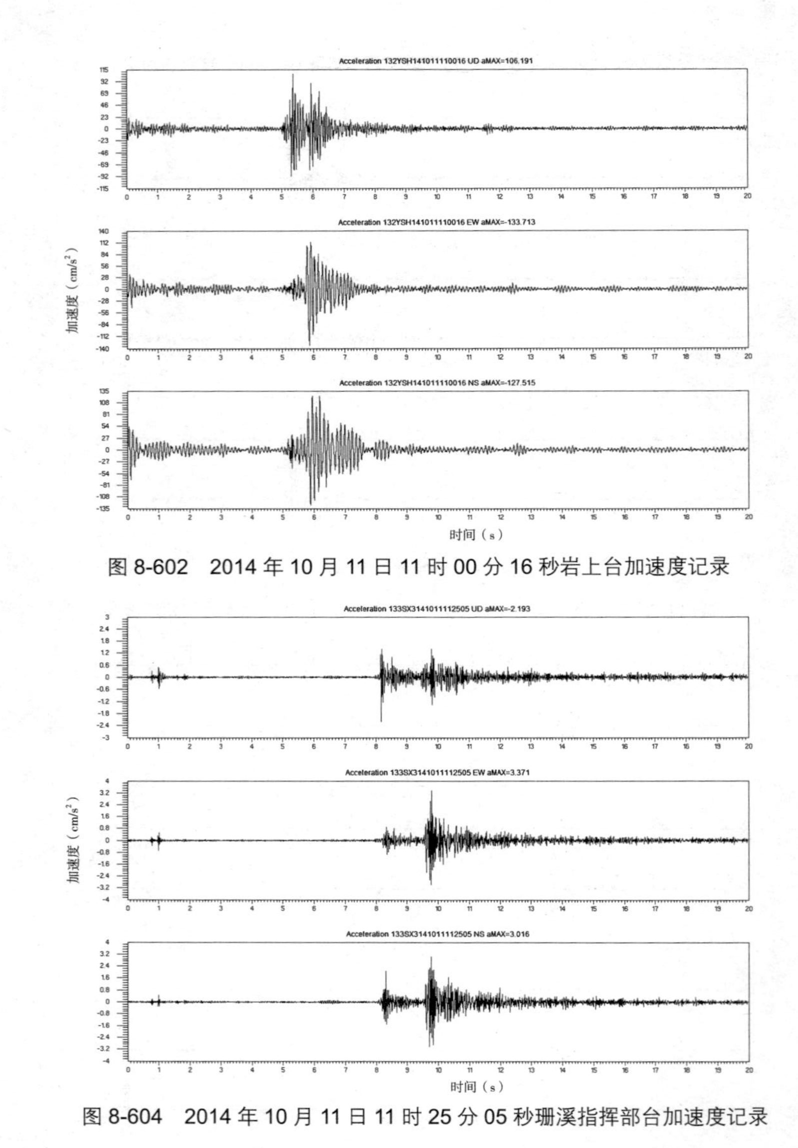

图 8-602　2014 年 10 月 11 日 11 时 00 分 16 秒岩上台加速度记录

图 8-604　2014 年 10 月 11 日 11 时 25 分 05 秒珊溪指挥部台加速度记录

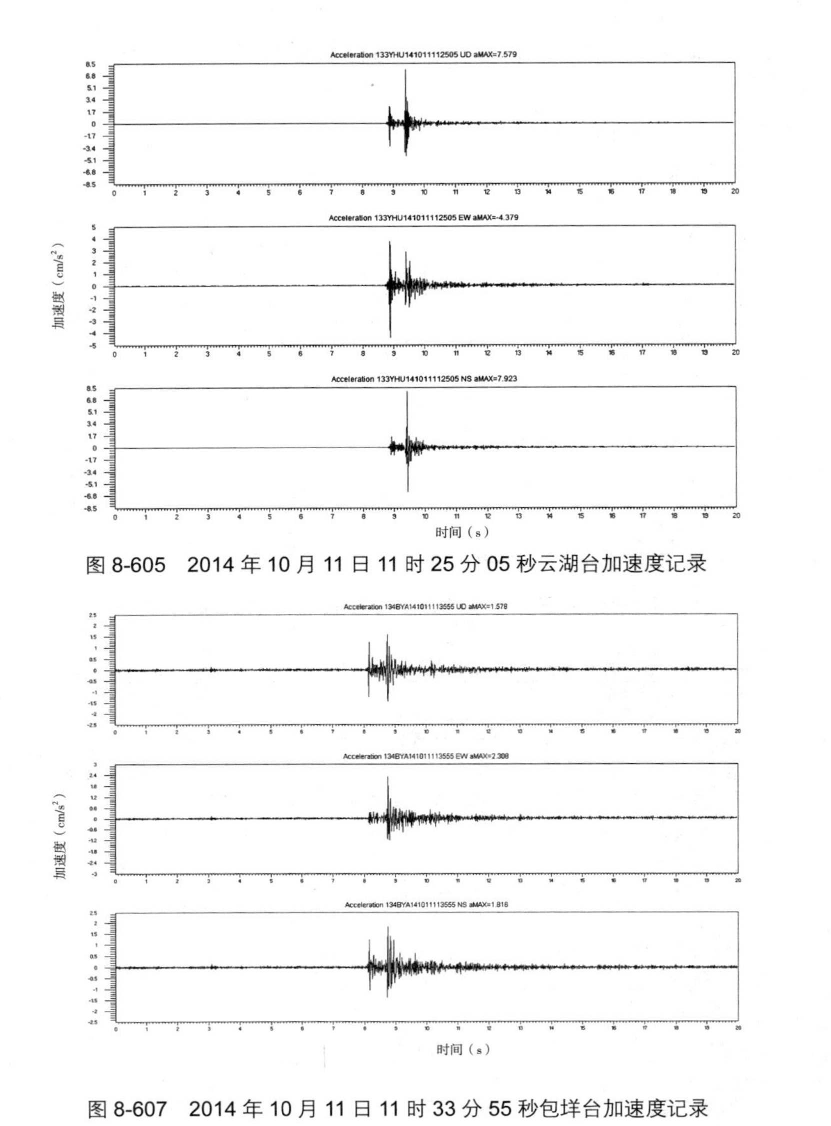

图 8-605　2014 年 10 月 11 日 11 时 25 分 05 秒云湖台加速度记录

图 8-607　2014 年 10 月 11 日 11 时 33 分 55 秒包垟台加速度记录

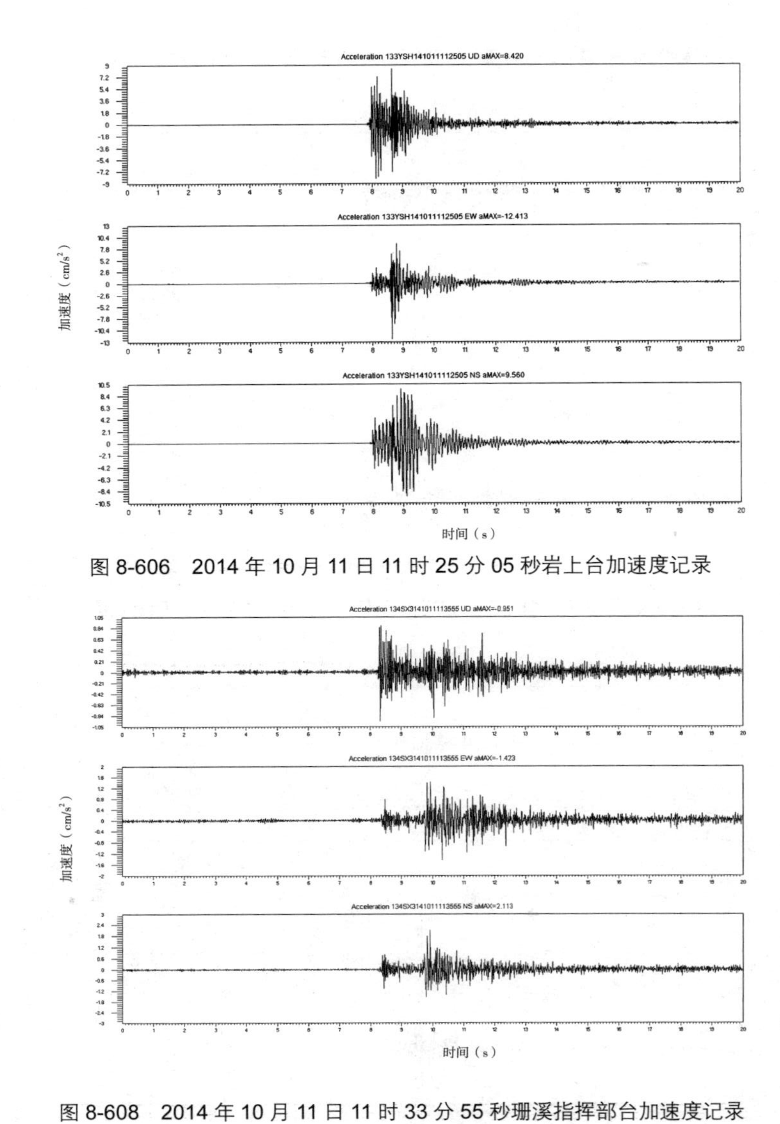

图 8-606　2014 年 10 月 11 日 11 时 25 分 05 秒岩上台加速度记录

图 8-608　2014 年 10 月 11 日 11 时 33 分 55 秒珊溪指挥部台加速度记录

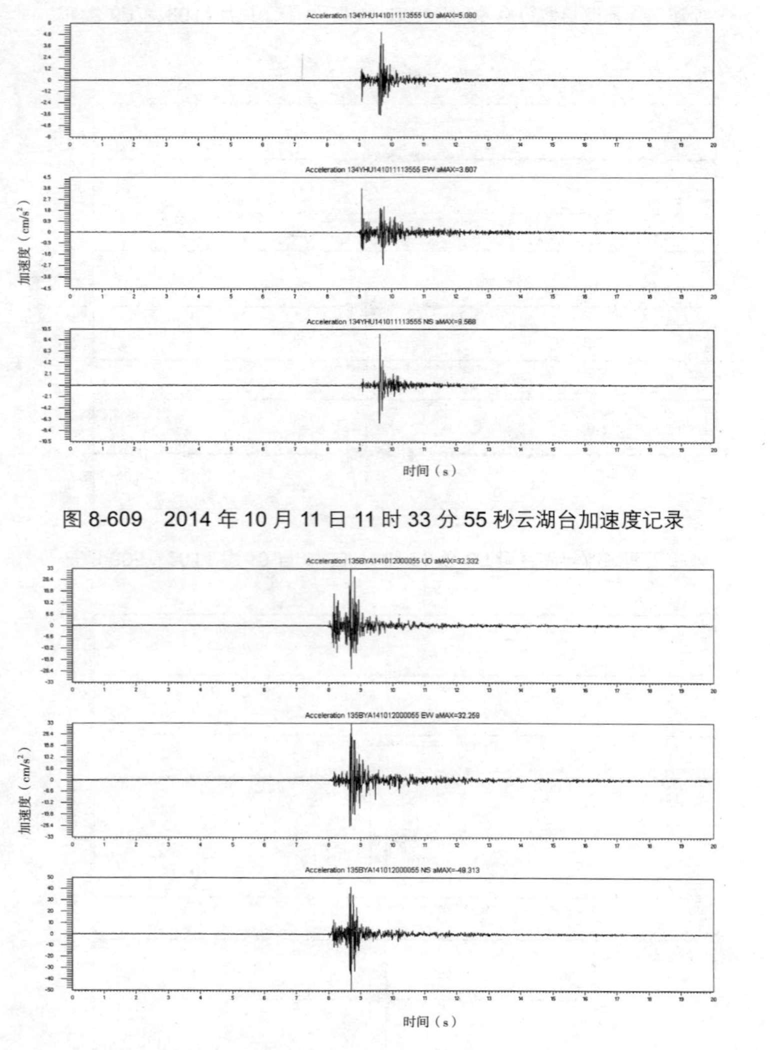

图 8-609　2014 年 10 月 11 日 11 时 33 分 55 秒云湖台加速度记录

图 8-611　2014 年 10 月 12 日 00 时 00 分 55 秒包垟台加速度记录

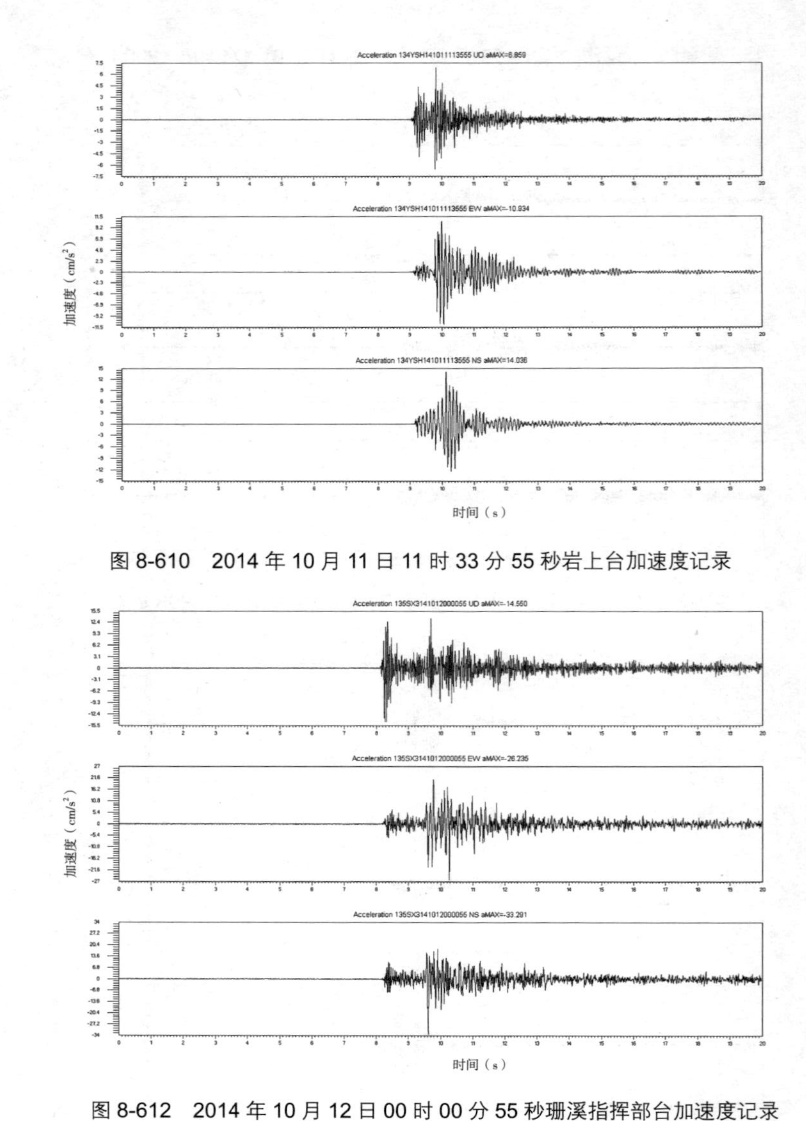

图 8-610　2014 年 10 月 11 日 11 时 33 分 55 秒岩上台加速度记录

图 8-612　2014 年 10 月 12 日 00 时 00 分 55 秒珊溪指挥部台加速度记录

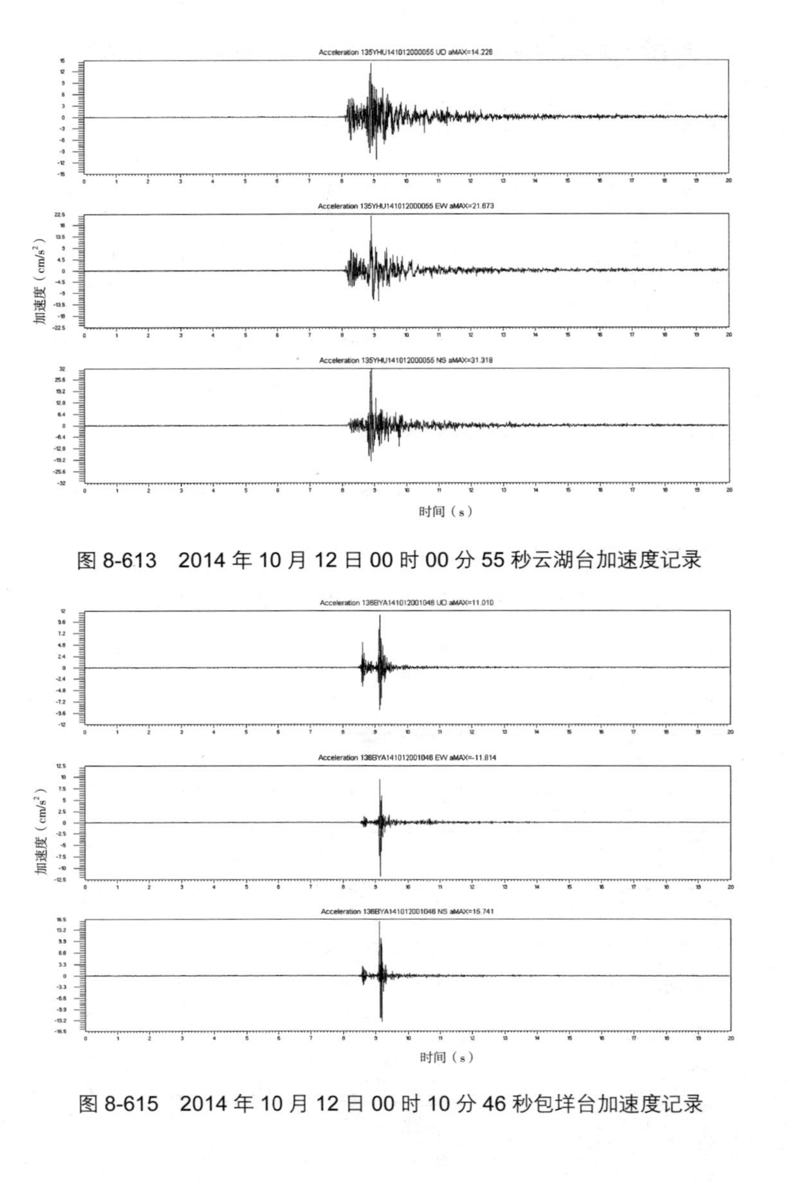

图 8-613　2014 年 10 月 12 日 00 时 00 分 55 秒云湖台加速度记录

图 8-615　2014 年 10 月 12 日 00 时 10 分 46 秒包垟台加速度记录

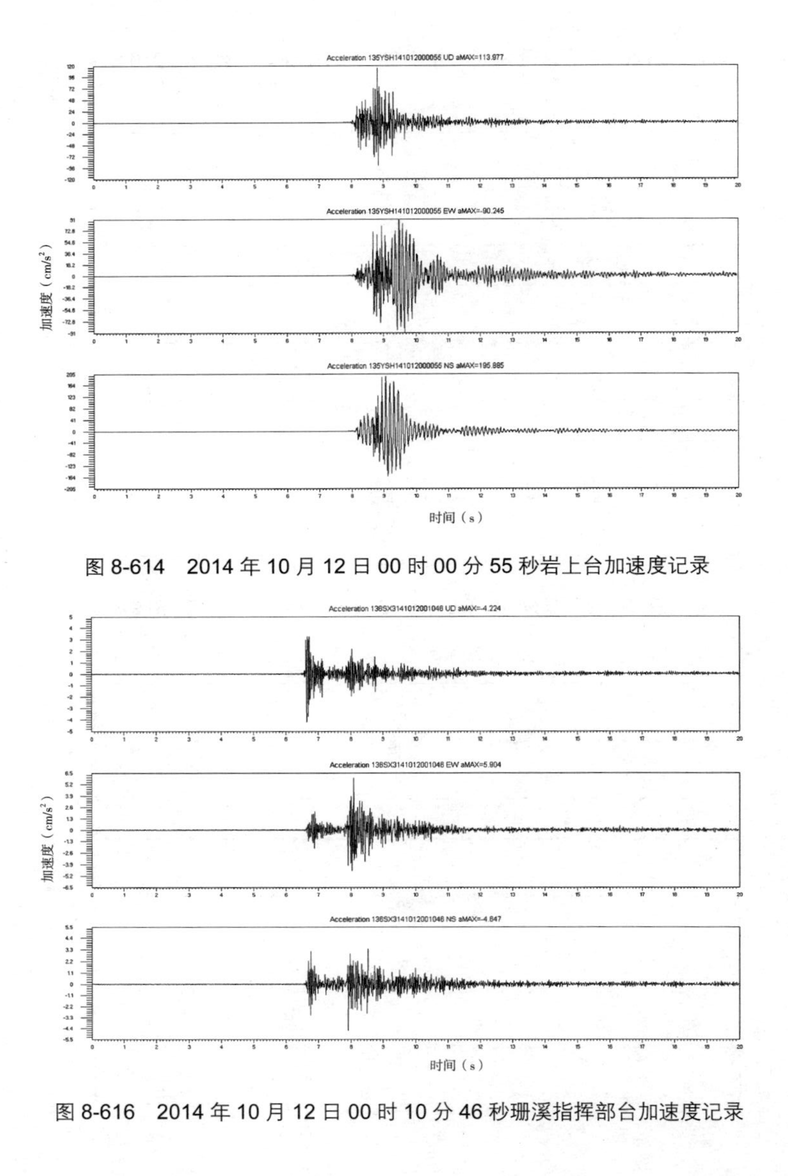

图 8-614　2014 年 10 月 12 日 00 时 00 分 55 秒岩上台加速度记录

图 8-616　2014 年 10 月 12 日 00 时 10 分 46 秒珊溪指挥部台加速度记录

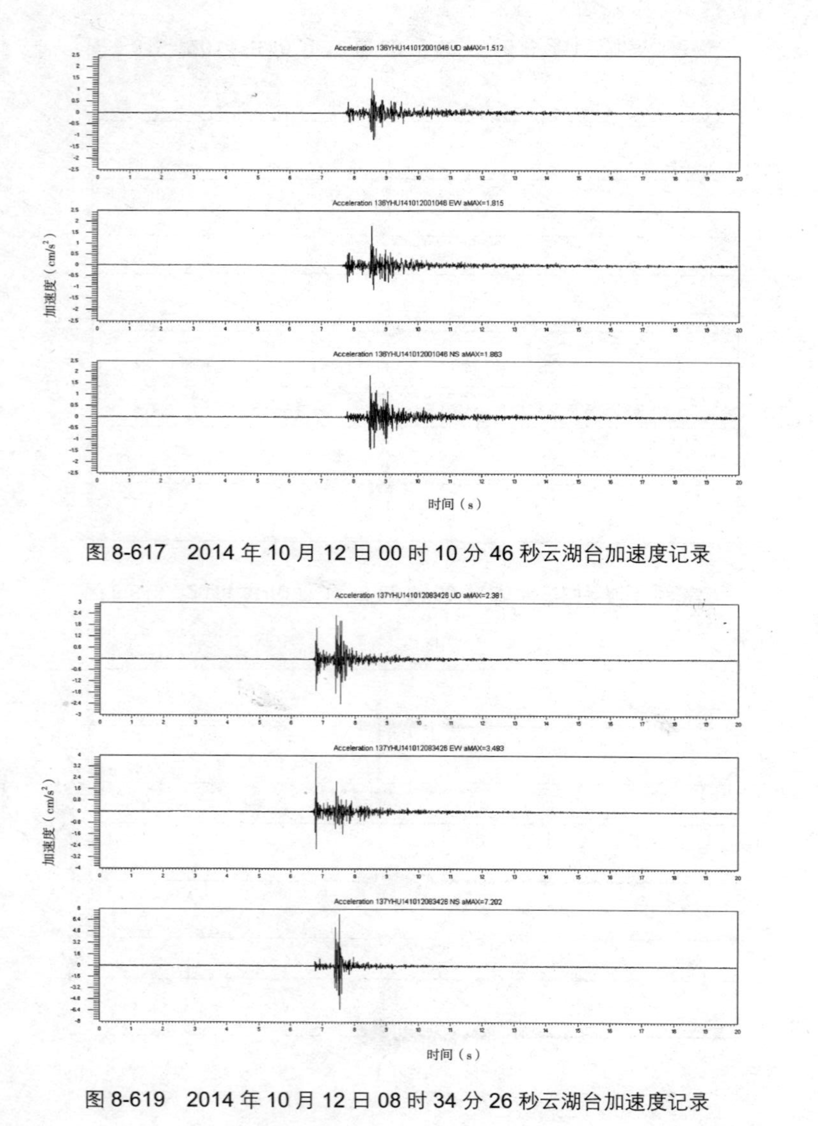

图 8-617　2014 年 10 月 12 日 00 时 10 分 46 秒云湖台加速度记录

图 8-619　2014 年 10 月 12 日 08 时 34 分 26 秒云湖台加速度记录

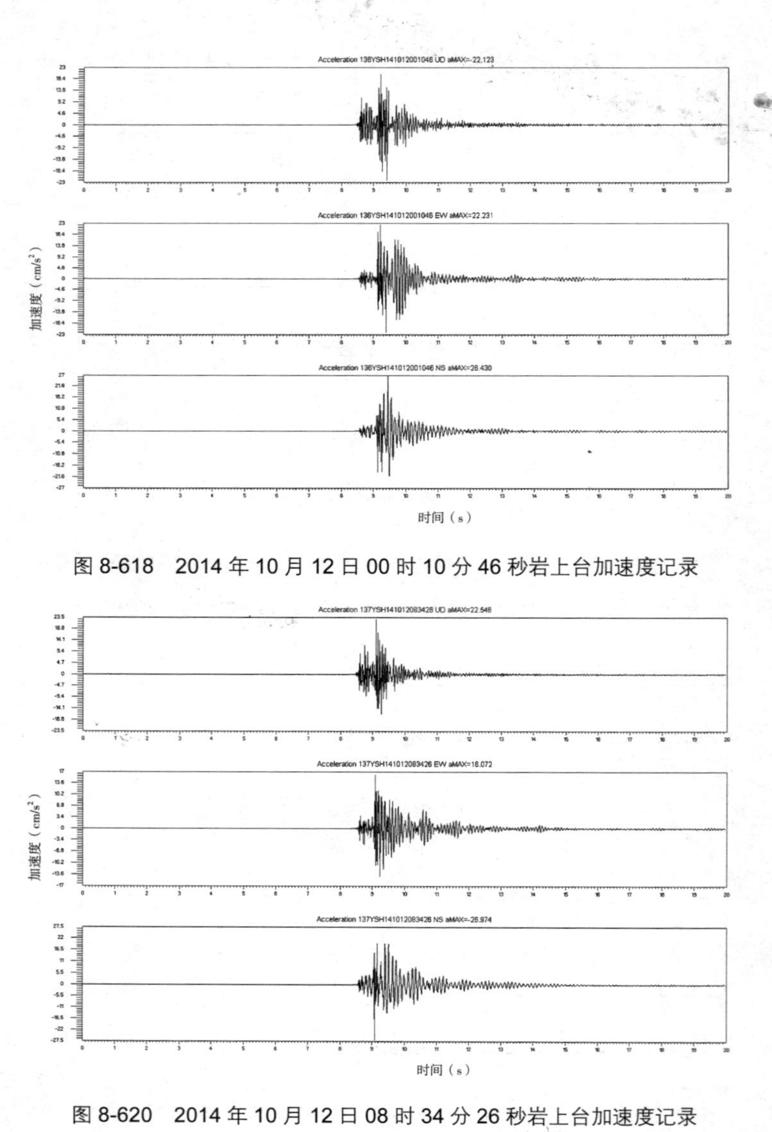

图 8-618　2014 年 10 月 12 日 00 时 10 分 46 秒岩上台加速度记录

图 8-620　2014 年 10 月 12 日 08 时 34 分 26 秒岩上台加速度记录

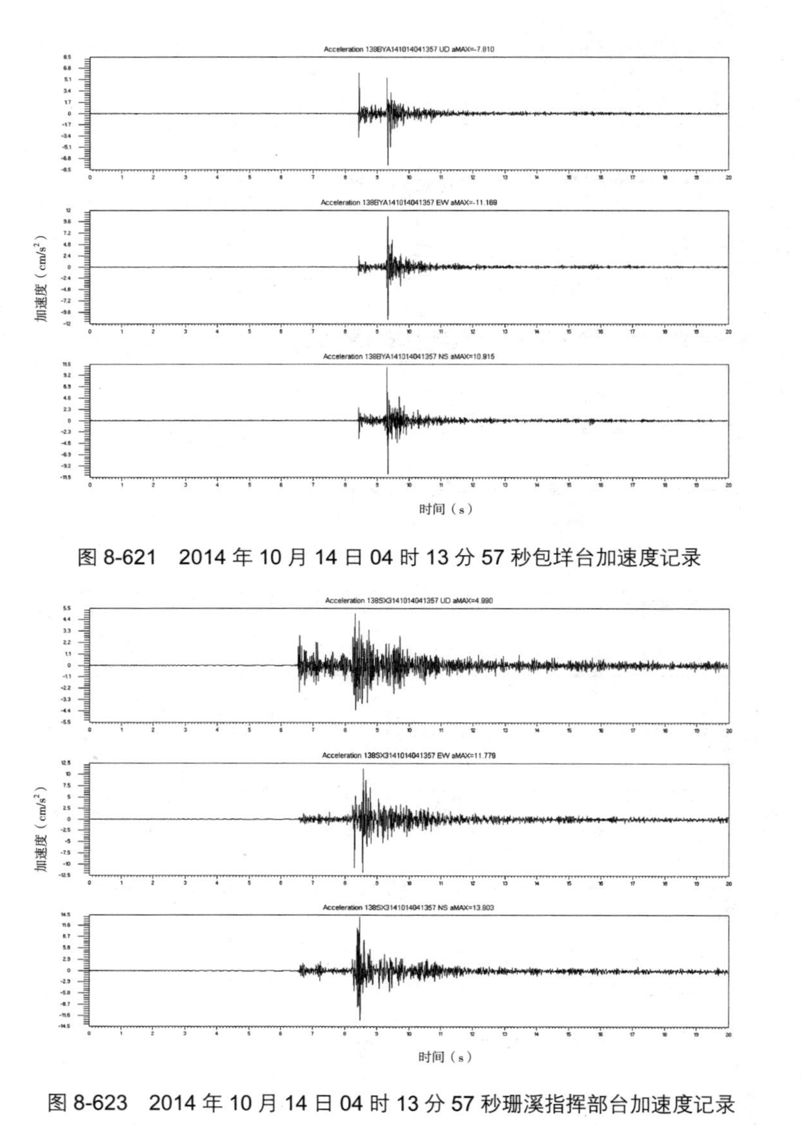

图 8-621 2014 年 10 月 14 日 04 时 13 分 57 秒包垟台加速度记录

图 8-623 2014 年 10 月 14 日 04 时 13 分 57 秒珊溪指挥部台加速度记录

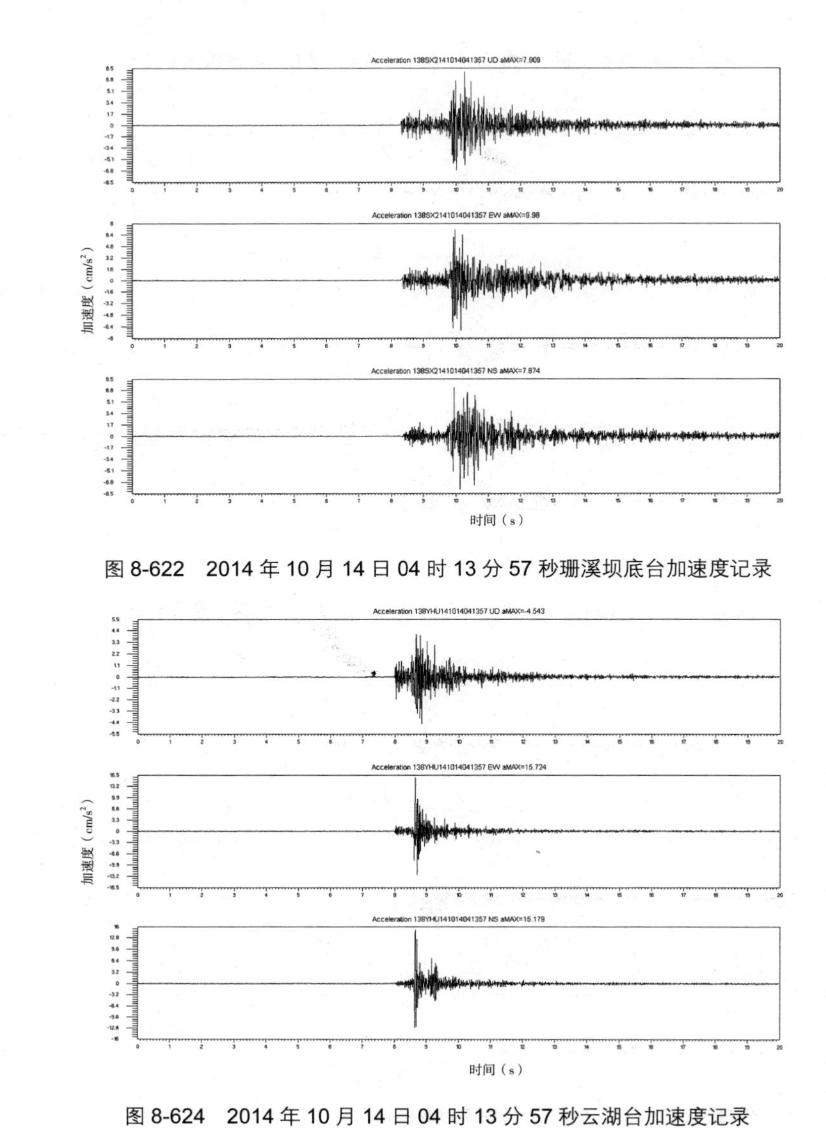

图 8-622 2014 年 10 月 14 日 04 时 13 分 57 秒珊溪坝底台加速度记录

图 8-624 2014 年 10 月 14 日 04 时 13 分 57 秒云湖台加速度记录

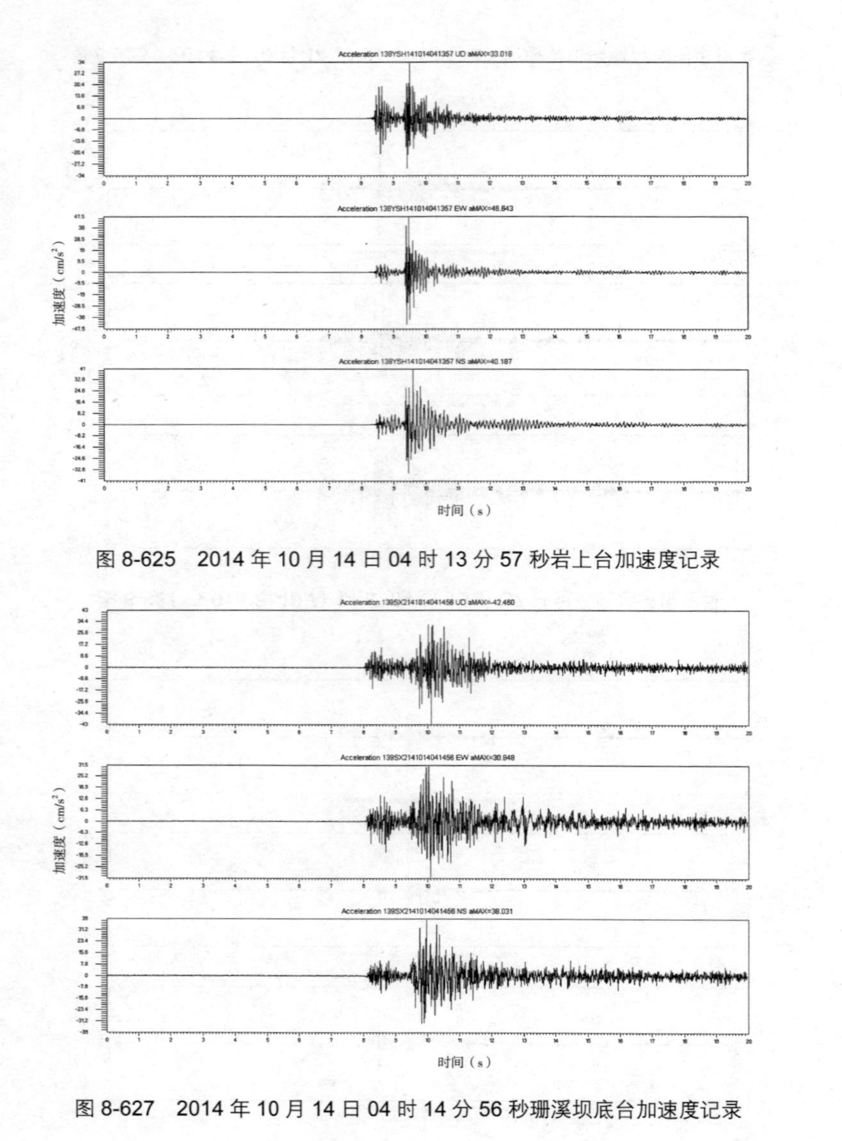

图 8-625　2014 年 10 月 14 日 04 时 13 分 57 秒岩上台加速度记录

图 8-627　2014 年 10 月 14 日 04 时 14 分 56 秒珊溪坝底台加速度记录

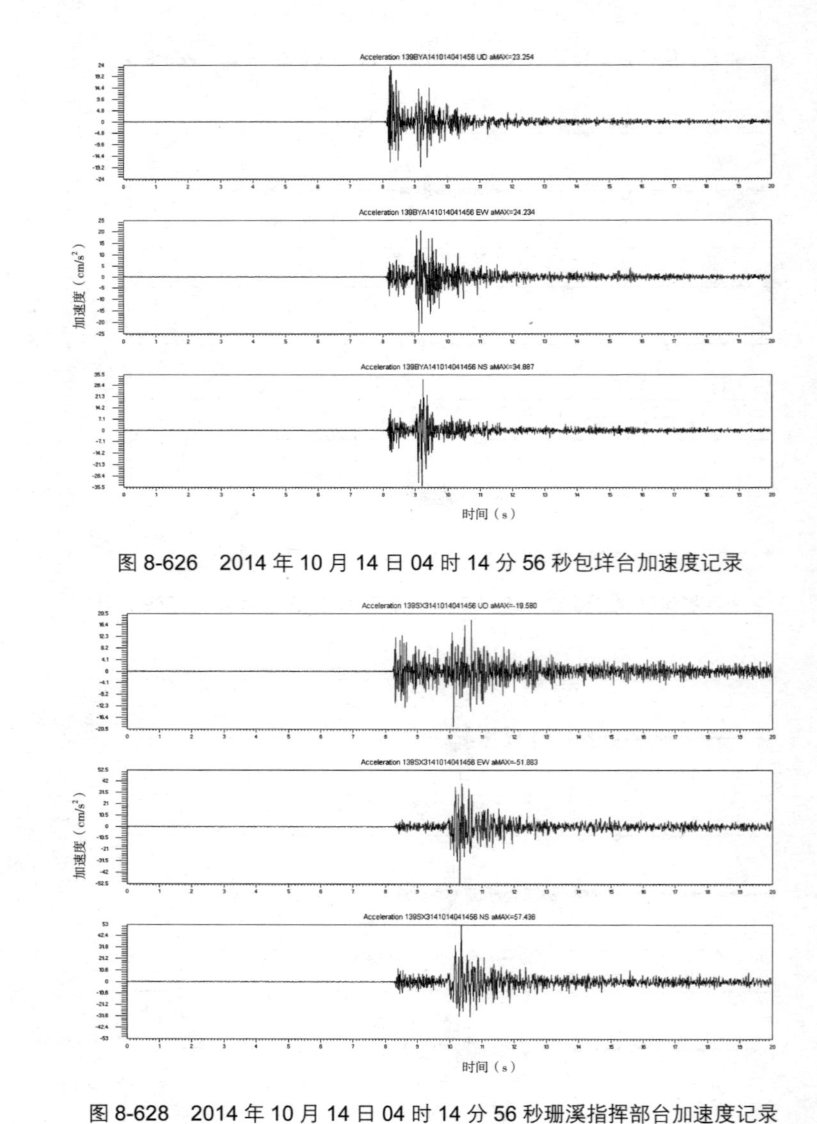

图 8-626　2014 年 10 月 14 日 04 时 14 分 56 秒包垟台加速度记录

图 8-628　2014 年 10 月 14 日 04 时 14 分 56 秒珊溪指挥部台加速度记录

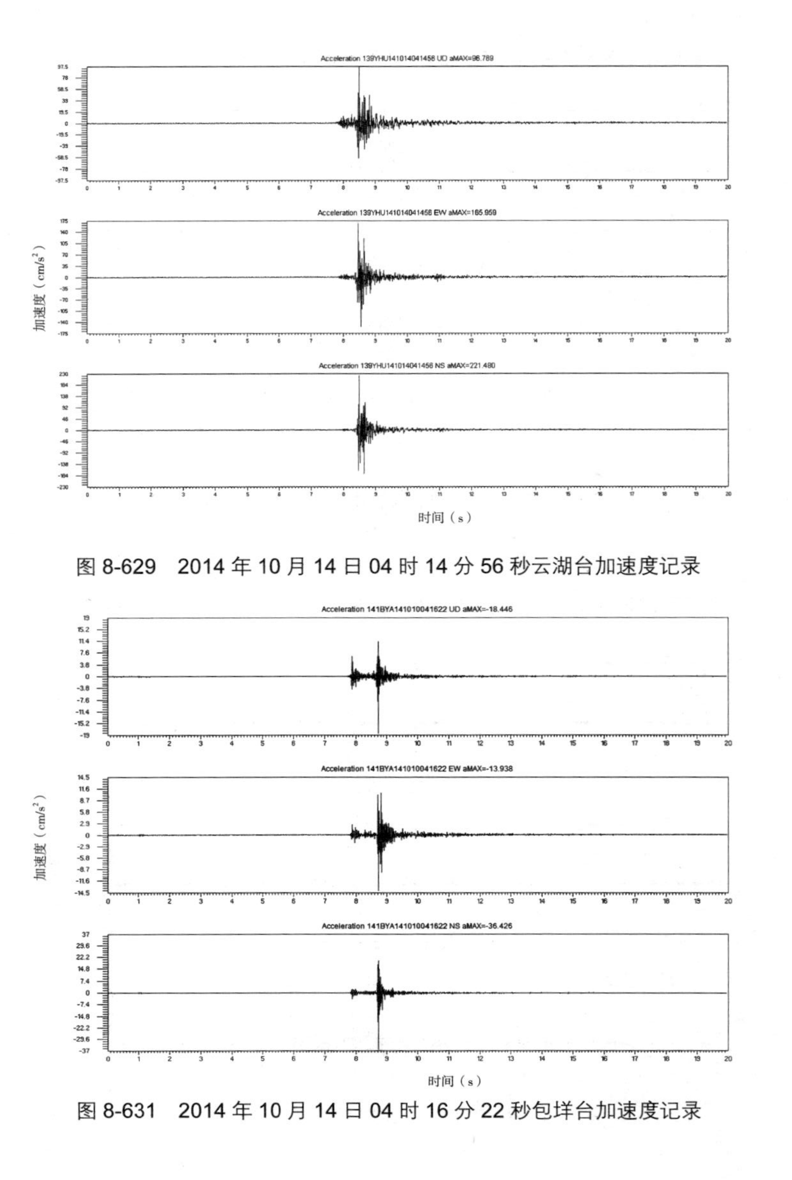

图 8-629　2014 年 10 月 14 日 04 时 14 分 56 秒云湖台加速度记录

图 8-631　2014 年 10 月 14 日 04 时 16 分 22 秒包垟台加速度记录

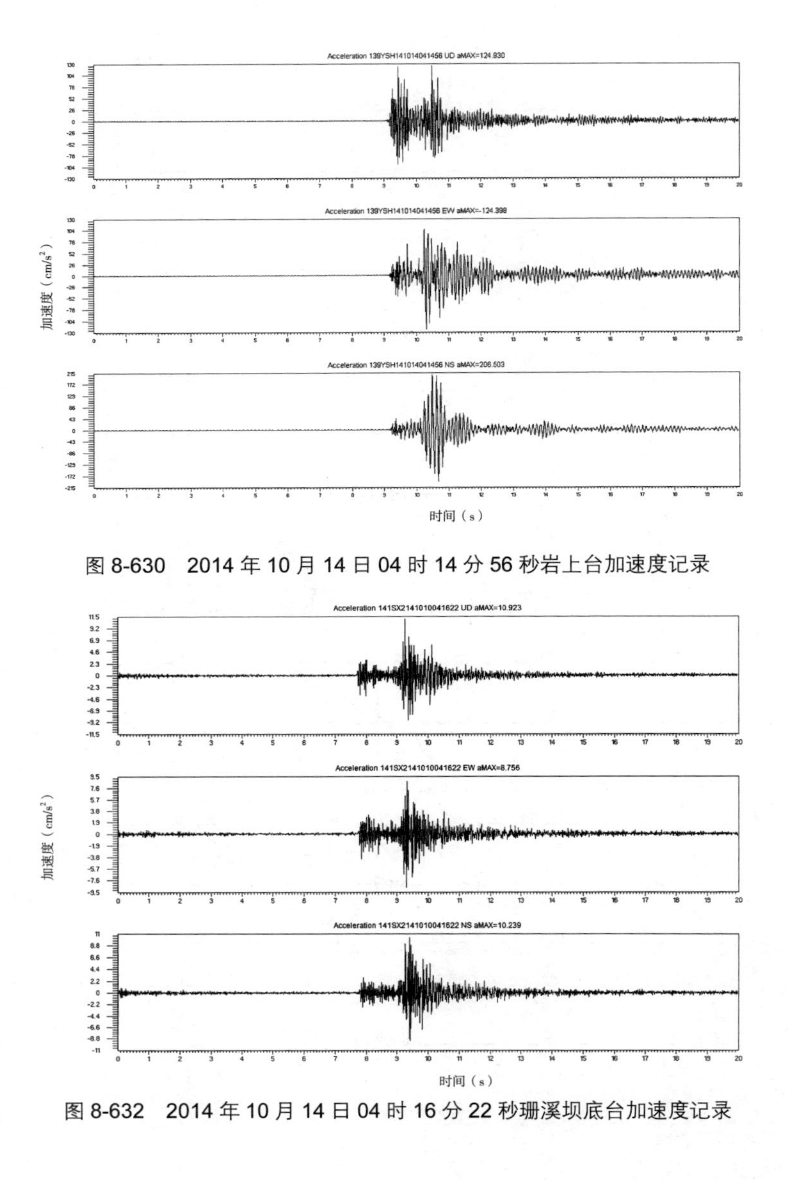

图 8-630　2014 年 10 月 14 日 04 时 14 分 56 秒岩上台加速度记录

图 8-632　2014 年 10 月 14 日 04 时 16 分 22 秒珊溪坝底台加速度记录

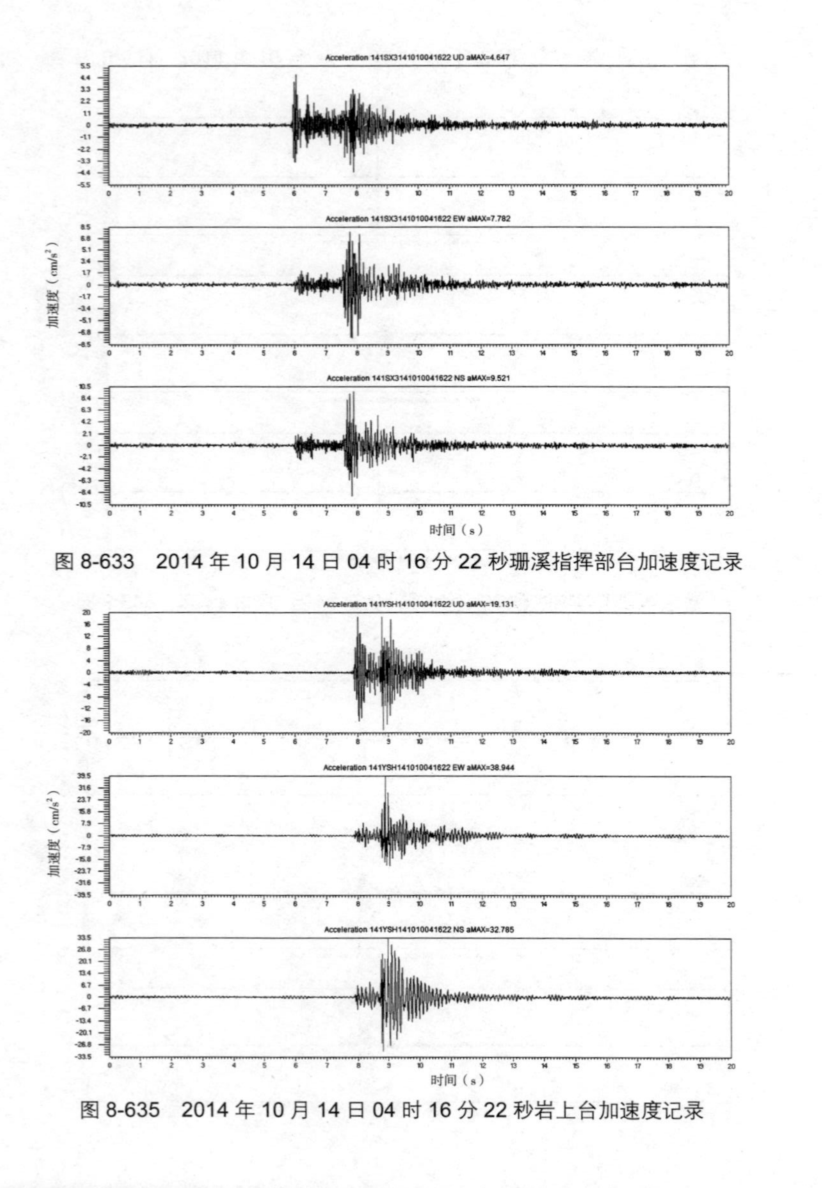

图 8-633　2014 年 10 月 14 日 04 时 16 分 22 秒珊溪指挥部台加速度记录

图 8-635　2014 年 10 月 14 日 04 时 16 分 22 秒岩上台加速度记录

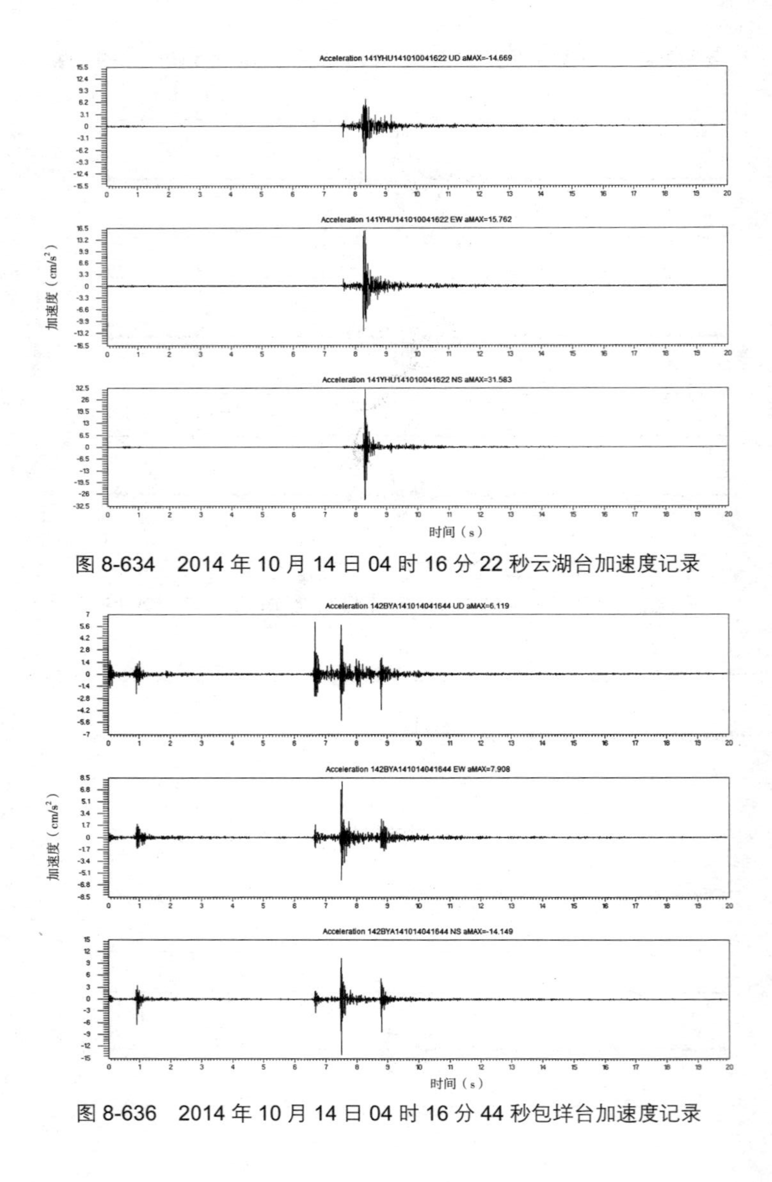

图 8-634　2014 年 10 月 14 日 04 时 16 分 22 秒云湖台加速度记录

图 8-636　2014 年 10 月 14 日 04 时 16 分 44 秒包垟台加速度记录

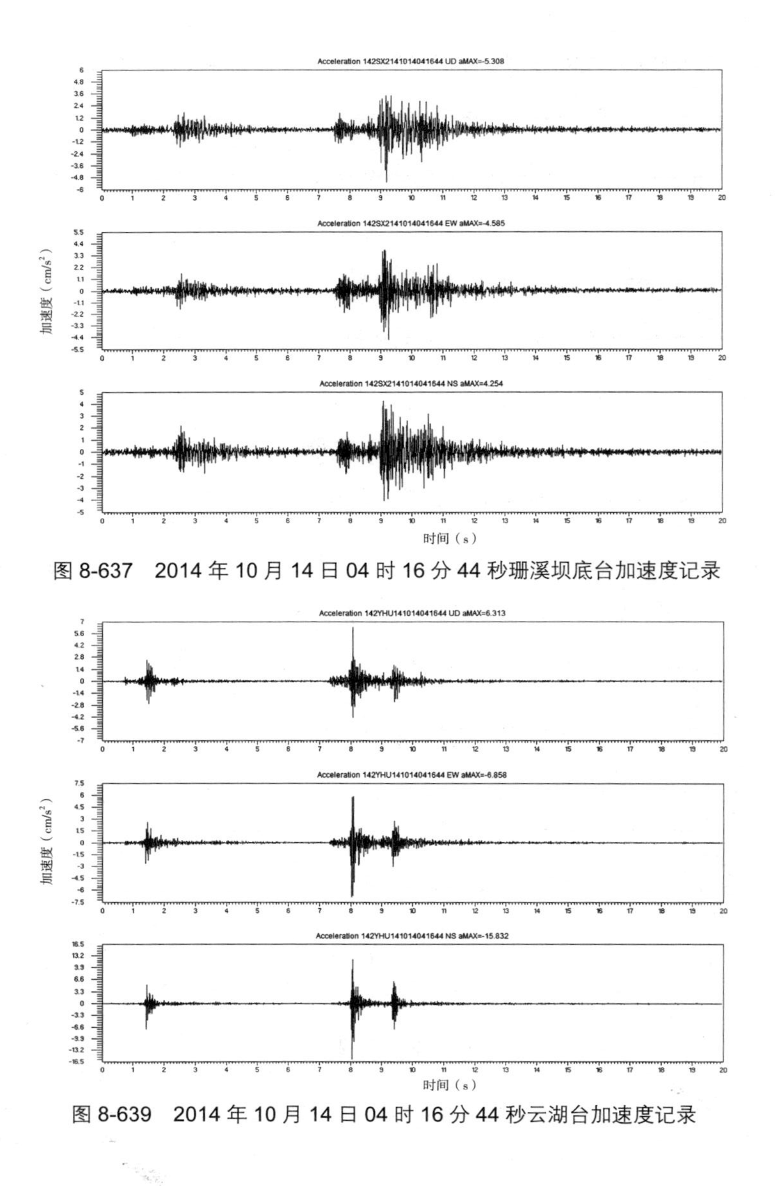

图 8-637　2014 年 10 月 14 日 04 时 16 分 44 秒珊溪坝底台加速度记录

图 8-639　2014 年 10 月 14 日 04 时 16 分 44 秒云湖台加速度记录

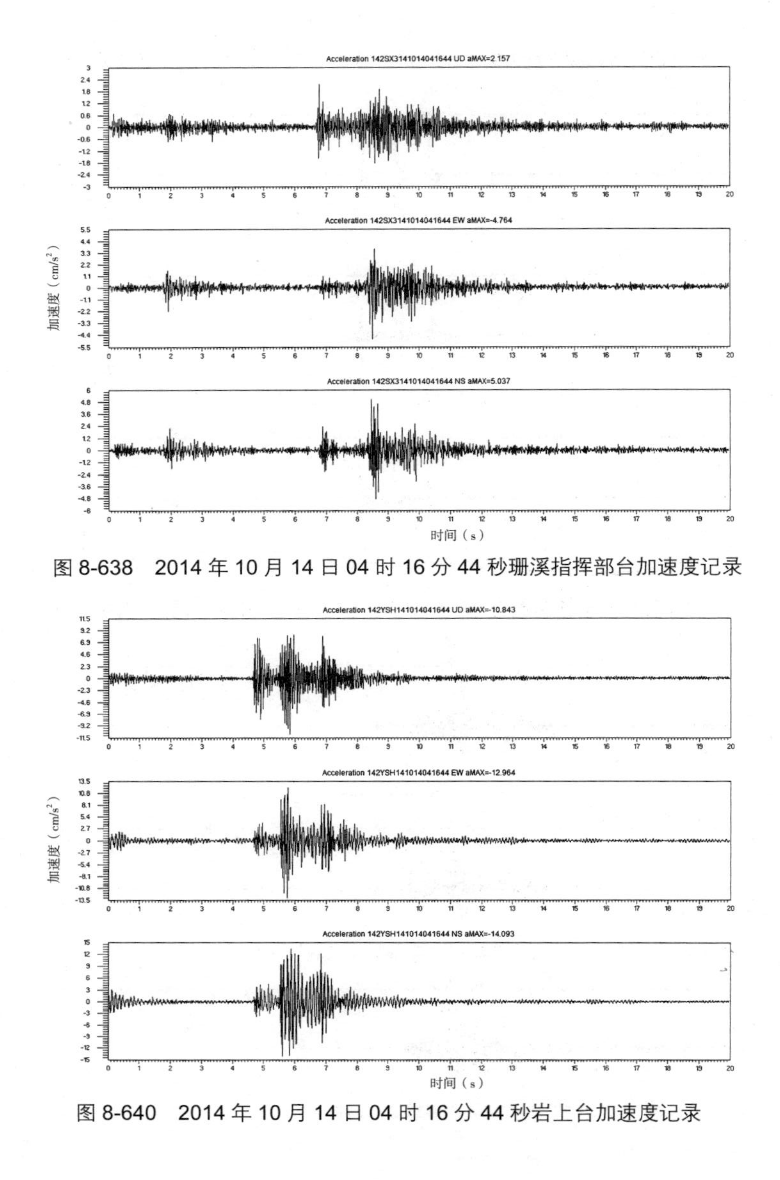

图 8-638　2014 年 10 月 14 日 04 时 16 分 44 秒珊溪指挥部台加速度记录

图 8-640　2014 年 10 月 14 日 04 时 16 分 44 秒岩上台加速度记录

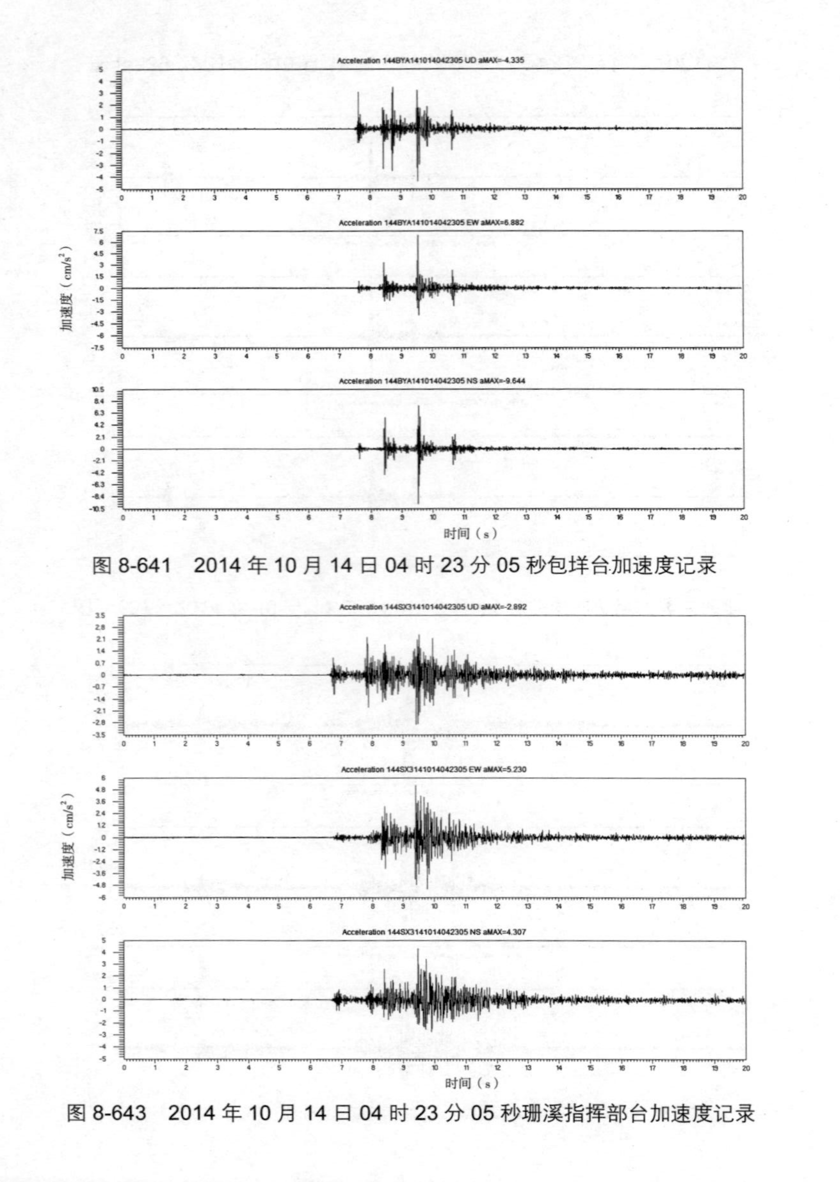

图 8-641　2014 年 10 月 14 日 04 时 23 分 05 秒包垟台加速度记录

图 8-643　2014 年 10 月 14 日 04 时 23 分 05 秒珊溪指挥部台加速度记录

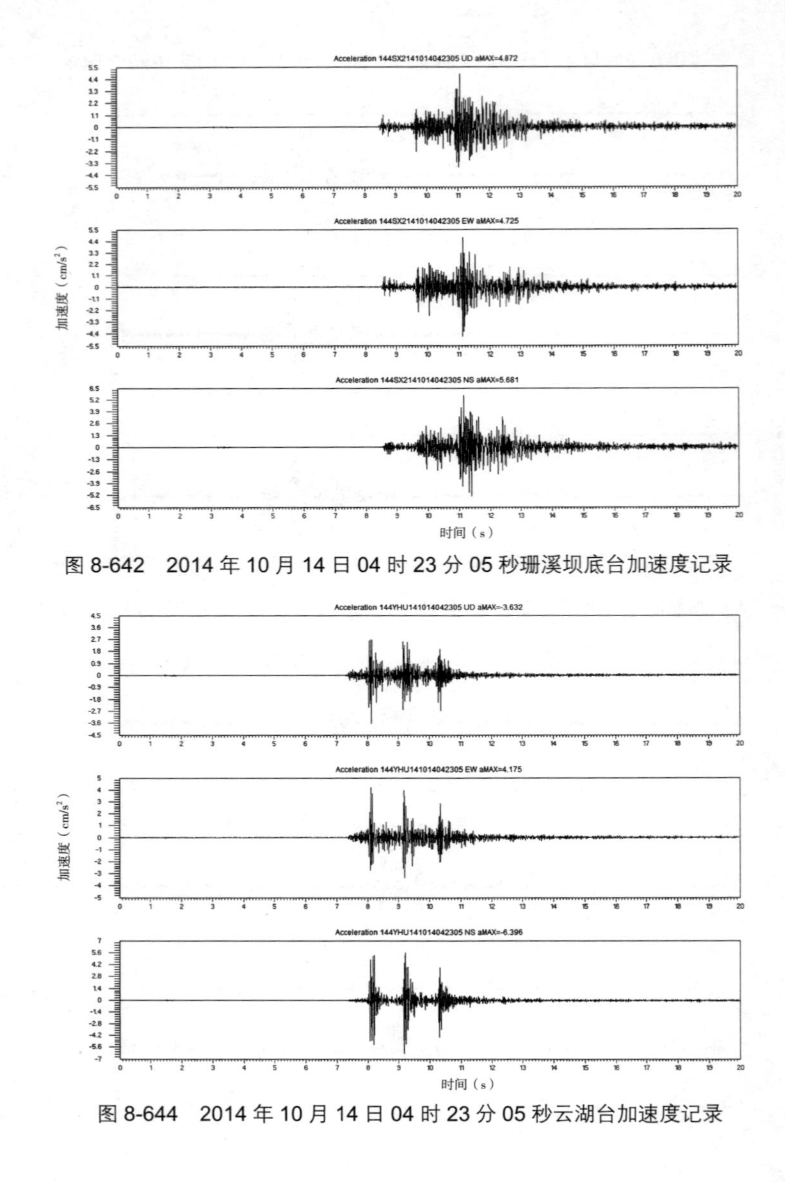

图 8-642　2014 年 10 月 14 日 04 时 23 分 05 秒珊溪坝底台加速度记录

图 8-644　2014 年 10 月 14 日 04 时 23 分 05 秒云湖台加速度记录

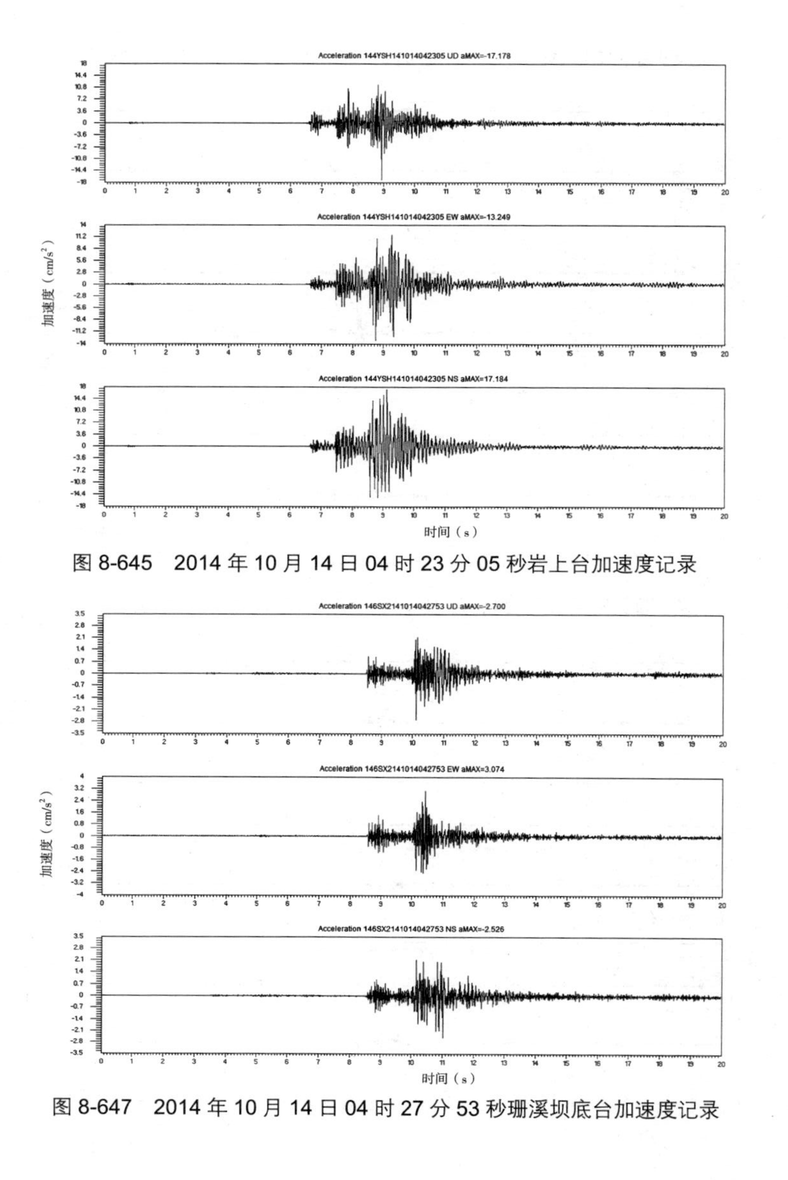

图 8-645　2014 年 10 月 14 日 04 时 23 分 05 秒岩上台加速度记录

图 8-647　2014 年 10 月 14 日 04 时 27 分 53 秒珊溪坝底台加速度记录

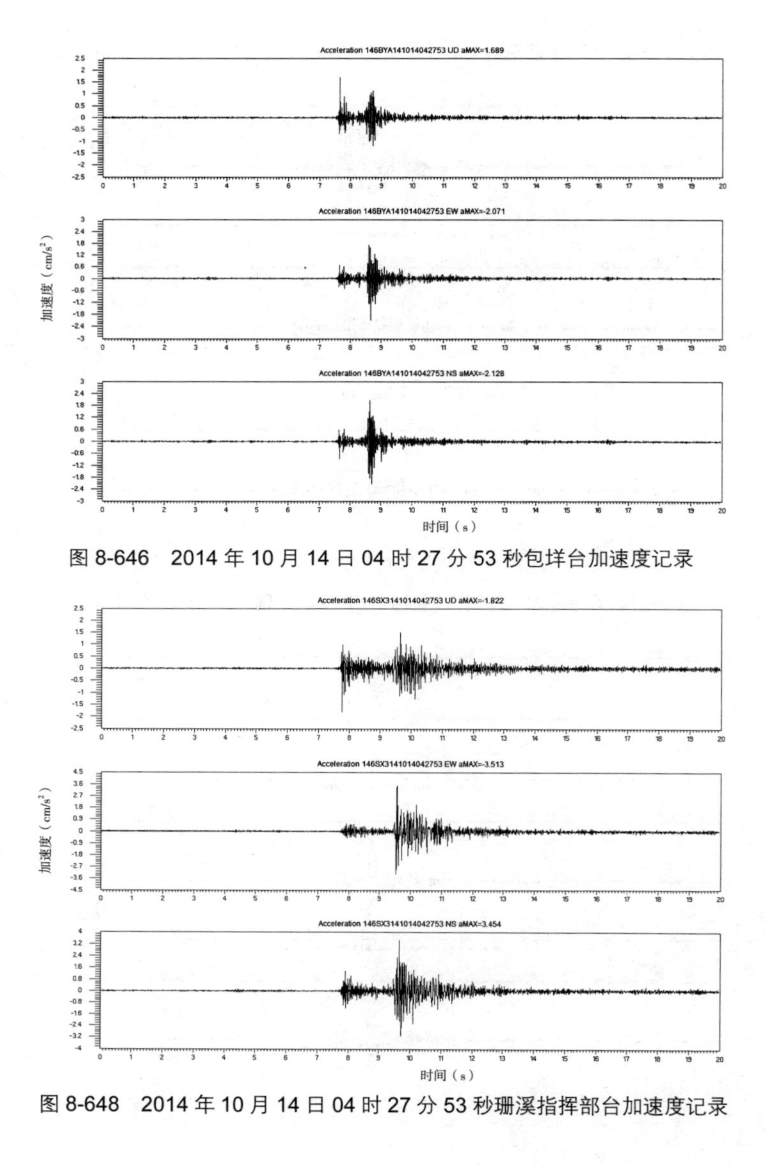

图 8-646　2014 年 10 月 14 日 04 时 27 分 53 秒包垟台加速度记录

图 8-648　2014 年 10 月 14 日 04 时 27 分 53 秒珊溪指挥部台加速度记录

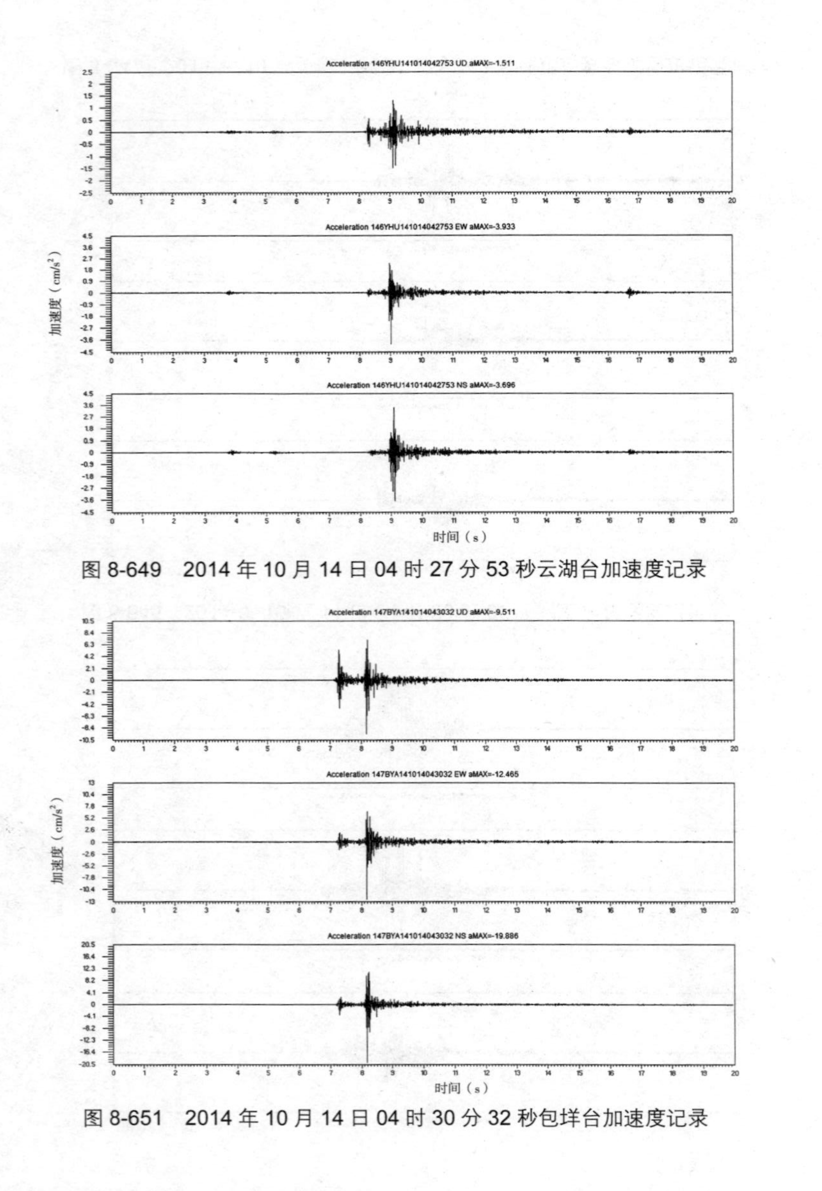

图 8-649　2014 年 10 月 14 日 04 时 27 分 53 秒云湖台加速度记录

图 8-651　2014 年 10 月 14 日 04 时 30 分 32 秒包垟台加速度记录

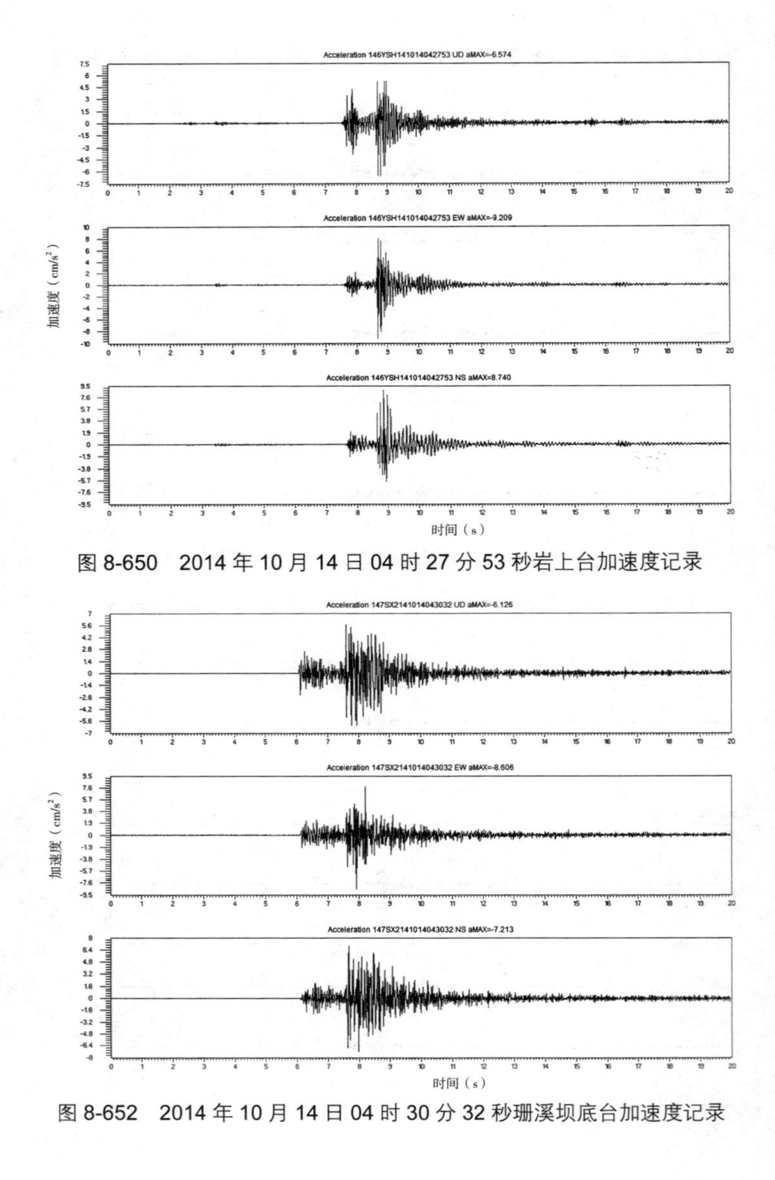

图 8-650　2014 年 10 月 14 日 04 时 27 分 53 秒岩上台加速度记录

图 8-652　2014 年 10 月 14 日 04 时 30 分 32 秒珊溪坝底台加速度记录

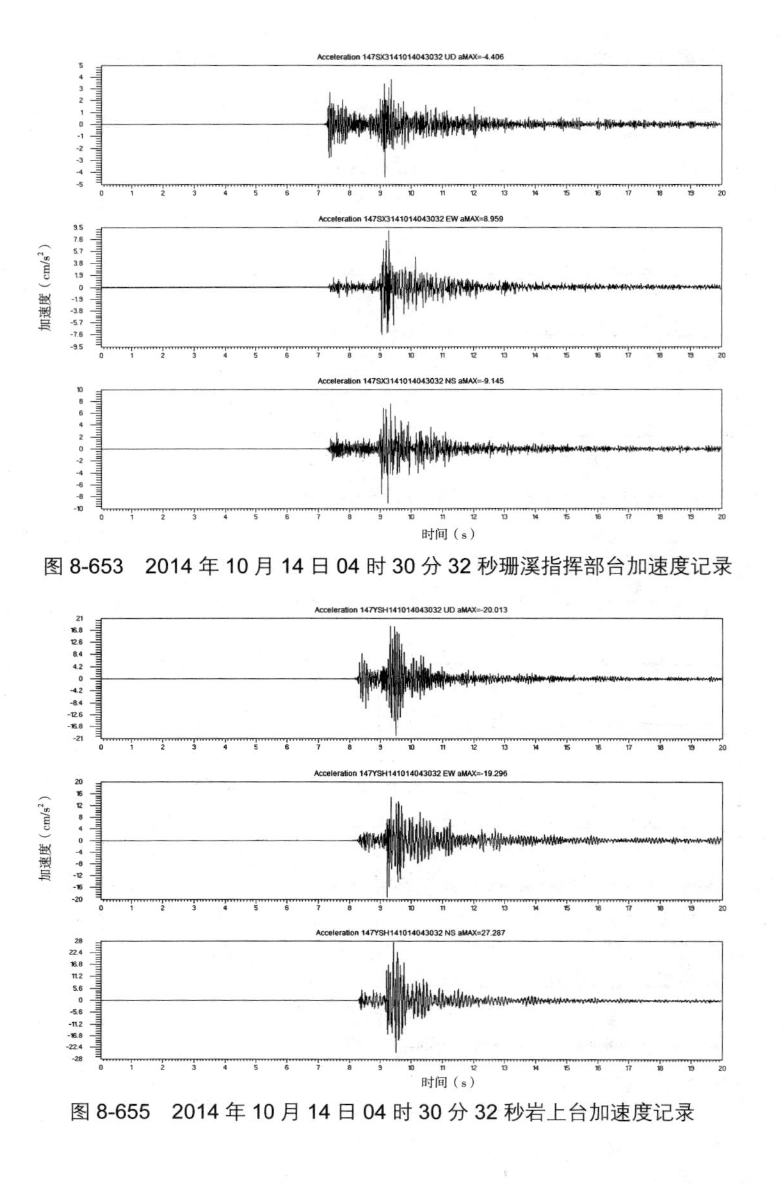

图 8-653 2014 年 10 月 14 日 04 时 30 分 32 秒珊溪指挥部台加速度记录

图 8-655 2014 年 10 月 14 日 04 时 30 分 32 秒岩上台加速度记录

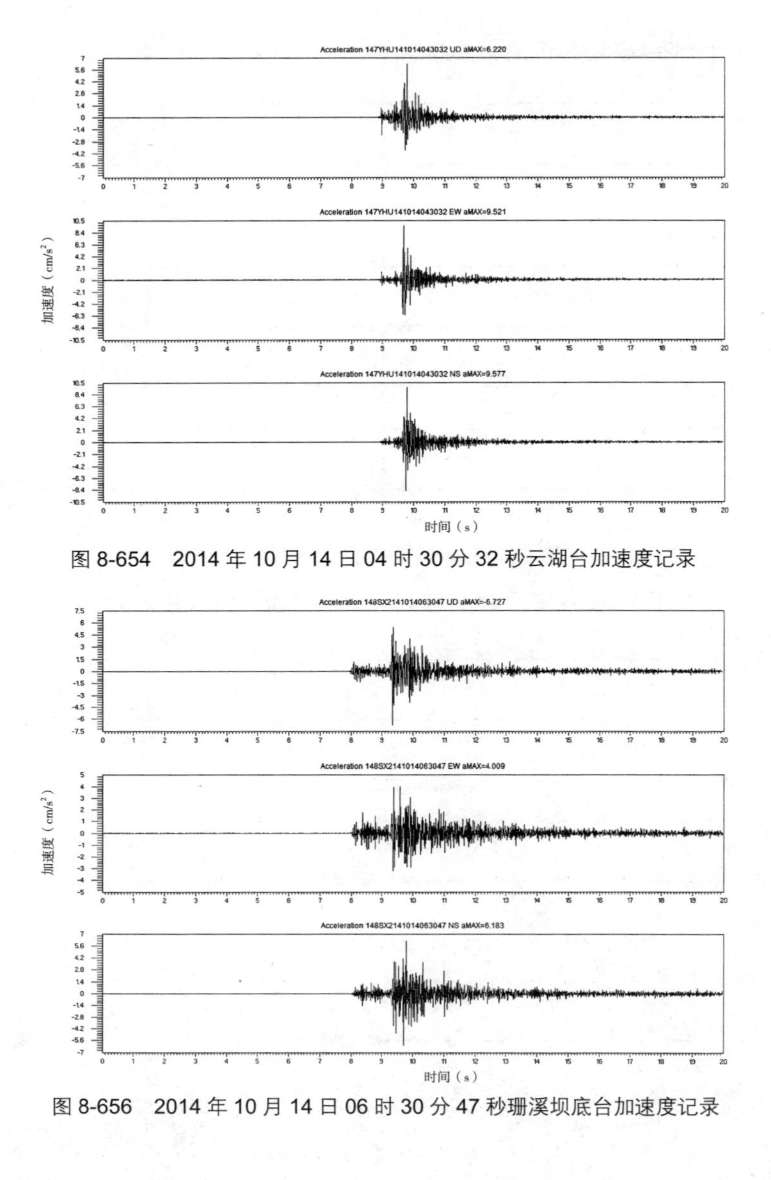

图 8-654 2014 年 10 月 14 日 04 时 30 分 32 秒云湖台加速度记录

图 8-656 2014 年 10 月 14 日 06 时 30 分 47 秒珊溪坝底台加速度记录

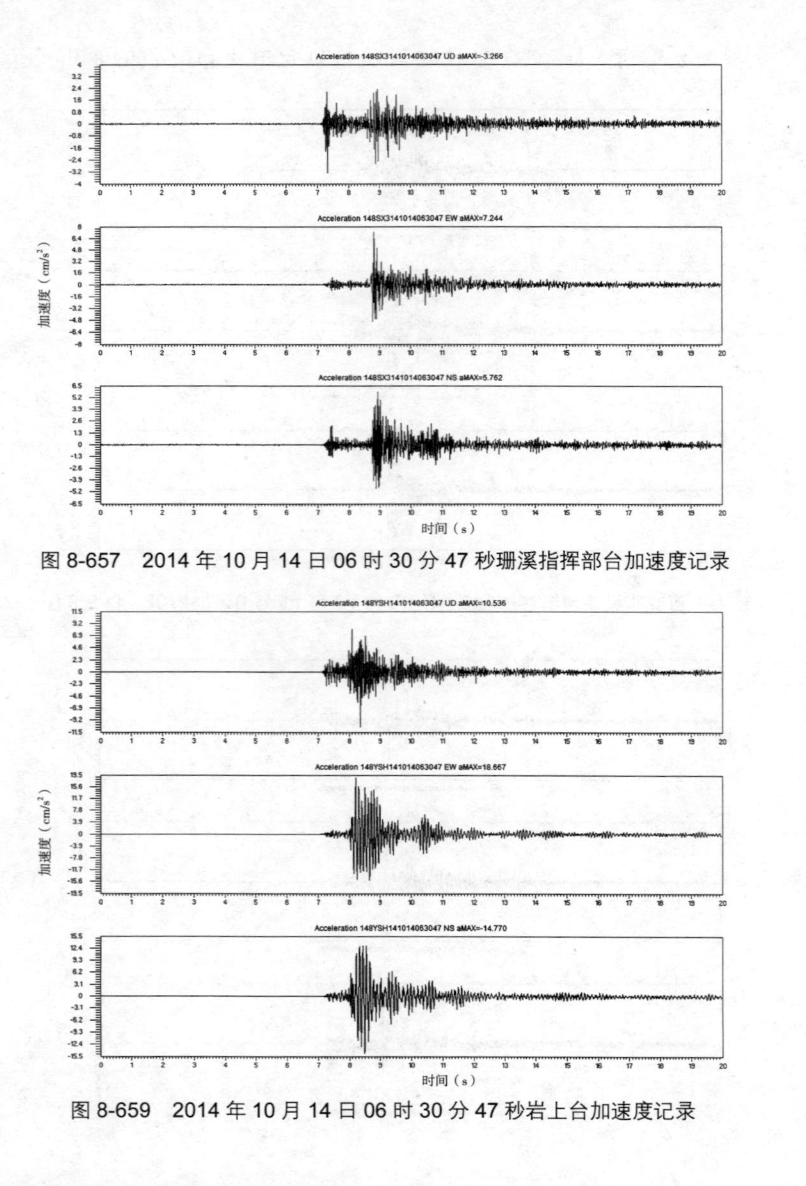

图 8-657　2014 年 10 月 14 日 06 时 30 分 47 秒珊溪指挥部台加速度记录

图 8-659　2014 年 10 月 14 日 06 时 30 分 47 秒岩上台加速度记录

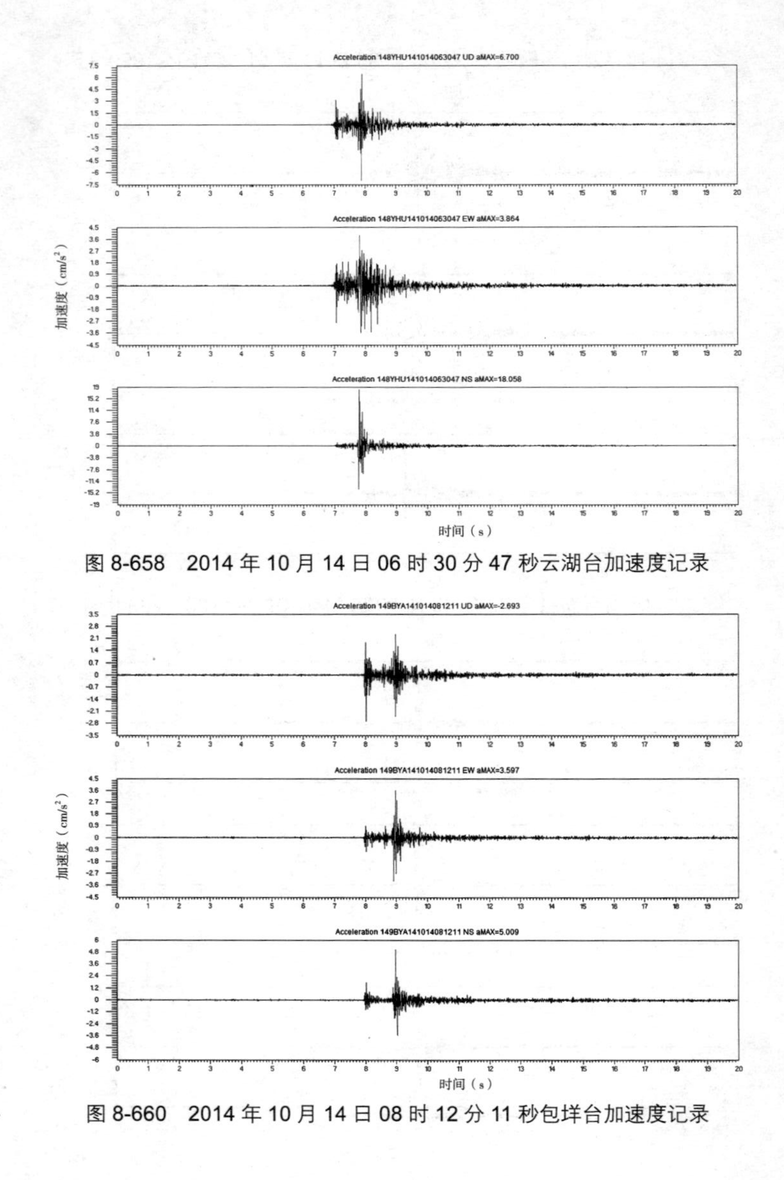

图 8-658　2014 年 10 月 14 日 06 时 30 分 47 秒云湖台加速度记录

图 8-660　2014 年 10 月 14 日 08 时 12 分 11 秒包垟台加速度记录

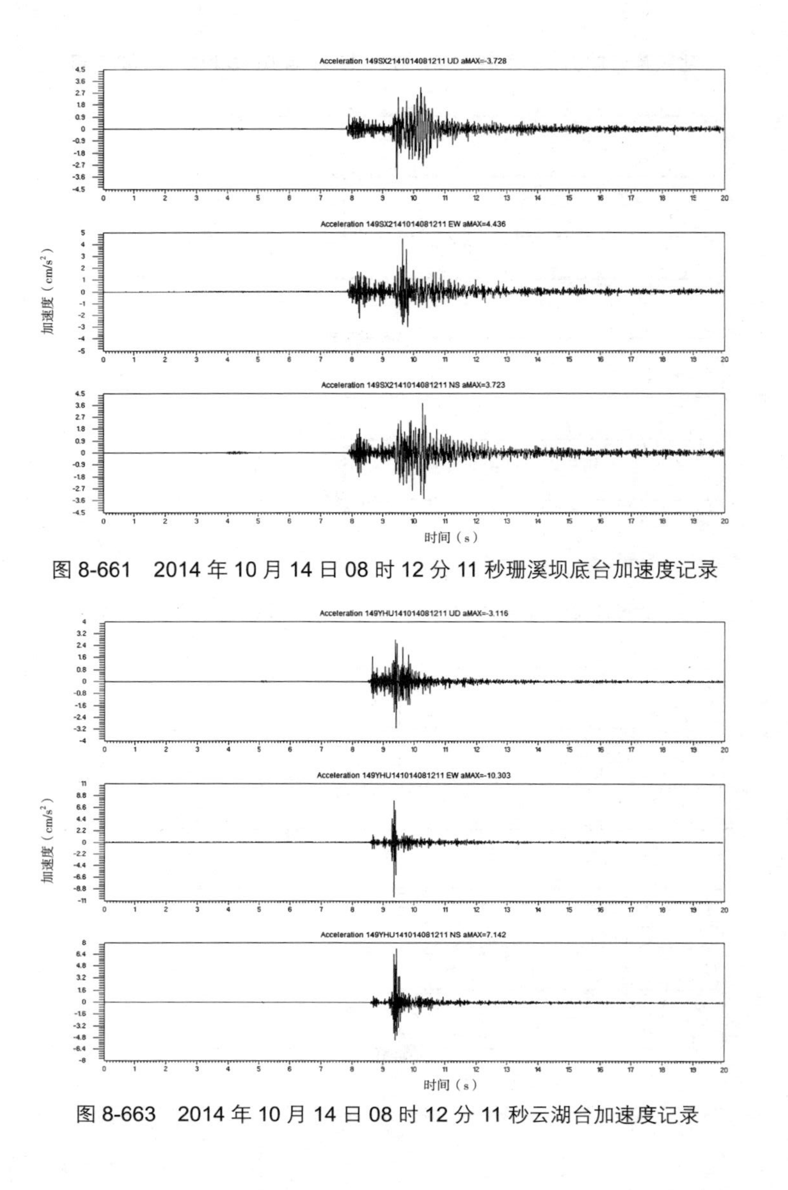

图 8-661　2014 年 10 月 14 日 08 时 12 分 11 秒珊溪坝底台加速度记录

图 8-663　2014 年 10 月 14 日 08 时 12 分 11 秒云湖台加速度记录

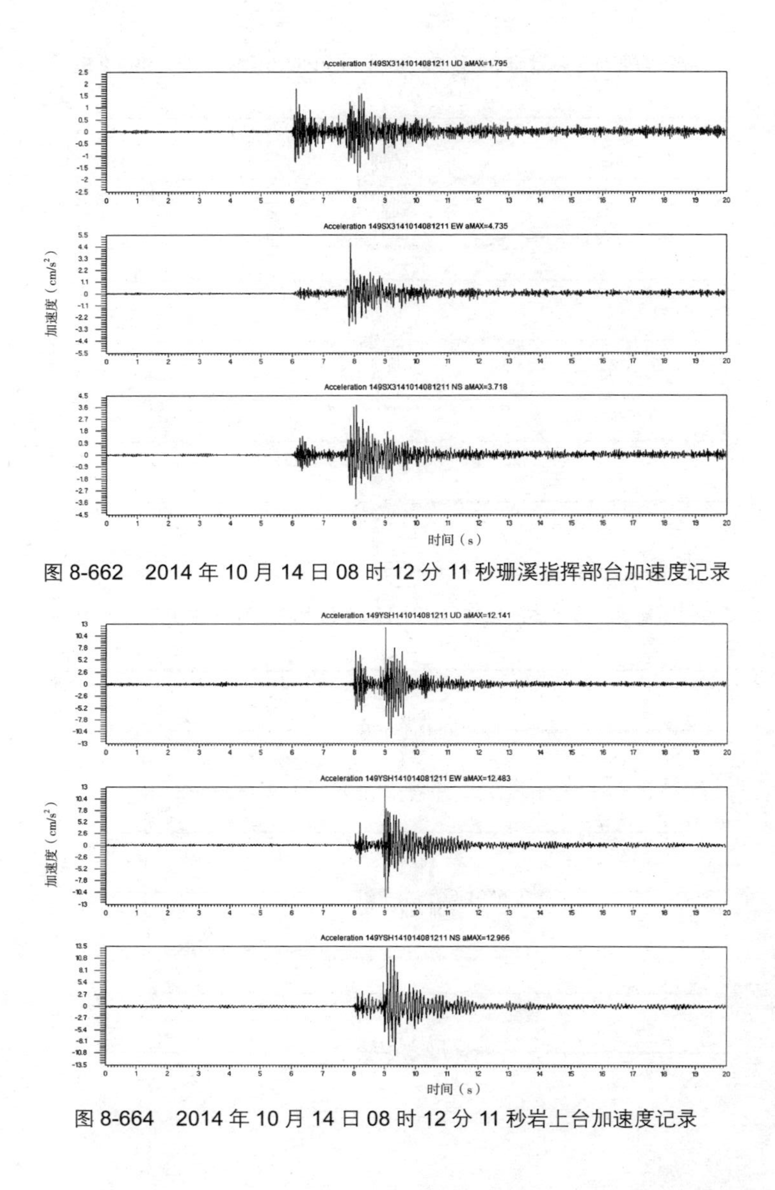

图 8-662　2014 年 10 月 14 日 08 时 12 分 11 秒珊溪指挥部台加速度记录

图 8-664　2014 年 10 月 14 日 08 时 12 分 11 秒岩上台加速度记录

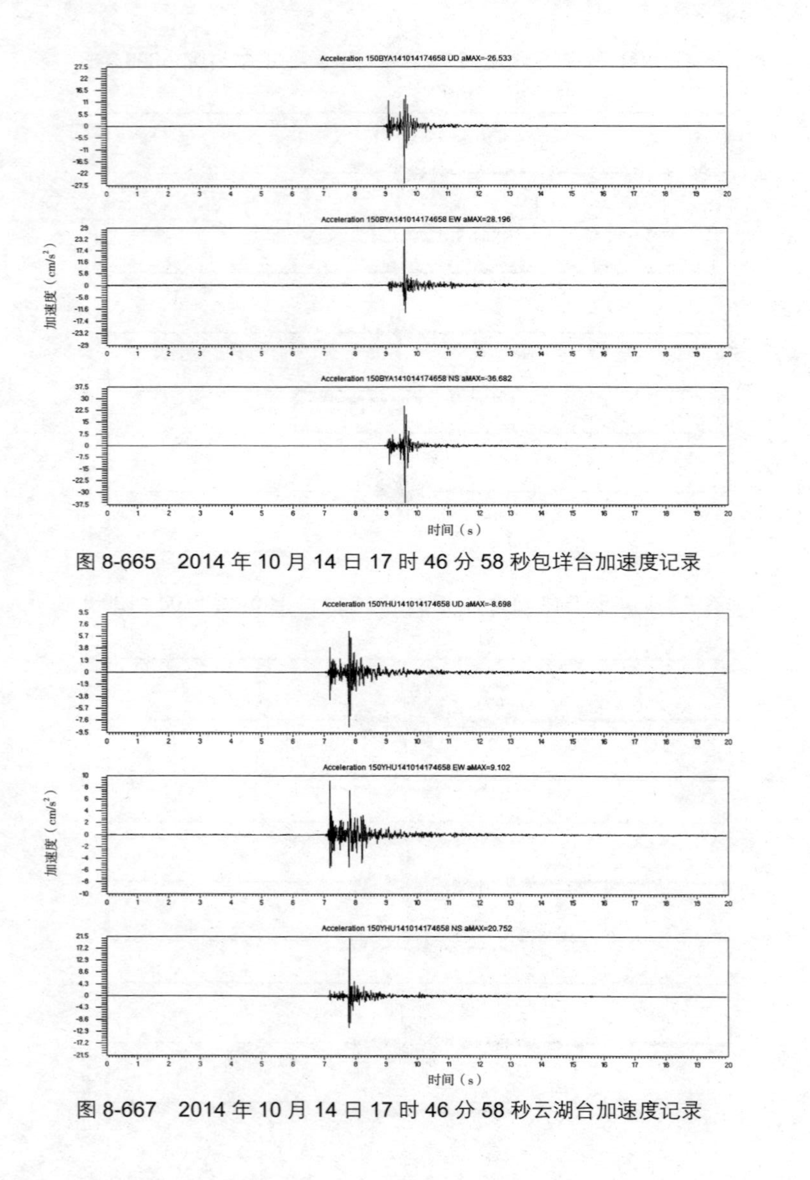

图 8-665 2014 年 10 月 14 日 17 时 46 分 58 秒包垟台加速度记录

图 8-667 2014 年 10 月 14 日 17 时 46 分 58 秒云湖台加速度记录

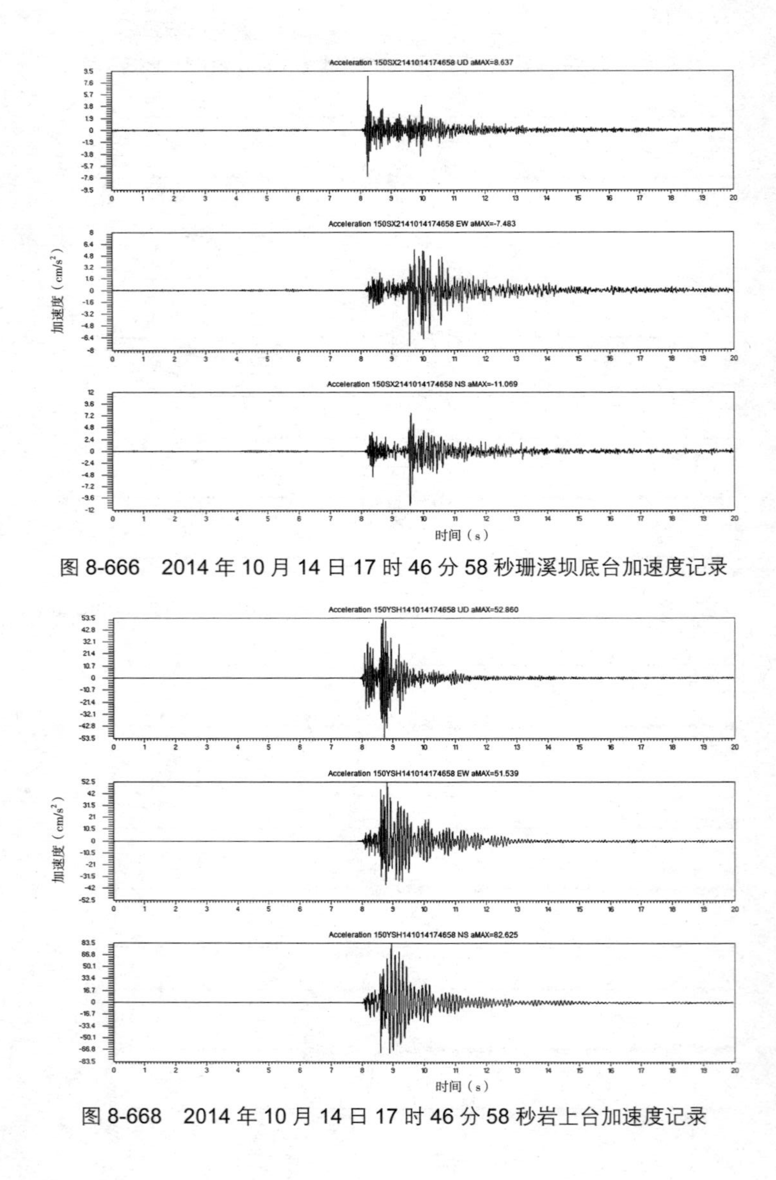

图 8-666 2014 年 10 月 14 日 17 时 46 分 58 秒珊溪坝底台加速度记录

图 8-668 2014 年 10 月 14 日 17 时 46 分 58 秒岩上台加速度记录

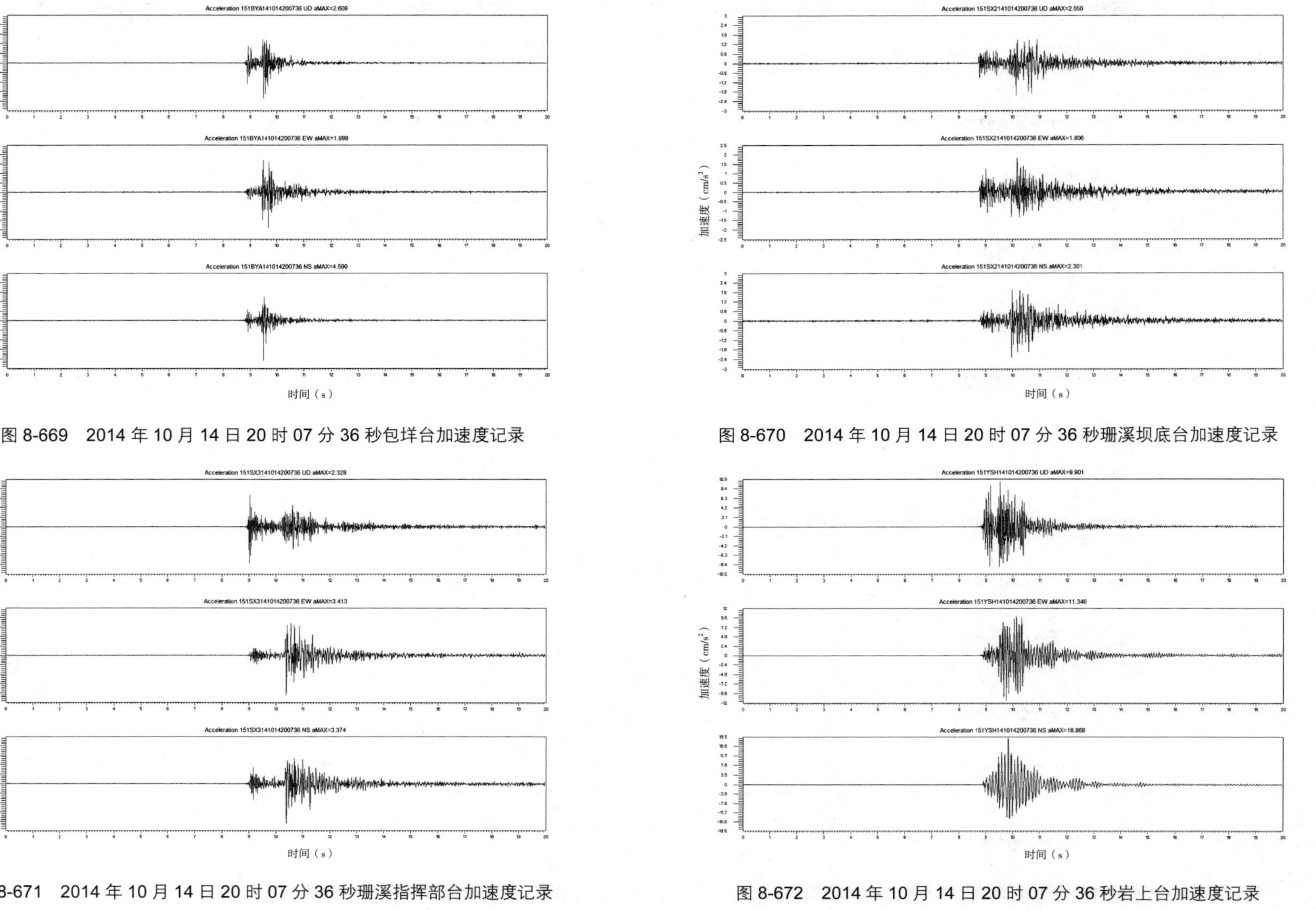

图 8-669　2014 年 10 月 14 日 20 时 07 分 36 秒包垟台加速度记录

图 8-670　2014 年 10 月 14 日 20 时 07 分 36 秒珊溪坝底台加速度记录

图 8-671　2014 年 10 月 14 日 20 时 07 分 36 秒珊溪指挥部台加速度记录

图 8-672　2014 年 10 月 14 日 20 时 07 分 36 秒岩上台加速度记录

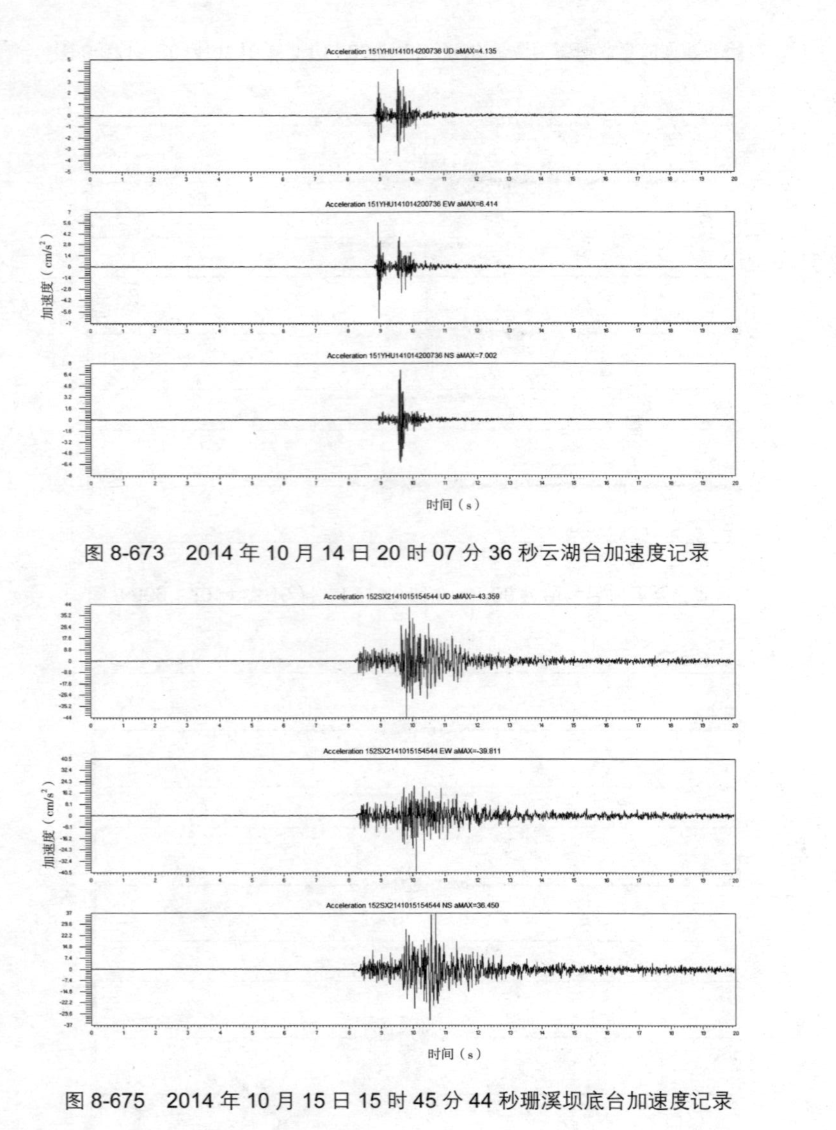

图 8-673　2014 年 10 月 14 日 20 时 07 分 36 秒云湖台加速度记录

图 8-675　2014 年 10 月 15 日 15 时 45 分 44 秒珊溪坝底台加速度记录

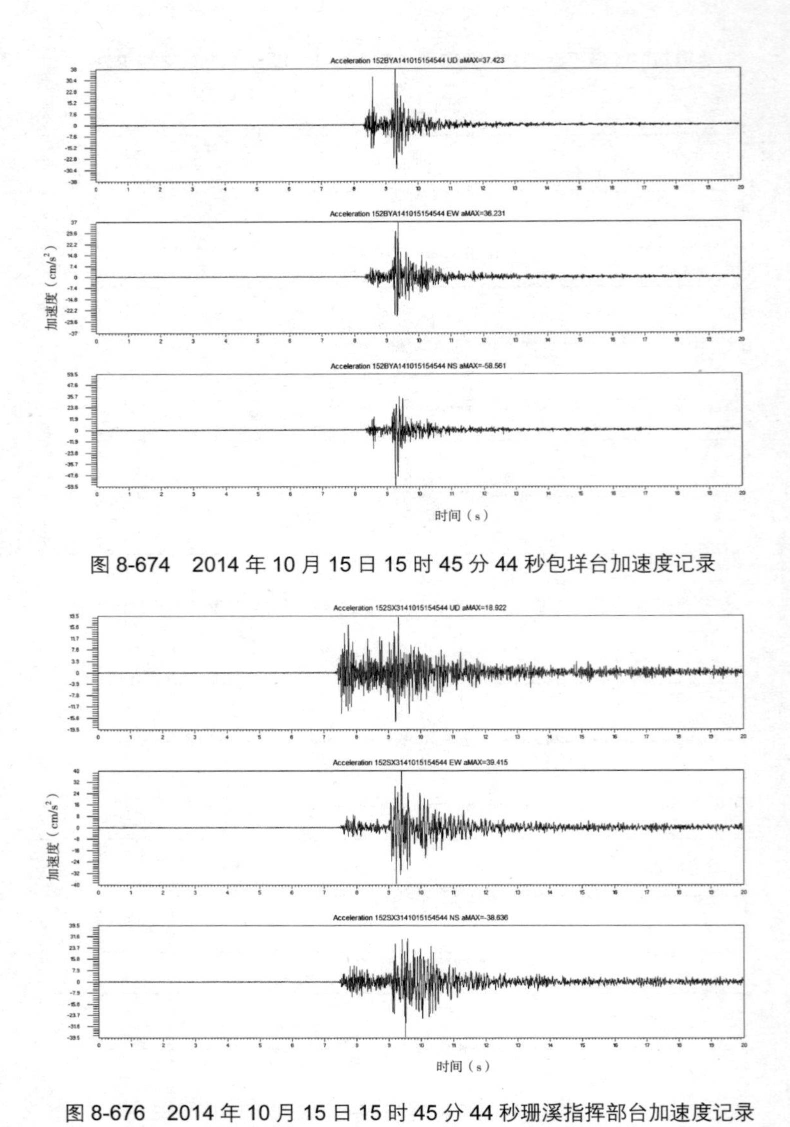

图 8-674　2014 年 10 月 15 日 15 时 45 分 44 秒包垟台加速度记录

图 8-676　2014 年 10 月 15 日 15 时 45 分 44 秒珊溪指挥部台加速度记录

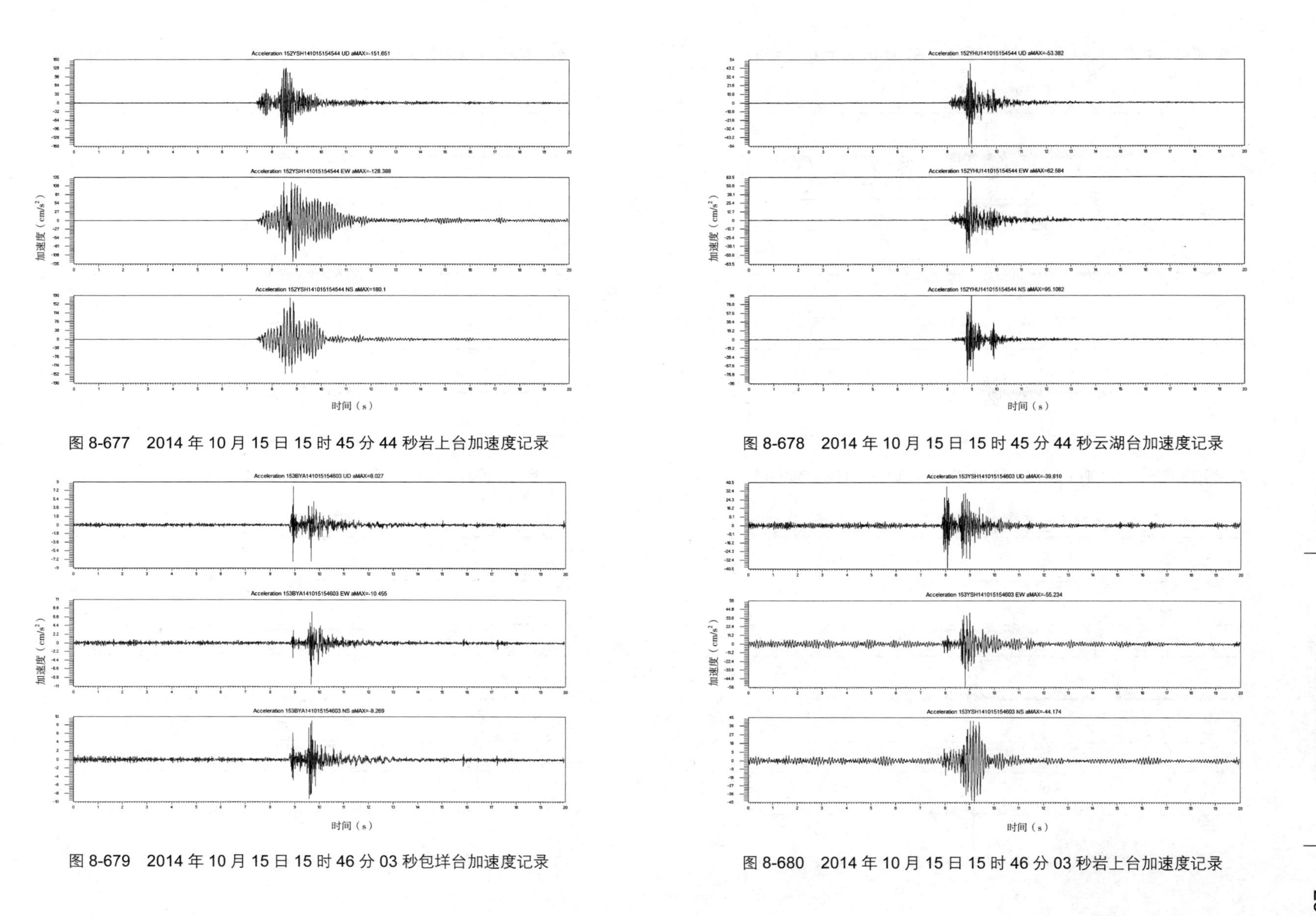

图 8-677　2014 年 10 月 15 日 15 时 45 分 44 秒岩上台加速度记录

图 8-678　2014 年 10 月 15 日 15 时 45 分 44 秒云湖台加速度记录

图 8-679　2014 年 10 月 15 日 15 时 46 分 03 秒包垟台加速度记录

图 8-680　2014 年 10 月 15 日 15 时 46 分 03 秒岩上台加速度记录

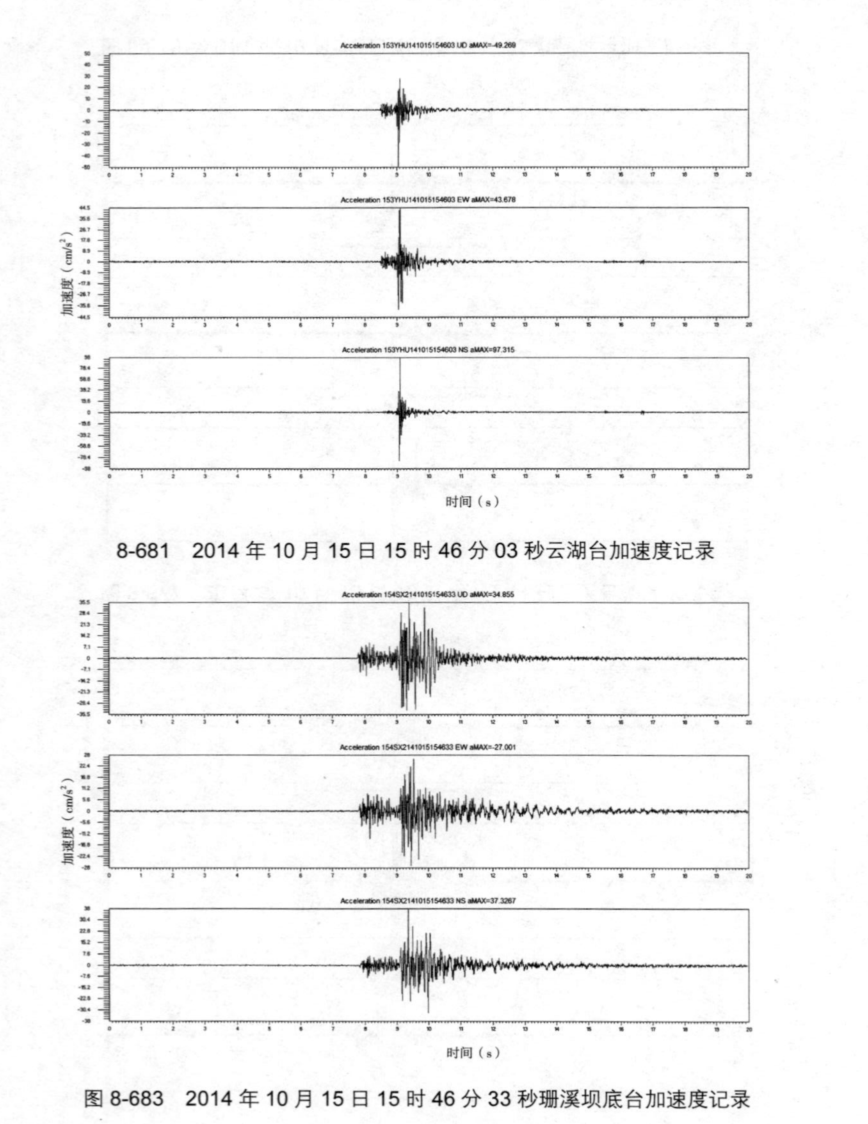

8-681 2014年10月15日15时46分03秒云湖台加速度记录

图 8-683 2014年10月15日15时46分33秒珊溪坝底台加速度记录

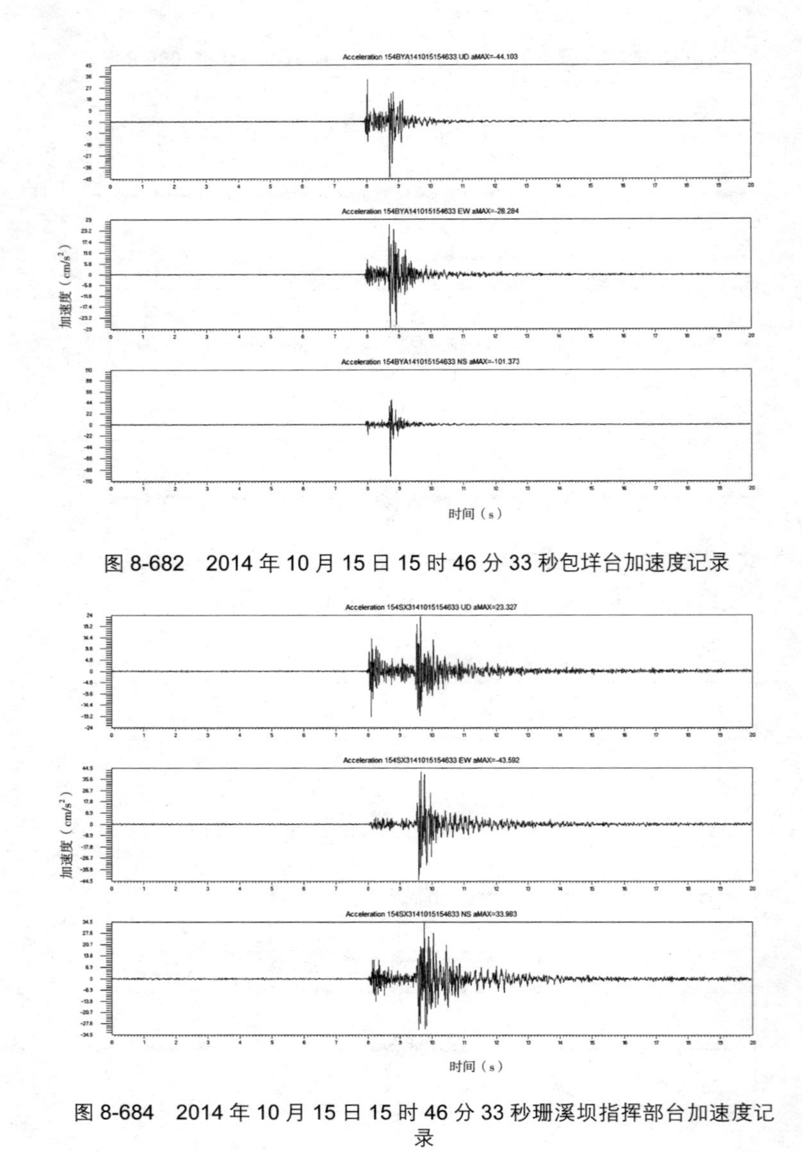

图 8-682 2014年10月15日15时46分33秒包垟台加速度记录

图 8-684 2014年10月15日15时46分33秒珊溪坝指挥部台加速度记录

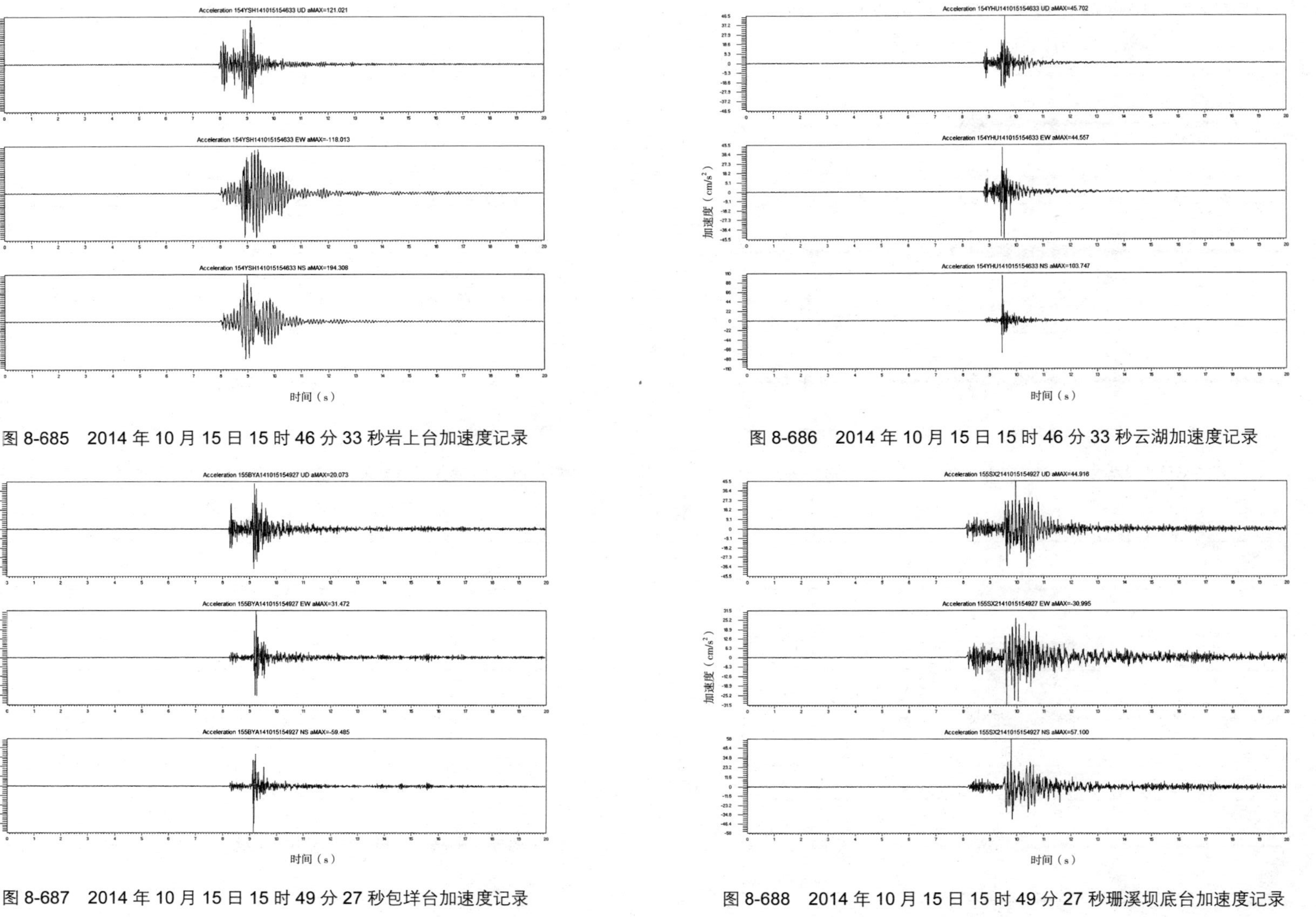

图 8-685 2014 年 10 月 15 日 15 时 46 分 33 秒岩上台加速度记录

图 8-686 2014 年 10 月 15 日 15 时 46 分 33 秒云湖加速度记录

图 8-687 2014 年 10 月 15 日 15 时 49 分 27 秒包垟台加速度记录

图 8-688 2014 年 10 月 15 日 15 时 49 分 27 秒珊溪坝底台加速度记录

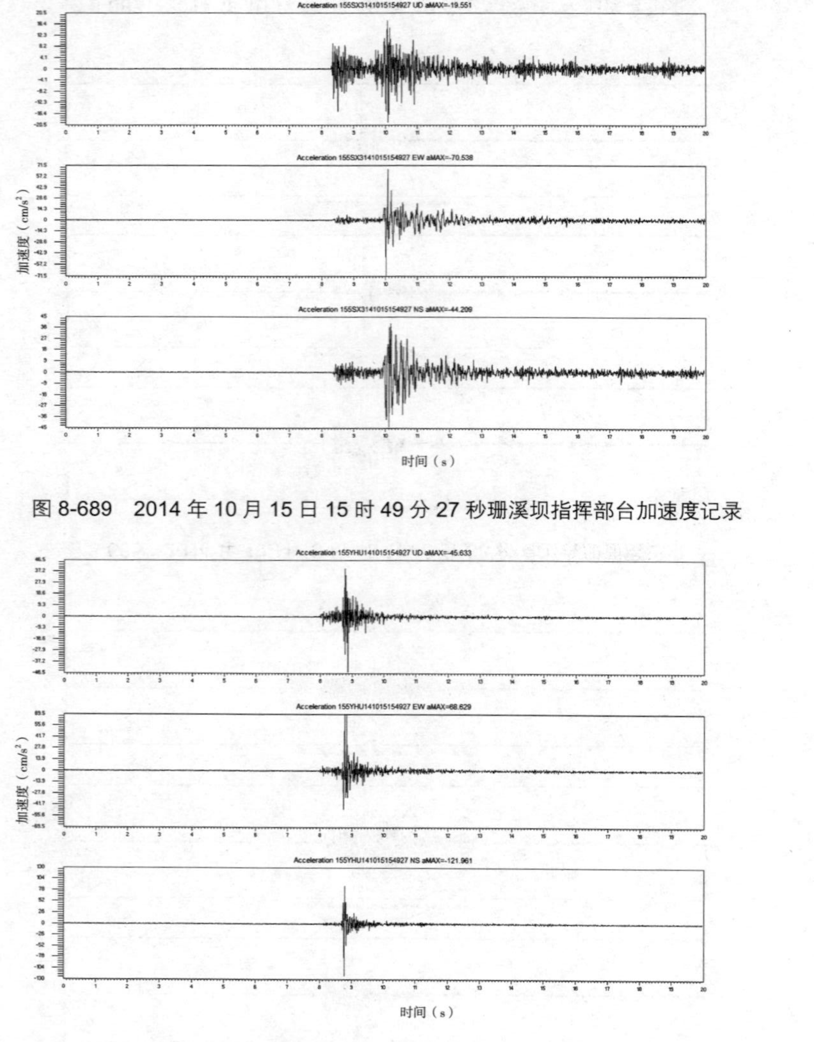

图 8-689　2014 年 10 月 15 日 15 时 49 分 27 秒珊溪坝指挥部台加速度记录

图 8-691　2014 年 10 月 15 日 15 时 49 分 27 秒云湖台加速度记录

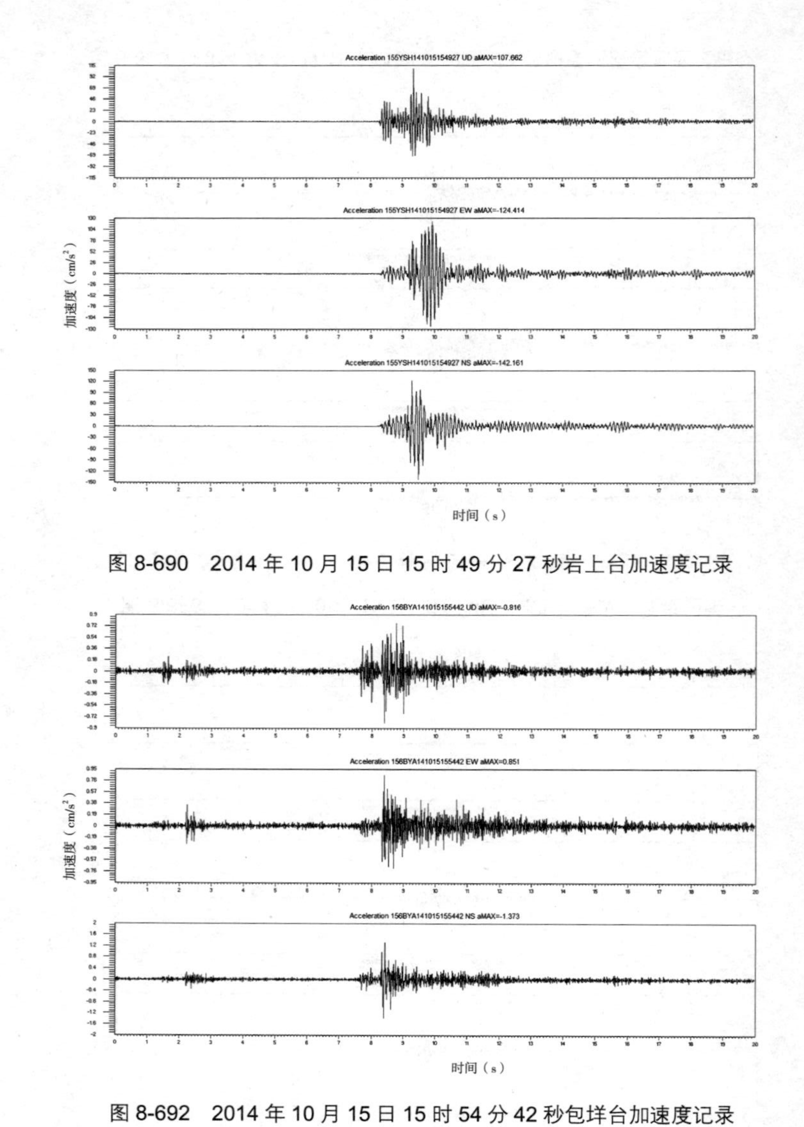

图 8-690　2014 年 10 月 15 日 15 时 49 分 27 秒岩上台加速度记录

图 8-692　2014 年 10 月 15 日 15 时 54 分 42 秒包垟台加速度记录

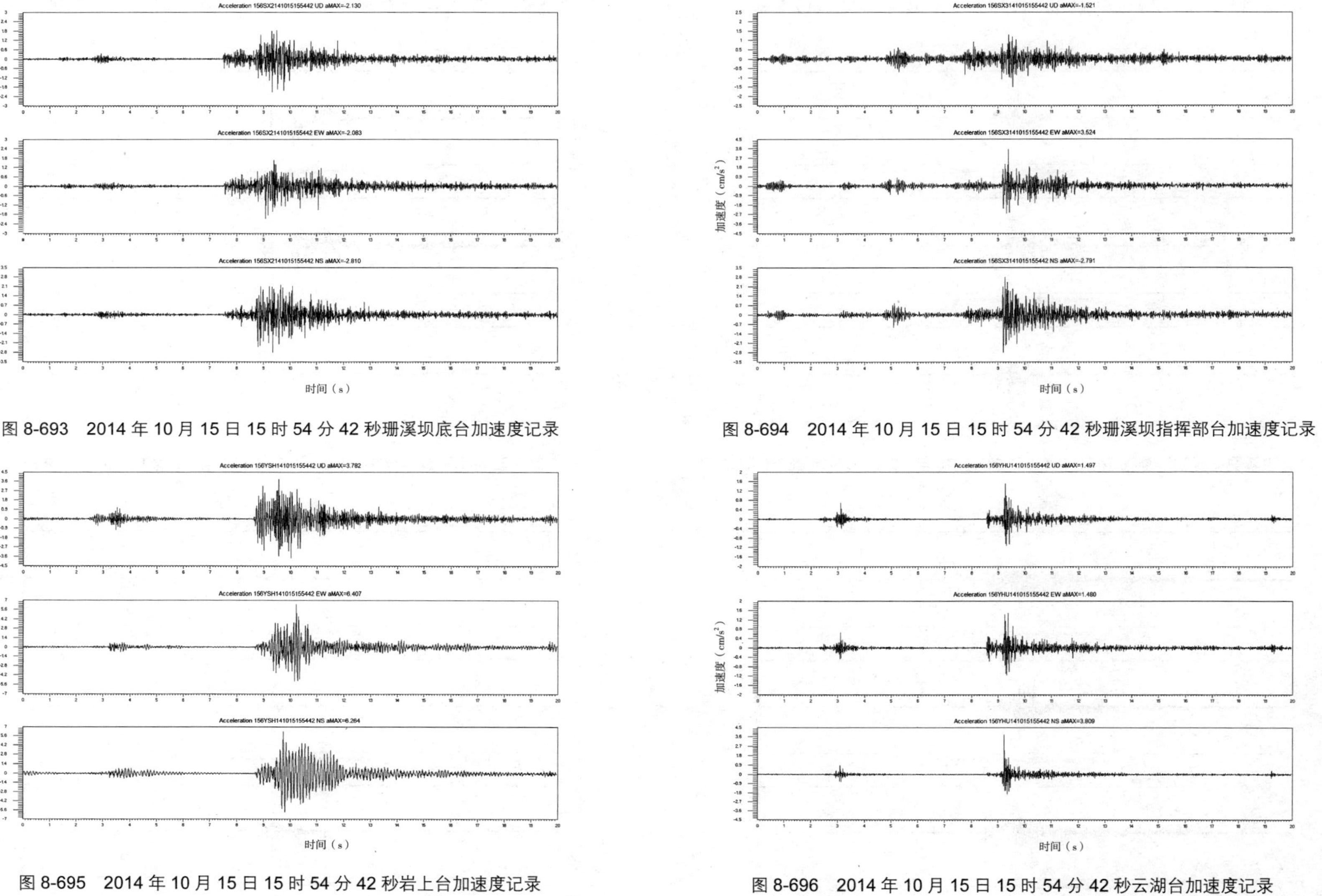

图 8-693　2014 年 10 月 15 日 15 时 54 分 42 秒珊溪坝底台加速度记录

图 8-694　2014 年 10 月 15 日 15 时 54 分 42 秒珊溪坝指挥部台加速度记录

图 8-695　2014 年 10 月 15 日 15 时 54 分 42 秒岩上台加速度记录

图 8-696　2014 年 10 月 15 日 15 时 54 分 42 秒云湖台加速度记录

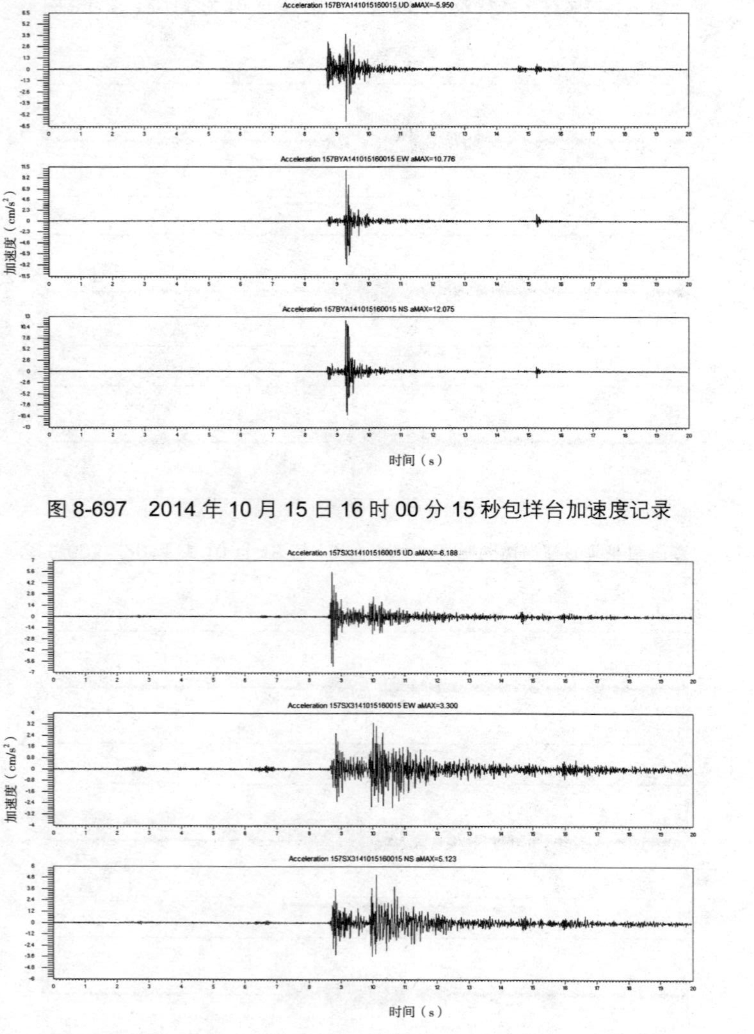

图 8-697　2014 年 10 月 15 日 16 时 00 分 15 秒包垟台加速度记录

图 8-699　2014 年 10 月 15 日 16 时 00 分 15 秒珊溪指挥部台加速度记录

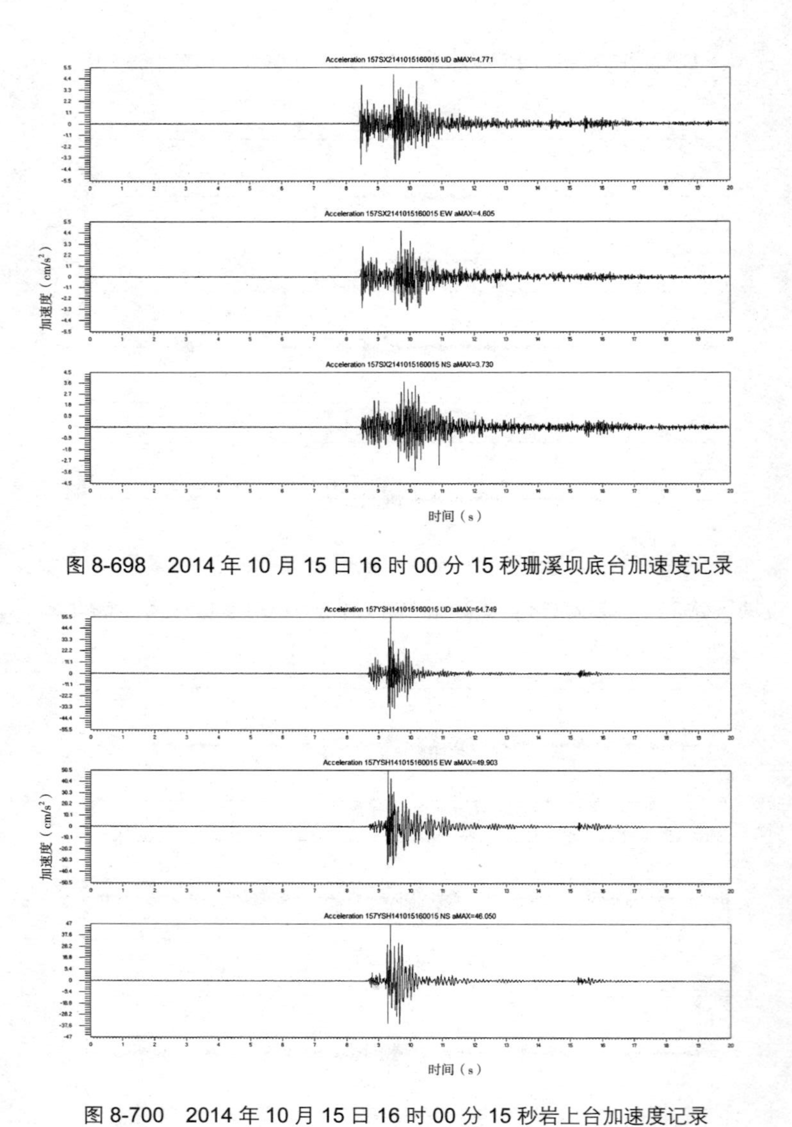

图 8-698　2014 年 10 月 15 日 16 时 00 分 15 秒珊溪坝底台加速度记录

图 8-700　2014 年 10 月 15 日 16 时 00 分 15 秒岩上台加速度记录

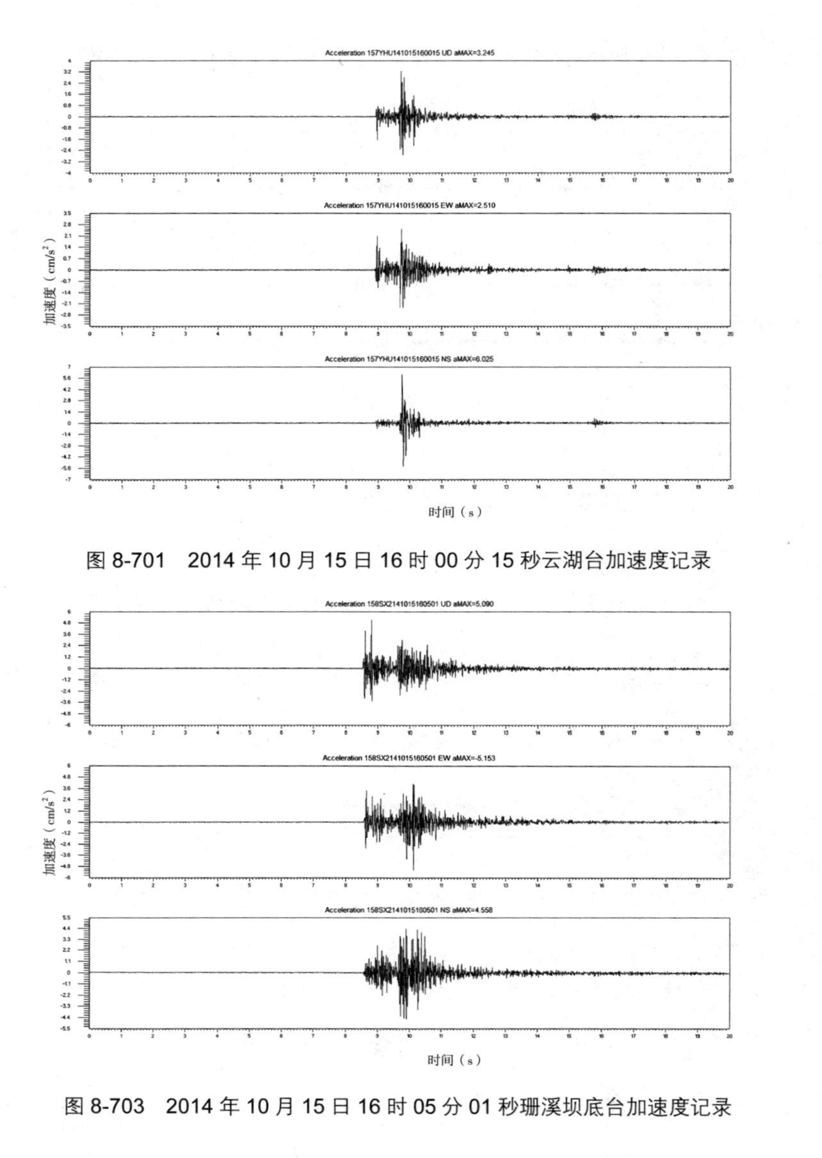

图 8-701　2014 年 10 月 15 日 16 时 00 分 15 秒云湖台加速度记录

图 8-703　2014 年 10 月 15 日 16 时 05 分 01 秒珊溪坝底台加速度记录

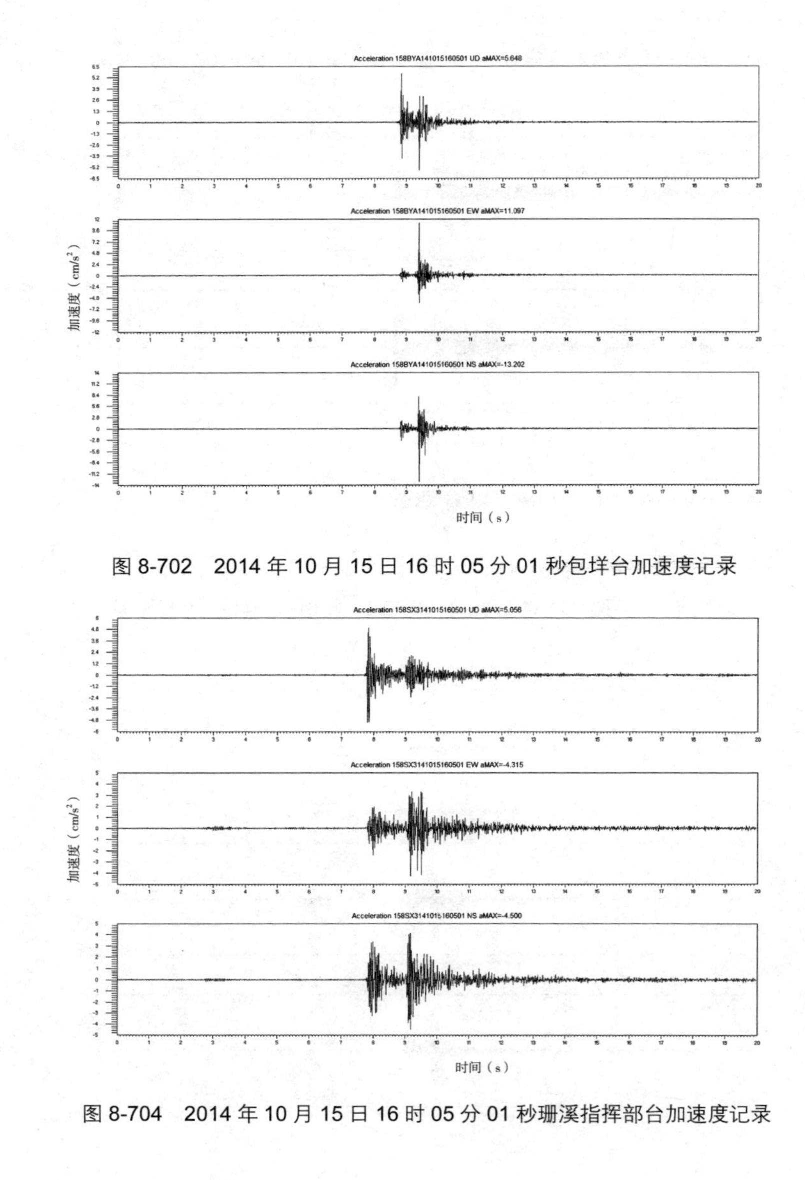

图 8-702　2014 年 10 月 15 日 16 时 05 分 01 秒包垟台加速度记录

图 8-704　2014 年 10 月 15 日 16 时 05 分 01 秒珊溪指挥部台加速度记录

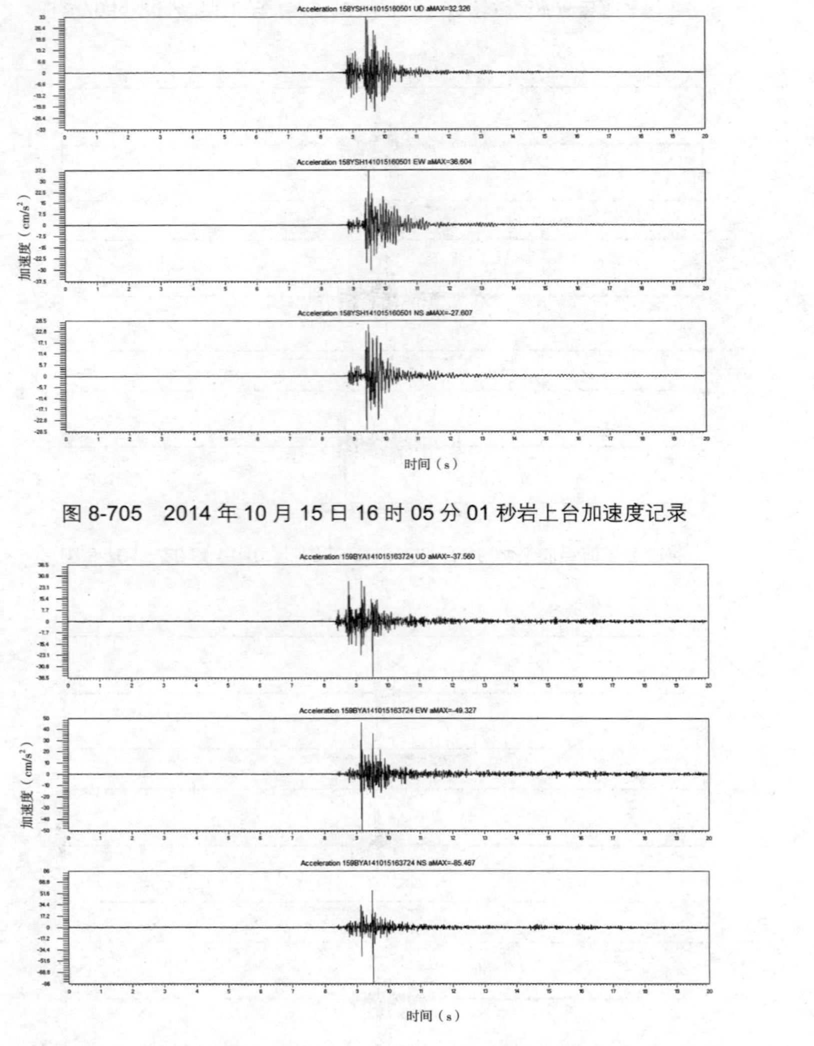

图 8-705　2014 年 10 月 15 日 16 时 05 分 01 秒岩上台加速度记录

图 8-707　2014 年 10 月 15 日 16 时 37 分 24 秒包垟台加速度记录

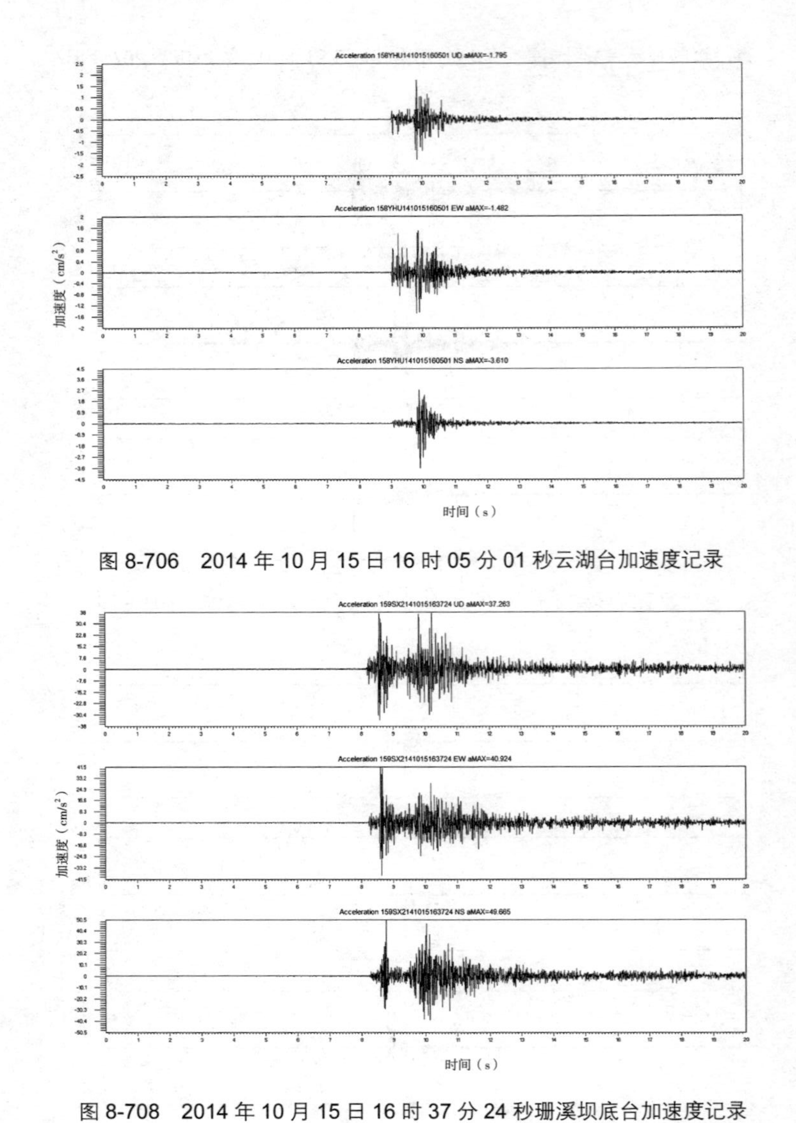

图 8-706　2014 年 10 月 15 日 16 时 05 分 01 秒云湖台加速度记录

图 8-708　2014 年 10 月 15 日 16 时 37 分 24 秒珊溪坝底台加速度记录

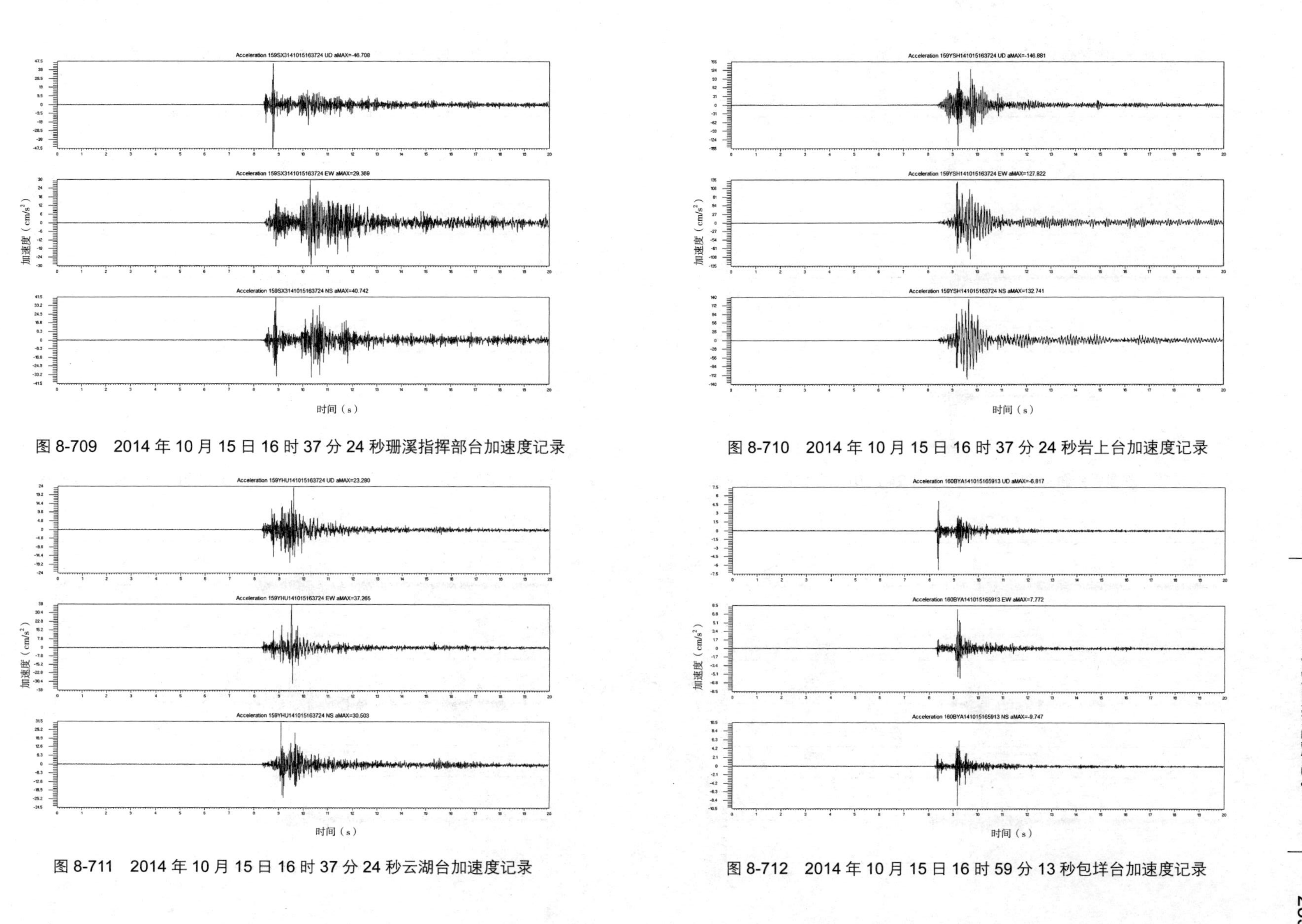

图 8-709　2014 年 10 月 15 日 16 时 37 分 24 秒珊溪指挥部台加速度记录

图 8-710　2014 年 10 月 15 日 16 时 37 分 24 秒岩上台加速度记录

图 8-711　2014 年 10 月 15 日 16 时 37 分 24 秒云湖台加速度记录

图 8-712　2014 年 10 月 15 日 16 时 59 分 13 秒包垟台加速度记录

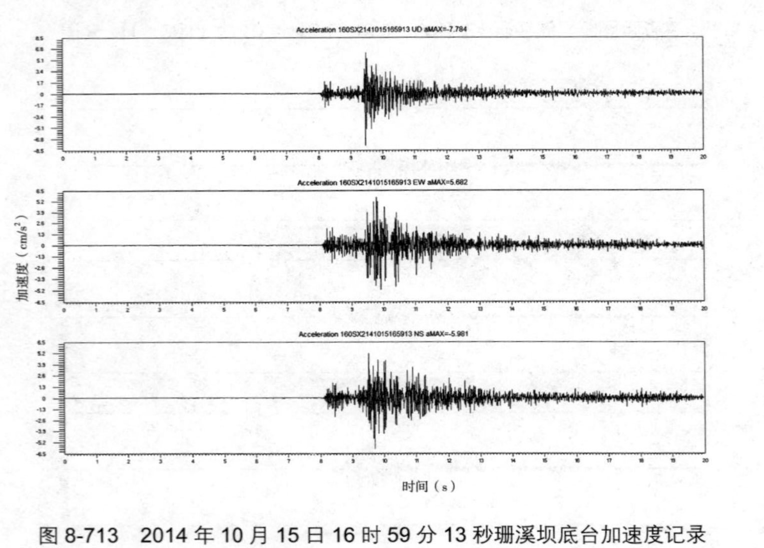

图 8-713 2014 年 10 月 15 日 16 时 59 分 13 秒珊溪坝底台加速度记录

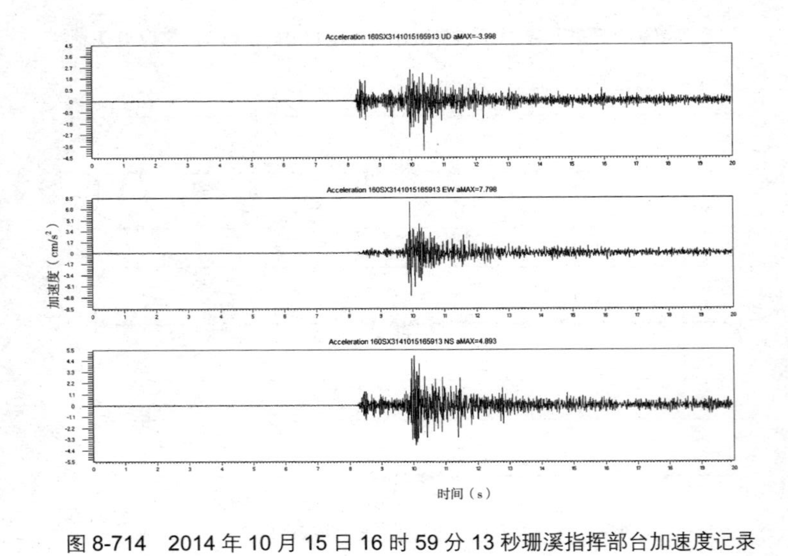

图 8-714 2014 年 10 月 15 日 16 时 59 分 13 秒珊溪指挥部台加速度记录

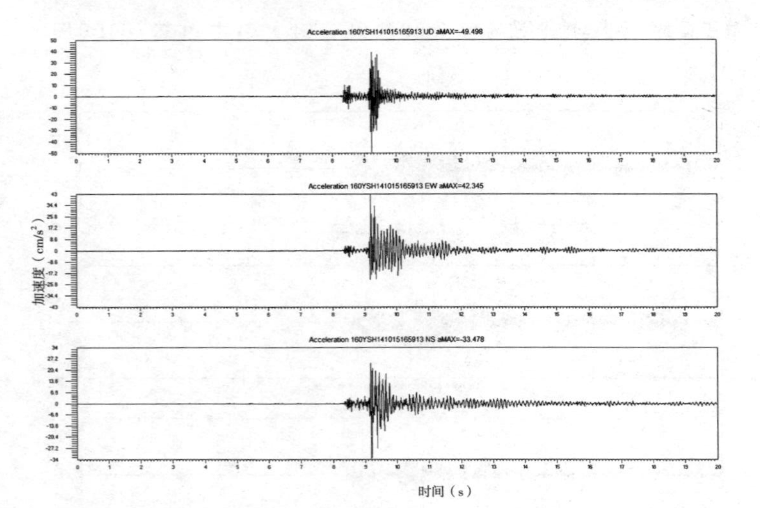

图 8-715 2014 年 10 月 15 日 16 时 59 分 13 秒岩上台加速度记录

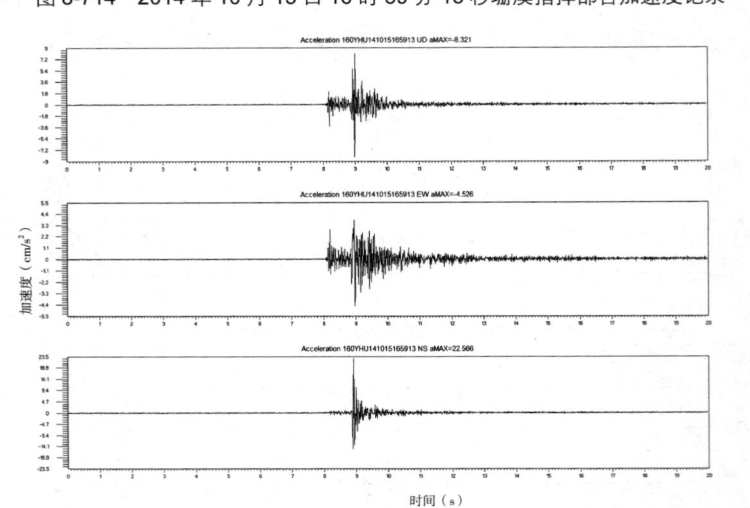

图 8-716 2014 年 10 月 15 日 16 时 59 分 13 秒云湖台加速度记录

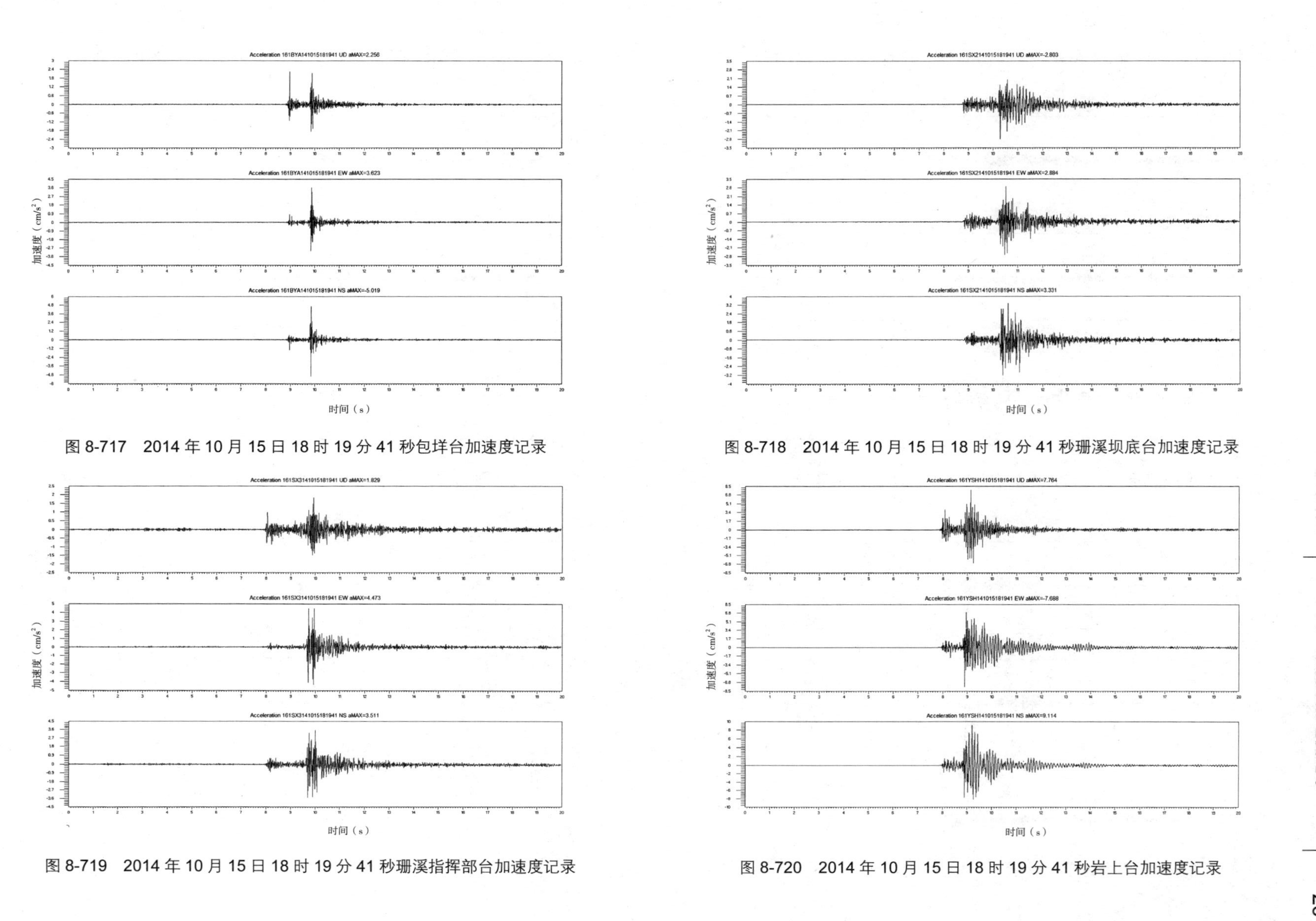

图 8-717　2014 年 10 月 15 日 18 时 19 分 41 秒包垟台加速度记录

图 8-718　2014 年 10 月 15 日 18 时 19 分 41 秒珊溪坝底台加速度记录

图 8-719　2014 年 10 月 15 日 18 时 19 分 41 秒珊溪指挥部台加速度记录

图 8-720　2014 年 10 月 15 日 18 时 19 分 41 秒岩上台加速度记录

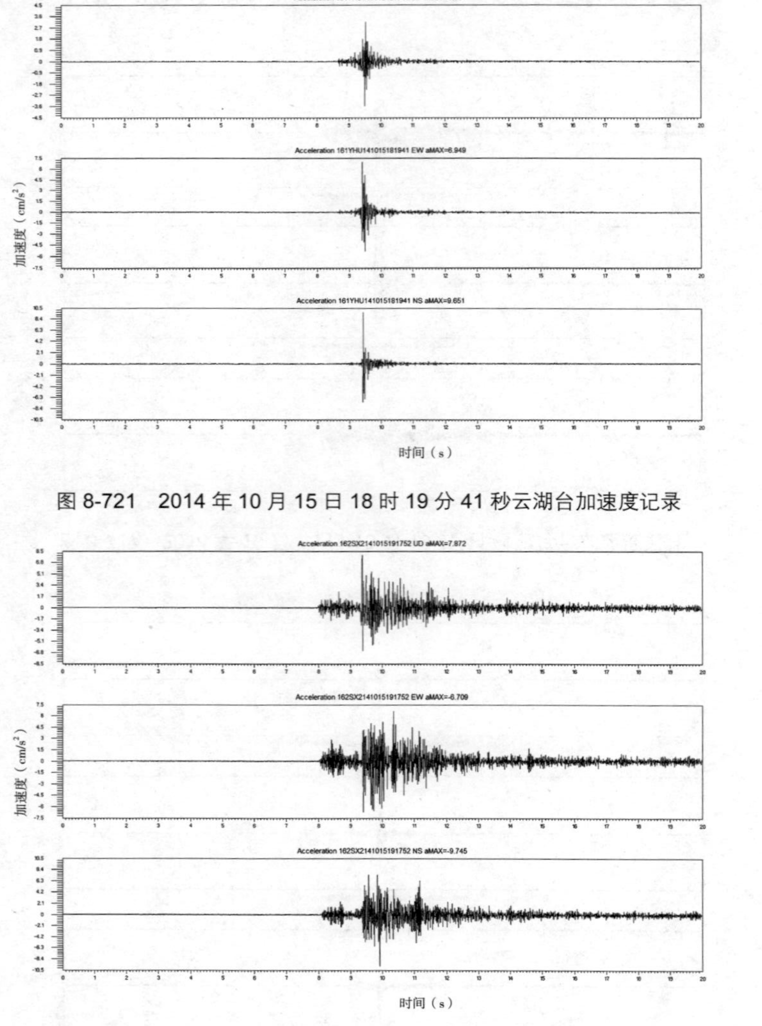

图 8-721　2014 年 10 月 15 日 18 时 19 分 41 秒云湖台加速度记录

图 8-723　2014 年 10 月 15 日 19 时 17 分 52 秒珊溪坝底台加速度记录

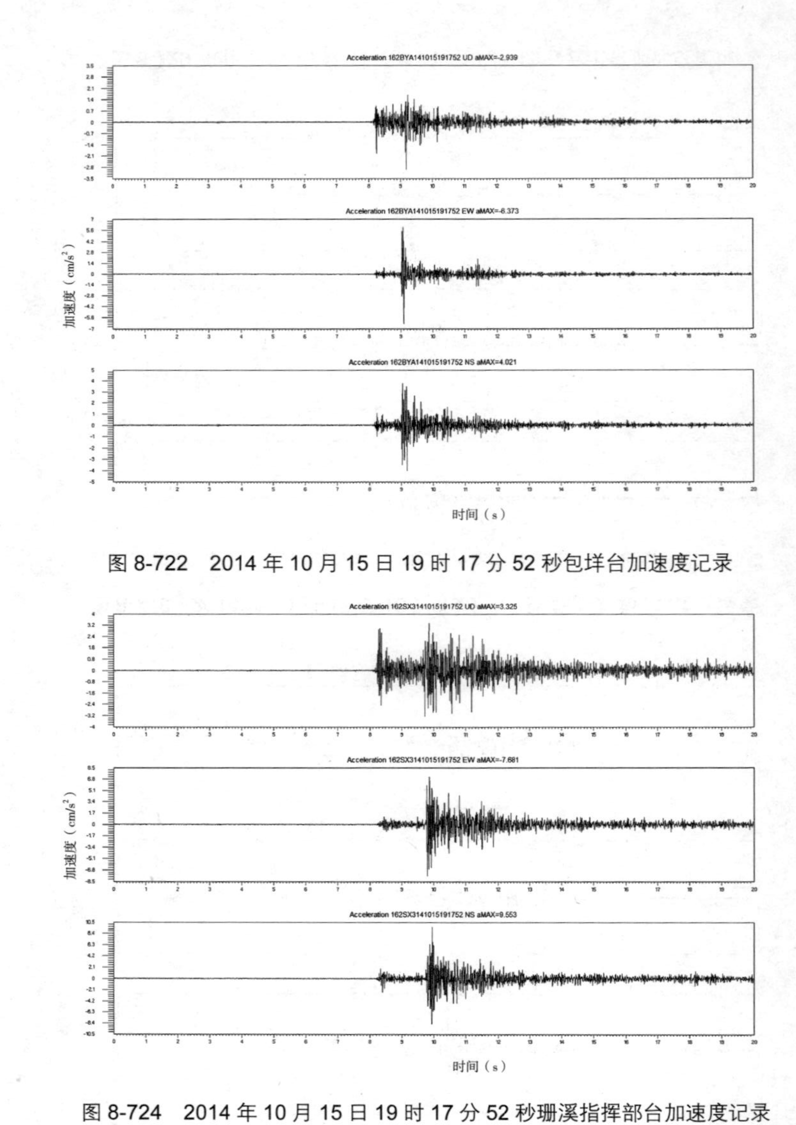

图 8-722　2014 年 10 月 15 日 19 时 17 分 52 秒包垟台加速度记录

图 8-724　2014 年 10 月 15 日 19 时 17 分 52 秒珊溪指挥部台加速度记录

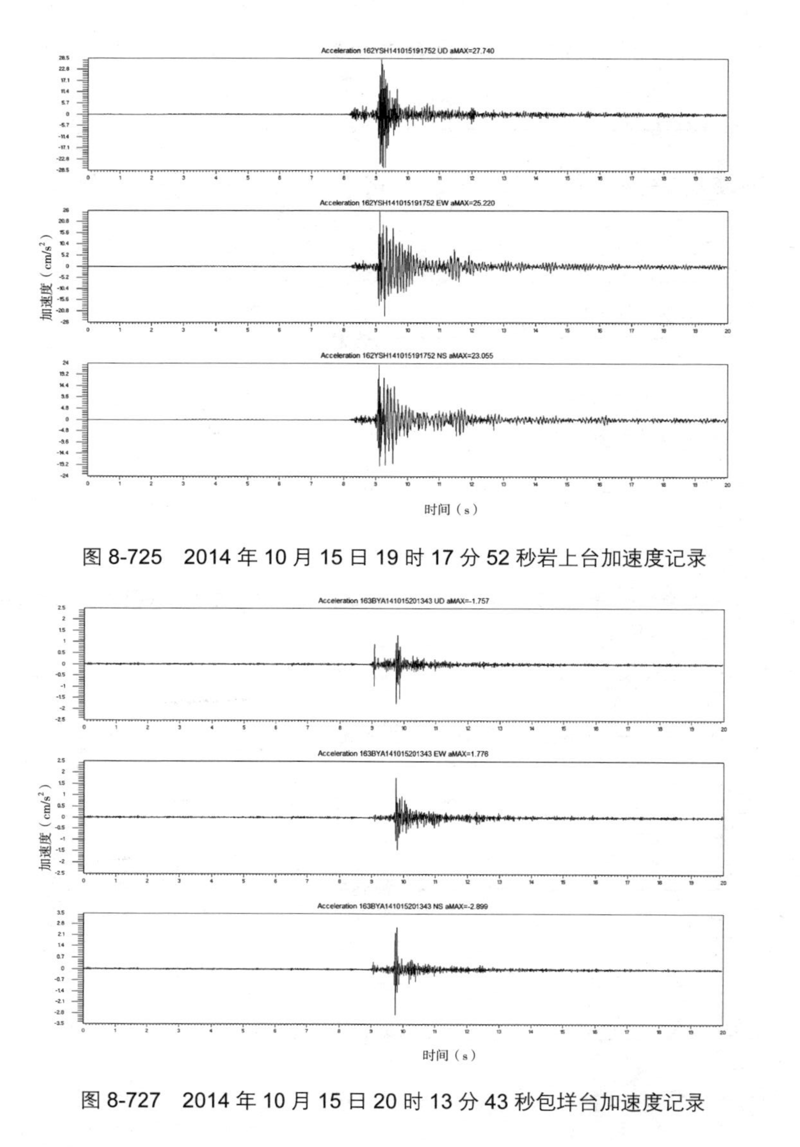

图 8-725　2014 年 10 月 15 日 19 时 17 分 52 秒岩上台加速度记录

图 8-727　2014 年 10 月 15 日 20 时 13 分 43 秒包垟台加速度记录

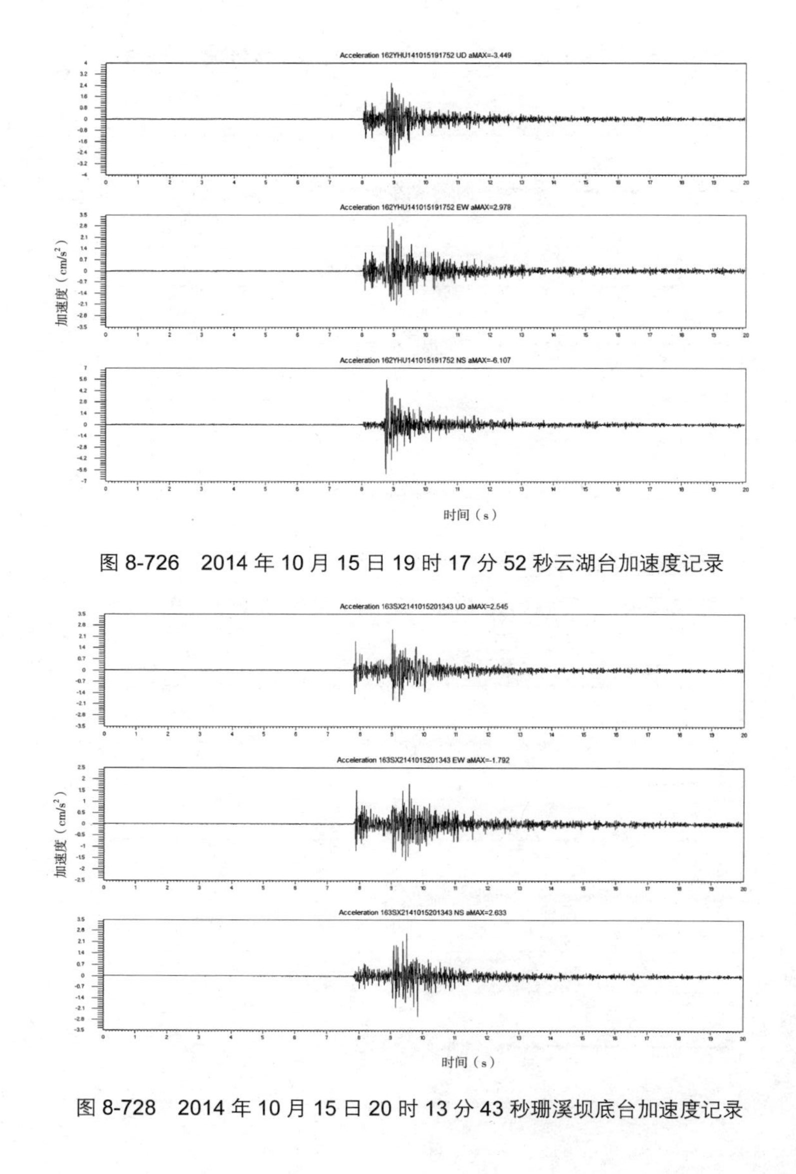

图 8-726　2014 年 10 月 15 日 19 时 17 分 52 秒云湖台加速度记录

图 8-728　2014 年 10 月 15 日 20 时 13 分 43 秒珊溪坝底台加速度记录

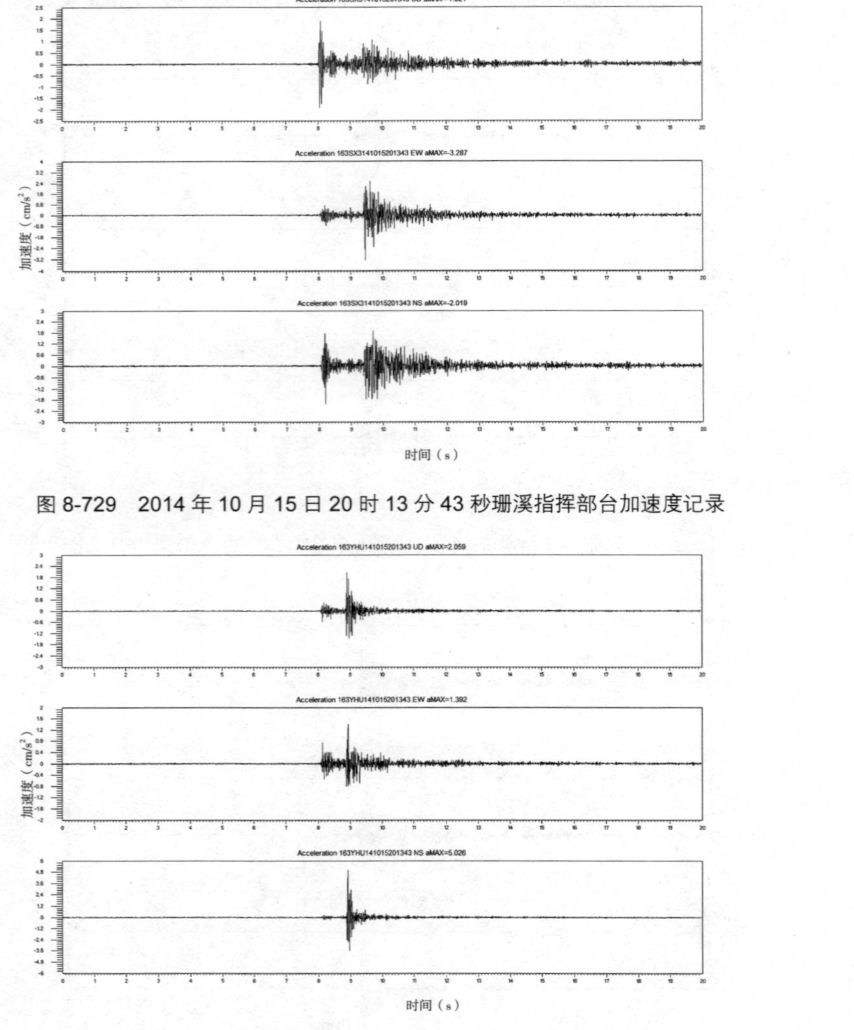

图 8-729 2014 年 10 月 15 日 20 时 13 分 43 秒珊溪指挥部台加速度记录

图 8-731 2014 年 10 月 15 日 20 时 13 分 43 秒云湖台加速度记录

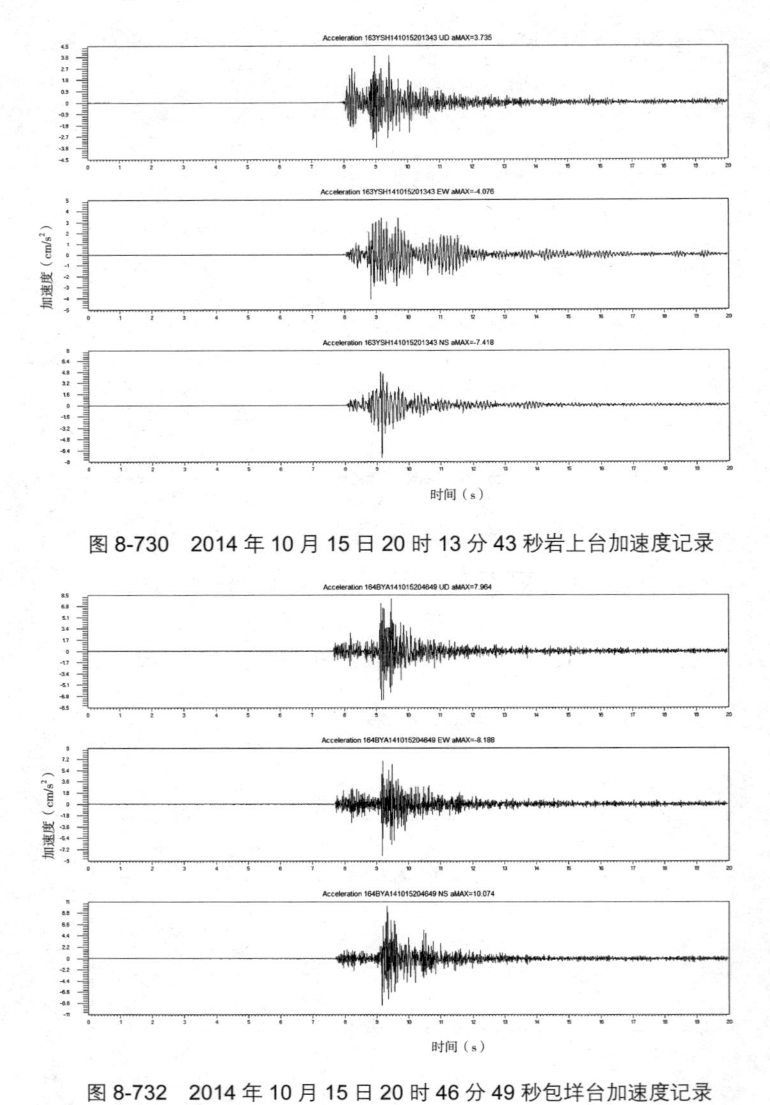

图 8-730 2014 年 10 月 15 日 20 时 13 分 43 秒岩上台加速度记录

图 8-732 2014 年 10 月 15 日 20 时 46 分 49 秒包垟台加速度记录

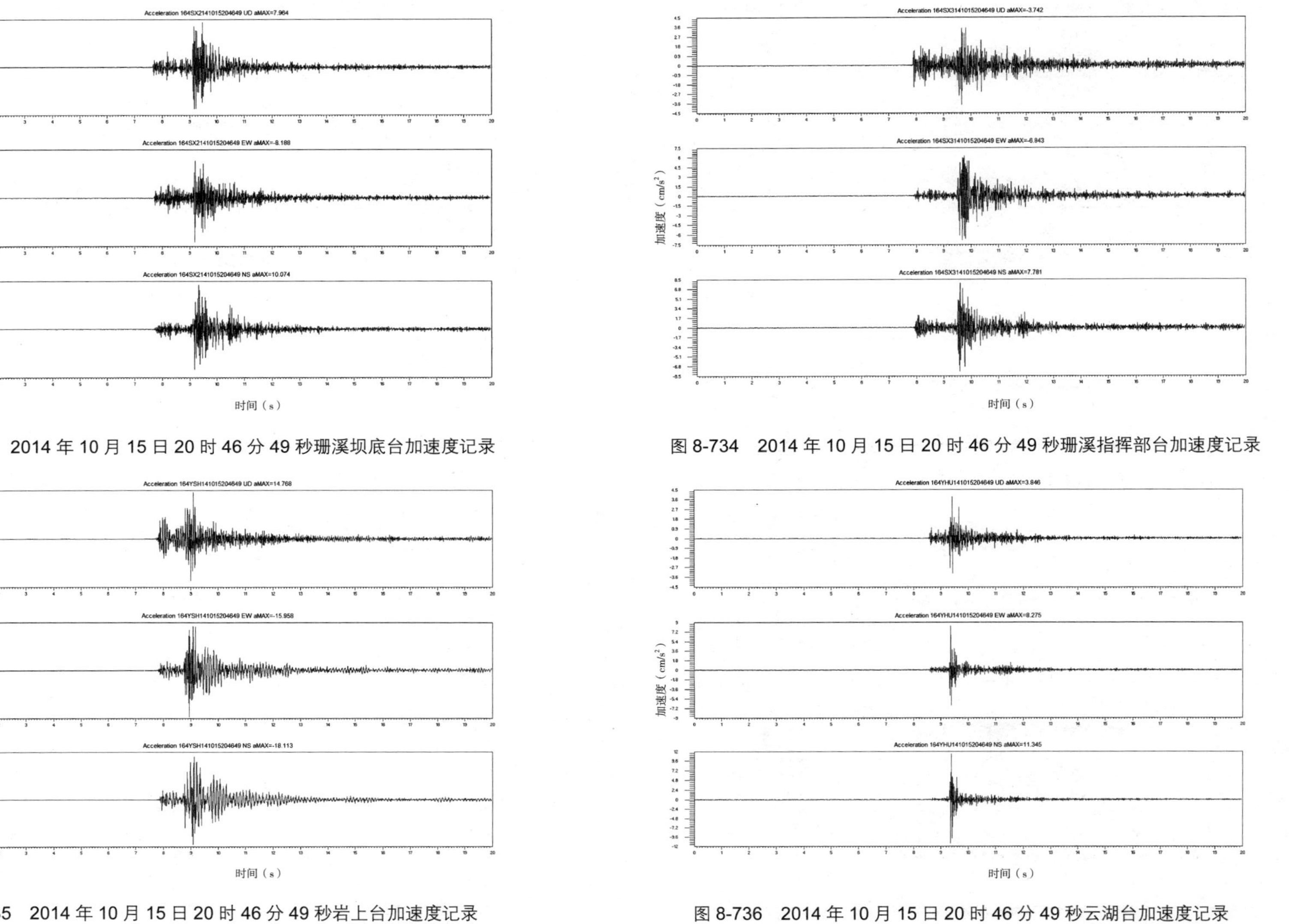

图 8-733　2014 年 10 月 15 日 20 时 46 分 49 秒珊溪坝底台加速度记录

图 8-734　2014 年 10 月 15 日 20 时 46 分 49 秒珊溪指挥部台加速度记录

图 8-735　2014 年 10 月 15 日 20 时 46 分 49 秒岩上台加速度记录

图 8-736　2014 年 10 月 15 日 20 时 46 分 49 秒云湖台加速度记录

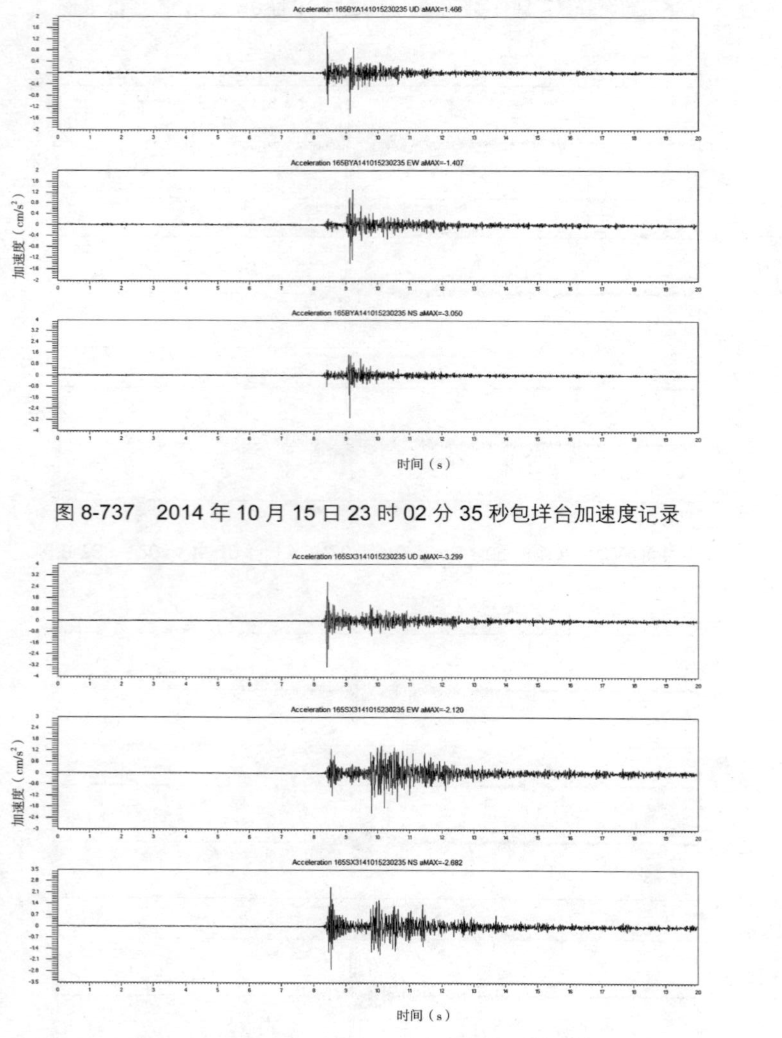

图 8-737　2014 年 10 月 15 日 23 时 02 分 35 秒包垟台加速度记录

图 8-739　2014 年 10 月 15 日 23 时 02 分 35 秒珊溪指挥部台加速度记录

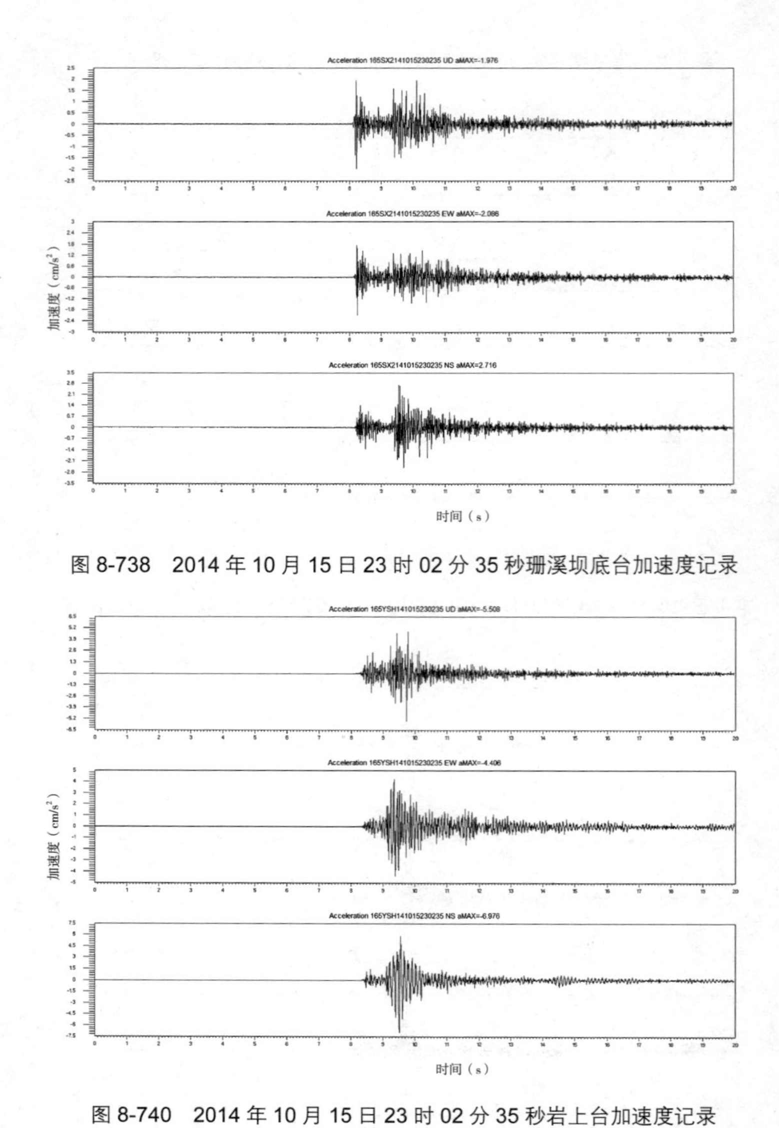

图 8-738　2014 年 10 月 15 日 23 时 02 分 35 秒珊溪坝底台加速度记录

图 8-740　2014 年 10 月 15 日 23 时 02 分 35 秒岩上台加速度记录

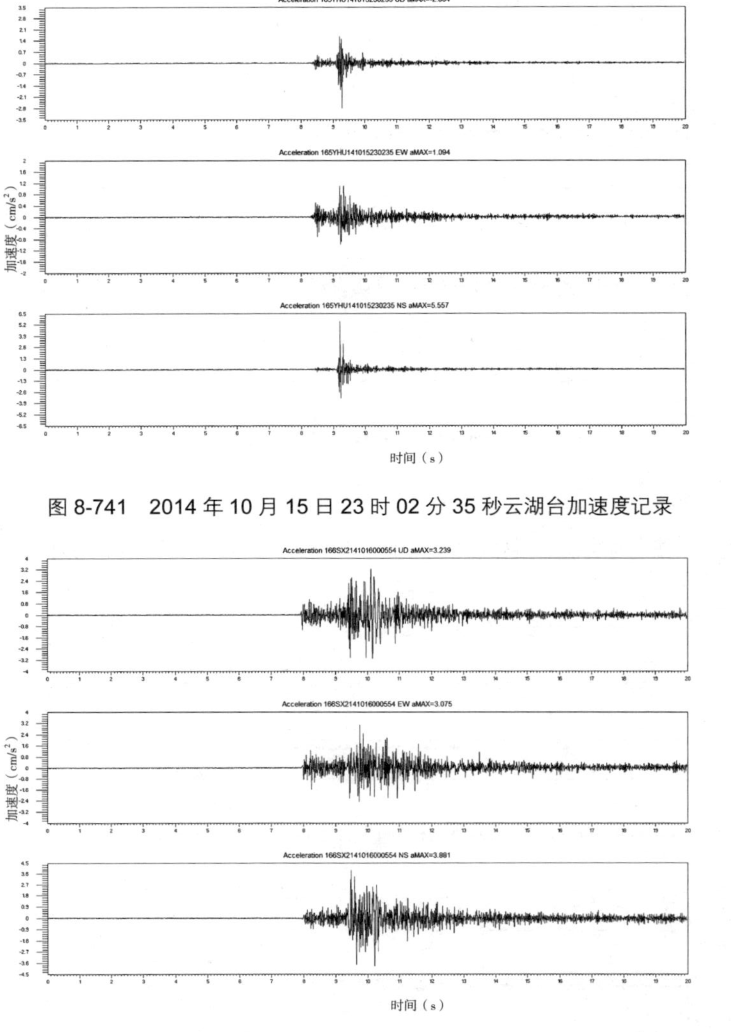

图 8-741 2014 年 10 月 15 日 23 时 02 分 35 秒云湖台加速度记录

图 8-743 2014 年 10 月 16 日 00 时 05 分 54 秒珊溪坝底台加速度记录

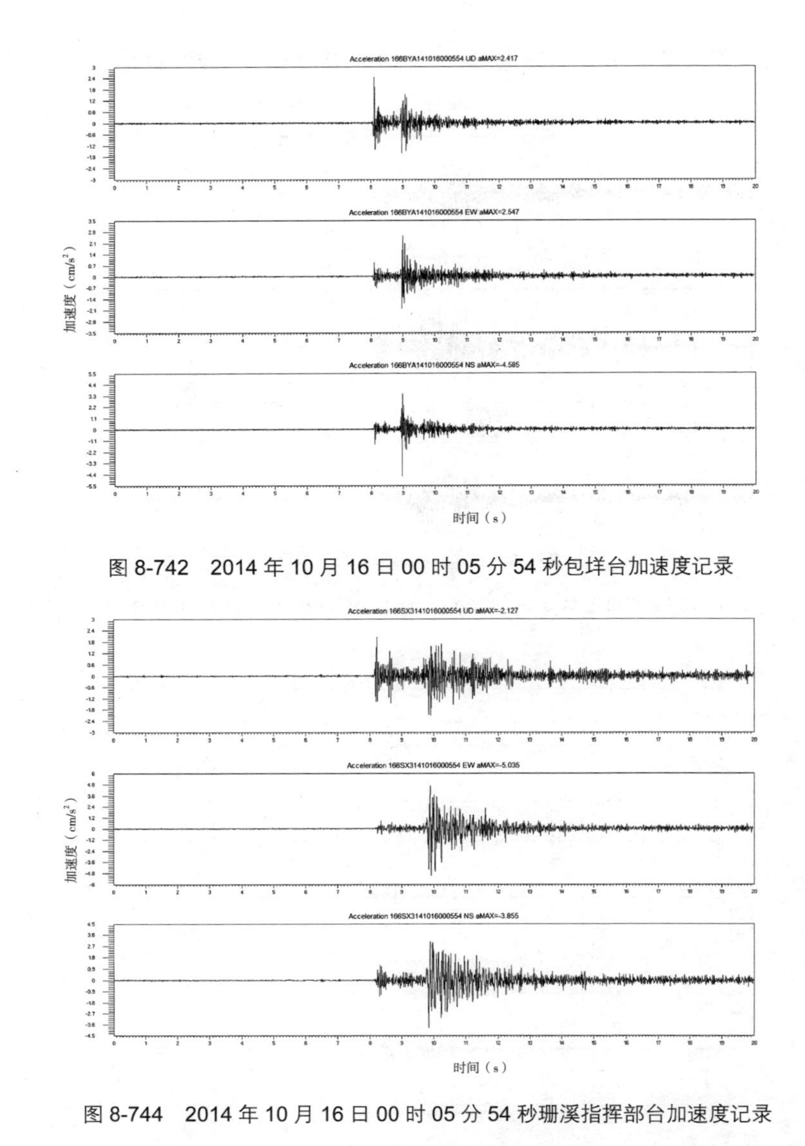

图 8-742 2014 年 10 月 16 日 00 时 05 分 54 秒包垟台加速度记录

图 8-744 2014 年 10 月 16 日 00 时 05 分 54 秒珊溪指挥部台加速度记录

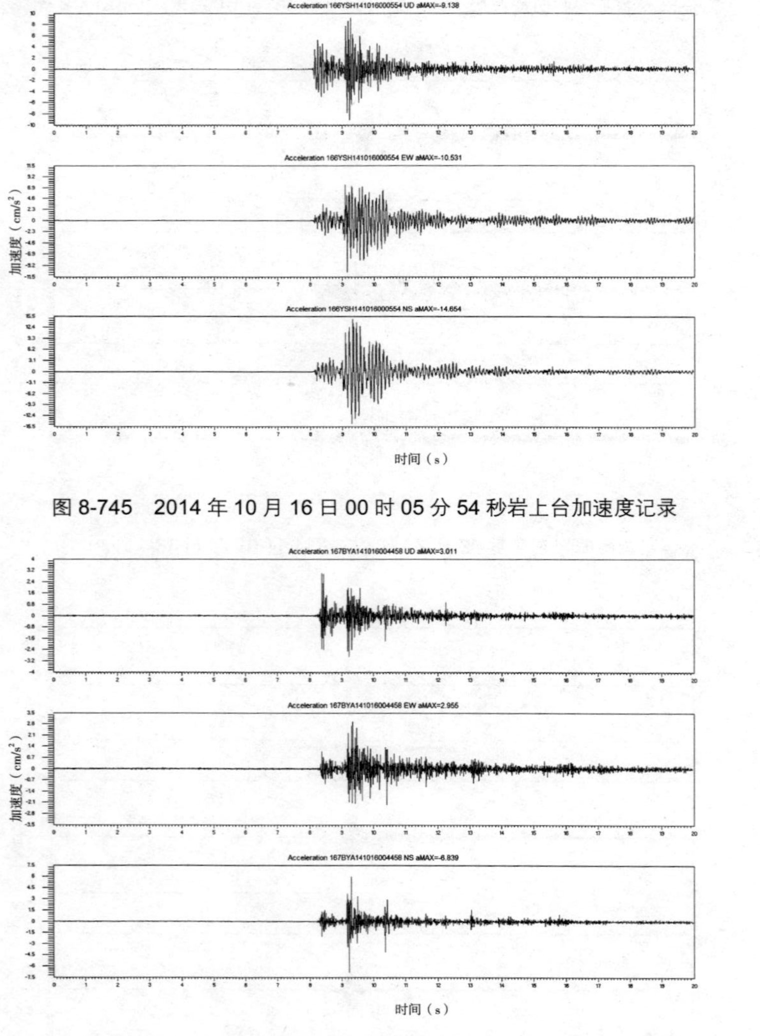

图 8-745 2014 年 10 月 16 日 00 时 05 分 54 秒岩上台加速度记录

图 8-747 2014 年 10 月 16 日 00 时 44 分 58 秒包垟台加速度记录

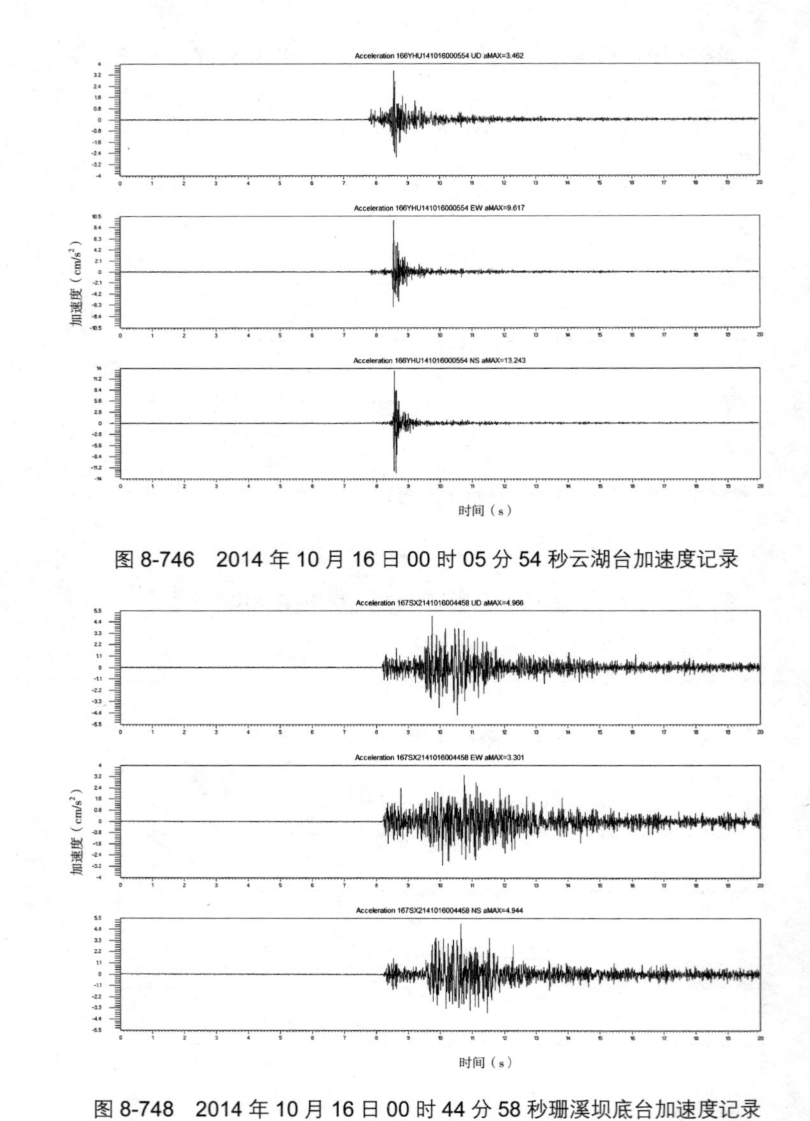

图 8-746 2014 年 10 月 16 日 00 时 05 分 54 秒云湖台加速度记录

图 8-748 2014 年 10 月 16 日 00 时 44 分 58 秒珊溪坝底台加速度记录

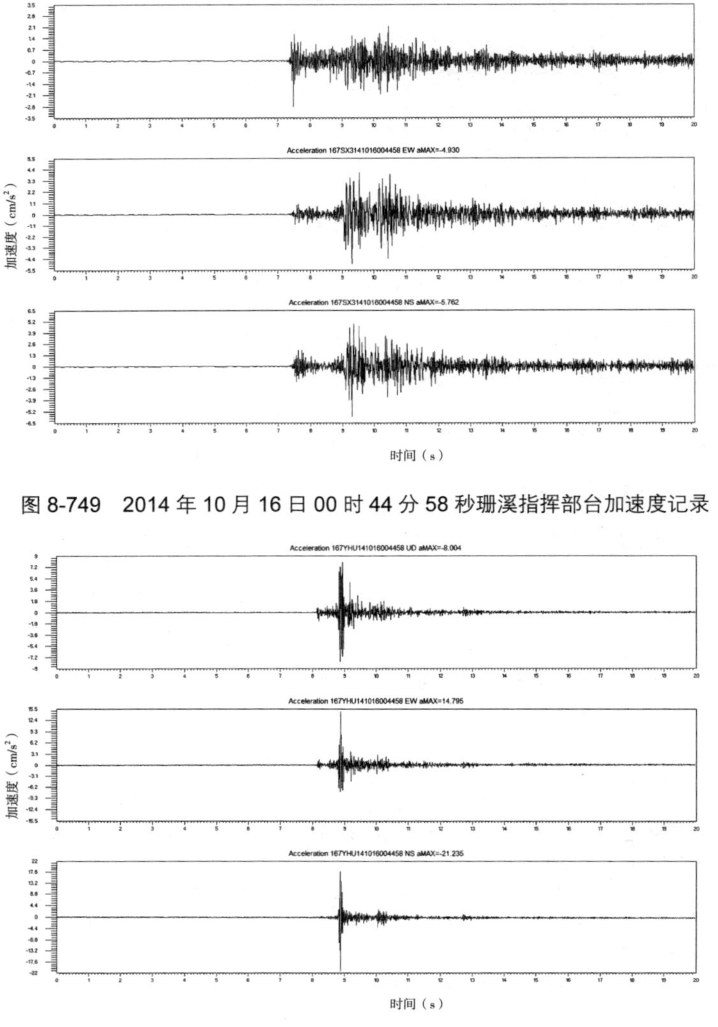

图 8-749　2014 年 10 月 16 日 00 时 44 分 58 秒珊溪指挥部台加速度记录

图 8-751　2014 年 10 月 16 日 00 时 44 分 58 秒云湖台加速度记录

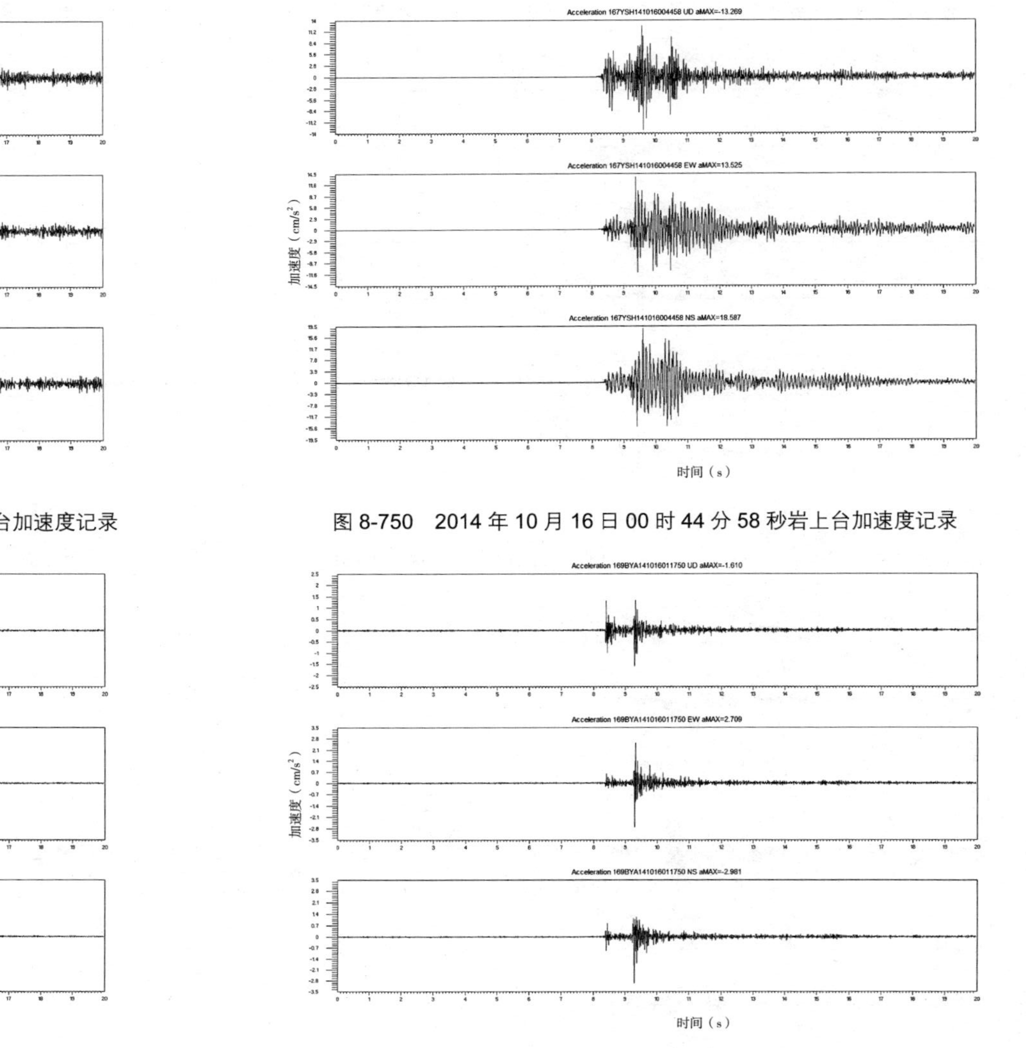

图 8-750　2014 年 10 月 16 日 00 时 44 分 58 秒岩上台加速度记录

图 8-752　2014 年 10 月 16 日 01 时 17 分 50 秒包垟台加速度记录

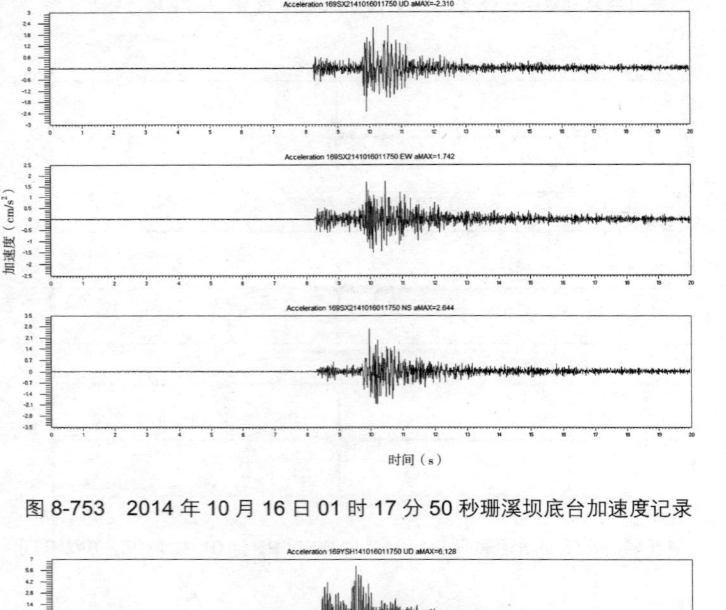

图 8-753　2014 年 10 月 16 日 01 时 17 分 50 秒珊溪坝底台加速度记录

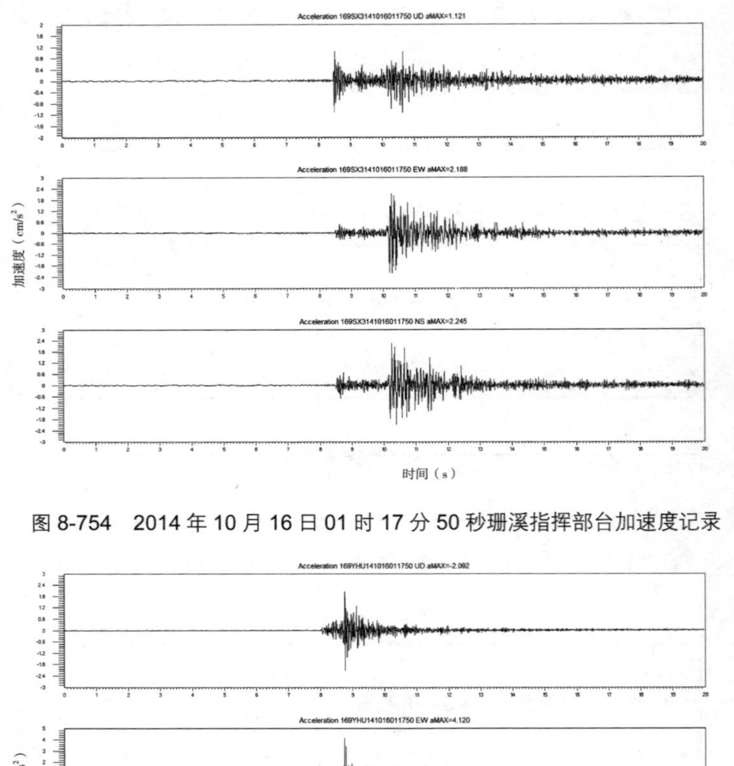

图 8-754　2014 年 10 月 16 日 01 时 17 分 50 秒珊溪指挥部台加速度记录

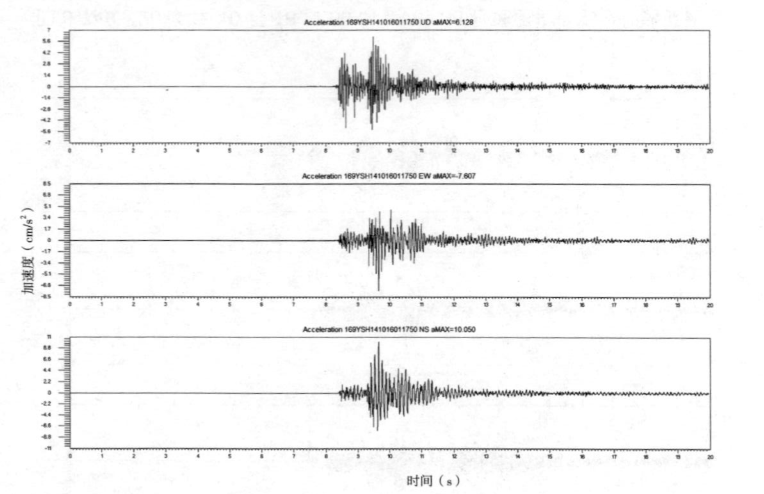

图 8-755　2014 年 10 月 16 日 01 时 17 分 50 秒岩上台加速度记录

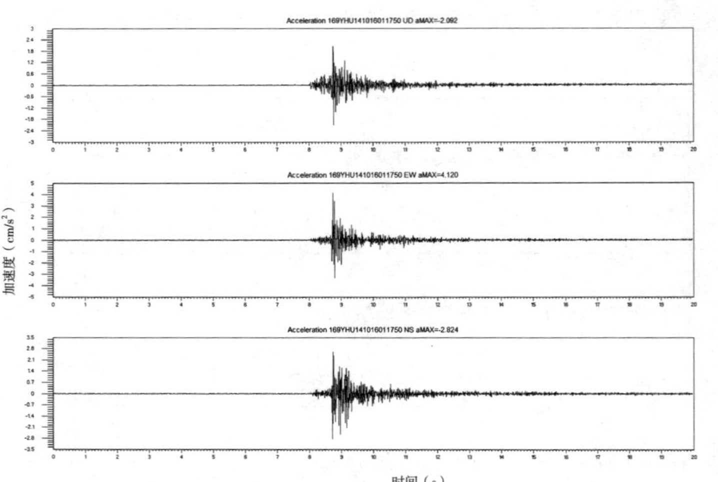

图 8-756　2014 年 10 月 16 日 01 时 17 分 50 秒云湖台加速度记录

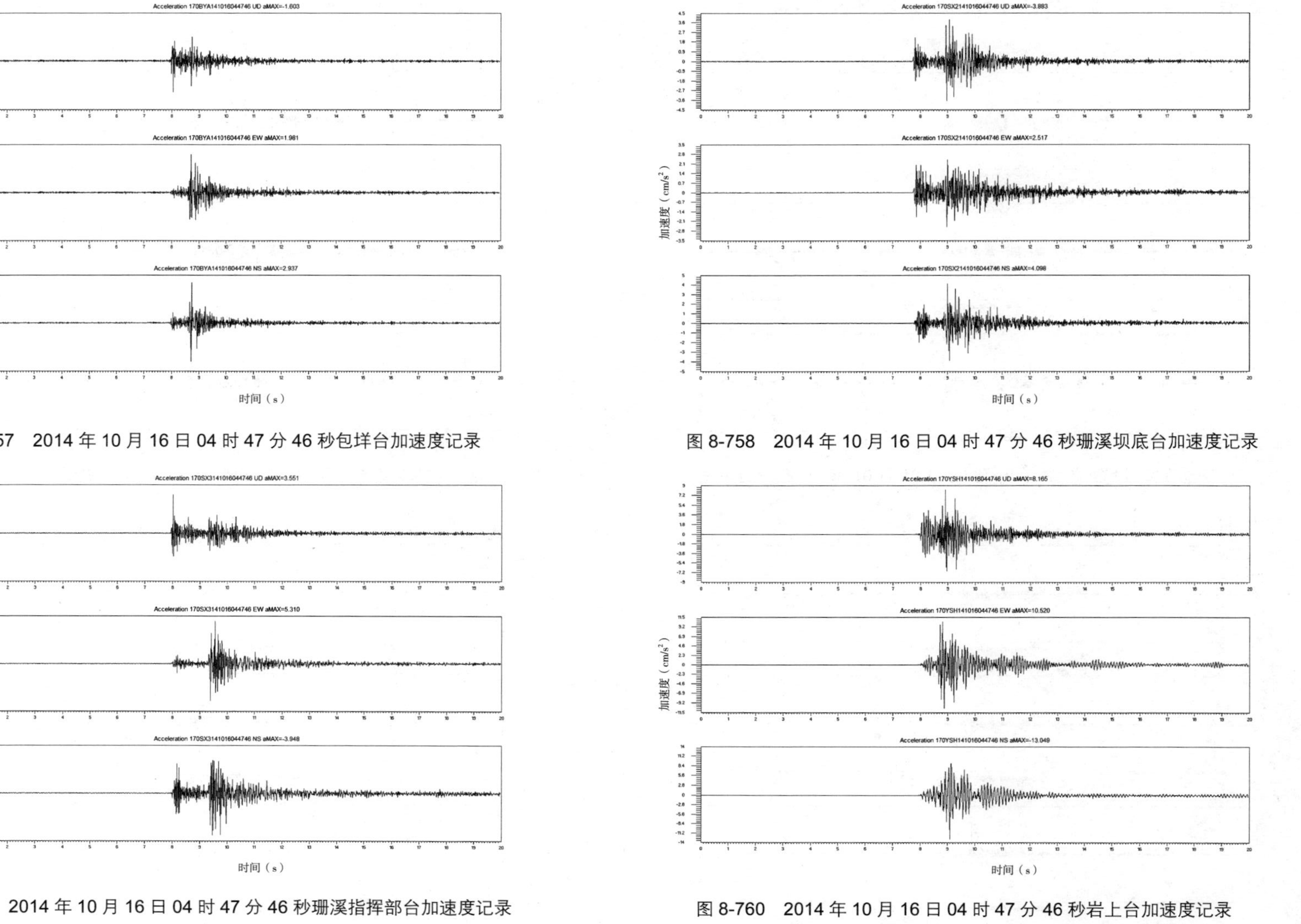

图 8-757　2014 年 10 月 16 日 04 时 47 分 46 秒包垟台加速度记录

图 8-758　2014 年 10 月 16 日 04 时 47 分 46 秒珊溪坝底台加速度记录

图 8-759　2014 年 10 月 16 日 04 时 47 分 46 秒珊溪指挥部台加速度记录

图 8-760　2014 年 10 月 16 日 04 时 47 分 46 秒岩上台加速度记录

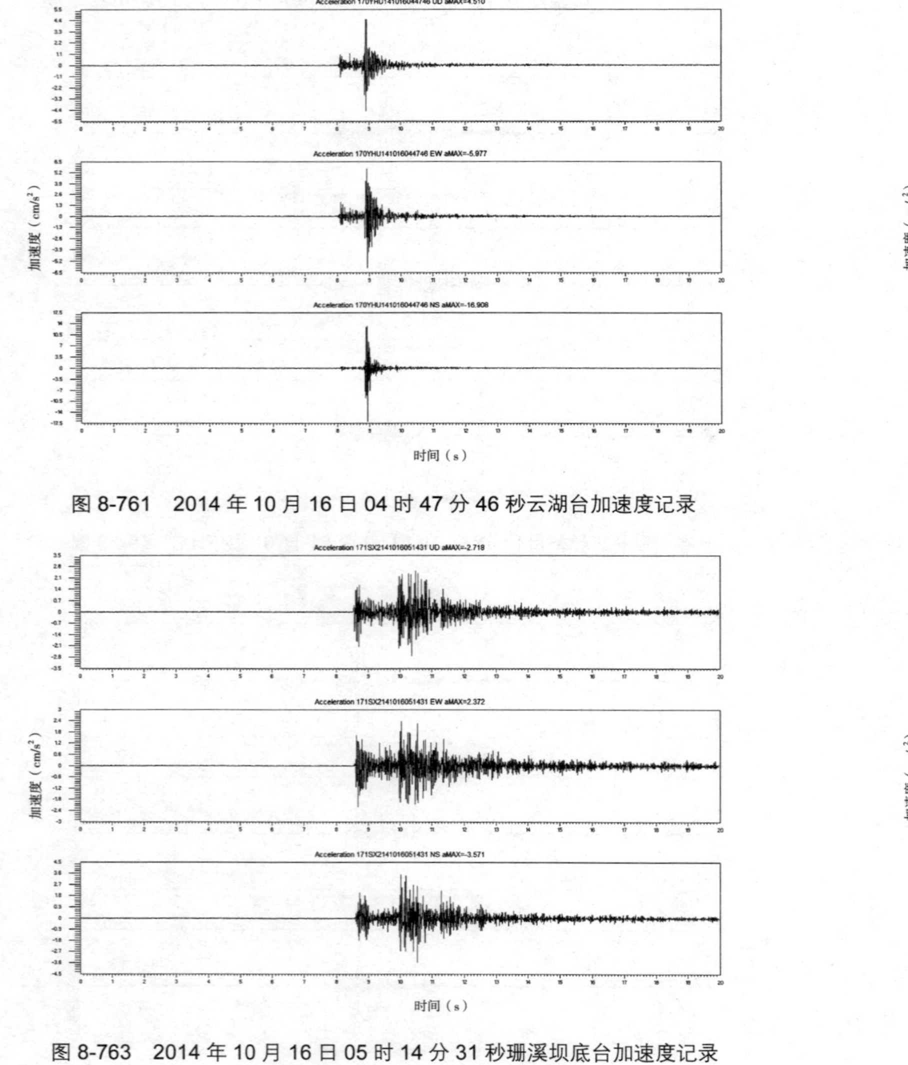

图 8-761　2014 年 10 月 16 日 04 时 47 分 46 秒云湖台加速度记录

图 8-763　2014 年 10 月 16 日 05 时 14 分 31 秒珊溪坝底台加速度记录

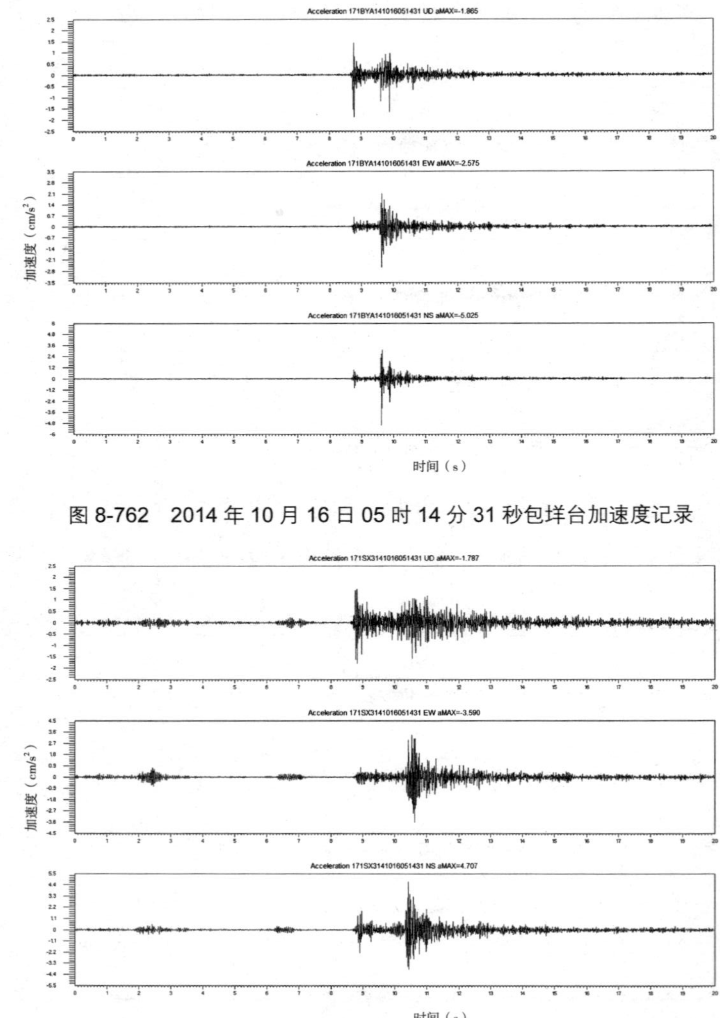

图 8-762　2014 年 10 月 16 日 05 时 14 分 31 秒包垟台加速度记录

图 8-764　2014 年 10 月 16 日 05 时 14 分 31 秒珊溪指挥部台加速度记录

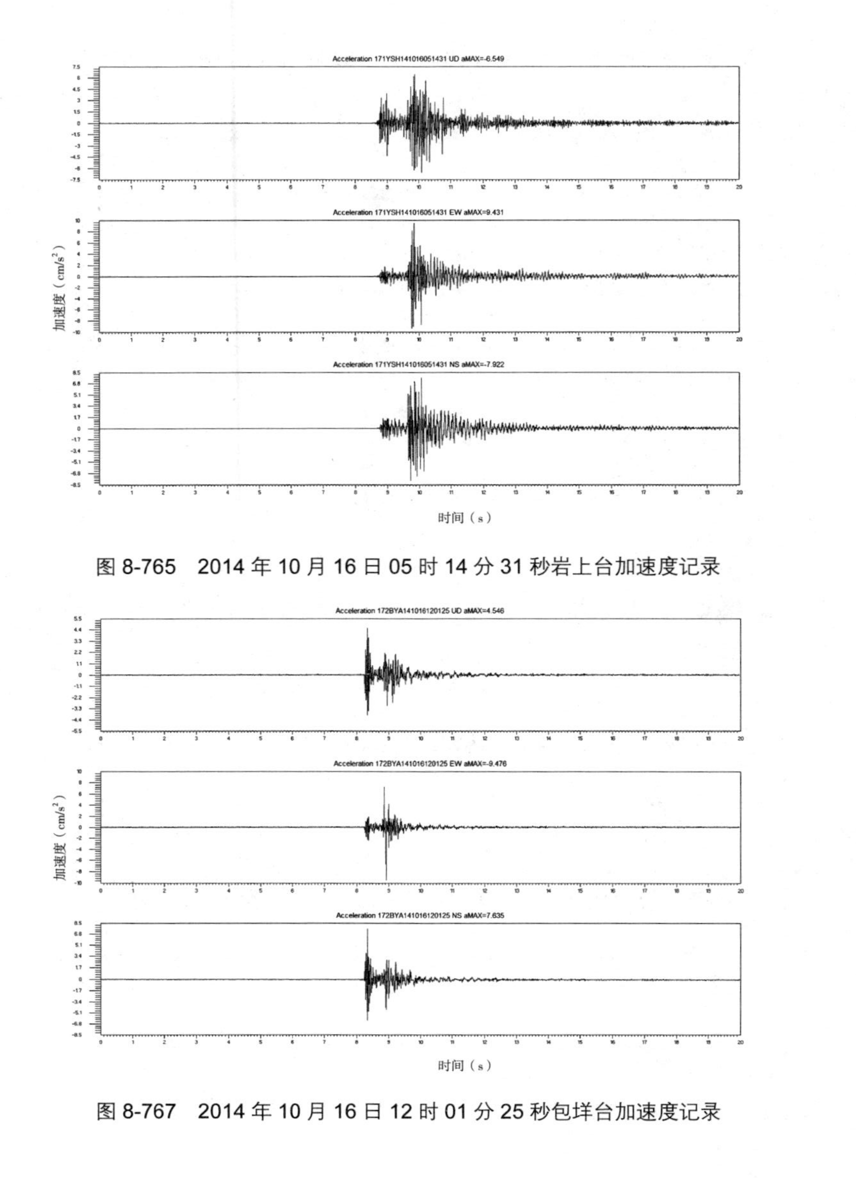

图 8-765　2014 年 10 月 16 日 05 时 14 分 31 秒岩上台加速度记录

图 8-767　2014 年 10 月 16 日 12 时 01 分 25 秒包垟台加速度记录

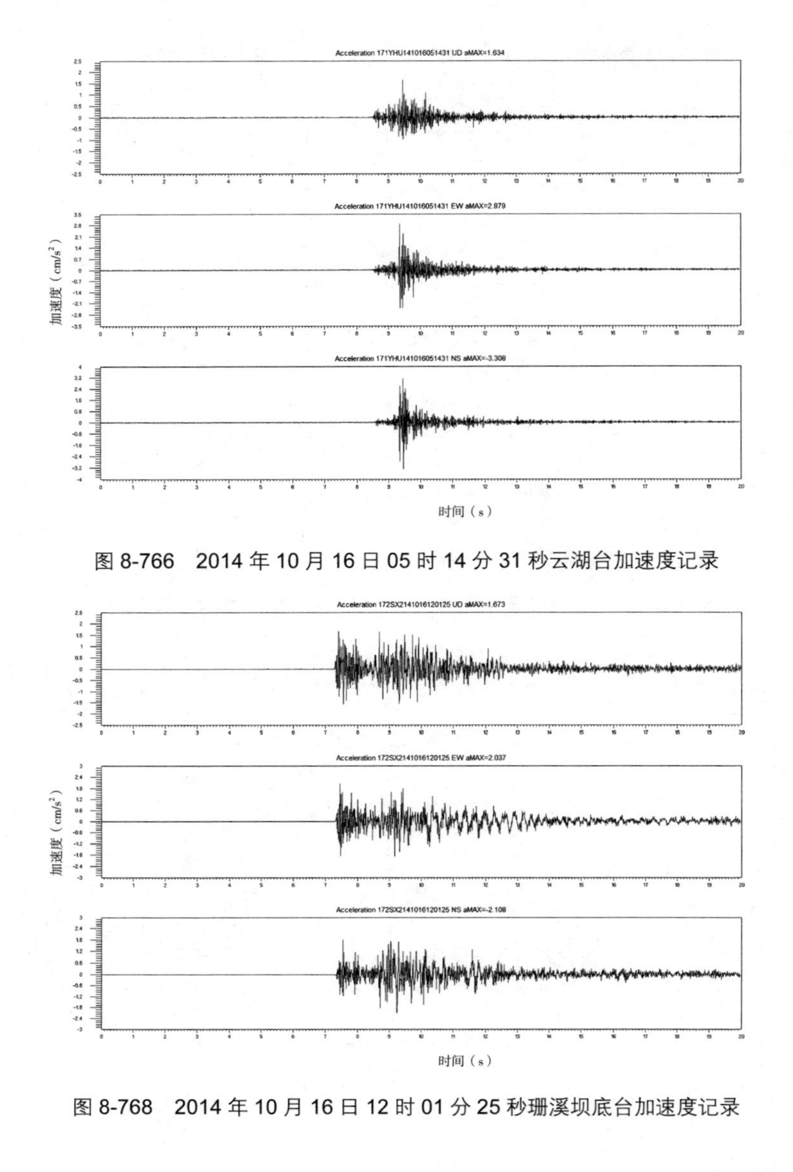

图 8-766　2014 年 10 月 16 日 05 时 14 分 31 秒云湖台加速度记录

图 8-768　2014 年 10 月 16 日 12 时 01 分 25 秒珊溪坝底台加速度记录

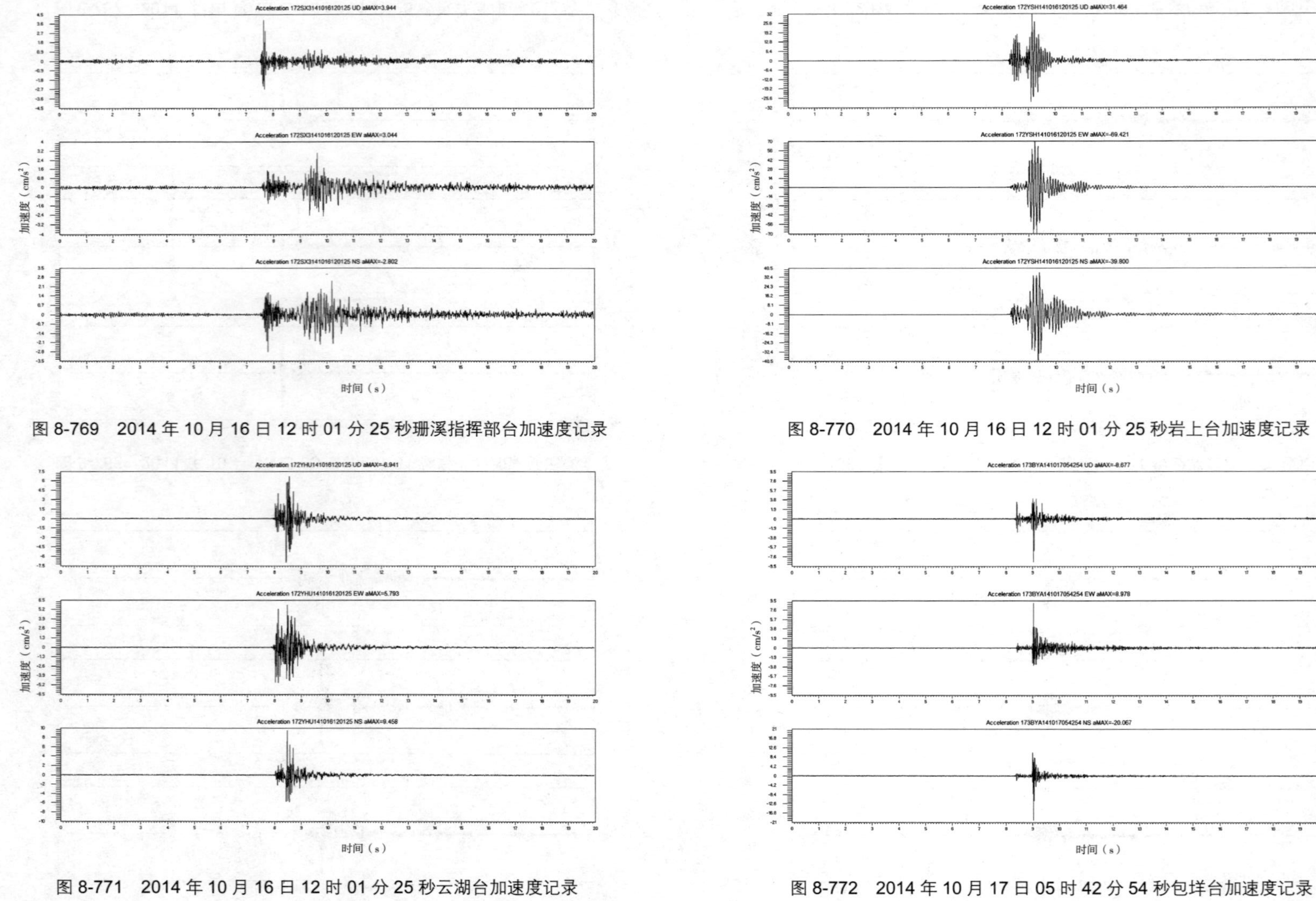

图 8-769　2014 年 10 月 16 日 12 时 01 分 25 秒珊溪指挥部台加速度记录

图 8-771　2014 年 10 月 16 日 12 时 01 分 25 秒云湖台加速度记录

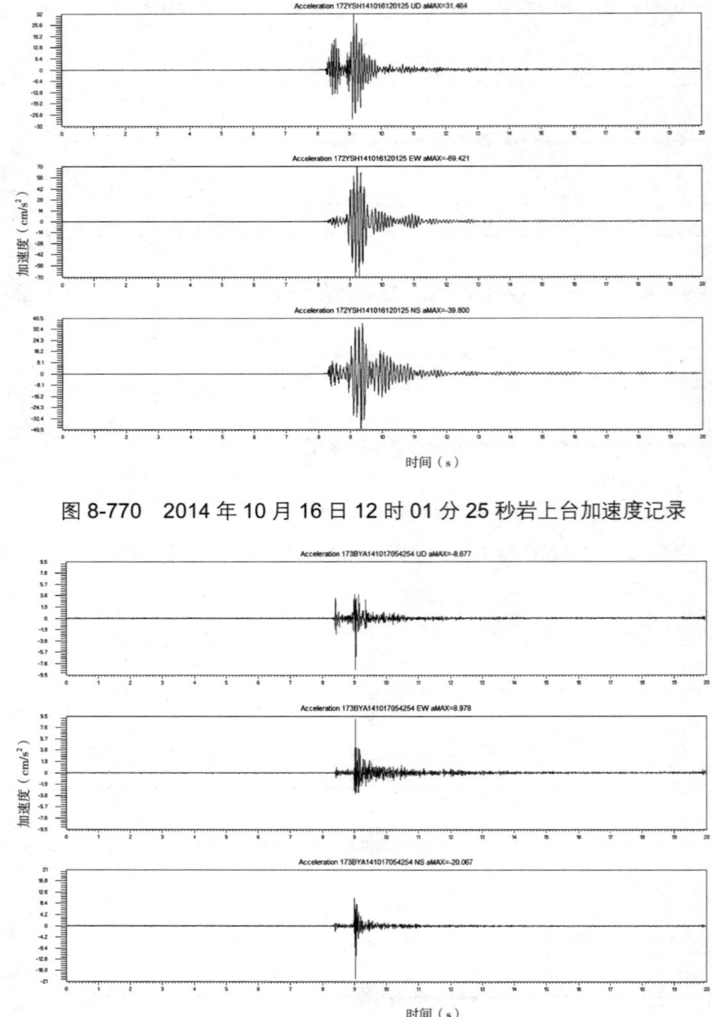

图 8-770　2014 年 10 月 16 日 12 时 01 分 25 秒岩上台加速度记录

图 8-772　2014 年 10 月 17 日 05 时 42 分 54 秒包垟台加速度记录

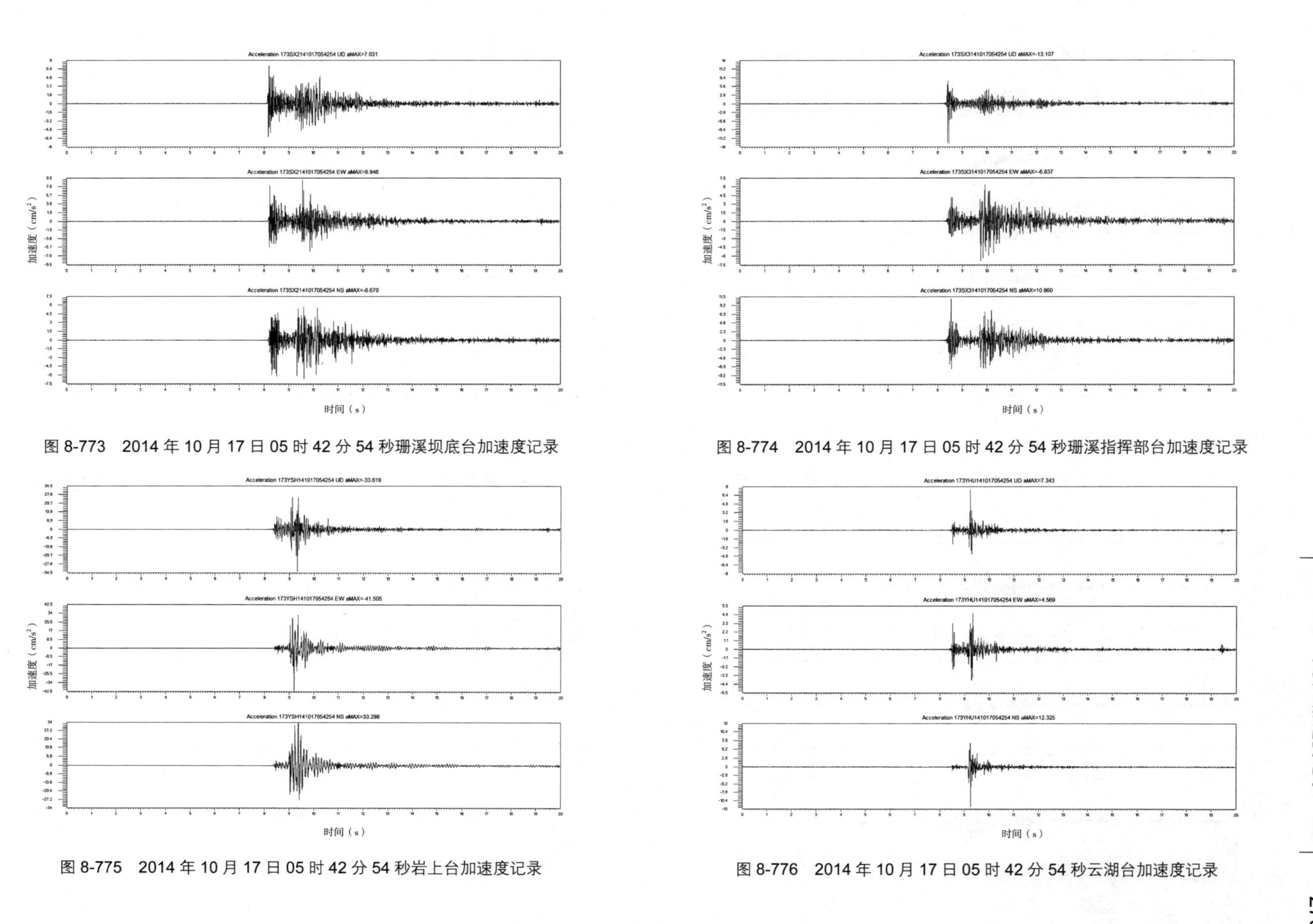

图 8-773　2014 年 10 月 17 日 05 时 42 分 54 秒珊溪坝底台加速度记录

图 8-774　2014 年 10 月 17 日 05 时 42 分 54 秒珊溪指挥部台加速度记录

图 8-775　2014 年 10 月 17 日 05 时 42 分 54 秒岩上台加速度记录

图 8-776　2014 年 10 月 17 日 05 时 42 分 54 秒云湖台加速度记录

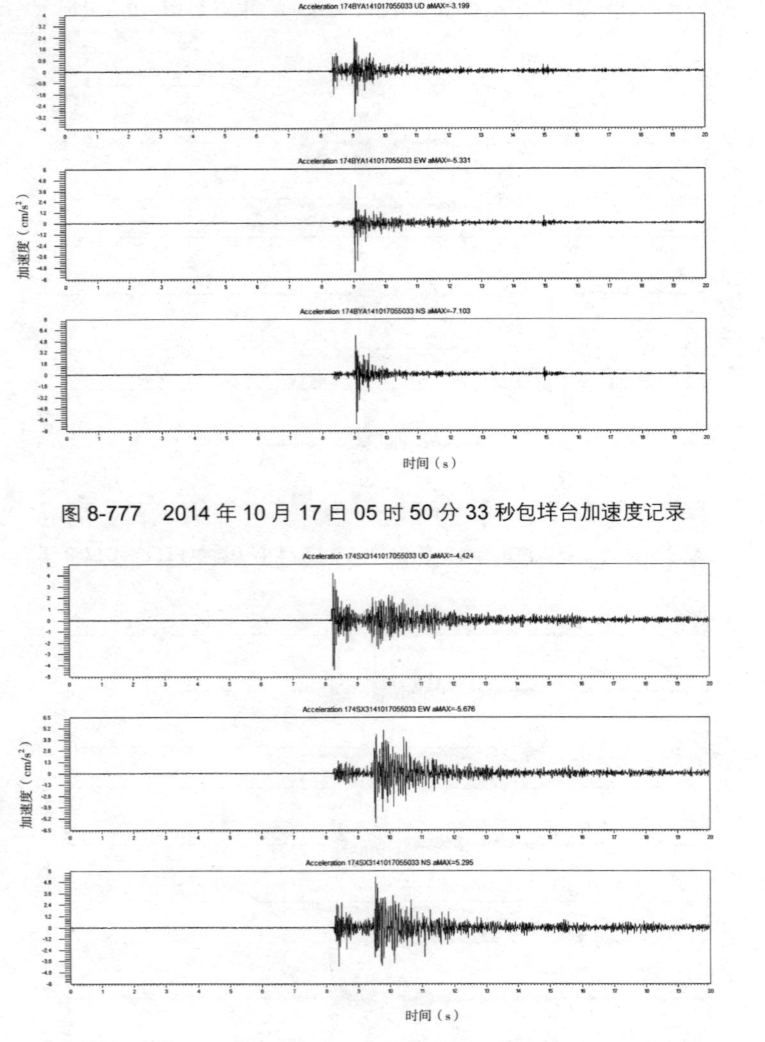

图 8-777　2014 年 10 月 17 日 05 时 50 分 33 秒包垟台加速度记录

图 8-779　2014 年 10 月 17 日 05 时 50 分 33 秒珊溪指挥部台加速度记录

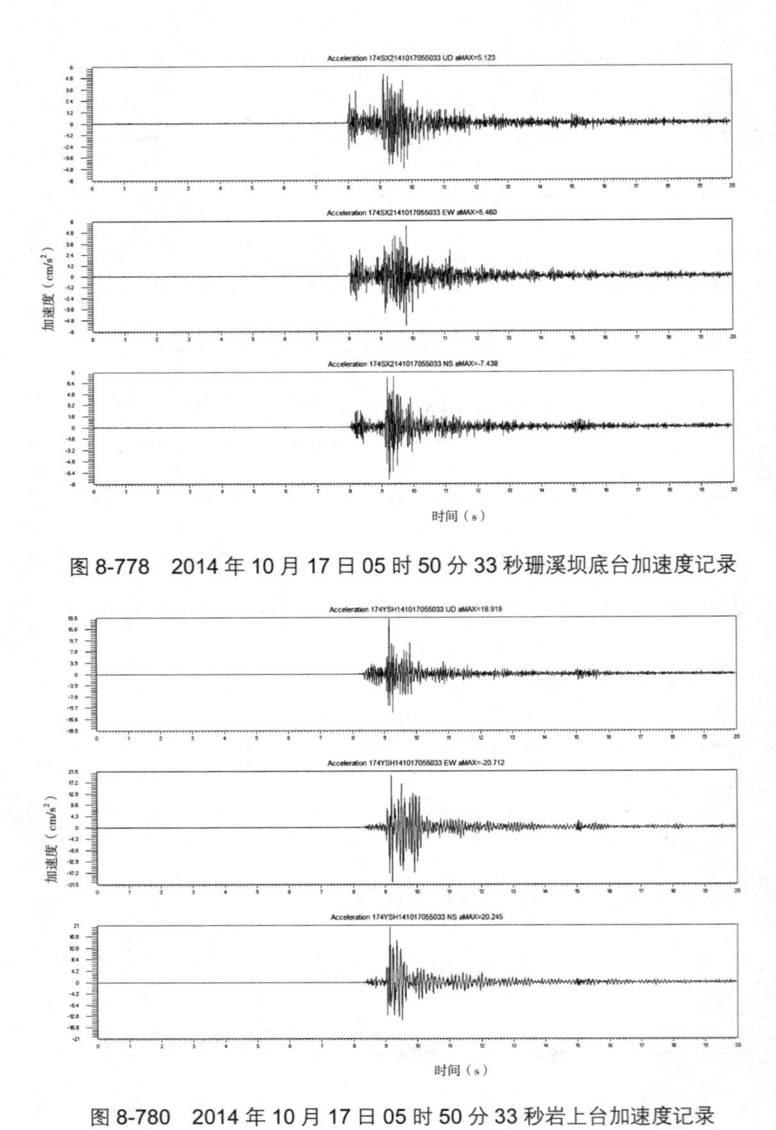

图 8-778　2014 年 10 月 17 日 05 时 50 分 33 秒珊溪坝底台加速度记录

图 8-780　2014 年 10 月 17 日 05 时 50 分 33 秒岩上台加速度记录

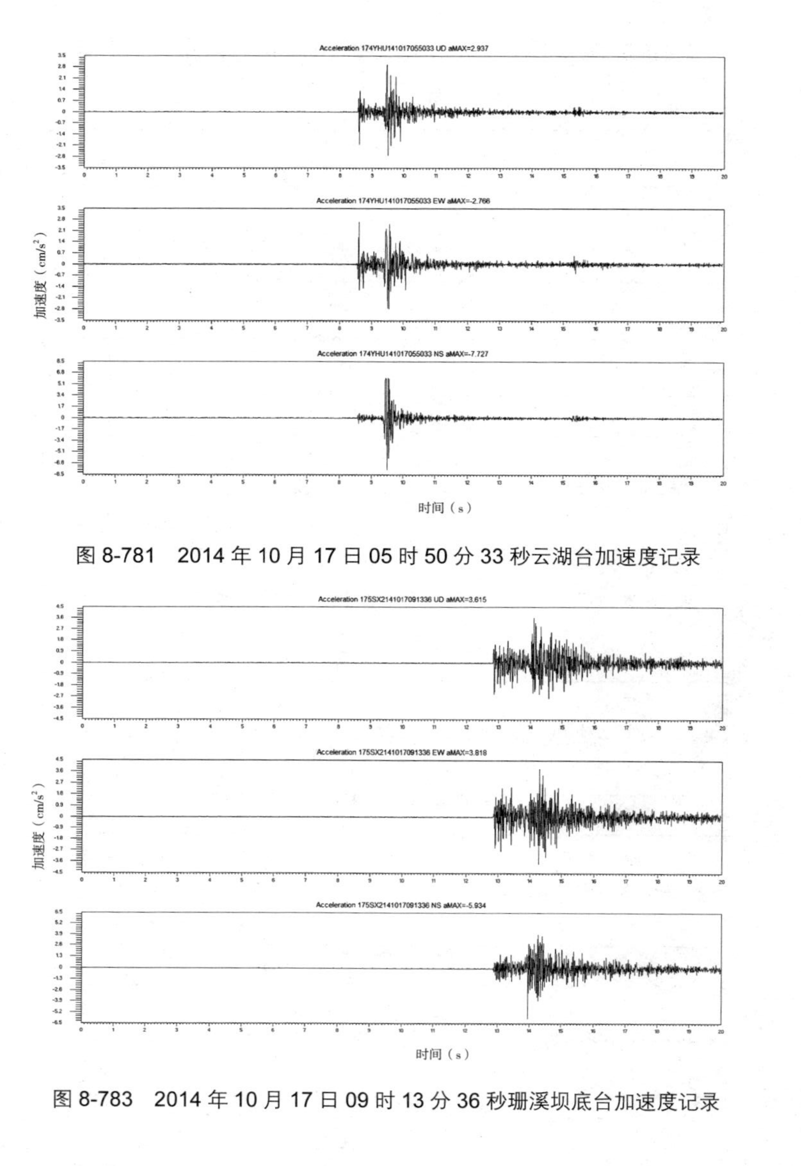

图 8-781　2014 年 10 月 17 日 05 时 50 分 33 秒云湖台加速度记录

图 8-783　2014 年 10 月 17 日 09 时 13 分 36 秒珊溪坝底台加速度记录

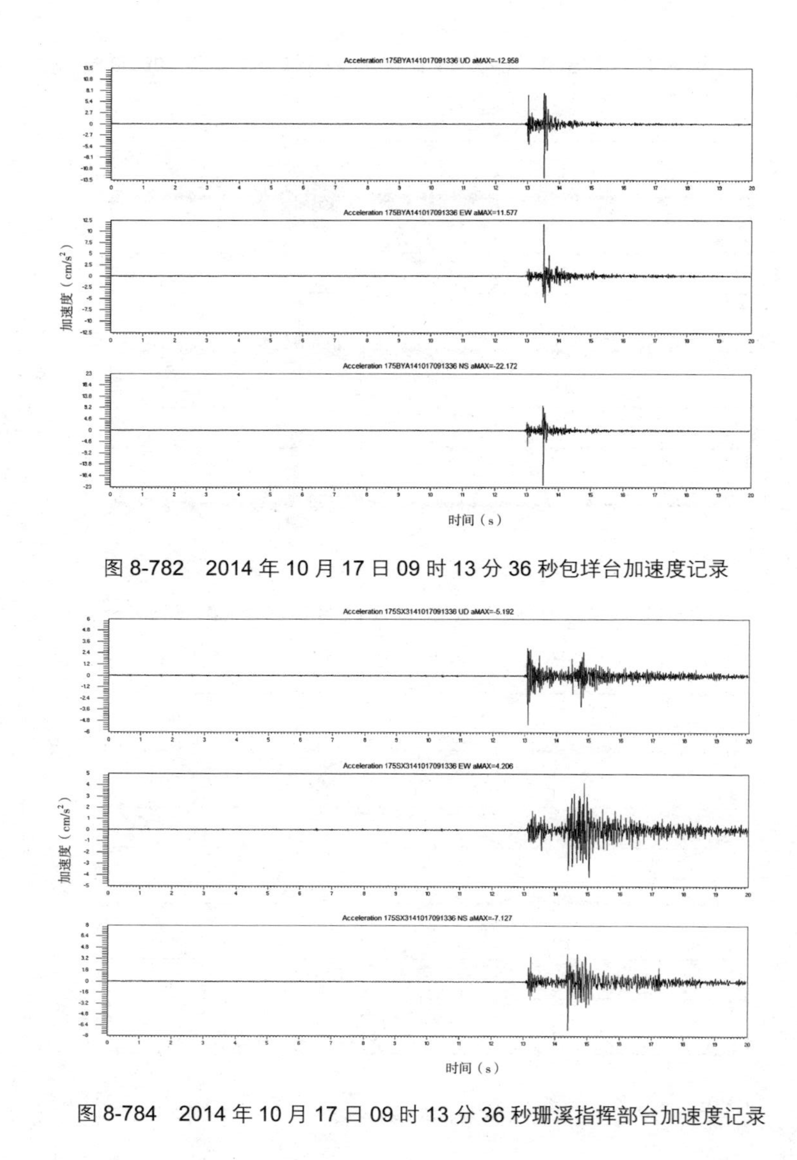

图 8-782　2014 年 10 月 17 日 09 时 13 分 36 秒包垟台加速度记录

图 8-784　2014 年 10 月 17 日 09 时 13 分 36 秒珊溪指挥部台加速度记录

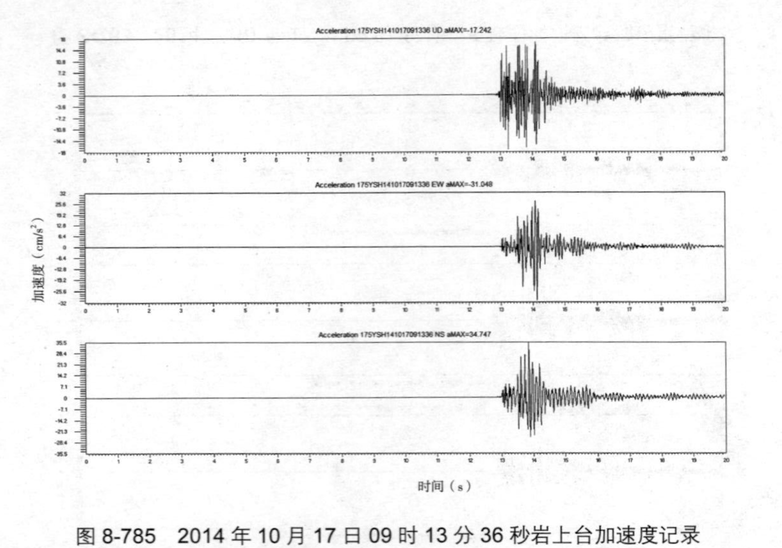

图 8-785　2014 年 10 月 17 日 09 时 13 分 36 秒岩上台加速度记录

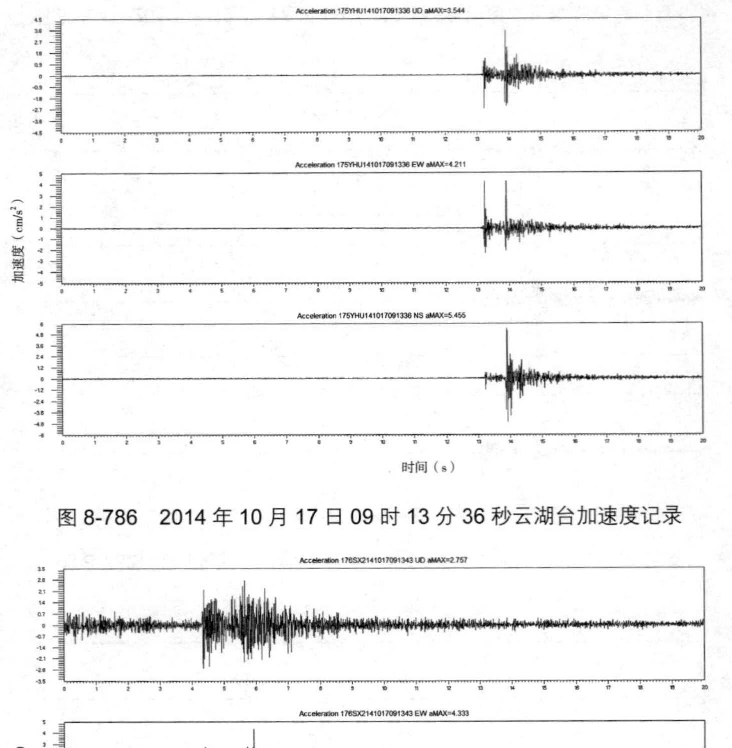

图 8-786　2014 年 10 月 17 日 09 时 13 分 36 秒云湖台加速度记录

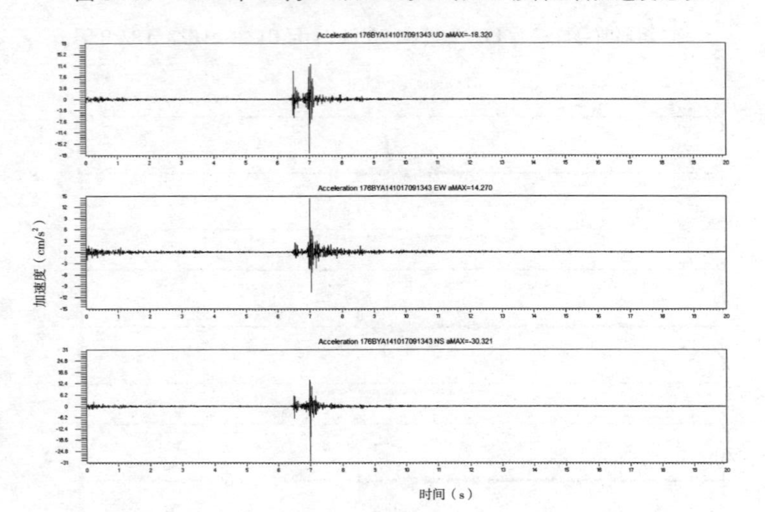

图 8-787　2014 年 10 月 17 日 09 时 13 分 43 秒包垟台加速度记录

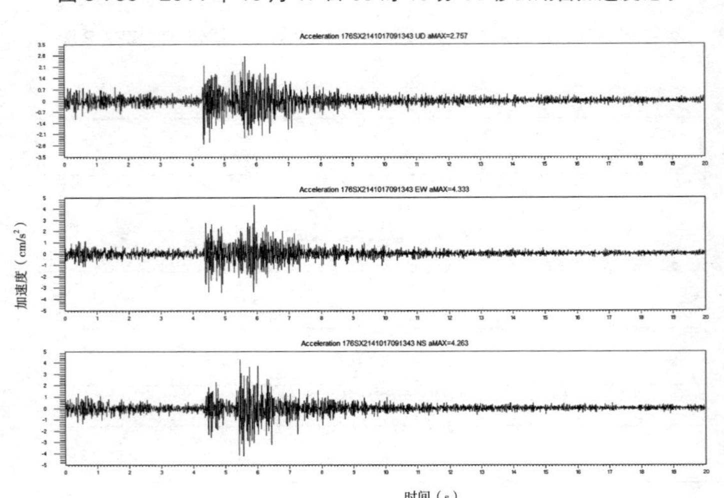

图 8-788　2014 年 10 月 17 日 09 时 13 分 43 秒珊溪坝底台加速度记录

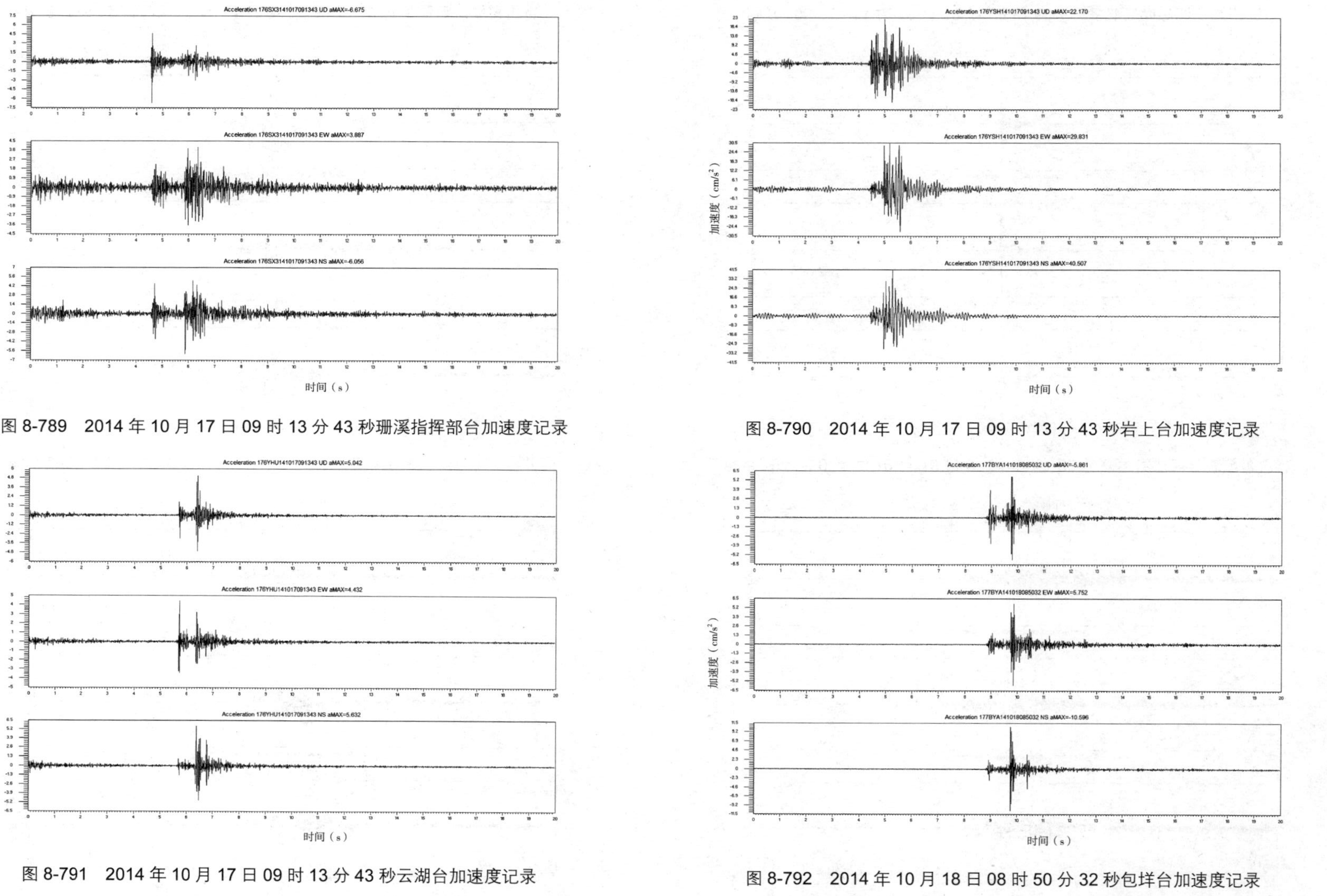

图 8-789　2014 年 10 月 17 日 09 时 13 分 43 秒珊溪指挥部台加速度记录

图 8-790　2014 年 10 月 17 日 09 时 13 分 43 秒岩上台加速度记录

图 8-791　2014 年 10 月 17 日 09 时 13 分 43 秒云湖台加速度记录

图 8-792　2014 年 10 月 18 日 08 时 50 分 32 秒包垟台加速度记录

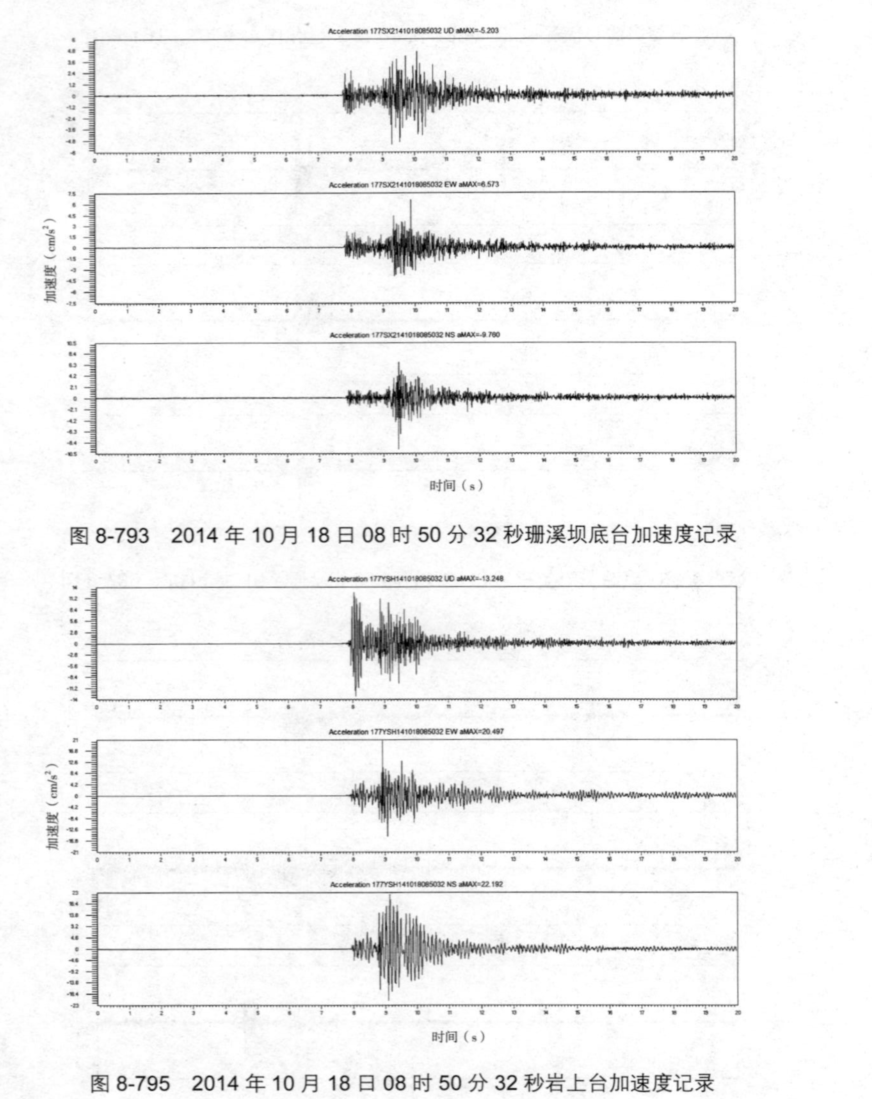

图 8-793 2014 年 10 月 18 日 08 时 50 分 32 秒珊溪坝底台加速度记录

图 8-795 2014 年 10 月 18 日 08 时 50 分 32 秒岩上台加速度记录

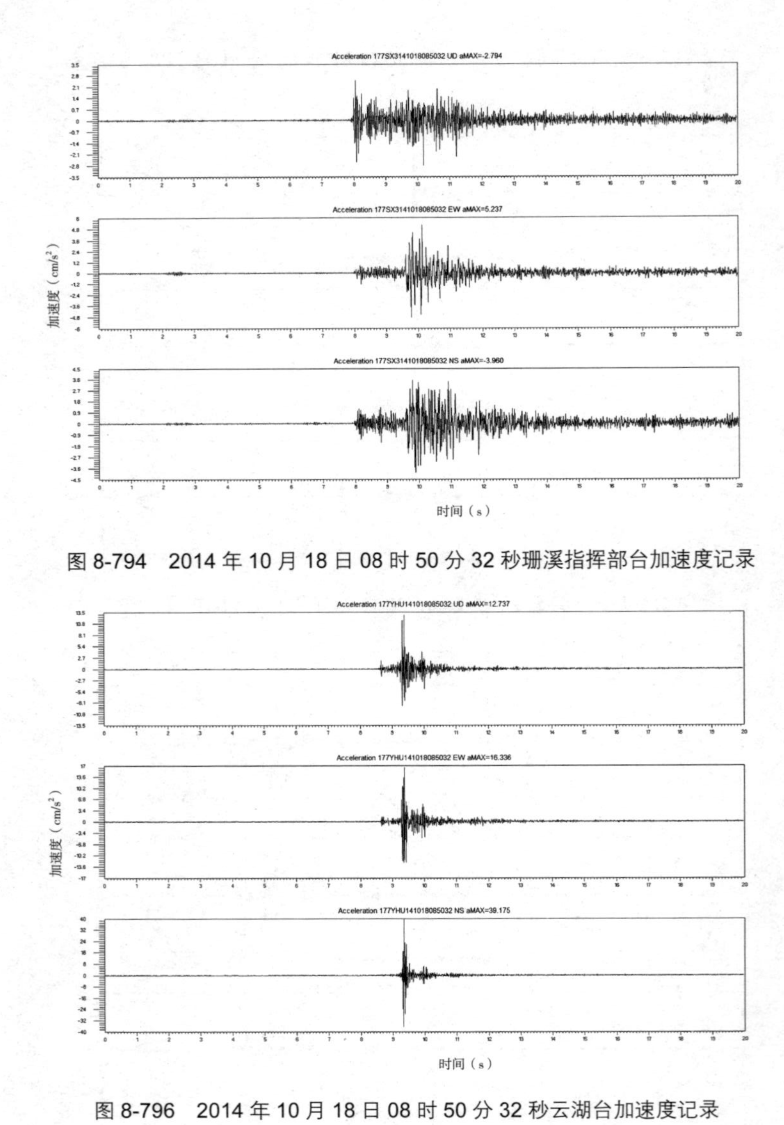

图 8-794 2014 年 10 月 18 日 08 时 50 分 32 秒珊溪指挥部台加速度记录

图 8-796 2014 年 10 月 18 日 08 时 50 分 32 秒云湖台加速度记录

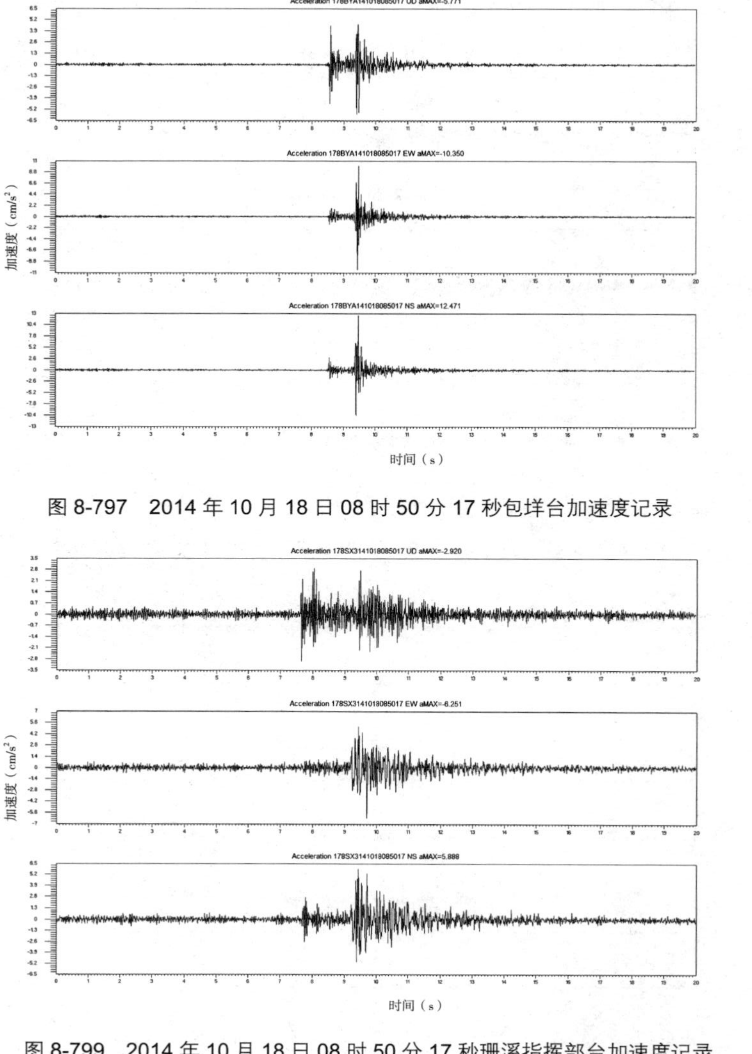

图 8-797　2014 年 10 月 18 日 08 时 50 分 17 秒包垟台加速度记录

图 8-799　2014 年 10 月 18 日 08 时 50 分 17 秒珊溪指挥部台加速度记录

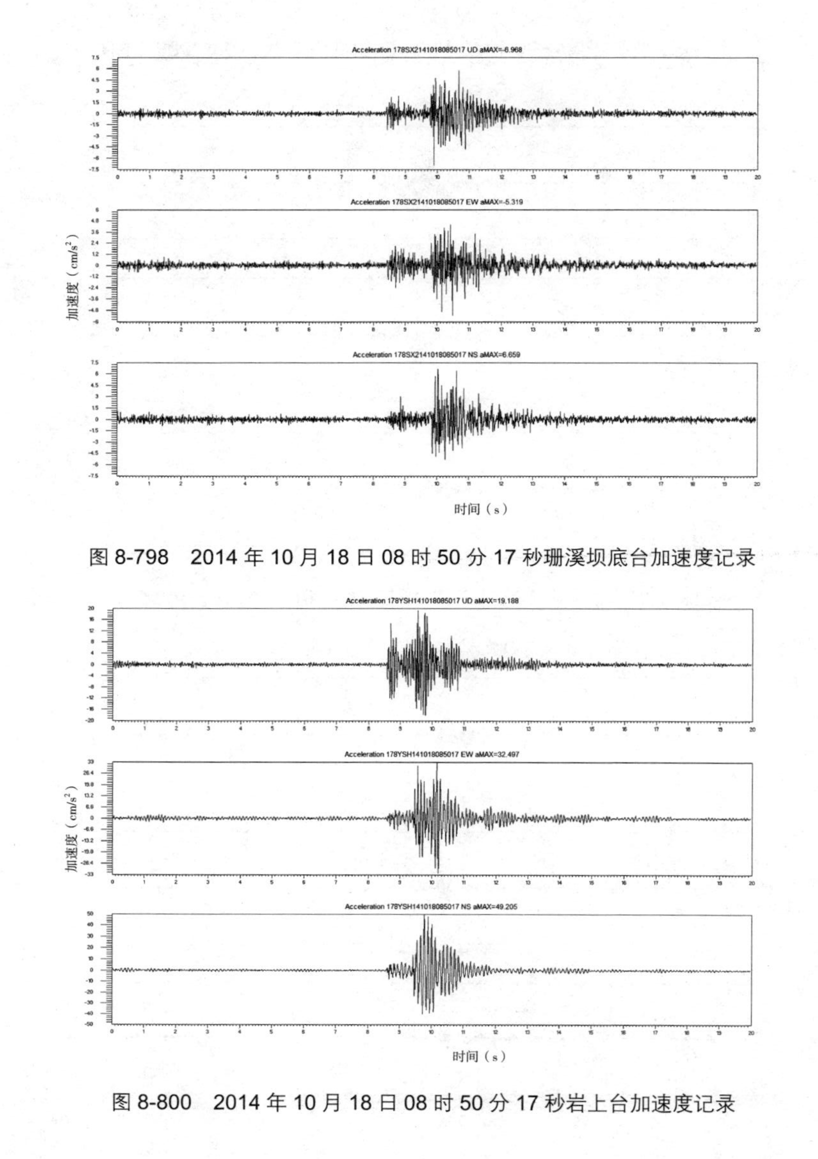

图 8-798　2014 年 10 月 18 日 08 时 50 分 17 秒珊溪坝底台加速度记录

图 8-800　2014 年 10 月 18 日 08 时 50 分 17 秒岩上台加速度记录

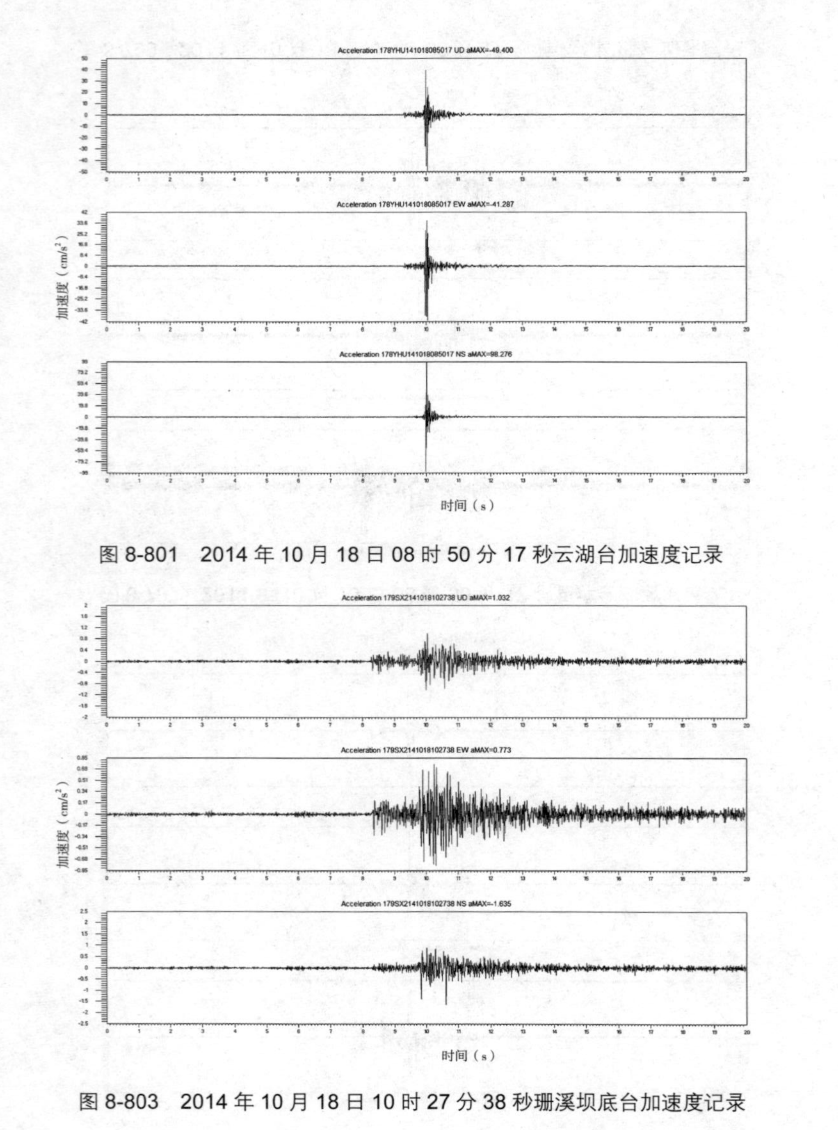

图 8-801　2014 年 10 月 18 日 08 时 50 分 17 秒云湖台加速度记录

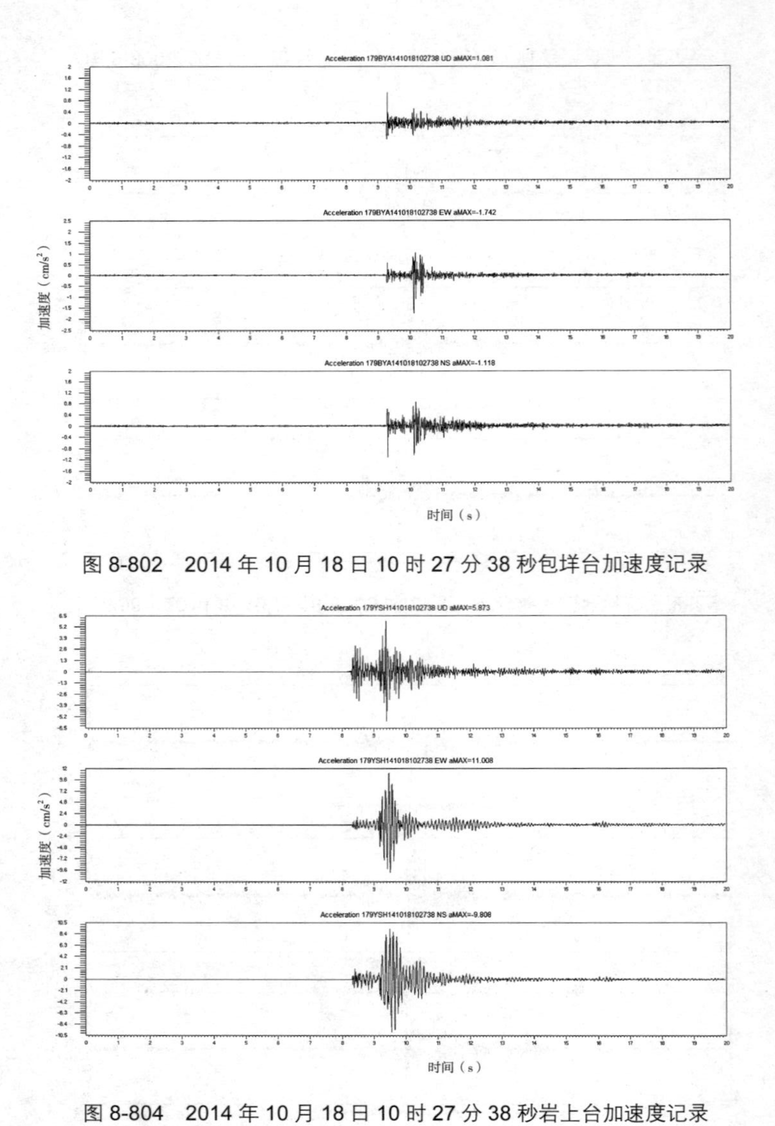

图 8-802　2014 年 10 月 18 日 10 时 27 分 38 秒包垟台加速度记录

图 8-803　2014 年 10 月 18 日 10 时 27 分 38 秒珊溪坝底台加速度记录

图 8-804　2014 年 10 月 18 日 10 时 27 分 38 秒岩上台加速度记录

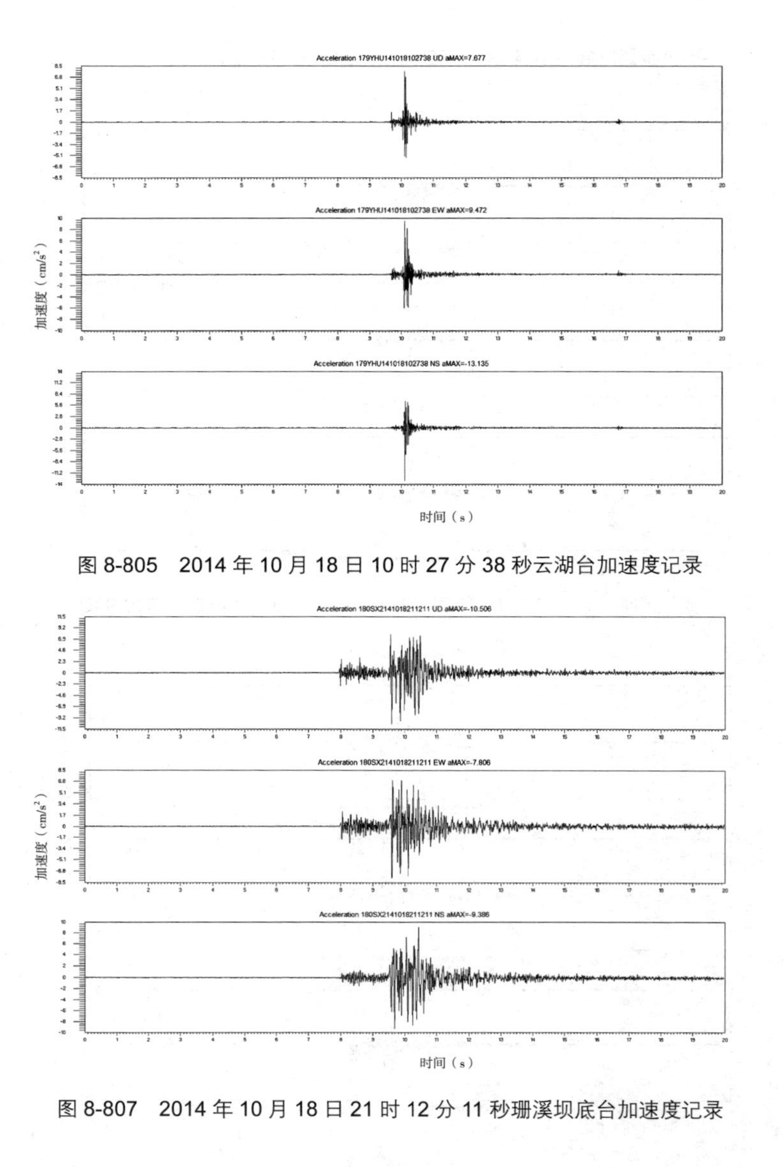

图 8-805 2014 年 10 月 18 日 10 时 27 分 38 秒云湖台加速度记录

图 8-807 2014 年 10 月 18 日 21 时 12 分 11 秒珊溪坝底台加速度记录

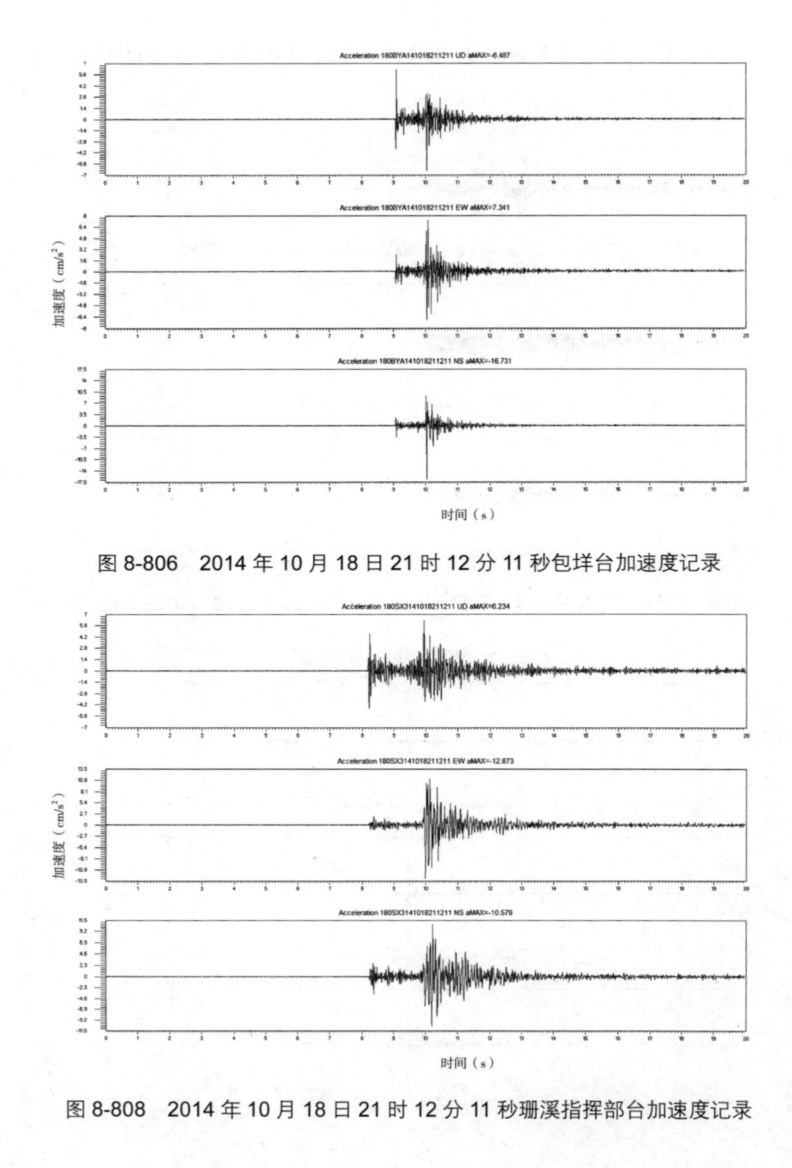

图 8-806 2014 年 10 月 18 日 21 时 12 分 11 秒包垟台加速度记录

图 8-808 2014 年 10 月 18 日 21 时 12 分 11 秒珊溪指挥部台加速度记录

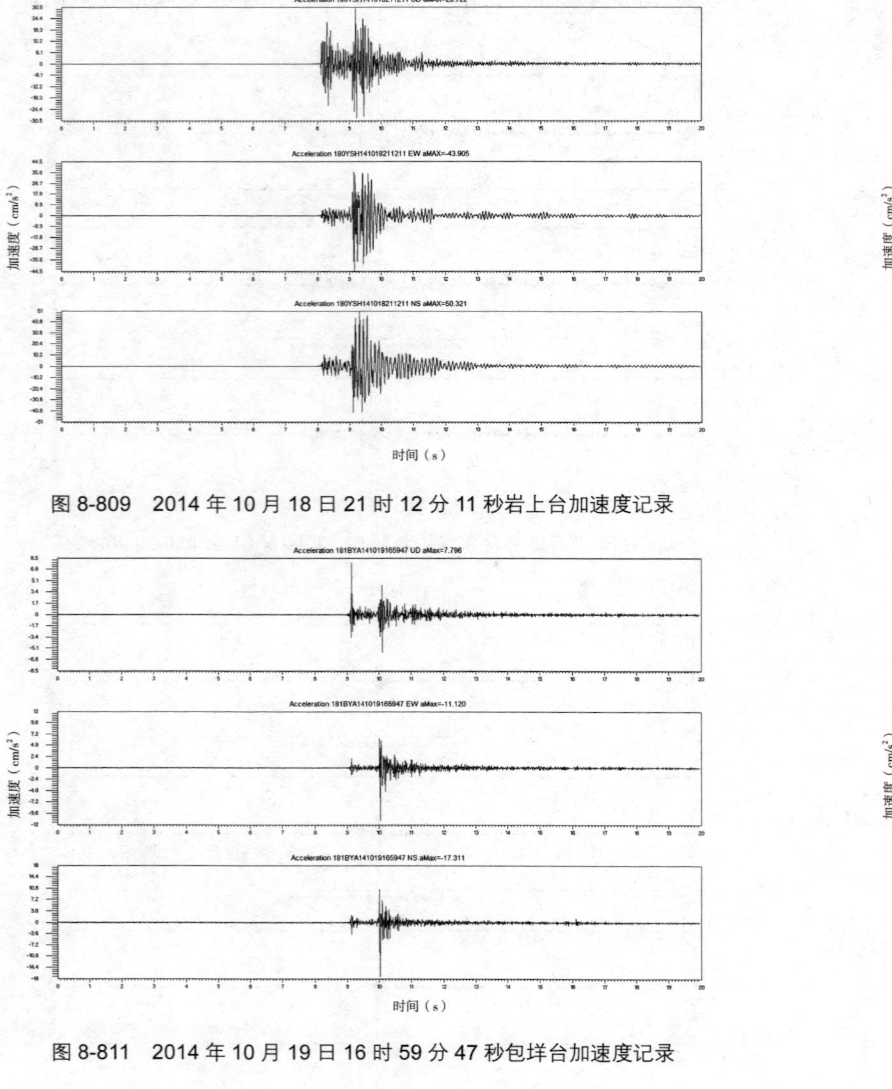

图 8-809　2014 年 10 月 18 日 21 时 12 分 11 秒岩上台加速度记录

图 8-811　2014 年 10 月 19 日 16 时 59 分 47 秒包垟台加速度记录

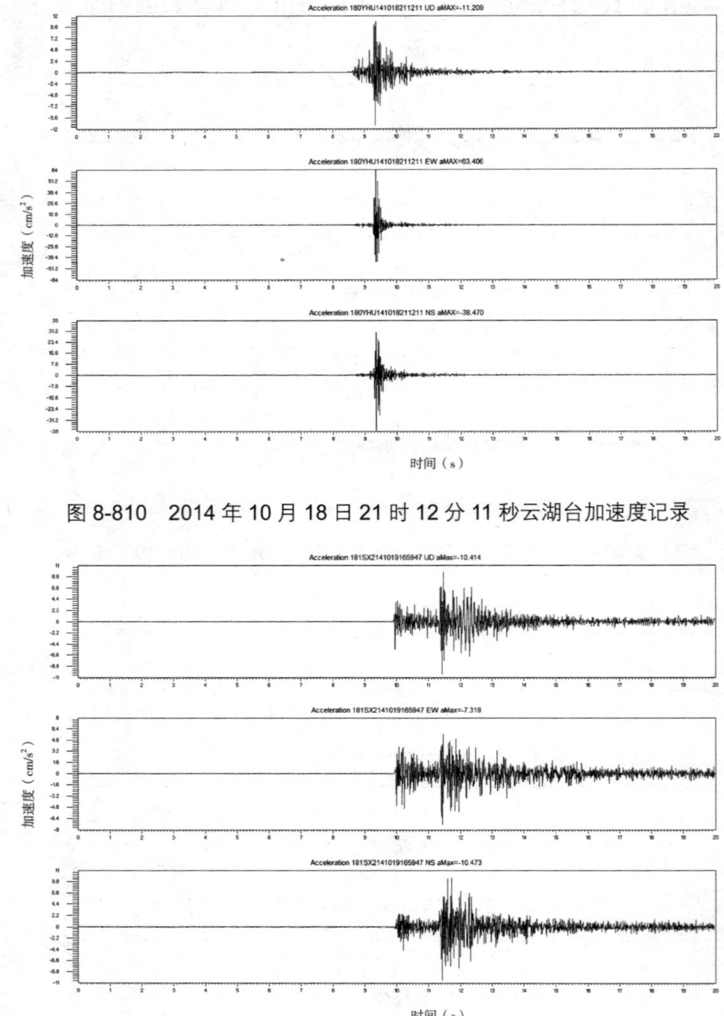

图 8-810　2014 年 10 月 18 日 21 时 12 分 11 秒云湖台加速度记录

图 8-812　2014 年 10 月 19 日 16 时 59 分 47 秒珊溪坝底台加速度记录

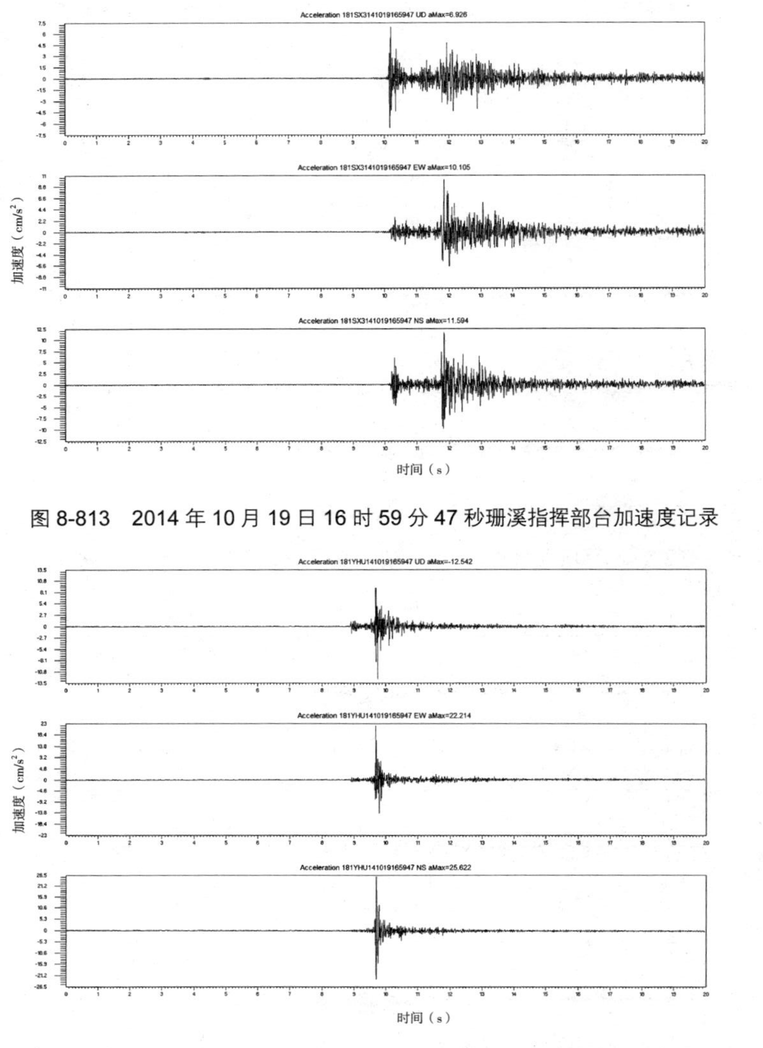

图 8-813　2014 年 10 月 19 日 16 时 59 分 47 秒珊溪指挥部台加速度记录

图 8-815　2014 年 10 月 19 日 16 时 59 分 47 秒云湖台加速度记录

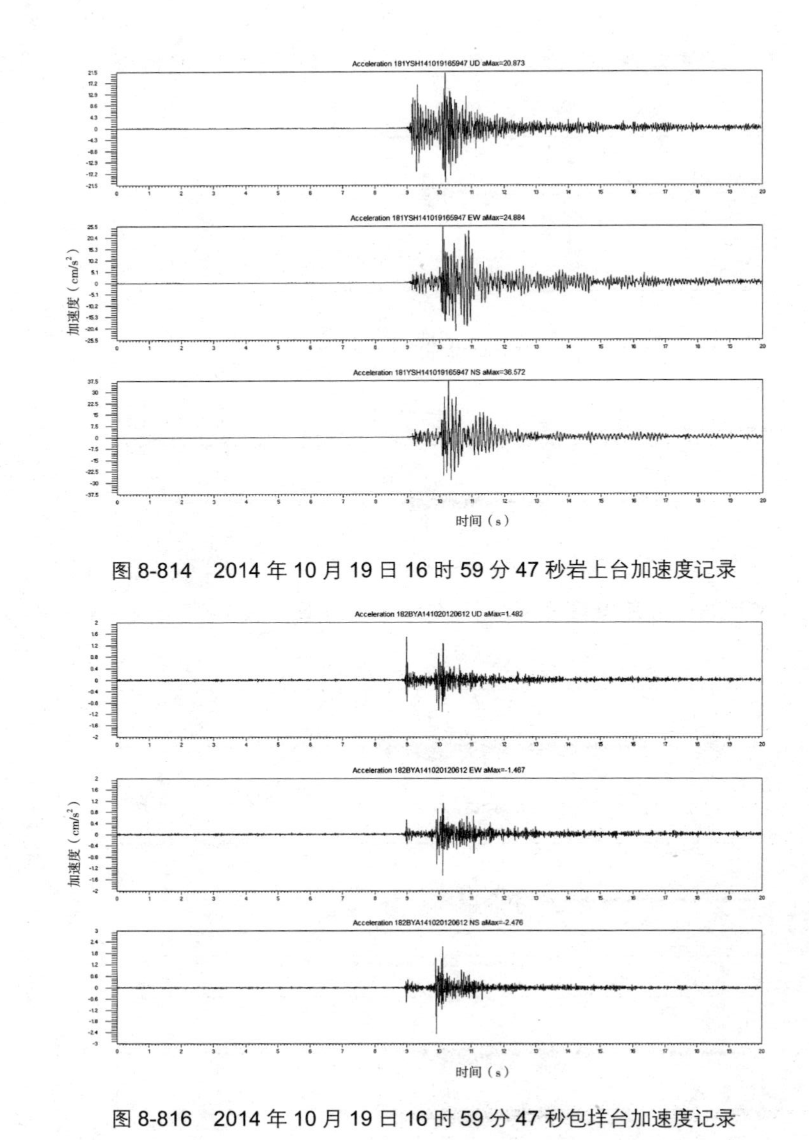

图 8-814　2014 年 10 月 19 日 16 时 59 分 47 秒岩上台加速度记录

图 8-816　2014 年 10 月 19 日 16 时 59 分 47 秒包垟台加速度记录

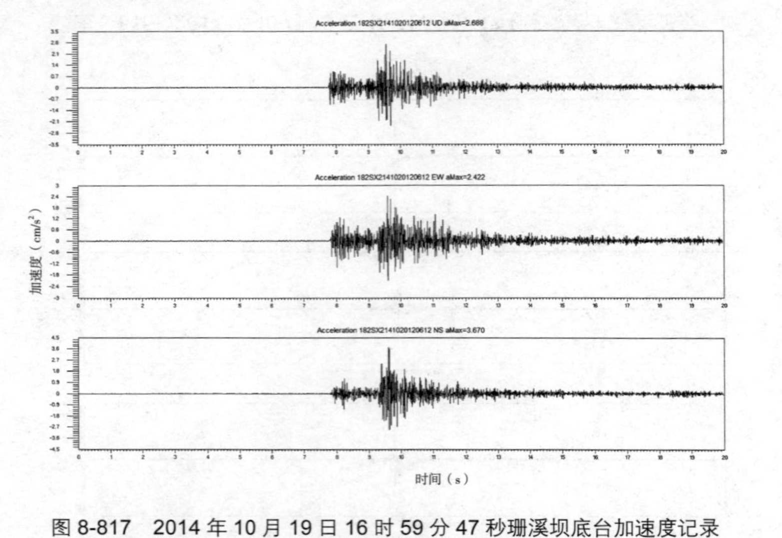

图 8-817　2014 年 10 月 19 日 16 时 59 分 47 秒珊溪坝底台加速度记录

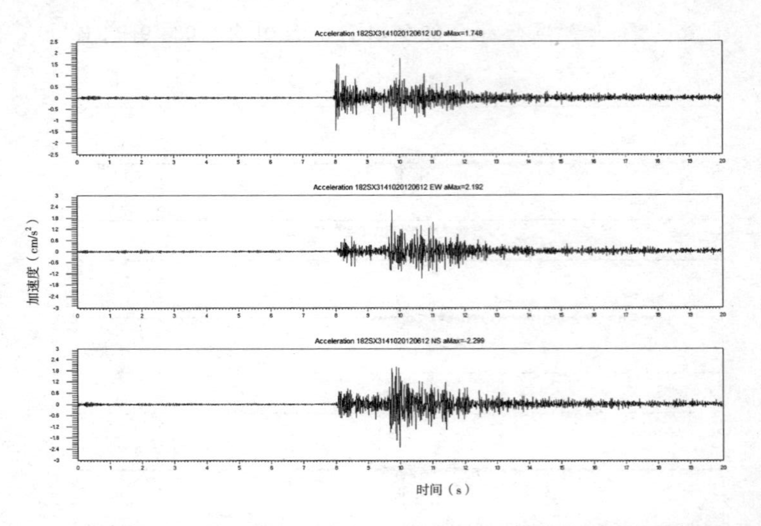

图 8-818　2014 年 10 月 19 日 16 时 59 分 47 秒珊溪指挥部台加速度记录

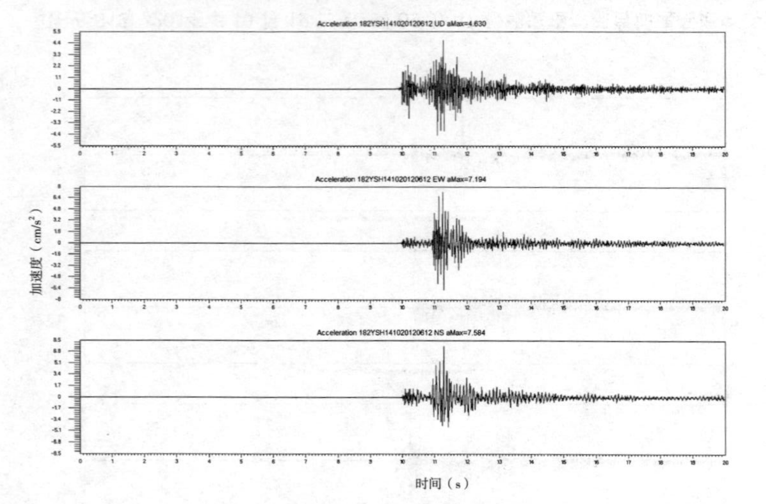

图 8-819　2014 年 10 月 19 日 16 时 59 分 47 秒岩上台加速度记录

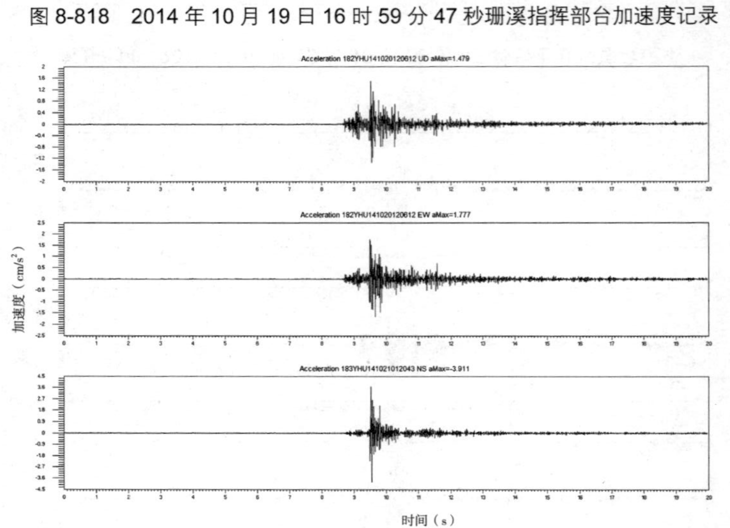

图 8-820　2014 年 10 月 19 日 16 时 59 分 47 秒云湖台加速度记录

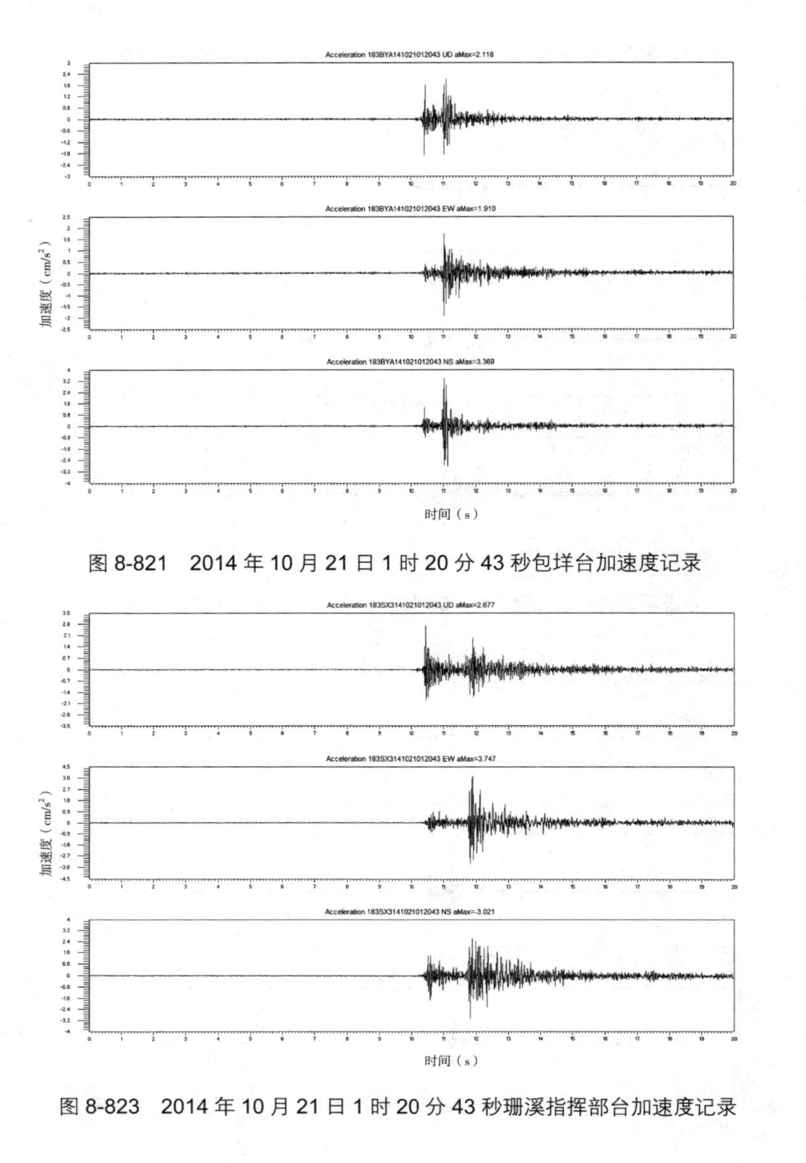

图 8-821　2014 年 10 月 21 日 1 时 20 分 43 秒包垟台加速度记录

图 8-823　2014 年 10 月 21 日 1 时 20 分 43 秒珊溪指挥部台加速度记录

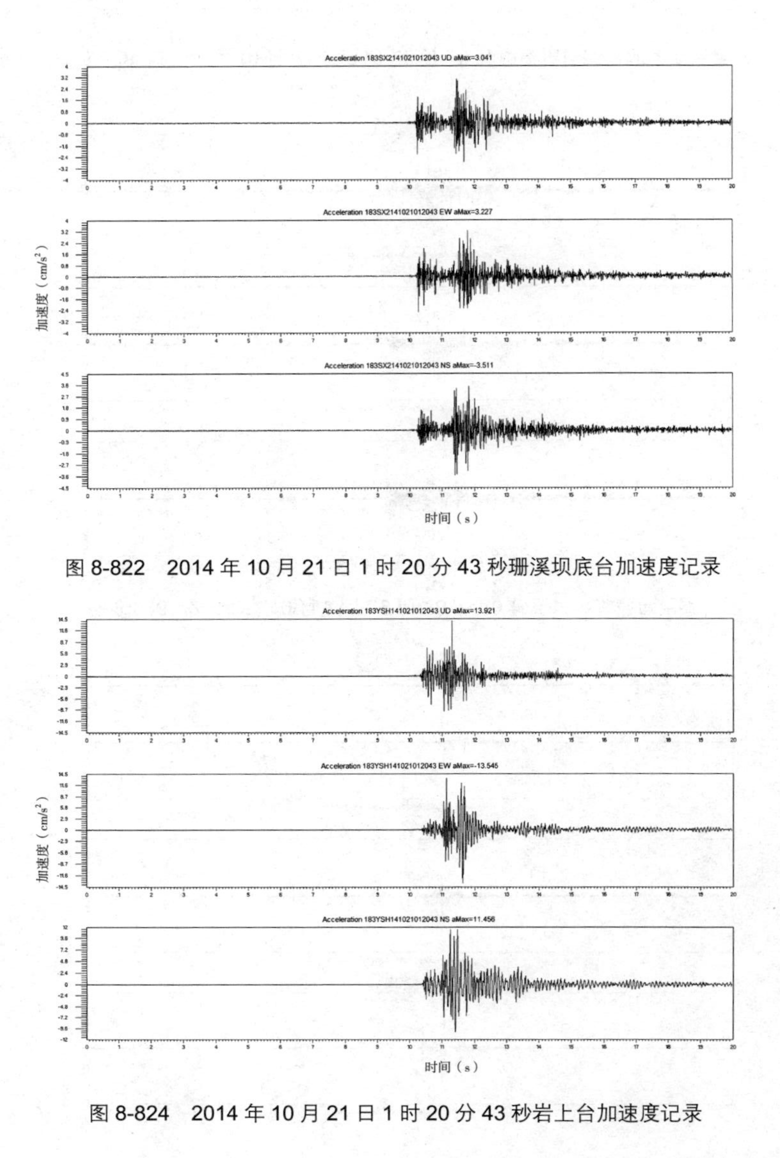

图 8-822　2014 年 10 月 21 日 1 时 20 分 43 秒珊溪坝底台加速度记录

图 8-824　2014 年 10 月 21 日 1 时 20 分 43 秒岩上台加速度记录

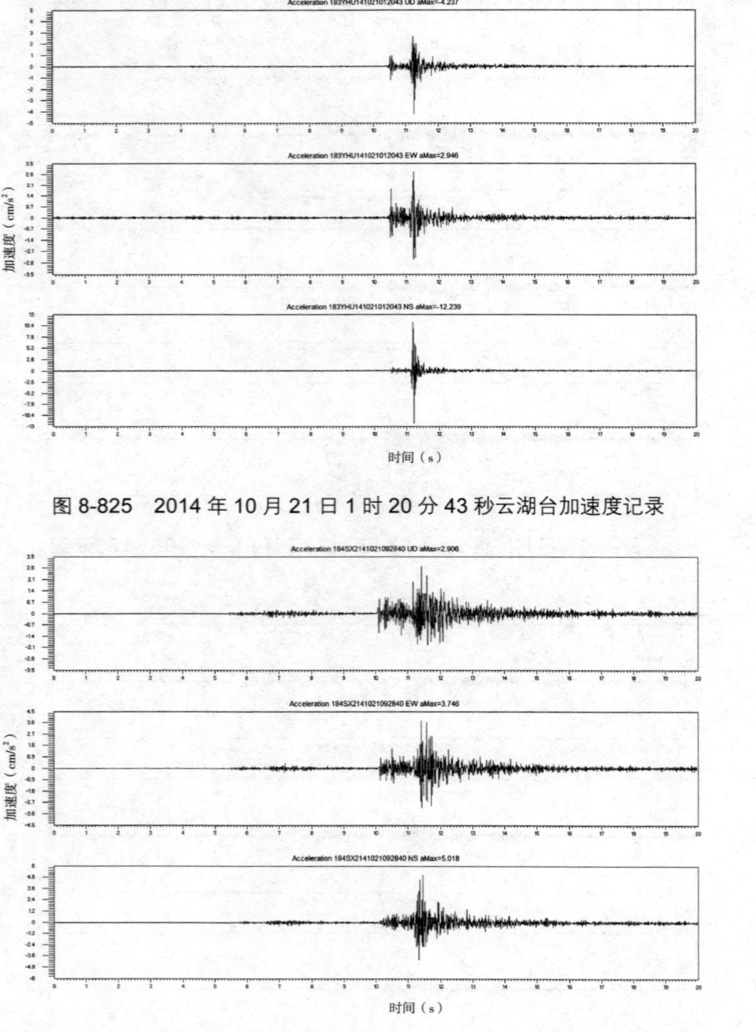

图 8-825　2014 年 10 月 21 日 1 时 20 分 43 秒云湖台加速度记录

图 8-827　2014 年 10 月 21 日 9 时 28 分 40 秒珊溪坝底台加速度记录

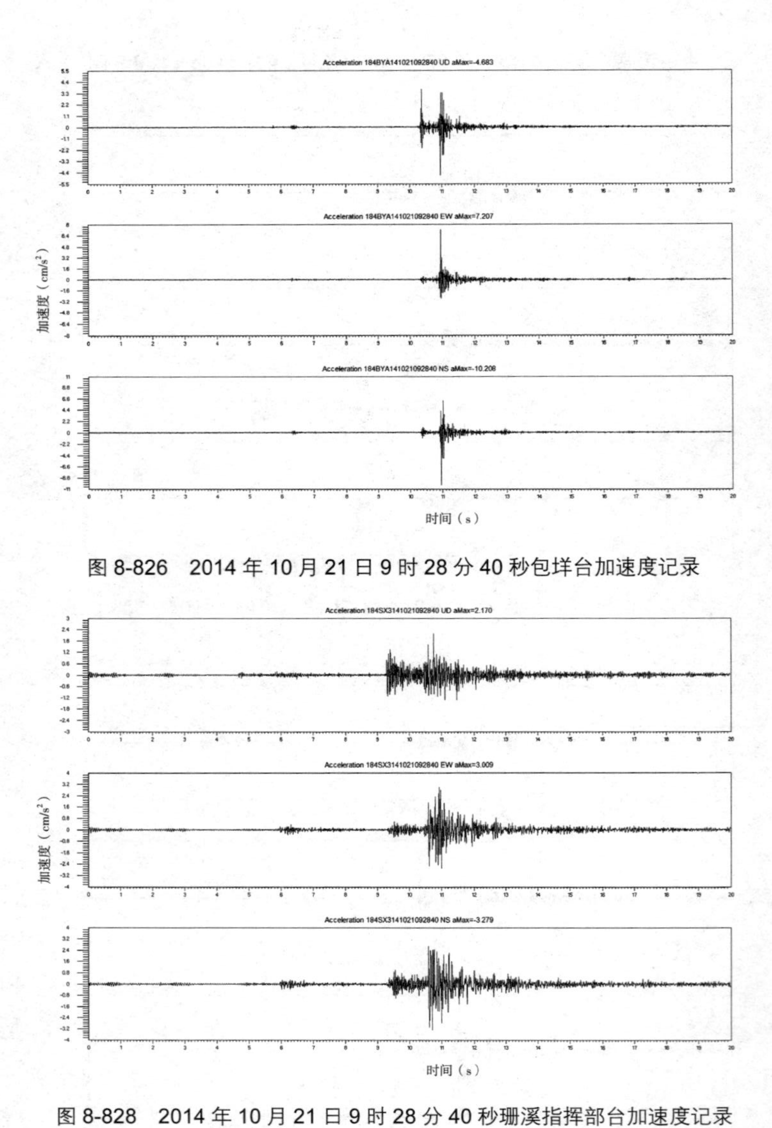

图 8-826　2014 年 10 月 21 日 9 时 28 分 40 秒包垟台加速度记录

图 8-828　2014 年 10 月 21 日 9 时 28 分 40 秒珊溪指挥部台加速度记录

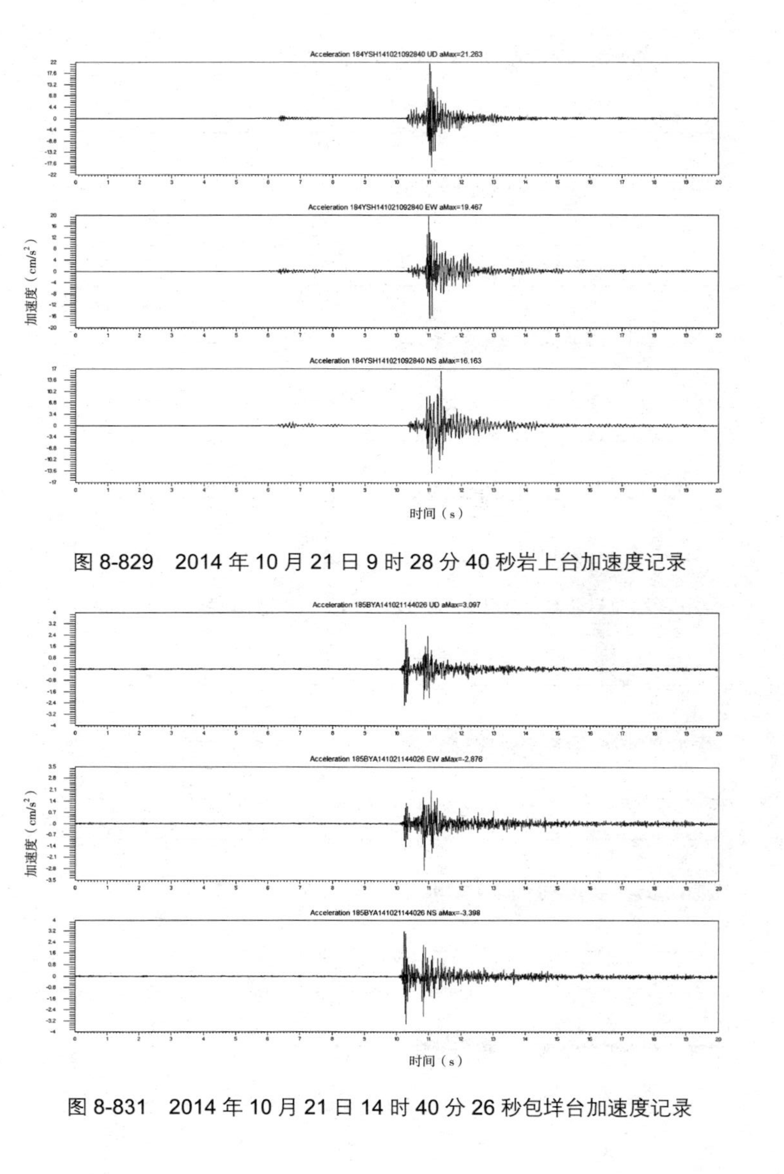

图 8-829　2014 年 10 月 21 日 9 时 28 分 40 秒岩上台加速度记录

图 8-831　2014 年 10 月 21 日 14 时 40 分 26 秒包垟台加速度记录

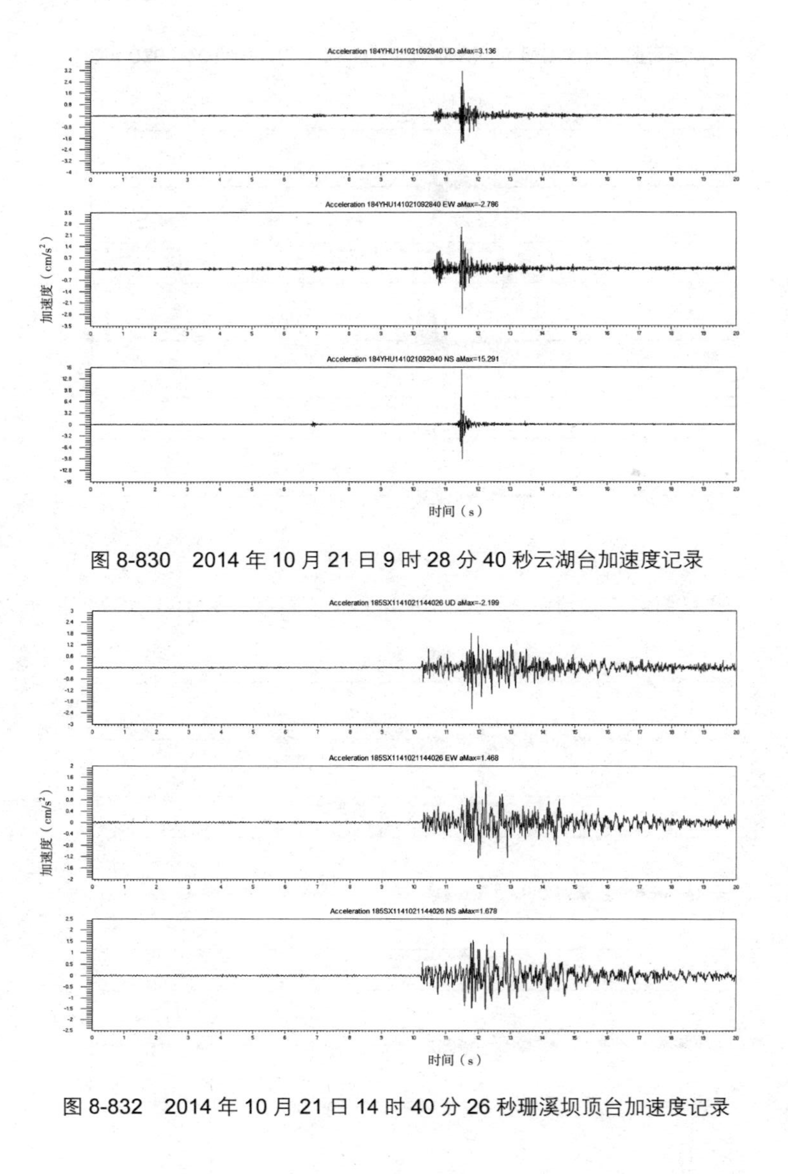

图 8-830　2014 年 10 月 21 日 9 时 28 分 40 秒云湖台加速度记录

图 8-832　2014 年 10 月 21 日 14 时 40 分 26 秒珊溪坝顶台加速度记录

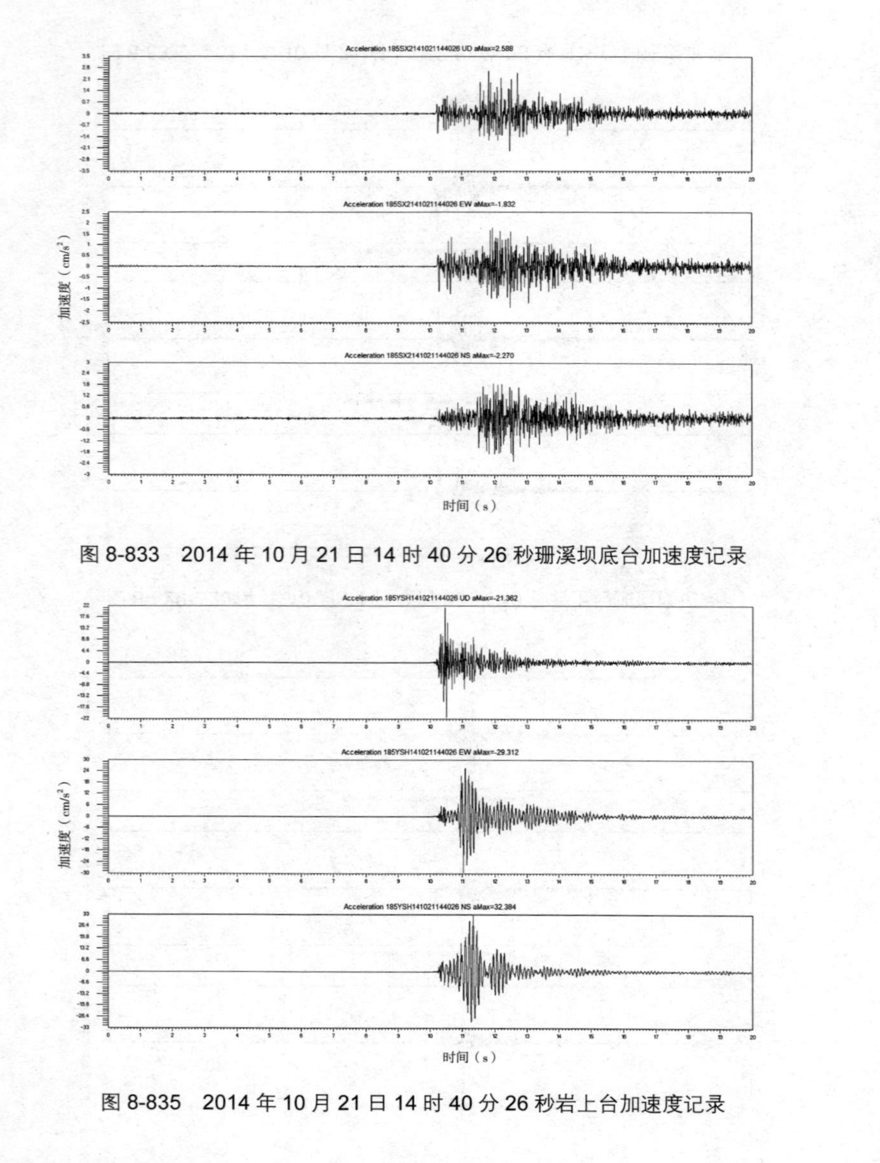

图 8-833　2014 年 10 月 21 日 14 时 40 分 26 秒珊溪坝底台加速度记录

图 8-835　2014 年 10 月 21 日 14 时 40 分 26 秒岩上台加速度记录

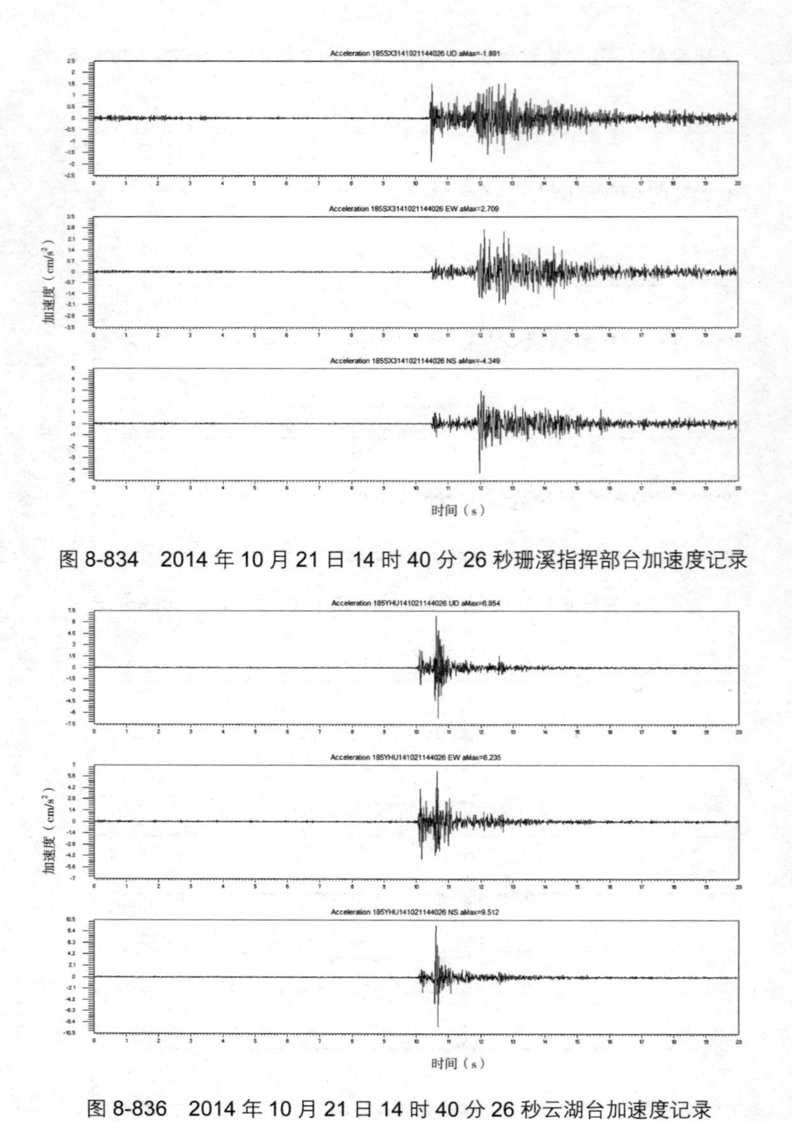

图 8-834　2014 年 10 月 21 日 14 时 40 分 26 秒珊溪指挥部台加速度记录

图 8-836　2014 年 10 月 21 日 14 时 40 分 26 秒云湖台加速度记录

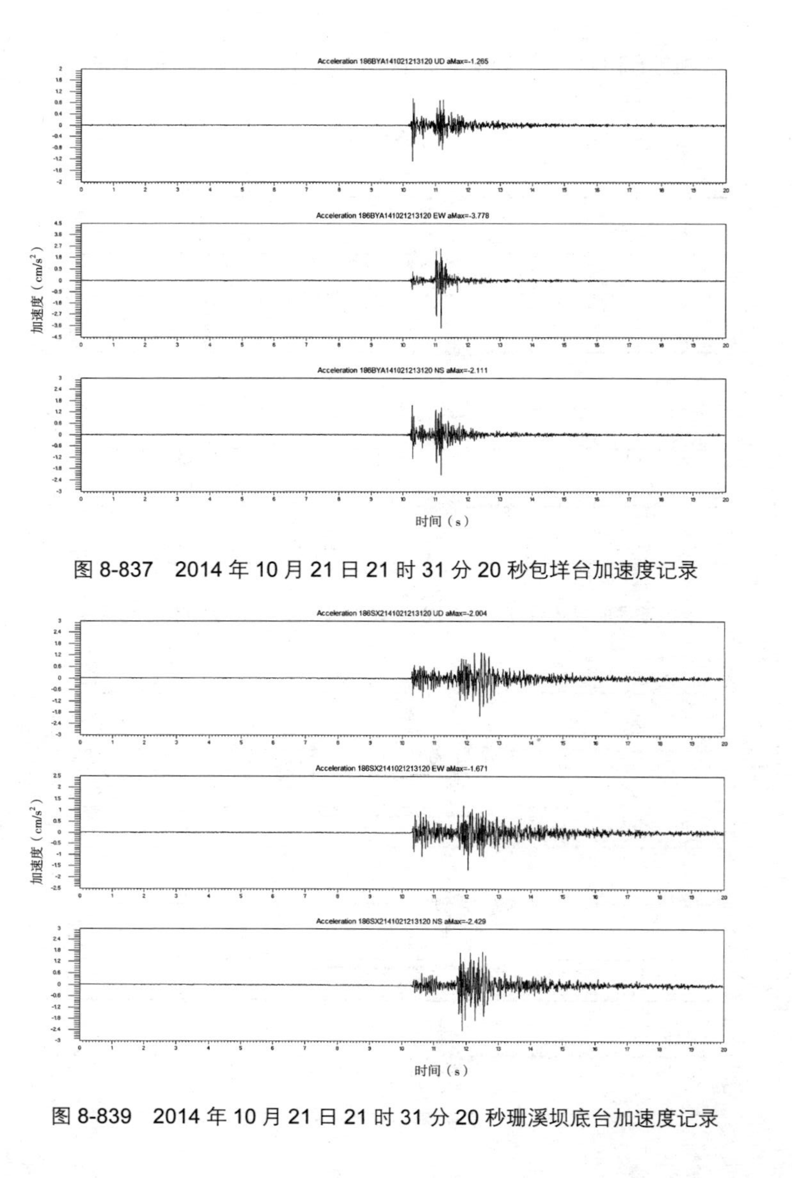

图 8-837　2014 年 10 月 21 日 21 时 31 分 20 秒包垟台加速度记录

图 8-839　2014 年 10 月 21 日 21 时 31 分 20 秒珊溪坝底台加速度记录

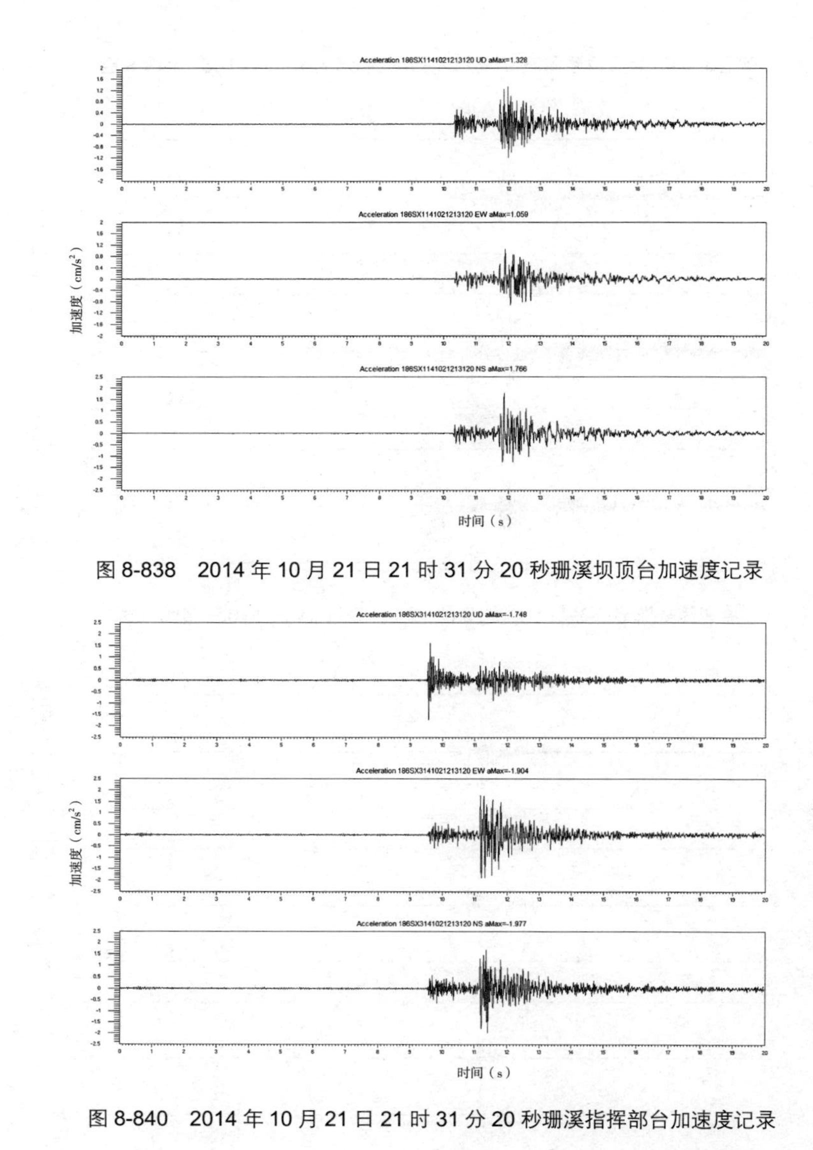

图 8-838　2014 年 10 月 21 日 21 时 31 分 20 秒珊溪坝顶台加速度记录

图 8-840　2014 年 10 月 21 日 21 时 31 分 20 秒珊溪指挥部台加速度记录

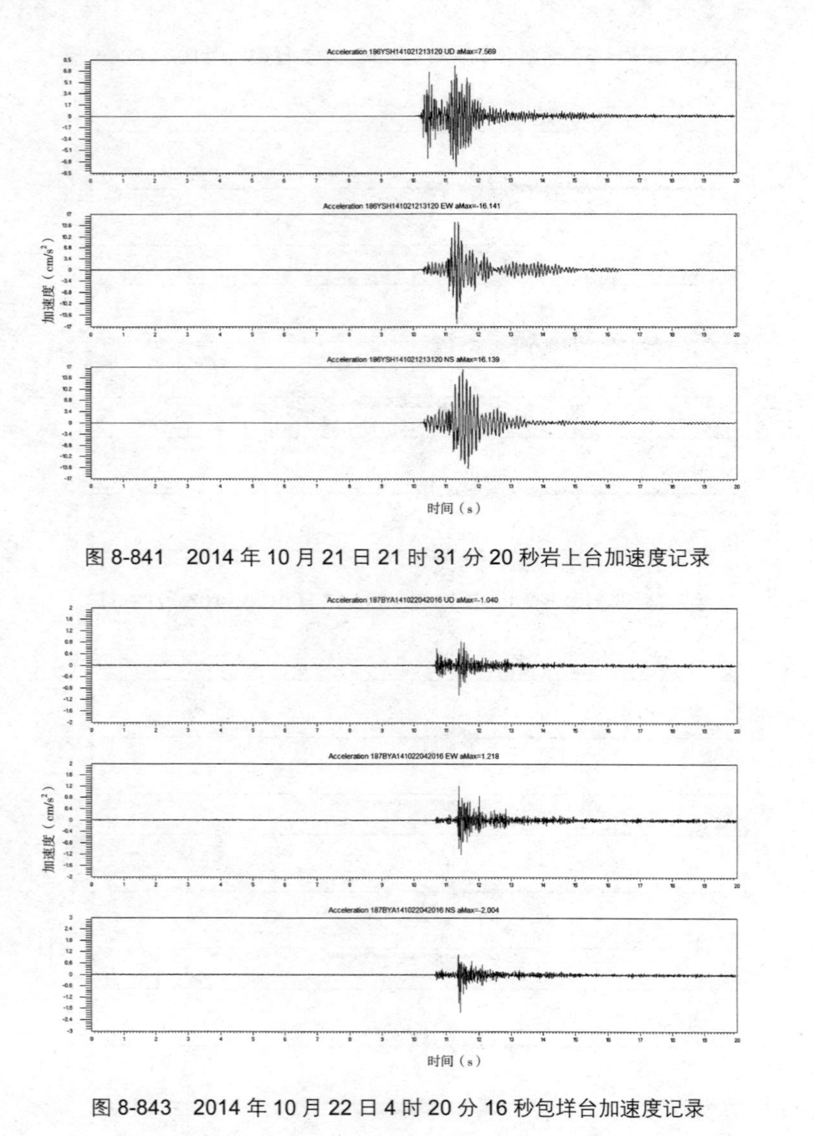

图 8-841　2014 年 10 月 21 日 21 时 31 分 20 秒岩上台加速度记录

图 8-843　2014 年 10 月 22 日 4 时 20 分 16 秒包垟台加速度记录

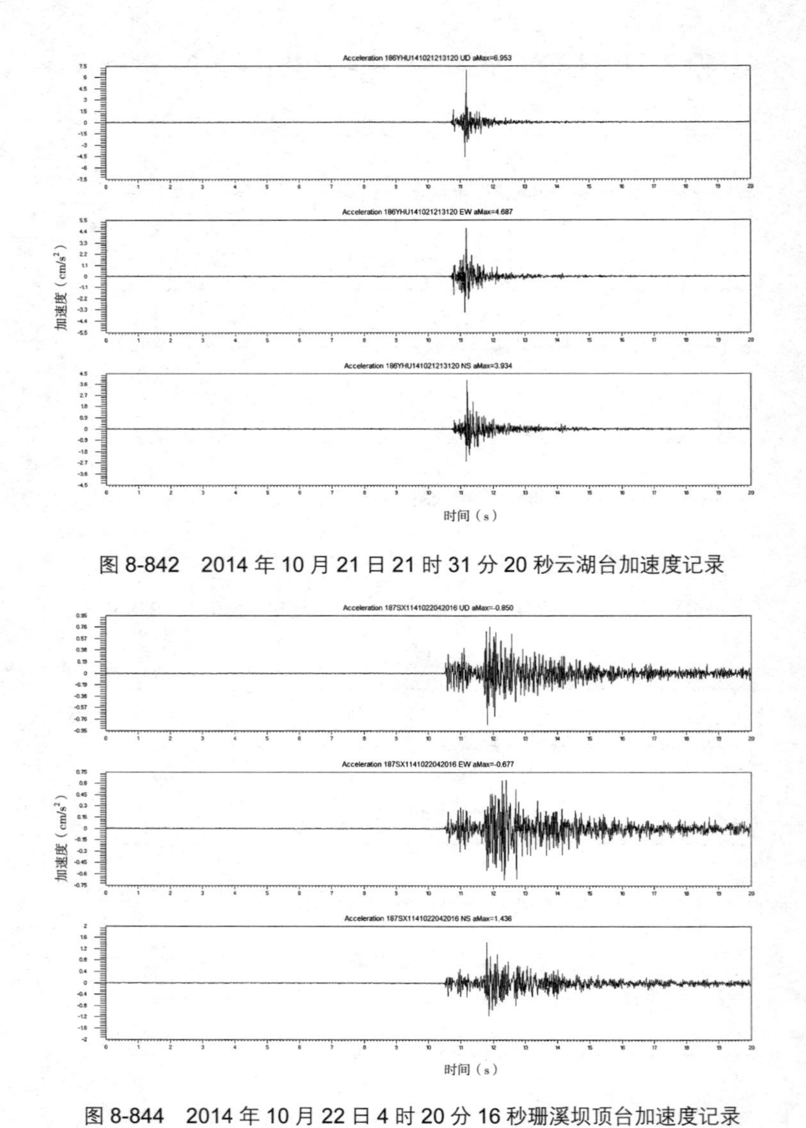

图 8-842　2014 年 10 月 21 日 21 时 31 分 20 秒云湖台加速度记录

图 8-844　2014 年 10 月 22 日 4 时 20 分 16 秒珊溪坝顶台加速度记录

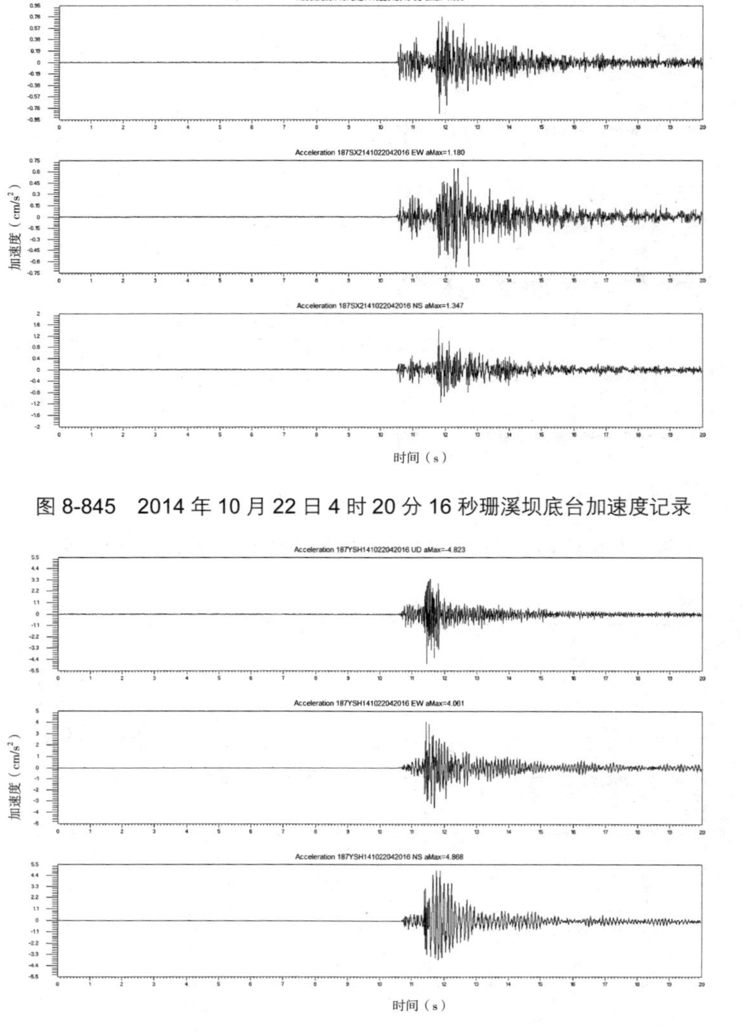

图 8-845　2014 年 10 月 22 日 4 时 20 分 16 秒珊溪坝底台加速度记录

图 8-847　2014 年 10 月 22 日 4 时 20 分 16 秒岩上台加速度记录

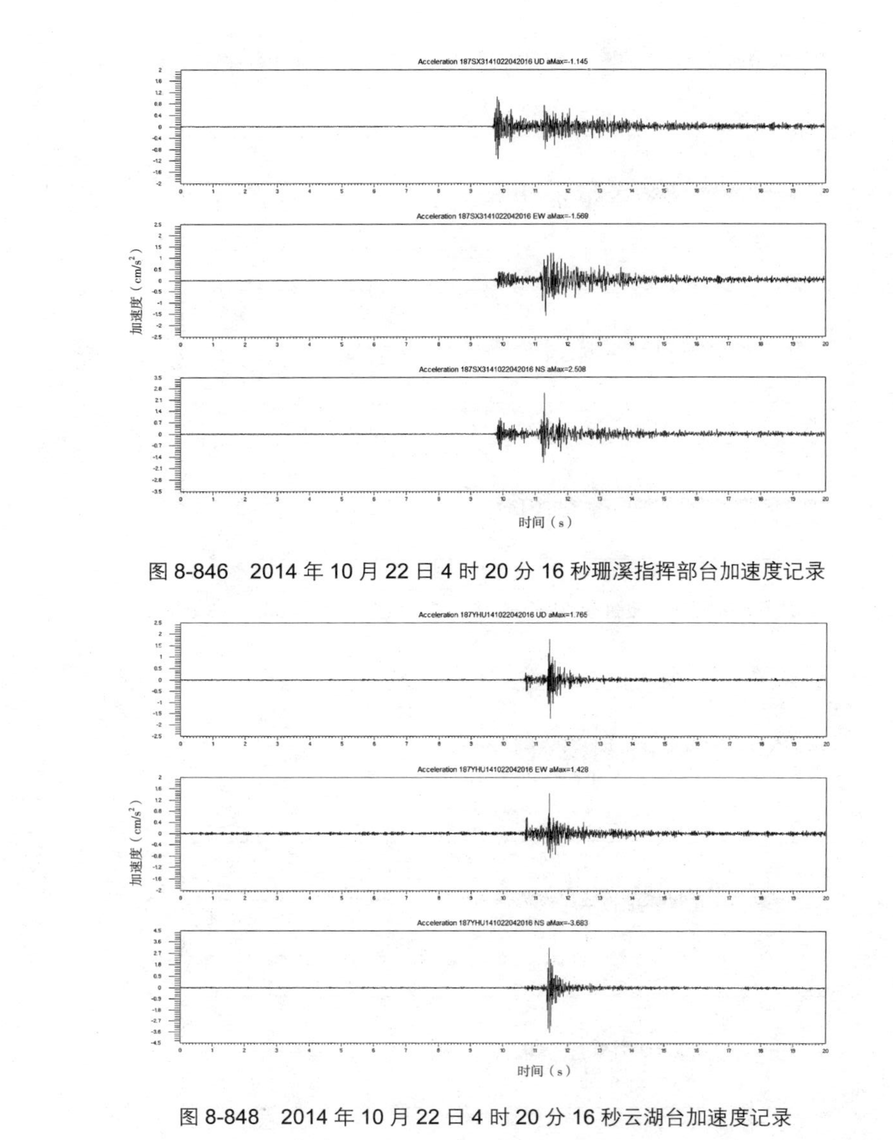

图 8-846　2014 年 10 月 22 日 4 时 20 分 16 秒珊溪指挥部台加速度记录

图 8-848　2014 年 10 月 22 日 4 时 20 分 16 秒云湖台加速度记录

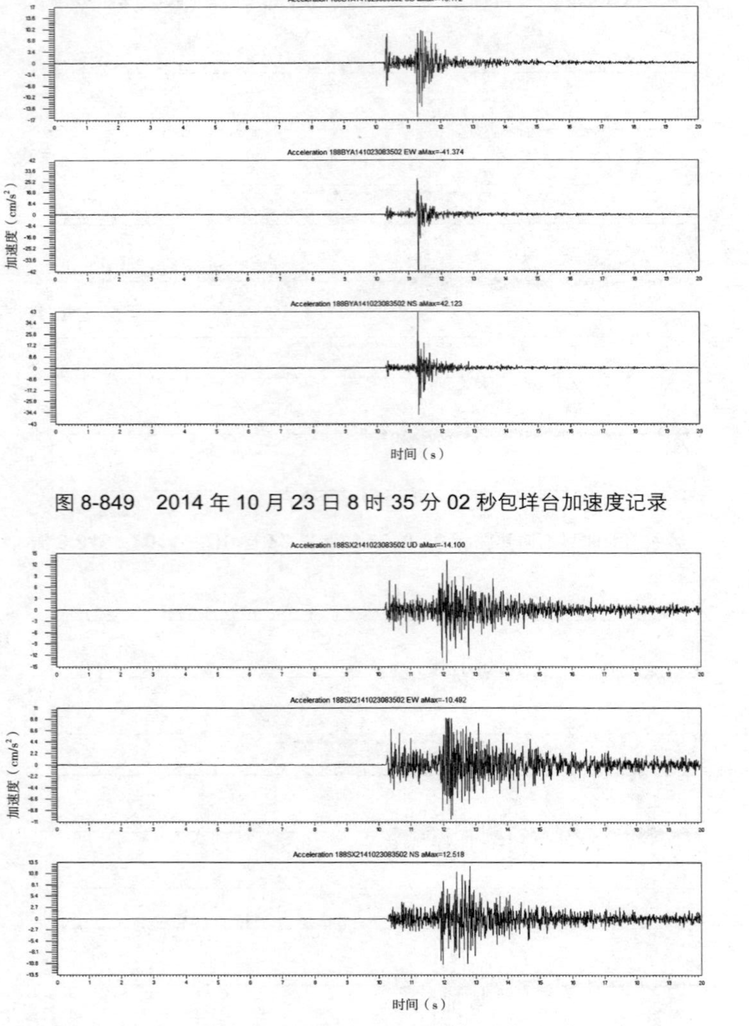

图 8-849　2014 年 10 月 23 日 8 时 35 分 02 秒包垟台加速度记录

图 8-851　2014 年 10 月 23 日 8 时 35 分 02 秒珊溪坝底台加速度记录

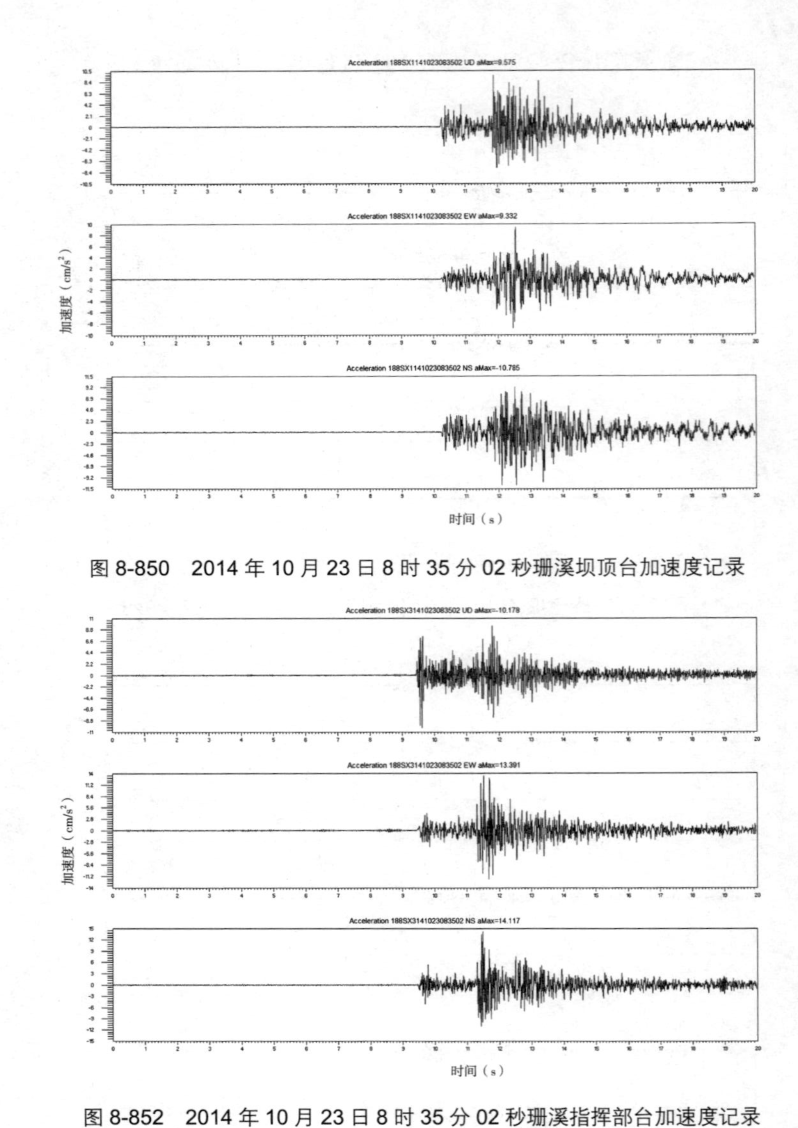

图 8-850　2014 年 10 月 23 日 8 时 35 分 02 秒珊溪坝顶台加速度记录

图 8-852　2014 年 10 月 23 日 8 时 35 分 02 秒珊溪指挥部台加速度记录

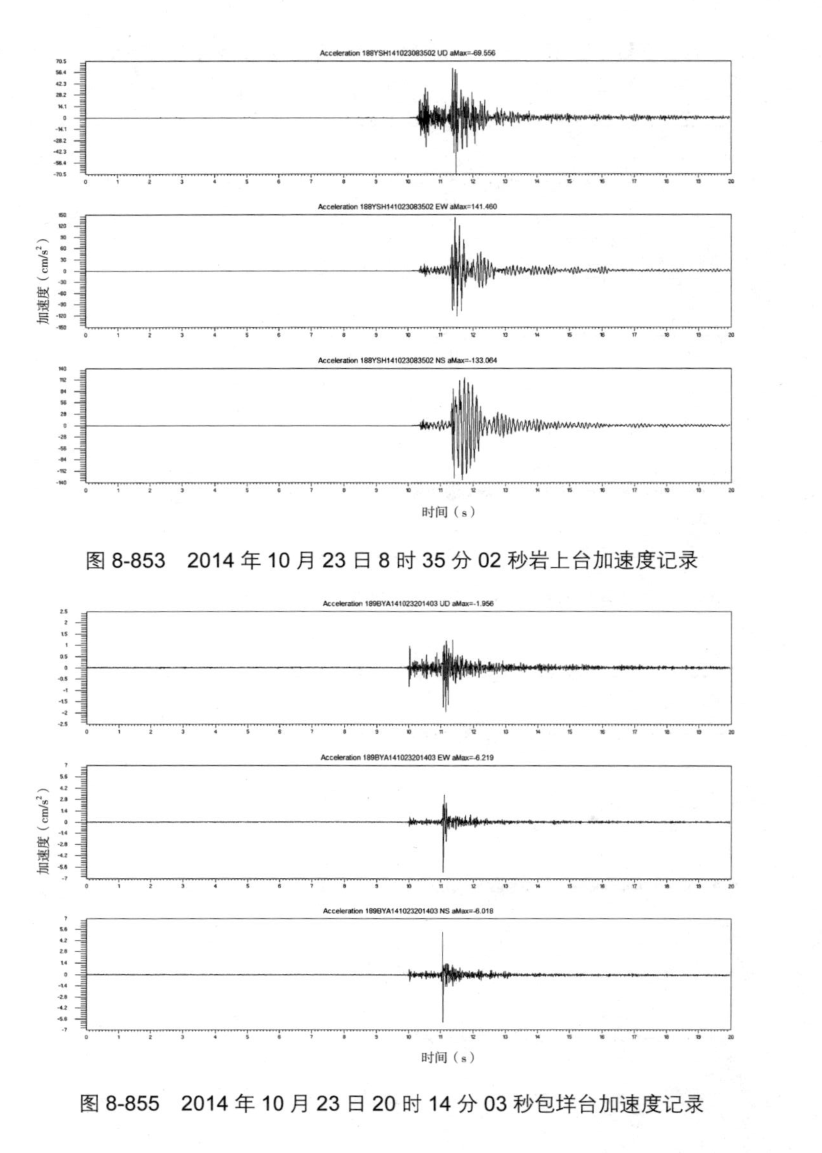

图 8-853　2014 年 10 月 23 日 8 时 35 分 02 秒岩上台加速度记录

图 8-855　2014 年 10 月 23 日 20 时 14 分 03 秒包垟台加速度记录

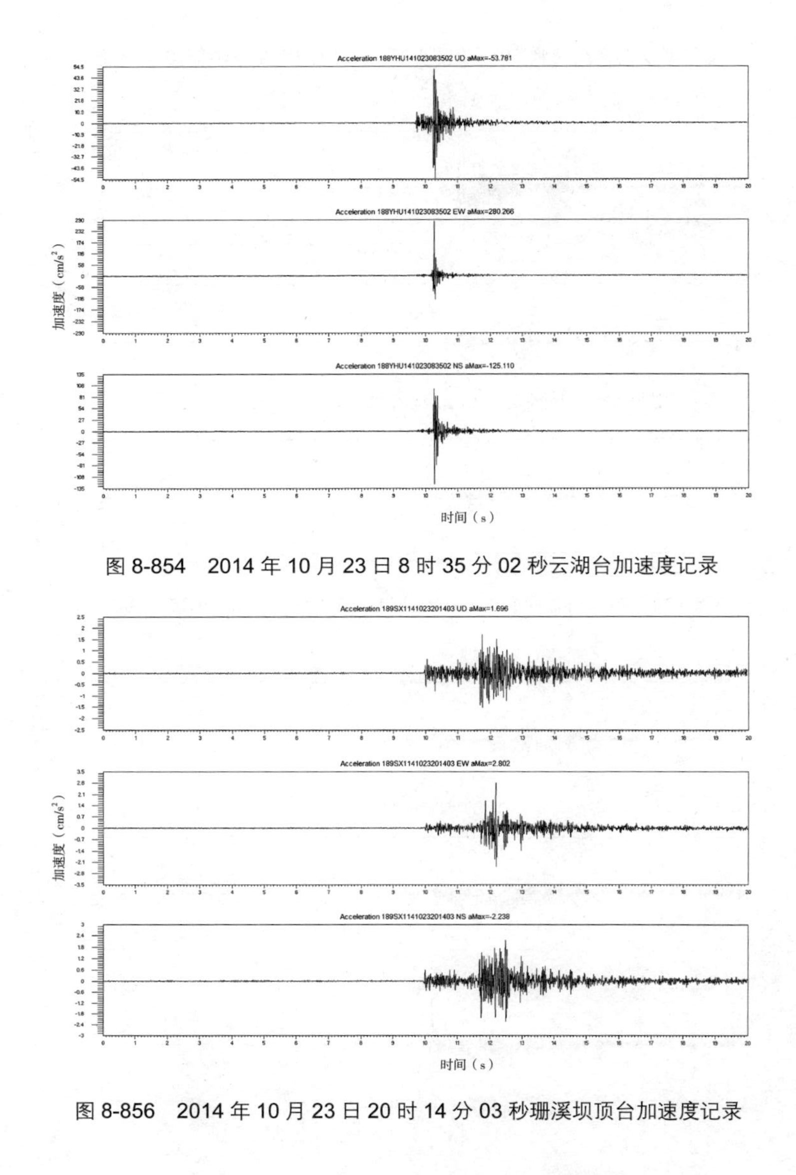

图 8-854　2014 年 10 月 23 日 8 时 35 分 02 秒云湖台加速度记录

图 8-856　2014 年 10 月 23 日 20 时 14 分 03 秒珊溪坝顶台加速度记录

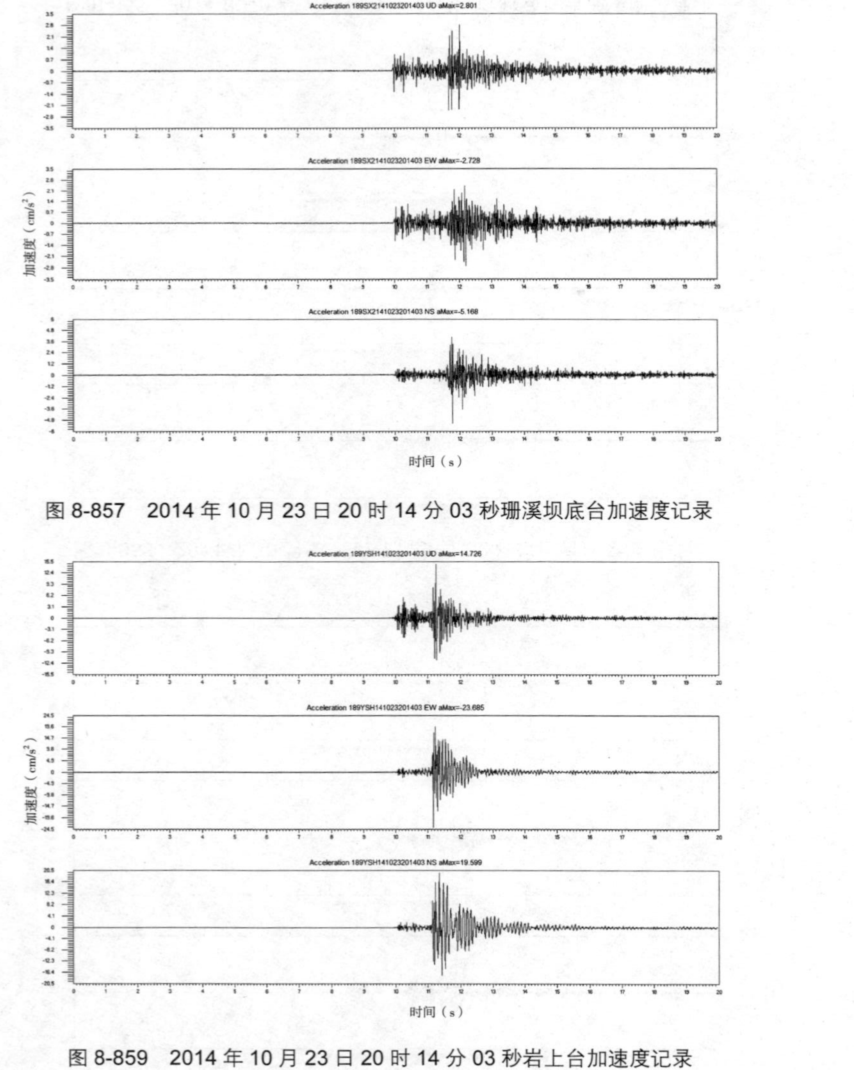

图 8-857　2014 年 10 月 23 日 20 时 14 分 03 秒珊溪坝底台加速度记录

图 8-859　2014 年 10 月 23 日 20 时 14 分 03 秒岩上台加速度记录

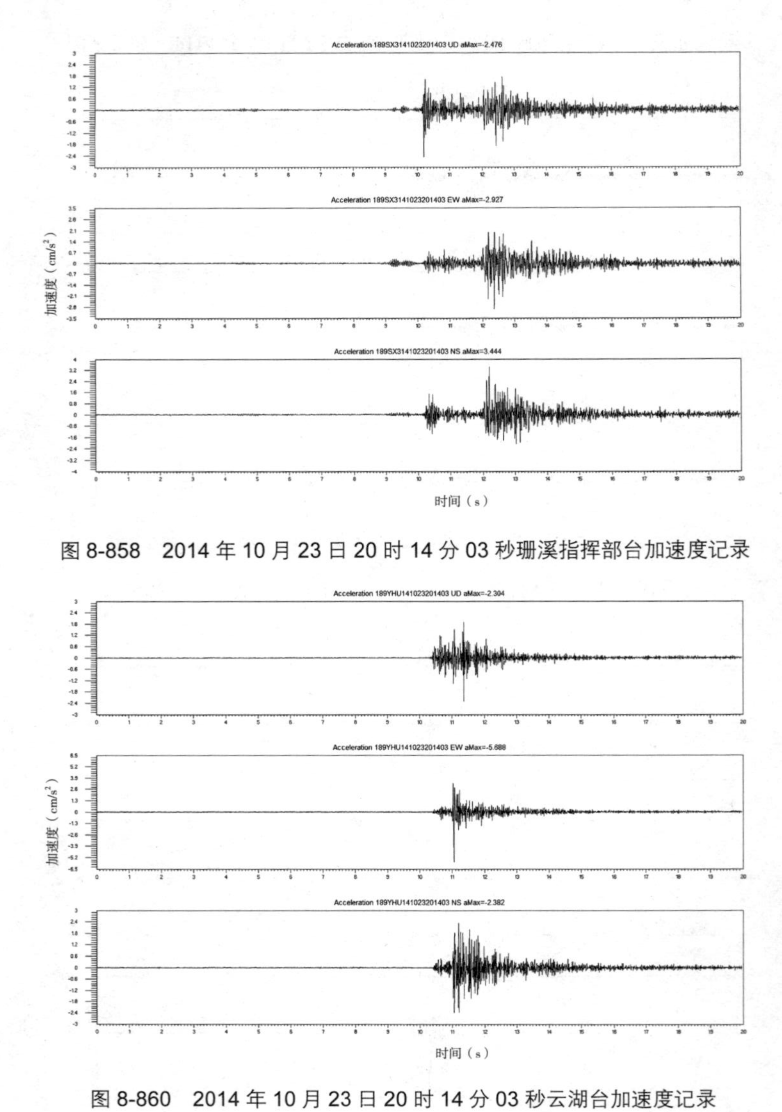

图 8-858　2014 年 10 月 23 日 20 时 14 分 03 秒珊溪指挥部台加速度记录

图 8-860　2014 年 10 月 23 日 20 时 14 分 03 秒云湖台加速度记录

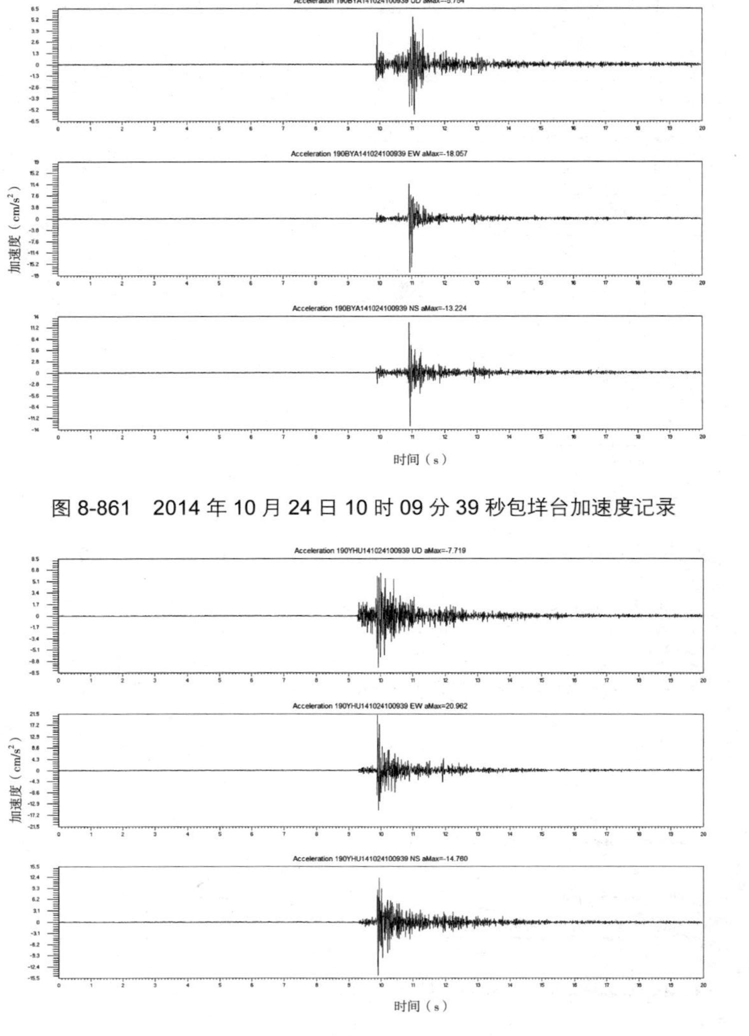

图 8-861　2014 年 10 月 24 日 10 时 09 分 39 秒包垟台加速度记录

图 8-863　2014 年 10 月 24 日 10 时 09 分 39 秒云湖台加速度记录

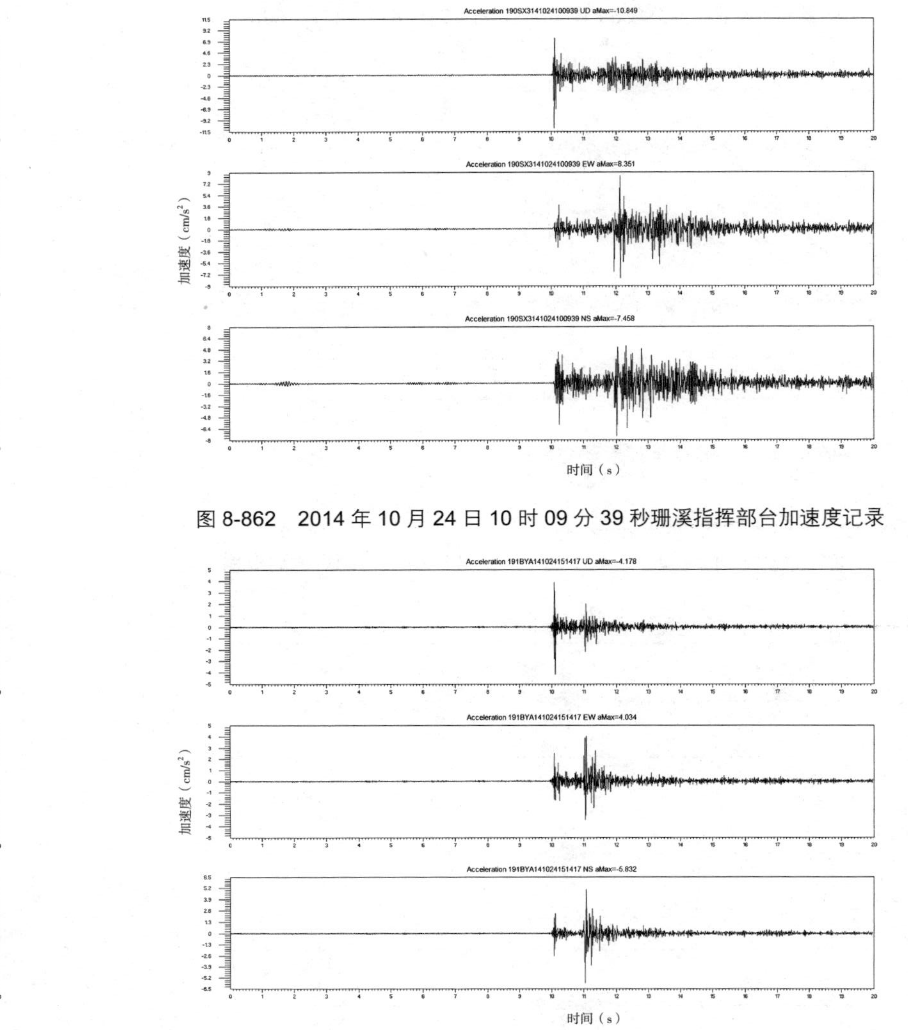

图 8-862　2014 年 10 月 24 日 10 时 09 分 39 秒珊溪指挥部台加速度记录

图 8-864　2014 年 10 月 24 日 15 时 14 分 17 秒包垟台加速度记录

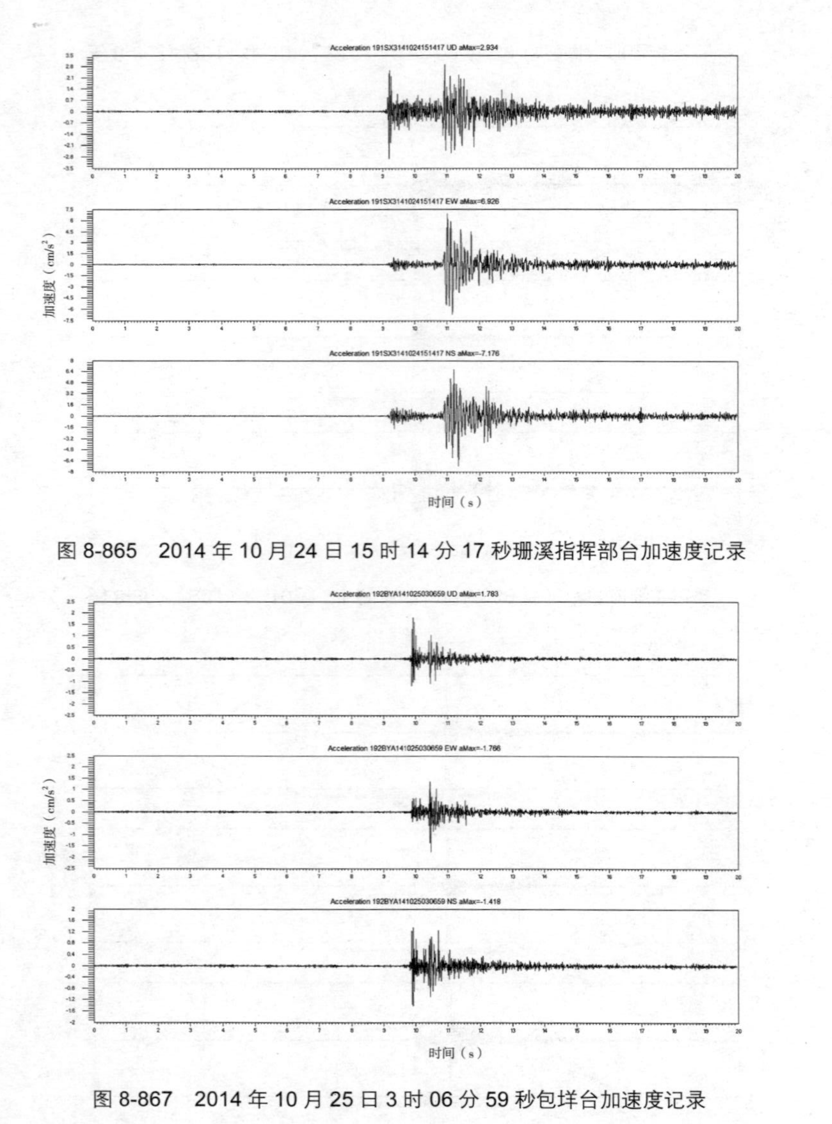

图 8-865　2014 年 10 月 24 日 15 时 14 分 17 秒珊溪指挥部台加速度记录

图 8-867　2014 年 10 月 25 日 3 时 06 分 59 秒包垟台加速度记录

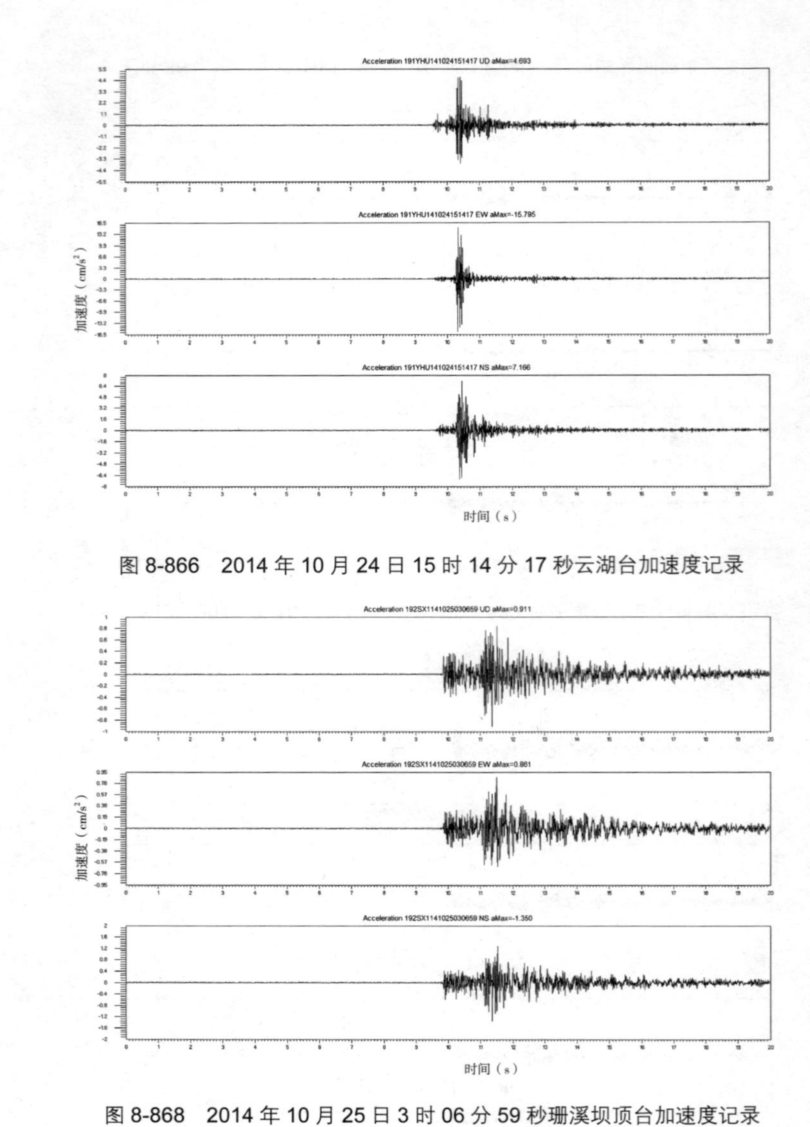

图 8-866　2014 年 10 月 24 日 15 时 14 分 17 秒云湖台加速度记录

图 8-868　2014 年 10 月 25 日 3 时 06 分 59 秒珊溪坝顶台加速度记录

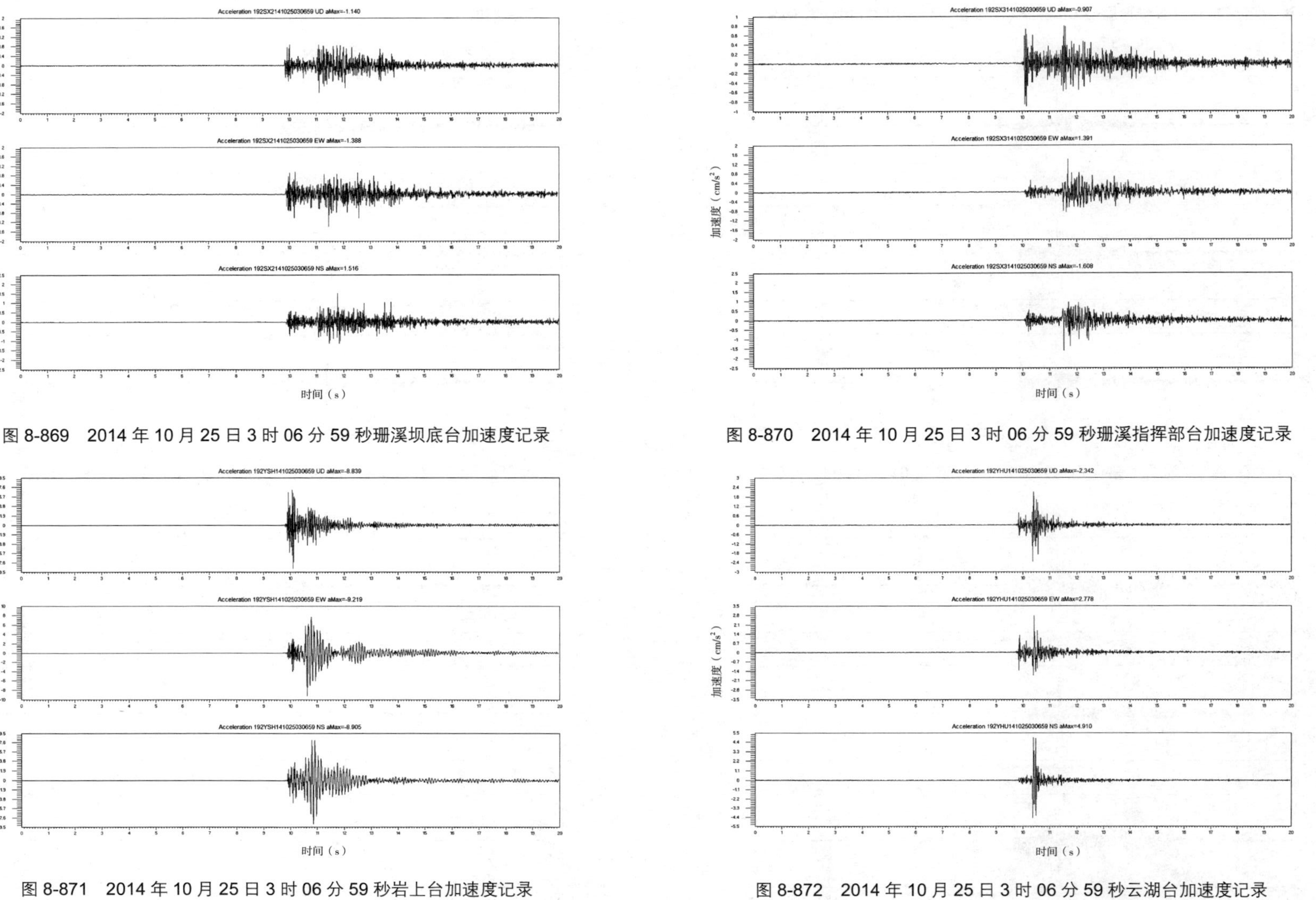

图 8-869　2014 年 10 月 25 日 3 时 06 分 59 秒珊溪坝底台加速度记录

图 8-870　2014 年 10 月 25 日 3 时 06 分 59 秒珊溪指挥部台加速度记录

图 8-871　2014 年 10 月 25 日 3 时 06 分 59 秒岩上台加速度记录

图 8-872　2014 年 10 月 25 日 3 时 06 分 59 秒云湖台加速度记录

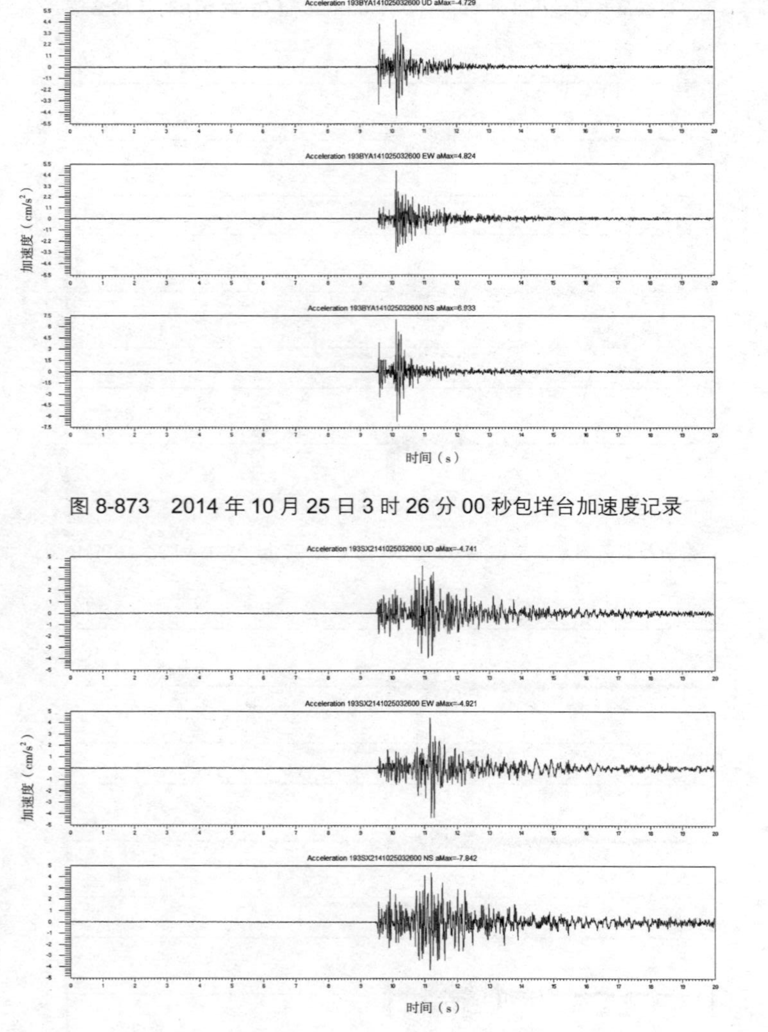

图 8-873　2014 年 10 月 25 日 3 时 26 分 00 秒包垟台加速度记录

图 8-875　2014 年 10 月 25 日 3 时 26 分 00 秒珊溪坝底台加速度记录

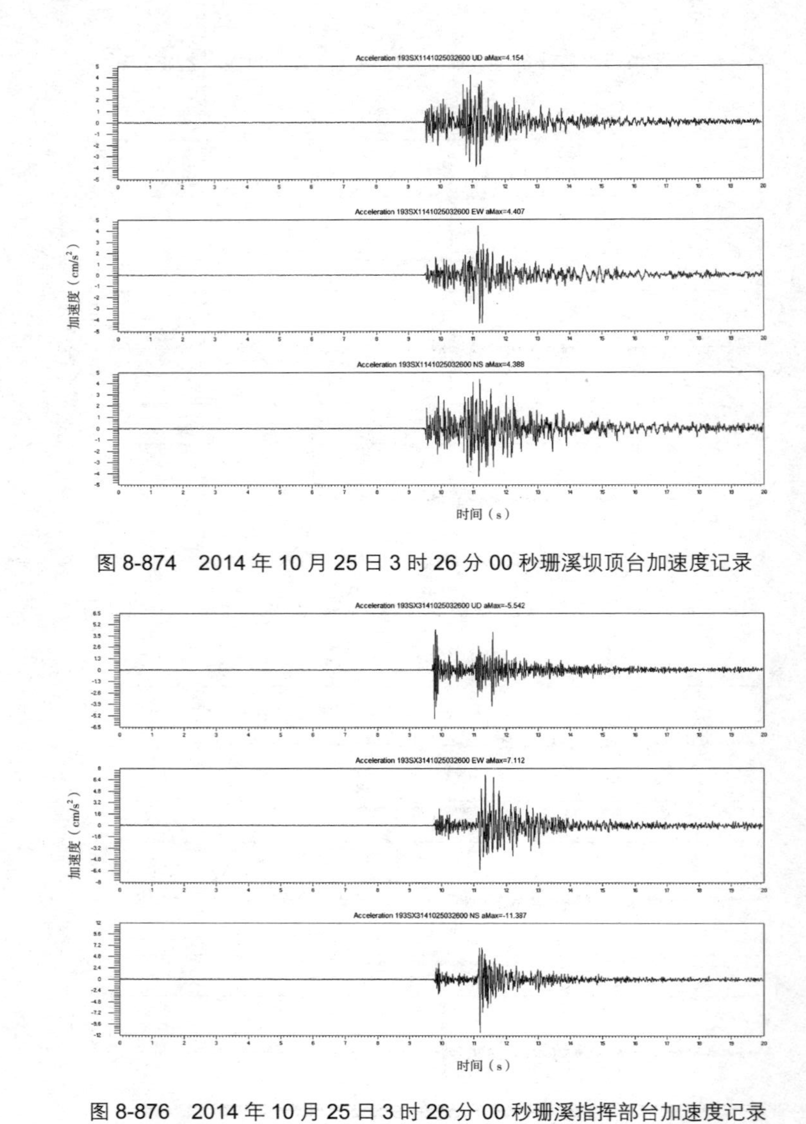

图 8-874　2014 年 10 月 25 日 3 时 26 分 00 秒珊溪坝顶台加速度记录

图 8-876　2014 年 10 月 25 日 3 时 26 分 00 秒珊溪指挥部台加速度记录

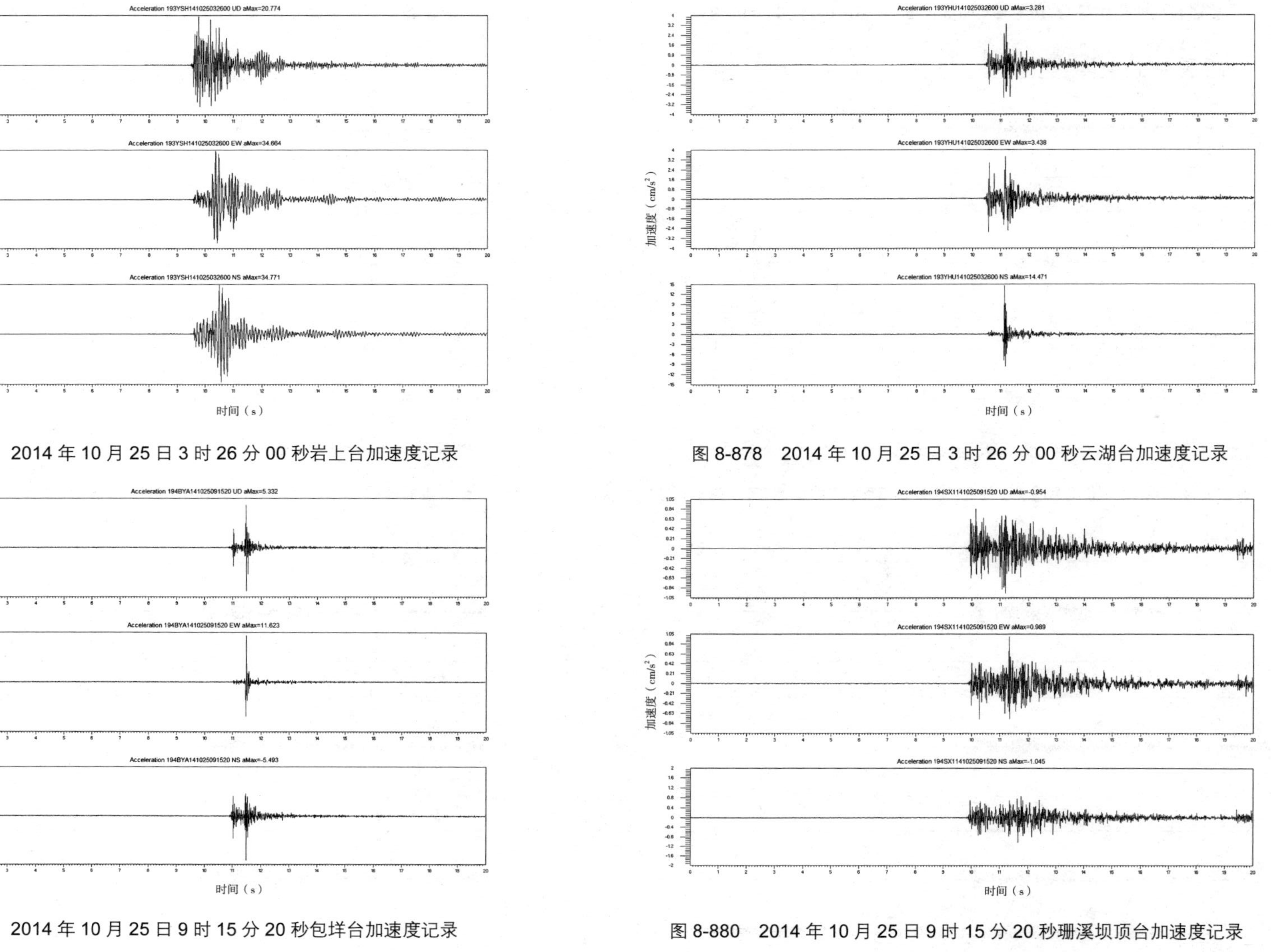

图 8-877　2014 年 10 月 25 日 3 时 26 分 00 秒岩上台加速度记录

图 8-878　2014 年 10 月 25 日 3 时 26 分 00 秒云湖台加速度记录

图 8-879　2014 年 10 月 25 日 9 时 15 分 20 秒包垟台加速度记录

图 8-880　2014 年 10 月 25 日 9 时 15 分 20 秒珊溪坝顶台加速度记录

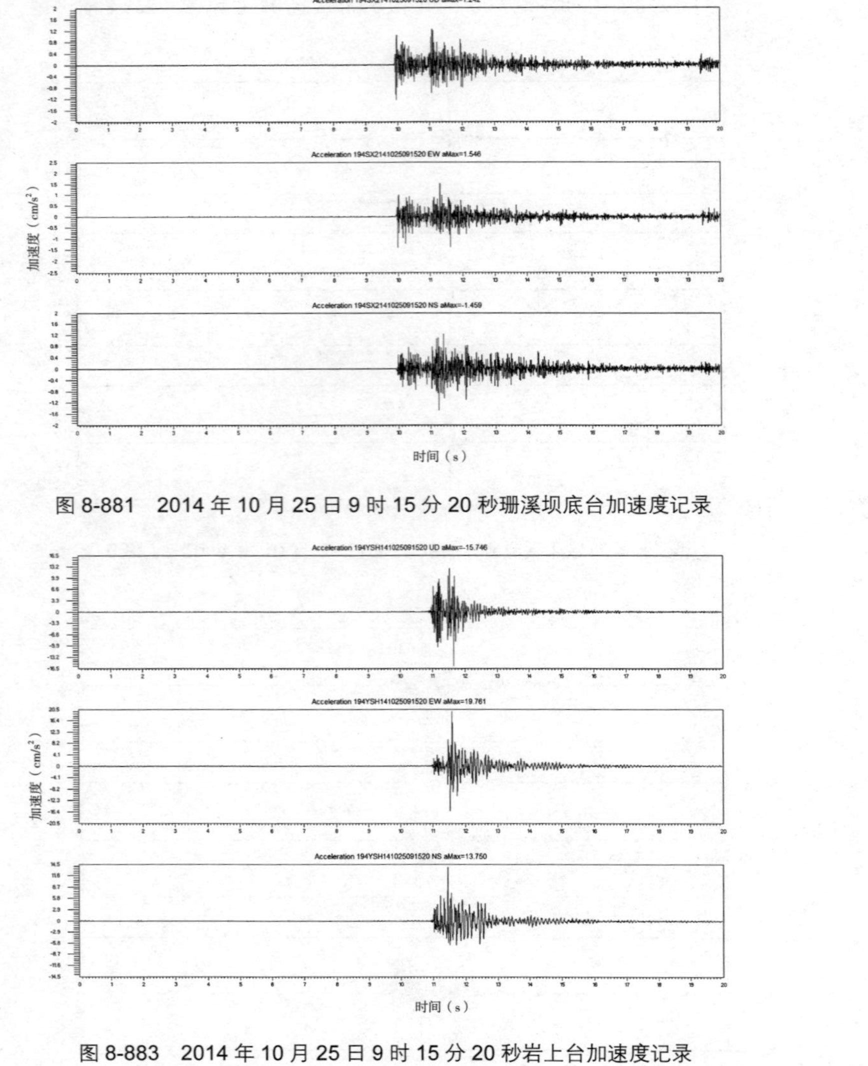

图 8-881 2014 年 10 月 25 日 9 时 15 分 20 秒珊溪坝底台加速度记录

图 8-883 2014 年 10 月 25 日 9 时 15 分 20 秒岩上台加速度记录

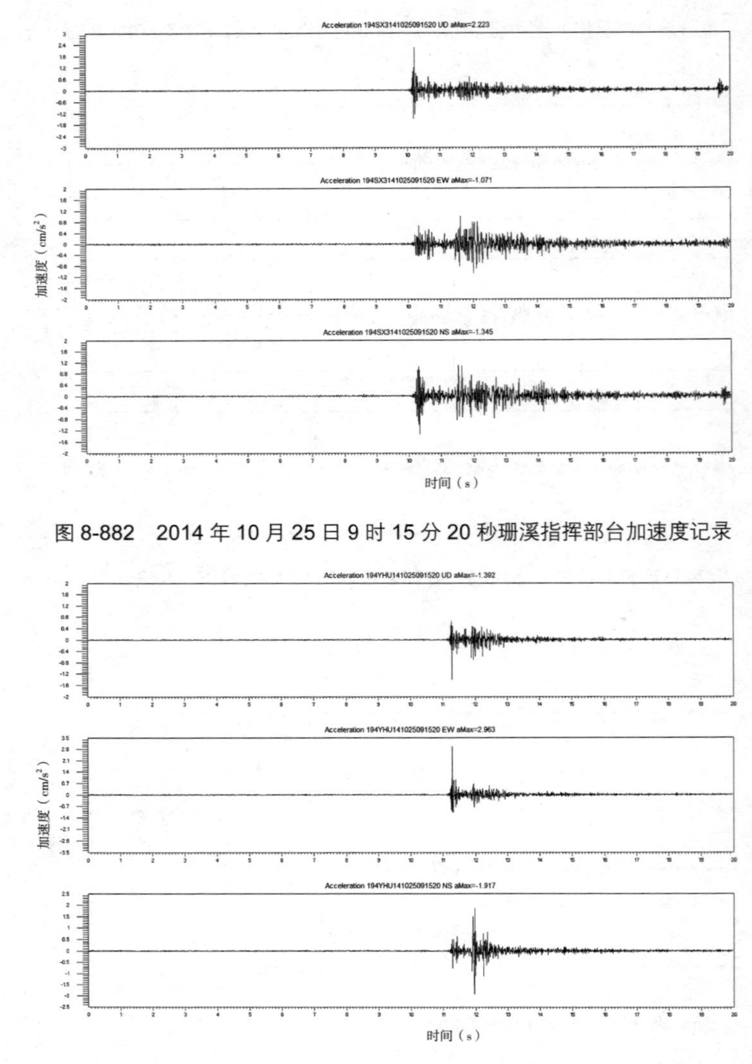

图 8-882 2014 年 10 月 25 日 9 时 15 分 20 秒珊溪指挥部台加速度记录

图 8-884 2014 年 10 月 25 日 9 时 15 分 20 秒云湖台加速度记录

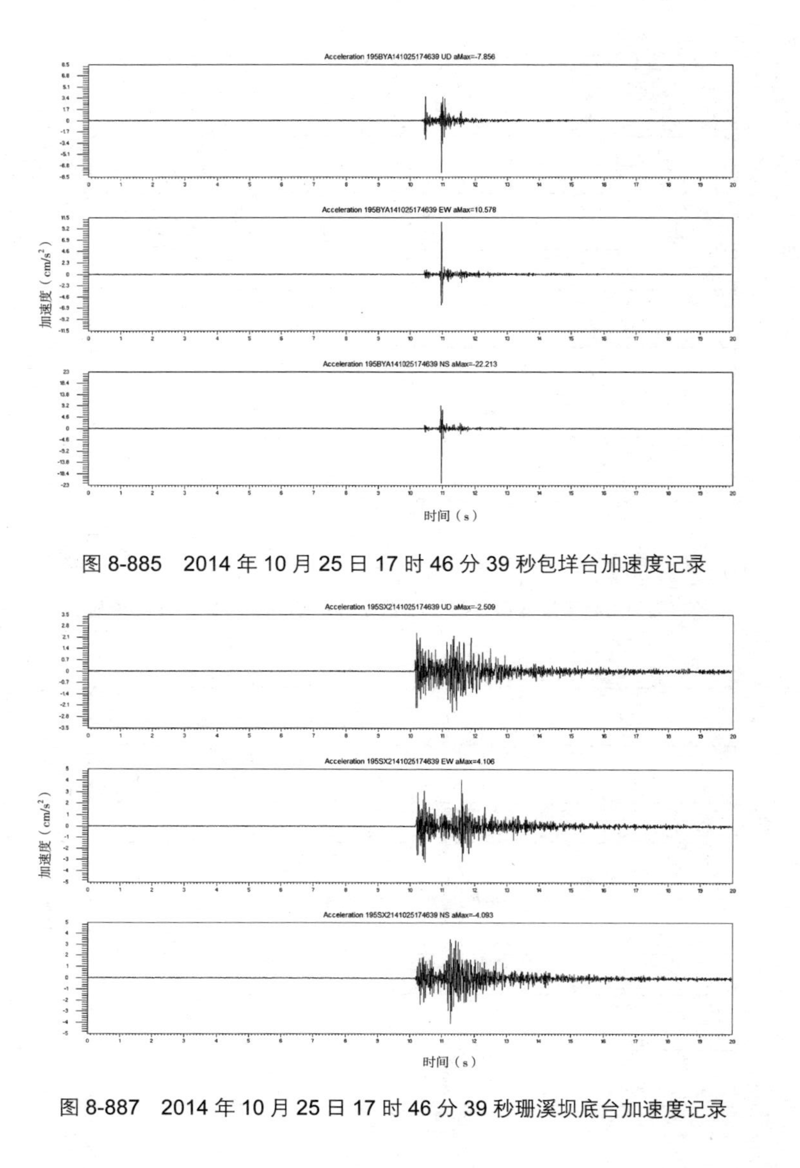

图 8-885　2014 年 10 月 25 日 17 时 46 分 39 秒包垟台加速度记录

图 8-887　2014 年 10 月 25 日 17 时 46 分 39 秒珊溪坝底台加速度记录

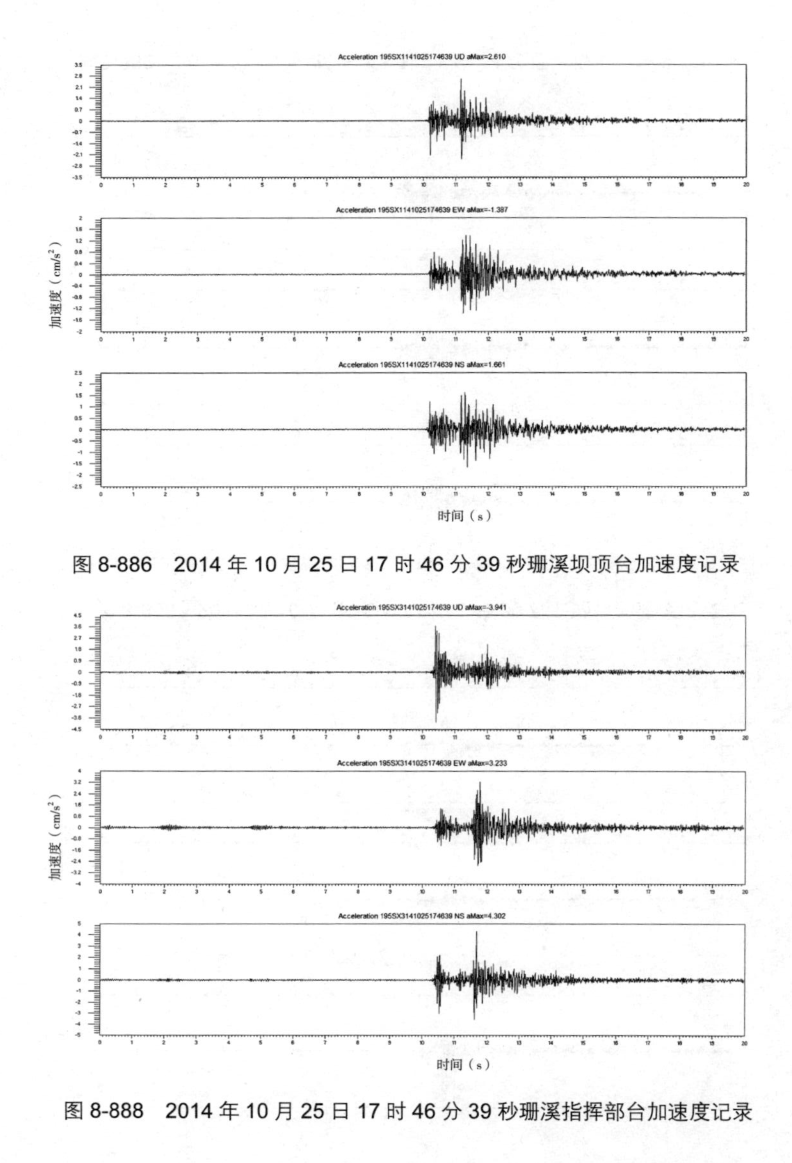

图 8-886　2014 年 10 月 25 日 17 时 46 分 39 秒珊溪坝顶台加速度记录

图 8-888　2014 年 10 月 25 日 17 时 46 分 39 秒珊溪指挥部台加速度记录

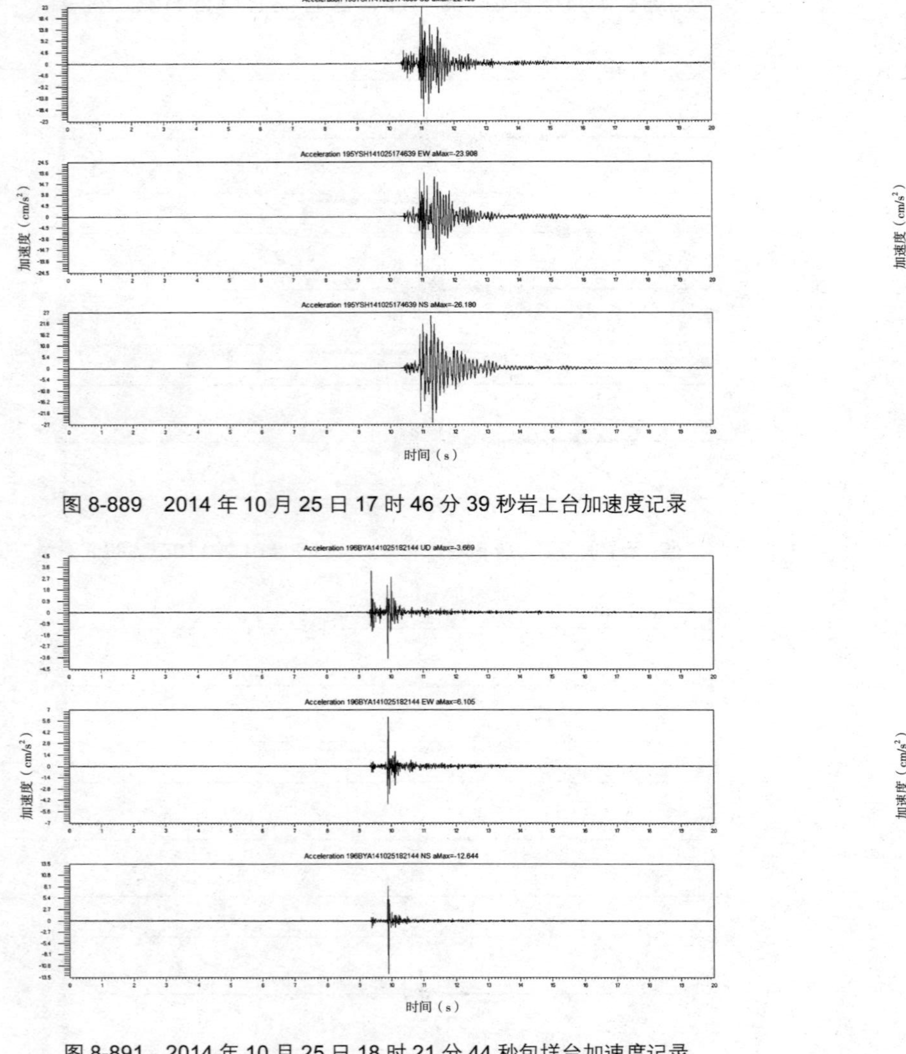

图 8-889　2014 年 10 月 25 日 17 时 46 分 39 秒岩上台加速度记录

图 8-891　2014 年 10 月 25 日 18 时 21 分 44 秒包垟台加速度记录

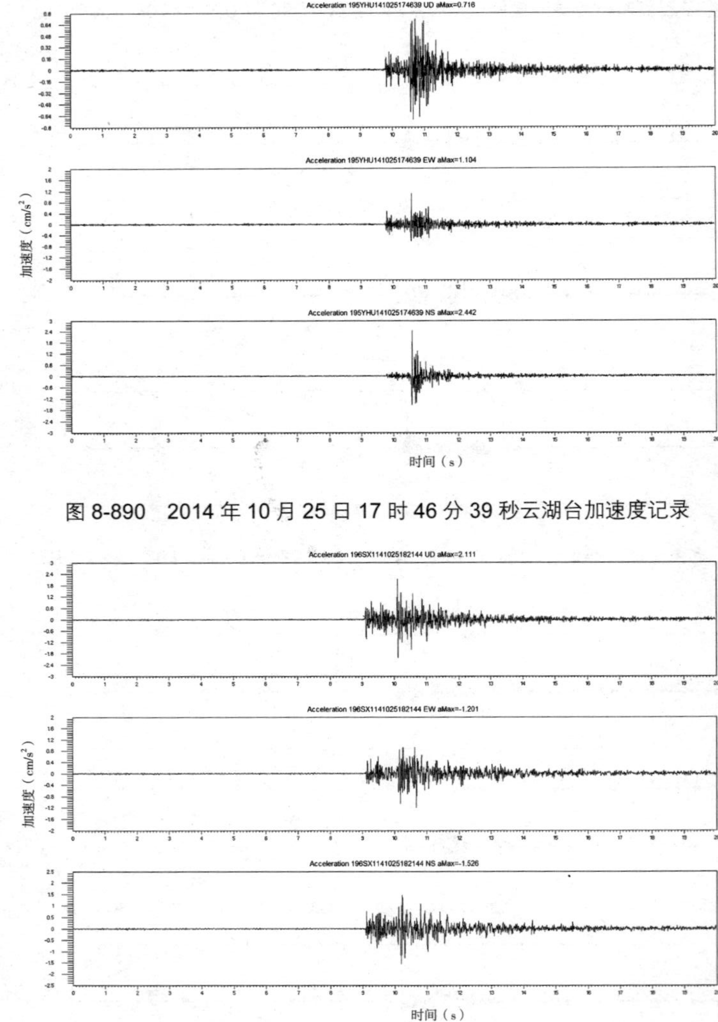

图 8-890　2014 年 10 月 25 日 17 时 46 分 39 秒云湖台加速度记录

图 8-892　2014 年 10 月 25 日 18 时 21 分 44 秒珊溪坝顶台加速度记录

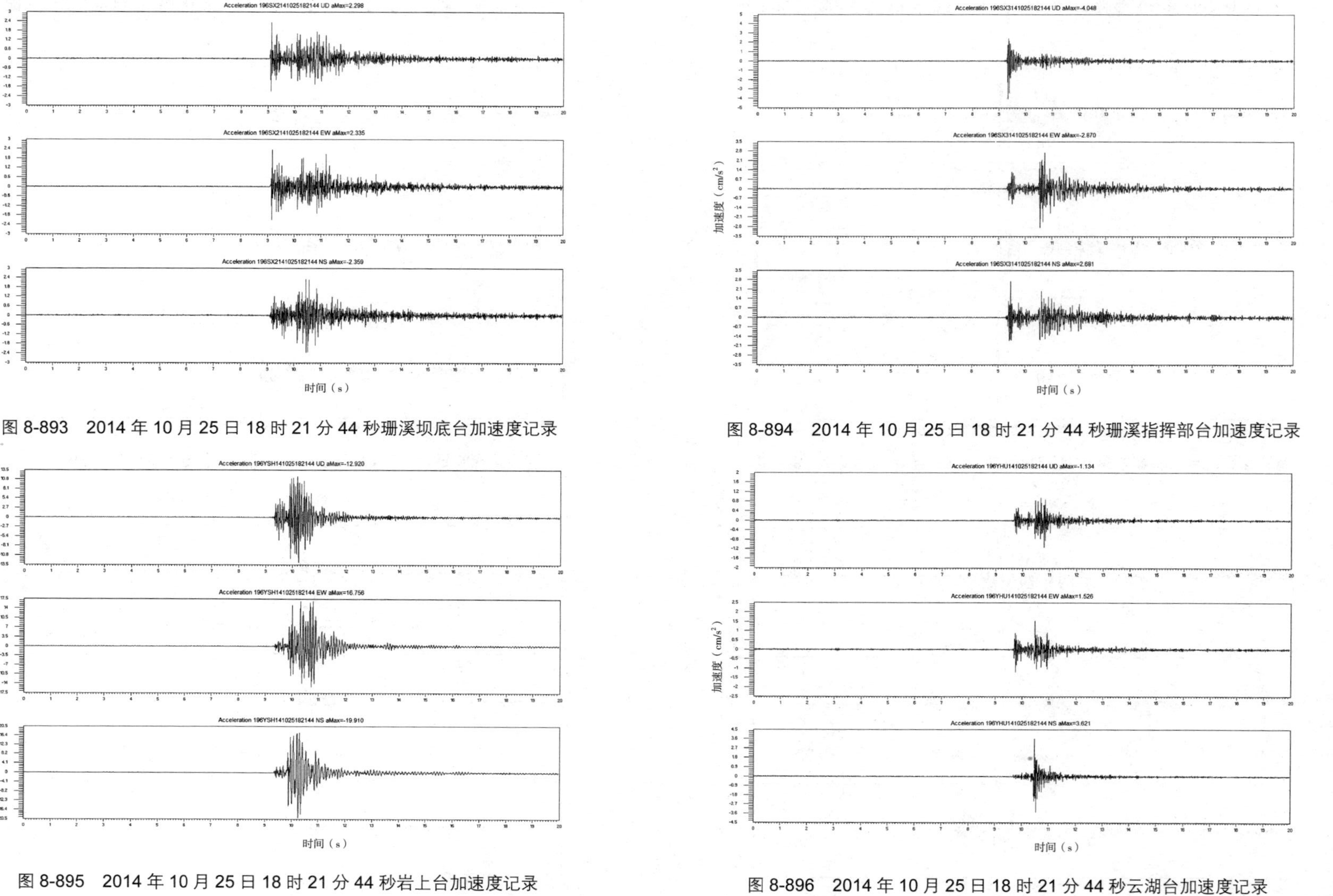

图 8-893　2014 年 10 月 25 日 18 时 21 分 44 秒珊溪坝底台加速度记录

图 8-894　2014 年 10 月 25 日 18 时 21 分 44 秒珊溪指挥部台加速度记录

图 8-895　2014 年 10 月 25 日 18 时 21 分 44 秒岩上台加速度记录

图 8-896　2014 年 10 月 25 日 18 时 21 分 44 秒云湖台加速度记录

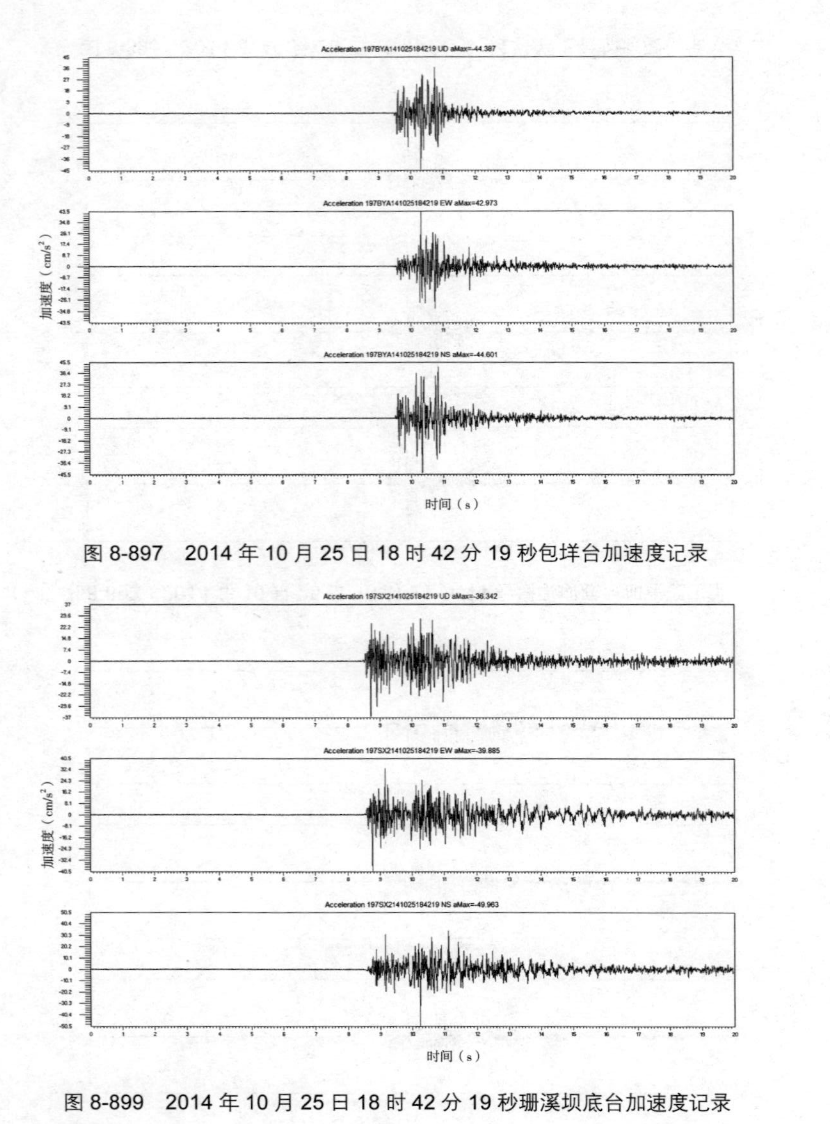

图 8-897　2014 年 10 月 25 日 18 时 42 分 19 秒包垟台加速度记录

图 8-899　2014 年 10 月 25 日 18 时 42 分 19 秒珊溪坝底台加速度记录

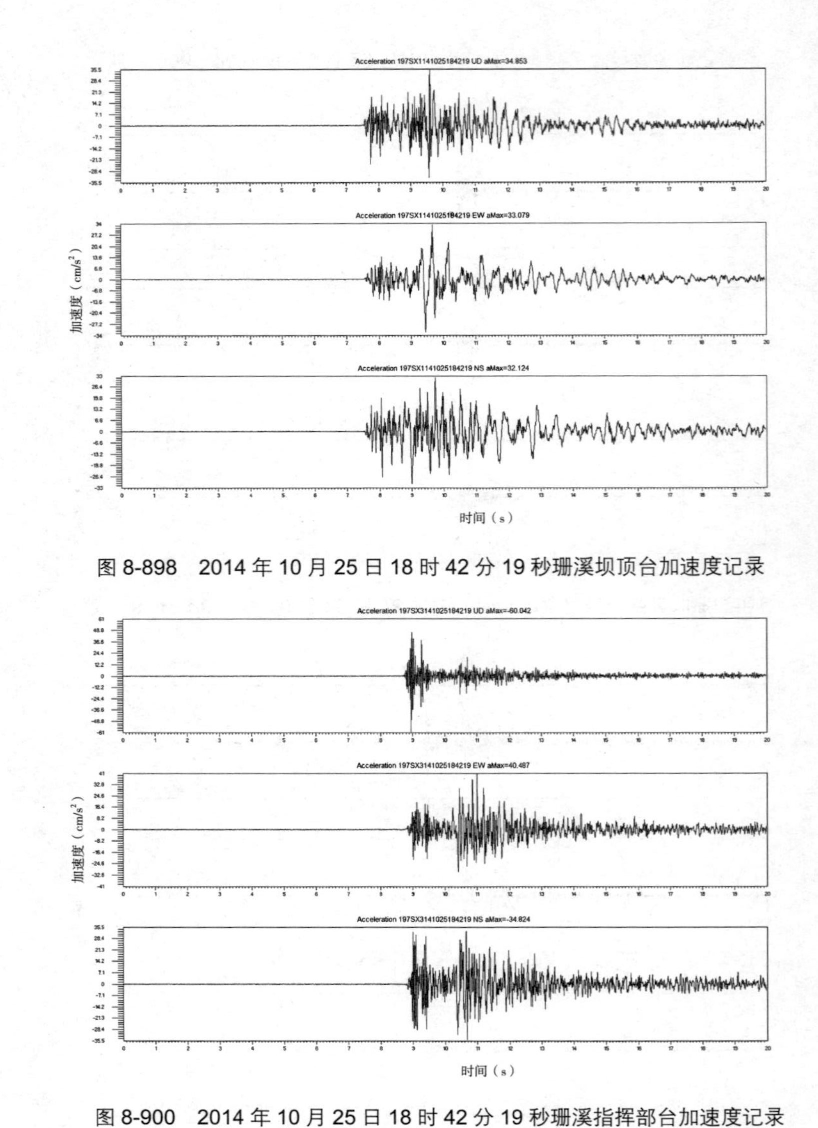

图 8-898　2014 年 10 月 25 日 18 时 42 分 19 秒珊溪坝顶台加速度记录

图 8-900　2014 年 10 月 25 日 18 时 42 分 19 秒珊溪指挥部台加速度记录

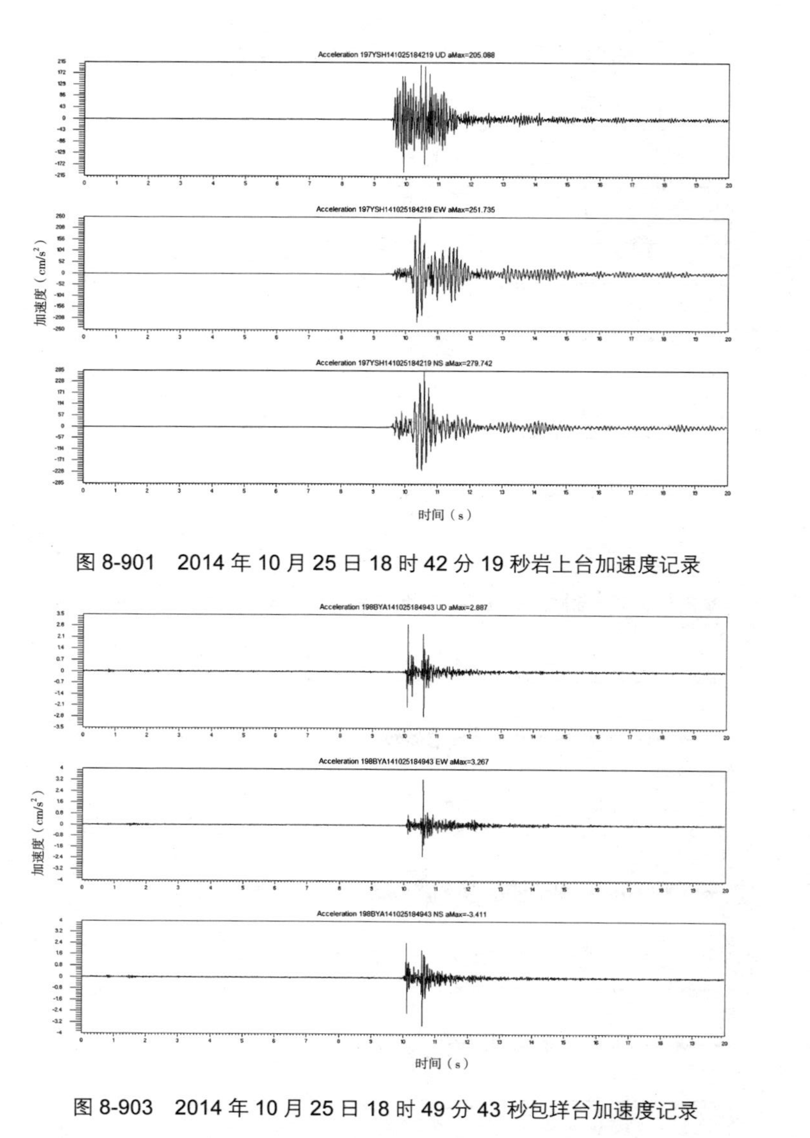

图 8-901　2014 年 10 月 25 日 18 时 42 分 19 秒岩上台加速度记录

图 8-903　2014 年 10 月 25 日 18 时 49 分 43 秒包垟台加速度记录

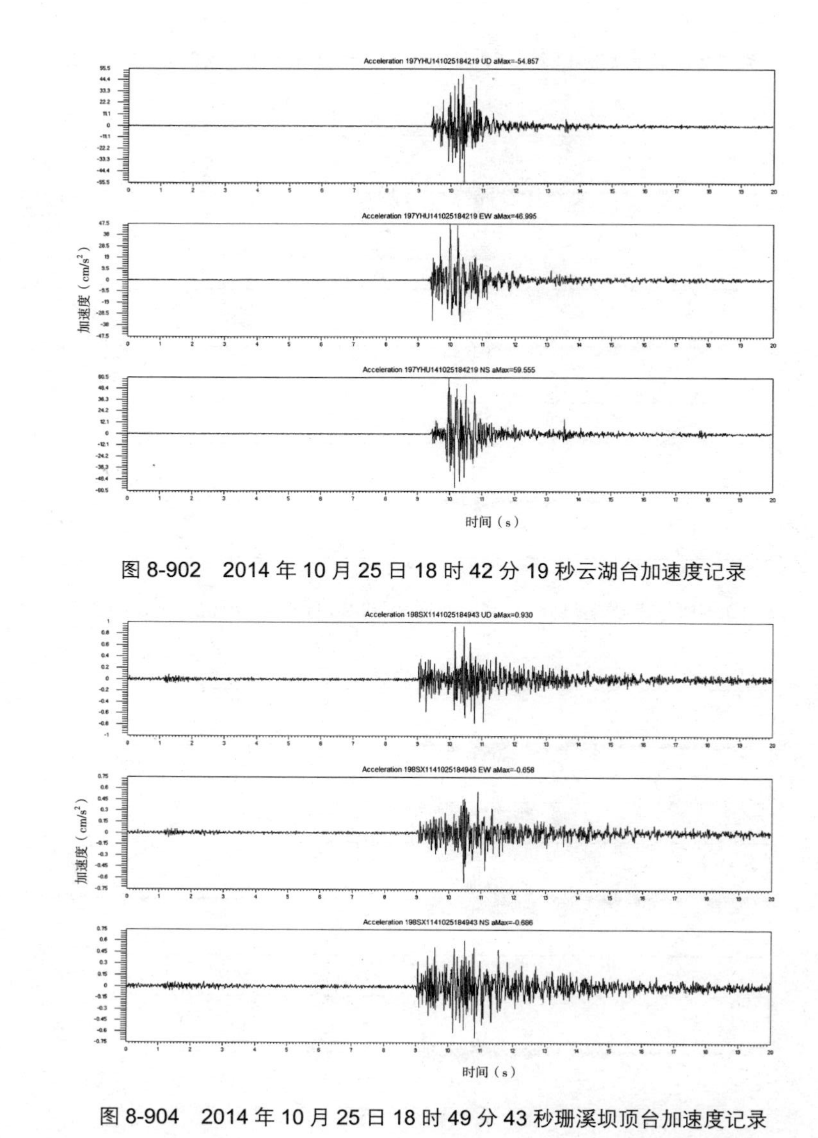

图 8-902　2014 年 10 月 25 日 18 时 42 分 19 秒云湖台加速度记录

图 8-904　2014 年 10 月 25 日 18 时 49 分 43 秒珊溪坝顶台加速度记录

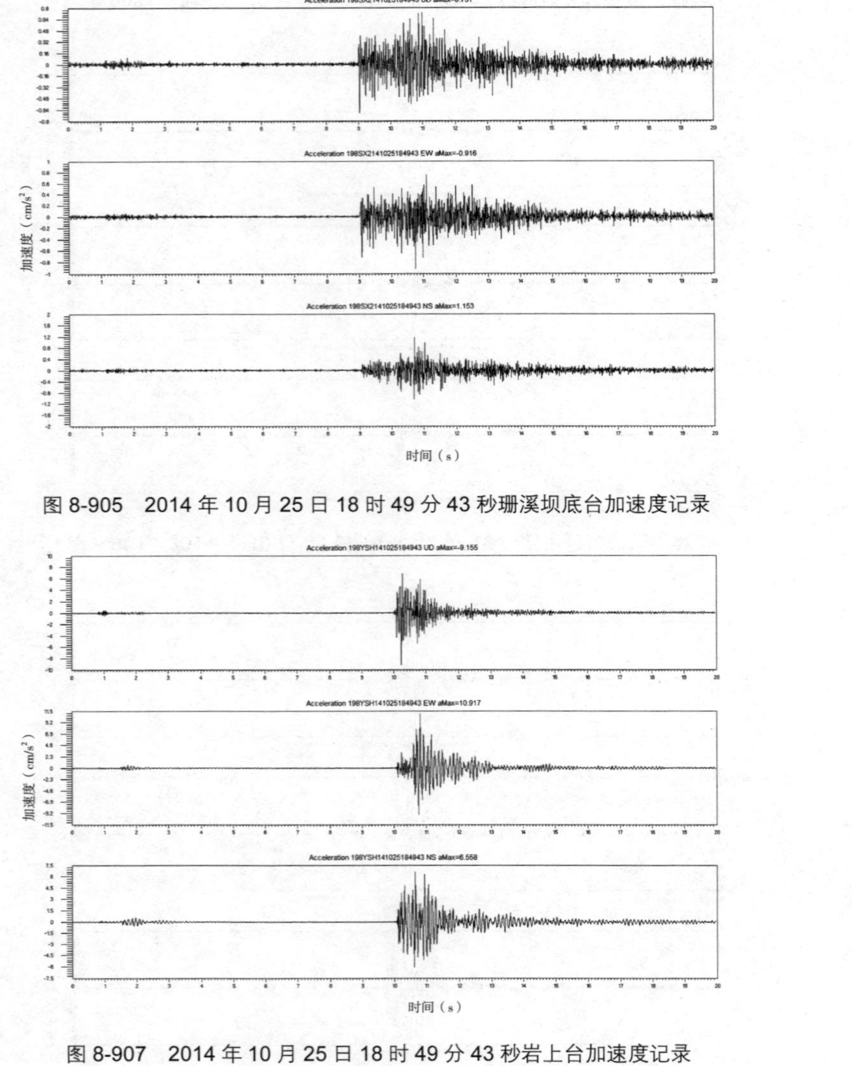

图 8-905　2014 年 10 月 25 日 18 时 49 分 43 秒珊溪坝底台加速度记录

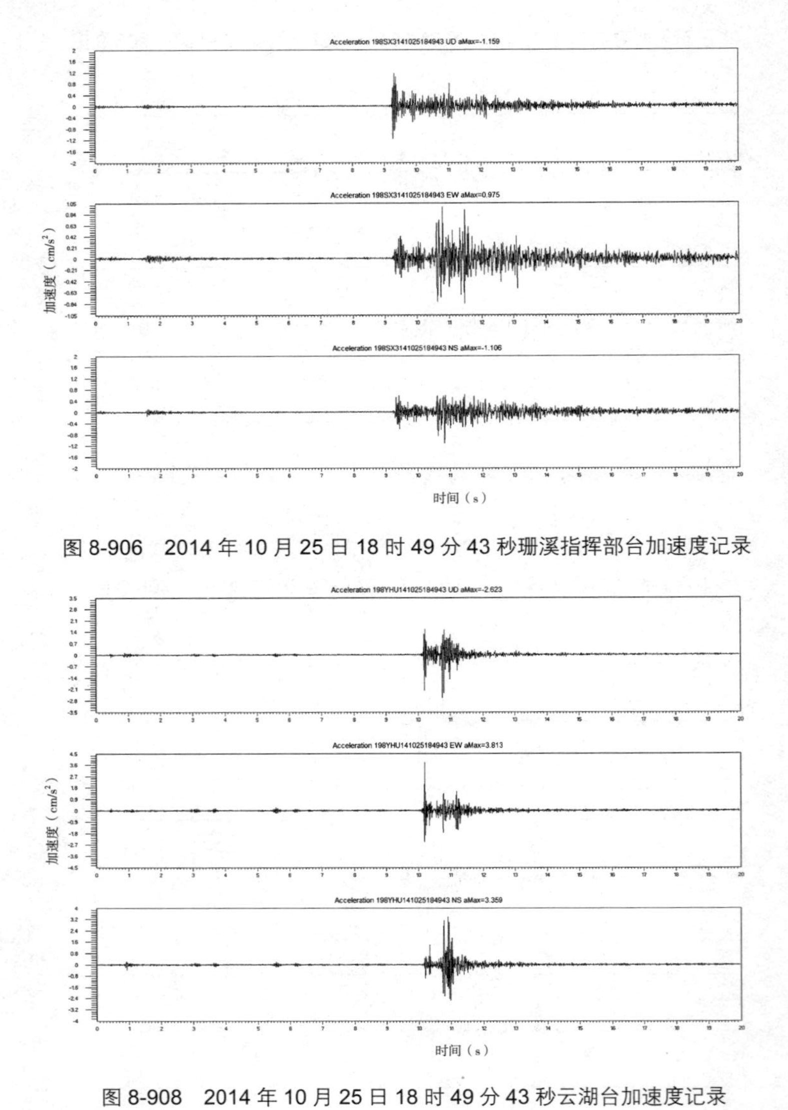

图 8-906　2014 年 10 月 25 日 18 时 49 分 43 秒珊溪指挥部台加速度记录

图 8-907　2014 年 10 月 25 日 18 时 49 分 43 秒岩上台加速度记录

图 8-908　2014 年 10 月 25 日 18 时 49 分 43 秒云湖台加速度记录

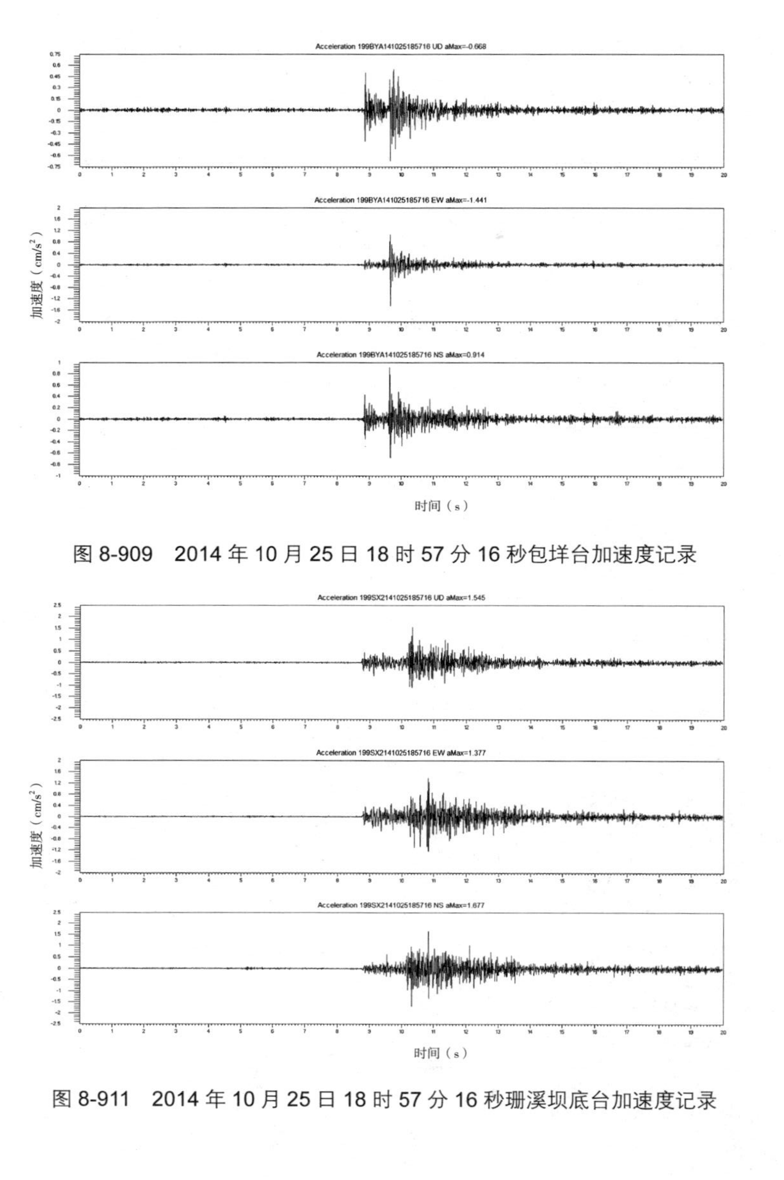

图 8-909　2014 年 10 月 25 日 18 时 57 分 16 秒包垟台加速度记录

图 8-911　2014 年 10 月 25 日 18 时 57 分 16 秒珊溪坝底台加速度记录

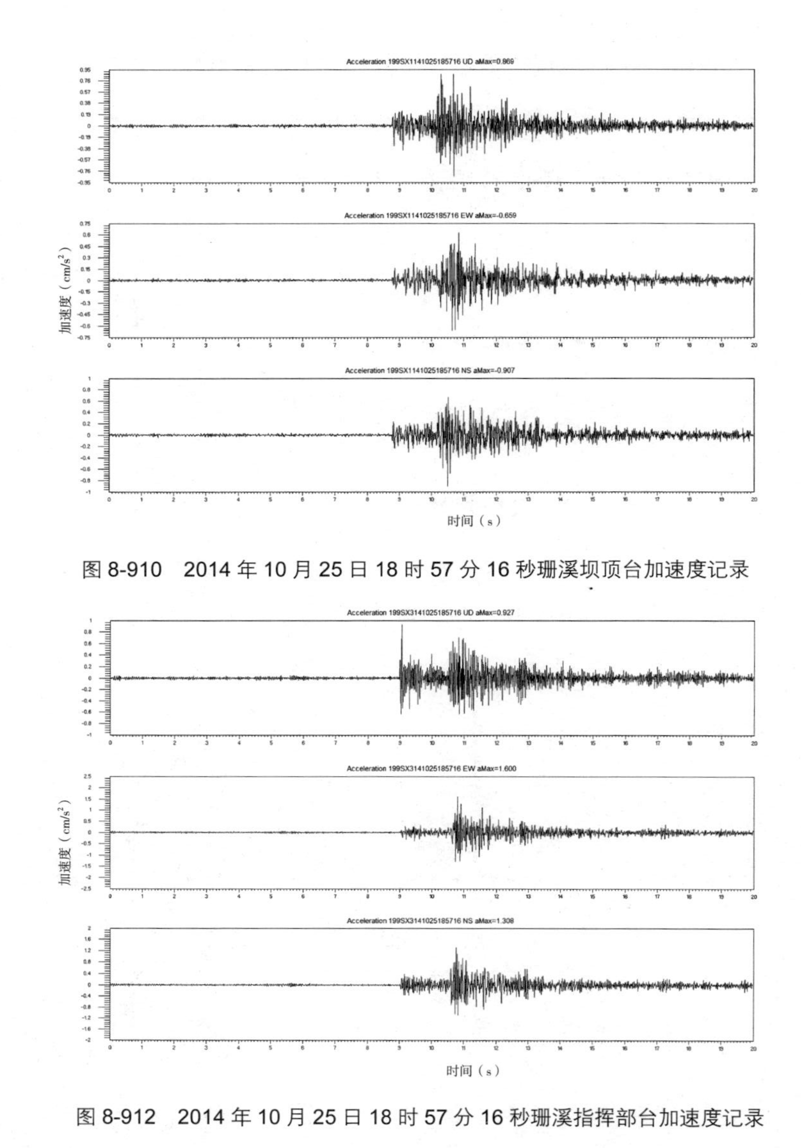

图 8-910　2014 年 10 月 25 日 18 时 57 分 16 秒珊溪坝顶台加速度记录

图 8-912　2014 年 10 月 25 日 18 时 57 分 16 秒珊溪指挥部台加速度记录

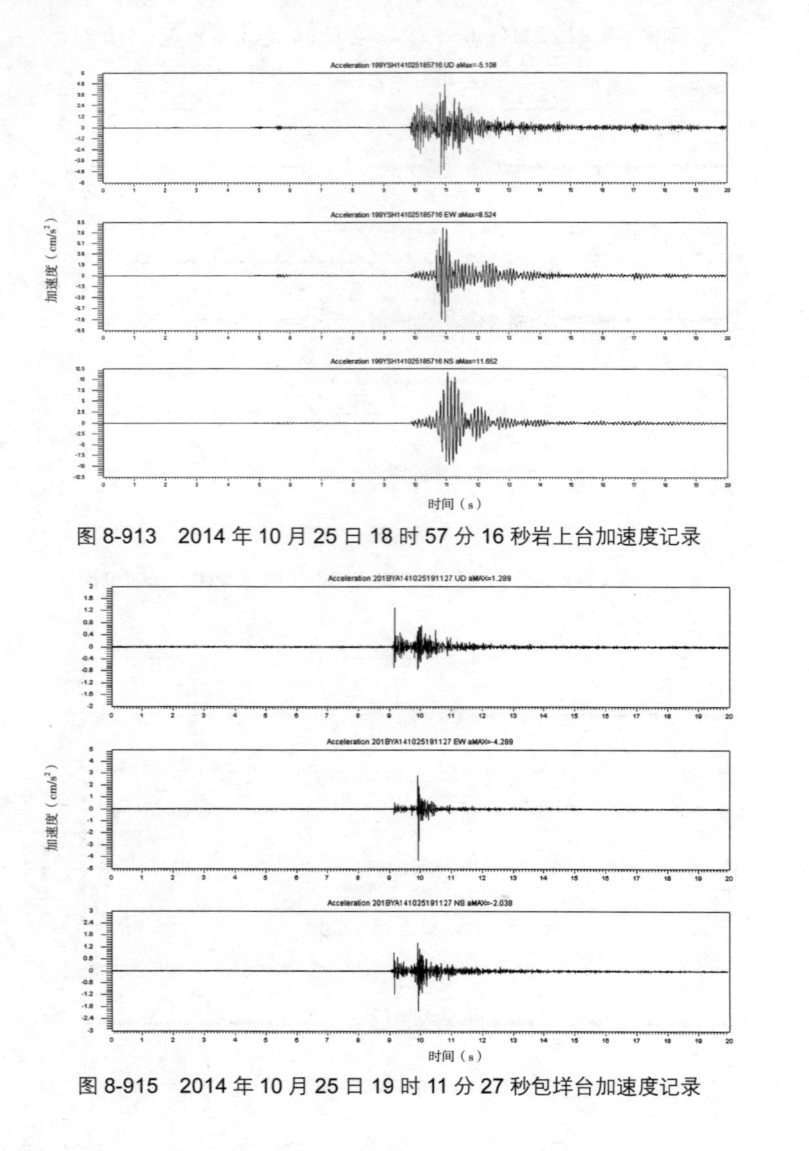

图 8-913　2014 年 10 月 25 日 18 时 57 分 16 秒岩上台加速度记录

图 8-915　2014 年 10 月 25 日 19 时 11 分 27 秒包垟台加速度记录

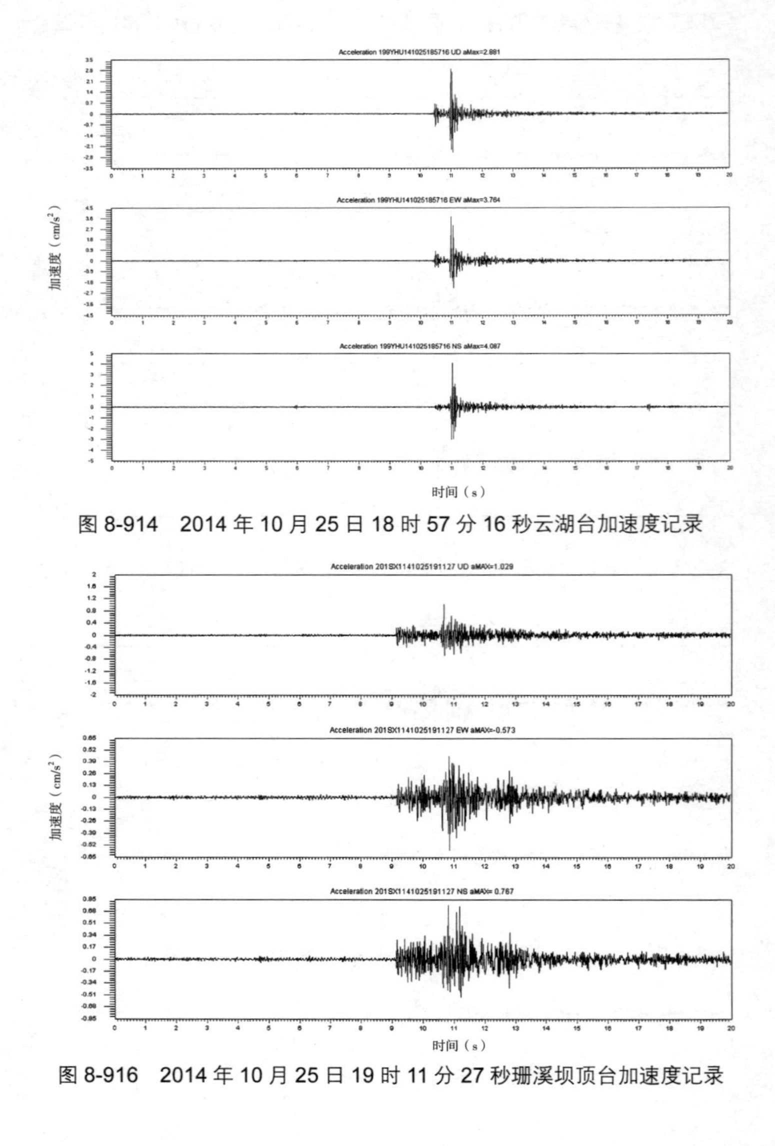

图 8-914　2014 年 10 月 25 日 18 时 57 分 16 秒云湖台加速度记录

图 8-916　2014 年 10 月 25 日 19 时 11 分 27 秒珊溪坝顶台加速度记录

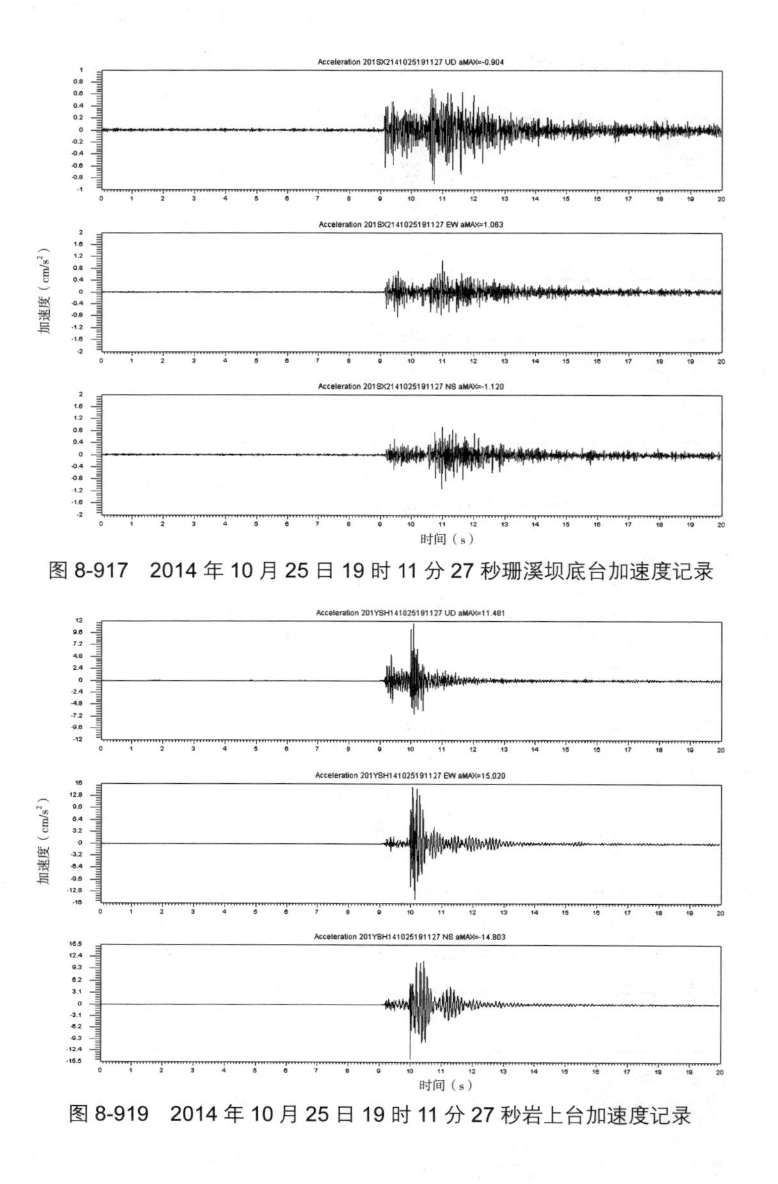

图 8-917　2014 年 10 月 25 日 19 时 11 分 27 秒珊溪坝底台加速度记录

图 8-919　2014 年 10 月 25 日 19 时 11 分 27 秒岩上台加速度记录

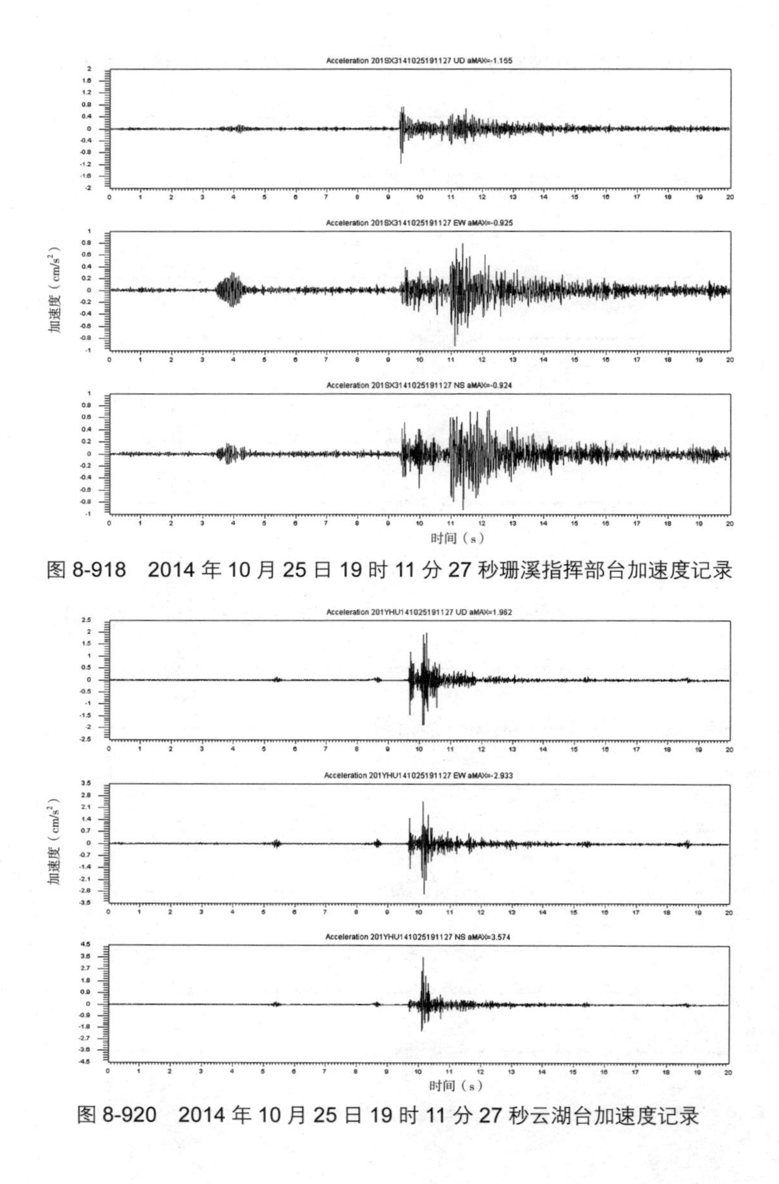

图 8-918　2014 年 10 月 25 日 19 时 11 分 27 秒珊溪指挥部台加速度记录

图 8-920　2014 年 10 月 25 日 19 时 11 分 27 秒云湖台加速度记录

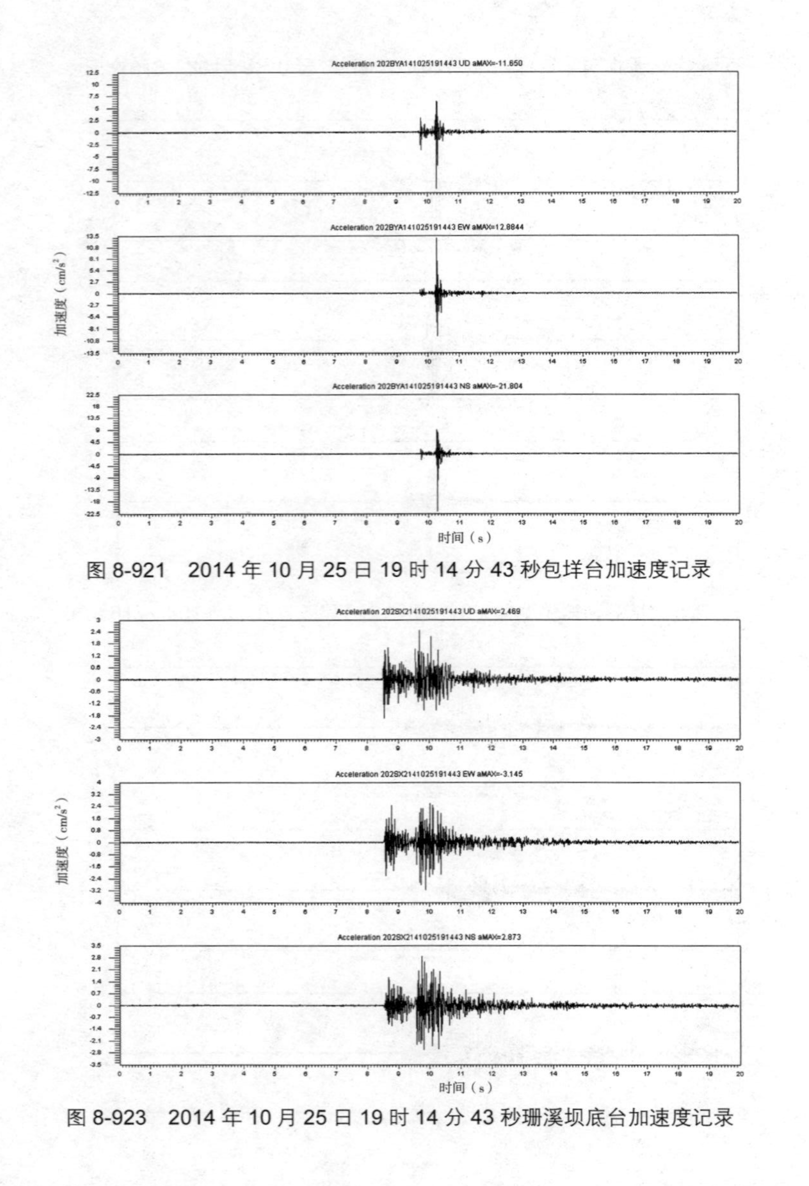

图 8-921　2014 年 10 月 25 日 19 时 14 分 43 秒包垟台加速度记录

图 8-923　2014 年 10 月 25 日 19 时 14 分 43 秒珊溪坝底台加速度记录

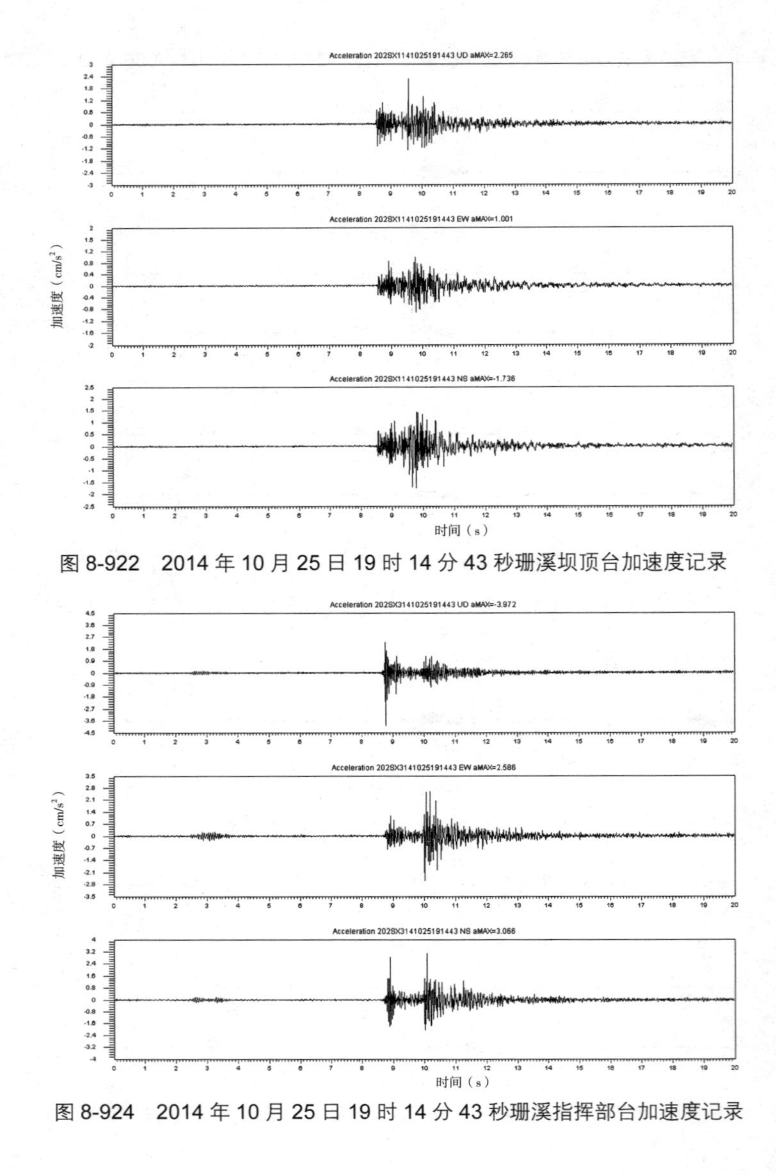

图 8-922　2014 年 10 月 25 日 19 时 14 分 43 秒珊溪坝顶台加速度记录

图 8-924　2014 年 10 月 25 日 19 时 14 分 43 秒珊溪指挥部台加速度记录

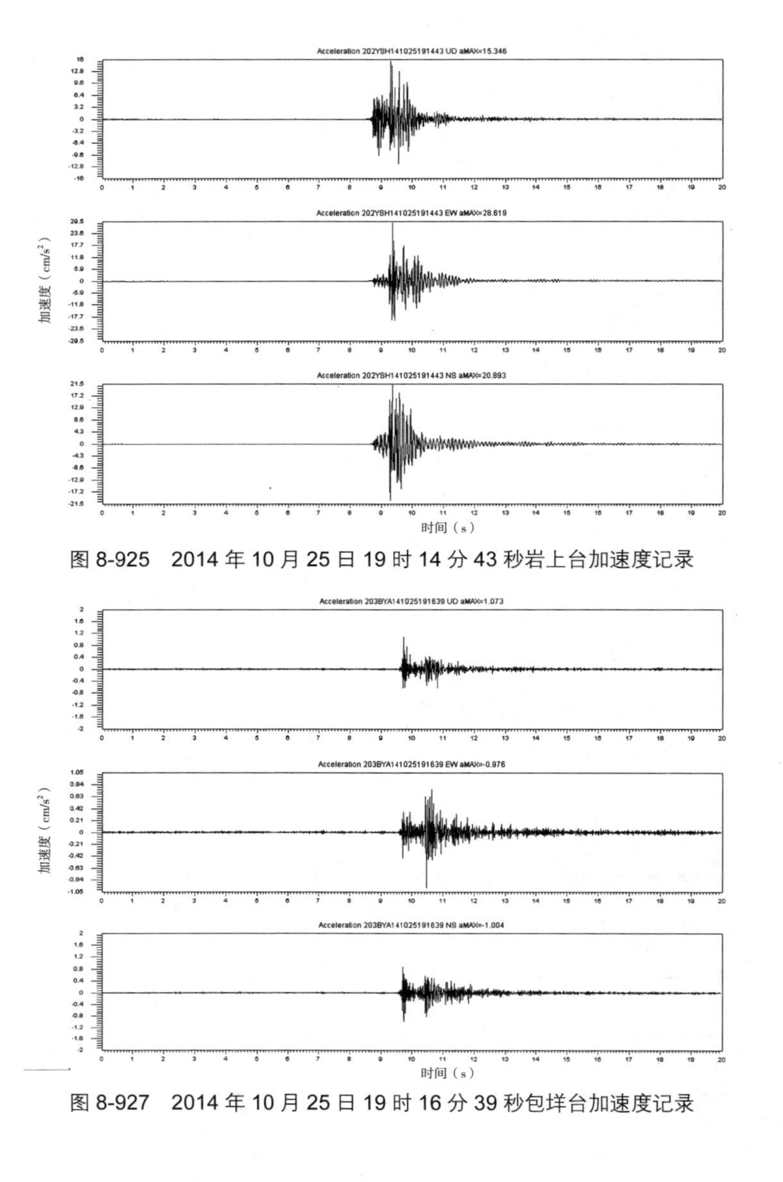

图 8-925　2014 年 10 月 25 日 19 时 14 分 43 秒岩上台加速度记录

图 8-927　2014 年 10 月 25 日 19 时 16 分 39 秒包垟台加速度记录

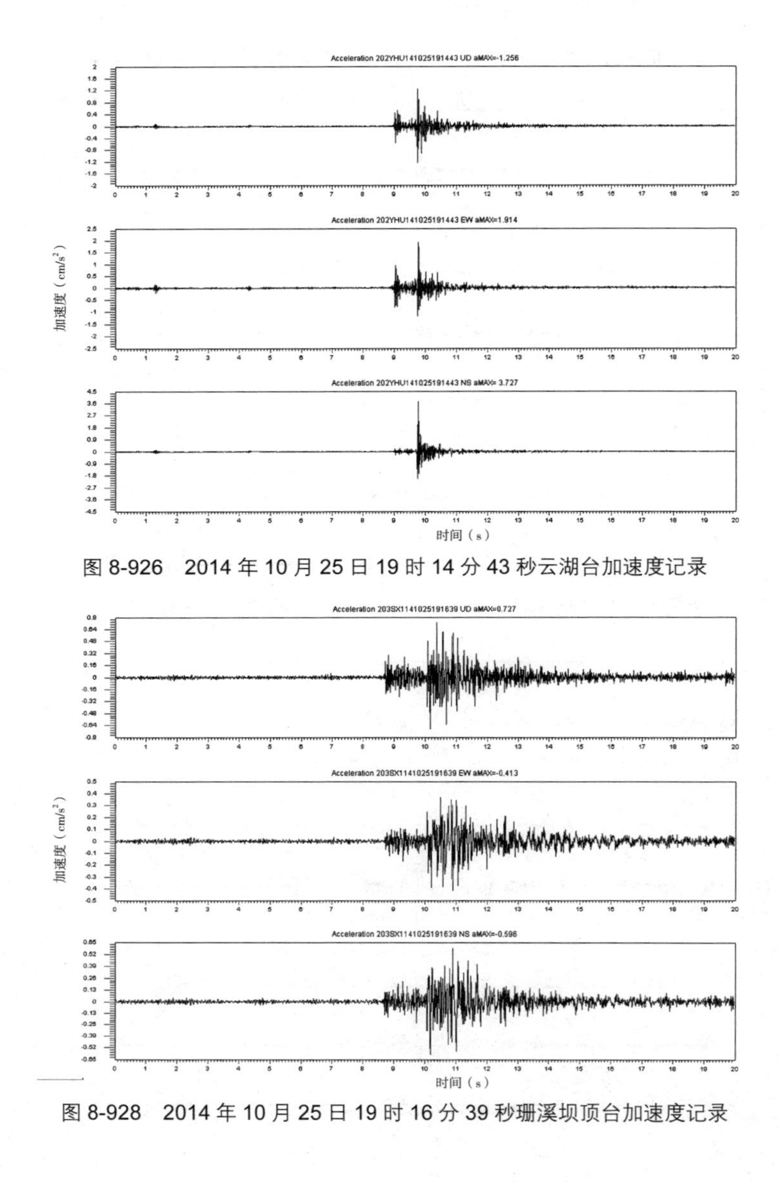

图 8-926　2014 年 10 月 25 日 19 时 14 分 43 秒云湖台加速度记录

图 8-928　2014 年 10 月 25 日 19 时 16 分 39 秒珊溪坝顶台加速度记录

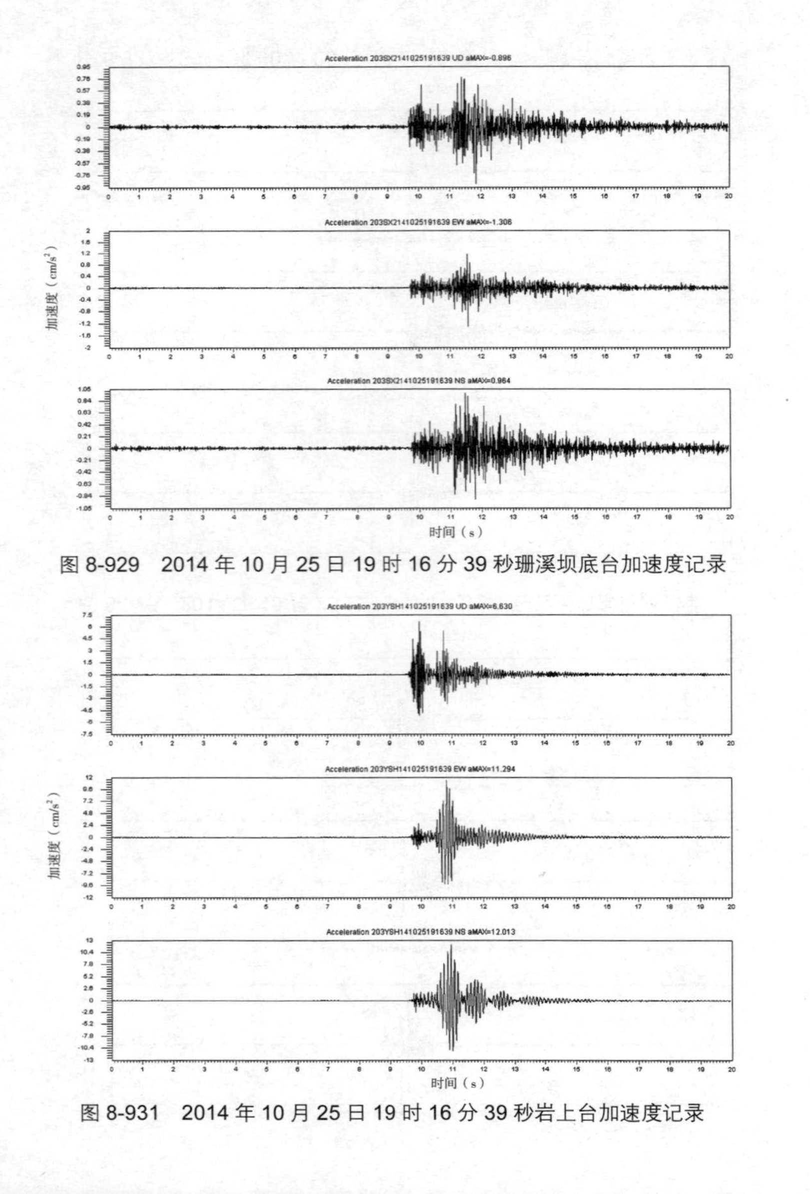

图 8-929　2014 年 10 月 25 日 19 时 16 分 39 秒珊溪坝底台加速度记录

图 8-931　2014 年 10 月 25 日 19 时 16 分 39 秒岩上台加速度记录

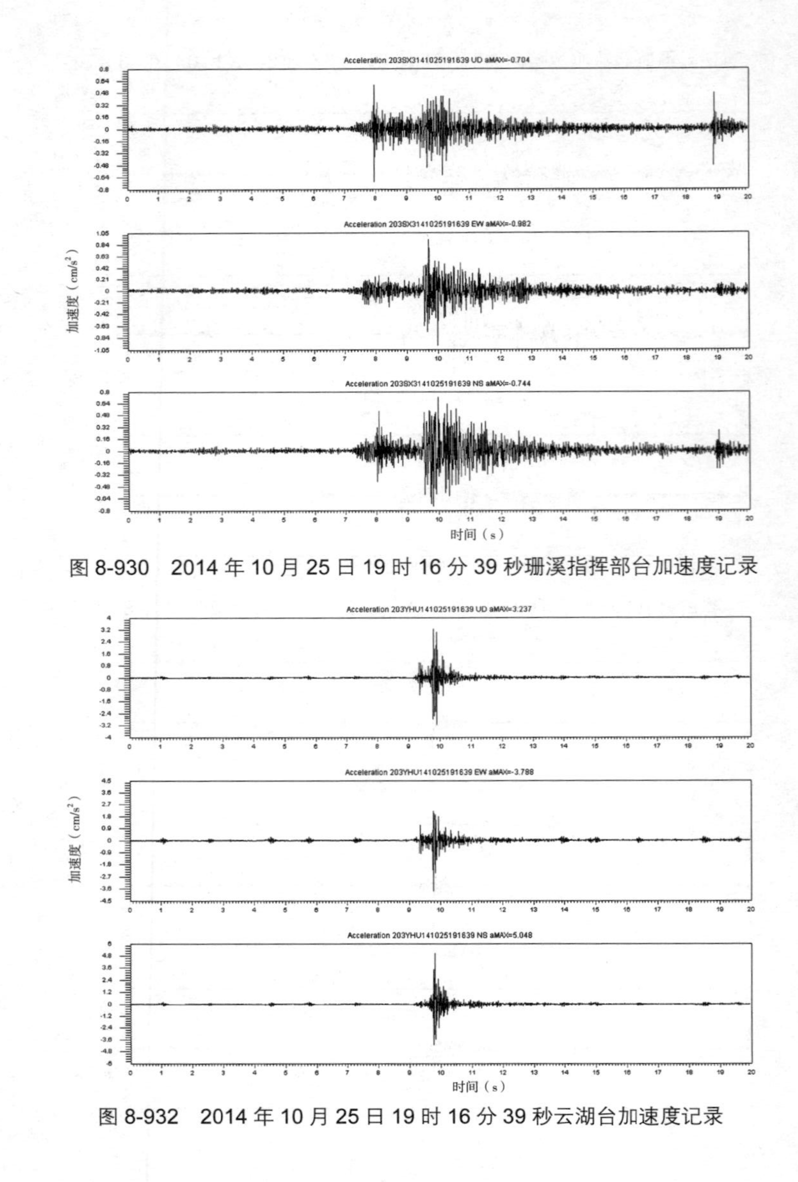

图 8-930　2014 年 10 月 25 日 19 时 16 分 39 秒珊溪指挥部台加速度记录

图 8-932　2014 年 10 月 25 日 19 时 16 分 39 秒云湖台加速度记录

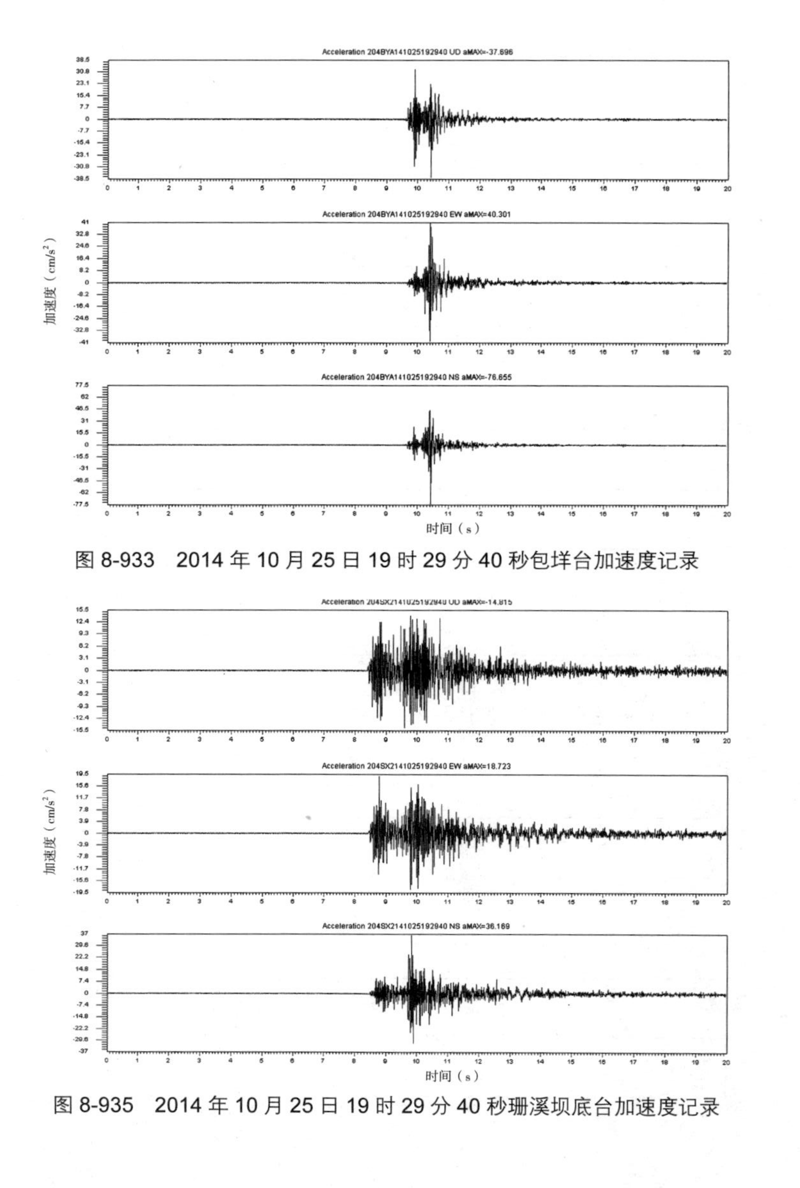

图 8-933　2014 年 10 月 25 日 19 时 29 分 40 秒包垟台加速度记录

图 8-935　2014 年 10 月 25 日 19 时 29 分 40 秒珊溪坝底台加速度记录

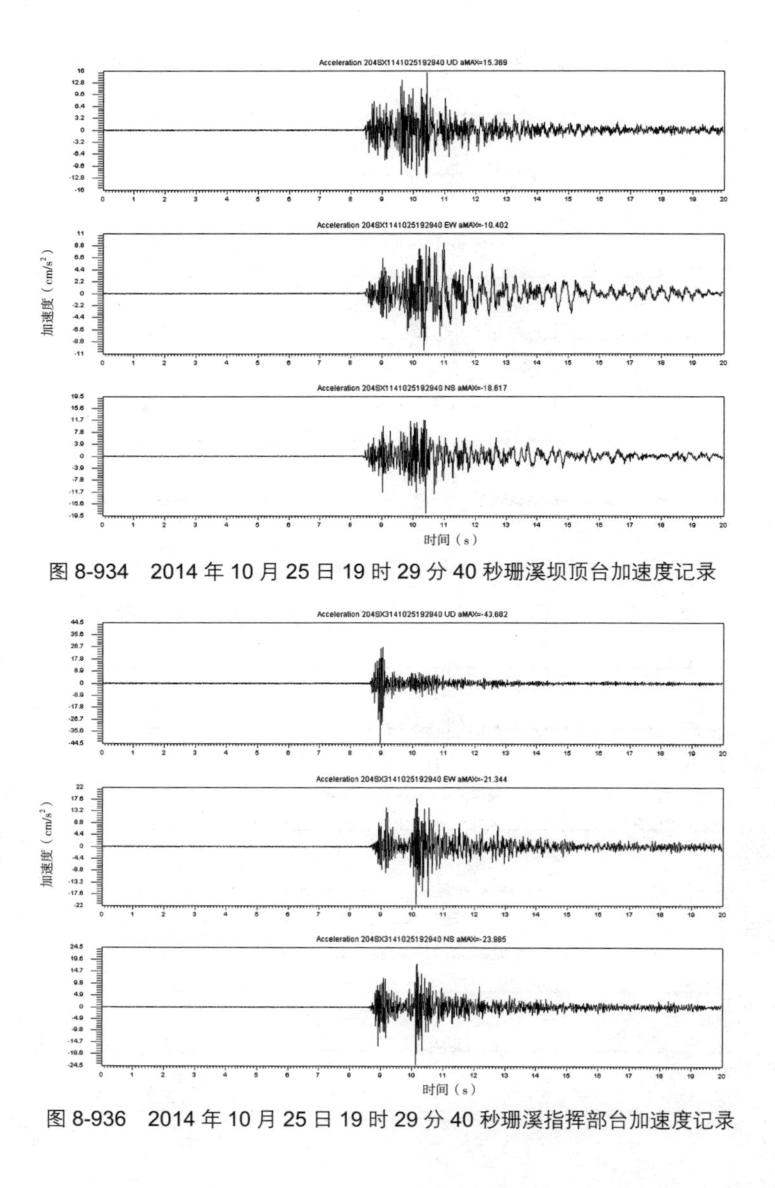

图 8-934　2014 年 10 月 25 日 19 时 29 分 40 秒珊溪坝顶台加速度记录

图 8-936　2014 年 10 月 25 日 19 时 29 分 40 秒珊溪指挥部台加速度记录

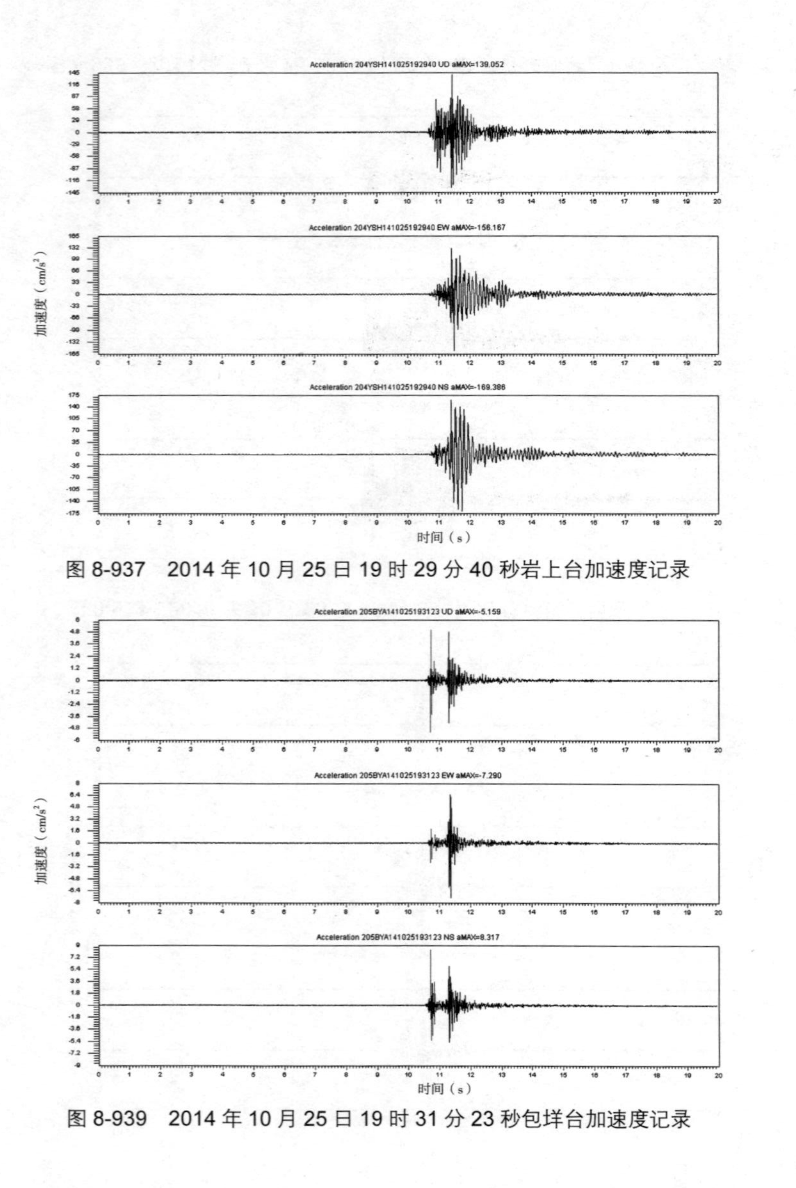

图 8-937 2014 年 10 月 25 日 19 时 29 分 40 秒岩上台加速度记录

图 8-939 2014 年 10 月 25 日 19 时 31 分 23 秒包垟台加速度记录

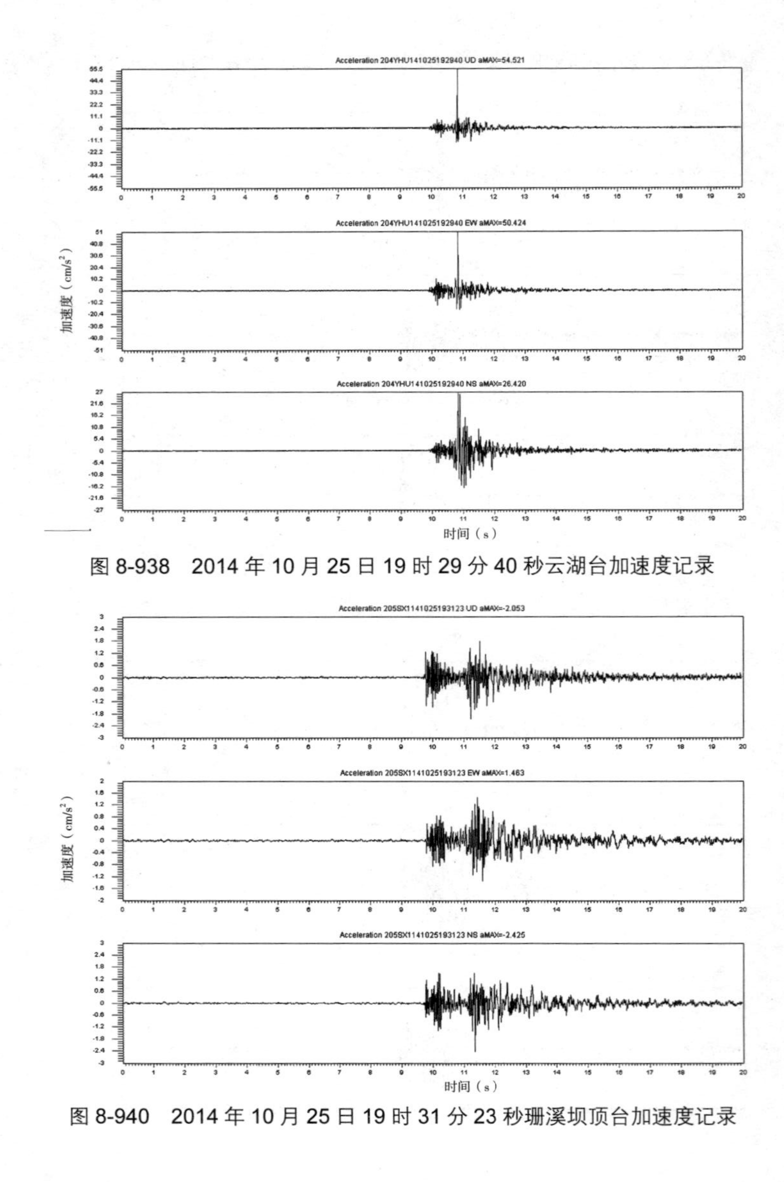

图 8-938 2014 年 10 月 25 日 19 时 29 分 40 秒云湖台加速度记录

图 8-940 2014 年 10 月 25 日 19 时 31 分 23 秒珊溪坝顶台加速度记录

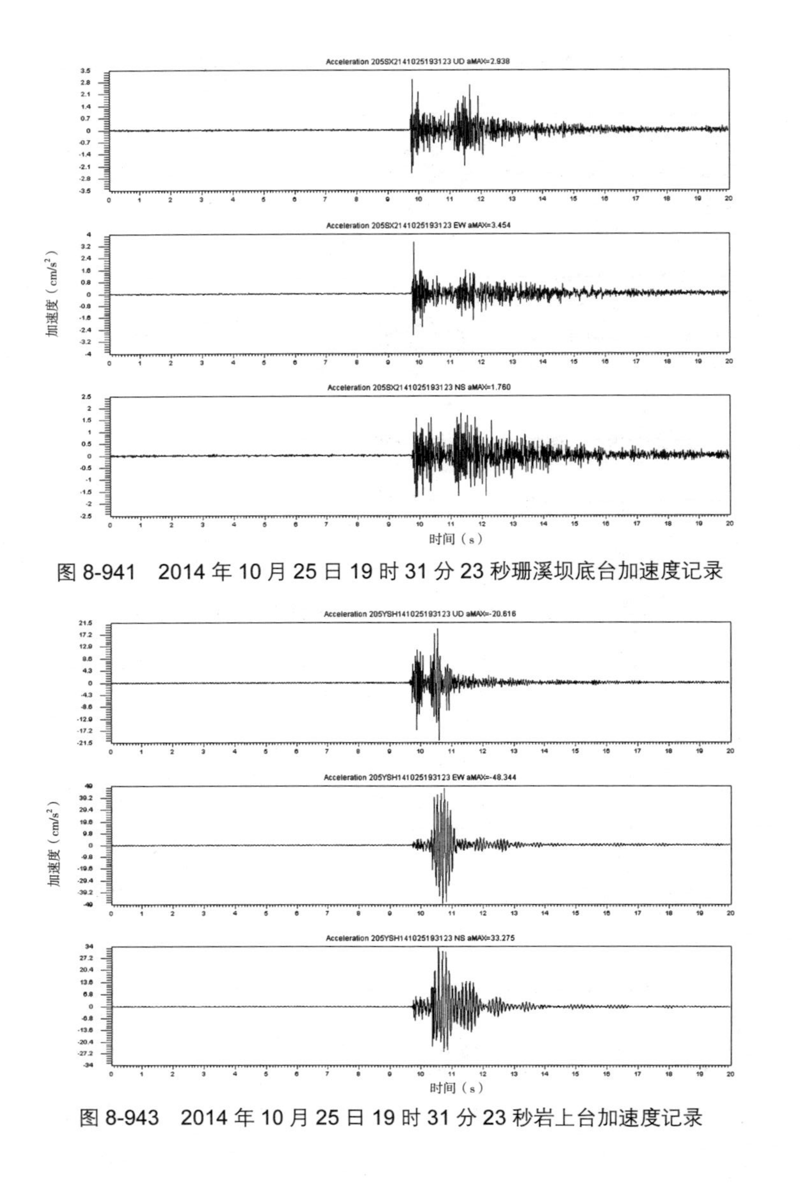

图 8-941　2014 年 10 月 25 日 19 时 31 分 23 秒珊溪坝底台加速度记录

图 8-943　2014 年 10 月 25 日 19 时 31 分 23 秒岩上台加速度记录

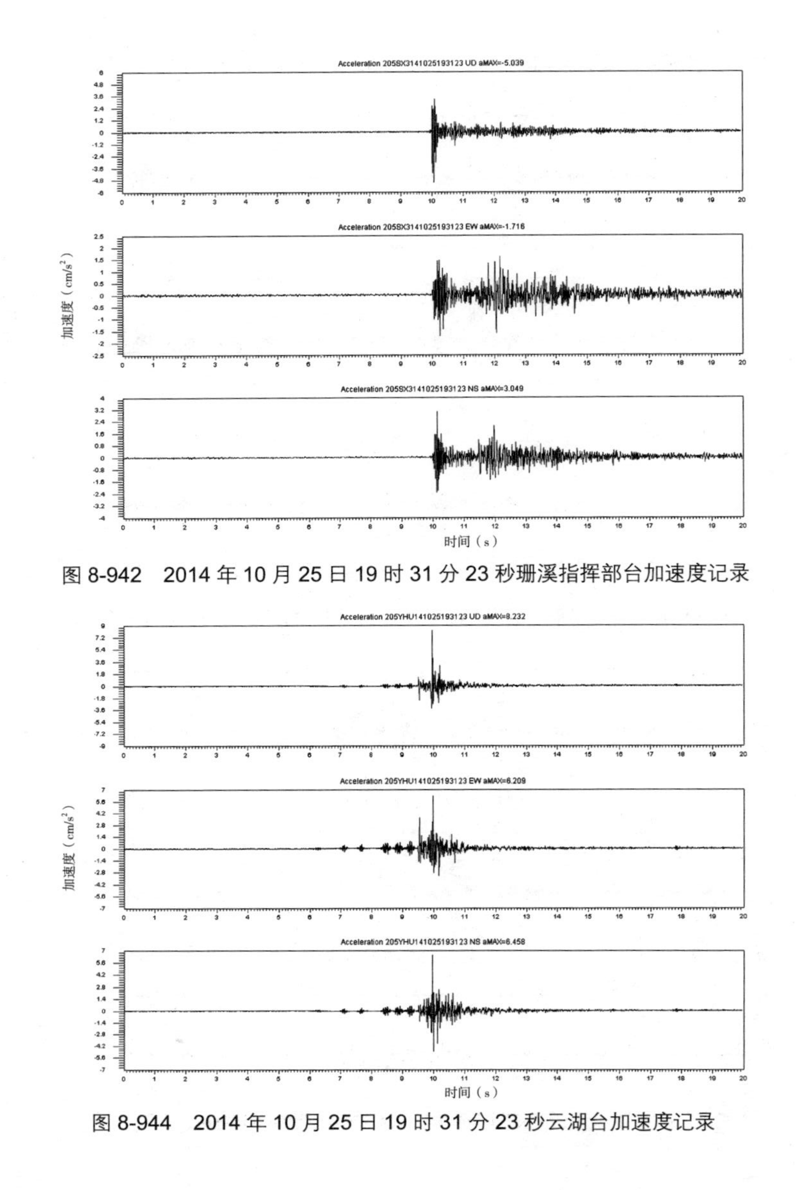

图 8-942　2014 年 10 月 25 日 19 时 31 分 23 秒珊溪指挥部台加速度记录

图 8-944　2014 年 10 月 25 日 19 时 31 分 23 秒云湖台加速度记录

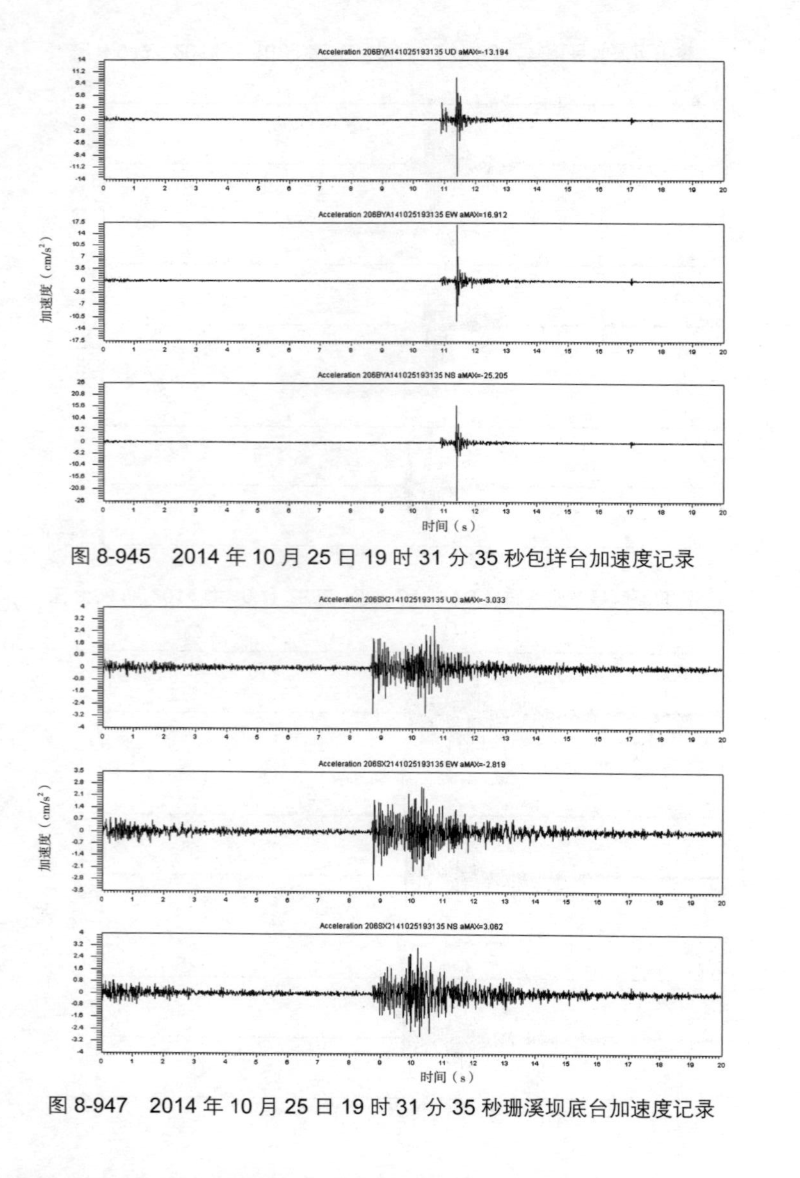

图 8-945　2014 年 10 月 25 日 19 时 31 分 35 秒包垟台加速度记录

图 8-947　2014 年 10 月 25 日 19 时 31 分 35 秒珊溪坝底台加速度记录

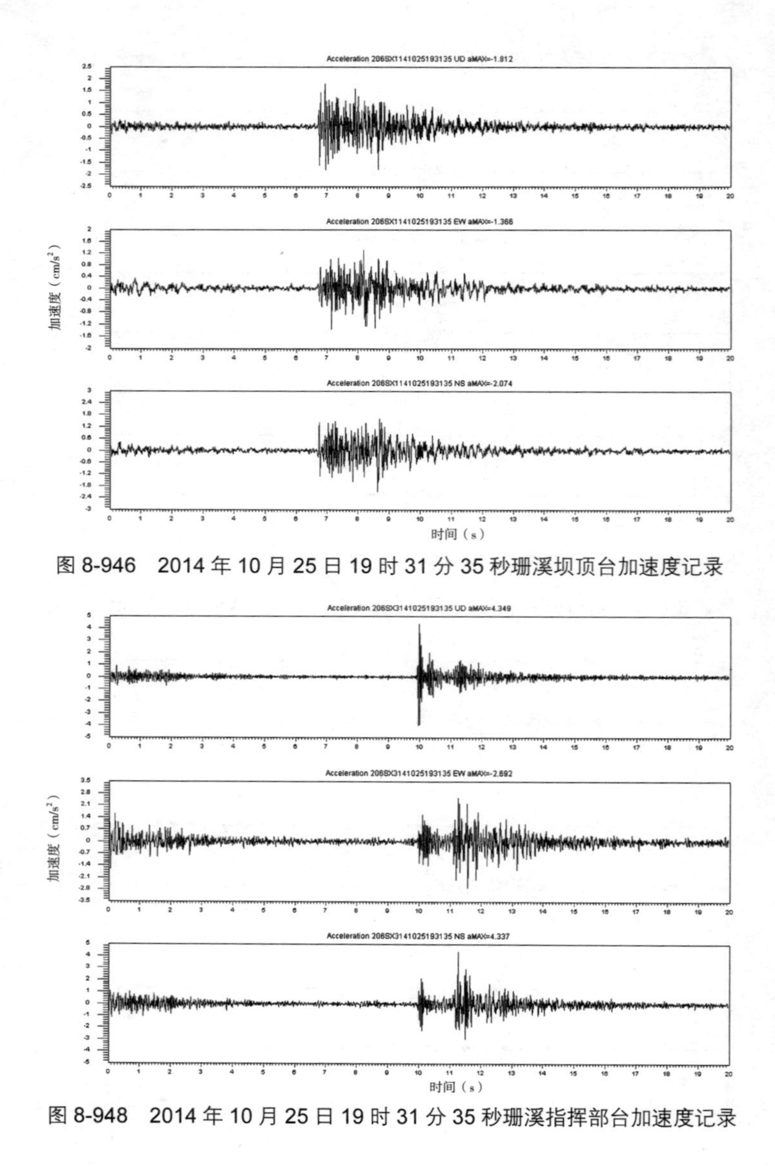

图 8-946　2014 年 10 月 25 日 19 时 31 分 35 秒珊溪坝顶台加速度记录

图 8-948　2014 年 10 月 25 日 19 时 31 分 35 秒珊溪指挥部台加速度记录

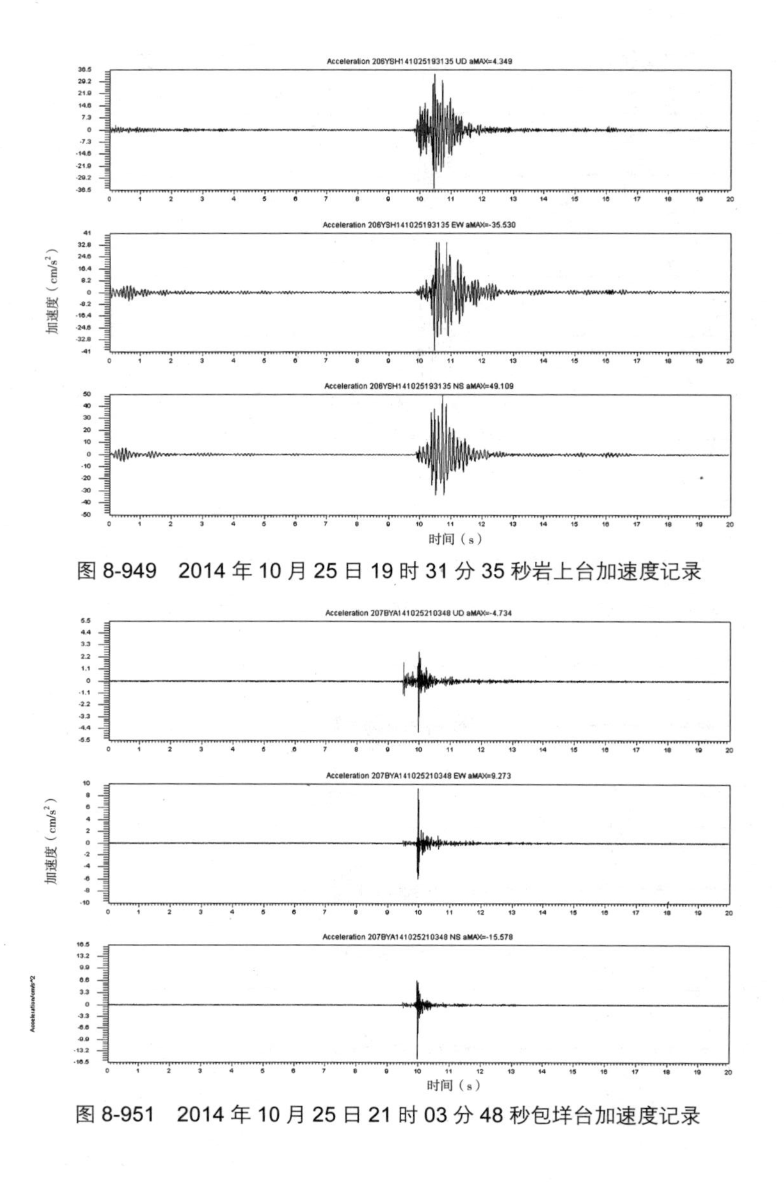

图 8-949　2014 年 10 月 25 日 19 时 31 分 35 秒岩上台加速度记录

图 8-951　2014 年 10 月 25 日 21 时 03 分 48 秒包垟台加速度记录

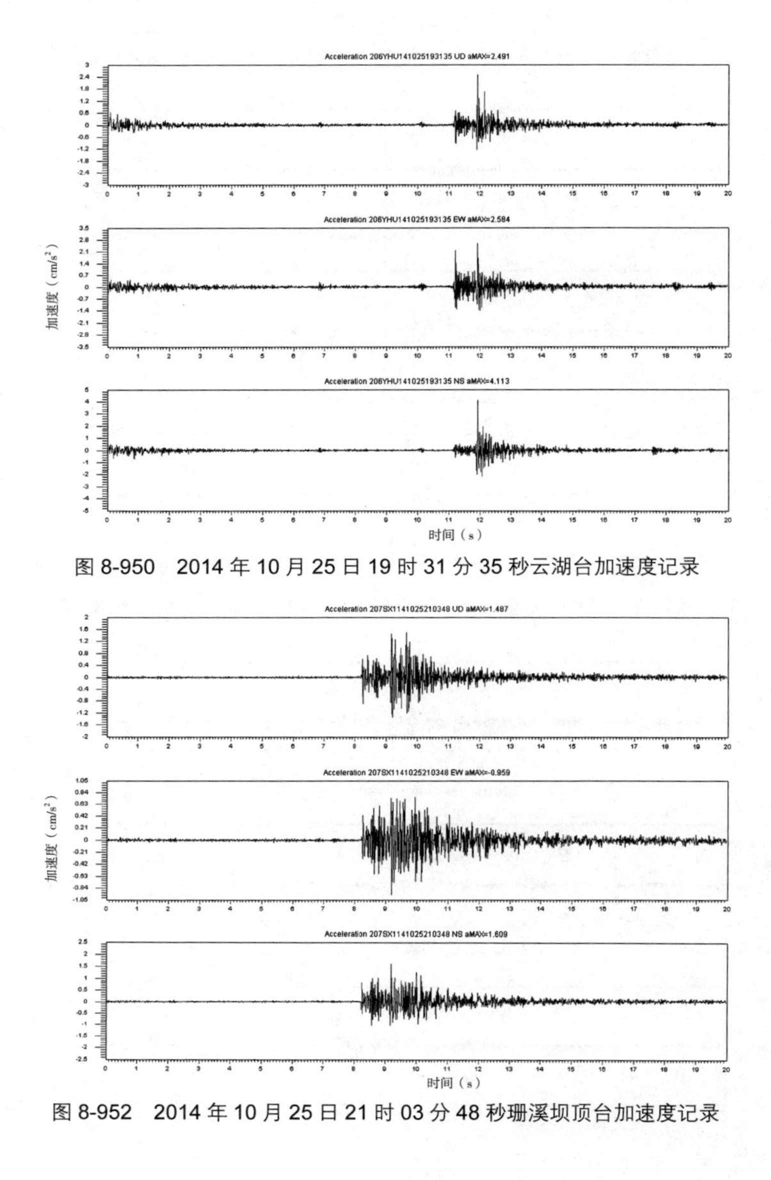

图 8-950　2014 年 10 月 25 日 19 时 31 分 35 秒云湖台加速度记录

图 8-952　2014 年 10 月 25 日 21 时 03 分 48 秒珊溪坝顶台加速度记录

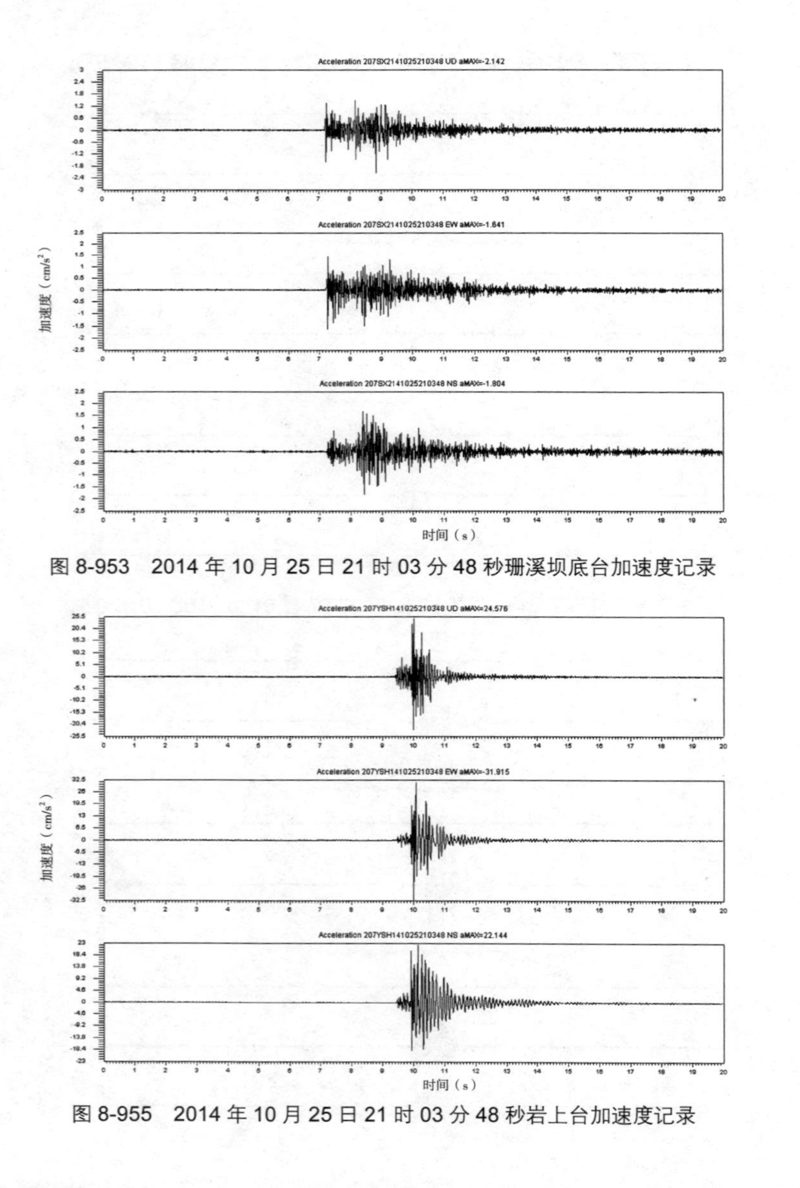

图 8-953　2014 年 10 月 25 日 21 时 03 分 48 秒珊溪坝底台加速度记录

图 8-955　2014 年 10 月 25 日 21 时 03 分 48 秒岩上台加速度记录

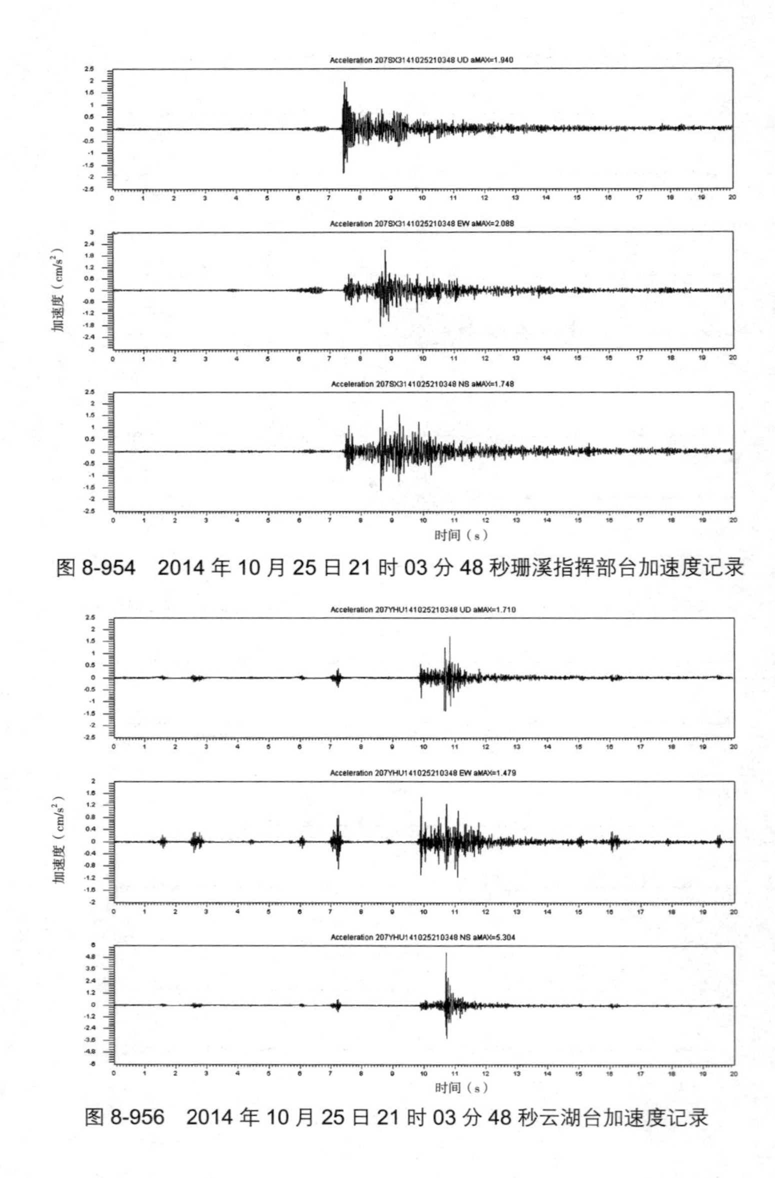

图 8-954　2014 年 10 月 25 日 21 时 03 分 48 秒珊溪指挥部台加速度记录

图 8-956　2014 年 10 月 25 日 21 时 03 分 48 秒云湖台加速度记录

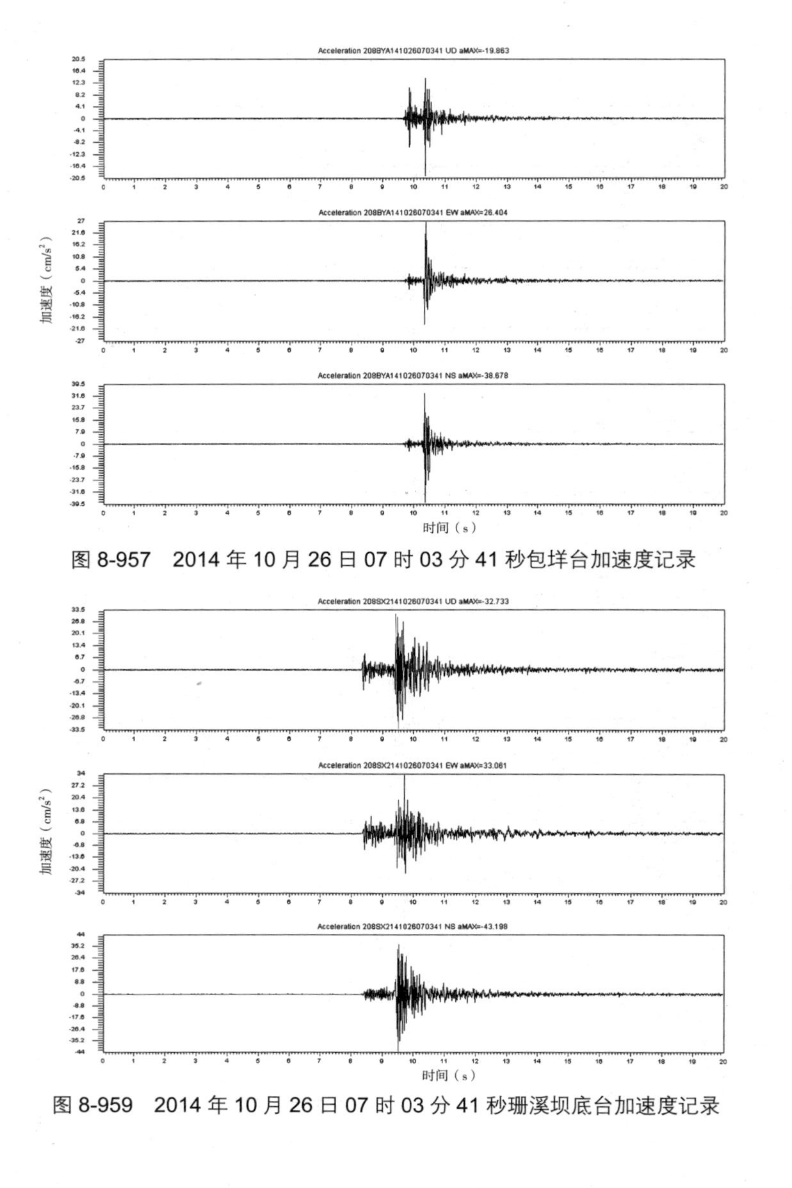

图 8-957　2014 年 10 月 26 日 07 时 03 分 41 秒包垟台加速度记录

图 8-959　2014 年 10 月 26 日 07 时 03 分 41 秒珊溪坝底台加速度记录

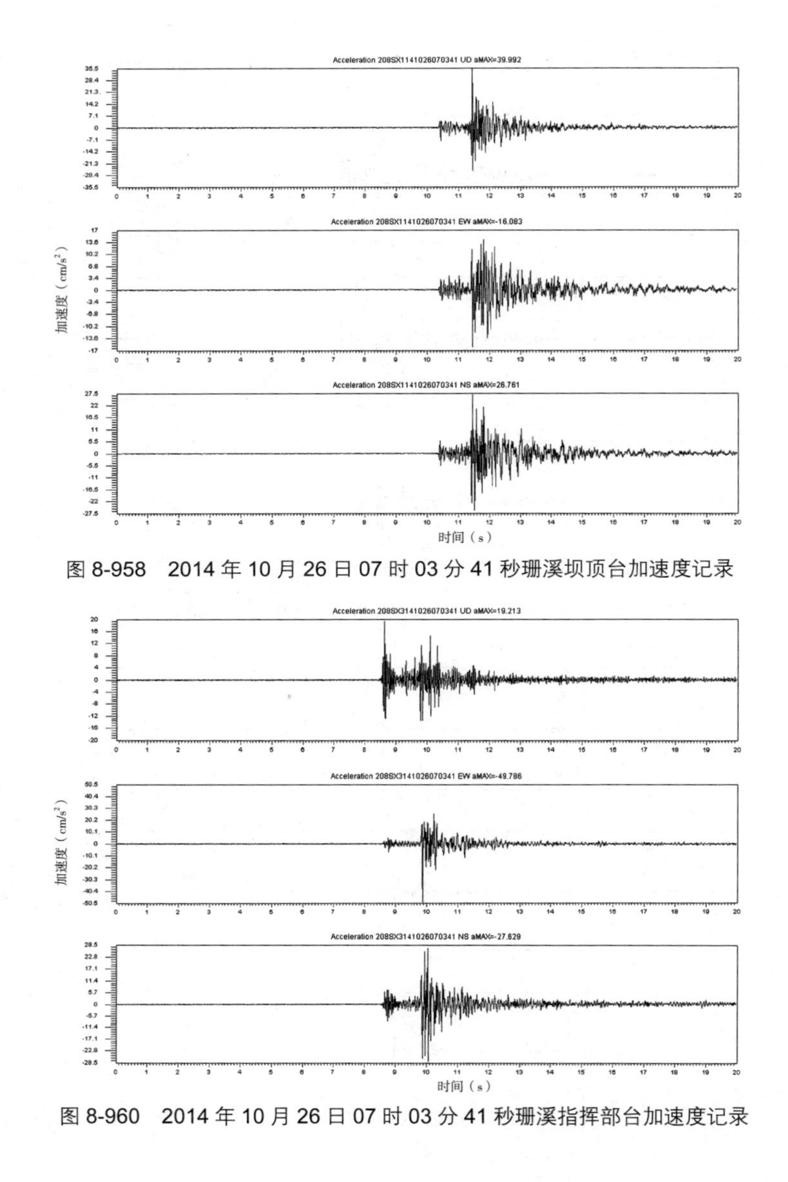

图 8-958　2014 年 10 月 26 日 07 时 03 分 41 秒珊溪坝顶台加速度记录

图 8-960　2014 年 10 月 26 日 07 时 03 分 41 秒珊溪指挥部台加速度记录

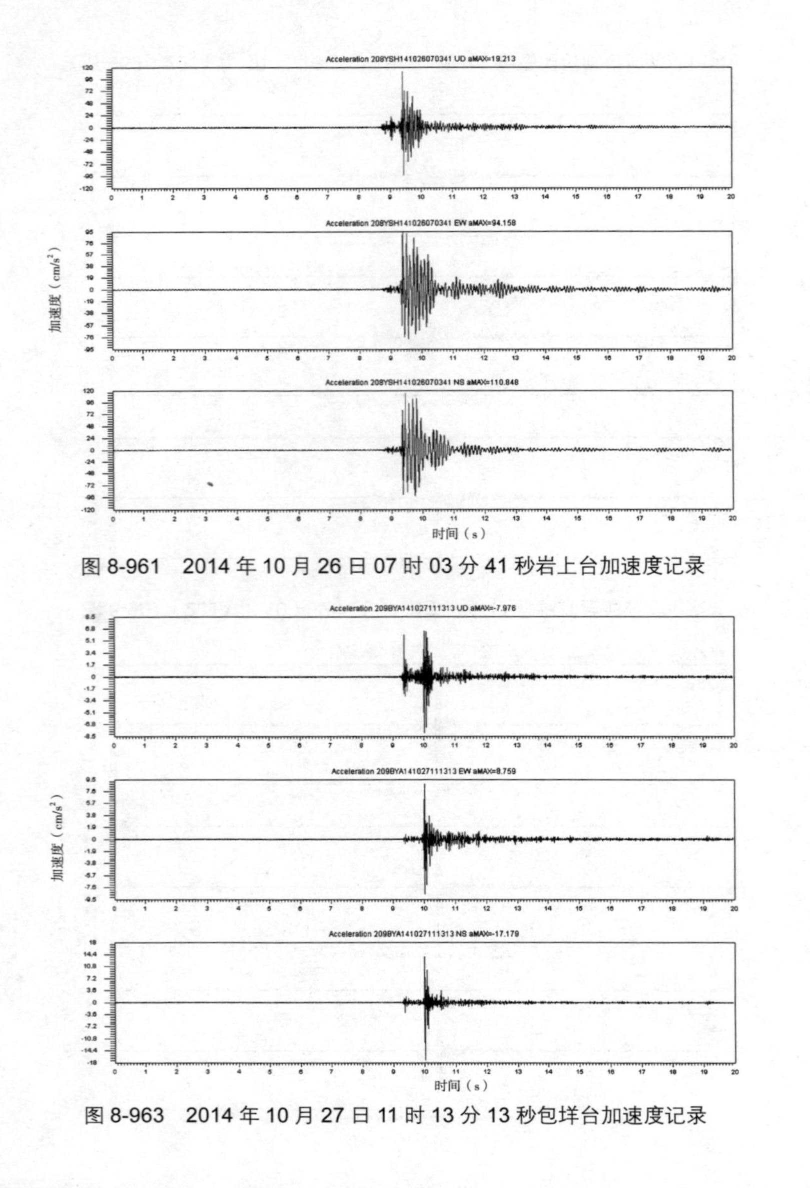

图 8-961　2014 年 10 月 26 日 07 时 03 分 41 秒岩上台加速度记录

图 8-963　2014 年 10 月 27 日 11 时 13 分 13 秒包垟台加速度记录

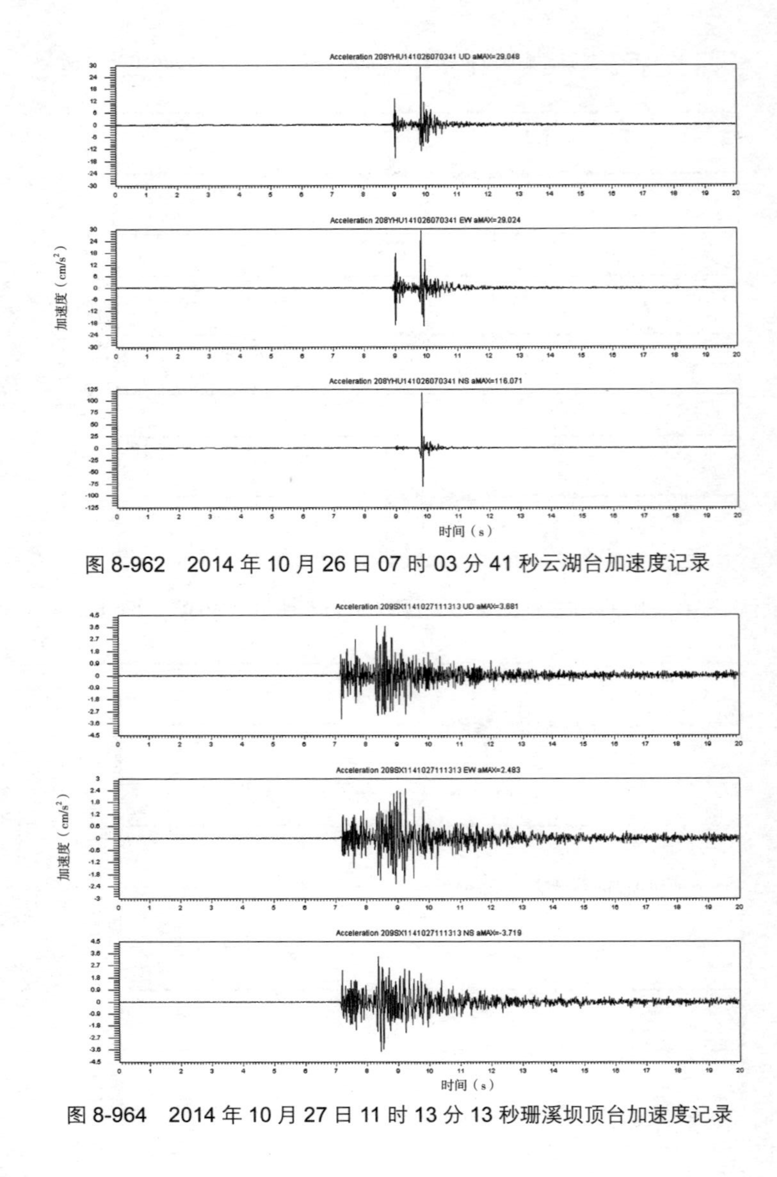

图 8-962　2014 年 10 月 26 日 07 时 03 分 41 秒云湖台加速度记录

图 8-964　2014 年 10 月 27 日 11 时 13 分 13 秒珊溪坝顶台加速度记录

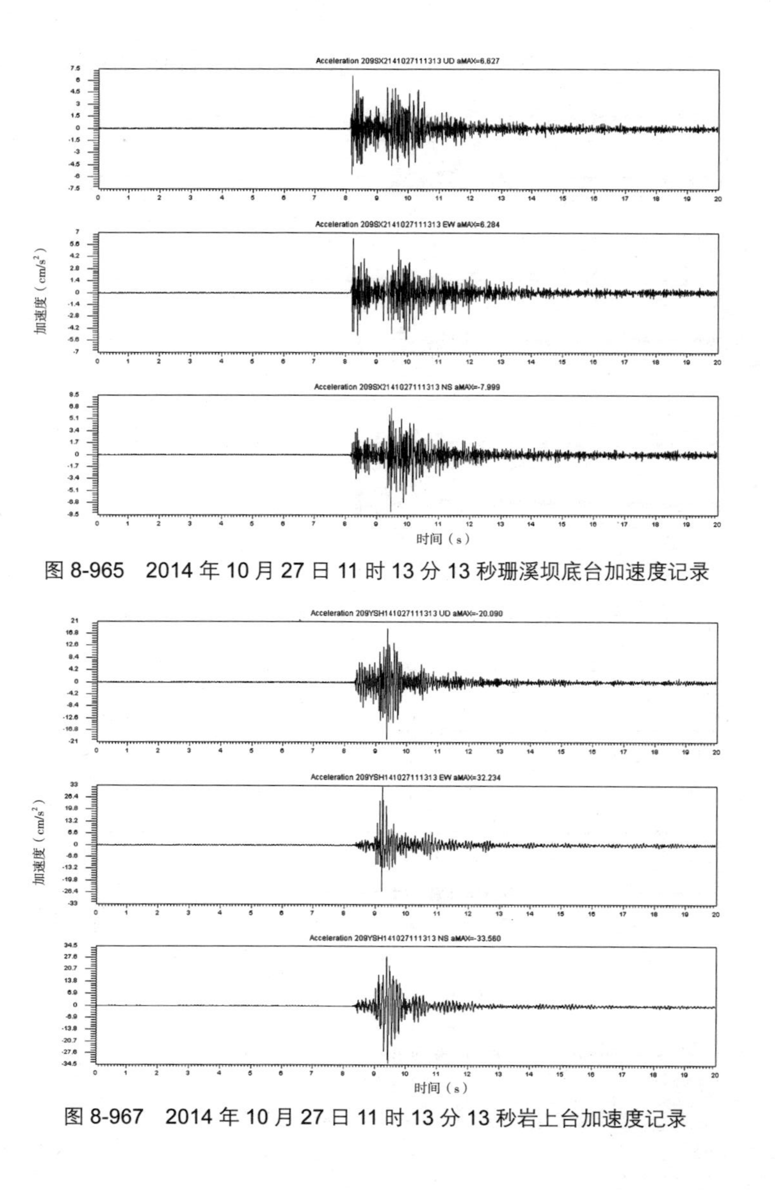

图 8-965　2014 年 10 月 27 日 11 时 13 分 13 秒珊溪坝底台加速度记录

图 8-967　2014 年 10 月 27 日 11 时 13 分 13 秒岩上台加速度记录

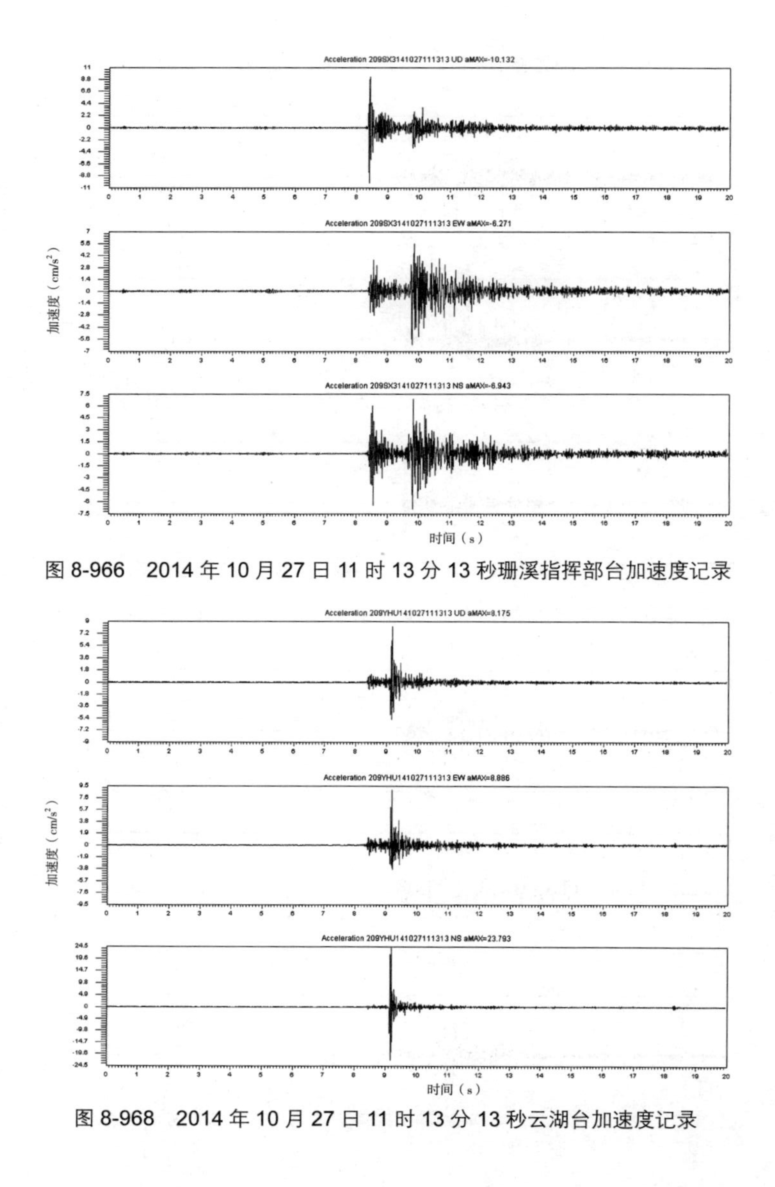

图 8-966　2014 年 10 月 27 日 11 时 13 分 13 秒珊溪指挥部台加速度记录

图 8-968　2014 年 10 月 27 日 11 时 13 分 13 秒云湖台加速度记录

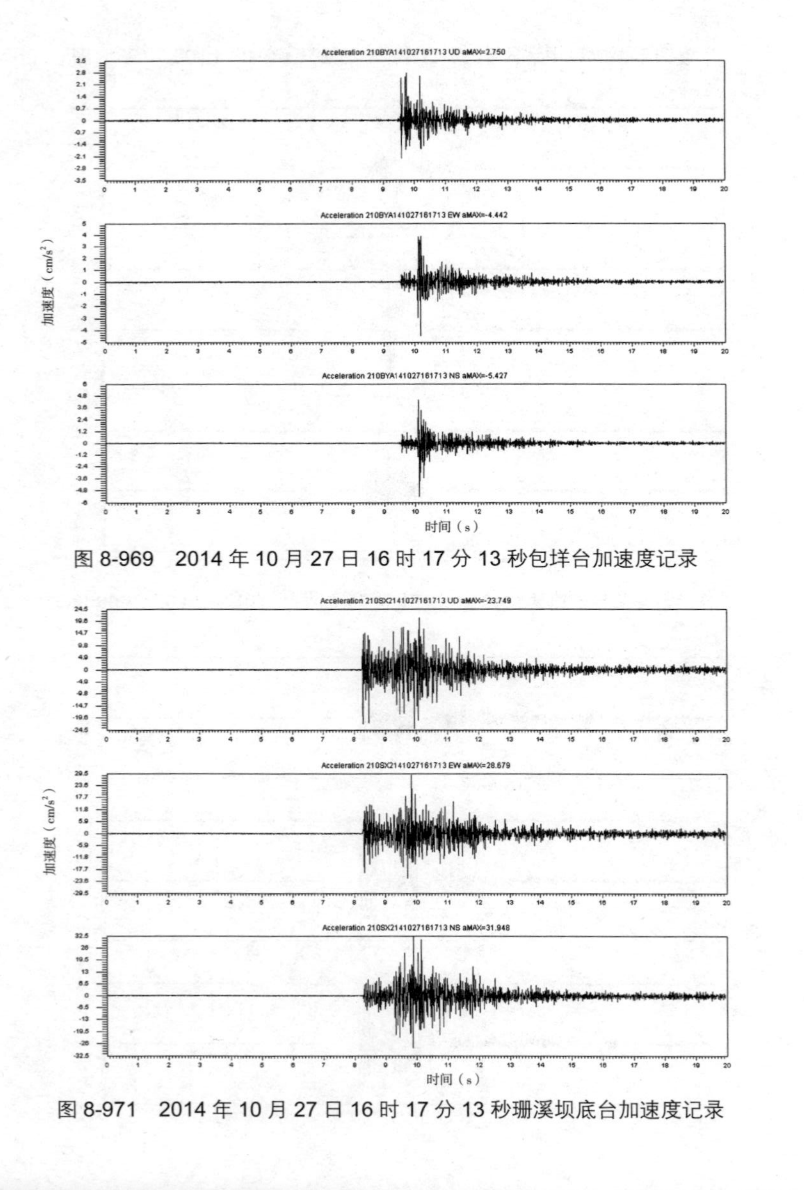

图 8-969　2014 年 10 月 27 日 16 时 17 分 13 秒包垟台加速度记录

图 8-971　2014 年 10 月 27 日 16 时 17 分 13 秒珊溪坝底台加速度记录

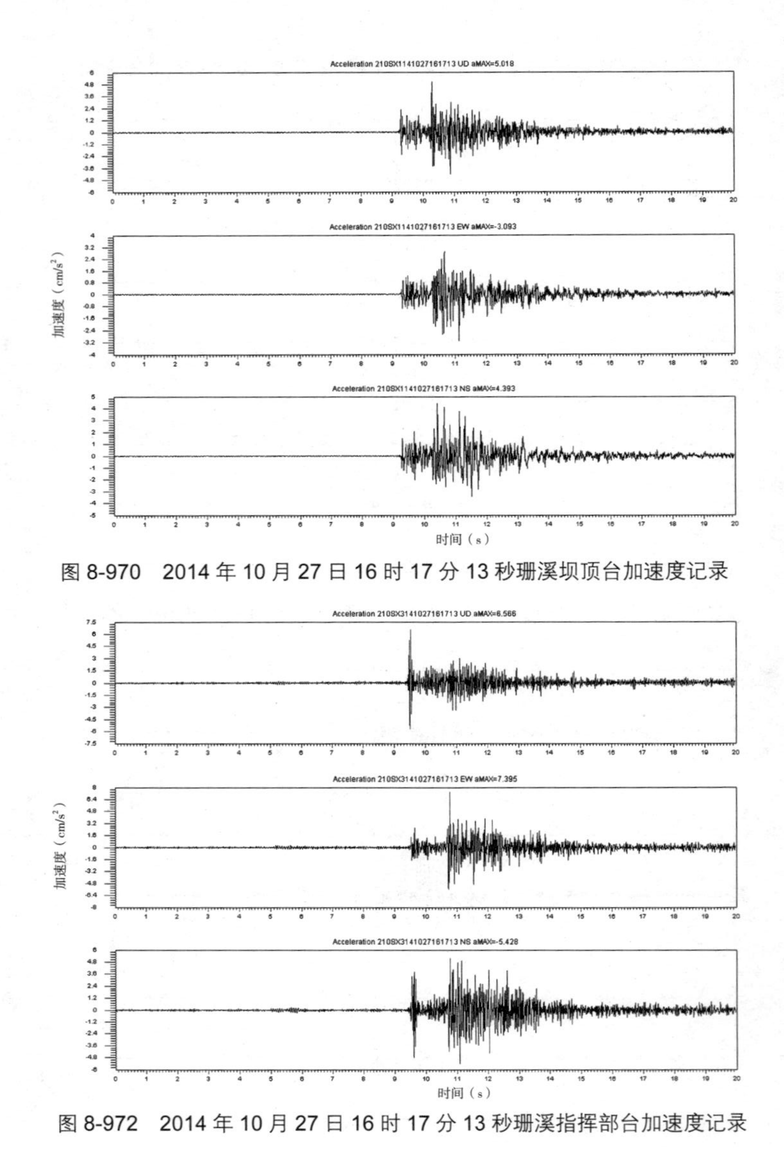

图 8-970　2014 年 10 月 27 日 16 时 17 分 13 秒珊溪坝顶台加速度记录

图 8-972　2014 年 10 月 27 日 16 时 17 分 13 秒珊溪指挥部台加速度记录

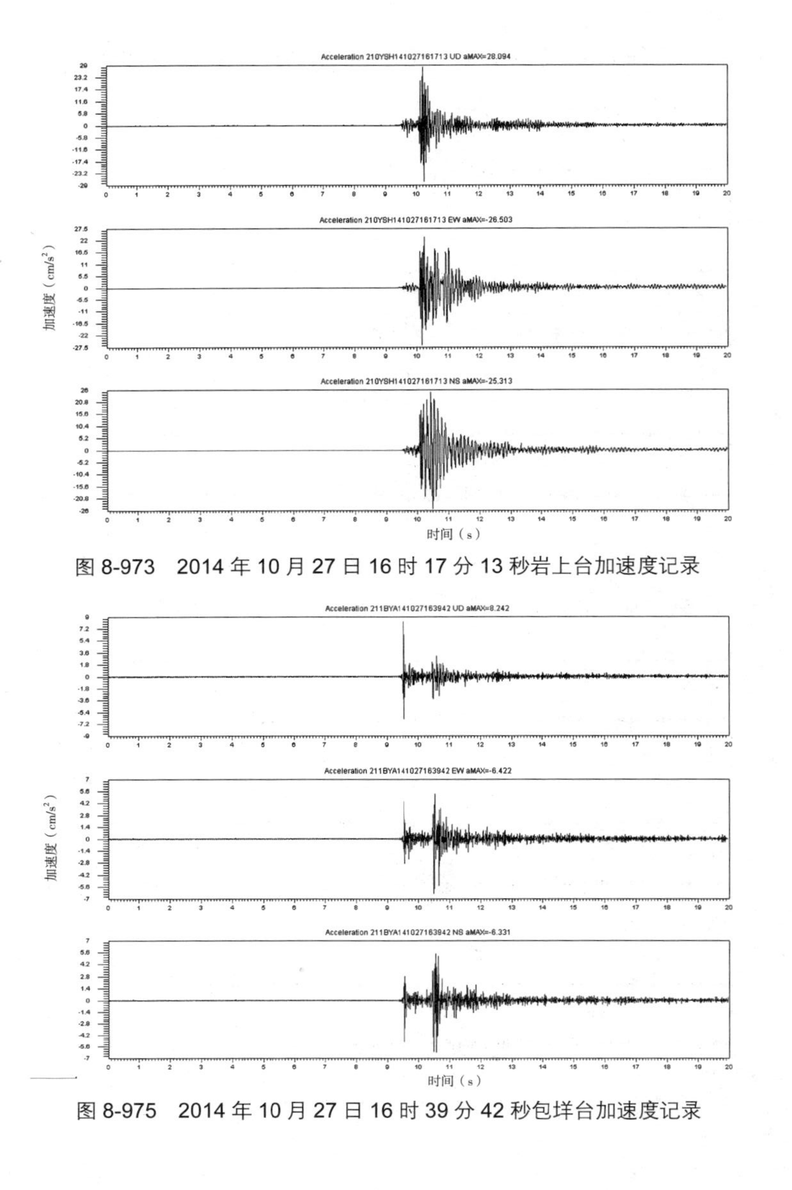

图 8-973　2014 年 10 月 27 日 16 时 17 分 13 秒岩上台加速度记录

图 8-975　2014 年 10 月 27 日 16 时 39 分 42 秒包垟台加速度记录

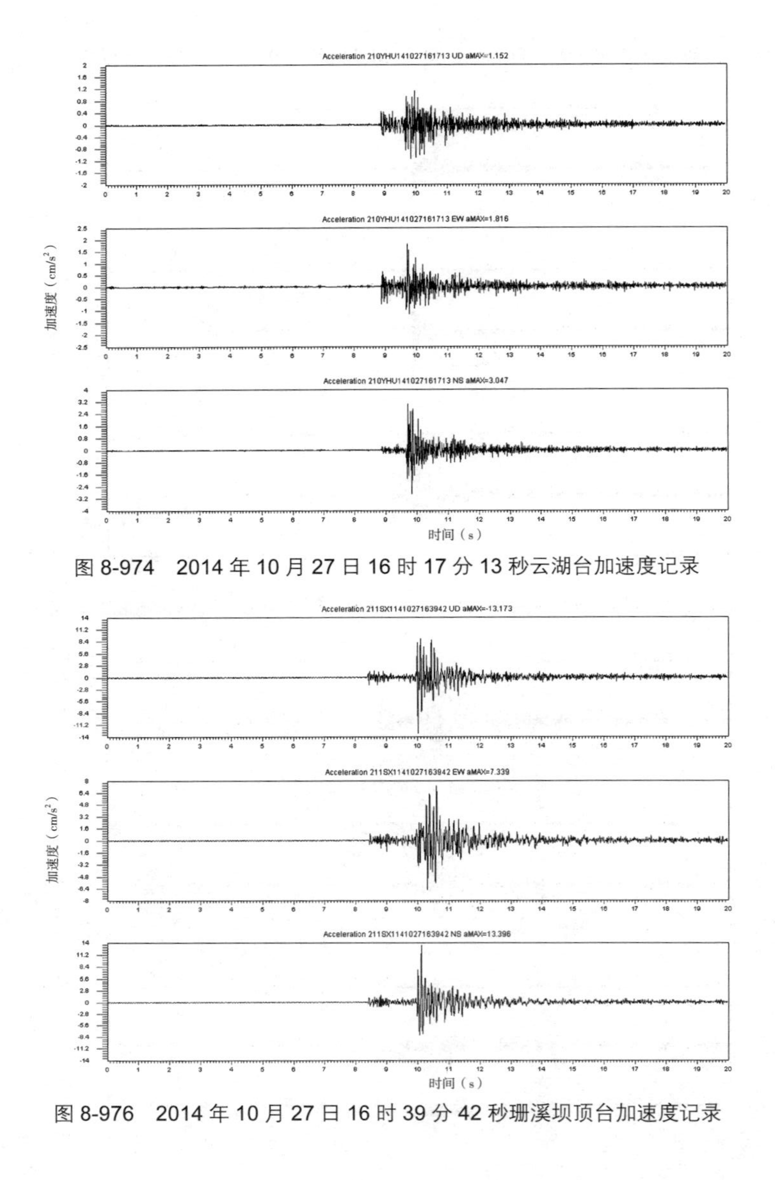

图 8-974　2014 年 10 月 27 日 16 时 17 分 13 秒云湖台加速度记录

图 8-976　2014 年 10 月 27 日 16 时 39 分 42 秒珊溪坝顶台加速度记录

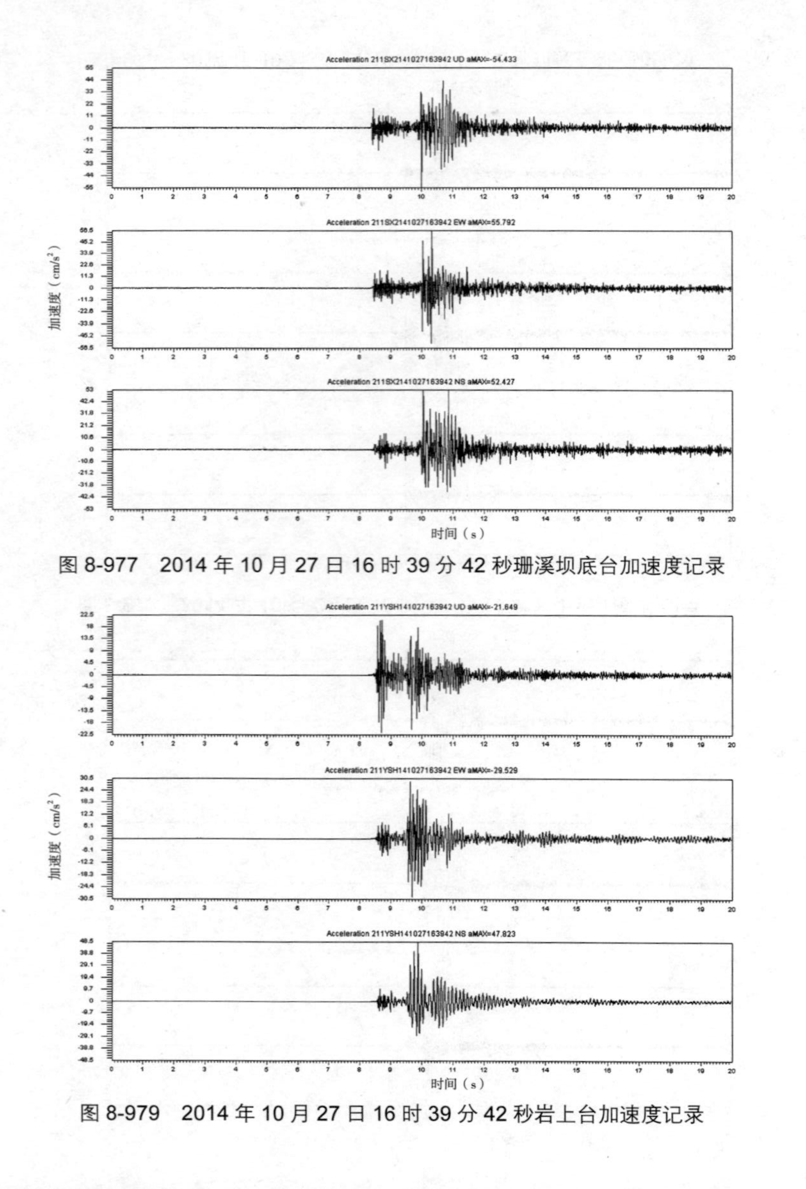

图 8-977　2014 年 10 月 27 日 16 时 39 分 42 秒珊溪坝底台加速度记录

图 8-979　2014 年 10 月 27 日 16 时 39 分 42 秒岩上台加速度记录

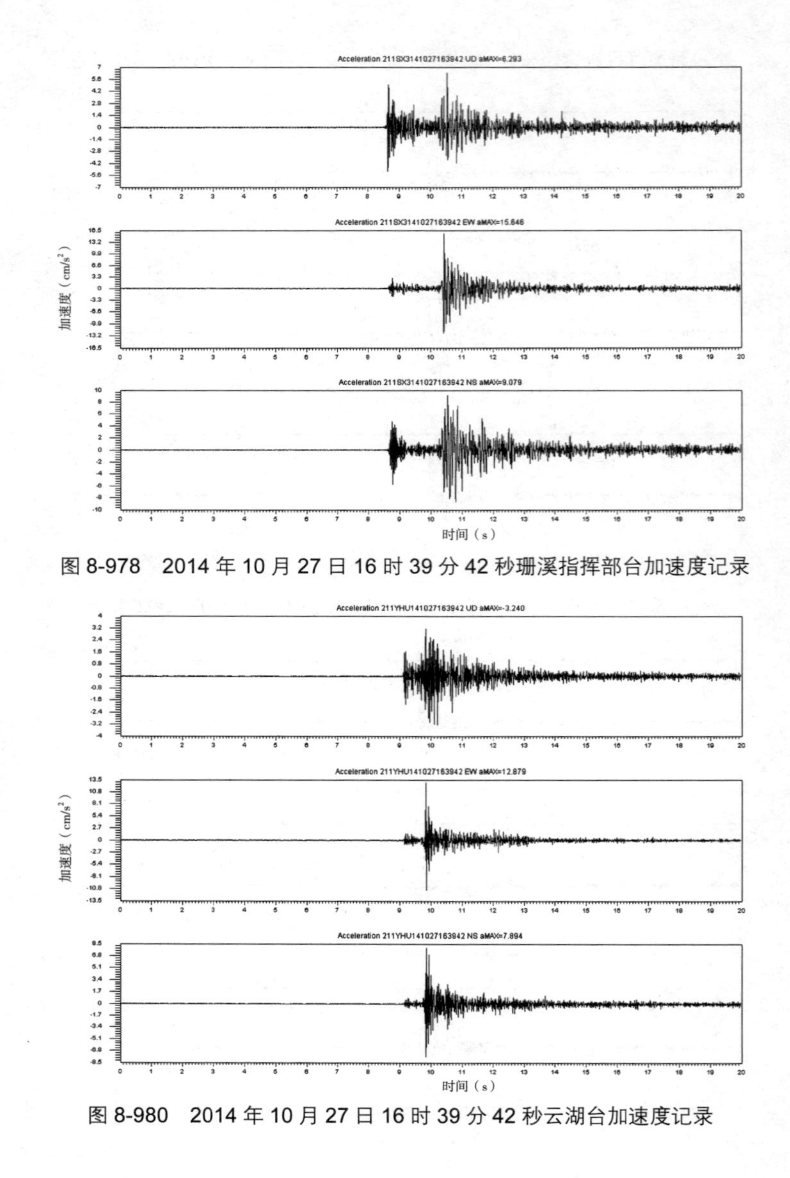

图 8-978　2014 年 10 月 27 日 16 时 39 分 42 秒珊溪指挥部台加速度记录

图 8-980　2014 年 10 月 27 日 16 时 39 分 42 秒云湖台加速度记录

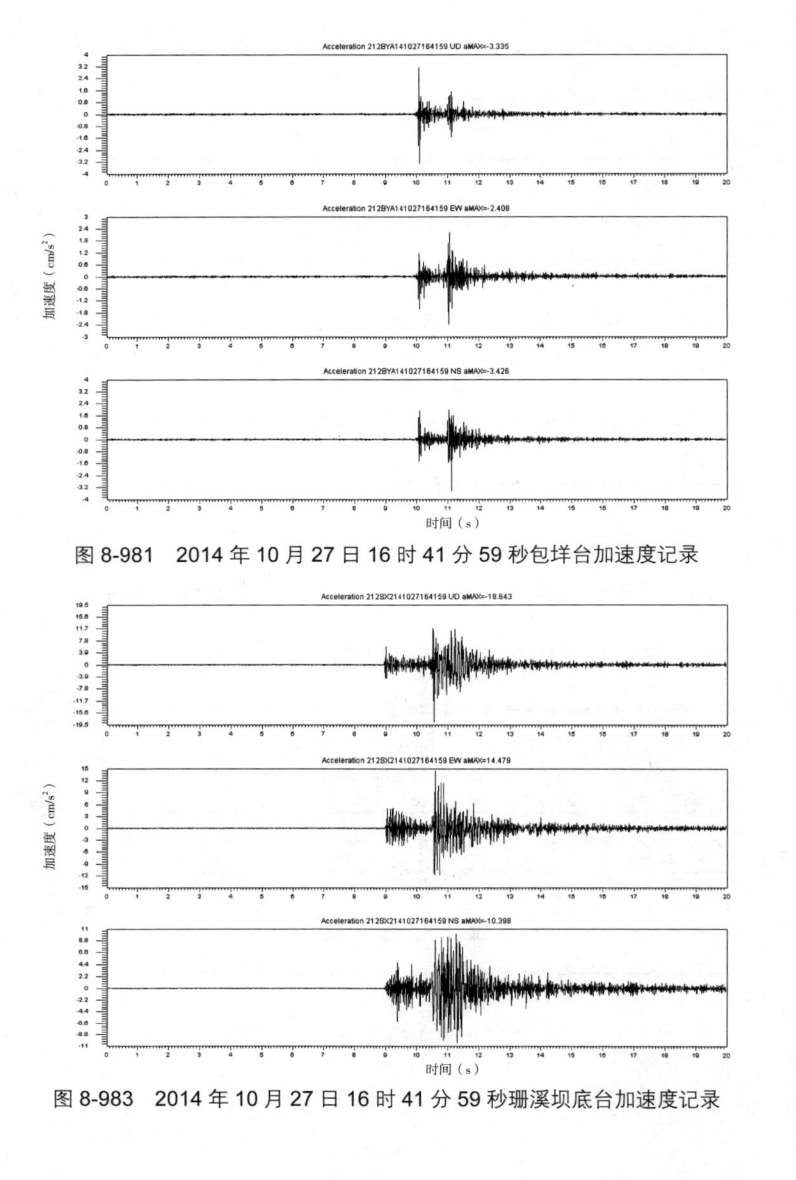

图 8-981　2014 年 10 月 27 日 16 时 41 分 59 秒包垟台加速度记录

图 8-983　2014 年 10 月 27 日 16 时 41 分 59 秒珊溪坝底台加速度记录

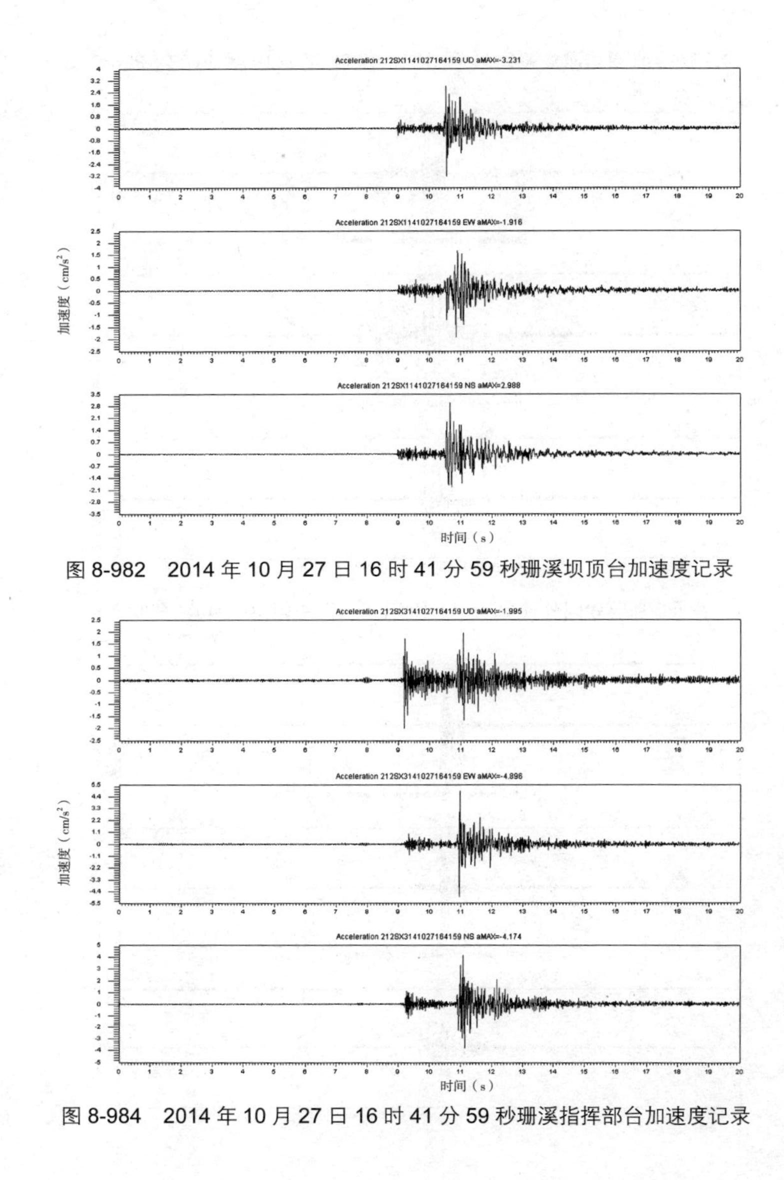

图 8-982　2014 年 10 月 27 日 16 时 41 分 59 秒珊溪坝顶台加速度记录

图 8-984　2014 年 10 月 27 日 16 时 41 分 59 秒珊溪指挥部台加速度记录

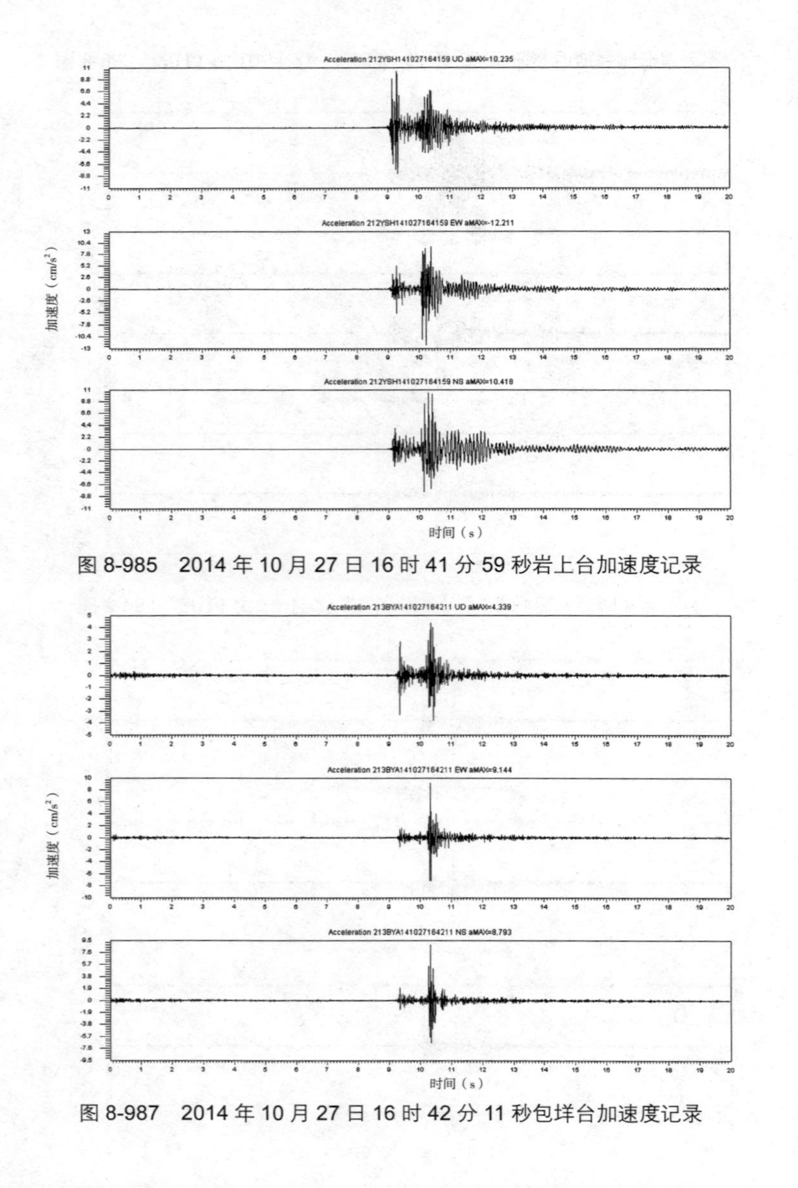

图 8-985　2014 年 10 月 27 日 16 时 41 分 59 秒岩上台加速度记录

图 8-987　2014 年 10 月 27 日 16 时 42 分 11 秒包垟台加速度记录

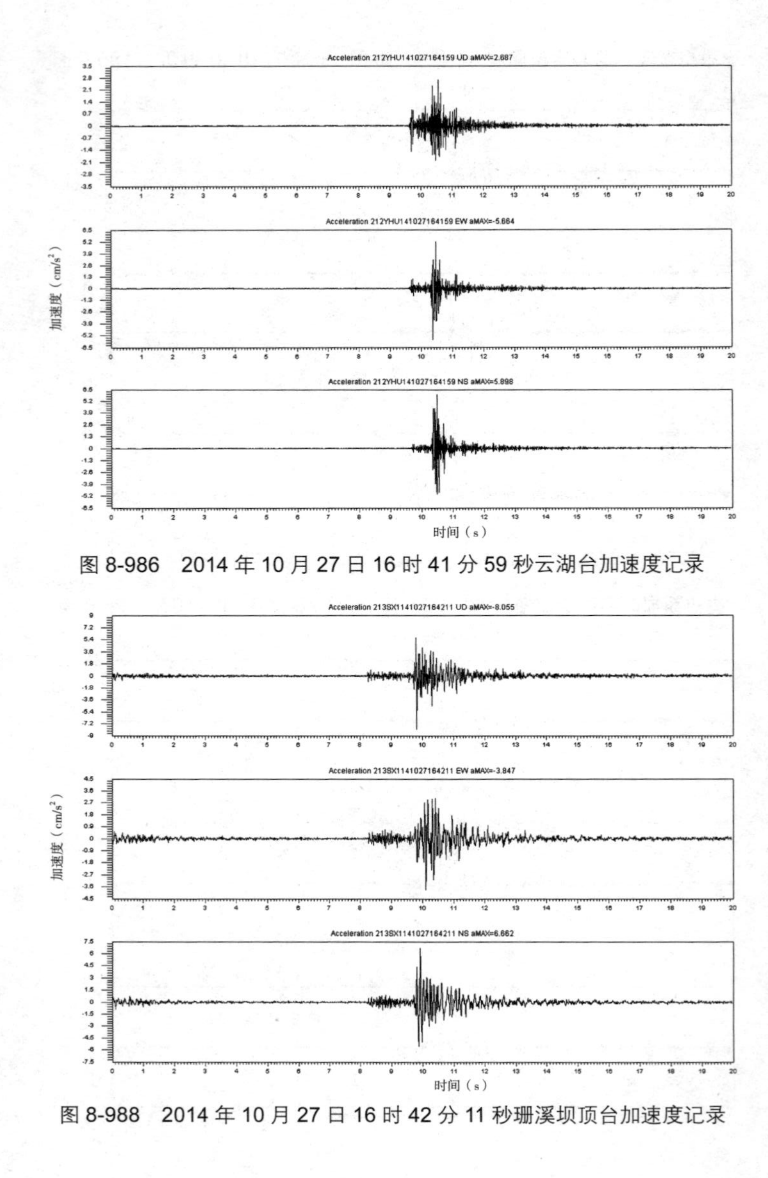

图 8-986　2014 年 10 月 27 日 16 时 41 分 59 秒云湖台加速度记录

图 8-988　2014 年 10 月 27 日 16 时 42 分 11 秒珊溪坝顶台加速度记录

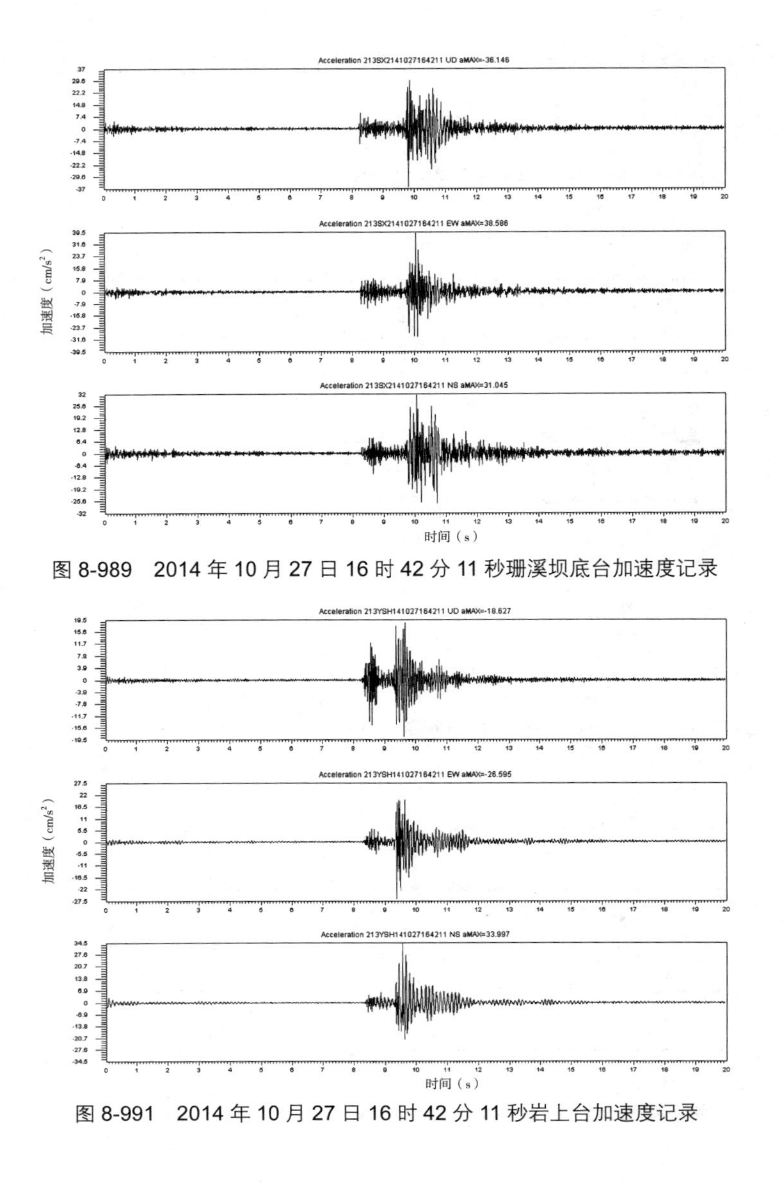

图 8-989　2014 年 10 月 27 日 16 时 42 分 11 秒珊溪坝底台加速度记录

图 8-991　2014 年 10 月 27 日 16 时 42 分 11 秒岩上台加速度记录

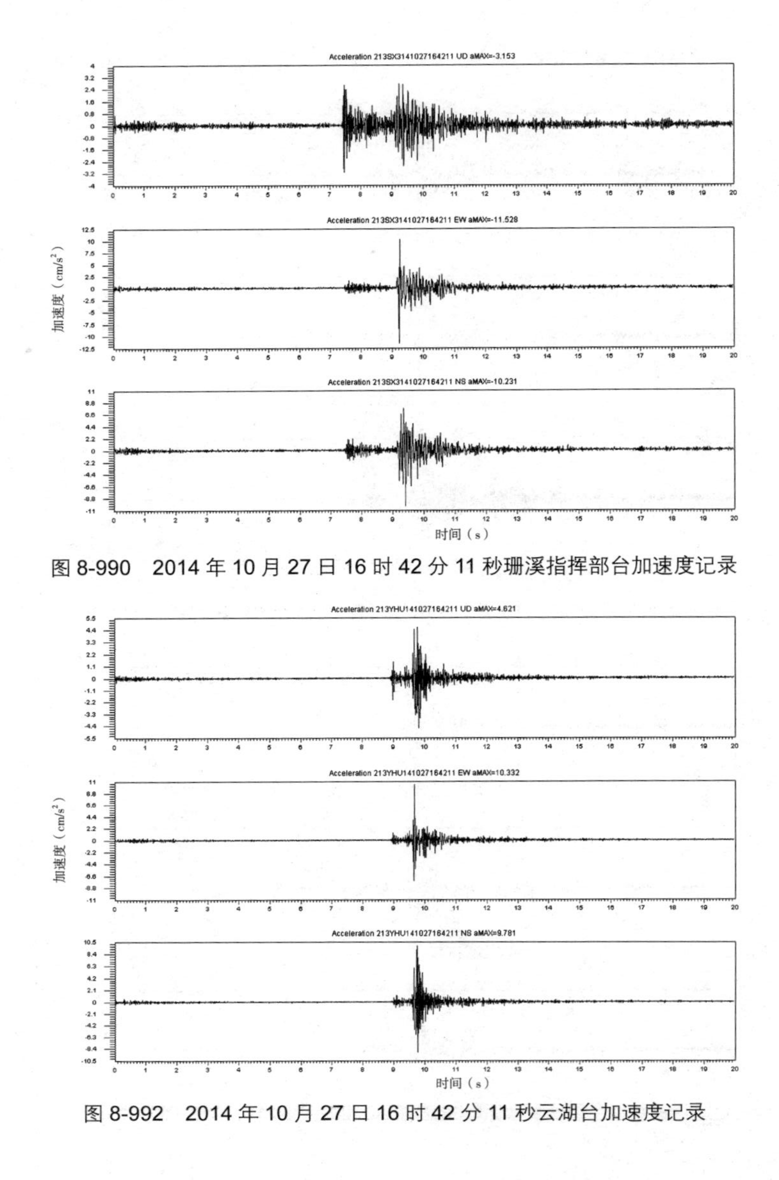

图 8-990　2014 年 10 月 27 日 16 时 42 分 11 秒珊溪指挥部台加速度记录

图 8-992　2014 年 10 月 27 日 16 时 42 分 11 秒云湖台加速度记录

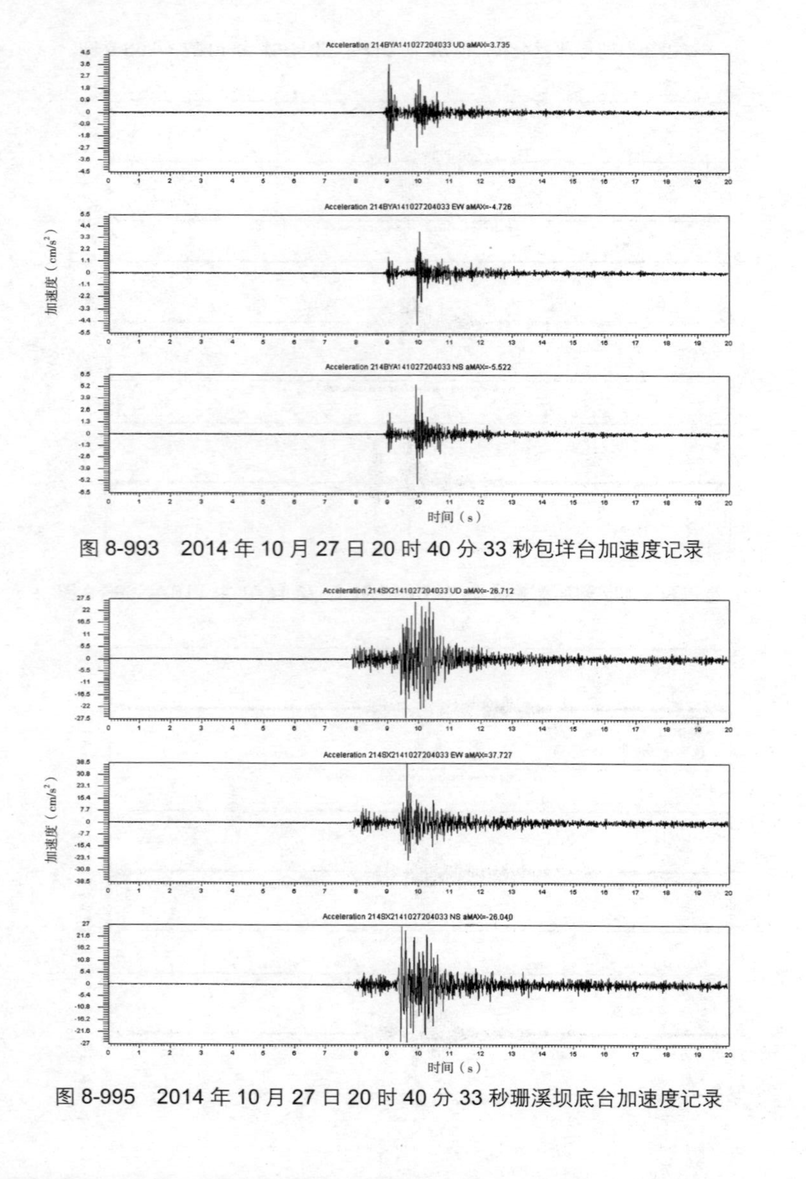

图 8-993　2014 年 10 月 27 日 20 时 40 分 33 秒包垟台加速度记录

图 8-995　2014 年 10 月 27 日 20 时 40 分 33 秒珊溪坝底台加速度记录

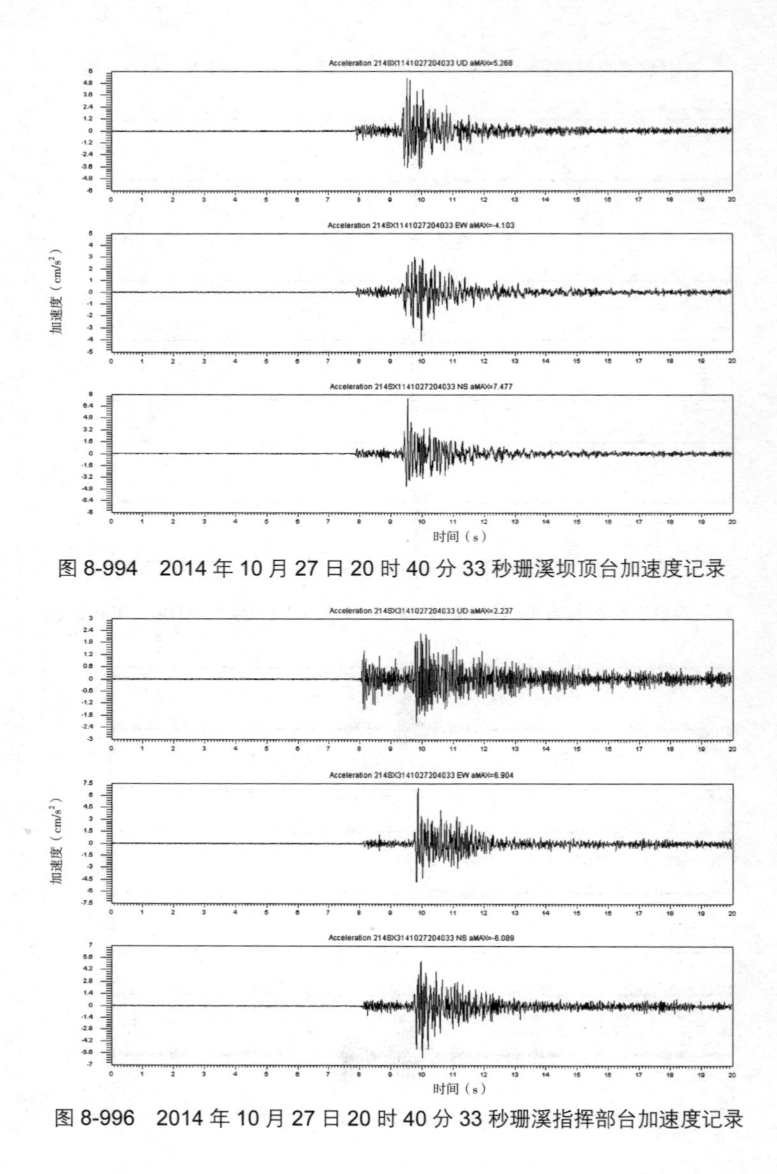

图 8-994　2014 年 10 月 27 日 20 时 40 分 33 秒珊溪坝顶台加速度记录

图 8-996　2014 年 10 月 27 日 20 时 40 分 33 秒珊溪指挥部台加速度记录

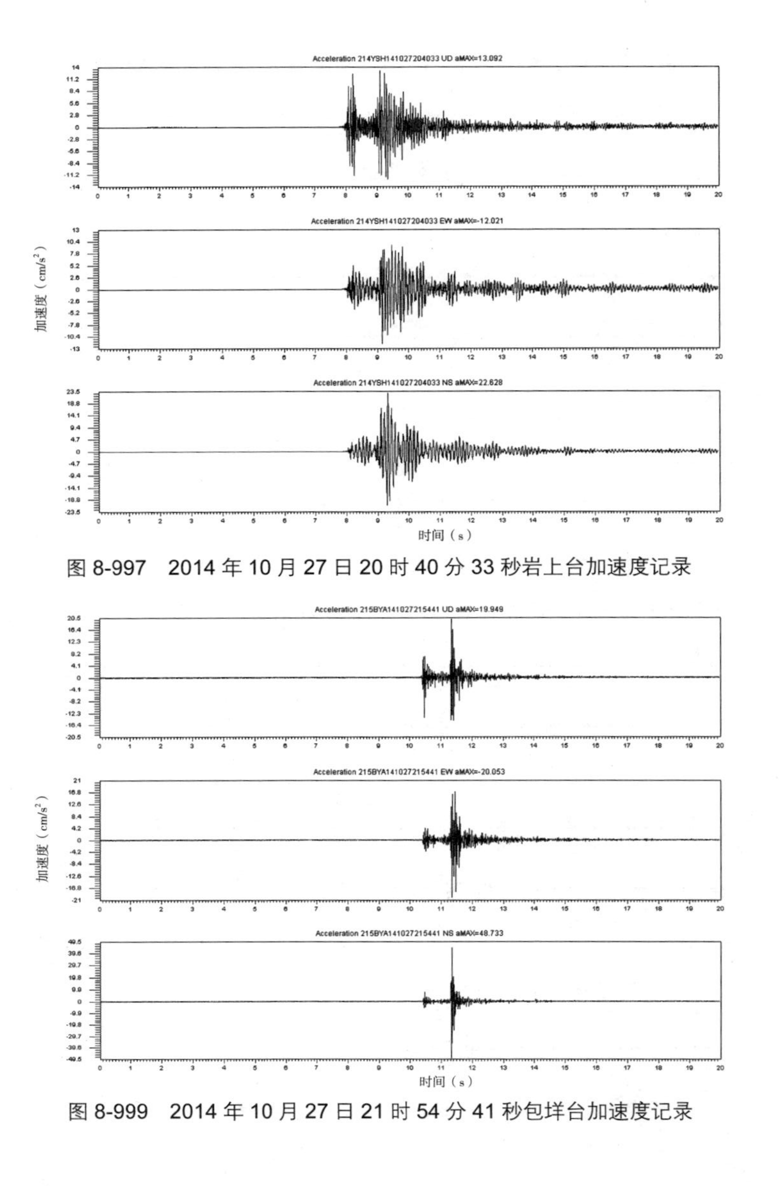

图 8-997　2014 年 10 月 27 日 20 时 40 分 33 秒岩上台加速度记录

图 8-999　2014 年 10 月 27 日 21 时 54 分 41 秒包垟台加速度记录

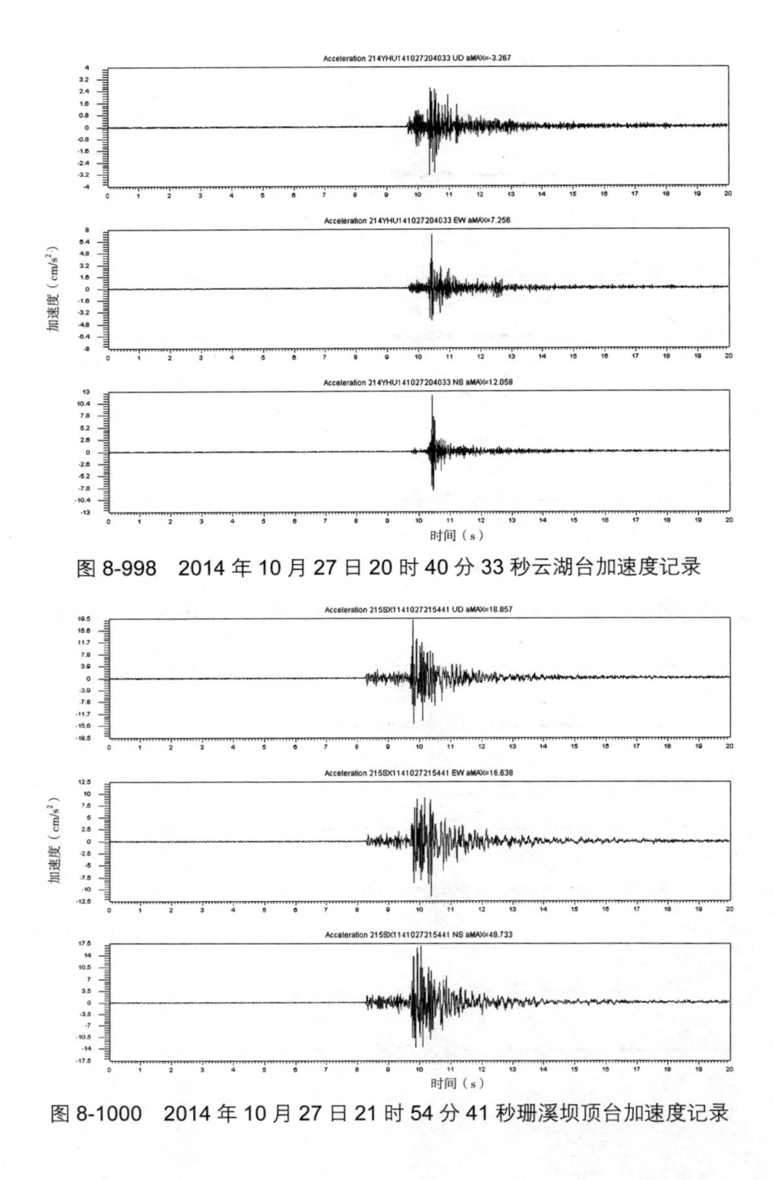

图 8-998　2014 年 10 月 27 日 20 时 40 分 33 秒云湖台加速度记录

图 8-1000　2014 年 10 月 27 日 21 时 54 分 41 秒珊溪坝顶台加速度记录

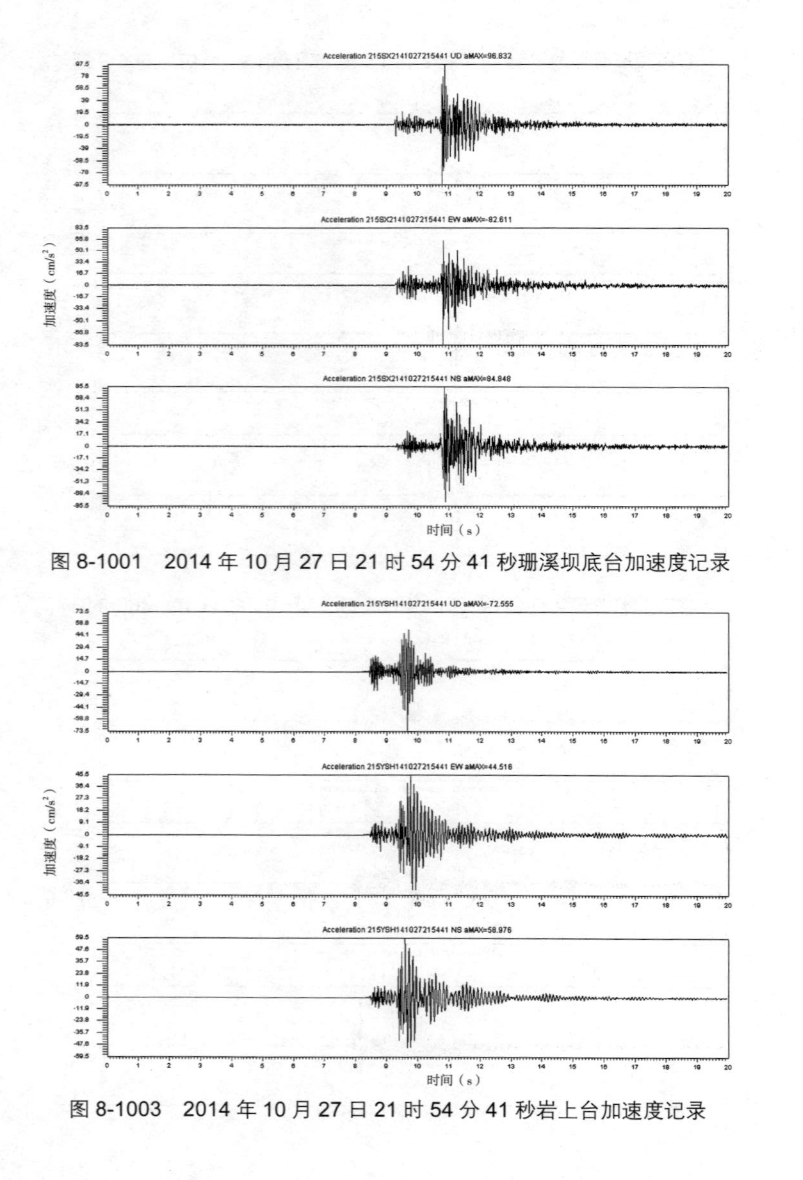

图 8-1001　2014 年 10 月 27 日 21 时 54 分 41 秒珊溪坝底台加速度记录

图 8-1003　2014 年 10 月 27 日 21 时 54 分 41 秒岩上台加速度记录

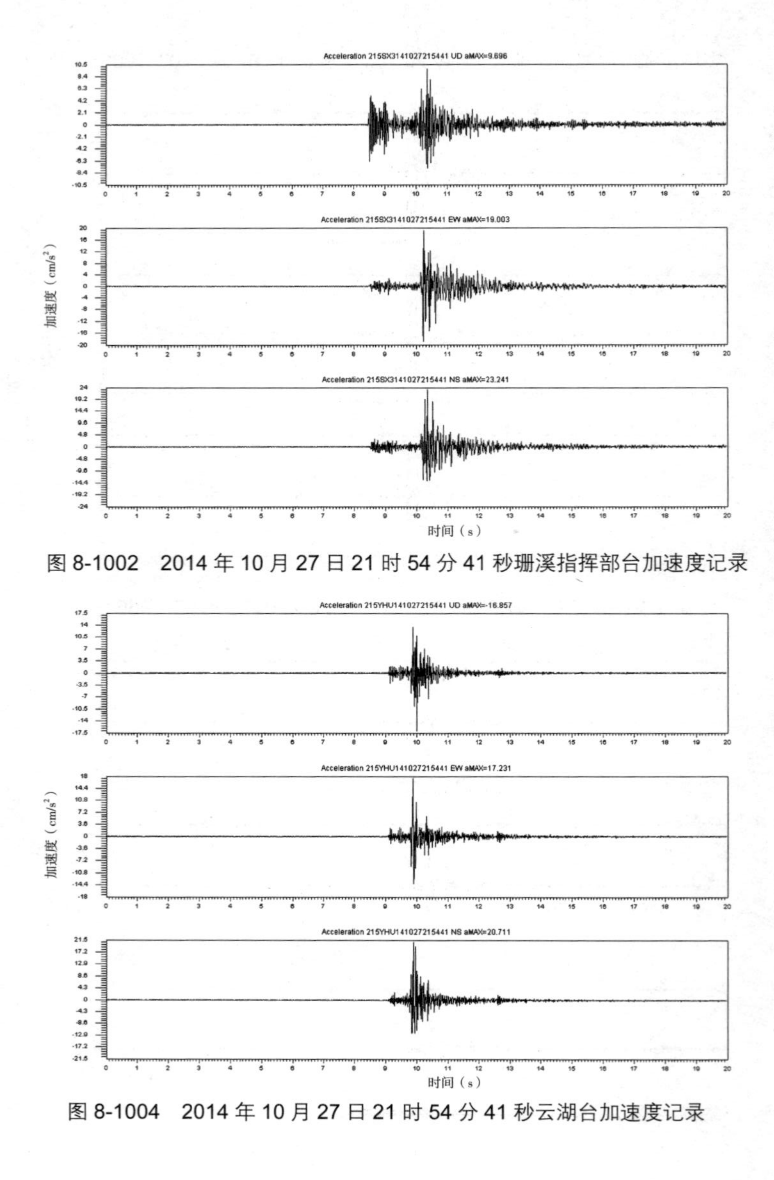

图 8-1002　2014 年 10 月 27 日 21 时 54 分 41 秒珊溪指挥部台加速度记录

图 8-1004　2014 年 10 月 27 日 21 时 54 分 41 秒云湖台加速度记录

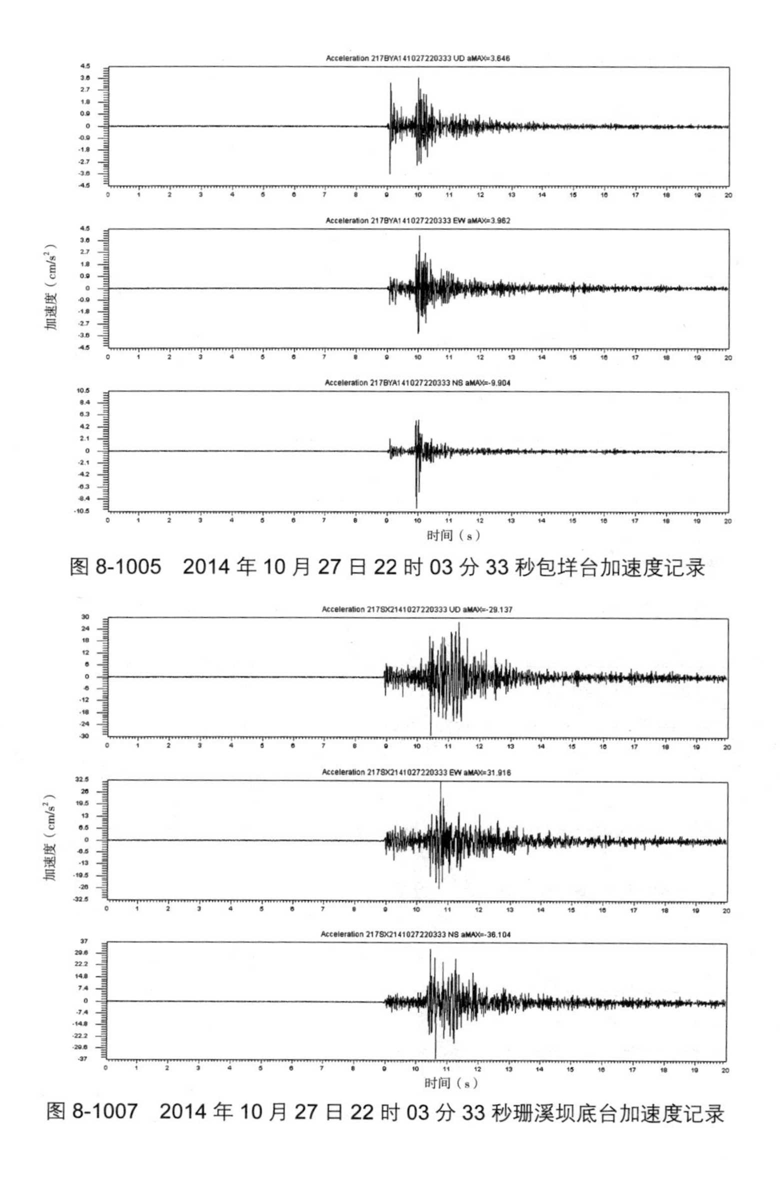

图 8-1005　2014 年 10 月 27 日 22 时 03 分 33 秒包垟台加速度记录

图 8-1007　2014 年 10 月 27 日 22 时 03 分 33 秒珊溪坝底台加速度记录

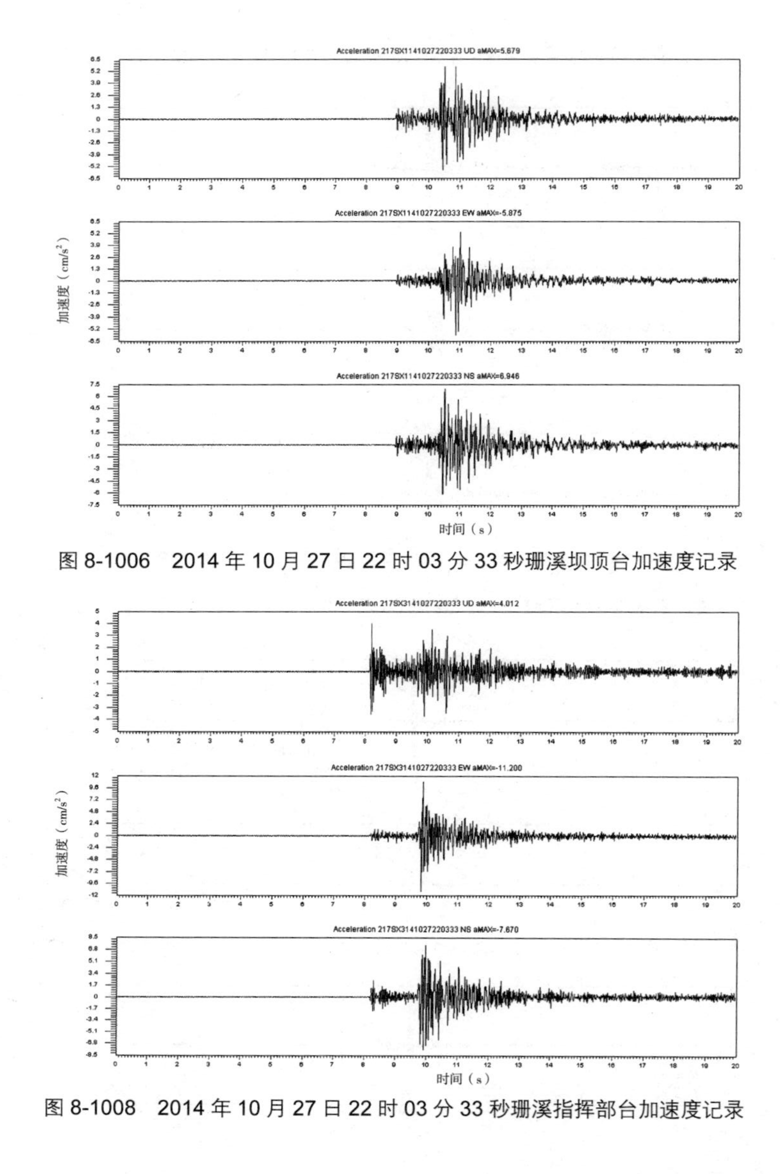

图 8-1006　2014 年 10 月 27 日 22 时 03 分 33 秒珊溪坝顶台加速度记录

图 8-1008　2014 年 10 月 27 日 22 时 03 分 33 秒珊溪指挥部台加速度记录

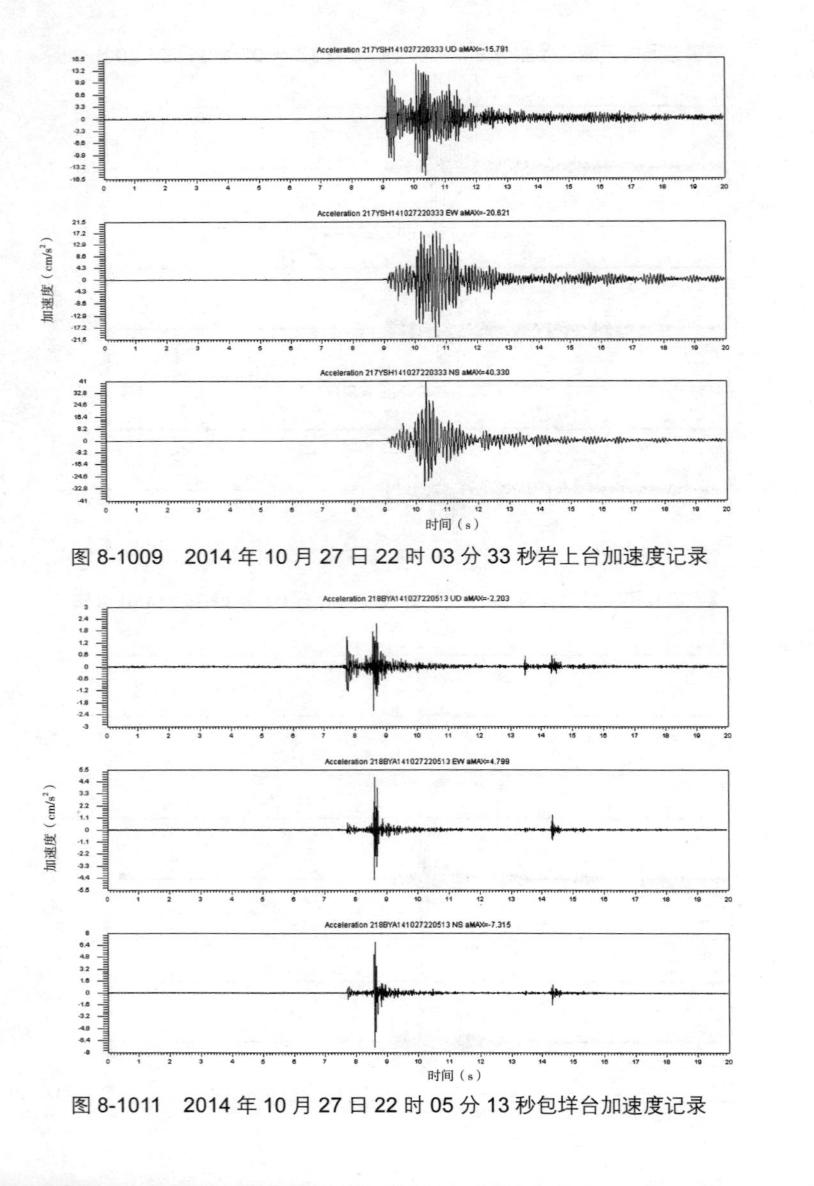

图 8-1009　2014 年 10 月 27 日 22 时 03 分 33 秒岩上台加速度记录

图 8-1011　2014 年 10 月 27 日 22 时 05 分 13 秒包垟台加速度记录

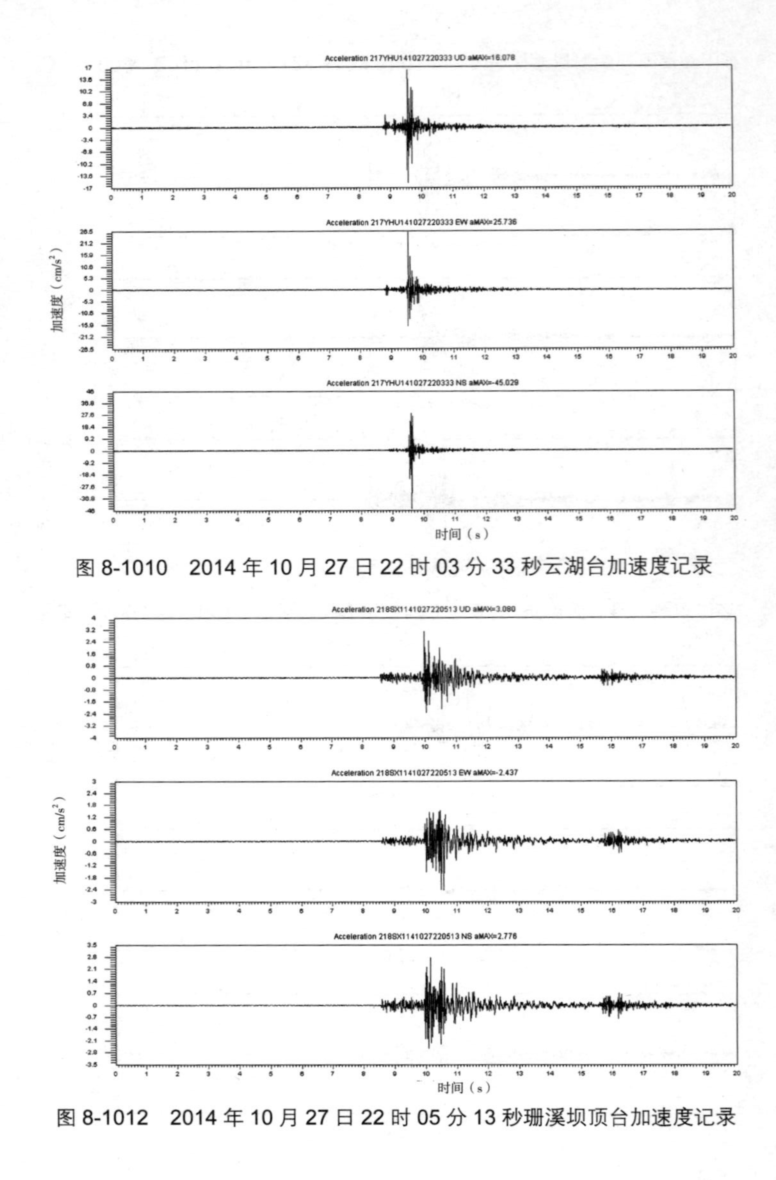

图 8-1010　2014 年 10 月 27 日 22 时 03 分 33 秒云湖台加速度记录

图 8-1012　2014 年 10 月 27 日 22 时 05 分 13 秒珊溪坝顶台加速度记录

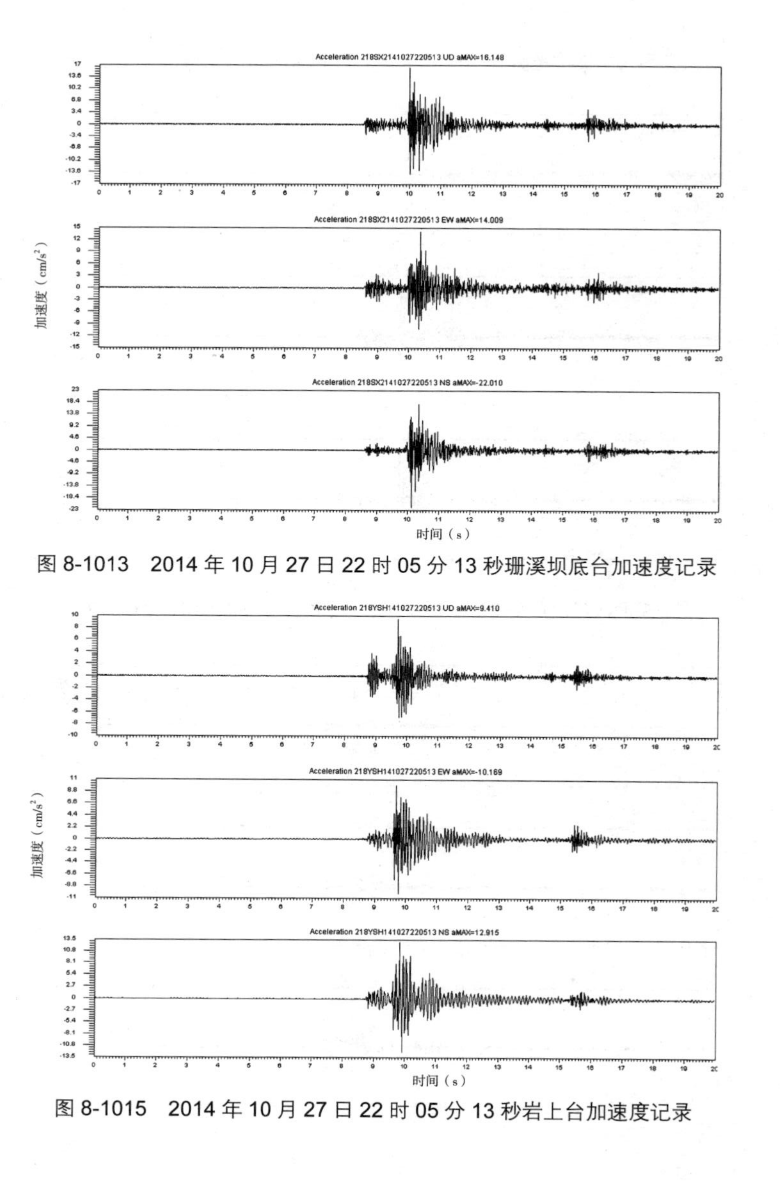

图 8-1013 2014 年 10 月 27 日 22 时 05 分 13 秒珊溪坝底台加速度记录

图 8-1015 2014 年 10 月 27 日 22 时 05 分 13 秒岩上台加速度记录

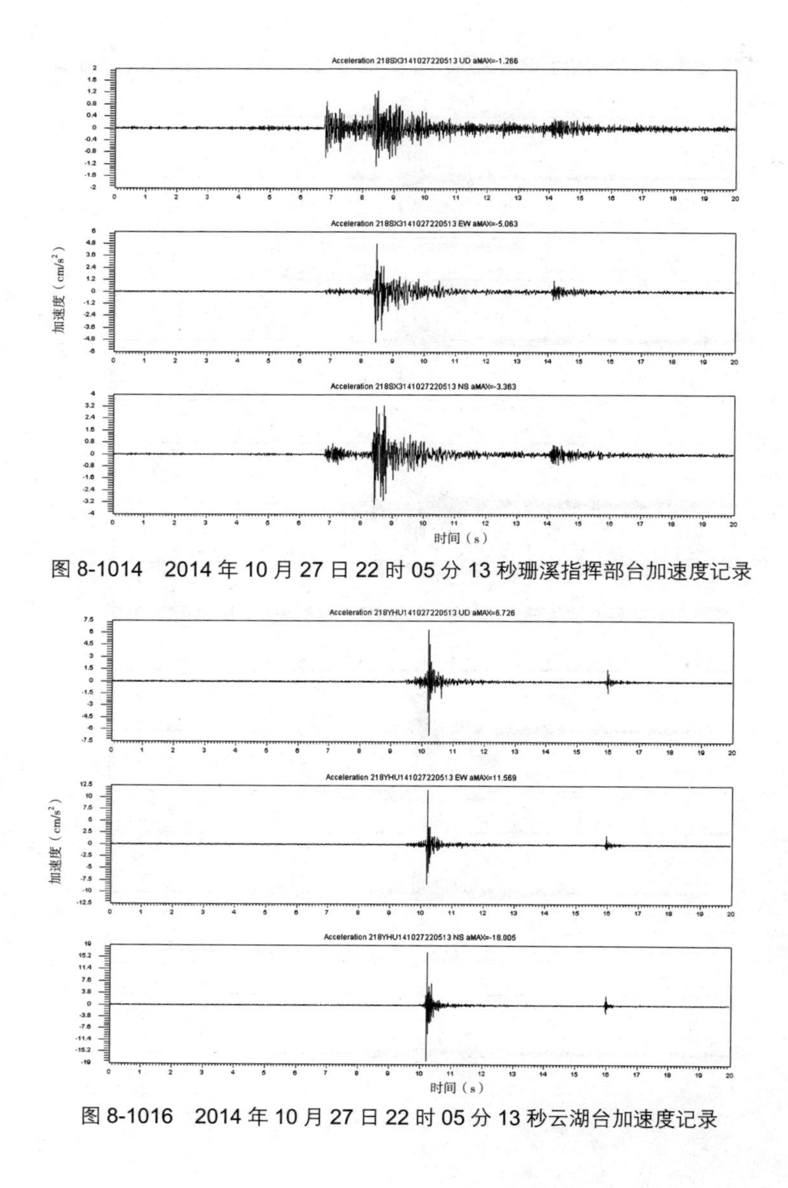

图 8-1014 2014 年 10 月 27 日 22 时 05 分 13 秒珊溪指挥部台加速度记录

图 8-1016 2014 年 10 月 27 日 22 时 05 分 13 秒云湖台加速度记录

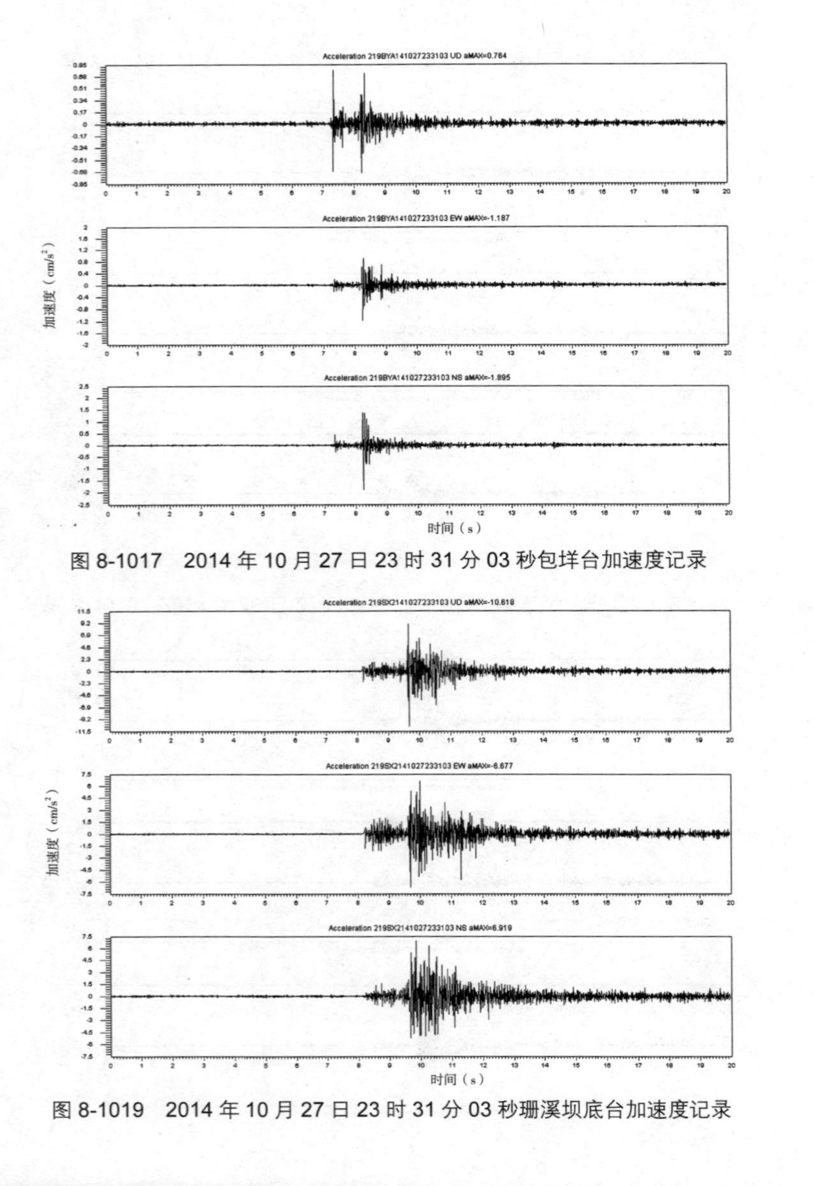

图 8-1017　2014 年 10 月 27 日 23 时 31 分 03 秒包垟台加速度记录

图 8-1019　2014 年 10 月 27 日 23 时 31 分 03 秒珊溪坝底台加速度记录

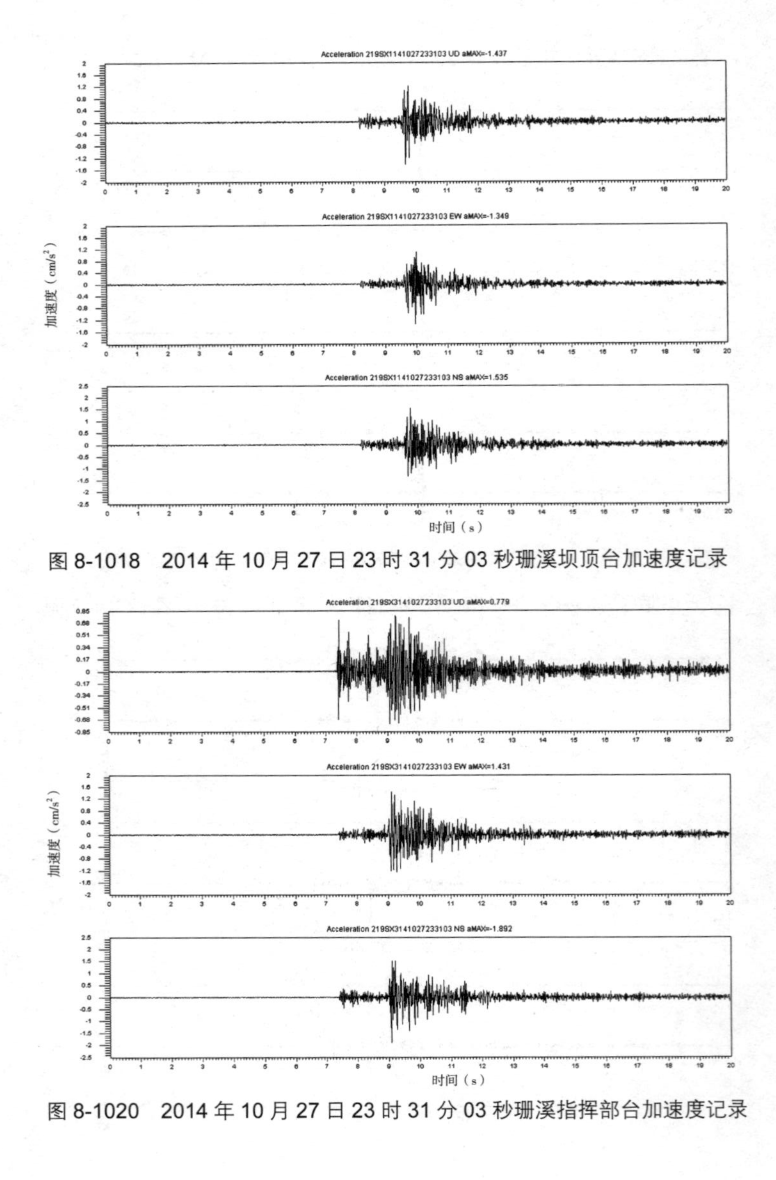

图 8-1018　2014 年 10 月 27 日 23 时 31 分 03 秒珊溪坝顶台加速度记录

图 8-1020　2014 年 10 月 27 日 23 时 31 分 03 秒珊溪指挥部台加速度记录

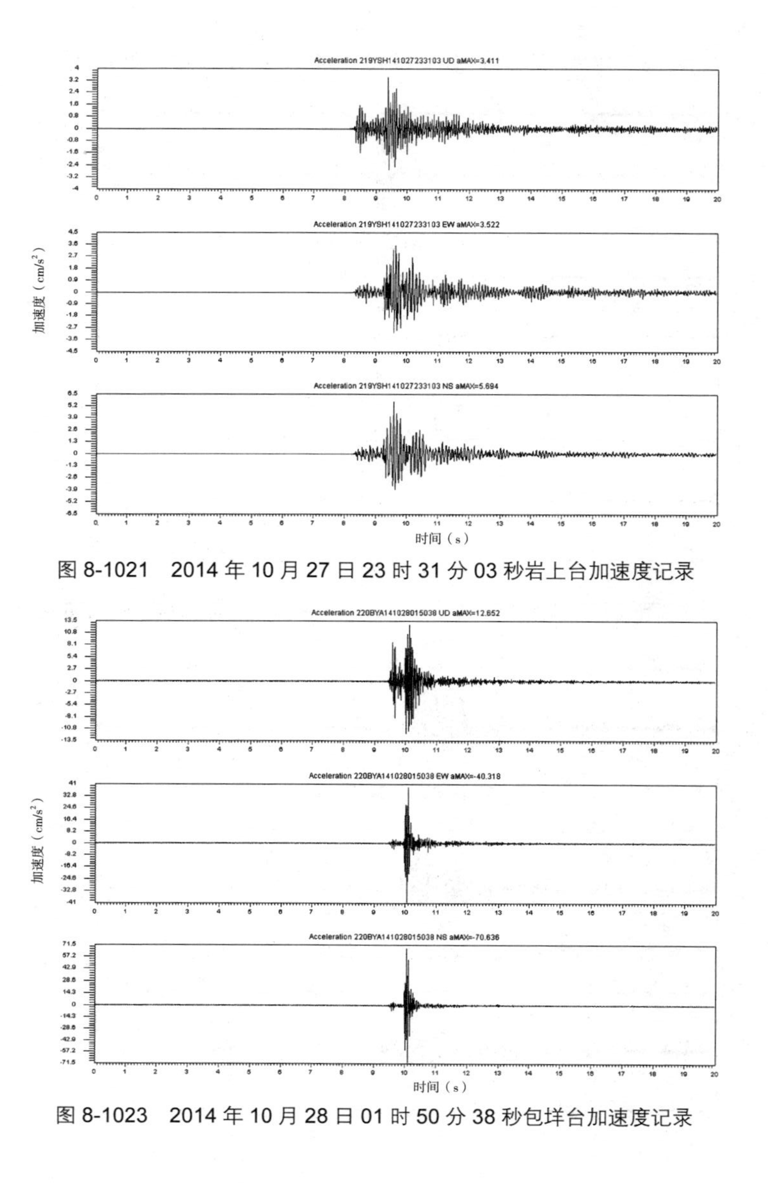

图 8-1021　2014 年 10 月 27 日 23 时 31 分 03 秒岩上台加速度记录

图 8-1023　2014 年 10 月 28 日 01 时 50 分 38 秒包垟台加速度记录

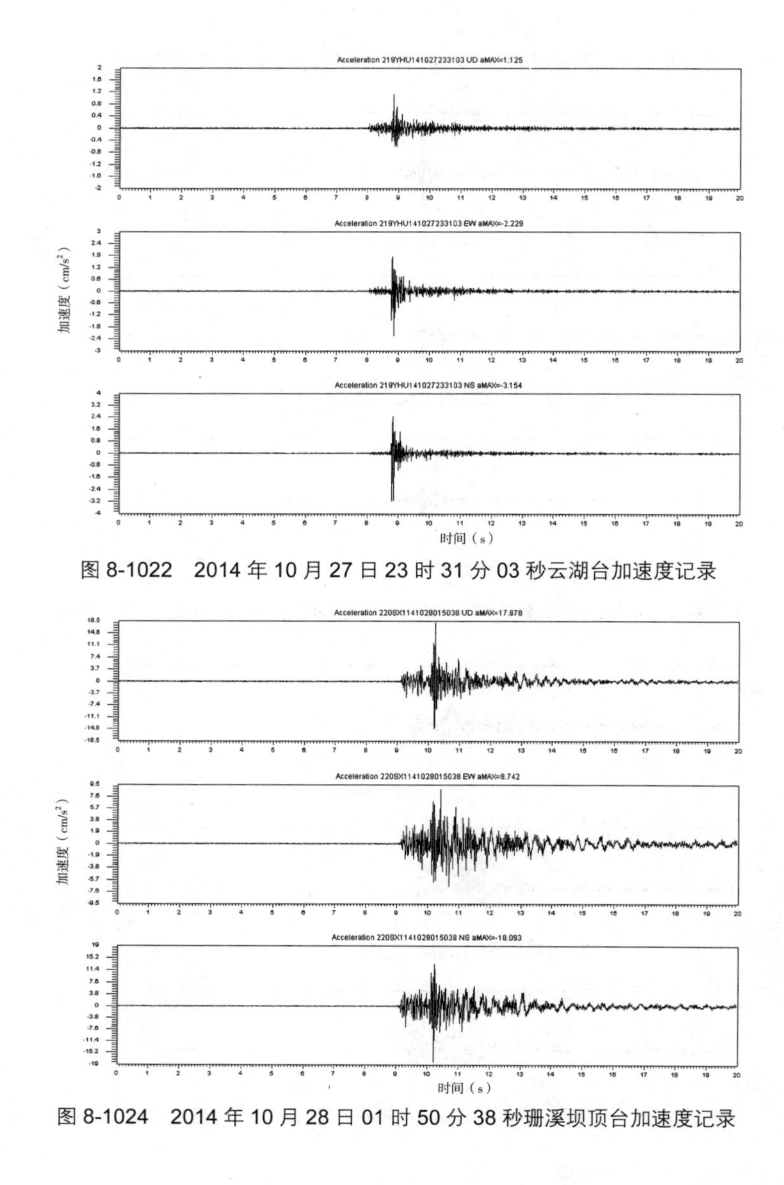

图 8-1022　2014 年 10 月 27 日 23 时 31 分 03 秒云湖台加速度记录

图 8-1024　2014 年 10 月 28 日 01 时 50 分 38 秒珊溪坝顶台加速度记录

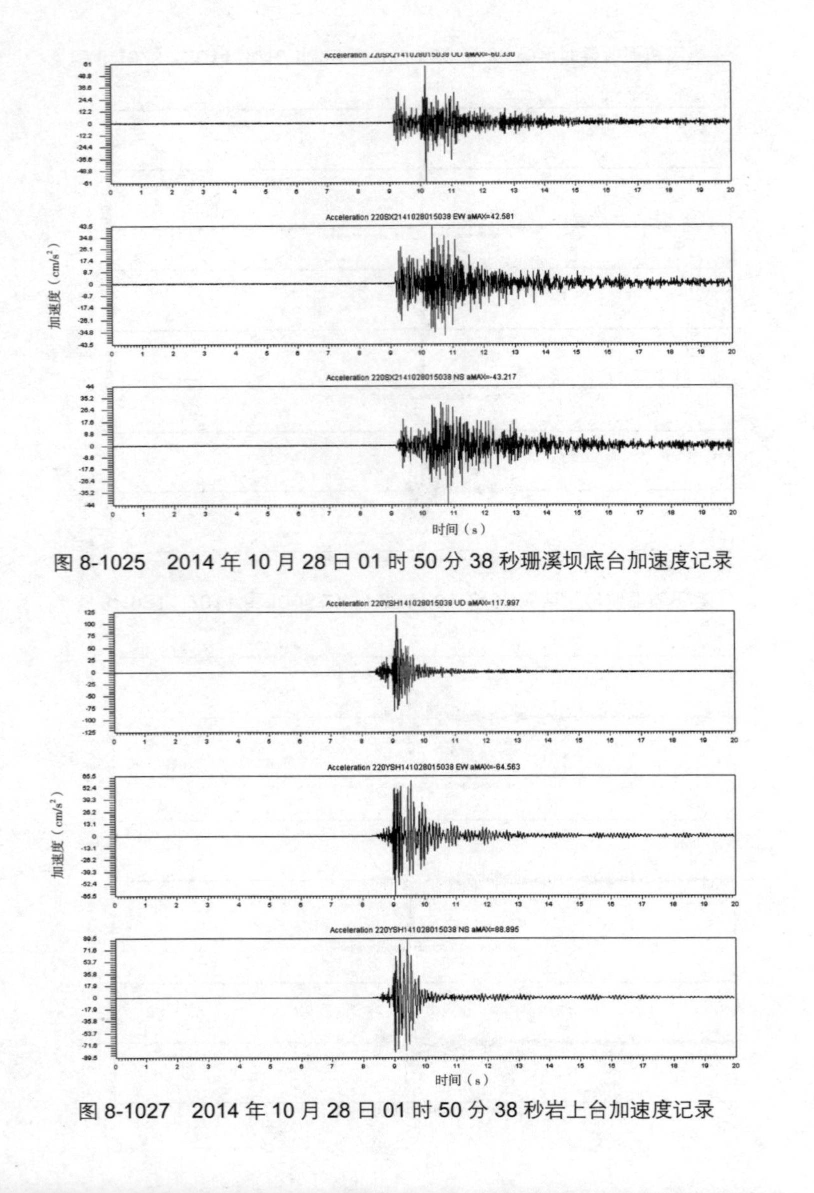

图 8-1025　2014 年 10 月 28 日 01 时 50 分 38 秒珊溪坝底台加速度记录

图 8-1027　2014 年 10 月 28 日 01 时 50 分 38 秒岩上台加速度记录

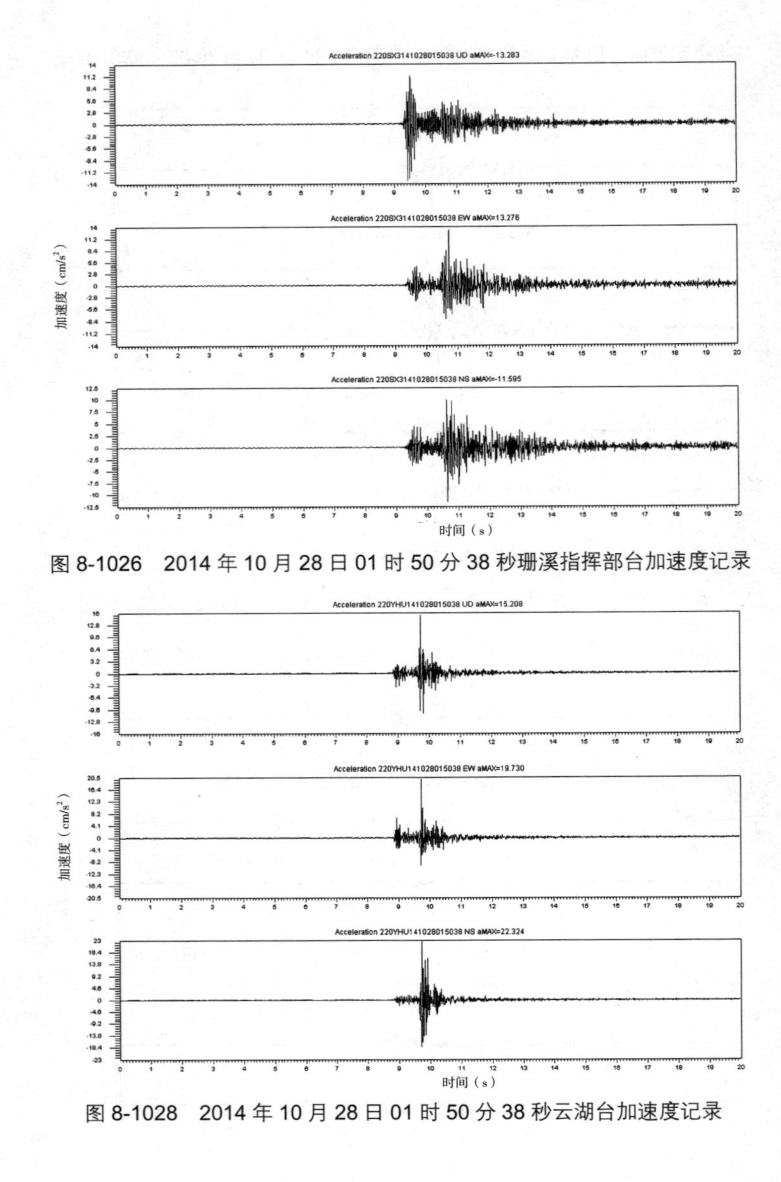

图 8-1026　2014 年 10 月 28 日 01 时 50 分 38 秒珊溪指挥部台加速度记录

图 8-1028　2014 年 10 月 28 日 01 时 50 分 38 秒云湖台加速度记录

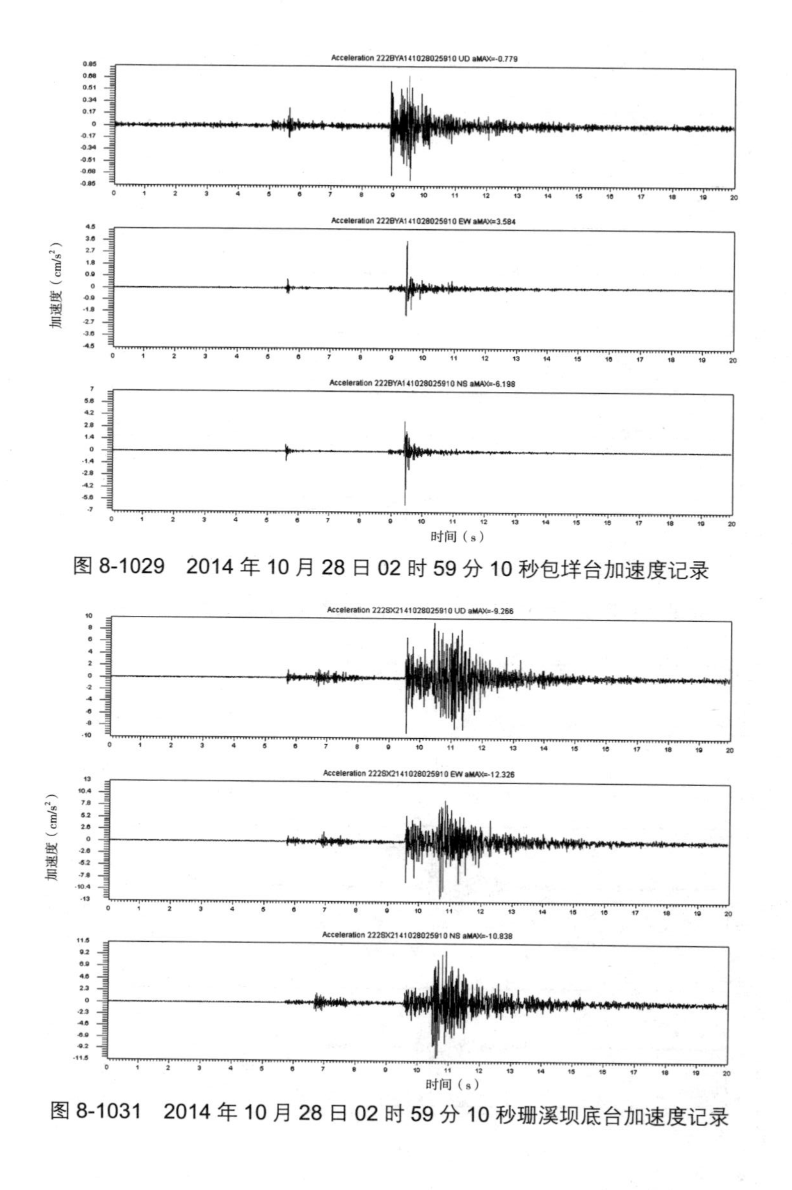

图 8-1029　2014 年 10 月 28 日 02 时 59 分 10 秒包垟台加速度记录

图 8-1031　2014 年 10 月 28 日 02 时 59 分 10 秒珊溪坝底台加速度记录

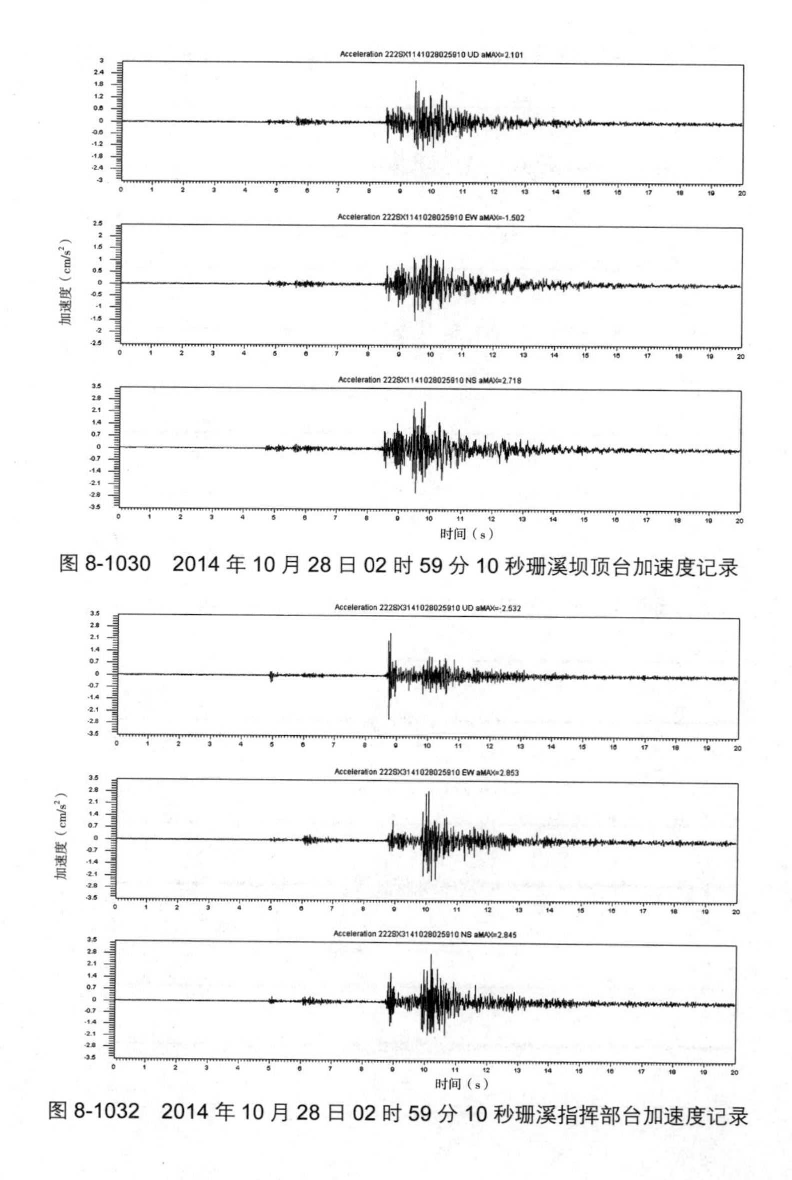

图 8-1030　2014 年 10 月 28 日 02 时 59 分 10 秒珊溪坝顶台加速度记录

图 8-1032　2014 年 10 月 28 日 02 时 59 分 10 秒珊溪指挥部台加速度记录

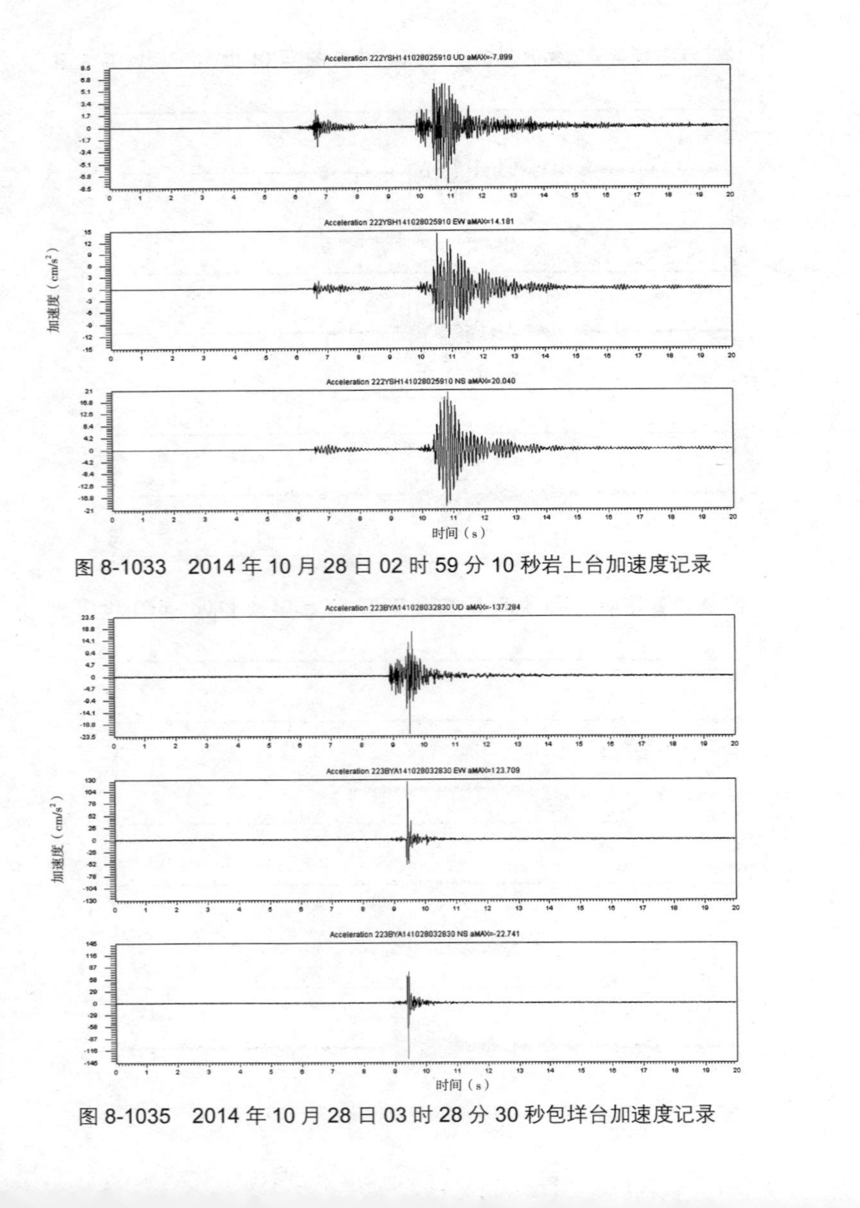

图 8-1033　2014 年 10 月 28 日 02 时 59 分 10 秒岩上台加速度记录

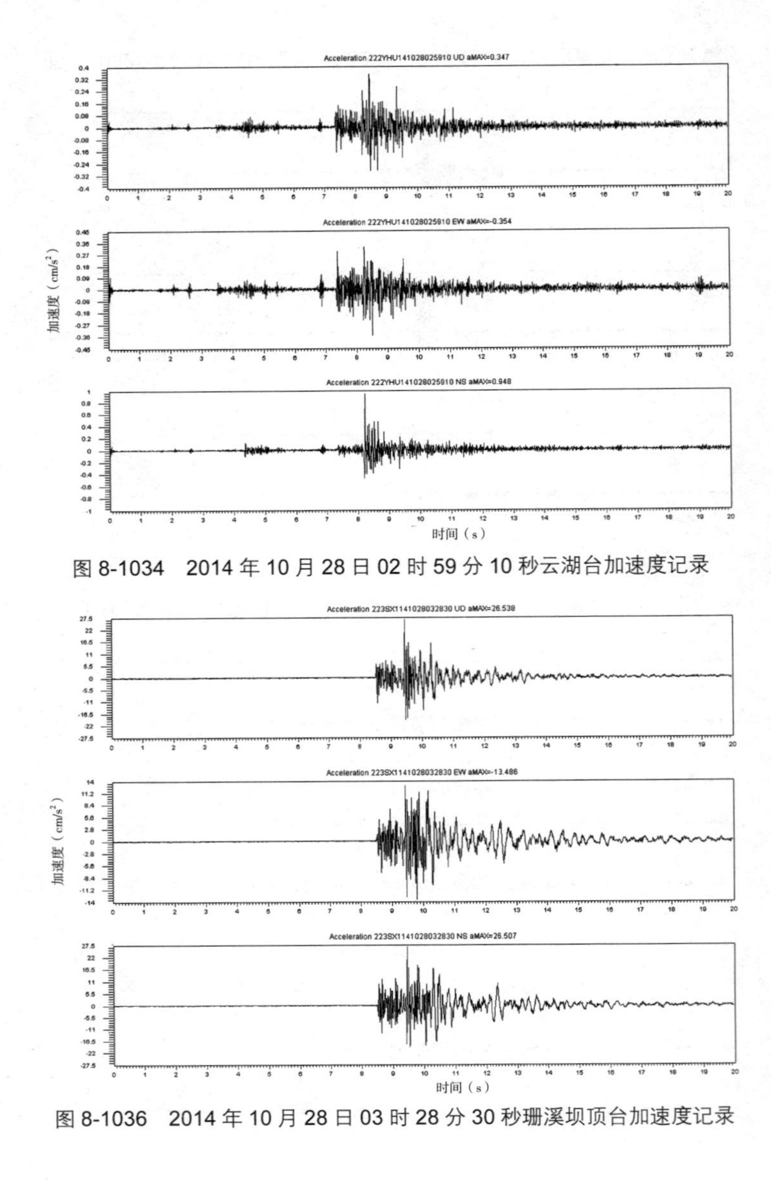

图 8-1034　2014 年 10 月 28 日 02 时 59 分 10 秒云湖台加速度记录

图 8-1035　2014 年 10 月 28 日 03 时 28 分 30 秒包垟台加速度记录

图 8-1036　2014 年 10 月 28 日 03 时 28 分 30 秒珊溪坝顶台加速度记录

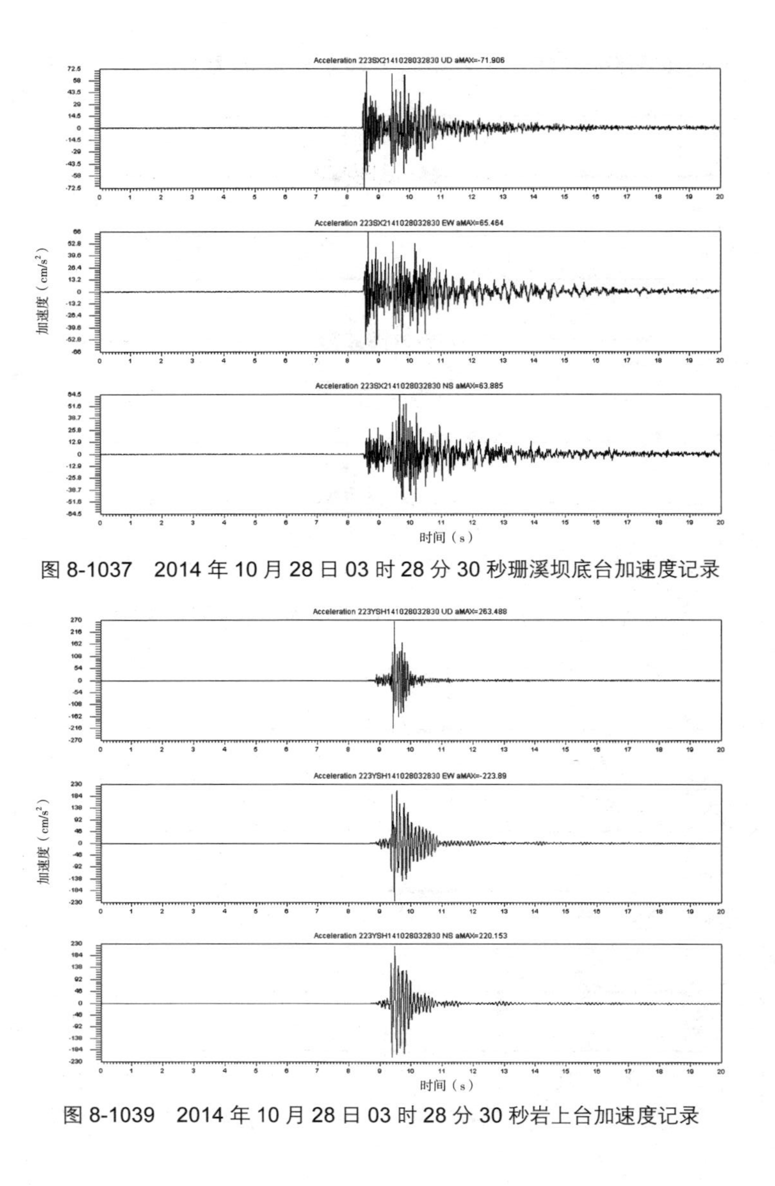

图 8-1037　2014 年 10 月 28 日 03 时 28 分 30 秒珊溪坝底台加速度记录

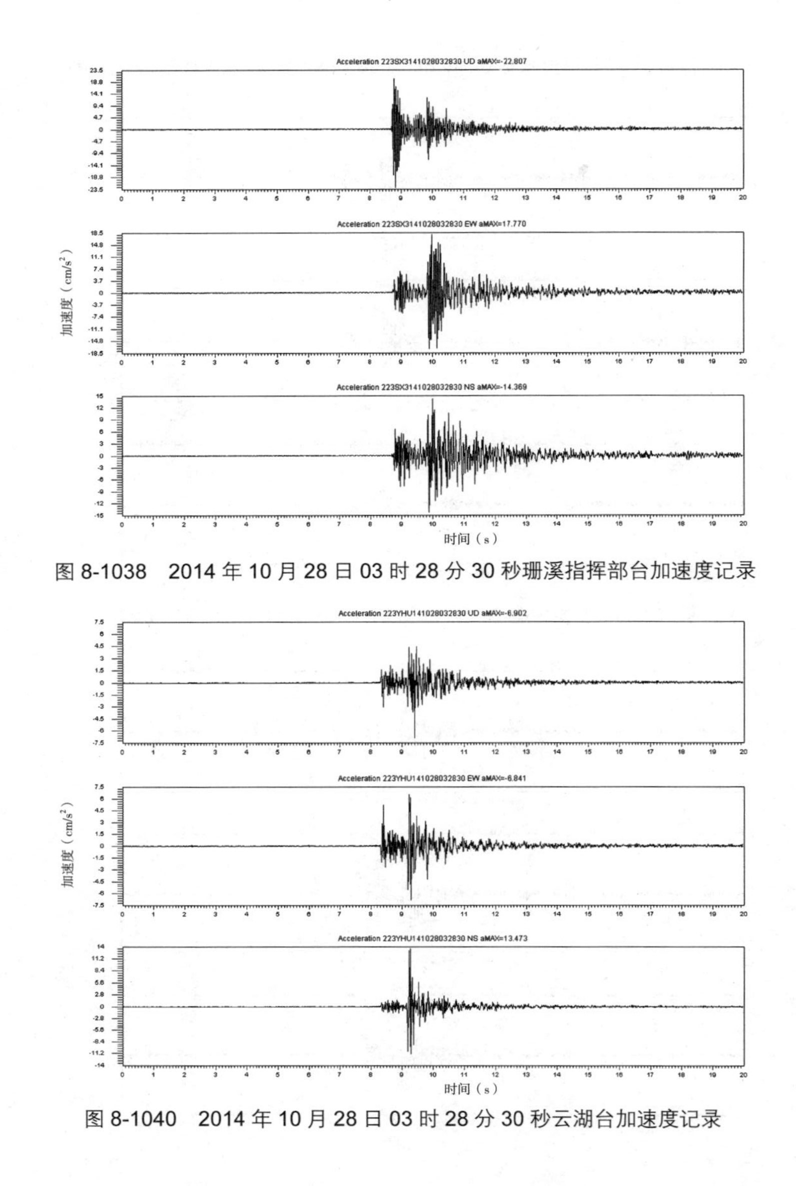

图 8-1038　2014 年 10 月 28 日 03 时 28 分 30 秒珊溪指挥部台加速度记录

图 8-1039　2014 年 10 月 28 日 03 时 28 分 30 秒岩上台加速度记录

图 8-1040　2014 年 10 月 28 日 03 时 28 分 30 秒云湖台加速度记录

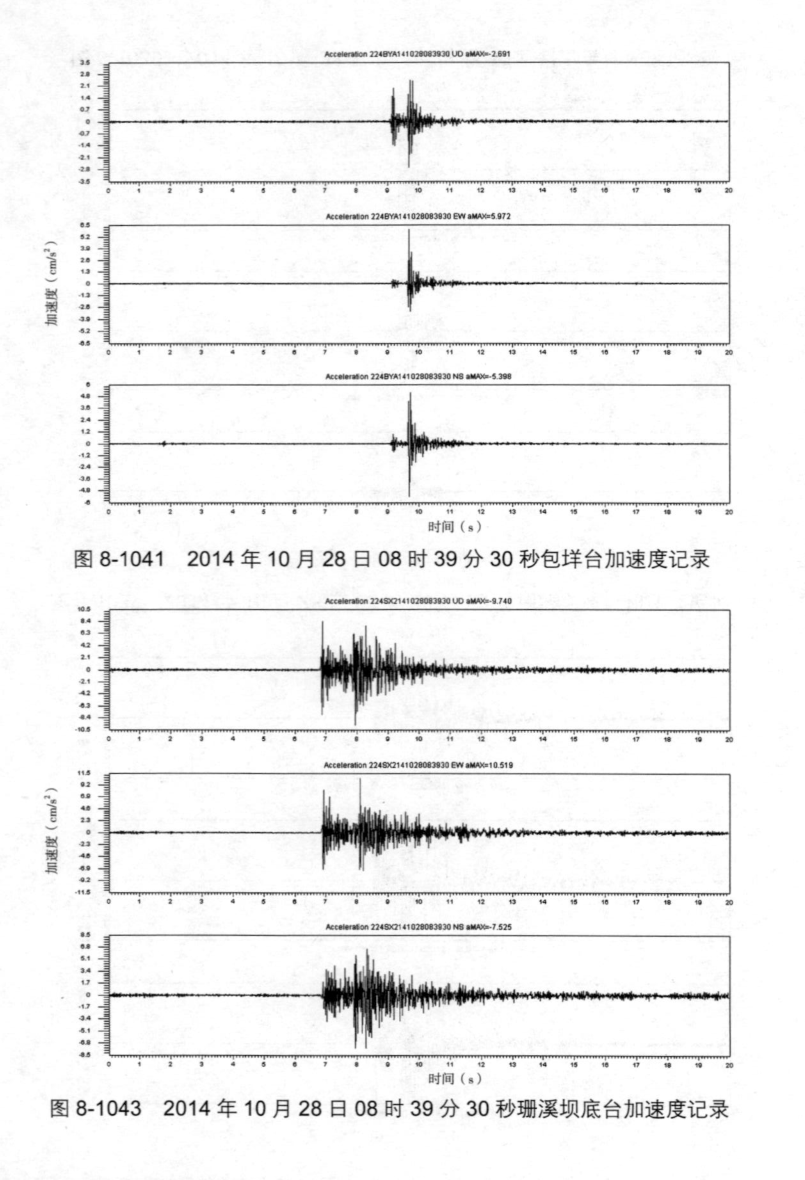

图 8-1041　2014 年 10 月 28 日 08 时 39 分 30 秒包垟台加速度记录

图 8-1043　2014 年 10 月 28 日 08 时 39 分 30 秒珊溪坝底台加速度记录

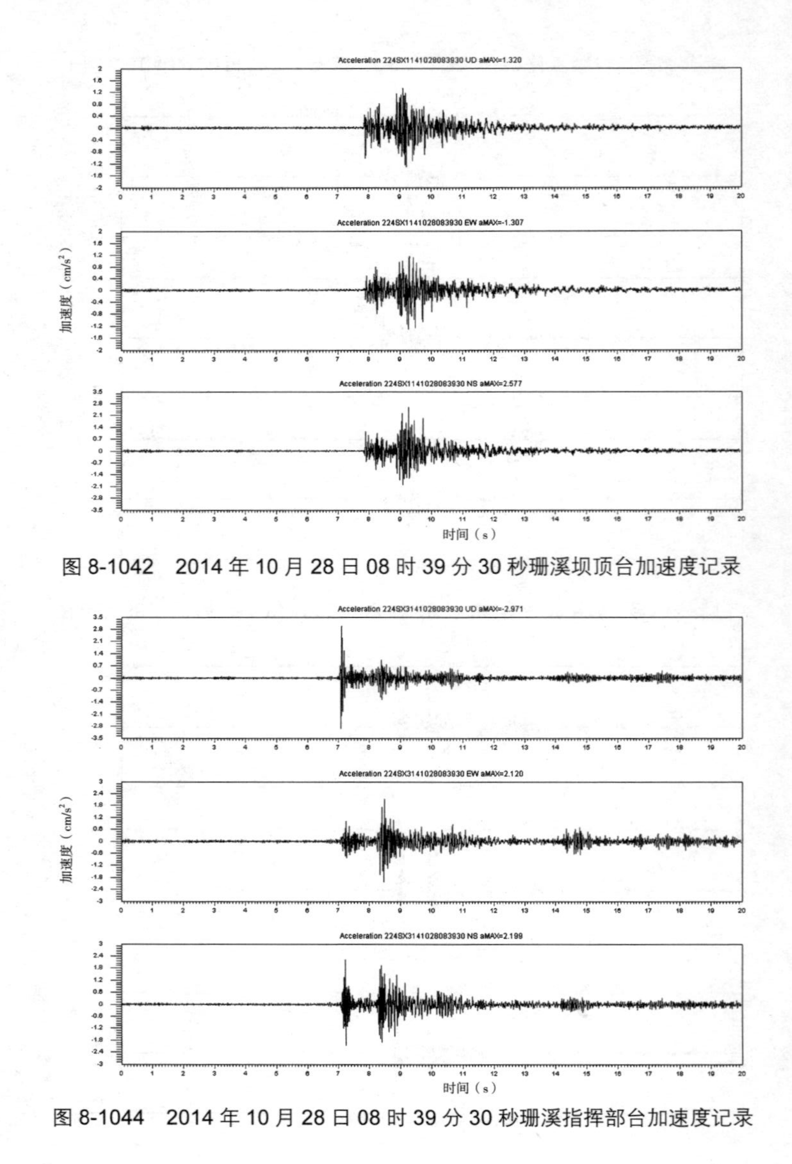

图 8-1042　2014 年 10 月 28 日 08 时 39 分 30 秒珊溪坝顶台加速度记录

图 8-1044　2014 年 10 月 28 日 08 时 39 分 30 秒珊溪指挥部台加速度记录

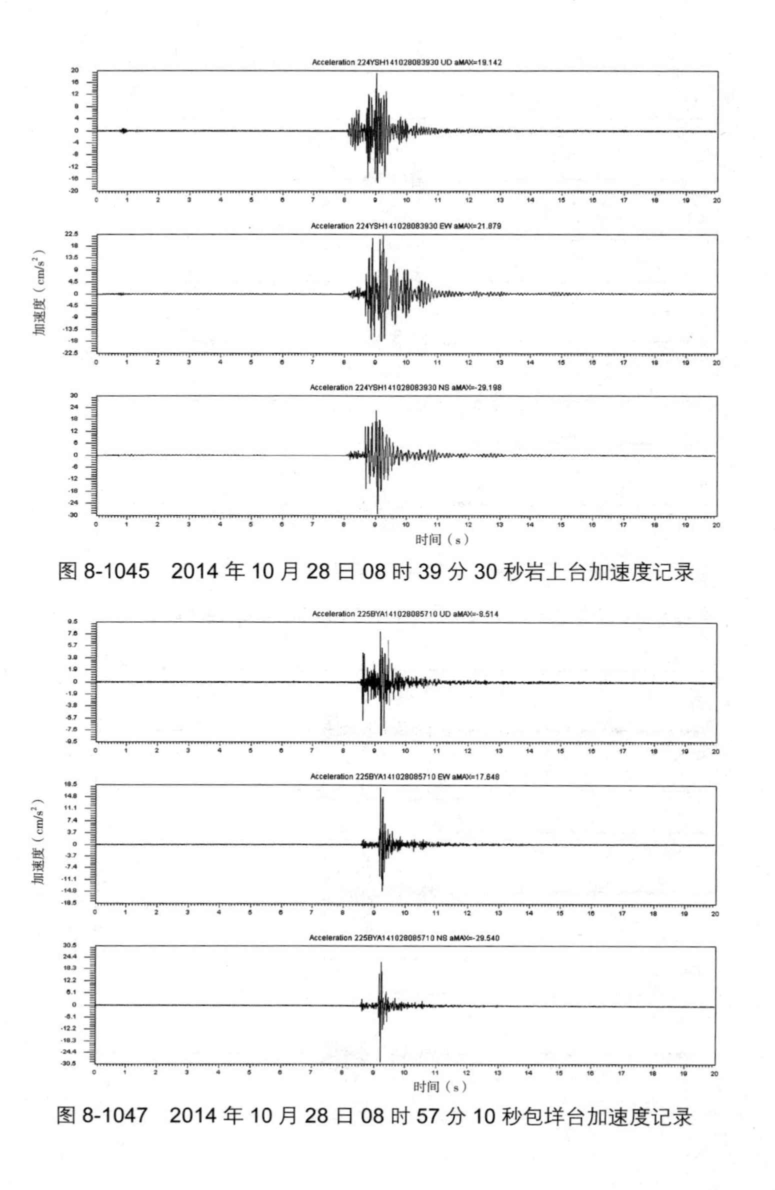

图 8-1045　2014 年 10 月 28 日 08 时 39 分 30 秒岩上台加速度记录

图 8-1047　2014 年 10 月 28 日 08 时 57 分 10 秒包垟台加速度记录

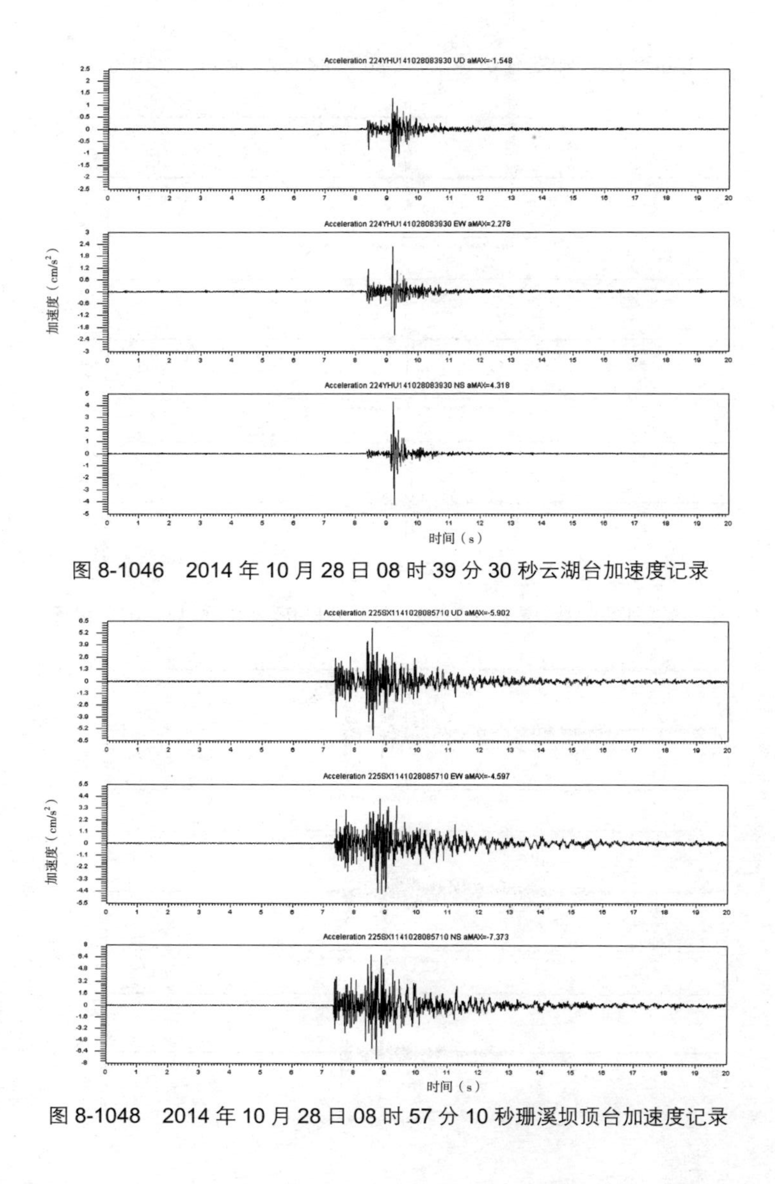

图 8-1046　2014 年 10 月 28 日 08 时 39 分 30 秒云湖台加速度记录

图 8-1048　2014 年 10 月 28 日 08 时 57 分 10 秒珊溪坝顶台加速度记录

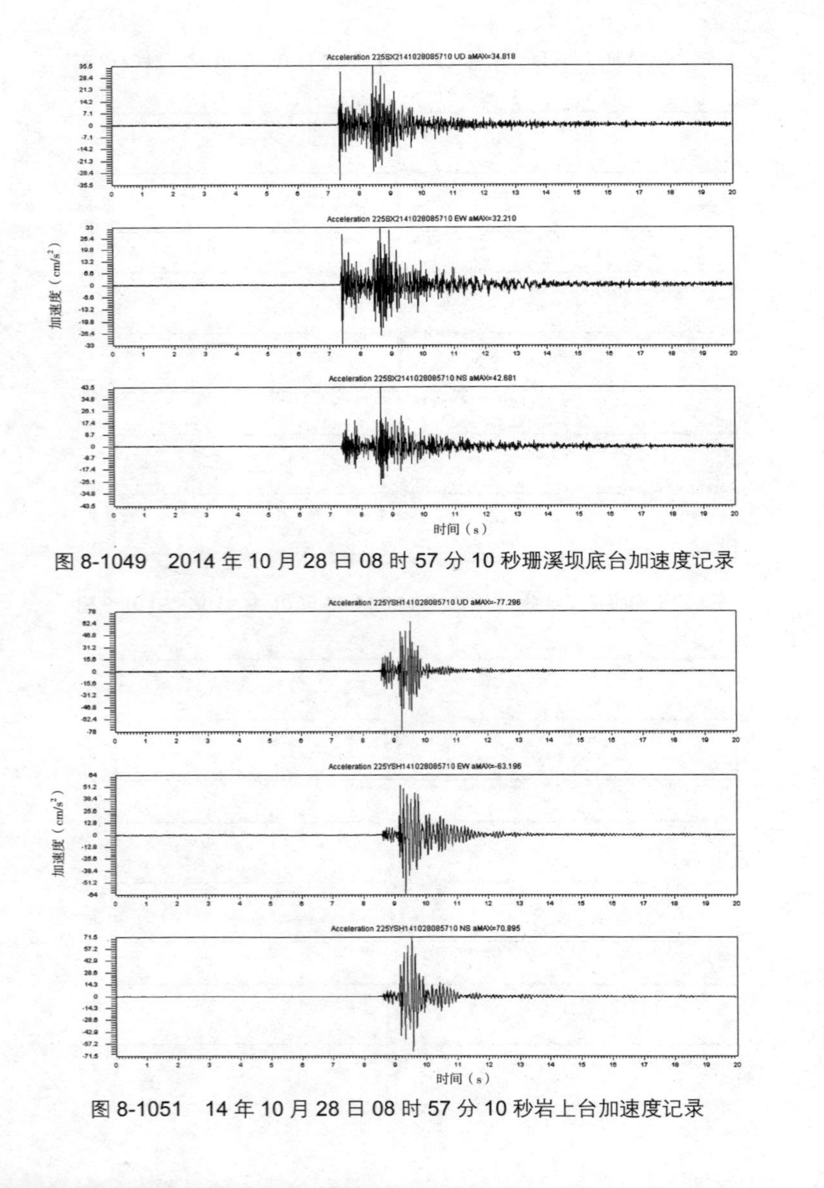

图 8-1049　2014 年 10 月 28 日 08 时 57 分 10 秒珊溪坝底台加速度记录

图 8-1051　14 年 10 月 28 日 08 时 57 分 10 秒岩上台加速度记录

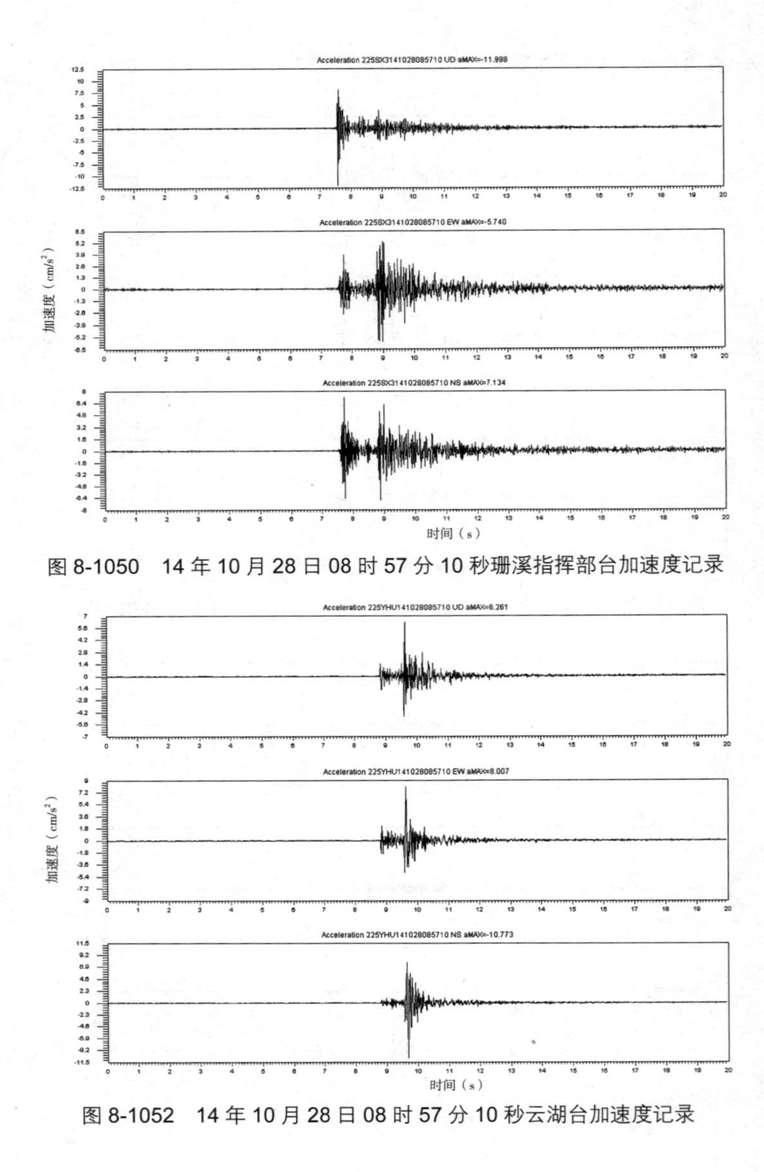

图 8-1050　14 年 10 月 28 日 08 时 57 分 10 秒珊溪指挥部台加速度记录

图 8-1052　14 年 10 月 28 日 08 时 57 分 10 秒云湖台加速度记录

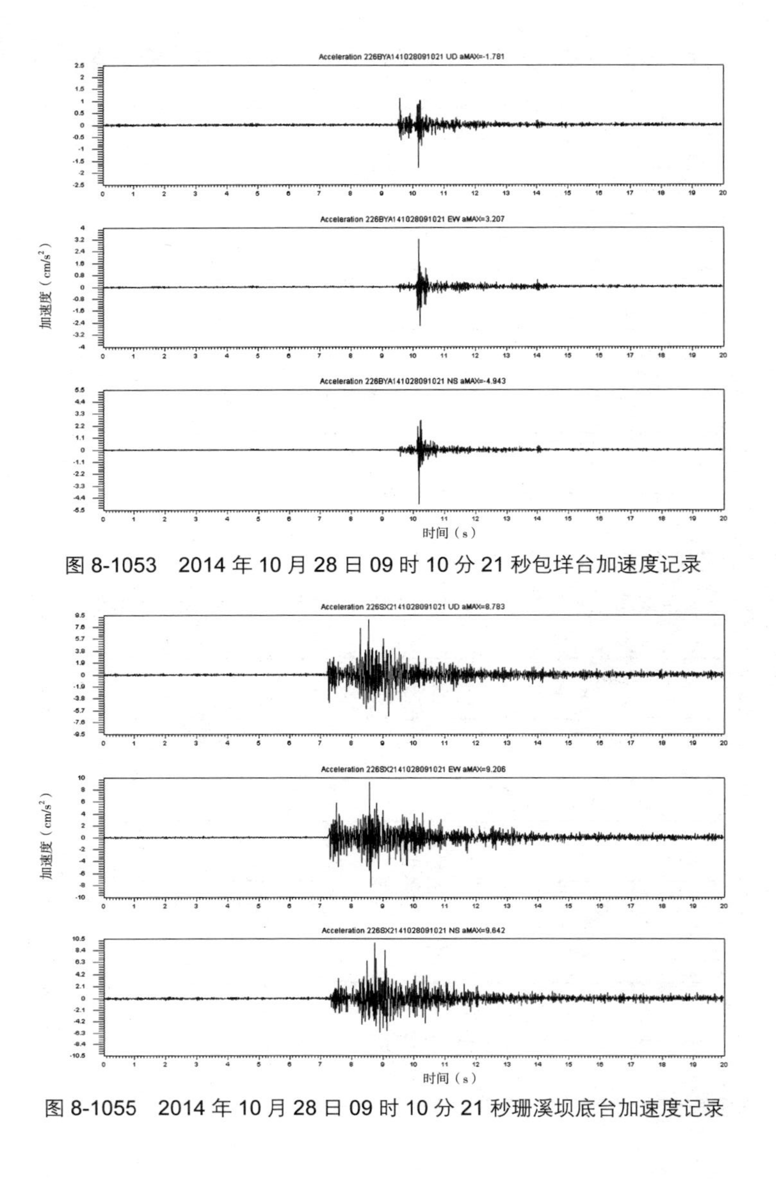

图 8-1053　2014 年 10 月 28 日 09 时 10 分 21 秒包垟台加速度记录

图 8-1055　2014 年 10 月 28 日 09 时 10 分 21 秒珊溪坝底台加速度记录

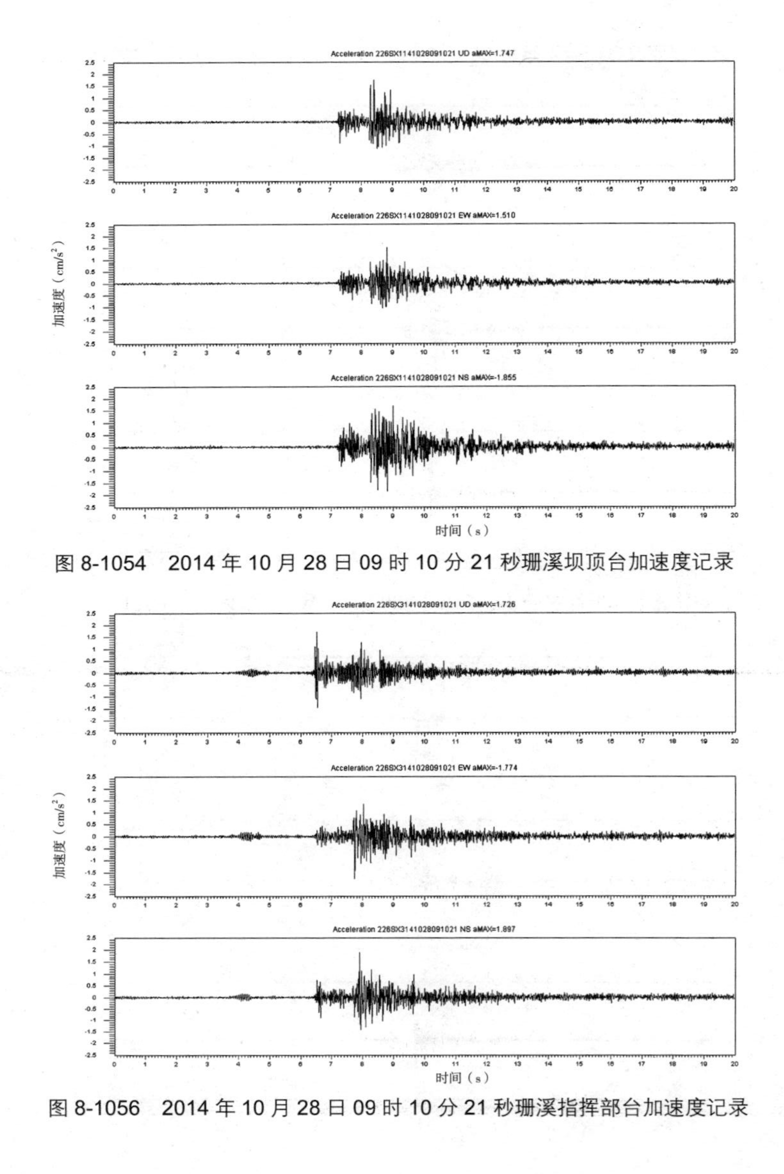

图 8-1054　2014 年 10 月 28 日 09 时 10 分 21 秒珊溪坝顶台加速度记录

图 8-1056　2014 年 10 月 28 日 09 时 10 分 21 秒珊溪指挥部台加速度记录

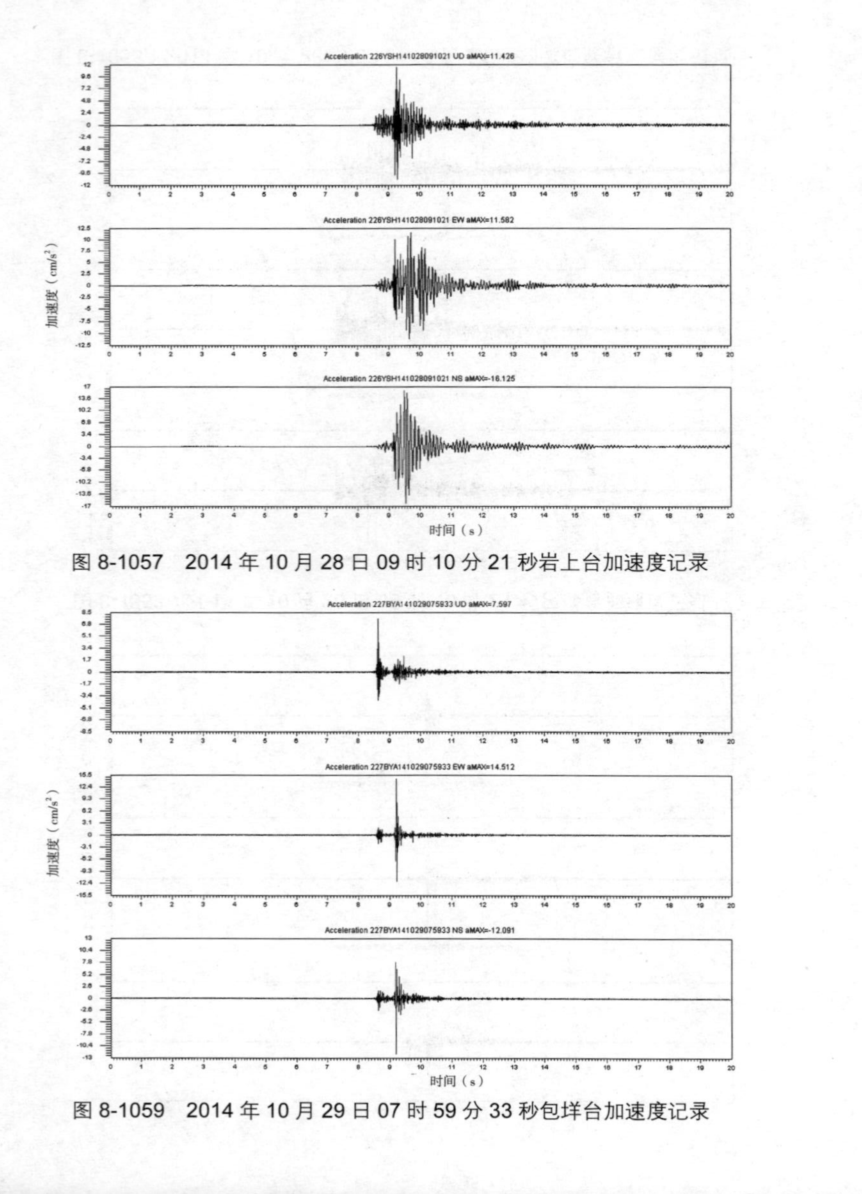

图 8-1057　2014 年 10 月 28 日 09 时 10 分 21 秒岩上台加速度记录

图 8-1059　2014 年 10 月 29 日 07 时 59 分 33 秒包垟台加速度记录

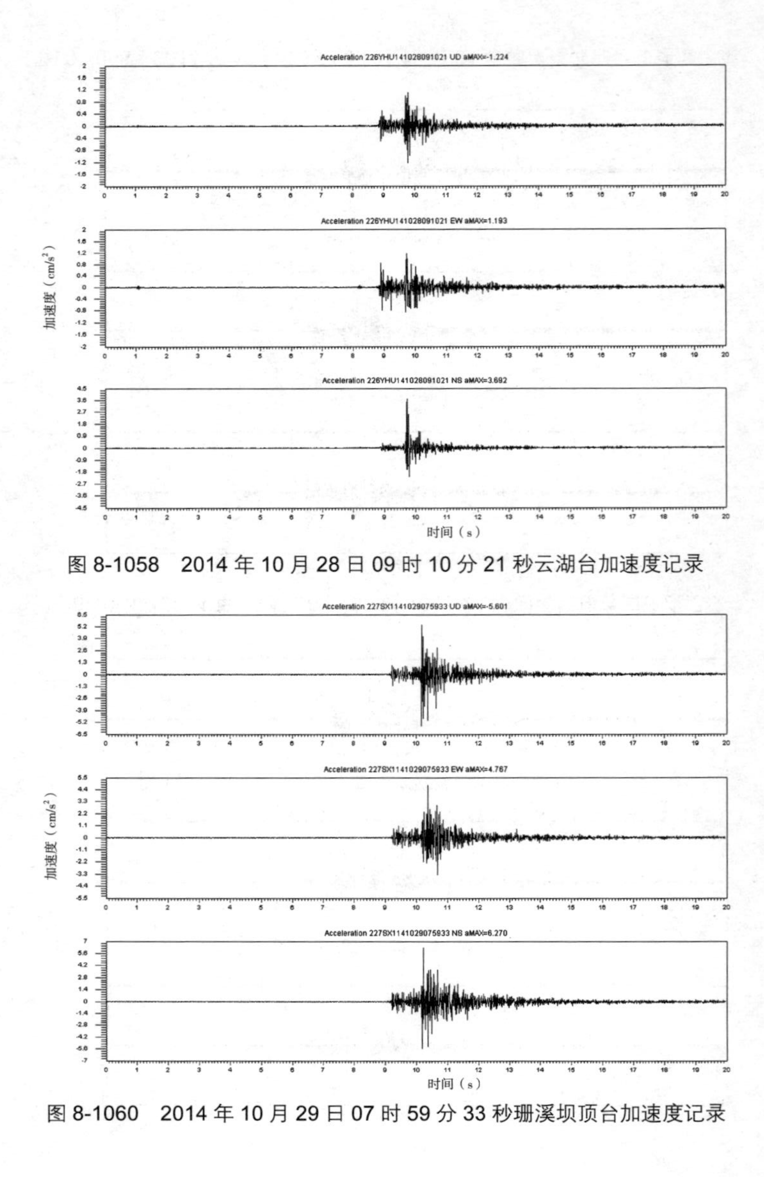

图 8-1058　2014 年 10 月 28 日 09 时 10 分 21 秒云湖台加速度记录

图 8-1060　2014 年 10 月 29 日 07 时 59 分 33 秒珊溪坝顶台加速度记录

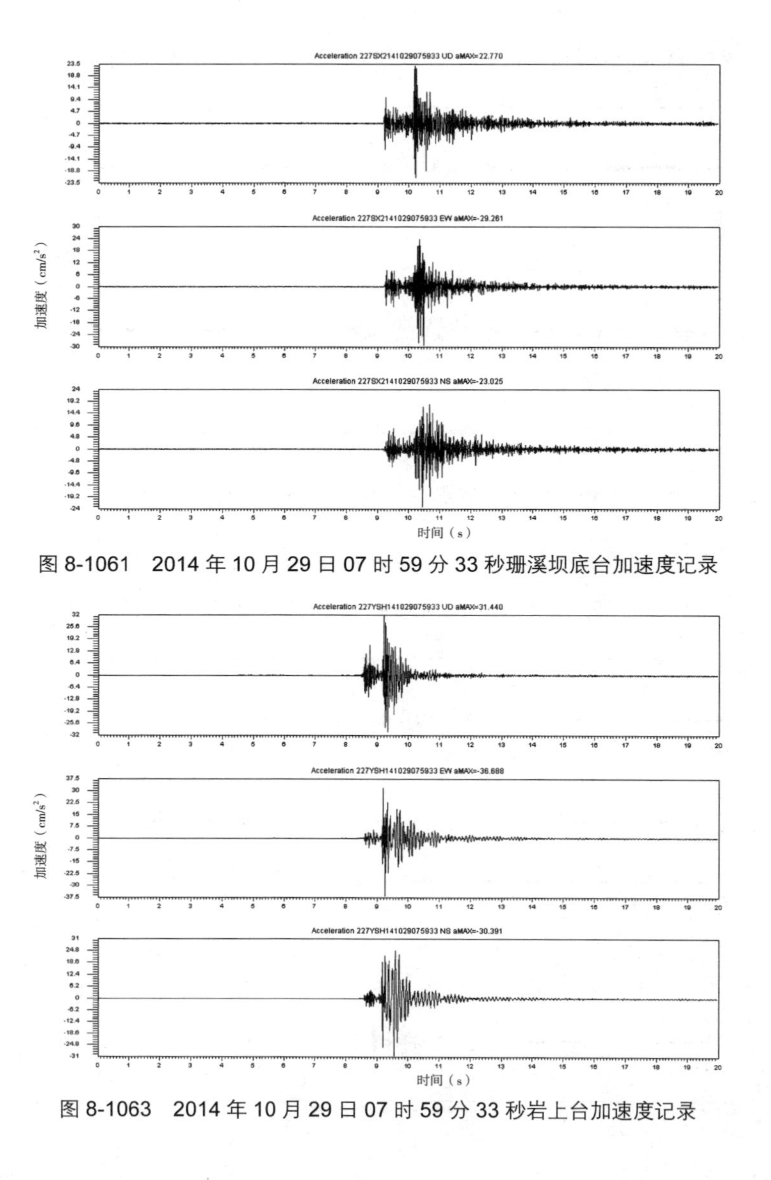

图 8-1061　2014 年 10 月 29 日 07 时 59 分 33 秒珊溪坝底台加速度记录

图 8-1063　2014 年 10 月 29 日 07 时 59 分 33 秒岩上台加速度记录

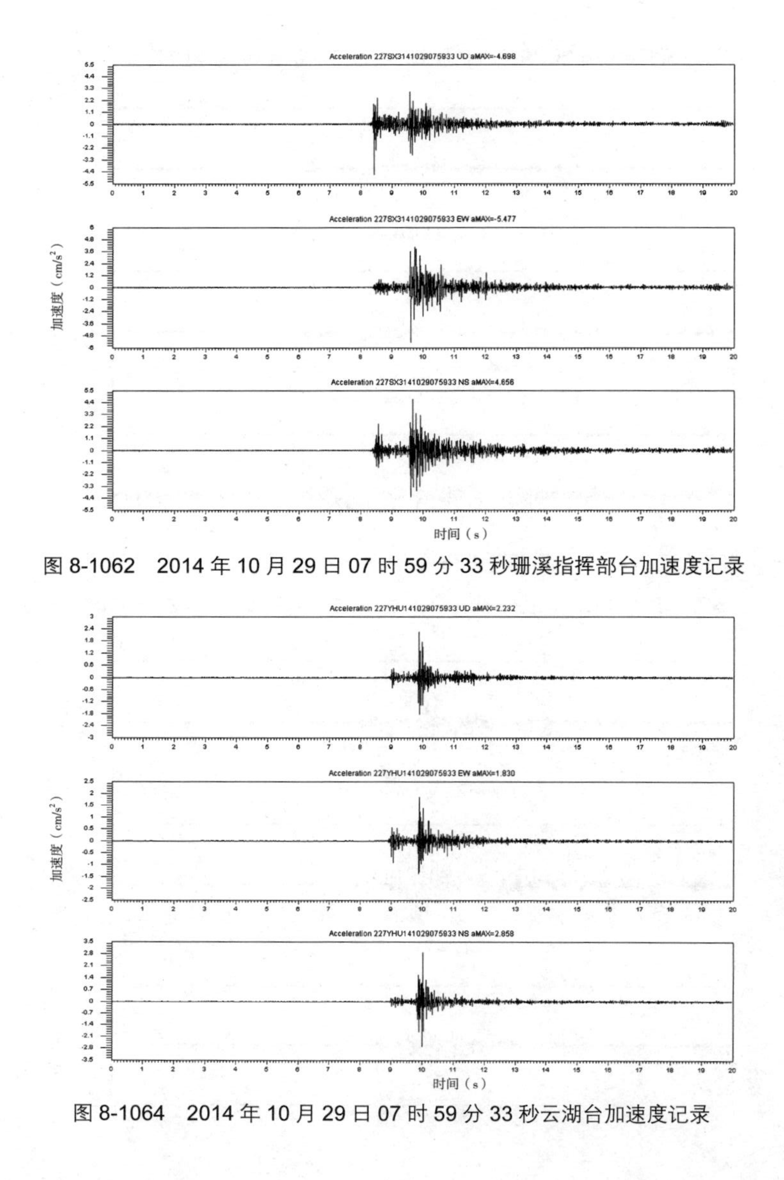

图 8-1062　2014 年 10 月 29 日 07 时 59 分 33 秒珊溪指挥部台加速度记录

图 8-1064　2014 年 10 月 29 日 07 时 59 分 33 秒云湖台加速度记录

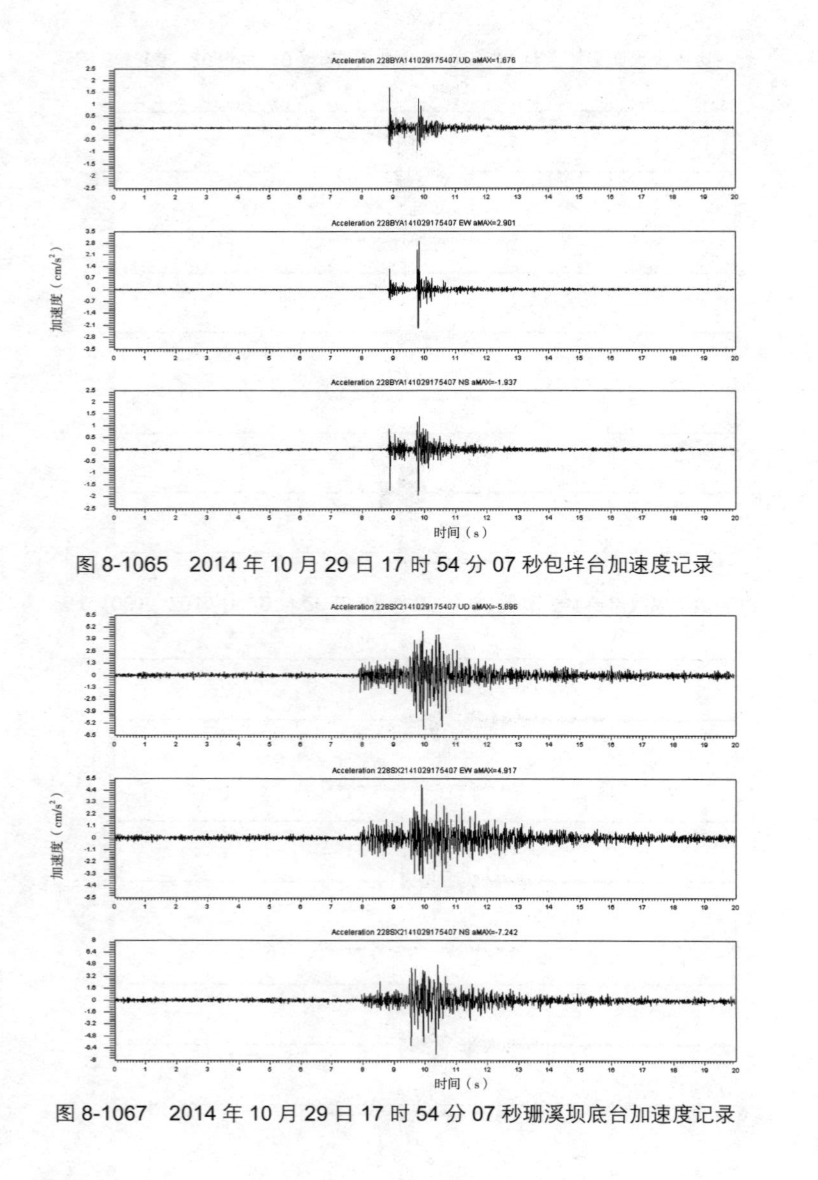

图 8-1065　2014 年 10 月 29 日 17 时 54 分 07 秒包垟台加速度记录

图 8-1067　2014 年 10 月 29 日 17 时 54 分 07 秒珊溪坝底台加速度记录

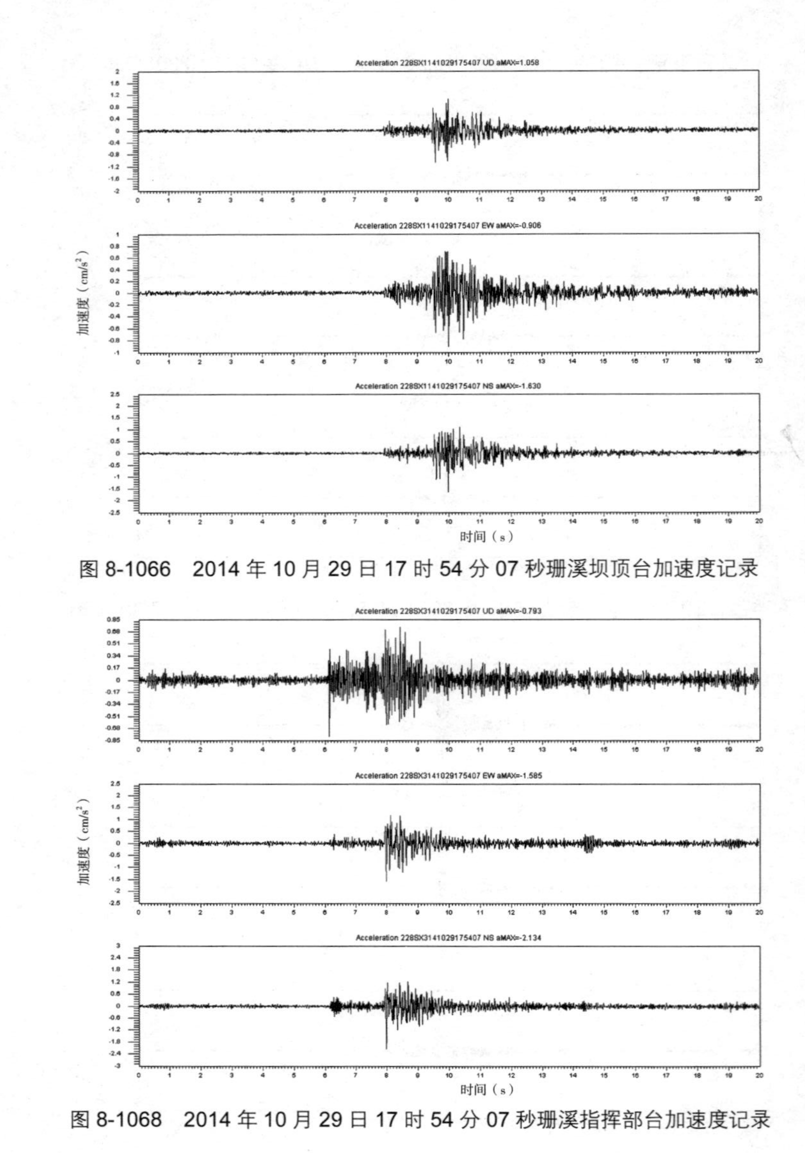

图 8-1066　2014 年 10 月 29 日 17 时 54 分 07 秒珊溪坝顶台加速度记录

图 8-1068　2014 年 10 月 29 日 17 时 54 分 07 秒珊溪指挥部台加速度记录

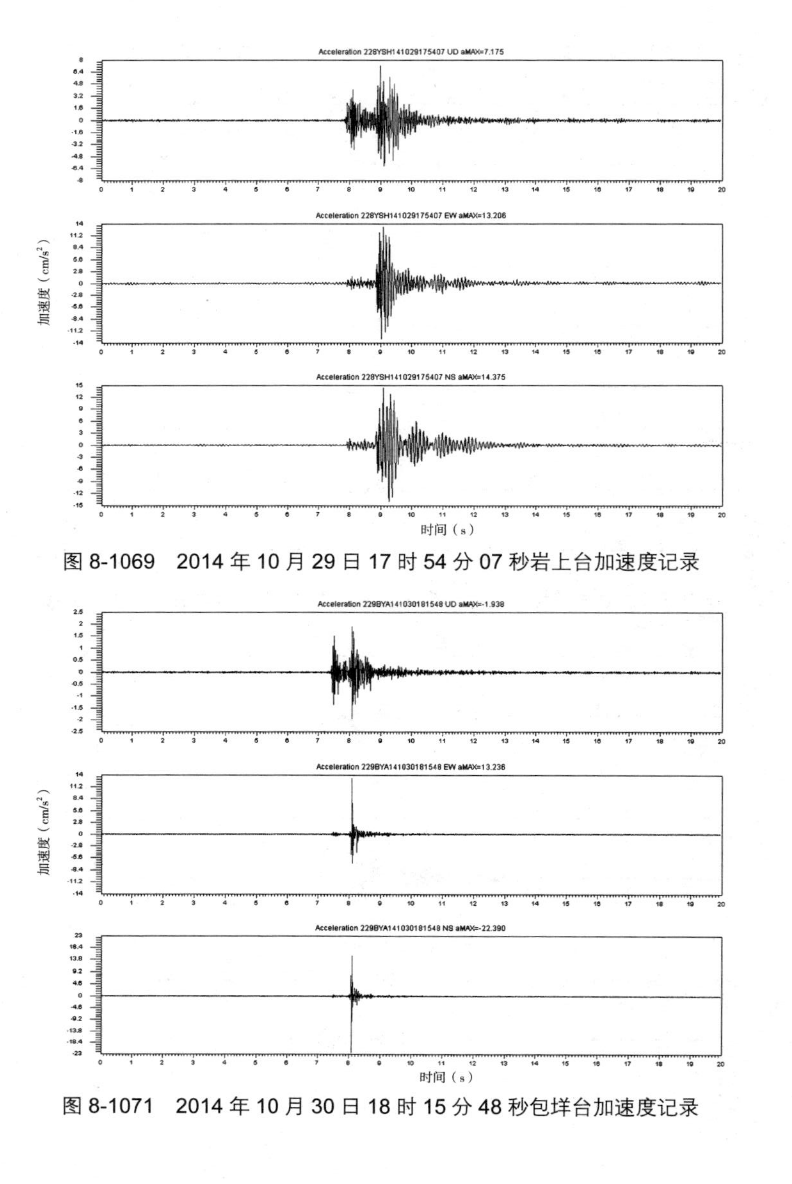

图 8-1069 2014 年 10 月 29 日 17 时 54 分 07 秒岩上台加速度记录

图 8-1071 2014 年 10 月 30 日 18 时 15 分 48 秒包垟台加速度记录

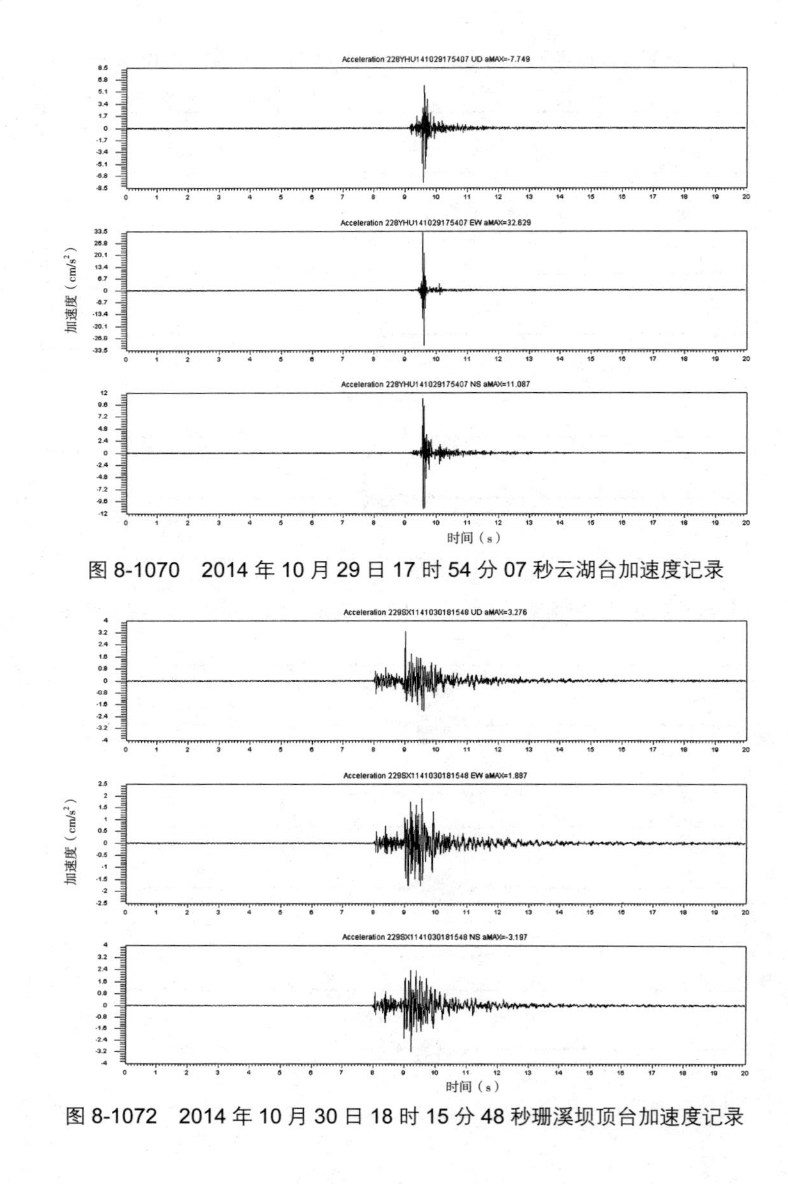

图 8-1070 2014 年 10 月 29 日 17 时 54 分 07 秒云湖台加速度记录

图 8-1072 2014 年 10 月 30 日 18 时 15 分 48 秒珊溪坝顶台加速度记录

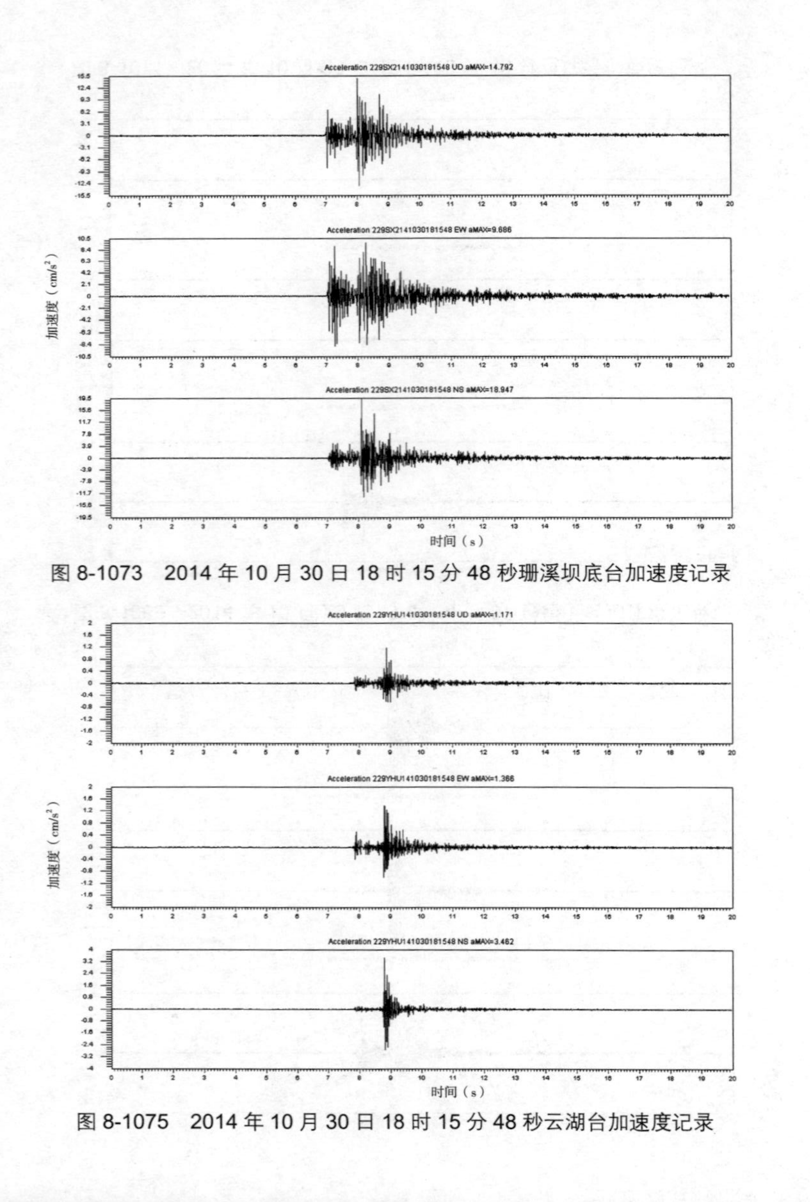

图 8-1073 2014 年 10 月 30 日 18 时 15 分 48 秒珊溪坝底台加速度记录

图 8-1075 2014 年 10 月 30 日 18 时 15 分 48 秒云湖台加速度记录

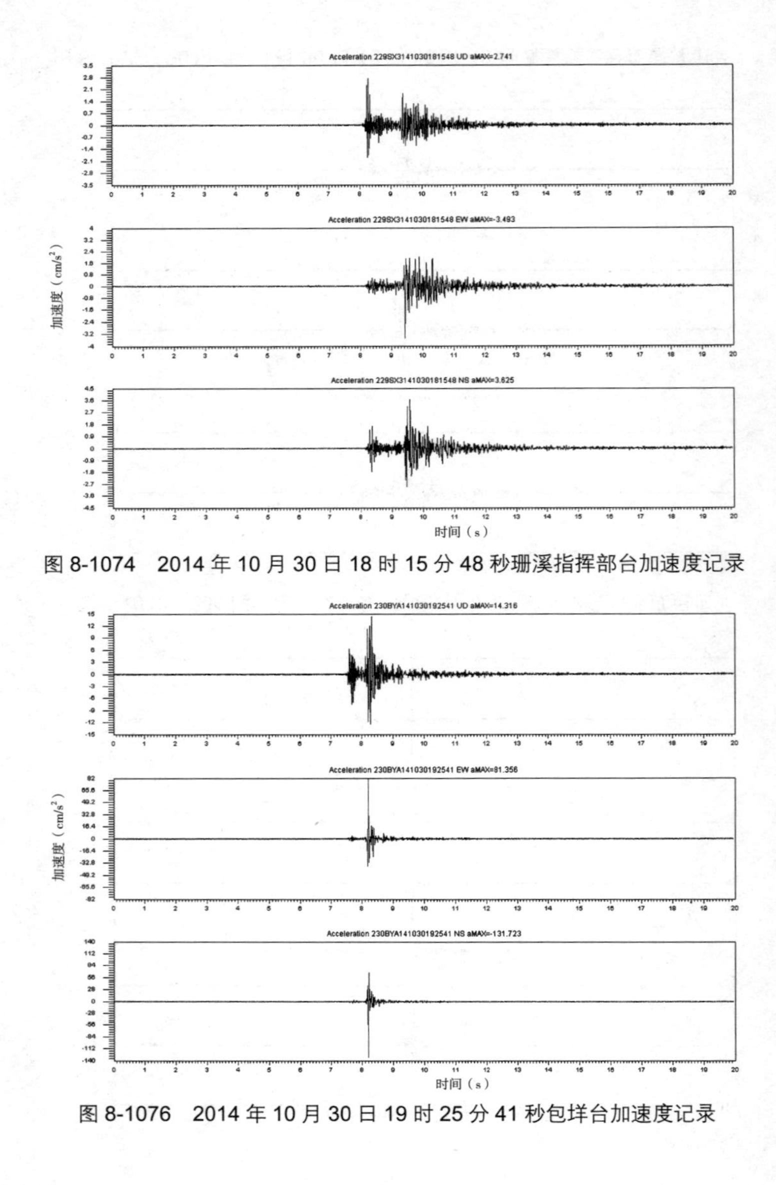

图 8-1074 2014 年 10 月 30 日 18 时 15 分 48 秒珊溪指挥部台加速度记录

图 8-1076 2014 年 10 月 30 日 19 时 25 分 41 秒包垟台加速度记录

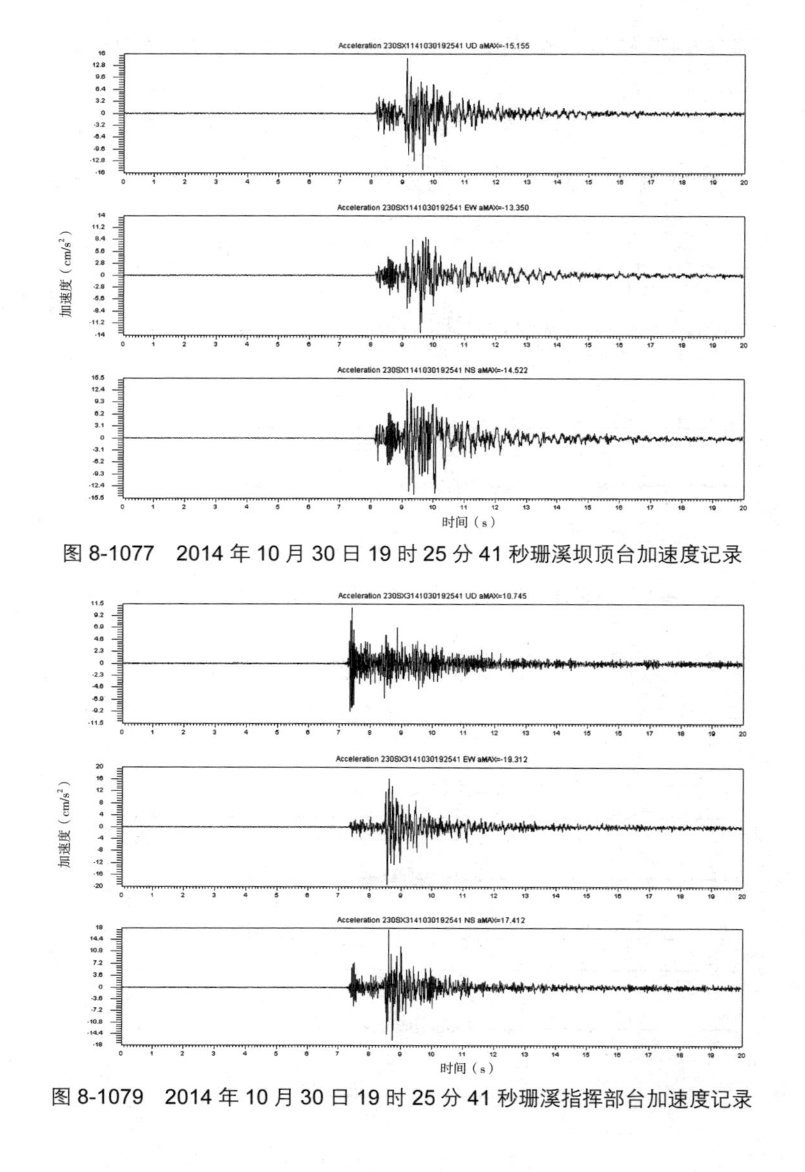

图 8-1077 2014 年 10 月 30 日 19 时 25 分 41 秒珊溪坝顶台加速度记录

图 8-1079 2014 年 10 月 30 日 19 时 25 分 41 秒珊溪指挥部台加速度记录

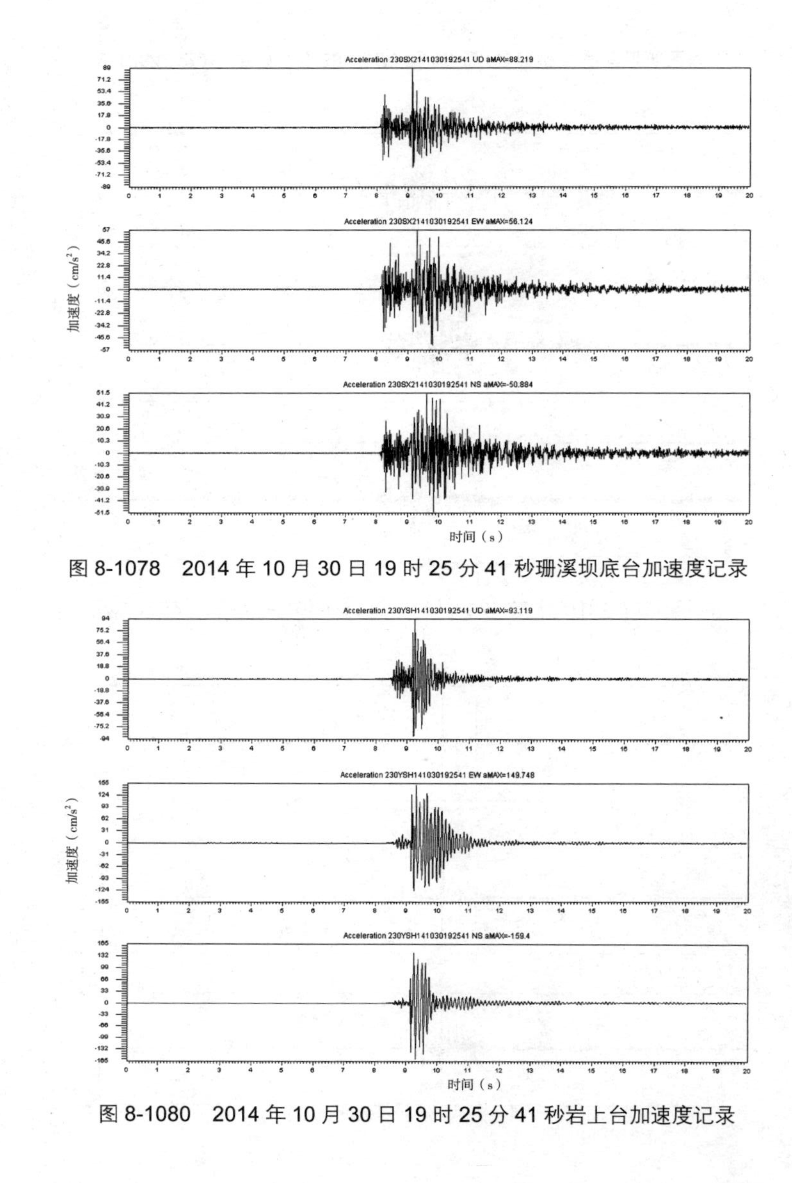

图 8-1078 2014 年 10 月 30 日 19 时 25 分 41 秒珊溪坝底台加速度记录

图 8-1080 2014 年 10 月 30 日 19 时 25 分 41 秒岩上台加速度记录

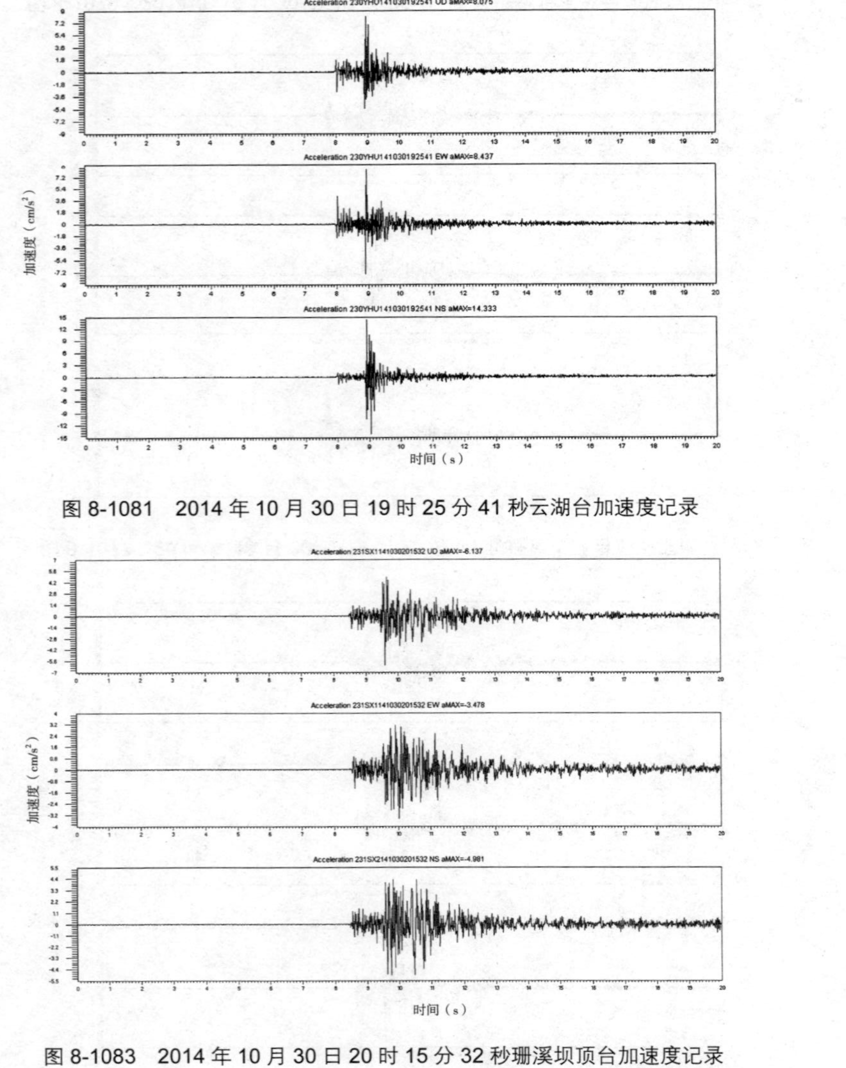

图 8-1081　2014 年 10 月 30 日 19 时 25 分 41 秒云湖台加速度记录

图 8-1083　2014 年 10 月 30 日 20 时 15 分 32 秒珊溪坝顶台加速度记录

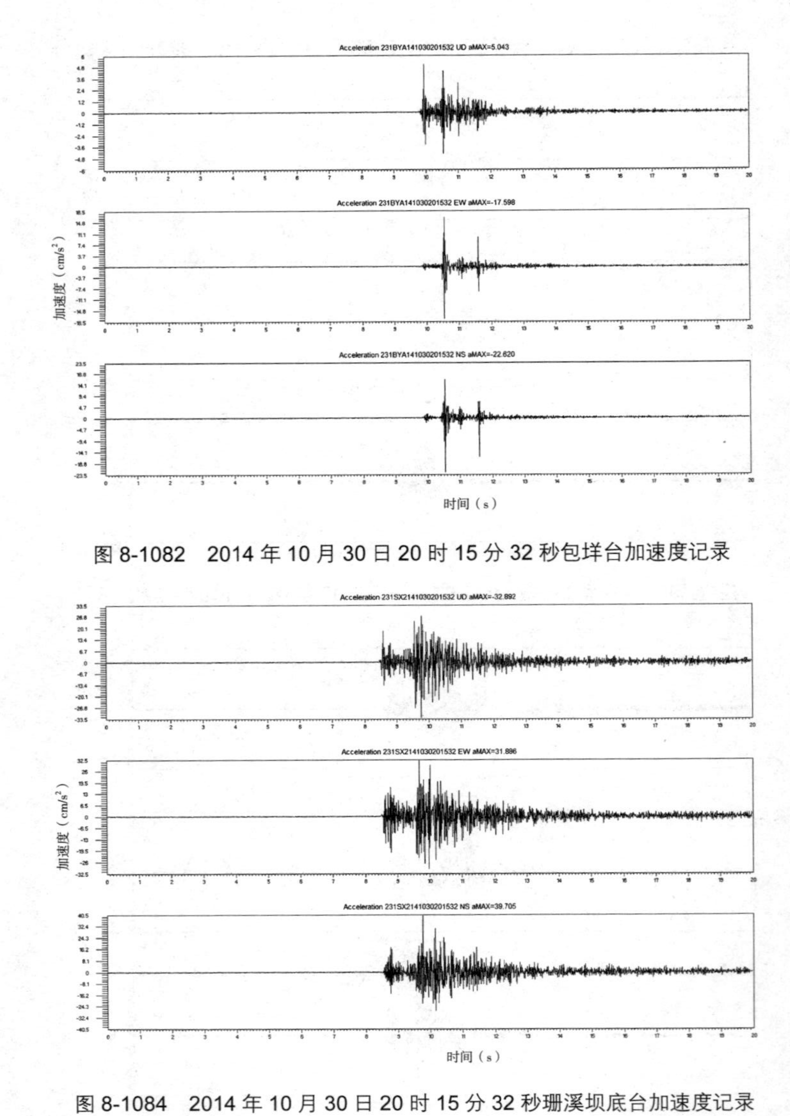

图 8-1082　2014 年 10 月 30 日 20 时 15 分 32 秒包垟台加速度记录

图 8-1084　2014 年 10 月 30 日 20 时 15 分 32 秒珊溪坝底台加速度记录

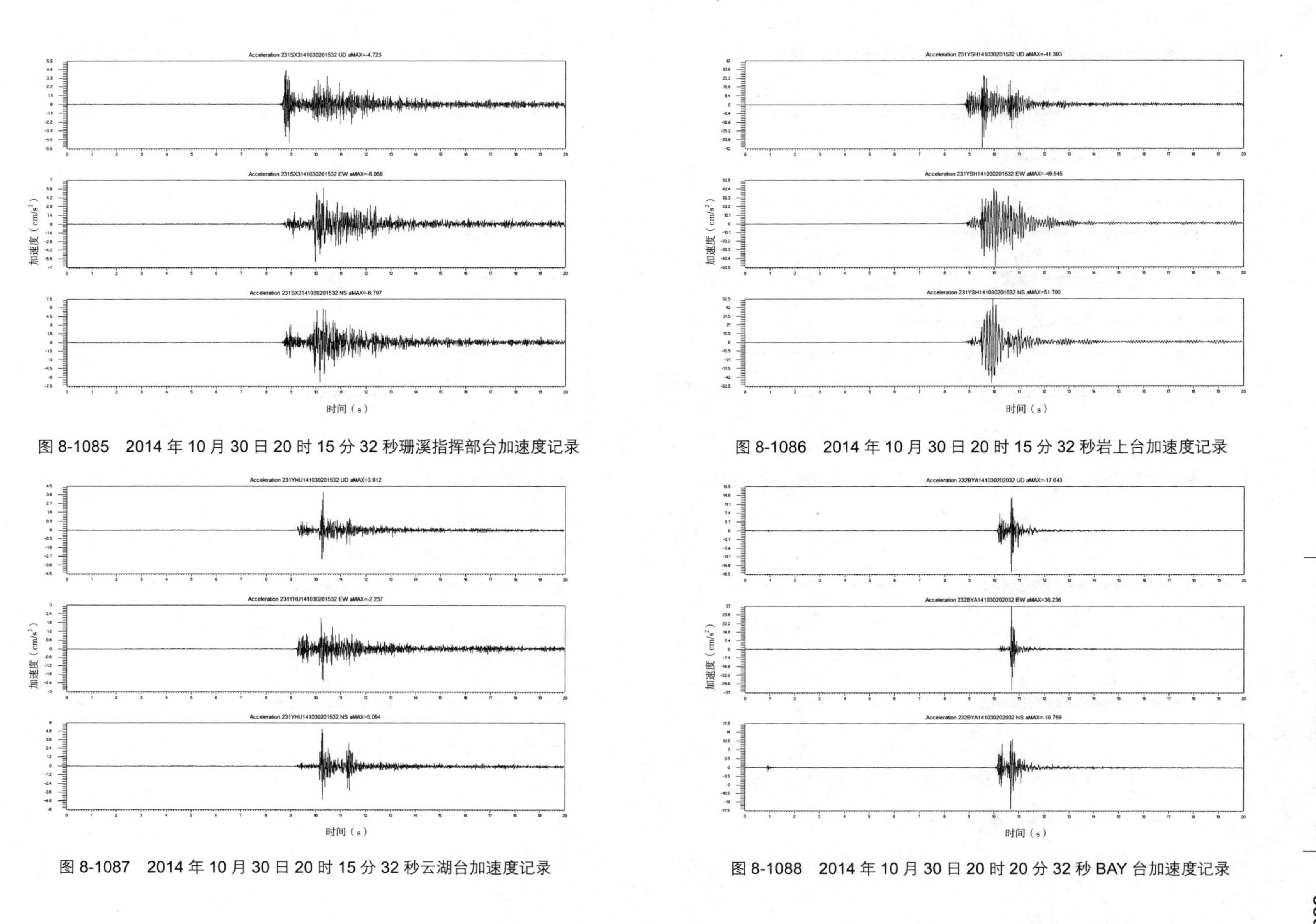

图 8-1085　2014 年 10 月 30 日 20 时 15 分 32 秒珊溪指挥部台加速度记录

图 8-1086　2014 年 10 月 30 日 20 时 15 分 32 秒岩上台加速度记录

图 8-1087　2014 年 10 月 30 日 20 时 15 分 32 秒云湖台加速度记录

图 8-1088　2014 年 10 月 30 日 20 时 20 分 32 秒 BAY 台加速度记录

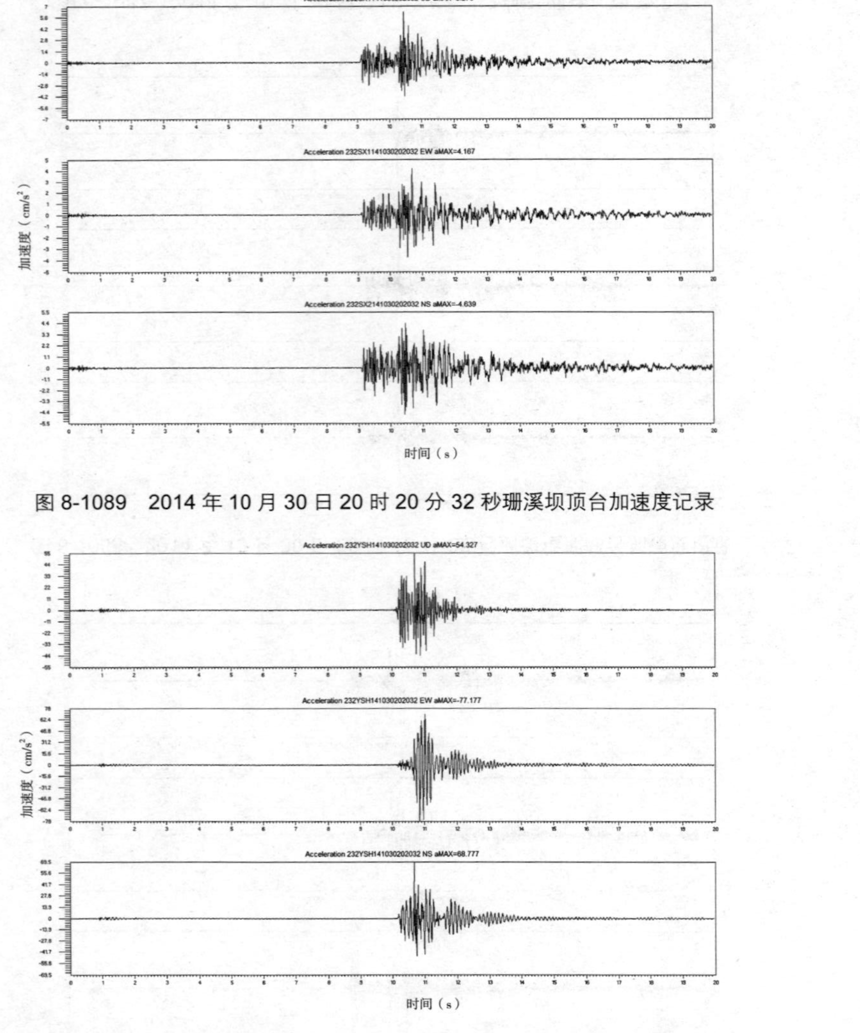

图 8-1089　2014 年 10 月 30 日 20 时 20 分 32 秒珊溪坝顶台加速度记录

图 8-1091　2014 年 10 月 30 日 20 时 20 分 32 秒岩上台加速度记录

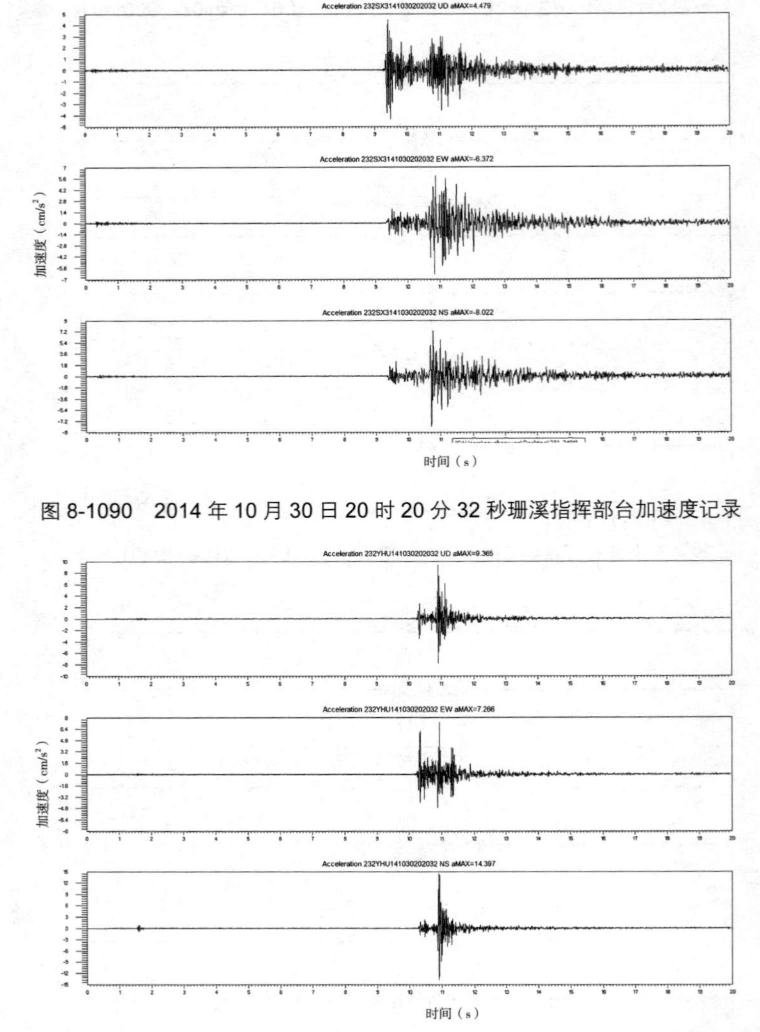

图 8-1090　2014 年 10 月 30 日 20 时 20 分 32 秒珊溪指挥部台加速度记录

图 8-1092　2014 年 10 月 30 日 20 时 20 分 32 秒云湖台加速度记录

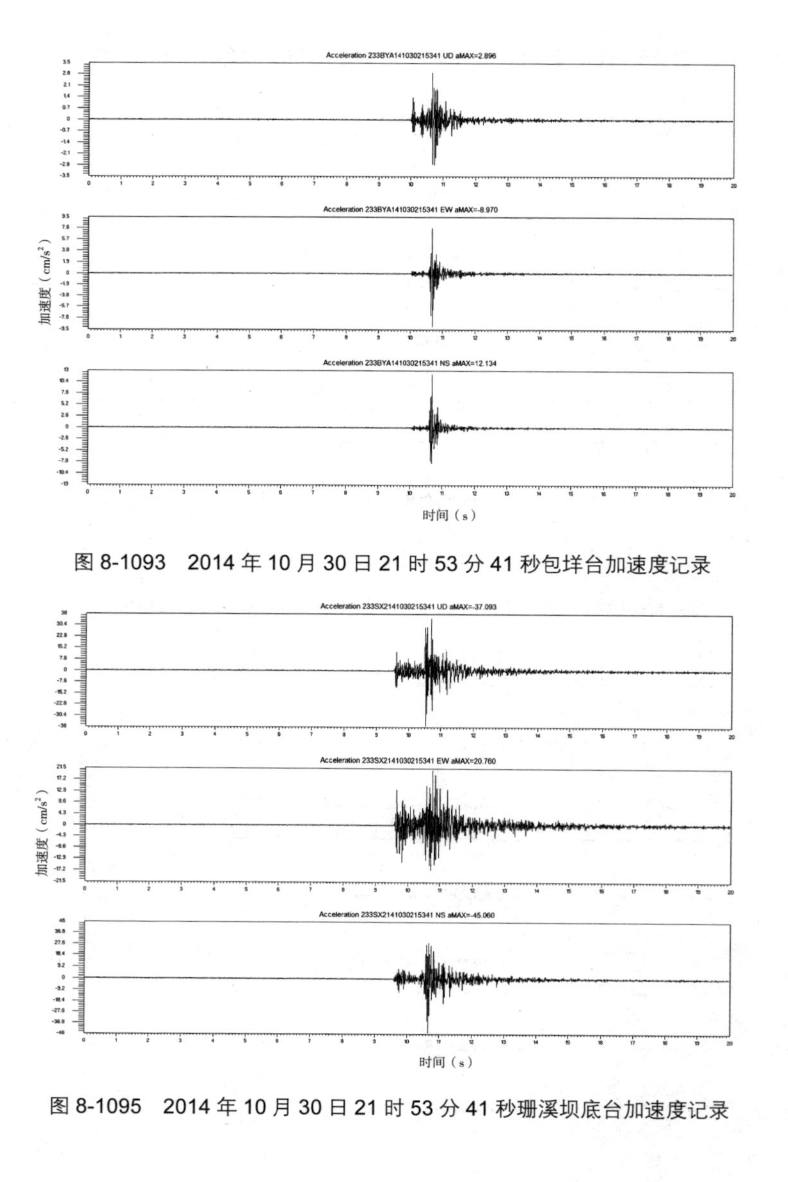

图 8-1093　2014 年 10 月 30 日 21 时 53 分 41 秒包垟台加速度记录

图 8-1095　2014 年 10 月 30 日 21 时 53 分 41 秒珊溪坝底台加速度记录

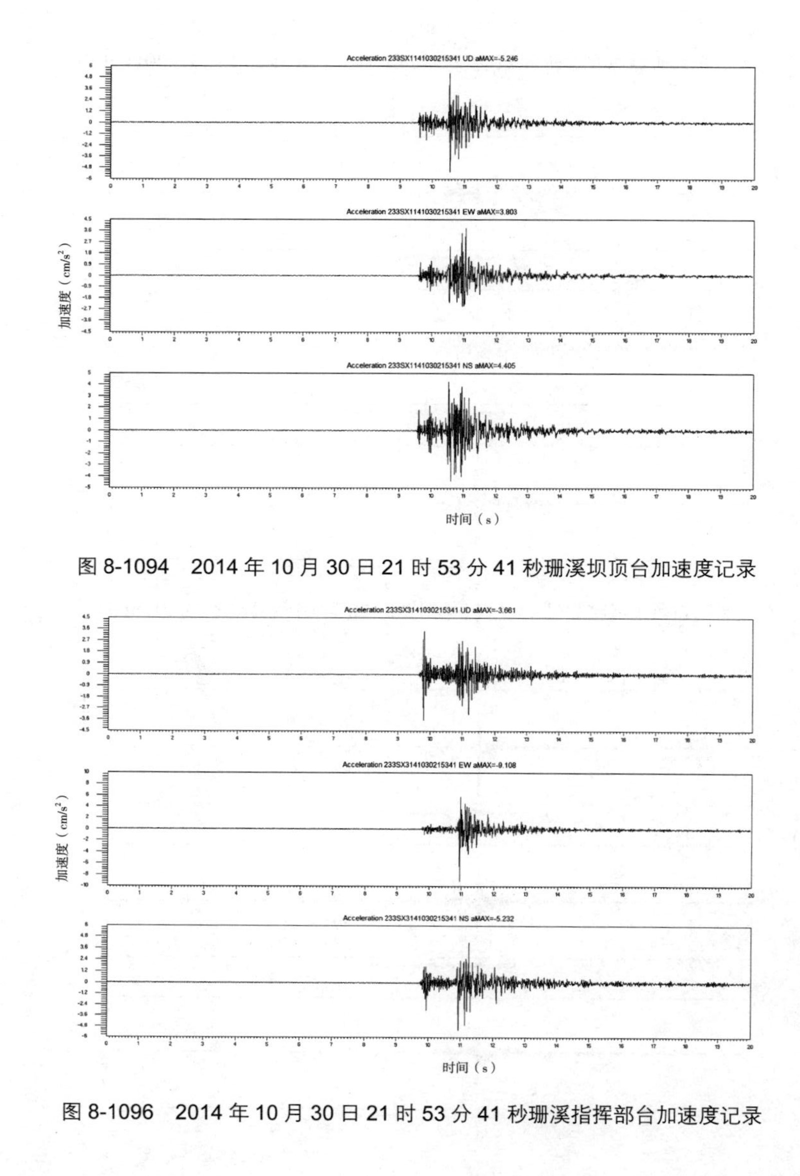

图 8-1094　2014 年 10 月 30 日 21 时 53 分 41 秒珊溪坝顶台加速度记录

图 8-1096　2014 年 10 月 30 日 21 时 53 分 41 秒珊溪指挥部台加速度记录

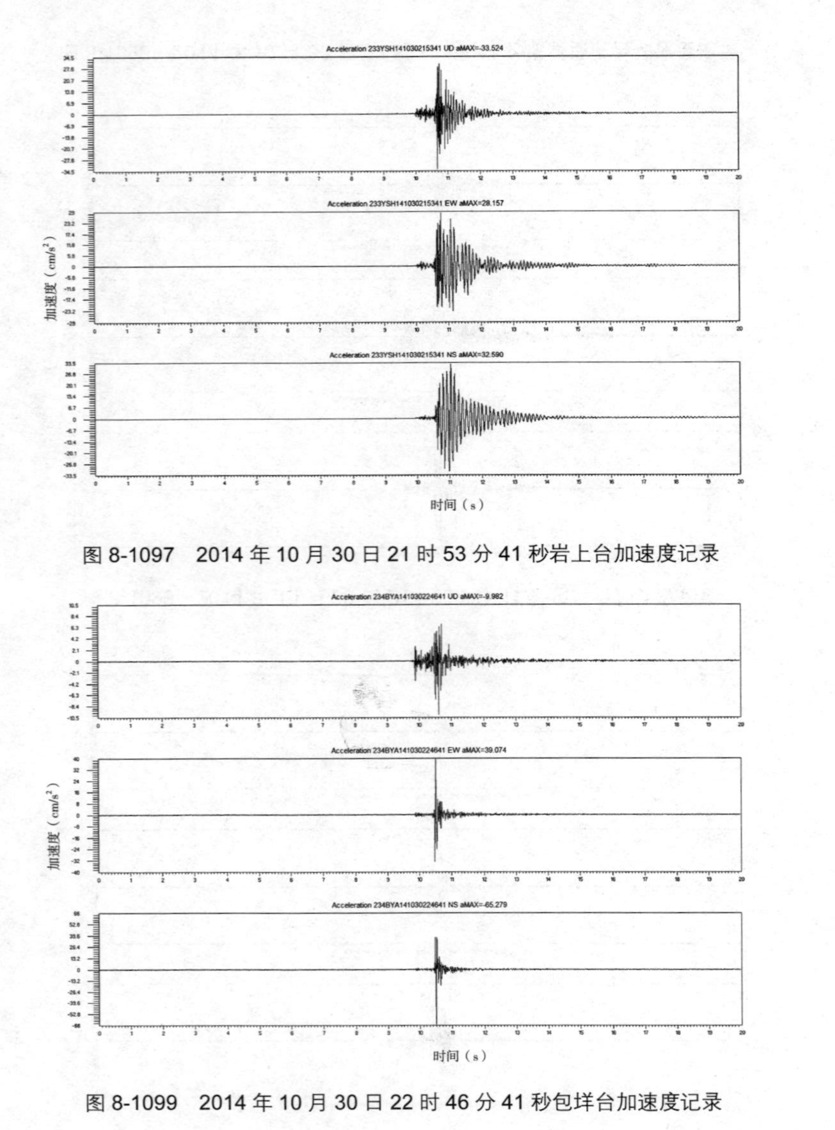

图 8-1097　2014 年 10 月 30 日 21 时 53 分 41 秒岩上台加速度记录

图 8-1099　2014 年 10 月 30 日 22 时 46 分 41 秒包垟台加速度记录

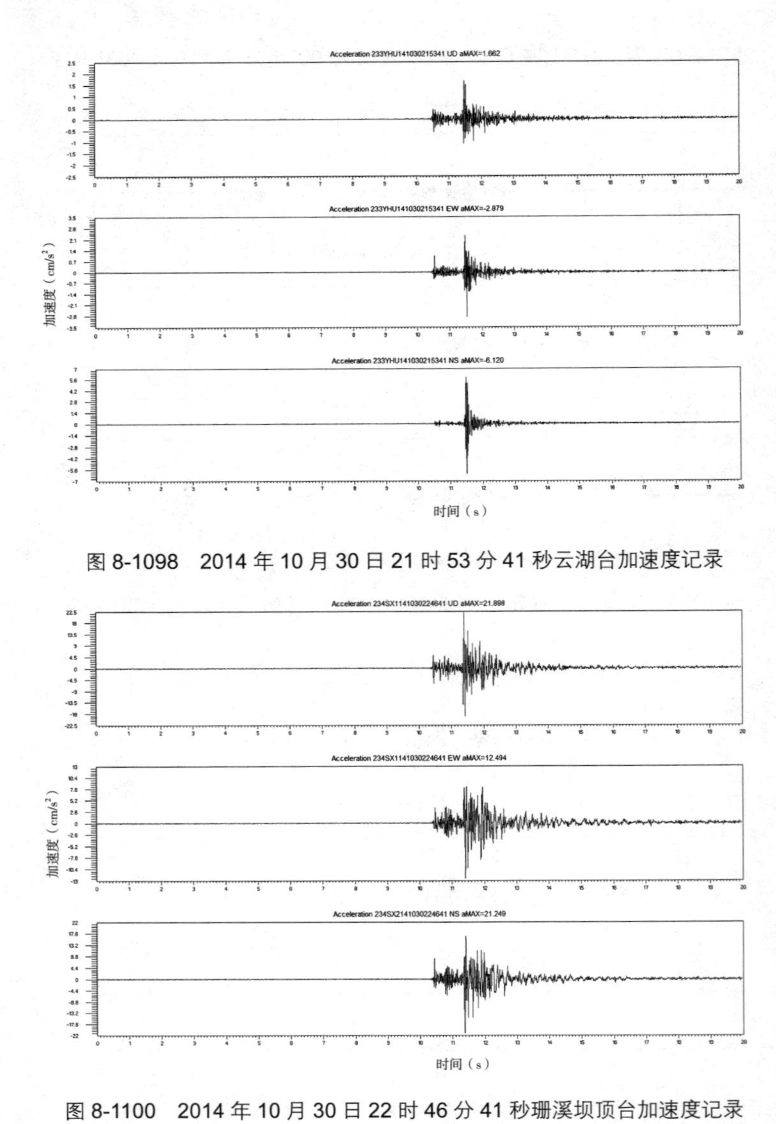

图 8-1098　2014 年 10 月 30 日 21 时 53 分 41 秒云湖台加速度记录

图 8-1100　2014 年 10 月 30 日 22 时 46 分 41 秒珊溪坝顶台加速度记录

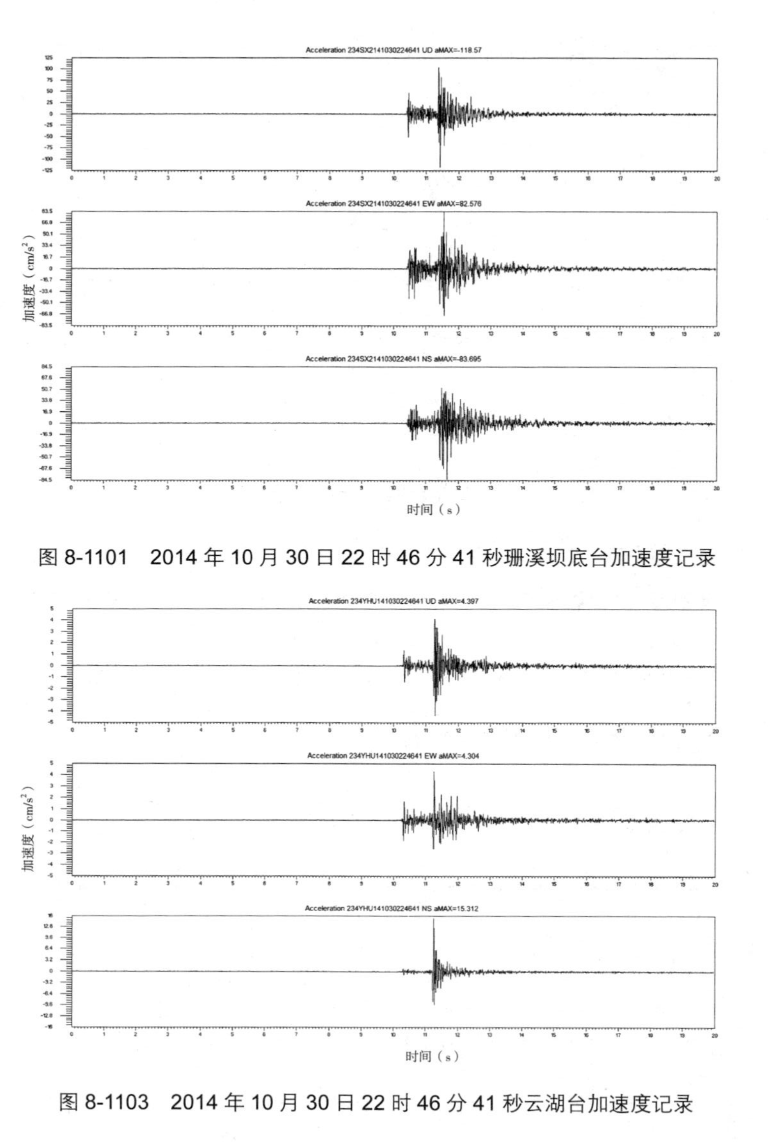

图 8-1101　2014 年 10 月 30 日 22 时 46 分 41 秒珊溪坝底台加速度记录

图 8-1103　2014 年 10 月 30 日 22 时 46 分 41 秒云湖台加速度记录

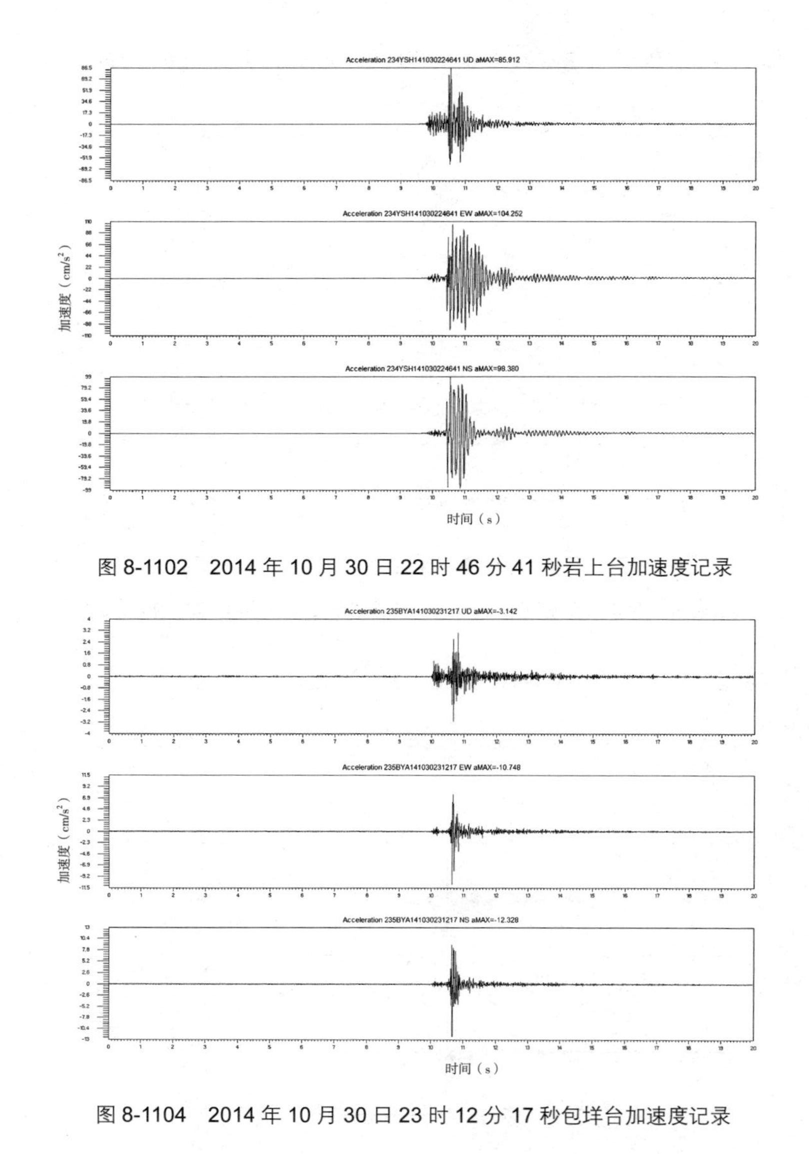

图 8-1102　2014 年 10 月 30 日 22 时 46 分 41 秒岩上台加速度记录

图 8-1104　2014 年 10 月 30 日 23 时 12 分 17 秒包垟台加速度记录

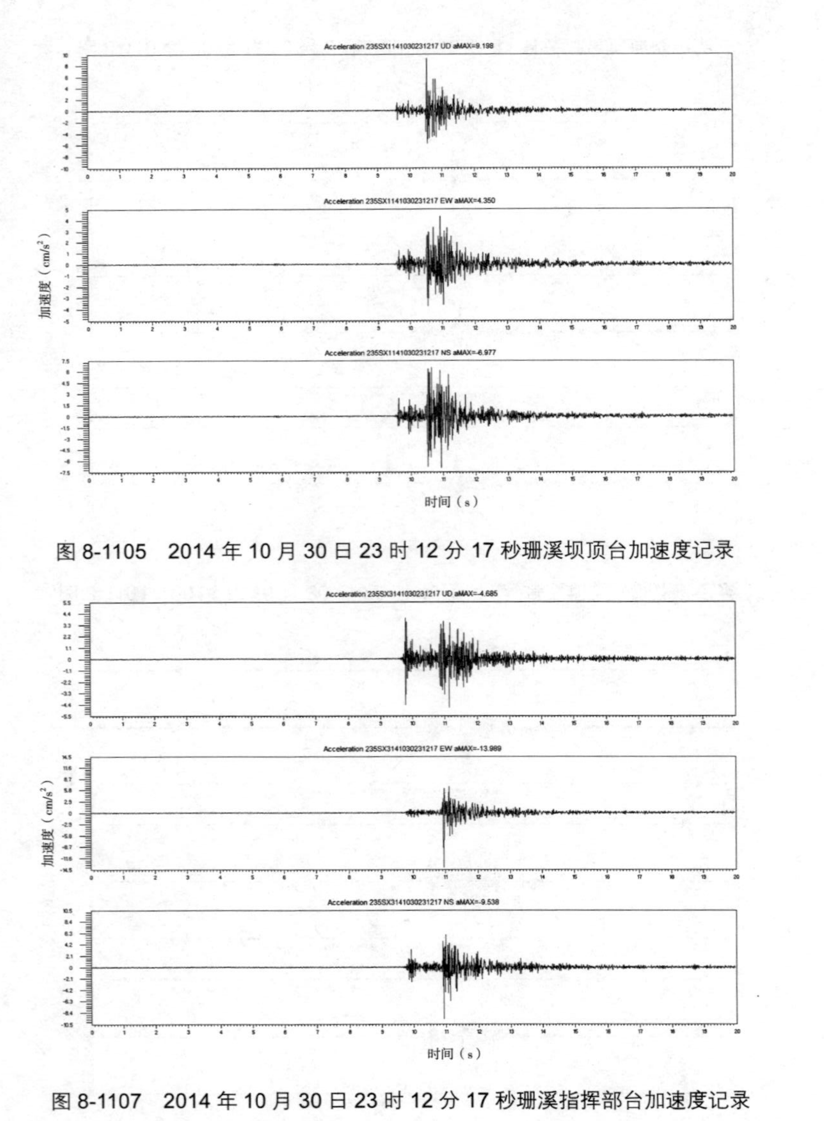

图 8-1105　2014 年 10 月 30 日 23 时 12 分 17 秒珊溪坝顶台加速度记录

图 8-1107　2014 年 10 月 30 日 23 时 12 分 17 秒珊溪指挥部台加速度记录

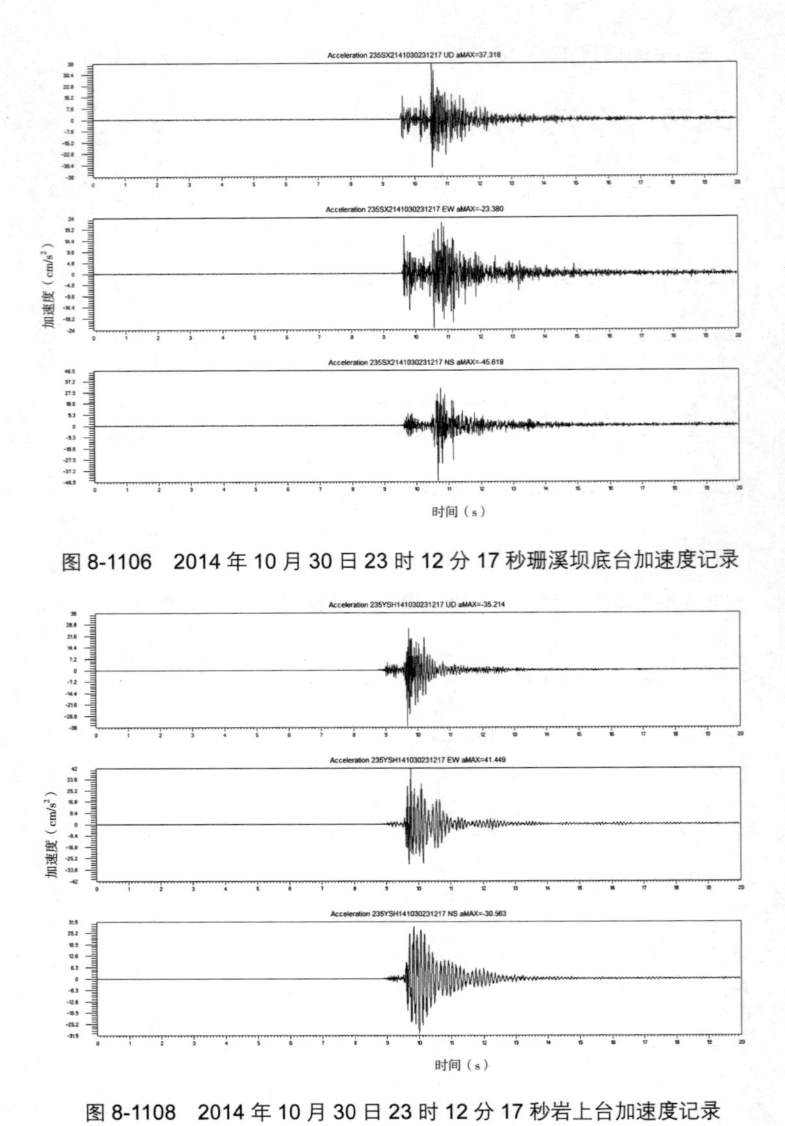

图 8-1106　2014 年 10 月 30 日 23 时 12 分 17 秒珊溪坝底台加速度记录

图 8-1108　2014 年 10 月 30 日 23 时 12 分 17 秒岩上台加速度记录

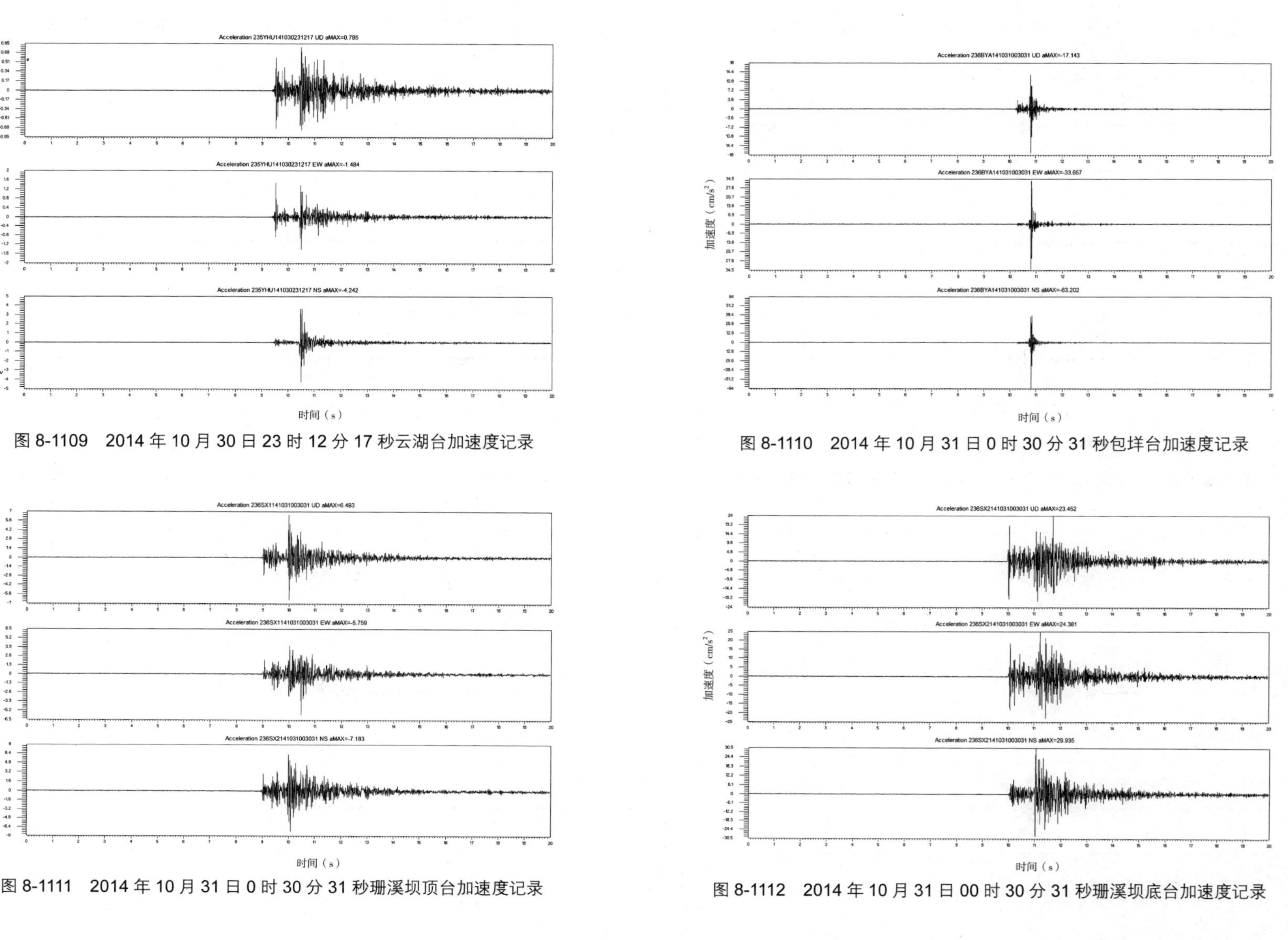

图 8-1109　2014 年 10 月 30 日 23 时 12 分 17 秒云湖台加速度记录

图 8-1110　2014 年 10 月 31 日 0 时 30 分 31 秒包垟台加速度记录

图 8-1111　2014 年 10 月 31 日 0 时 30 分 31 秒珊溪坝顶台加速度记录

图 8-1112　2014 年 10 月 31 日 00 时 30 分 31 秒珊溪坝底台加速度记录

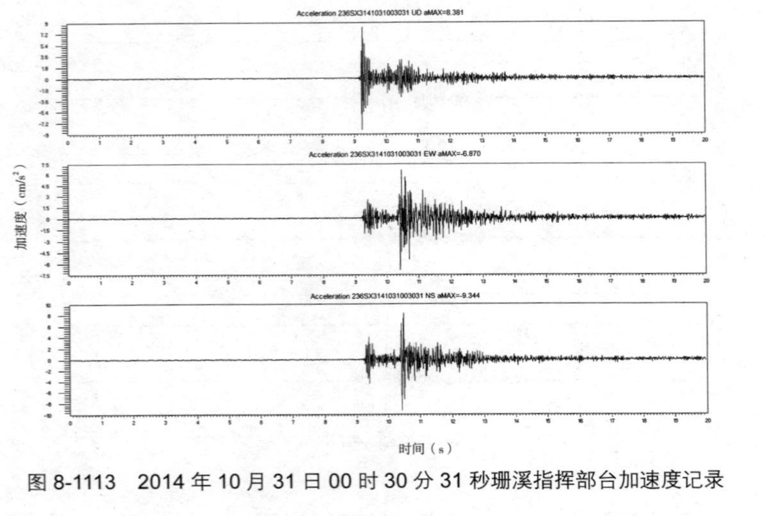

图 8-1113　2014 年 10 月 31 日 00 时 30 分 31 秒珊溪指挥部台加速度记录

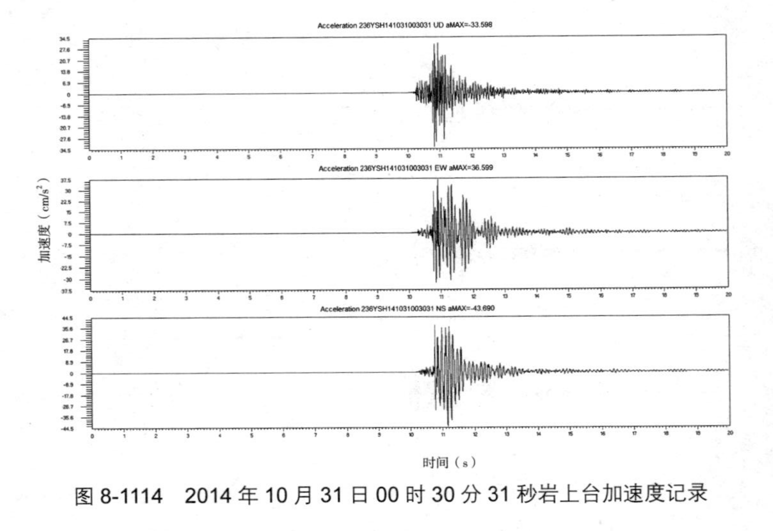

图 8-1114　2014 年 10 月 31 日 00 时 30 分 31 秒岩上台加速度记录

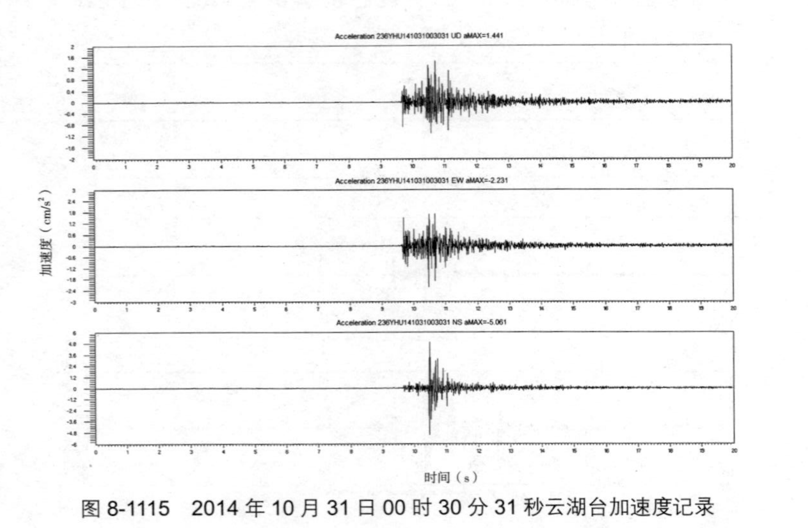

图 8-1115　2014 年 10 月 31 日 00 时 30 分 31 秒云湖台加速度记录

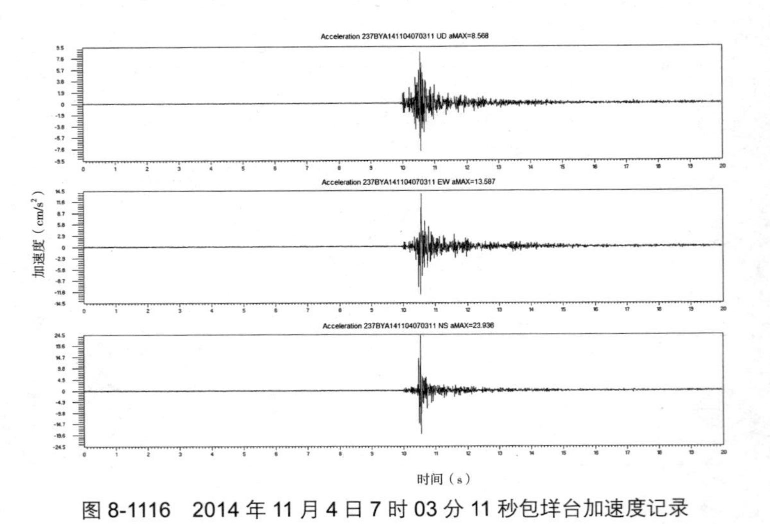

图 8-1116　2014 年 11 月 4 日 7 时 03 分 11 秒包垟台加速度记录

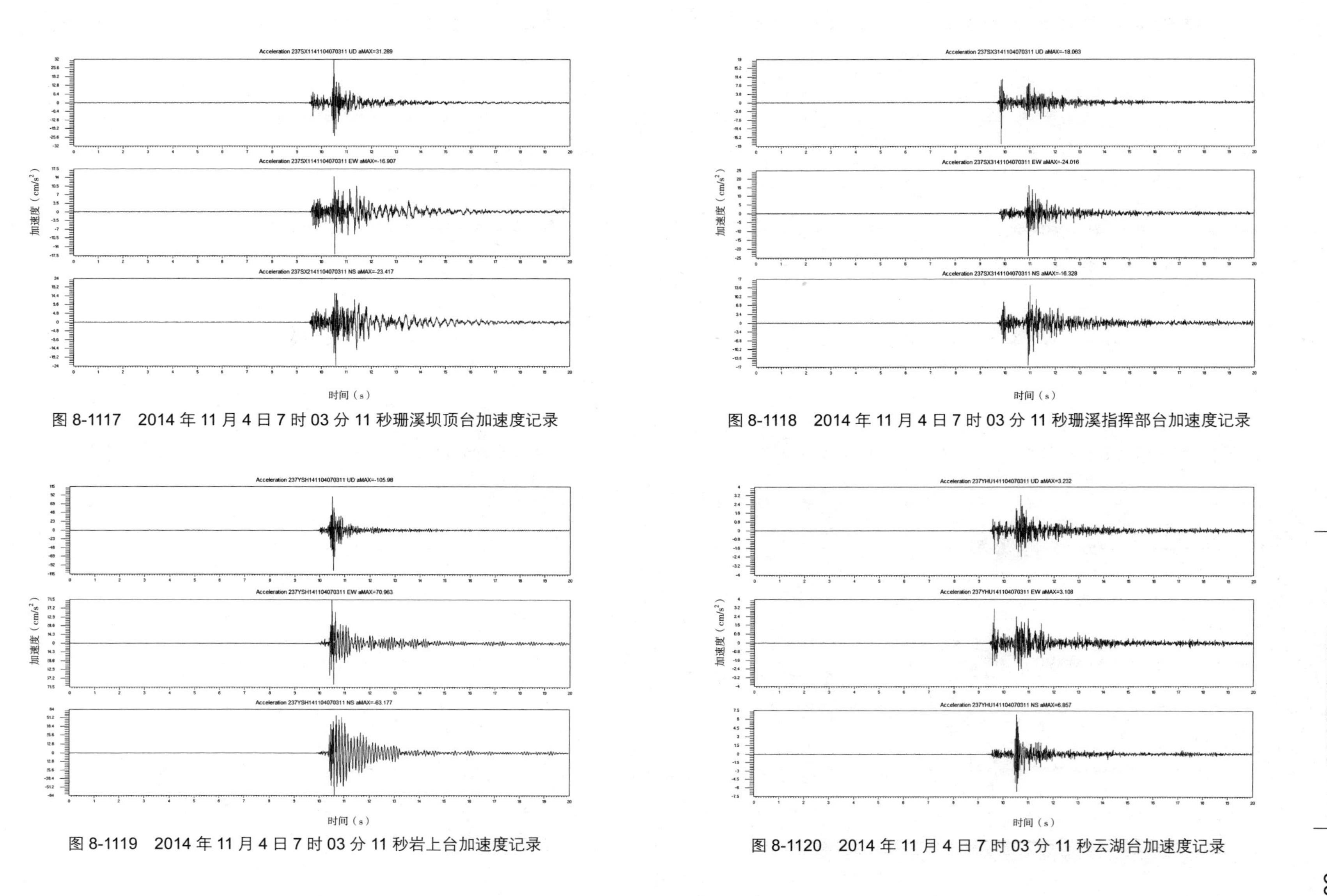

图 8-1117　2014 年 11 月 4 日 7 时 03 分 11 秒珊溪坝顶台加速度记录

图 8-1118　2014 年 11 月 4 日 7 时 03 分 11 秒珊溪指挥部台加速度记录

图 8-1119　2014 年 11 月 4 日 7 时 03 分 11 秒岩上台加速度记录

图 8-1120　2014 年 11 月 4 日 7 时 03 分 11 秒云湖台加速度记录

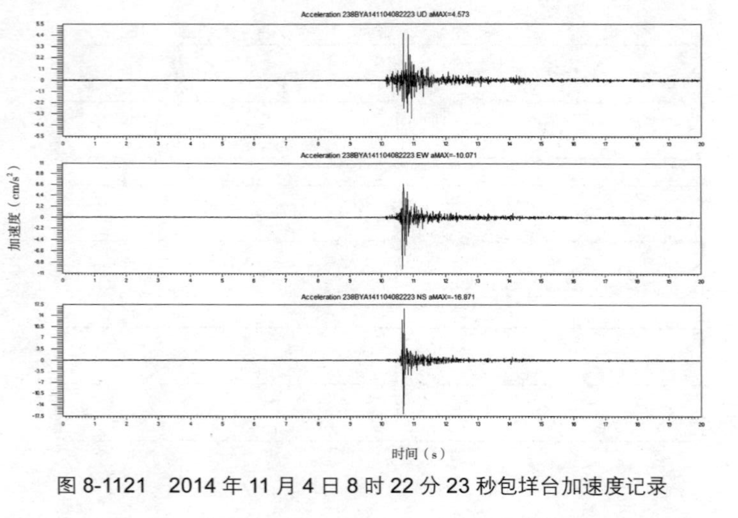

图 8-1121　2014 年 11 月 4 日 8 时 22 分 23 秒包垟台加速度记录

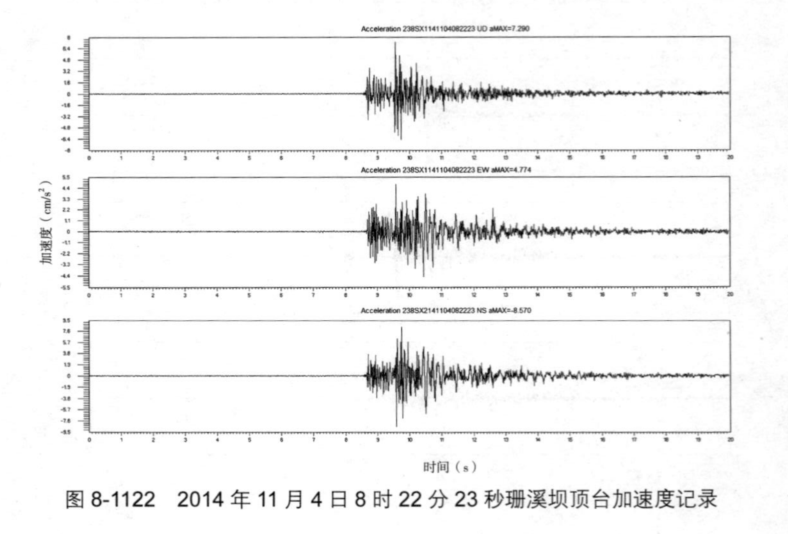

图 8-1122　2014 年 11 月 4 日 8 时 22 分 23 秒珊溪坝顶台加速度记录

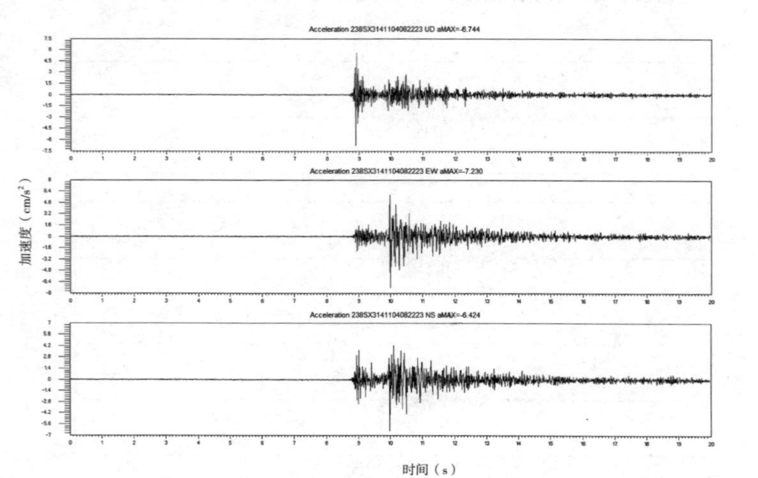

图 8-1123　2014 年 11 月 4 日 8 时 22 分 23 秒珊溪指挥部台加速度记录

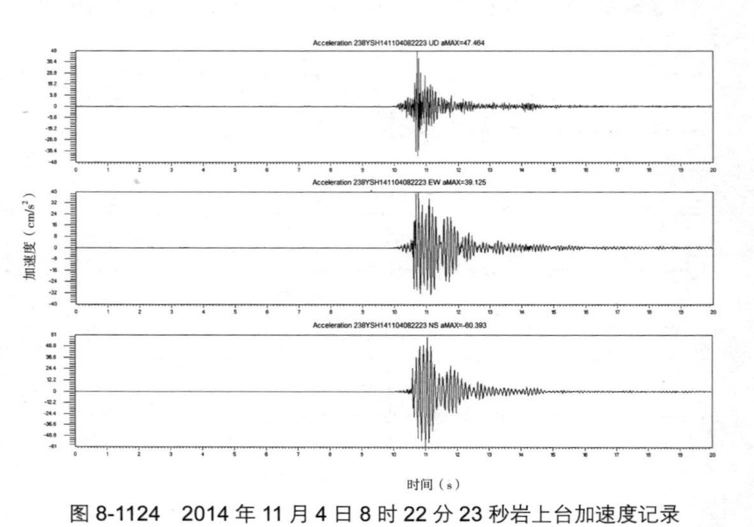

图 8-1124　2014 年 11 月 4 日 8 时 22 分 23 秒岩上台加速度记录

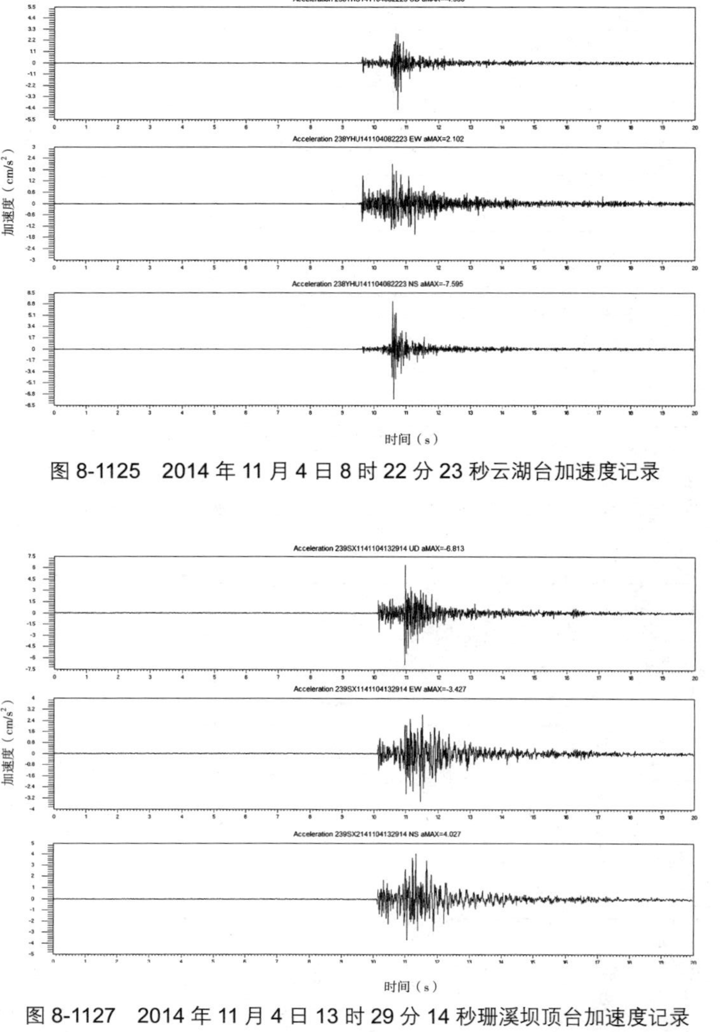

图 8-1125　2014 年 11 月 4 日 8 时 22 分 23 秒云湖台加速度记录

图 8-1127　2014 年 11 月 4 日 13 时 29 分 14 秒珊溪坝顶台加速度记录

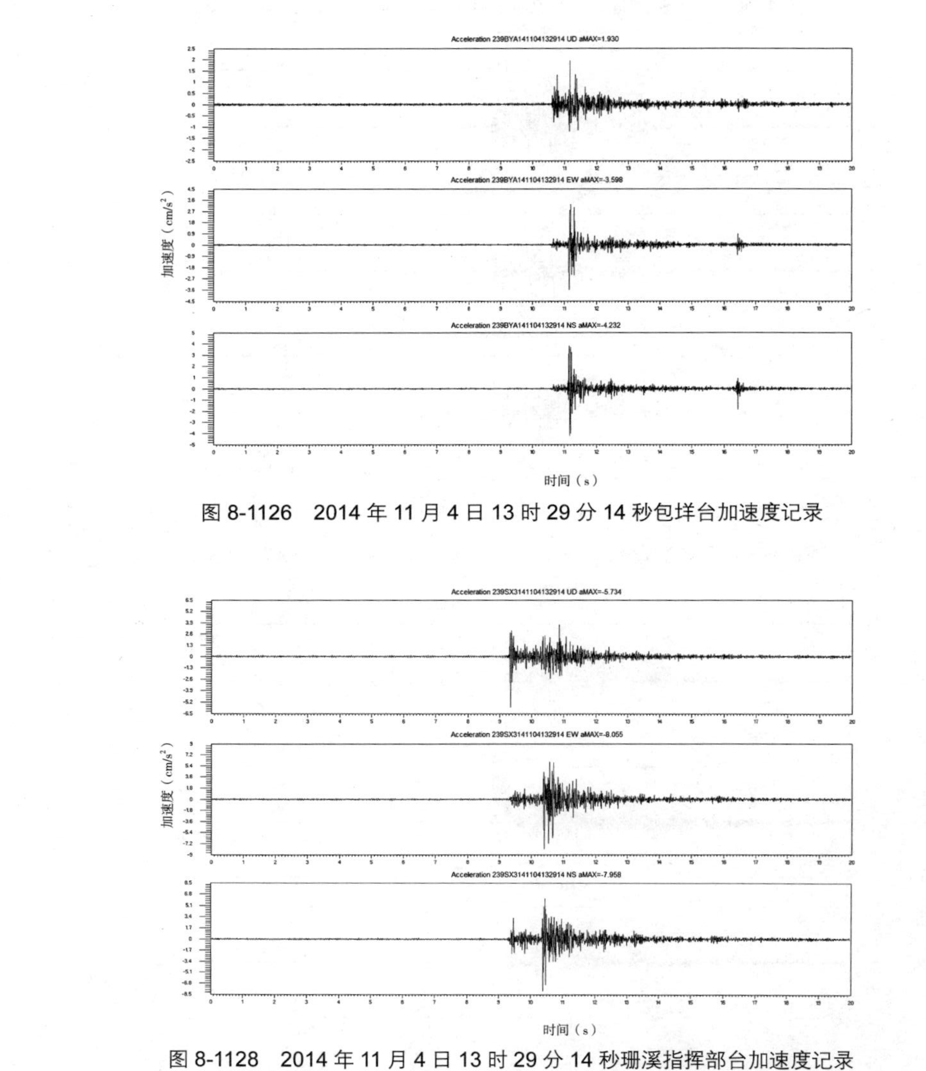

图 8-1126　2014 年 11 月 4 日 13 时 29 分 14 秒包垟台加速度记录

图 8-1128　2014 年 11 月 4 日 13 时 29 分 14 秒珊溪指挥部台加速度记录

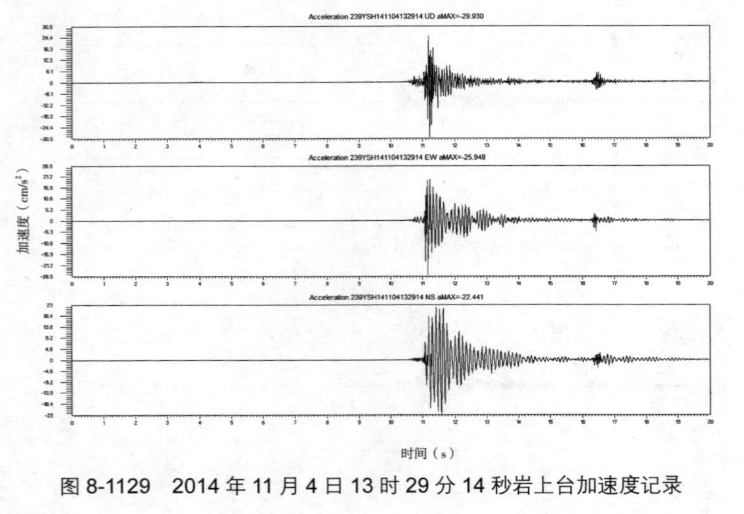

图 8-1129　2014 年 11 月 4 日 13 时 29 分 14 秒岩上台加速度记录

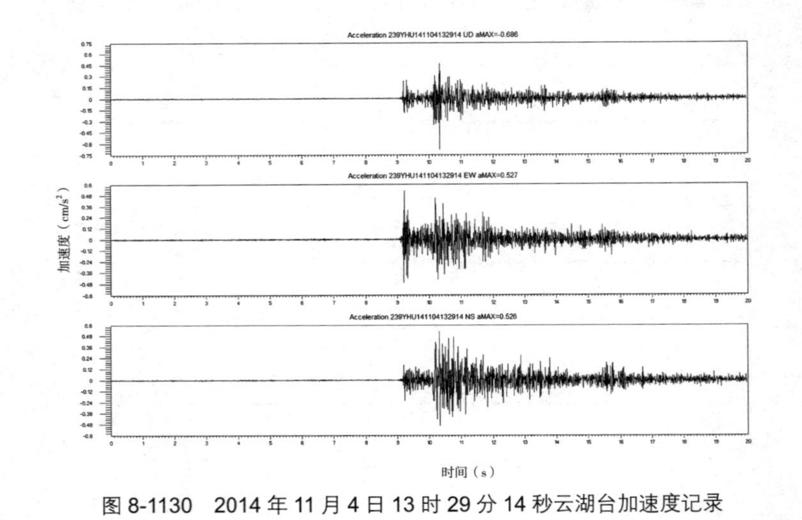

图 8-1130　2014 年 11 月 4 日 13 时 29 分 14 秒云湖台加速度记录

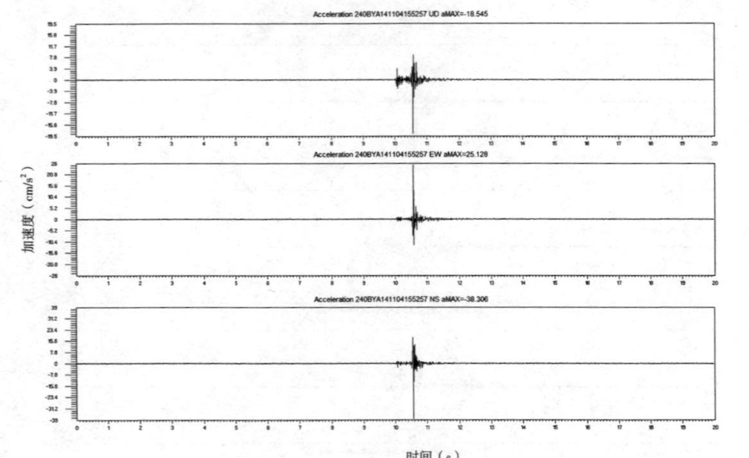

图 8-1131　2014 年 11 月 4 日 15 时 52 分 57 秒包垟台加速度记录

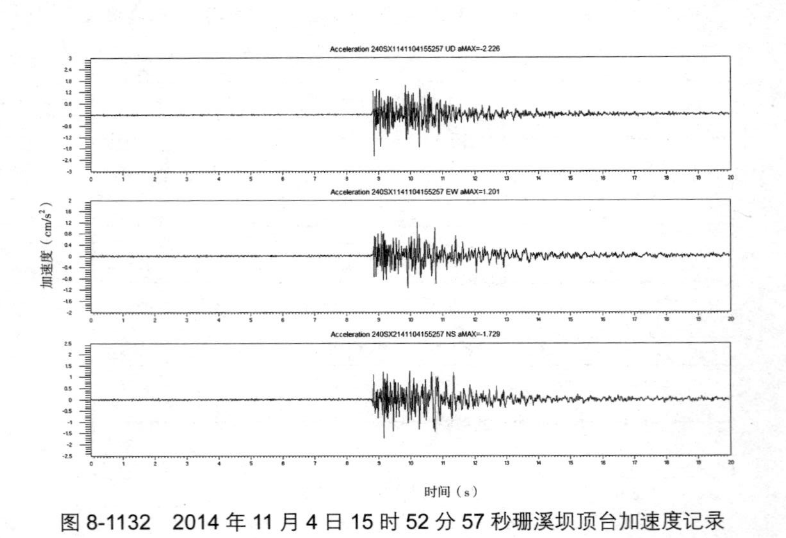

图 8-1132　2014 年 11 月 4 日 15 时 52 分 57 秒珊溪坝顶台加速度记录

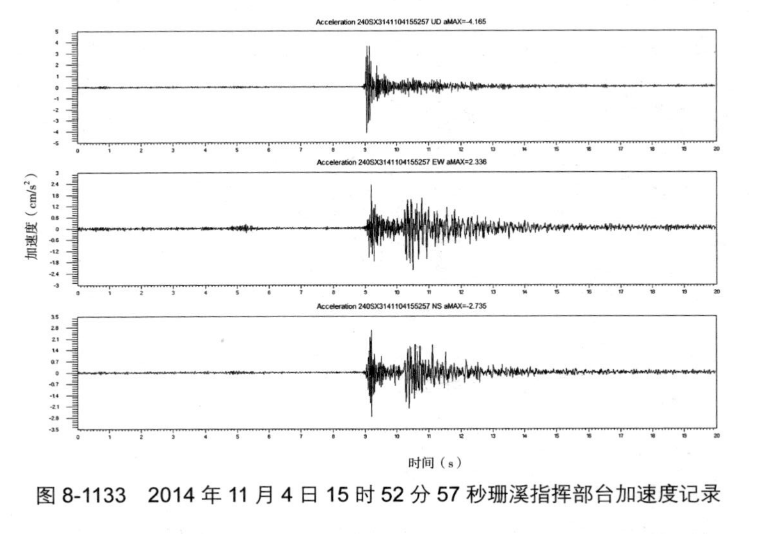

图 8-1133　2014 年 11 月 4 日 15 时 52 分 57 秒珊溪指挥部台加速度记录

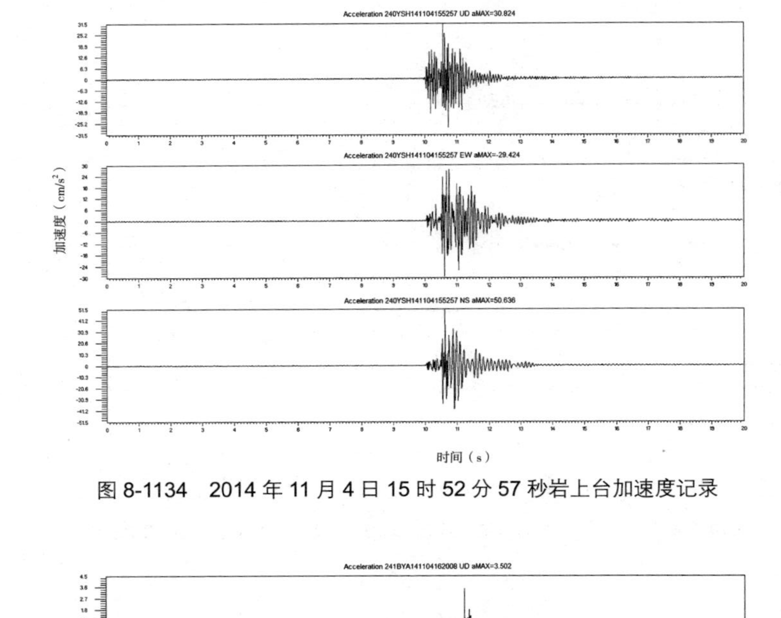

图 8-1134　2014 年 11 月 4 日 15 时 52 分 57 秒岩上台加速度记录

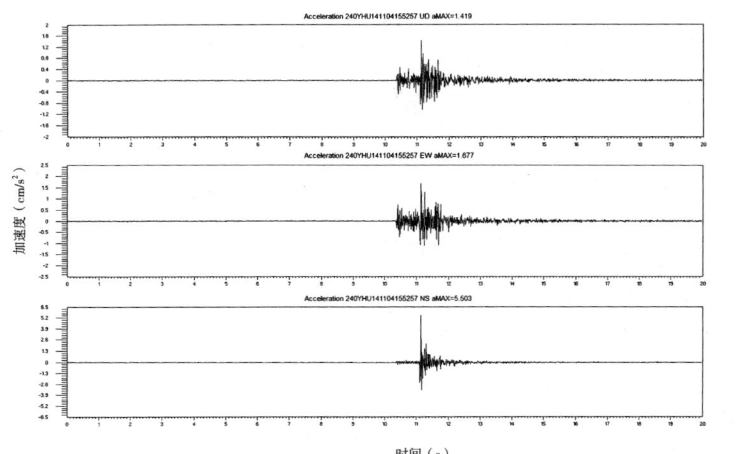

图 8-1135　2014 年 11 月 4 日 15 时 52 分 57 秒云湖台加速度记录

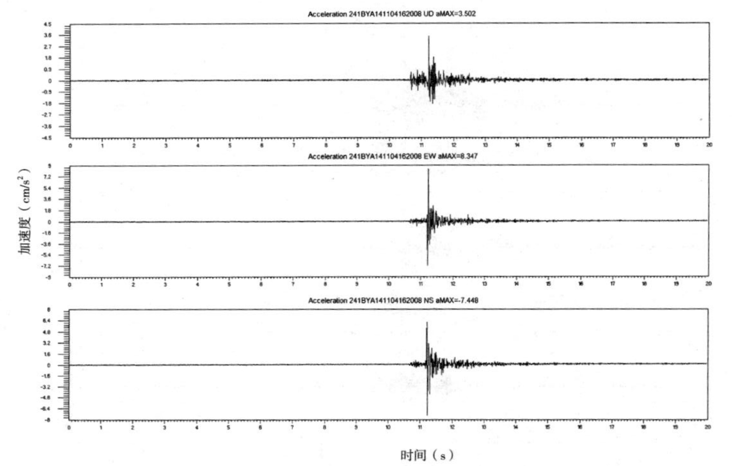

图 8-1136　2014 年 11 月 4 日 16 时 20 分 08 秒包垟台加速度记录

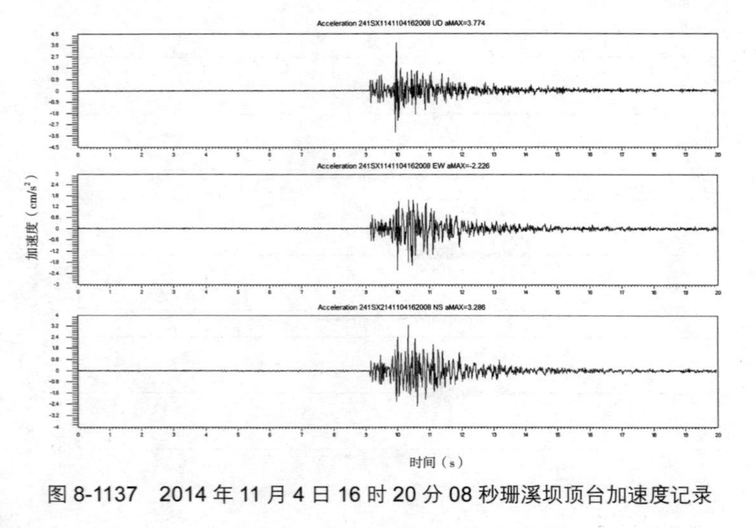

图 8-1137　2014 年 11 月 4 日 16 时 20 分 08 秒珊溪坝顶台加速度记录

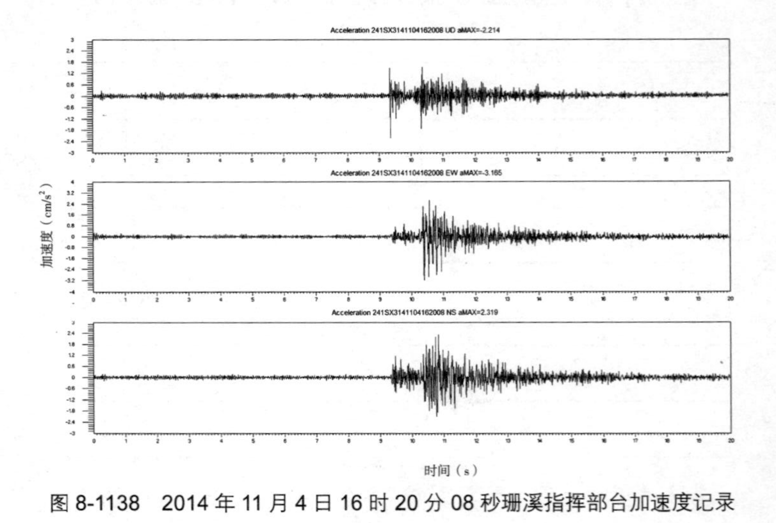

图 8-1138　2014 年 11 月 4 日 16 时 20 分 08 秒珊溪指挥部台加速度记录

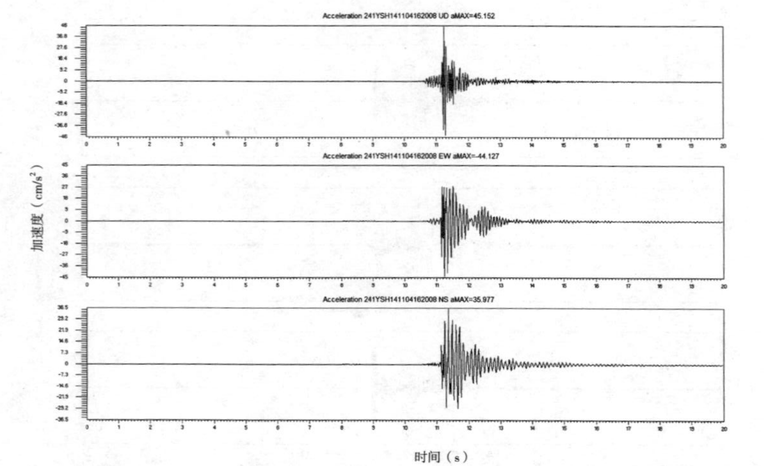

图 8-1139　2014 年 11 月 4 日 16 时 20 分 08 秒岩上台加速度记录

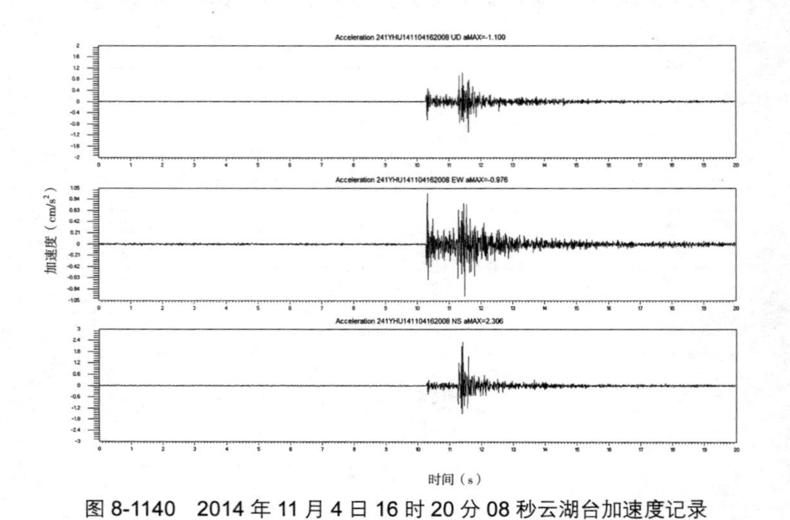

图 8-1140　2014 年 11 月 4 日 16 时 20 分 08 秒云湖台加速度记录

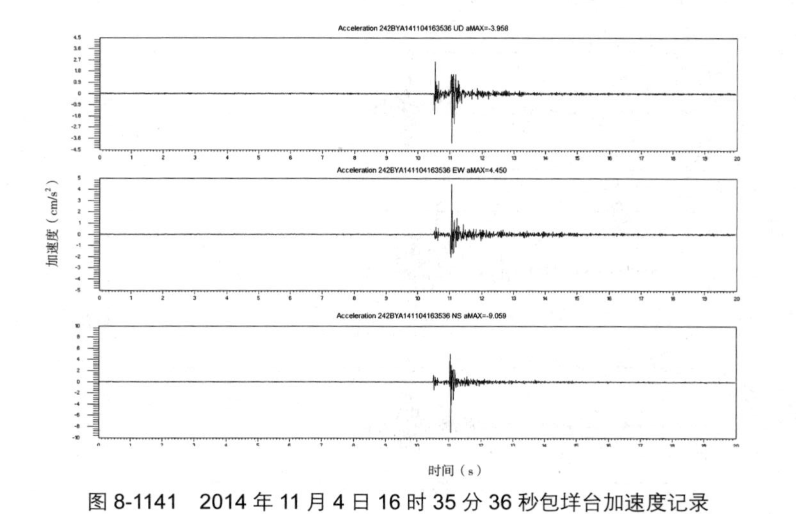

图 8-1141　2014 年 11 月 4 日 16 时 35 分 36 秒包垟台加速度记录

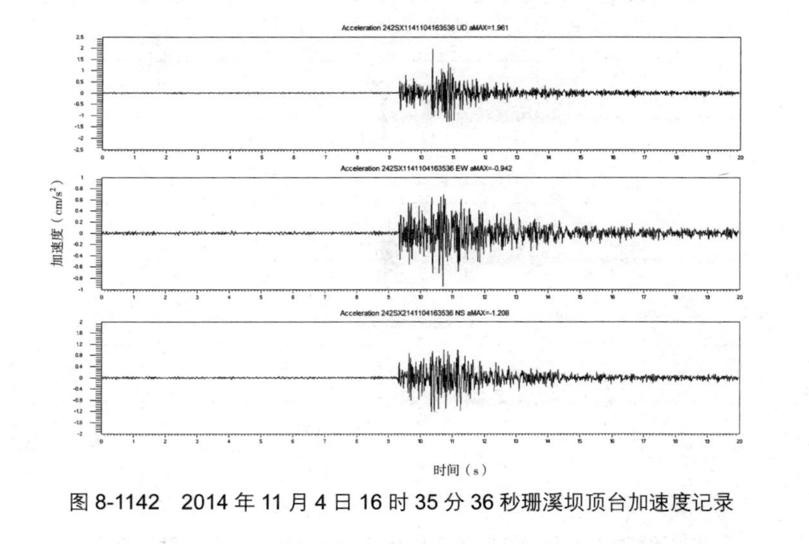

图 8-1142　2014 年 11 月 4 日 16 时 35 分 36 秒珊溪坝顶台加速度记录

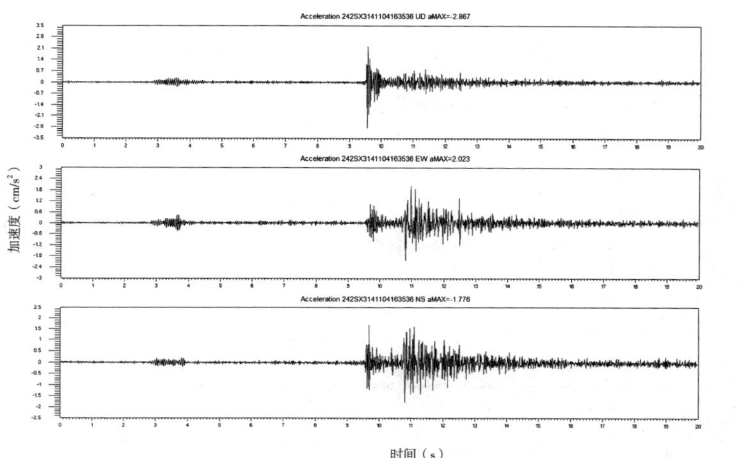

图 8-1143　2014 年 11 月 4 日 16 时 35 分 36 秒珊溪指挥部台加速度记录

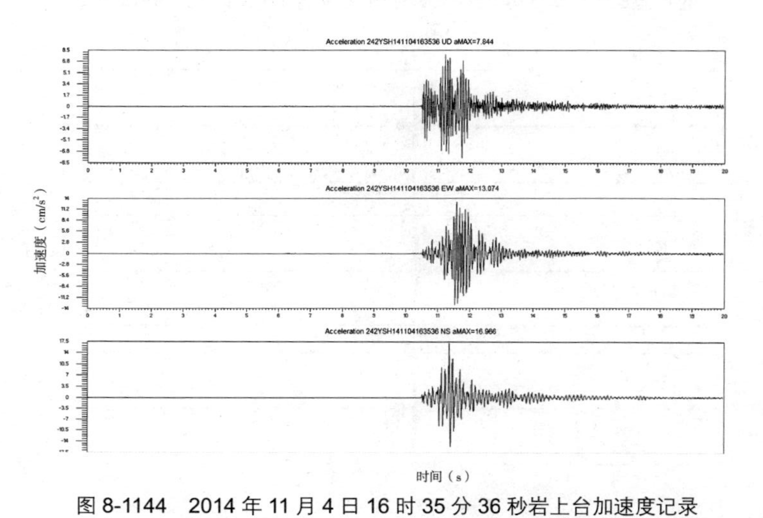

图 8-1144　2014 年 11 月 4 日 16 时 35 分 36 秒岩上台加速度记录

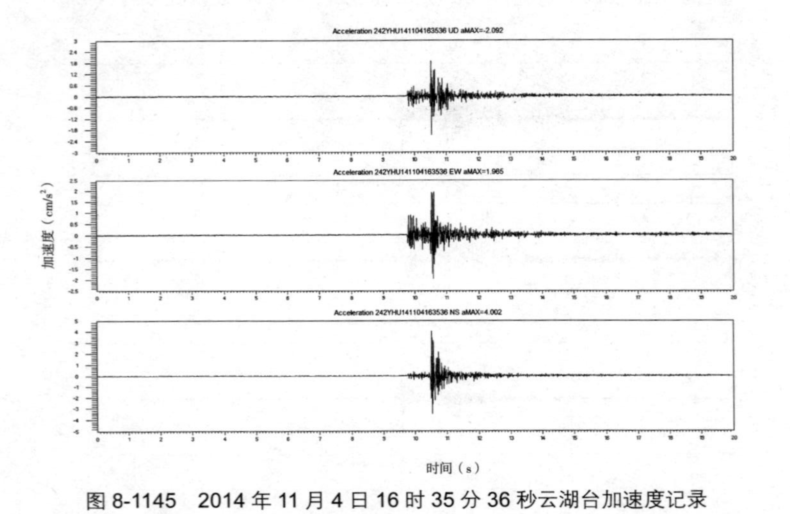

图 8-1145　2014 年 11 月 4 日 16 时 35 分 36 秒云湖台加速度记录

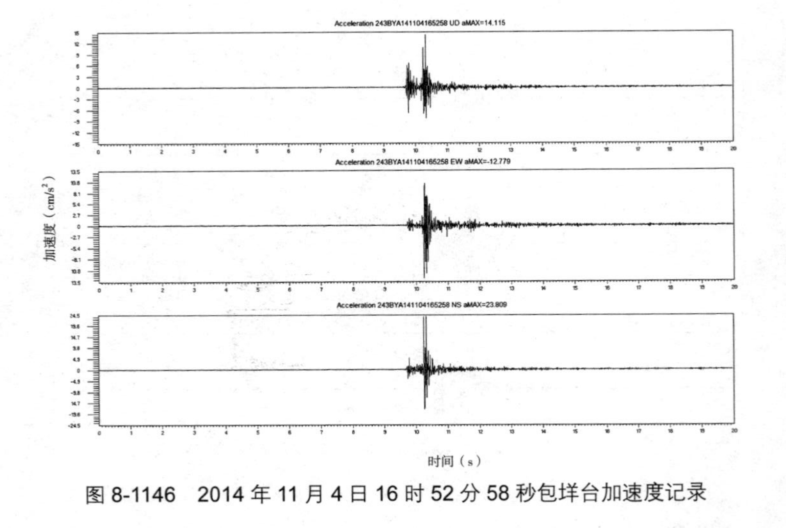

图 8-1146　2014 年 11 月 4 日 16 时 52 分 58 秒包垟台加速度记录

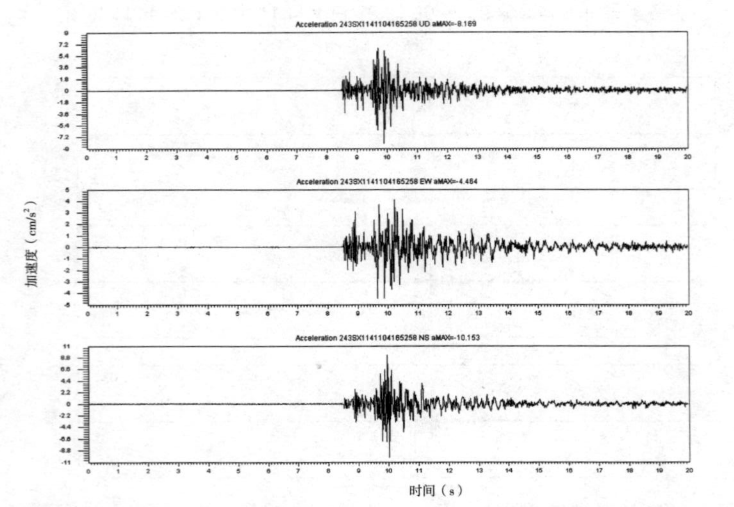

图 8-1147　2014 年 11 月 4 日 16 时 52 分 58 秒珊溪坝顶台加速度记录

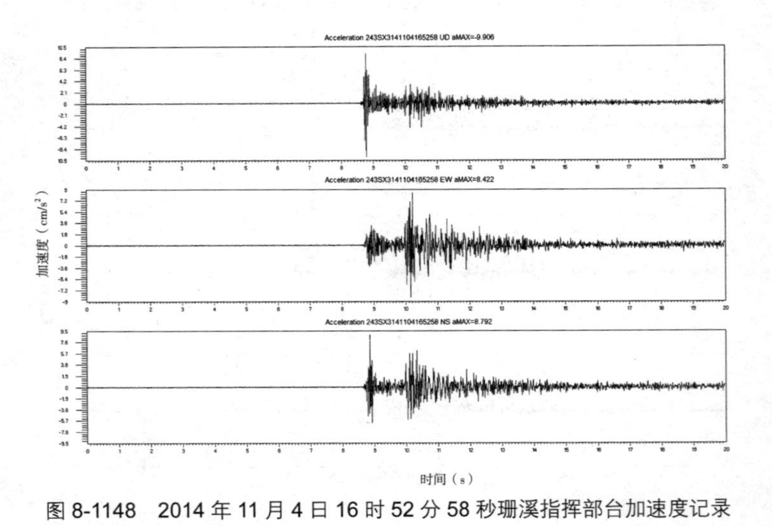

图 8-1148　2014 年 11 月 4 日 16 时 52 分 58 秒珊溪指挥部台加速度记录

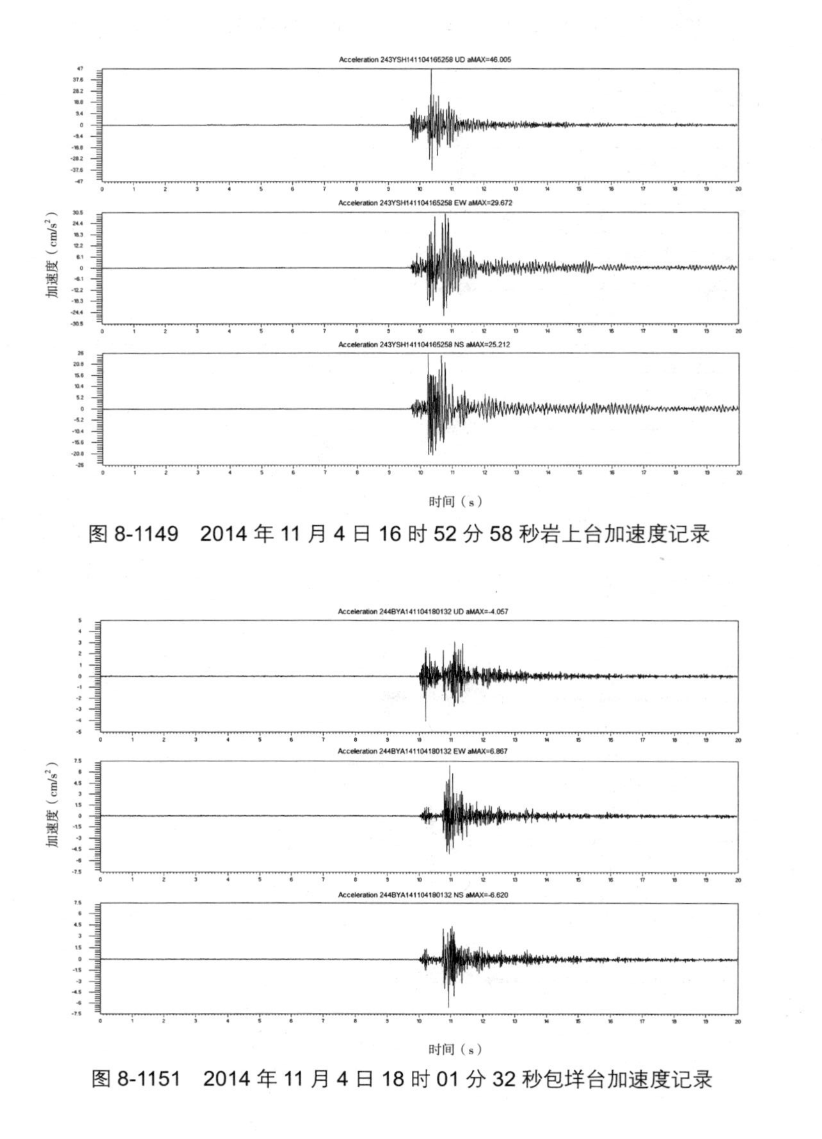

图 8-1149　2014 年 11 月 4 日 16 时 52 分 58 秒岩上台加速度记录

图 8-1151　2014 年 11 月 4 日 18 时 01 分 32 秒包垟台加速度记录

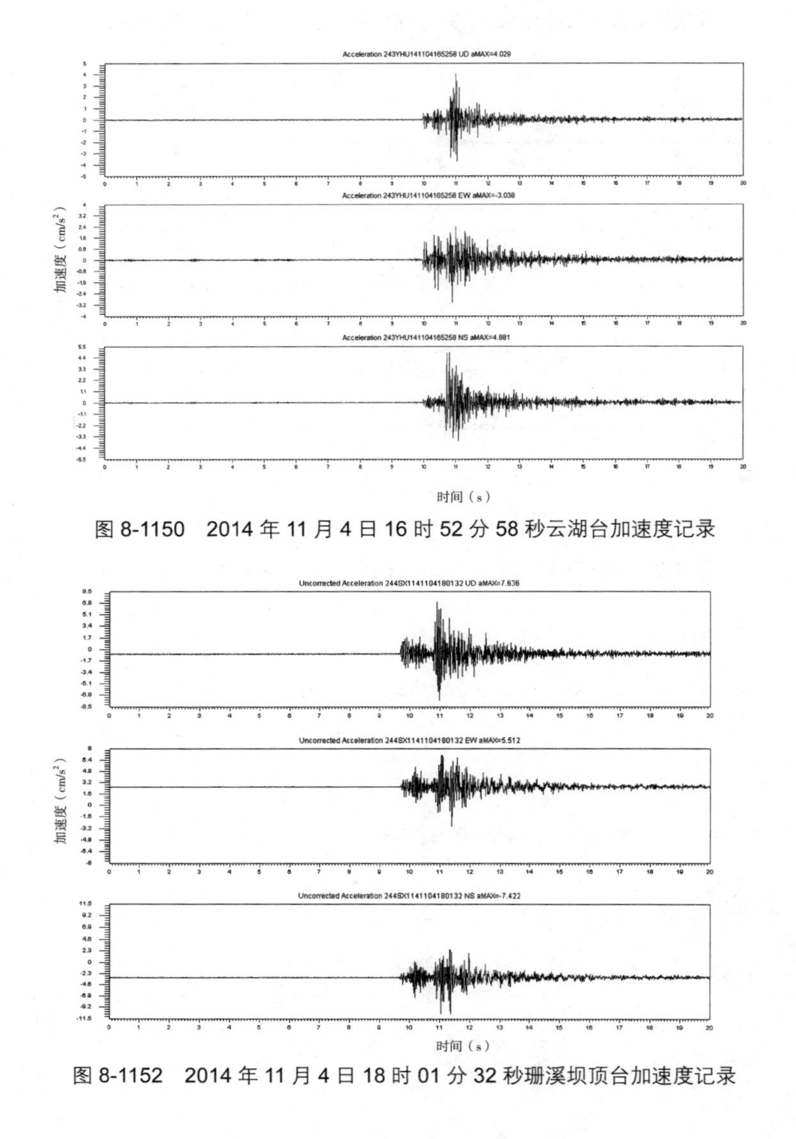

图 8-1150　2014 年 11 月 4 日 16 时 52 分 58 秒云湖台加速度记录

图 8-1152　2014 年 11 月 4 日 18 时 01 分 32 秒珊溪坝顶台加速度记录

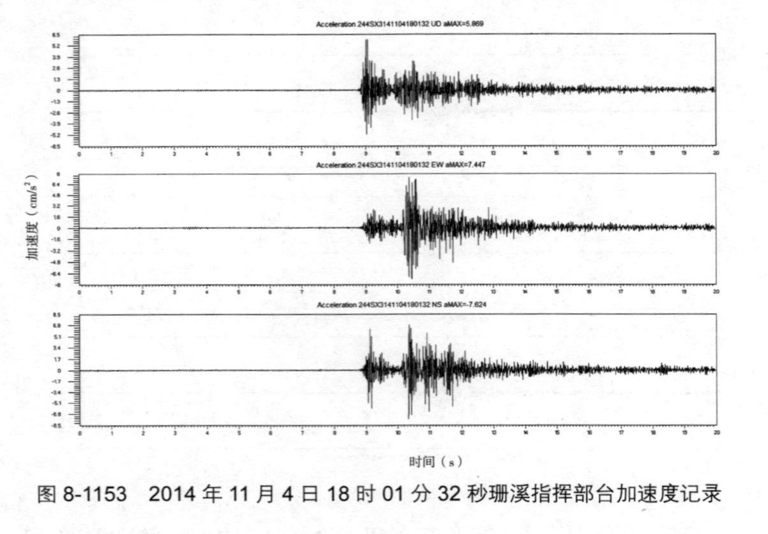

图 8-1153　2014 年 11 月 4 日 18 时 01 分 32 秒珊溪指挥部台加速度记录

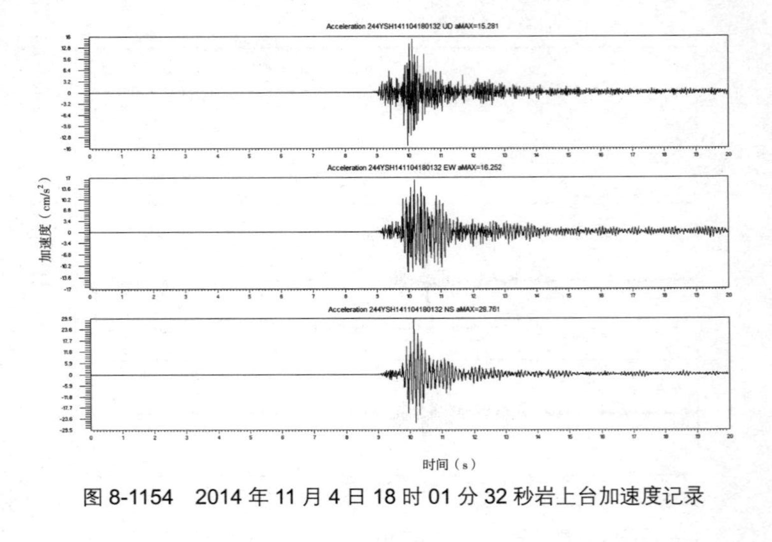

图 8-1154　2014 年 11 月 4 日 18 时 01 分 32 秒岩上台加速度记录

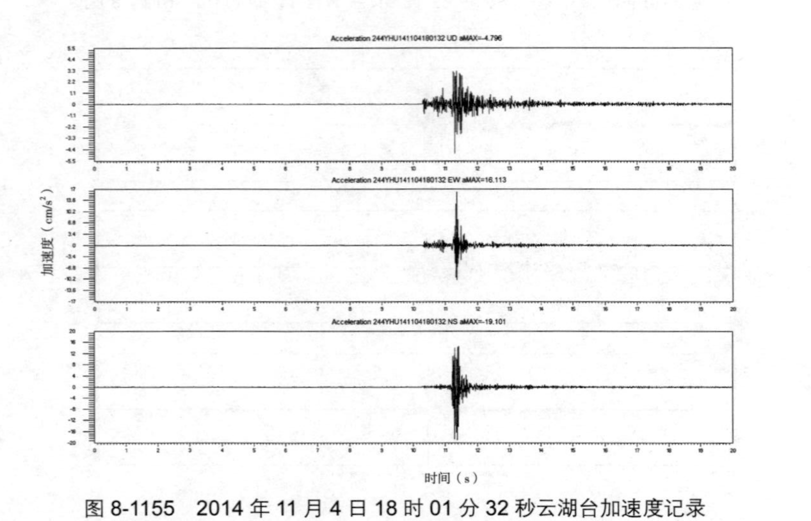

图 8-1155　2014 年 11 月 4 日 18 时 01 分 32 秒云湖台加速度记录

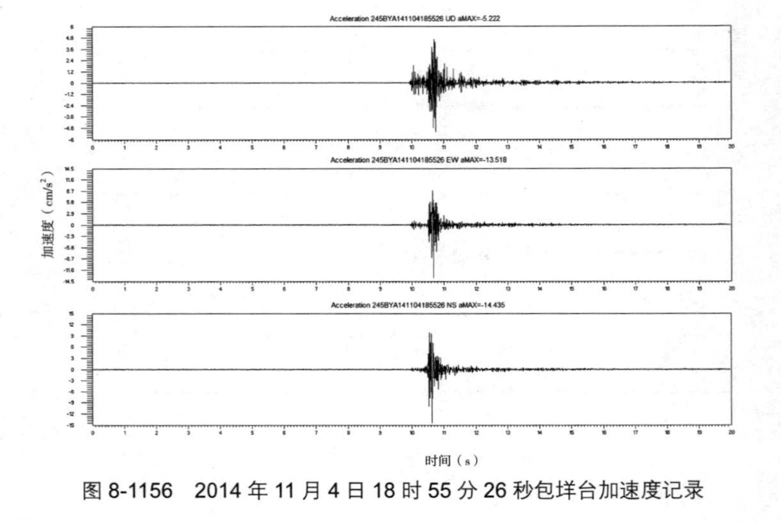

图 8-1156　2014 年 11 月 4 日 18 时 55 分 26 秒包垟台加速度记录

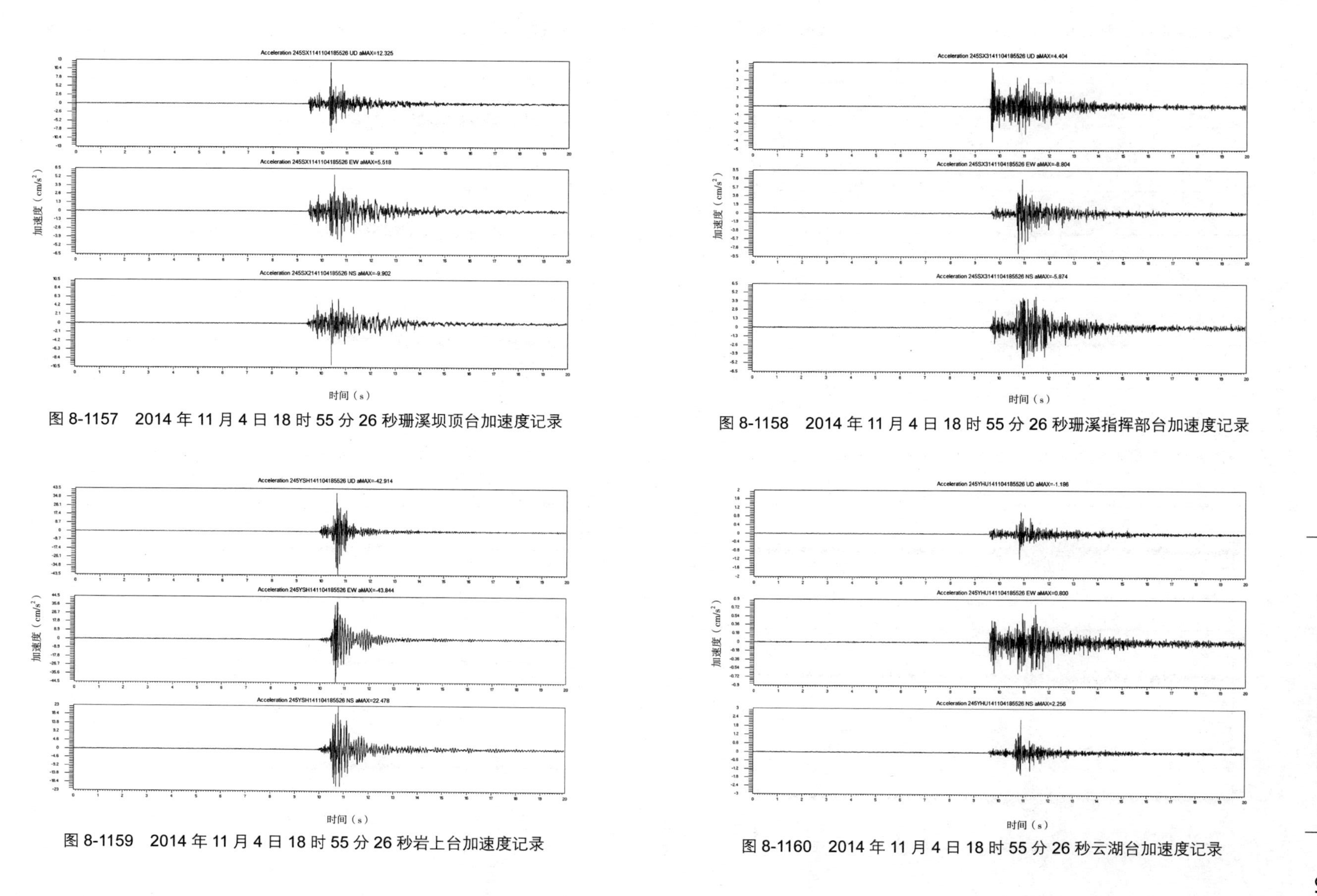

图 8-1157 2014 年 11 月 4 日 18 时 55 分 26 秒珊溪坝顶台加速度记录

图 8-1158 2014 年 11 月 4 日 18 时 55 分 26 秒珊溪指挥部台加速度记录

图 8-1159 2014 年 11 月 4 日 18 时 55 分 26 秒岩上台加速度记录

图 8-1160 2014 年 11 月 4 日 18 时 55 分 26 秒云湖台加速度记录

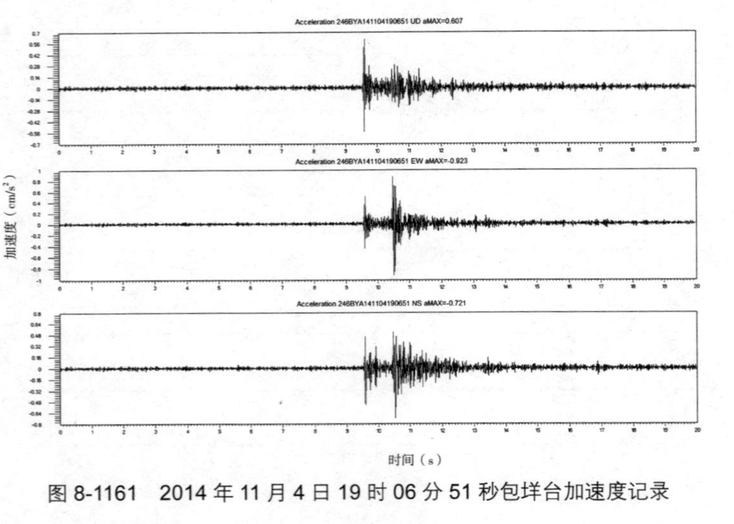

图 8-1161　2014 年 11 月 4 日 19 时 06 分 51 秒包垟台加速度记录

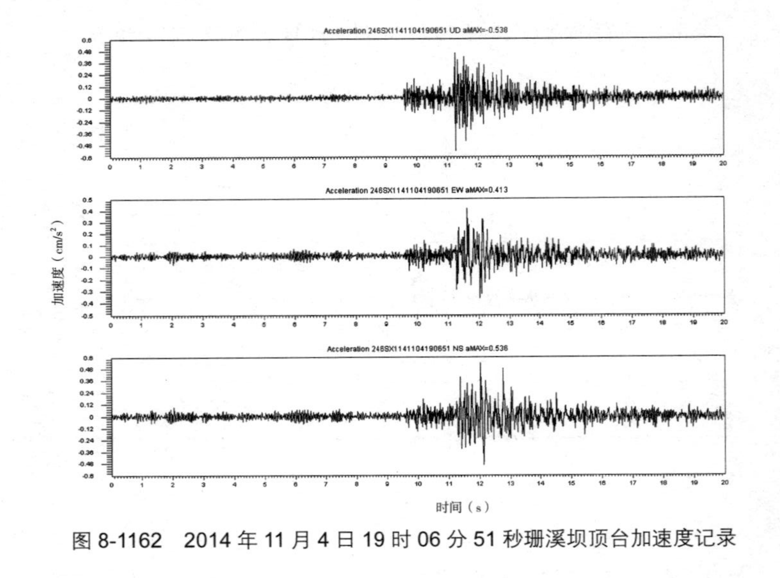

图 8-1162　2014 年 11 月 4 日 19 时 06 分 51 秒珊溪坝顶台加速度记录

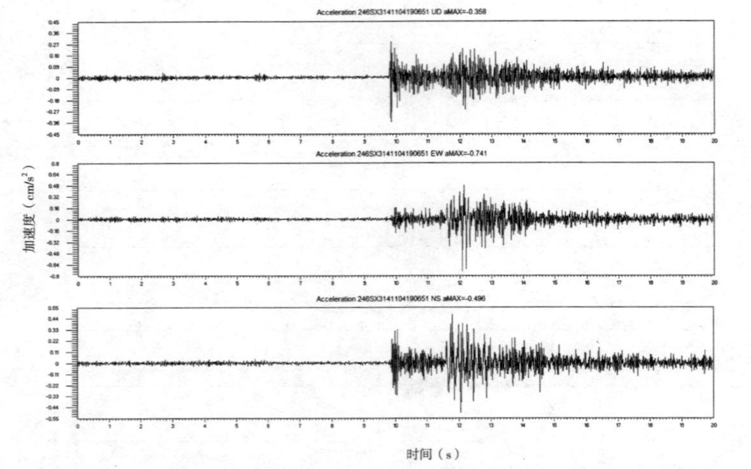

图 8-1163　2014 年 11 月 4 日 19 时 06 分 51 秒珊溪指挥部台加速度记录

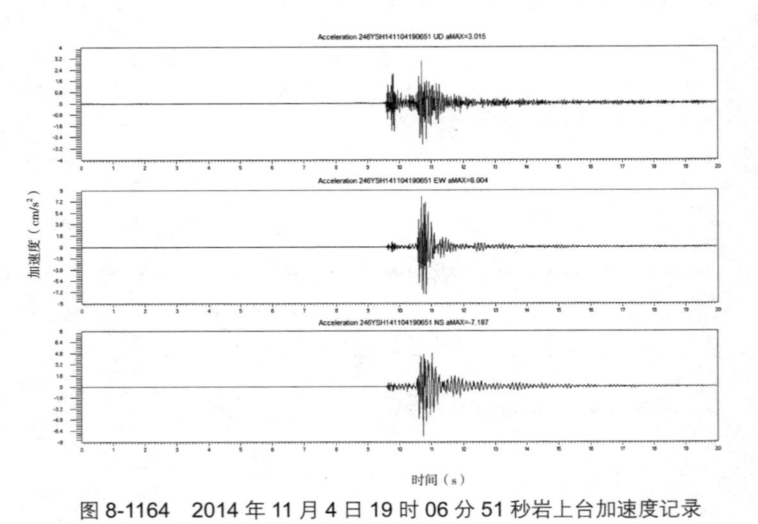

图 8-1164　2014 年 11 月 4 日 19 时 06 分 51 秒岩上台加速度记录

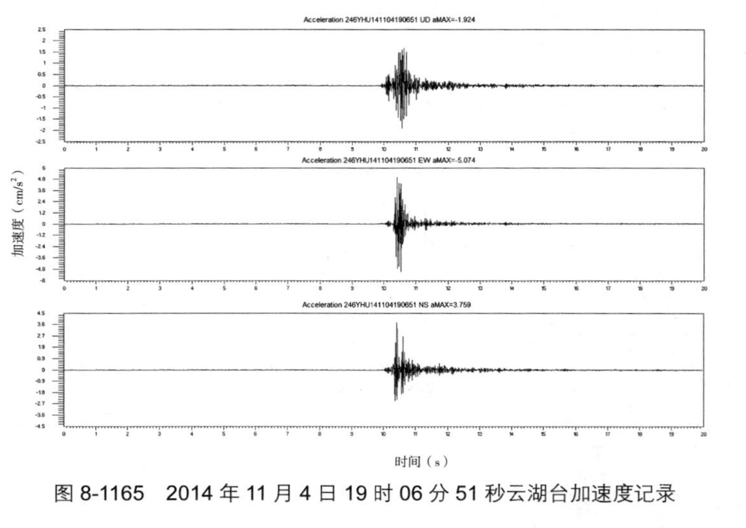

图 8-1165　2014 年 11 月 4 日 19 时 06 分 51 秒云湖台加速度记录

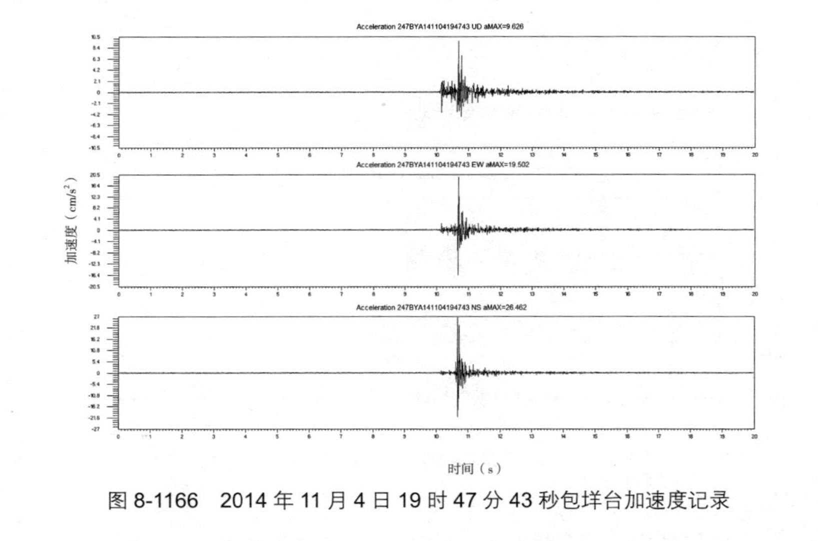

图 8-1166　2014 年 11 月 4 日 19 时 47 分 43 秒包垟台加速度记录

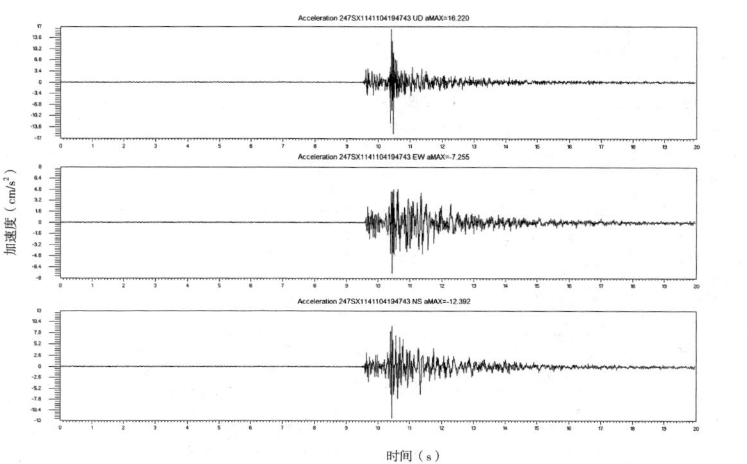

图 8-1167　2014 年 11 月 4 日 19 时 47 分 43 秒珊溪坝顶台加速度记录

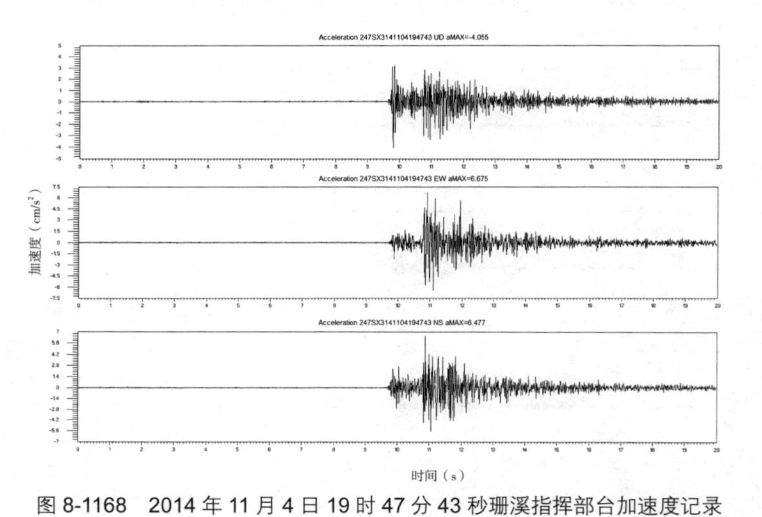

图 8-1168　2014 年 11 月 4 日 19 时 47 分 43 秒珊溪指挥部台加速度记录

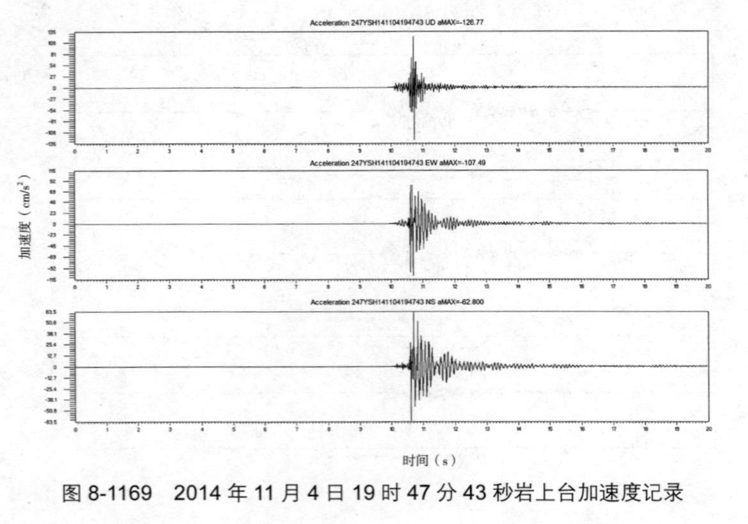

图 8-1169　2014 年 11 月 4 日 19 时 47 分 43 秒岩上台加速度记录

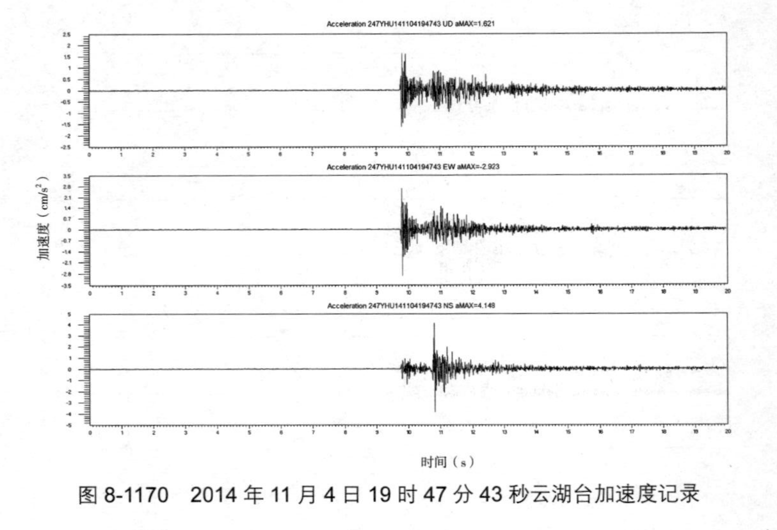

图 8-1170　2014 年 11 月 4 日 19 时 47 分 43 秒云湖台加速度记录

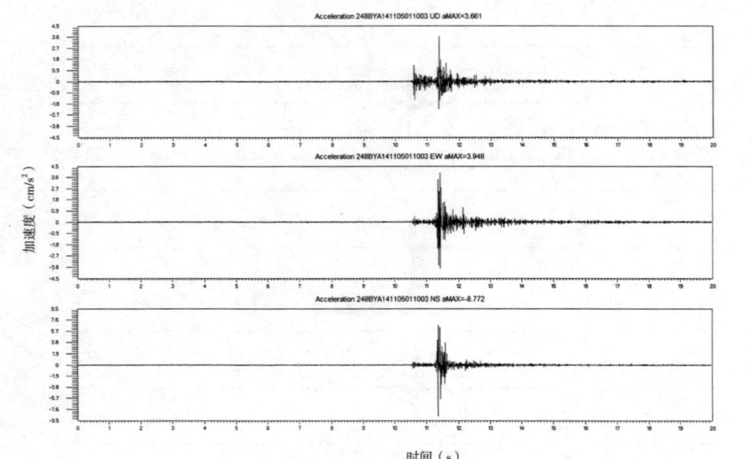

图 8-1171　2014 年 11 月 5 日 1 时 10 分 03 秒包垟台加速度记录

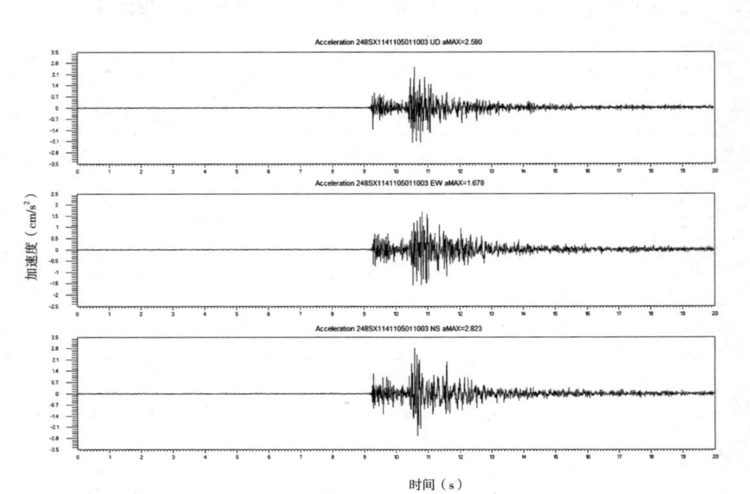

图 8-1172　2014 年 11 月 5 日 1 时 10 分 03 秒珊溪坝顶台加速度记录

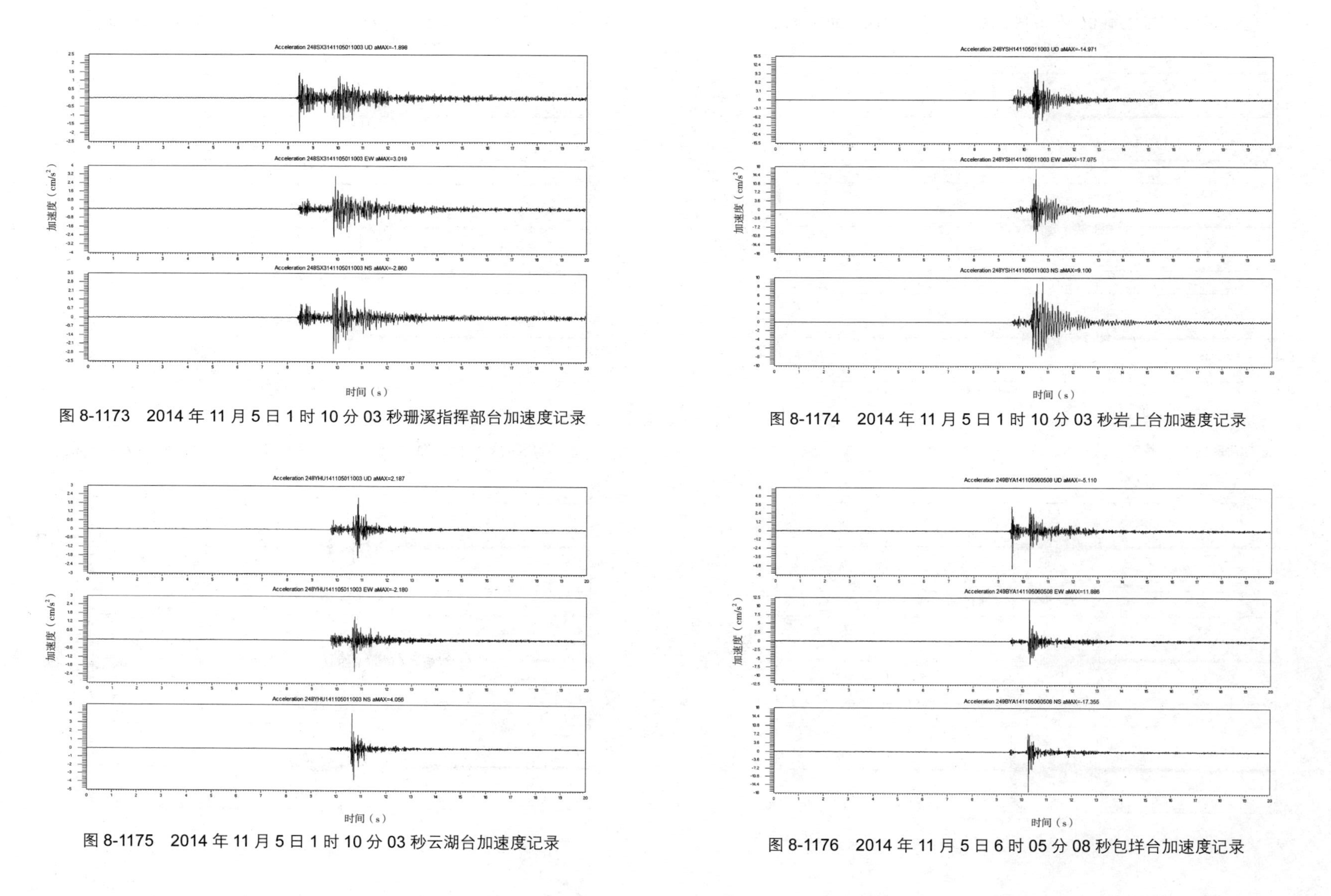

图 8-1173　2014 年 11 月 5 日 1 时 10 分 03 秒珊溪指挥部台加速度记录

图 8-1174　2014 年 11 月 5 日 1 时 10 分 03 秒岩上台加速度记录

图 8-1175　2014 年 11 月 5 日 1 时 10 分 03 秒云湖台加速度记录

图 8-1176　2014 年 11 月 5 日 6 时 05 分 08 秒包垟台加速度记录

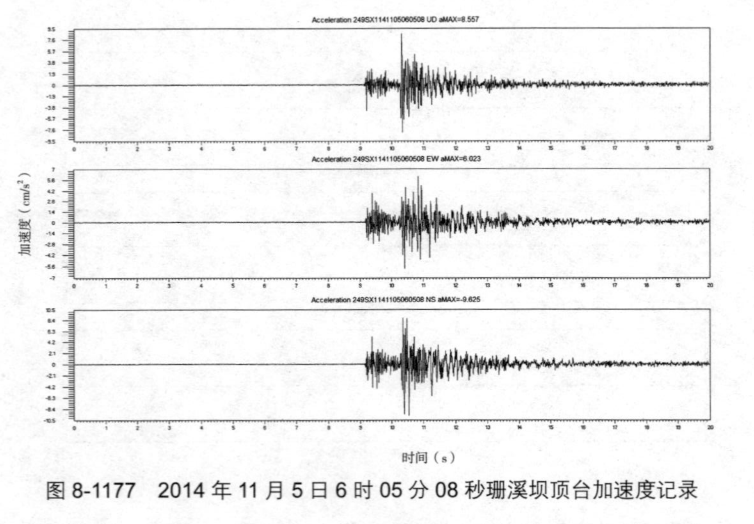

图 8-1177　2014 年 11 月 5 日 6 时 05 分 08 秒珊溪坝顶台加速度记录

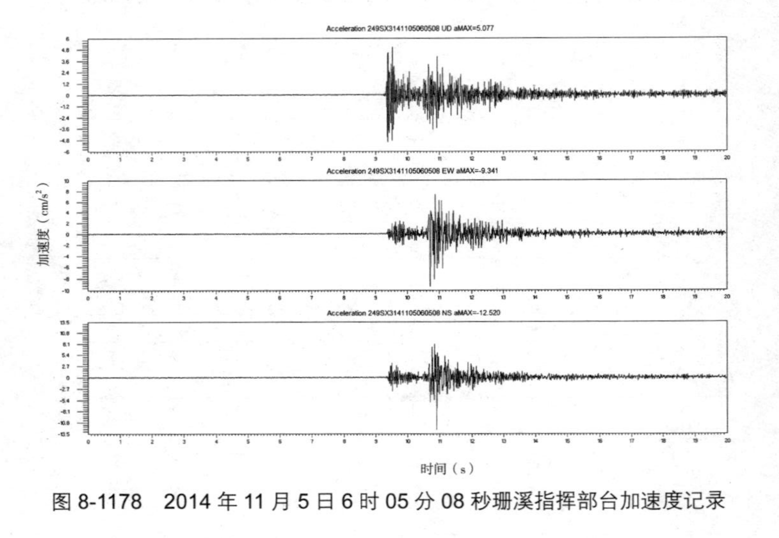

图 8-1178　2014 年 11 月 5 日 6 时 05 分 08 秒珊溪指挥部台加速度记录

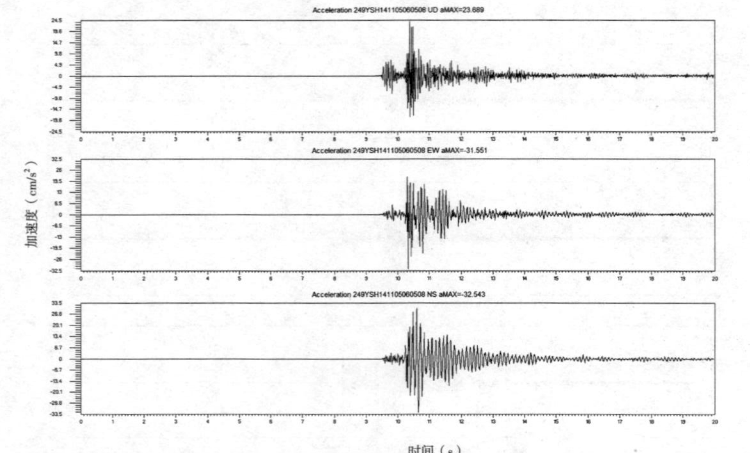

图 8-1179　2014 年 11 月 5 日 6 时 05 分 08 秒岩上台加速度记录

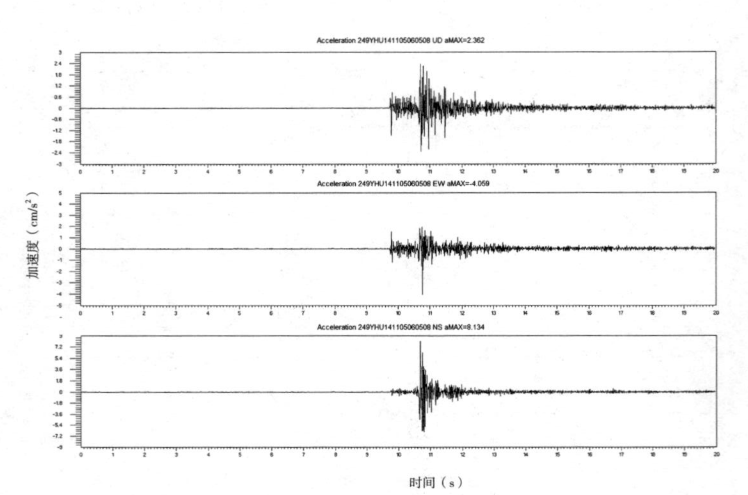

图 8-1180　2014 年 11 月 5 日 6 时 05 分 08 秒云湖台加速度记录

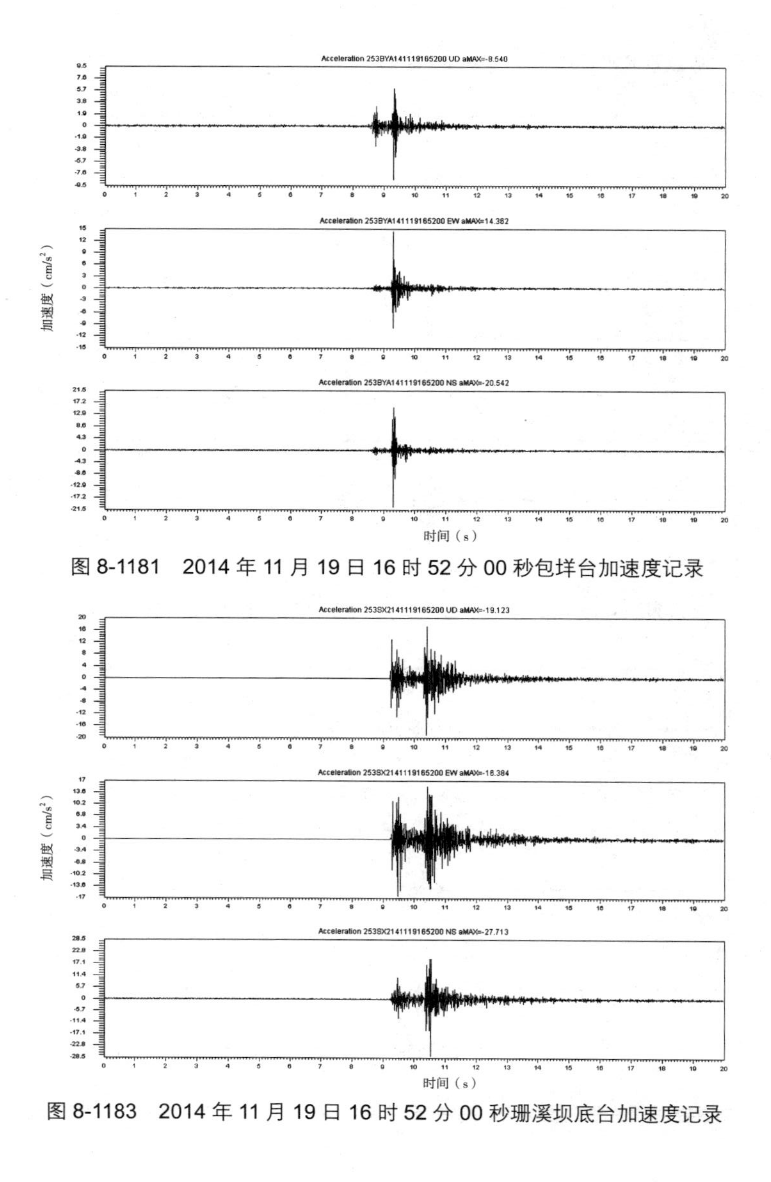

图 8-1181　2014 年 11 月 19 日 16 时 52 分 00 秒包垟台加速度记录

图 8-1183　2014 年 11 月 19 日 16 时 52 分 00 秒珊溪坝底台加速度记录

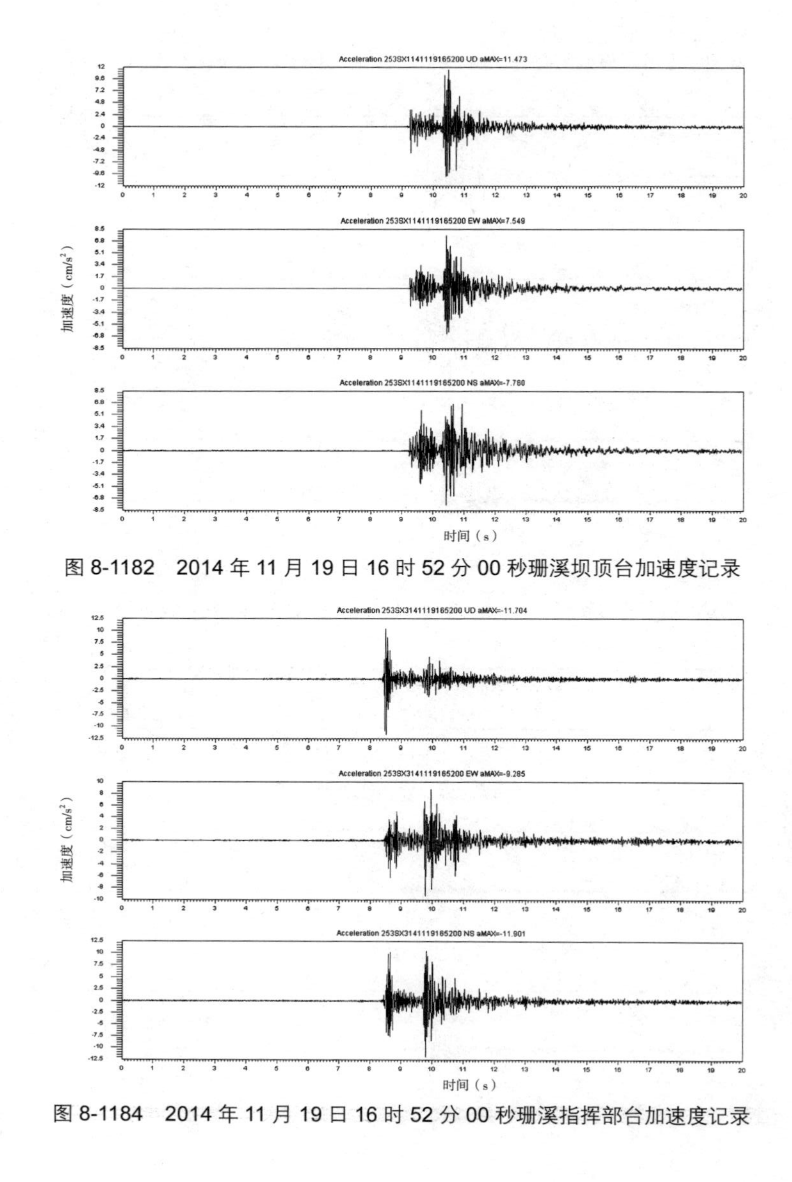

图 8-1182　2014 年 11 月 19 日 16 时 52 分 00 秒珊溪坝顶台加速度记录

图 8-1184　2014 年 11 月 19 日 16 时 52 分 00 秒珊溪指挥部台加速度记录

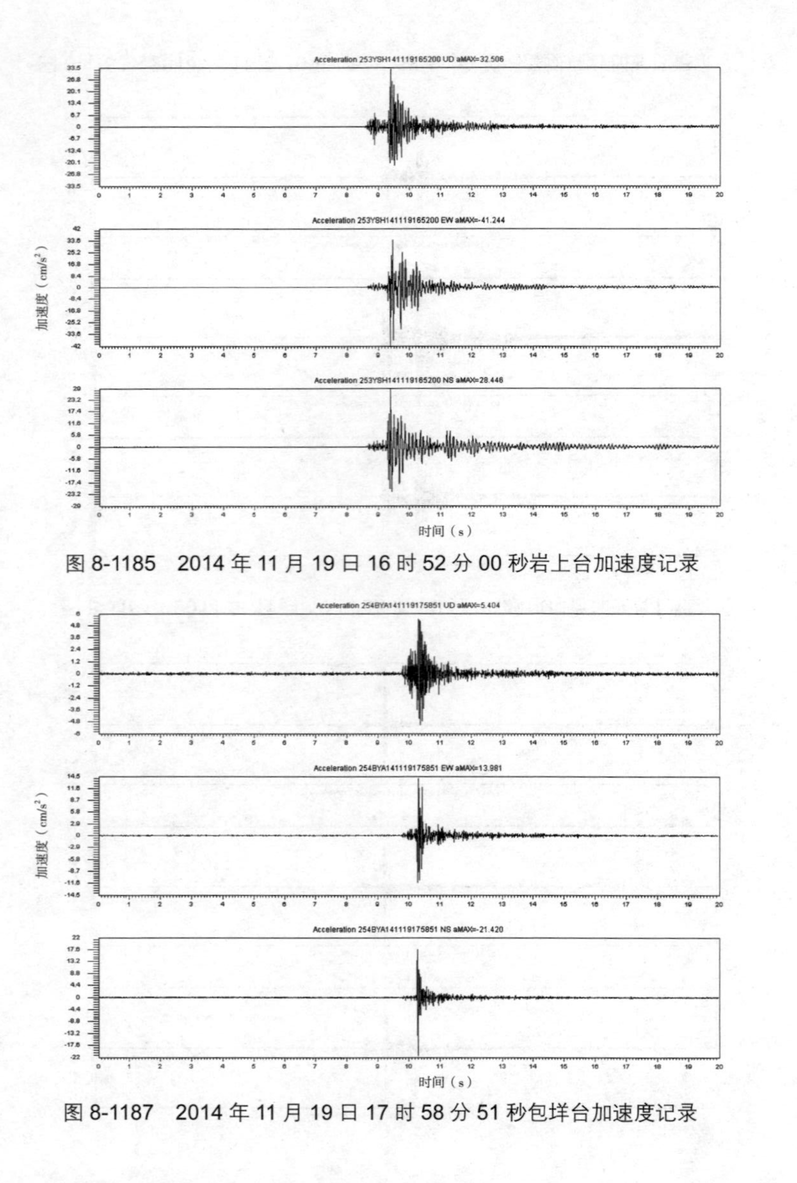

图 8-1185 2014 年 11 月 19 日 16 时 52 分 00 秒岩上台加速度记录

图 8-1187 2014 年 11 月 19 日 17 时 58 分 51 秒包垟台加速度记录

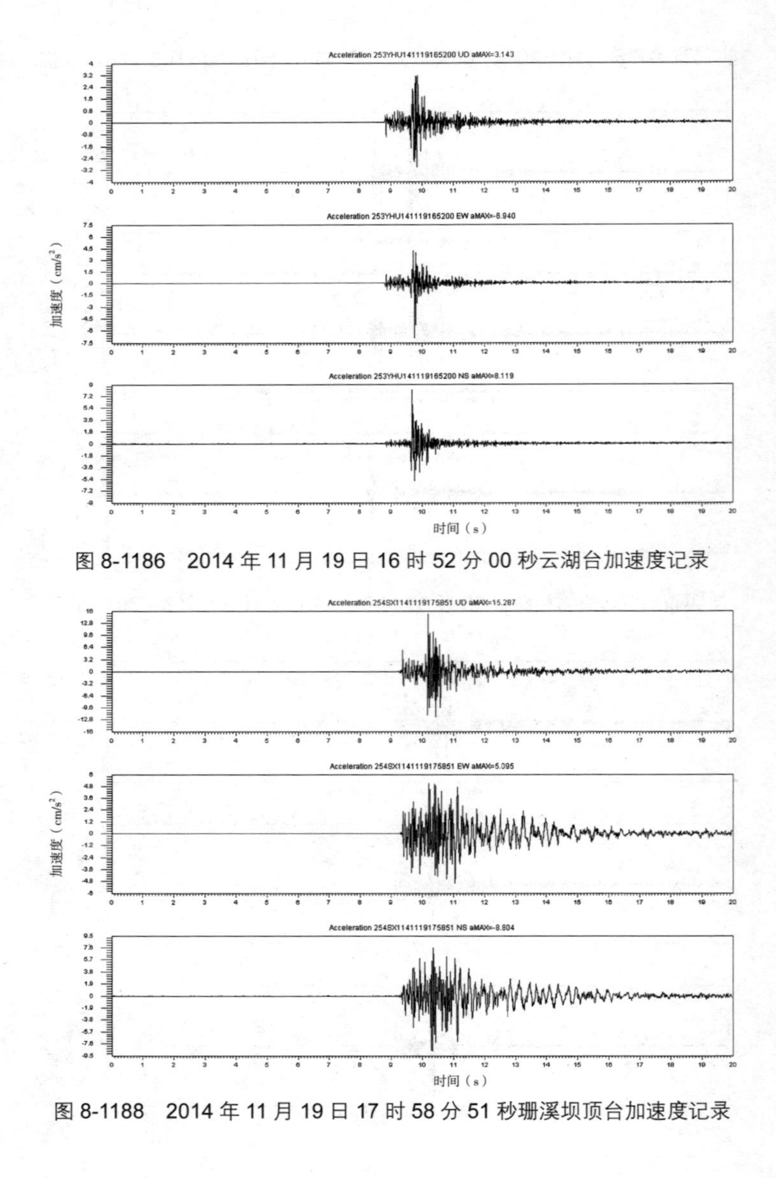

图 8-1186 2014 年 11 月 19 日 16 时 52 分 00 秒云湖台加速度记录

图 8-1188 2014 年 11 月 19 日 17 时 58 分 51 秒珊溪坝顶台加速度记录

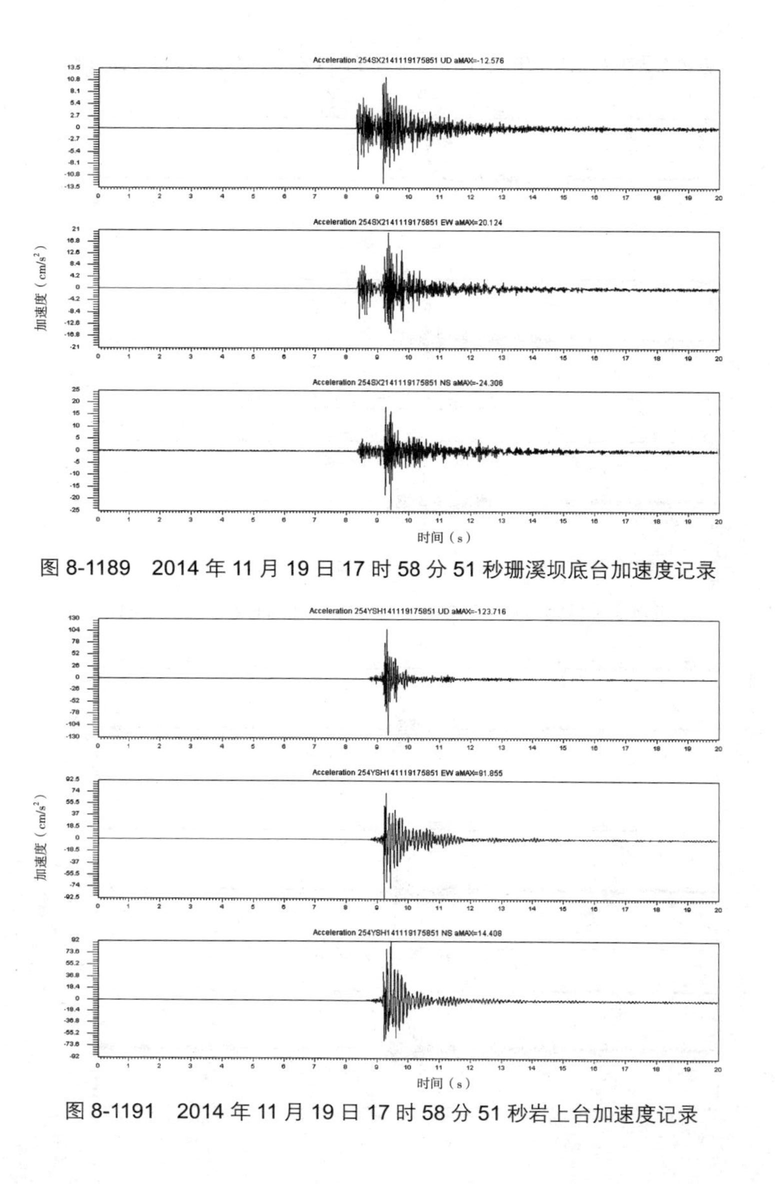

图 8-1189　2014 年 11 月 19 日 17 时 58 分 51 秒珊溪坝底台加速度记录

图 8-1191　2014 年 11 月 19 日 17 时 58 分 51 秒岩上台加速度记录

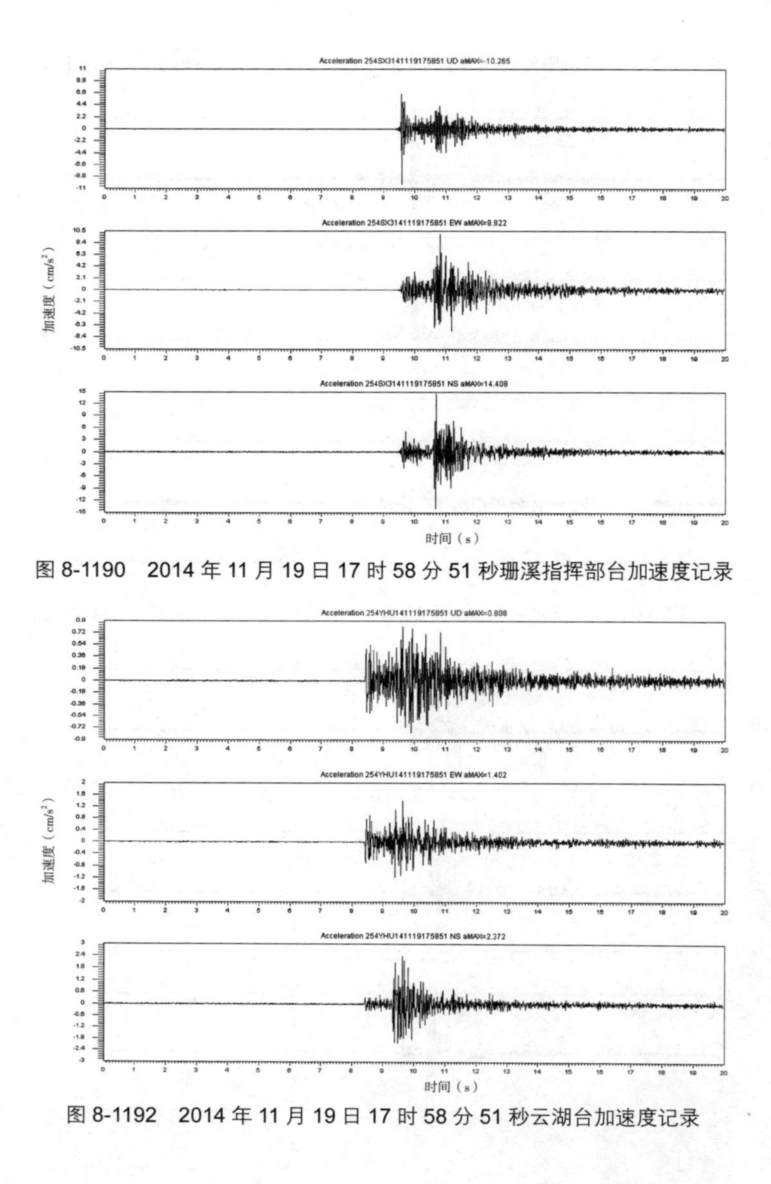

图 8-1190　2014 年 11 月 19 日 17 时 58 分 51 秒珊溪指挥部台加速度记录

图 8-1192　2014 年 11 月 19 日 17 时 58 分 51 秒云湖台加速度记录

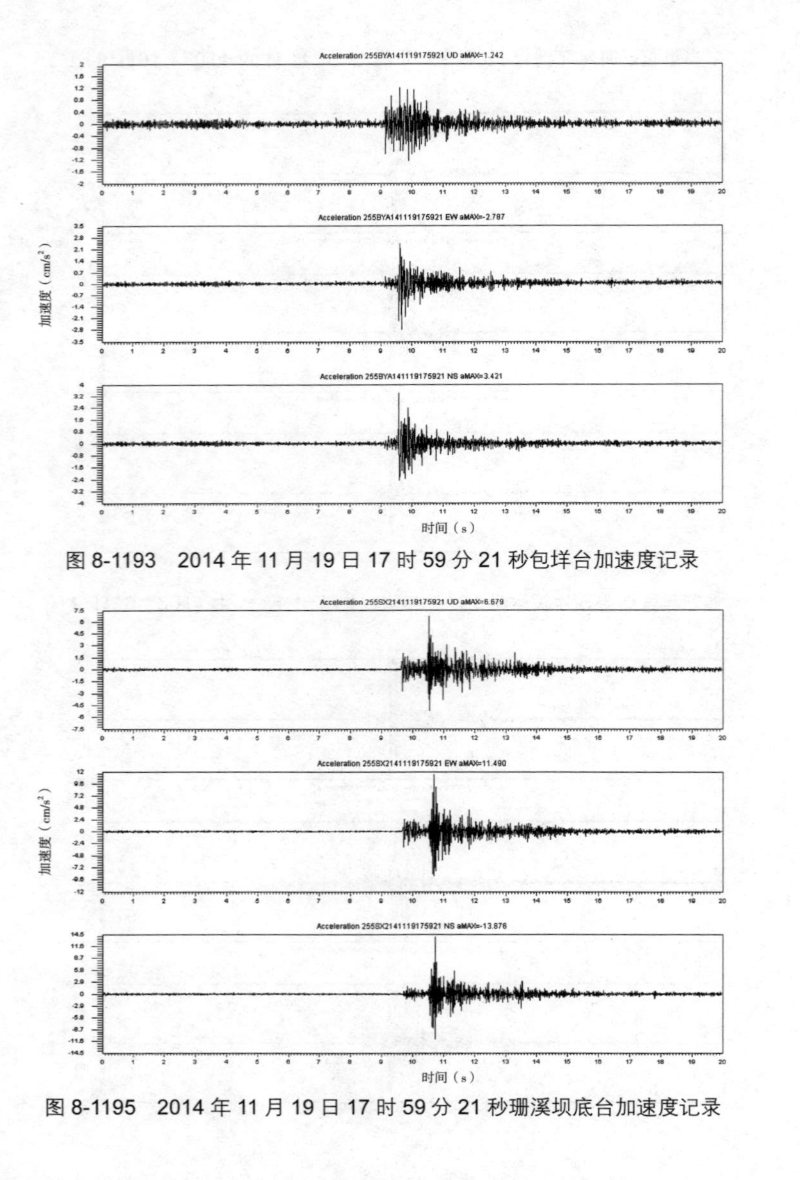

图 8-1193　2014 年 11 月 19 日 17 时 59 分 21 秒包垟台加速度记录

图 8-1195　2014 年 11 月 19 日 17 时 59 分 21 秒珊溪坝底台加速度记录

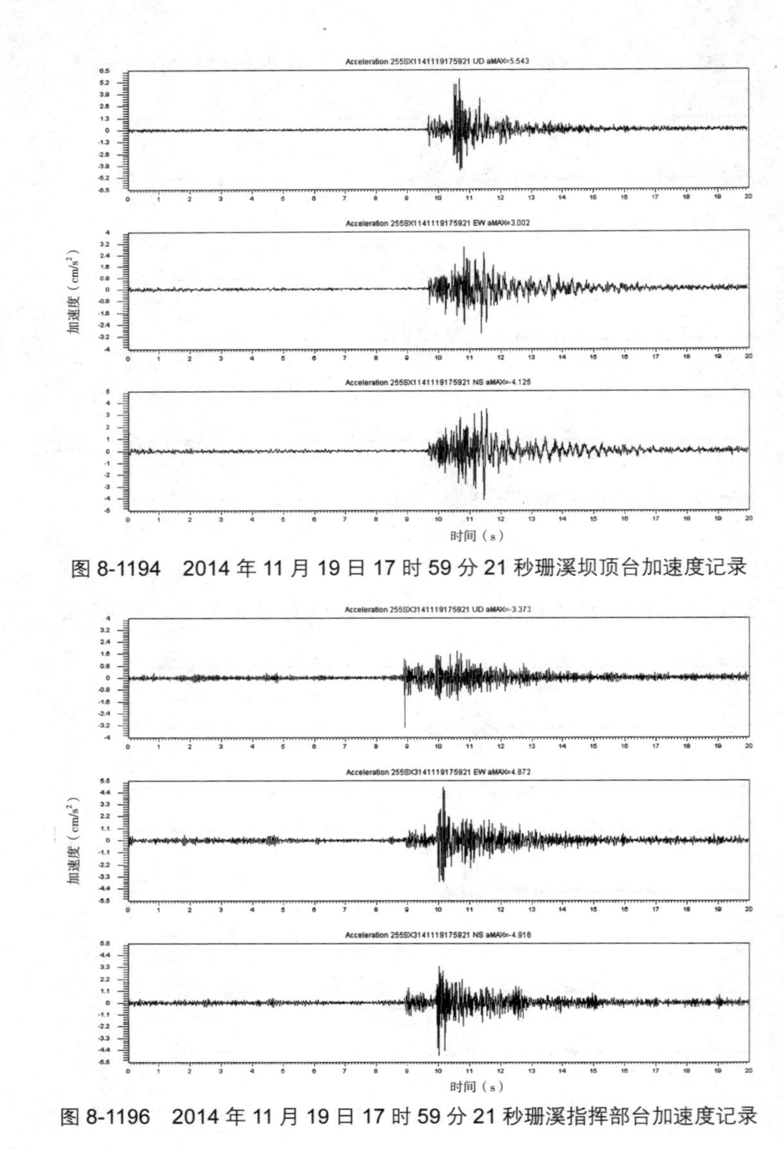

图 8-1194　2014 年 11 月 19 日 17 时 59 分 21 秒珊溪坝顶台加速度记录

图 8-1196　2014 年 11 月 19 日 17 时 59 分 21 秒珊溪指挥部台加速度记录

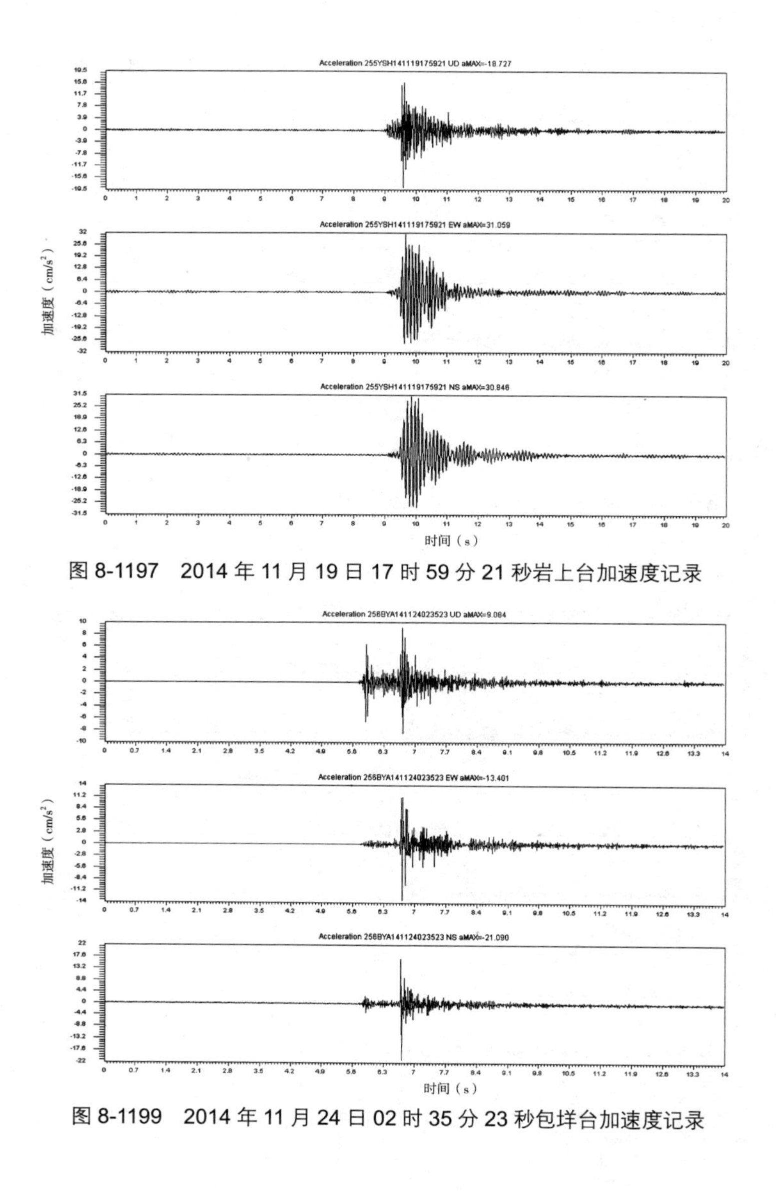

图 8-1197　2014 年 11 月 19 日 17 时 59 分 21 秒岩上台加速度记录

图 8-1199　2014 年 11 月 24 日 02 时 35 分 23 秒包垟台加速度记录

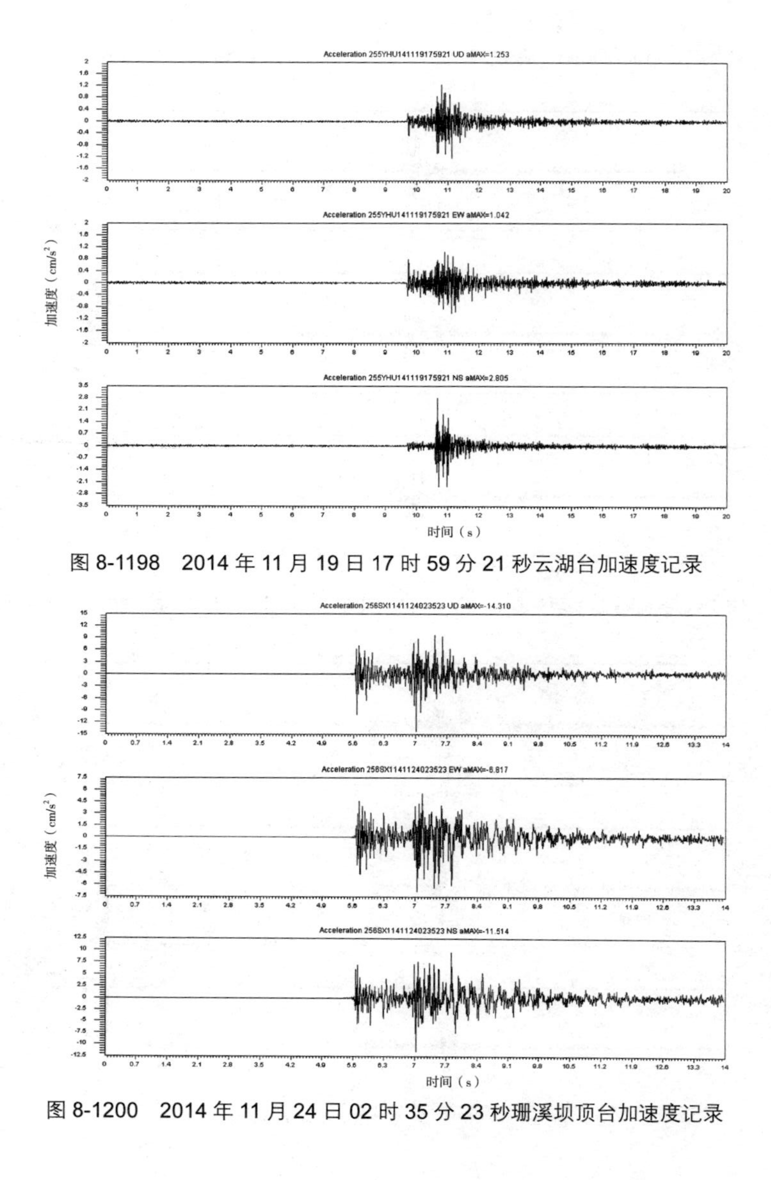

图 8-1198　2014 年 11 月 19 日 17 时 59 分 21 秒云湖台加速度记录

图 8-1200　2014 年 11 月 24 日 02 时 35 分 23 秒珊溪坝顶台加速度记录

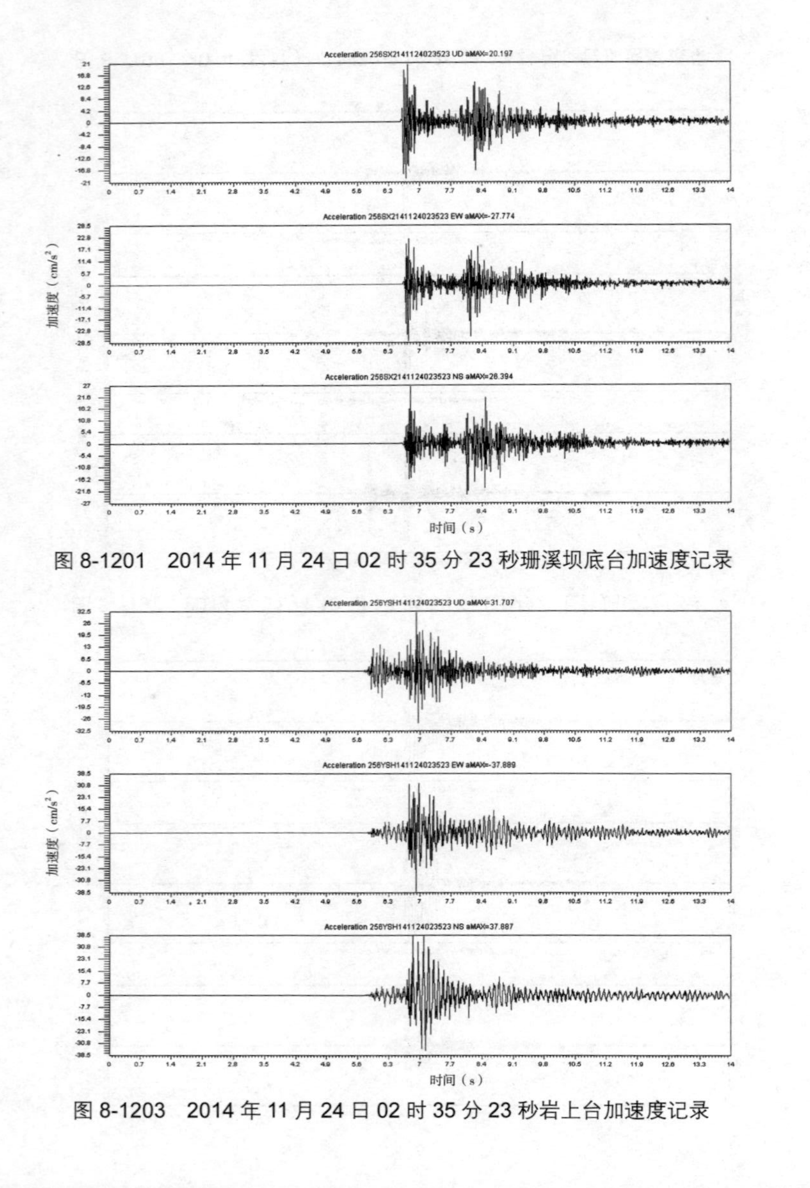

图 8-1201　2014 年 11 月 24 日 02 时 35 分 23 秒珊溪坝底台加速度记录

图 8-1203　2014 年 11 月 24 日 02 时 35 分 23 秒岩上台加速度记录

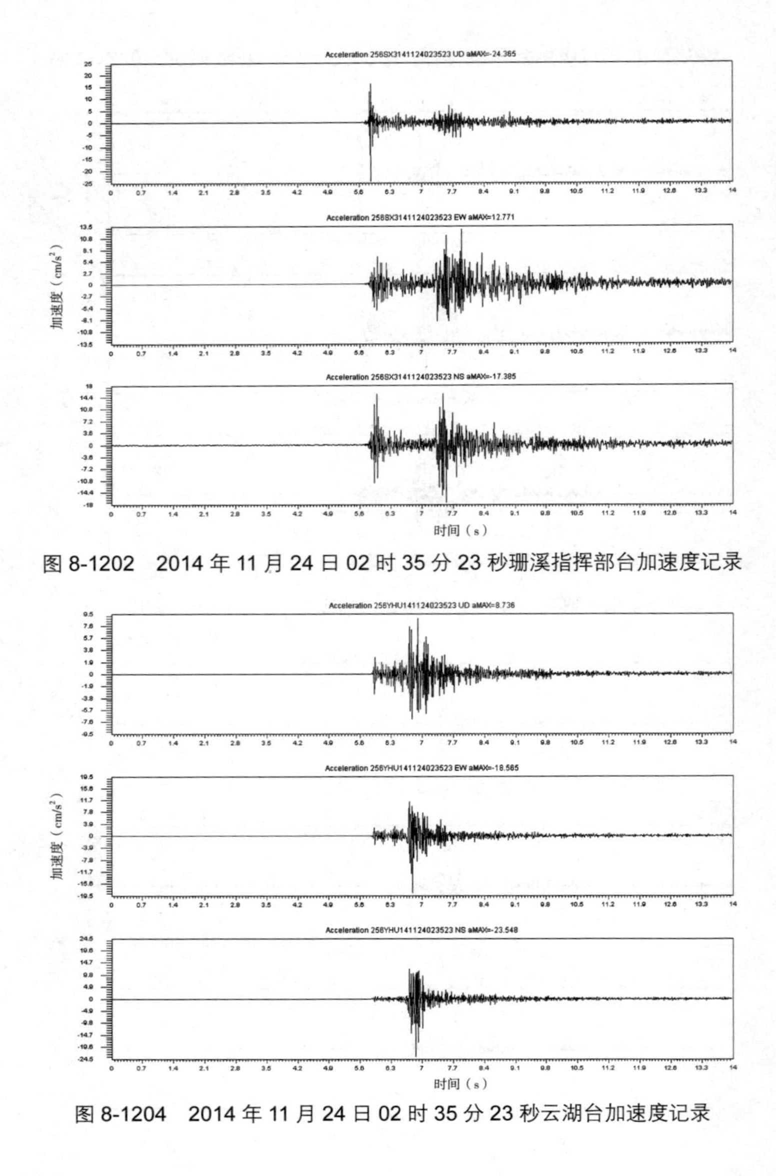

图 8-1202　2014 年 11 月 24 日 02 时 35 分 23 秒珊溪指挥部台加速度记录

图 8-1204　2014 年 11 月 24 日 02 时 35 分 23 秒云湖台加速度记录

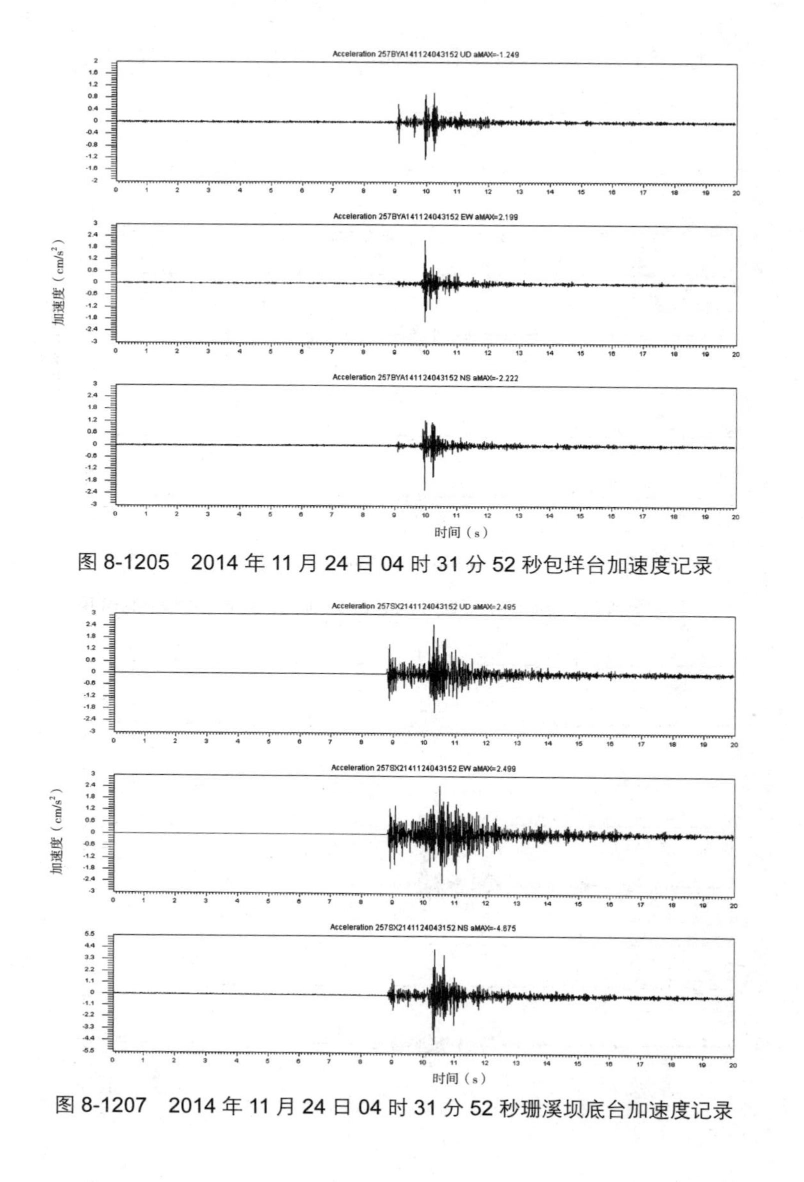

图 8-1205　2014 年 11 月 24 日 04 时 31 分 52 秒包垟台加速度记录

图 8-1207　2014 年 11 月 24 日 04 时 31 分 52 秒珊溪坝底台加速度记录

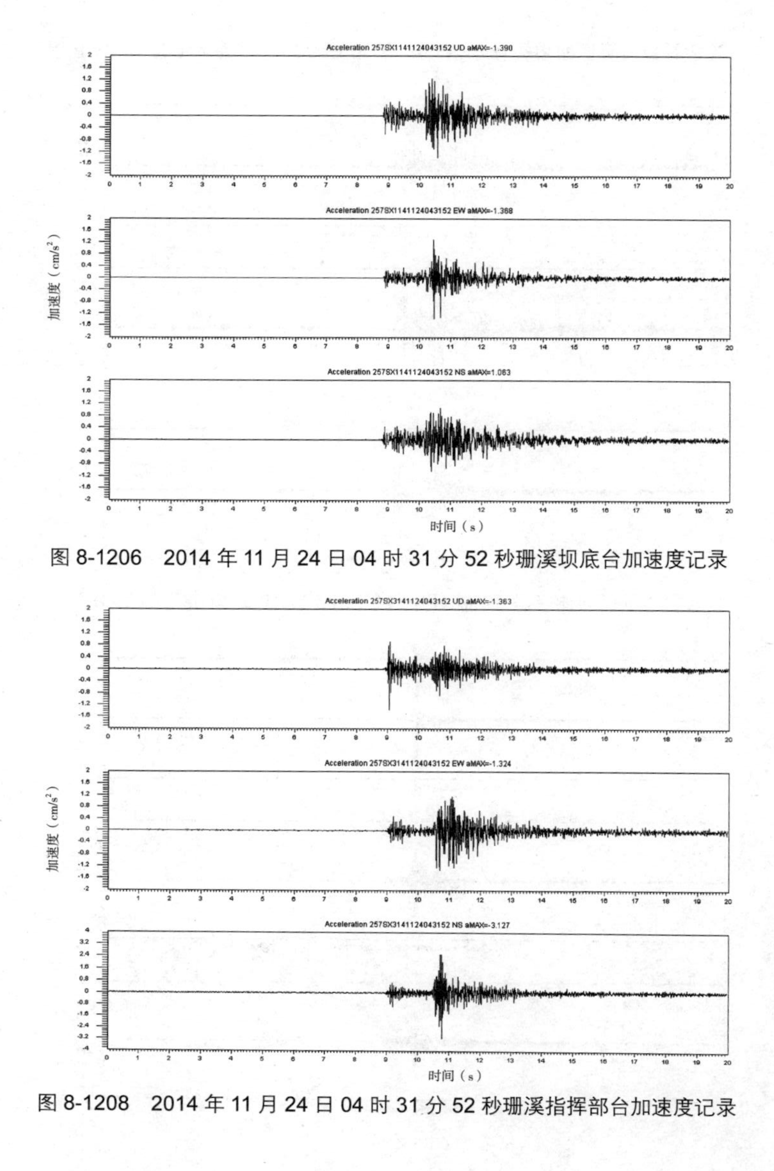

图 8-1206　2014 年 11 月 24 日 04 时 31 分 52 秒珊溪坝底台加速度记录

图 8-1208　2014 年 11 月 24 日 04 时 31 分 52 秒珊溪指挥部台加速度记录

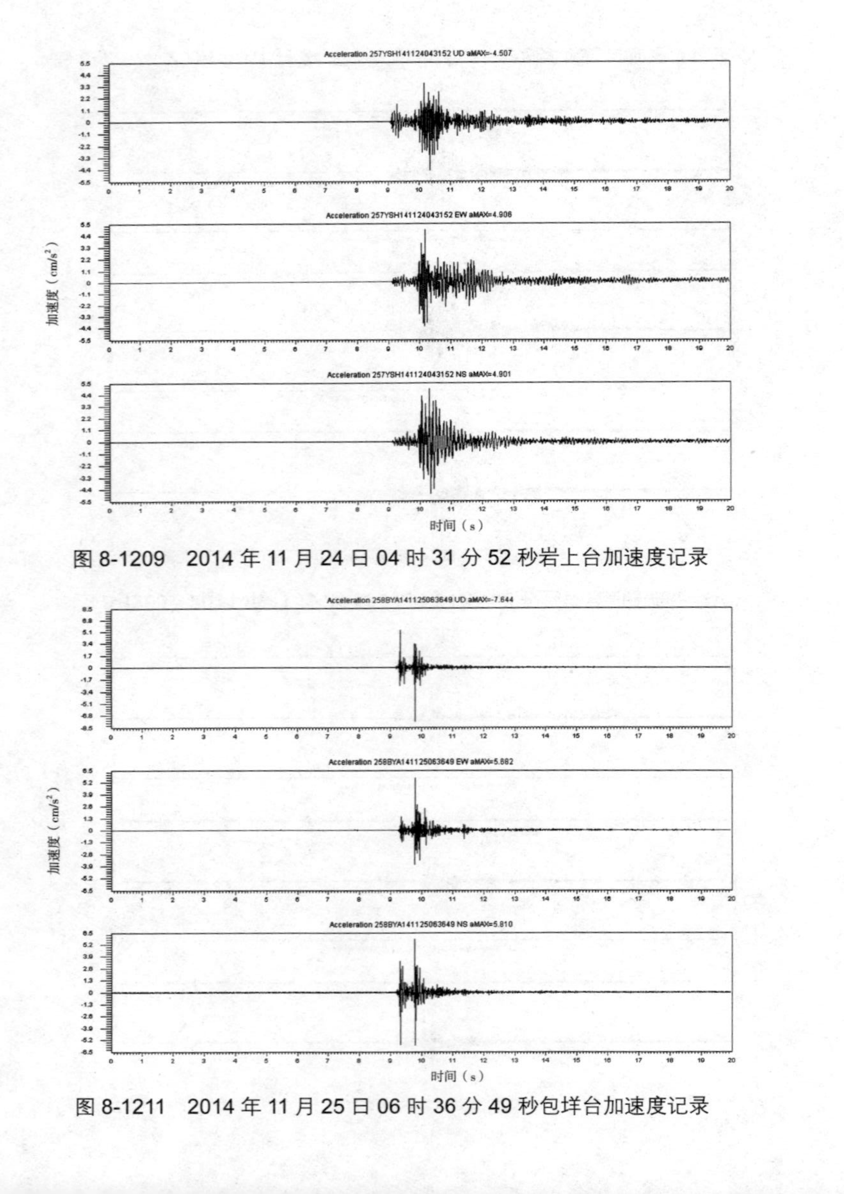

图 8-1209　2014 年 11 月 24 日 04 时 31 分 52 秒岩上台加速度记录

图 8-1211　2014 年 11 月 25 日 06 时 36 分 49 秒包垟台加速度记录

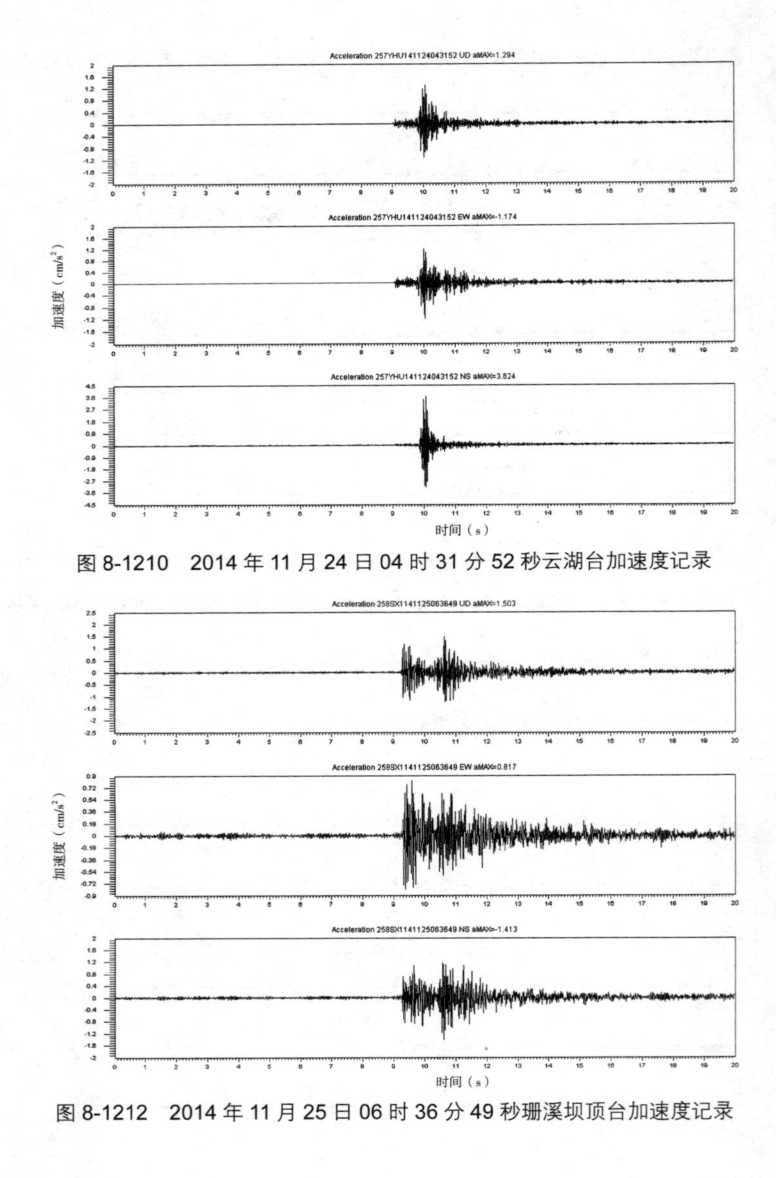

图 8-1210　2014 年 11 月 24 日 04 时 31 分 52 秒云湖台加速度记录

图 8-1212　2014 年 11 月 25 日 06 时 36 分 49 秒珊溪坝顶台加速度记录

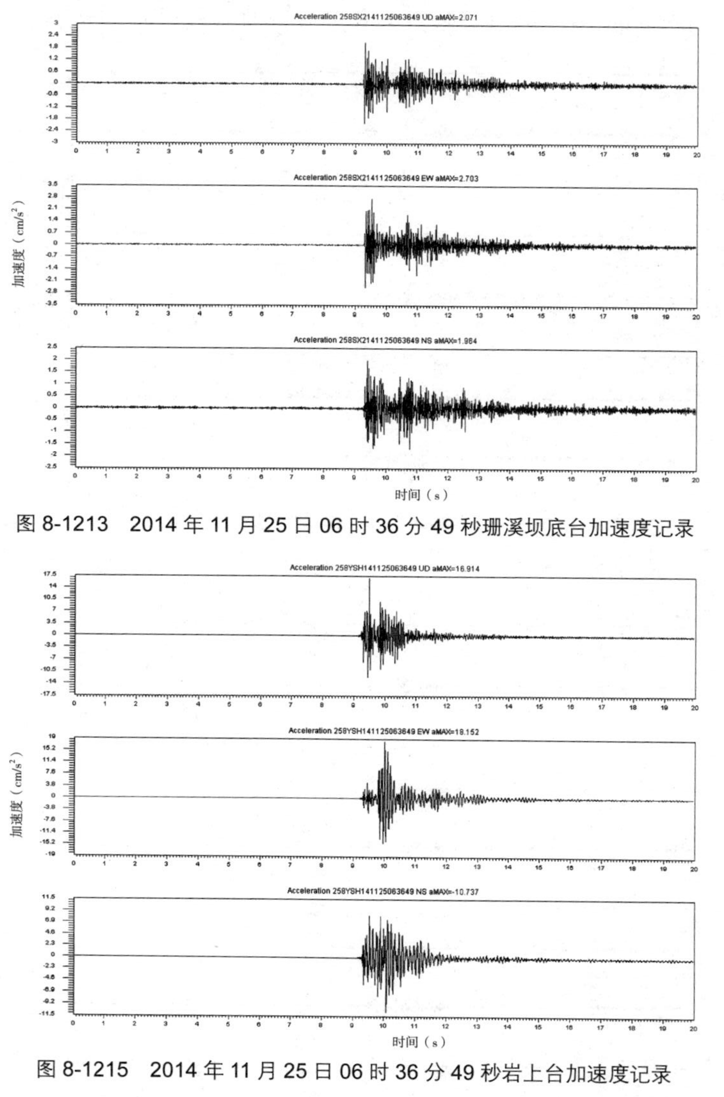

图 8-1213　2014 年 11 月 25 日 06 时 36 分 49 秒珊溪坝底台加速度记录

图 8-1215　2014 年 11 月 25 日 06 时 36 分 49 秒岩上台加速度记录

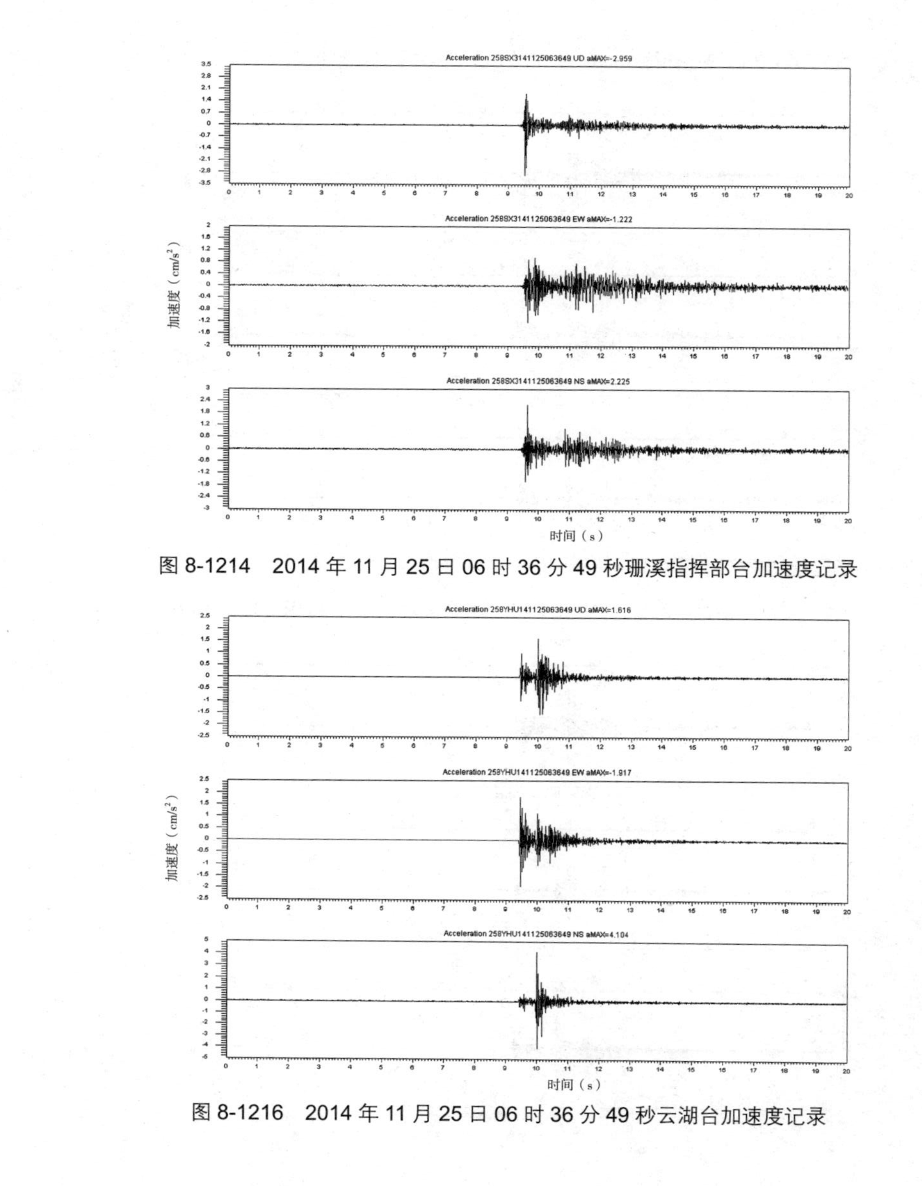

图 8-1214　2014 年 11 月 25 日 06 时 36 分 49 秒珊溪指挥部台加速度记录

图 8-1216　2014 年 11 月 25 日 06 时 36 分 49 秒云湖台加速度记录

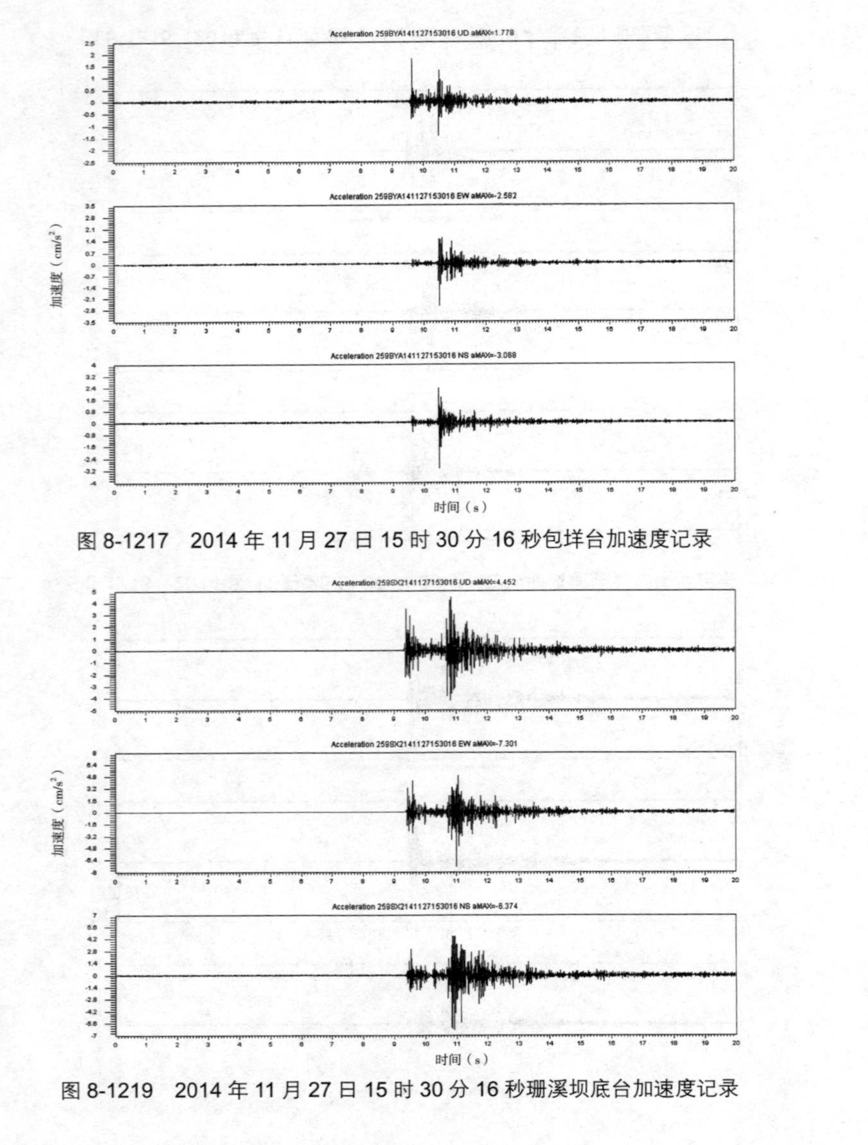

图 8-1217 2014 年 11 月 27 日 15 时 30 分 16 秒包垟台加速度记录

图 8-1219 2014 年 11 月 27 日 15 时 30 分 16 秒珊溪坝底台加速度记录

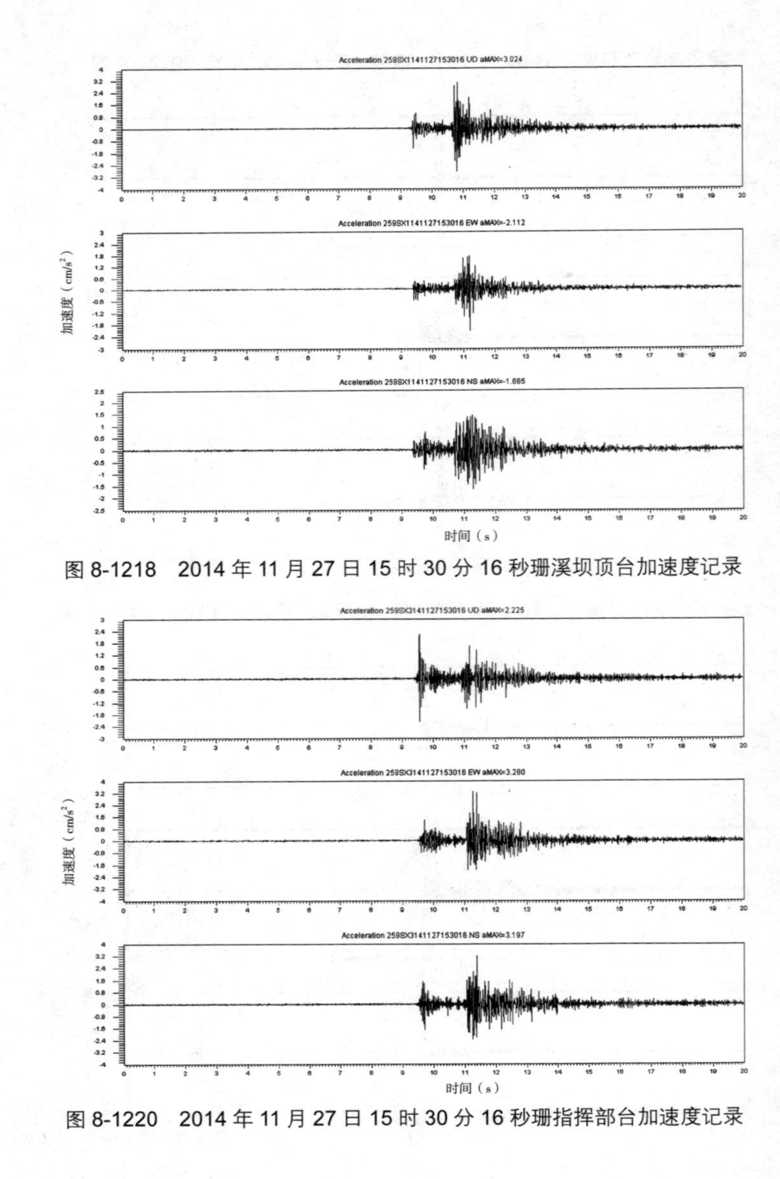

图 8-1218 2014 年 11 月 27 日 15 时 30 分 16 秒珊溪坝顶台加速度记录

图 8-1220 2014 年 11 月 27 日 15 时 30 分 16 秒珊指挥部台加速度记录

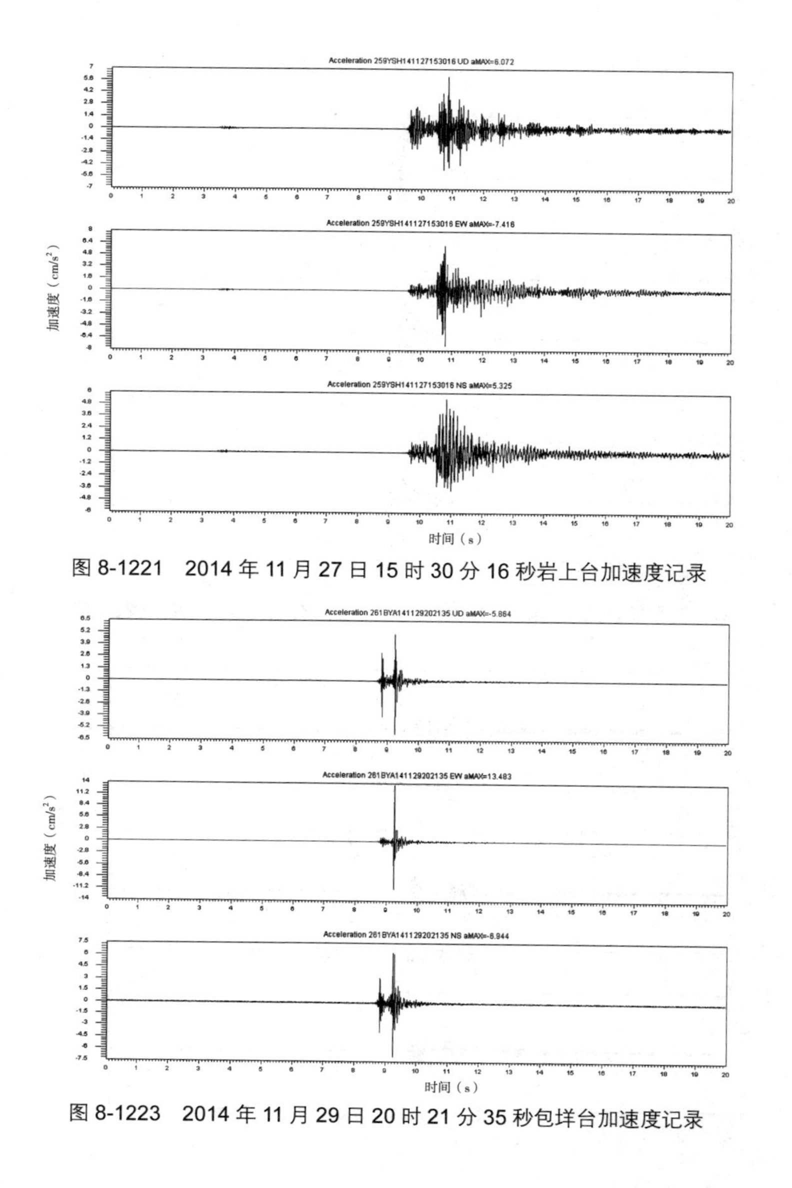

图 8-1221　2014 年 11 月 27 日 15 时 30 分 16 秒岩上台加速度记录

图 8-1223　2014 年 11 月 29 日 20 时 21 分 35 秒包垟台加速度记录

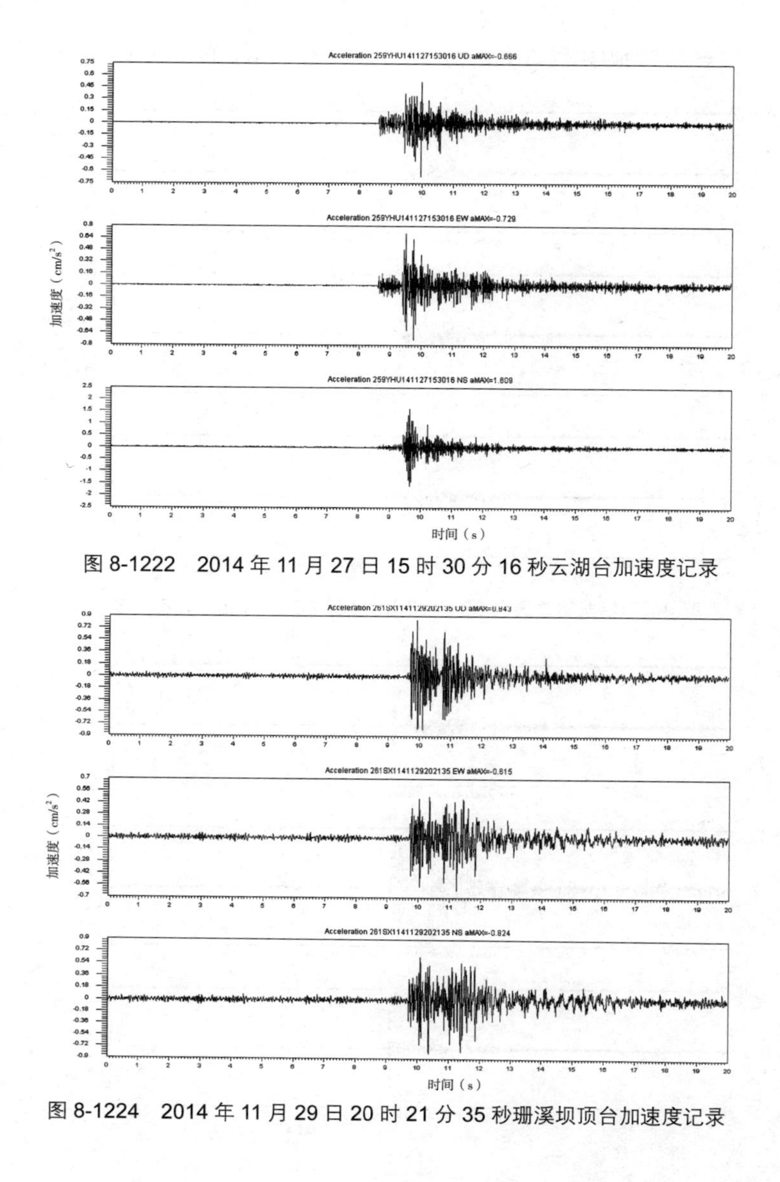

图 8-1222　2014 年 11 月 27 日 15 时 30 分 16 秒云湖台加速度记录

图 8-1224　2014 年 11 月 29 日 20 时 21 分 35 秒珊溪坝顶台加速度记录

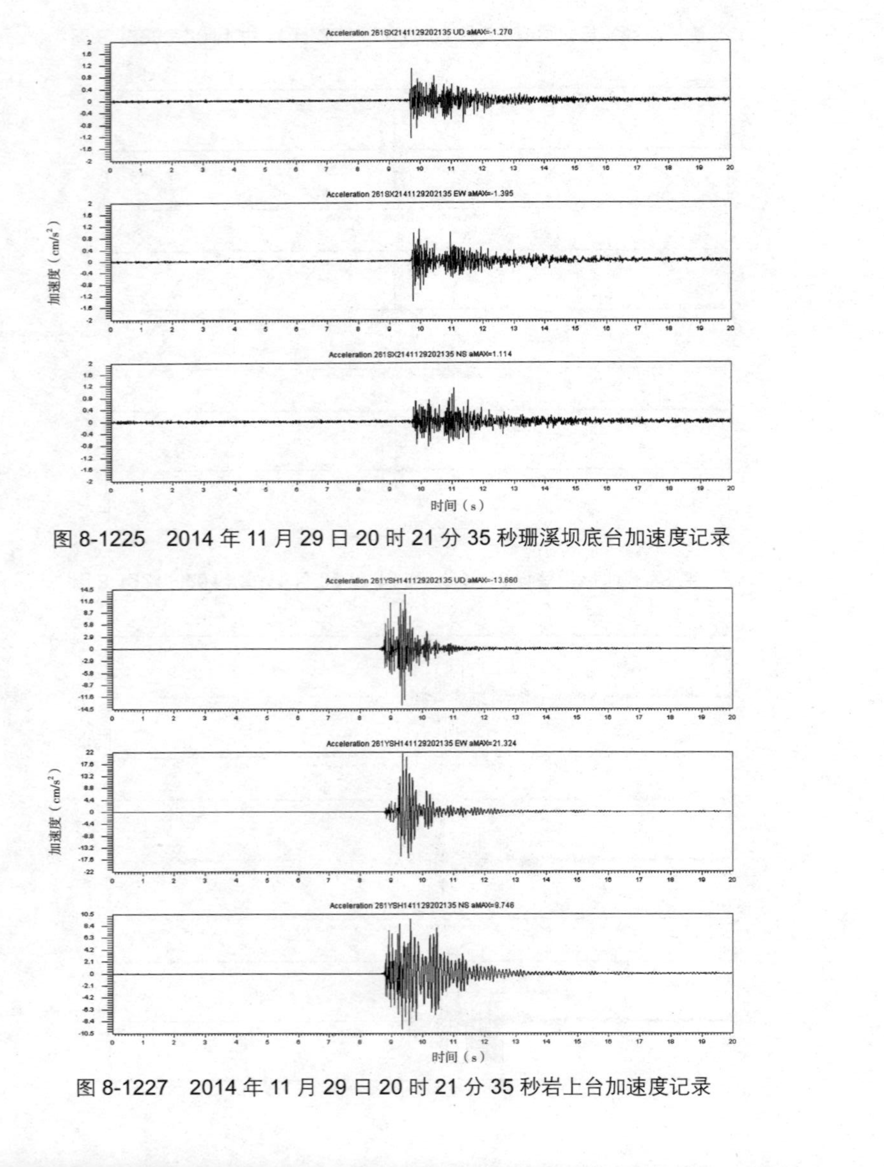

图 8-1225　2014 年 11 月 29 日 20 时 21 分 35 秒珊溪坝底台加速度记录

图 8-1227　2014 年 11 月 29 日 20 时 21 分 35 秒岩上台加速度记录

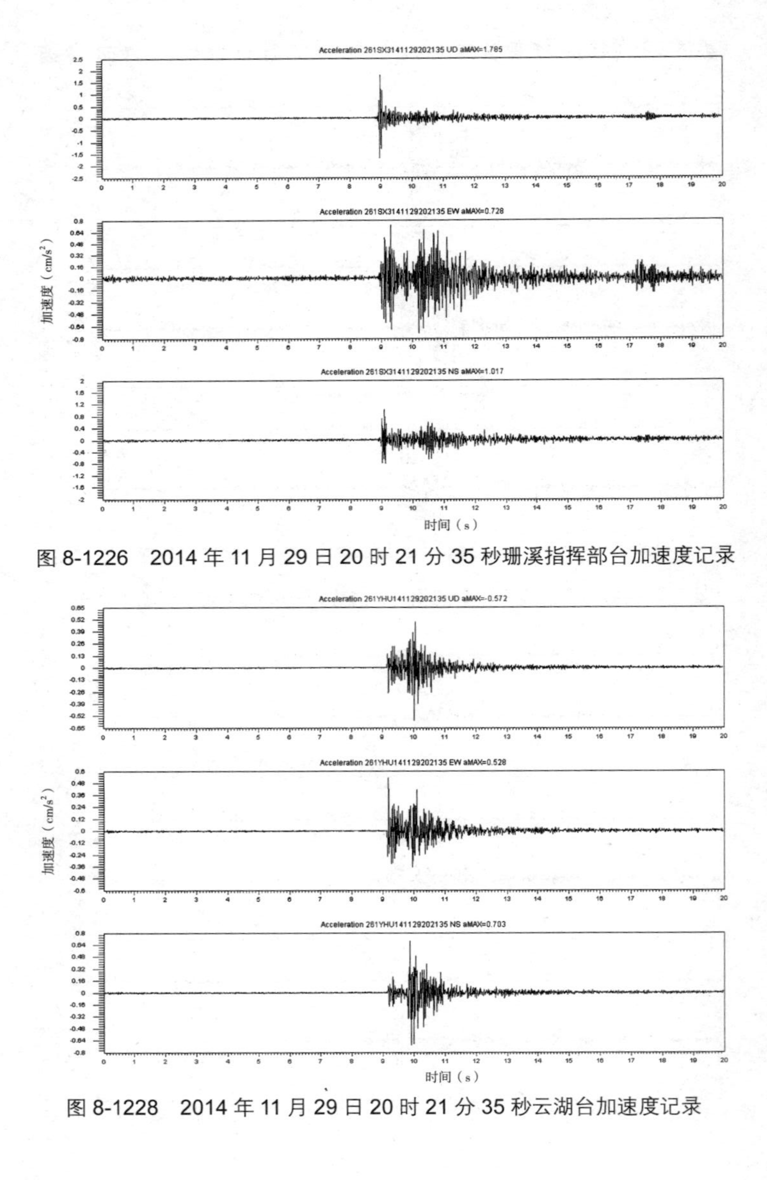

图 8-1226　2014 年 11 月 29 日 20 时 21 分 35 秒珊溪指挥部台加速度记录

图 8-1228　2014 年 11 月 29 日 20 时 21 分 35 秒云湖台加速度记录

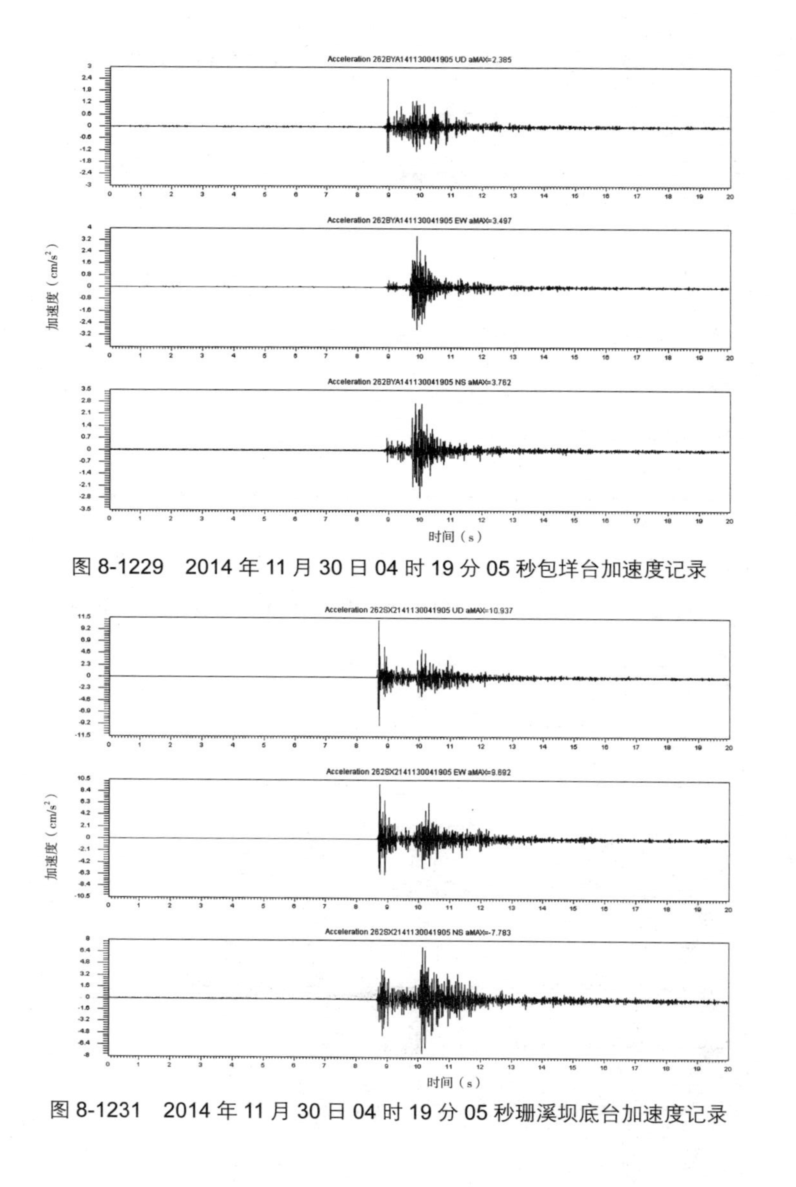

图 8-1229　2014 年 11 月 30 日 04 时 19 分 05 秒包垟台加速度记录

图 8-1231　2014 年 11 月 30 日 04 时 19 分 05 秒珊溪坝底台加速度记录

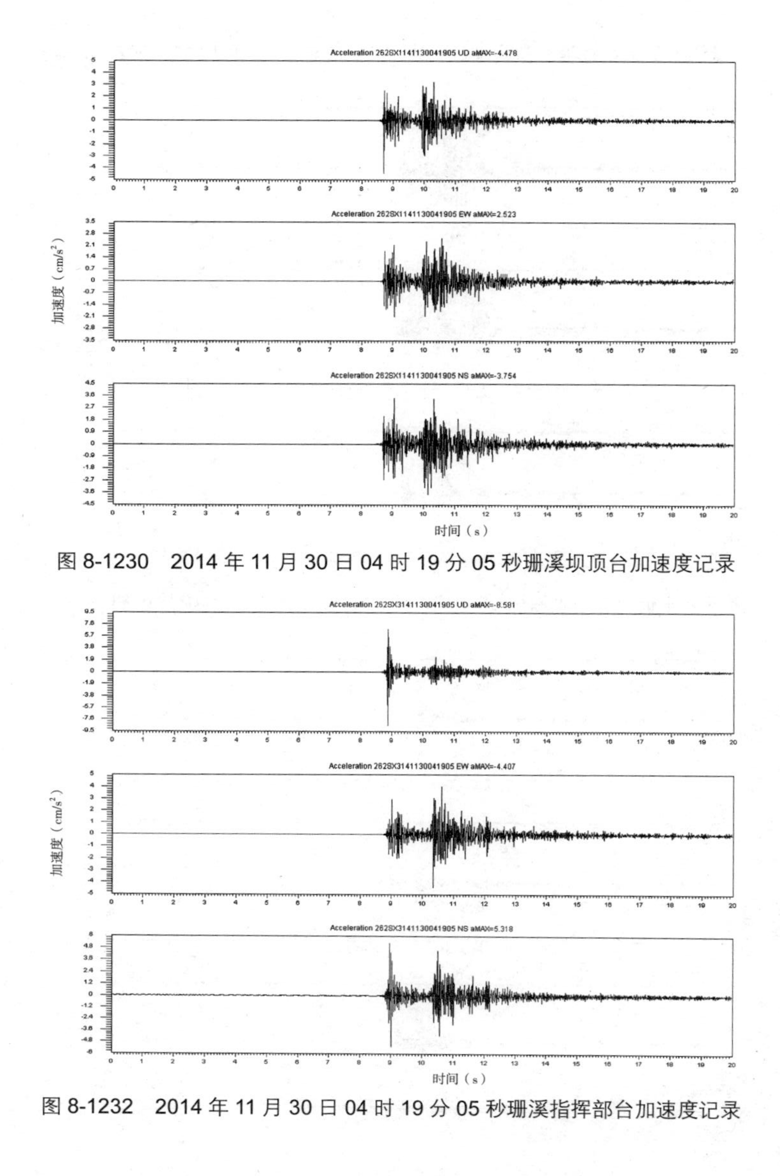

图 8-1230　2014 年 11 月 30 日 04 时 19 分 05 秒珊溪坝顶台加速度记录

图 8-1232　2014 年 11 月 30 日 04 时 19 分 05 秒珊溪指挥部台加速度记录

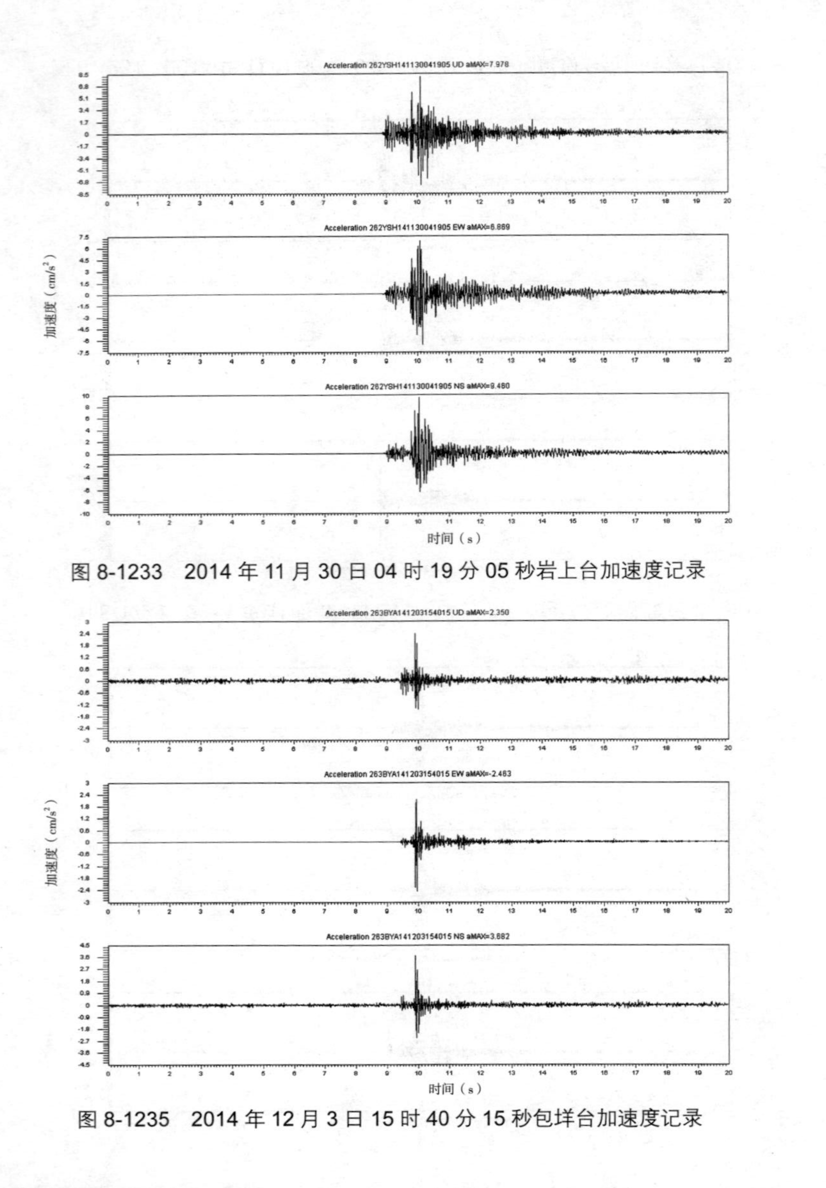

图 8-1233　2014 年 11 月 30 日 04 时 19 分 05 秒岩上台加速度记录

图 8-1235　2014 年 12 月 3 日 15 时 40 分 15 秒包垟台加速度记录

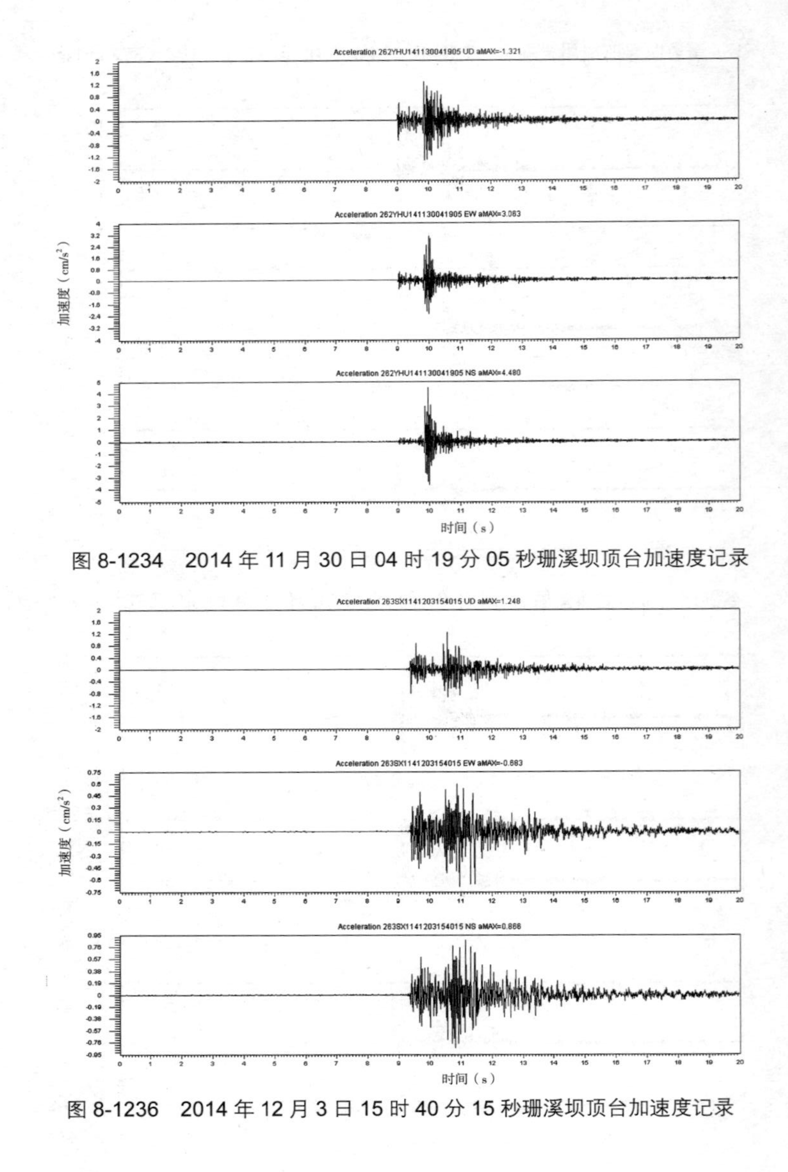

图 8-1234　2014 年 11 月 30 日 04 时 19 分 05 秒珊溪坝顶台加速度记录

图 8-1236　2014 年 12 月 3 日 15 时 40 分 15 秒珊溪坝顶台加速度记录

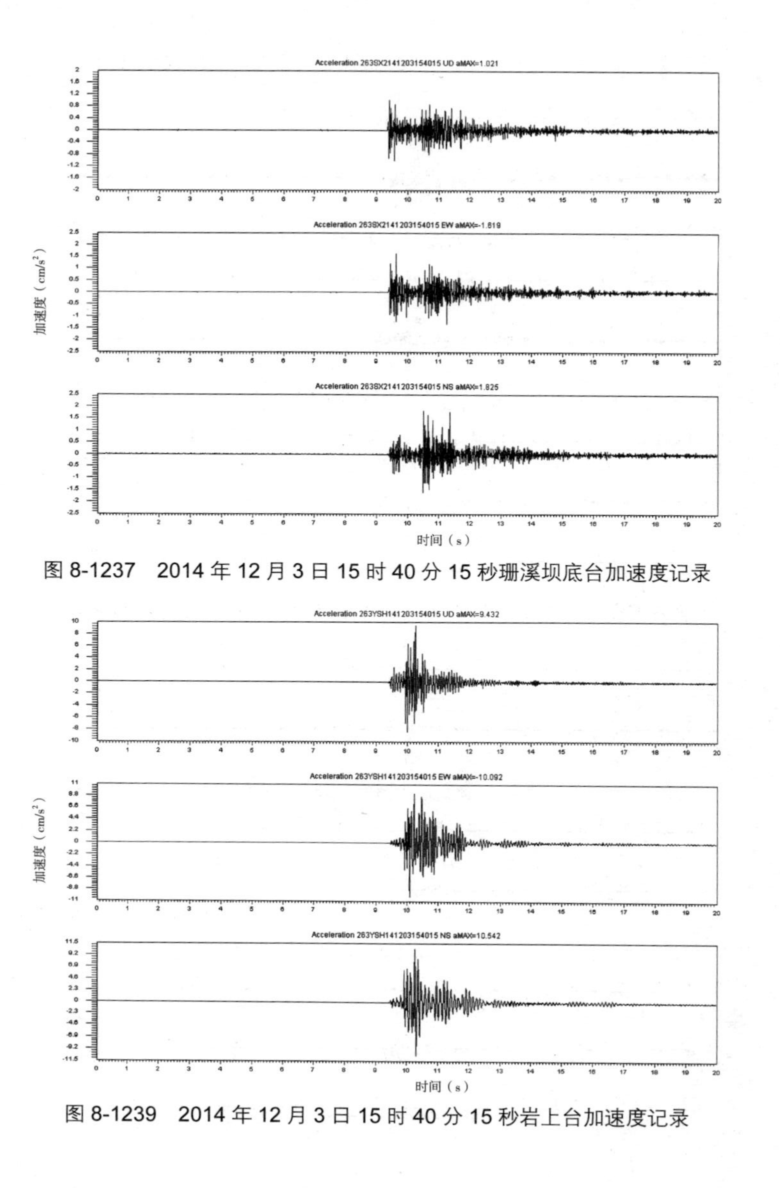

图 8-1237　2014 年 12 月 3 日 15 时 40 分 15 秒珊溪坝底台加速度记录

图 8-1239　2014 年 12 月 3 日 15 时 40 分 15 秒岩上台加速度记录

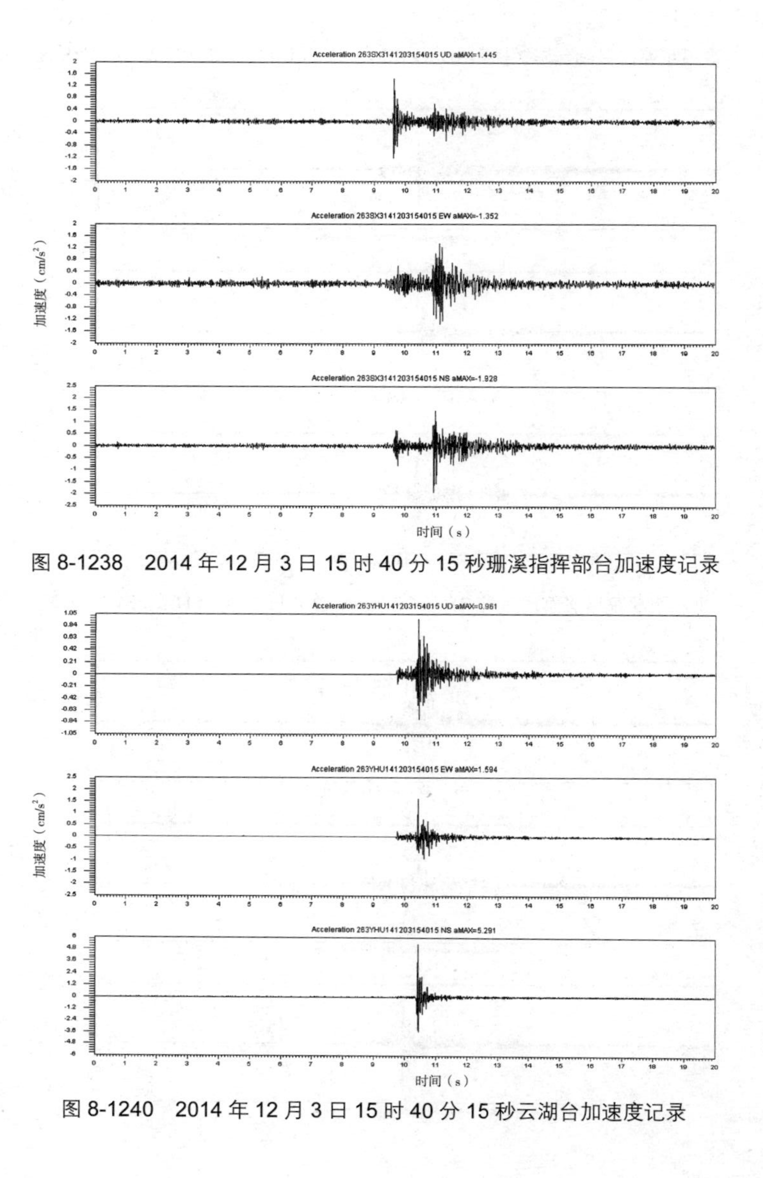

图 8-1238　2014 年 12 月 3 日 15 时 40 分 15 秒珊溪指挥部台加速度记录

图 8-1240　2014 年 12 月 3 日 15 时 40 分 15 秒云湖台加速度记录

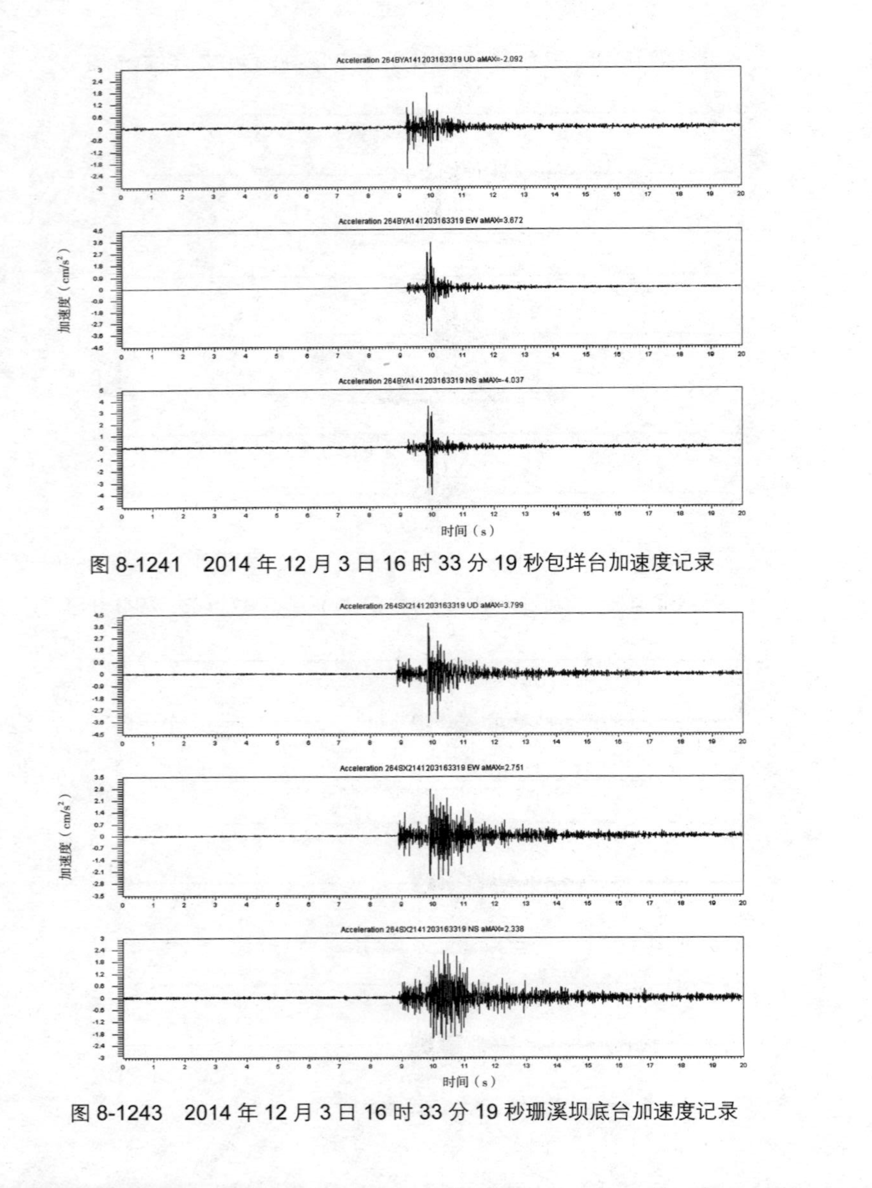

图 8-1241　2014 年 12 月 3 日 16 时 33 分 19 秒包垟台加速度记录

图 8-1243　2014 年 12 月 3 日 16 时 33 分 19 秒珊溪坝底台加速度记录

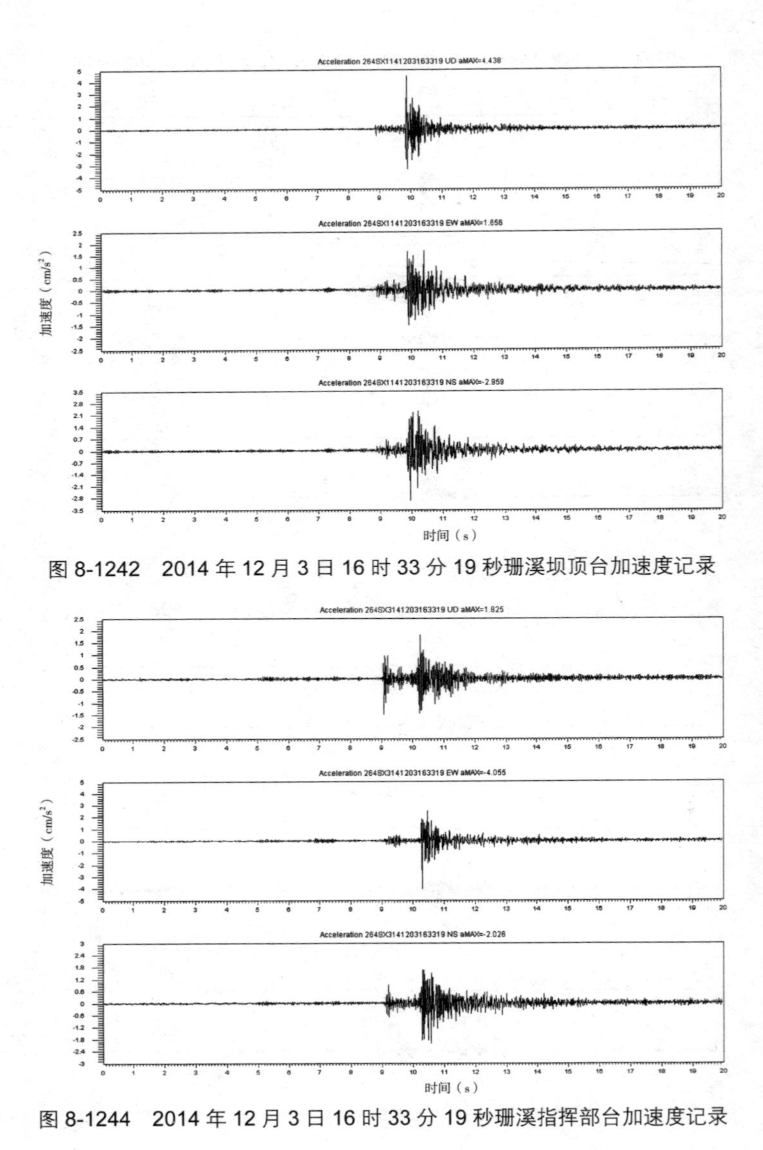

图 8-1242　2014 年 12 月 3 日 16 时 33 分 19 秒珊溪坝顶台加速度记录

图 8-1244　2014 年 12 月 3 日 16 时 33 分 19 秒珊溪指挥部台加速度记录

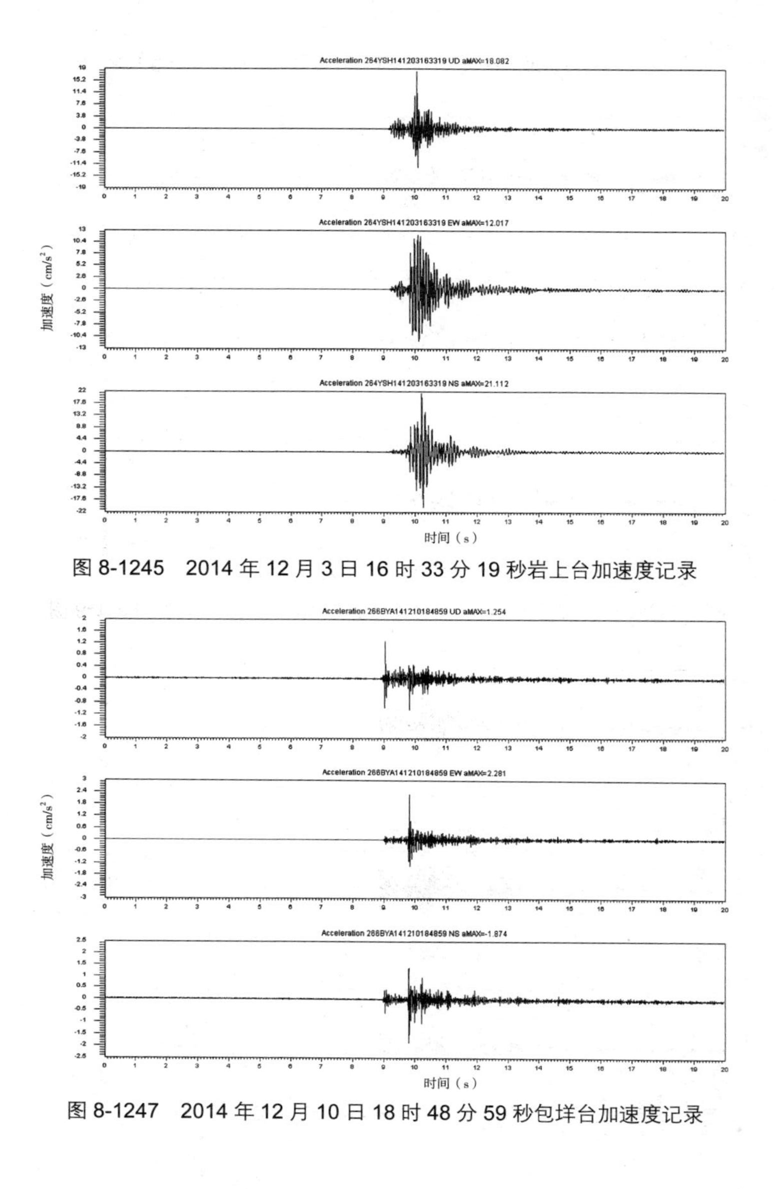

图 8-1245 2014 年 12 月 3 日 16 时 33 分 19 秒岩上台加速度记录

图 8-1247 2014 年 12 月 10 日 18 时 48 分 59 秒包垟台加速度记录

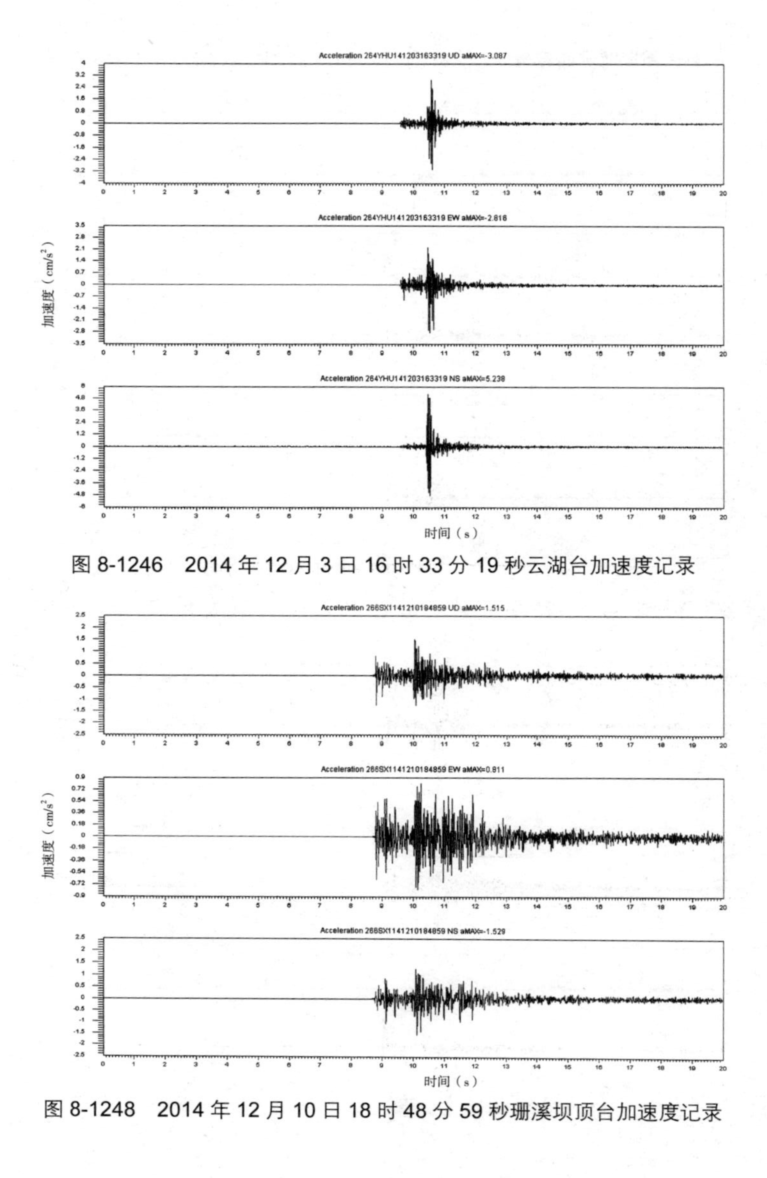

图 8-1246 2014 年 12 月 3 日 16 时 33 分 19 秒云湖台加速度记录

图 8-1248 2014 年 12 月 10 日 18 时 48 分 59 秒珊溪坝顶台加速度记录

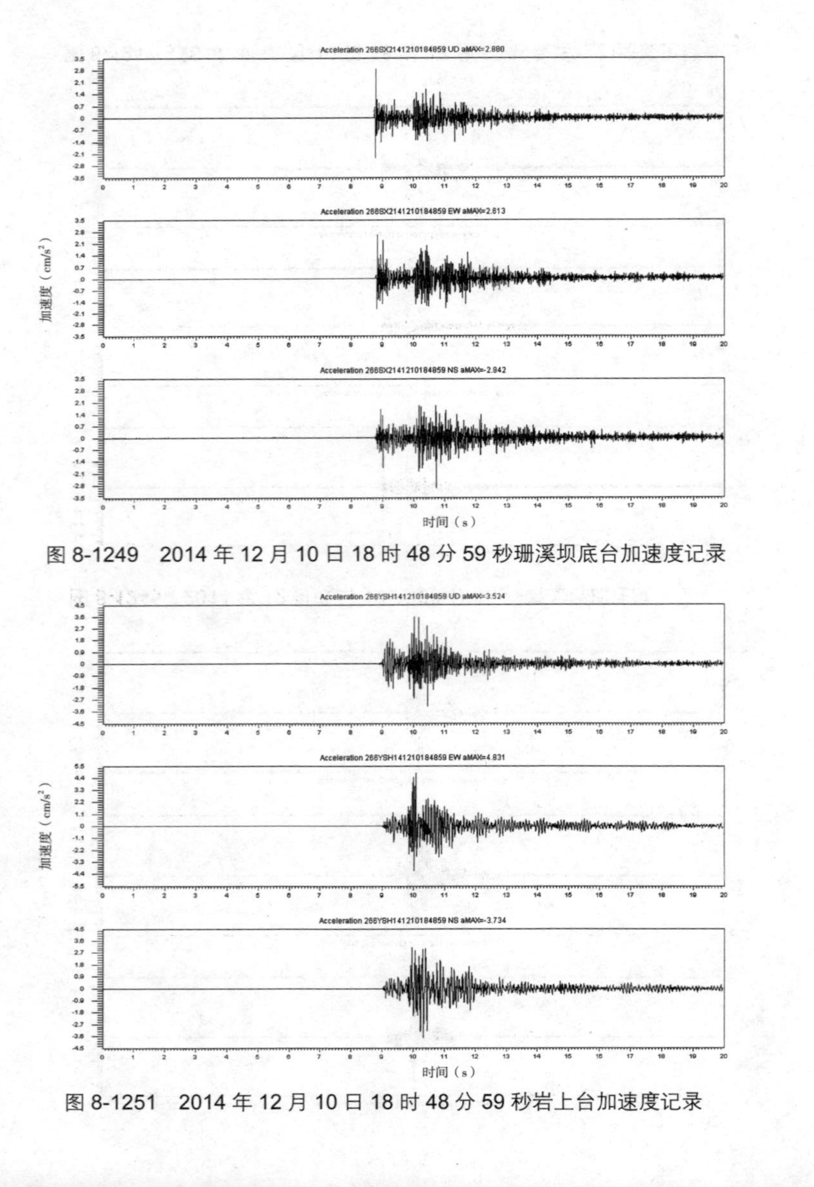

图 8-1249　2014 年 12 月 10 日 18 时 48 分 59 秒珊溪坝底台加速度记录

图 8-1251　2014 年 12 月 10 日 18 时 48 分 59 秒岩上台加速度记录

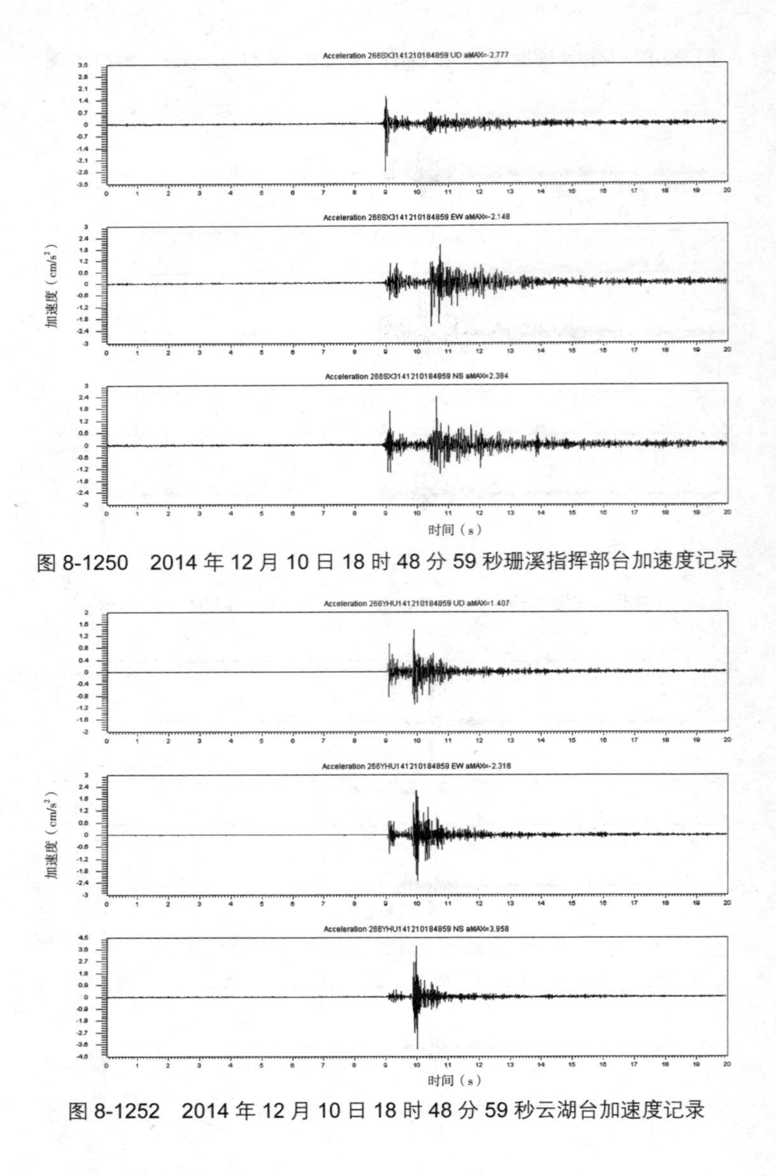

图 8-1250　2014 年 12 月 10 日 18 时 48 分 59 秒珊溪指挥部台加速度记录

图 8-1252　2014 年 12 月 10 日 18 时 48 分 59 秒云湖台加速度记录

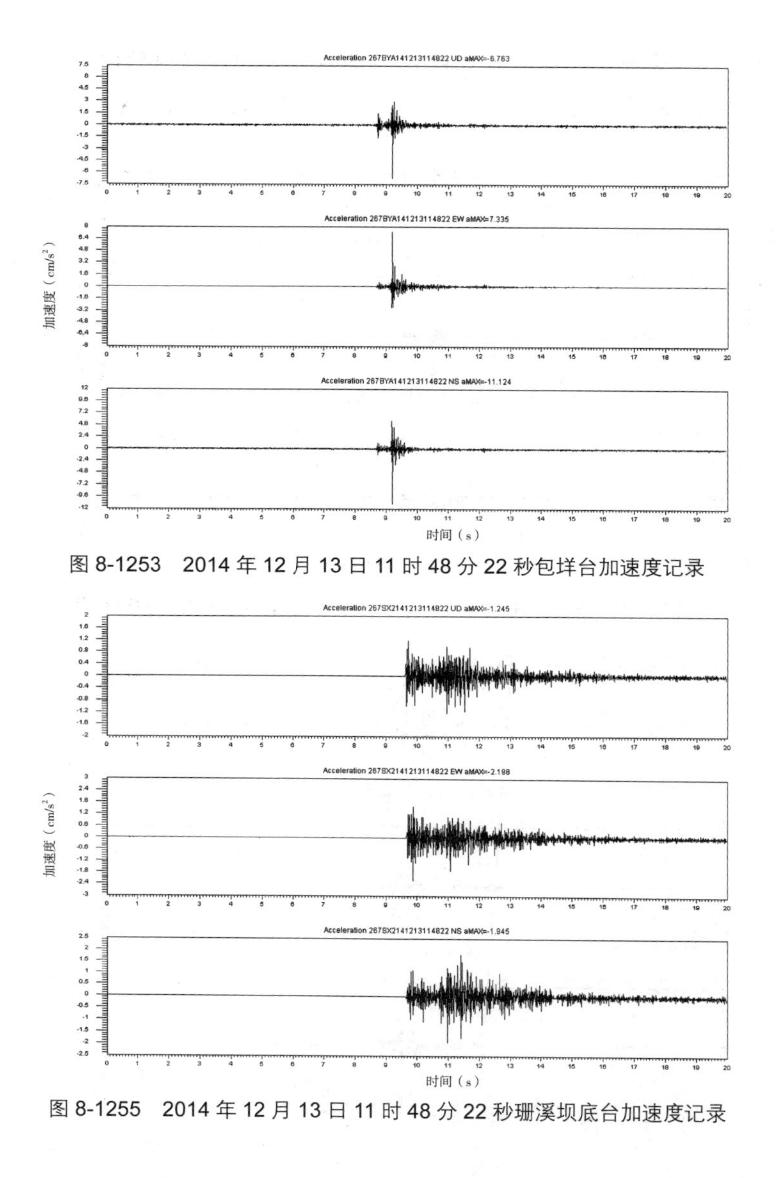

图 8-1253　2014 年 12 月 13 日 11 时 48 分 22 秒包垟台加速度记录

图 8-1255　2014 年 12 月 13 日 11 时 48 分 22 秒珊溪坝底台加速度记录

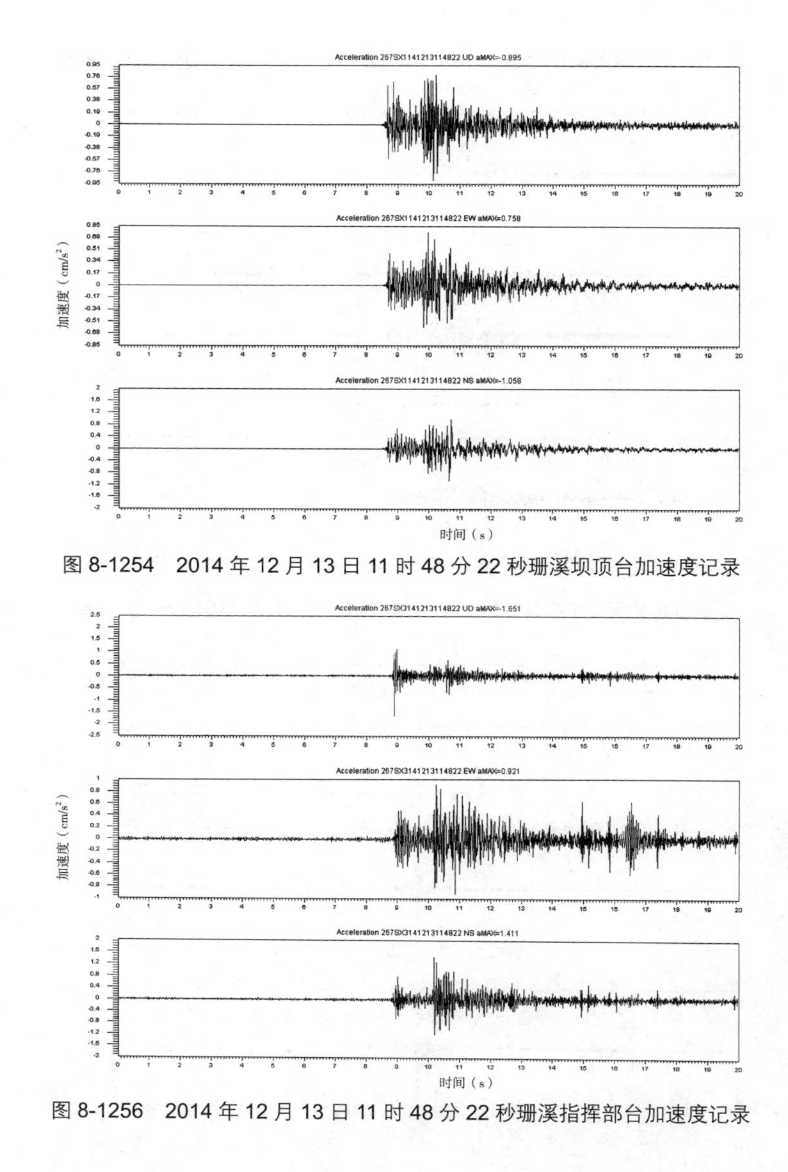

图 8-1254　2014 年 12 月 13 日 11 时 48 分 22 秒珊溪坝顶台加速度记录

图 8-1256　2014 年 12 月 13 日 11 时 48 分 22 秒珊溪指挥部台加速度记录

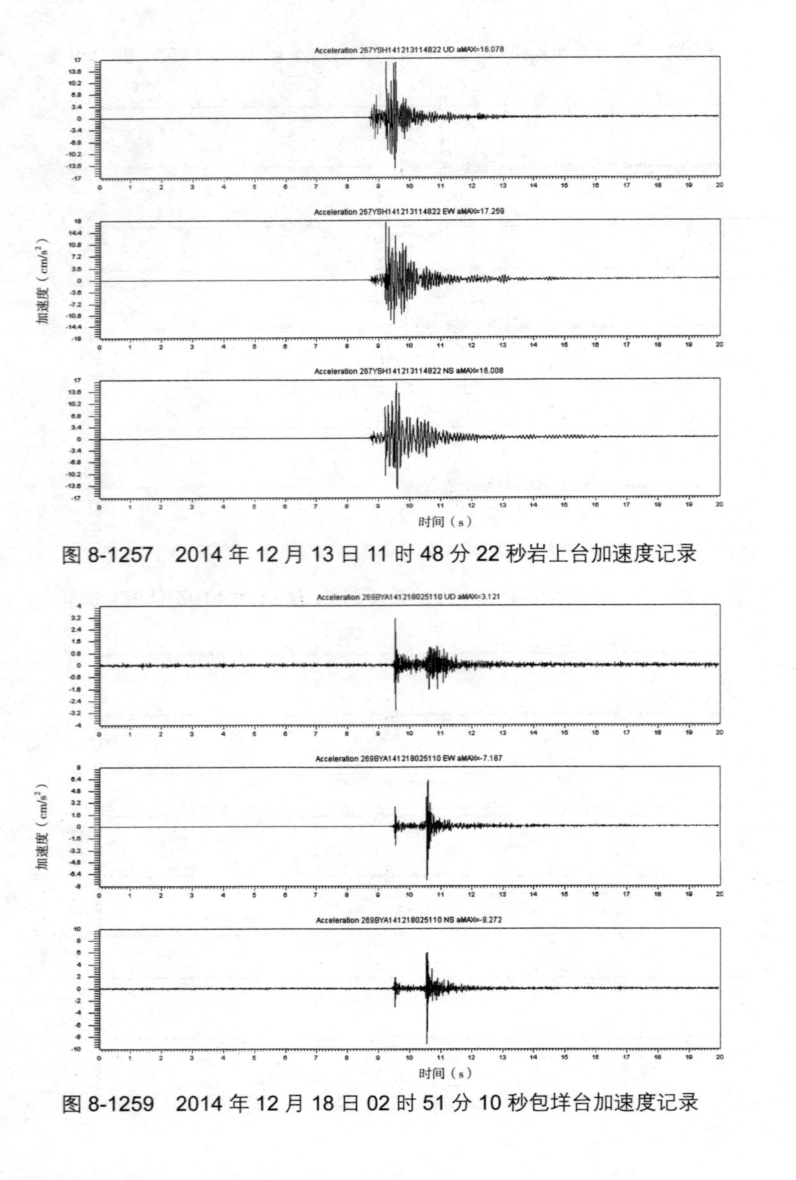

图 8-1257　2014 年 12 月 13 日 11 时 48 分 22 秒岩上台加速度记录

图 8-1259　2014 年 12 月 18 日 02 时 51 分 10 秒包垟台加速度记录

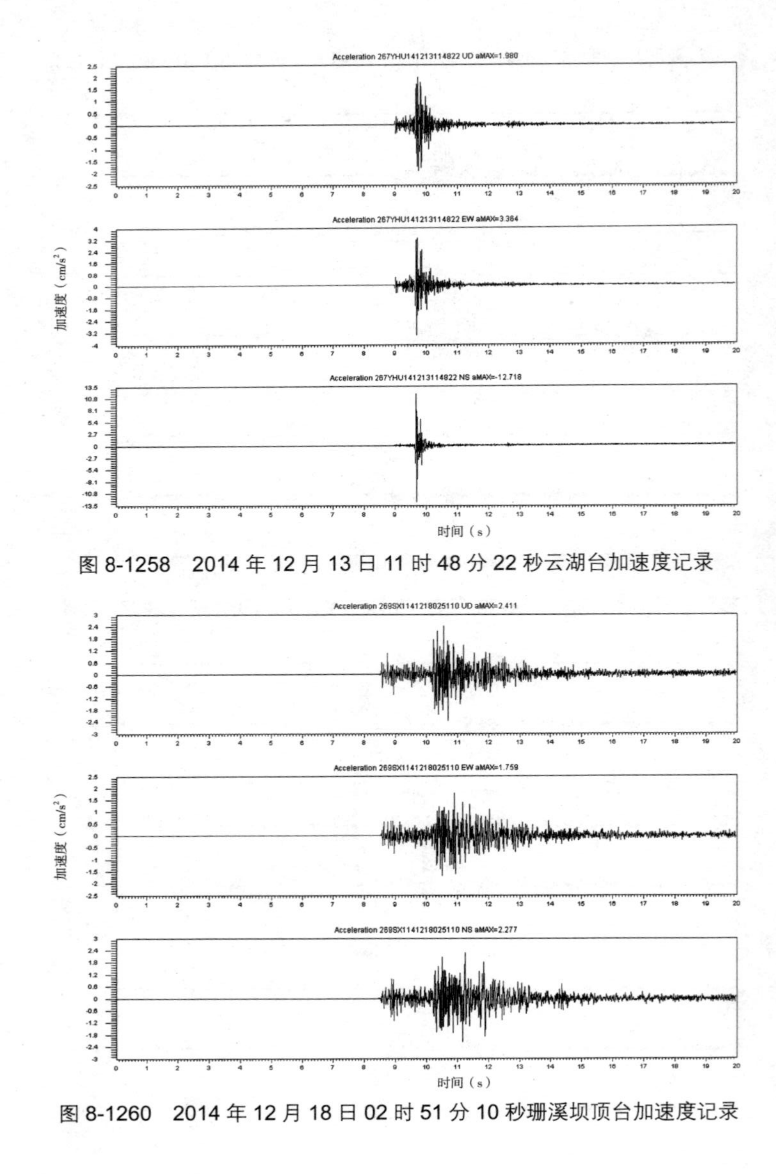

图 8-1258　2014 年 12 月 13 日 11 时 48 分 22 秒云湖台加速度记录

图 8-1260　2014 年 12 月 18 日 02 时 51 分 10 秒珊溪坝顶台加速度记录

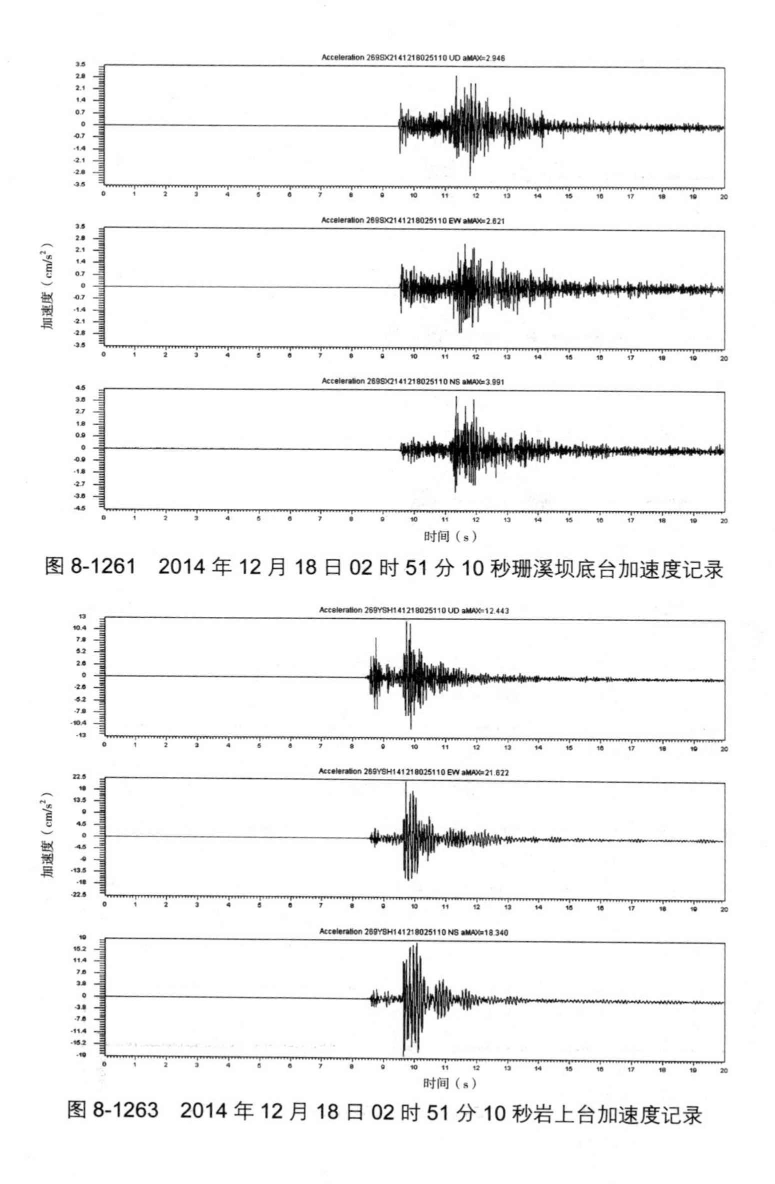

图 8-1261　2014 年 12 月 18 日 02 时 51 分 10 秒珊溪坝底台加速度记录

图 8-1263　2014 年 12 月 18 日 02 时 51 分 10 秒岩上台加速度记录

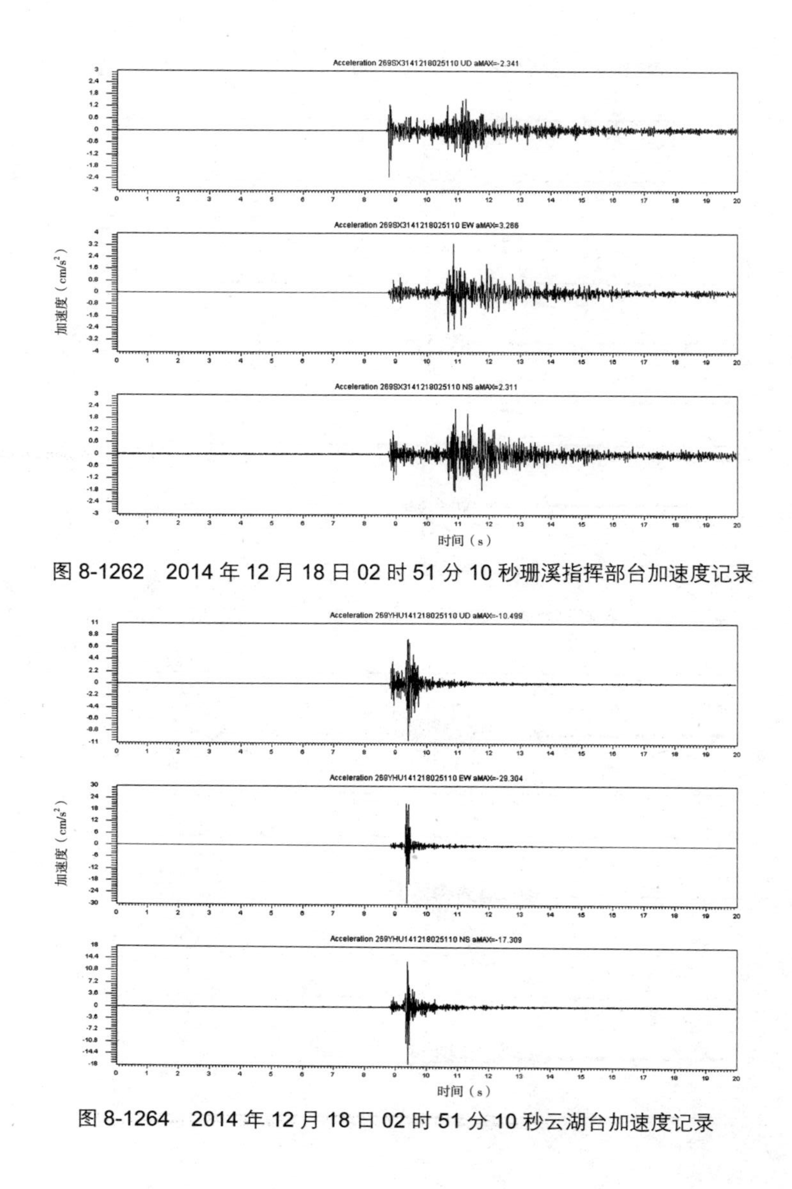

图 8-1262　2014 年 12 月 18 日 02 时 51 分 10 秒珊溪指挥部台加速度记录

图 8-1264　2014 年 12 月 18 日 02 时 51 分 10 秒云湖台加速度记录

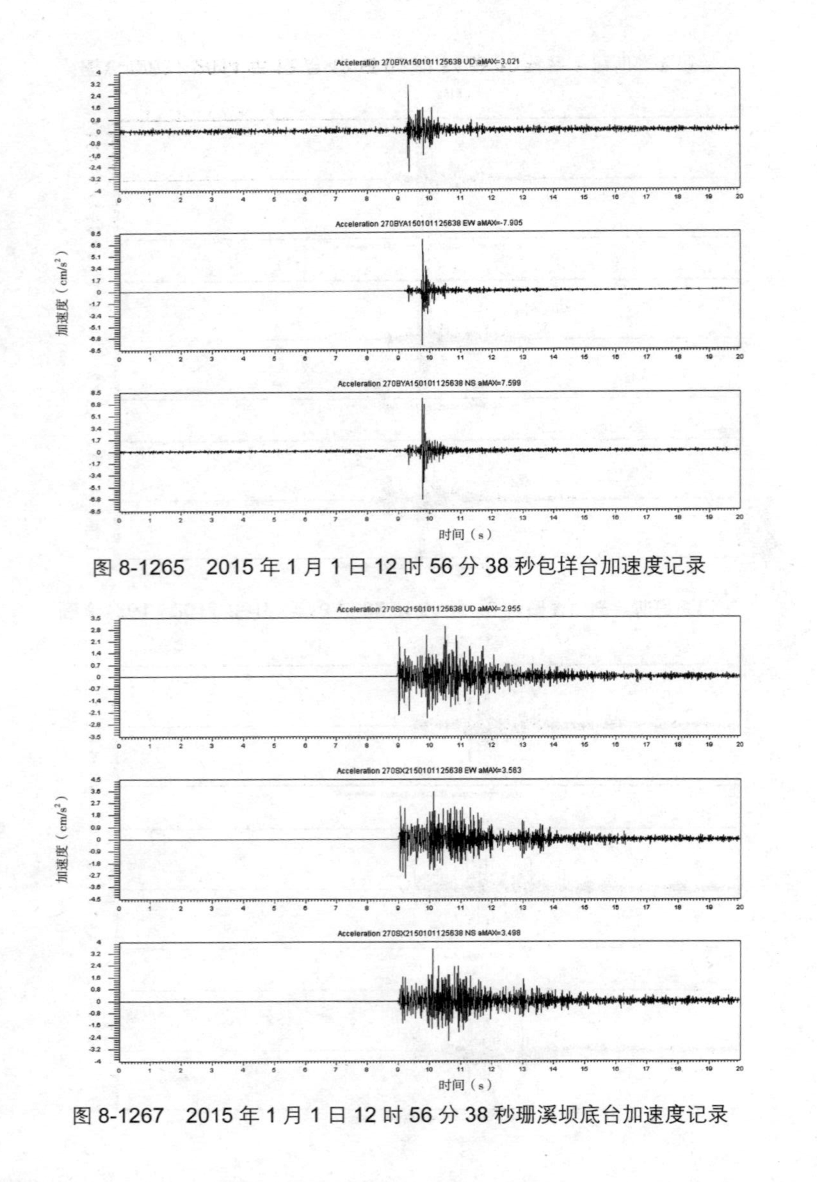

图 8-1265　2015 年 1 月 1 日 12 时 56 分 38 秒包垟台加速度记录

图 8-1267　2015 年 1 月 1 日 12 时 56 分 38 秒珊溪坝底台加速度记录

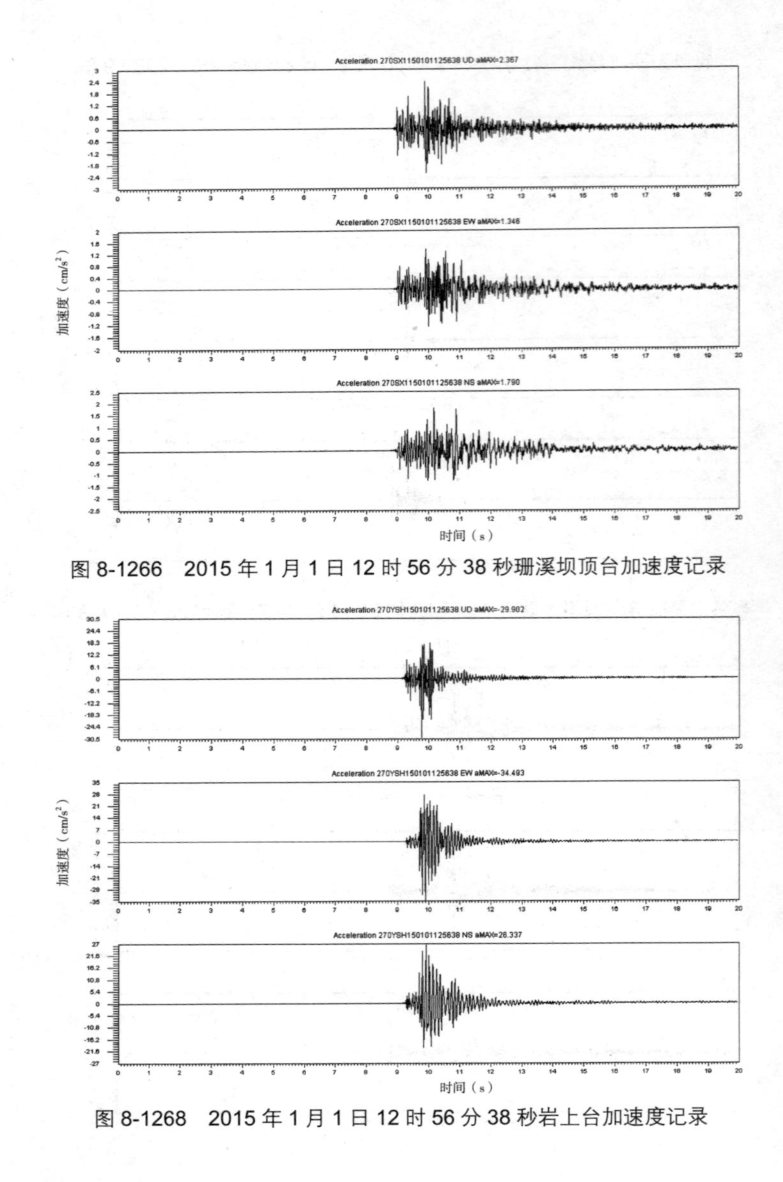

图 8-1266　2015 年 1 月 1 日 12 时 56 分 38 秒珊溪坝顶台加速度记录

图 8-1268　2015 年 1 月 1 日 12 时 56 分 38 秒岩上台加速度记录

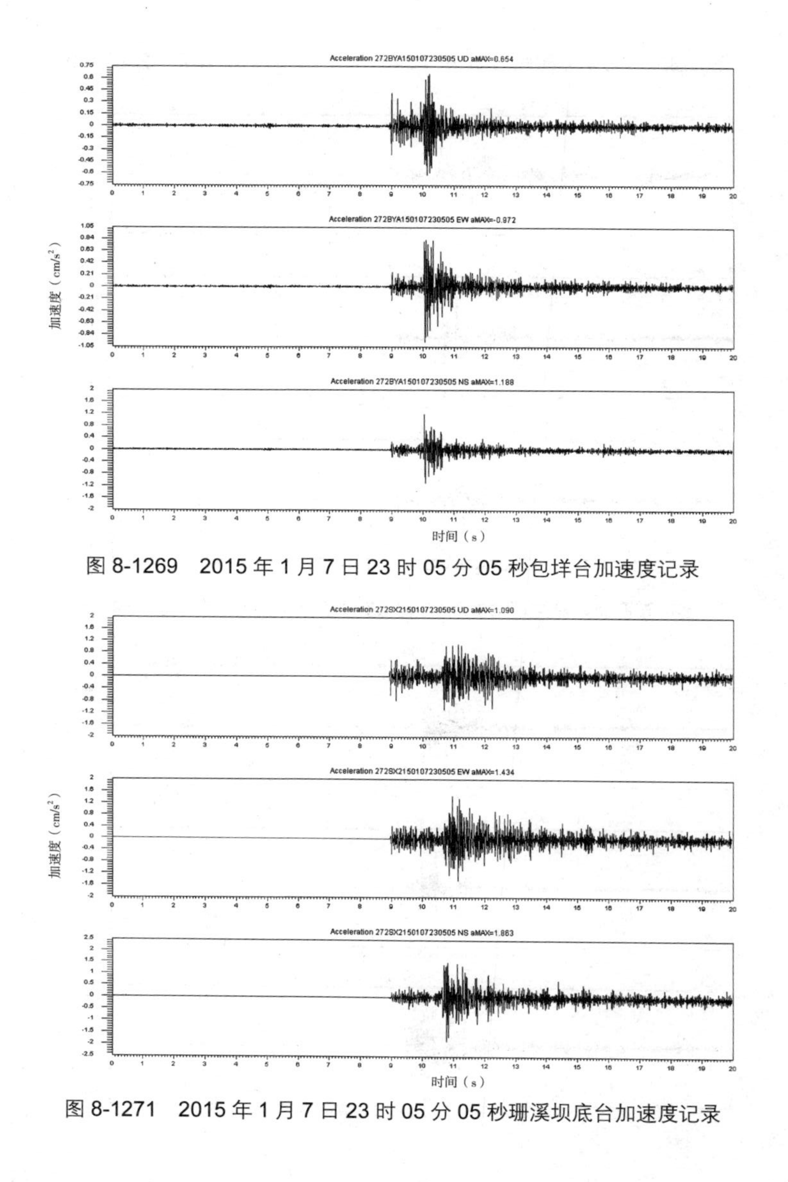

图 8-1269　2015 年 1 月 7 日 23 时 05 分 05 秒包垟台加速度记录

图 8-1271　2015 年 1 月 7 日 23 时 05 分 05 秒珊溪坝底台加速度记录

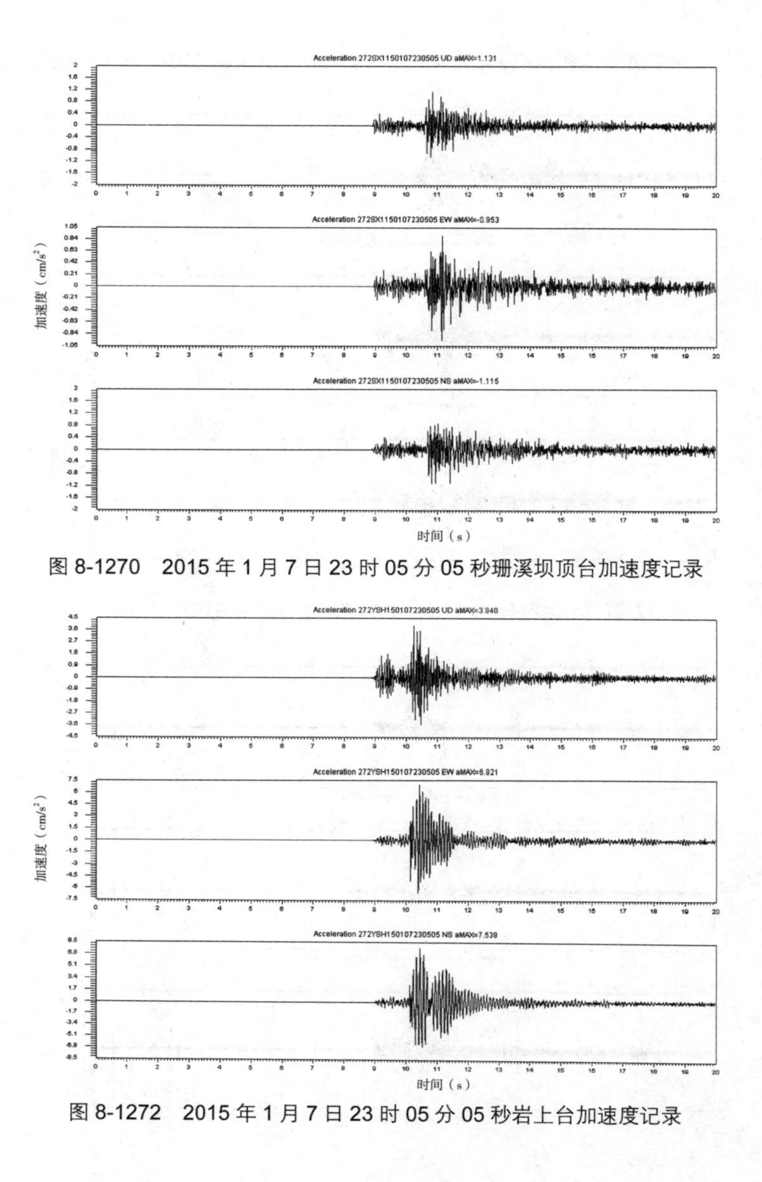

图 8-1270　2015 年 1 月 7 日 23 时 05 分 05 秒珊溪坝顶台加速度记录

图 8-1272　2015 年 1 月 7 日 23 时 05 分 05 秒岩上台加速度记录

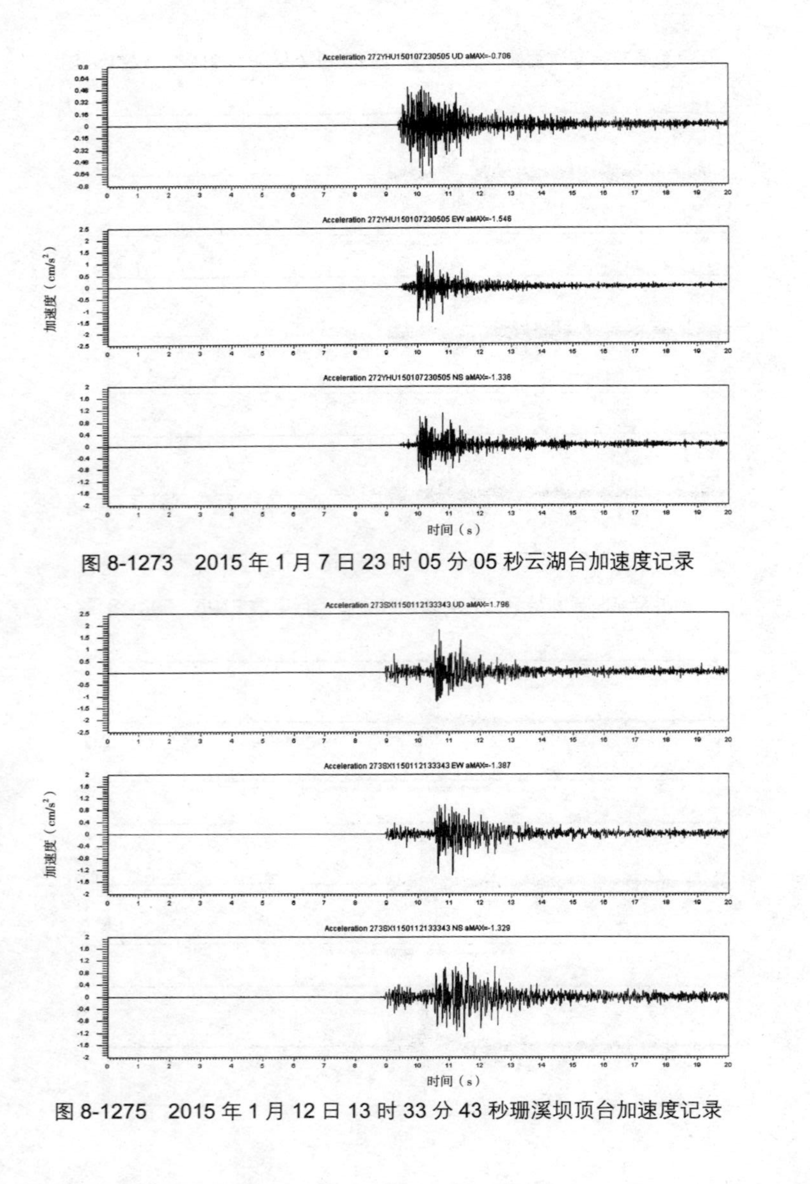

图 8-1273　2015 年 1 月 7 日 23 时 05 分 05 秒云湖台加速度记录

图 8-1275　2015 年 1 月 12 日 13 时 33 分 43 秒珊溪坝顶台加速度记录

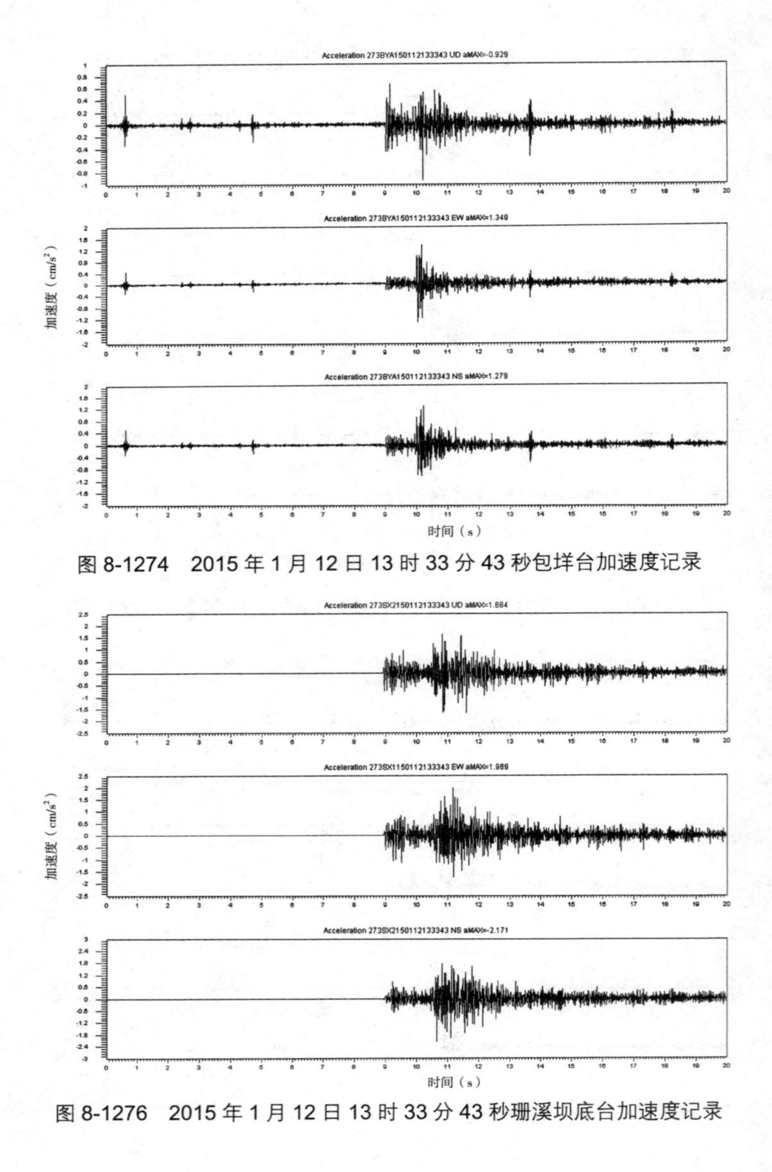

图 8-1274　2015 年 1 月 12 日 13 时 33 分 43 秒包垟台加速度记录

图 8-1276　2015 年 1 月 12 日 13 时 33 分 43 秒珊溪坝底台加速度记录

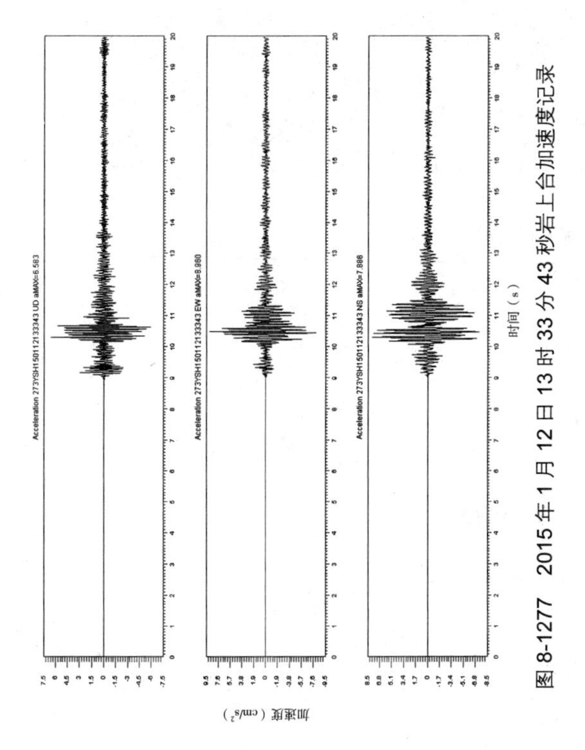

图 8-1277　2015 年 1 月 12 日 13 时 33 分 43 秒岩上台加速度记录

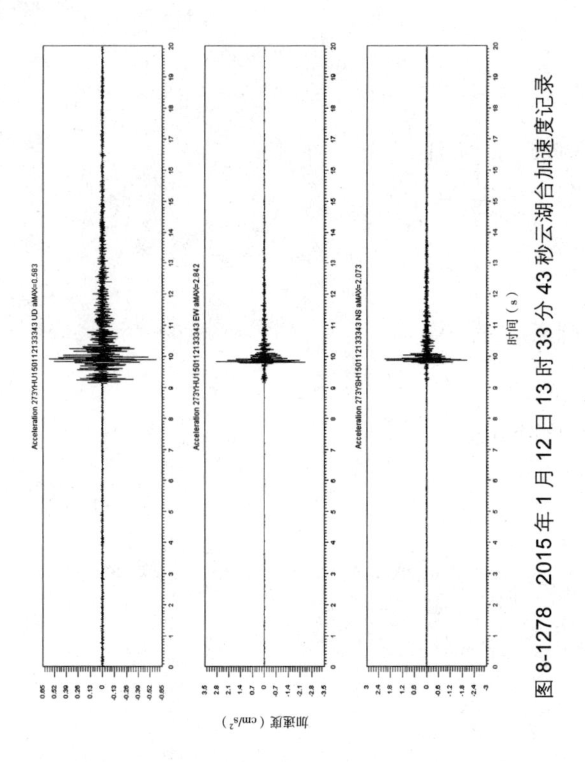

图 8-1278　2015 年 1 月 12 日 13 时 33 分 43 秒云湖台加速度记录

图书在版编目（CIP）数据

温州珊溪4.2级地震及余震未校正加速度记录/浙江省地震局，浙江省地震监测预报研究中心编. —杭州：浙江大学出版社，2015.10

ISBN 978-7-308-15190-0

Ⅰ.①温… Ⅱ.①浙… ②浙… Ⅲ.①地震记录－温州市 Ⅳ.①P316.255.3

中国版本图书馆CIP数据核字(2015)第232456号

温州珊溪4.2级地震及余震未校正加速度记录

浙 江 省 地 震 局
浙江省地震监测预报研究中心 编

责任编辑 伍秀芳（wxfwt@zju.edu.cn）
责任校对 陈慧慧
封面设计 周 灵
出版发行 浙江大学出版社
（杭州市天目山路148号 邮政编码310007）
（网址：http：//www.zjupress.com）
排 版 杭州立飞图文制作有限公司
印 刷 杭州日报报业集团盛元印务有限公司
开 本 787mm×1092mm 1/16
印 张 25.5
字 数 320千
版 印 次 2015年10月第1版 2015年10月第1次印刷
书 号 ISBN 978-7-308-15190-0
定 价 68.00元

本书献给所有以各种形式为开源技术和理想作出贡献的人士。没有你们，我们就没有东西可写了。

译者序

Linux 是一套免费使用和自由传播的类 UNIX 操作系统，是一个基于 POSIX 和 UNIX 的多用户、多任务的操作系统，支持多线程和多 CPU。它能运行主要的 UNIX 工具软件、应用程序和网络协议。它支持 32 位和 64 位硬件。Linux 继承了 UNIX 以网络为核心的设计思想，是一个性能稳定的多用户网络操作系统。它主要用于基于 Intel x86 系列 CPU 的计算机。这个系统是由全球各地成千上万的程序员设计和实现的。其目的是建立不受任何商品化软件的版权制约的、全世界都能自由使用的 UNIX 兼容产品。

Linux 是所谓的“全球人的操作系统”，以其免费、安全、稳定等优点获得人们的广泛好评！下面列出 Linux 相对于 Windows 的几点优势。

- 合法升级到最新版本却不需要花一分钱(Windows 或 Apple 合法升级是需要花钱的)。
- 同一个硬件平台上运行最新的操作系统比旧版本更快(如果在一个硬件平台上运行 Windows XP 比较卡，那么运行 Windows 7 是不可能的，而 Linux 却相反)。
- 系统自动更新用户安装的软件。
- 可在 *N* 台机器上安装同一份操作系统副本，而无须担心协议限制或激活码。
- 可以自由分发该操作系统及运行其上的其他软件，不会违犯法律，因为它本身就提倡这么做。
- 可以裸奔(无需杀毒软件、反广告/间谍防护软件)，甚至可以数月不必重启机器，因为它具有独特的内存管理方式(如果Windows下裸奔会是怎样的后果？Windows如果很长一段时间不关机或重启，那么它的运行肯定不会有刚开机时那么流畅)。
- 从来不必整理磁盘碎片。
- 尝试软件，觉得不喜欢，就删掉它；它不会在注册表里留下一些垃圾从而导致系统变慢。而 Windows 呢？时间长了需要重装系统！
- 犯了重大错误而导致重装系统，也不过花去不到 1 小时的时间，因为数据放在独立于操作系统和程序的分区。
- 合法自定义任何想要的东西，包括最喜爱的程序。甚至可跟踪软件开发者并向他们提问，提意见，也可以参与到真正的软件设计和开发进程中去。而 Windows 可能告你侵权。
- 同时运行多个桌面，甚至可让多个用户同时登录并使用该机器。
- 可以无损调整分区大小，不必担心会丢失数据。
- 硬件可使用超过五年。
- 可在操作系统上安装软件的同时浏览网页！
- 使用几乎所有的硬件，因为系统已经自带驱动程序。

本书由浅入深、循序渐进地介绍 Linux 操作系统的基础入门知识，全书主要包括 6 部分。

第 I 部分包括 3 章，其内容有助于读者了解 Linux 的工作方式。完成的一些服务器安装任务和设计选择可作为本书其他部分的参考和起点。

第Ⅱ部分介绍管理“独立”系统(即不向网络上的其他系统提供任何服务的系统)的必要内容。在以后理解基于网络的服务时，它将派上用场。

第III部分讨论安全问题，以便读者了解一些基本的安全最佳实践，这些最佳实践有助于保护基于网络的服务不受攻击。

第Ⅳ部分介绍 Internet 服务。Internet 服务定义为运行在 Linux 系统上、直接暴露于 Internet 的服务。

第Ⅴ部分介绍内部网服务。内部网服务是在防火墙后运行、用于内部用户的服务，这些服务大部分仅供内部使用。

第Ⅵ部分包括一些有用的参考资料和现实世界的资源。

本书基于 GNU/Linux 系统编写，面向零基础读者，从 Linux 基础知识讲起，然后渐进式地提高内容难度，详细讲解 Linux 系统中各种服务的工作原理和配置方式，以匹配真实生产环境对运维人员的要求，突显内容的实用性。本书内容丰富全面，讲解非常细致，深入浅出，旨在打造简单、易学、实用的轻量级 Linux 入门教程。本书面向广大 Linux 初中级用户、开源软件爱好者和大专院校学生，也面向准备从事 Linux 开发的各类人员。

这里要感谢清华大学出版社的编辑，他们为本书的翻译投入了巨大热情并付出了很多心血。没有他们的帮助和鼓励，本书不可能顺利付梓。

对于这本经典之作，译者本着“诚惶诚恐”的态度，在翻译过程中力求“信、达、雅”，但鉴于译者水平有限，失误在所难免，如有任何意见和建议，请不吝提出。

译者

作者简介

Wale Soyinka 是一名系统管理员、DevOps/SecOps 迷、开源布道者和黑客。

他也是几本有关 Linux、网络和 Windows 管理的书籍的作者，包括 *Linux Administration: A Beginner's Guide*、*Wireless Network Administration:A Beginner's Guide* 和 *Advanced Linux Administration*。

当 Wale 不惊叹于自己的烹饪创意时，他会参与讨论、项目和冒险活动，通常他专注于推广、展示开源技术和文化。

其他作者简介

Buki Adeniji 是 AWS 的云基础架构顾问，是经验丰富的电信专家，对云计算、Linux、VoIP 和 Asterisk 非常有激情。Buki 在建立、管理高可用性电信级 VoIP 平台和生产基础设施方面有着丰富的经验。他领导的全球团队管理基于云的关键服务，实现了 99.99%(“4 个 9”)的服务可用性。Buki 是一位终身学习者，具备丰富的电信、商务和项目管理经验，获得了大量的 AWS 认证，他的目标是继续开发技术和拓展创新的边界，基于设计思维开发技术解决方案，满足当前和下一代的业务需求。

最重要的是，他热衷于将复杂的概念和过程转化为简单、简捷、可执行的步骤。Buki 目前居住在旧金山湾区，是一个充满激情的居家男人，也是一个活跃的制造者，经常参与制作和驾驶 DIY 模型汽车。

技术编辑简介

David Lane 是一位 DevOps/SRE 经理，在政府、企业和协会的开源解决方案开发和实现方面拥有 30 年的经验。在 20 世纪 90 年代末，他接触到最初的 Linux 版本 Slackware，从此再也没有回头。今天，David 用开源工具帮助公司从传统软件开发实践过渡到 DevOps 方法。

在闲暇时，他是一名业余无线电操作员和 ARES 紧急协调员，他支持 SDR 的开源解决方案和紧急情况下的其他通信方法。

致　谢

感谢编辑 Wendy Rinaldi，还要感谢 David Lane、Emily Walters、Patty Mon、Bart Reed、Tricia Lawrence、Claire Yee，感谢 McGraw-Hill 团队所做的贡献。向 Cenveo 的人们致敬，他们带领我们冲过了终点线。

如果没有成千上万为 FOSS 做贡献的陌生人，以及像 Linus Torvalds 和 Richard Stallman 这些人的基础工作，我就不会走完这段旅程。谢谢你们！非常感谢 Daniel A.的第一张 RedHat CD，感谢伯克利的 UNIX 团队成员 Gene Schultz、Buki Adeniji 和 Steve Shah 的基础性工作。

感谢 Eledumare。感谢爸爸、妈妈、叔叔、阿姨、兄弟、姐妹、表兄妹，还有 Bimpe。感激我认识的朋友们。永远感谢 Indian Baby 和 Hiromi，他们做的小事情对我来说意味着一切。

前　言

1991年10月5日，Linus Torvalds在一个在线新闻组上发布了一条简单的消息，向全世界介绍了Linux操作系统的第一个版本。他(以及其他任何人)不知道的是，他开发出的Linux后来成为世界上最受欢迎、最具颠覆性的操作系统之一。今天，整个行业和社区都围绕Linux建立起来并蓬勃发展。而且，你很可能已经以某种形式使用过它(或从中受益)！本书是我们延续开放、探索和学习这种传统的第8次尝试(希望能成功)。当读者能从本书中学到一些东西，并应用它自信地解决现实问题，对我们来说就成功了。

本书读者对象

本书书名的最后一部分是“入门经典”，但假设你已经熟悉“高级用户”级别或更高级别的Microsoft Windows服务器(或其他操作系统)，假定你熟悉用于中小型计算机网络的术语和一些概念。任何与更大的网络或高级Windows技术相关的经验将令读者从书中获得更多，但这不是必需的。

市面上已经有足够多的书仅指出应点击什么，而没有说明为什么；本书不应属于这一类。

除了具备Windows背景外，我们假设你对本书中主题的更多信息感兴趣，而不仅是书中的内容。毕竟，一些主题只有15~35页，而这些主题有时需要用一整本书来专门讨论！因此，一些章节插入了指向其他资源的链接。读者最好采纳这些建议。

我们相信，经验丰富的Linux系统管理员也可以从本书中受益，因为它可以作为一本讨论各种主题的快速指南。

本书的内容

本书由6部分组成。

第Ⅰ部分：简介与安装

第Ⅰ部分包括3章。第1章很好地概述什么是GNU/Linux，以及在几个关键领域比较它与Windows。第2章详细介绍如何安装服务器级的Fedora和Ubuntu Linux发行版。第3章概述如何在一些流行的云平台上启动Linux服务器。

理想情况下，第Ⅰ部分的内容应足以让读者入门，有助于读者根据其他操作系统的现有知识，了解Linux的工作方式。第Ⅰ部分完成的一些服务器安装任务和设计选择可作为本书其他部分的参考和起点。

第Ⅱ部分：单主机管理

第Ⅱ部分介绍管理“独立”系统(即不需要或不向网络上的其他系统提供任何服务的系统)的必要内容。尽管服务器不提供任何服务的概念乍一看与直觉不符，但它是构建其他许多概念的基础，在以后理解基于网络的服务时，它将派上用场。第Ⅱ部分共8章。

第 4 章涵盖使用 Linux 命令行接口(CLI)的基础知识，以便读者能在没有 GUI 的情况下工作。尽管可在 GUI 桌面中管理 Linux 系统，但最好能同时使用 CLI 和 GUI——对于管理 Windows 系统也是如此。不相信吗？打开命令提示符，运行 netsh，并尝试在 GUI 中执行 netsh 所执行的操作。

第 5 章涵盖如何从预先打包的二进制文件和源代码中安装软件，以及如何执行标准的软件管理任务。该章学到和使用的一些软件安装技术在本书的大部分内容中都会用到。

第 6 章涵盖 Linux 平台上用户和组概念的基础知识，以及日常管理任务，如添加、删除用户和组，多用户操作，Linux 权限模型等。

第 7 章记录整个开机和关机过程。该章详细介绍如何正确启动、关闭、添加、启用和禁用服务。这些基本技能在书的后面会派上用场。

第 8 章继续介绍文件系统的基础知识——文件系统的组织、创建以及管理(最重要)。

第 9 章讨论操作基础知识，介绍基本工具，如 xinetd、rsyslog、cron、systemd、journald 等。xinetd 是 Linux 版的 Windows svchost，rsyslog 在统一框架中管理所有应用程序的日志记录。rsyslog 和 journald 是更灵活的 Windows 事件查看器版本。

第 10 章解释在 Linux 中配置、编译和安装自定义内核的过程。这个功能为 Linux 管理员提供了大量对系统操作方式的细粒度控制。

第 11 章涵盖通过/proc 和/sys 文件系统进行的一些内核级调整。如该章所述，通过/proc 和/sys 查看和修改某些内核级配置和运行时变量的能力，为管理员提供了几乎无限的系统微调可能性。当这些应用得当时，可以说是一种比 Windows 平台更好、更容易调整内核的方法。

第Ⅲ部分：网络与安全

第Ⅲ部分开始进入网络和安全的世界。我们不太清楚为什么要把这两个主题放在同一部分，但如果非要证明这一点的话，可以说:“网络是最邪恶的根源，因此需要保护。”然后我们会耸耸肩走开。

随着 Internet 上安全和隐私日趋重要，以及 SOX、HIPAA 等合规要求的发布，需要在高安全性场景中使用 Linux。我们特意决定，在介绍基于网络的服务(第Ⅳ部分和第Ⅴ部分)之前，先讨论安全问题，以便了解一些基本的安全最佳实践，这些最佳实践有助于保护基于网络的服务不受攻击。

该部分从第 12 章开始，概述了系统(和/或网络)管理员需要了解的 TCP/IP 内容。第 12 章详细介绍如何使用故障排除工具(如 tcpdump)捕获数据包，并将其读取回来，逐步分析 TCP 连接是如何工作的。这些工具应该能有效地排除网络特性的故障。

第 13 章关注基本网络配置(IPv4 和 IPv6)，回到管理问题。这包括设置 IP 地址、路由条目等。

第 14 章扩展基础知识，深入研究先进的网络概念，展示如何构建基于 Linux 的防火墙和路由器。介绍新的 nftables 项目，它将取代现有的、流行的 iptables 框架。

第 15 章和第 16 章详细讨论系统和网络安全的各个方面，包括特定于 Linux 的问题以及一般的安全提示、技巧和常识，以便更好地配置系统，保护它免受攻击。

第Ⅳ部分：Internet 服务

本书有两个不同的部分:“Internet 服务”和“内部网服务”。尽管它们听起来很相似，但有区别。Internet 服务定义为运行在 Linux 系统上、直接暴露于 Internet 的服务。例如 Web 和域名系统(DNS)服务。内部网服务则定义为通常在防火墙后运行、用于内部用户的服务，这些服务大部分仅供内部使用。

本部分从第 17 章开始，它涵盖了安装、配置和管理 DNS 服务器所需的信息。除了运行 DNS 服务器的实际细节外，还提供了关于 DNS 如何工作的详细背景知识以及故障排除的一些技巧和工具。

在 DNS 之后，就进入第 18 章，其中涵盖了 FTP 服务器的安装和维护。该章还介绍了 FTP 的背景知识和它的发展。

第 19 章继续讨论当今 Linux 最流行的可能用途之一：使用流行的 Apache 软件运行 Web 服务器。该章介绍了 Apache Web 服务器的安装、配置和管理。

第 20 章和第 21 章通过设置和配置 SMTP、POP 和 IMAP 服务器深入介绍电子邮件。将介绍配置这三种工具所需的信息，并展示它们如何交互。选择探讨 Postfix SMTP 服务器，而不是传统的 Sendmail 服务器，因为 Postfix 提供了更灵活的服务器和更好的安全记录。

第 22 章在这个版本中做了全新的修订。我们做了大量工作，花费了大量精力，来酝酿和提炼 VoIP 这个非常广泛的主题。在该章末尾，基于 Asterisk 软件构建了一个简单的基于 VoIP 的 PBX；它很容易扩展，来取代商用 PBX 解决方案，或与第三方 VoIP 提供商交互，以便与世界其他国家交流。

第Ⅳ部分以第 23 章结束，了解如何设置、使用和管理 SSH 服务在几乎任何 GNU/Linux 环境中都是至关重要的。

第Ⅴ部分：内部网服务

再次强调，内部网服务定义为通常在防火墙后运行、供内部用户使用的服务，而且大多数仅供内部使用。即使在这种环境中，Linux 也提供了很多功能。

第 24 章介绍 NFS。NFS 已经存在了近 30 年，在过去几年里不断发展、成长和适应。该章介绍 NFS 的功能，包括如何设置客户端和服务器，以及如何排除故障。

第 25 章通过对 Samba 服务的介绍，继续了共享磁盘和资源的思想。使用 Samba，管理员可以共享磁盘和打印设施，并为 Windows(和 Linux)用户提供身份验证，而不必安装任何特殊的客户机软件。因此，Linux 可成为一个有效的服务器，能在 UNIX/Linux 系统和 Windows 系统之间支持和共享资源。如果你对这类事情感兴趣，甚至可将 Samba 配置为成熟的 Active Directory Microsoft Windows 服务器的临时替代品！

第 26 章在第Ⅴ部分，而不是第Ⅳ部分，是一个掷硬币的问题，因为 DFS 可以在 Internet 和 Intranet 场景中使用/部署。在当今以云为中心的世界中，DFS 解决方案尤其重要。在许多可用的 DFS 实现中，我们选择讨论 GlusterFS，因为它易于配置，在不同发行版中都获得了支持。

第 27 章讨论目录服务，包括 LDAP 以及管理员如何使用这个标准服务来提供一个集中的用户数据库(目录)，以便在异构操作系统之间使用，并管理大量用户。

第 28 章介绍 Linux 打印子系统。打印子系统与 Samba 结合使用时，允许管理员支持从基于 Windows 的客户机进行无缝打印。这样就可在一台服务器上集中 Linux、Windows 甚至 macOS 用户的打印选项！

第 29 章涵盖了 Linux 系统的另一种常见用法：DHCP 服务器。本章讨论了如何部署 Internet Systems Consortium (ISC) DHCP 服务器，它提供了一组强大的特性和选项。

接下来是第 30 章。几个月以来，我们一直在为该章的标题而苦恼和斟酌，因为该章涵盖了虚拟化和容器(容器化)。这一章最终命名为“虚拟化”，因为我们甚至不确定“容器化”是不是一个词；据一位编辑说，这是航运业的一个词！虚拟化则无处不在。它允许公司将以前需要几个专用裸机的服务和硬件整合到更少的裸机中。我们将讨论基本的虚拟化概念，并简要介绍 Linux 中一些流行的虚拟化技术。该章还通过示例详细介绍了基于内核的虚拟机(Kernel-Based Virtual Machine，KVM)的实现。我们讨论的 KVM 概念将有助于学习附录 B 介绍的新功能。第 30.5 节介绍“容器”。容器背后的概念是旧的，但又是新的。就像虚拟化一样，容器也无处不在，而且会一直存在。我们使用流行的 Docker 平台实现容器，并指导如何部署容器样式的 Web 服务器!

最后的第 31 章讨论“备份”。备份可以说是管理中最关键的部分之一。基于 Linux 的系统支持几种备份方法，这些方法易于使用，也很容易用于磁带驱动器和其他介质。该章讨论一些方法，并解释如何将它们用作备份计划的一部分。除了备份机制外，还讨论了一般的备份考虑事项、设计和优化。

第Ⅵ部分：附录

在书的最后，包括了一些有用的参考资料和现实世界的资源，可以用于日常工作，可在家里、教室或实验室使用。

附录 A 详细介绍在非光学介质(如 USB 闪存驱动器、SD 卡等)上创建安装介质的替代和通用方法。

附录 B 是本书的另一个新添加内容。它涵盖了一个新功能：获取和使用为本书专门创建的容器和虚拟机映像文件。一旦启动 VM 或容器，你将看到本书中讨论的大多数命令、脚本、软件包、黑客和服务器/守护进程。

目　录

第Ⅲ部分 网络与安全

第Ⅳ部分 Internet服务

第Ⅵ部分 附录

第 I 部分 简介与安装

第1章 Linux、发行版和 FOSS 简介

本章研究一些在 Linux 开源领域实现的核心服务器端技术。在可能的情况下，我们将其与 Microsoft Windows 服务器领域(可能是你更熟悉的平台)进行比较。但在深入讨论任何技术细节之前，先简要讨论一些重要的基本概念和思想，它们是 Linux 和自由开源软件(Free and Open Source Software，FOSS)的遗传物质。

1.1 Linux 操作系统

有人误认为 Linux 是一套完整的软件，包括开发工具、编辑器、图形用户界面(Graphical User Interfaces，GUI)、网络工具等。更正式和正确地说，这些软件统称为发行版。发行版是整个软件套件，包括 Linux，是一个整体。

所以，如果我们考虑一个发行版加上 Linux，那么 Linux 到底是什么呢？Linux 本身是操作系统的核心：内核，更通俗地说就是心脏。内核是作为运营主管的程序，负责启动和停止其他程序(如文本编辑器、Web 浏览器、服务等)、处理内存请求、访问磁盘和管理网络连接。内核活动的完整列表可很容易地填满一本书，事实上，已经撰写了好几本介绍内核内部功能的书籍。

内核是一个重要程序，这也是在众多 Linux 发行版上加上 Linux 标志的原因。所有发行版基本上都使用 Linux 内核的一个版本，因此所有 Linux 发行版的基本行为都是相同的。

你可能听说过 Red Hat Enterprise Linux(RHEL)、Fedora、Debian、Amazon Linux、Ubuntu、Mint、openSUSE、CentOS、Arch、Chrome OS、Slackware、Oracle Linux 等 Linux 发行版，它们已经获得了大量的媒体报道。

根据你与谁交谈，Linux 发行版可按各种不同的路线进行分类，包括软件管理风格、文化、商业、非商业、哲学和功能。Linux 发行版的一种流行分类是商业版和非商业版。

商业发行版的供应商通常会为他们的发行版提供支持——这是有代价的。商业发行版往往有更长的发布生命周期。为了满足某些监管要求，一些商业发行版可能会包含/实现更多特定的安全要求，这些要求 FOSS 社区可能不关心，但一些机构/公司却很关心。基于 Linux 发行版的商业版本有 RHEL 和 SUSE Linux Enterprise (SLE)。

另一方面，非商业发行版是免费的。这些发行版试图坚持开源软件的初衷，大多由社区支持和维护。社区由用户和开发人员组成。社区的支持和热情有时可以超越商业产品！

一些所谓的非商业发行版也得到商业版本的支持。很多时候，那些提供纯商业版本的公司都有既

得利益来确保免费发行版的存在。一些公司使用免费发行版作为软件的验证和测试基地，并最终在商业发行版发布时停止。这是一种免费增值模式。基于 Linux 发行版的非商业版本包括 Fedora、openSUSE、Ubuntu、Linux Mint、Gentoo、Raspbian 和 Debian。

关于商业 Linux 发行版有一件有趣的事情，那就是发行的大多数程序都不是由公司自己编写的！相反，其他人自由地通过许可发布程序，允许与源代码一起重新发布。发行版供应商只是将它们打包到一个方便的、内聚的、易于安装的包中。除了捆绑现有软件之外，一些发行版供应商还开发增值工具，使其发行版更易于管理或使用，但他们发行的软件通常是由其他人编写的。

内核差异

每个销售自己 Linux 发行版的公司都会很快宣称，自己的内核比其他公司的好。公司怎么能做出这样的声明呢？答案是每个公司都有自己的补丁集。为了确保内核在很大程度上保持同步，大多数公司都会采用发布在 www.kernel.org 上的补丁，即“Linux 内核档案”。然而，供应商通常不会跟踪在 www.kernel.org 上发布的每个内核版本；相反，会建立一个基础版本，对其应用自定义补丁，通过质量保证(QA)过程运行内核，然后将其标记为生产就绪。这有助于其他商业客户相信，这些内核已经有了充分的更新，从而减少因运行纯粹基于开源代码的操作系统而带来的任何可感知的风险。

这条规则的一个例外与安全问题有关。如果在 Linux 内核的某个版本中发现安全问题，供应商会迅速采用必要的补丁来修复问题。值得庆幸的是，针对内核本身的攻击很少，间隔时间很长。

因此，如果每个供应商都维护自己的补丁集，那么它到底在修补什么？这个答案因供应商而异，取决于每个供应商的目标市场。例如，Red Hat 主要致力于为应用服务器提供企业级的可靠性和稳定的效率。这可能与 Fedora 团队的任务不同，后者更感兴趣的是快速尝试新技术。反过来，如果厂商试图组合面向桌面或以多媒体为中心的 Linux 系统，这也是不同的，甚至更不同于将 Linux 用于嵌入式应用程序的厂商。

将一个发行版与另一个发行版区分开来的是每个发行版附带的增值工具。问哪个发行版更好，就像问热水好还是冷水好一样。各种品牌的纯净水几乎都有同样的基本元素——氢和氧，以及普通水所具有的解渴能力。所以对于热水和冷水孰优孰劣这个问题，答案是“视情况而定”。你是用它泡热茶还是冰茶？是用来洗澡吗？最后，选择发行版取决于需求。需要商业支持吗？应用程序供应商是否推荐一个版本而不是另一个版本？对于一个发行版，你有比其他发行版更多的内部专业知识吗？检查自己的需求时，可能会发现有更适合该需求的发行版。

1.2　开源软件和 GNU 概述

在 20 世纪 80 年代早期，Richard Matthew Stallman 在软件业中发起了一场运动。他鼓吹软件应该是免费的。注意，他所说的自由并不是指价格，而是指与自由相同的意义。这意味着不仅要交付产品，还要交付整个源代码。为了澄清自由软件的含义，Stallman 曾经说过以下名言：

> “自由软件”是自由的问题，而不是价格的问题。要理解这个概念，应该把“自由”想象成“言论自由”，而不是“免费啤酒”。

有点讽刺意味的是，Stallman 的立场又回到了经典计算时代，那时软件可以在爱好者之间自由分享！

发布源代码的前提很简单：如果开发人员可能不支持用户使用软件的意图，则绝不应该强迫用户与该开发人员打交道。用户不应该等待修复程序的发布。更重要的是，在其他程序员的监督下开发的代码，通常比关起门来一个人编写的代码质量更高。开源软件最大的好处之一来自于用户本身：如果他们有专门知识，就可以向原始程序添加新特性，然后将这些特性贡献给源代码，这样其他人都可从中受益。

这个基本的愿望导致了一个完全类似 UNIX 的系统(又名 Linux)向公众发布，没有许可证限制。当然，在可以构建任何操作系统之前，都需要构建工具，这就催生了 GNU 项目及其同名的许可证。GNU 项目和 Linux 内核项目之间紧密的共生关系是我们经常看到完整堆栈被写成 GNU/Linux 的原因之一。

注意 GNU 代表 GNU's Not UNIX。这是一个递归缩略语的例子，是一种黑客幽默。如果不明白它为什么好笑，别担心，多数人都不明白。

1.2.1 GNU 公共许可证

GNU 公共许可证(GNU Public License，GPL)是 GNU 项目中出现的一个重要事项。本许可证明确声明，所发布的软件是自由的，没有人可以剥夺这些自由。即使是为了获利，获取软件并转售它也是可以接受的；然而，在这种转售过程中，卖方必须发布完整的源代码，包括任何更改。因为转售的包仍然在 GPL 之下，所以包可以免费分发，并由其他人再次转售，以获取利润。最重要的是免责条款：程序员对软件造成的任何损害不负责。

应该注意，GPL 并不是开源软件开发人员使用的唯一许可证(尽管它可能是最流行的)。其他许可，如 BSD 和 Apache，也有类似的免责条款，但在重新分发方面有所不同。例如，BSD 许可允许人们对代码进行更改并发布这些更改，而不必公开添加的代码(但 GPL 要求发布添加的代码)。有关其他开源许可的更多信息，请访问 www.opensource.org。

历史足迹

很久以前，Red Hat 开始为它以前的免费产品(Red Hat Linux)提供商业产品。该商业版本通过 Red Hat Enterprise Linux (RHEL)系列获得了动力。因为 RHEL 的基础是 GPL，所以对维护 Red Hat 发行版的免费版本感兴趣的个人能够这样做。此外，作为对社区的延伸，Red Hat 创建了 Fedora 项目，在 RHEL 采用新软件之前，该项目被视为新软件的测试基地。Fedora 项目是免费分发的，可以从 http://fedoraproject.org 或 https://getfedora.org 下载。

1.2.2 上游和下游

上游(开发者、代码、项目)和下游(开发者、代码、项目)是在 FOSS 领域中可能经常遇到的术语。为帮助理解上游和下游组件的概念，下面从一个类比开始。如果你愿意，绘制一个带有你喜欢的所有配料的披萨。

这种披萨由当地的一家披萨店制作而成。要做一个美味的披萨，需要很多东西——奶酪、蔬菜、面粉(面团)、香草、肉类(或肉类替代品)和酱汁等。披萨店通常会自行生产其中的一些配料，并依赖其他企业提供其他配料。这家披萨店还负责将原料组装成一个完整的披萨。

下面考虑一种最常见的披萨配料——奶酪。奶酪是由一个奶酪师制作的，用于许多其他行业或应用，包括披萨店。奶酪师有自己的风格，对于自己的产品应该如何与其他食材(酒、饼干、面包、蔬菜等)搭配有着强烈的主见。另一方面，披萨店的老板并不关心其他食物，而只关心如何制作出美味的披萨。有时，奶酪师和披萨店主会因为意见和目标的不同而有冲突。而在其他时候，他们会达成一致，完美地合作。最终，披萨店老板和奶酪师关心的是同一件事：尽可能生产出最美味的食品。

在我们的类比中，披萨店表示 Linux 发行版的供应商/项目(Fedora、Debian、RHEL、openSUSE 等)。奶酪师代表了提供重要程序和工具的不同软件项目维护者，如 Bourne Again Shell (Bash)、GNU 映像操作程序(GNU Image Manipulation Program，GIMP)、GNOME、KDE、Nmap、LibreOffice 和 GNU 编译

器集合(GNU Compiler Collection，GCC)，它们被打包在一起，构成一个完整的发行版(披萨)。Linux 发行版供应商被称为开源食物链的下游部分；伴随的不同软件项目的维护者被称为上游组件。

标准

很早以前，FOSS 和 Linux 社区就认识到，在众多 Linux 版本中，对于某些事情应该如何完成，需要一种正式的方法和标准化过程。因此，两项主要标准正在积极制定中。

文件系统层次标准(Filesystem Hierarchy Standard，FHS)是许多 Linux 发行版对目录布局进行标准化的一种尝试，以便开发人员能轻松地确保其应用程序能顺利地跨多个发行版工作。在撰写本书时，几个主要的 Linux 发行版已经完全符合这个标准。

Linux 标准库(Linux Standard Base，LSB)规范是由一个标准组织编写的，该组织指定 Linux 发行版应该拥有哪些库和工具。

如果开发人员假设 Linux 机器只遵守 LSB 和 FHS，那么几乎可以肯定，他的应用程序能够与所有兼容的 Linux 安装一起工作。所有主要的分销商都加入了这些标准组织。这将确保所有桌面发行版都有一定程度的通用性，开发者可以依赖这些通用性。

从系统管理员的角度看，这些标准很有趣，但对于管理 Linux 环境并不重要。然而，多了解这两种情况总没有坏处。有关 FHS 的更多信息，请访问 http://refspecs.linuxfoundation.org/fhs.shtml。要了解关于 LSB 的更多信息，请访问 www.linuxfoundation.org/collaboration/workgroups/LSB。

1.3　开源软件的优势

如果从商业的角度看，GPL 似乎是个坏主意，那么请考虑一下开源软件项目数量的激增——这表明系统确实可以工作！这种成功有两个原因。首先，如前所述，代码本身中的错误更可能在同行的监视下被发现并迅速修复。其次，在 GPL 系统下，程序员可以发布代码而不必担心被起诉。如果没有这种保护，人们可能不愿意将代码发布给公众使用。

注意　当然，人们常常会问，为什么会有人无偿贡献他们的作品。尽管这可能令人难以置信，但有些人这样做纯粹是出于利他主义的精神和对开源软件的热爱。

大多数项目一开始并不是功能齐全、完美的，通常是作为一个快速黑客来解决当时困扰程序员的特定问题，代码可能没有销售价值。但是，当这些代码被具有类似问题和需求的其他人共享并因此得到改进时，就变成一个有用的工具。其他程序用户开始用他们需要的特性增强代码，而这些添加的特性又回到了最初的程序。因此团队努力的结果是项目发展了，最终达到完全的细化。这个经过润色的程序可能包含成百上千个程序员的贡献，他们在这里或那里添加了一些片段。事实上，原始作者的代码可能已经荡然无存了。

慷慨授权软件的成功还有另一个原因。任何从事过商业软件开发的项目经理都知道，开发软件的实际成本不仅存在于开发阶段，还存在于销售、营销、支持、文档化、打包和交付软件的成本中。一个程序员在周末进行黑客攻击，用一个拼凑在一起的小程序解决一个问题，他可能没有兴趣、时间和金钱来把这个黑客攻击变成一个有利可图的产品。

当 Linus Torvalds 在 1991 年发布 Linux 时，他是在 GPL 下发布的。由于它的开放宪章，Linux 拥有大量的贡献者和分析者。这种参与使 Linux 的功能强大而丰富。据估计，自从 v2.2.0 内核以来，Torvalds 贡献的代码不到总代码库的 2%！

注意 这听起来可能很奇怪，但这是真的：Linux 内核代码的贡献者包括拥有与之竞争的操作系统平台的公司。例如，微软是 Linux 3.0 版本内核代码库的主要代码贡献者之一(通过对以前版本的更改或补丁的数量来衡量)。即使这可能出于微软自我推销的原因，事实仍然是 Linux 采用的开源许可模式允许这种事情发生。每个人，任何知道如何做的人，都可以贡献代码。代码受到同行评审过程的影响，这反过来又有助于代码从“众目睽睽下自我完善”的公理中获益。最终，每个人(终端用户、公司、开发人员等)都会受益。

因为 Linux 是免费的(就像演讲中说的那样)，任何人都可将 Linux 内核和其他支持程序重新打包并转售。很多人和公司就是这样用 Linux 赚钱的！只要这些人发布了内核的完整源代码以及它们各自的包，只要包受 GPL 保护，一切都是合法的。当然，这也意味着在 GPL 下发布的软件包可以被其他人以其他名义转售，以获取利润。

最后，使一个人的包比另一个人的包更有价值的是增值特性、支持通道和文档。不仅可以通过产品本身获利，还可通过与之配套的服务获利。

开源软件的缺点

上一节讨论了开源软件的一些优点，这一节则进行详细的、平衡的、无偏见的对比。

遗憾的是，在撰写本节的时候，我们还没有想到任何缺点！这里没什么可看的。

1.4 理解 Windows 和 Linux 的区别

可以想象，Windows 和 Linux 操作系统的区别不能在本节中全面讨论。本书将逐个主题地对这两种体系进行具体的对比。某些章节不进行比较，因为根本不存在重大差异。

但在讨论细节之前，先花一点时间讨论这两个操作系统之间的主要架构差异。

1.4.1 单用户、多用户、网络用户

Windows 最初是根据微软联合创始人比尔·盖茨“一台电脑、一张桌子、一个用户”的愿景设计的。为便于讨论，我们将其称为“单用户”。这种情况下，两个人不能同时在同一台机器上运行 Microsoft Word 等。可以购买 Windows，并运行所谓的终端服务或瘦客户端，但这需要额外的计算能力/硬件和额外的授权成本。当然，使用 Linux，就不会遇到成本问题，而且 Linux 在一般特定的硬件上运行得相当好。Linux 很容易支持多用户环境，在这些环境中，执行不同任务的多个用户可以并发地登录到一台中央机器上。中央机器上的操作系统(Linux)负责资源的“共享”细节。

“但是，嘿！Windows 可以让人们将计算密集型工作转移到一台机器上！”你可能会争辩说，“看看 SQL Server！”嗯，这个观点只对了一半。Linux 和 Windows 确实都能通过网络提供数据库等服务。可将这么安排的用户称为网络用户，因为他们实际上从未登录到服务器，而是向服务器发送请求。服务器完成工作，然后通过网络将结果发送回用户。这种情况下的问题是必须专门编写应用程序，来执行这种服务器/客户端职责。在 Linux 下，用户可在服务器上运行系统管理员允许的任何程序，而不必重新设计程序。大多数用户发现，在其他机器上运行任意程序的能力有很大的好处。

1.4.2 单片内核和微内核

在操作系统中使用了三种常见的内核形式。第一种是单片内核，它提供用户应用程序需要的所有服务；第二种是微内核，其作用域要小得多，只提供实现操作系统所需的最基本的核心服务集；第三种是前两种的混合。

Linux 在很大程度上采用了单片内核架构：它处理与硬件和系统调用相关的所有事务。另一方面，Windows 传统上采用微内核设计，最新的 Windows 服务器版本使用混合内核方法。Windows 内核提供一组服务，然后与提供进程管理、输入/输出(I/O)管理等的其他服务进行交互。哪种方法才是真正最好的方法还有待证明。

1.4.3　GUI 与内核的分离

从最初的 Macintosh 设计理念中得到启示，Windows 开发人员将 GUI 与核心操作系统集成在一起。它们彼此依赖；没有某一个，另一个根本就不存在。操作系统和用户界面的这种紧密耦合的好处是系统外观的一致性。

尽管微软对应用程序的外观没有苹果那么严格，但大多数开发人员倾向于坚持应用程序的基本外观和感觉。然而，这之所以危险的一个原因是，在典型的 x86 体系结构上，允许显卡驱动程序运行在所谓的“环 0”上。环 0 是一种保护机制——只有特权进程可以在这个级别上运行，通常用户进程在环 3 上运行。因为显卡允许在环 0 上运行，它可能会表现失常，导致整个系统崩溃。

另一方面，Linux(与 UNIX 一样)将用户界面和操作系统这两个元素分离开来。窗口或图形堆栈(X11、Xorg、Wayland 等)作为用户级应用程序运行，这使得整个系统更加稳定。如果 GUI(对于 Windows 和 Linux 来说都很复杂)失败，Linux 的内核不会随之崩溃；只是 GUI 进程崩溃了，然后显示一个终端窗口。图形堆栈与 Windows GUI 的不同之处在于，它不是一个完整的用户界面，只定义了基本对象应该如何在屏幕上绘制和操作。

X Window 系统最重要的特性之一是它能跨网络在另一个工作站的屏幕上显示窗口。这允许用户坐在主机 A 之前，登录主机 B，在主机 B 上运行应用程序，将所有输出路由到主机 A。例如，几个用户可以登录到同一台机器上，同时使用相当于 Microsoft Word 的一个开源版本(如 LibreOffice)。

除了核心图形堆栈之外，还需要一个窗口管理器来创建有用的环境。Linux 发行版附带了几个窗口管理器，包括重量级的、流行的 GNOME 和 KDE 环境。GNOME 和 KDE 甚至给普通的 Windows 用户提供了一个友好的环境。如果你关心的是速度和占用空间小，就可以使用 F 虚拟窗口管理器(F Virtual Window Manager，FVWM)、轻量级 X11 桌面环境(Lightweight X11 Desktop Environment，LXDE)和 XFCE 窗口管理器。

那么，Windows 和 Linux 哪个更好？这取决于你想做什么。Windows 提供的集成环境比 Linux 方便，不那么复杂，开箱即用，但是 Windows 缺少一个 X Window System 特性，该特性允许应用程序跨网络在另一个工作站上显示它们的窗口。Windows GUI 是一致的，但不能轻易关闭，而 X Window 系统不必在服务器上运行(并消耗宝贵的硬件资源)。

注意　在最新的操作系统服务器系列中，微软已将 GUI 从基本操作系统(OS)中分离出来。现在可在所谓的服务器核心模式下安装和运行服务器。在这种模式下，通过命令行或从具有完整 GUI 功能的常规系统上远程进行，就可以管理服务器。

1.4.4　My Network Places

Windows 通过 My Network Places (以前的 Network Neighborhood)为用户提供了在服务器上或彼此之间共享磁盘的本机机制。在典型的场景中，用户附加到一个共享，并让系统为其分配一个驱动器号。因此，客户端和服务器之间的分离是清晰的。这种共享数据方法的唯一问题是更多地以人为本，而不是以技术为导向：人们必须知道哪些服务器包含哪些数据。

对于 Windows，还出现了一个从 UNIX 借鉴的新特性：挂载。在 Windows 术语中，它被称为重解析点。这是一种将光驱挂载到 C 驱动器目录的能力。

从一开始，Linux 就支持挂载的概念，因此，可以使用不同的协议和方法挂载不同类型的文件系统。例如，流行的网络文件系统(NFS)协议可用于挂载远程共享/文件夹，并使它们显示在本地。实际上，Linux Automounter 可根据需要动态挂载和卸载不同的文件系统。在 Linux/UNIX 中挂载资源(光介质、网络共享等)的概念可能看起来有点奇怪，但习惯了 Linux 后，就会理解并欣赏这种设计的美。要在 Windows 中实现类似的功能，必须将网络共享映射到驱动器号。

在 Linux 下挂载资源的一个常见示例涉及挂载的主目录。用户的主目录可驻留在远程服务器上，客户端系统可在引导时自动挂载目录。因此/home 目录存在于客户端上，但/home/username 目录(及其内容)可驻留在远程服务器上。

在 Linux、NFS 和其他网络文件系统下，用户永远不需要知道服务器名或目录路径，这是你的福分。没有更多关于连接到哪个服务器的问题。更好的是，用户不需要知道什么时候服务器配置必须更改。在 Linux 下，可在客户端系统上更改服务器名称和调整此信息，而不必发布任何公告或对用户进行再培训。

任何曾经不得不将用户重新定向到新的服务器配置或实施重大基础设施更改的人，都将体会到这种做法的好处和便利性。

1.4.5　注册表与文本文件

可将 Windows 注册表看作最终的配置数据库——数以千计的条目，其中只有少数被完整地记录下来。

在最好的情况下，Windows 注册表系统也很难控制。虽然在理论上是个好主意，但大多数使用它的人都伤痕累累。

Linux 没有注册表，这既是好事也是坏事。好的方面是配置文件通常作为一系列文本文件保存(想想 Windows.ini 文件)。这种设置意味着可以使用自己选择的文本编辑器来编辑配置文件，而不是使用像 regedit 这样的工具。许多情况下，这还意味着可自由地向这些配置文件添加注释，这样 6 个月以后，你就不会忘记为什么要以特定方式设置某些东西。Linux 平台上使用的大多数软件程序都将其配置文件存储在/etc 目录或其子目录下。这个惯例在 FOSS 领域中得到了广泛的理解和接受。

无注册表安排的缺点是没有编写配置文件的标准方法。每个应用程序都可以有自己的格式。许多应用程序现在都与基于 GUI 的配置工具捆绑在一起，以缓解其中一些问题。因此，可通过 GUI 工具轻松地进行基本设置，然后在需要进行更复杂的调整时，手动编辑配置文件。

实际上，让文本文件保存配置信息通常是一种有效的方法，也使自动化变得更容易。一旦设置好，这些文件很少需要更改；尽管如此，它们是纯文本文件，因此在需要时便于查看和编辑。更有帮助的是，很容易编写脚本，以读取相同的配置文件，并相应地修改它们的行为。这在自动化服务器维护操作时特别有用，在具有许多服务器的大型站点中至关重要。

1.4.6　域和 Active Directory

Microsoft 的 Active Directory(AD)背后的想法很简单：为任何类型的管理数据提供存储库，无论是用户登录、组信息，甚至只是电话号码。此外，AD 为管理域的身份验证和授权(使用 Kerberos 和 LDAP)提供了一个中心位置。域同步模型还遵循可靠且易于理解的域名系统(Domain Name System，DNS)风格的层次结构。虽然这可能很乏味，但 AD 在正确设置和维护后工作得很好。

另外，Linux 不像 Windows 那样使用 AD 之类的紧密耦合的身份验证/授权和数据存储模型。相反，Linux 使用了一个抽象模型，允许多种类型的存储和身份验证方案在不修改其他应用程序的情况下工作。这是通过可插入身份验证模块(Pluggable Authentication Modules，PAM)基础设施和名称解析库完成的，为查找应用程序的用户和组信息提供了标准方法。PAM 还提供了一种使用各种方案存储用户和组信息的灵活方法。

对于期望使用 Linux 的管理员来说，这个抽象层乍一看可能有些奇怪。可使用普通文件、网络信息服务(Network Information Service，NIS)、轻量级目录访问协议(Lightweight Directory Access Protocol，LDAP)或 Kerberos 等进行身份验证。这意味着，可以选择最适合自己的系统。例如，如果有一个围绕 AD 构建的现有基础设施，那么 Linux 系统可使用 PAM 和 Samba 或 LDAP，根据 Windows 域模型进行身份验证。当然，可选择不让 Linux 系统与任何外部身份验证系统交互。除了能够绑定到多个身份验证系统之外，Linux 还可轻松地使用各种工具(如 OpenLDAP)来集中保存目录信息。

1.5　小结

本章概述了 Linux 是什么，不是什么；讨论了一些管理开源软件和 Linux 扩展的指导原则、思想和概念。本章最后介绍了 Linux 和 Microsoft Windows Server 领域中一些核心技术的异同。本书的其余部分将更详细地讨论其中的大多数技术，分析实际用途。

如果有兴趣获得关于 Linux 内部工作原理的更详细信息，就可能想从源代码开始。源代码可在 www.kernel.org 上找到。毕竟，它是开源的！

第2章 安装 Linux 服务器

从大型主机系统到简单的物联网设备、智能电视、电话和 Tera-Core 服务器，在任何给定目标平台或硬件上都可能获得 Linux 发行版。安装软件的方式也有很多种：通过 USB/闪存驱动器、光介质、网络等。当安装大量主机时，网络安装选项可以提供非常好的帮助。安装 Linux 发行版的另一种流行方式是通过所谓的"Live Media"，它允许在安装之前试用该软件。

本章介绍 Linux 服务器的安装。请记住服务器类的安装没有什么特别之处，除了一个突出的事实，即服务器通常执行非常特殊的功能，并且通常只用于执行一套特定的任务。因此，应该避免在服务器上安装无关的软件、运行无关的服务，否则会导致服务器膨胀，并可能拖累系统性能。

本章讨论与服务器及其专用功能相关的安装过程。首先讲述一些一般性的服务器管理考虑事项。

2.1 硬件和环境考虑事项

与任何操作系统一样，在开始安装过程之前，应该确定哪些硬件配置可以工作。大多数主流 Linux 发行版在其网站上都有某种类型的硬件兼容性列表(Hardware Compatibility List，HCL)。例如，openSUSE 的 HCL 数据库可在 http://en.opensuse.org/Hardware 找到，Ubuntu 的 HCL 可在 https://wiki.ubuntu.com/HardwareSupport 找到，对于大多数 Linux 版本，更通用的(更老的)HCL 可在 www.tldp.org/HOWTO/Hardware-HOWTO 找到。

对某个特定硬件有疑问时，这些站点提供了很好的起始参考点。但请记住，新的 Linux 设备驱动程序每天都在世界各地大量生产，没有一个站点能跟上开放源码社区的开发速度。一般来说，大多数流行的基于 Intel、基于 AMS 和基于 ARM 的配置工作起来都没有困难。新兴的物联网和开放的硬件行业也是如此。

适用于所有操作系统的一条通用规则是，避免在生产环境中配置最前沿的硬件和软件。尽管它们的指标看起来令人印象深刻，但它们可能还没有像一些稍老的硬件那样经历逐步成熟的过程。对于服务器来说，这通常不是什么大问题，因为服务器不需要有最新的和最好的设备，比如花哨的显卡和声卡。毕竟，我们的主要目标是为用户提供稳定和高可用的服务器。

2.2 服务器设计

根据定义，性能良好的服务器级系统表现出三个重要特征：稳定性、可用性和性能。这三个因素通常通过购买更多更好的硬件得到改善，这是不幸的。但不必总是额外花费数千美元来获得一个能够在所有三个方面都出色的系统——特别是可以通过一点调整，从现有硬件中获得所需的性能水平时。在 Linux 下，这并不难；更好的是，收获是显著的!

管理服务器时，必须做出的最重要设计决策之一甚至可能不是技术决策，而是管理决策。必须将服务器设计得对普通用户不友好。这意味着没有合适的多媒体工具，没有声卡支持，没有花哨的 Web 浏览器(如果可能的话)。实际上，应该严格禁止随意使用服务器。

注意　由于服务器的特殊工作负载，服务器的配置和设计变量常常稍有不同。例如，若一个服务器专门通过网络处理发送给它的日志信息，它将为适当的日志目录设置特别大的分区，而文件服务器自己不执行日志记录。

在规划服务器部署时，另一个重要的考虑事项是确保它驻留在最合适的环境中。系统管理员必须将服务器锁在单独的房间(或同等的房间)中，以确保服务器的物理安全性。非管理人员只能通过网络访问服务器。服务器室本身应保持良好的通风。不良的环境将导致事故发生。

一旦系统处于安全位置，为应急电源(电池备份)做好准备也很重要——在停电或其他电压异常时，确保系统能够运行。

为了提高服务器性能，可以执行以下操作。

- 利用图形用户界面(GUI)与核心操作系统不耦合的事实，并避免启动图形子系统，除非需要有人坐在控制台运行应用程序。毕竟，像任何其他应用程序一样，图形化堆栈使用内存和 CPU 时间，这两种方法最好都用在更重要的服务器进程上。
- 确定服务器要执行的功能，并禁用其他所有不相关的功能。未使用的功能不仅浪费内存和 CPU 时间，而且它们只是在安全方面需要处理的另一个问题。

与其他操作系统不同，Linux 允许选择内核中需要的特性。默认内核已经进行了相当好的调优，所以不必担心它。但如果确实需要改变一个特性或升级内核，那么对要添加的内容一定要挑剔。在添加之前确认需要该特性。

正常运行时间

本章对服务器的所有讨论，确保愚蠢的事情不会导致它们崩溃，都源于一个长期的 UNIX 哲学：正常运行很好，运行时间越长越好。

Linux/UNIX 的 uptime 命令告诉用户，自上次引导以来系统运行了多长时间，当前有多少用户登录，以及系统正在承受多少负载。最后两个度量是用于日常系统运行状况和长期规划的有用度量。例如，如果服务器负载一直保持在不正常的高水平，这可能意味着是时候购买更快/更大/更好的服务器了。

但最重要的数字是服务器自上次重新启动以来运行了多长时间。长运行时间被认为是妥善维护的标志，从实用的角度看，也是系统稳定的标志。Linux 管理员经常吹嘘其服务器的正常运行时间，就像汽车爱好者吹嘘马力一样。

2.3　安装方法

随着局域网(LAN)和 Internet 连接的连接率和速度的提高，通过网络而不是使用本地介质(光盘/DVD-ROM、闪存驱动器等)进行安装正成为越来越流行的选择。

根据特定的 Linux 发行版和已经存在的网络基础设施，可围绕几个协议设计基于网络的安装，包括以下流行的协议。

- FTP(文件传输协议)：这是执行网络安装的最早方法之一。
- HTTP(超文本传输协议)：安装树是由 Web 服务器提供的。

- NFS(网络文件系统)：分布树在 NFS 服务器上共享/导出。
- SMB (服务器消息块)：在受支持的发行版中，安装树可在 Samba 服务器上共享，甚至可在 Windows 系统中共享。
- PXE、DHCP、TFTP 和 IPMI：这些协议和技术可以各种方式链接在一起，从而无缝地引导 OS 安装并提供新服务器。Ubuntu 发行版的 MaaS(Metal as a Service，出行即服务)项目就是利用这些技术的综合解决方案的一个好例子。

另一种更典型的安装方法是使用供应商提供的介质映像。这个安装程序映像可以采用 ISO9660、UDF、IMG、压缩原始磁盘映像等格式。

除了可下载的安装程序映像外，一些商业 Linux 发行版还可在订购时选择物理/盒装安装介质。

安装 Linux 的另一个变体是通过所谓的“实时操作系统或实时发行版”环境安装。这种环境可以是实时 USB，甚至是实时 CD/DVD。这里的“实时”仅意味着可使用相同的安装介质首先启动和试用(测试驱动器)发行版，而不必在驱动器上实际安装任何东西。它允许用户大致了解目标系统上的硬件和其他外设的行为。请记住，即使在实时发行版环境中进行测试时，系统不能完美地运行，通常也可通过这里或那里的一些微调，让有问题的硬件在事后运行起来——尽管实际效果会有所不同。

本章将使用从发行版网站下载的操作系统映像执行服务器类的安装。

2.4 安装 Fedora 发行版

本节将在独立系统上安装 Fedora 发行版的 64 位 Rawhide(最新)版本。后续章节通过探索、添加和配置新的子系统，来构建本章所做的基础工作。

注意　术语 Rawhide(最新)指的是 Fedora 的最新开发版本。这个版本几乎总是指向 Fedora 的下一个版本。Linux 的发行版被认为是前沿的、快速变化的和实验性的 FOSS 技术孕育地，因此标准/常规的 Fedora 生产环境被高度禁止使用。Fedora 的最新版本比普通版更具实验性和不稳定性！在决定使用最新 Fedora 作为示例服务器之前，我们考虑了很久，觉得向读者展示最新的 FOSS 技术是值得冒险的。随后，我们安装了更加保守和稳定的 Ubuntu LTS 发行版，作为另一个演示发行版。但如果选择安装 Fedora 的另一个版本或架构，也不必担心。不同版本之间的安装步骤是相似的。如果选择安装的 Linux 发行版不是 Fedora，也很好；幸运的是，大多数概念在不同的发行版中得到了延续。有些安装程序就是比其他的美观！

项目的前提

首先，需要下载要安装的 Fedora 的 ISO。Fedora 的项目 Web 页面列出了全球各地的几个镜像。只要有可能，应该选择离自己最近的镜像。官方的镜像列表可在 http://mirrors.fedoraproject.org 找到。

用于本次安装的最新版 Fedora 的最新 ISO 镜像可从以下顶级目录下载：

```
http://download.fedoraproject.org/pub/fedora/linux/development/rawhide/server/x86_64/iso /
```

也可从以下镜像下载：

```
http://mirrors.kernel.org/fedora/development/rawhide/Server/x86_64/iso/
```

一旦进入 Web 服务器文件夹的顶层，就会看到各种可下载的文件，它们表示 Fedora 最新版的其他变体、上载日期和大致的文件大小。例如，会看到以下名称的文件：

```
Fedora-Server-dvd-x86_64-Rawhide-<DATE-STAMP>.n.1.iso
Fedora-Server-netinst-x86_64-Rawhide-<DATE-STAMP>.n.0.iso>
```

文件通常有最新的上传日期戳(DATE-STAMP)作为文件名的一部分，格式为 YYYYMMDD，其中 YYYY 是年，MM 是月，DD 是日。

注意 Linux 发行版通常是按照编译后运行的体系结构打包的。ISO 映像(和其他软件)的名称经常会反映一种架构类型。架构类型的例子有 x86/i386、x86_64 和 aarch64，其中 x86_64 家族指的是 64 位平台(例如 Phenom、EM64T、Ryzen，以及 Intel Core i5、i7 和 i9)。

下一步是将 ISO 映像文件写入合适的介质。

如果计划使用基于闪存的外部介质执行安装，例如 U 盘、安全数字(SD)卡或外部硬盘，系统需要能够从该介质引导。附录 A 讨论了如何在基于闪存的介质上创建 Linux 安装程序。

注意 如果所选择的硬件上有一个物理的 CD/DVD 光驱和空白的 CD/DVD-ROM 介质，就可能希望使用相同的光驱执行 Fedora 安装，方法是使用自己最喜欢的 CD/DVD 刻录程序将安装映像刻录到介质上。请记住，下载的文件已经是安装程序的一个精确映像，因此应该这样处理。大多数 CD/DVD 烧录程序都可选择从 ISO 映像创建 CD 或 DVD。请注意，如果像刻录常规数据文件一样刻录下载的文件，最终只会在光学介质的根目录上生成一个文件。这不是你想要的。

2.5　安装

下面开始安装过程。

插入并启动安装介质(光盘、U 盘等)。应该预先配置系统的统一可扩展固件接口(UEFI)或基本输入/输出系统(BIOS)，以便从正确的介质引导。这将显示一个欢迎启动界面，如图 2-1 所示。

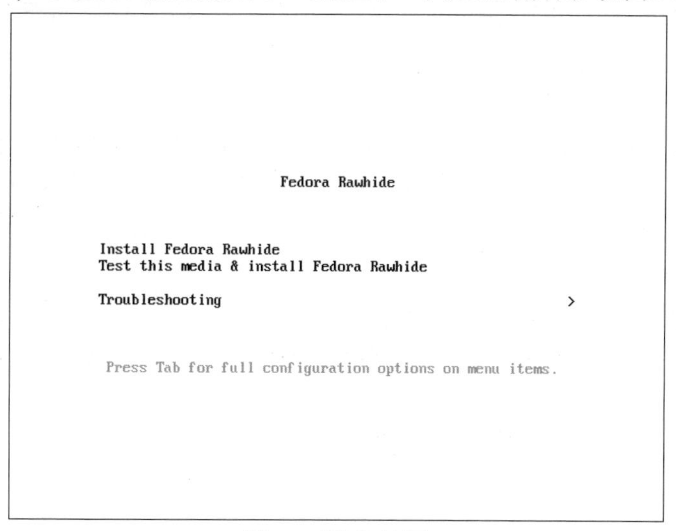

图 2-1　欢迎启动界面

如果不按任何键，提示将开始倒计时，之后安装过程将启动突出显示 Test this media & install Fedora ...选项，开始安装过程。还可以按回车键，立即启动该过程。

之后进行一个快速的介质验证步骤。这一介质验证步骤可避免在开始安装时由于安装介质错误而中途终止的麻烦。

介质检查完成后，介质被成功验证为可用，安装程序将自动继续进入下一个界面。

在此界面中选择用于安装的语言。本例选择 English(United States)。然后单击 Continue 按钮。

如果安装的是最新版的 Fedora，就会看到一个弹出的界面，警告要安装预发行/非生产软件。单击 I want to proceed 继续。

2.6　安装摘要

Installation Summary(安装摘要)界面是一个集所有功能于一身的区域，可在这里对要安装的操作系统做出重要决策。界面大致分为以下几部分：

- 本地化(键盘、语言支持、时间和日期)
- 软件(安装源和软件选择)
- 系统(安装目的地、网络和主机名)

接下来深入研究这些部分，并在必要时进行更改。

2.6.1　本地化部分

顾名思义，本地化部分就是用于定制与系统语言环境相关的项。这包括键盘、语言支持以及时间和日期。

1. 键盘

在 Installation Summary 界面中，选择 Keyboard 选项指定系统的键盘布局。如果需要在后面的界面中添加额外的键盘布局并指定顺序，则可添加键盘布局。

对于本例，接受默认值(English US)，不做任何更改。对这里所做的任何更改感到满意时，单击 Done。

2. 语言支持

选择 Installation Summary 界面中的 Language Support 选项，指定可能需要的其他语言支持。

对于本例，接受默认值(English - United States)，不做任何更改。对这里所做的任何更改感到满意时，单击 Done 按钮。

3. 时间和日期

选择主 Installation Summary 界面中的 Time & Date 选项，将弹出另一个界面，该界面允许选择计算机所在的时区。滚动区域和城市列表，选择离自己最近的区域。还可以使用交互式地图，选择特定城市(用一个彩色圆点标记)来设置时区。

根据安装源，Network Time 选项默认可设置为 ON 或 OFF。接受默认设置 ON，即允许系统使用网络时间协议(NTP)自动设置正确的时间。对更改感到满意时，单击 Done。

2.6.2　软件部分

在 Installation Summary 界面的 Software 部分，可选择安装源以及要安装的附加包(应用程序)。

1. 安装源

由于我们使用完整的 Fedora 映像执行安装，因此应注意在 Installation Source 区域自动指定 Local Media。

单击 Installation Source 将显示一个界面，该界面允许指定自定义安装源和其他存储库，以便通过不同的网络协议(如 HTTP、HTTPS、FTP 和 NFS)从其中检索安装包。还可在这里指定在安装过程中下载安装程序，并自动安装最新的软件包。

注意 如果使用最小的 Fedora 网络映像执行安装(该网络映像旨在从网络源自动下载所需的软件)，则应注意，默认情况下自动选择了 Closest Mirror 选项作为安装源。Closest Mirror 选项将自动确定目标系统连接的国家或地区，并使用公共 IP 地址选择地理上最接近你的网络镜像。从离自己最近的服务器下载所需的包将有助于加快安装过程。一个简单的 Fedora 网络映像可从如下地址下载：

```
https://dl.fedoraproject.org/pub/fedora/linux/development/rawhide/Server/x86_64/iso/
```

2. 软件选择

选择主 Installation Summary 界面上的 Software Selection 选项，会显示安装部分，在这里可以选择要安装在系统上的软件包。

Fedora 安装程序根据开始时使用的 Fedora 版本确定哪些包可用。一些示例 Fedora 版本包括工作站、服务器、云、KDE、XFCE 和容器。每个版本都有几个预定义的附加组件，这些附加组件包含提供特定功能的软件包组。包组或插件提供的样例功能包括基本 Web 服务器、容器管理、开发工具、邮件服务器、域成员和编辑器。选择右边窗格中的任何插件，将自动选择/安装用于提供功能的实际软件包。该组织允许选择想要安装的功能，并安全地忽略细节。

这里使用的是 Fedora 服务器版本，因此有一些预定义的插件或包组可供选择(如果需要的话)。

接受默认设置并单击界面顶部的 Done。

警告 理想情况下，如果某生产系统应该用作实现特定功能的服务器，则应该认真考虑，除了提供服务器核心功能所需的功能之外，不要安装任何无关的功能或附加组件。应该始终让服务器尽可能精简。少即是多！

2.6.3　系统部分

Installation Summary 界面的系统部分用于定制和更改目标系统的底层硬件。在这里可以创建硬盘驱动器分区或卷，指定要使用的文件系统，并指定网络配置。

1. 安装目的地

在 Installation Summary 界面中，选择 Installation Destination 选项，将进入相应的任务区域。由于 Linux 使用不同的硬件命名约定，安装的这一部分可能是大多数新 Linux 用户最尴尬的部分。然而，这不必成为一个问题——所需要的只是思想上的轻微转变。为帮助解决这个问题，请记住在 Linux、Windows、BSD 和 macOS 中，磁盘的概念是相同的。

这将出现一个界面，显示目标系统上可用的所有候选磁盘驱动器。如果系统上只有一个磁盘驱动器，就像示例系统一样，就会看到该驱动器列在 Local Standard Disks 下，旁边有一个复选标记。单击磁盘图标，将打开或关闭磁盘复选标记。这里选中它。

这个领域的另一个选项是配置其他专用磁盘和网络磁盘，如 SAN 设备、iSCSI、FCoE 等。在示例中，将安装在传统磁盘存储设备上，因此不会添加任何专用磁盘或网络磁盘。

在 Storage Configuration Options 区域中，选择 Custom 单选按钮。然后单击 Done 按钮。

一旦安装程序确定有一个可用的磁盘，就会显示 MANUAL PARTITIONING 界面，如图 2-2 所示。

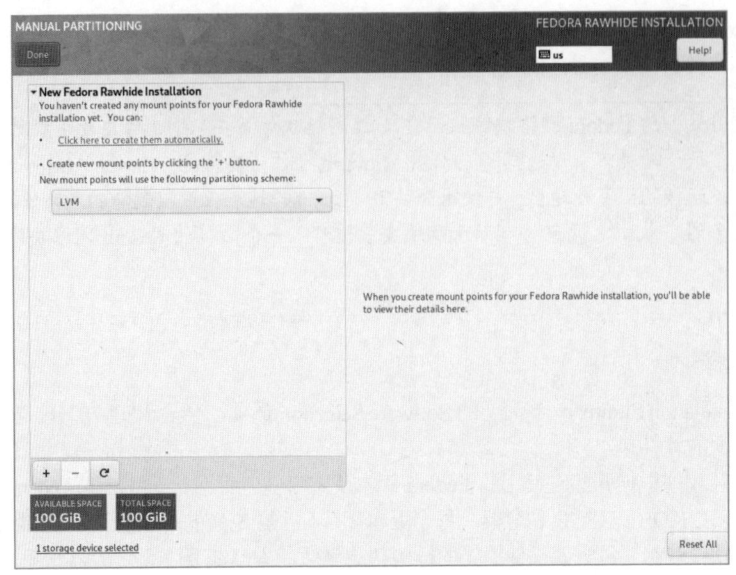

图 2-2　MANUAL PARTITIONING 界面

注意　如果在一个当前包含数据的磁盘上执行安装，就可在 Storage Configuration 区域下选择 I would like to make additional space available 选项。这将允许安装程序提供其他选项，以调整或删除磁盘上现有的卷或文件系统，为新的 OS 创建空间。

在 MANUAL PARTITIONING 界面上，确保选择 LVM 作为新挂载点的分区方案。下一节将介绍 LVM。

在深入研究分区设置之前，我们将简要介绍常用的分区方案和文件系统布局。

手动存储配置概览　注意，即使选择了自定义分区选项，仍然会让安装程序自动切片并布局磁盘。选择这条路径只是为了介绍一些基本的 Linux 服务器分区概念。这样做还可在最终完成前看到这个结构是如何自动创建的。

安装程序提供了自动布局磁盘分区的选项；接受默认的建议布局。

分区方案和文件系统布局

下面暂时脱离实际的 OS 安装，概述 Linux 服务器上的常见分区方案和文件系统布局，以及 Windows 中的分区。最终为服务器实现这个方案的一个稍加修改的版本。

- /: 根分区由正斜杠(/)标识。所有其他目录都附加(挂载)到这个父目录。它相当于 Windows 中的系统驱动器(C:\)。
- /boot: 这个分区或卷几乎包含了初始引导过程需要的所有内容。在 Windows 中，与此等价的是系统分区(而不是引导分区)。
- /boot/efi: 这是 EFI 系统分区(ESP)。实现统一可扩展固件接口(UEFI)的现代系统强制要求使用该分区(或其等效部分)。UEFI 是旧的基本输入/输出系统(BIOS)的替代品。UEFI 是计算机开机运行的第一个程序。

  /boot/efi 卷不是特定于 Linux 的，因此，在使用 UEFI 的 Windows 和 macOS 系统上也是必需的。分区中可以存储引导加载程序、内核映像、设备驱动程序和其他实用程序。
- / usr: 这是存储所有程序文件(二进制)的地方(类似于 Windows 中的 C:\Program Files)。

- /home：这是存储用户的主目录和个人数据的地方。将用户数据放在单独的分区上有助于防止用户无意中消耗整个磁盘，并耗尽其他还需要存储的关键系统组件。此目录在 Windows 操作系统中与 C:\Users\同义。
- /var：这是存储正常系统运行过程中生成的[变量]操作系统和应用程序相关数据的地方。这包括系统/事件日志、锁文件、缓存和邮件等。由于日志文件的大小往往会快速增长，因此将日志存储在单独的分区上非常重要，这样可将它们的大小或增长限制在一个已定义的区域内。这可帮助避免一种自我造成的拒绝服务攻击。Windows 中的日志通常存储在 C:\WINDOWS\system32\config\目录中。
- /tmp：这是放置临时文件的地方。存储在/tmp 文件夹下的任何内容通常不会在系统重启之间保留。tmp 有时实现为一种特殊的虚拟内存文件系统，称为 tmpfs。
- /swap：是磁盘上的一个区域，可用来临时卸载/扩展系统上物理内存(RAM)中完成的一些工作。它是一种虚拟文件系统，而非用户可访问的文件系统。Linux 还可使用一个普通的磁盘文件来保存交换空间，类似于 Windows 的做法。交换功能是通过 Windows 中的分页文件提供的。

如果系统 RAM 小于 4GB，通常需要将交换文件配置为系统中物理内存的两倍大小。

定义和创建之后，将在引导时挂载这些分区。挂载进程使该分区的内容可用，就好像它只是系统上的另一个目录一样。例如，根目录(/)可在第一个分区上。名为/usr 的子目录存在于根目录中，但其中没有任何内容。然后可将一个单独的分区挂载到/usr，这样进入/usr 目录，将允许你查看挂载的分区或底层块设备的内容。可将挂载点看作一种锚点。

挂载后，所有文件系统/分区/卷都显示统一的目录树，而不是单独的驱动器；安装软件不会将一个分区与另一个分区区分开来。它只关心每个文件进入哪个目录。因此，安装过程会自动且正确地将其文件分布到所有已挂载的文件系统中。

在操作系统安装期间使用的磁盘分区工具提供了一种简单的方法来创建分区，并将它们关联到将要挂载它们的目录。每个挂载点条目(或分区条目)通常显示以下信息。

- 设备：Linux 将每个分区与单独的设备(文件)关联。对于这个安装而言，只需要知道，引用整个磁盘的名称大致遵循/dev/XYZ 模式。
  - X 指的是设备类型(如 IDE/SATA/SAS/SCSI/NVMe)。
  - Y 是一个字母，表示给定类型(如 a、b、c 等)的唯一物理驱动器的实例。
  - Z 表示给定物理驱动器上的分区号(如 1、2、3 等)。

下面将此模式应用到一些实际示例中。
  - Linux 服务器上的第一个 20TB SATA SSD 磁盘可能命名且寻址为/dev/sda。
  - 第二个磁盘(/dev/sdb)上的第一个分区/片将命名且寻址为/dev/sdb1。
  - 第二个 SATA 磁盘上的第二个分区/片将命名且寻址为/dev/sdb2。
  - 检测到的第一个 M.2 NVMe PCI-Express 内部 SSD 可能命名且寻址为/dev/nvme0n1。
  - M.2 SSD 驱动器上的第四个分区或片命名为/dev/nvme0n1p4。
  - 检测到或连接到虚拟机的第一个虚拟硬盘可能命名且寻址为/dev/vda。
- 挂载点：此字段显示挂载分区的目录位置。
- 期望容量：这个字段显示分区的大小，单位是 MB 或 GB。
- 设备类型：这个字段显示分区类型(如标准分区、Btrfs、LVM 或 LVM 瘦配置)。
- 文件系统：这个字段显示分区的文件系统类型(如 ext2、ext3、ext4、swap、BIOS Boot、xfs、Btrfs 或 vfat)。
- 重新格式化：此字段指示是否对分区进行格式化。

- 卷组：此字段显示分区所属的卷组。可接受默认值，也可创建一个新的卷组名。

为简化本章，这里接受安装程序推荐的默认分区方案。第 8 章将实现一些服务器分区，介绍文件系统布局的最佳实践。可通过调整大小和/或使用磁盘上可用的空闲空间从头创建新卷来实现。

执行此安装的基于 UEFI 的示例系统有 100GB 硬盘。

默认情况下，自动分区工具将创建标准分区类型的/boot 分区。在基于 UEFI 的系统上，它还会自动建议和创建一个/boot/efi 分区，并在一个 LVM 类型的分区上自动创建根容器和交换容器。有关 LVM 的更多信息，请参见第 8 章。

表 2-1 显示了自动分区布局过程得到的分区/卷大小和文件系统的摘要。如果选择手动对磁盘分区，可将该表作为指南。当然，应该调整建议的大小，以适应当前使用的磁盘的总体大小。

表 2-1　挂载点/分区的大小

挂载点/分区	大小
/boot	~1GB
/boot/efi (仅在 UEFI 系统上创建)	~200MB
/	~15GB
交换空间	~8GB
自由空间	~76GB

现在了解了 Linux 下分区的背景知识，下面回到安装过程本身。

当前未配置的 MANUAL PARTITIONING 界面(如图 2-2 所示)提供了不同选项。首先让安装程序发出建议，并自动创建 LVM 分区方案。

自动创建 LVM 磁盘布局　在 MANUAL PARTITIONING 界面中，确保在“New mount points will use the following partitioning scheme”下拉列表中选择 LVM 选项。

下一步，单击 Click here to create them automatically 选项。

选择 LVM 分区方案并允许安装程序自动创建挂载点、文件系统、分区和卷，得到如表 2-2 所示的初始磁盘布局结构。

表 2-2　初始磁盘布局结构

挂载点	容量	文件系统	设备类型
/boot	~1GB	ext4	标准分区
/boot/efi	~200MB	EFI 系统分区	标准分区
/	~15GB	xfs	LVM
swap	~8GB	swap	LVM
自由空间/未分区区域			LVM

图 2-3 是示例服务器配置初始磁盘布局结构的 MANUAL PARTITIONING 界面。

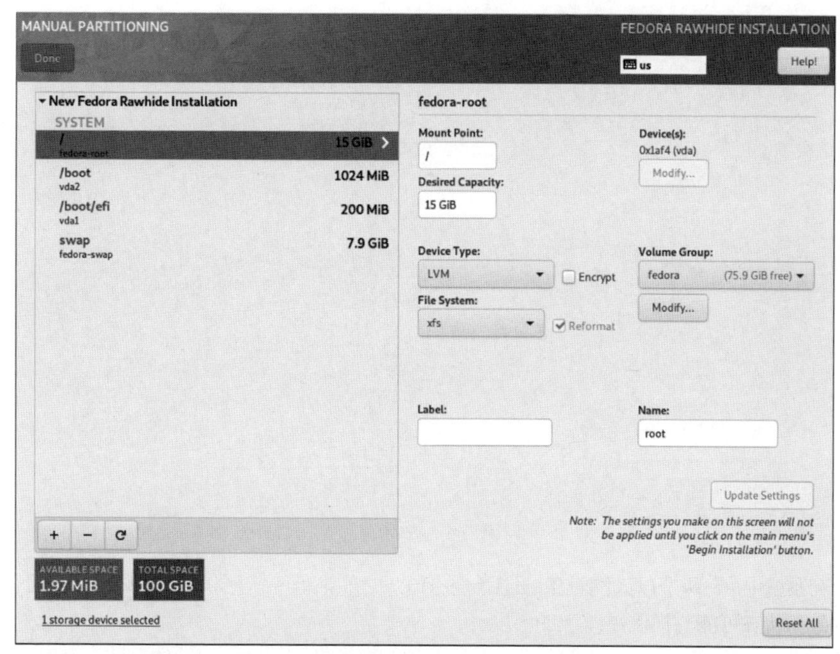

图 2-3　配置初始磁盘布局结构的 MANUAL PARTITIONING 界面

注意，Fedora 安装程序支持创建加密的文件系统；但是，我们不会在示例系统上使用任何加密的文件系统。

单击 MANUAL PARTITIONING 界面左上角的 Done 按钮，完成该部分的安装。此时会出现一个对话框，显示要对磁盘进行的更改的摘要信息。

单击 Accept Changes，返回 Installation Summary 界面，并配置最终选项 Network & Hostname。

2. 网络和主机名

安装过程的最后一项任务是处理网络配置，在这里可为系统配置或调整与网络相关的设置。

注意　单击 Network & Hostname 选项后，所有正确检测到的网络接口硬件(如以太网、无线网卡等)将在网络配置界面的左窗格中列出。

根据 Linux 发行版和特定的硬件设置，Linux 中的以太网设备的名称是 eth0、eth1、ens3、ens4、em1、em2、p1p1、enp0s3 等。

对于每个接口，可使用 DHCP 配置，也可手动设置 IP 地址。如果选择手动配置，请确保准备好所有相关信息，如 IP 地址、掩码等。另外，如果知道网络上没有可用的 DHCP 服务器，无法为新系统提供 IP 配置信息，也不必担心；以太网接口将保持未配置状态。如果在网络上有一个可访问的、有能力的 DHCP 服务器，也可通过 DHCP 自动设置系统的主机名。

单击 Installation Summary 主界面中的 Network & Hostname 按钮，将打开相应的配置界面。此外，还可选择配置系统的主机名(该名称默认为 localhost.localdomain，如图 2-4 底部所示)。注意，在安装操作系统后，可很容易地更改这个名称。现在，接受为主机名提供的默认值。

下一个重要的配置任务与系统上的网络接口有关。首先验证左窗格中列出的一个以太网卡(或任何网卡)。单击左窗格中检测到的任何网络设备以选择它。所选网络适配器的可配置属性将出现在界面的右窗格中。

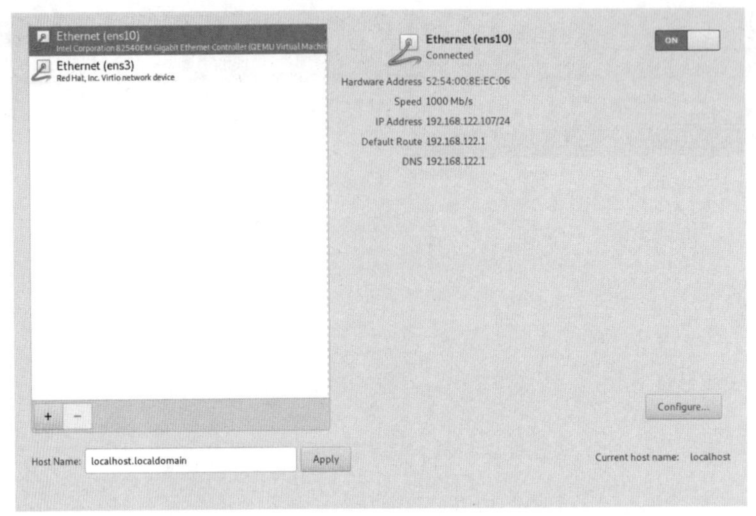

图 2-4　网络配置

在示例系统中，有两个以太网设备(ens3 和 ens10)，它们都处于连接状态。系统上网络设备的类型、名称、数量和状态可能与样例系统上的不同。

选择网络设备后，Network & Hostname 界面的右窗格将显示设备的硬件地址、速度、IP 配置信息(IP 地址、子网掩码、默认路由和 DNS)。

只要可能，默认行为是使用 DHCP(动态主机配置协议)自动配置检测到的网络接口。

确保要配置的设备的开关切换到右窗格中的 ON 位置。

我们不会在此界面上做任何更改，但如果出于任何原因，需要手动指定网络设备的 IP 设置，请单击右窗格中的 Configure 按钮并输入配置。

单击 Done 按钮，返回 Installation Summary 主界面。

2.6.4　用户设置部分

此部分可用于为根用户账户创建密码，也可用于创建新的管理或非管理账户。

1. 设置根密码

单击 User Settings 下的 Root Password 字段，以启动 Root Password 任务界面。在 Root Password 文本框中，为根用户设置强密码。这个用户(也称为超级用户)是系统上权限最高的账户，通常对系统具有完全控制权。它相当于 Windows 操作系统中的管理员账户。因此，用非常好的密码保护这个账户是至关重要的。一定不要选择字典里的单词或人名作为密码，因为它们很容易被猜到和破解。

在 Confirm 文本框中再次输入相同的密码，并单击 Done 按钮。

2. 创建用户账户

回到 Installation Summary 主界面，单击 User Settings 下的 User Creation 字段，以启动 Create User 任务界面。此任务区域允许在系统上创建特权或非特权(非管理)用户账户。为系统上的日常任务创建和使用非特权账户是一种良好的系统管理实践。第 6 章将学习如何手动创建其他用户。但是现在，在示例服务器上，创建一个可以在需要时调用超级用户(管理员)能力的普通用户。

用表 2-3 所示的信息填写 Create User 界面中的字段，然后单击 Done 按钮。

表 2-3　Create User 界面中的字段

Full name	master
Username	master
Make this user administrator	Checked
Require a password to use this account	Checked
Password	72erty7!2
Confirm password	72erty7!2

2.6.5　安装

一旦对各种安装任务的选择感到满意，安装过程的下一阶段将开始正确的安装。

1. 开始安装

对各种安装任务的选择满意后，单击 Installation Summary 主界面上的 Begin Installation 按钮。安装将开始，安装程序将显示安装进度。

注意　如果在单击 Begin Installation 按钮后感到胆怯，仍然可以安全地退出安装，而不丢失任何数据。要退出安装程序，只需要单击 Quit 按钮，按键盘上的 Ctrl+Alt+Delete 组合键，或按重置或电源开关。

当安装开始时，各种任务将开始在后台运行，比如分区、格式化分区或 LVM 卷，检查和解决软件依赖关系，将操作系统写入磁盘，等等。

2. 完成安装

一旦完成了强制的子任务，并且安装程序运行了它的过程，单击 Reboot System 按钮完成安装，系统将重新启动。

3. 登录

系统现在已经设置好，可以使用了。此时会看到如图 2-5 所示的登录界面。

图 2-5　登录界面

为登录系统，在登录提示符处输入 master，回车。在 Password 提示符下，输入 72erty7!2(主密码)，再按回车键。

2.7　安装 Ubuntu 服务器

本节概述如何在服务器配置中安装 Ubuntu Linux 发行版。该安装不会像 Fedora 服务器的安装那样详细，因为前面详细讨论的概念在这里仍然适用。

首先，需要下载 Ubuntu 服务器的 LTS 版本的 ISO 映像(在本例中，这是版本 20.04.1 LTS，64 位)。在示例系统上使用的 ISO 映像是从 https://ubuntu.com/download/server 下载的。

下面使用下载的 ISO 映像文件，通过闪存介质进行安装，例如 U 盘、安全数码(SD)卡或外接硬盘。在开始安装前，需要将下载的 ISO 映像正确写入目标介质。将 ISO 映像写入适当的介质后，就应该有一个可引导的 Ubuntu 服务器发行版。附录 A 详细讨论了如何在基于闪存的介质上创建 Linux 安装程序。

与 Fedora 安装程序或 Ubuntu 桌面安装程序不同，Ubuntu 服务器安装程序仅基于文本，因此没有那么美观。

完成以下步骤，启动并完成安装。

2.7.1　开始安装

按如下方式开始安装：

(1) 将 Ubuntu 服务器安装介质插入系统上的适当端口。

(2) 确保系统设置为使用光驱作为系统 UEFI 或 BIOS 中的第一个引导设备。

(3) 如果系统当前处于开机状态，请重新启动系统。

(4) 系统从安装介质引导后，就看到一个带有几个菜单选项的初始引导加载程序界面，如图 2-6 所示。使用键盘上的箭头键选择 Install Ubuntu Server 选项，然后按回车键。

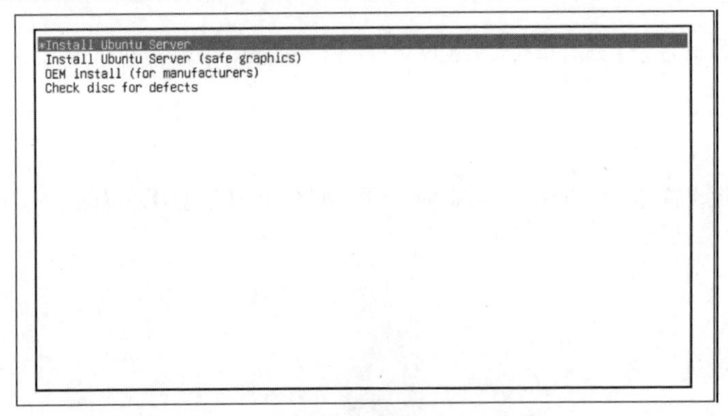

图 2-6　选择 Install Ubuntu Server 选项

(5) 在 Welcome 或 preferred language 界面中选择 English，然后按回车键。

(6) 接下来是安装程序的键盘配置部分。在示例系统中，接受默认的、自动且正确检测到的键盘布局(English, US)和变体。

如果没有正确地自动检测到键盘，可使用制表键或箭头键导航到 Identify Keyboard 选项。这样做将允许手动识别键盘布局和变体。

使用制表键或箭头键导航到 Done 按钮，然后按回车键。

(7) 在随后的 Welcome to Ubuntu 界面上，会看到一些要执行的安装类型的选项。

确保突出显示/选中 Install Ubuntu 选项，然后按回车键。

2.7.2　配置网络

接下来是安装程序的网络连接部分。

安装程序正确地检测到示例服务器有两个网络卡或以太网卡(ens3 和 ens4)。网卡也自动设置为通过 DHCP 配置。很容易就能覆盖这个默认行为；突出显示每张卡片，并按回车键，可以手动指定卡片的 IP 设置和其他参数。

为简单起见，接受这里的默认行为，并使用制表键或箭头键导航到 Done 按钮，然后按回车键继续。

2.7.3　配置代理

安装的配置代理部分允许指定系统可用于连接 Internet 的代理服务器的地址。可按以下格式指定地址：

```
http://[user][:pass]@host[:port]/
```

示例服务器不需要代理服务器，因此将代理地址字段留空。选择 Done 按钮，然后按回车键。

2.7.4　配置 Ubuntu 存档镜像

安装程序的这一部分允许指定其他镜像或存档，安装程序可从中获取包或软件。例如，可能在希望将安装程序指向的局域网的另一台服务器上拥有包的副本。

示例服务器很满意并接受默认镜像地址。

选择 Done 按钮，然后按回车键。

2.7.5　文件系统设置

安装程序的 Filesystem setup 界面允许自定义系统的实际分区结构。这里，可选择为不同用途设置不同的文件系统(例如/var、/home 等)。之前在 Fedora 安装过程中创建不同分区时使用的概念也适用于 Ubuntu。为简洁起见，接受安装程序推荐的默认分区和 LVM 布局。因此，得到以下文件系统：/boot、/boot/efi、/(root)和 swap。我们将在演示服务器上使用整个 100GB 磁盘，让安装程序使用 LVM 自动设置它。

在当前 Filesystem setup 界面中有一些选项。使用键盘上的箭头键选择 Use An Entire Disk And Set Up LVM 选项，如图 2-7 所示，然后按回车键。

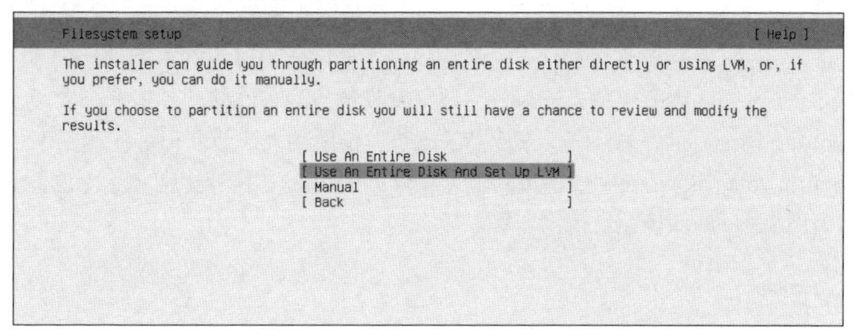

图 2-7　选择 Use An Entire Disk And Set Up LVM 选项

另一个界面将出现，提示选择要安装到的磁盘。接受默认和正确检测到的磁盘，然后按回车键。

接下来显示的界面详细说明安装程序如何布置磁盘。对于示例服务器，摘要如图 2-8 所示。

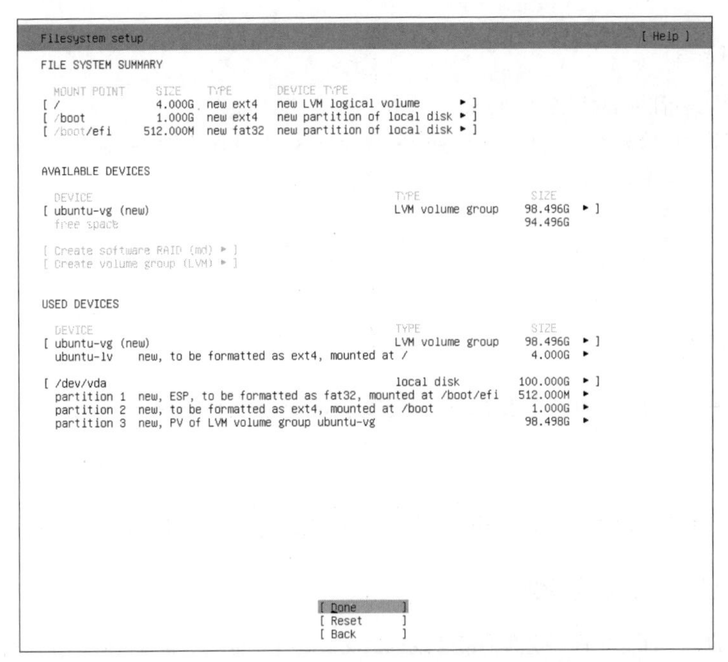

图 2-8　选择 Done 按钮

使用箭头键选择 Done 按钮，然后按回车键。

由于可能会丢失目标磁盘上的任何现有数据，你将看到一个额外的警告界面，来确认破坏操作。我们在一个全新的空磁盘上安装 Ubuntu 演示服务器，所以选择 Continue 按钮并按回车键。

注意　如果在具有现有分区或卷的磁盘上安装操作系统，可能看到不同的提示。这种情况下，需要确认要删除任何现有分区或卷，才能继续。

2.7.6　配置文件的设置

Ubuntu 服务器安装过程中的下一个任务是设置一个配置文件。这包括设置用户账户、为服务器创建机器主机名等。

用以下信息完成后续界面中的字段设置：

(1) 在 Your Name 字段中，输入全名 master admin。使用制表键或回车键，移动到下一个字段。

(2) 在 Your server's name 字段中输入 ubuntu-server。使用制表键或回车键移动到下一个字段。

(3) 在 Pick a username 字段中输入 master。使用制表键或回车键移动到下一个字段。

(4) 在 Choose a password 字段中输入密码 72erty7!。使用制表键或回车键移动到下一个字段。

(5) 在 Confirm your password 字段中重新输入相同的密码。使用制表键或箭头键选择 Done 按钮。

(6) 选择/突出显示 Done 按钮，按回车键。

2.7.7　SSH 安装

安装过程中的下一个任务是安装 OpenSSH 服务器，导入相关的 SSH 密钥，并完成一些最小的 OpenSSH 配置任务。运行中的 OpenSSH 服务器对于远程访问和管理系统非常有用，因此在这里安装它。

(1) 使用制表键或箭头键导航到 Install OpenSSH server 字段。

(2) 使用键盘上的空格键或回车键来选择/启用安装 OpenSSH 服务器选项，或添加复选标记。

(3) 这次不导入任何 SSH 密钥或用户名。在 Import SSH identity and username 字段中接受默认设置(No)。

(4) 在 SSH 设置界面上接受其他默认配置。

(5) 使用制表键或箭头键选择最后的 Done 按钮。

(6) 选择/突出显示 Done 按钮，按回车键。

2.7.8　特色服务器快照

Ubuntu 服务器领域中的快照概念是一种不同于 Fedora/RedHat/CentOS 领域的预配置包组、附加组件、模块或软件集合的实现。快照提供了特定功能，是自包含的文件系统、应用程序、库等。

这次不会在 Ubuntu 演示服务器上安装任何快照。使用制表键或箭头键选择 Done，然后按回车键。

2.7.9　安装完成

安装很快就完成了!

选择 Reboot 按钮并按回车键。系统可能会提示删除安装介质(闪存驱动器、SD 卡、光学介质等)，然后按回车键。

系统重新启动后，将显示一个简单的登录提示符(参见图 2-9)。可作为之前在安装期间创建的用户登录。用户名为 master，密码为 72erty7!

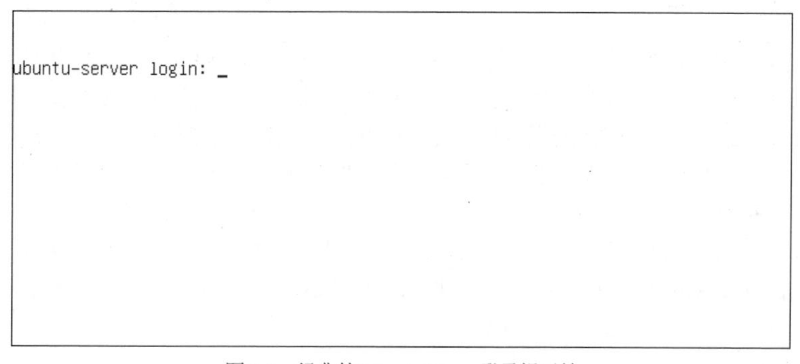

图 2-9　经典的 Ubuntu Linux 登录提示符

2.8　小结

安装过程成功完成了。如果在安装过程中遇到问题，请务必访问 Fedora 的网站 https://getfedora.org 或 Ubuntu 网站 www.ubuntu.com，查看各种可用的手册和技巧。

对于特定的安装问题，版本发布说明也是一个很好的资源。尽管本章讨论的安装过程使用了 Fedora 和 Ubuntu 作为操作系统，但可放心，其他 Linux 发行版的安装概念实际上是相同的。

我们在安装演练中讨论了与 GNU Linux/FOSS 相关的大量概念(例如硬盘命名约定、分区、卷管理、网络配置、软件管理等)。这些概念将在后续章节中详细介绍。

第3章 在云中部署 Linux 服务器

如今，随着云服务提供商的普及，每个人启动和运行自己的 Linux 服务器比以往任何时候都更加可行和容易。终端用户有各种各样的提供商和实现可供选择，比如 OpenStack、Linode、Amazon Web Services (AWS)、谷歌云平台(Google Cloud Platform，GCP)、Azure 和 IBM Cloud。

全新的 Linux 服务器发行版的上线速度和易用性几乎让我们在第 2 章中付出的努力看起来像是浪费！在云中，几乎所有东西都是预先准备好的。你只需要知道如何打开或关闭正确的开关来启动并在云中运行——当然，还要有适当的账单信息。记住这一点，就可以将本章看作 Linux 服务器安装的备用章节——不需要任何实际的安装！

3.1 在云的背后

云环境是由无数的虚拟机(VM)驱动的。VM 由操作系统(OS)驱动。操作系统由硬件或物理机器(大量硬件)驱动。可以放心，没有神奇的独角兽让事情在云中发生。云环境由硬件驱动。

这对 Linux 系统管理员来说意味着，比以往任何时候都更需要技能和知识——即使在云驱动的领域也是如此。因此，现在不再考虑连接到服务器的几个物理硬盘驱动器，而是考虑可能由数百个更小的 VM 共享的 PB 级存储池。现在考虑的不是已安装的 TB 级物理内存(RAM)，而将内存分成更小的规模，由许多更小的虚拟机(或容器)共享。我们考虑的不是一台机器上的几个以太网卡，而是使用神奇的 SDN (软件定义网络)进行通信的数百个虚拟网卡和交换机。简而言之，这意味着在云环境中，系统管理员的工作和关注点会以数量级增加！

3.2 获取、运行新的虚拟 Linux 服务器

本节将讨论一些快速启动新 Linux 服务器的方法——但使用其他人的硬件和基础设施！一旦它成功地运转起来，就应该能够应用理论，完成本书其余部分的练习，就好像你在自己的物理机器上做练习一样。

因为还没有讨论其他一些相关细节(如在命令行上工作)，所以这里的讨论必然是非常高级的；第 30 章更深入地探讨这个主题。至少，需要访问现有系统(最好是 Linux)的命令行界面，并安装正确的工具，以便能使用下面几节中详细介绍的命令。尽管我们更喜欢基于 Linux 的系统，但如果在其他平台(如 macOS 或 Windows)上操作，也不会束手无策——只需要查阅相关的提供商文档，了解如何在这些平台上获取和设置工具。

3.2.1　免费运行的虚拟Linux服务器

“免费运行”的意思是，不必向任何第三方提供商提供账单信息或信用卡详细信息，就可以启动并运行虚拟Linux服务器。因此，这通常需要亲自动手或安排其他人做一些准备工作！本节仅提供此类服务器的几个示例。

1. virt-builder

这是一个实用程序，用于通过可定制的模板下载或构建新的虚拟机。它易于使用，用户只需要访问一个现有的、正在运行的Linux操作系统。virt-builder的作者创建了一个不错的模板库，用于构建流行的Linux发行版的各种版本，如Fedora、Ubuntu、Debian、OpenSUSE和CentOS。安装了提供virt-builder实用程序的软件包后，可通过运行以下命令，来使用它查询和查看可用的操作系统。

```
$ virt-builder -list
opensuse-tumbleweed        x86_64        openSUSE Tumbleweed
centos-8.0                 x86_64        CentOS 8.0
debian-10                  x86_64        Debian 10 (stretch)
fedora-34                  x86_64        Fedora® 34 Server
freebsd-11.1               x86_64        FreeBSD 11.1
…<OUTPUT TRUNCATED>…
```

查看任何相关的安装说明(如登录密码、用户名等，它可能用于前面示例代码列表中返回的fedora-34发行版)，输入下面的命令：

```
$ virt-builder --notes fedora-34
```

接下来，运行以下命令，构建并下载示例fedora-34发行版的磁盘映像文件。默认情况下，该文件下载到当前工作目录。

```
$ virt-builder fedora-34
```

在成功下载原始虚拟磁盘映像文件(本例是fedora34.img)之后，应该能使用任何普通的管理程序平台来启动和运行封装在映像文件中的VM。第30章将介绍如何使用virt-install实用程序在本地Linux内核管理程序(KVM)上导入和运行磁盘映像。

2. OpenStack

OpenStack是几个独立FOSS项目的合并，可集成这些项目来提供一个单独的、完整的云计算平台，该平台适用于公共云和私有云。这些单独的项目共同负责为OpenStack严重依赖的一些非常重要的服务提供动力，如计算(Nova)、网络(Neutron)、块存储(Cinder)、身份识别(Keystone)、图像(Glance)、对象存储(Swift)、数据库(Trove)和消息传递(Zaqar)。OpenStack项目得到许多使用该项目并参与其开发的技术行业中坚力量的支持。一旦正确设置和配置了OpenStack，使用它做什么就只受想象力的限制了。

虽然组成OpenStack的各个项目通常都有自己的本地工具(和一些怪异之处)，但OpenStack二进制文件的总体目标是成为一个统一工具，可用于跨整个堆栈执行许多功能。可从https://pypi.org/project/python-openstackclient/了解并下载OpenStack客户端工具集。

配置和授权用于目标OpenStack部署工作的工具后，可提供正确的参数，运行以下命令，打开一个新的Linux服务器虚拟机。

```
$ openstack server create \
--flavor <FLAVOR_ID> --image <IMAGE_ID> --key-name <KEY_NAME> \
--security-group <SEC_GROUP_NAME> <INSTANCE_NAME>
```

3.2.2 商业云服务提供商

商业云提供商是对出租的部分计算基础设施收费的许多营利性公司。尽管大多数提供商都有所谓的免费服务层，但可以放心，世上没有免费的午餐。免费层的设计只是为了满足客户的胃口，让客户对提供商的服务上瘾。大多数商业服务提供商要求客户注册，并建立该服务或提供商独有的安全令牌和密钥。通常，要在下面的章节中使用 CLI(命令行接口)工具，就需要有方便的安全令牌！

API (应用程序编程接口)

在云计算领域中经常遇到的一个术语是“应用程序编程接口”(API)。这里解释 API 是如何产生的，以及它们解决了哪些问题。

在云中运行工作负载时，要依赖云提供商的物理基础设施。这意味着不能访问物理交换机、按钮、电缆、端口或自己的服务器或数据中心中的任何东西。管理环境的唯一方法是使用提供者提供的任何虚拟(软件)接口。大多数提供商所选择的接口都通过 API 提供。API 可简单地定义为一组固定的规则，用于完成或触发提供者向授权用户提供的某些功能。例如，供应商可拥有一组 API，最终用户可调用这些 API 来启动位于南极洲的数据中心中具有 128GB RAM 的全新 Fedora 服务器 VM。API 可以帮助提供一个软件抽象层，最终用户可以可控方式与之交互。

所有这些的最终结果是，OpenStack、谷歌、AWS、Azure 都有自己独特的 API，必须使用 API 来与它们交互。值得庆幸的是，大多数 API 都是通过一个通用且易于理解的 REST(Representational State Transfer)接口实现的。一旦获得授权并理解了系统 API 的细微差别，就可以使用几个精心设计的命令轻松地启动单个或上千个新的 Linux 服务器！

1. Linode

Linode 在 IaaS(基础设施即服务)领域有着悠久的历史，特别是在其基于 Linux 的发行版产品领域。在 Linode 领域中，VM 通常被称为 Linode(Linux 节点)。

除了用于管理 Linode 云中资源的图形化 Web 前端外，终端用户还可选择名为 Linode CLI 的富命令行界面。Linode CLI 是富 Linode API 的包装器。关于 Linode CLI 的更多信息可从 https://github.com/linode/linode-cli 下载并了解。

一旦正确配置并提供正确的参数，在自己的账户下就应该能够弹出一个样本 Linode VM，其中的命令如下。

```
$ linode-cli linodes create \
--type g5-standard-2 --region us-east \
--image <IMAGE_NAME> --root_pass
```

2. AWS(亚马逊网络服务)

AWS 为各种应用程序和行业提供云计算服务和产品。在 AWS 的保护伞下有数百种服务。Amazon Elastic Compute Cloud (EC2)是 AWS 提供的特定产品，它提供了我们感兴趣的计算基础设施。

AWS 和许多第三方已经在 EC2 平台上组织了相当多的虚拟机。AWS 自主开发的用于与各种云服务交互的工具称为 AWS 或 AWS-cli。可通过 https://aws.amazon.com/cli/了解 AWS 工具的更多信息。

注册 AWS 账户并正确配置该工具后，就可在以下示例命令中通过提供正确的参数值(Amazon Machine Image ID、实例数量等)在 AWS 中启动一个新的 VM。

```
$ aws ec2 run-instances \
--image-id <AMAZON_MACHINE_IMAGE_ID> \
--count <NUMBER_OF_INSTANCES> --instance-type <TYPE_OF_INSTANCE> \
```

```
--key-name <KEY_PAIR_NAME> --security-group-ids <SECURITY_GROUP_ID>
```

3. GCP(谷歌云平台)

GCP 是由大量服务组成的——服务数量在持续增加。GCP 下最接近于向终端用户提供传统 Linux(虚拟)服务器体验的特定组件是谷歌计算引擎(GCE)。谷歌自己开发的命令行工具集(供终端用户在 GCP 下与产品和服务交互)是通过云 SDK 提供的。与 GCE 交互的特定工具称为 gcloud。你可以在 https://cloud.google.com/sdk/下载并了解云 SDK 和 gcloud 的更多信息。

注册 GCP 账户、设置环境后，启动新的 Linux 服务器非常简单，只需要提供正确的参数值(图像序列、图像项目等)并运行以下命令。

```
$ gcloud compute instances create <INSTANCE_NAME> \
--image-family <IMAGE_FAMILY> \
--image-project <IMAGE_PROJECT>
```

4. Azure

Azure 是微软的云计算产品。在撰写本书时，它包含几百种不同的云服务！这里感兴趣的 Azure 组件名为“虚拟机”，它允许终端用户在 Azure 的 IaaS 平台上创建 Linux 和 Windows 虚拟机。

Azure CLI(az)是用于管理 Azure 领域各种事物的命令行工具。可在 https://github.com/Azure/azure-cli 下载并了解关于此工具的更多信息。

与其他商业公共云提供商一样，在 Azure 基础设施上启动服务器之前，需要注册一个账户。一旦正确设置了 az 工具，创建了所需的任何资源(如资源组)，就应该能通过如下命令在 Azure 中运行示例 Azure Ubuntu 服务器。

```
$ az vm create \
--resource-group <Resource_Group_Name> \
--name <VM_Name> --image <Image_Name>
```

3.3 小结

尽管云中的几乎所有东西都是虚拟的，但作为系统管理员，了解管理物理服务器的主要原则仍然非常重要。概念非常相似；只是规模不同。本书的其余部分涵盖了 Linux 服务器管理的大部分主要原则，以便在基于物理和虚拟云的服务器上工作。

如本章开头所述，云计算模型的优点之一是几乎所有东西都预先准备好了。但为了充分利用云的易用性和可访问性，需要能使用提供商的语言并遵守它们的规则——这通常是通过 API 和围绕 API 的定制工具来实现的。第 30 章提供了构建所有云环境的虚拟化领域的更多视角。

第 II 部分 单主机管理

第4章 命令行

命令行为 Linux/FOSS 用户提供的能力级别、控制和灵活性是其最受欢迎的品质之一。然而，这也有相反的一面：对于外行来说，命令行还会产生极端的情绪，包括敬畏、沮丧和烦恼。偶然观察正在工作的 Linux 大师，经常会惊讶于一些精心设计、执行的命令的结果。这种强大是有代价的——它会让普通用户觉得使用 Linux 不那么直观。为此，人们为各种 Linux 工具、功能和实用程序编写了 GUI 前端。

然而，更有经验的用户可能会发现，GUI 很难显示所有可用选项。通常，这样做会使界面与等效的命令行一样复杂。GUI 设计常常过于简化，有经验的用户最终会返回到命令行的综合功能。说了这么多，做了这么多之后，事实仍然是在命令行上做事情看起来很酷!

在 GNU 的非 UNIX/Linux 系统下开始研究 CLI(命令行界面)之前，请理解本章并不是详尽的资源。本章不打算深入介绍所有工具，而是描述一些对系统管理员的日常工作至关重要的工具。

注意 本章假设读者是以常规/非特权用户的身份登录系统的。无论是通过控制台还是通过 GUI 桌面环境登录到系统中，都可遵循这里的示例。

例如，如果使用 GNOME 桌面环境，就可启动一个虚拟终端，在其中发出命令。要启动虚拟终端应用程序，请按键盘上的 Alt+F2 组合键，弹出 Run Application 对话框。在 Run 文本框中输入终端模拟器的名称(如 xterm、gnome-terminal 或 konsole)，然后按回车键。也可在 Applications 菜单下查看任何已安装的终端模拟器应用程序。在本章中输入的所有命令都应该在 shell 提示符下输入虚拟终端或控制台。

4.1 Bash 简介

你将在第 6 章中了解到，创建新用户的一个重要组件是用户的登录 shell。登录 shell 是用户登录系统时运行的第一个程序。shell 与 Windows 程序管理器类似，只是在 Linux 中，系统管理员(和用户)有权选择使用什么 shell 程序。

shell 的正式定义是“执行命令的命令语言解释器”。一个不那么正式的定义可能是“一个提供系统接口的程序”。特别是 Bourne Again Shell (Bash)，它是一个仅包含少量内置命令的命令行界面；它有能力启动其他程序，控制已经从它启动的程序(作业控制)。

shell 有很多种，大多数具有类似的特性，但是实现它们的方法不同。为了便于比较，可将各种 shell 看作 Web 浏览器；在几种不同的浏览器中，基本功能是相同的——显示来自 Web 的内容。在这样的情况下，每个人都宣称自己的 shell 比别人的好，但这一切都归结于个人偏好。

本节将研究 Bash 的一些内置命令。关于 Bash 的完整引用本身可以很容易地填满一本书，因此我们将坚持使用系统管理员(或普通用户)可能经常使用的命令。但是，强烈建议学习 Bash 的其他功能和操作。Bash 和其他流行 shell 之间的差异非常微妙，但是对于系统管理员来说，尽可能多地熟悉 shell(及其特性)并不是一个坏主意。

4.1.1 作业控制

在 Bash 环境中工作时，可从同一个提示符启动多个程序。每个程序都被认为是一个作业。每当作业启动时，它就接管终端。在今天的机器上，终端要么是一个直接的独立文本/控制台界面，要么是在图形环境(Xorg、WayLand 等)中显示的窗口。图形环境中的终端接口称为伪 tty，简称 pty。如果一个作业控制终端，就可发布控制代码，使纯文本界面变得更有吸引力(通过着色或其他视觉提示)。程序完成后，它将完全控制权交还给 Bash，并为用户重新显示一个提示符。

然而，并不是所有程序都需要这种终端控制。可以指示某些程序(包括通过 X Window 系统与用户交互的程序)放弃终端控制，并允许 Bash 恢复(再现)用户提示，即使调用的程序仍在运行。

在下面的例子中，用户 master 通过图形化桌面登录到系统环境中，该用户从 CLI 或 shell 中启动 Firefox Web 浏览器，附加条件是程序(Firefox)放弃控制终端(这个条件是通过给程序名添加&符号而指定的)：

```
[master@server ~]$ firefox &
```

按回车键后，Bash 将再次显示提示符。这称为给任务指定背景。

如果程序已经在运行，并拥有终端的控制权，则可在终端窗口中按 Ctrl+Z 键，使程序放弃控制权。这将停止运行的作业(或程序)，将控制权返回给 Bash。在任何给定时间，都可通过输入以下命令，来确定 Bash 正在跟踪多少个作业。

```
[master@server ~]$ jobs
[1]+      Running                  firefox &
```

列出的正在运行的程序将处于两种状态之一：运行或停止。前面的示例输出显示，Firefox 程序处于运行状态。输出还在第一列中显示了作业号[1]。

要将作业带回到前台——也就是说，让它重新控制终端——可以使用 fg(foreground)命令，如下所示。

```
[master@server ~]$ fg NUMBER
```

这里的 NUMBER 是希望放在前台的作业号。例如，为将早些时候启动的 Firefox 程序(作业号 1)放在前台，应输入如下命令。

```
[master@server ~]$ fg 1
firefox
```

如果停止作业(即处于停止状态)，可在后台再次运行它，从而允许控制终端，恢复作业的运行。或者，停止的作业可在前台运行，这将终端的控制权还给程序。

要将正在运行的作业放在后台，应输入如下命令：

```
[master@server ~]$ bg NUMBER
```

其中，NUMBER 是希望放在后台的作业号。

注意 可在后台处理任何进程。如果将需要终端输入或输出的应用程序置于后台，则会将它们置于停止状态。例如，可以尝试在后台通过输入 top &来运行 top 实用程序，然后可使用 jobs 命令检查该作业的状态。

4.1.2 环境变量

shell 的每个实例和正在运行的每个进程都有自己的“环境”——这些设置使其具有特定的外观和行为。这些设置通常由环境变量控制。有些环境变量对于 shell 具有特殊意义，但你可以定义自己的环境变量，根据自己的需要使用它们。正是通过使用环境变量，大多数 shell 脚本才能做一些有趣的事情，并记住用户输入和程序输出的结果。如果熟悉微软 Windows 中环境变量的概念，这些概念也可以应用到 Linux 中；唯一的区别是如何设置、查看和删除它们。

1. 打印环境变量

要列出所有环境变量，可使用 printenv 命令。以下是一个例子：

```
[master@server ~]$ printenv
HOSTNAME=server
TERM=xterm
SHELL=/bin/bash
HISTSIZE=1000
...<OUTPUT TRUNCATED>...
```

要显示特定的环境变量，请将该变量指定为 printenv 的参数。例如，下面是查看环境变量 TERM 的命令：

```
[master@server ~]$ printenv TERM
Xterm
```

2. 设置环境变量

要设置环境变量，使用以下格式：

```
variable=value
```

这里，variable 是变量名，value 是要为变量赋予的值。例如，要将环境变量 FOO 的值设置为 BAR，输入以下内容：

```
[master@server ~]$ FOO=BAR
```

每当以这种方式设置环境变量时，它们在运行的 shell 中是局部的。如果希望将该值传递给启动的其他进程，请使用 export 内置命令。export 命令的格式如下：

```
export variable
```

这里，variable 是变量的名称。例如，要设置变量 FOO 的值并同时导出它，可输入以下命令：

```
[master@server ~]$ export FOO=BAR
```

如果想设置的环境变量的值中有空格，用引号将变量括起来。使用前面的示例，将 FOO 设置为 Welcome to the BAR of FOO，将输入以下内容：

```
[master@server ~]$ export FOO="Welcome to the BAR of FOO."
```

然后，可使用 printenv 命令来查看刚设置的 FOO 变量值。

```
[master@server ~]$ printenv FOO
Welcome to the BAR of FOO.
```

注意 现代云本地实用程序和 Web 应用程序栈大量使用环境变量来动态设置参数，这些参数有助于实现各种目的，如身份验证、配置运行时变量等。因此，一些指令要求通过在 shell 中设置以下环境变量，来设置 AWS 密钥凭据。

```
AWS_SECRET_ACCESS_KEY=EXAMPLEI/K7MDENG/bPxRfiCY
```

3. 移除环境变量

要移除环境变量，请使用 unset 命令。以下是 unset 命令的语法：

```
unset variable
```

这里的 variable 是要删除的变量的名称。例如，下面是删除环境变量 FOO 的命令：

```
[master@server ~]$ unset FOO
```

注意　本节假设使用 Bash。可以选择使用许多其他 shell；最流行的替代方案是 C shell (csh)以及类似的 Tenex/Turbo/Trusted C shell(tcsh)，后者使用不同的机制来获取和设置环境变量。这里使用 Bash 是因为在大多数 Linux 发行版中，Bash 通常是新 Linux 用户账户的默认 shell。

4.1.3 管道

管道是一种机制；通过这种机制，程序的输出可作为输入发送给另一个程序。单个程序可以通过管道连接在一起，成为非常强大的工具。

下面使用 grep 程序提供一个关于如何使用管道的简单示例。给定输入流时，grep 实用程序将尝试用提供给它的参数匹配该行，并只显示匹配的行。在上一节中，printenv 命令打印所有环境变量。它打印的列表可能很长，因此，例如，如果查找包含字符串 TERM 的所有环境变量，可输入以下命令。

```
[master@server ~]$ printenv | grep TERM
TERM=xterm
```

|字符表示 printenv 和 grep 之间的管道。

Windows 下的命令 shell 也使用管道功能。主要区别是 Linux 管道中的所有命令都是并发执行的，而 Windows 是按顺序运行每个程序的，使用临时文件保存中间结果。

4.1.4 重定向

通过重定向，可获取程序的输出，并将其自动发送到文件(记住，Linux 中的所有内容都被视为文件！)。shell(而不是程序本身)处理这个进程，因此提供了执行任务的标准机制。因此，使用 shell 句柄重定向比让单个程序自行处理重定向要干净、容易得多。

重定向有 3 个类：输出到文件、附加到文件和发送文件作为输入。

要将程序的输出发送到文件中，在命令行末尾使用大于符号(>)和希望将输出重定向到的文件的名称。如果要重定向到现有文件，并希望向其添加额外数据，请使用两个大于符号(>>)后跟文件名。例如，以下命令把目录清单的输出发送到一个名为/tmp/directory_listing 的文件中。

```
[master@server ~] $ ls > / tmp / directory_listing
```

继续这个目录列表示例，可输入这个命令，在/tmp/directory_listing 文件的末尾添加字符串 Directory Listing。

```
[master@server ~]$ echo "Directory Listing" >> /tmp/directory_listing
```

第三类重定向是使用文件作为输入，通过使用小于号(<)后跟文件名来完成。例如，下面的命令将/etc/passwd 文件传送给 grep 程序：

```
[master@server ~]$ grep "root" < /etc/passwd
root:x:0:0:root:/root:/bin/bash
operator:x:11:0:operator:/root:/sbin/nologin
```

4.2 命令行快捷键

大多数流行的 Linux shell 有数量庞大的快捷键。对于来自 Windows 领域的用户来说，学习和习惯快捷键可能造成巨大的文化冲击。本节解释最常见的 Bash 快捷方式及其行为。

4.2.1 文件名扩展

在传统的基于 Linux 的 shell(如 Bash)下，命令行上的通配符在作为参数传递给应用程序之前进行扩展。这与基于 DOS 的工具的默认操作模式形成鲜明对比，后者通常必须执行自己的通配符扩展。Linux 方法还意味着必须小心使用通配符。Bash 中的通配符本身与 Windows 领域中的 cmd.exe 中的通配符完全相同。

星号(*)与所有文件名匹配，问号(?)与单个字符匹配。如果出于某种原因需要将这些字符用作另一个参数的一部分，可在它们前面加上反斜杠(\)字符，对它们进行转义。这导致 shell 将星号和问号解释为正则字符，而不是通配符。

注意　在 Linux 中，通配符模式与正则表达式并不完全相同，尽管有一些相似之处。通配符用于匹配文件名，正则表达式用于匹配文本。

这种区别很重要，因为正则表达式比仅使用通配符更强大。GNU/Linux 附带的所有 shell 都支持正则表达式。可在各自的手册页(man 7 glob 和 man 7 regex)中了解关于通配符和正则表达式的更多信息。

4.2.2 环境变量作为参数

在 Bash 下，可在命令行上使用环境变量作为参数。

例如，发出参数$FOO 将导致传递 FOO 环境变量的值，而不是字符串“$FOO”。

4.2.3 多个命令

在 Bash 中，通过使用分号(;)分隔命令，可在同一行执行多个命令。例如，以下显示如何在两行上执行这个命令序列(cat 和 ls)。

```
[master@server ~]$ ls -l
[master@server ~]$ cat /etc/passwd
```

可以输入如下命令来代替：

```
[master@server ~]$ ls -l ; cat /etc/passwd
```

因为 shell 也是一种编程语言，所以它理解编程语言的语义。例如，只有第一个命令成功，才能串行地运行命令。这可以通过使用&&来完成。例如，可使用 ls 命令列出主目录中一个不存在的文件，然后在同一行执行 date 命令。

```
[master@server ~]$ ls does-not-exist.txt && date
ls: cannot access does-not-exist.txt: No such file or directory
```

此命令运行 ls 命令，但该命令将失败，因为它试图列出不存在的文件；同时，date 命令也不执行。但如果改变命令的顺序，date 命令会成功，而 ls 命令会失败。

```
[master@server ~]$ date && ls does-not-exist.txt
Sun Jan 30 18:06:37 UTC 2174
ls: cannot access does-not-exist.txt: No such file or directory
```

4.2.4 反引号

任何包含在反引号`中的文本都被视为要执行的命令。这允许在反引号中嵌入命令，并将结果作为参数传递给其他命令；可在本书和各种系统脚本中经常看到这种技术。例如，可将存储在文件中的数字(进程ID号)值作为参数传递给kill命令。使用这种方法的一个示例是终止named DNS服务器(或以相同方式工作的其他服务/守护进程)。在启动named时，将PID(进程标识号)写入文件/var/run/named/named.pid中。因此，终止命名进程的一般方法是使用cat命令查看存储在/var/run/named/name.pid中的数字，然后使用该值发出kill命令。下面列举一个示例：

```
[root@server ~]$ cat /var/run/named/named.pid
253
 [root@server ~]$ kill 253
```

以这种方式终止命名进程的一个问题是，它不容易自动执行——我们指望有人读取/var/run/named/named.pid中的值，以便将数字传递给kill实用程序。另一个问题是需要两步来停止DNS服务器。

但使用反引号，可将这两步合并为一步，并以一种可自动执行的方式执行。反引号版本是这样的：

```
[root@server ~]$ kill `cat /var/run/named/named.pid`
```

当Bash看到这个命令时，它将首先运行cat /var/run/named/named.pid并存储结果。然后运行kill，并将存储的结果传递给它。从我们的观点看，这是一个优雅的步骤。

注意 到目前为止，本章已经介绍了Bash内部的特性(或称为“Bash内置特性”)。本章的其余部分将探讨可在Bash之外访问的几个常见命令。

4.3 文档工具

基于Linux的系统提供了两个非常有用的工具使文档可访问：man和info。目前，这两个文档系统之间存在大量重叠，因为许多应用程序正在将其文档转移到info格式。这种格式被认为优于man格式，因为它允许文档以类似Web的方式超链接在一起，但实际上不需要用HTML格式编写。

另一方面，man格式已经存在了几十年。对于数以千计的Linux实用程序/程序，它们的man(manual的缩写)页面是文档的唯一来源。而且，许多应用程序继续使用man格式，因为许多类似UNIX的操作系统都使用它。

提示 许多Linux发行版还在/usr/doc或/usr/ share/doc目录中包含大量文档。

4.3.1 man命令

man页是Linux系统上的一种内置和自文档化系统，涵盖了工具的使用及其相应的配置文件。man命令的语法如下：

```
man program_name
```

这里，program_name标识自己感兴趣的程序。例如，要查看一直使用的ls实用程序的手册页，输入以下内容。

```
[master@server ~]$ man ls
```

在线阅读Linux以及相关的信息源时，可能遇到命令的引用，后面跟着括号中的数字——例如ls(1)。数字表示手册页面的节号(见表4-1)。每节都涵盖不同的主题领域以及命令行命令，以适应一些工具(如

printf)是 C 编程语言中的命令这一事实。

表 4-1　手册页的一部分

手册部分	主题
1	标准命令、可执行程序或 shell 命令
1p	标准命令的 POSIX 版本(小写 p 代表 POSIX)
2	Linux 内核系统调用
3	C 库调用
4	设备驱动程序信息
5	配置文件
6	游戏
7	包
8	系统工具

要引用特定的手册页章节，只需要将章节号指定为第一个参数，然后将命令指定为第二个参数。例如，要获得 C 程序员关于 printf 的信息，需要输入：

```
[master@server ~]$ man 3 printf
```

要获得简单的命令行信息(用户工具)，需要输入：

```
[master@server ~]$ man 1 printf
```

如果不使用 man 命令指定节号，默认行为是先打印最低的适用节号。

注意　man 命令的一个方便选项是命令参数前面的-f。使用此选项，man 将搜索所有手册页的摘要信息，并列出与指定命令匹配的页面及其节号。这里有一个例子：

```
$ man -f printf
 printf (3p)          - print formatted output
printf (1)            - format and print data
$ man -f
```

4.3.2　texinfo 系统

另一种常见的文档形式是 texinfo。作为 GNU 标准，texinfo 是一个类似于超链接万维网格式的文档系统。由于文档可超链接在一起，因此与手册页相比，texinfo 通常更容易阅读、使用和搜索。

要读取特定工具或应用程序上的 texinfo 文档，使用指定工具名称的参数调用 info。例如，要阅读关于 wget 程序的信息，可以输入：

```
[master@server ~]$ info wget
```

通常，需要在使用 info 之前验证是否存在手册页(因为 man 格式的可用信息仍然比 texinfo 格式的多得多)。另一方面，一些手册页会明确声明 texinfo 页面更权威，应该参考。

4.4　文件(类型、所有权和权限)

本节介绍 Linux 下的基本文件管理工具和概念。首先介绍一些有用的通用命令的详细信息，然后回顾一些背景信息。

在 Linux 下，几乎所有内容都被抽象为一个文件。最初，这样做是为了简化程序员的工作。不需要直接与设备驱动程序通信，特殊文件被用作连接桥。下面各节讨论不同类型的文件类别。

4.4.1 普通文件

普通文件就是那么普通。它们包含数据，也可以是可执行文件。操作系统对它们的内容、名称或扩展名不做任何假设。

4.4.2 目录

目录文件是普通文件的一个特殊实例。目录文件列出其他文件的位置，其中一些可能是其他目录。这类似于 Windows 中的文件夹。

通常，目录文件的本质对日常操作并不重要，除非需要自己打开和读取文件，而不是使用现有的应用程序来导航目录；这类似于尝试直接读取 DOS 文件分配表，而不是使用 cmd.exe 导航目录或使用 findfirst/findnext 系统调用。

4.4.3 硬链接

Linux 文件系统中的每个文件都有自己的 i-node。i-node 跟踪文件的属性及其在磁盘上的位置。如果需要能够使用两个单独的文件名引用单个文件，可以创建一个硬链接。硬链接具有与原始文件相同的 i-node，因此，外观和行为将与原始文件相同。

每创建一个硬链接，引用计数就会增加。当硬链接被删除时，引用计数会减少。在引用计数达到 0 之前，文件将保留在磁盘上。

注意 硬链接不能存在于不同文件系统(或分区)上的两个文件之间。这是因为硬链接通过 i-node 引用原始文件，而文件的 i-node 仅在创建它的文件系统上是唯一的。

4.4.4 符号链接

与硬链接通过 i-node 指向文件不同，符号链接通过其名称指向另一个文件。这允许符号链接指向位于其他文件系统甚至其他网络驱动器上的文件。

4.4.5 块设备

传统硬盘是一种块或存储设备。所有设备都通过文件系统上的设备文件抽象来访问。块设备类型的文件用于与磁盘等设备交互。一个块设备文件有两个标识特征：

- 有一个主设备号。
- 有一个副设备号。

当使用 ls -l 命令查看时，它显示 b 作为权限字段的第一个字符。以下是一个示例：

```
[master@server ~]$ ls -l /dev/sda
brw-rw----. 1 root disk 8, 0 Feb 3 19:03 /dev/sda
```

在示例输出中，注意 b 在文件的权限开头；第 5 个字段中的 8 是主设备号，第 6 个字段中的 0 是副设备号。

块设备文件的主设备号标识所表示的设备驱动程序。当访问该文件时，副设备号作为参数传递给设备驱动程序，告诉它正在访问的是设备的哪个实例。例如，两个串口共享相同的设备驱动程序，主设备号相同，但每个串口有唯一的副设备号。

4.4.6　字符设备

与块设备类似，字符设备是允许通过文件系统访问设备的特殊文件。块设备和字符设备之间的明显区别在于，块设备通过大块或普通块与实际设备通信，而字符设备一次只能处理一个字符。硬盘是块设备；调制解调器是一种字符设备。字符设备权限以 c 开头，文件有主设备号和副设备号。这里有一个例子：

```
[master@server ~]$ ls -l /dev/ttyS0
crw-rw----. 1 root dialout 4, 64 Feb 3 19:03 /dev/ttyS0
```

4.4.7　列出文件：ls

出于必要，前几节一直在使用 ls 命令，但没有对其进行适当解释。这里将解释 ls 命令以及一些选项。

ls 命令用于列出目录中的所有文件。在 50 多个可用选项中，表 4-2 中列出的是最常用的。这些选项可以任意组合使用。

表 4-2　常见的 ls 选项

ls 选项	说明
-l	长清单。除了文件名，还显示文件大小、日期/时间、权限、所有权和组信息
-a	所有文件。显示目录中的所有文件，包括隐藏文件。隐藏文件的名称以句点开头
-t	按最后修改时间的顺序列出文件
-r	反转列表
-1	单列清单
-R	递归列出所有文件和子目录

要查看一个目录中所有文件(包括隐藏文件)的扩展列表，输入：

```
[master@server ~]$ ls -la
```

要列出目录中以字母 A 开头的非隐藏文件，输入：

```
[master@server ~]$ ls A*
```

如果工作目录中不存在这样的文件，ls 将打印一条消息。

警告　Linux 是区分大小写的。例如，thefile.txt 文件与 Thefile.txt 文件是不同的。

4.4.8　更改所有权：chown

chown 命令允许将文件的所有权更改为另一个用户。只有 root 用户可以这样做；因此，普通用户可能不会分配文件所有权或窃取其他用户的所有权。命令的语法如下：

```
chown [-R] username filename
```

这里，username 是要获得所有权的用户名，filename 是相关文件的名称。文件名也可以是一个目录。

当指定的文件名是目录名时，-R 选项适用。此选项告诉命令递归地遍历目录树，并将新的所有权应用到已命名的目录本身，以及其中的所有文件和目录。

注意 chown命令支持一种特殊语法，允许指定要分配给文件的组名。命令的格式变为：

```
$ chown username.groupname filename
```

4.4.9 更改组设置：chgrp

chgrp命令行实用程序允许更改文件的组设置。它的工作原理很像chown。格式如下：

```
chgrp [-R] groupname filename
```

这里，groupname是要获得文件名所有权的组的名称。文件名也可以是一个目录。

当指定的文件名是目录名时，-R选项适用。与chown一样，-R选项告诉命令递归地遍历目录树，并将新的所有权应用于其中的所有文件和目录。

4.4.10 更改模式：chmod

Linux 文件系统中的目录和文件具有与其关联的权限。默认情况下，为文件的所有者、与该文件关联的组以及可访问该文件的所有其他人(也分别称为所有者、组和其他)设置权限。

当列出文件或目录时，会在输出的第一列中看到权限。权限分为四个部分。第一部分由权限的第一个字符表示。普通文件没有特殊值，用连字符(-)表示。如果文件有特殊属性，则用字母表示。这里我们最感兴趣的两个特殊属性是目录(d)和符号链接(l)。

权限的第二、第三和第四部分用三个字符块表示。第一部分表示文件所有者的权限。第二部分表示组权限。最后一部分是world许可。在Linux上下文中，world是指系统中的所有用户(每个人)，不管他们的组设置如何。

表4-3列出权限及对应的字母。组合属性时，需要添加它们的值。chmod命令用于设置权限值。

表4-3 权限及对应的字母

字母	权限	值(数字)
r	读	4
w	写	2
x	执行	1

使用numeric命令模式通常称为八进制权限，因为值的范围可以是0~7。要更改文件的权限，只需要为要应用的每个权限添加或减去这些值。

例如，如果只希望用户(拥有者)有完全访问文件foo的权限(读、写和执行：rwx)，应输入：

```
[master@server ~]$ chmod 700 foo
```

需要注意，使用八进制模式取代任何以前设置的权限。如果/usr/local目录中的一个文件用SetUID位标记，然后运行该命令chmod - R 700 /usr/local，该文件将不再是一个SetUID程序。

如果只想更改某些位，那么应该使用chmod的符号模式。这种模式更容易记忆，可以添加、删除或覆盖权限。

chmod的符号形式允许设置所有者、组或其他的位。还可同时为所有三个类设置位。

例如，如果想更改一个名为foobar.sh的文件，使其可由所有者(u)执行(x)，就可运行以下命令：

```
[master@server ~]$ chmod u+x foobar.sh
```

如果想改变组的位以执行它，使用以下命令：

```
[master@server ~]$ chmod ug+x foobar.sh
```

如果需要为其他情形指定不同的权限，只需要添加一个逗号及其权限符号。例如，使 foobar.sh 文件可由用户和组执行，而且删除所有其他情形的读、写和执行权限，可尝试如下命令：

```
[master@server ~]$ chmod ug+x,o-rwx foobar.sh
```

如果不想添加或减去一个权限位，可使用等号(=)，而不是加号(+)或减号(-)。这将把特定的位写入文件，并擦除该权限的任何其他位。前面的示例使用+将执行位添加到 User 和 Group 字段中。如果只需要执行位，可将+替换为=。还可使用第四个字符：a，这将对所有字段应用权限位。

表 4-4 显示了这三种权限最常见的组合。也存在其他组合，如-wx，但很少使用。

表 4-4　三种权限最常见的组合

字母	权限	值
---	无权限	0
r--	只读	4
rw-	读、写	6
rwx	读、写、执行	7
r-x	读、执行	5
--x	仅执行	1

对于每个文件，3 个由三字母组成的块被组合在一起。第一个块表示文件所有者的权限，第二个块表示文件组的权限，最后一个块表示系统上所有用户的权限。表 4-5 显示了一些权限组合、等效数字和说明。

表 4-5　文件权限

权限	等效数字	说明
-rw-------	600	所有者拥有读写权限
-rw-r--r--	644	所有者拥有读写权限；组和 World 具有只读权限
-rw-rw-rw-	666	每个人都有读写权限。不推荐；这种组合允许任何人访问和更改文件
-rwx------	700	所有者具有读、写和执行权限。所有者想要运行的程序或可执行程序的最佳组合
-rwxr-xr-x	755	所有者具有读、写和执行权限。其他所有人都具有读取和执行权限
-rwxrwxrwx	777	每个人都有读、写和执行权限。像 666 设置一样，这种组合应该避免
-rwx--x--x	711	所有者具有读、写和执行权限；其他所有人都仅拥有执行权限。对于希望让其他程序运行但不希望复制的程序非常有用
drwx------	700	这是使用 mkdir 命令创建的目录。只有所有者可读写该目录。请注意，目录必须设置可执行位，以使其可遍历
drwxr-xr-x	755	此目录只能由所有者更改，但其他人可以查看其内容
drwx--x--x	711	这是一种简便的组合，可使目录保持为 World 可读，但 ls 命令限制其访问。文件仍然只能由知道确切文件名的人读取

4.5　文件的管理和操作

本节介绍用于管理文件和目录的基本命令行工具。其中一些工具的使用和功能与在其他操作系统上类似。

4.5.1　复制文件：cp

cp 命令用于复制文件。它有大量选项。有关更多细节，请参阅其手册页。默认情况下，此命令静默工作，仅在出现错误情况时显示状态信息。表 4-6 列出最常见的 cp 选项。

表 4-6　最常见的 cp 选项

选项	说明
–f	强制执行复制操作；不要求验证
–i	交互式复制，在复制每个文件之前，用 user 验证
–R, –r	递归复制目录

首先使用 touch 命令在用户 master 的主目录下创建一个名为 foo.txt 的空文件：

```
[master@server ~]$ touch foo.txt
```

然后使用 cp (copy)命令将 foo.txt 复制到 foo.txt.html：

```
[master@server ~]$ cp foo.txt foo.txt.html
```

要将当前目录中所有以.html 结尾的文件复制到/tmp 目录，输入以下命令：

```
[master@server ~]$ cp *.html /tmp
```

要交互地将当前目录中以.html 结尾的所有文件复制到/tmp 目录，输入以下命令：

```
[master@server ~]$ cp -i *.html /tmp
cp: overwrite `/tmp/foo.txt.html'?
```

注意，对 cp 使用交互式(–i)选项，将迫使它在覆盖目标中同名的现有文件之前，发出提示或警告。要继续复制并覆盖目标位置的现有文件，请在提示符处输入 yes 或 y，如下所示：

```
[master@server ~]$ cp -i *.html /tmp
cp: overwrite `/tmp/foo.txt.html'? yes
```

4.5.2　移动文件：mv

mv 命令用于将文件从一个位置移到另一个位置。文件也可跨分区/文件系统移动。跨分区移动文件涉及复制操作，因此，移动命令可能会花费更长时间。但在同一个文件系统中移动文件，几乎是瞬间完成的。

表 4-7 列出最常见的 mv 选项。

表 4-7　最常见的 mv 选项

选项	说明
–f	强制执行移动操作
–i	交互式移动

例如，要将一个名为 foo.txt.html 的文件从/tmp 移动到当前的工作目录，可使用以下命令：

```
[master@server ~]$ mv /tmp/foo.txt.html  .
```

注意　最后一个点(.)不是打字错误！它字面上的意思是“这个目录”。

除了在系统上移动文件和文件夹之外，mv 还可简单地用作重命名工具。

要将文件 foo.txt.html 重命名为 foo.txt.htm，输入：

```
[master@server ~]$ mv foo.txt.html foo.txt.htm
```

4.5.3　链接文件：ln

ln 命令允许建立硬链接和软链接。ln 的一般格式如下：

```
ln original_file new_file
```

虽然 ln 有很多选项，但很少需要使用其中的大多数选项。最常见的选项-s 创建符号链接(类似于快捷方式)，而不是硬链接。

创建一个名为 link-to-foo.txt 的符号链接，该链接指向名为 foo.txt 的原始文件，可以输入如下命令：

```
[master@server ~]$ ln -s foo.txt link-to-foo.txt
```

4.5.4　查找文件：find

find 命令允许使用各种搜索条件来搜索文件。find 有许多选项，可通过手册页了解它们。下面是 find 的一般格式：

```
find start_directory [options]
```

start_directory 是搜索应该开始的目录。

查找当前目录中至少有 7 天没有被访问的所有文件("."即目录)，可使用以下命令：

```
[master@server ~]$ find . -atime 7
```

输入这条命令来查找当前工作目录中名为 core 的所有文件，然后删除它们(也就是说，在搜索结果中自动运行 rm 命令)：

```
[master@server ~]$ find . -name core -exec rm {} \;
```

提示　这里使用的 find 命令的-exec 选项的语法很难记住，所以还可使用 xargs 方法，而不是本例中使用的 exec 选项。使用 xargs 时，命令如下：

```
$ find . -name 'core' | xargs rm
```

查找 PWD 中所有名称以.txt 结尾(即扩展名为.txt)且小于 100KB 的文件，发出以下命令：

```
[master@server ~]$ find . -name '*.txt' -size -100k
```

要在 PWD 中查找名称以.txt 结尾且大于 100KB 的所有文件，发出以下命令：

```
[master@server ~]$ find . -name '*.txt' -size +100k
```

4.5.5　文件压缩：gzip

gzip 实用程序用于缩小(压缩)或扩展文件，能达到令人印象深刻的压缩比。按照惯例，.gz 扩展名或后缀用于命名用 gzip 压缩的文件。

注意，gzip 就地压缩文件，这意味着在压缩后，原始文件被删除，只剩下压缩后的文件。

要压缩 PWD 中名为 foo.txt.htm 的文件，请输入：

```
[master@server ~]$ gzip foo.txt.htm
```

然后解压，再次使用 gzip -d 选项：

```
[master@server ~]$ gzip -d foo.txt.htm.gz
```

执行如下命令，使用最好的压缩方法压缩 PWD 中以.htm 结尾的所有文件(-9 或-best 选项)：

```
[master@server ~]$ gzip -9 *.htm
```

4.5.6 文件压缩：bzip2

bzip2 工具使用不同的压缩算法，通常比使用 gzip 实用程序压缩的文件更小，使用类似于 gzip 的语义。换句话说，与 gzip 相比，bzip2 提供了更好的压缩比。

按照惯例，使用 bzip2 实用程序压缩的文件归档通常具有.bz 扩展名或后缀。有关更多信息，请阅读关于 bzip2 (man bzip2)的手册页。

4.5.7 文件压缩：xz

xz 是一个通用的数据压缩和解压工具。据称，xz 比 gzip 和 bzip2 产生更好的压缩比。xz 压缩算法背后的重要部分是公开的，这使得它成为许多需要压缩的开源项目的流行压缩格式。

下面创建一个名为 foo2.txt.htm 的示例文件，然后压缩它(使用 xz)。

```
[master@server ~]$    touch foo2.txt.htm
[master@server ~]$    xz foo2.txt.htm
```

使用 ls 命令验证一个 xz 创建的、名为 foo2.txt.htm.xz 的新压缩文件。

```
[master@server ~]$ ls -l *.xz
```

然后解压 fooz .txt.htm.xz 文件，并在 xz 实用程序中使用--keep 选项，这样在成功解压后原始存档文件不会被删除。

```
[master@server ~]$ xz --keep -d foo2.txt.htm.xz
```

4.5.8 创建目录：mkdir

mkdir 命令用于创建目录或文件夹。mkdir 命令中经常使用的一个选项是-p。如果父目录不存在，此选项将强制 mkdir 创建父目录。例如，如果需要创建/tmp/bigdir/subdir/mydir，而唯一存在的目录是/tmp，那么使用-p 将导致 bigdir 和 subdir 与 mydir 一起自动创建。

要在/ tmp 文件夹下创建目录 mydir，可使用如下命令：

```
[master@server ~]$ mkdir /tmp/mydir
```

要在 PWD 中创建像 bigdir/subdir/finaldir 这样的目录树，输入：

```
[master@server ~]$ mkdir -p bigdir/subdir/finaldir
```

4.5.9 删除文件或目录：rm

rm 命令用于删除文件或目录。它是任何系统中都最常用的实用程序之一。默认情况下，rm 不会删除目录，因此，必须向它传递一个特定选项(-r)，使它删除目录。这个命令还接受-i 参数，这使它在删除任何内容之前交互式地提示。

使用 touch 命令创建一个名为 myfile 的文件，然后删除文件。

```
[master@server ~]$ touch myfile && rm myfile
```

要删除/tmp 文件夹下名为 mydir 的目录，需要输入以下命令：

```
[master@server ~]$ rm -r /tmp/mydir
```

如果想交互式地(-i 选项)删除之前创建的从 bigdir 到 finaldir 的所有目录，可执行以下命令：

```
[master@server ~]$ rm -rf bigdir/subdir/finaldir
```

提示 也可使用流行的 rmdir 命令删除目录。

4.5.10 显示当前工作目录：pwd

我们不可避免地发现自己在已登录的工作站的终端或 shell 提示符处，而不知道自己在文件系统层次结构或目录树中的哪个位置。要获得此信息，需要使用 pwd 命令。它唯一的任务是打印当前的工作目录。要显示当前的工作目录，请使用以下命令：

```
[master@server ~]$ pwd
/home/master
```

4.5.11 磁带归档：tar

如果熟悉 WinZip 程序，将习惯于这样一个事实：压缩工具不仅减少文件大小，还将文件合并到压缩的归档文件中。在 GNU/Linux 下，这个过程被分为两个工具：gzip 和 tar。

tar 命令将多个文件组合成一个大文件。它与压缩工具是分开的，因此允许选择使用哪个压缩工具，甚或是否要压缩。此外，tar 能读写设备，因此是备份到磁带设备的好工具。

提示 尽管磁带存档(tar)程序包含单词 tape，但在创建存档时没必要读写磁带驱动器。实际上，在日常情况下，很少会将 tar 与磁带驱动器一起使用(传统备份除外)。

下面是 tar 命令的语法：

```
tar option filename
```

tar 命令的一些选项如表 4-8 所示。

表 4-8 tar 命令的一些选项

选项	说明
-c	创建新的存档
-t	查看存档的内容
-x	提取归档文件的内容
-f	指定存档所在的文件(或设备)的名称
-v	提供操作期间的详细描述
-j	通过 bzip2 压缩实用程序过滤归档文件
-z	通过 gzip 压缩工具过滤存档文件

为查看 tar 实用程序的示例用法，首先在 PWD 中创建一个名为 junk 的文件夹，其中包含名为 1, 2, 3, 4 的空文件：

```
[master@server ~]$ mkdir junk ; touch junk/{1,2,3,4}
```

现在创建一个名为junk.tar的归档文件，其中包含名为junk的文件夹中的所有文件，输入如下命令：

```
[master@server ~]$ tar -cf junk.tar junk
```

创建另一个名为2junk.tar的归档文件，其中包含junk文件夹中的所有文件，但这次，添加-v (verbose)选项来显示发生的情况。

```
[master@server ~]$ tar -vcf 2junk.tar junk
junk/
junk/1
...
```

刚创建的存档没有以任何方式压缩。这些文件和目录仅被合并成一个文件。

要创建一个名为3junk.tar.gz的压缩归档文件，其中包含junk文件夹中的所有文件，并显示正在发生的情况，可以输入以下命令。

```
[master@server ~]$ tar -cvzf 3junk.tar.gz junk
```

要解压缩刚创建的压缩tar归档文件的内容，执行以下命令。

```
[master@server ~]$ tar -xvzf 3junk.tar.gz
```

提示 tar命令是少数几个关心指定选项顺序的GNU/Linux实用程序之一。如果以tar -xvfz 3junk.tar.gz的形式发出前面的tar命令，该命令将失败，因为-f选项后面没有立即跟着文件名。

如果愿意，还可指定一个物理设备来执行 tar 操作。当需要将一组文件从一个系统传输到另一个系统，并且由于某些原因无法在设备上创建文件系统时，这非常方便。

假设有一个USB磁盘插入系统，USB设备映射到/dev/null，就可通过输入如下命令，在USB磁盘上创建一个归档。

```
[master@server ~]$ tar -cvzf /dev/null junk
```

警告 tar -cvzf /dev/null命令将把虚拟USB磁盘设备(/dev/null)视为原始设备，并擦除其中已经存在的任何内容。这就是为什么示例故意(并且不正确地)使用了null设备(/dev/null)，这不会对系统造成任何损害。这个警告的寓意是，在运行任何写到实际设备和原始设备(如/dev/sdb、/dev/vda1、dev/sr0等)的命令时要小心。

要从磁盘中提取该存档，可以输入以下内容：

```
[master@server ~]$ tar -xvzf /dev/null
```

4.5.12 串联文件：cat

cat程序扮演的角色非常简单：连接和显示文件。可用它做更多有创意的事情，但它的所有用途都是简单地显示文本文件的内容——很像微软CMD下的type命令。

因为可以在命令行上指定多个文件名，所以可将文件连接到单个大型连续文件中。这与tar不同，因为tar生成的文件没有显示不同文件边界的控制信息。

要显示/etc/passwd文件，请使用以下命令：

```
[master@server ~]$   cat /etc/passwd
```

要显示/etc/passwd文件和/etc/group文件，执行以下命令：

```
[master@server ~]$     cat /etc/passwd /etc/group
```

输入此命令，以连接/etc/passwd和/etc/group，并将输出发送到users-and-groups.txt文件中：

```
[master@server ~]$     cat /etc/passwd /etc/group > users-and-groups.txt
```

要将/etc/hosts文件的内容追加到刚创建的users-and-groups.txt文件，输入以下内容：

```
[master@server ~]$     cat /etc/hosts >> users-and-groups.txt
```

注意　如果想反向对一个文件执行cat操作，可使用tac命令。

4.5.13　一次一屏地显示文件：more或less

more和less命令接受一个输入文件，一次一屏地显示它。输入文件可以来自stdin，也可来自命令行参数：

```
[master@server ~]$    more /etc/passwd
```

使用如下命令，一次一屏地查看/etc/passwd文件：

```
[master@server ~]$    less /etc/passwd
```

要一次一屏地查看ls命令生成的目录列表，请输入如下命令：

```
[master@server ~]$    ls | more
```

4.5.14　显示文件的目录位置：which

which命令搜索PATH环境变量($PATH)中指定的位置，以查找命令行中指定的可执行文件的名称。如果找到该文件，命令输出将包含该文件的实际路径。

使用下面的命令查找rm命令的二进制文件位于哪个目录中：

```
[master@server ~]$    which rm
/bin/rm
```

这类似于find命令。这里的区别是，因为which只搜索$PATH，所以要快得多。当然，它的功能也比find少得多!

4.5.15　定位命令：whereis

whereis工具搜索PATH和MANPATH环境变量中指定的位置，并显示程序的名称及其绝对目录、源文件(如果可用)和命令的手册页(同样，如果可用)。

要查找grep命令的程序、源代码和手册页的位置，输入：

```
[master@server ~]$ whereis grep
grep:

/usr/bin/grep
 /usr/share/man/man1/grep.1.gz
/usr/share/man/man1p/grep.1p.gz
```

4.6　编辑器

编辑器是最庞大的通用系统实用工具之一，非常有用。如果没有它们，对文本文件进行任何类型的更改都将是一项艰巨任务。不管Linux发行版是什么，在操作系统安装期间，都会自动安装一些编辑器。应该花点时间适应它们。

注意 不同的 Linux 发行版偏爱不同的编辑器。因此，如果默认情况下的发行版没有安装首选的编辑器，可能必须找到并安装它。

4.6.1 vi

自 20 世纪 70 年代以来，vi 编辑器就围绕着基于 UNIX 的系统出现了，它的界面显示了这一点。它可以说是最后一个使用单独的命令模式和数据输入模式的编辑器；因此，大多数新手可能会发现它使用起来不怎么顺手。但在冷落 vi 之前，先花点时间来适应它。在困难的情况下，可能没有现成的、美观的图形化编辑器，但会发现 vi 在所有 GNU/Linux 系统中都是无处不在的。

vi 的另一个版本是 vim(改进的 vi)，可在大多数 Linux 发行版上安装。它有许多最初使 vi 流行起来的元素，还有许多使它适用于现代计算环境的有用特性——甚至还有编辑器的 GUI 版本!

要启动 vi，只需要输入以下内容：

```
[master@server ~]$ vi
```

vim 编辑器有一个在线教程，可帮助新手快速入门。要启动教程，可以输入：

```
[master@server ~]$ vimtutor
```

另一种学习 vi 的简单方法是启动它并输入 help。如果发现自己困在 vi 中，按 Esc 键几次，然后输入 q!，不保存就强制退出。如果想保存正在编辑的文件并退出 vi，输入 wq!。

4.6.2 emacs

有人认为 emacs 本身就是一个完整的操作系统！它体积大，功能丰富，可扩展，可编程，而且全能，令人惊叹。如果具有 GUI 背景，那么可能发现 emacs 是一种令人愉悦的工作环境。如果发行版没有默认安装 emacs，就可以安装它。它的界面类似于记事本。然而，表层之下是一个完整的 GNU 开发环境界面、邮件阅读器、新闻阅读器和 Web 浏览器。信不信由你，它甚至有一个可爱的内置帮助系统，伪装成私人心理医生！你可以和这个自动化/机器人心理治疗师进行一些有趣的对话。

要启动 emacs，只需要输入以下内容：

```
[master@server ~]$ emacs
```

启动后，可通过按 Esc+X 键然后输入 doctor 来访问治疗师。要使用 emacs 获得帮助，请按 Ctrl+H 键。

4.6.3 pico

pico 程序是一个受简单性启发的编辑器。pico 通常与 pine 电子邮件阅读系统一起使用，还可以作为一个独立的编辑器使用。joe 是另一个简单的 CLI 文本编辑器，其功能与 pine 类似。pine 和 joe 的工作方式类似于 Notepad，但 pico 有自己的一组组合键。幸运的是，所有可用的组合键总是显示在屏幕底部。

要启动 pico，只需要输入：

```
[master@server ~]$ pico
```

注意 如果使用 pico 程序编辑配置文件，而且实际上应该将一行解析为单行，pico 程序不会将该行换行为两行。

4.6.4　sed

sed 是一种基于流的行编辑器。它不是传统的文件编辑程序，而是一种功能强大的专门构建的编程语言，它的指令表中碰巧也有编辑功能。它最适合操作具有某些已知模式的数据。sed 的功能来自它的命令。它具有用于搜索模式、附加文本、替换文本、删除文本、打印文本等的命令。系统管理员使用 sed 时，经常通过搜索文件中的关键字(配置参数)对系统配置文件就地进行编辑。下面分析一些简单的 sed 单行程序。

使用 echo 命令作为输入源(而不是文件)，通过 sed 的替代命令，把单词 night 改为 day：

```
[master@server ~]$ echo night | sed 's/night/day/'
day
```

下面执行一些类似于前面的命令，但这次使用 sed 就地编辑一个文件。

使用 echo 创建一个名为 contacts.txt 的文件，其中包含两个条目(第一行是 name:adere，第二行是 phone:555-723-9709)，如下所示：

```
[master@server ~]$ echo -e 'name: adere\nphone: 555-723-9709' > contacts.txt
```

首先做一个预演，只打印(p)将要执行的操作。使用 sed 的替换(s)命令和正则表达式搜索文件中以字符串"name:"开头的所有行，并将其改为新行"name: hiromi"。

```
[master@server ~]$ sed -n 's/^name:\s*.*$/name: hiromi/p' contacts.txt
name: hiromi
```

测试运行的输出与预期相符。现在使用 sed 的 in-place(-i 或--in-place)选项进行更改，并输入以下命令，将原来未更改文件的备份保存到名为 contacts.txt.bak 的新文件中：

```
[master@server ~]$ sed -i.bak 's/^name:\s*.*$/name: hiromi/' contacts.txt
```

使用 cat 命令查看已修改和已备份文件的内容：

```
[master@server ~]$ cat contacts.txt contacts.txt.bak
```

下面看看 sed 的 delete 命令的作用。将 seq 命令用作输入源来打印 1~3 的数字序列，然后使用 sed 的删除(d)命令来删除输出的第二行(2)。输入以下命令：

```
[master@server ~]$ seq 3 | sed 2d
1
3
```

4.7　其他工具

以下工具并不属于本章涉及的任何特定类别，通常用于日常系统管理工作。

4.7.1　磁盘利用率：du

我们经常需要确定磁盘空间被谁消耗了，以及在哪里消耗了，特别是当磁盘空间不足的时候！du 命令允许按目录确定磁盘利用率。

表 4-9 列出一些可用的选项。

表4-9　一些可用的选项

选项	说明
-c	在运行结束时生成一个总计
-h	以易读的格式打印大小
-k	以KB为单位打印大小，而不使用块大小
-s	只打印每个参数的总表

要以易读格式显示PWD中所有文件和目录使用的总空间，请使用以下命令：

```
[master@server ~]$ du -sh .
26.2M
```

注意　可使用本章前面讨论的shell管道特性，将du命令与其他一些实用工具(如sort和head)结合起来，以收集关于系统的一些有趣统计信息。

sort命令用于按字母、数字顺序对文本行进行排序，head命令用于向标准输出(屏幕)打印或显示任何指定数量的文本行。

例如，将du、sort和head组合在一起，列出12个占用最大空间的文件和目录，在/home/master目录下，可以运行以下代码:

```
$ du -a /home/master | sort -n -r | head -n 12
```

4.7.2　盘释放：df

df程序显示已挂载文件系统上可用的空闲空间数量。必须挂载驱动器/分区/卷/网络共享才能获得此信息。df的部分参数如表4-10所示，df手册页列出其他选项。

表4-10　df的部分参数

选项	说明
-h	生成可读数字的空闲空间数量，而不是空闲块数量
-l	只列出本地挂载的文件系统，不显示有关网络挂载的文件系统的任何信息

要显示所有本地安装驱动器的自由空间，使用这个命令：

```
[master@server ~]$ df -l
```

要以易读格式显示/ tmp所在文件系统的空闲空间，应输入如下命令：

```
[master@server ~]$ df -h /tmp
```

4.7.3　列出进程：ps

ps命令列出系统的所有进程，以及它们的状态、尺寸、名称、所有者、CPU时间、时钟时间等。可使用许多命令行参数；最常用的参数见表4-11。

表 4-11 常见选项

选项	说明
-a	显示所有进程与控制终端，而不只是当前用户的进程
-r	只显示正在运行的进程
-x	显示没有控制终端的进程
-u	显示进程所有者
-f	显示进程之间的父/子关系
-l	生成一个长格式的列表
-w	显示进程的命令行参数(最多半行)
-ww	显示进程的命令行参数(不限制宽度)

ps 命令最常用的一组参数是 auxww。这些参数显示所有进程(无论它们是否有控制终端)、每个进程的所有者和所有进程的命令行参数。

下面列举 ps auxww 调用的一些输出示例。

```
[master@server ~]$ ps auxww | head
USER       PID %CPU %MEM   VSZ RSS TTY   STAT START   TIME COMMAND
root         2  0.0  0.0   0     0 ?     S     Oct13   0:00 [kthreadd]
root         3  0.0  0.0   0     0 ?     S     Oct13   0:01 [ksoftirqd/0]
<........OUTPUT TRUNCATED.......>
root        11  0.0  0.0   0     0 ?     S     Oct13   0:02 [rcuos/3]
```

输出的第一行提供了清单的列标题。列标题如表 4-12 所示。

表 4-12 ps 头描述

ps 列	说明
USER	进程的所有者
PID	进程识别号
%CPU	进程占用 CPU 的百分比。 注意 对于具有多个处理器的系统，这一列的总和将超过 100
%MEM	进程占用的内存百分比
VSZ	进程占用的虚拟内存量
RSS	进程正在占用的实际(常驻)内存量
TTY	进程的 TTY 控制终端。这一栏中的问号表示这个过程不再连接到控制终端
STAT	进程的状态。可能的状态包括睡眠(S)、僵尸(Z)、活动/运行(R)、跟踪(T)和高优先级(<)
START	进程的启动日期
TIME	进程在 CPU 上花费的时间
COMMAND	进程的名称及其命令行参数

4.7.4 显示进程的交互式列表：top

top 命令是 ps 的交互式版本，它不是提供正在发生的事情的静态视图，而是每 2~3 秒(用户可调整)用进程列表刷新屏幕。从这个列表中，可重新确定流程的优先级或终止它们。图 4-1 显示了 top 屏幕。

```
top - 04:52:33 up 13:04,  2 users,  load average: 0.09, 0.06, 0.06
Tasks: 109 total,   2 running, 107 sleeping,   0 stopped,   0 zombie
%Cpu(s):  0.1 us,  0.2 sy,  0.0 ni, 99.8 id,  0.0 wa,  0.0 hi,  0.0 si,  0.0 st
KiB Mem:   2049816 total,   256480 used,  1793336 free,    24008 buffers
KiB Swap:  2097148 total,        0 used,  2097148 free.    88636 cached Mem

  PID USER      PR  NI    VIRT    RES    SHR S  %CPU %MEM     TIME+ COMMAND
    7 root      20   0       0      0      0 R   0.3  0.0   0:08.70 rcu_sched
 2195 master    20   0  121776   2960   2560 R   0.3  0.1   0:00.11 top
    1 root      20   0   40836   9208   3924 S   0.0  0.4   0:04.84 systemd
    2 root      20   0       0      0      0 S   0.0  0.0   0:00.10 kthreadd
    3 root      20   0       0      0      0 S   0.0  0.0   0:01.75 ksoftirqd/0
    5 root       0 -20       0      0      0 S   0.0  0.0   0:00.00 kworker/0:0H
    8 root      20   0       0      0      0 S   0.0  0.0   0:01.96 rcuos/0
    9 root      20   0       0      0      0 S   0.0  0.0   0:01.49 rcuos/1
   10 root      20   0       0      0      0 S   0.0  0.0   0:07.35 rcuos/2
   11 root      20   0       0      0      0 S   0.0  0.0   0:02.65 rcuos/3
   12 root      20   0       0      0      0 S   0.0  0.0   0:00.00 rcu_bh
   13 root      20   0       0      0      0 S   0.0  0.0   0:00.00 rcuob/0
   14 root      20   0       0      0      0 S   0.0  0.0   0:00.00 rcuob/1
   15 root      20   0       0      0      0 S   0.0  0.0   0:00.00 rcuob/2
   16 root      20   0       0      0      0 S   0.0  0.0   0:00.00 rcuob/3
```

图4-1 top的输出

top程序的主要缺点是占用CPU。在拥塞和资源不足的系统上，该程序的多个运行实例可能不是很有用。例如，当多个用户开始运行top以查看发生了什么，却发现其他几个人也在运行该程序时，就会发生这种情况，从而进一步降低整个系统的速度!

4.7.5 给进程发信号：kill

这个程序的名称有点误导人：它并没有真正杀死进程。它所做的是向正在运行的进程发送信号。默认情况下，操作系统为每个进程提供一组标准的信号处理程序来处理传入的信号。从系统管理员的角度看，最常见的处理程序是信号1、9和15，它们分别表示挂起进程、杀死进程和终止进程。

在调用kill时，至少需要一个参数：从ps命令派生的进程标识号(PID)。

1. 信号

可用于kill的可选参数是-n，其中n表示信号数。如果没有指定-n选项，信号15将被默认发送。这里将讨论信号1、9和15。

挂断信号1 (SIGHUP或HUP)非常方便；例如，它可用来告诉某些服务器：应用程序重新读取它们的配置文件。

终止信号9 (SIGKILL)是停止进程的不礼貌方式。操作系统不是要求进程停止，而是直接终止进程。唯一失败的情况是进程处于系统调用的中间(例如打开文件的请求)；在这种情况下，进程从系统调用返回后就会终止。

kill信号15 (SIGTERM)可用来请求进程优雅地终止自己。当只传递PID时，kill默认发送信号15 (SIGTERM)。一些程序拦截这个信号并执行一些操作，以便它们可干净地关闭；其他程序只是停止继续运行。无论哪种方式，SIGTERM都不是保证停止进程的方法。

2. 安全问题

终止进程的能力显然很强大，因此安全预防很重要。用户只能终止他们有权终止的进程。如果非根用户尝试向其他进程发送信号，则会返回错误消息。根用户是这个限制的例外；root可向系统中的所有进程发送信号。当然，这意味着root用户在使用kill命令时需要非常小心。

3. 使用kill命令的示例

下面的例子是任意的；所使用的PID完全是虚构的，在读者的系统上将是不同的或不存在的。

回顾一下，当没有指定要发送的信号时，SIGTERM(信号15)将默认发送。使用此命令终止PID为

205989 的进程：

```
[root@server ~] # kill 205989
```

几乎可保证终止编号为 593999 的进程，输入如下命令：

```
[root@server ~] # kill - 9 593999
```

输入以下命令，给编号为 593888 的进程发送 HUP 信号：

```
[root@server ~]# kill -SIGHUP 593888
```

这个命令的作用相同：

```
[root@server ~]# kill -1 593888
```

注意　要获得所有可用信号的列表以及它们的等效数字，可发出 kill -l 命令。

4.7.6　显示系统信息：uname

uname 程序生成在几种情况下有用的系统详细信息。也许你已经成功地远程登录到十几台不同的计算机上，却丢失了自己所处的位置！

要获得操作系统的名称、发行版、系统主机名和内核发行版名称/版本，输入以下命令：

```
[master@server ~]$ uname -a
```

提示　另一个提供发行版特定信息的命令是 lsb_release。具体来说，它可以显示 Linux Standard Base (LSB)的相关信息，比如发行版名称、发行版代码名称、发行版或版本信息等。与 lsb_release 命令一起使用的一个常见选项是-a。下面列举一个例子。

```
$ lsb_release -a
```

4.7.7　谁已登录：who

在具有许多用户账户的多用户系统上，可同时在本地或远程登录，系统管理员可能需要知道谁已登录。

通过使用 who 命令可以生成报告，显示所有登录用户以及其他有用的统计信息。

```
[master@server ~]$ who
master    pts/0         2022-02-07 10:10 (192.168.2.12)
master    pts/1         2022-02-07 10:35 (10.1.122.1)
```

4.7.8　who 的一个变体：w

w 命令显示的信息比 who 更多。报告的细节包括谁登录了，他们的终端是什么，从哪里登录，登录了多长时间，空闲了多长时间，以及 CPU 利用率。报告的顶部还提供与 uptime 命令相同的输出。

```
[master@server ~]$ w
19:38:10 up 9:31, 3 users, load average: 0.08, 0.08, 0.09
USER     TTY      FROM           LOGIN@   IDLE    JCPU    PCPU    WHAT
master   pts/0    192.168.2.12   10:10    13:48   0.45s   0.45s   -bash
master   pts/1    10.1.122.1     10:35    0.00s   0.74s   0.01s   w
```

4.7.9　切换用户：su

su(切换用户或替代用户)命令用来作为另一个用户运行命令。一旦以一个用户的身份登录到系统中，不需要注销，就能以另一个用户的身份(如根用户)登录。相反，使用 su 命令进行切换。这个命令只有很少的命令行参数。

不带任何参数地运行 su，将自动尝试使自己成为根用户。系统将提示输入根密码，如果正确地输入了密码，将得到一个根 shell。如果已经是根用户，并且希望切换到另一个 ID，那么在使用此命令时不需要输入密码。

例如，如果以用户 master 的身份登录，并希望切换到根用户，则输入以下命令。

```
[master@server ~]$ su
```

系统将提示输入根用户的密码。

如果以根用户的身份登录，并希望切换到用户 master，那么输入以下命令。

```
[root@server ~]$ su -master
```

系统不会提示输入 master 的密码。

可选的连字符(-)参数告诉 su，为该用户切换身份，并运行登录脚本。例如，如果作为根用户登录，要切换到用户 master，使用用户 master 的登录和 shell 配置，则输入如下命令：

```
[root@server ~] # su -master
```

提示 sudo 命令在现代 GNU/Linux 发行版中广泛(而不是 su)作为另一个用户来执行命令，在必要时暂时提升普通用户的特权级别。如果配置正确，sudo 将提供比 su 更细粒度的控制。在安装示例 Fedora 服务器(第 2 章)期间，我们选择将 master 用户设置为管理员。这意味着在像 Fedora、RHEL 和 CentOS 这样的 Red Hat 发行版上，用户也自动添加到特殊的 wheel 组中，因此拥有 sudo 特权。在像 Ubuntu 这样的 Debian 发行版上，与之对应的组称为 sudo!

4.8 综合起来(移动用户和其主目录)

本节演示如何把本章前面讨论的一些主题和 CLI 实用程序(以及第 5 章详细介绍的一些新主题)组合在一起，论述 GNU/Linux 的优雅设计如何允许结合简单的命令来执行高级系统管理操作。示例操作将在系统中移动用户和用户的文件。

具体来说，下面的练习创建名为 project4 的用户，然后将其从默认的主目录/home/project4 移到/export/home/project4。还必须为用户的文件和目录设置适当的权限和所有权，以便用户能够访问它们。

与之前作为常规用户(用户 master)执行的练习不同，这里需要超级用户权限来执行本练习中的步骤。使用 su 命令来暂时将用户的身份从当前登录的用户更改为超级用户(根用户)。当提示时，需要提供 root 用户的密码。

在虚拟终端提示符下，输入：

```
[master@server ~]$ su -
```

创建这个项目要使用的用户。用户名是 project4。输入以下命令：

```
(root@server ~): # useradd project4
```

使用 grep 命令在/etc/passwd 文件中查看该条目：

```
[root@server ~]# grep project4 /etc/passwd
project4:x:1001:1001::/home/project4:/bin/bash
```

使用 ls 命令显示用户的主目录清单：

```
[root@server ~]# ls -al /home/project4
...<OUTPUT TRUNCATED>...
```

```
-rw-r--r--. 1 project4 project4 193 Aug 4 02:09 .bash_profile
-rw-r--r--. 1 project4 project4 231 Aug 4 02:09 .bashrc
```

检查用户使用的总磁盘空间：

```
[root@server ~] # du sh /home/project4
16 k /home/project4
```

使用 su 命令暂时将身份从根用户改为新创建的 project4 用户：

```
[root@server ~] # su - project4
(project4@server  ~]$
```

作为用户 project4，查看当前的工作目录：

```
[project4@server ~] $ pwd
/home/project4
```

作为用户 project4，创建一些空文件：

```
[project4@server ~] $  touch a b c d e
```

退出 project4 的配置，回到根用户：

```
[project4@server ~]$ exit
```

创建/export 目录，作为用户的新主目录。

```
[root@server ~]# mkdir -p /export
```

现在使用 tar 命令，存档和压缩 project4 当前的主目录(/ home/project4)，再解压缩到新位置：

```
[root@server ~]# tar czf - /home/project4 | (cd /export ; tar -xvzf -)
```

提示　这里使用的短横线(-)和tar命令强制它首先将输出发送到标准输出(stdout)，然后从标准输入(stdin)接收输入。

使用 ls 命令，以确保新主目录在/export 目录下正确地创建。

```
[root@server ~]# ls -R /export/home/
/export/home/:
project4
/export/home/project4:
a b c d e
```

确保 project4 用户账户在他的新主目录下已经拥有所有文件和目录。

```
[root@server ~]# chown -R project4.project4 /export/home/project4/
```

现在删除 project4 的当前主目录：

```
[root@server ~]# rm -rf /home/project4
```

差不多完成了。再次尝试临时假定 project4 的标识。

```
[root@server ~]#    su - project4
su: warning: cannot change directory to /home/project4: No such file or directory
-bash-4.3$
```

还有一件事要做。前面已经删除了用户的主目录(/home/project4)。用户主目录的路径在/etc/passwd 文件中指定(参见第 6 章)，由于已经删除了该目录，因此 su 命令报错。

使用 exit 命令退出 project4 的概要文件：

```
-bash-4.3$ exit
```

现在使用 usermod 命令通过用户的新主目录自动更新/etc/passwd 文件。

```
[root@server ~]# usermod -d /export/home/project4 project4
```

使用 su 命令再次暂时成为 project4：

```
[root@server ~] # su - project4
[project4@server ~]$
```

以 project4 的身份登录，使用 pwd 命令查看当前工作目录。

```
[project4@server ~]$ pwd
/export/Home/project4
```

输出显示，迁移工作得很好。

退出 project4 的配置文件，成为根用户，然后从系统中删除名为 project4 的用户。

```
[project4@server ~]$ exit
 logout
[root@server ~]# userdel -r project4
```

好了!

4.9 小结

本章讨论了 Linux 的命令行界面、Bourne Again Shell (Bash)、许多命令行工具和一些编辑器。当继续阅读本书时，将发现其他章节引用了本章中的许多信息，所以请确保熟悉使用 CLI。一开始可能会发现它有点烦人，特别是如果已经习惯用 GUI 执行许多基本任务时。但请坚持使用它。甚至可能发现自己最终在命令行上比在 GUI 上工作得更快!

显然，本章不能涵盖默认 Linux 安装中可用的所有命令行工具。强烈建议花些时间去查阅一些可用的参考书。此外，还有大量关于 shell 脚本/编程的不同层次和不同观点的文章。买适合自己的东西；shell 脚本/编程是一种非常值得学习的技能，即使不从事系统管理工作，也是如此。

最重要的是，要阅读良好的手册(文档)。

第5章 管理软件

系统管理员的大量时间用于管理系统上的各种软件或应用程序，比如使它们保持最新、维护已安装的软件、搜索软件以及安装新软件等。

在 Linux 系统上管理软件的许多方法中，所选择的方法通常归结为 Linux 发行版、管理员的技能水平和其他非技术方面的考虑。从纯技术的角度看，主流 Linux 发行版下的软件管理可以通过以下方法完成。

- RPM：Red Hat 包管理器是 Red Hat 类系统的常用方法，如 Fedora、Red Hat Enterprise Linux (RHEL)、OpenSUSE、Amazon Linux 和 CentOS。DNF、Yum 和 zypper 是在基于 RPM 的 Linux 发行版上管理 RPM 包的流行前端。
- DPMS：Debian 软件包管理系统(DPMS)是基于 Debian 的系统(如 Ubuntu、Debian、Raspbian、Kubuntu 和 Mint)的软件管理基础。
- 源代码：对于 Linux 纯粹主义者来说，更传统的方法包括使用标准的 GNU 编译方法或特定的软件指令手工编译和安装软件。
- 捆绑/杂项：这是一种较新的(没有良好定义的)思考、分发和管理软件的方法。这种方法没有单一的标准或实现，但一般的目标是一样的——生成一个平台无关的、可移植的应用程序包，可在任何地方便地安装和执行。在理想情况下，给定的软件包应该能以相同方式在所有 Linux 发行版、所有 BSD、macOS 甚至 Windows 系统上运行。示例实现包括 Snap、Flatpak、AppImage 和 Pkcon。

5.1 Red Hat 软件包管理器

RPM 是一个软件管理系统，用于安装和删除软件包——通常是预编译软件。RPM 文件是一个包，它包含软件正常运行所需的文件。包由文件存档和其他元数据组成，包括配置文件、二进制文件甚至在安装软件时运行的预脚本和后脚本。RPM 非常容易使用，并且围绕它构建了几个图形界面，使其更容易使用。一些 Linux 发行版和各种第三方使用这个工具来分发和打包软件。事实上，本书中提到的几乎所有软件都可以 RPM 形式获得。

注意 *在当前上下文中，假设 RPM 文件包含预编译的二进制文件。然而，情况并非总是如此!*

遵循开源的真理，大多数 FOSS 开发者和供应商提供了 RPM 形式的软件源代码。这些称为源 RPM (src.rpm)。

RPM 工具执行 RPM 的安装和卸载。该工具还维护一个中央数据库，其中包含安装了哪些 RPM、安装在何处、安装时间以及有关包的其他信息。

一般来说，与需要编译的软件相比，RPM 形式出现的软件的安装和维护工作更少。这样做的代价是，通过使用 RPM，就隐式地接收了 RPM 维护者提供的默认参数。大多数情况下，这些默认值是可以接收的。然而，如果需要更敏感地意识到软件发生了什么事情，或者需要的功能异常，或其功能不同于 RPM 中可用的功能，则可以自行编译源代码，学习关于隐藏的软件功能和其他可调选项的更多信息。

假设只需要安装一个简单的包，那么 RPM 就是完美的。除了基本发行库外，可在以下网站找到 RPM 包的一些好资源。

```
http://mirrors.kernel.org, http://rpm.pbone.net, and http://rpmfusion.org
```

RPM 附带了 Fedora、CentOS、openSUSE 和无数 Red Hat 的衍生产品，最令人震惊的是，其中包括 Red Hat Linux 企业版。

注意 尽管缩写 RPM 的名字中碰巧有 Red Hat，但是软件打包格式也可在其他平台上使用。实际上，RPM 已经移植到其他操作系统，如 Solaris、AIX、Debian 和 IRIX。RPM 的源代码是开源软件，因此任何人都可以主动让系统为他们工作。关于 RPM 的更多信息，请访问 www.rpm.org。

以下是 RPM 程序的主要功能：

- 查询、验证、更新、安装和卸载软件。
- 维护一个数据库，该数据库存储有关软件包的各种信息。
- 将其他软件打包成 RPM 形式。

开始谈正事

第 2 章和第 3 章介绍了操作系统的设置。现在已经有了一个工作的系统，你需要登录到该系统，来执行本章和本书其他章节中的练习。大多数练习都会隐式地要求输入一个命令。尽管这看起来很明显，但无论何时要求输入命令，都必须在 shell 提示符处的控制台中输入它。这类似于 Microsoft Windows 中的命令、CMD 或 PowerShell 提示符，但更加强大和直观。

可通过多种方式在 shell 中输入命令。一种方式是使用一个美观的窗口(GUI)终端；另一种方式是使用系统控制台。有窗口的控制台被称为“终端模拟器”或“伪终端”。

在第 2 章和第 3 章中安装的基本 Fedora 服务器操作系统可能提供了安装桌面 GUI 环境的选项，也可能没有，在系统重新启动后，用户可能进入一个黑色的登录控制台。第 4 章中的练习还假设使用纯文本的终端控制台。在本软件管理章节中，现在可以选择安装所选择的 GUI 桌面环境。

因此，第一件事可能是安装所选的桌面环境。其中一些选项是 GNOME、KDE、XFCE、Mate 和 LXDE 等。

在 Fedora 发行版领域，GNOME 是默认的桌面环境，它恰好是 Fedora 工作站产品附带的默认环境。假设安装 Fedora 服务器版本(如第 2 章所述)，现在想安装和使用 GNOME 桌面环境，输入以下命令：

```
$ sudo dnf -y --allowerasing groupinstall "Fedora Workstation"
```

如果运行的是 Fedora 的最新版本，得到奇怪的 gpg 签名错误，就可能需要把--nogpgcheck 选项添加到前面的命令。

一旦安装成功完成，就必须输入以下内容，将这个图形化环境设置为这个系统的新目标或运行级别：

```
$ sudo systemctl set-default graphic.target
```

最后，重新启动系统，并登录到图形桌面环境。

```
$ sudo reboot
```

一旦安装了成熟的图形化桌面环境，并且通过这样的环境登录到系统中，仍然可以通过在 GUI 终端应用程序(或伪终端)中输入命令，来跟随本书中的所有练习。

在大多数环境中，通常可以右击桌面，并从上下文菜单中选择 Launch Terminal，来启动伪终端。如果没有这个选项，在应用程序菜单中寻找一个 Run Command 选项(或者按 Alt+F2 启动 Run Application 对话框)。出现 Run 对话框后，在 Run 文本框中输入终端模拟器的名称。一个流行的终端仿真器是古老的 xterm，它几乎肯定存在于所有 Linux 系统上。如果在 GNOME 桌面中，则默认使用 GNOME 终端。如果使用 KDE，则默认是 konsole。只要在搜索框中输入 terminal，就会看到所有可用的信息。

注意　在系统上安装和卸载软件被认为是一种管理或特权功能。这就是为什么后面各节中的大多数命令都是使用提升的特权执行的。实现这种特权提升状态的方法因发行版而异，但使用的思想和工具在几乎所有发行版中都是通用的。

另一方面，查询软件数据库不是特权功能。

5.2　使用 RPM 管理软件

以下各节详细介绍在 Red Hat 类型的 Linux 发行版(如 Fedora、RHEL、CentOS 和 openSUSE)上查询、安装、卸载和验证软件的细节。

5.2.1　查询 RPM 的信息

开始一段关系的最好方法之一就是了解对方。一些相关信息可能包括这个人的姓名、职业、生日以及好恶。该规则也适用于 RPM 包。同样，在获得一款软件后，应该在使它成为系统的一部分之前了解它。

当继续使用和探索 Linux 时，会发现软件名称在某种程度上是很直观的，通常只需要查看包的名称，就知道它是什么及其用途。例如，对于新手来说，名为 gc -10.1.1.rpm 的文件是 GNU 编译器集合(GCC)的一个包，这一点可能不会非常明显。但一旦习惯了这些细微差别，知道该找什么，这些类型的事情将变得更直观。可使用 RPM 查询各种类型的信息，例如包的构建日期、大小和依赖性等。

下面从 RPM 开始。首先以拥有管理权限的用户身份登录系统，例如 root 用户或具有超级用户或 sudo 权限的 master 用户。如果通过 GUI 登录，则启动终端。

1. 查询所有包

使用 rpm 命令列出系统上当前安装的所有包。在 shell 提示符处输入：

```
[master@fedora-server ~]$ rpm --query --all
```

注意　与大多数 Linux 命令一样，rpm 命令有自己的长和短(或缩写)形式的选项和参数。例如，--query 选项的简短形式是-q，--all 的简短形式是-a。本书将交替使用命令选项的短形式和长形式。

2. 查询特定包的详细信息

下面关注前面命令输出中列出的一个包：Bash 应用程序。使用 rpm 查看系统上是否确实安装了 Bash 应用程序：

```
[master@fedora-server ~]$ rpm --query bash-*
```

```
bash-5.*.x86_64
```

输出应该类似于第二行，它显示已经安装了Bash包，还显示附加到包名的版本号。

注意　处理Linux发行版中的软件包时，系统上的确切软件版本号可能与示例系统上的版本号不同。诸如更新系统和Linux发行版版本这样的因素会影响并决定确切的包版本。

这就是为什么有时会在一些练习中截断包或软件名称中的版本号。例如，我们不编写bash-9.8.4.2.rpm。我们可能只写bash-9.*。

可以肯定的是，主包的名称几乎总是相同的——也就是说，在openSUSE、Fedora、Mandrake、CentOS、RHEL、Ubuntu等中，Bash就是Bash。

这就引出了下一个问题。什么是Bash？它有什么用处？要找到答案，输入如下：

```
[master@fedora-server ~]$ rpm -qi bash
Name        : bash
Version     : 5.*
Group       : System Environment/Shells
....<OUTPUT TRUNCATED>....
Vendor      : Fedora Project
URL         : http://www.gnu.org/software/bash
Summary     : The GNU Bourne Again shell
Description :
The GNU Bourne Again shell (Bash) is a shell or command language interpreter that is compatible
with the Bourne shell (sh)...
```

这个输出提供了很多信息。它显示了版本号、发行版、描述、包程序等。

Bash包看起来人印象深刻。下面看看还有什么配菜。这个命令列出了Bash包附带的所有文件：

```
[master@fedora-server ~]$ rpm -ql Bash
```

要列出Bash包附带的配置文件(如果有)，输入如下：

```
[master@fedora-server ~]$ rpm -qc bash
/etc/skel/.bash_logout
/etc/skel/.bash_profile
/etc/skel/.bashrc
```

rpm的查询能力很广泛。rpm包有很多存储在标签中的信息，这些标签构成了包的元数据。可使用这些标记查询rpm数据库以获得特定信息。例如，为确定Bash包安装在系统上的日期，可输入以下命令。

```
[master@fedora-server ~]$ rpm -q --qf "[ %{INSTALLTIME:date} \n]" bash
Thurs 1 Dec 2022 22:40 PM EDT
```

提示　因为Bash是大多数Linux发行版的标准部分，并且在最初安装操作系统时已经自动安装，所以它的安装日期将接近于安装操作系统的日期。

可同时查询多个包，还可查询多个标记信息。例如，为显示Bash和nano包的名称和包组，输入：

```
[master@fedora-server ~]$ rpm -q --qf "[%{NAME} - %{GROUP} - %{SUMMARY} \n]" \
bash nano
bash - System Environment/Shells - The GNU Bourne Again shell
nano - Applications/Editors - A small text editor
```

为确定系统上依赖于Bash包的其他包，输入如下：

```
[master@fedora-server ~]$ rpm -q --whatrequires bash
```

提示　这里提到的 RPM 查询是针对系统上当前安装的软件发出的。可对从各种源获得的尚未安装的包文件执行类似的查询。为此，只需要在查询命令的末尾添加-p 选项。例如，假设刚刚在当前工作目录下载了一个名为 joe-9.1.6.noarch.rpm 的包，并希望查询已卸载的包，以获得有关它的更多信息。可以输入：

```
$ rpm -qip jo -9.1.6.noarch.rpm
```

5.2.2　用 RPM 安装软件(一起移动)

好了，现在准备好将关系带到下一个阶段了。我们决定一起移动。这可能是一件好事，因为它允许查看和测试软件的兼容性到底有多好。关系的这一阶段类似于在系统上安装软件包——即将软件移动到系统中。

在以下过程中，在系统中安装一个简单的基于文本的 Web 浏览器应用程序 lynx。首先，需要获得 lynx 的 RPM 包副本。可从几个地方获得这个程序：Internet、安装介质等。

在下面，我们将进行一些“欺骗”，使用 dnf 包管理器下载需要的程序副本。下载包只是 dnf 的众多功能之一。

或者，可直接从供应商网站浏览和下载任何需要的文件：

```
http://dl.fedoraproject.org/pub/fedora/linux/development/rawhide/Everything/x86_64/
os/Packages/
```

通过以下过程获取和安装 RPM 包。

(1) 以具有管理权限的用户身份登录系统。在示例系统上使用主账户，但也可使用根账户。如果通过 GUI 登录，请通过虚拟终端完成以下步骤。

(2) 使用 mkdir 和 cd 命令首先创建一个 Downloads 文件夹(以防它不存在)，然后将当前工作目录改为主目录下的 Downloads 文件夹：

```
[master@fedora-server ~]$ mkdir ~/Downloads && cd ~/Downloads
```

(3) 使用 dnf 程序下载用于本章的压缩文件：

```
[master@fedora-server Downloads]$ dnf download lynx
```

(4) 仔细检查，确保正确下载包。使用 ls 命令列出目标目录中以 lyn 开头的所有文件。

```
[master@fedora-server Downloads]$ ls lyn*
lynx-*.rpm
```

(5) 现在已经确认了文件的存在，执行包的测试安装。这将贯穿安装包的过程，而不会在系统上实际安装任何东西。这对于确保满足包的所有需求(依赖项)非常有用。输入以下内容：

```
[master@fedora-server Downloads]$ rpm --install --verbose --hash --test lynx*
Verifying...          ############## [100%]
 Preparing...         ############## [100%]
```

一切看起来都很好。如果收到一个关于签名的警告消息，现在可以安全地忽略它。

(6) 现在执行实际安装：

```
[master@fedora-server Downloads]$ sudo rpm -ivh lynx-*
Verifying...          ############### [100%]
Preparing...          ############## [100%]
Updating / installing...
   1:lynx-*           #################### [100%]
```

(7) 运行一个简单的查询，确认已将应用程序安装在系统上：

```
[master@fedora-server Downloads]$ rpm -q lynx
lynx-*.x86_64
```

输出显示，lynx 目前在系统上可用。

lynx 是一种基于文本的 Web 浏览器。可通过在 shell 提示符处输入 lynx 来启动它。要退出 lynx，只需要按 Q 键。终端的右下角会提示确认退出 lynx。按回车键确认。

可以看出，通过 RPM 安装包很容易。但有时直接安装软件包可能更棘手，通常是由于失败或缺失的依赖关系。例如，lynx 包可能要求在成功安装 lynx 之前，要先在系统上安装 bash 包。

提示 通过挂载 ISO 文件，可以轻松访问第 2 章中使用的操作系统映像。例如，要在现有的/media/iso 目录中挂载名为 Fedora-Server-dvd-x86_64*.iso 的 Fedora DVD 映像，可输入以下命令。

```
# mount Fedora-Server-dvd-x86_64*.iso/media/iso/
```

通过以下各节的内容试图手动安装 gcc 包时，有些内容是必要的，因为它提供了一个了解后台工作情况的机会。而且，更重要的是，它会让人更好地欣赏稍后讨论的简单方法(dnf、yum、zypper 等)。

下面通过安装一个更复杂的包来了解如何利用 RPM 处理依赖关系。首先下载要安装的包。

(1) 严格来说，这个管理步骤不是必需的，但是强烈建议执行这些步骤；在运行最新版本的 Fedora 时尤其如此。

下面更新当前安装的所有软件包。在 dnf 程序中使用如下更新选项：

```
[master@localhost Downloads]$ sudo dnf -y update—nogpgcheck
```

这个过程可能需要一段时间——取决于有多少更新可用。

(2) 现在继续原始的目标。首先将最新版本的 gcc 下载到 Downloads 文件夹。

```
[master@fedora-server Downloads]$ dnf download gcc
```

(3) 试着输入以下命令，安装下载的 gcc 包。

```
[master@fedora-server Downloads]$ sudo rpm -ivh gcc-*.rpm
error: Failed dependencies:
     binutils >= * is needed by gcc-*.x86_64
     cpp = * is needed by gcc-*.x86_64
     glibc-devel >= * is needed by gcc-*.x86_64
       libisl.so.*()(64bit) is needed by gcc-*.x86_64
       libmpc.so.*()(64bit) is needed by gcc-*.x86_64
```

输出看起来不太好。可以看到，gcc-.*以及它的依赖项目依赖于其他一些包和库：binutils、cpp、glibc-devel、libisl.so.*和 libmpc.so.*。

(4) 找出包的名称并确定哪些包提供哪些功能的一种快速方法是在 dnf 命令中使用 whatprovides 选项。这就是揭秘具有神秘名称的库和包的方式。例如，确定哪个包提供了在前面的输出中缺失的 libmpc.so。输入：

```
[master@fedora-server Downloads]$ dnf whatprovides libmpc.so.*
libmpc-*   : C library for multiple precision complex arithmetic
Provide       : libmpc.so.3
```

在输出中，可以得知名为 libmpc 的包提供了所需的库。对于包名不明的任何依赖项，都需要这样做。

(5) 下面继续使用 dnf 下载这些依赖项：

```
[master@fedora-server Downloads]$ sudo dnf download --arch=x86_64 \
```

```
binutils cpp glibc-devel isl libmpc
```

(6) 目前已将必需的包收集到Downloads文件夹中。下面将新包添加到事务列表，并再次尝试。

```
[master@fedora-server Downloads]$ sudo rpm -ivh \
gcc* binutils* cpp* glibc-devel* isl* libmpc*
error: Failed dependencies:
binutils-gold >= * is needed by binutils-*.x86_64
        glibc = * is needed by glibc-devel-*.x86_64
        glibc-headers is needed by glibc-devel-*.x86_64
        glibc-headers = * is needed by glibc-devel-*.x86_64
        libxcrypt-devel >= * is needed by glibc-devel-*.x86_64
```

输出指出，仍然缺少一些依赖项，如binutils-gold*、glibc-headers*、libxcrypt-devel等。

提示 一次性安装、升级和删除多个RPM包的行为称为RPM事务，gcc包安装示例就是这么做的。

(7) 可继续手动找出所有依赖项，或者可节省一些时间，诱使dnf自动完成大多数乏味的工作。这可通过给dnf传递install和downloadonly 选项来实现。对于当前的gcc应用程序示例，命令就是：

```
[master@fedora-server Downloads]$ sudo dnf -y install gcc \
--downloadonly --downloaddir=$HOME/Downloads
```

完成后，Downloads文件夹将包含手动成功安装gcc应用程序需要的所有额外包！

(8) 下面尝试一个大型rpm事务来安装gcc以及它依赖的其他所有下载包。这次使用--upgrade(-U)选项，以防下载的依赖项比已经安装的对应版本更新。输入以下内容：

```
[master@fedora-server Downloads]$ sudo rpm -Uvh --replacepkgs *.rpm
…<OUTPUT TRUNCATED>…
6:libmpc-*            ################ [ 38%]
10:glibc-headers-*    ################ [ 63%]
12:glibc-devel-*      ################ [ 75%]
13:gcc-*              ################ [ 100%]
```

(9) 这是艰难的，但手动安装了GNU C编译器(gcc)安装包!

提示 通过RPM安装包时使用的一个流行选项是-U(用于升级)。当想要安装已经存在的软件包的新版本时，这特别有用。它简单地将已经安装的包升级到新版本。此选项还负责保留应用程序的任何自定义配置。

例如，如果已经安装了lynx-9-8.rpm，想升级到lynx-9-9.rpm，就可输入rpm -Uvh lynx-9-9.rpm。注意，可使用-U选项执行包的常规安装，即使没有升级，也是如此。

5.2.3 用RPM卸载软件(结束关系)

事情并没有像我们预期的那样发展。现在是时候结束这段关系了，需要将其从系统里清理出去。

清理是RPM真正擅长的一个领域。作为一个软件管理程序，这是它的一个关键卖点。RPM之所以能够很好地完成这一点，是因为它维护了各种本地数据库，其中存储了有关安装了什么、在何处和何时安装的丰富信息。

注意 这里有一个小小的警告。与Windows安装/卸载工具一样，RPM的奇妙功能也取决于软件包或供应商。例如，如果一个软件应用程序打包得很糟糕，它的删除脚本没有正确地格式化，那么即使在卸载后，这个包的一部分仍然可能留在系统上。这就是为什么应该始终只从可信任的来源获得软件的原因之一。

用 RPM 删除软件是非常容易的，可以在一个步骤中完成。例如，要删除前面安装的 lynx 包，只需要使用-e 选项，如下所示。

```
[master@fedora-server ~]$ sudo rpm -e lynx
```

如果一切正常，这个命令通常不会提供任何反馈。要获得卸载过程的详细输出，可在命令中添加 -vvv 选项。

RPM 的一个方便特性是，它还可防止删除其他包所需的包。例如，如果试图删除 kernel-headers 包(回顾一下，前面安装的 gcc 包依赖于它)，命令如下：

```
[master@fedora-server ~]$ sudo rpm -e kernel-headers
error: Failed dependencies:
kernel-headers >= * is needed by (installed) glibc-headers-*
```

注意 记住 glibc-headers *包也需要 kernel-headers 包，RPM 将尽力帮助维持一个稳定的软件环境。但如果坚持删除该包，RPM 也允许这样做。

例如，如果想强制执行 kernel-headers 包的卸载，可以在卸载命令中添加--nodeps 选项，如下所示。

```
[master@fedora-server ~]$ sudo rpm --nodeps -e kernel-headers
```

5.2.4 RPM 的其他功能

除了使用 RPM 执行包的基本安装和卸载之外，可用它做其他许多事情。本节将介绍其他一些功能。

1. 验证包

RPM 工具可用来验证包。验证工作过程如下：RPM 在数据库中查找包信息，这被认为是真相的来源。然后，它将该信息与系统上的实际二进制文件和其他文件进行比较。

在当今非常注重安全的世界中，这种测试有助于立即指出，是否有人篡改了安装在系统上的软件。例如，要验证 bash 包是否正常，可输入以下命令：

```
[master@fedora-server ~]$ rpm -V bash
```

没有任何输出是好消息。

还可验证安装了特定包的文件系统上的特定文件。例如，要确认/bin/ls 命令是否有效，可输入以下内容：

```
[master@fedora-server ~]$ rpm -Vf /bin/ls
```

这次，没有任何输出是好消息。

如果存在错误(例如，/bin/ls 命令被一个无用版本所替代)，验证输出如下：

```
[master@fedora-server ~]$ rpm -Vf /bin/ls
SM5....T. /usr/bin/ls
```

如果出现错误，如本例所示，RPM 会指出哪些测试失败了(一些错误代码的含义见表 5-1)。一些示例测试包括 MD5 校验和测试、文件大小和修改时间。这里的关键是，RPM 也可以是安全技术箱中一个有价值的附件。

表 5-1 汇总了各种错误代码及其含义。

表 5-1　RPM 验证错误属性

代码	含义
S	文件大小不同
M	模式不同(包括权限和文件类型)
5	MD5 总和不同
D	设备主/副号码不匹配
L	readLink-path 不匹配
U	用户所有权不同
G	组的所有权不同
T	修改时间(mtime)不同

可使用以下命令验证系统上安装的所有包：

```
[master@fedora-server ~]$ rpm -Va
```

该命令验证系统上安装的所有包——可能包含很多文件！因此，可能需要一些时间来完成。

2. 包的有效性

RPM 的另一个特性是允许对包进行数字签名。这提供了一种内置的身份验证机制，允许用户确定他们拥有的包确实是由预期的受信任方打包的，并且包没有在沿途某个地方被篡改。

有时需要手动告诉系统，应该相信谁的数字签名。这解释了为什么在尝试安装包时可能看到一些警告消息(例如：lynx-*.rpm: Header V3 RSA/SHA256 Signature, key ID 34ba*: NOKEY)。

为防止此警告消息，可能需要将 Fedora 的官方数字密钥导入系统的密钥环中，用自己的 Fedora 版本替换<VERSION>：

```
[master@fedora-server ~]$ sudo rpm --import \ /
etc/pki/rpm-gpg/RPM-GPG-KEY-fedora-<VERSION>
```

可能还必须将其他供应商的密钥导入密钥环中。

为特别确保拥有的本地密钥是有用的，可直接从供应商的 Web 站点导入密钥。在 https://getfedora.org/security/可找到 Fedora 当前包签名密钥的清单。例如，要直接从 Fedora 的项目站点导入 Fedora 的 GPG 密钥，执行下面的命令：

```
[master@fedora-server ~]$ sudo rpm --import \
https://getfedora.org/static/fedora.gpg
```

要列出所有导入 RPM 并被 RPM 信任的签名密钥，输入以下内容：

```
[master@fedora-server ~]$ rpm -q gpg-pubkey \
--qf '%{NAME}-%{VERSION}-%{RELEASE}\t%{SUMMARY}\n'
```

表 5-2 列出一些常用的 RPM 命令选项，这里提供的内容仅用于快速参考。

表 5-2　常见的 RPM 选项

命令行选项	说明
--install	安装一个新包
--upgrade	升级到新版本的软件包
--erase	删除或擦除已安装的包
--query	用于查询或检索有关已安装(或已卸载)包的各种属性信息

(续表)

命令行选项	说明
--force	告诉RPM放弃任何健全性检查，RPM必须按要求执行操作。要小心使用这个选项。通常，如果安装一个奇怪的或不寻常的包版本，而RPM的安全措施试图阻止这样做，则使用该选项
-h	打印散列标记，以指示安装过程中的进度。与-v选项一起使用，会得到很好的显示
--percent	打印完成的百分比，以指示进度或状态
-nodeps	如果RPM报告缺少依赖项文件，但希望安装仍然进行，该选项将导致RPM不执行任何依赖项检查
-q	查询RPM系统的信息
--test	在不执行实际安装的情况下检查安装是否成功。如果它预见到问题，就会显示出来
-V	在系统上验证RPM或文件
-v	告诉RPM要详细说明它的动作

5.3 Yum

Yum是一个流行的打包/更新工具，用于管理Linux系统上的软件。它基本上是一个RPM包装程序，具有很大的可用性。它已经存在了一段时间，现在已经相当成熟。Yum改变并增强了在基于RPM的系统上管理包的传统方法。Yum项目的网页给出如下的描述(http://yum.baseurl.org/)：

Yum是一个针对RPM系统的自动更新和包安装/删除程序。它会自动计算依赖关系并计算出安装包时应该发生的事情。它使得机器组的维护变得更容易，而不必使用RPM手动更新每台机器。

这个总结是一种保守的说法。此外，Yum还可做很多事情。一些Linux发行版严重依赖于Yum提供的功能。

只要在受支持的系统上安装Yum，使用它就很简单。主要需要一个配置文件(/etc/yum.conf)。其他配置文件可存储在/etc/yum.repos.d/目录下，指向其他支持Yum的软件存储库。幸运的是，一些Linux发行版(如Fedora、CentOS和RHEL)已经安装和预配置了Yum。

在支持Fedora的系统(或较旧的Red Hat发行版)上使用Yum安装一个名为gcc的包，例如，可在命令行上输入：

```
[master@fedora-server ~] $ sudo Yum install gcc
```

Yum将自动处理包可能需要的任何依赖项，并自动安装包。

Yum还有广泛的搜索功能，即使不知道软件包的正确名称，只要知道名称的一部分，也可以帮助找到它。例如，如果想搜索名称中含有单词headers的所有包，可尝试下面的Yum选项。

```
[master@fedora-server ~]$ Yum search headers
```

这会返回一个很长的匹配列表。然后可查看列表，并选择想要的软件包。

注意 默认情况下，Yum尝试访问位于Internet上某个地方的存储库。因此，为了充分利用Yum，系统必须连接网络，并能访问Internet或本地管理的其他存储库。

5.4　DNF

DNF 是新的软件包管理器，用于取代 Red Hat 类型的发行版上的 Yum。它的特性与 Yum 兼容，支持的选项与 Yum 的几乎相同，这使得熟悉 Yum 用户可以轻松地使用它。在命令行上使用该程序时，Yum 的用户应该能将所有包管理需要的单词 yum 替换为单词 dnf。

相对于 Yum，DNF 提供以下改进，旨在克服 Yum 的弱点。

- 更好的性能，内存占用小
- 更快、更简单的包管理器
- 更小的代码库
- 更好地支持插件

在 Fedora 系统(或其他任何 Red Hat 类型的发行版)上使用 DNF 安装一个名为 gcc 的包，例如，可在命令行输入：

```
[master@fedora-server ~]$ sudo dnf install gcc
```

DNF 会自动处理包可能需要的任何依赖项，并自动安装包——甚至比 Yum 更快。

与 Yum 一样，DNF 也具有广泛的搜索功能，只需要知道名称的一部分，就可以帮助找到包或提供库的包。例如，如果想为名为 libmpfr.so.8 的库文件搜索所有存在库依赖问题的包。可尝试这样的 dnf 命令：

```
[master@fedora-server ~]$ dnf whatprovides libmpfr.so.*
```

提示　类似于 Red Hat 的发行版，如 Fedora 和 CentOS，利用一个称为包组的系统，将提供特定功能的包聚在一起。一个流行的示例组称为“C 开发工具和库”，它包括常用的开发工具，如 gcc、make 等。在本章后面从源代码构建 hello 程序时，需要这些工具中的一些。整个软件包组的安装方式如下。

```
# dnf groupinstall --nogpgcheck "C Development Tools and Libraries"
```

5.5　GUI RPM 包管理器

对于那些喜欢优秀 GUI 工具来帮助简化生活的人，有几种具有 GUI 前端的包管理器可用。在基于 Red Hat 的发行版上，这些美观的 GUI 前端之后的所有繁重工作都由 RPM 完成。GUI 工具允许做很多事情，而不必强迫记住命令行参数。下面列出各种发行版或桌面环境附带的一些更流行的工具。

5.5.1　Fedora 或 Ubuntu

GNOME 是 Fedora 或 Ubuntu 发行版上的默认桌面环境；因此，这两种 GUI 的设计语言看起来非常相似。通过在键盘上按 Alt+F2 键，在 Enter A Command 文本框中输入 gnome-software，然后按回车键，就可以启动 GUI 包管理工具(参见图 5-1)。

图 5-1　Fedora GUI 包管理器

也可在命令行上输入如下命令，启动 Fedora 包管理器。

```
[master@server ~]$ gnome-software
```

5.5.2　openSUSE 和 SLE

在 openSUSE 和 SUSE Linux Enterprise(SLE)中，大多数系统管理任务可通过一种叫做 YaST(Yet another Setup Tool)的工具来完成。YaST 由不同模块组成。为在系统上以图形方式添加和删除包，相关模块称为 sw_single。要从运行 SUSE 发行版的系统的命令行启动这个模块，需要输入以下命令：

```
opensuses -server: ~ # yast2 sw_single
```

5.6　Debian 软件包管理系统

Debian 软件包管理系统(DPMS)是用于管理 Debian 和类 Debian 系统上的软件的框架。与任何软件管理系统一样，DPMS 提供了易于安装和删除软件包的功能。Debian 软件包名称以.deb 扩展名结尾。

DPMS 的核心是 dpkg (Debian 软件包)应用程序(工作在系统后端)，以及其他一些与之交互的命令行工具和 GUI 工具。Debian 中的软件包被亲切地称为“.deb 文件”。dpkg 可直接操作.deb 文件。已经开发了其他各种包装器工具，来直接或间接地与 dpkg 交互。

APT

APT 是一套备受尊崇的高级工具集，是直接与 dpkg 交互的包装器工具。APT 实际上是一个编程函数库，其他中间工具(如 apt -get 和 apt -cache)使用它在类 Debian 系统上操作软件。已经开发了几个依赖于 APT 的用户域应用程序(用户域指的是非内核程序和工具)。这类应用程序的例子有 synaptic、aptitude 和 dselect。用户域工具通常更加用户友好。APT 还被成功地移植到其他操作系统上运行。

APT 和 dpkg 之间的一个细微区别是 APT 不直接处理.deb 包；相反，它通过配置文件中指定的位置(存储库)来管理软件。主文件是 sources.list。APT 实用程序使用 sources.list 文件来定位系统上使用的包分发系统的存档(或存储库)。

作为系统管理员，可以选择使用哪种工具进行软件管理，可根据可用工具的舒适度以及自己的熟悉程度进行选择！

图 5-2 显示了所谓的“DPMS 三角形”。三角形顶端的工具(dpkg)是最钝的、功能强大，其次是最容易使用的(APT)，然后是用户友好的用户域工具。

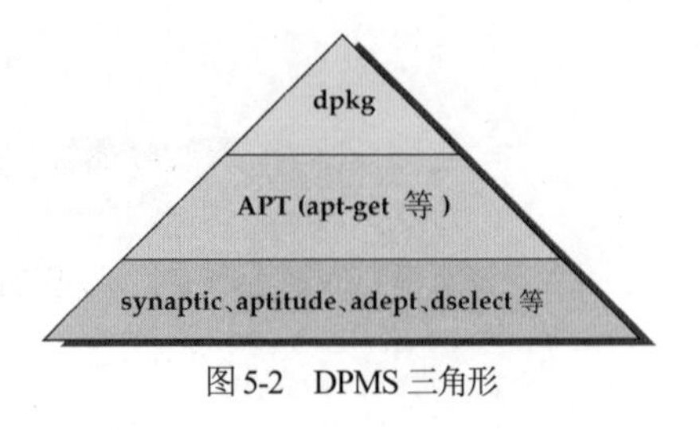

图 5-2　DPMS 三角形

5.7　Ubuntu 中的软件管理

如前所述，类似 Debian 的发行版(如 Ubuntu)中的软件管理是使用 DPMS 和围绕它构建的所有附属应用程序(如 APT 和 dpkg)完成的。本节将讲述如何在 Ubuntu 上执行基本的软件管理任务。

5.7.1　查询信息

在 Ubuntu 服务器上，可使用以下命令列出当前安装的所有软件：

```
master@ubuntu-server: ~ $ dpkg - l
```

使用下述命令获取已安装 Bash 包的基本信息：

```
master@ubuntu-server:~$ dpkg -l bash
```

使用下述命令获取已安装 Bash 包的详细信息：

```
master@ubuntu-server:~$ dpkg --print-avail bash
```

要查看 Bash 包附带的文件列表，输入以下命令：

```
master@ubuntu-server:~$ dpkg-query -L bash
```

dpkg 的查询功能是广泛的。可使用 DPMS 查询有关包的特定信息。例如，要确定已安装的 Bash 包的大小，可以输入：

```
master@ubuntu-server: ~$ dpkg-query      -W \
 --showformat='${package} ${installed - size} \n' bash
```

5.7.2　在 Ubuntu 中安装软件

在 Ubuntu 系统上安装软件有几种方法。可使用 dpkg 直接安装.deb 文件，也可以使用 apt-get(或简单地使用 apt) 安装 Internet 或本地 Ubuntu 存储库中可用的任何软件。可从 http://linuxserverexperts.com/8e/chapter-05.tar.xz 下载 Ubuntu 发行版可用于本节的相关文件副本。

要继续学习，使用这个包，只需要下载文件、解压缩其内容、找到所需的文件并使用它(详见前面的 RPM 示例)。

注意　在系统上安装和卸载软件被认为是一种管理或特权功能。因此，对于任何需要超级用户特权的命令，只要该命令由普通用户运行，前面都会有 sudo 命令。

sudo 命令可用于在特权用户(或其他用户)的上下文中执行命令。另一方面，查询软件数据库不是特权功能。

要使用 dpkg 安装一个名为 joe_*.deb 的.deb 包，可在下载并解压到的目录中找到它，输入：

```
master@ubuntu-server:~/chapter-04$ sudo dpkg --install joe_*.deb
```

使用 apt-get 安装软件稍微容易一些，因为 APT 通常会自动处理任何依赖问题。唯一要注意的是在 sources.list 文件(/etc/apt/sources.list)中配置的存储库必须可通过 Internet 或本地访问。

要使用 apt-get 自动下载并安装名为 lynx 的包，输入：

```
master@ubuntu-server:~$ sudo apt-get -y install lynx
```

表 5-3 列出一些常见的 apt-get 选项。

表 5-3 常见的 apt -get 选项

命令	说明
update	检索包的新列表
upgrade	执行升级
install	安装新包
remove	删除包
autoremove	自动删除所有未使用的包
purge	清除软件包和配置文件
dist-upgrade	发行版升级
check	检查是否没有损坏的依赖项

提示 类似 Debian 的发行版(如 Ubuntu)有时会将具有共同目的的特定包组合在一起，称为元包。一个非常有用的元包叫做 build-essential，它包含常用的开发工具，如 gcc、make 和 g++。在稍后从源代码进行构建时，需要其中一些单独的应用程序。安装 build-essential 十分简单，只需要运行以下命令：

```
# apt-get -y install build-essential
```

5.7.3 在 Ubuntu 中删除软件

在 Ubuntu 中使用 dpkg 卸载软件(如 lynx)非常简单，只需要输入以下命令即可：

```
master@ubuntu-server:~$ sudo dpkg --remove lynx
```

还可使用 apt-get 通过 remove 选项删除软件。要使用 apt-get 删除 lynx 包，输入：

```
master@ubuntu-server: ~$ sudo APT -get remove lynx
```

用 APT 卸载软件的一种不太常用的方法是使用 install 开关，然后在要删除的包名后面附加一个减号(-)。当希望一次性安装和删除另一个包时，这将非常有用。

要删除已经安装的 joe 包，并使用此方法同时安装另一个名为 lynx 的包，输入以下命令：

```
master@ubuntu-server:~$ sudo apt-get install lynx joe-
 …….
Reading state information... Done
The following packages will be REMOVED:
joe
The following NEW packages will be installed:
lynx
<.....OUTPUT TRUNCATED....>
```

APT 可以很容易地从系统中完全删除(或清除)软件和任何附加配置文件。假设想要从系统中完全删除 lynx 应用程序，可以输入：

```
master@ubuntu-server:~$ sudo apt-get --purge remove lynx
```

基于 Debian 系统(Ubuntu)的 GUI 包管理器

一些 GUI 和菜单驱动的软件管理工具可在基于 Debian 的发行版如(Ubuntu)上使用。对于桌面类系统，默认情况下安装 GUI 工具。

Ubuntu 中比较流行的一些 GUI 工具是 synaptic 和 adept。

Ubuntu 中也有一些工具不是完全的 GUI，但提供了与它们的胖 GUI 相似的易用性。这些工具是基于控制台或基于文本和菜单驱动的。这类工具的例子有 aptitude(参见图 5-2)和 dselect。

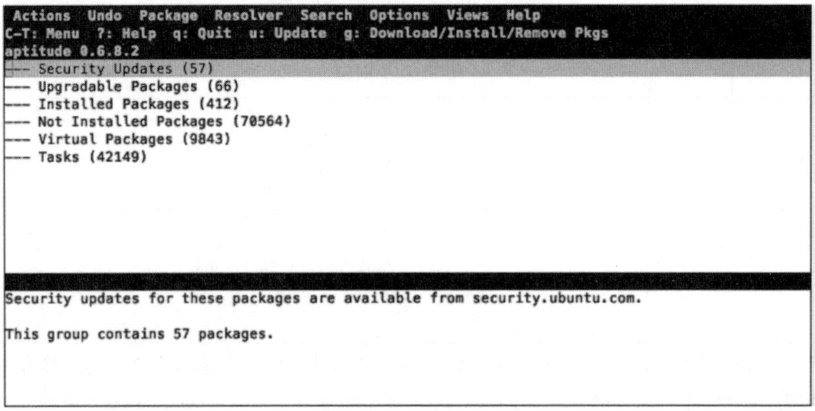

```
 Actions  Undo  Package  Resolver  Search  Options  Views  Help
C-T: Menu  ?: Help  q: Quit  u: Update  g: Download/Install/Remove Pkgs
aptitude 0.6.8.2
--- Security Updates (57)
--- Upgradable Packages (66)
--- Installed Packages (412)
--- Not Installed Packages (70564)
--- Virtual Packages (9843)
--- Tasks (42149)

Security updates for these packages are available from security.ubuntu.com.

This group contains 57 packages.
```

图 5-2　aptitude 包管理器

5.8　编译和安装 GNU 软件

开源软件的一个关键好处是可以访问源代码；即使开发人员选择停止处理它，你也可以继续使用。如果发现问题，自己(或其他人)可以解决。换句话说，可控制局面，而不是听任无法控制的商业开发商摆布。但拥有源代码意味着也需要能编译它。否则，我们所拥有的就是一堆文本文件！

虽然本书中几乎所有的软件都有 RPM 或.deb 格式，但我们将探索从源代码编译和构建软件的过程。这样做的好处是允许选择编译时选项，而这是使用预构建 RPM 无法轻松做到的。此外，可针对特定的体系结构(如 Intel x86)编译 RPM，但如果在本地(如 Peta-extra-Tera-Core-class CPU)编译，那么相同的代码可能运行得更好。

本节将逐步完成编译 hello 包的过程，这是一个 GNU 软件包，乍一看似乎毫无用处，但它的存在是有充分理由的。大多数 GNU 软件遵循标准的编译和安装方法；hello 包尝试遵循这个标准，因此是一个很好的示例。

5.8.1　获取并解压源包

尽管其他关系给我们留下了不好的印象，但我们仍准备再次尝试。也许事情并没有完全解决，因为有太多的其他因素需要处理——RPM 有无数的选项和看起来令人费解的语法。所以，旧的淘汰，新的引进。如果能更好地控制事情的进展，也许这次会更幸运。虽然有点复杂，但直接使用源代码会更多地控制软件和过程。

源代码形式的软件通常以 tar 形式提供——也就是说，它的各个文件被归档为一个大文件，然后进行压缩。通常用于完成此任务的工具是 tar，它处理将多个文件组合成单个大文件的过程，以及其他处理压缩任务的实用工具(如 gzip、xz 等)。

注意 通常，会选择一个目录来构建和存储 tar 包。这允许系统管理员将每个 tar 包保存在一个安全的地方，以备以后需要从中提取一些内容时使用。它还让所有管理员知道，除了基本系统之外，系统上还安装了哪些包。一个很好的目录选择是/usr/local/src，因为从源代码和本地安装到系统的软件通常安装在/usr/local 中。

下面尝试一步一步地安装 hello 包。首先获得源代码的副本。

我们开始使用 wget 实用程序从网站 www.gnu.org/software/hello(或直接从 http://ftp.gnu.org/gnu/hello/hello-2.10.tar.gz)下载 hello 程序的最新副本。本例使用 hello 版本 2.10 (hello-2.10.tar.gz)。该文件临时保存到当前用户的 Downloads 目录。输入以下内容：

```
master@server:~$ wget -P $HOME/Downloads \
http://ftp.gnu.org/gnu/hello/hello-2.10.tar.gz
```

下载文件后，需要对其进行解压。当解压缩时，通常会为它的所有文件创建一个新目录。例如，hello-hello-2.10.tar.gz 创建 hello-2.10 子目录。大多数包都遵循这个标准。如果发现一个包没有遵循它，那么最好创建一个具有合理名称的子目录，并将所有未打包的源文件放在其中。这允许同时发生多个构建或版本，而没有冲突的风险。

将当前工作目录改为~/Downloads/目录，将文件下载并保存到该目录下。

```
[master@server ~]$ cd ~/Downloads
```

接下来，使用 tar 命令解包和解压 hello 归档：

```
[master@server Downloads]$ tar -xvzf hello-2.10.tar.gz
hello-2.10/
hello-2.10/build-aux/
....<OUTPUT TRUNCATED>....
hello-2.10/NEWS
hello-2.10/README-release
```

这个 tar 命令中的 z 参数在解压缩过程发生之前调用 gzip 解压缩文件。参数 v 告诉 tar 显示它正在解压缩的文件的名称。通过这种方式，就能确定所有源代码都在其中解压缩的目录的名称。

注意 你可能遇到以.tar.bz2 扩展名结尾的源代码归档。Bzip2 是另一种流行的压缩算法，而 GNU tar 支持在命令行中使用 y 或 j 选项(而不是 z 参数)对其进行解压缩。

在解压缩期间，应该已经自动创建了一个名为 hello-2.10 的新目录。切换到新目录并列出其内容：

```
[master@server Downloads]$ cd hello-2.10; ls
```

5.8.2 寻找文档

目前已经找到了对方(通过 Internet)。现在看一下对方是否有任何特殊需求(文档)。

寻找软件文档的好地方是软件目录树的根目录。一旦进入包含所有源代码的目录，就开始查找文档。

注意 一定要阅读源代码附带的文档！如果有任何特殊的编译说明、注释或警告，很可能都写在这里。

那么，有哪些相关的文件呢？这些文件通常有如下名称：README、INSTALL、README.1ST、README.NOW等。开发人员还可能在一个名为docs的目录中拥有文档。

README 文件通常包括包的描述、对附加文档的引用(包括安装文档)以及对包作者的引用。INSTALL 文件通常包含编译和安装包的说明。当然，这些都不是绝对的。每个包都有自己的怪癖。最好列出目录内容，并查找其他文档的明显标志。有些包使用不同的大小写，如readme、README、ReadMe等；请记住，Linux是区分大小写的。

当进入/usr/local/src/hello-2.10目录时，使用分页器(如less或more)查看hello程序附带的INSTALL文件，如下所示：

```
[master@server hello-2.10]$ less INSTALL
```

在读取完文件后，输入q，退出分页器。

5.8.3　配置包

配置包时，都希望关系有效，并且可能比以前的关系持续更久。因此，现在是建立指导方针和预期的好时机。

大多数软件包都带有一个自动配置脚本；除非文档中另有说明，否则可以放心地认为是这样做的。这些脚本通常名为configure(或config)，它们可以接收参数。在所有配置脚本中，都有少量的储备参数可用，但有趣的事情是在一个程序一个程序的基础上发生的。每个包都有一些可以启用或禁用的特性，或者在编译时设置特殊值，并且必须通过configure设置。

要查看软件包附带了哪些配置选项，只需要运行：

```
[master@server hello-2.10]$ ./configure   --help
```

help前面是两个连字符。

注意　一个常用选项是--prefix。此选项允许设置安装包的基本目录。默认情况下，大多数包默认使用/usr/local。包中的每个组件将安装到/usr/local中的适当目录中。

如果对configure脚本提供的默认选项满意，请输入以下内容：

```
[master@server hello-2.10]$ ./configure
 checking whether build environment is sane... yes
checking for gawk... gawk
checking for gcc... gcc
...<OUTPUT TRUNCATED>...
config.status: creating po/Makefile
```

使用希望设置的所有选项，运行configure脚本将创建一个特殊类型的文件，称为Makefile。Makefile是编译阶段的基础。通常，如果configure失败，将无法获得Makefile。确保configure命令确实完成，没有任何错误。

5.8.4　编译包

尽管这一阶段在约会期间并不适用，但可能认为它与盲目恋爱期间很相似，那时所有的事情都是匆匆而过，很多事情都是无法解释的。

要编译hello包，只需要运行make，如下所示。

```
[master@server hello-2.10]$ make
```

make工具读取由configure脚本创建的Makefile中的指令。这些文件告诉make编译哪些文件以及编译它们的顺序——这是至关重要的，因为可能有数百个源文件。根据应用程序的复杂性、系统的速度、可用内存以及它执行其他任务的繁忙程度，编译过程可能需要一段时间才能完成，所以不要感到惊讶。

在 make 工作时，它将显示正在运行的每个命令以及与之关联的所有参数。这个输出通常是编译器的调用，以及传递给编译器的所有参数——这是非常乏味和无趣的东西，大多数人只是忽略!

如果编译过程顺利进行，就不会看到任何错误消息。大多数编译器错误消息都很清楚，所以不必担心可能会错过错误。如果确实看到了错误，不要惊慌。大多数错误消息并不反映程序本身的问题，而是通常以某种方式反映系统的问题。通常，这些消息是不适当的文件权限或找不到所需的文件、库或可执行文件的结果。

通常，放慢速度并读取错误消息。即使格式有点奇怪，它也可以用简单的英语解释错误所在，从而允许快速地修复它。如果错误仍然令人困惑，请查看包附带的文档，看看是否有可寻求帮助的邮件列表或电子邮件地址。大多数开发人员都非常乐意提供帮助，但是需要记住要友好，并且切中要点；换句话说，不要以咆哮“为什么这个软件很糟糕？”作为电子邮件的开始!

5.8.5 安装包

安装软件包之后，几乎完成了所有其他工作。找到了合作伙伴，进行了研究和编译。现在是时候移动了——再一次!

与编译阶段不同，安装阶段通常进展顺利。另外，与前面的步骤不同的是，如果要在系统范围内安装程序，则需要使用提升的(超级用户)特权来执行安装阶段/步骤。大多数情况下，一旦编译成功完成，就只需要运行以下代码：

```
[master@server hello-2.10]$ sudo make install
```

这将把包安装到由前面的 configure 脚本使用的默认 prefix(或--prefix)参数指定的位置。

它将启动安装脚本(通常嵌入到 Makefile 中)。由于 make 在执行命令时显示每个命令，因此将看到大量文本飞快地掠过。别担心——这很正常。除非看到错误消息，否则包将被安全安装。

如果确实看到了错误消息，很可能是因为权限问题。查看失败前试图安装的最后一个文件，然后检查放置文件需要的所有权限。这个步骤可能需要使用 chmod、chown 和 chgrp 命令。

警告 如果要安装的软件是用于系统范围内的可用软件，那么 make install 阶段几乎总是需要超级用户(根用户)执行的阶段。因此，大多数安装说明将要求在执行此步骤之前成为 root 用户。

另一方面，如果普通用户把软件包编译和安装到一个目录是为个人使用，用户拥有完全权限(例如，通过指定--prefix=/home/<USERNAME>/local/)，那么没必要成为根用户来运行 make install 阶段。

5.8.6 测试软件

管理员常犯的一个错误是完成了配置和编译的过程，但当他们安装软件时，却没有测试软件以确保它正常运行。如果软件是由非根用户使用的，那么也需要以常规用户的身份测试软件。

这里的示例将运行 hello 命令来确认权限是正确的，以及用户在运行程序时不会出现问题。

假设接受了 hello 程序的默认安装前缀(相关文件将位于/usr/local 目录下)，使用程序二进制文件的完整路径来执行它：

```
[master@server hello-2.10]$ /usr/local/bin/hello
Hello, world!
```

提示 作为根用户登录时，可以使用 su 程序临时成为常规用户，并测试应用程序的功能。例如，要作为用户 yyang 测试 hello 程序，输入以下内容:

```
[root@server hello-2.10]# su yyang -c /usr/local/bin/hello
```

这样就完成了。

5.8.7 清理

一旦安装了包，就可以进行一些清理，以删除在安装期间创建的所有临时文件。因为有原始的源代码压缩文件，所以可以删除编译源代码时所在的整个目录。对于 hello 程序，应该删除/usr/local/src/hello-2.10。

使用 rm 命令删除 hello 应用程序的整个源代码和构建目录，如下所示：

```
[master@server hello-2.10]$ sudo rm -rf /usr/local/src/hello-2.10
```

rm 命令(特别是带有-rf 参数的命令)是危险的！它递归地删除整个目录，而不会停下来检查任何文件。它在由根用户运行时尤其有效——它会先发出命令，以后允许提问。

为防止删除从中提取程序源代码的原始 tar 文件，可运行以下命令。

```
[master@server src] # rm - f /usr/local/src/hello-2.10.tar.gz
```

用捆绑方法安装应用程序

可以使用本章前面提到的捆绑方法，安装类似的 hello 应用程序以及其他许多在 https://snapcraft.io 打包和提供的应用程序。例如，在安装了 snapd 程序的 Ubuntu 发行版上，可以输入以下内容，来搜索与 hello-world 匹配的快照:

```
$ snap find hello-world
```

一旦找到想要的快照，就可以安装它：

```
$ sudo snap install hello-world
```

运行如下命令，可列出新安装的快照以及任何现有快照：

```
$ snap list
```

刚才安装的 hello-world 快照就可以执行，如下：

```
$ /snap/bin/hello-world
```

5.9 从源代码中构建时的常见问题

GNU hello 程序似乎不是一个有用的工具，但它提供的一个价值是在系统上测试编译器的能力。如果刚完成了升级编译器的任务，那么编译这个简单的程序将提供完整性检查，看看编译器是否真的在工作。

以下是从源代码中构建时可能遇到的其他一些问题(及其解决方案)。

5.9.1 库的问题

可能会遇到的一个问题是程序找不到 libsomething.so 类型的文件，因此终止。这个文件是一个库。Linux 库是 Windows 中的动态链接库(dll)的同义词。它们存储在 Linux 系统上的几个位置，通常位于/usr/lib/、/usr/lib64/和/usr/local/lib/中。

如果在标准位置以外的地方安装了一个软件包，该软件包提供了其他程序所需的库，那么必须配置系统或 shell，以确定在哪里查找这些新库。

注意 Linux 库可以位于文件系统的任何位置。例如，当必须使用 NFS 在网络客户端之间共享一个目录(在本例中是软件)时，就会看到这种方法的有用性。这种设计使其他联网用户或客户端能轻松地运行和使用驻留在网络上的软件或系统库。

在 Linux 系统上有两种配置库的方法。一种方法是通过添加新库的路径修改/etc/ld.so.conf，另一种方法是将应用程序的自定义配置文件放在/etc/ld.so.conf.d /目录中。完成此操作后，使用 ldconfig -m 命令加载新配置。

还可使用 LD_LIBRARY_PATH 环境变量保存库目录列表，以便查找库文件。有关更多信息，请阅读 ldconfig 和 ld.so 的手册页。

5.9.2 缺少配置脚本

有时，会下载一个包，解压缩它，并立即输入 cd 进入其目录，并运行./configure。当看到消息“没有这样的文件或目录”时，可能会感到震惊。如本章前面所述，请阅读随软件打包的 README 和 INSTALL 文件。通常，软件的作者会至少提供这两个文件中的一个。从版本控制系统(如 git、svn、mercurial 等)直接获得的包的源代码有时可能附带一个 autogen.sh 脚本，可运行该脚本来代替配置，或在需要时生成丢失的配置文件。

5.9.3 被破坏的源代码

不管做什么，有可能拥有的源代码只是被破坏了，唯一能使其工作或使其有意义的人是原始作者或其他软件开发人员。在得出这个结论并认输之前，可能已经花费了无数的时间来编译和构建应用程序。

也有可能程序的作者没有记录一些有价值的或相关的信息。这种情况下，可尝试查看特定 Linux 发行版的应用程序是否已经存在以 RPM、.deb 文件等形式预编译的二进制文件。

5.10 小结

本章探索了流行的 RPM 和 DPMS 的常见功能。通过查询、安装和卸载示例包，使用了各种选项操作 RPM 和.deb 包。

我们学习并探索了使用纯命令行工具的各种软件管理技术。还讨论了在流行的 Linux 发行版上使用的一些 GUI 工具。GUI 工具类似于 Windows 的“添加/删除程序”控制面板——只需要单击即可。这一章还谈到了 Linux 发行版中其他流行的软件管理系统——DNF、APT、Yum 和 snapd。

以 GNU hello 开放源码程序为例，我们完成了源代码配置、编译和构建软件所涉及的步骤。

第6章 管理用户和组

Linux 从一开始就被设计成多用户操作系统，但是如果没有用户，多用户操作系统就没有多大用处！这就很好地引出了本章的主题——在 GNU/Linux 中管理用户和组。

在共享的计算机系统上，系统管理员通常负责创建、管理和删除用户账户。用户访问系统上资源的能力由与该用户关联的权限决定。与每个用户关联的是一些“包袱”，其中可以包括文件、进程、资源和其他信息。在处理多用户系统时，系统管理员需要了解用户(以及用户的“包袱”)和组是由什么组成的，它们如何相互作用，以及它们如何影响可用的系统资源。

本章将研究在单个主机上管理用户的技术。首先探索用户和组信息的传统本地数据存储，然后研究可用于自动管理数据存储的系统工具。

6.1 用户的构成

在 Linux 下，每个文件和程序都必须由一个实体或用户拥有。这个实体可以是人、守护进程、事物、组等。每个用户都有一个唯一的标识符，称为用户 ID (UID)。每个用户还必须至少属于一个组(用户集合)。用户可能属于多个组。组也有唯一的标识符，称为组 ID。

运行中的程序继承调用它的用户的权限(这个规则的一个例外是 SetUID 和 SetGID 程序，稍后将详细讨论)。

每个用户的权限可通过两种方式之一来定义：作为普通用户的权限或作为超级用户的权限。普通用户只能访问他们拥有的或已被允许访问的内容；授予权限是因为用户属于文件的组，或者是因为所有用户都可访问该文件。超级用户可访问系统中的所有文件和程序，根用户是超级用户的典型例子，这两个术语有时可以互换使用。

如果习惯了 Windows，就可以在 Windows 的用户管理概念和 Linux 的用户管理概念之间进行一些比较。例如，Linux UID 可与 Windows SID(安全标识符)相媲美。与 Microsoft Windows 相反，默认的 GNU/Linux 安全模型过于简单：要么是根用户，要么不是。尽管它不太常见，但也可以在 Linux 中使用访问控制列表(ACL)，来实现更细粒度的访问控制，就像在 Windows 中一样。

6.2 保存用户信息的位置

如果已经习惯 Microsoft Windows Server 环境中的用户管理，那么肯定会熟悉 Active Directory (AD)，它负责用户和组数据库的细节(LDAP、SID、对象、Kerberos 等)。相反，Linux 采用传统 UNIX 的方式，将所有用户信息保存在纯文本文件中。这是有益的，原因很简单，它允许更改用户信息，而不需要任何复杂或专门的工具，只需要一个简单的文本编辑器！

不过，刚接触 Linux 管理的人不必担心文本编辑器！稍后将讨论大多数 GNU/Linux 发行版附带的许多简单而直观的用户管理工具。现在研究 Linux 中存储用户和组信息的文本文件。

注意　本章涵盖了存储和管理用户信息的传统 Linux/UNIX 方法。第 27 章将讨论在基于 Linux 的操作系统中存储和管理用户和组的其他机制。

6.2.1　etc/passwd 文件

/etc/passwd 文件存储用户的登录、加密的密码条目、UID、默认 GID、名称(有时称为 GECOS)、主目录和登录 shell。文件中的每一行都代表一个用户的信息。这些行由各种标准字段组成，每个字段由冒号分隔。图 6-1 展示了一个 passwd 文件的示例条目及各个字段。此后将讨论/etc/passwd 文件的字段。

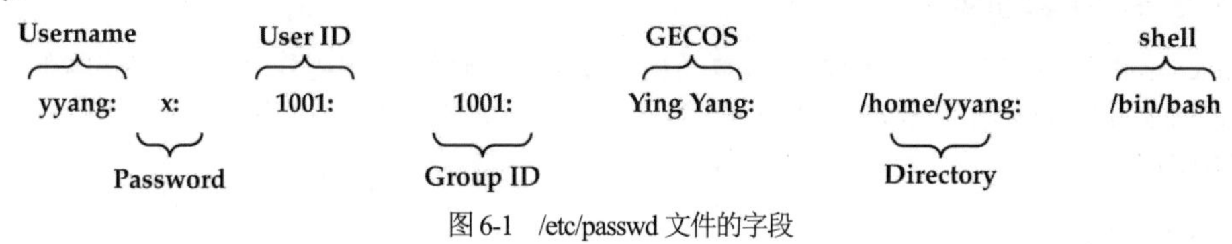

图 6-1　/etc/passwd 文件的字段

1. Username 字段

这个字段也被称为登录字段或账户字段。它在系统上存储用户名。用户名必须是唯一的字符串，并且唯一地标识系统中的用户。不同的站点使用不同的规则来生成人类用户登录名。

一种常见方法是使用用户名的首字母并附加用户的姓。这通常是可行的，因为一个组织拥有几个同姓名的用户的可能性较小。例如，如果用户名是 Ying，姓是 Yang，就可以指定用户名为 yyang。当然，也使用了这种方法的几种变体。

2. Password 字段

该字段包含用户的加密密码。在大多数现代 Linux 系统中，该字段包含一个字母 x，表示系统上使用了影子密码。因为安全性很重要，所以系统上的每个普通用户或人类账户都应该有一个良好且安全的密码。

密码和加密

大多数 GNU/Linux 发行版使用现代加密算法(如 Blowfish、SHA-512 等)加密和存储系统上的密码。总的来说，更强、更好的加密算法增加了破解密码的复杂性和难度。当然，所有这些都只在最终用户一开始就选择好密码的前提下才能工作！

过程如下：当用户在登录提示符处输入密码时，他们输入的密码将被加密。然后将加密的值与用户的密码/影子条目进行比较。如果两个加密值匹配，则允许用户登录系统。

提示　选择好的密码总是件麻烦事。用户必然会问：“那么，强大的系统管理员，怎样才能设置好的密码呢?”这里有一个很好的答案：一个非语言单词(不是英语，不是西班牙语，不是约鲁巴语；实际上，不是人类语言的单词)，最好是混合大小写、数字、标点符号和高熵——换句话说，一个看起来像杂音的字符串。

好吧，这一切都很美妙，但如果密码太难记住，大多数人很快就会放弃它的目的，把它写下来，放在容易找到的地方。所以最好让它令人难忘！一个好的技巧可能是选择一个短语，然后选择该短语中每个单词的第一个字母。因此，短语“coffee is VERY GOOD for you and me”变成了 ciVG4y&m。这句话是容易记住的，但得到的密码并不容易记忆！影子密码配置文件/etc/login.defs 可用于配置和执行各种密码参数。

3. User ID 字段(UID)

该字段存储一个唯一的编号，操作系统和其他应用程序使用该编号标识用户，并确定访问权限。它是 Username 字段的数字等效项。UID 对于每个用户都应该是唯一的。

UID 0(0)非常特殊，通常为根用户保留。UID 为 0 的任何用户都具有根(管理)访问权限，因此拥有系统的完全运行(控制)权限。允许任何其他用户或 UID 为 0 的用户被认为是不好的做法。

不同的 Linux 发行版有时会采用特定的 UID 编号方案。例如，较新的 Fedora 和 Red Hat Enterprise Linux (RHEL)、openSUSE 和 Ubuntu 发行版为用户 nobody 保留 UID 65534。

4. Group ID 字段(GID)

/etc/passwd 文件中的下一个字段是 GID 条目。它是用户所属的主组的数字等价。该字段还在确定用户访问权限方面发挥着重要作用。需要注意，除了主组外，用户还可属于其他组(将在第 6.2.3 节中详细介绍)。

5. GECOS

这个字段可为用户存储各种信息。它可以充当用户描述、全名(名和姓)、电话号码等的占位符。该字段是可选的，因此可以留空。通过简单地用逗号分隔不同的条目，还可以在该字段中存储多个条目。

注意　GECOS 是 General Electric Comprehensive Operating System 的首字母缩写，是早期计算的产物。

6. Directory

这通常是用户的主目录，也可以是系统上的任意位置。每个实际登录到系统的用户都需要一个位置存放该用户唯一的配置文件。除了配置文件外，该目录(通常称为主目录)还存储用户的个人数据，如文档、代码、音乐、照片等。

主目录允许每个用户在特别定制的环境中工作——而不必担心其他用户的个人偏好和定制。

启动脚本

在 Linux 中，启动脚本并不是存储在用户数据库中的信息的一部分，但它们在决定和控制用户环境方面发挥着重要作用。特别是，GNU/Linux 中的启动脚本通常存储在用户的主目录下，因此在讨论/etc/passwd 文件中的目录(主目录)字段时，需要提到它们。

每个用户都可以拥有自己的配置文件；因此，系统似乎是为每个特定用户定制的(即使同时有其他人登录)。每个用户环境的定制是通过使用 shell 脚本、初始化文件、运行控制文件等完成的。这些文件可包含在用户登录时启动 shell 执行的一系列命令。例如，在 Bash shell 中，它的一个启动文件是.bashrc (是的，文件名前面有句点，也称为点文件，在普通目录清单中是隐藏的)。.bashrc 脚本在本质上类似于 Windows 领域中的 autoexec.bat 批处理文件。

各种 Linux 软件包在每个用户的主目录中以点(.)开头的目录或文件中使用特定于应用程序的可定制选项，如.mozilla、.kde、.local、.ssh 和.ansible.cfg。下面是一些常见的点文件，可能存在于每个用户的主目录：

- .bashrc 和. profile：Bash shell 的配置文件。
- .tcshrc 和.login：tcsh 的配置文件。

● .xinitrc：该脚本重写登录到 X Window 系统时调用的默认脚本。
● .Xdefaults：这个文件包含可为 X Window System 窗口系统应用程序指定的默认值。

当创建用户的账户时，也会创建一组默认的点文件；这主要是为了方便，帮助用户入门。本章后面讨论的用户管理工具可以帮助自动完成这项工作。最初用于填充新用户主目录的默认或模板文件存储在/etc/skel 目录下。

为保持一致性，大多数站点将主目录放在/home，并按用户的登录名命名每个用户的目录。例如，如果登录名是 yyang，那么主目录将是/home/yyang。对于一些特殊的系统账户，比如根用户的账户或系统服务，则属于例外情况。Linux 中超级用户(根用户)的主目录通常设置为/root。需要特定工作目录的特殊系统服务账户的一个示例是 Web 服务器，其 Web 页面从/var/www/目录提供。

在 Linux 中，将主目录放在/home 下的决定完全是任意的，但这在组织上是有意义的。只要在密码文件中指定每个用户的位置，系统实际上并不关心我们将主目录放在哪里。

7. shell

当用户登录到系统时，他们期望一个能够帮助提高工作效率的环境。在命令行登录时，用户遇到的第一个程序称为 shell。如果习惯使用 Windows，就可能会将它与 command.com(cmd)、程序管理器、PowerShell 或 Windows 资源管理器等同起来。

在 GNU/Linux 下，大多数 shell 是基于文本的。Linux 中一个流行的默认用户 shell 是 Bourne Again Shell，或简称为 Bash。Linux 提供了几个可供选择的 shell——可在/etc/shell 文件中看到列出的大多数 shell。选择适合自己的 shell 就像选择最喜欢的茶或啤酒一样——适合一个人的并不适合每个人，但是每个人都倾向于对他们的选择进行辩护。

有趣的是，不仅限于/etc/shell 中声明的 shell 列表。按照最严格的定义，每个用户的密码项并没有列出要运行的 shell，而是列出首先为用户运行的程序。当然，大多数用户希望第一个运行的程序是 shell，如 Bash。

6.2.2　/etc/shadow 文件

这是存储用户账户加密信息的加密密码文件。除了存储加密的密码外，/etc/shadow 文件还存储可选的密码老化或过期信息。引入影子文件是因为需要将加密的密码与/etc/passwd 文件分开。这是必要的，因为随着商用计算机(家庭个人电脑)处理能力的提高，加密密码被破解的难度也在增加。其思想是使/etc/passwd 文件为所有用户可读，而不必在其中存储加密的密码，然后使/etc/shadow 文件仅对需要访问该信息的根程序或其他特权程序可读。此类程序的一个示例是登录程序。

那么，为什么不让常规的/etc/passwd 文件仅供根用户或其他特权程序读取呢？嗯，事情没那么简单。由于密码文件已存在了这么多年，围绕它成长起来的其他系统软件依赖于“密码文件始终对所有用户可读”这一事实。更改这一点可能导致一些软件失败。

与/etc/passwd 文件一样，/etc/shadow 文件中的每一行都表示有关用户的信息。各行组成了各种标准字段，如下所示，每个字段用冒号分隔：

● 登录名
● 加密密码
● 自 1970 年 1 月 1 日以来，最后一次修改密码的日期
● 多少天之后可以修改密码
● 多少天之后必须修改密码
● 密码到期前多少天通知用户

- 密码到期后多少天禁用账户
- 自 1970 年 1 月 1 日以来，禁用账户的日期
- 一个保留字段

这里显示了来自/etc/shadow 文件的一个示例条目，用于用户账户 mmel：

```
mmel:$1$HEWdPIJ.$qX/RbB.TPGcyerAVDlF4g.:12830:0:99999:7:::
```

UNIX 纪元：1970 年 1 月 1 日

1970 年 1 月 1 日 00:00:00 UTC 被选为 UNIX 系统上时间的起点。这个特定的时间实例也被称为 UNIX 纪元。从 UNIX 时代开始，各种计算领域的时间度量就开始计数并以秒为单位递增。简单地说，它是对 1970 年 1 月 1 日 00 时 00 分以来的时间的计数。

一个有趣的 UNIX 时间是 1000000000，即 2001 年 9 月 9 日凌晨 1:46:40(UTC)。另一个有趣的 UNIX 时间是 1234567890，在 2009 年 2 月 13 日晚上 11:31:30(UTC)。许多 Web 站点都专门用于计算和显示 UNIX 纪元，但可通过在 shell 提示符处运行如下命令，快速获取当前值。

```
# date +%s
```

6.2.3　/etc/group 文件

/etc/group 文件包含一列组条目，每个组条目单独占一行，都有四个标准字段，每个字段都以冒号分隔，如/etc/passwd 和/etc/shadow 中所示。

系统上的每个用户都至少属于一个组，即用户的默认组。然后，如有必要，可将用户分配给其他组。/etc/passwd 文件包含每个用户的默认组 ID (GID)。此 GID 映射到/etc/group 文件中的组名和组的其他成员。每个组的 GID 应该是唯一的。

组文件必须是 world 可读的，以便应用程序可以测试用户和组之间的关联。以下是/etc/group 中每行的字段。

- Group name：组名称
- Group password：可选，但如果设置，则允许不属于组的用户加入
- Group ID (GID)：组名称的数字等效项
- Group members：逗号分隔的列表

在/etc/group 文件中显示了一个示例组条目：

```
bin: x: 1:
```

该条目用于 bin 组。组的 GID 为 1。

6.3　用户管理工具

拥有具有明确定义格式的纯文本密码数据库文件的诸多好处之一是，任何人都可以很容易地编写自定义管理工具。实际上，许多站点管理员已经这样做了，以便将他们的工具与组织的其他基础设施集成在一起。例如，可很容易地扩展新用户入职流程，以捕获、包含或更新额外的信息，如公司电话号码、电子邮件、办公室位置、LDAP 地址簿等。当然，不是每个人都希望或能够编写定制工具，这就是为什么 Linux 提供了一些现有的工具来自动完成这项工作。

本节将讨论可以从命令行界面启动的用户管理工具以及图形用户界面(GUI)工具。当然，学习如何使用这两种方法是最好的选择，因为它们都有优点。

6.3.1　命令行用户管理

可以从多个命令行工具中进行选择，以执行 GUI 工具执行的相同操作。一些流行的命令行工具是 useradd、userdel、adduser、usermod、deluser、groupadd、groupdel 和 groupmod。除了速度之外，使用命令行工具进行用户管理的引人注目的优势在于，这些工具通常可以集成到其他自动化功能(如脚本)中。

1. useradd

顾名思义，useradd 允许向系统添加单个用户。与 GUI 工具不同，该工具没有交互式提示。相反，所有参数必须在命令行上指定。

下面是使用这个工具的语法和一些常用选项：

```
Usage: useradd [options] LOGIN
Options:
--base-dir BASE_DIR ; --comment COMMENT; --home-dir HOME_DIR;
--expiredate EXPIRE_DATE; --gid GROUP; --groups GROUPS;
--create-home; --no-create-home; --password PASSWORD; --system;
--shell SHELL; --uid UID; --key KEY=VALUE; --user-group
```

注意，大多数选项是可选的。useradd 工具在使用时采用预先配置的默认值。唯一的非可选参数是 LOGIN 或所需的用户名。它们都很容易使用，表 6-1 描述了其中一些。

表 6-1　useradd 命令的选项

选项	描述
-c, --comment	允许在 GECOS 字段中设置用户名。与任何命令行参数一样，如果值包含空格，则需要在文本周围添加引号。例如，要将用户名设置为 Ying Yang，必须指定-c"Ying Yang"
-d, --home-dir	默认情况下，用户的主目录为/home/user_name。在创建新用户时，将创建用户的主目录和用户账户。因此，如果希望将默认值更改为另一个位置，可以使用此参数指定新位置
-e, --expiredate	账户有可能在某个日期之后过期。默认情况下，账户永远不会过期。要指定日期，请使用 YYYY-MM-DD 格式。例如，-e 2021-10-28 意味着该账户将于 2021 年 10 月 28 日到期
-f, --inactive	此选项指定密码过期后账户仍然可用的天数。值 0(零)表示立即禁用该账户。值 - 1 将永远不允许禁用账户，即使密码已经过期；例如，- f3 将允许一个账户在密码过期后存在 3 天。默认值是 - 1
-g, --gid	使用此选项，可在密码文件中指定用户的默认组。可使用组的编号或名称；但是，如果使用组的名称，则组必须存在于/etc/group 文件中
-G, --groups	此选项允许指定新用户将属于的其他组。如果使用-G 选项，则必须指定至少一个额外的组。但可通过用逗号分隔列表中的元素来指定其他组。例如，要将用户添加到项目和管理组，可指定-G 项目
-m, --create -home [-k skel-dir]	默认情况下，系统会自动创建用户的主目录。此选项是用于创建用户主目录的显式命令。创建目录的一部分是将默认配置文件复制到其中。这些文件默认来自/etc/skel 目录。可使用第二个选项-k skel-dir 更改这一点(必须指定-m 才能使用-k)。例如，要指定/etc/adminskel 目录，可以使用-m-k /etc/adminskel
-M, --no-create-home	如果使用-m 选项，就不能使用-M，反之亦然。这个选项告诉命令不要创建用户的主目录

(续表)

选项	描述
-N, --no-user-group	在添加用户的过程中，一些 Linux 发行版会自动创建一个与新用户登录名相同的新组。可以在这样的发行版上使用此选项来禁用此行为
-s, shell	用户的登录 shell 是用户登录系统时运行的第一个程序。这通常是一个命令行环境，除非是从 X Window System 登录屏幕上登录。默认情况下，这又是 Bourne Shell (/bin/bash)，尽管有些人喜欢使用其他 shell，如 Turbo C Shell (/bin/tcsh)
-u, --uid	默认情况下，程序将自动查找下一个可用的 UID 并使用它。如果出于某种原因，需要强制新用户的 UID 为特定值，则可以使用此选项。记住，UID 对于所有用户都必须是唯一的
LOGIN 或用户名	最后，唯一不是可选的参数！必须指定新用户的登录名

2. usermod

usermod 命令允许修改系统中的现有用户。它的工作方式与 useradd 非常相似。其用法如下：

```
Usage: usermod [options] LOGIN
Options:
-c, --comment COMMENT        new value of the GECOS field
-d, --home HOME_DIR          new home directory for the user account
-e, --expiredate EXPIRE_DATE set account expiration date to EXPIRE_DATE
-f, --inactive INACTIVE      set password inactive after expiration
-g, --gid GROUP              force use GROUP as new primary group
-G, --groups GROUPS          new list of supplementary GROUPS
-a, --append                 append the user to supplemental GROUPS
-l, --login NEW_LOGIN        new value of the login name
-L, --lock                   lock the user account
-m, --move-home              move contents of the home directory
-o, --non-unique             allow using duplicate (non-unique) UID
-p, --password PASSWORD      use encrypted password for the new password
-s, --shell SHELL            new login shell for the user account
-u, --uid UID                new UID for the user account
-U, --unlock                 unlock the user account
```

使用此命令时指定的每个选项都会为用户修改特定的参数。除了一个参数外，这里列出的所有参数都与为 useradd 命令记录的参数相同。唯一的例外是-l。

-l 选项允许更改用户的登录名；这个选项和-u 选项都是需要特别注意的选项。在更改用户的登录名或 UID 之前，必须确保用户没有登录到系统或运行任何进程。如果用户已登录或正在运行进程，则更改此信息将导致不可预测的结果。

3. userdel

userdel 命令的作用与 useradd 完全相反——它会删除现有用户。这个简单命令有两个常用的可选参数和一个必需的参数，如下所示：

```
Usage: userdel [options] LOGIN Options:
  -f,  --force           force removal of files, even if not owned by user
  -r,  --remove          remove home directory and mail spool
```

4. groupadd

与组相关的命令与用户命令相似；但它们不是处理单个用户，而是处理/etc/group 文件中列出的组。

注意，更改组信息不会导致自动更改用户信息。例如，如果删除 GID 为 100 的组，而用户的默认组指定为 100，则不会更新用户的默认组，以反映该组不再存在的事实。

groupadd 命令将组添加到/etc/group 文件中。这个程序的命令行选项如下：

```
Usage: groupadd [options] GROUP
```

表 6-2 描述了一些常见的 groupadd 命令选项。

表 6-2　groupadd 命令的选项

选项	描述
-g gid	将新组的 gid 指定为 GID。除非使用-o 选项，否则此值必须是唯一的。默认情况下，通过查找第一个大于或等于 1000 的可用值，自动选择该值
-r, --system	-r 选项告诉 groupadd 要添加的组是一个系统组，应该有 999 以下的第一个可用 GID。这由在/etc/login.defs 中定义的变量 SYS_GID_MIN 和 SYS_GID_MAX 的值控制
-f, --force	这是 force 标志。如果要添加的组在系统中已经存在，这将导致 groupadd 退出而不会出现错误。如果是这样，则不会更改(或再次添加)组
GROUP	该参数是必选的。它指定要添加的组的名称

5. groupdel

groupdel 命令删除/etc/group 文件中指定的现有组，这比 userdel 更直观。此命令所需的唯一使用信息是：

```
Usage: groupdel group
```

其中 group 是要删除的组名。

6. groupmod

groupmod 命令允许修改现有组的参数。这个命令的语法和选项如下：

```
Usage: groupmod [options] GROUP
Options:
-g, --gid GID                  change the group ID to GID
-n, --new-name NEW_GROUP       change the name to NEW_GROUP
-o, --non-unique               allow to use a duplicate (non-unique) GID
-p, --password PASSWORD        change the password to this (encrypted) PASSWORD
```

- g 选项允许更改组的 GID，- n 选项允许指定组的新名称。最后一个参数是现有的组名。

提示　基于 Debian 的 Linux 发行版(比如 Ubuntu)标准化了在基于 Red Hat 的发行版上使用的低级命令行用户和组管理工具(useradd、groupadd、userdel、groupdel 等)的细微变化。基于 Debian 的系统上的用户和组管理任务通常通过相反命名的工具来完成，如 adduser、addgroup、deluser、delgroup 等。实用程序 adduser 和 addgroup 提供了一个更加友好和交互式的前端，便于向系统添加用户和组。可参考/etc/adduser.conf 配置文件。

6.3.2　GUI 用户管理器

使用 GUI 工具的明显优势是易用性。它通常只需要指向和单击。许多 Linux 发行版都自带了 GUI 用户管理器。Fedora、CentOS 和 RHEL 有一个名为 system-config-users 的实用程序，而 openSUSE/SUSE

Linux Enterprise (SLE)有一个 YaST 模块，可以由 yast2 用户调用。Ubuntu 使用一个叫做 Users Account 的工具，它与 gnome-control-center 系统 applet 捆绑在一起。所有这些工具都允许在系统上添加、编辑和维护用户。这些 GUI 工作得很好，但在无法访问美观的 GUI 前端的情况下，应该准备使用命令行工具。这些界面中的大多数可在 GNOME 或 KDE 桌面环境中的 System | Administration 菜单中找到。它们也可直接从命令行启动。

安装后，输入下面的命令，可启动 Fedora 的 GUI 用户管理器：

```
[root@fedora-server ~] # system-config-users
```

在 openSUSE 或 SLE，输入下面的命令，启动用户管理 YaST 模块：

```
opensuse-server:~ # yast2 users
```

在 Ubuntu 中，要启动用户管理工具(见图 6-2)，可输入：

```
master@ubuntu-server:~$ gnome-control-center user-accounts
```

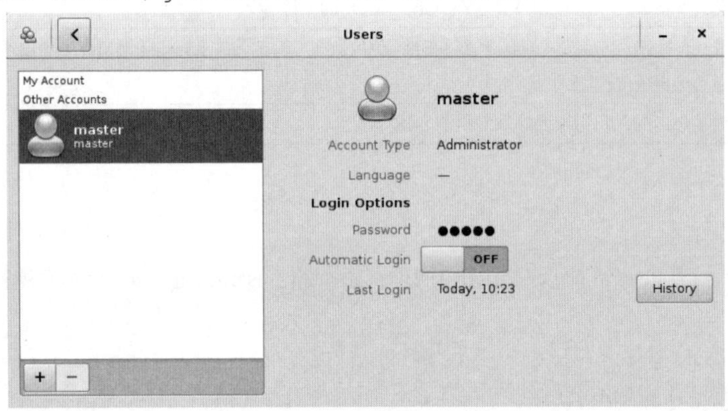

图 6-2　Ubuntu/GNOME 用户设置工具

6.4　用户和访问权限

Linux 通过检查资源的总体有效权限，来确定用户或组能否访问系统上的文件、程序或其他资源。Linux 中的传统权限模型很简单——它基于四种基本的访问类型或规则和两种特殊的访问权限。以下是可能的访问类型和权限：

- (r) 读权限
- (w) 写权限
- (x) 执行权限
- (-) 无权限或无访问权限
- (s) SetUID 或 SetGID 权限(特殊权限)
- (t) 粘滞位(特别权限；用于防止用户删除其他用户的文件或目录)

此外，这些权限可以应用于三类用户。

- Owner：文件或应用程序组的所有者
- Group：拥有文件或应用程序的组
- Everyone：所有用户

这个模型的元素可以各种方式组合，以允许或拒绝用户(或组)访问系统上的任何资源。但是，在 Linux 中需要一种额外类型的权限授予机制。这是因为 Linux 中的每个应用程序都必须在用户的上下文中运行。关于 SetUID 和 SetGID 程序的内容，下一节将进行解释。

6.4.1　理解 SetUID 和 SetGID 程序

正常情况下，当程序由用户运行时，它继承用户的所有权限(或缺少权限)。例如，如果用户无法读取/var/log/messages 文件，那么查看该文件所需的程序也无法读取该文件。请注意，此权限可以不同于拥有程序或二进制文件的用户的权限。例如，考虑 ls 程序(用于生成目录清单)。它属于根用户，设置了权限，以便系统的所有用户都可运行该程序。因此，如果用户 yyang 运行 ls，那么 ls 实例是由授予用户 yyang(而非根用户)的权限绑定的。

然而，有一个例外。程序可以使用所谓的 SetUID 位(也称为粘滞位)进行标记，它允许程序根据程序所有者(而不是运行程序用户)权限运行。以 ls 为例，在其上设置 SetUID 位并让根用户拥有文件意味着，如果用户 yyang 运行 ls，那么 ls 实例将以根权限运行，而不是以 yyang 的权限运行。SetGID 位的工作方式相同，只是它不是应用到文件的所有者，而是应用到文件的组设置。

要启用 SetUID 位或 SetGID 位，可使用 chmod 命令。要使程序具有 SetUID，可在要分配给它的权限值前面加上 4。要使程序启用 SetUID，请在要分配给它的任何权限前加上 2。

例如，为使/bin/ls 变成 SetUID 程序(顺便说一下，这是一个非常糟糕的主意)，应使用如下命令：

```
[master@server ~] $ sudo chmod 4755 /bin/ls
```

chmod 命令的以下变化还给用户增加了粘滞位：

```
[master@server ~] $ sudo chmod u + s /bin/ls
```

为了取消前述命令的影响，输入：

```
[master@server ~] $ sudo chmod 755 /bin/ls
```

以下 chmod 命令的变体删除了用户的粘滞位：

```
[master@server ~]$ sudo chmod u-s /bin/ls
```

要使/bin/ls 成为 SetGID 程序(这也是一个坏主意)，可以输入：

```
[master@server ~]$ sudo chmod g+s /bin/ls
```

要从/bin/ls 程序中删除 SetGID 属性，输入：

```
[master@server ~]$ sudo chmod g-s /bin/ls
```

6.4.2　粘滞位

粘滞位是一种特殊权限，可用来防止用户删除其他用户的文件或目录。粘滞位可由文件或目录的所有者设置，并且结果不能被任何其他用户覆盖，当然，超级用户(根用户)除外。粘滞位在管理共享或公共文件夹中的文件删除时特别有用。

在/ tmp 目录下创建一个示例目录和文件：

```
[master@server ~]$ mkdir /tmp/chapter-6 && \
touch /tmp/chapter-6/sticky-file.txt
```

查看新目录，而不设置粘滞位，应输入以下命令：

```
[master@server ~]$ ls -ld /tmp/chapter-6/
drwxrwxr-x. 2 master master 60 Oct 24 16:59 /tmp/chapter-6/
```

现在，在创建的目录上设置粘滞位：

```
[master@server ~]$ chmod +t /tmp/chapter-6/
```

通过输入以下内容，查看新目录权限：

```
[master@server ~]$ ls -ld /tmp/chapter-6/
drwxrwxr-t. 2 master master 60 Oct 24 16:59 /tmp/chapter-6/
```

设置粘贴位后，其他用户将不能恶意删除主用户在/tmp/chapter-6 文件夹下创建的文件。

可以删除文件夹上的粘滞位，如下所示：

```
[master@server ~]$ chmod -t /tmp/chapter-6/
```

6.5　可插拔的身份验证模块

可插拔的身份验证模块(PAM)是一个库系统，它允许在 Linux/UNIX 系统上使用集中的身份验证机制。除了在系统上提供一种通用的身份验证方案外，PAM 的使用还为应用程序开发人员和系统管理员的身份验证提供了很大的灵活性和控制权。

传统上，授予用户对系统资源访问权的程序通过某种内置机制执行用户身份验证。尽管这种方法在很长一段时间内工作得很好，但这种方法的可伸缩性不是很强，需要更复杂的方法。这导致了对身份验证机制的抽象，最终导致了 PAM 的 Linux 实现。

PAM 背后的思想是，应用程序不会读取密码文件，而只是要求 PAM 执行身份验证。然后，PAM 可使用系统管理员想要的任何身份验证机制。对于许多环境，选择的机制仍然是简单的密码文件。为什么不呢？它能做我们想做的。大多数用户理解它的需要，而且它是一种经过良好测试的方法。

本节将讨论在 Fedora 发行版下使用 PAM。注意，尽管在其他发行版中文件的位置可能不完全相同，但底层配置文件和概念仍然适用。

6.5.1　PAM 的工作方式

PAM 对于其他 Linux 程序就像动态链接库(DLL)对于 Windows 应用程序；PAM 只是一个库。当程序需要对某些用户执行身份验证时，它们会调用 PAM 库中存在的函数。PAM 提供了一个函数库，应用程序可使用它来请求对用户进行身份验证。

当被调用时，PAM 会检查该应用程序的配置文件。如果没有找到应用程序特定的配置文件，则返回到默认配置文件。此配置文件告诉库，需要执行哪些类型的检查才能对用户进行身份验证。在此基础上，调用适当的模块。Fedora、RHEL 和 CentOS 发行版将这些模块存储在/lib64/security 或/lib/security 目录中。

这个模块可检查任意数量的东西。它可简单地检查/etc/passwd 文件或/etc/shadow 文件，或者执行更复杂的检查，如调用 LDAP 服务器。模块做出判断后，将向调用应用程序传回“已验证”或“未验证”消息。

看起来，一个简单的检查也需要很多步骤。这里的每个模块都很小，工作速度也很快。从用户的角度看，使用 PAM 的应用程序和不使用 PAM 的应用程序之间应该没有明显的性能差异。从系统管理员和开发人员的角度看，该方案提供的灵活性是难以置信的。

6.5.2　PAM 的文件及其位置

在 Fedora 或 Red Hat 类型的系统上，PAM 将配置文件放在某些位置。这些文件位置及其定义列在表 6-3 中。

查看表 6-3 中的文件位置列表，为什么 PAM 需要这么多不同的配置文件？每个应用程序一个配置文件？PAM 允许这样做的原因是，并不是所有应用程序都是采用同样的方式创建的。例如，使用

Dovecot 邮件服务器的 POP 邮件服务器可能希望允许站点的所有用户获取邮件，但登录程序可能希望只允许特定用户登录到控制台。为适应这一点，PAM 需要一个与登录程序的配置文件不同的 POP 邮件配置文件。

表 6-3　重要的 PAM 目录

文件位置	定义
/lib64/security 或/lib/security (32 位)	由实际 PAM 库调用的动态加载的身份验证模块
/etc/security	位于/lib64/security(或/lib/security)中的模块的配置文件
/etc/pam.d	使用 PAM 的每个应用程序的配置文件。如果使用 PAM 的应用程序没有特定的配置文件，则自动使用默认配置文件

6.5.3　配置 PAM

这里讨论的配置文件位于/etc/pam.d 目录。如果想更改应用于/etc/security 目录中特定模块的配置文件，应该参考模块附带的文档。请记住，PAM 只是一个框架，任何人都可以编写特定的模块!

由于 PAM 配置文件具有“可堆叠”的特性，因此它在本质上非常有趣。配置文件的每一行都将在身份验证过程中进行评估(下面将显示例外情况)。每一行指定一个模块，该模块执行一些身份验证任务，并返回成功标志或失败标志。将结果摘要返回给调用 PAM 的应用程序。

注意　“失败”并不是指程序不工作。而指当执行某个流程来验证用户能否执行某些操作时，返回值为 NO。PAM 使用术语“成功”和“失败”来表示传回调用应用程序的信息。

/etc/pam.d/目录中的每个 PAM 配置文件由具有语法/格式的行组成：

```
module_type control_flag module_path arguments
```

其中 module_type 表示四种模块之一：身份验证、账户、会话或密码。注释必须以#字符开头。表 6-4 列出了这些模块类型及其功能。

control_flag 允许指定如何处理特定身份验证模块的成功或失败。表 6-5 描述了一些常见的控制标志。

表 6-4　PAM 模块类型

模块类型	功能
auth	应用程序或程序提示用户输入密码，然后授予用户和组特权。它用于身份验证
account	不执行身份验证，但从其他因素(如时间或用户位置)确定访问。它用于授权。例如，根登录只能通过这种方式获得控制台访问
session	指定在用户进行身份验证之前或之后需要执行哪些操作(如果有)；例如，创建一个记录成功或失败尝试的日志条目
password	这些模块允许用户更改密码(如果合适)

表 6-5　PAM 控制标志

控制标志	说明
required	如果指定了此标志，则模块必须成功验证个体。如果失败，则返回的汇总值必须是“失败”
requisite	此标志与 required 相似；但是，如果 requisite 验证失败，则配置文件中在它后面列出的模块不会被调用，并且会立即向应用程序返回“失败”。这允许在接受登录尝试之前，要求某些条件保持为真(例如，用户必须在本地网络上，且不能尝试通过 Internet 登录)

(续表)

控制标志	说明
sufficient	如果 sufficient 模块返回“成功”，并且配置文件中没有更多 required 或 sufficient 控制标志，则 PAM 将“成功”返回给调用应用程序
optional	即使一个模块失败了(换句话说，这个模块的结果被忽略)，这个标志也允许 PAM 继续检查其他模块。例如，在允许用户登录(即使某个特定模块失败)时，可以使用此标志
include	此标志用于包含作为参数指定的其他配置文件中的所有行或指令。它用于链接或堆叠不同 PAM 配置文件中的指令
substack	用于包含指定 PAM 配置文件中给定类型的所有行(堆栈)。它与 include 控制标志不同，因为指定子堆栈中的失败并不意味着将自动跳过对模块堆栈其余部分的检查。当前模块堆栈的评估将继续

module_path 指定执行身份验证任务的模块的相关模块文件名或完整路径。模块通常存储在/lib64/security/(或/lib/security/)目录下。

PAM 配置行的最后一个条目是 arguments，它表示传递给身份验证模块的参数。虽然参数是特定于每个模块的，但是一些通用选项可应用于所有模块。表 6-6 描述了一些更常见的参数。

表 6-6　PAM 配置参数

参数	说明
debug	将调试信息发送到系统日志
no_warn	不会向调用应用程序提供警告消息
use_first_pass	不会再次提示用户输入密码。相反，在前面的 auth 模块中输入的密码应该用于用户身份验证。此选项仅适用于 auth 和 password 模块
try_first_pass	这个选项类似于 use_first_pass，因为第二次不会提示用户输入密码。但是，如果现有密码导致模块返回失败，则会再次提示用户输入密码
use_mapped_pass	这个参数指示模块接受上一个模块输入的明文身份验证令牌，并使用它生成加密/解密密钥，使用该密钥可安全地存储或检索此模块所需的身份验证令牌
expose_account	这个参数允许模块不太注意账户信息
nullok	这个参数允许被调用的 PAM 模块使用空密码

6.5.4　示例 PAM 配置文件

下面检查一个示例 PAM 配置文件/etc/pam.d/login：

```
1. #%PAM-1.0
2. auth       substack    system-auth
3. auth       include     postlogin
4. account    required    pam_nologin.so
5. account    include     system-auth
6. password   include     system-auth
7. # pam_selinux.so close should be the first session rule
8. session    required    pam_selinux.so close
9. session    required    pam_loginuid.so
```

请注意，添加行号是为了增强文件的可读性。

第一行以#符号开头，因此是注释。因此，可以忽略它：

```
#%PAM-1.0
```

下面继续看第 2 行：

```
auth      substack      system-auth
```

module_type 是 auth，这意味着它处理验证用户的身份验证凭据(如用户名和密码)。control_flag 设置为 substack，因此这一行将导致跳转到指定的 PAM 配置文件/etc/pam.d/system-auth。评估将按照 system-auth 文件中指定的方式继续进行，控制权最终将返回到登录 PAM 模块。这行中没有参数。

文件中的其余行在解释之前给出，从第 3 行开始：

```
auth     include      postlogin
```

类似于第 2 行，第 3 行希望验证用户的身份。

control_flag 设置为 include。这将包括来自/etc/pam.d/postlogin 配置文件中 auth 类型的所有行。这行中没有参数。

```
account     required    pam_nologin.so
```

在第 4 行中，module_type 是 account，这意味着它用于根据各种因素限制/允许对系统服务/资源的账户访问。

control_flag 是必需的。这意味着，如果该模块失败，PAM 将向调用应用程序返回一个失败的结果，但继续评估堆栈中的下一个模块。

pam_nologin.so(/lib64/security/pam_nologin.so)是要调用的实际 PAM 模块的名称。pam_nologin.so 模块检查/etc/nologin 文件。如果存在，则只允许根用户登录；其他的则会被一个错误消息拒于门外。如果该文件不存在，它总是返回“成功”。

```
account     include     system-auth
```

在第 5 行中，module_type 是 account。control_flag 设置为 include。这将包括/etc/pam.d/system-auth 配置文件中 account 类型的所有行。这行中没有参数。

```
password     include       system-auth
```

在第 6 行中，module_type 是 password。control_flag 设置为 include。这将包括来自/etc/pamc.d/system-auth 配置文件中 password 类型的所有行。这行中没有参数。

```
# pam_selinux.so close should be the first session rule
```

第 7 行被注释掉了。因此可以忽略它。

```
session     required       pam_selinux.so close
```

在第 8 行，module_type 是 session，它用于指定在用户登录之前或之后需要执行哪些操作(如果有)。control_flag 设置为 required，pam_selinux.so(/lib64/security/pam_selinux.so)是要调用的实际 PAM 模块的名称。pam_selinux.so 模块用于设置默认的安全上下文。它在基于 Red Hat 的发行版中最受欢迎。本例中的 close 参数传递给 pam_selinux.so 模块。

```
session     required       pam_loginuid.so
```

在第 9 行，module_type 是 session。control_flag 设置为 required。pam_loginuid.so 是要调用的实际 PAM 模块的名称。

同样的概念也适用于/etc/pam.d 目录下的其他配置文件。如果需要关于特定 PAM 模块的功能或它接受的参数的更多信息，可参考该模块的手册页。例如，要了解有关 pam_loginuid.so 模块的更多信息，可以使用如下命令：

```
# man pam_loginuid
```

6.5.5　other文件

如前所述，如果PAM找不到特定于应用程序的配置文件，它将使用通用配置文件。这个通用配置文件称为/etc/pam.d/other。默认情况下，other配置文件设置较为偏执，以便记录所有身份验证尝试，然后立即拒绝。建议保持这种状态。

6.5.6　我无法登录!

不要担心——每个人都会搞砸PAM配置文件中的设置。把它看作学习技巧的一部分。第一件事：不要惊慌。与Linux下的大多数配置错误一样，可通过启动到单用户模式(第8章)并修复错误文件，来修复这些错误。

如果无意中破坏了登录配置文件，需要将其恢复到正常状态，那么可在这里进行安全设置：

```
auth          required      pam_unix.so
account       required      pam_unix.so
password      required      pam_unix.so
session       required      pam_unix.so
```

这个设置将为Linux提供只需要查看/etc/passwd或/etc/shadow文件以获取密码的默认行为。这应该足以返回，在那里可以执行想要进行的更改!

注意　pam_unix.so是一个标准的Linux/UNIX验证模块。根据模块的手册页，它使用来自系统库的标准调用来检索和设置账户信息以及身份验证。通常，这可从/etc/passwd文件和/etc/shadow文件(如果启用了shadow)中获得。

6.5.7　调试PAM

与其他许多GNU/Linux服务一样，PAM很好地使用了系统日志文件(参见第9章)。如果事情没有按照预期的方式进行，那么首先查看日志文件的尾部，看看PAM是否说明了发生了什么。很可能是这样。然后可使用这些信息来更改设置并修复问题。在类似Red Hat的发行版上，要监视的主系统日志文件是/var/log/messages，在类似Debian的发行版上，等效的日志文件是/var/log/syslog。

在本节中，将看到目前为止所讨论的实用程序的实际使用情况。我们采用分步方法来创建、修改和删除用户和组。一些新的和相关的命令也被介绍和使用。

6.6　一场盛大的旅行

本节将列出到目前为止所讨论的实用程序的实际使用情况。我们采用分步方法来创建、修改和删除用户和组。介绍和使用一些新命令和相关的命令。

6.6.1　用useradd创建用户

在示例Fedora服务器上，使用useradd和passwd命令添加新的用户账户并分配密码，如下所示。

(1) 创建一个全名为Ying Yang的新用户，登录名(账户名)为yyang。输入以下内容：

```
[master@server ~]$ sudo useradd -c "Ying Yang" yyang
```

将使用通常的Fedora默认属性创建用户。/etc/passwd文件中的条目是：

```
yyang:x:1001:1001:Ying Yang:/home/yyang:/bin/bash
```

从这个条目中，可了解到关于 Fedora(和 RHEL)的默认新用户值：

- UID 编号与 GID 编号相同。这个示例中的值是 1001。
- 新用户的默认 shell 是 Bash shell (/bin/ Bash)。

为所有新用户自动创建一个主目录(例如，/home/yyang)。

(2) 使用 passwd 命令为用户名 yyang 创建一个新密码。将密码设置为 19gan19，并在出现提示时重复相同的密码。输入如下：

```
[master@server ~]$ sudo passwd yyang
Changing password for user yyang.
 ...<OUTPUT TRUNCATED>...
```

注意　每当调用 passwd 命令时，可能会调用几个 PAM 模块。例如，在类似 Red Hat 的发行版上，其中一个模块负责检查选择的密码是否符合系统上的密码强度策略——该策略包括密码长度、复杂度等。在前面的示例中调用的模块是 pam_pwquality.so。要了解这个特定模块的更多信息，请参阅它的手册页面(man pam_pwquality)。

(3) 为该用户创建另一个名为 mmellow 的用户账户，其全名为 Mel Mellow，但这一次，更改创建的用户与组同名的默认 Fedora 行为。这是通过指定-N 选项完成的，该选项将导致用户添加到默认的 users 组中。输入：

```
[master@server ~]$ sudo useradd -N -c "Mel Mellow" mmellow
```

(4) 使用 id 命令检查用户 mmellow 的属性：

```
[master@server ~]$ id mmellow
```

(5) 再次使用 passwd 命令为账户 mmellow 创建一个新密码。密码设置为 2owl!78，当提示时重复相同的密码：

```
[master@server ~]$ sudo passwd mmellow
```

(6) 创建最终的用户账户，称为 bogususer。但这一次，指定用户的 shell 是 tcsh shell，并让用户的默认主组是系统 game 组：

```
[master@server ~] $ sudo useradd - s /bin/tcsh - g game bogususer
```

(7) 检查/etc/passwd 文件中用于 bogususer 用户的条目：

```
[master@server ~]$ grep bogususer /etc/passwd
bogususer:x:1003:20::/home/bogususer:/bin/tcsh
```

从这个条目可看出：UID 是 1003，GID 是 20，主目录是/home/bogususer，用户 shell 是/bin/tcsh。

6.6.2　用 groupadd 创建组

接下来，创建几个不同类别的组，即 system 和 nonsystem (Regular)。

(1) 创建一个名为 research 的新组：

```
[master@server ~]$ sudo groupadd research
```

(2) 检查/etc/group 文件中 research 组的条目：

```
[master@server ~]$ grep research /etc/group research:x:1002:
```

此输出显示 research 组的组 ID 为 1002。

(3) 创建另一个名为 sales 的组：

```
[master@server ~]$ sudo groupadd sales
```

(4) 创建最后一个名为bogus的组，并将该组强制指定为一个system组(即GID将低于999)。输入以下内容：

```
[master@server ~]$ sudo groupadd -r bogus
```

(5) 检查/etc/group文件中的bogus组条目：

```
[master@server ~]$ grep bogus /etc/group
bogus:x:973:
```

输出显示bogus组的组ID为973。

6.6.3　使用usermod修改用户属性

现在尝试使用usermod更改两个账户的用户和组ID。

(1) 使用usermod命令把bogususer的用户ID(UID)改为1600：

```
[master@server ~]$ sudo usermod -u 1600 bogususer
```

(2) 使用id命令查看更改：

```
[master@server ~]$ id bogususer
uid=1600(bogususer) gid=20(games) groups=20(games)
```

(3) 使用usermod命令把bogususer账户的主要GID改为bogus组(GID = 973)，并为账户设置截止日期2024-12-12：

```
[master@server ~] $ sudo usermod - g 973 - e 2024-12-12 bogususer
```

(4) 使用id命令查看更改：

```
[master@server ~]$ id bogususer
uid=1600(bogususer) gid=973(bogus) groups=973(bogus)
```

(5) 使用chage命令查看用户的新账户过期信息：

```
[master@server ~]$ sudo chage -l bogususer
Account expires                    : Dec 12, 2024
...<OUTPUT TRUNCATED>...
```

提示　在Fedora、CentOS和RHEL等类似于Red Hat的发行版上，可将普通用户添加到wheel组中，把超级用户特权(root)或sudo访问权限授予它们。经过适当的身份验证后，这允许具有sudo特权的用户作为超级用户或系统安全策略指定的其他用户执行命令。例如，要将master用户添加到wheel组，并因此授予sudo权限，需要执行以下操作：

```
# usermod master -a -G wheel
```

在初次的操作系统安装期间(第2章)，可通过一个复选框，指定是否允许新建用户管理系统，这实际上是将用户添加到wheel组中！

6.6.4　用groupmod修改组属性

现在尝试使用groupmod命令：

(1) 使用groupmod命令把bogus组重命名为bogusgroup：

```
[master@server ~]$ sudo    groupmod    -n    bogusgroup   bogus
```

(2) 再次使用 groupmod 命令把 bogusgroup 的 GID 改为 1600：

```
[master@server ~]$ sudo groupmod -g 1600 bogusgroup
```

(3) 在/etc/group 文件中查看对 bogusgroup 的更改：

```
[master@server ~]$ grep bogusgroup /etc/group
```

6.6.5 用 userdel、groupdel 删除用户和组

下面尝试分别使用 userdel 和 groupdel 命令来删除用户和组。

(1) 使用 userdel 命令来删除前面创建的用户 bogususer。在 shell 提示符下，输入：

```
[master@server ~]$ sudo userdel -r bogususer
```

(2) 使用 groupdel 命令删除 bogusgroup 组：

```
[master@server ~]$ sudo groupdel bogusgroup
```

注意，/etc/group 文件中的 bogusgroup 条目被删除了。

注意 当仅在命令行上指定用户的登录名(例如 userdel bogususer)来运行 userdel 命令时，/etc/passwd 和/etc/shadow 文件中的所有条目以及/etc/group 文件中的引用都会被自动删除。但是如果使用可选的-r 参数，用户在该主目录中拥有的所有文件也会被删除。

提示 在流行的云环境中使用的虚拟机映像，如 Amazon Web Services (AWS)、谷歌计算平台(GCP)和 Linode，在特定的用户名和/或身份验证方案上是标准化的。例如，AWS 在其 VM 映像中通常有一个名为 ec2-user 的用户账户，而 GCP 通常有以 GCP 登录名或 VM 的操作系统名(suse、ubuntu、fedora 等)命名的用户账户。对于 Microsoft 的 Azure，通常可选择在启动 VM 实例时指定用户名。像 virt-builder 这样的本地 FOSS VM 引导工具通常有一些机制允许在编译映像时指定或创建用户账户(和凭据)。

6.7 小结

本章讨论了 GNU/Linux 下用户和组管理的细节。这里的许多内容也适用于许多 GNU/Linux 发行版。这使得管理异类环境中的用户更加容易。

本章讨论了以下要点：

- 每个用户获得一个唯一的 UID，每个组获得一个唯一的 GID。
- etc/passwd 文件将 UID 映射到用户名。
- GNU/Linux 以多种方式处理加密的密码。
- GNU/Linux 包括多种工具来帮助管理用户。
- Linux 可在具有标准格式和结构的各种数据库中存储用户和组信息。
- PAM 是 Linux 处理多种身份验证机制的通用方法。

对于来自 Microsoft Windows 环境的管理员来说，这些概念可能非常陌生，一开始可能有点棘手。不过不必担心，GNU/ Linux 安全模型非常简单，因此你很快就能熟悉它的工作原理。

第7章 启动和关闭

随着现代操作系统复杂性的增加，启动和关闭进程的复杂性也在增加。不仅需要对硬件进行初始化，需要启动和关闭核心操作系统，还必须在正确的时刻启动和关闭一系列令人印象深刻的服务和进程。

本章将讨论用GRUB引导Linux操作系统的过程。然后逐步完成启动和关闭Linux环境的过程。我们将讨论自动执行这些过程的一部分脚本，以及有时需要在脚本中执行的修改。最后，介绍一些与启动和关闭有关的零星内容。

警告 在尝试修改启动和关闭脚本时，请记住，有可能使系统处于仅通过重新启动无法恢复的非功能状态。不要扰乱生产系统；如果必须这样做，请确保备份了所有想要更改的文件——最重要的是，可启动的救援介质触手可及。

7.1 引导加载程序

对于在标准PC硬件上引导的任何操作系统，都需要所谓的引导加载程序。引导加载程序是计算机启动时运行的第一个软件程序。它负责将系统的控制权移交给操作系统。

通常，引导加载程序驻留在磁盘的主引导记录(MBR)中，它知道如何启动和运行操作系统。Linux发行版上事实上的引导加载程序称为GRUB，可以配置它来识别和引导其他操作系统。GRUB目前有两个版本——较旧的GRUB Legacy和较新的、更常见的GRUB 2。

7.1.1 GRUB Legacy

大多数现代Linux发行版在安装过程中都使用GRUB作为默认的引导加载程序，包括Fedora、Red Hat Enterprise Linux (RHEL)、openSUSE、Debian、CentOS、Ubuntu和其他许多发行版。GRUB的目标是兼容多引导规范，并提供许多特性。

GRUB旧启动过程是分阶段进行的。每个阶段都由特殊的GRUB映像文件负责，前一个阶段帮助下一个阶段。其中两个阶段(阶段1和2)是必需的，其他阶段(例如阶段1.5)是可选的，并且依赖于特定的系统设置。

在基于RPM的发行版上，可运行以下命令，检查GRUB版本：

```
# rpm -qa | grep -i grub
```

在基于Debian的系统上，可运行以下命令，检查GRUB版本：

```
# dpkg -l | grep -i grub
```

如果输出显示 GRUB 版本是 1.9*、2.*或更高版本，则运行的是 GRUB 2 或更新版本。如果输出显示的版本是 0.99 或更早的版本，那么正在运行的是 GRUB 的旧版本。

GRUB 中使用的约定

GRUB 有自己特殊方式来引用设备(光盘驱动器、软盘驱动器、硬盘驱动器等)。设备名称必须用圆括号括起来。GRUB 从 0 开始对其设备和分区进行编号，而不是从 1 开始。因此，GRUB 将控制器上第一个枚举的硬盘称为(hd0)，其中 hd 表示“硬盘”驱动器，数字 0 表示它是第一个枚举的硬盘。

注意 一个可帮助完成与 GRUB 相关的各种任务或修复的简易脚本是 grub-install(请参阅 man grub-install)。

请记住，GRUB 通常只需要安装一次。任何进一步的修改都存储在一个文本配置文件中，这样的修改不需要每次都重写到 MBR 或分区引导扇区。

警告 备份 MBR！在完成接下来的练习之前，最好对当前 “已知良好”的 MBR 进行备份。使用 dd 命令很容易做到这一点。由于 PC 硬盘(sda、vda、sdb…)的 MBR 都驻留在第一个 512 字节中，通过输入下面的命令，可轻松地将第一个 512 字节复制到一个文件:

```
# dd if=/dev/sda of=/tmp/COPY_OF_MBR bs=512 count=1
1+0 records in
1+0 records out
512 bytes (512 B) copied, 0.0261237 s, 19.6 kB/s
```

这个命令将 MBR 保存到/tmp 目录中一个名为 COPY_OF_MBR 的文件中。

7.1.2 GRUB 2

GRUB 2 是 GRUB Legacy 引导加载程序的继承者。一些广泛使用和部署的流行 Linux 发行版的老版本仍然在 GRUB Legacy 上使用和标准化，但许多主流发行版已经采用了 GRUB 2。可以合理地假设，在不久的将来，GRUB Legacy 将不再受到支持，如果出现更好的东西，所有人都将不得不转到 GRUB 2 或其他地方。

表 7-1 列出了 GRUB 2 的主要特性以及与 GRUB Legacy 的一些区别。

1. 配置 GRUB 2

GRUB 2 中的主要配置文件是 grub.cfg。在大多数基于 EFI 的现代系统上，grub.cfg 存储在特殊的 EFI 引导分区(/boot/ EFI)上。在基于 EFI 的示例 Fedora 服务器上，文件的确切位置是/boot/efi/EFI/Fedora/grub.cfg。在其他发行版上，如 Ubuntu，文件可能位于/boot/efi/EFI/Ubuntu/grub.cfg。例如，在传统的基于 BIOS 系统上，该文件通常位于/boot/grub/grub.cfg (Ubuntu)或/boot/grub2/grub.cfg (Fedora)。

不管它位于什么位置，这个文件都是通过调用 grub2-mkconfig 命令自动生成和更新的。grub2-mkconfig 命令解析/etc/grub.d/目录下的各种脚本(参见表 7-1)，以创建 grub.cfg。grub.cfg 中的条目可以很好地指示最终将在操作系统引导菜单中显示什么。

表7-1　GRUB 2特性

GRUB 2特性	说明
配置文件	GRUB 2的主配置文件现在名为grub.cfg。这与GRUB Legacy的配置文件不同，后者名为menu.lst.grub.cfg，不是用来直接编辑的。其内容是自动生成的。 多个文件(脚本)用于配置GRUB的菜单，其中一些文件存储在/etc/grub.d/目录下，例如： • 00_header 设置某些GRUB变量的默认值，如图形模式、默认选择、超时等。 • 10_linux 帮助找到当前操作系统根设备上的所有内核，并为找到的所有内核自动创建关联的GRUB条目。 • 30_os-prober 自动探测系统上可能安装的其他操作系统。这在双引导系统(例如，在Linux运行的Windows) 中特别有用。 • 40_custom 是用户可以编辑、存储自定义菜单条目和指令的地方
分区编号	GRUB 2设备名称中的分区编号从1开始，而不是0(零)开始。但物理设备名称/编号约定与GRUB Legacy中相同；也就是说，它还是从0开始。 例如，读取(hd0,1)的GRUB 2指令指向第一个驱动器(hd0)上的第一个分区。 相反，与之对应的GRUB Legacy是(hd0,0)
文件系统	GRUB 2本身比GRUB Legacy支持更多文件系统
图像文件	GRUB 2不再使用阶段1、阶段1.5和阶段2文件。阶段文件所提供的大多数功能已经被core.img文件所取代。该文件是从内核映像和其他一些模块动态生成的

下面摘自基于Fedora的系统上的示例grub.cfg文件(注意，为提高可读性，已将编号1~16添加到输出中)：

```
1    ### BEGIN /etc/grub.d/10_linux ###
2      menuentry 'Fedora ...' --class fedora
--class gnu-linux --class gnu --class os
--unrestricted $menuentry_id_option 'gnulinux-5.*' {
3     load_video
4     set gfxpayload=keep
5     insmod gzio
6     insmod part_gpt
7     insmod xfs
8     set root='hd0,gpt2'
9     if [ x$feature_platform_search_hint = xy ]; then
10        search --no-floppy --fs-uuid --set=root 0e1b*021d
11    else
12       search --no-floppy --fs-uuid --set=root 0e1b*021d
13    fi
14    linux /vmlinuz-5.*.x86_64 root=/dev/mapper/fedora-root ro rd.lvm.lv=fedora/root
     rd.lvm.lv=fedora/swap rhgb quiet
15    initrd /initramfs-5.*.x86_64.img
16 }
```

下面讨论前面示例GRUB配置文件中的条目。

● 第1行：所有以#符号开头的行都是注释，可以忽略。

- 第 2 行 menuentry：这个指令定义了 GRUB 菜单条目/标题的开始节。在这个例子中，特定的标题看起来像“Fedora…”。这个标题将在系统启动时显示在 GRUB 菜单中。指令接受不同的选项，如类、用户、无限制、热键等。可使用--class 选项将菜单项分组为类。

menuentry 行以一个开大括号({)结束，它表示与这个特定的 GRUB 2 menuentry 相关的所有指令的开始。

- 第 3 行：load_video 引用了配置文件中先前定义的函数，该函数在摘录中没有显示。这个特定的函数加载几个动态 GRUB 视频相关模块，如 vga、efi_uga、ieee1275_fb 等。
- 第 4 行：set 把环境变量 gfxpayload 值设置为 keep。
- 第 5~7 行：这些 insmod 行分别插入动态 GRUB 模块 gzio、part_gpt 和 xfs。
- 第 8 行：set root='hd0,gpt2'设置 GRUB 根设备名(通常是/boot)。在本例中，根设备定义为第一个硬盘(hd0)上的第二个分区(gpt2)。
- 第 9~13 行：if, then, else, fi 块通过条件语句使用了 GRUB 2 的内置脚本功能。该块主要测试在开始 if 命令和结束 fi 命令之间指定的语句或条件的返回值。这里，根据测试的返回值执行 GRUB 2 搜索命令。
- 第 14 行：linux 命令以 32 位模式加载指定的 Linux 内核映像文件(/vmlinuz -5.*.x86_64)。其他变体是 linux16、linuxefi 等。特定的指令也可在存储于/boot/loader/entries/的 BootLoaderSpec 文件中指定。内核文件名后的其他参数作为引导参数逐字传递给内核。引导参数的一个例子是 rd.lvm.lv，它激活指定的逻辑卷。另一个例子是 quiet 参数，它在系统引导时禁用大多数详细日志消息。
- 第 15 行：initrd 为以 32 位模式引导的 Linux 内核映像加载指定的初始 ramdisk 文件。它的其他变体是 initrd16、initrdefi 等。特定的指令也可在存储在/boot/loader/entries/下的 BootLoaderSpec 文件中指定。初始 ramdisk 映像提供了一种方法，来预加载访问和挂载根文件系统可能需要的某些基本模块。
- 第 16 行：}这个右大括号表示 GRUB 2 菜单项的结束。

注意　路径名是相对于/boot 目录的，因此，不需要将内核的路径指定为/boot/vmlinuz-5.*.x86_64。GRUB 的配置文件将此路径引用为/vmlinuz-5.* .x86_64。

初始 RAM 磁盘(initrd)

GRUB 配置文件中的 initrd 选项是什么？它用于预加载模块或驱动程序。初始 RAM 磁盘是一种特殊的设备或 RAM 的抽象。在实际的内核生效之前，它由引导加载程序初始化。在需要文件系统模块访问文件系统，以加载其他必要模块时，会发生 initrd 已解决的一个示例问题。例如，引导分区可能使用一些外来的文件系统进行格式化，例如 B-tree 文件系统(Btrfs)或 ReiserFS；对于这些文件系统，内核没有内置的驱动程序，它们的模块/驱动程序驻留在磁盘上。这是一个经典的先有鸡还是先有蛋的问题！不能访问文件系统，是因为没有文件系统模块；不能访问文件系统模块，是因为它们驻留在文件系统上！

解决方案是为内核提供一个基于 RAM 的结构(映像)，其中包含必要的可加载模块，以便访问其他模块。该映像执行并驻留在 RAM 中，因此不需要立即访问磁盘上的文件系统。单词 initrd 有时与 initramfs 互换使用，后者使用稍微不同的机制来解决相同的问题。initramfs 是这两种机制中较新的和较受欢迎的一种，在大多数现代基于 Linux 的发行版中使用。

2. 添加新的 GRUB 2 菜单项

本节将了解如何手动向 GRUB 2 引导菜单添加新条目。为进行测试，添加一个半无用的条目。换句话说，新的条目不会做任何有用的事情——添加它只是为了演示。第9章将使用相同的概念来添加一个更有用的GRUB 2菜单条目，它将引导从头构建的Linux内核。

在以下步骤中，创建一个新条目，它只改变GRUB引导菜单的前景色和背景色：

(1) 当作为根用户登录时，将当前工作目录更改为/etc/grub/d/：

```
fedora-server:~ # cd /etc/grub.d/
```

(2) 创建一个新的名为99_custom.sh的GRUB 2格式脚本，用于将新条目添加到GRUB菜单中。

```
#!/bin/sh -e
echo "Starting new GRUB2 script creation..."
cat << EOF
menuentry "Change Background Color" {
        set color_normal=white/green
}
EOF
```

(3) 一旦脚本已成功创建，就使脚本可执行：

```
fedora-server: ~ # chmod + x 99 _custom.sh
```

(4) 运行grub2-mkconfig，它将解析刚才创建的新脚本中的命令，创建一个更新的/boot/efi/EFI/fedora grub.cfg配置：

```
fedora-server:~ # grub2-mkconfig -o /boot/efi/EFI/fedora/grub.cfg
```

在基于BIOS或非EFI的系统上，需要将输出grub2-mkconfig发送到/boot/grub2/grub.cfg(Fedora)或/boot/grub/grub.cfg (Ubuntu)文件。

(5) 使用grep命令验证新的menuentry已添加到grub.cfg中：

```
fedora-server:~ # grep -A 4 "99_custom.sh" /boot/efi/EFI/fedora/grub.cfg
```

(6) 确认条目在grub.cfg文件中之后，重新启动系统。

当系统重新启动时，可在初始GRUB屏幕上通过以下步骤测试更改：

(1) 在GRUB菜单出现后，选择Change Background Color选项并按回车键。

(2) 菜单的颜色应该改用color_normal指令在99_custom.sh文件中指定的颜色。注意，该选择实际上不会引导系统。要将操作系统引导到Linux中，必须选择一个有效的菜单条目。

提示 如果不希望使用GRUB 2作为引导加载程序，在系统中自动创建特定的菜单项，则必须删除或禁用在/etc/grub.d/目录中创建条目的相应脚本。例如，如果不想在引导菜单中看到其他非本机操作系统(如Microsoft Windows)的条目，则需要删除/etc/grub.d/30_os-prober或使其不可执行，然后运行grub2-mkconfig命令重新生成grub.cfg，如下所示：

```
# chmod -x /etc/grub.d/30_os-prober
# grub2-mkconfig -o /boot/efi/EFI/fedora/grub.cfg
```

3. USB GRUB 2引导磁盘

下面，创建一个可引导的外部USB GRUB 2磁盘。如果不能正常启动系统，这将允许使用外部USB设备启动系统。下面是一些示例情况，其中可引导的GRUB 2 USB磁盘可以派上用场：

- 系统目前没有安装引导加载程序。
- 系统的引导加载程序被损坏，可能是由其他操作系统造成的。
- 需要创建一个多引导USB介质，用于存储和引导ISO(CD/DVD-ROM)映像格式的不同操作系统。

使用 USB GRUB 引导磁盘的大意是，假设现在有一个系统无法开机、受损或引导加载程序不对，因为系统不能从硬盘引导自身，需要另一个介质来引导系统。为此，可使用 GRUB 2 USB 磁盘、GRUB CD 甚至 GRUB 软盘。

假设我们已经准备好丢失目标 USB 设备的全部内容，USB 驱动器当前的块设备是/dev/sdb，可以执行以下程序：

(1) 把合理大小的 USB 驱动器中插入系统上适当的端口，然后使用 fdisk、lsusb、dmesg 或 blkid 命令来验证 Linux 与 USB 驱动器相关的块设备文件。这里使用 blkid 命令：

```
[root@server ~]# blkid
/dev/sdb1: UUID="176-ef7- 49-a4e6 -304" TYPE="ext4
```

(2) 用 ext4 文件系统格式化驱动器(将清除驱动器)：

```
[root@server ~]# mkfs.ext4 /dev/sdb1
```

(3) 将 USB 设备挂载到现有的可用挂载点(例如，/media/sdb1)：

```
[root@server ~]# Mount /dev/sdb1 /media/sdb1/
```

(4) 使用 grub2-install 工具在 USB 设备上安装引导加载程序：

```
[root@server ~]# grub2-install --boot-directory=/media/sdb1/ /dev/sdb
```

(5) 如果不想在系统引导期间通过 GRUB 2 提示符交互地使用 GRUB 2，则必须在 USB 设备上存储一个合适的 GRUB 2 配置文件。

也可将当前的 grub.cfg 文件复制到 USB 设备，或从头创建一个自定义配置文件，在当前系统上复制准确的引导配置。

这里将复制当前系统上的 GRUB 2 引导配置，并将 grub.cfg 文件写到 USB 设备挂载点：

```
[root@server ~]# grub2-mkconfig -o /media/sdb1/grub/grub.cfg
```

(6) 查看前面的步骤在 USB 设备上创建的文件和目录，完成后对 USB 设备进行卸载：

```
[root@server ~]# ls /media/sdb1/grub/ && umount /dev/sdb1
```

就是这样！可在空闲时重新启动系统，并尝试选择 USB 设备作为引导介质(如有必要，调整 UEFI 或 BIOS 设置)，以确保确实创建了一个可引导的外部 USB 设备。

7.1.3 引导过程

本节假设读者已经熟悉其他操作系统的引导过程，知道硬件的引导周期。下面介绍引导操作系统的过程。从 Linux 引导加载程序开始(对于 PC 通常是 GRUB)。

1. 内核加载

启动 GRUB，并选择 Linux 作为要引导的操作系统之后，首先要加载的是内核。请记住，此时内存中不存在操作系统，而且 PC 机也没有容易的方法来访问它们的所有内存。因此，内核必须完全加载到可用 RAM 的第一个 MB 中。为此，对内核进行压缩。文件头部包含将 CPU 调到受保护模式(从而消除内存限制)和解压内核其余部分所需的代码。

2. 内核执行

内核加载到内存后，它可开始执行。需要记住，内核只不过是一个需要执行的程序(尽管是一个非常复杂和智能的程序)。内核只知道内置在其中的功能，这意味着内核中被编译成模块的任何部分在此时都是无用的。内核至少必须有足够的代码来设置其虚拟内存子系统，并访问根文件系统(通常是 ext3、 ext4、Btrfs 或 XFS 文件系统)。一旦内核启动，硬件探针将确定应该初始化哪些设备驱动程序。在这里，内核可以挂载根文件系统。这类似于 Microsoft Windows 系统识别和访问其 C:驱动器所做的事情。内核挂载根文件系统，并启动名为 init 的程序，这将在下一节中讨论。

7.2 init 进程

在传统的 System V(SysV)风格的 Linux 发行版中，init 进程是第一个启动的非内核进程；因此，它的进程 ID 号总是 1。init 读取它的配置文件/etc/inittab，并确定启动它的运行级别。实际上，运行级规定了系统的行为。每个级别(由 0 到 6 之间的整数指定)都有特定用途。如果 initdefault 存在，则选择运行级别；否则，系统会提示提供一个运行级值。

大多数现代 Linux 发行版都使用名为 systemd 的新启动管理器取代了 SysV init 以前提供的功能。在 systemd 中，运行级别的概念是不同的，它被称为目标。第 9 章更详细地讨论 systemd。表 7-2 显示了传统 SysV 领域中的不同运行级别以及它们在 systemd 领域中的等效级别。

表 7-2 执行内核

SysV init	systemd 等效级别	说明
0	poweroff.target, runlevel0.target	停止系统
1	rescue.target, runlevel1.target	进入单用户模式
2	runlevel2.target, multi-user.target	多用户模式，传统上没有网络文件系统(NFS)
3	multi-user.target, runlevel3.target	全多用户模式(正常)
4	multi-user.target, runlevel4.target	未使用或用户定义的
5	graphical.target, runlevel5.target	与运行级别 3 相同，除了使用 X 窗口(图形化)系统登录而不是基于文本的登录
6	reboot.target, runlevel6.target	重新启动系统
emergency	emergency.target	紧急 shell

7.3 systemd 脚本

在基于系统的发行版上，控制启动内容、启动方式和启动时间的配置文件被称为单元文件。这些文件存储在文件系统的某些位置。例如，/usr/lib/systemd/system/保存安装包附带的任何相关单元文件，而/etc/systemd/system/通常保存系统管理员安装的(隐式或显式)单元文件。

这些单元文件共同负责在引导过程期间或之后的一个固定点上启动、管理或停止各种服务和进程。许多情况下，这些单元的执行顺序会产生影响。例如，如果不先启用和配置网络接口，就不能启动依赖于已配置网络接口的服务!

下面看看示例 Fedora 服务器的/usr/lib/systemd/system 目录:

```
[master@fedora-server ~]$ ls -l /usr/lib/systemd/system
-rw-r--r--. 1 root root 521 Dec 17 23:32 network.target
-rw-r--r--. 1 root root 704 Dec 17 23:32 tmp.mount
-rw-r--r--. 1 root root 322 Oct 31 12:36 crond.service
 ...<OUTPUT TRUNCATED>...
```

如输出所示，这里有许多单元文件！这些文件名为 tmp.mount、basic.target、network.target、crond.server、blah.socket 等。第 9 章将了解关于文件名扩展名(*.target、*.service、*.mount，等)的相

关性。值得庆幸的是，并不是所有单元文件都一直处于活动状态，它们也都不需要由系统管理员手动管理。唯一活动的单元文件是由系统管理员显式启用的，或者系统通过软件包或系统配置实用程序隐式启用的。

对于任何给定的已启用(活动)单元文件，单元对应的符号链接在单元配置目录下创建。

好了，我们开始兜圈子了，下面看一个真实例子。下一节将创建自己的服务(也称为 systemd 服务单元)。

编写自己的 rc 脚本

在管理 Linux 系统并使其运行的过程中，有时需要修改进程或服务的行为，因为它与系统的启动或关闭有关。systemd 使得在现代 Linux 发行版上很容易做到这一点。

下面通过一个示例逐步了解如何创建一个简单的服务，并将其与系统自动启动流程集成起来。顺便说一下，可以使用这个示例作为框架脚本，修改它以添加需要的任何内容。假设运行一个支持 systemd 的 Linux 服务器，并想启动一个特殊程序；它每小时弹出一个消息，提醒用户需要好好休息。

启动这个程序的脚本包括以下内容：脚本的用途描述(以便不会在一年后忘记它)和一个简单的循环，以便每小时发送一封电子邮件。

注意　*以#符号开头的行是注释，不是脚本操作的一部分。*

有了这些参数，下面开始创建脚本。

1. 创建 carpald.sh 脚本

首先创建脚本，执行想要的实际功能。这个脚本并不复杂，但可满足这里的目的。脚本的注释字段中嵌入了对脚本工作的描述。

(1) 启动任何选择的文本编辑器，并输入以下文本：

```
#!/bin/sh
#
#Description: This simple script will send a mail to any e-mail address
#specified in ADDR variable every hour, reminding the user to take a
#break from the computer to avoid the carpal tunnel syndrome. The script
#has such little intelligence that it will always send an e-mail as long
#as the system is up and running - even when the user is fast asleep!!
#So don't forget to disable it after the fact.
#Author: w.s.
#
set -e
ADDR=root@localhost
while true
do
         sleep 1h
         echo "Get up and take a break NOW !!" | \
         mailx -s "Carpal Tunnel Warning" $ADDR
done
```

(2) 将脚本保存到一个名为 carpald.sh 的文件中。

(3) 接下来需要使脚本可执行。输入下面的命令：

```
[master@fedora-server ~]$ chmod 755 carpald.sh
```

(4) 将脚本复制或移动到公共和中央目录位置；这里将使用/usr/local/bin/目录：

```
[master@fedora-server ~]$ sudo mv carpard .sh /usr/local/bin/
```

(5) 注意 carpard.sh 脚本引用了一个 mailx 命令(倒数第二行)。因此，需要在系统上安装 mailx 实用程序，以便在脚本中使用它。

在示例 Fedora/CentOS/RHEL 系统上，如果尚未安装 mailx，可使用 dnf 来安装它。输入如下命令：

```
[master@fedora-server ~]$ sudo dnf -y --nogpgcheck install mailx
```

如果像 Ubuntu 这样的基于 Debian 的系统上没有 mailx，可使用 apt 程序来安装它，命令如下：

```
master@ubuntu-server:~$ sudo apt -y install mailutils
```

注意 演示 carpald.sh 脚本需要一种机制来实际向收件人的电子邮件地址(root@localhost)发送电子邮件。这涉及设置本地邮件服务器或配置系统，以使用外部邮件服务器或其他电子邮件发送机制。因为这只是一个概念证明，我们还没有准备好全力以赴。所以，现在，请忽略在系统日志中看到的任何 message not sent 错误！第 20 章将介绍安装和设置一个功能齐全的邮件服务器。如果你不相信我们，或者迫不及待地想测试脚本，可以使用 dnf、yum 或 apt 快速安装 postfix 包。

2. 创建 carpald 服务单元

这里要创建实际的启动脚本，该脚本在系统启动和关闭期间执行。这里创建的文件名为 carpald。该文件是支持 systemd 的，这意味着它将使用 systemd 领域特定的语言/语法。这是一个有用且节省时间的功能。

(1) 启动任何选择的文本编辑器，并输入以下文本：

```
[Unit]
Description=The Carpal Notice Daemon
After=syslog.target
[Service]
ExecStart=/usr/local/bin/carpald.sh
Type=simple
[Install]
WantedBy=multi-user.target
```

针对前面的示例 carpald.service 单元文件进行一些注释。方括号中的字段，如[Unit]、[Service]和[Install]，标记文件中新部分的开始:

- [Unit]部分包含影响各种 systemd 对象的通用参数，如 Description、After 等。这里指定了一个简单字符串来描述自定义的 carpald 服务，还指定了这个单元可在 syslog.target 之后启动。
- [Service]部分包含了特定于具体单元的参数。首先，它指定这是单元的服务类型。ExecStart 参数设置为前面创建的 carpald.sh shell 脚本的路径。

类型参数指定了服务在启动后应该如何通知 init 系统。类型的一些示例值有 simple、forking 和 exec dbus。

- [Install]部分包含指定启动单元的环境(又名触发器)的指令。WantedBy 的值设置为 multi-user.target，意思是每当请求 multi-user.target (或运行级)时，carpald.service 单元将自动启动。

(2) 将脚本保存到一个名为 carpald.service 的文件中。

(3) 将脚本复制或移动到包含 systemd 的/etc/systemd/system/目录中：

```
[master@fedora-server ~]$ sudo mv -f carpald.service /etc/systemd/system
```

(4) 现在告诉 systemd，重载 systemd 守护进程，这个新单元文件是存在的：

```
[master@fedora-server ~] $ sudo systemctl daemon-reload
```

这可能都相当复杂，但好消息是，只需要设置一次，然后忘记它。只要脚本/守护进程/服务/进程正在执行其设计的任务，并且当它应该执行时，应该没必要照看它。具体来说，在示例中，由于 systemd 的存在，脚本在启动和关闭期间自动运行。从长远看，前期的开销是值得的！

在 carpald 基础设施周围已经建立了“螺母和螺栓”，但在真正让它运行之前，它并不是非常有用。下面使用 service 命令手动启动守护进程：

(1) 使用 service 命令查看 carpald.sh 程序的状态：

```
[master@fedora-server ~]$ sudo service carpald status
```

(2) 我们不想等待下一次系统重启，来测试 carpald 脚本，所以使用 service 命令手动启动 carpald 程序：

```
[master@fedora-server ~]$ sudo service carpald start
```

提示　只要服务器的电子邮件子系统在运行(参见第 20 章)，大约一个小时后，就会看到来自 carpald.sh 脚本的邮件消息。可在命令行中输入以下命令来使用邮件程序：

```
server:~ # mail
Mail Version **. Type ? for help.
"/var/mail/root": 1 message 1 new
>N      1 root       Sun Aug 23 18:55     19/589      "Carpal Tunnel Warning"
&
```

在&提示符处输入 q 退出邮件程序。

(3) 运行以下命令来停止 carpald 服务单元：

```
[master@fedora-server ~]$ sudo systemctl stop carpald.service
```

类似地，使用本机 systemctl 命令，通过运行以下命令，来停止 carpald 守护进程：

```
[master@fedora-server ~]$ sudo systemctl stop carpald.service
```

7.4　启用和禁用服务

有时，根本不需要在引导时启动特定的服务。如果要将系统配置为服务器，并且只需要特定的服务，而不需要其他服务，那么这一点尤其重要。根据特定的 Linux 发行版，可以使用各种工具(chkconfig、systemctl、rc-等)来启用或禁用服务。下一节将使用较新的类似瑞士军刀的 systemctl 实用程序，它可以在大多数运行 systemd 的现代 Linux 发行版中找到。

7.4.1　启用服务

下面配置 carpald 服务，使其始终作为系统引导过程的一部分自动启动。

(1) 一旦到达指定的 systemd 目标(multi-user.target)。输入以下命令：

```
[master@fedora-server ~]$ sudo systemctl enable carpald.service Created symlink
/etc/systemd/system/multi-user.target.wants/carpald.service
/etc/systemd/system/carpald.service.
```

这将在 WantedBy 参数的[Install]部分中指定的目标文件夹下自动为 carpald.service 单元创建一个符

号链接。本例中的目标文件夹是/etc/systemd/system/multi-user.target.wants/。

(2) 使用 systemctl 查看是否将 carpald 服务配置为在当前环境中自动启动，输入以下内容:

```
[master@fedora-server ~]$ sudo systemctl is-enabled carpald.service
enabled
```

7.4.2 禁用服务

要完全禁用服务或 systemd 单元，至少必须知道服务的名称。然后可以使用 systemctl 工具关闭它，从而防止它在所有目标(运行级别)中启动。

(1) 要在自动启动的过程中禁用 carpald.sh 程序，可输入以下命令：

```
[master@fedora-server ~]$ sudo systemctl disable carpald.service
```

(2) 再次查看 carpald.service 单元的新启动状态：

```
[master@fedora-server ~]$ sudo systemctl is-enabled carpald.service
```

(3) 从 systemd 永久删除 carpald.sh 程序，停止它，删除它的单元文件，然后重新加载 systemd。输入以下命令：

```
[master@fedora-server ~]$ sudo systemctl stop carpald.service
[master@fedora-server ~]$ sudo rm -f /etc/systemd/system/carpald.service
[master@fedora-server ~]$ sudo systemctl daemon-reload
```

(4) 这就完成了示例 carpald.sh 脚本，可以输入以下内容，从系统中永久删除它：

```
[master@fedora-server ~]$ sudo rm -f /usr/local/bin/carpald.sh
```

这就是服务在 Linux 中自动启动和关闭的方式。

7.5 启动和关闭细节

大多数 Linux 管理员不喜欢关闭 Linux 服务器，以免缩短“正常运行时间”，这是 Linux 系统管理员引以为豪的事情。当 Linux 机器必须重新启动时，通常是由于不可避免的原因。可能发生了什么不好的事情，或者内核升级了。

幸运的是，Linux 在自我恢复方面做得很好，甚至在重启期间也是如此。很少会遇到无法正确引导的系统，但这并不是说永远不会发生这种情况——这就是本节要讨论的内容。

7.5.1 fsck

确保系统硬盘上的数据处于一致状态是一项重要功能。此功能部分由各种子系统/程序和另一个称为/etc/fstab 的文件控制。fsck (文件系统检查)工具在每次引导时根据需要自动运行，这是由/etc/fstab 文件中的某些标志指定的。特定的标志是/etc/fstab 中每个条目的第 6 个字段中的 passno 标志(参见 man fstab)。fsck 程序的目的类似于 Windows ScanDisk/chkdsk，在继续引导过程之前检查和修复文件系统上的任何损坏。由于它的关键性质，fsck 通常被安排在引导序列的早期运行。在支持 systemd 的系统上，检查由 system-fsck@.service 和 systemd-fsck-root.service 服务单元文件管理。

如果发现文件系统处于不干净状态，或两次检查之间经过了一定次数，系统将在下一次启动时自动启动文件系统检查。当然，可根据需要手动启动 fsck(在整个过程中，系统管理员会抱怨)。

如果 fsck 确实需要运行，不必惊慌。不太可能有任何问题。但是，如果确实出现了问题，fsck 将提示有关问题的信息，并询问是否要执行修复。一般来说，回答“是”是正确的。

几乎所有的现代 Linux 发行版都使用所谓的“日志文件系统”，这使得从不干净的关闭和其他小软件错误可能导致的文件系统不一致中恢复起来更容易、更快。具有这种日志记录功能的文件系统有 ext4、Btrfs、ext3、ReiserFS、JFS 和 XFS。

如果存储分区或卷使用任何具有日志功能的文件系统(如 XFS、ext4、ext3、Btrfs 或 ReiserFS)进行格式化，从不干净的系统重置中恢复将更便捷。运行日志文件系统的唯一代价是保存日志所涉及的轻微开销，甚至这也取决于文件系统实现其日志记录的方法。

7.5.2　启动到单用户“恢复模式”

在 Windows 下，“恢复模式”的概念借鉴了 UNIX 长期以来引导到单用户模式的特性。在 Linux 领域，这意味着，如果是被损坏的启动脚本影响了主机的启动过程，就可能需要手动引导到这个模式，解决这个问题，然后让系统启动到完整的多用户模式(正常行为)。

如果使用 GRUB 2 引导加载程序，步骤如下：

(1) 从 GRUB 菜单中选择要引导的 GRUB 条目。默认条目或最近安装的内核版本将在引导菜单中突出显示。按 E 键。

(2) 接下来，将看到一个带有各种指令(来自文件/boot/grub/grub.cfg、/boot/grub2/grub.cfg、/boot/efi/EFI/fedora/grub.cfg、/boot/efi/EFI/ubuntu/grub.cfg 等) 的子菜单。

(3) 使用键盘上的箭头键导航到指定要加载的 Linux 内核的行以及要传递给内核的参数。在示例 Fedora 系统中，这一行以 linux 或 linux16 开头。在行尾留一个空格，然后在行尾添加关键字 single(或字母 s)。

提示　基于 Red Hat 的系统(如 Fedora)接受 rd.break 内核命令行参数，该参数可用于密码恢复。

(4) 按 Ctrl+X 键用刚做的临时更改启动系统。系统应该将内核引导到单用户模式。

(5) 根据系统配置的不同，系统会提示输入根密码，或者只给出一个 shell 提示。如果提示输入密码，则输入根密码并按 Enter 键，然后将得到 shell 提示。

(6) 现在实际上处于 systemd rescue.target 模式(又名运行级别 1)。在这种模式下，几乎所有正常启动的服务都没有运行(这可能包括网络配置)。因此，如果需要更改 IP 地址、网关、网络掩码或任何与网络相关的配置文件，可以这样做。这也是在无法自动检查和恢复的分区上手动运行 fsck 的好时机(fsck 程序将指出哪些分区运行不正常)。

提示　在许多 Linux 发行版的单用户模式下，只有根分区会自动挂载。如果需要访问任何其他分区，则需要查看/etc/fstab，并使用 mount 命令挂载它们。

(7) 一旦做了需要的任何更改，只需要按 Ctrl+D 键。这将退出单用户模式，并继续引导过程，或者可以只发出 reboot 命令来重新引导系统。

7.6　小结

本章讨论了启动和关闭典型 Linux 系统所涉及的各种核心概念。从万能的引导加载程序开始探索。特别将 GRUB 作为一个引导加载程序/管理器示例，因为它是流行的 Linux 发行版中选择的引导加载程序。接下来，探讨了在 GNU/Linux 中服务通常是如何启动和停止的，Linux 如何决定启动和停止什么，以及在各个运行级别应该这样做。我们甚至编写了一个小小的 shell 程序作为演示，然后继续配置系统，使其在系统启动时自动启动程序！

第8章　文件系统

文件系统提供了一种在存储介质上组织数据的方法。本章讨论 Linux 支持的这些抽象层的组成和管理，特别关注本地 Linux 文件系统。

本章还介绍管理磁盘的许多方面。这包括创建分区和卷、建立文件系统、自动完成在引导时挂载文件系统的过程，以及在出现问题时对其进行处理。我们还将讨论 LVM(逻辑卷管理)的概念。

注意 在开始学习本章之前，应该熟悉 Linux 环境中的文件、目录、权限和所有权。如果还没有读过第 4 章，应该在继续之前先阅读那一章。

8.1　文件系统的结构

下面首先讨论 Linux 下文件系统的结构，为后面讨论的各种概念建立适当的基础。

8.1.1　i-node

许多 Linux/UNIX 文件系统最基本的构建块是 i-node。i-node 是指向其他 i-node 或数据块的控制结构。

i-node 中的控制信息包括文件的所有者、权限、大小、上次访问的时间、创建时间、组 ID 和其他信息。但 i-node 不提供文件的名称。目录本身是文件的特殊实例。这意味着每个目录都有一个 i-node，而 i-node 指向包含关于目录中文件的信息(文件名和 i-node)的数据块。图 8-1 演示了旧 ext2 文件系统中 i-node 和数据块的组织。

如图 8-1 所示，i-node 用于提供间接块，以便指向更多的数据块——这就是为什么每个 i-node 不包含文件名的原因。只有一个 i-node 代表整个文件；因此，如果每个 i-node 都包含文件名信息，则会浪费空间。例如，以包含 1 079 304 个 i-node 的 6GB 磁盘为例。如果每个 i-node 也需要 256 字节来存储文件名，那么在存储文件名时会浪费大约 33MB，即使它们没有被使用！

如有必要，每个间接块可依次指向其他间接块。通过最多三个间接层，可在 Linux 文件系统上存储非常大的文件。

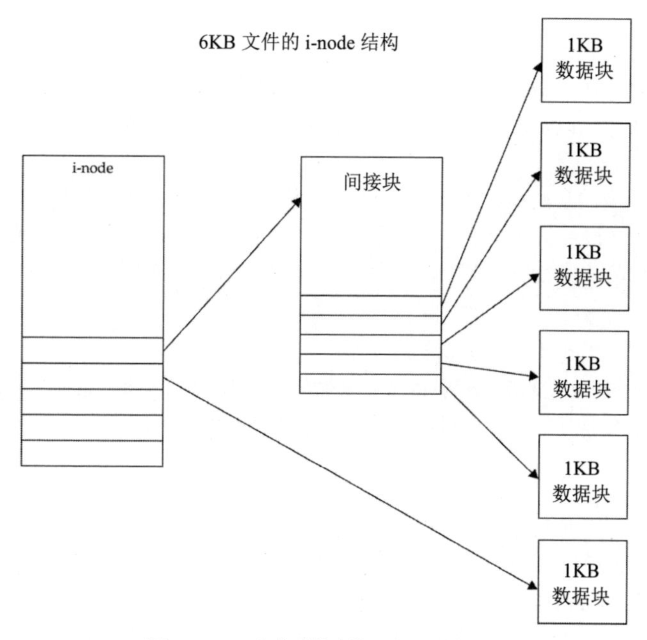

图 8-1 ext2 文件系统中的 i-node 和数据块

8.1.2 块

ext*文件系统上的数据被组织成块。块是位或字节的序列，是存储设备中最小的可寻址单元。根据块的大小，块可能只包含单个文件的一部分，也可能包含整个文件。块依次分组为块组。

在 ext2 文件系统上，块组包含超级块的副本、块组描述符表、块位图、i-node 表，当然还有实际的数据块。ext2 文件系统中不同结构之间的关系如图 8-2 所示。

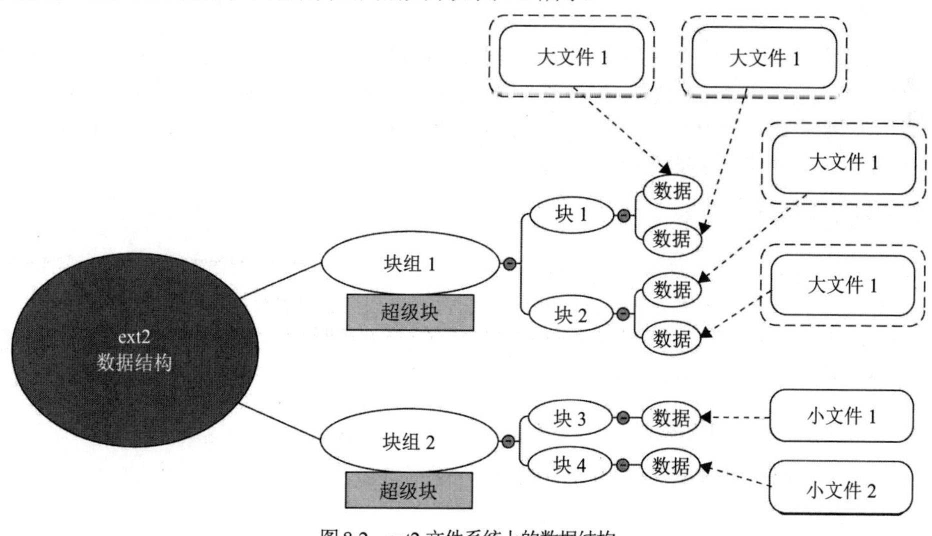

图 8-2 ext2 文件系统上的数据结构

8.1.3　超级块

从磁盘读取的第一块信息是它的超级块。这个小数据结构揭示了几个关键信息，包括磁盘的几何形状、可用空间的大小，以及最重要的第一个 i-node 的位置。如果没有超级块，磁盘上的文件系统就毫无用处。

像超级块这样重要的东西不是随机的。该数据结构的多个副本分散在磁盘上，以便在第一个副本损坏时提供备份。在 Linux 的 ext2 文件系统中，每组块后面都有一个超级块，它包含 i-node 和数据。一组由 8192 个块组成；因此，第一个冗余超级块位于 8193，第二个位于 16 385，以此类推。

8.1.4　ext4

第四个扩展文件系统(ext4)是 ext2/ext3 文件系统的继承者，是大多数 Linux 发行版中使用的默认文件系统。ext4 文件系统提供了一些改进和特性，下面将对此进行讨论。

1. 日志

记录文件系统的工作原理是，在将更改实际提交到磁盘之前，首先在要更改的日志中创建一个分类条目。事务提交到磁盘后，文件系统继续修改实际数据或元数据。这会导致全有或全无的情况，即文件系统要么执行所有修改操作，要么全部不执行。传统的文件系统(如 ext2)必须搜索目录结构，在磁盘上找到放置数据的正确位置，然后放置数据。Linux 还可以缓存整个进程，包括目录更新，从而使进程对用户来说显得更快。

使用日志类型的文件系统的好处之一是进一步保证了数据的完整性，并且在问题无法避免的情况下，极大地提高速度、恢复的容易程度和成功的可能性。其中一个不可避免的情况是系统崩溃。这种情况下，可能不需要运行文件系统检查器或文件系统一致性检查器(fsck)。使用日志类型的文件系统的其他好处是，可以简化系统重启、减少磁盘碎片、加速 I/O 操作(具体取决于使用的日志记录方法)。

Btrfs、XFS 和 ext4 是实现日志记录的流行 Linux 文件系统。

2. 区段

与 ext3/ext2 不同，ext4 文件系统不使用间接的块映射方法。相反，它使用了区段的概念。区段是表示文件系统上连续物理存储块的一种方法。区段提供有关数据文件在物理存储器上扩展的范围或幅度的信息。因此，可使用单个区段(或几个区段)来声明接下来的若干个块属于某个特定数据文件，而不是每个块携带一个标记来指示它所属的数据文件。

3. 在线碎片整理

随着数据的增长、缩小和移动，可能会随着时间的推移而碎片化。碎片化会导致物理存储设备的机械部件更繁忙，这反过来会导致设备的磨损增加。

传统上，撤销文件碎片的过程是脱机对文件系统进行碎片整理。在此实例中，“脱机”意味着在文件不可能被访问或使用时进行碎片整理。ext4 支持对单个文件或整个文件系统进行在线碎片整理。

4. 更大的文件系统和文件大小

旧的 ext3 文件系统能支持最大 16TB 的文件系统和最大 2TB 的单个文件。另一方面，ext4 系统能够支持最大 1EB 的文件系统和最大 16TB 的文件。

8.1.5　Btrfs

B-tree 文件系统(Btrfs)是下一代 Linux 文件系统，旨在解决当前 Linux 文件系统可能存在的任何企业可伸缩性问题。Btrfs 被亲切地读作 Butter FS。在撰写本书时，Btrfs 已经可以在不同的 Linux 发行版中使用。除了 ext4 支持的所有高级特性之外，Btrfs 还支持(或计划支持)如下一些特性。

- 动态 i-node 分配和透明压缩
- 在线文件系统检查(fsck)
- 内置 RAID 镜像和剥离等功能
- 在线碎片整理，支持快照和子卷
- 支持块设备的在线添加和删除
- 通过支持重复数据，提高存储器的利用率

8.1.6　XFS

XFS 是一个日志 64 位文件系统，已经存在了一段时间，已移植到 Linux 内核中。在一些基于 Red Hat 的发行版(如 RHEL 和 CentOS)上，XFS 最近作为默认文件系统引入。XFS 被认为是一个 Big Iron 文件系统，这意味着它是企业级的、高性能的、可靠的、可扩展的、经过良好测试的。它的功能包括：

- 快速恢复和支持扩展属性
- 支持 8 EB 的文件系统
- 支持最大 8 EB 的文件
- 支持尽可能接近底层硬件可提供的原始输入/输出性能
- 在线碎片整理和在线大小调整

提示　文件系统有这么多选择，弄清楚应该使用哪个用例或工作量可能有点令人生畏！但不必担心，因为在服务器 OS 安装过程中，会发现发行版供应商提供的默认文件系统足以满足大多数通用用例，因此可以不必再想它，开始自己的愉快工作。

8.2　管理文件系统

在创建、部署并将文件系统添加到备份周期之后，它们在很大程度上倾向于自行处理。比较棘手的是管理问题，比如用户拒绝管理个人主目录以及其他麻烦的非技术问题。

下面将讨论管理文件系统所涉及的技术问题——即挂载和卸载分区、处理/etc/fstab 文件以及使用 fsck 工具执行文件系统恢复的过程。

8.2.1　挂载和卸载本地磁盘

分区或卷需要挂载，以便访问它们的内容。实际上，分区或卷上的文件系统是挂载的，因此它看起来只是系统上的另一个子目录，即使可能使用多个不同的文件系统也同样如此。这一特性对管理员特别有帮助，管理员可将存储在物理分区上的数据重新定位到目录树下的新位置(可能是不同的分区)，而系统用户对此毫不知情。

文件系统管理过程从根目录开始。这个分区也被亲切地称为斜杠，并同样以正斜杠字符(/)表示。包含内核和核心目录结构的分区在引导时挂载。存储 Linux 内核的物理分区可以存储在单独的文件系统(如/boot)上。根文件系统(/)还可存放内核和其他必需的实用程序和配置文件，以便将系统设置为单

用户模式。

随着引导脚本的运行，会挂载其他文件系统，添加到根文件系统的结构中。挂载进程用它试图挂载的分区的目录树覆盖一个子目录。例如，假设/dev/sda2 是根分区；它包含目录/usr，其中不包含任何文件。分区/dev/sda3 包含/usr 中需要的所有文件，因此将/dev/sda3 挂载到目录/usr。用户现在只需要将目录更改为/usr，就可以查看该分区中的所有文件。用户不需要知道/usr 实际上是一个单独的分区。

注意　在本章和其他章节中，我们可能会无意中说分区或卷挂载在某个目录中。请注意，实际上挂载的是分区上的文件系统。

请记住，当挂载新目录时，挂载进程将隐藏以前挂载目录的所有内容。因此，在/usr 示例中，如果根分区在挂载/dev/sda3 之前在/usr 中有文件，这些/usr 文件就不再可见。当然，没有删除它们；因为一旦卸载了/dev/sda3，/usr 文件将再次可见。

1. 使用 mount 命令

与许多命令行工具一样，mount 命令有很多选项，其中大多数在日常工作中不会使用。可从 mount man 页面获得这些选项的详细信息。本节将探索该命令最常见的用法。

mount 命令的结构如下：

```
mount [options] device directory
```

挂载选项可以是表 8-1 中所示的任何一个。

表 8-1　mount 命令可用的选项

选项	描述
-a	挂载/etc/fstab 中列出的所有文件系统(稍后将讨论该文件)
-t fstype	fstype 指定要挂载的文件系统的类型。Linux 支持 ext2、ext3、ext4、Btrfs、XFS、FAT、VFAT、NTFS、ReiserFS 等文件系统。mount 命令通常自己检测正确的文件系统
remount	remount 选项用于重新挂载已经挂载的文件系统。它通常用于更改文件系统的挂载标志。例如，它可将只读挂载的文件系统更改为可写文件系统，而不必卸载它
-o	指定应用于此挂载进程的特定选项，它们特定于文件系统类型 (用于挂载网络文件系统的选项可能不适用于挂载本地文件系统)。一些更常用的选项是 ro(只读)、rw(读写)、noatime、noauto、nosuid 等

不带任何选项的 mount 命令将列出当前挂载的所有文件系统：

```
[master@fedora-server ~]$ mount
/dev/mapper/fedora-root on / type xfs (rw,relatime,attr2,noquota)
proc on /proc type proc (rw,nosuid,nodev,noexec,relatime)
...<OUTPUT TRUNCATED>...
tmpfs on /tmp type tmpfs (rw,nosuid,nodev)
```

假设存在一个名为/bogus-directory 的目录，下面的 mount 命令以只读模式将/dev/sda3 分区挂载到/bogus-directory 目录：

```
[master@fedora-server ~]$ sudo mount -o ro /dev/sda3 /bogus-directory
```

2. 卸载文件系统

要卸载文件系统，使用 umount 命令(注意该命令不是用 n 进行卸载)。下面是该命令的语法：

```
umount [-f ] directory
```

其中，directory 是要卸载的目录。下面是一个例子:

```
[master@fedora-server ~]$ sudo umount /bogus-directory
```

这将卸载挂载在/bogus-directory 目录上的分区。

当使用文件系统时，使用 umount 有一个问题：如果文件系统正在使用(即当前正在读写文件系统的内容)，将无法卸载该文件系统。要解决这个问题，可执行以下任何操作。

- 可使用 lsof 或 fuser 程序来确定哪些进程保持文件打开，然后关闭它们，或者请求进程所有者停止它们正在做的事情。如果选择终止进程，请确保理解这样做的后果——换句话说，在终止不熟悉的进程之前要格外小心。
- 可对 umount 使用-f 选项强制卸载进程。它对于不再可用的 NFS 类型的文件系统特别有用。
- 使用由-l 选项指定的延迟卸载。即使其他选项失败了，这个选项也几乎总是有效的。它立即将文件系统从文件系统层次结构中分离出来，并在文件系统不再忙碌时，清除对文件系统的所有引用。
- 最安全、最合适的替代方法是将系统降到单用户模式，然后卸载文件系统或简单地重新启动。当然，在现实中，并非总能在生产系统上做到这一点。

3. /etc/fstab 文件

/etc/fstab 文件是挂载可以使用的配置文件。该文件包含系统已知的所有分区的列表。在引导过程中，读取此列表，并使用指定的选项自动挂载其中的项。

这是/etc/fstab 示例文件中条目的格式：

```
/dev/device /dir/to/mount fstype Parameters fs_freq fs_passno
```

以下是/etc/fstab 文件中的示例条目(行号添加到输出中，以提高可读性)：

```
1.  /dev/mapper/fedora-root   /       xfs   defaults   0 0
2.  UUID=24f22094-3178-4eca   /boot   ext4  defaults   1 2
3.  /dev/mapper/fedora-swap   swap    swap  defaults   0 0
```

下面看看/etc/fstab 文件中一些尚未讨论的条目。

第 1 行：

/etc/fstab 示例文件中的第一个条目是根卷的条目。第一列显示存放文件系统的设备：/dev/mapper/fedora-root 逻辑卷(参见第 8.4 节)。

第二个条目显示挂载点：/(斜杠或根)目录。

第三个条目显示了文件系统的类型：本例中是 xfs。

第四个条目显示用于挂载文件系统的选项——在本例中只需要 defaults 选项。

dump 实用程序(一个简单的备份工具)使用第五个条目来确定需要备份哪些文件系统。第 6 个也是最后一个字段由 fsck 程序用于确定是否需要检查文件系统，确定检查的顺序。

第 2 行：

示例文件中的下一个条目是/boot 挂载点。该条目的第一个字段显示设备——在本例中，它指向由其 UUID 标识的设备。对于/boot 挂载点，注意设备的字段与通常的/dev/<path-to-device>约定稍有不同。使用 UUID 来识别设备/分区有助于确保它们是正确的，在任何情况下都是唯一确定的——例如添加新磁盘，删除现有磁盘，或改变驱动控制器和到总线驱动器的连接等。

一些 Linux 发行版可能选用标签来标识/etc/fstab 文件的第一个字段中的物理设备。使用标签有助于在挂载文件系统的位置隐藏实际设备(分区)。当使用标签时，设备替换为如下的令牌：LABEL=/boot。在初始安装期间，安装程序的分区程序会自动设置分区上的标签。在启动时，系统扫描分区表，查找这些标签并执行正确的操作。标签对于闪存驱动器、USB硬盘驱动器等瞬态外部介质也很有用。

其他字段的含义基本上与前面讨论的根挂载点的字段相同。

提示　命令行实用程序 blkid 可用于显示附加到系统的存储设备的不同属性。其中一个属性是卷的UUID。例如，在没有任何选项的情况下运行 blkid 将打印各种信息，包括系统上每个块设备的UUID：

```
# blkid
/dev/vda1: UUID="a7c00b-40ee" TYPE="ext4" PARTUUID="69dab7-01"
/dev/vda2: UUID="tICG-1oRC" TYPE="LVM2_member" PARTUUID="6dab7-02"
```

第3行：

这是用于系统交换分区的头目，虚拟内存驻留的地方。在 Linux 中，虚拟内存可保存在与根分区分开的分区上。将交换空间保持在单独的分区上有助于提高性能。另外，因为交换分区在引导时不需要使用 fsck 进行备份或检查，所以条目中的最后两个参数是零。有关其他信息，请参阅关于 mkswap 的手册页。

8.2.2　使用fsck

fsck(file system check 的缩写)工具用于诊断和修复在日常操作过程中可能损坏的文件系统。在系统由于没有机会将所有内部缓冲区完全刷新到磁盘，以至于系统崩溃时，可能需要进行这样的修复。这个工具的名称 fsck 与系统管理员在系统崩溃后经常使用的文件系统一致性检查器(file system consistency checker)惊人地相似，后者可以用作恢复过程的一部分，这完全是巧合！

通常，系统在引导过程中认为必要时自动运行 fsck 工具。如果它检测到文件系统没有被干净地卸载，就运行该实用程序。一旦系统检测到没有在预定的阈值(例如挂载数量或挂载之间经过的时间)之后执行检查，也将运行文件系统检查。Linux 将尽其所能自动修复它所遇到的任何问题！Linux 文件系统的健壮特性在恶劣的情况下很有帮助。但当事情失控时，可能会得到这样的消息：

```
*** An error occurred during the file system check.
*** Dropping you to a shell; the system will reboot
*** when you leave the shell.
```

此时，需要手动运行 fsck，并自己回答它的提示。

如果确实发现文件系统的行为不正常(日志消息中的虚假错误是这种异常的极好暗示)，那么可能希望自己在正在运行的系统上运行 fsck。唯一的缺点是必须卸载相关的文件系统才能工作，这有时可能要求系统处于脱机状态。

名称 fsck 并不是修复工具的实际名称；它实际上只是一个包装器。fsck 包装器尝试确定需要修复的文件系统类型，然后运行适当的修复工具，传递 fsck 的所有参数。对于 ext4 文件系统，实际工具是 fsck.ext4；对于 VFAT 文件系统，工具为 fsck.vfat；对于 XFS 文件系统，该实用程序称为 fsck.xfs。因此，例如，当 ext4 格式的分区上发生系统崩溃时，可以选择直接调用 fsck.ext4，而不是依赖自动调用包装器工具 fsck。

为在/home 目录中挂载的/dev/mapper/fedora-home 文件系统上运行 fsck，需要执行以下步骤。

假设/ home 文件系统当前没有被任何过程或用户使用或访问，首先卸载文件系统：

```
[master@fedora-server ~] $ sudo umount /home
```

我们知道这个特殊的文件系统类型是ext4，因此可以直接调用正确的实用程序(fsck.ext4)或简单地使用fsck工具：

```
[master@fedora-server ~]$ sudo fsck /dev/mapper/fedora-home
e2fsck 1.* (17-May-2028)
/dev/mapper/fedora-home: clean, 246/3203072 files, 257426/12804096 blocks
```

这个输出显示，文件系统标记为clean。

要强行检查文件系统，并对所有问题都回答yes，输入以下内容：

```
[master@fedora-server ~]$ sudo fsck.ext4 -f -y /dev/mapper/fedora-home
```

1. 如果仍然得到错误怎么办?

fsck实用程序一般都能纠正问题。当它要求人工干预时，通常告诉fsck执行其默认建议就足够了。一次fsck遍历很可能清除所有问题。

在罕见的情况下需要第二次运行，此时不应该出现更多错误。万一出现，很可能是出现了硬件故障。记住要从显而易见的事情开始：检查是否有可靠的电源和连接良好、质量好的电缆；对于机械驱动器，确保没有单击声音；等等。

当所有其他方法都失败时，fsck不再尝试修复这个问题，通常会提示哪里出了问题。然后，可以使用此提示在Internet上执行搜索，并查看其他人为解决相同问题所做的操作。

2. lost+found目录

另一种罕见的情况发生在fsck发现无法与原始文件重新连接的文件段时。在此类情况下，把片段放在分区的lost+found目录中。这个目录位于挂载分区的位置，因此，例如，如果/dev/mapper/fedora-home挂载在/home上，那么/home/lost+found就与特定文件系统的lost+found目录相关。任何内容都可进入lost+found目录——文件片段、目录，甚至特殊文件。至少，lost+found能说明，是否有东西移位了。这样的错误也是极其罕见的。

8.3 添加新磁盘

在采用PC硬件架构的系统上，在Linux下添加磁盘的过程相对容易。假设添加一个与现有磁盘类型类似的磁盘——例如，向已经拥有SATA驱动器的系统添加一个SATA磁盘——系统应该在引导时自动检测新磁盘。剩下的工作就是对其进行分区并在其上创建文件系统。

如果添加一种新类型的磁盘(例如只有SATA驱动器的系统上的SAS磁盘)，可能需要确保内核支持新硬件。这种支持可以直接构建到内核中，也可以作为可加载模块(驱动程序)提供。注意，大多数Linux发行版的内核都支持许多流行的磁盘/存储控制器。

准备好磁盘后，只需要启动系统，就可以开始了。如果不确定系统是否可以看到新磁盘，那么运行dmesg命令，并查看内核检测到的内容。下面是一个示例：

```
[root@server ~]# dmesg | egrep -i "hd|sd|disk|vd"
```

8.3.1 分区概述

为清晰起见，需要知道分区是什么以及它是如何工作的，下面简要回顾一下这个主题。磁盘通常需要在使用之前进行分区。分区将磁盘划分为区段，每个区段本身充当一个完整的磁盘。一旦一个分区被数据填满，数据就不能自动溢出到另一个分区。

各种各样的东西可用一个分区的磁盘来处理，如在跨越整个磁盘的分区上安装操作系统，通常利用所谓“双”配置在若干个单独的分区中安装不同的操作系统，在自己的工作区域使用不同的分区分离和限制某些系统功能。

最后一个示例尤其适用于多用户系统，在多用户系统中，不应该允许用户主目录的内容过度膨胀，破坏重要的操作系统功能。

8.3.2　传统的磁盘和分区命名约定

现代 Linux 发行版使用 libATA 库，在 Linux 内核中为各种存储设备和主机控制器提供支持。在 Linux 下，每个磁盘都有自己的设备名。设备文件存储在/dev 目录下。

硬盘以名称 sdX 开头，其中 X 的范围是 a~z，每个字母表示一个物理块设备。例如，在有两个硬盘的系统中，第一个硬盘是/dev/sda，第二个硬盘是/dev/sdb。根据实现/驱动程序，虚拟块设备的名称以 vdX 开头。

创建分区时，将创建相应的设备文件。它们采用/dev/sdXY(或/dev/vdXY)的形式，其中 X 是设备字母(如上段所述)，Y 是分区号。

因此，/dev/sda 磁盘上的第一个分区是/dev/sda1，第二个分区是/dev/sda2，第三个磁盘上的第二个分区是/dev/sdc2，以此类推。

一些标准设备是在系统安装过程中自动创建的，其他设备是在连接到系统时创建的。

8.4　卷的管理

注意，本书交替使用了术语“分区”和“卷”。虽然它们不完全相同，但在概念上是相似的。

卷的管理是处理磁盘和分区的一种新方法：不再按分区边界查看磁盘或存储实体，边界不再存在，所有东西现在都被视为卷。

这种处理分区的新方法在 Linux 中称为逻辑卷管理(LVM)。它提供了一些好处，并消除了分区概念带来的限制、约束。以下是一些好处。

- 磁盘分区有更大的灵活性。
- 更容易在线调整卷的大小。
- 只需要向存储池添加新的磁盘，更容易增加存储空间。
- 使用快照。

下面是一些管理卷的重要方面。

- 物理卷(PV)：这通常指的是物理硬盘或另一个物理存储实体，如 RAID 阵列或 iSCSI LUN。PV 中只能存在单个存储实体(例如，一个分区)。
- 卷组(VG)：卷组用于将一个或多个物理卷和逻辑卷存储到一个管理单元中。卷组是从物理卷创建的。VG 只是 PV 的一个集合；然而，VG 是不能挂载的。它们更像虚拟原始磁盘。
- 逻辑卷(LV)：可能是 LVM 中最难掌握的概念，因为逻辑卷(LV)在非 LVM 环境中相当于磁盘分区。LV 作为一个标准的块设备出现。将文件系统放在 LV 上，然后挂载 LV。如有必要，LV 会执行 fsck。

LV 是在 VG 的可用空间中创建的。对于管理员来说，LV 是一个连续的分区，独立于派生它的实际 PV。

- 区段：可以使用两种类型的区段：物理区段和逻辑区段。物理卷(PV)划分为数据块或数据单元，称为“物理区段”。逻辑卷划分为数据块或数据单元，称为“逻辑区段”。

图 8-3 显示了 LVM 中磁盘、物理卷、卷组和逻辑卷之间的关系。

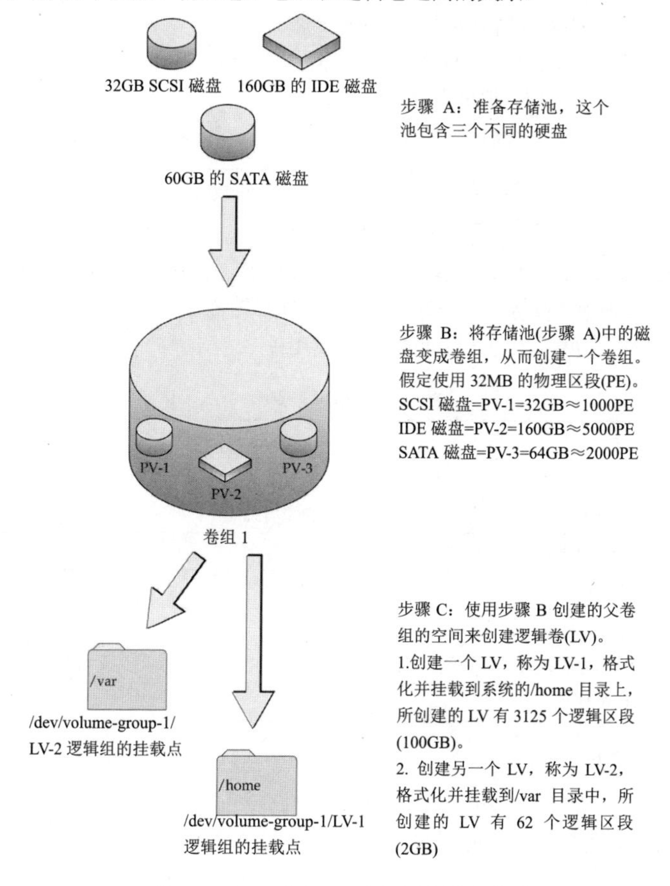
32GB SCSI 磁盘
160GB 的 IDE 磁盘
步骤 A：准备存储池，这个池包含三个不同的硬盘
60GB 的 SATA 磁盘
步骤 B：将存储池(步骤 A)中的磁盘变成卷组，从而创建一个卷组。假定使用 32MB 的物理区段(PE)。
SCSI 磁盘=PV-1=32GB≈1000PE
IDE 磁盘=PV-2=160GB≈5000PE
SATA 磁盘=PV-3=64GB≈2000PE
PV-1
PV-2
PV-3
卷组 1
步骤 C：使用步骤 B 创建的父卷组的空间来创建逻辑卷(LV)。
1.创建一个 LV，称为 LV-1，格式化并挂载到系统的/home 目录上，所创建的 LV 有 3125 个逻辑区段(100GB)。
2. 创建另一个 LV，称为 LV-2，格式化并挂载到/var 目录中，所创建的 LV 有 62 个逻辑区段(2GB)
/var
/dev/volume-group-1/LV-2 逻辑组的挂载点
/home
/dev/volume-group-1/LV-1 逻辑组的挂载点

图 8-3　磁盘、物理卷、卷组和逻辑卷的关系

创建分区和逻辑卷

在操作系统的安装过程中，可能使用了一个“美观的”工具和 GUI 前端来创建分区。各种 Linux 发行版中可用的 GUI 工具在外观和易用性方面有很大差异。有两个命令行工具可用于执行大多数分区任务，并且具有统一的外观，而与 Linux 风格无关，这就是古老的 parted 和 fdisk 实用程序。

尽管 fdisk 很小而且有些笨拙，但它是一个可靠的命令行分区工具。

另一方面，parted 更加用户友好，比其他工具有更多的内置功能。实际上，许多 GUI 分区工具都在后端调用 parted 程序。因此，应该熟悉基本工具，如 parted 和 fdisk。用于管理分区的其他强大命令行实用程序是 sfdisk 和 cfdisk。

在安装操作系统期间，如第 2 章所述，如果接受默认的分区方案，可能会在磁盘上获得一些未分配的空闲空间。现在，执行创建逻辑卷所需的步骤，使用这些空闲空间来演示一些 LVM 概念。

具体而言，创建一个 20GB 大小的逻辑卷，用于存放当前/var 目录的内容。因为在操作系统安装期间，没有创建单独的/var 卷，所以/var 目录的内容当前存储在包含根(/)树的卷下。一般想法是，由于

/var 目录通常用于保存频繁变化和增长的数据(如日志文件)，因此谨慎的做法是将其内容放在单独文件系统上。

要执行的步骤总结如下。

(1) 使用 parted 实用程序检查当前磁盘分区布局。

(2) 使用 pvdisplay、vgdisplay 和 lvdisplay 实用程序检查当前 LVM 布局。

(3) 确定现有卷组上有多少未分配的空间。

(4) 最后，在卷组中创建一个新的逻辑卷，格式化该卷，并为该逻辑卷分配挂载点。

警告　创建分区的过程可能不可挽回地破坏磁盘上已经存在的数据。在创建、更改或删除任何磁盘上的分区之前，必须清楚自己在做什么以及后果。

除了必须在服务器机箱中物理地插入新磁盘之外，要使磁盘对操作系统可用，还需要有一个简单但系统化的过程。下面列出一些额外的步骤，以及一些注释和解释。

表 8-2 列出并描述了一些常用的、方便的 LVM 实用程序。

表 8-2　LVM 实用程序

LVM 命令	描述
lvcreate	从卷组的空闲物理区段池中分配逻辑区段，可在卷组中创建新的逻辑卷
lvdisplay	显示逻辑卷的属性，例如读/写状态、大小和快照信息
pvcreate	初始化一个物理卷，供 LVM 系统使用
pvdisplay	显示物理卷的属性，如大小和 PE 大小
vgcreate	从使用 pvcreate 命令创建的块设备中创建新的卷组
vgextend	将一个或多个物理卷添加到现有卷组中，以扩展其大小
vgdisplay	显示卷组的属性

1. 检查磁盘/分区布局

下面执行下述步骤，检查主系统磁盘/dev/sda 的当前分区或磁盘布局。

(1) 首先以设备名作为参数运行 parted 实用程序：

```
[master@fedora-server ~]# sudo parted /dev/sda
Welcome to GNU Parted! Type 'help' to view a list of commands.
 (parted)
```

显示一个简单的 parted 提示符，即(parted)。

(2) 在 parted 的 shell 上再次打印分区表。在提示符下输入 print，打印当前分区表：

```
(parted) print
Model: SATA HARDDISK
Disk /dev/sda: 107GB
Sector size (logical/physical): 512B/512B
Partition Table: gpt
Disk Flags:
Number  Start   End     Size   File system  Name                  Flags
1       1049kB  211MB   210MB  fat16        EFI System Partition  boot, esp
2       211MB   1285MB  1074MB xfs
3       1285MB  107GB   106GB                                     lvm
```

关于这个输出，几个值得注意的事实如下。

- 总的磁盘大小大约是107GB。
- 分区表类型是GUID分区表(GPT)类型。在示例系统上目前定义了三个分区：1、2和3(分别是/dev/sda1、/dev/sda2和/dev/sda3)。
- 分区1 (/dev/sda1)标记为启动标志(*)。这意味着它是一个可引导的分区。具体来说，它是基于UEFI的系统上使用的、特殊的、必需的EFI分区。
- 分区2 (/dev/sda2)是传统的xfs格式的/引导分区。
- 分区3 (/dev/sda3)是最后一个横跨剩余磁盘的分区，使用lvm标志进行标记。
- 从OS安装期间选择的分区方案中，可推断分区1 (/dev/sda1)存放/boot/efi文件系统，分区2存放/boot文件系统，而分区3 (/dev/sda3)存放其他文件系统(请参阅df命令的输出)。
- 最后一个分区(3，或/dev/sda3)在1074MB (107GB)边界上恰好结束。因此，没有更多空间来创建额外的分区!

(3) 解释完磁盘布局后，在(parted)提示符处输入quit并按Enter键：

```
(parted) quit
```

返回到常规命令shell(在本例中是Bash)。

提示 假设磁盘上有空闲空间，或者甚至有连接到系统的额外磁盘，就可以使用各种不同的parted命令的组合(如mkpart、set等)来创建新的分区。

请记住，在一些非常罕见的情况下，可能需要重新引导系统，或者拔出并重新插入新分区的块设备，以便让Linux内核能够识别或使用新创建的分区。使用正确的选项运行partprobe、partx、blockdev、hdparm等实用程序，可帮助通知操作系统分区表的更改，而不必重新启动。

2. 研究物理卷

下面的过程使用pvdisplay命令检查系统上的当前物理卷。

(1) 确保仍然以具有超级用户权限的用户登录系统。

(2) 下面查看系统上定义的当前物理卷。在提示符下输入pvdisplay，如下所示：

```
[master@fedora-server ~]$ sudo pvdisplay
  PV name                  /dev/sda3
  VG name                  fedora
  PV size                  98.80 GiB /not usable  2.00 MiB
...<OUTPUT TRUNCATED>…
```

注意物理卷名字段(PV name)。示例输出显示，/dev/sda3分区目前初始化为一个物理卷。

3. 研究卷组

下面研究系统上定义的任何卷组(VG)。

使用vgdisplay命令查看系统上可能存在的当前卷组：

```
[master@fedora-server ~]$ sudo vgdisplay
VG name                  fedora
Format                   lvm2
...<OUTPUT TRUNCATED>...
VG Size                  98.80
GiB PE Size              4.00 MiB
Total PE                 25293
Alloc PE / Size 5865 /   22.91 GiB
```

```
Free PE / Size 19428 /   75.89 GiB
VG UUID                 o7zuzN-jyCY-k1Zi-mgfT-MrjZ-sz6E-Cbmxeo
```

从前面的输出可看到以下几点：

- 卷组名称(VG Name)是 fedora。
- 当前 VG 的大小为 98.80 GiB。
- PE 大小为 4.00 MiB，共有 25 293 个 PE。
- 在 VG 中有 19 428 个物理区段(或~75.89 GiB)可用。

对于未提及的所有空闲的、可用的区段/空间，下一节继续划分一个逻辑卷(LV)。

4. 创建逻辑卷

前面已经分配了 VG 上的空闲空间，可继续为未来的/var 文件系统创建逻辑卷(LV)了。

(1) 首先查看系统上的当前 LV：

```
[master@fedora-server ~]$ sudo lvdisplay
--- Logical volume ---
  LV Path              /dev/fedora/root
  LV Name              root
  VG Name              fedora
...<OUTPUT TRUNCATED>...
   --- Logical volume ---
  LV Path              /dev/fedora/swap
  LV Name              swap
  VG Name              fedora
  ...<OUTPUT TRUNCATED>...
```

前面的输出显示了当前 LV：

```
/dev/fedora/root
/dev/fedora/swap
```

(2) 有了现在的背景信息，可使用系统上当前使用的相同命名约定(即挂载点的名称)创建一个 LV。在 fedora VG 上创建第三个大小为 20GB 的 LV，称为 var。

LV 的完整路径为/dev/fedora/var。输入以下内容：

```
[master@fedora-server ~]$ sudo lvcreate -L 20G -name var fedora
Logical volume "var" created
```

注意　可采用任何方式命名 LV。命名 var 只是为了保持一致性。可用另一个名称替换 var，如“my-volume”或“LogVol03”。name (-n)选项的值决定 LV 的名称。

此外，-L 选项以易读的单位(GB 或 MB)指定大小。可使用-L 19030M 这样的选项来指定以 MB 为单位的大小。

---

(3) 输入如下命令，查看创建的 LV：

```
[master@fedora-server ~]$ sudo lvdisplay /dev/fedora/var
LV path /dev/fedora/var
LV name var
VG name fedora
LV size 20.00 GiB
...<OUTPUT TRUNCATED>...
```

提示 可在 Fedora、RHEL 和 CentOS 等 Linux 发行版上安装一个名为 blivet-gui 的 GUI 工具，它可极大地简化 LVM 系统的整个管理。

openSUSE Linux 发行版还包括一个非常强大的 GUI 工具，用于管理磁盘、分区和 LVM。执行命令 yast2 disk 来启动实用程序。GNOME 桌面环境通常有一个名为 gnome-disks 的集成良好的 GUI 工具，还可以使用该工具进行存储/磁盘管理。

8.5 创建文件系统

创建任何卷后，接下来需要将文件系统放在卷上，以使它们真正有用。如果习惯了微软的 Windows 操作系统，这类似于在分区后对磁盘进行格式化。

希望创建的文件系统的类型决定了应该使用的特定实用程序。在这个项目中，希望创建一个 XFS 类型的文件系统；因此使用 mkfs.xfs 工具。如前所述，XFS 被认为是一种高性能和可用于生产的文件系统；因此，应该能够将它用于大多数生产类型的工作负载。mkfs.xfs 工具可使用许多命令行参数，但这里以最简单的形式使用它。

下面列出创建文件系统的步骤。

(1) 通常必须指定的唯一命令行参数是应该运行文件系统的分区(或卷)的名称。要在/dev/fedora/var 上创建文件系统，发出以下命令：

```
[master@fedora-server ~]$ sudo mkfs.xfs /dev/fedora/var
meta-data=/dev/fedora/var isize=512 agcount=4, agsize=1310720 blks
 ...<OUTPUT TRUNCATED>...
```

一旦上述命令运行完成，将创建文件系统。

接下来，尝试将当前/var 目录的内容重新定位到单独的(新)文件系统。

(2) 创建一个临时文件夹，用作新文件系统的挂载点。在根文件夹下创建它：

```
[master@fedora-server ~] $ sudo mkdir / new_var
```

(3) 在 new_var 目录挂载新 var 逻辑卷/：

```
[master@fedora-server ~]$ sudo mount /dev/fedora/var /new_var/
```

(4) 把当前/ var 目录的内容复制到/ new_var 目录：

```
[master@fedora-server ~]$ sudo cp -vrp /var/* /new_var/
```

(5) 现在可当前/var 目录重命名为/ old_var：

```
[master@fedora-server ~] $ sudo mv / var / old_var
```

(6) 创建一个新的空/ var 目录：

```
master@fedora-server ~ $ sudo mkdir / var
```

(7) 为避免系统切换到单用户模式，来执行以下敏感的步骤，输入以下命令：

```
[master@fedora-server ~] $ sudo mount  --bind / new_var / / var
```

这一步暂时将/ new_var 目录重新挂载到系统实际上期望的/ var 目录。为此，使用 mount 实用程序的 bind 选项。在准备重新启动系统前，这是很有用的。

提示 bind 选项在运行 NFS 服务的系统上也很有用。这是因为 rpc_pipefs 伪文件系统经常自动挂载在/var 目录的子文件夹(/var/lib/nfs/rpc_pipefs)下。因此，为解决这个问题，可使用带有 bind 选项的 mount 实用程序将 rpc_pipefs 伪文件系统临时挂载到一个新位置，以便 NFS 服务可持续工作。

在示例场景中执行此操作的命令如下：

```
# mount --bind /var/lib/nfs/rpc_pipefs \ /new_var/lib/nfs/rpc_pipefs
```

(8) 这一步通常是可选的，但在启用了 SELinux 的特定 Linux 发行版(如 Fedora、RHEL 和 CentOS)上，恢复新/ var 文件夹的安全上下文可能是必要的，这样需要它的守护进程可以使用它：

```
[master@fedora-server ~]$ sudo restorecon -R /var
```

(9) 需要在/etc/fstab 文件中为新文件系统创建一个条目。为此，必须编辑/etc/fstab 文件，以便所做的更改能在下一次重新引导系统时生效。用选择的任何文本编辑器打开文件进行编辑，并将以下条目添加到文件中：

```
/dev/mapper/fedora-var /var xfs defaults 1 2
```

提示　还可使用 echo 和 tee 命令将前面的文本追加到文件的末尾。命令是：

```
$ echo "/dev/mapper/fedora-var /var xfs defaults 1 2" | \
sudo tee -a /etc/fstab
```

(10) 这是重新启动系统的好时机:

```
[master@fedora-server ~]$ sudo shutdown -r now
```

(11) 系统恢复正常。系统启动后，使用 rm 命令删除/old_var 和/new_var 文件夹。

提示　虽然需要额外的系统，但可能需要花费更多时间来增加或扩展根卷组，来填充剩余空间。当前大小是在第 2 章初始安装 OS 时默认选择的。使用 lvresize 命令在演示系统上完成该选择，如下:

```
$ sudo lvresize --resizefs --extents +100%FREE /dev/fedora/root
```

8.6　小结

本章讨论了一些事实上的 Linux 文件系统，比如扩展文件系统家族(ext2、ext3、ext4)、XFS 和 Btrfs。介绍了管理文件系统的过程，并讨论了各种存储管理任务。

还完成了将敏感的系统目录(/var)移到单独文件系统(XFS)的过程。该练习详细介绍了在现实世界中管理 Linux 服务器时可能需要做的事情。有了这些信息，就可在各种环境中处理基于 Linux 的生产级服务器上的基本文件系统问题了。

第9章 核心系统服务

不管使用哪个发布版、网络配置，整体系统设计如何，每个基于 Linux 的系统都附带一些核心服务。这些服务包括 systemd、init、日志守护进程、cron 和其他服务。这些服务执行的功能可能看起来很简单，但它们是非常基本的。如果没有它们，就无法使用 Linux 的强大功能和实用程序。

本章将讨论每个核心服务及其配置，以及另一个有用的系统服务 xinetd。涵盖这些简单服务的部分并不特别长，但不要忽略这部分内容。花些时间来熟悉这些服务。通过使用这些服务，就会实现许多创造性解决方案。希望这一章能激励更多的人。

9.1 systemd

在其核心，systemd 是一个系统和启动管理器。systemd 是一个令人难以置信的、雄心勃勃的项目的结果，该项目重新设计了服务和其他引导过程在 GNU/Linux 系统上的传统工作方式。在它的早期，这个项目面临着来自 FOSS(自由和开源软件)社区的一些阻力，原因是大多数新的主要应用程序都有成长的烦恼。对 systemd 的强烈反对是很明显的，认为该项目过于死板，改变了人们管理系统的许多传统方法。这是过去的事了，systemd 已经成熟，被大多数主流 Linux 发行版采用并合并到其中。它现在是事实上的系统和服务器！有效地取代了 init、telinit、inittab、SysV、upstart 等传统工具和子系统。实际上，大多数传统的系统启动子系统和工具现在实际上只是指向 systemd 二进制文件及其附属文件的符号链接！

systemd 项目的网页(www.freedesktop.org/wiki/Software/systemd)提供了以下描述：

> systemd 是 Linux 系统的一套基本构建模块。它提供作为 PID 1 运行的系统和服务管理器，并启动系统的其余部分。systemd 提供积极的并行处理能力，使用套接字和 D - Bus 激活来启动服务，提供按需启动守护进程，使用 Linux 控制组跟踪进程，支持系统状态的快照和恢复，保护挂载和自动挂载点，实现一个基于复杂事务依赖的服务控制逻辑。systemd 支持 SysV 和 LSB init 脚本，可以替代 sysvinit。

下面几节将对 systemd 的正式描述进行分解，并尝试解释每个组件。

9.1.1 systemd 的作用

作为一个启动管理器，systemd 管理各种系统的启动和关闭功能；它还在基于 Linux 的操作系统上管理服务(守护进程)的启动和关闭。systemd 还扮演着保姆的角色，提供它所支持的服务。这意味着 systemd 可以监视服务的整个生命周期，并自动重启它们，收集关于它们的统计信息，或者在必要时给出报告。

因为很长一段时间以来，管理系统服务的传统方法一直是使用启动 shell 脚本(如 system V init)，所以 systemd 提供了对一些现有 System V 和 Linux Standard Base (LSB)规范 init 脚本的兼容性和支持。

9.1.2　systemd 的优势

systemd 的优势之一是给 Linux 中的服务/系统管理带来了所谓的“积极的并行化”能力。简单地说，这意味着 systemd 可并行或并发地启动多个系统服务。它摒弃了基于对应 rc 脚本的编号顺序启动服务的传统方法。对于 Linux 系统来说，这种并行相当于更快的启动速度。

systemd 也不再使用传统的 shell 脚本来存储服务的配置信息。通常难以读取的 shell 脚本已经被更简单的配置文件所取代。

此外，systemd 记录它生成和监督的每个进程的开始时间、退出时间、PID 和退出状态。这对守护进程或其他服务进行故障排除非常有用。

9.1.3　systemd 的工作原理

为完成工作，systemd 使用了各种 Linux 概念和子系统。下面将描述其中一些。

1. 控制组 cgroups

cgroups 是内核提供的一种工具，允许进程分层排列并分别标记。systemd 将它启动的每个进程放在一个以其服务命名的控制组中；这允许它跟踪进程，并允许 systemd 在服务的整个生命周期中对服务有更多的了解和控制。例如，systemd 可安全地结束或终止一个进程以及它可能衍生的任何子进程。

2. 套接字激活

使用 systemd 的好处来自它对系统服务之间相互依赖关系的正确和固有的理解——也就是说，它知道各种系统服务彼此需要什么。事实证明，大多数启动服务或守护进程实际上只需要某些服务提供的套接字，而不需要高级服务本身。因为 systemd 知道这一点，所以它确保在系统启动的早期就可以使用任何需要的套接字。这样就避免了首先启动一个既提供服务又提供套接字的服务的必要性。如果这仍然有点令人困惑，请参阅侧栏“人类消化系统和 systemd”进行类比。

提示　Linux 套接字的两种主要类型是与文件系统相关的 AF_UNIX 和 AF_LOCAL 套接字，以及与网络相关的 AF_INET 套接字。

AF_UNIX 或 AF_LOCAL 套接字家族用于在同一机器上的进程间高效地通信。另一方面，AF_INET 套接字提供了运行在同一机器上的进程以及运行在不同机器上的进程之间的通信(IPC)。

人类消化系统和 systemd

下面的步骤总结了正常的人类消化系统是如何工作来维持人类生存的(例如，一个人需要从食物中获得营养来生存):

(1) 一个人获得食物，张开嘴，把食物放进嘴里。

(2) 这个人咀嚼食物。

(3) 食物通过消化道——食道、胃、小肠和大肠——与消化液混合，然后被消化。

(4) 在消化过程中，食物被分解成对身体有益的化学物质。这些化学物质就是营养物质。

(5) 然后，营养物质被身体吸收，运输到全身使用。

systemd 将前面冗长乏味的、为身体获取必需营养素的五步过程简化为两个步骤:

(1) 获取食物，从食物中提取原始营养素。

(2) 将原料直接静脉注射到人体的血液中！

3. 单元

systemd 管理的对象称为单元，它们构成了 systemd 的构建块。这些对象包括服务或守护进程、设备、文件系统实体(如挂载点)等。单元的名称与它们的配置文件相同，配置文件通常存储在统称为单元文件加载路径的各种目录下。标准(包或供应商创建的)单元配置文件存储在/usr/lib/systemd/system/目录下。任何新的(管理员创建的)单元文件以及对现有单元文件所需的任何定制都应该复制到/etc/systemd/system/文件夹中以供实际使用。在系统运行时创建的临时单元存储在/run/systemd/system/目录下，该目录本身就是一个临时文件系统结构。

存在以下类型的单元。

服务单元　这些单元包括传统的系统守护进程或服务。可以启动、停止、重新启动和重新加载这些守护进程。下面是一个服务单元的示例：

```
etc/system /system/foobar.service
```

套接字单元　这些单元由本地和网络套接字组成，用于系统中的进程间通信。它们在基于套接字的激活特性中扮演着非常重要的角色，该特性有助于减少服务之间的依赖关系。下面是一个例子：

```
/etc/system /system/foobar.socket
```

设备单元　这些单元允许 systemd 查看和使用内核设备。下面是一个设备单元的示例：

```
/etc/system /system/foobar.device
```

挂载单元　这些单元用于挂载和卸载文件系统。挂载单元的示例如下：

```
/etc/system /system/foobar.mount
```

目标单元　systemd 使用目标而不是运行级别。目标单元用于单元的逻辑分组。它们自己实际上不做任何事情，而是引用其他单元，因此允许一起控制单元组。下面是一个例子：

```
/etc/system /system/foobar.target
```

定时器单元　这些单元用来基于计时器触发其他单位的激活。下面是一个例子：

```
/etc/system /system/foobar.timer
```

快照单元　这些单元用于临时保存 systemd 单元集的状态。下面是一个示例：

```
/etc/system /system/foobar.snapshot
```

提示　可使用 systemctl 命令查看、列出和管理特定类型的单元。例如，查看所有活动的目标单元，输入：

```
# systemctl list-units --type=target
```

查看所有活跃的和不活跃的挂载单元，输入：

```
# systemctl list-units --all --type=mount
```

查看活跃的和不活跃的每种类型的单元，输入：

```
# systemctl list-units -all
```

查看服务单元 NAME 配置为自动启动，输入：

```
# systemctl is-enabled NAME.service
```

要使名为 NAME 的服务单元在系统引导时自动启动，请输入：

```
# systemctl enable NAME.service
```

要立即启动名为 NAME 的服务单元，请输入：

```
# systemctl start NAME.service
```

要启用名为 NAME 的服务单元并立即启动它，输入：

```
# systemctl enable --now NAME.service
```

要立即停止名为 NAME 的正在运行的服务单元，请输入：

```
# systemctl stop NAME.service
```

要在系统启动时自动启动名为 NAME 的服务单元，请输入：

```
# systemctl disable NAME.service
```

原来的注释：init 和 upstart

将这些注释放在这里，不仅是出于遗留或历史原因，也是出于实际原因。仍然有大量的 Linux 系统运行并依赖于这些传统的工具集和子系统(init、telinit、upstart、SysV 等)。这些 Linux 发行版将由它们的供应商在可以预见的很长一段时间内维护和支持。系统管理员无疑会在其职业生涯中遇到这些系统。

此外，由于良好的技术原因，较新的解决方案从遗留工具集中借用了可靠的第一原则概念，并且尽力维护与旧工具集的向后兼容性。因此，在这种情况下，稍微熟悉一下旧的和新的工具集是很有价值的。

init 守护进程——init 进程过去是所有进程的主要支持者。在任何基于 Linux/UNIX 的系统中，它总是第一个启动的进程。init 由内核执行，并负责初始启动系统上的其他所有进程。init 的进程标识(PID)总是 1。如果 init 失败了，系统的其他部分也可能随之失败。

在大多数新的 Linux 发行版上，init 守护进程在很大程度上已经被不同的解决方案所取代。一个解决方案是在旧的 Debian/Ubuntu 发行版上建立一个 upstart。

init 进程有几个作用。它负责完成系统上的初始化例程，使其成为最终的父进程。因为 init 永远不会消失，系统始终可以确定它的存在，如有必要，还可以引用它。当一个进程在它的所有衍生子进程完成之前死亡时，通常需要引用 init。这种孤立进程称为僵尸进程。孤立的子进程自动继承 init 作为它们的父进程，这形成了 init 的另一个角色——僵尸收割者——的基础。快速执行 ps -ef 命令，将显示许多父进程 ID (PPID)为 1 的进程。

/etc/inittab 文件：尽管很少使用，但/etc/inittab 文件包含 init 启动运行级别需要的所有信息。

该文件中每一行的格式为 id:runlevels:action:process。

telinit 命令：告诉 init 何时更改运行级别的神秘力量实际上是 telinit 命令。该命令接收两个命令行参数。一个是 init 需要知道的运行级别，另一个是-t sec，其中 sec 是在告知 init 之前等待的秒数。init 是否实际更改运行级别是由它决定的。显然，它通常会更改，否则这个命令不会非常有用。

在大多数 UNIX 实现(包括 Linux)中，telinit 命令实际上只是到 init 程序的符号链接。因此，有些人更喜欢用他们想要的运行级别运行 init，而不是使用 telinit。在系统启用的发行版上，telinit 是指向 systemctl 程序的符号链接。

很少需要自己运行 telinit 命令。通常，这些都是由启动和关闭脚本处理的。

upstart——根据其文档的描述："upstart 是一个基于事件的 init 守护进程的替代品，它在引导期间处理任务和服务的启动，在关机期间停止它们，并在系统运行时监督它们。"对 upstart 的描述基本上与传统 init 守护进程的描述相同，但 upstart 试图以一种更优雅、更健壮的方式实现其指定的目标。

upstart 的另一个目标是实现与 init (System V init)的完全向后兼容性。upstart 在处理与 init 的向后兼容性方面确实做得很好，而且很透明！

如前所述，upstart 是 init 守护进程的替代品。upstart 涉及作业(或任务)和事件这两个概念。

在基于 Debian 的发行版(如使用 upstart 的 Ubuntu)上，创建作业并放在/etc/init/目录下。作业的名称是这个目录下的文件名——没有.conf 扩展名。

例如，自动设置系统主机名的作业定义可能在名为/etc/init/hostname.conf 的文件中定义。该文件的内容如下：

```
# This task is run on startup
# It sets the system hostname from /etc/hostname.
description "set system hostname"
start on startup
task exec hostname -b -F /etc/hostname
```

这个作业定义可以解释如下，但不涉及过多细节：

- start 节指定在事件发生期间运行作业。本例中的事件是系统启动。start 事件在系统初始化期间尽早启动。
- task 节指定这是一个短期存在的作业。它对于在某个事件发生时运行且完全完成的作业是非常有用的。
- exec 节指定文件系统上二进制文件的路径和传递给它的可选参数。本例中的二进制文件是 hostname 命令。

可使用 status 命令查询任何作业的状态。下面是查询示例主机名作业状态的示例：

```
root@ubuntu-server:~# status hostname
```

initctl 命令可用于列出所有作业及其状态：

```
root@ubuntu-server:~# initctl list
```

9.2 xinetd

xinetd 是“extended Internet services daemon”的首字母缩写，是旧 inetd 的更现代的化身。可将 xinetd 程序本身视为一个守护进程。守护进程是一种特殊程序，启动后，它们会自动释放对启动它们的终端的控制。守护进程与系统的其他部分交互的主要机制是 IPC 通道、向系统范围的日志记录工具发送消息或将文件保存到磁盘。

严格地说，Linux 系统可在没有 xinetd 的情况下有效运行，但其他一些守护进程完全依赖于它提供的功能。因此，如果守护进程的作者决定他们的守护进程需要或依赖于 xinetd(或类似的东西)，用户就需要它。xinetd 程序帮助启动提供 Internet 服务的其他项目。它的原理很简单：并非所有服务器进程(包括那些接受新连接的进程)都被频繁调用，以至于它们都需要一个单独的程序一直在内存中运行。xinetd 可作为其他网络服务器相关进程(如 Telnet、FTP、TFTP 等)的超级服务器。超级服务器存在的主要原因之一是为了保存系统资源。因此，xinetd 不需要维护装载在内存中等待使用的数十个服务，而是代表它们进行侦听。

换句话说，不是让各种程序或守护进程总在系统初始化期间自动启动并在连接请求到达后使用，而是用 xinetd 代替这些程序，并侦听它们的正常服务端口。因此，当 xinetd 侦听到针对它管理的某个服务的服务请求时，就会启动相应的服务。

xinetd 的第二个好处是，它充当一种网络编程抽象层，这样第三方守护进程开发人员就不必在其应用程序中显式地编写网络连接函数。这是可能的，因为 xinetd 可透明地处理网络逻辑方面，并将传入的网络流作为其标准输入(STDIN)传递给第三方进程。同样，进程的任何输出(STDOUT)也通过 xinetd 抽象层发送回已连接到进程的主机。

相比之下，与旧的 inetd 守护进程相比，xinetd 使用一种新的配置文件格式，并提供了许多附加特性。因此，任何依赖 inetd 的旧应用程序都可能需要进行一些小的手动配置调整，以便在 xinetd 下无缝地工作。

根据经验，小容量服务(如 TFTP)通常最好通过 xinetd 运行，而大容量服务(如 Web 服务器)最好作为独立进程运行，它们总是在内存中，随时准备处理请求。

本节介绍较新的 xinetd 守护进程。

注意 Linux 发行版可能没有安装 xinetd 软件。通过运行以下操作，可将 xinetd 包与 dnf(或 yum)一起安装到 Fedora 发行版(或 RHEL 或 CentOS)上：

```
# sudo dnf -y install xinetd
```

在基于 Debian 的发行版(如 Ubuntu)上，可使用 APT 通过以下方式安装 xinetd：

```
# sudo apt-get install xinetd
```

9.2.1　/etc/xinetd.conf 文件

/etc/xinetd.conf 文件由一系列块组成，其格式如下：

```
blockname
{
   attribute = value
}
```

其中，blockname 是正在定义的块的名称，attribute(或变量)是在块的上下文中定义的属性的名称，value 是分配给该属性的值。每个块可在其中定义多个属性。

一个特殊块称为 defaults。在此块部分中定义的任何属性都将由所有服务配置继承——除非在服务配置中显式重写。

块格式的一个例外是 includedir 指令，它告诉 xinetd 读取一个目录中的所有文件，并将它们视为/etc/xinetc.conf 文件的一部分。任何以#符号开头的行都是注释。Fedora/CentOS/RHEL 附带的 stock/etc/xinetd.conf 文件如下：

```
# This is the master xinetd configuration file.
...<SOME OUTPUT TRUNCATED>...
defaults
{
        log_type        = SYSLOG daemon info
        log_on_failure  = HOST
        log_on_success  = PID HOST DURATION EXIT
        cps             = 50 10
        instances       = 50
        per_source      = 10
```

```
        v6only          = no
        groups          = yes
        umask           = 002
}
includedir /etc/xinetd.d
```

示例 xinetd.conf 文件的第一行是一个注释，解释了这个文件是什么以及做什么。

在注释之后，是第一个块：defaults。这个块中定义的第一个属性是 log_type，它设置为 SYSLOG 守护进程 info 的值。这个块中共定义了 9 个属性，最后一个是 umask。由于该块的标题为 defaults，因此在其中设置的变量将应用于所有未来定义的块。下一节将列出属性和值，并详细讨论它们的含义。

最后，文件的最后一行指定/etc/xinetc.d 目录必须检查包含更多配置信息的其他文件。这将导致 xinetd 读取该目录中的所有文件，并将它们解析为/etc/xinetd.conf 文件的一部分。

属性及其含义

表 9-1 列出/etc/xinetd.conf 文件中支持的一些属性/变量名。

表 9-1　xinetd 配置文件属性

变量	描述
id	此属性用于唯一地标识服务。这很有用，因为存在可使用不同协议的服务，并且需要在配置文件中使用不同条目来描述这些服务。默认情况下，服务 ID 与服务名称相同
type	可使用以下值的任意组合：RPC(如果是远程过程调用服务)、INTERNAL(如果是 xinetd 提供的)或 UNLISTED(如果是/etc/services 文件中没有列出的服务)
disable	yes 或 no，yes 值意味着尽管该服务已定义，但它不可用
socket_type	此变量的有效值为 stream，表示此服务是基于流的服务；dgram 表示该服务为数据报；raw 表示该服务使用原始 IP 数据报。stream 值指面向连接的 TCP 数据流(如 Telnet 和 FTP)。dgram 值指的是数据报(UDP)流，例如，TFTP 服务是一个基于数据报的协议。确实存在 TCP/IP 范围之外的其他协议，但很少遇到它们
protocol	决定连接的协议类型(TCP 或 UDP)
wait	如果设置为 yes，则意味着服务是单线程的，一次只处理一个连接。如果将此设置为 no，则意味着该服务是多线程的，通过多次运行适当的服务守护进程，允许多个连接
user	指定运行此服务的用户名。用户名必须存在于/etc/passwd 文件中
group	指定将在其下运行此服务的组名称。组必须存在于/etc/group 文件中
instances	指定此服务允许处理的最大并发连接数。默认值是 no limit(由 UNLIMITED 指定)
server	连接此服务时要运行的程序的名称
server_args	传递给服务器的参数。与 inetd 相反，服务器的名称不应该包含在 server_args 中
only_from	指定有效连接可能到达的网络(这是内置的 TCP 包装器功能)。可通过以下三种方式之一来指定它：作为数字地址、主机名或带有 netmask 的网络地址。数字地址可采取完整 IP 地址的形式来表示特定的主机(如 192.168.1.1)。但是，如果任何一个结尾的八进制都是 0，这个地址将被视为一个网络，其中所有值为 0 的八进制都是通配符(例如，192.168.1.0 表示任何以数字 192.168.1 开头的主机)。或者，可在斜杠后指定网络掩码中的位数(例如，192.168.1.0/24)
no_access	是 only_from 的反义词，它不指定有效连接的地址，而是指定无效连接的地址。它可以使用与 only_from 相同类型的参数

(续表)

变量	描述
log_type	决定了该服务的日志记录信息放到何处。有两个有效值：SYSLOG 和 FILE。如果指定了 SYSLOG，还必须指定要记录到哪个 SYSLOG 工具(请参阅第 9.3 节，了解有关工具的更多信息)。例如，可以指定： log_type = SYSLOG local0 也可以包括日志级别： log_type = SYSLOG local0 info 如果指定 FILE，就必须指定要记录的文件名。还可以选择指定文件大小的软限制——其中将生成指示文件太大的额外日志消息。如果指定了软限制，也可以指定硬限制。在硬限制下，不执行任何额外的日志记录。如果没有显式定义硬限制，则将其设置为比软限制高 1%。下面是 FILE 选项的示例： log_type = FILE /var/log/mylog
log_on_success	指定在连接成功时记录哪些信息。选项包括：PID 用于记录处理请求的服务的进程 ID，HOST 指定连接到服务的远程主机，USERID 用于记录远程用户名(如果可用)，EXIT 用于记录退出状态或过程的终止信号，DURATION 用于记录连接的长度
port	指定服务在其下运行的网络端口。如果服务在/etc/services 中列出，则此端口号必须等于其中指定的值
interface	允许服务绑定到特定接口并仅在那里可用。该值是希望将此服务绑定到的接口的 IP 地址。例如，将不太安全的服务(如 Telnet)绑定到防火墙上的内部和物理安全接口，而不允许绑定到防火墙外部更容易受到攻击的接口
cps	第一个参数指定此服务允许处理的每秒最大连接数。如果速率超过这个值，第二个参数指定服务将被临时禁用的时间(单位为秒)。如对于 cps = 50 10，若连接速率超过每秒 50 个连接，将禁用一个服务 10 秒钟

9.2.2　示例：简单的服务条目(echo)

使用 echo 服务(由 xinetd 包提供)作为示例，下面看一下 xinetd 中最简单的条目之一：

```
# This is the configuration for the tcp/stream echo service.
service echo
{
        disable     = yes
        id          = echo-stream
        type        = INTERNAL
        wait        = no
        socket_type = stream
}
```

条目的含义不言自明。以#符号开头的第一行表示这是一个注释字段，因此会被忽略。服务名是 echo，因为 socket_type(即 stream)表示这是一个 TCP 服务。wait 变量说明，可同时运行多个 echo 进程。最后，值为 INTERNAL 的 type 属性表明，这是 xinetd 提供的服务——换句话说，它不是由任何外部包或守护进程提供的。

了解这个 xinetd 服务条目后，下面尝试启用和禁用一个基于 xinetd 的示例服务。

启用/禁用 echo 服务

如果想要一个安全的系统，那么很可能在只有几个服务的情况下运行它——有些人甚至根本就不运行 xinetd！启用或禁用服务只需要几个步骤。例如，要启用一个服务，首先要在 xinetd 配置文件中启用它，重新启动 xinetd 服务，最后进行测试，以确保它具有预期的行为。要禁用一个服务，只需要做相反的事情。

注意　要研究的服务是 echo。这是 xinetd 的内部服务(也就是说，它不由任何外部守护进程提供)。

下面逐步完成启用 echo 服务的步骤：

(1) 使用任何纯文本编辑器编辑文件/etc/xinetd.d/echo-stream，并将变量 disable 更改为 no，如下面的文件摘录所示：

```
# This is the configuration for the tcp/stream echo service.
service echo
{
  disable            = no
  id                 = echo-stream
  type               = INTERNAL
  wait               = no
  socket_type        = stream
}
```

提示　在基于 Ubuntu 的系统上，echo 服务的配置文件是/etc/xinetd.d/echo。Ubuntu 发行版进一步将 echo 服务的 UDP 和 TCP 版本合并到一个文件中。另一方面，Fedora 将 echo 服务的 UDP 和 TCP 版本排序为两个单独的文件：

/etc/ xinetd.d/echo-dgram 和/etc/xinetd.d/echo-stream

(2) 将更改保存到文件中，然后退出编辑器。

(3) 重新启动 xinetd 服务。在大多数 Linux 发行版上，可输入以下命令：

```
[master@fedora-server ~]$ sudo service xinetd restart
```

在现代系统支持的发行版上，可以使用 systemctl 实用程序重新启动 xinetd 服务，如下所示：

```
[master@fedora-server ~]$ sudo systemctl restart xinetd.service
```

(4) 通过 Telnet 连接到 echo 服务的端口(端口 7)，并查看该服务是否确实在运行：

```
[master@fedora-server ~]$ telnet localhost 7
Connected to localhost.
Escape character is '^]'.
Hello World
Hello World
```

如果启用了回显服务，输出应该与前面类似。

可以在 Telnet 提示符下用键盘输入任何字符，然后观察该字符得到回显(重复)。在示例中输入了 Hello World。显然，echo 服务是用户和系统管理员离不开的非常有用的服务之一！

同时，按 Ctrl+]键中断连接，然后输入 quit 退出 Telnet 并返回 shell 提示符。

本练习通过直接编辑服务的 xinetd 配置文件来启用服务。启用或禁用服务是一个简单过程。然而，应该实际返回并通过测试来确保该服务确实被禁用了(如果这是你想要的)——因为安全总比遗憾好。

一个例子是“认为”已经禁用了不安全的Telnet服务，而它实际上仍在运行！

提示　可使用chkconfig实用程序快速启用或禁用在xinetd下运行的服务，chkconfig实用程序可以在旧的GNU/Linux发行版上使用(或安装)。例如，禁用手动启用的echo-stream服务，发出以下命令：

```
# chkconfig echo-stream off
```

9.3　日志守护进程

如果一次有这么多事要做(特别是在与终端窗口断开的服务时)，就需要一个标准机制，通过该机制可记录特殊事件和信息。Linux 发行版传统上使用 syslod(sysklogd)守护进程来提供此服务。然而，现代Linux发行版已在rsyslog包以及systemd的日志组件(称为system-journald(journald))上实现了标准化，用于日志相关的功能。

不管使用什么软件，思想都是一样的，最终结果(收集系统日志)基本上是一样的；这两种新方法的主要区别在于提供的附加特性集。本节将集中讨论rsyslog。在适当的时候会偶尔引用syslogd。管理和配置rsyslog的方式类似于在syslogd中执行的操作。rsyslog守护进程保持了与传统的syslog守护进程的向后兼容性，但提供了大量的新特性。

9.3.1　rsyslog

rsyslog守护进程提供了执行日志记录的标准化方法。其他许多平台的系统都使用了兼容的守护进程，从而提供一种通过网络进行跨平台日志记录的方法。在大型异构环境中，这尤其有价值，因为在这种环境中，需要集中日志条目的集合，以准确了解所发生的事情。可将此日志记录系统功能等同于Windows中的事件查看器功能。

rsyslogd 可将输出发送到各种目的地：纯文本文件(通常存储在/var/log 目录中)、SQL 数据库、其他主机等。每个日志条目由一行组成，其中包含日期、时间、主机名、进程名、PID和该进程的消息。标准C库中的系统范围函数提供了生成日志消息的简单机制。如果不想编写代码，但希望在日志中生成条目，那么可选择使用logger命令。

1. 调用rsyslogd

如果发现需要手动启动rsyslogd，或者修改在引导时启动它的脚本，那么需要知道rsyslogd的命令行参数，如表9-2所示。

表9-2　rsyslogd命令行参数

参数	描述
-d	调试模式。通常在启动时，rsyslogd会从当前终端断开，并在后台运行。使用-d选项，rsyslogd保留对终端的控制权，并在记录消息时打印调试信息。不太可能需要这个选项
-f config	指定一个配置文件，作为默认/etc/rsyslog.conf的替代方案
-h	默认情况下，rsyslogd不转发要通过它发送到其他主机的消息。此选项允许守护进程将远程接收的日志转发到已配置的其他转发主机
-l hostlist	这个选项允许列出应该只记录简单主机名而不是完全限定域名(FQDN)的主机。可以列出多个主机，只要它们由冒号分隔，如下所示：-l ubuntu-serverA: serverB

(续表)

参数	描述
-m interval	默认情况下，rsyslogd 每 20 分钟生成一个日志条目，作为“这样你就知道我正在运行”消息。这是为那些可能不繁忙的系统准备的(如果查看系统日志，并且在 20 分钟内没有看到一条消息，就说明什么地方出了问题)。通过指定时间间隔的数值，可指定 rsyslogd 在生成另一条消息之前应该等待的分钟数。将值设置为 0 将完全关闭该选项
-s domainlist	如果接收的 rsyslogd 条目显示了整个 FQDN，就可以让 rsyslogd 删除该域名，只留下主机名。只需要在冒号分隔的列表中列出要删除的域名，作为-s 选项的参数。这里有一个例子：-s example.com: domain.com

2. 日志消息的分类

对日志消息如何以传统的 syslog 守护进程方式进行分类的基本了解，也有助于理解 rsyslogd 的配置文件格式。

每个消息都有一个设施和一个优先级。该工具说明消息来自哪个子系统，而优先级表示消息的重要性。这两个值用一个句点隔开。这两个值都有等价的字符串，这使得它们更容易记忆。工具和优先级的组合构成了配置文件中规则的“选择器”部分。表 9-3 和表 9-4 分别列出了常用日志工具和优先级。

注意 优先级是 syslogd 按严重程度的顺序排列的。因此，debug 根本不严重，而 emerg 最严重。例如，工具和优先级字符串的组合 mail.crit 表示邮件子系统中出现了一个严重错误(例如，耗尽了磁盘空间)。syslogd 认为这条消息比 mail.info 更重要，因为 mail.info 可能只是简单地通知另一条消息的到达。

表 9-3　日志记录设施

设备	描述
auth	身份验证信息
authpriv	本质上与 auth 相同
cron	由 cron 子系统生成的消息
daemon	服务守护进程的通用分类
kern	内核消息
lpr	打印机子系统消息
mail	邮件子系统消息
mark	已过时，但有些书籍还在讨论它；syslogd 完全忽略了它
news	通过 NNTP 子系统传输的消息
security	与 auth 一样；不应使用
syslog	来自 syslog 本身的内部消息
user	来自用户程序的通用消息
uucp	来自 UUCP (UNIX 到 UNIX 复制)子系统的消息
local0~local9	通用设施级别，可根据需要确定其重要性

除了表 9-4 中的优先级级别之外，rsyslogd 还可理解通配符。因此，可定义整个消息类；例如，mail.*指与邮件子系统相关的所有邮件。

表 9-4　日志优先级

优先级	等价的数值	描述
debug	7	调试语句
info	6	其他信息
notice	5	重要的语句，但不一定是坏消息
warn 或 warning	4	潜在危险的情况
err 或 error	3	错误的条件
crit	2	紧急情况
alert	1	指示发生重要事件的消息
emerg 或 panic	0	危急情况

3. rsyslogd 配置文件

/etc/rsyslog.conf 文件包含 rsyslogd 需要运行的配置信息。大多数系统附带的默认配置文件足以满足大多数标准需求。但如果想通过日志执行任何额外的操作，例如把本地日志消息发送到可以接受它们的远程日志记录机器，记录到数据库，重新格式化日志，编制到 SIEM 引擎的日志索引等，就可能需要调整文件。

4. /etc/rsyslog.conf 的格式

rsyslogd 的配置在很大程度上依赖模板的概念。为理解 rsyslogd 配置文件的语法，首先解释几个关键点：

- 模板定义了日志消息的格式。它们还可以用于动态生成文件名。在规则中使用模板之前，必须先定义模板。
- 模板定义了日志消息的格式。它们还可用于动态生成文件名。在规则中使用模板前，必须先定义模板。模板由几个部分组成：模板指令、描述性名称、模板文本和其他可能的选项。

在/etc/rsyslog.conf 文件中，以美元($)符号开头的任何条目都是指令。

日志消息属性是指任何日志消息中定义良好的字段。表 9-5 显示了常见消息属性的示例。

- 百分号(%)用于封装日志消息属性。
- 属性可通过使用属性替换器来修改。
- 任何以井号(#)开头的条目都是注释，会被忽略。空行也被忽略。

表 9-5　rsyslog 的消息属性名

属性名称(propname)	描述
msg	信息中的 MSG 部分；实际的日志消息
rawmsg	与从套接字接收到的消息完全相同
HOSTNAME	消息的主机名
FROMHOST	接收消息的系统的主机名(不一定是原始发送方)
syslogtag	消息的标签
PRI-text	将消息的优先级(PRI)部分以文本形式表示
syslogfacility	以数字形式从消息中提取信息
syslogfacility-text	以文本形式从消息中提取信息

(续表)

属性名称(propname)	描述
syslogseverity	以数字形式表示的信息的严重性
syslogseverity-text	以文本形式表示的信息的严重性
timereported	从消息中读取时间戳
MSGID	MSGID 字段的内容

5. rsyslogd 模板

如前所述，rsyslogd 依赖模板的使用，而模板定义了日志消息的格式。使用模板使 rsyslogd 能够生成与旧 syslogd 生成的传统格式类似的日志文件。支持 syslogd 日志消息格式的模板硬编码到 rsyslogd 中，默认情况下使用。

支持使用传统 syslogd 消息格式的示例模板指令如下所示：

```
template(name="RSYSLOG_TraditionalFileFormat" type="string"
string="%TIMESTAMP% %HOSTNAME% %syslogtag% %msg% RANDOM TEXT \n" <OPTION>)
```

这个示例模板的各个字段和选项的解释参见下面的列表。

template：这个指令暗示该行是一个模板定义。

name：这是一个唯一的描述性模板名称。本例中的模板名称是 RSYSLOG_TraditionalFileFormat，它引用了一个模仿传统 syslog 日志格式的内置模板。以“RSYSLOG_”开头的模板名保留给 rsyslog 使用。

type：此参数用于指示所使用的模板类型。不同的类型支持不同的方式来指定模板内容。string 类型用于文本内容。其他可能的类型有列表、子树和插件。

string：这是字符串的实际内容。它使用了包含在两个百分比(%)符号之间的预定义属性(即属性替换器)。示例中的整个字符串由以下消息属性组成。

- %TIMESTAMP%　表示何时收到消息。
- %HOSTNAME%　指定 HOSTNAME 属性。
- %syslogtag%　指定了 syslogtag 属性。
- %msg%　表示消息的实际消息(msg)部分。
- RANDOM TEXT　可以是附加到消息的任意随机/相关字符串或文本
- \n　反斜杠是转义字符。这里，\n 表示换行。

<OPTION>：此条目是可选的。它指定影响整个模板的选项。示例选项有 sql、json 和 stdsql。

6. rsyslogd 规则

可使用不同的过滤条件在 rsyslog.conf 中创建规则。表 9-6 显示了当前可用的过滤标准。

表 9-6　rsyslog 过滤标准

过滤器类型	描述	语法	示例
基于工具和基于优先级	使用传统的设备和优先级选择器	facility.priority action_field	mail.info /var/log/messages
基于属性	允许过滤 rsyslog 定义的属性，如 HOSTNAME、syslogtag、programname 和 msg	:property, [!]compare_operation, "value"	:hostname, isequal, "fedora-server"

(续表)

过滤器类型	描述	语法	示例

基于表达式	使用 rsyslog 的内置脚本语言 RainerScript 来构建过滤器	if EXPRESSION then ACTION else ACTION	if $msg contains 'look' then
			{ action(type="omfile"
			file="/var/log/look.log")
			else
			action(type="omfile"
			file="/var/log/nolook.log")
			}

下面进一步研究传统的基于工具和优先级的过滤类型规则。在 rsyslog.conf 文件中，这种类型的过滤规则分解为一个选择器字段(facility.priority)、一个操作字段(或目标字段)和一个可选的模板名。在最后一个分号后面指定模板名称，将把相应的操作分配给该模板。如果缺少模板名称，则使用硬编码的模板。当然，重要的是确保在引用所需模板之前定义了它。

下面是配置文件中每一行的格式：

```
selector_field action_field ; <optional_template_name>
```

示例如下：

```
mail.info /var/log/messages; RSYSLOG_TraditionalFileFormat
```

选择器字段：选择器字段指定工具和优先级的组合。下面是一个示例选择器字段条目。

```
mail.info
```

这里，mail 是工具，info 是优先级。

操作字段：规则的操作字段描述对消息执行的操作。这个操作可简单到将日志写入文件，也可以稍微复杂一些，比如写入数据库表或转发到另一个主机。下面是一个操作字段示例。

```
/var/log/messages
```

此操作示例指示，日志消息应该写入名为/var/log/messages 的文件中。

操作字段的其他常见值见表 9-7。

表 9-7　操作字段描述

<table>
<tr><th>操作字段</th><th>描述</th></tr>
<tr><td>普通文件(如/var/log/messages)</td><td>一个普通文件。应该指定文件的完整路径名，并且应该以斜杠(/)开头。这个字段还可引用设备文件(如.tty)或控制台(如/dev/console)</td></tr>
<tr><td>命名的管道(如|/tmp/mypipe)</td><td>命名管道。管道符号(|)必须位于指定管道(FIFO)的路径之前。这种类型的文件是用 mknod 命令创建的。通过将 rsyslogd 输入到管道的一端，可以运行另一个程序来读取管道的另一端。这是让程序解析日志输出的一种有效方法</td></tr>
<tr><td>@loghost 或@@loghost</td><td>远程主机。符号(@)必须开始这种类型的操作，然后是目标主机。一个@符号表示日志消息应该通过传统的 UDP 发送。而两个@符号(@@)意味着日志应该使用 TCP 传输</td></tr>
<tr><td>用户列表(如 yyang, dude, root)</td><td>这种类型的操作表明日志消息应该发送到当前登录的用户列表。用户列表由逗号(,)分隔。指定星号(*)将把指定的日志发送给当前登录的所有用户</td></tr>
</table>

(续表)

操作字段	描述
Discard	这个操作意味着日志应该被丢弃，并且不应该对它们执行任何操作。这种类型的操作由操作字段中的波浪号(~)指定
数据库表(如 >dbhost,dbname,dbuser, dbpassword;<dbtemplate>)	这类操作是 rsyslogd 本地支持的高级/新特性之一。它允许将日志消息直接发送到已配置的数据库表。这种类型的位置需要以大于符号(>)开头。在>之后指定的参数遵循严格的顺序：必须首先给出数据库主机名(dbhost)，然后是逗号、数据库名称(dbname)、另一个逗号、数据库用户(dbuser)、第三个逗号，再后是数据库用户的密码(dbpassword)。 如果在最后一个参数后面指定了分号，就可指定一个可选的模板名称(dbtemplate)

7. /etc/rsyslog.conf 示例文件

下面是 rsyslog.conf 示例文件的摘录，该文件突出显示了基于工具和优先级的过滤器类型规则。这个示例中穿插了解释规则作用的注释。

```
# A template definition that resembles traditional syslogd file output
$template myTraditionalFormat,"%timegenerated% %HOSTNAME% %syslogtag%%msg%\n"

# Log all kernel messages to the console.
kern.* /dev/console

# Log anything(except mail)of level info

# or higher into /var/log/messages file.
# Exclude private authentication messages!
# The rule is using the hard-coded traditional format
# because a different template name has NOT been defined.
*.info;mail.none;authpriv.none;cron.none /var/log/messages

# log messages from authpriv facility(sensitive nature)
# to the /var/log/secure file. But also use the
# template (myTraditionalFormat) defined earlier in
# the file
authpriv.* /var/log/secure; myTraditionalFormat

# Log all the mail messages in one place.
mail.* -/var/log/maillog

# Send emergency messages to all logged on users
*.emerg *

# Following is an entry that logs to a database host at the IP address
# 192.168.1.50 into DB named log_database
*.* >192.168.1.50,log_database,dude,dude_db_password
```

9.3.2 systemd-journald

systemd-journald是本章前面讨论过的systemd的一个组件。它作为收集和存储日志数据的系统服务运行。与rsyslogd一样，它能从各种来源接收日志记录数据：用户进程、内核以及其他系统服务的标准输出(STDOUT)和标准错误(STDERR)。

与使用普通文件的传统方法不同，journald创建和维护其日志数据。它将日志数据存储在结构化和索引的日志中，这为它提供了很多新的可能性和速度改进。

大多数主流的基于RPM和Debian的发行版都集成了systemd-journald，以便与rsyslogd等更传统的日志守护进程一起使用。可在系统上同时运行这两个解决方案，甚至可将数据从一个解决方案传输到另一个解决方案。尽管这是可能的，但通常认为在生产系统上对单个日志解决方案进行标准化是良好的系统管理实践。

Journalctl以及示例

与journald收集和维护的日志文件交互的主要工具称为journalctl。它用作查询和查看system-journald收集的日志数据的本机实用程序。

完成下面的练习，可快速了解journalctl的一些用法。

提示　在终端上查看时，journalctl的输出显示了有用的颜色和粗体：

ERROR[3]和更高级别(CRIT [2]、ALERT [1]和EMERG [0])的行显示为红色。

NOTICE[5]和更高级别(WARNING [4]、CRIT [2]、ALERT [1]和EMERG [0])的行显示为红色，且加粗。

DEBUG[7]和更高级别(INFO [6])的行正常显示。

(1) 使用journalctl，不带任何选项，以其最简单的形式运行，来查看日志：

```
[masterserver ~]$ journalctl
```

使用键盘箭头键滚动消息，或按Q键退出实用程序，停止查看日志文件。

(2) 输入以下命令，显示两个最新生成的日志：

```
[masterserver ~]$ journalctl -n 2
```

(3) 显示前一个命令的更详细版本：

```
[master@server ~]$ journalctl -o verbose -n 2
```

这将显示由journalctl收集的一些元数据。

(4) 实时查看正在生成和收集的日志消息：

```
[master@server ~]$ journalctl -f
```

按Ctrl+C组合键停止查看实时输出。

(5) 查看前推6天至今的日志消息：

```
[master@server ~]$ journalctl --since="6 days ago"
```

(6) 查看前推6天到前推4天期间生成的消息：

```
[master@server ~]$ journalctl --since="6 days ago" \
 --until="4 days ago"
```

(7) 今天是行星Walenium的2082年12月25日。服务器在该行星上运行，只查看前推5天至今的日志消息：

```
[master@server ~]$ journalctl --since=2082-12-20
```

(8) 下面缩小前面命令中的日期和时间范围，显示同一日期 13:00 至 13:30 创建的日志：

```
[master@server ~]$ journalctl --since="2082-12-20 13:00" \
 --until="2082-12-20 13:30"
```

(9) 查看自 2082-12-20 的 13:00 创建的、优先级为 warning 或更高的所有日志：

```
[master@server ~]$ journalctl --since="2082-12-20 13:00" -p warning
```

(10) 查看自 2082-12-20 的 7:00 生成、完全匹配严重性级别 2 的日志消息：

```
[master@server ~]$ journalctl PRIORITY=2 --since="2082-12-20 07:00"
```

(11) 示例系统上用户 master 的用户 ID 为 1000。查看与 UID=1000 的用户关联的所有日志消息：

```
[master@server ~]$ journalctl _UID=1000
```

(12) 合并前两个命令，来查看由 UID 为 1000 的用户生成的严重性级别为 6 的、自 2082 年 12 月 20 日 7:00 以来的消息。

```
[master@server ~]$ journalctl _UID=1000 PRIORITY=6 \
 --since="2082-12-20 07:00"
```

(13) 查看由 systemd 服务单元 dbus.service 生成的所有系统日志消息：

```
[master@server ~]$ journalctl -u dbus
```

(14) 查看服务器上 NetworkManager 程序发出的日志消息：

```
[master@server ~]$ journalctl /usr/sbin/NetworkManager
```

(15) 检查服务器上安装的/dev/sda 或/dev/vda 硬盘设备是否有任何消息：

```
[master@server ~]$ journalctl /dev/[vs]da
```

(16) 最后，查看服务器当前引导会话中优先级为 ERROR[3]或更高的所有日志消息：

```
[master@server ~]$ journalctl -b -p err
```

9.4　cron 程序

cron 程序允许系统中的任何用户安排一个程序在任何日期、任何时间或一周的某一天运行，可以细化到分钟。使用 cron 是一种非常有效的方法，可自动执行系统上的任务、定期生成报告以及执行其他定期任务(如备份和电子邮件提醒)。

与本章讨论的其他服务一样，cron 通过引导脚本自动启动，并且很可能已经配置好了。快速检查进程清单应该显示它在后台安静地运行：

```
[master@server ~]$ ps aux | grep crond | grep -v grep
root    723   0.0  0.1   1248  3332   ?   Ss   Dec26   0:02  /usr/sbin/crond -n
```

cron 服务的工作方式是每分钟唤醒一次，并检查每个用户的 crontab 文件。该文件包含用户希望在特定日期和时间执行的事件列表。执行与当前日期和时间匹配的任何事件。

9.4.1　crontab 文件

可用来编辑由 crond 执行的条目的工具是 crontab。本质上，它所做的只是验证修改 cron 设置的权限，然后调用文本编辑器，以便进行更改。一旦完成，crontab 将文件放到正确位置，并回到提示符。

是否拥有适当权限由crontab通过检查/etc/cron.allow和/etc/cron.deny文件来确定。如果存在这些文件中的任何一个，则必须显式地列出操作。例如，如果etc/cron.allow文件存在，则必须在该文件中列出用户名，以便编辑cron条目。另一方面，如果存在的文件只有/etc/cron.deny，除非其中列出了用户名，否则默认允许编辑cron设置。

列出cron作业的文件(通常称为crontab文件)的格式如下(所有值必须以整数形式列出)：

```
Minute Hour Day Month Day_Of_Week Command
```

如果希望一个特定列有多个条目(例如，希望程序在凌晨4点、中午12点和下午5点运行，就需要将这些时间值包括在一个逗号分隔的列表中。确保不要在列表中输入任何空格。对于凌晨4点、中午12点和下午5点运行的程序，Hour值列表将读取4、12、17。更新版本的cron允许对字段使用更短的表示法。例如，如果希望每两分钟运行一个进程，只需要将/2作为第一个条目。注意，cron使用军事时间格式。

对于Day_Of_Week字段，0表示星期日，1表示星期一，以此类推，一直到6表示星期六。

在相应的列中使用时，具有单个星号(*)通配符的任何条目将匹配任何分钟、小时、天、月或一周中的某天。

当文件中的日期和时间与当前日期和时间匹配时，命令将作为设置crontab的用户运行。生成的任何输出都通过电子邮件返回给用户。显然，这可能导致邮箱里充满消息。保持卷可控的一个好方法是只输出错误条件，并将不可避免的输出发送到/dev/null。

下面是一些例子。以下条目每四小时运行一次ping程序(/bin/ping)，命令行参数是--c 5 server-B：

```
0 0,4,8,12,16,20 * * * /bin/ping -c 5 server-B
```

也可以使用速记方式执行相同的命令，如下：

```
0 */4 * * * /bin/ping -c 5 server-B
```

以下命令在每个星期五晚上10点运行定制程序/usr/local/scripts/backup_level_0：

```
0 22 * * 5 /usr/local/scripts/backup_level_0
```

最后，下面的脚本在4月1日上午4:01发送电子邮件：

```
1 4 1 4 * /bin/mail mom@domain.com < /home/yyang/joke
```

注意　当crond执行命令时，与shell一起完成。因此，我们习惯的一些环境变量在cron中不起作用。这就是为什么在将它们投入生产之前应该先测试cron作业。

9.4.2　编辑crontab文件

编辑或创建cron作业与编辑常规文本文件一样简单。但应该知道，在默认情况下，程序将使用由EDITOR或VISUAL环境变量指定的编辑器。在大多数Linux系统中，默认编辑器是vi，但通过设置EDITOR或VISUAL环境变量，总可将此默认设置更改为自己熟悉的任何编辑器。

知道了crontab配置文件的格式，接下来需要编辑该文件。不需要直接编辑文件；相反，使用crontab命令来编辑crontab文件：

```
yyang@server:~$ crontab -e
```

列出当前crontab文件的内容，只需要给crontab提供-l参数，如下：

```
yyang@server:~$ crontab -l
no crontab for yyang
```

根据该输出，用户yyang目前在cron中没有任何东西。

提示 systemd 替代了古老的 cron 服务的功能，是一种真正万能的方式。systemd.timer 单元对象存储由 systemd 控制和管理的计时器构造的信息。

因此，要创建一个 ad-hoc.timer 单元作业(它将在 45 秒后执行一个示例 ping 命令)，可输入以下内容：

```
$ sudo systemd-run --on-active=45 ping -c 5 server-B
```

为创建另一个示例 transient.timer 单元作业(它将在 11 小时 24 分钟后启动一个名为 carpald.service 的现有服务单元)，可运行以下内容：

```
$ sudo systemd-run --on-active="11h 24m" --unit carpald.service
```

查看 carpald.service 单元的计时器状态，命令如下：

```
$ sudo systemctl list-timers carpald.timer
```

9.5　小结

本章讨论了大多数 Linux 系统自带的一些重要系统服务(init、upstart、systemd、inetd、xinetd、rsyslog、system-journald [journald]和 cron)。这些服务有助于维护和监视服务器的总体运行状况。它们在以独立、单用户、多用户、网络等模式运行的服务器上是有用的。它们的实现可能因主机或发行版而异，但核心目标和要解决的问题是相同的。

本章讨论了如何配置一些核心系统服务。尝试使用这些服务，熟悉可以使用它们完成的任务。许多强大的自动化、数据收集和分析工具都是围绕这些基本服务构建的——还有许多非常肤浅和无用的东西，祝你玩得开心！

第10章 Linux 内核

Linux 最大的优点之一是任何需要它的人都可以获得它的源代码。发布 Linux 所依据的 GNU GPL(通用公共许可证)甚至允许修改源代码，并发布更改！对源代码的真正更改要经过加入官方内核树的过程。这需要广泛的测试和证明，这些变化要从整体上有利于 Linux。在审批过程的最后，代码会从一组受信任的 Linux 内核开发人员那里得到最终的评价结果。正是这种广泛的审查过程使 Linux 代码的质量如此引人注目。

对于使用过其他专有操作系统的系统管理员来说，这种代码控制方法与等待“公司”发布补丁、服务包或某种修复程序的哲学有很大的不同。

在 Linux 领域，可以直接联系内核子系统的作者并解释自己的问题，而不必在专有操作系统后面费力地处理公共关系、客户服务和其他前端单元。可以创建一个补丁，并在内核的下一个正式发行版发布之前发给用户，启动并运行。

当然，这种工作安排的另一面是，需要能自己编译内核，而不是依赖其他人提供预编译代码。值得庆幸的是，需要这样做的情况通常很少。此外，只要有必要，就应该知道该做什么以及这样做的原因。幸运的是，这并不难。

本章讨论获取内核源代码树以及对其进行配置和编译，最后介绍安装和引导内核的过程。

10.1 内核到底是什么？

在开始编译之前，先回顾一下，确保读者清楚内核的概念以及它在系统中扮演的角色。通常，当人们说 Linux 时，通常指的是“Linux 发行版”——例如，Debian 是一种 Linux 发行版。如第 1 章所述，发行版包含使 Linux 作为有效操作系统需要的所有内容。发行版使用了独立于 Linux 的各种开源项目的代码；实际上，这些项目维护的许多软件包也广泛用于其他类 UNIX 平台。例如，大多数 Linux 发行版附带的 GNU C 编译器也存在于其他许多操作系统上(可能比大多数人意识到的系统还要多)。

那么，Linux 的纯粹定义是什么呢？它是内核。任何操作系统的内核都是所有系统软件的核心。从字面上讲，内核是操作系统问题的核心。唯一比内核更基础的是系统硬件本身。

内核有许多任务。其工作的本质是将底层硬件从软件中抽象出来，并通过系统调用为应用软件提供运行环境。具体地说，环境必须处理网络、磁盘访问、虚拟内存和多任务处理等问题——这些任务的完整列表将占用整个章节！

最新的 Linux 内核，即版本 5.*(星号是一个通配符，表示内核的完整版本号)，包含超过 1300 万行代码(包括设备驱动程序)。相比之下，1976 年贝尔实验室的第 6 版 UNIX 大约有 9000 行。图 10-1 说明了内核在整个系统中的位置。

虽然内核只是完整 Linux 发行版的一小部分，但它是到目前为止最关键的元素。如果内核发生故障或崩溃，系统的其余部分将随之出现问题。但不必担心，因为 Linux 内核的稳定性简直是传奇——以至于 Linux 系统的正常运行时间(重启之间的时间)通常以年为单位表示！

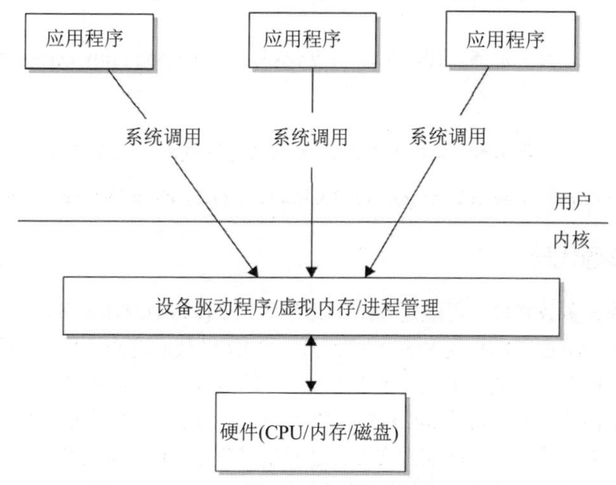

图 10-1　Linux 内核如何融入完整系统的可视化表示

警告　当 Linux 系统启动时，首先加载的是内核——当然是在引导加载程序之后！如果内核不能正常工作，则系统的其余部分不太可能启动。

10.2　找到内核源代码

Linux 发行版可能以某种形式使用它支持的特定内核版本的源代码。这些文件可以是已编译的二进制文件(*.src. RPM)、源 RPM (*.srpm)或类似的文件。

如果需要下载与特定 Linux 发行版所提供的版本不同的(可能是更新的)版本，那么查找源代码的第一个地方是官方内核网站：www.kernel.org。这个站点维护了一个 Web 站点列表，这些 Web 站点镜像内核源代码，以及其他大量开源软件、发行版和通用实用程序。镜像列表在 http://mirrors.kernel.org 上维护。

提示　下面几节中 Linux 内核的大部分下载、配置和编译工作可以非特权用户的身份完成。最后实际安装或修改系统文件和二进制文件的步骤需要使用提升的特权来完成。

为避免使用 sudo 附加特权命令，如下面的练习所示，可作为非特权用户完成大部分工作，方法是为 make 的所有调用使用 O 选项，指定一个 output 目录。例如，要在主目录(例如，/home/master)下的文件夹(build/kernel)中工作，运行以下命令：

```
$ make O=~/build/kernel menuconfig
```

10.2.1　获得正确的内核版本

可用内核的 Web 站点列表包含用于 v1.0、v2.5、v2.6、v3.0 和 v3.x、v4.x、v5.x、v6.x 等的文件夹。在按照自己的意愿获得最新版本前，请确保了解 Linux 内核版本控制系统是如何工作的。

当前的惯例是将主要的新内核版本命名为 Linux 5.x 并进行编号。因此，本系列的第一个版本是 Linux 5.0(与 5.0.0 相同)，下一个版本是 Linux 5.1(与 5.1.0 相同)，然后是 Linux 5.2，以此类推。

但是，还有更多——每个主要发布版本中的任何小变化或更新都以增量到第三位的方式反映出来。

这些通常称为稳定点发布。因此，5.0.0 系列内核的下一个稳定版本是 Linux 版本 5.0.1，然后是版本 5.0.2，以此类推。当然还有其他说法，例如，Linux 5.0.4 版本是基于 Linux 5.0.0 系列的第四个稳定版本。

下一节要构建的内核版本是 5.4.10，可以在 www.kernel.org/pub/linux/kernel/v5.x/linux-5.4.10.tar.xz 上获得。

提示　输入以下内容，可使用 wget 工具将内核源代码快速下载到当前工作目录：

```
# wget https://www.kernel.org/pub/linux/kernel/v5.x/linux-5.4.10.tar.xz
```

10.2.2　拆包内核源代码

迄今为止处理的大多数软件包可能是 Red Hat 包管理器(RPM)或.deb 包，最可能使用系统附带的工具(如 RPM、APT、Yum、DNF 或 YaST)来管理包。内核源代码有点不同，需要一些用户交互。

内核源代码由一堆不同的文件组成，由于这些文件的数量和大小，压缩这些文件并将它们全部放在单个目录结构中是很有用的。将从 Internet 下载的内核源代码是一个经过压缩和 tar 处理的文件。因此，要使用源文件，需要解压和解压缩源文件。这就是“解包内核”的意思。总的来说，这是一个非常简单的过程。本地文件系统上内核源树的传统位置是/usr/src 目录。对于本章的其余部分，假设在/usr/src 目录下工作。

注意　一些 Linux 发行版在/usr/src 目录下有一个符号链接。这个符号链接通常命名为 linux，通常链接到一个默认的或最新的内核源树。一些第三方软件包依赖这个链接来正确编译或构建!

下面拆包内核。首先，将之前下载的内核压缩文件复制到/usr/src 目录：

```
[master@server ~]$ sudo cp linux-5.*.xz /usr/src/
```

将工作目录更改为/usr/src/目录，并使用 tar 命令解压缩文件：

```
[master@server ~]$ cd /usr/src/ && sudo tar xvJf linux-5.*.tar.xz
```

10.3　构建内核

现在有一个拆包的内核树等待构建。本节将回顾配置和构建内核的过程。这与基于 Windows 的操作系统形成对比，后者是预先配置的，因此包含对许多特性的支持，你可能想要也可能不想要这些特性。

Linux 设计哲学允许个人决定内核的重要部分。这种个性化的设计有一个重要好处，就是可以简化特性列表，使 Linux 能尽可能高效地运行。这也是为什么可以在各种硬件设置(从低端系统到嵌入式系统，再到高端系统)中运行 Linux 的原因之一。无法支持基于 Windows 的服务器的机器更有能力支持基于 Linux 的操作系统。

构建内核需要两个主要步骤：配置和编译。本章不会详细讨论配置的细节，因为 Linux 内核的发展非常快，所以很难进行详细的配置。但一旦理解了基本流程，就应该能够在不同版本之间应用它。为便于讨论，本节将引用上一节解压缩的 v5.*内核中的示例。

构建内核的第一步是配置或定制其特性。通常，需要的特性列表基于需要支持的任何硬件。当然，这意味着需要一个硬件列表。

在已经运行 Linux 的系统上，可以执行 lspci、lshw 等命令，以帮助显示关于系统上确切硬件设置的详细信息。在基于 RPM 的发行版上，这些实用程序由 pciutils*.rpm 和 lshw*.rpm 包提供。更好地理解底层硬件的组成可帮助更好地确定自定义内核中需要什么。现在可以开始配置内核了。

10.3.1　准备配置内核

对新内核需要支持的硬件类型和特性有了大致了解后，就可以开始实际的配置。但首先，需要一些背景信息。

Linux 内核源树包含几个名为 Makefile 的文件(Makefile 只是一个带有指令的文本文件，还描述了程序中文件之间的关系)。这些 Makefile 有助于将构成内核源代码的数千个其他文件粘合在一起。这里对我们更重要的是，Makefile 还包含由 make 程序执行的命令或指令。

避免不需要的升级

请记住，如果有一个稳定且性能良好的工作系统，那么几乎没有理由升级内核，除非存在以下条件之一：

- 安全或错误修复程序影响了系统，必须应用。
- 在稳定的版本中，需要一个特定的新特性。

在安全修复的情况下，确定风险是否真正影响到自己——例如，如果在不使用的设备驱动程序中发现安全问题，那么可能没有理由升级。在错误修正发布的情况下，仔细阅读发布说明，并确定这些错误是否真的影响到自己。如果有一个稳定的系统，用从未用过的补丁升级内核可能是没有意义的。在生产系统上，不应该仅为了拥有“最新内核”而升级内核。相反，应该有一个真正令人信服的理由去升级。

内核源树根中的 Makefile 包含了可用于准备内核构建环境、配置内核、编译内核、安装内核等的特定目标。这里将详细讨论一些目标。

- make mrproper：这个目标清理构建环境中以前内核构建遗留下来的任何陈旧文件和依赖项。所有以前的内核配置都从构建环境中清除(删除)。
- make clean：这个目标没有 mrproper 目标做得那么彻底。它只删除大多数生成的文件。不会删除内核配置文件(.config)。
- make menuconfig：这个目标调用一个基于文本的编辑器接口，其中包含用于配置内核的菜单、选项列表和基于文本的对话框。
- make xconfig：这是一个基于 GUI 的内核配置工具/目标，它依赖 Qt 图形化开发库。基于 KDE/Plasma 的应用程序使用这些库。
- make gconfig：这也是一个基于 GUI 的内核配置工具/目标，但依赖于 GTK+工具包。这个 GTK 工具包在 GNOME 桌面领域大量使用。
- make olddefconfig：这个目标使用当前工作目录中现有的.config 文件，更新依赖项，并自动将新符号设置为它们的默认值。
- make help：这个目标展示其他所有可能的 make 目标，并作为一个快速在线帮助系统。

要在本节中配置内核，只使用其中一个目标。具体而言，是使用 make menuconfig 命令。menuconfig 内核配置编辑器是一个简单而流行的基于文本的配置工具，由菜单、单选按钮列表和对话框组成。它有一个简单和干净的界面，可用键盘轻松导航，使用起来非常直观。我们需要更改到内核源目录，然后开始内核配置。但在开始实际的内核配置之前，应该使用 make mrproper 命令清理(准备)内核构建环境：

```
[master@server ~]$ cd linux-5.*
[master@server ~]$ sudo make mrproper
```

10.3.2 内核配置

下面逐步完成配置Linux 5.*系列内核的过程。为探究这个过程的一些内部结构，启用一个特定特性的支持，假设系统必须支持这个特性。一旦理解了它的工作原理，就可以应用相同的过程来添加对其他任何需要的新内核特性的支持。具体来说，在自定义内核中启用对NTFS文件系统的支持。

大多数随5.*系列内核(请记住星号是一个通配符，表示内核的完整版本号)一起发布的现代Linux发行版，也有一个用于运行内核的内核配置文件，可以在本地文件系统上作为压缩或常规文件使用。在运行Fedora发行版的示例系统中，这个文件位于/boot目录中，通常命名为config-5.*。配置文件包含为它所代表的特定内核启用的选项和特性列表。我们的目标是在配置内核的过程中创建一个与此类似的配置文件。我们创建的文件和已经生成的文件之间的唯一区别是，我们向文件添加进一步定制的内容。

提示 使用一个已知的、已经存在的配置文件，作为框架来创建自定义文件，有助于确保我们不会重复别人已做的工作，来发现什么有效和什么无效！

下面的步骤介绍了如何配置内核。后面使用基于文本的内核配置实用程序，允许在终端中跟随操作，而不管是否使用GUI桌面环境。

(1) 首先，把现有的配置文件从/boot目录中复制到内核构建环境，并重命名：

```
[master@server linux-5.*]$ sudo cp /boot/config-'uname -r' .config
```

这里使用' uname -r '来帮助为正在运行的内核获得配置文件。uname -r命令打印正在运行的内核的版本。使用它有助于确保得到想要的确切版本，以防出现其他版本。

注意 Linux内核配置编辑器在内核源树的根位置开始查找并最终生成一个名为.config的文件。此文件是隐藏的。

(2) 启动图形化内核配置实用程序。

```
[master@server linux-5.*]$ sudo make menuconfig
```

屏幕如图10-2所示。

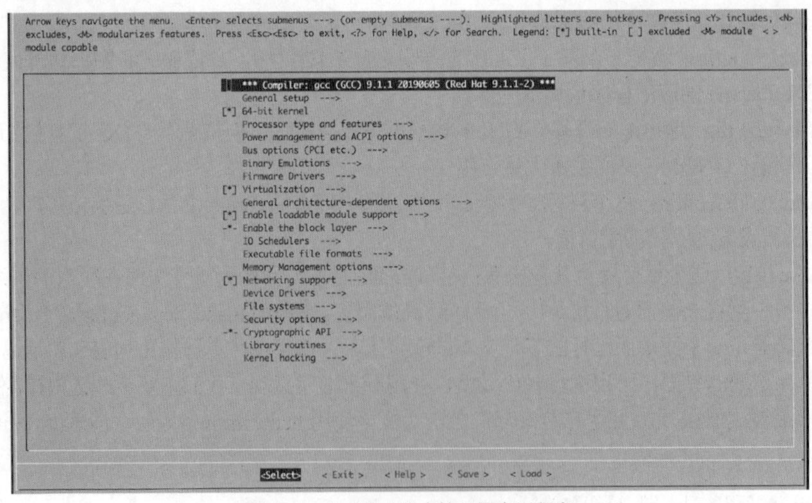

图10-2 启动图形化内核配置实用程序

提示 如果 make 命令抛出错误，表明无法找到 ncurses 包，就可通过使用 DNF 包管理器在一个类似 Red Hat 的发行版上安装一个名为 ncurses-devel 的包来解决这个问题，如下：

```
$ sudo dnf -y install ncurses-devel
```

在像 Ubuntu 这样基于 Debian 的发行版上，可通过运行以下命令来安装类似的工具：

```
$ sudo apt-get -y install libncurses-dev
```

显示的内核配置屏幕大致分为三个区域：

- 顶部显示各种有用信息、键盘快捷键和图例，可以帮助导航应用程序。
- 屏幕的主体显示了可扩展的树形结构的总体可配置内核选项列表。可以使用父目录中的箭头进一步深入到项中，以查看和/或配置子菜单或子项。
- 最后，屏幕底部显示了可选择的实际操作/选项。

(3) 为了好玩，在应用程序的主体中选择一个非常重要的选项，并查看帮助菜单，来更仔细地检查它。

使用键盘上的箭头键导航到 Enable loadable module support 项。一旦它被突出显示，使用左/右箭头键或 Tab 键选择屏幕底部的<help>，然后按 Enter 键，在突出显示的条目上执行 Help 操作。

现在研究接下来屏幕中出现的内联帮助信息，如图 10-3 所示。

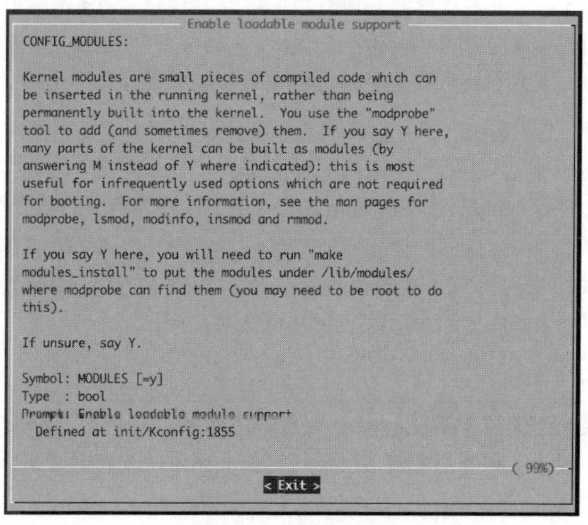

图 10-3 内联帮助信息

在检查完 CONFIG_MODULES 内核配置选项的帮助屏幕后，确保在屏幕底部选择了 Exit，然后按 Enter 键返回到主区域。

(4) 接下来，出于演示目的，在自定义内核中添加对 NTFS 的支持。

在主配置屏幕上，使用箭头键导航并突出显示 File systems 项。选择 File systems 后，按 Enter 键查看 File systems 的子菜单或子项。

在 File systems 部分，使用箭头键导航到 DOS/FAT/NT Filesystems。按 Enter 键查看 DOS/FAT/NT Filesystems 的子项。

(5) 在 DOS/FAT/NT Filesystems 部分，导航到 NTFS file system support。输入 M(大写)通过模块支持 NTFS 文件系统。使用箭头键向下导航到 NTFS debugging support (NEW)，然后按 Y 键来包含它。

使用箭头键向下导航到 NTFS write support，然后按 Y 键来包含它。

完成后，字母M或星号(*)应该出现在每个选项旁边，如图10-4所示。

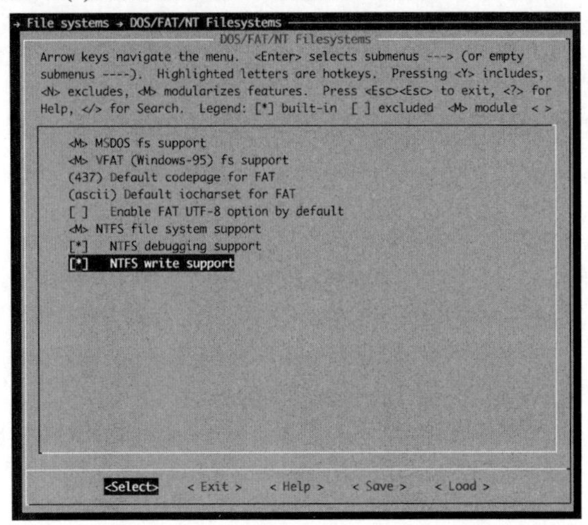

图10-4　字母M或星号(*)应该出现在每个选项旁边

提示　对于每个可配置选项，在内核配置实用程序中，空尖括号(<>)表示禁用了相关特性。尖括号中的字母M(<M>)表示该特性将编译为一个模块。尖括号中的星号(<*>)表示对该特性的支持将直接内置到内核中。通常可使用键盘上的空格键来切换所有可能的选项。

(6) 在DOS/FAT/NT文件系统屏幕上按两次Esc键，导航回父文件系统屏幕。

在键盘上再次按Esc两次，返回到主内核配置屏幕。

(7) 将更改保存到内核源树根目录下的.config文件中，并在保存文件后，在键盘上按Esc键两次，退出内核配置应用程序。

(8) 显示一个对话框，提示保存新配置。确保选择了Yes，然后按回车键。

(9) 在内核配置实用程序退出后，返回shell(在内核源树中)。

现在就准备好构建内核了！

提示　要查看使用menuconfig工具进行的一些更改的结果，请使用grep实用工具查看直接保存的.config文件。例如，要查看先前启用的NTFS文件系统支持的效果，输入以下命令：

```
[master@server linux-5.*]$ grep -i ntfs .config
CONFIG_NTFS_FS=m
CONFIG_NTFS_DEBUG=y
CONFIG_NTFS_RW=y
```

内核模块

可加载模块支持是一种Linux内核特性，允许动态加载(或删除)内核模块。内核模块是编译后的代码片段，可动态插入正在运行的内核中，而不是永久内置到内核中。因此，可启用不经常使用的特性，但不使用时它们不会占用内存。

值得庆幸的是，Linux内核可以自动决定加载什么以及何时加载。当然，并不是每个特性都适合作为模块编译。内核在加载和卸载模块前必须知道一些事情，比如如何访问硬盘，如何解析存储可加载模块的文件系统。一些内核模块通常也称为驱动程序。

10.3.3　编译内核

上一节完成了为要构建的自定义内核创建配置文件的过程。本节将执行内核的实际构建。但在此之前，向整个流程添加一个简单的定制。

最后的定制是添加一个额外的信息片段，用于内核的最终名称。这将帮助区分这个内核和其他具有相同版本号的内核。在内核版本信息中添加 custom 标签。这可通过编辑主 Makefile，将想要的标记附加到 EXTRAVERSION 变量来完成。

到目前为止，内核构建过程的编译阶段是最简单的，但也花费了最多的时间。此时只需要执行 make 命令，该命令自动生成并处理任何依赖关系，编译内核本身，并编译作为可加载模块启用的任何特性(或驱动程序)。

由于需要编译的代码量很大，所以至少要准备等待几分钟，这取决于系统的处理能力。下面深入研究编译新内核所需的具体步骤。

(1) 在即将构建的内核的标识字符串中添加一个额外片段。当仍然处于内核源代码树的根目录时，打开 Makefile，以便使用任何文本编辑器进行编辑。要更改的变量靠近文件的顶部。将文件中如下的行：

```
EXTRAVERSION =
```

更改为：

```
EXTRAVERSION = -custom
```

(2) 保存对文件的更改，并退出文本编辑器。

提示　在没有简单的文本编辑器可用的情况下，可使用 sed 实用工具，运行以下命令，快速搜索，并对上一步中的 Makefile 进行更改：

```
# sed -i 's/^EXTRAVERSION。*/EXTRAVERSION = -custom/' Makefile
```

(3) 将 kernelversion 目标传递给 make 命令，以查看刚刚定制的内核的完整版本：

```
[master@server linux-5.*]$ make kernelversion
```

提示　在大多数现代系统上，可以充分利用所有额外的处理能力(CPU、内核等)，并像内核一样极大地提高 CPU 密集型操作的速度。为此，可以给 make 命令传递参数，该命令指定要同时运行的作业的编号。然后，在每个 CPU 核心上分配并同时执行特定数量的作业。该命令的语法为：

```
# make -j N
```

其中 N 是要同时运行的作业的数量。例如，如果你一个八核 CPU，可以输入：

```
# make -j 8
```

(4) 这里编译内核所需要的唯一命令是 make：

```
[master@server linux-5.*]$ sudo make
HOSTLD scripts/kconfig/conf
...<OUTPUT TRUNCATED>...
CC [M] drivers/usb/wusbcore/security.o
LD drivers/built-in.o
```

提示　内核构建过程中遇到的一个常见故障源，可能是由于没有用于编译的所有软件而导致的。在一个类似于 Red Hat 的发行版(如 Fedora)上，运行以下命令，可以快速安装所有必要的开发工具：

```
# dnf -y groupinstall 'C Development Tools and Libraries
```

对于可能需要的一些其他相关的库和头文件，也可以通过安装以下包，在一个基于 RPM 的发行版上获得，如下：

```
# dnf -y install openssl-devel elfutils-libelf-devel
```

(5) 这个命令导致在路径中等待：

```
<kernel-source-tree>/arch/x86/boot/bzImage
```

(6) 因为将内核的某些部分编译为模块(如 NTFS 模块)，所以需要安装这些模块。输入如下命令：

```
[master@server linux-5.*]$ sudo make modules_install
```

在 Fedora 系统上，这个命令把所有已编译的内核模块安装到/lib/modules/<new_kernel-version>目录中。在本例中，此路径转换为/lib/modules/5.4.10-custom/。这是内核根据需要加载所有可加载模块的路径。

提示 通过 make modules_install 安装的内核模块占用的空间(大小)相当大，因为模块包含调试符号。在示例系统中，/lib/modules/5.4.10-custom/目录的大小超过 4GB！通过去除这些调试符号，可减少总大小(例如，小于 200MB！)为此，可在 make modules_install 命令中包含 INSTALL_MOD_STRIP=1 选项，如下：

```
$ sudo make INSTALL_MOD_STRIP=1 modules_install
```

10.3.4 安装内核

现在就有了一个完全编译好的内核等待安装。读者可能提出几个问题：编译后的内核在哪里？到底要把它安装在哪里?

第一个问题很容易回答。假设有一个电脑，当前位于/usr/src/<kernel-source-tree>/目录，前面练习创建的已编译内核就称为/usr/src/<kernel-source-tree>/arch/x86/boot/bzImage (在示例中，是/usr/src/linux-5.4.10/arch/x86/boot /bzImage)。

对应的映射文件位于/usr/src/<kernel-source-tree>/System.map。安装阶段需要这两个文件。

当内核行为不正常并生成 oops 消息时，System.map 文件非常有用。oops 是由内核错误或故障硬件导致的一些内核错误产生的。这个错误类似于 Microsoft Windows 中的蓝屏死机(BSOD)。这些消息包括关于系统当前状态的许多细节，包括几个十六进制数字。System.map 使 Linux 有机会将这些十六进制数字转换为可读的名称，从而使调试更加容易。虽然这主要是为了帮助开发人员，但在报告问题时它也可带来方便。

下面看看安装新内核映像所需的步骤。

(1) 在内核构建目录的根目录中，将 bzImage 文件复制并重命名到/boot 目录：

```
[master@server linux-5.*]$ sudo cp arch/x86/boot/bzImage \
/boot/vmlinuz-<kernel-version>
```

这里，内核版本是内核的版本号。对于本练习中使用的示例内核，文件名为 vmlinux -5.4.10 -custom。下面是这个示例的确切命令：

```
[master@server linux-5.*]$ sudo cp arch/x86/boot/bzImage \
/boot/vmlinuz-5.4.10-custom
```

注意 将内核映像命名为 vmlinux -5.4.10-custom 的决定有些随意。它很方便，因为内核映像通常称为 vmlinuz，版本号的后缀在有多个可用内核或提供特定功能的内核(例如 vmlinux -6.50.0-wireless)

时很有用。

(2) 现在内核映像已经就绪，把 System.map 文件复制到/boot 目录，并使用相同的命名约定重命名：

```
[master@server linux-5.*]$ sudo cp -v System.map \
 /boot/System.map-5.4.10-custom
```

(3) 内核就位，System.map 文件就位，模块就位，现在准备进入最后一步。下面是所需命令的语法：

```
# kernel-install add <kernel-version> <kernel-image>
```

这里，<kernel-version>是内核的版本号(和名称)，<kernel-image>是新编译的内核映像的路径。对于示例，输入以下内容：

```
[master@server linux-5.*]$ sudo kernel-install \
add 5.4.10-custom /boot/vmlinuz-5.4.10-custom
```

这里使用的 kernel-install 命令是一个美观的小 shell 脚本。它可能不是在每个 Linux 发行版中都可用，但在较新的 Fedora、RHEL 和 CentOS 发行版中可用。在旧发行版中可找到一个类似的实用程序，即 new-kernel-pkg 脚本。这两种工具都能自动完成许多通常最终需要手动执行的操作，这些操作用于设置系统，以引导刚构建的新内核。具体来说，该工具执行以下操作：

- 创建适当的初始 RAM 文件系统映像(initramfs 映像——即/boot/initramfs-<kernel-version>.img 文件)。

要在 kernel-install 或 new-kernel-pkg 不可用的系统上手动执行此操作，可使用 mkinitramfs 命令。

- 运行 depmod 命令(它创建一个模块依赖项列表)。
- 更新引导加载程序配置。

对于运行较新版本的 GRUB2 的系统，该文件为/boot/grub2/grub.cfg。对于基于 EFI 的系统，/boot/efi/<distro>/fedora/grub.cfg 也进行了更新；对于运行 GRUB 旧版本的系统，这是/boot/grub/grub.conf 或/boot/grub/menu.lst 文件。对于实现了新的引导加载程序规范(BLS)的新发行版，将一个新的引导加载程序条目添加到/boot/loader/entries/目录或名为 blsdir 的变量所指向的任何目录中。

在使用 BLS 运行 GRUB 2 的基于 EFI 的 Fedora 服务器上，在这里的引导加载程序文件中创建了一个新的引导条目：

```
/boot/loader/entries/5dff0c3c00c14d3988d5c09b5ffacd90-5.4.10-custom.conf
```

注意　大多数发行版都有几个现成的 grub2-*实用程序，可用于执行各种 GRUB2 和引导加载程序内务管理任务。例如，可使用 grub2-set-default 命令来更改或设置在系统启动时引导的默认内核。

10.3.5　引导内核

下一阶段是测试新内核，确保系统确实可以用它启动。

(1) 假设按照要求做了所有的事情后，就可以安全地重新启动系统，在系统启动时从引导加载程序菜单中选择新的内核：

```
[master@server ~]$ sudo reboot
```

(2) 系统启动后，就可使用 uname 命令找出当前内核的名称：

```
[master@server ~]$ uname -r
5.4.10-custom
```

(3) 向新内核添加的特性之一是支持 NTFS 文件系统。显示有关 NTFS 模块的信息，确保新内核确实支持 NTFS：

```
[master@server ~]$ modinfo ntfs
filename: /lib/modules/5.4.10-custom/kernel/fs/ntfs/ntfs.ko
license: GPL
description: NTFS 1.2/3.x driver .
..<OUTPUT TRUNCATED>...
```

10.3.6　它是无效的！

你说内核没有运行？它在启动过程中冻结了？或者它启动了，却什么都做不了？最重要的是，不必惊慌。这种问题会发生在每个人(甚至是专业人士)的身上，但绝对是可以挽回的。

首先注意，在引导加载程序配置文件(grub.cfg)中添加了一个新块，并且没有删除现有的块。同样，如果系统使用 BLS，注意在/boot/loader/entries/目录下创建了一个新的引导加载程序配置，并且没有删除任何现有文件。这些都是额外的安全措施，可安全地回到有效的旧内核并引导到它。重新启动并在 GRUB 菜单中选择已知有效的上一个内核的名称。此操作可返回已知的系统状态。

现在回到内核配置，验证选择的所有选项都能在系统中工作。例如，是否偶然启用了对错误文件系统的支持，而未启用对当前使用的文件系统(例如，ext4、XFS 等的支持)？是否根据其他选项设置了选项？请记住在配置界面中查看每个内核选项的帮助信息屏幕，确保理解每个选项的作用以及需要做什么才能使其正常工作。

当确定设置正确时，再次执行编译过程，并重新安装内核。创建适当的初始 RAM 文件系统映像(initramfs 文件)也很重要(参见 man mkinitramfs)。

提示　可使用 lsinitrd 命令查看 initramfs 图像文件的内容。例如，要查看位于/boot/initramfs-5.4.10-custom.img 中的 initramfs 文件的内容，运行以下命令:

```
# lsinitrd /boot/initramfs-5.4.10-custom.img
```

总的来说，请记住，每次编译内核时，都会做得更好。当确实犯了错误时，回头去改正它会更容易。

提示　花点时间检查一下 vanilla 内核源代码树里面有什么。内核文档的很大一部分存储在内核源树根的文档目录中，非常方便。在这里你会发现与内核相关的所有内容。例如，在以下文件中找到关于内核补丁的文档和提示

```
<kernel-source>/Documentation/process/applying-patches.rst
```

10.4　给内核打补丁

与其他操作系统一样，Linux 需要定期升级，以修复错误、提高性能、提高安全性、添加新特性。这些升级有两种形式：一种是全新的内核版本，另一种是补丁。对于那些没有下载至少一个完整内核的人来说，全新的内核工作得很好。对于那些已经下载了完整内核的人来说，补丁是更好的解决方案，因为它们只包含修改过的代码，因此下载起来更快。

可将补丁与 Windows 热修复程序或服务包相提并论。就其本身而言，它是无用的，但当添加到现有的 Windows 版本时，就得到一个改进的产品。热修复程序和补丁程序之间的关键区别在于，补丁程序包含需要对源代码进行的更改。这允许在应用源代码更改之前检查它们。这比希望修复程序不会破坏系统要好得多！

可在许多 Internet 站点上找到内核的新补丁。分销供应商的网站是一个很好的开始；它不仅会列出内核更新，还会列出其他包的补丁。主要来源是官方的 Linux 内核存档，网址是 www.kernel.org。

本节将学习如何应用补丁，将 Linux 内核源代码 5.4 版本(主要版本)更新为 5.4.1 版本(稳定版本)。所使用的补丁文件是 patch-5.4.1.xz。

提示　你的发行版可能已经安装了补丁工具，也可能尚未安装。运行以下命令，可以使用 DNF 将其安装到基于 Red Hat 的发行版上，如 Fedora、CentOS、RHEL、openSUSE 等。

```
$ sudo dnf -y install patch
```

要在基于 Debian 的发行版(如 Ubuntu、Mint、Debian 等)上安装补丁程序，可以运行以下命令。

```
$ sudo apt-get -y install patch
```

10.4.1　下载和应用补丁

某些补丁文件所在的目录中，包含可从 www.kernel.org 服务器下载的内核。这适用于 Linux 的每个主要版本；因此，例如，将 Linux 版本 6.6 更新到 Linux 版本 6.6.3 的补丁可能位于 https://www.kernel.org/pub/linux/kernel/v6.x/patch-6.6.3.xz。其他补丁(请参阅后面关于 rc 补丁的讨论)可以从内核的源代码控制管理系统 Git 下载。

每个补丁文件名都以字符串 patch 作为前缀，并以补丁所安装的 Linux 版本号作为后缀。

注意，在处理与主要内核版本相关的补丁时，需要以增量方式应用补丁。每个主要补丁只提供 Linux 一个版本。这意味着，例如，要从 linux-6.21 转换到 linux-6.23，需要两个补丁，即 patch-6.22 和 patch-6.23，并且必须按顺序递增地应用这些补丁。

还要注意，在处理 X.Y.Z 内核(稳定发布的内核)中的补丁时，补丁不是递增的。因此，patch-X.Y.Z 文件只能应用到基本 linux-X.Y。例如，如果有一个基本 linux-6.20.3，希望将其升级到 Linux 版本 6.20.5，那么首先需要将稳定的 linux-6.20.3 内核源代码恢复到基本 linux-6.20，然后应用 linux-6.20.5 的新补丁(patch-6.20.5)。

补丁文件以压缩格式分发。本例将使用 patch-5.4.1.xz(来自 https://www.kernel.org/pub/linux/kernel/v5.x/patch-5.4.1.xz)。还需要准备升级的实际内核源代码压缩包。本例将使用从 https://www.kernel.org/pub/linux/kernel/v5.x/linux-5.4.tar.xz 下载的内核源代码。

从 www.kernel.org 站点(或镜像)获得文件后，将它们移到/usr/src 目录。假设要通过 tar xvJf linux-5.*.tar.xz，将准备升级的内核源代码解压缩到/usr/src/linux-5.4 目录。接下来，使用 xz 实用程序解压补丁，将得到的输出通过管道传输到补丁程序，然后该程序执行更新内核的实际工作。

提示　为了打补丁，在任何可能的情况下，避免重复使用任何以前做过的定制或内部构建。对于与补丁相关的任务，请始终尝试使用全新的、未受污染的内核源代码存档。

(1) 将下载的压缩补丁文件复制到目标内核源树根之上的一个目录中。例如，假设想要修补的内核已经解压缩到/usr/src/linux-5.4/目录中，把补丁文件复制到/usr/src/目录中。

(2) 将当前工作目录更改为内核源代码树的顶层。示例中的这个目录是/usr/src/linux-5.4/。输入以下内容：

```
[master@server ~]$ cd /usr/src/linux-5.4/
```

(3) 最好对补丁过程进行测试运行，以确保没有错误，新补丁确实能够干净地应用：

```
[master@server linux-5.*]$ sudo xz -dc ../patch-5.4.1.xz | \
patch -p1 --dry-run
```

(4) 假设前面的命令成功运行，没有任何错误(检查退出状态是否为0, echo $?)，现在就可以应用补丁了。运行如下命令，解压缩补丁，并将其应用到内核：

```
[master@server linux-5.*]$ sudo xz -dc ../patch-5.4.1.xz | \
patch -p1
```

这里的../patch-5.4.1.xz 是补丁文件的名称和路径。文件名流打印到屏幕上。补丁文件已经更新了这些文件中的每一个。如果升级过程中出现任何问题，在这里可以看到报告。

内核 release candidates (rc)

有时可能会看到，名为 patch-5.4.10-rc1.xz 的内核补丁文件可在内核源代码树(例如，https://www.kernel.org/pub/linux/kernel/v5.x/stable-review/)下在线使用。本例中的 rc1 是补丁名和版本(因此是最终内核版本)的组成部分，它意味着当前的补丁是 release candidate 1，可用于将适当的内核源代码树升级到 Linux 内核版本 5.4.10-rc1。一个名为 patch-6.4-rc7.xz(用于将来的.x 系列内核)的补丁文件也是如此；它是内核的 release candidate 7，最终将成为下一个稳定的 linux-6.4，等等。

-rc*X* 补丁不是递增的。它们可以应用于"基本"内核版本。例如，一个名为 patch-5.5-rc8.xz 的-rc8 补丁可以应用于基本 5.4.1、5.4.2、5.4.10、5.4.99 等内核源(在本例中基本版本是 5.4 内核源)之上。这就要求首先删除可能应用于内核之上的任何补丁，以便将其恢复到基本版本。

因此，假设目前使用的是 5.4.10 版本的内核，并且希望构建和测试来自 v5.5 系列的 rc 内核，需要首先下载 patch -5.4.10.xz(来自 https://www.kernel.org/pub/linux/kernel/v5.x/patch-5.4.10.xz)，解压该文件(使用 xz -d patch-5.4.10.xz)，并使用 patch 命令降级/恢复到基础 5.4 内核。之后，可以尝试使用 patch -5.5-rc8 升级到 v5.5-rc8 内核。缩写的步骤显示过程以及前后效果如下。

步骤 1——删除旧补丁，恢复到 linux-5.4 下载了所有必要的补丁文件和内核源代码归档文件之后，删除旧补丁，在有权限的目录下恢复到 linux-5.4(本例中与此步骤相关的文件是 linux-5.4.10.tar.xz 和 patch-5.4.10.xz)，继续运行以下命令：

```
# xz -d patch-5.4.10.xz && tar xvJf linux-5.4.10.tar.xz
# cd linux-5.4.10/
# make kernelversion
5.4.10
# patch -p1 -R < ../patch-5.4.10
# make kernelversion
5.4.0
```

步骤 2——下载并应用新补丁，升级到 linux-5.5-rc8 从 torvalds 源树下载必要的补丁文件，来执行实际的 linux-5.5-rc8 升级，步骤如下：

```
# cd ../
# wget -O patch-5.5-rc8 https://git.kernel.org/torvalds/p/v5.5-rc8/v5.4
# cd linux-5.4.10/
# patch -p1 < ../patch-5.5-rc8
# make kernelversion
 5.5.0-rc8
# cd ../ && mv linux-5.4.10/ linux-5.5.0-rc8/
```

目前的内核下载、编译和补丁方法是使用官方的 Linux 源代码管理(SCM)系统 Git。开始该过程时，使用如下命令克隆主流 Linux Git 库：

```
# git clone https://git.kernel.org/pub/scm/linux/kernel/git/torvalds/linux.git
```

使用 Git SCM 路由，可访问日常的补丁/更新。

10.4.2 如果补丁有效

如果补丁有效，并且没有收到错误，就差不多完成了！可以对保存已修补的内核源树的目录进行重命名，以反映新版本。下面是一个例子：

```
[master@server src]$ sudo mv linux-5.4 linux-5.4.1
```

最后需要做的就是重新编译内核。只需要遵循本章前面第 10.3.3 节中的步骤即可。

10.4.3 如果补丁无效

如果在修补内核的过程中收到错误，不要绝望。这可能意味着两件事之一：

- 补丁版本号不能应用到内核版本号(例如，尝试对 linux-5.20.60 直接应用 patch-5.20.50.xz)。
- 内核源代码本身发生了变化。这种情况会发生在忘记自己做过更改的开发人员身上！

解决这两种情况的最简单方法是清除位于解压目录中的内核，然后再次解压未受影响的完整内核存档。这将确保你拥有一个原始内核，此后应用补丁。这十分乏味，但如果做过一次，第二次会更容易、更快。

提示　使用 patch 命令中的-R 选项，通常可以退出(删除)应用的任何补丁。例如，要从应用于基本 Linux 内核 5.4.0 版本的补丁版本 5.5-rc8 中退出，则可在内核源代码树的根目录中输入：

```
# xz -dc ../patch-5.5-rc8.xz | patch -p1 -R
```

请记住，退出补丁有时存在风险，也并非总是有效。换句话说，你的经历可能不同！

10.5 小结

本章讨论了 Linux 内核的配置和编译过程。这并不是一个简单的过程，但这样做可提供对系统进行细粒度控制的能力，这在大多数其他操作系统中是不可能的。编译内核是一个简单的过程。Linux 开发社区提供了优秀的工具，使这个过程尽可能轻松。除了编译内核之外，我们还介绍了使用 Linux 内核网站 www.kernel.org 提供的补丁来升级内核的过程。

第一次编译内核时，如果可能的话，在非生产机器上编译，这样就有机会花时间来体验许多可用的操作参数。这也意味着如果出现问题，可为用户提供帮助！

对于对内核内部结构感兴趣的程序员，可从书籍和网站中获得许多参考资料，当然，源代码本身就是最终的文档!

第11章 API(虚拟)文件系统

大多数操作系统(OS)都提供了一种机制，通过这种机制可探测操作系统的内部，并在需要时设置操作参数。在 Linux 中，这种机制由所谓的 API 文件系统(也称为虚拟或伪文件系统)提供。与第 8 章讨论的其他文件系统(ext4、Btrfs、XFS 等)不同，虚拟文件系统通常不受实际物理存储(如硬盘)的支持。API 文件系统通常没有显式地列在系统的/etc/fstab 配置文件中，但是仍然会在 mount 或 findmnt 命令的输出中发现它们。

proc 文件系统是基于 Linux 的操作系统上流行的虚拟文件系统。/proc 目录是 proc 文件系统的挂载点，因此这两个术语(proc 和/proc)通常可以互换使用。

其他流行的操作系统也在不同程度上以不同形式使用虚拟文件系统。例如，Microsoft Windows 系统使用注册表，它允许在某种程度上操纵系统运行时参数。

本章将讨论 proc 文件系统以及它是如何在 Linux 下工作的。先是一些概述，并研究/proc 中的一些有趣条目，然后演示使用/proc 执行的一些常见管理任务。最后，简要介绍 SysFS、tmpfs 和 cgroup 虚拟文件系统。

11.1 /proc 目录中有什么?

因为 Linux 内核是系统操作中的一个关键组件，所以有一种与内核交换信息的方法是很重要的。传统上，这是通过系统调用来完成的；系统调用是为程序员编写的特殊函数，用于请求内核为其执行函数。然而，在系统管理上下文中，系统调用是在后台自动处理的。当需要的只是一个简单的调整或从内核中提取一些统计数据时，必须从头编写自定义工具来实现此目的就属于小题大做了！

为了改进、简化用户和内核之间的通信，创建了 proc 文件系统。这个文件系统特别有趣，因为它并不存在于磁盘上；它纯粹是对核心信息的抽象。目录中的所有文件都对应于内核中的一个函数或一组变量。

注意 proc 是抽象的这一事实并不意味着它不是一个文件系统。它确实意味着必须开发一个特殊的文件系统来将 proc 与基于磁盘的普通文件系统区别对待。

例如，要查看系统上处理器类型的报告，可查看/proc 目录下的一个文件。保存这些信息的特定文件是/proc/cpuinfo，可用以下命令查看：

```
[master@server ~]$ cat /proc/cpuinfo
```

内核将动态创建报告，显示处理器信息，并将其交给 cat，以便我们可以看到它。这是一种简单但功能强大的检查和查询内核的方法。/proc 目录使用子目录支持易读的层次结构，因此查找信息很容易。/proc 下的目录也组织起来，这样包含类似主题信息的文件就组织在一起。例如，/proc/net 目录提供的报告会列出各种(实时)网络统计数据以及与其他网络子系统相关的参数。

更大的优势是信息流是双向的：内核可以生成报告，可以轻松地将信息传递回内核。例如，在/proc/sys/net/ipv4 目录中执行 ls -l 将显示许多读/写文件，不是只读文件，这意味着可以动态地修改这些文件中存储的一些值。

“嘿！大多数/proc 文件有 0 个字节，只有一个文件的字节数非常大！到底发生了什么事？”如果注意到所有这些 0 字节的文件，不必担心——/proc 中的大多数文件都是 0 字节，因为如前所述，/proc 实际上并不存在于磁盘上。当使用 cat 读取/proc 文件时，文件的内容是由内核中的一个特殊程序动态生成的。报告是短暂的，因此不占用空间。以在许多 Web 站点上查看动态内容的相同方式来考虑它。这些 Web 页面通常是由 Web 脚本语言(Python、PHP 等)生成的，所显示的内容并不总是写回 Web 服务器的磁盘，而是在每次访问 Web 页面时重新生成。

警告　/proc 中有一个非常大的文件/proc/kcore，它实际上是一个指向 RAM 内容的指针。但不必担心大小，因为它不会占用基于磁盘的文件系统中的任何空间。读取/proc/kcore 就像读取内存的原始内容(当然，需要 root 权限或其他提升的权限)。

调整/proc 目录中的文件

如前所述，/proc 目录(和子目录)下的一些文件具有读/写模式。下面更仔细地检查其中一个目录。/proc/sys/net/ipv4 中的文件表示可以动态“调整”的 TCP/IP 堆栈中的参数。使用 cat 命令查看特定的文件，会发现大多数文件只包含数字——通过更改这些数字，可以影响 Linux TCP/IP 堆栈的行为！

例如，文件/proc/sys/net/ipv4/ip_forward 默认包含 0 (Off)。这告诉 Linux 在有多个网络接口时不要执行 IP 转发。但是如果想设置类似 Linux 路由器的设备，就需要允许转发。为此，可编辑/proc/sys/net/ipv4/ip_forward 文件，并将该数字更改为 1 (On)。

进行此更改的一种快速方法是使用 echo 命令，如下所示：

```
[root@server ~]# echo "1" > /proc/sys/net/ipv4/ip_forward
```

警告　在 Linux 内核中调整参数时要非常小心。没有安全网可以防止对关键参数进行错误设置，这意味着完全可能使系统崩溃。

11.2　一些有用的/proc 条目

表 11-1 列出一些在管理 Linux 系统时可能有用的/proc 条目。请注意，这并不是一个详尽的列表。要了解更多细节，请自己仔细阅读目录，看看找到了什么。还可以在 Linux 内核源代码的文档目录中阅读 proc.txt 文件。

除非另有说明，否则可以简单地使用 cat 程序查看/proc 目录中特定文件的内容。

枚举/proc 条目

/proc 目录的列表将显示大量目录，它们的名称只是数字。这些数字是系统中每个正在运行的进程的进程标识符(PID)。在每个进程目录中都有几个描述进程状态的文件。此信息对于查明系统如何感知进程以及进程正在消耗何种类型的资源非常有用。从程序员的角度看，进程文件也是程序获取自身信息的一种简单方法。

表 11-1　/proc 下的有用条目

文件名	内容
/proc/cpuinfo	关于系统中 CPU 的信息
/proc/interrupts	系统内中断请求(IRQ)的使用情况
/proc/ioports	列出用于与设备进行 I/O 通信的已注册端口区域
/proc/iomem	显示每个物理设备的系统内存的当前映射
/proc/mdstat	RAID 配置的状态
/proc/meminfo	内存的使用状态
/proc/kcore	表示系统的物理内存。与/proc 下的其他文件不同，这个文件非常大
/proc/modules	显示当前加载的内核模块，生成与 lsmod 输出相同的信息
/ proc/buddyinfo	这个文件中存储的信息可用于诊断内存碎片问题
/proc/cmdline	显示内核启动时传递给内核的参数(引导时参数)
/proc/swap	交换分区、卷和/或文件的状态
/proc/version	内核的当前版本号、编译它的机器以及编译的日期和时间
/proc/scsi/*	关于所有 SCSI 设备的信息
/proc/net/arp	地址解析协议表(与 arp-a 的输出相同)
/proc/net/dev	关于每个网络设备的信息(包数、错误数等)
/proc/net/sockstat	关于网络套接字使用率的统计信息
/proc/sys/fs/*	内核使用文件系统的设置。其中很多都是可写值；在更改它们时要小心，除非确定这样做的后果
/proc/sys/net/core/ netdev_max_backlog	当内核从网络接收数据包的速度超过它处理这些数据包的速度时，会将这些数据包放到一个特殊队列中。默认情况下，队列上最多允许 1000 个数据包。在特殊情况下，可能需要编辑此文件。更改允许的最大值
/proc/sys/net/ipv4/icmp_ echo_ignore_all	默认值= 0，这意味着内核将响应 ICMP 的回显-应答消息。将其设置为 1，告诉内核停止对这些消息的应答
/proc/sys/net/ipv4/icmp_ echo_ignore_broadcast	默认值为 1，这意味着内核不允许将 ICMP 响应发送到广播或多播地址
/proc/sys/net/ipv4/ ip_forward	默认值为 0，这意味着内核不会在网络接口之间转发数据包。若要允许转发(例如路由)，请将此值更改为 1
/proc/sys/net/ipv4/ ip_local_port_range	在发起连接时 Linux 使用的端口范围。默认为 32768~60999
/proc/sys/net/ipv4/tcp_ syncookies	默认= 1 (On)。更改为 0(关闭)来禁用系统对 SYN 泛洪攻击的保护

例如，以下是/proc 下的一些文件的长清单：

```
[master@server ~]$ ls -l /proc
dr-xr-xr-x 6 root      root       0 2072-12-27 08: 54 1
dr-xr-xr-x 6 root      root       0 2072-12-27 08: 54 1021
dr-xr-xr-x 6 root      root       0 2072-12-27 08: 54 1048
....<OUTPUT TRUNCATED>....
```

如果仔细看看这个输出中名称为 1 的文件夹，注意这个文件夹代表了 init 进程信息或进程标识符为 1(PID = 1)的进程信息。这是/proc/1/下的文件清单：

```
[master@server ~]$ ls -l /proc/1
dr-xr-xr-x. 2 root root 0 Dec 28 02: 33 attr
-r--------. 1 root root 0 Dec 28 02: 33 auxv
-r--r--r--. 1 root root 0 Dec 26 11: 06 cmdline
....<OUTPUT TRUNCATED>....
lrwxrwxrwx. 1 root root 0 Dec 26 11: 06
/proc/1/exe -> /usr/lib/systemd/systemd
```

如输出所示，/proc/1/exe 文件是一个软链接，指向实际可执行程序：/usr/lib/systemd/systemd 或/lib/systemd/systemd(见第 9 章)。在基于 SysV 的旧发行版上，这个链接(PID = 1)指向传统的/sbin/init 程序。同样的逻辑也适用于/proc 下的其他以数字命名的目录——也就是说，它们表示进程。

11.3　常见的 proc 设置和报告

如前所述，proc 是一个虚拟文件系统，因此，在/proc 中对默认设置的更改不会在重新引导时生效。如果需要在系统重启之间自动设置/proc 下的值，可以使用系统启动机制(或脚本)在启动时进行更改，或使用 sysctl 工具。

要在使用 systemd 作为启动管理器的系统上使用特别的系统启动机制，可在/etc/systemd/ system 目录下创建一个适当的服务单元文件，来运行一次性脚本或命令(参见第 10 章)。

交互地对存储在 proc 文件系统中的变量进行持久或临时更改的更优雅和一致的方法是使用 sysctl 工具。sysctl 工具用于实时显示和修改内核参数。具体来说，它可以用于优化存储在 proc 文件系统的/proc/sys/目录下的参数。下面是对其用法和选项的总结：

```
sysctl [options] variable[=value]
```

表 11-2 列出一些可能的选项。

表 11-2　sysctl 工具的选项

选项	解释
variable[=value]	用于设置或显示键的值；其中变量是键，值是键被设置的值。例如，对于名为 kernel.hostname 的键，可能的值是 server.example.com
-n	在打印值时禁止打印键名
-e	这个选项用来忽略关于未知键的错误
-w	要更改 sysctl 设置时，可使用此选项
-p < filename >	从指定的文件或/etc/sysctl.conf(如果没有给出文件名)中加载 sysctl 设置
-a	显示当前可用的所有值

下面使用实际示例演示如何使用 sysctl 工具。这里展示的大多数示例都是独立于 Linux 发行版的——唯一的区别是一些发行版可能附带一些已经启用或禁用的变量。这些示例演示了可以使用 proc 完成的许多事情中的一些，以补充日常管理任务。proc 提供的报告和可调选项在与网络相关的任务中特别有用。示例还提供了一些关于想要优化的 proc 设置的背景信息。

11.3.1　SYN 泛洪保护

当 TCP 启动一个连接时，它首先向目的地发送一个特殊的包，并设置标志来指示连接的开始。这个标志被称为 SYN。目的主机向源发送一个确认包，作为响应，称为 SYN/ACK。然后，目标等待源返回确认，表明双方已经就其事务的参数达成一致。一旦发送了这三个数据包(这个过程称为“三向握手”)，源主机和目标主机就可以来回传输数据。

因为多个主机可以同时联系单个主机，所以目的地主机跟踪它获得的所有 SYN 包是很重要的。SYN 条目存储在一个表中，直到三次握手完成。完成此操作后，连接离开 SYN 跟踪表，移动到另一个跟踪已建立连接的表。

当源主机向目的地发送大量 SYN 包而不打算响应 SYN/ACK 时，就会发生 SYN 泛洪。这将导致目标主机表的溢出，从而可能使操作系统不稳定。显然，这不是一件好事。

Linux 可通过使用 syncookie 来防止 SYN 泛洪，syncookie 是内核中跟踪 SYN 包到达速度的一种特殊机制。如果 syncookie 检测到速率超过了某个阈值，它就会开始删除 SYN 表中在合理的时间间隔内没有移动到“已建立”状态的条目。第二层保护在表本身：如果表接收到会导致表溢出的 SYN 请求，则忽略该请求。这样做的效果是暂时阻止客户端连接到服务器，但它也可以防止服务器彻底崩溃——并将所有人踢出服务器!

首先使用 sysctl 工具显示 tcp_syncookie 设置的当前值：

```
[master@server ~]$ sudo sysctl net.ipv4.tcp_syncookies
net.ipv4.tcp_syncookies = 0
```

输出显示，在示例系统上，当前禁用了该设置(值= 0)。要打开 tcp_syncookie 支持，输入以下命令：

```
[master@server ~]$ sudo sysctl -w net.ipv4.tcp_syncookies=1
net.ipv4.tcp_syncookies = 1
```

因为/proc 条目在系统重新引导时不能存活，所以应该在/etc/sysctl.conf 配置文件的末尾添加以下代码行。要使用 echo 命令执行此操作，请输入以下内容：

```
# echo "net.ipv4.tcp_syncookies = 1" >> /etc/sysctl.conf
```

注意　当然，首先应该确保/etc/sysctl.conf 文件不包含要优化的键的条目。如果是这样，可以手动编辑文件，并将键的值更改为新值。

11.3.2　高容量服务器上的问题

像任何操作系统一样，Linux 的资源是有限的。如果系统在处理请求(如 Web 页面访问请求)时开始缺少资源，它将拒绝新的服务请求。/proc 条目/proc/sys/fs/file-max 指定了 Linux 在任何时候可以支持的最大文件打开数。假设系统上的默认值是 922337203。在具有大量网络连接的繁忙系统上，这可能最终会很快耗尽。将它提升为一个更大的数字，如 922337203000，可能会很有用。再次使用 sysctl 命令，输入以下内容：

```
[master@server ~]# sudo sysctl -w fs.file-max=922337203000
fs.file-max = 922337203000
```

如果希望更改是持久的，不要忘记将更改追加到/etc/sysctl.conf 文件(或追加到/etc/sysctlr.d 目录下正确命名的文件)。

11.4　SysFS

SysFS(System File System 的缩写)类似于 proc 文件系统。两者的主要相似之处在于，它们都是虚拟文件系统(内存中的文件系统)，都提供了一种将信息(实际上是数据结构)从内核中导出到用户空间的方法。SysFS 通常挂载在/sys 挂载点。SysFS 文件系统可用于获取关于内核对象的信息，如设备、模块、系统总线、固件等。这个文件系统提供了内核看到的设备树视图(以及其他内容)。此视图显示所检测设备的大多数已知属性，如设备名称、供应商名称、PCI 类、IRQ 和 DMA 资源以及电源状态。以前在 proc 文件系统下的旧 Linux 2.4 系列内核版本中可用的一些信息现在可在 SysFS 中找到。它以一种有组织(分层)的方式提供了大量有用的信息。

实际上，所有的现代 Linux 发行版都转而使用 udev 来管理设备。udev 用于管理/dev 目录下的设备节点。udev 系统过去由 devfs 执行。新的 udev 系统允许设备的一致命名，这对于设备的热插拔非常有用。多亏了 SysFS，udev 能通过监视/sys 目录来完成所有这些美妙的事情。使用从/sys 目录中收集到的信息，udev 可以动态创建附加到系统的设备节点，删除已脱离系统的设备节点。

SysFS 的另一个特性是它提供了设备空间的统一视图，以及熟悉的命名约定，因此与以前在/dev 目录下看到的情况形成了鲜明对比。但应该注意，在 Linux 中，SysFS 下的设备表示不提供通过设备驱动程序访问设备的方法。对于基于设备驱动程序的访问，管理员需要继续使用适当的/dev 条目。

SysFS 目录的顶级列表显示了以下目录：

```
[master@server ~]$ ls /sys/
block bus class dev devices firmware fs hypervisor kernel module power
```

表 11-3 描述了/sys 下一些顶级目录的内容。

表 11-3　/sys 下的一些顶级目录

SysFS 目录	描述
block	包含系统上检测到的块设备(如 sda、sr0、md0、loop2 和 nvme0n1)的清单。每个块设备下面还列出了描述关于块设备的各种项(如大小和分区)的属性
bus	在内核中检测和注册的物理总线的子目录
class	描述设备的类型或类，例如音频设备、图形打印机或网络设备。每个设备类定义一组行为，该类中的设备遵循这些行为
devices	列出所有检测到的设备，并列出由内核注册的物理总线类型检测到的每个物理设备
firmware	列出一个接口，通过它可查看和操纵固件
module	列出子目录中加载的所有模块
power	保存可用于管理某些硬件的电源状态的文件

更深入地分析/sys/devices 目录，会发现这个清单：

```
[master@server ~]$ ls /sys/devices/
breakpoint LNXSYSTM:00 platform software tracepoint pci0000:00 pnp0
system virtual cpu …..
```

如果查看与系统上的 PCI 总线连接起来的设备的样本表示，会看到这些元素：

```
[master@server ~]$ ls -1 /sys/devices/pci0000:00/0000:00:00.0/
class
config
device
```

```
driververndor
....<OUTPUT TRUNCATED>....
```

在前面的输出中，设备目录下的顶层元素描述了 PCI 域和总线号码。这里的特殊系统总线是 pci0000:00 PCI 总线，其中 0000 是域号，总线号是 00。表 11-4 列出其他一些文件的功能。

表 11-4 一些文件的功能

文件	功能
class	PCI 类
config	PCI 配置空间
detach_state	连接状态
device	PCI 设备
irq	IRQ 号
local_cpus	附近的 CPU 掩码
resource	PCI 资源主机地址
vendor	PCI 供应商 ID(供应商 ID 列表可在/usr/share/hwdata/pci.ids 中找到)

11.5 cgroups

control groups(cgroups)提供了一种在基于 Linux 的系统上管理系统资源的机制。诸如内存分配、进程调度、对阻塞设备的磁盘 I/O 访问以及网络带宽等资源都可通过 cgroups 进行控制和分配。

资源由所谓的“资源控制器”(也称为子系统或模块)管理。以下是一些常见的 cgroups 子系统，可用于控制特定的系统相关任务和进程：

- blkio(块输入和输出控制器)
- cpuacct (CPU 计算控制器)
- cpuset (CPU 和内存节点控制器)
- freezer(暂停、恢复和核对基准点任务)
- memory(内存控制器)
- net_cls(网络流量控制器)
- devices (跟踪、授予或拒绝对设备文件的创建或使用)

为查看系统上支持的子系统列表，输入以下命令：

```
[master@server ~]$ cat /proc/cgroups
 #subsys_name hierarchy  num_cgroups enabled
cpu           3          32          1
memory        5          1           1
devices       6          1           1
blkio         9          1           1
 ...<OUTPUT TRUNCATED>...
```

提示 libcgroup 和 libcgroup_tools 包提供了各种工具和库，可用于操作、控制、监视和管理控制组。在基于 RPM 的发行版(如 Fedora、CentOS 和 RHEL)上，可使用 DNF 或 Yum 包管理器安装 libcgroup 包。这里，运行以下操作来使用 DNF：

```
# dnf -y install libcgroup-tools
```

cgroups 使用 cgroup 伪文件系统(cgroupfs 或 cgroup2)，而 cgroup 伪文件系统又使用 Linux 虚拟文

件系统(VFS)抽象。cgroupfs 为管理、分组和分区系统上运行的任务和进程提供了有序层次结构。子系统附加到 cgroupfs 下挂载的目录中，然后将进程和任务放在控制组中，可以对这些子系统应用不同的约束。换句话说，系统管理员可使用 cgroupfs 为一个或一组任务分配资源约束。

如果在 Fedora 发行版上安装了 libcgroup-tools 包，或者在基于 Debian 的发行版上安装了等价的 cgroup-bin 包，那么可以使用 lssubsys 实用程序列出子系统的 cgroup VFS 层次结构以及它们对应的挂载点。

要使用 lssubsys，输入以下代码：

```
[master@server ~]$ lssubsys -am
```

在基于 RPM 的 Linux 发行版上，cgroupfs 层次结构的挂载点位置可以通过/etc/cgconfig.conf 配置文件中的条目手动管理，也可以由 systemd 自动管理。

在实践中，cgroups 可用于强制要求内存的应用程序只使用固定数量的内存并进行隔离，从而使其他用户/系统应用程序的响应性更好。第 9 章讨论了 systemd 服务管理器，它广泛使用 cgroups 来加快系统引导进程，并管理系统服务和守护进程的启动和停止。

提示　cgroups 是一个非常重要的内核构造，其他主要的应用程序和子系统严重依赖它来提供功能。企业级应用程序和堆栈，以及 Docker、Kubernetes、systemd、LXC、libvirt 等子系统都会直接或间接地使用控制组。

11.6　tmpfs

tmpfs 是在系统虚拟内存中保存数据的文件系统。它与本章前面讨论的其他虚拟文件系统类似，因为创建的任何文件都不是永久存储在磁盘上，而是临时存储在内核的内部缓存中。tmpfs 文件系统的默认大小是物理 RAM 的一半(如果没有交换)——但文件系统可根据需要增长或缩小。

传统上，/tmp 文件系统用作临时和/或易失性数据、用户空间数据或应用程序数据的存储位置。传统上，/tmp 通常由自己的文件系统上实际的基于块或磁盘的存储机制来支持。但大多数现代 Linux 发行版和安装程序默认将/tmp 视为 API 文件系统——如果没有显式地将其放在磁盘支持的存储卷或分区上的话。

将/tmp 处理为 tmpfs 的一个优点是，这样做将减少磁盘设备上的磁盘 I/O 开销，从而有助于省电。另一个优点是，它使访问存储在其中的文件稍微快一些，/tmp 的内容现在保证不会在系统重启后留在那里!

提示　在初始的操作系统磁盘分区和设置后，如果想在磁盘支持的文件系统上/设置 tmp，可以瓜分磁盘或卷，用文件系统(如 ext4、Btrfs 或 XFS)进行格式化，在/etc/fstab 中创建适当的条目，在/ tmp 挂载点安装文件系统。

每当将/tmp 实现为 API 文件系统，通常会发现在/etc/fstab 文件中没有对应的条目。

提示　如果进程或应用程序需要磁盘或设备支持的存储区域来存储(半)临时数据，或需要在重新引导时保存特大文件，建议这些进程/应用程序将其数据存储在/var/tmp 目录或文件系统下。这是文件系统层次标准(FHS)的建议。

systemd 服务管理器负责自动创建和挂载/tmp API 文件系统。具体来说，tmp.mount 单元负责此任务。可以运行以下命令，来查看 tmp.mount 的状态：

```
[master@server ~]$ systemctl status tmp.mount
```

tmpfs 示例

需要时，可以快速设置特定大小的特别 tmpfs 样式的文件系统(可能是为应用程序或文件提供更快的访问)。

例如，要在/home/mytempfs 目录下(挂载点)设立 5GB 的 tmpfs 文件系统，首先创建挂载点(如果它不存在的话)，如下：

```
$ sudo mkdir /home/mytempfs
```

然后设置 tmpfs 实例：

```
$ sudo mount -t tmpfs -o size=5G tmpfs /home/mytempfs
```

就是这样!

11.7 小结

在本章，你学习了 proc 文件系统，了解到如何使用它窥视 Linux 内核内部，以及如何影响内核的操作。用于完成这些任务的工具相当琐碎(echo 和 cat)。

通过从系统管理员的角度来分析 proc，你学习了关于 proc 文件系统的基础知识，以及如何从各个子系统(尤其是网络子系统)获取报告。学习了如何设置内核参数以适应未来可能的增强。最后学习了 SysFS 虚拟文件系统、cgroup 文件系统和 tmpfs 文件系统。

第 III 部分 网络与安全

第12章 TCP/IP

除了了解服务器的工作原理外，今天的系统管理员还需要对网络和用于与其他服务器、客户端和应用程序通信的协议有一个合理而全面的了解。如果网络服务器没有通过网络接收或发送信息，或者没有检测到网络的存在，网络服务器就没什么用处！

绝大多数网络通信所使用的最流行协议是传输控制协议/Internet 协议——更广为人知的名称是TCP/IP。本章介绍了 TCP/IP 的基本原理。本章分两部分来处理这些内容。首先介绍数据包、以太网、TCP/IP 和一些相关协议的细节。这部分一开始可能有点乏味，但坚持不懈会在第二部分得到回报。第二部分介绍一些常见问题以及如何快速识别它们。在此过程中，使用一个名为 tcpdump 的出色工具，它在 sysadmin 工具包中是不可或缺的。不用说，本章并不是要完全取代许多关于 TCP/IP 的书籍，而是从需要学习系统/网络管理的人员的角度来介绍。

12.1 层

TCP/IP 层是由层组成的，通常称为 TCP/IP 栈。本节研究 TCP/IP 层是什么，它们之间的关系，最后讨论为什么它们与 ISO 的七层 OSI 模型不匹配。也将把 OSI 层转换成与网络相关的概念。

12.1.1 数据包

分层系统底部的数据包是网络喜欢处理的最小数据单位：数据包。数据包包含要在系统之间传输的数据，以及一些控制信息，帮助网络设备决定信息包应该去往哪里。

注意 术语“包”和“帧”在网络讨论中经常互换使用。在此类情况下，人们提到的框架通常意味着一个包。差别很微妙。帧是网络中数据包运行的空间。在硬件层，网络上的帧由前段和后段分开，它们将帧的开始和结束位置告知硬件。数据包是包含在帧中的数据。

在以太网中流动的典型 TCP/IP 包如图 12-1 所示。图中的数据包是按协议分层的，最低的层最先出现。每个协议都使用一个头来描述将数据从一个主机移动到下一个主机所需的信息。数据包报头往往很小——TCP、IP 和以太网最常见的组合形式的报头只占用数据包的 54 字节空间。这样就把包中剩下的 1446 字节留给数据。

图 12-2 说明了数据包是如何通过协议栈传递的。下面更仔细地研究一下这个过程。

当主机的网卡收到一个包时，它首先检查它是否应该接受该包。为此，查看位于信息包报头中的目的地地址(详见第 12.2 节)。如果网卡认为它应该接受这个包，就在内存中保存一个副本，并向操作系统生成一个中断。

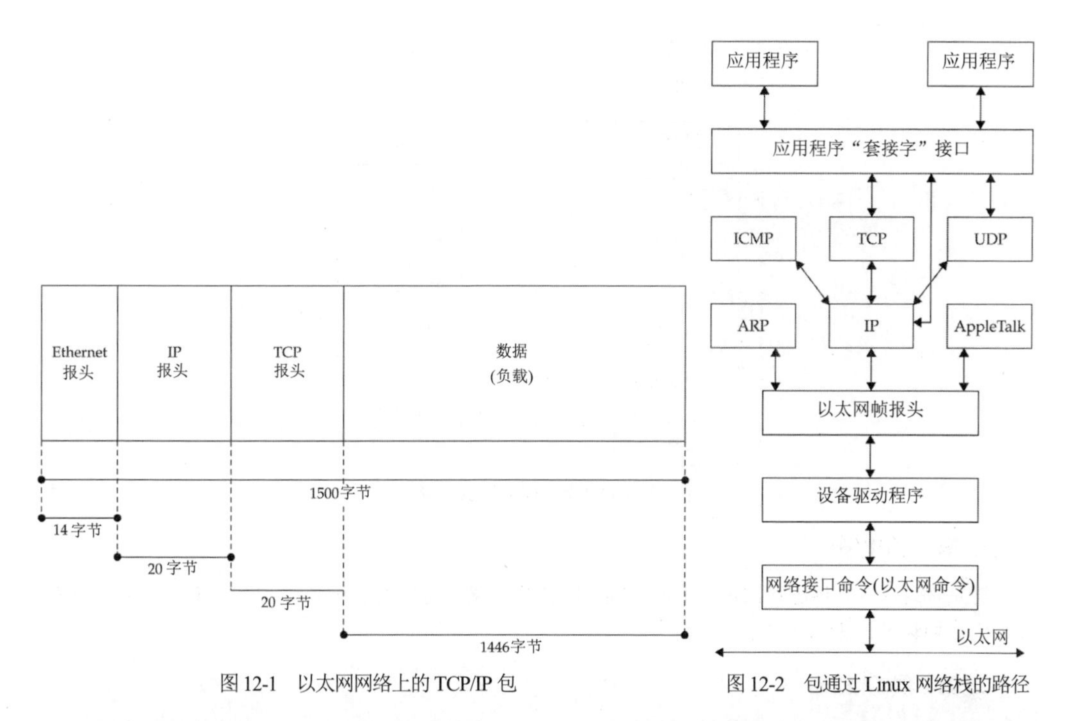

图 12-1　以太网网络上的 TCP/IP 包

图 12-2　包通过 Linux 网络栈的路径

在接收到这个中断时，操作系统调用网络接口卡(NIC)的设备驱动程序来处理新包。设备驱动程序将数据包从 NIC 的内存复制到系统的内存中。一旦有了完整的副本，它就可以检查数据包，并确定正在使用的协议类型。基于协议类型，设备驱动程序向该协议的适当处理程序说明，它有一个新的数据包要处理。然后设备驱动程序将包放在协议软件(“堆栈”)可以找到的位置，并返回到中断处理。

注意，堆栈不会立即开始处理数据包。这是因为操作系统可能正在执行其他需要完成的重要任务。因为设备驱动可能快速收到来自 NIC 的许多包，在驱动程序和堆栈软件之间有一个队列。队列只是跟踪数据包到达的顺序，并记录它们在内存中的位置。当堆栈准备好处理这些包时，它以适当顺序从队列中获取它们。

当每一层处理数据包时，会删除适当的报头。在以太网上的 TCP/IP 包的情况下，驱动程序将删除以太网报头，IP 删除 IP 报头，TCP 去掉 TCP 报头；只留下需要传递到适当应用程序的数据。

12.1.2　TCP/IP 模型和 OSI 模型

TCP/IP 体系结构模型帮助描述 TCP/IP 协议套件的组件。它还有其他名称，包括 Internet 参考模型和 DoD ARPANET 参考模型。原来的 TCP/IP 模型(RFC 1122)松散地标识了四个层：数据链路层、Internet 层、传输层和应用层。

ISO 的 OSI(开放系统互连)模型是描述网络中各种抽象层的著名参考模型。OSI 模型有七个层：物理层、数据链路层、网络层、传输层、会话层、表示层和应用层。

TCP/IP 模型在 OSI 模型之前创建。遗憾的是，新的 OSI 模型并不存在原 TCP/IP 模型的一对一映射关系。幸运的是，并不一定要有这样一个联系才能使这些概念有用。软件和硬件网络供应商设法做了一个通用的映射，对 OSI 模型的每一层在 TCP/IP 模型的每一层中表示什么有了基本的理解。图 12-3 显示了 OSI 模型和 TCP/IP 模型之间的相对映射。

下面将更详细地讨论 OSI 模型的层。

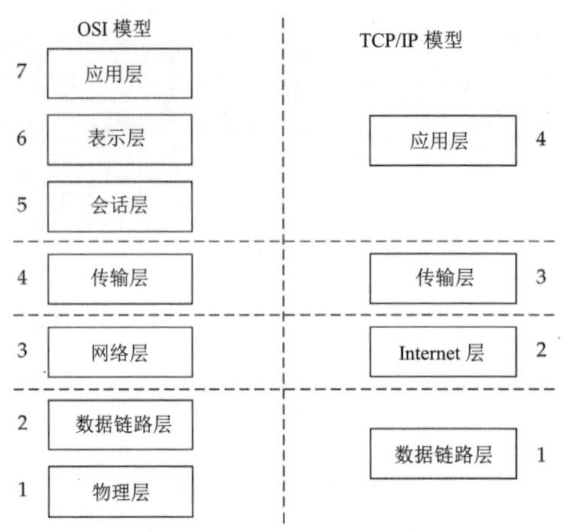

图 12-3　OSI 参考模型和 TCP/IP 模型

1. 第 1 层(电缆)

这是物理层。它描述数据在其上流动的实际介质。在网络基础设施中，一堆 CAT 5 或 6 以太网电缆和信令协议被认为是物理层的一部分。

2. 第 2 层(以太网)

这是数据链路层。它用于描述以太网协议。在 OSI 的层 2 和以太网的视图之间的区别是，以太网只关心发送帧，提供一个有效的校验和。校验和的目的是让接收者验证数据是否在发送时到达。为此，应计算数据包内容的循环冗余校验(CRC)，并将其与发送方提供的校验和进行比较。如果接收端得到一个损坏的帧(即校验和不匹配)，数据包就会被丢弃在这里。从 Linux 的观点看，它不应该接收 NIC 知道已损坏的数据包。

虽然 OSI 模型正式指定第 2 层应该处理损坏的包的自动重传，但以太网不这样做。相反，以太网依靠更高级的协议(本例中为 TCP)来处理重传。以太网的主要职责很简单：将数据包从网络上的一台主机传输到另一台主机。

注意　以太网在一些城域网(MAN)和广域网(WAN)中用作连接的框架协议。尽管端点之间的距离很长，但这些网络不是在典型交换机中看到的标准广播式以太网。相反，网络供应商选择将第二层分帧信息作为以太网来维护，这样路由器就不需要在网络之间分段包。从系统管理员的角度看，不必担心网络供应商说他们在 WAN/MAN 使用的是以太网——他们没有使用几百个交换机来支持这个距离！

3. 第 3 层(IP)

这是网络层，是 Internet 协议(IP)存在的层。对于周围的世界来说，IP 比以太网更聪明。IP 知道如何与直接局域网内的主机以及与未直接连接的主机(例如，其他子网、Internet 上的主机、路由器等)通信。这意味着，只要存在到目标主机的路径(路由)，IP 包就可以到达其他任何主机。

IP 知道如何把数据包从一个主机传到另一个主机。一旦数据包到达主机，IP 报头中就没有信息告诉它将数据发送给哪个应用程序。IP 没有提供比简单传输协议更多的特性的原因是，它是其他协议赖以生存的基础。在使用 IP 的协议中，并不是所有协议都需要可靠的连接或有保证的包顺序。因此，如有必要，提供附加特性是高级协议的责任。

4. 第 4 层(TCP 和 UDP)

这是传输层。TCP 和用户数据报协议(UDP)都映射到传输层。TCP 通过为一个会话提供可靠的传输(即从客户端程序到服务器程序的单个连接)，实际上很好地映射到 OSI 层。例如，使用 Secure Shell (SSH)连接到服务器会创建一个会话。可让多个窗口从同一客户端运行 SSH 连接到同一服务器，每个 SSH 实例都有自己的会话。

除了会话外，TCP 还处理包的排序和重传。如果一系列数据包无序到达，堆栈将在传递给应用程序之前将它们按顺序排列。如果数据包出现任何问题或丢失，TCP 将自动请求发送方重传。最后，TCP 连接也是双向的。这意味着客户端和服务器可在同一个连接上发送和接收数据。相比之下，UDP 并不能很好地映射到 OSI。虽然 UDP 理解会话的概念并且是双向的，但它不提供可靠性。换句话说，UDP 不会像 TCP 那样检测丢失或重复的数据包。

UDP：为什么要费心呢?

UDP 表面上的局限性也是它的优势！UDP 是两类流量的好选择：　适合于一个包(如 DNS)的短请求/响应事务，数据流(最好跳过丢失的数据并继续，如流式音频和视频)。在第一种情况下，UDP 更好，因为简短的请求/响应通常不值得 TCP 保证可靠性所需的开销。应用程序最好自己添加额外的逻辑，以便在丢失包的情况下重新传输。

在流数据的情况下，开发人员实际上并不想要 TCP 的可靠性。他们希望在假设大多数数据包将按所需顺序到达的情况下，简单地跳过丢失的数据包。这是因为人类听众/观众在处理音频的短暂掉线时要比处理延迟时好得多。

5. 第 5~7 层(HTTP、SSL 和 XML)

在 OSI 模型中，第 5 层、第 6 层和第 7 层都有特定用途，但在 TCP/IP 模型术语中，它们都合并到应用层中。从技术角度看，所有使用 TCP 或 UDP 的应用程序都在这里。例如，流行的超文本传输协议(HTTP)流量被认为是第 7 层实体。

SSL 和它的继承者 TLS 是很奇怪的东西，通常不与任何单一层关联。它们位于第 4 层(TCP)和第 7 层(应用)之间，都可以用于加密 TCP 流。虽然 TLS/SSL 最常用来加密 Web 通信(通过 HTTPS)，但它可加密任意的 TCP 连接，而不仅是 HTTP。许多协议(如 POP 和 IMAP)都提供了 TLS/SSL 作为加密选项，而 TLS/SSL 虚拟专用网(VPN)技术的出现显示了如何将 TLS/SSL 用作任意通道。

XML 数据也可能令人困惑。到目前为止，还没有直接运行在 TCP 上的 XML 框架协议。相反，XML 数据使用现有协议，如 HTTP、双独立映射编码(DIME)和简单邮件传输协议(SMTP)。DIME 是专门用于传输 XML 的。对于大多数应用程序，XML 使用 HTTP，从分层的角度看，HTTP 是这样的：

以太网→IP→TCP→HTTP→XML

XML 可在其中包装其他 XML 文档。例如，SOAP 可以在其中包装数字签名。有关 XML 本身的更多信息，请参阅 www.oasis-open.org 和 www.w3c.org。

ICMP

Internet 控制消息协议(ICMP)被设计为主机之间交流网络状态的一种简单方法。由于数据仅由操作系统使用，终端用户不使用，所以 ICMP 不支持端口号、可靠传递或包的保证顺序等概念。

每个 ICMP 包都包含一个类型，它告诉接收方消息的性质。最流行的类型是 Echo-Request，它被臭名昭著的 ping 程序所使用。当主机接收到 ICMP Echo-Request 消息时，它使用 ICMP Echo-Reply 消息进行响应。这允许发送方确认另一个主机已经启动，而且由于可看到发送和回复消息需要多长时间，所以能了解两个主机之间的网络延迟。

12.2 报头

前面提到过，以太网上的TCP/IP包由每个协议的一系列报头组成，后面是实际发送的数据。信息包标头通常称为信息包标头，它们只是一些信息片段，告诉协议如何处理信息包。本节将使用tcpdump工具查看这些报头(以太网、IP、TCP和UDP)。大多数Linux发行版都预装了它，但如果发行版没有预装，就可以使用Linux发行版中的软件包管理套件快速安装它。

提示 *必须具有超级用户特权才能使用tcpdump捕获数据包。*

12.2.1 以太网

以太网有一个有趣的历史。因此，以太网报头有两种常见类型：802.3和Ethernet II。值得庆幸的是，尽管它们看起来很相似，但可以使用一个简单的测试来区分它们。下面检查以太网报头的内容(见图12-4)。

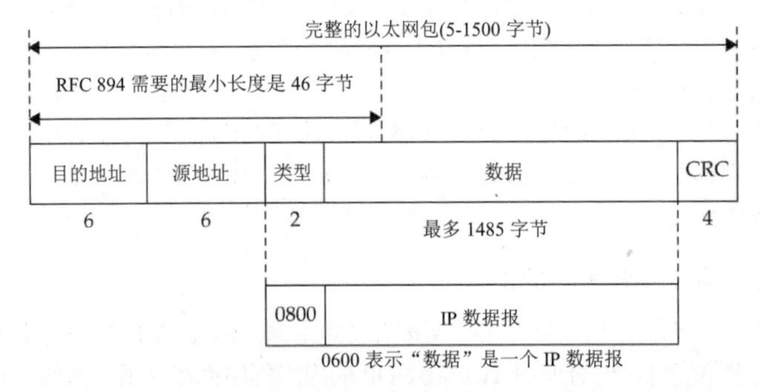

图12-4 以太网报头

以太网报头包含三个条目：目的地址、源地址和数据包的协议类型。以太网地址——也称为MAC地址——是48位(6字节)数字，唯一地标识世界上的每个以太网卡。虽然可以改变接口的MAC地址，但不建议这样做，因为默认的MAC地址是唯一的，并且LAN段上的所有MAC地址都应该是唯一的。

注意 *以广播方式发送的数据包(意味着所有网卡都应该接受这个数据包)的目的地址设置为ff:ff:ff:ff:ff:ff。*

数据包的协议类型是一个2字节的值，它指出这个数据包应该用哪个协议发送到接收方。对于IP数据包，这个值是十六进制0800(十进制2048)。

这里描述的包是一个Ethernet II包；在802.3包中，目标和源MAC地址保持不变；然而，接下来的两个字节表示数据包的长度。

区分两种以太网类型的方法是，对于以太网II，协议类型字段值大于或等于1536；而在802.3中，协议类型字段值小于或等于1500。换句话说，任何协议类型字段值小于1500的以太网报头实际上都是一个802.3包。实际上，可能不会再看到很多802.3包了。

查看以太网报头

要查看网络上的以太网报头，请运行以下命令：

```
[root@server ~]# tcpdump -e
```

这告诉tcpdump在输出中显示以太网报头以及TCP和IP报头。

现在访问 Web 站点生成一些流量，或者使用 SSH 与另一个主机通信。这样做将生成如下输出：

```
15:46:08.026966 0:d0:b7:6b:20:17 0:10:4b:cb:15:9f ethertype IPv4 (0x0800),
length 191: server.ssh > 10.2.2.2.4769: Flags [P.], seq 1724400:1724976,
ack 529, win 5740, options [nop,nop,TS val 593457613 ecr 1354193], length 576
```

每一行的开始是看到数据包时的时间戳。接下来的两个条目分别是数据包的源 MAC 地址和目标 MAC 地址。在第一行中，源 MAC 地址是 0:d0:b7:6b:20:17，目标 MAC 地址是 0:10:4b:cb:15:9f。在 MAC 地址之后是数据包的类型。在本例中，tcpdump 显示了 0800，并自动将其转换为 ip，以方便阅读。

如果不想让 tcpdump 将数字转换为名称(在 DNS 解析不工作时尤其方便)，可以包括-nn 选项，如下所示：

```
[root@server ~]# tcpdump -e -nn
```

-n 选项告诉 tcpdump 不要进行名称解析。前面相同的输出没有名称解析，如下：

```
15:46:08.026966 0:d0:b7:6b:20:17 0:10:4b:cb:15:9f ethertype IPv4 (0x0800),
length 191: 10.2.2.1.22 > 10.2.2.2.4769: Flags [P.], seq 1724400:1724976,
ack 529, win 5740, options [nop,nop,TS val 593457613 ecr 1354193], length 576

15:46:08.044151 0:10:4b:cb:15:9f 0:d0:b7:6b:20:17 0800 60: 10.2.2.2.4769 >
      10.2.2.1.22: . ack 5396 win 32120 (DF)
```

注意，在新输出的每一行中，主机名服务器变成 10.2.2.1，端口号 ssh 变成 22。第 12.2.3 节将讨论其余行代码的含义。

12.2.2 IP(IPv4)

Internet 协议的报头比以太网更复杂。图 12-5 显示了 IPv4 包报头的字段。下面看看每个头值表示什么。

IP 报头中的第一个字段是版本，对于 IPv4，它等于 4。

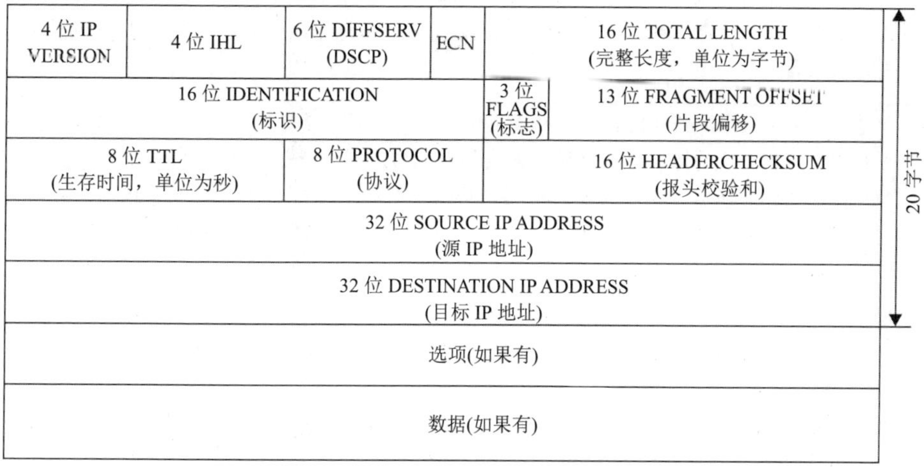

<table>
<tr><td>4 位 IP VERSION</td><td>4 位 IHL</td><td>6 位 DIFFSERV (DSCP)</td><td>ECN</td><td colspan="2">16 位 TOTAL LENGTH (完整长度，单位为字节)</td><td rowspan="5">20 字节</td></tr>
<tr><td colspan="4">16 位 IDENTIFICATION (标识)</td><td>3 位 FLAGS (标志)</td><td>13 位 FRAGMENT OFFSET (片段偏移)</td></tr>
<tr><td colspan="2">8 位 TTL (生存时间，单位为秒)</td><td colspan="2">8 位 PROTOCOL (协议)</td><td colspan="2">16 位 HEADERCHECKSUM (报头校验和)</td></tr>
<tr><td colspan="6">32 位 SOURCE IP ADDRESS (源 IP 地址)</td></tr>
<tr><td colspan="6">32 位 DESTINATION IP ADDRESS (目标 IP 地址)</td></tr>
<tr><td colspan="6">选项(如果有)</td></tr>
<tr><td colspan="6">数据(如果有)</td></tr>
</table>

图 12-5 IPv4 报头

注意　目前最常用的IP版本是IPv4；然而，IPv6也变得越来越普遍。

接下来是IHL字段，它是IP报头的长度。知道报头的长度值很有用，因为可选参数可能会附加到基本报头中。报头长度说明有多少选项(如果有)。为得到IP报头总长度的字节数，将这个数字乘以4。典型的IP报头的长度值为5，表示整个报头有20个字节。

区别服务代码点(Differentiated Services Code Point，DSCP)字段告诉IP栈，应该对数据包进行什么样的处理。例如，它可以被网络设备或应用程序用于指定携带交互或实时数据的数据包，以特殊优先级处理从而减少延迟。

显式拥塞通知(Explicit Congestion Notification，ECN)字段可让受支持的网络设备优雅地相互指示，它们正在经历网络拥塞，而不是简单地丢弃数据包。

TOTAL LENGTH字段表示完整包的长度，包括IP和TCP报头，但不包括以太网报头。该值以字节表示。一个IP数据包不能超过65 535字节。

IDENTIFICATION字段是主机用于标识组成数据报的片段组的唯一编号。IP信息包报头中的FLAGS字段中的值指示信息包是否被分段。当IP包大于两台主机之间的最小传输单元(MTU)时，就会分段。MTU定义了可通过特定网络发送的最大数据包。例如，以太网的MTU是1500字节。因此，如果有一个4000字节(3980字节数据+20字节IP报头)的IP数据包需要通过以太网发送，该数据包将被分成三个更小的数据包。第一个包可以是1500字节(1480字节数据+20字节IP报头)，第二个包也可以是1500字节(1480字节数据+ 20字节IP报头)，最后一个包是1040字节(1020字节数据+ 20字节IP报头)。

FRAGMENT OFFSET字段指出正在接收完整数据包的哪一部分。继续以4000字节的IP包为例，第一个片段包括0~1479字节的数据，偏移值为0。第二个片段包含数据的1480~2959字节，偏移量为185(或1480/8)。第三个也是最后一个片段包括数据的片段2960~3999，偏移值是370(或2960/8)。接收IP堆栈将接纳这三个数据包，并在传递到堆栈之前将其重新组装成一个大数据包。

TTL(Time To Live)字段是一个0~255的数字，表示一个包在被丢弃之前允许在网络上停留的时间(以秒为单位)。背后的想法是，在发生路由错误，环绕在一个圆(有时也称为一个“路由循环”)时，TTL最终会导致数据包超时而被删除，使网络完全被环绕的数据包阻塞。当每个路由器处理数据包时，TTL值减少1。当TTL达到0时，发生这种情况的路由器会丢弃数据包，并发送一条ICMP Time Exceeded消息，通知发送者。

注意　第2层开关选项不降低TTL，只有路由器减少TTL。第2层交换机环路检测不依赖于标签包，而使用交换机自己的协议与其他第2层交换机通信，形成“生成树”。本质上，第2层交换机映射所有相邻交换机，并发送测试包(桥接协议数据单元，或BPDU)，并寻找自己生成的测试包。当交换机看到一个数据包返回给它时，就会发现一个循环，并自动关闭有问题的端口以接收正常流量。测试将不断运行，以便如果拓扑更改或数据包的主路径失败，可以重新打开以前关闭的端口。

IP报头中的PROTOCOL字段指示此包应该使用哪个更高级别的协议发送。通常，该值用于TCP、UDP或ICMP。

IP报头中的下一个字段是HEADER CHECKSUM。它是执行基本错误检查的一种方法。当主机构建要发送的IP包时，它计算IP校验和并将值放入该字段。然后接收方可以执行相同的运算并比较值。如果值不匹配，接收方将丢弃数据包，因为它知道数据包在传输期间已损坏。例如，产生电干扰的雷击可能导致数据包损坏；在网卡和传输介质之间的电线连接错误，也会导致数据包损坏。

最后是IP报头中最重要的数字：源IP地址和目标IP地址。这些值存储为32位整数，而不是更容易读懂的小数点表示法。例如，该值不是 192.168.1.1，而是十六进制 c0a80101 或十进制 3232235777。

tcpdump 和 IP

默认情况下，tcpdump 不会转储 IP 报头的所有细节。要查看所有内容，需要指定-v 选项。tcpdump 程序将继续显示所有匹配的包，直到按 Ctrl+C 组合键停止输出。使用-c 参数和所需数量的数据包，可以要求 tcpdump 在固定数量的数据包之后自动停止。最后，为简洁起见，可使用-t 参数来删除时间戳。

假设希望看到后面两个没有 DNS 解码的 IP 数据包，运行以下命令：

```
[root@server ~]# tcpdump -v -t -n -c 2 ip
IP (tos 0x0, ttl 64, id 0, offset 0, flags [DF], proto ICMP (1),
 length 84) 68.121.105.169 > 68.121.105.170: ICMP echo request,
id 7043, seq 222, length 64
IP (tos 0x0, ttl 64, id 26925, offset 0, flags [none],
proto ICMP (1), length 84) 68.121.105.170 > 68.121.105.169: ICMP echo reply,
 id 7043, seq 222, length 64
 2 packets captured
2 packets received by filter
0 packets dropped by kernel
```

输出显示发送了一个 ICMP 包和答复(通过 ping 实用程序触发)。下面是示例中部分输出的格式：

```
src > dest: [deeper protocols] (id, seq, length)
```

这里的 src 和 dest 分别指向数据包的源和目标。对于 TCP 和 UDP 数据包，源和目标将在 IP 地址之后包含端口号。捕获的每个数据包的开头显示了 TOS、TTL、IP ID、偏移量、长度等。没有-v 选项，TTL 仅在等于 1 时显示。

12.2.3 TCP

TCP 报头与 IP 报头相似，因为它将相当多的信息打包到一小块空间中。下面从图 12-6 开始。

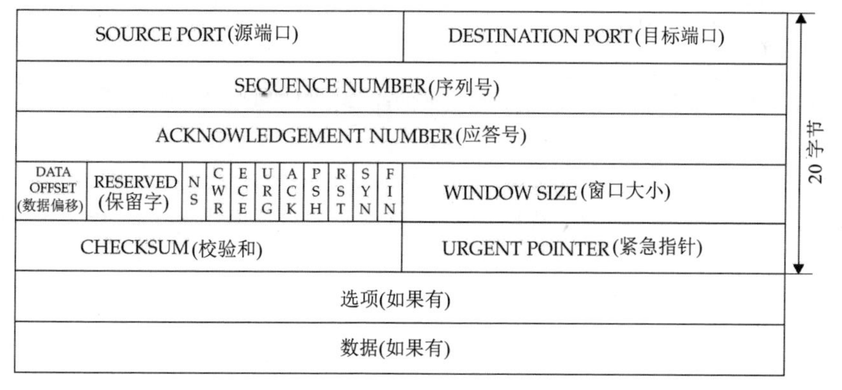

图 12-6 TCP 报头

TCP 报头中的前两个字段是源端口号和目标端口号。因为每个值都是 16 位的值，所以可能的范围是 0 到 65 535(十进制)。通常，源端口的值大于 1024 或在 1025~65 535 范围内，而目标端口号通常较低或在 1~1023 范围内。在大多数操作系统上，这些低编号的端口通常预留给特权系统使用。并非巧合的是，大多数流行的服务都在这个范围内，尽管这不是必需的。

接下来，检查图 12-6 中 TCP 报头的不同字段，以及在实际的 tcpdump 捕获中的字段。命令 tcpdump

-n -t -v 的输出如下所示：

```
192.168.1.1.2046 > 192.168.1.12.79: Flags [P.], ck sum 0xf4b1 (correct),
seq 1:6, ack 1, win 5740, options [nop,nop,TS val 593457613 ecr 1354193],
length 5
```

192.168.1.1.2046 > 192.168.1.12.79　前面解释了输出的起始字段。它只是源和目标 IP 地址和端口号的组合。端口号紧跟在 IP 地址之后。在本例中，源端口号是 2046，目标端口是 79。

Flags [P.]　下一部分有点棘手。TCP 使用一系列标志来指示包是否应该启动连接、包含数据或终止连接。这些标志是 Explicit Congestion Notification-Nonce (NS)、拥塞窗口减少(Congestion Window Reduced，CWR)、显式的拥塞-通知回显(Explicit Congestion-Notification Echo，ECE)、紧急(URG)、应答(ACK)、推送(PSH)、重置(RST)、同步(SYN)和完成(FIN)。表 12-1 提供了这些标志的简短描述。

表 12-1　标志的含义

标志	意义
NS	用于防止标记包的意外或恶意隐藏
CWR	用于指示已接收到带有 ECE 标志的 TCP 段
ECE	ECE 标志有各种用途，视 SYN 标志的值而定
URG	表示数据包中的紧急数据应该得到优先处理
ACK	确认接收数据成功
PSH	请求立即处理接收到的任何数据
RST	立即终止或重置连接
SYN	请求启动一个新连接。从每个节点发送的第一个数据包通常设置了这个标志
FIN	表示来自发送方的最后一个数据包

这些标志通常是相互结合使用的。例如，PSH 和 ACK 一起出现是很常见的。使用这种组合，发送方本质上告诉接收方两件事：

- 需要处理这个包中的数据。
- 确认成功地收到了数据。

可在目的地 IP 地址和端口号之后立即看到 tcpdump 输出的数据包中有哪些标志。例如：

```
192.168.1.1.2046 > 192.168.1.12.79: Flags [P.]...<OUTPUT TRUNCATED>...
```

在这一行中，标志是 P，表示 PSH。tcpdump 使用标志名称的第一个字符来指示标志的存在(例如 S 表示 SYN， F 表示 FIN)。唯一的例外是 ACK，它实际上在后面的行中拼写为 ACK。如果数据包只设置了 ACK 位，则使用句点作为占位符，通常在这里打印标志。ACK 是一个例外，因为它更容易找到该包的应答号。见本节前面有关应答号的讨论；在讨论连接建立和拆除时，将更详细地讨论这些标志。

ck sum 0xf4b1　TCP 报头中的下一个元素是校验和。这与 IP 校验和类似，因为它的目的是为接收方提供一种验证接收到的数据没有损坏的方法。与 IP 校验和不同，TCP 校验和实际上考虑了 TCP 报头和被发送的数据。

seq 1:6　在 tcpdump 的输出中，显示了包含数据的数据包中的序列号。格式如下：

```
starting number:ending number
```

示例 tcpdump 输出中的序列号为 1:6，这意味着数据从序列号 1 开始，到序列号 6 结束。TCP 使用这些值来确保包的顺序是正确的。在日常管理任务中，不应该处理它们。

注意 为使输出更具可读性，tcpdump 使用了相对值。因此，序列号为 1 实际上意味着包中包含的数据是发送的第一个字节。如果希望查看实际序列号，请使用-S 选项。

ack 1 ack 1 在这个示例输出中，还显示应答号。当包已经设置了确认标志，接收方就可以使用它，确认从发送方收到多少数据，也让发送方知道已正确接收数据包。

当 tcpdump 看到设置了确认位的包时，就打印 ack，后跟应答号。

这种情况下，应答号是 1，意味着 192.168.1.1 确认了当前连接中 192.168.1.12 发送给它的第一个字节。

win 5740 标题中的下一个条目是窗口大小。TCP 使用一种称为滑动窗口的技术，它允许连接的每一方告诉另一方，它有多少缓冲区空间可用来处理连接。当新的数据包到达连接时，可用窗口大小会随着数据包的大小而减小，直到操作系统有机会将数据从 TCP 的输入缓冲区移动到接收应用程序的缓冲区空间。窗口大小是按连接计算的。

下面以 tcpdump -n -t 的一些截断输出为例：

```
192.168.1.1.2046 > 192.168.1.12.79: . seq 6:8, ack 1 win 32120, length 2
192.168.1.12.79 > 192.168.1.1.2046: . seq 1:494, ack 8 win 17520, length 493
192.168.1.1.2046 > 192.168.1.12.79: . seq 8:8, ack 495 win 31626, length 0
192.168.1.1.2046 > 192.168.1.12.79: . seq 8:8, ack 495 win 32120, length 0
```

在第一行，192.168.1.1 告诉 192.168.1.12，对于这个特定的连接，它的缓冲区中当前有 32 120 字节可用。

在第二个数据包中，192.168.1.12 向 192.168.1.1 发送 493 个字节。同时，192.168.1.12 告诉 192.168.1.1，它的可用窗口是 17520 字节。

192.168.1.1 通过一个确认来响应 192.168.1.12，表示它已经正确地接收了流中直到 495 字节的所有内容，在本例中包括了 192.168.1.12 发送的所有数据。它还承认可用窗口现在是 31626，这大约是原始窗口大小(32120)减去接收到的数据量(493 字节)。几分钟后，在第 4 行中，192.168.1.1 向 192.168.1.12 发送一条通知，隐式地暗示它已成功地将数据传输到应用程序的缓冲区，并且它的窗口已返回到 32120。

有点困惑？别太担心。系统管理员不应该处理这种级别的细节，但了解这些数字的含义是有帮助的。

注意 注意这里的数学计算中有一个误差。32120 减去 493 等于 31627，不是 31626。这与序列号、可用空间的计算和其他因素的细微差别有关。要了解数学原理的全部细微之处，请阅读 RFC 793 (ftp://ftp.isi.edu/innotes/rfc793.txt)。

length 5 在输出的最后，可以看到被发送数据的长度(本例中为 5)。与 IP 的报头长度类似，TCP 的报头长度显示报头的长度，包括任何 TCP 选项。报头长度字段中出现的值乘以 4 得到字节值。

最后，TCP 报头的最后一个值得注意的部分是紧急指针(参见图 12-6)。紧急指针指向重要数据后面的八位元偏移量。当设置 URG 标志时，会观察到这个值，并告诉接收方 TCP 堆栈有一些重要的数据。TCP 栈应该将此信息传递给应用程序，以便应用程序知道应该以特别重要的方式处理该数据。

实际上，很难看到使用 URG 位的数据包。大多数应用程序无法知道发送给它们的数据是否紧急，而且大多数应用程序并不真正关心这些。因此，如果确实在网络中看到了紧急信号，就会产生一种小小的偏执狂感。确保它不是外部探测的一部分，这些探测试图利用 TCP 堆栈中的漏洞并导致服务器崩溃。不要担心 Linux——它知道如何正确地处理紧急情况。

12.2.4 UDP

与 TCP 报头相比，UDP 报头简单得多。下面从图 12-7 开始。

图 12-7 UDP 数据包的报头

UDP 报头中的第一个字段是源端口号和目标端口号。这些在概念上与 TCP 端口号相同。在 tcpdump 输出中，它们以类似的方式出现。下面的 DNS 查询将 www.example.com 解析为一个 IP 地址，例如使用命令 tcpdump -nn –t port 53：

```
192.168.1.1.1096 > 192.168.1.8.53:25851+ A ?www.example.com.(31)
```

在这个输出中，可以看到这个 UDP 数据包的源端口是 1096，目标端口是 53。这一行的其余部分是人类可读形式的 DNS 请求。UDP 报头中的下一个字段是数据包的长度。tcpdump 不显示此信息。

最后一个字段是 UDP 校验和。UDP 使用它来验证数据到达目的地时是否没有损坏。如果校验和已损坏，tcpdump 会发出警告。

12.3 完整的 TCP 连接

如前所述，TCP 建立在连接的基础之上。每个连接必须经过一个序列才能建立；在双方都发送完数据后，它们必须通过另一个序列来关闭连接。本节将回顾一个简单 HTTP 请求的完整流程，并查看 tcpdump 所看到的流程。注意，本节中的所有 tcpdump 日志都是使用 tcpdump -nn -t port 80 命令生成的。遗憾的是，由于 TCP 的复杂性，本节不能涵盖 TCP 连接可能出现的所有场景。但是，这里提供的内容应该足以帮助确定什么时候在网络级别(而不是服务器级别)出现了问题。

12.3.1 打开连接

TCP 对它打开的每个连接都要经历一次三方握手。这允许双方互相发送状态信息，并给对方一个机会来确认数据的接收。

第一个包由希望打开与服务器的连接的源主机发送。本文将此主机称为客户端。客户端通过 IP 发送一个 TCP 包，将 TCP 标志设置为 SYN，序列号是客户端向另一个(目的地)主机(称为服务器)发送所有数据的初始序列号。

第二个包从服务器发送到客户端。这个包设置了两个 TCP 标志：SYN 和 ACK。ACK 标志的目的是告诉客户端，它收到第一个 SYN 包。通过在确认字段中放置客户端的序列号，可以对其进行双重检查。SYN 标志的目的是告诉客户端，服务器将使用哪个序列号发送响应。

最后，第三个包从客户端发送到服务器。它只在 TCP 标志中设置了 ACK 位，用于向服务器确认它收到了 SYN。这个 ACK 包在序列号字段中有客户端的序列号，在确认字段中有服务器的序列号。

听起来有点困惑？别担心，下面用一个来自 tcpdump 的实际示例来澄清它。第一个数据包从 192.168.1.1 发送到 207.126.116.254，看起来如下：

```
192.168.1.1.1367 > 207.126.116.254.80: Flags[S],seq 2524389053:2524389053
```

```
win 32120 <mss 1460,sackOK,timestamp 26292983 0,nop,wscale 0>, length 0
```

可以看到客户的端口号是 1367，服务器的端口号是 80 (HTTP)。S 表示 SYN 位已设置，序号为 2524389053。输出末尾的长度 0 意味着这个包中没有数据。在窗口指定为 32120 字节后，可以看到 tcpdump 已经显示，哪些 TCP 选项是数据包的一部分。作为系统管理员，唯一值得注意的选项是 MSS(Maximum Segment Size)值。这个值指定 TCP 正在为给定连接跟踪的非分段数据包的最大大小。连接需要较小的 MSS 值，因为正在遍历的网络通常需要更多数据包来传输相同数量的数据。数据包越多，开销就越大，这意味着处理给定连接需要更多 CPU 周期。

注意，没有设置确认位，也没有要打印的确认字段。这是因为客户端还没有确认序列号！

```
207.126.116.254.80 > 192.168.1.1.1367: Flags[S.], seq 1998624975:1998624975
ack 2524389054 win 32736 <mss 1460>, length 0
```

与第一个包一样，第二个包设置了 SYN 位，这意味着它告诉客户端，它的序列号从哪里开始的(在本例中是 1998624975)。客户端和服务器使用不同的序列号没有关系。但重要的是，服务器打开 ACK 位，并将确认字段设置为 2524389054(客户端用于发送第一个包的序列号并加 1)，来确认接收到客户端的第一个包。

既然服务器已经确认接收到客户端的 SYN，那么客户端需要确认接收到服务器的 SYN，这是通过第三个包完成的，该包的 TCP 标志中只设置了 ACK 位。这个包如下所示：

```
192.168.1.1.1367 > 207.126.116.254.80: Flags [.], ack 1, win 32120
```

可以清楚地看到，只设置了一个 TCP 位：ack(由点表示)。确认字段的值显示为 1。但是等等！确认不应该是 1998624975 吗？好吧，别担心——它是。tcpdump 可以自动切换到如下模式：打印相对序列和确认编号(而不是绝对编号)。这使得输出更容易阅读。因此在这个包中，确认值 1 表示它正在确认服务器的序列号加 1。现在已经完全建立了连接。

那么，为什么要这么麻烦地启动连接呢？为什么客户端不直接向服务器发送一个包，说明“我想开始交谈，好吗？”然后让服务器返回一个 OK 响应？原因是，如果没有所有三个包来回传输，任何一方都不确定另一方是否收到了第一个 SYN 包——而该包对于 TCP 提供可靠和有序传输的能力至关重要。

12.3.2　传输数据

有了一个完全建立的连接，双方都能发送数据。因为我们使用 HTTP 请求作为示例，所以首先看到客户端为 Web 页面生成一个简单的请求。tcpdump 输出如下：

```
192.168.1.1.1367 > 207.126.116.254.80: Flags [P.],
seq 1:8, ack 1 win 32120 , length 7
```

客户端向设置了 PSH 位的服务器发送 7 字节，PSH 位的目的是告诉接收者立即处理数据，但由于 Linux 网络接口应用程序的性质(套接字)，设置 PSH 位是不必要的。Linux(像所有基于套接字的操作系统一样)自动处理数据，并使应用程序能够尽快读取数据。

与 PSH 位一起的是 ACK 位，因为 TCP 总是在传出的数据包上设置 ACK 位。确认值设置为 1，根据前一节观察到的连接设置，这意味着没有需要确认的新数据。

假设这是一个 HTTP 传输，可以安全地假设：因为它是从客户端到服务器的第一个包，所以它可能是请求本身。

现在服务器通过该包将响应发送给客户端：

```
207.126.116.254.80 > 192.168.1.1.1367: Flags [P],
seq 1:767, ack 8 win 32736 , length 766
```

服务器向客户端发送766字节，确认第一个8字节是客户端发送到服务器的。这可能是HTTP响应。因为所请求的Web页面很小，这可能是这个请求要发送的所有数据。

客户端通过以下数据包确认此数据：

```
192.168.1.1.1367 > 207.126.116.254.80: Flags [.], seq 8:8,
ack 767 win 31354, length 0
```

这是一个纯粹的确认，意味着客户端没有发送任何数据，但它确实承认了服务器发送的767字节。只要有数据需要发送，服务器发送一些数据然后从客户端获得确认的过程就可以继续。

12.3.3 关闭连接

TCP连接可以选择不优雅地结束。也就是说，一方可以对另一方说“住手!”不优雅的关闭是通过RST (reset)标志完成的，接收方在接收时不确认。这样做是为了防止双方陷入“第一次战争”，即一方重置，另一方以重置回应，从而造成永无休止的乒乓效应。

下面首先检查到目前为止观察到的HTTP连接的干净关闭。在关闭连接的第一步中，准备关闭连接的一方发送一个设置了FIN位的包，表明它已经完成。一旦主机为特定连接发送了FIN包，就不允许发送除确认信息以外的任何信息。这也意味着，即使它可能已经完成，另一端仍然可以向它发送数据。直到双方都发送一个FIN，说明双方都完成了。和SYN包一样，FIN包必须收到确认。

在接下来的两个包中，会看到服务器告诉客户端完成发送数据，客户端确认了：

```
207.126.116.254.80 > 192.168.1.1.1367: Flags [F], s
eq 767:767, ack 8, win 32736, length 0
192.168.1.1.1367 > 207.126.116.254.80: Flags [.], seq 8:8, a
ck 768, win 31353, length 0
```

然后发生了相反的情况。客户端向服务器发送一个FIN，服务器确认：

```
192.168.1.1.1367 > 207.126.116.254.80: Flags [F],
seq 8:8, ack 768,win 32120, length 0
207.126.116.254.80 > 192.168.1.1.1367: Flags [.],
seq 768:768, ack 9 win 32735, length 0
```

这就是所有优雅的连接关闭。

如前所述，不优雅的关闭只是一方向另一方发送RST包，如下所示：

```
192.168.1.1.1368 > 207.126.116.254.80: Flags [R],
 seq 93949335:93949349, win 0, length 14
```

在这个例子中，通过发送一个重置，192.168.1.1与207.126.116.254结束连接。收到这个包后，netstat在207.126.116.254(碰巧是另一台Linux服务器)上运行，确认连接已完全关闭。

12.4 ARP的工作原理

地址解析协议(ARP)是一种机制，允许IP将以太网地址映射到IP地址。这一点很重要，因为在以太网网络上发送数据包时，必须输入目标主机的以太网地址。

将ARP与以太网、IP、TCP和UDP分开的原因是ARP数据包不沿着正常的数据包路径走。相反，因为ARP有它自己的以太网报头类型(0806)，以太网驱动程序将数据包发送到与TCP/IP无关的ARP处理程序子系统。ARP的基本工作原理如下：

(1) 客户端查看它的ARP缓存，看看它是否有IP地址和以太网地址之间的映射。在系统上运行ARP –a，可查看本地的ARP缓存。

(2) 如果没有找到所请求的 IP 地址的以太网地址，就会发出一个广播包，从具有想要的 IP 的节点(目的地)中请求响应。

(3) 如果具有该 IP 地址的主机在 LAN 上，它响应 ARP 请求，从而通知发送者它的以太网地址/IP 地址组合。

(4) 客户端将此信息保存在其缓存中，现在准备构建用于传输的包。

下面的示例来自 tcpdump - e - t - n arp 命令：

```
0:a0:cc:56:fc:e4 0:0:0:0:0:0, ethertype ARP (0x0806),
length 42: Request who-has 192.168.1.1 tell 192.168.1.8
0:10:4b:cb:15:9f 0:a0:cc:56:fc:e4, ethertype ARP (0x0806),
 length 60: Reply 192.168.1.1 (0:10:4b:cb:15:9f ) is-at 0:10:4b:cb:15:9f
```

第一个包是一个广播数据包(从 192.168.1.8)，它向所有局域网上的主机请求 192.168.1.1 的以太网地址。第二个包是来自 192.168.1.1 的响应，说明它的 IP/MAC 地址映射。

当然，这回避了一个问题：“如果可以通过广播找到目标主机的 MAC 地址，为什么不能将所有的包发送给广播呢?” 答案有两部分。第一部分是广播包要求 LAN 上接收包的主机花一点时间处理它。这意味着，如果两台主机正在进行密集的对话(比如一个大型文件传输)，那么同一 LAN 上的所有其他主机都将对不属于它们的数据包进行大量检查。第二部分是网络硬件(如交换机)依赖以太网地址将数据包快速转发到正确的位置，并将网络拥塞最小化。默认情况下，只要交换机看到一个广播包，它就会将该包转发到它的所有端口。这将使交换机没有集线器好。

“现在，如果需要目标主机的 MAC 地址向它发送数据包，这是否意味着必须向 Internet 上的主机发送 ARP 请求？” 答案是否定的。

当 IP 计算出数据包应该前往何处时，它首先检查路由表。如果它找不到适当的路由条目，IP 就查找默认路由。这就是当所有其他方法都失败时，我们应该走的道路。通常，默认路由指向路由器或防火墙，它们知道如何将数据包转发到世界的其他地方。

这意味着，当主机需要通过 Internet 向另一台服务器发送一些东西时，它只需要知道如何将包发送到路由器(也称为其默认网关)，因此它只需要知道路由器的 MAC 地址。

要查看在网络上发生的情况，请在主机上执行 tcpdump，然后访问 Internet 上其他地方的 Web 站点，例如 www.kernel.org。就会看到一个从机器到默认路由器的 ARP 请求，一个来自默认路由器的回复，然后是来自主机、带有远程网络服务器的目标 IP 的第一个包。

ARP 报头：ARP 也与其他协议一起工作!

ARP 协议不是特定于以太网和 IP 的。为了解原因，下面快速浏览一下 ARP 报头(参见图 12-8)。

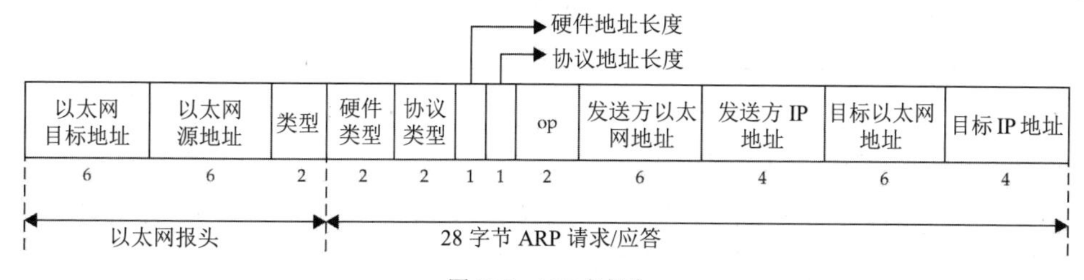

图 12-8　ARP 包报头

在 ARP 报头(在以太网报头之后)中看到的第一个字段是硬件类型。硬件类型字段指定硬件地址的类型。以太网的值为 1。下一个字段是协议类型。它指定被映射的协议地址。对于 IP，这个值设置为

0800(十六进制)。紧接着的硬件大小和协议大小字段告诉 ARP，它映射的地址的大小。以太网的大小是 6，IP 的大小是 4。

op 字段告诉 ARP 需要做什么。ARP 请求为 1，ARP 应答为 2。

最后，还有试图映射的字段。请求填写了发送者的以太网和 IP 地址以及目的 IP 地址。应答填入目标以太网地址，并对发送者作出响应。ARP 的一个变体称为 RARP(代表反向 ARP)，但是它的 op 字段有不同的值。

12.5 把 IP 网络合并起来

前面介绍了一些 TCP/IP 基础知识，下面看看它们是如何将网络连接在一起的。本节介绍主机和网络、网络掩码、静态路由和动态路由的一些基础知识。

本节的目的不是展示如何配置 Linux 路由器，而是介绍一些概念。虽然这比实际动手做更乏味，但理解基础知识会让其他东西更有趣。

12.5.1 主机和网络

Internet 是由一系列相互连接的网络组成的。所有这些网络都同意与其他网络连接，从而允许它们彼此连接。每个组件网络都分配一个网络地址。

传统上，在 32 位 IP 地址中，网络组件通常分别占用 8 位、16 位或 24 位来编码 A 类、B 类或 C 类网络。由于 IP 地址中的其余位用于枚举网络中的主机，因此用于描述网络的位越少，可用来枚举主机的位就越多。例如，A 类网络为主机组件剩下 24 位，这意味着该网络中可以有超过 16 777 214 台主机(类 B 和 C 分别有 65 534 和 254 个节点)。

注意 还有 D 类和 E 类范围。类 D 用于组播，类 E 保留用于实验使用。

为更好地组织各种网络类别，在 IP 的早期就决定了最初的几个比特将决定哪个类别属于什么地址。为增加可读性，IP 地址的第一个八位元指定了类。

注意 八位是 8 位，在典型的 IP 点十进制记数法中，这表示一个点之前的数字。例如，在 IP 地址 192.168.1.42 中，第一个八位元是 192，第二个八位元是 168，以此类推。

范围如表 12-2 所示。

表 12-2 类的范围

类	开始地址	结束地址
A	0.0.0.0	127.255.255.255
B	128.0.0.0	191.255.255.255
C	192.0.0.0	223.255.255.255

在前面的范围内，有一些为特殊用途保留的特殊地址。第一个特殊地址会很熟悉：127.0.0.1。这也称为环回地址。它使用 IP 在每台主机上设置，以便它可以引用自身。这样做似乎有点奇怪，但仅因为系统能够说出 IP，并不意味着它有一个分配给它的 IP 地址！另一方面，127.0.0.1 地址实际上是有保证的(如果没有，很可能是出了什么问题)。

另外三个范围值得注意，它们被认为是私有 IP 地址块。这些范围不允许在 Internet 上分配给任何人；因此，可在内部网络上使用它们。表 12-3 显示了相关内容。

表 12-3　私有 IP 地址块

开始地址	结束地址
10.0.0.0	10.255.255.255
172.16.0.0	172.31.255.255
192.168.0.0	192.168.255.255

注意　将内部网络定义为经常在防火墙后面的网络——不直接连接到 Internet。它们通常有一个路由器，在网络的边缘执行网络地址转换(NAT)，促进对 Internet 的访问。

12.5.2　子网

设想一个网络上有几千台主机，这在大多数大中型公司中很常见，在基于云的环境中也很常见。试图把它们都联系在一起，形成一个大网络，可能会导致你拔光头发，把头撞到墙上，或者两者兼而有之！

不把网络作为一个单一的大实体的原因从技术问题到政治问题都有。在技术方面，在网络变得太大之前，每种技术都有其局限性。例如，以太网在单个冲突域中不能有超过 1024 台主机。实际上，在一个稍微繁忙的网络上有超过 12 个这样的系统，将导致严重的性能问题。即使将主机迁移到交换机也不能解决整个问题，因为交换机对它们能够处理的主机数量也有限制。当然，在遇到交换机的限制之前，可能会遇到管理问题；管理单一的大型网络是困难的。此外，组织发展时，各个部门会开始划分。人力资源部门通常首先需要一个自己的安全网络，这样好管闲事的工程师就不会偷看他们不该看到的东西。要支持这样的需求，就需要创建子网。

假设公司网络是 10.0.0.0，可通过在其中设置较小的类 C 网络对其进行子网划分，如 10.1.1.0、10.1.2.0、10.1.3.0 等。这些较小网络有 24 位网络组件和 8 位主机组件。由于前 8 位用于识别公司网络，所以可使用网络组件的其余 16 位来指定子网，从而得到 65 534 个可能的子网。当然，不必使用所有这些工具!

注意　如本章前面所述，网络地址通常将 IP 地址的主机组件设置为零。这种约定使得其他人很容易识别哪些地址对应整个网络，哪些地址对应特定的主机。

12.5.3　子网掩码

网络掩码的目的是告诉 IP 堆栈，IP 地址的哪一部分是网络，哪一部分是主机。这允许堆栈确定目标 IP 地址是否在局域网中，或者是否需要发送到路由器，再转发到其他地方。

开始查看网络掩码的最佳方法是查看 IP 地址和网络掩码的二进制表示。可通过表 12-4 来分析 192.168.1.42 地址与网络掩码 255.255.255.0。

表 12-4　地址与网络掩码

带点的十进制	二进制			
192.168.1.42	11000000	10101000	00000001	00101010
255.255.255.0	11111111	11111111	11111111	00000000

在本例中，想知道 IP 地址 192.168.1.42 的哪一部分是网络，哪一部分是主机。现在，根据网络掩码的定义，那些为零的位是主机的一部分。根据这个定义，可以看到前三个八位元组成网络地址，后一个八位元组成主机。

在与他人讨论网络地址时，通常会发现无须提供原始 IP 地址和网络掩码就能声明网络地址是很方便的。幸运的是，这个网络地址是可计算的，给定 IP 地址和网络掩码，使用按位和操作就可以计算出来。

通过观察两个位执行 AND(与)操作后的行为，可以很好地解释按位与操作的工作方式。如果两个位都是 1，那么 AND 的结果也是 1。如果任一位(或两位)为 0，结果为 0。参见表 12-5。

表 12-5　AND 的真值表

位1	位2	结果
0	0	0
0	1	0
1	0	0
1	1	1

因此，在 192.168.1.42 和 255.255.255.0 上执行按位与操作，生成了位模式 11000000 10101000 00000001 00000000。注意，前三个八位体是相同的，最后一个八位体都变成了零。在圆点十进制计数法中，这是 192.168.1.0。

注意　记住，通常需要设置一个 IP 地址用于网络地址和一个 IP 地址用于广播地址。在本例中，网络地址是 192.168.1.0，广播地址是 192.168.1.255。

下面看另一个例子。这次希望找到网络地址 192.168.1.176 的可用地址范围，网络掩码为 255.255.255.240。这类网络掩码通常由 ISP 提供给需要多个 IP 地址(又名地址块)的企业。

对网络掩码中最后八位元的快速分析表明，240 的位模式是 11110000。这意味着网络地址的前三个八位，加上进入第四个八位的四位，保持不变(255.255.255.240 的二进制表示是 11111111 111111 111111 11110000)。由于最后四位是可变的，所以有 16 种可能($2^4 = 16$)。因此，地址范围是 192.168.1.176, 192.168.1.177, 192.168.1.178, …, 192.168.1.191。

因为输入完整的网络掩码非常繁杂，所以大多数人使用缩写格式，其中网络地址后跟斜杠和网络掩码中的位数。因此，网络掩码为 255.255.255.0 的网络地址 192.168.1.0 缩写为 192.168.1.0/24；网络掩码为 255.255.255.240 的网络地址 192.168.1.176 缩写为 192.168.1.176/28。

注意　使用不能整齐地落在类 A、B 或 C 边界上的网络掩码也称为无类域间路由(CIDR)。可以在 RFC 4632 (www.rfc-editor.org/rfc/rfc4632.txt)阅读关于 CIDR 的更多信息。

12.5.4　静态路由

当同一个 LAN 上的两台主机想要通信时，它们很容易找到彼此：只需要发送一条 ARP 消息，获得另一台主机的 MAC 地址即可。但当第二个主机不是本地的时候，事情就变得更棘手了。

为让两个或更多局域网彼此通信，需要放置一个路由器。路由器通常知道多个网络的拓扑结构。希望与另一个网络通信时，机器把目的地 IP 设置为另一个网络上的主机，但是目的地 MAC 地址是路由器的。这允许路由器接收包，并检查目标 IP，因为它知道 IP 在另一个网络上，它将转发包。对于从另一个网络到达自己网络的数据包，情况也正好相反(参见图 12-9)。

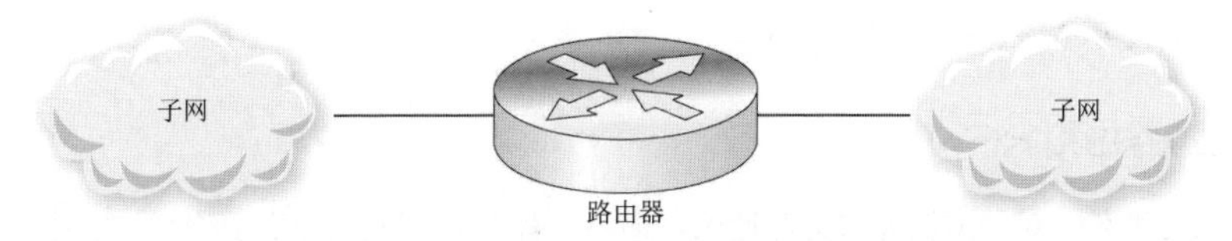

图 12-9　由路由器连接的两个网络

反过来，路由器必须知道连接到它的网络是什么。此信息称为路由表。当路由器(或主机)被手动告知它可以走什么路径时，这个表称为静态路由，因此这个术语称为静态路由。

遗憾的是，商用路由器可能是相当昂贵的设备。它们通常是专门的硬件，经过高度优化，可将数据包从一个接口转发到另一个接口。幸运的是，可以很容易地使用一个有两个或更多网络接口的普通 PC，创建一个高性能的基于 Linux 的路由器(见第 13 章)。与任何建议一样，在需求、预算和技能的背景下考虑它。开源和 Linux 都是很好的工具，但像其他工具一样，请确保使用了正确工具。

1. 路由表

如前所述，路由表由主机地址、网络地址、网络掩码和目标接口列表组成。简化版本如表 12-6 所示。

表 12-6　路由表的组成

网络地址	网络掩码	目标接口
192.168.1.0	255.255.255.0	接口 1
192.168.2.0	255.255.255.0	接口 2
192.168.3.0	255.255.255.0	接口 3
默认	0.0.0.0	接口 4

当一个包到达具有这样一个路由表的路由器时，它将遍历路由列表，并将每个网络掩码应用到目标 IP 地址。如果最终的网络地址等于表中的网络地址，路由器就知道把包转发到那个接口。

假设路由器收到一个目的 IP 地址设置为 192.168.2.233 的数据包。第一个表条目的网络掩码是 255.255.255.0。当这个网络掩码应用到 192.168.2.233 时，结果不是 192.168.1.0，因此路由器继续移到第二个条目。与第一个表条目一样，这个路由的网络掩码为 255.255.255.0。路由器会将其应用到 192.168.2.233，并发现得到的网络地址等于 192.168.2.0。现在找到了合适的路线。数据包被转发出接口 2。

如果到达的数据包与前三条路由不匹配，它将匹配默认情况。在示例路由表中，这将导致数据包被转发到接口 4。更有可能的是，这是通往 Internet 的大门。

2. 静态路由的限制

前面使用的静态路由示例是小型网络的典型例子。静态路由在只有少数网络需要彼此通信且不会经常更改的情况下非常有用。

然而，这种技术也有局限性。最大的限制是人——他要负责在进行修改的地方用新的信息更新所有路由器。尽管这在小型网络中通常很容易做到，但它确实给人为错误留下了空间。此外，随着网络的增长和更多路由的添加，路由表的管理可能变得更棘手。

第二个也是同样重要的限制是，路由器处理一个包的时间几乎与现有的路由数成正比。由于只有三到四条路线，这并不是什么大问题。但开始有几十条路线时，开销就会变得明显起来。考虑到这两个限制，最好只在小型网络中使用静态路由。

12.5.5 动态路由和 RIP

随着网络的增长，对子网的需求也在增长。最终，有许多子网无法轻松跟踪，特别是在它们由不同管理员管理的情况下。例如，一个子网可能需要出于安全原因将其网络分成两半。在这种复杂的情况下，四处走动并告诉每个人更新他们的路由表将是一个真正的噩梦，并将导致各种各样的网络问题。

解决这个问题的方法是使用动态路由。动态路由背后的思想是，每个路由器在启动时只知道紧邻的网络。然后，它向连接到它的其他路由器发送所知道的信息，而其他路由器则返回它们所知道的信息。把动态路由想成是为网络做的“口碑”广告。告诉周围的人有关自己网络的信息，口口相传，告诉更多的朋友。最终，每个连接到网络的人都知道新网络。

在校园网络(例如有许多部门的大型公司)上，通常会看到这种发布路由信息的方法。常用的路由协议有路由信息协议(RIP)和开放最短路径优先协议(OSPF)。

RIP 是一个简单协议，易于配置。只需要告诉路由器一个网络的信息(确保公司的每个子网都连接到一个知道 RIP 的路由器)，然后让路由器彼此连接。RIP 广播在固定的时间间隔发生(通常不到一分钟)，而且在短短几分钟内，整个校园网络都知道你的情况。下面看看一个带有四个子网的小型校园网如何使用 RIP 工作。图 12-10 显示了网络是如何连接的。

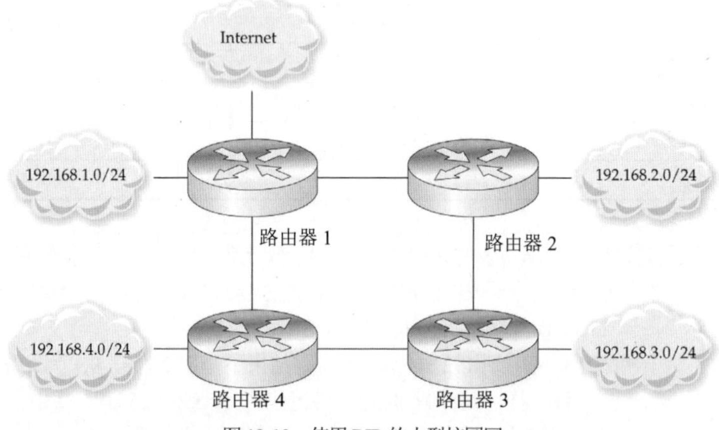

图 12-10 使用 RIP 的小型校园网

注意 为简单起见，事件被序列化了。事实上，许多这样的事件会同时发生。

如图所示，路由器 1 知道了 192.168.1.0/24 以及到 Internet 的默认路由。路由器 2 知道了 192.168.2.0/24，路由器 3 知道了 192.168.3.0/24，以此类推。表 12-7 列出了每个路由器。

表 12-7 路由器

路由器	路由表
路由器 1	192.168.1
	Internet 网关
路由器 2	192.168.2
路由器 3	192.168.3
路由器 4	192.168.4

然后，路由器 1 发出广播，说明它知道哪些路由。因为路由器 2 和 4 连接到它，它们更新路由。这使得路由表如表 12-8 所示(新路由用粗体表示)。

表 12-8 路由器

路由器	路由表
路由器 1	192.168.1.0/24
	Internet 网关
路由器 2	192.168.2.0/24
	192.168.1.0/24 通过路由器 1
	通过路由器 1 的 Internet 网关
路由器 3	192.168.3.0/24
路由器 4	192.168.4.0/24
	192.168.1.0/24 通过路由器 1
	通过路由器 1 的 Internet 网关

然后路由器 2 进行广播。路由器 1 和 3 看到这些数据包并更新它们的表，如表 12-9 所示(新路由显示为粗体)。

表 12-9 路由器

路由器	路由表
路由器 1	192.168.1.0/24
	Internet 网关
	192.168.2.0/24 通过路由器 2
路由器 2	192.168.2.0/24
	192.168.1.0/24 通过路由器 1
	通过路由器 1 的 Internet 网关
路由器 3	192.168.3.0/24
	192.168.2.0/24 通过路由器 2
	192.168.1.0/24 通过路由器 2
	通过路由器 2 的 Internet 网关
路由器 4	192.168.4.0/24
	192.168.1.0/24 通过路由器 1
	通过路由器 1 的 Internet 网关

接着，路由器 3 发出广播，路由器 2 和路由器 4 听到广播。这就是事情变得有趣的地方，因为这将引入足够的信息来打开通往同一目的地的多条路径。路由表现在如表 12-10 所示(新路由用粗体表示)。

表 12-10　路由器

路由器	路由表
路由器 1	192.168.1.0/24
	Internet 网关
	192.168.2.0/24 通过路由器 2
路由器 2	192.168.2.0/24
	192.168.1.0/24 通过路由器 1
	通过路由器 1 的 Internet 网关
	192.168.3.0/24 通过路由器 3
路由器 3	192.168.3.0/24
	192.168.2.0/24 通过路由器 2
	192.168.1.0/24 通过路由器 2
	通过路由器 2 的 Internet 网关
路由器 4	192.168.4.0/24
	192.168.1.0/24 通过路由器 1 或 3
	通过路由器 1 或 3 的 Internet 网关
	192.168.3.0/24 通过路由器 3
	192.168.2.0/24 通过路由器 3

接下来，路由器 4 进行广播。路由器 1 和 3 听到广播，更新它们的表，如表 12-11 所示(新路由表示为粗体)：

表 12-11　路由器

路由器	路由表
路由器 1	192.168.1.0/24
	Internet 网关
	192.168.2.0/24 通过路由器 2 或 4
	192.168.3.0/24 通过路由器 4
	192.168.4.0/24 通过路由器 4
路由器 2	192.168.2.0/24
	192.168.1.0/24 通过路由器 1
	通过路由器 1 的 Internet 网关
	192.168.3.0/24 通过路由器 3
路由器 3	192.168.3.0/24
	192.168.2.0/24 通过路由器 2
	192.168.1.0/24 通过路由器 2 或 4
	通过路由器 2 或 4 的 Internet 网关
	192.168.4.0/24 通过路由器 4

(续表)

路由器	路由表
路由器 4	192.168.4.0/24
	192.168.1.0/24 通过路由器 1
	通过路由器 1 的 Internet 网关
	192.168.3.0/24 通过路由器 3
	192.168.2.0/24 通过路由器 3

一旦所有的路由器通过另一轮广播，路由表将如表 12-12 所示。

表 12-12　路由器

路由器	路由表
路由器 1	192.168.1.0/24
	Internet 网关
	192.168.2.0/24 通过路由器 2 或 4
	192.168.3.0/24 通过路由器 4 或 2
	192.168.4.0/24 通过路由器 4 或 2
路由器 2	192.168.2.0/24
	192.168.1.0/24 通过路由器 1 或 3
	通过路由器 1 或 3 的 Internet 网关
	192.168.3.0/24 通过路由器 3 或 1
路由器 3	192.168.3.0/24
	192.168.2.0/24 通过路由器 2 或 4
	192.168.1.0/24 通过路由器 2 或 4
	通过路由器 2 或 4 的 Internet 网关
	192.168.4.0/24 通过路由器 4 或 2
路由器 4	192.168.4.0/24
	192.168.1.0/24 通过路由器 1 或 3
	通过路由器 1 或 3 的 Internet 网关
	192.168.3.0/24 通过路由器 3 或 1
	192.168.2.0/24 通过路由器 3 或 1

为什么这种多路径网状结构如此重要？下面通过一个例子来解释其重要性：假设路由器 2 失败并处于脱机状态。如果路由器 3 之前依赖路由器 2 向 Internet 发送数据包，它可以立即更新表，反映路由器 2 不再可用，然后通过路由器 4 转发与 Internet 绑定的数据包。

RIP 的算法(以及为什么应该改用 OSPF)

遗憾的是，当要找出从一个子网到另一个子网的最优路径时，RIP 并不是最聪明的协议。它基于它和目的地之间最少的路由器数量(跳数)来决定采取哪种路由方法。这听起来是最优的，但没有考虑链路上的流量或链路有多快。

回顾图 12-10，可以看到这种情况可能在哪里发生。假设路由器 3 和路由器 4 之间的链路变得拥挤。现在，如果路由器 3 想要把一个包发送到 Internet 上，RIP 仍然会认为这两种可能的路径(3 到 4 到 1，和 3 到 2 到 1)是等距的。因此，当通过路由器 2(其链路不拥挤)的路径明显要快得多时，包可能最终通过路由器 4 发送。

OSPF(开放最短路径优先)在向其他路由器广播信息方面类似于 RIP。它的不同之处在于，它不跟踪从一个路由器到另一个路由器的跳数，而是跟踪每个路由器与其他路由器通信的速度。因此，在本例中，当路由器 3 和 4 之间的链路变得拥挤时，OSPF 将意识到这一点，并确保通过路由器 2 将一个数据包路由到路由器 1。

OSPF 的另一个特性是，当一个目标地址有两个可能的路径，花费相同的时间时，它能够认识到这一点。当 OSPF 看到这一点时，就在两个链路上共享流量——这一过程称为等成本多路径——从而优化可用资源的使用。

OSPF 有两个“陷阱”：旧的网络硬件和一些低端网络硬件可能没有 OSPF 可用。第二个问题是复杂性：RIP 的设置比 OSPF 简单得多。对于小型网络，RIP 可能是更好的选择。

12.6　tcpdump 的细节

tcpdump 工具确实是可供系统管理员使用的功能更强大的网络故障排除工具之一。当图形化前端可用时，与之对应的 GUI Wireshark 是更好的选择。Wireshark 提供了 tcpdump 的所有功能，还提供了更丰富的过滤器、额外的协议支持、快速跟踪 TCP 连接的能力以及一些方便的统计信息。本节通过几个示例介绍有关 tcpdump 的一些有用细节。

12.6.1　读写转储文件

如果需要捕获和保存大量数据，则需要使用-w 选项将所有数据包写入磁盘，以便稍后处理。下面是一个简单示例：

```
[root@server:~]# tcpdump -w /tmp/trace.pcap -i eth0
```

tcpdump 工具将继续捕获在 eth0 接口上看到的数据包，直到终端关闭、进程终止或按下 Ctrl+C 组合键。生成的文件可由 Wireshark 加载，也可由任意数量的其他程序读取，这些程序可处理 tcpdump 格式的捕获。tcpdump 数据包格式本身称为 pcap。

提示　当 tcpdump 使用-w 选项时，不必发出-n 选项，来避免对看到的每个 IP 地址进行 DNS 查找。

要使用 tcpdump 读取数据包跟踪，请使用-r 选项。在回读数据包跟踪时，可以应用附加的过滤器和选项来影响数据包的显示方式。例如，要仅显示来自跟踪文件的 ICMP 包，并在显示信息时避免 DNS 查找(使用-n 选项)，请执行以下操作：

```
[root@server:~]# tcpdump -r /tmp/trace.pcap -n icmp
```

12.6.2　每个数据包捕获或多或少的信息

默认情况下，tcpdump 限制自己捕获每个数据包的前 65 535 字节数据。如果只是想跟踪一些流，查看在线上发生了什么，这通常已经足够好了。但是，如果需要捕获整个数据包以进行进一步解码，则需要增加这个值。相反，可能需要捕获较少的包，这可能是为了加速捕获过程。

要更改 tcpdump 捕获的数据包的长度，请使用-s(snaplen)选项。例如，要捕获每个包的前 1500 个字节并将其写入磁盘，请尝试以下操作：

```
[root@server:~]# tcpdump -w /tmp/dump.pcap -i eth0 -s 1500
```

12.6.3　性能影响

执行数据包跟踪可能会对性能产生影响，特别是在负载严重的服务器上。性能影响有两个部分：数据包的实际捕获和数据包的解码/打印。

实际捕获的数据包，虽然有些昂贵，但可以用一个好的过滤器最小化。一般来说，除非服务器负载已经非常高，或者移动大量的通信(很多是数百 MBPS)，否则这种损失并不太严重。主要的成本来自将包从内核移动到 tcpdump 应用程序的开销/损失，这需要缓冲区复制和上下文切换。

相比之下，数据包的解码/打印要贵得多。解码本身只是成本的一小部分，但打印成本很高。如果服务器负载很重，那么需要避免打印的原因有两个：生成负载来格式化输出的字符串，生成负载来更新屏幕。如果使用串行控制台，后一个因素的代价可能特别高，因为通过串行端口发送的每个字节都会生成一个高优先级的中断(高于网卡)，处理这个中断需要很长时间，因为串行端口比其他任何东西要慢得多。在串口上打印解码数据包可以生成足够的中断流量，导致网卡丢失数据包，因为它们迫切需要主 CPU 的注意(周期)!

为减轻解码/打印过程的压力，使用-w 选项将原始数据包写入磁盘。编写原始数据包的过程比实时打印它们要快得多，成本也低得多。此外，编写原始数据包意味着跳过整个解码/打印步骤，因为只有在需要读取数据包时才会这样做。

简而言之，如果不确定，可使用-w 选项将包写入磁盘，将它们复制到另一台机器，然后在那里读取它们。

12.6.4　不要捕获自己的网络流量

使用 tcpdump 时常犯的一个错误是通过网络登录，然后开始捕获。如果没有适当的过滤器，最终将捕获会话包，反过来，如果将它们打印到屏幕上，则会生成新的包，这些包将再次被捕获，以此类推。例如，快速跳过自己的 SSH 流量只是在捕获过程中跳过端口 22 (SSH 端口)，如下：

```
[root@server:~]# tcpdump not tcp port 22
```

如果想看别人在端口 22 做什么，添加一个过滤器，排除掉自己的主机。例如，如果想排除 192.168.1.8(自己的主机)，可以编写：

```
[root@server:~]# tcpdump "not (host 192.168.1.8 and tcp port 22)"
```

注意引号的添加。这样做是为了避免将 shell 与添加的括号混淆，括号的内容是为 tcpdump 准备的。

12.6.5　解决慢名称解析(DNS)的问题

tcpdump 是解决奇怪或间歇性网络问题的好资源。通过跟踪数据包本身，可以查看一段时间内的活动，并识别可能被系统上的其他活动掩盖的问题。

假设使用由 Internet 服务提供商管理的 DNS 服务器。一切都很顺利，直到有一天，事情似乎有点不对劲。

具体来说，当访问一个 Web 站点时，第一次连接似乎要花费很长时间，但一旦连接上，系统似乎运行得非常快。网站之间的连接甚至不能工作，但单击浏览器的“重载”按钮似乎可以做到这一点。这意味着 DNS 在工作，连接就在那里。到底发生了什么事?

是时候进行数据包跟踪了。因为这是 Web 通信，所以有两种协议在工作：DNS 用于主机名解析，TCP 用于连接设置。这意味着要过滤掉其他所有干扰，专注于这两个协议。因为似乎存在某种速度问题，所以获取包时间戳是必要的，但不希望使用-t 选项。下面是结果：端口 80 或端口 53 现在访问所需的 Web 站点。对于本例，我们将使用 Web 浏览器访问：

```
[root@server:~]# tcpdump -nn port 80 or port 53
```

现在访问所需的 Web 站点。对于本例，使用 Web 浏览器访问 http://linuxserverexperts.com。下面看看前几个 UDP 数据包：

```
21:27:40 IP 172.16.0.100.4102 > 192.168.0.1.53: A? linuxserverexperts.com (31)
21:27:50 IP 172.16.0.100.4103 > 192.168.0.1.53: A? linuxserverexperts.com (31)
21:27:58 IP 192.168.0.1.53 > 172.16.0.100.4102: 1/4/4 A 174.120.8.130 (206)
```

这很有趣；需要重新传输 DNS 请求，以获得主机名的 IP 地址。看起来这里出现了某种连接问题，因为最终会得到响应。其余连接呢？连接问题是否影响其他活动？

```
21:27:58 172.16.0.100.3013 > 174.120.8.130.80: Flags [S],\
seq 1031:1031, win 57344, Length 0
21:27:58 174.120.8.130.80 > 172.16.0.100.3013: Flags [S],\
seq 192:192 ack 1031, win 5840, Length 0
21:27:58 172.16.0.100.3013 > 174.120.8.130.80: Flags [.], ack 1 win 58400\
21:27:58 172.16.0.100.3013 > 174.120.8.130.80: Flags [P],\
seq 1:17, ack 1 win 58400, Length 16
......<OUTPUT TRUNCATED>.......
21:27:58 172.16.0.100.3013 > 174.120.8.130.80: Flags [.], ack 2156, win 56511
21:27:58 172.16.0.100.3013 > 174.120.8.130.80: Flags [F],\
seq 94:94 ack 2156, win 58400, Length 0
21:27:58 174.120.8.130.80 > 172.16.0.100.3013: Flags [.], ack 95 win 5840
```

很明显，其余连接速度很快。连接到 DNS 服务器的时间如下：

```
[root@server:~]$ ping 192.168.0.1
64 bytes from 192.168.0.1: icmp_seq=1 ttl=247 time=213.0 ms
....<OUTPUT TRUNCATED>....
10 packets transmitted, 5 received, 50% packet loss, time 9023ms
```

哇！数据包丢失了(50%的数据包丢失)，线路上的抖动很糟糕。这就解释了奇怪的 DNS 行为。是时候寻找另一个 DNS 服务器了！

12.7 IPv6

相对于其前任 IPv4，IPv6 提供了许多新特性和改进，包括以下几点：

- 一个更大的地址空间
- 内置安全功能，如网络层加密和身份验证
- 一个简化的报头结构
- 内置的自动配置功能和结构改进的路由功能

12.7.1 IPv6 地址格式

IPv6 提供了一个增加的地址空间，因为它有 128 位长(相比于 IPv4 的 32 位)。因为 IPv6 地址有 128 位长，大约有 2^{128} 或 3.4×10^{38} 个可用的可能地址(相比之下，IPv4 有 232 或大约 40 亿个可用地址)。

一个人在纸上正确地写出或记忆一串 128 位长的数字并不容易。因此，存在一些缩写技术，使表示或缩短 IPv6 地址更容易，使其更人性化。IPv6 地址的 128 位可以用十六进制格式表示来缩短。这

有效地将总长度减少到 32 位的十六进制。IPv6 地址以 4 个十六进制数字为一组表示。这八组由冒号(:)分隔。这里是一个示例 IPv6 地址：

```
0012:0001:0000:0000:2345:0000:0000:6789
```

IPv6 地址的前导零可以省略；例如，示例地址可缩短为：

```
12:1:0000:0000:2345:0000:0000:6789
```

规则也允许之前的地址重写为：

```
12:1:0:0:2345:0:0:6789
```

IPv6 地址中的一个或多个连续的四位数 0 组可以缩短，并由双冒号(::)表示，但在整个地址中只能这样做一次。因此，利用这个规则，示例地址可以简写为：

```
12:1::2345:0:0:6789
```

如果在规则中使用了限制性条款，那么下面的地址无效，因为现在使用了不止一组双冒号：

```
12:1::2345::6789
```

12.7.2　IPv6 地址类型

IPv6 地址有几种类型。每种地址类型都有额外的特殊地址类型或作用域，用于不同的事情。三种特别的 IPv6 地址分类是单播、任意播和多播地址。

1. 单播地址

IPv6 中的单播地址指的是一个网络接口。发送到单播地址的任何数据包都意味着主机上的特定接口。单播地址的例子有 link-local(例如，::/128 是未指定的地址，::1/128 是回送地址，fe80::/10 是自动配置地址)、全局单播、站点-本地和其他特殊地址。

2. 任意播地址

任意播地址是一种 IPv6 地址，分配给多个接口(可能属于不同主机)。发送到任意播地址的任何数据包都发送到共享任意播类型地址的最近接口——“最近”是根据路由协议的距离概念解释的，或者只是最容易访问的主机。共享任意播地址的组中的主机具有相同的地址前缀。

3. 多播地址

IPv6 的多播类型地址在功能上类似于 IPv4 类型的多播地址。发送到一个多播地址的数据包会发送到所有具有该多播地址的主机(接口)。组成多播组的主机(或接口)不需要共享相同的前缀，也不需要连接到相同的物理网络。

12.7.3　IPv6 向后兼容性

IPv6 的设计者在 IPv6 中内置了向后兼容性功能，以适应各种不完全兼容 IPv6 的主机或网站，对旧 IPv4 主机和站点的支持有几种处理方式：映射地址(IPv4 映射的 IPv6 地址)、兼容地址(IPv4 兼容的 IPv6 地址)和通道。

1. 映射地址

映射地址是 IPv6 主机使用的特殊单播属性地址。当 IPv6 主机需要通过 IPv6 的基础设施向 IPv4 主机发送数据包时，就会使用它们。映射 IPv6 地址的格式如下：前 80 位都是 0，后面的 16 位都是 1，然后以 IPv4 地址的 32 位结束。

2. 兼容地址

兼容类型的IPv6地址仅用于支持IPv4的主机或基础设施——即不以任何方式支持IPv6。当IPv6主机希望通过IPv4基础设施与另一个IPv6主机通信时，可以使用它。兼容IPv6地址的前96位都是0，并以IPv4地址的32位结束。

3. 通道

需要使用配置的隧道在旧IPv4基础设施上传输信息的IPv6主机使用这种方法。为此，将一个IPv6数据包封装在传统的IPv4数据包中，并通过IPv4网络发送它。

12.8 小结

本章涵盖了TCP/IP和其他协议、ARP、子网和网络掩码、路由的基础知识。需要理解很多内容，但是希望这个简化版本使事情更容易理解。具体地说，本章讨论了TCP / IP与ISO OSI七层模型的关系、数据包的组成、包报头的规格、如何使用tcpdump进行探索、TCP连接设置的完整过程、数据传输、断开连接、静态路由和动态路由的工作方式。还查看了几个包分析示例，介绍了tcpdump的使用，最后概述了IPv6。

因为这里的信息已经极大地简化了，读者可能需要看其他一些书籍来获得关于这些主题的更多信息。如果计算机需要参与复杂的网络，或者需要更好地理解防火墙的操作，那么这一点尤其重要。

本章推荐的一本经典书籍是*TCP/IP Illustrated*；这本书深入介绍了TCP/IP以及几种通过IP发送数据的流行协议。另一本推荐的书是*TCP/IP Network Administration*。

与以往一样，本章所讨论的各种工具和实用程序的手册页始终是一个很好的信息来源。例如，tcpdump文档的最新版本(手册页)可在www.tcpdump.org/tcpdump_man.html中找到。

第13章 网络配置

Linux 发行版提供了一组健壮的命令行和 GUI 工具，用于管理系统中与网络相关的功能。GUI 工具是一个美观的前端，可用于处理纯文本文件或后端非常简单的数据结构。

了解 Linux 发行版中网络配置是如何工作的非常有价值，在一些场景中可以派上用场。首先也是最重要的一点是，当发生故障，不能启动最喜欢的 GUI 时，就会发现能够从命令行接口(CLI)处理网络配置是至关重要的。另一个好处是远程管理：可能无法轻松地远程运行图形配置工具。防火墙和网络延迟等问题可能会将远程管理限制在命令行。最后，能够通过脚本来管理网络配置总是很好的，而命令行工具非常适合脚本编制和自动化。

本章将简要介绍一下网络接口驱动程序，然后探讨在 CLI 工具中管理网络堆栈的一些常用工具，如 NetworkManager (NM)、ip 等。

13.1 模块和网络接口

Linux 下的网络设备打破了通过文件抽象层访问所有设备的传统。直到网络驱动程序初始化接口并将自己注册到内核中，才存在任何访问接口的机制。通常，以太网设备使用 eth*X*、em*X*、ens*X*、p*X*p*X* 或 enp*X*s*Y* 等名称注册自己，其中 *X* 和 *Y* 分别是设备号或索引号。

根据内核的编译方式，网络接口卡(NIC)的设备驱动程序可能已经编译为一个模块。对于大多数发行版，这是默认的机制，因为它使探测新硬件更加容易。

对于旧 Linux 发行版，可能需要告诉内核设备名称和要加载的模块之间的映射。这是通过在/etc/modprobe.d/目录中使用(或创建)适当的配置文件来实现的。例如，如果 eth0 设备是使用 e1000 设备驱动程序的 Intel PRO/1000 卡，就可在/etc/modprobe.d/example.conf 文件中添加以下代码行：

```
alias eth0 e1000
```

大多数现代 Linux 发行版现在使用一种称为可预测设备名的机制。这是使用 udev 和其他核心子系统实现的。这个官方机制现在用于操作分配给网络设备(如以太网卡)的设备名称。它有助于克服 Linux 内核命名和检测网络设备时偶尔出现的不可预测性。

在/lib/modules/`uname -r`/kernel/drivers/net 目录下，可以找到一个清单，其中包含为当前运行的内核安装的所有网络设备驱动程序，如下所示：

```
[master@server ~]$ ls /lib/modules/`uname -r`/kernel/drivers/net
```

注意嵌入式 uname-r 命令加了引号(单引号)，返回当前(运行)的内核版本。安装了多个内核版本时，这非常方便。

要在不加载驱动程序本身的情况下收集有关特定驱动程序的更多信息，可以使用 modinfo 命令。

例如，如果只查看 yellowfin.ko 驱动程序的描述，可以输入：

```
[master@server ~]$ modinfo yellowfin | grep -i description
```

请记住，不是所有驱动程序都有与它们关联的描述，但大多数都有。

13.1.1　网络设备配置实用工具(ip、ifconfig 和 nmcli)

人们编写了许多图形化和菜单驱动的工具来包装下面几节讨论的各种命令行工具。许多这些包装 GUI 程序附带 Linux 发行版，它们可以运行并引导到完整的桌面图形模式。

管理员应该熟悉并了解如何使用任何底层命令行实用工具直接配置网络设备。了解如何这样做是非常有价值的，例如，GUI 中没有显示的其他许多选项在命令行接口(CLI)中公开了。为了帮助熟悉这些实用工具，本节将重点介绍如何使用这些命令行实用工具来操作网络设置。

1. ip

ip 是一个功能强大的程序，可用于在基于 Linux 的系统上管理网络设备。ip 实用程序附带 iproute 和 iproute2 软件包。其中包含网络实用程序(如 ip)，可利用和操作 Linux 内核的高级网络功能。与前面讨论的其他实用程序相比，这个 ip 实用程序的语法要简洁一些，也不那么宽容。但话说回来，ip 命令要强大得多!

2. ifconfig

ifconfig 是用于设置 NIC 的几个遗留实用程序之一。尽管 ifconfig 仍然很流行，但它已经过时了，人们被鼓励使用 iproute 包附带的工具(如 ip)。

使用过 Windows ipconfig 程序的管理员可能会看到，ipconfig 与 ifconfig 有一些相似之处，因为 Microsoft 实现了一些 CLI 联网工具，它们模仿了 UNIX 对应的功能子集。

提示　负责管理 Windows 服务器的管理员可能会发现，%SYSTEMROOT%\system32\nesh.exe 程序是一个方便的工具，可以通过 CLI 公开和操作 Windows 网络的详细信息。

3. nmcli

在 Linux 领域，管理网络设备和连接的最流行的方法之一是通过 NetworkManager(NM)包附带的工具套件。其中一个工具是命令行 nmcli 实用程序，它可用来控制 NetworkManager 守护进程。

NM 领域中的一个区别概念是连接(或配置文件)的概念。连接或配置文件描述如何创建(或连接到)网络的相关信息集。NM 将所有网络配置(MAC 地址、IP 地址、DNS、网关等)存储为连接。物理(或虚拟)网络设备可以使用分配给它的连接中的信息进行配置。可以定义任意数量的连接来处理不同的环境，但是请记住，只有当设备使用该连接的配置创建或连接到网络时，连接才是活动的。换句话说，多个连接可以应用到一个设备，但在任何给定的时间，只有一个可以在该设备上活动！NM 连接的名称具有一定的灵活性。连接可以根据与它们相关联的接口来命名，或者简单地给出更具描述性的名称。有效的 NM 连接名称的示例有 eth0、Wired connection、ens3 和 foo-connection。

13.1.2　示例用例：ifconfig、ip 和 nmcli

下面看一看使用 ifconfig、ip 和 nmcli 命令查看网络信息以及在示例服务器上配置网络设备的示例。只要有可能，本章就展示如何使用不同方法来做相同的事情。在生产系统上，当然希望对一两个实用程序进行标准化。

1. 查看 IPv4 连接和设备信息

使用 ifconfig 显示系统上所有可用的网络接口，输入：

```
[master@server ~]$ ifconfig -a
```

使用 ip 显示系统上所有可用的网络接口，输入：

```
[master@server ~]$ ip link show
```

使用 ip 显示 eth1 接口(如果存在)的 IP 配置，输入：

```
[master@server ~] $ ip addr show eth1
```

使用 nmcli 显示系统上所有可用的网络设备，输入：

```
[master@server ~]$ nmcli device status
```

因为 nmcli 理解连接的概念，查询 nmcli，以查看它知道的当前连接：

```
[master@server ~]$ nmcli connection show
```

使用 nmcli 只显示活动连接(也就是说，设备使用它连接)，输入：

```
[master@server ~]$ nmcli connection show --active
```

使用 nmcli 显示与示例 ens3 设备相关联的 IP 地址，输入：

```
[master@server ~]$ nmcli -f ip4.address device show ens3
```

使用 nmcli 显示与示例连接 eth0 关联的 IP 地址，输入：

```
[master@server ~]$ nmcli -f ip4.address connection show eth0
```

2. 配置 IPv4 地址和连接信息

以最简单的形式使用 ifconfig 配置接口的 IP 地址时，只需要提供要配置的接口的名称和 IP 地址。ifconfig 程序从 IP 地址推断出其余信息。因此，可输入以下内容：

```
[master@server ~]$ sudo ifconfig eth1 192.168.1.42
```

这将为 eth1 设备分配 IP 地址 192.168.1.42。因为 192.168.1.42 是一个 C 类地址，所以计算的默认网络掩码是 255.255.255.0，广播地址将是 192.168.1.255。

如果所设置的 IP 地址是不同子网化的类 A、B 或 C，就可在命令行上显式地设置广播和子网掩码地址，如下：

```
# ifconfig dev ip netmask nmask broadcast bcast
```

其中，dev 是所配置的网络设备，ip 是设置设备的 IP 地址，nmask 是子网掩码，bcast 是广播地址。下面的例子为 eth1 设备分配 IP 地址 10.1.1.1，网络掩码为 255.255.255.0，广播地址为 10.1.1.255：

```
[master@server ~]$ sudo ifconfig eth1 10.1.1.1 netmask 255.255.255.0\
broadcast 10.1.1.255
```

使用 ip 命令执行相同的操作，输入：

```
[master@server ~]$ sudo ip address add 10.1.1.1/24 broadcast \
10.1.1.255 dev eth1
```

如果想接受自动为接口/网络确定的广播地址，可移除 broadcast 选项，如下所示：

```
[master@server ~]$ sudo ip address add 10.1.1.1/24 dev eth1
```

使用 ip 删除先前创建的 IP 地址，输入：

```
[master@server ~]$ sudo ip address del 10.1.1.1/24 broadcast \ 10.1.1.255 dev eth1
```

使用nmcli创建一个与eth1设备相关联的新以太网类型连接，任意命名为foobar-ip4，并将其IP地址指定为10.1.1.1，输入以下内容：

```
[master@server ~]$ sudo nmcli connection add con-name foobar-ipv4 \
ifname eth1 type ethernet ip4 10.1.1.1/24
```

注意 在类似Red Hat的系统上，使用nmcli创建新连接，将自动在/etc/sysconfig/network-scripts目录下创建新的接口配置文件。例如，一个名为foobar-connection的新以太网连接具有一个相应的配置文件，名为/etc/sysconfig/network-scripts/ifcfg-foobar-connection。

如果之前创建的连接foobar-ipv4还没有激活，通过运行以下操作使其激活：

```
[master@server ~]$ sudo nmcli connection up foobar-ipv4
```

使用nmcli删除foobar-ipv4连接，如下：

```
[master@server ~]$ sudo nmcli connection delete foobar-ipv4
```

ip和nmcli(命令缩写和自动完成)

ip和nmcli命令允许在其语法中使用唯一的缩写。例如，可使用以下命令将IP地址分配给一个接口：

```
# ip addr add 10.1.1.1/24 dev eno1
```

可以缩写为：

```
# ip a ad 10.1.1.1/24 dev eno1
```

可使用nmcli显示所有NM连接：

```
# nmcli connection show
```

可以缩写为：

```
# nmcli c s
```

另外，ip和nmcli提供方便的选项和参数自动完成功能。这意味着，一旦为任意命令输入一个选项的前几个字母，就可以按Tab键，查看与输入的字母匹配的有用建议列表。这省去了必须记住命令的神秘选项的麻烦！

例如，输入命令：

```
# ip addr[Tab]
```

按Tab键，输出如下内容：

```
addr        addrlabel
```

这表明有两个可能匹配字母addr的参数。

3. 查看IPv6地址和联系信息

要显示所有接口的IPv6地址，可使用ip命令，如下：

```
[master@server ~]$ ip -6 a show
```

要显示与eno1连接相关的IPv6地址，可使用nmcli命令，如下所示：

```
[master@server ~]$ nmcli -f ip6.address connection show eno1
```

4. 配置IPv6地址和连接信息

使用ip命令给接口eno2分配一个IPv6地址(例如，2001:DB8::1)，使用如下命令：

```
[master@server ~]$ sudo ip -6 addr add 2001:DB8::1/64 dev eno2
```

使用ip删除先前创建的IPv6地址，输入：

```
[master@server ~]$ sudo ip -6 addr del 2001:DB8::1/64 dev eno2
```

ifconfig命令也可用来将IPv6地址分配给一个接口。例如，运行一些命令，可以给eth2分配IPv6地址2001:DB8::3：

```
[master@server ~]$ sudo ifconfig eth2 inet6 add 2001:DB8::3/64
```

要使用nmcli添加一个名为foobar-ipv6的新连接配置文件，指定活动时eth1的IPv6地址，输入如下：

```
[master@server ~]$ sudo nmcli connection add con-name foobar-ipv6 \
ifname eth1 type ethernet ip6 2001:DB8::1/64
```

回顾一下，一个设备一次只能有一个活动的连接。所以，要在eth1设备上激活新的foobar-ipv6连接，必须运行以下代码：

```
[master@server ~]$ sudo nmcli connection up foobar-ipv6
```

在设备上激活连接配置文件，有效地使接口设备上的当前活动连接失效。

IP别名

IP别名用于将多个IP地址分配给单个网络接口。在旧的Linux发行版中，别名是通过用冒号后跟数字，来枚举相同接口的每个实例而实现的——例如，eth0是主接口，eth0:0是别名接口，eth0:1也是别名接口，eth0:2是另一个别名接口，以此类推。

配置别名接口与配置任何其他接口一样：只需要使用ifconfig或ip实用程序。例如，使用ip实用程序设置eth0:0，其地址是10.0.0.2，子网掩码是255.255.255.0，可执行以下代码：

```
[master@server ~]$ sudo ip a add 10.0.0.2/24 dev eth0:0
```

输入如下命令，可以查看更改：

```
[master@server ~]$ ip address show eth0:0
```

请注意，连接到别名接口的网络连接在别名IP地址上通信；但大多数情况下，从主机到另一台主机的任何连接都使用该接口的第一个分配的IP。例如，如果eth0是192.168.1.15，eth0:0是10.0.0.2，那么来自通过eth0路由的机器的连接使用IP地址192.168.1.15。对于将自己绑定到特定IP地址的应用程序来说，这种行为是例外的。这些情况下，应用程序可从别名的IP地址发起连接。

在安装了最新iproute包的较新Linux发行版上，不再需要使用以前的接口命名约定，来将多个IP地址绑定到一个接口。对于给定的接口，现在只需要对不同的IP地址重复正确的ip命令多次，即可达到相同的效果。例如，为将IP地址10.0.0.2/24和192.168.100.100/24绑定到eth0接口，运行以下命令：

```
[master@server ~]$ sudo ip a add 10.0.0.2/24 dev eth0
[master@server ~]$ sudo ip a add 192.168.100.100/24 dev eth0
```

13.1.3 在启动时设置NIC

在Linux开源软件领域，管理网络的解决方案有很多。当前的方法包括NetworkManager、systemd-networkd、优秀的老式脚本，以及一个混合的解决方案(可作为任何其他工具的包装器)。

在自动化和维护网络配置方面，主流Linux发行版采用的方法略有不同。下一节将详细介绍类似Red Hat的发行版(Fedora、CentOS等)以及类似Debian的发行版(Ubuntu、Mint等)。对于其他发行版，需要以两种方式之一来处理此过程：

- 使用该发行版附带的网络管理工具来管理网络设置。这可能是最简单、最可靠的方法。
- 找到负责配置网卡的启动脚本。在脚本的最后，添加必要的 ifconfig、ip 或 nmcli 语句。添加命令的另一个地方是 rc.local 脚本或与其相当的脚本——不那么美观，但可以工作!

1. 在 Fedora、CentOS 和 RHEL 设置网卡

最近的Fedora和其他Red Hat类型的版本目前支持使用NetworkManager (NM)在引导时配置网卡。幸运的是，在这些系统上使用 NM 还提供了与旧网络配置管理方式的向后兼容性。旧的方法基本上涉及在/etc/sysconfig/network-scripts 目录中创建文件，这些文件在引导时读取。NM 现在可以透明地管理和创建文件。

对于每个网络接口，在/etc/sysconfig/network-scripts 中都有一个 ifcfg 文件。此文件名以设备、NetworkManager 连接或配置文件的名称为后缀；因此，ifcfg-eth0 用于 eth0 设备，ifcfg-eth1 用于 eth1 设备，以此类推。

下面是 eth0 网络接口的 ifcfg-eth0 配置文件的示例片段，该接口在操作系统安装期间使用动态主机配置协议(DHCP)自动配置：

```
TYPE="Ethernet"
BOOTPROTO="dhcp"
DEFROUTE="yes"
IPV6INIT="yes"
IPV6_AUTOCONF="yes"
IPV6_DEFROUTE="yes"
NAME="eth0"
UUID="28792a9c-57e2-4b76-9be9-21a5869976b9"
ONBOOT="yes"
```

如果选择为 eth1 接口静态配置 IP 地址信息，在操作系统安装期间，相应的配置文件 ifcfg-eth1 如下所示：

```
TYPE=Ethernet
ONBOOT=yes
BOOTPROTO=none
NAME=eth1
IPADDR=10.72.72.72
PREFIX=24
IPV6ADDR=2002:db8::1/64
```

这些字段决定了示例 eth1 设备的 IP 配置信息。注意一些值是如何对应于 nmcli 调用中使用的参数的。

要更改设备的配置信息，可直接修改适当的文本配置文件 ifcfg-*，或使用 nmcli 命令(或使用更高级别的 GUI 工具)，并使用适当的选项自动更新或创建该文件。

执行任何网络配置更改后，可以快速运行以下的命令序列，返回接口：

```
[master@fedora-server /] $ sudo ifdown eth0
[master@fedora-server /] $ sudo ifup eth0
```

要使用 nmcli 关闭并恢复接口，请执行以下操作：

```
[master@fedora-server /]$ sudo nmcli device disconnect eth0
[master@fedora-server /]$ sudo nmcli device connect eth0
```

提示 在类似于 Red Hat 的发行版中，文件/usr/share/doc/initscripts/sysconfig.txt 提供了关于/etc/sysconfig/下各种配置文件的信息。例如，它显示了可在不同的/etc/sysconfig/network-scripts/ifcfg-*配置文件中使用的选项和变量。

如果需要配置第二个网络接口卡(如 ens3)，可复制现有 ifcfg-eth0 文件中使用的语法，方法是将 ifcfg-eth0 文件复制并重命名为 ifcfg-ens3，并更改新的 ifcfg-ens3 文件中的信息，以反映第二个网卡的信息。当这样做时，必须确保新文件中的 HWADDR 变量(MAC 地址)反映试图配置的实际物理网络设备的 MAC 地址。一旦新的 ifcfg-ens3 文件存在，Fedora 将在下一次引导期间或下次重新启动网络服务时，自动查阅该文件来配置设备。

还可重启 NetworkManager 服务，使更改生效，如下：

```
[master@fedora-server /]$ sudo systemctl restart NetworkManager
```

2. 在类似 Debian 的系统(Ubuntu、Kubuntu、Mint 等)设置网卡

基于 Debian 的系统(如 Ubuntu)使用不同的机制来管理网络配置。传统上，网络配置是通过/etc/network/interfaces 文件完成的。所谓“传统”是因为新的 Ubuntu 发行版(18.04 和更高版本)正在标准化 netplan 来配置网络(稍后讨论)。

/etc/network/interfaces 文件的格式很简单，有很好的文档说明。下面将讨论示例 interfaces 文件中的条目(注意行号已经添加，以帮助可读性)：

```
1. # The loopback network interface
2. auto lo
3. iface lo inet loopback
4.
5. # The first network interface eth0
6. auto eth0
7. iface eth0 inet static
8.          address 192.168.1.45
9.          netmask 255.255.255.0
10.         gateway 192.168.1.1
11.
12. # The second network interface ens5
13. auto ens5
14. iface ens5 inet dhcp
15. iface ens5 inet6 static
16.        address 2001:DB8::3
17.        netmask 64
```

- 行 1：任何以#符号开头的行都是注释，将被忽略。空行也一样。
- 行 2：以单词 auto 开头的行用于标识在执行 ifup 命令时(例如在系统启动或网络运行控制脚本运行期间)打开的物理接口。本例中，条目 auto lo 指的是环回设备。可在同一节的后续行中提供其他选项。可用选项取决于家族和方法。
- 行 7：iface 指令定义正在处理的接口的物理名称。在本例中，它是 eth0 接口。这个例子中的 iface 指令支持 inet 选项，其中 inet 指的是地址家族。反过来，inet 选项支持各种方法。支持环回(第 3 行)、静态(第 7 行)和 dhcp(第 14 行)等方法。这里的静态方法仅用于定义具有静态分配 IP 地址的以太网接口。

- 行 8~10：第 7 行中指定的静态方法允许各种选项，如地址、网络掩码、网关等。这里的 address 选项定义接口 IP 地址(192.168.1.45)，netmask 选项定义子网掩码(255.255.255.0)，gateway 选项定义默认网关(192.168.1.1)。
- 行 14：iface 指令定义正在处理的接口的物理名称。在本例中，是 ens5 接口。本例中的 iface 指令支持 inet 选项，它使用 dhcp 选项。这意味着接口使用 DHCP 动态配置。
- 行 15~17：这些行将一个静态 IPv6 地址分配给 ens5 接口。在本例中分配的地址是带有网络掩码 64 的 2001:DB8::3。

在对接口文件进行更改并保存任何更改后，可使用 ifup 命令打开或关闭网络接口。例如，为 ens5 设备创建一个新条目后，你可以输入：

```
master@ubuntu-server: ~$ sudo ifup ens5
```

要关闭 eth1 接口，可以运行：

```
master@ubuntu-server: ~$ sudo ifdown ens5
```

这里讨论的示例接口文件是一个简单配置。/etc/network/interfaces 文件支持大量的配置选项，这里几乎没有涉及这些选项。幸运的是，该文件的手册页(man 5 interfaces)有很好的文档记录。

3. 使用 systemd-networkd 设置 NIC

systemd-networkd 是一种系统式服务，可用于在 Linux 主机上自动管理物理和虚拟网络设备(网桥、vlan、tun)。它目前是一些流行的 Linux 发行版中管理网络配置的默认底层机制。

网络配置信息存储在以.network 结尾的 ini 样式文件中，虚拟网络设备配置在以.netdev 为后缀的文件中。这些配置可依次存储在系统网络目录/lib/systemd/network、易失性运行时网络目录/run/systemd/network 和本地管理网络目录/etc/systemd/network 中。后一个位置具有最高的优先级。

为演示它是如何工作的，使用 system-networkd 在演示服务器上配置和管理网络接口。请记住，一次只需要运行一个网络管理器，因此从禁用 NM 开始。

确保 NM 当前没有运行，然后在下次系统启动时，自动禁用它：

```
[master@server ~]$ sudo systemctl stop NetworkManager
[master@server ~]$ sudo systemctl disable NetworkManager
```

启动 sytemd-networkd 服务，确保下次系统重启时自动启动：

```
[master@server ~]$ sudo systemctl start systemd-networkd
[master@server ~]$ sudo systemctl enable systemd-networkd
```

使用 networkctl 命令查看 system -networkd 对网络设备的看法或了解：

```
[master@server ~]$ networkctl
```

在演示服务器上配置一个示例 ens3 接口(可使用 ip link show 命令验证可用的接口名)。在/etc/system /network 目录下创建一个名为 ens3.network 的 networkd 配置文件。使用静态 IP 地址、默认网关和 DNS 地址设置接口：

```
[master@server ~]$ sudo tee /etc/systemd/network/ens3.network << EOF
[Match]
Name=ens3

[Address]
Address=192.168.122.102/24

[Network]
```

```
DNS=8.8.8.8

[Route]
Gateway=192.168.122.1
EOF
```

一旦创建配置文件，就运行以下命令，重启networkd服务：

```
[master@server ~]$ sudo systemctl restart systemd-networkd
```

使用ip和networkctl命令来查看更改的效果。

4. 使用netplan设置NIC

Linux发行版中有大量可用的网络管理器，但网络配置管理可能会有点麻烦。同样，需要跟踪谁在做什么，并学习各种子系统的语法和细微差别。netplan是解决这些问题的最新尝试。netplan背后的想法非常简单：它使用基本的YAML配置文件来“管理它们”；这种情况下，“它们”指的是将来可能使用的NM、systemd-networkd和其他网络管理器。在netplan中，网络管理器被称为渲染器。netplan配置文件类似于“其他”系统(渲染器)的一种清单类型，用于查询和创建自己的本地网络配置。netplan目前只在类似Debian的发行版上被广泛采用。下面简单回顾一下如何使用netplan为基于Ubuntu的服务器设置静态IP地址。

检查系统上已安装了netplan包：

```
[master@ubuntu-server ~]$ hash netplan 2> /dev/null || \ echo "Netplan is NOT installed"
```

如果前面的命令显示“Netplan is NOT installed”，则可以输入下面的命令，在基于Debian的发行版(如Ubuntu)上安装netplan包：

```
[master@ubuntu-server ~]$ sudo apt -y install netplan.io
```

为避免现有或默认netplan配置文件的任何意外行为，通过重命名，来移动netplan配置目录下的任何现有文件：

```
[master@ubuntu-server ~]$ for i in /etc/netplan/*.yaml; \
do sudo mv "$i" "${i/yaml/bak}"; done
```

警告 YAML文件格式易于阅读和理解。然而，不遵守它的格式规则，是不可原谅的。YAML是关于键值对、列表、映射和布尔值的。

下面是一些需要记住的重要YAML规则：

- 缩进或缺少缩进可创建或破坏YAML文件。
- Python风格的缩进用于表示嵌套。
- YAML使用空格，而不是制表符!
- 按照惯例，大多数工具使用两个空格来缩进。
- 每个列表成员由前导连字符(-)表示，或用方括号([ ])括起来，并用逗号和空格(,)分隔。
- 关联数组或映射用冒号加空格(:)表示，每行有一个键值对，或者用大括号({})括起来，中间用逗号和空格隔开。

下面创建一个简单的netplan文件10-mynetwork.yaml。

这个文件包含配置两个物理网络接口(enp0s3和enp1s0)的指令。为DHCP配置第一个接口enp0s3。对于第二个接口enp1s0，创建一个静态IP地址10.0.0.102/24、一个网关地址、DNS服务器地址和DNS搜索后缀。还将配置和使用system-networkd作为渲染器。

```
[master@ubuntu-server ~]$ sudo tee /etc/netplan/10-mynetwork.yaml << END
network:
   version: 2
   renderer: networkd
   ethernets:
      enp0s3:
        addresses: []
        dhcp4: true
     enp1s0:
        addresses:
          - 10.0.0.102/24
        gateway4: 10.0.0.1
        nameservers:
           search: [example.com, sub.example.com]
           addresses: [10.0.0.1, 8.8.8.8]
END
```

创建文件后，使用 netplan 命令将更改应用到系统：

```
[master@ubuntu-server ~]$ sudo netplan apply
```

使用 ip 确认所需的更改已经应用到接口：

```
[master@ubuntu-server ~]$ ip address show
```

因为指定 networkd 作为渲染器，所以可使用 networkctl 命令来查看网络链接的状态：

```
[master@ubuntu-server ~]$ networkctl
```

这就是 netplan！

提示 如果没有在 netplan YAML 配置文件中显式地指定渲染器，则默认使用 system-networkd (networkd)。要使用 NetworkManager 作为渲染器，请确保 YAML 文件中的渲染器行如下：

```
renderer: NetworkManager
```

13.2 管理路由

如果主机连接到一个有多个子网的网络，就可能需要一个路由器或网关设备来与其他主机通信。该设备位于网络之间，将数据包重定向到它们的实际目的地(通常，大多数主机不知道到达目的地的正确路径，只知道目的地本身)。

只要主机不知道在哪里发送数据包，就使用默认路径。这条路径指向一个路由器，理想情况下，该路由器确实知道数据包应该放在哪里，或者至少知道另一个可以做出更明智决策的路由器。

注意 传统上，在 Fedora、RHEL 和 CentOS 系统上，还可在/etc/sysconfig/network 文件中设置某些系统范围内与网络相关的值，如默认路由、主机名、NIS 域名等。特定于接口的设置在适当的/etc/sysconfig/network-scripts/ifcfg-*接口配置文件中进行。

一个典型的单 Linux 主机知道几种标准路由。标准路由之一是环回路由，它简单地指向环回设备。另一种是到 LAN 的路由，以便发送到同一局域网内主机的数据包被直接发送到主机。另一个标准路由是默认路由。此路由用于发送到 LAN 之外其他网络的数据包。可能在典型的 Linux 路由表中看到的另一个路由是链路-本地路由(169.254.0.0)。这与自动配置场景相关。

如果在操作系统安装期间接受默认的网络设置，并允许通过 DHCP 自动设置网络设备，则将自动提供默认路由信息。当然，这在事后是可以改变的。

13.2.1 示例用法：路由配置

某些情况下，需要手动更改路由。通常，当同一主机上有多个网络接口可用时，这是必要的，其中每个 NIC 连接到不同网络(多主机)。读者应该知道如何添加路由，以便将数据包发送到给定目标地址的适当网络。

典型的 route 命令结构如下：

```
# route cmd type address netmask mask gw gway dev dn
```

参数如表 13-1 所示。

表 13-1 route 命令的参数

参数	说明
cmd	add 还是 del，取决于是添加还是删除路由。如果删除路由，那么唯一需要的其他参数是 address
type	可以是-net 或-host，具体取决于地址是表示网络地址还是路由器地址
address	要为其指定路由的目标网络
netmask mask	将地址的网络掩码设置为掩码
gw gway	将地址的网关地址设置为 gway。通常用于默认路由
dev dn	通过网络设备 dn 向指定的地址发送所有数据包

下面是一个示例，演示如何在主机上设置默认路由；示例主机上有一个以太网设备和一个默认网关 192.168.1.1：

```
[master@server ~]$ sudo route add -net default gw 192.168.1.1 dev eth0
```

要使用 ip 实用工具向没有现有默认路由的系统添加一个默认路由，输入：

```
[master@server ~]$ sudo ip route add default via 192.168.1.1
```

要使用 ip 命令设置指向地址为 2001:db8::1 的 IPv6 网关的默认 IPv6 路由，输入如下：

```
[master@server ~]$ sudo ip -6 route add default via 2001:db8::1
```

要使用 ip 命令替换或更改主机上现有的默认路由，可以使用以下命令：

```
[master@server ~]$ sudo ip route replace default via 192.168.1.1
```

要使用 ip 通过 ens2 接口设置到主机 192.168.2.50 的主机路由，输入如下：

```
[master@server ~]$ sudo ip route add 192.168.2.50 dev ens2
```

使用 ip 命令建立一个使用特定网关(例如 2001:db8::3)到网络(如 2001::/24)的 IPv6 路由，运行这个命令：

```
[master@server ~]$ sudo ip -6 route add 2001::/24 via 2001:db8::3
```

以下是如何删除为 192.168.2.50 指定的路由：

```
[master@server ~]$ sudo route del 192.168.2.50
```

要使用 ip 删除，可以输入以下内容：

```
[master@server ~]$ sudo ip route del 192.168.2.50 dev eth2
```

使用 ip 命令删除 IPv6 路由(例如，通过 2001:db8::3 到 2001::/24)，运行以下命令：

```
[master@server ~]$ sudo ip -6 route del 2001::/24 via 2001:db8::3
```

注意 在没有正确理解网络拓扑的情况下，不要在生产系统上任意设置路由。这样做很容易破坏网络连接。如果使用了网关，就需要在引用它作为另一个路由之前，确保存在到该网关的路由。例如，如果默认路由使用 192.168.1.1 的网关，就需要确保首先有一个到达 192.168.1.0 网络的路由。

13.2.2 显示路由

有几个实用程序可用于从命令行查看系统路由表。下面几节讨论 route、netstat 和 ip route。

1. route

使用 route 是显示路由表的最简单方法之一——简单地运行 route 而不需要任何参数。这是一个完整的运行，列出了输出：

```
[master@server ~]$ route
Kernel IP routing table
Destination  Gateway Genmask        Flags Metric  Ref Use  Iface
10.10.2.0    0.0.0.0 255.255.255.0  U       0      0    0  eth0
192.168.1.0  0.0.0.0 255.255.255.0  U       0      0    0  eth1
169.254.0.0  0.0.0.0 255.255.0.0    U       0      0    0  eth0
0.0.0.0    my-gateway 0.0.0.0       UG      0      0    0  eth0
```

这里，可以看到两个网络。第一个是 10.10.2.0 网络，可以通过第一个以太网设备 eth0 访问该网络。第二个是 192.168.1.0 网络，通过第二个以太网设备 eth1 连接。第三个是链路-本地目标网络，用于自动配置主机。最后一个条目是默认路由。在示例中，它的实际值是 10.10.2.1；但由于 IP 地址在域名系统(DNS)中解析为主机名 my-gateway，route 打印的是它的主机名而不是 IP 地址。

注意，route 将主机名显示到它可以查找和解析的任何 IP 地址。尽管这很容易阅读，但是当网络中断并且名称解析服务(如 DNS)不可用时，它会出现问题。当试图解析主机名并等待查看服务是否恢复联机时，route 命令将显示挂起(直到请求超时)。为解决这个问题，可对 route 使用-n 选项，这样可以显示相同的信息，但是 route 不会尝试在 IP 地址上执行主机名解析。

要使用 route 命令查看 IPv6 路由，输入如下：

```
[master@server ~]$ route -A inet6
```

2. netstat

通常，netstat 程序用于显示主机上所有网络连接的状态。但使用-r 选项，还可显示内核路由表。下面的示例调用 netstat -r，其相应的输出如下：

```
[master@server ~]$ netstat -r
 Kernel IP routing table
Destination  Gateway      Genmask        Flags  MSS   Window    irtt  Iface
192.168.1.0  0.0.0.0      255.255.255.0  U      0     0         0     eth0
127.0.0.0    0.0.0.0      255.0.0.0      U      0     0         0     lo
Default     192.168.1.1   0.0.0.0        UG     0     0         0     eth0
```

在本例中，主机有一个网络接口卡，连接到 192.168.1.0 网络，默认网关设置为 192.168.1.1。

与 route 命令一样，netstat 也可使用-n 参数，这样它就不会执行主机名解析。

要使用 netstat 实用程序显示 IPv6 路由表，可运行以下命令：

```
[master@server ~]$ netstat -rn - inet6
```

3. ip route

如前所述，iproute包提供了高级ip路由和网络设备配置工具。ip命令还可以用于操作Linux主机上的路由表。这是通过使用route对象和ip命令来完成的。

与大多数商业电信级路由设备一样，基于Linux的系统实际上可以同时维护和使用多个路由表。前面的route命令实际上只显示和管理系统上的一个默认路由表——main表。

例如，查看main表的内容(如route命令显示的)，输入：

```
[master@server ~]$ ip route show table main
10.10.2.0/24 dev eth0 proto kernel scope link src 10.99.99.45
192.168.1.0/24 dev eth2 proto kernel scope link src 192.168.1.42
169.254.0.0/16 dev eth0 scope link
default via 10.10.2.1 dev eth0 proto static metric 1024
```

要查看系统上所有路由表的内容，请输入：

```
[master@server ~]$ ip route show table all
```

要只显示IPv6路由，输入如下：

```
[master@server ~]$ ip -6 route show
```

云环境中的网络配置

第13章讨论的网络栈和协议的理论方面适用于任何云实现(Openstack、AWS、GCE、Linode等)。因此，应该尽可能了解基本概念，如子网、路由、网关、IP寻址。

尽管如此，云环境中的网络配置和管理是完全不同的事情。它不是一个复杂的或不可能处理的事务；它们只是不同而已。在云中运行的Linux服务器完全派生自流行的Linux发行版，如Fedora、Debian、Ubuntu、RHEL、CentOS、Amazon Linux和OpenSUSE。这意味着这些虚拟系统很可能预先配置了常见的命令行实用工具，如ifconfig、ip、iptables、route、ip6tables等。尽管这些工具是可用的，但请记住，无论是否使用它们都可能产生意想不到的结果！最坏的情况是暂时失去对虚拟服务器或网络的网络连接——但不必担心，因为几乎总能通过应用程序编程接口(API)重新获得对虚拟世界的访问。

从用户的角度看，云中的几乎每个对象都是虚拟的——路由器、交换机、防火墙、服务器等。在任何商业云计算中唯一不虚拟的是到期的账单！

必须依靠API、软件开发工具包、命令行工具、Web控制台等与云环境中的网络对象进行交互和操作。云环境中网络的主要组件包括内部和外部IP地址、VPC和防火墙。

- 内部IP地址通常是不可路由的RFC 1918私有地址类型，例如172.16.0.0/12、192.18.0.0/16和10.0.0.0/8。云资源使用这些内部地址私下进行通信，也使用这些内部地址相互通信。
- 外部IP地址包括可路由的IP地址类，可通过公共Internet访问。面向外部的云资源通常使用外部地址与公共Internet的其余部分通信。
- 虚拟私有云(VPC)用于在云提供商的网络上创建逻辑上隔离的部分，可在其中启动和使用各种云资源。VPC定义并表示云中网络的总体拓扑。根据设计，VPC是全球性的，这意味着它们可以跨越多个地理位置。每个VPC通常有一个与它关联的CIDR地址块。然后，各个较小的子网从较大的VPC块中分离出来，以进一步分段资源。可以控制虚拟网络环境，包括选择自己的内部IP地址范围、创建子网和配置路由表。可在VPC中同时使用IPv4和IPv6来安全、轻松地访问资源和应用程序。
- 防火墙是作为规则或访问控制列表实现的，定义这些规则或访问控制列表来帮助在网络级别保护云资产。一些云实现将防火墙规则称为安全组。使用入口和出口规则，防火墙可以帮助保护内部

IP 地址免受外部 IP 地址的攻击，或者保护其他公共外部 IP 地址免受外部云 IP 地址的攻击。

13.3　简单的 Linux 路由器

Linux 有许多令人印象深刻的网络功能，包括它作为一个功能齐全的路由器的能力。只需要一个功能强大、成本低廉的路由器，一台运行 Linux、带有一些网卡的标准 PC 就可以很好地运行。Linux 路由器能够每秒移动大量的数据包，当然，这取决于 CPU、CPU 缓存、网卡的类型、系统总线的速度等。实际上，有几个商业路由器运行剥离、优化的 Linux 内核，它们的 shell 下有一个很好的 GUI 管理前端！

使用静态路由的路由

下面假设要将一个双主 Linux 系统配置为路由器，如图 13-1 所示。

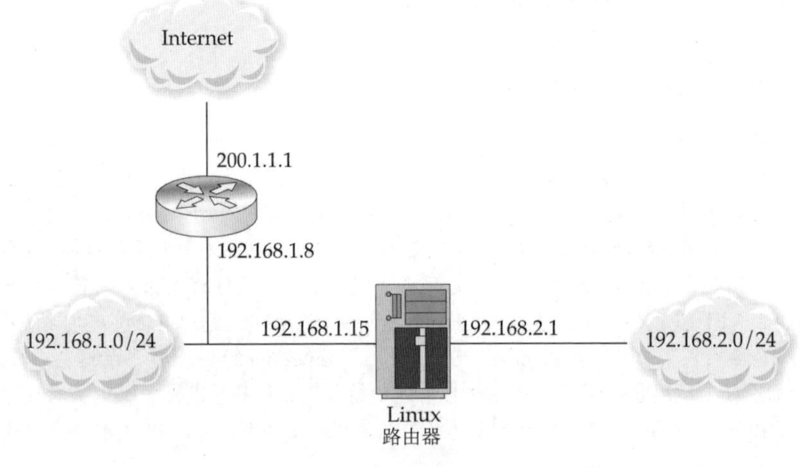

图 13-1　示例网络

在这个网络中，希望在 192.168.1.0/24 网络和 192.168.2.0/24 网络之间路由数据包。默认路由通过 192.168.1.8 路由器，该路由器执行到 Internet 的网络地址转换(NAT)。第 14 章将进一步讨论 NAT。

对于 192.168.2.0/24 网络上的所有机器，希望将它们的默认路由设置为 192.168.2.1，并让 Linux 路由器知道如何转发到 Internet 和 192.168.1.0/24 网络。对于 192.168.1.0/24 网络上的系统，希望将 192.168.1.15 配置为默认路由，以便所有机器都能看到 Internet 和 192.168.2.0/24 网络。

这要求 Linux 系统有两个(物理或虚拟)网络接口：eth0 和 eth1。配置如下：

```
[master@server ~]$ sudo ip address add 192.168.1.15/24 eth0
[master@server ~]$ sudo ip address add 192.168.2.1/24 eth1
```

结果如下：

```
[master@server ~]$ ifconfig -a
eth0    Link encap:Ethernet HWaddr 00:30:48:21:2A:36
        inet addr:192.168.1.15 Bcast:192.168.1.255 Mask:255.255.255.0
....<OUTPUT  TRUNCATED>....
eth1    Link encap:Ethernet HWaddr 00:02:B3:AC:5E:AC
        inet addr:192.168.2.1 Bcast:192.168.2.255 Mask:255.255.255.0
....<OUTPUT  TRUNCATED>....
```

注意 可以配置一个单机路由器，其中eth0接口配置为192.168.1.15，eth0:0配置为192.168.2.1。然而，这样做将消除网络分段的任何好处。换句话说，网络上的任何的广播包将被两个网络看到。因此，最好将每个网络放在它自己的物理接口上。

当ip添加一个接口时，它还根据网络掩码值为该接口创建一个路由条目。因此，对于192.168.1.0/24，会在eth0上添加一个路由，将所有192.168.1.0/24流量发送给它。下面看一下路由表：

```
[master@server ~]$ route -n
Kernel IP routing table
Destination    Gateway Genmask         Flags Metric Ref  Use   Iface
192.168.2.0    0.0.0.0 255.255.255.0   U       0     0    0   eth1
192.168.1.0    0.0.0.0 255.255.255.0   U       0     0    0   eth0
127.0.0.0      0.0.0.0 255.0.0.0       U       0     0    0   lo
```

这里所缺少的是到192.168.1.8的默认路由。下面使用route命令添加并查看更新后的表：

```
[master@server ~]$ sudo route add default gw 192.168.1.8
[master@server ~]$ route -n
Kernel IP routing table
Destination    Gateway     Genmask         Flags Metric Ref Use  Iface
192.168.2.0    0.0.0.0     255.255.255.0   U       0      0   0  eth1
192.168.1.0    0.0.0.0     255.255.255.0   U       0      0   0  eth0
127.0.0.0      0.0.0.0     255.0.0.0       U       0      0   0  lo
0.0.0.0        192.168.1.8 0.0.0.0         UG      0      0   0  eth0
```

快速的ping检查验证了通过每个路由的连接：

```
[master@server ~]$ ping -c 1 4.2.2.1
PING 4.2.2.1 (4.2.2.1) from 192.168.1.15 : 56(84) bytes of data.
64 bytes from 4.2.2.1: icmp_seq=1 ttl=245 time=15.2 ms
1 packets transmitted, 1 received, 0% loss, time 0ms
....<OUTPUT  TRUNCATED>.....

[master@server ~]$ ping -c 1 192.168.1.30
PING 192.168.1.30 (192.168.1.30) from 192.168.1.15 : 56(84) bytes of data.
64 bytes from 192.168.1.30: icmp_seq=1 ttl=64 time=0.233 ms
....<OUTPUT  TRUNCATED>.....
[master@server ~]$ ping -c 1 192.168.2.2
PING 192.168.2.2 (192.168.2.2) from 192.168.2.1 : 56(84) bytes of data.
64 bytes from 192.168.2.2: icmp_seq=1 ttl=64 time=0.192 ms
....<OUTPUT  TRUNCATED>.....
```

看起来不错。现在是时候启用IP转发了。这告诉Linux内核，如果它有一个到目的地的路由，就可以转发不是发给它的数据包。为此，可暂时将/proc/sys/net/ipv4/ip_forward 设置为1，如下：

```
[master@server ~]$ sudo echo "1" > /proc/sys/net/ipv4/ip_forward
```

192.168.1.0/24网络上的主机应该将其默认路由设置为192.168.1.15，而192.168.2.0/24上的主机应该将其默认路由设置为192.168.2.1。最重要的是，不要忘记在启动脚本中添加路由，启用ip_forward部分。

提示 需要一个DNS服务器？如果要对外部可靠的DNS服务器进行快速查询，请尝试4.2.2.1、4.2.2.2、4.2.2.3、4.2.2.4、4.2.2.5、4.2.2.6、8.8.8.8或8.8.4.4。这些地址已经存在很长一段时间了，是由一个数字序列组成，很容易记住。

13.4　VPC、子网、IP 和路由配置(AWS 云示例)

通过示例，来了解如何设置网络拓扑，以在第三方云环境中启动和托管 Fedora Linux 服务器。请注意，除了本节中选择的工具和操作环境之外，这里没有任何特定于 Linux 的内容。你会感到很自在，因为这里使用的命令非常类似于 Linux-y 或 FOSS。可以按照几乎完全相同的步骤启动其他受支持的非自由/开源(非 Linux)系统。

注意　你将间接与之交互的大多数云提供商系统都是由某种基于 Linux 的服务器驱动的！这些服务器通过为请求提供服务、托管 API、托管虚拟机、执行路由、托管应用程序等来完成所有繁重工作。

假设有一个经过授权的 AWS 账户，并且正确设置了所有先决条件(AWS 账户设置、账单、AWS 访问密钥、AWS 密钥、令牌、AWS CLI 工具等)。

使用 AWS 作为示例云实现，下面将创建一个 VPC、创建子网、使子网公开、创建防火墙规则，最后在子网中启动一个实例。

注意　云提供商利用特殊的标识符(由一长串随机的字母和数字组成)唯一地标识(或标记)云中的大量可用资源。Amazon 将这些 ID 称为资源 ID。因为这些资源 ID 是唯一的，所以接下来的示例输出练习中故意屏蔽了实际值，以避免混淆。例如，将 AWS 生成的 VPC ID 的样本值从实际的 VPC -0321z238 更改为 vpc -*。

13.4.1　VPC 和子网(AWS)

VPC 是容纳 AWS 下所有云资源并提供访问的总体容器。要创建跨 10.10.0.0/16 CIDR 块的 VPC，输入以下内容：

```
# aws ec2 create-vpc --cidr-block 10.10.0.0/16
{
   "Vpc": {
      "VpcId": "vpc-*",
...<OUTPUT TRUNCATED>...
```

注意输出中的 VPC ID (VpcId)。

在新创建的 VPC ID 下创建一个具有 10.10.0.0/24 CIDR 块的子网，如下所示：

```
# aws ec2 create-subnet --vpc-id vpc-* --cidr-block 10.10.0.0/24
```

13.4.2　Internet 网关和路由(AWS)

Internet 网关(IG)用于促进不同网络之间的通信。本章将 VPC 的唯一子网变成公共 VPC。为此，可向 VPC 附加一个 IG，创建一个自定义路由表，并配置子网和 IG 之间的路由，从而为 VPC 中的资源提供一种方式来访问公共 Internet。

下面创建一个 Internet 网关：

```
# aws ec2 create-internet-gateway
{
   "InternetGateway": {
```

```
            "InternetGatewayId": "igw-*",
    ...<OUTPUT TRUNCATED>...
```

注意输出中的 Internet 网关 ID(InternetGatewayId)的值。

将 Internet 网关(igw - *)连接到 VPC:

```
# aws ec2 attach-internet-gateway --vpc-id vpc-* \
--internet-gateway-id igw-*
```

为 VPC 定义一个自定义路由表，输入:

```
# aws ec2 create-route-table --vpc-id vpc-*
{
   "RouteTable": {
         "RouteTableId":  "rtb-*",
...<OUTPUT TRUNCATED>...
```

注意输出中路由表 ID(RouteTableId)的值。

接下来，在新创建的路由表中创建一个路由。这将是默认路由(0.0.0.0/0)，将它指向 Internet 网关，如下:

```
# aws ec2 create-route --route-table-id rtb-* \
--destination-cidr-block 0.0.0.0/0 --gateway-id igw-*
```

下面查询自定义路由表，查看刚刚创建的路由:

```
# aws ec2 describe-route-tables --route-table-id rtb-*
{
   "RouteTables": [
   {
      "Associations": [],
      "RouteTableId": "rtb-*",
      "VpcId": "vpc-*", "Routes": [
         ........
         {
              "GatewayId": "igw-*",
              "DestinationCidrBlock":  "0.0.0.0/0",
              "State": "active",
              "Origin": "CreateRoute"
...<OUTPUT TRUNCATED>...
```

自定义路由表看起来是正确的。但是，为将流量从子网引导到 Internet 网关，需要将路由表与子网关联起来。

下面查询 VPC 已定义的子网列表:

```
# aws ec2 describe-subnets --filters "Name=vpc-id,Values=vpc-*"\
--query  'Subnets[*].{ID:SubnetId,CIDR:CidrBlock}'
[
   {
      "CIDR":  "10.10.0.0/24",
      "ID": "subnet-*"
   }
]
```

注意输出中子网 ID (ID)的值。

为使其成为一个公共子网，下面将子网与自定义路由表绑定:

```
# aws ec2 associate-route-table --subnet-id subnet-* \
--route-table-id rtb-*
```

13.4.3 安全组(AWS)

安全组充当虚拟防火墙，控制云实例之间的通信。分配给实例的安全组是在启动实例时定义的。因此，需要在虚拟防火墙上打孔，以便从公共 Internet 访问资源或服务。

因为希望能够连接和管理云 Linux 服务器，所以首先在 VPC 中定义一个新的安全组，允许在任何地方访问 SSH：

```
# aws ec2 create-security-group --group-name SSH \
--description "Security group for SSH" --vpc-id vpc-*
{
      "GroupId": "sg-*"
}
```

在前面的输出中，请注意安全组 ID(GroupId)的值。

创建防火墙 TCP / IP 的规则由新创建安全组执行：

```
# aws ec2 authorize-security-group-ingress --group-id sg-* \
--protocol tcp --port 22 --cidr 0.0.0.0/0
```

13.4.4 在自己的子网(AWS)中启动 Linux 服务器

终于完成了为演示环境设置底层网络的繁杂任务。假设已经创建并能够访问名为 THE_KEY_PAIR_ NAME 的现有密钥对，就应该能在 AWS 账户下的公共子网中提供一个新的虚拟机。

下面测试在刚创建的公共子网中启动新的虚拟机映像。要启动的示例 Red Hat Enterprise Linux 8 服务器的 AMI(Amazon Machine Image)标识符是 ami-0520e698dd500b1d1。输入以下内容：

```
# aws ec2 run-instances --image-id ami-0520e698dd500b1d1 --count 1 \
--instance-type t2.micro --key-name <THE_KEY_PAIR_NAME> \
 --security-group-ids sg-* --subnet-id subnet-*
```

注意输出中新启动实例中的实例 ID。

要查看有关新实例的各种信息，输入：

```
# aws ec2 describe-instances --instance-id i-*
```

13.5 主机名配置

系统的主机名是一个友好名称，其他系统或应用程序可通过它在网络上寻址该系统。因此，为系统配置主机名被认为是一项重要的网络配置任务。在 OS 安装期间，会提示为系统创建或选择主机名。如果在 OS 安装期间没有显式指定主机名，则可能自动分配主机名。

应该花时间选择并为服务器分配最能描述其功能或角色的主机名。还应该选择能够随着服务器集合的增长而轻松伸缩的名称。好的(或简单的)描述性主机名的例子有：

```
webserver01.example.org, dbserver09.example.com, logger-datacenterB, jupiter.example.org,
saturn.example.org, pluto, sergent.example.com, hr.example.com, major.example.org
```

确定了主机名和命名方案后，接下来需要使用该名称配置系统。没有标准化的方法来配置不同的 Linux 发行版的主机名，因此，这里提供了以下指南，你可在流行的 Linux 发行版上使用不同的配置文件/工具。

- Fedora、CentOS和RHEL：将所需的值分配给/etc/sysconfig/network文件中的HOSTNAME变量，可以设置主机名。
- openSUSE 和SLE：在这些系统上通过/etc/ HOSTNAME文件设置主机名。
- Debian、Ubuntu和Kubuntu：基于Debian的系统使用/etc/hostname文件来配置系统的主机名。
- 所有Linux发行版：在几乎所有Linux发行版上，sysctl工具可以用来临时更改系统主机名。使用此实用程序设置的主机名值在系统重新引导时将失效。语法是# sysctl kernel.hostname=NEW-HOSTNAME。

现代Linux发行版已经完全合并了systemd作为服务管理器，现在支持单个主机具有不同用途的多个主机名的概念。下面是一些不同的受支持的主机名类别。

- 静态主机名：与在引导时初始化内核的传统主机名相同，存储在/etc/hostname文件中。
- 暂态主机名：这是一种动态类型的主机名，在系统运行时可能会更改。可通过DHCP等更改它。它最初被设置为与静态主机名相同的值。
- 灵活的主机名：这是一个灵活的、格式自由的主机名版本。允许使用其他主机名表单不支持的特殊字符。使用空格字符的灵活主机名的示例是“KickAss Linux Server”。

用于管理systemd发行版上不同类型主机名的工具是hostnamectl。该工具还可以用于查询和配置与系统相关的其他元数据类型信息，例如位置、机架、系统图标，甚至表情符号。

要在任何Linux发行版上查看传统/普通/静态的主机名，输入如下：

```
[master@server ~]$ hostname
```

要使用hostnamectl查看正在运行的systemd系统(比如Fedora或Ubuntu)上的静态主机名，输入以下内容：

```
[master@server ~]$ hostnamectl status --static
```

使用hostnamectl查看临时主机名：

```
[master@server ~]$ hostnamectl status --transient
```

要使用hostnamectl查看灵活的主机名，输入如下：

```
[master@server ~]$ hostnamectl status --pretty
```

下面使用hostnamectl为服务器设置一个乏味的静态主机名：

```
[master@server ~]$ sudo hostnamectl set-hostname "fedora-server-01" --static
```

要使用hostnamectl在运行systemd的系统上设置临时主机名，输入以下命令：

```
[master@server ~]$ sudo hostnamectl set-hostname \

"fedora-server-01- temporary" --transient
```

现在使用hostnamectl设定一个更丰富多彩的灵活主机名，其中包括一个“笑脸”表情包(由Unicode代码点U＋263B表示)：

```
[master@server ~]$ sudo hostnamectl --pretty set-hostname \
"$(python3 -c "print('Kickass Server \u263b')")" --pretty
```

输入下面的命令，查看刚才配置的三个不同类型的主机名：

```
[master@server ~]$ hostnamectl status
```

要将hostname类恢复为默认值，可以提供""(空字符串)作为hostnamectl set-hostname命令的参数。例如，要清除当前静态主机名并将其重置为默认值，输入以下命令：

```
[master@server ~]$ sudo hostnamectl set-hostname "" --static
```

13.6　小结

本章讨论了在基于 Linux 的系统上，如何使用 ifconfig、ip、nmcli 和 route 命令来配置 IP 地址(IPv4 和 IPv6)和路由条目(IPv4 和 IPv6)。研究了在像 Fedora、CentOS 和 RHEL 这样的 Red Hat 系统以及像 Ubuntu 这样的 Debian 系统中是如何做到这一点的。探讨了如何结合使用这些命令来构建一个简单的 Linux 路由器。在网络驱动程序的上下文中简要介绍了内核模块。请记住，网络接口的访问方法与其他大多数具有/dev 条目的设备不同。还了解了如何通过示例云(AWS)提供商的 API 进行 IP/网络配置。

请记住，在更改 IP 地址和路由时，应该确保在适当的启动脚本中添加任何更改，并确保正在使用的任何网络管理栈(networkd、NM 等)都是按照预期的方式工作的。在生产系统上，可能希望安排一次重新启动，以确保更改按预期工作。

如果对路由的更多细节感兴趣，有必要仔细阅读下一章和一些高级 Linux 路由特性。Linux 提供了一组丰富功能，可用于创建强大的独立设备、路由系统和网络。

对于任何对使用 RIP、OSPF 或 BGP 的动态路由感兴趣的人，一定要看看 Quagga 项目(www.nongnu.org/quagga)。该项目致力于构建和提供高度可配置的动态路由系统/平台，可与任何标准路由器(包括商用硬件，如思科硬件)共享路由更新。另一个有趣的网络软件仿真项目是 https://www.gns3.com/上的 GNS3 项目。

第14章 Linux防火墙(Netfilter)

很久很久以前，Internet还是一个友好的地方，在那里，人们只想坐在大型计算机周围，牵着彼此的手，唱着“Kum Ba Yah”，浏览大约三个可用的网站。每个人都彼此相爱。

更严肃的一点是，Internet的少数原始用户专注于研究，他们有更好的事情要做，而不是把时间浪费在别人的基础设施上。任何安全的概念在很大程度上都是为了防止爱开玩笑的人做傻事。许多管理员没有认真努力保护他们的系统。过去是这样，现在还是这样!

遗憾的是，随着Internet人口的增长，威胁也在增加。在Internet和私有网络之间设置障碍的需求开始变得越来越普遍。

Linux网络、防火墙和数据包过滤已经走过了漫长的道路——从借用Berkeley Software Distribution (BSD)的初始实现到几个主要重写/更新(内核 2.0、2.2、2.4、2.6、3.0、4.0 和 5.0)和四个用户级接口(ipfwadm、ipchains、iptables、nftables)，也有了这些变化。当前的Linux包过滤器和防火墙基础设施(包括内核和用户工具)称为Netfilter。

本章首先讨论Linux Netfilter是如何工作的，接着讨论它与Linux的关系，最后列举几个配置示例。

注意 本章介绍了Netfilter系统，演示了防火墙是如何工作的，并提供了足够的指导来保护一个简单的网络。关于防火墙的书籍有很多。如果对超出基本配置范围的安全性感兴趣，肯定应该查看其他更深入地讨论该主题的专用资源。

14.1 Netfilter的工作原理

Netfilter背后的思想很简单：提供一种简单方法来决定包应该如何流动。为简化配置，Netfilter支持命令行工具，如iptables、ip6tables、arptables、ebtables、nft等。

iptables工具为Internet协议版本4 (IPv4)管理Netfilter。iptables工具很容易根据需要从系统中列出、添加和删除规则。

用于管理IPv6 Netfilter子系统的命令被恰当地命名为ip6tables。本章中讨论的关于IPv4 Netfilter的大多数概念也适用于IPv6 Netfilter。

nftables是新的包分类框架，它将取代iptables框架。它实现为运行在内核中的一个简单虚拟机。与iptables相比，nftables提供了更快的防火墙规则，包括查找、改进的性能、更简单的代码库、更有效地执行过滤规则、更有效地存储过滤规则，等等。

nftables通过一个兼容层支持现有的iptables防火墙规则，该兼容层可将现有的iptables防火墙规则转换为对应的nftables防火墙规则。用于与nftables交互的用户空间工具称为nft，它可以替代以前由几个独立的iptables实用程序/命令(如iptables、ip6tables、arptables和ebtables)提供的功能。由于iptables

可能是在撰写本书时 Linux 领域最广泛的防火墙实现，所以本章主要关注它，并在适当的时候简要地提到 nftables。

在 Netfilter iptables 实现中，根据配置处理数据包的所有代码实际上都在内核中运行。为实现这一点，Netfilter 基础结构将任务分解为几个不同类型的操作(表)：nat(网络地址转换)、mangle、raw、filter 和 security。每个操作都有自己的操作表，可以根据管理员定义的规则执行；nftables 没有这样的预定义表。

nat 表负责处理网络地址转换——也就是说，将 IP 地址转换为特定的源或目标 IP 地址。它最常见的用途是允许多个系统从一个 IP 地址访问另一个网络(通常是 Internet)。当与连接跟踪相结合时，网络地址转换是 Linux 防火墙的核心。

mangle 表负责更改或标记包。mangle 表的可能用途是巨大的；然而，它也很少被使用。使用它的一个例子是更改 TCP 报头中的 ToS(服务类型)位，以便服务质量(QoS)机制可以应用到数据包。

raw 表主要用于在非常低的级别上处理数据包。它用于配置连接跟踪的排除项。在原始表中指定的规则比其他表中的规则具有更高的操作优先级。

filter 表负责提供基本的包过滤。这可用于根据应用于系统的任何规则选择性地允许或阻塞流量。过滤的一个例子是阻塞所有流量，除了指向端口 22 (SSH)或端口 25(SMTP)的流量。

最后，security 表用于管理 MAC 联网规则。

14.1.1　NAT 基础知识

Network Address Translation (NAT)允许在路由器的两边隐藏主机，这样，不管出于什么原因，每一边都可以不被对方察觉。Netfilter 下的 NAT 可以分为三类：源 NAT (SNAT)、目标 NAT (DNAT)和伪装 NAT。

SNAT 负责更改源 IP 地址和端口，使数据包看起来来自管理员定义的 IP。当私有网络需要使用外部可见的 IP 地址时，这是最常用的。要使用 SNAT，管理员必须在定义规则时知道新的源 IP 地址是什么。如果它是未知的(例如，IP 地址是由 ISP 动态定义的)，管理员应该使用伪装(稍后解释)。使用 SNAT 的另一个例子是，管理员希望将一个网络上的特定主机(通常是私有的)显示为另一个 IP 地址(通常是公共的)。使用 SNAT 时，需要在包处理阶段的后期出现，以便 Netfilter 的所有其他部分在包离开系统之前看到原始的源 IP 地址。

DNAT 负责改变目的 IP 地址和端口，使数据包重定向到另一个 IP 地址。这对于管理员希望将服务器隐藏在私有网络(通常称为隔离区，或者用防火墙的说法称为 DMZ)中，并将选择的外部 IP 地址映射到传入流量的内部地址的情况非常有用。从管理的角度看，DNAT 使得策略的管理更加容易，因为所有外部可见的 IP 地址都可以从网络中的单个主机(也称为阻塞点)上看到。

最后，伪装只是 SNAT 的一个特例。这对于私有网络中的多个系统需要与外部世界共享一个动态分配的 IP 地址的情况非常有用；这是基于 Linux 的防火墙最常见的用法。这种情况下，伪装将使所有数据包好像来自支持 NAT 的设备的 IP 地址，从而隐藏了私有网络的组成。使用这种 NAT 方法还允许私有网络使用私有 IP 空间，如 192.168.0.0/16、172.16.0.0/12、10.0.0.0/8 等。

1. NAT 的示例

图 14-1 显示了一个简单示例，其中主机(192.168.1.2)试图连接到服务器(200.1.1.1)。在这种情况下使用 SNAT 或伪装将对包应用一个转换，以便将源 IP 地址更改为支持 NAT 的设备的外部 IP 地址(100.1.1.1)。从服务器的角度看，它是与支持 NAT 的设备通信，而不是直接与主机通信。从主机的角度看，它可以畅通无阻地访问公共 Internet。如果在支持 NAT 的设备后面有多个客户端(如 192.168.1.3

和 192.168.1.4)，那么 NAT 引擎会将它们所有的包转换成好像也来自 100.1.1.1 一样。

这就产生了一个小问题。服务器将发回一些包—— 但支持 NAT 的设备如何知道将哪个包发送给谁呢？这就是它的神奇之处：NAT 引擎维护一个客户端连接的内部列表，关联被称为流的服务器连接。因此，在第一个示例中，NAT 引擎维护一个记录，该记录将 192.168.1.1:1025 转换为 100.1.1.1:49001，该记录与 200.1.1.1:80 通信。当 200.1.1.1:80 将一个数据包发送回 100.1.1.1:49001，NAT 引擎自动修改数据包，使目标 IP 设置为 192.168.1.1:1025，然后将其传回专用网络上的客户端。

在最简单的形式中，NAT 引擎只跟踪流。只要看到流量，每个流都保持开放。如果 NAT 引擎在一段时间内没有看到给定流上的流量，该流将自动删除。这些流不知道连接本身的内容，只知道流量在两个端点之间传递，而 NAT 的任务是确保数据包按每个端点的预期到达。

现在看看相反的情况，如图 14-2 所示，来自 Internet 的客户端希望通过一个支持 NAT 的设备连接到私有网络上的服务器。这种情况下使用 DNAT，可让 NAT 引擎负责代表服务器接收数据包，转换数据包的目的地 IP，然后将它们发送到服务器。当服务器将包返回给客户端时，NAT 引擎必须查找相关的流并更改包的源 IP 地址，以便从 NAT 设备(而不是服务器本身)读取。将其转换为如图 14-2 所示的 IP 地址，服务器在 192.168.1.5:80 上，客户端在 200.2.2.2:1025 上。客户端连接到 NAT IP 地址 100.1.1.1:80，NAT 引擎转换数据包，使目标 IP 地址为 192.168.1.5。当服务器发送回一个包时，NAT 引擎会执行相反的操作，因此客户端认为它正在与 100.1.1.1 通信。注意，这种特殊形式的 NAT 也称为端口地址转换，或 PAT。

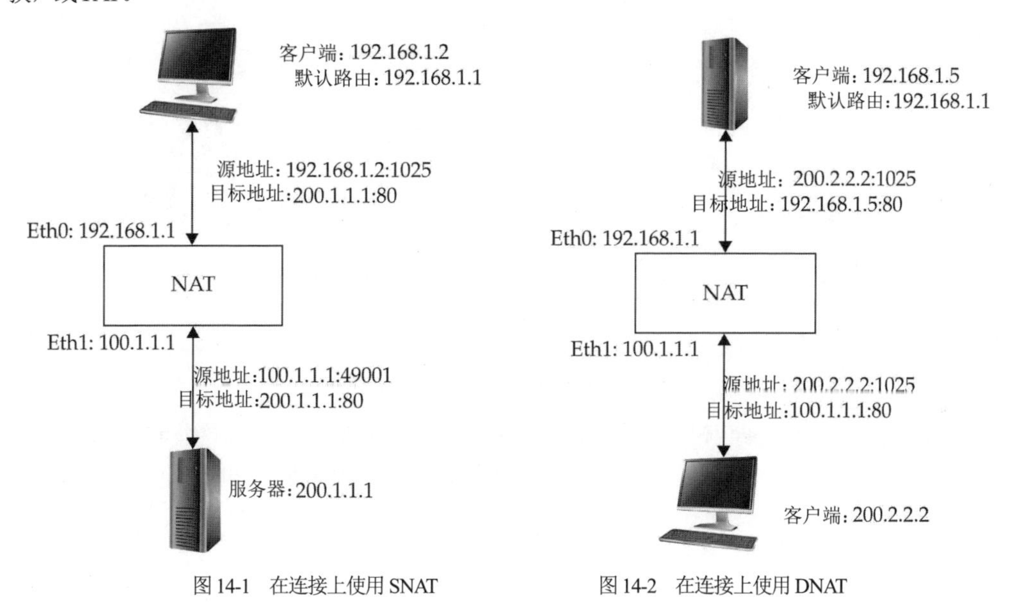

图 14-1　在连接上使用 SNAT　　图 14-2　在连接上使用 DNAT

2. 连接跟踪和 NAT

虽然表面上 NAT 似乎是提供安全性的好方法，但遗憾的是这还不够。NAT 的问题在于它不理解流的内容，也不知道是否应该阻止数据包，因为它违反了协议。例如，假设建立了一个网络，如图 14-2 所示。当一个新连接到达 Web 服务器时，它必须是一个 TCP SYN 包。没有其他用于建立新连接的有效数据包。然而，在一个盲目的 NAT 中，数据包会被转发，不管它是不是一个 TCP SYN。

为使 NAT 更有用，Linux 提供了有状态的连接跟踪。这个特性允许 NAT 智能地检查数据包的报头，并确定它在 TCP 级别是否有意义。因此，如果一个不是 TCP SYN 的新 TCP 连接的数据包到达，有状态的连接跟踪将拒绝该数据包，而不会将服务器本身置于危险之中。更妙的是，如果建立一个有效连接，一个恶棍试图欺骗一个随机数据包进入流，有状态的连接跟踪将删除该包，除非它符合两个端点之间的有效数据包的所有条件(这很难做到，除非攻击者能提前嗅出流量)。

在本章的其余部分讨论 NAT 时，请记住无论 NAT 发生在哪里，都可以发生有状态的连接跟踪。

14.1.2　链

对于每个表，数据包都要经过一系列的链。链只是对流经系统的数据包起作用的规则列表。

iptables Netfilter 实现中有五个预定义链：PREROUTING(预路由)、FORWARD(转发)、POSTROUTING(后路由)、INPUT(输入)和 OUTPUT(输出)。它们之间的关系如图 14-3 所示。但应该注意 TCP/IP 和 Netfilter 之间的关系，如图所示，是纯粹的逻辑关系。

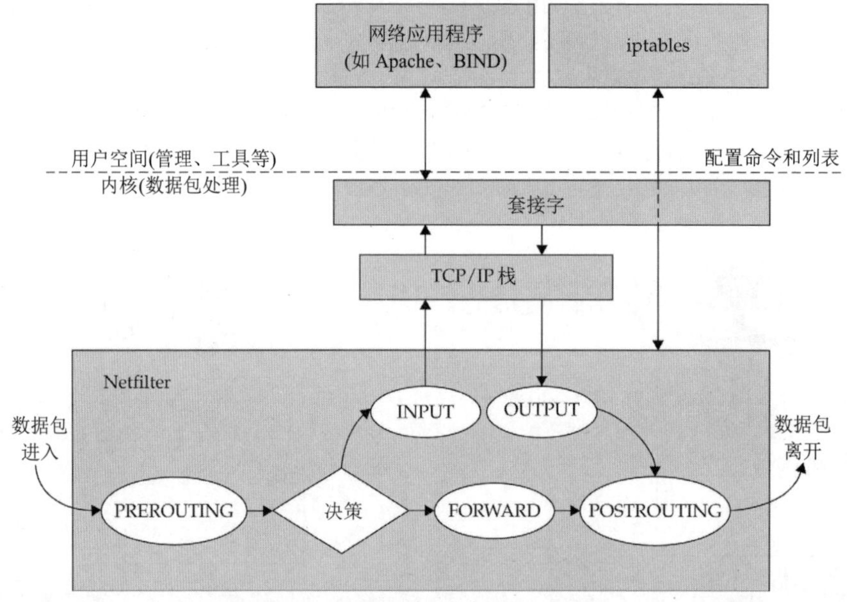

图 14-3　Netfilter 中预定义链之间的关系

每个预定义链都可以调用预定义表(nat、mangle 或 filter)中的规则。不是所有链都可以调用任何表中的任何规则；每个链只能在已定义的表列表中调用规则。接下来研究每个链的作用时，讨论每个链可以使用哪些表。

管理员(或应用程序)可以在需要时向系统添加更多的链。然后，与规则匹配的数据包可以调用另一个管理员定义的规则链。这很容易从不同链中重复一个规则列表。本章后面将看到此类配置的示例。

所有预定义链都是 mangle 表的成员。这意味着在路径上的任何一点，都可采用任意方式标记或更改数据包。但其他表和每个链之间的关系因链而异。所有关系的可视化表示如图 14-4 所示。下面更详细地介绍这些链，以帮助理解这些关系。

在 nftables Netfilter 实现中没有预定义的链，但是可以方便地从所谓的基链中进行选择，基链是在 iptables Netfilter hook(PREROUTING、INPUT、FORWARD、OUTPUT 和 POSTROUTING)中注册的链。

1. PREROUTING

PREROUTING 链是数据包进入系统时命中的第一件事。这个链可以调用的三个表之一的规则：

nat、raw、mangle。从 NAT 的角度看，这是执行目标 NAT (DNAT)的理想点，可以改变数据包的目的 IP 地址。

希望跟踪连接的管理员应该从这里开始跟踪，因为跟踪原始 IP 地址以及 DNAT 操作的任何 NAT 地址很重要。

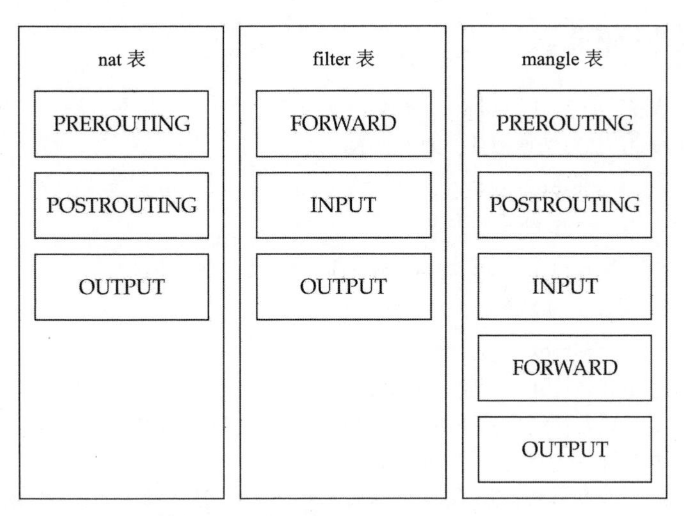

图 14-4　预定义链和预定义表之间的关系

2. FORWARD

FORWARD 链只在启用了 IP 转发且数据包的目的地不是主机本身的情况下调用。例如，如果 Linux 系统的 IP 地址是 172.16.1.1，并配置为在 Internet 和/24 网络之间路由数据包，而来自 1.1.1.1 的数据包的目的地是 172.16.1.10，该数据包将通过 FORWARD 链传输。

FORWARD 链调用 filter 和 mangle 表中的规则。这意味着管理员此时可以定义包过滤规则，该规则应用于发送到路由网络或来自路由网络的任何包。

3. INPUT

INPUT 链只在数据包以主机本身为目的地时调用。针对数据包运行的规则发生在数据包上升到堆栈并到达应用程序之前。例如，如果 Linux 系统的 IP 地址是 172.16.1.1，那么数据包的目的地必须是 172.16.1.1，以便应用 INPUT 链中的任何规则。如果规则删除所有指向 80 端口的数据包，那么侦听 80 端口连接的任何应用程序将永远不会看到任何此类数据包。INPUT 链调用 filter 和 mangle 表中的规则。

4. OUTPUT

从运行在主机本身的应用程序发送数据包时，就调用 OUTPUT 链。例如，如果本地用户尝试在命令行接口(CLI)上使用 Secure Shell (SSH)连接到远程系统，OUTPUT 链将看到连接的第一个包。从远程主机返回的包将通过 PREROUTING 和 INPUT 进入。

除了 filter 和 mangle 表之外，OUTPUT 链还可以调用 nat 表中的规则。这允许管理员配置 NAT 转换，使之发生在从主机本身生成的传出包上。尽管这不是典型做法，但该特性确实使管理员能够对包执行 PREROUTING 式的 NAT 操作(请记住，如果数据包来自主机，那么它永远没有机会通过 PREROUTING 链)。

5. POSTROUTING

POSTROUTING 链可调用 nat 和 mangle 表。在这个链中，管理员可为获取源 NAT (SNAT)而修改源 IP 地址。这也是构建防火墙时可以进行连接跟踪的另一个点。

14.2 安装 Netfilter

好消息是，如果有一个现代的 Linux 发行版，就应该已经安装、编译并运行了 iptables Netfilter。尝试运行 iptables 命令，执行快速检查，如下所示：

```
(root@server ~) # iptables - L
```

在 Ubuntu 系统上，运行如下命令：

```
master@ubuntu-server: ~ $ sudo iptables - L
```

快速查看 IPv6，可以使用如下命令：

```
[root@server ~] # ip6tables - L
```

如果命令提供了链和表的列表，说明 Netfilter 已安装。事实上，很有可能操作系统安装过程已经启用了一些过滤器！一些发行版甚至提供了在安装时配置或定制基本防火墙的选项。由于 Netfilter 已经存在，除了实际配置和使用它之外，不必做太多其他事情。

以下几节提供了一些有用的信息，介绍在(从头开始)设置尚未启用 Netfilter 的普通内核时可以使用的一些选项。安装 Netfilter 的完整过程实际上包括两个部分：在内核编译过程中启用特性和编译管理工具。先看看第一部分。

1. 在内核中启用 Netfilter

Netfilter 的大部分代码实际上都存在于内核中，并且附带了 Linux 的标准 kernel.org 发行版。如果 Netfilter 还没有在发行版内核中启用，就可以通过在编译内核的内核配置步骤中打开正确的选项来启用它。如果不熟悉编译内核的过程，请参阅第 10 章，了解详细信息。

Netfilter 有很多额外的选项，在支持标准 Netfilter 的发行版的内核中，这些选项可能还没有内置或启用。所以为了防止从头开始构建内核，且需要使用 Netfilter 高级选项，应采用如下方法：下载内核源代码，配置内核(通过 make menuconfig 或类似的工具)，然后导航到 Networking Support | Networking Options | Network Packet Filtering Framework (Netfilter)，并选择或启用所需的选项。

要在内核中启用对新 nftables 的支持，需要在内核配置期间启用以下功能：网络包过滤、nf_tables、nf_tables conntrack、IPv4 nf_tables 和 IPv6 nf_tables。在 Networking Support | Networking Options | Network Packet Filtering Framework (Netfilter)菜单下可以找到网络包过滤。

核心 nftable 支持可在 Networking Support | Networking Options | Network Packet Filtering Framework (Netfilter) | Core Netfilter Configuration | Netfilter nf_tables Support 菜单下找到。

2. 可选但合理的内核选项

有了刚刚编译到内核中的选项，从技术角度看，就可以使 Netfilter 在大多数应用程序中工作。但是，还有一些选项可以简化工作，提供额外的安全性，并支持一些通用协议。出于实际目的，应该将这些选项作为需求来考虑。所有以下模块可以编译为模块，只有那些在积极使用的模块加载到内存。

- Connection State Match：有了这个模块，连接跟踪获得有状态的功能，这在第 14.1.1 节中讨论过。重申一下，它允许根据数据包与前一个数据包的关系匹配数据包。这应该是任何将系统配置为防火墙的人的需求。

- Packet Filtering：如果要提供包过滤选项，则需要此选项。
- REJECT Target Support：此选项与数据包过滤选项相关，因为它提供了一种基于数据包过滤器拒绝数据包的方法，其方式是向数据包的来源发送回一个 Internet Control Message Protocol (ICMP)错误，而不是直接丢弃它。
- LOG Target Support：使用此选项，可配置系统来记录匹配规则的数据包。例如，如果希望记录所有被丢弃的包，则可以使用此选项。
- Full NAT：这个选项是 Netfilter 中提供 NAT 功能所需的。
- MASQUERADE Target Support：这个选项是为了提供一种简单的方法来通过 NAT 隐藏私有网络。这个模块在内部创建一个 NAT 入口。
- REDIRECT Target Support：这个选项允许系统把数据包重定向到 NAT 主机本身。使用此选项可以构建透明代理，当无法用适当的代理设置为网络中的每个客户端配置透明代理，或者应用程序本身不利于连接到代理服务器时，该代理非常有用。
- NAT of Local Connections：这个选项允许将 DNAT 规则应用到来自 NAT 系统本身的数据包上。如果不确定以后是否需要它，那么应该继续编译它。
- Packet Mangling：此选项添加 mangle 表。如果希望能够操作或标记服务质量等选项的各个包，那么应该启用此模块。

14.3　配置 Netfilter

所选择的 Linux 发行版很有可能已经配置了一些开箱即用的 Netfilter 防火墙规则，特别是如果使用的是一个较新的发行版。虽然出发点是好的，但这些默认规则可能不符合用户的喜好，需要对其进行调整。

当调整、创建或定制防火墙规则时，一些选择包括使用为这项工作构建的优秀命令行工具、使用 GUI 应用程序以及学习如何使用现有的脚本集管理系统。

如果选择使用 GUI，请注意，除了系统附带的 GUI 之外，Linux 还可以使用多个 GUI。然而，做出决定的关键在于，一旦下定决心，就会坚持下去。尽管可以在 GUI 和 CLI 之间切换，但不建议这样做，除非知道如何管理 GUI 工具手工生成的配置文件。

从启动/关闭脚本的角度看，使用现有的脚本集管理系统需要最少的更改，因为使用的是现有的框架；然而，这也意味着要了解当前框架是如何配置的，并学习如何编辑这些文件。

最后，忽略现有的脚本，并使用自己的脚本可能意味着需要从头开始使用为工作构建的命令行工具。优点是可以确切地了解它是如何工作的、何时开始以及如何管理它；缺点是还需要创建所有的启动和停止基础设施。由于防火墙功能的重要性，在系统启动后运行的/etc/ rc.d/rc.local 或类似脚本的末尾添加防火墙规则可能还不够。由于启动时间较长，启动服务和启动防火墙之间的窗口期为发生潜在攻击提供了太多时间。

下面将介绍一些有助于管理后端 Netfilter 堆栈的前端命令行工具(iptables、nft、firewall-cmd 等)。

14.3.1　保存 Netfilter 配置

在浏览本章时，使用 iptables 命令创建一些定制的防火墙规则，可能会在/proc 文件系统中调整一些设置，并在引导时加载额外的内核模块。要使这些更改在多次重新引导时持久化，需要保存每个组件，以便它们在引导时按预期的方式启动。

在 Fedora 和其他 Red Hat 类型的 Linux 发行版下保存非常简单。简单地采取以下步骤。

(1) 运行以下命令，把Netfilter规则保存到一个示例文本文件FIREWALL_RULES_FILE.txt中：

```
[root@fedora-server ~]# iptables-save > FIREWALL_RULES_FILE.txt
```

在Fedora发行版上，/etc/sysconfig/iptables相当于上面的FIREWALL_RULES_FILE.txt文件，所以要运行的命令是：

```
[root@fedora-server ~]# iptables-save > /etc/sysconfig/iptables
```

(2) 在/etc/sysconfig/iptables-config文件中给IPTABLES_MODULES变量添加适当的模块。例如，要添加ip_conntrack_ftp和ip_nat_ftp，将IPTABLES_MODULES行改为：

```
IPTABLES_MODULES="ip_conntrack_ftp ip_nat_ftp"
```

提示 IPv6防火墙(ip6tables)的配置选项存储在/etc/sysconfig/ip6tables-config文件中。例如，IPTABLES_MODULES IPv4指令的IPv6等价命令是ip6tablesconfig文件中的IP6TABLES_MODULES。

(3) 根据需要使用sysctl实用程序对内核参数进行任何更改。例如，要启用IP转发，需要运行以下命令：

```
[root@fedora-server ~]# sysctl -w net.ipv4.ip_forward=1 >> \ /etc/sysctl.d/99-sysctl.conf
```

注意 一些发行版已经在sysctl.conf文件中定义了(但禁用了)常用的内核参数，因此可能只需要将现有的变量更改为所需的值。因此，请确保检查该文件是否存在你想要更改和调整该值的设置，而不是像之前那样追加到该文件。

对于其他发行版，这里讨论的方法可能有所不同。如果不确定发行版是如何工作的，或者证明它物超所值，那么只需要在启动序列中禁用内置脚本并添加自己的脚本。如果选择编写自己的脚本，可以使用以下大纲：

```
#!/bin/sh
## Define where iptables and modprobe is located.
IPT="/sbin/iptables"
MODPROBE="/sbin/modprobe"
## Add your insmod/depmod lines here.
$MODPROBE ip_tables
$MODPROBE ipt_state
$MODPROBE iptable_filter
$MODPROBE ip_conntrack
$MODPROBE ip_conntrack_ftp
$MODPROBE iptable_nat
$MODPROBE ip_nat_ftp
## Flush the current chains, remove non-standard chains,
## and zero counters.
$IPT -t filter -F
$IPT -t filter -X
$IPT -t filter -Z
$IPT -t mangle -F
$IPT -t mangle -X
$IPT -t mangle -Z
$IPT -t nat -F
$IPT -t nat -X
$IPT -t nat -Z
```

```
## Add your rules here. Here is a sample one to get you started.
$IPT -A INPUT -i lo -j ACCEPT
## Add any /proc settings here. For example:
echo "1" > /proc/sys/net/ipv4/tcp_syncookies
```

14.3.2　iptables 命令

iptables(和用于 IPv6 的 ip6tables)命令是配置 Netfilter 系统的关键。用 iptables -h 命令快速浏览一下它的在线帮助，可以看到大量的配置选项。本节介绍其中一些选项并学习如何使用它们。

该命令的核心是定义作为规则链一部分的单个规则的能力。每个规则都有一个包匹配标准和一个相应的操作。当一个包遍历系统时，它将遍历适当的链，如图 14-3 所示。在每个链中，每个规则将按顺序在数据包上执行。当规则与数据包匹配时，对该数据包采取指定的操作。这些单独操作称为目标。

1. 管理链

命令的格式因需要对链执行的操作而异。表 14-1 列出可能的操作。

表 14-1　对链执行的操作

命令	说明
iptables -t table -A chain rule-spec [options]	将规则规范追加到 chain
iptables -t table -D chain rule-spec	从链中删除规则
iptables -t table -I chain [rulenum] rule-spec [options]	在 rulenum 中插入规则。如果没有指定规则号，则将该规则插入链的顶部
iptables -t table -R chain rulenum rule-spec [options]	将 rulenum 替换为链上的规则规范
iptables -t table -L chain [options]	列出链上的规则
iptables -t table -F chain [options]	刷新(删除)链上的规则
iptables -t table -Z chain [options]	将链上的所有计数器归零
iptables -t table -N chain	定义一个名为 chain 的新链
iptables -t table -X [chain]	删除链。如果没有指定链，则删除所有非标准链
iptables -t table target -P chain	定义链的默认策略。如果给定链没有匹配规则，则默认策略将数据包发送到 target
iptables -t table -E chain [new-chain]	将链重命名为 new-chain

回顾一下，有几个内置表(nat、filter、mangle 和 raw)和五个内置链(PREROUTING、POSTROUTING、INPUT、FORWARD 和 OUTPUT)，图 14-4 显示了它们的关系。然而，随着规则变得越来越复杂，有时有必要将它们分成更小的组。Netfilter 允许通过定义自己的链并将其放在适当的表中来实现这一点。

在遍历标准链时，匹配规则可以触发跳转到同一表中的另一个链。例如，下面创建一个名为 to_net10 的链，它处理通过 FORWARD 链、目的地是 10.0.0.0/8 网络的所有数据包：

```
[root@server ~]# iptables -t filter -N to_net10
[root@server ~]# iptables -t filter -A FORWARD -d 10.0.0.0/8 -j to_net10
[root@server ~]# iptables -t filter -A to_net10 -j RETURN
```

在本例中， to_net10 链并不做任何事情，只是把控制权返回 FORWARD 链。

提示　每个链都应该有默认策略，也就是说，如果包不符合任何规则，就必须采取默认操作。在设计防火墙时，安全的方法是为要删除的每个链设置默认策略(使用 iptables 中的-P 选项)，然后显式地为希望允许的网络流量插入 ALLOW 规则。

为 IPv6 防火墙创建一个名为 to_net10 的示例表，使用如下命令：

```
[root@server ~]# ip6tables -t filter -N to_net10
```

使用新的 nftables 创建一个名为 to_net10 的表，输入：

```
[root@server ~]# nft add table to_net10
```

提示　每当没有使用 iptables 命令显式地指定表名时，过滤器表就是默认使用的表。因此，规则：

```
# iptables -t filter -N example_chain
```

也可以写成：

```
# iptables -N example_chain
```

2. 定义规则规范

上一节中的表多次引用了规则规范。规则规范是 Netfilter 用于匹配数据包的规则列表。如果指定的规则规范匹配数据包，Netfilter 将对其应用所需的操作。下面的 iptables 参数组成了通用规则规范。

- -p [!] *protocol*：指定要比较的 IP 协议。可以使用/etc/protocols 文件中定义的任何协议，如 tcp、udp 或 icmp。内置值 all 表示所有 IP 包将匹配。如果协议没有在/etc/protocols 中定义，可以在这里使用协议号。例如，47 表示通用路由封装(GRE)。感叹号(!)否定该检查；因此，指定-p !tcp 是指所有不是 TCP 的数据包。如果没有提供此选项，Netfilter 将假定为 all。--protocol 是选此选项的别名。下面的例子解释了其用法：

```
[root@server ~]# iptables -t filter -A INPUT -p tcp \ --dport 80 -j ACCEPT
```

对于 ip6tables,，使用如下命令：

```
[root@server ~]# ip6tables -t filter -A INPUT -p tcp \ --dport 80 -j ACCEPT
```

这些规则接收 INPUT 链上目的地为 TCP 端口 80 的所有数据包。

- -s [!] *address* [*/mask*] ：此选项指定要检查的源 IP 地址。当与可选的网络掩码结合时，源 IP 地址可以与整个网络块进行比较。和-p 一样，感叹号(!)的使用颠倒了规则的含义。因此，指定-s !10.13.17.2 指的是所有不来自 10.13.17.2 的数据包。请注意，地址和网络掩码可以缩写。下面是它的用法示例：

```
[root@server ~]# iptables -t filter -A INPUT -s 172.16/16 -j DROP
```

这个规则将删除 172.16.0.0/16 网络中的所有数据包。这个网络与 172.16.0.0/255.255.0.0 相同。

使用 ip6tables 删除 IPv6 网络范围 2001:DB8::/32 中的所有数据包，使用如下规则：

```
[root@server ~]# ip6tables -t filter -A INPUT -s 2001:DB8::/32 -j DROP
```

- -d [!] *address* [*/mask*] ：此选项指定要检查的目标 IP 地址。当与可选的网络掩码组合时，目标 IP 地址可以与整个网络块进行比较。和-s 一样，感叹号否定规则，地址和子网掩码可以缩写。下面是它的用法示例：

```
[root@server ~]# iptables -t filter -A FORWARD \ -d 10.100.93.0/24 -j ACCEPT
```

此规则允许所有发送到 10.100.93.0/24 网络的数据包通过 FORWARD 链传输。

- -j *target*：此选项指定要“跳转”到的动作。这些动作在 iptables 中称为目标。到目前为止，目标是 ACCEPT、DROP 和 RETURN。前两个分别是接收和丢弃数据包。第三个与附加链的生成有关。

如上一节所述，可以创建自己的链来帮助保持有序性并适应更复杂的规则。如果 iptables 在非内置链中评估一组规则，RETURN 目标告诉 iptables 返回父链。使用前面的 to_net10 示例，当 iptables 到达-j RETURN 时，会回到处理 FORWARD 链的位置。如果 iptables 在一个内置链中看到 RETURN 操作，它就执行该链的默认规则。

其他目标可以通过 Netfilter 模块加载。例如，可以用 ipt_REJECT 装载 REJECT 目标，它将丢弃数据包并将 ICMP 错误数据包返回给发送方。另一个有用的目标是 REDIRECT (用 ipt_REDIRECT 加载)，它可以使包被发送到 NAT 主机本身，即使包被发送到其他地方，也是如此。

- -i *interface*：此选项指定接收数据包的接口的名称。如果数据包从物理位置(如 DMZ 接口)到达，则应该应用特殊规则，这对于这种情况非常方便。例如，如果 eth1 是 DMZ 接口，想让它在 10.4.3.2 向主机发送数据包，就可以使用：

```
[root@server ~]# iptables -A FORWARD -i eth1 -d 10.4.3.2 -j ACCEPT
```

- -o *interface*：这个选项还可以指定数据包离开系统的接口名称。这里有一个例子：

```
[root@server ~]# iptables - FORWARD -i enp2s0 -o eth1 -j ACCEPT
```

在这个例子中，任何从 enp2s0 进来、从 eth1 出去的数据包都被接收。

- [!] -f ：这个选项指定数据包是不是一个 IP 片段。感叹号否定这个规则。下面是一个示例：

```
[root@server ~]# iptables -A INPUT -f -j DROP
```

在这个示例中，进入 INPUT 链的任何 IP 片段都会自动删除。这里显示了相同的否定逻辑规则：

```
[root@server ~]# iptables -A INPUT ! -f -j ACCEPT
```

- -c *PKTS BYTES*：这个选项允许在插入、附加或替换链上的规则时为特定规则设置计数器值。这些计数器分别对应遍历该规则的数据包和字节的数量。对于大多数管理员来说，这是一种罕见的需求。下面是它的用法示例：

```
[root@server ~]# iptables -I FORWARD -f -j ACCEPT -c 10 10
```

在这个示例中，新规则允许数据包片段插入 FORWARD 链，将数据包计数器设置为 10 个数据包和 10 个字节。

- -v：这个选项显示 iptables 的任何输出(通常与-L 选项结合使用)，以显示其他数据。这里有一个例子：

```
[root@server ~]# iptables -L -v
```

- -n：此选项将以数字形式显示任何主机名或端口名。通常，iptables 自动执行 DNS 解析，并显示主机名而不是 IP 地址，显示协议名(例如 SMTP)而不是端口号(25)。如果 DNS 系统关闭，或者不想生成任何额外的数据包，这是一个有用的选项。

下面是一个例子。

```
[root@server ~]# iptables -L -n
```

- -x：这个选项显示计数器的确切值。通常，iptables 会尝试以“人类友好”的方式打印值，从而在这个过程中执行舍入。例如，iptables 显示“10k”，而不是“10310”。

这里有一个例子：

```
[root@server ~]# iptables -L -x
```

- *-line-numbers*：这个选项显示链中每个规则旁边的行号。需要在链的中间插入规则，并且需要规则及其相应的规则号的快速列表时，这是非常有用的。

下面是它的用法示例：

```
[root@server ~]# iptables -L --line-numbers
```

对于 IPv6 防火墙规则，使用：

```
[root@server ~]# ip6tables -L --line-numbers
```

3. 规则规范扩展匹配

Netfilter 最强大的方面之一是它提供了“可插拔”的设计。对于开发人员来说，这意味着可以使用 API 对 Netfilter 进行扩展，而不必深入研究内核代码。这意味着除了基本特性集之外，还有各种各样的扩展可用。

这些扩展是通过 iptables 命令行工具中的匹配(match)特性完成的。通过在-m 参数后指定所需的模块名称，iptables 负责加载必要的内核模块，然后提供一个扩展的命令行参数集。这些参数用于提供更丰富的包匹配特性。

本节讨论其中几个扩展的使用，在撰写本书时，这些扩展已经过充分测试，因此它们通常包含在 Linux 发行版中。

提示　要获得匹配扩展的帮助，只需要在-m 参数后指定扩展名，然后提供-h 参数。例如，要获得 ICMP 模块的帮助，请使用以下代码：

```
# iptables -m icmp -h
```

icmp　这个模块为 icmp 协议提供了一个额外的匹配参数：

```
icmp-type [!]typename
```

这里，typename 是 ICMP 消息类型的名称或编号。例如，要阻塞一个 ping 包，请使用以下方法：

```
# iptables -t filter -p icmp -A INPUT -m icmp-type echo-request
```

要获得支持的 icmp 包类型的完整列表，请使用-h 选项查看模块帮助页面。

limit　这个模块提供了一种限制包速率的方法。只要数据包的速率低于限制，它就会匹配。第二个 burst 选项匹配流量中的瞬时峰值，但如果峰值持续，将停止匹配。这两个参数是：

```
limit rate
limit-burst number
```

rate 是持续的每秒包数。第二个参数中的 *number* 指定在一个峰值中接收多少个背靠背包。该数字的默认值是 5。可以使用此功能作为一个简单方法来减缓 SYN 泛滥：

```
[root@server ~]# iptables -N syn-flood
[root@server ~]# iptables -A INPUT -p tcp --syn -j syn-flood
[root@server ~]# iptables -A syn-flood -m limit --limit 1/s -j RETURN
[root@server ~]# iptables -A syn-flood -j DROP
```

这将连接率限制为每秒的平均值，最高是 5 个连接。这并不完美，而且 SYN 泛滥仍然会使用这种方法拒绝合法用户；但是，它有助于防止服务器失控。

state　此模块允许通过 conntrack 模块确定 TCP 连接的状态。它提供了一个附加选项：

```
state state
```

此处的 state 表示 INVALID、ESTABLISHED、NEW 或 RELATED。如果所涉及的数据包不能与现有流相关联，则状态是 INVALID。如果数据包是现有连接的一部分，则状态是 ESTABLISHED。

如果数据包正在启动一个新的流，则状态是 NEW。最后，如果数据包与现有的连接(比如 FTP 数据传输)相关联，则状态是 RELATED。

要使用此特性确保新连接只有 TCP SYN 位集，执行以下操作：

```
# iptables -A INPUT -p tcp ! --syn -m state --state NEW -j DROP
```

对于这个例子，可以看到，对于 INPUT 链上的 TCP 包，它没有设置 syn 标志，连接的状态是 NEW，我们删除了这个包。回顾一下，合法的新 TCP 连接必须从设置了 SYN 位的包开始。

tcp　此模块允许检查 tcp 数据包的多个方面。前面介绍了其中一些选项(如--syn)。下面是选项的完整列表。

- --source-port [!] *port:* [*port*]　此选项检查 TCP 包的源端口。如果指定了一个冒号后跟第二个端口号，则检查一个端口范围。例如，6000:6010 意味着“6000 到 6010 之间的所有端口，包括 6010 在内”。感叹号否定此设置。例如，--source-port! 25 表示“所有非 25 的源端口”。这个选项的别名是--sport。
- --destination-port [!] *port*: [*port*]　与--source-port 选项类似，它检查 TCP 包的目的端口。支持端口范围和否定。例如，--destination-port ! 9000:9010 意味着“不包括在 9000 和 9010 之间的所有端口”。此选项的别名是--dport。
- [!] --tcp-flags mask comp　检查包中设置的 TCP 标志。mask 参数告诉选项要检查什么标志，comp 参数告诉选项必须设置什么标志。mask 和 comp 都可以是逗号分隔的标志列表。有效的标志是 SYN、ACK、FIN、RST、URG、PSH、ALL 和 NONE，其中 ALL 表示所有标志，NONE 表示没有任何标志。感叹号否定该设置。例如，使用--tcp-flags ALL SYN, ACK 意味着该选项应该检查所有标志，只设置 SYN 和 ACK 标志。
- [!] --syn　检查 syn 标志是否启用。它在逻辑上等同于--tcp-flags SYN, RST, ACK SYN。感叹号否定该设置。

下面的示例使用模块检查到 DNS 端口 53 的连接是否来自端口 53，是否设置了 SYN 位，是否设置了 URG 位，在这种情况下应该删除该连接。注意，当请求大于 512 字节时，DNS 将自动切换到 TCP。

```
# iptables -A INPUT -p tcp --sport 53 \ --dport 53
! --tcp-flags SYN URG -j DROP
```

udp　像 tcp 模块一样，udp 模块提供额外参数来检查数据包。提供了两个额外的参数。

- --source-port [!] *port*:[*port*]　此选项检查 UDP 包的源端口。如果端口号后跟一个冒号和另一个数字，则检查这两个数字之间的范围。如果使用感叹号，则逻辑颠倒。
- --destination-port [!] *port*:[*port*]　与 source-port 选项一样，此选项检查 UDP 目标端口。

这里有一个例子：

```
[root@server ~]# iptables -I INPUT -p udp --destination-port 53 -j ACCEPT
```

这个例子接收所有发送到端口 53 的 UDP 数据包。该规则通常设置为允许向 DNS 服务器发送流量。

14.3.3　firewalld

firewalld 是一个动态防火墙管理器，通常用于基于 Red Hat 的发行版，如 Fedora、CentOS、RHEL 等。实际上，它是管理 Netfilter 规则的另一个很好的前端实用程序。它使用区域的概念为网络接口分配信任级别。由于它与 NetworkManager 很好地集成(参见第 13 章)，它还能为连接分配信任级别。

通过系统 D-Bus 的功能，firewalld 提供了一个接口(org.fedoraproject.FirewallD1)。该接口用于其他系统服务或应用程序，可根据需要直接添加防火墙规则。

firewalld 的主要配置文件存储在/usr/lib/firewalld/和/etc/firewalld/下。用于管理 firewalld 的 CLI 实用程序是 firewall-cmd，它的 GUI 对应程序称为 firewall-config。下面研究一些核心的 firewalld 概念。

1. 区域

在 firewalld 术语中，区域定义连接的信任级别。一个连接一次只能分配给一个区域，但是一个区域可以被许多连接使用。专区包含已启用的防火墙特性，如预定义服务、端口、协议、ICMP 块、伪装等。

尽管可以根据需要创建新的区域，但 firewalld 提供了一些预定义的区域，这些区域具有适合各种环境的特性。这里详细介绍了一些预定义的区域。

- drop：这是最严格或最不可信的区域。所有进入的网络数据包都被丢弃。只允许传出网络连接。
- block：也是一个非常严格/不可信的区域。仅允许在系统内启动网络连接。block 区域和 drop 区域的区别在于，block 区域提供了一种礼貌的方式，即向传入的网络连接响应适当的 icmp-host-prohibited 消息。
- public：用于公共场所。其他计算机通常不受信任。只接受选定的传入连接。
- external：用于启用伪装的外部网络，特别是路由器。其他计算机通常不受信任。只接受选定的传入连接。
- dmz：用于所谓非军事区内的计算机，这些计算机需要通过有限地访问内部网来公开访问。只接受选定的传入连接。
- work：指定用于工作区域内。网络上的其他计算机大多被信任，不会伤害自己的系统。只接受选定的传入连接。
- home：用于家庭区域。网络上的其他系统大多数是可信的。只接受选定的传入连接。
- internal：用于内部网络。通常相信网络上的其他计算机不会伤害自己的计算机。只接受选定的传入连接。
- trusted：这是最不严格、最值得信任的区域。所有网络连接都被接受。

2. 服务

服务是本地端口、目的地或防火墙辅助模块的预定义列表。使用预定义的服务可以更容易地启用和禁用对服务的访问。示例服务有 ssh、dhcp、dhcpv6、tftp、tftp-client、mysql、http、https 等。

3. ICMP 类型

Internet Control Message Protocol(ICMP)套件主要用于基于 IP 的网络设备和通信中的诊断目的。ICMP 消息有几种类型，firewalld 可以使用预定义的 ICMP 类型来限制系统向潜在的恶意系统提供的诊断信息的数量。示例 ICMP 类型有 destination-unreachable、echo-reply、echo-request parameter-problem、redirect、router-advertisement 等。

4. firewalld 示例

本节使用 firewall-cmd 实用程序与 firewalld 守护进程交互。

首先检查 firewalld 守护进程是否已启动并正在运行：

```
[master@fedora-server ~]$ firewall-cmd --state
```

如果它没有运行，则运行以下命令，以启动它：

```
[master@fedora-server ~]$ sudo systemctl start firewalld.service
```

接下来，列出预定义区域：

```
[master@fedora-server ~]$ firewall-cmd --get-zones
```

查询 firewalld，查找当前默认区，输入：

```
[master@fedora-server ~]$ firewall-cmd --get-default-zone
```

要查看当前活动区域的列表和分配给它们的接口，输入：

```
[master@fedora-server ~]$ firewall-cmd --get-active-zones
```

找出 ens10 接口被分配到的区域：

```
[master@fedora-server ~]$ firewall-cmd --get-zone-of-interface=ens10
```

列出预定义的服务：

```
[master@fedora-server ~]$ firewall-cmd --get-services
```

列出预定义的 ICMP 类型：

```
[master@fedora-server ~]$ firewall-cmd --get-icmptypes
```

查询 firewalld，指出 drop 区域中的服务：

```
[master@fedora-server ~]$ sudo firewall-cmd --list-services --zone=drop
```

列出 home 区域中的服务：

```
[master@fedora-server ~]$ sudo firewall-cmd --list-services --zone=home
```

列出默认区域中所有已经启用的服务：

```
[master@fedora-server ~]$ sudo firewall-cmd --list-all
```

列出 external 区域中所有已经启用的服务：

```
[master@fedora-server ~]$ sudo firewall-cmd --list-all --zone=external
```

假设在 home 区域，https 服务目前未启用，使用 firewall - cmd 在该区域永久启用它：

```
[master@fedora-server ~]$ sudo firewall-cmd -permanent \ --add-service=https --zone=home
```

运行以下命令，重新加载防火墙，且没有破坏任何当前连接：

```
[master@fedora-server ~]$ sudo firewall-cmd --reload
```

通过从 home 区域删除 https 服务来撤销前面的命令：

```
[master@fedora-server ~]$ sudo firewall-cmd --remove-service=https \ --zone=home
```

运行以下操作，将服务器上端口 80 上的所有流量转发到 IP 地址为 10.0.0.10 的另一台服务器上的端口 443：

```
[master@fedora-server ~]$ sudo firewall-cmd --zone=external
\ --add-forward-port=port=80:proto=tcp:toaddr=10.0.0.10:toport=443
```

提示　基于 Debian 的发行版(如 Ubuntu)可以使用一个名为 Uncomplicated FireWall(ufw)的前端程序来管理 iptables/Netfilter 防火墙栈。顾名思义，ufw 旨在简化 iptables 规则的管理(也就是说，不复杂)。

14.4　实用的解决方案

恭喜你完成了这一章！一开始要做的事情太多了——这么多的选择，这么多的事情要做，却只有这么少的时间！

别担心，我们会支持你的。本节为 Linux Netfilter 系统提供了一些实用的解决方案，可以从中学习并立即使用这些解决方案。即使没有读过这一章，也可在这里找到一些实用的解决方案。但花点时间理解命令在做什么，它们是如何关联的，以及如何更改它们是值得的。还可以将这几个示例扩展为无限可能。

为保存示例以用于生产系统，需要将 modprobe 命令添加到启动脚本中。在 Fedora、CentOS、RHEL 和其他 Red Hat 类型的系统中，将模块名称添加到/etc/sysconfig/iptables-config 中的 IPTABLES_MODULES 变量。

在基于 Ubuntu 或 Debian 的 Linux 发行版上，可在防火墙配置文件/etc/default/ufw 中添加 modprobe 命令。

Fedora 用户可使用以下 iptables-save 命令保存当前运行的 iptables 规则：

```
[master@fedora-server ~]$ sudo iptables-save > /etc/sysconfig/iptables
```

这将把当前运行的 iptables 规则写入/etc/sysconfig/iptables 配置文件。

该命令的 IPv6 版本将 IPv6 防火墙规则写入配置文件，如下所示：

```
[master@fedora-server ~]$ sudo ip6tables-save > /etc/sysconfig/ip6tables
```

附带 Netfilter 的其他 Linux 发行版也有 iptables-save 和 ip6tables-save 命令。唯一的技巧是找到合适的启动文件，在其中编写规则。

14.4.1　简单 NAT：iptables

Linux 防火墙的一个常见用途是通过一个 IP 地址使一个系统网络对 Internet 可用。这是家庭和办公室网络中常见的配置，其中 Internet 服务提供商(ISP)通常只为每个客户分配一个 IP 地址。本节介绍如何实现这个简单的解决方案。

假设使用 eth0 接口连接到外部网络，使用其他接口(如 eth1)连接到内部网络，运行以下命令：

```
[master@server ~]$ sudo modprobe iptable_nat
[master@server ~]$ sudo iptables -t nat -A POSTROUTING \
 -o eth0 -j MASQUERADE
[master@server ~]$ echo 1 | sudo tee /proc/sys/net/ipv4/ip_forward
```

这组命令将启用到 Internet 的基本 NAT。为通过此网关为主动 FTP 添加支持，运行以下命令：

```
[master@server ~]$ sudo modprobe ip_nat_ftp
```

如果使用的是 Fedora、RHEL、CentOS，想让 iptables 配置启动脚本的一部分，运行以下命令：

```
[master@fedora-server ~]$ sudo iptables-save > /etc/sysconfig/iptables
```

提示　iptables-restore 和 ip6tables-restore 命令允许轻松地从保存的配置文件中恢复 iptables 规则。

14.4.2　简单 NAT：nftables

使用 nftables 及其配置工具 nft，可以很容易地在 Linux 系统上启用 NAT 功能。例如，希望使用 enp0s3 接口连接到外部网络，使用其他接口(例如 enp0s8)连接到内部网络。

首先，列出所有现有表，检查 nat 表是否已经存在：

```
# nft list tables
```

假设 nat 表没有显示在前面命令的输出中，则运行下面的命令，创建 nat 表：

```
# nft add table nat
```

在 nat 表创建一个名为 postrouting 的新链。这个链使用后路由钩。

```
# nft add chain nat postrouting \{ type nat hook postrouting priority 0 \; \}
```

接下来添加新规则。对从 10.11.11.0/24 网络发送到服务器的所有流量执行 NAT 操作，并利用源 IP 192.168.99.1 通过 enp0s3 接口发送出去。

```
# nft add rule nat postrouting ip saddr 10.11.11.0/24 \ meta oif enp0s3 snat 192.168.99.1
```

在 nat 表列出 postrouting 链中的所有规则：

```
# nft list chain nat postrouting
```

14.4.3　简单防火墙：iptables

本节从“拒绝所有”防火墙开始，它用于两种情况：没有配置服务器的简单网络，以及配置了一些服务器的相同网络。在第一种情况下，假设一个简单的网络有两个方面：10.1.1.0/24 网络内部(eth1)和 Internet (eth0)。请注意，通过“服务器”，我们指的是可以接受为提供服务而建立的连接的任何节点。例如，这可能意味着运行 ssh 守护进程的 Linux 系统或运行 Web 服务器的 Windows 系统。

从不支持服务器的情况开始。

首先，需要确保 NAT 模块已经加载，对 NAT 的 FTP 支持已经加载。为此使用 modprobe 命令：

```
[master@server ~]$ sudo modprobe iptable_nat
[master@server ~]$ sudo modprobe ip_nat_ftp
```

加载必要的模块后，为所有链定义默认的策略。对于过滤表中的 INPUT、FORWARD 和 OUTPUT 链，将目的地分别设置为 DROP、DROP 和 ACCEPT。对于 POSTROUTING 和 PREROUTING 链，将它们的默认策略设置为 ACCEPT。这是 NAT 工作所需的。

```
[master@server ~]$ sudo iptables -P INPUT DROP
[master@server ~]$ sudo iptables -P FORWARD DROP
[master@server ~]$ sudo iptables -P OUTPUT ACCEPT
[master@server ~]$ sudo iptables -t nat -P POSTROUTING ACCEPT
[master@server ~]$ sudo iptables -t nat -P PREROUTING ACCEPT
```

采用默认的策略后，需要定义基线防火墙规则。要实现的目标很简单：让内部网络(eth1)上的用户或节点连接到 Internet，但不要让 Internet 连接回来。为此，定义一个名为 block 的新链，用于将状态跟踪规则分组在一起。该链中的第一个规则只是声明允许通过任何属于已建立连接的包或与已建立连接相关的包。第二条规则规定，为让数据包创建新连接，它不能起源于 eth0(面向 Internet)接口。如果数据包不符合这两个规则中的任何一个，最终规则将强制删除该数据包。

```
[master@server ~]$ sudo iptables -N block
[master@server ~]$ sudo iptables -A block -m state \
--state ESTABLISHED,RELATED -j ACCEPT
[master@server ~]$ sudo iptables -A block -m state \
--state NEW ! -i eth0 -j ACCEPT
[master@server ~]$ sudo iptables -A block -j DROP
```

有了阻塞链，就需要从 INPUT 和 FORWARD 链上调用它。不必担心 OUTPUT 链，因为只有防火墙本身的包来自那里。另一方面，需要检查 INPUT 和 FORWARD 链。回顾一下，在执行 NAT 时，INPUT 链不会被击中，所以需要检查 FORWARD 链。如果包的目的地是防火墙本身，就需要从 INPUT 链开始检查。

```
[master@server ~]$ sudo iptables -A INPUT -j block
[master@server ~]$ sudo iptables -A FORWARD -j block
```

最后，当数据包离开系统时，从 NAT 表的 POSTROUTING 链上执行 MASQUERADE 函数。所有从 eth0 接口离开的数据包都经过这个链。

```
[master@server ~]$ sudo iptables -t nat -A POSTROUTING \ -o eth0 -j MASQUERADE
```

在包的所有检查和操作之后启用了 IP 转发(这是 NAT 工作的必要条件)和 SYN cookie 保护，还启用开关选项，防止防火墙处理 ICMP 数据包广播(Smurf 攻击)。

```
[master@server ~]$ echo 1 | sudo tee /proc/sys/net/ipv4/ip_forward
[master@server ~]$ echo 1 | sudo tee /proc/sys/net/ipv4/tcp_syncookies
[master@server ~]$ echo 1 | sudo tee \
/proc/sys/net/ipv4/icmp_echo_ignore_broadcasts
```

目前为一个简单的环境提供了一个工作的防火墙，不需要从外部访问任何服务器。可以保存这个配置并完成。

另一方面，假设有两个应用程序希望通过这个防火墙工作：一个是内部网络上的 Linux 系统，需要通过 SSH 从远程位置访问它；另一个是 Windows 系统，希望从它运行 BitTorrent。先从 SSH 案例开始。

为让一个端口通过防火墙可用，需要定义一个规则："如果 eth0(面向 Internet)接口上的任何数据包是 TCP，并且目标端口为 22，将其目标 IP 地址更改为 172.16.1.3"。这是通过在 PREROUTING 链上使用 DNAT 操作完成的，因为希望在其他任何链看到数据包之前更改它的 IP 地址。

需要解决的第二个问题是如何在 FORWARD 链上插入一个规则，允许任何目的 IP 地址为 172.16.1.3，目的端口为 22 的数据包通过。关键字是插入(-I)。如果将规则(-A)附加到 FORWARD 链，数据包就会通过区块链进行定向，因为首先应用规则 iptables -A FORWARD –j block。要插入适当的规则，输入：

```
$ sudo iptables -t nat -A PREROUTING -i eth0 -p tcp \
--dport 22 -j DNAT -to-destination 172.16.1.3
$ sudo iptables -I FORWARD -p tcp -d 172.16.1.3 --dport 22 -j ACCEPT
```

可采用类似的方式使 BitTorrent 工作。假设要使用 BitTorrent 的 Windows 机器是 172.16.1.2。BitTorrent 协议使用端口 6881~6889 用于返回到客户端的连接。因此，在 iptables 命令中使用如下端口范围设置：

```
$ sudo iptables -t nat -A PREROUTING -i eth0 \
-p tcp --dport 6881:6889 -j DNAT --to-destination 172.16.1.2
$ sudo iptables -I FORWARD -p tcp -d 172.16.1.2 --dport 6881:6889 -j ACCEPT
```

现在有了一个工作的防火墙，在网络内部支持 SSH 服务器和 BitTorrent 用户。

14.5 小结

本章讨论了 Linux 防火墙 Netfilter 的内容。具体而言，讨论了 iptables、ip6tables 和 nft (nftables)命令的使用。有了这些信息，就应该能够构建、维护和管理基于 Linux 的防火墙。

Netfilter 是一个令人印象深刻的复杂和丰富的系统！人们已经写了许多书籍专门讨论 Netfilter 和防火墙；因此，本章对这一主题的讨论是一种温和的介绍—— 一种刺激胃口的方法。读者可以在项目网站 www.netfilter.org 了解关于 Netfilter 的更多信息。

第15章 本地安全

我们经常听到新发现的针对各种操作系统的攻击(或漏洞)。在讨论这些新攻击时，一个有时会被忽略的细节是攻击向量。攻击向量有两种类型：漏洞可以通过网络实施攻击的类型，和漏洞可以在本地实施攻击的类型。考虑本地安全和网络安全需要两种不同的方法。本章从本地安全性的角度来关注安全性。

安全性解决了一些攻击问题，这些攻击要求攻击者能在系统本身执行某些操作，以获得更高特权。

缺乏适当本地安全控制的系统可能会造成真正的问题，并引发攻击。教育环境和学校经常成为这类攻击的目标。学生可能需要访问服务器来完成任务，完成其他学术工作，但这种情况可能是对系统的威胁，因为当学生感到无聊时，就可能测试访问的边界和自身的创造力，有时他们可能不考虑行为的后果和影响。

网络安全问题也可以触发本地安全问题。如果网络安全问题导致攻击者能够调用服务器上的任何程序或应用程序，那么攻击者可以使用基于本地安全的漏洞，不仅赋予自己对服务器的完全访问权，还可以将自己的特权升级到根用户。“脚本小子”——因为没有能力创建自己的攻击程序而使用别人的攻击程序的攻击者——使用这些方法来获得对系统的未经授权的访问，或者更通俗地说，拥有别人的系统。

本章介绍了在常见的本地安全攻击中维护系统安全的基本原理。但是要记住，仅仅用一章的篇幅来讨论这个话题并不会让你成为专家。安全性是一个不断发展的领域，因此读者应该努力使自己跟上该领域的最新发展和技术。

本章有两个反复出现的主题：降低风险和“越简单越好”的咒语。前者是另一种分配投资(时间和金钱)的方式，考虑自己愿意承担的风险和系统或服务器受到危害时面临的风险。

请记住，因为不能阻止所有攻击，所以必须接受一定程度的风险——而愿意接受的风险水平将推动时间和金钱的投资。所以，举例来说，Web 服务器在低带宽的链接上发布度假照片，比为华尔街处理大型金融交易的服务器风险更低！

另外，简单的系统不容易出问题，更容易修复，更容易理解，而且不可避免地更可靠。保持服务器简单是一个理想的目标。

15.1 风险的常见来源

安全是风险的缓解。每一次降低风险的努力都会带来相应的成本。成本不一定都是财务上的；它们的形式可能是受限访问、功能丢失或时间损失。管理员的一部分工作是平衡降低风险的成本和被利用的风险可能造成的潜在损害。

以 Web 服务器为例。托管服务的风险是运行面向公众的或可公开访问的 Web 服务器所固有的，服务可能会被探测、探查和利用。但是，只要 Web 服务器得到维护，并且在出现安全问题时立即修复，暴露的风险就很低。如果运行 Web 服务器的好处足以抵消维护它的成本，那么这是值得的。本节介绍常见的风险来源，并研究可以做些什么来降低这些风险。

15.1.1 SetUID 程序

SetUID 程序是在其权限中设置了特殊属性(标志)的可执行文件，允许用户在可执行文件的所有者的上下文中运行可执行文件。这使得管理员可以使所选的应用程序、程序或文件对普通用户具有更高的权限，而不必给予这些用户任何管理权限。此类程序的一个例子是 ping。因为原始网络包的创建仅限于根用户(创建原始包的能力允许应用程序在包中注入潜在的不良负载)，ping 应用程序必须在启用 SetUID 位并将所有者设置为 root 的情况下运行。例如，即使用户 yyang 可以启动 ping 程序，程序也可以在根用户的上下文中运行，目的是将 ICMP 包放到网络上。本例中的 ping 实用程序称为 SetUID root。

需要使用 root 权限运行的程序的开发人员有义务/责任提高安全性意识。普通用户不应该使用这样的程序在系统上做一些危险的事情。这意味着需要在程序中写入许多检查，并且必须小心地删除潜在的错误。理想情况下，这些程序应该是很小的、单一用途的。这样可以更容易地评估代码中可能损害系统或允许用户获得他不应该拥有的特权的潜在 bug。

在日常工作中，管理员最好在系统上保留尽可能少的 SetUID 根程序。这里的风险平衡是特性/功能对用户的可用性与可能发生的坏事情之间的平衡。对于一些常见的程序，如 mount、traceroute 和 su，它们给系统带来的价值风险很低。一些著名的 SetUID 程序，如 X Window System，具有低到中等的风险；然而，鉴于 X Window System 的暴露，它不太可能是任何问题的根源。如果运行的是纯服务器环境，并且不需要 X Window System，那么删除它也无妨。

由 Web 服务器执行的 SetUID 程序几乎总是一件坏事。对这些类型的应用程序要格外小心，并寻找替代品。由于网络输入(可以来自任何地方)可能触发此应用程序并影响其执行，因此暴露的情况要大得多。如果必须使用 root 权限运行应用程序 SetUID，另一种选择是查明是否可以在 chroot 环境中运行应用程序(在后面的第 15.5.1 节中讨论)。

提示　SetUID 程序的另一种替代品是内核提供的称为功能的特性。

例如，可以只给流行 ping 程序分配它运行所需的精确功能(CAP_NET_RAW)，让它成为非 SetUID。有关功能的更多信息，请参阅 getcap、setcap、capabilities 和 getpcaps 的手册页。要查看任何现代 Fedora 发行版上 ping 所需的任何特殊功能，输入以下内容:

```
# getcap `which ping`
```

查找和创建 SetUID 程序

SetUID 程序有一个特殊的文件属性，内核使用它来确定是否应该覆盖授予应用程序的默认权限。简单的文件系统列表(ls -l)将显示文件的权限并揭示这个事实。以下是一个示例：

```
[master@server ~]$ ls -l /usr/bin/mount
-rwsr-xr-x. 1 root root 44248 Oct 24 07:00 /usr/bin/mount
```

如果权限字段中的第四个字符是 s，则应用程序为 SetUID。如果文件的所有者是 root，那么应用程序就是 SetUID root。在挂载二进制文件的情况下，它将以 root 权限执行。

提示　可使用 stat 实用工具查看文件权限的八进制模式表示。例如，要查看 mount 命令的八进制权限模式(4755)，输入以下内容:

```
$ stat -c '%A %a %n' `which mount`
```

```
-rwsr-xr-x 4755 /bin/mount
```

另一个示例是 passwd 实用程序，如下所示：

```
[master@server ~]$ ls -l /usr/bin/passwd
-rwsr-xr-x.1 root root 27864 Aug 17 17:50 /usr/bin/passwd
```

与 mount 一样，权限的第四个字符是 s，所有者是 root。因此，passwd 程序是 SetUID root。

要确定运行的进程是不是 SetUID，可以使用 ps 命令来查看流程的实际用户及其有效用户，如下所示：

```
[master@server ~]$ ps ax -o pid,euser,ruser,comm
```

这将输出所有带有进程 ID(pid)、有效用户(euser)、真正用户(ruser)、命令名(comm)的运行程序。如果有效用户与真实用户不同，那么它可能是一个 SetUID 程序。

注意 一些必须由根用户启动的应用程序可以放弃其权限，以较低权限的用户运行，以提高安全性。例如，对于 Apache Web 服务器，可能根用户会允许它绑定到 TCP 端口 80(回顾一下，只有特权用户可绑定到低于 1024 的端口)，而它放弃 root 权限，以非特权用户的身份(通常是用户 nobody、Apache、www-data 或 www)启动所有线程。

很少情况下，可能需要让程序作为 SetUID 运行。为此，使用 chmod 命令。在所需的权限前面加上一个 4 以打开 SetUID 位。使用前缀 2 将启用 SetGID 位，它类似于 SetUID，但是提供组权限而不是用户权限。

例如，如果有一个名为 myprogram 的程序，想让它变成 SetUID root，执行以下操作：

```
[master@server ~]$ chmod 4755 myprogram && sudo chown root myprogram
[master@server ~]$ ls -l myprogram
-rwsr-xr-x. 1 root master 43160 Jul 13 2026 myprogram
```

确保系统只有绝对最小的、必要的 SetUID 程序，是一个很好的管理措施。典型的 Linux 发行版可以很容易地拥有几个不必要的 SetUID 文件和可执行文件。从一个目录到另一个目录查找 SetUID 程序可能很麻烦而且容易出错。其实不必手工完成，可使用 find 命令，如下所示:

```
$ sudo find / -perm -4000 -ls
```

相反，搜索 SetUID 文件，输入：

```
$ sudo find / -type f -perm -2000 -ls
```

用一个 find 命令搜索 SetUID 和 SetGID 文件，使用 stat 命令查看文件权限的八进制模式，输入：

```
$ sudo find / -type f \( -perm -4000 -o -perm -2000 \) | \
xargs stat -c '%A %a %n'
```

15.1.2 不必要的进程

在查看系统的引导或启动顺序时，注意，标准发行的 Linux 系统启动时有几个(熟悉的和不熟悉的)进程在运行。

潜在的安全问题总是回到风险问题：运行应用程序的风险是否值得它带来的价值？如果某个进程带来的价值是零，因为没有使用它，那么不值得为其承担风险。除了安全之外，还有稳定和资源消耗的实际问题。如果进程带来的价值为零，即使是除了处于空闲循环之外什么也不做的良性进程也会使用内存、处理器时间和内核资源。如果在这个过程中发现一个 bug，它可能会威胁到服务器的稳定性。底线是：如果不需要它，就不要运行它！

如果系统作为服务器运行，应该减少正在运行的进程数量。例如，如果服务器没有理由连接到打印机，那么禁用打印服务。如果服务器没有理由接收或发送电子邮件，请关闭邮件服务器组件。如果没有从 xinetd 运行任何服务，那么应该关闭 xinetd。没有打印机？关闭通用 UNIX 打印系统(CUPS)。不是文件服务器？关闭 NFS 和 Samba。

经过完全精简后，服务器应该能够运行它所需要的最低限度的服务。

现实生活中的例子：精简服务器

下面看看现实生活中 Linux 服务器的部署，它在防火墙之外处理 Web 和电子邮件访问，在防火墙之后使用可信用户处理 Linux 桌面/工作站。这两种配置代表了极端情况：在敌对环境(Internet)中的严格配置和在保护良好且可信的环境(局域网)中的宽松配置。

Linux 服务器运行最新的 Fedora 发行版。随着不必要进程数量的减少，服务器有 10 个程序在运行，当没有人登录时有 18 个进程。在这 10 个程序中，只有 SSH、Apache 和 Postfix 在外部网络上可见。其余的处理基本的管理功能，比如日志记录(rsyslog)和调度(cron)。删除不必要的服务(例如，Squid 代理服务器)，运行的程序数可以减少到 7 个(init/systemd、rsyslog、cron、SSH、Postfix、Getty 和 Apache)，13 个进程运行，其中 5 个是 Getty，以支持串口和键盘登录。

相比之下，一个由受信任的用户配置用于工作站的 Fedora 系统可以有多达 100 个进程，处理从 X Window 系统、打印到基本系统管理服务的所有事情。

对于风险可以减轻的工作站样式的系统(例如，工作站位于防火墙之后，且用户是可信的)，运行大量这些应用程序所带来的好处可能值得冒这样的风险。例如，受信任的用户喜欢轻松打印的能力，并喜欢访问美观的 GUI。然而，对于服务器来说，运行不必要的程序的风险太大了！

15.2 选择正确的运行级别

具有 GUI 桌面环境的 Linux 系统提供了良好的启动屏幕、登录菜单、温和的学习曲线、普遍的熟悉感和总体上积极的桌面体验。然而，对于服务器来说，这种权衡可能并不值得。

配置为引导和加载 X Window (GUI)子系统的、支持 systemd 的大多数较新 Linux 发行版都将引导到 graphical.target 目标(在 SysV Init 领域中也称为运行级别 5)。在这样的发行版中，将默认引导目标改为 multi-user.target (在 SysV init 领域中也称为运行级别 3)，并关闭 GUI 子系统。

现代支持 systemd 的 Linux 发行版使用 systemctl 实用程序以及一系列文件系统元素(软链接)来控制和管理系统的默认引导目标(运行级)。第 7 章和第 9 章详细介绍了 systemd，并展示了如何更改默认引导目标。

提示 可以使用以下命令来查看所处的运行级别：

```
$ runlevel
```

在支持 systemd 的系统上，也可以运行以下命令：

```
$ systemctl get-default
```

15.3 非人类用户账户

服务器上的用户账户并不总是与实际的人类用户相对应。回顾一下，在 Linux 系统上运行的每个进程都必须有一个所有者。在系统上运行 ps auxww 命令会在输出最左边的列中显示所有进程的所有者。例如，在你的桌面系统中，你可能是唯一的人工用户，但查看/etc/passwd 文件就会发现，系统中还有其他几个账户。

应用程序要删除它的root根权限，就必须能作为另一个用户运行。这就是那些额外用户发挥作用的地方：每个放弃 root 权限的应用程序可以在系统上分配另一个专用(且权限较低)的用户配置文件。这个用户通常拥有应用程序的所有文件(包括可执行文件、库、配置和数据)和应用程序进程。让每个放弃特权的应用程序使用其自己的用户，降低了受损的应用程序访问其他应用程序配置文件的风险。本质上，攻击者受到应用程序可以访问哪些文件的限制；根据应用程序的不同，这些文件可能非常无趣。

15.4 受限的资源

为更好地控制由shell启动的进程可用的资源，可以使用ulimit工具。可以使用/etc/security/limits.conf文件配置系统范围的默认值。ulimit 选项可用于控制可能打开的文件数量、可能使用的内存数量、可能使用的CPU时间、可能打开的进程数量等。当用户启动时，PAM(可插入身份验证模块)库将读取这些设置。顺便说一下，一些运行/托管关键任务应用程序(如数据库)的服务器也使用 ulimit 之类的工具进行性能调优。

选择 ulimit 值的关键是考虑系统的用途。例如，在应用程序服务器的情况下，如果应用程序需要运行许多进程，系统管理员就需要确保 ulimit 上限不会削弱系统的功能。其他类型的单一用途应用程序(如 DNS 服务器)需要的进程屈指可数。

注意这里的一个警告　在用户执行操作之前，必须有机会运行 PAM 来进行设置。如果应用程序以根用户身份启动，然后删除权限，则 PAM 不太可能运行。从实际的角度看，这意味着在大多数服务器环境中，为每个用户设置不太可能带来很多好处。能够工作的是应用于根用户和普通用户的全局设置。这个细节最终被证明是一件好事；控制根目录有助于防止系统螺旋式地攻击和损坏应用程序。

提示　一个称为 control groups (cgroups)的 Linux 内核特性还提供了管理和分配各种系统资源的能力，例如 CPU 时间、网络带宽、内存等。有关 cgroups 的更多信息，请参见第 11 章。

fork 炸弹

用户喜欢在多用户工作站上玩一个很流行的恶作剧，叫做 fork 炸弹。这是由一个程序触发的，它只是创造了太多的过程，淹没了系统，使其彻底停止。对于受害者来说，这仅仅是烦人而已。对于生产服务器来说，这可能是致命的！这是一个简单的基于 shell 的 fork 炸弹，使用 Bourne Again shell (Bash)：

```
[yyang@server ~]$ while true; do sh -c sh & done
```

如果没有适当的保护措施，这个脚本将最终导致服务器崩溃。

关于 fork 炸弹有趣的一点是，它们并非都是故意的。被破坏的应用程序、受到 DoS 攻击的系统，以及有时在输入命令时出现简单的输入错误都可能导致糟糕的事情发生。可以通过限制单个用户能调用的最大进程数来降低 fork 炸弹的风险。虽然 fork 炸弹仍然会导致系统变得负载过高，但可能会保持足够的响应能力，允许登录并处理这种情况，同时维护所提供的其他服务。这种做法并不完美，但在处理恶意行为和什么都做不了之间达到了合理的平衡。

/etc/security/limits.conf 文件中每一行的格式如下：

```
<domain> <type> <item> <value>
```

任何以#符号开头的行都是注释。domain 值包含用户的登录名或组的名称；它也可以是通配符(*)。type 字段指的是限制的类型，如 soft 或 hard。

item(项)字段指的是适用的限制。表 15-1 列出管理员可能认为有用的一些项的示例。

表 15-1　有用的项

项	描述	常见默认值
fsize	最大的文件大小	Unlimited
nofile	最大的打开文件数	Unlimited
cpu	CPU 可以使用的最大时间量(以分钟为单位)	Unlimited
nproc	用户可以拥有的最大进程数	Unlimited
maxlogins	用户的最大登录数	Unlimited

服务器上的一个合理调整是限制用户进程的数量，这也适用于其他设置。请记住，ulimit 不是限制或管理所有系统资源类的万能药。必须使用合适的工具；例如，如果需要控制一个用户的磁盘使用总量，就应该使用磁盘配额。

为了减轻用户产生太多进程而导致的问题，这些进程会迅速耗尽系统资源(如 fork 炸弹示例中所述)，可以实现一个 ulimit 设置，例如将每个用户的进程数限制为 512 个。为此，可以在/etc/security/limits.conf 文件中创建一个条目，如下所示：

```
*       hard         nproc       512
```

如果注销并再次登录，可以运行带有- a 选项的 ulimit 命令，限制就会生效，如下所示，能看到限制是什么。下面示例输出中突出显示的 max user process 项显示了更改。

```
[master@server ~]$    ulimit      -a c
ore file size          (blocks, -c) 0
...<OUTPUT TRUNCATED>...
cpu time               (seconds, -t) unlimited
max user processes              (-u) 128
virtual memory         (kbytes, -v) unlimited
```

15.5　降低风险

一旦知道风险是什么，降低风险就变得容易了。我们看到的风险可能非常低，因此不需要额外的保护。例如，受信任的、经验丰富的用户的 Microsoft Windows 桌面系统使用管理员权限运行的风险很低。用户下载并执行可能对系统造成损害的内容的风险很低。这个经验丰富的用户可能会发现，能够运行一些额外的工具并获得对系统的原始访问，冒管理员特权运行的风险是值得的。像任何重要的风险一样，需要注意的事项列表很长。

15.5.1　chroot

chroot()系统调用允许进程及其所有子进程重新定义它们认为的根目录。例如，如果要运行chroot("/www")并启动 shell，使用 cd 命令将停留在/www。程序会认为它是根目录，但实际上并非如此。这个限制适用于进程行为的所有方面：加载配置文件、共享库、数据文件的位置等。这种受限的环境有时也被称为“监狱”。

更改感知到的系统根目录时，进程对系统上的内容有一个受限的视图。不能访问其他目录、库和配置文件。由于这种限制，目标应用程序必须拥有使其工作需要的所有文件，这些文件必须完全包含在 chroot 环境中。这包括任何 passwd 文件、库、二进制文件和数据文件。

大多数主要应用程序都有自己的一组配置文件、库和可执行文件，因此使应用程序在 chroot 环境中工作的做法各不相同。但原理是一样的：使用伪根目录结构使它在单个目录中自包含。

警告 chroot 环境将防止访问目录外的文件，但它不保护系统利用率、内存访问、内核访问和进程间通信。这意味着，如果有人可以通过向另一个进程发送信号来利用某个安全漏洞，则可以从 chroot 环境中利用它。换句话说，chroot 不是一种完美的治疗方法，而是一种威慑。

chroot 环境示例

作为一个示例，下面为 Bash shell 创建一个 chroot 环境。首先创建要放入所有内容的目录。因为这只是一个示例，所以在/tmp 中创建一个名为 myroot 的目录：

```
[master@server ~]$ mkdir /tmp/myroot
[master@server ~]$ cd /tmp/myroot
```

假设只需要两个程序：bash 和 ls。在 myroot 下创建 bin 目录，并复制二进制文件：

```
[master@server myroot]$ mkdir bin
[master@server myroot]$ cp $(type -P bash) $(type -P ls) bin/
```

有了这些二进制文件，现在需要检查这些二进制文件是否需要任何库。使用 ldd 命令来确定这两个程序使用了哪些库(如果有)。

警告 下面的 copy(cp)命令严格基于示例系统上的 ldd $(type -P bash)和 ldd $(type -P ls)命令的输出。需要修改要复制到 chroot 环境中的文件的名称和版本，以匹配系统/平台上所需的确切文件名。

在/bin/bash 上运行 ldd，如下所示：

```
[master@server myroot]$ ldd $(type -P bash)
   linux-vdso.so.1 (0x00007ffe68add000)
          libtinfo.so.6 => /lib64/libtinfo.so.6 (0x00007f5adaf70000)
          libdl.so.2 => /lib64/libdl.so.2 (0x00007f5adaf69000)
          libc.so.6 => /lib64/libc.so.6 (0x00007f5adada0000)
           /lib64/ld-linux-x86-64.so.2 (0x00007f5adb0e5000)
```

也在/bin/ls 上运行 ldd，如下所示：

```
[master@server myroot]$ ldd $(type -P ls)

linux-vdso.so.1 (0x00007ffd26bac000)
 libselinux.so.1 => /lib64/libselinux.so.1 (0x00007f5d1f3c9000)
libcap.so.2 => /lib64/libcap.so.2 (0x00007f5d1f3c2000)
libc.so.6 => /lib64/libc.so.6 (0x00007f5d1f1f9000)
 libpcre2-8.so.0 => /lib64/libpcre2-8.so.0 (0x00007f5d1f16b000)
libdl.so.2 => /lib64/libdl.so.2 (0x00007f5d1f164000)
/lib64/ld-linux-x86-64.so.2 (0x00007f5d1f434000)
libpthread.so.0 => /lib64/libpthread.so.0 (0x00007f5d1f142000)
```

现在知道了需要准备哪些库，下面创建 lib64 目录，并复制 64 位库(我们运行的是 64 位操作系统)。首先，创建/tmp/myroot/lib64 目录：

```
[master@server myroot]$ mkdir /tmp/myroot/lib64/
```

接下来，复制/bin/bash 需要的共享库:

```
[master@server myroot]$ cp /lib64/libtinfo.so.6 lib64/
[master@server myroot]$ cp /lib64/libdl.so.2 lib64/
[master@server myroot]$ cp /lib64/libc.so.6 lib64/
```

```
[master@server myroot]$ cp /lib64/ld-linux-x86-64.so.2 lib64/
```

对于/bin/ls，需要运行以下命令来获得其他需要的库文件：

```
[master@server myroot]$ cp /lib64/libselinux.so.1 lib64/
[master@server myroot]$ cp /lib64/libcap.so.2 lib64/
[master@server myroot]$ cp /lib64/libpcre2-8.so.0 lib64/
[master@server myroot]$ cp /lib64/libpthread.so.0 lib64/
```

大多数Linux发行版方便地包含了一个强大的小程序chroot，它可以自动执行chroot()系统调用。该程序接收两个参数：希望作为根目录的目录和希望在chroot环境中运行的命令。希望使用/tmp/myroot作为目录并启动/bin/bash，因此运行以下命令：

```
[master@server myroot]$ sudo chroot /tmp/myroot /bin/bash
```

因为没有/etc/profile 或/etc/bashrc 来更改/定制提示符，因此提示符将更改为类似bash-<version_number>#的内容。现在尝试在chroot环境中运行/bin/ls命令：

```
bash-*# /bin/ls
bin lib64
```

接下来，尝试执行pwd，来查看当前工作目录：

```
bash-*# pwd
/
```

注意　在前一个命令中运行的pwd命令来自哪里？不需要显式地复制pwd命令，因为pwd是许多Bash内置命令之一。它与前面已经复制的Bash程序一起提供！

由于在chroot环境中没有/etc/passwd或/etc/group文件(以帮助将数字用户ID映射到用户名)，所以ls -l命令将显示每个文件的原始用户ID (UID)值。下面是一个示例：

```
bash-*# cd lib64/
bash-*# /bin/ls -l
-rwxr-xr-x. 1 1000 1000  228072  Mar  7 12:44 ld-linux-x86-64.so.2
-rwxr-xr-x. 1 1000 1000  2786376 Mar  7 12:44 libc.so.6
...<OUTPUT TRUNCATED>...
```

在示例chroot环境中，由于命令/可执行文件有限，因此该环境对于实际工作不是很有用，这正是从安全角度来看它很棒的地方；只允许应用程序工作所需的绝对最小文件，从而在应用程序被破坏时最小化其暴露的内容。请记住，并不是所有chroot环境都需要安装shell和ls命令——例如，如果Berkeley Internet Name Domain (BIND) DNS服务器软件只需要安装其自己的可执行文件、库和区域文件，那么这就是你所需要的全部！

退出chroot环境，使用exit命令：

```
bash - * # exit
```

注意　流行的操作系统级虚拟化的实现(或软件/应用程序容器)大量使用chroot的基本原则、资源隔离和Linux的分区设施。LinuX Containers (LXC)、Docker、CoreOS、Rocket、FreeBSD Jail(非Linux)等是这些概念的流行实现。第31章更详细地介绍了这个主题。

15.5.2　SELinux

传统的Linux安全性基于DAC模型。DAC模型允许资源(对象)的所有者控制哪些用户或组(主体)可以访问资源。

另一种类型的安全模型是MAC(强制访问控制)模型。与DAC模型不同，MAC模型使用预定义的策略来控制用户和进程的交互。MAC模型限制了用户对其创建的对象的控制级别。SELinux是Linux内核中MAC模型的一个实现。

美国政府的国家安全局(NSA)在信息安全方面扮演着越来越公开的角色，特别是由于人们越来越担心信息安全攻击可能对世界的运行能力构成严重威胁。随着Linux成为企业计算的主要组件，NSA着手创建一组补丁来提高Linux的安全性。这些补丁都是在GNU公共许可证(GPL)下发布的，带有完整的源代码。这些补丁统称为SELinux(安全增强Linux)。这些补丁已使用Linux安全模块(LSM)框架集成到Linux内核中。这种集成使补丁和改进影响深远，并使Linux社区获得了总体利益。

SELinux使用主体(用户、应用程序、进程等)、对象(文件和套接字)、标签(应用于对象的元数据)和策略(描述主体和对象的访问权限矩阵)的概念。考虑到对象的极端粒度，可以表达规定Linux系统的安全模型和行为的丰富而复杂的规则。因为SELinux使用标签，所以它需要一个支持扩展属性的文件系统。

SELinux的全部要点超出了本书单个章节的范围。要了解更多关于SELinux的信息，请访问http://fedoraproject.org/wiki/SELinux的SELinux Fedora Wiki项目页面。

提示 尽管SELinux很有用，但它是导致某些难以调试问题的原因，这些问题会阻止某些应用程序或子系统正常工作。这种情况下，如果需要快速消除SELinux的问题，可以暂时运行如下命令来禁用它。

```
(master@fedora-server ~) $ sudo setenforce 0
```

要准备重新启用它，运行：

```
(master@fedora-server ~) $ sudo setenforce 1
```

15.5.3 AppArmor

AppArmor是另一个MAC安全模型在基于Linux的系统上的实现。它是SUSE对SELinux的替代(SELinux主要用于Red Hat派生发行版，如Fedora、CentOS和RHEL)。AppArmor的支持者吹捧它比SELinux更易于管理和配置。AppArmor对MAC模型的实现更多地关注保护单个应用程序(因此得名Application Armo)，而不是像SELinux那样尝试应用于整个系统的整体安全模型。AppArmor的安全目标是保护系统，防止攻击者利用系统上运行的特定应用程序的漏洞。AppArmor与文件系统无关。它集成到openSUSE、SUSE Linux Enterprise (SLE)以及一些基于Debian的发行版中。当然，还可以在其他Linux发行版中安装和使用它。

15.6 监视系统

随着对Linux、服务器及其日常操作的熟悉，开始对什么是正常的有了“感觉”。这可能听起来很奇怪，但就像了解汽车运行不正常时的感觉一样，你也会知道服务器的行为何时不完全相同。

要对系统有一定的了解，需要进行基本的系统监视。对于本地系统行为，需要相信底层系统没有受到任何形式的损害。如果服务器确实被破坏了，并且安装了绕过监视系统的“根工具包”，就很难看到发生了什么。因此，混合使用主机监控和基于远程主机的监控是一个好主意。

15.6.1 日志记录

默认情况下，大多数日志文件存储在/var/log目录中，logrotate程序会定期自动归档日志。尽管能将日志记录到本地磁盘很方便，但将日志发送到专用日志服务器通常是更好的主意。启用远程日志记录后，可以基本确定在攻击前发送到日志服务器的任何日志不会被篡改。

由于可以生成大量的日志数据，你有必要学习一些基本的脚本技巧，这样就可以轻松地解析日志数据，并自动突出显示任何特殊的或值得怀疑的事情，还通过电子邮件通知管理员。这允许管理员跟踪正常和错误的活动，而不必每天阅读大量的日志消息。第 9 章讨论了一些日志过滤技术和工具(journalctl)，可以帮助解决这个问题。

15.6.2　使用 ps 和 netstat

应该定期检查 ps auxww 命令的输出。与任何已建立的基线输出的未来偏差应该引起注意。作为监视的一部分，定期列出正在运行的进程，并确保不出现任何不期望的进程都是很有用的。特别要怀疑那些不是由自己启动的任何包捕获程序，例如 tcpdump。

!netstat -an 的输出也是如此(不可否认，netstat 的重点更多是从网络安全的角度出发的)。一旦了解了什么表示正常流量和通常打开的端口，那么与输出的任何偏差都应该引发对为什么会出现偏差的兴趣。它可能有助于回答以下问题：是否有人更改了服务器的配置？应用程序是否做了一些意外的事情？服务器上是否存在威胁活动？

在 ps 和 netstat 之间，应该能公平地处理网络和进程列表的运行情况。

15.6.3　监视空间(使用 df)

df 命令显示所挂载的每个磁盘分区上的可用空间。定期运行 df 以查看磁盘空间的使用率，这是查找任何可疑活动的好方法。磁盘利用率的突然变化应该会引起人们的好奇心。例如，突然增加可能是因为用户使用主目录来存储大量的 MP3 文件、电影等。除了法律问题外，对于这种非正式的使用，还有其他紧迫的问题，比如备份和 DoS 问题。

备份可能会失败，因为备份介质耗尽了；其中存储某人的音乐文件，而不是业务所需的关键文件。从安全的角度看，如果 Web 或 FTP 目录的大小在没有任何原因的情况下显著增长，这可能意味着在未经授权的情况下使用服务器而出现问题。磁盘意外满溢的服务器也是本地和远程 DoS 攻击的潜在来源。满磁盘可能会阻止合法用户在服务器上存储新数据或操作现有数据。服务器可能还必须暂时脱机以纠正这种情况，从而拒绝访问服务器应该提供的其他服务。

15.6.4　自动化监视

大多数流行的自动化系统监视解决方案专门用于监视基于网络的服务和守护进程。但是，其中大多数还具有广泛的本地资源监视功能，可以监视磁盘使用情况、CPU 使用情况、进程计数、文件系统对象的更改等内容。一些例子包括 sysinfo、Nagios、Tripwire、Munin、sysstat 实用程序(sar、iostat 和 sadf)、Beats(通过 Elasticsearch、Logstash 和 Kibana，三者简称为 ELK)、Icinga 等。

15.6.5　保持联系(邮件列表)

作为管理系统安全性的一部分，应该订阅关键安全性邮件列表，比如 BugTraq (www.securityfocus.com)。BugTraq 是一个管理邮件列表，每天只生成少量的电子邮件，其中大部分可能与正在运行的软件无关。然而，这是关键问题可能首先出现并得到实时处理的地方。

除了 BugTraq，自己负责的任何软件的安全列表也是必需的。还可以查看所使用的软件的公告列表。大多数 Linux 发行版还维护与特定发行版相关的安全问题公告列表。主要的软件供应商也有自己的列表。

15.7　小结

在本章，你学习了如何保护 Linux 系统以及如何降低风险，了解了在决定如何平衡功能和安全需求时应该注意什么。我们在非常高的级别上接触了本地安全概念和技术。具体来说，我们学习了 SetUID 程序，通过使用 chroot 环境、流行的 MAC 安全模型(SELinux 和 AppArmor)以及应该在日常系统管理中监视的内容来降低风险。

最后，保持一个相当安全的环境就像保持良好的卫生一样。在服务器上清除不必要的应用程序，确保每个应用程序的环境最小化以限制暴露，并在安全问题暴露时给软件打补丁。尽量了解所运行的软件的最新安全相关新闻。有了这些基本的常识，服务器将非常可靠和安全。

第16章 网络安全

第 15 章了解到攻击向量有两种类型：在本地可利用的漏洞和在网络上可利用的漏洞。本章将讨论后一种情况。

网络安全解决了攻击者向系统发送恶意网络流量的问题，其目的要么是使系统不可用(DoS 攻击)，要么是利用系统中的弱点来获得对系统或其他相关系统的访问或控制。网络安全不能替代前一章中讨论的良好本地安全实践。本地和网络最佳安全实践都是必要的，以确保以预期的方式工作。

本章涵盖了网络安全的四个方面：跟踪服务、监视网络服务、处理攻击和测试工具。下面的章节应该与第 14 章和第 15 章中的信息一起使用。

16.1 TCP/IP 和网络安全

下面的讨论假设读者具有在 TCP/IP 网络上配置系统的经验。因为这里的重点是网络安全性而不是网络介绍，所以本节只讨论影响系统安全性的 TCP/IP 的那些部分。如果对 TCP/IP 的内部工作方式感兴趣，请阅读第 12 章。

端口号的重要性

基于 IP 的网络上的每台主机至少有一个 IP 地址。此外，每个基于 Linux 的主机都有许多单独的进程在运行。每个进程都可能成为网络客户端、网络服务器，或者两者兼有。由于单个系统上可能有多个进程充当服务器，仅使用 IP 地址唯一地标识网络连接是不够的。

为了解决这个问题，TCP/IP 添加了一个组件来唯一地标识 TCP 或 UDP 连接，称为端口。从一台主机到另一台主机的每个连接都有一个源端口和一个目标端口。每个端口都用 0 到 65 535 之间的整数标记。

为了识别两台主机之间可能的每个唯一连接，操作系统跟踪 4 个信息：源 IP 地址、目标 IP 地址、源端口号和目标端口号。这四个值的组合对于所有主机到主机的连接都保证是唯一的(实际上，操作系统跟踪大量的连接信息，但是只有这四个元素才能唯一地标识连接)。

启动连接的主机指定目标 IP 地址和端口号。显然，源 IP 地址是已知的。但是源端口号(使连接唯一的值)是由源操作系统分配的。它搜索已打开的连接列表，并分配下一个可用端口号。

按照惯例，这个数字总是大于 1024(0 到 1023 的端口号是为系统使用和众所周知的服务保留的)。从技术角度看，源主机也可选择它的源端口号。但是，要做到这一点，另一个进程不可能已经获取了该端口。通常，大多数应用程序让操作系统为它们选择源端口号。

根据这种安排，可以看到源主机 A 如何在目标主机 B 上打开到单个服务的多个连接。主机 B 的 IP 地址和端口号总是不变的，但是主机 A 的端口号对于每个连接都是不同的。因此，源、目标 IP 和端口号的组合是唯一的，两个系统之间可以有多个独立的数据流(连接)。

对于提供服务的典型服务器应用程序，它通常会运行侦听特定端口号的程序。这些端口号中有许多用于众所周知的服务，统称为众所周知的端口，因为与已知服务关联的端口号是经过批准的标准。例如，端口 80 是众所周知的 HTTP 服务端口。

在第 16.2.1 节中，把 netstat 命令作为网络安全工具的重要组成部分。深刻理解端口号代表什么时，就能识别和解释 netstat 等命令工具提供的网络安全统计信息。

16.2 跟踪服务

服务器提供的服务使其成为服务器。提供服务的能力是由绑定到网络端口并侦听传入请求的进程完成的。例如，Web 服务器可能启动一个绑定到端口 80 的进程，并侦听下载它所托管的站点页面的请求。除非存在侦听特定端口的进程，否则 Linux 将简单地忽略发送到该端口的数据包。

本节讨论 netstat 命令的使用，这是一种跟踪和调试系统中的网络连接的工具。

16.2.1 使用 netstat 命令

为了跟踪哪些端口是打开的，哪些端口有侦听它们的进程，可以使用 netstat 命令。下面是一个例子：

```
# netstat -natu
Active Internet connections (servers and established)
Proto Recv-Q Send-Q Local Address     Foreign Address        State
tcp        0      0 0.0.0.0:22        0.0.0.0:*              LISTEN
tcp        0      0 192.168.1.4:22    192.168.1.135:52248    ESTABLISHED
tcp        0      0 :::111            :::*                   LISTEN
udp        0      0 0.0.0.0:56781     0.0.0.0:*
```

默认情况下(没有参数)，netstat 为网络和域套接字提供所有已建立的连接。这意味着不仅可以看到网络上实际运行的连接，还可以看到进程间通信(从安全监视的角度看，这可能不会立即有用)。因此，在刚才演示的命令中，要求 netstat 显示 TCP (-t)和 UDP (-u)的所有端口(a)，不管它们是在监听还是实际连接。前面已经告诉 netstat，不要花费任何时间将 IP 地址解析为主机名(-n)。

在 netstat 输出中，每一行表示一个 TCP 或 UDP 网络端口，如输出的第一列所示。Recv-Q(接收队列)列中列出内核接收但进程未读取的字节数。接下来，Send - Q(发送队列)列指出发送到连接另一端但未确认的字节数。

就系统安全性而言，第 4、第 5 和第 6 列是最有趣的。Local Address 列指出服务器的 IP 地址和端口号。请记住，服务器将自己识别为 127.0.0.1 和 0.0.0.0，以及它的正常 IP 地址。在多个接口的情况下，被侦听的每个端口通常会在所有接口上显示，因此，作为单独的 IP 地址。端口号与 IP 地址之间用冒号(:)分隔。在输出中，以太网设备的 IP 地址是 192.168.1.4。

第 5 列 Foreign Address 标识连接的另一端。对于正在侦听新连接的端口，默认值为 0.0.0.0:*。这个 IP 地址最初没有任何意义，因为我们仍然在等待远程主机连接！

第 6 列指出连接的状态。netstat 的手册页列出了所有状态，但最常看到的两个状态是 LISTEN 和 ESTABLISHED。LISTEN 状态意味着服务器上的进程正在侦听端口号，并准备接受新连接。ESTABLISHED 状态意味着在客户端和服务器之间建立连接。

16.2.2　netstat 输出的安全含义

通过列出所有可用的连接，可以获得系统正在执行的操作的快照。读者应该能够解释和说明所有列出的端口。如果系统正在监听一个无法解释的端口，就应该引起怀疑。

如果还没有记住所有众所周知的服务及其相关端口号(总共 25 亿万个服务！)，可以在/etc/services 文件中查找所需的匹配信息。然而，一些服务(最明显的是那些使用 portmapper 的服务)没有设置端口号，却是有效的服务。要查看哪个进程与某个端口关联，请使用 netstat 的-p 选项。请注意使用网络套接字的奇怪或不寻常进程。例如，如果 Bourne Again Shell (Bash)正在监听一个网络端口，那么可以相当肯定地说，发生了一些奇怪的事情!

最后请记住，最有趣的是连接的目标端口；这说明正在连接哪个服务以及它是否合法。源地址和源端口当然也很重要——特别是当某人或某事打开了进入系统的未经授权的后门时。遗憾的是，netstat 并没有明确地说明是谁发起了一个连接，但是如果稍微考虑一下，通常可以找出它。当然，熟悉运行的应用程序及其对网络端口的使用是确定谁在何处建立连接的最佳方法。通常，经验法则是端口号大于 1024 的端是发起连接的端。显然，这条一般规则并不完全适用于所有服务。一些奇怪的服务运行在高于 1024 的端口，例如 X Window System 运行在端口 6000 上。

16.3　绑定接口

提高在服务器上运行的服务安全性的一种常用方法是使其仅绑定到特定的网络接口。默认情况下，应用程序将绑定到所有接口(参见 netstat 输出中的 0.0.0.0)。这将允许从任何接口连接到该服务——只要连接符合可能配置的任何 Netfilter(内置的 Linux 内核防火墙堆栈)规则。但是，如果需要的服务只能在特定接口上可用，就应该配置该服务来绑定到特定的接口。

例如，假设服务器上有三个接口：

- eno1，IP 地址 192.168.1.4
- eno2，IP 地址 172.16.1.1
- lo，IP 地址 127.0.0.1。

还假设服务器没有启用 IP 转发(/proc/sys/net/ipv4/ip_forward)。换句话说，192.168.1.0/24 (eno1)端上的机器不能与 172.16/16 端上的机器通信。172.16/16 (eno2)网络表示“安全”或“内部”网络，当然，127.0.0.1 (lo 或 loopback)表示主机本身。

如果应用程序将自己绑定到 172.16.1.1，那么只有 172.16/16 网络上的那些主机才能到达应用程序并连接到它。如果不信任 192.168.1/24 端上的主机(例如，因为它被指定为非军事区或 DMZ)，那么这是一种向一个段提供服务而不将自己暴露给另一个段的安全方法。为减少暴露，可将应用程序绑定到 127.0.0.1。这样，几乎可以保证，连接必须从服务器本身发起才能与服务通信。例如，如果需要为基于 Web 的应用程序运行 MySQL 数据库，并且该应用程序在服务器上运行，那么配置 MySQL 只接受来自 127.0.0.1 的连接，意味着与远程连接和利用 MySQL 服务相关的任何风险都将大大降低。攻击者将不得不攻击基于 Web 的应用程序，并以某种方式让它代表攻击者查询数据库(可能通过 SQL 注入攻击)，才能绕过这种设置。

SSH 隧道技巧

如果需要通过 Internet 向一组用户临时提供服务，那么将该服务绑定到环回地址(本地主机)，然后强制该组使用 SSH 隧道，这是提供安全的好方法。

例如，如果服务器上运行了一个 POP3 服务，就可以将该服务绑定到本地主机地址。当然，这意味着没有人能够通过常规接口/地址连接到 POP3 服务器。但是如果在系统上运行 SSH 服务器，经过身份验证的用户可以通过 SSH 进行连接，并为他们的远程 POP3 电子邮件客户端设置一个端口转发隧道。下面的示例命令从远程 SSH 客户端中执行这个操作：

```
ssh -l <username> -L 1110:127.0.0.1:110 <REMOTE_SSH_and_POP3_SERVER>
```

使用前面的示例命令成功地建立一个到服务器的 SSH 连接后，可以配置任何 POP3 邮件客户端通过端口 1110 (127.0.0.1:1110)在 IP 地址 127.0.0.1 连接到 POP3 服务器。

16.4 关闭服务

在 Linux 服务器的易于安装/可管理性和在 Linux 发行版中提供安全的开箱即用体验之间取得合理平衡可能是一个微妙的过程。这种做法的一个副作用可以在一些发行版中看到，这些发行版旨在通过采用不安全的默认设置来过分简化终端用户的操作，从而为终端用户提供便利。因此，寻找这些不安全的默认设置的任务就留给了系统管理员。

在评估哪些服务应该保留或取消时，请回答以下问题：

- 需要该服务吗？这个问题的答案很重要。在大多数情况下，应该能够禁用大量默认启动的服务。
- 如果确实需要该服务，默认设置安全吗？这个问题还可以帮助删除一些服务——如果它们不安全，而且无法确保它们的安全，那么可能应该删除它们。例如，如果需要远程登录，而 Telnet 是支持提供该功能的服务，那么应该使用诸如 SSH 的替代方法，因为 Telnet 默认不能通过网络加密登录信息。
- 提供服务的软件开发者是否仍在积极地为软件提供补丁？所有软件都需要不时更新。这在一定程度上是因为随着功能的增加，新的安全问题/bug 会悄悄出现。所以一定要记得跟踪服务器软件的开发，并在必要时进行更新。

16.4.1 关闭 xinetd 和 inetd 服务

要关闭通过 xinetd 程序启动的服务，请在/etc/xinetd.d/目录下编辑该服务的配置文件，并将禁用指令的值设置为 Yes。

对于传统的基于 System V 的服务，还可以使用 chkconfig 命令禁用由 xinetd 管理的服务。例如，要禁用 echo 服务，输入以下命令：

```
[master@server ~]$ sudo chkconfig echo off
```

在运行 systemd 的现代 Linux 发行版上，可以使用 systemctl 禁用一个服务。例如，要禁用 xinetd 服务，请使用以下方法：

```
[master@fedora-server ~]$ sudo systemctl disable xinetd.service
```

在传统的基于 Debian 的系统(如 Ubuntu)上，可以使用 sysv-rc-conf 命令(如果没有安装它，可以使用 apt-get 命令安装)来达到同样的效果。例如，要在 Ubuntu 中禁用 echo 服务，可以执行以下操作：

```
master@ubuntu-server:~$ sudo sysv-rpc-conf echo off
```

16.4.2 关闭非 xinetd 服务

如果服务不是由 xinetd 管理的，那么在引导时启动的单独进程或脚本将运行该服务。如果所涉及的服务是由发行版安装的，并且发行版提供了禁用服务的好工具，那么这可能是最简单的方法。

在运行 systemd 的现代 Linux 发行版上，可以使用 systemctl 命令停止服务。例如，要停止 rpcbind 服务，输入以下命令：

```
[master@fedora-server ~]$ sudo systemctl stop rpcbind.service
```

类似地，要想在下一次系统引导期间永久禁用 rpcbind 服务单元，可以使用 systemctl 实用程序，输入以下命令：

```
[master@fedora-server ~]$ sudo systemctl disable rpcbind.service
```

另外，在旧的(非 systemd)的)Linux 发行版上，chkconfig 程序提供了启用和禁用单个服务的简单方法。例如，要在这样的系统上禁用运行级别 3 和 5 的 rpcbind 服务，只需要运行以下命令：

```
[master@server ~]$ sudo chkconfig --level 35 rpcbind off
```

注意，使用 chkconfig 实际上并没有打开或关闭一个已经运行的服务；相反，它定义了下一次启动时将发生什么。要停止正在运行的进程，请使用/etc/init.d/目录中的控制脚本或服务命令。对于 rpcbind，使用以下方法停止它：

```
[master@server ~]$ sudo service rpcbind stop
```

16.5 监视系统

有几个免费和开源的商业级应用程序可以执行监视，它们非常值得介绍。这里看一看帮助进行系统监视的各种优秀工具。其中一些工具已经随 Linux 发行版安装；其他工具不是。所有这些都是免费的，很容易获得。

16.5.1 充分使用 syslog

第 9 章探讨了系统日志记录器 rsyslogd 和系统日志服务(system-journald 服务，journald)，它们都可以帮助管理和收集来自各种程序的日志消息。到目前为止，介绍了使用 rsyslogd 获得的日志消息类型，也使用过 journalctl 实用程序。这些消息包括与安全相关的消息，例如谁已经登录到系统，何时登录，等等。

可以想象，可以分析这些日志，构建系统服务使用情况的延时映像。这些数据还可以指出有问题的活动。例如，为什么主机 crackerboy.nothing-better-to-do.net 在这么短的时间内发送这么多 Web 请求?发现系统有漏洞吗?

1. 日志解析

对系统的日志文件进行定期检查是维护良好安全状态的一个重要部分。遗憾的是，滚动查看一整天的日志是一项耗时的任务，看到的是很少有意义的事件。为减轻这种痛苦，可以选择脚本语言(如 Python)上的文本，并编写小脚本来解析日志。设计良好的脚本应该忽略它认为的正常行为，而显示其他一切。这可以将一天活动的数千个日志条目减少到可管理的几十个。可采用这种方法来有效地检测闯入活动和可能的安全漏洞。

希望看到脚本小子们试图打破藩篱却失败了，这将变得很有趣。有几种固定的解决方案也可以帮助简化对日志文件的解析。可能想尝试的这类程序示例有：journalctl、logwatch、gnome-system-log、ksystemlog、ELK(www.elastic.co)和 Splunk。

2. 存储日志条目

遗憾的是，日志解析可能还不够。如果有人入侵了系统，日志文件很可能会被立即删除——这意味着所有那些出色的脚本都不能告诉你什么信息。为解决这个问题，可以考虑在网络上使用一台主机来存储日志条目。配置本地日志守护进程，将其所有消息发送到一个单独的中央 loghost，并适当地配置中央主机，以接受来自受信任或已知主机的日志。大多数情况下，这应该足以在一个集中的地方收集任何坏事发生的证据。

如果有些怀疑，可以考虑使用串行端口和终端模拟包(如 minicom)以日志模式将另一个 Linux 主机连接到 loghost，然后将所有日志提供给串行连接的计算机。在主机之间使用串行连接有助于确保其中一台主机不需要网络连接。loghost 上的日志软件可以配置为：如果使用 COM1，则将所有消息发送到/dev/ttyS0；如果使用 COM2，则将所有消息发送到/dev/ttyS1。当然，不要将其他系统连接到网络！这样，如果 loghost 也受到攻击，日志文件就不会被销毁。日志文件将安全驻留在串行连接的系统上，如果没有物理访问，就不可能登录到该系统。

为更好地确保日志的不可侵犯性，可将打印机连接到另一个系统，并让终端模拟包将它在串口上接收到的所有内容回显到打印机。因此，如果串行主机系统失败或受到攻击，就将拥有日志的硬拷贝!

16.5.2　使用 MRTG 监视带宽

监视服务器上使用的带宽可以生成一些有用的信息。它的一个常见用途是，能够始终如一地演示高系统利用率水平，证明需要进行硬件升级。数据也可以很容易地转换为图表——而且每个人都知道高层管理人员多么喜欢图表和漂亮的图片！监视带宽的另一个好处是可以识别系统中的瓶颈，从而帮助平衡系统负载。但是相对于本章的主题，绘制带宽图的一个有用方面是识别出什么时候出现了问题。

一旦安装了 MRTG(多路由器流量监测器，可在 http://oss.oetiker.ch/mrtg/上获得)这样的包来监控带宽，很快就能为站点上“正常”的样子建立一个标准。调查利用率的任何令人费解的大幅下降或增加，因为这可能意味着失败或某种类型的攻击。其他要做的事情是检查日志，检查配置文件上的修改时间戳，以确保修改时间与合法的更改相对应，查找带有奇怪或不寻常条目的配置文件，等等。

16.6　处理攻击

安全的一部分包括计划最坏的情况：如果入侵成功会发生什么？在这一点上，了解如何和何时发生的细节是重要的，但可能更重要的是处理事件的后果。服务器正在做它们不该做的事情，不应该泄露的信息正在泄露，或者你或团队发现了其他混乱，而利益相关者问，为什么散布混乱而不履行职责？在此类情况下，美观的图表没有太大用处！

正如设施主管计划预防火灾，备份管理员计划在需要时备份和恢复数据一样，IT 安全官员也需要规划如何处理攻击。本节讨论 Linux 方面需要考虑的关键点。有关处理攻击的概述，请访问 CERT 网站 www.cert.org。

16.6.1　不要相信任何东西(也不要相信任何人)

在发生攻击时，首先应该解雇 IT 部门的所有人。绝对不能信任任何人。在被证明清白之前，每个人都是有罪的。只是开个玩笑！

但是，认真地说，如果攻击者成功地侵入系统，服务器就不能提供任何完全值得信任的信息。根工具包(攻击者用来入侵系统并掩盖其踪迹的工具包)会使检测变得困难。当二进制文件被替换后，对服务器本身所做的任何事情都不会有帮助。换句话说，每一个被黑客成功攻击的服务器都需要重新安装。在重新安装前，应该努力查看攻击者走了多远，以便确定备份周期中的数据是可靠的。在此之后备份的任何数据都应该仔细检查，以确保损坏的数据不会返回到系统中。

16.6.2　修改密码

如果攻击者已经获得了根密码，或者可能已经获得了密码文件的副本(或同等内容)，那么必须更改所有密码。这是一个难以置信的麻烦；但是，有必要确保攻击者不会轻松地使用密码回到重新构建的服务器。

注意　在任何人事变动后更改根密码以及其他共享特权账户凭据也是一个好主意。看起来好像每个人都是友好地离开；然而，如果后来发现团队中的某个人与公司有矛盾，就麻烦了。

16.6.3　拔掉插头

一旦准备开始清理，就需要停止对系统的任何远程访问。在重新连接到网络之前，必须停止所有到服务器的网络通信，直到使用最新的补丁完全重新构建服务器。

这可以通过简单地拔下任何连接到网络的插头来完成。几乎可以肯定的是，当服务器还在获取补丁时，就把它放回网络上，会发现自己面临另一次攻击。

16.7　网络安全工具

有很多工具可以帮助监视系统，包括 Nagios(www.nagios.org)、Icinga(www.icinga.org)，当然，还有本章中提到的各种工具。但是，使用什么来使系统执行基本的健康检查呢？

本节将回顾一些用于测试系统的工具。请注意，单一工具是不够的，工具的组合也不是完美的——安全专业人员使用的“黑客测试工具包”并不存在秘密。大多数工具的有效性的关键在于如何使用它们以及如何解释这些工具收集的数据。

这里讨论的一些工具最初是为了帮助执行基本诊断和系统管理而创建的，后来发展成有用的安全工具。从安全的角度看，使这些工具能够很好地为 Linux 工作的原因是它们能够更深入地了解系统在做什么。这种额外的洞察力经常被证明是非常有用的。

16.7.1　nmap

nmap 程序可用来扫描一台主机或一组主机，以寻找开放的 TCP 和 UDP 端口。nmap 不仅可以进行扫描，还可以尝试连接到远程侦听应用程序或端口，以便更好地识别远程应用程序。这是一种功能强大且简单的方法，管理员可通过这种方法查看系统向网络公开的内容，攻击者和管理员经常使用这种方法来了解主机可能存在的问题。

nmap 的强大之处在于它能应用多种扫描技术。这是非常有用的，因为每种扫描技术都有其优点和缺点，具体取决于它穿越防火墙的能力和所需的隐藏级别。

16.7.2　Snort

Snort 是一种入侵检测系统(IDS)，它提供了一种方法来暗中监视网络中的某个点，并基于数据包跟踪来报告有问题的活动。Snort 程序(www.snort.org)是一个开放源码的 IDS 和入侵预防系统(IPS)，它提供广泛的规则集，经常使用新的攻击向量更新这些规则集。任何有问题的活动都可以发送到日志主机，并可使用一些开源日志处理工具来帮助理解所收集的信息(例如，基本分析和安全引擎或 BASE)。

在位于网络的入口/出口点的 Linux 系统上运行 Snort 是跟踪活动的好方法，而不必为希望支持的每个协议设置代理。

16.7.3 Nessus 和 OpenVAS

Nessus 和 OpenVAS 应用程序采用了 nmap 背后的思想，并通过深入的应用程序级探针和丰富的报告基础设施对其进行了扩展。Nessus 是由一家商业公司 Tenable Network Security (www.tenable.com)拥有和管理的。OpenVAS 项目(www.openvas.org)是 Nessus 的免费开源替代品。

在服务器上运行 Nessus 或 OpenVAS 是对服务器公开情况执行完整性检查的一种快速方法。理解这些系统的关键在于理解它们的输出。该报告将记录大量的评论，从信息级别一直到高级级别。根据应用程序是如何编写的以及在 Linux 系统上提供的其他服务，它们可能会记录误报或看似可怕的信息注释。花点时间通读每一条并理解输出是什么，因为并不是所有信息都一定能反映你的情况。例如，如果扫描器检测到系统由于 Oracle 数据库中的漏洞而处于危险之中，但是服务器甚至没有运行 Oracle，那么你很可能发现了一个假阳性！

16.7.4 Wireshark/tcpdump

第 12 章介绍了 Wireshark 和 tcpdump，那一章使用它们来研究 TCP/IP 的细节。尽管这些章节使用这些工具只是为了排除故障，但它们对于执行网络安全功能同样有价值。

前几节中列出的所有工具都使用原始网络跟踪，以了解服务器在做什么。但是，这些工具并不能帮助你很好地了解服务器应该做什么。因此，能够记录网络跟踪并通读它们以查找任何可疑活动是很有用的。你可能会对看到的感到惊讶！

例如，如果查看可能的入侵，就希望从另一个 Linux 系统启动原始网络跟踪，该跟踪可以查看所涉及主机的所有网络流量。通过捕获 24 小时内的所有流量，可以返回并开启应用过滤器来查找不应该出现的任何内容。扩展这个示例，如果服务器应该只处理 Web 操作和 SSH，就可以关闭 DNS 解析的包跟踪，然后应用过滤器“不是端口 80，不是端口 22，不是 icmp，不是 arp”。输出中出现的任何数据包都是可疑的。

16.8 小结

使用本章提供的信息，应该具备基本的高级知识，以便对服务器的运行状况做出明智决定，并确定需要采取哪些行动来保护它。

花点时间了解什么构成了所管理的系统/服务的正常或基线行为是很重要的。一旦知道什么是正常行为，不正常的行为就会显露出来。例如，如果知道 Telnet 服务不应该在系统上运行(甚至不应该安装)，那么看到通过 Telnet 访问的系统日志条目将意味着出现了严重错误！

安全作为一个领域是不断发展的，需要对新的发展保持警惕。一定要订阅相关的邮件列表，关注相关的网站，吸纳额外的阅读材料/书籍，最重要的是，一定要运用常识。

第Ⅳ部分 Internet服务

第17章 域名系统(DNS)

域名系统(DNS)提供了一种方法，将不友好的数字IP地址映射或转换为人类友好的格式。尽管这种转换不是强制性的，但它确实使网络对人类更有用、更容易使用。

在20世纪70年代的Internet初期，为了维护IP地址到主机名的映射，需要通过FTP分发到Internet上所有机器的hosts.txt文件来完成。随着主机数量的增长，一个人维护所有这些主机的单个文件并不是管理IP地址与主机名关联的可扩展方式。为解决这个问题，设计了一个分布式系统，其中每个站点将维护关于自己主机的信息。每个站点上的一台主机被认为是权威的，并且该主机地址保存在一个主表中，所有其他站点都可查询该表。这就是DNS的本质。

如果DNS中的信息不是分散的(就像现在这样)，另一个选择是由一个中央站点维护所有主机的主列表(数量达数千万)，并且必须每天更新这些主机名成千上万次——这是一个压倒性的选择！更重要的是要考虑每个站点的需求。应该明白，我们必须为Internet上的每台主机管理此功能。

本章将深入讨论DNS，这样就可根据自己的需要配置和部署DNS服务器。

注意 在本章中，术语“DNS服务器”和“名称服务器”互换使用。从技术角度看，“名称服务器”有点模棱两可，因为它可用于将名称解析为数字的任意数量的命名方案，反之亦然。然而，在本章的上下文中，除非另有说明，“名称服务器”总是指一个DNS服务器。

17.1 主机文件

不是所有的网站都运行自己的DNS服务器——也不是所有的网站都需要有自己的DNS服务器！在没有Internet连接的足够小的站点中，每个主机保留自己的表副本是合理的，该表将本地网络上的所有主机名与它们相应的IP地址相匹配。在大多数Linux和UNIX系统中，这个表存储在/etc/hosts文件中。

/etc/hosts文件将其信息以简单的表格形式保存在纯文本文件中。IP地址在第一列，所有相关的主机名在第二列。第三列通常用于存储主机名的简短版本。字段之间只有空白。磅(#)符号后面的任何文本直到行尾都表示注释，因此将被忽略。下面列举一个例子：

```
# This is a comment line. Just like all the others with # symbol
127.0.0.1    localhost.localdomain localhost
::1          localhost6.localdomain6 localhost6
192.168.1.1  serverA.example.org serverA # Comment - Linux server
192.168.1.2  serverB.example.org serverB # Other Linux server
192.168.1.7  dikkog                      # Win 10 server
192.168.1.9  sassy         # FreeBSD box and Lunchroom Print server
```

通常，/etc/hosts 文件至少应该包含环回接口所需的主机到 IP 映射(IPv4 为 127.0.0.1，IPv6 为::1)、本地主机名及其相应的 IP 地址。

一个比/etc/hosts 更健壮、可伸缩性更强的命名服务是 DNS 系统。本章的其余部分将介绍 DNS 名称服务的使用。

17.2　DNS 的工作原理

本节将研究一些必要的背景材料，以帮助你理解 DNS 服务器和客户端的安装和配置。

17.2.1　域名和主机命名约定

到目前为止，读者很可能已经通过完全限定的域名(FQDN)来引用网站，如 www.kernel.org。这个 FQDN 中句点(或点)之间的每个字符串都很重要。从右至左依次是顶级域组件、第二级域组件和第三级域组件。图 17-1 演示的 FQDN(serverA.example.org)进一步说明了这一点，这是一个典型的 FQDN 示例。下面将详细讨论它。

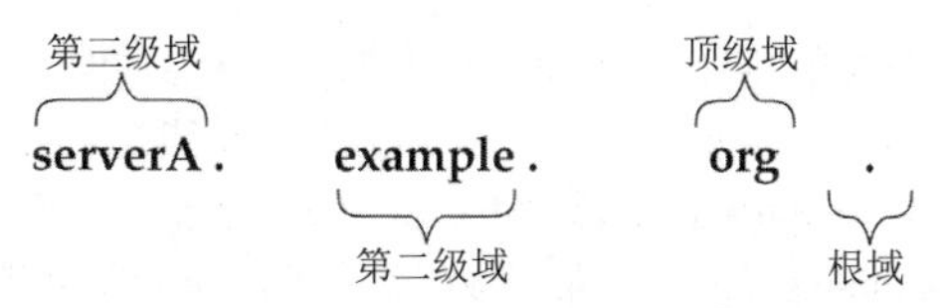

图 17-1　serverA.example.org 的 FQDN

17.2.2　根域

DNS 结构就像一棵倒立的树；因此，这意味着树的根在顶部，而它的叶子和分支在底部！这棵树真有趣，是吧?

倒置域树的顶部是 DNS 结构的最高级别，恰当地称为根域，并由简单的点(.)表示。

这是每个 FQDN 之后应该出现的点；即使没有显式地编写，它也默认存在。例如，www.kernel.org 的正确 FQDN 实际上是 www.kernel.org.(根点在末尾)，流行的雅虎门户网站的 FQDN 实际上是 www.yahoo.com.(这里也使用了尾部的点)。

巧合的是，域名称空间的这一部分由一组称为根名服务器的特殊服务器管理。在撰写本书时，共有 13 个名称用于区分根名服务器，根名服务器由 13 个提供商管理。更多的物理服务器和集群通过 anycast 寻址得到支持。

每个提供商可能有分布在世界各地的多个服务器(或集群)。服务器分布的原因有很多，如安全性和负载平衡。在撰写本书时，所有根名服务器都完全支持 IPv6 类型的记录集。根名称服务器按字母顺序命名，如 a.root-server.net、b.root-server.net 等。稍后将讨论根名服务器的角色。

1. 顶级域名

可将顶级域名(TLD)看作从倒立树结构的顶部向下移动过程中遇到的第一个分支。

顶级域名提供 DNS 名称空间的分类组织。简单地说，这意味着域名空间的各个分支被划分为明确的类别，以适应不同的用途(此类用途的示例可以是地理上的、功能性的等)。在撰写本书时，顶级域名已超过 1534 个(而且还在不断增长)。

顶级域名还可以进一步细分为：

- 通用顶级域名(如.org、.com、.net、.mil、.gov、.edu、.int、.biz 等)。

- 国家代码顶级域名(如.us、.uk、.ng 和.ca，分别对应于美国、英国、尼日利亚和加拿大的国家代码)，以及它们的国际化对应域名。
- 品牌的顶级域名。这些允许组织创建最多 64 个字符的任何顶级域名。它们可以包括通用词和品牌名称(例如.coke、.pepsi、.example、.linux、.microsoft、.caffenix、.who、.unicef、.companyname、.accountants、.beer 和.io 等)。
- 其他特殊域或基础结构顶级域(如.arpa 域)。

示例 FQDN (serverA.example.org.)的顶级域是“.org”。

2. 第二级域名

DNS 这一级别的名称构成了名称空间的实际组织边界。公司、Internet 服务提供商(ISP)、教育社区、非营利组织和个人通常在这个级别获得唯一名称。这里有一些例子：redhat.com、ubuntu.com、fedoraproject.org、linuxserverexperts.com、kernel.org 和 caffenix.com。

在示例 FQDN (serverA.example.org.)中，第二级域是“.example”。

3. 第三级域名

被分配到第二级域名的个人和组织可决定如何处理第三级域名。但约定是使用第三级名称来反映主机名或其他功能。组织通常从这里开始子域定义。三级域名的功能分配的一个例子是 www.yahoo.com 中的 www。这里的 www 可以是 yahoo.com 域名下机器的实际主机名，也可以是实际主机名的别名。

在示例 FQDN (serverA.example.org.)中，第三级域名是“serverA”。在这里，它只是反映了服务器的实际主机名。

通过采用这种方式分配 DNS，跟踪所有连接到 Internet 的主机的任务就委托给每个站点，由它们来处理自己的信息。

DNS 的倒树结构如图 17-2 所示。

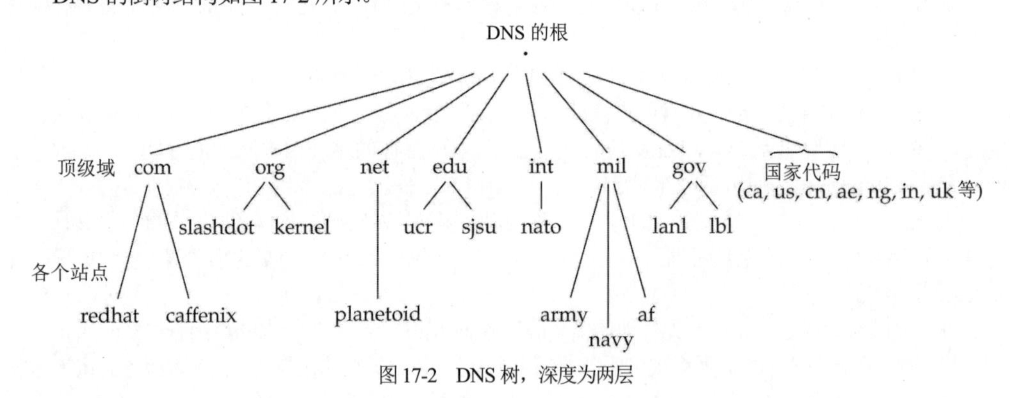

图 17-2 DNS 树，深度为两层

17.2.3 子域

你或许会问：“主机组件是什么，域名组件是什么？”

欢迎来到子域这个狂野而神秘的世界。子域展示了域的所有属性，除非它委托了域的一个子域而不是站点上的所有主机。以 example.org 站点为例，example,Inc. 的支持和帮助部门的子域是 support.example.org。当 example.org 域的主名称服务器收到对其 FQDN 以 support.example.org 结尾的主机名的请求时，主名称服务器将该请求向下转发到 support.example.org 的主域名服务器；只有 support.example.org 的主名称服务器知道它下面存在的所有主机，比如一个名为 www 的系统，其 FQDN

为 www.support.example.org。

图 17-3 显示了从根服务器到 example.org，然后到 support.example.org 的关系。当然，www 是主机名。

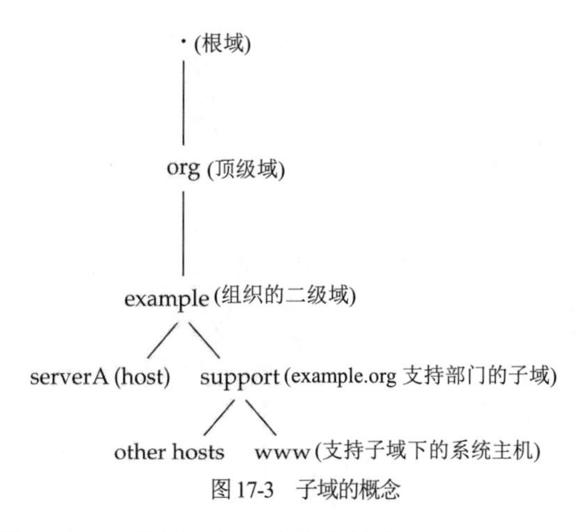

图 17-3　子域的概念

为了更清楚地说明这一点，请遵循一个 DNS 请求的路径：

(1) 客户端希望访问一个名为 www.support.example.org 的 Web 站点。

(2) 该查询从顶级域名 org 开始。在 org 中是 example.org。

(3) 假定 example.org 域的一个权威 DNS 服务器名为 ns1.example.org，或简称为 ns1。由于主机 ns1 对于 example.org 域是权威的，必须查询它下面的所有主机(和子域)。所以查询了有关该主机的信息：www.support .example.org。

(4) 现在 ns1.example.org 的 DNS 配置是：任何以 support.example.org 结尾的服务器必须接触另一个名为 dns2.example.org 的权威服务器。

(5) 然后把请求 www.support.example.org 传递给 dns2.example.org，它返回 www.support.example.org-say 的 IP 地址，即 192.168.1.10。

请注意，当一个站点名称反映了子域名的存在，这并不意味着子域名实际上存在。尽管主机名规范规则不允许句点，但 Berkeley Internet Name Domain (BIND)名称服务器始终允许句点。因此，在主机名中会不时使用句点。子域是否存在由站点的 DNS 服务器配置处理。例如，www.bogus .example.org 并不会自动暗示 bogus.example.org 是一个子域名。相反，它也可能意味着 www.bogus 是 example.org 域中某个系统的主机名。

17.2.4　in-addr.arpa 域

DNS 允许解决方案在两个方向上工作。前向解析将名称转换为 IP 地址，反向解析将 IP 地址转换回主机名。反向解析的过程依赖于 addr.arpa 域，其中 arpa 是地址路由和参数区域的缩写。

如上一节所述，解析域名的方法从右到左查看每个组件，后缀句点表示 DNS 树的根。按照这个逻辑，IP 地址也必须有一个顶级域。这个域称为用于 ipv4 类型地址的 in-addr.arpa。在 IPv6 中，这个域名为 ip6.arpa。

与 FQDN 不同的是，一旦 IP 地址在 in-addr.arpa 域中，就从左到右解析。每个分支进一步缩小可能的主机名。图 17-4 提供了 IP 地址 138.23.169.15 的反向解析的可视化示例。

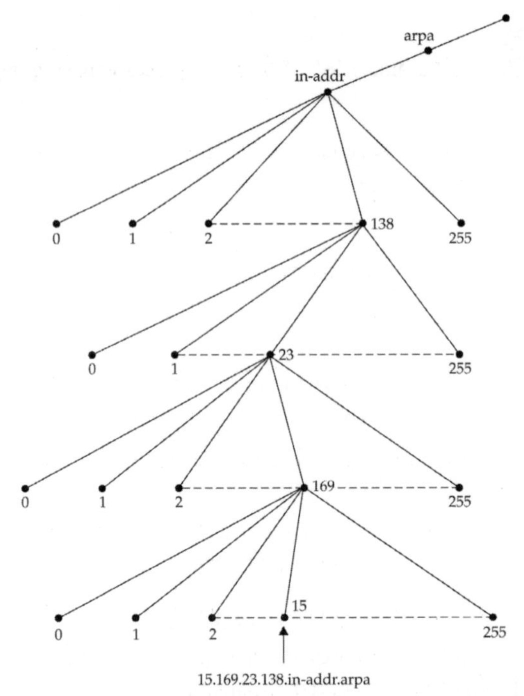

图 17-4 138.23.169.15 的反向 DNS 解析

17.2.5 服务器类型

DNS 服务器有三种类型：主服务器、辅助服务器和缓存服务器。另一类特殊的名称服务器由所谓的“根名称服务器”组成。其他 DNS 服务器每隔一段时间就需要根名称服务器提供的服务。

下面讨论 DNS 服务器的三种主要类型。

主服务器被认为是特定域的权威服务器。权威服务器是存放域配置文件的服务器。当更新域的 DNS 表时，它们是在此服务器上完成的。域的主名称服务器只是一个 DNS 服务器，它知道域中存在的所有主机和子域。

辅助服务器作为备份和主名称服务器的负载分发器。主服务器知道辅助服务器的存在，并定期向它们发送名称表更改的通知/警报。然后辅助服务器启动一个区域传输，以纳入实际的更改。

当站点查询辅助名称服务器时，辅助名称服务器使用权限进行响应。但是，由于辅助服务器可能会在主服务器发出最新更改通知之前被查询，因此有些人认为辅助服务器“不太权威”。现实地说，可以相信能得到正确的信息(此外，除非确切地了解，否则无法区分来自主服务器的查询响应和来自辅助服务器的查询响应)。

根名称服务器

根名称服务器充当域名称空间最上层调用的第一个端口。这些服务器向 Internet 上的其他 DNS 服务器和客户端发布一个名为“根区域文件”的文件。根区域文件描述或列出了 DNS 顶级域名(.com、.org、.ca、.ng、.uk 等)的权威服务器。

显然，这种关键性质的列表本身就跨越多个服务器和多个地理区域镜像。例如，世界上某个地方的地震可能会破坏该地区的根服务器，但是世界上其他未受影响的地方的所有根服务器会占用空闲时间，直到受影响的服务器恢复联机。对用户来说，唯一明显的区别可能是解析域名时延迟稍微延长一些。

根名称服务器只是主名称服务器的一个实例——它将得到的每个请求委托给另一个名称服务器。可在 BIND 上构建自己的根服务器——这没什么了不起的!

缓存服务器不包含任何特定域的配置文件。相反，当客户端主机请求缓存服务器解析名称时，该服务器将首先检查自己的本地缓存。如果找不到匹配项，则会找到主服务器，并询问它，然后缓存此响应。实际上，缓存服务器工作得非常好。它们的有效性建立在如下前提之上：如果曾经询问过 example.org 的 IP 地址，那么在不久的将来很可能再次这样做。客户端可分辨缓存服务器和主服务器或辅助服务器之间的区别，因为当缓存服务器响应请求时，它“非授权地”响应。

注意　可将 DNS 服务器配置为具有特定域的特定权限级别。例如，服务器可以是主服务器(如.org)，但次要的域名是.com。所有 DNS 服务器都可作为缓存服务器，即使它们也是其他任何域的主服务器或辅助服务器。

17.3　安装 DNS 服务器

在 Linux/FOSS 领域，要实现 DNS 功能有几种选择。本章将重点讨论备受推崇的 BIND DNS 服务器实现。它在世界上绝大多数名称服务机器上使用。BIND 目前由 Internet Systems Consortium (ISC)维护和开发。可在 www.isc.org 了解关于 ISC 的更多信息。ISC 还负责 ISC 动态主机配置协议(DHCP)服务器/客户端以及其他软件的开发。

注意　这里讨论的 BIND 版本可能与你访问的版本不同；但根本不必担心，因为在软件的最新版本中，大多数配置指令、关键字和命令的语法基本相同。

示例目标系统运行 Linux 的 Fedora 发行版，因此下面使用该操作系统附带的预编译二进制文件。Fedora 附带的软件应该是最新的软件，所以可以确定这里所说的 BIND 版本接近于可直接从 www.isc.org 网站获得的最新版本(该网站甚至以 RPM 格式预编译了 BIND 程序的二进制文件)。

好消息是，一旦配置了 BIND，就很少需要关心它的操作了。不过，请关注新版本。新的错误和安全问题不时被发现，应该被纠正。当然，新特性也会发布；但是除非需要它们，否则这些发布并不那么重要。

如果有一个到 Internet 的有效连接，在 Red Hat 的发行版(如 RHEL、CentOS 和 Fedora)上安装 BIND，可以简单地运行这个命令：

```
[master@fedora-server ~]$ sudo dnf -y install bind
```

这个命令完成后，就可以开始配置 DNS 服务器。

从源代码中下载、编译和安装 ISC BIND 软件

如果 ISC BIND 软件不能以预先打包的形式用于特定 Linux 发行版，就总是可以从 www.isc.org 的 ISC 站点获得源代码来构建软件。从源代码构建的另一个原因可能是利用软件最新的修复程序，发行版可能还没有实现这些修复程序。在撰写本书时，最新的稳定版本的软件是 9.15.*系列(用星号代替最高可用版本号)，可以直接从以下目录下载：

http://ftp.isc.org/isc/bind9/cur/9.15/

确保 openssl-devel 和 libcap-devel 包安装在基于 RPM 的发行版上，之后尝试从源代码中编译和构建 BIND。Debian/Ubuntu 领域中的对应包是 libssl-dev 和 libcap-dev。确保这个包有必要的库/头文件，

以支持 BIND 的一些高级安全特性。

一旦下载了软件包，解压软件，如下所示。对于本例，假设源代码已下载到/usr/local/src/目录中。按如下方式将 tarball 解压：

```
tar xvzf bind-9.15.*.tar.gz
```

切换到由前面的命令创建的 bind*子目录，然后花一分钟时间研究可能存在的 README 文件。

接下来，使用 configure 命令配置包。假设希望 BIND 安装在/usr/local/named/目录下，则运行以下命令：

```
# ./configure  --prefix=/usr/local/named
```

要在 prefix 选项指定的目录下编译并安装 BIND，输入如下语句：

```
# make ; make install
```

从源代码构建的 ISC BIND 软件版本会在/usr/local/named/sbin/目录下安装名称服务器守护进程(named)和其他一些有用的实用程序。客户端程序(dig、host、nsupdate 等)安装在/usr/local/named/bin/目录下。

安装的内容

许多程序都附带了以前使用发行版包管理器安装的主 bind 和 bind-utils 包。这里感兴趣的是以下四个工具：

- /usr/sbin/named　主 DNS 服务器程序。
- /usr/sbin/rndc　bind 名称服务器实用工具。
- /usr/bin/host　在名称服务器上执行简单查询的程序。
- /usr/bin/dig　在名称服务器上执行复杂查询的程序。

本章其余部分讨论上面列出的一些程序/实用程序，以及它们的配置和用法。

17.3.1　理解 BIND 配置文件

named.conf 文件是主要的 BIND 配置文件。BIND 会参考此文件以确定其行为方式以及必须读取哪些附加配置文件(如果有)。本节介绍如何设置通用 DNS 服务器。可在 BIND 文档的 html 目录中找到关于新配置文件格式的完整指南。

named.conf 文件的一般格式为：

```
statement {
        clauses; // comments
};
```

statement 关键字告诉 BIND，下面要描述其操作的一个特定方面，clauses 是应用于该语句的特定命令/选项。大括号是必需的，这样 BIND 就知道哪些子句与哪些语句相关；分号出现在每个子句和右花括号之后。

一个例子如下：

```
options {
      directory "/var/named"; // put config files in /var/named
};
```

这个 BIND 语句意味着这是一个选项语句，而这里的 directory 子句是指定 BIND 工作目录的指令—— 本地文件系统上存放名称服务器配置数据的目录。

17.3.2　具体信息

本节记录了典型的 named.conf 文件中最常见的语句。如果一些指令在第一遍看起来很奇怪或不太有意义，不必担心。你将在后续部分了解到它们的用法和原因。

1. 注释

注释可以采用表 17-1 中的格式之一。

表 17-1　注释的格式

格式	指示
//	C++风格的注释
/*……*/	C 风格的注释
#	Perl 和 UNIX shell 脚本风格的注释

对于第一个和最后一个格式(C++和 Perl/UNIX shell)，注释一旦开始，就会一直持续到行尾。在普通的 C 风格注释中，需要使用*/来表示注释的结束，这使得 C 风格的注释更容易用于多行注释。不过，通常可选择自己最喜欢的注释格式并坚持使用它。

2. 语句关键字

表 17-2 列出一些更常用的语句关键字。

表 17-2　更常用的语句关键字

关键字	描述
acl	访问控制列表——确定其他人对 DNS 服务器的访问类型
include	允许包含另一个文件，并将该文件视为常规 named.conf 文件的一部分
logging	指定记录哪些信息和忽略哪些信息。对于日志信息，还可指定记录信息的位置
options	指定影响整个服务器操作的配置指令
controls	允许声明控制通道供 rndc 实用程序使用
server	设置服务器专用的配置选项
zone	定义 DNS 区域

下一节将更详细地讨论四个最常用的关键字(include、logging、server 和 zone)。

include 语句：如果配置文件开始变得难以处理，就可能需要考虑将该文件分解为更小的组件。然后，可以通过 include 语句在主 named.conf 文件中引用每个文件的内容。注意，不能在另一条语句中使用 include 语句。下面是一个 include 语句的例子：

```
include "/path/to/filename_to_be_included";
```

logging 语句：logging 语句用于指定要记录的信息和位置。当将此语句与 syslog 工具结合使用时，将获得一个极其强大且可配置的日志记录系统。日志记录的项包括关于 named 的各种统计信息。默认情况下，它们记录到/var/log/messages 文件中。在其最简单的形式中，各种类型的日志分组到预定义的类别或通道中；例如，与安全相关的日志的类别、通用类别、默认类别、解析器类别和查询类别等。

遗憾的是，这种日志记录语句的可配置性带来一些额外的复杂性，但 named 设置的默认日志记录对于大多数情况来说已经足够好了。下面是一个简单的 logging 指令示例：

```
1. logging {
2.   category default { default_syslog; };
3.   category queries { default_syslog; };
4.
5. };
```

注意　前面的清单中添加了行号，以增强可读性。

前面的 logging 规范意味着，属于默认类别的所有日志都发送到系统的 syslog；对于没有定义特定配置的类别，默认类别定义了日志记录选项。

清单中的第 3 行指定了记录所有查询的位置；这种情况下，所有查询都记录到系统 syslog 中。

server 语句：server 器语句告诉 BIND 关于它可能处理的其他名称服务器的特定信息。server 语句的格式为：

```
1. server ip-address {
2.     bogus yes/no;
3.     keys { string ; [ string ; [...]] } ; ]
4.     transfer-format one-answer/many-answers;
5.     ...<other options>...
6. };
```

这里，第 1 行中的 ip-address 是远程名称服务器的 IPv4 或 IPv6 地址。

第 2 行中的 bogus 选项告诉服务器，远程服务器是否正在发送错误信息。如果正在处理的另一个站点由于配置错误而发送错误信息，这将非常有用。第 3 行中的 keys 子句指定了由 key 语句定义的 key_id，可用于在与远程服务器通信时保护事务。此密钥用于生成请求签名，该签名附加到与远程名称服务器交换的消息。第 4 行传输格式中的项告诉 BIND，远程名称服务器是否可以在一个查询响应中接收多个回答。

下面是一个示例服务器条目：

```
server 192.168.1.12 {
       bogus no;
       transfer-format many-answers;
};
```

zone 语句：zone 语句允许定义 DNS 区域——区域的定义常常令人困惑。这里有一些细节：DNS 区域与 DNS 域不同。区别很细微，但很重要。

域是沿着组织边界指定的。可以将单个组织划分为更小的管理子域。每个子域有自己的区域。所有区域共同构成了整个域。

例如，.example.org 是一个域。其中有子域名.engr.example.org、.marketing.example.org、.sales.example.org 和.admin.example.org，这四个子域都有自己的区域。此外.example.org 中有一些主机不属于任何子域，因此有自己的区域。于是，example.org 域实际上共由五个区域组成。

在最简单的模型中，单个域没有子域，区域和域的定义在主机、配置等信息方面是相同的。

接下来讨论如何在 named.conf 文件中设置区域。

17.4　配置 DNS 服务器

前面了解了主名称服务器、辅助名称服务器和缓存名称服务器之间的区别。主名称服务器包含具有区域最新 DNS 信息的数据库。当区域管理员希望更新这些数据库时，主名称服务器首先获得更新，其余部分向它请求更新。辅助服务器显式地跟踪主服务器，主服务器在发生更改时通知辅助服务器。主服务器和辅助服务器的回应被认为是同等权威的。缓存名称服务器没有权威记录，只有缓存的条目。

17.4.1　在 named.conf 文件中定义主区域

zone 条目的最基本语法如下：

```
zone domain-name {
       type master;
       file path-name;
 };
```

path-name 指的是包含相关区域数据库信息的文件。例如，要为 example.org 域创建一个区域，其中数据库文件位于/var/named/example.org.db 中，就需要在 named.conf 文件中创建以下区域定义：

```
zone "example.org" {
     type master;
     file "example.org.db";
 };
```

注意，在 named.conf 文件中指定的目录选项将自动为 example.org.db 文件名添加前缀。因此，如果指定了目录/var/named，服务器软件将自动在/var/named/example.org.db 中查找 example.org 的信息。

这里创建的区域定义只是一个转发引用——也就是说，其他人可以通过该机制查找名称并获得名称服务器管理的 example.org 域下的系统 IP 地址。需要提供 IP-主机名映射(如果想向某些站点发送电子邮件，这也是必要的)。为此，需要在 in-addr.arpa 域中提供一个条目。

in-addr.arpa 条目的格式是：IP 地址的前三个数颠倒过来，后跟 in-addr.arpa。例如，假设.org 的网络地址是 192.168.1，则 in-addr.arpa 域应该是 1.168.192.in-addr.arpa。因此，named.conf 文件中对应的 zone 语句如下：

```
zone "1.168.192.in-addr.arpa" {
       type master;
       file "example.org.rev";
};
```

注意，区域部分中使用的文件名(example.org.db 和 example.org.rev)完全是任意的。可以自由选择自己的命名约定，只要它是有意义的。

对于 example.org 区域在整个 names .conf 文件中的确切位置，将在第 17.6 节中介绍。

附加选项

主域还可以使用 options 语句中的以下配置选项：check-names、allow-update、allow-query、allow-transfer、notify 和 also-notify。在区域配置中使用任何这些选项只影响相应的区域。

17.4.2　在 named.conf 文件中定义辅助区域

辅助服务器的区域条目格式类似于主服务器。对于前向解析，格式如下：

```
zone domain-name {
     type slave;
     masters IP-address-list; ;
     file path-name;
 };
```

其中，domain-name 与主名称服务器上指定的区域名相同；IP-address-list 是 IP 地址的列表，其中保存了区域的主名称服务器；path-name 是完整的路径位置，服务器在其中保存主区域文件的副本。

其他选项

辅助区域配置还可使用 options 语句中的一些配置选项，如 check-name、allow-update、allow-query、allow-transfer 和 max-transfer-time-in。

17.4.3　在 named.conf 文件中定义缓存区域

缓存配置是所有配置中最简单的。每个 DNS 服务器配置都需要它，即使运行的是主服务器或辅助服务器，也同样如此。这对于服务器递归地搜索 DNS 树以查找 Internet 上的其他主机是必要的。

对于缓存名称服务器，定义了三个区域部分。这是第一个条目：

```
zone "." IN {
         type hint;
        file "root.hints";
};
```

这里的第一个区域条目是根名称服务器的定义。type hint 行指定，这是一个缓存区域条目，file "root.hints"行指定，文件将指向根服务器的条目填充缓存。始终可以从 www.internic.net/zones/named.root 获得最新的根提示文件。

第二个区域条目(在/etc/named.rfc1912 中定义，在类似 Red Hat 的发行版上通过 include 指令包含进来)定义了本地主机的名称解析。第二个区域条目如下：

```
zone "localhost" IN {
          type master;
          file "localhost.db";
};
```

第三个区域条目定义本地主机的反向查找；这是一个反向条目，将本地主机地址(127.0.0.1)解析回本地主机名。

```
zone "0.0.127.in-addr.arpa" IN {
        type master;
        file "127.0.0.rev";
};
```

将这些区域项放入/etc/named.conf 中，就足以创建缓存 DNS 服务器。当然，file 指令引用的实际数据库文件的内容(localhost.db、127.0.0.rev、example.org.db 等)也很重要。下面几节将更详细地研究数据库文件的组成。

17.5　DNS 记录类型

本节讨论名称服务器数据库文件的组成——这些文件存储属于服务器拥有的每个区域的特定信息。数据库文件主要由记录类型组成；因此，需要理解 DNS 常见记录类型的含义和用法：SOA、NS、A、PTR、CNAME、MX、TXT 和 RP。

17.5.1　SOA：权威的开始

SOA 记录开始描述站点的 DNS 条目。下面是该条目的格式：

```
1. domain.name. IN SOA ns.domain.name. hostmaster.domain.name. (
2.       1999080801    ; serial number
3.       10800         ; refresh rate in seconds (3 hours)
4.       1800          ; retry in seconds (30 minutes)
5.       1209600       ; expire in seconds (2 weeks)
6.       604800        ; minimum in seconds (1 week)
7.     )
```

注意　行号已经添加到前面的清单中，以帮助提高可读性。

第一行包含一些需要注意的细节：当然，domain.name 应替换为自己的域名。这通常与在/etc/name.conf文件中的zone指令中指定的名称相同。domain.name最后一个句点应该存在——实际上，DNS 配置文件对它非常挑剔。最后一个句点是服务器从 FQDN 中区分相对主机名所需的；例如，它表示 serverA 和 serverA.example.org 之间的区别。

IN 告诉名称服务器，这是一个 Internet 记录。还有其他类型的记录，但是已经有很多年没有人需要它们了——因此可以安全地忽略它们。

SOA 告诉名称服务器，这是权限记录的开始。

ns.domain.name.是此域的名称服务器(是此文件最终驻留的服务器)的 FQDN。同样，要小心，不要遗漏最后这个句点。

hostmaster.domain.name.是域管理员的电子邮件地址。注意这个地址中没有@。最左边的句点在内部被@符号替换。因此，本例中引用的电子邮件地址是 hostmaster@domain.name.；这里也使用了最后的句点。

记录的其余部分在第 1 行开括号之后开始，第 2 行是序号；可用于告诉名称服务器文件的更新时间。注意，在管理 DNS 记录时，经常会出现在更改时忘记增加这个数字的错误。忘记在正确的位置加上句点是另一个常见的错误。

提示　为合理地维护序列号，请使用按以下顺序格式化的日期：YYYYMMDDxx。尾部的 xx 是一个额外的两位数，从 00 开始，因此如果在一天内进行多次更新，仍然可以清楚地分辨。

值列表中的第 3 行是刷新速率(以秒为单位)。这个值告诉辅助 DNS 服务器应该多久查询一次主服务器，以查看记录是否已更新。

第 4 行是以秒为单位的重试率。如果辅助服务器尝试与主 DNS 服务器联系检查更新但未成功，则辅助服务器在指定的秒数后再次尝试。

第 5 行指定了 expire 指令。它用于缓存区域数据的辅助服务器。它告诉这些服务器，如果它们无法联系主服务器进行更新，则应在指定的秒数之后丢弃该值。对于这个间隔，一到两周是一个很好的值。

最后的值(第 6 行，最小值)告诉缓存服务器，如果它们不能联系主 DNS 服务器，那么在条目过期之前应该等待多长时间。5~7 天比较合适。

提示　不要忘记在最后一个条目之后加上右括号(第 7 行)。

17.5.2　NS：名称服务器

NS 记录用于指定哪些名称服务器维护该区域的记录。如果打算将区域传输到任何辅助名称服务器，则需要在这里指定它们。该记录的格式如下：

```
IN NS ns1.domain.name.
IN NS ns2.domain.name.
```

对于一个域，可以有任意多的备份名称服务器——至少也要有两个。

17.5.3 A 和 AAAA：地址记录

这可能是最常见的记录类型。A 记录用于提供从主机名到 IP 地址的映射，格式很简单：

```
Host_name IN A IP-Address
```

例如，IP 地址是 192.168.1.2 的主机 serverB.example.org 的 A 记录如下：

```
serverB IN A 192.168.1.2
```

在 IPv6，相当于 IPv4 资源记录称为 AAAA(quad-A)资源记录。例如，IPv6 地址是 2001:DB8::2 的主机 serverB 的 A 记录如下：

```
serverB IN AAAA 2001:DB8::2
```

注意，任何主机名都会自动以 SOA 记录中列出的域名作为后缀，除非该主机名以句号结尾。在前面关于serverB的例子中，如果之前的SOA记录是example.org，那么serverB就被理解为serverB .example.org。如果将其更改为 serverB.example.org(没有拖尾句点)，名称服务器将理解为 serverB.example.org.example.org。这可能不是你想要的！因此，如果想使用 FQDN，请确保在其后面加上句号。

17.5.4 PTR：指针记录

PTR 记录用于执行反向名称解析，从而允许某人指定 IP 地址并确定相应的主机名。这个记录的格式类似于 A 记录，但值是颠倒的：

```
IP-Address IN PTR Host_name
```

IP-Address 可采取两种形式之一：只保留 IP 地址的最后一个数字(让名称服务器自动使用来自 in-addr.arpa 的信息作为后缀)，或以句号作为后缀的完整 IP 地址。Host_name 必须具有完整的 FQDN。例如，主机 serverB 的 PTR 记录如下。

```
192.168.1.2. IN PTR serverB.example.org
```

ip6.arpa 域中 IPv6 地址的 PTR 资源记录的表达方式与 IPv4 地址的表达方式类似，只是顺序相反。与普通的 IPv6 方式不同，地址不能压缩或缩写；它以所谓的“反向 nibble 格式”(四位聚合)表示。因此，对于拥有 IPv6 地址 2001:DB8::2 的主机，其 PTR 记录必须扩展为相当于 2001:0db8:0000:0000:0000:0000:00:0002。

举例来说，对于 IPv6 地址为 2001:DB8:: 2(单行)的主机 serverB，这里 PTR 记录的 IPv6 等效记录为：

```
2.0.0.0.0.0.0.0.0.0.0.0.0.0.0.0.0.0.0.0.0.0.0.0.8.b.d.0.1.0.0.2. IN PTR \
serverB.example.org.
```

17.5.5 MX：邮件交换器

MX 记录负责将关于区域的邮件服务器的信息告知其他站点。如果网络上的主机生成了带有主机名的传出邮件消息，则返回消息的人不会盲目地将其直接发送回该主机。相反，应答邮件服务器会查找该站点的 MX 记录并在那里发送消息。

例如，当用户的桌面名为 pc.domain 时，将使用 MX 记录。使用基于 pc 的电子邮件客户端/阅读器发送消息，而其本身不能接受 SMTP 邮件；重要的是，回复方有一个可靠的方式知道 pc.domain 的邮件服务器名的身份。

MX 记录的格式如下：

```
domainname. IN MX weight Host_name
```

这里，domainname.是网站的域名(当然要加上句点)；weigh 是邮件服务器的重要性(如果存在多个邮件服务器，数量最小的优先于数量较大的服务器)；Host_name 当然是邮件服务器的名称。Host_name 也要有一个 A 记录，这一点很重要。这里有一个示例条目：

```
example.org.  IN    MX    10     smtp1
              IN    MX    20     smtp2
```

通常，MX 记录出现在接近 DNS 配置文件顶部的位置。如果未指定域名，则从 SOA 记录中提取默认名称。

17.5.6　CNAME：规范名称

CNAME 记录允许为主机名创建别名。可将 CNAME 记录看作一个别名。当希望提供一个高可用性的服务，并使用一个容易记住的名称，但仍然为主机提供一个真实名称时，这是非常有用的。

CNAME 的另一种流行用途是“创建”一个新服务器，并指定一个容易记住的名称，你根本不需要投资购买新服务器。下面是一个例子：假设一个站点有一个实际主机名为 zabtsuj-content.example.org 的 Web 服务器。zabtsuj-content.example.org 既不是一个容易记住的名称，也不是一个用户友好的名称。由于系统是一个 Web 服务器，www 的 CNAME 记录(或别名)可能是合适的，因此为主机创建。这将简单地将用户不友好的 zabtsuj-content.example.org 名称映射到用户友好的 www.example.org 名称。这将允许访问 www.example.org 的所有请求透明地传递给托管 Web 内容的实际系统——即 zabtsuj-content.example.org。

CNAME 记录的格式如下：

```
New_host_name    IN     CNAME     old_host_name
```

对于示例场景，完整的 CNAME 条目如下：

```
zabtsuj-content IN    A       192.168.1.111
www             IN    CNAME     zabtsuj-content
```

17.5.7　RP 和 TXT：文档条目

有时，将联系信息作为数据库的一部分提供是很有用的——不仅作为评论，而且作为其他人可查询的实际记录。这可以通过使用 RP(负责人)和 TXT 记录来完成。

TXT 记录是一种自由格式的文本输入，可在其中放置任何合适的信息。大多数情况下，只需要将联系信息放在这些记录中。每个 TXT 记录必须绑定到一个特定的主机名。这里有一个例子：

```
serverA.example.org.     IN    TXT    "Contact:  Admin Guy"
                         IN    TXT    "SysAdmin/Android"
                         IN    TXT    "Voice: 999-999-9999"
```

RP 记录是作为主机联系信息的显式容器创建的。这个记录说明了谁是特定主机的负责人；这里有一个例子：

```
serverB.example.org. IN RP admin-address.example.org. example.org.
```

尽管这些 RP 记录可能很有用，但它们现在已经很少见了，因为人们认为它们泄露了太多关于站点的信息，可能导致基于社会工程的攻击。另一方面，TXT 记录在许多应用程序中重新流行起来。这些记录类型对内部或外部 DNS 服务器很有帮助(甚至是必要的)。

17.6　设置 BIND 数据库文件

对所有 DNS 记录类型有了足够的了解，就可以开始创建提供给服务器的实际数据库了。数据库文件格式不是很严格，但是一些约定已经随着时间的推移而固定下来。遵守这些约定将使工作更轻松，并为接管创建工作的管理员铺平道路。

提示　尽可能在 BIND 配置文件中添加描述性注释。

数据库文件是最重要的配置文件。很容易创建正向查找数据库；通常忽略的是反向查找。一些应用程序会例行地对 IP 地址执行反向查找，以查看请求来自何处。

每个数据库文件都应该以$TTL 条目开始。这个条目告诉 BIND，没有显式指定每个记录的 time-to-live(TTL)值时，该值应该是多少。SOA 记录中的 TTL 仅用于 SOA 记录。在$TTL 条目之后是 SOA 记录和至少一个 NS 记录。其他的都是可选的。以下通用格式很有帮助：

```
$TTL
SOA record
NS  records
MX  records
A  and  CNAME records
```

下面从头到尾完成为 DNS 服务器构建完整配置的过程，以演示到目前为止所显示的信息是如何结合在一起的。本例将为 example.org 构建 DNS 服务器，以实现以下目标。

- 建立两个名称服务器：ns1.example.org 和 ns2.example.org。
- 名称服务器能够响应它们所知道的对 IPv6 记录的查询。
- 充当 sales.example.org 区域的辅助服务器，其中 serverB.example.org 是主服务器。
- 为 serverA、serverB、smtp、ns1 和 ns2 定义记录。
- 为 serverA-v6 和 serverB-v6 定义 AAAA 记录(IPv6)。
- 将 smtp.example.org 定义为 example.org 域的邮件交换机(MX)。
- 将 www.example.org 定义为 serverA.example.org 的替代名称(CNAME)。并将 ftp.example.org 定义为 serverB.example.org 的替代名称。
- 为 server .example.org 定义联系信息。

提示　在下面的演练中，如果不想输入太多代码，可使用现成的代码。我们已经打包了所有需要附带的文件，并保存在下面的 URL。只需要按照所述的步骤下载、解压，然后将文件复制到适当的目录中，如下：

```
# pwd
# wget http: //linuxserverexperts.com/8e/chapter-17.tar.xz
# tar xvJf chapter-17.tar.xz
# cd chapter-17 && ls
```

注意　在下面的演练中，如果只从源代码构建和安装 BIND，那么发行版包管理器就不会显示任何信息，因为 RPM 或 dpkg 数据库不知道任何信息。但是，你应该知道安装的内容和位置。

DNS 服务器设置演练

为 example.org 实现设置 DNS 服务器的目标，需要采取一系列步骤。下面依次看一遍。

(1) 确保已经安装了本章前面描述的 BIND DNS 服务器软件。根据发行版，使用 rpm 或 dpkg 命令来证实这一点：

```
[master@fedora-server ~]$ rpm -q bind
```

对于基于 Debian 发行版，输入：

```
master@ubuntu-server:~$ dpkg -l bind9
```

(2) 使用熟悉的任何文本编辑器，创建主 DNS 服务器配置文件——/etc/named.conf。在文件中输入以下文本：

```
options {
            listen-on port 53 { any; };
            listen-on-v6 port 53 { any; };
            directory "/var/named";
          dump-file "/var/named/data/cache_dump.db";
          statistics-file  "/var/named/data/named_stats.txt";
          notify yes;
};
# The following zone definitions don't need any modification.
# The 1st is the definition of the root name servers # and sets up
our server as a caching-capable
# DNS server. The 2nd defines localhost. The 3rd zone
# definition defines the reverse lookup for localhost.
zone "." in {
        type hint;
        file "root.hints";
};
zone "localhost" in {
        type master;
        file "localhost.db";
};
zone "0.0.127.in-addr.arpa" in {
        type master;
        file "127.0.0.rev";
};
# The zone definition below is for the domain
# that our name server is authoritative for i.e.
# the example.org domain name.
zone "example.org" {
        type master;
        file "example.org.db";
};
# Below is the zone for the in-addr.arpa domain,
# for the example.org site.
zone "1.168.192.in-addr.arpa" {
        type master;
        file "example.org.rev";
};
# Below is the entry for the subdomain for which
# this server is a slave server
# IP address of sales.example.orgs master server is 192.168.1.2
zone "sales.example.org" {
        type slave;
```

```
        file "sales.example.org.bk";
        masters {192.168.1.2;};
};
# Below is the zone for the ip6.arpa domain for
# the example.org site. The zone will store its data in
# the same file as the 1.168.192.in-addr.arpa domain
zone "0.0.0.0.0.0.0.0.8.b.d.0.1.0.0.2.ip6.arpa" {
        type master;
        file "example.org.rev";
};
```

(3) 将上面的文件保存为/etc/named.conf 并退出文本编辑器。

(4) 接下来，需要创建在/etc/named.conf 的 file 部分中引用的实际数据库文件。确切地讲，要创建的文件是 root.hints、localhost.db、127.0.0.rev、example.org.db 和 example.org.rev。所有文件存储在 BIND 的工作目录/var/named/中。后面从 name .conf 文件的顶部到底部创建它们。

(5) 幸运的是，不必手动创建根提示文件。从 Internet 下载根提示文件的最新副本。使用 wget 命令下载并复制到适当的目录中：

```
# wget -O /var/named/root.hints http://www.internic.net/zones/named.root
```

(6) 使用熟悉的任何文本编辑器，为本地主机创建区域文件，即 localhost.db 文件。在文件中输入以下文本：

```
$TTL 1W
@         IN SOA         localhost     root (
                         2006123100       ; serial
                         3H               ; refresh (3 hours)
                         30M              ; retry (30 minutes)
                         2W               ; expiry (2 weeks)
                         1W)              ; minimum (1 week)
          IN   NS        @
          IN   A         127.0.0.1
```

(7) 将前面的文件保存为/var/named/localhost.db，然后退出文本编辑器。

(8) 使用任何文本编辑器，为本地主机的反向查找区域创建区域文件；这是 127.0.0.rev 文件。在文件中输入以下文字：

```
$TTL 1W
@        IN SOA          localhost.       root.localhost. (
                           2006123100         ; serial
                           3H                 ; refresh
                           30M                ; retry
                           2W                 ; expiry
                           1W )               ; minimum
         IN    NS          localhost.
1        IN    PTR         localhost.
```

提示　可在 BIND 中使用简短的时间值。例如，3H 表示 3 小时，2W 表示 2 周，30M 表示 30 分钟，以此类推。

(9) 将上面的文件保存为/var/named/127.0.0.rev 并退出文本编辑器。

(10) 接下来，为主要关注区域(即 example.org 域)创建数据库文件。使用文本编辑器创建 example.org.db 文件，然后将以下文本输入该文件中：

```
$TTL 1W
@       IN SOA          ns1.example.org.     root (
                        2009123100     ; serial
                        3H             ; refresh (3 hours)
                        30M            ; retry (30 minutes)
                        2W             ; expiry (2 weeks)
                        1W)            ; minimum (1 week)
                IN      NS      ns1.example.org.
                IN      NS      ns2.example.org.
                IN      MX 10   smtp.example.org.
ns1             IN      A    192.168.1.1      ;primary name server
ns2             IN      A    192.168.1.2      ;secondary name server
serverA         IN      A    192.168.1.1
serverB         IN      A    192.168.1.2
smtp            IN      A    192.168.1.25          ;mail server
www             IN      CNAME serverA              ;web server
ftp             IN      CNAME  serverB             ;ftp server
serverA         IN      TXT     "Fax: 999-999-9999"
; IPv6 entries for serverA (serverA-v6) and
; serverB (serverB-v6) are below
serverA-v6      IN      AAAA     2001:DB8::1
serverB-v6      IN      AAAA     2001:DB8::2
```

(11) 将上面的文件保存为/var/named/example.org.db，然后退出文本编辑器。

(12) 为 example.org 区域创建反向查找区域文件。使用文本编辑器创建/var/named/example.org.rev 文件，然后将以下文本输入该文件中：

```
$TTL 1W
@       IN     SOA          ns1.example.org. root (
              2009123100  ; serial
              3H     ; refresh (3 hours)
              30M    ; retry (30 minutes)
              2W     ; expiry (2 weeks)
              1W)    ; minimum (1 week)
              IN    NS   ns1.example.org.
              IN    NS    ns2.example.org.
1.    IN   PTR   serverA.example.org.   ; Reverse info for serverA
2.    IN   PTR   serverB.example.org.   ; Reverse info for serverB
25    IN   PTR   smtp.example.org.      ; Reverse for mailserver
; IPv6 PTR entries for serverA (serverA-v6) and serverB (serverB-v6) are below
$ORIGIN  0.0.0.0.0.0.0.0.8.b.d.0.1.0.0.2.ip6.arpa.
1.0.0.0.0.0.0.0.0.0.0.0.0.0.0.0.0 IN PTR serverA-v6.example.org.
2.0.0.0.0.0.0.0.0.0.0.0.0.0.0.0.0 IN PTR serverB-v6.example.org.
```

(13) 对于 sales.example.com，不需要创建任何文件。只需要添加已经在 named.conf 文件中的条目。尽管日志文件会抱怨无法与主服务器联系，但这没有关系，因为我们只演示了如何为服务器所属的区域设置主服务器。

下一步将演示如何启动 named 服务。然而，因为 BIND 软件对它的点和分号非常挑剔，并且因为你可能不得不手动输入所有配置文件，所以总会有一些输入错误。因此，最好仔细监视系统日志文件，以便在实时生成错误消息时查看它们。

(14) 在另一个终端窗口中使用 tail 命令查看日志，然后在下一步中在一个单独窗口中发出命令，这样就可同时查看这两个日志。在新终端窗口中，输入以下内容：

```
[master@serverA named]$ sudo tail -f /var/log/messages
```

(15) 此时已经准备好启动 named 服务了。使用 systemctl 命令启动服务：

```
[master@serverA named]$ sudo systemctl start named.service
```

提示　在 openSUSE 系统上，等效的命令是：

```
[root@opensuse-serverA]# rcnamed start
```

(16) 如果系统日志中有一堆错误，日志通常会说明行号和/或错误类型。修正这些错误应该不难。只要回到原点，在它们应该在的地方加上点和分号。另一个常见错误是错误拼写配置文件的指示——例如，写 master 而不是 masters；虽然两者都是有效指令，但它们在不同上下文中使用。

提示　如果更改了 BIND 的配置文件(无论是主 namd.conf 文件还是数据库文件)，就需要给指定的进程发送一个 HUP 信号来告诉它重新读取这些文件。便捷的方法是使用系统的服务管理器实用程序(如 service、systemctl、rcnamed 等)重新加载或重新启动守护进程。

(17) 最后，确保你的 DNS 服务器服务在下一次系统重新启动时启动。使用 systemctl 命令：

```
[master@serverA named]$ sudo systemctl enable named.service
```

下一节将介绍可用于测试或查询 DNS 服务器的工具。

17.7　DNS 工具箱

本节描述在使用 DNS 时需要熟悉的一些工具。它们将帮助你快速解决问题。

17.7.1　host

host 是一个非常简单的实用工具。当然，可使用它和各种选项来扩展其功能。它的语法和一些常见选项如下所示：

```
host [-aCdlrTwv] [-c class] [-n] [-N ndots] [-t type] [-W time]
         [-R number] hostname [server]
    -a is equivalent to -v -t *
    -r disables recursive processing
    -R specifies number of retries for UDP packets
    -t specifies the query type
    -T enables TCP/IP mode
    -v enables verbose output
    -w specifies to wait forever for a reply
    -W specifies how long to wait for a reply
```

在其最简单的用例中，host 允许从命令行将主机名解析为 IP 地址。以下是一个例子：

```
[master@serverA ~]$ host internic.net
internic.net has address 192.0.43.9
...<OUTPUT TRUNCATED>...
```

还可以使用 host 执行反向查找。下面是一个例子：

```
[master@serverA ~]$ host 192.0.43.9 .
43.0.192.in-addr.arpa domain name pointer 43-9.any.icann.org.
```

host 命令还可用于查询 IPv6 记录。例如，要查询主机 serverB-v6.example.org 的 IPv6 地址的名称服务器(::1)，可运行如下命令：

```
[master@serverA ~]$ host serverB-v6.example.org ::1
Using domain server:
Name: ::1
Address: ::1#53
Aliases:
serverB-v6.example.org has IPv6 address 2001:db8::2
```

要查询 serverB-v6 中的 PTR 记录，可使用以下命令：

```
[master@serverA ~]$ host 2001:db8::2 ::1
Using domain server:
Name: ::1
Address: ::1#53
Aliases:
2.0.0.0.0.0.0.0.0.0.0.0.0.0.0.0.0.0.0.0.0.0.0.0.8.b.d.0.1.0.0.2.ip6.arpa       \
domain name pointer serverB-v6.example.org.
```

17.7.2 dig

dig 是一个收集 DNS 服务器信息的好工具。此工具受到 BIND 组的支持。

它的语法和一些选项如下(可参见 dig 手册页，了解各种选项的含义)：

```
dig [@global-server] [domain] [q-type] [q-class] {q-opt}
            {global-d-opt} host [@local-server] {local-d-opt}
            [ host [@local-server] {local-d-opt} [...]]
Where: domain is in the Domain Name System
```

下面是 dig 的用法总结：

```
dig @<server> domain query-type
```

这里，<server>是想要查询的 DNS 服务器的名称，domain 是要查询的域名，query-type 是要获得的记录名(A、MX、NS、SOA、HINFO、TXT、ANY 等)。

例如，要从前面建立的 example.org 域中获取 MX 记录，可以执行 dig 命令：

```
[master@serverA ~]$ dig @localhost example.org MX
```

要在本地 DNS 服务器中查询 yahoo.com 域的记录，只需要输入：

```
[master@serverA ~]$ dig @localhost yahoo.com
```

注意　对于前面的命令，没有指定查询类型——也就是说，没有显式地指定 A 类型的记录。dig 的默认行为是，当没有显式指定任何内容时，假设需要 A 类型的记录。还要注意，是在 DNS 服务器中查询 yahoo.com 域。本地服务器显然不是 yahoo.com 域的权威服务器，但因为也将其配置为具有缓存能力的 DNS 服务器，所以它能从适当的 DNS 服务器中获得正确答案。

要查询本地支持 IPv6 的 DNS 服务器，以获取主机 serverB-v6.example.org 的 AAAA 记录，输入以下内容：

```
[master@serverA ~]$ dig @localhost serverB-v6.example.org -t AAAA
```

若要再次执行前面的一个命令，但这次使用 dig 的一个选项(+)抑制所有冗长的内容，可输入：

```
[master@serverA ~]$ dig +short @localhost yahoo.com
```

若要查询本地名称服务器，获得 192.168.1.1 的反向查找信息(PTR RR)，可输入：

```
[master@serverA ~]$ dig -x 192.168.1.1 @localhost
```

若要查询本地名称服务器，获得 2001: db8::2 的反向查找信息(PTR RR)，可输入：

```
[master@serverA ~]$ dig -x 2001:db8::2 @localhost
```

dig 程序非常强大。它的选项太多，无法在这里全部介绍。阅读与 dig 一起安装的手册页，了解如何使用它的一些高级特性。

17.7.3 resolvectl

resolvectl 是另一个类似于 systemd 的实用程序，它用来在 systemd 解析器服务中发挥特别好的作用。它用于解析域名、IPv4 地址、IPv6 地址、DNS 资源记录(RR)和服务(openpgp、tlsa 等)，并用于重新配置 DNS 解析器。它的用法很简单，类似于大多数其他传统 DNS 自检工具包的行为。下面是语法和一些常见选项：

```
resolvectl [OPTIONS...] {COMMAND}
Where possible Commands are:
  query HOSTNAME|ADDRESS Resolve domain names, IPv4 and IPv6 addresses
  service [[NAME] TYPE] DOMAIN Resolve service (SRV)
  openpgp EMAIL@DOMAIN...             Query OpenPGP
  public key tlsa DOMAIN[:PORT]...    Query TLS public key
  status [LINK...]                    Show link and server status statistics
  Show resolver statistics
  dns [LINK [SERVER...]]              Get/set per-interface DNS server address
  domain [LINK [DOMAIN...]]           Get/set per-interface search domain
  llmnr [LINK [MODE]]                 Get/set per-interface LLMNR mode
```

运行以下命令，启动 systemd-resolved 服务：

```
[master@serverA ~]$ sudo systemctl start systemd-resolved.service
```

下面使用 resolvectl 获取 wikipedia.org 域的 MX 记录：

```
[master@serverA ~]$ resolvectl -t MX query wikipedia.org
```

使用 resolvectl 对 1.0.0.1 IP 地址执行反向查找：

```
[master@serverA ~]$ resolvectl query 1.0.0.1
```

检索 TLS 密钥，它存储为 fedoraproject.org 站点的 DNS 记录：

```
[master@serverA ~]$ resolvectl tlsa tcp fedoraproject.org:443
```

17.7.4 nslookup

nslookup 是存在于各种操作系统平台的实用工具之一，许多人都很熟悉该工具。它的用法也很简单。它既可以交互地使用，也可以非交互地使用(即直接从命令行使用)。

当没有向命令提供参数时，将进入交互模式。在命令行单独输入 nslookup，就会进入 nslookup shell。要退出交互模式，只需要在 nslookup 提示符处输入 exit。

下面总结使用非交互模式的命令：

```
nslookup [ -option ] [ name | - ] [ server ]
```

例如，要非交互地使用 nslookup 查询本地名称服务器，以获取关于主机 www.example.org 的信息，需要输入以下内容：

```
[master@serverA ~]$ nslookup www.example.org localhost
```

注意　BIND 的开发人员不赞成使用 nslookup 实用工具。尽管它仍然很受欢迎，但已被正式弃用了。

17.7.5 whois

whois 命令用于确定域的所有权。关于域所有者的信息不是记录中强制性的一部分，通常也不放在 TXT 或 RP 记录中。因此，需要使用 whois 收集这些信息；whois 报告域的实际所有者、snail 邮件地址、电子邮件地址和技术联系电话号码。下面列举的例子可获取 example.com 域的信息：

```
[master@serverA ~]$ whois example.com
Querying whois.verisign-grs.com]
...<OUTPUT TRUNCATED>...
% This query returned 1 object
domain:          EXAMPLE.COM
organisation:    Internet Assigned Numbers Authority
created:         1992-01-01
```

17.7.6 nsupdate

一个经常被遗忘但功能强大的 DNS 工具是 nsupdate。它用于向 DNS 服务器提交动态 DNS (DDNS)更新请求。它允许在区域中添加或删除资源记录(RR)，而不需要手动编辑区域数据库文件。这特别有用，因为不应该手动编辑或更新 DDNS 类型的区域，因为手动更改与日志文件中自动维护的动态更新相冲突，会导致区域数据受损。

nsupdate 程序从特殊格式的文件或标准输入读取输入。下面是该命令的语法：

```
nsupdate [-d] [[-y keyname:secret] [-k keyfile]] [-v] [filename]
```

17.7.7 rndc 工具

使用 rndc(remote name daemon control)实用程序，可以方便地控制名称服务器和调试名称服务器的问题。

可使用 rndc 程序安全地管理名称服务器。rndc 需要一个单独的配置文件，因为与服务器的所有通信都使用数字签名进行身份验证，这些数字签名依赖于一个共享密钥，共享密钥通常存储在名为 /etc/rndc.conf 的配置文件中。需要使用 rndc-confgen 等工具，生成在工具和名称服务器之间共享的秘密(这里不讨论这个特性)。

下面总结了 rndc 的用法：

```
rndc [-c config] [-s server] [-p port] [-k key-file ]
[-y key] [-V] command
command is one of the following:
  reload        Reload configuration file and zones.
  reload zone [class [view]] Reload a single zone.
  refresh zone [class [view]] Schedule immediate maintenance for a zone.
  reconfig      Reload configuration file and new zones only.
  stats         Write server statistics to the statistics file.
  stop          Save pending updates to master files and stop the server.
  flush         Flushes all of the server's caches.
  status        Display status of the server.
```

例如，可使用 rndc 查看 DNS 服务器的状态：

```
[master@serverA ~]$ sudo rndc status
```

例如，如果为控制的一个区域(如 example.org)更改区数据库文件(/var/named/example.org.db)，希望只重载该区域，而不需要重新启动整个 DNS 服务器，则可输入 rndc 命令和如下选项：

```
[master@serverA ~]$ sudo rndc reload example.org
```

警告　记住在对区域执行任何更改后，要增加它的序列号！

17.8　配置 DNS 客户端

本节将深入研究配置 DNS 客户端的复杂而令人兴奋的过程！好吧，也许这并不是那么令人兴奋——但不能否认客户端对任何网络站点基础设施的重要性。

17.8.1　解析器

前面一直在研究服务器和整个 DNS 树。当然，这个等式的另一部分是客户端——与 DNS 服务器联系以将主机名解析为 IP 地址的主机。

注意　在第 17.7 节中提到过，发出的大多数查询是针对名为 localhost 的 DNS 服务器进行的。当然，localhost 是本地系统，在它的 shell 上执行查询命令。在例子中，希望这个系统是 serverA.example.org！指定使用 DNS 服务器的原因是：默认情况下，系统将查询主机的默认 DNS 服务器。如果主机的 DNS 服务器是 ISP 分配的随机 DNS 服务器，一些查询将失败，因为 ISP 的 DNS 服务器不了解本地管理和控制的区域。因此，如果将本地系统配置为使用本地 DNS 服务器来处理所有 DNS 类型的查询，就不再需要手动指定 localhost。

在 Linux 下，解析器处理 DNS 客户端。这实际上是 C 编程函数库的一部分，它在程序启动时链接到程序。因为所有这些都是自动而透明地发生的，用户不需要知道任何关于它的事情。这只是一个小小的魔术。

从系统管理员的角度看，配置 DNS 客户端并非魔术，但很简单。传统上，只涉及两个文件：/etc/resolv.conf 和/etc/nsswitch.conf。接下来介绍这些文件的作用。

1. /etc/resolv.conf 文件

传统上，/etc/resolv.conf 文件是由 resolvconf 程序管理的。这个文件及其在现代 Linux 发行版上的行为现在由一个名为 system-resolved 的网络名称解析管理器管理。

该文件包含客户端了解其本地 DNS 服务器的必要信息。该文件通常有两行：第一行表示默认搜索域，第二行表示主机名称服务器的 IP 地址。

默认的搜索域主要适用于有本地服务器的站点。当指定默认搜索域时，客户端将自动将此域名追加到所请求的站点并首先进行检查。例如，如果指定默认域是 yahoo.com，然后尝试连接到主机名 my，客户端软件会自动尝试连接 my.yahoo.com。使用相同的默认设置，如果试图连接主机 www.stat.net，软件将尝试 www.stat.net.yahoo.com(一个完全合法的主机名)，发现它不存在，然后再次尝试 www.stat.net(存在)。

当然，可提供多个默认域。但这样做会使查询过程稍微慢一些，因为需要检查每个域。例如，如果同时指定了 example.org 和 stanford.edu，并在 www.stat.net 上执行查询，将得到三个查询：www.stat.net.yahoo.com、www.stat.net.stanford.edu 和 www.stat.net。

/etc/resolv.conf 文件的格式如下：

```
search domainname
nameserver IP-address
```

这里，*domainname* 是搜索的默认域名，*IP-address* 是 DNS 服务器的 IP 地址。例如，下面是一个示例/etc/resolv.conf 文件：

```
search example.org
nameserver 127.0.0.1
```

因此，当需要对 serverB.example.org 执行名称查找查询时，只需要主机部分——即 serverB。example.org 后缀将自动附加到查询中。当然，这只在本地站点有效，可用于控制如何配置客户端！

2. /etc/nsswitch.conf 文件

/etc/nsswitch.conf 文件告诉系统，应该在哪里查找某些类型的配置信息(服务)。当标识多个位置时，/etc/nsswitch.conf 文件还指定了最佳的查找信息的顺序。密码、组和主机文件/数据库是使用/etc/nsswitch.conf 的后端示例。

/etc/nsswitch.conf 文件的格式很简单。服务名在一行中排在最前面(注意，/etc/nsswitch.conf 不仅适用于主机名查找)，后跟一个冒号。接下来是包含信息的位置。如果标识了多个位置，则按系统执行搜索所需的顺序列出条目。位置的有效条目是 files、nis、dns、[NOTFOUND]和 NISPLUS。注释以井号(#)开头。

例如，如果打开文件进行查看，可能看到如下一行：

```
hosts:      files nis dns myhostname
```

这一行告诉系统，所有主机名查找都应该从/etc/hosts 文件开始。如果在那里找不到条目，则检查 NIS。如果无法通过 NIS 找到该主机，则检查 DNS，最终返回到 myhostname systemd 库(为本地配置的系统主机名提供主机名解析的机制)。

站点上可能没有运行 NIS，希望系统在检查 NIS 记录之前检查 DNS 记录。这种情况下，更改这一行，并将其重新排序为：

```
hosts:       files dns myhostname nis
```

对于这一行，唯一的建议是：在查找顺序中，主机文件应该始终排在前面。

保存文件，系统会自动检测更改。

3. 使用[NOTFOUND=action]

在/etc/nsswitch.conf 文件中，可能看到类似于[NOTFOUND=action]的条目。这是一个特殊指令，允许系统在之前所有输入都失败后停止搜索信息。动作可以是返回或继续。默认操作是继续。例如，如果文件包含如下一行：

```
hosts:      files [NOTFOUND=return] dns nis,
```

系统会尝试仅在/etc/hosts 文件中查找主机信息。如果没有找到所请求的信息，就不会搜索 NIS 和 DNS。

17.8.2　配置客户端(传统的)

下面看看配置 Linux 客户端以使用 DNS 服务器的传统过程。它是传统的，因为它不依赖 systemd-resolved 来提供 DNS 解析器服务，而是使用 resolvconf(即使只是在兼容模式下)。假设在 serverA 上使用 DNS 服务器，并将 serverA 本身配置为客户端。这听起来可能有点奇怪，但重要的是要理解，运行服务器的系统并不意味着它不能是客户端！从运行 Web 服务器的角度看——仅仅因为系统运行

Apache，并不意味着不能在同一台机器上运行 Firefox 并通过 loopback 地址(127.0.0.1)访问本地主机上的 Web 站点!

配置客户端的步骤如下：

(1) 首先通过删除链接，确保/etc/resolv.conf 不是链接到 systemd–resolved 管理的/run/systemd/resolve/resolv.conf：

```
[master@serverA ~] $ sudo rm /etc/resolv.conf
```

(2) 编辑或创建/etc/resolv.conf，并设置 nameserver 条目指向 DNS 服务器：

```
search example.org
nameserver 127.0.0.1
```

(3) 浏览/etc/nsswitch.conf 文件，以确保查看 DNS 来解析主机名：

```
[master@serverA ~]$ grep "^hosts" /etc/nsswitch.conf
```

如果没有列出 DNS(如这个输出所示)，则使用任何文本编辑器在主机行上包括 DNS。

(4) 使用 dig 实用程序测试配置：

```
[master@serverA ~]$ dig +short serverA.example.org
192.168.1.1
```

注意，对于前面的查询，不必显式指定要与 dig 一起使用的名称服务器(如 dig@localhost+short serverA.example.org)。这是因为 dig 在默认情况下使用(即查询)本地/etc/resolv.conf 文件中指定的 DNS 服务器。

提示　如果希望使用 systemd-resolved 来提供解析器服务，但仍然要自定义它的功能，则可在/etc/system/resolved.conf 中提供自定义设置(DNS、搜索域、FallbackDNS、LLMNR 等)，然后运行 systemctl restart systemd-resolved 来重新启动服务。

17.9 小结

本章涵盖了建立和运行基本的 DNS 服务器基础设施需要的所有信息。我们讨论了以下主题：

- Internet 上的名称解析
- 获取和安装 BIND 名称服务器以及/etc/hosts 文件的角色
- 配置 DNS 服务器作为主、辅助和缓存服务器
- IPv4 和 IPv6 的各种 DNS 记录类型
- named.conf 文件中的配置选项
- DNS 服务器中用于排除故障的工具
- 配置 Linux 客户端使用 DNS

有了 BIND 文档中关于服务器应该如何配置的可用信息，以及本章中提供的完整服务器的实际配置文件，读者应该能够从头执行完整的安装。

与任何软件一样，没有什么是完美的，BIND 以及这里讨论的相关文件和程序可能会出现问题。不要忘记查看主 BIND 网站(www.isc.org)以及各种专用于 DNS 和 BIND 软件的邮件列表，以获得更多信息。

第 18 章 文件传输协议(FTP)

文件传输协议(File Transfer Protocol，FTP)从 1971 年就出现了。值得注意的是，基础协议本身自那以后几乎没有发生什么变化。另一方面，客户端和服务器几乎一直在不断改进。本章介绍 vsftpd 软件包，它实现了 FTP 服务。

vsftpd 程序是一种流行的 FTP 服务器实现，被主要的高流量 FTP 站点使用，如 kernel.org、redhat.com、isc.org 和 freebsd.org。这些网站运行该软件的事实增加了它的“街头信誉”。vsftpd 从一开始就设计为快速、稳定和非常安全。

注意 与大多数其他服务一样，vsftpd 的安全性取决于你自己的努力。程序的作者已经提供了所有必要的工具，使软件尽可能做到安全开箱，但一个糟糕的配置就可能导致网站变得脆弱。记住，在投入使用前，要反复检查配置并测试它。

本章讨论如何获取、安装和配置最新版本的 vsftpd。展示如何将其配置为私有访问和匿名访问。另外，学习如何使用 FTP 客户端来测试新 FTP 服务器。

18.1 FTP 的机制

本节介绍 FTP 客户端/服务器交互的详细信息。尽管这些信息对于能否启动并运行 FTP 服务器并不重要，但当需要排除 FTP 问题时(特别是那些没有明确显示与 FTP 相关的问题)，这些信息非常重要。这些细节可帮助查明问题，如问题是否与网络、FTP 服务器或 FTP 客户端相关。

客户端/服务器交互

FTP 的最初设计假设了一些在 Internet 上很长一段时间内都是合理的事情：Internet 用户是一群友好、无忧无虑、不做坏事的人。这个原来的设计和假设需要再次考虑今天所处的不那么友好的 Internet 环境——在这种环境下，必须使用防火墙作为网络标准。

由于 FTP 方便了 FTP 客户端和 FTP 服务器之间的文件交换，因此它的设计有一些内置的细微差别，值得进一步说明。

一个细微差别来自于它使用两个端口：一个控制端口(端口 21)和一个数据端口(端口 20)。控制端口用作客户端和服务器之间的通信通道，用于交换命令和应答；数据端口纯粹用于交换数据，数据可以是文件、文件的一部分或目录列表。

FTP 可在两种模式下运行：主动 FTP 模式和被动 FTP 模式。

1. 主动 FTP

传统上在原始 FTP 规范中使用主动 FTP 模式。在这种模式下，客户端从临时端口(大于 1024 的端口号)连接到 FTP 服务器的命令端口(端口 21)。当客户端准备传输数据时，服务器打开一个从其数据端口(端口 20)到客户端提供的 IP 地址和临时端口组合的连接。这里的关键是，客户端没有实际连接到服务器，而是通过发出 PORT 命令将自己的端口告知服务器；然后服务器连接回指定的端口。在这种 FTP 模式下，服务器可以被视为主动方(或 agitator)。

从防火墙后面的 FTP 客户端角度看，主动 FTP 模式有一个轻微的问题：在客户端，防火墙可能不允许连接从 Internet 或一个特权服务端口(如数据端口 20)向客户端应该保护的非特权服务端口发起连接。

2. 被动 FTP 模式

FTP 客户端发出 PASV 命令，表明它希望以被动模式访问数据，然后服务器用自己的 IP 地址和临时端口号响应，客户端可连接到该端口号来传输数据。客户端发出的 PASV 命令告诉服务器“侦听”一个不是正常数据端口的数据端口(即端口 20)，并等待连接而不是启动连接。与主动 FTP 模式的关键区别在于，在被动 FTP 模式中，客户端启动到服务器提供的端口和 IP 地址的连接。在这方面，服务器可以被认为是数据通信中的被动方。

从防火墙后的 FTP 服务器的角度看，被动 FTP 模式有一点问题：防火墙的本能是不允许来自 Internet 的连接，而这些连接的目的地是它应该保护的系统的临时端口。这种行为的典型症状是：客户端看起来能顺利地连接到服务器，但每当试图传输数据时，连接似乎就会挂起。

为解决与 FTP 和防火墙有关的一些问题，许多防火墙为 FTP 实现了应用程序级代理，以跟踪 FTP 请求，并在需要从远程站点接收数据时打开那些高端口。

18.2 获取和安装 vsftpd

vsftpd 包是大多数现代 Linux 发行版附带的 FTP 服务器软件。vsftpd 项目的官方网站是 https://security.appspot.com/vsftpd.html。可以直接从发行版软件存储库轻松安装 vsftpd。在本节和下一节中，学习如何从预打包的二进制文件中安装/配置软件。下面先使用 dnf 在类似 Red Hat 的发行版上安装 vsftpd。

(1) 作为特权用户，使用 dnf 同时下载和安装 vsftpd：

```
[master@fedora-server ~]$ sudo dnf -y install vsftpd
```

(2) 确认软件已安装：

```
[master@fedora-server ~]$ rpm -q vsftpd vsftpd-*
```

在基于 Debian 的发行版(如 Ubuntu)，可通过输入以下命令来安装 vsftpd：

```
master@ubuntu-server:~$ sudo apt-get -y install vsftpd
```

18.2.1 配置 vsftpd

安装软件后，下一步是配置它以供使用。在安装 vsftpd 软件时，还在本地文件系统上安装了其他文件和目录。表 18-1 讨论了随 vsftpd 程序安装的一些更重要的文件和目录。

表 18-1　vsftpd 配置文件和目录

文件	描述
/usr/sbin/vsftpd	这是主 vsftpd 可执行文件。它就是守护进程本身
/etc/vsftpd/vsftpd.conf	这是 vsftpd 守护进程的主配置文件。它包含许多控制 FTP 服务器行为的指令
/etc/vsftpd/ftpusers	一个文本文件，存储不允许登录到 FTP 服务器的用户的列表。可插入身份验证模块(PAM)系统引用该文件
/etc/vsftpd/user_list	一个文本文件，用于允许或拒绝所列用户的访问。根据 vsftpd.conf 文件中的 userlist_deny 指令值拒绝或允许访问
/var/ftp	这是 FTP 服务器的工作目录
/var/ftp/pub	该目录用于存放可匿名访问 FTP 服务器的文件

vsftpd.conf 配置文件

如上所述，FTP 服务器的主配置文件是 vsftpd.conf。类似于 Red Hat 的发行版通常将该文件放在/etc/vsftpd/目录中。在类似 Debian 的系统上，配置文件位于/etc/vsftpd.conf。

这个文件很容易管理和理解，它包含选项(指令)和值，格式很简单，如下：

```
option=value
```

警告　vsftpd.conf 中的选项和值的语法很挑剔！选项指令、等号(=)和值之间不应该出现空格。在其中包含任何空格会阻止 vsftpd 守护进程的启动！

与其他大多数 Linux/UNIX 配置文件一样，文件中的注释由以井号(#)开头的行表示。要了解每个指令的含义，应该使用 man 命令，查阅 vsftpd.conf 手册页，如下所示：

```
[master@server ~]$ man vsftpd.conf
```

注意　在类似 Debian 的系统上，vsftpd 配置文件直接位于/etc 目录下。例如，Fedora 中等价的/etc/vsftpdf/ftpusers 位于 Ubuntu 中的/etc/ftpusers。

可根据所扮演的角色对/etc/vsftpdf/vsftpd.conf 文件中的选项(或指令)进行分类。表 18-2 讨论了其中一些类别。

注意　配置文件中选项的可能值也可分为三类：布尔型选项(如 YES、NO)、数字型选项(如 007、700)和字符串型选项(如 root、/etc/vsftpd.chroot_list 等)。

18.2.2　启动和测试 FTP 服务器

vsftpd 守护进程带有一些允许开始运行的默认设置，可以开箱即用。

当然，需要启动服务。学习了如何启动守护进程后，本节其余部分将通过使用 FTP 客户端连接到 FTP 服务器来测试它。

因此，下面启动一个经过身份验证的 FTP 会话示例，但首先启动 FTP 服务。

提示　通过 apt-get 在 Ubuntu 中安装软件后，会自动启动 ftp 守护进程。因此，在尝试重新启动它之前，请确认它没有运行。可检查下述命令的输出：

```
ps -aux | grep vsftpd
```

表 18-2　vsftpd 配置选项

选项的类型	说明	示例
Daemon	这些选项控制 vsftpd 守护进程的一般行为	listen | listen_ipv6：启用后，vsftpd 将以独立模式运行，而不是在 xinetd 或 inetd 等超级守护进程下运行。然后，vsftpd 本身将负责监听和处理传入连接。默认值为 NO
Socket	这些是网络和端口相关的选项	listen_address：指定 vsftpd 侦听网络连接的 IP 地址。此选项没有默认值
		listen_port：vsftpd 侦听传入 FTP 连接的端口。默认值是 21
		pasv_enable：启用或禁用获取数据连接的 PASV 方法。默认值是 YES
		port_enable：启用或禁用获取数据连接的 PORT 方法。默认值是 YES
Security	这些选项直接控制服务器访问的授予或拒绝——这些选项为 FTP 服务器提供了内置的访问控制机制	anonymous_enable：控制是否允许匿名登录。如果启用此选项，则用户名 ftp 和 anonymous 都被识别为匿名登录。默认值是 YES
		local_enable：控制是否允许本地登录。如果启用了此选项，则可使用/etc/passwd 中的普通用户账户登录。默认值为 NO
		userlist_enable：启用此选项时，从 userlist_file 指令指定的文件名中加载一个用户名列表。如果用户试图使用此文件中的名称登录，甚至在提示输入密码之前，该用户就被拒绝访问。默认值是 NO
		userlist_deny：检查 userlist_enable 选项是否处于活动状态。当它的值设置为 NO 时，用户将被拒绝登录，除非他们显式地列在 userlist_file 指定的文件中。当登录被拒绝时，拒绝在用户被要求输入密码之前发出；这有助于防止用户通过网络发送明文。默认值是 YES
		userlist_file：这个选项指定 userlist_enable 选项处于活动状态时要加载的文件名称。根据发行版本的不同，默认值不是 vsftpd .user_list 就是 user_list
		cmds_allowed：指定允许的 FTP 命令列表。但是，登录后的命令总是被允许的——USER, PASS, QUIT；其他命令被拒绝。如 cmds_allowed=PASV, RETR。 这个选项没有默认值
File-transfer	这些选项与 FTP 服务器之间的文件传输有关	download_enable：如果设置为 NO，所有下载请求的权限将被拒绝。默认值是 YES
		write_enable：控制是否允许任何更改文件系统的 FTP 命令。这些命令是 STOR、DELE、RNFR、RNTO、MKD、RMD、APPE 和 SITE。默认值是 NO
		chown_uploads：该选项的作用是将所有匿名上传的文件的所有权更改为 chown_username 设置中指定的用户的所有权。默认值是 NO
		chown_username：指定匿名上传文件的所有者的用户名。默认值是 root

(续表)

选项的类型	说明	示例
Directory	这些选项控制 FTP 服务器提供的目录的行为	use_localtime：启用时，vsftpd 将显示目录清单和本地系统时区中的时间。默认以格林威治标准时间(GMT)格式显示时间。默认值是 NO
		hide_ids：当启用此选项时，所有目录清单将显示 ftp 作为所有文件的用户和组。默认值是 NO
		dirlist_enable：启用或禁用执行目录清单的功能。如果将此选项设置为 NO，则在尝试列出目录时给出许可拒绝错误。默认值是 YES
Logging	控制 vsftpd 记录信息的方式和位置	vsftpd_log_file：指定主 vsftpd 日志文件。默认值是/var/log/vsftpd.log
		ferlog_enable：告诉软件在所有文件传输发生时保存日志。默认值是 NO
		syslog_enable：如果启用了这个选项，那么转到/var/log/vsftpd.log 的任何日志输出就会转到系统日志。日志记录是在文件传输协议守护进程(FTPD)工具下完成的。默认值是 NO

(1) 在运行 systemd 的 Linux 发行版上，可使用 systemctl 命令启动 vsftpd 守护进程：

```
[master@server ~]$ sudo systemctl start vsftpd.service
```

(2) 启动命令行 FTP 客户端程序(如果还没有为发行版安装 FTP 客户端包)，并作为本地用户连接到本地 FTP 服务器：

```
[master@server ~]# FTP localhost
Connected to localhost(127.0.0.1)
220 (vsFTPd 3.*.*)
Name(localhost: master):
```

(3) 提示时输入系统上存在的本地用户名——使用用户账户 yyang 启动一个经过身份验证的 FTP 会话。在 Name 提示符处输入 yyang：

```
Name (localhost:root): yyang
331 Please specify the password.
```

(4) 当提示输入密码时，输入 yyang 的密码(19gan19)：

```
Password: **********
230 Login successful.
Remote system type is UNIX.
```

(5) 使用 ls(或 dir) FTP 命令在 FTP 服务器上执行当前目录中的文件列表：

```
FTP > ls
```

(6) 使用 pwd 命令在 FTP 服务器上显示当前的工作目录：

```
ftp> pwd
257 "/home/yyang" is the current directory
```

(7) 使用 cd 命令，尝试更改到 yyang 的 FTP 主目录之外的目录；例如，将目录改为本地文件系统的/boot 目录：

```
ftp> cd /boot
250 Directory successfully changed.
```

(8) 使用 bye 命令退出 FTP 服务器：

```
ftp> bye
221 Goodbye.
```

示例系统上的默认 vsftpd 配置执行以下操作。

- 本地用户登录：允许本地系统上具有用户数据库(/etc/passwd 文件)条目的所有有效用户使用正常用户名和密码登录到 FTP 服务器。在上一个示例 FTP 会话中演示了这一点。
- 匿名 FTP 访问：阻止匿名用户使用或连接到 FTP 服务。

18.3 定制 FTP 服务器

vsftpd 的默认开箱即用行为可能不是希望用于生产 FTP 服务器的行为，因此本节介绍定制一些 FTP 服务器选项以适应特定场景的过程。

18.3.1 设置只允许匿名的 FTP 服务器

首先，设置 FTP 服务器，使其不允许系统上拥有常规账户的用户访问。这类 FTP 服务器对于具有一般公众可通过 FTP 访问的文件的大型站点非常有用。这种情况下，为每个单独的用户创建一个账户是不现实的，因为用户可能有上千个。

幸运的是，vsftpd 几乎可作为开箱即用的匿名 FTP 服务器。检查 vsftpd.conf 文件中的配置，启用确保这一点所需的任何选项，并禁用不需要的选项。

使用选择的任何文本编辑器，打开/etc/vsftpd/vsftpd.conf 文件进行编辑。仔细查看文件，确保至少有下面列出的指令(如果指令存在但注释掉了，就需要删除注释符号[#]或改变选项的值)。

```
listen=NO
listen_ipv6=YES
xferlog_enable=YES
xferlog_std_format=YES
anonymous_enable=YES
local_enable=NO
write_enable=NO
```

这些选项足以启用只允许匿名的 FTP 服务器，所以可选择覆盖现有的/etc/vsftpd/vsftpd.conf 文件(或 Ubuntu / Debian 上的/etc/vsftpd.conf)，并输入显示选项。这将有助于保持配置文件的简洁性。

提示 实际上，所有 Linux 系统都预先配置了一个名为 ftp 的用户。该账户应该是一个非特权系统账户，特别用于匿名 ftp 类型的访问。为使匿名 FTP 工作，需要在系统上存在这个账户。要确认账户存在，请使用 getent 实用程序，输入以下内容：

```
# getent passwd ftp
ftp:x:14:50:FTP User:/var/ftp:/sbin/nologin
```

如果没有得到类似的输出，可使用 useradd 命令快速创建 FTP 系统账户。要创建合适的 ftp 用户，输入如下命令：

```
# useradd -c "FTP User" -d /var/ftp -r -s /sbin/nologin ftp
```

如果必须对 vsftpd.conf 文件进行任何修改，则需要重新启动 vsftpd 服务。要使用 systemd 作为服务管理器在发行版上重新启动 vsftpd，输入以下命令：

```
[master@server ~]$ sudo systemctl restart vsftpd.service
```

应该测试服务器，以确保只有匿名连接允许使用新的配置：

(1) 启动 FTP 命令行客户端程序，并以匿名用户的身份连接到本地 FTP 服务器：

```
[master@server ~]$ ftp localhost
```

(2) 在提示时输入匿名 FTP 用户的名称，即输入 ftp：

```
Name (localhost:master): ftp
331 Please specify the password
```

提示 大多数允许匿名登录的 FTP 服务器通常也允许隐式使用用户名 anonymous。因此，可以不提供 ftp 作为匿名连接示例 Fedora FTP 服务器的用户名，而是使用流行的用户名 anonymous。

(3) 当提示输入密码时，可输入任何内容：

```
Password: <type-absolutely-anything-you-want-for-the-password>
230 Login successful.
Remote system type is UNIX.
Using binary mode to transfer files.
```

(4) 使用 pwd 命令在 FTP 服务器上显示当前的工作目录：

```
FTP > pwd
257 "/"
```

(5) 使用 cd 命令，尝试更改到允许的匿名 FTP 目录之外的目录(这应该会失败)。例如，尝试将目录更改为本地文件系统的/boot 目录：

```
ftp> cd /boot
550 Failed to change directory.
```

(6) 使用 bye FTP 命令退出 FTP 服务器：

```
FTP > bye
221 Goodbye.
```

这就完成了。

18.3.2 使用虚拟用户设置 FTP 服务器

虚拟用户是实际上不存在的用户；这些用户除了为其创建的权限或功能外，在系统上没有任何特权或功能。这类 FTP 设置是允许具有本地系统账户的用户访问 FTP 服务器和只允许匿名用户访问 FTP 服务器之间的中间点。如果无法保证从用户端(FTP 客户端)到服务器端(FTP 服务器)的网络连接的安全性，那么允许具有本地系统账户的用户登录到 FTP 服务器就是鲁莽的。这是因为两端之间的 FTP 事务通常以纯文本形式出现。当然，只有当服务器包含任何对其所有者有价值的数据时，这才是相关的!

使用虚拟用户将允许站点提供不受信任的用户可以访问的内容，但使 FTP 服务仍然可以被普通公众访问。在虚拟用户的凭据被破坏的情况下，至少可以保证只会发生最小程度的破坏。

提示 通过使用传输层安全性/安全套接字层(TLS/SSL)，还可以设置 vsftpd，来加密自身和任何 FTP 客户端之间的所有通信。这很容易设置，但需要注意，客户端的 FTP 应用程序也必须支持这种通信。如果安全性是一个严重问题，可以考虑用 OpenSSH 的 sftp 程序来代替简单的文件传输。

本节创建两个示例虚拟用户，分别名为 ftp-user1 和 ftp-user2。这些用户将不会以任何形式存在于系统的用户数据库(/etc/passwd 文件)中。以下步骤详细描述了实现过程。

提示 为减少输入，本章使用的配置和/或脚本文件的副本绑定在 http://linuxserverexperts.com/8e/chapter-18.tar.xz。要继续使用这个包，只需要下载文件，解压缩它的内容，并将文件复制到本地系统上的适当目录中。

(1) 创建一个包含虚拟用户的用户名和密码组合的纯文本文件。每个用户名及其相关联的密码放在文件的交替行上。例如，对于用户 ftp-user1，密码为 user1，对于用户 ftp-user2，密码为 user2。

将文件命名为 plain_vsftpd.txt。使用选择的文本编辑器创建文件。这里使用 vi：

```
[master@server ~]$ vi plain_vsftpd.txt
```

(2) 在文件中输入文本：

```
ftp-user1
user1
ftp-user2
user2
```

(3) 将更改保存到文件中，然后退出文本编辑器。

(4) 将第 1 步中创建的纯文本文件转换为可与 pam_userdb.so 库一起使用的 Berkeley DB 格式。所以，输出保存在/etc 目录下一个名为 hash_vsftpd.db 的文件中。输入以下命令：

```
[master@server ~]$ sudo db_load -T -t hash -f plain_vsftpd.txt \
/etc/hash_vsftpd.db
```

注意 在 Fedora 系统上，需要安装 libdb-utils 包来安装 db_load 程序。可在安装介质上找到它，或使用 dnf 和下面的命令快速安装它：

```
# dnf -y install libdb-utils
```

Ubuntu 中的等效包叫做 db-util。

(5) 给虚拟用户数据库文件赋予更严格的权限来限制对它的访问。这确保系统上的任何临时用户都无法读取它。输入以下内容：

```
[master@server ~]$ sudo chmod 600 /etc/hash_vsftpd.db
```

(6) 接下来，创建一个 PAM 文件，FTP 服务使用它作为新的虚拟用户数据库文件。把文件命名为 virtual-ftp，并将其保存在/etc/pam.d /目录中。使用任何文本编辑器创建文件。

```
[master@server ~]$ sudo vi /etc/pam.d/virtual-ftp
```

(7) 将此文本输入文件：

```
auth required /lib64/security/pam_userdb.so db=/etc/hash_vsftpd
account required /lib64/security/pam_userdb.so db=/etc/hash_vsftpd
```

这些条目告诉 PAM 系统，使用存储在 hash_vsftpd.db 文件中的新数据库对用户进行身份验证。

(8) 确保更改已保存到/etc/ pamc.d/目录中的 virtual-ftp 文件中。

(9) 下面为虚拟 FTP 用户创建一个家庭环境。我们将欺骗并使用 FTP 服务器的现有目录结构来创建一个子文件夹，来存储希望虚拟用户能够访问的文件。输入以下命令：

```
[master@server ~]$ sudo mkdir -p /var/ftp/private
```

提示　第(9)步进行了欺骗，这样就无法创建虚拟用户最终映射的游客 FTP 用户，并避免考虑权限问题，因为系统已经有一个可以安全使用的 FTP 账户。在 vsftpd.conf 手册页中查找 guest_username 指令，以获得更多信息。

(10) 现在，创建自定义的 vsftpd.conf 文件，来启用整个设置。

打开/etc/vsftpd/vsftpd.conf 文件进行编辑。仔细查看文件，确保至少有下面列出的指令(如果有指令，但注释掉了，可能需要删除注释符号，或更改选项的值)。添加注释是为了解释不太明显的指令。

```
listen=NO listen_ipv6=YES
#We do NOT want to allow users to log in anonymously anonymous_enable=NO
xferlog_enable=YES xferlog_std_format=YES connect_from_port_20=YES seccomp_sandbox=NO
#This is for the PAM service that
# we created that was named virtual-ftp
pam_service_name=virtual-ftp
#Enable the use of the /etc/vsftpd.user_list file
userlist_enable=YES
#Do NOT deny access to users specified
# in the /etc/vsftpd.user_list file
userlist_deny=NO
userlist_file=/etc/vsftpd.user_list
local_enable=YES
#This activates virtual users.
guest_enable=YES
#Map all the virtual users to the real user called "ftp"
guest_username=ftp
#Make all virtual users root ftp directory on the server to be:
#/var/ftp/private/
local_root=/var/ftp/private/
```

提示　如果选择不编辑现有的配置文件，而是从头创建一个，这里指定的选项将满足目的，没有任何额外的要求。对于没有在配置文件中指定的任何选项，vsftpd 软件将简单地假定其内置默认值!

(11) 需要创建(或编辑)/etc/vsftpd.user_list 文件，在第 10 步的配置中引用。要为第一个虚拟用户创建条目，输入以下内容：

```
[master@server ~]$ echo ftp-user1 | \
sudo tee -a /etc/vsftpd_list.
```

(12) 要为第二个虚拟用户创建条目，输入以下内容：

```
[master@server ~]$ echo ftp-user2 | \
sudo tee -a /etc/vsftpd_list.
```

(13) 现在准备启动或重新启动 FTP 服务器，输入以下命令：

```
[master@server ~]$ sudo systemctl restart vsftpd.service
```

(14) 现在，通过作为一个虚拟 FTP 用户连接到 FTP 服务器，并运行一些简单的 FTP 命令，来验证 FTP 服务器是否按照希望的方式运行。以用户 ftp -user1 的身份连接到服务器(记住，该用户的 FTP 密码是 user1)。

```
[master@server ~]$ ftp localhost
...<OUTPUT TRUNCATED>...
Name (localhost:master): ftp-user1
331 Please specify the password.
Password:
230 Login successful.
...<OUTPUT TRUNCATED>...
ftp> ls -l
...<OUTPUT TRUNCATED>...
ftp> pwd
257 "/"
ftp> cd /boot
550 Failed to change directory.
ftp> bye
221 Goodbye.
```

(15) 还将进行测试，以确保匿名用户无法登录到服务器：

```
[master@server ~]$ ftp localhost
...<OUTPUT TRUNCATED>...
Name (localhost:master): ftp
530 Permission denied.
Login failed.
```

(16) 最终验证本地用户(如用户 yyang)无法登录到服务器：

```
[master@server ~]$ ftp localhost
...<OUTPUT TRUNCATED>...
Name (localhost:master): yyang
530 Permission denied.
Login failed.
```

一切都看起来很好。

提示 vsftpd 是一个可用于 IPv6 的守护进程。让 FTP 服务器在 IPv6 接口上监听就像在 vsftpd 配置文件中启用正确选项一样简单。但请注意，listen(用于 IPv4)和 listen_ipv6(用于 IPv6)指令是互斥的，不能在同一个配置文件中将两者都设置为 YES。因此，支持 IPv4 和 IPv6 的方法之一是将 listen_ipv6 及其值设置为 YES，将 listen 设置为 NO，如下：

```
listen=NO
listen_ipv6=YES
```

配置 vsftpd 软件以同时支持 IPv4 和 IPv6 的其他方法是创建 vsftpd 的另一个实例，它指向自己的配置文件，支持想要的协议版本。

在 Fedora 和其他 Red Hat 类型的发行版上，vsftpd 启动脚本将自动读取(并启动)/etc/vsftpd/目录下以*.conf 结尾的所有文件。例如，可将一个文件命名为/etc/vsftpd/vsftpd.conf，将另一个支持 IPv6 的文件命名为/etc/vsftpd/vsftpd-ipv6.conf。

18.4 小结

非常安全的 FTP 守护进程是一个功能强大的 FTP 服务器，提供以安全方式运行商业级 FTP 服务器需要的所有特性。本章讨论了在 Fedora 和类似 Debian 的系统上安装和配置 vsftpd 服务器的过程。具体来说，介绍了以下信息：

- 一些重要和常用的 vsftpd 配置选项。
- FTP 协议的细节及其对防火墙的影响。
- 如何设置匿名 FTP 服务器。
- 如何设置 FTP 服务器来支持使用虚拟用户。
- 如何使用 FTP 客户端连接到 FTP 服务器，来进行测试。

这些信息足以让 FTP 服务器运行好一阵子。当然，就像任何有关软件的书籍一样，文字会变老，信息也会肯定会过时。因此，一定要经常访问 vsftpd 网站，不仅要了解最新的开发，还要获得最新的文档。

第19章 Apache Web 服务器

Apache 是一种广泛流行的开源 HTTP(Hypertext Transfer Protocol)服务器软件。它是在 Apache 许可下发布的。Apache 在使用和部署方面继续主导 Web 服务器市场。因此，它在 Internet 社区中保持了一定程度的接受和尊重。Apache 提供了以下一些优点：

- 稳定、灵活和安全。
- 由几个主要的站点和组织使用和支持。
- 整个程序和相关组件都是开源的。
- 它适用于大多数 Linux/UNIX 和 Microsoft Windows 的变种。

本章介绍在 Linux 服务器上安装和配置 Apache HTTP 服务器的过程。但在开始配置 Apache 的必要步骤之前，先回顾一下 HTTP 的一些基础知识以及 Apache 的一些内部特性，比如它的进程所有权模型。这些信息将帮助理解为什么将 Apache 设置为这样的工作方式。

19.1 理解 HTTP

HTTP 流量占世界 Internet 流量的很大一部分，Apache 是 HTTP 的服务器实现。Firefox、Chrome、Opera、Curl、wget、Edge、Safari 和 Internet Explorer 等应用程序都是 HTTP 的客户端实现。

在撰写本书时，HTTP 是版本 2，但 HTTP 版本 1.1 仍然是目前为止使用最广泛的协议版本。HTTP/1.1 在 RFC 7230 到 7235 中都有文档记录。

19.1.1 报头

当 Web 客户端连接到 Web 服务器时，客户端建立此连接的默认方法是连接服务器的 TCP 端口 80。一旦连接上，网络服务器就什么也不说；由客户端向服务器发出兼容 HTTP 的命令(也称为动词或方法)。每个命令都附带一个包含客户端信息的请求报头。例如，当在 Linux 机器上使用 Firefox 浏览器(客户端)时，Web 服务器可能从客户端接收以下信息：

```
GET / HTTP/1.1
Connection: Keep-Alive
User-Agent: Mozilla/* (X11;Linux x86_64;rv:*) Gecko/* Firefox/*
Host: localhost:80
Accept: text/xml, image/gif, image/jpeg, image/png...
Accept-Encoding: gzip, deflate
Accept-Language: en-us
Accept-Charset: iso-8859-1, *, utf-8
```

第一行包含 HTTP GET 命令，它要求服务器获取一个文件。其余的信息组成报头，它告诉服务器有关客户端的信息、客户端将接受的文件格式类型等。许多服务器使用这些信息来确定哪些可以发送给客户端，哪些不能发送给客户端，还将这些信息用于日志记录。

与请求报头一起，可能会发送其他报头。例如，当客户端使用超链接访问服务器站点时，显示客户端原始地址的条目也将出现在报头中。

当接收到空白行时，服务器知道请求报头已经完成。一旦接收到请求报头，它就用实际请求的内容进行响应，并以服务器报头作为前缀。服务器报头向客户端提供关于服务器的信息、客户端要接收的数据量、传入的数据类型和其他信息。例如，刚才显示的请求报头，当发送到 HTTP 服务器时，会得到以下服务器响应报头：

```
HTTP/1.1 200 OK
Date: Sun, 07 Jun 2026 14:03:31 GMT
Server: Apache/2.4.* (Fedora)
Last-Modified: Sun, 07 Jun 2026 11:41:32 GMT
ETag:"7888-1f-b80bf300"
Accept-Ranges: bytes
Content-Length: 31
Connection: close
Content-Type: text/html; charset=UTF-8
```

响应报头后面是一个空行和传输的实际内容。

19.1.2　端口

HTTP 请求的默认端口是端口 80，但也可配置 Web 服务器，来使用服务不使用的另一个(任意选择的)端口。这是在同一主机上运行多个 Web 服务器或站点的机制之一，每个服务器或站点位于不同的端口。一些站点还将此安排用于其 Web 服务器的多种配置，以支持各种类型的客户端请求。

当站点在非标准端口上运行 Web 服务器时，可在站点的 URL 中看到该端口号。例如，隐式和显式显示的具有默认端口号(80)的 Web 地址 www.example.com 将分别读取 http://www.example.com 和 http://www xample.com:80。但是在非标准端口(如端口 8080)上服务同一站点将需要明确地声明端口号，如 http://www.example.com:8080。

19.1.3　进程所有权和安全性

在 Linux 平台上运行 Web 服务器，遵循传统的 Linux/UNIX 权限和所有权模型。就权限而言，这意味着每个进程都有一个所有者，该所有者对系统拥有有限的权限。

当程序(进程)启动时，它继承其父进程的权限。例如，如果以 root 用户的身份登录，在其中执行所有工作的 shell 具有与 root 用户相同的权限。此外，从这个 shell 启动的任何进程都将继承所有权限。进程可以放弃权限，但不能获得权限。

注意　Linux 继承原则有一个例外。使用 SetUID 位配置的程序不会从它们的父进程继承权限，而是从文件所有者本身指定的权限开始。例如，包含程序 su (/bin/su)的文件为根用户所有，并设置了 SetUID 位。如果用户 yyang 运行程序 su，该程序不会继承 yyang 的权限，而是从超级用户(根用户)的权限开始。要了解更多关于 SetUID 的信息，请参阅第 6 章。

Apache 如何处理拥有权

为执行与网络相关的初始功能，Apache HTTP 服务器必须以根权限启动。具体来说，它需要将自已绑定到端口 80，以便能侦听请求并接受连接。一旦这样做了，Apache 就可以放弃它的权限，并作为一个非根用户(非特权用户)运行，如其配置文件所示。不同的 Linux 发行版对这个用户可能有不同的默认值，但通常是以下几种：nobody、www、apache、wwwrun、www-data 或 daemon。

请记住，当作为非特权用户运行时，Apache 只能读取用户有权读取的文件。

安全性对于使用可执行脚本(如 CGI、PHP 或 Python 脚本)的站点尤其重要。通过限制 Web 服务器的权限，可以减少有人向服务器发送恶意的可执行请求的可能性。服务器进程和相应的脚本只能破坏它们能够访问的内容。对于用户 nobody，脚本和进程无法访问根用户可以访问的密钥文件。记住，在默认情况下，根用户可以访问所有内容，无论权限是什么。

19.2 安装 Apache HTTP 服务器

大多数 Linux 发行版都将 Apache HTTP 服务器软件预先打包为 RPM、.deb 或其他二进制文件，因此安装软件通常和在系统上使用包管理工具一样简单。本节将指导你完成通过 RPM 和高级打包工具(APT)获取和安装程序的过程。还提到了从源代码安装软件(如果选择这样做)。后面几节介绍的服务器的实际配置适用于这两类安装(取自源代码或二进制包)。

在 Fedora/RHEL/CentOS 系统上，提供 Apache HTTP 服务器的包半直观地命名为 httpd-*.rpm。在示例 Fedora 服务器上使用包管理器(dnf 或 yum)来获取和安装程序。

要使用 dnf 安装程序，输入以下命令：

```
[master@fedora-server ~]$ sudo dnf -y install httpd
```

为了确认安装了软件，输入以下内容：

```
[master@fedora-server ~] $ sudo rpm - q httpd
```

对于基于 Debian 的 Linux 发行版，比如 Ubuntu，将提供 Apache HTTP 服务器(版本 2)的包更直观地命名为 apache2。运行如下命令，可以使用 APT 安装 Apache：

```
master@ubuntu-server:~$ sudo apt-get -y install apache2
```

在 Ubuntu 系统上使用 apt -get 安装后，Web 服务器守护进程会自动启动。

现在 Apache 已经安装好了。

Apache 模块

使 Apache 如此强大和灵活的部分原因是它的设计允许通过模块进行扩展。Apache 默认自带许多模块，并自动将它们包含在默认安装中。

对于你能想象到的任何功能，几乎可以肯定有人已经为 Apache Web 服务器编写了一个模块。Apache 模块 API 有良好的文档记录，如果愿意(并且知道如何)，就可能为 Apache 编写自己的模块，以提供所需的任何功能。

为了解人们使用模块做了哪些事情，请访问 http://modules.apache.org。在这里，可找到关于如何使用模块扩展 Apache 功能的信息。下面是一些常见的 Apache 模块：

- mod_wsgi 提供了一个与 Web 服务器网关接口兼容的接口，用于托管基于 Python 的 Web 应用程序。
- mod_authnz_ldap 为根据 LDAP 数据库对 Apache HTTP 服务器的用户进行身份验证提供支持。
- mod_ssl 通过 SSL(安全套接字层)和 TLS(传输层安全性)协议为 Apache Web 服务器提供了强有力的密码。

- mod_userdir 允许通过 HTTP 从 Web 服务器上特定于用户的目录中提供用户内容。
- mod_proxy 与其他模块(如 mod_proxy_ftp、mod_proxy_balancer、mod_proxy_http 等)一起使用时，为 Apache 实现一个可扩展的代理/网关/负载平衡接口。

如果知道想要的特定模块的名称(该模块足够流行)，该模块已经以 RPM 格式打包，就可以使用通常的 RPM 方法安装它。例如，如果想在 Web 服务器设置中包括 SSL 模块(mod_ssl)，在 Fedora/RHEL/CentOS 系统上，可发出 dnf 命令，来自动下载和安装模块：

```
[master@fedora-server ~]$ sudo dnf install mod_ssl
```

或者，可以进入 Apache 模块项目网站，搜索、下载、编译和安装想要的模块。

提示　确保 run-as 用户在那里！如果从源代码构建 Apache，示例配置文件(httpd.conf)期望 Web 服务器以名为 daemon 的用户身份来运行。尽管该用户存在于几乎所有的 Linux 发行版中，但可能需要再次检查本地用户数据库(/etc/passwd)，以确保用户守护进程确实存在。

19.3　启动和关闭 Apache

在大多数 Linux 发行版上，启动和关闭 Apache 都很容易。

要在任何将 Apache 称为 httpd 并使用服务工具的发行版上启动 Apache，请使用以下命令：

```
[master@server ~]$ sudo service httpd start
```

在运行 systemd 的现代 Linux 发行版上，可以使用 systemctl 命令启动 httpd 守护进程，如下所示：

```
[master@fedora-server ~]$ sudo systemctl start httpd
```

类似 debian 的系统，比如 Ubuntu，将 Apache 二进制版本称为 apache2，所以可以在这样的发行版上运行以下代码来启动 Apache：

```
master@ubuntu-server:~$ sudo systemctl start apache2
```

要在基于 RPM 的发行版(如 Fedora)上关闭 Apache，请输入以下命令：

```
[master@server ~]$ systemctl stop httpd.service
```

在 Ubuntu 或 Debian 上，应该运行以下命令：

```
master@ubuntu-server:~$ sudo systemctl stop apache2
```

在对 Web 服务器进行配置更改后，需要在基于 RPM 的发行版(如 Fedora)上重启 Apache，输入如下命令：

```
[master@server ~]$ sudo systemctl restart httpd
```

提示　在运行 openSUSE 或 SLE (SUSE Linux Enterprise)的系统上，启动和停止 Web 服务器的命令分别为：

```
[opensuse-server ~]# rcapache2 start
```

和

```
[opensuse-server ~]# rcapache2 stop
```

在启动时启动 Apache

安装 Web 服务器后，可以合理地假设，希望 Web 服务可以在任何时候用于用户；因此，需要配置系统，以在系统重启之间自动启动服务。在旧 Linux 发行版上使用 chkconfig 实用程序来配置 Web

服务器服务的自动启动(例如，通过 chkconfig httpd on)。下面的示例在类似 Debian 的系统上将 httpd 更改为 apache2。

在支持 systemd 的 Linux 发行版上，可以运行下面的命令，检查是否启用 httpd(或 apache2)的自动启动：

```
[master@fedora-server ~]$ systemctl list-unit-files httpd
```

如果前面的输出显示，服务的单元文件被禁用，可以执行 systemctl 命令，使 httpd(或 apache2)守护进程在系统重新启动时自动启动，如下所示：

```
[master@fedora-server ~]$ sudo systemctl enable httpd
```

在旧的/遗留的 Ubuntu 发行版中，可以使用 sysv-rc-conf 或 update-rc.d 实用程序来管理 Apache 启动时的运行级别，如下：

```
master@ubuntu-server:~$ sudo update-rc.d apache2 defaults
```

19.4 测试安装

尝试浏览或访问默认的基本 Web 站点或主页，可以对 Apache 安装进行快速测试，通常为了测试目的，这些站点或主页与 Apache 捆绑在一起。

在支持 systemd 的系统上，使用状态选项和 systemctl 命令一起查看 Apache 服务器状态的概要信息(cgroup 信息、子进程等)，如下：

```
[master@fedora-server ~]$ systemctl status httpd.service
```

在示例 Fedora 系统中，Apache 提供了一个默认页面，在没有自定义默认主页(如 index.html 或 index.htm)的情况下，为访问者提供该页面。当没有默认主页时，显示给访问者的文件是 /usr/share/httpd/noindex/ index.html，由/etc/httpd/conf. welcome.conf 配置文件控制。

要查看 Apache 安装是否顺利，请启动 Web 浏览器，并将其指向机器上的 Web 站点。要从运行 Web 服务器的相同系统执行此操作，只需要在 Web 浏览器的地址栏中输入 http://localhost(或等效的 IPv6， http://[::1]/)。应该会看到一个简单的演示/示例页面，显示 Web 服务器正在工作。如果没有看到这个页面，请追溯 Apache 安装步骤，并确保在安装过程中没有遇到任何错误。另一件要检查的事情是，如果看不到默认的网页，就确保没有任何基于主机的防火墙，如 Netfilter(iptables、nftables 或 ufw；参见第 14 章)阻止对 Web 服务器的访问。

快速打开 Fedora 服务器上的 HTTP 端口，输入以下命令：

```
[master@fedora-server ~]$ sudo firewall-cmd --permanent \
--add-service=http
[master@fedora-server ~]$ sudo firewall-cmd --reload
```

19.5 配置 Apache

Apache 支持一组丰富的配置选项是明智的和容易理解的。这使得设置 Web 服务器的各种配置成为一项简单的任务。

本节介绍一个基本配置。默认配置实际上非常好，通常可以开箱即用，所以如果可以接受默认配置，就开始创建 HTML 文档吧！Apache 允许几种常见的定制。在逐步创建一个简单的 Web 页面之后，将讨论如何在 Apache 配置文件中进行这些常见的定制。

19.5.1　创建简单的根级别页面

如果愿意，可以在/var/www/html 目录中立即为顶级页面向 Apache 添加文件。只要记住，确保该目录中的任何文件或目录都是全局都可读的。

如前所述，Apache 的默认 Web 页面是 index.html。下面创建和修改默认主页，其内容是读取“Welcome to webserver.example.org”。下面是命令：

```
$ cd /var/www/html/
$ echo "Welcome to webserver.example.org"| sudo tee -a index.html
$ sudo chmod 644 index.html
```

也可以使用编辑器，如 vi、pico 或 emacs，编辑 index.html 文件，让它更有趣。

19.5.2　Apache 配置文件

Apache 的配置文件位于基于 RPM 的发行版(如 Fedora)的/etc/httpd/conf/目录中。在这种系统上，主配置文件名为 httpd.conf。

在类似 Debian 的系统上，Apache 的主配置文件命名为/etc/apache2/apache2.conf。

要熟悉和了解配置文件的更多信息，一个好方法是阅读 httpd.conf 文件。默认配置文件被大量注释，解释每个条目、条目的角色和可以设置的参数。

19.5.3　常见配置选项

默认配置设置可以很好地开箱操作，对于基本需求，它们可能不需要进一步修改。然而，站点管理员可能需要进一步定制 Web 服务器和/或 Web 站点。

本节讨论 Apache 配置文件中使用的一些常见指令或选项。

1. ServerRoot

指定 Web 服务器的基本配置目录。在 Fedora、RHEL 和 CentOS 发行版上，默认情况下，这个值是/etc/httpd/目录。这个指令在 Ubuntu、openSUSE 和 Debian Linux 发行版中的默认值是/etc/apache2。

```
Syntax: ServerRoot directory-path
```

2. Listen

这是服务器侦听连接请求的端口。它指的是古老的端口 80 (HTTP)， Web 上所有好的和坏的东西都是众所周知的!

Listen 指令还可用于指定 Web 服务器接受连接的特定 IP 地址。对于不安全的 Web 通信，此指令的默认值为 80。

```
Syntax: Listen [IP-address:] portnumber
```

例如，Apache 设置为监听端口 80 上所有的 IPv4 和 IPv6 接口，应把 Listen 指令设置为：

```
Listen 80
```

把 Apache 设置为监听端口 8080 上特定的 IPv6 接口(如 2002:c0a8:1::)，应把 Listen 指令设置为：

```
Listen [2002:c0a8:1::]:8080
```

对于类似 Debian 的系统，比如 Ubuntu，在主配置文件之外设置这个指令。这个值通常在/etc/apache2/ports.conf 文件中设置。

3. ServerName

此指令定义服务器用于标识自身的主机名和端口。在许多站点上，单个(通常未充分利用)服务器可以实现多个目的并托管多个其他服务。例如，使用率不高的内部网 Web 服务器也可以同时用作 FTP 服务器来提供相同的文件。这种情况下，计算机名称如 www(具有相应的 www.example.org 的完全限定域名[FQDN])并不是一个好的选择，因为它表明这台机器只有一个用途。

最好给服务器一个中立名，然后在/etc/hosts 文件中建立域名系统(DNS)规范名(CNAME)条目或多个主机名条目。换句话说，从用户的角度看，可为访问服务器或服务定义几个名称。

假设一个服务器的真实主机名是 dioxin.eng.example.org。这个服务器也可用作 Web 服务器。主机名别名可以是 www.sales.example.org。然而，由于 dioxin 只知道自己是 dioxin，访问 www.sales.example.org 的用户可能会因为在浏览器中看到服务器的真实名称是 dioxin 而感到困惑。

Apache 通过使用 ServerName 指令提供了一种解决此问题的方法。为此，允许给 Web 客户端或访问者指定希望 Apache 返回的 Web 服务器的主机名。

```
Syntax: ServerName fully-qualified-domain-name[: port]
```

4. ServerAdmin

这是服务器发送给客户端的错误消息中包含的电子邮件地址。

出于几个原因，使用 Web 站点管理员的电子邮件别名通常是个好主意。首先，可能有多个管理员。使用别名时，别名可展开为其他电子邮件地址列表。其次，对可能错误地硬编码了站点管理员电子邮件地址的一堆 Web 页面执行大量更新/编辑会更容易、更快捷。下面是语法：

```
Syntax: ServerAdmin e-mail_address
```

5. DocumentRoot

它定义了 Web 服务器上的主目录，HTML 文件将从该目录上用于请求客户端。在诸如 CentOS，RHEL、Fedora、Ubuntu 和 Debian 的 Linux 发行版上，这个指令的默认值是/var/www/html/。在 openSUSE 和 SLE 发行版上，这个指令的默认值是/srv/www/htdocs。

```
Syntax: DocumentRoot directory-path
```

提示 在期望承载大量 Web 内容的 Web 服务器上，DocumentRoot 指令指向的文件系统应该有很多空闲空间，来存放当前和未来[预期的]Web 内容。

6. MaxRequestWorkers

这设置了 Web 服务器服务的并发请求数量的限制。

```
Syntax: MaxRequestWorkers number
```

7. LoadModule

用于在 Apache 的运行配置中加载或添加其他模块。它将指定的模块添加到活动模块列表中。

```
Syntax: LoadModule module filename
```

启用或禁用 Apache 模块

基于 Debian 的发行版(如 Ubuntu)有一套方便的实用工具，可以轻松地启用或禁用已经安装的 Apache 模块。可以在/usr/lib/apache2/modules/目录下列出当前安装的模块。例如，要启用 userdir 模块，只需要输入：

```
master@ubuntu-server: ~ $ sudo a2enmod userdir
```

要禁用 userdir 模块，使用姊妹命令 a2dismod:

```
master@ubuntu-server:~$ sudo a2dismod userdir
```

运行 a2enmod 命令，在/etc/apache2/mods-enabled/目录下创建任何必要的符号链接。例如，对于 userdir 模块，第一个链接指向文件/etc/apache2/modules-available/userdir.conf(其中包含 userdir 模块的实际配置细节)，第二个链接指向/etc/apache2/modules -available/userdir。它包含实际的 LoadModule 指令。

最后，不要忘记在启用或禁用模块后重新加载或重启 Apache。这可以很快完成，如下:

```
master@ubuntu-server:~$ sudo systemctl restart httpd
```

8. User

这指定了 Web 服务器回应请求的用户 ID。服务器进程最初以根用户的身份启动，但随后将其特权降级为这里指定的用户的特权。用户应该只有足够的权限来访问那些通过 Web 服务器对外界可见的文件和目录。另外，用户不能执行与 HTTP 或 Web 无关的代码。

在 Fedora 系统上，这个指令的值会自动设置为名为 apache 的用户。在 openSUSE Linux 中，该值设置为用户 wwwrun。在像 Ubuntu 这样的 Debian 系统中，值设置为用户 www-data(通过$APACHE_RUN_USER 环境变量设置)。

```
Syntax: User unix_userid
```

9. Group

指定 Apache HTTP 服务器进程的组名。它是服务器将与之响应请求的组。在 Fedora、CentOS 和 RHEL 风格的 Linux 下，默认值是 apache。在 openSUSE Linux 中，这个值设置为组 www。在 Ubuntu 中，默认值是 www-data(通过$APACHE_RUN_GROUP 环境变量设置)。

```
Syntax: Group unix_group
```

10. Include

这个指令允许 Apache 在运行时指定和包含其他配置文件。它主要用于组织目的；例如，可选择将不同虚拟域的所有配置指令存储在适当命名的文件中，Apache 自动在运行时包括它们。

```
Syntax: Include file_name_to_include_OR_path_to_directory_to_include
```

许多主流 Linux 发行版非常依赖使用 Include 指令来组织站点专用的配置文件和 Web 服务器指令。通常，这个文件和目录组织是区别不同发行版之间 Apache 安装/设置的唯一因素。

11. UserDir

这个指令定义每个用户的主目录中的子目录名，用户可在其中放置希望通过 Web 服务器访问的个人内容。这个目录通常名为 public_html，通常存储在每个用户的主目录下。当然，这个选项取决于 Web 服务器设置中 mod_userdir 模块的可用性。

下面是这个选项在 httpd.conf 文件中的使用示例:

```
UserDir public_html
```

快速操作：从用户目录中提供 HTTP 内容

首先启用/配置 UserDir 选项。现在，假设用户 yyang 想让一些 Web 内容可以通过 Web 服务器在主目录中获取，为此执行如下步骤。

(1) 以用户 yyang 的身份登录到系统，创建 public_html 文件夹:

```
yyang@server:~$ mkdir ~/public_html
```

(2) 为父文件夹设置适当的权限:

```
yyang@server:~$ chmod a+x
```

(3) 为 public_html 文件夹设置适当的权限:

```
yyang@server :~$ chmod a+x public_html
```

(4) 在 public_html 文件夹下创建一个名为 index . html 的示例页面:

```
yyang@server :~$ echo "Ying Yang's Home Page" >> \ ~/public_html/index.html
```

这些命令的结果是，放在特定用户的 public_html 目录中、并设置为全局可读的文件将通过 Web 服务器在 Web 上提供。

要通过 HTTP 访问该文件夹的内容，需要将 Web 浏览器指向 URL:

```
http://<YOUR_HOST_NAME>/~<USERNAME>
```

其中<YOUR_HOST_NAME>是 Web 服务器的 FQDN 或 IP 地址。如果在 Web 服务器上，就可以简单地将该变量替换为 localhost。

对于这里显示的用户 yyang 的示例，确切的 URL 是 http://localhost/~yyang，等价的 IPv6 是 http://[::1]/~yyang。

注意，在启用了 SELinux 子系统的类似 Red Hat 的旧版本上，可能需要做更多工作让 UserDir 指令工作；原因在于存储在每个用户主目录下的文件的默认安全上下文。默认情况下，上下文是 user_home_t。要使此功能正常工作，必须将~/username/public_html/下的所有文件的上下文更改为 httpd_sys_content_t。这允许 Apache 读取 public_ html 目录下的文件。下面是执行此操作的命令：

```
[yyang@fedora-server ~]$ chcon -Rt httpd_sys_content_t public_html/
```

12. ErrorLog

这定义了记录 Web 服务器错误的位置。

语法：ErrorLog file_path| syslog[: facility]

示例：ErrorLog /var/log/httpd/error_log

13. LogLevel

这个选项设置发送到错误日志的消息的冗余级别。可接受的日志级别是 emerg、alert、crit、error、warn、notice、info 和 debug。默认日志级别是 warn。

语法：LogLevel Level

14. Alias

Alias 指令允许文档(Web 内容)存储在文件系统上的其他任何位置，这些位置与 DocumentRoot 指令指定的位置不同。它还允许为路径名创建缩写(或别名)，否则可能会很长。

语法：Alias URL_path actual_file_or_directory_path

15. ScriptAlias

ScriptAlias 选项指定一个包含 CGI 脚本的目标目录或文件，这些脚本由 CGI 模块(mod_cgi)处理。

语法：ScriptAlias URL-path actual_file_path_OR_directory_path

示例：ScriptAlias /cgi-bin/ "/var/www/cgi-bin/"

16. VirtualHost

Apache 最常用的特性之一是支持虚拟主机。这使得单个 Web 服务器可以承载多个 Web 站点，就像每个站点都有自己的专用硬件一样。它允许 Web 服务器根据客户端请求的主机名、端口号或 IP 地址提供不同的、自主的内容。这是由 HTTP 协议完成的，该协议在 HTTP 报头中指定所需的站点，而不是依赖于服务器了解从其 IP 地址获取什么站点。

这个指令实际上由两个标签组成：一个开始< virtualhost>标签和一个结束</virtualhost>标签。它用于指定属于特定虚拟主机的选项。前面讨论的大多数指令在这里也有效。

语法：<VirtualHost ip_address_OR_hostname[:port]> Options </VirtualHost>

例如，假设想为一个名为 www.another-example.org 的主机设置一个虚拟主机配置。为此，可在 httpd.conf 文件中创建一个 VirtualHost 条目(或使用 Include 指令指定单个文件)，如下：

```
<VirtualHost www.another-example.org>
      ServerAdmin webmaster@another-example.org
      DocumentRoot /www/docs/another-example.org
      ServerName www.another-example.org
      ErrorLog logs/another-example.org-error_log
</VirtualHost>
```

在类似 Debian 的发行版上，可使用另一组实用程序(a2ensite 和 a2dissite)迅速启用或禁用虚拟主机和 Apache 下的网站。

例如，假设在 Ubuntu 服务器上，为虚拟网站创建了之前的配置文件 www.another-example.org，并将该文件存储在/etc/apache2/sites-available /目录下，可使用以下命令启用虚拟网站：

```
master@ubuntu-server: ~ $ sudo a2ensite www.another-example.org
```

同样，禁用虚拟网站，可以运行如下命令：

```
master@ubuntu-server: ~ $ sudo a2dissite www.another-example.org
```

运行任何先前的命令(a2ensite 或 a2dissite)后，应该运行以下命令，让 Apache 重新加载其配置文件：

```
master@ubuntu-server:~$ sudo systemctl reload apache2
```

最后不要忘记，使用 Apache 的 VirtualHost 指令配置虚拟主机是不够的——VirtualHost 容器中的 ServerName 选项值必须是一个可通过 DNS(或任何其他方法)解析到 Web 服务器机器的名称。

注意 Apache 的选项/指令太多，本节无法一一介绍。但该软件自带广泛的在线手册，它是用 HTML 编写的，以便可在浏览器中访问。如果通过 RPM 安装软件，会发现 Apache 的文档打包到单独的 RPM 二进制文件中，因此，需要安装适当的包(如 httpd-manual)才能访问它。如果从源代码下载并构建软件，在安装前缀的手动目录中找到文档(如/usr/local/httpd/ manual)。根据 Apache 版本的不同，可在项目的 Web 站点 http://httpd.apache.org/docs/上在线获得文档。

19.6 Apache 故障排除

更改各种配置选项(甚至初始安装)的过程有时可能不像希望的那样顺利。值得感谢的是，在其他方面都一样的情况下，Apache 在错误日志文件中报告失败的原因方面做得很好。

错误日志文件位于日志目录中。如果运行的是常规的 Fedora 或 RHEL 类型的安装，那么它在/var/log/httpd/目录中。如果在现有的 Debian 或 UBUNTU 类型的发行版上运行 Apache，那么它在/var/log/apache2/目录中。

access_log 文件只是访问网站的人访问过哪些文件的日志。它包含关于传输是否成功完成、请求的起始位置(IP 地址)、传输了多少数据以及传输发生的时间的信息。这是一个强大的方法来确定网站的使用。

error_log 文件包含在 Apache 中发生的所有错误。注意，并不是所有发生的错误都是致命的——有些只是客户端连接的问题，Apache 可以从客户端连接自动恢复并继续操作。但是，如果启动了 Apache，但仍然不能访问 Web 站点，请查看这个日志文件，以了解为什么 Apache 可能没有响应。查看最新错误消息的最简单方法是使用 tail 命令，如下：

```
[master@fedora-server html]$ sudo tail -n 10 /var/log/httpd/error_log
```

如果需要查看更多日志信息，只需要将数字 10 更改为需要查看的行数。如果希望实时查看生成的错误或日志，可以对 tail 命令使用-f 选项。这提供了一个有价值的调试工具，因为可以在服务器上进行尝试(例如请求 Web 页面或重新启动 Apache)，并在单独的虚拟终端窗口中查看实验结果。带有-f 开关选项的 tail 命令如下所示：

```
[master@fedora-server html]$ sudo tail -f /var/log/httpd/error_log
```

这个命令不断地跟踪日志，直到终止程序。

在运行 systemd-journald 服务的 Fedora/CentOS/RHEL 系统上，也可以运行以下命令，使用 journalctl 实用程序查看来自 httpd.service 单元的最新消息：

```
[master@fedora-server ~]$ journalctl -u httpd.service
```

提示 当启用 SELinux 时，在类似 Red Hat 的发行版上对 Web 服务器进行故障排除时，要注意它的无用干扰。httpd 可能不像预期那样工作，而且更令人担忧的是，没有相应的日志来帮助排除故障！这种情况下，可能需要临时禁用 SELinux。

在运行 systemd-journald 服务的基于 Debian 的发行版(如 Ubuntu)上，可使用 journalctl 实用程序来查看来自 apache2.service 单元的最新消息，如下所示：

```
[master@ubuntu-server ~]$ journalctl -u apache2.service
```

19.7 小结

本章涵盖了从头开始使用 Apache(又名 httpd)建立自己的 Web 服务器的过程。这一章足以让读者了解顶级页面和基本配置。至少，这里所涵盖的内容有助于将 Web 服务器安装到 Internet 上。

强烈建议花些时间浏览相关的正式 Apache 手册/文档(http://httpd.apache.org/docs/)；这些写得很好、很简洁、很灵活，可以设置任何可能的配置。

第20章 简单邮件传输协议(SMTP)

简单邮件传输协议(Simple Mail Transfer Protocol，SMTP)是在Internet上传输邮件的事实标准。任何希望拥有能够收发邮件的邮件服务器的人都必须能够支持SMTP。作为一种基于标准的协议(请参阅RFC 5321)，SMTP很容易理解，与平台无关，并且跨各种操作系统和设备得到很好的支持。

本章讨论作为协议的SMTP机制以及它与邮局协议(POP)和Internet消息访问协议(IMAP)等的关系。然后介绍Postfix SMTP服务器，这是一种更简单、更安全的SMTP服务器。

20.1 理解SMTP

SMTP定义了邮件从一个主机发送到另一个主机的方法。它没有定义如何存储邮件。也没有定义如何向收件人显示邮件。

SMTP的优势在于它的简单性，这在一定程度上是由于20世纪80年代早期(大约在该协议被发明的时候)网络的动态特性。在那个年代，人们用除了泡泡糖和胶水以外的任何东西来连接网络。SMTP是第一个独立于传输机制的邮件标准。

SMTP还独立于操作系统，这意味着每个系统都可以使用自己的格式存储邮件，而不必担心消息的发送者如何存储邮件。可将其与电话系统的工作方式进行比较：每个电话服务提供商都有自己独立的会计系统。然而，他们都同意了一种标准方式来连接他们的网络，这样就可透明地从一个网络进入另一个网络。

在自由开源软件(FOSS)领域，一些软件包(如Exim、Postfix、Sendmail和opensmtpd)提供了它们自己的SMTP实现。

20.1.1 基本的SMTP细节

你是否有过一个“朋友”，他代表某个政府机构发了一封电子邮件，通知需要缴纳去年的税款，外加额外的罚款？后面展示他们是如何做到的，更有趣的是，读者也可以做到。

这个示例的目的是展示SMTP如何将消息从一个主机发送到另一个主机。毕竟，比学习如何伪造电子邮件更重要的是学习如何排除邮件相关的问题。因此，在本例中，我们是发送主机，连接到的任何一台机器都是接收主机。

SMTP只要求一台主机能将ASCII文本直接发送到另一台主机。通常，这是通过联系邮件服务器上的SMTP端口(端口25)来完成的。可使用Telnet程序来做到这一点。下面是一个示例：

```
[master@server ~]$ telnet mailserver 25
```

这里，主机邮件服务器是收件人虚构的邮件服务器。mailserver 后面的 25 告诉 Telnet 希望与服务器的端口 25(标准 SMTP 端口)通信，而不是与正常的标准 Telnet 端口 23 通信。

邮件服务器将响应一条问候消息，例如：

```
220 mail ESMTP Postfix
```

现在直接与 SMTP 服务器通信。

尽管有许多 SMTP 命令，但有四个命令值得注意

```
HELO, "MAIL FROM:", :, "RCPT TO:", :, 和"DATA"
```

当客户端向服务器介绍自己时，使用 HELO 命令。HELO 的参数是发起连接的主机名。当然，大多数邮件服务器对这些信息持保留态度，并自己对其进行复核。下面是一个示例：

```
HELO example.org
```

如果不是来自 example.org 域，那么许多邮件服务器会说明，它们知道真实的 IP 地址，并进行响应，但是它们可能会也可能不会停止连接。

MAIL FROM:命令要求发件人的电子邮件地址作为其参数。这告诉邮件服务器电子邮件的来源。下面是一个例子：

```
MAIL FROM: ass-kisser@example.org
```

这意味着消息来自 ass-kisser@example.org。RCPT TO:命令要求接收方的电子邮件地址作为参数。下面是一个例子：

```
RCPT TO:manager@example.org
```

这意味着该消息将发送到 manager@example.org。

既然服务器知道发送方和接收方是谁，那么它需要知道要发送什么消息。这是使用 DATA 命令完成的。发出之后，服务器期望得到包含相关报头信息的整个消息，后面跟着一个空行、一个句点，然后是另一个空行。继续这个示例，ass-kisser@example.org 可能希望向 manager@example.org 发送以下消息：

```
DATA
354 End data with <CR><LF>.<CR><LF>
Just an FYI, boss. The project is not only on time, but it is within
budget, too! What are my next priorities?
Love Always -
The Devoted Employee
.
250 2.0.0 Ok: queued as B9E3B3C0D
```

要关闭连接，输入 QUIT 命令。

这是发送邮件的应用程序所使用的基本技术——当然，除了所有令人望而生畏的细节都隐藏在一个美观的 GUI 应用程序后面。客户端和服务器之间的底层事务基本保持不变。

20.1.2 安全信息

Postfix 邮件服务器的开发人员在从头编写服务器软件时，就考虑到了安全性。基本上，该包以一种严格的安全模式交付，具体用户可根据特定环境的需要进行放宽。这意味着系统管理员有责任确保软件得到正确配置(因此不会受到攻击)。

在部署任何邮件服务器时，请记住以下问题：

- 当电子邮件发送到服务器时，它将触发哪些程序？这些程序在什么权限下运行？

- 这些程序的设计安全吗？能通过安全协议保护程序和终端客户之间的通信通道吗？
- 如果不能保证通信通道的安全，如何在攻击时限制破坏？

20.1.3　电子邮件组件

邮件服务有三个不同的组件：

- 邮件用户代理(Mail User Agent, MUA)，用户可看到并与之交互的电子邮件系统组件，如 Thunderbird、Outlook、Evolution 或 Mutt 程序。MUA 只负责读取邮件，允许用户撰写邮件。
- 邮件传输代理(MTA)：处理将邮件从一个站点发送到另一个站点的过程。Postfix、Exim 和 Sendmail 是 MTA 的常见示例。
- 邮件传递代理(MDA)：负责将本地机器上收到的任何消息分发和排序到适当的用户邮箱。Procmail 程序是处理电子邮件的 MDA(实际邮件传递)组件的流行解决方案。这是因为它的高级过滤机制，以及它从头开始的安全设计。

注意　有些邮件系统集成了所有这三个组件。例如，Microsoft Exchange Server 将 MTA 和 MDA 功能集成到单个系统中。另一方面，Postfix 仅作为 MTA 工作，将执行本地邮件传递的任务传递给另一个外部程序。任务的这种描述允许对任务使用其他工具或解决方案，例如确定邮箱存储机制。

20.2　安装 Postfix 服务器

本讨论选择 Postfix 邮件服务器是因为它易于使用、设计简单和安全的跟踪记录。Postfix 提供了 Sendmail 程序所完成的大部分功能——实际上，Postfix 的典型安装过程是完全作为 Sendmail 二进制文件的临时替代。

Postfix 是大多数现代 Linux 发行版上默认的邮件服务器程序。下面几节展示如何使用发行版的内置包管理(Red Hat 的 RPM 或 Debian 的 dpkg)机制安装 Postfix。这是推荐的方法。还展示如何从源代码构建和安装软件。

20.2.1　通过 DNF 在 Fedora、CentOS 或 RHEL 发行版上安装 Postfix

要通过 DNF 在 Fedora、CentOS 或 RHEL 发行版上安装 Postfix，只需要使用 DNF 包管理器，如下所示：

```
[master@fedora-server ~]$ sudo dnf -y install postfix
```

命令运行完毕，Postfix 就应该已经安装好了。

在旧的 Linux 发行版上，可以使用 chkconfig 实用程序来确保 Postfix 邮件服务在系统引导期间自动启动。

在现代启用 systemd 的发行版上，使用 systemctl 命令，如下所示：

```
[master@fedora-server ~]$ sudo systemctl enable postfix.service
```

最后，可以按下开关，实际启动 Postfix 流程。对于默认配置，它不会做太多工作，但是它会确认安装是否按预期工作。

在启用 systemd 的发行版上，通过以下方式启动 Postfix 服务单元：

```
[master@fedora-server ~]$ sudo systemctl start postfix.service
```

提示 如果自己继承或管理一个现有的、基于 Red Hat 的发行版，该发行版同时安装了流行的 MTA (Sendmail 和 Postfix)，也可能安装新的 MTA。如果想要切换在这类系统上运行的邮件子系统，比如从 Sendmail 切换到 Postfix，就可以使用替代工具切换到默认的 MTA 提供程序。运行如下命令，按照提示执行:

```
# alternatives --config mta
```

20.2.2 在 Ubuntu 中通过 APT 安装 Postfix

使用高级打包工具(APT)可在 Ubuntu 中安装 Postfix。Ubuntu 不附带任何预先配置和运行的 MTA 软件。需要明确地安装和设置一个。要在 Ubuntu 中安装 Postfix MTA，运行以下命令：

```
master@ubuntu-server:~$ sudo apt-get -y install Postfix
```

安装过程中会提示选择 Postfix 邮件服务器配置类型。下面列出可用的类型。

- 无配置：此选项将保持当前配置不变。
- Internet 站点：邮件直接使用 SMTP 发送和接收。
- Internet 与 smarthost：使用 SMTP 或运行诸如 fetchmail 的实用程序直接接收邮件。发送邮件使用 smarthost。
- Satellite 系统：所有邮件都送到另一台叫做 smarthost 的机器上投递。
- 仅本地：唯一交付的邮件是本地用户的邮件。对于此选项，系统不需要任何类型的网络连接。

在示例 Ubuntu 服务器上仅使用第一个选项，即无配置。安装过程还将创建 Postfix 所需的用户和组账户。

20.3 配置 Postfix 服务器

按照前面的步骤，使用发行版的包管理器安装了 Postfix 邮件系统。安装 Postfix 软件后，需要对其进行配置。它的大多数配置文件可在/etc/postfix/目录下找到。

通过/etc/postfix/main.cf 配置文件配置服务器。顾名思义，这个配置文件是 Postfix 的主要配置文件！另一个需要注意的配置文件是 master.cf 文件。这是 Postfix 的流程配置文件，允许更改 Postfix 流程的运行方式。这可能很有用，例如，在客户端上设置 Postfix，使其不接收电子邮件并转发到中央邮件中心。更多相关信息，请参阅 www.postfix.org 上的文档。

现在看看 main.cf 配置文件的内容。

20.3.1 main.cf 文件

main.cf 文件太大，无法在本章中列出它的所有选项，但本节讨论使邮件服务器启动和运行的最重要选项。幸运的是，配置文件有很好的文档记录，清楚地解释了每个选项及其功能。

下面讨论的示例选项足以帮助启动并至少运行基本的 Postfix 邮件服务器。

1. myhostname

此参数用于指定邮件系统的主机名。它设置 Postfix 接收电子邮件的 Internet 主机名。主机名的默认格式是使用主机的完全限定域名(FQDN)。邮件服务器主机名的典型例子是 mail.example.com、smtp.example.org、mx1.example.org 等。语法如下：

```
myhostname = server.example.org
```

2. mydomain

这个参数是要服务的邮件域，如 example.com、spamrus.net、linuxserverexperts.com 或 google.com。语法如下：

```
mydomain = example.org
```

3. myorigin

从该电子邮件服务器发送的所有电子邮件看起来都像是来自这个参数。可以将其设置为$myhostname 或$mydomain，如下：

```
myorigin = $mydomain
```

注意，可以通过在变量名前放置$符号，来使用配置文件中其他参数的值。

4. mydestination

此参数列出了 Postfix 服务器将作为传入电子邮件的最终目的地的域。通常，该值设置为服务器的主机名和域名，但它可以包含其他名称，如下所示：

```
mydestination = $myhostname, localhost.$mydomain, $mydomain, \
mail.$mydomain, www.$mydomain, ftp.$mydomain
```

如果服务器有多个名称(如 server.example.org 和 serverA.another-example.org)，就需要确保在这里列出了两个名称。

5. mail_spool_directory

可采用两种传递方式运行 Postfix 服务器：直接发送到用户邮箱或中央 spool 目录。典型方法是将邮件存储在/var/spool/mail 中。该变量在配置文件中如下所示：

```
mail_spool_directory = /var/spool/mail
```

结果是，每个用户的邮件存储在/var/ spoool /mail 目录下，每个用户的邮箱表示为一个文件。例如，发送到 yyang@example.org 的电子邮件存储在/var/spool/mail/yyang 中。

6. mynetworks

mynetworks 变量是一个重要的配置选项。这允许配置哪些服务器可以通过 Postfix 服务器进行中继。通常只允许从本地客户端进行中继。否则，垃圾邮件发送者可使用别人的邮件服务器来转发消息。下面是这个变量的一个示例值：

```
mynetworks = 192.168.1.0/24, 127.0.0.0/8
```

如果定义这个参数，它将覆盖 mynetworks_style 参数。mynetworks_style 参数允许指定任何关键字类、子网和主机。这些设置告诉服务器，信任服务器所属的这些网络。

警告　如果没有正确地设置$mynetworks 变量，垃圾邮件发送者开始使用别人的邮件服务器作为中继，而愤怒的在线邮件管理员在发电子邮件。此外，这是一种让邮件服务器被垃圾邮件控制技术(如 DNS 黑名单(DNSBL)或实时黑洞列表(RBL))列入黑名单的快速方法。一旦服务器被列入黑名单，很少有人能收到邮件，需要通过许多技术手段来避免被列入名单。更糟的是，没有人会警告自己被列入了黑名单。

7. smtpd_banner

当客户端连接到邮件服务器时，此变量允许返回自定义响应。最好修改标识，不透露正在使用的服务器。这只是为试图找出特定软件版本的错误的黑客增加了一个轻微的障碍。

```
smtpd_banner = $myhostname ESMTP
```

8. inet_protocols

此参数指定邮件系统接收邮件时的网络接口地址。默认行为是Postfix服务器软件在接受连接时使用机器上的所有活动接口。它的默认值是all。将此值设置为ipv6将使Postfix支持IPv6。下面是该参数接受的一些示例值：

```
inet_protocols = ipv4
inet_protocols = ipv4,
ipv6 inet_protocols = all (DEFAULT)
inet_protocols = ipv6
```

Postfix配置文件中的其他参数在这里不讨论。在设置前面的选项时，可能会在配置文件中看到它们被注释掉。这些其他选项允许根据需要设置安全级别和调试级别。

现在，继续运行Postfix邮件系统，并维护邮件服务器。

20.3.2 检查配置

Postfix包含一个很好的工具，用于检查当前配置并帮助排除故障。运行如下命令：

```
[master@server ~]$ sudo postfix check
```

这将列出Postfix系统在配置文件中发现的任何错误，或者在需要的目录权限中发现的任何错误。在示例系统上快速运行如下命令：

```
master@server ~]$ sudo postfix check
postfix: fatal: /etc/postfix/main.cf, line 83-115:

  missing '=' after attribute
name: "mydomain example.org"
```

看起来在配置文件中犯了错误!

在修复配置文件中的任何错误时，应该确保仔细阅读错误消息，并使用行号作为指导，而不是绝对的行号。这是因为文件中的输入错误可能意味着Postfix在实际错误发生后就检测到错误。

在本例中，由于解析引擎的工作方式，在配置文件的第83行中出现了遗漏(忘记了=符号)。然而，通过仔细阅读错误消息，发现问题出在mydomain参数上，因此在找到真正的行罪魁祸首之前，只需要快速搜索一下。

再次运行检查：

```
[master@server ~]$ sudo postfix check
```

这次没有差错。准备开始使用Postfix.。

提示 可使用小巧的postconf实用程序快速查询或显示Postfix配置文件中的参数值。例如，要查看mydomain参数的当前值，可执行以下操作：

```
$ postconf mydomain
mydomain = localdomain
```

20.4　运行服务器

控制 Postfix 邮件服务器是简单而直接的。在启用 systemd 的发行版上，只需要将正确的 start/stop/reload 选项传递给 systemctl 实用程序，并指定 Postfix 服务单元。要启动 Postfix，输入以下命令：

```
[master@server ~]$ sudo systemctl start postfix
```

对配置文件进行任何更改时，需要告诉 Postfix 重新加载自身，以使更改生效。为此使用 reload 选项：

```
[master@server ~]$ sudo systemctl reload postfix
```

输入以下命令，确保 Postfix 配置为在重新引导之间自动启动：

```
[master@server ~]$ sudo systemctl enable postfix
```

20.4.1　检查邮件队列

系统上的邮件队列偶尔会填满。这可能是由网络故障或其他各种故障(如其他外部邮件服务器)引起的。要检查邮件服务器上的邮件队列，只需要输入以下命令：

```
[master@server ~]$ mailq
```

该命令显示 Postfix 邮件队列中的所有邮件。这是测试和验证邮件服务器是否正常工作的第一步。

20.4.2　刷新邮件队列

有时在停机后，邮件会排队，消息发送可能需要几个小时。使用 postfix flush 命令清除 mailq 命令在队列中显示的任何消息。

20.4.3　newaliases 命令

/etc/aliases 文件包含电子邮件别名列表。它用于创建站点范围的电子邮件列表和用户别名。每当对/etc/aliases 文件进行更改时，都需要通过运行 newaliases 命令告诉 Postfix 有关更改的信息。此命令将重新构建 Postfix 数据库，并通知添加了多少名称。

20.4.4　确保一切正常

一旦安装和配置 Postfix 邮件服务器，就应该再次测试以确保一切工作正常。第一步是使用本地邮件用户代理，例如 pine(基于文本的免费软件)、mutt(基于文本的 GNU GPL)或 mailx(UNIX 系统的简单命令行 MUA)向自己发送电子邮件。如果这行得通，很好；可以继续向远程站点发送电子邮件，同时监视 mailq 命令的输出，以查看消息何时发送。最后一步是确保可从外部网络(即 Internet)向服务器发送电子邮件。如果能收到来自外部世界的电子邮件，工作就完成了。

1. 邮件日志

默认情况下，在 Fedora、RHEL 和 CentOS 系统上，邮件日志放在 rsyslogd 配置文件定义的/var/log/maillog 中。如果需要对此执行更改，可修改 rsyslogd 配置文件/etc/rsyslogd.conf，方法是编辑以下行：

```
mail.*          -/var/log/maillog
```

大多数站点以这种方式运行它们的邮件日志，因此如果遇到问题，就可以通过/var/log/maillog 文件搜索任何相关消息。

基于 Debian 的系统(如 Ubuntu)将与邮件相关的日志存储在/var/log/mail.log 文件中。

openSUSE 和 SUSE Linux Enterprise(SLE)将它们的邮件相关日志存储在/var/log/mail、/var/log/mail.err、/var/log/mail.info 和/var/log/mail.warn 文件中。

2. 如果邮件仍然不能工作

如果邮件仍然不能工作，不必担心。第一次设置 SMTP 并不总是那么容易。如果仍然有问题，请按逻辑遍历所有步骤并查找错误。第一步是查看日志消息，它可能显示其他邮件服务器没有响应。如果一切正常，检查 DNS 设置。邮件服务器可以执行名称查找吗？它可以执行邮件交换器(MX)查找吗？其他人是否可以对邮件服务器执行名称查找？也有可能，电子邮件实际上正在发送，但在收件端标记为垃圾邮件。如果可能，让收件人检查一下他们的垃圾邮件文件夹。

正确的故障排除技术对于良好的系统管理是必不可少的。一个很好的故障诊断资源是查看其他人为解决类似问题所做的工作。请在 www.postfix.org 上查看 Postfix 网站，或在线搜索可能的问题或症状。

20.5 小结

在本章，你学习了 SMTP 如何工作的基础知识，安装了 Postfix，了解了如何配置基本的 Postfix 邮件服务器。有了这些信息，就有足够的知识来设置和运行最小的生产邮件服务器。

如果寻找关于 Postfix 的更多信息，可以从 www.postfix.org 的在线文档开始。文档写得很好，很容易理解。它提供了丰富的信息，说明如何扩展 Postfix 以执行超出本章范围的许多附加功能。关于 Postfix 系统的另一个优秀参考资源是 Ralf Hildebrandt 和 Patrick Koetter 所著的《Postfix：最先进的信息传输》；这本书非常详细地介绍了 Postfix 系统。

与其他服务一样，不要忘记查看 Postfix 上的最新消息。安全更新有时会出现，更新邮件服务器以反映这些变化是很重要的。

第21章 邮局协议和Internet邮件访问协议(POP和IMAP)

第20章介绍了SMTP，这是一种底层的电子邮件传输机制或协议，电子邮件通过它从电子邮件客户端发送到服务器，从一个邮件服务器发送到另一个邮件服务器。我们还提到了邮件传递代理(MDA)如何促进对传入邮件的处理(例如根据发件人、主题行、消息长度、关键字等对邮件进行排序或过滤)。所有这些处理通常在邮件传输到最终目的地邮件服务器之后完成。对于MDA功能，可以使用Procmail之类的程序。Procmail可将用户电子邮件的副本以mbox格式提供给用户。mbox是一种简单的文本格式，可以被许多控制台邮件用户代理(如pine、elm、mailx和mutt)以及一些基于GUI的邮件客户端(如Thunderbird)读取。

为使mbox格式可用，电子邮件客户端(MUA)需要在文件系统级别直接访问mbox文件本身。这在严格管理的环境中工作得很好，其中邮件服务器的管理员也是客户端主机的管理员；但是，这种邮件文件夹管理系统在某些场景中可能无法很好地扩展。下面的示例场景可能有点棘手：

- 用户无法合理地连接到快速/安全的网络，以便文件系统访问他们的mbox文件(例如，漫游笔记本电脑)。
- 用户需要本地电子邮件副本以便脱机查看。
- 根据安全性要求，用户不能直接访问邮件存储；例如，NFS 共享邮件假脱机目录被认为是不可接受的。
- MUA不支持mbox格式(典型的基于MS Windows的电子邮件客户端)。

为处理这些棘手的情况，以及Procmail和其他传统MDA无法满足的情况，创建了另一类协议。我们把这类协议统称为邮件访问协议。本章涵盖了两个流行的邮件访问协议：邮局协议(POP)和Internet邮件访问协议(IMAP)。

创建POP是为了允许基于网络访问邮件存储。许多早期基于Windows的邮件客户端使用POP来访问Internet电子邮件，因为它允许用户访问基于UNIX的邮件服务器(在20世纪90年代末 Microsoft Exchange兴起之前，这是Internet上主要的邮件服务器类型)。

POP背后的想法很简单：中央邮件服务器始终在线，可为所有用户接收和存储邮件。接收到的邮件在服务器上排队，直到用户通过 POP 连接并下载排队的邮件。服务器本身的邮件可以任何格式(如mbox)存储，只要它遵守POP协议即可。

当用户希望发送电子邮件时，电子邮件客户端通过SMTP将其转发到中央邮件服务器。这允许客户端在将其电子邮件消息传递给服务器后，自由地断开与网络的连接。然后，转发消息、处理重传、处理延迟等任务/职责就交给连接良好的邮件服务器。图 21-1 显示了这种关系。

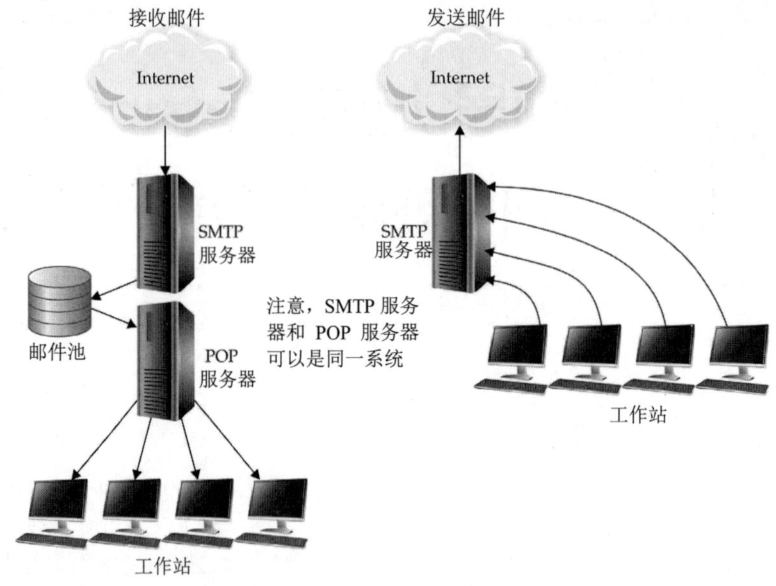

图 21-1　用 SMTP 和 POP 发送和接收邮件

POP 协议的某些方面太局限了。缺少一些特性，比如在服务器上保存用户电子邮件的主副本，而在客户端上只保存缓存副本。这导致了 IMAP 的发展。

最早记录 IMAPv2 内部工作的 RFC(征求意见)是 RFC 1064，时间为 1988 年。继 IMAPv2 之后，1994 年又出现了 IMAPv4。大多数电子邮件客户端都与 IMAPv4 兼容。IMAPv4 固有的一些设计缺陷导致了协议规范中的另一个更新，因此，IMAPv4 目前正在进行第一次修正——IMAP4rev1(RFC 3501)。

将邮件访问视为三种不同模式之一：在线、离线和断开连接，可以很好地理解 IMAP 的发展。在线模式类似于对邮件存储进行直接的文件系统访问(例如，对/var/邮件文件系统进行读访问)。脱机模式是 POP 的工作方式，在这种模式下，客户端假定与网络断开连接，除非显式地下拉其电子邮件。在脱机模式下，服务器通常不保留邮件的副本。

断开连接模式允许用户保留邮件存储的缓存副本。当客户端连接时，任何传入/传出的电子邮件都会立即被识别并同步；但当客户端断开连接时，在客户端上所做的更改将一直保留到重新连接时同步。由于客户端仅保留缓存副本，用户可转移到完全不同的客户端并重新同步他的电子邮件。

通过 IMAP，邮件服务器支持所有三种访问模式。毕竟，部署和支持 POP 和 IMAP 通常是个好主意。它允许用户自由选择最适合自己的邮件客户端、协议和工作流。

有几个免费开源软件(FOSS)邮件服务器实现了 POP 和 IMAP。其中包括 Dovecot、华盛顿大学 IMAP 服务器(UW IMAP)、Cyrus IMAP 服务器和 Courier IMAP 服务器。本章介绍了流行的 Dovecot 服务器软件的安装和配置。这个特殊邮件服务器已经可用多年了。安装过程也很简单。

21.1　POP3 和 IMAP 基础

与目前讨论的其他服务一样，POP3 和 IMAP 都需要一个服务器进程来处理请求。POP3、POP3S、

IMAP和IMAPS服务器进程分别监听端口110、995、143和993。

对服务器的每个请求和来自服务器的响应都是明文ASCII，这意味着很容易使用Telnet测试服务器的功能。这对于快速调试邮件服务器连接/可用性问题特别有用。与SMTP服务器一样，可以使用简短的命令列表与POP3或IMAP服务器交互。尽管有许多POP命令，但其中值得一提的是USER和PASS。

一些值得注意的IMAP命令是：

```
LOGIN、 LIST、 STATUS、 EXAMINE/SELECT、 CREATE/DELETE/RENAME 和 LOGOUT
```

本章后面将使用其中的一些命令，并在POP3服务器和IMAP服务器上演示连接和登录过程。这将允许确认服务器实际上是有效的。

21.2 Dovecot (POP3和IMAP服务器)

Dovecot POP3和IMAP服务器软件很受重视，并在世界各地的许多生产站点中使用。它是一个经过良好测试的实现，可在大多数主流Linux发行版上使用。

Dovecot通过以下主进程提供其IMAP和POP3功能。总的来说，这些流程提供了构成Dovecot生态系统的各种服务。

- 主进程：顾名思义，主进程是主/监督者进程。它负责根据需要启动和保持所有其他进程运行。它读取配置文件中的设置/选项，并将值导出到其他进程。主进程负责收集和管理Dovecot生成的所有日志信息。主进程在Dovecot可执行文件下运行。
- 登录进程：登录进程监听POP3和IMAP协议的连接请求，并在用户成功登录之前实现最小的握手协议要求。登录进程在imap-login和pop3-login可执行文件运行。
- 身份验证进程：一旦登录过程完成了底层POP3或IMAP协议的交互和设置，控制就会传递到适当的身份验证过程。身份验证过程负责执行实际的用户身份验证(SASL功能)，以验证用户是不是自称的那个人。身份验证过程在同名的auth可执行文件下运行。
- 邮件进程(IMAP, POP3)：成功地完成身份验证后，就会启动所需的邮件进程，并为用户提供对邮箱的访问。邮件进程是实现POP3和IMAP协议细节的实际工作机器。IMAP进程运行在名为IMAP的可执行文件下，POP3进程运行在名为POP3的可执行文件下。

21.3 安装Dovecot

大多数Linux发行版在发行版的存储库中都有预打包的Dovecot二进制文件。例如，可以使用dnf将Dovecot安装在Fedora/CentOS/RHEL中：

```
[master@fedora-server ~]$ sudo dnf -y install dovecot
```

在类似Debian的系统(如Ubuntu)上安装Dovecot，Dovecot的IMAP和POP3功能分别在两个独立的包dovecot-imapd和dovecot -pop3d中提供。它们可使用高级打包工具(APT)进行安装，如下：

```
master@ubuntu-server:~$ sudo apt-get -y install \
dovecot-imapd dovecot-pop3d
```

在基于Debian的发行版上安装包时，会提示为使用SSL/TLS上的IMAP和POP3创建自签名证书。出现提示时选择Yes。

还会提示为自签名证书的commonName字段输入要使用的主机名。为系统输入正确的主机名，然后选择OK继续。

从源代码安装 Dovecot

首先将最新的 Dovecot IMAP 和 POP3 服务器软件下载到/usr/local/ src 或$HOME/src。最新版本可以在 http://dovecot.org/download.html 找到。本示例下载版本 2.3.9.2 (dovecot-2.3.9.2.tar.gz)。下载完成后，按如下方式解压：

```
[master@server src]$ tar xvzf dovecot-2.*tar.gz
```

这将创建一个新目录，所有源代码都驻留在该目录下。对于这里使用的版本，会创建了一个名为 dovecot-2.3.9.2 的新目录。切换到以下目录：

```
[master@server src]$ cd dovecot-2.*/
```

Dovecot 服务器附带的默认设置可以很好地用于大多数安装。但与大多数同类的企业级软件一样，Dovecot 提供了许多可配置的特性，可以在配置和构建过程中启用或关闭这些特性。除了默认的构建选项之外，还启用两个简单但重要的配置调整。

首先，希望确保从源代码构建的 Dovecot 服务器能够支持使用 OpenSSL 库的安全通信。为此，需要确保系统上有适当的库(libssl)可用，并在配置期间指定了适当选项。对于像 Fedora、CentOS 和 RHEL 这样的 Red Hat 发行版，确保安装了 openssl-devel 包。对于像 Ubuntu 这样基于 Debian 的发行版，确保安装了 libssl-dev 包。

其次，指定/usr/local/dovecot 的前缀选项，以指定所有与 Dovecot 相关的文件的安装位置。下面就开始吧。

查看软件源树中的 INSTALL 文件。

配置构建环境，使用所需的自定义选项：

```
[master@server dovecot-*]$./configure --with-ssl=openssl --prefix=/usr/local/dovecot
```

运行以下命令，开始编译：

```
[master@server dovecot-*]$ make
```

整个构建/编译过程可能只需要几分钟。

如果该过程顺利完成，就可运行以下命令，在前缀目录中安装 Dovecot：

```
[master@server dovecot-*]$ sudo make install
```

上述命令将导致在以下目录下安装 Dovecot 二进制文件：/usr/local/Dovecot/bin 和/usr/local/Dovecot /libexec/Dovecot。这些可执行文件应该仅由 root 用户运行，因此确保相应地限制对它们的非特权访问。

21.3.1　Dovecot 配置文件和选项

Dovecot 为系统管理员提供了广泛的配置选项，以帮助满足最终用户的邮件需求。该软件是有益的、模块化的，可轻松选择要定制的模块。

Dovecot 的主配置文件是 dovecot.conf，大多数主流 Linux 发行版存储在/etc/dovecot/下。在 dovecot.conf 中使用 include 指令((!include conf.d/*)。一些 Linux 发行版更进一步，在/etc/ dovecot /conf.d/子目录下组织控制 Dovecot 不同方面的文件。

表 21-1 显示了一些 Dovecot 配置文件的位置和描述。

表 21-1　Dovecot 配置文件

Dovecot 配置文件	描述
/etc/dovecot/dovecot.conf	Dovecot 的主配置文件
/etc/dovecot/conf.d/10-auth.conf	用于不同身份验证模块的配置文件

(续表)

Dovecot 配置文件	描述
/etc/dovecot/conf.d/10-mail.conf	存储邮箱位置和名称空间
/etc/dovecot/conf.d/10-master.conf	存储各种 Dovecot 服务的选项
/etc/dovecot/conf.d/90-plugin.conf	存储特定于插件的设置
/etc/dovecot/conf.d/10-ssl.conf	存储与 SSL 相关的设置
/etc/dovecot/conf.d/20-imap.conf	存储 IMAP 特定的配置选项
/etc/dovecot/conf.d/20-pop3.conf	存储特定于 POP3 的配置选项

配置文件接受一组丰富的选项，可用于控制和优化 Dovecot 的各个方面，以及打开和关闭特性。表 21-2 只描述了一小部分更常用的配置选项。

表 21-2　Dovecot 的常用配置选项

Dovecot 配置选项	说明
listen	由逗号分隔的 ip 或主机地址列表，Dovecot 服务器在其中侦听连接。例如 listen = *，::；其中*监听所有 IPv4 接口，::监听所有 IPv6 接口
protocols	Dovecot 服务器要服务的协议列表，以空格分隔。例如： protocols = imap pop3 lmtp submission
service	服务用于实现各种 Dovecot 功能。一些常见的服务是：aggregator、anvil、auth-worker、auth、config、dict、director、dns_client、doveadm、imap-login、imap-urlau-login、imap-urlau-worker、imap-urlauth、imap、indexer-worker、indexer、ipc、lmtp、log、pop3-login、pop3、replicator、ssl-params 和 stats
mail_location	用户邮箱的位置。这在默认情况下是未设置的，因此需要为其提供一个值。至少有一个位置应该与 SMTP 服务器的邮件 spool 目录对应。mbox、Maildir 和 dbox 邮箱格式都受到支持。例如： `mail_location = mbox:~/mail:INBOX=/var/mail/%u` 其中 mbox 是邮箱格式，%u 是一个特殊变量，表示用户名
ssl	控制 SSL/TLS 支持。可能的值如下。 Yes：用于明文身份验证机制的 SSL/TLS。 No：不需要 SSL/TLS。 Required：纯文本和非纯文本身份验证都需要 SSL/TLS
ssl_cert	路径，指向 PEM 编码的 X.509 SSL/TLS 证书文件的位置
ssl_key	路径，指向 PEM 编码的 X.509 SSL/TLS 私钥文件的位置
disable_plaintext_auth	除非使用 SSL/TLS，否则禁用所有明文身份验证方法(包括 LOGIN 命令)。注意，与同一个 Dovecot 服务器的本地连接被认为是安全的，并允许纯文本身份验证。默认值是 yes
auth_mechanisms	一系列想要的身份验证机制。身份验证类型可大致分为明文和非明文身份验证机制。下面是一些可能的值。 plain：最广泛支持的身份验证方法，因为客户端只是将未加密的密码(纯文本)发送给 Dovecot login：通常被 SMTP 服务器用来让电子邮件客户端执行 SMTP。 authentication：这也是一种纯文本机制。 cram-md5：保护传输中的密码不被窃听者窃取。为客户提供良好的支持。 ntlm：由微软创建并在各种微软产品中使用的认证和会话安全协议套件。 anonymous：为匿名登录提供支持。默认情况下，启用 PLAIN 机制

21.3.2　配置 Dovecot

安装之后(从源代码或二进制文件)，下一步是配置或自定义 Dovecot 实例，以适应环境。该软件附带许多健全的默认设置，可以开箱即用，很少定制。

为让 Dovecot 快速启动和运行，必须至少调整一些配置参数。表 21-3 显示了要更改的参数以及所需的目标值。

1. 配置协议

使用 doveconf 实用程序，确保服务器支持 LMTP、POP3 和 IMAP：

```
[master@server ~]$ sudo doveconf protocols
```

如果缺少任何协议，用任何文本编辑器打开主/etc/dovecot/dovecot.conf 配置文件，查找协议设置，并更新它，如下所示：

```
protocols = imap pop3 lmtp
```

表 21-3　目标 Dovecot 配置设置

说明	选项/节	目标值
希望支持的协议	protocols	protocols = lmtp pop3 imap (其中 lmtp 代表本地邮件传输协议)
监听的 IP 地址	listen	listen = *, ::
用于验证用户身份的密码数据库	passdb { driver = }	driver = pam
为经过身份验证的用户提供咨询	userdb { driver = }	driver = passwd
邮件位置和邮箱格式	mail_location	mail_location = mbox:~/mail:INBOX=/ var/mail/%u
指定对邮件位置具有必要权限的其他组	mail_access_ groups	mail_access_groups = mail
SASL 机制	auth_ mechanisms	auth_mechanisms = plain
SSL	ssl	ssl = required
邮件服务器证书文件	ssl_cert	ssl_cert = </etc/pki/dovecot/certs/dovecot.pem
邮件服务器密钥文件	ssl_key	ssl_key = </etc/pki/dovecot/private/dovecot.pem

还可使用 sed 实用程序快速查找和替换配置文件中需要的选项，如下所示(全部在一行上！)。

```
# sed -i 's/^\ *protocols\ *=\ *.*$/protocols = lmtp pop3 imap/g' \ /etc/dovecot/dovecot.conf
```

2. 配置 listen 参数

如有必要，编辑/etc/dovecot/dovecot.conf 文件，确保 listen 条目存在，如下所示：

```
listen = *, ::
```

运行如下命令，可使用 sed 工具快速编辑文件：

```
# sed -i 's/^\ *#*listen\ *=\ *.*$/listen = *, ::/g' \ /etc/dovecot/dovecot.conf
```

3. 配置系统用户和密码数据库(passdb 和 userdb)

使用 doveconf，检查 PAM 数据库是不是为验证系统用户配置的驱动程序之一。相同的命令也检查用于用户数据库的驱动程序：

```
[master@server ~] $ sudo doveconf passdb userdb
```

输出的 passdb 和 userdb 部分中驱动程序条目应该如下所示：

```
driver = pam
driver = passwd
```

如果输出中的驱动程序条目不同，请打开/etc/dovecot/conf.d/auth-system.conf.ext 配置文件，并确保驱动程序的值设置为表 21-3 中对应的值。

4. 配置邮件位置

使用 doveconf 检查 mail_location 参数的当前值：

```
[master@server ~]$ sudo doveconf mail_location
```

默认情况下，mail_location 参数是未设置的。使用任何文本编辑器来编辑和设置参数，这样/etc/dovecot/conf.d/10-mail.conf 中的条目如下：

```
mail_location = mbox:~/mail:INBOX=/var/mail/%u
```

如果由于某种原因，使用文本编辑器来构建和调试正则表达式可以简化编辑，就可以使用 sed 实用工具与一些看起来复杂的选项(都在一行上!)，“迅速”就地编辑文件，运行以下命令，进行修改：

```
$ sudo sed -i \
's/^\ *\#*mail_location\ *=\ *.*$/mail_location = \
mbox:~\/mail:INBOX=\/var\/mail\/%u/g' \
/etc/dovecot/conf.d/10-mail.conf
```

5. 配置邮件访问组

使用 doveconf 检查 mail_access_groups 参数的当前值：

```
[master@server ~] $ sudo doveconf mail_access_groups
```

默认情况下，mail_access_groups 参数未设置。使用任何文本编辑器来编辑和设置参数，以便/etc/dovecot/conf.d/10-mail.conf 中的条目如下所示：

```
mail_access_groups = mail
```

运行以下命令，可使用 sed 实用程序快速编辑文件：

```
$ sudo sed -i \
 's/^\ *#*mail_access_groups\ *=\ *.*$/mail_access_groups = mail/g' \
/etc/dovecot/conf.d/10-mail.conf
```

6. 配置身份验证机制

使用 doveconf 检查 auth_mechanisms 参数的当前值：

```
[master@server ~] $ sudo doveconf auth_mechanisms
```

如有必要，编辑/etc/dovecot/conf.d/10-auth.conf 文件，并确保 auth_mechanisms 条目存在，如下所示：

```
auth_mechanisms = plain
```

7. 配置 Dovecot SSL 参数

使用 doveconf 检查 ssl、ssl_cert 和 ssl_key 参数的当前值：

```
master@server ~] $ sudo doveconf ssl ssl_cert ssl_key
```

如有必要，编辑/etc/dovecot/conf.d/10-ssl.conf 文件，并确保将参数的值设置为：

```
ssl = yes
ssl_cert = </etc/pki/dovecot/certs/dovecot.pem
ssl_key = </etc/pki/dovecot/private/dovecot.pem
```

提示　大多数发行版上通过包管理系统安装的 Dovecot IMAP 和 POP3 服务器软件，都带有通用的 SSL 证书以及在 10-ssl.conf 配置文件中使用的密钥文件。

Dovecot 附带一个名为 mkcert.sh 的简单脚本，可用于生成与 Dovecot 实例一起使用的自定义证书和密钥。要使用脚本，首先使用自定义设置定制/etc/pki/dovecot/dovecot-openssl.cnf 文件，然后执行脚本。要在类似于 Red Hat 发行版(如 Fedora)上运行该脚本，输入以下内容：

```
[master@fedora-server ~]$ sudo /usr/libexec/dovecot/mkcert.sh
```

警告　在尝试连接到 Dovecot 服务器时，如果创建并使用自签名证书，用户将收到一个警告，说明证书没有正确签名。如果不希望出现此警告，可以从证书颁发机构(CA)获得证书(免费)，例如 Let's Encrypt 项目(https://letsencrypt.org/)，或者从 Comodo、Symantec/Thawte、Symantec/VeriSign 等购买证书。根据特定的环境，这可能是必需的，也可能不是。但是，如果只需要一个可以发送密码的加密通道，那么自签名证书就可以了。

21.3.3　运行 Dovecot

配置完成后，下一步是学习如何控制 Dovecot 服务。这包括如何启动、重启、停止和启用 Dovecot。下面的说明适用于通过发行版的包管理系统安装的 Dovecot 实例。要控制或管理从源代码编译和安装的 Dovecot 实例，必须稍微调整步骤，并指定命令/二进制文件的正确路径。

在 Linux 发行版上，比如 Fedora、CentOS、Ubuntu 和 RHEL 的最新版本，使用 systemd 作为服务管理器，运行以下命令，检查 Dovecot 的状态：

```
[master@server ~]$ sudo systemctl status dovecot
```

为停止 Dovecot(假设它当前在运行)，输入：

```
[master@server ~]$ sudo systemctl stop dovecot
```

为启动 Dovecot，输入：

```
[master@server ~]$ sudo systemctl start dovecot
```

为禁止 Dovecot 自动启动和停止(如果它在运行)，输入：

```
[master@server ~]$ sudo systemctl --now disable dovecot
```

为配置 Dovecot IMAP 和 POP3 服务在系统启动时自动启动，同时启动服务，输入：

```
[master@server ~]$ sudo systemctl --now enable dovecot
```

提示　Dovecot 软件包附带一个名为 doveadm 的内置管理工具。此工具与发行版无关，因此无论 Dovecot 实例是如何安装的，它都可以按相同的方式工作。doveadm 是一个强大工具，可以用于控制和管理 Dovecot 的许多方面，如重载、停止、日志记录、测试等。

21.3.4　检查基本的 POP3 功能

如果一切正常，现在应该有一个正在运行的 IMAP 服务器和 POP3 服务器。下一个逻辑步骤是测试服务的实际功能。

首先使用 Telnet 连接到 POP3 服务器(本例中为本地主机)。在命令提示符中，输入以下命令：

```
[master@server ~]$ telnet localhost 110
Trying ::1...
Connected to localhost.
Escape character is '^]'.
+OK Dovecot ready.
```

服务器现在正在等待命令。首先提交登录名：

```
USER yourlogin
```

这里，yourlogin 当然是登录 ID，服务器可能会这样回应：

```
+OK [User name accepted, password please]
```

现在用 PASS 命令，将密码告知服务器：

```
PASS yourpassword
```

这里，yourpassword 就是密码。服务器可能会这样响应：

```
+OK Logged in
```

现在已经登录，可以发出命令(如 LIST、STAT 和 RETR)来读取和管理邮件。因为只是验证服务器是否在工作，所以现在可以注销。只要输入 QUIT，服务器就会关闭连接：

```
QUIT
 +OK Logging out.
Connection closed by foreign host.
```

21.3.5　检查基本 IMAP 功能

下面使用 Telnet 连接到 IMAP 服务器(本例中为 localhost)并测试它的基本 IMAP 功能。从命令提示符中，输入以下内容：

```
[master@server ~]$ telnet localhost143
```

IMAP 服务器将响应如下内容：

```
* OK [CAPABILITY IMAP4rev1 LITERAL+ SASL-IR
LOGIN-REFERRALS ID ENABLE IDLE
STARTTLS AUTH=PLAIN] Dovecot ready.
```

服务器现在可输入命令了。注意，像 POP3 服务器一样，IMAP 服务器不会发出提示。

IMAP 命令的格式如下：

```
<tag><command> <parameter>
```

这里，<tag>表示用于标识命令的唯一(用户生成)值。示例标签有 A001、b、box、c、box2、3 等。命令可异步执行，这意味着可输入一个命令，然后在等待响应时输入另一个命令。因为每个命令都被标记，所以输出将清楚地反映输出对应于什么请求。

要登录到 IMAP 服务器，只需要输入 login 命令，如下所示：

```
A001 login <username> <password>
```

这里，<username>是要测试的用户名，<password>是用户的密码。如果身份验证成功，服务器将这样响应：

```
A001 OK [CAPABILITY IMAP4rev1 LITERAL+ SASL-IR LOGIN-REFERRALS
```

```
...<OUTPUT TRUNCATED>...]
Logged in
```

这足以告诉你两件事：

- 用户名和密码是有效的。
- 邮件服务器能够定位和访问用户的邮箱。

通过验证服务器，可以选择并发出大量 IMAP 命令来管理邮箱，或输入 logout 命令来注销：

```
Aooz logout
```

服务器的响应如下：

```
* BYE Logging out
A002 OK Logout completed.
Connection closed by foreign host.
```

doveconf 实用程序：查看 Dovecot 服务和模块

前面暗示了 Dovecot 进程提供了各种组成 Dovecot 生态系统的服务。这些服务本身可由独立模块实现，也可通过内置的 Dovecot 进程实现。表 21-2 中的服务配置选项下列出一些服务。可使用 doveconf 实用程序查看有关所有服务的详细信息，如下所示:

```
$ sudo doveconf service
```

如果想查看特定服务部分的设置，可通过转储该部分来实现。例如，要单独转储 imap-login 服务部分的服务设置，请运行以下代码:

```
$ sudo doveconf service/imap-login
```

通过独立模块实现的服务，通常有自己的特定于模块的参数或可调整的选项。特定于模块的配置文件通常存储在/etc/dovecot/conf.d/目录下。例如，pop3 服务由 pop3 模块支持。要查看 pop3 的特定模块设置，输入以下内容:

```
$ sudo doveconf -m pop3
```

要向下钻取并仅查看 pop3 模块的名称空间部分，输入以下内容:

```
$ sudo doveconf -m pop3 namespace
```

21.4 邮件服务的其他问题

前面给出了足够多的材料，可以开始使用一个工作邮件服务器，但是还有很大的改进空间。本节将介绍可能遇到的一些问题以及解决这些问题的一些常用技术。

21.4.1 SSL/TLS 安全性

最佳安全性实践应该是任何邮件服务器(如 POP3 和 IMAP)实现的一个大目标。有些邮件服务器实现没有提供开箱即用的安全选项(可能是为了帮助简化初始配置)。有些实现可能提供不同级别的加密、密码散列方案、用户/密码数据库等支持。还有一个问题是确保将要使用邮件服务器的大多数电子邮件客户端都得到适当支持。无论你采用何种电子邮件服务器软件栈，都应该确保尽可能启用整个协议流的加密。

幸运的是，之前安装的 Dovecot IMAP 和 POP3 服务器实现是基于安全性从头编写的，它还附带了合理、安全的默认配置选项。这就是为什么不需要为 Dovecot 实例配置太多的 SSL 支持，从而保持事情简单的原因之一！确保启用了 SSL 支持，并接受了默认的证书和密钥。除了保持简单之外，该方法希望能够在开始执行过多的修改和添加其他复杂层之前，提供一个很好的信心助推器，快速完成一些工作。

默认情况下，之前用于测试POP3和IMAP功能的Telnet协议不是安全协议，通过Telnet完成的所有操作都是以纯文本传输的。因此，实际上是通过一个未加密的通道连接和测试POP3和IMAP服务器。那么，为什么Dovecot是安全的？当系统允许不安全地成功连接时，启用SSL的意义是什么？

请允许我们解释一下：

- 假设所有使用Telnet的测试都是在运行Dovecot服务器软件的同一台计算机(本地主机)上进行的。如果尝试从不同系统进行Telnet测试，它就会失败。
- 在Dovecot中，默认情况下，总是允许来自本地主机的连接进行纯文本(不安全)身份验证。这意味着无论何时从本地主机连接，都可以连接到Dovecot，而不需要使用SSL，甚至不需要配置它。

继续在另一台计算机上测试POP3和IMAP服务器，以确保是真正安全的。下一节使用与SSL相关的OpenSSL程序套件进行测试。

提示　当排除邮件服务器的问题时，操作系统的日志子系统是一个不可或缺的工具，所以在排除故障(如Dovecot服务无法通过journalctl -xe -u dovecot正常启动或重启)时，一定要留意日志文件。

通过SSL/TLS测试POP3和IMAP连接

在仍然登录到Dovecot服务器上时，首先确保POP3和IMAP的TCP端口在防火墙上为外部连接打开。

在类似于Red Hat的发行版(如Fedora服务器)上，可使用firewall-cmd命令来完成这个任务。运行以下命令，向当前防火墙规则集永久地添加一个规则：

```
[master@fedora-server ~]$ sudo firewall-cmd --permanent \
--add-port=110/tcp --add-port=143/tcp
```

接下来，重载防火墙规则，以便新规则马上激活：

```
[master@fedora-server ~]$ sudo firewall-cmd --reload
```

现在跳转到一个不同的场景，远程测试Dovecot POP3和IMAP服务。假设远程Dovecot服务器的IP地址是192.168.56.101。

(1) 如果尝试从远程系统测试，请确保之前的Telnet测试失败：

```
ubuntu-client:~$ telnet 192.168.56.101 110
Trying 192.168.56.101...
Connected to 192.168.56.101.
Escape character is '^]'.
+OK Dovecot ready.
```

(2) 到POP3端口110的初始连接成功。发出第一个POP3命令来开始SASL进程。在Dovecot提示符下，首先提交登录名，如下：

```
USER remoteloginname
```

此处，remoteloginname是远程Dovecot服务器上一个用户的用户名，该用户具有POP3邮箱。

从远程Dovecot服务器得到的响应立即阻止了进一步操作：

```
-ERR [AUTH] Plaintext authentication disallowed
on non-secure (SSL/TLS) connections.
```

因此，进一步支持了Dovecot服务器在默认情况下不支持不安全连接的声明。发出QUIT命令，结束当前的 POP3 会话。

(3) 现在，尝试使用 openssl 连接到远程服务器。使用 openssl 和-starttls 连接到同一个远程 POP3 服务器：

```
ubuntu-client: ~$ openssl s_client -connect \
192.168.56.101: 110 -starttls POP3
```

如果服务器安全地监听端口 110，应该显示与 SSL 事务相关的一组消息和一个提示

```
depth=0 OU = IMAP server, CN = imap.example.com,
emailAddress = postmaster@example.com
Server certificate
-----BEGIN CERTIFICATE-----
 MIICQzCCAaygAwIBA
...<OUTPUT TRUNCATED>...
+OK Dovecot ready.
```

(4) 与前面一样，到 POP3 端口 110 的初始连接成功。下面发出第一个 POP3 命令来开始 SASL 进程。在 Dovecot 提示符下，按如下方式提交登录名：

```
USER remoteloginname
+OK
```

第一个进展是 POP3 服务器允许发出 USER 命令，并通过 openssl 保护的连接提交用户名。发出 POP3 PASS 命令，提交密码：

```
PASS password_for_remoteloginname
```

这里，password_for_remoteloginname 是与 remoteloginname 用户名关联的密码。

```
+OK Logged in.
```

服务器的+OK Logged in 输出表明登录成功！现在可继续发出与 POP3 相关的其他命令，来与远程邮箱交互。发出 QUIT 退出。

(5) 同样，可使用 openssl 在远程 Dovecot 服务器上测试 IMAP 服务。使用 openssl 和-starttls 连接到监听端口 143 的远程 IMAP 服务器：

```
ubuntu-client:~$ openssl s_client -connect 192.168.56.101:143 \
 -starttls imap
 ...<OUTPUT TRUNCATED>...
Verify return code: 18 (self signed certificate)
--- .
OK Pre-login capabilities listed, post-login capabilities have more.
```

(6) 应该能继续发出受支持的 IMAP 协议命令(如 LOGIN、LOGOUT 等)来验证自己，并与远程服务器交互。

提示　记住，如果没有人使用安全性能，那么实现安全性就没有太大意义，因此确保邮件客户端在连接到 IMAP 或 POP3 服务器时使用 SSL。在大多数流行的电子邮件客户端程序中，如 Thunderbird、Evolution、Outlook 等，启用 SSL 的选项可能像电子邮件账户配置选项中的复选框一样简单。

21.4.2　可用性

当邮件服务器宕机时，每个人都会知道，而且很快就会知道；最糟糕的是，在管理员意识到有问题之前，服务器甚至会向管理员发出警告！因此，仔细考虑如何为电子邮件服务提供 24/7 的可用性是很重要的。

可能威胁邮件服务器的一个简单问题是“错误配置”——换句话说，就是在执行基本管理任务时出错。这个问题没有解决办法，只能尽量避免！在处理任何类型的生产服务器时，谨慎地执行每个步骤，并确保输入了想要输入的内容。如果可能的话，以普通用户而不是根用户的身份工作，并对需要根权限的特定命令使用 sudo。

管理邮件服务器的第二个大问题是硬件可用性。遗憾的是，这个问题最好通过资金来解决。越多越好！预先在一个好的服务器机箱上投资。足够的冷却和尽可能多的冗余是确保服务器不会因为一些愚蠢的事情(如 CPU 风扇坏了)而停止运行的好方法。使用双电源是另一种方法，以帮助防止出现机械故障。服务器的不间断电源(UPS)几乎总是必需的。确保服务器磁盘以某种 RAID 方式配置。这些都是为了帮助降低硬件故障的风险。

最后，在设计早期考虑扩展和增长。用户不可避免地消耗掉所有可用的磁盘空间。最后的希望是开始弹回邮件，因为邮件服务器已耗尽磁盘空间！为了解决这个问题，考虑使用可以动态扩展的磁盘卷和允许快速添加新磁盘的 RAID 系统。这允许在最短停机时间内向卷中添加磁盘，而不必迁移到全新的服务器。

21.4.3　日志文件

前面提到过，查看/var/log/messages、/var/log/syslog、/var/log/maillog 和/var/log/mail.log 文件是管理和跟踪邮件服务器活动的一种谨慎方法。Dovecot 软件提供了丰富的日志选项和日志消息，以帮助了解服务器发生了什么，并排除任何异常行为。简而言之，如果有疑问，请花一点时间查看日志文件。可能会在那里找到解决方案或指向问题的指针。

21.5　小结

本章介绍了 IMAP 和 POP3 协议背后的一些理论，列出了 Dovecot 软件的完整安装过程(从源代码和预打包的二进制文件安装)，并讨论了如何手动测试每个服务的连接性。本章有足够的信息来帮你设置和运行一个简单的 POP3 和 IMAP 服务器实例。

本章还介绍了如何通过 SSL/TLS 安全地访问邮件服务器资产。这是一种防止明文密码(嵌入在 IMAP 或 POP3 流量中)落入本不应该拥有它们的人手中的简单方法。最后讨论了一些与人和硬件相关的基本问题、必需品，以及确保邮件服务器 24/7 可用的预防措施。

如果需要构建更大的邮件系统，请花时间了解所选的邮件服务器软件(如 Dovecot、Cyrus、UW IMAP 或 Courier)。如果环境需要更多的群件功能(如 Microsoft Exchange Server 提供的功能)，可能需要检查其他软件，如 Scalix、Open-Xchange、Zimbra、Horde 群件和 EGroupware。它们都提供了重要的扩展功能，但代价是在设置和配置方面增加了复杂性。

与外部可见的任何服务器软件一样，需要跟上最新版本。值得庆幸的是，Dovecot 包显示出了足够的稳定性和安全性，降低了频繁更新的必要性。最后，考虑阅读最新的 IMAP 和 POP RFC，以了解关于协议的更多信息。对底层协议越熟悉，就越容易发现要排除的故障。

第22章 Internet语音协议(VoIP)

IP 语音简称 VoIP，自 1995 年问世以来，就像 Linux 一样得到迅速发展，在全世界取代传统的电话网络。每天，越来越多的人通过 VoIP 进行交流。国际电话、长途电话、本地电话，甚至是通过智能手机应用程序进行的通话都使用 VoIP 网络的方式，这是大多数人此前甚至从未考虑过的方式。

下面将回顾 VoIP 技术和 Internet 电话的基本原理，描述 VoIP 的基本元素，并展示使用流行的 Asterisk 项目(www.asterisk.org)创建的开源框架实现的 VoIP。在本章结束时，将建立一个功能齐全的、可以拨打和接收电话的 VoIP 系统。

22.1 VoIP 概述

从最简单的形式看，VoIP 就是通过一个或多个 IP 网络(如 Internet 或 LAN)将数字化语音以“数据包”形式从一个 IP 地址传输到另一个 IP 地址。VoIP 系统接收未压缩的语音作为输入，将其转换为压缩的数字形式，打包，放到线路上，并发送到下一个站点，此后执行反向过程，如图 22-1 所示。重建信号的精度和清晰度取决于各种技术因素，如使用的压缩算法、使用的编码和解码算法、采样率等。这显然是 VoIP 工作方式的一个简化版本。

图 22-1 VoIP 的基本原理

与大多数复杂系统一样，VoIP 系统可分解为几个独立组件。下面将探索的组件的一个子集包括 VoIP 服务器、模拟电话适配器、IP 电话和 VoIP 协议。

22.1.1 VoIP 服务器

VoIP 服务器起着通信交换机的作用，是所有 VoIP 通信的中心，负责指挥和控制各组件间的 VoIP 通信。VoIP 服务器为最终用户提供了发出和接收 VoIP 呼叫或与 VoIP 系统和其他 VoIP 组件交互的方法。

除了 VoIP 服务器看起来非常重要的作用之外，它本身并不是很有用。它需要并依赖其他组成部分来释放其全部潜力。

22.1.2　模拟电话适配器(ATA)

ATA 是一种简单的设备，允许将任何标准(模拟)电话连接到网络，这样它就可以通过 Internet 连接使用 VoIP 通信。ATA 将电话中的模拟信号转换成可以通过 IP 网络(如 LAN 或 Internet)传输的数字数据，反之亦然。VoIP 提供商，如 Vonage、Lingo 和 magicJack，通常将 ATA 设备与他们的 VoIP 电话服务捆绑在一起，以便新客户使用现有的传统模拟电话与 VoIP 服务。

22.1.3　IP 电话

IP 电话使用 VoIP 技术通过 IP 网络传输和接收电话。IP 电话将语音直接转换成数字信号，并通过 IP 网络传输，反之亦然。两种常见的 IP 电话如下。

- 硬电话：一种不使用任何其他设备直接连接到 IP 网络的数字电话。
- 软电话：运行在 PC、智能手机或平板电脑等设备上的软件应用程序，它依赖底层硬件来完成繁重的工作。

图 22-2 显示了使用 ATA 和 IP 电话的 VoIP 设置的简化网络布局。

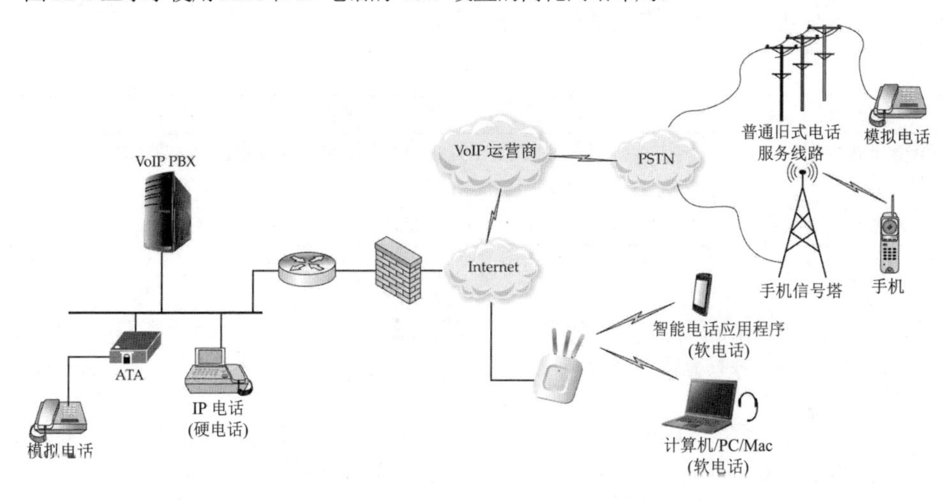

图 22-2　使用 ATA 和 IP 电话的 VoIP 网络布局

22.1.4　VoIP 协议

典型的 VoIP 连接通常包括 VoIP 端点(以及组件)之间的一系列握手(也称为信令)，以交换信息，最终形成携带实际会话的两个持久媒体流(每个方向一个)。人们创建了几个协议来处理这个交换。下面讨论一些对 VoIP 普遍很重要，尤其是对 Asterisk 很重要的一些协议。

为清晰起见，将 VoIP 协议分为三组：信令协议、媒体协议和编解码器。

1. 信令协议

一般来说，VoIP 信号控制着对话的设置、修改和中断。信令协议不关心携带了实际媒体内容的数据流的细节，而是专注于验证主叫和被叫方的身份(身份验证)，确保网络没有被滥用(获得授权)，保障端点支持的功能(如通话和安全)。

按照介绍的大致时间顺序，VoIP 系统最广泛使用的信令协议参见表 22-1。

表 22-1 信令协议

信令协议	描述
H.323	ITU-T 标准，提供在包交换网络上使用的多媒体视频会议、语音和数据能力
媒体网关控制协议(MGCP)	ITU / IETF RFC 3435。H.323 的一种替代方案，用于从称为“媒体网关控制器”或“呼叫代理”的外部呼叫控制元素控制媒体网关
会话发起协议(SIP)	IETF RFC 3261。一种纯文本信令协议，使用类似 HTTP 的消息来发起、修改和终止 VoIP 连接
瘦客户端控制协议(SCCP，又名 Skinny)	定义简单消息传递集的思科专有协议，允许瘦客户端与思科统一通信管理器通信
可扩展消息传递和到场协议(XMPP)	ITU/IETF RFC 6120。XMPP 基于 XML，用于交换准实时的通信，例如 VoIP 通信的即时消息、在线状态和会话控制(信令)

2. 媒体协议

媒体协议负责在 IP 网络上传输多媒体数据(如音频和视频)。RTP 和 RTCP(RFC 3550)是紧密相连的媒体协议，经常用于此目的。表 22-2 对两者进行了描述。

表 22-2 媒体协议

媒体协议	描述
实时传输协议(RTP)	定义实时多媒体数据如何通过 IP 网络交付。RTP 数据流在无连接的 UDP 数据包中进行，并被设计为独立于底层传输和网络层
实时传输控制协议(RTCP)	RTCP 为 RTP 会话携带统计和控制数据(如延迟、抖动和包丢失计算)

3. 编解码器

编解码器是一组用来将模拟信号转换成数字形式然后转换回来的指令。使用的编解码器通常称为 RTP 包的编码方法或有效载荷类型。编解码器在许多方面存在差异，包括声音质量、带宽和计算要求。通用编解码器如下。

- G.711：不使用压缩，并提供精确的语音传输；主要用于局域网或高带宽网络。包括两种变体：在北美和日本使用的“μ-法律”以及在欧洲和其他地方使用的“A-法律”。
- G.722：一种宽带编解码器，提供高音质和适应变化的压缩。
- G.729A：提供良好的音频质量和优良的带宽利用率。它通常需要许可证才能使用。
- GSM：类似于 GSM 手机中使用的编码。它提供高压缩比，是免费的，可用于许多 VoIP 平台。
- Opus：由 Skype 开发的 SILK 编解码器的延伸。支持恒定和可变比特率编码，并有良好的 PLC。
- iLBC：Internet 低比特率编解码器。它具有很强的抗丢包能力，在低带宽网络中也能很好地工作。

22.2 VoIP 实现

许多 VoIP 系统现在都实现为服务，用户通常只使用电话集、软件应用程序或智能手机应用程序等端点与系统进行交互，以与其他用户进行通信。这些系统的内部工作是复杂的，通常对用户是隐藏的。

VoIP 系统也可用来取代传统电话基础设施的组件。提供 PBX 功能的流行开源 VoIP 项目示例有 FreeSWITCH、OpenSIPS、Asterisk 和 FreePBX。下面将关注 Asterisk；凭借成熟和强大的社区基础，Asterisk 不断开发新的功能。Asterisk 也有大量的在线资源可以提供帮助。

22.3　Asterisk

那么什么是 Asterisk？Asterisk 由 Digium 公司赞助，是该公司的社区软件，用于构建 VoIP 和 PBX 的替代品。它非常灵活，运行在各种平台上，并支持许多网关，有效地将普通计算机转变为高级通信服务器。

Asterisk 软件用于 IP PBX 系统、VoIP 网关、会议服务器和其他嵌入式应用。它包括高端功能，如 IVR、语音邮件、会议呼叫、自动呼叫分配(ACD)等。创建新功能时，可以用 Asterisk 的本地语言、Perl 或其他语言编写脚本，用 C 编写模块。Asterisk 能够与许多传统电信协议、VoIP 协议和大多数标准编解码器交互操作。综上所述，Asterisk 可用于创建强大的、可编程的 VoIP 系统，与具有类似功能的专用 PBX 相比，其成本较低。

稍后将介绍如何安装和配置 Asterisk 系统，讨论主 Asterisk 配置文件的结构。

Asterisk 的工作原理

Asterisk 由几个软件组件和模块组成。这种模块化提供了为项目构建基于 Asterisk 的自定义解决方案的灵活性。例如，PJSIP 模块允许 Asterisk 系统与 SIP 电话端点通信，而 CDR(Call Details Record)模块将添加呼叫报告功能。

在较高级别上，Asterisk 有一个可与许多模块交互的核心。这些模块也称为通道驱动程序，提供由 Asterisk 拨号计划驱动的通道来执行编程行为，并在 Asterisk 外部促进设备或程序之间的通信。通道通常使用桥接基础设施与其他通道交互。

22.4　Asterisk 的安装

Asterisk 很复杂。要安装一个功能齐全的系统，需要完成许多步骤。表 22-3 中的检查表提供了安装 Asterisk 所需的高级步骤。

表 22-3　安装 Asterisk 的高级步骤

序号	步骤	组件
1	安装 Asterisk	Linux 服务器
2	启动和停止 Asterisk	Asterisk 配置文件
3	为 Asterisk 配置本地防火墙	Linux 服务器和/或外部防火墙
4	配置 PBX	Asterisk 配置文件(pjsip.conf、extensions.conf 等)
5	测试	电话系统和 Asterisk

为简化示例 Fedora 服务器，安装预打包的 Asterisk v16 和 asterisk-pjsip 包，后者提供了 PJSIP 模块。闲话少说，继续！

(1) 首先禁用 SELinux：

```
[master@server ~]$ setenforce 0
[master@server ~]$ sed -i 's/\(^SELINUX=\).*/\SELINUX=disabled/' \
/etc/selinux/config
[master@server ~]$ setenforce 0
```

(2) 验证 Asterisk 包存在于发行版的在线存储库：

```
[master@fedora-server ~]$ dnf info asterisk
```

(3) 一旦验证，就使用如下命令安装 Asterisk 包：

```
[master@fedora-server ~]$ sudo dnf -y install asterisk asterisk-pjsip
```

现在， Fedora 服务器上已经安装了 Asterisk。

启动和停止 Asterisk

以下步骤介绍如何在成功安装后管理 Asterisk 服务器。

(1) 在启用 systemd 的发行版上，可使用 systemctl 来停止 Asterisk 服务：

```
[master@server ~]$ sudo systemctl stop asterisk
```

(2) 使用 systemctl 命令启用 Asterisk 服务，使之自动启动，同时运行以下命令：

```
[master@server ~]$ sudo systemctl --now enable asterisk
```

(3) 一旦验证了服务正在运行，可连接到 Asterisk 控制台：

```
[master@server ~]$ sudo asterisk -rv
Asterisk 16.*, Copyright (C) 1999 - 20xx, Digium, Inc. and others.
 ...<OUTPUT TRUNCATED>...
server*CLI>
```

22.5　理解 Asterisk 配置文件和结构

配置文件是 Asterisk 系统的核心。它们为 Asterisk 赋予特性、目的和个性，并将一个 Asterisk 实现与另一个区别开来。

表 22-4 列出了 Asterisk 组件文件和库的默认安装路径。这不是一份详尽的清单，只列出了与本章相关的核心组件。

表 22-4　Asterisk 文件结构

路径	说明
/etc/asterisk/	包含许多配置文件，用于描述 Asterisk 系统的功能并运行它
/usr/lib64/asterisk/modules/	包含 Asterisk 系统中可加载的所有模块，例如各种应用程序、编解码器和通道
/usr/sbin	包含可执行二进制文件
/var/log/asterisk	包含 Asterisk 消息、错误和 CDR 信息

首先，关注配置第一个 PBX 所需的特定文件和选项。

注意　Asterisk 附带了样例配置文件，可作为非常好的参考，以了解 Asterisk 配置文件中提供的其他高级选项。

以下是配置文件，配置 Asterisk 系统时大多会与这些文件打交道：

- pjsip.conf　用于配置 PJSIP 通道。
- extension .conf　用于配置拨号计划。
- modules.conf　用于启用或禁用 Asterisk 系统可用的资源。

PJSIP 通道配置：pjsip.conf

PJSIP 通道配置文件 PJSIP.conf 是一个普通文本文件，在其中配置与 SIP 协议相关的所有内容；这包括为入站和出站呼叫添加新的 SIP 用户和定义 SIP 提供程序。chan_pjsip 是替代旧的 chan_sip 驱动程序的新通道驱动程序，因此 pjsip.conf 替代 sip.conf。chan_sip 中的所有内容都是一个通道，而 pjsip 有许多不同的概念性对象。

pjsip.conf 的组成部分与 Asterisk 使用的大多数配置文件一样。每个部分为 res_pjsip 或相关模块中的配置对象定义配置。所有的部分名都用方括号括起来，部分名之后的任何内容都应用于该部分。每个部分都有一个类型选项，用于定义要配置的部分的类型。下面的示例配置部分会显示这一点。

部分名称：通常，可根据自己的需要来命名一个部分。但是某些情况下，特别是对于端点和/或类型，部分名与其功能有关系，并且必须与入站 SIP 请求的 From 报头中 SIP URI 的用户部分相匹配。

部分类型：第一个 Asterisk PBX 将描述要使用的几个常见部分。有些部分有许多配置选项，但为了简单起见，下面的示例故意尽量少用。更多可用选项的细节，请访问 https://wiki.asterisk.org/wiki/display/AST/Asterisk+16+Configuration_res_pjsip。

- transport：配置传输层选项(如 tcp、udp 和 websockets)以及加密方法(如 TLS/SSL)，端点设备会使用它。

```
[trans-udp]
type=transport
protocol=udp
bind=0.0.0.0
```

表 22-5 是对这些设置的解释。

表 22-5　transport 的选项

type	必须是 transport 类型
protocol	用于 SIP 通信的协议。支持的选项包括 udp、tcp、tls、ws 和 wss。默认是 udp
bind	此传输要绑定到的 IP 地址和可选端口。默认端口是 5060

- aor：记录的地址(AoR)指定可联系端点的位置。将 SIP 端点配置为注册时，可动态配置 aor 中的 contact 对象：

```
[1001]
type=aor
max_contacts=1
```

当端点没有配置为注册，就手动配置。

```
[sip-phone]
type=aor
contact=sip:1001@192.168.1.101:5060
```

表 22-6 是对这些设置的解释。

表 22-6　aor 的选项

type=aor	必须是 aor 类型
max_contacts	可以绑定到 aor 的最大联系者数(SIP 端点)。默认值是 0
contact	分配给 aor 的端点的永久位置

- auth：此部分持有入站或出站身份验证选项和凭据，供端点、中继和注册使用：

```
[1001-auth]
type=auth
auth_type=userpass
password=1001
username=1001
```

表 22-7 是对这些设置的解释。

表 22-7　auth 的选项

type=auth	必须是 auth 类型
auth_type	指定用于对端点入站请求进行验证的身份验证方法和凭据。支持的值包括 userpass 和 md5 散列
username	账户的用户名
password	auth_type=userpass 时，用于身份验证的纯文本密码
md5_cred	auth_type= MD5 时用于身份验证

- identify：将主机直接映射到端点。如果没有定义 identify 部分，则用户标识基于信息包的 SIP From 报头。

```
[1001]
type=identify
endpoint=1001
match=192.168.1.101
```

表 22-8 是对这些设置的解释。

表 22-8　identify 的选项

type=identify	必须是 identify 类型
endpoint	要标识的端点部分的名称(如果有匹配)
match	要匹配的源 IP 地址、网络或主机名的逗号分隔列表。支持 SRV 记录(除非设置了 srv_lookups=no 选项)

- endpoint：指定核心 SIP 功能以及与其他部分(如 auth、aor 和 transport)的关系。这实际上描述了 SIP 端点或远程服务(如电话或 SIP 中继服务)的配置。

```
[1001]
type=endpoint
context=internal
disallow=all
allow=ulaw,alaw
transport=trans-udp
auth=1001-auth
aors=1001
```

表 22-9 是对这些设置的解释。

表 22-9　endpoint 的选项

type=endpoint	部分类型的定义。必须是 endpoint 类型
context=internal	指定与此部分相关联的设备的会话在拨号计划中的任意名称
disallow=all	禁用所有编解码器的使用

(续表)

allow=ulaw,alaw	允许的一个或多个编解码器的逗号分隔列表
transport=trans-udp	指定要使用的传输配置
auth=1001-auth	指定与端点关联的身份验证对象
aors=1001	与端点关联的用逗号分隔的 aor 列表

提示　如果端点在 NAT 路由器或防火墙后面(相对于 Asterisk 服务器)，那么可以添加以下 NAT 配置。

direct_media=no：指定介质是否可以在端点之间直接流动。设置为 no 以确保 Asterisk 位于介质路径中。

rtp_symmetric=yes：设置为 yes 来强制 RTP 必须是对称的。

force_rport=yes：配置为强制使用返回端口。默认是 yes。

- registration：配置了与另一个系统(如 ITSP)的出站连接。这种连接通常称为 SIP 中继。

```
[my-sip-trunk]
type=registration
transport=trans-udp
outbound_auth=mytrunk_auth
server_uri=sip:sip.example.com:5060
client_uri=sip:yyang@example.com
retry_interval=60
```

表 22-10 是对这些设置的解释。

表 22-10　registration 的选项

type	必须是 registration 类型
transport	用于出站注册的 transport
outbound_auth	用于出站注册的身份验证对象。这向 ITSP 验证 Asterisk 系统
server_uri	要注册的服务器位置的 SIP URI(如 sip:sip.example.com)
client_uri	尝试出站注册时使用的客户端用户名。这是要绑定联系人 URI 的 aor
Retry_interval	如果出站注册失败，重试之间的间隔(秒)。默认值是 60 秒

可连接 Asterisk 控制台，并输入以下命令，来检查 pjsip 对象的配置：

```
Server*CLI> pjsip show <object type>
```

例如，这里回顾 aor 对象的配置：

```
Server*CLI> pjsip show aors
      Aor: <Aor..............> <MaxContact>
   Contact: <Aor/ContactUri......> <Hash....> <Status> <RTT(ms)..>
=====================================================================
Aor: 1001                                         1
Contact: 1001/sip:1001@192.168.1.101:1024;transport=U 0114bd Unknown nan
Objects found: 1
```

现在已经定义了 SIP 实体，下一节介绍如何配置 Asterisk 在与这些实体和通道交互时执行的操作。

22.5.1　拨号计划：extensions.conf

每个 PBX 的核心是它的拨号计划：一种逻辑，它根据为所有主叫和被叫所拨出的数字和模式来决定进行哪些连接。拨号计划是一种特定于 Asterisk 的脚本语言，是指示 Asterisk 以编程方式路由和操作调用的主要方法之一。

拨号计划在/etc/asterisk/extensions.conf 中配置，并按部分组织。这些部分用于静态设置和定义，以及可执行的拨号计划组件，并称为上下文。上下文用于管理 Asterisk 系统中分配的所有电话号码，Asterisk 系统的几乎所有功能都在上下文中定义，例如 IVR 菜单、呼叫转发和搜索组。对客户端和用户可用的访问和功能也在上下文中定义，例如定义一组可能能够发出呼叫的电话，并限制另一组只能进行内部呼叫。通常，拨号计划如下所示：

```
[general]
--> some settings go here

[globals]
--> definition of some global variables go here

[context_name_1]
--> extension 1, priority 1, application
--> extension 1, priority 2, application

[context_name_2]
include => context_name_1

--> extension 999, priority 1, application
--> extension 999, priority 1, application
```

表 22-11 是对这些设置的解释。

表 22-11　endpoint 的选项

[general]	extension.conf 文件中的第一部分。可以在这里设置主配置选项，包括 Asterisk 如何在添加或删除扩展名时重写 extension.conf 文件，是否可以从 CLI 重写拨号计划，或者 Asterisk 在完成调用后的行为
[globals]	可选部分，可用于在此上下文中指定自己的变量。注意，全局变量名不区分大小写，所以${MYVAR}和${mYvaR}是相同的。一般格式：variable_name => variable_value
[context_name]	上下文标题。这是从设备和通道进入拨号计划的呼叫的入口点。对于每个传入的连接，Asterisk 查找为该设备或通道定义的上下文，并执行在部分标题下定义的指令集或扩展
include => context	可以在另一个上下文中包含来自一个上下文中的扩展。Asterisk 总是首先尝试在当前上下文中找到匹配的扩展，并且只有在当前上下文中没有匹配的内容时，才会跟随 include=> context 设置

22.5.2　模块：modules.conf

Asterisk 构建在模块上。模块是提供特定功能的可加载组件，如通道驱动程序、资源、编解码器或应用程序。modules.conf 是 Asterisk 模块加载器配置文件，其中配置了 Asterisk 启动时从 modules 目录(/usr/lib64/asterisk/modules/)加载或不加载的所有模块。

作为一个类比，所有这些模块组成了 Asterisk 系统的器官和四肢。尽管 Asterisk 设置并不严格需要 modules.conf 文件，但 Asterisk 系统在没有这些模块的情况下无法提供任何功能。

输入命令 module show，以查看在 Asterisk 系统中加载的模块。注意，控制台输出可能与下面的列表不同。

```
server*CLI> module show
Module Description                                  Use Count Status Support Level
chan_sip.so Session Initiation Protocol (SIP)           0 Running core
codec_ulaw.so mu-Law Coder/Decoder                      0 Running core
...<OUTPUT TRUNCATED>...
format_g729.so Raw G.729 data                           0 Running core
res_rtp_asterisk.so Asterisk RTP Stack                  0 Running core
res_xmpp.so Asterisk XMPP Interface                     0 Running core
211 modules loaded
```

对于第一个 PBX 安装，接受 modules.conf 文件中的默认配置指令。下面回顾一下示例 modules.conf 文件，以理解模块加载子系统的内部工作方式。

要查看 modules.conf 文件，输入以下内容：

```
[master@server ~]$ sudo less /etc/asterisk/modules.conf
```

[modules]部分是 modules.conf 文件中唯一的部分。表 22-12 总结了可用的选项。

表 22-12　modules.conf [modules]部分

选项	值/示例	注意事项
autoload	yes	指示 Asterisk 加载它在模块目录中找到的所有模块，除了那些使用 noload 指令明确排除加载的模块
preload	res_odbc.so	指示应该预先加载的模块
load	chan_pjsip.so	定义应该加载的模块。该指令只有在 autoload 设置为 no 时才相关
noload	chan_alsa.so	定义不应该加载的模块。该指令仅在 autoload 设置为 yes 时才相关
require	chan_pjsip.so	与 load 是一样的；此外，如果该模块由于某种原因未能加载，Asterisk 将失败
require- preload	res_odbc.so	与 preload 是一样的；此外，如果此模块加载失败，Asterisk 将退出

注意　除了 autoload 外，表 22-12 中的所有选项都可以指定不止一次。

提示　Asterisk 可能对其模块很挑剔。对于新手来说，最好设置 autoload=yes；随着对 Asterisk 越来越熟悉，越可能使用 noload 指令显式地指示 Asterisk 不要加载不需要的模块。

22.6　Asterisk 网络、端口和防火墙需求

VoIP 依赖于为了连接而优化的网络和良好的声音质量。在 Asterisk 系统中遇到的大多数音质问题都与网络有关。如有可能，网络上与 VoIP 相关的所有流量都应该与其他日常网络流量分开。为此，可以使用虚拟局域网(VLAN)和/或专用的网络设备。应优化所有相关的网络基础设施设备，以优先考虑 VoIP 流量。

本节假设 Linux 服务器有一些默认的防火墙规则来保护系统。要继续进行 Asterisk 设置并确保网络上可以访问相关 Asterisk 组件，需要确保服务器上的防火墙子系统允许访问 Asterisk 所需的必要端口。

表 22-13 总结了 Asterisk 需要的一些默认端口。如有必要，可在特定于协议和应用程序的各种配置文件中更改端口。

表 22-13　常见 VoIP 协议端口号列表

协议	端口号	传输
SIP	5060	TCP/UDP
RTP	100 00~20 000	UDP
MGCP	2727	UDP
SCCP	2000	TCP
XMPP	5222	TCP

为 Asterisk 配置本地防火墙

这个练习将配置防火墙，以允许端口 5060 上的通信用于 SIP 信令，允许端口 10 000~20 000 上的通信用于 RTP(媒体)通信。还可缩小/etc/asterisk/rtp.conf 文件中 RTP 端口的范围。

在 Fedora、Centos 或 RHEL 等发行版上，运行以下命令，使用 firewall-cmd 命令打开所需的端口(5060 和 10 000~20 000)：

```
[master@fedora-server ~]$sudo firewall-cmd --permanent --add-port=5060/udp
[master@fedora-server ~]$sudo firewall-cmd --permanent --add-port=10000-20000/udp
[master@fedora-server ~]$sudo firewall-cmd --reload
```

对于基于 Debian 的系统，如 Ubuntu，可使用 UFW (Uncomplicated Firewall)。输入以下命令：

```
[master@ubuntu-server ~]$ sudo ufw allow 5060/udp
[master@ubuntu-server ~]$ sudo ufw allow 10000:20000/udp
```

注意，前面的命令允许所有 UDP 流量从任何(可能不可信)源地址访问服务器上的端口 5060 和整个端口范围 10 000~20 000！在生产服务器上，在构建防火墙规则时，需要更加严格和慎重。

22.7　配置 PBX

现在已经完全安装了 Asterisk 服务器并验证它可以正常运行，下面继续配置第一个 PBX。Asterisk 支持许多技术来配置本地扩展和到外部(如 SIP、XMPP、IAX2 等)的连接。

本章重点讨论使用 SIP 协议的连通性。将 SIP 电话配置为使用 Asterisk 并不复杂。然而，由于在 Asterisk 和特定电话或软电话的配置中都有许多可能的选项，事情可能会变得混乱。因此，需要提供最基础的知识。在本章的末尾，读者将能配置为练习选择的 VoIP 电话(并掌握足够的背景知识来配置目前可用的大多数 SIP 电话)。这不是最好的方法，或者不是唯一的方法，但希望它成为一个基础，在此基础上进行配置和调整，直至得到需要的解决方案。

注意　本章没有使用任何 GUI 实现，因为本章想讨论 Asterisk 项目的具体细节；之后决定选择任意 GUI。然而，在生产环境中，不鼓励在 Asterisk 服务器上使用 GUI，因为这是对资源的浪费，并可能影响 VoIP 平台的性能。

下面把 PBX 构建成一个非常简单的配置，只包含两个 SIP 电话和一个到 PSTN(公共交换电话网)的连接，以便用普通移动电话和固定电话打电话，如图 22-3 所示。这个最小的配置应该提供一个良好的基础，以演示如何通过拨号计划路由传入和传出呼叫。

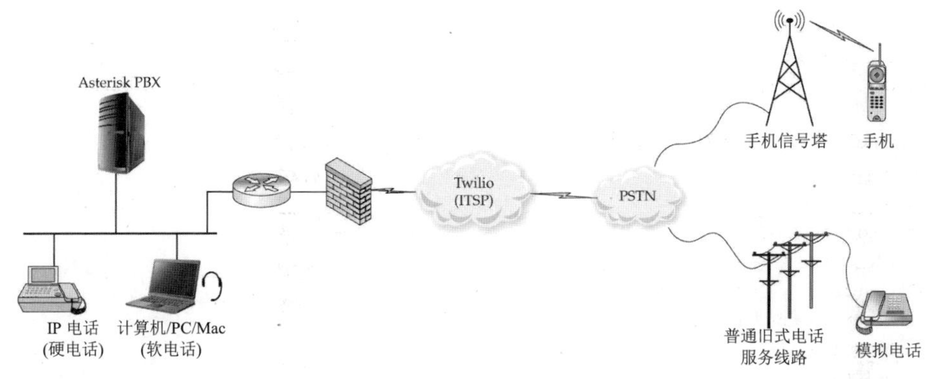

图 22-3　第一个 VoIP PBX 配置

图中的配置包含下列项目。

- 一个 Asterisk 服务器。
- 两个 SIP 扩展：扩展 1001 处的 Alice，扩展 1002 处的 Bob。
- 经由 ITSP、Twilio(使用其弹性 SIP 主干)的一个外部连接。
- 来自 ITSP 的一个本地电话号码，用于接收来自 PSTN 的电话(例如，来电显示为 1-408-555-1212)。

提示　在以下网址捆绑本章使用的配置文件和/或脚本文件的工作副本，以减少一些输入：

http://linuxse rverexperts.com/8e/chapter-22.tar.xz

该文件的描述性命名用于匹配场景。如果选择继续使用这个包，只需要下载存档文件，解压内容，然后重新命名，并将文件复制到本地系统的适当目录。

22.7.1　本地扩展

术语“本地扩展”是指附加到 Asterisk 服务器上的电话机或端点。典型的配置允许本地扩展以较低的成本(通常是免费的)相互通信，还允许对 PSTN 的调用(如果 Asterisk 服务器具有到 PSTN 的外部连接)。

下面几节会设置本地扩展。整个配置和设置过程包括：在 pjsip.conf 文件中配置服务器上的 SIP 扩展，在 extension .conf 文件中配置服务器上的拨号计划，下载和安装软电话(SIP/VoIP 客户端)，为本地扩展配置软电话。最后，运行从一个扩展拨到另一个扩展的测试场景。

1. PJSIP 通道配置(PJSIP.conf)

将原始的 PJSIP.conf 配置文件备份到 pjsip.conf.original 中。

```
[master@server ~]$ sudo mv /etc/asterisk/pjsip.conf{,.original}
```

使用喜欢的文本编辑器创建一个新的/etc/asterisk/pjsip.conf 文件，配置如下。在这个例子中使用了 nano 编辑器：

```
[master@server ~]$ sudo nano /etc/asterisk/pjsi .conf

[global]
type=global
[transport-udp]
```

```
type = transport
protocol = udp
bind = 0.0.0.0:5060

;===============EXTENSION 1001
[1001]
type=endpoint
context=internal
disallow=all
allow=ulaw
transport=transport-udp
auth=1001-auth
aors=1001
callerid=Alice <1001>

[1001-auth]
type=auth
auth_type=userpass
password=1001
username=1001

[1001]
type=aor
max_contacts=1
remove_existing = yes

;===============EXTENSION 1002
[1002]
type=endpoint
context=internal
disallow=all
allow=ulaw
transport=transport-udp
auth=1002-auth
aors=1002
callerid=Bob <1002>

[1002-auth]
type=auth
auth_type=userpass
password=1002
username=1002

[1002]
type=aor
max_contacts=1
remove_existing = yes
```

保存对文件的更改，完成后退出编辑器。

此配置将启用扩展 1001 和 1002，并使它们可用于 SIP 设备。与 outbound_auth=相反，auth=用于端点，因为希望允许该端点的入站注册。max_contacts=设置为非零值，因为希望允许通过注册创建联系人。

使用 callerid=设置端点的调用者 ID 信息。来电显示格式为 Name <number>，或仅<number>。

aor 部分中的联系人选项(IP 地址和端口)根据 SIP 端点的注册信息动态配置。

连接到 Asterisk 控制台并重新加载 PJSIP 配置：

```
server*CLI> pjsip reload
```

提示　可执行 Asterisk 命令，而不必总是首先连接到本机 Asterisk 控制台。为此，使用-rx 选项，后面跟着要执行的子命令。例如，下面是运行 pjsip reload 子命令的完整命令：

```
# asterisk -rx "pjsip reload"
```

同样，为显示当前拨号计划，可运行以下命令：

```
# asterisk -rx "dialplan show"
```

现在列出可用的 SIP 端点，会在控制台输出中看到 pjsip.conf 文件中配置的两个 SIP 电话。注意，状态不可用表示设备脱机，并且没有注册端点。

```
server*CLI> pjsip list endpoints
Endpoint: <Endpoint/CID.........> <State.....> <Channels.>
==================================================================
Endpoint:     1001                  Unavailable   0 of inf
Endpoint:     1002                  Unavailable   0 of inf
Objects found: 2
```

2. 拨号计划配置(extensions.conf)

Asterisk 包附带的示例拨号计划(diaplan)在默认和未修改状态下包含许多有趣的参数/设置，但由于这些在这个练习中不需要，故重命名/备份原始文件，从头创建一个新的文件：

```
[master@server ~]$ sudo mv /etc/asterisk/extensions.conf{,.original}
```

然后使用文本编辑器创建一个新的 extensions.conf 文件，文件内容如下：

```
[master@server ~]$ sudo nano /etc/asterisk/extensions.conf
[general]
;
[internal]
;Dialing between internal phones (extensions) - Alice and Bob
;the extensions are four digits and must start with "10" to match this context.
exten => _10XX,1,Dial(PJSIP/${EXTEN},60,t)
exten => _10XX,n,Hangup()
```

保存更改并退出文本编辑器。

连接到 Asterisk 控制台并重新加载配置：

```
server*CLI> dialplan reload
```

恭喜！前面配置了 Asterisk 系统，该系统允许在两个 SIP 设备之间进行电话对话。这个简单的设置不依赖除私有网络或 LAN 之外的其他任何外部服务或基础设施。

然而，还有一个部件不见了——电话!

3. 为本地扩展配置电话集(softphone)

Asterisk 系统与许多不同类型的电话端点一起工作，它们可以是连接到 ATA 的 IP 电话或模拟电话。这些电话类型都有相同的基本 SIP 配置，一旦理解了 SIP 配置的基本概念，就可以配置任何电话。

要遵循的一条原则就是以最简单的方式开始配置，如前所述，并将 Asterisk 配置置于静态。然后继续配置手机设置并执行测试。如果按照本章的步骤执行操作，就应该已经配置了一个工作系统，现在可集中精力让手机开始工作了，这样就可以打电话和接电话了。现在很适合开始试验不同的设置。太多的痛苦来自于过于复杂的配置，希望它现在就结束!

至少需要两个电话端点来配置扩展以及拨打和接听电话。为简单起见，为每个扩展使用 CounterPath 公司提供的免费 X-Lite softphone，并将其安装在两台不同的电脑、智能手机或平板电脑上。

提示　在手机本身的配置菜单中，需要查找标记为 user name、auth name、authentication name 等的字段。需要记住，既然知道等式中的 Asterisk 配置简单而正确，就可以对电话进行试验，直到找到一个有效的组合。

4. 下载并安装 X-Lite softphone

按照以下步骤在要运行 SIP 客户端的每个客户端系统或设备上获取并配置 X-Lite softphone：

(1) 启动喜欢的浏览器，并访问 www.counterpath.com/x-lite-download/。

(2) 为要安装软电话的计算机单击对应操作系统的下载按钮。

(3) 按照说明安装软件，然后启动 X-Lite 软件。

(4) 在第二个运行 X-Lite 软件的系统(作为第二个扩展的系统)上重复步骤(1)~(4)。

5. 配置 SIP 扩展

按上述步骤安装 SIP 客户端后，需要配置 SIP 扩展，如下所示：

(1) 设置 SIP 账户。选择 Preferences，然后选择 Account Settings。

(2) 用以下值填写屏幕，如图 22-4 所示。

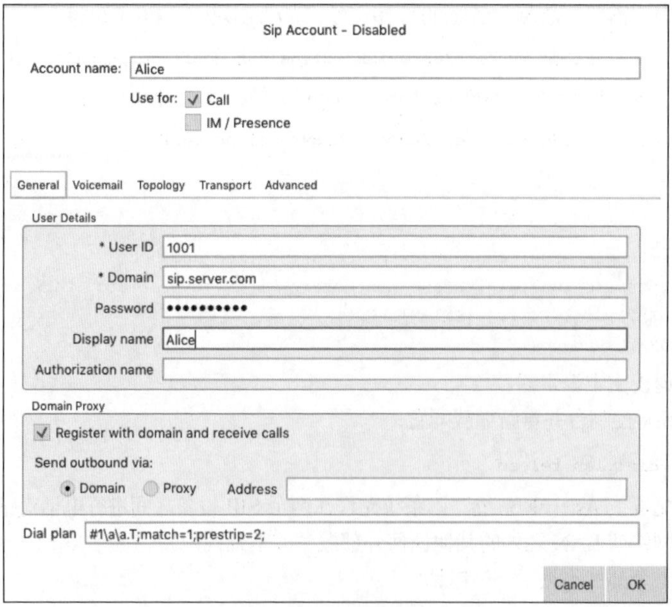

图 22-4　填写数据

```
User ID: 1001
Domain: <sip.server.com>
```

```
Password: herSecret
Display name: Alice
```

(3) 单击 OK 按钮，保存配置，并尝试连接到 Asterisk 服务器。

(4) 重复步骤 1~3，配置第二个 X-Lite SIP 客户端(Bob)。将 Alice 的所有信息 (User ID：1001, Password: herSecret, Display name: Alice)替换为 Bob 的正确信息(User ID: 1002, Password: hisSecret, Display name: Bob)，如图 22-4 所示。

在继续下一节之前，可在 Asterisk 控制台上运行以下命令，以验证 softphone 的配置，并确保它们都正确注册：

```
server*CLI> pjsip show endpoints
Endpoint: <Endpoint/CID...........> <State...> <Channels.>
...<OUTPUT TRUNCATED>...
=================================================================
Endpoint: 1001                  Not in use       0 of inf
InAuth: 1001-auth/1001
Aor:       1001                 1
Contact: 1001/sip:1001@192.168.1.101:51266;rinstance 974 Unknown nan
Transport: transport-udp   udp     0      0        0.0.0.0:5060
...<OUTPUT TRUNCATED>...
server*CLI>
```

X-Lite 客户端将当前状态显示为 Available，如图 22-5 所示。

图 22-5　当前状态显示为 Available

注意　*在你的软电话(和硬电话)版本上，状态信息可能看起来不同。*

6. 测试场景：从 Alice(分机 1001)拨到 Bob(分机 1002)，第一个电话

辛苦工作的回报是听到第一个电话响。所以，下面就开始吧！

对于这个场景，从 Alice 的分机拨到 Bob 的分机：

(1) 启动两个软电话，确保它们都注册到 Asterisk 服务器，检查状态设置为 Available。

(2) 在 Alice 的软电话(1001)上，在键盘上输入 1002。

(3) 应该听到并观察到 Bob 的电话响了，出现 Alice 的来电显示，如图 22-6 所示。

(4) 确保能对其中一个电话说话，并从另一个电话获得良好的音频，反之亦然。

(5) 挂电话。再打几个测试电话。

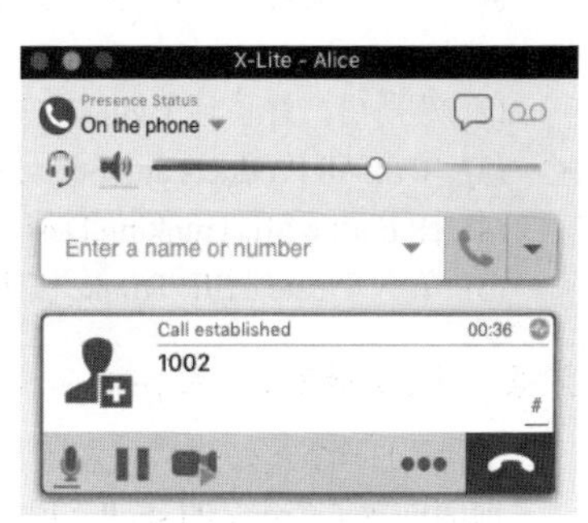

图 22-6　Alice 的来电显示

22.7.2　外部连接(VoIP 中继)

外部连接是能够与私有网络或 LAN 之外的设备进行通信的能力。这种功能通常称为 VoIP 中继，扩展了服务器的实际用途，因为它不仅允许用户呼叫私有本地网络之外的其他人，而且允许从本地网络外部访问内部用户。Asterisk 支持许多不同的技术来连接到外部网络，而这些分为两大类，具体取决于互连是数字还是模拟。

- 使用 VoIP 网关连接：如果拥有 PSTN 线路(普通电话线由当地的电信提供商提供，也称为普通电话服务)，可以将它连接到 Asterisk 服务器，拨打和接收电话。与 ATA 类似，需要一个设备将模拟 PSTN 线连接到 Asterisk 系统。这种设备称为 VoIP 网关或 PSTN 网关；作为 VoIP 网络和 PSTN 之间的桥梁。根据话音通信量的来源，VoIP 网关将把话音通信量转换成目的网络(IP 或 PSTN)接收的适当形式。VoIP 网关可以是连接到 LAN 的独立设备，如 Cisco SPA122，或安装在 Linux 服务器上的 PCI 卡，该 PCI 卡来自 Digium、Sangoma、AudioCodes 或 Obihai 等制造商。
- 通过 ITSP(Internet 电话服务提供商)来连接：即使没有传统的 PSTN 线路，连接到外部网络仍然是可能的。为此，与越来越多的 ITSP 中的一个相互连接。Asterisk 支持各种互连协议，包括 SIP 和 XMPP。ITSP 提供各种服务，包括但不限于出站呼叫和入站呼叫。对 ITSP 的选择，最终取决于所需要的服务、预算以及 ITSP 提供的呼叫服务。大多数 ITSP 提供 Asterisk 配置示例，以帮助尽快连接到他们的服务。

下一节介绍一个通用设置，它帮助开始使用 SIP 技术。根据使用的 ITSP 及其具体实现，配置可能略有不同。

不管使用什么方法来实现外部连接，Asterisk 都将这些方法视为通道(就像之前设置的 PJSIP 通道一样)，并通过拨号计划来控制它们。

22.7.3　使用 Twilio Elastic SIP Trunk 来中继

Twilio Elastic SIP Trunk 为 VoIP 基础设施提供灵活的、企业级的全球连接。通过 Twilio 控制台，可以注册和购买电话号码(称为直接内部拨号号码，简称为 DID；DID 来自美国的不同地区，以及大多数其他国家和地区)，并配置它们将呼叫路由到 Asterisk 系统。

1. 配置 Twilio Elastic SIP Trunk

下面看看使用 Twilio 配置 SIP Trunk 所需的步骤：

(1) 首先，需要一个新的或现有的 Twilio 账户。有关更多细节，请参阅 Twilio SIP Trunking 站点(https://www.twilio.com/sip-trunking)。

(2) 注册后，登录到 Twilio 控制台(https://www.twilio.com/login)。

(3) 单击 All Products and Services 图标，然后单击 Elastic SIP Trunk 图标。

(4) 在 Elastic SIP Trunking Dashboard 屏幕上，单击 Get Started 按钮，或选择 Get Started 菜单/链接。

(5) 单击 Create a SIP Trunk 按钮，以创建新的 SIP Trunk。

注意　还可选择 Trunk 菜单项，并单击 Create New SIP Trunk 按钮，来创建 SIP Trunk。

(6) 添加一个友好的名称来标识这个 Trunk，然后单击 Create 按钮。

前面创建了 Trunk 的 shell。现在配置 Trunk。

2. Trunk 配置

如图 22-7 所示，Twilio SIP Trunk 支持 Asterisk 服务器和 PSTN 之间的呼入和呼出呼叫。呼出呼叫的设置在 Termination 下配置；而通过 Twilio 提供的号码进行呼入呼叫，在 Origination 下配置。还需要在 Numbers 下关联 Twilio 数字与 Trunk。

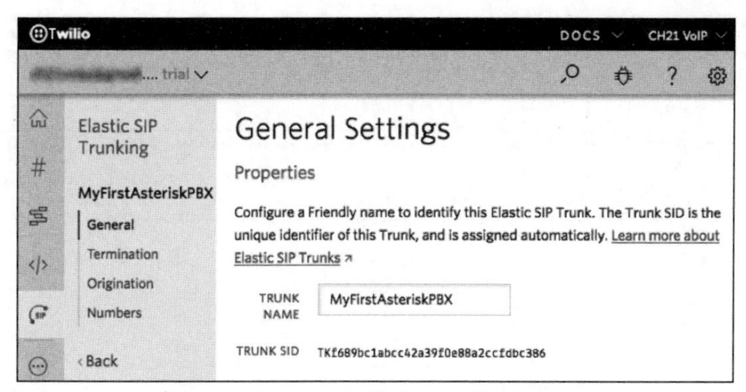

图 22-7 在 Numbers 下关联 Twilio 数字与 Trunk

3. Termination

(1) 在左侧的菜单中，在 Elastic SIP Trunking 区域中选择 Terminate。

(2) 在 Terminate SIP URI 字段中，输入一个唯一的 URI。该接口将验证所选 URI 是否可用并通知用户。本练习输入 ch22voip，这样 Terminate SIP URI 就变成 ch22voip.pstn.twilio.com。

(3) 选择并配置至少一个身份验证方案，用于向 Twilio 验证 Asterisk 服务器——可以是 IP ACL 或凭据列表，也可以是两者。IP ACL 将调用的终止限制为指定的 IP 地址。凭据列表提供了用户名和密码，以验证对 Terminate URI 的请求。

在 IP 访问控制列表中，单击+按钮创建一个新的访问控制列表。

```
Properties FRIENDLY NAME: <example: MyPBXACL>
IP ADDRESS: <your_server_NAT_public_IP_Address>
IP Address FRIENDLY NAME: <example: MyFedoraAsteriskServer>
```

(4) 单击 Create ACL 按钮。

注意 将来可能会有其他 Asterisk PBX 允许与 SIP Terminate URI 通信。只需要将它们的公共或 NAT IP 地址和相应的友好名称添加到 IP ACL。

(5) 单击+按钮创建凭据列表。输入一个友好的名称，选择唯一的用户名和强密码(最小长度为 12 个字符，至少一个数字、大写字符和小写字符)。配置以下字段：

```
FRIENDLY NAME: <your_friendly_name>
USERNAME: <your_unique_username>
PASSWORD: <your_credential_password>
```

(6) 完成后单击 Create 按钮。

注意 可创建多个凭据来使用 Termination SIP URI 进行身份验证。用户名和密码凭据在 Asterisk 服务器的 pjsip.conf 配置文件的 auth 区域中使用。

(7) 向下滚动到底部，并单击 Save。应该会收到确认信息，确认已经成功更新了 SIP Trunk。如图 22-8 所示。

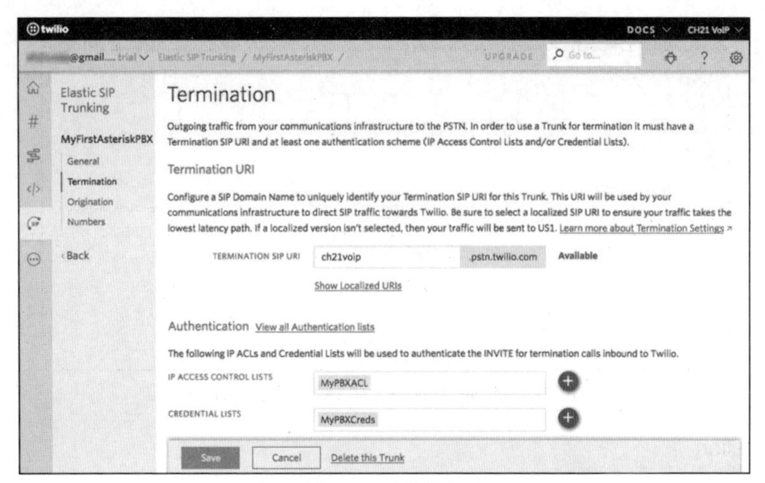

图 22-8　确认信息

4. Origination

(1) 在左侧的菜单中，在 Elastic SIP Trunking 区域下，选择 Origination。

(2) 单击 Add New Origination URI ，以创建一个新的 Origination URI，它定义了到 Asterisk PBX 的入口点 URI(或公共或 NAT IP 地址，如 200.200.200.10)。另外，将 PRIORITY 和 WEIGHT 选项设置为 10，如图 22-9 所示。

(3) 选中 ENABLED，然后单击 Add 按钮。

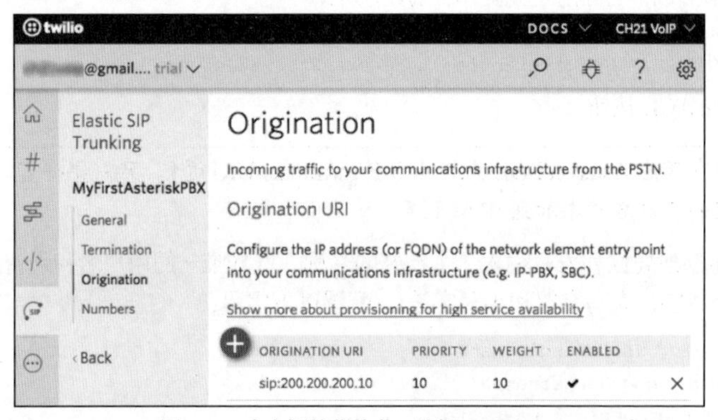

图 22-9　在左侧的菜单中，选择 Origination

5. 指定电话号码

这个阶段已经完成了内部 Twilio 的配置；下一步是配置和分配电话号码，以呼叫 Asterisk PBX。

可选择从 Twilio 购买一个新号码，分配一个现有的 Twilio 号码，或从 Twilio 中提取另一个网络的号码，分配给中继，或这三个选项的任意组合。这个练习则购买一个新号码。

警告　*从 Twilio 购买号码不是免费的。在撰写本书时，每个号码的费用为每月 1 美元。如果购买了一个号码，可在任何时候通过 Number 菜单选项释放和取消号码，以停止付款。*

(1) 从左边的菜单中，单击 Number。

(2) 单击 Buy a Number 按钮。

(3) 寻找一个符合标准的号码。可根据特定的数字或数字的一部分、根据位置或根据功能进行搜索。

(4) 单击所选号码旁的 Buy 按钮。

(5) 然后单击 Buy This Number，以确认购买的号码。

购买的号码现在应该与 SIP 中继相关联。

6. IP 地址白名单

接下来将配置网络基础设施，以确保 Twilio 连接到 Asterisk PBX，反之亦然。

(1) 单击<back 返回 Elastic SIP Trunking 菜单，然后选择 Networking Info。

(2) 向下滚动到 IP Address Whitelist 部分，注意电话号码所在的 Twilio IP 地址和端口范围。

(3) 在环境的防火墙和/或 ACL 中将这些拉入白名单。这些 IP 地址是对这些号码进行呼叫的网关。

(4) 由于选择通过 IP 地址进行身份验证，所以除了凭据外，还必须在 pjsip.conf 文件中的 Twilio identify 部分配置 IP 并发出信号。

这就完成了特定于 Twilio 的配置。下面几节将 Twilio 号码服务整合到 Asterisk 服务器上。

SIP 中继配置(pjsip.conf)：顾名思义，Twilio Elastic SIP Trunk 利用 SIP 协议发出信号。后面将中继配置添加到 pjsip.conf 文件中。类似于内部扩展的配置，为 Twilio 中继配置 auth、aor、endpoint 和 identify 部分。

(1) 首先，对正在工作的内部扩展配置进行备份；这样，如果遇到问题，就可以回滚到最后已知的工作配置：

```
[master@server ~]$ sudo cp /etc/asterisk/pjsip.conf{,.working_config}
```

(2) 编辑 pjsip.conf 文件，并添加以下内容：

```
[master@server ~]$ sudo nano /etc/asterisk/pjsip.conf
```

(3) 在 auth 部分，添加以下内容，来配置 Twilio 凭据：

```
;===============TRUNK
;
[twilio-auth]
type = auth
auth_type=userpass
username = your_twilio_trunk_credentials_username
password = your_twilio_trunk_credentials_password
```

用户名和密码是在 Twilio 控制台的凭据列表中创建的凭据。

(4) 在 aor 部分的 contact 字段中配置在 Twilio 控制台配置的 Termination SIP URI：

```
[twilio-aor]
type = aor
qualify_frequency = 60
contact=sip:<your_termination_SIP_URI>:5060 ; our termination SIP
URI
```

contact 字段是出站呼叫(SIP INVITE)要发送到的 Twilio 目标。该示例配置了 mysip.pstn.twilio.com。qualify_frequency 是将 SIP NOTIFY 消息定期发送到 Twilio 服务器以确定其可用性和响应延迟的间隔。

(5) 在 IP Address Whitelist 区域的步骤(4)中指定信令 IP，以允许 Asterisk 在调用时识别端点：

```
[twilio-na-us]
type = identify
endpoint = twilio
```

```
match=54.172.60.0,54.172.60.1,54.172.60.2,54.172.60.3
match=54.244.51.0,54.244.51.1,54.244.51.2,54.244.51.3
(
```

提示 对于北美网关，还可配置 match 字段，如下：

```
match = twilio-asteriskpbx.pstn.us1.twilio.com
match = twilio-asteriskpbx.pstn.us2.twilio.com
```

(6) 在 endpoint 部分配置 Twilio 端点的特征：

```
[twilio]
type = endpoint
transport= transport-udp
context = pstn-in
outbound_auth = twilio-auth
aors = twilio-aor
disallow = all
allow = ulaw
```

(7) 在 Asterisk 控制台中重新加载 pjsip 模块，来启用中继配置：

```
server*CLI> pjsip reload
```

(8) 在 Asterisk 控制台中时，检查配置：

```
server*CLI> pjsip list endpoints
Endpoint: <Endpoint/CID........> <State.....> <Channels.>
===========================================================
Endpoint:     1001/1001           Not in use    0 of inf
Endpoint:     1002/1002           Not in use    0 of inf
Endpoint:     twilio              Not in use    0 of inf
Objects found: 3
```

拨号计划配置——入站呼叫(extensions.conf)：现在已经配置了 Twilio 账户(从 Twilio 的入站号码 408-555-1212 等中获得)，还成功配置了到 Twilio 服务器的连接；Twilio Elastic SIP Trunk 服务将任何对 Twilio 号码的呼叫使用配置 Termination SIP URI 转发给 Asterisk 系统。下一步描述在拨号计划收到呼叫时，Asterisk 系统是如何处理呼叫的。

接下来配置拨号计划，以接收来自 Twilio 的来电，并将其路由到 Alice(用分机 1001 创建的 SIP 电话)。编辑拨号计划，在文件末尾插入以下内容：

```
[master@server ~]$ sudo nano /etc/asterisk/extensions.conf
[pstn-in]
exten => _+1NXXXXXXXXX,1,NoOp()
same => n,Dial(PJSIP/1001,60,t)
same => n(end),Hangup()
```

exten => _ + 1 nxxnxxxxxx 匹配完整 E.164 格式号码。接到呼叫后，Asterisk 拨分机 1001，然后在 Alice 应答时桥接呼叫。

提示 如果号码来自北美以外的其他地区，请相应地调整此匹配标准。对于具有可变长度号码的区域，还可使用“.”通配符创建匹配模式，如下所示：

```
exten => _+44X.
```

这个模式将匹配任何以+44[0-9]开头的号码。

E.164：国际公共电信编号计划

E.164 是一项国际标准，用于确保 PSTN 上的每个设备都有全球唯一的号码。E.164 号码的格式是[+][国家代码][用户号码，包括地区代码]，最多可以有 15 位数字。

拨号计划配置——呼出呼叫到 PSTN (extensions.conf)：Twilio 网络要求拨号号码采用 E.164 格式。编辑拨号计划，在/etc/asterisk/extensions.conf 文件末尾的[outgoing]部分插入以下代码：

```
[master@server ~]$ sudo nano /etc/asterisk/extensions.conf
[outgoing]
;E.164-formatted dialed number
exten => _1NXXNXXXXXX,1,NoOp()
same => n,Set(CALLERID(all)="YYang" <+14085551212>)
same => n,Dial(PJSIP/+${EXTEN}@twilio)
same => n(end),Hangup()
```

NANP(北美编号计划)允许 7~10 位数拨号和 11 位拨号；如果支持 NANP，并给[outgoing]部分添加以下内容，来匹配 7~10 位数的号码，则为 Dial()应用附加+1：

```
;10-digit formatted dialed number
exten => _NXXNXXXXXX,1,NoOp()
same => n,Set(CALLERID(all)="YYang" <+14085551212>)
same => n,Dial(PJSIP/+1${EXTEN}@twilio)
same => n(end),Hangup()
```

在相同的情况下，添加以下配置也支持 7 位拨号号码。将+1<your_area_code>追加到 Dial()应用程序。在这个例子中，区号是 408：

```
;7-digit formatted dialed number
exten => _NXXXXXX,1,NoOp()
  same => n,Set(CALLERID(all)="YYang" <+14085551212>)
  same => n,Dial(PJSIP/+1408${EXTEN}@twilio)
  same => n(end),Hangup()
```

最后，需要允许内部手机使用 Twilio 中继打出的电话。向[internal]部分添加以下内容：

```
[internal]
; dialing from internal phones to pstn via Twilio
include => outgoing
```

把所有更改保存到所编辑的文件中，重新加载所有配置，如下所示：

```
[master@server ~]$ sudo asterisk -rx "dialplan reload"
```

7. 测试场景：从电话分机拨号到 PSTN

现在从 Alice 或 Bob 的软电话拨号到 PSTN：

(1) 启动 Alice 或 Bob 的软电话。

(2) 拨一个 PSTN 可路由号码——可拨手机或家庭电话号码。

(3) 会听到软电话的回拨声，所拨的号码将响铃。如果 ITSP 支持自定义来电显示，则所拨打的号码上显示的电话号码是使用 CALLERID(all)=选项设置的号码。否则，来电显示是配置到系统中的 DID。

(4) 确保能对其中一部手机讲话，并从另一部手机获得良好的音频，反之亦然。

(5) 挂电话。然后打几个测试电话。

8. 测试场景：来自 PSTN 的入站呼叫

最后一个场景是从 PSTN 号码呼叫 DID，以呼叫到配置的分机：

(1) 启动 Alice(或 Bob)的软电话。

(2) 从移动电话或固定电话拨指定的 DID。

(3) 从移动电话中听到铃声，Alice 的软电话开始响起，并显示来电者的电话号码。

(4) 回答 Alice 的分机，确保能对着其中一部电话说话，同时从另一部电话获得良好的声音，反之亦然。

(5) 挂电话。然后打几个测试电话。

22.8 Asterisk 的维护和故障排除

我们尽力确保不会在前面的示例中遇到任何问题，但每天都有事情发生，如接口更改、模块被弃用等。在现实场景中，可能会遇到源自网络、主机服务器、Asterisk 配置的问题，甚至是来自 VoIP 提供商的问题和服务中断！本节介绍一些命令和提示，以帮助排除常见问题。

22.8.1 Asterisk CLI 命令

Asterisk CLI 命令遵循如下的一般语法：

```
<module name> <action type> <parameters>
```

例如：

- pjsip list endpoints 返回一个 pjsip 端点列表。
- core set verbose xx 设置闲谈级别。

22.8.2 有用的 CLI 命令

要在 Asterisk 控制台上列出 CLI 命令，只需要输入以下命令：

```
server*CLI> core show help
```

或

```
server*CLI> help
```

两者都将列出服务器上可用的有效 CLI 命令。

下面显示一个特定命令的帮助：

```
server*CLI> help [command]
```

提示 Asterisk CLI 支持所有命令的命令行自动完成，包括许多参数。要使用它，只需要输入任何命令的开头部分，再按 Tab 键。如果 Asterisk 可以含糊地完成该条目，它就会完成。此外，Asterisk 会列出所有可能的匹配项。

接下来是一些用于 Asterisk 管理和故障排除的常用命令：

- core restart now 立即重新启动 Asterisk。退出 CLI 并返回到 Linux 提示符。
- core stop now 立即停止 Asterisk 并返回到 Linux 提示符。
- core show calls [uptime]显示呼叫信息。
- core show channels [concise|verbose|count]显示频道上的调用信息。
- core show channel 显示特定频道上的呼叫信息。

- dialplan show 显示所有活动的(内存中的)拨号计划。这包括(但不限于)/etc/asterisk/extensions.conf 中包含的配置。
- channel request hangup 请求给定通道上的挂起。
- channel request hangup all 请求挂起所有活动通道。
- core reload 全局重新加载配置文件。
- dialplan reload 只重载扩展名。
- pjsip reload 重新加载 SIP 配置。
- pjsip show channel 显示详细的 pjsip 频道信息。
- pjsip show endpoints 显示 pjsip 端点。
- pjsip show contacts 显示 pjsip 联系人。

22.8.3 VoIP 的常见问题

本章提供了设置和配置简单的 VoIP 服务器的基础知识。然而，许多事情仍然可能出错，或阻止用户获得最佳的 VoIP 体验。更让人恼火的是，造成这种情况的一些因素通常不在我们的控制范围之内，而且很难确定。

接下来讨论一些技术问题(服务质量、延迟、抖动等)。

1. 服务质量

需要注意，无论网络有多好，无论统计数据显示通话质量有多好，对终端用户来说重要的是对通话质量的主观感知。服务质量即 QoS，是指感知到的呼叫质量和 VoIP 网络的整体性能。

要定量地测量 QoS，通常需要考虑网络服务的几个相关方面，如数据包错误率、带宽、吞吐量、传输延迟、可用性、抖动等。

2. 延迟

延迟是指数据包在网络中传递的延迟。根据经验，如果能在 150 毫秒内将讲话者发出的声音传到听者的耳朵里，谈话就可能正常进行。超过 250 毫秒的数据包延迟使得正常的对话变得越来越尴尬、令人沮丧，通常会导致通信双方开始互相抢话。超过 500 毫秒，交流就变得不可理解。

3. 语音包丢失

除了将数字化语音包准时送到目的地之外，确保传输的信息完好无损地到达目的地至关重要。如果网络中发生包丢失，接收端点将不能完全重现采样的音频，这将导致数据中出现空白，并被视为静态收听，或在严重的情况下，导致整个单词或句子丢失。低至 1%的包丢失可以严重阻碍使用 G711 编解码器的 VoIP 呼叫。理想情况下，网络上不应该有任何数据包丢失。

4. 抖动

抖动定义为接收包延迟的变化。由于网络拥塞、不适当的排队或配置错误，它用来指示数据包在标准时钟周期之前还是之后到达。如果抖动在数据流中太大，一些数据包被丢弃，接收端点可能听到音频中的空白。

有些设备可感知 QoS，并可通过引入抖动缓冲区来补偿所遇到的抖动。抖动缓冲器存储这些信息包，然后将它们以稳定的流播放给数字信号处理器(DSP)，然后 DSP 可以将它们转换回模拟音频流。

5. 无序发送

通过网络路由的数据包可能采取不同的路由，每一条都会导致不同的延迟。因此，数据包可能以不同于它们被发送的顺序到达。无序的包将导致混乱的音频。为纠正这种情况，在发送到接收设备之前，有专门的网络协议负责重新安排无序的数据包。重新安排所需的额外处理可能给网络带来延迟。

6. SELinux

应该承认，SELinux 并不是一个专门的 VoIP 问题。但在实现 SELinux 的发行版上使用 Asterisk 时，如果事情没有按照预期运行，建议禁用 SELinux。

22.9　小结

本章讨论了 Internet 语音协议(VoIP)的基本原理，描述了一些最常见的 VoIP 实现类型，包括使用 ATA 和 IP 电话直接连接到 VoIP 服务。

我们讨论了几种不同类型的 VoIP 实现，并使用开源 Asterisk 软件来描述 VoIP 的实现。本章的练习旨在介绍 Asterisk 系统的基本配置，展示建立功能完备的 VoIP 系统所需的步骤，该系统能够在两个端点之间打电话，并与公用网络(PSTN)中的电话号码进行通信。

关于 VoIP 和 Asterisk 这一主题，有很多需要讨论的内容，我们无法在一章里讲完；但是，希望本章提供了基本的知识和技能，这些知识和技能是构建更高级的特性和能力所需的。

现在就可准备建立 VoIP 服务器，来与主要的供应商竞争，如 AT&T、加拿大贝尔、沃达丰、MTN、Orange、德国电信、Telstra、Verizon、Vonage、Lingo、magicJack 等！

第23章 SSH

第 16 章讨论了保护 Linux 系统的技术和注意事项，强调了降低网络风险的重要性。但是，如果需要远程执行系统管理任务呢？如果不能轻松安全地登录到一个真正的多用户系统中，如何获得它的好处呢？

Secure Shell (SSH)是为了解决安全远程登录问题而开发的。SSH 是一套网络通信工具，它们共同基于 IETF 定义的开放协议/标准。SSH 允许用户连接到远程服务器，就像他们使用 Telnet、rlogin、FTP 等一样，只是会话是 100%加密的。使用包嗅探器的人只能看到经过的加密流量。如果他们捕获加密的通信，解密理论上可能需要很长时间！

本章对密码学的概念做一个简单的、一般的介绍。然后，对 SSH 进行详细讨论，包括如何获取、安装和配置它。

23.1 理解公钥加密

在继续之前，可能需要一个简短的免责声明：本章绝不是密码学主题的权威，也不是密码学问题的最终来源。这只是与系统管理有关的一般性讨论。

SSH 依赖一种称为公钥加密的技术。它的工作原理类似于银行的保险箱：需要两把钥匙来打开这个箱子，或者至少需要跨越多层的安全检查。对于公钥加密，需要两个数学上相关的密钥：一个公钥和一个私钥。公钥可以发布在公共网页上，可以印在 T 恤上，也可以贴在城市最繁华地段的广告牌上。任何想要的人都可以得到一份。任何用公钥加密的数据都可以用私钥解密。另一方面，私钥必须得到最大程度的保护。正是这条信息使要加密的数据变得真正安全。使用私钥签名(加密)的任何数据都可以使用公钥验证(解密)。每个公钥/私钥组合都是唯一的。

加密数据并将其从一个人发送给下一个人的实际过程需要几个步骤。使用流行的 Alice 和 Bob 类比，一步一步地完成这个过程，因为他们都试图以安全的方式彼此通信。图 23-1 到 23-4 展示了实际过程的一个极度简化的版本。

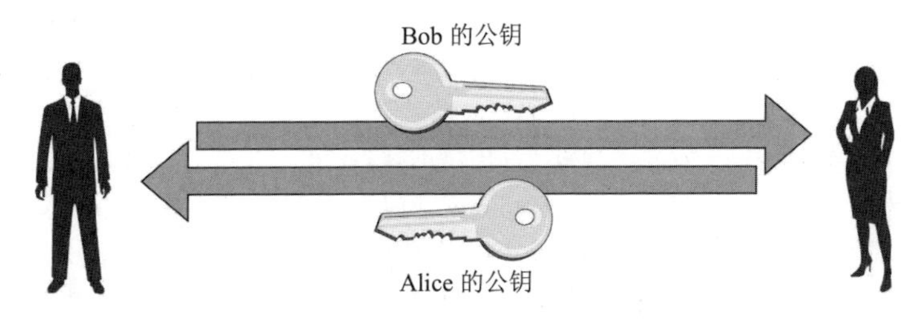

图 23-1 Alice 和 Bob 通过广告牌、T 恤或网络交换公钥

图 23-2 Alice 分别使用 Bob 的公钥和她的私钥加密和签名数据

图 23-3 Alice 向 Bob 发送加密和签名的数据

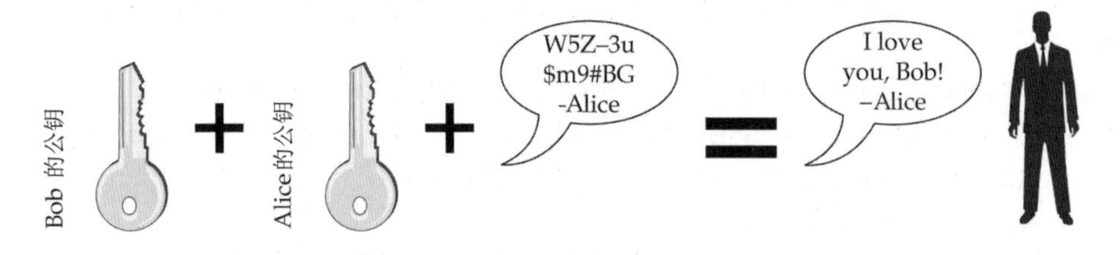

图 23-4 Bob 分别使用 Alice 的公钥和自己的私钥来验证和解密数据

查看这些步骤，注意在任何时候都没有通过网络发送私钥。还要注意，一旦数据用 Bob 的公钥加密，用 Alice 的私钥签名，唯一能够解密和验证它的密钥对就是 Bob 的私钥和 Alice 的公钥。因此，如果有人在传输过程中拦截了数据，将无法在没有适当私钥的情况下解密数据。

为使事情更有趣，SSH 定期更改它的会话密钥。会话密钥是随机生成的对称密钥，用于加密 SSH 客户端和服务器之间的通信。在 SSH 连接设置期间，由双方以安全的方式共享。这样，数据流每隔几分钟就会改变加密。因此，即使有人碰巧找到了传输的密钥，这个有效性也只会持续几分钟，密钥更换后就会失效。

注意 SSH 支持各种加密算法。公钥加密碰巧是执行端到端加密的一种比较有趣的方法，而且可以说是最安全的!

密钥特征

到底什么是密钥？本质上，密钥是一个具有特殊数学性质的大数。一个人能否破解加密方案取决于他找到密钥的能力。因此，密钥越大，确定它就越困难。

低级加密有 56 位。这意味着有 2^{56} 种可能的密钥。尽管看起来似乎有相当多的可能性，但已经证明，一个由 PC 组成、专注于遍历所有可能性的松散网络，可以在不到一个月的时间内破解低级加密代码。

对于一个足难破解的密钥，专家通常建议使用最小密钥长度。记住，每多出一位，就会有效地将可能性的数量翻倍。例如，如果确实希望加密可靠，建议 RSA 类型的密钥大小为 2048 位或更高。根据密钥类型的内部限制(RSA、DSA、ECDSA 等)，SSH 可以使用不同的密钥长度来加密数据。

使用更高位加密的代价是，计算机需要更多的数学处理能力来处理和验证密钥。这需要时间，因此使身份验证过程稍慢一些——但大多数人认为这种权衡是值得的。

23.2　SSH 基本信息(版本)

第一个版本的 SSH 是由 DataFellows(现在是 F-Secure)提供的，它仅限在非商业活动中自由使用 SSH；商业活动需要购买许可证。早期的 SSH 闭源版本存在一些严重的安全缺陷。如果软件供应商开放源代码，这些安全问题中的一些是可以避免的。这种开放访问对加密软件特别重要，因为它允许对等方检查源代码，并确保没有漏洞可以让黑客轻易破坏安全系统。换句话说，严肃的密码学家并不依赖于晦涩的安全性。由于美国政府放宽了一些加密法规，OpenSSH 项目的工作量增加了，它已成为一些商业版本 SSH 协议的流行替代方案。

由于 SSH 协议已经成为 IETF 标准，其他开发人员也在积极地为其他操作系统开发 SSH 实现。有很多 Linux/UNIX 客户端、Microsoft Windows 实现、macOS 和 iOS 客户端、Android 客户端，甚至还有 Palm 客户端。可以在 www.openssh.org 上找到本章讨论的 OpenSSH 版本。

23.2.1　OpenSSH 和 OpenBSD

OpenSSH 项目是由 OpenBSD 项目带头的。OpenBSD 是 Berkeley Software Distribution (BSD)操作系统(另一种 UNIX 变体)的一个版本，力求实现所有可用操作系统的最佳安全性。快速浏览一下它的网站(www.openbsd.org)就会发现，在过去 20 多年里，该组织的默认安装中只有两个远程攻击。遗憾的是，这种对安全性的狂热有时会以缺少功能最丰富的工具为代价，因为添加到其发行版中的任何内容都必须首先进行安全性审计。OpenBSD 的性质和重点也使它成为防火墙的流行基础。

OpenSSH 包的核心被认为是 OpenBSD 项目的一部分，因此非常简单，并且特定于 OpenBSD 操作系统。为了让 OpenSSH 对其他操作系统可用，存在一个单独的组来让 OpenSSH 在发布每个新版本时可移植。通常，这在原始版本发布后很快就会发生。

23.2.2　SSH 客户端的备选供应商

SSH 客户端是 SSH 协议套件的客户端组件。它允许用户与 SSH 服务器守护进程提供的服务进行交互。

如今，人们在不同环境中工作，不可能忽视所有的 Windows 20**/7/8/10 和 macOS 系统。为了允许这些人使用真正的操作系统(当然是 Linux!)，必须有一种机制可以远程登录到这样的系统。实际上，所有 Linux 系统都有自己的内置 SSH 客户端，因此，不需要担心它们；然而，非 UNIX 操作系统则是另一回事。

下面是一些 SSH 客户端和其他有用的 SSH 资源的快速概要。

- PuTTY (www.chiark.greenend.org.uk/~sgtatham/putty)：这可能是 Win32 (Microsoft Windows)平台上最古老和最流行的 SSH 实现之一。它是极其轻量级的，既可以作为一个独立的、自包含的可执行文件使用，也可以像其他 Windows 程序一样安装。该网站还托管其他工具，如 pscp，它是 SCP 的 Windows 命令行版本。
- 用于苹果系统的 OpenSSH：macOS 实际上是一种基于 UNIX 且兼容 UNIX 的操作系统。它的主要核心组件之一——内核——基于 BSD 内核。因此，对于 macOS 系统上可以使用 OpenSSH，不应该太惊讶。打开终端应用程序时，只需要发出 ssh 命令。macOS 系统还附带 OpenSSH 服务器。
- MindTerm 多平台(www.cryptzone.com)：这个程序支持版本 1 和版本 2 的 SSH 协议。是完全用 Java 编写的，可在许多 UNIX 平台(包括 Linux)以及 Windows 和 macOS 上工作。有关已测试操作系统的完整列表，请参阅 Web 页面。

- Cygwin (www.cygwin.com)：这可能有点过分了，但为安装它所做的最初努力是非常值得的。它是一组为 Windows 提供 POSIX 兼容环境的工具。它可用来运行许多 GNU/Linux 程序，而不需要对源代码进行大量更改。在 Cygwin 下，可运行喜欢的所有 GNU/Linux 程序，例如 bash、grep、find、nmap、gcc、awk、vim、emacs、rsync、OpenSSH 客户端(ssh)、OpenSSH 服务器(sshd)等，就像在一个传统的 GNU/Linux shell 上一样。
- FileZilla(https://filezilla-project.org/)：FileZilla 客户端是一个跨平台的 FTP、FTPS 和 SFTP 客户端。
- PowerShell(https://github.com/PowerShell/openssh-portable)：通过 PowerShell 环境将 OpenSSH 移植到 Microsoft Windows 平台。

最薄弱的链接

有这样一句话：“安全的强度取决于最薄弱的环节。”当涉及 OpenSSH 和保护网络时，这句话尤其重要：OpenSSH 的安全性仅取决于用户和服务器之间最弱的连接。这意味着，例如，如果用户使用 Telnet 连接从主机 A 到主机 B，然后使用 ssh 连接到主机 C，整个连接就可以通过主机 A 和主机 B 之间的连接来监控，主机 B 和主机 C 之间的连接是加密的就变得无关紧要。一定要向用户解释这些细微之处。

注意 在 Internet 上建立连接并使用服务时，会跨越多个网络边界。每个提供商都有充分的权利和能力来嗅探流量，并收集他们想要的任何信息。例如，阅读电子邮件时，别人可以很容易地看到它。在 SSH 和其他条件相同的情况下，可以确保连接是安全的。

23.2.3 在基于 RPM 的系统上安装 OpenSSH

要在任何基于 RPM 的 Linux 系统(如 Fedora、CentOS 或 RHEL)上安装并运行 SSH 服务器，最简捷的方法是使用系统上可用的默认包管理器。几乎可以保证，在大多数现代 Linux 发行版上已经安装并运行了 SSH 包。

只要运行的 Linux 发行版安装了 Red Hat 包管理器(RPM)，就可以下载并安装 OpenSSH 的预编译 RPM 包。

在示例 Fedora 系统上，输入以下命令，查询 RPM 数据库，确保安装了 OpenSSH：

```
[master@fedora-server ~]$ rpm -qa | grep -i openssh
openssh-clients-*
openssh-*
openssh-server-*
```

如果没有安装它(或者不小心卸载了它)，就可以执行如下命令，使用 dnf 或 Yum 来安装 OpenSSH 服务器：

```
[master@fedora-server ~]$ sudo dnf -y install openssh-server
```

23.2.4 在 Ubuntu 中通过 APT 安装 OpenSSH

Ubuntu Linux 发行版通常预装了 OpenSSH 的客户端组件，但有时可能需要明确地重新安装服务器组件。在 Ubuntu 中使用 APT 安装 OpenSSH 服务器只需要运行以下命令：

```
master@ubuntu-server:~$ sudo apt-get -y install openssh-server
```

安装过程还会在安装后自动启动 SSH 守护进程。可运行以下命令，来确认安装了该软件：

```
master@ubuntu-server: ~$ dpkg -l OpenSSH -server
```

从源代码中下载、编译和安装 OpenSSH

如前所述，几乎所有 Linux 发行版都附带 OpenSSH。本节介绍下载 OpenSSH 软件和它需要的两个组件：OpenSSL 和 zlib。一旦这些设置就绪，就可以编译和安装软件了。如果想坚持使用发行版附带的预编译的 OpenSSH 版本，就可以跳过本节，直接阅读稍后的"服务器的启动和停止"一节。

本节使用 OpenSSH 版本 8.4p1，但仍然可以使用现有 OpenSSH 的任何版本(只需更改版本号)按照步骤操作。可从 www.openssh.com/portable.html 下载。选择一个离自己最近的下载站点，并将 openssh-8.4p1.tar.gz 下载到具有足够空闲空间的目录中。/usr/local/src 和$HOME/src 都是不错的选择。本例使用$HOME/src。

切换到下载目录，并解压 OpenSSH 源代码，如下所示：

```
[master@server src]# tar xvzf openssh-8.4p1.tar.gz -C $HOME/src
```

这将在$HOME/src 下创建一个名为 openssh-8.4p1 的目录。

除了 OpenSSH，还需要适当的 OpenSSL 版本。本例使用 OpenSSL 版本 1.1.1* (OpenSSL-1.1.1*.tar.gz)。请从 www.openssl.org 下载最新版本。下载 OpenSSL 后，使用 tar 命令解压缩，如下所示：

```
[master@server src]$ tar xvzf openssl-1.1.1*.tar.gz
```

需要的最后一个包是 zlib 库，它用于提供压缩和解压功能。大多数现代 Linux 发行版都有这个功能，但是如果需要最新的版本，可从 www.zlib.net 下载它。在本例中使用 zlib 1.2.11 版本。下载后要解压缩包，输入：

```
[master@server src]$ tar xvzf zlib-1.2.*.tar.gz
```

下面的步骤编译和安装 OpenSSH 及其依赖项的各种组件。

(1) 首先进入解压 zlib 的目录，如下所示：

```
[master@server src]$ cd $HOME/src/zlib-1.2.11/
```

(2) 然后运行配置，执行如下命令：

```
[master@server zlib-*]$ ./configure --prefix=/usr/local/
[master@server zlib-*]$ make
```

这将构建 zlib 库。

(3) 安装 zlib 库：

```
[master@server zlib-*]$ sudo make install
```

生成的库放在/usr/local/lib 目录中。

(4) 现在需要编译 OpenSSL。首先切换到目录，解压缩所下载的 OpenSSL：

```
[master@server ~]$ cd $HOME/src/openssl-1.1.1?
```

(5) 一旦进入 OpenSSL 目录，所需要做的就是运行 config 和 make。OpenSSL 确定它所在的系统类型，并配置自己以最佳方式工作。下面是确切的命令：

```
[master@server openssl-1*]$ . config -fPIC
[master@server openssl-1*]$ make
```

注意，这个步骤可能需要几分钟才能完成。

(6) 如果一切顺利，会在终端上显示相应信息。如果有任何问题，OpenSSL 构建过程会发出报告。如果出现错误，应该删除这个 OpenSSL 副本，并再次尝试下载/解压/编译过程。

(7) 完成编译后，可通过以下命令安装 OpenSSL：

```
[master@server OpenSSL -1*]$ sudo make install
```

这个步骤将 OpenSSL 安装到/usr/local/ssl 目录中。

(8) 现在可以开始实际编译和安装 OpenSSH 包了。更改到 OpenSSH 包目录，如下所示:

```
[master@server ~]$ cd $HOME/src/openssh-8.4??
```

(9) 与其他两个包一样，首先需要运行 configure 程序。但是，对于这个包，需要指定一些额外的参数。也就是说，需要告诉它其他两个包的安装位置。总是可以运行. /configure --help 选项，以查看所有参数，但以下./configure 语句可能工作得很好：

```
[master@server openssh-8*]$ ./configure --prefix=/usr/local/ssh \
--with-ssl-dir=/usr/local/ssl --with-zlib=/usr/local/lib
```

(10) 一旦配置 OpenSSH，简单地运行 make 和 make install，把所有文件放到相应的/usr/local 目录:

```
[master@server openssh-8*]# make
[master@server openssh-8*]# sudo make install
```

安装完成了。这组命令将在/usr/local/ssh/目录下安装各种 OpenSSH 二进制文件和库。例如，SSH 服务器(sshd)放在/usr/local/ssh/sbin 目录下，而各种客户端组件将放在/usr/local/ssh/bin/目录下。

请注意，尽管刚刚介绍了如何从源代码中编译和安装 OpenSSH，但本章的其余部分假设处理的是 OpenSSH，因为它是通过 RPM 或 APT 安装的(如前几节所讨论的)。

23.3　服务器的启动和停止

如果希望用户能够通过 SSH 登录到系统，那么需要确保服务正在运行，并确保在系统重启之间自动启动服务。

在现代启用 systemd 的基于 RPM 的 Linux 发行版上，使用 systemctl 实用程序来管理 sshd 服务单元。首先运行以下命令，检查 sshd 守护进程的状态:

```
[master@server ~]$ systemctl status sshd
```

示例输出显示，服务已经启动并运行。另一方面，如果服务停止，则发出这个命令来启动它:

```
[master@server ~]$ sudo systemctl start sshd
```

如果是连接到远程 ssh 服务器，则停止服务之前，应该非常小心，因为一旦 sshd 停下来，有停止服务器的风险。但是，如果由于某种原因，需要停止 SSH 服务器，输入以下命令:

```
[master@server ~]$ sudo systemctl stop sshd
```

要使配置更改生效，可在任何时候输入以下命令，重新启动守护进程:

```
[master@server ~]$ sudo systemctl reload sshd
```

在启用 systemd 的基于 Debian 的 Linux 发行版(如 Ubuntu)上，还可使用 systemctl 管理 OpenSSH 守护进程。但请注意，这个守护进程在这个领域被称为 ssh，而不是 sshd(在 RPM 领域中)。

例如，要在 Ubuntu 发行版中查看 OpenSSH 守护进程的状态，输入:

```
master@ubuntu-server:~$ systemctl status ssh
```

要启动 OpenSSH 服务器，应运行以下命令:

```
master@ubuntu-server:~$ sudo systemctl start ssh
```

在进行任何配置更改后重新加载守护进程，输入:

```
master@ubuntu-server:~$ sudo systemctl reload ssh
```

提示 在 openSUSE 发行版中，检查 sshd 状态的命令是：

```
opensuse-server:~ # rcsshd status
```

要启动它，输入如下命令：

```
opensuse-server:~ # rcsshd start
```

23.4 SSHD 配置文件

大多数 Linux 系统已经用合理的默认设置配置和运行了 OpenSSH 服务器。

在大多数 Linux 发行版中，sshd 的主配置文件通常位于/etc/ssh/目录下，称为 sshd_config。对于前面从源代码中安装的 OpenSSH 版本，配置文件位于/usr/local/ssh/etc/目录下。

接下来，讨论 sshd_config 文件中的一些配置选项。

- AuthorizedKeysFile：指定包含可用于用户身份验证的公钥的文件路径。默认值是/<user_home_directory="">/.ssh/authorized_keys。
- Ciphers：这是 SSH 协议版本 2 所允许的以逗号分隔的密码列表。支持的密码示例有 3des-cbc、aes256-cbc、aes256-ctr、arcfour 和 blowfish-cbc。
- HostKey：定义的文件包含了 SSH 使用的私有主机密钥。对于协议版本 2，默认是/etc/ssh/ssh_host_rsa_key、/etc/ssh/ssh_host_dsa_key、/etc/ssh/ssh_host_ecdsa_key 或/etc/ssh/ssh_host_ed25519。
- Port：指定 sshd 侦听的端口号。默认值是 22。
- AllowTcpForwarding：指定是否允许 TCP 转发。默认值是 yes。
- X11Forwarding：指定是否允许 X11(或 Xorg)转发。该参数必须是 yes 或 no。默认值是 no。
- ListenAddress：指定 SSH 守护进程侦听的本地地址。默认情况下，OpenSSH 侦听 IPv4 和 IPv6 的套接字。但是如果需要指定特定的接口地址，可以调整这个指令。

注意 sshd config 是一个非常奇怪的配置文件。与其他 Linux 配置文件不同，sshd_config 文件中的开箱即用注释(#)表示启用的选项的默认值。换句话说，注释掉的参数表示已经编译进去的默认值。

23.5 使用 OpenSSH

OpenSSH 附带了本节介绍的几个有用程序：ssh 客户端程序、安全拷贝(scp)程序和安全 FTP (sftp)程序。最常见的应用程序可能是 ssh 客户端程序。

23.5.1 ssh 客户端程序

可使用 ssh 客户端程序从任何远程位置安全地登录到运行 sshd 服务器守护进程的机器。

默认情况下，ssh 客户端程序假设希望以登录到本地系统(源)的同一用户的身份登录到远程系统(目的地)。但如果需要使用不同的登录(例如，以根用户身份在一台主机上登录，并且希望通过 ssh 连接到另一台主机，并以用户 yyang 的身份登录)，那么只需要提供-l 选项以及所需的登录。举个例子，如果想以用户 yyang 的身份从服务器 A 登录到主机服务器 B 上，输入：

```
[master@server-A ~]$ ssh -l yyang server-B
```

或可使用 username@host 命令格式，如下所示：

```
[master@server-A ~]$ ssh yyang@server-B
```

对于用户 yyang，系统在服务器 B 上显示密码提示。

但是，如果只是想登录到远程主机，而不需要在远程端更改登录，那么只需要运行 ssh，如下所示：

```
[master@server- a ~]$ ssh server-B
```

使用此命令和适当的凭据，在 server-B 上登录为 master 用户。

当然，总是可将主机名替换为一个有效的 IP 地址，如下所示：

```
[master@server-A ~]$ ssh yyang@192.168.1.50
```

要连接到一个也监听 IPv6 地址(如，2001:DB8::2)的远程 ssh 服务器，可尝试以下命令：

```
[master@server-A ~]$ ssh -6 yyang@2001:DB8::2
```

提示　如果没有远程服务器来测试 ssh/scp/sftp 连接，可以轻松地将对 server-A 或 server-B 的所有引用切换到本地主机。类似地，还可将对远程 IP 地址的所有引用从 192.168.1.50 切换到环回 IP 地址 127.0.0.1。注意，localhost 和 127.0.0.1 都指本地系统。

创建安全隧道

本节介绍 VPN 的内容。实际上，可使用 SSH 创建从本地系统到远程系统的通道。当需要访问内部网或在内部网上不对外公开的其他系统时，这是一个方便的特性。例如，可以通过 ssh 连接到文件服务器，该服务器将设置转发到远程 Web 服务器的端口。

下面设想一个如下场景，其中包含以下组件。

- 内部组件：由整个局域网(192.168.1.0 网络)组成。它包含各种服务器和工作站，只能由内部的其他主机访问。假设 LAN 上的内部服务器托管一个基于 Web 的会计应用程序。内部 Web 服务器的主机名是 accounts，IP 地址为 192.168.1.100。
- 中间组件：一个具有两个网络接口的系统。系统的主机名是 serverA。其中一个接口直接连接到 Internet。另一个接口连接到公司局域网。

在 serverA 上，假设第一个接口(WAN 接口)具有一个公共/路由类型的 IP 地址 1.1.1.1，第二个接口有一个私有类型的 IP 地址 192.168.1.1。serverA 的第二个接口连接到局域网(192.168.1.0 网络)，局域网与 Internet 完全断开。

允许在 serverA 的 WAN 接口上运行的唯一服务是 sshd 守护进程。ServerA 称为“双主”，因为它连接到两个不同的网络，即局域网和广域网。

- 外部：远程用户 yyang 需要从家里访问运行在内部服务器(账户)上、基于 Web 的会计应用程序。用户 yyang 的主工作站主机名是 hostA。人们认为，yyang 的家庭系统是通过公共 Internet 连接的。HostA 安装了一个 SSH 客户端程序。

前面说过，整个公司内部网络(LAN、账户服务器、其他内部主机等)与 Internet 断开，而家庭系统(hostA)是公共 Internet 的一部分，那么会发生什么呢？设置如图 23-5 所示。

输入 VPN(又名 ssh 隧道)。用户 yyang 将按照以下步骤，设置到运行在 accounts 上的 Web 服务器的 ssh 隧道。

(1) 用户 yyang 以自己的身份登录家庭系统。

(2) 在本地登录后，就创建一个从本地系统上的端口 9000 到运行 Web 会计软件的系统(名为 accounts)上端口 80 的通道。

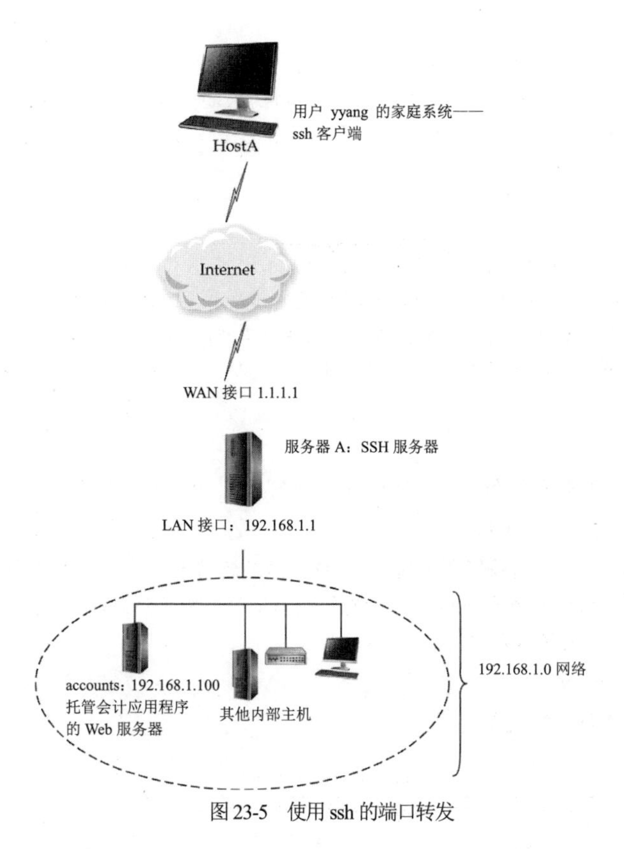

图 23-5　使用 ssh 的端口转发

(3) 为此，yyang 在家里的系统(hostA)发出以下命令，通过 ssh 连接到 serverA 的 WAN 接口(1.1.1.1)：

```
[yyang@hostA ~]# ssh -L 9000:192.168.1.100:80 1.1.1.1
```

注意　端口转发命令的完整语法是：

```
ssh  L local_ port:destination_host:destination_port ssh_server
```

其中 local_port 是设置隧道之后将连接的本地端口，destination_host:destination_port 是指向隧道的主机-端口对，ssh_server 是执行转发到最终主机的主机。

(4) 当 yyang 成功地在 serverA 上验证了自己并登录后，就可以启动安装在工作站(hostA)上的 Web 浏览器。

(5) 用户 yyang 可以使用 Web 浏览器访问本地系统上的转发端口(9000)。对于本例，她需要在浏览器的地址字段中输入 URL http://localhost:9000。

(6) 如果一切顺利，托管在会计服务器上的 Web 内容应该显示在 yyang 的 Web 浏览器上，就像她从本地办公室局域网(即 192.168.1.0 网络)中访问站点一样。

(7) 要关闭隧道，她只需要关闭所有访问隧道的窗口，然后在提示符处输入 exit，结束到 serverA 的 ssh 连接。

安全隧道能够安全地访问内部网中的其他系统或远程位置的资源。这是在主机和另一个主机之间创建虚拟专用网络的一种既好又便宜的方法。它不是一个功能齐全的 VPN 解决方案，因为不能轻松地访问远程网络上的每一台主机，但它可以完成工作。

在这个演示中，端口转发 HTTP 流量。可以传输几乎任何协议，如 VNC(虚拟网络计算)或 RDP(远程桌面协议)。请注意，这是防火墙或代理中的人员绕过防火墙机制并访问外部计算机的一种方法。OpenSSH 的 ProxyJump 和 SOCKS 代理特性是透明地穿越防火墙或其他屏障，连接到其他主机/资源的替代方法。

OpenSSH shell 技巧

还可以在登录到远程 SSH 服务器之后，创建安全通道。也就是说，在设置初始 SSH 连接时，不必设置隧道。如果在远程主机上有一个 shell，并且需要跳转到其他无法访问的系统上，这就特别有用。

SSH 有它自己小巧的 shell，可以用来完成这个任务和其他任务。

要在登录到 SSH 服务器后访问内置的 SSH shell，请按以下三个键：Shift ~ C(中间是波浪号)。这会打开如下提示

```
ssh>
```

要设置一个类似于之前设置的隧道，请在 ssh 提示符/shell 中输入以下命令：

```
ssh> -L 9000:192.168.1.100:80
```

要离开或退出 SSH shell，请按键盘上的 Enter 键，然后返回系统上的正常登录 shell。

当通过 SSH 远程登录到系统时，同时输入波浪号(~)和问号(?)，会列出在 SSH 提示符处可执行的其他所有操作。注意，转义只能在换行后立即识别。

```
[master@server ~]$ ~?
```

表 23-1 列出一些支持的转义序列。

表 23-1 转义序列

~.	终止连接
~C	打开一个命令行
~#	转发的连接列表
~&	后台 SSH(等待连接终止时)
~?	列出支持的转义序列及其含义
~~	通过输入两次发送转义字符

23.5.2 安全复制(scp)程序

安全复制(scp)用于将数据从一台主机安全地复制到另一台远程主机。scp 的格式和用法非常简单——只需要知道源和目标。

例如，假设用户 yyang 登录到主工作站(客户端 A)，并希望将本地主目录中名为.bashrc 的文件复制到服务器 A 上的主目录。下面是命令：

```
[yyang@client-A ~]$ scp .bashrc server-A:/home/yyang
```

如果她想以另一种方式(即从远程系统服务器 A 复制到本地系统客户端 A)，则需要颠倒参数，如下所示：

```
[yyang@client-A ~]$ scp server-A:/home/yyang/.bashrc .bashrc
```

23.5.3 安全 FTP(sftp)程序

安全 FTP 是 sshd 守护进程的一个子系统。可以使用 sftp 命令行工具访问安全 FTP 服务器。要以

用户 yyang 的身份，从名为 client-A 的系统通过 sftp 连接到 serverA 上运行的服务器，输入以下命令：

```
[master@client-A ~]$ sftp yyang@server-A
```

然后会提示输入密码(类似于常规的 ssh 会话)。通过身份验证后，会显示如下提示

```
sftp>
```

在 sftp shell 中可以发出各种 sftp 命令。例如，要列出 sftp 服务器上/tmp 文件夹中的所有文件和目录，可使用 ls 命令：

```
sftp> ls -l /tmp
```

要列出所有命令的清单，只需要输入一个问号(？)：

```
sftp> ?
Available commands:
cd path                    Change remote directory to 'path'
chmod mode path            Change permissions of file 'path' to 'mode'
...<OUTPUT TRUNCATED>...
```

注意，有些命令看起来与第 18 章讨论的 FTP 命令惊人地相似。此外，如果忘记要查找的文件的全名，sftp 非常方便，因为可以使用熟悉的 FTP 命令浏览远程文件系统。

23.6　OpenSSH 客户端使用的文件

SSH 客户端和 SSH 服务器的配置文件通常位于大多数 Linux 发行版上的/etc/ssh/目录中。如果从源代码将 SSH 安装到/usr/local/ssh/，完整路径为/usr/local/ssh/etc/。如果希望对 SSH 客户端的默认值进行任何系统范围的更改，则需要修改/etc/ssh/ssh_config 文件或其等效文件。

警告　请记住，sshd_config 文件用于服务器守护进程，而 ssh_config 文件用于 SSH 客户端！注意服务器配置文件名中的字母 d 表示守护进程。

在用户的主目录中，与 SSH 相关的数据存储在~username/.ssh /目录中。known_hosts 文件存储主机密钥信息，用于防范中间人攻击。当远程主机密钥更改时，SSH 将发出警报。如果密钥因有效的原因发生了更改——例如，如果重新安装服务器——就需要编辑 known_ hosts 文件，并删除引用已更改服务器的标识(目前不正确)的行。

23.7　小结

SSH 是一种事实上的协议，用于在 Linux 和类 UNIX 系统上启用安全远程登录来执行系统管理任务。甚至 Microsoft Windows 系统也已经完全启用，现在有了自己的本机 SSH 实现！在适当地实现和使用时，SSH 可以帮助在 Internet 等不受信任的网络上进行通信或数据传输时，提供数据的机密性和完整性。

最后，请记住，仅使用 OpenSSH 并不能神奇地使系统自动安全。没有什么可以替代一组良好的安全实践。按照第 16 章的教训，应该禁用任何暴露在不可信网络的系统上所有不必要的服务。

第 V 部分 内部网服务

第24章 网络文件系统(NFS)

网络文件系统(Network File System，NFS)是 Linux/UNIX 领域中跨网络共享文件和应用程序的一种本机方式。NFS 有点类似于 Microsoft Windows 文件共享，因为它允许附加到远程文件系统或磁盘，并像本地驱动器一样使用它——这是在用户之间共享文件和大存储空间的便利工具。

NFS 和 Windows 文件共享是同一问题的解决方案；然而，解决方案是非常不同的。NFS 需要不同的配置、管理策略、工具和底层协议。本章探索 NFS 并展示如何部署它。

24.1 NFS 的机制

与大多数基于网络的服务一样，NFS 遵循通常的客户端和服务器范例——也就是说，它有自己的客户端组件和服务器端组件。

第 8 章介绍了挂载和卸载文件系统的概念。这些概念也适用于 NFS，只是除了通常定义的其他项(挂载选项)之外，还需要指定承载共享服务的服务器。当然，还需要确保服务器实际配置为允许访问共享！

下面看一个例子。假设存在一个名为 serverA 的 NFS 服务器，它希望通过网络共享其本地/主文件系统。在 NFS 术语中， NFS 服务器“导出它的/home 文件系统”。假设网络上还有一个名为 clientA 的客户端系统，它需要访问 NFS 服务器导出的/home 文件系统的内容。最后，假设其他所有需求(权限、安全性、兼容性等)都得到满足。

为让 clientA 访问由 serverA 导出的/home 共享，clientA 需要对/home 发出 NFS 挂载请求，这样它就可以在本地挂载，远程共享就会在本地显示为/home 目录。这里有一个简单的命令来触发此操作：

```
[master@clientA ~]$ sudo mount serverA: /home /home
```

在 clientA 上执行上面的命令后，clientA 上的所有用户能查看/home 的内容，就像它只是另一个目录或本地文件系统一样。Linux 负责向服务器发出所有网络请求。

远程过程调用(Remote Procedure Call，RPC)负责处理客户端和服务器之间的请求。RPC 为任何 RPC 客户端提供了一种标准机制来联系服务器，并找出应该将调用定向到哪个服务。因此，每当服务希望在服务器上可用时，就需要向 RPC 服务管理器 portmap 注册自己，这将实际服务在服务器上的位置告知客户端。

24.1.1 NFS 的版本

NFS 背后的协议多年来已经发展和改变了很多。标准委员会帮助 NFS 发展，以利用新技术以及使用模式的变化。在撰写本书时，已有三个著名的协议版本：NFSv2、NFSv3 和 NFSv4。

NFSv2 是三个中最老的一个。NFSv3 可能是使用最广泛的标准。NFSv4 已经开发了一段时间，是最新标准。如有可能，应该避免使用 NFSv2。如果需要稳定性和最广泛的客户支持，应该考虑 NFSv3。如果需要前沿特性，或者对于那些不存在向后兼容性问题的非常新的部署，应该考虑 NFSv4。在决定考虑哪个 NFS 版本时，可能最重要的因素是 NFS 客户端将支持的版本。

下面列出每个 NFS 版本的一些特性。

- NFSv2：挂载请求是按主机而不是按用户授予的。此版本使用传输控制协议(TCP)或用户数据报协议(UDP)作为传输协议。版本 2 的客户端可以访问的文件大小限制不超过 2GB。
- NFSv3：这个版本对 NFSv2 中的错误进行了很多修正。它比版本 2 有更多的特性，性能优于版本 2，可以使用 TCP 或 UDP 作为传输协议。根据 NFS 服务器本身的本地文件系统限制，客户端可以访问大于 2GB 的文件。挂载请求也是按主机而不是按用户授予的。
- NFSv4：这个版本的协议使用有状态协议，如 TCP 或流控制传输协议(SCTP)作为它的传输协议。由于支持 Kerberos，它改进了安全特性；例如，客户端身份验证可以在每个用户或主体的基础上进行。它在设计时考虑到 Internet，因此，这个版本的协议是防火墙友好的，可以监听众所周知的 2049 端口。RPC 绑定协议的服务(如 rpc.mountd、rpc.lockd 和 rpc.statd)在这个 NFS 版本中不再需要，因为它们的功能已经内置到服务器中；换句话说，NFSv4 将这些以前完全不同的 NFS 协议组合成一个协议规范，不再需要 portmap 服务。它包括对文件 ACL 属性的支持，可以支持版本 2 和版本 3 客户端。NFSv4 引入了伪文件系统的概念，允许 NFSv4 客户端查看和访问作为单个文件系统导出到 NFSv4 服务器的文件系统。NFSv4 目前处于次要版本 2(NFSv4.2)。

客户端可在挂载时通过挂载选项指定使用的 NFS 版本。为让 Linux 客户端使用特定的 NFS 版本，必须为所需的版本指定 nfsvers 挂载选项(例如，nfsvers=3)。否则，客户端将与服务器协商一个合适的版本。

本章的其余部分主要集中在 NFSv3 和 NFSv4 上，因为它们是非常稳定的，是众所周知的，并且具有最广泛的跨平台支持。

24.1.2　NFS 的安全考虑

默认状态下，NFS 不是共享磁盘的安全方法。用于保护其他网络服务的常识规则也适用于保护 NFS。应该能够信任客户端系统上的用户对服务器的访问，但是如果不能保证这种信任存在，应该采取适当措施来减轻明显的安全问题。因此，如果客户端和服务器上的根用户执行访问，就不需要过度担心了。这种情况下，重要的是确保非 root 用户不会变成 root 用户——这是无论如何都应该做的！强烈建议使用 NFS 挂载标志，如稍后讨论的 root_squash 标志。

如果不能完全信任需要与之共享资源的人，就应该花费时间和精力寻找共享资源的替代方法(如只读共享资源)。

与往常一样，要及时了解来自计算机应急响应小组(www.cert.org)的最新安全公告，并打上来自分发供应商的所有补丁。

24.1.3　分区的挂载和访问

客户端请求挂载服务器导出的文件系统或资源时，涉及几个步骤(这些步骤主要适用于 NFSv2 和 NFSv3)：

(1) 客户端联系服务器的 portmap，找出分配给 NFS 挂载服务的网络端口。

(2) 客户端联系挂载服务，并请求挂载文件系统。挂载服务检查客户端是否具有挂载所请求的分区的权限。客户端挂载资源的权限基于/etc/exports 文件中的指令或选项。如果一切正常，挂载服务返回 OK 值。

(3) 客户端再次联系 portmap——这一次是为了确定 NFS 服务器位于哪个端口上。通常是 2049 端口。

(4) 每当客户端希望向 NFS 服务器发出请求(如读取目录)时，就会向 NFS 服务器发送一个 RPC。

(5) 当客户端完成时，它更新自己的挂载表，但不通知服务器。

没必要向服务器发送通知，因为服务器不会跟踪已挂载其文件系统的所有客户端。服务器不维护客户端的状态信息，客户端也不维护服务器的状态信息，所以客户端和服务器无法区分崩溃的系统和非常慢的系统。因此，如果重新启动 NFS 服务器，理想情况下，一旦服务器恢复联机状态，所有客户端都应该自动恢复对该服务器的操作。

24.2　在 Fedora、RHEL 和 CentOS 中启用 NFS

几乎所有主要的 Linux 发行版都以某种形式提供了对 NFS 的支持。管理员剩下的唯一任务是配置和启用它。在示例 Fedora 系统上，启用 NFS 很容易。

因为 NFSv3(及更低版本)及其辅助程序是基于 RPC 的，所以首先需要确保系统 rpcbind 服务已安装并且正在运行。

为了确保 rpcbind 包安装在系统上，在基于 rpm 的发行版(如 Fedora)上输入以下命令：

```
[master@fedora-server ~]$ rpm -q rpcbind
```

如果输出是空的，可以使用 dnf 运行如下命令来安装它：

```
[master@fedora-server ~]$ sudo dnf -y install rpcbind
```

要检查 rpcbind 服务在启用 systemd 的 Linux 发行版上的状态，输入：

```
[master@fedora-server ~]$ systemctl status rpcbind.service
```

如果 rpcbind 服务停止，那么输入如下命令来启动它：

```
[master@fedora-server ~]$ sudo systemctl start rpcbind.service
```

在进一步之前，使用 rpcinfo 命令查看任何基于 RPC 的、可能已经使用 portmap 注册了的服务的状态：

```
[master@fedora-server ~]$ rpcinfo -p
 program   vers proto  port  service
    100000    4    tcp    111   portmapper
    100000    4    udp    111   portmapper
....<OUTPUT TRUNCATED>....
```

因为示例系统上还没有运行 NFS 服务器，所以输出可能不会显示太多 RPC 服务。

要启动 NFS 服务，可以使用 systemctl 命令：

```
[master@fedora-server ~]$ sudo systemctl start nfs-server
```

注意　每当 nfs 服务器启动时，systemd 将自动启动 rpcbind(作为一个依赖项)，因此不需要单独显式启动 rpcbind。

再次运行 rpcinfo 命令，以查看用 portmap 注册的 RPC 程序的状态，显示如下输出：

```
[master@fedora-server ~]$ rpcinfo -p
....<OUTPUT TRUNCATED>....
```

```
100003    4   tcp    2049  nfs
100005    1   udp   32892  mountd
```

这个输出显示了各种 RPC 程序(mountd、nfs、nlockmgr 等)正在运行。

为停止 NFS 服务，输入这个命令：

```
[master@fedora-server ~]$ sudo systemctl stop nfs-server
```

为让 NFS 服务在下一次重新启动时自动启动系统，使用 systemctl 命令：

```
[master@fedora-server ~]$ sudo systemctl enable nfs-server
```

24.3　在 Ubuntu 和 Debian 中启用 NFS

在 Ubuntu 和 Debian 中安装和启用 NFS 服务器非常简单，只需要安装以下组件：nfs-common、nfs-kernel-server 和 rpcbind。

要使用 APT 安装它们，运行以下命令：

```
master@ubuntu-server:~$ sudo apt-get -y install nfs-common \
nfs-kernel-server rpcbind
```

安装过程还自动启动 NFS 服务器及其所有附属服务。为此，可运行以下命令：

```
master@ubuntu-server:~$ sudo rpcinfo -p
```

要停止 Ubuntu 上的 NFS 服务器，输入：

```
master@ubuntu-server:~$ systemctl stop nfs-server
```

24.4　NFS 的组件

NFS 版本 2 和 3 的 NFS 协议严重依赖 RPC 处理客户端和服务器之间的通信。Linux 中的 RPC 服务由 portmap 服务管理。如前所述，在 NFSv4 及更高版本中不再需要此辅助服务。

下面列出在 Linux 下促进 NFS 服务的各种 RPC 进程。RPC 进程大多只在 NFS 版本 2 和版本 3 中相关，但要提到 NFSv4 适用的地方。

- rpc.statd：每当 NFS 服务器在没有正常关闭的情况下重新启动时，该进程负责向 NFS 客户端发送通知。当查询时，向 rpc.lockd 提供服务器的状态信息；这是通过网络状态监视器(NSM) RPC 协议完成的。是一个可选的服务，由 nfslock 服务自动启动。该进程在 NFSv4 中是不需要的。
- rpc.rquotad：顾名思义，rpc.rquotad 提供 NFS 和配额管理器之间的接口。NFS 用户/客户端将受到相同的配额限制，如果在本地文件系统上而不是通过 NFS 工作的话，就适用于这个限制。该进程在 NFSv4 中是不需要的。
- rpc.mountd：当请求挂载一个分区时，rpc.mountd 守护进程负责验证客户端是否具有发出请求的适当权限。此权限存储在/etc/exports 文件中(第 24.5.1 节将详细介绍/etc/exports 文件)，由 NFS 服务器的 init 脚本自动启动。该进程在 NFSv4 中是不需要的。
- rpc.nfsd：是 NFS 系统的主要组件，是 NFS 服务器/守护进程。它与 Linux 内核一起工作，可以根据需要加载或卸载内核模块。当然，该进程在 NFSv4 中仍然是相关的。
- rpc.lockd：rpc.statd 守护进程使用这个守护进程处理崩溃系统上的锁恢复，还允许 NFS 客户端锁定服务器上的文件。nfslock 服务在 NFSv4 中不再使用。

- rpc.idmapd：这是 NFSv4 ID 名称映射守护进程。它通过将用户和组 id 转换为名称(反之亦然)，为 NFSv4 内核客户端和服务器提供这种功能。
- rpc.svcgssd：这是服务器端 rpcsec_gss 守护进程。rpcsec_gss 协议允许使用 gss-api 通用安全性 API 在 NFSv4 中提供高级安全性。
- rpc.gssd：这为 NFSv4 或更高版本中的身份验证机制提供了客户端传输机制。

注意　NFS 本身是一个基于 RPC 的服务，与协议的版本无关。因此，即使是 NFSv4 本身也是基于 RPC 的。其优点在于，以前使用的大多数基于 RPC 的辅助和独立服务(如 mountd 和 statd)不再需要，因为它们的单个功能(或多个功能)现在已经被集成到 NFSv4 守护进程中。

对 NFS 的内核支持

NFS 在各种 Linux 发行版中以两种形式实现。大多数发行版都在内核中支持 NFS。一些 Linux 发行版还以独立守护进程的形式提供了对 NFS 的支持，该守护进程可以通过包安装。

尽管不是强制性的，但是基于内核的 NFS 服务器支持是事实上的标准。但是，如果选择将 NFS 作为一个独立守护进程运行，那么处理 NFS 服务器服务的 nfsd 程序是完全自包含的，并支持 NFS。

注意　另一方面，客户端必须在内核中支持 NFS。内核中的这种支持已经存在很长时间了，因此很稳定。目前，几乎所有 Linux 发行版都提供了支持 NFS 的内核。

24.5　配置 NFS 服务器

设置 NFS 服务器需要两个步骤。第一步是创建/etc/exports 文件，它定义了服务器的文件系统或磁盘的哪些部分与网络的其余部分共享规则(例如，只允许客户端读取访问文件系统，还是也可写入文件系统？)。定义了/etc/exports 文件后，第二步是启动读取/etc/exports 文件的 NFS 服务器进程。

24.5.1　配置文件/etc/exports

NFS 服务器的主要配置文件/etc/exports 列出了可共享的文件系统、可与之共享的主机以及具有的权限(以及其他参数)。该文件为 NFS 挂载协议指定远程挂载点。

该文件的格式很简单。文件中的每一行指定一台或多台主机在一个本地服务器文件系统中的挂载点和导出标志。

下面是/etc/exports 文件中每个条目/行的格式。

```
/directory/to/export client|ip_network(permission) client|ip_network(permission)
```

这里解释了不同的字段。

- /directory/to/export：这是想与其他用户共享的目录，如/home。
- client：指 NFS 客户端的主机名。
- ip_network：这允许主机按 IP 地址(如 172.16.1.1)或网络地址与网络掩码组合(如 172.16.0.0/16)进行匹配。该字段还支持通配符(如*和?)。
- permission：这些是每个客户端的相应权限。表 24-1 描述了每个客户端的有效权限。

下面是一个完整的 NFS /etc/exports 文件示例。注意，行号已经添加到列表中，以提高可读性。

```
1. # /etc/exports file for serverA
2. #
```

```
3. /home hostA(rw) hostB(rw) clientA(rw,no_root_squash)
4. /usr/local 172.16.0.0/16(ro)
```

表 24-1 NFS 权限

permission 选项	含义
secure	确保客户端请求挂载的端口号小于 1024。此权限在默认情况下是开启的。要关闭它，请指定 insecure
ro	允许对分区进行只读访问。当没有显式指定任何内容时，这是默认权限
rw	允许正常的读/写访问
noaccess	客户端被拒绝访问/dir/to/mount 下面的所有目录。这允许将目录/dir 导出到客户端，然后将/dir/to 指定为不可访问，而不取消对类似/dir/from 的访问
root_squash	这个权限阻止远程根用户在远程 NFS 挂载的卷上拥有超级用户(根)特权。这里，squash 的字面意思是压缩远程根用户的能力
no_root_squash	这允许 NFS 客户端主机上的根用户以超级用户通常具有的相同权限和特权访问 NFS 挂载的目录
all_squash	将所有用户 id (uid)和组 id (gid)映射到匿名用户。相反的选项是 no_all_squash，这是默认设置

第 1 行和第 2 行是注释，在读取文件时被忽略。

第 3 行将/home 文件系统导出到名为 hostA 和 hostB 的机器，并赋予它们读/写(rw)权限。对于名为 clientA 的机器，它提供读/写(rw)访问权限，并允许远程根用户在导出的文件系统(/home)上拥有根权限——最后这一点由 no_root_squash 选项表示。

第 4 行将/usr/local/目录导出到 172.16.0.0/16 网络上的所有主机。网络范围内的主机允许只读访问。

24.5.2 告诉 NFS 服务器关于/etc/exports 的进程信息

设置好/etc/exports 文件后，使用 exportfs 命令告诉 NFS 服务器进程，重新读取配置。exportfs 的参数如表 24-2 所示。

表 24-2 exportfs 的参数

exportfs 命令选项	描述
-a	导出/etc/exports 文件中的所有条目。当与 u 选项一起使用时，还可以使用它来取消导出的文件系统，如 exportfs -ua
-r	重新导出/etc/exports 文件中的所有条目。这将使/var/lib/nfs/xtab 与/etc/exports 文件的内容同步。例如，它删除/var/lib/nfs/xtab 中不再存在于/etc/exports 中的条目，并从内核导出表中删除过时的条目
-u clientA:/dir/to/mount	将目录/dir/to/mount 导出到主机 clientA
-o	这里指定的选项与表 24-1 中描述的客户端权限相同。这些选项只适用于在 exportfs 命令行中指定的文件系统，而不适用于/etc/exports 中的文件系统
- v	是冗长的

下面是命令行中 exportfs 的示例用法。

要导出/etc/exports 中指定的所有文件系统文件，输入：

```
[master@server ~]$ sudo exportfs -a
```

要将目录/usr/local 导出到具有读/写和 no_root_squash 权限的主机 clientA，输入以下内容：

```
[master@server ~]$ sudo exportfs -o rw,no_root_squash clientA:/usr/local
```

大多数情况下，只希望使用 exportfs - r 选项(即再次导出所有目录，完成其他日常任务)。

24.5.3 showmount 命令

在配置 NFS 时，会发现使用 showmount 命令查看一切是否正常工作很有帮助。该命令用于显示 NFS 服务器的挂载信息。通过使用 showmount 命令，可以快速确定是否正确配置了 nfsd。

在配置了/etc/exports 文件并使用 exportfs 导出所有文件系统后，可运行 showmount -e 查看本地 NFS 服务器上导出的文件系统列表。-e 选项告诉 showmount，显示 NFS 服务器的导出列表。下面列举一个例子：

```
[master@server ~]$ showmount -e localhost
Export list for localhost:
/home *
```

运行没有任何选项的 showmount 命令，列出连接到服务器的客户端：

```
[master@server ~]$ showmount localhost
Hosts on localhost:
*
192.168.1.100
```

要在客户端运行这个命令，也可将服务器主机名作为最后一个参数。要从 NFS 客户端(clientA)上显示远程 NFSv3 服务器(serverA)上导出的文件系统，可以在登录 clientA 时发出如下命令：

```
[yyang@clientA ~]$ showmount -e serverA
Export list for serverA:
/home *
```

24.5.4 服务器端 NFS 问题的故障诊断

在导出文件系统时，即使客户端在/etc/exports 文件中列出，有时服务器似乎也拒绝客户端访问。通常，发生这种情况是因为服务器接受连接到它的客户端的 IP 地址，并将该地址解析为完全限定的域名(FQDN)，而/etc/exports 文件中列出的主机名是不限定的。例如，如果服务器认为客户端主机名是 clientA.example.com，但是/etc/exports 文件只列出了 clientA，就会发生这种情况。

另一个常见问题是服务器对主机名/IP 的感知是不正确的。这可能是由于/etc/hosts 文件或域名系统(DNS)表中的错误造成的。需要验证配对是正确的。

对于 NFSv2 和 NFSv3，如果其他所需的服务(如 portmap)尚未运行，则 NFS 服务可能无法正确启动。

即使在客户端和服务器端一切似乎都已正确设置，服务器端的防火墙也可能正在阻止挂载进程的完成。这种情况下， mount 命令似乎挂起而没有任何明显错误。在使用 firewalld 进行防火墙规则管理的类似于 Red Hat 的系统上，可使用 firewall-cmd 命令永久打开服务器上的 NFS 服务端口，如下所示：

```
[master@fedora-server ~]$ sudo firewall-cmd --add-service=nfs --permanent
[master@fedora-server ~]$ sudo firewall-cmd --add-service=rpc-bind --permanent
[master@fedora-server ~]$ sudo firewall-cmd --add-service=mountd --permanent
[master@fedora-server ~]$ sudo firewall-cmd --reload
```

24.6　配置 NFS 客户端

NFS 客户端非常容易在 Linux 下配置，因为它们不需要加载任何新的或额外的软件。唯一的要求是内核编译为支持 NFS 文件系统。实际上，所有 Linux 发行版都在其发行内核中默认启用了这个特性。除了内核支持之外，另一个重要因素是 mount 命令使用的选项。

24.6.1　mount 命令

mount 命令最初在第 8 章中讨论过。与 mount 命令一起使用的重要参数是 NFS 服务器名称或 IP 地址、本地挂载点和 mount 命令行上在-o 之后指定的选项。

下面是一个 NFS mount 命令调用的示例：

```
[master@clientA ~]$ sudo mount -o rw, bg, soft serverA: /home /mnt/home
```

这里，serverA 是 NFS 服务器名。确保名称可以通过 DNS 或/etc/hosts 文件解析。表 24-2 解释了各种可用的-o 选项。

这些挂载选项也可以在/etc/fstab 文件中使用(硬编码)。在/etc/fstab 文件中相同的条目如下所示：

```
serverA:/home       /mnt/home    nfs     rw,bg,soft     0 0
```

同样，serverA 是示例 NFS 服务器名，挂载选项是 rw、bg 和 soft，这些都在表 24-1 和表 24-3 中解释。

表 24-3　NFS 的挂载选项

mount -o 命令选项	描述
bg	背景 mount。如果挂载最初失败(如服务器宕机)，挂载进程将自己发送到后台处理程序，并继续尝试执行，直到成功为止。这对于在引导时挂载的文件系统非常有用，因为如果服务器宕机，它可以防止系统挂起
intr	指定可中断挂载。如果进程在已挂载的分区上有挂起的 I/O，则此选项允许中断该进程并删除 I/O 调用。更多信息请参见第 24.6.4 节
hard	这是一个隐式的默认选项。如果 NFS 文件操作出现严重超时，控制台将报告“服务器未响应”消息，客户端将继续无限期地重试
soft	为这个分区启用软挂载，允许客户端在多次重试之后超时连接(用 retrans=n 选项指定)。有关更多信息，请参阅第 24.6.2 节
retrans=n	值 n 指定软挂载重试连接的最大次数
rsize=n	值 n 是 NFS 从 NFS 服务器读取文件时使用的字节数。默认值依赖于内核，但对于 NFSv4，当前为 4096 字节。通过请求更高的值(例如，rsize=32768)可以极大地提高吞吐量
wsize=n	值 n 指定 NFS 在向 NFS 服务器写入文件时使用的字节数。默认值依赖于内核，但对于 NFSv4，当前为 4096 字节。通过请求更高的值(例如 wsize=32768)，可以极大地提高吞吐量。该值与服务器协商
proto=n	值 n 指定用于挂载 NFS 文件系统的网络协议。NFSv2 和 NFSv3 中的默认值是 udp。NFSv4 服务器通常只支持 TCP。因此，一些有效的协议类型是 udp、tcp、udp6 和 tcp6
nfsvers=n	允许使用另一个 RPC 版本号来联系远程主机上的 NFS 守护进程。默认值取决于内核，但可能的值是 2、3、4、4.1 等。如果想严格执行 NFSv4 挂载，就可以简单地在挂载期间将 nfs4 显式声明为文件系统类型(-t nfs4)

(续表)

mount -o 命令选项	描述
sec=value	将挂载操作的安全模式设置为如下值： •sec=sys 使用本地 UNIX uid 和 gid 验证 NFS 操作(AUTH_SYS)。这是默认设置。 •sec=krb5 使用 Kerberos V5 而不是本地 uid 和 gid 来验证用户身份。 •sec=krb5i 使用 Kerberos V5 进行用户身份验证，并使用安全校验和执行 NFS 操作的完整性检查，以防止数据篡改。 •sec=krb5p 使用 Kerberos V5 进行用户身份验证和完整性检查，并加密 NFS 通信，以防止侦听通信

24.6.2　软硬挂载

默认情况下，NFS 操作是硬的，这意味着客户端会继续尝试联系服务器。然而，这种行为并不总是可取的！如果执行所有系统的紧急关闭，则会导致问题。如果服务器在客户端之前关闭，客户端的关闭将在等待服务器恢复时停止。启用软挂载允许客户端在多次重试之后使连接超时(用 retrans=r 选项指定)。

注意　使用软挂载的首选方法有一个例外。如果无论如何都必须将数据提交到磁盘，并且在数据提交之前不想将控制权返回给应用程序，就不要使用这种安排(nfs 挂载的邮件目录通常是这样挂载的)。

24.6.3　跨挂载磁盘

跨挂载磁盘可以很好地描述为：让 serverA 通过 NFS 挂载 serverB 的磁盘和 serverB 通过 NFS 挂载 serverA 的磁盘的过程。虽然这在一开始看起来是无害的，但这样做有一个微妙的危险。如果两个服务器都崩溃了，并且每个服务器都需要挂载另一个服务器的磁盘才能正确引导，就有了鸡生蛋还是蛋生鸡的问题。serverA 在 serverB 完成引导之前不会引导，但是 serverB 不会引导，因为 serverA 没有完成引导!

要避免此问题，请避免需要相互依赖的情况。理想情况下，服务器应该能够完全引导，而不需要挂载其他任何磁盘。然而，这并不意味着，完全不能跨挂载。跨挂载有合理的原因，例如需要使主目录跨所有服务器可用。这些情况下，确保将/etc/fstab 条目设置为使用 bg mount 选项。这样做允许每个服务器对任何失败的挂载进行后台处理，从而使所有服务器都有机会完全引导，然后使它们可以通过 NFS 正确地挂载文件系统。

24.6.4　intr 选项的重要性

当进程进行系统调用时，内核将接管操作。在内核处理系统调用期间，进程可能无法控制自己。在内核访问错误的事件中，进程必须继续等待，直到内核请求返回：进程不能放弃和退出。在正常情况下，内核的控制不是问题，因为内核请求通常会很快得到解决。然而，当出现错误时，它可能是相当麻烦的。因此，NFS 有一个使用可中断标志挂载文件系统的选项(intr)，它允许等待 NFS 请求的进程放弃并继续前进。一般来说，应当使用 intr 选项。

24.6.5　性能调优

NFSv3 传输的默认块大小是 8192 字节(对于 NFSv4，是 32 768 字节)。某些情况下，可能需要调节这些默认值，来利用更快的网络栈或更快的可用设备。这就是 wsize(写入大小)和 rsize(读取大小)选项派上用场的地方。通常希望调高或调低这些值(在硬件较旧的情况下)以适应环境。

下面是 NFS 客户端的/etc/fstab 文件中的一个示例条目，用于调整 NFSv4 的 wsize 和 rsize 选项(或将值加倍到 65 536 字节)：

```
serverA:/home /mnt/home nfs nfsvers=4,rw,bg,wsize=65536,rsize=65536 0 0
```

24.7　NFS 客户端问题的诊断解决

像任何重大服务，NFS 有机制来帮助它应对错误条件。本节讨论一些常见的错误案例以及 NFS 如何处理它们。

24.7.1　过期文件句柄

如果一个进程正在使用某个文件或目录，而另一个进程删除了该文件或目录，则第一个进程将从服务器获得一条错误消息。通常，此错误会声明以下内容："陈旧的 NFS 文件句柄。"

最常见的情况是，在系统上使用图形环境并且打开了两个 GUI 终端窗口时，可能会出现过时的文件句柄错误。如果第一个终端窗口在一个特定的目录中(如/mnt/usr/local/mydir/)，该目录从第二个终端窗口中删除，则下次在第一个终端窗口中按 Enter 键时，就会显示错误消息。

要解决这个问题，只需要将目录更改为某个存在的目录，而不使用相对目录(如 cd /tmp)。

24.7.2　拒绝权限

如果以 root 身份登录并试图访问 NFS 挂载的文件，就很可能会看到 Permission Denied 消息。通常，这意味着挂载文件系统的服务器不承认 root 权限。

这通常是由于忘记了/etc/exports 文件在默认情况下启用 root_squash 选项。因此，如果以根用户的身份从允许的 NFS 客户端进行试验，那么，为什么在远程 NFS 共享似乎已正确挂载的情况下仍然会出现拒绝访问的错误？

解决这个问题的快速方法是成为试图控制的文件的所有者。例如，如果 root 用户试图访问用户 yyang 拥有的文件，那么使用 su 命令来变成 yyang：

```
[root@clientA ~]# su - yyang
```

处理完该文件时，可退出 yyang 的 shell 并返回 root。注意，这个解决方法假设 yyang 是系统上的一个用户，在客户端和服务器上具有相同的 uid。

当用户在客户端和服务器上明显具有相同的用户名，但仍然会出现拒绝许可的错误时，就会出现类似的问题。这可能是因为两个系统上实际的 uid 与用户名关联的用户名是不同的。例如，假设用户 mmellow 在主机 clientA 上的 uid 是 1003，但是在 serverA 上同名用户的 uid 是 6000。解决这个问题的简单方法是在所有系统中创建/维护具有相同 uid 和 gid 的用户。可伸缩的解决方案可能是实现一个中央用户数据库基础设施，例如 LDAP 或 NIS，以便所有用户具有相同的 uid 和 gid，独立于其本地客户端系统。

提示　保持这些 uid 同步！对 NFS 服务器的每个 NFS 客户端请求都包括发出请求的用户的 uid。服务器使用这个 uid 来验证用户是否具有访问所请求文件的权限。但是，为了使 NFS 权限检查正确工作，必须在客户端和服务器之间同步用户的 uid(在/etc/exports 文件中使用 all_squash 选项可以绕过这个问题)。但是，在两个系统上拥有相同的用户名是不够的。用户名(uid)的数字等价也应

该是相同的。这种情况下，NIS 数据库或 LDAP 数据库可提供帮助。这些目录系统通过将所有信息保存在一个中央数据库中，帮助确保 uid、gid 和其他信息同步。

24.8　示例 NFS 客户端和 NFS 服务器配置

本节通过遍历 NFS 环境的实际设置把到目前为止学到的所有知识结合起来，设置并配置 NFS 服务器。完成这一步后，设置一个 NFS 客户端，并确保在系统引导时挂载目录。

特别是，我们希望将主机 serverA 上的/usr/local 文件系统导出到网络上名为 clientA 的特定主机。希望 clientA 具有对共享卷的读/写访问权，而其他部分对共享卷具有只读访问权。clientA 在其/mnt/usr/local 挂载点挂载 NFS 共享。

提示　为确保服务器和客户端都能将其他系统的主机名解析为正确的 IP 地址，可以在相关系统上使用这些示例命令在/etc/hosts 文件中创建快速条目。这里，clientA 的 IP 是 172.16.0.113，serverA 的 IP 是 172.16.0.2：

```
$ echo "172.16.0.113 clientA" | sudo tee -a /etc/hosts
$ echo "172.16.0.2 serverA" | sudo tee -a /etc/hosts
```

该过程涉及如下步骤。

(1) 在服务器 serverA 上，编辑/etc/exports 配置文件。我们希望共享/usr/local，因此在/etc/exports 文件中输入以下内容：

```
/usr/local clientA(rw,root_squash) *(ro)
```

(2) 在完成编辑时，更改保存到文件中，然后退出文本编辑器。

(3) 在 NFS 服务器上，首先检查 rpcbind 是否正在运行：

```
[master@serverA ~]$ systemctl status rpcbind
```

如果它没有运行，就启动它。如果它已停止或处于非活动状态，可以使用以下命令启动它：

```
[master@serverA ~]$ sudo systemctl start rpcbind
```

提示　在 openSUSE 系统上，与上述命令等效的是 rcrpcbind status 和 rcrpcbind start。

(4) 启动 NFS 服务，这将启动它需要的其他所有辅助服务。使用 systemctl 命令在支持 systemd 的 Linux 发行版上启动服务：

```
[master@serverA ~]$ sudo systemctl start nfs-server
```

(5) 使用 exportfs 命令再次导出/etc/exports 中的目录：

```
[master@serverA ~] $ sudo exportfs - r
```

(6) 为了检查导出是否正确配置，运行 showmount 命令：

```
[master@serverA ~]$ showmount -e localhost
```

(7) 如果没有看到放入/etc/exports 中的文件系统，请检查/var/log/messages 以查看 nfsd 或 mountd 可能记录的任何输出。对于支持 journald 的系统，还可以使用 journalctl -f -xe 命令实时监视日志。

如果需要对/etc/exports 进行更改，不要忘记在完成更改后，重新加载或重新启动 nfsd 服务，并运行 exportfs -r。最后，再次运行 showmount –e，以确保更改生效。

(8) 既然已经配置了服务器，现在就可以设置客户端了。首先，查看 rpc 机制是否在客户端和服务器之间工作。再次使用 showmount 命令来验证客户端是否可以看到共享。如果客户端无法看到共享，则可能是服务器的网络问题或权限问题。对于 clientA，执行如下命令：

```
[master@clientA ~]# showmount -e serverA
Export list for serverA:
/usr/local (everyone)
```

提示　如果 showmount 命令返回一个类似“clnt_create: RPC: Port mapper failure –Unable to receive:errno 113(No route to host)”或“clnt_create: RPC: Port mapper failure…”的消息，就应该确保 NFS 服务器上或在 NFS 服务器和客户端之间运行的防火墙不会阻止通信。这是个错误，但实际安装可能仍然有效！需要打开以下服务的端口：nfs、rpc-bind 和 mountd。

(9) 确认可以从客户端查看共享之后，就该看看是否可以成功挂载文件系统了。首先，创建本地/mnt / usr /local/挂载点，然后使用 mount 命令，如下：

```
[master@clientA ~]$ sudo mkdir -p /mnt/usr/local
[master@clientA ~]$ sudo mount -o rw,bg,intr,soft \
serverA:/usr/local /mnt/usr/local
```

(10) 使用 mount 命令来只查看挂载在 clientA 的 NFS 类型的文件系统：

```
[master@clientA ~]# mount -t nfs
```

对于 NFSv4 挂载，应运行如下命令：

```
[master@clientA ~]# mount -t nfs4
```

(11) 如果这些命令成功，可将挂载条目及其选项添加到/etc/fstab 文件，远程文件系统会在重启时挂载：

```
serverA:/usr/local  /mnt/usr/local  nfs  rw,bg,intr,soft 0 0
```

24.9　NFS 的常见用法

当然，以下想法只是想法。用户通过 NFS 共享文件系统可能有自己的原因。

- 托管流行的程序：如果习惯了 Windows，就可能使用过拒绝安装在网络共享上的应用程序。出丁这样或那样的原因，这些程序希望每个系统都有自己的软件副本——这很麻烦，尤其是在许多机器都需要该软件的情况下。Linux 很少有禁止在网盘上安装软件的情况。因此，许多站点在特殊文件系统(导出到所有主机)上安装大量使用的软件。
- 保存主目录：NFS 分区的另一个常见用途是保存主目录。将主目录放在 NFS 可挂载的分区上，就可以配置自动挂载程序和目录服务，以便用户可登录到网络中的任何机器上，并使他们的主目录可用。异构站点通常使用这种配置，以便用户可无缝地从一种 Linux 变体迁移到另一种变体，而不必考虑个人数据的位置。
- 共享邮件假脱机：可使用邮件服务器上的一个目录存储所有用户邮箱，然后可以通过 NFS 将该目录导出到网络上的所有主机。在这种设置中，传统的 UNIX 邮件阅读器可以直接从存储在 NFS 共享中的 spool 文件读取用户的电子邮件。对于具有大量电子邮件流量的大型站点，可使用多个服务器来提供 POP3 邮箱，所有邮箱都可轻松地驻留在一个公共 NFS 共享上，所有服务器都可访问这个共享。

24.10 小结

本章讨论了设置 NFS 服务器和客户端的过程。这需要在服务器端进行少量配置。客户端需要稍微多一点配置。但总体而言，启动和运行 NFS 的过程比较轻松。这里列出一些需要记住的关键点：

- NFS 已经存在很长时间了，因此，它经历了协议规范的几次修订。这些修订大部分是向后兼容的，每个后续的修订都可以支持客户端使用旧版本。
- NFSv4.*是最新版本，增加了很多以前没有的改进和功能。在撰写本书时，NFSv4.*可能还不是该协议最广泛部署的版本。然而，它是主流 Linux 发行版中实现和附带的常规版本。因此，与老 NFSv3 相比，它正迅速成为规范/标准。
- 旧的 NFS 协议(v2 和 v3)是作为无状态协议实现的。客户端无法区分崩溃的服务器和慢速的服务器；因此，当服务器恢复时，恢复是自动的。在相反的情况下，当客户端崩溃而服务器保持正常运行时，恢复也是自动的。
- NFSv2 和 NFSv3 中的关键服务器进程是 rpc.statd、rpc.rquotad、rpc.mountd 和 rpc.nfsd。这些功能中的大多数已经集成到 NFSv4 中。

NFS 是跨网络客户端共享存储卷/文件系统的强大工具。在使用前，一定要花些时间对它进行试验，以满足环境的资源共享需求。

第 25 章 Samba

Samba 是一套功能强大的应用程序，提供了 SMB/CIFS 协议的开源实现。在其他方面，Samba 帮助基于 Linux 的系统与基于 Windows 的操作系统进行互操作。

Samba 透明地向 Windows 客户端以及运行其他操作系统的其他网络客户端提供文件和打印共享服务。它通过使用本机的 Microsoft 网络协议 SMB/CIFS 来实现这一点。从系统管理员的角度看，这意味着可部署基于 Linux 的服务器，并使用它为其他非本地 Linux 客户端(如 Microsoft Windows 系统)提供文件共享、身份验证、打印和其他服务。使用 Samba 意味着 Windows 系统可使用本地语言与 Linux 服务器对话——这意味着麻烦更少，并且用户可进行无缝集成。

本章介绍了下载、编译和安装 Samba 的过程。与该级别的任何软件一样，Samba 提供了一组丰富的配置选项，使其适合在各种环境中使用。幸运的是，只需要对默认配置进行很少的更改，Samba 就能启动并运行。本章重点介绍如何使用 Samba 执行常规任务，以及如何避免一些常见的 Samba 缺陷。还将简要介绍一些常见的命令行实用程序，如 smbclient。

无论为 Samba 选择了什么任务来处理，一定要花时间阅读程序的文档。它写得很好，很完整，很透彻。

注意 Samba 已移植到许多平台和能想到的几乎任何 UNIX 变体，甚至几个非 UNIX 环境中。

25.1 SMB 机制

要完全理解 Linux/Samba/Windows 关系，需要理解操作系统与它们的文件、打印机、用户和网络的关系。为比较这些关系，下面研究在同一个环境中同时使用基于 Linux 的系统和 Windows 系统时的一些基本问题。

25.1.1 用户名和密码

Linux 登录/密码机制与 Windows Active Directory 模型截然不同，后者使用域控制器(DC)。为实现互操作性，系统管理员必须在两个平台上保持登录和密码的一致性。用户可能需要在不同的环境中工作，并且可能由于各种原因需要访问不同的平台。因此，在这样的环境中工作时要尽可能无缝，而不必担心用户需要在不同平台上分别重新进行身份验证，担心缓存的密码在服务器之间不匹配，等等。

相对于 Samba，有几个选项可用于处理异类环境中的用户名和密码问题，包括以下选项。

- Linux 可插拔身份验证模块(PAM)：允许根据 DC 对用户进行身份验证。这意味着仍然有两个用户列表——一个在本地，一个在 DC 上——但是用户只需要在 Windows 系统上跟踪密码。

- Samba 作为 DC：允许在 Linux 系统上保存所有登录名和密码，而所有 Windows 机器都使用 Samba 进行身份验证。当 Samba 与 LDAP 后端一起使用时，就有了一个可扩展的解决方案。
- 自定义脚本：允许使用自定义脚本。对于拥有完善的登录和密码维护系统的站点，使用自定义脚本也不是不合理的。这可以使用具有良好跨平台支持的脚本语言来实现。可以诱导这些脚本允许对 SAM(安全访问管理器)进行更改，以更新 DC 的密码列表。例如，Linux 端上的 Perl 或 Python 脚本可与 Windows 端上的 Perl 或 Python 脚本通信，以保持账户同步(通过各种机制，Perl 和 Python 都成功移植到 Windows 平台上)。

在最坏的情况下，可始终手工维护不同平台的用户名和密码数据库(一些早期的系统管理员确实不得不这样做!)，但这种方法容易出错，管理起来也不太有趣。

25.1.2 加密的密码

基于 Windows 的系统在与 DC 和任何需要身份验证的服务器(包括 Linux 和 Samba)通信时使用加密的密码。然而，Windows 使用的加密算法与 Linux 不同，因此是不兼容的。

下面是处理此冲突的选项：

- 在 Windows 客户端上编辑注册表，以禁用加密密码。需要更改的注册表项在 Samba 包的 docs 目录中列出。在 Samba 版本 3 中，不再需要此选项。
- 配置 Samba 以使用 Windows 风格的加密密码。

第一个解决方案的好处是不会强迫使用更复杂的密码方案。另一方面，必须对所有客户端应用注册表修复。当然，第二种选择具有相反的效果：对于服务器端稍微复杂一点的情况，不必修改任何客户端。

25.1.3 Samba 守护进程

Samba 代码实际上由几个组件和守护进程组成。这里研究三个主要的守护进程：smbd、nmbd 和 winbindd。

smbd 守护进程为客户端处理文件系统和打印机服务的实际共享，还负责用户身份验证和资源锁定问题。它首先绑定到端口 139 或 445，然后监听请求。每次客户端验证自己时，smbd 都会复制自己；原始端口返回监听其主端口，以获取新请求，副本为客户端处理连接。这个新副本还将其有效用户 ID 从根更改为经过身份验证的用户。例如，如果用户 yyang 根据 smbd 进行身份验证，那么新的副本将使用 yyang 的权限运行，而不是 root 的权限。只要与客户端有连接，该副本就会保存在内存中。

nmbd 守护进程负责处理 NetBIOS 名称服务请求。nmbd 还可作为 WINS(Windows Internet 名称服务器)的临时替代。它首先将自己绑定到端口 137；然而，与 smbd 不同的是，nmbd 并不创建自己的新实例来处理每个查询。除了名称服务请求之外，nmbd 还处理来自主浏览器、域浏览器和 WINS 服务器的请求——因此，它参与网络资源浏览协议。smbd 和 nmbd 守护进程提供的服务相互补充。

最后，winbindd 提供的服务可用于查询本地 Windows 服务器的用户和组信息，然后可以在纯 Linux/UNIX 平台上使用这些信息。通过使用 RPC 调用、PAM 和现代 C 库中的 NSS(名称服务切换)功能来实现这一点。可通过使用 PAM 模块(pam_winbind)来扩展其使用，以提供身份验证服务。此服务与主 smb 服务是分开控制的，可以独立运行。

注意 随着 Microsoft 的 Active Directory 的出现，不应该再需要 nmbd 的服务了；打算允许网络上非常旧的 Windows 主机访问 Samba 共享时，就更加不需要了。

25.1.4　通过 RPM 安装 Samba

对于大多数 Linux 发行版来说，存在 Samba 的预编译二进制文件。本节将展示如何在基于 RPM 的发行版(如 Fedora、RHEL、CentOS 等)上安装 Samba。要提供 Samba 的服务器端服务，需要三个包。

- samba*.rpm：这个包提供了一个 SMB 服务器，可用于向 SMB/CIFS 客户端提供网络服务。
- samba-common*.rpm：这个包提供 Samba 的服务器包和客户端包所需的文件，如配置文件、日志文件、手册页、PAM 模块和其他库。
- samba-client*.rpm：这个包提供 SMB 客户端实用程序，允许访问 Linux 和非 Linux 类型系统上的 SMB 共享和打印服务。这个包在 Fedora、openSUSE 和其他 RHEL 类型的系统上使用。

假设有一个到 Internet 的有效连接，安装 Samba 时，可以简单地执行如下命令：

```
[master@fedora-server ~]$ sudo dnf -y install samba
```

执行以下命令来安装 samba-common-tools 包：

```
[master@fedora-server ~]$ sudo dnf -y install samba-common-tools
```

同样，执行如下命令，可以安装 samba-client 包：

```
[master@fedora-server ~]$ sudo dnf -y install samba-client
```

25.1.5　通过 APT 安装 Samba

在类似 Debian 的发行版上，Samba 软件的基本组件(如 Ubuntu)分为 Samba*.deb 和 Samba -common*.deb 包。在 Ubuntu 中安装 Samba 的客户端和服务器组件很容易，只需要执行以下操作：

```
master@ubuntu-server:~$ sudo apt-get -y install samba
```

与在 Ubuntu 下安装大多数其他服务一样，安装程序在安装后会自动启动 Samba 守护进程。

25.2　Samba 的管理

接下来描述一些典型的 Samba 管理功能。帮助你了解如何启动和停止 Samba，如何使用 Samba 执行常见的管理任务，如何使用 smbclient 等。

启动和停止 Samba

在启用 systemd 的示例 Linux 服务器上，systemctl 实用程序可用于管理 Samba 的启动和关闭。

例如，为启动 smbd 守护进程，可执行如下命令：

```
[master@fedora-server ~]$ sudo systemctl start smb
```

为停止服务，输入：

```
[master@fedora-server ~]$ sudo systemctl stop smb
```

对 Samba 进行配置更改后，可用如下命令重新启动它，使更改生效：

```
[master@fedora-server ~]$ sudo systemctl restart smb
```

smb 服务是开箱即用的，可能不会在下一次系统重启时自动启动。可在现代的 Linux 发行版上使用 systemctl 命令，确保 smb 服务单元在系统启动时自动启动，如下：

```
[master@fedora-server ~]$ sudo systemctl enable smb
```

提示　基于 Debian 的发行版(如 Ubuntu)将 Samba 守护进程服务单元称为 smbd，而不是 RPM 领域中使用的 smb。因此，要在 Ubuntu 中启动 Samba 服务，需要输入以下内容。

```
$ sudo systemctl start smbd
```

25.3　创建共享

本节介绍在/tmp 目录下创建共享的过程，以便/tmp 目录在 Samba 服务器上共享。首先创建要共享的目录，然后编辑 Samba 的配置文件(/etc/samba/smb.conf)，为共享创建一个条目。

如果已经安装并运行了任何图形化桌面环境，通常可使用环境中内置的一些工具来完成 Samba 的简单文件共享任务，或者使用任何可用的基于 Web 的实用工具来管理 Samba 服务器。但是，了解如何以最原始的形式配置 Samba 是很有用的，这将更容易理解 GUI 工具在后端执行的操作。此外，如果没有好的 GUI 配置工具，永远不知道什么时候会被困在亚马逊丛林中。

(1) 在/tmp/文件夹下创建一个名为 testshare 的目录：

```
[master@server ~]$ mkdir /tmp/testshare
```

(2) 在第一步创建的目录下创建一些空文件(foo1、foo2、moo3)：

```
[master@server ~]$ touch /tmp/testshare/{foo1,foo2,moo3}
```

(3) 在 testshare 文件夹上设置权限，这样它的内容可被系统上的其他用户浏览：

```
[master@server ~]$ chmod -R 755 /tmp/testshare/*
```

(4) 作为管理员，在任何所选择的文本编辑器中打开 Samba 的配置文件(/etc/Samba/smb.conf)进行编辑。然后滚动到文件末尾处，将下列条目追加到文件的末尾(请忽略行号 1~5，这只是为了方便阅读)。

```
1. [samba-share]
2. comment=This folder contains shared documents
3. path=/tmp/testshare
4. public=yes
5. writable=no
```

- 第 1 行是共享(在 Samba 语言中是“服务”)的名称。这是 SMB 客户端在尝试浏览存储在 Samba 服务器上的共享时看到的名称。
- 第 2 行只是一个注释，用户在浏览时会在共享旁边看到。
- 第 3 行很重要。它指定文件系统上存储要共享的实际内容的位置。
- 第 4 行指定访问共享不需要密码(访问共享在 Samba 语言中意味着“连接到服务”)。共享上的特权将转换为客户账户的权限。如果将该值设置为 no，则普通公众无法访问该共享，而只能由经过身份验证的用户访问。
- 在第 5 行，指令的值设置为 no，意味着该服务的用户不能创建或修改其中存储的文件。

提示　Samba 的配置文件有很多选项和指令，无法在这里介绍。但可阅读 smb.conf (man smb.conf)的手册页，了解其他可能的选项。

(5) 将更改保存到/etc/samba/smb.conf 文件中，然后退出编辑器。

注意，接受文件中的其他所有默认值。可能需要返回并个性化一些设置，以适应环境。

可能希望快速更改的一项设置是 workgroup 指令，它定义了工作组，控制服务器在客户端查询或在 Windows 网络浏览器中查看时显示在哪个工作组中。

还要注意，默认配置可能包含其他共享定义；如果不打算包括它们，就应该注释掉(或删除)那些条目。

(6) 使用 testparm 实用程序检查 smb.conf 文件的内部正确性(即不存在语法错误)。研究输出中的任何严重错误，并尝试通过返回到 smb.conf 文件中予以纠正。输入如下命令：

```
[master@server ~]$ testparm -s | less
...<OUTPUT TRUNCATED>...
[samba-share]
comment = This folder contains shared documents
path = /tmp/testshare
guest ok = Yes
```

(7) 现在重启(或启动)Samba，以使软件承认更改。在基于 RPM 的发行版(如 Fedora)上，输入以下命令，可以使用 systemctl 命令重新启动 smb 服务器。

```
[master@fedora-server ~]$ sudo systemctl restart smb
```

这就完成了测试共享的创建。下一节将尝试访问共享。

提示　在以强制模式运行 SELinux 的系统(如 Fedora、RHEL、CentOS 等)上，可能需要在 Samba 服务器上，使用正确的安全上下文正确地标记新文件和目录，以允许远程客户端远程挂载和访问 Samba 共享。

要永久标记目录，以便 SELinux 允许 Samba(代表客户端)对其进行读写操作，必须使用 samba_share_t SELinux 上下文对其进行标记。用 semanage 命令添加一个新的 SELinux 记录来完成这个任务，在本例中就是/tmp/testshare 目录。

```
# semanage fcontext -a -t samba_share_t "/tmp/testshare(/.*)?"
```

要立即将刚创建的 SELinux 标签应用到/tmp/testshare 目录及其内容，请使用 restorecon 命令，如下所示。

```
# restorecon -v -R /tmp/testshare/
```

提示　在旧版本(systemd 之前)的基于 Debian 的发行版(如 Ubuntu)上，可通过运行以下程序重启 smb 守护进程。

```
master@ubuntu-server:~$ sudo service samba restart
```

1. 使用 smbclient

smbclient 程序是一个命令行工具，允许对 SMB/CIFS 资源进行类似 FTP 的访问。可使用此实用程序连接到 Samba 服务器，甚至连接到实际的 Microsoft Windows 服务器。smbclient 是一个灵活的程序，可用于浏览其他服务器，发送和检索文件，甚至打印文件。可以想象，这也是一个很好的调试工具，因为可以快速、轻松地检查新的 Samba 安装是否正确工作，而不需要找到 Windows 客户端来测试它。

本节展示如何使用 smbclient 进行基本浏览、远程文件访问和远程打印机访问。

注意　smbclient 程序是单独打包在 Ubuntu 中的。必须运行如下命令，显式地安装它。

```
master@ubuntu-server:~$ sudo apt-get -y install smbclient
```

2. 浏览服务器

有这么多图形界面，浏览就已经等同于“指向并单击”。但是，如果目的只是找出服务器必须提供的功能，那么它本身不足以成为支持或运行整个 GUI 堆栈的理由。

可使用带有-L 选项的 smbclient，查看 Windows 文件服务器或 Samba 服务器提供的服务。下面是命令的格式：

```
$ smbclient -L hostname
```

这里，hostname 是服务器的名称。例如，如果想查看本地主机(在本地运行的 Samba 服务)必须提供什么，输入以下内容：

```
$ smbclient -L localhost
```

提示输入密码时，可按 Enter 键完成命令。

要在不提示输入密码的情况下再次列出 Samba 服务器上的共享，可使用-U%(或-N)选项。这意味着希望作为没有密码的来宾用户进行身份验证。输入以下内容：

```
[master@server ~]$ smbclient -U% -L localhost
Sharename        Type      Comment
---------        ----      -------
print$           Disk      Printer Drivers
samba-share      Disk      This folder contains shared documents
IPC$ IPC         IPC       Service (Samba Server Version 4*)
....<OUTPUT TRUNCATED>....
```

注意前面输出的第 4 行中创建的共享。

3. 远程文件访问

smbclient 实用程序允许通过命令行 UNIX/FTP 混合客户端接口，访问 Windows 服务器或 Samba 服务器上的文件。

最直接的做法是运行以下代码：

```
$ smbclient //server/share_name
```

这里的 server 是服务器名(或 IP 地址)，share_name 是想要连接的共享名。默认情况下，Samba 自动将所有用户的主目录设置为共享。例如，用户 yyang 可通过浏览//fedora-server/yyang 访问名为 fedora-server 的服务器上的主目录。

提示　注意与 smbclient 命令一起用于指定服务器和共享名称的/(正斜杠)字符的方向!如果习惯在 Windows 环境中做类似的事情，就可能会在无意间使用\(反斜杠)字符来代替!

表 25-1 列出一些命令行参数，可能需要使用 smbclient 连接到服务器。

表 25-1　smbclient 实用程序的参数

smbclient 的参数	描述
-I destIP	要连接到的目标 IP 地址
-U username	要连接的用户。它将取代登录时的用户
-W name	将工作组名称设置为 name
-D directory	从 directory 开始

连接之后，就可以使用 cd、dir 和 ls 命令浏览目录了。还可以使用 get、put、mget 和 mput 来回传输文件。在线帮助详细解释了这些命令。在提示符处输入 help 可以查看可用的内容。

提示　如果 Samba 服务器有一个基于主机或基于网络的防火墙来保护它，不要忘记打开必要的端口，以允许外部系统访问在服务器上运行的 Samba 服务。

在类似 Red Hat 的系统(如使用 firewalld 的 Fedora)上，可运行以下代码：

```
$ sudo firewall-cmd --add-service=samba
```

在类似 Debian 的系统(如 Ubuntu)上，使用 UFW 来管理基于主机的防火墙规则，可以运行以下代码：

```
$ sudo ufw allow Samba
```

尝试实际连接到先前创建的共享(Samba 共享)。为演示这个过程，从另一个名为 clientB 的主机建立连接。

使用 smbclient 实用程序连接到服务器，通过指定-U%选项连接为客户。连接后，会进入 smb shell 中，提示符是 smb: \>。

在连接时，使用 ls 命令列出共享中可用的文件。然后，尝试使用类似 FTP 的命令 get 下载共享中的一个文件。

最后，使用 quit 结束连接。这里显示了连接到主机 serverA 的客户端 clientB 上的示例会话：

```
[master@clientB ~]$ smbclient -U% //serverA/samba-share

smb: \> ls
  .         D         0 Sun Mar 24 15:27:42 2026
  ..        D         0 Sun Mar 24 15:27:14 2026
  foo1      A         0 Sun Mar 24 15:27:42 2026
  foo2      A         0 Sun Mar 24 15:27:42 2026
  moo3      A         0 Sun Mar 24 15:27:42 2026
….
smb: \> get foo2
getting file \foo2 of size 0 as foo2 (0.0 KiloBytes/sec) ...
smb: \> quit
```

从 serverA 下载的文件(foo2)应该位于 clientB 的本地文件系统的当前工作目录中。

提示　如果在类似于 Red Hat 的发行版(如 Fedora)上不能访问 Samba 服务器上的共享，那么原因可能在于 SELinux 安全子系统。要进行故障排除，可暂时将 SELinux 置于允许模式，以消除问题起因。可通过运行以下程序来实现：

```
# setenforce 0
```

25.4　挂载远程 Samba 共享

如果内核配置为支持 SMB 文件系统(如现代 Linux 发行版中的大多数内核)，就可将 Windows 共享或 Samba 共享挂载到本地系统上，方式几乎与挂载 NFS 导出或本地卷相同。这便于通过网络访问远程服务器上的大型磁盘/存储。

登录到 clientB 时，可使用 mount 命令和适当选项来挂载驻留在 serverA 上的 Samba 共享。

(1) 首先创建挂载点(如果它不存在)：

```
[master@clientB ~]$ sudo mkdir -p /mnt/smb
```

(2) 然后运行 mount.cifs 命令(通过 mount -t cifs)，执行实际的挂载：

```
[master@clientB ~]$ sudo mount -t cifs -o guest \ //serverA/samba-share /mnt/smb
```

这里//serverA/samba-share 是要挂载的远程共享，/mnt/smb 是本地挂载点。

如果要挂载的远程共享使用用户名/密码组合进行保护，可以使用用户 yyang 的账户提供用户名/密码和 mount 命令，如下面的示例所示：

```
# sudo mount -t cifs -o username=yyang,password=19gan19 \
//serverA/samba-share /mnt/smb
```

要卸载这个目录，使用 umount 命令：

```
[master@clientB ~]$ sudo umount /mnt/smb
```

在基于 Debian 的发行版(如 Ubuntu)上，可能必须安装 cifs-utils 包(如果尚未安装)，这样才能使用 mount.cifs 命令(通过 mount -t cifs)。这可通过运行以下命令来完成：

```
master@ubuntu-server:~$ sudo apt-get install cifs-utils
```

25.5　Samba 用户

如果配置为这样做，Samba 将认可存储在它知道的其他数据库中的用户的请求。反过来，用户数据库可存储在各种后端，如 LDAP (ldapsam)和 Trivial 数据库(tdbsam)。早于 3.0.23 版本的 Samba 也支持外来的后端，如 XML (xmlsam)和 MySQL (mysqlsam)。

这里，我们将在本地/etc/passwd 文件中将一个示例用户添加到 Samba 的用户数据库。出于演示目的，我们将接受并使用 Samba 的本机/默认用户数据库后端(tdbsam)。

25.5.1　创建 Samba 用户

下面为现有用户(yyang)创建一个 Samba 条目。还要设置用户的 Samba 密码。

使用 pdbedit 命令为用户 yyang 创建一个 Samba 条目，并在提示时选择一个好的密码：

```
[master@server ~]$ sudo pdbedit -a yyang
new password:
retype new password:
…<OUTPUT TRUNCATED>...
Unix username:          yyang
User SID:               S-1-5-21-3312929510-1157075115-2701122738-1000
Full Name:              Ying Yang
```

新用户在 Samba 的默认用户数据库 tdbsam 中创建。在类似 Red Hat 的发行版上，数据库文件是/var/lib/samba/private/passdb.tdb。

创建 Samba 用户后，可使共享仅对经过身份验证的用户可用，例如刚为用户 yyang 创建的共享。

如果用户 yyang 现在想访问 Samba 服务器上已严格配置为供她使用的资源(一个受保护的共享或非公开分享)，可执行如下 smbclient 命令，例如：

```
[master@clientB ~]$ smbclient -U yyang -L //serverA
```

当然，也可从本地 Microsoft Windows 机器上访问受保护的 Samba 共享。在 Windows 系统上出现提示时，需要提供正确的 Samba 用户名和相应的密码。

25.5.2　允许空密码

如果需要允许用户没有密码(顺便说一下，这是一个坏主意，但可能存在合法的用例)，可使用

pdbedit 程序和-c 选项设置“不需要密码(N)”标志，如下所示：

```
$ sudo pdbedit -c '[N ]' username
```

其中 username 是用户名和想要设置为空的密码。

例如，要允许用户 yyang 使用空密码访问 Samba 服务器上的共享，请输入以下内容：

```
[master@server ~]$ sudo pdbedit -c '[N]' yyang
```

还可以使用 smbpasswd 程序来完成此操作，如下：

```
[master@server ~]$ smbpasswd -n yyang
```

25.5.3　使用 smbpasswd 修改密码

喜欢使用命令行而不喜欢 GUI 工具的用户可使用 smbpasswd 命令更改其 Samba 密码。这个程序的工作原理与常规的 passwd 程序一样，只是这个程序在默认情况下不更新/etc/passwd 文件；相反，它更新 Samba 的用户/密码数据库。

smbpasswd 使用标准的 Windows 协议/语义与服务器就密码更改进行通信。因此，通过使用正确的参数和选项组合，可诱使该工具在远程本机 Windows 服务器(从基于 Linux 的主机)上更改用户密码！

要更改用户 yyang 的 Samba 密码，执行以下命令：

```
[master@server ~]$ sudo smbpasswd yyang
```

Samba 可配置为允许普通用户自己运行 smbpasswd 命令来管理自己的密码；唯一需要注意的是，他们必须知道自己以前的/旧的密码。

提示　还可使用 pdbedit 工具更改用户的 Samba 密码。例如，要使用 pdbedit 更新用户 yyang 的 Samba 密码，输入：

```
$ sudo pdbedit -a -u yyang
```

25.6　使用 Samba 对 Windows 服务器进行身份验证

前面一直讨论在 Samba/Linux 领域中使用 Samba。或者，确切地说，是一直在其本机环境中使用 Samba，Samba 是其领域的主导者。这意味着，Samba 软件堆栈与基于 Linux 的服务器一起负责管理所有用户的身份验证和授权问题。

本章前面创建的简单 Samba 设置有自己的用户数据库，它将 Samba 用户映射到真正的 Linux/UNIX 用户。这允许 Samba 用户创建的任何文件和目录具有适当的所有权上下文。但是，如果希望将 Samba 服务器部署在环境中，且现有 Windows 服务器用于管理该域中的所有用户，该怎么办？我们不想在 Samba 中管理单独的用户数据库吗？进入 winbindd 守护进程！

注意　Samba 4 是 Samba 的最新和下一代版本。在它的许多增强中，Samba 4 实现了兼容 Active Directory(AD)的域控制器。它本身支持 AD 登录和管理协议(Kerberos、LDAP、RPC 等)。这意味着当前所有的 Windows 客户端都可以透明地连接到 Samba 4 域上，该域运行在基于 Linux/UNIX 的 Samba 4 服务器上，行为与它们作为本机 Windows AD 域的成员时完全一样。

winbindd 守护进程

winbindd 守护进程用于从本机 Windows 服务器上解析用户账户(用户和组)信息，还可用于解析其他类型的系统信息。

可通过使用pam_winbind(与winbindd守护进程交互以帮助验证用户的PAM模块)、libnss_winbind(winbind的名称服务切换库)工具和其他相关子系统来实现这一点。

设置基于Linux的机器以咨询Windows服务器，了解其用户验证需求的过程也称为在AD环境中将Samba设置为成员服务器。

实现这一目标的步骤很简单，可以总结为：

(1) 安装winbind软件(如果尚未安装)。

(2) 使用适当的指令配置Samba配置文件(smb.conf)。

(3) 将winbind添加到Linux系统的名称服务切换工具(/etc/nsswitch.conf)中。

(4) 将Linux/Samba服务器加入Windows域。

(5) 进行测试！

这里展示了一个示例场景，其中名为serverA的Linux服务器使用Windows服务器来满足其用户身份验证需求。Samba服务器充当Windows域成员服务器。

在这个场景中，Windows服务器配置为域控制器。它的主机名是win-server，IP地址是192.168.1.100。短的Windows域名是WINDOWS - DOMAIN。

在这个示例Samba配置中，故意排除了任何共享定义，因此必须创建或指定自己的共享定义(关于如何做到这一点，请参阅本章前面的讨论)。下面更详细地分析这个过程。

(1) 安装winbind包(如果尚未安装)。在基于RPM的系统(如Fedora、CentOS和openSUSE)上，可执行如下命令来安装它：

```
[master@fedora-server ~]$ sudo dnf -y install samba-winbind
```

在基于Debian的发行版(如Ubuntu)上，可以使用如下命令安装包：

```
master@ubuntu-server:~$ sudo apt-get install winbind
```

(2) 创建一个/etc/samba/smb.conf文件，如下所示：

```
#Sample smb.conf file for Linux AD Member Server
[global]
    workgroup = WINDOWS-DOMAIN
    password server = 192.168.1.100
    security = ads
    realm = WINDOWS-DOMAIN.COM
    dedicated keytab file = /etc/krb5.keytab
    kerberos method = secrets and keytab

    idmap config * : backend = tdb
    idmap config * : range = 1000-9999
    idmap config WINDOWS-DOMAIN : backend = ad
    idmap config WINDOWS-DOMAIN : schema_mode = rfc2307
    idmap config WINDOWS-DOMAIN : range = 10000-99999

    winbind nss info = rfc2307
    winbind trusted domains only = no
    winbind use default domain = yes
    winbind enum users = yes
    winbind enum groups = yes
    winbind refresh tickets = Yes
    winbind expand groups = 4
    winbind normalize names = Yes
```

```
domain master = no
local master = no

vfs objects = acl_xattr
map acl inherit = Yes
store dos attributes = Yes
```

(3) 编辑 Linux 服务器上的/etc/nsswitch.conf 文件，如下所示：

```
passwd: files winbind
shadow: files winbind
group: files winbind
```

(4) 需要向负责管理网络名称解析例程的子系统(NetworkManager、systemd-resolve、Resolvconf 等)告知以下信息：DNS 搜索顺序和名称服务器。

换句话说，希望告诉解析器例程，远程 Windows 服务器是主 DNS 服务器，域搜索后缀与 Windows AD 域的名称匹配。/etc/resolv.conf 文件或其等效文件应该有如下条目：

```
search windows-domain.com
nameserver 192.168.1.100
```

(5) 使用 net 命令将 Samba 服务器连接到 Windows 域。假定 Windows 域管理员账户密码是 windows_administrator_password，输入以下命令：

```
[master@fedora-server ~]$ sudo net join -w WINDOWS-DOMAIN \
-S 'win-server' -U Administrator%windows_administrator_password
Using short domain name -- WINDOWS-DOMAIN
Joined 'FEDORA-SERVER' to dns domain 'WINDOWS-DOMAIN.COM'
```

(6) 在类似于 Red Hat 的系统上，可使用 authselect 实用程序配置其他必要的用户信息和身份验证源。从命令行启动工具，给它传递 winbind 选项，然后应用更改：

```
[master@fedora-server ~]$ sudo authselect select winbind
```

运行以下命令，应用更改：

```
[master@fedora-server ~]$ sudo authselect apply-changes
```

(7) 在使用 systemd 作为服务管理器的 Linux 发行版上，可以启动 winbind 守护进程，允许使用 systemctl 命令自动启动它：

```
[master@fedora-server ~]$ sudo systemctl --now enable winbind
```

(8) 使用 wbinfo 实用工具(通过 samba-winbin-clients*.rpm 包提供)，列出 Windows 域中所有可用的用户，以确保工作正常：

```
$ wbinfo -u
```

Linux 服务器现在可以咨询、查询 Windows 服务器的用户身份验证需求。

25.7　Samba 故障诊断

以下是在使用 Samba 时可能遇到的简单问题的一些典型解决方案：

- **重启 Samba**。这可能是必要的，因为 Samba 已经进入了未定义状态，或者对配置进行了重大更改，但忘记重新加载 Samba 以使更改生效。

- **确保配置选项是正确的。**smb.conf 文件中的错误通常出现在目录名、用户名、网络地址和主机名中。当将新客户端添加到对服务器具有特殊访问权限的组中，但没有告知 Samba 要添加的新客户端名称时，会发生常见的错误。对于语法类型错误，可以使用 testparm 实用程序。
- **日志文件。**可将 Samba 配置为根据需要生成尽可能少或尽可能多的日志，并且具有不同级别的详细信息。在解决 Samba 问题时，可以使用日志文件。大多数发行版将特定于 Samba 的日志文件存储在/var/log/samba/目录下。注意那些日志！还可使用 journalctl 实用程序查看日志。

25.8　小结

本章讨论了安装、配置和管理 Samba 的过程，以便基于 Linux 的服务器能与基于 Windows 的网络集成。Samba 是一个强大的应用程序，有可能取代专门用于文件与打印机共享和身份验证服务的 Microsoft Windows 服务器。

通读大量文档可能不是读者最喜欢的消磨时间的方式，但 Samba 文档(https://wiki.samba.org)完整、有用且易于阅读。至少浏览一下文件，看看有什么，这样就知道在需要时可以到哪里获取额外信息。现在有了所有可用的 Samba 文本(有些是免费的，有些不是)，就应该拥有管理最复杂的 Samba 环境所需的一切。

第26章 分布式文件系统(DFS)

前面章节讨论的NFS和SMB/CIFS网络文件系统都是Linux/UNIX领域中值得尊敬的网络文件系统，都允许跨网络共享文件系统和其他资源。除了传统NFS和SMB网络文件系统解决的问题之外，本章还介绍一类网络文件系统，这些系统解决的问题与传统NFS和SMB网络文件系统解决的问题稍有不同。这类网络文件系统称为分布式文件系统(Distributed File Systems，DFS)。DFS提供了一种机制，为位于不同服务器上的文件系统资源提供了统一视图和访问。这里的关键字是“分布式”，它本质上意味着文件系统资源可通过网络以逻辑或物理方式进行划分、共享或分布。

传统的普通网络文件系统使单个服务器上的本地存储可用于局域网(LAN)上的其他客户端系统。然而，它们通常没有“内在的”能力来扩展或轻松地超越单个服务器或LAN。它们也没有“内在的”能力来提供共享文件系统资源的统一(和一致)视图；这些共享文件系统资源位于多个服务器或多个不同的物理或地理位置，使所有数据对最终用户显示为单一资源。

注意 这里称其为“内在的”，因为实际上，有些解决方案/黑客可使纯网络文件系统模仿成熟DFS系统的行为。

26.1 DFS概述

俗语说：“一图胜过千言。”下面使用一系列图片来提供DFS的概述。例如，假设有一个如图26-1所示的系统网络。

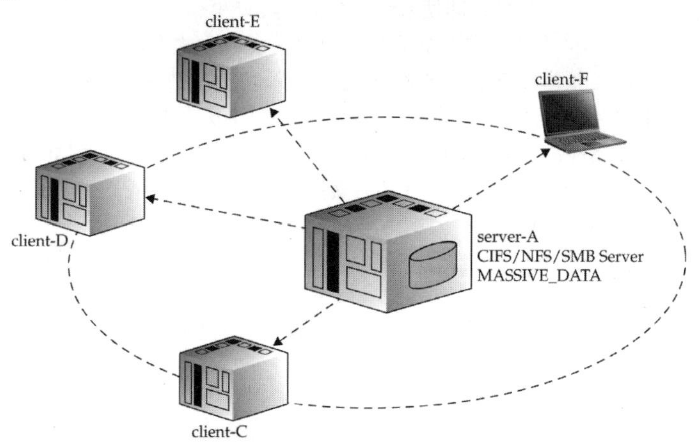

图26-1 传统网络文件服务器和LAN客户端

网络由以下元素组成：

- 大量数据集(文件、目录等)。在本例中，所有数据统称为MASSIVE_DATA。
- 承载MASSIVE_DATA的传统NFS或公共Internet文件系统(CIFS)服务器。这是server-A。
- 需要访问server-A上MASSIVE_DATA的一批客户端系统和用户。这些客户端系统是client-C、client-D、client-E和client-F。
- 在其他条件相同的情况下，server-A可很好地完成向客户端提供MASSIVE_DATA的任务——前提是客户端通过一些高速网络(如LAN)连接到它。

在图26-2中，情况发生了一些变化，添加了更多客户端系统。除了图26-1所示的元素和条件之外，新场景还具有以下新元素：

- 一组新的客户端系统client-G、client-H、client-I和client-J，它们需要访问server-A上的MASSIVE_DATA。
- 然而，新的客户端并没有直接连接到与server-A相同的LAN。相反，它们通过WAN (Internet)连接。
- 新客户位于物理和地理上不同的位置。

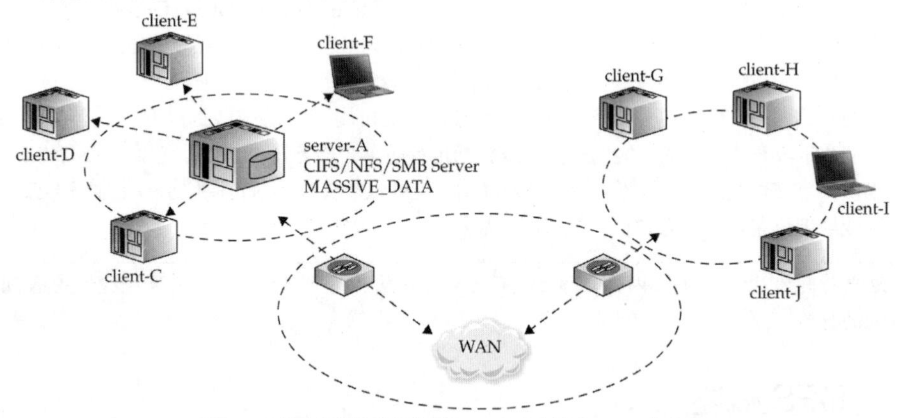

图26-2　传统网络文件服务器、LAN客户端和WAN客户端

显然，就server-A而言，没有什么变化——只是一堆需要访问MASSIVE_DATA的新客户端。

然而，新的需求产生了一个问题：即使server-A仍使其文件系统可用于新添加的客户端，但服务器和新客户端之间的网络可能无法完成这项任务。中间的网络可能太慢、太拥挤、太不可预测，等等。还有一种可能是，server-A根本没有被构建来处理这么多新客户端的额外需求和负载。

DFS为这些问题提供的解决方案如图26-3所示，并在以下场景中描述：

- 在需要访问MASSIVE_DATA的客户端附近放置一个额外的文件服务器(server-B)。
- 确保MASSIVE_DATA的副本存在于所有文件服务器上，而不管它们位于何处。
- 确保客户端能够快速、简单和一致地访问MASSIVE_DATA。
- 无论客户端从何处访问或修改数据，确保构成MASSIVE_DATA的比特和字节保持一致，未被破坏。
- 确保对MASSIVE_DATA的任何更改都立即在所有副本上反映出来，而不管它们物理上驻留在何处。

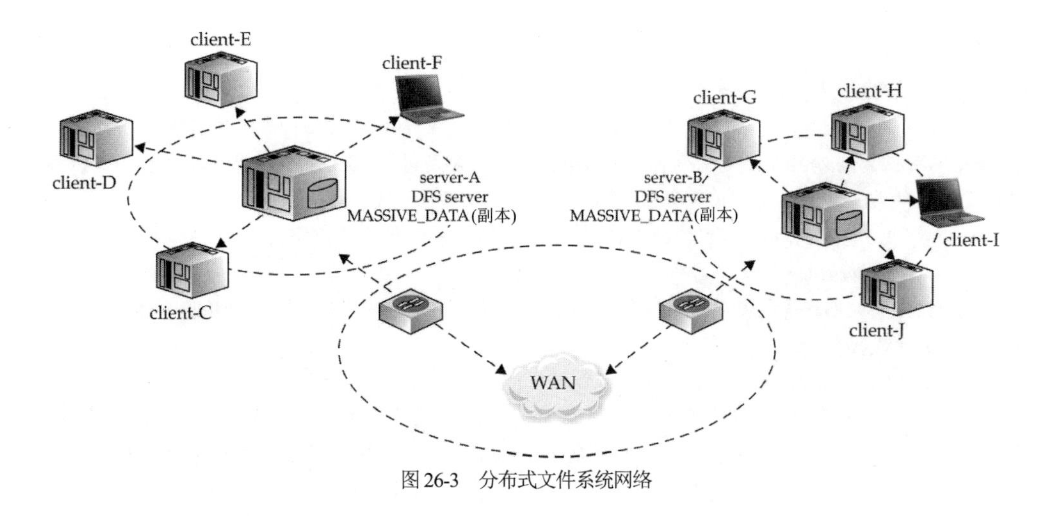

图 26-3　分布式文件系统网络

26.2　DFS 实现

目前存在许多 DFS 解决方案来处理上述场景。这些解决方案在很大程度上各不相同：它们在复杂性、易管理性、配置便利性、部署便利性、受支持的平台、成熟度、应用以及特性方面有所不同。实现的不同还因为它们可能包含一些特殊特性，使它们更适合特定的应用程序或工作负载。以下是一些 DFS 实现。

- GlusterFS(www.gluster.org)：这个流行的开源分布式/集群文件系统易于设置和使用。源代码正在积极开发中。大多数流行的 Linux 发行版都可以使用打包的二进制文件。它非常适合高性能和虚拟化云(云计算)类型的工作负载和应用程序。
- Lustre(http://lustre.org)：这种高性能 DFS 实现经常用于集群类型的工作负载和 LAN 类型的环境。与其他 DFS 解决方案相比，它的体系结构使得安装、配置和维护更加复杂。标准的 Lustre 设置包括元数据服务器(MDS)、元数据目标(MDT)、对象存储服务器(OSS)、对象存储目标(OST)和 Lustre 客户端。对于某些特性，Lustre 需要一个专门打过补丁的 Linux 内核。
- Microsoft DFS(MS-DFS)：Microsoft 的实现是一个成熟的产品，在纯 Windows 环境中安装相对容易。开放源码项目 Samba 可在其 CIFS/SMB 协议的实现中模拟专有 MS-DFS 的一些特性。
- OpenAFS(www.openafs.org)：作为较老的 DFS 实现之一，OpenAFS 非常健壮，在多种平台上得到很好的支持——Windows、Linux 和 macOS。但安装和配置它并不容易，它严重依赖 Kerberos。
- Ceph(www.ceph.com)：Ceph 是一个成熟的工业级存储平台。它是分布式和集群的，并为大多数常见的 DFS 用例提供接口。为 Ceph 集群中存储数据的应用程序提供的接口是 Ceph 对象存储、Ceph 块设备和 Ceph 文件系统。因为 Ceph 是一个对象存储平台，所以所有数据都作为对象存储在一个平面命名空间中；这意味着没有传统的目录层次结构(只是它们都通过其中一个接口)！

典型的 Ceph 集群实现由以下守护进程组成：监视器(ceph-mon)、管理器(ceph-mgr)、对象存储守护进程(ceph-osd)和元数据服务器(ceph-mds)。

下面将讨论和配置一些流行的 GlusterFS DFS 实现。

DFS 术语

以下是DFS领域和DFS讨论中常用的概念和术语。

- 块(brick)：在DFS术语中，其本地存储资源对DFS的总体存储能力起作用的物理服务器/系统通常称为“块”。以不同方式组合两个或多个块构成了DFS系统的基础。客户端或主机访问集体存储在块上的文件系统资源，而不需要知道(或关心)它们正在访问一个或多个块上的数据。
- 元数据(metadata)：元数据指的是数据(或文件)除了实际数据本身外的其他所有特征。这可包括文件大小、文件权限、时间戳、文件名和其他可用于描述文件的属性。不同的DFS实现通常有一种特殊方式来组织它们所托管数据的元数据信息。一些DFS实现需要一个独立的元数据服务器，专门用于管理存储的元数据信息。
- 容错(fault tolerance)：这是DFS可能提供也可能不提供的一个特性。它允许在发生故障时对DFS的共享资源进行透明和持续的访问。容错类似于在独立磁盘冗余阵列(RAID)中设置多个存储磁盘所带来的安心感。在某些RAID配置中，系统可继续在单个磁盘(有时是多个磁盘)发生故障时运行。在涉及多个系统的容错DFS的情况下，如果一个(有时更多)服务器突然不可用或脱机，文件系统资源将继续可用。尽管在某些DFS设置中，这可能是一个理想特性，但在DFS的总体性能更重要的其他设置中，它可能没有用处。
- 复制：复制是将一个文件系统的内容再现到另一个位置的过程。它用于确保一致性和容错，并用于改进数据的可访问性。复制可通过两种方式之一发生：同步或异步。同步复制可能会降低一些速度，因为它要求某个节点上发生的某些文件操作(读、写等)在其他节点上并发/完全执行，才能被认为是成功的。另一方面，异步复制更适合在慢速连接上使用，因为文件系统操作可能发生在一个节点上，并被认为是成功的，而设置中的其他节点以后会赶上来。
- POSIX兼容：POSIX是UNIX的可移植操作系统接口，是IEEE的一系列标准，定义了与各种UNIX操作系统(如Linux)的软件兼容性。对于这里讨论的DFS，POSIX文件系统在任何DFS实现中的兼容性仅意味着DFS软件能表示和保存UNIX文件系统语义，例如存储在其上的数据的时间戳、区分大小写的文件命名、权限等。DFS实现中的POSIX兼容性是一个很好的特性，因为这意味着现有用户和应用程序在与存储在DFS卷上的数据交互时，不会注意到任何差异。

GlusterFS

GlusterFS是一个受Red Hat公司支持的流行DFS实现。GlusterFS软件可作为几个Linux发行版的预编译包提供，但与大多数自由和开放源码软件(FOSS)项目一样，总可下载源代码，自己编译和构建它。如果想要软件的最新版本，可能需要自己编译和构建它，而发行版维护人员可能还没有可用的最新版本。

下面创建一个小型DFS环境，其中包括两个服务器和一个客户端。这两个服务器承载一个分布式复制的卷。这意味着两个服务器上GlusterFS卷的内容是相同的——这提供了类似于在RAID 1设置(镜像)中使用物理磁盘时的冗余，有助于确保高可用性和可靠性。

因为示例GlusterFS环境由三个不同的系统(server-A、server-B和client-C)组成，所以把构建GlusterFS网络的步骤分成不同的部分和子部分。因此，当某个部分应用于多个服务器或仅应用于其中一个服务器时，相应地对该部分进行标记。类似地，当这些步骤仅应用于客户端系统时，将该部分进行标记。

1. 安装

在运行Fedora的示例服务器和客户端系统上安装GlusterFS软件及其依赖项。运行的步骤和命令与其他基于 RPM 的 Linux 发行版(如 RHEL、CentOS 等)非常类似。尽可能在一组给定的服务器和客户端中部署相同版本的 Gluster 堆栈。

在 server-A 和 server-B 上安装　以具有管理权限的用户登录系统时，在控制台输入以下内容：

```
[master@server-* ~]$ sudo dnf -y install glusterfs glusterfs-server
```

在客户端系统(client-C)上安装 GlusterFS　在只需要访问由 Gluster 服务器导出的数据的客户端系统上，需要安装核心 GlusterFS 包和本机 GlusterFS 客户端包。要安装这些，输入以下内容：

```
[master@client-C ~]$ sudo dnf -y install glusterfs glusterfs-fuse
```

客户端组件是由基于 Debian 的发行版(如 Ubuntu)上的 glusterfs-client 包提供的。运行如下命令，在 Ubuntu 上安装它：

```
[master@ubuntu-client-C ~]$ sudo apt install glusterfs-client
```

2. 管理 Gluster

与本书讨论的大多数其他基于客户端/服务器的服务一样，管理 Gluster 服务包括启动、停止和配置服务。

名称解析　对于 GlusterFS 软件堆栈来说，能将其他系统的主机名可靠地转换为它们的 IP 地址是一件好事。确保所有系统上的/etc/hosts 文件包含所有参与系统需要的名称和 IP 地址映射，或者确保所有主机名都可通过 DNS 解析(参见第 17 章)，可以很方便地做到这一点。这里选择简单的路线，确保以下适用于演示环境的条目位于所有三个系统的/etc/hosts 文件中。

```
192.168.0.67        server-A
172.16.0.69         server-B
192.168.0.246       client-C
```

启动和停止 server-A 和 server-B 上的 Gluster　运行以下命令，检查 glusterd 守护进程的状态。

```
[master@server-* ~]$ systemctl status glusterd
```

为了停止 glusterd，输入：

```
[master@server-* ~]$ sudo systemctl stop glusterd
```

一旦确认了守护进程当前没有运行，就可以启动 glusterd，如下：

```
[master@server-* ~]$ sudo systemctl start glusterd
```

创建可信的存储池　按照 GlusterFS 的说法，受信任的存储池由设置中组成 DFS 的所有服务器或块组成。存储池的概念有助于管理 GlusterFS 环境的不同方面——例如，可通过向存储池中添加新的存储块来增加 DFS 的总容量。

提示　Gluster DFS 中的主机通过 TCP 端口号进行通信的范围为 24007~24008，49152~<49152+number_of_bricks - 1>。确保这些端口在 GlusterFS 服务器和客户端之间的任何本地或外部防火墙上都是打开的。例如，在使用 firewalld 防火墙管理器、带有 10 个块的基于 RPM 的发行版 Gluster 设置中，可运行以下操作，打开服务器上的以下端口。

```
$ sudo firewall-cmd --add-port=24007-24008/tcp \
--add-port=49152-49161/tcp --permanent
$ sudo firewall-cmd -reload
```

出于测试和故障排除的目的，还可以临时禁用服务器上的整个防火墙子系统(iptables、nftables、firewalld 或 ufw)。

在 server-A 中，将 server-B 添加到存储池：

```
[master@server-A ~]$ sudo gluster peer probe server-B
```

检查刚创建的存储池中的对等节点的状态：

```
[master@server-A ~]$ gluster peer status
```

提示　如有必要，可输入如下命令，从存储池中删除服务器(如 server-B)：

```
[master@server-A ~]$ sudo gluster peer detach server-B
```

创建一个分布式复制卷　创建和使用/data 目录下的目录作为存储空间，分配给 DFS 中的可信对等点。然后创建一个名为 MASSIVE_DATA 的复制卷。

在 server-A 上，创建父目录和子目录/data/A：

```
[master@server-A ~]$ sudo mkdir -p /data/A
```

在 server-B 上，创建父目录和子目录/data/B：

```
[master@server-A ~]$ sudo mkdir -p /data/B
```

在 server-A 上，创建 MASSIVE_DATA 卷：

```
[master@server-A ~]$ sudo gluster volume create MASSIVE_DATA replica 2 \
transport tcp server-A:/data/A server-B:/data/B force
volume create: MASSIVE_DATA: success: please start the volume to access data
```

使用 gluster 命令和 info 选项来查看刚创建的 Gluster 卷信息。这个命令可从任何 Gluster 服务器上执行：

```
[master@server-* ~]$ sudo gluster volume info MASSIVE_DATA
Volume Name: MASSIVE_DATA
Type: Replicate
Status: Created
Number of Bricks: 2
Transport-type: tcp
Bricks:
Brick1: server-A:/data/A
Brick2: server-B:/data/B
```

在服务器上启动 GlusterFS 卷　创建逻辑卷后，需要启动卷，使客户端能够访问存储其上的数据。可以从存储池中的任何可信对等点上启动卷。

要启动 MASSIVE_DATA 卷，输入以下内容：

```
[master@server-* ~]$ sudo gluster volume start MASSIVE_DATA
```

在客户端(client-C)上挂载 GlusterFS 卷　需要访问 GlusterFS 卷的客户端系统可以使用不同的方法和协议来完成此操作。推荐的方法是使用所谓的“本机”GlusterFS 客户端，挂载远程 GlusterFS 卷。这种方法提供了最好的性能，因为它利用了软件的内置优化。但是，并不总是可以使用本机 Gluster 客户端。

为访问 GlusterFS 卷，可在服务器端启用和配置适当的协议，并像往常一样共享/导出 GlusterFS 挂载点。例如，可通过 CIFS/SMB 协议将示例 server-B 上 GlusterFS 挂载点的内容提供给 Windows、macOS 和 Linux 客户端，方法是创建一个 Samba(参见第 25 章)共享定义，如下：

```
[MASSIVE_DATA]
      path = /data/B
      comment = Samba share on gluster DFS
```

```
        browseable = yes
        writable = yes
```

同样，可让 GlusterFS 卷用于其他能够表述 NFS(见 24 章)的 Linux 客户端系统。为此，在示例 GlusterFS server-A 上，在 NFS 配置文件(/etc/exports)中创建如下所示的条目：

```
# /etc/exports file for server-A /data/A
192.168.0.0/24(ro)
```

本节使用推荐的本机 GlusterFS 客户端访问远程 GlusterFS 卷。

在客户端的/mnt/glusterfs/ MASSIVE_DATA 目录上创建并挂载远程 GlusterFS 卷。

在客户端系统上，创建挂载点：

```
[master@client-C ~]$ sudo mkdir -p /mnt/glusterfs/MASSIVE_DATA
```

运行以下命令，将导出的卷挂载到 Gluster 服务器上：

```
[master@client-C ~]$ sudo mount -t glusterfs server-A:/MASSIVE_DATA \
/mnt/glusterfs/MASSIVE_DATA/
```

使用 df 命令在远程卷上运行一些基本检查：

```
[master@client-C ~]$ df -h /mnt/glusterfs/MASSIVE_DATA/
Filesystem            Size  Used  Avail  Use%   Mounted on
server-A:/MASSIVE_DATA 50G  746M  48G    2%     /mnt/glusterfs/MASSIVE_DATA
```

在客户端上访问 GlusterFS 卷　一旦在本地客户端上成功地挂载了远程 GlusterFS 卷，客户端系统上的用户就可以开始在远程存储上读写数据了——当然，前提是他们具有正确的文件系统权限。

在客户端系统中，在 MASSIVE_DATA 卷上创建一些示例文件：

```
[master@client-C ~$] sudo touch /mnt/glusterfs/MASSIVE_DATA/{1,2,3,4}
```

执行一个简单的目录列表，确保文件的正确创建：

```
[master@client-C $ ls /mnt/glusterfs/MASSIVE_DATA/
1 2 3 4
```

提示　如果分别对 server-A 和 server-B 的/data/A 和/data/B 目录执行目录列表命令，应该会看到在两个服务器上复制的客户端创建了相同的文件。此外，如果其中一个服务器(如 server-A)由于某种原因突然脱机，那么另一个服务器(server-B)会继续托管复制的文件，就像什么都没有发生一样，而且所有这些对客户端都是透明的。

26.3　小结

本章介绍了分布式网络文件系统。此外，DFS 还提供了一种方法，可将数据分散到多个物理服务器上，并使数据在客户端中显示为单个文件系统资源。目前有几种 DFS 实现，有专有的，也有开源的。我们简要介绍了一些更流行、更有前途的现成实现。

最后，本章介绍了如何使用 GlusterFS 软件来安装、配置和管理简单的复制 DFS 环境。示例设置包括两个服务器和一个客户端。

第27章 轻量级目录访问协议(LDAP)

轻量级目录访问协议(Lightweight Directory Access Protocol，LDAP)有许多名称，包括“自切片面包以来最好的东西”。然而，它实际上是一套用于访问、查询和修改网络上集中存储的信息的开放协议。LDAP 基于 X.500 标准；X.500 是一个 ISO 标准，定义了分布式目录服务的总体模型。LDAP 是原始标准的一个更轻量级的版本。RFC 4511 这样解释这种关系：“LDAP 提供对分布式目录服务的访问，分布式目录服务是按照 X.500 数据和服务模型运行的。”

LDAP 是由密歇根大学在 1992 年开发的，是 DAP(目录访问协议)的轻量级替代方案。LDAP 本身没有定义目录服务。相反，它定义了客户端用于访问和维护目录(如 X.500 目录)中数据的消息传输方式和格式。LDAP 是可扩展的，相对容易实现，并且基于开放标准。本章介绍由 OpenLDAP 实现的目录服务，讨论 LDAP 体系结构的基本概念。

27.1 LDAP 基础

LDAP 是一个用于访问专门定制的数据库的协议，该数据库用于各种事情，如目录服务。这个目录就像一个数据库，可用来存储各种信息。但与传统数据库不同，LDAP 数据库特别适合于读、搜索和浏览操作，而不是写操作。LDAP 只有通过读取才能发挥作用！

一些流行的 LDAP 实现有 OpenLDAP 套件、Microsoft Active Directory、389 Directory Server、IBM Security Directory Server 和 NetIQ eDirectory。

注意 这些实现不是纯粹的/严格的 LDAP 实现，它们没有严格地遵循 LDAP 标准，缺少了该 LDAP 模式的部分，或者有太多的定制。

27.1.1 LDAP 目录

就像流行的 DNS 一样，LDAP 中的目录项按照层次树结构进行排列。就像在大多数层次结构中一样，树越往下走，其中存储的内容就越精确。LDAP 的层次树结构的正式名称是目录信息树(DIT)。目录层次树结构的顶部有一个根元素。树结构中任何节点的完整路径(唯一标识该节点)称为节点或对象的专有名称(DN)。

同样，就像在 DNS 中一样，LDAP 目录的结构可反映地理和/或组织边界。地理边界可沿着乡村分界线、州分界线、城市分界线或类似的线来画，组织边界可根据职能、部门或单位(OU)来确定。

例如，假设一家名为 Example 的公司决定使用基于域的命名结构来构造其目录树。这家公司有不同的部门，如工程部、销售部和研发部。该公司的 LDAP 目录树如图 27-1 所示。

下面是目录树中示例对象的 DN：

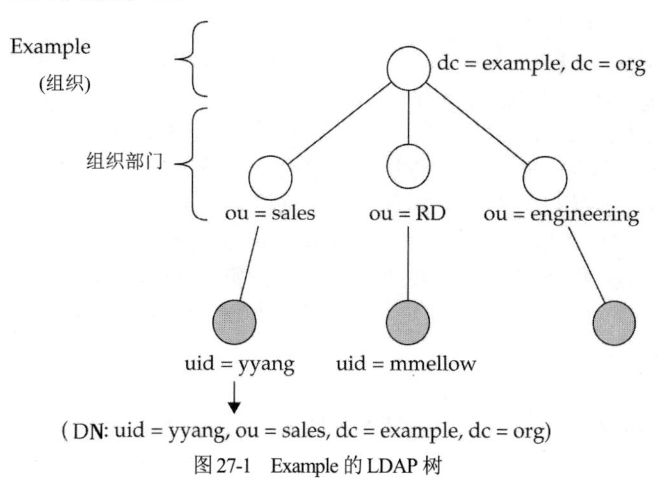

图 27-1　Example 的 LDAP 树

27.1.2　客户端/服务器模型

与大多数网络服务一样，LDAP 遵循通常的客户端/服务器范式。客户端和服务器之间的典型交互如下所示：

(1) LDAP 客户端应用程序连接到 LDAP 服务器。这个过程也称为“绑定到服务器”。

(2) 根据服务器上配置的访问限制，LDAP 服务器会接受或拒绝绑定/连接请求。

(3) 假设服务器接受，客户端可选择查询目录服务器、浏览存储在服务器上的信息，或者尝试修改/更新 LDAP 服务器上的信息。

(4) 同样，基于访问限制，服务器可允许或拒绝客户端尝试的任何操作。如果服务器不能响应请求，它可将客户端转发到另一个上游 LDAP 服务器，该服务器可能对该请求有更权威的响应。

27.1.3　LDAP 的使用

LDAP 是一种分布式目录服务，可用于存储各种类型的信息。几乎任何类型的信息都可以存储在 LDAP 目录中——这些信息的性质多种多样，如纯文本信息、图像、二进制数据、公钥证书等。随着时间的推移，人们创建了各种 LDAP 模式，以允许在 LDAP 目录中存储不同的数据源。下面是一些使用 LDAP 的示例：

- LDAP 可作为组织的完整身份管理解决方案，为用户提供身份验证和授权服务。
- 存储在 DNS 记录中的信息可存储在 LDAP 中。
- LDAP 可用于为组织提供“黄页”服务(例如，员工的联系信息——电话号码、地址、部门等)。
- 邮件路由信息可存储在 LDAP 中。
- Samba 模式允许 Samba 服务器在 LDAP 中存储大量的对象属性。这允许 Samba 在需要冗余和复制的环境中作为 Microsoft Windows 域控制器的临时替代。

27.1.4 LDAP 术语

如果打算掌握 LDAP 术语，还需要了解 LDAP 的基本技术术语。本节定义一些术语并解释在处理 LDAP 时经常遇到的一些概念。

- 条目(或对象)：LDAP 目录中的一个单元。每个条目都由其专有名称(DN)限定。例如，dn: uid=yyang、ou=sales、dc=example、dc=com。
- 属性：这些是与条目关联的信息片段，例如组织的地址或员工的电话号码。
- objectClass：这是一种特殊类型的属性。LDAP 中的所有对象都必须具有 objectClass 属性。objectClass 定义指定每个 LDAP 对象需要哪些属性，并指定条目的对象类。客户端可修改此属性的值，但不能删除 objectClass 属性本身。objectClass 定义本身存储在模式文件中。
- 模式：是决定目录的结构和内容的规则集合。模式包含属性类型定义、objectClass 定义和其他信息。模式列出每个对象类型的属性，以及这些属性是必需的还是可选的。模式通常存储在纯文本文件中。

  下面是模式的一些示例。

  - core.schema　定义基本的 LDAPv3 属性和对象，是 OpenLDAP 实现中必需的核心模式。
  - inetorgperson.schema　定义了 inetOrgPerson 对象类及其相关属性。此对象可用于存储联系信息。
- LDIF：表示 LDAP 数据交换格式，是用于 LDAP 条目的纯文本文件。用于在 LDAP 服务器之间导入或导出数据的文件应该采用这种格式。用于在 LDAP 服务器之间复制的数据也采用这种格式。

27.2 OpenLDAP

OpenLDAP 是 LDAP 的开源实现，运行在 Linux/UNIX 系统上。OpenLDAP 是一套程序，由 slapd、slurpd、各种实用程序和库组成，它们实现 LDAP 协议以及各种客户端和服务器端实用程序。

27.2.1 服务器端守护进程

服务器端由两个主要守护进程组成。

- slapd：是一个独立的 LDAP 守护进程，侦听来自客户端的 LDAP 连接，并响应通过这些连接接收到的 LDAP 操作。
- slurpd：是一个独立的 LDAP 复制守护进程，用于将更改从一个 slapd 数据库传播到另一个 slapd 数据库。这个守护进程用于在 LDAP 服务器之间同步更改。当使用多个 LDAP 服务器时，它非常有用。

27.2.2 OpenLDAP 实用程序

OpenLDAP 实用程序是一组命令行程序，用于查询、查看、更新和修改存储在 OpenLDAP 目录中的数据。表 27-1 列出并描述了一些程序。

表 27-1　OpenLDAP 实用程序

实用程序	描述
ldapmodify	用于修改 LDAP 中的条目。它可直接从命令行接收输入，也可通过文件接收输入
ldapadd	到 ldapmodify -a 命令的硬链接。它用于向 LDAP 数据库添加新条目(可通过向 ldapmodify 命令添加-a 选项来获得 ldapadd 命令提供的功能)
ldapdelete	用于从 OpenLDAP 目录中删除条目
ldappasswd	设置 LDAP 用户的密码
ldapsearch	用于查询/搜索 LDAP 目录
slapadd	接受来自 LDIF 文件的输入以填充 LDAP 目录。位于/usr/sbin/目录下
slapcat	将 LDAP 目录的全部内容转储到一个 LDIF 类型的文件中。位于/usr/sbin/目录下
slapindex	用于根据实际的当前数据库内容重新索引 LDAP 数据库。位于/usr/sbin/目录下
slappasswd	用于生成正确的散列/加密密码，可用于各种特权目录操作。位于/usr/sbin/目录下

27.2.3　安装 OpenLDAP

要安装并运行 OpenLDAP 服务器和客户端组件，在 Fedora、RHEL 和 CentOS 系统上需要这些包：

- OpenLDAP -2*.pm 为 OpenLDAP 提供配置文件和库。
- OpenLDAP-clients *.pm 提供了访问和修改 OpenLDAP 目录所需的客户端程序。只有客户端需要它！
- OpenLDAP-servers*.rpm 提供了配置和运行 LDAP 所需的服务器(slapd、slurpd)和其他实用程序。

下面使用 dnf 包管理器下载并在示例 Fedora 服务器上安装 openldap-servers 包。下面列出了步骤。

(1) 当作为根用户登录时，首先通过查询 RPM 数据库来确认已经安装了哪些包：

```
[master@fedora-server ~]$ rpm -qa | grep -i openldap
openldap-2* ...
```

注意　大多数 Linux 发行版的操作系统安装过程将自动包括基本 OpenLDAP 软件，作为最小安装软件的一部分。这样做是为了从一开始就可将系统配置为 LDAP 客户端，而没有任何额外的麻烦。

(2) 可以预见，样例系统已经安装了基本 openldap 库，因此下面继续使用 dnf 安装 OpenLDAP 客户端和服务器包：

```
[master@fedora-server ~]$ sudo dnf -y install openldap-servers \
openldap-clients
```

安装成功完成后，可继续处理配置部分。

在 Ubuntu 中安装 OpenLDAP

通过高级打包工具(APT)，OpenLDAP 服务器可安装在基于 Debian 的 Linux 发行版上，如 Ubuntu。下面是安装软件的命令：

```
master@ubuntu-server:~$ sudo apt-get -y install slapd
```

此外，安装过程还通过询问一些问题(如管理密码)，帮助开始设置基本的 LDAP 服务器配置。安装后，OpenLDAP 服务器(slapd)进程也将自动启动。

在类似 Debian 的发行版上，OpenLDAP 客户端实用程序在 ldap-utils*.deb 包中提供。运行如下命令，安装这个包：

```
master@ubuntu-server:~$ sudo apt-get install ldap-utils
```

27.2.4 配置 OpenLDAP

根据要对目录做什么，配置目录服务器可能非常麻烦，也可能是一个简单的过程。如果在进行全新的部署，那么设置目录通常很容易，不必担心任何遗留问题，也不必考虑现有用户或数据。对于有现有基础设施的环境，必须采取额外的预防措施。

警告 如果在需要考虑向后兼容性问题、遗留体系结构、现有用户或现有数据的环境中部署 LDAP，建议非常谨慎地推出 OpenLDAP。某些情况下，这可能需要几个月的计划。计划应该包括测试系统上当前环境的广泛测试。

配置 LDAP 目录服务时要考虑的另一个重要因素是目录的结构。例如，在继续之前，应该知道以下问题的答案：公司的组织部门是什么？将沿着什么边界建造？要存储在目录中的信息有多敏感？是否需要多个 LDAP 服务器？

PAM 模块、NSS 库、nslcd 和 SSSD 守护进程

在像 Fedora 这样的 Red Hat 系统上，名为 nss-pam-ldapd*.rpm 的包提供了两个重要的模块/库(pam_ldap 和 libnss_ldap)以及 nslcd 守护进程。

pam_ldap 模块为 Linux 主机提供了一种根据 LDAP 目录进行身份验证的方法。它允许支持 PAM 的应用程序使用存储在 LDAP 目录中的信息对用户进行身份验证。支持 PAM 的应用程序的例子有登录程序、一些邮件服务器、一些文件传输协议(FTP)服务器、OpenSSH 和 Samba。

libnss_ldap 库是一组 C 库扩展，它允许应用程序通过查询 LDAP 目录来查找用户、组、主机和其他信息。该模块允许应用程序使用 LDAP 查找某些信息，并可以与传统方法(如平面文件、DNS、NIS 和 NIS+)一起工作。

nss-pam-ldapd 包中的 PAM 模块和 NSS 库可以与其他系统守护进程一起工作，从而提供完整的身份验证和授权解决方案。LDAP 名称服务守护进程(nslcd)和系统安全服务守护进程(sssd)是这种系统守护进程的常见示例。nslcd 更多是一个遗留的守护进程，并且在某种程度上不赞成使用 sssd。另外，nslcd 是特定于 LDAP 的，而 sssd 可提供对多个不同账户信息源的访问，如 FreeIPA、文件、LDAP、Active Directory 等。sssd 使用各种子守护进程(例如 sssd-ipa、sssd-ldap、sssd-ad 和 sssd-文件)来管理对远程目录的访问和身份验证机制。

如果系统使用 LDAP 系统代替传统的身份验证机制，使用 nslcd 或 sssd 提供了以下优点：

- 有助于在相关程序中避免加载 LDAP 和 SSL 库的必要性
- 利用缓存查找信息的能力，减轻 LDAP 服务器上的负载
- 提供更好的性能

nss-pam-ldapd 包提供了 nslcd 守护进程，其主配置文件是/etc/nslcd.conf。现代基于 RPM 的发行版默认安装了 sssd-common 包，它提供了 sssd 守护进程。sssd 的主配置文件是/etc/sssd/sssd.conf。

要将 nslcd 或 sssd 配置为使用 LDAP，至少需要设置 LDAP 服务器的位置(URI)、LDAP 搜索基础 DN 以及运行守护进程需要的用户和组身份。

27.2.5 配置 slapd

slapd.conf 文件是 slapd 守护进程的配置文件。在 Fedora 和其他类似 Red Hat 的发行版上，该文件的完整路径是/etc/openldap/slapd.conf。本节将分析 Fedora 服务器附带的默认配置文件，并讨论其中一些有趣的部分。

注意 在类似 Debian 的发行版中，slapd 的配置文件位于/etc/ldap/slapd.conf。

下面是一个 slapd.conf 文件的截短版本。请注意，文件中尽量减少了注释，并消除了这里不需要处理的配置指令。这里只显示与当前讨论相关的文件的简化版本。其中添加了行号，以增强可读性。

```
1. # See slapd.conf(5) for details on configuration options.
2. # This file should NOT be world-readable.
3. #
4. include     /etc/openldap/schema/core.schema
5. include     /etc/openldap/schema/cosine.schema
6. include     /etc/openldap/schema/inetorgperson.schema
7. include     /etc/openldap/schema/nis.schema
8. #
9. pidfile     /var/run/openldap/slapd.pid
10. argsfile   /var/run/openldap/slapd.args
11. database   bdb
12. suffix     "dc=my-domain,dc=com"
13. rootdn     "cn=Manager,dc=my-domain,dc=com"
14. # Cleartext passwords, especially for the rootdn, should
15. # be avoided. See slappasswd(8) and slapd.conf(5) for details.
16. #
17. rootpw         {crypt}ijFYNcSNctBYg
18. #
19. # The database directory MUST exist prior to running slapd AND
20. # should only be accessible by the slapd and slap tools.
21. # Mode 700 recommended.
22. directory /var/lib/ldap
```

下面是上述清单中需要注意的一些事项：

- 第 1~3 行是注释条目。井号(#)之后的任何文本都是注释。
- 第 4~7 行是 include 语句。这些 include 语句用于指示 slapd，从指定的文件中读取附加的配置信息。在本例中，被拉入的附加文件是存储在/etc/openldap/schema/目录下的 OpenLDAP 模式文件。至少 core.schema 文件必须存在。
- 在第 9 行，pidfile 指令指向将保存 slapd 进程 ID 的文件的路径。
- 在第 10 行中，argsfile 指令用于指定文件的路径，该文件可存储用于启动 slapd 的命令行选项。
- 在第 11 行，database 选项标志着一个新的数据库实例定义的开始。此选项的值取决于保存数据库的后端。在示例 slapd.conf 文件中，使用 bdb (Berkeley DB)作为数据库类型。其他受支持的数据库后端类型有 null、sql、passwd 和 meta。表 27-2 进一步描述了一些数据库后端。
- 在第 12 行，suffix 指令指定传递到这个特定数据库后端的查询的 DN 后缀。它定义了 LDAP 服务器为其提供信息的域或 LDAP 服务器为其提供授权的域。应该更改此条目以反映组织的命名结构。
- 在第 13 行，rootdn 指令指定 LDAP 目录的超级用户的 DN。这个用户对于 LDAP 目录就像根超级用户对于 Linux 系统一样。此处指定的用户不受数据库操作的任何访问控制或管理限制。这里指定的 DN 在目录中不需要存在。
- 在第 17 行，rootpw 指令指定 DN(由 rootdn 指令指定)的密码。当然，这里应该使用非常强/好的密码。密码可以明文指定(非常糟糕的想法)，或者可以指定密码的散列。可以使用 slappasswd 程序生成密码散列。
- 最后，在第 22 行，directory 指令指定了包含数据库和相关索引的 BDB 文件的路径。

表 27-2　OpenLDAP 数据库后端

数据库后端类型	说明
bdb	Berkeley DB 实例定义。这是推荐的数据库后端类型，使用 Sleepycat Berkeley DB 存储数据
sql	使用 SQL 数据库后端存储数据
ldap	用作代理，将传入的请求转发到另一个 LDAP 服务器
meta	Metadirectory 数据库后端。它是对 LDAP 型后端的改进。针对一组远程 LDAP 服务器执行 LDAP 代理
monitor	存储关于 slapd 守护进程的状态信息
null	此数据库类型的操作成功，但不执行任何操作。这相当于在 Linux/UNIX 中将内容发送到/dev/null
passwd	使用系统的/etc/passwd 文件提供用户账户信息
perl	使用直接嵌入 slapd 中的 Perl 解释器

浏览了 slapd.conf 文件中的一些重要指令后，现在对该文件进行一些更改，以针对环境对其进行定制。但是在开始之前，先使用古老的 openssl 实用程序来生成和使用自签名证书，以帮助保护 LDAP 服务器和任何 LDAP 客户端(sssd、nslcd、ldap 客户端实用程序等)之间的所有通信。

注意　http://linuxserverexperts.com/8e/chapter-27.tar.xz 中捆绑了本章使用的配置和/或脚本文件的工作副本，来帮你减少一些输入。

要使用这个包，下载该文件，提取其内容，将文件复制到本地系统上适当的目录。

(1) 作为特权用户，使用 openssl 实用程序生成一个自签名的自包含证书。生成的文件将存储在/etc/openldap/server.pem 中。

```
[master@fedora-server ~]$ sudo openssl req -newkey rsa:1024 \
-x509 -nodes -out /etc/openldap/server.pem \
-keyout /etc/openldap/server.pem \
-days 365 -subj "/CN=$(hostname)"
```

(2) 如果当前的 slapd.conf 文件存在，重命名它(以便在发生错误时始终可以恢复到它)，对其进行备份：

```
[master@fedora-server ~]$sudo mv /etc/openldap/slapd.conf{,.original}
```

(3) 将现有的 slapd 配置目录(/etc/openldap/slapd.d/)移开，创建一个新目录：

```
[master@fedora-server ~]$ sudo mv /etc/openldap/slapd.d{,.original}
[master@fedora-server ~]$ sudo mkdir -p /etc/openldap/slapd.d
```

(4) 使用任何文本编辑器创建一个新的/etc/openldap/slapd.conf 文件，内容如下：

```
include         /etc/openldap/schema/core.schema
include         /etc/openldap/schema/cosine.schema
include         /etc/openldap/schema/inetorgperson.schema
include         /etc/openldap/schema/nis.schema
pidfile         /var/run/openldap/slapd.pid
argsfile        /var/run/openldap/slapd.args
#
TLSCACertificateFile     /etc/openldap/server.pem
TLSCertificateFile       /etc/openldap/server.pem
TLSCertificateKeyFile    /etc/openldap/server.pem
TLSCipherSuite ALL:!NULL
#
```

```
database       bdb
suffix         "dc=example,dc=org"
rootdn         "cn=Manager,dc=example,dc=org"
#
# The hashed password below was generated using the command:
# "slappasswd -s test". Run the command and paste the output here.
rootpw {SSHA}gJeD9BJdcx5L+bfgMpmvsFJVqdG5CjdP
directory       /var/lib/ldap
```

(5) 将更改保存到文件中，并退出编辑器。

(6) 使用 slaptest 命令将前面创建的 slapd.conf 文件转换为新的 openldap 配置格式：

```
[master@fedora-server openldap]$ sudo slaptest \
-f /etc/openldap/slapd.conf -F /etc/openldap/slapd.d
```

(7) 为 slapd 守护进程生成的配置应该属于名为 ldap 的系统用户。使用 chown 和 chmod 命令，以确保配置文件有正确的所有权和权限：

```
[master@fedora-server ~]$ sudo chown -R ldap:ldap /etc/openldap/
[master@fedora-server ~]$ sudo chown -R ldap:ldap /var/lib/ldap/
[master@fedora-server ~]$ sudo chmod -R a-rwx,u+rwX \
/etc/openldap/slapd.d
```

提示　注意 OpenLDAP 配置文件的权限！如果 LDAP 用户无法读取配置文件，那么 slapd 守护进程将拒绝在 Fedora 或 RHEL 系统上启动。此外，数据库目录(/var/lib/ldap)的内容必须属于用户 ldap，以避免出现奇怪的错误。

27.2.6　启动和停止 slapd

设置 slapd 的配置文件后，下一步是启动守护进程。在启用 systemd 的系统上启动它很容易。下面使用 systemctl 命令首先检查守护进程的状态：

```
[master@server ~]$ systemctl status slapd
```

如果前一个命令的输出说明，守护进程当前没有运行，开始用这个命令：

```
[master@server ~]$ sudo systemctl start slapd
```

如果发现 LDAP 服务正在运行，就可以通过 restart 选项启动 systemctl 命令，如下所示：

```
[master@server ~]$ sudo systemctl restart slapd
```

提示　在某些 Linux 发行版上启动 LDAP 服务时，可能会收到一条警告消息，指出 DB_CONFIG 不存在于/var/lib/ldap 目录下。可使用发行版附带的样例 DB_CONFIG 文件来修复此警告。示例文件存储在/etc/openldap/或/usr/share/openldap-servers/下，下面是复制和重命名文件的命令：

```
# cp /usr/share/openldap-servers/DB_CONFIG.example \
/var/lib/ldap/DB_CONFIG
```

在支持 systemd 的系统上，如果希望 slapd 服务在下一次系统重启时自动启动，请输入以下命令：

```
[master@server ~]$ sudo systemctl enable slapd
```

除了基本服务/守护进程管理任务(配置、启用、启动，停止等)，另一个重要任务是准备 LDAP 服务器(slapd)为网络上的客户服务，确保服务的端口可以通过任何相关的、基于主机和网络的防火墙。

基于 Red Hat 的发行版(如 Fedora)通常附带基于主机的防火墙规则，以保护系统及其服务/守护进程。可执行以下命令，在 Fedora 上使用预定义的 firewalld 服务定义永久开放 LDAP 服务的端口：

```
$ sudo firewall-cmd --add-service=ldap --add-service=ldaps --permanent
$ sudo firewall-cmd --reload
```

27.3 配置 OpenLDAP 客户端

在 LDAP 领域，需要一些时间来适应客户端的概念。几乎任何系统资源或进程都可以是 LDAP 客户端。而且，幸运或不幸的是，每组客户端都可能有自己的特定配置文件。OpenLDAP 客户端的配置文件通常命名为 ldap.conf，但是它们可能存储在不同的目录中，具体取决于所涉及的特定客户端。

根据发行版本的不同，OpenLDAP 客户端配置文件常位于以下目录：/etc/openldap/、/etc/ldap 和/etc/。使用 OpenLDAP 库(由 OpenLDAP *.rpm 包提供)的客户端应用程序(如 ldapadd、ldapsearch)查阅/etc/openldap/ldap.conf 文件(如果存在)。nss_ldap 库将/etc/ldap.conf 文件用作配置文件。

本节为 OpenLDAP 客户端工具设置配置文件。这个配置文件很简单；这里只改变它的一些指令。

在任何文本编辑器中打开/etc/openldap/ldap.conf 文件，确保将以下配置指令设置为下面显示的适当值。如果条目在文件中不存在，则应该创建它们。

```
BASE dc=example,dc=org
URI      ldaps://localhost
TLS_CACERT /etc/openldap/server.pem
TLS_REQCERT allow
```

提示　如果在主机而不是 LDAP 服务器中使用客户端工具，那么在/etc/openldap/ldap.conf 文件中可能需要更改的一个特定变量/指令是 URI 指令。这应该设置为远程 LDAP 服务器的 IP 地址。但由于直接在 LDAP 服务器本身使用 LDAP 客户端，所以在示例中，ldaps://localhost 的 URI 指令就足够了。

创建目录项

LDAP 数据交换格式(LDIF)用于以文本形式表示 LDAP 目录中的项。如前所述，以这种格式显示和交换 LDAP 中的数据。LDIF 文件中的数据可用于操作、添加、删除和更改存储在 LDAP 目录中的信息。下面是 LDIF 条目的格式：

```
dn: <distinguished name>
<attribute_description>: <attribute_value>
<attribute_description>: <attribute_value>

dn: <yet another distinguished name>
<attribute_description>: <attribute_value>
<attribute_description>: <attribute_value>
...
```

LDIF 文件的格式较为严格。应该记住以下几点：

- 同一个 LDIF 文件中的多个条目由空行分隔。
- 以井号(#)开头的条目被视为注释并被忽略。
- 跨行的条目可在下一行继续，方法是使用单个空格或制表符开始下一行。
- 冒号(:)后面的空格对每个条目都很重要。

本节使用一个示例 LDIF 文件来填充新目录，其中包含建立目录信息树的基本信息，以及描述两个用户 bogus 和 testuser 的信息。

(1) 下面介绍示例 LDIF 文件。使用任何文本编辑器将清单中的文本输入文件中。注意文件中的空格和制表符，并确保在每个 DN 条目之后维护一个换行符，如示例文件所示。

```
dn: dc=example,dc=org
objectclass: dcObject
objectclass: organization
o: Example inc.
dc: example

dn: cn=bogus,dc=example,dc=org
objectclass: organizationalRole
cn: bogus

dn: cn=testuser,dc=example,dc=org
objectclass: organizationalRole
cn: testuser
```

(2) 保存该文件为 sample.ldif，然后退出文本编辑器。

(3) 使用 ldapadd 实用程序，把 sample.ldif 文件导入 OpenLDAP 目录：

```
[master@server ~]$ ldapadd -x -D "cn=manager,dc=example,dc=org" \
  -W -f sample.ldif
Enter LDAP Password:
adding new entry "dc=example,dc=org"
adding new entry "cn=bogus,dc=example,dc=org"
adding new entry "cn=testuser,dc=example,dc=org"
```

ldapadd 命令中使用的参数如下：

- -x 表示应该使用简单身份验证，而不是 SASL。
- -D 指定要绑定到 LDAP 目录的专有名称(即在 slapd.conf 文件中指定的 binddn 参数)。
- -W 允许提示用户输入简单的身份验证密码，而不是在命令行上以明文形式指定密码。
- -f 指定从中读取 LDIF 文件的文件。

(4) 输入之前使用 slappasswd 实用程序创建的密码——即在/etc/openldap/slapd.conf 文件中为 rootpw 指令指定的密码(line 12: slappasswd -s test)。在本例中，使用 test 作为密码。

这就完成了对目录的填充!

27.4　搜索、查询和修改目录

下面使用两个 OpenLDAP 客户端实用程序从目录中检索信息。

(1) 使用 ldapsearch 实用工具检索数据库目录中的每个条目：

```
[master@server ~]$ ldapsearch -x -b 'dc=example,dc=org' '(objectclass=*)'
...<OUTPUT TRUNCATED>...
# example.org
dn: dc=example,dc=org
objectClass: dcObject
....
# bogus, example.org
dn: cn=bogus,dc=example,dc=org
objectClass: organizationalRole
cn: bogus
...<OUTPUT TRUNCATED>...
```

```
# numResponses: 4
# numEntries: 3
```

(2) 再次重复搜索，但不指定-b 选项，使输出更简洁：

```
[master@server ~]$ ldapsearch -x -LLL '(objectclass=*)'
dn: dc=example,dc=org
...<OUTPUT TRUNCATED>...
dn: cn=bogus,dc=example,dc=org
...<OUTPUT TRUNCATED>...
dn: cn=testuser,dc=example,dc=org
objectClass: organizationalRole
cn: testuser
```

这里，不需要显式地指定要搜索的 basedn，因为在/etc/openldap/ldap.conf 文件中已经定义了该信息。

(3) 只搜索公共名(cn)等于 bogus 的对象的条目，来缩小查询范围。执行如下命令：

```
[master@server ~]$ ldapsearch -x -LLL -b 'dc=example,dc=org' \
'(cn=bogus)'
dn: cn=bogus,dc=example,dc=org
objectClass: organizationalRole
cn: bogus
```

(4) 尝试使用 ldapdelete 实用程序对目录条目执行特权操作。删除 DN 为 cn=bogus，dc=example，dc=org 的对象条目。执行如下命令：

```
[master@server ~]$ ldapdelete -x -W -D \
'cn=Manager,dc=example,dc=org' 'cn=bogus,dc=example,dc=org'
Enter LDAP Password:
```

为 cn=Manager，dc=example，dc=org 的 DN 输入密码来完成操作。

(5) 再次使用 ldapsearch 以确保确实删除了条目：

```
[master@server ~]$ ldapsearch -x -LLL -b 'dc=example,dc=org' \
'(cn=bogus)'
```

此命令应该没有返回任何内容。

27.5 使用 OpenLDAP 进行用户身份验证

现在，设置本章前面配置的用于管理 Linux 用户账户的 OpenLDAP 服务器和客户端。本节将使用软件附带的一些迁移脚本，将系统的/etc/passwd 文件中已经存在的用户迁移到 LDAP 中。

27.5.1 配置服务器

完成其他所有基本的 OpenLDAP 配置任务后，将 Linux 系统设置为使用 LDAP 作为用户账户信息的存储后端非常容易。

在主流 Linux 发行版中，一组有用的脚本存在于名为 migrationtools*的包中，可帮助将现有名称服务中的信息(如用户、组、别名、主机、网络组和服务)迁移到 OpenLDAP 目录中。这些脚本通常存储在/usr/share/migrationtools/下。

在 Fedora 服务器上，定制 migrate_common.ph 文件，以适应特定的设置，但首先需要安装提供了脚本的包。

(1) 首先安装包，它提供了要使用的迁移脚本：

```
[master@fedora-server ~]$ sudo dnf -y install migrationtools
```

此外，该命令将文件安装在/usr/share/migrationtools/migrate_common.ph 下。

(2) 打开文件进行编辑，查找如下行/项：

```
$DEFAULT_MAIL_DOMAIN = "padl.com";
$ DEFAULT_BASE ="dc = padl, dc = com";
```

将这些变量改为：

```
$DEFAULT_MAIL_DOMAIN = "example.org";
$DEFAULT_BASE = "dc=example,dc=org";
```

(3) 使用另一个迁移脚本(migrate_base.pl)为目录创建基本结构：

```
[master@fedora-server ~]$ cd /usr/share/migrationtools/
```

(4) 现在执行该脚本：

```
[master@fedora-server migrationtools]$ ./migrate_base.pl > ~/base.ldif
```

该命令在主目录下创建一个名为 base.ldif 的文件。

(5) 确保 slapd 正在运行(通过 systemctl start slapd)，然后将条目导入 OpenLDAP 目录下的 base.ldif 文件中。

```
[master@fedora-server migrationtools]$ ldapadd -c -x -D \
"cn=manager,dc=example,dc=org" -W -f ~/base.ldif
```

(6) 现在需要将系统的/etc/passwd 文件中的当前用户导出到一个 ldif 类型的文件中。使用/usr/share/migrationtools/migrate_passwd.pl 脚本：

```
[master@fedora-server migrationtools]$ ./migrate_passwd.pl \
/etc/passwd > ~/ldap-users.ldif
```

(7) 可开始将 ldap-users.ldif 文件中的所有用户条目导入 OpenLDAP 数据库。为此，使用 ldapadd 命令：

```
[master@fedora-server migrationtools]$ ldapadd -x -D \
"cn=manager,dc=example,dc=org" -W -f ~/ldap-users.ldif
```

在提示时输入 rootdn 的密码(test)。

27.5.2 配置客户端

在 Fedora、RHEL 或 CentOS 系统上配置客户端系统，以使用 LDAP 目录进行用户身份验证非常简单。大多数发行版都有命令行实用工具以及特定于发行版的 GUI 工具，这些工具使得操作变得简单。下面在 Fedora 系统上使用 authselect 实用程序。

(1) 运行以下命令，确保 authselect 包已安装：

```
[master@client ~]$ sudo dnf -y install authselect
```

(2) 显示当前和活动的系统身份和身份验证源：

```
[master@client ~]$ authselect current
Profile ID: sssd
...<OUTPUT TRUNCATED>...
```

该输出显示正在使用系统安全服务守护进程(sssd)配置文件。接下来，配置一个名为 newldap 的新服务域，以便与 sssd 一起使用。

(3) 作为特权用户，创建(或覆盖)/etc/sssd/sssd.conf (chmode 400)配置文件，其中包含以下内容。为此使用 Bash 的 Heredoc。

```
[master@client ~]$sudo tee /etc/sssd/sssd.conf > /dev/null <<'EOF'
[domain/newldap]
id_provider = ldap
autofs_provider = ldap
auth_provider = ldap
chpass_provider = ldap
ldap_uri = ldaps://localhost/
ldap_search_base = dc=example,dc=org
ldap_tls_reqcert = allow
cache_credentials = True

[sssd]
services = nss, pam, ssh, autofs
domains = newldap
EOF
```

(4) 在 sssd.conf 上设置适当的权限，然后确保系统使用 sssd 配置文件：

```
[master@client sssd]$ sudo chmod 600 /etc/sssd/sssd.conf
[master@client sssd]$ sudo authselect select sssd --force
```

(5) 将这些更改应用于 sssd：

```
[master@client sssd]$ sudo authselect apply-changes
```

(6) 重启 sssd 服务单元：

```
[master@client sssd]$ sudo systemctl restart sssd
```

(7) 使用语法"<username@newldap>"快速测试，确认系统能否使用提供的 LDAP 服务器，为客户端提供身份验证/授权服务。例如，使用 id 命令来查询 LDAP 服务器，以获取存储在 LDAP 中的用户 yyang 的信息：

```
[master@client ~]$ id yyang@newldap
uid=1001(yyang) gid=1001(yyang) groups=1001(yyang)
```

这就完成了。

刚才描述了一种使 Fedora 客户端系统能使用 OpenLDAP 服务器进行用户身份验证的简单方法。没有涉及太多细节，因为这只是一个概念性证明。以下是在实际生产环境中可能需要处理的一些细节。

- 主目录：确保用户在任何系统登录时可以使用主目录。一种方法是通过 NFS 共享用户主目录，并将共享导出到所有客户端系统。
- 安全性：示例设置没有使用任何超级安全措施；例如，我们使用并盲目信任自签名的 TLS/SSL 证书！这在生产环境中至关重要，要防止以纯文本形式在网络上传输用户密码。
- 杂项：这里并没有讨论其他问题，但是把这些问题留作一个脑力练习，供读者思考。

提示　看看 FreeIPA 项目(www.freeipa.org)，可以找到一个固定的身份管理解决方案，它结合并扩展了本章和其他章节中讨论的各种概念和解决方案。

27.6　小结

本章介绍一些 LDAP 的基础知识，聚焦在称为 OpenLDAP 的开放源码 LDAP 实现上。讨论了 OpenLDAP 的组件；这些组件用于查询和修改存储在 LDAP 目录中的信息的服务器端守护进程和客户端实用程序。我们创建了一个简单目录，并用一些示例条目填充它。

最后，将 LDAP 服务器配置为在其目录中存储用户和密码信息。这使远程 LDAP 客户端可以查询 LDAP 服务器，以满足自己的用户身份验证需求。

我们仅触及了冰山一角；LDAP 是一个太大的主题，不可能用一章来全面介绍。希望我们已经激起了读者的兴趣，读者可以了解一些基本概念，沿着正确的方向继续探索。

第28章 打　　印

有些用户打印是为了娱乐，有些是为了工作，还有一些是为了赚钱——不管出于什么原因，系统管理员都必须给予支持。所以本章介绍打印。

随着时间的推移，随着Linux平台作为可行的桌面/工作站平台得到更广泛的采用，大多数打印机制造商现在都为基于Linux的系统上的打印提供了合理的支持。

在今天的Linux领域，通用UNIX打印系统(CUPS)在改进的打印支持状态中扮演着非常重要和核心的角色。随着CUPS的出现，Linux打印更加容易配置、使用和管理。本章介绍了CUPS系统的安装，以及维护打印环境所涉及的管理任务。

28.1 打印术语

在当今的Linux领域有几种打印系统，它们都或多或少地基于古老的Berkeley Software Distribution (BSD)打印系统。无论讨论的是哪种打印系统，某些术语和概念都适用于所有领域。以下是一些在有关打印的讨论中使用的术语。

- 打印机：通常连接到主机或网络的外围设备。
- 作业：提交打印的文件或文件集。
- Spooler：管理打印作业的软件。它负责接收打印作业、存储作业、对作业进行排队，并将作业发送到进行实际打印的物理硬件。Spooler作为守护进程运行，始终等待为打印请求提供服务，因此它们通常称为“打印服务器”。以下是Spooler的示例。
  - LPD　原始BSD行打印机守护进程是最古老的打印系统。
  - LPRng　这种增强的、扩展的、可移植的Berkeley LPR假脱机程序功能的实现将System V打印系统的最佳特性与Berkeley系统的最佳特性合并在一起。
  - CUPS　为基于UNIX的系统提供了一个可移植打印层，并使用IPP(Internet打印协议)作为管理打印作业和队列的基础。
- PDL：页面描述语言是打印机接受输入的语言。PostScript和PCL是PDL的例子。
- PostScript：PostScript文件是程序，PostScript是一种基于堆栈的编程语言。大多数UNIX/Linux程序以PostScript格式生成输出以进行打印。基于Postscript的打印机直接支持这种格式。
- Ghostscript：是一种基于软件的PostScript解释器，用于非PostScript打印机。Ghostscript用于软件驱动的打印。它从PostScript生成打印机的语言。例如Aladdin Ghostscript(商业版)、GNU Ghostscript(免费版)和ESP Ghostscript (CUPS)。
- 过滤器：将数据(作业)发送到打印机之前进行过滤的特殊程序或脚本。假脱机程序将作业发送给过滤器，然后过滤器将其传递给打印机。文件格式转换和核算通常发生在过滤层。

28.2 CUPS

CUPS 系统在 Linux 社区中得到了广泛的采用。即使是最新版本的苹果 macOS 操作系统也使用 CUPS。这是因为 CUPS 提供了一种无处不在的打印环境，无论使用的是什么操作系统。除了 LPR 的标准 UNIX 打印协议外，CUPS 还支持 Samba 打印和 Internet 打印协议。使用打印类的概念，CUPS 系统可将文档打印到一组打印机中，以便在高容量打印环境中使用。它可以作为中央打印假脱机程序，也可以为本地打印机提供打印方法。

28.2.1 运行 CUPS

最初是由 Easy Software Products 开发的，现在由苹果公司作为一个开源项目进行维护。该项目在 www.cups.org 网站上进行。有两种安装方法：通过 Linux 发行版的包管理系统和从源代码编译。强烈推荐使用第一种方法，因为发行版通常在 CUPS 中内置了所有流行的打印机支持。在手工编译时，必须自己为打印机获取驱动程序。

28.2.2 安装 CUPS

主流 Linux 发行版有现成的 CUPS 预打包版本，如 RPM 包或.deb 包；事实上，CUPS 是这些发行版上使用的默认打印系统。因此，坚持使用发行版的 CUPS 包版本是推荐的安装方法，特别是因为所选择的发行版供应商已经完成了所有工作，以确保 CUPS 能够正常工作，并正确地集成到他们的发行版中。

因为大多数系统在初始操作系统安装期间可能已经安装了一些 CUPS 组件(库、服务器、客户端等)，所以在实际安装过程中可能只需要做很少的工作！不过，你应该再次检查以确认安装了哪些 CUPS 组件。在基于 RPM 的发行版上，输入：

```
[master@fedora-server ~]$ rpm -q cups
```

如果查询不包括独立 cups 包(cups*. rpm，它提供 CUPS 服务器功能)，就可以输入如下命令，快速在 Fedora 和其他类似的 Red Hat 发行版(如 RHEL 和 CentOS)上安装 CUPS：

```
[master@fedora-server ~]$ sudo dnf -y install cups
```

对于类似 Debian 的 Linux 发行版，比如 Ubuntu，可以使用 dpkg 检查软件是否已经安装：

```
master@ubuntu-server:~$ dpkg -l cups
```

如果软件尚未安装在 Ubuntu 服务器上，可以使用 APT(高级打包工具)安装它：

```
master@ubuntu-server:~$ sudo apt-get install cups
```

在 openSUSE 系统上，应能使用 zypper 安装 CUPS：

```
[master@opensuse-server ~]$ zypper -i cups
```

安装 CUPS 软件后，需要启动 CUPS 守护进程。在依赖 systemd 作为服务管理器的 Linux 发行版上，可以使用 systemctl 命令启动 CUPS，并使其自动启动，如下所示：

```
[master@fedora-server ~]$ sudo systemctl --now enable cups
```

要在 openSUSE 上启动 CUPS 服务，可使用 rccups 命令：

```
opensuse-server:~ # rccups start
```

在系统上使用适当的方法启动 CUPS 打印系统后，就可为实际使用配置 CUPS 和提供打印机了。

28.2.3 配置 CUPS

CUPS 打印守护进程的主配置文件称为 cupsd.conf。它通常位于/etc/cups/目录中，是一个纯文本文件，具有类似于 Apache Web 服务器的指令(语法)。文件中使用的变量决定服务器如何操作。

这个文件注释得很好，通常需要做的就是取消文件中某些行的注释，从而打开或关闭某些函数。

下面是 cupsd.conf 文件中使用的一些有趣指令。

- Browsing：控制是否启用网络打印机浏览。该选项的值是 Yes 和 No。
- BrowseLocalProtocols：指定在本地网络上收集和分发共享打印机信息时使用的协议。选项是 all、none 和 dnssd。
- ServerName：指定报告给客户端的主机名。通常，它与服务器的完全限定主机名相同。
- ServerAlias：用于 HTTP 主机头的验证。主机头为客户端提供了一种额外的机制来唯一地标识 Web 服务器或 Web 应用程序。
- Listen：定义了 CUPS 守护进程应该侦听的地址和端口组合。
- Allow：允许从给定的地址、主机名、域或接口访问。此指令仅在 Location 和 Limit 部分有效。
- Limit：指定要在配置文件的 Policy 部分中限制的操作或方法。
- Location：指定给定 HTTP 资源或文件系统路径的访问控制规则。

注意 CUPS 软件是为 IPv6 准备的。要让 CUPS 守护进程侦听 IPv4 和 IPv6 套接字，可将 Listen 指令设置为 Listen *:631。如果需要显式地配置特定的 IPv6 地址(如 2001:db8::1)，以便 CUPS 服务器侦听，则需要将 IPv6 地址括在方括号中(例如，Listen [2001:db8::1]:631)。

一个特别有趣的位置是根位置，由斜杠符号(/)表示。默认 cupsd.conf 文件中的此位置如下(注意，为便于讨论，已将行号添加到清单中)：

```
1. <Location />
2.         Order allow, deny
3.         Deny all
4.         Allow localhost
5. </Location>
```

- 第 1 行：这是 Location 指令的开始；在这里，它定义了/的开始，这是所有 get 操作的路径，即 Web 服务器的最顶层。
- 第 2 行：这是 Order 指令。它定义了相关位置的默认访问控制。以下是 Order 指令的可能值。
  - deny, allow　默认情况下，允许请求来自所有主机；然后检查 Deny 指令和 Allow 指令。
  - allow, deny　默认情况下，拒绝来自所有主机的请求；然后检查 Allow 指令和 Deny 指令。
- 第 3 行：Deny 指令指定被拒绝访问的主机。在本例中，all 关键字表示所有主机。注意前面的 Order 指令翻译成“默认情况下拒绝请求，但是检查/执行 Allow 指令和后面的 Deny 指令。”
- 第 4 行：Allow 指令指定允许访问的主机。在本例中，唯一允许的主机是 localhost——即环回地址(127.0.0.1)。
- 第 5 行：这是 Location 指令的结束标记。

提示 更改 CUPS 的默认行为，例如，从只允许从本地主机访问到允许在 cupsd.conf 中的/admin 位置访问。可将 Allow 指令从 Allow 127.0.0.1 改为 Allow All，然后注释掉 Deny All 指令或更改为 Deny None。

28.3 添加打印机

安装并启动 CUPS 服务后，需要登录到 Web 界面，该界面可以通过端口 631 访问。在 Web 浏览器中，输入 https://localhost:631。默认情况下，必须登录到试图管理的同一服务器。值得注意的是，631 是 CUPS 用于接受打印作业的同一个端口！当连接到 Web 页面时，会显示如图 28-1 所示的页面。

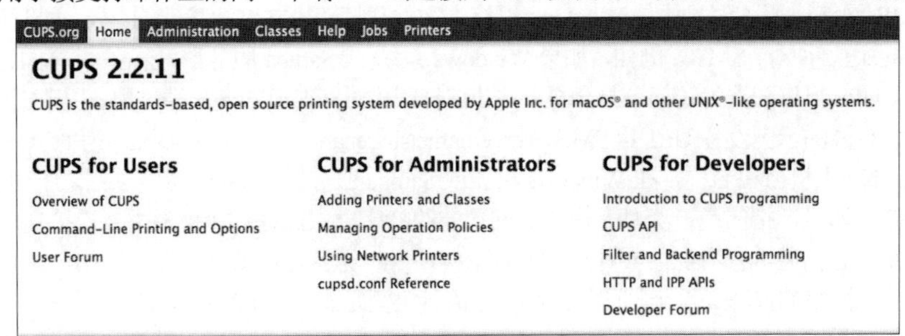

图 28-1　CUPS 管理 Web 页面

CUPS 远程 Web 管理注意事项(防火墙配置指令)

如果希望通过 Web 界面从当前使用的本地服务器以外的位置管理 CUPS，就需要做几件事。

首先，需要修改 cupsd.conf 文件以允许其他主机连接。特别是，需要将适当的访问控制设置到文件中的/admin 位置。其次，需要允许通过任何现有的防火墙访问 CUPS 服务(端口 631)。再次，可能需要启用 remote_admin 指令，并在 cupsd.conf 中调整 ServerAlias 指令。

要在运行 firewalld 的系统上打开适当的端口，请运行以下操作：

```
$ sudo firewall-cmd --add-service=ipp --permanent
$ sudo firewall-cmd --reload
```

要调整 remote_admin 指令，使用 cupsctl 命令，输入以下命令：

```
$ sudo cupsctl --remote-admin
```

为了暂时解决与 cupsd Web 服务器主机头或主机名相关的任何问题，使用 cupsctl 使 ServerAlias 指令不那么严格：

```
$ sudo cupsctl ServerAlias="*"
```

28.3.1 本地打印机和远程打印机

在 CUPS 中很容易添加打印机。至少，应该知道打印机如何连接到系统。打印机可以通过两种广泛的方法进行连接：本地连接和/或通过网络连接。每种方法存在几种模式或可能性。CUPS 处理打印机资源的模式是使用 CUPS 中的设备统一资源信息(URI)指定的。下面列举可在 CUPS 中配置的设备 URI 示例。

- 直接连接(本地)：本地附加打印机的一个示例是当独立系统通过 USB(通用串行总线)电缆直接连接到(现代)打印机时。在 CUPS 术语中，本地连接的打印机的一些可能的设备 URI 指定如下。
  - serial:/dev/ttyS*　打印机连接到串行端口。
  - usb:/dev/usb/lp *　打印机连接到 USB 端口。
- IPP(网络)：Internet 打印协议允许一台打印机通过网络访问。大多数现代操作系统和打印机都支持这个协议。CUPS 中的 IPP 设备 URI 的一个例子是 ipp://hostname/print_queue_name/。

- LPD(网络)：CUPS 支持的打印机连接到运行 LPD(行打印机守护进程)的其他系统。大多数 UNIX/Linux 系统(甚至一些 Windows 服务器)支持这个守护进程。因此，如果一台打印机连接到支持 LPD 的主机上，CUPS 使网络上的打印机可用于其他不一定支持 LDP 的主机。几乎所有具有网络连接的惠普激光打印机都支持 LPD。寻址 LPD 打印机的示例设备 URI 是 LPD://hostname/queue，其中主机名是运行 LPD 的机器的名称。
- SMB(网络)：服务消息块是 Windows 网络上文件和打印机共享的基础。Linux 主机还通过使用 Samba 软件支持 SMB。例如，如果 Windows 系统(或 Samba 服务器)有一个共享的打印机，那么 CUPS 可以配置为访问该打印机，并使该打印机对其自己的客户端可用。用于定位 SMB 打印机资源的示例设备 URI 是 SMB://servername/sharename，其中 servername 和 sharename 分别是 DNS/主机名和名称，在 Windows 机器或 Samba 服务器上根据该名称共享打印机。
- 网络打印机：指的是一类具有内置联网功能的打印机。这些打印机不需要连接到任何独立的系统。它们通常有自己的某种形式的网络接口——无论是以太网、无线网络，还是其他直接连接到网络的方法。这个打印机组的一个流行类型是惠普 JetDirect 系列。为这类打印机寻址的一个示例 URI 是 socket://ip_address:port，其中 ip_address 是打印机的 IP 地址，port 是打印机侦听打印请求的端口号。这通常是 HP JetDirect 系列的 9100 端口。

28.3.2　使用 Web 界面添加打印机

可通过几种方式在 CUPS 中添加和配置打印机：通过使用某种浏览器的 Web 界面，通过命令行，以及通过专门构建的、特定于发行版的 GUI 工具(如 openSUSE 中的 yast2 printer 或 Fedora 中的 system-config-printer)。Web 界面方法可能是最简单的，因为它使用一个向导来指导用户完成整个过程。命令行方法可能是最通用的，因为无论 Linux 发行版是什么，语法都是相似的。GUI 方法就像抛硬币一样——非常随机!

本节将引导用户通过 CUPS Web 界面设置打印机。下面设置一个具有以下属性的虚拟打印机。

```
Name:                    Imagine-printer
Description:             You only need to imagine to print here.
Location:                Building 3
Connection Type:         Internet Printing Protocol (IPP)()
Make:                    HP
Model:                   HP Color Laserjet Series PCL
```

下面开始流程。

注意　为简单起见，如果在整个过程的任何时候都提示输入用户名和密码，那么输入 root 作为用户，并输入 root 的密码。

(1) 当登录到运行 CUPS 的系统时，启动 Web 浏览器，并通过 https://localhost:631 连接到 CUPS。

(2) 在网页顶部的导航区，单击 Administration 菜单；然后单击随后屏幕上的 Add Printer 按钮。可能会显示身份验证请求。输入 root 作为用户名，并输入 root 的密码。单击 OK 继续。

(3) 显示一个屏幕，其中列出了各种可用的连接方法。任何自动发现的联网打印机也会列出来。选择最适合描述打印机与系统连接的选项。这里为假想的打印机指定 IPP。完整的 URI 是 ipp://localhost/631。完成后单击 Continue。

(4) 下一个屏幕根据上一步中选择的连接方法有所不同(或完全跳过)。通常可以接受默认设置，或者在连接字段中手动输入 ipp://localhost/631。单击 Continue。

(5) 在 Add Printer 页面上，输入之前提供的打印机信息——名称、描述、位置等。单击 Continue。

(6) 下一个屏幕列出各种打印机制造商。选择要安装的打印机的型号。在示例系统上选择HP。单击Add Printer按钮继续。

(7) 随后的屏幕列出所选制造商的各种型号。选择最接近要安装的打印机的型号。在示例系统中，选择惠普彩色激光打印机系列PCL*。单击Add Printer按钮继续。

提示 列表中显示的打印机制造商显然不包括所有存在的打印机制造商。如果需要更多的种类/覆盖更大范围，在Fedora或RHEL类型的系统上，可以安装gutenprintcups RPM包。除了CUPS软件的基本开放源码版本附带的驱动程序外，该包还为各种打印机制造商提供了额外的驱动程序。printer-gutenprint.deb包为类似Debian的系统(如Ubuntu)提供额外的驱动程序。

(8) 最后一个屏幕允许设置新打印机的默认选项。可能需要更改的一些示例选项包括Media Size、Media Source、Output Mode、Banners等。现在接受默认选项。

单击Set Default Options按钮。

(9) 显示一个页面，确认打印机已成功添加。

(10) 显示一个页面，列出刚添加的打印机属性。

注意 对于自动检测到的打印机(如USB或网络打印机)，不必手动指定设备URI或连接字符串，注意软件会自动生成一个设备URI，为检测到的打印机寻址。

现在假设在刚添加的打印机的属性页上单击了Maintenance下拉列表下的Print Test Page选项。想象一下成功打印出测试页面！

28.3.3 使用命令行添加打印机

还可使用命令行将打印机添加到CUPS。一旦熟悉了CUPS的工作方式，通过其命令行界面管理CUPS系统可能会快一些。要在命令行中添加打印机，需要一些相关信息，如打印机名称、驱动程序和URI。

本节详细介绍使用CUPS命令行工具设置打印机的简单示例。与前面的示例一样，这里设置虚拟打印机，它具有该示例使用的大部分相同属性；但这里将打印机名称(也称为打印机队列)改为Imagine-printer-number-2。还使用不同的设备URI来寻址打印机。这一次，假设打印机具有内置的联网功能，它的IP地址是192.168.1.200，在端口9100上侦听——也就是说，设备URI是socket://192.168.1.200:9100。

(1) 当以超级用户身份登录系统时，启动任何虚拟终端，并列出当前为系统配置的打印机队列。使用lpstat实用程序：

```
[master@server ~]$ lpstat -a
Imagine-printer accepting requests since Fri 23....PST
```

(2) 使用lpinfo命令获取CUPS服务器支持的打印机模型和驱动程序列表。对于示例场景，我们感兴趣的是Fuji_Xerox-DocuPrint系列打印机，所以把命令grep的长输出传输过去，来缩小列表：

```
[master@server ~]$ lpinfo -m | grep -i fuji
lsb/usr/cupsfilters/Fuji_Xerox-DocuPrint_CM305_df-PDF.ppd Fuji Xerox
```

选择输出的第一行作为示例打印机的型号和驱动程序，因为它是最接近的通用匹配。

CUPS lpadmin命令非常聪明，它允许仅指定打印机模型/驱动程序的缩写形式，而不是完整的打印机模型和驱动程序——下一步会这样做。

(3) 现在发出lpadmin命令来添加打印机。输入以下代码：

```
[master@server ~]$ lpadmin -p "Imagine-printer-number-2" -E \
-v socket://192.168.1.200 \
-m "lsb/usr/cupsfilters/Fuji_Xerox-DocuPrint_CM305_df-PDF.ppd" \
-D "You only need to imagine to print here" \
-L "Building 3"
```

(4) 再次使用 lpstat 命令列出目前的所有打印机：

```
[master@fedora-server ~]$ lpstat -a
Imagine-printer accepting requests since Fri 23 ... 8 PM EDT
Imagine-printer-number-2 accepting requests since Fri 23 … 6 PM EDT
```

(5) 还可在 CUPS Web 界面上查看刚添加的打印机。将 Web 浏览器指向这个 URL：

```
https://localhost:631/printers
```

28.4　常规 CUPS 管理

设置打印机是管理打印环境的一半工作。在这方面，上一节提供了足够的信息。本节讨论一些常规的打印机管理任务，如删除打印机、管理打印机队列和查看打印作业状态。下面使用命令行工具和 Web 界面来管理其中一些任务。

28.4.1　设置默认打印机

在设置了多个打印队列的系统上，需要将特定的打印机(队列)设置为客户端要使用的默认打印机。默认打印机是在客户端未显式指定打印机来打印时使用的打印机。

例如，要将名为 Imagine-printer-number-2 的打印机设置为系统上的默认打印机，需要输入以下命令：

```
[master@server ~]$ lpadmin -d Imagine-printer-number-2
```

28.4.2　启用、禁用和删除打印机

禁用打印机类似于让打印机暂时脱机。在此状态下，打印机队列仍然可以接受打印作业，但不会实际打印作业。打印作业排队，直到打印机处于启用状态或重新启动。这很有用，例如，当物理打印设备不能正常工作而系统管理员又不想中断用户的打印时。

禁用一个名为 imagine-printer-number-2 的打印机，输入：

```
[master@server ~]$ cupsdisable imagine-printer-number-2
```

启用打印机 imagine-printer-number-2，输入：

```
[master@server ~]$ cupsenable imagine-printer-number-2
```

删除一个名为 bad-printer 的打印机，在命令行上输入：

```
[master@server ~]$ lpadmin -x bad-printer
```

28.4.3　接受和拒绝打印作业

CUPS 管理的任何打印机可接受或拒绝打印作业。这与打印机的禁用状态不同，因为用于拒绝打印作业的打印机不会接受任何打印请求。让打印机拒绝打印作业是有用的，例如，打印机需要停用很长一段时间，但没有完全删除。每当打印机拒绝打印作业时，它将完成当前队列中的任何打印作业，并立即停止接受任何新请求。

例如，让打印机 imagine-printer-number-2 拒绝打印作业，输入以下内容：

```
[master@server ~]$ reject imagine-printer-number-2
```

使用 lpstat 命令来查看这台打印机的状态：

```
[master@server ~]$ lpstat -a imagine-printer-number-2
```

使打印机 imagine-printer-number-2 恢复接受打印作业，输入：

```
[master@server ~]$ accept imagine-printer-number-2
```

再次查看打印机的状态，确保它现在正在接受请求：

```
[master@server ~]$ lpstat -a imagine-printer-number-2
```

28.4.4　管理打印特权

在开箱即用状态下，用户可向由 CUPS 管理的任何打印机发送打印作业。在大型多用户环境中，出于安全性、可靠性等原因，可能需要控制哪些用户或组可以访问哪些打印机。CUPS 通过使用 lpadmin 实用程序提供了一种简单的方法。

例如，只允许用户 yyang 和 mmellow 通过打印机 imagine-printer 打印，则输入以下命令：

```
[master@server ~]$ lpadmin -p imagine-printer -u allow:yyang,mmellow
```

要执行与此相反的命令，拒绝用户 yyang 和 mmellow 访问打印机，请输入：

```
[master@server ~]$ lpadmin -p imagine-printer -u deny:yyang,mmellow
```

若要删除上述所有限制，并允许所有用户打印到名为 imagine-printer 的打印机，请输入：

```
[master@server ~]$ lpadmin -p imagine-printer -u allow:all
```

28.4.5　通过 Web 界面管理打印机

前面的大多数任务也可在 CUPS Web 界面执行。使用按钮和链接，可以轻松地删除打印机、控制打印作业、修改打印机的属性、停止打印机、拒绝打印作业，等等。

例如，管理员可能需要定期检查打印队列，以确保一切进展顺利。在 Web 界面上单击 Jobs 选项卡(或直接访问 http://localhost:631/Jobs)，将显示用于查看和操作队列中的作业的选项。

28.5　使用客户端打印工具

当客户端机器打印时，任务被发送到打印服务器并假脱机。假脱机只是将打印作业放入打印队列的操作。打印作业可处于不同的状态，例如正在进行、暂停(例如，管理员暂停打印以重新填充纸盘)或取消(这种情况下，作业已因任何原因被手动取消)。当打印机出了问题时，打印作业就会排队并在打印机恢复联机时产生问题。

本节将研究一些可用于打印和管理打印队列的命令，介绍终端用户(客户端)的视图以及与打印系统的交互。

28.5.1　lpr

lpr 命令用于打印文档。大多数 PostScript 和文本文档可以直接使用 lpr 命令打印。如果使用的是独立的 GUI 应用程序(如 LibreOffice、GIMP 等)，则可能需要设置这些应用程序，以便将其打印到正确的设备上。

下面创建一个尝试打印的纯文本文件。该文件包含简单的文本 Hello Printer，并命名为 test-page.txt。

(1) 以非特权用户的身份(例如，用户 yyang)登录到系统，输入以下命令：

```
[yyang@client ~]$ echo "Hello Printer" >> test-page.txt
```

(2) 找到系统上配置的默认打印机名称：

```
[yyang@client ~]$ lpstat -d
system default destination: Imagine-printer
```

(3) 把 test-page.txt 文件发送到默认打印机：

```
[yyang@client ~]$ lpr test-page.txt
```

这将文档 test-page.txt 打印/发送到默认打印机，通常是安装的第一个打印机。

(4) 现在，将相同的文档发送到前面安装的另一台虚拟打印机，即名为 Imagine-printer-number-2 的打印机：

```
[yyang@client ~]$ lpr -P Imagine-printer-number-2 test-page.txt
```

输入这个命令后，打印机应该很快开始打印，除非打印的是一个大文件。

要查看打印作业的状态，请使用 lpq 命令(下面将讨论)。

28.5.2 lpq

提交作业后，可使用 lpq 命令查看打印假脱机程序中的内容。如果刚打印了一个作业，并且注意到它没有从打印机中打印出来，那么可以使用 lpq 命令来显示打印机上假脱机的当前作业列表。通常，队列中有一堆作业，经过进一步调查，可能发现打印机没有纸了。如果需要从打印机解除打印作业，可以使用 lprm 命令，这将在下一节中讨论。

例如，要查看发送到默认打印机的打印请求的状态，输入以下内容：

```
[yyang@client ~]$ lpq -al
```

要查看发送到第二台打印机的打印作业的状态，请输入：

```
[yyang@client ~]$ lpq -al -P Imagine-printer-number-2
```

如果两个打印作业都被困在假想的打印队列中，或者没有看到任何正在打印的物理页面，这要么是我们的错，要么是你的错。不管是谁的错，接下来都将删除打印作业。

28.5.3 lprm

如果突然发现，并不想打印刚发送到打印机的文档时，可以在打印之前将其删除。为此，使用 lprm 命令，解除打印机的打印作业。

例如，要从默认打印机中删除 ID 为 2 的打印作业，输入以下命令：

```
[yyang@client ~]$ lprm 2
```

要从特定打印机删除作业，只需要添加-P 选项。例如，从打印机 Imagine-printer-number-2 中删除 ID 为 2 的打印作业，输入：

```
[yyang@client ~]$ lprm 2 -P imagine-printer-number-2
```

如果是根用户或特权用户，可以执行 lprm 命令，清除打印机 imagine-printer 的所有打印作业：

```
[root@server ~] # lprm - p imagine-printer -
```

这条命令结尾的短横线(-)表示“所有作业”。

提示 普通用户通常只能管理自己的打印作业——也就是说，用户A通常不能从打印队列中删除用户B提交的作业。当然，超级用户可以控制每个人的打印作业。此外，应该明白，将作业发送到打印机和能够删除作业之间的时间窗口很小。因此，可能由于命令发出太晚，lprm请求失败。这通常会导致一个错误，如“lprm: Unable to lprm job(s)!”

28.6 小结

本章讨论了常见的UNIX打印系统(CUPS)，并讨论了一些简单的打印机管理任务，如通过CUPS Web界面和命令行添加打印机、管理打印机和管理Linux下的打印作业；讨论了Linux中管理打印作业的一些常见客户端工具的使用，并列举了示例；还介绍了CUPS的主配置文件cupsd.conf中使用的一些配置指令。

但是，我们只了解了CUPS的功能和特性的皮毛。幸运的是，该软件附带大量内置文档，如果计划在环境中广泛使用CUPS来部署和管理打印机，强烈推荐阅读该文档。同样的文档也可以在CUPS的主页www.cups.org上找到。

在Linux服务器上设置好打印后，它的工作做得非常好，用户可专注于其他新的、有趣的挑战。打印服务产生的问题通常源于物理打印机本身的问题(例如卡纸和用完纸)、用户滥用、办公室政治等。

第29章 动态主机配置协议(DHCP)

为少数系统手动配置 IP 地址是一项相当简单的任务。但是，为异构系统的整个部门、大厦或企业手动配置 IP 地址可能会令人生畏，而且很容易出错！动态主机配置协议(DHCP)可以帮助完成这些任务。可将 DHCP 客户端机器配置为自动获取其 IP 地址。当 DHCP 客户端软件启动时，它向网络广播一个 IP 地址的请求。如果一切顺利，网络上的 DHCP 服务器会作出响应，发出地址和其他必要的信息，以完成客户端的网络配置。

DHCP 对于配置移动或瞬态机器也很有用。从一个地方到另一个地方的用户可将他们的机器连接到本地(有线或无线)网络，并为他们的位置获得一个合适的地址。

本章介绍了配置 DHCP 服务器和客户端的过程。包括获取和安装必要的软件，然后介绍为其创建配置文件的过程。在本章的最后，介绍一个完整的配置示例。

注意 DHCP 是一种标准。因此，从理论上讲，任何符合或实现了该标准的操作系统或设备都应该能够与基于 Linux 的 DHCP 服务器或客户端互操作。因此，例如，Microsoft Windows 客户端系统可以配置为使用 DHCP，并且可以联系基于 Linux 的 DHCP 服务器，以获得它们的 IP 地址。Windows 客户端不一定知道或关心他们的 IP 配置信息是由 Linux 服务器提供的！

29.1 DHCP 的机制

当客户端配置为从网络获取其地址时，它会以 DHCP 请求的形式请求地址。DHCP 服务器侦听客户端请求。一旦接收到请求，它就检查本地数据库并发出适当的响应。响应可以包括 IP 地址、名称服务器、网络掩码、默认网关等的任何组合。客户端接受来自服务器的响应，并相应地配置其本地设置。

DHCP 服务器维护它可以发出的地址列表。每个地址都发出了一个关联的租约，它规定了客户端在必须联系服务器续订租约之前，允许使用该地址的时间。当租约到期时，客户端将不再使用该地址。因此，DHCP 服务器假设该地址已经可用，可将其放回服务器的地址池中。

Linux DHCP 服务器的实现包括其他许多 DHCP 服务器实现共有的几个关键特性。可将服务器配置为从地址池中发出任何空闲地址，或向特定机器发出特定地址。除了为 DHCP 请求提供服务，Linux DHCP 服务器还可以为 BOOTP 请求提供服务。

29.2 DHCP 服务器

动态主机配置协议守护进程(dhcpd)也就是 DHCP 服务器，负责响应客户端请求，提供 IP 地址和其他相关信息。因为 DHCP 是基于广播的协议，所以服务器通常必须出现在为其提供 DHCP 服务的每个子网上。

29.2.1 通过 RPM 安装 DHCP 软件

Internet Systems Consortium(ISC) DHCP 服务器实际上是 Linux 发行版的 DHCP 实现。在大多数 Linux 发行版的软件存储库中，也可使用预打包/二进制格式。

本节将演示在类似 Red Hat 的 Linux 发行版上安装 ISC DHCP 软件的过程。在运行 Fedora、Red Hat Enterprise Linux (RHEL)或 CentOS 的 Linux 系统上，ISC DHCP 软件分成两个不同的包。

- dhcp-client*.rpm：dhcp-client 包提供 ISC DHCP 客户端守护进程。
- dhcp-server*.rpm：dhcp-server 包提供 ISC DHCP 服务器服务。

在大多数 Linux 发行版中，很可能已经在原始操作系统安装期间自动安装了 DHCP 客户端软件。输入以下内容，可检查示例 Fedora 系统上已经安装了哪些内容：

```
[master@fedora-server ~]$ rpm -qa | grep dhcp-client
dhcp-client-*
```

从示例输出中，可以看到客户端包已经安装。

要在基于 Fedora 的发行版上设置 DHCP 服务器，需要安装必要的包。下面使用 dnf 自动下载和安装软件：

```
[master@fedora-server ~]$ sudo dnf -y install dhcp-server
```

这个命令成功完成后，就应该已经安装了必要的软件。

29.2.2 在 Ubuntu 上通过 APT 安装 DHCP 软件

在 Ubuntu 服务器上，使用 dpkg 查询 DHCP 客户端软件的本地软件数据库：

```
master@ubuntu-server:~$ dpkg -l | grep dhcp
ii isc-dhcp-client * ISC DHCP client
ii isc-dhcp-common * common files used by all the isc-dhcp* packages
```

在示例输出中，可看到 DHCP 客户端包已经安装。

```
master@ubuntu-server:~$ sudo apt-get install isc-dhcp-server
```

该命令完成后，就应该安装了必要的 DHCP 服务器软件。DHCP 服务器服务也在安装后自动启动。

29.2.3 配置 DHCP 服务器

ISC DHCP 服务器的主要配置文件是 dhcpd.conf。大多数发行版将文件存储在/etc/dhcp/目录下。下面是配置文件的要点。

- 一组声明，描述连接到系统的网络、主机或组，可能还包括可以发布到每个实体的地址范围。可使用多个声明来描述多个客户端组。当需要多个概念来描述一组客户端或主机时，声明也可以相互嵌套。
- 描述服务器总体行为的一组参数。对于一组声明，参数可以是全局的，也可以是局部的。

注意　因为每个站点都可能是具有唯一地址的唯一网络，所以每个站点都必须使用自己的配置文件进行设置。如果是第一次使用DHCP，就可能希望从本章末尾提供的示例配置文件开始，修改它以匹配自己的网络特征。

与Linux中的大多数配置文件一样，该文件是ASCII文本，可以使用自己喜欢的文本编辑器进行修改。配置文件的总体结构如下：

```
Global parameters;
Declaration1
[parameters    related    to    declaration1]
[ nested   sub   declaration]
Declaration2
[parameters    related    to    declaration2]
[nested    sub   declaration]
```

每个新的声明块应用于一组客户端。可对声明的每个块应用不同的参数。

1. 声明

由于各种原因，可能需要对不同的客户端进行分组，例如组织需求、网络布局和管理域。为了帮助对这些客户端进行分组，可以使用某些声明。下面将讨论这些问题。

group：一遍又一遍地列出每个主机的参数和声明，会使配置文件难以管理。group声明允许将一组参数和声明应用于客户端、共享网络或子网的列表。组声明的语法如下。

```
group label
       [parameters]
       [subdeclarations]
```

这里，label是用于标识组的用户定义名称。parameters块包含应用于组的参数列表。如果需要更细粒度的级别来描述可能是当前声明成员的其他任何客户端，就应使用subdeclarations。现在先忽略parameters字段。这将在后面的“参数”一节中介绍。

host：主机声明除了为组指定的参数外，还用于将一组参数和声明应用到特定主机。这通常用于固定地址引导或用于BOOTP客户端。主机声明的语法如下。

```
host label
     [parameters]
     [subdeclarations]
```

这里，label是主机组的用户定义名。parameters和subdeclarations如group声明中所述。

shared-network：共享网络声明将同一物理网络成员的一组地址分组。这允许为管理目的对参数和声明进行分组。下面是语法。

```
shared-network label
       [parameters]
       [subdeclarations]
```

这里，label是共享网络的用户定义名。parameters和subdeclarations如group声明中所述。

subnet：subnet声明用于将一组参数和/或声明应用到与此声明的描述匹配的一组地址。下面是语法。

```
subnet subnet-number netmask netmask
       [parameters]
```

```
    [subdeclarations]
```

这里，subnet-number 是希望声明为 IP 地址源(提供给各个主机)的网络。netmask 是子网的网络掩码(参见第 12 章了解关于网络掩码的更多细节)。parameters 和 subdeclarations 如 group 声明中所述。

range：范围声明指定可有效发送给客户端的地址范围。语法如下。

```
range [dynamic-bootp] starting-address [ending-address];
```

动态 BOOTP 关键字用于警告服务器，以下地址范围是用于 BOOTP 协议的。starting-address 和可选 ending-address 字段是 IP 地址的开始和结束块的实际地址。这些块假定为连续的，并且在相同的地址子网中。

2. 参数

本章前面介绍了这个概念。打开这些参数，将改变相关客户端的服务器行为。本节讨论这些参数。

authoritative：DHCP 服务器通常会假设关于给定网络段的配置信息是不正确的，不是权威的。这样，如果用户不知情地安装了 DHCP 服务器，而没有完全了解如何配置它，它就不会向已经从网络上合法 DHCP 服务器获得地址的客户端发送错误的 DHCPNAK 消息。该参数的语法如下。

```
authoritative;
not authoritative;
```

default-lease-time：指定默认的时间长度(以秒为单位)，如果客户端没有请求任何特定的持续时间，就为其分配 IP 地址租约。下面是参数的语法。

```
default-lease-time seconds;
```

filename：在某些应用程序/环境中，DHCP 客户端可能需要知道用于引导的文件的名称。这通常与 next-server 结合使用，以检索用于安装配置或无磁盘引导的远程文件。该参数的语法如下。

```
filename filename;
```

fixed-address 或 fixed-address6：此参数仅适用于主机声明。它指定可分配给客户端的一组地址(IPv4 或 IPv6)。该参数的语法如下。

```
fixed-address address [, address.];
fixed-address6 ip6-address [, ip6-address.];
```

get-lease-hostnames：如果将此参数设置为 true，服务器将解析声明范围内的所有地址，并将其用于 hostname 选项。该参数的语法如下。

```
get-lease-hostnames [true | false];
```

hardware：要识别 BOOTP 客户端，它的网络硬件地址必须使用 host 语句中的 hardware 子句声明。此参数的语法如下。

```
hardware hardware-type hardware-address;
```

这里，hardware-type 必须是物理硬件接口类型的名称。目前，只识别以太网和令牌环类型。硬件地址(有时称为 MAC 地址)是接口的物理地址，通常是一组由冒号分隔的十六进制数。hardware 语句也可用于 DHCP 客户端。

max-lease-time：客户可选择请求一定的租赁期限。只要租约时间不超过此选项指定的秒数，就会授权。否则，客户端将被授予此处指定的最大秒数的租约。语法如下。

```
max-lease-time seconds;
```

next-server：next-server 语句用于指定加载初始引导文件(在 filename 语句中指定)的服务器的主机

地址。该语法如下。

```
next-server server-name;
```

这里，server-name 是一个数字 IP 地址或域名。

server-identifier：DHCP 响应的一部分是服务器的地址。在多主机系统上，DHCP 服务器发出第一个接口的地址。遗憾的是，服务器或声明范围的所有客户端可能无法访问此接口。在极少数情况下，此参数可用于发送适当接口的 IP 地址，客户端应该通过这些接口与服务器通信。指定的值必须是 DHCP 服务器的 IP 地址，并且特定作用域服务的所有客户端必须能够访问该值。该参数的语法如下所示。

```
server-identifier hostname;
```

server-name：可以使用 server-name 语句通知客户端正在启动的服务器的名称。这个参数有时对远程客户端或网络安装应用程序很有用。该参数的语法如下。

```
server-name Name;
```

Name 应该是提供给客户端的名称。

use-lease-addr-for-default-route：一些网络配置使用一种称为代理 ARP 的技术，这样主机就可以跟踪其子网之外的其他主机。如果网络配置为支持代理 ARP，就希望配置客户端，将其自身用作默认路由。这将迫使它使用 ARP(地址解析协议)来查找所有远程(非子网)地址。

该参数的语法如下：

```
use-lease-addr-for-default-route [true|false];
```

警告　使用 use-lease-addr-for-default-route 命令时应谨慎。并不是每个客户端都可以配置为使用自己的接口作为默认路由。

3. 选项

当前，DHCP 服务器支持 60 多个选项。下面是选项的一般语法：

```
option option-name [modifiers]
```

表 29-1 总结了最常用的 DHCP 选项。

表 29-1　常见 dhcpd.conf 选项

选项	说明
broadcast-address	在客户端子网上指定为广播地址的一个地址
domain-name	当执行主机查找时，客户端应该使用作为本地域名的域名
domain-name-servers	客户端用来解析主机名的 DNS 服务器列表
host-name	用于标识客户端名称的字符串
routers	客户端要使用的路由器的 IP 地址列表，按优先顺序排列
subnet-mask	客户端要使用的网络掩码

29.2.4　示例 dhcpd.conf 文件

下面是一个简单的 DHCP 配置文件示例：

```
subnet 192.168.222.0 netmask 255.255.255.0 {
```

```
    # Options
    option routers 192.168.222.1;
    option subnet-mask 255.255.255.0;
    option domain-name "example.org";
    option domain-name-servers ns1.example.org;
    # Parameters
    default-lease-time 21600;
    max-lease-time 43200;
    # Declarations
    range dynamic-bootp 192.168.222.25 192.168.222.49;
    # Nested declarations
    host clientA {
          hardware ethernet 00:80:c6:f6:72:00;
          fixed-address 192.168.222.50;
    }
}
```

在本例中，请注意以下事项。

- 定义了单个子网。DHCP 客户端被指示使用 192.168.222.1 作为默认路由器(网关地址)，使用 255.255.255.0 作为子网掩码。
- DNS 信息传递给客户端；使用 example.org 作为域名后缀，使用 ns1.example.org 作为 DNS 服务器。
- 租约时间设置为 21 600 秒，但如果客户端请求更长的租约，可能会授予它们一个最长可持续 43 200 秒的租约。
- 发出的 IP 地址范围从 192.168.222.25 开始，最高可达 192.168.222.49。MAC 地址为 00:80:c6:f6:72:00 的机器总是会被分配 IP 地址 192.168.222.50。

要使用示例配置文件设置 DHCP 服务器，只需要创建/编辑名为/etc/dhcp/dhcpd.conf 的文件，并使用示例文件中的条目填充该文件。

考虑将本章使用的配置文件的工作副本绑定在下面的 URL 中，以减少输入：

```
http://linuxserverexperts.com/0e/chapter-29.tar.xz
```

要继续使用这个包，只需要下载文件(wget<previous URL>)，解压内容(使用 tar xvJf chapter-29.tar.xz 解压它)，并将该文件复制到本地系统的适当目录中。

警告　确保 DHCP 服务器至少有一个配置了 IP 地址的网络接口，该网络接口属于 dhcpd.conf 文件的子网声明中定义的网络，这一点至关重要。例如，当 DHCP 服务器有一个 IP 地址为 172.16.0.10 的单一网络接口(如 ens0)时，不应该有一个子网是 192.168.222.0、网络掩码是 255.255.255.0 的子网声明。

还应该确保DHCP服务器的IP地址被排除在范围声明中指定的发布/租用IP地址的网络范围之外。示例中的 DHCP 服务器的静态 IP 地址应该在 192.168.222.1 到 192.168.222.24 之间。如果忽略此警告，dhcpd 服务将无法启动，并出现如下三种错误之一：

```
No subnet declaration for eth0 (<current-ip-address>)
Not configured to listen on any interfaces!
Failed to start DHCP Server Daemon.
```

1. 启动和停止 dhcpd

在启用 systemd 的 Linux 发行版上，可以使用 systemctl 实用程序查询 dhcpd 守护进程的状态并管理服务。

首先检查服务是否正在运行：

```
[master@server ~]$ systemctl status dhcpd.service
```

如果输出显示服务没有运行(不活动、死亡等)，使用 systemctl 实用程序的 start 选项来启动服务：

```
[master@server ~]$ sudo systemctl start dhcpd.service
```

如果对 dhcpd.conf 配置进行了一些更改，希望正在运行的 dhcpd 服务器实例包含/实现这些更改，就可以运行以下命令，重新启动服务：

```
[master@server ~]$ sudo systemctl restart dhcpd.service
```

要停止 dhcpd 服务，输入如下命令：

```
[master@server ~]$ sudo systemctl stop dhcpd.service
```

2. 一般的 dhcpd 运行时行为

启动后，守护进程在执行任何处理之前耐心地等待客户端请求的到达。当处理一个请求并发出一个地址时，守护进程在一个名为 dhcpd.lease 的文件中跟踪该地址。在 Fedora、RHEL 和 CentOS 系统上，这个文件存储在/var/lib/dhcpd/目录中。

在基于 Debian 的发行版(如 Ubuntu)上，客户端租约存储在/var/lib/dhcp/目录下。

29.3　DHCP 客户端守护进程

ISC DHCP 客户端守护进程(名为 dhclient)包含在许多流行的 Linux 发行版中，它是用于与前几节中描述的 DHCP 服务器通信的软件组件。如果被调用，dhclient 将尝试从可用的 DHCP 服务器中获取地址，然后相应地进行网络配置。表 29-2 列出了 dhclient 命令行选项。

表 29-2　dhclient 命令行选项

选项	说明
-p	为 DHCP 客户端指定要使用的不同 UDP 端口，而不是标准端口 68
-d	强制 DHCP 客户端作为前台进程运行，而不是像通常那样作为后台进程运行；用于调试

配置 DHCP 客户端

客户端通常从启动文件运行，但也可以手动运行。它通常在其他服务/进程之前启动，这些服务/进程依赖于有效的/配置的网络堆栈的可用性。

正如提示的那样，客户端可以在启动后随时从命令行手动调用。客户端守护进程可以在不使用其他选项的情况下启动，但它尝试获得系统上配置的所有接口的租约。

下面列出如何以最基本形式从命令行启动客户端：

```
[master@clientB ~]$ sudo dhclient
......<OUTPUT TRUNCATED>.....
Sending on LPF/ens4/00:0c:29:f8:b8:88
```

```
Sending on Socket/fallback
DHCPDISCOVER on lo to 255.255.255.255 port 67 interval 7
DHCPREQUEST on ens4 to 255.255.255.255 port 67
DHCPACK from 192.168.222.1
SIOCADDRT: File exists
bound to 192.168.222.36 -- renewal in 188238 seconds.
```

注意　在大多数 Linux 发行版，各种机制(如脚本、NetworkManager、Netplan、systemd-networkd 等)的存在，是为了帮助将系统自动设置为每个系统重启之间的 DHCP 客户端，这样每次系统需要 IP 地址时，就不需要手动运行 dhclient 守护进程。参见第 13 章了解更多信息。

客户端守护进程可以使用其他标志启动，这些标志可以稍微修改应用程序的行为。例如，可以选择指定应该请求地址租约的接口(如 eth0)。

表 29-2 描述了 dhclient 的一些选项。dhclient 命令的完整语法如下所示：

```
Usage: dhclient [-4|-6] [-SNTPI1dvrxi][-nw][-p <port>][-D LL|LLT]
[-s   server-addr]        [-cf config-file]
[-df    duid-file]        [-lf lease-file]
[-pf    pid-file]         [--no-pid] [-e VAR=val]
[-sf    script-file]      [interface]
```

29.4　小结

DHCP 是为大组机器或移动设备动态配置地址的有用机制。由于 DHCP 是一种开放的、基于标准的协议，服务器和客户端的体系结构和平台通常是不相关的。

运行流行的、高度可配置的 dhcpd 服务器软件的 Linux 服务器可以支持 DHCP 请求。

客户端软件还可以方便地将基于 Linux 的机器的网络堆栈配置为网络上的 DHCP 客户端。这个客户端守护进程有许多选项，使其能与各种 DHCP 服务器对话。

第30章 虚 拟 化

简单地说，虚拟化意味着使一个事物看起来像另一个事物。从技术角度看，虚拟化是指对计算机资源的抽象。这种抽象可通过多种方式实现：通过软件、硬件，或者两者的混合。

虚拟化技术以各种形式出现已经很长时间了。由于各种因素的影响，这项技术近年来特别普遍。本章讨论 Linux 平台上一些常见的虚拟化技术。

还介绍容器(容器化)，它提供了在自包含环境中打包和交付应用程序甚至整个操作系统的方法，而不必承担传统机器虚拟化技术的开销。具体来说，本章讨论流行的 Docker 平台作为容器实现，并展示如何在容器中部署 Web 服务器。

30.1 为什么要虚拟化?

虚拟化扩散背后的优势和原因有很多，可以大致分为技术和非技术因素。非技术因素包括以下几个方面：

- **对更可持续的(更绿色的)计算模型的渴望**。常识告诉我们，运行在一台物理服务器上的 10 台虚拟机的碳排放量，要比达到相同目的的 10 台物理机的碳排放量要小。
- **节约成本的优势**。虚拟化有助于降低购买和维护硬件的成本。同样，常识告诉我们，10 个虚拟机比 10 个物理机便宜。
- **更高的投资回报(ROI)**。提高现有硬件的利用率和更好地利用现有硬件可为组织和个人带来更大的 ROI。

一些技术因素包括：

- **虚拟化提高了服务器和应用程序的可用性，并减少了服务器宕机时间**。可通过使用不同的技术(如动态主机迁移)来减少服务器宕机时间。
- **虚拟化补充了云计算**。虚拟化可以说是当今以云为中心的计算、数据管理和应用程序部署方法最重要的推动者之一。
- **虚拟化提供了更好的跨平台支持**。例如，虚拟化使得在 Linux 中运行 Microsoft Windows 操作系统或在 Microsoft Windows 中运行基于 Linux 的操作系统成为可能。
- **虚拟化为测试和调试新的应用程序和/或操作系统提供了良好环境**。虚拟机可以快速清除或恢复到已知状态。同样，虚拟机也可用来测试和运行遗留软件。通常也能更方便、更快速地设置虚拟环境。

虚拟化概念

本节试图为本章中常见的虚拟化概念和术语打下基础，这些概念和术语在日常的虚拟化讨论中会用到。

- Guest OS (VM)：也称为虚拟机(VM)，是正在虚拟化的操作系统。
- Host OS：运行 Guest OS (VM)的物理系统。
- Hypervisor(VMM)：也称为虚拟机监视器。管理程序为虚拟机或应用程序提供类似于 CPU 的接口。它是整个虚拟化概念的核心，可以通过内置在硬件、纯软件或两者结合的支持来实现。
- 完全虚拟化：也称为本机虚拟化。主机 CPU 有扩展指令，允许 VM 与它直接交互。可以使用这种虚拟化的 Guest OS，不需要任何修改。事实上，虚拟机并不知道——也不需要知道——它们运行在一个虚拟平台上。硬件虚拟机(HVM)是一个与供应商无关的术语，用于描述支持完全虚拟化的管理程序。

  在完全虚拟化中，Guest OS 看到的虚拟硬件在功能上与运行 Host OS 的硬件相似。

  支持所需扩展 CPU 指令的厂商 CPU 和平台的例子有 Intel 虚拟化技术(Intel VT)、AMD 虚拟化(AMD-V)和 IBM z 系统。

  支持完全虚拟化的虚拟化平台有基于内核的虚拟机(KVM)、Xen、IBM 的 z/VM、VMware、VirtualBox 和微软的 Hyper-V。
- 半虚拟化：是另一种虚拟化技术。本质上，这类虚拟化是通过软件完成的。使用这种虚拟化的 Guest OS 通常需要修改。准确地说，Guest OS(VM)的内核需要修改才能在这种环境中运行。这种必要的修改是半虚拟化的一大缺点。这种类型的虚拟化目前比完全虚拟化更快。

  支持半虚拟化的虚拟化平台有 Xen 和 UML(用户模式 Linux)。
- 容器化：这有点难以解释/定义，因为它不是传统意义上的纯粹虚拟化技术。容器化指的是一种隔离操作系统中非常特定的部分/组件的技术，以使应用程序或特性能几乎自主地运行。

尽管容器化在某种程度上是一种新兴技术，但应该清楚，它绝不是一种新技术。关于容器化的基本思想和概念在各种操作系统中已经存在很长时间了。用于实现和管理容器化的工具以及可能的用例都是一些新出现的工具。Docker 就是这样一个流行的工具。稍后将更详细地讨论 Docker 中实现的应用程序容器化。

30.2 虚拟化的实现

许多虚拟化实现运行在基于 Linux 的系统(和基于 Windows 的系统)上。有一些比其他的更成熟，有一些比其他的更容易设置和管理，但是虚拟化的目标在各个方面都基本相同。

本节将研究一些比较流行的虚拟化实现。

30.2.1 Hyper-V

这是微软的虚拟化实现。目前它只能用于支持完全虚拟化的硬件(即 Intel VT 和 AMD-V 处理器)。Hyper-V 有一个卓越的管理界面，并与最新的 Windows Server 系列操作系统很好地集成。

30.2.2 基于内核的虚拟机(KVM)

这是在 Linux 内核中实现的第一个正式的 Linux 虚拟化实现。它目前只支持完全虚拟化。KVM 是本章的惯例。

30.2.3 QEMU

QEMU 属于虚拟化的一类，称为“机器仿真器和虚拟化器”。它可模拟与运行的机器完全不同的机器架构(例如，可模拟 x86 平台上的 ARM 架构)。QEMU 的代码是开源和成熟的，因此其他许多虚拟化平台和项目都使用它。

30.2.4 VirtualBox

这是一个流行的虚拟化平台。它以易于使用和良好的用户界面而闻名。它有很好的跨平台支持。它支持完全虚拟化和半虚拟化技术。

30.2.5 VMware

这是最早也是最著名的主流商业虚拟化实现之一。它提供了优秀的跨平台支持、优秀的用户和管理界面以及出色的性能。有几种 VMware 产品系列可以满足各种需求(从桌面需求到企业需求)。VMware 的一些版本是免费的(如 VMware Server、VMware Player)，还有一些是纯商业的(如 VMware vSphere [ESXi]、VMware Workstation 等)。

30.2.6 Xen

这是 FOSS 领域中另一个流行的虚拟化实现。代码库非常成熟，并且经过了良好的测试。它支持虚拟化的完全和半虚拟化方法。Xen 被认为是一个高性能的虚拟化平台。Xen 项目是由几家大公司赞助的，开源的代码保存在 www.xenproject.org 上。

在 Xen 领域，域是一个广泛的术语，用于描述 VM 运行的访问级别。两个常见的域如下。

- 域 0(dom0)：这是控制或管理域。它指的是具有直接访问主机硬件的特殊权限和能力的特殊 VM。它通常负责启动在用户域(domU)中运行的其他 VM。
- 域 U(domU)：这是用户域。是一个非特权域，其中运行的虚拟机(guests VM)不能直接访问主机硬件。

30.3 KVM

KVM 是通过 Linux 内核提供原生虚拟化解决方案的 Linux 官方答案。KVM 为 Linux 内核管理程序提供了功能。当前 KVM 的稳定实现在支持虚拟化 CPU 扩展(如 Intel VT 和 AMD-V 系列中提供的扩展)的 x86 平台上得到支持。

因为 KVM 是在 Linux 内核中直接实现的，所以它在各种 Linux 发行版中都得到有力支持。这意味着，在最基本的 KVM 设置上，应该能在任何 Linux 发行版上使用以下部分提供的相同指令集。

/proc/cpuinfo pseudo-file-system 提供了关于 Linux 系统上运行的 CPU 的详细信息。其中，该条目显示了正在运行的 CPU 支持的特殊标志或扩展。

提示 可能需要在一些系统的 BIOS 或 UEFI 中切换虚拟化开关/选项，以启用对完全虚拟化的支持。选项的确切名称和执行此操作的顺序因制造商而异，因此用户的选项可能会有所不同。最好查阅有关特定硬件的文档。在需要这样做的系统上，Linux 内核可能无法看到并使用 CPU 中的虚拟化标志，直到启用了正确的选项。

在 Intel 平台上，完全支持基于硬件的虚拟化的标志是 vmx。要检查 Intel 处理器是否支持 vmx，可通过 grep 在/proc/cpuinfo 中找到所需的标志，如下所示：

```
[master@intel-server ~]$ grep -i "vmx" /proc/cpuinfo
flags : fpu pae mce cx8 apic ...<OUTPUT TRUNCATED>... vmx
```

在这个示例输出中出现的vmx表明，必要的CPU扩展已经出现在Intel处理器上。

在AMD平台上，完全支持基于硬件的虚拟化的标志是svm。要检查AMD处理器是否支持svm，可通过grep在/prop/cpuinfo中找到所需的标志，如下所示：

```
[master@amd-server ~]$ grep -i "svm" /proc/cpuinfo
flags : fpu vme de pse 3dnowext ...<OUTPUT TRUNCATED>...svm
```

在这个示例输出中出现的svm表明，在AMD处理器上已经有了必要的CPU扩展。

30.3.1 KVM示例

如上所述，KVM有很好的跨平台/发行版支持。本节研究Linux的Fedora发行版上的一个示例KVM实现。

下面使用一组基于libvirt C库的工具。具体而言，使用虚拟机管理器(Virtual Machine Manager, virt-manager)应用程序工具包，它提供了管理虚拟机的工具，包括成熟的GUI前端和命令行实用程序。

本例使用virt-install实用程序，这是一个CLI工具，提供了一种简单方式来提供虚拟机。它还向GUI虚拟机管理器应用程序公开一个API，然后应用程序将该API用于各种项目，如图形化VM创建向导。

以下是示例主机系统上的规范：

- 支持完全虚拟化(特别是AMD-V)的硬件。
- 32GB RAM和主机磁盘上足够的自由存储空间。
- 托管运行Fedora Linux发行版的操作系统。
- 运行Linux的Fedora发行版的主机OS。

对于示例虚拟化环境，目标如下：

- 使用内置的KVM虚拟化平台。
- 设置一个运行Linux的Fedora发行版的Guest OS(VM)。使用下载并保存为主机系统上/media/Fedora-Server-dvd-x86_64*.iso的ISO文件安装Fedora。如果想设置一个运行Fedora或其他Linux发行版的Guest VM，请将这里使用的示例ISO文件名替换为自己拥有的真正ISO文件的实际文件名(如openSUSE-Tumbleweed-DVD-x86_64-Current.iso、Fedora-Workstation- Live-*.iso、rhel-8.*-x86_64-dvd.iso、ubuntu-20.04-desktop-amd64.iso等)。
- 为VM分配总共10GB的磁盘空间。
- 给VM分配2GB RAM。

使用以下步骤来实现目标。

(1) 使用dnf安装虚拟化包组。这个包组由提供虚拟化环境的各种单独的包(例如virt-install、qemu-kvm和virt-manager)组成。

```
[master@fedora-server ~]$ sudo dnf -y groupinstall 'Virtualization'
```

(2) 在启用systemd的发行版上，可以启动libvirtd服务：

```
[master@fedora-server ~]$ sudo systemctl start libvirtd
```

(3) 使用systemctl工具确保在系统引导期间自动启动libvirtd服务：

```
[master@fedora-server ~]$ sudo systemctl enable libvirtd
```

(4) 使用virsh工具确保启用虚拟化和系统的正常运行：

```
[master@fedora-server ~]$ sudo virsh list
```

只要前面的输出没有返回任何错误，就没有问题。

(5) 在示例服务器上，把属于每个 VM 的所有备份存储文件存储在一个名为/home/vms/的自定义目录路径下。

首先创建存放 VM 映像的目录结构：

```
[master@fedora-server ~]$ sudo mkdir -p /home/vms/
```

(6) 使用 virt-install 实用程序设置虚拟机。virt-install 实用程序支持几个选项，允许在安装时定制新的 VM。运行以下命令，启动 virt-install：

```
[master@fedora-server ~]$ sudo virt-install \
--name fedora-demo-VM --memory 2000 \
--disk /home/vms/fedora-demo-VM.qcow2,size=10 \
--cdrom /media/Fedora-Server-dvd-x86_64*.iso
```

上述命令中使用的参数的含义如表 30-1 所示。

表 30-1　virt-install 的参数

选项	描述	值
--name	虚拟机/客户实例的名称	fedora-demo-VM
--memory	分配给 VM 来宾的内存，单位为 MB	2000
--disk	指定 VM 的文件/设备的路径和其他与存储相关的选项。如果没有指定路径或名称，将使用默认的存储池路径：/var/lib/libvirt/image/。如果不指定名称，磁盘就自动命名为与 VM 类似的名称/var/lib/libvirt/images/	/home/vms/fedora-demo-VM.qcow2, size=10 (此处指定存储名和 size 选项)
--cdrom	用作虚拟 CD-ROM 设备的文件或设备	/media/Fedora-Server-dvd-x86_64*.iso

(7) 新配置的 VM 应该立即在 Virt Viewer 窗口中启动。VM 尝试从--cdrom 选项值引用的安装介质(ISO 文件)引导。打开如图 30-1 所示的窗口。

在这里，可继续安装，就像在普通机器上安装一样(参见第 2 章)。

提示　virt-install 命令提供了一组丰富的选项。肯定应该花点时间查看它的手册(man virt-install)。例如，它的选项(--s-variant)允许对不同操作系统平台(如 Windows、Linux、UNIX 等)进行开箱即用的优化。

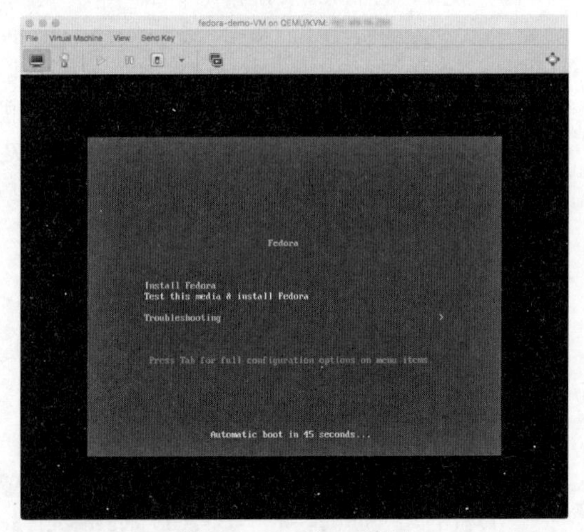

图 30-1　Virt Viewer 窗口

30.3.2　管理 KVM

上一节初步介绍了如何设置虚拟机。本节研究一些与管理客户虚拟机相关的典型任务。

下面使用功能丰富的 virsh 程序完成大多数任务。virsh 用于在虚拟来宾域(机器)上执行管理任务，例如关闭、重启、启动和暂停来宾域。virsh 基于 libvirt C 库。virsh 可以使用适当的选项直接从命令行运行，也可以直接在自己的命令解释器中运行。

(1) 要在自己的最小交互式shell中启动virsh，输入以下内容：

```
[master@fedora-server ~]$ sudo virsh
virsh #
```

(2) virsh对于它支持的不同选项和参数有自己的内置帮助系统。要查看所有支持的参数的快速帮助摘要，输入：

```
virsh # help
attach-device        attach device from an XML file
attach-disk          attach disk device
...<OUTPUT TRUNCATED>...
```

(3) 要列出系统管理程序上配置的所有非活动和活动域，输入以下命令：

```
virsh # list --all
Id Name                State
----------------------------
- fedora-demo-VM         shut off
```

输出显示，该fedora-demo-VM客户域当前是关闭的(非活动的)。

(4) 要查看关于fedora-demo-VM客户域的详细信息，输入：

```
virsh # dominfo fedora-demo-VM
Id:             -
Name:           fedora-demo-VM
UUID:           dbbdcf36-6a9f-4f0e-b7a4-562b793c2097
OS Type:        hvm
State:          shut off
Max memory:     2048000 KiB
Used memory:    2048000 KiB
Persistent:     yes
Autostart:      disable
...<OUTPUT TRUNCATED>...
```

(5) 假设fedora-demo-VM客户端当前没有运行，可以通过运行以下操作启动它：

```
virsh # start fedora-demo-VM
```

(6) 使用shutdown参数优雅地关闭fedora-demo-VM来宾客户端：

```
virsh # shutdown fedora-demo-VM
```

(7) 如果fedora-demo-VM来宾客户端被卡住或冻结，想要关闭它的电源(这类似于拔出它的电源电缆)，输入：

```
virsh # destroy fedora-demo-VM
```

(8) 要取消对fedora-demo-VM来宾域的定义或从监控程序中删除其配置，请输入：

```
virsh # undefine fedora-demo-VM
```

30.4 在Ubuntu/ Debian中设立KVM

前面提到，不同Linux发行版上的虚拟化实现之间的一个主要区别在于围绕虚拟化解决方案构建的管理工具。

之前设置的KVM虚拟化使用了管理工具(virt-manager、virt-install等)，这些工具相对无缝地跨各种平台工作。这里使用底层工具运行KVM虚拟化的快速设置，这些工具在任何Linux发行版上只需要稍加修改就可以工作。

具体来说，下面着眼于如何在基于 Debian 的发行版(如 Ubuntu)中设置 KVM。示例 Ubuntu 服务器上的处理器支持必要的 CPU 扩展。我们将安装在一台带有 Intel VT 处理器的主机上。

目标虚拟机是桌面版 Ubuntu 的最新拷贝，并使用从 http://releases.ubuntu.com 下载的 ISO 映像安装。

(1) 安装 KVM 和 QEMU 包。在 Ubuntu 服务器上，输入：

```
master@ubuntu-server:~$ sudo apt-get -y install qemu-kvm
```

(2) 手动加载 kvm-intel 模块：

```
master@ubuntu-server:~$ sudo modprobe kvm-intel
```

注意　加载 kvm-intel 模块还将自动加载所需的 kvm 模块。在基于 AMD 的系统中，所需的模块称为 kvm-amd。

(3) 以普通用户的身份运行 KVM，所以需要向 KVM 系统组添加示例用户(yyang)：

```
master@ubuntu-server: ~ $ sudo adduser yyang kvm
```

(4) 注销，以用户 yyang 的身份重新登录系统，这样新的组成员可以生效。

(5) 在用户的主目录中创建一个文件夹来存储虚拟机，然后切换到该目录：

```
yyang@ubuntu-server:~$ mkdir -p /home/yyang/vms/
yyang@ubuntu-server:~$ cd /home/yyang/vms/
```

(6) 使用 qemu-img 实用程序为虚拟机创建一个磁盘映像。图像的大小为 10GB。保存虚拟磁盘的文件名为 disk.img。输入以下命令：

```
yyang@ubuntu-server:~/vms$ qemu-img create disk.img -f qcow2 10G
```

提示　qemu-img 命令指定的-f 选项用于指定磁盘映像格式。这里使用 qcow2 格式。由于不分配预先指定的整个磁盘空间，这种格式能节省空间。相反，创建一个小文件，该文件随着数据写入虚拟磁盘映像而增长。

(7) 一旦创建了虚拟磁盘映像，就可将必要的选项直接传递给 kvm 命令，启动 VM 的安装程序。下面是命令：

```
yyang@ubuntu-server:~/vms$ kvm -m 2048 \
-cdrom ubuntu-20.04-desktop-amd64.iso \
-boot ddisk.img
```

下面是传递给 kvm 命令的选项：

- -m 指定分配给 VM 的内存量。本例指定了 2048MB 或 1GB。
- -cdrom 指定虚拟 CD-ROM 设备。本例指向之前下载并保存在当前工作目录下的 ISO 映像。
- -boot d 指定引导设备。在这里，d 指的是 CD-ROM。其他选项有软盘(a)、硬盘(c)和网络(n).
- dish.img 指定原始硬盘映像。这是前面使用 qemu-img 创建的虚拟磁盘。

(8) 新配置的 VM 应该立即在 QEMU 窗口中启动。VM 尝试从-cdrom 选项指定的 ISO 映像中启动，打开一个如图 30-2 所示的窗口。

(9) 从这里开始，可以继续安装，就像在一台普通机器上安装一样(参见第 2 章)。本例使用的 Ubuntu 的特定版本是 Live Desktop。除此之外，这意味着如果不愿意，可以尝试操作系统并使用它，而不需要在磁盘上实际安装或写入任何东西。

(10) 将操作系统安装到 VM 后，可使用 kvm 命令引导虚拟机：

```
yyang@ubuntu-server:~/vms$ kvm -m 2048 disk.img
```

注意，在前面的步骤中，不再需要指定 ISO 映像作为引导介质，因为已经完成安装！

图 30-2 新配置的 VM 立即在 QEMU 窗口中启动

30.5 容器

容器指的是一类准虚拟化技术，它们使用各种机制为应用程序(甚至整个操作系统)提供隔离的运行时环境。容器背后的思想是只提供应用程序或软件栈运行时所需的最小且最可移植的需求集。本章前面讨论的虚拟化解决方案(KVM、VMware 等)是面向虚拟化计算基础设施的几乎每个方面的，包括硬件、操作系统等。

如前所述，容器化背后的基本前提在 UNIX 领域已经存在了一段时间；唯一的新事物是实现和围绕这个概念的支持工具。旧的和当前的实现(和引擎)的例子有 chroot、LXE、libvirt LXC、system-nspawn、Solaris Zones、FreeBSD Jails、containerd、Docker、podman 和 Kubernetes。Docker 和 Kubernetes 分别是流行的容器实现和编排平台。本节重点讨论 Docker。

30.5.1 容器与虚拟机

尽管容器和虚拟机在功能、定义和用例上有重叠，但它们是完全不同的东西。表 30-2 列出它们的一些相似之处和不同之处。

表 30-2 容器和虚拟机的异同

虚拟机	容器
包括整个操作系统	不需要包括整个操作系统
主机独立。主机操作系统可以与来宾操作系统完全不同。例如，可在 Linux 主机内运行 Windows、macOS 和 Linux 来宾虚拟机	主机操作系统和应用程序客户容器必须运行类似的操作系统。例如，可在基于 Red Hat 的主机系统中运行基于 Debian 的容器
更大的系统资源占用和需求	最小的系统资源占用和需求
每个 VM 通常需要自己的内核	依赖主机系统的内核
需要管理程序	不需要管理程序
较慢的创建和启动速度	更快的创建和启动速度

30.5.2 Docker

Docker 是一组以容器形式用于开发、管理和运行应用程序的工具和接口。Docker 可以利用各种机制访问 Linux 内核所需的任何内部/接口。广泛地说，它使用在 Linux 内核中公开的名称空间和控制组(cgroups)接口，来提供隔离和资源共享优势。

有些术语和概念是 Docker 领域中唯一和常用的。这里概述并解释其中一些概念。

- 映像：Docker 映像构成了 Docker 生态系统的构建块。它们是创建容器的只读蓝图。当 Docker 从一个映像中运行容器时，它会在映像的顶部添加一个读写层。
- 容器：Docker 容器是从 Docker 映像创建的用于运行应用程序的实际工作设备。
- 注册表：这指的是 Docker 映像的任何存储库或来源。默认/主注册表是一个名为 Docker Hub 的公共存储库，其中包含由各种开源项目、公司和个人提供的数千张映像。注册表可以通过其 Web 接口(https://hub.docker.com)或通过各种客户端工具访问。
- Docker 主机：安装 Docker 应用程序的主机系统。
- Docker 守护进程：负责管理运行它的 Docker 主机上的容器。从 Docker 客户端接收命令。
- Docker 客户端：由用户区域的工具和应用程序组成，这些工具和应用程序向守护进程发出命令，以执行与容器相关的管理任务。
- dockerfile：这是一种配置文件，描述组装映像所需的步骤。

1. Docker 的安装和启动

为在示例 Fedora 服务器上安装 Docker，启动守护进程服务，并使其在未来自动启动，执行以下步骤：

(1) 以特权用户的身份登录时，请运行以下命令，使用 dnf 安装 Docker：

```
[master@fedora-server ~]$ sudo dnf -y install docker
```

(2) 软件成功安装后，使用 systemctl 检查 Docker 服务的状态：

```
[master@fedora-server ~]$ systemctl is-enabled docker
```

(3) 如果输出显示，服务禁止自动启动，就可以运行以下代码，同时启用和启动它：

```
[master@fedora-server ~]$ sudo systemctl --now enable docker
```

提示　如果 Docker 守护进程未能在 Red Hat 类的发行版(以强制模式运行 SELinux 的 Btrfs 格式文件系统)上启动，就可以尝试从/etc/sysconfig/docker 文件的 OPTIONS 行中删除-selinux-enabled，来解决这个问题。将更改保存到文件中，然后再次尝试启动 Docker。

提示　一些较新的 Linux 发行版默认启用了 Control Group V2 (cgroupv2)，但遗憾的是，并不是所有应用程序都被移植来使用它的高级特性(如统一层次结构)。在这个奇怪的过渡时期，要让旧的 Docker 版本在这样的系统上工作，可能需要禁用成熟的 cgroupv2，并通过一个内核引导标志启用旧的 cgroupv1。例如，在受影响的 EFI Fedora 发行版上，可将 systemd.unified_cgroup_hierarchy=0 标记添加到/etc/default/grub 文件中的 GRUB_CMDLINE_LINUX 参数，并使用 grub2-mkconfig 生成一个更新的 GRUB 引导配置文件，完成后重新启动。为生成更新的 GRUB 配置，运行一些命令：

```
$ sudo grub2-mkconfig -o /boot/efi/EFI/fedora/grub.cfg
```

2. 使用Docker映像

Docker映像是组成容器的0和1。在官方Docker公共注册表中可以找到由各种项目、组织和个人创建的数以千计的映像。注册表存储了为各种用途而构建的映像，从娱乐/多媒体用途、开发环境和各种网络服务器(HTTP、DNS、VoIP、数据库等)，一直到已打包到容器中的完整操作系统。

下面使用官方Apache HTTP服务器项目(http://httpd.apache.org/)创建的Docker镜像来设置一个容器。

(1) 查询本地Docker主机，寻找任何现有的映像：

```
[master@fedora-server ~]$ sudo docker images
```

在一个全新的Docker主机/安装上，该清单应该是空的。

(2) 搜索公共Docker注册表，寻找名称包含关键字httpd的映像：

```
[master@fedora-server ~]$ sudo docker search httpd
```

输出应该显示各种可用的映像。NAME和OFFICIAL列提供了映像是由官方项目维护者上传还是由个人上传的提示。STARS列暗示了映像的受欢迎程度。

(3) 在示例系统中，从正式源(NAME = docker.io/httpd)选择httpd映像，它也是具有最高评级的映像。输入如下命令：

```
[master@fedora-server ~]$ sudo docker pull httpd
Using default tag: latest
a92eb49846a5: Pull complete
bed150197318: Downloading [========>          ] 16.24 MB/51.36 MB
...<OUTPUT TRUNCATED>...
```

(4) 查询本地映像存储库，以列出当前系统上可用的映像：

```
[master@fedora-server ~]$ sudo docker images
REPOSITORY          TAG       IMAGE ID       CREATED       SIZE
docker.io/httpd     latest    b7cc370ac278   2 weeks ago   132 MB
```

3. 使用Docker容器

上一节下载了正式的httpd Docker映像。当前形式的映像不是很有用，因为它只是文件系统上的一堆文件。为使映像有用，必须从它解压出自己的容器，并定制它，以供自己使用。

(1) 启动httpd容器：

```
[master@fedora-server ~]$ sudo docker run \
--net=host \
--name my-1st-container \
-p 80:80 \
-d    docker.io/httpd
```

下面是传递给docker命令的选项。

- –net：指定了想为容器使用的网络类型。我们指定了主机联网选项。
- --name：这只是分配给这个容器实例的描述性名称。本例使用my-1st-container作为名称。
- -p(--publish的缩写形式)：将容器的端口映射或发布到主机。这里将容器上的端口80(默认HTTP端口)映射到主机上的端口80。语法是-p HostPort:ContainerPort。
- d (-daemon的缩写形式)：在后台运行容器。它将容器作为守护进程运行。
- docker.io/httpd：指定映像名。这里引用前面下载的映像。

(2) 在Docker中查询当前运行的容器列表：

```
[master@fedora-server ~]$ sudo docker ps
```

(3) 容器启动成功后，可将Web浏览器指向Docker主机的IP地址，查看容器中提供的默认/基本Web页面，或使用任何有能力的CLI程序，如curl或wget。

示例Docker主机的IP地址是192.168.1.100，所以下面使用curl来浏览在容器中运行的Web服务器，如下所示：

```
[master@fedora-server ~]$ curl http://192.168.1.100
```

提示 从容器映射到主机的实际端口，需要通过任何基于主机的防火墙规则进行访问。对于这个httpd容器示例，需要打开Docker主机上的端口80(主机端口)。在Red Hat类型的发行版上，可使用firewall-cmd来完成，如下所示：

```
# firewall-cmd --permanent --add-service=http
# firewall-cmd --reload
```

(4) 如果已经做了一些修改，需要重新启动容器，则输入：

```
[master@fedora-server ~]$ sudo docker restart my-1st-container
```

(5) 为了立即停止my-1st-container容器过程，输入：

```
[master@fedora-server ~]$ sudo docker stop my-1st-container
```

(6) 为永久删除示例my-1st-container容器，输入：

```
[master@fedora-server ~]$ sudo docker rm my-1st-container
```

30.6 小结

当今存在许多虚拟化技术和实现。其中一些的存在时间比另一些长得多，但其理念和需求几乎保持不变。虚拟化和容器技术正处于云计算技术发展和采用的中间阶段。

本章介绍了Linux领域中常见的虚拟化产品。特别关注KVM平台，因为它完全集成到Linux内核中。展示了两个实际设置和使用KVM在Fedora机器和Ubuntu服务器上创建两个虚拟机的示例。

最后，讨论了Linux容器，重点讨论了作为实现的Docker应用程序。展示了如何从现有的Docker映像中查找和挑选。然后，在一个小型容器中启动了一个完整的Web服务器(Apache HTTP服务器)，它可以很容易地在其他Linux发行版上重用。

在本章和本书其他部分的基础上，附录B深入介绍了如何获取和使用专门为补充本书而创建的虚拟机映像和容器。希望这些资源提供实用的工具，帮你进一步探索本书所讨论的一些技术。读者可下载映像和容器，探索它们，分析它们，破坏它们，修复它们，使它们更好——真正的系统管理员风格！

第31章 备　份

执行备份是任何服务器维护的关键部分，因为没有备份的生产服务器将导致灾难。管理备份也是系统管理员的职责之一。当然，仅执行备份并不是系统管理员的全部职责；还必须定期测试备份，确保它们是可访问和可恢复的。不管服务器运行的是哪个底层操作系统，这些语句都是正确的。

本章讨论 Linux 发行版所附带的备份选项——主要关注较高的层次。也存在许多商业备份解决方案，以适应不同的预算规模。最佳解决方案取决于站点及其需求。

31.1 评估备份需求

开发备份解决方案不是一项简单任务。它要求考虑网络的所有部分、服务器以及分布在它们之间的资源之间的交互。当然，必须安排定期进行备份和验证。

根据站点、网络和增长模式，每个组织都有不同的备份需求。为做出合理的决定，需要考虑以下几点：

- 需要备份的数据量
- 备份硬件和备份介质
- 需要支持的网络吞吐量
- 数据恢复的速度和容易度
- 数据删除问题
- 磁带管理

接下来将讨论这些问题和其他问题。

31.1.1 数据量

在估计备份需求时，确定要备份的准确数据量是一个重要的变量。让这个问题难以回答的是，必须在计划中考虑预期的未来增长。所以，当计划备份时，在经济上可行的情况下，尽可能提前尝试和计划总是明智的。

考虑数据更改的频率也很重要。经常变化的数据(如数据库中的数据)需要频繁而快速地备份，而很少变化的数据(如/etc 目录的内容)不需要那么频繁地备份。由于这些和其他原因，可能需要多个备份策略来适应要备份的数据类型。

在检查需求时，仔细考虑可压缩数据和不可压缩数据。随着本地磁盘容量变得越来越大，许多人开始在工作系统上存储个人音乐/图像/视频集合，当然，这些个人数据中的很多可能与主要的业务功能无关。如果用户认为所有的系统都备份了，那么当他们发现个人音乐收藏没有备份时，可能会大吃一惊！

31.1.2　备份硬件和备份介质

所选的硬件类型应该反映需要备份的数据数量和类型、备份的频率以及是否有必要将备份复制到异地。

常见的选择有磁带、磁盘、USB 驱动器、基于云的解决方案、存储区域网络(SAN)、网络连接存储(NAS)和其他网络存储阵列。其中，磁带是最长的，在介质密度、形状因素和机理方面也提供了最广泛的选择。

对于所有的磁带选择，选择一个特定的类型可能是棘手的。许多高密度的选择很有吸引力，原因很明显，可以把更多数据塞到一个磁带上。当然，大容量磁带和磁带驱动器通常成本更高。努力找到以最佳价格备份最多系统数据的最佳解决方案，并与对介质容量的要求相平衡。

注意　磁带驱动器的许多广告吹嘘磁带有令人印象深刻的容量，但请记住，这些数字表示磁带上的压缩数据，而不是实际数据。磁带上未压缩的数据量通常约为压缩容量的一半。了解这一点很重要，因为根据被压缩的数据类型，压缩算法可以实现不同的压缩级别。例如，文本数据压缩得很好，但是某些图形/音频/视频格式压缩得很少，甚至根本没有压缩！

基于磁盘的备份非常常见。概念很简单：将源驱动器 A、B 和 C 的内容备份到目标驱动器 X、Y 和 Z。与目标驱动器通信的协议或接口是另一个问题，可通过多种方式实现。如果备份的主要目标是防止简单事故(文件删除、主磁盘损坏等)，那么这种方法可很好地工作。传输速度很快，介质很便宜，使用一台低成本的PC、一个像样的RAID控制器和一些普通磁盘构建一个自制的RAID系统相对便宜。

提示　如果进行一些操作，学习曲线非常平缓，就应该认真考虑使用预先打包的商业存储设备的免费替代品。有几种免费和开源的解决方案可供使用。一个令人难以置信的例子是 FreeNAS 项目 www.freenas.org。

使用基于磁盘的备份，可以自动化预定的文件复制，而不需要磁带交换，也可以廉价地增加额外的容量。缺点是，异地存储并不那么容易。虽然获得可热插拔的硬盘是可能的，但在处理和移动方面，它们不像磁带那样健壮。例如，磁带可以坠落几次而几乎没有任何风险，但是对于坠落硬盘就不一样了！

固定(磁盘)和可移动(磁带)介质的组合也越来越流行。在组合解决方案中，定期对磁盘进行备份，定期将备份从备份磁盘移到磁带上。

在所有这些备份选项中，应该始终为可能的介质故障做好计划——也就是说，计划每隔几年将备份的数据移动到新介质。这是必要的，以确保不仅使用新介质，而且驱动器本身仍然进行了正确的校准，现代设备仍然可以读写它。某些情况下，可能需要考虑数据格式。毕竟，可以读取但不能理解的数据对任何人都没有任何好处！

31.1.3　网络吞吐量

遗憾的是，网络吞吐量在备份操作的计划中很容易被遗忘。如果通过一根细管输入数据，那么真正快速的备份服务器和存储子系统的效率就不会很高！请花必要的时间了解网络基础设施。看看数据从哪里来，往哪里去。使用网络监控工具，如 MRTG(www.mrtg.org)来收集关于交换机和路由器的统计信息。实现专用于批量数据传输的虚拟局域网(VLAN)是一个很好的想法。

收集所有这些信息将有助于估计执行备份所需的带宽。在分析完成后，就能找出哪些新的设备或改进将带来最好的回报。

31.1.4 数据恢复的速度和容易程度

当恢复数据的请求到达时，可能需要尽快将数据返回给用户。用户需要等待多长时间取决于用于备份的工具。这意味着需要将响应时间成本纳入备份评估。你愿意花多少钱来获得恢复所需的响应时间？

当然，基于磁盘的恢复是最快的。它们还提供在线备份的可能性，用户可以访问备份服务器并将文件复制回来。相比之下，磁带要慢得多。需要找到磁带上的特定数据、读取存档、提取数据。这可能需要一点时间。

因此，在选择备份解决方案时，请记住将数据恢复的速度和易用性考虑在内，因为当备份数据在人们最需要的时候无法随时获得时，使用高端和广泛的备份解决方案就没有多大意义了！

31.1.5 重复数据的删除

除了说起来有点拗口之外，数据删除处理的是减少存储系统中不必要的冗余数据。这是“数据解除复制”的另一种说法。

在当今这个沉迷于数据的世界里，根据大多数组织和个人每天要处理的数据数量和类型，很容易看出相同数据或文件的多个副本是如何积累的。这种不必要的冗余不仅效率低下，而且会增加执行备份的总成本。

使用下面描述的场景来更好地解释为解决冗余数据问题而构建的系统或解决方案。假设存在一个名为Penguins的组织。

Penguins有一个标准策略，组织内所有用户工作站的备份在每个工作日的凌晨1点自动执行。

(1) 假设图形部门的一个终端用户(用户A)从公司的中央文件服务器将5个图像文件下载到她的主文件夹中，以便在A站上处理一个项目。这五个文件分别名为A.jpg、B.jpg、C.jpg、D.jpg和E.gif。

(2) 像时钟一样，用户工作站的下一个组织范围的备份发生在星期一凌晨1点。

(3) 在备份过程的某个时候，重复数据删除系统将尽力理解组成文件 A.jpg、B.jpg、C.jpg、D.jpg和E.gif的字节(或签名)。

(4) 假设市场部的另一个终端用户(用户B)从公司的中央文件服务器将7个图像文件下载到他的工作站(B站)下，包含在一些公司营销材料中。这七个文件分别命名为A.jpg、B.jpg、C.jpg、D.jpg、E.gif、X.bmp和Y.gif。

(5) 当周二要运行常规备份时，重复数据删除系统检测到，在备份目的地的某个地方已经有一些文件的签名与文件 A.jpg、B.jpg、C.jpg、D.jpg和E.gif完全相同。还注意到X.bmp和Y.gif文件在B站是全新的。它为两个新文件创建签名。

(6) 在备份过程中，重复数据删除机制只在目的地B站上复制两个新文件X.bmp和Y.gif。

(7) 系统不再从B站重新复制文件A.jpg、B.jpg、C.jpg、D.jpg和E.gif，而使用某种指针或标记来指向或链接已存储在目的地的原始和未更改的文件版本。

(8) 因此，重复数据删除系统节省了 Penguins 的备份时间和存储空间。因此，每个人都赢了——包括勇敢的Linux系统管理员！

31.1.6 磁带的管理

随着备份大小的增长，需要管理备份的数据。这就是商业工具经常发挥作用的地方。在评估选择时，一定要考虑它们的索引和磁带管理。如果找不到正确的文件，在50个磁带保存有价值的数据也没有好处。而且，遗憾的是，开始需要更多的磁带来做每晚的备份时，这个问题只会变得更糟。

1. 管理磁带设备

磁带设备像大多数其他设备一样与 Linux 交互：作为文件。文件名将取决于磁带驱动器的类型、选择的操作模式(自动倒带或不倒带)以及系统上附加了多少个驱动器。

例如，SCSI 磁带驱动器使用如表 31-1 所示的命名方案。

表 31-1 SCSI 磁带驱动器使用的命名方案

设备名	作用
/dev/stX	自动倒带 SCSI 磁带设备；X 是磁带驱动器的编号。磁带驱动器的编号是按照 SCSI 链上驱动器的顺序排列的
/dev/nstX	不倒带的 SCSI 磁带设备；X 是磁带驱动器的编号。磁带驱动器的编号是按照 SCSI 链上驱动器的顺序排列的

例如，假设有一个 SCSI 磁带驱动器。可以使用以下任何一个文件名来访问它：/dev/st0 或/dev/nst0。如果使用/dev/st0，驱动器在每个文件写入磁带后自动倒带。另一方面，如果使用/dev/nst0，则可以将单个文件写入磁带，标记文件的末尾，但随后停在磁带的当前位置。这允许将多个文件写入一个磁带。

注意 非 SCSI 设备显然将使用不同的命名方案。遗憾的是，如果备份设备不是 SCSI 设备，就没有命名它们的标准。例如，QIC-02 磁带控制器使用/dev/tpqic*系列文件名。如果使用的是非 SCSI 磁带设备，则需要找到相应的驱动程序文档，以查看使用的设备名称。

在倒带模式下创建一个从/dev/tape 到适当设备名称的符号链接，在非倒带模式下创建一个从/dev/nrtape 开始的链接是很方便的。可以使用以下映射作为示例：

- /dev/tape→/dev/st0
- /dev/nrtape→/dev/nst0

这些备份设备文件与磁盘文件的不同之处在于它们没有文件系统结构。文件连续地写入磁带，直到磁带被填满，或直到写完文件结束标记。如果磁带设备处于非倒带模式，则写头停在紧接最后一个文件结束标记之后的位置，为写下一个文件做好准备。

可将磁带设备想象成一本有章节的书。书的装订和纸张，就像磁带本身一样，提供了放置文字(文件)的地方。出版者(备份应用程序)的标记将整本书分成更小的章或节(位置)。如果用户(读取器)是一个自动倒带机，则每次完成一个文件，就会关闭磁带，然后搜索磁带，找到下一个位置(章节)，准备读取它。但如果用户是一个非倒带驱动器，就会让磁带打开，一直到所读取的最后一页。

2. 使用 mknod 和 scsidev 创建设备文件

如果没有/dev/st0 或/dev/nst0 文件，就可以使用 mknod 命令创建一个。SCSI 磁带驱动器的主号码是 9，副号码指示哪个驱动器以及它是否自动倒带。数字 0~15 代表驱动器号码 0~15，自动倒带。数字 128~143 表示驱动器号 0~15，不倒带。磁带驱动器是一种字符设备。

因此，要创建/dev/st0，需要输入如下的 mknod 命令：

```
[master@server ~]$ sudo mknod /dev/st0 c 9 0
```

要创建/dev/nst0，可使用以下命令：

```
[master@server ~]$ sudo mknod /dev/nst0 c 9 128
```

创建设备名称的另一种选择是使用 scsidev 程序(由 Red Hat 发行版上的 sg3_utils*.rpm 提供，或由基于 Debian 的发行版的 scsitools*.dpkg 提供)。这将在/dev/scsi 目录下创建设备条目，反映 SCSI 硬件的当前状态、相应的设备类型(块或字符)以及相应的主号和副号。遗憾的是，这个方法还有一个命名方案。

使用 scsidev 创建的磁带设备的命名方案如下：

```
/dev/scsi/sthA-0cBiTlL
```

这里，A 是主机号，B 是通道号，T 是目标 ID，L 是逻辑单元(LUN)号。

所有不同的命名方案看起来都令人沮丧。然而，关键是它们仍然使用相同的主、副号码。换句话说，它们都指向同一个驱动程序！最后，可决定将倒带和非倒带设备分别称为 Omolara 和 Adere，只要它们有正确的主副号码。

3. 使用 mt 操作磁带设备

mt 程序为磁带驱动器提供了简单的控制，如倒带、弹出磁带或查找磁带上的特定文件。在备份时，mt 作为一种机制，用于倒带和查找。mt 实用程序是作为 mt-st 软件包的一部分提供的。可以通过以下操作将其安装到基于 RPM 的发行版，如 Fedora、CentOS 或 RHEL：

```
[master@fedora-server ~]$ sudo dnf -y install mt-st
```

在基于 Debian 的发行版上通过以下操作安装 mt-st：

```
master@ubuntu-server:~$ sudo apt install mt-st
```

31.2 命令行备份工具

Linux 发行版提供了几个命令行接口(CLI)工具，可用于备份或恢复数据。尽管其中一些缺少管理前端，但它们使用起来仍然很简单——最重要的是，它们能够完成任务！许多正式的、更广泛的备份包(甚至一些基于 GUI 的备份包)在它们的后端实际上使用并依赖于这些实用程序。

31.2.1 转储和恢复

dump(转储)工具的工作方式是复制整个文件系统。restore(恢复)工具可从该副本中提取任何文件。

为支持增量备份，dump 使用了转储级别的概念。转储级别为 0 表示完全备份。任何大于 0 的转储级别都是相对于上一次发生较低转储级别的转储的增量。例如，转储级别 1 涵盖了自上次级别 0 转储以来对文件系统的所有更改，转储级别 2 涵盖了自上次级别 1 转储以来对文件系统的所有更改，以此类推——一直到转储级别 9。

考虑有三个转储的情况：第一个是级别 0，第二个是级别 1，第三个也是级别 1。当然，第一个转储是完全备份。第二个转储(级别 1)包含自第一个转储以来做的所有更改。第三个转储(也是级别 1)也具有自上一个级别 0 以来的所有更改。如果在级别 2 上进行第四个转储，它将具有自第三个级别 1 以来的所有更改。

转储实用程序将有关其转储的所有信息存储在/etc/dumpdates 文件中。该文件列出了每个备份的文件系统、备份的时间和转储的级别。有了这些信息，就可以确定用于恢复的备份介质。例如，如果在星期一执行级别 0 转储，在星期二和星期三执行级别 1 增量，然后在星期四和星期五执行级别 2 增量，那么最后一次在星期二修改、但在星期五意外擦除的文件可从星期二晚上的增量备份中恢复。在前一周最后修改的文件将位于星期一的级别 0 磁带上。

注意 大多数流行的 Linux 发行版都附带了转储工具。如果发行版没有默认安装它，应该能够使用发行版的包管理系统(如 dnf install dump)轻松地安装它。这个实用程序依赖文件系统，Linux 版本只能在 Linux 的本机操作系统(ext2、ext3、ext4 和 Btrfs)上工作。对于其他文件系统，如 suchasReiserFS、JFS 和 XFS，一定要使用适当的转储工具(例如，XFS 文件系统的 xfsdump 或 xfsrestore)。

1. 使用 dump

dump 实用程序需要许多参数，但最相关的参数如表 31-2 所示。

例如，下面是执行级别 0 转储到/dev/sda1 文件系统的/dev/st0 的命令：

```
[master@server ~]$ sudo dump -0 -f /dev/st0 /dev/sda1
```

表 31-2　dump 工具的参数

dump 命令参数	说明
-level#	转储级别，其中级别是 0~9 的数字
-a	自动调整磁带的大小。如果没有指定-b、-B、-d 或-s，则这是转储的默认行为
-j	使用基于 bzlib 库的压缩。注意，虽然 bzlib 是一种优秀的压缩方案，但代价是需要更多 CPU。如果使用这种压缩方法，请确保系统足够快，能在磁带机不停机的情况下向磁带机提供数据。还要注意，这个选项可能破坏与其他 UNIX 系统的兼容性
-z	使用基于 zlib 库的压缩。注意，这个选项可能破坏与其他 UNIX 系统的兼容性
-b blocksize	将转储大小设置为块大小(以 KB 单位)
-B count	指定要转储的每个磁带的记录数(计数)。如果要转储的数据多于磁带空间，dump 将提示插入新磁带
-f filename	指定生成的转储文件的位置(filename)。可以使转储文件成为驻留在另一个文件系统上的普通文件，也可将转储文件写入磁带设备
-u	在成功转储后更新/etc/dumpdates 文件
-d density	以“位/英寸”为单位的磁带密度
-s size	磁带的尺寸，单位是英尺
-W	显示需要转储的文件系统，而不实际执行任何转储。基于/etc/dumpdates 和/etc/fstab 文件的信息
-L label	用可由 restore 命令读取的名称标记转储
-S	在不执行实际转储的情况下执行大小估计

2. 使用 dump 备份整个系统

dump 实用程序通过对一个文件系统进行归档来工作。如果整个系统包含多个文件系统，则需要为每个文件系统运行 dump。由于 dump 将其输出创建为单个大文件，因此可使用非倒带磁带设备将多个转储存储到单个磁带中。

假设要备份到 SCSI 磁带设备/dev/nst0，就必须首先决定要备份哪些文件系统。该信息在/etc/fstab 文件中。显然，不想备份像/dev/cdrom 这样的文件，所以跳过它们。根据数据，可能希望也可能不希望备份某些分区(例如 swap 和/tmp)。

假设剩下的是/dev/sda1、/dev/sda3、/dev/sda5 和/dev/sda6。要将这些文件备份到/dev/nst0，同时压缩它们，可以执行以下命令：

```
[master@server ~]$sudo mt -f /dev/nst0 rewind
[master@server ~]$sudo dump -0uf - /dev/sda1 | gzip --fast -c >> /dev/nst0
[master@server ~]$sudo dump -0uf - /dev/sda3 | gzip --fast -c >> /dev/nst0
[master@server ~]$sudo dump -0uf - /dev/sda5 | gzip --fast -c >> /dev/nst0
[master@server ~]$sudo dump -0uf - /dev/sda6 | gzip --fast -c >> /dev/nst0
[master@server ~]$sudo mt -f /dev/nst0 rewind
[master@server ~]$sudo mt -f /dev/nst0 eject
```

第一个 mt 命令确保磁带完全重卷，并准备接受数据。然后在分区上运行所有转储命令，它们的输出通过 gzip 传输到磁带上。为使备份更快一些，gzip 使用了--fast 选项。这导致压缩效果不如普通的

gzip压缩，但它的速度更快，占用的CPU时间更少。gzip的-c选项告诉它将输出发送到标准输出。然后倒带并弹出它。

3. 使用restore

restore程序读取dump创建的dumpfile，并从中提取单独的文件和目录。虽然restore是一种命令行工具，但它提供了一种更直观的交互模式，可以从磁带上查看目录结构。表31-3显示了restore实用程序的命令行选项。

表31-3　restore实用程序的命令行选项

restore选项	说明
-i	为restore启用交互式模式。该实用程序将读取磁带的目录内容，然后提供一个类似于shell的接口，在该接口中可以移动目录并标记希望恢复的文件。标记了所有想要的文件后，restore会转储并恢复这些文件。这种模式对于恢复单个文件非常方便，特别是不确定它们位于哪个目录时
-r	重新构建文件系统。如果丢失了文件系统中的所有内容(例如，由于磁盘故障)，可以简单地重新创建一个空文件系统，并恢复转储的所有文件和目录
-b blocksize	将转储的块大小设置为块大小(KB)。如果不提供此信息，restore找出这一点
-f filename	从文件filename读取转储文件
-T directory	指定restore的临时工作区(目录)。默认值是/tmp
-v	verbose选项；它显示了restore所采取的每个步骤
-y	在出现错误时，自动重试，而不是询问用户是否想重试

下面是典型的restore调用：

```
[master@server ~]$ sudo restore -ivf /dev/st0
```

这将从设备/dev/st0(第一个SCSI磁带设备)提取转储文件，打印出restore的每一步，然后提供一个交互式会话来决定哪些文件从转储中恢复。

如果丢失了完整的文件系统，可以使用适当的mkfs.* 命令重新创建该文件系统，然后恢复以填充文件系统。例如，假设外部SATA驱动器(/dev/sdb)发生故障，并且该驱动器上有一个用ext4文件系统格式化的分区(/dev/sdb1)。在使用新驱动器替换失败的驱动器并对其进行分区后，就重新创建文件系统，如下所示：

```
[master@server ~]$ sudo mkfs.ext4 /dev/sdb1
```

接下来，必须将文件系统挂载到适当位置。假设这是/home文件系统，因此输入以下命令：

```
[master@server ~]$ sudo mount /dev/sdb1 /home
```

最后，对于SCSI磁带驱动器中的转储磁带(/dev/st0)，使用以下命令执行恢复：

```
[master@server ~]$ cd /home; sudo restore -rf /dev/st0
```

提示 如果使用gzip压缩转储，就需要解压它，然后restore可以做任何事情。只需要告诉gzip解压缩磁带设备，并将其输出发送到标准输出。然后，应该通过管道将标准输出用于恢复，并将-f参数设置为从标准输入(stdin)中读取。命令如下：

```
# gzip -d -c /dev/st0 | restore -ivf -
```

31.2.2 tar

第4章讨论了如何使用tar创建文件的存档。但是，没有讨论的是tar最初用于将文件归档到磁带上(tar =磁带归档)。由于Linux将设备当作文件处理的灵活方法，前面一直使用tar作为将一组文件归档和反归档到单个磁盘文件中的方法。可以重写这些相同的tar命令，将文件发送到磁带。

tar命令比dump更容易归档文件的子集。dump实用程序只适用于完整的文件系统，而tar只适用于目录。这是否意味着对于备份而言，tar比dump更好？嗯，有时是这样。

总的来说，在备份整个文件系统方面，dump比tar更有效。此外，dump存储关于文件的更多信息，这需要更多磁带空间，但使恢复更加容易。另一方面，tar真正地跨平台——在Linux下创建的tar文件可在其他任何Linux平台下通过tar命令读取。事实上，流行的Windows WinZip和WinRAR程序甚至可以读取gzip格式的tar文件！使用tar或dump更取决于环境和需要。

31.2.3 rsync

对于传统的开源备份解决方案，如果不提到rsync实用程序，就不算是完整的讨论，它用于在不同位置同步文件、目录或整个文件系统。位置可以是从本地系统到另一个网络系统，也可在本地文件系统中。在适当的时候，它使用所谓的增量编码(顺序数据之间的差异)尽可能减少传输的数据量。rsync本身是可编写脚本的，因此很容易包含在cron作业或系统上定期/自动运行的其他调度任务中。

许多基于CLI和GUI的前端在后端严重依赖rsync(或librsync库)来完成这些繁杂的工作。Duplicity (http://duplicity.nongnu.org/)是一个流行的示例，它使用rsync算法/库提供加密的高效带宽备份。

31.3 其他备份解决方案

有几个开源项目旨在提供企业级备份解决方案。其中有AMANDA、Bacula、Dirvish、Mondo Rescue和BackupPC。它们各有优缺点，但都提供了健壮的备份解决方案。它们具有良好的GUI前端，这使得它们对具有不同技能水平的管理员具有吸引力。

AMANDA(Advanced Maryland Automatic Network Disk Archiver)是一种备份系统，允许使用一个主备份服务器通过网络将多个主机备份到磁带驱动器、磁盘或光学介质。可在www.amanda.org了解关于AMANDA的更多信息。

Bacula是一套基于网络的备份程序，允许跨异构网络系统对数据进行备份、恢复和验证。Bacula的项目网站是www.bacula.org。

Dirvish是一种基于磁盘的旋转网络备份系统。Dirvish特别有趣，因为它改进了备份到磁盘(而不是磁带)的功能。可在www.dirvish.org了解关于Dirvish的更多信息。

虽然Mondo Rescue不是一个传统的备份解决方案，但Mondo Rescue是另一个值得一提的软件产品。它更像一个灾难恢复套件，支持逻辑卷管理(LVM)、RAID和其他文件系统。通常最好在系统构建和配置之后立即创建Mondo归档。创建的Mondo映像或档案可以轻松地将操作系统映像恢复为裸机系统。可在www.mondorescue.org上找到Mondo Rescue。

BackupPC是另一种流行的开源备份软件产品，用于将Linux和Microsoft Windows PC和笔记本电脑备份到服务器的磁盘。该项目的托管位置是https://backuppc.github.io/backuppc/。

31.4 小结

备份是系统维护中最重要的方面之一。系统可能设计和维护得非常好，但是如果没有可靠的备份，整个系统可能会在瞬间消失。应把备份看作网站的保险策略。

尽管磁带驱动器是一种有点过时/不流行的介质，但本章介绍了 Linux 下磁带驱动器的基本原理，以及一些用于控制磁带驱动器和将数据备份到磁带驱动器的命令行工具。有了这些信息以及其他信息，就能执行系统的完整备份。

幸运的是，dump、restore、tar 和 rsync 并不是 Linux 下仅有的备份选项。还有许多商业和非商业的备份包。开源项目如 AMANDA、Dirvish、Mondo 和 BackupPC 都是成熟而健壮的选择。

无论决定以何种方式备份数据，只要确保做到就可以了！

第 VI 部分 附录

附录 A 在 Flash/USB 设备上创建 Linux 安装程序

第 2 章解释了使用可引导的 flash/USB 媒体安装 Fedora 和 Ubuntu Linux 发行版的过程。但是，没有详细介绍如何在基于 flash/USB 的设备上创建可引导的安装介质！本附录介绍一些方法，用于在便宜、容易获得和可重用的基于闪存的介质上快速创建 Linux 发行版的安装程序，包括各种类型的 U 盘、SD 卡、microSD 卡等。

A.1 概述

有两种流行的创建 Linux 安装程序的方法。一种方法是使用本机或特定于发行版的解决方案；另一种方法更为普遍。本机或特定发行版的方法假设可以访问一个现有的、正在运行的、基于 GNU/ Linux 的发行版。虽然这可能是最理想或最方便的方法，但这并不总是可能的。另一方面，通用的方法假设相反——也就是说，只能访问其他平台，如 Windows 或 macOS。

无论采用哪种方法，目标在所有平台(Windows、Linux 和 macOS)上都是一样的：为 Fedora、RHEL、openSUSE、Debian、Ubuntu 和其他 Linux 发行版创建可引导和可安装的闪存/USB 驱动器，而不必刻录 CD 或 DVD。下面将更详细地介绍所有这些解决方案。

A.1.1 本机解决方案

本机方法涉及使用通用的 GNU/Linux CLI 工具，这些工具在每个基于 Linux/UNIX 的系统上几乎总是可用的。

在 Flash/USB 设备上创建 Linux 安装程序(通过 GNU/Linux OS)

本节假设用户可以访问当前运行 GNU/Linux 发行版的系统，并且可以轻松地从 shell 中运行任何命令。这是一个理想的本机解决方案示例。下面列出解决方案需要的组件：

- 可以从基于 flash 的设备引导的系统
- 基于目标 flash 的设备(至少 4 GB)
- ISO 或其他 Linux 发行版的图像文件
- 运行任何基于 Linux 的操作系统(Fedora、Ubuntu、openSUSE、RHEL、CentOS 等)的系统

遵循以下的步骤。

(1) 以具有管理权限的用户(如 root)的身份登录到 Linux 发行版的终端或 shell 提示符时，更改到文

件系统上具有足够空闲空间的目录(使用 df -sh 命令来检查)。本例使用/tmp 文件夹：

```
# cd /tmp
```

(2) 将 Linux 发行版的 ISO 文件下载到文件系统中有足够空闲空间的区域。例如，可以输入：

```
# wget https://<URL>/Fedora-Server-dvd-x86_64-<VERSION>.iso
```

从 https://fedoraproject.org(或 https://getfedora.org)下载最新的 64 位服务器版本的 Fedora。其中<URL>是下载服务器上目录的完整路径。

在 URL 中，文件名(Fedora-Server-dvd-x86_64-<VERSION>.iso)和 URL 中标记为<VERSION>的占位符，表示在阅读本书时可用的最新 Fedora 版本号。例如，对于 Fedora 服务器版本 34，实际的 ISO 文件名是 Fedora-Server-dvd-x86_64-34-1.2.iso。

同样，可在这个树下找到 Fedora 的最新开发 Rawhide 流(不应该用于生产环境)：

```
https://dl.fedoraproject.org/pub/fedora/linux/development/rawhide/Server/x86_64/iso/
```

最新的 Rawhide ISO 映像的名称是在其文件名中附加当前日期戳(例如，Fedora-Server-dvd-x86_64-Rawhide-20210130.n.0.iso)。

在本例中，假设 ISO 文件为 2.1GB。因此，需要确保基于 flash/USB 的目标设备至少同样大。这种情况下，4GB 的闪存驱动器比较合适。

(3) 将基于闪存的设备插入主机系统上的适当端口。

(4) 需要一种方法来唯一地标识 Linux 内核与所插入的 flash 设备关联的设备文件。正确地识别目标设备是非常重要的，这样就不会意外地覆盖错误的设备！诸如 mnt、blkid、fdisk、lsusb 和 dmesg 的 CLI 实用程序可帮助识别所需的目标设备。可能必须在插入新设备之前运行其中一些工具，注意系统的当前状态，然后在插入设备后再次运行它们，比较两个输出。输出的差异几乎总是新设备！dmesg 命令允许检查 Linux 内核环缓冲区，并提供一种识别设备的方法。缓冲区中最近的内容或活动可在输出的尾部查看。要查看缓冲区最近的 10 个条目(行)，输入如下内容：

```
# dmesg | tail
[98492.373438] sd 4:0:0:0: [sdb] Write Protect is off
...<OUTPUT TRUNCATED>...
[98492.381994] sdb: sdb1
[98492.391192] sd 4:0:0:0: [sdb] Attached SCSI removable disk
```

输出表明，内核刚刚注意到并枚举了一个新设备，设备名称为 sdb (/dev/sdb)。另外，注意设备还有一个分区——sdb1(/dev/sdb1)。

(5) 有了前面的信息，现在可将下载的 ISO 映像文件写入检测到的目标 flash 介质(/dev/sdb)。这个目的使用古老的 dd 实用程序来实现，如下所示。不要忘记将命令中的<VERSION>替换为 ISO 文件的正确版本号。

```
# dd if=/tmp/Fedora-Server-dvd-x86_64-<VERSION>.iso of=/dev/sdb
```

(6) 当前面的命令运行完成后，返回 shell 提示符。现在可拔下闪存设备，并将其插入要在其上安装 Linux 的新系统的适当端口。

(7) 如有必要，配置目标系统的 BIOS 或 UEFI，以从基于闪存的设备引导。启动安装程序后，按照第 2 章中描述的安装步骤或发行版供应商指定的步骤进行安装。

lsblk、findfs、hwinfo 和其他实用程序

在大多数 Linux 发行版上，有几个实用程序(如 lsblk、blkid、findfs、hwinfo 和 lsusb)允许查询和显示附加到系统的块设备的各种信息。

例如，要使用 lsblk 查看所有被检测设备的信息(LABEL、UUID、设备名称等)，请输入以下内容：

```
# lsblk - f
```

假设一个块设备的文件系统标签或 UUID，就可以使用 findfs 实用程序根据它们的标签或 UUID 搜索连接到系统的磁盘。它打印与指定标签或 UUID 匹配的完整设备名称。例如，如果有一个闪存或 USB 设备，其文件系统标签为 DATA，就可以使用 findfs，输入以下内容来找出内核设备文件：

```
# findfs LABEL="DATA"
```

类似地，当安装 hwinfo 实用程序时，可以运行以下命令，使用它来推断任何附加的 flash 或 USB 设备的完整名称：

```
# grep -Ff <(hwinfo --disk --short) <(hwinfo --usb -short)
```

A.1.2　特定于发行版的解决方案

特定于发行版的方法之所以存在，是因为各种流行的 Linux 发行版都开发了易用的 GUI 工具，这些工具可以帮助最终用户成功地将特定发行版的 ISO 映像编写到 flash/USB 设备上。表 A-1 列出了一些流行的特定于发行版的解决方案。

表 A-1　特定于发行版的解决方案

Linux 发行版	应用名	二进制文件/可执行程序名
Ubuntu	Startup Disk Creator	usb-creator-gtk usb-creator-kde
Fedora/RHEL/CentOS/Ubuntu/OpenSuse 的 GNOME 变体	Disks	gnome-disks
Fedora/RHEL/CentOS/openSUSE/Ubuntu/Kubuntu 的 KDE 变体	ISO Image Writer	isoimagewriter

A.1.3　通用解决方案

通用方法是依赖第三方(不是特定的 Linux 发行版供应商)创建和维护终端用户所使用的 GUI 工具，可以轻松地编写不同发行版的安装映像文件，或转换为一种可在闪存或 USB 磁盘上引导/使用的格式。

表 A-2 显示了一组新旧应用程序，它们可用于从基于 flash/USB 的设备上创建可引导的安装介质。根据以下因素精心策划了这个列表，这些因素包括：撰写本书时的可用性、跨主要操作系统的跨平台支持、优点，当然还有功能！

这里是利用这些工具的一般过程和要求：

- 可安装或运行所选应用程序的一个基本系统(参见表 A-1)。
- 一个适当大小的 flash/USB 设备(大得足以容纳发行版的 ISO 文件)。
- 所需 Linux 发行版的 ISO 或其他图像文件。
- 可从基于 flash 的设备上引导的目标系统。

表 A-3　第三方安装的媒体应用程序

名称	URL	支持的平台		
		Linux	macOS	Windows
Etcher	https://etcher.io/	是	是	是
Universal USB Installer (UUI)	pendrivelinux.com	否	否	是
UNetbootin	https://unetbootin.github.io	是	是	是
Rufus	https://rufus.ie/	否	否	是

下面几节将介绍三个用例，在这些用例中，使用运行 Windows 或 macOS 的系统在基于 flash/USB 的设备上创建 Linux 安装程序。

注意　许多自由/开源软件项目都是为了让来自其他操作系统的人更容易尝试和/或安装任何 Linux 发行版。随着时间的推移，这些项目中有几个获得了人们的认可，并经受住了时间的考验，而其他的则失败了。毫无疑问，这些应用程序中的一些很难跟上自由/开源领域极快的开发速度。

在 macOS 上使用 Etcher 创建 Fedora 安装程序

本节介绍使用示例通用解决方案(Etcher)，通过运行 macOS 的系统在 flash/USB 介质上创建 Fedora 安装程序的过程。

这个过程需要：

- 运行任何最新 macOS 操作系统——macOS 10.10(Yosemite)——的系统。
- 所需 Fedora 版本的 ISO 或其他映像文件。

执行如下步骤。

(1) 登录到 macOS 系统时，使用 Web 浏览器从项目网站 https://www.balena.io/etcher/下载最新版本的 Etcher。

(2) 安装下载的 Etcher 磁盘映像文件(dmg)，就像安装其他 macOS 应用程序一样。

提示　也可使用内置的 macOS"Disk Utility"应用程序，将 ISO 映像写到 USB 或 flash 媒体。在 macOS 中，可通过 Applications | Utilities 启动 Disk Utility，或使用 Spotlight 搜索应用程序。

(3) 如果还没有这样做，下载一份想写到 flash/USB 设备上的 Fedora 发行版本的 ISO 镜像文件。可从 https://getfedora.org 下载不同 Fedora 版本的 ISO 映像。

(4) 将基于 flash/USB 的设备插入主机 macOS 系统的适当端口。

(5) 从 Applications 菜单或通过 Spotlight Search 启动 Etcher。

(6) 单击 Select Image 按钮，然后使用 Finder 应用程序导航并选择已下载的 ISO 发行版。选择 ISO 文件后单击 Open。

(7) 应用程序将自动过渡到目标选择阶段。单击 Select Target 按钮。

弹出一个屏幕，显示一个自动检测的驱动器的列表。

(8) 识别并选择正确的 USB/闪存介质。所选择的内容旁边会出现一个复选标记。单击 Continue。

(9) 应用程序进入最后的 flash 阶段。单击 Flash! 按钮。

弹出另一个屏幕，提示输入用户名和密码，授权 Etcher(或 balenaEtcher)进行更改。在系统上输入特权用户账户的凭据，然后单击 OK 按钮。

(10) 该过程开始，并显示一个闪烁的进度条和验证指示器。

(11) 如果一切顺利，就显示一个带着“Flash Complete!”的闪屏，如图 A-1 所示。

图 A-1　显示“Flash Complete!”的闪屏

(12) 关闭应用程序。现在可拔下闪存/USB 设备，并将其插入要安装 Linux 发行版的新系统的适当端口。

(13) 如有必要，配置目标系统的 BIOS 或 UEFI，以引导基于 flash/USB 的设备。一旦启动到安装程序中，按照第 2 章中描述的安装步骤或发行版供应商指定的步骤进行安装。

提示　可使用任何可引导的 Linux 发行版安装介质，在各种本地 Apple 硬件(MacBooks、Mac minis、iMacs 等)上引导、安装和运行最流行的 Linux 发行版。

在 Windows 上通过通用 USB 安装程序创建 openSUSE 安装程序

本节介绍使用示例通用方法的过程。我们将安装并使用 Universal USB Installer (UUI)程序，通过运行 Windows 的系统在 flash/USB 媒体上创建 openSUSE 安装程序。步骤如下。

(1) 当登录到运行 Windows 的系统时，使用 Web 浏览器从项目网站 www.pendrivelinux.com/universal-usb-installer-easy-as-1-2-3/下载最新版本的 UUI。

(2) 如果还没有这样做，下载一份想写入闪存/USB 设备的 openSUSE 发行版本的 ISO 镜像文件。可以从主 openSUSE 主页(www.opensuse.org)开始浏览和搜索所需 openSUSE 流的 ISO 映像。

(3) 将基于 flash/USB 的设备插入主机系统上的适当端口。

(4) 双击前面下载的 UUI 可执行文件(Universal-USB-Installer-<VERSION>.exe)。在安装或启动任何基于 Windows 的程序时，按照通常的步骤操作。

(5) 接下来显示一个屏幕，可在其中选择要设置的 Linux 发行版。单击标记为 Step 1 的下拉字段，显示大量的 Linux 发行版。从列表中搜索并选择 openSUSE 64bit。

(6) 选中 Show All ISOs 复选框。使用第二个字段中的 Browse 按钮(标记为 Step 2)查找并选择前面下载的 openSUSE ISO 映像。

(7) 在 Step 3 中选择 Show All Drives 复选框，然后从列表中选择与闪存/USB 设备关联的适当驱动器号。如果可用，请选择复选框来格式化所选的 USB 驱动器。

(8) 完成的对话框应该反映所做的选择(如 ISO 映像的路径和名称、目标 USB 设备的驱动器号等)。

(9) 单击 Create 按钮启动流程。

(10) 在下一个显示程序将要做什么的摘要屏幕上单击 Yes。

(11) UUI 完成它的工作，如果一切顺利，它就显示 Installation Complete 屏幕。在最后一个屏幕上单击 Close 按钮，退出程序。

现在可以拔下闪存/USB 设备，并将其插入想要安装 Linux 的新系统的适当端口。

(12) 如有必要，配置目标系统的 BIOS 或 UEFI，以引导基于 flash/USB 的设备。一旦启动到安装程序中，按照第 2 章中描述的安装步骤或发行版供应商指定的步骤进行安装。

在 Windows 上使用 UNetbootin 创建 Ubuntu 安装程序

UNetbootin 是通用可引导 flash/USB 设备创造者的瑞士军刀。它在多个平台上得到支持——Linux、Windows 和 macOS。它支持在所有流行的 Linux 发行版(以及不太流行的版本)上创建可引导的 flash/USB 版本。它甚至支持各种深奥的实用程序(如 FreeDOS、Super Grub Disk、Parted Magic、BackTrack、NTPasswd、Ophcrack 等)，这些实用程序通常对系统管理任务很有用。UNetbootin 可以作为一个独立的可执行文件使用，因此在使用前不需要安装它。

另外，UNetbootin 可以在两种模式下使用。可以显式地提供一个现有的 ISO 镜像，或者让程序随时自动下载所选择的发行版！

假设 Ubuntu ISO 版本已经下载，下面是需要执行的组件。

- 一个系统，运行微软操作系统系列的较新成员(Windows 7、8、8.1、10、XP 等)。
- 一个适当大小的 flash/USB 设备(大得足以容纳发行版的 ISO 文件)。
- 可从基于 flash 的设备上引导的目标系统。

这些组件就位后，从 https://unetbootin.github.io 下载软件。像其他 Windows 程序一样启动或安装该应用程序。

这里使用现有 Ubuntu 发行版的 ISO 镜像，所以选择 DiskImage 单选按钮，浏览到现有的 Ubuntu 发行版 ISO。按照提示，使用所需的任何信息(目标 USB 设备类型、目标设备驱动器符等)完成各个字段。

在完成启动流程需要的所有字段后，单击 OK。当进程完成时，关闭 UNetbootin 窗口。

现在可拔下闪存/USB 设备，并将其插入要安装 GNU/Linux OS 的系统的适当端口。用该设备启动，并根据需要继续安装。

附录 B 演示虚拟机和容器

我们创建并提供了一个虚拟机(VM)映像，它旨在模拟本书中涵盖的大部分练习和项目，从安装章节(第 2 章)一直到备份章节(第 31 章)。VM 基于本地 Linux 内核虚拟机(KVM)管理程序实现。最终得到的是一个非常臃肿的服务器，它运行/提供各种服务和守护进程。这个服务器可以提供 Web、LDAP、DNS、VoIP、税务咨询、文件、牙齿美白、DHCP、算命、SMTP、会计/簿记、IMAP 和 POP、FTP、法律咨询服务！

本书始终强调运行精益服务器的重要性，这些服务器只运行所需的最少数量的服务和应用程序。这对安全和管理都有好处。如上一段所述，这里打包的服务器不是我们提倡的那种精益服务器，也不是在生产环境中想要的那种精益服务器；但是，它是一个完美的服务器，可以在一个良好的、安全的、可控的环境中展示本书中涉及的大多数主题和概念。VM 启动后，可以看到如下内容。

- 本书运行的大多数命令列表。
- 本书创建和安装的文件、用户、组、守护进程、配置、脚本和应用程序。
- 一些复活节彩蛋，以及一些系统管理员常犯的错误和拼写错误！

虚拟机只是一个文件(尽管很大)，因此可轻松地复制、销毁、重新创建它，或者在出错时从头开始——而不会对底层物理系统/计算机造成重大影响。

下面是使用这个 VM 映像所需采取的步骤摘要。

(1) 确保主机系统满足运行 KVM 管理程序的最低系统要求。为获得最佳性能，主机系统的 CPU 至少应该支持相关的扩展 CPU 虚拟化指令。更多细节见第 30 章。

(2) 安装可用于控制管理程序的应用程序。

(3) 下载 VM 映像文件。

(4) 对下载的原始 VM 映像文件进行备份。如果打算运行多个实例，请对 KVM 映像文件进行额外的复制。

(5) 确定要分配多少硬件资源给 VM。例如，如果在物理主机系统上只有 8GB 的物理 RAM，就可安全地将 2GB 的虚拟 RAM 分配给最多两个 VM 实例(这样主机有大约 4GB 留给自己)。

(6) 确定想要分配给 VM 的网络选项，如桥接网络、仅 NAT、仅主机等。

(7) 启动 VM ！

下面几节更详细地介绍这些需求和步骤。

B.1 基本的主机系统要求

主机系统是运行 VM 的系统。虚拟机将受到与主机同样的约束。主机上应该有足够的存储/磁盘空间来下载 VM 映像。主机 CPU 应该支持 Intel 虚拟化技术(Intel VT)或 AMD 虚拟化(AMD-V)扩展。下一节执行的测试/命令取决于主机系统平台(Intel 或 AMD)，与主机系统的 CPU 类型相对应。

当登录到运行 Linux 的基于 Intel 的主机系统时，使用 grep 命令在/proc/cpuinfo 中搜索所需的标志，检查 Intel 处理器是否支持 vmx 指令，如下所示：

```
[intel-server ~]$ grep -i "vmx" /proc/cpuinfo
flags : fpu pae mce cx8 apic ...<OUTPUT TRUNCATED>... vmx
```

这个输出中的 vmx 表明；必要的 Intel CPU 扩展已经就绪。

登录到一个基于 AMD 的、运行 Linux 的主机系统，使用 grep 命令在/proc/cpuinfo 中搜索所需的标志，检查 AMD 处理器是否显示对 svm 指令的支持，如下所示：

```
[amd-server ~]$ grep -i "svm" /proc/cpuinfo
flags : fpu vme de pse 3dnowext ...<OUTPUT TRUNCATED>...svm
```

此输出中出现 svm 表明，所需的 AMD CPU 扩展已经就绪。

如果不确定主机平台或架构是什么，可以使用以下命令来测试这两个标志：

```
[server ~]$ egrep -oh '\w*(vmx|svm)\w*' /proc/cpuinfo
```

根据输出和使用简单的消除过程，可以确定主机平台架构是 Intel 还是 AMD。但是，如果命令既没有显示 vmx 也没有显示 svm，那么 CPU 不支持(或没启用)必要的扩展，这些扩展提供了使用 VM 的最佳体验。

B.2　安装虚拟化应用程序和实用程序

大多数现代 Linux 发行版默认情况下都在内核中内置了对 KVM 的支持，因此剩下的工作就是确保安装了所有支持用户的工具、实用程序和库，以便与 KVM 子系统交互。

有几种这样的工具可用于创建或管理虚拟机。为简单起见，使用现成的基于 libvirt C 库的虚拟机安装实用程序，从现有映像中提供新的虚拟机。

使用以下步骤安装所需的应用程序。

(1) 在类似 Red Hat 的发行版上，使用 dnf 安装 virt-install 应用程序：

```
[master@fedora-host ~] $ sudo dnf - y virt-install
```

(2) 在基于 Debian 的发行版(如 Ubuntu)上，可以先运行如下命令，安装软件包并加载必要的模块：

```
master@ubuntu-host:~$ sudo apt-get -y install qemu-kvm
```

然后使用 modprobe 命令为平台(kvm-intel 或 kvm-amd)加载适当的模块。

(3) 在启用 systemd 的发行版上，可同时启用 libvirtd 服务来自动启动，并使用 systemctl 实用程序启动 libvirtd 服务，如下：

```
[master@host ~]$ sudo systemctl enable --now libvirtd.service
```

(4) 使用 virsh 来确保虚拟化被启用并正确运行：

```
[master@host ~]$ virsh list
Id    Name         State
----------------------
```

只要前面的输出没有返回任何错误，就可以了。

B.3 下载并准备演示 VM 映像文件

原始的、未压缩的 VM 映像文件很大，包含整个操作系统和许多应用程序。原始文件进行了压缩，以便更快/更容易地下载。

下面首先下载和解压文件。

(1) 在示例主机系统上，把属于每个 VM 的所有备份存储文件存储在一个名为/home/vms/的自定义目录路径下。创建这个目录：

```
[master@host ~]$ sudo mkdir -p /home/vms/
```

(2) 需要为演示 VM 映像获得确切的下载位置(URL)。在多个 Web 站点上发布了这些信息(只是为了防止它们中的任何一个变得不可用)。你可以使用最喜爱的 Web 浏览器，浏览以下任何网站，以获得最新/准确的下载位置：

https://linuxserverexperts.com/8e/

https://www.mhprofessional.com/9781260441703-usa-linux-administration-a-beginners-guide-eighth-edition. (单击 Downloads & Resources 选项卡)

(3) 一旦找到了确切的下载链接，把链接复制到剪贴板上(试着右击最后的链接并选择 Copy Link 选项)。

(4) 在下面的命令中用正确的 URL 替换<DOWNLOAD-LINK>：

```
[master@host ~]$ sudo wget -c -O \
/home/vms/abg-8e-vm.qcow2.tar.xz <DOWNLOAD-LINK>
```

例如，如果从第一个 Web 站点获得的链接是：

https://linuxserverexperts.com/8e/abg-8e-vm.qcow2.tar.xz

就可以使用 wget 程序，通过运行以下操作，来下载单个文件：

```
[master@host ~]$ sudo wget -c -O /home/vms/abg-8e-vm.qcow2.tar.xz \
https://linuxserverexperts.com/8e/abg-8e-vm.qcow2.tar.xz
```

(5) 解压缩刚下载的映像文件：

```
[master@host ~]$ sudo tar -C /home/vms/ -xvJf abg-8e-vm.qcow2.tar.xz
```

(6) 完成此操作后，最终应该得到一个 VM 磁盘映像文件。通过运行以下程序来验证这一点：

```
[master@host ~]$ ls -lh /home/vms/abg-8e-vm.qcow2
```

VM 的硬件和网络说明

在主机上运行的虚拟机必须共享主机的有限资源。对于分配给 VM 的几乎所有虚拟组件(磁盘空间、内存、网卡、CPU、USB 端口等)都是如此。如果主机系统的总存储容量是 500GB，那么将 250GB 的虚拟磁盘分配给多个 VM 是不明智的。类似地，如果主机系统有 8GB 的物理 RAM，那么将 4GB 的虚拟 RAM 分配给多个 VM 是不明智的。这里我们的观点是，在构建虚拟机并为其分配主机上的虚拟硬件时，必须应用大量的常识。

不同的虚拟机监控程序平台以不同方式为虚拟机处理网络供应。特别地，KVM 和 libvirt 平台支持几种处理 VM 网络连接的方法。其中一些方法考虑主机系统上的桥接概念。

最简单的方法可能是所谓的桥接网络方法。下一个复杂级别是只支持 NAT 的网络和用户模式网络(SLIRP)方法，后者有利于允许非特权用户运行和管理自己的具有某些网络功能的 VM。最后是一些更奇特的解决方案，如虚拟分布式以太网(VDE)。本附录中的演示 VM 使用桥接网络，它为来宾 VM 提供与主机系统相同的 LAN，与该 LAN 之间进行完全的出站和入站连接。

B.4　导入演示 VM 映像并创建一个新的 VM 实例

满足了所有先决条件后，现在就可以实例化 VM 了。这里使用前面安装的 virt-install 实用程序。步骤如下。

(1) 对原始的 VM 映像进行备份，以便在必要时始终拥有一个干净的映像。例如，如果决定为各种目的建立整个 VM 网络，那么这些副本还可以用于启动其他 VM 实例。

在/home/vms 目录中，使用如下命令，复制原始 VM 映像，并将该副本命名为 abg-8e-vm.qcow2.original：

```
[master@host vms]$ sudo cp abg-8e-vm.qcow2{，.original}
```

(2) 使用 virt-install 实用程序导入 VM 映像。virt-install 实用程序支持几个选项，允许定制新的 VM。使用的需求/参数在表 B-1 中进行了描述。运行如下命令，导入 VM：

```
[master@host vms]$ sudo virt-install \
--name abg-8e-vm \
--memory 2000 \
--disk /home/vms/abg-8e-vm.qcow2，bus=virtio，format=qcow2 \
--graphics vnc，listen=0.0.0.0，port=5910，password=abg \
--noreboot \
--import
```

表 B-1　virt-install 选项

选项	描述	值
--name	虚拟机/客户实例的名称	abg-8e-vm
--ram	分配给 VM 客户的 RAM(内存，MB)	2000
--disk	指定要导入的 VM 映像的路径，以及其他与存储相关的选项。以下是一些选择： • bus　虚拟磁盘总线类型。 • format　磁盘图像格式	/home/vms/abg-8e-vm .qcow2，bus=virtio，format=qcow2 (指定 VM 映像文件的路径，bus 选项是 virtio，format 选项是 qcow2)
--graphics	指定图形显示配置	vnc, listen=0.0.0.0, port=5910, password=abg (这些选项设置侦听主机系统上端口 5910 的 VNC 服务器。用于连接的密码是 abg)
--noreboot	防止新域在安装或导入后自动重新启动	
--import	跳过操作系统安装过程，从现有磁盘映像导入客户端	

管理演示虚拟机

上一节演示了从现有映像中导入和创建新虚拟机的过程。本节研究与管理来宾虚拟机相关的一些典型任务。

下面使用功能丰富的 virsh 程序来完成大多数任务，并鼓励读者学习如何使用该程序。virsh 用于在虚拟客户域(机器)上执行管理任务，例如关闭、重启、启动和暂停客户域。

virsh 可以使用适当的选项直接从命令行运行，也可以直接在自己的命令解释器中运行。它也是基于 libvirt C 库的。

(1) 在下面的示例中，在它自己的shell中使用virsh：

```
[master@host ~]$ sudo virsh
virsh #
```

(2) virsh对于它支持的不同选项和参数有自己的内置帮助系统。要查看所有支持的参数的快速帮助摘要，输入：

```
virsh # help
attach-device attach device from an XML file
attach-disk attach disk device
...<OUTPUT TRUNCATED>...
```

(3) 要列出管理程序上配置的所有非活动和活动域，请输入以下内容：

```
virsh # list --all
Id Name                State
----------------------------
- abg-8e-vm            shut off
```

输出显示，abg-8e-vm来宾域当前是关闭的(非活动的)。

(4) 要查看有关abg-8e-vm的详细信息，输入：

```
virsh # dominfo abg-8e-vm
Name:           abg-8e-vm
UUID:           54fdc236-4738-4b51-9500-74da8e8f5228
OS Type:        hvm
Max memory:     2048000 KiB
...<OUTPUT TRUNCATED>...
```

(5) 假设abg-8e-vm当前没有运行，可以通过运行以下命令启动它：

```
virsh # start abg-8e-vm
```

注意　可直接从Linux shell(如Bash)运行virsh命令，而不必通过virsh的--connect选项向下切换到virsh交互式shell中。例如，为启动在本地虚拟机监控程序中运行的演示VM，可运行如下命令：

```
# virsh --connect qemu:///system start abg-8e-vm
```

或者

```
# virsh start abg-8e-vm
```

通过使用virsh支持的丰富连接URI和--connect选项，可以连接和管理远程主机上的管理程序。例如，要连接和管理IP地址为10.0.0.88的远程主机上的KVM，需要运行以下命令：

```
# virsh --connect qemu+ssh://root@10.0.0.88/system
```

(6) 用shutdown参数优雅地关闭fedora-demo-VM域：

```
virsh # shutdown abg-8e-vm
```

(7) 如果abg-8e-vm guest域被卡住，想关闭它(这类似于拔掉它的电线)，应输入：

```
virsh # destroy abg-8e-vm
```

(8) 仍然需要这个虚拟机，这一步还没有完成呢！如果这样做，则必须返回到前面的部分，重新导入原始VM映像，以完成本附录的其余部分。

但是，如果需要取消定义abg-8e-vm来宾域或从监视程序中删除其配置，请输入：

```
virsh # undefine abg-8e-vm
```

B.5 连接到演示 VM

演示 VM 此时应该已经启动并运行。然而，不应该只相信我们的话。本节介绍一些可用于连接、查看、管理在 VM 中运行的操作系统的方法，以及与其直接交互的方法。以下是一些选项。

- 虚拟网络计算(VNC)
- 虚拟串行 TTY 控制台
- 安全 shell(SSH)
- Cockpit 应用程序
- 投入使用

为简化整个过程，应该提前准备好如表 B-2 所示的 IP 地址(使用任何可能的方法)。

表 B-2

IP 地址	提示
主机/管理程序系统	在主机系统上使用 ifconfig 或 ip a 来查看当前的 IP 地址
演示 VM	检查局域网的 DHCP 服务器日志，了解最新的 DHCP 请求/租约。在下面的输出中寻找线索："virsh net-dhcp-leases default" 登录 VM 的控制台并使用 ifconfig、ip a 或 nmcli 命令查看 IP 地址

B.5.1 虚拟网络计算(VNC)

VNC 实现为 KVM 中的图形显示选项和 QEMU。通常，使用从 5900、5901、5902 等开始的 TCP 端口，在指定 VNC 图形选项的每个新 VM 上设置一个新的 VNC 连接。为避免与可能存在的端口发生冲突，并更好地保证通过 VNC 成功连接到 VM，将导入的 VM 配置文件中的 VNC 监听端口硬编码为端口 5910。还指定了一个简单的密码 abg。

注意 虚拟机的 VNC 密码是 abg。

Windows、macOS 和 Linux 操作系统上有许多免费的 VNC 客户端。这些平台中的大多数甚至直接将 VNC 客户端构建到标准 OS 应用程序套件中，这样就不需要安装任何第三方 VNC 客户端(如果不想的话)。Linux 中流行的 GNOME 和 KDE 桌面环境都有内置的 VNC 客户端。最近的 macOS 版本也是如此。其他流行的 VNC 客户端包括 TightVNC、RealVNC 和 Chicken of the VNC。

下面演示在 macOS 系统上使用内置的 VNC 客户端。

(1) 当登录到 macOS 系统时，启动 Finder 应用程序。

(2) 在 Finder 菜单中，导航到 Finder | Go | Connect to Server。

(3) 使用正确的信息填写 Connect to Server 窗口中的字段，如图 B-1 所示。例如，要连接运行在 IP 地址为 192.168.1.10 的远程 Linux 管理程序上的演示 VM，Server Address 字段的正确信息是 vnc://192.168.1.10:5910。

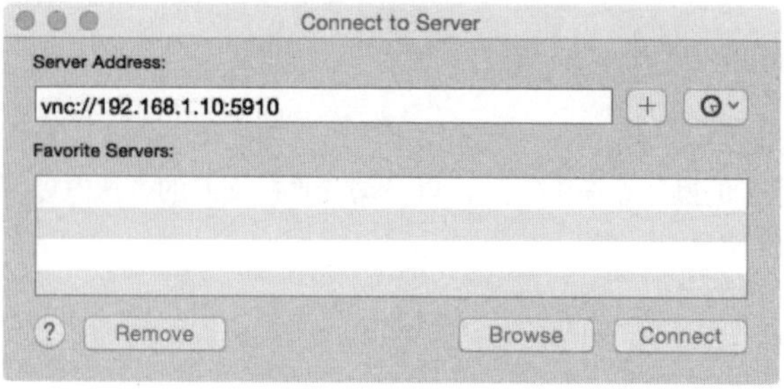

图 B-1　填写字段

(4) 系统提示输入 vnc 密码。出现提示时输入 abg。

(5) 成功地连接和验证 VNC 服务器之后，在 VNC 客户端窗口中会显示一个登录或控制台屏幕。

要以 master 身份登录系统，在登录提示符处输入 master 并按回车键。

在提示输入密码时，输入 72erty7! 2(主密码)，并按回车键。

(6) 另外，如果想作为超级用户(根用户)登录到系统中，请在登录提示符处输入 root 并按回车键。

在密码提示符下，输入 72erty7! 2(根用户的密码)，然后按回车键。

从这里开始，可以继续使用 VM 并与之交互，就像使用物理机器或任何其他 VM 一样。

提示　第 11 章提到了地址解析协议(ARP)。ARP 提供了一种将以太网地址或 MAC 地址映射到 IP 地址的机制。MAC 地址通常都是唯一的。这个工具用于支持演示虚拟机，会自动生成虚拟机中的网络接口，以及为该接口分配唯一的 MAC 地址。

VM 的 MAC 地址与其他信息一起存储在虚拟机配置文件中，通常以 XML 格式存储在/etc/libvirt/qemu/下。通过组合各种可以查询、过滤、解析和排序所有这些可用信息的命令行实用程序，可以从主机获得正在运行的 VM 的 IP 地址。

例如，假设启动了演示 VM，并且 VM 实例名为 abg-8e-vm，可以运行以下操作，获得 VM 的 MAC 地址和当前 IP 地址：

```
# arp -an | grep \
"`virsh dumpxml abg-8e-vm | grep "mac address" | \
sed "s/.*'\(.*\)'.*/\1/g"`"
```

相应的输出如下：

```
? (192.168.1.202) at 99:99:00:fe:0f:75 [ether] on br4
```

从这个输出可以看出，abg-8e-vm 的 IP 地址是 192.168.1.202。

B.5.2　虚拟串行 TTY 控制台

这种连接方法是使用串行连接或端口连接设备的老式方法的虚拟实现。主机或 VM 上不需要实际的物理串行端口或设备来进行工作——它们都是虚拟的。

这个连接方法的优点是不需要提前知道演示 VM 的 IP 地址。但是，需要使用任何可能的方法连接并登录到主机系统。遵循下面的步骤。

(1) 登录到主机服务器，运行如下命令，连接、启动 virsh shell：

```
[root@host ~]# virsh -c qemu:///session
```

(2) 在 virsh shell 上，运行 VM 域：

```
virsh # list
```

```
Id    Name                               State
----------------------------------------------------
1   abg-8e-vm                              running
```

注意输出的 Name 列下 VM 的名称。在示例中，名称是 abg-8e-vm。

(3) 一旦确保演示 VM 正在运行，就查看已经分配给演示 VM 的虚拟 TTY 控制台：

```
virsh # ttyconsole abg-8e-vm
/dev/pts/8
```

(4) 最后，执行以下命令，连接到它的虚拟串行控制台：

```
virsh # console abg-8e-vm
Connected to domain abg-8e-vm
Escape character is ^]
```

(5) 按回车键。可以看到实际的控制台登录提示。

(6) 要以 master 身份登录系统，在登录提示符处输入 master 并按回车键。

在密码提示符下，输入 72erty7!2(主密码)，按回车键。

(7) 另外，如果想作为超级用户(根用户)登录到系统中，请在登录提示符处输入 root 并按回车键。

在密码提示符下，输入 72erty7!2(根用户的密码)，然后按回车键。

(8) 成功登录后，可能需要发出命令，查看 VM 的 IP 地址，和/或更改 VM 的网络设置，以适应环境。

B.5.3　通过 SSH 连接

第 23 章介绍了必不可少的安全 shell(SSH)协议。提醒一下，SSH 实际上是用于安全访问和管理远程系统的 GNU/Linux 协议。它已经移植到许多操作系统和平台上，包括 Microsoft Windows。

在更好的工具出现之前，每个系统/网络管理员都应该在他们的工具包中拥有 SSH，并且知道如何使用它。

前面导入的演示 VM 已经有一个 SSH 服务器，在默认 SSH 端口 22 上运行并侦听连接请求。请记住，一旦启动，演示 VM 就与 LAN 上的任何其他物理机器一样——尽管是虚拟的。因此，可以远程连接和管理它。要连接到演示 VM 上的 SSH 服务器，需要知道 VM 实例的 IP 地址。可以从各种来源收集这些信息，例如 LAN 上的 DHCP 服务器、VM 的控制台等。

在下面的步骤中，假设你已经发现了演示 VM 的 IP 地址，它是 192.168.1.202。在任何有 SSH 客户端的系统中，使用 SSH 连接 VM。这里使用 Linux 工作站中一个内置的 SSH 客户端。

(1) 从命令行上以根用户的身份使用 SSH 连接到演示 VM：

```
[you@client ~]$ ssh root@192.168.1.202
```

(2) 如果得到一个关于远程主机的真实性和空间大小的警告，输入 yes 继续。

(3) 当提示输入密码时，输入根用户的密码(72erty7!2)。

(4) 成功登录后，会看到演示 VM 的 shell 提示符，可以在其中运行许多命令。例如，要使用 systemctl 命令查看或更改演示 VM 的主机名，输入以下命令：

```
[root@fedora-server ~]# hostnamectl set-hostname \
"kick-ass-server" --static
```

(5) 使用 exit 命令注销。

(6) 使用 SSH 登录回原来称为演示 VM 的系统，查看新的主机名：

```
[you@client ~]$ SSH root@192.168.1.202
```

成功登录后，会看到新的提示符，如下所示：

```
[root@kick-ass-server ~]#
```

B.5.4　Cockpit 应用程序

最新的 Fedora、RHEL、CentOS 发行版默认安装并启用了基于 Web 的 Cockpit 管理控制台。Cockpit 提供了一个基于 Web 的界面来帮助系统管理。Cockpit 项目仍然处于婴儿期，但它目前的形式是非常有用的，生产准备也已就绪。可以预期，随着时间的推移，会添加许多新特性和功能。

通常，建议忘记所有这些基于 GUI 的"点击"工具(如 Cockpit)，熟悉使用 CLI 执行系统管理任务。但是当我们都准备不喜欢它的时候，Cockpit 内置了一个基于 Web 的 shell 控制台！

前面导入的演示 VM 已经运行了它自己的 Cockpit 实例，并在默认端口 9090 上侦听连接请求。请记住，一旦启动，演示 VM 就与 LAN 上的任何其他物理机器一样。因此，可以远程连接和访问它的服务。

要连接和使用 Cockpit，需要知道演示 VM 的当前 IP 地址。IP 地址甚至可以在登录控制台/屏幕上自动打印出来。可以使用前面讨论的任何方法查看演示 VM 的登录控制台/屏幕。假设从演示 VM 所在网络的任何系统中，发现了演示 VM 的 IP 地址(192.168.1.202)，启动自己喜爱的 Web 浏览器，访问以下网站/ URL(忽略或接受任何与证书相关的警告)：

```
https://192.168.1.202:9090
```

显示如图 B-2 所示的 Web 页面。

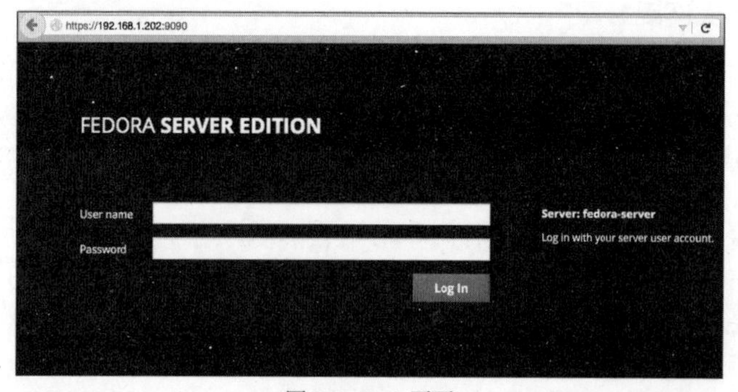

图 B-2　Web 页面

在 User name 字段中输入 master。然后在 Password 字段中输入相应的密码 72erty7!2。如果可用，请选择提升会话的选项，以便在使用 Cockpit 时执行特权操作。单击 Log In 按钮。

验证成功、登录 Cockpit 后，通过导航到 Host | terminal，可查看内置的基于 Web 的控制台 shell 或终端。显示熟悉的命令行终端和 shell 提示符。

提示　我们拼凑了一个小脚本，可用于将演示 VM 恢复到几乎干净的或预先定制的状态。运行脚本，会生成大多数软件包、源代码、命令历史记录、用户/组、配置文件，以及初始操作系统安装后的服务器定制。可以运行以下脚本，使用 wget 下载脚本：

```
$ wget -c -O clean-up.sh \
https://linuxserverexperts.com/8e/appendix-b/clean-up.sh
```

下载脚本后，为了再次确保要清理(恢复)演示虚拟机服务器，可运行以下命令：

```
$ chmod 755 clean-up.sh
```

```
$ sudo ./clean-up.sh
```

B.5.5　投入使用

除了 DHCP 服务外，演示 VM 应该运行本书中介绍的几乎所有服务/守护进程和命令。所以，至少需要了解想使用的众多组件、服务或守护进程！为了使用它，需要知道如何通过它的 IP 地址连接到演示 VM。前几节讨论了获取此信息的各种方法。

例如，想在演示 VM 中测试第 16 章讨论的 DNS 服务器组件。假设 192.168.1.202 是演示虚拟机的 IP 地址，就可以运行以下命令，使用 dig 命令，在工作站或主机系统上查询运行在演示 VM 上的 DNS 服务器：

```
[you@client ~]$ dig @192.168.1.202 example.org MX
```

假设想列出第 24 章配置的 Samba 共享，演示虚拟机(Samba 服务器)的 IP 地址是 172.16.1.202。可以运行如下命令，使用 smbclient 命令在工作站或主机系统上查询 Samba 服务器：

```
[you@client~]$ smbclient -U% -L 172.16.1.202
```

最后，演示一下 VM 集成到一起的神奇功能。假设演示 VM 的 IP 地址是 10.0.0.202，执行以下操作，使用任何计算机的 telnet 程序连接到演示 VM 上的端口 17：

```
you@anywhere ~$ telnet 10.0.0.202 17
Trying 10.0.0.202...
Connected to 10.0.0.202.
Escape character is '^]'.
...<OUTPUT TRUNCATED>...
```

B.6　演示容器(Docker、podman、buildah 和 kubectl)

作为额外的奖励，本章还创建了一个演示容器，它可以运行本书提到的许多服务。请注意，这个容器完全违背了容器的功能。容器应该是对特定功能的单一目的抽象。容器的映像位于 https://hub.docker.com 上的 Docker Hub。首先，确保安装了所有客户端 Docker 工具(见第 30 章)。如果安装了与 Open Container Initiative (OCI)兼容的其他工具(podman、buildah 等)，就可以继续使用。按照以下步骤，开始使用演示容器。

(1) 当作为具有 Docker 特权的用户登录到系统中时，将 Dockerfile 下载到 PWD 中，如下所示。Dockerfile 中的指令有助于从注册表选择和构建正确的映像。

```
$ wget -c -O Dockerfile \
https://linuxserverexperts.com/8e/appendix-b/Dockerfile
```

(2) 使用 Docker 来选择、构建和标记容器映像：

```
$ docker build -t abg8_demo_image:soyinka
```

或者使用 buildah，输入：

```
$ buildah bud -f Dockerfile -t abg8_demo_image:soyinka
```

(3) 一旦成功做到这一点，就查询本地的映像库，列出可用的映像：

```
$ docker image ls | grep -i soyinka
```

或者查询 buildah 已知的映像，输入如下：

```
$ buildah images | grep soyinka
```

(4) 从新映像中创建一个示例容器：

```
$ docker run --rm -it --name abg8_demo_container \
-p 2222:22 abg8_demo_image:soyinka
```

要使用podman从buildah映像创建一个容器，输入以下内容：

```
$ podman run -it --rm --name abg8_demo_container \
-p 2222:22 abg8_demo_image:soyinka
```

(5) 使用exec选项与Docker或podman，在正在运行的容器内启动交互式Bash会话。对于Docker容器，输入以下内容：

```
$ Docker exec -it abg8_demo_container /bin/bash
```

可选择使用podman，输入以下内容：

```
$ podman exec -it abg8_demo_container /bin/bash
```

(6) 一旦安全进入容器，就应该能够探索完全容器化的环境，就像在常规系统中一样。例如，在容器内运行ps命令，如下：

```
[root@baa927a5eeb1 /]# ps ax
PID TTY       STAT   TIME COMMAND
1 pts/0       Ss+    0:00 /usr/sbin/init
6 pts/1       Ss     0:00 /bin/bash
28 pts/1      R+     0:00 ps ax
```

因为这是一个容器，在常规服务器或虚拟机中可能只看到少数运行的进程，而不是通常的大量进程。

(7) 容器中有本书中讨论过、预先配置且正在运行的许多守护进程和服务。例如，可以运行以下命令，使用任何SSH客户端，来访问容器的SSHD守护进程，映射到主机的端口2222(通过- p 2222:22选项)：

```
$ ssh -p 2222 master@localhost
```

(8) 如果安装了 docker-compose，需要一个简单的方法来试验所有服务容器风格，则可以从以下URL下载docker-compose.yml文件：

```
$ wget -c -O docker-compose.yml \
https://linuxserverexperts.com/8e/appendix-b/docker-compose.yml
```

下载到PWD后，使用docker-compose优雅地启动容器，并将各种服务的所有端口映射到主机系统上的端口：

```
$ docker-compose up
```

(9) 如果觉得非常冒险，想要一种稍微复杂的Kubernetes式方法，而且其中一些服务/组件已经声明性地定义，并分离到不同的容器和pod中，就可以下载与Kubernetes兼容的以下pod定义：

```
$ wget -c -O abg8_demo_cluster.yaml \
https://linuxserverexperts.com/8e/appendix-b/abg8_demo_cluster.yaml
```

(10) 下载后，可以使用podman打开整个集群：

```
$ podman play kube abg8_demo_cluster.yaml
```

(11) 如果已经安装了整个 Kubernetes 工具链，就可以运行以下命令，使用 kubectl 启动本地Kubernetes集群：

```
$ kubectl apply -f abg8_demo_cluster.yaml
```

B.7 反馈

很高兴你能读完这本书！我们很想知道，你是如何成功地应用本书中的概念/主题，来开发自己的 Linux 系统/网络管理系统的。与我们取得联系的方式是，构造适当的命令(选项)序列，在演示 VM 或演示容器上调整 SMTP 服务器配置(见第 20 章)，并使用 SMTP 服务器在演示 VM 或演示容器给 feedback@linuxserverexperts.com 发送电子邮件“Hello World…”(显示你的电子邮件地址)。

谢谢你，祝你在系统管理之旅中好运！